图例

★ 市政府驻地
◎ 区政府驻地
○ 新区管委会驻地
○ 旅游景点

香港特别行政区界
市界
区界
新区界

U0664366

业务咨询: www.51emap.com
制作时间: 2015年7月

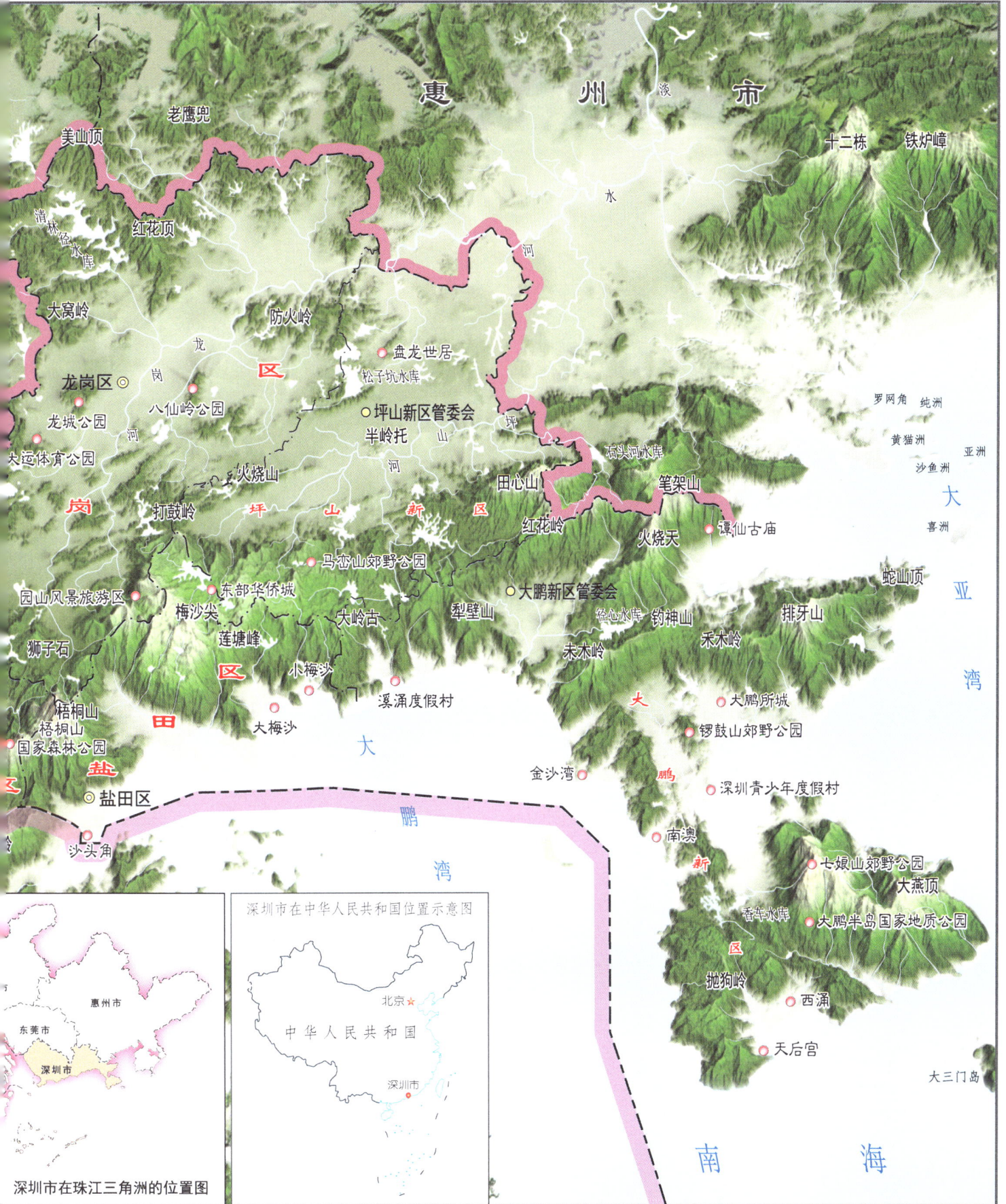

惠　州　市

十二栋　铁炉嶂

美山顶
老鹰兜

红花顶

清林径水库

大窝岭

龙岗区 ◎

龙城公园

大运体育公园

岗

防火岭

龙
岗
河

区

八仙岭公园

火烧山

坪　山　河

坪山新区管委会
半岭托

坪
山
河

盘龙世居

松子坑水库

坪
山
河

新　区

田心山

石头河水库

笔架山

谭仙古庙

红花岭

火烧天

罗网角　纯洲

黄猫洲

沙鱼洲

亚洲

大
亚
湾

喜洲

蛇山顶

打鼓岭

马峦山郊野公园

园山风景旅游区

东部华侨城

梅沙尖

莲塘峰

小梅沙

大梅沙

狮子石

梧桐山

梧桐山
国家森林公园

盐

盐田区 ◎

沙头角

田

区

大岭古

犁壁山

大鹏新区管委会

径心水库

钓神山

未木岭

禾木岭

排牙山

溪涌度假村

大

金沙湾

大鹏所城

锣鼓山郊野公园

深圳青少年度假村

大

南澳

鹏

新

区

七娘山郊野公园

大燕顶

香车水库

大鹏半岛国家地质公园

抛狗岭

西涌

天后宫

大三门岛

大

鹏

湾

南　海

深圳市在中华人民共和国位置示意图

惠州市

东莞市

深圳市

北京 ★

中华人民共和国

深圳市

深圳市在珠江三角洲的位置图

深圳植物志

FLORA OF SHENZHEN

深圳市中国科学院仙湖植物园
Fairy Lake Botanical Garden, Shenzhen & Chinese Academy of Sciences

第 1 卷
VOLUME 1

编研及出版资助单位

深圳市城市管理局

深圳市科技创新委员会

深圳市南亚热带植物多样性重点实验室

深圳市公园管理中心

深圳市绿化管理处

深圳市野生动植物保护管理处

深圳市梧桐山风景区管理处

深圳大鹏半岛国家地质公园管理处

广东内伶仃福田国家级自然保护区管理局

深圳市城市管理科学研究所

深圳植物志

王文采题

FLORA OF SHENZHEN

第 1 卷

VOLUME 1

中国林业出版社

China Forestry Publishing House

图书在版编目（CIP）数据

深圳植物志. 第1卷／深圳市中国科学院仙湖植物园编著.—北京：
中国林业出版社，2017.4
ISBN 978-7-5038-8951-6

Ⅰ. ①深… Ⅱ. ①深… Ⅲ. ①植物志－深圳 Ⅳ. ①Q948.526.53

中国版本图书馆CIP数据核字(2017)第081539号

深圳植物志　第1卷

出　　版	中国林业出版社
	（100009　北京市西城区德内大街刘海胡同7号）
责任编辑	肖　静
Email	forestryxj@126.com
美编设计	李新芬
经　　销	中国林业出版社
制　　版	北京美光制版有限公司
印　　刷	中华商务联合印刷（广东）有限公司
版　　次	2017年6月第1版
印　　次	2017年6月第1次
印　　张	47.5
彩　　插	158面
开　　本	889mm×1194mm　1/16
字　　数	1645千字
定　　价	320.00元

《深圳植物志》编辑委员会

《深圳植物志》第1卷
各科作者及其工作单位

工作单位	作者（按在文中出现顺序排列）
中国科学院华南植物园	董仕勇　周仁章　王发国　邢福武 吴德邻　欧阳婵娟　王瑞江　邓云飞
深圳市中国科学院仙湖植物园	陈珍传　李　楠　韦雪梅　万　涛 李沛琼
上海辰山植物园	严岳鸿
陕西省西安植物园	王亚玲
华南农业大学	李镇魁　李秉滔　庄雪影　黄嘉聪
岭南园林设计有限公司	王国栋
中国科学院植物研究所	李良千　班　勤　陈淑荣　张志耘 林　祁　李振宇　李安仁
中山大学	廖文波　罗　连　叶创兴　石祥刚

绘图及照片摄影者

绘图（按姓名汉语拼音顺序排列）

崔丁汉　李志民　林漫华　刘　平　马　平

摄影（按姓名汉语拼音顺序排列）

陈珍传　李　楠　李沛琼　王国栋　王　晖
魏　奇　邢福武　闫　斌　曾治华　张寿洲

序　一

从 20 世纪 70 年代起，我国掀起了一个编写地方植物志的热潮。到 21 世纪初，全国大部分省份都编写并出版了自己的植物志。这些地方植物志对本地区的植物资源合理开发和利用、生物多样性保护、植物学科研和教学乃至与植物有关的生产部门提供了重要的基础资料。

深圳是一个经济高速发展的地区，规模宏大的基础建设必然对植物资源和环境以及生物多样性保护等造成一定的影响，迫切需要一套具有较高科学水平和应用价值、能够全面反映该地区植物资源现状的植物志。我高兴地获悉，早在 1988 年，深圳市仙湖植物园就提出编写《深圳植物志》的计划，并着手开始了深圳地区本底植物资源调查和标本采集等一系列的准备工作，经过 20 年的努力，采集植物标本 70000 余份，为植物志的编写奠定了坚实的基础。

2005 年，《深圳植物志》编写工作正式启动。全书共分 5 卷，收录高等植物 2800 余种，自 2009 年起陆续出版。我看过《深圳植物志》的编写规格，并为该志书审稿，了解到该志书具备以下的特点。

1. 有严格规范的编写规格。

2.《深圳植物志》植物种类的收录，除包含深圳地区野生植物外，还注意收集了普遍栽培的优良园林绿化植物种类或品种，较详细地介绍了其生物学特性，供园林工作者和林业工作者选用。

3. 对已出版的一些地方植物志，特别是华南地区的植物志中的相关种类做了进一步修订，这项工作均在其文献引证栏内体现。

4.《深圳植物志》中的每种植物，除列有中文名称和学名外，还列出了具有本地特色的名称以及英文名，这对扩大交流将起到积极的作用。

5. 每种植物均附有采集地点、采集人和采集号的引证，以方便读者查阅标本。

6. 读者范围较大，不仅限于科研和教学人员，还包括从事城市和住宅区的园林绿化、植树造林、植物引种驯化、苗圃经营等方面工作的领导干部、设计人员、管理人员和工作人员等。为适应这些读者的需要，《深圳植物志》无论在内容和形式方面，都有一定程度的改进，体现了《深圳植物志》为读者服务的诚意：

（1）收录的每种植物都附有一幅科学性与艺术性相结合的精美的形态图。就目前已出版的地方植物志书来看，由于绘图工作量较大等客观原因，所附的形态图都不多。全部种类均附有形态图，是《深圳植物志》的一个亮点；此外，大部分种类附有在野外拍摄的彩色照片，这对读者识别植物十分有利，是这本志书具有较高应用价值的体现。

（2）由于维管束植物营养器官和生殖器官构造的多样性，数百年来，植物学家给出了很多复杂的专业术语，植物形态描述需要运用这些术语。为帮助读者理解这些术语，《深圳植物志》一方面将常见的术语用图解的形式附于书末，另一方面，对于一些读者不易理解的或某个科属特有的术语，在书末用深入浅出的文字加以解释，这是《深圳植物志》在形态描述方面的一个突出优点。

（3）《深圳植物志》对每幅形态图所做的图注写得详细、准确，图上画出的根、茎、叶、花序和果实属于哪种类型以及花的构造等都用分类学术语表达，目的是帮助读者在通过形态图识别植物的同时，还能够通过图和图注理解其中术语的含义。

综上所述，《深圳植物志》的出版，除可作为植物学领域科研和教学的基础资料以及生产部门工作人员必备的参考书以外，必然能够唤起更多的人参与到保护生物多样性的行列中来，是对深圳经济、文化等方面的建设有重要意义的一部著作。

王文采

中国科学院植物研究所研究员

中国科学院院士

2009 年 12 月

序 二

国际植物学大会1900年创办于法国巴黎，是植物科学领域水平最高、影响最大的国际会议，被誉为植物学界的"奥林匹克"。2017年7月23~29日，由中国植物学会和深圳市人民政府共同主办的第19届国际植物学大会将在深圳召开。在此盛会即将召开之际，《深圳植物志》第一卷正式出版发行。这一卷的出版标志着《深圳植物志》全部编研工作圆满完成，也标志着深圳植物多样性调查和编目工作取得了重要的成果。

一年半前，《深圳植物志》第四卷出版时，编委会曾邀请我为之序，如今，编委会再次邀请我为本卷写几句文字作为序言，我深感荣幸。在这一年半里，我的同行和同事、仙湖植物园的专家学者们一如既往，进行了大量而细致的编研工作，保证了编研和出版工作的高质量完成。在这里，我首先要对《深圳植物志》编研工作的圆满完成表示诚挚的祝贺；其次，向各位编委会成员、作者、绘图员和摄影师，特别是向名誉主编、中国科学院院士王文采先生，主编李沛琼先生表示衷心的感谢！

《深圳植物志》编研工作的完成是深圳植物多样性调查、研究、利用和保护的基础，同时也是新任务的开端。我欣慰地了解到，植物志的数字化工作将与编研工作同步完成，利用电脑和手机进行网络实时检索植物物种已基本实现。同时，仙湖植物园标本馆标本数字化工作，深圳野生植物DNA条形码技术也取得可喜的进步，一个以植物志为基础的多功能实用技术平台正在不断完善，这将为深圳的植物科学研究、植物保育、森林城市建设和生态文明建设提供更好的技术支撑。

这些成果让我对仙湖植物园的各项工作充满期待。希望仙湖植物园的专家学者们能够秉承和发扬植物志编研工作中展现的求实、严谨、创新和协作精神，致力于继续提升科学研究、物种保育、科普教育和园区建设水平。同时，发挥高级专家的领头羊作用，注重人才培养，使深圳的植物学相关工作薪火相传、人才辈出。

《深圳植物志》的编研工作已经完成，但以此为基础的各项拓展工作将会相继开展。作为深圳城市管理工作的主管部门，我们会一如既往地关注、关心和支持仙湖植物园的发展。我相信，仙湖植物园一定可以创造出更多、更好、更新的成果。

王国宾

深圳市城市管理局（林业局）局长

2017年5月

前　　言

　　"植物志"是一个国家或地区植物资源的信息库。我国是世界上植物资源最丰富的国家之一。经过四代人的努力，300 多位植物学家通力合作，于 20 世纪末完成了具有 80 卷 126 册的《中国植物志》巨著。与此同时，各省、自治区、直辖市，在全面调查本地植物资源的基础上，陆续编研并出版了各自的地方植物志。从 20 世纪 50 年代末至今，单华南地区，就先后出版了《广州植物志》、《海南植物志》、《广东植物志》、《广西植物志》、《澳门植物志》、《Flora of Hong Kong》等。这些植物志全面反映了该地区植物资源的蕴藏概况，为资源合理开发和可持续利用以及物种多样性保护等方面提供了重要的基础资料。

　　深圳地处南亚热带，地形地貌复杂多样，气候温暖湿润，东部和东南部的主要山峰，海拔均在 600m 以上（深圳最高峰梧桐山主峰海拔高 943m），这些山地终年云雾缭绕，河流纵横其间，为亚热带沟谷雨林、常绿阔叶林、各类灌木和草本植物提供了十分有利的生存空间。长逾 200km 的海岸线又为红树林和滨海植物提供了最佳的生长场所。所以，深圳地区的植物资源十分丰富，迫切要求植物学工作者全面地调查深圳地区的植物资源。同时，由于深圳的经济发展迅速，基本建设规模巨大，对自然环境和植被资源造成较大影响，保护环境和保护生物多样性已迫在眉睫。因此，编写一套反映深圳植物多样性的《深圳植物志》是摆在植物科学研究人员面前的一项重要而迫切的任务。

　　自 1980 年深圳特区成立以来，历届市委、市政府和城管局领导均对这项工作十分重视，给予了资金、人力和物力上的大力支持。

　　早在 1983 年，特区成立之初，就邀请广东省林业厅、华南农业大学与深圳园林系统的专业人员共同组成调查组，对深圳特区内的土壤和植物资源等项目进行了为期 3 个月的调查，采集到植物标本 1000 多份。

　　1988 年 5 月，仙湖植物园对外开放之初，时任园领导的陈潭清主任就提出，要开展深圳地区植物资源的考察和标本采集工作，建立标本馆，为编研《深圳植物志》做准备。为此，从 1988 年下半年开始至 1993 年，仙湖植物园的科技人员在陈潭清主任的主持下，成立考察组，先后多次到梧桐山、梅沙尖、盐田、三洲田和内伶仃岛等地考察，采集到植物标本约 10000 份，并建立了仙湖植物园标本馆。

　　1996—1998 年，仙湖植物园与中国科学院植物研究所以及梧桐山风景区联合组成了"深圳考察队"，对梧桐山及邻近地区进行了为期三年的考察和标本采集，共采集植物标本近 30000 份。

　　1998—2003 年，受广东省林业厅的委托，仙湖植物园与中国科学院华南植物园合作，对深圳地区的国家重点保护植物资源进行考察，在此次考察中采集到植物标本近 7000 份。

　　2004 年，在仙湖植物园李勇主任的主持下，《深圳植物志》的编研正式向深圳市城管局和深圳市科技局申请立项，并获得批准。为充实植物标本的收藏数量，仙湖植物园再度与中国科学院植物研究所合作，到深圳地区各主要山地、丘陵、海岛和湿地进行全面的考察与采集，共采集到植物标本 30000 余份。与历次采集比较，这次采集到的标本数量最多，种类最丰富。

除了上述几次较大规模的考察采集外，仙湖植物园的科技人员还组织了《深圳植物志》采集队、"仙湖·华农学生采集队"以及各种形式的采集小组进行植物标本的采集，从未间断。多年的植物资源考察发现了若干新种和较多的分布新记录。

综上所述，20 多年来，仙湖植物园共采集深圳地区的植物标本近 70000 份。这批珍贵的植物标本为《深圳植物志》的编研奠定了基础。

2005 年，《深圳植物志》编委会在李勇主任的主持下正式成立，编研工作随之开展。

2006 年，仙湖植物园聘请中国科学院华南植物园的专家，对馆藏的标本进行了全面的鉴定，为《深圳植物志》的编研做前期准备。随后，编写并出版了《深圳野生植物名录》一书，供编研工作参考。

与此同时，编委会讨论并确定了《深圳植物志》的读者对象，一致认为，除植物分类学专业的科研人员外，更重要的是涵盖大专院校师生、中等学校师生、中医药工作者、环境保护和生物多样性保护工作者、园林部门的负责人、设计人员、造林工作者、绿化工程人员、苗圃经营者、园林绿化和造林工人以及植物爱好者等。在此前提下，我们吸取《中国植物志》和已出版的各省、自治区、直辖市地方植物志的成功经验，扬长避短，在资深和有丰富经验的植物分类学家的参与下，制定了《深圳植物志》的编写规格，主要的内容如下。

一、《深圳植物志》收录的种类包括：

（一）在深圳地区有分布并已采集到标本的野生植物；

（二）在深圳地区已归化的外来植物；

（三）在深圳地区有悠久栽培历史的植物（古树名木、外来植物或本地植物）；

（四）在深圳地区被普遍栽培的园林植物和其他经济植物。

二、形态描述力求准确，正确应用植物分类学专业术语是关键，以《图解植物学辞典》（科学出版社，2001，詹姆斯·吉·哈里斯等著，王宇飞等译，王文采审校）以及《中国高等植物图鉴》第一册附的"植物分类学上常用术语解释"为依据。对于常用的专业术语，均在每一册植物志之后附图解，对于不常用的而又不易理解的少数术语则在该术语之后均用深入浅出的文字加以解释，以帮助读者理解。在形态描述中，作者在认真鉴定标本的基础上，以深圳地区植物标本为依据，客观准确地描述该种植物的形态特征和变异幅度。

三、编入植物志的每种植物均附有一幅科学性和艺术性相结合的形态图，全部图均附有比例尺，使形态图更具科学性，读者在利用植物志鉴定标本时，能图文对照，鉴定植物可更加准确，亦可避免因为特征图较少，单凭形态描述来鉴定植物容易产生误差的问题。

四、凡被收进《深圳植物志》中的种类，尽可能地附上在野外拍摄的原色照片。使读者除看到一种植物的特征图外，还能看到该种植物在自然界生长的本来面貌，本卷约有 60% 的种类附有原色照片，其中约有 30% 的种类附有不同物候期的照片。每张照片除附有编号、名称、学名外，还附有该植物的描述在正文中的页码，方便读者查阅。

五、分种检索表均采用人为检索表，选择种与种之间最为明显的区别特征列入其中，使读者在运用检索表鉴定植物标本时，能更为有效。

六、收入《深圳植物志》的种类，如遇有同一种植物所用中文名称和学名与华南地区已出版的植物志所用的中文名称和学名不一致时或发现有错误鉴定的情况时，均在文献引证栏内加以引证，以避免读者误解。

七、每种植物除有中文名称（含别名）、学名外，还附有英文名，以便于交流。

八、对各种植物的主要用途，特别是有毒植物，均有简明的阐述。

九、《深圳植物志》系列丛书共5卷，其中《深圳苔藓植物志》1卷，维管植物（蕨类植物、裸子植物和被子植物）4卷，共收录植物2800多种。本卷是维管植物的第1卷，含86科269属663种3亚种和16变种。

十、《深圳植物志》维管植物采用的系统排列如下：蕨类植物采用的是《Flora of China》的系统（2013）排列，裸子植物采用的是 Kubitzki 系统（1990），被子植物采用的是 Croquist 系统（1988），各科的编号均与上述各系统所采用的编号一致，因其中有些科深圳无分布，故科的编号是不连续的。

十一、收进《深圳植物志》的每种植物均引证了1~3号标本，以方便读者查阅。引证标本列在该植物产地之后的括号内，括号内的人名是标本的采集人，编号是标本登记的编号。本志所引证的标本均存放在深圳中国科学院仙湖植物园标本馆（标本馆代码：SZG）。如引证标本存放在上述标本馆之外的，则在引证标本编号之后注明该标本存放地的标本馆代码，本志所注明的标本馆代码及其名称如下（按字母顺序排列）。

CANT：华南农业大学林学院植物标本馆。

IBSC：中国科学院华南植物园标本馆。

NOCC：全国兰科植物种质资源保护中心标本馆。

PE：中国科学院植物研究所植物标本馆。

SYS：中山大学植物标本馆。

《深圳植物志》的编研工作，除仙湖植物园的科研人员外，还邀请了中国科学院植物研究所、中国科学院华南植物园、华南农业大学、中山大学以及深圳市城市管理局下属单位的专业技术人员共35位专家参与。

《深圳植物志》承蒙中国科学院院士、著名的植物分类学家王文采先生题写书名，在编研的过程中，王文采院士更是给予全面的指导，对所有的文稿，均逐字逐句的审阅并修改，使《深圳植物志》的科学水平有很大的提高，编研人员普遍感到受益匪浅，特向王文采院士表示最衷心的感谢。

在《深圳植物志》编研过程中，承蒙中国科学院华南植物园李泽贤和陈炳辉两位先生协助鉴定深圳地区植物标本和野外拍摄的植物原色照片；张寿洲、王国栋、曾治华、闫斌、陈珍传、邢福武、李沛琼、刘仲健、夏念和、秦新生、张荣京、王发国、王晖、陈巧玲和梁庆等同志提供了植物原色照片；曾艳、杨红梅、黄义钧、林漫华和孙巧玲等同志协助编著者做了大量的编辑工作。此外，仙湖植物园志愿者梁璞、陈鸿志、施践、赫爽、吴肖竑、宋福娟和王雪兵也为本卷的编辑和校对提供了协助。在此，对他们表示感谢。

《深圳植物志》编辑委员会

2015 年 8 月 10 日

目　　录

石松类植物和蕨类植物 PTERIDOPHYTA

石松类植物 LYCOPHYTES

1. 石松科 LYCOPODIACEAE

1. 石杉属 Huperzia Bernh.

2. 马尾杉属 Phlegmariurus（Herter）Holub

3. 藤石松属 Lycopodiastrum Holub ex R. D. Dixit

4. 石松属 Lycopodium L.

2. 卷柏科 SELAGINELLACEAE

卷柏属 Selaginella P. Beauv.

蕨类植物　FERNS

1. 木贼科 EQUISETACEAE

木贼属 Equisetum L.

2. 瓶尔小草科 OPHIOGLOSSACEAE

瓶尔小草属 Ophioglossum L.

3. 松叶蕨科 PSILOTACEAE

松叶蕨属 Psilotum Sw.

4. 合囊蕨科（莲座蕨科）MARATTIACEAE

莲座蕨属 Angiopteris Hoffm.

5. 紫萁科 OSMUNDACEAE

紫萁属 Osmunda L.

6. 膜蕨科 HYMENOPHYLLACEAE

1. 膜蕨属 **Hymenophyllum** J. Sm.
蕗蕨群 Mecodium group

2. 假脉蕨属 **Crepidomanes** C. Presl
假脉蕨群 Crepidomanes group

3. 假脉蕨属 **Crepidomanes** C. Presl
团扇蕨群 Gonocormus group

4. 瓶蕨属 **Vandenboschia** Copel.

5. 长片蕨属 **Abrodictyum** C. Presl
长筒蕨群 Selenodesmium group

7. 里白科 GLEICHENIACEAE

1. 里白属 **Diplopterygium**（Diels）Nakai

2. 芒萁属 **Dicranopteris** Bernh.

13. 金毛狗蕨科 CIBOTIACEAE

金毛狗蕨属 Cibotium Kaulf.

14. 桫椤科 CYATHEACEAE

1. 桫椤属 Alsophila R. Br.

2. 黑桫椤属 Gymnosphaera Blume

15. 鳞始蕨科 LINDSAEACEAE

1. 鳞始蕨属 Lindsaea Dryand. ex Sm.

2. 乌蕨属 Odontosoria Fée

16. 碗蕨科 DENNSTAEDTIACEAE

1. 栗蕨属 Histiopteris（J. Agardh）J. Sm.

2. 蕨属 Pteridium Gled. ex Scop.

17. 凤尾蕨科 PTERIDACEAE

7. 金粉蕨属 Onychium Kaulf.

8. 碎米蕨属 Cheilanthes Sw.

18. 铁角蕨科 ASPLENIACEAE

1. 铁角蕨属 Asplenium L.

2. 膜叶铁角蕨属 Hymenasplenium Hayata

19. 金星蕨科 THELYPTERIDACEAE

1. 针毛蕨属 Macrothelypteris（H. Itô）Ching

3. 狗脊蕨属 Woodwardia Sm.

4. 崇澍蕨属 Chieniopteris Ching

21. 蹄盖蕨科 ATHYRIACEAE

1. 对囊蕨属 Deparia Hook. & Grev.

2. 双盖蕨属 Diplazium Sw.

22. 鳞毛蕨科 DRYOPTERIDACEAE

1. 舌蕨属 Elaphoglossum Schott ex J. Sm.

2. 实蕨属 Bolbitis Schott

3. 肋毛蕨属 Ctenitis（C. Chr.）C. Chr.

25. 条蕨科 OLEANDRACEAE

条蕨属 Oleandra Cav.

26. 骨碎补科 DAVALLIACEAE

1. 骨碎补属 Davallia Sm.

2. 阴石蕨属 Humata Cav.

27. 水龙骨科 POLYPODIACEAE

1. 石韦属 Pyrrosia Mirb.

2. 鹿角蕨属 Platycerium Desv.

3. 连珠蕨属 Aglaomorpha Schott

4. 伏石蕨属 Lemmaphyllum C. Presl

5. 薄唇蕨属 Leptochilus Kaulf.

6. 剑蕨属 Loxogramme（Blume）C. Presl

7. 滨禾蕨属 Oreogrammitis Copel.

8. 瘤蕨属 Phymatosorus Pic. Serm.

9. 瓦韦属 Lepisorus（J. Sm.）Ching

10. 星蕨属 Microsorum Link

11. 盾蕨属 Neolepisorus Ching

12. 鳞果星蕨属 Lepidomicrosorium Ching & K. H. Shing

裸子植物 GYMNOSPERMS

1. 银杏科 GINKGOACEAE

银杏属 Ginkgo L.

2. 南洋杉科 ARAUCARIACEAE

南洋杉属 Araucaria Juss.

3. 松科 PINACEAE

1. 松属 Pinus L.

2. 油杉属 Keteleeria Carr.

3. 金钱松属 Pseudolarix Grod.

4. 雪松属 Cedrus Trew

5. 杉科 TAXODIACEAE

1. 水杉属 Metasequoia Hu & W. C. Cheng

2. 水松属 Glyptostrobus Endl.

3. 杉木属 Cunninghamia R. Br.

4. 柳杉属 Cryptomeria D. Don

9. 三尖杉科 CEPHALOTAXACEAE

三尖杉属 Cephalotaxus Siebold & Zucc. ex Endl.

10. 红豆杉科 TAXACEAE

1. 穗花杉属 Amentotaxus Pilg.

2. 红豆杉属（紫杉属）Taxus L.

12. 苏铁科 CYCADACEAE

苏铁属 Cycas L.

14. 泽米科 ZAMIACEAE

1. 泽米属 Zamia L.

2. 角果泽米属 Ceratozamia Brongn.

3. 大泽米属 Macrozamia Miq.

17. 买麻藤科　GNETACEAE

买麻藤属　**Gnetum** L.

被子植物　ANGIOSPERMS

6. 木兰科　MAGNOLIACEAE

1. 鹅掌楸属　**Liriodendron** L.

2. 玉兰属　**Yulania** Spach

3. 含笑属　**Michelia** L.

4. 拟单性木兰属 **Parakmeria** Hu & W. C. Cheng

5. 木莲属 **Manglietia** Blume

6. 木兰属 **Magnolia** L.

7. 长喙木兰属 **Lirianthe** Spach

8. 番荔枝科 ANNONACEAE

1. 紫玉盘属 Uvaria L.

2. 瓜馥木属 Fissistigma Griff.

3. 鹰爪花属 Artabotrys R. Br.

3. 润楠属 **Machilus** Rumph. ex Nees

4. 鳄梨属 **Persea** Mill.

5. 琼楠属 **Beilschmiedia** Nees

6. 厚壳桂属 **Cryptocarya** R. Br.

7. 月桂属 **Laurus** L.

8. 新木姜子属 **Neolitsea** Merr.

9. 木姜子属 **Litsea** Lam.

10. 山胡椒属 **Lindera** Thunb.

18. 莲叶桐科（青藤科）HERNANDIACEAE

青藤属 **Illigera** Blume

19. 金粟兰科 CHLORANTHACEAE

1. 金粟兰属 **Chloranthus** Swartz

23. 八角科 ILLICIACEAE

八角属 Illicium L.

24. 五味子科 SCHISANDRACEAE

南五味子属 Kadsura Juss.

25. 莲科 NELUMBONACEAE

莲属 Nelumbo Adans.

26. 睡莲科 NYMPHAEACEAE

1. 萍蓬草属 Nuphar J. E. Smith

2. 睡莲属 Nymphaea L.

29. 金鱼藻科 CERATOPHYLLACEAE

金鱼藻属 Ceratophyllum L.

30. 毛茛科 RANUNCULACEAE

1. 飞燕草属 Consolida（DC.）S. F. Gray

2. 铁线莲属 **Clematis** L.

3. 毛茛属 **Ranunculus** L.

4. 唐松草属 **Thalictrum** L.

32. 小檗科 BERBERIDACEAE

1. 十大功劳属 **Mahonia** Nutt.

2. 南天竺属（南天竹属）**Nandina** Thunb.

33. 大血藤科 SARGENTODOXACEAE

大血藤属 **Sargentodoxa** Rehder & E. H. Wilson

34. 木通科 LARDIZABALACEAE

野木瓜属 **Stauntonia** DC.

35. 防己科 MENISPERMACEAE

1. 千金藤属 Stephania Lour.

2. 轮环藤属 Cyclea Arn. ex Wight

3. 秤钩风属 Diploclisia Miers

4. 木防己属 Cocculus DC.

5. 夜花藤属 Hypserpa Miers

6. 青牛胆属 Tinospora Miers

7. 细圆藤属 Pericampylus Miers

37. 清风藤科 SABIACEAE

1. 清风藤属 Sabia Colebr.

2. 泡花树属 Meliosma Blume

45. 金缕梅科 HAMAMELIDACEAE

1. 枫香树属 Liquidambar L.

2. 壳菜果属 Mytilaria Lecomte

3. 蕈树属（阿丁枫属） Altingia Noronha

4. 红花荷属 Rhodoleia Champ. ex Hook.

5. 檵木属 Loropetalum R. Br.

6. 秀柱花属 Eustigma Gardn. & Champ.

7. 蚊母树属 Distylium Siebold & Zucc.

8. 假蚊母树属 Distyliopsis P. S. Endress

2. 构属 **Broussonetia** L'Her. ex Vent.

3. 牛筋藤属 **Malaisia** Blanco

4. 柘属 **Maclura** Nutt.

5. 波罗蜜属 **Artocarpus** J. R. Forst. & G. Forst

6. 榕属 **Ficus** L.

7. 水蛇麻属 **Fatoua** Gaudich.

55. 荨麻科 **URTICACEAE**

1. 藤麻属 **Procris** Comm. ex Juss.

2. 赤车属 **Pellionia** Gaudich.

3. 楼梯草属 **Elatostema** J. R. Forst. & G. Forst.

4. 冷水花属 **Pilea** Lindl.

59. 胡桃科 JUGLANDACEAE

1. 黄杞属 **Engelhardtia** Lesch. ex Blume

2. 枫杨属 **Pterocarya** Kunth

60. 杨梅科 MYRICACEAE

杨梅属 Myrica L.

63. 壳斗科 FAGACEAE

1. 锥属 Castanopsis（D. Don）Spach

2. 柯属 Lithocarpus Blume

3. 青冈属 Cyclobalanopsis Oerst.

4. 栎属 **Quercus** L.

66. 木麻黄科 CASUARINACEAE

木麻黄属 **Casuarina** L.

67. 商陆科 PHYTOLACCACEAE

1. 数珠珊瑚属 **Rivina** L.

2. 商陆属 **Phytolacca** L.

69. 紫茉莉科 NYCTAGINACEAE

1. 叶子花属（宝巾属）**Bougainvillea** Comm. ex Juss.

2. 紫茉莉属 **Mirabilis** L.

3. 黄细心属 **Boerhavia** L.

70. 番杏科 AIZOACEAE

海马齿属 **Sesuvium** L.

72. 仙人掌科 CACTACEAE

1. 木麒麟属 Pereskia Mill.

2. 仙人掌属 Opuntia Mill.

3. 仙人柱属 Cereus Mill.

4. 龙神木属 Myrtillocactus Console

5. 量天尺属 Hylocereus（A. Berger）Britt. & Rose

6. 昙花属 Epiphyllum Haw.

7. 姬孔雀属 Disocactus Lindl.

8. 蟹爪属 Schlumbergera Lem.

9. 海胆球属 **Echinopsis** Zucc.

10. 宝山属 **Rebutia** K. Schum.

11. 细种玉属 **Parodia** Speg.

12. 金鯱属 **Echinocactus** Link & Otto

13. 星冠属 **Astrophytum** Lem.

14. 裸萼属 **Gymnocalycium** Pfeiff.

15. 强刺属 **Ferocactus** Britt. & Rose

16. 乳突球属 **Mammillaria** Haw.

73. 藜科 CHENOPODIOCEAE

1. 碱蓬属 Suaeda Forssk. ex J. F. Gmel.

2. 滨藜属 Atriplex L.

3. 地肤属 Kochia Roth

4. 藜属 Chenopodium L.

74. 苋科 AMARANTHACEAE

1. 苋属 Amaranthus L.

2. 青葙属 Celosia L.

7. 鹅肠菜属 **Myosoton** Moench

79. 蓼科 **POLYGONACEAE**

1. 珊瑚藤属 **Antigonon** Endl.

2. 蓼属 **Polygonum** L.

3. 荞麦属 **Fagopyrum** Mill.

4. 酸模属 **Rumex** L.

80. 白花丹科（蓝雪科） PLUMBAGINACEAE

1. 补血草属 Limonium L.

2. 白花丹属（蓝雪花属） Plumbago L.

81. 五桠果科（第伦桃科） DILLENIACEAE

1. 锡叶藤属 Tetracera L.

2. 五桠果属 Dillenia L.

88. 山茶科 THEACEAE

1. 山茶属 Camellia L.

89. 猕猴桃科 ACTINIDIACEAE

1. 猕猴桃属 **Actinidia** Lindl.

总　论

（深圳植物区系与植被概况）

邢福武　张寿洲　廖文波　邓双文　王　晖

一、自然地理

深圳是中国南部海滨城市，毗邻香港，位于北回归线以南，全市面积 1948.69km²，陆域位置东经 113°46′~114°37′，北纬 22°27′~22°52′，地处广东省南部、珠江口东岸，东临大亚湾和大鹏湾与惠州市相连，西濒珠江口和伶仃洋，南边深圳河与香港相连，北部与东莞、惠州两城市接壤。其辽阔的海域连接南海及太平洋。

（一）地质历史

地史资料记载（刘宝珺等，1993），深圳属于震旦纪华南地台的一部分。晚震旦纪至三叠纪，中国南方多次交替发生海进和海退现象。早二叠纪是中国南方晚古生代最大海平面上升期，整个南方成为一片汪洋大海。中二叠纪时，南方开始发生较大的海退，至晚三叠纪达到高峰，结束了中国南方的海相沉积史。三叠纪时广东绝大部分已上升成陆，在海水已退出的盆地里，气候变得湿润而温和，以苏铁类植物为代表的森林在盆地上繁殖起来。晚三叠纪晚期至早侏罗纪，沿着印支期断裂凹陷区仍有海水侵入，但表现为明显的海退沉积序列。早侏罗纪以后，结束了海浸历史，深圳地区全部上升为陆地。从侏罗纪末期到早白垩纪，地壳运动加剧，燕山运动使华南地台较为活跃，有广泛的花岗岩侵入以及流纹岩为主的火山岩喷发，深圳地区地貌的轮廓即在这个时期形成。此时，自然景观也发生了较大的变化，干燥而炎热的气候代替了侏罗纪湿润温暖的气候，那些喜湿润的热带和亚热带常绿植物只能在盆地中的潮湿地带生长，而在较高海拔的山地，则可能出现了热带亚热带的山地落叶植物。

晚第三纪珠江口地区主要以海相 — 海陆交互相沉积为主。第四纪以来，珠江三角洲发生过 2 次海进，分别发生于晚更新世中期和中全新世初期（赵焕庭，1990）。根据资料记载，礼乐海进盛期，珠江三角洲的河口湾沿东江深入博罗县铁场一带，沿流溪河和白泥河北上至花都市的华山地区，沿北江抵达三水市西南镇。这两次海进对深圳地区的海岸植物和低海拔植物的分布都有较大的影响。晚更新世末期至早全新世，全球发生玉木冰期的第二亚冰期，海平面下降，河流向南延伸，古珠江河口三角洲向海推进。大约在 15000 年前的冰期鼎盛时，南海北部大陆架海的海平面逐步下降至 -110m 左右。早全新世中期，气候变暖，全球发生冰后期海侵。至中全新世初期，海平面上升至今日海平面位置，当时深圳地区的地貌已基本形成。

（二）古生物群

根据地史资料，自泥盆纪至中三叠纪珠江口岸至深圳大亚湾一带由陆相 – 滨海碎屑岩相演变为滨海 – 浅海相碎屑岩，在香港船湾早泥盆世晚期 – 中泥盆世的 *Taeniocrada*（顶囊蕨科）组合中，植物景观以工蕨类植物为主；裸蕨类植物 *Protopteridium*（原始蕨科）、石松类的 *Lepidodendropsis*（原始鳞木科）等非常繁荣；晚二叠纪香港丫洲岛地层中也发现 *Pecopteris*、*Cordaites*、*Compsopteris* 和 *Gigantopteris* 的种类（李作明等，1997）。

早侏罗纪早期，香港等地分布有 *Marattiopsis–Otozamites* 植物群，其特点是以真蕨类（20%）和本内苏铁

（19%）为优势，并有相当数量的种子蕨纲盔籽科（*Corystospermum*）、开通目、苏铁目植物；早白垩世香港坪洲岛植物群中，生长有 *Brachyphyllum*、*Otozamites* 和被子植物 *Dicotylophyllum* sp. 及目前所知最古老的棕榈科植物 *Amesoneuron*（周志炎等，1990）；在香港浅水湾早白垩世的地层中，有木贼科（*Equisetites*）、里白科（*Gleichenites*）、紫萁科（*Cladophlepis*）、本内苏铁科（*Ptilophyllum*、*Zamiophyllum*、*Otozamites*）、苏铁科（*Nillsonia*）、苏铁杉类（*Brachyphyllum*）等，种类十分丰富（李作明等，1997）。

早第三纪古新世时期珠江口地区植物群中既有喜湿热的类群，又有耐干旱的代表，反映出温暖湿润和周期性干旱的气候环境。在香港坪洲至深圳大鹏湾一带，植物孢粉中以蕨类植物为主，如凤尾蕨（占优势）、海金沙、水龙骨、沙草蕨等孢粉，其次为多具孔类花粉和少量三孔、三沟类花粉的被子植物，此外，还有少量裸子植物花粉（李作明等，1997）。

始新世时，全球气温下降，但珠江口地区植物属于南方热带潮湿植物群，被子植物继续发展成为优势类群；植被为热带亚热带常绿阔叶林和亚热带滨海湿地植被。常绿阔叶林的代表性常绿成分有甜樟属、柑橘属、*Sabilites*、柯属、木兰属、樟属、*Palibinia angustifolia*、密脉早梅等。湿地中常见的种类有木贼属、槐叶苹属、莲属；此外，温带性较强或阔叶落叶类群明显增多，如紫萁属、青钱柳属、杜仲属、山胡椒属和桦木科、胡桃科、榆科等，与当时气候环境相符合（李浩敏和郑亚慧，1995）。

渐新世时，珠江口地带的植被组成主要有由棕榈科的 *Sabalites*，樟科的樟属、甜樟属、木姜子属，壳斗科的柯属、栗属等和裸子植物北美红杉属等组成的植被林冠层，蕨类植物木贼属、海金沙属、紫萁属等组成的植被草本层，槐叶苹属仍是沼泽、湖泊等湿地中的主要漂浮植物。

中新世时珠江口沿海一带森林的乔木层的主要种类组成以壳斗科的 *Quercoidites*、水青冈属、*Cupuliferoipollenites* 和樟科的樟属、润楠属等为主，间有棕榈科、红树科、冬青科、芸香科、无患子科、桃金娘科、木棉科、木犀科、杨柳科、木兰科、松科、罗汉松科等；草本层中被子植物主要有菊科、*Chenopodipollis*、毛茛科、睡莲、十字花科、唇形科、茜草科等，蕨类植物有海金沙科、里白科、水龙骨科和紫萁科的种类。沿海一带有较大面积的红树林分布。

第四纪，珠江口地区的气候变化与世界第四纪冰期和间冰期变化同步。早更新世初期，气候比较温暖湿润，植被成分与现在相差不大。随后，第四纪冰川的来临致使热带成分的消匿和南移。除冰川而外，第四纪植被受到的最大影响就是人类活动的干扰。

（三）地形地貌

本区属沿海丘陵低山地区，地势东南高、西北低，地貌呈东西向带状展布。粤东莲花山自东向西穿过深圳市南部，故南部多低山和高丘。东部的七娘山、大燕山、排牙山、笔架山主峰海拔都在 700m 以上。南部的梧桐山主峰海拔 943.7m，是深圳市最高峰。

深圳市地貌可分为南、中、北三个地貌带。南带为半岛海湾地貌带，半岛与海湾相间，重要的山脉有七娘山（867.4m）和排牙山（707m）。中带为海岸山脉地貌带，粤东莲花山脉延至大亚湾顶的铁炉嶂（743.9m）后，山脉逼近海岸，经深圳境内并延伸至香港的大雾山（959m），海岸山脉的高程多为 400~700m，梧桐山高达 944m，是深圳市的最高点。北带为丘陵谷地带，十条主要河流切割高程 100~150m 的低丘陵，形成宽谷（盆地）和窄谷（峡谷）。上述三个地貌带自东南向西北排列，故深圳市的地势为东南高、西北低。深圳市以丘陵为主，台地和平原次之，分别占 44.07%，22.35% 和 22.12%；低山和阶地的分别占 4.82% 和 5.09%。

（四）气　候

深圳位于北回归线以南、亚洲热带北缘与南亚热带的过渡地带，属于南亚热带海洋性气候，长夏短冬，夏无酷暑，冬无严寒，阳光充足、雨量充沛，气候宜人。年平均气温为 22.4℃，最高月平均气温出现在 7 月，为 28.1℃；最低月平均气温在 1 月，为 12.1℃；极端最高温 38.7℃（1980 年 7 月），极端低温 0.2℃（1957 年 2 月），全年无霜期为 355 天，所以无气候上的冬季。深圳雨量充沛，年平均降水量 1933.3mm。台风季节和降雨主要集中在每年的 5~9 月。年平均辐射热达 522.5KJ/cm²，全年日照时数为 2120.5 小时。常年主导风向为东南风，夏季和秋季直接从境内登陆的台风年平均不到一次。

深圳的气候环境类型非常适宜于热带和亚热带植物的生长。

（五）土壤类型

深圳市的土壤包括山地土壤和冲积土。山地土壤分布于丘陵和山地，根据成土母质可分为赤红壤、红壤和黄壤三大类。山地土壤的酸性较大，土质黏重，有机质含量仅有 2%，其中赤红壤面积最大，占到 60% 左右，为地区代表性土壤，多见于海拔 300m 以下的丘陵地带和山坡下部地区；红壤是在亚热带高温高湿，分解迅速的气候条件下形成的主要土壤类型，富铝化作用强烈，其 pH 值 4.5~5.5，呈酸性，主要分布在低山腰和高丘陵地带，例如，梧桐山、排牙山、羊台山、笔架山、鸡公山等海拔 300~600m 的山坡上，多生长着常绿季雨林；黄壤主要分布在海拔 600m 以上的山地，例如，梧桐山、羊台山、梅沙尖和七娘山等。冲积土分布在河流溪涧两岸的平原及沿海各滩地。

深圳湾及其周边近海地区的土壤以滨海盐土为主，可分为红树林潮带盐土、潮滩盐土和草甸滨海盐土三类。红树林潮滩盐土是在有红树林群落生长的情况下发育的一种滨海潮滩盐土，土体松软，营养丰富。潮滩盐土的土壤处于初期发育阶段，土壤含盐量高，有机质积累少。草甸滨海盐土是潮滩盐土沼泽化和盐渍化过程中发育形成的，其生长的主要植被是芦苇和茳芏等。这种土壤主要分布在淡水资源比较丰富或地势较低洼、河道曲折的洼地地带，如基围、鱼塘以及深圳河下游、福田河等有芦苇生长的地方。

（六）水　文

深圳市的河流以海岸山脉和羊台山为主要分水岭，分属南、西、北三个水系。南部称海湾水系，计有 120 多条小河，较大者有 8 条，主要河流是注入深圳湾的深圳河；西部称珠江口水系，有 40 多条河流或河涌，主要河流是茅洲河；北部诸河汇入东江或东江的一、二级支流，称东江水系，有龙岗河、坪山河、观澜河等。纵横交错的河流为各种湿地植物的繁衍提供了优越的自然条件。

二、植物调查研究简史

据中国科学院华南植物园等标本馆馆藏标本记录，最早在深圳境内进行标本采集的是崔德明先生，他于 1932 年为中山大学农林植物研究所（中国科学院华南植物园前身）采集标本，3 月初从惠阳开始采集，经停博罗，于 4 月中旬进入深圳梧桐山采集，月底进入香港大雾山（大帽山）；随后，他马不停蹄赴粤北采集，于 6 月初进入英、德，7~9 月到阳山，所采得 800 号标本多存放于中山大学农林植物研究所标本室，多由哈佛大学亚诺植物学名誉教授 Elmer Drew Merrill 和中山大学农林植物研究所所长陈焕镛教授鉴定。作为较早对广东进行标本采集的国内采集人之一，他采集的这批标本极为珍贵，其中，在惠阳采到的新种惠阳杜鹃花（*Rhododendron huiyangdense* Fang et M. Y. He）和在阳山采得的新种喙果鸡血藤（*Millettia tsui* F. P. Metcalf）的种加词就为纪念他而命名。

崔德明在深圳梧桐山所采的 100 多号标本极为难得，几乎所采到的每一种植物在深圳来说都是首次记录，包括常绿荚蒾、短柄紫珠、野漆、毛叶脚骨脆、山杜英、广东蛇葡萄、蔓荆、黄荆、酸叶胶藤、华南忍冬、多花脆兰、凤眼蓝、羊舌树、白檀、匙羹藤、石萝藦、梅叶冬青、亮叶猴耳环、毛冬青、台湾榕、山柑藤、笔管榕、肉实树、海杧果、鼠刺、灰冬青、马利筋、毛八角枫、盒果藤、九丁树、娃儿藤、华南云实、铜锤玉带草、云实、多序楼梯草、栀子、鸦胆子、杨桐、落瓣短柱茶、刺果藤、假桂乌口树、苦郎树、银柴、藤金合欢、阔荚合欢、中华卫矛、凤凰木、杜虹花、长春花、木荷、红背山麻杆、黄牛木、天料木、乌桕、岭南山竹子、小盘木、薄叶红厚壳、猪屎豆、斜叶榕、天门冬、莎草砖子苗、垂穗莎草等。继崔德明之后第二位对深圳进行标本采集的是中山大学农林植物研究所李耀先生，他于抗战前在广东乳源、乐昌、广州、深圳和香港等地采集大量标本，1934 年 8 月初抵深圳，采集标本 50 多号，次年在香港大雾山进行采集，主要标本存放于中山大学农林植物研究所标本室。他在深圳所采植物标本多由陈焕镛教授鉴定，采得的主要种类有过江藤、金锦香、青葙、长春花、苦郎树、决明、大青、红蓼、弓果藤、菟丝子、望江南、匙羹藤、白花蛇舌草、麻风树、土荆芥、倒地铃、刺苋、红鳞蒲桃、阔苞菊、破布叶、坡参、白花灯笼、马松子、鸡头薯、含羞草、毛麝香、岗松、赛葵、金纽扣、白背叶、裸花紫珠、马利筋等。崔德明和李耀先生开创了深圳植物调查采集的先河，为日后深圳植物分类学的研究奠定了基础。李耀先生还在日寇入侵广州期间，与同事陈少卿不顾生命安危，为保护中山大学农林植物研究所标本馆的馆藏标本做出了贡献。

新中国成立后，大规模的采集活动是在1980年深圳特区政府成立之后，特区政府十分重视深圳的植物引种保育和本底调查工作，于1983年建立深圳仙湖植物园，开始植物引种工作，开展植物驯化和保育生物学研究，同时先后邀请省内外科研院所和高校的专家开展深圳植物本底调查工作。1981年5月和1982年2月，中国科学院华南植物园陈邦余参加广东省海岸植物资源调查，先后赴大铲岛和深圳各地海岸带进行标本采集，采得标本30多号；1982年2月，中国科学院华南植物园陈树培、李泽贤、邢福武等参加广东省海岸滩涂综合考察，曾赴梧桐山、七娘山、西涌、大鹏、葵涌等地进行标本采集，采得标本60多号；1983年中国科学院华南植物园的高蕴璋和陈炳辉先生，受深圳沙头角林场的邀请分别于5月初和11月中下旬先后2次深入到梧桐山、沙头角林场至盐田一带进行轮换采集，共采得植物标本400多号；1983年，由广东省林业厅、华南农业大学和深圳园林部门的专家对深圳的土壤和植物资源进行了为期三个月的调查采集，采集植物标本1000多份；1984年10~11月中国科学院华南植物园王学文、陈炳辉、徐钦胜受深圳园林中心之邀深入到梧桐山、沙头角林场、银湖、南头、莲花山等地采集，采得标本551号。

1988年春，仙湖植物园陈潭清主任提出建立深圳植物标本馆的决定，随后，以李沛琼、王定跃、王勇进、徐有财、陈景方、刘芳齐等组织的采集队分赴深圳梧桐山、梅沙尖、盐田、三洲田和内伶仃岛进行轮换的标本采集，至1993年共采集植物标本5000号、10 000多份，为正式建立标本馆奠定了基础；1990年3月，在仙湖植物园李沛琼研究员的组织下，标本馆建立，初期馆藏标本不足1万份（目前13.1万份）；1990年9月，陈树培、陈炳辉参加广东海岛资源调查，对内伶仃岛和小铲岛的植物进行初步调查，采集植物标本100多号；1996~1998年，仙湖植物园与中国科学院植物研究所及梧桐山风景区管理处合作，成立以傅德志、李良千、李沛琼、谢海标、王勇进、刘永金、王忠涛、傅连忠、马欣堂、班勤、陈淑荣等组成的"深圳考察队"对梧桐山及临近地区进行标本采集，采得标本13000多号、3万多份，同时编辑出版《深圳特区古树名木》（李沛琼、冯惠玲等，1997）和《中国苏铁》（陈潭清、王定跃，1996）专著；1997年开始，中山大学受广东省林业厅的邀请，由廖文波、陈继敏等组成的考察队对内伶仃岛开展全面调查，采得标本1382号，同时完成《内伶仃岛植物名录》的编写；1998~2003年，受广东省林业厅委托，仙湖植物园与中国科学院华南植物研究所合作，组织由张寿洲、李勇、王勇进、陈珍传、陈景方、曾治华、邢福武、王发国、陈红峰等组成的考察队对深圳地区的国家重点保护植物资源进行考察，采集标本3000多号、近7000份，同时，相继出版《深圳园林植物》《深圳园林植物》（续集一）专著2部（李沛琼等，1998，2004），发表科学论文多篇；1999—2000年，受龙岗区政府的委托，中国科学院华南植物园邢福武、张永夏等对龙岗全区进行了全面的植物区系和古树名木调查，采集植物标本3500号，出版《深圳野生植物》《深圳植物物种多样性及其保育》、《龙岗古树》和《深圳市七娘山郊野公园植物资源与保护》等专著4部（邢福武等，2000，2001，2002，2004）；1998年，植物专家在塘朗山发现野生刺桫椤群落，引起南山区城管局领导的重视，于是组织由邢福武、暨淑仪、汪殿蓓、王玲等组成的调查队对南山区的植被和植物区系进行了系统调查，采集植物标本400多号，汪殿蓓和王玲分别完成了各自的博士和硕士论文，并发表多篇研究论文（汪殿蓓，2004；王玲，2002）；此外，深圳市梧桐山风景区管理处刘永金等长期以来对梧桐山的植物进行了调查研究，建立了标本室，编辑出版了《梧桐山植物》一书（陈里娥等，2003）；2004年，在仙湖植物园李勇主任的提议下，仙湖植物园提出编写《深圳植物志》编研计划，并获市政府批准立项。为了充实所需的标本量，仙湖植物园于2004—2005年特邀中国科学院植物研究所合作，全面补点采集，以张寿洲、郭强、李良千、刘全儒、汪眉芝、陈淑荣、班勤、刘阳、陈珍传、马欣堂、傅连忠、蒋露、冯旻、王国栋、闫斌、曾治华、周明顺、龙秀赟、林树兵、勾彩云、谭金桂等组成的采集队对光明新区、羊台山、梅林山、梧桐山、梅沙尖、三洲田、马峦山、笔架山、田心山、大鹏半岛、七娘山、排牙山等地进行了深入的调查采集，采得植物标本16000号、30000余份；同时，仙湖植物园与华南农业大学共同组织以张寿洲、庄雪影、冯志坚、李镇魁、王国栋、闫斌、曾治华以及华南农业大学生命科学学院本科实习生等组成的考察队对坪山、田心山、排牙山、大鹏半岛等地进行调查采集，采得标本 2000 余号、约 6000 份；此外，仙湖植物园张力、陈珍传等相继完成深圳苔藓和蕨类植物的专项调查工作；2007 年，出版了《深圳植物名录》（深圳市城市管理局等，2007）；近年来，深圳市政府非常重视郊野公园的建设，新建多处郊野公园，2007—2016 年邀请中山大学廖文波、凡强、赵万义、袁天天、迟盛南、王雷、杨文晟、刘宇、关开朗以及华南农业大学崔大方教授等组成调查队对内伶仃岛、梧桐山、羊台山、七娘山、排牙山、马峦山、田头山、大鹏半岛、铁岗－石岩湿地等地的植被、物种多样性和珍稀植物进行了系统的调查研究，采集植物标本 5950 号、17850 份，完成样方调查 45000m²，发表有关论文 10 多篇。

几十年来，考察队员长期穿梭于森林中，披荆斩棘、跋山涉水，下山谷、登山顶、过草地，采集了大量标本，发表了一系列论著，所有的这些调查所采集的标本和积累的文献资料均为编写《深圳植物志》奠定了基础。《深圳植物志》编研工作于 2005 年正式开始，邀请了中国科学院植物研究所、中国科学院华南植物园、中山大学和华南农业大学等单位合作。至 2017 年，编研工作全部完成。《深圳植物志》共分为 4 卷，收录植物 237 科 1252 属 2732 种 99 变种和亚种以及 87 栽培品种。

三、植被概况

清初以前，深圳境内地旷人稀，原始植被覆盖广，水乡泽国多，交通极为不便。根据康熙《新安县志》记载，"由新安城（南头）至大鹏所城路径多，多系高山海港，旧有乌市渡从乌石海边至下沙道里二日可通，今无船渡设复一渡，高山峻岭如鹞鹰三转，大小梅沙尖七顿岭等处轿马难走，必步行登越横涌海港，无渡伺潮退以涉沓，不退路期不定。"可见，当时从县城至大鹏只能趁退潮时从海边徒步，山路寸步难行。从目前大鹏湾沿岸的南澳西涌村、大鹏下沙村和迭福村、葵涌土洋村等处保留下来的苍劲挺拔的古树群就可以看出，当年这一带的山林是多么茂密。对于深圳最高山峰——梧桐山，该志有这样的记载："梧桐山，在县东六十里，三峰秀拔，周匝数十里，山阴垂距东洋，山阳延亵境内，顶有天池，深不可测，多梧桐异草，山下有赤水洞。"可见，当年梧桐山具有山深林密、梧桐树下草木多的植被景观。遗憾的是野生梧桐在梧桐山已很少见，倒是邻近的东莞境内还保留许多，极为珍贵。

（一）植被特征

深圳地区属南亚热带海洋性季风气候区，热量充沛，雨量丰富，植被类型多样复杂，自低海拔至高海拔，形成南亚热带沟谷季雨林、南亚热带低地常绿阔叶林、山地常绿阔叶林、南亚热带山地灌草丛。此外，南亚热带常绿针叶林及针阔叶混交林、南亚热带红树林及半红树林、人工植被等在深圳普遍分布。

1. 种类组成丰富

根据总面积 36900m² 的典型样地进行调查和统计，样方内共有维管植物 131 科 344 属 641 种，包括蕨类植物 18 科 29 属 48 种、种子植物 113 科 315 属 593 种。其中含 10 种以上的优势科主要有樟科（41 种）、豆科（29 种）、大戟科（32 种）、山茶科（27 种）、茜草科（26 种）、禾本科（16 种）、蔷薇科（18 种）、桃金娘科（16 种）、紫金牛科（15 种）、冬青科（17 种）、壳斗科（18 种）、桑科（16 种）、芸香科（14 种）、马鞭草科（11 种）、菊科（12 种）、山矾科（12 种）、番荔枝科（11 种）等。

按照吴征镒（1991）对我国种子植物区系属的分布区类型划分方法进行统计，结果表明种子植物 315 属可划分为 14 个分布区类型。其中，以热带成分占绝对优势，共有 270 属，占 85.71%，优势属主要有榕属、冬青属、山矾属、木姜子属、柃属、蒲桃属、樟属、野牡丹属、润楠属等；温带成分较少，共有 45 属，占 14.29%，主要代表属有松属、槭树属、荚蒾属、勾儿茶属、马甲子属、檵木属、石斑木属、南酸枣属等，但所含种类多为热带亚热带成分。

2. 南亚热带常绿阔叶林的典型代表

深圳地处南亚热带季风气候区，气温较高，雨水充足，植被类型多样，南亚热带常绿阔叶林中最具有代表性的植物有罗浮栲、华润楠、水翁、蒲桃、山油柑、鹅掌柴、假苹婆、猴耳环、红鳞蒲桃、肉实树、榕树、山杜英、黄牛奶树、水同木、黄果厚壳桂、银柴等，它们作为优势种组成的群落在深圳广泛分布。灌木层最具代表性的植物有罗伞树、毛冬青、网脉山龙眼、鼠刺、梅叶冬青、粗叶榕、中华卫矛、九节、破布叶、豺皮樟、狗骨柴等。藤本有苍白秤钩风、青江藤等。草本层有草豆蔻、华山姜、艳山姜等，它们往往呈局部优势，形成南亚热带最具代表的植物群落。

3. 热带季雨林特征明显

在深圳，不论是山地沟谷，还是低海拔的"风水林"和海岸林，森林群落终年常绿，林冠稠密，层次结构复杂，组成种类极为丰富，优势种不明显，具有雨林的外貌和结构特征。最典型的如南澳西涌的香蒲桃海岸林，其与海南岛东部分布同类型群落在外貌和结构上非常相似，典型热带的香蒲桃和打铁树形成明显优势（张永夏，2001）。在沟谷季雨林中，茎花和板根现象极为常见，前者有水同木、对叶榕、水东哥等，后者有杂色榕、山杜英等；绞杀植物如笔管榕、榕树在低海拔森林中时有见到；附生植物较为常见，如巢蕨、星蕨等附生蕨类以及各种附生兰花；木质藤本植物多见，如买麻藤、锡叶藤、白花油麻藤、槌藤等。此外，具有热带海岸特色的红树林、半红树林树种在深圳很有代表性，分布于葵涌坝光的银叶树古树群，其树龄之大、板根之高大在海南岛和东南亚的红树林中也难得一见。

4. 生活型

群落的生活型统计表明，深圳植被与南亚热带地区的常绿阔叶林极为相似，所调查的593种植物中，中高位芽植物（8~30m）60种，小高位芽植物（2.5~8m）262种，地上芽植物20种，地面芽植物25种，隐芽植物18种，藤本植物54种。与其他地区相比，深圳植被典型群落的高位芽的藤本植物比例（占9.2%）高于鼎湖山常绿阔叶林（5.6%）、南昆山南亚热带常绿阔叶林（5.6%）、黑石顶低山常绿阔叶林（4.7%）、海南龙脑香林（4.1%），而低于邻近的香港岛黄桐林（12.0%）。地上芽植物、地面芽和一年生草本植物及隐芽植物种类则与其他地区相差无几（图1）。然而，深圳地区植被的典型常绿阔叶林缺乏大高位芽植物，小高位芽植物种类最多，中高位芽植物种类次之，往下依次为藤本植物、地面芽植物、地上芽植物及隐芽植物。与大高位芽植物及中高位芽植物占优势的海南岛、香港岛、南昆山、黑石顶及鼎湖山的典型常绿阔叶林相比，深圳典型植被在生活型上几乎与

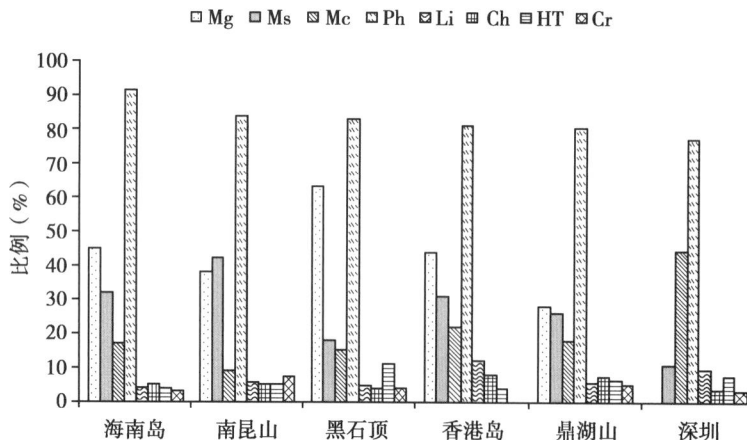

图1　深圳森林植被的生活型谱及与相关地区的比较

注：Ph——高位芽；Mg——大高位芽；Ms——中高位芽；Mc——小高位芽；Li——藤本；Ch——地上芽；HT——地面芽和一年生草本；Cr——隐芽；海南岛——龙脑香林；南昆山——南亚热带常绿阔叶林；黑石顶——低山常绿阔叶林；香港岛——黄桐林；鼎湖山——常绿阔叶林。

之相反，以小高位芽植物为主；在高位芽所占比例上说，深圳的高位芽比例（77.0%）均低于鼎湖山常绿阔叶林（80.4%）、海南岛龙脑香林（91.4%）、南昆山南亚热带常绿阔叶林（83.8%）、黑石顶低山常绿阔叶林（83.0%）、香港岛的黄桐林（81.0%）。造成这种状况的原因可能是，深圳早期的原生性植被受到了干扰，目前仅见于东部区域，如排牙山、田头山、马峦山和七娘山局部区域；藤本植物较丰富，一是海岸线较长，二是深圳沿岸山地亦偏南，受到了南部湿润性季风的影响，具有较强的热带性特征。

5．年龄结构

深圳代表性群落的分析结果表明，深圳植被乔木层主要优势种群的年龄结构不尽相同，大致可以分为以下几类。

（1）增长型，主要有红鳞蒲桃、猴耳环及亮叶猴耳环。这些种群的主要特点是，其种群的幼苗、小苗及小树的植株数量远大于壮树及大树，说明这些种群具有良好的自我更新能力，在深圳植被以后的发展中很可能仍是主要优势种之一。

（2）稳定型，主要有鹅掌柴、假苹婆、山油柑、银柴、浙江润楠、山蒲桃、山乌桕、鸭公树及红鳞蒲桃。这些种群的主要特点是处于各龄级阶段的植株较为均衡，能使种群保持一定的更新能力。这些物种是现阶段深圳植被乔木层的主要组成物种，并在未来相当一段时间内，继续保持优势地位。

（3）衰退型，主要有鼠刺、鹿角锥、华润楠、山杜英及大头茶。这些种群的主要特点是，大型植株数量多于其他龄级的植株数量，现阶段虽然是深圳植被组成的优势种群，在以后的演替中其优势度可能会被其他物种超越。

6．植被分布的一般规律

植被的分布与该地的环境条件相适应。在水平分布上，由于深圳地处热带－亚热带的过渡地区，因而其地带性的代表植被类型－南亚热带常绿阔叶林的组成种类、群落外貌和结构等特征均表现出从热带到亚热带过渡的特点。

深圳的山峰虽然海拔不高，但南北坡的植被仍有一定的差异。由于深圳的山脉多为东南向西北排列，从而使得这些丘陵山地的南北坡的光、热、水、土条件差异明显。西南坡光、热条件充足，为阳坡，因而植被呈旱生性类型，如岗松、鹧鸪草群落，其群落的覆盖度也较小。东北坡的条件则相反，为阴坡，植被为中生性类型，如石斑木、细毛鸭嘴草群落等，覆盖度也较大。

在垂直分布上，深圳因山地海拔不高，植被的垂直分布现象不太明显，但在海拔较高的梧桐山、七娘山上，不同海拔高度植被的分布仍有差异。现以受人为干扰较少的七娘山南坡为例，说明深圳植被垂直分布的特点。七娘山是深圳第二高峰，其海拔高达 867.4m。从西涌海边经西涌海岸林，再沿着盘山公路到牙山村沟谷季雨林，穿过东冲公路经石涯头抵七娘山山顶，这条植被带从海边到山顶，植被连贯性强，从海边至山顶随着海拔的逐渐升高，其植被的外貌、结构和组成呈现出明显的替代现象。

西涌海边：分布着深圳最典型的滨海沙生植被，主要有海杧果、露兜树、草海桐、苦郎树、珊瑚菜、蔓茎栓果菊、绢毛飘拂草、过江藤、厚藤等海岸植物。

西涌村海岸林：分布着与海南岛东部海岸相似的香蒲桃海岸林群落。作为群落中的优势种，香蒲桃在广东分布到深圳之后就不再往北分布，伴生的植物主要有南烛、银柴、打铁树、红鳞蒲桃、黑叶谷木、潺槁木姜子、假桂乌口树、九节、野漆、子凌蒲桃、豺皮樟、假鹰爪、中华卫矛、酒饼簕、黄牛木、桃金娘、牛眼马钱等。其中，香蒲桃、打铁树、子凌蒲桃是热带性较强的植物。

海拔约 150m 左右：最典型的是牙山村的风水林，由于靠近沟谷，是深圳低地沟谷雨林的典型代表。群落外貌和结构有类似沟谷雨林的特征，植物种类组成丰富，乔木主要以鹅掌柴、胭脂、滇糙叶树、假苹婆、岭南山竹子、白桂木、山蒲桃、禾串树、山油柑、金叶树、肉实树、南酸枣、黄牛奶树、乌榄、五月茶、臀果木、猴耳环、秋枫、榕树、水翁为主，灌木主要有罗伞树、中华卫矛、黑面神、九节、草珊瑚、紫玉盘等。藤本植物种类较多，主要有玉叶金花、罗浮买麻藤、红叶藤、肖菝葜等。具有茎花的植物如水东哥、杂色榕、笔管榕、九丁树、水同木等相当常见；具有板状根的植物如山杜英、杂色榕时有出现。热带性比较强的植物如杖藤、野蕉等在沟谷中也较为常见。

　　东冲公路上侧，海拔约 300~450m：七娘山植物种类最为丰富的区域，其优势种多为南亚热带常绿阔叶林的典型代表，乔木群落主要由山油柑、黄樟、亮叶猴耳环、凹叶红豆、光叶山矾、鼠刺、柯等组成。灌木种类较多，常见的以大头茶、天料木、杨桐、细齿叶柃、毛菍、黄牛木、变叶榕、山鸡椒、梅叶冬青、山橘、朱砂根、豺皮樟为主；藤本植物也较丰富，常见的有蔓九节、鸡眼藤等，这些种类多攀援于树干上。

　　海拔 450~600m：樟科和壳斗科的植物明显增加，乔木群落主要以浙江润楠、罗浮栲、小叶青冈、枫香树、华杜英、木荷为主，灌木主要由杜鹃花、亮叶冬青、网脉山龙眼等组成。

　　海拔 600~750m：壳斗科植物占明显优势，温带代表科、属时有出现，乔木主要由栲、甜槠等组成；温带性较强的植物如岭南槭、滨海槭相继出现；灌木如吊钟花、毛棉杜鹃花在局部地带成为优势种。

　　750m 以上：由于常年风大，山顶多以樟科、壳斗科、杜鹃花科等植物组成的低矮群落为主，主要由红楠、岭南青冈、硬壳柯等组成，灌木则以密花树、丁香杜鹃花等为主。树上挂满苔藓植物，局部地带为灌草地。

（二）植被分类系统

　　参照《中国植被》（1980）的划分原则，深圳自然植被类型可划分为 4 个植被型 10 个植被亚型 40 个群系，人工植被可划分为 5 个植被亚型 10 个群系。自然植被亚型包括：南亚热带常绿针叶林、南亚热带针阔叶混交林、南亚热带沟谷季风常绿阔叶林、南亚热带山地常绿阔叶林、南亚热带山顶常绿矮林、南亚热带竹林、南亚热带红树林、南亚热带山地灌丛、南亚热带草丛、滨海沙地灌草丛及其他 5 个工人植被亚型。

1. 自然植被
针叶林
亚热带针叶林
I. 南亚热带常绿针叶林

　　深圳的南亚热带常绿针叶林适应性较强，能够在干旱贫瘠的条件下生长成林，并逐渐向针阔混交林演进，成为绿化荒山荒地的先锋树种和先锋群落。马尾松是深圳常绿针叶林的唯一代表，常常形成单优势群落。

　　I_1 马尾松群系

　　马尾松 – 桃金娘 – 芒萁群落

　　分布于马峦山曾屋以北低山的东北坡，属于亚热带针叶林和草坡的混合类型。

II. 南亚热带针阔叶混交林

　　南亚热带针阔叶混交林并非南亚热带的地带性植被类型，而是一个不稳定的次生演替的植被类型，是在南亚热带针叶林演替过程中的演替系列类群。深圳自然生长的马尾松林多混杂阔叶树，成为针阔叶混交林，在马峦山、三洲田、排牙山、内伶仃岛、大南山等地均分布。

　　II_1 鹅掌柴、短序润楠、马尾松群系

　　马尾松 + 鹅掌柴 + 短序润楠 + 山乌桕群落

　　分布于马峦山中卢肚以北一带低山的南坡，林冠不整齐，高 5~6.5m。

　　II_2 光叶红豆 + 潺槁木姜子 + 马尾松群系

　　马尾松 – 光叶红豆 + 潺槁木姜子群落

　　分布于马峦山和三洲田西南低山的东南坡，群落高 6m 上下，覆盖度 80%。

　　II_3 山油柑、岭南山竹子、马尾松群系

　　马尾松 + 山油柑 + 岭南山竹子群落

　　分布于马峦山红花岭水库东北山头的山谷下，群落外观呈鲜绿色，总覆盖度 75% 左右。

　　II_4 山乌桕 + 马尾松群系

　　马尾松 + 山乌桕 + 黄樟 + 杨梅群落

分布于马峦山。群落外观呈浅绿到深绿色，高约 3.5~5.5m，总覆盖度 75% 左右。

II$_5$ 马尾松 – 银柴群系

马尾松 – 银柴 – 豺皮樟群落

分布于内伶仃岛。群落分层明显，乔木层高 10~15m。

II$_6$ 铁榄、马尾松群系

铁榄 + 马尾松 – 小果柿 + 豺皮樟群落

分布于大南山北部山石坡，群落高约 6m，盖度约为 0.8。

阔叶林

亚热带常绿阔叶林

III. 南亚热带沟谷季风常绿阔叶林（季雨林）

南亚热带沟谷季雨林主要分布在马峦山、羊台山、梅林水库、塘朗山等地的海拔不高的沟谷中，呈带状分布。

III$_1$ 水翁、蒲桃群系

水翁 + 鹅掌柴 – 九节 + 露兜簕 + 华山姜群落

分布于马峦山和三洲田，海拔 100~500m，林冠高 8~10m，覆盖度 95%。

III$_2$ 山油柑群系

（1）山油柑 + 薄叶青冈 + 柿树群落

分布于马峦山龙潭瀑布沟谷边的东坡上，群落覆盖度 70%。

（2）山油柑 + 鹅掌柴 + 亮叶猴耳环 – 红鳞蒲桃 + 豺皮樟群落

分布于马峦山龙潭瀑布沟谷边的东坡上，海拔 205m，高 7~8m，覆盖度 75%。

（3）山油柑 + 假苹婆 – 篲竹群落

分布于马峦山丰树山附近山头北坡的水沟处，群落覆盖度 75%。

III$_3$ 假苹婆 – 三桠苦 – 仙湖苏铁群系

假苹婆 – 三桠苦 + 九节 – 仙湖苏铁群落

分布于梅林水库和塘朗山，群落外貌终年常绿。

III$_4$ 大叶算盘子群系

大叶算盘子群落

主要分布于银湖和梅林郊野公园的部分沟谷地段，海拔 100~300m，林内潮湿。

III$_5$ 香蒲桃群系

香蒲桃群落

分布在南澳海边的风水林中，香蒲桃是唯一的优势树种，形成了广东省少见的单优香蒲桃群落。香蒲桃的高度一般为 10m，胸径最大可达 45cm，覆盖度为 85.0%。

IV. 南亚热带山地常绿阔叶林

南亚热带季风常绿阔叶林的热带性质较强，是亚热带向热带过渡的类群。

IV$_1$ 浙江润楠、黄心树群系

（1）浙江润楠 – 豺皮樟 + 鼠刺群落

分布于田头山自然保护区赤坳水库附近的沟谷坡地，海拔约 249m。

（2）浙江润楠 + 鹅掌柴 – 鼠刺 + 九节

分布于排牙山求水岭的低山地带，海拔约 200m。

IV$_2$ 短序润楠群系

短序润楠 + 鹅掌柴 – 罗浮栲 + 山油柑群落

分布于马峦山的尖马山上一条水沟附近，群落外貌呈现深绿色间黄绿色，高 6~8m。

IV₃ 刨花润楠群系

刨花润楠 - 九节 - 桫椤群落

分布于田头山北面小溪流附近,群落郁闭度极高,林下灌木、草本丰富。

IV₄ 樟树群系

樟树 + 马尾松 + 浙江润楠 - 梅叶冬青 + 豺皮樟 - 芒萁群落

分布于凤凰山,群落外貌浅绿色,季相变化不甚明显。乔木层高 5~8m。

IV₅ 阴香群系

(1)乌桕 + 阴香 + 鹅掌柴 - 三桠苦 - 芒萁 + 微甘菊群落

分布于凤凰山,群落外貌呈浅绿色,季相变化不明显。

(2)阴香 + 黄樟 + 软荚红豆 - 三桠苦 + 豺皮樟 - 蔓生莠竹群落

IV₆ 红楠群系

红楠 + 罗浮栲 - 毛冬青 - 乌毛蕨群落

分布于马峦山三洲田、梅沙尖东坡,海拔 700~900m,群落外观呈深绿色,林冠高 10~12m。

IV₇ 黧蒴锥群系

(1)黧蒴锥 + 米槠 - 杜茎山 + 水团花群落

分布于马峦山风景区的马峦村民委员会对面,土壤湿润,为一残存的村边林。

(2)黧蒴锥 + 鹅掌柴 - 九节 + 豺皮樟 - 芒萁群落

分布于马峦山三洲田水库的东面小东坑山坡的中位坡至上位坡。

IV₈ 罗浮栲群系

(1)罗浮栲 + 黧蒴锥 + 青皮竹群落

分布于马峦山和三洲田,群落高 7~8m,极为密集,覆盖度 85% 以上。

(2)罗浮栲 + 薄叶青冈 + 野漆群落

分布于红花岭水库以东的山坡上,海拔 150~200m。

(3)广东箣柊 + 罗浮栲 + 网脉山龙眼群落

分布于马峦山尖马山东坡,群落高 4~6m。

IV₉ 柯群系

(1)柯 - 九节 - 苏铁蕨群落

分布于田头山,群落郁闭度为 55%。

IV₁₀ 白桂木群系

(1)白桂木 + 鹅掌柴 + 假苹婆 + 罗伞树群落

分布于葵涌油库以北尖马山与犁壁山之间一条水沟西侧的山坡上。海拔 80m 左右,坡度 20°。

(2)华润楠 + 白桂木 + 蕈树 - 罗伞树 - 乌毛蕨群落

分布于梅沙尖中位坡至山顶一带,海拔 500~700m,外观呈鲜绿色到深绿色,林冠连续,高 5~8m,覆盖度 90%。

IV₁₁ 石笔木群系

石笔木 + 大花枇杷 + 密花树群落

分布于马峦山龙潭瀑布下的沟谷及山坡一带,两侧山坡陡峭,群落覆盖度 75% 左右。

IV₁₂ 红鳞蒲桃群系

红鳞蒲桃 + 鹅掌柴 - 豺皮樟 - 苏铁蕨群落

分布于排牙山,群落郁闭度为 0.7,林冠层不甚整齐,整体外貌呈深绿色。

IV₁₃ 鹅掌柴群系

(1)鹅掌柴 + 短序润楠 + 鼠刺 + 大头茶群落

分布于马峦山的中部与南部地带。

（2）鹅掌柴＋杨梅＋亮叶猴耳环－舶梨榕群落

分布于马峦山猫华山西坡，乔木可高达 7m 以上。

（3）鹅掌柴＋大头茶＋山乌桕－桃金娘群落

分布于马峦山三洲田麻竹坑东北半山一带，一般高 5~6m，总覆盖度 75% 左右。

IV_{14} 土沉香群系

银柴＋土沉香－九节群落

分布于小梧桐山，样地面积 1200m²，群落乔木上层高 10~15m 以上。

V. 南亚热带山顶常绿矮林

南亚热带常绿矮林是一种次生性的植被类型，分布在深圳各山顶。

V_1 蚊母树群系

蚊母树＋大头茶＋雷公青冈－豺皮樟群落

分布于马峦尖马山与犁壁山之间水沟北端近山顶处。

V_2 钝叶假蚊母树群系

钝叶假蚊母树＋鹿角锥＋密花树－锈叶新木姜子－流苏贝母兰群落

分布于排牙山主峰山顶附近，海拔 658m，乔木层高度在 8m 以上。

V_3 大头茶群系

（1）大头茶＋山油柑＋黑枝－豺皮樟群落

分布于径子村西南中卢肚低山山谷的一条水沟附近，海拔约 180m，坡度约 30°，林冠较整齐，外观呈深而发亮的绿色，总覆盖度 80%。

（2）杨梅＋鼠刺＋大头茶－豺皮樟＋桃金娘群落

分布于马峦山红花岭水库（下）西北半山一带，群落高 5~6m，覆盖度 70%，分层不明显。

V_4 铁榄群系

（1）铁榄＋野漆－豺皮樟＋小果柿群落

分布于大南山西南部山石坡，群落高约 6m，盖度为 0.5~0.7。

（2）铁榄＋天料木＋野漆－豺皮樟群落

分布于大南山中部山石坡，群落高约 5~8m，盖度约为 0.8。

（3）铁榄－小果柿＋香楠群落

分布于大南山东北部山石坡。群落高约 6m，盖度约为 0.8。

V_5 笔管榕、刺葵群系

笔管榕＋刺葵－桃金娘＋细毛鸭嘴草群落

分布于马峦山、三洲田、小梅沙、大梅沙荷盐田冲积台地两侧的山脚，海拔 10~300m。

V_6 鼠刺群系

鼠刺＋密花树＋鹅掌柴－桃金娘－芒萁群落

分布于马峦山、三洲田水库西面上位坡和山脊地带，海拔 300~800m，林冠一般高 4~5m。

V_7 黄牛木群系

破布叶＋榕树－黄牛木群落

分布于内伶仃岛，乔木层高 8~20m。

VI. 南亚热带竹林

竹林在植物种类组成、群落结构和生态外貌等方面都比较特殊，优势种由禾本科竹亚科植物组成，是一类木本状多年生常绿植物群落类型，常常是由一种或几种竹类组成单优群落。有时竹类植物混生在阔叶林中，尤其是在南亚热带地区混生于各种常绿阔叶林中，在林内形成显著的层片，对于群落的动态演替起着明显的作用。

特别是在群落受到干扰时，往往竹类会侵入林中，形成退行演替。

深圳地区的竹林多由灌木型竹组成，最常见的种类有篁竹、托竹、篌竹及箬叶竹等，多分布于山地疏林、沟谷及近山顶山坡，但局部区域分布面积较小，组成的种类也比较单调。

红树林

Ⅶ. 南亚热带红树林

红树林是生长于热带亚热带沿海潮间带，处于陆地生态系统与海洋生态系统过渡带的一类特殊湿地生态系统，是热带亚热带海岸带的生态关键区。深圳的红树林主要分布在深圳湾福田、东涌、西涌、坝光和大小梅沙。

深圳湾福田红树林分布面积有 367hm²，群落乔木层树种主要为秋茄树、蜡烛果、木榄、黄槿、海榄雌、银叶树、海漆、海桑、无瓣海桑、木榄、海杧果等，林下植物主要为老鼠簕，林间藤本有鱼藤、海刀豆，其中，海桑和无瓣海桑为入侵植物，其繁殖扩散迅速，已影响到本地红树植物的生长。

Ⅶ₁ 秋茄树、蜡烛果群系

（1）秋茄树＋蜡烛果－老鼠簕群落

分布在龙岗南澳、南山西客站等地的海边入海河口处及福田沙嘴一带，为密灌丛林或小乔木林，高 2~6m，林冠整齐，没有明显的层次，群落中偶尔有海漆。

（2）秋茄树＋蜡烛果＋海榄雌群落

分布在东涌和福田红树林自然保护区中。该群落发育较为成熟，人为干扰较小，各种植物生长发育良好，一般树高 2~4m，树下幼苗较多，老鼠簕亦有少量分布。

Ⅶ₂ 银叶树、海杧果群系

（1）银叶树群落

分布在龙岗坝光盐灶海边，群落外貌呈密林状，林相整齐，郁闭度达 90.0%，其中，树龄 100 年以上的银叶树有 27 株，500 年以上的银叶树 1 株，为典型风水林群落。

（2）海杧果＋黄槿群落

分布于内伶仃岛以及海岸带，群落中除海杧果和黄槿外，还有许树、桐棉等种类。

灌丛

Ⅷ. 南亚热带山地灌丛

南亚热带山地灌丛的分布都局限于热带、亚热带丘陵低山地区，绝大多数都是当地森林砍伐后所形成的次生植被或是植被演替过程中的一个阶段。

Ⅷ₁ 豺皮樟群系

（1）豺皮樟＋米碎花＋马缨丹－芒萁群落

分布于龙潭山山顶，为较典型的南亚热带稀树灌草丛类型。

（2）豺皮樟＋桃金娘－芒萁群落

此类型是深圳普遍存在的大常绿灌丛类型。

Ⅷ₂ 桃金娘群系

（1）桃金娘＋了哥王＋栀子－蔓九节＋芒萁群落

分布于鬼风斗到黄泥坳一带的山顶。群落中零散分布着为数不多的乔木种类，高一般不超过 2.5m。

（2）桃金娘－类芦＋芒萁＋山菅兰群落

分布于犁壁山的山顶一带。

（3）桃金娘＋岗松－芒萁＋鹧鸪草群落

分布于马峦山、三洲田的低丘陵，海拔 100~400m。群落覆盖度为 95%，属于干旱灌丛。

草丛

IX. 南亚热带草丛

草丛是指以中生或旱中生多年生草本植物为主要建群种的植物群落，大多数处于不同演替阶段的次生类型，反映不同的生境条件。

IX₁ 芒草群系

芒草 + 细毛鸭嘴草 + 刺芒野古草 + 金茅群落

分布于梅沙尖的上位坡和山顶，海拔 400~940m，覆盖度 95%，草层高 1~1.2m。

IX₂ 五节芒群系

五节芒 - 类芦群落

分布于正坑口以及马峦山部分丘陵近山顶的地段，海拔 100~200m，草层高 1.5~2.5m，覆盖度 95%。

IX₃ 洋野黍群系

洋野黍 + 铺地黍群落

分布于三洲田水库、山坑沼泽，草层高 0.7~0.8m，覆盖度达 98%。

X. 滨海沙生灌草丛

指分布在深圳滨海沙滩上，由草本植物和亚灌木所组成的植被类型。灌木主要种类有露兜簕、仙人掌及马缨丹等。草本主要种类有厚藤、假厚藤、卤地菊、沟叶结缕草、老鼠芳、盐地鼠尾粟、过江藤及珊瑚菜等，多为海漂或风播的植物。

单叶蔓荆—厚藤 + 老鼠芳群落

群落稀疏，单叶蔓荆覆盖度仅 15%~30%。

2. 人工植被

XI. 人工常绿针叶林

主要分布在小梧桐山、凤凰山、马峦山、羊台山、笔架山、三洲田等地。

XI₁ 马尾松群系

（1）马尾松 - 山乌桕 + 山油柑群落

分布于马峦山和羊台山，群落高 6~7m。

（2）马尾松 - 大头茶 + 潺槁木姜子 + 鼠刺群落

分布于马峦山红花岭水库（下）西南、湖洋坑东北矮山以及三洲田水库东南一带，主要分布在海拔 150~200m 的丘陵上，坡度约 10°。

XI₂ 杉木群系

（1）杉木 + 鹅掌柴 + 山油柑 / 银柴群落

分布于马峦山、三洲田、小梧桐山、凤凰山和笔架山，高约 6~7m，总覆盖度达 75%~80%，林冠不整齐。

（2）杉木 - 粉箪竹 + 山乌桕群落

分布于马峦山、三洲田。

XII. 人工次生常绿阔叶林

分布于马峦山、梅林山、凤凰山、笔架山、大梅沙、小梅沙等地。

XII₁ 台湾相思群系

（1）台湾相思 + 山乌桕 - 豺皮樟 + 梅叶冬青群落

分布于山猪坜低矮的山坡上，群落高 6m 以上。

（2）台湾相思 + 马占相思 + 米槠 + 鹅掌柴群落

分布于马峦山死老窝、嶂顶梅场一带，群落高 8m 以上。

（3）台湾相思＋大叶相思＋马占相思群落

分布于马峦山、大梅沙、小梅沙、凤凰山等地低山的山脚、坡地。

（4）台湾相思＋柠檬桉＋鼠刺群落

分布于马峦山金龟村到葵涌低山的东坡上，群落总覆盖度80%左右，外观绿色。

XⅡ₂ 马占相思群系

马占相思＋赤桉－豺皮樟＋山油柑－芒萁群落

分布于凤凰山和笔架山，群落高约15m。

XⅡ₃ 大叶相思群系

大叶相思－杨桐－水团花＋豺皮樟群落

分布于梅林山，群落高6~8m。

XⅡ₄ 柠檬桉群系

（1）柠檬桉＋赤桉＋窿缘桉群落、柠檬桉＋大叶桉群落

分布于马峦山和凤凰山。

（2）柠檬桉＋赤桉＋木荷＋鼠刺群落

分布于马峦山径子坳以北山头的北坡。

XⅡ₅ 尾叶桉群系

细叶桉＋窿缘桉群落

分布于马峦山、大梅沙、小梅沙的山脚、坡地。

XⅡ₆ 南洋楹群系

南洋楹＋绒毛润楠＋杉木群落

分布于凤凰山，群落高约10m。

XⅡ₇ 青皮竹群系

（1）青皮竹－芒群落

分布在三洲田、小三洲等村边，马峦山的低矮丘陵以及路边、村边。

（2）坭竹＋青皮竹群落

分布于内伶内岛，在东角咀至黑沙湾一带。

XⅡ₈ 木麻黄群系

木麻黄林

常种植在海边的沙滩地，如内伶仃岛海边沙滩，呈零星分布状态，为人工营造的防风固沙的防护林。

XⅢ. 园林植被

园林植被以观赏树种为主，如红花荷、凤凰木、榄仁、二乔玉兰、毛果杜英、榕树、枫香树、土沉香等，此外，还有火焰树、美丽异木棉、紫玉兰等乔木，灌木主要有桂花、豺皮樟、叶子花、梅叶冬青等。

XⅣ. 林果园

深圳的果林中绝大部分是热带果类，如荔枝、龙眼、阳桃、柑、橙、梅、李等，其中以荔枝、龙眼、杧果最为普遍。这些林果园一般分布于马峦山、三洲田、小梧桐山、铁岗水库、笔架山、坝光等地。

XⅤ. 农耕地

农耕地是附近村民在山地种植的小面积水稻田和菜地，种植水稻、白菜、菜心、花椰菜、豆角、黄瓜、苦瓜、丝瓜等。

四、植物区系

（一）植物区系的组成

根据《深圳植物志》统计，深圳共有野生维管植物213科929属2080种（包括种下单位，下同）：石松类和蕨类植物有29科81属186种，种子植物有184科848属1894种，其中占有绝对优势的被子植物达179科842属1885种，占本区种子植物科、属、种的97.28%，99.29%，99.52%；裸子植物仅5科6属8种，只占本区种子植物科、属、种比例为2.72%，0.71%和0.42%。被子植物中双子叶植物149科627属1372种，单子叶植物30科215属513种。在性状组成上，木本植物共702种，占总数的37.2%；草本植物共936种，占49.7%；藤本植物共247种，占总数的13.1%。

1. 优势科

深圳共有石松类和蕨类植物区系的29科，含6种以上的有12科，分别为：卷柏科、膜蕨科、里白科、鳞始蕨科、碗蕨科、凤尾蕨科、铁角蕨科、金星蕨科、乌毛蕨科、蹄盖蕨科、鳞毛蕨科和水龙骨科。从深圳石松类和蕨类植物属的分布区类型划分来看，具有热带性质的分布区类型共有51个属，占89.5%，其中热带性较强的松叶蕨属、瓶蕨属、桫椤属、卤蕨属、苏铁蕨属等在深圳较为常见，而具有温带性质的分布区类型仅有6个属，占10.5%。这表明深圳石松类和蕨类植物有强烈的热带性。

裸子植物在深圳基本全为木本，仅买麻藤为藤本，在深圳在植被中起伴生作用。

被子植物不仅种类多，而且在深圳森林群落中占据优势地位。在科的水平上，深圳拥有20种（含20种）以上的大科共20个，仅占总科数的10.87%，但拥有的种数为1122种，占区系总种数的59.24%，说明优势类群趋于集中和明显。深圳的被子植物种数最多的科（≥35种）有9科，其中禾本科、莎草科、菊科、蝶形花科、兰科和玄参科均为世界性分布的大科，具有较强的适应能力，在本区不仅种类多，并且在群落中起到关键作用。此外，樟科、茜草科、大戟科、桑科、蔷薇科、唇形科、马鞭草科、山茶科、爵床科、壳斗科、旋花科、百合科、蓼科和紫金牛科在本区也占较大比重，其中樟科、壳斗科、桑科所含的一些种类是深圳森林群落中的主要建群种或优势种。

在深圳植物区系中，中等科（10~19种）有26科344种，占区系总科数的14.13%和总种数的18.16%，其中芸香科、杜鹃花科、金缕梅科、冬青科、桃金娘科、夹竹桃科、木犀科、鼠李科、苏木科、含羞草科和卫矛科等相当常见，有些在局部形成优势群落；另一些科如荨麻科、姜科、伞形科、鸭跖草科等是林下最常见的植物；有些是深圳灌丛组成的优势科，如野牡丹科等；有些却是旷野和路边的常见杂草，如锦葵科、苋科、茄科、十字花科等，有些藤本的科如菝葜科、葡萄科、萝藦科、葫芦科为深圳森林群落中的层间植物，它们在森林中的出现增加了本区常绿阔叶林外貌、结构和组成的热带性特征。此外，包括天南星科、番荔枝科、猪笼草科、田葱科、芭蕉科、棕榈科、红树科、五桠果科和山龙眼科等虽然所含种类不多，但他们具有很强的热带性质，它们多出现在深圳的沟谷季雨林中或低海拔湿地中，增加了本区的热带性特色。

2. 优势属

深圳共有维管植物213科929属2080种，各属所含的种数差异较大，大多为单种属或寡种属，含种类较多的属相对较少。其中含7种及以上的属有40属，这些属是构成深圳植被的骨干成分，如青冈属、柯属、锥属、润楠属等植物是构成本地常绿阔叶林的主要建群种；而榕属、蒲桃属、樟属、冬青属、五月茶属的植物则是构成常绿季雨林的优势种类。柃属、紫金牛属、山矾属、紫珠属、叶下珠属、杜鹃花属、算盘子属却是灌丛的优势种类；山姜属则是季雨林草本层的主要植物。

3. 属的地理成分

参照吴征镒等（1991，2006）对中国种子植物属的分布区类型划分，现将深圳野生种子植物848属按照地理分布类型分为 13 类型 15 个变型(表 1)。

表 1 深圳种子植物区系属的分布区类型

分布区类型	属数	种数	占总属数的比例(%)	占总种数的比例(%)
1 广布(世界广布)	60	223	扣除	扣除
2 泛热带(热带广布)	230	658	29.19	39.38
2-1 热带亚洲 – 大洋洲和热带美洲(南美洲或 / 和墨西哥)	7	7	0.89	0.42
2-2 热带亚洲 – 热带非洲 – 热带美洲(南美洲)	14	33	1.78	1.97
3 东亚(热带、亚热带)及热带南美间断	36	60	4.57	3.59
4 旧世界热带	75	154	9.52	9.22
4-1 热带亚洲、非洲和大洋洲间断或星散分布	11	23	1.40	1.38
5 热带亚洲至热带大洋洲	75	125	9.52	7.48
6 热带亚洲至热带非洲	50	68	6.35	4.07
6-1 华南、西南到印度和热带非洲间断分布	1	1	0.13	0.06
6-2 热带亚洲和东非或马达加斯加间断分布	3	9	0.38	0.54
7 热带亚洲(即热带东南亚至印度 – 马来西亚,太平洋诸岛)	109	182	13.83	10.89
7-1 爪哇(或苏门答腊),喜马拉雅间断或星散分布到华南,西南	7	10	0.89	0.60
7-2 热带印度至华南(尤其云南南部)分布	2	4	0.25	0.24
7-3 缅甸、泰国至华西南分布	2	2	0.25	0.12
7-4 越南(或中南半岛)至华南或西南分布	6	6	0.76	0.36
8 北温带	40	113	5.08	6.76
8-1 北温带和南温带间断分布	9	14	1.14	0.84
9 东亚及北美间断	31	81	3.93	4.85
10 旧世界温带	19	22	2.41	1.32
10-1 地中海区,西亚(或中亚)和东亚间断分布	2	3	0.25	0.18
10-2 欧亚和南非(有时也在澳大利亚)	5	5	0.63	0.30
11 地中海区、西亚至中亚分布	4	4	0.51	0.24
11-1 地中海区至温带 – 热带亚洲,大洋洲和 / 或北美洲南部至南美洲间断	1	1	0.13	0.06
12 东亚(东喜马拉雅 – 日本)	33	51	4.19	3.05
12-1 中国 – 喜马拉雅(SH)	5	5	0.63	0.30
12-2 中国 – 日本(SJ)	7	7	0.89	0.42
13 中国特有	4	23	0.51	1.38
合 计	848	1894	100	100

从表 1 可以看出,热带亚热带成分(1~7 类型)所占比例最高,占总属数的 79.71%,这些属所含种类在群落中也占据绝对优势。而温带的属(8~11 类型)只占总属数的 14.09%,且多以单种或寡种出现,在群落中多起伴生作用。此外,东亚分布类型的属(12 类型)占 5.71%;中国特有属(13 类型)4 属,占 0.51%,包括棱果木属、双片苣苔属、大血藤属、舌柱麻属。它们均为单型属,反映了这些种子植物特有属的古老性和孑遗性。东亚分布型和中国特有成分多为亚热带成分,它们在深圳主要起伴生作用。

(二)各区植物区系的特点

就植物区系研究来说,深圳的面积较小,不足以进行植物区系分区,但深圳境内地形复杂,东边盐坝高速南侧的南澳和大鹏境内，代表性的山地为七娘山、排牙山，由于远离珠江口，濒临浩瀚的南海，靠海流和风播的海岸植物和典型热带植物有较多的分布，在深圳只分布于这一区域的种类较多，如中华双扇蕨、粤紫萁、乌檀、金叶树、香港樫木、广东木瓜红、大苞白山茶、香港杜鹃花、蓬莱葛、香港马兜铃、薄叶猴耳环、穗花轴榈、大叶石上莲、冠萼线柱苣苔、舌柱麻等，其中仅分布于西涌海边的植物有打铁树、匍匐苦荬菜、香港胡颓子、珊瑚菜、卤地菊、滨海月见草、艾堇、假厚藤、鹿角草等，只分布于坝光海边的有银叶树和补血草等；香蒲桃虽然在小梅沙也有分布，但只有在西涌形成优势群落。在深圳西部的宝安、南山和福田等地，因地处珠江口的东侧，植物的分布与广州、中山极为接近，代表性的山地包括羊台山、凤凰山和塘朗山，只分布于这里的植物有仙湖苏铁。深圳的南边与香港为邻，包括罗湖、盐田等地，代表的山地如梧桐山、梅沙尖和马峦山，该区植物区系与香港极为接近，在深圳只分布于这一区域的种类有香港油麻藤、香港凤仙花、南昆杜鹃花、齿缘吊钟花、猪笼草、山榄叶泡花树、虎颜花等。龙岗北部的坪地、坑梓、坪山等地，北与惠阳和东莞交界，代表性的山地为田头山、红花顶等，因远离海岸，植物区系与博罗、惠州的植物相近，一些种类具有中亚热带的特点，如只分布于这一区域的有南岭杜鹃花等。

五、珍稀濒危植物

深圳地处南亚热带地区，复杂多样的生境条件孕育着丰富的植物种类。据统计，深圳共有野生维管植物2080种，这些植物对于深圳和周边地区的生态平衡以及植物资源的保护和利用具有重要价值。同时，深圳又是中国经济社会改革和对外开放的前沿，给深圳的植物物种多样性的保护造成巨大的威胁，因而，合理、有效、科学地保护深圳植物物种多样性对深圳社会经济的可持续发展将产生深远的影响。

（一）种类组成与分布

根据国务院1999年8月4日批准公布的《国家重点保护野生植物名录》（第一批）名单，深圳有国家重点保护野生植物16种。其中，属于国家一级重点保护的野生植物有仙湖苏铁1种，分布于南山区与福田区交界的塘朗山山沟中，估计有2000株，从山沟至海拔400m的山坡都有分布，群落的郁闭度达80%。仙湖苏铁在原生地生长良好，但幼苗较少，病虫害比较严重，在海拔较低的局部地带，原生境遭到人为干扰，应特别注意保护。

属于国家二级重点保护的野生植物有15种，它们是桫椤、黑桫椤、细齿黑桫椤、小黑桫椤、水蕨、苏铁蕨、金毛狗、樟树、大苞白山茶、普洱茶、野龙眼、半枫荷、土沉香、粘木、珊瑚菜（表2）。其中，桫椤分布较为常见，塘朗山局部成片分布；黑桫椤在广东各地极为常见，在深圳有几个地方有分布，但数量较为稀少；细齿黑桫椤更少，分布于梧桐山，仅发现一个种群；水蕨过去在珠三角一带的农田中常见，但由于农民过量施用农药，原生境遭到破坏，在农田中很难再见到水蕨，目前在深圳只能在低海拔的山沟冲积土中找到，数量稀少；苏铁蕨多生长在向阳的山坡上，在梧桐山、田头山、马峦山、塘朗山及大鹏等地都有分布，但个体数量不多，多呈零散分布；金毛狗目前在深圳分布数量较多，多生于林阴下潮湿处，在深圳各主要山地都有分布，尤其在一些沟谷地段，往往形成单优的群落。野生樟树以前在华南极为常见，但近年来园林绿化多应用樟树的大树和古树，偷挖严重，数量日趋减少，但目前在深圳许多村民把樟树作为风水树严加保护，百年大树屡见不鲜，尤其在村庄附近的风水林中，局部形成优势群落；大苞白山茶过去一直被认为是香港的特有种，在调查中笔者发现在七娘山近山顶和梧桐山的沟谷中亦有分布，但分布特别稀疏，个体数量很少；野龙眼在七娘山的一些沟谷地带有野生的植株，有些树高达10m以上，数量较少；半枫荷在深圳仅在马峦山发现，数量不足10株，极为珍贵；土沉香过去在深圳市的常绿阔叶林和季雨林中十分常见，但近年来由于被不法分子偷采其香脂而遭到严重破坏，现在日趋减少，偶然看到的个体也多为幼树；粘木在深圳各主要山地偶有见到，但往往是单株出现；珊瑚菜原为海滩沙生植物群落的建群种，随着海滩的破坏和开发利用，南澳西涌、沙岗一带的种群数量日趋减少，该种在深圳其余地方的海滩未见有分布，应特别注意保护。

表2　深圳珍稀濒危保护植物及其分布

种名	濒危程度	保护级别	种的分布区	在深圳的分布	海拔高度（m）
仙湖苏铁 *Cycas fairylakea*	濒危	一级	广东	塘朗山	50~400
桫椤 *Alsophila spinulosa*	濒危	二级	华南、西南；尼泊尔、印度等	深圳各主要山地	100~300
黑桫椤 *Gymnosphaera podophylla*		二级	长江以南；越南	深圳各主要山地	100~800
细齿黑桫椤 *Gymnosphaera denticulate*		二级	长江以南；日本	梧桐山	300~600
小黑桫椤 *Gymnosphaera metteniana*		二级	长江以南；日本	梧桐山、羊台山	360~600
土沉香 *Aquilaria sinensis*	濒危	二级	华南、西南	深圳各主要次生林	20~700
苏铁蕨 *Brainea insignis*	濒危	二级	华南、西南；热带亚洲和大洋洲	深圳各主要山地	100~600
大苞白山茶 *Camellia granthamiana*	濒危	二级	广东	梧桐山、七娘山	550
普洱茶 *Camellia assamica*	濒危	二级	华南、西南；印度、泰国、越南	排牙山、田心山、梧桐山、七娘山	200~700
水蕨 *Ceratopteris thalictroides*	濒危	二级	华南、西南、华中	深圳低海拔湿地、农田	10~150
金毛狗 *Cibotium barometz*	濒危	二级	华南、西南、华东、南海群岛各处	深圳各主要山地	50~800
半枫荷 *Semiliquidambar cathayensis*	濒危	二级		马峦山	
樟树 *Cinnamomum camphora*	濒危	二级	华南、华中；朝鲜、越南、日本	深圳各地风水林	5~200
野龙眼 *Dimocarpus longan*	濒危	二级	西南部至东南部；亚洲热带地区	七娘山、梧桐山	50~500
珊瑚菜 *Glehnia littoralis*	濒危	二级	华南与东北沿海；日本、朝鲜、俄罗斯	南澳西涌、沙岗一带海边	1~8
粘木 *Ixonanthes chinensis*	濒危	二级	华南、西南	七娘山、塘朗山、梧桐山、三洲田	200~600

　　在已出版的《中国植物红皮书》（傅立国，1992）中，还收载了二级重点保护的穗花杉、普洱茶，三级重点保护的白桂木、吊皮锥、舌柱麻。穗花杉仅见于七娘山、梅沙尖和梧桐山山顶的次生林中，数量不足100株；普洱茶在排牙山、田心山、七娘山和梧桐山有少量分布，当地群众习惯采其叶泡茶喝，人为干扰严重，数量日趋减少；白桂木在深圳低地常绿阔叶林中较为常见，局部为群落乔木层的常见树种，林下幼苗很多，但长成大树的植株很少；吊皮锥和舌柱麻均分布于七娘山，前者分布近山顶，后者分布于山沟，数量均不足10株。

　　深圳还分布有广东省级保护植物乌檀，这种植物仅在南澳高岭和坪山的田心山有发现，数量不足10株。

　　根据《IUCN 物种红色名录》和评估标准（1984，1988，1994），深圳有珍稀濒危保护植物26种。其中，极危种3种，即紫纹兜兰、香港马兜铃、小果柿；濒危种即细花冬青1种；渐危种5种，包括大苞白山茶、土沉香、粘木、南岭黄檀和白桂木；近危种4种，包括穗花杉、石仙桃、半枫荷、龙眼等。

　　根据汪松、解焱主编出版的《中国物种红色名录》（2004年），深圳受威胁珍稀濒危野生植物共有56科93属103种，其中，蕨类11科13属14种；裸子植物2科2属4种；被子植物43科78属85种。其中，极危种5种，包括仙湖苏铁、珊瑚菜、粤紫萁、二色卷瓣兰、马香港马兜铃；濒危种22种，包括中华双扇蕨、蛇足石杉、白桂木、香港木兰、大苞白山茶、栎叶柯、金线兰、三蕊兰、紫纹兜兰、多枝拟兰、深圳拟兰、玫瑰宿苞兰、二脊沼兰、华南马鞍树、梣藤、细花冬青、滨海槭、小果柿、青牛胆、褐苞薯蓣等；易危种有49种，包括松叶蕨、水蕨、苏铁蕨、通城虎、土沉香、银叶树、粘木、乌檀、直唇卷瓣兰、广东隔距兰、建兰、对茎毛兰等。其中一些种类已被《国家重点保护野生植物名录》(第一批)名单收录。

根据《濒危野生动植物国际贸易公约》(CITES 公约),深圳共有 7 科 50 属 85 种野生植物被收录,其中,蕨类 4 科 5 属 7 种;裸子植物 1 科 1 种;被子植物 2 科 77 种。附录 I 中收录了紫纹兜兰;附录 II(贸易必须受到控制)中收录 7 科 50 属 85 种,其中包括蕨类 7 种,即桫椤、黑桫椤、细齿黑桫椤、小黑桫椤、中华双扇蕨、苏铁蕨、金毛狗;裸子植物 1 种,即仙湖苏铁;被子植物 77 种,包括土沉香以及所有野生兰科植物。其中除兰科和中华双扇蕨外其余均被《国家重点保护野生植物名录》(第一批)名单收录。

深圳的野生兰科植物具有丰富的物种多样性,共有 43 属 76 种,但在植物调查时兰花并不是随时随地可见的植物。除了竹叶兰、见血青、石仙桃、流苏贝母兰、镰翅羊耳蒜、石仙桃、广东石豆兰、鹤顶兰、尖喙隔距兰、高斑叶兰等相对比较常见外,其他的兰花分布极为有限。有些种类如三蕊兰、麻栗坡三蕊兰、多枝拟兰、深圳拟兰、紫纹兜兰、无叶兰、深圳香荚兰、短穗竹茎兰、龙头兰、白花线柱兰、黄花线柱兰、紫花鹤顶兰、血叶兰、阿里山全唇兰、歌绿斑叶兰、寄树兰、云叶兰、细裂玉凤花等在深圳极少见,多数种类在深圳仅发现一个种群,尤其是以深圳为模式命名的深圳香荚兰和深圳拟兰,极为珍贵。

(二)建议列入保护的种类

在近年的调查中发现,有一些植物数量在深圳及其邻近地区相当少又具有重要科学和应用价值,但目前尚未被列入保护名单中。其中,许多在深圳仅发现一个种群;此外,以深圳作为模式产地命名的深圳耳草和深圳槭树极为珍贵,笔者建议深圳市政府将这些植物作为市级保护植物(表 3)加强保护。

表 3　建议保护的稀有种类及其分布现状

种名	分布	状况	种名	分布	状况
常绿臭椿 *Ailanthus fordii*	南澳牙山村	濒危	香蒲桃 *Syzygium odoratum*	南澳沙岗、小梅沙	广东稀有
福建莲座蕨 *Angiopteris fokiensis*	七娘山	稀有	深圳耳草 *Hedyotis shenzhenensis*	排牙山、大鹏	深圳稀有
心檐南星 *Arisaema cordatum*	七娘山	濒危	深圳槭树 *Acer shenzhenensis*	七娘山、马峦山	深圳稀有
紫花短筒苣苔 *Boeica guilenna*	田头山	稀有	金叶树 *Chrysophyllum lanceolatum* var. *stellatocarpa*	南澳杨梅坑	稀有
中华双扇蕨 *Dipteris chinensis*	七娘山	稀有	薄叶猴耳环 *Archidendron utile*	南澳西涌	稀有
香港樫木 *Dysoxylum hongkongensis*	七娘山	濒危	穗花轴榈 *Licuala fordiana*	大鹏迭福村、排牙山	稀有
香港凤仙花 *Impatiens hongkongensis*	横岗	稀有	香港胡颓子 *Elaeagnus tutcheri*	南澳西涌	稀有
海南海金沙 *Lygodium circinnatum*	杨梅坑	稀有	鹿角草 *Glossogyne tenuifolia*	南澳沙岗	稀有
华南条蕨 *Oleandra cumingii*	田头山	稀有	香港油麻藤 *Mucuna championii*	塘朗山、梧桐山	稀有
广东木瓜红 *Rehderodendran kwangtungense*	七娘山	濒危	南昆杜鹃花 *Rhododendron naamkwanense*	马峦山	稀有
香港杜鹃花 *Rhododendron hongkongense*	七娘山	稀有	齿缘吊钟花 *Enkianthus serrulatus*	梅沙尖、三洲田	稀有
阔片乌蕨 *Stenoloma biflorum*	杨梅坑	稀有	猪笼草 *Nepenthes mirabilis*	梅沙尖、三洲田	稀有
南岭山矾 *Symplocos pendula* var. *hirtistylis*	田头山、梅沙尖	稀有			

六、外来入侵植物

（一）种类组成

深圳市的外来入侵植物是指非中国原产但已在深圳建立了自然种群的植物，根据野外调查，并参考前人的研究资料统计，深圳市共有 146 种外来植物，分属于 40 科 105 属，大约占深圳市植物总种数的 7.02%。深圳市外来植物中大于 5 种的科有菊科（29 种）、苋科（12 种）、禾本科（11 种）、茄科（10 种）、蝶形花科（10 种）、旋花科（9 种）、苏木科（7）种、含羞草科（6 种）、大戟科（5 种），这些科都是世界性分布的大科，处于比较进化的系统位置，对环境的适应性强，具有较强的入侵性。在深圳 40 个科的外来植物中，具有热带、亚热带性质的科有 24 科，占总数的 60%；具温带性质的科有 2 科，占总数的 5%。属的组成中仅有牵牛属（6 种）、决明属（6 种）、苋属（5 种）、茄属（5 种）、含羞草属（4 种）、莲子草属（4 种）有较多的种类，这些属的分布中心均在热带美洲，其他属均只有个别种类在深圳有分布。其中，喜旱莲子草、微甘菊、凤眼蓝、飞机草等属于国家环境保护总局 2003 年公布的首批 9 种外来入侵植物。另外，微甘菊、三裂叶蟛蜞菊、银合欢、凤眼蓝和马缨丹等 5 种植物被 IUCN 列入世界上最有害的 100 种外来入侵种。

（二）危害状况

根据外来入侵植物目前在野外的生长、分布状况，其所造成的危害大致可以分为严重、中等和较轻三种程度。其中危害严重的有微甘菊、五爪金龙、金钟藤、光荚含羞草、马缨丹、三裂叶蟛蜞菊、喜旱莲子草、假臭草、银合欢等，这些植物分布范围广，排挤甚至杀死本地植物，形成单优群落，其种群扩散的地区生物多样性明显降低。以微甘菊为例，20 世纪 80~90 年代才登陆我国的微甘菊，几乎吞噬了整个内伶仃岛，其后迅速在珠江三角洲地区蔓延（孔国辉等，2000；何立平等，2000），目前微甘菊已经上升为深圳市最大的林业有害生物，深圳市政府每年投入大量人力、物力和财力进行治理，成效甚微。深圳退耕还林后大部分无人管理的荔枝林、龙眼林等小乔木及部分低矮灌丛被微甘菊所覆盖，并且有向林内延伸的趋势（黄忠良等，2000）。再如被称为"森林杀手"的金钟藤，为旋花科鱼黄草属植物，具大型单叶，攀援生长，现已在沙头角林场、羊台山及各大山体林地大面积疯长，成片密密麻麻地覆盖在森林上层，其下的各种原生森林植物，由于竞争不到阳光和生长空间，已呈现萎缩消亡状态（陈炳辉等，2005）。其他几种危害较严重的入侵植物在深圳都可见到它们的优势或单优群落，严重破坏了本地区森林生态系统的生物多样性，如果不加以防治，势必会造成大片的森林消亡，造成重大的生态灾难。

中等危害程度的植物主要分布在村舍、农田、路边、绿化草坪等生境，植物个体较为常见，但很少形成单优群落，如刺苋、含羞草、红花酢浆草、阔叶丰花草等；它们有时形成单优群落，但分布范围较小，如飞机草和无瓣海桑仅见于海岛。

危害程度较轻的种类的植物个体零星分布，或为栽培种类偶尔逸生，如假马鞭、龙珠果、垂序商陆等。这些种类对生物多样性暂时未造成危害，但需要严密监控。

（三）入侵的主要途径及管理策略

外来植物入侵主要有 3 条途径：有意识引种后扩散、无意识引入和自然传入。深圳是我国对外开放的窗口，大量外来植物的不断引进，其入侵的风险也在不断增加。因此，需要严格控制和评估外来入侵种的引入，大力保护本地自然生态系统，以免本地生物多样性遭到严重破坏。目前，深圳市针对外来入侵植物状况及所面临的入侵风险，提出以下防治和管理对策。

1．开展外来入侵物种调查

建立外来入侵物种数据库，并对外来植物进行有效控制和管理。对于深圳市已存在的外来入侵物种，在详细调查的基础上建立外来入侵植物数据库，加强野外监测，并对其生物学特性、种群状况、危害程度及扩散潜力进行进一步的研究，加大资金和人力投入，积极开展生物防治、低污染的化学防治、机械根除等综合治理措施。

2．加强与周边地区合作
实行信息资源共享，建立外来植物入侵预警评估体系。

3．加强边境检验检疫
杜绝外来有害植物的种子随进口物资而无意识引入。

4．大力发展乡土植物
进行生态系统恢复，降低外来入侵植物造成的危害。

5．加强生物入侵研究
进行成本收益论证，开发入侵物种的利用价值。外来入侵植物虽然有害，但有些种类当初就是作为有用植物引入的，在对其进行充分研究的基础上，开发其药用、饲料、燃料、绿肥等利用价值，替代本土植物，科学、有效地减少对本土植物的利用，变害为宝。

6．加强生物入侵宣传
提高公众防范意识，形成群防群治的良好氛围。生物入侵的防治是一项复杂、长久的工程，需要公众的参与。政府应该利用各种信息传播媒介开展宣传，使公众认识到生物入侵的危害性，了解人类活动与生物入侵的关系，提高其对早期生物入侵的警惕性。

七、植物资源的利用与保护

历史上，深圳境内曾为番禺县、宝安县、东莞县属地，东晋咸和六年（331 年）始设宝安县，唐肃宗至德二年（757 年）易名为东莞县，公元 1573 年从东莞分置新安县，辖地包括今天的深圳市及香港区域。民国二年（1913年），新安县复名宝安县。大黄沙、大梅沙沙丘遗址发现的陶器、石器等考古资料表明，早在六千年前的新石器时代，深圳就有人类居住。随后，深圳先民在他们的生活和生产活动中对植物资源的利用从不间断，同时人类的活动也改变了他们赖以生存的环境。

（一）明清时期深圳先民对植物的利用

1．历代县志收载的植物
深圳境内从东晋咸和六年设宝安县开始，至唐肃宗至德二年易名为东莞县的 400 多年间并没有著书对深圳植物做过记录；从唐肃宗至德二年（757 年）至明代 1573 年之前，深圳境内为东莞县属地，此期间曾编纂过 2 个版本的《东莞县志》，其中明正统 7 年（1442 年）周式修、陈琏编纂的《东莞县志》因适罹兵革而未付梓；只有由吴中修、卢祥于明天顺 8 年（1464 年）编纂的《东莞志》保存完好，书中记录众多植物，其中谷类 7 种，包括粳、糯、粘、麦、豆、粟、芝麻；菜类 30 种，包括芥、萝卜、菠薐、莴苣、茼蒿、芥兰、枸杞、葱、韭、蒜、荞、芹、萁、茄、冬瓜、瓠、姜、蒲突（苦瓜）、蒢菣（猪㞓菜）、薤菜、香菜、藤菜、苋菜、菌、笋、芋、薯、茭笋、鹅眼（鹅肠菜）、羊蹄；果类 55 种，包括苹婆子、蒟酱、荔枝、柑子、香橼、橄榄、乌榄、绿榄、龙眼、蕉子、柚子、余甘、谷子、秋风子、金斗子、山不纳子、不纳子（蒲桃）、羊矢子、三敛子（杨桃）、宜母子（黎檬子）、人面子、黄淡子、黄皮子、倒黏子、菩提子、山枣、马脐子、鬼拗子、石栗、桃、李、梅、梨、枣、柿、栗、茅栗、蔗、莲、藕、菱、芡、菰、橘、金橘、橙、杨梅、石榴、卢橘、苦荬子、柰、罗旁子、葡萄子、椎子、茅椎子；瓜类 7 种，包括合子瓜、鸭青瓜、香瓜、金瓜、银瓜、白瓜、西瓜；药类 30 种，包括桑白皮、金银花、藿香、山栀子、木鳖、木瓜、紫苏、地黄、葛根、蓖麻子、菖蒲、车前草、枇杷叶、薄荷、石莲子、使君子、山药、罂粟、茱萸、香附、蓬莪术、樟柳、五加皮、何首乌、白芨、蜀葵、牵牛子、海藻、三棱、豆蔻；花类有22种，包括兰、素馨、茉莉、木樨、月桂（月季）、红梅、菊、佛桑（扶桑）、朱槿、小笑（含笑）、鸡冠花、指甲花、真珠花、木香、凤仙、蔷薇、荼蘼、芙蓉、山丹、杜鹃、石竹、一丈红；木类有17种，包括木棉、桃榔、榕、槐、杉、樟、苦楝、青桐、松、柏、枫、柳、棕榈、皂角、乌桕、相思、鹅掌柴；竹类有10种，包括筋竹、篏竹、黄竹、紫竹、甜竹、泥竹（坭竹）、鹤膝竹、白眼竹、龙葱竹、单竹。土产有麻布和苎布；香有白木香、马芽香、香头香、甲笺香、铁面香等5种。这是地方志最早对深圳先民利用当地植物种类最详细的记载，其中许多种类沿用至今，具有很高的应用价值和研究价值。

据靳文谟修、邓文蔚纂的康熙《新安县志》（1688年）记载，深圳先民种植和食用的作物种类相当丰富，共有稻类16种，包括早粘、黄粘、班粘、咸粘、红头粘、鼠芽粘、黄糯、白糯、早糯、旱糯、高州糯、乌嘴糯、红糯、黑糯、莆菱、菱谷；麦类4种，包括大麦、小麦、荞麦、三角麦；菽（豆）类8种，包括红豆、绿豆、黑豆、三收豆、白眉豆、扁豆、地豆、黄豆；蔬类42种，包括芥菜、姜、丛、韮（韭菜）、苋、蒜、匏、瓠、竹笋、蕨、芋、茄、薯、菌、芥菜、白菜、油菜、茼蒿、萝卜菜、若蓬莱（若苨菜）、菠菜、苦荬、圆荽（芫荽）、蕹菜、扶蔓菜、大叶菜、藤菜、生菜、苦瓜、金瓜、琼芝菜、王瓜、节瓜、雪菜、冬瓜、茭笋、木耳、石发、紫、油苔、蓴菜（莼菜、水葵）；果类29种，包括桃、李、奈（花红）、杏、栗、枣、梨、柿、柑、橘、橙、柚、橘、榄、莲、椎、荔枝、圆眼（龙眼、桂圆）、青梅、杨梅、杨桃、石榴、甘蔗、葡萄、黄皮、犀瓜（西瓜）、香瓜、红梅、金橘；茶类4种，包括山茶、大叶茶、甜茶、蓥茶（云雾茶）；草药有46种，包括使君子、益母草、山茱萸、马鞭草、金银花、香附子、草麻子（蓖麻）、何首乌、五加皮、草决明、牵牛子、地骨皮（枸杞皮）、车前子、山栀子、无患子、皆治藤（鸡屎藤）、苦里根、水花红、山豆根、仙道种、天门冬、天南星、独脚、乌桕、木鳖子、桑白皮（桑根）、擘酢叶、苍耳、紫苏、荆芥、藿香、白芨、杜仲、薄荷、大黄、山药、巴豆、黄精、宿砂（砂仁）、当归、皂荚、茴香、黄姜、牛漆（牛膝）、干葛（葛根）、薏苡；竹子有22种，包括篏竹、黄竹、紫竹、甜竹、单竹、大头竹、油竹、泥竹（坭竹）、球竹、筋竹、赤竹、乌眼竹、苦竹、缘竹、白眼竹、鸡距竹、绵竹、鹤膝竹、凤尾竹、吊丝竹、撑篙竹、龙葱竹；材用植物26种，包括桂、松、柏、杉、槐、椎、白橡、赤橡、桃榔、相思木、木棉、刺桐、獭木、水椰、刀杯木、水沙、藤蓝、山枣、杪木、栎木、鹅掌柴、梓木、何木（木荷）、南木（楠木）、檀木、椿等；观赏花卉共35种，包括兰、菊、鸡冠花、指甲花、瑞香花、凤尾花、夜落金、九里香、玉绣球、狗牙花、十段锦、七姊妹、海棠花、杜鹃花、千叶榴、剪春罗、桂花、佛桑（扶桑）、含笑、紫薇、蔷薇花、白蝉花、芙蓉、月桂（月季）、金凤花、素馨、茉莉、夜合、葵花、莲花、红杏、碧桃、玉簪、山茶、玫瑰；草类21种，包括莞（莞草）、艾、蘩、苹、藻、若、茅、芦苇、稗、莠、荇菜、水葵、泽兰、江蓠、薜荔、凤尾草、冬叶、辣蓼、咸草、野葛（断肠草）、羊角草（羊角拗）；杂产10种，包括靛（靛蓝）、胡麻、竹麻、苎麻、青麻、罗湖席、土苏木、黄马、棉花、紫花。这些植物多数沿用至今，历久不衰。

据嘉庆《新安县志》所载，芋类3种，包括黄芋、青芋、银芋；薯类8种，包括甘薯、山薯、番薯、葛薯、毛薯、红薯、白薯、大薯；芝麻有黄、白、黑3种；蔬菜17种，包括芥蓝、若苨、生菜、青蒜、菠菱、原荽、苋菜、豆角、黄瓜、节瓜、白菜、芥菜、萝卜、冬瓜、生姜、葱、韮；豆类8种，包括青豆、黄豆、白豆、乌豆、赤豆、绿豆、眉豆、三收豆；果树17种，包括荔枝、龙眼、沙梨、橘、柚、橙、五敛子（杨桃）、甘蕉（芭蕉）、宜母果（宜檬、林檬）、黄皮、蜜望果、万寿果、西瓜、菠萝、落花生、甘蔗、油柑子（余甘子）；花类17种，包括梅花、素馨、茉莉花、指甲花、朱槿、拘那花（夹竹桃）、使君子、兰、凤兰、树兰（米仔兰）、珍珠兰（鸡爪兰）、菊花、吊钟花、马缨花、九里香、凤仙花、石榴花；草类7种，包括雁来红、仙人掌、蓝草（靛蓝）、山柰（山奈）、鲜草果、苍耳子、油葱；木类3种，包括榕树、木棉、香树；竹类10种，包括大竹、籬竹、愡竹、箐竹、蔓竹、筇竹、紫竹、球竹、凤尾竹、罗汉竹；藤类6种，包括黄藤、白藤、沙藤、金刚藤、蚺蛇藤、冶葛（断肠草）。历代县志不仅记载了深圳本地栽培和少数野生的植物种类，还记载了部分植物的用途，为近代植物分类学的研究、植物名字的考证和应用奠定了基础。

2. 传统经济植物的种植与利用

深圳先民种植和应用植物的历史悠久，根据明天顺8年（1464年）卢祥于记载当地谷类、菜类、瓜类、果类、药类、花类、木类、竹类、香类共182种；又据康熙《新安县志》记载，当时种植食用的农作物种类相当丰富，共有稻类、麦类、豆类、蔬类、果类、茶类、草药、杂产、材用植物、观赏花卉、草类、竹子等共计262种，种植的品种之多，就现在来说也毫不逊色，当时种植的许多作物种类现在已销声匿迹，如今如小麦、大麦、荞麦等在深圳早已不种，白芨、当归、五加皮、山豆根等草药现在已很少种植。这些植物多适宜中亚热带气候，可能与深圳现在的气候较过去为暖有关。

深圳人利用草药治病的历史悠久，尤其是明末清初客家人从赣、闽等地南迁聚居于龙岗、宝安、罗湖等地之后，带来了外族人对草药利用的经验，草药的利用更加多样化。这些用药的习俗和应用的种类多数沿用至今，对我国药用植物资源的挖掘和利用做出了贡献。

深圳具有悠久的种茶历史，各代县志对当地产茶、种茶和品茶的经验多有收载，如康熙《新安县志》载："大帽山形如大帽，山有石塔，山中出茶。"又据嘉庆《新安县志》载："茶产邑中者甚多，其出于杯渡山（青山）绝壁上者，有类蒙山茶，烹之作幽兰、茉莉气，缘山势高，得雾露以滋润之故，味益甘芳但不易得耳。若凤凰山之凤凰茶、担竿山（担杆岛）之担竿茶消食退热，以及竹仔林之清明茶，亦邑中之最著者也。"可见，清代深圳一带盛产名茶。从现在深圳和香港新界各地余留下来的清代梯田痕迹以及残留下来的野生"普洱茶"，就可以看出当年种植茶叶面积之大、茶质之好在广东实属罕见。

竹子可做多种器具及材用，其笋亦供食用，故在深圳"宁可食无肉，不可居无竹"已成习俗。据康熙《新安县志》所载的竹类就有22种，目前在深圳不论是在山沟还是山脊，山脚还是山顶到处都可见到废弃的竹林。其竹种繁多，姿态各异，翠绿而苍劲，估计是当地村民清代种植后余留下来的。根据嘉庆《新安县志》载："竹之类不一，广志云：雲母（竹），大竹也；籬竹细而多刺；篲竹堪作笛；箈竹宜为屋椽；蔓竹皮青，内白如雪，软韧可为索；汉竹大者节受一斛，小者数升为榫槛；利竹蔓生坚韧。岭南杂记：笋竹多刺，土人以藩篱，大头竹可为筏。"可见，前人对竹子的用途很有考究。

康熙《新安县志》所载的材用树种就有26种，主要是造屋和家具用材。此外，榕树、木棉和香树对深圳人来说是耳熟能详的植物，据嘉庆《新安县志》载："榕树有大叶榕细叶榕之分，其细叶榕叶大如麻，实如冬青，树干卷曲不可以为器，烧之无焰不可以为薪，以其不材故能久而无伤，其荫十亩，藤梢入地即生根，或一大株有根四五处而横及邻树即成连理枝，鸟啣其子坠于他树即寄生，久而根株蟠固，他树枯朽竟成榕树矣。"可见，当地先民对榕树的生态价值早有所察并作为风水树长期呵护。目前，深圳的古树中要数榕树数量最多，古老而苍劲，树龄最大者要数坪地富地岗的千年古榕。大鹏所城、观音山古庙、东山古寺和龙井村等地保留下来的众多古榕均见证了深圳具有悠久的人文历史。木棉树是广州市市花，在珠江三角洲一带有悠久的栽培历史。嘉庆《新安县志》载："木棉，树大可合抱，高十数丈，叶如香樟，花瓣极厚，正二月开，色大红而蕊黄，开时无叶，子色黑，大如酒杯，老则拆裂有絮茸茸，土人取以为裀褥。"可见，木棉花大而色艳，还可以用作床垫等用途。该志还记载深、港、莞地区最有名的香树（土沉香）："香树，邑内多植之。东路出于沥源、沙螺湾等处为佳。西路出于燕村、李松萌等处为佳。叶似黄杨，凌寒不落。子如连翘而黑，落地则生，经手摘则否。香气积久而愈盛。正干为白木香，出土尺许为香头，必经十余载，始鑿（凿）如马芽形，俗呼为芽香。凡种香家，妇女潜取佳者藏之，名女儿香。咸时供神，以此为敬。"据传"香港"得名多与香港盛产"莞香"有关，因旧时宝安、香港一带属东莞，故"莞香"一名也与深港有关。

深圳具有悠久的种花历史，康熙《新安县志》记载的观赏植物就有35种。它们中多数沿用至今，历久不衰。其中素馨、茉莉曾是明清时期广东各地花市的传统名花，但目前包括素馨、白蝉花、夜合等在广东已所用无几。此外，该志记载的草类21种，其中记载野葛（断肠草）和羊角草（羊角拗）2种有毒的植物。

在本地的土特产方面，康熙《新安县志》记载的种类有10种，但罗湖席已销声匿迹。因此，挖掘和保护深圳当地的传统植物特产和植物文化遗产，实为当务之急。

（二）植物资源

深圳拥有野生维管植物2080种，其中大约有1500种具有各种用途。根据其用途，笔者把深圳的资源植物分为：材用、药用、绿化观赏、油脂、芳香、蜜源、纤维、食用、饲用、绿肥、杀虫、淀粉、单宁等13类。

1．材用植物

本区材用植物约400多种，按照国家木材分级标准，其中特类材类有荔枝一种，该种在深圳栽培历史悠久，目前在房前屋后经常见到百年大树，当地传统上多为家具用材；一类材用树种有樟树、黄樟、浙江润楠、红楠、各种锥木等，其中润楠属植物心材色褐黄而芳香，具有金丝楠相似的纹理，为重要的家具用材；二类材用树种有阴香、香蒲桃、龙眼、黄樟等。其中，香蒲桃和龙眼在深圳有不少大树，材质硬而色红，是重要的船舶材用树种；此外，适作胶合板材用树种有猴耳环、红豆属各种、厚壳桂属各种等；适于房屋建筑及交通桥梁材用树种有木荷、乌榄、海红豆、黄杞等，其中木荷在深圳各地有普遍栽培，野生的大树亦可见，蕴存量大；科教及文体用材树种有黄桐、枫香木、白榄、鹅掌柴、山乌桕等，其中黄铜和鹅掌柴材质轻而韧，可作许多文化器具用材。

2．药用植物

深圳计有药用植物800余种，贵重的有土沉香（白木香），其结香在市场上相当昂贵，野生植株已少见，但深圳各地栽培的历史悠久，据元大德八年（1304年）陈大震、吕震海重修的《南海志》记载："榄香，新会上下川山所产白木香……小如鼠粪，大或如指，状如榄核，故名。其价与银等，今东莞县地各茶园人盛种之，客旅多贩焉。"元朝深圳境内为东莞县属地，可见深圳等地700年前就有种植和应用土沉香的习俗；其他珍贵的药用植物包括巴戟天、草豆蔻、毛钩藤、阴香、金钱草、独脚金、谷精子等，其中巴戟天以前在深圳是有野生的，但因具有补肾助阳功效而被采挖，目前野生的植株已绝迹。在深圳比较常见的药用植物有土牛膝、山鸡椒、绞股蓝、粗叶榕、忍冬、构棘、鸦胆子、梅叶冬青、毛冬青、山油柑、了哥王、大青、天门冬、美丽崖豆藤、余甘子、破布叶、桃金娘、无根藤、海金沙、白茅、两面针、南酸枣、白簕、珊瑚菜、天胡荽、朱砂根、杜茎山、鲫鱼胆、钩吻、羊角拗、络石、栀子、鸡眼藤、玉叶金花、鸡屎藤、毛鸡屎藤、九节、蔓九节、野菊、铜锤玉带草、大青、毛麝香、野甘草、华南谷精草、艳山姜、华重楼、菝葜、石菖蒲、大百部、香附子、白花蛇舌草、石胡荽、火炭母、积雪草、半边莲、乌檀等。其中，草豆蔻、山鸡椒、粗叶榕、忍冬、白茅、梅叶冬青、鸡屎藤、朱砂根、阴香、鸦胆子、破布叶、大青、三桠苦、水翁、火炭母等在本区分布广泛，蕴藏量大，可进一步加以栽培并开发利用。但金钱豹、桔梗、华重楼、绞股蓝、猪笼草、珊瑚菜等野生植株数量很少，其中，珊瑚菜为国家二级重点保护野生植物，乌檀为广东省省级重点保护野生植物，猪笼草为珍稀的食虫植物，七叶一枝花为当地珍贵蛇药，当地采挖严重，应加以保护。

3．绿化观赏植物

这类植物种类十分丰富，约有900多种，可供作城市行道树的有阴香、樟、黄樟、木荷、秋枫、黄桐、海红豆、乌檀、水翁、高山榕、黄葛树、榕树、苦栎木等；可作庭园绿化树种的有香蒲桃、竹节树、岭南山竹子、华杜英、山杜英、翻白叶树、假苹婆、秋枫、朴树、白颜树、桂木、胭脂、二色菠萝蜜、橄榄、乌榄、大叶山楝、楝、金叶树、肉实树、广东木瓜红、长花厚壳树、五月茶、珊瑚树等，其中多半植物开花时香气浓郁，具有很好的保健功能；用于生态公益林的树种有鳖蕨锥、红锥、锥、栲、罗浮锥、石柯、白楸、阿丁枫、山黄麻、楝叶吴茱萸、罗浮柿、网脉山龙眼、山鸡椒、土沉香、石笔木、小果石笔木、红鳞蒲桃、山蒲桃、两广梭罗；冬季观叶植物有枫香树、山乌桕、乌桕、滨海槭、野漆树、岭南槭等；春季观嫩叶的植物有红楠、浙江润楠、华润楠、短序润楠、五裂木等；观果植物有铁冬青、猴耳环、亮叶猴耳环等；观花植物有各种杜鹃花科植物，包括毛棉杜鹃花、杜鹃花、丁香杜鹃、吊钟花等，此外，野牡丹、毛稔、桃金娘、石斑木、大头茶、红花荷、黄牛木等也是本地较有名气的花灌木；用作地被的有华南胡椒、山菍、假菍；可做垂直绿化的有苍白秤钩枫白花油麻藤、粉叶羊蹄甲、香港油麻藤、亮叶崖豆藤、香花崖豆藤等。这些植物花色艳丽，具有很好的观赏价值。

深圳各地观花景点很多，以观赏植物为看点的有梧桐山、羊台山、塘朗山、马峦山等地，尤以梧桐山上"十里杜鹃"最为壮观。每逢初春，毛棉杜鹃从小梧桐山顶一直沿山坡倾泻至山谷，粉红色的花朵与满山分布的浙江润楠和华润楠在初春抽出的红色嫩叶相映成趣，红遍上岗，美不胜收。此外，羊台山和塘朗山的禾雀花，每逢春天开花季节，一串串盛开的花朵酷似飞翔的雀鸟，吸引无数游人前来观赏；夏季，沙岗、西涌、下沙和大小梅沙的沙滩上的厚藤、假厚藤、滨海月见草竞相绽放，与深蓝色的海水相映生辉，美艳绝伦；秋季，深圳各地山上虽然百花凋零，但葵涌坝光的银叶树古树群却结果累累，正是游人观果的好季节；入冬，七娘山的红叶是深圳最美的景点之一，从山脚至山顶，各色红叶尽收眼底，漆树、山乌桕、枫香树、岭南槭争红斗艳，尽染群山，给人不仅仅是视觉的美，还有心灵深处的震撼。隆冬时令，马峦山"千亩梅园"远近闻名，每逢春节，漫山梅花竞放，游人如织，竞相到山顶一睹"寒冬傲梅"的美景。

4．油脂植物

深圳约80余种，作为高级食用油的油茶，过去曾大面积推广种植，但目前其野生的资源量较少；生物柴油作为一种新能源，其原料植物的筛选极为重要，在深圳，可供提取生物柴油的植物有蓖麻、巴豆、乌桕、山乌桕、岭南山竹子等，其中，岭南山竹子含油率高，具有潜在的发展前景；此外，药用油料植物有阴香、芬芳安息香、三桠苦、两面针、楝叶吴茱萸、山鸡椒等，其中楝叶吴茱萸、三桠苦、山鸡椒等在本区分布较广，蕴藏量大，利用潜力较大。

5．芳香植物

深圳共约50余种，常见的种类有三桠苦、土沉香、飞龙掌血、山鸡椒、马缨丹、水翁、米仔兰、阴香、岗松、枫香树、山油柑、酒饼簕、花椒簕、草豆蔻、假鹰爪、黄牛木、黄樟、紫玉盘、栀子、忍冬等。其中，山鸡椒（山苍子）油是我国特产的精油产品，柠檬醛占70%以上，分离后可合成紫罗兰酮、酯等系列产品；山鸡椒油是天然食品香料，具新鲜的柠檬果香，用于食品；阴香含有生产天然右旋龙脑（梅片）的新资源，精油可用作医药、香料及日化的调配原料；黄樟是花香型天然芳樟醇资源，为重要的单体天然香料。这三种植物在深圳十分常见，蕴藏量大，是有待开发的芳香植物。

6．蜜源植物

本区蜜源植物很丰富，约120种，主要有荔枝、龙眼、山乌桕、乌桕、鹅掌柴、青葙、油茶、枫香树、石斑木、龙须藤、两面针、山橘、酒饼簕、飞龙掌血、橄榄、楝、粗糠柴、白背叶、红背山麻杆、方叶五叶茶、秋枫、余甘子、蓖麻、盐肤木、野漆、铁冬青、山杜英、山牡荆、牡荆、肖梵天花、山芝麻、蛇婆子、阔叶猕猴桃、木荷、黄牛木、岗松、蒲桃、水翁、白花酸藤子、假柿木姜子、潺槁木姜子等。其中荔枝、龙眼、鹅掌柴、潺槁木姜子、山乌桕、石斑木、黄牛木、木荷及各种蒲桃属植物蕴藏量较大，十分有利于发展养蜂业。其中，鹅掌柴、荔枝、龙眼和潺槁木姜子每逢开花，香气浓郁，吸引蜜蜂前来采蜜，满树蜜蜂飞舞，极为壮观。

7．纤维植物

深圳共有约50多种纤维植物，主要分布在桑科、锦葵科、禾本科、番荔枝科、大戟科、椴树科、梧桐科、豆科、棕榈科、瑞香科、木棉科、姜科、荨麻科、芭蕉科、榆科等植物中，重要的如苎麻、磨盘草、红背山麻杆、白背叶、黄花稔、山黄麻、光叶山黄麻、露兜树、了哥王、天香藤、枫香树、余甘子、翻白叶树、山芝麻、紫玉盘、白茅、五节芒、杂色榕、假苹婆、白颜树、榕树、斜叶榕、八角枫、白楸、棕叶芦、两广梭罗树、变叶榕、黄葛树、高山榕、土沉香、野蕉以及山姜属各种。明清时期，深圳的竹麻、苎麻、青麻等很有名气，应用极为广泛，但目前深圳的纤维植物除竹子应用较广外，其他资源均较少被开发利用，这与现代工业科技进步，人造纤维和人造藤的广泛应用有关。

8．食用植物

深圳野生的果树种类较多，有200多种，其中橄榄和乌榄用于生吃或做汤料等，深圳种植和利用的历史悠久。目前，在深圳的山野间还残留一些大树，数量较少。此外，深圳常见的食用野果还有余甘子、桃金娘、阔叶猕猴桃、小叶买麻藤、白桂木、二色菠萝蜜、构棘、薜荔、紫玉盘、山椒子、假鹰爪、各种悬钩子、山橘、山油柑、香港四照花、柿、方叶五叶茶、假苹婆、岭南山竹子、龙珠果、仙人掌、香蒲桃、水翁、酸藤子属各种等。野生的蔬菜如刺苋、皱果苋、马齿苋、白子菜等，种类较多，目前吃野菜已成为都市人的时尚，应通过评价，筛选出物美价廉的野菜种类投放市场。野生的饮料植物有普洱茶，有待进一步开发利用；

9. 饲用植物

深圳这类植物约有 50 种，主要是禾本科及豆科的植物，如水蔗草、地毯草、四生臂形草、狗牙根、稗、蜈蚣草、薏苡、野香茅、弓果黍、龙爪茅、纤毛马唐、牛筋草、黄茅、白茅、柳叶箬、蔓生莠竹、五节芒、铺地黍、两耳草、圆果雀稗、象草、金丝草、链荚豆、大叶千斤拔、山野葛、三裂叶野葛等。其余的植物如火炭母、黄牛木、红背山麻杆、土密树、山黄麻、构树、对叶榕、粗叶榕、白花酸藤子、地胆草、山猪菜、凤眼蓝、野芋、大漂、碎米莎草、车前等。历史上，深圳植被繁茂，个体养殖业曾十分兴旺，但目前因城市面积不断扩大，能用于发展养殖业的土地日趋减少。

10. 绿肥植物

深圳有 200 多种绿肥植物，主要的种类有满江红、毛蔓豆、象草、决明、链荚豆、水浮莲、台湾相思、凤眼蓝、猪屎豆、排钱树、大叶千斤拔、大青、藿香蓟、刺苋、枫香树、两耳草、鹅掌柴、洋金花、野茼蒿、节节草、车前、乌桕、皱果苋等。目前农业种植大量施用化肥和农药，使农田生态系统遭到严重破坏。应加强对绿肥植物的评价和筛选，广泛应用绿肥，提倡有机种植，以获得安全的农业生产体系，提供健康的食品。

11. 杀虫植物

深圳有 100 多种杀虫植物，主要有广州槌果藤、锦地罗、了哥王、油茶、柯、岗松、巴豆、石岩枫、蓖麻、鱼藤、白花鱼藤、葫芦茶、两面针、鸦胆子、楝、醉鱼草、钩吻、夹竹桃、山石榴、香丝草、大百部及白藤等。植物农药是环保型新兴农药，例如，从鱼藤属等植物中提取杀虫的有效成分，经提炼后生产植物农药，其杀虫有效成分为天然物质，施用后容易分解，对环境无污染，具有很好的发展前景。

12. 淀粉植物

深圳有 150 多种淀粉植物，主要有烟斗柯、石柯、栲、甜锥、米槠、橙藤、野葛、天门冬、土茯苓、海芋、大百部、薯蓣属各种、福建莲座蕨、金毛狗、买麻藤等。其中栲、甜锥和米槠被客家村民取种子之淀粉食用。

13. 单宁植物

深圳有 30 多种单宁植物，重要的有水翁、桃金娘、黑面神、余甘子、乌桕、石斑木、台湾相思、海红豆、猴耳环、决明、构棘、无患子、盐肤木、野漆等。

（三）植物资源的保护

深圳具有比较完善的自然保护区系统，目前，森林公园（含郊野公园）17 个、市级湿地公园 8 个、自然保护区 4 个，公园总数 921 个，森林覆盖率已达 40.92%。各自然保护区、郊野公园、森林公园其山地植被保存良好，90% 以上的植物都在自然保护区、森林公园、风景名胜区和郊野公园中得到保护。此外，对于珍稀濒危植物，深圳动植物保护处还特别划定更具有针对性、更有效的就地保护方式，如塘朗山桫椤谷、梧桐山桫椤谷、梅林水库仙湖苏铁保护小区等。2005 年深圳市政府发布《深圳市基本生态控制线管理规定》，除一级水源保护区、风景名胜区、自然保护区、集中成片的基本农田保护区、森林公园、郊野公园外，坡度大于 25% 的山地、林地以及特区内海拔超过 50m、特区外海拔超过 80m 的高地，主干河流、水库及湿地，维护生态系统完整性的生态廊道和绿地，岛屿和具有生态保护价值的海滨陆域等均被划为生态控制和保护区域。

除就地保护外，深圳市本地珍稀、特有和特色的植物种类长期实施迁地保护策略。目前，在仙湖植物园大量保存我国珍稀濒危植物200多种，深圳全部的珍稀濒危植物在这里都得到了很好的保存，同时针对特殊种群开展了保护生物学研究。此外，深圳市政府在羊台山建立了桫椤迁地保护点，目前，从深圳各处生境受到严重威胁的地区迁来的桫椤300多株；2004年因修建南坪快速，南山区绿化委员会决定把塘朗山受影响的1400多棵野生仙湖苏铁迁移到塘朗山虎坑桫椤谷内，目前生长情况良好。

参 考 文 献

陈炳辉，王瑞江，黄向旭，等 . 2005. 金钟藤——广东分布新记录，热带亚热带植物学报，13（1）：76-77.

陈大震，吕震海重修 . 《南海志》（元大德八年，1304年刊本）. 北京图书馆收藏，卷七：物产 .

陈里娥，刘永金，邢福武 . 2003. 梧桐山植物 . 北京：中国林业出版社 .

傅立国 . 1992. 中国植物红皮书（第一册）. 北京：科学出版社 .

国务院 . 1999. 国家重点保护野生植物名录（第一批）. 植物杂志，5（4）：4-11.

何立平，梁启英，杨瑞华，等 . 2000. 薇甘菊在深圳内伶仃岛外地区的分布及其危害 . 广东林业科技，（3）：38-40.

黄忠良，曹洪麟，梁晓东，等 . 2000. 不同生境和森林内薇甘菊的生存与危害状况 . 热带亚热带植物学报，8（2）：131-138.

靳文谟修，邓文蔚纂 . 《新安县志》（康熙二十七年，1688刊本）.

康镇江 . 2009. 深圳地质 . 北京：地质出版社 .

孔国辉，吴七根，胡启明 . 2000. 外来杂草薇甘菊（*Mikania micrantha* H.B.K.）在我国的出现 . 热带亚热带植物学报，8（1）：27.

李浩敏，郑亚慧 . 1995. 早第三纪植物群 // 李星学 . 中国地质时期植物群 . 广州：广东科技出版社 .

李沛琼，李楠，张寿洲 . 2004. 深圳园林植物续集（一）. 北京：中国林业出版社 .

李作明，陈金华，何国雄，等 . 1997. 香港地层简述 // 李作明，陈金华，何国雄 . 香港古生物和地层（上册）. 北京：科学出版社 .

刘宝珺，许效松，潘杏南，等 . 1993. 中国南方古大陆沉积地壳演化与成矿 . 北京：科学出版社 .

彭少麟，陈万成 . 2003. 广东珍稀濒危植物 . 北京：科学出版社：45-55.

强胜，曹学章 . 2001. 外来杂草在我国的危害性及其管理对策 . 生物多样性，9（2）：188-195.

深圳市城市管理局，深圳市园林科学研究所，华南农业大学林学院 . 2007. 深圳植物名录 . 北京：中国林业出版社 .

舒懋官修，王崇熙纂 . 1974. 《新安县志》· 嘉庆二十五年刊本 . 台北：成文出版社 .

汪殿蓓 . 2004. 仙湖苏铁种群结构动态及生存力分析研究 . 广州：中国科学院华南植物园 .

汪松，解焱 . 2004. 中国物种红色名录 . 北京：高等教育出版社 .

王发国，叶华谷，叶育石，等 . 2001. 广东省珍稀濒危植物地理分布研究 . 热带亚热带植物学报，12（1）：21-28.

王发祥，梁惠波，陈谭清，等 . 1996. 中国苏铁 . 广州：广东科技出版社 .

王发祥，梁惠波，陈谭清，等 . 1997. 深圳特区古树名木 . 北京：中国林业出版社 .

王发祥，梁惠波，罗蒙 . 1998. 深圳园林植物 . 北京：中国林业出版社 .

王玲 . 2002. 深圳市南山区植物区系研究 . 广州：华南农业大学 .

王怿，李作明，黎权伟 . 1997. 香港船湾和马鞍山泥盆纪植物 // 李作明，陈金华，何国雄 . 香港古生物和地层（上册）. 北京：科学出版社 .

吴征镒，周浙昆，孙航，等 . 2006. 种子植物的分布区类型及其起源和分化 . 昆明：云南科技出版社 .

吴征镒 . 1991. 中国种子植物属的分布区类型 . 云南植物研究，增刊 IV：1-139.

吴中修，卢祥纂 . 《东莞志》（明天顺八年，1464年刊本）.

邢福武，余明恩，张永夏 . 2002. 深圳植物物种多样性及其保育 . 北京：中国林业出版社 .

邢福武，余明恩 . 2000. 深圳野生植物 . 北京：中国林业出版社 .

邢福武，余明恩 . 2001. 龙岗古树 . 北京：中国林业出版社 .

邢福武，张永夏 . 2001. 深圳的珍稀濒危植物 . 热带亚热带植物学报，9（4）：315-321.

邢福武，周远松，龚玄夫 . 2004. 深圳市七娘山郊野公园植物资源与保护 . 北京：中国林业出版社 .

应俊生，张玉龙 . 1994. 中国种子植物特有属 . 北京：科学出版社 .

张永夏 . 2001. 深圳市大鹏半岛植物区系与物种多样性研究 . 广州：中国科学院华南植物研究所 .

赵焕庭 . 1990. 珠江河口演变 . 北京：海洋出版社 .

《中国植被》编委会 . 1980. 中国植被 . 北京：科学出版社 .

周志炎，李浩敏，曹正尧，等 . 1990. 香港坪洲岛若干白垩纪化石 . 古生物学报，29（4）：415-216.

IUCN. 1984. Categories，objectives and oriteria for protected area. // McNeely，J A，Miller，K R. National Parks，Conservation and Development. Washington，D. C.: Smithsonian Institution Press：47-53.

IUCN. 1988. Red List of Threatened Animal. Gland，Switzerland：IUCN.

IUCN. 1994. IUCN Red List Categories. Gland，Switzerland：IUCN.

石松类植物和蕨类植物　PTERIDOPHYTA

（LYCOPHYTES and FERNS）

　　多年生草本，稀为高大树形，土生、附生、稀水生，直立或稀缠绕攀援，有根、茎、叶的器官分化，是具有维管束的孢子植物。孢子体形体多样，有大如乔木状的，也有小至 1cm 大小的多年生草本；孢子体具有多数孢子囊，囊内生有孢子；孢子囊生于枝顶，或生于特化的叶上或叶片上，呈穗状或圆锥状囊序，有的生于孢子叶的边缘，也有的聚生于枝顶形成孢子叶球，大多数种类则以各种形式生于孢子叶的下面，形成孢子囊群；孢子有异孢和同孢两种类型；异孢型在孢子体（即植物体）上有两种孢子叶，一种是大孢子叶，具有大孢子囊，囊内有大孢子，另一种是小孢子叶，具有小孢子囊，囊内有小孢子；同孢型孢子体的孢子叶和孢子都是同形的；孢子成熟后从孢子囊内散出，落地后长出原叶体，又称配子体；配子体形体甚微小，是不分化的叶状体、块状体或分叉的丝状体，大多具叶绿素，能自养；在同一配子体上有颈卵器和精子器（雌雄同株），但在异孢型的配子体上有雌雄性之分（雌雄异株），雄配子体极小，不脱离小孢子壁，雌配子体远较大，也不脱离大孢子壁；颈卵器中的卵细胞和精子器中的精子，借水为媒介，以本身的纤毛运动受精，受精卵经分裂而形成胚，并生长发育成绿色孢子体。

　　约 11000 多种，广布于全世界。我国有约 2100 种。深圳有 41 科 186 种 1 变种。

石松类植物　LYCOPHYTES

董仕勇

分科检索表

1. 茎和枝辐射对称，无根托；叶为钻形或披针形，很少为鳞片形，螺旋状排列或轮生，不具叶舌；孢子囊无分化，孢子同型 ·································· 1. **石松科 Lycopodiaceae**
1. 茎和枝通常扁平，有背腹之分，具根托；叶通常鳞片形，背腹各有 2 列，很少为钻形并螺旋状排列，具叶舌；孢子囊分化为大、小孢子囊，孢子异型 ·································· 2. **卷柏科 Selaginellaceae**

1. 石松科 LYCOPODIACEAE

董仕勇　陈珍传

　　小型或中型草本植物，附生或土生，或生于苔藓层中。茎和枝辐射对称，无根托，主茎短而直立（或斜升），附生的种类通常悬垂，多回二歧分叉形成等长的分枝（石杉类）；或者较长而匍匐，并以生根着生于地面上或地面下，水平匍匐的主茎上再着生直立的侧枝（石松类）。茎上生小型叶，为钻形或披针形，很少为鳞片形，一型或近二型，在主茎或分枝上螺旋状排列或轮生，不具叶舌，仅有 1 条中脉；孢子叶通常生于主茎上部或分枝顶部，有时在枝顶形成明显的孢子囊穗；孢子囊无分化，横肾形，腋生于孢子叶的基部，成熟时二瓣开裂。孢子同型，球状四面体形，辐射对称，具三裂缝，表面有孔穴状、网状、拟网状、细颗粒状纹饰。

　　5 属约 400 种，广布于全球，尤以美洲热带最多。我国有 5 属约 60 种。深圳有 4 属 4 种。

1. 茎较短，直立或下垂，多回二歧分叉形成等长的分枝；能育叶与不育叶同形或较小，绿色。
　　2. 土生；主茎直立；叶平展 ································ 1. 石杉属 Huperzia
　　2. 附生于石上或树上；主茎下垂；叶斜展，指向茎端 ········· 2. 马尾杉属 Phlegmariurus
1. 茎长，水平匍匐，具直立、斜升或攀援的地上分枝，地上枝具有不等位的或单轴式的二叉分枝；能育叶与不育叶不同形，不为绿色。
　　3. 地上茎（气生茎）攀缘；孢子囊穗在每个能育枝上有 6~30 个，呈圆柱状 ············
　　　　 ································· 3. 藤石松属 Lycopodiastrum
　　3. 地上茎（气生茎）直立或铺地蔓生；孢子囊穗单生或 2~8 个聚生在枝顶呈总状 ·········
　　　　 ································· 4. 石松属 Lycopodium

1. 石杉属 Huperzia Bernh.

　　小型或中型草本植物，土生或生于岩石、树干基部的苔藓层中。主茎较短，直立或下垂，通常矮小，多回二歧分叉，形成等长的分枝，顶端往往生有 1 至多数无性芽孢。叶小，通常披针形，全缘或有锯齿，多为草质，在茎上螺旋状排列，平展；能育叶（孢子叶）与不育叶同形或显著异形，绿色。孢子囊生于孢子叶的基部腋间，分布于茎枝全长或上部，形成连续的或有时被不育叶隔开的无柄的囊穗，通常不分枝。

　　约 100 种，广布于世界各地，尤以中南美洲为最多。我国约 30 种，广布于全国各地，主产于西南。深圳有 1 种。

蛇足石杉 千层塔 Serrate Clubmoss 图 1 彩片 1 2
Huperzia serrata（Thunb.）Trevis. in Atti Soc. Ital. Sci. Nat. **17**：247. 1875.
Lycopodium serratum Thunb. in Murray, Syst. Veg., ed. 14，944. May-Jun. 1784；海南植物志 **1**：8. 1964.
　　植株高 10~30cm。主茎基部平卧或斜升，向上直

图 1 蛇足石杉 Huperzia serrata
1. 植株；2. 孢子叶的腹面及孢子囊。（马平绘）

立，通常多回二歧分枝，少有单生不分枝，分枝均直立向上，使整个植株呈丛生状。主茎及各回分枝上均生有螺旋状排列的小型叶；叶片通常披针形，大小不一致，一定数目的较大的叶与另一些较小的叶分别汇聚着生在主茎和分枝上，因而大小叶在茎和枝上呈多层相间排列；较大的叶片长 8~20mm，中部宽 4~5mm，较小的叶片长约 8mm，中部宽约 2mm，具锐尖头，基部楔形或呈柄状，边缘有不整齐的粗尖锯齿，中脉明显，在两面凸起；叶片纸质，绿色。孢子囊肾形，生于枝上部的叶或几乎全部叶的腋部，淡黄色，两端凸出叶缘外，横裂。

产地：梅沙尖（深圳队 648）、梧桐山（王勇进 2219）。生于山地林下，海拔 600~800m。

分布：广东、香港、海南、广西、湖南、江西、福建、台湾、浙江、江苏、安徽、河南、湖北、四川、重庆、贵州、云南、西藏、陕西、辽宁、吉林和黑龙江。亚洲各地、大洋洲北部及附近太平洋岛屿。

用途：全草入药，有退热、镇痛、解毒之效。

2. 马尾杉属 **Phlegmariurus**（Herter）Holub

中小型草本植物，附生于石上或树上。茎短而簇生，初直立，后伸长下垂，多回二歧分枝。叶小，斜展，指向茎端，钻形、披针形、卵形或鳞片状，革质，有光泽，全缘，螺旋状排列，有时因基部扭曲而呈二列状。孢子叶生于枝的顶部形成下垂的孢子囊穗，孢子囊穗与植株的下部不育部分同形或显著异形，通常多回二歧分枝。

约 40 种，广布于世界热带，大都产于南太平洋岛屿。中国约 20 种，产于热带和亚热带。深圳有 1 种。

福氏马尾杉 华南马尾杉 Ford's Clubmoss

图 2 彩片 3

Phlegmariurus fordii（Baker）Ching in Acta Bot. Yunnan. **4**（2）：126. 1982.

Lycopodium fordii Baker in Handb. Fern-allies 17. 1887.

茎簇生，幼株茎矮而直立，成熟枝细长下垂，一至多回二歧分枝，长 15~20cm，枝（连同叶）的中部较宽处的直径约 1.5~2cm。叶小，螺旋状排列，彼此密接或基部抱茎；不育叶椭圆披针形，长约 10mm，中部宽约 3mm，先端渐尖，基部楔形下延，无明显的柄，边缘全缘，薄革质，略有光泽；叶仅有 1 中脉，中脉明显，在两面凸起；能育叶位于茎或枝的先端部分，与不育叶同形而较小，或向枝的顶部逐渐变小变狭而呈线状披针形，通常长 5~6mm，中部宽 1~1.5mm，在枝顶形成不甚明显的孢子囊穗。孢子囊穗长 3~8cm。孢子囊肾形，黄色，单生于叶腋。

产地：七娘山（张寿洲等 SCAUF970）、梧桐山（深圳队 887）。生于山地林下、石上，海拔 300~760m。

分布：广东、香港、广西、湖南、江西、福建、台湾、浙江、贵州和云南。日本和印度（东喜马拉雅）。

用途：全草入药，有清热解毒之效；在西南地区作灭虱之用。

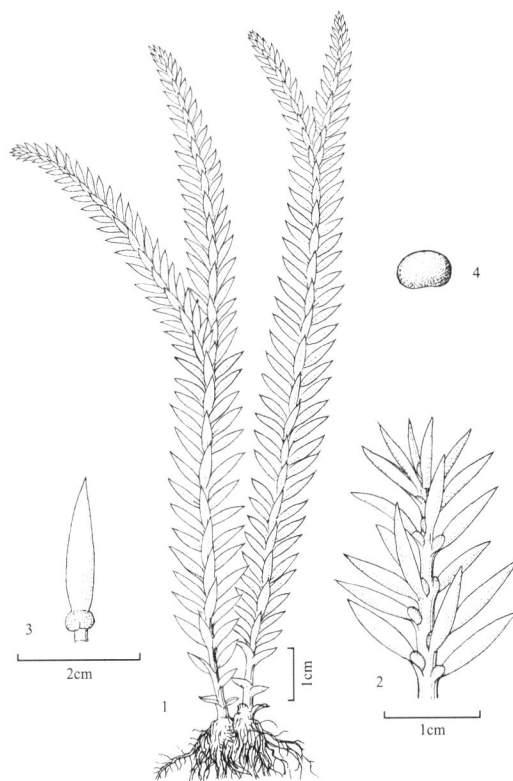

图 2 福氏马尾杉 Phlegmariurus fordii
1. 植株，示根、茎、生于茎下部的不育叶和上部的能育叶；2. 分枝的上部，示能育叶及孢子囊；3. 叶及其基部的孢子囊；4. 孢子囊。（李志民绘）

3. 藤石松属 Lycopodiastrum Holub ex R. D. Dixit

单种属，特征见种的描述。

藤石松 石子藤 Climbed Clubmoss 图 3 彩片 4 5
Lycopodiastrum casuarinoides（Spring）Holub ex R. D. Dixit in J. Bombay Nat. Hist. Soc. 77（3）：541. 1981.

Lycopodium casuarinoides Spring, Monogr. Lycop. 1：94. 1842；广州植物志 30. 1956.

地下主茎匍匐横走，地上茎长，水平匍匐，具直立、斜升或攀援分枝，主茎（气生茎）为藤本，木质，攀援，高达数米，粗圆铁线状，直径约 5mm，不具纵棱，淡绿色，疏生很小的螺旋状排列的小型叶，基部以上发出许多侧枝；侧枝多回二歧分枝，末回分枝细长下垂。不育枝上的叶形变异甚大，下部不育枝上的叶钻状披针形，长约 3mm，先端具透明的长发丝，基部明显下延，上部不育枝上的为鳞片形，长约 1mm；能育叶与不育叶不同形，不为绿色，能育叶（孢子叶）生于末回分枝顶部，阔卵形，长 2~3mm，宽约 1.5mm，先端急缩并有发丝状长芒，边缘啮蚀状，膜质，覆瓦状排列，形成孢子囊穗。孢子囊穗单生或成对双生于末回小枝顶端，每个能育枝上有 6~30 个，呈圆锥状，长 2.5~4cm，有长 2~10mm 的柄，先端直立向上，棕色。孢子囊肾形，黄色，生于孢子叶腋。

产地：三洲田（深圳队 72）、梅沙尖（张寿洲等 010997）、梧桐山（陈珍传等 010958）。各地常见，生于林缘、路旁，海拔 100~400m。

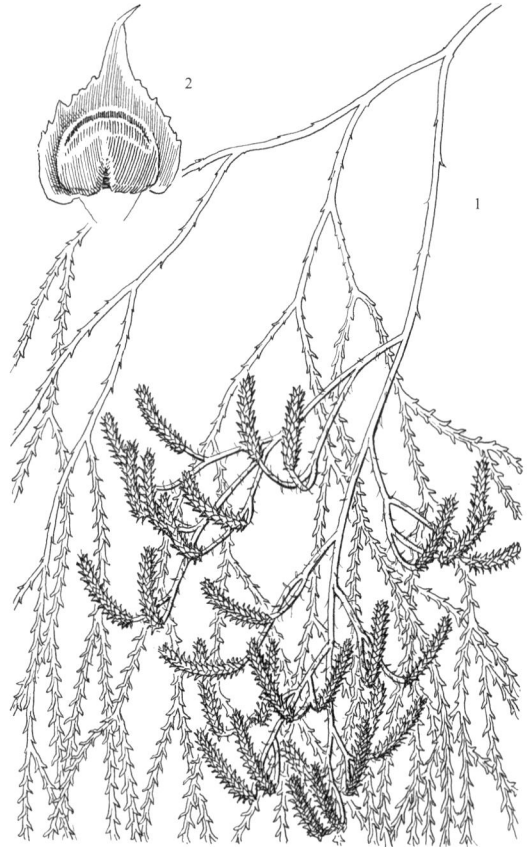

图 3 藤石松 Lycopodiastrum casuarinoides
1. 植株的一部分；2. 孢子叶腹面及孢子囊。（马平绘）

分布：常见于长江以南各地、海南及台湾。广布于亚洲大陆热带地区，北达日本，西北至印度东北，东南达巴布亚新几内亚。

用途：全草供药用，有舒筋活血之效；茎可供编制藤织用品。

4. 石松属 Lycopodium L.

中小型草本植物，土生。主茎横走或直立，侧枝通常二至多回二歧分枝，圆柱状。叶小，钻形、披针形或线形，纸质至革质，中肋不明显，边缘全缘，少有锯齿，螺旋状排列，通常伏贴在主茎及分枝上，有时斜展或向外反折。孢子囊穗圆柱状，有柄或无柄，单生于枝顶，或 2~8 个囊穗聚集在枝顶呈总状。孢子叶显著区别于不育叶，卵形或阔卵形，彼此瓦覆，边缘干膜质并有不规则锯齿。孢子囊圆肾形，顶端开裂。孢子四面体球形，具网状纹饰。

40~50 种，广布于温带至热带山地。我国 14 种。深圳 1 种。

垂穗石松 铺地蜈蚣 灯笼草 Nodding Clubmoss

图 4　彩片 6

Lycopodium cernuum L. Sp. Pl. 2: 1103. 1753.

Palhinhaea cernua（L.）Vasc. & Franco in Bol. Soc. Brot., ser. 2，**41**：25. 1967；香港植物志蕨类植物门 19. 图版 2：5-8. 2003；广东植物志 **7**：11. 图 5. 2006.

Palhinhaea hainanensis C. Y. Yang in Bull. Bot. Res.（Harbin）**2**（4）：141. 1982；中国植物志 **6**（3）：73. 2004.

植株蔓生。地面主茎长而横走，地上主茎（气生茎）明显，直立或有时攀附，通常长 30~50cm，圆柱形，具纵棱，淡绿色，通体生有螺旋状排列的小型叶，基部以上每隔一定间距会发出 2 个相距很近的侧枝；侧枝为多回不等位的二歧分枝，通常水平伸展，基部宽，先端渐尖，有时先端下垂于地面并生根长出小枝而成为独立的新植株。叶二型：不育叶排列稀疏，水平伸展，钻形，长 3~4mm，宽约 0.2mm，先端芒状，基部长下延贴生于茎或枝上，形成明显的棱角，全缘，先端常向上弯弓；能育叶（孢子叶）生于末回分枝顶部，三角状卵形，长约 2mm，宽约 0.6mm，先端有芒刺，边缘呈流苏状，膜质，覆瓦状排列成囊穗。囊穗单生于小枝顶端，小圆棒形，长 3~15mm，无柄，下垂，浅棕色或近白色。孢子囊圆肾形，黄色，生于孢子叶腋，于远轴边开裂。

产地：南澳（邢福武等 10378，IBSC）、三洲田（深圳队 42）、仙湖植物园（王定跃 921）。各地常见，生于林缘、路旁，海拔约 100m。

分布：广东、香港、澳门、海南、广西、湖南、江西、福建、台湾、浙江、四川、重庆、贵州、云南和西藏。世界热带及亚热带地区有广泛分布。

用途：酸性土指示植物；枝供插瓶用，且为制作花圈、花篮及切花的主要衬托材料；孢子浸酒可作强壮剂，又与甘草同煎服可止咳。

图 4 垂穗石松 Lycopodium cernuum
1. 植株；2. 孢子囊穗；3. 孢子叶的腹面及孢子囊。（马平绘）

2. 卷柏科 SELAGINELLACEAE

董仕勇　陈珍传

中小型植物，土生或石生。主茎横走、斜卧或直立，有时攀援，具原生中柱至多环管状中柱，多次分枝，主茎基部及分枝处生有根状结构，称为根托，在根托的末端生出 1 丛不定根。茎枝通常扁平，有背腹之分。叶为单叶，通常鳞片形，背腹各具 2 列，很少为钻形并螺旋状排列，草质，无毛或很少被毛，同型或异型，细小，无柄，每叶向轴面的基部有 1 片小形膜质舌状凸起（叶舌），中脉明显，无侧脉；叶螺旋状着生或沿茎或枝的长轴方向排列为 4 列，远轴面两侧的叶为侧叶（背叶），较大且阔，近平展，近轴面中间的叶为中叶（腹叶），贴生并指向茎或枝的顶端，互相毗邻，茎或枝的分枝处的叶为腋叶；不育叶二型，很少一型；能育叶排列成穗状，孢子囊穗着生于小枝顶端，呈四棱形或压扁状，或能育叶与不育叶近同形而孢子囊穗不明显。孢子囊横肾形，单生于能育叶腋间，1 室，两瓣开裂，其壁由 3~5 层细胞组成，无明显的环带，大孢子囊内有 1~4 个大孢子，小孢子囊内有大量小孢子（100 个以上）。孢子异型，大孢子圆球形，具三裂缝，表面平滑或具颗粒状、刺状、瘤状、条纹或脊状纹饰；小孢子极微细，如尘埃状，小孢子极面观一般为三角形，3 裂缝，外壁具有颗粒状、小瘤状、疣状、棒状或刺状纹饰。配子体微小，主要在孢子囊内发育。

1 属约 700 种，广布于全世界，主产于热带地区。我国约 70 种。深圳 13 种。

卷柏属 Selaginella P. Beauv.

属的形态特征和地理分布与科相同。

1. 旱生植物；有粗而短的地上主干，分枝簇生于主干顶端，呈辐射状，干旱时内卷 ……………………………………………………………………………………… 1. 卷柏 S. tamariscina
1. 非旱生植物；无粗而短的地上主干，植株直立或匍匐，多回分枝散生，通常在一个平面上。
　2. 植株伏地蔓生，各节生出根托，或主茎匍匐，能育枝斜升或近直立。
　　3. 孢子叶二型，即近轴面的 2 列孢子叶较长，远轴面的 2 列孢子叶较短。
　　　4. 侧叶上侧基部具短锯齿 ……………………………………………… 2. 异穗卷柏 S. heterostachys
　　　4. 侧叶上侧基部具长纤毛。
　　　　5. 孢子叶强度二型，远轴面的孢子叶有疏或密的长纤毛，纤毛长度约为叶缘至中肋距离的一半 … ……………………………………………………………………………………… 3. 缘毛卷柏 S. ciliaris
　　　　5. 孢子叶明显或不明显二型，远轴面的孢子叶有细密锯齿 …………………… 4. 剑叶卷柏 S. xipholepis
　　3. 孢子叶一型，近轴面的 2 列孢子叶与远轴面的 2 列孢子叶等长。
　　　6. 中叶和侧叶的边缘均有微齿 ……………………………………………… 5. 小翠云 S. kraussiana
　　　6. 中叶和侧叶的边缘为全缘。
　　　　7. 主茎的中叶外侧基部及侧叶下侧基部有一明显的耳状弯钩 ………… 6. 具边卷柏 S. limbata
　　　　7. 中叶和侧叶基部为阔楔形或圆形 ………………………………………… 7. 翠云草 S. uncinata
　2. 植株直立或斜升，仅基部生根托，或至少植株的上部（远端）不生根托。
　　8. 中叶和侧叶全缘，至多顶部有少数锯齿；分枝排列稀疏；主茎干后上部至顶端明显变为褐色 ……… ……………………………………………………………………………………… 8. 薄叶卷柏 S. delicatula
　　8. 中叶和侧叶有锯齿；分枝排列紧密；主茎干后不变色。
　　　9. 孢子叶二型 ……………………………………………………………… 9. 膜叶卷柏 S. leptophylla
　　　9. 孢子叶一型。

10. 主茎及各分枝茎的远轴面有短而密的毛 ··· 10. **二形卷柏 S. biformis**
10. 主茎及各分枝茎的远轴面无毛。
    11. 植株显著直立；直立主茎下部无分枝 ·· 11. **江南卷柏 S. moellendorfii**
    11. 植株基部匍匐，上部直立；自主茎近基部开始有分枝。
        12. 中叶、侧叶近轴面无毛；侧叶上缘具细齿 ························· 12. **深绿卷柏 S. doederleinii**
        12. 中叶、侧叶近轴面密布短刺毛；侧叶上缘具缘毛 ················ 13. **粗叶卷柏 S. trachyphylla**

1. 卷柏 Tamariskoid Spikemoss 图 5 彩片 7 8

Selaginella tamariscina（P. Beauv.）Spring in Bull. Acad. Roy. Sci. Bruxelles **10**（1）：136，no. 9. 1843.

Stachygynandrum tamariscinum Beauv. Prodr. 106. 1805.

Selaginella involvens auct. non（Sw.）Spring：广州植物志 31. 1956.

旱生植物。植株莲座状，干旱时向中央拳卷，高 3~20cm，具粗而短的直立主干，主干有相互交织的根、根托和主茎。单一主茎直立或斜展，无毛，主茎连叶宽 2.5~3.5mm，主茎自中部开始羽状分枝，各回分枝处无根托；分枝簇生于主茎顶端，呈辐射状，较稀疏，斜上伸展，末回小枝连叶宽 1.5~2mm。主茎及各回分枝上的叶二型；侧叶斜展或极斜上，彼此密接或瓦覆，卵形，长 1.5~2mm，宽 1~1.2mm，先端急尖并具针状长芒，基部为偏斜的阔楔形，边缘有睫毛状尖齿，无白边；中叶伏贴于主茎或枝上，先端指向茎或枝的长轴方向或略偏斜，长卵形，覆瓦状排列，长约 1.5mm，宽约 0.6mm，先端急尖并有长芒，基部为略偏斜的楔形，边缘有短尖齿，无白边；腋叶长卵形，基部楔形，边缘有尖齿。孢子囊穗单生于小枝顶端，四棱形，长 0.6~1.5cm；孢子叶一型，先端指向孢子囊穗顶部，覆瓦状排列，卵形，远轴面凸起呈龙骨状，渐尖头，边缘有微齿。大孢子淡黄色，小孢子红棕色。

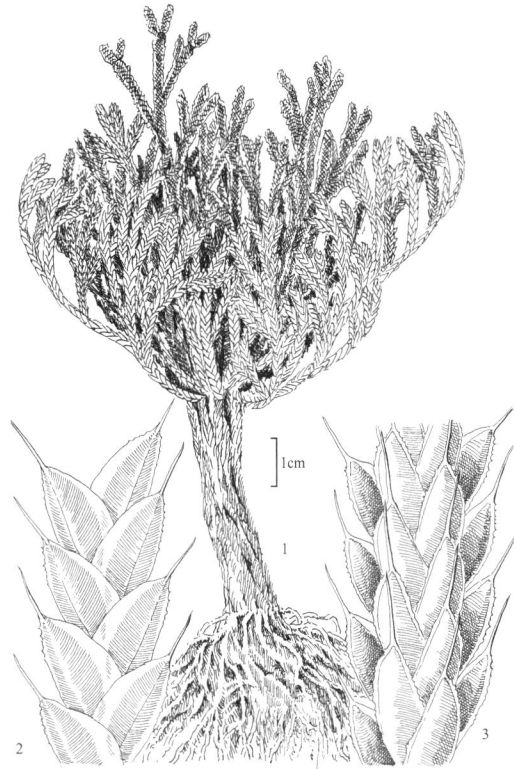

图 5 卷柏 *Selaginella tamariscina*
1. 植株，示根托、根托末端的不定根、主干、分枝及分枝上的叶；2. 小枝背面的一段放大，示其上的叶；3. 小枝正面的一段放大，示其上的叶。（马平绘）

产地：七娘山（张寿洲等 2132）、三洲田（深圳队 448）、梧桐山（张寿洲等 011755）。生于林下或沟边石上，海拔 300~700m。

分布：全国大部分地区均产（新疆、宁夏、甘肃）。东亚地区（北至西伯利亚东部、朝鲜半岛、日本，南至菲律宾），以及中南半岛北部也有分布。

用途：可栽培供观赏；亦供药用，有止血之效，用于治下血脱肛有效。

2. 异穗卷柏 Different Spikemoss 图 6 彩片 9

Selaginella heterostachys Baker in J. Bot. **23**：177. 1885.

植株伏地蔓生，能育枝斜升或近直立，通常长 15~20cm。主茎纤细，无毛，匍匐，主茎连叶宽约 4mm，两侧交替分枝，各回分枝处均生有根托；分枝稀疏或较密，斜展，末回小枝连叶宽 3~4mm。主茎及各回分枝上的叶二型；侧叶平展，彼此疏离或接近，长卵形，长约 2mm，宽 1~1.2mm，先端钝尖，基部为偏斜心形，边缘有微齿，基部上侧的齿稍长，无白边；中叶伏贴于主茎或枝上，先端指向茎或枝的长轴方向或略偏斜，长卵形，覆瓦状排列，长约 1.5mm，宽约 0.6mm，先端渐尖，基部为略偏斜的浅心形，边缘有微齿，无明显白边；腋叶长卵形，基部圆形，边缘有微齿。孢子囊穗单生于小枝顶端，近四棱形，长 8~20mm；孢子叶二型，近轴面的孢子叶较长而远轴面的较短，向上斜展，覆瓦状排列，卵状披针形或长卵形，龙骨状，渐尖头，边缘有整齐的短锯齿。大孢子淡黄色，小孢子橘红色。

产地：三洲田（深圳考察队 669）、梧桐山（王国栋等 6454）。生于林下石上或土生，海拔 150—250m。

分布：广东、香港、澳门、海南、广西、湖南、江西、福建、台湾、浙江、安徽、河南、湖北、四川、贵州和云南。越南及日本。

3.　缘毛卷柏 Ciliated Spikemoss　　图 7　彩片 10
Selaginella ciliaris（Retz.）Spring in Bull. Acad. Roy. Sci. Brux. **10**（1）：231，no. 136. 1843.

Lycopodium ciliare Retz. in Obs. Bot. **5**：32. 1789.

植株形体较小，通常长 5~10cm。主茎纤细，无毛，匍匐，主茎连叶宽 3~4mm，两侧各有 3~5 个分枝，各回分枝处均生有根托；分枝稀疏，平展或斜展，末回小枝连叶宽 3~4mm。主茎及各回分枝上的叶二型；侧叶平展，彼此疏离，长卵形，长 2~2.5mm，宽 1~1.2mm，先端急尖，基部圆楔形，边缘有长纤毛，基部上侧的睫毛最长，无明显白边；中叶伏贴于主茎或枝上，先端指向茎或枝的长轴方向或略偏斜，长卵形，覆瓦状排列，长约 1.5mm，宽约 1mm，先端渐尖，基部阔楔形，边缘有睫毛，有不明显白边；腋叶长卵形，基部圆形，边缘有睫毛。孢子囊穗单生于小枝顶端，近四棱形，长 5~10mm；孢子叶二型，近轴面的孢子叶较长而远轴面的较短，向上斜展，覆瓦状排列，卵状披针形或长卵形，龙骨状，渐尖头，远轴面的孢子叶边缘有长纤毛，纤毛长度约为叶缘至叶中肋距离的一半。大孢子白色或淡黄色，小孢子橘红色。

产地：七娘山、田心山（张寿洲等 4692）、梧桐山（王国栋等 6290）、仙湖植物园（张宪春等 011143）。生于山地林下，海拔 100~450m。

分布：台湾、广东、香港、海南、广西和云南。越南、尼泊尔、印度、斯里兰卡、菲律宾、印度尼西亚、澳大利亚北部及附近太平洋岛屿。

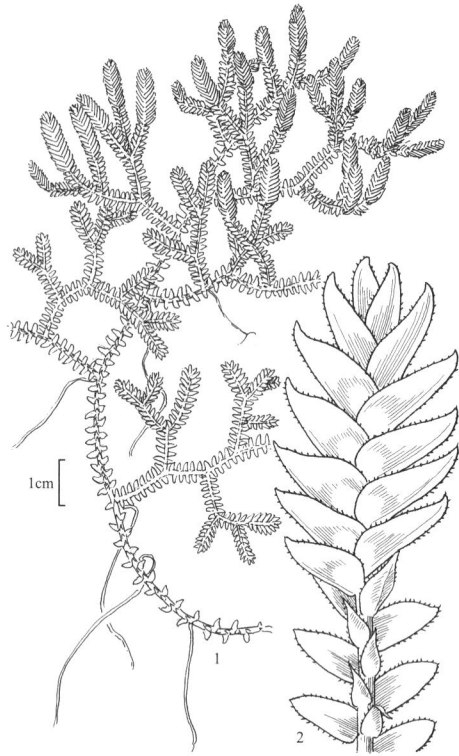

图 6　异穗卷柏 Selaginella heterostachys
1. 植株的一部分，示根托、主茎、分枝、分枝上的叶及小枝顶端的孢子囊穗；2. 孢子囊穗。（马平绘）

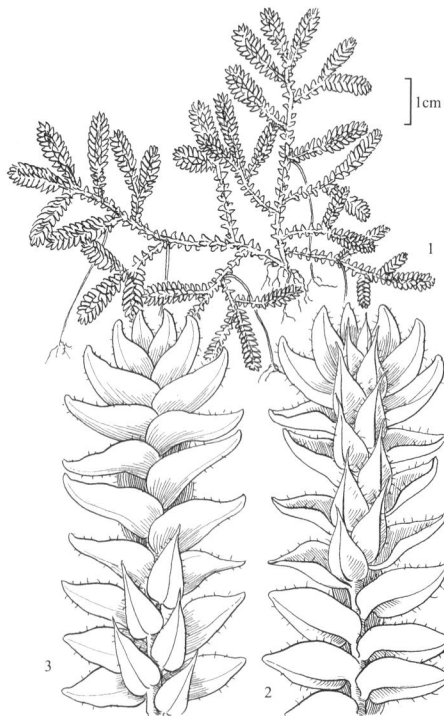

图 7　缘毛卷柏 Selaginella ciliaris
1. 植株的一部分，示根托、主茎、分枝、主茎及各回分枝上的叶以及生于小枝顶端的孢子囊穗；2. 孢子囊穗的腹面；3. 孢子囊穗的背面。（马平绘）

4. 剑叶卷柏 Sword-leaved Spikemoss

图 8 彩片 11 12

Selaginella xipholepis Baker in J. Bot.（Hook.）**23**：155. 1885.

植株伏地蔓生，通常长约 6~8cm。主茎纤细，无毛，匍匐，主茎连叶宽 3~4mm，两侧交替分枝，各回分枝处均生有根托；分枝稀疏，斜展，末回小枝连叶宽约 3mm。主茎及各回分枝上的叶二型；侧叶平展，彼此疏离，长卵形，长 1.5~2mm，宽约 1mm，先端短尖或钝圆，基部为偏斜浅心形，基部边缘有长睫毛，基部以上的边缘具浅齿，无白边或有时有不明显白边；中叶伏贴于主茎或枝上，先端指向茎或枝的长轴方向或略偏斜，卵形，主茎上的疏离而分枝上的瓦覆，长约 1.5mm，宽约 0.8mm，先端急狭为纤维状，基部为偏斜的浅心形，边缘有短齿，有不明显的白边；腋叶卵形，基部圆形，基部边缘有较长的纤毛，基部以上的叶边有短齿。孢子囊穗单生于小枝顶端，近四棱形，长 4~6mm；孢子叶二型，近轴面的孢子叶较长而远轴面的较短，向上斜展，覆瓦状排列，卵状披针形或长卵形，龙骨状，渐尖头，边缘有整齐的细密短锯齿。大孢子淡黄色，小孢子橘红色。

产地：南澳、排牙山（张寿洲等 2337）、七娘山、田心山（张寿洲等 2229）、梧桐山（深圳队 899）、南山。生于沟边石上或林下山坡，海拔 100~400m。

分布：福建、广东、香港、广西、贵州和云南。

5. 小翠云 Mat Spikemoss 图 9 彩片 13

Selaginella kraussiana（Kuntze）A. Braun, Index Sem.（Berlin）22. 1860.

Lycopodium kraussianum Kuntze in Linnaea **18**：114. 1844.

植株伏地蔓生，通常长 20~50cm。主茎纤细，无毛，匍匐，主茎连叶宽约 6mm，两侧交替分枝，主茎分枝处通常生有根托；分枝较密，斜展，末回小枝连叶宽 3~6mm。主茎及各回分枝上的叶一型；侧叶平展，彼此疏离或接近，长卵形，长 2.5~3mm，宽 1.2~1.8mm，先端急尖，基部阔楔形，边缘有细齿，无白边；中叶伏贴于主茎或枝上，先端指向茎或枝的长轴方向或略偏斜，长卵形，覆瓦状排列，长 2~2.5mm，宽 0.6~1mm，先端渐尖，基部为略偏斜的楔形，边缘有微齿，无白边；腋叶长卵形，基部圆楔形，边缘有微齿。孢子囊穗未见。

产地：梧桐山、仙湖植物园（深圳队 59）。栽培，海拔约 10m。

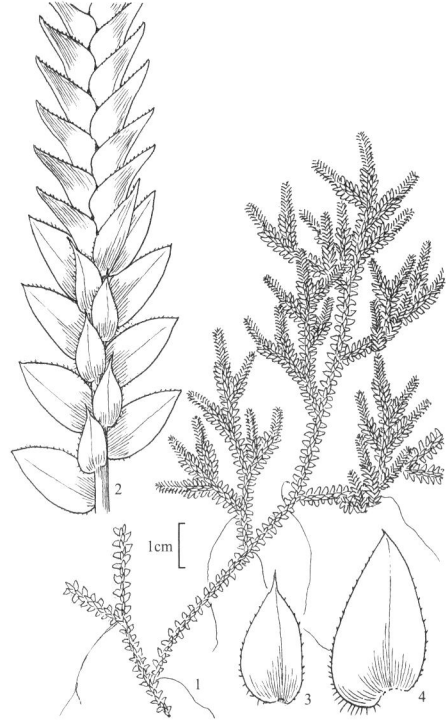

图 8 剑叶卷柏 Selaginella xipholepis
1. 植株的一部分，示根托、主茎、分枝、生于主茎及分枝上的叶和生于小枝顶端的孢子囊穗；2. 一枚小枝，示中叶和侧叶以及生于小枝顶端的孢子囊穗；3. 中叶；4. 侧叶。（马平绘）

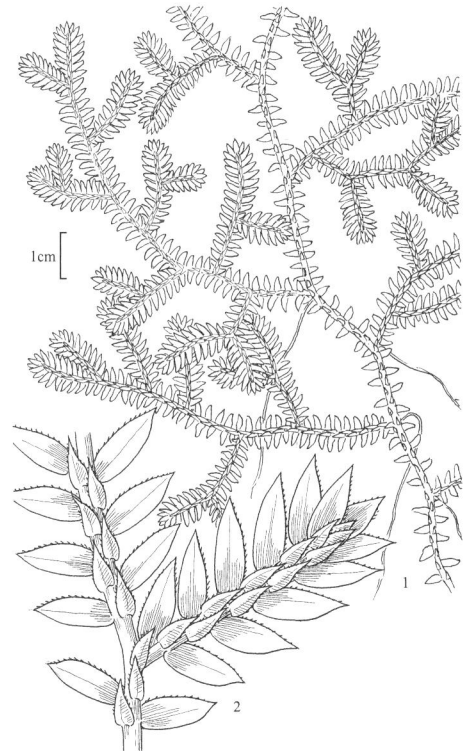

图 9 小翠云 Selaginella kraussiana
1. 植株的一部分，示根托、主茎和分枝并示生于主茎和分枝上的叶；2. 分枝的一段，示侧叶和中叶。（马平绘）

分布：原产于非洲。我国广东、澳门、贵州等地植物园有栽培。欧洲、美洲栽培并有逸生。

6. 具边卷柏 Limbate Spikemoss

图 10　彩片 14　15

Selaginella limbata Alston in J. Bot. **70**: 62. 1932.

植株伏地蔓生，通常长 20~50cm。主茎纤细，无毛，匍匐，主茎连叶宽 2~3mm，基部以上交替发出侧生分枝，各回分枝处通常生有根托；分枝稀疏，平展或斜展，末回小枝连叶宽 4~5mm。主茎及各回分枝上的叶二型；侧叶平展，彼此疏离或接近，长卵形，长 2~3mm，宽 1~1.8mm，先端急尖，基部为偏斜心形，下侧基部有一明显弯钩呈耳状，边缘全缘，远轴面有较明显的白边；中叶伏贴于主茎或枝上，先端指向茎或枝的长轴方向或略偏斜，长卵形，覆瓦状排列，长约 2mm，宽约 1mm，先端长渐尖，基部为偏斜的心形，边缘全缘，有白边；腋叶长卵形，基部楔形，边缘全缘。孢子囊穗单生于小枝顶端，四棱形，长 3~17mm；孢子叶一型，近轴面的 2 列孢子叶与远轴面的 2 列孢子叶等长，向上斜展，覆瓦状排列，卵状披针形或长卵形，略呈龙骨状，渐尖头，边缘全缘。大孢子褐色，小孢子淡棕色。

产地：七娘山（张寿洲等 1523）、三洲田（深圳队 59）、梅沙尖（张寿洲等 010979）。生于林下或林缘，海拔 150~400m。

分布：湖南、江西、福建、广东和香港。日本南部。

7. 翠云草 Blue Selaginella Rainbow

图 11　彩片 16

Selaginella uncinata（Desv. ex Poir.）Spring in Bull. Acad. Roy. Sci. Bruxelles **10**（1）: 141. 1843.

Lycopodium uncinatum Desv. ex Poir. in Lam. Encycl., Suppl. **3**（2）: 558. 1814.

植株伏地蔓生，通常长 60cm 或更长。主茎纤细，无毛，匍匐，主茎连叶宽 6~7mm，两侧交替分枝，主茎的分枝处通常生有根托；分枝稀疏，平展或斜展，末回小枝连叶宽 5~6mm。主茎及各回分枝上的叶二型；侧叶平展，彼此疏离或接近，长卵形，长 2~3.5mm，宽 1~2mm，先端急尖，基部阔楔形或圆形，边缘全缘，有白边；中叶伏贴于主茎或枝上，先端指向茎或枝的长轴方向或略偏斜，长卵形，覆瓦状排列，长 1.5~2mm，宽 0.8~1mm，先端长渐尖，基部为略偏

图 10　具边卷柏 Selaginella limbata
1. 植株的一部分，示根托、主茎分枝、生于主茎和分枝上的叶以及生于小枝顶端的孢子囊穗；2. 分枝的一段，示侧叶和中叶；3. 中叶；4. 侧叶。（马平绘）

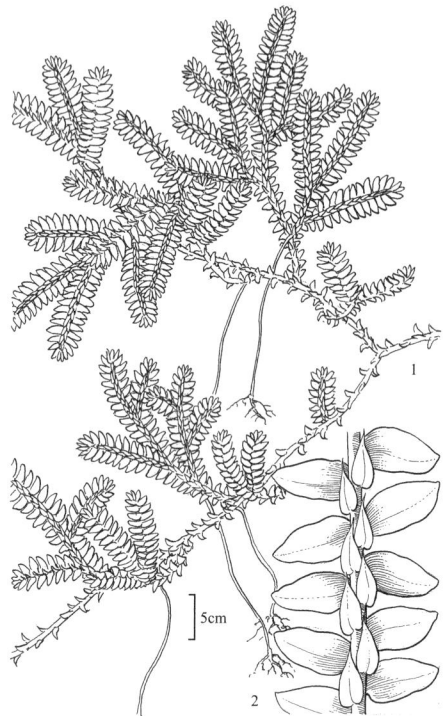

图 11　翠云草 Selaginella uncinata
1. 植株的一部分，示根托、主茎、分枝以及主茎和分枝上的叶；2. 小枝的一段，示侧叶和中叶。（马平绘）

斜的浅心形，边缘全缘，有明显白边；腋叶长卵形，基部圆楔形，边缘全缘。孢子囊穗单生于小枝顶端，近四棱形，长 1~2cm；孢子叶一型，向上斜展，覆瓦状排列，卵状披针形，龙骨状，渐尖头，边缘全缘。大孢子灰棕色或淡褐色，小孢子淡黄色。

产地：七娘山、沙头角、梧桐山（高蕴璋 414，IBSC；王学文 108，IBSC）、仙湖植物园（张宪春等 011145）。生于山地路旁，海拔 100~300m.

分布：广东、香港、澳门、广西、湖南、江西、福建、浙江、安徽、湖北、四川、重庆、贵州和云南。越南。

用途：可栽培供观赏；《植物名实图考》谓入药能舒筋络。

8. 薄叶卷柏 Delicate Spikemoss

图 12　彩片 17　18

Selaginella delicatula（Desv. ex Poir）Alston in J. Bot. **70**：282. 1932.

Lycopodium delicatulum Desv. ex Poir. in Lam. Encycl.，Suppl. **3**（2）：554. 1814.

植株直立，通常长 40~60cm。主茎纤细，无毛，直立，干后上部至顶端明显变为褐色，主茎连叶宽 5~7mm，基部以上两侧交替分枝，各回分枝处均无根托；分枝较稀疏，斜展，末回小枝连叶宽 3~4mm。主茎及各回分枝上的叶二型；侧叶平展，彼此疏离或接近，长卵形，长 2~3mm，宽 0.6~2mm，先端急尖，基部阔楔形，边缘全缘或先端略有微齿，无白边；中叶伏贴于主茎或枝上，先端指向茎或枝的长轴方向或略偏斜，近似偏斜的半月形，覆瓦状排列，长 1.5~2mm，宽 0.8~1.5mm，先端急尖呈短尾状，基部为偏斜的浅心形或楔形，边缘全缘，有明显或不明显白边；腋叶披针形，基部楔形，边缘全缘。孢子囊穗单生于小枝顶端，四棱形，长 0.8~1cm；孢子叶一型，向上斜展，覆瓦状排列，卵状披针形，远轴面凸出呈龙骨状，渐尖头，边缘全缘。大孢子白色或棕色，小孢子淡黄色。

产地：三洲田（深圳队 673）、梧桐山（张寿洲等 3238）、羊台山（张寿洲等 1218）。生于山地林下、溪边，海拔 100~600m。

分布：广东、香港、澳门、海南、广西、湖南、江西、福建、台湾、浙江、安徽、湖北、贵州、云南和四川。越南、柬埔寨、泰国、缅甸、印度、斯里兰卡、马来西亚、印度尼西亚及菲律宾。

用途：全草入药，有清热解毒之效。

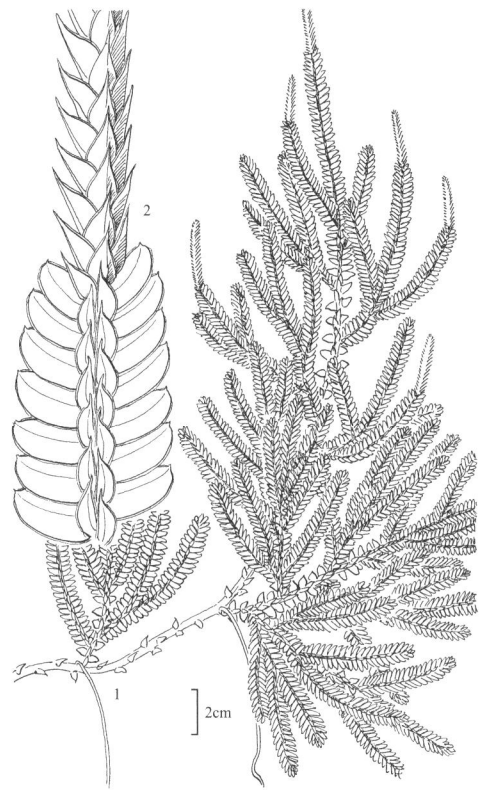

图 12 薄叶卷柏 Selaginella delicatula
1. 植株的一部分，示根托、主茎和分枝以及生于小枝顶端的孢子囊穗，并示主茎和分枝上的叶；2. 小枝的一段，示侧叶和中叶，并示生于小枝顶端的孢子囊穗。（马平绘）

9. 膜叶卷柏 Selaginella Leptophylla

图 13

Selaginella leptophylla Baker in J. Bot.（Hook.）**23**：157. 1885.

植株直立，长 5~12cm。主茎纤细，无毛，直立，主茎连叶宽约 1mm，基部 1~2cm 无分枝，向上两侧交替分枝，各回分枝处均无根托；分枝较紧密，斜展，末回小枝连叶宽 1.5~2mm。主茎及各回分枝上的叶二型；侧叶平展，彼此疏离，卵形，长 1.5~1.8mm，宽 0.8~1mm，先端钝尖，基部楔形，贴生，边缘有锯齿，无白边；中叶伏贴于主茎或枝上，先端指向茎或枝的长轴方向或略偏斜，狭卵形，覆瓦状排列，长约 1mm，宽约 0.2mm，先端长尾状，基部楔形，边缘有短齿，有不明显白边；腋叶长卵形或阔披针形，基部阔楔形，边缘有微齿。孢子囊穗单生或双生于小枝顶端，近四棱形，长4~6mm；孢子叶二型，近轴面的孢子叶较长而远轴面的明显较短，向上斜展，覆瓦状排列，卵状披针形，龙骨状，渐尖头，边缘有整齐的短锯齿，下侧基部边缘有长睫毛，远轴面的孢子叶卵圆形并有一长尾状尖头，边缘有长睫毛。大孢子淡黄色，小孢子橘红色。

产地：梧桐山（王国栋等6405）。生于山地路旁，海拔250~300m。

分布：台湾、广东、香港、广西、贵州、云南和四川。日本、越南、泰国、缅甸和印度。

10. 二形卷柏 Dimorphic Spikemoss

图14 彩片19 20

Selaginella biformis A. Braun ex Kuhn in Forschungsr. Gazelle. **6**: 17. 1889.

植株直立，通常长20~30cm。主茎纤细，基部以上及分枝的远轴面被直立、短而密的毛，直立，主茎连叶宽3~5mm，基部不分枝，上部两侧交替分枝，分枝处无根托；分枝密接，斜展，末回小枝连叶宽2~2.5mm。不分枝主茎上的叶一型，基部以上的主茎及各回分枝上的叶二型；侧叶斜展，彼此接近，长卵形，长约2mm，宽0.5~1mm，先端急尖，基部阔楔形，边缘有明显细锯齿，基部上侧的齿较长（睫毛状），无明显白边；中叶伏贴于主茎或枝上，先端指向茎或枝的长轴方向或略偏斜，卵形，覆瓦状排列，长1.5~2mm，宽0.3~0.5mm，先端长芒状，基部为偏斜的浅心形，边缘有微齿，有不明显白边；腋叶长卵形，基部圆楔形，边缘有细齿。孢子囊穗单生于小枝顶端，四棱形，长0.5~1cm；孢子叶一型，向上斜展，覆瓦状排列，卵状披针形，龙骨状，渐尖头，边缘有细齿。大孢子乳白色或棕色，小孢子淡黄色或橙黄色。

产地：七娘山（王国栋等7154）、葵涌（王国栋等7220）、梧桐山（深圳队881）。生于山地林下、溪边，海拔100~750m。

分布：福建、广东、香港、海南、广西、贵州和云南。日本南部、越南、老挝、泰国、缅甸、印度东北部、斯里兰卡、马来西亚、菲律宾和印度尼西亚。

11. 江南卷柏 Moellendorf's Spikemoss

图15 彩片21

Selaginella moellendorffii Hieron. in Hedwigia **41**: 178.1902 ["Mollendorfii"].

植株直立，通常长20~30cm。主茎纤细，无毛，

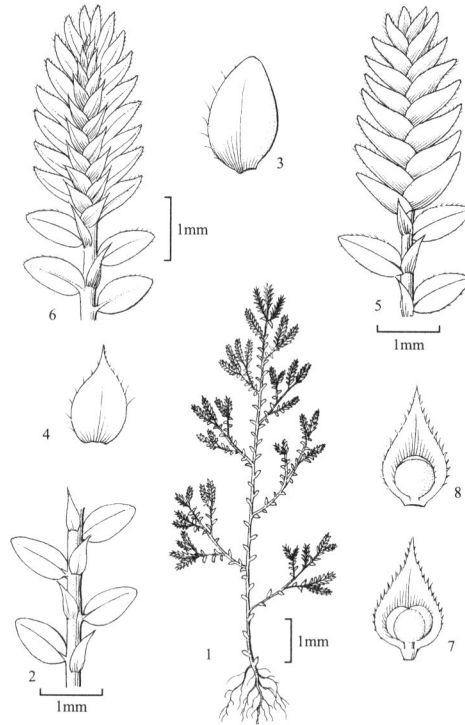

图 13 膜叶卷柏 Selaginella leptophylla
1. 植株，示根、主茎及分枝并示主茎及分枝上的叶；2. 小枝的一段，示侧叶和中叶；3. 侧叶；4. 中叶；5. 孢子囊穗的背面；6. 孢子囊穗的腹面；7. 大孢子叶，并示大孢子；8. 小孢子叶，并示小孢子。（李志民绘）

图 14 二形卷柏 Selaginella biformis
1. 植株的一部分，示主茎及分枝，并示主茎及分枝上的叶和生于小枝顶端的孢子囊穗；2. 小枝上部的一段，示侧叶和中叶，并示生于小枝顶端的孢子囊穗。（马平绘）

直立，主茎连叶宽 1~6mm，基部不分枝，上部两侧
交替分枝，分枝处无根托；分枝密接，斜展，末回小
枝连叶宽 2~3mm。不分枝主茎上的叶一型，基部以
上的主茎及各回分枝上的叶二型；侧叶斜展，彼此疏
离或接近，长卵形，长 1.5~3mm，宽 0.5~2mm，先端
急尖，基部阔楔形，边缘有微齿，有白边；中叶伏贴
于主茎或枝上，先端指向茎或枝的长轴方向或略偏斜，
卵形，覆瓦状排列，长 1.5~2mm，宽 0.5~1mm，先端
长尾状，基部为偏斜的浅心形，边缘有细齿，通常有
明显白边，有时不具白边；腋叶长卵形，基部圆楔形，
边缘有细齿。孢子囊穗单生或很少有 2 个生于小枝顶
端，四棱形，长 5~8mm；孢子叶一型，向上斜展，覆
瓦状排列，卵状披针形，龙骨状，渐尖头，边缘有细齿。
大孢子淡黄色，小孢子淡黄色或红棕色。

产地：七娘山（张寿洲等 0254）、南澳、盐田（李
沛琼 1660）、三洲田、沙头角（王国栋等 6449）、梧桐山。
生于山谷、溪边，海拔 40~300m。

分布：广东、香港、海南、广西、湖南、江西、福建、
台湾、浙江、江苏、安徽、河南、陕西、甘肃、湖北、
四川、重庆、贵州、云南和西藏。越南、柬埔寨、菲
律宾和日本南部。

用途：全草入药，有清热解毒之效。

12. 深绿卷柏 Doederlein's Spikemoss

图 16 彩片 22

Selaginella doederleinii Hieron. in Hedwigia **43**
（1）：41. 1904.

植株的基部匍匐，上部直立，主茎通常高 20~
30cm，较粗壮，无毛，连叶宽 6~8mm，近基部两侧
交替分枝，中部以下的分枝处生有根托；分枝较密，
斜展，末回小枝连叶宽 4~5mm。主茎及各回分枝上
的叶二型；侧叶平展，彼此密接，斜方形或近长方形，
长 3~3.5mm，宽 1.2mm，先端钝尖，基部为偏斜心形，
边缘上缘有细密短锯齿，基部上侧的锯齿较长，无白
边，近轴面无毛；中叶伏贴于主茎或枝上，先端指向
茎或枝的长轴方向，卵形，覆瓦状排列，长约 1.5mm，
宽约 0.6mm，先端急狭呈针形，基部为略偏斜的浅心
形，边缘有锯齿，无白边，无毛；腋叶长卵形，基部
钝圆或略为浅心形，边缘有微齿。孢子囊穗单生于
小枝顶端，四棱形，长 0.5~2.5cm；孢子叶一型，向
上斜展，覆瓦状排列，卵状披针形，龙骨状，渐尖头，
边缘有整齐的短锯齿。大孢子乳白色，小孢子白色
带棕色。

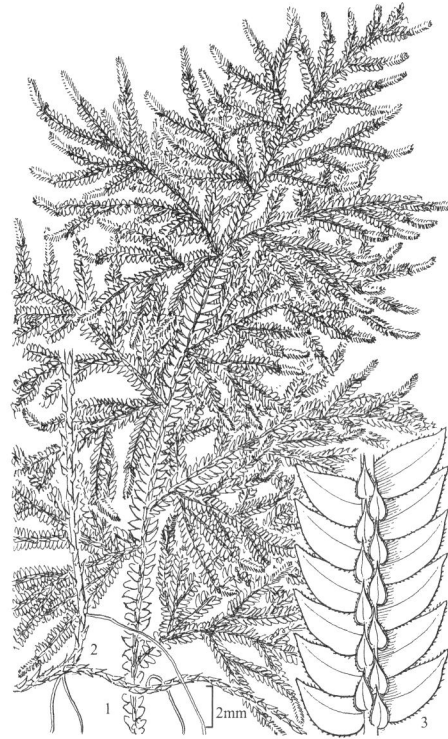

图 15 江南卷柏 Selaginella moellendorffii
1. 根状茎；2. 植株的上部，示主茎及分枝，并示其上的叶；
3. 小枝的一段，示侧叶和中叶。（马平绘）

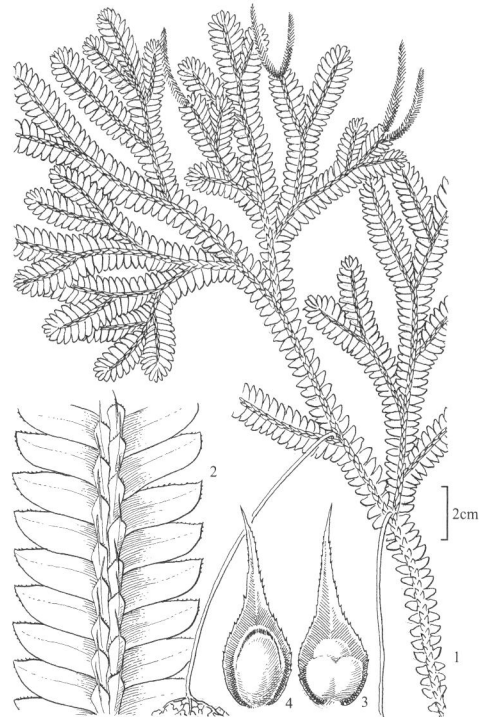

图 16 深绿卷柏 Selaginella doederleinii
1. 植株的一部分，示根托、主茎及分枝，并示其上的叶和
生于小枝顶端的孢子囊穗；2. 小枝的一段，示侧叶和中叶；
3. 大孢子叶并示大孢子；4. 小孢子叶并示小孢子。（马平绘）

产地：七娘山（王国栋等 7362）、排牙山、葵涌（王国栋等 7161，7223）、梧桐山（张寿洲等 011132）。生于山地林下，海拔 100~400m。

分布：广东、香港、澳门、海南、广西、湖南、江西、福建、台湾、浙江、安徽、四川、贵州和云南。日本和中南半岛。

用途：全草入药，有清热解毒之效。

13. 粗叶卷柏 Rough-leaved Spikemoss　　图 17
Selaginella trachyphylla A. Braun ex Hieron. in Engl. & Prantl，Nat. Pflanzenfam. **1**（4）：693. 1902.

Selaginella doederleinii subsp. *trachyphylla*（A. Braun ex Hieron.）X. C. Zhang in Fl. Reip. Pop. Sin. **6**（3）：138，pl. 35：1-6. 2004.

形体极近深绿卷柏 S. doederleinii，区别在于：本种的中叶、侧叶近轴面密布短刺，侧叶上缘具睫毛。

产地：西涌（张寿洲等 SCAUF466）、葵涌（王国栋等 6876）、三洲田（王国栋等 5918）、梅沙尖、梧桐山（张寿洲等 011779）。生于山地林下，海拔 100~600m。

分布：广东、香港、广西和贵州。越南和泰国。

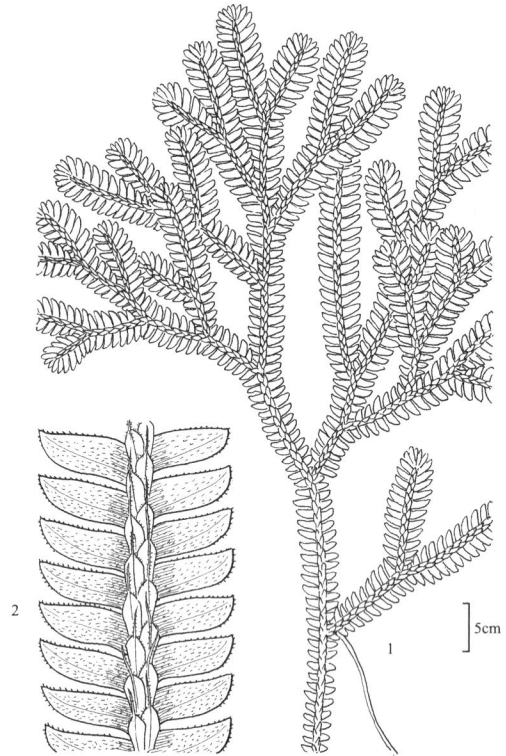

图 17 粗叶卷柏 Selaginella trachyphylla
1. 植株的一部分，示根托、主茎和分枝，并示主茎和分枝上的叶；2. 小枝的一段，示侧叶和中叶。（马平绘）

蕨类植物 FERNS

董仕勇

分科检索表

1. 叶退化为细小的鳞片状或钻形，远不如茎发达；孢子囊 2~3 个生于退化孢子叶的腋间，或 5~10 个悬垂于枝顶的孢子叶近轴面。

  2. 植株有根；茎中空，有节；孢子囊悬垂于盾状鳞片形的孢子叶的近轴面，每孢子叶下有 5~10 个孢子囊，彼此分开 ·· **1. 木贼科 Equisetaceae**

  2. 植株无根；茎不为中空，也无节；孢子囊生于孢子叶的基部，每孢子叶内有 2~3 个孢子囊，彼此愈合 ···
··· **3. 松叶蕨科 Psilotaceae**

1. 叶远较茎发达；孢子囊通常生于正常叶的远轴面或边缘，聚生成多种形态的孢子囊群，或散生而满布于叶片远轴面。

  3. 孢子囊壁厚，由 2 层或更多层细胞组成。

    4. 幼叶直立或倾斜，不为拳卷状；单叶，叶柄基部无托叶；孢子囊扁圆球形，横裂，聚生在能育叶的顶部，为单穗状 ··································· **2. 瓶尔小草科 Ophioglossaceae**

    4. 幼叶拳卷；一至二回羽状复叶，叶柄基部具 1 对肉质托叶；孢子囊球形或近舟形，纵裂，生于叶片远轴面，沿叶缘或羽片中肋排列为 2 列 ··················· **4. 合囊蕨科 Marattiaceae**

  3. 孢子囊壁薄，由 1 层细胞组成。

    5. 水生或湿地生植物；能育叶特化为孢子果。

      6. 挺水植物；根生于水下泥中；不育叶由 2~4 个对生的羽片组成，盾状着生，或为线形单叶，通常具长柄 ··· **10. 蘋科 Marsileaceae**

      6. 浮水植物；植株不具根或仅具漂浮的须根；不育叶为单叶，全缘或二深裂，无柄 ·················
··· **11. 槐叶苹科 Salviniaceae**

    5. 陆生或附生，少为湿生或水生；叶片形态不同于上述。

      7. 淡水植物；叶多汁，草质，二型，二至三回羽裂；孢子囊疏生于能育叶远轴面的网脉上并为反卷的叶边覆盖 ·························· **17. 凤尾蕨科 Pteridaceae**（水蕨属 Ceratopteris）

      7. 陆生或附生，少为湿生植物。

        8. 植株全体无鳞片，也无真正的毛，仅幼叶被黏质线状绒毛。

          9. 叶柄基部两侧不具疣状凸起的气囊体；能育叶或能育羽片形成穗状或复穗状的孢子囊穗 ······
··· **5. 紫萁科 Osmundaceae**

          9. 叶柄基部两侧各具 1~2 个或多个行疣状凸起的气囊体；能育叶的羽片狭缩成线形，孢子囊成熟时满布于羽片远轴面 ··························· **12. 瘤足蕨科 Plagiogyriaceae**

        8. 植株多少具鳞片或真正的毛。

          10. 孢子囊聚生成微小的穗状，凸出于叶边之外呈流苏状（海金沙科）；或者孢子囊生于柱状囊托上，囊托和孢子囊的外面有管状或 2 唇瓣状的囊苞（膜蕨科）。

            11. 孢子囊聚生成微小的穗状，在叶边呈流苏状；叶片结构由多层细胞构成，有气孔 ········
··· **9. 海金沙科 Lygodiaceae**

11. 孢子囊生于囊苞内的圆柱状囊托上，不呈穗状；叶片一般为薄膜质，通常只由 1 层细胞构成，无气孔 …………………………………………………………………………………… **6. 膜蕨科 Hymenophyllaceae**

10. 孢子囊群生于叶缘、缘内或叶片远轴面，不聚生成穗状或生于柱状囊托上。

  12. 中大型附生植物；植株具有特化的腐殖质积聚叶或叶片基部扩大成阔耳形以积聚腐殖质 ………………… ……………………………………………… **27. 水龙骨科 Polypodiaceae**（槲蕨属 Drynaria）

  12. 植株不具上述腐殖质积聚叶，叶片基部也不扩大以积聚腐殖质。

    13. 孢子囊群生于叶缘；囊群盖自叶边向内或向外开，或囊群盖缺如。

      14. 囊群盖为两瓣状，革质，形如蚌壳 ………………………………………… **13. 金毛狗蕨科 Cibotiaceae**

      14. 囊群盖不为蚌壳形，通常膜质，或囊群盖缺如。

        15. 孢子囊群裸露无盖，或有由叶缘部分向远轴面反折而成的假囊群盖；假囊群盖开向主脉（向轴开），通常为线形，很少为长圆形、半月形或近圆形。

          16. 叶为线形单叶；孢子囊群为连续的长线形 ……………………………………… ……………………………… **17. 凤尾蕨科 Pteridaceae**（书带蕨亚科 Vittarioideae）

          16. 叶一至三回羽状分裂，或为一至三回羽状的复叶；孢子囊群圆形、近圆形或短线形。

            17. 孢子囊群圆形或近圆形，无盖。

              18. 植株通体被灰白色针状刚毛，无鳞片 ……………………………………… ……………………………… **16. 碗蕨科 Dennstaedtiaceae**（姬蕨属 Hypolepis）

              18. 叶片远轴面密被棕色或棕黄色长柔毛，叶柄基部有鳞片 ………………… ………………………………… **17. 凤尾蕨科 Pteridaceae**（碎米蕨属 Cheilanthes）

            17. 孢子囊群线形，很少为圆形或近圆形，有假囊群盖。

              19. 囊群盖为长圆形、半月形或近圆形；羽片或小羽片为对开式或扇形；末回小羽片无主脉，叶脉为扇形，多回二叉分枝 ………………………………………… ………………………………… **17. 凤尾蕨科 Pteridaceae**（铁线蕨属 Adiantum）

              19. 囊群盖为线形，间断或连续不断；羽片或小羽片不为对开式或扇形；末回小羽片有主脉，叶脉不为扇形二叉分枝。

                20. 孢子囊群生于小脉顶端，幼时彼此分离，成熟时往往向两侧扩散，彼此汇合成线形；囊群盖连续不断或为不同程度的断裂；叶柄和叶轴一般为栗棕色或深褐色 …………… **17. 凤尾蕨科 Pteridaceae**（碎米蕨亚科 Cheilanthoideae）

                20. 孢子囊群生于侧脉顶端的连接脉上，在叶缘形成一条线形汇合的孢子囊群；囊群盖连续不断；叶柄禾秆色，少为棕色或栗色。

                  21. 根状茎长而横走，密被锈黄色、多细胞的软长柔毛，不具鳞片；叶片遍体被柔毛；囊群盖有内外 2 层 ………………………………………… ………………………………… **16. 碗蕨科 Dennstaedtiaceae**（蕨属 Pteridium）

                  21. 根状茎短而直立或斜升，少有横走，具鳞片；叶片无毛或偶有少量短毛；囊群盖仅有 1 层 …… **17. 凤尾蕨科 Pteridaceae**（凤尾蕨亚科 Pteridoideae）

        15. 孢子囊群具真正的囊群盖，囊群盖开向叶边（离轴开），呈碗形、杯形、管形、圆肾形或横生长形。

          22. 土生植物，很少攀援；根状茎上有灰白色针状刚毛或红棕色钻状的硬质小鳞片。

            23. 植株通体有灰白色针状刚毛，无鳞片；孢子囊群单生于小脉顶端；囊群盖碗形或杯形 ……………………………………… **16. 碗蕨科 Dennstaedtiaceae**

            23. 根状茎上有红棕色钻状的硬质小鳞片；孢子囊群线形或少为圆形，常汇合为汇生囊群；囊群盖通常线形，少数杯形 ……………………………… **15. 鳞始蕨科 Lindsaeaceae**

          22. 通常附生，很少土生或攀援；根状茎上有丰富的膜质鳞片，叶柄或羽片以关节着生。

24. 叶柄基部无关节；叶片披针形，一回羽状 ····················· 23. **肾蕨科 Nephrolepidaceae**

24. 叶柄基部有关节；叶片三角形或五角形，二至四回羽状细裂 ·······················
·· **26. 骨碎补科 Davalliaceae**

13. 孢子囊群生于叶背，远离叶边；囊群盖有或无，若有盖，并不自叶边向内或向外开。

25. 叶轴、羽轴和叶脉近轴面被有 2~3（~4）行细胞组成的蠕虫形鳞片 ·······················
····································· **21. 蹄盖蕨科 Athyriaceae**（对囊蕨属 Deparia）

25. 叶轴、羽轴和叶脉上没有上述蠕虫形鳞片。

26. 孢子囊群布满于能育叶远轴面；叶通常二型。

27. 海滩潮汐植物；叶革质，羽片无侧脉；孢子囊群有隔丝 ·······················
····································· **17. 凤尾蕨科 Pteridaceae**（卤蕨属 Acrostichum）

27. 山地林下植物；叶纸质或少有肉质，羽片有明显侧脉；孢子囊群无隔丝。

28. 附生植物；单叶，全缘，叶脉分离 ·······················
····································· **22. 鳞毛蕨科 Dryopteridaceae**（舌蕨属 Elaphoglossum）

28. 土生植物；叶为一回羽状或为掌状指裂，叶脉分离或连接，或为单叶，则叶脉连接。

29. 叶脉分离，或者近羽轴的叶脉连接而叶缘的叶脉分离 ·······················
····································· **22. 鳞毛蕨科 Dryopteridaceae**（实蕨属 Bolbitis）

29. 叶脉全部连接为复杂的网状 ························ **24. 叉蕨科 Tectariaceae**

26. 孢子囊群形状多样，彼此分离；叶通常一型，少有二型。

30. 孢子囊群线形，通直，或孢子囊群沿小脉分布，通直或曲折而连接为网状。

31. 孢子囊群有盖，囊群盖线形或上端弯曲为钩形或马蹄形。

32. 孢子囊群生于与中脉平行的小脉上或网眼外侧的小脉上，并贴近中脉并与之平行；叶柄基部有多条圆形维管束排成 1 圈 ·············· **20. 乌毛蕨科 Blechnaceae**

32. 孢子囊群生于中脉两侧的斜出分离小脉上，与中脉斜交；叶柄基部有 2 条扁阔的维管束。

33. 石生或附生植物；鳞片结构疏松，网眼大而透明；线形囊群盖常单生于一脉的一侧，很少双生于一脉的上下两侧 ·············· **18. 铁角蕨科 Aspleniaceae**

33. 土生植物；鳞片结构致密，网眼狭长而不透明；线形囊群盖生于小脉的一侧或两侧
··············**21. 蹄盖蕨科 Athyriaceae**（对囊蕨属 Deparia，双盖蕨属 Diplazium）

31. 孢子囊群无盖。

34. 孢子囊群沿小脉分布，如为网状脉，则沿网眼着生。

35. 叶羽状分裂或为一回羽状，遍体有钩状毛或兼有针状长毛；叶脉连接为网状；叶片远轴面无白粉 ·············· **19. 金星蕨科 Thelypteridaceae**（圣蕨属 Dictyocline）

35. 叶二至三回羽状，遍体不具上述的毛；叶脉分离；叶片远轴面被白粉 ·······················
····································· **17. 凤尾蕨科 Pteridaceae**（粉叶蕨属 Pityrogramma）

34. 孢子囊群不沿小脉分布。

36. 孢子囊群 2 条，生于叶边与主脉之间，并与主脉平行 ·······················
····················· **27. 水龙骨科 Polypodiaceae**（伏石蕨属 Lemmaphyllum）

36. 叶边与主脉之间的孢子囊群多条，与主脉斜交。

37. 叶柄基部以关节着生于根状茎上；叶为单叶、羽状深裂或一回羽状，草质或纸质，网脉的网眼内有内藏小脉 ·······················
····················· **27. 水龙骨科 Polypodiaceae**（薄唇蕨属 Leptochilus）

37. 叶柄基部不以关节着生于根状茎上；单叶，叶片近肉质；网脉的网眼内不具内藏小脉·············· **27. 水龙骨科 Polypodiaceae**（剑蕨属 Loxogramme）

30. 孢子囊群圆形。

   38. 孢子囊群有盖。

      39. 囊群盖下位，即囊群盖位于孢子囊群下面，幼时往往将孢子囊群全部包被，呈球形……………………
          …………………………………………………… 14. **桫椤科 Cyatheaceae**（桫椤属 Alsophila）

      39. 囊群盖上位，即覆盖于囊群上面，圆肾形或盾形。

         40. 叶柄基部有关节和叶足；叶为披针形单叶，全缘 ………………………… 25. **条蕨科 Oleandraceae**

         40. 叶柄无关节和叶足；叶为一至四回羽状。

            41. 叶一回羽状；羽片以关节着生于叶轴 ………………………… 23. **肾蕨科 Nephrolepidaceae**

            41. 叶为一至四回羽状；羽片基部无关节。

               42. 植株各部有白色或淡灰色的针状刚毛；叶柄基部横断面有 2 条扁阔的维管束 …………
                   …………………………………………………19. **金星蕨科 Thelypteridaceae**

               42. 植株无上述的针状毛；叶柄基部横断面有多条小圆形的维管束。

                  43. 羽轴的近轴面圆形隆起或有浅沟；羽轴与叶轴近轴面的沟互不连通；叶轴、羽轴的
                     近轴面通常密被多细胞、深棕色、腊肠状的软毛（肋毛）……24. **叉蕨科 Tectariaceae**

                  43. 羽轴的近轴面有阔纵沟；羽轴与叶轴近轴面的沟相互连通；叶轴、羽轴的近轴面无
                    肋毛 ………………… 22. **鳞毛蕨科 Dryopteridaceae**（鳞毛蕨亚科 Dryopteridoideae）

   38. 孢子囊群无盖。

      44. 灌木或乔木状木本蕨类植物；孢子囊长梨形，有斜行环带，囊群托大而凸起 …………………………
          ……………………………………………… 14. **桫椤科 Cyatheaceae**（黑桫椤属 Gymnosphaera）

      44. 小型至中型草本植物；孢子囊近圆形；囊托小而不凸起。

         45. 叶为一至多回的等位二歧分枝，叶片远轴面通常灰白色；孢子囊群由 2~15 个孢子囊组成，环
         带横生 ………………………………………………… 7. **里白科 Gleicheniaceae**

         45. 叶为单叶或为羽状分裂，少为扇形分裂，远轴面不为灰白色；孢子囊群由多数孢子囊组成；孢
         子囊有垂直或稍斜生的环带。

            46. 叶柄基部以关节着生于根状茎 ………………………27. **水龙骨科 Polypodiaceae**（伏石蕨属
            Lemmaphyllum，瓦韦属 Lepisorus，星蕨属 Microsorum，瘤蕨属 Phymatosorus，石韦属 Pyrrosia）

            46. 叶柄基部无关节。

               47. 小型附生植物；叶为线形或狭披针形 ………………………… 27. **水龙骨科 Polypodiaceae**

               47. 中型或大型陆生植物；叶为扇形，阔披针形或卵形。

                  48. 叶为扇形，通常二歧分叉；叶柄基部被黑褐色而坚硬的刚毛状鳞片……………………
                   …………………………………………………8. **双扇蕨科 Dipteridaceae**

                  48. 叶为阔披针形或卵形，单叶或一至三回羽状；叶柄基部被稀疏鳞片，鳞片棕色、
                   膜质 ………………………………………………………………
              … 19. **金星蕨科 Thelypteridaceae**（针毛蕨属 Macrothelypteris，新月蕨属 Pronephrium）

1. 木贼科 EQUISETACEAE

董仕勇　陈珍传

小型至中型植物，土生，常见于水边湿地。茎有地面或地下根状茎和地上枝之分，中空、有节；根状茎细长横走，黑色，具管状中柱，多分枝，生有具绒毛状根毛的长根；地上枝圆柱形，绿色，主枝（茎）通常直立，分枝通常有规则地轮生于主枝的节上，节间有 3~8~（~12）条纵行的棱脊，棱脊上有硅质的疣状凸起，无毛也无鳞片。叶二型，不育叶退化成细小的鳞片状，在节上轮生，叶的中下部互相连接形成环绕茎的管状鞘，叶的先端分离，尖齿状，称为鞘齿；能育叶盾形，通常为六角形，有柄，顶端光滑，密集排列成长 0.3~10cm 长的穗（连同穗柄），生于绿色的不育茎或枝的顶端，或生于无色或褐色的能育茎顶端，叶面光滑，叶脉分离，单一或有多条平行叶脉，或叶脉不明显。孢子囊袋状，5~10 个悬垂于能育叶远轴面边缘，排列成 1 圈，每囊内有多个孢子（超过 1000 个）。孢子球形，同型，通常绿色，无环带，无裂缝，或很少有 1 条很狭的裂隙，表面具颗粒状纹饰，孢子外面环绕着 4 条弹丝；弹丝长，丝状，顶端呈棒状，平时围绕孢子外面，有吸湿作用，遇水即弹开，散布孢子。原叶体雌雄异株，雄配子体较雌配子体小。

1 属约 25 种，全球分布，主产于北半球的寒带及温带地区。我国约有 10 种。深圳有 1 种。

木贼属 Equisetum L.

属与科的特征和地理分布同科。

笔管草（亚种）纤弱木贼 Frail Horsetail

图 18　彩片 23

Equisetum ramosissimum Desf. subsp. **debile**（Roxb. ex Vaucher）Hauke in Amer. Fern J. **52**（1）：33. 1962.

Equisetum debile Roxb. ex Vaucher，Mem. Soc. Phys. Geneve **1**：387. 1822；广州植物志 32. 1956；海南植物志 **1**：14，图 4. 1964；香港植物志蕨类植物门 39，图版 **3**：1-3. 2003；广东植物志 **7**：23，图 11. 2006.

多年生草本。植株 50~100cm 长。根状茎横走，粗壮，粗约 5mm，与地上部分的结构相同，只是颜色为褐色，节上除膜质鞘筒外还生有线状细根，根上密被棕色柔毛。地上茎单生或少数簇生，有少数规则的分枝，小枝每组 1~3 条，很少为 4~5 条，小枝可再分枝；节间明显，其表面有多条纵棱，棱脊表面近平滑，沟中有 2 列气孔；叶鞘为漏斗状，长约为直径的 1~2 倍，上部稍开张，下部紧贴节间基部，主枝的鞘齿长三角形，质薄，通常褐色，膜质的尖尾及鞘齿脱落后留下平截的基部，使鞘筒顶部近似平截，侧枝的鞘齿较短，有时宿存或部分脱落。孢子囊穗着生于枝顶，长椭圆形，长 1~2.5cm，尖头。

产地：南澳（张寿洲等 1775）、三洲田（深圳队 47）、梧桐山（深圳队 1545）。生于山地路旁、溪边，

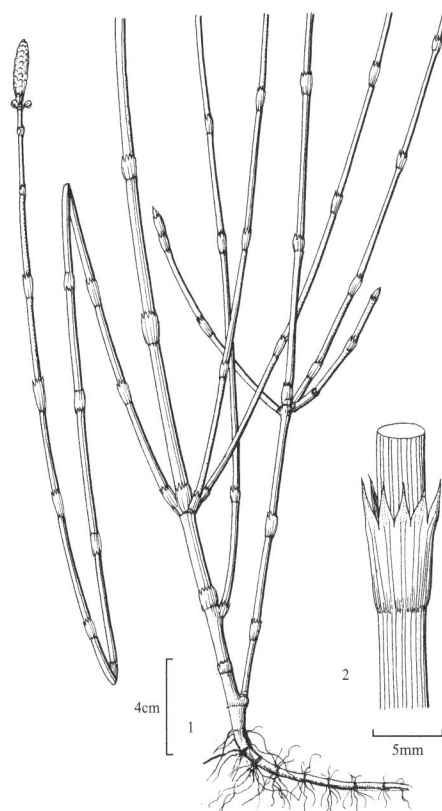

图 18　笔管草 Equisetum ramosissimum subsp. debile
1. 植株，示根、茎及分枝顶端的孢子囊穗；2. 叶鞘。（李志民绘）

海拔 10~300m。

分布：广东、香港、澳门、海南、广西、湖南、江西、福建、台湾、浙江、江苏、安徽、山东、河南、湖北、四川、重庆、贵州、云南、西藏、陕西和甘肃。南亚、东南亚及附近太平洋岛屿。

用途：供观赏用；茎之表面多含矽酸，坚韧粗糙，可供打磨细工用。

馆藏的深圳相关标本被不同学者鉴定为 2 个种：E. debilis Roxb. ex Vaucher 和 E. ramosissimum Desf.，笔者认为都应定名为 E. ramosissimum subsp. debile（Roxb. ex Vaucher）Hauke。检查深圳标本及对比现有的检索表发现：主枝粗细是一个相对的特征，可能不具分类意义；鞘齿通常黑棕色，幼时为灰白色，老时可见黑棕色和灰白色的鞘齿共存于同一植株；鞘齿老时通常早落，少数宿存；鞘筒长短无明显区分，长度通常与直径相当。

2. 瓶尔小草科 OPHIOGLOSSACEAE

董仕勇　陈珍传

小型草本植物。土生，少为中型，附生。根状茎短而直立，有不分枝的肉质粗根，无毛也无鳞片，具管状或网状中柱。叶二型，能育叶（孢子叶）与不育叶（营养叶）出自同一肉质叶柄（总柄）；不育叶为单叶，全缘，很少分裂为叉状、带状或掌状，叶脉网状，中脉不明显；能育叶有柄，自总柄或不育叶的基部或中部生出。孢子囊大，圆球形，壁厚（由 2 层细胞组成），无环带，无柄，成熟时横裂，下陷，沿囊托两侧排列，形成狭长线形的孢子囊穗，每囊内有多个孢子（超过 1000 个）。孢子球状四面体形，辐射对称，具三裂缝，表面有瘤状或网结的皱褶状纹饰。配子体无叶绿素，有菌根。

4~5 属约 80 种，分布于全球。我国有 3 属 22 种。深圳有 1 属 1 种。

瓶尔小草属 Ophioglossum L.

小型草本植物。土生。根状茎肉质，通常短而直立，有时具有 1 至数条长而横走的肉质地下茎。不育叶通常 1~2，有柄，单叶，叶片披针形或卵形，边缘全缘，叶脉网状，网眼内无内藏小脉，中脉不明显；能育叶自不育叶的基部生出，有长柄。

约有 28 种，主要分布于北半球。我国有 9 种，主产于西南部。深圳有 1 种。

瓶尔小草 箭蕨 Adder's-tongue　　图 19　彩片 24

Ophioglossum vulgatum L. Sp. Pl. **2**: 1062. 1753.

植株高 5~15cm。根状茎肉质，短而直立，具多条肉质粗根；有些肉质粗根如匍匐茎一样向四面横走，并能无性繁殖生出新植株。叶单生或 2~3 叶簇生；总叶柄长 2~6cm，其下部深埋于土中，下半部为灰白色，上部绿色；叶二型；不育叶为卵状长圆形或狭卵形，长 3~6cm，宽 1~2cm，先端钝圆或急尖，基部急剧变狭并稍下延，无柄，厚草质，边缘全缘，叶脉网状，无内藏小脉，两面可见。孢子叶长 4~8cm 或更长，自不育叶基部生出；孢子囊穗长 1~3cm，宽约 1.5mm，先端尖，远高出于营养叶之上。

产地：七娘山、南澳（张寿洲等 2003）、梧桐山（王学文等 1，IBSC）、仙湖植物园（陈珍传 011644）。生于山地路边草丛中，海拔 50~400m。

分布：长江流域及以南各地，及台湾、香港、澳门、海南，向北到陕西、河南、甘肃、西藏、吉林。北半球温带地区广布。

用途：全草供药用，有消肿解毒之效。

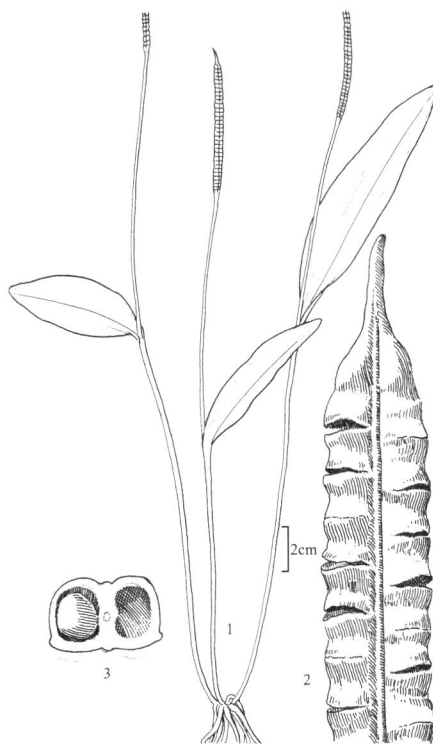

图 19 瓶尔小草 Ophioglossum vulgatum
1. 植株，示根、茎、叶及孢子囊穗；2. 孢子囊穗的一部分放大；3. 孢子囊穗横切面，示囊内的孢子。（马平绘）

3. 松叶蕨科 PSILOTACEAE

董仕勇　陈珍传

小型植物，附生或土生。无根，茎有根状茎和气生茎的分化，根状茎匍匐，气生茎直立或悬垂；气生茎绿色，二歧分枝，表面通常有棱脊，不被鳞片或毛，内有原生中柱或原始的管状中柱。叶简化，单叶，细小，无柄，疏生，二型，排列不规则，钻状或二叉；叶脉单一，或无叶脉。孢子囊大，圆球形，每孢子叶内有 2~3 个腋生的孢子囊，其壁彼此愈合，形成聚合囊，壁厚（由 2 层细胞组成），无环带，成熟后纵裂，每囊内有多个孢子（超过 1000 个）。孢子同型，圆肾形，两侧对称，具单裂缝。原叶体雌雄同株，无叶绿素，有菌根。

2 属约 17 种，其中梅西蕨属 Tmesipteris 主产于大洋洲，松叶蕨属 Psilotum 广布于热带及亚热带。我国有 1 属 1 种。深圳有 1 属 1 种。

松叶蕨属 Psilotum Sw.

根状茎多回二歧分枝，通常具菌根；气生茎细长，具棱角或扁平，基部匍匐，上部直立或下垂，通常多回二歧分枝，通体疏生小型的简化叶。叶细小，鳞片状或钻状，无柄，无叶脉，在茎上排列为 2~3 行，疏生；能育叶与不育叶同大，二叉鳞片状或钻状。孢子囊球圆形，3 个聚生，彼此愈合，形似 1 个 3 室的孢子囊，无环带，纵裂。孢子表面有不太规则的穴状纹饰。

约 2 种，广布于热带、亚热带和温带地区。我国 1 种，深圳有分布。

松叶蕨 Nude Fern　　　　　图 20　彩片 25

Psilotum nudum（L.）P. Beauv. Prodr. Aetheogam. 112. 1805.

Lycopodium nudum L. Sp. Pl. **2**: 1100. 1753.

植株高 20~30cm。根状茎横走或斜升，圆柱形，二歧分枝，仅具毛状假根，不具真正的根；气生茎鲜时绿色，干后为棕色，下部不分枝的主茎长 10~15cm，粗约 2mm，略扁，有多数纵棱；主茎顶部 4~7 回二歧分枝，末回小枝长 4~8cm，小枝扁平或近三棱形，有纵棱。叶退化，极小，纸质，略近二型：不育叶鳞片状三角形或钻形，长约 1mm，宽 0.5~1mm，尖头，疏生于小枝的棱脊上；能育叶略较阔，中部以上二叉分。孢子囊近圆球形，生于能育叶腋部，远大于能育叶，高 1.5~2mm，宽约 2mm，2 瓣纵裂，通常 3 个连接为形似三室的聚合囊。

产地：南澳（邢福武等 10841，IBSC）、三洲田（陈景方 1391）、梧桐山、羊台山（深圳植物志考察队 013706）。生于山谷林下，石上或树干上，海拔 15~250m。

分布：广东、香港、澳门、海南、广西、湖南、江西、福建、台湾、浙江、江苏、安徽、四川、贵州、云南和陕西。广布于世界热带及亚热带地区。

用途：全草入药，含松叶蕨甙（psilotin），有舒筋活血之效。

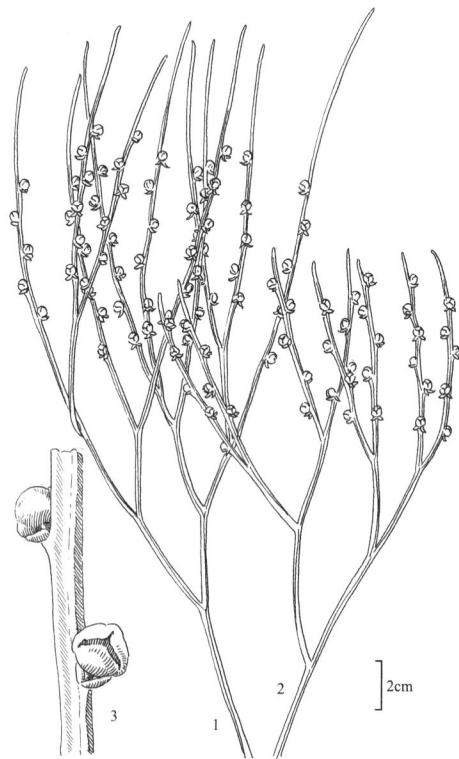

图 20　松叶蕨 Psilotum nudum
1~2. 茎的上部，示分枝和孢子囊；3. 小枝一段放大，示开裂及未开裂的孢子囊（放大）。（马平绘）

4. 合囊蕨科（莲座蕨科） MARATTIACEAE

董仕勇　陈珍传

中大型植物，土生。根为肉质粗根，具多细胞根毛；根状茎直立、斜升或横卧，肉质，具多环网状中柱，被有鳞片。叶一型；叶柄粗大，不以关节着生于根状茎，基部有1对肉质托叶状储存淀粉的附属物，叶柄基部以上（至少在幼叶上）有1至数个膨大的关节状结构（叶枕）；叶片一至四回羽状，少为单叶，各回羽片基部与叶轴连接处通常也有叶枕；叶脉分离，单一或分叉，很少连接（见天星蕨属 Christensenia），叶脉之间常有假脉。孢子囊球形或近舟形，壁厚（由数层细胞组成），无环带，分离，沿叶脉排列为2行，形成线形或椭圆形（有时圆形）的孢子囊群；或者，孢子囊在基部联合或完成融合为聚合囊，聚合囊舟状或圆球形，无囊群盖。孢子球状四面体形，辐射对称，具三裂缝，表面有瘤状、颗粒状或刺状纹饰。

6属约100种，泛热带分布，产于亚洲热带和亚热带及南太平洋诸群岛。我国有3属约30种。深圳有1属1种。

莲座蕨属 Angiopteris Hoffm.

大型陆生植物。高1~2m或更高。根状茎直立，肉质粗大，顶部有数个肉质耳形的托叶状附属物。叶柄粗壮，近轴面有或浅或深的纵沟，光滑或有明显的瘤状凸起，被狭披针形或多少呈丝状的鳞片，老时脱落；叶片奇数二回羽状，少为一回羽状；小羽片披针形，有短柄或几无柄；叶脉分离，单一或二叉，2条侧脉之间往往生有1条自叶边指向中脉的假脉（倒行假脉），长短不一。孢子囊群靠近叶边，在小脉先端部分排列为2列，短线形或长卵形，每囊群通常包含有7~25个孢子囊；孢子囊顶端有不发育的环带，成熟时纵裂。孢子表面具小瘤状或颗粒状纹饰。

约30~40种，分布于亚洲、大洋洲的热带、亚热带地区，以及非洲的马达加斯加岛。我国约30种，主产于西南部。深圳有1种。

福建莲座蕨 福建观音座莲 Mules-foot Fern

图21 彩片26 27

Angiopteris fokiensis Hieron. in Hedwigia **61**（3）：275. 1919.

植株高达1~2m或更高。根状茎直立，近球状，由数个肉质的块状附属物组成，向下生有肉质粗根。叶簇生，一型；叶柄粗壮，长达1m，粗1~2cm，基部及托叶状附属物均为褐色，向上为禾秆色，近轴面有明显或不明显的瘤状凸起，下部被易擦落的线状披针形鳞片；叶片阔椭圆或近圆形，长、宽通常各约1m，二回羽状；羽片4~7对，互生，倒披针形，长50~70cm，中上部宽15~25cm，基部略变狭，奇数一回羽状；小羽片11~31对，互生或下部的对生并略缩短，平展，上部的略斜展，披针形，中上部的长10~12cm，宽1.2~1.5cm，渐尖头，基部圆截形，顶部向上略弯弓，边缘具小尖齿；叶脉明显，略斜展，小脉分叉或单一，有时有明显或不明显的倒形假脉，倒形假脉短，通常不超过孢子囊群；叶片草质，无毛，

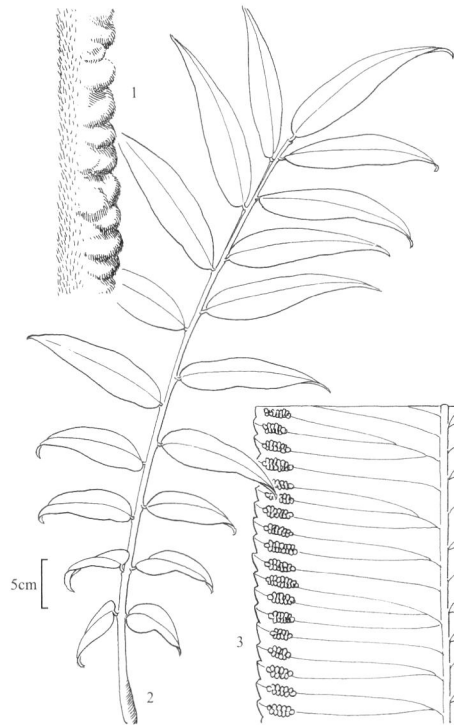

图 21 福建莲座蕨 Angiopteris fokiensis
1. 叶柄的一部分放大，示其上的丝状鳞片及瘤状凸起；
2. 羽片；3. 小羽片的一部分放大，示背面的叶脉及孢子囊群。
（马平绘）

干后暗绿色，远轴面颜色较淡；叶轴无毛，羽轴顶部具狭翅。孢子囊群长椭圆形或粗短线形，长约 1mm，着生于小脉近顶部，靠近叶缘，由 8~12 个孢子囊组成。

产地：南澳（张寿洲等 2081）、梅沙尖（深圳队 640）、梧桐山（张寿洲等 011762）。生于山谷林下，海拔10~550m。

分布：广东、香港、澳门、海南、广西、湖南、江西、福建、浙江、湖北、四川、贵州和云南。

用途：根状茎富含淀粉，可供食用；也可供药用，有消肿散结之效。

5. 紫萁科 OSMUNDACEAE

董仕勇　陈珍传

中型植物，少数为小型树状蕨类，土生。根状茎粗壮，直立，具管状中柱，无鳞片，也无真正的毛。叶一型或二型，或同一叶片上的羽片为二型；叶柄基部膨大，无关节，两侧有狭翅，形如托叶状的附属物；叶片大，一至二回羽状；叶脉分离，侧脉二叉。孢子囊大，球圆形，大都有柄，裸露，着生于强度收缩变质的能育羽片边缘，或生于正常不育羽片的远轴面，孢子囊壁薄（由 1 层细胞组成），其顶端具有几个增厚的细胞，常被看作为不发育的环带（盾状环带），成熟时从顶端纵裂为两瓣状，每囊有128~512 个孢子。孢子绿色，球形，辐射对称，具三裂缝，表面有细密的带刺的瘤状纹饰。

4 属约 20 种，全球分布。我国有 2 属 8 种。深圳有 1 属 5 种。

紫萁属 Osmunda L.

根状茎直立或斜升，周围往往残留有众多的叶柄基部，形成树干状的地上主轴。叶簇生；叶柄基部膨大扁化，彼此呈覆瓦状；叶二型或同一叶片的羽片二型，一至二回羽状，幼时被棕色棉绒状的毛，羽片基部有关节；能育叶（或羽片）强度狭缩，不具叶绿素；叶脉分离，往往在叶的两面凸起而清晰可见。孢子囊群密集，着生于能育羽片的两侧边缘；孢子囊球圆形，有柄，自顶端纵裂。

约 10 种，分布于北半球的温带和热带地区。我国有 7 种，全国各地均有分布，主产于长江流域及以南地区。深圳有 5 种。

1. 不育叶二回羽状。
　　2. 叶二型，能育叶位于植株中央，不育叶位于外周；小羽片披针形，基部与羽轴分离 ……………
　　……………………………………………………………………………………1. 紫萁 O. japonica
　　2. 羽片二型，能育羽片位于不育羽片的下方；小羽片通常为卵圆形，基部贴生于羽轴 …………
　　……………………………………………………………………………………2. 粤紫萁 O. mildei
1. 不育叶一回羽状。
　　3. 不育羽片边缘有粗大开展的三角形尖锯齿，侧生小脉 5~6 次分叉……………3. 粗齿紫萁 O. banksiifolia
　　3. 不育羽片边缘全缘或有缺刻状钝齿；侧生小脉不超过 3 次分叉。
　　　　4. 不育羽片全缘，宽 0.8~2cm；小脉 1 或 2 次分叉 ……………………4. 华南紫萁 O. vachellii
　　　　4. 不育羽片有缺刻状齿，宽 0.5~1cm；小脉 2 至 3 次分叉 ……………5. 狭叶紫萁 O. angustifolia

1.　紫萁 Royal-fern　　　　　　　　　　　　　　　　　　　　图 22　彩片 28　29
Osmunda japonica Thunb. in Nova Acta Reg. Soc. Sci. Upsal. **2**: 209. 1780.

常绿或冬枯植物。根状茎粗短，直立。叶簇生，二型，长 30~60cm；不育叶的柄长 10~30cm，禾秆色，略有光泽，幼时密被绒毛，不久脱落；叶片三角形，长 18~30cm，宽 20~30cm，二回羽状，基部最宽，顶部一回羽状并有 1 顶生羽片；侧生羽片 4~5 对，对生，斜展，有短柄，以关节着生于叶轴，阔披针形或近长方形；基部羽片长 12~14cm，宽约 7cm，奇数一回羽状，基部平截，顶生小羽片披针形，与侧生小羽片同形同大或稍宽大；侧生小羽片 4~6 对，对生或互生，阔披针形或近长方形，长 3.5~4cm，宽 1.2~1.5cm，钝头，基部为偏斜的阔楔形，与羽轴分离，无柄，全缘或略有疏浅锯齿；叶脉近轴面可见，远轴面明显，羽状，小脉 1 至 3 次分叉；叶片纸质，两面光滑，干后枯黄色；能育叶明显狭缩，位于植株中央，与位于外围的不育叶等高或稍高，二回羽状，小羽片狭缩成线形。孢子囊满布于线形小羽片的远轴面，或生于小羽轴两侧极短的二回小羽轴上。

产地：七娘山（王学文412）、梧桐山（陈珍传等01905）。生于林下溪边酸性土上，海拔100~500m。

分布：秦岭以南各地及台湾、香港、海南，为我国暖温带、亚热带最常见的酸性土指示植物。也广泛分布于俄罗斯远东地区、朝鲜、韩国、日本、越南及印度北部。

用途：嫩叶可食；根状茎为附生植物的优良基质。

2. 粤紫萁 Guangdong Osmunda　　图23　彩片30

Osmunda mildei C. Chr. Index. Filic. **8**：474. 1906.

Osmunda bipinnata Hook. Fil. Exot. pl. 9. 1857, non L. 1753.

常绿植物。根状茎粗壮，直立。叶簇生，二型或为一型而羽片二型，长80~100cm；柄长40~50cm，棕禾秆色，坚硬；叶片阔披针形，长约50cm，宽12~20cm，一回羽状，先端羽裂渐尖；羽片10~15对，近对生，斜展，有短柄，以关节着生于叶轴，披针形；基部羽片长10~15cm，宽2~3cm，先端羽裂渐尖，顶端有一较长的裂片，或有时近奇数一回羽状，基部阔楔形或平截；侧生小羽片10~12对，对生或互生，圆卵形或长卵形，长1~1.5cm，宽6~10mm，圆头，基部卵圆形，通常贴生于羽轴，无柄，全缘；叶脉明显，二叉分枝，斜向上；叶片厚纸质，两面无毛，干后绿色或略带黄色；羽片二型，能育羽片位于不育羽片的下方；小羽片通常为卵圆形，基部贴生于羽轴；一型叶则下部4~7对羽片能育，能育叶明显狭缩，并稍短于不育叶，二回羽状，小羽片狭缩成线形。孢子囊满布于线形小羽片的远轴面。

产地：大雁顶（张寿洲等2131）、七娘山（张寿洲等007194）、田心山（张寿洲等0383）。山谷林下或沟边石缝中，海拔100~350m。

分布：广东、香港。

3. 粗齿紫萁 Gross-dentate Osmunda

　　　　　　　　　　图24　彩片31　32

Osmunda banksiifolia（C. Presl）Kuhn in Ann. Lugd. Bat. **4**：299. 1869.

Nephrodium banksiifolium C. Presl, Rel. Haenk. **1**：34. 1825.

常绿植物。根状茎粗大，直立。叶簇生，一型，长120~160cm；叶柄长50~70cm，暗禾秆色或棕色，坚硬；叶片披针形，长60~100cm，宽25~30cm，不

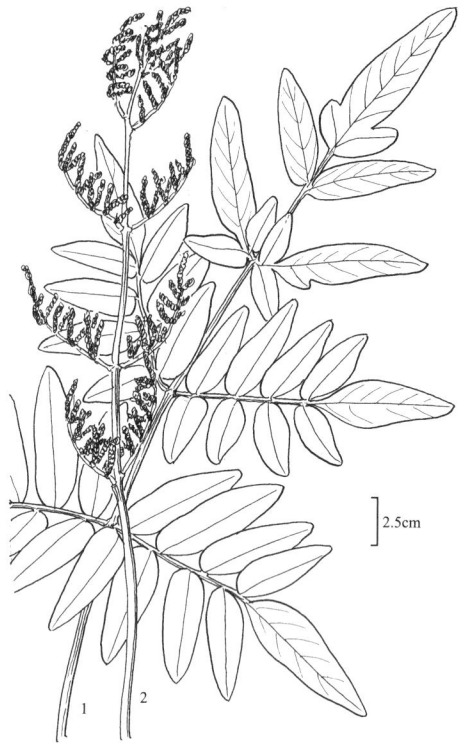

图 22　紫萁 Osmunda japonica
1. 不育叶；2. 能育叶及羽片上的孢子囊。（马平绘）

图 23　粤紫萁 Osmunda mildei
1. 叶的上部，示不育羽片；2. 叶片的下部，示能育羽片及其上的孢子囊。（马平绘）

育叶为奇数一回羽状；羽片 13~25 对，对生或近对生，斜向上，有短柄，以关节着生于叶轴；羽片二型，不育羽片线状披针形，长 12~25cm，宽 1.5~3cm，长渐尖头，基部狭楔形，边缘有斜上的粗大而尖的开展的三角形锯齿；叶脉明显，侧脉羽状，1 次分叉的小脉与 5~6 次分叉的小脉相间排列；叶片革质，两面光滑，干后暗绿色；能育羽片 4~10 对，生于叶片的中下部，狭披针形或线形，长 5~10cm，宽 0.5~1cm。孢子囊生于羽轴两侧极短的小羽轴上。

产地：梧桐山（陈珍传等 01905）。生于山谷林下，海拔 200~600m。

分布：浙江、福建、台湾、广东和香港。日本及菲律宾。

4. 华南紫萁 Vachel's Osmunda

图 25　彩片 33　34

Osmunda vachellii Hook. Icon. Pl. t.15. 1836.

常绿植物。根状茎粗壮，与残留叶柄基部组成直立于地面的圆柱状主轴。叶簇生，一型，长 60~120cm；柄长 30~40cm，禾秆色，略有光泽，坚硬；叶片阔披针形，长 40~70cm，宽 15~30cm，奇数一回羽状；羽片 15~25 对，近对生，或下部的近对生，向上的羽片互生，斜向上，有短柄，以关节着生于叶轴，羽片二型；不育羽片线状披针形，长 7~20cm，宽 0.8~2cm，长渐尖头，基部狭楔形，全缘；叶脉明显，小脉 1 或 2 次分叉；叶片纸质，两面光滑，干后绿色；能育羽片 8~10 对，生于叶片下部，线形，长 6~12cm，宽约 2mm。孢子囊生于羽轴两侧极短的小羽轴上。

产地：西涌（仙湖华农学生采集队 012938）、七娘山（张寿洲等 1977）、南澳、三洲田（深圳队 199）。各地常见，生于林下溪边，海拔 200~600m。

分布：浙江、江西、福建、湖南、广东、香港、澳门、海南、广西、贵州、云南和四川。印度、缅甸、泰国、越南和柬埔寨。

5. 狭叶紫萁 Narrow-leaved Osmunda

图 26　彩片 35

Osmunda angustifolia Ching in Acta Phytotax. Sin. **8**：131，pl. 18，f. 10. 1959.

常绿植物。根状茎粗大，直立，幼时连同叶柄被有红棕色绒毛，后变光滑。叶簇生，一型，长 25~80cm；柄长 10~25cm，暗禾秆色或棕色，略有光泽，坚硬；叶片披针形，长 15~45cm，宽 10~15cm，奇数

图 24　粗齿紫萁 Osmunda banksiifolia
1. 叶的上部，示不育羽片；2. 不育羽片的一部分放大，示下面的叶脉及边缘的三角形锯齿；3. 能育羽片及其上的孢子囊。（马平绘）

图 25　华南紫萁 Osmunda vachellii
1. 叶的上部，示不育羽片；2. 不育羽片的一部分放大，示下面主脉；3. 叶片下面，除去羽片，示孢子囊。（马平绘）

一回羽状；羽片 11~23 对，对生，斜向上，有短柄，以关节着生于叶轴；羽片二型，不育羽片线状披针形，长 5~14cm，宽 0.5~1cm，长渐尖头，基部狭楔形，边缘有斜上的浅锯齿；叶脉明显，侧脉羽状，小脉 2 至 3 次分叉；叶片厚纸质或近革质，两面光滑，干后褐棕色；能育羽片 3-8 对，通常生于叶片的中下部，有时生于叶片中部或顶部，狭披针形或线形，3-8cm 长，3~7mm 宽。孢子囊生于羽轴两侧极短的小羽轴上。

产地：三洲田（深圳队 90）、杨梅坑（邢福武 136，IBSC）、梅沙尖（陈景方 1424）。生于山谷溪边，海拔 150~500m。

分布：湖南、广东、香港、海南和台湾。

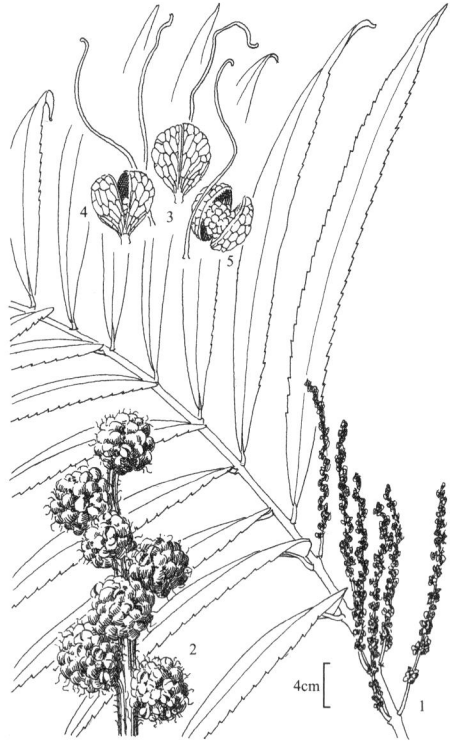

图 26　狭叶紫萁 Osmunda angustifolia
1. 叶片中部的一段，示不育羽片及能育羽片；2. 能育羽片的一部分放大，示其上的孢子囊群；3~5. 未开裂和已开裂的孢子囊及不发育的环带。（马平绘）

6. 膜蕨科 HYMENOPHYLLACEAE

董仕勇　陈珍传

小型膜质草本植物。附生，少为土生。根状茎具原生中柱，土生的通常具纤维状根，附生的一般不具根，通常横走而有排列为 2 列的叶，或短而直立，有辐射对称排列的叶，幼时常被有多细胞节状细毛。叶一型或近二型；叶柄明显或不明显，基部不以关节着生于根状茎；叶小，形状多样，或为单叶而全缘，或为掌状分裂，或为多回二歧分叉至多回羽状分裂，直立或有时下垂；叶片膜质，一般只由 1 层细胞组成，少数种类的叶片较厚，由 3~4 层细胞组成，均不具气孔，有毛或无毛；叶脉分离，二歧分枝或羽状分枝，末回裂片有一小脉，小脉与叶缘间有时具假脉。囊苞坛状、管状或两唇瓣状；孢子囊近球形，着生在由叶脉延伸到叶边以外而成的圆柱状囊托的周围，不露出或部分地露出于囊苞外面，同时成熟或向基部逐渐成熟，具发育完全的环带，环带斜生或近横生，纵裂。孢子球状四面体形，辐射对称，具三裂缝，表面有颗粒状或粗短刺状纹饰。

9 属 400~600 种，泛热带分布，温带地区也有少量分布。我国有 7 属约 50 种。深圳的种类按 Ebihara 等人 2006 年的分类系统，隶属于 5 属 7 种。

关于膜蕨科的科下分类，传统上广泛接受 Copeland 1938 年的分类系统，即把膜蕨科处理为 34 个属，Copeland 所界定的 34 个属，各自的形态特征明确，分类鉴定上非常方便。2006 年，Ebihara 等学者提出一个基于分子证据的膜蕨科分类系统[Blumea 51（2）：221-280. 2006]，把现有膜蕨科植物处理为 9 属，22 亚属，每个属或亚属都是一个基于分子资料的单系类群。依据 Ebihara et al. 2006 年的分类系统，中国有膜蕨科植物 7 属和 13 亚属，深圳有 4 属和 5 亚属。Ebihara et al. 2006 年提出的系统可能是目前最令人信服的反映膜蕨科科下系统发育关系的分类系统，但是，这个系统的属及亚属的范畴很难用形态特征进行界定。为了兼顾系统发育的单系性和形态鉴定的实用性，这里采用一种折中的方式来处理深圳有分布的 7 种膜蕨科植物，即采纳单系属的概念（Ebihara et al. 2006 年的分类系统），但科下分属检索表以及属的形态描述只涉及与深圳相关的群（非正式地把 Copeland 1938 年提出的 34 个属处理为 34 个群，这里只提及深圳有分布的群）。

1. 囊苞两唇瓣形，深裂到基部 ························· 1. **膜蕨属 Hymenophyllum**（蕗蕨群 Mecodium group）
1. 囊苞圆筒状、钟形、杯状或漏斗状，不分裂或口部略为分裂为两唇瓣形。
　2. 叶片具假脉，假脉或连续不断地沿叶缘分布，或长短不一地分散于叶缘与叶脉之间 ························· 2. **假脉蕨属 Crepidomanes**（假脉蕨群 Crepidomanes group）
　2. 叶片不具假脉。
　　3. 叶片小而纤弱，通常团扇形，直径约 1cm，少为披针形，长 2~4cm ························· 3. **假脉蕨属 Crepidomanes**（团扇蕨群 Gonocormus group）
　　3. 叶片较大而粗壮，披针形、狭披针形、椭圆形至长卵形，通常长 5~25cm。
　　　4. 根状茎长而横走，附生于树干或石上 ························· 4. **瓶蕨属 Vandenboschia**
　　　4. 根状茎短，横走或近直立，土生植物 ··· 5. **长片蕨属 Abrodictyum**（长筒蕨群 Selenodesmium group）

1. 膜蕨属 Hymenophyllum J. Sm.
蕗蕨群 Mecodium group

附生。根状茎细长横走，丝状，无毛或被短毛，具纤维状的不定根。叶远生；叶片椭圆形、卵形或披针形，二至三回羽状分裂，裂片全缘或波状；叶片膜质，细胞壁不加厚；叶脉分离，羽状，无假脉，有毛或无毛。囊苞两唇瓣状，卵状三角形或圆形，深裂至基部；囊托不凸出于囊苞之外。孢子表面有细颗粒状或网结的粗脊状纹饰。

约 250 种，分布于泛热带及南半球各地，有 1 种北达萨哈林岛（库页岛）及乌苏里。我国约有 22 种，分布于华东、华南至西南部，云南及四川等地种类较为丰富。深圳有 2 种。

1. 叶柄、叶轴及羽轴远轴面被棕色长节毛；囊苞口部近平截，边缘有浅齿 ·················· 1. **毛蒴蕨 H. exsertum**
1. 叶柄、叶轴及羽轴远轴面无毛；囊苞口部圆形，边缘全缘 ················· 2. **长柄蒴蕨 H. polyanthos**

1. 毛蒴蕨 Exsertted Hymenophyllum 图 27 彩片 36 37

Hymenophyllum exsertum Wall. ex Hook. Sp. Fil. **1**：109，t. 38A. 1844.

Mecodium exsertum（Wall. ex Hook.）Copel. in Philipp. J. Sci. **67**（1）：23. 1938；海南植物志 **1**：33. 1964；广东植物志 **7**：56. 2006.

根状茎纤细如丝，长而横走，疏被短节状毛。叶远生，长 3.5~7cm，柄长 1~2cm，褐色，丝状，无翅，疏被棕色节状长毛；叶片卵状披针形，长 3~5cm，宽 1.5~2.5cm，三回羽状细裂；羽片 5~8 对，互生，斜展，椭圆披针形，长 0.8~1.2cm，宽 4~5mm，先端圆钝，基部上侧截形，下侧狭楔形，羽状深裂，基部的通常略缩短；二回裂片 3~5 对，互生，斜向上，阔披针形，彼此密接，宽约 1.8mm，其顶部通常二叉浅裂为两个末回裂片；末回裂片圆钝头，全缘，宽约 1mm；叶脉在两面均隆起，深棕褐色，叉状分枝，每末回裂片有 1 小脉；近轴面疏被棕色节状毛，远轴面无毛；叶片薄膜质，柔软，半透明，干后褐色，叶脉近面密被棕色长节毛，远轴面无毛。孢子囊群通常生于叶片上部，有时仅基部和顶部羽片不育，能育羽片先端的裂片上每裂片顶部生 1 个囊苞，每羽片有囊苞 1~7 个；囊苞圆形或卵圆形（长略大于宽），长约 1mm，唇瓣先端圆或囊苞口部近平截，边缘有浅齿。

产地：梧桐山（陈珍传等 007201）。生于林下石上，海拔 800~900m。

分布：广东、海南、福建、四川和云南。印度北部、泰国、老挝、柬埔寨和马来西亚。

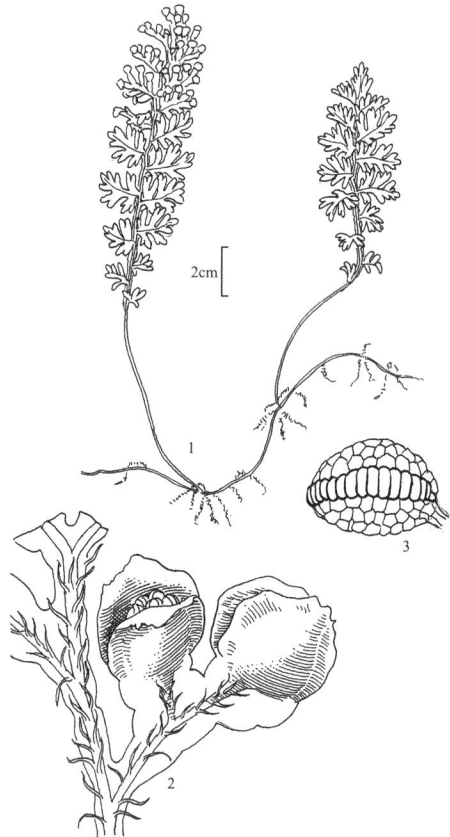

图 27 毛蒴蕨 Hymenophyllum exsertum
1. 植株的一部分，示根、根状茎及叶；2. 羽片先端放大，示其上的节状毛及囊苞；3. 孢子。（马平绘）

2. 长柄蒴蕨 Polyanthous Hymenophyllum 图 28 彩片 38

Hymenophyllum polyanthos（Sw.）Sw. J. Bot.（Schrader）. **1800**（2）：102. 1801.

Trichomanes polyanthos Sw. Nov. Gen. Sp. Pl. Prodr. 137. 1788.

Mecodium polyanthos（Sw.）Copel. in Philipp. J. Sci. **67**（1）：19. 1938.

Mecodium hainanensis Ching in Acta Phytotax. Sin. **8**：161. 1959；海南植物志 **1**：34. 1964；广东植物志 **7**：56. 2006.

Hymenophyllum microsorum Bosch in Ned. Kruidk. Arch. **5**（2）：155. 1861.

Mecodium microsorum（Bosch）Ching, Fl. Reip. Pop. Sin. **2**：143. 1959；香港植物志蕨类植物门 82. 2003；广东植物志 **7**：57. 2006.

根状茎纤细，长而横走，粗线状，疏被短节状毛。叶远生，长 6~9cm，柄长 1~2cm，褐色，两侧有狭翅直达基部，翅宽约 0.5mm，无毛；叶片卵形或卵状披针形，长 4~7cm，宽 3.5~4cm，三至四回深细裂；一回裂片 8~12 对，互生，无柄或下部的有短柄，斜展，卵形或阔披针形，中下部的长 1.2~2cm，宽 0.8~1cm，先端圆钝，基部上侧截形，下侧楔形，二至三回深裂，基部的不缩短或略缩短；二回裂片 4~7 对，长卵形，大小长 5~6mm，宽 3~4mm，通常一回羽裂，较大的二回羽裂；三回或末回裂片 2~3 对，互生，斜向上，条形，彼此密接或略有间隔，长 2~3mm，宽约 0.5mm；叶脉在两面均隆起，深褐色，三回或末回裂片有 1 小脉，无毛；叶片薄膜质，柔软，半透明，干后棕褐色，无毛。孢子囊群通常生于叶片上部，生于各末回裂片顶部，每裂片生 1 个囊苞，每羽片有囊苞 5~10 个；囊苞圆形或卵圆形（长略大于宽），直径约 1mm，唇瓣先端圆或少数为钝尖头，边缘全缘。

产地：七娘山（张寿洲等 012040）、葵涌（张寿洲等 3437）、梧桐山（张寿洲等 1508）。生于林下沟边石上，海拔 200~600m。

分布：安徽、湖南、江西、台湾、广东、香港、海南、贵州、云南和四川。全球热带及亚热带地区广布。

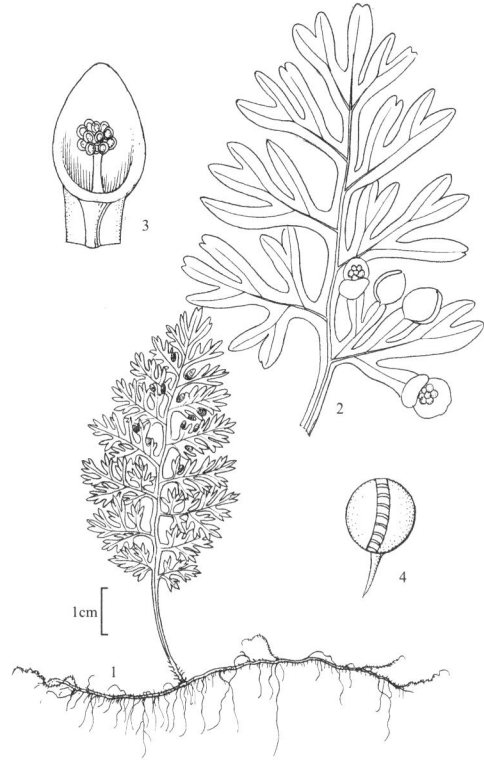

图 28 长柄蕗蕨 Hymenophyllum polyanthos
1. 植株的一部分，示根、根状茎及叶；2. 1 枚羽片放大，示囊苞的着生位置；3. 囊苞纵切，示囊托及孢子囊的着生位置；4. 孢子。（李志民绘）

2. 假脉蕨属 Crepidomanes C. Presl
假脉蕨群 Crepidomanes group

附生，少为土生。根状茎细长横走，铁丝状、粗线状或丝状，密被短毛，通常无根。叶远生；叶片椭圆形、卵形或披针形，指状分裂至多回羽状分裂，裂片全缘或波状，无毛；末回裂片有 1 叶脉，具假脉，假脉或沿叶缘连续（边内假脉），或断续分散于叶缘与中脉之间的叶肉中，断续的假脉与叶脉斜交或并行。囊苞倒圆锥形至椭圆形、钟形或漏斗形，先端圆或尖头，口部浅裂为两唇瓣，圆形或三角形，下部为漏斗形；囊托凸出于囊苞之外。孢子近表面有颗粒状或刺状纹饰。

约 30 种，分布于东半球热带及亚热带。我国约有 15 种，主要分布于南部及西南部，少数达到华东。深圳有 2 种。

1. 沿叶缘有 1 条连续不断或几连续不断的边内假脉，叶缘与叶脉间散布有少量断续假脉 ……………………………………………………………………………… 1. 南洋假脉蕨 C. bipunctatum
1. 沿叶缘无连续不断的边内假脉，叶缘与叶脉间散布有较多的断续假脉 ……………………………………………………………………………… 2. 长柄假脉蕨 C. latealatum

1. 南洋假脉蕨 Two-punctated Crepidomanes　　　　　图 29　彩片 39　40
Crepidomanes bipunctatum（Poir.）Copel. in Philipp. J. Sci. **67**（1）：59. 1938.
Trichomanes bipunctatum Poir. in Lam. Encycl. **8**（1）：69. 1808.

植株高 1.5~4cm。根状茎纤细，横走，黑褐色，密被黑褐色短毛。叶远生；叶柄短或近无柄，0~4mm长，褐色，上部有狭翅；叶片形态多样，掌形、长卵形至披针形，长 1~3cm，宽 0.5~1.5cm，先端钝或渐尖，基部狭楔形、阔楔形或近截形，指状深裂至二回羽状分裂；末回裂片近条形，斜向上，长 2~5mm，宽约 1mm，钝头，全缘；叶脉叉状分枝，末回裂片有 1 小脉，沿叶缘有 1 连续不断（或有时断裂）的边内假脉，假脉与叶缘间有 2-3 列叶肉细胞，边内假脉与叶脉之间有很少的断续假脉，或有时仅有边内假脉而没有断续假脉；叶片薄膜质，半透明；叶片主脉（叶轴）两侧全部有阔翅，无毛。孢子囊群着生于裂片顶端，囊苞倒圆锥形，两侧有阔翅，口部膨大并浅裂为两唇瓣，唇瓣先端圆形；囊托伸出囊苞口部之外。

产地：七娘山（张寿洲等 011075）、梧桐山（深圳队 1849）。生于山谷溪边石上，海拔 100~500m。

分布：湖南、福建、台湾、广东、香港、海南和广西。印度东北部经中南半岛至马来西亚地区，南至大洋洲，西达非洲马达加斯加岛，北达日本琉球群岛的西表岛。

深圳的这种假脉蕨属植物（现暂名为南洋假脉蕨）的身份还有待进一步研究。深圳仙湖植物标本室（SZG）现保存有 4 号 6 张标本，标本的颜色、大小、分裂情况一致，沿叶缘有 1 条连续不断的边内假脉，囊苞口部也为稳定的弧形或半圆形。从大小、形状及地理分布上来看，深圳居群应为南洋假脉蕨，但是，该居群的囊苞口部为圆滑的弧形，而非三角形——典型的南洋假脉蕨的囊苞口部形状。另一方面，在边内假脉、囊苞口部形状特征上，深圳居群近似阔边假脉蕨 C. latemarginale（D.C. Eaton）Copel.，但在形体和大小上，深圳居群与阔边假脉蕨明显不符，深圳居群的叶为长（1.5~）2~4cm，叶片披针形，二回深羽裂；而阔边假脉蕨远较小，叶一般仅长 1~1.5cm，叶片深羽裂，卵形、椭圆形或近扇形，无明显侧生羽片。深圳居群似乎可以定为一个新种，但目前膜蕨科的分类已相当混乱，许多种的界定存在很大争议，该种的准确鉴定，还有待于各种资料的进一步积累。

2. 长柄假脉蕨 Obvious Crepidomanes　　图 30

Crepidomanes latealatum（Bosch）Copel. in Philipp. J. Sci. **67**：60. 1938

Didymoglossum insigne Bosch in Ned. Kruidk. Arch. **5**（3）：143. 1863.

Crepidomanes insigne（Bosch）S. H. Fu, Illus. Treat.

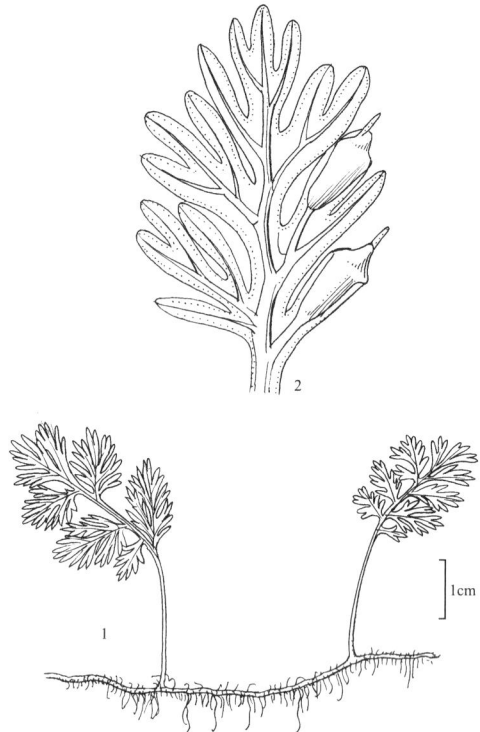

图 29 南洋假脉蕨 Crepidomanes bipunctatum
1. 植株的一部分，示根、根状茎和叶；2. 1 枚羽片，示二回羽状深裂及着生在裂片顶端的囊苞。（李志民绘）

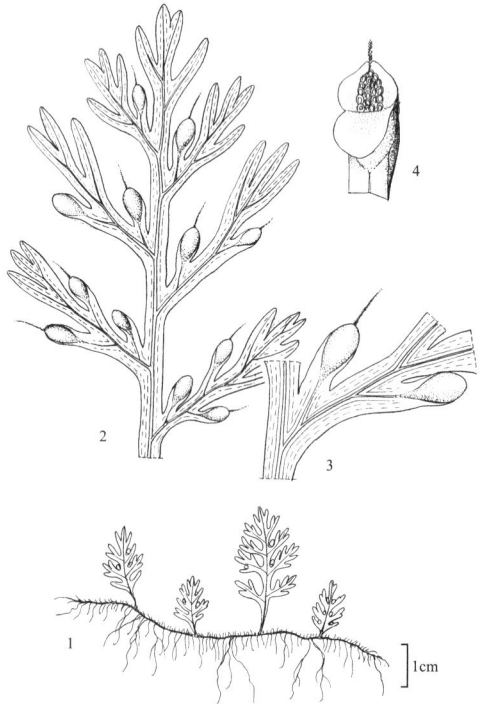

图 30 长柄假脉蕨 Crepidomanes latealatum
1. 植株的一部分，示根、根状茎和叶；2. 1 枚羽片，并示生于裂片顶端的囊苞；3. 羽片的一部分放大；4. 囊苞张开，示生于其内的孢子囊群。（李志民绘）

Princ. Chin. Pl.，Pterid. 39. 1957.

植株高 1~2cm。根状茎细，横走，黑褐色，密被黑褐色短毛。叶远生；叶柄短，2~8mm 长，褐色，两侧有狭翅几大于基部；叶片扇形、卵形或阔披针形，长 0.8~2cm，宽 0.8~1cm，先端钝或渐尖，基部阔楔形至截形，指状深裂至二回羽状分裂，较小的叶片只有 4~5 个裂片，呈掌状深裂状，较大的叶片有 3~6 对羽片，羽片基部均以阔翅和叶轴合生；较大的羽片阔披针形，上下两侧各有 1~2 个浅裂的裂片，或者呈楔形，只在顶部有 3 个裂片；末回裂片披针形，斜向上，长 2~6mm，宽约 1mm，钝头，全缘；叶脉明显，叉状分枝，沿叶脉无连续的边内假脉，但在叶边与叶脉之间有 1~3 行断续并与叶脉几乎平行的假脉；叶片膜质，半透明，叶片主脉（叶轴）全部有阔翅，无毛。孢子囊群着生于裂片顶端，囊苞倒圆锥形，两侧有翅，口部不膨大，浅裂为圆形的两唇瓣；囊托伸出囊苞口部之外。

产地：梧桐山（深圳队 886）。生于山谷湿石上，海拔约 400m。

分布：安徽、浙江、湖南、江西、福建、广东、香港、广西和云南。印度、越南、老挝、日本和韩国。

3. 假脉蕨属 Crepidomanes C. Presl
团扇蕨群 Gonocormus group

附生。根状茎细长横走，丝状，被短毛；根状茎、叶柄和叶轴不易区别，三者都能行无性生殖（都能生出叶片）。叶远生；叶片小而纤细，团扇形，直径约 1cm，或为扇状深裂至多回羽状分裂，少为披针形，长 2~4cm，细胞壁不加厚，裂片全缘，无毛；叶脉扇状分枝，无假脉。囊苞通常顶生于短裂片上，往往退缩而不露出不育裂片之外，倒圆锥形，口部膨大，全缘，囊托凸出。孢子表面有疣状或刺状纹饰。

约 10 种，分布于旧大陆热带、亚热带及温带，西至非洲，东到日本、夏威夷，东南到澳洲北部（昆士兰）及波利尼西亚。我国有 4~5 种，主产于华南及西南部。深圳有 1 种。

团扇蕨 Gonocormus Minute　　图 31　彩片 41

Crepidomanes minutum（Blume）K. Iwats. in J. Fac. Sci. Univ. Tokyo，Sect. 3，Bot. **13**：524. 1985.

Trichomanes minutum Blume，Enum. Pl. Javae **2**：223. 1828.

Gonocormus minutus（Blume）Bosch，Hymenophyll. Javan. 7. t，3. 1861；海南植物志 **1**：33，图 18. 1964；香港植物志蕨类植物门 85，图版 11：3-5. 2003；广东植物志 **7**：63，图 30. 2006.

植株小。根状茎纤细如丝，交织横走，黑褐色，密被深棕色的扁平短毛。叶疏生，相距 3~5mm；叶柄纤细，长 3~5mm，褐色，基部密生短毛，向上无毛；叶片团扇形，直径 6~8mm，宽略过于长，掌状分裂达 1/2 至 2/3，基部心形，多少下延于叶柄；裂片线形，钝头，浅裂至深裂，全缘，能育裂片通常较短；叶脉一至二回叉状分枝，末回裂片有小脉 1~2；叶片薄膜质，半透明，干后暗绿色，无毛。较短的能育裂片顶部生囊苞，囊苞漏斗状，口部略膨大并向外略反卷，孢子囊群着生于中央棒状囊托上；囊苞不凸出于叶缘，囊托常伸出于囊苞口部之外。

产地：南澳（张寿洲等 2078）、葵涌（张寿洲等

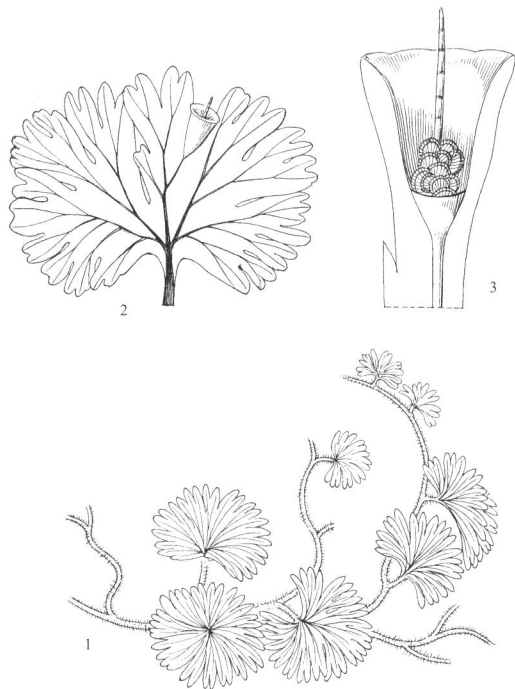

图 31 团扇蕨 Crepidomanes minutum
1. 植株，示根状茎和叶；2. 叶；3. 囊苞的纵切面，示孢子囊群着生于中央棒状的囊托上。（李志民绘）

3441)、梧桐山（陈珍传等 007220）。生于林下沟边或石上，海拔 50~400m。

分布：吉林、辽宁、安徽、浙江、江西、福建、台湾、广东、香港、澳门、海南、广西、湖南、贵州、云南和重庆。日本、朝鲜半岛、印度、斯里兰卡、泰国、越南、柬埔寨、马来西亚、菲律宾、印度尼西亚、太平洋岛屿（密克罗尼西亚、波利尼西亚）、西伯利亚东部和非洲东部。

4. 瓶蕨属 **Vandenboschia** Copel.

附生或土生。根状茎较粗壮，长而横走，附生于树上或石上，常被多细胞节状毛，无根，或疏生纤维状根。叶远生，在根状茎上排为 2 列；叶片较大而粗壮，狭披针形、披针形至椭圆形，一回羽状分裂至三回羽状分裂，或多回羽状分裂，裂片全缘，无毛；细胞壁薄而均匀一致，叶边不增厚；叶脉通常为多回二歧分枝，无假脉。囊苞管状至杯状，口部全缘，凸出于叶边之外。孢子表面有颗粒状或小刺状纹饰。

约 35 种，分布于热带各地。我国约有 11 种，主产于长江流域及以南地区。深圳有 1 种。

南海瓶蕨 漏斗瓶蕨 Striata Vandenboschia

图 32　彩片 42　43

Vandenboschia striata（D. Don）Ebihara in Fl. China **2-3**：109. 2013.

Trichomanes radicans auct.non Sw.：广东植物志 **7**：66. 2006.

植株高 8~12cm。根状茎长而横走，密生褐色而开展的毛。叶远生，彼此相距 0.8~1.5cm；柄长 2~3.5cm，无毛，两侧通体有狭翅，每一侧的翅宽 0.5~1mm，平展或略呈波状；叶片阔披针形，长 5~8cm，下部宽 3~4cm，三回羽状细裂；一回裂片 6~10 对，互生或基部 1 对近对生，无柄或有短柄，长卵形，长 1~2cm，宽 0.5~1.8cm，先端钝，基部上侧截形，下侧楔形；二回裂片 2~4 对，互生，无柄，卵形至椭圆形，长 0.3~1cm，先端钝圆，基部下侧下延；末回裂片 3~5 个，极斜向上，线形，长约 2mm，圆头，全缘，单一或分叉；叶脉在两面均隆起，暗绿或褐色，无毛，末回裂片有 1 小脉；叶片膜质，干后褐绿色，无毛；叶片中脉及一回裂片中脉两侧均有阔翅。孢子囊群生于叶片中部以上，着生于小羽片基部上侧的裂片顶端；囊苞管状，口部截形，略膨大，两侧有狭翅，囊托伸出于囊苞口部之外。

产地：大雁顶（张寿洲等 2124）、大鹏（张寿洲等 2356）、梧桐山（陈珍传等 007221）。生于林下沟边，海拔 50~470m。

分布：广东、海南、广西、贵州、四川、湖南、江西、浙江和台湾。日本、越南、老挝、尼泊尔和印度。

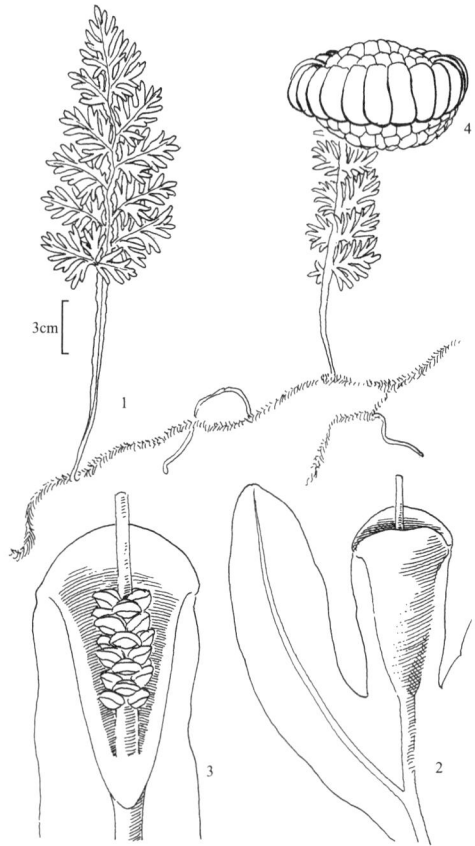

图 32 南海瓶蕨 Vandenboschia striata
1. 植株的一部分，示根状茎和叶；2. 裂片的一部分放大，示囊苞的形态及着生位置；3. 囊苞纵切面，示孢子囊群；4. 孢子囊。（马平绘）

5. 长片蕨属 Abrodictyum C. Presl
长筒蕨群 Selenodesmium group

土生植物。根状茎粗短，横走或近直立，密生纤维状的根。叶近生或簇生；叶柄较粗状，密被开展的刚毛，刚毛易脱落；叶片长卵形，一至二回羽状，小羽片羽裂或叶片多回羽裂；叶脉分叉，无假脉；末回裂片线形，全缘，有1小脉，无毛；细胞壁增厚，成粗洼点状。囊苞圆筒形或漏斗形，口部全缘，囊托长而凸出于囊苞之外。孢子表面有小刺状纹饰。

约10种，广泛分布于热带地区，向南达新西兰。我国有3种，分布于西南、华南至台湾。深圳有1变种。

广西长筒蕨（变种）华南长筒蕨 Siamense Selenodesmium

Abrodictyum obscurum var. **siamense**（Christ）K. Iwats. in Blumea **51**：244. 2006.

Trichomanes siamense Christ in Bot. Tidsskr. **24**（1）：103. 1901.

Selenodesmium siamense（Christ）Ching & Chu H. Wang in Acta Phytotax. Sin. **8**（2）：138. 1959；海南植物志 **1**：44，图 20. 1964；香港植物志蕨类植物门 96，图版 11：6-8. 2003；广东植物志 **7**：69. 2006.

植株高 12~16cm。根状茎较粗壮，直径 3~5mm，短而横走，先端密被褐棕色刚毛，须根粗硬。叶近生；柄长 5~9cm，粗达 1mm，圆柱形，上部具极狭的翅（翅易擦落），成熟时无毛；叶片长卵形，长 6~9cm，下部宽 4~5cm，先端渐尖，三回羽状细裂；一回裂片 8~13 对，下部的对生，向上的互生，具短柄，斜展，基部的通常最大，长 2~3.5cm，基部宽 1.5~25cm，三角形，其基部下侧的二回裂片最长，向上的一回裂片阔披针形，先端渐尖，基部下侧狭楔形，基部上侧截形，二回羽裂；二回裂片 6~8 对，长 5~8mm，宽 3~4mm，披针形，钝头或尖头，羽状深裂；末回裂片线形，长 1~1.5mm，尖头或圆头，全缘；叶脉明显，羽状，小脉单一或二叉，末回裂片有1小脉；叶片草质或薄纸质，干后褐色，无毛；叶片中脉两侧全部具狭翅。孢子囊群顶生于小羽片上侧基部裂片上，通常每二回裂片有 2~3 个；囊苞与叶片不在一个水平面上，囊苞的长轴指向叶片远轴面；囊苞漏斗状，口部膨大，全缘；囊托粗壮，深褐色，伸出囊苞之外。

图 33 彩片 44 45

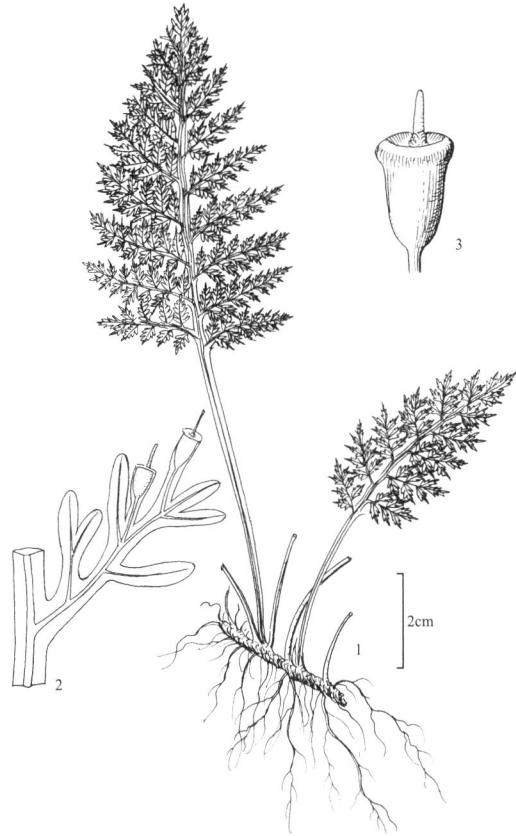

图 33 广西长筒蕨 Abrodictyum obscurum var. siamense
1. 植株的一部分，示根、根状茎及叶；2. 裂片的一部分放大，示囊苞的形态及着生位置；3. 囊苞。（李志民绘）

产地：笔架山（张寿洲等 2208）、三洲田（深圳队 96）。生于林下沟边，海拔 100~400m。

分布：广东、香港、澳门、海南、广西和湖南。越南和泰国。

与线片长筒蕨（原变种）的主要区别是：广西长筒蕨（变种）的根状茎横走，叶轴全部有翅；而原变种的根状茎直立或近直立；叶轴近远端有翅。

7. 里白科 GLEICHENIACEAE

董仕勇 陈珍传

中大型植物，土生。根状茎长而横走，具原生中柱，或很少有管状中柱，被鳞片或节状毛。叶一型；叶柄不以关节着生于根状茎；叶片一回羽状或三回深羽裂，或由于顶芽不发育而主轴为一至多回二歧分枝或假二歧分枝，每一分枝处的腋间有一被毛或鳞片的休眠芽，有时在其两侧有 1 对篦齿状的托叶；叶脉分离，小脉分叉；叶轴及叶片远轴面幼时被星状毛或有睫毛的鳞片。孢子囊群小，圆形，由 2~15 个无柄的孢子囊组成，生于叶片小脉的背上，成 1 行（少有 2~3 行）排列于主脉和叶边之间，无盖；孢子囊有横生至斜生的环带。孢子球状四面体形，辐射对称，具三裂缝，或椭圆球形，两侧对称，具单裂缝，表面平滑或有网状纹饰。

3~5 属约 150 种，泛热带分布。我国有 3 属约 25 种。深圳有 3 属 7 种。

1. 主轴通直，单一不分枝，主轴顶部发出 1 对二回羽状深裂的羽片（叶脉一次分叉，每组有 2 小脉）…………………………………………………………………………………………… 1. **里白属 Diplopterygium**
1. 主轴一至多回二叉分枝，末回主轴的顶端发出 1 对篦齿状的一回羽状深裂的小羽片。
    2. 各回分叉的主轴两侧通体无裂片，各回主轴分叉处通常具有 1 对托叶状的羽片；叶脉多次分叉，每组通常有 3~6 小脉 ……………………………………………………… 2. **芒萁属 Dicranopteris**
    2. 各回分叉的主轴两侧通体有篦齿状排列的裂片，各回主轴分叉处无托叶状的羽片；叶脉一次分叉，每组有 2 小脉 …………………………………………………………… 3. **假芒萁属 Sticherus**

1. 里白属 Diplopterygium（Diels）Nakai

根状茎长而横走，密被红棕色披针形鳞片。叶远生，主轴通直，粗壮，单一，不为二歧分枝，多对二回羽状羽片对生于主轴两侧，主轴两侧无裂片；主轴顶部有 1 个休眠芽，密被深褐色厚鳞片，其外包有 1 对或数个叶状苞片，但两侧下方不具托叶状羽片；羽片披针形或阔披针形，具 1 对二回羽状深裂的羽片；小羽片多数，披针形，羽状深裂达小羽轴，裂片全缘；叶脉分离，小脉通常一次分叉，每组只有 2 小脉；叶厚纸质，叶柄和叶轴幼时密被披针形厚鳞片，并有星状毛或分枝的毛混生，羽片远轴面多少有同样的毛和鳞片，老时逐渐脱落或有时宿存。孢子囊群小，背生于每组叶脉的上侧小脉，每群有 2~4 个孢子囊，在裂片主脉两侧各有 1 列。孢子表面平滑。

约 20 种，广布于世界热带及亚热带地区。我国约有 9 种，分布于长江以南各地。深圳有 3 种。

1. 叶柄及叶轴无毛；叶轴顶部休眠芽的基部两侧无托叶状的小羽片；裂片斜出 ……… 1. **广东里白 D. cantonensis**
1. 叶柄及叶轴被有星状毛；叶轴顶部休眠芽的基部两侧各有 1 个托叶状的小羽片；裂片平展或略为斜伸。
    2. 叶柄、叶轴及羽轴的鳞片很少；小羽片有显著的柄，柄长 2~4mm ……………… 2. **阔片里白 D. blotianum**
    2. 叶柄、叶轴及羽轴密被鳞片；小羽片无柄 ………………………………………… 3. **中华里白 D. chinense**

1. 广东里白 粤里白 Canton Diplopterygium   图 34　彩片 46
Diplopterygium cantonensis（Ching）Nakai in Bull. Natl. Sci. Mus. Tokyo **29**：49. 1950.
Gleichenia cantonensis Ching in Lingnan Sci. J. **15**：391.1936.
Hicriopteris cantonensis（Ching）Ching in Sunyatsenia **5**：279. 1940；广州植物志 37. 1956.
叶长达 2~3m 或更长；叶柄光滑，无毛，也不具鳞片，叶轴分枝处被有暗红棕色披针形鳞片，鳞片边缘密生短毛；叶轴长而直立，无毛，两侧成对地发出阔而长的羽片，叶轴顶部有一休眠芽，休眠芽密被鳞片，

其基部两侧不具托叶状的小羽片；羽片条形，长 100~150cm，宽约 30cm，二回羽状深裂；小羽片约 40 对，基部 1~2 对对生，其他互生，无柄，线状披针形，长 18~30cm，宽 2~3cm，篦齿状深羽裂几达小羽轴；裂片 40~60 对，斜出，与中脉呈约 60° 角，条形，长 15~20mm，宽约 2mm，先端钝尖，边缘全缘；叶脉明显，分离，小脉二叉。叶片厚纸质，无毛。孢子囊群生于分叉的上侧小脉中部，在裂片主脉两侧各有 1 行，每裂片 6~10 对，每群有 2~4 个孢子囊。

产地：七娘山（张寿洲等 007195）、大鹏（张寿洲等 011037）。生于山地林缘、路边，海拔 200~600m。

分布：广东、香港和海南。

2. 阔片里白 Blot's Diplopterygium

图 35 彩片 47 48

Diplopterygium blotianum（C. Chr.）Nakai in Bull. Natl. Sci. Mus. Tokyo **29**：49. 1950.

Gleichenia blotiana C. Chr. in Bull. Mus. Natl. Hist. Nat.，ser. 2，**6**：103. 1934.

Hicriopteris blotiana（C. Chr.）Ching in Sunyatsenia **5**：279. 1940；海南植物志 **1**：31. 1964.

叶长达 2~3m 或更长。叶柄及叶轴密被红棕色的星芒状毛，两侧生有披针形鳞片，鳞片红棕色，幼时边缘密生流苏状毛，老时脱落；叶轴长而直立，两侧成对地发出阔而长的羽片，叶轴顶部有一休眠芽，休眠芽密被鳞片，其基部两侧各有 1 个多回分裂的托叶状的小羽片；羽片条形，长约 150~200cm，宽 30~40cm，二回羽状深裂；小羽片约 40 对，基部数对对生或近对生，向上的互生，平展，有（1~）2~4mm 长的柄，线状披针形，长 20~25cm，宽 2.5~3cm，篦齿状深羽裂几达小羽轴；裂片 35~50 对，平展，条形，长 1~1.5cm，宽 0.3~0.4cm，先端圆钝，少数微凹或有小凸尖，边缘全缘；叶脉明显，分离，小脉二叉；叶片厚纸质，近轴面幼时疏被毛，老时脱落，远轴面沿叶脉被暗红色星状毛。孢子囊群生于分叉的上侧小脉中部，在裂片中脉两侧各有 1 行，每裂片 10~17 对，每群有 3~6 个孢子囊。

产地：西涌（仙湖华农学生采集队 012936）、七娘山、三洲田（深圳植物志采集队 013297）、梧桐山（陈珍传等 010949）。生于山地林下，海拔 200~400m。

分布：台湾、广东、海南和广西。越南、泰国和马来西亚。

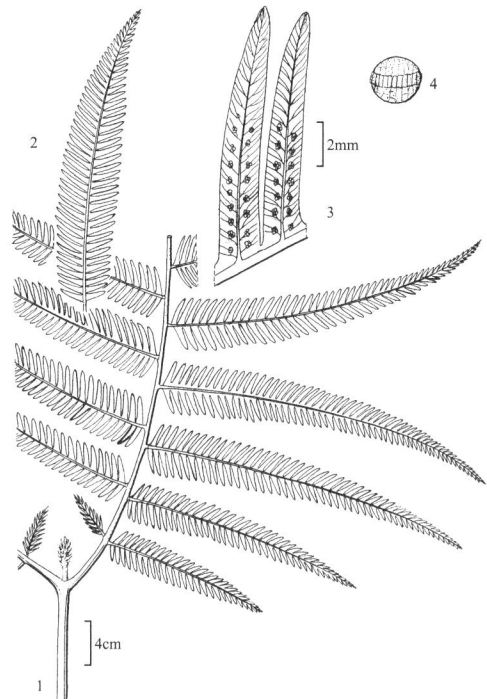

图 34 广东里白 Diplopterygium cantonensis
1. 茎的上部，示主轴顶端的休眠芽、叶的着生位置及叶的下部；2. 一个羽片；3. 小羽片的背面，示叶脉及孢子囊群的着生位置；4. 孢子囊。（李志民绘）

图 35 阔片里白 Diplopterygium blotianum
1. 叶的一部分；2. 叶柄及叶轴上的鳞片放大；3. 小羽片的下面，示叶脉及孢子囊群的位置；4~5. 孢子囊。（马平绘）

3.　中华里白 Chinese Hicriopteris　图 36　彩片 49

Diplopterygium chinense（Rosenst.）Devol in Fl. Taiwan **1**：92，pl. 28. 1975.

Gleichenia chinensis Rosenst. in Repert. Spec. Nov. Regni Veg. **13**：120. 1913.

Hicriopteris chinensis（Rosenst.）Ching in Sunyatsenia **5**（4）：279. 1940.

叶长达 3m 或更长；叶柄及叶轴密被红棕色至暗褐色的鳞片及星芒状毛，鳞片披针形，边缘密生流苏状毛；叶轴长而直立，两侧成对地发出阔而长的羽片，叶轴顶部有一休眠芽，休眠芽密被鳞片，其基部两侧各有 1 个一至二回羽状分裂的托叶状小羽片；羽片条形，长 120~160cm，宽 30~45cm，二回羽状深裂；小羽片 40~60 对，互生，或有时基部 2~3 对对生，平展，无柄，线状披针形，长 20~35cm，宽 2.2~3cm，篦齿状深羽裂几达小羽轴；裂片 50~70(~120) 对，平展或略斜伸，条形，长 10~15mm，宽 2~3mm，先端圆钝，有时微凹，边缘全缘，有时基部 1 对羽状分裂；叶脉可见，分离，小脉二叉；叶片厚纸质，两面被星状毛，易脱落，小羽轴两面密被星状毛并混杂有披针形小鳞片。孢子囊群生于分叉的上侧小脉近基部，在裂片主脉两侧各有 1 行，每裂片 6~9 对，每群有 2~4(~5) 个孢子囊。

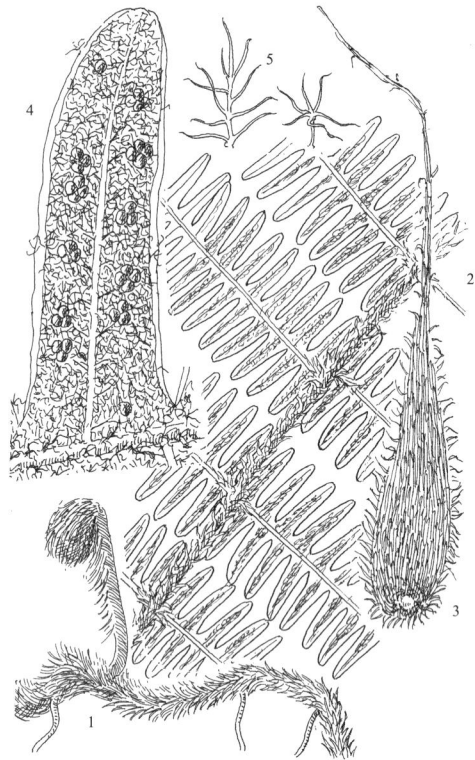

图 36 中华里白 Diplopterygium chinense
1. 根及根状茎；2. 叶的一部分；3. 叶柄及叶轴上的鳞片放大；4. 小羽片放大，示叶脉及孢子囊群；5. 叶柄、叶轴及小羽片上的星状毛及分叉状毛。（马平绘）

产地：田心山（张寿洲等 2233）、梧桐山（陈珍传等 010948）。生于山地林缘，海拔 50~300m。

分布：广东、香港、澳门、海南、广西、湖南、江西、福建、台湾、浙江、四川、贵州和云南。越南北部。

2. 芒萁属 Dicranopteris Bernh.

根状茎细长而横走，多分枝，密被红棕色多细胞的长毛。叶远生，直立或多少蔓生，主轴一至多回二歧分枝，各回分枝的主轴上均无羽片；各回主轴分叉处（末回分叉除外）的基部两侧通常有一对平展的托叶状的羽片，分叉处的上部腋间有一休眠芽，密被绒毛，休眠芽的外面包有 1 对叶状小苞片；在末回分枝的顶端有 1 对二叉状的羽片，羽片披针形或阔披针形，羽状深裂达羽轴两侧的狭翅，无柄；裂片平展，线状披针形，全缘或略有圆齿至浅裂，顶短圆钝或微凹；叶脉分离，二至三回分叉，每组具 3~6 小脉；叶纸质至近革质，幼时多少被毛。孢子囊群生于叶片远轴面，背生于小脉上，圆形，每群通常有 5~15 个孢子囊，在主脉与叶边之间排成 1 列，很少排为 2~3 列。孢子表面平滑，很少有孔穴状或不规则细颗粒状纹饰。

10~12 种，主产于热带和亚热带地区，美洲热带有 1 种。我国有 6 种，广布于长江以南。深圳有 3 种。

1. 主轴无限生长，5 次以上分叉；第一次分叉处无托叶状的羽片 ·· **1. 铁芒萁 D. linearis**
1. 主轴有限生长，通常 2~4 次分叉；第一次分叉处有托叶状的羽片。
　　2. 羽片的裂片宽 3~4mm；孢子囊群在裂片主脉两侧各有规则的 1 行 ·············· **2. 芒萁 D. pedata**
　　2. 羽片的裂片宽 5~7mm；孢子囊群在裂片主脉两侧各有不规则 2~3 行 ·············· **3. 大芒萁 D. ampla**

1. 铁芒萁 Linear Forked Fern 图 37 彩片 50 51
Dicranopteris linearis（N. L. Burm.）Underw. in Bull. Torrey Bot. Club **34**（5）：250. 1907.

Polypodium lineare N. L. Burm. Fl. Indica 235，pl. 67，f. 2. 1768.

植株高（长）3~6m。根状茎横走，被锈色多细胞针状毛，毛簇生，开展。叶远生；叶柄长约100~150cm，暗棕色，光滑无毛；叶轴五至八回二叉分枝，蔓延生长；各回分叉处有一被毛的休眠芽，第一回分叉处的基部外侧无托叶状羽片，以上各分叉处的基部外侧具 1 对篦齿状羽裂的托叶状羽片；末回羽片披针形，无柄，长 20cm，中部宽 3~4cm，篦齿状深羽裂达羽轴两侧的狭翅，先端渐尖，基部内侧 3~4 个裂片明显退化而较短；羽片的裂片约 30~45 对，平展，条形，通常长 1.2~2.5cm，宽 3~4mm，圆头或钝头，基部汇合，全缘；叶脉明显，每组侧脉通常有 3 小脉，直达叶缘；叶片纸质，干后褐绿色，两面光滑无毛。孢子囊群圆形，中生，着生于每组侧脉的上侧小脉中部，在主脉两侧各成 1 行，每群有 5~7 个孢子囊。

产地：南澳（张寿洲等 1846）、大鹏（张寿洲等 011308）、梅沙尖（深圳植物志采集队 013186）。各地常见，生于山地林缘，海拔 100~450m。

分布：广东、香港、海南、广西、台湾、湖南、贵州、云南和西藏。广布于东南亚及南亚。

2013 年出版的《Flora of China：蕨类卷册（2~3卷）》中，铁芒萁 D. linearis 被归并入芒萁 D. pedata。据我们的观察，在华南地区，铁芒萁和芒萁是 2 个很容易区分的形态学实体，在尚未获得更多的形态学和分子系统学资料之前，我们倾向于承认铁芒萁是一个独立的形态学种。

2. 芒萁 芒萁骨 Dichotomy Forked Fern
图 38 彩片 52 53
Dicranopteris pedata（Houtt.）Nakaike, Enum. Pterid. Jap.，Fil. 114. 1975.

Polypodium pedatum Houtt. in Nat. Hist. **14**：174.1783.

Dicranopteris dichotoma（Thunb.）Bernh. in J. Bot.（Schrader）**1801**：38. 1806；中国植物志 **2**：120，图版 **9**：6-9. 1959.

Dicranopteris linearis auct. non（N.L.Burm.）Underw.：广州植物志 36. 1956.

植株高约 1m。根状茎横走，密被锈色多细胞毛。

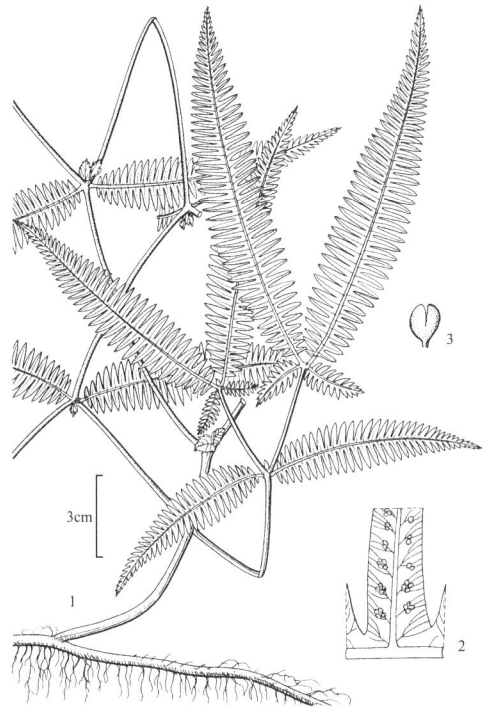

图 37 铁芒萁 Dicranopteris linearis
1. 植株的一部分，示根、根状茎及叶；2. 裂片的背面，示叶脉及孢子囊群；3. 孢子囊。（李志民绘）

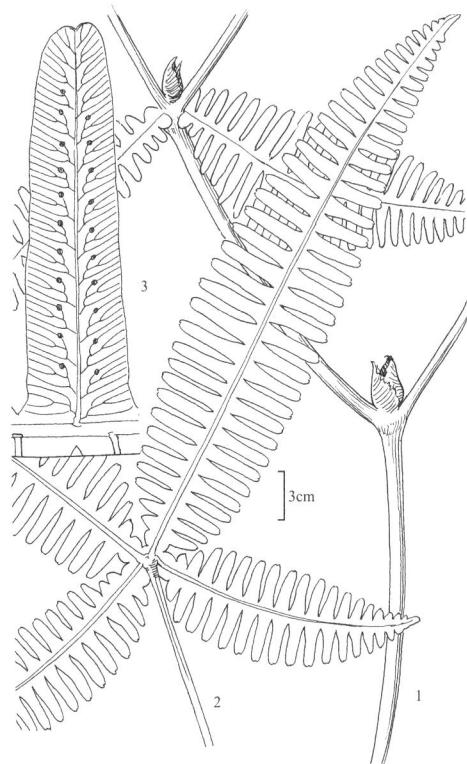

图 38 芒萁 Dicranopteris pedata
1. 分枝的上部，示分叉处的休眠芽；2. 末回羽片；3. 羽片的裂片，示背面的叶脉及孢子囊群。（马平绘）

叶远生；柄长 50-80cm，棕色，基部有少量棕色毛，向上光滑无毛；叶轴一至三回二叉分枝，各回分叉处有一密被毛的休眠芽，分叉处的基部外侧具 1 对篦齿状羽裂的托叶状羽片；末回羽片披针形，无柄，长 16~40cm，中部宽 4~10cm，篦齿状深羽裂达羽轴两侧的狭翅，先端渐尖，基部内侧 1~2 个裂片明显退化而较短；羽片的裂片 40~50 对，平展，线形，长 2.5~5.5cm，宽 2~4mm，圆头或钝头，基部汇合，全缘或少数略有波状齿。叶脉明显，每组侧脉有 3~5 小脉，直达叶缘；叶片纸质，干后近轴面绿色，远轴面灰绿色，羽轴近轴面密被棕色毛，远轴面沿羽轴及裂片主脉疏被棕色柔毛。孢子囊群圆形，靠近裂片主脉，着生于每组侧脉的上侧小脉中部，在主脉两侧各成 1 行，每群有 7~12 个孢子囊。

产地：三洲田（深圳队 301）、南澳、羊台山、梧桐山、梅沙尖（深圳植物志考察队 013301）、仙湖植物园（张宪春 011162）。生于山地林下、山坡，海拔 50~800m。

分布：长江流域及以南各地，以及甘肃、河南、山东、台湾、香港、澳门和海南。印度、越南、日本、朝鲜和韩国。

用途：酸性土指示植物；全株可供樵薪；叶柄可供编物。

3.　大芒萁 Ample Forked Fern　图 39　彩片 54　55
Dicranopteris ampla Ching & P. S. Chiu in Acta Phytotax. Sin. **8**（2）：161. 1959.

植株高 1~1.5m。根状茎横走，被锈色多细胞毛。叶远生；叶柄长 50~80cm，暗棕色，光滑无毛；叶轴三至四回二叉分枝，各回分叉处有一密被毛的休眠芽，分叉处的基部外侧具 1 对篦齿状羽裂的托叶状羽片；末回羽片披针形，无柄，长 20~35cm，中部宽 6~10cm，篦齿状深羽裂达羽轴两侧的狭翅，先端渐尖，基部内侧 3~5 个裂片明显退化而较短；羽片的裂片约 30~40 对，平展，条形，通常长 4~10cm，宽 5~7mm，圆头或截形，基部汇合，全缘；叶脉明显，每组侧脉有（3~）4~6 小脉，直达叶缘；叶片纸质，干后褐绿色，两面光滑无毛。孢子囊群圆形，中生或略靠近裂片中脉，着生于每组侧脉的多条小脉的中部或下部，在主脉两侧排列成不规则的 2~3 行，每群有 12~20 个孢子囊。

产地：梧桐山（阎兵 11841）。生于山地林缘、路边，海拔 400~800m。

分布：广东、香港、海南、广西和云南。越南、老挝和缅甸。

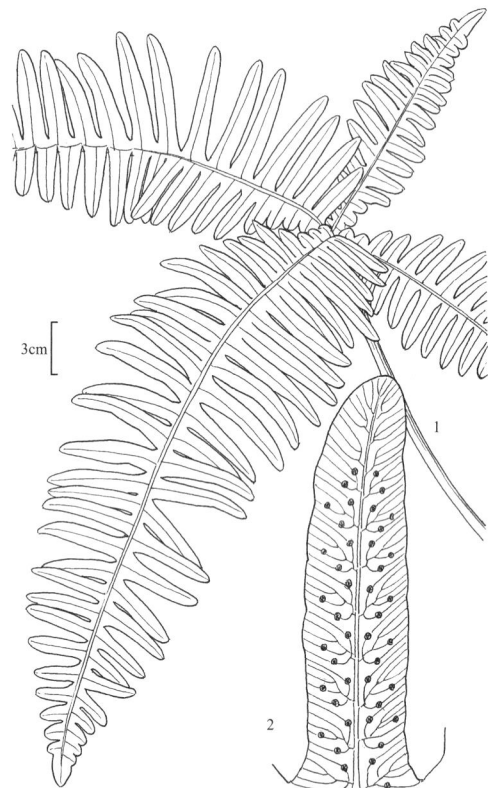

图 39 大芒萁 Dicranopteris ampla
1. 末回羽片；2. 羽片的裂片，示背面的叶脉及孢子囊群。
（马平绘）

3. 假芒萁属 Sticherus C. Presl

根状茎横走，顶部被有鳞片。叶远生，通常蔓生；叶轴为多回二歧分枝，末回和其下的数回主轴两侧生有篦齿状排列的条形裂片；各回主轴分叉处的基部两侧不具托叶状的羽片，分叉处的上部腋间有时有一密被绒毛的休眠芽，休眠芽的外面包有 1 对叶状小苞片；羽片披针形，羽状深裂达到羽轴或达羽轴两侧的狭翅，无柄；裂片平展，线状披针形，全缘，顶短圆钝或近截形；叶脉分离，侧脉一次分叉，每组只有 2 小脉；叶纸质，远轴面通常被毛和小鳞片。孢子囊群小，背生于每组叶脉的上侧小脉，每群有 2~4（~6）个孢子囊，在裂片主脉两侧各有 1 列。孢子表面平滑。

约 70 种，分布于全世界热带，以南美洲热带为分布中心。我国有 1 种，分布于广东、海南和云南。深圳有分布。

假芒萁 Smooth Sticherum 图 40 彩片 56 57

Sticherus truncatus（Willd.）Nakai in Bull. Natl. Sci. Mus.Tokyo **29**：20. 1950.

Mertensia truncata Willd.in Kongl. Vetensk. Acad. Nya Handl. **25**：169. 1804

Mertensia laevigata Willd. in Sp. Pl. **5**：75. 1810.

Sticherus laevigatus（Willd.）C. Presl，Tent. Pterid. 52. 1836；海南植物志 **1**：32. 1964；广东植物志 **7**：50，图 22. 2006.

植株高 1~2m。根状茎长而横走，无毛，疏被披针形小鳞片；鳞片暗棕色，伏贴。主轴长达数米，蔓爬或攀援，多次二叉分枝；叶轴多回分枝蔓生，各回分叉处有一休眠芽，休眠芽外密生棕色鳞片，两侧生有托叶状的苞片；除第一回分枝的叶轴外，其余各回叶轴两侧通体有篦齿状的裂片，裂片与末回羽片上的裂片同形同大；顶生的末回羽片长 15~20cm，宽 2.5~4.5cm，披针形，篦齿形深裂达小羽轴；裂片 50 对或更多，平展，对生或互生，长 1~2.5cm，宽约 2mm，线形，先端圆钝，有时微凹，基部扩大；小脉斜出，有规则的二叉，在两面明显；叶片为纸质，干后灰绿色，幼时通体多少被有淡棕色的疏星状毛及小鳞片，老则几变光滑。孢子囊生于裂片中脉与叶边之间，在裂片中脉两侧各有 1 行，4~6 个孢子囊组成 1 个囊群，幼时被有星状毛。

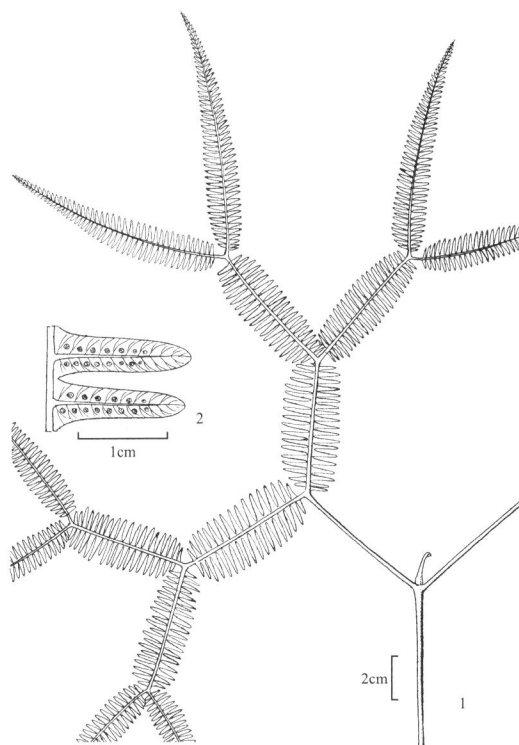

图 40 假芒萁 *Sticherus truncatus*
1. 叶轴的末面二叉分枝，示分叉处的休眠芽及叶；2. 裂片，示背面的叶脉及孢子囊。（李志民绘）

产地：七娘山（严岳鸿 882，IBSC）。生于山地林缘、路边，海拔约 100m。

分布：广东、海南和云南。越南、泰国、老挝、柬埔寨、马来西亚和斯里兰卡。

8. 双扇蕨科 DIPTERIDACEAE

严岳鸿

草本。根状茎长而横走，管状中柱或原生中柱，被黑褐色坚硬刚毛状的鳞片。叶片及主脉多回二歧分叉，叶脉网状，小脉明显，网眼内有反折而分叉的内藏小脉。孢子囊群无盖，分散在下表面，或叶二型，可育叶的孢子囊布满叶背；孢子囊同时成熟或混合式成熟，具有 4 行细胞的短柄，环带通常垂直，或略倾斜。孢子椭圆形，单裂缝，光滑或有褶皱。

2 属约 11 种，分布于亚洲东南部至马来西亚和波利尼西亚西部。我国产 2 属 5 种。深圳有 1 属 5 种。

双扇蕨属 Dipteris Reinw.

草本。土生，较大型。根状茎粗壮，长而横走，木质，有管状中柱，被黑褐色坚硬刚毛状的鳞片。叶远生，单叶；叶柄比叶片长，光滑，上面有纵沟，基部不具关节；叶片及主脉多回二歧分叉，形成多数不等长排列成扇形的裂片，第一回分叉将叶片等分为两部分，然后各自再多回二歧分叉；叶脉网状，小脉明显，网眼内有反折而分叉的内藏小脉。孢子囊群小，圆形，点状或近汇生于联结的小脉上，无囊群盖，隔丝棒状或盘状；孢子囊少数，球状梨形，具有 4 行细胞的短柄，环带通常垂直，由 12 个增厚的细胞组成。孢子两侧对称，单裂缝，光滑。

约 8 种，分布从印度北部、中国南部、琉球群岛至昆士兰东北部和斐济。我国有 3 种，分布于华南、西南和台湾。深圳有 1 种。

中华双扇蕨 八爪蕨 Chinese Dipteris

图 41 彩片 58 59

Dipteris chinensis Christ in Bull. Acad. Int. Geogr. Bot. **13**：109. 1904.

草本。植株高 60~90cm。根状茎，木质，长而横走，被钻状黑色披针形鳞片。叶一型，远生；叶柄长 30~60cm，灰棕色或淡禾秆色；叶片中部分裂成 2 部分相等的扇形，每扇又再深裂为 4~5 部分，裂片宽 5~8cm，顶部再度浅裂，末回裂片短尖头，边缘有粗锯齿，纸质；主脉多回二歧分叉，小脉网状，网眼内有单一或分叉的内藏小脉。孢子囊群小，近圆形，散生于网脉交结点上，被浅杯状的隔丝覆盖。

产地：七娘山（张寿洲等 012037）。生于沟谷石壁上。

分布：湖南、广东、香港、广西、贵州、云南和重庆。越南北部和缅甸北部。

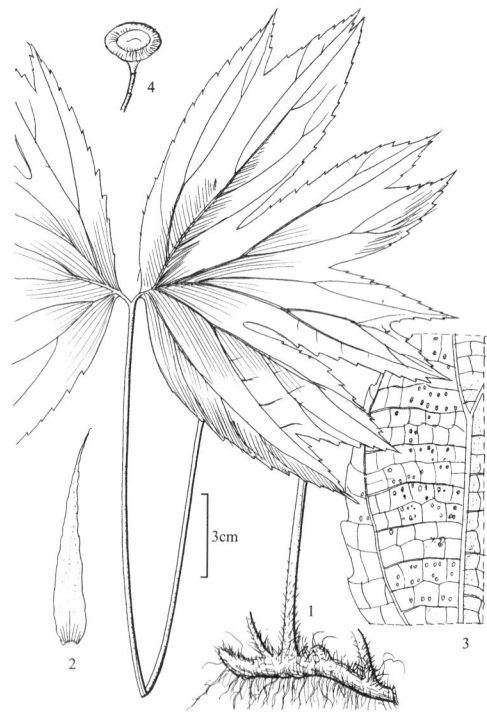

图 41 中华双扇蕨 Dipteris chinensis
1. 植株的一部分，示根、根状茎及叶；2. 根状茎及叶柄基部的鳞片；3. 裂片的一部分放大，示背面的叶脉及孢子囊群；4. 覆盖孢子囊群的杯状隔丝。（李志民绘）

9. 海金沙科 LYGODIACEAE

董仕勇　陈珍传

小型或中型陆生攀援植物。根状茎横走，具原生中柱，有毛而无鳞片。叶轴无限生长，细长，攀援，沿叶轴相隔一定距离有侧向互生的短枝（距），距的顶部有一不发育的茸毛状的休眠芽。叶片结构由多层细胞构成，有气孔，羽片为一至二回二歧掌状分裂，或为一至二回羽状，近二型，不育羽片通常生于叶轴下部，能育羽片较狭窄，位于叶轴上部；叶脉分离或连接呈网状，网眼不具内藏小脉，分离小脉直达加厚的叶边。各小羽柄两侧通常有狭翅，近轴面隆起并往往有锈毛。能育羽片边缘生有流苏状的孢子囊穗，由 2 行平行的孢子囊组成，并由叶边外长出来的一反折小瓣包裹，形如囊群盖；孢子囊椭圆形，单独横生于小脉顶端，有短柄及顶生的环带，每囊有 128~256 个孢子。孢子球状四面体形，辐射对称，具三裂缝，表面有颗粒状、瘤状或网穴状纹饰。

1 属约 30 种，分布于全世界热带和亚热带地区。我国有 10 种。深圳有 4 种。

海金沙属 Lygodium Sw.

属的特征和地理分布与科相同。

1. 羽片二歧掌状深裂，裂片不育边缘全缘，有软骨质边······························ 1. **海南海金沙 L. circinnatum**
1. 羽片一至三回羽状，末回小羽片不育边缘有细锯齿，不具软骨质边。
  2. 末回小羽柄的远端有关节；各回羽轴无毛 ····························· 2. **小叶海金沙 L. microphyllum**
  2. 末回小羽柄的远端不具关节，或有不明显的关节；各回羽轴的近轴面被短毛，远轴面通常也有毛。
    3. 能育羽片与不育羽片同形；羽片通常为一回羽状；小羽片为披针形············· 3. **曲轴海金沙 L. flexuosum**
    3. 能育羽片较不育羽片明显狭缩；羽片为二至三回羽状；末回小羽片为卵状三角形、掌状 3 裂或近戟形

           ··· 4. **海金沙 L. japonicum**

1.　海南海金沙 华南海金沙 Conform Climbing Fern
图 42　彩片 60　61

Lygodium circinnatum（N. L. Burm.）Sw. Syn. Fil. 153. 1806.

Ophioglossum circinnatum N. L. Burm. Fl. Indica 228. 1768.

Lygodium conforme C. Chr. in Bull. Mus. Natl. Hist. Nat., ser. 2, **6**（1）: 104. 1934；海南植物志 **1**: 25. 1964；中国植物志 **2**: 107，图版 **VI**: 2-4. 1959；香港植物志蕨类植物门 72，图版 9: 3-5. 2003；广东植物志 **7**: 52，图 24. 2006.

叶轴纤细，攀援蔓生；叶轴上通常每隔 9~20cm会发出一个长为 2~4mm 的粗短分枝（距），距的顶部中央被棕色线形小鳞片并生有退化的休眠芽，距的顶部两侧各有一个羽片；羽片掌状分裂或羽柄的顶部二叉分为 2 枝，每枝顶部生掌状分裂的羽片，一型或不明显二型；羽片的总羽柄长 3~7cm，如果羽柄的顶部分枝，则小羽柄长 0.8~2cm，无关节；羽片掌状，深

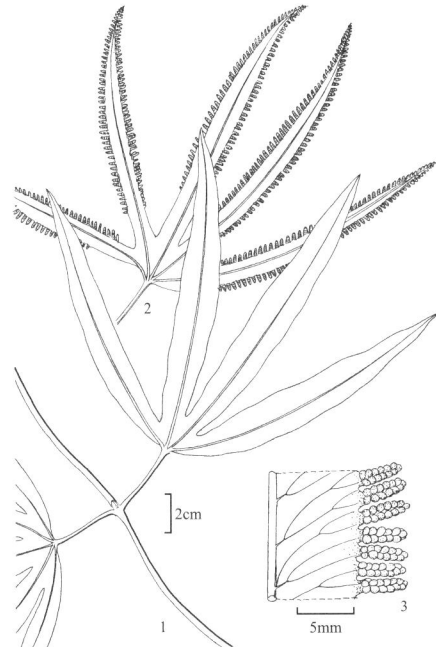

图 42 海南渔金沙 Lygodium circinnatum
1. 不育羽片；2. 能育羽片，3. 裂片的一部分放大，示下面的叶脉及边缘的流苏状孢子囊穗。（李志民绘）

裂为 2~6 长条形裂片；裂片长 20~25cm，宽 1~2cm，顶端渐尖，边缘全缘并有加厚的软骨质边；叶脉明显，小脉一至二回二叉分枝，斜展；叶片纸质，干后棕绿色，无毛；羽柄的远端部分及小羽柄的两侧有狭翅，两面无毛。孢子囊穗短线形，长 2~3mm，褐色。

产地：七娘山（张寿洲等 011044）、大鹏（张寿洲等 011044）、羊台山（张寿洲等 5015）。生于山地林下，海拔 100~300m。

分布：广东、香港、海南、广西、贵州和云南。印度、斯里兰卡、中南半岛、马来西亚、印度尼西亚、太平洋岛屿和澳大利亚。

笔者赞同把 Lygodium conforme C. Chr. 归入 Lygodium circinnatum Sm.。中国科学院华南植物园标本馆（IBSC）中藏有数份孙洪范先生采自爪哇和印度尼西亚的 Lygodium circinnatum 标本，这些标本与分布于华南地区的被定名为 Lygodium conforme 的标本之间并无明显区别，只是前者的叶质略厚，能育羽片更为明显地狭缩。

2.　小叶海金沙 Small-leaved Climbing Fern

图 43　彩片 62　63

Lygodium microphyllum（Cav.）R. Br. Prodr. Fl. N. Holl. **1**：162. 1810.

Ugena microphylla Cav. Icon. Descr. Pl. **6**：76, t. 595. 1801.

Lygodium scandens auct. non（L.）Sw.：中国植物志 **2**：109. 1959；海南植物志 **1**：26. 1964；香港植物志蕨类植物门 76，图版 9：6. 2003；广东植物志 **7**：53. 2006，p.p.，excl. syn. *L. microphyllum*（Cav.）R. Br.

叶轴纤细，攀援蔓生；叶轴上通常每隔 4~10cm 会发出一个 2~4mm 长的距（短小分枝），距的顶部中央生有退化的休眠芽，休眠芽密被棕色线形小鳞片，距的顶部两侧各有一个羽片；羽片奇数一回羽状，二型；不育羽片生于叶轴下部，有 5~13mm 长的柄，近长方形，长 8~10cm，宽 6~8cm，顶生小羽片与侧生小羽片同形同大；小羽片 4~5 对，互生，平展，有 2~3mm 长的柄，柄的远端（与小羽片相接处）有明显膨大的关节，小羽片披针形，基部稍扩大并为心形，基部有一耳状分叉，先端圆钝或尖头，长 3~4cm，宽约 1.5cm，边缘近全缘但有极浅的缺刻状钝齿，顶生小羽片有时二叉；能育羽片位于叶轴上部，与不育羽片形状近似，但稍小；叶脉明显，小脉通常三回二叉分枝，极斜向上；叶片薄草质，干后棕绿色，无毛；各回羽轴有狭翅，两面无毛。孢子囊穗短线形，长 3~5（~10）mm，褐色。

图 43 小叶海金沙 Lygodium microphyllum
1. 能育羽片，示小羽片边缘孢子囊穗排列；2. 不育羽片；3. 小羽片的基部放大，示柄顶端的关节和叶脉；4. 孢子囊穗放大；5. 孢子。（马平绘）

产地：南澳（邢福武等 10326，IBSC）、七娘山（邢福武等 10665，IBSC）、三洲田（深圳队 671）。各地常见，生于山地林下或林缘、路旁，海拔 50~500m。

分布：广东、香港、澳门、海南、广西、湖南、江西、福建、台湾、贵州和云南。印度、缅甸、越南、日本、马来西亚、太平洋岛屿、大洋洲和非洲热带地区。

用途：全草入药，通常与海金沙混用。

3. 曲轴海金沙 Flexuose Climbing Fern

图 44 彩片 64

Lygodium flexuosum（L.）Sw. in J. Bot.（Schrader）
1800（2）：106. 1801.

Ophioglossum flexuosum L. Sp. Pl. **2**：1063. 1753.

Lygodium scandens（L.）Sw. in J. Bot.（Schrader）
1800（2）：106. 1801，p.p.，incl. lecto typo tantum.

叶轴纤细，攀援蔓生；叶轴上通常每隔 8~15cm 发出一个 1~2mm 长的距（极短小分枝），距的顶部中央生有退化的休眠芽，休眠芽密被棕色线形小鳞片，距的顶部两侧各有一个羽片；羽片一回或二回羽状，一型；羽片矩圆形或三角形，有 2~4cm 长的柄，长 12~28cm，宽 10~22cm，顶生小羽片与侧生小羽片同形同大或通常为二叉状；小羽片 3~7 对，互生，平展，披针形，有 0.3~1.2cm 长的柄，柄的远端（与小羽片相接处）无关节或有不明显的关节；基部小羽片掌状分裂或有 1~3（~7）对分离的侧生二回小羽片，基部以上的小羽片通常单一，小羽片披针形，基部浅心形，有时在基部一侧或两侧有耳状凸起，先端圆或钝，长 5~10cm，宽 1.2~2cm，边缘有细而密的小锯齿，顶生小羽片有时二叉；叶脉明显，小脉通常三至四回二叉分枝，极斜向上；叶片草质，干后棕绿色；羽轴及小羽轴有狭翅，近轴面有较密的短毛，远轴面除小羽柄有毛外，其他部位无毛或几无毛。孢子囊穗线形，长 3~5mm，褐色。

产地：排牙山（张寿洲等 5585）、仙湖植物园（李沛琼等 89172）、梅林（张寿洲等 0652）。各地常见，生于山地林缘路旁，海拔 50~300m。

分布：广东、香港、澳门、海南、广西、湖南、福建、贵州和云南。印度、斯里兰卡、泰国、越南、马来西亚、菲律宾和澳大利亚东北部。

用途：全草入药，通常与海金沙混用。

4. 海金沙 Climbing Fern 图 45 彩片 65 66

Lygodium japonicum（Thunb.）Sw. in J. Bot.（Schrader）**1800**（2）：106. 1801.

Ophioglossum japonicum Thunb. Fl. Jap. 328. 1784.

叶轴纤细，攀援蔓生；叶轴上通常每隔 6~10cm 会发出一个 1~7mm 长的距（短小分枝），距的顶部中央生有退化的休眠芽，休眠芽密被棕色线形小鳞片，距的顶部两侧各有一个羽片；羽片二至三回羽状，二型；不育羽片生于叶轴下部，有 1.5~2cm 长的柄，三

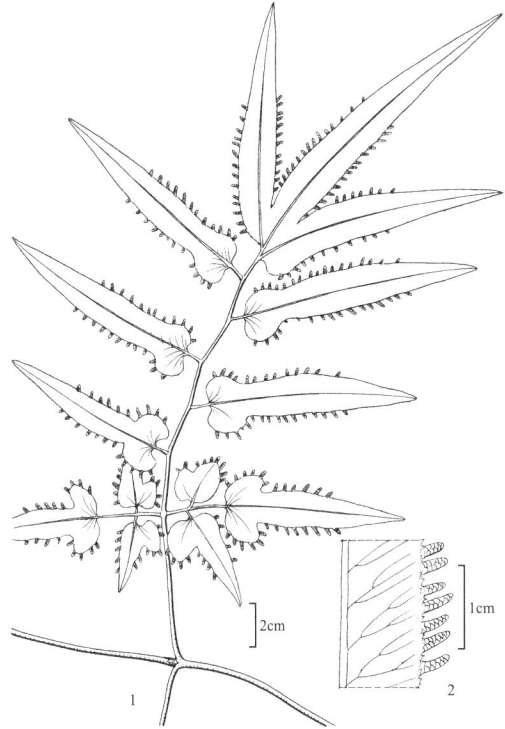

图 44 曲轴海金沙 Lygodium flexuosum
1. 羽片；2. 小羽片的一部分放大，示下面的叶脉及边缘的孢子囊穗。（李志民绘）

图 45 海金沙 Lygodium japonicum
1. 植株的一部分，示叶；2. 小羽片的一部分放大，示下面的叶脉及边缘的孢子囊穗；3. 孢子囊；4. 孢子。（李志民绘）

角形，长 12~15cm，基部最宽，宽 6~8cm，顶生小羽片基部与侧生小羽片相连，呈三叉状；小羽片 3~4 对，互生，平展，基部小羽片最大，有 7~8mm 长的短柄，无关节，一回羽状，有 2~3 个分离的侧生小羽片；末回小羽片为卵状三角形、掌状 3 裂或近戟形，中央裂片细长，基部两侧各有一个短的耳形小裂片，基部为浅心形，长 2~3cm，宽 1~2cm，边缘波状或浅裂并有尖锯齿，边缘的齿有时不明显；基部以上的小羽片通常为三叉戟形，有时有 1~2 个分离的侧生二回小羽片；能育羽片位于叶轴上部，与不育羽片形状近似但明显狭缩而较小；叶脉明显，小脉二至三回二叉分枝，极斜向上；叶片草质或纸质，干后褐绿色，两面被短毛；各回羽轴有狭翅，两面密被毛。孢子囊穗线形，长 2~5(~10)mm，褐色。

产地：东冲（张寿洲等 4446）、梅沙尖（深圳队 460）、内伶仃岛（张寿洲等 3747）。各地常见，生于山地林下或路旁，海拔 10~500m。

分布：秦岭南坡和以南各地，以及台湾、香港、澳门和海南。亚洲热带及亚热带地区、太平洋岛屿和澳大利亚。

用途：可供观赏用；孢子供药用，为利尿剂，治淋病、水肿，又为清凉性镇静药，用于治急性热病、烦热惊狂、小溲赤热、经中痛等症；茎叶煎酒可敷淤血，又可止咯血。

10. 蘋科 MARSILEACEAE

严岳鸿

小型蕨类，生于浅水淤泥或湿地沼泥中。根状茎细长而横走，被短毛。叶二型，不育叶为单叶条形，或由 2~4 片对生的倒三角形羽片组成，盾状着生，着生于叶柄顶端，通常具长柄，漂浮或伸出水面；叶脉分叉，但顶端联结成狭长网眼；能育叶变为球形或椭圆球状孢子果，有柄或无柄，着生于不育叶的叶柄基部或近叶柄基部的根状茎上，一个孢子果内含 2 至多数孢子囊。孢子囊二型，大孢子囊只含 1 个大孢子，小孢子囊含多数小孢子。

3 属约 60 种，大部分产于大洋洲、非洲南部及南美洲。生于浅水或湿地上。我国仅有 1 属 3 种。深圳有 1 属 1 种。

蘋属 Marsilea L.

浅水生蕨类。根状茎细长而横走，有背腹之分，分节，节上生根，向上长出单生或簇生的叶。叶二型，不育叶近生或远生，沉水时叶柄细长而柔弱，湿生时叶柄短而坚挺；叶片“十”字形，由 4 片倒三角形的小叶组成，着生于叶柄顶端，漂浮于水面或挺立；叶脉明显，从小叶基部呈放射状二叉分支，向叶边组成狭长网眼。孢子果圆形、椭圆形至肾形，外壁坚硬，开裂时呈两瓣，果瓣有平行脉；孢子囊线形，紧密排列成 2 行，着生于孢子果内囊群托上，成熟时孢子果开裂；每个孢子囊群内有少数大孢子囊（内只含 1 个大孢子）和多数小孢子囊（内含有多数小孢子）；孢子囊均无环带。大孢子卵圆形，周壁有紧密的细柱；小孢子近球形，具明显的周壁。

约 52 种，遍布世界各地，尤以大洋洲及南部非洲为最多。我国有 3 种。深圳有 1 种。

蘋 田字草 Papper Wort

Marsilea quadrifolia L. Sp. Pl. **2**：1099. 1753.

植株高 5~20cm。根状茎细长而横走，分枝，顶端被有淡棕色毛。茎分节，向上发出 1 至多数叶子。叶柄长 5~20cm；叶片由倒三角形的 4 小叶片组成，呈“十”字形，长、宽各 1~2.5cm，外缘半圆形，基部楔形，边缘全缘，幼时被毛，草质；叶脉基部向上呈放射状分叉，组成狭长网眼，伸向叶边，无内藏小脉。孢子果双生或单生于短柄上，果柄生于叶柄基部，长椭圆形，幼时被毛，褐色，木质。每个孢子果内含多数孢子囊，大、小孢子囊同生于孢子囊托上，一个大孢子囊内只有 1 个大孢子，而小孢子囊内有多数小孢子。

产地：南澳半天云（邢福武 11723，IBSC）。生于水田中。

分布：黑龙江、吉林、辽宁、内蒙古、河北、天津、北京、山西、山东、河南、陕西、宁夏、甘肃、青海、新疆、江苏、上海、浙江、江西、湖南、湖北、四川、重庆、贵州、云南、福建、广东、广西、海南、香港和澳门。日本、韩国和欧洲；北美有引种放养。

用途：生于水田或沟塘中，是水田中的有害杂草，可作饲料；全草入药，清热解毒，利水消肿，外用治疮痈、毒蛇咬伤。

图 46 彩片 67

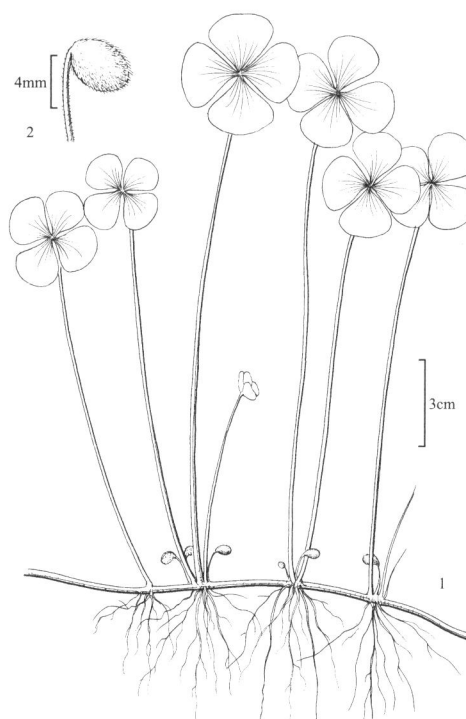

图 46 蘋 Marsilea guadrifolia
1.植株的一部分，示根、根状茎、孢子果和叶；2.孢子果。
（李志民绘）

11. 槐叶苹科 SALVINIACEAE

严岳鸿

小型漂浮草本。根状茎有根或无根，有原生中柱。不育叶为单叶，全缘或二深裂，叶无柄或具极短的柄；3 叶轮生，排成 3 列，其中 2 列漂浮于水面，为正常的叶片，长圆形，绿色，边缘全缘，被毛，上面密布乳头状凸起，具疏水作用，中脉略显；另 1 列叶特化为细裂的须根状，悬垂于水中，称沉水叶，起着根的作用，故又叫假根。孢子果簇生于沉水叶的基部，或沿沉水叶成对着生；孢子果有大、小两种，大孢子果体形较小，每个大孢子囊内只有 1 个大孢子，小孢子果体形大。

2 属约 17 种，广布于世界各大洲。我国有 2 属 4 种。深圳有 2 属 1 种 1 亚种。

1. 植物体无真根；3 叶轮生于细长的根状茎上，上面 2 叶漂浮于水面，下面 1 叶特化，细裂成须根状，悬垂于水中 ·················· 1. **槐叶苹属 Salvinia**
1. 植物体有丝线状真根；叶微小如鳞片，呈 2 列互生于根状茎上，每个叶片深裂而形成嘴裂片和腹裂片，背裂片漂浮于水面，腹裂片沉浸于水中 ·················· 2. **满江红属 Azolla**

1. 槐叶苹属 Salvinia Seguier

小型漂浮草本。根状茎横走，被毛，无真根。3 叶轮生，上面 2 叶漂浮于水面，边缘全缘有缘毛，被毛或上面有乳头状凸起，主脉明显；下面 1 叶特化，细裂成须根状，悬垂于水中，基部簇生孢子果。大孢子囊生于较小的孢子果内，小孢子囊生于较大的孢子果内。大孢子花瓶状，小孢子球形。

约 10 种，广布于世界各大洲，主产于美洲和热带地区。我国产 2 种。深圳有 1 种。

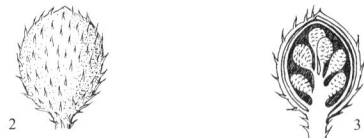

槐叶苹 Water Spangles　　　图 47　彩片 68
Salvinia natans（L.）All. Fl. Pedem. **2**：289. 1785.
Marsilea natans L. Sp. Pl. **2**：1099l 1753.

小型漂浮草本。根状茎细长而横走，被褐色带状毛。3 叶轮生，上面 2 叶漂浮于水面，长圆形或椭圆形，长 0.8~1.4cm，宽 5~8mm，两端钝圆或基部为心形，有短柄或近无柄，边缘全缘，叶脉斜出，在中脉两侧有小脉 15~20 对，每小脉上面有白色刚毛 5~8 束；叶草质，下面密被棕色绒毛，上面深绿色；下面 1 叶细裂成线状，被细毛，形如须根，悬垂于水中，起着根的作用。孢子果 4~8 个簇生于沉水叶的基部，表面有疏生成束的短毛，小孢子果表面淡黄色，大孢子果表面淡棕色。

产地：深圳近邻常见的水生植物，池沼、水田等处均有分布。

分布：广布于长江流域和华北、东北以及远至新疆的水田、沟塘和静水溪河内。日本、越南、泰国、欧洲和非洲。

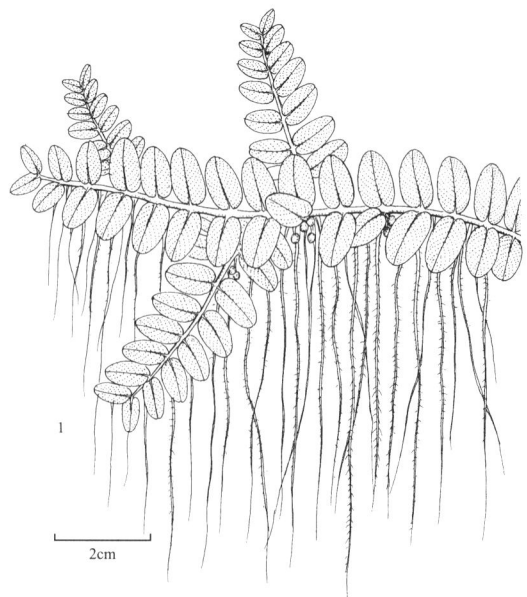

图 47 槐叶苹 Salvinia natans
1. 植株的一部分，示特化呈须根状的叶和漂浮于水面的叶以及孢子果；2. 孢子果；3. 孢子果纵切面。（李志民绘）

用途：全草可药用，煎服，可治虚劳发热，湿疹，外敷治丹毒、疔疮和烫伤。

2. 满江红属 **Azolla** Lam.

小型漂浮水生草本。根状茎细弱，绿色，侧枝腋生或腋外生，羽状分支，或假二歧分支，通常横卧漂浮于水面，或在水浅时呈莲座状生长，茎则挺立向上。叶无柄，呈 2 列互生于茎上，覆瓦状排列，每叶片深裂而形成背裂片和腹裂片，背裂片基部形成共生腔，腹裂片沉于水下；若植物体处于直立生长状态，则腹裂片向背裂片形态转化；叶片内的花青素由于外界温度的影响，会由绿色变为红色或黄色。孢子果有大、小两种，多为双生，少为 4 个簇生于茎的下面分枝处；大孢子果体积远比小孢子果小，位于小孢子果下面，长圆锥形，外面被果壁包裹着，内藏 1 个大孢子，顶部有帽状物覆盖，成熟时帽脱落；小孢子果体积是大孢子果的 4~6 倍，呈球形或桃状，顶部有喙状凸起，外壁薄而透明，内含多数小孢子囊。小孢子囊球形，有长柄，每个小孢子囊内有 64 个小孢子，分别着生在 5~8 个无色透明的泡胶块上，其上有各种形状的附属物。大、小孢子均为球形，三裂缝。

约 7 种，遍布全球。我国有 2 种。深圳有 1 亚种。

满江红 红苹 Mosquito Fern　　　　图 48　彩片 69

Azolla pinnata R. Br. subsp. **asiatica** R. M. K. Saunders & K. Fowler in Bot. J. Linn. Soc. **109**：349. 1992.

Azolla imbricata（Roxb.）Nakai in Bot. Mag. Tokyo **39**：185. 1925；广东植物志 7：323. 2006.

小型漂浮草本。植物体呈卵形或三角状。根状茎细长而横走，侧枝腋生，假二歧分枝，向下生须根。叶互生，无柄，覆瓦状排列成 2 行；叶片深裂分为背裂片和腹裂片两部分，背裂片长圆形或卵形，肉质，绿色，但在秋后常变为紫红色，边缘无色透明，上表面密被乳状瘤突，下表面中部略凹陷，基部肥厚形成共生腔，腹裂片贝壳状，无色透明，饰有淡紫红色，斜沉水中。孢子果双生于分叉处，大孢子果体积小，长卵形，顶部喙状，内藏 1 个大孢子囊，大孢子囊只产 1 个大孢子，大孢子囊内有 9 个浮嘌，分上下 2 排附生在孢子囊体上，上部 3 个较大，下部 6 个较小；小孢子果体积较大，球形或桃形，顶端有短喙，果壁薄而透明，内含多数具长柄的小孢子囊，每个小孢子囊内有 64 个小孢子，分别埋藏在 5~8 块无色海绵状的泡胶块上，泡胶块上有丝状毛。

图 48　满江红 Azolla pinnata subsp. asiatica
1. 植株；2. 植株放大；3. 大孢子果和小孢子果。（李志民绘）

产地：七娘山（邢福武 LIST，IBSC）。生于水田和静水沟塘中。

分布：辽宁、河北、山西、山东、河南、安徽、江苏、浙江、江西、湖南、湖北、四川、贵州、云南、福建、台湾、广东、香港、海南和广西。日本、韩国、菲律宾、越南、缅甸、泰国、马来西亚、印度尼西亚、印度、孟加拉国、巴基斯坦和斯里兰卡。

用途：本植物体和蓝藻共生，是优质的绿肥，又是很好的饲料；还可药用，能发汗、利尿、祛风湿、治顽癣。

12. 瘤足蕨科 PLAGIOGYRIACEAE

董仕勇　陈珍传

中型植物，土生。根状茎粗短而直立，具网状中柱，不具鳞片和真正的毛。叶二型；叶柄不以关节着生，基部膨大，横切面通常呈三角形，有1条"V"形维管束（有时分裂为3条），叶柄基部近轴面扁平，远轴面中部呈脊状隆起，脊的两侧各有1~2个或多个疣状凸起的气囊体；叶片一回羽状或羽裂深达叶轴，顶部羽裂或具一顶生分裂羽片，光滑无毛；叶脉分离，侧脉单一或分叉，通常在两面均明显；能育叶直立于植株的中央，具较长的柄，羽片强度收缩成线形。孢子囊群近叶边生，位于分叉叶脉的加厚小脉上，幼时分离，成熟后汇合成片，满布于羽片远轴面，幼时为膜质化的反卷叶边所覆盖，后被成熟的孢子囊群推开，有完整而斜升的环带。孢子球状四面体形，辐射对称，具三裂缝，表面有大小不等的颗粒状或瘤状纹饰。

1属约10种，产于东南亚及热带美洲，以中国为分布中心。我国有8种。深圳有2种。

瘤足蕨属 Plagiogyria（Kuntze）Mett.

属的特征和地理分布与科相同。

1. 不育叶羽状深裂至一回羽状；基部1-6对羽片分离，基部羽片平展而不反折；叶柄和叶轴远轴面扁平或二棱形 ···1. 瘤足蕨 **P. adnata**
1. 不育叶羽状深裂，无分离羽片；叶片基部1-2对裂片强度反折；叶柄和叶轴远轴面呈锐龙骨状凸起 ··········· ··· 2. 镰羽瘤足蕨 **P. falcata**

1. 瘤足蕨 Adnate Plagiogyria　图49　彩片70　71
Plagiogyria adnata（Blume）Bedd. Ferns Brit. India，pl. 51. 1865.

Lomaria adnata Blume，Enum. Pl. Javae **2**：205. 1828.

根状茎直立。叶簇生，二型，不育叶生于外周，能育叶生于中央；不育叶的柄长约20cm，灰棕色，叶柄及叶轴远轴面扁平或二棱形；叶片长25~30cm，宽8~10cm，羽状深裂至基部为一回羽状，向顶部为深羽裂的渐尖头，基部1~6对羽片分离；羽片或裂片12~15对，平展而不反折，互生或下部3~5对对生，彼此以2~5mm的间隔分开，披针形，渐尖头，长5~6cm，宽1~1.2cm，中部以上的羽片基部与叶轴合生，中下部分离羽片的上侧基部贴生于叶轴并上延，下侧圆形，分离，基部的羽片不缩短也不向下反折，边缘全缘，仅向顶部有尖锯齿；叶脉斜出，二叉，在两面明显；叶片为纸质，干后棕绿色；能育叶较高，柄长约35cm，叶片长约20cm，羽片长8~10cm，线形，有短柄，急尖头。孢子囊生于羽片远轴面，靠近叶边，成熟时满布于羽片远轴面。

产地：梧桐山（张寿洲等1145）。生于林下，海拔

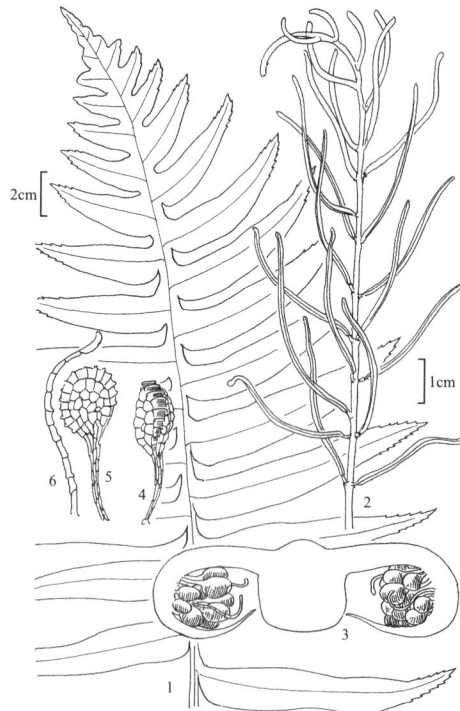

图 49 瘤足蕨 Plagiogyria adnata
1. 不育叶的中上部；2. 能育叶片；3. 能育羽片横切面放大，示孢子囊群着生位置；4.孢子囊，示斜升的环带；5.孢子囊；6.隔丝。（马平绘）

300~600m。

分布:广东、海南、广西、湖南、江西、福建、台湾、浙江、安徽、湖北、四川、贵州和云南。印度、缅甸、越南、泰国、马来西亚、菲律宾和印度尼西亚。

2. 镰羽瘤足蕨 华南瘤足蕨 狭叶瘤足蕨 倒叶瘤足蕨
Falcate Plagiogyria 图 50
Plagiogyria falcata Copel. in Philipp. J. Sci. **2**(2):133，f. 1B. 1907.

Plagiogyria angustipinna Ching in Acta Phytotax. Sin. **7**:126，pl. 40，f. 1. 1958；海南植物志 **1**:24. 1964.

Plagiogyria tenuifolia Copel. in Philipp. J. Sci. **3**(5):281. 1908；香港植物志蕨类植物门 57，图版 **7**:1-2，彩图 12. 2003；广东植物志 **7**:45，图 19. 2006.

根状茎直立。叶簇生，二型，不育叶生于外周，能育叶生于中央；不育叶的柄长 15~25cm，灰棕色，叶柄及叶轴远轴面呈锐龙骨状凸起；叶片长 30~40cm，宽 8~12cm，羽状深裂，向顶部为深羽裂的渐尖头，无分离羽片；裂片 30~35 对，平展，互生或下部 3~5 对对生，彼此以 0.5~1cm 的间隔分开，披针形，渐尖头，长 4~7cm，宽 6~9mm，基部与叶轴合生，并上延，下侧深裂几达叶轴，基部 1~2 对裂片略缩短并向下强度反折，边缘全缘，仅向顶部有尖锯齿；叶脉斜出，二叉，在两面明显。叶片为纸质，干后棕绿色；能育叶较高，柄长 50~60cm；叶片长约 30cm，一回羽状；羽片长 4~5cm，线形，无柄。孢子囊生于羽片远轴面，靠近叶边，成熟时满布于羽片远轴面。

产地:七娘山(张寿洲等 1946)、梧桐山。生于林下，海拔 400~700m。

分布:安徽、浙江、江西、湖南、福建、台湾、广东、香港、海南、广西和贵州。菲律宾。

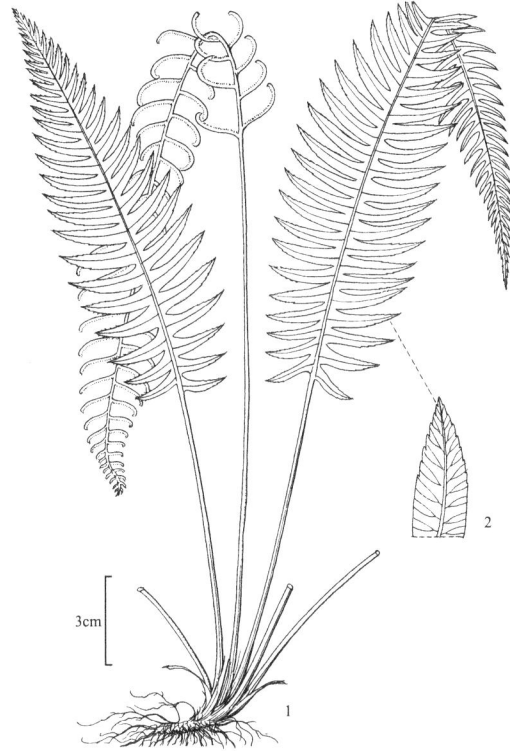

图 50 镰羽瘤足蕨 Plagiogyria falcata
1. 植株，示根、根状茎、不育叶和能育叶；2. 裂片的上部放大，示下面的叶脉和边缘近先端的锯齿。(李志民绘)

13. 金毛狗蕨科 CIBOTIACEAE

董仕勇　陈珍传

中大型灌丛状或树状蕨类植物，土生。根状茎粗大，平卧、斜升或直立（高可达 6m），具管状或网状中柱，密被黄色长柔毛。叶一型，通常长 2~4m；叶柄基部无关节，内有 3 条波状维管束排列为"Ω"形，基部被黄色柔毛；叶片大，二回至多回羽状；叶脉分离，单一、分叉至羽状分枝。孢子囊群生于叶边，顶生于小脉上；囊群盖两瓣状，革质，形如蚌壳。孢子球状四面体形，辐射对称，具三裂缝，通常外壁沿赤道加厚，形成赤道环，在远极面，外壁形成宽而不规则的块状加厚和隆起，并组成三角形。

1 属约 11 种，分布于日本南部、中国南部、东南亚、印度、夏威夷、中美洲及太平洋岛屿。我国有 2 种。深圳有 1 种。

鉴于传统上使用的蚌壳蕨科 Dicksoniaceae 不是一个单系类群（Korall et al.，2006），A. R. Smith 等（2006）把蚌壳蕨科下的金毛狗蕨亚科 subfam. Cibotioideae Nayar 提升为科级分类群。

金毛狗蕨属 Cibotium Kaulf.

属的特征和地理分布同科。

金毛狗蕨 鲸口蕨 黄狗头 Lamb of Tartary

图 51 彩片 72 73 74

Cibotium barometz(L.)J. Sm. in London J. Bot. **1**: 437. 1842.

Polypodium barometz L. Sp. Pl. **2**: 1092. 1753.

根状茎粗壮，横卧，密被金黄色长柔毛。叶长达 2m 或更长，丛生；叶柄坚硬，长稍短于叶片，基部粗 1~2cm，密被金黄色长柔毛，向上光滑，绿色，干后灰棕色；叶片三角状卵形，长 1~1.5(~2)m，二回羽状—小羽片羽状深裂；羽片 10~15 对，互生或基部两对近对生，斜展，有柄（基部羽片柄长 4~5cm），阔披针形，下部羽片较大，长 60~80cm，宽 20~30cm；小羽片 20~30 对，互生，平展或略斜向上，线状披针形，长 10~15cm，宽 1.5~2cm，长渐尖头，深羽裂几达中脉（小羽轴），裂片 18~25 对，互生，略斜向上，镰状披针形，长 0.8~1cm，宽 2.5~3mm，先端圆头或钝尖，边缘有浅锯齿；叶脉明显，隆起，小脉单一或二叉；叶厚纸质或近革质，近轴面深绿色，远轴面灰白色或灰绿色，无毛；羽轴及小羽轴两面凸起，无毛。孢子囊群生于裂片下部叶缘，裂片先端不育，每裂片有 3~5 对；囊群盖两瓣状，坚硬，棕褐色，成熟时张开，形如蚌壳。

产地：南澳（邢福武等 10830，IBSC）、排牙山（张寿洲等 5575）、梧桐山（深圳队 898）。生于山地林下，

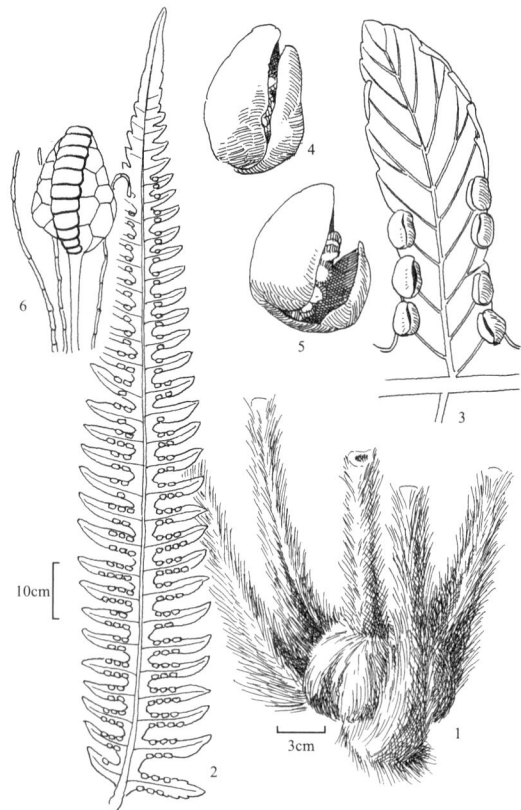

图 51 金毛狗蕨 Cibotium barometz
1. 根状茎；2. 羽片；3. 小羽片，示下面叶脉及生于边缘的囊群盖及孢子囊群；4~5. 裂开的囊群盖及其内的孢子囊群；6. 孢子囊及隔丝。（马平绘）

海拔 200~450m。

分布：长江以南大部分地区以及台湾。印度、缅甸、越南、泰国、马来西亚、印度尼西亚和日本。

用途：根状茎供药用，可作强壮剂，民间常与狗脊混用；其根状茎上的黄毛民间常用作止血剂；根状茎富含淀粉。

14. 桫椤科 CYATHEACEAE

董仕勇   陈珍传

中型至大型树状蕨类植物，乔木状或灌木状。土生。通常有地上主干，少数种类具短而平卧的地下根状茎；地上主干通常粗壮，圆柱状，高耸，直立，不分枝或偶有分枝，被鳞片，有复杂的网状中柱，茎干表面常密被铁丝状错综交织的根，叶柄基部宿存或迟早脱落而残留叶痕于茎干上；叶一型或偶见二型，簇生于茎干顶端，成辐射状树冠；叶柄基部无关节，被鳞片；叶片一至四回羽状，被多细胞的毛或具毛及鳞片；叶脉分离，单一或分叉，少有部分叶脉连接。孢子囊群圆形，背生于隆起的囊托上，有盖或无盖；囊群盖下位（被压于孢子囊群之下），形体不一，圆球形，顶端开口成杯状，或仅着生于孢子囊群的靠近裂片主脉的一侧，或为鳞片状而被孢子囊群覆盖，孢子囊长梨形，有斜行环带。孢子球状四面体形，辐射对称，具三裂缝，表面平滑而有穿孔，或具刺状、颗粒状、粗瘤状、褶片状、绳索状纹饰。

4 属约 600 种，分布于全球热带及亚热带地区，有些南半球的种类向南达温带甚至寒带。我国有 2 属 14 种。深圳有 2 属 4 种。

1. 叶脉分叉；每孢子囊有 16 个孢子 ·· 1. 桫椤属 Alsophila
1. 叶脉通常单一，少有分叉；每孢子囊有 64 个孢子 ······························ 2. 黑桫椤属 Gymnosphaera

1. 桫椤属 Alsophila R. Br.

乔木状或灌木状。主茎直立，偶有平卧，先端被鳞片。叶大型，叶柄为禾秆色、棕色或栗色，从不为乌木色，通常有刺及疣状凸起，鳞片结构不均一，中央部分的细胞排列致密，由厚壁细胞组成，边缘部分的细胞排列疏松，由较短的薄壁细胞组成，薄而脆，往往易被擦落而呈啮蚀状；叶片二回羽状，或二回羽状一小羽状羽状深裂，各回羽轴的远轴面被鳞片或被棕色、贴伏、卷曲的毛；叶脉分离，小脉二至三叉。孢子囊群圆形，生于小脉中部或近基部，有囊群盖；囊群盖半杯形至圆球形，全部或部分包被孢子囊群，或囊群盖为鳞片状且只出现于孢子囊群下面靠近裂片中脉的一侧，被覆盖于孢子囊群之下；孢子囊群中间夹杂有丝状隔丝；孢子囊柄短，通常有 4 行细胞，环带斜行；每个孢子囊内有 16 个孢子。孢子表面平滑或具刺状、褶片状纹饰。

约 210 种，产于热带潮湿地区，主要分布于亚洲至大洋洲的热带地区。我国有 5 种，产于西南、华南及福建、台湾。深圳有 1 种。

桫椤 刺桫椤 Spiny Tree-fern   图 52 彩片 75 76
Alsophila spinulosa（Wall ex Hook.）R. M. Tryon in Contr. Gray Herb. **200**：32. 1970.

Cyathea spinulosa Wall. ex Hook. Sp. Fil. **1**：25，pl. 12. 1844.

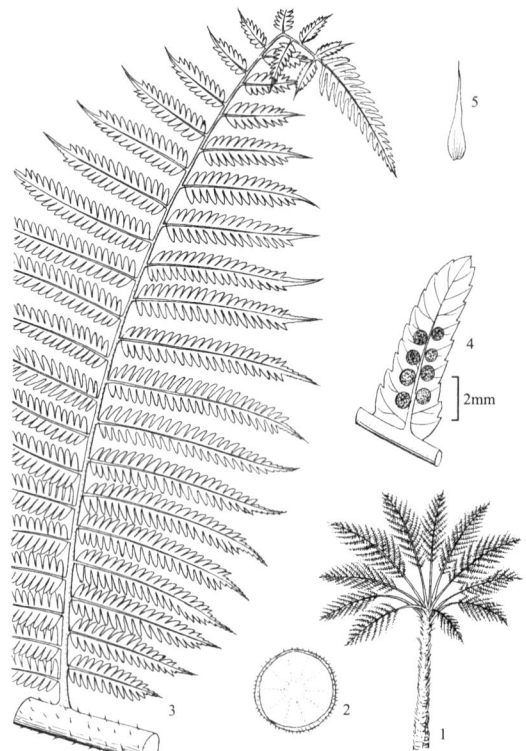

图 52 桫椤 Alsophila spinulosa
1. 植株；2. 茎的横切面；3. 羽片；4. 裂片，示下面的叶脉及孢子囊群；5. 叶柄上的鳞片。（李志民绘）

植株高可达 4~5m，直立主干粗达 10cm，上部残留有叶柄基部。叶簇生于茎干顶部，辐射状排列为伞形树冠；叶柄粗壮，长 30~40cm，基部粗约 2cm 并为深栗色，密被栗色披针形鳞片，连同叶轴及羽轴基部生有坚硬皮刺；叶片大，长达 2~3m，阔椭圆形，二回羽状—小羽片羽状深裂，下部羽片缩短，先端羽裂渐尖；羽片互生，中部羽片最长，长 40~50cm，宽 15~20cm，基部羽片有 2~3cm 长的短柄，中部以上羽片的柄短或近无柄，有小羽片 15~20 对；小羽片互生，线状披针形，中部的长 7~10cm，基部宽 1~2cm，尾尖头，基部圆楔形或近截形，无柄或略具短柄，羽裂几达小羽轴；裂片 15~20 对，互生，宽 2.5~3mm，镰状披针形，短尖头，边缘有疏锯齿；叶脉可见，每裂片有小脉 8~12 对，小脉通常二叉，基部下侧 1 脉出自主脉基部，上侧 1 脉出自主脉基部稍上处；叶纸质，近轴面沿羽轴及小羽轴疏生棕色的节状毛，羽轴远轴面无毛而有疏刺，小羽轴及主脉远轴面被卵形膜质小鳞片。孢子囊群圆形，生于小脉分叉点上隆起的囊托上，在中脉两侧各有 1 列并紧靠裂片主脉；囊群盖圆球形，膜质，幼时包被孢子囊群，成熟时顶部开裂，被压于囊群之下或散落。

产地：田心山（张寿洲等 4698）、三洲田（深圳队 665）、塘朗山（张寿洲等 0919）。生于山地林下沟边，海拔 5~400m。

分布：广东、香港、海南、澳门、广西、台湾、福建、贵州、云南、四川和西藏。印度、不丹、孟加拉国、缅甸、越南、柬埔寨、泰国和日本。

2. 黑桫椤属 **Gymnosphaera** Blume

通常为中型树蕨。茎干粗壮，直立，先端被棕色鳞片。叶大型，叶柄暗栗色或乌木色，基部或叶柄全长被鳞片，鳞片结构不均一，中央部分暗棕色，细胞排列致密，边缘颜色较浅，细胞排列疏松呈啮蚀状；叶片通常为二回羽状，很少为一回羽状或三回羽状，各回羽轴的远轴面通常被鳞片，很少被毛；叶脉分离（偶有基部 1 对小脉靠合或连接），小脉通常单一，少有二叉。孢子囊群圆形，生于小脉中部或近基部，无囊群盖或囊群盖偶见；孢子囊群中间夹杂有各式的隔丝；孢子囊有短柄，环带斜行；每个孢子囊内产生 64 个孢子；孢子表面平滑或有刺状纹饰。

约 40 余种，泛热带分布，主产于亚洲热带及亚热带地区。我国约有 8 种，产于华南及西南。深圳有 3 种。

1. 小羽片通常边缘近全缘或有粗锯齿
   ⋯⋯⋯ **1. 黑桫椤 G. podophylla**
1. 小羽片羽状半裂至全裂。
   2. 小羽片半裂至深裂，末回裂片宽 3~4mm；小羽轴远轴面的基部被披针形鳞片，向远端变为针状毛 ⋯⋯⋯
      ⋯⋯⋯⋯⋯⋯⋯⋯⋯⋯⋯⋯⋯⋯⋯⋯⋯⋯⋯⋯⋯⋯⋯⋯⋯⋯⋯⋯⋯⋯⋯⋯⋯ **2. 小黑桫椤 G. metteniana**
   2. 中下部羽片的小羽片全裂，末回裂片或小羽片宽 2~3mm；小羽轴远轴面被泡状鳞片，无针状毛 ⋯⋯⋯⋯
      ⋯⋯⋯⋯⋯⋯⋯⋯⋯⋯⋯⋯⋯⋯⋯⋯⋯⋯⋯⋯⋯⋯⋯⋯⋯⋯⋯⋯⋯⋯⋯ **3. 细齿黑桫椤 G. denticulata**

1. 黑桫椤 柄叶树蕨 Black Tree-fern   图 53　彩片 77　78

Gymnosphaera podophylla（Hook.）Copel. Gen. Fil. 98. 1947.

Cyathea podophylla（Hook.）Copel. in Philipp. J. Sci. **4**（1）：33. 1909；海南植物志 **1**：137，图 62. 1964.

植株灌木状，高约 1~2m。直立主干短，通常高不过 50cm。叶簇生于茎干顶部；叶柄长 40~100cm，基部粗 0.4~2cm，暗红色或栗色，基部被栗色披针形鳞片，无刺或略有短刺；叶片大，长达 1~2m，阔椭圆形，二回羽状，下部羽片缩短，先端羽裂渐尖；羽片互生，中部羽片最长，长 40~50cm，宽约 15cm，基部羽片有 3~6cm 长的柄，中部以上羽片的柄较短，有小羽片 15~23 对；小羽片互生，线状披针形，中部的长 7~9cm，基部宽 1~1.5cm，尾尖头，基部截形或略为浅心形，无柄或下部的略具短柄，边缘近全缘至有粗锯齿；叶脉在两面清晰可见，每裂片（或每组叶脉）有小脉 3~5 对，小脉单一，基部下侧 1 脉出自主脉基部，上侧 1 脉出自主脉基部以上，相邻两组叶脉的基部 2 小脉常在近叶缘处连接；叶片纸质，近轴面沿羽轴及小羽轴生棕色短毛，羽轴远轴面无毛也无刺，小羽轴及主脉远轴面被少数披针形小鳞片。孢子囊群圆形，生于小脉中部或有时生于小脉下部或基部，在主脉两侧各有 1 列，中生或靠近裂片主脉；不具囊群盖。

产地：七娘山（邢福武等 12346，IBSC）、三洲田（深圳植物志采集队 013289）、梅沙尖（张寿洲等 4950）。生于林下，海拔 400~500m。

分布：广东、香港、澳门、广西、台湾、福建、浙江、贵州和云南。越南、老挝、柬埔寨、泰国，以及琉球群岛。

2. 小黑桫椤 Small Black Tree-fern

图 54　彩片 79　80

Gymnosphaera metteniana（Hance）Tagawa in Acta Phytotax. Geobot. **14**（3）：94. 1951.

Alsophila metteniana Hance in J. Bot. **6**：175. 1868.

植株灌木状，高 1.5~2m。直立主干短。叶簇生于茎干顶部；叶柄长 0.6~1m，基部粗约 1~2cm，暗褐色或深栗色，基部密被暗棕色披针形鳞片，通常无刺；叶片大，长达 1~2m，椭圆形，二回羽状—小羽片羽状半裂至深裂，下部羽片通常明显缩短，先端羽裂渐尖；羽片互生，中部羽片最长，长 50~70cm，宽 15~25cm，基部羽片有 3~5cm 长的柄，中部以上羽片的柄较短，有小羽片 20~25 对；小羽片互生，披针形，中部的长 9~12cm，基部宽 1.5~2.3cm，渐尖头，基部阔楔形，无柄或下部的略具短柄，羽状半裂至深裂，裂片 12~15 对，互生，末端裂片宽 3~4mm，略近镰状，先端钝或急尖，边缘全缘或略有浅圆齿；叶脉近轴面可见而远轴面明显，每裂片有小脉 5~7 对，小脉单一，基部下侧 1 脉出自中脉基部或基部以上，上侧 1 脉出自中脉基部以上，相邻裂片的基部 2 小脉伸达缺刻以上的叶边；叶片纸质，各回羽轴近轴面密生暗棕色针毛，小羽轴远轴面的基部被少数披针形小鳞片，向远端有淡棕色或白色针状毛。孢子囊群圆形，生于小脉中部，在主脉两侧各有 1 列，中生；不具囊群盖。

产地：梧桐山（陈珍传 009754）、羊台山（深圳植物志考察队 013730）。生于山谷林下，海拔 360~600m。

分布：广东、湖南、江西、台湾、福建、贵州、重庆、四川及云南。日本南部。

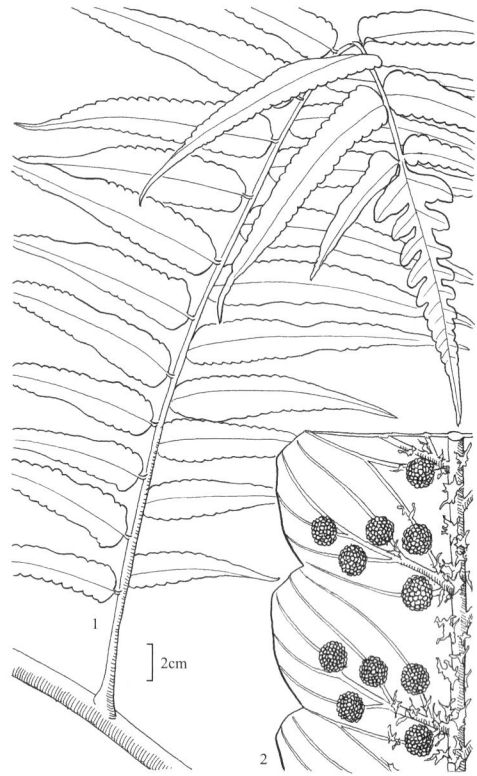

图 53 黑桫椤 Gymnosphaera podophylla
1. 羽片；2. 小羽片的一部分，示下面的叶脉、主脉上的鳞片及孢子囊群。（马平绘）

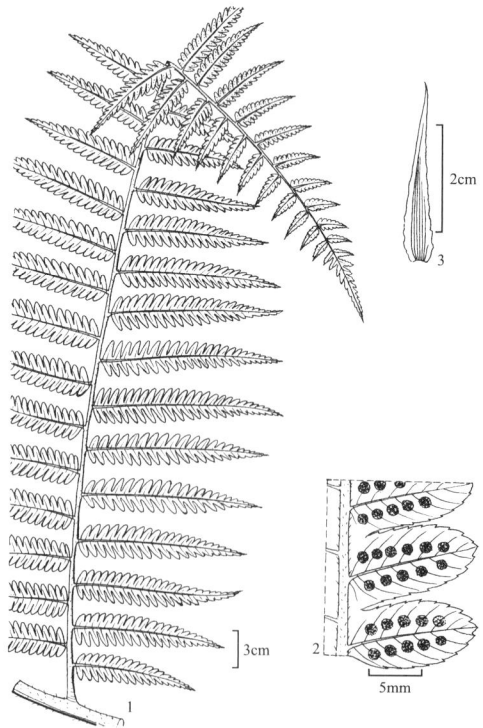

图 54 小黑桫椤 Gymnosphaera metteniana
1. 羽片；2. 小羽片的一部分，示裂片下面的叶脉及孢子囊群；3. 根状茎及叶柄上的鳞片。（李志民绘）

3. 细齿黑桫椤 粗齿桫椤 Toothed Black Tree-fern
图 55

Gymnosphaera denticulata(Baker)Copel. Gen.
Fil. 98. 1947.

Alsophila denticulata Baker in J. Bot. **23**：102.
1885.

Gymnosphaera hancockii(Copel.)Ching ex L. K.
Lingin in Fl. Fujianica **1**：179. 1982；香港植物志蕨类
植物门 107. 2003；广东植物志 **7**：77，图39. 2006.

植株灌木状，高约 1~2m，直立主干短，高不过
1m。叶簇生于茎干顶部；叶柄长 50~70cm，基部粗约
0.5~1cm，暗红棕色，基部被暗棕色披针形鳞片，无
刺；叶片较小，长约 60cm，三角形，二回羽状-小羽
片羽状深裂，下部羽片不缩短或稍缩短，先端羽裂渐
尖；羽片互生，基部羽片或基部第二对羽片最长，长
20~25cm，宽 7~8cm，基部羽片有 1~3cm 长的柄，中
部以上羽片的柄较短，有小羽片 17~20 对；小羽片互
生，披针形，中部的长 4~5cm，基部宽 1~1.5cm，渐
尖头，基部阔楔形，无柄或下部的略具短柄，一回羽
状深裂，中下部羽片的小羽片全裂；裂片 8~10 对，互
生，末端裂片或小羽片宽 2~3mm，略近镰状，先端钝，
边缘有浅齿；叶脉近轴面可见而远轴面明显，每裂片
有小脉 5~6 对，小脉单一或有时二叉，基部下侧 1 脉
出自中脉基部以上，相邻裂片的基部 2 小脉远达缺刻
以上的叶边；叶片纸质，羽轴近轴面密生暗棕色针状毛，小羽轴远轴面被多少呈泡状的鳞片，无针状毛。孢子
囊群圆形，生于小脉中部，在主脉两侧各有 1 列，中生；不具囊群盖。

产地：梧桐山（张寿洲等 011858）。生于山谷林下，海拔 200~500m。

分布：浙江、湖南、江西、福建、台湾、广东、香港、海南、广西、贵州、云南、重庆和四川。日本南部。

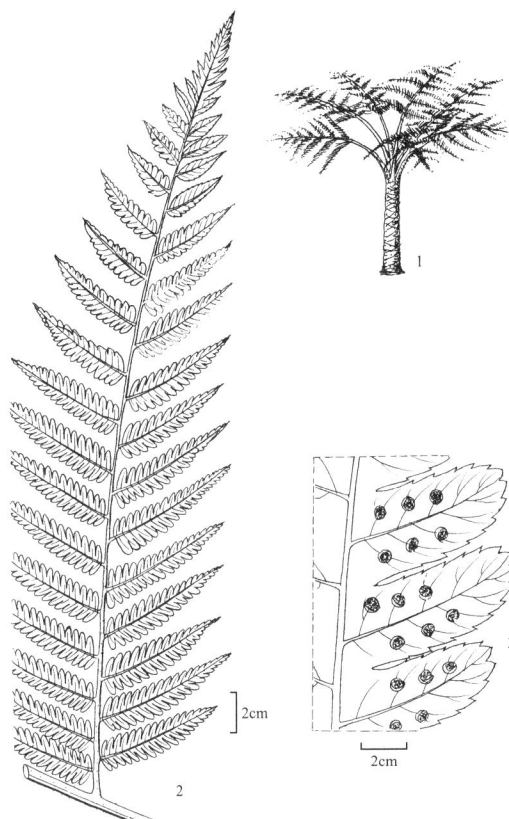

图 55 细齿黑桫椤 Gymnosphaera denticulata
1. 植株；2. 羽片；3. 小羽片的一部分放大，示裂片下面的
叶脉及孢子囊群。（李志民绘）

15. 鳞始蕨科　LINDSAEACEAE

董仕勇　陈珍传

中小型草本植物，土生，少有附生。根状茎短而直立，或长而蔓生，具原生中柱，有鳞始蕨型的鳞片（由2~4 行大而有厚壁的细胞组成，或基部为鳞片状、上部变为长针毛状的鳞片）。叶一型；叶柄基部无关节，内有1 条或2 条维管束；叶片一至四回羽状，草质，光滑无毛；叶脉分离，或很少为稀疏的网状，网眼不具内藏小脉。孢子囊群为短线形或长线形，少数杯形，靠近叶缘，着生于2 至多数小脉顶部的结合线上，或为圆形，单独生于一小脉顶端，位于叶边或边内；囊群盖2 层，内层膜质，以基部着生或有时两侧也部分附着，向外开口，外层为绿色的叶边，少有变化；孢子囊为水龙骨型，柄长而纤细，有3 行细胞。孢子绝大多数为四面体球形，辐射对称，具三裂缝，也有少数为椭圆球形，两侧对称，具单裂缝，表面有颗粒状、曲折小棒状纹饰或近平滑。

5 属约200 种，分布于全世界热带及亚热带各地。我国有3 属17 种。深圳有2 属6 种。

1　叶片通常为一至二回羽状；囊群盖线形、横椭圆形或圆形，仅以基部着生于 叶片上；孢子囊群通常生于2 或更多小脉末端 ···1. 鳞始蕨属 Lindsaea
1　叶片为二至三回羽状；囊群盖杯形、半杯形或卵形，以基部及两侧的下部着生于叶片上；孢子囊群位于1~3 小脉末端 ··· 2. 乌蕨属 Odontosoria

1. 鳞始蕨属 Lindsaea Dryand. ex Sm.

土生或附生。根状茎短或长而横走，顶部被钻状鳞片，或被针状毛，或兼有鳞片和毛。叶近生或远生；叶柄禾秆色至栗色，近轴面有狭纵沟，光滑无毛；叶片为一回或二回羽状，先端羽裂渐尖，很少有顶生羽片，草质至纸质；末回小羽片或裂片通常为对开式，近圆形或扇形；叶脉分离，少有连接，连接叶脉内不具内藏小脉。孢子囊群边生或近边生（生于叶片边缘或靠近边缘），连接2 至更多小脉的末端而呈线形，或顶生于1 小脉上而呈圆形；囊群盖线形、横椭圆形或圆形，仅以基部着生于叶片上，向叶边开口；孢子囊有细柄，环带直立（纵行），由9~17 个增厚细胞构成。孢子通常为球状四面体形，具三裂缝，很少为椭圆球形，具单裂缝，孢子表面具颗粒状、曲折小棒状纹饰或近平滑。

约200 种，泛热带分布。我国有13 种，分布于长江流域及以南地区。深圳有4 种。

1. 叶脉分离；羽片或小羽片为对开式楔形或阔楔形，无主脉；孢子囊群间断或连续。
  2. 孢子囊群在小羽片上连续不断；叶通常为一回羽状，很少为二回羽状；末回羽片通常为团扇形、圆形或钟方形 ···1. 团叶鳞始蕨 L. orbiculata
  2. 孢子囊群在小羽片上间断；叶为二回羽状；末回羽片近长方形 ······················· 2. 钱氏鳞始蕨 L. chienii
1. 叶脉部分连接；羽片或小羽片为狭披针形，有主脉；孢子囊群连续。
  3. 叶一回羽状，有顶生羽片 ···3. 剑叶鳞始蕨 L. ensifolia
  3. 叶一回或二回羽状，无顶生羽片（顶部羽裂渐尖） ····························4. 异叶鳞始蕨 L. heterophylla

1.　团叶鳞始蕨 团叶陵齿蕨 金钱草 Orbicular Lindsaea　　　　　　图 56　彩片 81
  Lindsaea orbiculata（Lam.）Mett. & Kuhn in Ann. Mus. Bot. Lugd. Bat. **4**：279. 1869.
  Adiantum orbiculatum Lam. Encycl. **1**：41. 1873.
  Lindsaea hainanensis Ching in Bull. Fan Mem. Inst. Biol.，n.s. **1**：298. 1949；in Acta Phytotax. Sin. **8**（2）：141，t. 19，f. 16. 1959；海南植物志 **1**：54. 1964；广东植物志 **7**：87. 2006.
  根状茎短而横走，疏被狭鳞片；鳞片栗色，基部2~4 个细胞宽，先端针形，伏贴或伸展。叶长约50cm，近生；

叶柄长 10~35cm，四棱形，栗色；叶片大小通常为长
9~25cm，宽 1.5~3（~15）cm，一回或二回羽状；一回
羽状叶条形，有 10~22 对侧生羽片；侧生羽片为对开
式，斜方形、扇形或近圆形，能育羽片的上边缘全缘
或撕裂状，不育羽片的上缘有锯齿，无柄或略具短柄；
二回羽状叶三角状披针形，顶生羽片之下有 1~5 对侧
生羽片；侧生羽片的小羽片 1~9 对，形状与一回羽状
叶的羽片形状相同；叶脉明显，分离，无主脉；叶片
草质至纸质。孢子囊群生于裂片边缘，通常连接所有
小脉先端，线形；囊群盖线形，连续或很少断裂，边
缘有齿牙。孢子四面体球形，三裂缝。

产地：七娘山（邢福武等 10696，IBSC）、笔架山
（张寿洲等 SCAUF763）、梧桐山（李沛琼 800）。各地
常见，生于山谷林下，海拔 100~800m。

分布：湖南、福建、台湾、广东、香港、澳门、海南、
广西、贵州和云南。亚洲热带地区，北达日本南部。

2. 钱氏鳞始蕨 Chien Lindsaea　　　图 57

Lindsaea chienii Ching in Sinensia **1**：4. 1929.

根状茎短而横走，疏被狭鳞片；鳞片红棕色，基
部 2~4 个细胞宽，先端针形，伏贴。叶长约 40cm，
近生或远生；叶柄长约 20cm，四棱形或基部近圆筒
形，栗色，或基部栗色上部棕色至禾秆色；叶片长
10~18cm，宽 5~12cm，二回羽状或很少在基部为三回
羽状，卵形或三角状卵形，先端羽裂渐尖或突然狭缩
呈尾状，基部圆形或阔楔形；侧生羽片 4~6 对，条形，
无柄或基部羽片有短柄，一回羽状；小羽片 6~13 对，
对开式，斜方形或楔形，末端羽片近长方形，上缘浅
裂至小羽片宽度的 1/3，或较小的楔形，裂片的上缘
有时全缘，外缘通常直而不为弧形；叶脉在两面可见，
分离，连接 2~4 条小脉末端，线形或矩圆形，被缺刻
间断；叶片草质至纸质。囊群盖线形或矩圆形，间断。
孢子四面体球形，三裂缝。

产地：梧桐山（张寿洲等 1457）。生于山地林下，
海拔 400~600m。

分布：广东、海南、广西和台湾。日本南部、泰
国和越南。

3. 剑叶鳞始蕨 双唇蕨 Sword-leaved Lindsaea
　　　　　　　　　　　　图 58　彩片 82　83

Lindsaea ensifolia Sw. in J. Bot.（Schrader）**1800**
（2）：77. 1801.

Schizoloma ensifolium（Sw.）J. Sm. in J. Bot.（Hooker）

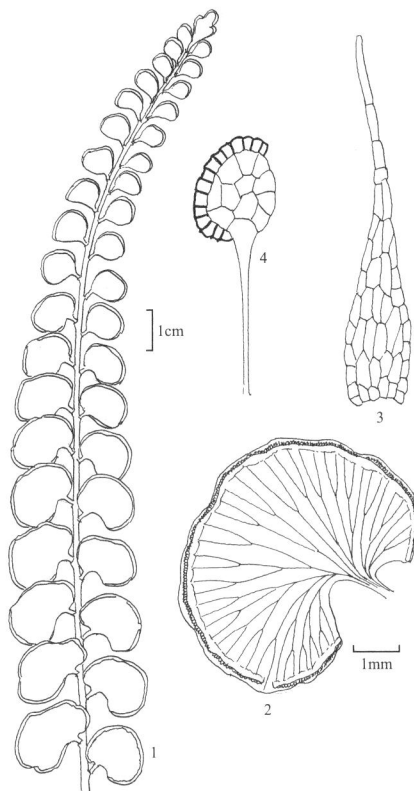

图 56 团叶鳞始蕨 Lindsaea orbiculata
1. 叶片；2. 能育羽片放大，示下面的叶脉及边缘的孢子囊
群；3. 根状茎上的鳞片；4. 孢子囊。（马平绘）

图 57 钱氏鳞始蕨 Lindsaea chienii
1. 叶片；2. 小羽片，示下面叶脉及生于裂片上缘的孢子囊
群及囊群盖。（马平绘）

3：414. 1841；中国植物志 **2**：273，图版 **23**：1-6. 1959.

根状茎长而横走，密被狭鳞片；鳞片红棕色，基部 2~6 个细胞宽，先端针形，伏贴。叶长约 40cm，近生或远生；叶柄长约 20cm，四棱形，栗色；叶片长 15~20cm，宽约 20cm，长圆形，一回羽状，先端具一顶生羽片，顶生羽片与侧生羽片同形，侧生羽片狭披针形，2~6 对，基部近对生，向上的互生，有短柄，先端渐尖，基部阔楔形，边缘近全缘或不育羽片有浅锯齿；叶脉在两面可见，部分连接，沿羽轴两侧有一行不规则的网眼，网眼外的叶脉分离，有主脉；叶片草质至纸质。孢子囊群生于裂片边缘，顶生于小脉先端，线形，连续；囊群盖线形，全缘。孢子四面体球形，三裂缝。

产地：大鹏（张寿洲等 3322）、三洲田（深圳队 98）、内伶仃岛（张寿洲等 3796）。各地常见，生于林下或荒坡灌丛中，海拔 50~600m。

分布：台湾、广东、香港、澳门、海南、广西和云南。热带亚洲、大洋洲及非洲，北达日本。

4. 异叶鳞始蕨 异叶双唇蕨 异叶林蕨 Different-leaved Lindsaea 图 59 彩片 84 85

Lindsaea heterophylla Dryand. in Trans. Linn. Soc. London **3**：41，pl. 8. 1797.

根状茎短而横走，密被狭鳞片；鳞片棕色至栗色，基部 2~6 个细胞宽，先端针形，伏贴或伸展。叶长 30~40cm，近生；叶柄长 15~25cm，基部近圆筒形，向上为四棱形，栗色；叶片长 15~30cm，宽 6~20cm，披针形或卵状三角形，一回羽状或有时在基部为二回羽状，中上部至先端的羽片逐渐变短，无顶生羽片（叶片顶部羽裂渐尖）；羽片形状变化较大，卵形、斜方形、扇形或三角状披针形，10~25 对，基部近对生，向上的互生，通常无柄，先端钝或渐尖，基部阔楔形，边缘近全缘或浅锯齿；叶脉可见，不规则网状或上部羽片的叶脉通常分离，沿羽轴两侧有 1 行不规则的网眼，网眼外的小脉分离；叶片草质。孢子囊群生于裂片边缘，顶生于小脉先端，线形，连续或很少间断；囊群盖线形，全缘。孢子四面体球形，三裂缝。

产地：七娘山（张寿洲等 SCAUF956）、笔架山（李沛琼 1840）、仙湖植物园（张宪春等 011167）。各地常见，生于山坡林下或路边，海拔 10~500m。

分布：福建、台湾、广东、香港、澳门、海南、广西和云南。亚洲热带地区和非洲（马达加斯加），北达日本南部。

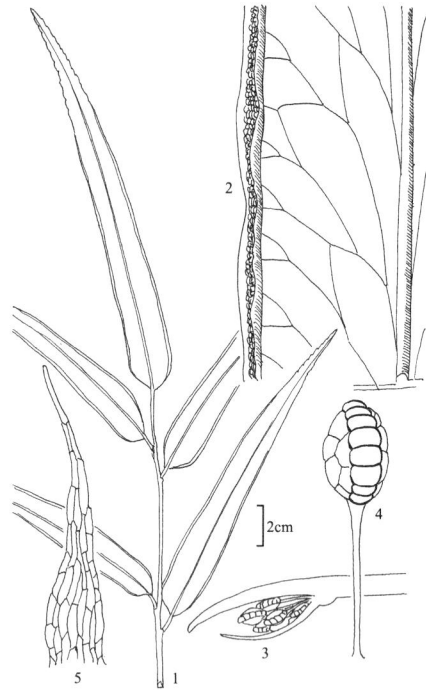

图 58 剑叶鳞始蕨 Lindsaea ensifolia
1. 叶的上部，示能育羽片；2. 能育羽片的一部分，示下面的叶脉及生于边缘的孢子囊群；3. 能育羽片横切面，示孢子囊群；4. 孢子囊；5. 根状茎上的鳞片。（马平绘）

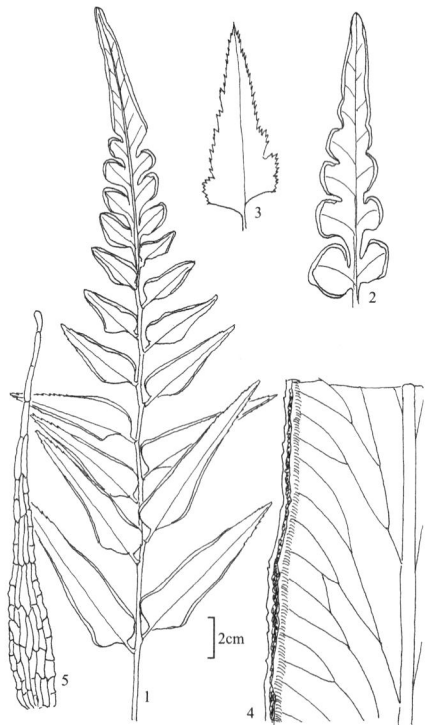

图 59 异叶鳞始蕨 Lindsaea heterophylla
1. 叶片；2. 叶片的顶部；3. 不育羽片；4. 能育羽片的一部分，示下面的叶脉及生于边缘的孢子囊群；5. 根状茎上的鳞片。（马平绘）

2. 乌蕨属 **Odontosoria** Fée

土生植物。根状茎短而横走，密被深褐色毛或钻状鳞片。叶近生；叶柄禾秆色或暗禾秆色，近轴面有狭纵沟，无毛；叶片二至三回羽状—小羽片或末回小羽片羽状分裂，先端羽裂渐尖，坚草质至近革质；末回小羽片或裂片楔形或线形；叶脉分离，单一或 1~2 次分叉。孢子囊群近边生（靠近但不达叶片边缘），生于单一小脉顶端，或连接 2~3 小脉的顶端；囊群盖杯形、半杯形或卵形，以基部及两侧的下部着生于叶片上，向叶缘开口，通常不达叶边；孢子囊有细柄，环带直立（纵行），较宽，由 12~24 个增厚细胞构成。孢子椭圆球形，具单裂缝，表面通常平滑，少有颗粒状纹饰。

约 20 种，泛热带分布。我国有 2 种，产于华东、华中、华南及西南。深圳有 2 种。

1. 根状茎上的鳞片基部约 1~2 行细胞宽；叶片卵状长圆形至披针形，中部最宽，坚草质至纸质；末回裂片宽约
　　1mm ··· 1. 乌蕨 **O. chinensis**
1. 根状茎上的鳞片基部约 3~6 行细胞宽；叶片三角状卵形，基部最宽，近革质；末回裂片宽 2~4mm··············
　　··· 2. 阔片乌蕨 **O. biflora**

1.　乌蕨　乌韭　Fairy Fern　Common Wedgelet Fern
Odontosoria chinensis（L.）J. Sm. in Bot. Voy.
Herald. 430. 1857.

Trichomanes chinense L. Sp. Pl. **2**：1099. 1753.

Sphenomeris chinensis（L.）Maxon in J. Wash.
Acad. Sci. **3**（5）：144. 1933；香港植物志蕨类植物门
128，彩图 31. 2003；广东植物志 **7**：89. 2006.

Stenoloma chusanum（L.）Ching in Sinensia **3**：
338. 1933；海南植物志 **1**：59. 1964.

根状茎短而横走，密被钻形鳞片；鳞片暗棕色，长约 2mm，基部约 1~2 行细胞宽，顶端针形，坚挺。叶长 0.4~1m，近生或簇生；叶柄长 20~30cm，禾秆色，基部棕色，圆筒形，近轴面有浅纵沟，通体无毛、无鳞片（叶柄基部有少数鳞片）；叶片卵状长圆形至披针形，长 20~70cm，宽 5~20cm，二至三回羽状，中部最宽，基部为阔楔形，先端渐尖，坚草质至纸质，无毛；羽片卵状披针形，15~25 对，互生或有时基部的 1~2 对对生，基部二回羽状，先端羽裂渐尖，基部楔形并有短柄，叶片上部的羽片向顶端逐渐变小；末回小羽片或裂片楔形，约 1mm 宽，先端截形并有浅齿；叶脉在远轴面上可见，在末回小羽片或裂片上为二叉。孢子囊群位于裂片顶部，生于 1 小脉顶端，或有时连接 2~3 小脉的顶端；囊群盖半杯形，以基部及两侧边的下半部着生于叶肉。孢子椭圆球形，单裂缝。

产地：南澳（邢福武等 10540，IBSC）、梧桐山（张寿洲等 011817）、内伶仃岛（徐有才 2044）。各地常见，生于山坡林下，海拔 10~700m。

图 60　彩片 86　87

图 60　乌蕨 *Odontosoria chinensis*
1. 叶片；2. 末回小羽片部分放大，示二叉状叶脉及生于末回小羽片顶部的小孢子囊群和囊群盖；3. 孢子囊；4. 根状茎上的鳞片。（马平绘）

分布：广东、香港、澳门、海南、广西、湖南、江西、福建、台湾、浙江、安徽、湖北、四川、贵州和云南。亚洲热带及亚热带地区和非洲马达加斯加。

用途：根茎入药；叶可煎以代茶。

2. 阔片乌蕨 Biflorate Wedgelet Fern

图 61　彩片 88　89

Odontosoria biflora（Kaulf.）C. Chr. Index Filic. 207. 1905.

Davallia biflora Kaulf. Enum. Filic. 221. 1824.

Sphenomeris biflora（Kaulf.）Akas. in Bull. Kochi Women's Coll. **4**: 81. 1956；香港植物志蕨类植物门 128，图版 15: 6-8，彩图 30. 2003；广东植物志 **7**: 90. 2006.

根状茎短而横走，密被钻形鳞片；鳞片暗棕色，长 2~3mm，基部约 3~6 行细胞宽，顶端针形。叶长约 60cm，近生或簇生；叶柄长 25~30cm，暗禾秆色至棕色，圆筒形，近轴面有浅纵沟，通体无毛、无鳞片（叶柄基部有少数鳞片）；叶片三角状卵形，长 20~25cm，宽 16cm，二至三回羽状，基部最宽，先端渐尖，基部为阔楔形至圆形，近革质，无毛；羽片长三角状披针形，约 15 对，互生，基部二回羽状，先端羽裂渐尖，基部阔楔形并有短柄，叶片上部的羽片向顶端逐渐变小；末回小羽片或裂片楔形，2~4mm 宽，先端截形并有浅齿；叶脉在两面不明显，在末回小羽片或裂片上为二叉。孢子囊群位于裂片顶部，通常连接 2 小脉的顶端；囊群盖半杯形，以基部及两侧边的基部着生于叶肉。孢子椭圆球形，单裂缝。

产地：东涌（陈珍传 008009）、西涌（张寿洲等 007192）、南澳（陈珍传 008009）。生于海边石隙，海拔 3~100m。

分布：福建、台湾、广东、香港和澳门。菲律宾、日本南部及关岛。

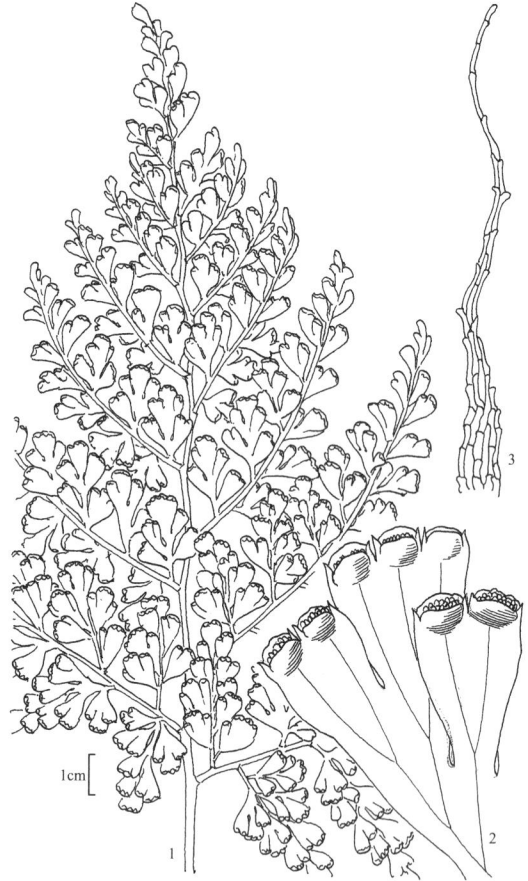

图 61 阔片乌蕨 Odontosoria biflora
1. 叶片；2. 末回小羽片部分放大，示二叉状叶脉和生于末回小羽片顶端的孢子囊群和囊群盖；3. 根状茎上的鳞片（放大）。（马平绘）

16. 碗蕨科 DENNSTAEDTIACEAE

董仕勇　陈珍传

中型至大型草本植物,土生。根状茎横走,具管状中柱,被多细胞的灰白色针状刚毛,无鳞片,或很少被鳞片(栗蕨的根状茎密被栗褐色而质厚的鳞片)。叶一型;叶柄基部无关节,内有1条"U"形维管束;叶片一至三回羽状,小羽片或末回小羽片羽状浅裂至全裂,草纸至革质,两面多少被与根状茎上同样或较短的毛,无鳞片;羽轴或主脉近轴面有纵沟,无刺;叶通常分离,小脉不达叶边,或少有连接为网状,网眼内不具内藏小脉(栗蕨)。孢子囊群圆形或线形,近叶缘着生,有盖或无盖;囊群盖或为碗形(由一内瓣及一外瓣融合而成),或为杯形(以基部及两侧着生于叶肉),或为圆肾形(仅以阔基部着生),或为线性。孢子或为球状四面体形,辐射对称,具三裂缝,或为椭圆球形,两侧对称,具单裂缝,表面纹饰多样。

9~15属170~300种,分布于世界热带及亚热带地区,但也延伸到温带地区。我国有7属约50种。深圳有5属8种。

1. 孢子囊群圆形或近圆形;囊群盖碗形或杯性或无囊群盖。
  2. 羽片对生,无柄;叶脉连接为网状 ·················· 1. **栗蕨属 Histiopteris**
  2. 羽片互生或有时近对生,有明显的柄;叶脉分离 ·················· 2. **蕨属 Pteridium**
1. 孢子囊群圆形或近圆形;囊群盖碗形或杯形或无囊群盖。
  3. 孢子囊群无盖 ·················· 3. **姬蕨属 Hypolepis**
  3. 孢子囊群有盖。
    4. 孢子囊群靠近叶片边缘;囊群盖与变质的叶缘部分联合成碗状 ·················· 4. **碗蕨属 Dennstaedtia**
    4. 孢子囊群生于叶缘以内;囊群盖杯形或肾形 ·················· 5. **鳞盖蕨属 Microlepia**

1. 栗蕨属 Histiopteris（J. Agardh）J. Sm.

中型至大型蔓生植物。根状茎长而横走,具管状中柱,密被栗褐色而质厚的鳞片。叶疏生,大型,无限生长;叶柄圆形,栗红色,光滑而有光泽;叶片三角形,二至三回羽状,羽片对生,无柄,小羽片也同样对生;羽片基部1对小羽片明显缩短,紧贴叶轴如托叶状;羽轴或主脉近轴面有纵沟,无刺;叶脉连接为网状,不具内藏小脉;叶纸质至近革质,无毛;叶轴、羽轴均与叶柄同色。孢子囊群沿叶边缘成线形分布,生于叶缘内的1连接脉上,有隔丝;假囊群盖线形,连续;孢子囊有长柄,环带大约由18个增厚细胞组成。孢子椭圆形,两侧对称,具单裂缝,表面有疣块状纹饰。

约7种,广布于世界泛热带地区。我国产1种。深圳有分布。

栗蕨 Incised Histiopteris　　　　　　　　　　　　　　图 62　彩片 90
Histiopteris incisa（Thunb.）J. Sm. Hist. Fil. 295. 1875.
Pteris incisa Thunb. Prodr. Pl. Cap. 171. 1800.
根状茎长而横走,圆筒形,粗约5~1cm,褐色,密被鳞片;鳞片狭披针形或线形,基部3~4列细胞宽,先端仅1列细胞,质厚,暗栗色,有光泽。叶长达1.5m或更长,远生;柄长30~50cm,基部粗5~6mm,栗色或暗红色,光滑无毛,有光泽;叶片阔椭圆形,长达1m,三回羽状;羽片多数,对生,平展,无柄,中下部羽片长40~50cm,宽20~25cm,长三角形;小羽片对生,平展,无柄,披针形或椭圆披针形,长10~15cm,宽4~6cm,先端羽裂渐尖,基部圆截形,一回羽状或深羽裂,基部小羽片较短,紧贴叶轴而呈托叶状;末回小羽片或裂片5~10对,对生,平展,长1.5~3cm,椭圆披针形,钝头,末回小羽片的基部与小羽轴合生,全缘或基部呈波状至浅裂;叶脉明显,网状,网眼长五边形或六边形,沿小羽轴两侧的网眼较长而整齐;叶片草质或

纸质，干后远轴面灰绿色，无毛；叶轴及各回羽轴为暗红色。孢子囊群线形，沿裂片边缘着生，具假盖（外盖），不具内盖；囊群盖全缘。

产地：葵涌（张寿洲等 3447）、梧桐山（张寿洲等 5187）。生于林缘路边，海拔 400~500m。

分布：湖南、台湾、广东、海南、广西和云南南部。热带地区广泛分布，北达日本南部。

2. 蕨属 Pteridium Gled. ex Scop.

根状茎粗大，长而横走，黑棕色，密被锈色长柔毛，无鳞片。叶远生，一型；叶柄粗壮，直立；叶片大，卵形或卵状三角形，三回羽状，末回小羽片不分裂或羽状浅裂至深裂；羽片近对生或互生，有柄，基部一对羽片最大，长三角形；叶脉分离，羽状，明显；叶革质或纸质，两面多少被毛，特别是末回裂片远轴面常有灰棕色柔毛密生，很少无毛。孢子囊群圆形或近圆形，沿叶边成线形分布，着生于叶边内的 1 条连接脉上，无隔丝；囊群盖双层，外层为假盖，由叶边向远轴面反卷并膜质化形成，内层为真盖，质较薄，或发育或近退化；孢子囊有长柄，环带约由 13 个增厚细胞组成。孢子球形，辐射对称，具三裂缝，表面有规则或不规则的颗粒状纹饰。

约 15 种，广布于世界各地，以泛热带为分布中心。我国有 6 种，广布于全国各地。深圳有 1 种。

蕨 Eastern Bracken Fern　　　　图 63　彩片 91　92

Pteridium aquilinum（L.）Kuhn var. **latiusculum**（Desv.）Underw. ex A. Heller，Cat. N. Amer. Pl.（ed. 3）17. 1909.

Pteris latiuscula Desv. in Mém. Soc. Linn. Paris **6**（2）：303. 1827.

Pteridium aquilinum auct. non（L.）Kuhn：广州植物志 40. 1956.

根状茎长而横走，黑棕色，密被锈黄色柔毛。叶长约 1m，远生；柄长 30~50cm，基部褐色，并密被锈黄色柔毛，向上禾秆色，光滑；叶片三角状卵形，长 50~70cm，宽 40~50cm，先端渐尖，三回羽状；羽片 8~15 对，通常对生或有时互生，斜展，基部一对最大，三角形，长 30~50cm；小羽片约 10 对，互生，或基部的对生，向上的互生，斜展，披针形，基部小羽片长 10~20cm，宽 4~10cm，尾尖头，向上的小羽片渐小；末回小羽片或裂片 4~15 对，平展，椭圆形，钝头，

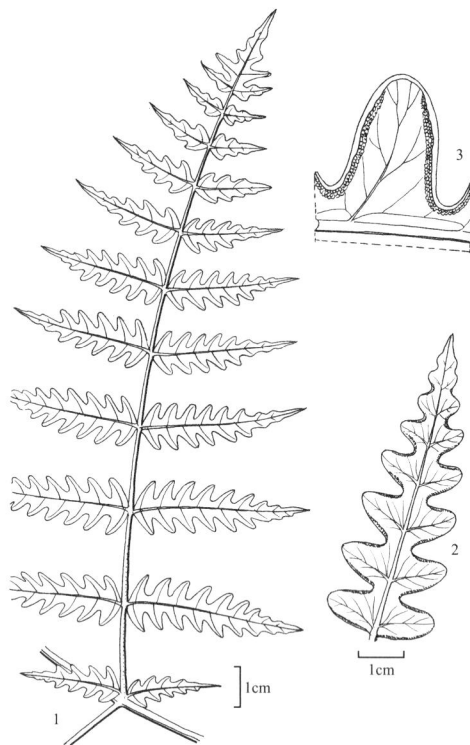

图 62　栗蕨 Histiopteris incisa
1. 羽片；2. 小羽片，示下面的叶脉及生于边缘的孢子囊群；3. 末面小羽片部分放大，示下面的叶脉及生于边缘的孢子囊群。（李志民绘）

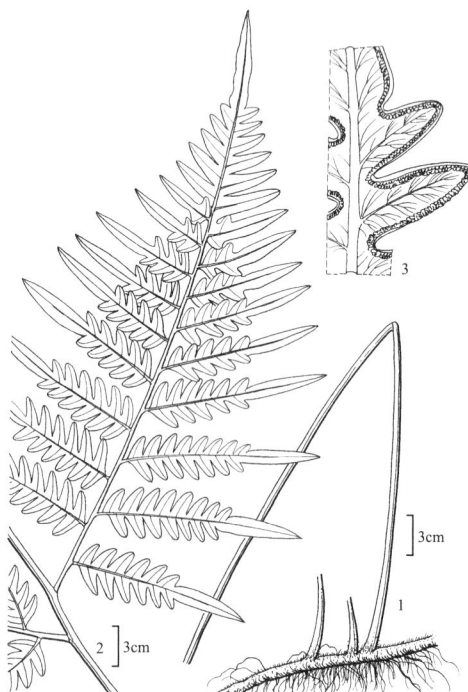

图 63　蕨 Pteridium aquilinum var. latiusculum
1. 根、根状茎及叶柄；2. 羽片；3. 末面小羽片部分放大，示下面的叶脉及生于边缘的孢子囊群。（李志民绘）

不分裂或羽状浅裂至深裂，或仅下部分裂；中部以上的羽片逐渐变为一回羽状，椭圆披针形，先端尾状，小羽片与下部羽片的末回小羽片同形；叶脉在远轴面明显，侧脉二叉；叶近革质，干后暗绿色，各回羽轴近轴面的沟中疏被毛，远轴面沿叶脉被毛。孢子囊群沿叶边成线形分布，着生于叶边内的连接脉上，外层囊群盖由叶边反折形成，内层质地较薄，不明显。

产地：三洲田（深圳队 670）、梧桐山（张寿洲等 011803）、梅林（张寿洲等 0586）。生于林缘路边，海拔 100~800m。

分布：我国各地均产。也广布于世界热带及温带地区。

用途：根状茎含淀粉，称"蕨粉"，可供食用及作糊料；根状茎之纤维可供制绳缆，色黑褐，能耐水湿；嫩叶可供食用；根茎及苗、叶均可入药，驱风湿、利尿、解热、治脱肛，又可作驱虫剂；新鲜的根、茎中含多量绵马素，秋后更多，连续食用，容易中毒，牲畜误食，作用亦同。

3. 姬蕨属 **Hypolepis** Bernh.

中型至大型植物，土生。根状茎长而横走，有管状中柱，被多细胞的淡灰色针状刚毛，无鳞片。叶一型；叶柄基部无关节，内有 1 条 "U" 形维管束；叶片二至三回羽状－末回小羽片羽状浅裂至深裂，两面均被与根状茎上同样或较短的毛，尤以叶轴及羽轴的毛为多，很少无毛；叶脉分离，羽状分枝。孢子囊群圆形，靠近叶边，着生于 1 小脉顶端，无囊群盖，多少被反卷的叶边覆盖。孢子椭圆球形，两侧对称，具单裂缝，表面有刺状、鸡冠状或网结的绳索状纹饰。

约 50 种，泛热带分布，西半球热带较多。中国有 8 种，产于长江流域及以南各地区。深圳有 1 种。

姬蕨 Punctate Flakelet Fern　　图 64　彩片 93　94

Hypolepis punctata（Thunb.）Mett. in Kuhn，Filic. Afr. 120. 1868.

Polypodium punctatum Thunb. Fl. Jap. 337. 1784.

根状茎长而横走，密被棕色节状长毛。叶长约 50cm，远生；柄长 15cm，淡栗色，横切面近四棱形，略有光泽，被灰白色节状毛，毛易脱落而毛的基部残留，叶柄、叶轴及各回羽轴的近轴面有深而狭的纵沟；叶片三角形，长约 33cm，基部宽约 25cm，先端羽裂渐尖，向下一至三回深羽状；侧生分离羽片约 15 对，互生，斜展或斜向上，基部一对最大，三角状披针形，长约 12cm，宽约 6cm；基部羽片的一回小羽片 15 对，互生，斜展，三角状披针形，长 3~3.5cm，基部宽 1.5~1.8cm，末回小羽片或裂片长椭圆形，长 5~8mm，钝头，边缘有钝锯齿；叶脉分离，羽状，主脉明显，小脉达于叶边。叶片坚草质，干后远轴面黄绿色，近轴面褐色，两面沿叶脉被灰白色或无色的短节毛，远轴面的毛较多；叶轴及各回羽轴均被显著的节状毛；叶片下部两对羽轴近轴面的纵沟与叶轴上的纵沟连通，以上羽片的纵沟在羽轴基部闭合，小羽轴与羽轴近轴面的纵沟不连通。孢子囊群圆形，生于裂片近缺刻处，每裂片有 1~3 对，无囊群盖，为反折的叶缘锯齿所覆盖。

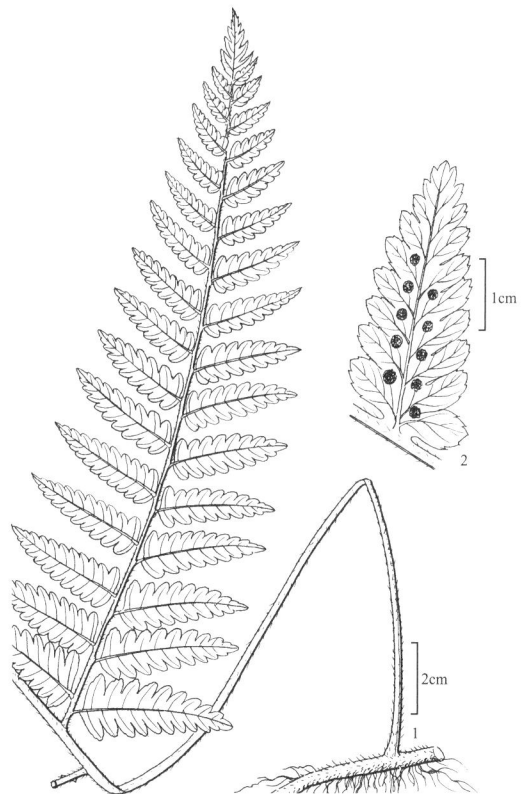

图 64　姬蕨 Hypolepis punctata
1. 根、根状茎及叶片的一部分（1 枚羽片）；2. 末面小羽片，示下面的叶脉及孢子囊群。（李志民绘）

产地：七娘山（邢福武等 12411，IBSC）。生于山地溪旁，海拔约 300m。

分布：安徽、浙江、湖南、江西、福建、台湾、广东、香港、海南、广西、贵州、云南和四川。亚洲及大洋洲的热带和亚热带地区。

4. 碗蕨属 Dennstaedtia Bernh.

根状茎横走，粗壮，被刚毛，叶远生；叶柄粗壮，直立，近轴面有纵沟，幼时有毛，老时脱落，多少变为粗糙；叶片通常宽大，卵状三角形，多回羽状细裂，通体有毛，尤以叶轴的毛为多，少为无毛；羽片或小羽片有时具关节；叶脉分离，羽状分枝，小脉不达叶边，先端有水囊。孢子囊群圆形或近圆形，生于近叶缘；囊群盖碗形，由 2 层（内瓣及外瓣）融合而成，外瓣由变质的叶缘反折而形成，囊群盖通常向远轴面弯折，形如烟斗，质厚，常为绿色。孢子表面有粗瘤状、粗脊状、网状、小棒状纹饰。

约 70 种，分布于热带及亚热带地区。我国约 10 种，主要分布于长江以南地区。深圳有 1 种。

碗蕨 Scabrous Boulder Fern　　图 65　彩片 95　96

Dennstaedtia scabra（Wall. ex Hook.）T. Moore, Index Filic. 307. 1861.

Dicksonia scabra Wall. ex Hook. Sp. Fil. **1**：80，t. 28B. 1844.

根状茎长而横走，褐色，密被灰棕色刚毛。叶长 60~100cm，远生；柄长 20~50cm，红棕色或栗色，略有光泽，连同叶轴均密被灰棕色刚毛，老时近无毛而留下粗糙的痕迹；叶片椭圆形，长 40~60cm，宽 20~30cm，二回羽状—小羽片二回羽状深裂；羽片 12~15 对，长三角形或椭圆披针形，基部通常最宽，先端渐尖，斜向上，基部一对最大，长 12~25cm，基部宽 4.5~8cm，柄长约 1cm；小羽片 14~20 对，阔披针形，斜展，上先出，长 2.5~5cm，宽 1~2cm；一回裂片阔披针形或长卵形，先端钝或短尖，羽裂深达 1/2~2/3；末回裂片全缘或浅裂，钝头，全缘；叶脉明显，每裂片 1 叶脉，先端具水囊；叶片坚草质，干后暗绿色，近光滑或被疏毛。孢子囊群位于小脉顶端；囊群盖略被毛。

产地：梧桐山（陈珍传等 007199）、塘朗山（邢福武 11252、11310、11311，IBSC）。生于山地林下，海拔 300~860m。

分布：浙江、湖南、江西、台湾、广东、广西、贵州、云南、四川和西藏。印度、尼泊尔、缅甸、越南、老挝、泰国、日本、韩国、马来西亚和菲律宾。

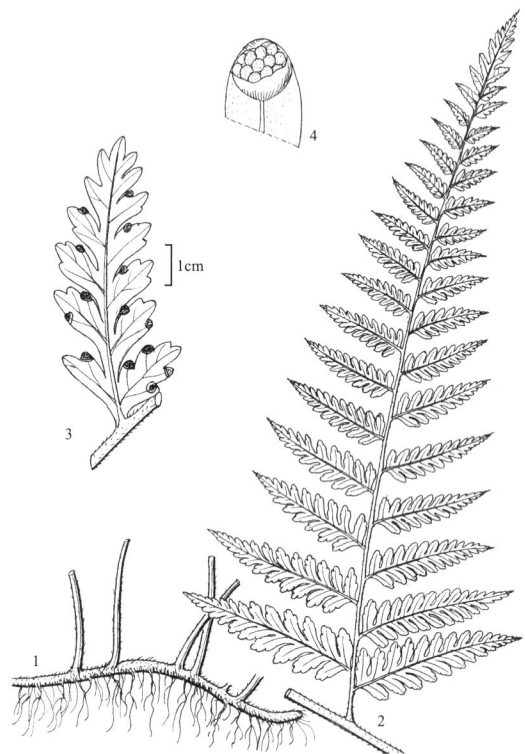

图 65　碗蕨 Dennstaedtia scabra
1. 根、根状茎及叶柄；2. 羽片；3. 小羽片，示下面的叶脉及生于近边缘的孢子囊群；4. 孢子囊群及囊群盖。（李志民绘）

5. 鳞盖蕨属 Microlepia C. Presl

根状茎横走，被刚毛。叶远生或很少近生；叶柄粗壮，直立，近轴面有纵沟，幼时被短毛，老时脱落；叶片椭圆形至长卵形，一至三回羽状—末回小羽片羽裂，叶两面通常被淡灰色刚毛或柔毛，尤以叶轴和羽轴的毛为多；羽片披针形或狭三角形，基部上侧的小羽片最长并平行于叶轴，下侧的小羽片较短，斜展；叶脉分离，羽状分枝，小脉不达叶边。孢子囊群圆形，生于叶缘以内(离叶边稍远)，常接近裂片间的缺刻；囊群盖杯形或圆肾形，以基部及两侧着生于叶肉，很少仅以基部着生，向叶边开口。孢子表面具刺状纹饰。

约 60 种，主要分布于东半球的热带和亚热带地区，亚洲的种类最多。我国约有 25 种，广布于长江以南各地区。深圳有 4 种。

1. 叶片一回羽状，羽片边缘近全缘或具浅锯齿或波状。
　　2. 羽片不分裂，无柄，基部上侧有一尖耳形凸起；孢子囊群沿羽片边缘分布 ……………………
　　………………………………………………………………………… 1. 虎克鳞盖蕨 **M. hookeriana**
　　2. 羽片浅裂至半裂，有短柄，基部上侧有圆耳形凸起；孢子囊群沿裂片边缘分布 ……………………
　　………………………………………………………………………… 2. 边缘鳞盖蕨 **M. marginata**
1. 叶片二至三回羽状。
　　3. 叶二回羽状，小羽片有浅圆齿至浅裂；一回羽片披针形，宽不过 4cm ……… 3. 岭南鳞盖蕨 **M. matthewii**
　　3. 叶三回羽状；一回羽片阔披针形，宽达 8cm ……………………………… 4. 华南鳞盖蕨 **M. hancei**

1. 虎克鳞盖蕨 Hooker's Scaly-fern

图 66　彩片 97　98

Microlepia hookeriana(Wall. ex Hook.)C. Presl, Epim. Bot. 95. 1851.

Davallia hookeriana Wall. ex Hook. Sp. Fil. **1**: 172, t. 47B. 1845.

根状茎长而横走，密被红棕色刚毛。叶长 50~80cm，远生；叶柄长 14~23cm，棕色，基部密被灰白色刚毛，向上至叶轴被同样而较短的毛；叶片披针形，长 40~60cm，宽 14~17cm，先端有一较大的顶生羽片，基部略变狭，一回羽状；羽片 24~28 对，不分裂，条形或狭披针形，无柄，中部较大的羽片长 7~9cm，宽约 1cm，先端长渐尖，基部不对称，上侧呈尖耳形凸起，下侧阔楔形，边缘有浅锯齿；叶脉明显，小脉 1~2 次分叉，小脉先端不达叶边，叶片纸质，干后绿色，两面沿叶脉被较多的多细胞针毛，远轴面的毛较多，脉间无毛或有稀疏短毛。孢子囊群近圆形或肾形，生于小脉顶端，靠近或紧邻裂片边缘；囊群盖深杯形，疏被毛。

产地：羊台山(深圳植物志采集队 013732)、坪山田头山(邢福武等 12067，IBSC)、梧桐山(董仕勇 2544，IBSC)。生于山地林下路边，海拔约 300m。

分布：浙江、湖南、江西、福建、台湾、广东、香港、海南、广西、贵州和云南。越南、泰国、缅甸、孟加拉国、印度东北部、尼泊尔、马来西亚、印度尼西亚，以及琉球群岛。

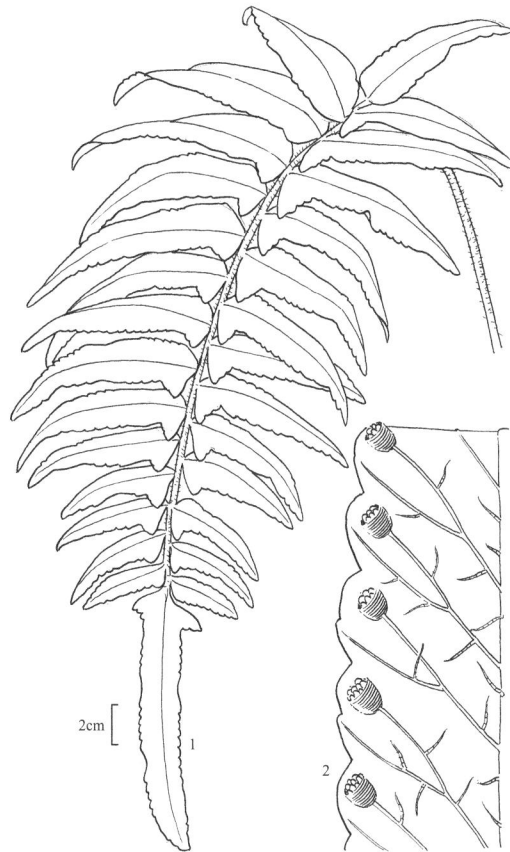

图 66 虎克鳞盖蕨 Microlepia hookeriana
1. 叶片；2. 侧生羽片一部分放大，示下面叶脉和孢子囊群。
(马平绘)

2. 边缘鳞盖蕨 Marginal Scaly-fern

图 67　彩片 99　100

Microlepia marginata（Panz.）C. Chr. Index Filic.
4：212. 1905.

Polypodium marginatum Panz. in Christ. Vollst.
Pflanzensyst. **13**（1）：199. 1786.

根状茎长而横走，密被锈色刚毛。叶长约 80cm，
远生；叶柄长 30~40cm，暗禾秆色，基部密被与根状
茎上同样的毛（易脱落），向上与叶轴远轴面密被暗棕
色短硬毛；叶片阔披针形，长 30~40cm，宽 25~30cm，
先端羽裂渐尖，基部略变狭，一回羽状；羽片约 20 对，
略弯的条形或狭披针形，有短柄，中下部较大的羽片
长约 15cm，宽约 2cm，先端狭长渐尖，基部不对称，
上侧呈较明显的圆耳形凸起，下侧狭楔形，边缘羽状
浅裂至半裂；裂片三角形至方形，圆头或钝圆，斜展，
近全缘或为波状；叶脉明显，羽状，小脉先端不达叶
边；叶片纸质，干后绿色，两面沿叶脉被毛，远轴面的毛
较多且叶脉间也有短柔毛，羽轴近轴面无毛。孢子囊
群近圆形或肾形，生于小脉顶端，靠近裂片边缘；囊
群盖浅杯形，被短毛或长毛。

产地：南澳（张寿洲等 0850）、排牙山（张寿洲等
2158）、梧桐山（陈珍传等 007198）。生于山地林下，
海拔 100~800m

分布：广东、香港、海南、广西、湖南、江西、福建、
台湾、浙江、四川、贵州和云南。日本、东南亚至南亚。

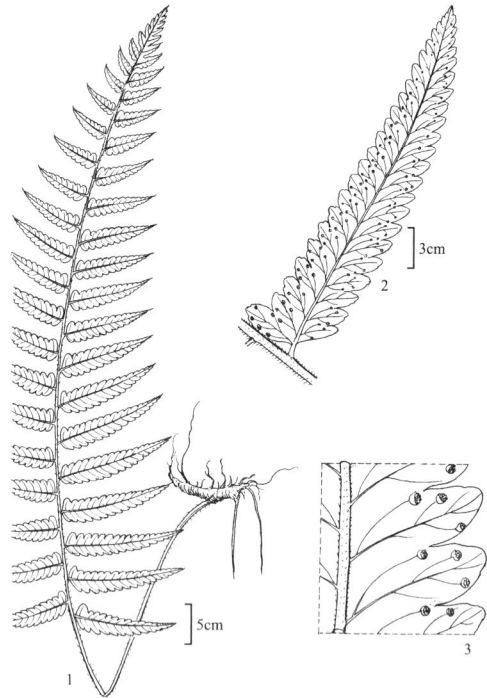

图 67 边缘鳞盖蕨 Microlepia marginata
1. 根、根状茎及 1 枚叶；2. 羽片；3. 裂片的一部分放大，
示下面的叶脉及生于近边缘的孢子囊群。（李志民绘）

3. 岭南鳞盖蕨 Hairy Scaly-fern　　　　图 68

Microlepia matthewii Chist in Leconte，Notul.
Syst.（Paris）**1**：54. 1909.

根状茎细长而横走，被棕色毛。叶长约 80cm，
远生；叶柄长 30cm，禾秆色或棕色，被淡棕色毛；叶
片阔披针形，长 50~60cm，中下部最宽，宽约 30cm，
先端羽裂渐尖，基部与中部等宽或略变狭，二回羽状；
羽片 12~15 对，披针形，有短柄，中下部较大的羽片
长 15~17cm，宽 3.5~4cm，先端长渐尖，基部不对称，
上侧小羽片明显较长，平行于叶轴，下侧小羽片斜展，
一回羽状；小羽片近斜方形，圆头，基部不对称，上
侧截形并与羽轴平行，下侧狭楔形，多少下延，边
缘有浅圆齿至浅裂，长 1.5~2.5cm，宽 6~8mm；叶脉
在两面清晰可见，羽状，小脉先端不达叶边；叶片草
质，干后绿色，两面沿小脉有稀疏针毛，叶片羽轴
面的脉间近无毛或有稀疏短毛，叶柄、叶轴及羽轴
两面被较密的短毛。孢子囊群近圆形或肾形，生于

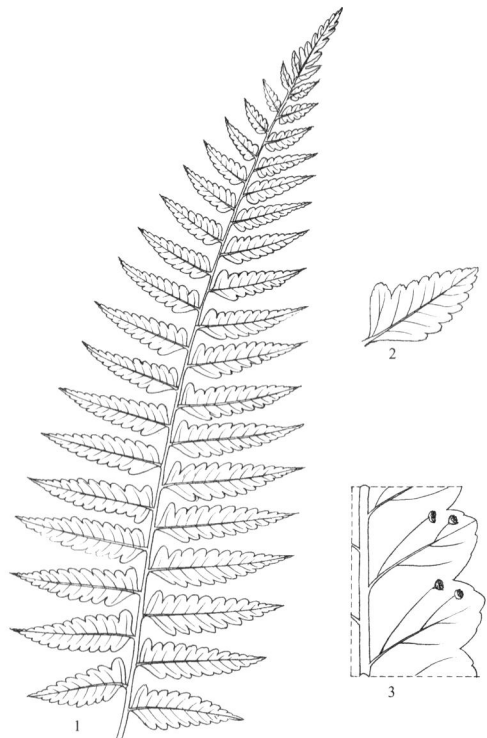

图 68 岭南鳞盖蕨 Microlepia matthewii
1. 羽片；2. 近上部的 1 枚小羽片；3. 小羽片的一部分放大，
示下面的叶脉及孢子囊群。（李志民绘）

小脉顶端，靠近裂片边缘但不到叶边；囊群盖杯形，密被毛。

产地：内伶仃岛（张寿洲等 3802）。生于山地路边，海拔 100~200m。

分布：广东、广西和湖南。越南。

4. 华南鳞盖蕨 鳞蕨 Hance's Microlepia   图 69

Microlepia hancei Prantl in Arbeiten Königl. Bot. Gart. Breslau **1**: 35. 1892.

根状茎粗壮，长而横走，绿色，密被灰白色毛。叶长约 80~100cm，远生；叶柄长约 30cm，幼时绿色，成熟时栗色，基部被灰白色针毛（易脱落），向上的毛少或老时近无毛；叶片椭圆形或阔披针形，长 60~70cm，通常中部最宽，宽约 40cm，先端羽裂渐尖，基部变狭，三回羽状—末回小羽片羽状深裂；羽片约 15 对，阔披针形，有短柄，中下部较大的羽片长 25~30cm，宽约 8cm，先端长渐尖，基部对称，截形；一回小羽片长三角形，先端羽裂渐尖，基部截形，较大的通常长 5~6cm，基部宽约 2cm；末回小羽片近长方形，圆头，略斜展，边缘有圆齿或浅至深裂，无柄；叶脉可见，羽状，小脉先端不达叶边；叶片草质，干后绿色，两面沿叶脉被针毛，远轴面的毛较多且叶脉间也有稀疏短毛，羽轴近轴面密被针毛。孢子囊群近圆形或肾形，生于小脉顶端，靠近裂片边缘；囊群盖杯形，被稀疏针毛。

产地：南澳（邢福武等 11903，IBSC）、凤凰山（张寿洲等 0654）、内伶仃岛（张寿洲等 3787）。各地常见，生于山地路旁，海拔 100~400m。

分布：湖南、福建、广东、香港、澳门、海南、广西和云南。越南、老挝和印度东北部。

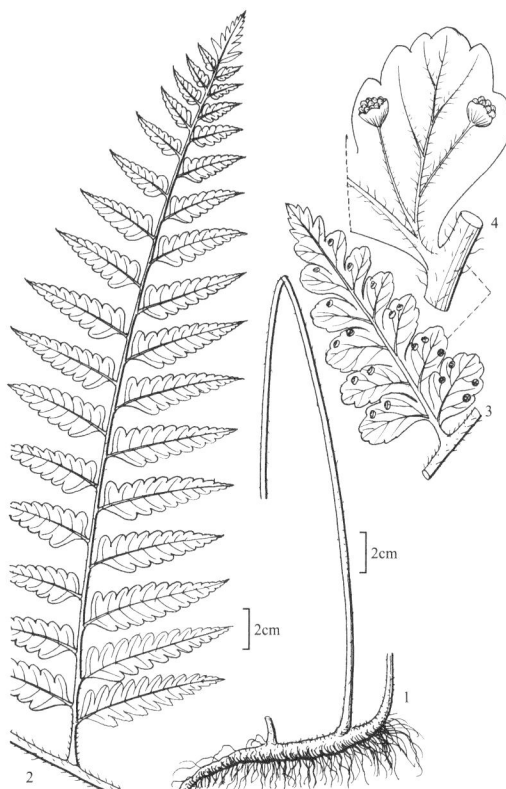

图 69 华南鳞盖蕨 Microlepia hancei
1. 根、根状茎及叶柄；2. 羽片；3. 小羽片；4. 末面小羽片放大，示下面的叶脉、孢子囊群及囊群盖。（李志民绘）

17. 凤尾蕨科 PTERIDACEAE

董仕勇　陈珍传

中型或大型植物,土生、石生或附生,极少为水生。根状茎短而直立或斜升,少有横走,有管状或网状中柱,被鳞片。叶一型或二型;叶柄通常光滑,很少被毛或鳞片,基部无关节,维管束1~4 条或多条(水蕨属);叶片多数为一至四回羽状,少数一至三回二歧分枝,极少为单叶(全缘或掌状分裂);叶脉分离,有时为网状而网眼内不具内藏小脉。孢子囊群通常线形,沿叶缘生于连接小脉顶端的1 边脉上,具线形的假囊群盖(由反卷而膜质化的叶边形成),很少为圆形,生于小脉顶端。孢子球状四面体形,具三裂缝(凤尾蕨属),很少为椭圆球形而具单裂缝,表面有粗瘤、颗粒状或网状纹饰。

约50 属950 种,主要分布于世界热带和亚热带地区,尤以美洲热带的种类为多。我国有20 属约230 种。深圳有8 属19 种。

分子资料所支持的单系的凤尾蕨科,在形态学上是一个庞杂的混合体,包含了秦仁昌1978 年系统的凤尾蕨科(排除栗蕨属)、卤蕨科、水蕨科、中国蕨科、铁线蕨科、书带蕨科以及裸子蕨科。

1. 水生植物,生于水田、池塘或海边红树林及林缘;叶脉连接。
　　2. 淡水生植物;叶片二至三回羽状深裂 ┄┄┄┄┄┄┄┄┄┄┄┄┄┄┄┄┄ 1. 水蕨属 Ceratopteris
　　2. 海边红树林植物;叶片奇数一回羽状,羽片边缘全缘 ┄┄┄┄┄┄┄┄┄ 2. 卤蕨属 Acrostichum
1. 陆生植物,土生或附生,生于山地林下或林缘路边;叶脉分离或很少连接。
　　3. 孢子囊在叶背沿叶脉着生,呈连续的线形,或生于叶缘的夹缝中,连续。
　　　　4. 叶片卵形至椭圆形,二至三回羽状;远轴面被白色或黄色粉状物 ┄┄┄┄ 3. 粉叶蕨属 Pityrogramma
　　　　4. 叶片线形或狭线形,单叶,边缘全缘;叶片两面不具白色或黄色粉状物┄┄┄ 4. 书带蕨属 Haplopteris
　　3. 孢子囊群圆形、短线形或长椭圆形,在叶背沿叶缘或近叶缘着生,间断。
　　　　5. 羽片或小羽片为对开式或扇形;叶脉为扇形,多回二歧分枝 ┄┄┄┄┄┄ 5. 铁线蕨属 Adiantum
　　　　5. 羽片或小羽片不为对开式或扇形;叶脉不为扇形,多回二歧分枝。
　　　　　　6. 孢子囊群短线形;囊群盖连续不断┄┄┄┄┄┄┄┄┄┄┄┄┄┄┄┄ 6. 凤尾蕨属 Pteris
　　　　　　6. 孢子囊群圆形或近圆形;囊群盖往往断裂、不连续,或无盖。
　　　　　　　　7. 叶柄及叶轴禾秆色(偶为栗色);叶片三至五回羽状细裂;能育裂片形如小荚果 ┄┄┄┄┄
　　　　　　　　┄┄┄┄┄┄┄┄┄┄┄┄┄┄┄┄┄┄┄┄┄┄┄┄┄┄┄┄┄┄ 7. 金粉蕨属 Onychium
　　　　　　　　7. 叶柄及叶轴栗色或栗黑色;叶片二至三回羽状深裂;能育裂片不为小荚果状 ┄┄┄┄┄┄┄┄
　　　　　　　　┄┄┄┄┄┄┄┄┄┄┄┄┄┄┄┄┄┄┄┄┄┄┄┄┄┄┄┄┄┄ 8. 碎米蕨属 Cheilanthes

1. 水蕨属 Ceratopteris Brongn.

中小型一年生水生或湿生草本植物,飘浮于淡水池塘、水田或水沟湿泥中。根状茎短而直立,具网状中柱,下端有1 簇粗根,上端有1 簇莲座状的叶,顶端疏被鳞片。叶二型:叶柄绿色,肉质,圆柱形,基部无关节,近轴面扁平,光滑,远轴面圆形并有多条纵脊,内有许多纵行的空气道,沿周边有许多小维管束,除每脊有1 条外,近轴面一侧还有数条并列的维管束;不育叶片为椭圆状,或为三角形至卵状三角形,二至三回羽状深裂,薄草质,多汁,遍体无毛;叶轴同叶柄一样,也为绿色,近轴面有纵沟,干后压扁,在羽片基部上侧的腋间常有1 个卵圆形的棕色小芽孢,成熟后脱落,行无性生殖;能育叶片与不育叶片同形,但较不育叶长且明显细瘦,末回裂片线形,宽不过2mm,边缘淡棕色,向远轴面反卷达主脉,幼时完全覆盖裂片远轴面;主脉两侧的小脉连接呈网状,网眼纵行,不具内藏小脉。孢子囊稀疏,沿小脉散生,近球圆形,几无柄,幼时完全为反卷的叶边所覆盖,环带宽而垂直(或有时几无环带),由排列不整齐的30~70 个增厚的细胞组成,每孢子囊产生16 或

32 个孢子。孢子大，球状四面体形，辐射对称，具三裂缝，表面具肋条状纹饰。

4~7 种，泛热带分布。我国有 2 种。深圳有 1 种。

水蕨 Floating Fern　　　　图 70　彩片 101　102

Ceratopteris thalictroides（L.）Brongn. in Bull. Sci. Soc. Philom. Paris，ser. 3，**8**：186. 1822.

Acrostichum thalictroides L. Sp. Pl. **2**：1070. 1753.

Acrostichum siliquosum L. Sp. Pl. **2**：1070. 1753.

Ceratopteris siliquosa（L.）Copel. in Philipp. J. Sci. **56**（2）：107. 1935；广州植物志 47. 1956.

一年生多汁柔软草本。根状茎短而直立，密生肉质粗根。叶长 20~60cm，簇生，二型：不育叶的叶柄长 5~20cm，圆柱形，肉质，绿色，无毛，干后压扁；不育叶片直立和飘浮于水面，长三角形或阔披针形，长 8~40cm，宽 3~10cm，先端渐尖，基部圆形，一至四回深羽裂；羽片 5~10 对，斜展，互生，下部的较大，卵形和椭圆形，长 2~8cm，宽 1.5~4cm，先端渐尖，基部圆截形；小羽片 2~5 对，互生，斜展，卵形或椭圆形；末回裂片线状披针形，长 0.5~1cm，宽 2~3mm，急尖头或钝头，基部均沿末回羽轴下延成阔翅，全缘；能育叶直立，叶柄长 4~25cm，能育叶片椭圆形或阔披针形，长 10~30cm，宽 3~12cm，先端渐尖，基部圆楔形，二至三回深羽裂；羽片 5~8 对，互生，斜展，下部羽片长达 14cm，宽约 6cm；末回裂片线形，

图 70 水蕨 Ceratopteris thalictroides
1. 不育叶；2. 能育叶；3. 能育裂片的一部分；4. 孢子囊。
（马平绘）

长 1.5~3cm，宽 1~1.5mm，先端尖头，边缘强度反卷达于主脉，状如假囊群盖；叶脉连接成网状，有 2~3 行狭五边形网眼，不具内藏小脉；叶片软草质，干后暗绿色或棕色，无毛。孢子囊沿裂片的网脉着生，稀疏，棕色，幼时为反卷的叶边覆盖，成熟后张开。

产地：仙湖植物园（深圳队 1786）、内伶仃岛（张寿洲等 3833）。生于水边湿地，海拔 0~100m。

分布：广东、香港、海南、广西、湖南、江西、福建、台湾、浙江、江苏、安徽、山东、湖北、四川和云南。世界热带及亚热带地区，北达日本和朝鲜半岛。

用途：茎叶入药可治胎毒、消痞积；嫩叶可作蔬菜。

2. 卤蕨属 Acrostichum L.

海边潮汐红树林植物，土生。根状茎粗壮，横卧或直立，木质，被宽大而质厚的阔披针形鳞片，有粗根。叶簇生或近生，叶一型而羽片二型（有能育与不育之分化）；叶柄粗壮，光滑，直立；叶片奇数一回羽状，羽片有柄，舌形至长条形，边缘全缘，先端盾或尖，纸质至厚革质或肉质，无毛，无侧脉；叶柄上有数个短尖刺，为退化羽片的残留基部；叶脉连接成密而整齐的网眼，无内藏小脉；能育羽片略为狭缩，生于叶片上部，孢子囊群密布于能育羽片的远轴面，其中混有头状而稍分离的隔丝；孢子囊大型，环带有 20~22 个增厚细胞。孢子四面体球形，辐射对称，具三裂缝，表面有瘤状和细绳索状纹饰。

3 种，分布于泛热带地区的海滨。我国有 2 种，产于海南、广东（南部）及云南（南部）。深圳有 1 种。

卤蕨 Leather Fern   图71 彩片 103 104

Acrostichum aureum L. Sp. Pl. **2**: 1069. 1753.

植株高 0.8~1m。根状茎粗壮，横卧或斜升，木质，先端密被鳞片；鳞片阔披针形，长约 1.5cm，宽 3~5mm，中部褐色，质厚，边缘棕色、膜质。叶簇生；柄长 30~50cm，粗 0.4~10cm，坚硬，无毛，基部深褐色并被钻状披针形鳞片，向上为禾秆色，近轴面有纵沟，上部有 2~4 对互生的粗短刺状凸起（由羽片退化而成）；叶片长卵形，长 40~60cm，宽 20~30cm，奇数一回羽状；羽片 6~10 对，下部 1~2 对对生，向上的互生，疏离，斜展或斜向上，条形或狭披针形，长 17~20cm，宽 2~3cm，先端钝圆、微凹并有小凸尖，基部楔形，具短柄，两侧近平行，全缘；上部 1~7 对羽片能育，能育羽片与其下的不育羽片同形同大或略短，有时一个能育羽片仅上半部能育；叶脉明显，主脉近轴面有纵沟，远轴面隆起，网眼细小而整齐；叶厚革质，干后黄棕色，无毛。孢子囊满布于能育羽片远轴面，无盖。

产地：南澳（张寿洲等 1745）、福田（李沛琼等 3520）、沙井（张寿洲等 0688）。生于海边红树林中或海边草丛中，海拔 5~100m。

分布：广东、澳门、海南、广西、云南。全球热带地区均有分布。

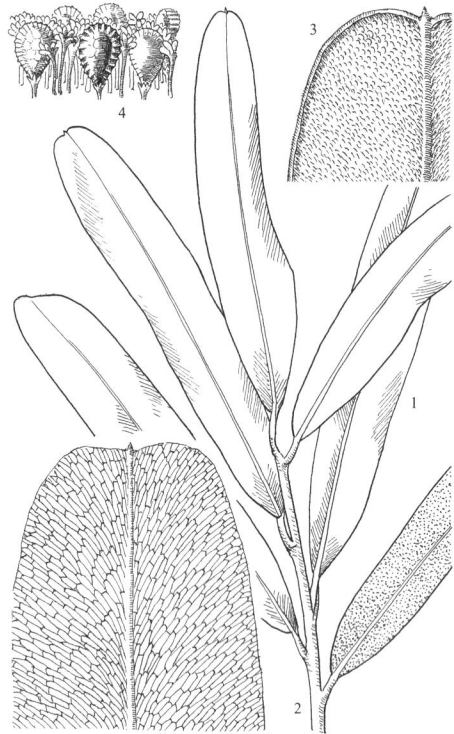

图 71 卤蕨 Acrostichum aureum
1. 植株；2. 不育叶上面的一部分；3. 能育叶下面的一部分放大，示孢子囊群；4. 隔丝与孢子囊群。（马平绘）

3. 粉叶蕨属 Pityrogramma Link

中型植物，土生。根状茎直立，被红棕色鳞片，鳞片狭，钻形，质薄，全缘。叶簇生；叶柄紫黑色，有光泽，内有 2 条扁平维管束，基部被有鳞片，基部以上无鳞片，叶柄下部圆柱形，向上至叶轴的近轴面上有浅沟；叶片卵形至椭圆形，二至三回羽状，远轴面密被白色至黄色的蜡质粉状物，无毛；羽片和小羽片多数，渐尖，小羽片上先出，往往多少下延于羽轴，边缘有锯齿；叶脉分离，小脉单一或分叉。孢子囊群呈线形，在叶背沿叶脉着生，不达顶部，无盖，也无隔丝；孢子囊的环带由 20~24 个增厚细胞组成。孢子球状四面体形，三裂缝，表面有粗瘤状、网结的脊状纹饰。

约 20 种，以美洲热带为分布中心，少数种类达非洲和亚洲热带。我国有 1 种。深圳有分布。

粉叶蕨 Silver Fern   图72 彩片 105

Pityrogramma calomelanos（L.）Link in Handbuch. **3**: 20. 1833.

Acrostichum calomelanos L. Sp. Pl. **2**: 1072. 1753.

根状茎短而直立，先端及叶柄基部被红棕色的狭披针形鳞片。叶长 40~80cm，簇生；叶柄长 15~50cm，深栗色或暗紫红色，基部以上光滑无毛，有光泽；叶片椭圆披针形，长 15~40cm，宽 7~10cm，渐尖头，一至二回羽状，羽片 15~18 对，斜向上，上部的互生、无柄，其下的对生或近对生、有短柄，基部一对最大或有时略缩短，披针形，长 4~10cm，宽 1~3cm，长渐尖头，一回羽状或羽状深裂至全裂；小羽片或一回裂片 10~20 对，斜向上，披针形，长 0.5~2cm，尖头，羽状浅裂至半裂，或边缘具锯齿或齿牙。叶脉不明显，羽状，小脉单一或分叉；叶厚纸质，干后近轴面灰绿色，远轴面密被乳白色蜡质粉末，两面无毛或有鳞片。孢子囊群线形，沿小脉着生，成熟时满布于小羽片远轴面，不达叶边，无囊群盖。

产地：南澳（邢福武等 11921，IBSC）、仙湖植物
园（张宪春等 011157）、塘朗山（张寿洲等 2659）。各
地常见，生于林缘路边，海拔 50~500m。

分布：广东、香港、澳门、海南、台湾和云南。
广布于热带地区。

4. 书带蕨属 Haplopteris C. Presl

中小型植物。附生。根状茎纤细横走，短或较长；
密生须根，须根密被棕色毛；根状茎被鳞片；鳞片狭，
先端渐尖。叶簇生或近生，具柄或无柄，叶柄两侧多
少有叶翅；叶为单叶，狭线形，边缘全缘，坚实，无
毛，两面不具白色或黄色粉状物，中脉明显，小脉单
一或很少分叉，小脉极斜向上并在叶缘处连接形成一
边内连接脉。孢子囊群线形，沿边内连接脉分布，连
续不断，着生在两侧叶缘的双唇状沟槽内，或多少下
陷于叶片远轴面的叶肉中，具隔丝；孢子囊的环带由
14~18（~20）个增厚细胞组成。孢子椭圆形，单裂缝，
表面平滑，很少有稀疏的颗粒状纹饰。

40 种，旧热带及亚热带分布，北达日本及朝鲜半
岛。我国有 13 种，分布于长江流域及以南地区。深
圳有 1 种。

书带蕨 Flexuous Hoplopteris　图 73　彩片 106　107
Haplopteris flexuosa（Fée）E. H. Crane in Syst.
Bot. **22**（3）：514. 1998.

Vittaria flexuosa Fée，Mém. Foug. **3**：16. 1852；
海南植物志 **1**：203. 1964；中国植物志 3（2）：23，图
版 4：5-9. 1999；香港植物志蕨类植物门 190，图版
24：6-7. 2003；广东植物志 **7**：136. 2006.

根状茎短而横走，密被鳞片；鳞片小，披针
形，褐色，薄膜质而网孔透明，边缘有浅齿。叶长
20~30cm，单叶，密集近生，叶柄不明显，纤细，干
后粗约 1mm；叶片线形，宽 3~5mm，先端渐尖，基
部渐狭并长下延成狭翅，全缘，干后略反卷；中脉的
近轴面上稍凹陷，远轴面上明显隆起，小脉不明显，
斜向上，与边脉相连成斜长网眼；叶革质，干后绿色，
边缘内卷，坚硬，无毛。孢子囊群线形，连续，长
3~6cm，生于叶片远轴面的浅纵沟中，紧邻叶缘而远
离中脉，纵沟的内缘隆起成棱脊，幼时为反卷的叶缘
覆盖；叶片的中部以下及先端不育；隔丝棍棒状，通
常分枝，有时单一。

产地：排牙山（张寿洲等 2150）。生于山顶林下，

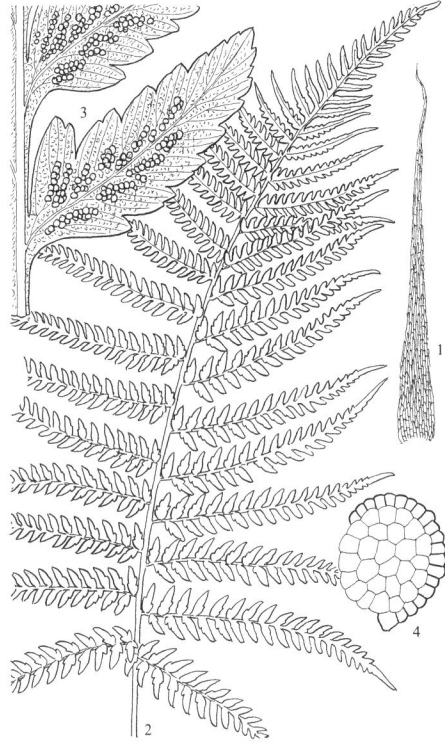

图 72 粉叶蕨 Pityrogramma calomelanos
1. 根状茎上的鳞片；2. 叶片；3. 小羽片；4. 孢子囊。（马平绘）

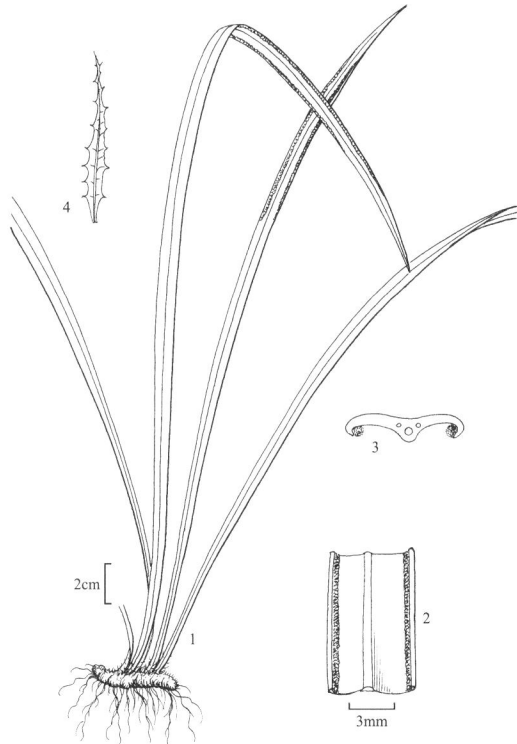

图 73 书带蕨 Haplopteris flexuosa
1. 植株；2. 叶片下面一段放大，示孢子囊群；3. 叶片横切
面；4. 根状茎的鳞片。（李志民绘）

海拔 500~700m。

分布：广东、香港、海南、广西、湖南、江西、福建、台湾、浙江、江苏、安徽、湖北、四川、贵州、云南和西藏。亚洲热带及亚热带地区。

用途：全草药用，有清热息风、舒筋活络之效。

5. 铁线蕨属 Adiantum L.

中小型植物，土生。根状茎短而直立，具管状中柱，或细长横走，具网状中柱，被棕色至黑色鳞片。叶簇生或近生；叶柄通常细圆光亮如铁丝，黑色或红棕色，基部被鳞片；叶片分枝式多样，单叶、一至三回羽状分枝或一至三次二歧掌状分枝；叶脉分离，不具主脉，小脉为扇形，多回二歧分枝，细而密，直达叶缘，叶无毛，或沿叶柄、叶轴的近轴面密被短硬毛，或羽片两面被长柔毛。孢子囊群线形、短线形或长椭圆形，生于反卷叶缘的叶脉上；囊群盖为长圆形、半月形或近圆形；假囊群盖短线形、半月形、肾形或圆形。孢子囊球圆形，有细长的由 3 列细胞构成的柄，环带纵行，约由 18~22（~36）个增厚细胞组成。孢子球状四面体形，具三裂缝，表面有颗粒状或瘤状纹饰。

150~200 种，全球分布，主产于热带及亚热带地区。我国有 34 种，产于温暖地区，以西南地区较多。深圳有 3 种。

1. 叶片扇形，二至三回二歧分裂······················
　···················· 1. **扇叶铁线蕨 A. flabellulatum**
1. 叶片条状披针形，一回羽状。
　2. 羽片楔形或团扇形，上缘及外缘深裂或条裂成
　　狭裂片，羽片无柄；植株通体被毛 ···········
　　···················· 2. **鞭叶铁线蕨 A. caudatum**
　2. 羽片半月形，上缘浅裂或有 3~4 个缺刻，具长
　　0.2~1.2cm 的柄；植株通体光滑无毛 ···········
　　················3. **半月形铁线蕨 A. philippense**

1. 　**扇叶铁线蕨** 铁线蕨 Fan-leaved Maidenhair
　　　　　　　　　　图 74　彩片 108　109
　Adiantum flabellulatum L. Sp. Pl. **2**：1095. 1753.
　　根状茎短而直立，密被鳞片；鳞片线形，棕色，全缘。叶长 30~50cm，簇生；叶柄长 15~40cm，深栗色、紫棕色或近黑色，有光泽，基部被线形鳞片，基部以上光滑无毛，但叶柄上部远轴面的浅纵沟中密生暗棕色短硬毛；叶片扇形，长 10~15，宽 10~15cm，鸟足状二至三回二歧分裂，通常中央羽片最大，两侧的与中央羽片同形而较短；一回羽状的羽片 5~10 个，条形，长（1.5~）5~12cm，宽 1~2.5cm，基部有短柄，向先端的小羽片渐小，顶部具 1 小羽片；每个羽片的侧生末回小羽片（2~）6~16 对，互生，彼此接近或有狭间隔分开，斜方形或团扇形，有短柄；不育小羽片较大，长 1.1~1.5cm，宽 6~7mm，外缘及上缘有细密锯齿，内缘及下缘全缘；能育小羽片较小，长 7~10cm，

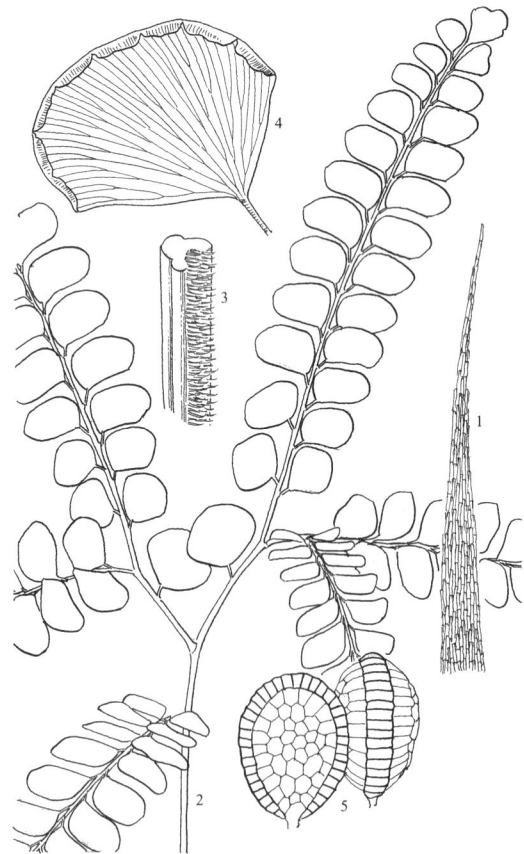

图 74　扇叶铁线蕨 Adiantum flabellulatum
1. 根状茎上的鳞片；2. 植株；3. 叶柄的一段，示上面的纵沟及沟内的短硬毛；4. 能育叶的小羽片，示叶脉及孢子囊群；5. 孢子囊。（马平绘）

宽5~8mm,上缘及外缘有疏浅缺刻,下缘及内缘全缘;叶脉明显,扇形,多回二歧分叉,直达叶边;叶纸质,两面无毛;叶轴及各回羽轴的近轴面密被直立的暗棕色短毛。孢子囊群粗短线形,着生于小羽片的上缘及内缘,为小羽片的缺刻分开,每小羽片3~4;囊群盖线形,无毛。

产地:七娘山(张寿洲等1622)、梧桐山(徐有才89364)、仙湖植物园(张宪春011171)。各地常见,生于山地林下,海拔50~500m。

分布:浙江、湖南、江西、福建、台湾、广东、香港、澳门、海南、广西、贵州、云南和四川。尼泊尔、印度、斯里兰卡、缅甸、越南、马来西亚、印度尼西亚、菲律宾、日本。

用途:酸性土指示植物,可盆栽供观赏;全草入药,有清热解毒之效。

2. 鞭叶铁线蕨 Walking Maidenhair

图75 彩片110 111

Adiantum caudatum L. Mant. Pl. 308. 1771.

根状茎短而直立,密被鳞片;鳞片条形,棕色,边缘全缘。叶长25~35cm,簇生;叶柄长8~14cm,栗色,略有光泽,基部被条形鳞片,基部以上密被暗棕色长硬毛;叶片线状披针形,长15~22cm,宽2~3cm,上部常延伸成鞭状,能着地生根形成新的植株,向下为一回羽状;羽片25~35对,互生或下部的近对生,叶片两端的羽片较小,楔形或团扇形,相距较远,中部的羽片为对开式,近长方形,彼此接近,中部羽片大小长约1.5cm,宽0.5~0.8cm,无柄,外缘以圆形过渡到上缘,深裂或条裂成狭裂片,下缘平直且全缘,内缘平直而紧靠叶轴;叶脉不明显,扇状二歧分叉;叶纸质,远轴面密被棕色长硬毛,近轴面毛略少;叶轴与叶柄同色,密被毛。孢子囊群粗短线形,着生于裂片顶端,每羽片5~12;囊群盖线形,被毛。

产地:七娘山(仙湖华农学生采集队012390)、大鹏(张寿洲等011042)、内伶仃岛(李沛琼2042)。生于海边石缝或沟边石上,海拔10~300m。

分布:湖南、福建、台湾、广东、香港、澳门、海南、广西、贵州和云南。亚洲热带地区。

3. 半月形铁线蕨 菲岛铁线蕨 Philippine Maidenhair

图76 彩片112 113

Adiantum philippense L. Sp. Pl. **2**: 1094. 1753.

根状茎短而直立,密被鳞片;鳞片条形,栗色,

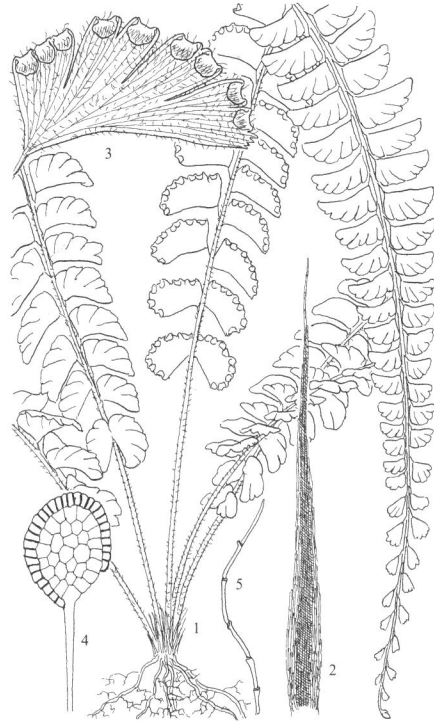

图75 鞭叶铁线蕨 Adiantum caudatum
1. 植株;2. 根状茎上的鳞片;3. 能育叶的小羽片,示毛被及孢子囊群及假囊群盖;4. 孢子囊;5. 叶柄上的硬毛。(马平绘)

图76 半月形铁线蕨 Adiantum philippense
1. 叶的上面;2. 叶的下面,示羽片的叶脉、孢子囊群及假囊群盖。(马平绘)

边缘全缘。叶长 30~40cm，簇生；叶柄长 8~18cm，栗色，有光泽，基部被条形鳞片，基部以上光滑无毛；叶片线状披针形，长 15~20cm，宽 4~7cm，一回羽状，先端有 1 小羽片，也能延伸成鞭状并着地生根形成新的植株；羽片 8~13 对，互生，基部羽片不变小，先端的羽片略小，对开式的半月形，彼此有较宽的间隔分开，大小长 1~3cm，宽 0.5~1.7cm，有 0.2~1.2cm 长的柄，外缘及上缘圆弧状、浅裂或有 3~4 个缺刻，内缘弧状、全缘，下缘平直且全缘；叶脉明显，多回二歧分叉，直达叶边；叶片草质，干后暗绿色，无毛；叶轴及羽片柄栗色，无毛。孢子囊群粗线形，着生于外缘及上缘，每羽片 5~7；假囊群盖线形，无毛。

产地：七娘山（张寿洲等 007170）、大鹏（张寿洲等 2058）、内伶仃岛（张寿洲等 3848）。生于海边岩石上或林下沟边，海拔 50~200m。

分布：台湾、广东、香港、海南、广西、贵州、云南和四川。广布于亚洲、非洲和大洋洲的热带地区。

6. 凤尾蕨属 *Pteris* L.

中型植物，土生。根状茎直立或短而斜升，很少短而横卧，具复式管状或网状中柱，被披针形或线形鳞片。叶簇生或近生；叶柄上有纵沟，禾秆色至栗色，通常光滑无毛；叶片多样；或为披针形、全缘的单叶，或为三叉状分裂的单叶，或为三叉至掌状复叶，或为一至二回羽状，羽片不分裂或羽裂，不为对开式或扇形，若具侧生羽片，羽片为对生或很少互生；羽轴或主脉近轴面有深纵沟，沟两旁有狭边，狭边偶呈啮蚀状，常有针状刺；叶脉分离，单一或二叉，不为扇形，多回二歧分枝，较少羽轴（有时沿裂片主脉）两侧的小脉连接为狭长网眼，网眼内不具内藏小脉，网眼外的小脉分离，小脉先端一般不达叶边；叶片通常为草质或纸质，有时近革质，无毛或少有被毛。孢子囊群短线形，沿叶缘延伸而不断裂，着生于叶缘内的连接小脉上，有隔丝；假囊群盖线形，连续不断；孢子囊有长柄，环带由 16~34 个增厚细胞组成。孢子球状四面体形，具三裂缝，表面有瘤状、颗粒状或网状纹饰。

250~300 种，产于世界热带和亚热带地区。我国有 70 余种，主要分布于华南及西南，少数种类向北到达秦岭南坡。深圳有 9 种。

1. 叶柄顶端分为三枝 ·· 1. 疏裂凤尾蕨 **P. finotii**
1. 叶柄顶端不分为三枝。
　2. 侧生羽片条形或披针形，绝不为篦齿状分裂；羽轴近轴面的狭边无啮蚀状小齿（剑叶凤尾蕨略有细微小刺）。
　　3. 叶片为倒披针形，中部以下的羽片逐渐缩短，不分叉；侧生羽片多达 20~30（~40）对，羽片基部为偏斜心形 ·· 2. 蜈蚣草 **P. vittata**
　　3. 叶片为阔倒披针形、披针形或长圆状卵形，中部以下的羽片不缩短，分叉、羽裂或羽状；侧生羽片 2~6 对，羽片基部为楔形。
　　　4. 叶一型；羽片条形，不分叉或基部数对羽片分叉；叶轴两侧有 1~2mm 宽的狭翅；除基部 1 对羽片外，其余羽片基部与叶轴合 ·· 3. 井栏边草 **P. multifida**
　　　4. 叶二型；不育叶的羽片阔披针形，羽状深裂或羽状；能育叶的羽片条形，不分叉或基部有 1~3 个分叉的小羽片；叶轴仅上部有狭翅 ···································· 4. 剑叶凤尾蕨 **P. ensiformis**
　2. 侧生羽片披针形或三角状披针形，有规则地篦齿状羽裂几达羽轴；羽轴近轴面沿沟边两侧有长刺（有时裂片主脉近轴面也有刺）或有啮蚀状小齿。
　　5. 羽片不规则地篦齿状深裂；叶脉间密布细条纹状的假脉 ····························· 5. 条纹凤尾蕨 **P. cadieri**
　　5. 羽片规则地篦齿状深裂；叶脉间无假脉。
　　　6. 侧生羽片在羽轴两侧通常为不对称的羽裂，即只有羽轴下侧为篦齿状羽裂；羽轴近轴面纵沟两边有啮蚀状或小齿状凸起。
　　　　7. 羽片的裂片不育部分的小脉伸入锯齿到达叶缘 ····························· 6. 刺齿半边旗 **P. dispar**
　　　　7. 羽片的裂片不育部分的小脉到达锯齿基部而不到叶缘 ················· 7. 半边旗 **P. semipinnata**

6. 侧生羽片在羽轴两侧为对称的羽裂；羽轴近轴面纵沟两边有长刺。

    8. 羽片的裂片基部相对 2 小脉伸达缺刻以上的叶边；羽片分裂达到羽轴两侧的狭翅（翅不足 1mm 宽）
    ……………………………………………………………………………8. **傅氏凤尾蕨 P. fauriei**

    8. 羽片的裂片基部相对 2 小脉伸达缺刻底部；羽片分裂达到羽轴两侧的宽翅（翅宽达 1.5~5mm）。

       9. 羽轴两侧的叶脉或分离，或连接成呈三角形网眼 ……………………9. **线羽凤尾蕨 P. arisanensis**

       9. 羽轴两侧的叶脉连接成一行平行于羽轴的狭长网眼 ………… 深圳可能有分布种：**狭眼凤尾蕨 P. biaurita**

1. **疏裂凤尾蕨** Distant-cleft Brake

图 77　彩片 114　115

Pteris finotii Christ in J. Bot.（Morot）**19**（4）：72. 1905.

    根状茎粗壮，横卧至斜升，先端及叶柄基部被棕色鳞片；鳞片阔披针形，一色。叶长达 1.5m，簇生；叶柄长约 1m，禾秆色、棕色或带栗色，基部颜色较深，光滑无毛，无光泽或略有光泽，顶端分为三枝；中央羽片椭圆形，奇数一回羽状，小羽片奇数羽状深裂，长 70~80cm，宽 30~40cm，基部小羽片单一不分叉，顶生小羽片较侧生小羽片明显宽大；2 枝侧生的羽片与中央羽片等大，但羽片的基部明显不对称，基部上侧的 2 个小羽片明显较小，而基部下侧的小羽片明显阔而长；中央羽片通常有 5 对侧生小羽片而侧生羽片通常只有 4 对侧生小羽片；小羽片对生，阔披针形，12~15cm，宽 3~4cm，先端羽裂渐尖并有一不分裂的长尾，基部略狭，近圆形或截形并稍偏斜，有规则地篦齿状深羽裂达羽轴两侧的狭翅；基部小羽片的基部下侧无分叉的次级羽片；裂片 13~20 对，略斜展，近镰刀形，长 1.5~3cm，宽 0.4~0.5cm，先端圆钝，边缘全缘；叶脉纤细，在小羽轴及裂片主脉下部两侧各连接成 1 行网眼，小羽轴两侧的网眼极狭长，主脉下部两侧的网眼为不规则的多角形，裂片上部的小脉通常分离，不具假脉；叶片干后草质或纸质，灰绿色，无毛；羽轴禾秆色，无毛，近轴面纵沟旁有短刺。孢子囊群生于裂片边缘，线形。

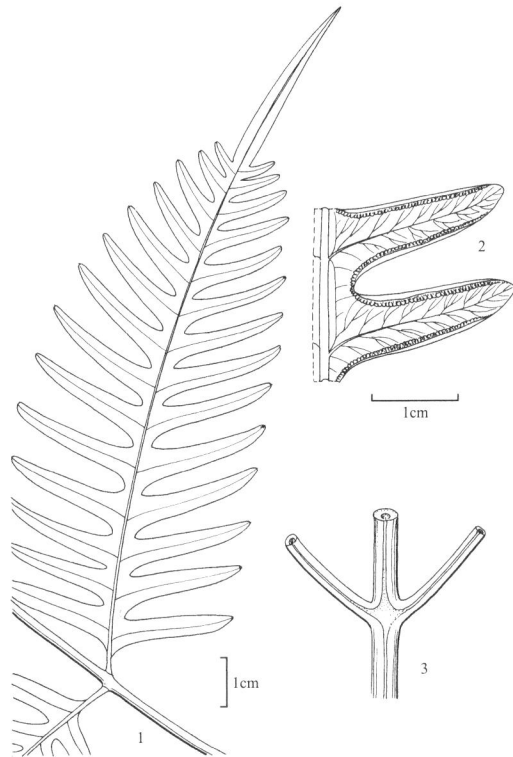

图 77 疏裂凤尾蕨 Pteri finotii
1. 侧生小羽片；2. 裂片的一部分，示下面的叶脉及孢子囊群；3. 叶柄，生于顶端的分为三枝。（李志民绘）

    产地：大鹏（邢福武等 12046，IBSC）。生于山地林下溪边，海拔约 300m。

    分布：广东、香港、海南和云南南部。越南北部也有分布。

2. **蜈蚣草** Ladder Brake   图 78　彩片 116　117

Pteris vittata L. Sp. Pl. **2**：1074. 1753.

    根状茎短，横卧或斜升，先端被鳞片；鳞片狭披针形，幼时白色带绿色，老时棕色。叶长（20~）40~120（~150）cm，近生或近簇生；柄长 3~25cm，暗禾秆色或棕色，通体密被狭披针形或线形鳞片；鳞片伸展，毛状，老时易脱落；叶柄顶端不分为三枝；叶片倒披针形，通常长 40~100cm，中上部最宽处为 25~40cm，奇数一回羽状，顶生羽片与侧生羽片同形但较长，中部以下的羽片向基部逐渐缩短，不分叉；侧生羽片条形或披针形，绝不为篦齿状分裂，20~30（~40）对，多数对生，少数互生，平展，无柄，条形，中上部羽片长 13~20cm，宽 0.5~1cm，先端尾状渐尖，基部为偏斜心形，不育羽片边缘有极浅的锯齿，能育羽片边缘全缘；基部羽片缩短为耳状，不分叉；不育羽片的叶脉分离，小脉1~2次分叉，小脉先端直达叶缘形成小齿；能育羽片的叶脉先端为一边内连接脉连接，无假脉；叶片干后纸质，绿色，叶轴远轴面被多细胞短毛，近轴面上有短毛或毛状小鳞片，老时易脱落；羽轴禾秆色，远轴面多少有短毛，近轴面的狭边无啮蚀状小齿，有凸出而无纵沟，无刺。孢子囊群生于裂片边缘，裂片顶部不育，线形。

产地：南澳（邢福武等10518，IBSC）、仙湖植物园（刘小琴等01277）。各地常见，生于村边或林缘路边石隙，海拔50~700m。

分布：秦岭以南各地区和台湾。旧大陆的热带和亚热带地区。

用途：全草药用，有祛风、除虫之效。

3. 井栏边草 井边凤尾蕨 凤尾草 井兰草 Chinese Brake　　　　　　图79　彩片118　119

Pteris multifida Poir. in Lam. Encycl. **5**（1）：714. 1804.

Pteris serrulata L. f. Suppl. Pl. 445. 1781 [1782]，non Forssk.：广州植物志 42. 1956

根状茎短，横卧或斜升，先端被鳞片；鳞片狭披针形，栗色，两侧无明显棕色狭边。叶一型，长40~60cm，近生或簇生；叶柄长10~25cm，光滑无鳞片，禾秆色或带栗色，略有光泽，顶端不分为三枝；叶片阔披针形，绝不为篦齿状分裂，长20~30cm，宽10~15cm，一回羽状，不分叉或基部数对羽片有分叉；叶轴两侧有1~2mm宽的狭翅；侧生羽片或裂片3~5对，对生或近对生，斜向上，无柄，条形，长8~15cm，宽0.4~0.6cm，先端长尾状渐尖，全部羽片（裂片）基部与叶轴合生，或基部1对羽片分离，其基部楔形，不育边缘有细尖锯齿；基部羽片的基部上下侧各有1~2个条状裂片，有时基部以上羽片（裂片）的基部也分叉出1~2个条形裂片；叶脉分离，无假脉，小脉单一或分叉；叶片干后纸质，暗绿色，无毛；羽轴禾秆色，无毛，近轴面的狭边无啮蚀状小齿，纵沟旁无刺。孢子囊群生于裂片边缘，羽片（裂片）顶部不育，线形。

产地：仙湖植物园（陈珍传023211）。各地常见，通常生于墙边石隙，海拔约80m。

分布：山东、安徽、浙江、河北、河南、湖北、湖南、江西、福建、台湾、广东、香港、澳门、海南、广西、贵州、云南、四川和陕西。泰国、越南、日本和菲律宾。

用途：全草入药，能清热利湿。

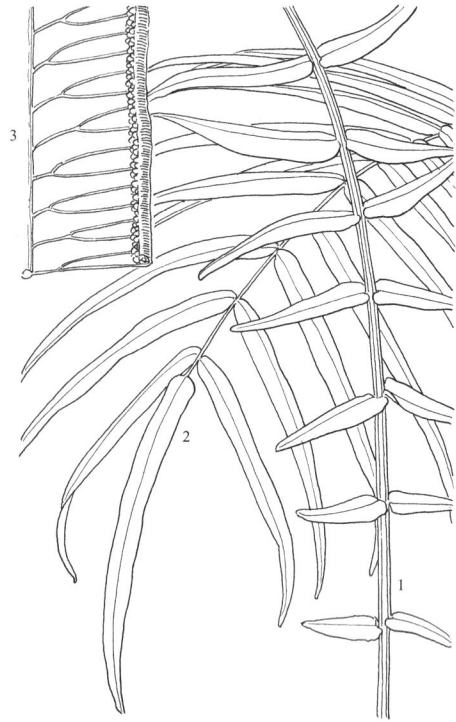

图 78 蜈蚣草 Pteris vittata
1. 叶的下部；2. 叶的上部；3. 羽片的一部分放大，示下面的叶脉及孢子囊群。（马平绘）

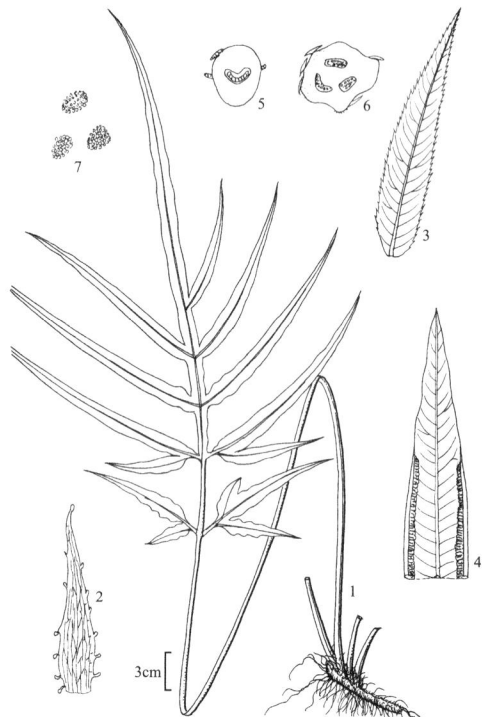

图 79 井栏边草 Pteris multifida
1. 植株的一部分，示根、根状茎及叶；2. 根状茎上的鳞片；3. 不育羽片的一部分，示叶脉及边缘的锯齿；4. 能育羽化的一部分，示下面的叶脉及孢子囊群；5~6. 叶柄下部的横切面；7. 孢子放大。（李志民绘）

4. 剑叶凤尾蕨 井边茜 Sword Brake

图 80　彩片 120　121　122

Pteris ensiformis N. L. Burm. Fl. Indica. 230. 1768.

　　根状茎短，横卧或斜升，先端被鳞片；鳞片狭披针形，栗色，略有光泽，无棕色狭边。叶长 40~100cm，近生或近簇生，二型；叶柄长 10~50cm，禾秆色至浅栗色，光滑无毛，略有光泽，顶端不分为三枝；叶片长圆状卵形，中部以下的羽片不缩短，分叉，羽裂或羽状，长 15~35cm，宽 6~20cm，二回羽状；侧生羽片 3~5 对，对生，斜向上，基部楔形，有短柄；不育叶的羽片阔披针形，羽状深裂或羽状，通常大小为长 3~5cm，宽 2~3.5cm，一回羽状，先端有一顶生条形小羽片或裂片，羽片基部有 1~2 对侧生小羽片或裂片；裂片斜展，长卵形或椭圆形，长 1.5~3cm，宽 5~8mm，钝头，边缘有尖锯齿；能育羽片条形，较宽大，不分叉或基部有 1~3 个分叉的小羽片，能育小羽片或裂片狭长，条形，长 1~6cm，宽约 4mm，边缘向远轴面反卷而呈全缘状；叶脉分离，无假脉，小脉分叉，小脉先端不到叶缘；叶片草质或纸质，干后暗绿色，无毛；叶轴仅上部有狭翅；羽轴禾秆色，无毛，近轴面纵沟旁有细微小刺。孢子囊群生于裂片及羽轴上侧叶翅的边缘，顶部不育，线形。

　　产地：七娘山（邢福武等 10500，IBSC）、梧桐山（李沛琼 797）、梅林（张寿洲等 0581）。各地常见，生于山谷林下，海拔 100~600m。

　　分布：浙江、湖南、江西、福建、台湾、广东、香港、澳门、海南、广西、贵州、云南和四川。印度、斯里兰卡、越南、老挝、柬埔寨、泰国、日本、马来西亚、太平洋岛屿、菲律宾和澳大利亚。

　　用途：全草煎服，可治疟疾、下痢及淋病；据《岭南采药录》载，"取茎叶煎水洗疳疔痔疮，取叶捣烂敷热疮，有疏散之效"。

5. 条纹凤尾蕨 Cadier Brake

图 81　彩片 123　124

Pteris cadieri Christ in J. Bot.(Morot)**19**(4)：72. 1905.

　　根状茎短，斜升或直立，先端被鳞片；鳞片狭披针形，栗色，两侧无棕色狭边。叶长约 10~40cm，簇生，明显二型；叶柄长 10~30cm，光滑无鳞片，栗色或有时带禾秆色，略有光泽，顶端不分为三枝；不育叶片卵形，长 7~8cm，宽 5~6cm，由 3 个不规则篦齿状深

图 80 剑叶凤尾蕨 Pteris ensiformis
1. 根状茎上的鳞片；2. 不育叶的上部；3. 能育叶的上部，示羽片背面边缘的孢子囊群；4. 孢子囊群和隔丝。（马平绘）

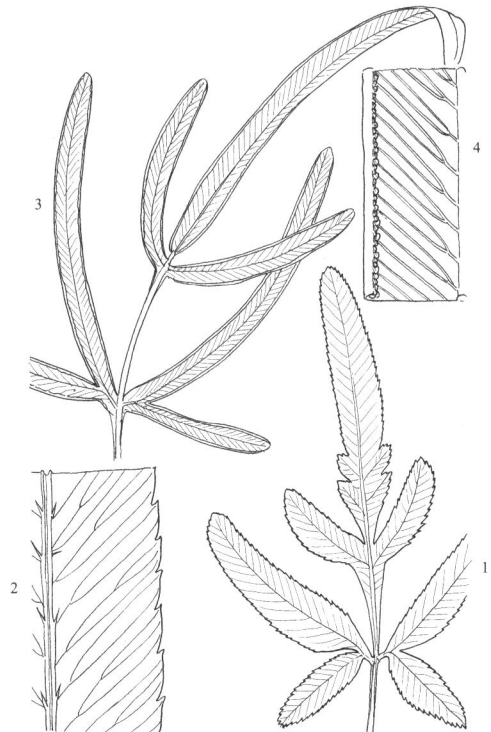

图 81 条纹凤尾蕨 Pteris cadieri
1.不育叶；2.不育叶一部分，示主脉上的疏刺；3.能育叶；4.能育叶的一部分，示孢子囊群。（马平绘）

裂的羽片组成，即1个顶生羽片和基部1对侧生羽片；不育叶有时为掌状深裂，由5个长条形裂片组成，即中间1个长裂片，基部2侧各有1个分叉的较短的裂片；篦齿状深裂的羽片通常长4~7cm，宽2~5cm，有5~9个侧生条形裂片；掌状深裂的羽片长7~12cm，基部宽5~6cm，中间裂片大小长7~12cm，宽1~1.5cm，侧生裂片长4~6cm，宽0.5~0.9cm；能育叶远较高，叶片掌状深裂或有1~2对侧生分离的羽片；掌状深裂的裂片或分离的侧生羽片长6~9cm，宽5~6mm，顶生裂片稍长；基部羽片的基部下侧分叉出一个较短的条形裂片；叶脉分离，脉间密布假脉；叶片干后纸质，绿色，无毛；羽轴或裂片主脉禾秆色，无毛，近轴面纵沟两侧有长刺。孢子囊群生于裂片边缘，裂片顶部不育，线形。

产地：梧桐山（深圳队885）。生于山谷石上，海拔约400m。

分布：广东、广西、福建、台湾、贵州和云南。越南北部和日本南部。

6. 刺齿半边旗 Disparate Brake 图82

Pteris dispar Kuntze in Bot. Zeitung（Berlin）**6**：539. 1848.

根状茎短，横卧或斜升，先端被鳞片；鳞片线状披针形，栗色，无棕色狭边。叶长40~50cm，近生或簇生，近二型；叶柄长10~20cm，栗色，光滑无毛，有光泽，顶端不分为三枝；叶片长圆披针形，长15~30cm，宽6~10cm，一回羽状—羽片深羽裂，或羽片为不对称的二回深羽裂，即羽轴上侧无裂片或先端有1~2个裂片，下侧显著宽大并为规则的羽状深裂，基部羽片不分叉；侧生羽片4~5对，大多对生或近对生，斜向上，有短柄或无柄，三角状披针形，通常长5~8cm，基部宽2.5~4cm，先端长尾状，不分叉，不对称羽裂的羽片主脉上侧只有一条宽3~5mm的阔翅，下侧裂片深羽裂几达羽轴，自先端向基部，裂片逐渐变长，羽片基部最宽，下侧楔形；下部1~3对羽片的基部下侧有时有1个不对称深羽裂的特大裂片；裂片3~6个，斜展，条形，长1~3cm，宽3~8mm，不育边缘有尖锯齿，能育边缘全缘；叶脉分离，无假脉；裂片基部下侧一脉出自羽轴，侧脉斜向上，1~2次分叉，小脉先端伸达叶缘，在不育部分伸达锯齿顶部；叶片草质，干后暗绿色，无毛；羽轴禾秆色，无毛，近轴面纵沟旁有很短的啮蚀状齿。孢子囊群生于裂片及羽轴上侧叶翅的边缘，顶部不育，线形。

产地：七娘山（张寿洲等1972）、南澳、三洲田（深圳队674）、梧桐山、内伶仃岛（张寿洲等3746）。生于山地林下路边，海拔100~600m。

分布：长江以南地区。越南、韩国、日本、菲律宾和马来西亚也有分布。

用途：可供药用，有清热之效，常与半边旗混用。

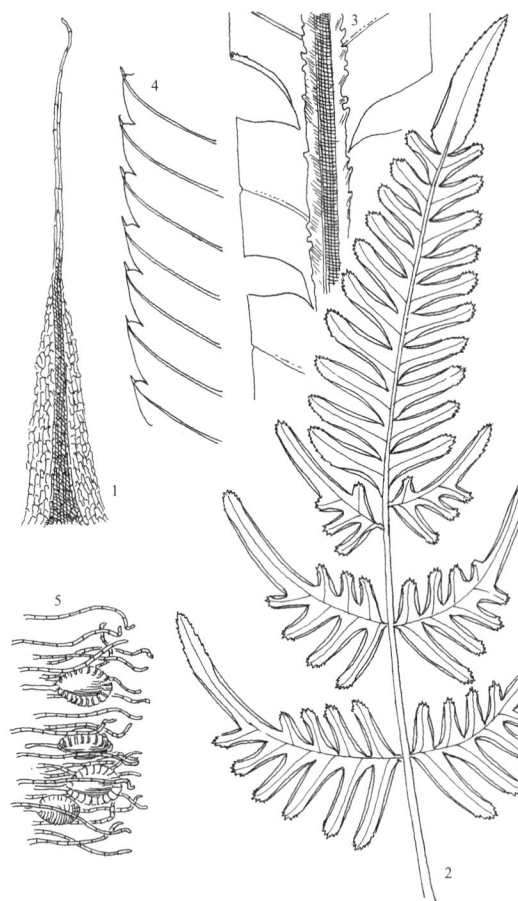

图 82 刺齿半边旗 Pteris dispar
1. 根状茎上的鳞片；2. 能育叶；3. 不育羽片的一部分放大，示中脉；4. 不育羽片的一部分放大，示边缘的锯齿；5. 隔丝及孢子囊群。（马平绘）

7. 半边旗 Semi-pinnated Brake 图83 彩片125 126

Pteris semipinnata L. Sp. Pl. **2**：1076. 1753.

根状茎短，横卧，先端被鳞片；鳞片狭披针形，栗色或有时略有棕色狭边。叶长35~80cm，近生；叶柄长

15~50cm，栗色，光滑无毛，有光泽，顶端不分为三枝；叶片长圆或卵状披针形，长 20~40cm，宽 10~18cm，一回羽状，羽片不对称深羽裂（即羽轴上侧无裂片，下侧显著宽大并为羽状深裂），基部羽片分叉；侧生羽片 4~7 对，对生，斜向上，无柄，三角状披针形，下部较大羽片通常长 10~15cm，基部宽 5~10cm，先端长尾状，羽轴上侧只有一宽约 5mm 的阔翅，下侧裂片深羽裂几达羽轴，自先端向基部，裂片逐渐变长，羽片基部最宽，下侧楔形；基部羽片的基部下侧有 1 个显著增大的裂片或小羽片；裂片 4~7 个，斜展，条形或狭披针形，长 3~10cm，宽 5~8mm，不育边缘有尖锯齿，能育边缘全缘；叶脉分离，无假脉；裂片基部下侧一脉出自羽轴，侧脉斜向上，1~2 次分叉，小脉先端伸达叶缘，在不育部分伸达锯齿基部而不达顶部；叶片草质，干后暗绿色，无毛；羽轴基部栗色，向先端为禾秆色，无毛，近轴面纵沟旁有很短的啮蚀状齿。孢子囊群生于裂片及羽轴上侧叶翅的边缘，顶部不育，线形。

产地：南澳（邢福武等 10303，IBSC）、三洲田（深圳队 668）、梧桐山（李沛琼 805）。各地常见，生于山地林下路边，海拔 10~300m。

分布：浙江、湖南、江西、福建、台湾、广东、香港、澳门、海南、广西、贵州、云南和四川。东南亚及南亚也有分布，北达日本。

用途：可供药用，据《岭南采药录》载，"凡毒蛇咬伤，可将叶搞烂，和片糖敷，有效，又治疮疖，煎水洗之效"。

8. 傅氏凤尾蕨 Faurie's Brake

图 84 彩片 127 128

Pteris fauriei Hieron. in Hedwigia **55**（4）：345. 1914.

根状茎粗短，横卧或斜升，先端被鳞片；鳞片披针形或狭披针形，栗色，两侧有明显棕色而为膜质的边缘。叶长约 70cm，近生；叶柄长 20cm，基部有较多的披针形鳞片，禾秆色，向上几无鳞片，不具光泽，顶端不分为三枝；叶片卵状披针形，长 30~40cm，宽约 25cm，一回羽状—羽片深羽裂，基部羽片有分叉；侧生羽片 5~8 对，对生或近对生，斜向上，无柄或仅基部羽片有短柄，披针形，长 10~20cm，宽 3~5cm，在羽轴两侧为对称的羽裂，先端羽裂渐尖，基部不变狭或稍变狭，近圆形或阔楔形，有规则的篦齿状深羽裂几达羽轴两侧，具狭翅，翅宽不足 1mm，基部羽

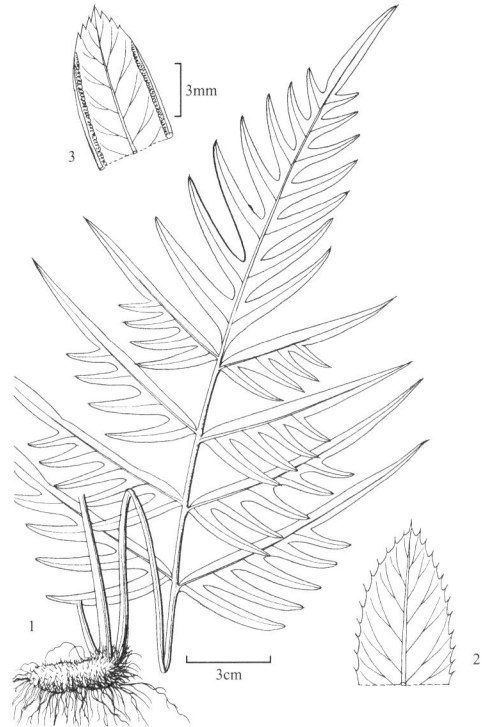

图 83 半边旗 Pteris semipinnata
1. 植株的一部分，示根、根状茎及叶；2. 不育裂片的上部，示下面的叶脉及边缘的尖锯齿；3. 能育裂片的上部，示下面的叶脉及生于边缘的孢子囊群。（李志民绘）

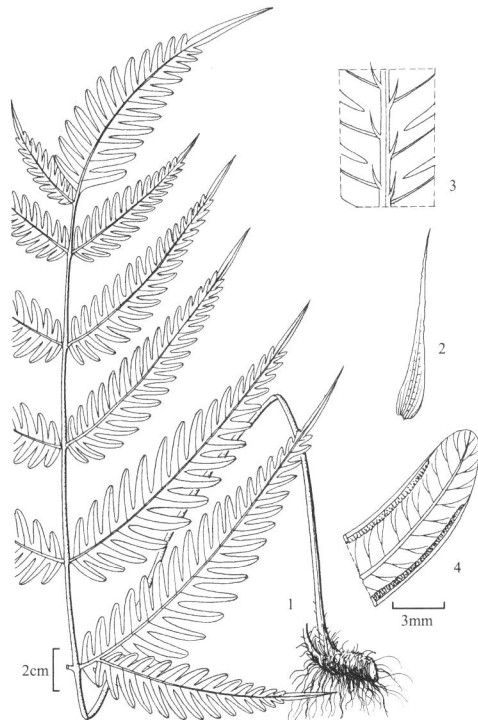

图 84 傅氏凤尾蕨 Pteris fauriei
1. 植株，示根、根状茎的一段和 1 枚叶；2. 根状茎先端的鳞片；3. 裂片的一部分放大，示下面中脉上的刺；4. 裂片的一部分放大，示下面的叶脉及生于边缘的孢子囊群。（李志民绘）

片的基部下侧有 1 个篦齿状羽裂的小羽片；裂片 12~25 对，略斜展，近镰刀形，较大的裂片长 2.2~3.5cm，宽约 0.6cm，先端圆钝，边缘全缘；叶脉分离，无假脉；羽裂的裂片基部下侧一脉出自羽轴，侧脉斜向上，自基部稍上分为二叉，裂片基部相对的 2 条小脉达缺刻以上的叶边；叶片干后纸质，绿色，无毛；羽轴禾秆色，无毛，近轴面纵沟旁有长刺。孢子囊群生于裂片边缘，裂片顶部不育，线形。

产地：七娘山（张寿洲等 SCAUF933）、南澳（张寿洲等 1773）、梧桐山（张寿洲等 011806）。生于山地林下，海拔 50~500m。

分布：湖南、江西、福建、台湾、广东、香港、澳门、海南、广西、贵州、云南、四川和西藏。越南北部和日本也有分布。

9. 线羽凤尾蕨 Linear Brake

图 85 彩片 129 130

Pteris arisanensis Tagawa Acta Phytotax. Geobot. **5**：102. 1936.

Pteris linearis auct., non Poir.：香港植物志蕨类植物门 149，图版 17：4，2003；广东植物志 **7**：106. 2006；中国植物志 **3**（1）：75，图版 22. 1990.

根状茎短，斜升或直立，先端被鳞片；鳞片披针形，二色，中间黑色，两侧边棕色。叶长 70~90cm，簇生；柄长 37~50cm，禾秆色、棕色或带栗色，基部颜色较深，光滑无毛，有光泽，顶端不分为三枝；叶片卵状披针形，长 35~55cm，宽 20~30cm，一回羽状—羽片深羽裂，基部羽片有分叉；侧生羽片 6~8 对，对生，略斜向上，无柄或仅基部羽片有短柄，披针形，长 10~24cm，宽 2.5~5cm，先端羽裂渐尖，基部略狭，近圆形或截形并稍偏斜，有规则地篦齿状深羽裂达羽轴两侧的狭翅；基部羽片的基部下侧有 1 个篦齿状羽裂的小羽片；裂片 20~30 对，略斜展，近镰刀形，长 4~6cm，宽约 1.5cm，先端圆钝，全缘；叶脉分离或基部 1 对叶脉有时连接，无假脉；羽裂的裂片基部下侧一脉出自羽轴，侧脉斜向上，自基部稍上分为二叉，羽裂的裂片基部相对的 2 小脉直达缺刻，在缺刻底部分开或相交成高尖三角形网眼，有时在羽轴两侧连接成 1 行三角形或狭长网

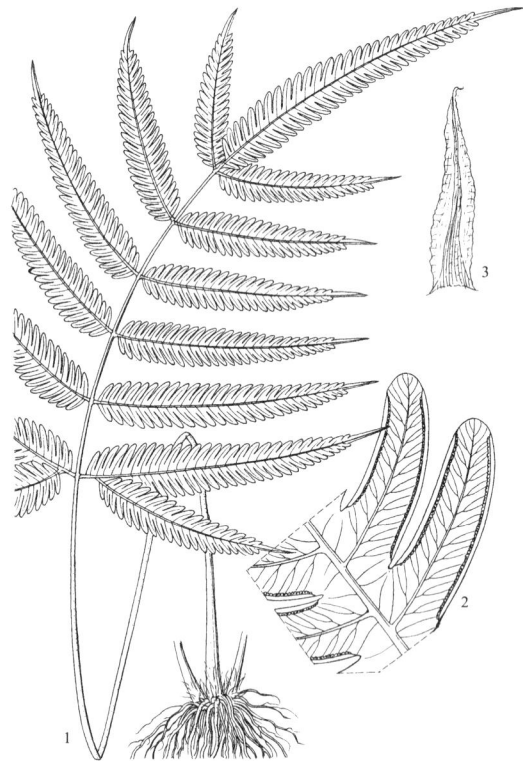

图 85 线羽凤尾蕨 Pteris arisanensis
1. 植株，示根、根状茎及叶；2. 裂片部分放大，示下面叶脉及孢子囊群；3. 根状茎上的鳞片放大；（李志民绘）

眼，网眼以外的小脉分离；叶片干后纸质或近革质，绿色或黄绿色，无毛；羽轴禾秆色，无毛，近轴面纵沟旁有短刺。孢子囊群生于裂片边缘，裂片顶部不育，线形。

产地：南澳（邢福武等 12419，IBSC）、大鹏（邢福武等 11997，IBSC）、三洲田（深圳队 344）、梧桐山、仙湖植物园。生于山地林下，海拔 50~500m。

分布：广东、香港、澳门、海南、广西、四川、贵州、云南、台湾。广泛分布于亚洲热带地区及马达加斯加。

本种的叶脉变化较大，有时完全分离，即裂片基部 1 对小脉伸达缺刻以上；有时伸达缺刻，与相邻裂片基部的小脉连接成高而尖的三角形网眼；有时与相邻裂片基部 1 小脉连接成一个几乎平行于羽轴的狭长网眼，即狭眼凤尾蕨 P. biaurita L. 的叶脉式样。

7. 金粉蕨属 Onychium Kaulf.

中型植物，土生。根状茎细长而横走，或较短而横卧，被暗棕色鳞片，鳞片披针形或阔披针形，全缘，中央与边缘部分同色。叶远生或近生，一型或二型；叶柄光滑，禾秆色或偶有栗棕色，近轴面有浅阔纵沟；叶片为细裂复叶，卵状三角形或少为狭披针形，三至四回羽状细裂，很少为二回羽状细裂，末回小羽片一至二回羽裂；裂片狭小，披针形，长 0.3~1cm，宽 1~1.5mm，尖头，基部楔形，多少下延，全缘，遍体无毛；叶脉在不育裂片上单一，在能育裂片上为羽状，小脉在叶缘处连接；能育裂片形如小荚果。孢子囊群圆形，生于小脉顶端的连接边脉上，成熟时汇合成线形；囊群盖膜质，线形，断裂，不连续，由反折变质的叶边形成，宽几达中脉，常彼此以内边缘靠合，内边缘全缘或很少为啮蚀状。孢子球状四面体形，表面有颗粒状纹饰或粗瘤状纹饰。

约10种，分布于亚洲热带及亚热带（南达新几内亚），非洲有1种，以中国云南、四川为分布中心。我国有8种，主产于西南，向北至秦岭。深圳有1种。

野雉尾金粉蕨 日本金粉蕨 Japanese Claw Fern

图 86　彩片 131　132

Onychium japonicum（Thunb.）Kuntze in Bot. Zeitung（Berlin）**6**：507. 1848.

Trichomanes japonica Thunb. Fl. Jap. 340.1784.

根状茎长而横走，密被鳞片；鳞片小，长 2~3mm，披针形，栗色，略有光泽。叶长 25~30cm，近生；柄长 10~15cm，禾秆色，光滑，略有光泽；叶片狭卵形，长约 18cm，宽 7cm，先端长渐尖，四回羽状；羽片约 10 对，互生，斜向上，有短柄，基部一对最大，椭圆披针形和长卵形，长 7cm，宽 2cm，三回羽状；小羽片上先出，斜向上，互生，彼此接近，狭卵形，基部一对最大，一至二回羽裂；末回小羽片线状披针形；末回不育裂片线形或短披针形，短尖头，仅有 1 小脉，末回能育裂片的叶脉羽状，斜上侧脉和边脉汇合；叶片纸质，干后灰绿色，无毛。孢子囊群短线形，长 2~3mm；囊群盖线形或矩圆形，全缘。

产地：南澳（邢福武等 11779，IBSC）、梧桐山（严岳鸿 2022，IBSC）。生于山地林下，海拔约 400m。

分布：秦岭及以南地区。朝鲜、日本、菲律宾、印度尼西亚、波利尼西亚。

用途：全草有清热解毒作用。

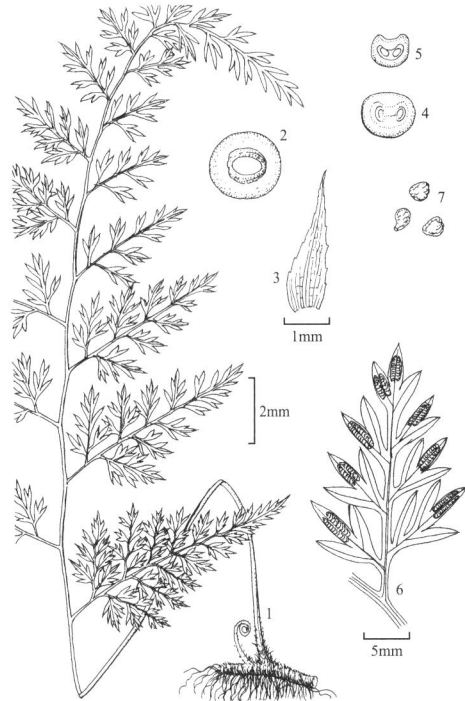

图 86 野雉尾金粉蕨 Onychium japonicum
1. 植株，示根、根状茎的一段及 1 枚叶；2. 根状茎横切面；3. 根状茎上的鳞片；4~5. 叶柄基部及顶部的横切面；6. 能育小羽片，示裂片下面的叶脉及孢子囊群着生的位置；7. 孢子。（李志民绘）

8. 碎米蕨属 Cheilanthes Sw.，nom. cons.

中小型旱生植物。根状茎短而直立，或横卧，被棕色至栗黑色鳞片；鳞片钻形或狭披针形，全缘，中央与边缘部分同色。叶簇生或近生，一型；叶柄细长，栗色至栗黑色，无毛，或疏被纤维状鳞片和长柔毛（隐囊蕨类），圆柱状，或近轴面扁平或有 1 条平阔的纵沟；叶片披针形至长圆形，或为三角至五角状卵形，二至三回羽状深裂；能育裂片不为小荚果状，末回小羽片或裂片往往较小，边缘全缘或具圆齿，无毛或通常遍体（特别在远轴面）密被棕色或棕黄色节状长柔毛（隐囊蕨类）；叶脉分离，小脉纤细，在裂片上为单一或分叉，顶部略膨大，不达叶边。孢子囊群小，圆形，生于小脉顶端，彼此分离或成熟时往往向两侧扩大而彼此汇合；囊群盖通常断裂，肾形或很少线形，边缘多少呈啮蚀状或有锯齿，或有睫毛；隐囊蕨类的孢子囊群无盖，或部分为不变质的反卷叶边所覆盖，成熟时隐没于厚绒毛中。孢子球状四面体形，表面具颗粒状、瘤状或拟网状纹饰。

　　100 种以上，世界温带至热带地区广布（北美未见分布记录）。我国有 17 种，产于西南、西北、华南及华东。深圳有 2 种。

1. 孢子囊群有盖；叶片远轴面无毛 ……………………………………………………… 1. 薄叶碎米蕨 C. tenuifolia
1. 孢子囊群无盖；叶片远轴面密生暗棕色节状毛 …………………………………………… 2. 隐囊蕨 C. nudiuscula

1.　薄叶碎米蕨 狭叶蕨 Narrow-leaved Lip-fern
Thin-leaved Lip-fern　　　　图 87　彩片 133
Cheilanthes tenuifolia（N. L. Burm.）Sw. Syn. Fil.
129，332. 1806.

Trichomanes tenuifolium N. L. Burm. Fl. Indica
237. 1768.

　　根状茎短，横走，连同叶柄基部密被黄褐色的线形小鳞片。叶长 20~40cm，近生或近簇生；叶柄长 6~25cm，通常能育叶柄远较长，暗栗色至紫黑色，基部被棕色线形小鳞片，向上渐疏；叶片五角状卵形，长 10~15cm，宽 6~8cm，渐尖头，三回羽状；羽片 6~8 对，对生或近对生，斜向上，具短柄，基部一对最大，三角形，长 4~8cm，宽 2~4cm，二回羽状；小羽片 6~8 对，有短柄，长三角形，下侧的较上侧的为长，基部下侧一片最大，长 2~5cm，一回羽状；末回小羽片 2~5 对，对生或互生，以极狭的翅相连，边缘全缘至一回羽状；上部的末回小羽片或裂片长卵形或卵形，羽状半裂或不分裂，长 2~4mm，宽 1~1.5mm，钝头，基部与小羽轴合生；叶脉的远轴面明显，小脉斜向上，单一或分叉；叶片纸质，干后褐绿色，远轴面无毛，近轴面略被短毛；叶轴栗色，近轴面有狭纵沟，纵沟边缘有毛；各回羽轴均为栗色，两侧有绿色狭翅。孢子囊群着生于小脉顶端，沿叶缘延伸，幼时为反卷的叶缘所覆盖。

图 87 薄叶碎米蕨 Cheilanthes tenuifolia
1. 叶；2. 1 枚小羽片放大，示下面的叶脉及孢子囊群（幼时被小羽片反卷的边缘所覆盖）；3~4. 孢子囊的正面及侧面。（马平绘）

　　产地：七娘山（张寿洲等 1626）、梧桐山（徐有才 1082）、内伶仃岛（张寿洲等 3744）。各地常见，生于林缘路边或林下，海拔 0~500m。

　　分布：湖南、江西、福建、台湾、广东、香港、澳门、海南、广西和云南。热带亚洲和大洋洲。

2.　隐囊蕨 Hirsute Notholaena Lip-fern　　　　　　　　　　　　　　　　　　　　　图 88
Cheilanthes nudiuscula（R. Br.）T. Moore，Index Fil. 249. 1861.

Pteris nudiuscula R. Br. Prodr. 155. 1810.

Pteris hirsuta Poir. in Lam. Encycl. **5**（1）：719. 1804.

Notholaena hirsuta（Poir.）Desv. in J. Bot. Appl.（Desvaux）**1**：93. 1813；中国植物志 **2**：115，图版 **32**：1-9. 1990；香港植物志蕨类植物门 171，图版 22：1-3. 2003；广东植物志 **7**：118，图 55. 2006.

　　根状茎短而直立，被红棕色或栗色线状披针形鳞片。叶长 15~30cm，簇生；柄长 7~15cm，深栗色，远轴面圆形，近轴面有浅纵沟，幼时密被棕色狭披针形鳞片及棕色柔毛，老时大部分脱落；叶片披针形，长 8~15cm，宽 3~5cm，二回羽状；羽片 8~10 对，斜上，下部的长 2~3cm，宽 1.5~2cm，椭圆形或卵状披针形，一回羽状；小羽片 2~8 对，下侧的较长，尤以基部一片最长，长三角形，羽状；末回小羽片 2~4 对，椭圆形，波状浅裂至全缘；叶脉不明显，羽状，小脉分叉；叶片厚纸质，干后褐色，近轴面疏被灰色节状毛，远轴面密被暗棕色节状毛；叶轴及羽轴深栗色，均被疏柔毛。孢子囊群生于小脉顶端，靠近叶边，成熟时露出。

　　产地：东涌（张寿洲等 1831）、南澳、梧桐山（张寿洲等 011823）、内伶仃岛（张寿洲等 3835）。生于山地林下或海边，海拔 50~800m。

　　分布：福建、台湾、广东、香港、澳门和广西。广布于热带亚洲和大洋洲。

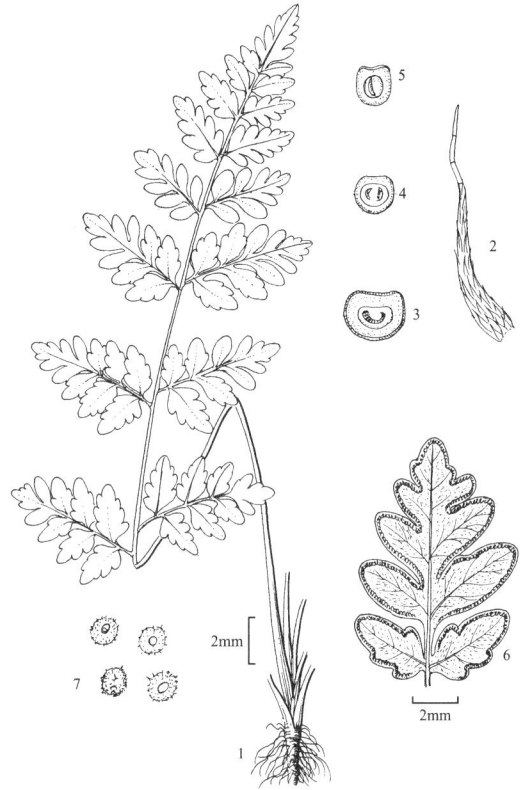

图 88 隐囊蕨 Cheilanthes nudiuscula
1. 植株，示根、根状茎及叶；2. 根状茎上的鳞片放大；3. 叶柄的横切面；4~5. 叶轴的横切面；6. 小羽片放大，示下面的毛被、叶脉及生于边缘的孢子囊群；7. 孢子。（李志民绘）

18. 铁角蕨科 ASPLENIACEAE

董仕勇　陈珍传

中型或小型草本植物,石生或附生,少有土生,有时攀援。根状茎横走,斜生或直立,具网状中柱,先端被透明、具粗筛孔、褐色或深棕色的披针形小鳞片,无毛。叶一型或很少近二型;叶柄基部不具关节,基部有扁阔维管束2条,叶形多样,有不分裂的单叶(披针形、心脏形或圆形),有深羽裂的单叶,有一至三回羽状的复叶;叶脉分离,一至多回二叉分枝,不达叶边,有时向叶边多少结合;各回羽轴近轴面有1条纵沟,各纵沟彼此不互通。孢子囊群线形,有时近椭圆形,沿小脉上侧着生,很少有同一小脉的上下侧均生孢子囊群;孢子囊群通常有盖,囊群盖全缘,以一边着生于叶脉,另一边开向主脉(中脉),或有时相向对开。孢子两侧对称,椭圆形或肾形,单裂缝,表面纹饰有窗孔状、脊状、翅状、脊翅状、角状和丝毛状。

2属约700种,广布于世界各地,主产于热带和亚热带山地。我国有2属约100余种。深圳有2属10种。

1. 根状茎短,直立,斜升,或横走;叶片一至三回羽状复叶(很少为有一至四回羽状分裂的单叶),多为草质至革质;羽片很少为近对开式 ………………………………………………………… 1. **铁角蕨属 Asplenium**
1. 根状茎通常长而横走;叶通常为不分裂单叶或一回羽状,薄草质;羽片近对开式 …………………
……………………………………………………………… 2. **膜叶铁角蕨属 Hymenasplenium**

1. 铁角蕨属 Asplenium L.

中小型植物,石生或附生,少为土生。根状茎短,横走、斜升或直立,先端密被鳞片;鳞片披针形,黑褐色或深棕色,全缘或有小齿。叶远生、近生或簇生;叶柄为草质,浅绿色、青灰色或暗棕色,基部被鳞片,向上通常光滑或很少被鳞片;叶片为不分裂或一至四回羽状分裂的单叶,或为一至三回羽状的复叶,各回羽轴近轴面有互不连通的纵沟,羽片很少为近对开式,羽片或小羽片往往沿纵沟两侧有下延的狭翅,末回小羽片或裂片基部不对称;叶脉分离,斜上,很少有小脉在近叶边处连接;叶草质至革质,有时近肉质,通常无毛。孢子囊群一般为线形,有时为长圆形,单生于一脉的一侧,很少双生于一脉的上下两侧;囊群盖线形或长圆形,厚膜质或纸质,全缘,开向主脉或有时开向叶边。孢子椭圆球形,表面有脊状、翅状、脊翅状纹饰。

700种以上,广布于世界各地。我国有90种,主产于热带和亚热带地区。深圳有8种。

1. 叶为不分裂的单叶,簇生为中空的鸟巢状;叶缘有边内连接脉(平行于叶缘而连接各侧生分离叶脉) ………
……………………………………………………………………………… 1. **巢蕨 A. nidus**
1. 叶一至三回羽状,少有单叶,若为单叶,叶缘无边内连接脉。
　2. 叶为不分裂的单叶,狭长披针形,边缘近全缘或有缺刻 ………………… 2. **厚叶铁角蕨 A. griffithianum**
　2. 叶一至三回羽状分裂。
　　3. 叶为一回羽状,羽片不分裂。
　　　4. 叶柄及叶轴密被褐色鳞片,叶片近轴面密被星芒状小鳞片 ………………3. **毛轴铁角蕨 A. crinicaule**
　　　4. 叶柄基部以上至叶轴无鳞片或疏被鳞片,叶片光滑通常无毛、也无鳞片。
　　　　5. 羽片近长方形,先端具圆头;叶轴先端常有1个被鳞片的芽胞 ………4. **倒挂铁角蕨 A. normale**
　　　　5. 羽片镰状披针形,先端狭长渐尖;叶轴先端无芽胞 ……………… 5. **镰叶铁角蕨 A. falcatum**
　　3. 叶为一至三回羽状,羽片或小羽片羽状分裂。
　　　6. 叶片条状披针形;末回裂片条形;叶轴先端常延伸为鞭状 …………………6. **长叶铁角蕨 A. prolongatum**
　　　6. 叶片阔披针形或卵状披针形;末回裂片匙形或舌形;叶轴先端不延伸为鞭状。
　　　　7. 叶片一至二回羽状 ……………………………………………… 7. **华南铁角蕨 A. austrochinense**
　　　　7. 叶片三回羽状 …………………………………………… 8. **假大羽铁角蕨 A. pseudolaserpitiifolium**

1. 巢蕨 雀巢蕨 Bird-nest Fern

图 89 彩片 134 135

Asplenium nidus L. Sp. Pl. **2**：1079. 1753.

Neottopteris nidus（L.）J. Sm. in J. Bot.（Hook.）**3**：409. 1841；海南植物志 **1**：107，图 50. 1964；香港植物志蕨类植物门 277，图版 33：1-3. 2003；广东植物志 **7**：206. 2006.

单叶植物。根状茎直立，木质，粗短，先端密被深棕色的狭披针形或线形鳞片。叶长约 1.3m，环状簇生为中空呈鸟巢状；叶片中肋干后禾秆色或淡绿色，无翅叶柄长约 5cm，木质，干后远轴面为半圆形隆起，近轴面平坦或具阔而浅纵沟，基部密被鳞片；叶片阔披针形，中部宽 8cm，向两端渐尖，叶边全缘并有软骨质的狭边，干后略为反卷；中肋远轴面弧形隆起，近轴面在生活状态下显著凸出于叶平面，干后不明显凸出或下部略微下陷而呈阔纵沟状；叶片厚纸质或近革质，干后灰绿色，无毛；侧脉分离，细密，通直，斜向上，伸达叶缘的边内连接脉。孢子囊群线形，生于小脉上侧，长约 2cm，为小脉全长的 2/5~1/2；囊群盖线形，质厚，宿存。

产地：七娘山（张寿洲等 011073）。

分布：广东、香港、澳门、海南、广西、台湾、贵州、云南和西藏。南亚、东南亚、大洋洲热带地区和东非，北达日本南部。

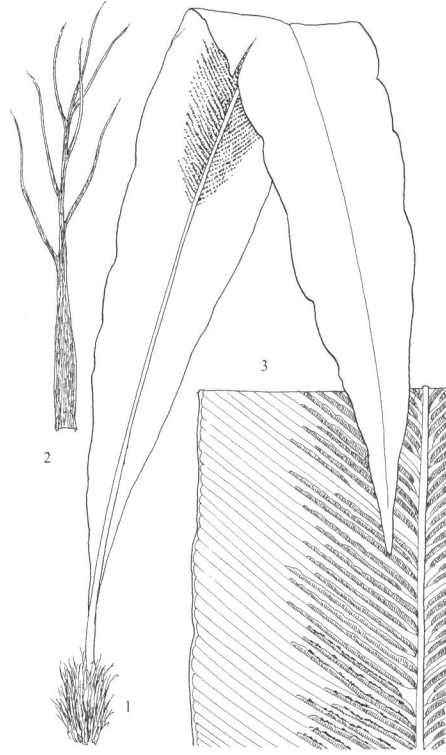

图 89 巢蕨 Asplenium nidus
1. 叶；2. 叶柄基部的鳞片；3. 叶的一部分放大，示叶脉及生于小脉上侧的孢子囊群。（马平绘）

2. 厚叶铁角蕨 Griffith's Spleenwort

图 90 彩片 136 137

Asplenium griffithianum Hook. Ic. Pl. t. 928. 1854.

根状茎短，横卧或斜升，先端被黑褐色披针形鳞片。叶为不分裂的单叶，长 12~20cm，簇生；叶柄不明显，主轴（中脉）禾秆色，基部被有较多卵状披针形鳞片，向上的鳞片渐少；叶片长披针形，长 12~20cm，中部最宽，宽 1.7~2cm，向两端渐狭，具渐尖头，叶缘无边内连接脉；主脉基部两侧有宽 1~2mm 的翅，两侧边缘有很浅的缺刻；叶片中脉明显，近轴面呈圆形凸起，远轴面扁平，侧脉不明显，不隆起呈沟脊状，近轴面上的侧脉略可见，单一或二叉，不达叶边；叶片肉质或近革质，干后灰绿色，两面疏被星芒状小鳞片。孢子囊群粗线形，生于小脉上侧，沿主脉两侧各成 1 行；囊群盖线形，全缘。

产地：大雁顶（张寿洲等 2127）。生于山地沟边，海拔 350~400m。

图 90 厚叶铁角蕨 Asplenium griffithianum
1. 植株，示根、根状茎及叶；2. 叶片的一部分放大，示叶脉、孢子囊群及星状小鳞片；3. 生于叶片两面的星状小鳞片放大。（马平绘）

分布：四川、湖南、福建、台湾、广东、香港、海南、广西、贵州和云南。喜马拉雅山南坡经缅甸、越南至日本（九州）。

3. 毛轴铁角蕨 毛铁角蕨 Hairystem Spleenwort

图 91　彩片 138　139

Asplenium crinicaule Hance in Ann. Sci. Nat. Bot. ser. 5, **5**: 254. 1866.

根状茎短而直立，先端密被黑褐色或暗棕色披针形鳞片。叶长 40~60cm，簇生；柄长 8~12cm，与叶轴均为暗栗色，叶柄、叶轴密被褐色狭披针形至线形鳞片，老时易脱落；叶片披针形，长 30~50cm，宽 5~8cm，一回羽状；羽片 20~28 对，互生或下部的对生，不分裂，彼此疏离，下部数对羽片多少缩短，无柄或下部的略有短柄，中部较大的羽片长 3.5~4.5cm，宽约 1cm，略似镰刀形，圆头，基部不对称，上侧圆截形并具耳形凸起，下侧狭楔形，边缘具不整齐的粗大锯齿；叶脉明显，隆起呈沟脊状，小脉极斜向上；叶片纸质或近革质，干后棕褐色，主脉近轴面疏被星芒状小鳞片。孢子囊群粗线形，通常生于上侧小脉，沿主脉两侧各成 1 行，在基部上侧为不整齐的多行；囊群盖线形，全缘。

产地：排牙山（董仕勇 2382，IBSC）、梧桐山（深圳植物志采集队 013387）。生于山顶或沟谷林下石上，海拔 400~500m。

分布：湖南、江西、福建、广东、香港、海南、广西、贵州、云南、重庆和四川。南亚、东南亚和澳大利亚有分布。

4. 倒挂铁角蕨 倒挂草 Normal Spleenwort

图 92　彩片 140　141　142

Asplenium normale D. Don, Prodr. Fl. Nepal. 7. 1825.

根状茎短而直立，先端密被黑褐色线状披针形鳞片。叶长 20~40cm，簇生；叶柄长（4~）10~20cm，与叶轴均为暗栗色，叶柄基部以上被线状披针形鳞片，向上光滑；叶片条形或线状披针形，长 15~20cm，宽 2~3cm，一回羽状，光滑，无毛，无鳞片；羽片 20~30 对，互生或下部的对生，不分裂，彼此接近，下部羽片不缩短或偶略缩短，无柄，中下部较大的羽片长 1.3~1.5cm，宽 5~6mm，近长方形，先端具圆头，基部不对称，上侧截形并具耳形凸起，紧靠或略覆盖叶轴，下侧楔形，内缘及下缘大部全缘，其余均有粗锯齿；

图 91　毛轴铁角蕨 Asplenium crinicaule
1. 植株，示根、根状茎及叶；2~3. 根状茎上的鳞片放大；4. 羽片放大，示下面的叶脉及孢子囊群。（马平绘）

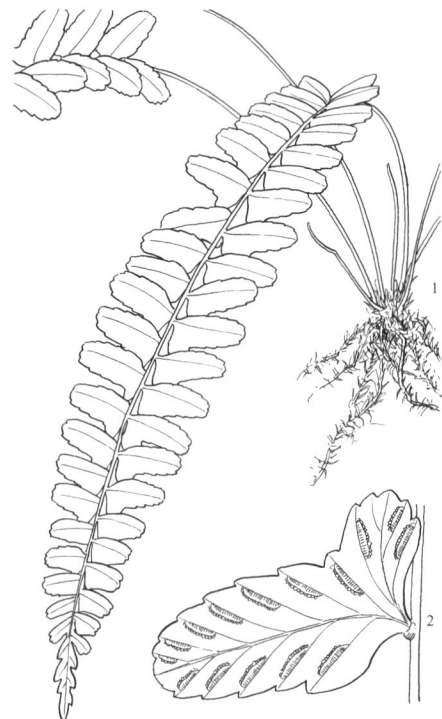
图 92　倒挂铁角蕨 Asplenium normale
1. 植株，示根、根状茎及叶；2. 羽片，示叶脉及孢子囊群。（马平绘）

叶脉不明显，不隆起呈沟脊状，小脉斜向上，单一或通常二叉；叶片纸质，干后棕褐色或灰绿色，无鳞片，叶轴先端常有1个被鳞片的无性芽孢。孢子囊群短线形，生于小脉上侧，沿主脉两侧各成1行；囊群盖线形，全缘。

产地：排牙山（张寿洲等 2145）、田心山（张寿洲等 4696）、梧桐山（陈珍传等 007197）。生于山地林下，海拔 100~860m。

分布：江苏、浙江、湖南、江西、福建、台湾、广东、香港、海南、广西、贵州、云南、四川和西藏。广泛分布于南亚、东南亚和大洋洲。

5. 镰叶铁角蕨 尖叶铁角蕨 Falcate-leaved Spleenwort
图93　彩片143　144

Asplenium falcatum Lam. in Lam. Encycl. **2**（1）：306. 1786.

根状茎粗壮，直立，先端密被褐色披针形鳞片。叶长 40~50cm，簇生；柄长 17~20cm，与叶轴均为褐色，叶柄、叶轴被较多褐色膜质披针形鳞片，老时易脱落；叶片阔披针形，长 25~30cm，宽 10~13cm，奇数一回羽状；羽片 10 对，互生（基部 1 对近对生），不分裂，彼此疏离，下部羽片不缩短，略有短柄，中下部羽片长 6~9cm，基部宽 1.3~1.8cm，镰状披针形，先端狭长渐尖，向基部渐宽，基部近对称，楔形，边缘具整齐的浅尖锯齿；叶脉明显，略为隆起呈沟脊状，小脉极斜向上；叶片厚纸质或近革质，干后棕褐色，两面被阔披针形小鳞片，叶轴先端有一顶生羽片，无芽孢。孢子囊群细长线形，生于小脉上侧，由小脉基部直达叶缘，沿主脉两侧各成 1 行；囊群盖线形，全缘。

产地：七娘山（张寿洲等 011079）、大鹏（张寿洲等 2255）、梧桐山（王学文等 368，IBSC）。生于山地水沟边，海拔 50~100m。

分布：台湾、广东、海南、广西、贵州和云南。南亚、东南亚、大洋洲和南非。

6. 长叶铁角蕨 长生铁角蕨 Rue-leaved Spleenwort
图94　彩片145　146

Asplenium prolongatum Hook. Sec. Cent. Ferns t. 42. 1860.

根状茎短而直立，先端密被黑褐色披针形鳞片。叶长 35~40cm，簇生；叶柄长 10~20cm，与叶轴均为绿色，叶柄下部疏被褐色披针形鳞片，向上的

图 93 镰叶铁角蕨 Asplenium falcatum
1. 植株，示根、根状茎及 1 枚叶；2. 羽片，示叶脉及孢子囊群。（马平绘）

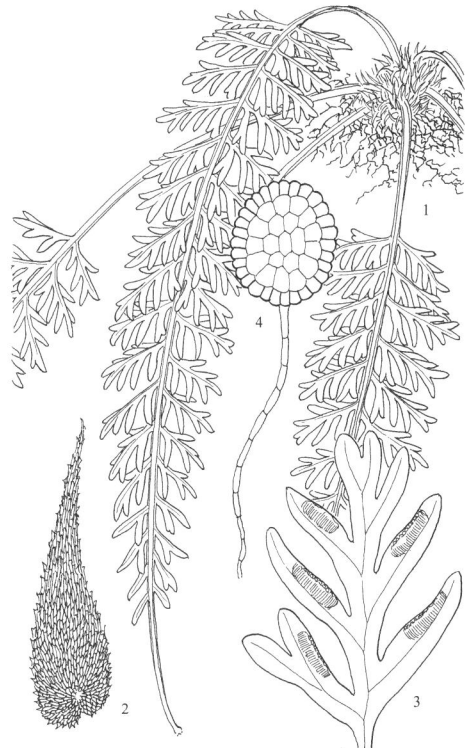

图 94 长叶铁角蕨 Asplenium prolongatum
1. 植株，示根、根状茎及叶；2. 根状茎上的鳞片；3. 羽片，示叶脉及孢子囊群；4. 孢子囊。（马平绘）

鳞片小而狭，易脱落；叶片条状披针形，长 15~20cm，宽 3~5cm，一回羽状－羽片一至二回羽裂；羽片 10~18 对，互生或下部的对生，羽状分裂，彼此密接，下部羽片不缩短或略缩短，中下部较大的羽片长 2~2.8cm，宽 1~1.5cm，长卵形，先端具圆头，羽裂的裂片互生，上侧有 2~5 片，下侧 1~4 片，斜向上，末端小羽片条形，略弯，长 0.4~1cm，宽约 1mm，钝头，边缘全缘，基部上侧裂片常二至三裂，裂片与末回小羽片同形；叶脉明显，略隆起，每末回裂片有 1 小脉；叶片近肉质，干后表面皱缩；叶轴先端往往延伸成鞭状，并生有芽孢。孢子囊群线形，每裂片或末回小羽片有 1 个，位于小脉中部的上侧边；囊群盖线形，全缘。

产地：大雁顶（张寿洲等 2116）、梅沙尖（深圳队 645）、梧桐山（深圳队 882）。生于山地林下石上，海拔 100~700m。

分布：浙江、湖北、湖南、江西、福建、台湾、广东、香港、海南、广西、贵州、云南、四川、西藏和甘肃。亚洲热带、亚热带地区，北达日本和韩国（济州岛），向东南到太平洋斐济群岛。

7. 华南铁角蕨 South China Spleenwort

图 95　彩片 147　148

Asplenium austrochinense Ching in Bull. Fan Mem. Inst. Bot. **2**（10）: 209, pl. 27. 1931.

根状茎短，横卧或斜升，密被褐棕色披针形鳞片。叶长 20~40cm，近生或近簇生；叶柄长 8~16cm，绿色或下部青灰色，幼时与叶轴及羽轴略被棕色鳞片，老时易脱落；叶片阔披针形，长 12~26cm，宽 5~13cm，先端渐尖，一至二回羽状—羽片或小羽片羽裂；羽片 8~12 对，互生或下部近对生，斜展，有 2~3mm 长的柄，下部羽片不缩短，长 4~7cm，宽 1.4~3cm，披针形，渐尖头或尾状渐尖头；小羽片 1~5 对，互生，斜向上，末端小羽片匙形，基部上侧一片较大，长 1~1.7cm，宽 5~8mm，钝头并具浅裂，基部楔形，与羽轴合生；一回裂片与小羽片同形而较狭；叶脉在两面均明显，近轴面隆起，远轴面多少凹陷呈沟脊状，小脉扇状二叉分枝，极斜向上；叶片坚草质，叶轴及羽轴近轴面有纵沟。孢子囊群短线形，着生于小脉中部或中部以上，每小羽片有 1~4 个；囊群盖线形，厚膜质，全缘。

产地：七娘山（邢福武等 10874，IBSC）、三洲田（深圳植物志采集队 013288）、梧桐山（董仕勇 2547，IBSC）。生于山地林下石上，海拔 400~500m。

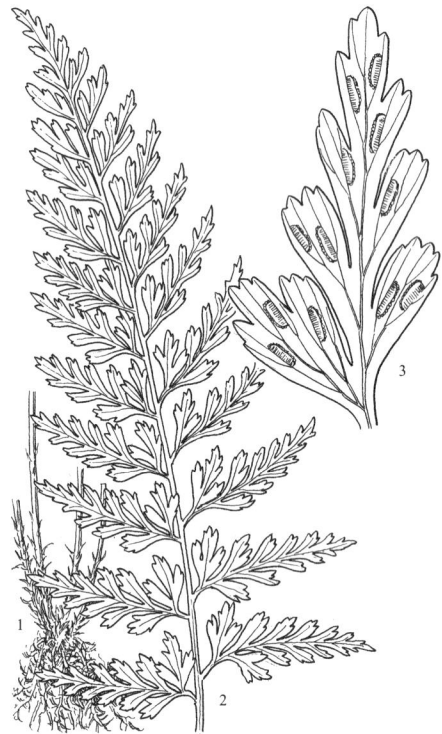

图 95 华南铁角蕨 Asplenium austrochinense 1. 植株的下部，示根、根状茎及叶柄；2. 叶片；3. 下侧小羽片，示下面的叶脉及孢子囊群。（马平绘）

分布：浙江、湖北、湖南、江西、福建、台湾、广东、香港、海南、广西、贵州、云南和四川。也分布于越南。

8. 假大羽铁角蕨 大羽铁角蕨 Wedge-shaped Spleenwort　图 96　彩片 149　150

Asplenium pseudolaserpitiifolium Ching in Notul. Syst.（Paris）. **5**: 150. 1936.

Asplenium neolaserpitiifolium Tardieu & Ching in Notul. Syst.（Paris）**5**（2）: 153, t. 6, f. 1-2. 1936；中国植物志 **4**（2）: 79. 1999；香港植物志蕨类植物门 273. 2003；广东植物志 **7**: 199. 2006.

根状茎短，横卧或斜升，先端密被褐棕色披针形鳞片。叶长 50~110cm，近生或簇生；叶柄长 15~50cm，棕色至棕黑色，基部疏被暗棕色披针形鳞片，鳞片易脱落，基部以上无鳞片；叶片阔披针形，长 30~60cm，宽 10~25cm，先端渐尖，三回羽状；羽片 10~15 对，互生或下部的对生，斜展，有长 0.5~1cm 的柄，基部羽片不缩短，长 10~17cm，宽 4~8cm，三角状披针形，尾状渐尖头；基部羽片的小羽片 8~10 对，互生，斜向上，长卵形或

近三角状披针形，基部上侧一片较大，长 3~5.5cm，
宽 1~2cm，先端短渐尖，基部斜阔楔形并有短柄，上
侧平截，下侧狭楔形，一回羽状；末回小羽片 2~3 对，
基部上侧 1 片较大，菱形、匙形或近扇形，尖头或圆
头，有短柄，掌状三深裂，先端有撕裂状尖齿，两侧
全缘，其余的末回小羽片较小，浅裂或不分裂；叶脉
明显，近轴面隆起呈沟脊状，小脉极斜向上，扇状二
叉分枝；叶片纸质，叶轴及羽轴近轴面有纵沟。孢子
囊群线形，着生于小脉中部或中部以上，每末回小羽
片或裂片有 2~4 个；囊群盖线形，厚膜质，全缘。

产地：排牙山（张寿洲等 4505）、田心山（张寿洲
等 4675）、求水岭（张寿洲等 2818）。生于林下树干
或石上，海拔 350~700m。

分布：广东、香港、海南、福建、台湾、云南。
东南亚、印度和日本（小笠原群岛）。

2. 膜叶铁角蕨属 Hymenasplenium Hayata

小型草本植物，土生或附生。根状茎通常长而
横走，先端密被鳞片；鳞片披针形，黑褐色或深棕
色，全缘或有小齿。叶远生；叶柄为草质，浅绿色、
青灰色或栗褐色，基部被鳞片，向上通常光滑或很
少被鳞片；叶片为不分裂单叶或一回羽状，羽轴近轴
面的纵沟在基部闭合（与叶轴的纵沟互不连通），羽
片往往沿纵沟两侧有下延的狭翅，基部不对称，为
对开式的不等边四边形；叶脉分离，很少连接；叶多
数为薄草质，很少纸质或近肉质，通常无毛。孢子
囊群一般为线形，单生于一脉的一侧，很少双生于
一脉的上下两侧；囊群盖线形或长圆形，厚膜质或纸
质，全缘，开向主脉或有时开向叶边。孢子椭圆球形，
表面纹饰有脊状、翅状、脊翅状纹饰。

约 30 种，泛热带分布。我国有 18 种。深圳有 2 种。

1. 叶柄及叶轴为暗栗色或暗紫红色⋯⋯⋯⋯⋯⋯
⋯⋯⋯⋯⋯⋯ 1. 切边膜叶铁角蕨 H. excisum
1. 叶柄及叶轴为暗绿色或淡绿色⋯⋯⋯⋯⋯⋯
⋯⋯⋯⋯⋯⋯ 2. 绿秆膜叶铁角蕨 H. obscurum

1. 切边膜叶铁角蕨 切边铁角蕨 Excised Spleenwort
图 97 彩片 151 152
Hymenasplenium excisum（C. Presl）S. Lindsay
Thai Forest Bull.，Bot. **37**：69. 2009.

Asplenium excisum C. Presl，Epim. Bot. 74. 1849；

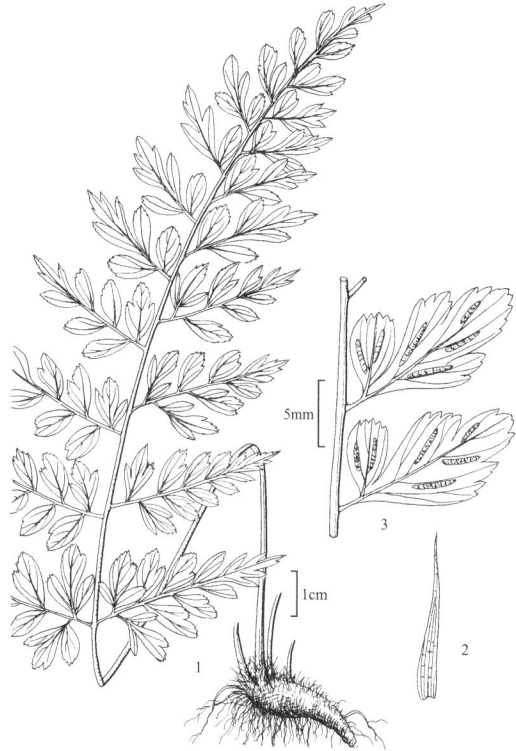

图 96 假大羽铁角蕨 Asplenium pseudolaserpitiifolium
1. 植株，示根、根状茎及叶；2. 根状茎上的鳞片；3. 羽片
的一部分放大，示小羽片下面的叶脉及孢子囊群。（李志
民绘）

图 97 切边膜叶铁角蕨 Hymenasplenium excisum
1. 叶片；2. 羽片的一部分放大，示下面的叶脉及孢子囊群；
3. 孢子囊。（马平绘）

海南植物志 1：113. 1964；中国植物志 4（2）：42，图版 5：10-12. 1999；广东植物志 194. 2006.

根状茎长而横走，先端密被黑褐色披针形鳞片。叶长 50~90cm，近生或远生；叶柄长 30~50cm，与叶轴均为暗栗色或暗紫红色，叶柄基部疏被褐色披针形鳞片，基部以上几无鳞片；叶片披针形，长 25~40cm，基部最宽，宽 10~15cm，一回羽状；羽片约 20 对，互生或下部的对生，彼此间有 0.3~1cm 的间隔，下部羽片不缩短，无柄或基部的略有短柄，中下部较大的羽片长 6~9cm，宽 1~1.5cm，菱状披针形，渐尖头，基部不对称，斜楔形，上侧截形，下侧强度斜切达主脉，下缘下部与主脉成一直线，下缘上部及上缘均有细尖锯齿；叶脉明显，小脉二叉，斜向上；叶片草质，干后暗绿色，无毛，叶轴先端尾状但不延伸成鞭状。孢子囊群线形，通常生于上侧小脉中部，沿主脉两侧各有 1 行；囊群盖粗线形，全缘。

产地：梧桐山（张寿洲等 011810）。生于山地林下石上，海拔约 600m。

分布：台湾、广东、海南、广西、贵州、云南和西藏。印度北部和东南亚。

2. 绿秆膜叶铁角蕨 绿秆铁角蕨 Obscure Spleenwort　　　　　　　　　　　图 98
Hymenasplenium obscurum（Blume）Tagawa in Acta Phytotax. Geobot. **7**：83. 1938.

Asplenium obscurum Blume，Enum. Pl. Javae **2**：181. 1828；海南植物志 **1**：112. 1964；中国植物志 **4**（2）：43. 1999；香港植物志蕨类植物门 265，图版 34：4-6. 2003；广东植物志 **7**：194. 2006.

根状茎横走，先端密被暗棕色披针形鳞片。叶长 40~50cm，近生；叶柄长 15~20cm，与叶轴均为暗绿色或淡绿色，叶柄基部疏被棕色披针形鳞片，基部以上无鳞片；叶片披针形，长 20~35cm，宽 6~10cm，一回羽状；羽片 20~25 对，互生或下部的近对生，彼此接近，下部 1~3 对略缩短，无柄，中部较大的羽片长 3.5~6cm，宽约 1cm，菱状披针形，渐尖头，基部不对称，斜楔形，上侧截形并与叶轴平行，下侧强度斜切达主脉，下缘下部与主脉成一直线，下缘上部及上缘均有粗锯齿或呈撕裂状；叶脉明显，小脉二叉，斜向上；叶片草质，干后灰绿色，无毛，叶轴先端尾状但不延伸成鞭状。孢子囊群线状椭圆形，生于上侧小脉中部，沿主脉两侧各有 1 行；囊群盖粗线形，全缘。

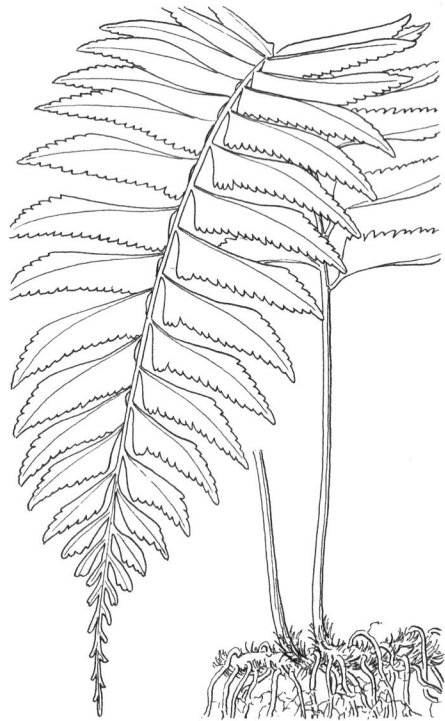

图 98 绿秆膜叶铁角蕨 Hymenasplenium obscurum
植株，示根、根状茎及叶。（马平绘）

产地：大鹏（邢福武等 11999，IBSC）、梧桐山（深圳植物志采集队 013474）、羊台山（深圳植物志采集队 013691）。生于山地沟边，海拔 10~300m。

分布：福建、广东、香港、广西、贵州和云南。越南、印度尼西亚和马达加斯加。

19. 金星蕨科 THELYPTERIDACEAE

董仕勇　陈珍传

中型至大型植物,土生。根状茎直立、斜升、短而横卧或细长而横走,具网状中柱,通常被刚毛状的厚鳞片,并有单细胞或多细胞毛。叶一型,很少为二型;叶柄基部不具关节,有 2 条扁阔的维管束或另有数条圆形维管束;叶片大都为阔披针形,通常二回羽裂,有时为三至四回羽状,很少为一回羽裂或单叶;叶脉分离,小脉单一或分叉,或相邻裂片上相对的小脉连接,或很少连接为近六角形网眼(如圣蕨属 *Dictyocline* T. Moore 叶脉);叶两面或至少在叶轴上被单细胞短毛或多细胞针状长毛,很少无毛。孢子囊群圆形,或有时为椭圆形至粗线形,生于叶片远轴面,分离,很少汇合;囊群盖圆肾形,常被短毛,早落或宿存;或孢子囊沿网状叶脉散生而不具盖。孢子两侧对称,椭圆形,单裂缝,表面纹饰多样,有瘤状、刺状、环状、网状、翅状、鸡冠状、脊状或平滑。

约 20 属约 1000 种,主产于热带及亚热带,尤以亚洲为最多。我国有 18 属约 199 种。深圳有 6 属 20 种。

该科内属的划分,在不同的分类系统中差别较大,尚无相对一致的意见。按秦仁昌 1978 年系统,全球有 25 属我国有 18 属约 360 种。

1. 叶脉分离。
  2. 叶片二至三回羽状—小羽片羽裂;孢子囊群无盖或囊群盖微小、早落 ………… **1. 针毛蕨属 Macrothelypteris**
  2. 叶片一回羽状—羽片羽裂;囊群盖大而明显,宿存。
    3. 羽轴基部无瘤状气囊体;羽裂的裂片基部 1 对小脉伸达缺刻以上;叶片远轴面上通常有球形腺体 …… ……………………………………………………………………………… **2. 金星蕨属 Parathelypteris**
    3. 羽轴基部有凸出的瘤状气囊体;羽裂的裂片基部 1 对小脉或仅上侧一脉伸达缺刻底部;叶片远轴面上一般无腺体 ……………………………………………………………… **3. 假毛蕨属 Pseudocyclosorus**
1. 叶脉部分或全部连接。
  4. 叶脉连接为四边形或五边形网眼;孢子囊沿叶脉着生,无囊群盖 ………………………… **4. 圣蕨属 Dictyocline**
  4. 叶脉部分或全部连接呈斜长方形网眼;孢子囊群圆肾形,有盖或无盖。
    5. 羽片边缘通常为羽状深裂,少有浅裂;羽裂的裂片基部靠近羽轴的小脉连接,裂片远端的小脉分离;囊群盖大、宿存 ……………………………………………………………………… **5. 毛蕨属 Cyclosorus**
    5. 羽片边缘近全缘或浅裂;小脉大部或全部连接;囊群盖小、早落,或无囊群盖 ……………………… ………………………………………………………………………………… **6. 新月蕨属 Pronephrium**

1. 针毛蕨属 Macrothelypteris(H. Itô)Ching

中大型常绿草本。根状茎直立或有时横卧,连同叶柄基部被披针形鳞片,鳞片边缘有针状疏睫毛。叶簇生;叶柄光滑或下部被披针形鳞片;叶片卵状三角形,二至三回羽状 – 小羽片或末回小羽片羽状羽裂,基部羽片稍缩短,与其上的羽片同形,羽轴基部与叶轴相接处的远轴面无气囊体,各回羽轴近轴面圆形隆起;叶脉分离,不达叶边;叶片纸质或草质,远轴面不具腺体,两面多少被多细胞针状毛。孢子囊群通常圆形,在裂片主脉两侧各有 1 列,彼此分开,无盖或有极小的盖,早落;囊群盖圆肾形无毛或有时被毛。孢子椭圆形,表面具刺状或网状纹饰。

约 10 种,产于亚洲热带和亚热带地区。我国有 7 种,分布于长江流域及以南各地区。深圳有 1 种。

普通针毛蕨 Mariana Maiden Fern

图 99 彩片 153

Macrothelypteris torresiana(Gaudich.)Ching in Acta Phytotax. Sin. **8**(4）：310. 1963.

Polystichum torresianum Gaudich. in Freyc. Voy. Bot. 333. 1828.

植株高 70~100cm。根状茎粗壮，直立或斜升，与叶柄基部密被棕色披针形鳞片，鳞片边缘有睫毛。叶簇生；柄长 40~60cm，鲜时灰绿色，干后禾秆色，基部被披针形鳞片及短毛，向上近光滑；叶片卵状三角形，长 40~60cm，下部宽 30~50cm，先端尾状渐尖并为羽裂，二回羽状—小羽片深羽裂；羽片 15~20 对，斜展，下部羽片最大，或基部一对略缩短，阔披针形，长 20~35cm，宽 10~15cm，先端长渐尖；小羽片 15~18 对，斜展，披针形，长 4~9cm，宽 1.5~2.5cm，渐尖头，基部圆楔形，下部数对有短柄，向上的多少与羽轴合生并沿羽轴下延成狭翅，基部一对往往缩短；裂片 12~15 对，斜展，披针形，长 0.8~1.3cm，宽 2~4mm，钝头，边缘有钝锯齿至羽状深裂；小脉不明显，每裂片有 3~7 对，斜上，不达叶边；叶片草质，干后绿色，叶轴及羽轴和小羽片中脉远轴面密生针状毛。孢子囊群小，圆形，通常每裂片 1 个，生于小脉的上部；囊群盖小，成熟时脱落，似无囊群盖。

产地：七娘山（邢福武等 12311，IBSC）、三洲田（深圳队 691）、仙湖植物园（张宪春等 011146）。生于山地路边，海拔 50~500m。

图 99 普通针毛蕨 Macrothelypteris torresiana
1. 叶片的一部分；2. 小羽片的一部分放大，示下面中脉上的针状毛、叶脉及孢子囊群；3. 孢子囊。（马平绘）

分布：长江以南地区。南亚、东南亚至澳大利亚及美洲热带和亚热带地区，北达日本及朝鲜半岛。

2. 金星蕨属 Parathelypteris(H. Itô)Ching

中型常绿草本。根状茎横走或短而直立，略被鳞片或几无鳞片。叶远生、近生或簇生；叶柄多少被灰白色毛（往往由 2~4 个细胞构成），很少无毛；叶片一回羽状—羽片深羽裂，下部羽片不缩短或逐渐缩短，羽轴基部与叶轴相接处的远轴面无瘤状气囊体，羽轴近轴面有纵沟；叶脉分离，小脉伸达叶边，羽裂的裂片基部一对叶脉伸达裂片间缺刻以上的叶边；叶片草质至纸质，两面多少有针状毛或柔毛，远轴面通常有橙色球形腺体。孢子囊群圆形，在裂片主脉两侧各有 1 列，彼此分开或紧邻，有盖；囊群盖大而明显，圆肾形，宿存，膜质，无毛或被毛。孢子椭圆形，表面具网状纹饰或光滑。

约 60 种，广布于亚洲东部和东南部、热带和亚热带地区至太平洋岛屿。我国约有 24 种。深圳有 3 种。

1. 根状茎长而横走；叶柄基部无毛或近无毛；孢子囊群生于小脉近顶部，靠近叶边 ⋯⋯ **1. 金星蕨 P. glanduligera**
1. 根状茎短，斜升至直立；叶柄基部密生针状毛；孢子囊群生于小脉中部，位于主脉与叶边之间。
    2. 叶片远轴面毛较短，无腺体或偶见腺体 ⋯⋯⋯⋯⋯⋯⋯⋯⋯⋯⋯ **2. 钝角金星蕨 P. angulariloba**
    2. 叶片远轴面密被长毛和橙红色球形腺体 ⋯⋯⋯⋯⋯⋯⋯⋯⋯⋯⋯ **3. 滇越金星蕨 P. indochinensis**

1. 金星蕨 Glandular Parathelypteris

图 100　彩片 154

Parathelypteris glanduligera（Kuntze）Ching in Acta Phytotax. Sin. **8**（4）：303. 1963.

Aspidium glanduligerum Kuntze in Anal. Pterid. 44. 1837.

植株高 25~70cm。根状茎细长而横走，连同叶柄基部疏被深棕色的披针形鳞片。叶远生；叶柄长 12~30cm，基部栗褐色，向上为禾秆色，基部无毛或近无毛；叶片披针形，长 15~36cm，宽 6~14cm，先端渐尖并为羽裂，基部不变狭或略变狭，一回羽状 - 羽片羽状羽裂；羽片 12~18 对，无柄，互生或有时下部的 1~2 对对生，基部羽片不缩短或略缩短，基部一对不反折或略向下反折，中下部羽片最长，长 3.5~5（~8）cm，中部宽 0.8~1（~1.5）cm，披针形，渐尖头，基部截形，基部上侧 1 个裂片常伸长呈耳状，深羽裂达羽轴两侧的狭翅，下部 1~3 对羽片向基部不狭缩或略狭缩；裂片长圆披针形，斜展或近平展，中部的长 4~5（~8）mm，宽 1.5mm，先端圆头或钝尖，通常全缘，少有钝齿至浅裂；叶脉明显，侧脉单一，每裂片 3~5（~8）对，基部一对出自主脉基部或主脉基部稍上处；叶片草质，干后绿色，叶轴及羽轴近轴面密被短毛，羽轴远轴面及裂片两面疏被短毛，裂片远轴面密生橙色球形腺体。孢子囊群小，圆形，生于小脉近顶部，每裂片 4~6（~7）对，靠近裂片边缘；囊群盖圆肾形，疏被针毛，早落或很少宿存。

产地：七娘山（邢福武等 10896，IBSC）、梧桐山（陈珍传等 007223）、羊台山（深圳植物志采集队 013712）。生于山地林下，海拔 200~500m。

分布：长江流域及以南地区。韩国（济州岛）、日本、越南和印度北部。

2. 钝角金星蕨 钝头金星蕨 Narrow-lobe Parathelypteris

图 101　彩片 155　156

Parathelypteris angulariloba（Ching）Ching in Acta Phytotax. Sin. **8**（4）：304. 1963.

Thelypteris angulariloba Ching in Bull. Fan Mem. Inst. Biol. Bot. **6**（5）：323. 1936.

植株高 45~80cm。根状茎短，横卧或斜升。叶近生或簇生；叶柄长 22~45cm，下部栗棕色或暗棕色，密被棕色的针状毛，毛长约 1mm，偶见披针形小鳞片，向上连同叶轴为棕禾秆色，毛渐变稀疏并较短；叶片披针形，长 21~33cm，中部宽 9~13cm，先端渐尖并

图 100 金星蕨 Parathelypteris glanduligera
1. 植株的一部分，示根、根状茎及叶；2. 羽片的一部分放大，示下面的毛被、叶脉及孢子囊群。（马平绘）

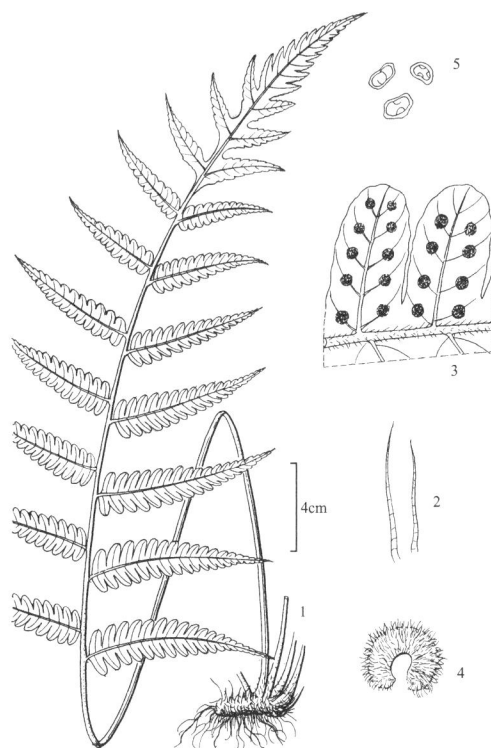

图 101 钝角金星蕨 Parathelypteris angulariloba
1. 植株，示根、根状茎和叶；2. 叶柄上的多细胞针状毛；3. 裂片的一部分放大，示下面的叶脉及孢子囊群；4. 囊群盖放大；5. 孢子。（李志民绘）

为羽裂，基部不变狭，一回羽状－羽片深羽裂；羽片 10~14 对，无柄或下部数对有长约 1mm 的短柄，互生或下部 1~3 对对生，下部羽片不缩短，基部一对平展，很少略向下反折，中下部羽片最长，长 6~7.5cm，中部宽 1.2~1.5cm，披针形，渐尖头，基部截形，近对称，羽裂深达羽轴两侧狭翅；裂片近长方形，平展，下部 1~2 对羽片向基部通常明显狭缩，中部的长 5~7mm，先端圆钝或圆截形，全缘或具 2~4 个钝棱角；叶脉明显，侧脉单一，偶有二叉，每裂片 3~6 对，基部一对出自主脉基部以上较远处；叶片厚草质，干后棕绿色，两面沿羽轴及叶脉均被针状短毛，叶片远轴面毛较短，无腺体或偶见腺体。孢子囊群大，圆形，生于小脉中部，每裂片 3~5 对，位于裂片主脉与叶缘之间；囊群盖圆肾形，密被短毛，宿存。

产地：七娘山（张寿洲等 SCAUF976）、南澳（张寿洲等 4639）、梧桐山（陈珍传等 010962）。生于山地林下，海拔 700~900m。

分布：广东、海南、广西、福建和台湾。日本。

3.　滇越金星蕨 Yunnan-Vietnam Parathelypteris

图 102

Parathelypteris indochinensis（Christ）Ching in Acta Phytotax. Sin. **8**（4）：304. 1963.

Dryopteris indochinensis Christ in J. Bot.（Morot） **21**（10）：263. 1908.

植株高 25~35cm。根状茎短，直立或斜升。叶簇生；叶柄长 9~22cm，基部栗色，基部以上禾秆色或带栗色，连同叶轴密被淡棕色的针状长毛，毛长 1~1.5mm；叶片披针形，长 12~23cm，中部宽约 7cm，先端渐尖并为羽裂，基部略变狭，一回羽状—羽片深羽裂；羽片 10~15 对，无柄，互生或有时下部的 1~3 对对生，基部羽片略缩短，基部一对不反折或略向下反折，中下部羽片最长，长 4~5cm，中部宽约 1.7cm，披针形，渐尖头，基部截形，对称，深羽裂达 2/3 或更深，下部 1~3 对羽片向基部明显狭缩；裂片近长方形，斜展，中部的长 5mm，宽 2.5~3mm，先端圆钝，全缘或有时略具钝齿；叶脉明显，侧脉单一，每裂片 3~5 对，基部一对出自主脉基部以上；叶片草质，干后棕绿色或黄绿色，两面沿叶脉被针状长毛，叶片近轴面的毛略短，远轴面密被长毛和腺体，腺体球形，橙红色。孢子囊群大，圆形，生于小脉中部，每裂片 1~4 对；囊群盖圆肾形，密被针状毛，宿存。

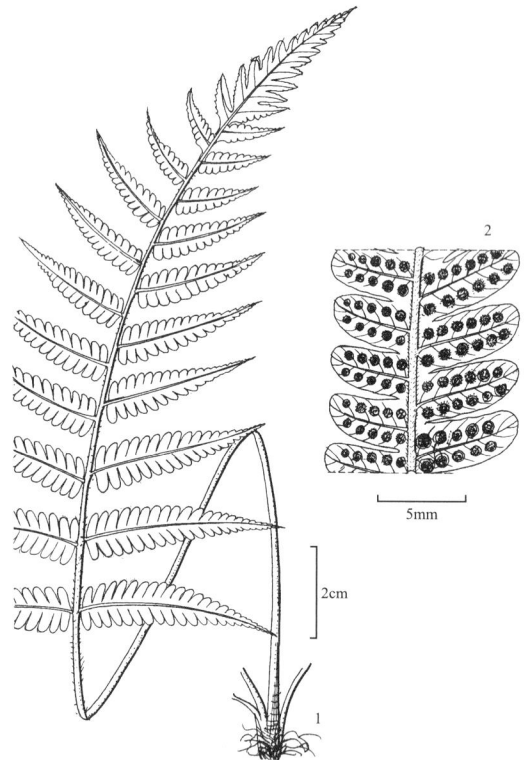

图 102 滇越金星蕨 Parathelypteris indochinensis
1. 植株，示根和根状茎的一段以及叶；2. 羽片的一部分放大，示裂片下面的叶脉及孢子囊群。（李志民绘）

产地：三洲田（深圳队 307）、梧桐山（陈珍传等 011780）。生于山地林下，海拔 450~600m。

分布：广东（深圳）、广西南部和云南南部。越南北部。

笔者未见滇越金星蕨的模式，据较早文献描述，该种的突出特征是：叶片的下部羽片（特别是基部羽片）向基部明显狭缩，叶片远轴面被长毛和丰富腺体（Ching，1936；Tardieu & C. Chr.，1941）。但秦仁昌先生在 1936 年的分种检索表（Bull. Fan Mem. Biol. 6：237-347）和 1963 的金星蕨科分类系统（Acta Phytotax. Sin. 8：289-335）中，把该种错误地放在叶片远轴面无腺体一支的下面。《中国植物志》4（1）有关该种的描述中未提及叶片远轴面的腺体，在分种检索表中，该种也被同样错误地置于叶片远轴面无腺体之下。

3. 假毛蕨属 Pseudocyclosorus Ching

中型常绿草本。根状茎横走、横卧或直立，连同叶柄基部被披针形鳞片。叶远生、近生或簇生；叶柄通常光滑无毛，很少疏被短毛；叶片一回羽状－羽片羽状半裂至深裂，下部羽片通常逐渐缩短或突然变成小耳片或退化为瘤状，羽轴基部与叶轴相接处的远轴面常有 1 个瘤状突起的棕色瘤状气囊体，羽轴近轴面有纵沟；叶片近革质或厚纸质，远轴面不具腺体，两面无毛或远轴面有短毛；叶脉分离，远轴面隆起，羽裂的裂片基部一对叶脉伸达裂片间的软骨质缺刻底部，但从不靠合，或者通常仅上侧一脉伸达缺刻，而下侧一脉则伸至缺刻以上的叶边。孢子囊群通常圆形，在裂片主脉两侧各有 1 列，彼此分开或密接，有盖；囊群盖大而明显，宿存，圆肾形或马蹄形，近革质，无毛或有时被毛。孢子椭圆形，表面具脊状隆起，或有时具刺状纹饰。

约 50 种，分布于全世界热带和亚热带地区。我国有 40 种，产于长江以南地区。深圳有 3 种。

1. 叶片下部羽片不退化为瘤状或蝶形；囊群盖密被毛 ·························· 1. 溪边假毛蕨 P. ciliatus
1. 叶片下部多对羽片突然退化为瘤状或蝶形；囊群盖无毛。
　　2. 下部 9~11 对羽片突然退化为瘤状 ···························· 2. 假毛蕨 P. tylodes
　　2. 下部 4~5 对羽片突然退化为蝶形 ···························· 3. 镰片假毛蕨 P. falcilobus

1. 溪边假毛蕨 Ciliate Pseudocyclosorus　　　　　图 103　彩片 157　158

Pseudocyclosorus ciliatus（Wall. ex Benth.）Ching in Acta Phytotax. Sin **8**（4）：324. 1963.

Aspidium ciliatum Wall. List n. 351. 1828. nom. nud.; Benth. Fl. Hongk. 455. 1861.

植株高 30~40cm。根状茎直立。叶簇生；柄长 11~23cm，淡棕色，基部颜色较深，下部疏被棕色的卵状披针形鳞片，叶柄及叶轴均被灰白色针状毛；叶片椭圆披针形，长 11~13cm，中部宽 5~7cm，先端渐狭并为羽裂，一回羽状－羽片深羽裂；羽片 12~15 对，下部羽片不退化为瘤状或蝶形，羽轴与叶轴相接处的远轴面无明显凸起的气囊体，羽片互生或基部 1~2 对对生，斜展或近平展，无柄，中部羽片略长，2.8~3.5cm，基部宽 0.7~1.1cm，披针形，渐尖头，基部圆楔形，羽裂深达 1/2；裂片 10~13 对，斜向上，长方形或稍呈镰状，长约 4mm，圆钝头，全缘，密接，基部上侧一片较长；叶脉明显，每裂片有小脉 4~5 对，基部一对小脉出自主脉基部，小脉伸达缺刻底部；叶片纸质，干后褐绿色，羽轴及叶轴远轴面被毛，叶缘具疏睫毛。孢子囊群圆形，生于小脉下部，每裂片 2~4 对，紧靠裂片主脉；囊群盖圆肾形，密被毛，宿存。

产地：南澳（邢福武等 10514，IBSC）、笔架山（华农仙湖采集队 SCAUF690）、梅沙尖（深圳植物志采集队 013167）。生于水沟边，海拔 30~450m。

分布：广东、海南、香港、广西、贵州、云南。广布于南亚及东南亚。

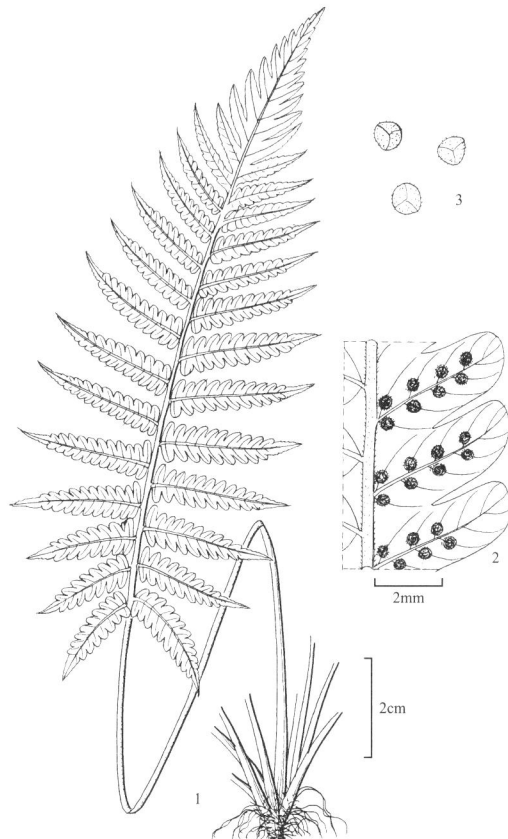

图 103 溪边假毛蕨 Pseudocyclosorus ciliatus
1. 植株，示根和根状茎的一部分以及叶；2. 羽片的一部分放大，示裂片下面的叶脉及孢子囊群；3. 孢子。（李志民绘）

2.　假毛蕨 False Pseudocyclosorus

图 104　彩片 159　160

Pseudocyclosorus tylodes（Kuntze）Ching in Acta Phytotax. Sin. **8**（4）: 324. 1963, [xylodes].

Aspidium tylodes Kuntze in Linnaea **24**: 281. 1851, [err. xylodes].

植株高 80~100cm。根状茎粗，横卧、斜升或直立，先端与叶柄基部密被棕色阔披针形鳞片。叶近生或簇生；柄长约 40cm，淡棕色，无毛；叶片阔披针形，长 40~45cm，宽约 15cm，先端长渐尖，一回羽状—羽片深羽裂；侧生分离羽片 20~25 对，下部另有 9~11 对羽片突然退化为瘤状，羽轴与叶轴相接处的远轴面有 1 个明显凸起的气囊体，羽片互生，斜向上，无柄，线状披针形，长 10~13cm，宽 1.2~1.5cm，先端长渐尖，深羽裂至距羽轴约 2mm；裂片 25~30 对，斜展，镰状椭圆形，长约 6mm，尖头，全缘；叶脉明显，每裂片有小脉 7~10 对，基部一对小脉达缺刻底部或基部上侧一脉达缺刻底部而下侧一脉达缺刻以上的叶边；叶片坚纸质，干后黄绿色，叶轴近轴面被较多针毛，羽轴近轴面多少被毛（很少近无毛），而远轴面无毛。孢子囊群大，长圆形，生于小脉中部或靠近基部，彼此密接，每裂片 5~8 对；囊群盖圆肾形或马蹄形，以深缺刻着生，全缘，无毛，无腺体。

产地：梧桐山（陈珍传等 011191）。生于山地林缘溪边灌丛中，海拔约 500m。

分布：广东、海南、香港、广西、贵州、云南、四川和西藏。印度、斯里兰卡、缅甸和越南。

3.　镰片假毛蕨 Falcate-lobed Pseudocyclosorus

图 105　彩片 161　162

Pseudocyclosorus falcilobus（Hook.）Ching in Acta Phytotax. Sin. **8**:（4）324. 1963.

Lastrea falciloba Hook. in Hooker's J. Bot. Kew Gard. Misc. **9**: 337. 1857.

植株高 70~80cm。根状茎直立，粗壮，木质，先端及叶柄基部被棕色的阔披针形鳞片。叶簇生；柄长 30cm，棕禾秆色，无毛；叶片卵状披针形，长约 50cm，宽 15~20cm，先端长渐尖，下部突然狭缩，一回羽状—羽片深羽裂；侧生分离羽片 15~20 对，下部 4~5 对羽片突然缩短呈蝶形，羽轴与叶轴相接处的远轴面有 1 个明显凸起的气囊体，羽片互生和近对生，斜向上，无柄，线状披针形，中部的长 5~8cm，宽 0.8~1.4cm，长渐尖头，基部阔楔形，羽裂几达羽轴，

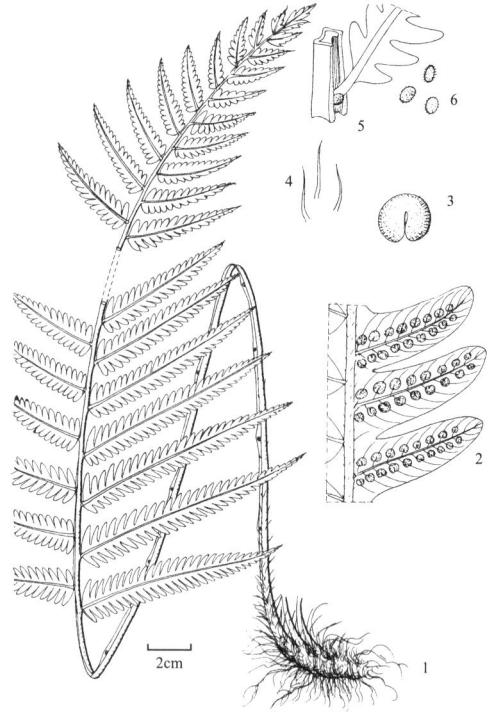

图 104 假毛蕨 Pseudocyclosorus tylodes
1. 植株，示根、根状茎和叶，并示根状茎及叶柄基部的鳞片和下部的羽片突然退化为瘤状体；2. 羽片的一部分，示下面的叶脉及孢子囊群；3. 囊群盖；4. 羽轴及叶脉上的毛；5. 羽轴基部与叶轴相接处的瘤状气囊体；6. 孢子。（李志民绘）

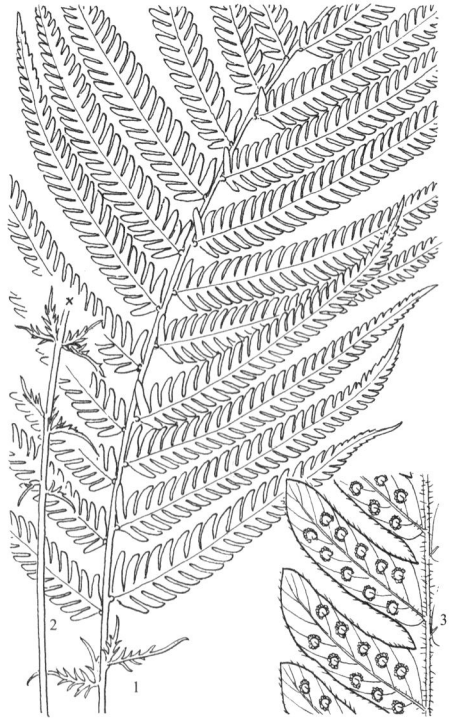

图 105 镰片假毛蕨 Pseudocyclosorus falcilobus
1. 叶；2. 羽片以及下部 4~5 对羽片缩短呈蝶形；3. 羽片的一部分放大，示羽轴与叶轴相连处的气囊体以及裂片下面的叶脉及孢子囊群。（马平绘）

羽轴着生处的叶轴远轴面有 1 个明显的棕色瘤状气囊体；裂片镰状披针形，斜向上，边缘全缘，基部上侧的裂片略较长；叶脉明显，每裂片有小脉 6~9 对，基部一对出自主脉基部，上侧一脉伸达缺刻底部或缺刻稍上处，下侧一脉伸达缺刻以上的叶边；叶片厚纸质，干后淡棕绿色，叶轴及羽轴远轴面明显被长针毛，近轴面仅沿纵沟密被刚毛。孢子囊群圆形，生于小脉中部，每裂片 7~9 对；囊群盖圆肾形，无毛但有颗粒状无色腺体，宿存。

产地：梧桐山（深圳队 782）、羊台山（深圳植物志采集队 013692）。生于水沟边，海拔 60~400m。

分布：浙江、福建、湖南、广东、海南、香港、贵州、云南和四川。印度、缅甸、老挝、越南、泰国和日本。

4. 圣蕨属 Dictyocline T. Moore

中型常绿草本。根状茎短而直立或斜升，连同叶柄基部疏被披针形鳞片，鳞片边缘有针状刚毛。叶簇生；叶柄基部以上无鳞片，但遍体被毛；叶片一回羽状或羽裂，或为单叶；羽片全缘，下部羽片与其上的羽片同形同大，羽轴基部与叶轴相接处的远轴面无气囊体；叶脉连接为圣蕨型，即侧脉明显，直达叶边，侧脉间的小脉连接为网状，粗而明显，网眼呈四边形或五边形，无内藏小脉或有单一或分叉的内藏小脉；叶片纸质，粗糙，两面均密被先端呈钩状的粗毛，羽轴近轴面有纵沟。孢子囊群沿小脉着生，连接呈网状，无囊群盖。孢子单裂缝，长圆肾形，具刺状纹饰。

4 种，分布于印度（北部）、尼泊尔、不丹、缅甸、中国、越南和日本。我国产 4 种。深圳有 2 种。

1. 叶片大部为一回羽状，仅叶片顶部为三叉状深裂，具 1~4 对侧生羽片 ·················· **1. 圣蕨 D. griffithii**
1. 叶片全部或大部为羽状深裂，有时基部有 1 对分离羽片 ·················· **2. 羽裂圣蕨 D. wilfordii**

1. 圣蕨 Griffith's Dictyocline 图 106 彩片 163
Dictyocline griffithii T. Moore，Gard. Chron. 854. 1855.

根状茎斜升，连同叶柄基部密被披针形鳞片，同时密被针状毛；鳞片暗棕色，长约 1cm，宽约 1mm，表面及边缘密被开展的针状毛。叶长约 30~50cm，簇生；柄长 15~25cm，暗棕色，连同叶轴通体密被开展的针状毛；叶片卵状披针形或阔披针形，长 15~20cm，宽 10~15cm，先端渐尖，一回羽状，叶片顶部为三叉状羽片或羽状深裂；侧生羽片 1~4 对，无柄或基部的有短柄，椭圆披针形，向上弯弓，长 4~9cm，宽 2~3cm，渐尖头，基部圆楔形、圆形或浅心形，全缘，基部一对羽片不缩短或略缩短；叶脉明显，小脉网状，侧脉间有 2~3 行网眼，网眼四边形或斜方形，无内藏小脉或偶见内藏小脉；叶片粗纸质，干后暗棕色，两面沿叶脉密被短针毛，脉间的毛较短，近轴面脉间有稀疏而伏贴的短针毛。孢子囊沿网脉散生，无盖。

产地：梧桐山（张寿洲等 1469）。生于山顶林下，海拔 800~900m。

分布：浙江、江西、福建、台湾、广东、香港、海南、广西、贵州、云南和四川。印度北部、缅甸、越南和日本。

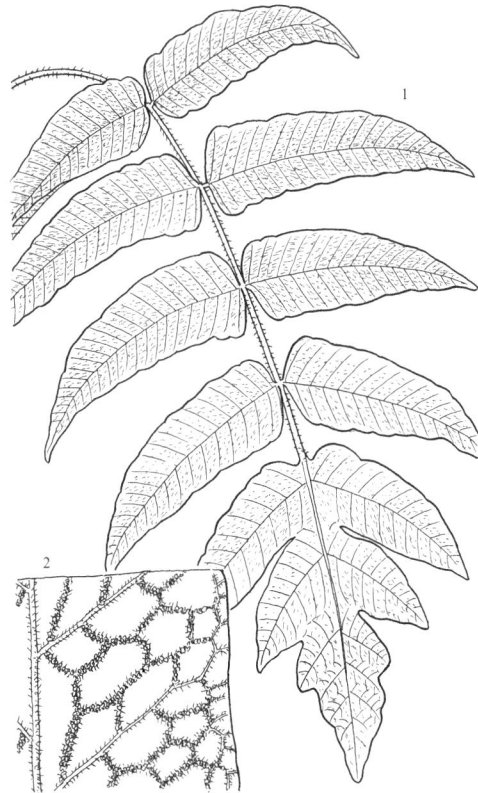

图 106 圣蕨 Dictyocline griffithii
1. 叶片；2. 羽片的一部分放大，示下面的叶脉及其上的毛波和散生于网脉上的孢子囊。（马平绘）

2.　羽裂圣蕨 Wilford's Dictyocline

图 107　彩片 164　165

Dictyocline wilfordii（Hook.）J. Sm. Hist. Fil. 149. 1875.

Hemionitis wilfordii Hook. Fil. Exot. pl. 93. 1859.

根状茎斜升，连同叶柄基部密被披针形鳞片，同时密被针状毛；鳞片黑棕色，长 5~8mm，宽约 1mm，表面及边缘密被开展的针状毛。叶长 20~55cm，簇生；柄长 8~35cm，暗棕色，连同叶轴通体密被开展的针状毛；叶片三角状披针形，长 13~20cm，宽 8~15cm，先端渐尖，羽状深裂，有时基部有 1 对分离的侧生羽片；侧生羽片无柄，椭圆披针形，向上弯弓，长 4~8cm，宽 2~3cm，渐尖头，基部上侧与叶轴贴生，基部下侧分离、圆楔形，边缘全缘或为浅波状；叶脉明显，小脉网状，侧脉不甚明显，侧脉间通常有 2 行网眼，网眼为不规则四边形或五边形，部分网眼内有单一或分叉的内藏小脉；叶片厚纸质，干后褐色，两面沿叶脉密被短针毛，脉间的毛较短，近轴面脉间有许多伏贴的短针毛。孢子囊沿网脉散生，无盖。

产地:梧桐山（陈珍传等 007147）。生于山顶林下，海拔 700~900m。

分布:浙江、湖南、江西、福建、台湾、广东、香港、海南、广西、贵州、云南和四川。日本和越南。

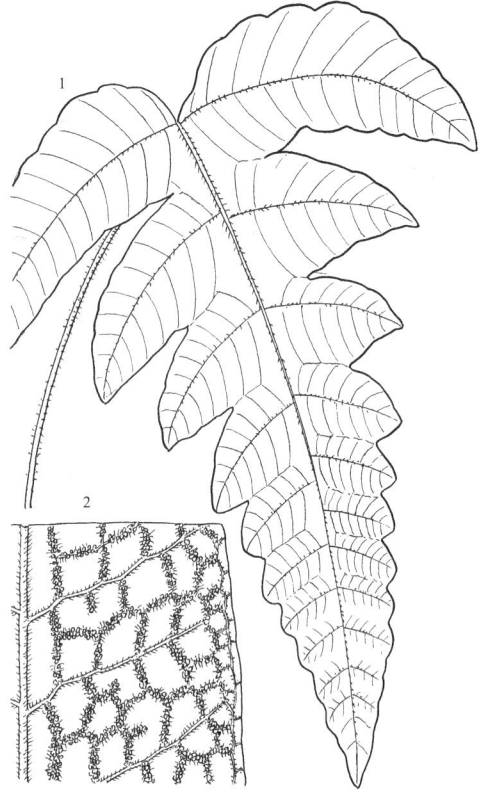

图 107 羽裂圣蕨 Dictyocline wifordii
1. 叶片；2. 羽片的一部分放大，示下面的叶脉及其上的毛被和散生于网脉上的孢子囊。（马平绘）

5. 毛蕨属 **Cyclosorus** Link

中型常绿草本。根状茎通常横走或横卧，少数直立，连同叶柄基部被披针形鳞片。叶远生、近生或簇生；叶柄通常光滑无毛，很少疏被短毛；叶片一回羽状—羽片浅裂至深裂，基部羽片不缩小或略缩小，下部羽片与其上的羽片同形同大、或同形而略短，或有时逐渐或突然缩小为蝶形、耳形或瘤状，羽轴基部与叶轴相接处的远轴面无气囊体，或有时有 1 个凸起不明显的棕色气囊体，羽轴近轴面有纵沟；叶脉多少连接，相邻裂片间自基部发出的一对小脉连接，并自交接点发出 1 条走向缺刻的小脉，缺刻处有软骨质凸起，缺刻与羽轴间有 1~4（~5）对小脉连接呈斜长方形网眼，缺刻以上的小脉分离，小脉达或不达叶边。叶片草质至厚纸质，远轴面无腺体或有腺体，两面无毛或密被毛。孢子囊群圆肾形，在裂片主脉两侧各有 1 列，彼此分开，有盖；囊群盖圆肾形，膜质或较坚厚，通常被毛。孢子单裂缝，长圆肾形，周壁有丰富的翅状、鸡冠状或刺状纹饰。

全球约 250 种，分布于热带及亚热带地区，亚洲最多。我国约 40 种，主产于长江流域及以南地区，北达秦岭。深圳有 7 种。

1. 根状茎长而横走，叶远生。
　　2. 羽轴远轴面有卵形薄膜质鳞片；羽裂的裂片基部 1~2 对小脉不育，羽轴两侧有不育带 ·························· ··· **1. 毛蕨 C. interruptus**
　　2. 羽轴远轴面无鳞片；羽裂的裂片基部小脉能育，羽轴两侧无不育带。
　　　　3. 相邻裂片间的缺刻下有 1.5~2.5 对小脉连接；叶片远轴面无腺体或偶见腺体 ·························· ··· **2. 渐尖毛蕨 C. acuminatus**

3. 相邻裂片间的缺刻下有 3.5~4.5 对小脉连接；叶片远轴面有短棒形腺体 ········ 3. **干旱毛蕨 C. aridus**
1. 根状茎短而横走、横卧或直立，叶簇生或近生。

4. 根状茎直立；叶柄下部多对羽片突然缩短为瘤状···4. **异果毛蕨 C. heterocarpus**
4. 根状茎横走或横卧，少有直立；叶柄下部羽片不缩短或 2~5 对逐渐缩短。

5. 叶片基部羽片与其上的羽片同形同大；羽片远轴面有许多暗红色球形腺体 ······5. **华南毛蕨 C. parasiticus**
5. 叶片下部 2~5 对羽片多少缩短；羽片远轴面无腺体。

6. 羽片浅羽裂，裂片多少为截头；叶片近轴面除羽轴外无毛或几无毛；裂片间缺刻下有 1.5~2.5 对小脉连接 ·· 6. **宽羽毛蕨 C. latipinnus**
6. 羽片半裂，裂片圆头；叶片近轴面连同脉间密被毛；裂片间缺刻下有较稳定的 1~1.5 对小脉连接 ···
···7. **齿牙毛蕨 C. dentatus**

1. 毛蕨 间断毛蕨 Interrupted Tri-vein Fern
图 108 彩片 166 167

Cyclosorus interruptus（Willd.）H. Itô in Bot. Mag.（Tokyo）**51**：714. 1937.

Pteris interrupta Willd. in Phytographia 13，pl. 10，f.1. 1794.

Cyclosorus gongylodes Link in Hort. Berol. **2**：128. 1833；海南植物志 **1**：125. 1964.

根状茎长而横走，先端疏被卵状披针形鳞片。叶长 70~110cm，远生；叶柄长 35~60cm，暗棕色（基部黑色），基部被少数卵状披针形鳞片，向上无鳞片；叶片披针形，长 40~80cm，宽 15~25cm，先端有一顶生羽片（其基部加宽并为深羽裂状），向下为一回羽状—羽片羽状浅裂，下部羽片不缩短，叶柄上无退化为耳形或瘤状的羽片；羽片约 20~30 对，通常全部对生，有时下部的 2~3 对对生而向上的互生，也偶见全部互生的，略向上斜展，披针形，中下部羽片大小长 10~14cm，宽 1~1.3cm，先端狭长渐尖，基部圆形或阔楔形，羽裂达 1/3~1/2，裂片 20~25 对，斜展，彼此间有与裂片约等宽的间隔，近三角形，先端急尖，边缘全缘，羽片基部上侧 1 个裂片不伸长，每裂片有小脉 5~8 对，基部 1 对小脉不育，裂片间的缺刻下有 1.5~2 对小脉，仅基部一对连接；叶片厚纸质或近革质，干后褐绿色或枯黄色，叶轴疏被短毛，羽轴两侧有不育带，近轴面疏被短毛或近无毛，远轴面密被较长的

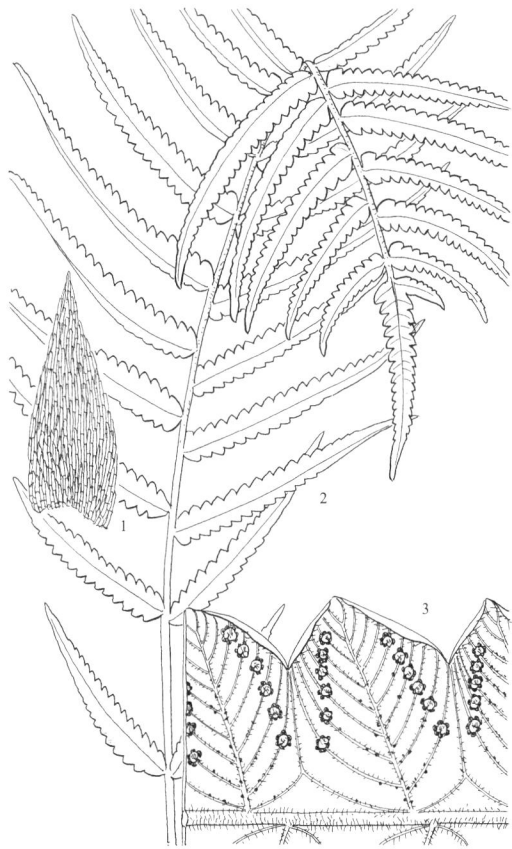

图 108 毛蕨 Cyclosorus interruptus
1. 根状茎上的鳞片；2. 叶片；3. 叶片的一部分放大，示下面的毛被、叶脉以及生于小脉中部的孢子囊群。（马平绘）

柔毛（偶见远轴面近无毛的类型）并有稀疏的薄膜质的卵形鳞片，叶脉远轴面连同脉间密被较长的毛，沿叶脉多少有暗红色腺体，近轴面无毛。裂片基部 1~2 对小脉不育，孢子囊群生于小脉中部，中生，每裂片 3~5 对；囊群盖宿存，近轴面密被柔毛。

产地：梧桐山（深圳队 695）、莲塘（深圳植物志采集队 013608）、塘朗山（邢福武等 12181，IBSC）。生于开阔湿地，海拔约 100m。

分布：江西、湖南、福建、台湾、广东、香港、澳门、海南、广西和云南。广布于全世界热带和亚热带地区，向北达日本和韩国（济州岛）。

2.　渐尖毛蕨 尖羽毛蕨 Hairy Wood-fern

图 109　彩片 168　169

Cyclosorus acuminatus（Houtt.）Nakai ex H. Itô in Bot. Mag.（Tokyo）**51**：710. 1937.

Polypodium acuminatum Houtt. Nat. Hist. **14**：181，pl.99，f.2. 1783.

根状茎长而横走，先端被披针形鳞片。叶长 80~120cm，远生；叶柄长 40~50cm，棕色，基部被披针形鳞片；叶片椭圆披针形，长 40~65cm，宽 25~30cm，先端突然狭缩为一基部较阔的羽片状，向下为一回羽状—羽片羽状半裂，下部羽片不缩短或有 2~3 对略缩短，叶柄上无退化为耳形或瘤状的羽片；羽片 12~16 对，下部的对生，中部及以上的互生，平展或略向上斜展，披针形，中下部羽片大小长约 15cm，宽 1.5~2.4cm，先端狭长渐尖，基部近截形，羽裂达 1/2；裂片 25~30 对，斜展，密接，矩圆形，先端圆钝或多少凸尖，全缘，羽片基部上侧 1 个裂片较长，每裂片有小脉 7~8 对，裂片间的缺刻下有 1.5~2.5 对小脉，基部 1~1.5 对连接；叶片纸质或坚纸质，干后绿色，远轴面无腺体或偶见腺体，叶轴及羽轴近轴面密被短毛，羽轴两侧无不育带，叶脉两面多少被短毛，不具腺体。裂片全部能育，孢子囊群生于小脉中部，中生，每裂片 5~7 对；囊群盖宿存，被毛。

产地：七娘山（邢福武等 10808，IBSC）、南澳（张寿洲等 4600）、羊台山、塘朗山、梧桐山（张寿洲等 5500）。生于山地路边，海拔 100~700m。

分布：澳门、秦岭以南各地广布。日本。

3.　干旱毛蕨 Dry Wood-fern　　　　图 110

Cyclosorus aridus（D. Don）Ching in Bull. Fan Mem. Inst. Biol.，Bot. **8**（4）：194. 1938.

Aspidium aridum D. Don，Prodr. Fl. Nepal 4. 1825.

根状茎长而横走，先端被披针形鳞片。叶长 110~140cm，远生；叶柄长 20~30cm，暗棕色，基部被少数披针形鳞片，向上无鳞片；叶片披针形，长 80~120cm，宽 25~30cm，先端羽裂渐尖或有顶生羽片（顶生羽片较小，基部扩大并为深羽裂），向下为一回羽状—羽片羽状浅裂，下部有 3~5 对羽片逐渐缩短，基部羽片缩短为耳形；羽片 30~35 对，互生，或下部的对生，中部及以上的互生，平展或略向上斜展，披针形，中下部正常羽片大小长 11~18cm，宽 1.4~2cm，先端狭长渐尖，基部近截形，有粗齿或浅裂；裂片 30~35 对，斜展，矮三角形，先端急尖并有很短的小

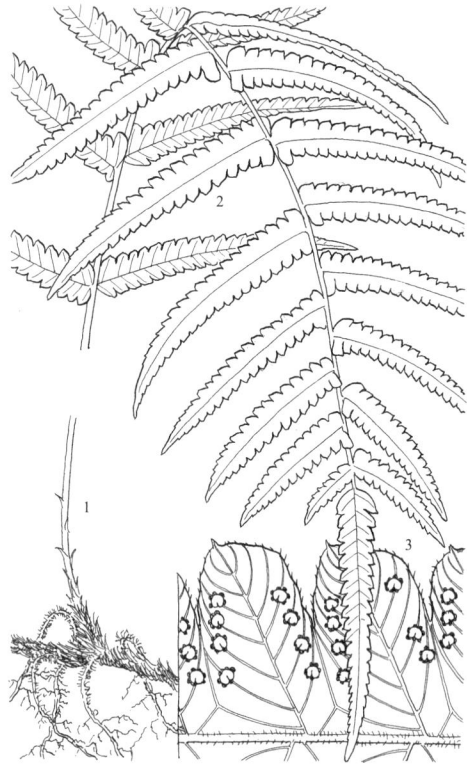

图 109 渐尖毛蕨 Cyclosorus acuminatus
1.根、根状茎及叶柄的下部；2.叶片；3.羽片的一部分放大，示裂片下面的叶脉及生于小脉中部的孢子囊群。（马平绘）

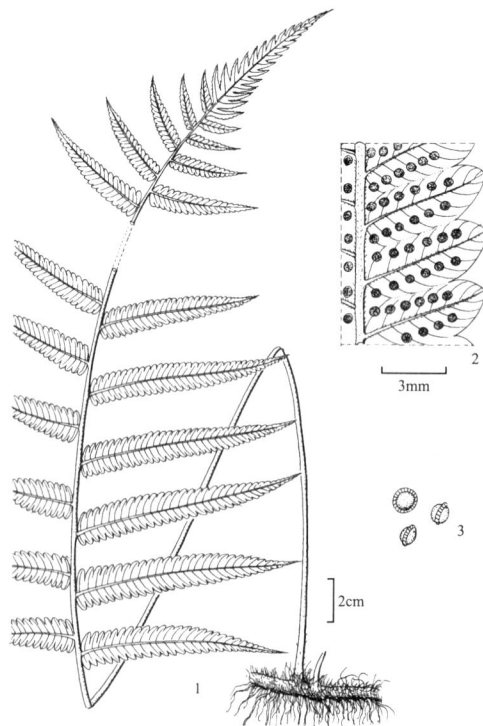

图 110 干旱毛蕨 Cyclosorus aridus
1.植株，示根、根状茎和叶；2.羽片的一部分放大，示下面的叶脉及孢子囊群；3.孢子放大。（李志民绘）

凸尖，全缘，羽片基部上侧 1 个裂片较长；每裂片有小脉 8~9 对，裂片间的缺刻下有 4.5~5.5 对小脉，3.5~4.5 对小脉连接；叶片厚纸质或近革质，干后暗绿色，叶轴及羽轴近轴面疏被短毛，叶脉近轴面无毛，远轴面沿叶脉密被柔毛并有较多短棒形橙色腺体。裂片全部能育，孢子囊群生于小脉中部，中生，每裂片 5~6 对；囊群盖易脱落，无毛或疏被柔毛。

产地：羊台山（深圳植物志考察队 013715）。生于山地林下，海拔 300~500m。

分布：广布于长江以南各地区。南亚、东南亚及大洋洲。

4. 异果毛蕨 异子毛蕨 Heterocarpous Tri-vein Fern

图 111　彩片 170　171

Cyclosorus heterocarpus（Blume）Ching in Bull. Fan Mem. Inst. Biol. Bot. Ser. **8**（4）：180. 1938.

Aspidium heterocarpum Blume，Enum. Pl. Javae **2**：155. 1828.

根状茎粗，直立，先端密被阔披针形鳞片。叶长约 120cm，簇生；叶柄长 30cm，暗棕色，下部多对羽片突然缩短为瘤状，并被较多的阔披针形或披针形鳞片，向上的鳞片渐少；叶片披针形，长 70~80cm，宽约 30cm，先端突然狭缩为羽状，向下为一回羽状—羽片羽状半裂，下部羽片中多对羽片突然退化为耳形，退化的耳形羽片一直分布到叶柄基部；羽片 12~16 对，对生，平展或略向上斜展，披针形，中部羽片大小长约 15cm，宽 1.5~1.7（~2.4）cm，先端狭长渐尖，基部阔楔形，羽裂达 1/2；裂片 30~36 对，斜展，密接，矩圆形，先端钝或多少截形，全缘，羽片基部上侧 1 个裂片较长，每裂片有小脉 5~7 对，裂片间的缺刻下有 1~1.5 对小脉，仅基部一对小脉连接；叶片纸质，干后绿色，叶轴及羽轴近轴面密被短毛，叶脉两面连同脉间被较多短毛，远轴面密生柠檬色球形腺体。裂片全部能育，孢子囊群生于小脉中部，中生，每裂片 4~6 对；囊群盖宿存，被毛。

产地：七娘山（张寿洲等 1611）、南澳（邢福武等 10336，IBSC）、三洲田（深圳队 687）。各地较常见，生于山谷林下或水边石缝中，海拔 50~400m。

分布：福建、广东、香港和海南。东南亚。

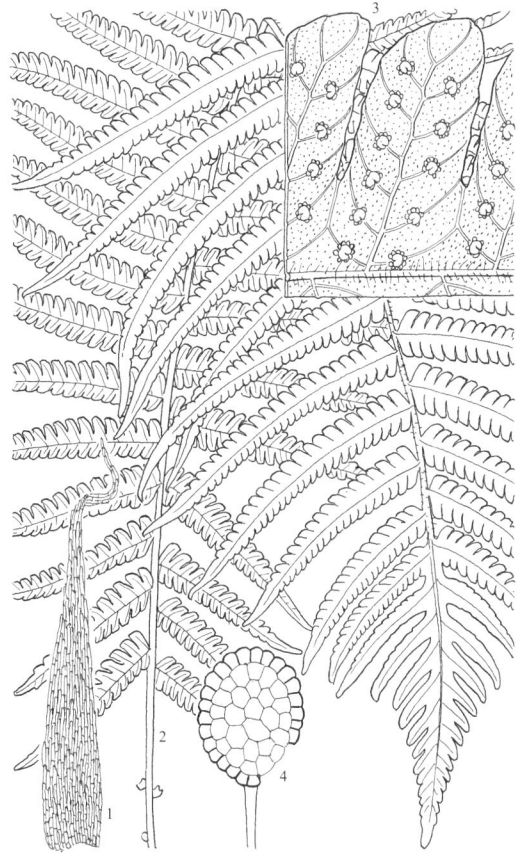

图 111 异果毛蕨 Cyclosorus heterocarpus
1. 根状茎上的鳞片；2. 叶片；3. 羽片的一部分放大，示裂片下面的毛被、叶脉及生于小脉中部的孢子囊群；4. 孢子囊。（马平绘）

5. 华南毛蕨 金星草 Wood-fern

图 112　彩片 172　173

Cyclosorus parasiticus（L.）Farw. in Amer. Midl. Naturalist **12**：259. 1931.

Polypodium parasiticum L. Sp. Pl. **2**：1090. 1753.

根状茎横走，先端被披针形鳞片。叶长 80~100cm，近生或有时远生；叶柄长 35~45cm，暗棕色，下部羽片不缩短，基部被少数披针形鳞片，向上无鳞片；叶片椭圆披针形，长 40~50cm，宽 15~25cm，基部的羽片与其上部的羽片同形同大，先端羽裂渐尖或有时呈一顶生羽片状，向下为一回羽状—羽片羽状半裂，下部羽片不缩短，叶柄上无退化为耳形或瘤状的羽片；羽片约 20 对，下部的对生，中部及以上的互生，平展或略向上斜展，披针形，中下部羽片大小长 9~12cm，宽 1.2~1.5cm，先端狭长渐尖，基部近截形，羽裂达 1/2；裂片 20~25 对，斜展，密接，略近镰刀形，先端急尖，全缘，羽片基部上侧 1 个裂片较长，每裂片有小脉 6~10 对，裂片间的缺刻下有 1~1.5 对小脉，仅基部一对小脉连接；叶片草质，干后暗绿色，叶轴及羽轴近轴面密被短毛，叶脉两面连同脉间密被毛，羽片远轴面沿叶脉有许多暗红色球形的腺体。裂片全部能育，孢子囊群生于小脉中部，中生，每裂片 5~7 对；囊群盖宿存，近轴面密被柔毛。

产地：七娘山（邢福武等 10797，IBSC）、大鹏（邢福武等 12045）、三洲田（深圳队 688）。各地极为常见，生于山地林缘路边，海拔 50~500m。

分布：长江以南地区。东亚、东南亚及南亚。

6. 宽羽毛蕨 Broad-pinna Tri-vein Fern

图 113　彩片 174　175

Cyclosorus latipinnus（Benth.）Tardieu in Notul. Syst.（Paris）**7**（2）：73. 1938.

Aspidium molle var. *latipinna* Benth. Fl. Hongk. 455. 1861.

根状茎横卧或斜升，先端被披针形鳞片。叶长 20~60cm，近生；叶柄长 4~10cm，禾秆色，基部偶见 1~2 披针形鳞片，向上无鳞片；叶片椭圆披针形，长 15~45cm，宽 6~12cm，先端突然狭缩为一基部较阔的羽片状，向下为一回羽状，羽片浅裂，下部 2~5 对羽片多少缩短或有 2~4 对逐渐缩短，基部羽片有时为耳形；羽片 4~12 对，下部 1~2 对对生，向上的互生，向上斜展，披针形，中部羽片大小长 3.5~8cm，宽 1.5~1.8cm，先端渐尖或多少骤尖，基部近截形，有浅齿或浅羽裂不超过 1/3；裂片 7~14 对，斜展，密接，先端圆头，边缘全缘，羽片远轴面无腺体，基部上侧 1 个裂片不伸长或不明显伸长；每裂片有小脉 4~6 对，裂片间的缺刻下有 1.5~2.5 对小脉，基部 1~1.5 对连接；叶片纸质，干后绿色，近轴面除羽轴外无毛或几无毛，叶轴及羽轴近轴面疏被短毛，叶脉两面无毛，不具腺体。裂片全部能育，孢子囊群生于小脉中部，中生，每裂片 2~4 对；囊群盖宿存，疏被毛。

产地：南澳（邢福武等 12001，IBSC）、梧桐山（陈珍传等 007229）、羊台山（张寿洲等 1246）。生于山谷水旁石上，海拔 100~500m。

分布：浙江、福建、广东、澳门、香港、海南、广西、贵州和云南。南亚及东南亚均有分布。

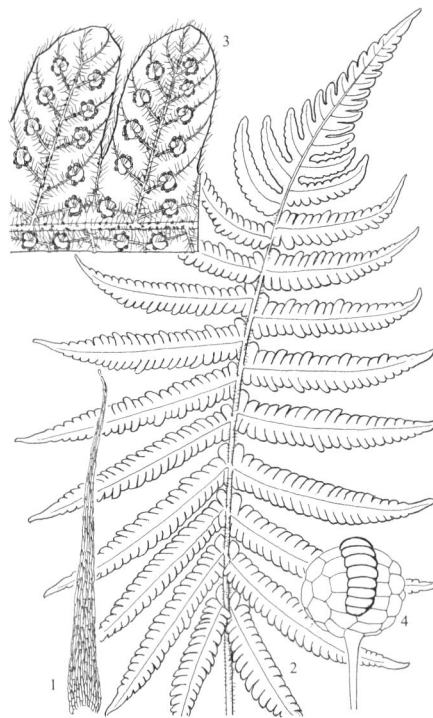

图 112 华南毛蕨 Cyclosorus parasiticus
1. 根状茎上的鳞片；2. 叶片；3. 羽片的一部分放大，示裂片下面的毛被、叶脉及生于小脉中部的孢子囊群；4. 孢子囊。（马平绘）

图 113 宽羽毛蕨 Cyclosorus latipinnus
1. 根状茎上的鳞片；2. 叶片；3. 羽片的一部分放大，示裂片下面的毛被、叶脉以及生于小脉中部的孢子囊群。（马平绘）

7. 齿牙毛蕨 Tapering Tri-vein Fern　　　图 114

Cyclosorus dentatus（Forssk.）Ching in Bull. Fan Mem. Inst. Biol. Bot. **8**（4）：206. 1938.

Polypodium dentatum Forssk. Fl. Aegypt. Arab. 185. 1775.

　　根状茎横走，先端被披针形鳞片。叶长 60~130cm，近生；叶柄长 25~45cm，灰棕色，基部略被披针形鳞片，向上无鳞片；叶片椭圆披针形，长 30~80cm，宽 12~25cm，先端羽片渐尖，向下为二回羽状半裂，下部 2~5 对逐渐缩短，但并不退化为耳形或瘤状；羽片 11~23 对，下部的对生，中部及以上的互生，平展或略向上斜展，披针形，中部羽片大小长 6~14cm，宽 1.2~2.2cm，先端狭长渐尖，基部近截形，羽裂达 1/2;裂片 12~25 对，斜展，密接，长圆形，先端圆头，边缘全缘，羽片基部上侧 1 个裂片不伸长或略伸长，每裂片有小脉 6~7 对，裂片间的缺刻下有 1~1.5 对小脉，有 1 对小脉连接;叶片纸质，干后绿色，叶轴及羽轴近轴面密被短毛，叶脉两面连同脉间密被毛,不具腺体。裂片全部能育,孢子囊群生于小脉中部，中生，每裂片 5~7 对；囊群盖宿存，近轴面被短毛。

　　产地：南澳（邢福武等 11891，IBSC）、三洲田（深圳队 321）、梧桐山（张寿洲等 2971）。生于山地路边或林缘沟边，海拔 300~500m。

　　分布：江西、福建、台湾、湖南、广东、澳门、香港、海南、广西、贵州、云南和四川。广布于亚洲、非洲及美洲的热带地区。

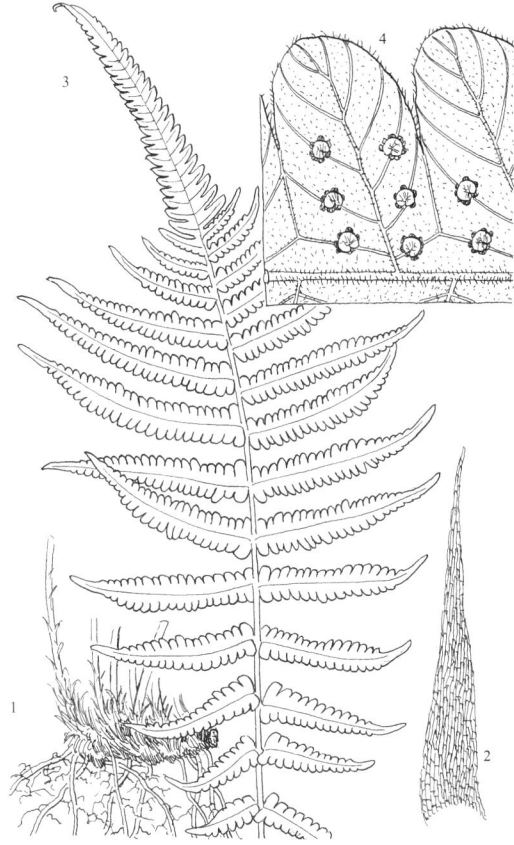

图 114 齿牙毛蕨 Cyclosorus dentatus
1. 根、根状茎和叶柄的下部；2. 根状茎上的鳞片；3. 叶片；4. 羽毛的一部分放大，示裂片下面的毛被、叶脉及孢子囊群。（马平绘）

6. 新月蕨属 Pronephrium C. Presl

　　中型常绿草本。根状茎长而横走，连同叶柄基部疏被棕色披针形鳞片；鳞片通常被毛。叶远生或近生；叶柄基部以上无鳞片，通常在幼时被单细胞的针状毛；叶片通常为奇数一回羽状，少数种类为单一或三出；羽片边缘全缘或浅裂，下部羽片与其上的羽片同形同大，羽轴基部与叶轴相接处的远轴面无气囊体，羽轴近轴面有纵沟；叶片草质至厚纸质，远轴面无腺体或有腺体，两面无毛或多少被毛，叶脉连接为新月蕨型，即小脉在侧脉之间连接成斜长方形网眼，直达叶边，自基部一对小脉交接点发出的外行小脉左右弯曲，外行或连续或为断续，小脉顶端具水囊。孢子囊群圆形或长圆形，在侧面间排成 2 列，彼此分开或成熟时汇合，无盖或有盖;囊群盖小，圆肾形，膜质，被毛或无毛，早落，或无囊群盖。孢子单裂缝，长圆肾形，具脊状隆起或具褶皱，或具小瘤状或刺状纹饰。

　　约 61 种，分布于印度、斯里南卡、中国南部到马来西亚、大洋洲东北部和太平洋岛屿。我国现知有 18 种，主产于南岭以南，向北可达四川。深圳有 4 种。

1. 羽轴两面的短毛，先端直而不为钩状；孢子囊群有很小的盖 ················· **1. 新月蕨 P. gymnopteridifrons**
1. 羽轴两面有极短的钩状毛；孢子囊群无盖。
　　2. 单叶（基部偶有 1 对小耳片）；叶显著二型；能育叶明显狭缩，孢子囊满布于叶片远轴面 ················· **2. 单叶新月蕨 P. simplex**

2. 叶片为三出或一回羽状；叶一型（有时略为二
   型），能育叶不狭缩或略狭缩，孢子囊群在 2 侧
   脉间排列为较整齐的 2 行，成熟时常汇合为 1 行。

　　3. 叶片三出或有时有 1~2 对侧生羽片；羽片基
　　　　部圆或浅心形…… **3. 三羽新月蕨 P. triphyllum**

　　3. 叶片为一回羽状，侧生羽片 2~4 对；羽片基
　　　　部狭楔形 ………… **4. 微红新月蕨 P. megacuspe**

1. 新月蕨 毛盖新月蕨 Rugged Pronephrium　图 115
Pronephrium gymnopteridifrons（Hayata）Holttum
in Blumea **20**（1）：112. 1972.

Dryopteris gymnopteridifrons Hayata，Icon. Pl.
Form. **8**：148，f. 75. 1919.

　　根状茎长而横走，暗棕色，先端及叶柄基部密被
短毛及鳞片；鳞片棕色，披针形，被有短而直的毛。
叶长 80~100cm，远生，一型；叶柄长 60~70cm，禾秆色；
叶片阔卵形，长 30~40cm，宽 20~30cm，奇数一回羽
状；顶生羽片与侧生羽片同形而稍大，柄较长；侧生
羽片 3~4 对，中部羽片长 18~25cm，中部宽 4~6cm，
先端长尾状渐尖，基部圆楔形，叶缘近全缘或有波状
齿；叶脉明显，侧面斜展，小脉 12~18 对；叶片厚纸质，
干后灰绿色，羽轴禾秆色而不带红色，羽轴两面的短
毛直而不为钩状。孢子囊群生于小脉中部，分离或很
少汇合；囊群盖小，被短毛，宿存或早落；孢子囊有
1~3 条刚毛。

　　产地：七娘山（邢福武等 12407，IBSC）、梧桐山
（深圳植物志采集队 013554）。生于山地林下，海拔
300~700m。

　　分布：广东、海南、广西、台湾、贵州、云南。
亚洲东部。

2. 单叶新月蕨 Simple Pronephrium
　　　　　　　　　　图 116　彩片 176　177
　　Pronephrium simplex（Hook.）Holttum in Blumea
20（1）：122. 1972.

Meniscium simplex Hook. in London J. Bot. **1**：294，
pl.11. 1842.

　　根状茎长而横走，暗棕色，先端及叶柄基部密被
钩状毛及鳞片；鳞片棕色或暗棕色，披针形，被有钩状
毛。叶长 20~55cm，通常远生，少近生，显著二型；不
育叶短而叶片宽；叶柄长 7~25cm，禾秆色；不育叶片
阔披针形，长 16~21cm，宽 4~8cm，单叶，顶端渐尖，
基部心形，基部偶有 1 对小耳片，边缘全缘或略呈波

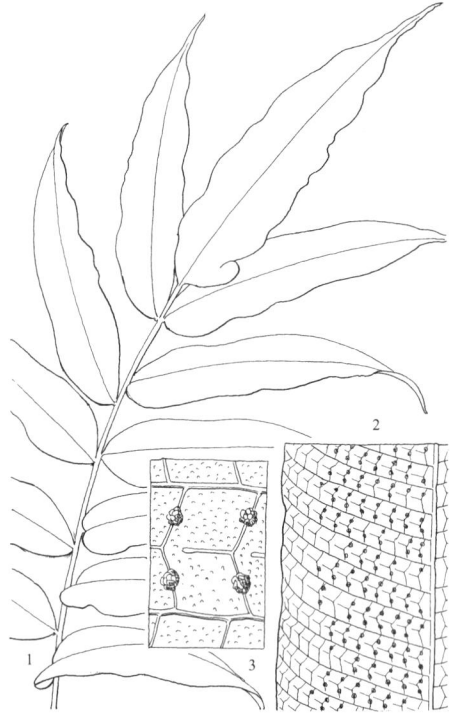

图 115 新月蕨 Pronephrium gymnopteridifrons
1. 叶片；2. 羽片背面的一部分放大；3. 羽片背面的一部分
放大，示背面的叶脉、孢子囊群及毛被。（马平绘）

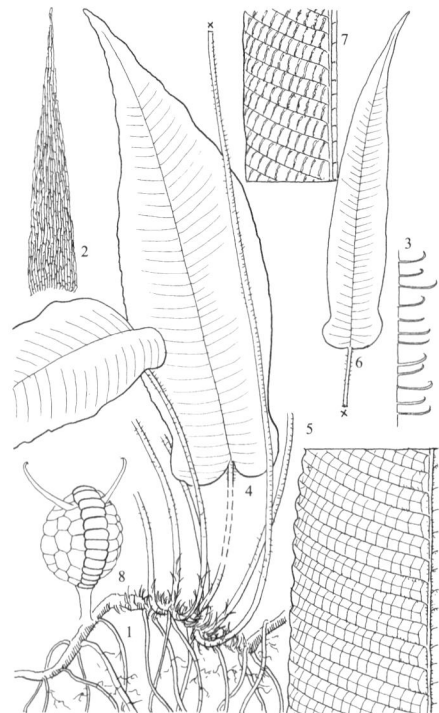

图 116 单叶新月蕨 Pronephrium simplex
1. 植株的下部，示根、根状茎及其上所被的鳞片、叶柄和叶；
2. 根状茎及叶柄基部的鳞片；3. 根状茎和叶柄上的钩状毛；
4. 不育叶的一部分放大，示下面的叶脉；5. 不育叶的一部
分放大，示叶脉的联结方式；6. 能育叶；7. 能育叶的一部分
放大，示下面的叶脉及孢子囊群；8. 孢子囊。（马平绘）

状；能育叶明显长而狭，叶柄长 40~50cm，叶片形同
不育叶但显著狭缩，长 9~12cm，宽 1.5~2.2cm；叶脉
在不育叶上明显，侧面斜上；叶片纸质，干后棕绿色，
叶片远轴面沿中脉及侧脉明显密被极短的钩状毛。孢
子囊群满布于能育叶片的远轴面，无盖。

产地：七娘山（张寿洲等 1973）、三洲田（深圳队
667）、仙湖植物园（王定跃等 81163）。生于山地林下，
海拔 50~600m。

分布：福建、台湾、广东、香港、澳门、海南、
广西和云南。越南、泰国和日本。

3. 三羽新月蕨 三叶毛蕨 Three-leaved Pronephrium
图 117

Pronephrium triphyllum（Sw.）Holttum in Blumea
20（1）：122. 1972.

Meniscium triphyllum Sw. in J. Bot.（Schrader）
1800（2）：16. 1801.

Cyclosorus triphyllus（Sw.）Tardieu in Notul. Syst.
（Paris）**7**（2）：77. 1938；广州植物志 53. 1956.

根状茎长而横走，暗棕色或带黑色，先端及叶柄
基部密被钩状毛及鳞片；鳞片棕色，披针形，被有钩
状毛。叶长 20~50cm，通常远生，少近生，二型；不
育叶叶柄长 20~25cm，深禾秆色；不育叶叶片三角状
披针形，三出，或有时有 1~2 对侧生羽片，顶生羽片
最大，长约 15~20cm，基部宽 5~8cm，基部分裂出 1
对远较小的侧生羽片；侧生羽片阔椭圆形，长 3.5~4cm，
宽 2.5~3cm，先端圆头或骤尖，基部圆或浅心形，边
缘全缘或略呈浅波状；能育叶高于不育叶，不狭缩；
叶柄较长，羽片较狭，叶脉明显，侧面斜展，小脉在
羽片中部通常有 8~9 对；叶片纸质，干后灰绿色或淡
棕色，羽轴远轴面禾秆色而不带红色，羽轴基部多少
被有很短的钩状毛。孢子囊群生于小脉中部以上，成
熟时汇合成 1 行，无盖；孢子囊有 1~2 条钩状毛。

产地：梧桐山（深圳队 884）。生于林下，海拔
350~600m。

分布：湖南、福建、台湾、广东、广西和云南。
亚洲东部、东南部和南部。

4. 微红新月蕨 Reddish Pronephrium 图 118

Pronephrium megacuspe（Baker）Holttum in
Blumea **20**（1）：122. 1972.

Polypodium megacuspe Baker in J. Bot. **28**：266.
1890.

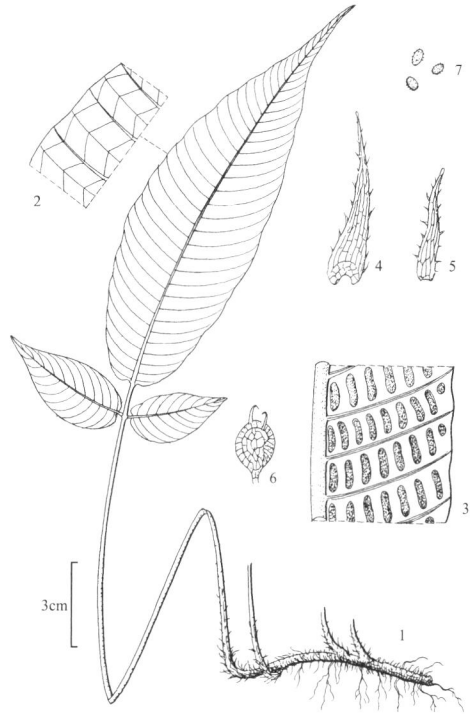

图 117 三羽新月蕨 Pronephrium triphyllum
1. 植株的一部分，示根、根状茎、叶柄及不育叶；2. 不育叶
顶生羽片的一部分放大，示背面的叶脉；3. 能育叶的一部分
放大，示背面的孢子囊群；4. 根状茎上的鳞片放大；5. 叶
柄基部的鳞片放大；6. 孢子囊放大；7. 孢子。（李志民绘）

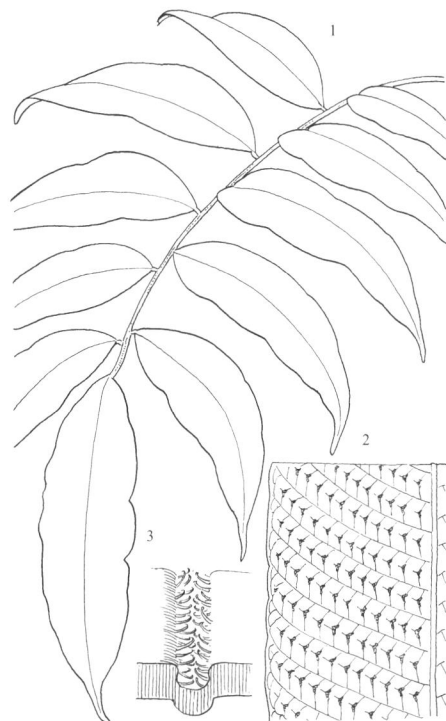

图 118 微红新月蕨 Pronephrium megacuspe
1. 叶片；2. 羽片背面的一部分放大，示下面的叶脉及孢子
囊群；3. 叶轴上的凹槽及钩状毛。（马平绘）

根状茎长而横走,暗棕色,先端及叶柄基部密被钩状毛及鳞片;鳞片棕色,披针形,被有钩状毛。叶长50~60cm,远生,一型或近二型;叶柄长25~30cm,禾秆色;叶片阔椭圆形,长25~30cm,宽12~25cm,奇数一回羽状;顶生羽片与侧生羽片同形而稍大;侧生羽片2~4对,中部羽片长13~15cm,中部宽3.5cm,先端突然收缩成长尾状,基部狭楔形,全缘或略呈浅波状;叶脉明显,侧面斜上;叶片纸质,干后灰绿色或棕绿色,羽轴(特别是远轴面)有时连同羽片多少带红色,羽轴基部多少被有很短的钩状毛。孢子囊群生于小脉中部以上,成熟时汇合成1行,无盖;孢子囊幼时被毛,成熟后无毛。

产地:梅沙尖(深圳队586)、梧桐山(张寿洲等011817)。生于山谷林下,海拔400~600m。

分布:江西、广东、广西和云南。越南、泰国及日本。

20. 乌毛蕨科 BLECHNACEAE

董仕勇　陈珍传

中型植物，土生或很少附生。根状茎横走或直立，有时形成树干状的直立主轴，具网状中柱，被丰富鳞片。叶一型或二型；叶柄基部不具关节，叶柄内有多条圆形维管束；叶片一回羽状，羽片不分裂或羽裂，很少为单叶，厚纸质至革质，无毛或常被鳞片；叶脉分离或网状，如为分离脉则小脉单一或分叉，平行，如为网状脉则小脉常沿主脉两侧各形成 1-3 行多角形网眼，无内藏小脉，网眼外的小脉分离，直达叶缘。孢子囊群为长的汇生囊群，或为椭圆形，着生于与中脉平行的小脉上或网眼外侧的小脉上，均靠近中脉；囊群盖与孢子囊群同形，开向主脉，很少无盖。孢子椭圆形或很少为球形，两侧对称，单裂缝，表面平滑或有颗粒状、脊状、粗瘤状、小刺状、皱褶状或绳索状纹饰。

约 14 属约 250 种，主产于南半球热带地区。我国有 8 属 14 种。深圳有 4 属 6 种。

1. 叶脉分离；紧贴羽片中脉的孢子囊群呈狭长线形，连续不断 ·········· 1. **乌毛蕨属 Blechnum**
1. 叶脉大部分连接或至少近羽片中脉的叶脉连接；孢子囊群粗短线形，间断。
　　2. 孢子囊群无盖；植株具地上主干，叶簇生于主干顶部，形如苏铁 ·········· 2. **苏铁蕨属 Brainea**
　　2. 孢子囊群有盖；根状茎短而直立或长而横走，无地上主干。
　　　3. 根状茎粗短；叶簇生；叶脉部分连接，叶缘的小脉分离 ·········· 3. **狗脊蕨属 Woodwardia**
　　　3. 根状茎细长；叶远生或近生；叶脉几乎全部连接为网状 ·········· 4. **崇澍蕨属 Chieniopteris**

1. 乌毛蕨属 Blechnum L.

中型至大型植物，土生。根状茎通常粗短，直立，先端被鳞片；鳞片深棕色，披针形，全缘，质厚。叶簇生，一型或羽片二型（有能育和不育的分化）；叶柄粗硬，两侧有时有数个退化为耳形的羽片；叶片一回羽状，通常革质或近革质，无毛；羽片线状披针形，两边平行，全缘或具锯齿；叶脉分离，小脉单一，或 1~2 次分叉，细密，彼此平行。孢子囊群狭长线形，连续，很少中断，紧靠主脉并与之平行，着生于中脉两侧的一条不甚明显的纵脉上，仅羽片先端（或有时基部）不育；囊群盖与孢子囊群同形，纸质，沿叶脉着生，向主脉的一侧开口（开向主脉），宿存；孢子囊有柄，环带由 14~28 个增厚细胞组成。孢子椭圆球形或近球形，表面平滑或有颗粒状、粗脊状、粗瘤状、刺状纹饰。

多达 200 种，泛热带分布，主产于南半球。我国有 1 种，即乌毛蕨 B. orientale L.，分布于华东、华南及西南。深圳有分布。

乌毛蕨 Oriental Blechnum　　　　　　　　　　　　　　　　　图 119　彩片 178　179

Blechnum orientale L. Sp. Pl. **2**: 1077. 1753.

根状茎粗壮，直立，木质，黑褐色，先端及叶柄下部密被棕色的线状披针形鳞片。叶通常长达 1.4m 或更长，簇生于根状茎顶端；叶柄基部粗 0.5~1cm，褐色，基部以上棕色或暗禾秆色，圆柱形而近轴面扁平并有浅而阔的纵沟；叶片披针形或阔披针形，大小通常为长约 1m，宽约 30cm 或更大，一回羽状，先端羽状深裂，顶生裂片与侧生裂片或羽片同形但较大，基部与侧生裂片合生；正常的侧生羽片通常 20 对或更多，大小通常为长约 20cm，宽约 2cm，互生，无柄，先端狭长渐尖，基部上侧圆形，下侧贴生于叶轴，上部羽片的基部下侧沿叶轴显著下延，叶片下部有数对羽片多少突然变小，叶柄上有 15~20 对强度缩小为长 2~3mm 的耳形羽片，耳形羽片一直分布到叶柄基部；羽片中脉明显，在两面凸出，近轴面上有狭纵沟，侧脉细密，单一或二叉，略斜展；叶片厚纸质或近革质，干后草绿色或棕绿色，无毛。孢子囊群紧贴主脉两侧着生，长线形，连续不断；囊群盖长线形，开向主脉。

产地：三洲田（深圳队 227）、南澳、梅沙尖（深圳队 547）、仙湖植物园（张宪春 011163）、羊台山、沙头角。各地常见，生于林缘路边，海拔 100~800m。

分布：广东、香港、澳门、海南、广西、湖南、江西、福建、台湾、浙江、四川、贵州、云南、西藏。也分布于亚洲热带其他地区及大洋洲，北达日本南部。

用途：根状茎药用，有清热解毒之效。亦为我国亚热带地区的酸性土指示植物。

2. 苏铁蕨属 Brainea J. Sm.

单种属，形态特征见种的描述。

苏铁蕨 Cycad-fern　　　图 120　彩片 180　181　182

Brainea insignis（Hook.）J. Sm. Cat. Kew Ferns 5. 1856.

Bowringia insignis Hook. in Hooker's J. Bot. Kew Gard. Misc. **5**：237，pl. 2. 1853.

植株具地上主茎，主茎木质，直立，高 20~50cm，先端及叶柄基部密被棕色鳞片；鳞片线形，长 2~4cm，通直。叶簇生于主茎顶部，呈辐射状开展，长 0.8~1.2m；叶柄长 10~40cm，棕禾秆色，基部密被线形鳞片，基部以上光滑，上部有时有数对羽片退化为耳片；叶片椭圆披针形，略呈二型；不育叶长 0.8~1m，一回羽状，羽片 30~50 对，线状披针形，中部羽片长 10~18cm，宽 0.8~1.8cm，先端长渐尖，基部为不对称的心脏形，近无柄，边缘有细密锯齿，偶有不整齐的裂片；能育叶与不育叶同形，但羽片较狭，通常宽 5~8mm；叶脉明显，大部分连接，沿中脉两侧各呈 1 行三角形网眼，其余小脉分离，单一或分叉；叶片革质，光滑，干后棕色或褐绿色，叶轴近轴面有纵沟。孢子囊群粗短线形，间断，无盖，通常沿三角形网眼着生，或成熟时满布于能育羽片的远轴面。

产地：七娘山（邢福武等 11006，IBSC）、塘朗山、田心山（张寿洲等 4690）、梧桐山（张寿洲等 011780）。生于山地林缘路边，海拔约 500m。

分布：广东、香港、澳门、海南、广西、福建、台湾和云南。广布于亚洲热带地区。

3. 狗脊蕨属 Woodwardia Sm.

中型至大型植物，土生。根状茎短而粗壮，直立、斜升或横卧，无地上主干，先端密被鳞片；鳞片棕色，

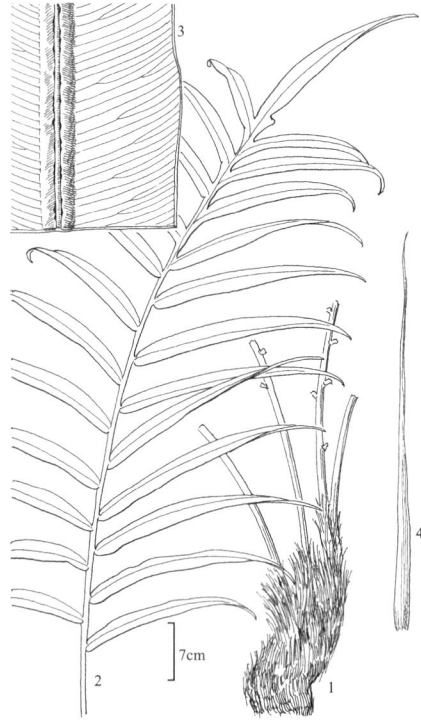

图 119 乌毛蕨 Blechnum orientale
1. 植株的下部，示根状茎及叶柄，并示根状茎及叶柄下部的鳞片；2. 根状茎及叶柄下部的鳞片；3. 叶片；4. 羽片的一部分放大，示下面的叶脉及生于主脉两侧的孢子囊群。（马平绘）

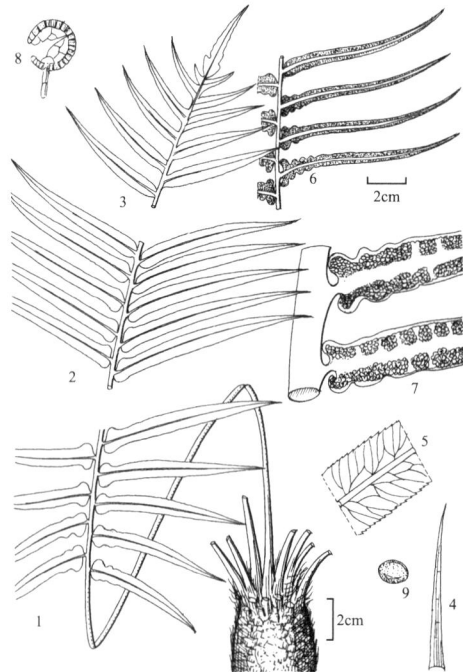

图 120 苏铁蕨 Brainea insignis
1~3. 植株的一部分，示地上主茎、叶柄的下部及不育叶；4. 主茎先端及叶柄基部的鳞片；5. 不育叶羽片的一部分放大，示下面的叶脉；6. 能育叶羽片的一部分放大，示下面的孢子囊群；7. 能育叶羽片的下部放大，示孢子囊群；8. 孢子囊；9. 孢子。（李志民绘）

披针形或阔披针形，膜质，全缘或偶有 1~2 卷曲的缘毛。叶簇生，一型；叶柄粗壮，两侧不具耳形羽片；叶片一回羽状—羽片深羽裂，纸质或厚纸质，无毛，叶轴或羽轴的远轴面多少被有鳞片；侧生羽片披针形，羽状深裂，裂片边缘有细锯齿；叶脉部分连接呈网结，叶缘的小脉分离，即沿羽轴及裂片中脉两侧各有 1 行平行于羽轴或中脉的狭长网眼，其外侧还有 1~2 行多角形网眼，无内藏小脉，网眼外的小脉分离，直达叶边。孢子囊群粗短线形或弯月形，不连续，呈单列并行于裂片中脉（有时也沿羽轴）两侧，着生于靠近中脉的网眼的外侧小脉上；囊群盖与孢子囊群同形，厚纸质，深棕色，略隆起，亦着生于靠近主脉的网眼的外侧小脉上，成熟时开向主脉，宿存；孢子囊有长柄，环带由 18~24 个增厚细胞组成。孢子椭圆球形，表面有颗粒状、脊状、小刺状、皱褶状纹饰。

约 10 种，广泛分布于北半球的温带至热带地区，东南亚为分布中心。我国有 5 种，产于长江以南各地区。深圳有 2 种。

1　叶片下部羽片的基部对称或近对称，基部下侧无缺失裂片；羽片半裂的裂片先端短尖头或圆头；羽片近轴面从不生珠芽 ·· 1. **狗脊 W. japonica**
1. 叶片下部羽片的基部明显不对称，基部下侧 1~3 个裂片缺失；羽片的裂片先端长渐尖；羽片近轴面有时密生珠芽 ·· 2. **珠芽狗脊 W. prolifera**

1.　狗脊 Japanese Chain Fern

图 121　彩片 183　184

Woodwardia japonica（L. f.）Sm. in Mem. Acad. Turin 5：411. 1793.

Blechnum japonicum L. f. Suppl. Syst. Veg. 447. 1781.

根状茎粗壮，横卧或斜升，先端及叶柄基部密被鳞片；鳞片棕色，披针形或阔披针形，长 2~3cm，基部宽约 1.5~5mm，全缘。叶簇生，长 0.6~1m；叶柄长 20~50cm，禾秆色，基部以上至叶轴的鳞片较小且逐渐稀疏；叶片椭圆形或阔披针形，长 40~60cm，宽 20~40cm，叶片一回羽状，顶部长三角形，羽状深裂，向先端渐尖，基部阔楔形或圆形；侧生羽片 8~14 对，全部对生或近对生，很少互生，向上斜展，下部羽片较长，条状披针形，长 13~20cm，宽 2.5~4cm，先端长渐尖，基部近对称或对称、圆形；羽状半裂的裂片 10~18 对，基部 1~2 对缩小，基部下侧一片为圆形或耳形，中部裂片较大，椭圆形或卵形，长 1.2~3cm，宽 0.8~1cm，先端具短尖头或圆头，边缘有细锯齿或近全缘，干后略反卷；叶脉明显，在两面均隆起，沿羽轴及裂片中脉两侧各有 1 行狭长网眼，其外侧尚有 1~2 行多角形网眼，其余的小脉分离，直达叶边；叶片薄革质，干后棕色或暗绿色，无毛，近轴面上从不生无性珠芽。孢子囊群粗线形，着生于裂片主脉两侧的狭长网眼上，紧靠裂片主脉；囊群盖线形，质厚，深棕色，着生于靠近主脉的网眼外侧小脉上，成熟时开向主脉，宿存。

产地：盐田（李沛琼 1627）、三洲田（深圳队

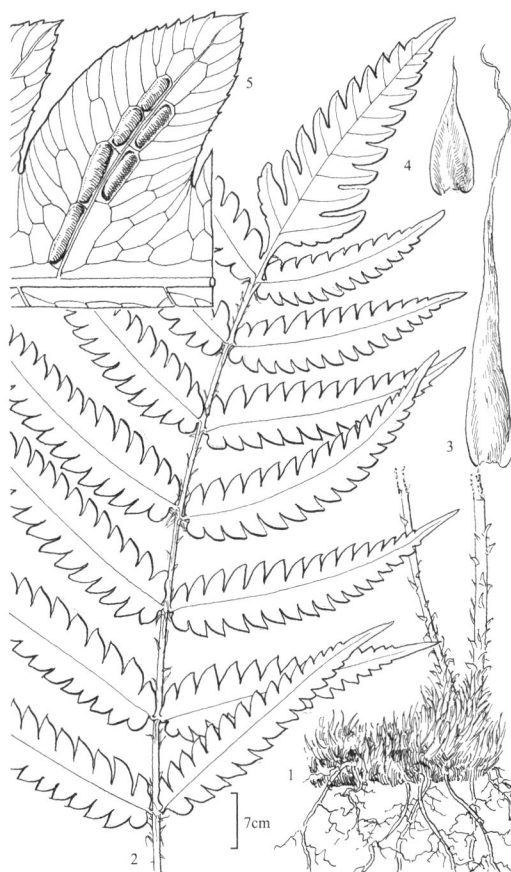

图 121 狗脊 Woodwardia japonica
1. 植株的下部，示根、根状茎及叶柄的下部，并示根状茎及叶柄基部密被鳞片；2. 叶片；3. 根状茎及叶柄基部的鳞片；4. 叶轴上的鳞片；5. 裂片的一部分放大，示下面的叶脉及生于主脉两侧网眼上的孢子囊群。（马平绘）

387）、梧桐山（张寿洲等 011790）。各地常见，生于山地林下或路边，海拔 100~500m。

　　分布：长江流域及以南各地区，包括台湾、香港、海南均有分布。韩国和日本。

　　用途：可入药，有镇痛、利尿和强壮之效；亦可作土农药；根状茎含淀粉，可供酿酒。

2.　珠芽狗脊 Prolific Chain Fern

图 122　彩片 185　186

Woodwardia prolifera Hook. & Arn. in Bot. Beech. Voy. 275, t. 56. 1836.

　　根状茎粗壮，横卧，先端及叶柄基部密被鳞片；鳞片棕色，披针形或阔披针形，长 2~3cm，基部宽 2~6mm，边缘全缘。叶簇生，长约 1.4m；柄长 50~70cm，禾秆色或棕色，基部以上几无鳞片；叶片椭圆形，长 70~80cm，宽 30~40cm，叶片顶部近菱形，羽状深裂，向先端骤尖，基部圆截形，二回羽状深裂；侧生羽片 9~14 对，全部对生或近对生，很少互生，向上斜展，下部羽片较长，阔披针形或三角状，长 20~25cm，基部宽 6~8cm，先端长渐尖，基部明显不对称：上侧截形，即基部上侧的裂片平行于叶轴，基部下侧有 1~3 个裂片缺失；羽片的裂片 12~20 对，基部上侧的羽片最大或略缩小，披针形，长 2~5cm，宽 5~8mm，先端长渐尖头，边缘有细锯齿，干后略反卷；叶脉不明显，在两面略隆起，两侧的网眼狭长，外面 2~4 行多角形小网眼，小脉在叶缘处分离；叶片革质，干后棕色或暗绿色，无毛，羽片近轴面有时密生无性珠芽。孢子囊群肾形或新月形，着生于裂片中脉两侧的狭长网眼上，靠近裂片中脉；囊群盖同形，质厚，深棕色，着生于靠近主脉的网眼外侧小脉上，成熟时开向主脉，宿存。

　　产地：梅沙尖（张寿洲等 4811）、沙头角（张寿洲等 5484）、梧桐山（深圳队 989）。生于山谷石壁上，海拔 150m。

　　分布：湖南、江西、福建、台湾、安徽、浙江、广东和广西。日本南部。

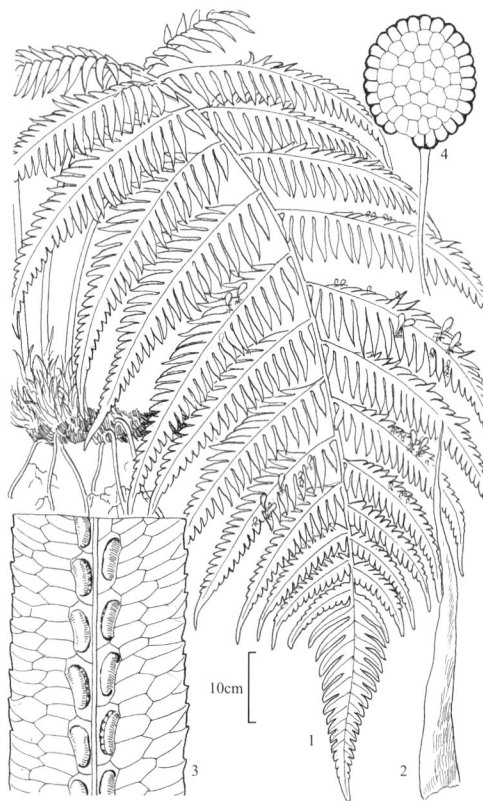

图 122　珠芽狗脊 Woodwardia prolifera
1. 植株的一部分，示根、根状茎及叶，并示根状茎和叶柄基部密被鳞片以及示部分羽片的上面生珠芽；2. 根状茎及叶柄基部的鳞片；3. 裂片中部的一段放大，示下面的叶脉及孢子囊群和囊群盖；4. 孢子。（马平绘）

4. 崇澍蕨属 **Chieniopteris** Ching

　　中小型植物，土生。根状茎细长而横走，无地上主干，先端被鳞片；鳞片棕色，披针形，全缘，质厚。叶近生或远生，一型或略为二型；叶柄长，不具耳形羽片；叶片为单叶，不分裂，或一回羽状—羽片羽状深裂，厚纸质或近革质，无毛；裂片披针形，渐尖头，向基部略变狭，全缘、波状或为不规则的羽裂；叶脉几乎全部连接为网状，沿主脉两侧各有 1 列狭长的网眼，向外有 2~3 行六角形的斜网眼，仅叶边的小脉略分离。孢子囊群线形，不连续，沿主脉两侧着生并与之平行（有时向外侧另伸出 1 对）；囊群盖线形，背面呈拱圆形，纸质，深棕色，着生于靠近主脉的狭长网眼的外侧小脉上，成熟时开向主脉，宿存。孢子椭圆形，表面有颗粒状纹饰。

　　有 2 种，主产于我国南部（广东、广西、福建、台湾），向南分布到越南北部，向东到日本南部。深圳 2 种均有。

1. 叶片不分裂，或三出全裂，或一回羽裂而顶部呈三叉状 ⋯⋯⋯⋯⋯⋯⋯⋯⋯⋯⋯⋯⋯ 1. 崇澍蕨 **C. harlandii**

1. 叶片一至二回羽裂，顶部羽裂渐尖或骤尖 ………
………………………………2. **裂羽崇澍蕨 C. kempii**

1. 崇澍蕨 Harland's Chain Fern 图 123 彩片 187
Chieniopteris harlandii（Hook.）Ching in Acta
Phytotax. Sin. **9**（1）：39, pl. 4. 1964.

Woodwardia harlandii Hook. Fil. Exot. pl. 7. 1857.

根状茎长而横走，密被鳞片；鳞片披针形，棕
色，长约 5mm，基部宽约 1mm。叶长 40~100cm，近
生或远生，相距 1~2cm，略近二型；不育叶叶柄长
20~30cm，基部黑棕色并被有与根状茎上同样的鳞片，
向上禾秆色，几无鳞片，叶片卵形，三出全裂，或一
回羽裂而顶部裂片呈三叉状，由 1 个大的顶生裂片和
基部 1~2 稍小的侧生裂片组成，或有时为不分裂的
单叶，顶生裂片披针形，长 15~20cm，宽 3.5~4.5cm，
渐尖头，裂片边缘近全缘或波状，向先端的边缘有明
显的细尖锯齿，侧生裂片稍小，长 10~18cm，中部最
宽，宽 2~2.5cm，基部稍变窄；能育叶较高大，叶柄
长达 35~80cm，叶片与不育叶相近但通常有 3~4 对侧
生裂片，少有基部 1 对或 1 片为分裂的羽片，裂片或
羽片线状披针形，长 10~30cm，宽 1.5~3cm，先端渐尖，
边缘波状并有疏锯齿，干后常反卷，裂片或羽片的中
脉明显，在两面均隆起，紧靠中脉两侧各有 1 行狭长
网眼，向外有 2~3 行斜长六角形网眼，小脉在叶缘连
接或分离；叶片厚纸质或近革质，干后灰绿色，无毛。
孢子囊群粗线形，沿主脉两侧着生并与之平行，成熟
时汇合为连续的线形，线形孢子囊群的两侧各有 1 列
稀疏而排列规则的呈狭三角形的孢子囊群；囊群盖粗
线形，质厚，棕色，成熟时开向主脉，宿存。

产地：大雁顶（张寿洲等 2134）、盐田（李沛琼
1624）、梧桐山（张寿洲等 1141）。生于山地林下，
海拔 300~700m。

分布：湖南、福建、台湾、广东、香港、海南和广西。
日本南部和越南北部。

2. 裂羽崇澍蕨 Dissected Chain Fern Kemp's Hain
Fern 图 124 彩片 188 189
Chieniopteris kempii（Copel.）Ching in Acta
Phytotax. Sin. **9**（1）：39. 1964.

Woodwardia kempii Copel. in Philipp. J. Sci. **3**（5）：
280. 1908.

根状茎长而横走，密被鳞片；鳞片披针形，棕色，
长约 5mm，基部宽约 1mm。叶长 40~80cm，近生或

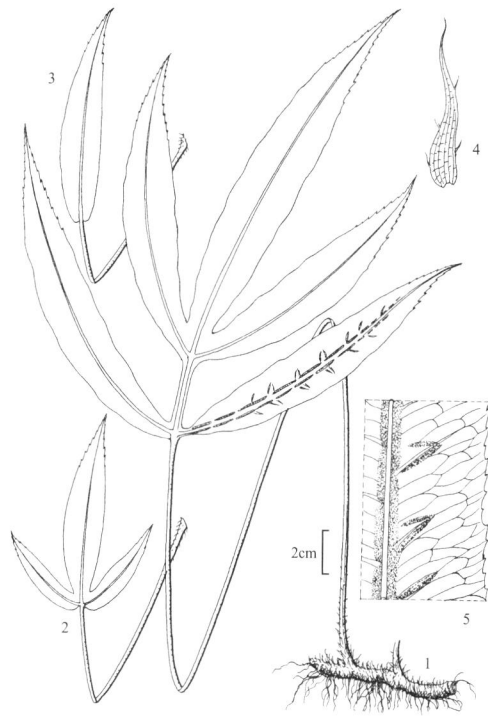

图 123 崇澍蕨 Chieniopteris harlandii
1. 植株的一部分，示根、根状茎及能育叶；2~3. 不育叶；
4. 根状茎及叶柄基部的鳞片；5. 羽片的一部分放大，示下
面的叶脉及孢子囊群。

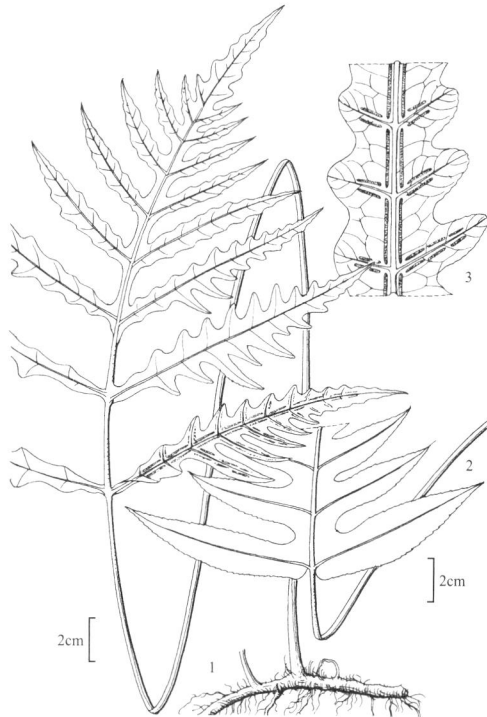

图 124 裂羽崇澍蕨 Chieniopteris kempii
1. 植株的一部分，示根、根状茎及能育叶；2. 不育叶的一
部分；3. 能育叶羽片的一部分，示下面的叶脉及孢子囊群。
（李志民绘）

远生，相距 1~2cm，略近二型；不育叶叶柄长约 20cm，基部褐色并被有与根状茎上同样的鳞片，向上禾秆色，有稀疏小鳞片，易脱落，叶片卵形，长、宽各 12~18cm，向先端羽裂渐尖，基部最宽、圆形，羽状深裂，一回裂片 5~8 对，一至二回羽裂，裂片基部与叶轴合生，顶部羽裂渐尖或骤尖，边缘有细尖锯齿，基部 1~2 对裂片的边缘呈波状或浅裂；能育叶较高大，叶柄长 30~70cm，叶片与不育叶相近但羽片或裂片细瘦，下部羽片或裂片通常羽状深裂，基部羽片长 15~20cm，宽 5~10cm，羽状深裂，羽轴两侧有 0.5~1cm 宽的翅，羽片的中部最宽，先端渐尖或急尖，基部楔形，基部羽片的裂片 6~10 对，中部的裂片较长，披针形，长 3~6cm，宽 5~8mm，先端渐尖，有浅锯齿或近全缘，较大的裂片有时会进一步不规则分裂，叶脉不明显，在远轴面仅可见，中脉隆起，沿中脉两侧各具 1 行狭长网眼，向外有 1~2 行斜长六角形网眼，再向外的小脉分离；叶片纸质，干后棕色或暗绿色，无毛。孢子囊群成熟时汇合为连续的线形；囊群盖成熟时深棕色，成熟时开向主脉，宿存。

产地：大雁顶（张寿洲等 2137）。生于山地林下，海拔 700~800m。

分布：福建、台湾、广东和广西。日本南部。

21. 蹄盖蕨科 ATHYRIACEAE

董仕勇　陈珍传

中小型草本植物，很少为大型，土生。根状茎多样：细长而横走、粗长而横卧、斜升、粗短而直立，具网状中柱，被鳞片，先端鳞片较密；鳞片披针形、卵状披针形、卵形或心形，大多基部着生，少有靠近中部盾状着生，罕见鳞片盾状着生并有柄，全缘或边缘有细齿，棕色或黑色，或棕色而边缘黑色，细胞狭长、孔细密而不透明。叶一型；叶柄基部不具关节，基部有 2 条扁平维管束；叶片一至四回羽状深裂，或很少为单叶，无毛或叶轴、各回羽轴和叶脉多少被单细胞淡灰色短毛或多细胞的节状长柔毛；叶脉分离，少有网状或相邻的 1 至多对小脉顶端向外连接成长三角形网眼（星毛蕨型）；各回羽轴和主脉近轴面往往有深纵沟，沟两侧有隆起的狭边，并在与小羽轴或主脉交叉处有缺刻，缺刻下侧有时生出 1 个刺状凸起；各回羽轴和主脉近轴面的纵沟通常互通，很少不通。孢子囊群圆形、椭圆形、线形、半月形，或上端弯曲越过叶脉呈不同程度的弯钩形、马蹄形或圆肾形，背生或侧生于叶脉（单边生或有时双边成对生），有盖或无盖；囊群盖为圆肾形、线形、半月形、弯钩形或马蹄形，生于小脉一侧或两侧；孢子两侧对称，通常为椭圆形，单裂缝，外壁表面平滑或有多种纹饰。

5 属约 600 种，广布于世界各地，尤以热带和亚热带的种类为多。我国 5 属均产，约 300 种。深圳有 2 属 11 种。

1. 羽轴近轴面的沟槽和叶轴上的沟槽不连通；叶轴及各回羽轴的近轴面通常被粗长节毛 ··························· ··· 1. 对囊蕨属 Deparia
1. 羽轴近轴面的沟槽和叶轴上的沟槽通常相互连通；叶轴及各回羽轴的近轴面无毛 ······ 2. 双盖蕨属 Diplazium

1. 对囊蕨属 Deparia Hook. & Grev.

中小型至大型草本植物，土生。根状茎长而横走或短而直立，被棕色、膜质、披针形或卵形鳞片。叶远生、近生或簇生。叶柄禾秆色，细瘦或粗壮，基部圆形，疏被与根状茎上相同的鳞片；叶片椭圆形至长卵形，一至二回羽状—小羽片羽裂，极少为单叶，先端渐尖并为羽裂，基部不变狭；羽片或小羽片羽裂达 1/2 或更深，叶轴和羽轴的近轴面具有较狭的纵沟，沟两边钝圆，叶轴与羽轴的沟彼此不连通；叶脉分离或很少连接，侧脉单一或分叉；叶片草质，叶轴、羽轴及叶脉多少被有卷曲的粗长节毛（或很少无毛）。孢子囊群形态多样，线形、圆形、长形、新月形、弯钩形或马蹄形，单生于小脉上侧，或在基部上侧一小脉上双生于小脉的上下两侧；囊群盖线形、圆肾形、马蹄形、钩形或新月形，膜质，边缘常撕裂或具啮蚀状的睫毛。孢子极面观椭圆形，赤道面观半圆形或豆形，表面具皱褶，或具粗瘤状、棒状、刺状纹饰。

约 70 种，分布于东半球的温带和亚热带地区。我国约 53 种。深圳有 3 种。

1. 叶片三回羽状深裂；孢子囊群圆形 ·· 1. 对囊蕨 D. boryana
1. 叶片单一全缘或二回羽状深裂；孢子囊群线形。
　　2. 叶片二回羽状半裂至深裂；叶轴及羽轴近轴面被有多细胞节状毛 ·················· 2. 毛叶对囊蕨 D. petersenii
　　2. 叶为单叶，边缘全缘；叶轴无毛 ·· 3. 单叶对囊蕨 D. lancea

1. 对囊蕨 介蕨 Common Dryoathyrium　　　　　　　　　　　　　　　　图 125

Deparia boryana（Willd.）M. Kato in Bot. Mag.（Tokyo）. **90**：36. 1977.

Aspidium boryanum Willd. Sp. Pl. ed. 4，**5**（1-2）：285. 1810.

Dryoathyrium boryanum（Willd.）Ching in Bull. Fan Mem. Inst. Biol.，Bot. **11**（2）：81. 1941；海南植物志 1；

90，图 44. 1964；广东植物志 7：144，图 69. 2006.

根状茎横卧或直立，先端及叶柄基部均被狭披针形棕色鳞片。叶近生或簇生，长 100~120cm；柄长 40~60cm，粗壮，禾秆色至褐色；叶片三角状卵形，长 60~80cm，宽 40~50cm，先端渐尖，基部不变狭，三回羽状，小羽片羽状深裂；羽片 12~15 对，互生，中下部羽片有柄，阔披针形，基部一对最大，长达 30cm，小羽片披针形，较大的小羽片长 8cm，宽 2.5cm，先端渐尖，基部截形，与羽轴分离并有短柄，深羽裂达羽轴两侧的狭翅；裂片矩圆形，先端圆钝，边缘具粗锯齿或浅裂；叶脉可见，分离，羽状；叶轴及各回羽轴近轴面有狭纵沟，纵沟彼此不互通。叶片薄草质，叶轴及各回羽轴的近轴面上有单列多细胞节状毛，并有由 2~3 列细胞组成的毛状鳞片；裂片近轴面近无毛或偶见短柔毛，远轴面无毛。孢子囊群圆形，彼此疏离，着生于小脉分叉处，沿主脉两侧各排成 1 行；囊群盖圆肾形，边缘撕裂状，残存或早落。

产地：梧桐山（邢福武等 12132，IBSC）。

分布：浙江、湖南、福建、台湾、广东、海南、广西、贵州、云南、四川和西藏。留尼汪岛、斯里兰卡、印度、尼泊尔、缅甸、越南、泰国、马来西亚、菲律宾和印度尼西亚。

2. 毛叶对囊蕨 毛轴假蹄盖蕨 Petersen's Athyriopsis

图 126　彩片 190　191

Deparia petersenii（Kuntze）M. Kato in Bot. Mag.（Tokyo）. **90**：37. 1977.

Asplenium petersenii Kuntze, Analecta Pteridogr. 24. 1837.

Athyriopsis petersenii（Kuntze）Ching in Acta Phytotax. Sin. **9**（1）：66. 1964；香港植物志蕨类植物门 197. 2003；广东植物志 7：143. 2006.

根状茎细长而横走，先端被棕色阔披针形鳞片。叶通常长约 60cm，近生；叶柄长 25cm，禾秆色，基部暗棕色，疏被阔披针形至狭披针形鳞片及卷曲的节状短毛；叶片通常二回羽状半裂至深裂，披针形，先端羽裂渐尖，基部不狭缩；侧生羽片 10~13 对，斜展，中部羽片长约 8cm，宽约 1.2cm，先端渐尖，基部近截形；裂片通常 12 对，圆钝头；叶片还有另一种类型，很小，长约 15cm，宽约 2.5cm，叶柄长约 5cm，叶片披针形，一回羽状深裂至基部为一回羽状全裂，叶脉仅可见，每裂片有小脉 4~7 对，斜向上，二叉或单一；叶片草质，干后棕绿色，叶轴近轴面及羽片两面多少

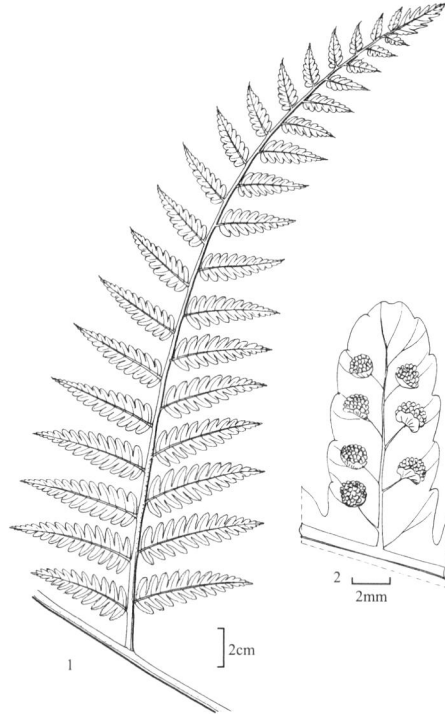

图 125 对囊蕨 Deparia boryana
1. 羽片；2. 裂片的一部分放大，示其下面的叶脉、孢子囊群及囊群盖。（李志民绘）

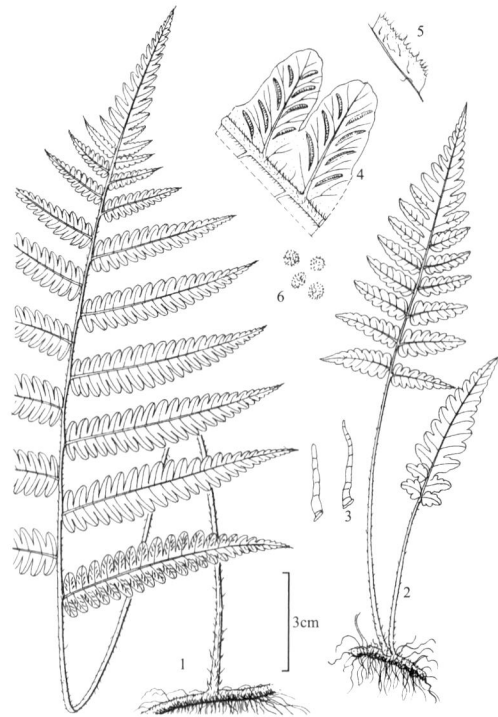

图 126 毛叶对囊蕨 Deparia petersenii
1. 植株的一部分，示根、根状茎及叶；2. 年龄较小植株的叶片形态；3. 叶柄及叶轴上的多细胞节状毛；4. 裂片的一部分放大，示其下面的叶脉及孢子囊群；5. 囊群盖，示边缘撕裂状；6. 孢子。（李志民绘）

被有多细胞节状毛。孢子囊群短线形，罕为弯钩形，通常单生于小脉中部上侧，裂片基部上侧一小脉有时为双生；囊群盖短线形，边缘撕裂状，宿存，多少被毛，很少无毛。

产地：七娘山（张寿洲等 011069）、南澳（邢福武等 11879，IBSC）、梧桐山、梅林（张寿洲等 5400）。生于山地林下，海拔 100~700m。

分布：广东、香港、澳门、海南、广西、湖南、江西、福建、台湾、浙江、江苏、安徽、河南、湖北、甘肃、陕西（秦岭南坡）、四川、重庆、贵州、云南和西藏。韩国、日本、东南亚、南亚和大洋洲。

多细胞毛被的多少及叶形在种内有较大幅度的变化。据笔者近年来在华南地区的野外考察及馆藏标本比较，广东与海南只有一种假蹄盖蕨类（秦仁昌 1978 年系统的 Athyriopsis）植物。笔者尚无法得到东洋对囊蕨（假蹄盖蕨）Deparia japonica（Thunb.）M. Kato 与毛叶对囊蕨（毛轴假蹄盖蕨）的模式，就目前的文献看来，二者可能是同物异名。

3. 单叶对囊蕨 单叶双盖蕨 茅叶蹄盖蕨 Spear-leaved Lady-fern 图 127 彩片 192 193

Deparia lancea（Thunb.）Fraser-Jenk. New Sp. Syndr. Indian Pteridol. 101. 1997.

Asplenium lanceum Thunb. Fl. Jap. 333. 1784.

Diplazium lanceum（Thunb.）C. Presl，Tent. Pterid. 113. 1836，non Bory：海南植物志 **1**：95. 1964.

Athyrium lanceum（Thunb.）Milde in Bot. Zeitung（Berlin）**28**：354. 1870；广州植物志 55. 1956.

Diplazium subsinuatum（Wall. ex Hook. & Grev.）Tagawa，Col. Illustr. Jap. Pterid. 135，pl. 55，f. 298. 1959；香港植物志蕨类植物门 200. 2003；广东植物志 **7**：149. 2006.

根状茎细长而横走，黑棕色，被鳞片；鳞片褐色，披针形，边缘全缘。叶为单叶，长 20~50cm，远生；叶柄长 8~20cm，基部黑棕色，向上禾秆色，幼时通体密被披针形鳞片，成熟后叶柄基部以上的鳞片脱落；叶片披针形或狭披针形，长 20~30cm，中部宽 2~2.8cm，不分裂，中部最宽，向两端渐狭，边缘全缘或有时呈波状；主脉（叶片主轴）明显，无毛，远轴面圆形隆起，近轴面有浅纵沟，侧脉不明显，斜向上，每组有小脉 3~4，通直，平行，直达叶边；叶片厚纸质或近革质，干后暗绿色，无毛。孢子囊群线形，生于每组小脉的上侧一脉的上侧或上下两侧；囊群盖线形，宿存。

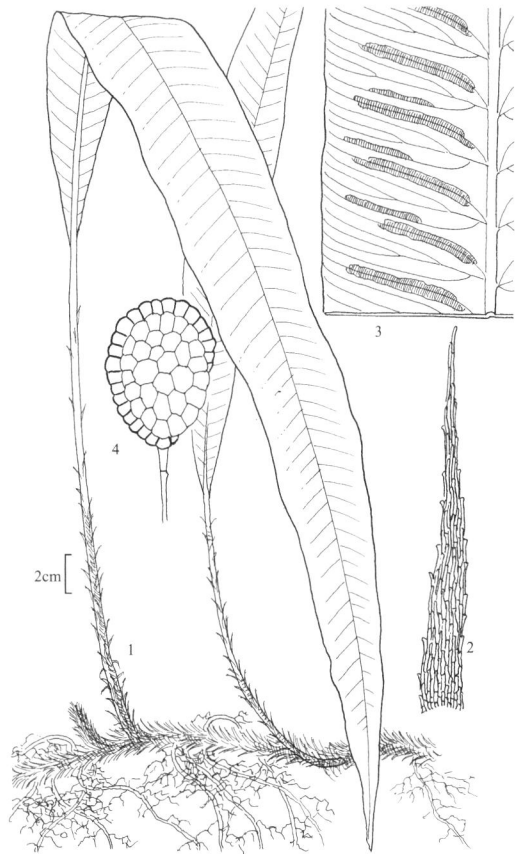

图 127 单叶对囊蕨 Deparia lancea
1. 植株，示根、根状茎及叶；2. 根状茎及叶柄上的鳞片；
3. 叶片的一部分放大，示下面的叶脉及孢子囊群；4. 孢子囊。（马平绘）

产地：七娘山（张寿洲等 SCAUF950）、梧桐山（李沛琼 802）、羊台山（深圳植物志采集队 013681）。各地常见，生于山谷林下、溪边，海拔 10~500m。

分布：广东、香港、海南、广西、湖南、江西、福建、台湾、浙江、江苏、安徽、河南、四川、重庆、贵州和云南。尼泊尔、印度、斯里兰卡、缅甸、越南、日本和菲律宾。

用途：全草药用。

2. 双盖蕨属 Diplazium Sw.

中型至大型草本植物，土生。根状茎短而直立，或长而横走，被鳞片；鳞片通常狭披针形或线状披针形，棕色或黑色，边缘全缘或有规则细齿。叶簇生或近生；叶柄坚实，基部圆形，不加厚，疏被与根状茎上相同的鳞片，向上至叶轴有时疏被鳞片；叶片卵形至阔披针形，一至三回羽状，基部不狭缩，先端羽裂渐尖或具一顶生羽片；羽片披针形至卵状披针形，全缘至二回羽状深裂；叶轴及羽轴或有浅锯齿，很少有羽片基部浅裂，羽轴近轴面近圆形或略具浅纵沟，沟两侧边钝圆，羽轴的沟在基部与叶轴沟通常连通，或少有不连通；叶脉多数分离，少有连接，纤细，单一或分叉，直达叶边；叶片通常为草纸或纸质，很少革质，通常无毛。孢子囊群线形，很少为长圆形或卵形，往往单生于小脉的上侧，或在裂片基部上侧出一脉，略斜向上，通常双生；囊群盖同形，膜质，全缘，单生或双生于小脉一侧或两侧，成熟时外侧张开。孢子极面观椭圆形，赤道面观豆形，单裂缝，表面平滑或具片状、颗粒状、刺状、脊条状或网孔状纹饰。

300~400 种，分布于世界热带和亚热带地区，少数达暖温带。我国约 90 种，广布于长江以南及西南各地区。深圳有 8 种。

1. 叶片为奇数一回羽状，顶生羽片与侧生羽片同形 ·· 1. 双盖蕨 D. donianum
1. 叶片为一至三回羽状，羽片顶部羽裂渐尖。
   2. 叶脉连接 ··· 2. 食用双盖蕨 D. esculentum
   2. 叶脉分离。
      3. 孢子囊群盖成熟时脱落不见，或囊群盖短，成熟时不规则破裂。
         4. 孢子囊群长；囊群盖早落或成熟时被压于孢子囊群下面，似无盖 ········ 3. 深绿双盖蕨 D. viridissimum
         4. 孢子囊群短；囊群盖成熟时从背部不规则破裂，清晰可辨。
            5. 叶柄基部鳞片披针形或阔披针形，伏贴；孢子囊群生于小脉基部上侧 ·································
            ·· 4. 光脚双盖蕨 D. doederleinii
            5. 叶柄基部鳞片狭披针形，多少开张；孢子囊群生于小脉近中部上侧 ····· 5. 淡绿双盖蕨 D. virescens
      3. 孢子囊群盖长，成熟时规则地从外侧张开，宿存。
         6. 根茎细长而横走；叶片一回羽状，羽片不分裂或浅裂 ············· 6. 江南双盖蕨 D. mettenianum
         6. 根茎通常粗短，横卧至直立；叶片一至二回羽状。
            7. 叶片一回羽状至基部二回羽状；叶柄基部鳞片披针形或狭披针形，基部以上几无鳞片 ·············
            ·· 7. 阔片双盖蕨 D. matthewii
            7. 叶片向下为二回羽状；叶柄下部密被线状披针形鳞片 ·················· 8. 毛柄双盖蕨 D. dilatatum

1. 双盖蕨 Twin-sorus Fern 图 128 彩片 194 195

Diplazium donianum（Mett.）Tardieu in Asplen. Tonkin 58，pl. 5，f. l-2. 1932.

Asplenium donianum Mett. in Ath. Senckenberg. Naturf. Ges. **3**：177，n. 1986. 1859.

根状茎细长而横走，或横卧至斜升，黑棕色，密生粗根，先端被少量鳞片；鳞片黑棕色，披针形，边缘有细齿，易脱落。叶长约 60cm，近生或远生；叶柄长 40cm，基部黑棕色，并疏被与根状茎上同样的鳞片，向上为棕禾秆色，无鳞片；叶片椭圆形或卵状椭圆形，长 20~30cm，宽 15~20cm，奇数一回羽状；顶生羽片与侧生羽片同形，侧生羽片 2~5 对，互生或近对生，斜展，下部的有短柄，椭圆披针形或阔披针形，长 12~15cm，宽 3~4cm，先端渐尖并略呈尾状，通常略向上弯而呈镰形，基部阔楔形，全缘或向顶部略具疏锯齿；主脉明显，远轴面圆形隆起，近轴面有浅纵沟，侧脉略斜向上，每组有小脉 3~4，通直，平行，直达叶边；叶片近革质，干后暗绿色，无毛。孢子囊群线形，通常双生于每组小脉的上侧一脉的上下两侧，囊群盖线形，宿存或脱落。

产地：南澳（邢福武等 11989，IBSC）、梧桐山（李沛琼 179）。生于山地林下，海拔 100~200m。

分布：安徽、湖南、福建、台湾、广东、香港、海南、广西和云南。尼泊尔、不丹、印度、缅甸、越南和日本南部。

2. 食用双盖蕨 菜蕨 Fleshy Lady-fern

图 129 彩片 196 197

Diplazium esculentum（Retz.）Sw. in J. Bot.（Schrader）. **1801**（2）: 312. 1803.

Hemionitis esculenta Retz. in Observ. Bot. **6**: 38. 1791.

Callipteris esculenta（Retz.）J. Sm. ex T. Moore & Houlston in Gard. Mag. Bot. **3**: 265. 1851；海南植物志 **1**: 93. 1964；中国植物志 **3**（2）: 476，图版 115: 1-3. 1999；香港植物志蕨类植物门 214，图版 27: 1-2. 2003；广东植物志 **7**: 162，图 77. 2006.

Athyrium esculentum（Retz.）Copel. in Philipp. J. Sci. **3**（5）: 295. 1908；广州植物志 55. 1956.

根状茎直立，密生须根，先端密被鳞片；鳞片暗棕色或棕色，狭披针形，边缘有黑色狭边和小齿。叶簇生，长 120~180cm；叶柄长 20~80cm，棕禾秆色，基部密被棕色狭披针形鳞片，向上无鳞片；叶片卵状三角形或阔披针形，长 70~100cm，中下部最宽，宽 50~60cm，基部多少变窄，先端羽裂渐尖，向下为一回或二回羽状；羽片 10~20 对，互生，向上斜展，阔披针形，一回羽状深裂至全裂，中下部的一回羽状，有长约 1cm 的短柄，长 25~30cm，基部 1~2 对较其上的多少缩短，中下部的羽片通常基部最宽，宽 10~12cm；中下部羽片的小羽片 10~12 对，互生或近对生，披针形，基部的最长，长 5~6cm，宽 1.5~1.8cm，先端渐尖头，基部截形或阔楔形，边缘有圆齿或缺刻状齿；叶脉明显，连接，小脉单一，很少分叉，斜向上，达于叶边，小羽片的主脉两侧发出 4~11 条小脉，小羽片缺刻以下的小脉连接；叶片纸质，干后褐色，无毛。孢子囊群长线形，通常单生于小脉上侧，或在基部小脉两侧双生，不达叶边；囊群盖长线形，膜质，成熟后从外侧张开，易脱落。

产地：布吉（邢福武等 12111，IBSC）、梧桐山（深圳队 890）、深圳水库（深圳植物志采集队 013632）。各地常见，生于山地林下溪边或农田水边，海拔 100~500m。

分布：湖南、江西、福建、台湾、安徽、浙江、广东、香港、海南、广西、贵州、云南和四川。广布于亚洲热带及亚热带地区，波利尼西亚也有分布。

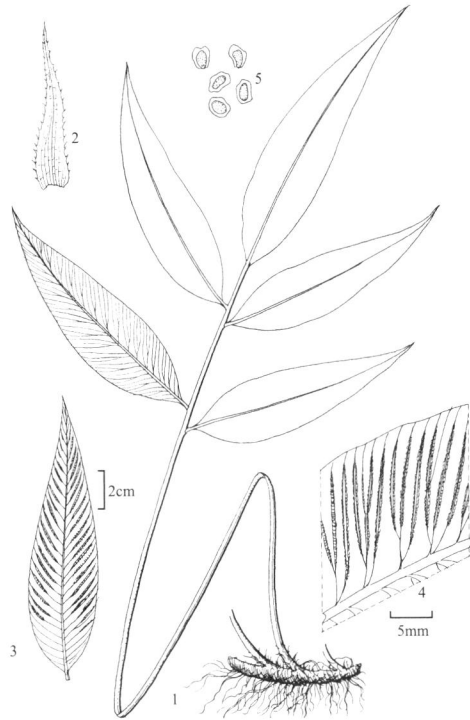

图 128 双盖蕨 Diplazium donianum
1. 植株的一部分，示根、根状茎及叶；2. 根状茎及叶柄上的鳞片；3. 羽片的背面，示孢子囊群；4. 羽片的一部分放大，示其下面的叶脉及孢子囊群；5. 孢子。（李志民绘）

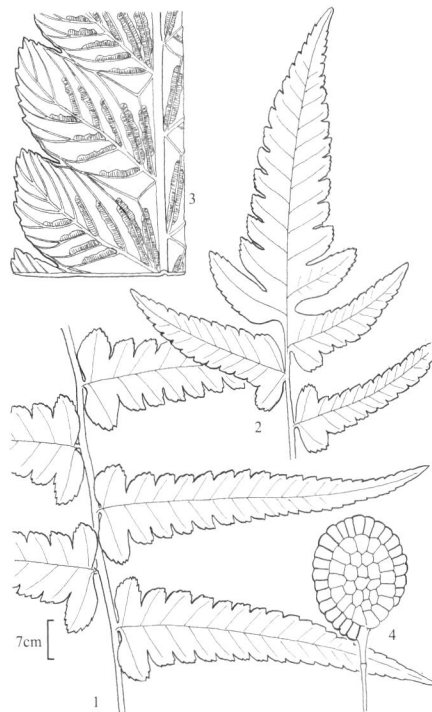

图 129 食用双盖蕨 Diplazium esculentum
1~2. 羽片上部分；3. 小羽片的一部分放大，示下面叶脉及孢子囊群；4. 孢子囊（放大）。（马平绘）

用途：嫩叶可作蔬食。

3. 深绿双盖蕨 深绿短肠蕨 Green Diplazium

图 130

Diplazium viridissimum Christ in Notul. Syst. （Paris）**1**（2）：45. 1909.

Allantodia viridissima（Christ）Ching in Acta Phytotax. Sin. **9**：56. 1964；中国植物志 **3**（2）：469，图版 102：1-8，图版 111：4-7. 1999.

Allantodia austrochinensis Ching in Acta Phytotax. Sin.**9**（4）：353. 1964；海南植物志 **1**：104. 1964；广东植物志 **7**：161. 2006.

根状茎粗壮，直立，先端及叶柄基部密被鳞片；鳞片棕色至深棕色，披针形或狭披针形，边缘黑色并有稀疏小齿。叶簇生，长 90~150cm；叶柄长 35~50cm，棕色或暗禾秆色，下部密被棕色线状披针形鳞片，向上鳞片渐疏而小；叶片近三角形，长 80~100cm，宽 40~50cm，先端羽裂渐尖，向下为二回羽状—小羽片羽状深裂；羽片 10~15 对，互生，斜向上，上部的为披针形，羽裂，近无柄或有短，下部的为阔披针形，一回羽状—小羽片羽状深裂，有长 1~2.5cm 的柄，基部一对最大，长 30~40cm，中部宽 10~15cm，基部略变狭；中下部羽片的小羽片 10~15 对，对生或先端的互生，披针形，中部的最长，长 7~8cm，宽 1.5~2cm，长渐尖头，基部圆截形，羽状半裂至深裂，裂片边缘有浅钝锯齿；叶脉明显，分离，在裂片上为羽状，小脉通常二叉，斜向上，达于叶边；叶片纸质，干后暗绿色，无毛。孢子囊群细长线形，每裂片有 2~5 对，单生于小脉上侧，偶有双生，自小脉基部以上外行达于小脉中部，不达叶边；囊群盖线形，膜质，小，早落，成熟后不见。

产地：沙头角（张寿洲等 5478）。生于山地林下或水旁，海拔 250~300m。

分布：台湾、广东、海南、广西、贵州、云南、四川和西藏。尼泊尔、印度、缅甸、越南和菲律宾。

4. 光脚双盖蕨 光脚短肠蕨 Doederlein Twin-sorus Fern

图 131

Diplazium doederleinii（Luerss.）Makino in Bot. Mag.（Tokyo）**13**（143）：15. 1899.

Asplenium doederleinii Luerss. in Bot. Jahrb. Syst. **4**（4）：358-359. 1883.

Allantodia doederleinii（Luerss.）Ching in Acta

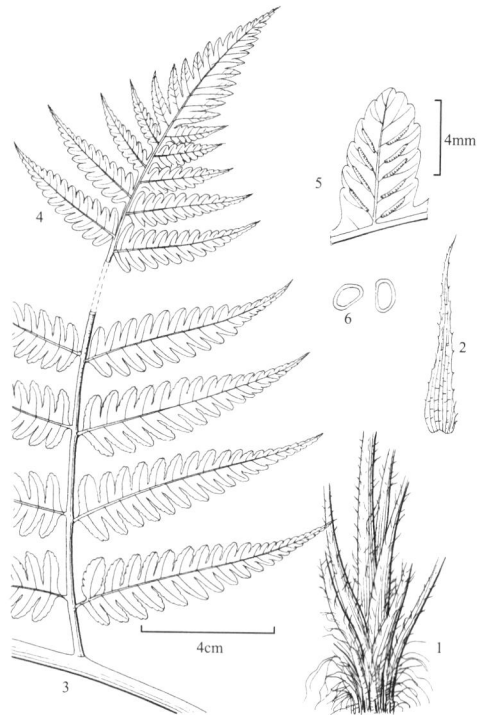

图 130 深绿双盖蕨 Diplazium viridissimum
1. 植株的下部，示根状茎先端和叶柄基部，并示根状茎先端及叶柄基部密被鳞片；2. 根状茎先端和叶柄基部的鳞片；3. 羽片的下部；4. 羽片的上部；5. 小羽片的一部分放大，示其下面的叶脉及孢子囊群；6. 孢子。（李志民绘）

图 131 光脚双盖蕨 Diplazium doederleinii
1. 羽片；2. 小羽片一部分，示下面叶脉和孢子囊群的形态及着生位置。（马平绘）

Phytotax. Sin. **9**（1）：47. 1964；中国植物志 **3**（2）：388，图版 85：4-6. 1999；广东植物志 **7**：155. 2006.

　　根状茎长而横走或较短而横卧，先端及叶柄基部被稀疏鳞片；鳞片棕色，披针形或阔披针形，边缘有稀疏小齿。叶远生或近生，长 90~100cm；叶柄长 40cm，暗棕色或禾秆色，基部略被少数伏贴的披针形鳞片或阔披针形（或鳞片脱落不见），向上无鳞片；叶片卵形，长 40~60cm，基部最宽，宽约 40cm，先端羽裂渐尖，向下为二回羽状—小羽片羽状半裂至深裂；羽片约 10 对，互生，向上斜展，上部的为披针形，羽状深裂，有短柄，下部的为长三角形，一回羽状—小羽片羽状半裂至深裂，有长 1~2.5cm 的柄，基部一对最大，长约 30cm，中下部宽约 10cm，基部略变狭；下部羽片的小羽片 6~8 对，互生或基部 4~5 对对生，披针形，中下部的最长，长 5~6cm，宽约 2cm，渐尖头，基部截形或圆截形，羽状半裂至深裂，裂片先端略有钝齿而两侧边缘全缘；叶脉明显，分离，小脉单一或分叉，斜向上，达于叶边；叶片纸质，干后棕色，无毛。孢子囊群粗短线形或矩圆形，每裂片有 5~6 对，大多单生于小脉基部上侧，少见在小羽片及上部羽片的基部双生于小脉两侧，孢子囊群短，长度不及小脉长度的 1/4，不达叶边；囊群盖短线形，浅棕色，膜质，成熟后从背部不规则破裂。

　　产地：葵涌（张寿洲等 2580）。生于山地路边，海拔 50~100m。

　　分布：浙江、湖南、福建、台湾、广东、香港、海南、广西、贵州、云南和四川。越南北部和日本。

5.　淡绿双盖蕨 淡绿短肠蕨 Greenish Twin-sorus Fern　　　　　图 132

Diplazium virescens Kuntze in Bot. Zeitung（Berlin）**6**：537. 1848.

Allantodia virescens（Kuntze）Ching in Acta Phytotax. Sin. **9**：53. 1964；中国植物志 **3**（2）：396，图版 89：1-4. 1999；香港植物志蕨类植物门 212. 2003；广东植物志 **7**：159. 2006.

　　根状茎细长而横卧至横卧，先端及叶柄基部密被鳞片；鳞片黑色，披针形，边缘有稀疏小齿。叶远生至近生，长 100~160cm；叶柄长 50~60cm，基部黑棕色，向上禾秆色或绿禾秆色，基部及下部密被多少开展的狭披针形鳞片，向上的鳞片渐疏；叶片卵形，长 60~100cm，基部最宽，宽 40~60cm，先端羽裂渐尖，向下为二回羽状—小羽片羽状浅裂至深裂；羽片约 10 对，互生，向上斜展，上部的为披针形，羽状深裂，有短柄，下部的为长三角形，一回羽状—小羽片羽状半裂至深裂，有长约 1~5cm 的柄，基部一对最大，长约 40cm，中下部宽约 15~20cm，基部略变狭；下部羽片的小羽片 10~12 对，互生，披针形，中下部的最长，长 8~10cm，宽 2~3cm，渐尖头，基部截形或浅心形，羽状半裂至深裂；裂片全缘或略有浅钝齿；叶脉明显，分离，小脉单一或分叉，斜向上，达于叶边；叶片纸质，干后暗绿色，无毛。孢子囊群短线形或椭圆形，每裂片通常有 2~5 对，大多单生于小脉近中部上侧，不达叶边；囊群盖短线形或椭圆形，膜质，成熟后从背部不规则破裂。

　　产地：排牙山（张寿洲等 5576）、梅沙尖（深圳队 649）、内伶仃岛（张寿洲等 3793）。生于山谷林下，海拔 200~600m。

　　分布：安徽、浙江、湖南、江西、福建、台湾、广东、香港、海南、广西、重庆、贵州、云南和四川。韩国、日本和越南。

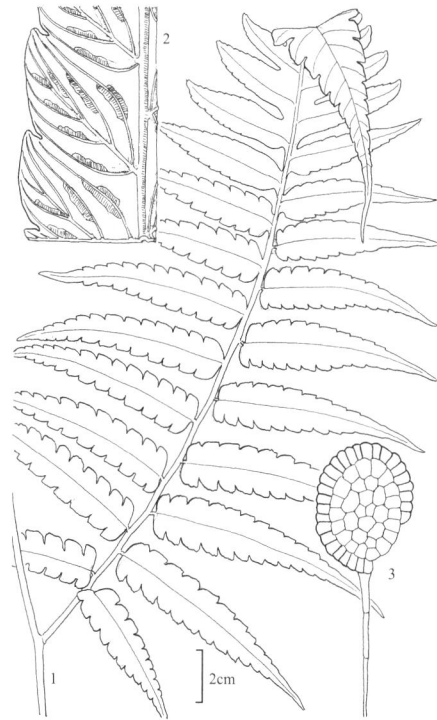

图 132 淡绿双盖蕨 Diplazium virescens
1. 中上部羽片；2. 小羽片的一部分，示下面叶脉和孢子囊群形态及着生位置；3. 孢子囊（放大）。（马平绘）

6. 江南双盖蕨 江南短肠蕨 Metten's Diplazium

图 133 彩片 198 199

Diplazium mettenianum（Miq.）C. Chr. in Index Filic. 236. 1905.

Asplenium mettenianum Miq. in Ann. Mus. Bot. Lugduno-Batavum **3**：174. 1867.

Allantodia metteniana（Miq.）Ching in Acta Phytotax. Sin. **9**（1）：51. 1964；中国植物志 **3**（2）：412，图版 95：1-7. 1999；香港植物志蕨类植物门 206. 2003；广东植物志 **7**：157. 2006.

根状茎细长而横走，先端及叶柄基部疏被鳞片；鳞片暗棕色，披针形，上部边缘有极稀疏小齿。叶远生，长 50~70cm；叶柄长 25~30cm，暗棕色，基部疏被披针形鳞片，向上无鳞片；叶片长三角形，长 25~35cm，基部最宽，宽 15~20cm，先端羽裂渐尖，向下为一回羽状；羽片约 10 对，互生，平展或略向上斜展，披针形，边缘有浅齿至羽状深裂，中部及以下羽片有短柄，柄长 0.2~1cm，基部一对最大，长 7~11cm，中下部宽 1.5~3cm，基部略变狭或明显狭缩；羽状深裂的羽片有裂片约 8~12 对，互生，披针形，中下部的最长，长约 2cm，宽约 7mm，钝头，边缘有浅尖锯齿；叶脉明显，小脉单一或分叉，斜向上，达于叶边；叶片纸质，干后绿色，无毛。孢子囊群长线形，每裂片通常有 3~7 对，多生于小脉中部上侧，在基部上侧小脉上常为双生，不达叶边；囊群盖长，同形，膜质，成熟后从外侧张开，宿存。

产地：七娘山（张寿洲等 011067）、田心山（张寿洲等 5072）、梧桐山（深圳队 1026）。生于山地林下，海拔 400~820m。

分布：安徽、浙江、湖南、江西、福建、台湾、广东、香港、海南、广西、贵州、云南、四川和重庆。泰国、越南和日本。

7. 阔片双盖蕨 阔片短肠蕨 Matthew Twin-sorus Fern

图 134 彩片 200 201

Diplazium matthewii（Copel.）C. Chr. in Index Filic.，Suppl. **1906-1912**：27. 1913.

Athyrium matthewii Copel. in Philipp. J. Sci. **3**（5）：278. 1908.

Allantodia matthewii（Copel.）Ching in Acta Phytotax. Sin. **9**（1）：52. 1964 [matthewi]；中国植物志 **3**（2）：429，图版 97：4-6. 1999；香港植物志蕨类植物门 209，图版 26. 2003；广东植物志 **7**：158，图 76. 2006.

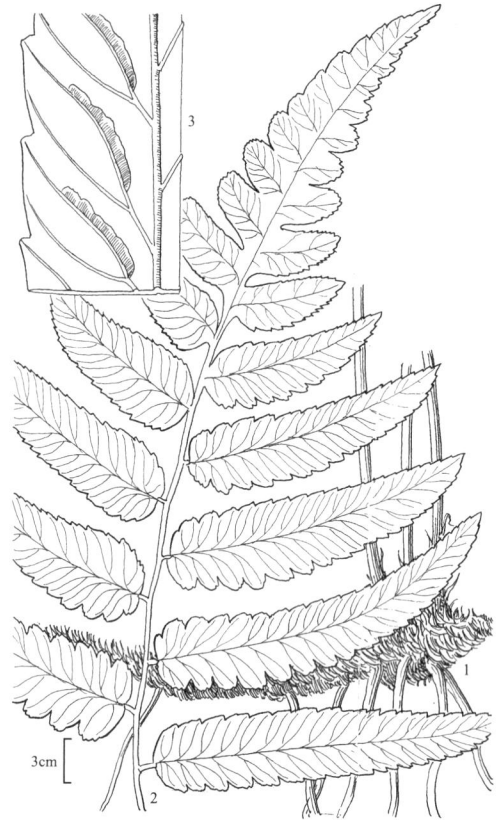

图 133 江南双盖蕨 Diplazium mettenianum
1. 植株的下部，示根、根状茎和叶柄，并示根状茎和叶柄基部被鳞片；2. 叶片的上部；3. 羽片的一部分放大，示其下面的叶脉及孢子囊群。（马平绘）

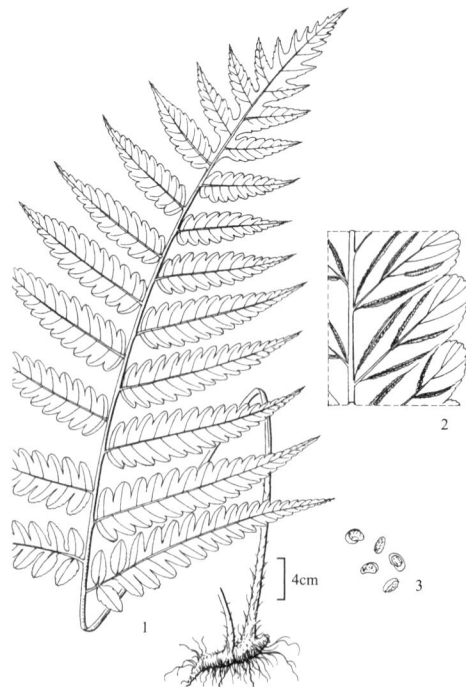

图 134 阔片双盖蕨 Diplazium matthewii
1. 植株的一部分，示根、根状茎和叶；2. 羽片的一部分放大，示其下面的叶脉和孢子囊群；3. 孢子。（李志民绘）

根状茎粗短、横卧，先端及叶柄基部被鳞片；鳞片棕色，披针形或狭披针形，边缘有稀疏小齿。叶近生，长 80~100cm；叶柄长 30~50cm，青禾秆色，基部被少数披针形或狭披针形鳞片，向上几无鳞片；叶片卵形，长约 60cm，基部最宽或略变窄，宽 30~40cm，先端羽裂渐尖，基部二回羽状—小羽片羽状深裂至全裂，也有较小的叶为一回羽状—羽片羽状浅裂；羽片 6~10 对，互生，向上斜展，上部的为阔披针形，羽状浅裂至深裂，无柄或有极短的柄，下部的为长三角形或阔披针形，一回羽状—小羽片羽状深裂至全裂，有长约 1~2cm 的柄，基部一对最大或较其上的略短，长 20~30cm，通常基部最宽，宽 7~12cm；下部羽片的小羽片或裂片 8~10 对，互生或基部的对生，阔披针形，基部的最长，长 4~6cm，宽 2~2.5cm，先端尖头或圆钝，基部贴生于羽轴，边缘全缘或有波状齿；叶脉明显，分离，小脉单一或分叉，斜向上，达于叶边；叶片纸质或草质，干后暗绿色，无毛。孢子囊群长线形，每裂片或小羽片通常有 3~10 对，单生于小脉上侧或双生于小脉的上下两侧，接近叶边；囊群盖长线形，膜质，成熟后从外侧张开。

产地：梧桐山（陈珍传等 011190）、羊台山（张寿洲等 013689）。生于山地林下，海拔约 210m。

分布：福建、广东、香港和广西。越南北部。

8. 毛柄双盖蕨 Widened Twin-sorus Fern 图 135

Diplazium dilatatum Blume，Enum. Pl. Javae **2**：194. 1828.

Allantodia dilatata（Blume）Ching in Acta Phytotax. Sin. **9**：54. 1964；海南植物志 **1**：103. 1964；中国植物志 **3**（2）：444，图版 106：1-6. 1999；香港植物志蕨类植物门 211. 2003；广东植物志 **7**：160. 2006.

Allantodia crinipes Ching in Acta Phytotax. Sin. **9**：53. 1964；海南植物志 **1**：101，图 48. 1964；广东植物志 **7**：159. 2006.

根状茎粗短，直立或斜升，先端密被鳞片；鳞片棕色至深棕色，线状披针形，边缘黑色且有小齿。叶簇生，长达 130cm；叶柄长约 50cm，棕色或暗禾秆色，下部密被棕色线状披针形鳞片，向上鳞片渐疏而小；叶片近三角形，长 80~90cm，宽达 70cm，先端羽裂渐尖，向下为二回羽状；羽片约 10 对，互生，斜向上，上部的为披针形，羽裂，近无柄或有短柄，下部的为椭圆披针形，一回羽状，有长约 2cm 的柄，基部一对最大，长达 30cm，中部宽达 15cm，基部略变狭；小羽片约 10 对，互生，线状披针形，中部的最长，长约 8.5cm，宽约 1.5cm，长渐尖头，基部圆截形，边缘有波状齿或浅裂，裂片边缘有浅钝锯齿；叶脉明显，分离，在裂片上为羽状，小脉单一，斜向上，达于叶边；叶片纸质，干后暗绿色，无毛。孢子囊群细长线形，每裂

图 135 毛柄双盖蕨 Diplazium dilatatum
1. 叶柄的下部；2. 根状茎和叶柄下部的鳞片；3. 中、下部的羽片；4. 小羽片，示其下面的叶脉及孢子囊群；5. 小羽片的部分放大，示下面的叶脉及孢子囊群；6. 孢子。（李志民绘）

片有 2~4 对，单生于小脉上侧，偶有双生，自小脉基部外行达于小脉中部，不达叶边；囊群盖同形，膜质，从外侧张开。

产地：田心山（张寿洲等 4671）、梧桐山（陈珍传 005727）、梅林（张寿洲等 5407）。生于山地林下，海拔 100~600m。

分布：湖南、福建、台湾、广东、香港、澳门、海南、广西、贵州、云南、四川和重庆。东南亚、南亚、大洋洲和日本南部。

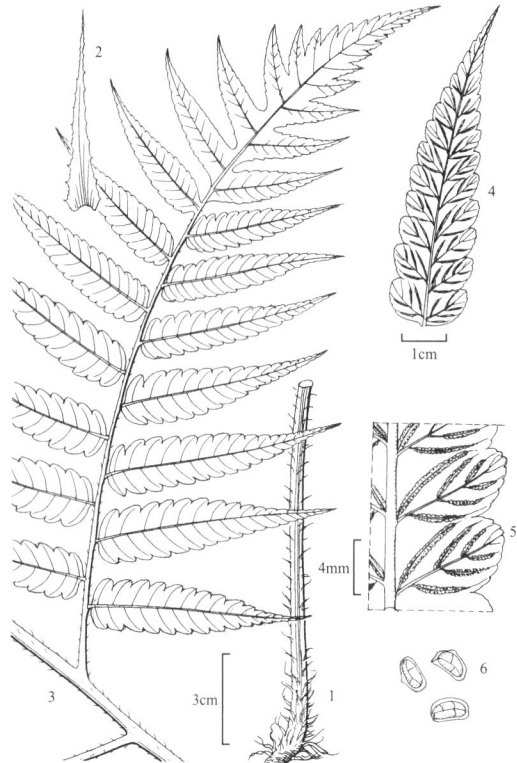

22. 鳞毛蕨科 DRYOPTERIDACEAE

董仕勇　严岳鸿　陈珍传
（董仕勇、陈珍传：肋毛蕨属、复叶耳蕨属、鳞毛蕨属、
耳蕨属、贯众属。严岳鸿：舌蕨属、石蕨属）

小型、中型、或大型植物，土生或附生。根状茎粗短，直立，斜升，或横走，具网状中柱，被丰富鳞片。叶通常簇生，罕见近生或远生，一型或二型；叶柄基部多数不具关节，少数具关节，常密被与根状茎上同样的鳞片，内有多条圆形维管束；叶片披针形、椭圆形或阔三角形，单叶全缘或一至四回羽状。叶脉分离或连接；叶轴及各回羽轴远轴面圆形隆起，多少被有鳞片或纤维状鳞毛，近轴面多数具沟槽，纵沟互相连通，很少不通。孢子囊生于叶片远轴面，呈卤蕨型分布或汇聚为圆形孢子囊群；圆形孢子囊群的类群通常具囊群盖，囊群盖圆肾形，以缺刻着生，或为盾形而盾状着生。孢子椭圆形，两侧对称，单裂缝，表面纹饰通常为粗瘤状，也有脊状、鸡冠状纹饰或近平滑。

约 25 属 2100 种，世界广布。我国有 10 属约 500 种。深圳有 7 属约 19 种。

1. 附生、石生或土生植物；叶二型，能育叶明显狭缩；孢子囊群卤蕨型，无盖。
　　2. 单叶；叶脉一般分离，偶有顶端连接 ··· **1. 舌蕨属 Elaphoglossum**
　　2. 叶为一回羽状；叶脉连接，很少分离 ··· **2. 实蕨属 Bolbitis**
1. 土生或石生植物；叶一型；孢子囊群圆形，囊群盖圆肾形或盾形。
　　3. 叶轴及各回羽状近轴面圆形隆起，密被肋毛（多细胞有关节）和粗筛孔状鳞片 ·········· **3. 肋毛蕨属 Ctenitis**
　　3. 叶轴及各回羽状近轴面有纵沟，无肋毛和粗筛孔状鳞片。
　　　　4. 囊群盖圆肾形，以缺刻着生，或很少无囊群盖。
　　　　　　5. 根状茎横走或横卧或斜升，叶近生、远生或近簇生；末回小羽片或裂片边缘通常有尖齿牙或芒刺…
　　　　　　·· **4. 复叶耳蕨属 Arachniodes**
　　　　　　5. 根状茎直立，叶簇生；末回小羽片或裂片边缘不具芒状锯齿 ··················· **5. 鳞毛蕨属 Dryopteris**
　　　　4. 囊群盖圆盾形，盾状着生。
　　　　　　6. 叶片一至四回羽状，具顶生羽片；叶脉分离，极少连接················· **6. 耳蕨属 Polystichum**
　　　　　　6. 叶片奇数一回羽状，顶部羽裂渐尖；叶脉连接 ··················· **7. 贯众属 Cyrtomium**

1. 舌蕨属 Elaphoglossum Schott ex J. Sm.

附生，偶为土生或石生植物，中型或小型，稀大型。根状茎直立或斜升，或短而横走，很少长且纤细而横走的，有网状中柱，被鳞片。叶二型，近生或簇生；叶柄与叶足连接处有关节；单叶；叶片边缘全缘，有时有软骨质狭边；能育叶明显狭缩，有较长的柄，小脉通常分叉，斜出，通直，一般分离，偶有顶端相连；叶硬革质，有时质较薄，多少被小鳞片或近光滑。孢子囊群为卤蕨型，无盖，孢子囊沿侧脉着生，成熟时满布于能育叶的下面，不具隔丝；孢子椭圆形，有周壁，具褶皱和小刺或颗粒状纹饰，外壁较薄，表面光滑。

约 400~500 种，产于热带及南温带地区，主产于美洲，尤以南美安第斯山脉最为丰富，其余产于东半球热带地区，主要产于马达加斯加。我国约有 6 种。深圳有 1 种。

华南舌蕨 South China Elaphaglossum　　　　　　　　　　　　　　　图 136　彩片 202　203
Elaphoglossum yoshinagae（Yatabe）Makino, Phan. Pterid. Jap. Icon. **3**: pl. 51-52. 1901.
Acrostichum yoshinagae Yatabe in Bot. Mag.（Tokyo）**5**: 109, pl. 23. 1891.
草本。植株高 15~30cm。根状茎短，横卧或斜升，密被鳞片；鳞片大，卵形或卵状披针形，长 4~5mm，宽

2~3mm，渐尖或急尖，棕色，疏睫毛，膜质。叶二型，
不育叶近无柄或具短柄，叶柄基部及向上密被鳞片；
叶片披针形，长 15~30cm，宽 3~5cm，中部最宽，先
端短渐尖，基部楔形下延，边缘全缘，有软骨质狭边，
平展或略内卷；能育叶与不育叶等高或略低于不育叶，
柄较长，5~10cm，叶片略短而狭，孢子囊沿侧脉着生，
成熟时满布于能育叶的下面，叶脉宽而平坦，纵沟不
明显，侧脉单一或一至二回分叉，几达叶边；叶质肥
厚，革质，干后棕色，两面均疏被褐色的星芒状小鳞片，
通常主脉下面较多。

产地：七娘山（邢福武 RE，IBSC）、排牙山。生
于山谷岩石上。

分布：浙江、湖南、江西、福建、台湾、广东、香港、
海南、广西和贵州。日本。

2. 实蕨属 **Bolbitis** Schott

中小型草本、土生。根状茎横走，木质，具网状
中柱，被鳞片；鳞片细小，阔卵状披针形，褐色至黑
色，粗筛孔，边缘全缘或具不规则齿。叶近生或簇生；
叶柄基部疏被鳞片，无关节；叶二型，一回羽状分裂，
少单叶不分裂或二回羽裂，先端渐尖，顶部常有腋生
的不定芽；不育羽片披针形至椭圆形，无柄或仅具短
柄，叶脉网状或分离，网脉内有或无游离小脉，小脉
分叉或单一，在叶缘外延成锐齿；叶片边缘全缘、钝
锯齿或深裂至撕裂；草质至厚纸质，两面光滑；叶轴
通常有翅，被细屑状鳞片，能育叶具较长叶柄，叶片
狭缩；羽片较小，卵形至椭圆形。孢子囊群满布于能
育叶羽片下面，无囊群盖及隔丝；孢子肾形，具外壁。

约 80 种，分布于热带各地，主产于热带亚洲及
南美洲。我国约有 25 种，产于华南及西南。深圳有 2 种。

1. 小脉在侧脉之间结成 2~4 行网眼 ·············
·························· **1. 华南实蕨 B. subcordata**
1. 小脉羽状，分叉，不联结成网状··················
·························· **2. 刺蕨 B. appendiculata**

1. 华南实蕨 海南实蕨 Subcordate Bolbitis
图 137　彩片 204
Bolbitis subcordata（Cop.）Ching in C. Chr. Ind.
Fil. Suppl. **3**：50. 1934.
Campium subcordatum Cop. in Philipp. J. Sci. **37**：
369，f. 23，pl. 16. 1928.

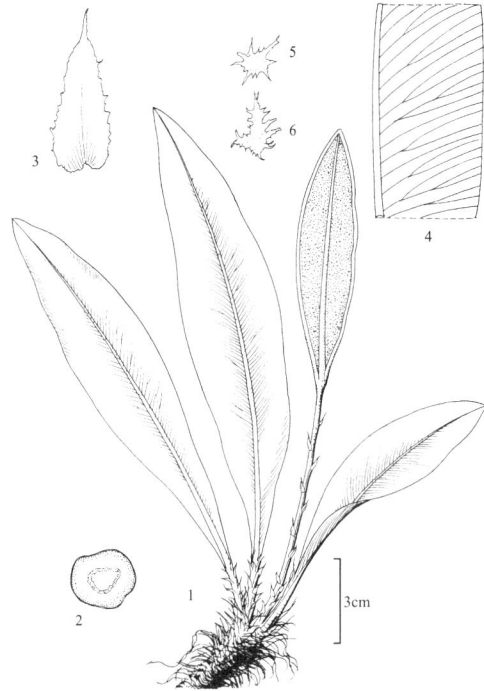

图 136 华南舌蕨 Elaphoglossum yoshinagae
1. 植株，示根、根状茎、能育和不育叶；2. 根状茎横切面；
3. 根状茎上的鳞片；4. 不育叶叶片的一部分放大，示其下
面的叶脉；5~6. 叶片两面的毛状小鳞片。（李志民绘）

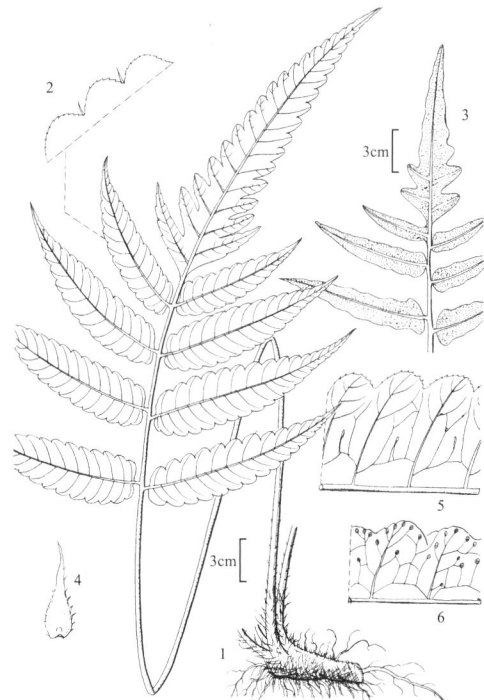

图 137 华南实蕨 Bolbitis subcordata
1. 植株的一部分，示根、根状茎和不育叶；2. 不育叶羽片
的边缘放大，示缺刻内的尖刺；3. 能育叶的一部分，示羽
片的下面满布孢子囊群；4. 根状茎上的鳞片；5. 不育叶羽
片的一部分放大，示下面的叶脉；6. 能育叶羽片的一部分
放大，示其下面的叶脉及孢子囊群。（李志民绘）

中型草本，土生。根状茎横走、粗，密被鳞片；鳞片卵状披针形，灰棕色至褐色，先端渐尖，盾状着生，具粗筛孔，近全缘。叶常簇生；叶柄长30~60cm，有纵沟，基部疏被鳞片；叶二型，不育叶椭圆形，一回羽状分裂，长20~50cm，羽片4~10对，基部的近平展，有短柄，对生，顶部羽片基部三裂，常具芽孢，其先端延长入土行营养繁殖，侧生羽片阔披针形，长9~20cm，宽2.5~5cm，基部（圆）楔形，先端渐尖，叶缘深波状，有微锯齿，缺刻内有一明显的尖刺，侧脉明显，表面凸出，小脉在侧脉之间联结成2~4行网眼，内藏小脉有或无，近叶缘的小脉分离，叶草质至纸质，两面光滑；能育叶略小于不育叶，长7~10cm，宽2~4cm，羽片长6~8cm，宽约1cm，孢子囊群满布能育羽片下面。

产地：梧桐山（张寿洲等2757）、梅沙尖（深圳考察队639）、七娘山、南澳（邢福武11748，10885，10369，IBSC）。生于山谷水旁密林下石上，海拔约300m。

分布：浙江、江西、湖南、贵州、云南、福建、台湾、广东、广西、海南、香港、澳门。日本和越南。

2. 刺蕨 Appendicled Bolbitis　　　　　图 138

Bolbitis appendiculata（Willd.）K. Iwatsuki in Acta Phytotax. Geobot. **18**：48. 1959.

Acrostichum appendiculatum Willd. Sp. Pl. **5**：114. 1810.

草本。植株高20~40cm。根状茎短而横走，密被鳞片；鳞片披针形，长2~3mm，暗褐色，顶端长渐尖，边缘具疏齿。叶二型，不育叶：叶柄长5~15cm，基部疏被鳞片，上部通常有翅，上面有浅沟，叶片披针形，长10~25cm，宽3~6cm，一回羽状分裂，羽片15~30对，下部的近对生，中部以上的互生而平展，先端渐尖而延长，通常有芽孢能萌芽生根，小羽片长2~4cm，宽0.5~0.8cm，先端钝，基部不对称，上侧截形而具耳，下侧斜楔形，边缘波状并有由小脉延伸而成的锐齿；叶脉在两面可见，小脉10~12对，羽状，分叉，不联结成网状；能育叶：叶柄长20~25cm，叶片披针形，长8~12cm，宽2~4cm，先端渐尖，一回羽状；羽片狭缩，卵状椭圆形，长1~2cm，宽0.2~0.3cm，先端钝，孢子囊群满布于能育羽片下面；叶草质，干后深绿色，两面光滑。

产地：梧桐山（深圳考察队783）、田头山（邢福武12066，IBSC）。生于山谷溪边岩石旁，海拔约300m。

分布：台湾、广东、香港、海南、广西和云南。日本、菲律宾、越南、老挝、缅甸、泰国、马来西亚、印度尼西亚、不丹、印度、孟加拉国和斯里兰卡。

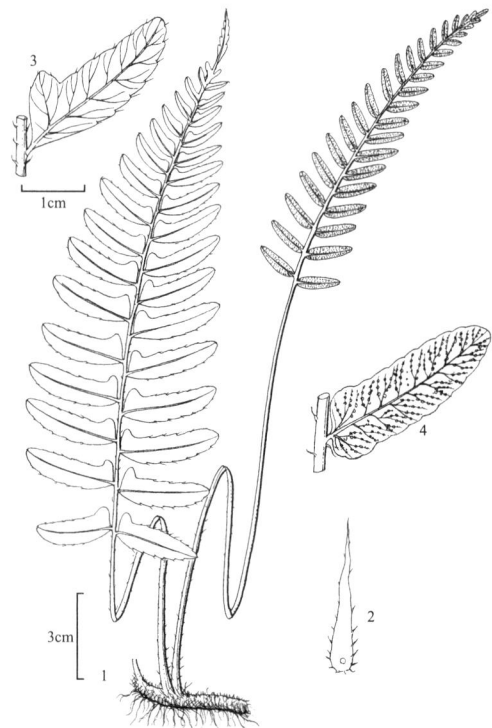

图 138 刺蕨 Bolbitis appendiculata
1. 植株的一部分，示根、根状茎、不育叶和能育叶；2. 根状茎上的鳞片；3. 不育叶的羽片放大，示其下面的叶脉；4. 能育叶的羽片放大，示其下面的叶脉及孢子囊群。（李志民绘）

3. 肋毛蕨属 **Ctenitis**（C. Chr.）C. Chr.

中型或小型植物，土生或石生。根状茎直立或斜升，先端及叶柄基部密被线状披针形鳞片。叶簇生，一型；叶柄暗棕色至禾秆色，通体被鳞片；鳞片有2种类型：一种类型为披针形，有虹色光泽，膜质，伏贴，另一种类型为钻形，不具明显的虹色光泽，坚挺而伸展；叶片长圆披针形至卵状三角形，基部最宽，一至三回羽状；基部一对羽片最大，三角形或阔披针形，其基部下侧的一个小羽片通常显著增大；远端的羽片或小羽片多少贴生并下延于叶轴或羽轴；叶脉分离，小脉单一或分叉；叶草质或很少纸质，近轴面有肋毛（多细胞节状毛），远轴面有短腺毛；羽轴或小羽轴的近轴面通常圆形隆起，和粗筛孔状鳞片密被肋毛。孢子囊群圆形，中生（位于裂片中脉与叶缘之间）；有囊群盖或无，囊群盖圆肾形或盾形，有时很小而隐没于成熟的孢子囊群中。孢子椭圆球形，表明有刺状、粗脊状或粗瘤状纹饰。

100~150种，分布于亚洲、非洲、美洲的热带及亚热带地区，尤以美洲热带的种类最为丰富。我国有10种，主产于西南和华南，向北达贵州及四川南部。深圳有1种。

亮鳞肋毛蕨 靠脉肋毛蕨 Subglandular Ctenitis

图 139　彩片 205

Ctenitis subglandulosa（Hance）Ching in Bull. Fan Mem. Inst. Biol. Bot. Ser. **8**：302. 1938.

Alsophila subglandulosa Hance in Ann. Sci. Nat. Bot.，sér. V，**5**：253. 1866.

Ctenitis costulisora Ching in Bull. Fan Mem. Inst. Biol. Bot. Ser. **8**：299. 1938；中国植物志 6（1）：32. 1999；广东植物志 7：243. 2006.

Ctenitis rhodolepis（Clarke）Ching in Bull. Fan Mem. Inst. Biol. Bot. Ser. **8**：300. 1938；中国植物志 6（1）：33. 1999；广东植物志 7：243. 2006.

根状茎直立、斜升或横卧，先端密被鳞片；鳞片线状，红棕色，长1.5~3cm。叶柄长40~50cm，暗禾秆色，基部以上密被披针形或卵状披针形鳞片；鳞片2~3mm长，红棕色，贴生，具显著的虹色光泽，叶轴及羽轴上也密被同样而较小的鳞片；叶片卵状三角形，长40~50cm，宽30~40cm，三回羽状，末回小羽片羽状半裂，羽片12~14对；基部羽片最大，三角形，长18~22cm，宽12~16cm，小羽片10~12对；基部羽片的基部下侧的小羽片最长，长8~10cm，宽2.5~3.5cm；先端的羽片或裂片的基部并不明显下延于叶轴或羽轴；叶片草质，两面沿叶脉有丰富的肋毛，远轴面有

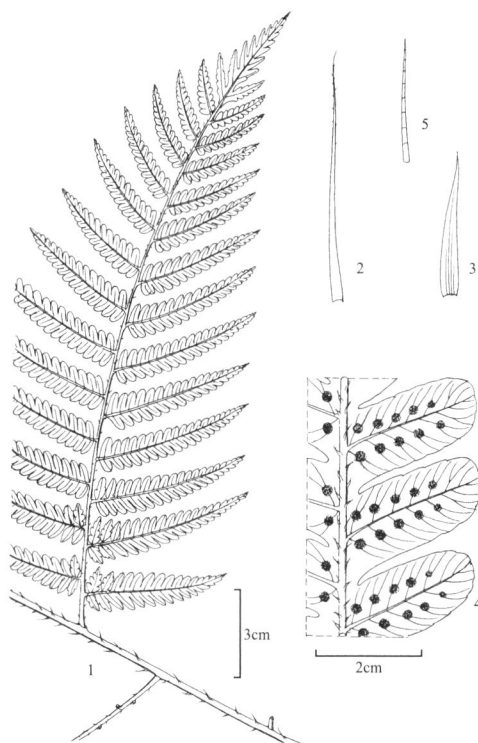

图 139 亮鳞肋毛蕨 Ctenitis subglandulosa
1. 羽片；2. 根状茎上的鳞片；3. 叶柄、叶轴及羽轴上的鳞片；4. 小羽片的一部分放大，示其下面的叶脉及孢子囊群；5. 叶脉的肋毛（多细胞节状毛）放大。（李志民绘）

腺毛；叶脉羽状，单一或二叉，清晰可见，小脉均出自裂片主脉。孢子囊群中生或靠近裂片主脉着生，有盖或无盖；囊群盖通常早落，无毛。孢子表面有粗长而尖的刺状纹饰。

产地：七娘山（张寿洲等 011068）。生于山地林下，土生，海拔约300m。

分布：浙江、湖北、湖南、江西、福建、台湾、广东、香港、海南、广西、贵州、云南和四川。印度、不丹、斯里兰卡、孟加拉国、越南、日本南部、马来西亚、菲律宾和太平洋岛屿。

4. 复叶耳蕨属 Arachniodes Blume

中型至大型植物，土生。根状茎横走、横卧或斜升，先端密被鳞片；鳞片卵形、披针形或线状披针形，棕色，近全缘。叶远生、近生或近簇生，一型；叶片三角形或卵状五角形，二至四回羽状，革质或厚纸质，光滑或叶片远轴面多少被鳞片；羽片的所有小羽片都为上先出，即基部上侧一片离叶轴近而下侧一片离叶轴稍远，末回裂片的边缘通常具尖齿或芒刺；叶轴和各回羽轴的近轴面有深纵沟，纵沟彼此连通，无肋毛和粗筛孔状鳞片；叶轴上无芽孢；叶脉分离，上先出，小脉分叉。孢子囊群圆形，生于叶脉顶端或背面；囊群盖质厚，革质，圆肾形或近圆形，以深缺刻着生，全缘或有流苏状毛，通常宿存。孢子椭圆球形，表面有粗瘤状、褶片状、小

刺状或鸡冠状纹饰。

约 60 种,广布于世界热带、亚热带及暖温带地区,但以亚洲东部及东南部为主。我国约有 40 种。深圳有 4 种。

1. 孢子囊群生于小脉中部;叶缘有钝锯齿而无尖齿 ⋯⋯⋯⋯⋯⋯⋯⋯⋯⋯⋯⋯⋯⋯ 1. **背囊复叶耳蕨 A. cavaleriei**
1. 孢子囊群生于小脉顶部或近顶部;叶缘有芒状尖齿。
  2. 叶片顶部有一顶生羽片,顶生羽片与侧生羽片同形同大或较大;小羽片斜方形,长约为宽的 2 倍 ⋯⋯
  ⋯⋯⋯⋯⋯⋯⋯⋯⋯⋯⋯⋯⋯⋯⋯⋯⋯⋯⋯⋯⋯⋯ 2. **斜方复叶耳蕨 A. amabilis**
  2. 叶片顶部羽裂渐尖,无顶生羽片;小羽片多少为镰状披针形,长为宽的 3 倍以上。
    3. 根状茎粗大,粗约 10mm,横卧,叶近生⋯⋯⋯⋯⋯⋯⋯⋯⋯⋯⋯⋯ 3. **中华复叶耳蕨 A. chinensis**
    3. 根状茎纤细,粗约 5mm,横走,叶远生 ⋯⋯⋯⋯⋯⋯⋯⋯⋯⋯⋯⋯ 4. **刺头复叶耳蕨 A. aristata**

1. 背囊复叶耳蕨 江南芒蕨 Cavaler Arachniodes

图 140　彩片 206　207

Arachniodes cavaleriei(Christ)Ohwi in J. Jap. Bot. **37**(3):76. 1962.

Aspidium cavaleriei Christ in Bull. Acad. Int. Geogr. Bot. **13**:116. 1904 [cavalerii].

Arachniodes sphaerosora(Tagawa)Ching in Acta Phytotax. Sin. **10**(3):192. 1965;中国植物志 **5**(1):27. 2000.

Arachniodes acuminata Ching & Chu H. Wang in Acta Phytotax. Sin. **9**(4):367. 1964;海南植物志 **1**:149. 1964.

Arachniodes obtusiloba Ching & Chu H. Wang in Acta Phytotax. Sin. **9**(4):369. 1964;海南植物志 **1**:147. 1964.

植株高 40~55cm。根状茎粗,横卧或斜升,密被暗棕色披针形鳞片。叶近生或簇生;柄长 20~35cm,禾秆色,叶柄下部密被褐色披针形鳞片;叶片卵形或长卵形,长 30~50cm,宽 10~18cm,先端羽裂渐尖,二回羽状至基部三回羽状;侧生羽片 5~6 对,互生或基部一对羽片近对生,斜展,下部羽片有较长的柄(长 1~1.8cm),基部一对羽片最大,长 8~18cm,基部宽 4~8cm,三角状披针形,其基部下侧的一小羽片最长

图 140 背囊复叶耳蕨 Arachniodes cavaleriei
1. 叶片;2. 小羽片,示叶脉和小羽片。(马平绘)

并为羽状深裂至全裂;基部羽片有 4~5 对小羽片,小羽片浅裂至全裂,卵形或卵状披针形,尖头,基部略不对称,基部上侧圆楔形或近截形,下侧楔形,裂片或末回羽片边缘有圆锯齿,无芒刺状尖齿;自第二对羽片向上,羽片为阔披针形,基部最宽,羽片的基部上侧一小羽片或裂片较长,呈耳形凸起。孢子囊群生于每组小脉的基部上侧小脉的中部,位于小羽片或裂片中脉与叶缘之间,在中脉两侧各成 1 行;囊群盖圆形,以缺刻着生,边缘全缘,宿存或脱落。

产地:排牙山(张寿洲等 2147)。生于山地林下,海拔 600~700m。

分布:安徽、浙江、湖北、湖南、江西、福建、广东、海南、广西、贵州和云南。日本、越南和泰国北部。

云南大学朱维明教授在审阅本稿件时指出,背囊复叶耳蕨 Arachniodes cavaleriei 和球子复叶耳蕨 Arachniodes sphaerosora 实为 2 个不同的种,前者的裂片边缘具锐齿("lobis acuto denticulatis",只分布于贵

州和云南东南部），而后者的裂片边缘具钝齿。笔者检查了藏于 BM 的二者的模式标本，发现这两个名称的模式标本的裂片边缘的齿（钝或锐）都不稳定。BM 馆藏的 Arachniodes cavaleriei 的模式标本（Cavelerie 845）有 2 张共 8 个叶，其中 5 个较小的叶的裂片边缘明显具锐尖锯齿，较大的 3 个叶片的边缘具圆齿或钝锯齿；Arachniodes sphaerosora 的模式标本（Tagawa 827，BM）包含 2 个完整的明显较大的叶，裂片边缘的锯齿多数圆钝，也有不少锐尖锯齿（多位于叶片上部和羽片远端）。据模式标本和野外观察，笔者确信，Arachniodes sphaerosora 是 Arachniodes cavaleriei 的同物异名。

2. 斜方复叶耳蕨 斜方芒蕨 Rhomboid Arachniodes

图 141 彩片 208 209

Arachniodes amabilis（Blume）Tindale in Contr. New South Wales Natl. Herb. **3**（1）：90. 1961.

Aspidium amabile Blume，Enum. Pl. Javae. **2**：165. 1828

Arachniodes rhomboidea（Schott）Ching in Acta Phytotax. Sin. **9**（4）：383. 1964；中国植物志 **5**（1）：35. 图版 4：6-7. 2000；香港植物志蕨类植物门 314. 2003；广东植物志 **7**：223. 2006.

植株高 0.8~1m。根状茎长而横走，密被棕色披针形鳞片。叶远生；柄长 40~50cm，禾秆色，叶柄下部疏被暗棕色线形鳞片，向上鳞片少或无鳞片；叶片阔披针形，长 40~50cm，宽约 30cm，二回羽状，基部截形，顶部有一顶生羽片，顶生羽片与侧生羽片同形同大；侧生羽片 6~8 对，基部一对近对生，向上的互生，斜展，有较长的柄（长 1.5~2cm），基部羽片与中部羽片等长，长约 20cm，宽约 4cm，披针形，其基部下侧的小羽片与其他小羽片等长，或有时明显延长并为羽状全裂；羽片有 20~23 对小羽片，小羽片斜方形，长约为宽的 2 倍，尖头，基部不对称，基部上侧截形，下侧楔形，下缘全缘，上缘有浅齿或浅裂，

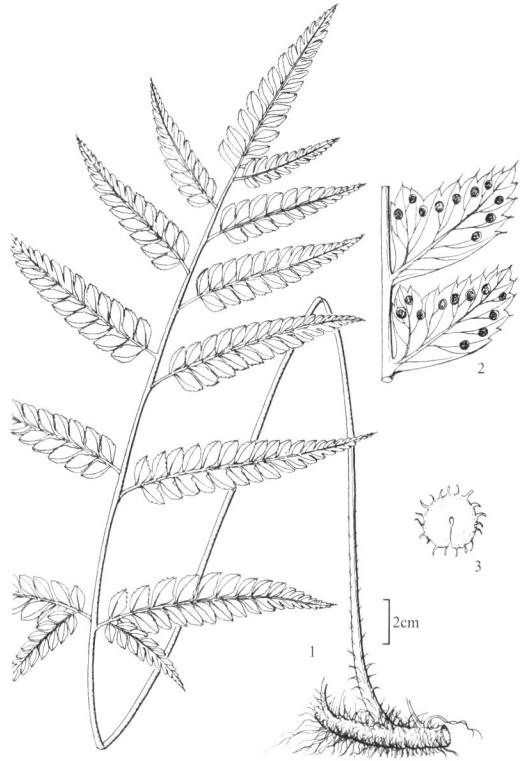

图 141 斜方复叶耳蕨 Arachniodes amabilis
1. 植株的一部分，示根、根状茎及叶；2. 小羽片的一部分，示其下面的叶脉及孢子囊群；3. 孢子囊群盖。（李志民绘）

有芒刺状尖齿。孢子囊群生于每组小脉的基部上侧小脉的顶部或近顶端，位于裂片中脉与叶缘之间，在中脉两侧各成 1 行，小羽片中部以下的下缘不育；囊群盖圆形，以缺刻着生，边缘有睫毛，宿存或脱落。

产地：梧桐山（严岳鸿 2104，IBSC）。生于山地林下，海拔约 500m。

分布：安徽、浙江、湖北、湖南、江西、福建、台湾、广东、香港、海南、广西、贵州、云南和四川。日本、缅甸、尼泊尔和印度北部。

3. 中华复叶耳蕨 中华芒蕨 Chinese Arachniodes 图 142

Arachniodes chinensis（Rosenst.）Ching in Acta Bot. Sin. **10**（3）：257. 1962.

Polystichum amabile var. *chinense* Rosenst. in Repert. Spec. Nov. Regni Veg. **13**：130. 1914.

植株高 50~90cm。根状茎粗大，粗约 1cm，横卧，密被暗棕色披针形鳞片。叶近生；柄长 30~50cm，禾秆色，向上直达叶轴，伏生暗棕色线形鳞片；叶片三角状披针形，长 30~50cm，宽 20~35cm，顶部羽裂渐尖，无顶生羽片，二回羽状至基部三回羽状；一回羽状的羽片 5~10 对，下部 1~2 对羽片对生或近对生，向上的互生，斜展，有短柄，基部一对羽片最大，长 15~20cm，基部宽 6~10cm，披针形或三角状披针形，其基部下侧的一小羽片不特别伸长或有时明显延长；基部羽片有 12~20 对小羽片，小羽片羽状浅裂至深裂，多少为镰状披针形，

长为宽的 3 倍以上，具尖头，基部不对称，基部上侧
截形，下侧楔形，裂片或末回羽片边缘有芒刺状锐齿；
自第二对羽片向上，羽片为阔披针形或三角状披针形，
基部最宽或基部与中部等宽，基部上侧的小羽片或裂
片较长，呈耳形凸起。孢子囊群生于每组小脉的基部
上侧一脉的顶部，位于小羽片或裂片中脉与叶缘之间，
在中脉两侧各成 1 行；囊群盖圆形，以缺刻着生，边
缘全缘，宿存或脱落。

产地：南澳（张寿洲等 2093）、梅沙尖（深圳队
646）、梧桐山（张寿洲等 011772）。生于山地林下，
海拔 50~700m。

分布：浙江、湖南、江西、福建、广东、香港、海南、
广西、贵州、云南和四川。越南、泰国、马来西亚和
印度尼西亚。

中华复叶耳蕨的形体变化较大，该种与刺头复叶
耳蕨并无显著的差异。叶形上，中华复叶耳蕨的基部
羽片为阔披针形，其基部下侧的小羽片不伸长或不特
别伸长，但也有明显伸长的状态；叶片顶部羽裂渐尖。
刺头复叶耳蕨的基部羽片均为长三角形，即羽片基部
下侧有一明显伸长的小羽片，有些居群中，向上的第
二三对羽片的基部下侧也具有一明显伸长的小羽片；
叶片上部至顶部为逐渐狭缩的羽裂渐尖，或突然狭缩
呈尾状渐尖，似一顶生羽片。二者之间的关系还有待
深入研究。

4. 刺头复叶耳蕨 芒蕨 细金蕨 Prickly Shied Fern
图 143　彩片 210

Arachniodes aristata（G. Forst.）Tindale in Contr.
New South Wales Natl. Herb. **3**（1）：89. 1961.

Polypodium aristatum G. Forst. Fl. Ins. Austr. 82.
1786.

Polystichum aristatum（G. Forst.）C. Presl，Tent.
Pterid. 83. 1836；广州植物志 51. 1956.

Aspidium exile Hance in J. Bot. **21**（9）：268. 1883.

Arachniodes exilis（Hance）Ching in Acta Bot.
Sin. **10**（3）：256. 1962；中国植物志 **5**（1）：39，图版 5：
6~7，2000；香港植物志蕨类植物门 315. 2003；广东植
物志 **7**：224. 2006.

植株高 40~50cm。根状茎纤细而横走，粗约
5mm，密被棕色或暗棕色狭披针形鳞片。叶远生；叶
柄长 20~25cm，禾秆色，向上直达叶轴，有棕色或
暗棕色的线形小鳞片伏生；叶片卵形或长卵形，长
15~30cm，宽 12~20cm，先端羽裂渐尖或突然狭缩而

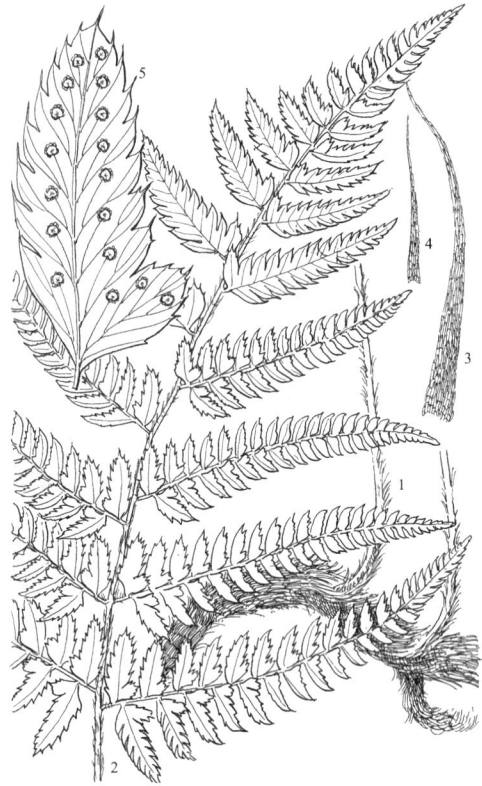

图 142 中华复叶耳蕨 Arachniodes chinensis
1~2. 植株的一部分，示根、根状茎及叶；3. 根状茎上的鳞
片；4. 叶柄上的鳞片；5. 小羽片，示其下面的叶脉及孢子
囊群。（马平绘）

图 143 刺头复叶耳蕨 Arachniodes aristata
1. 植株的一部分，示根、根状茎及叶；2. 根状茎及叶柄基
部的鳞片；3. 小羽片，示其下面的叶脉及孢子囊群。（李
志民绘）

呈尾状渐尖，二至三回羽状；一回羽状的羽片 5~8 对，下部 1~2 对羽片对生或近对生，向上的互生，斜展，有短柄，基部一对羽片最大，长 10~12cm，基部宽约 10cm，三角形，其基部下侧一小羽片明显延长并为羽状全裂；基部羽片有 12~15 对小羽片，小羽片浅裂至一回羽状分裂，披针形，尖头或多少为钝尖头，基部不对称，基部上侧截形，下侧楔形，裂片或末回羽片边缘有芒刺状锐齿；自第二对羽片向上，羽片通常为阔披针形，基部最宽，有时第二、三对羽片的基部下侧有一特别伸长的小羽片，羽片的基部上侧呈耳形凸起。孢子囊群生于每组小脉的基部上侧一脉的顶部，位于小羽片或裂片中脉与叶缘之间，在中脉两侧各成 1 行；囊群盖圆形，以缺刻着生，边缘全缘，通常早落，部分宿存。

产地：内伶仃岛（张寿洲等 3783）。生于山地疏林下，海拔 200~250m。

分布：山东、安徽、江苏、浙江、湖南、江西、福建、台湾、广东、香港、海南、广西、贵州和云南。印度北部、缅甸、越南、日本和韩国。

5. 鳞毛蕨属 Dryopteris Adans.

中型植物，土生。根状茎短，通常直立或斜升，少有横卧，先端密被鳞片；鳞片狭披针形、阔披针形至卵形，棕色或近黑色，全缘或有齿。叶簇生，一型；叶片外形多样，倒披针形、椭圆形、长卵形至三角状卵形或五角形，一至三回羽状，羽片、小羽片或末回小羽片不分裂或羽裂；基部羽片的小羽片为上先出，基部以上羽片的小羽片为下先出，末回小羽片或裂片从不具芒状锯齿；叶轴和各回羽轴的近轴面有纵沟，纵沟彼此连通（很少不通），叶轴上无芽胞；叶脉分离，小脉单一，或二至三叉；叶干后纸质至近革质，近轴面无毛，叶轴及各回羽轴的远轴面通常被披针形、泡状或纤维状鳞片。孢子囊群圆形，背生或有时顶生于小脉上；囊群盖圆肾形，以深缺刻着生，通常全缘，宿存或早落，很少无盖。孢子椭圆球形，表面有粗瘤状、粗脊状、褶片状、小刺状或鸡冠状纹饰。

约 400 种，全球广布，主产于北温带，尤以亚洲东部种类最多。我国约有 167 种，分布于全国各地。深圳有 8 种。

1. 叶片奇数一回羽状，叶片先端有一顶生羽片 ………………………………………… 1. 柄叶鳞毛蕨 D. podophylla
1. 叶片一至三回羽状，叶向先端羽裂渐尖。
  2. 羽轴远轴面光滑无鳞片；叶柄基部有伏贴的卵状披针形或阔披针形鳞片 …………… 2. 稀羽鳞毛蕨 D. sparsa
  2. 羽轴远轴面多少有泡状或基部为泡状的鳞片；叶柄基部的鳞片狭披针形，通常开展。
    3. 叶片一回羽状，羽片边缘近全缘或浅裂，少深裂 ……………………………… 3. 迷人鳞毛蕨 D. decipiens
    3. 叶片二至三回羽状。
      4. 叶柄及叶轴的鳞片极密或较密；叶柄鳞片披针形或阔披针形，棕色。
        5. 叶柄鳞片披针形；叶轴鳞片较稀疏；基部羽片的下侧小羽片不比上侧的长，近全缘或偶有浅裂…
        …………………………………………………………………………………… 4. 黑足鳞毛蕨 D. fuscipes
        5. 叶柄鳞片阔披针形；叶柄及叶轴均密被鳞片；基部羽片的下侧小羽片较长，通常边缘浅裂或深裂
        …………………………………………………………………………………… 5. 阔鳞鳞毛蕨 D. championii
      4. 叶柄仅基部被鳞片，向上的鳞片较少或无鳞片；鳞片条形至狭披针形，暗棕色或带棕黑色。
        6. 羽片无柄或近无柄；羽片基部的 1 对小羽片缩短，若不缩短，也不显著伸长 ………………
        …………………………………………………………………………………… 6. 华南鳞毛蕨 D. tenuicula
        6. 羽片（至少基部羽片）有明显的柄；羽片基部的 1 对小羽片显著较长。
          7. 基部羽片有 2~4cm 长的柄；孢子囊群无盖 ……………………… 7. 德化鳞毛蕨 D. dehuaensis
          7. 基部羽片的柄长不超过 1cm；孢子囊群有盖 ……………………… 8. 变异鳞毛蕨 D. varia

1. 柄叶鳞毛蕨 Stalk-leaf Wood Fern

图 144　彩片 211　212

Dryopteris podophylla（Hook.）Kuntze in Revis. Gen. Pl. **2**: 813. 1891.

Aspidium podophylla Hook. in Hooker's J. Bot. Kew Gard. Misc. **5**: 236, pl. l. 1853.

根状茎横卧至斜升，先端密被褐色或近黑色狭披针形鳞片。叶长 60~90cm，簇生；叶柄长 20~38cm，粗 3~4mm，禾秆色，基部密被鳞片，基部以上几无鳞片或有稀疏线形鳞片；叶柄基部鳞片狭披针形或线形，近黑色，开展；叶片披针形，长 35~50cm，宽 18~20cm，奇数一回羽状，顶生羽片与侧生羽片同形同大，基部羽片不分裂出小羽片；侧生羽片 7~10 对，基部 1~2 对近对生，基部以上羽片互生，狭披针形或条形，中下部的有短柄，上部的无柄；基部一对羽片与其上的同大或略为缩短，长 10~16，宽约 1.8cm，柄长约 5mm，先端羽裂渐尖，基部圆形；叶片纸质或厚纸质，叶脉在两面均不明显，羽状；叶干后绿色，叶轴远轴面疏被线形伏贴的小鳞片，羽轴远轴面几无鳞片。孢子囊群中等大，生于小脉中部，在羽片中脉与叶缘间有不规则的 2~3 行；囊群盖圆肾形，暗棕色，膜质，成熟后脱落或少数宿存。

产地：七娘山（林大利等 007112）、三洲田（深圳队 195）、梧桐山（张寿洲等 3223）。生于山地林下，海拔 200~750m。

分布：湖南、福建、广东、香港、海南、广西和云南。

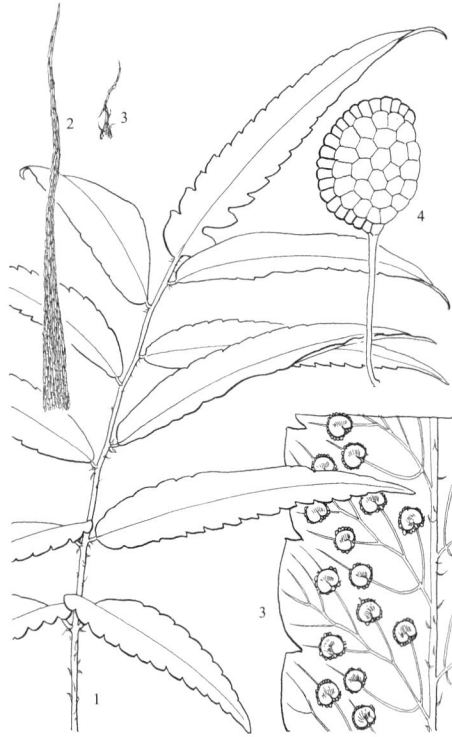

图 144 柄叶鳞毛蕨 Dryopteris podophylla
1. 叶片；2~3. 叶柄基部的鳞片；3. 羽片的一部分，示叶脉及孢子囊群；4. 孢子囊。（马平绘）

2. 稀羽鳞毛蕨 稀疏鳞毛蕨 Pinna Wood Fern

图 145　彩片 213　214

Dryopteris sparsa（D. Don）Kuntze in Revis. Gen. Pl. **2**: 813. 1891.

Nephrodium sparsum D. Don, Prodr. Fl. Nepal. 6. 1825.

根状茎直立或斜升，先端被棕色阔披针形鳞片。叶长 50~70cm，簇生；叶柄长 20~30cm，粗 2~3mm，基部红棕色，被鳞片，向上为禾秆色，鳞片渐少或无鳞片；叶柄基部鳞片为阔披针形或卵状披针形，棕色，膜质，伏贴于叶柄；叶片长卵形或长三角状披针形，长 25~40cm，中下部最宽，宽 15~20cm，二至三回羽状，先端羽裂渐尖，基部羽片的基部下侧小羽片伸长；羽片 8~10 对，对生，长三角形，有短柄；基部一对羽片最大，长 12~14cm，基部宽 6~8cm，柄长 1~1.5cm，有小羽片 6~10 对，基部下侧一个小羽片明

图 145 稀羽鳞毛蕨 Dryopteris sparsa
1. 叶片；2. 叶柄基部的鳞片；3. 小羽片，示叶脉及孢子囊群。（马平绘）

显伸长；小羽片披针形，基部稍变宽，先端圆钝头、有尖齿，边缘浅裂至深裂，较大的小羽片有短柄；叶脉不明显，在远轴面上可见，羽状。叶片纸质，干后绿色，叶轴及羽轴远轴面光滑无鳞片。孢子囊群中等大，中生；囊群盖圆肾形，暗棕色，质厚，宿存。

产地：田心山（张寿洲等 0405）、三洲田（深圳队 662）、梧桐山（陈珍传等 007200）。生于山谷林下或山顶林下，海拔 200~850m。

分布：安徽浙江、江西、福建、台湾、广东、香港、海南、广西、四川、贵州、云南、陕西和西藏。日本、东南亚、南亚和大洋洲。

3. 迷人鳞毛蕨 异盖鳞毛蕨 Deceive Wood Fern

图 146 彩片 215 216

Dryopteris decipiens(Hook.)Kuntze in Revis. Gen. Pl. **2**: 812. 1891.

Nephrodium decipiens Hook. Sp. Fil. **4**: 86, pl. 243. 1862.

根状茎直立或斜升，先端密被暗棕色狭披针形鳞片。叶长 40~50cm，簇生；叶柄长 15~20cm，粗约 1.5mm，暗禾秆色，基部密被鳞片，基部以上也有较多稍小的狭披针形或线形鳞片；叶柄基部鳞片狭披针形，棕黑色，通常开展；叶片披针形，长约 25cm，宽 10~12cm，一回羽状，羽片逐渐近全缘或浅裂，少有深裂，向先端羽裂渐尖，基部羽片不分裂出小羽片；侧生羽片 12~15 对，基部数对对生，向上的互生，狭披针形，中下部的有短柄，上部的无柄；基部一对羽片与其上的同大或略为缩短，长 5~6cm，宽约 1.5cm，柄长 3~4mm，先端浅尖，基部浅心形，边缘有疏浅锯齿；叶脉在远轴面上清晰可见，羽状；叶片厚纸质，干后绿色或暗绿色，叶轴远轴面被基部为泡状的线形鳞片，羽轴远轴面多少被泡状鳞片。孢子囊群中等大，生于小脉中部，在羽片中脉两侧各有 1 行；囊群盖圆肾形，暗棕色，质厚，宿存。

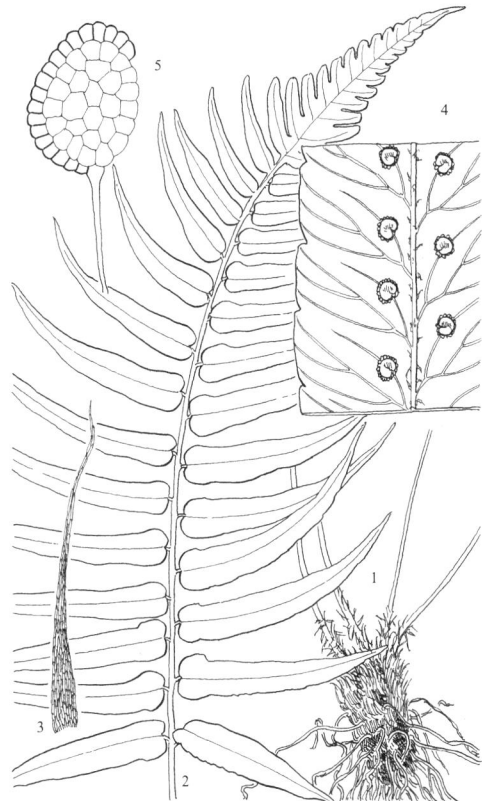

图 146 迷人鳞毛蕨 Dryopteris decipiens
1~2. 植株的一部分，示根、根状茎及叶；3. 根状茎及叶柄基部的鳞片；4. 羽片的一部分放大，示其下面的叶脉及孢子囊群；5. 孢子囊。（马平绘）

产地：大雁顶（张寿洲等 2105）、排牙山（张寿洲等 23410）、梅沙尖（深圳植物志采集队 013235）。生于山顶林下，海拔 600~800m。

分布：安徽、浙江、湖南、江西、福建、广东、香港、海南、广西、贵州和四川。日本。

4. 黑足鳞毛蕨 Autumn Fern

图 147 彩片 217 218

Dryopteris fuscipes C. Chr. Index Filic. Suppl. **2**: 14. 1917.

Dryopteris bipinnata C. Chr. Cat. Pl. Yun-Nan 102. 1916, non Copel. 1914.

根状茎横卧或斜升，先端密被暗棕色披针形鳞片。叶长约 60cm，簇生；叶柄长约 20cm，粗 2mm，禾秆色或棕色，通体密被鳞片；叶柄基部鳞片为披针形，暗棕色，开展，基部以上的鳞片较短；叶片阔披针形，长约 40cm，中下部最宽，宽 20~25cm，二回羽状，先端羽裂渐尖，基部羽片的基部下侧小羽片不伸长；羽片约 20 对，互生（基部一对近对生），披针形，有短柄；基部一对羽片略为缩短，长 10~12cm，基部宽 2.5~3.5cm，柄长约 5mm，有小羽片 8~10 对，基部下侧一小羽片略缩短；小羽片近长方形，基部稍变宽，先端圆钝，边缘全缘或有小尖齿，较大的小羽片有短柄；叶脉在远轴面上较清晰，羽状；叶片厚纸质，干后绿色，叶轴远轴面被小而多少卷曲的披针形鳞片，羽轴远轴面被较多的阔披针形或多少为泡状的小鳞片。孢子囊群中等大，中生；囊群盖圆肾形，暗棕色，质厚，脱落或少数宿存。

产地：田头山（邢福武等 12088，IBSC）、梧桐山（董仕勇 2340）。生于林下，海拔 500m。

分布：安徽、江苏、浙江、湖北、江西、福建、台湾、广东、香港、海南、广西、湖南、贵州、云南和四川。韩国、日本和中南半岛。

5. 阔鳞鳞毛蕨 Male-fern 图 148 彩片 219 220
Dryopteris championii（Benth.）C. Chr. ex Ching
in Sinensia **3**（12）：327. 1931.

Aspidium championii Benth. Fl. Hongk. 456. 1861
[championi].

根状茎横卧或斜升，先端密被棕色阔披针形鳞片。叶长约 40~50cm，簇生；柄长约 20cm，粗 2~3mm，禾秆色，通体密被鳞片；叶柄基部鳞片为披针形或阔披针形，棕色，开展，基部以上的鳞片较短；叶片阔披针形，长约 30cm，中下部或基部最宽，宽约 20cm，二回羽状，先端羽裂渐尖，基部羽片的基部下侧小羽片较长，通常边缘浅裂或深裂；羽片约 15~18 对，互生（基部一对近对生），披针形，有短柄；基部一羽片不缩短或略缩短，长 12cm，基部宽 4~5cm，柄长约 5mm，有小羽片 8~10 对，基部下侧一小羽片略缩短；小羽片近长方形或长三角形，基部多少变宽，先端圆钝，下部羽片的小羽片通常有波状齿至浅裂，无柄或较大的羽片略有短柄；叶脉在两面均不明显，羽状；叶片厚纸质，干后绿色，叶轴远轴面通常密被披针形鳞片，羽轴远轴面被较多的阔披针形或泡状小鳞片，有时鳞片很少。孢子囊群较小，中生或略近叶边生；囊群盖圆肾形，棕色，膜质，成熟时脱落或少数宿存。

产地：七娘山（邢福武等 12348，IBSC）、葵涌（张寿洲等 3442）、梧桐山（陈珍传等 010951）。生于山地林下，海拔 400~500m。

分布：山东、河南、江苏、浙江、湖北、湖南、江西、福建、广东、香港、广西、贵州、云南、四川和西藏。日本、韩国和朝鲜也有分布。

在笔者看来，阔鳞鳞毛蕨 Dryopteris championii 与黑足鳞毛蕨 Dryopteris fuscipes 之间并没有明确的分界。在广州及深圳地区，许多标本很难定名为阔鳞鳞毛蕨或黑足鳞毛蕨，虽然二者的模式状态明显不同。较典型的阔鳞鳞毛蕨的植株较粗壮，叶柄和叶轴密被

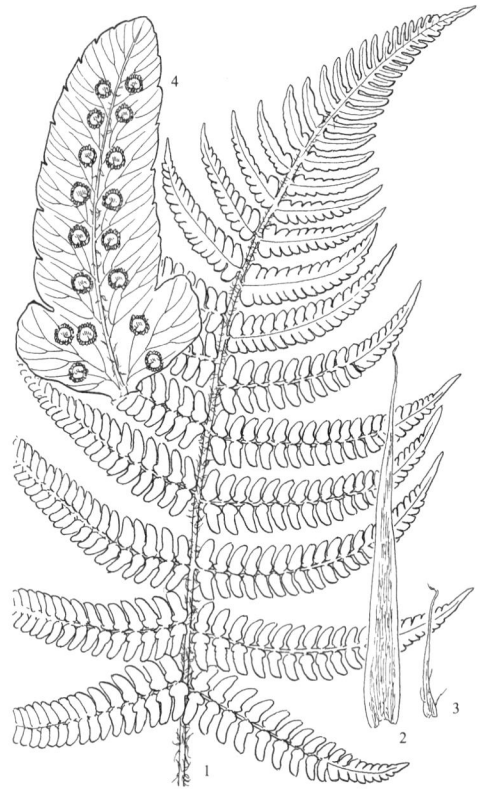

图 147 黑足鳞毛蕨 Dryopteris fuscipes
1. 叶柄；2. 根状茎上及叶柄基部的鳞片；3. 叶轴及羽轴上的鳞片；4. 小羽片，示其下面的叶脉及孢子囊群。（马平绘）

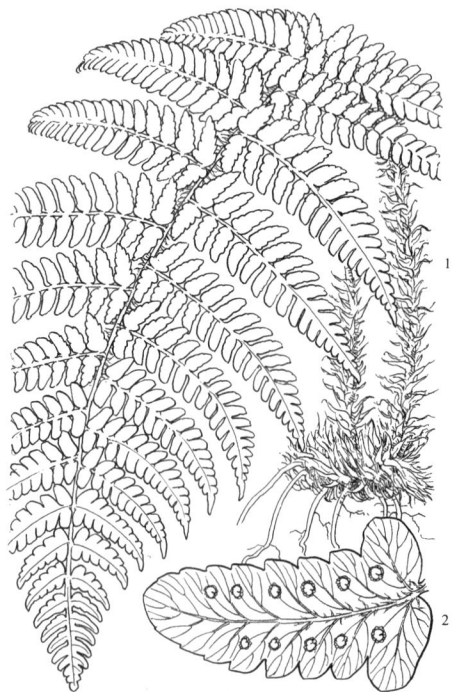

图 148 阔鳞鳞毛蕨 Dryopteris championii
1. 植株的一部分，示根、根状茎及叶，并示根状茎、叶柄和叶轴上密被鳞片；2. 小羽片，示下面的叶脉及孢子囊群。（马平绘）

棕色阔披针形鳞片，下部较大的羽片通常有浅齿至羽状深裂；相对应的是，较典型的黑足鳞毛蕨的植株较细瘦，叶轴的鳞片略为稀疏并为暗棕色披针形，羽片通常全缘或近全缘。但是，在野外及标本馆中，总有许多中间状态的标本难以定名，二者之间的关系有待深入研究。

6. 华南鳞毛蕨 岭南鳞毛蕨 South China Dryopteris

图 149　彩片 221　222

Dryopteris tenuicula C. G. Matthew & Christ in Lecomte，Notul. Syst.（Paris）**1**（2）：51. 1909.

根状茎横卧、斜升或直立，顶端密被暗棕色至黑色狭披针形或线形鳞片。叶长 40~60cm，簇生；叶柄长 20~35cm，粗 1~3mm，禾秆色或略带栗色，最基部密被鳞片，基部以上至叶轴近光滑，叶柄仅基部有鳞片，鳞片狭披针形或条形，棕黑色或暗棕色，开展，向上的鳞片较少或无鳞片；叶片卵状至三角状披针形，长 20~40cm，宽 15~30cm，二回羽状—小羽片深羽裂，先端羽裂渐尖，基部羽片的基部下侧小羽片不伸长；羽片约 10~15 对，近对生或叶片上部的羽片互生，基部近无柄或无柄，阔披针形或卵状披针形，长 6~17cm，宽 2~7cm，基部明显收缩或不缩短；小羽片 7~12 对，近长方形或披针形，先端骤尖或渐尖，圆钝头或锐尖头，基部近截形，边缘通常浅裂或深裂，无柄，基部羽片的一对小羽片缩短并平行于叶轴，少有基部小羽片不缩短，也不显著伸长，并略为斜升的；小羽片若有分裂，则最多有 5~7 对裂片，裂片圆头，边缘全缘，先端具 1~2 个小尖齿；叶脉在叶片近轴面不明显，在远轴面可见，羽状，小脉单一或二叉；叶片纸质或厚纸质，叶轴光滑无鳞片或远轴面有少量披针形鳞片,羽轴远轴面有明显泡状鳞片或很少无鳞片。孢子囊群较大，边生、中生或靠近小羽片或裂片中脉着生；囊群盖圆肾形，暗棕色，质厚，宿存。

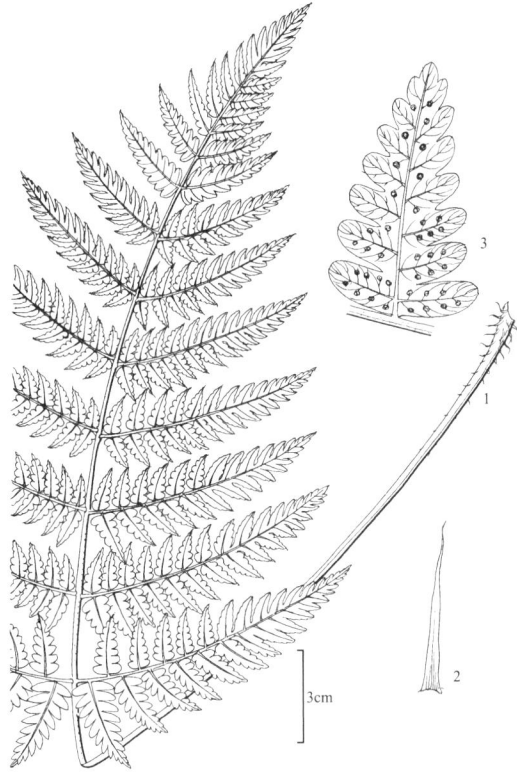

图 149 华南鳞毛蕨 Dryopteris tenuicula
1. 叶；2. 根状茎及叶柄基部的鳞片；3. 小羽片，示其下面的叶脉及孢子囊群。（李志民绘）

产地：排牙山（董仕勇 2378，IBSC）、田心山（张寿洲等 2226）、梧桐山（深圳植物志采集队 013432）。生于山地林下，海拔 100~800m。

分布：浙江、湖南、江西、福建、台湾、广东、香港、海南、广西、贵州、云南和四川。日本和朝鲜。

本种通常以羽片平展（垂直于叶轴）、无柄、羽片基部的一对小羽片缩短并平行于叶轴为特征而区别于邻近各种，但也有例外的情况：羽片略为向上斜展、基部羽片具 1~2mm 长的短柄、羽片基部的小羽片不缩短、下侧的小羽片斜展。从华南鳞毛蕨 Dryopteris tenuicula 与平行鳞毛蕨 Dryopteris indusiata 二者的模式看来，它们是 2 个区分明显的"种"。华南鳞毛蕨二回羽状，叶柄和叶轴纤细，带紫色，产于广东北部，少见；平行鳞毛蕨为充分的三回羽状，明显较高大而粗壮，叶柄和叶轴为禾秆色，在广东各地常见。但二者之间有许多过渡类型，特别是有些形体明显粗壮、叶为充分的三回羽状的个体，其叶柄也带紫色，使得二者的分界线变得模糊。笔者此处认定的华南鳞毛蕨是个复合体种，其种下关系有待深入研究。

7. 德化鳞毛蕨 Dehua Dryopteris　　　　　　　　　　　图 150

Dryopteris dehuaensis Ching & K. H. Shing in Fl. Fujian. **1**：209，f. 197. 1982.

根状茎横卧，顶端密被栗黑色的狭披针形鳞片。叶长 55~70cm，近生或簇生；叶柄长 25~40cm，基部粗

3~4mm，深禾秆色，基部密被鳞片，基部以上的鳞片逐渐变小并为线形；叶柄基部鳞片狭披针形、栗黑色，紧贴叶柄；叶片卵状披针形，长 35~45cm，基部宽 18~25cm，二回羽状至基部三回羽状，先端羽裂渐尖，基部羽片的下侧小羽片明显较长；羽片约 10 对，下部 1~2 对对生或近对生，向上的互生，披针形，有明显的柄；基部一对羽片最大，三角状披针形，长 12~17cm，基部宽 5~7cm，柄长 2~4cm，有小羽片约 10 对，基部下侧 2~3 个小羽片较长，基部一个最大；小羽片披针形，叶片下部的小羽片羽状浅裂至全裂，上部的小羽片或裂片全缘或近全缘，基部圆楔形，先端钝尖头；叶片厚纸质或近革质，叶脉在远轴面上明显，叶干后褐绿色，叶轴和羽轴远轴面被较多暗棕色或黑色鳞片，鳞片狭披针形或线形，基部扩大并具睫毛，略似泡状。孢子囊群小，中生；无囊群盖。

产地：东涌（张寿洲等 2383）、七娘山（张寿洲等 0315）。生于山地林下，海拔 100~600m。

分布：广东、湖南、江西、福建和浙江。

8.　变异鳞毛蕨　Variant Wood Fern

图 151　彩片 223　224

Dryopteris varia（L.）Kuntze in Revis. Gen. Pl. **2**: 814. 1891.

Polypodium varia L. Sp. Pl. **2**: 1090. 1753.

根状茎横卧或斜升，顶端密被暗棕色狭披针形鳞片。叶长约 50cm，簇生；叶柄长约 25cm，粗 2~3mm，禾秆色，基部被较多鳞片，向上也有较多线形小鳞片或鳞片脱落后近光滑；叶柄基部鳞片狭披针形，棕色或暗棕色，开展；叶片卵状披针形，长约 30cm，基部宽约 25cm，二回羽状至基部近三回羽状，先端羽裂渐尖，基部羽片的基部下侧小羽片向后伸长呈燕尾状；羽片约 10 对，互生或有时下部一对羽片近对生，披针形，有短柄；基部一对羽片最大，三角状披针形，长 10~15cm，基部宽 5~7cm，柄长约 5mm，有小羽片约 10 对，基部下侧二小羽片特别伸长；小羽片披针形，叶片下部的小羽片羽状浅裂至深裂，中部以上的小羽片或裂片全缘或近全缘，小羽片通常贴生于羽轴，先端尖头；叶片厚纸质或近革质，叶脉在两面均不明显，叶干后褐绿色，叶轴和羽轴远轴面多少被暗棕色鳞片，鳞片线形，基部阔大为圆形并有啮噬状齿。孢子囊群较大，中生或靠近小羽片或裂片边缘着生；囊群盖圆肾形，暗棕色，质厚，宿存。

产地：三洲田（张寿洲等 2705）、梧桐山（张寿洲

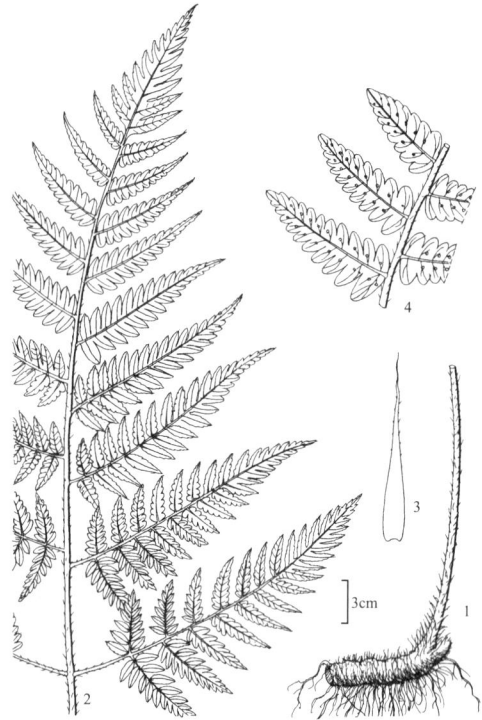

图 150 德化鳞毛蕨 Dryopteris dehuaensis
1~2. 植株的一部分，示根、根状茎及叶；3. 根状茎及叶柄基部的鳞片；4. 羽片的一部分，示小羽片下面的叶脉及孢子囊群。（李志民绘）

图 151 变异鳞毛蕨 Dryopteris varia
1. 叶片；2. 叶柄基部的鳞片；3. 小羽片，示叶脉及孢子囊群。（马平绘）

等 4743)、羊台山(张寿洲等 1247)。生于山地林下,海拔 150~500m。

分布:安徽、江苏、浙江、河南、湖北、湖南、江西、福建、台湾、广东、香港、海南、广西、贵州、云南和四川。日本、韩国、朝鲜、菲律宾和印度。

6. 耳蕨属 Polystichum Roth

中小型植物,土生或石生。根状茎短,直立或斜升,先端密被鳞片;鳞片阔披针形或阔卵形,或为纤维状,全缘或有缘毛,棕色、褐色或黑色,通常质厚而有光泽。叶密集簇生,一型;叶片披针形、线状披针形或三叉戟型,通常为二回羽状深裂至二回羽状,很少为三至四回羽状细裂,具顶生羽片,纸质或革质,通常被纤维状鳞片;羽片的小羽片均为上先出,末回小羽片边缘常具芒状锯齿;叶轴和各回羽轴的近轴面有纵沟,纵沟彼此连通,叶轴上有芽孢或无芽孢;叶脉分离,羽状,很少沿羽轴连接为 1~2 行网眼。孢子囊群圆形,通常顶生于小脉上,有时背生;囊群盖圆肾形,盾状着生,很少无盖。孢子椭圆球形,表面有粗瘤状、刺状或鸡冠状纹饰。

约 500 种,广布于世界各地,主产于暖温带及热带山地。我国约有 200 多种,主产于西部和西南部。深圳有 2 种。

1. 叶片二回羽状;叶轴近顶部生芽孢;叶脉分离 ·················· 1. **灰绿耳蕨 P. scariosum**
1. 叶片一回羽状;叶轴顶部无芽孢;叶脉连接呈网状 ·················· 2. **巴郎耳蕨 P. balansae**

1. 灰绿耳蕨 华南耳蕨 Green-grey Shield Fern

图 152 彩片 225 226

Polystichum scariosum(Roxb.)C. V. Morton in Contr. U.S. Natl. Herb. **38**: 359. 1974.

Polypodium scariosum Roxb. in Calcutta J. Nat. Hist. **4**: 494. 1844.

Polystichum eximium(Mett. ex Kuhn)C. Chr. in Bull. Dept. Biol. Sun Yatsen Univ. **6**: 8. 1933;中国植物志 5(2): 19. 2001;香港植物志蕨类植物门 304,图版 39: 5-9,彩图 78-79. 2003;广东植物志 **7**: 239. 2006.

根状茎直立,密被亮黑褐色的阔披针形大鳞片。叶簇生,通常长 80~120cm;叶柄长 40~50cm,粗 3~4mm,禾秆色,下部密被暗棕色阔披针形鳞片与棕色条状披针形鳞片,条状披针形小鳞片向上分布至叶轴及羽轴,叶轴近顶部有 1 个密被鳞片的大芽孢;叶片阔披针形,长 40~80cm,宽 20~25cm,先端长渐尖,二回羽状;羽片约 18 对,互生或有时下部的对生,披针形,一回羽状,中下部羽片长 10~15cm,宽 2.5~4cm,长渐尖头,基部略不对称,上侧基部截形,下侧基部楔形;小羽片 10~15 对,略斜向上,下部 1~2 对有时略缩短,中部的长 1.5~2cm,基部宽 5~8mm,菱状椭圆形,尖头,基部上侧具耳形凸起,下侧斜切呈狭楔形,边缘具疏矮锯齿,近无柄;叶脉分离,小脉斜向上,

图 152 灰绿耳蕨 Polystichum scariosum
1. 叶,示叶柄和叶轴被鳞片,并示叶轴近顶部的 1 枚大芽孢;2. 小羽片,示其下面叶脉及孢子囊群。(马平绘)

单一，有时二叉；叶片革质，干后灰绿色，近轴面光滑，远轴面沿主脉疏被纤维状小鳞片。孢子囊群着生于小脉中部，在主脉两侧排成1~2行；囊群盖圆盾形，早落。

　　产地：梅沙尖（深圳队 647）、梧桐山（陈珍传等 007196）。生于山地林下，海拔 600~820m。

　　分布：浙江、湖南、江西、台湾、广东、香港、海南、广西、贵州、云南和四川。斯里兰卡、印度、泰国、越南和日本（南部）。

2.　巴郎耳蕨 镰羽贯众 Falcate Holly Fern

图 153　彩片 227　228

Polystichum balansae Christ in Trudy Imp. S.-Peterburgsk. Bot. Sada. **28**: 193. 1908.

Cyrtomium balansae（Christ）C. Chr., Index Filic., Suppl. **1**: 23. 1913；海南植物志 **1**: 151，图 67. 1964；中国植物志 **5**（2）：198. 2001；香港植物志蕨类植物门 311，图版 **40**: 5-9. 2003；广东植物志 **7**: 235，图 107. 2006.

　　根状茎直立，先端密被鳞片；鳞片披针形或狭披针形，长约15cm，基部宽约1mm，暗棕色，边缘全缘或有微齿。叶长 70~80cm，簇生；叶柄长约 30cm，禾秆色，下部密被与根状茎上同样的鳞片，向上逐渐稀疏；叶轴顶部无芽孢；叶片披针形，长 40~50cm，宽 10~12cm，一回羽状，基部圆截，先端羽裂渐尖；侧生羽片 12~20 对，下部的略有短柄，上部无柄，平展或略斜展，互生或下部的对生，镰状披针形，中下部的长 5~7cm，基部宽 1.2~2cm，先端渐尖，基部上侧截形并呈尖耳形，基部下侧狭楔形，边缘有尖锯齿，近羽片先端的锯齿更明显；叶脉连接呈网状，小脉在远轴面上略可见，沿主脉两侧各有 2 行网眼，网眼内有内藏小脉 1~2；叶片近革质，干后绿色或暗绿色，近轴面光滑，远轴面疏被纤维状小鳞片。孢子囊群圆形，着生于内藏小脉上部；囊群盖圆盾形，全缘。

　　产地：田心山（张寿洲等 5112）、梅沙尖（深圳植物志采集队 013148）、梧桐山（深圳植物志采集队 013457）。生于山地林下，海拔 400~800m。

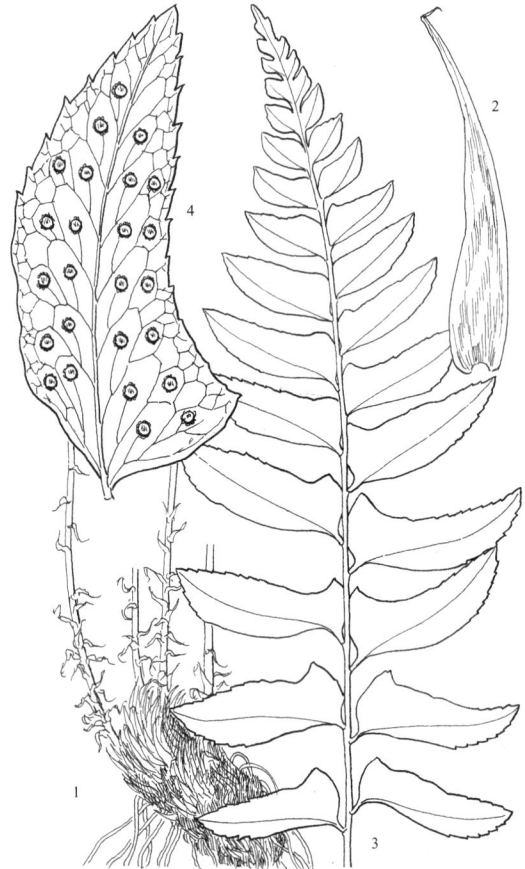

图 153 巴郎耳蕨 Polystichum balansae
1. 植株的一部分，示根状茎及叶柄的下部；2. 根状茎及叶柄下部的鳞片；3. 叶；4. 羽片，示其下面的叶脉及孢子囊群。（马平绘）

　　分布：安徽、湖南、江西、福建、广东、香港、海南、广西和贵州。越南和日本也有分布。

7.　贯众属 Cyrtomium C. Presl

　　中型或小型植物，土生或石生。根状茎短，斜升至直立，先端密被鳞片；鳞片卵形、椭圆形或阔披针形，暗棕色，边缘全缘或有睫毛，质厚。叶簇生，一型；叶片披针形或卵形，奇数一回羽状，很少为单叶，革质或纸质，两面均无毛，仅沿叶轴及羽轴的远轴面疏被纤维状鳞片；羽片镰刀形、披针形或卵形，边缘全缘或具锯齿，顶部羽裂渐尖；叶脉连接，中脉两侧各有 2~6 行偏斜而略呈六角形的网眼，每网眼内有 1~3 不分枝的内藏小脉；叶轴和羽轴的近轴面有纵沟，纵沟彼此连通，叶轴上无芽孢。孢子囊群圆形，背生于网眼内的小脉上；囊群盖圆形，盾状着生。孢子椭圆球形，表面有粗瘤状纹饰。

30~40 种，主产于亚洲温带地区，少数种类到达非洲东部，以我国为分布中心。我国约有 30 种，分布于华南、西部和西南部。深圳有 1 种。

全缘贯众 Asian Holly Fern

图 154　彩片 229　230

Cyrtomium falcatum（L. f.）C. Presl，Tent. Pterid. 86. 1836.

Polypodium falcatum L. f. Suppl. Pl. 446. 1781.

根状茎直立，先端密被鳞片；鳞片卵状披针形，长 1~1.5cm，基部宽 3~4mm，暗棕色或带黑色，边缘流苏状。叶长约 40cm，簇生；叶柄长 14~18cm，禾秆色，下部密被与根状茎上同样的大鳞片，向上逐渐稀疏；叶片阔披针形，长约 22cm，宽约 15cm，奇数一回羽状，具一顶生羽片；顶生羽片分离，三角形，或基部两侧有尖耳形凸起而呈戟形；侧生羽片 7~10 对，下部的有短柄，上部的贴生，斜展，互生，镰状长卵形，中部的长 7cm，基部宽 3cm，先端长渐尖，基部上侧呈圆耳形而下侧为楔形，或下部羽片的基部略呈浅心形，全缘；叶脉网状，小脉不十分清晰，沿中脉两侧各有 2~3 行网眼，网眼内有内藏小脉 1~3；叶片革质，干后棕色，沿叶轴及羽柄被纤维状小鳞片。孢子囊群圆形，着生于内藏小脉中部或上部；囊群盖圆盾形，边缘具疏齿。

产地：西涌（张寿洲等 0768）。生于海边山坡，海拔 10~50m。

分布：山东、江苏、浙江、福建、台湾、广东、香港和云南。日本也有分布。

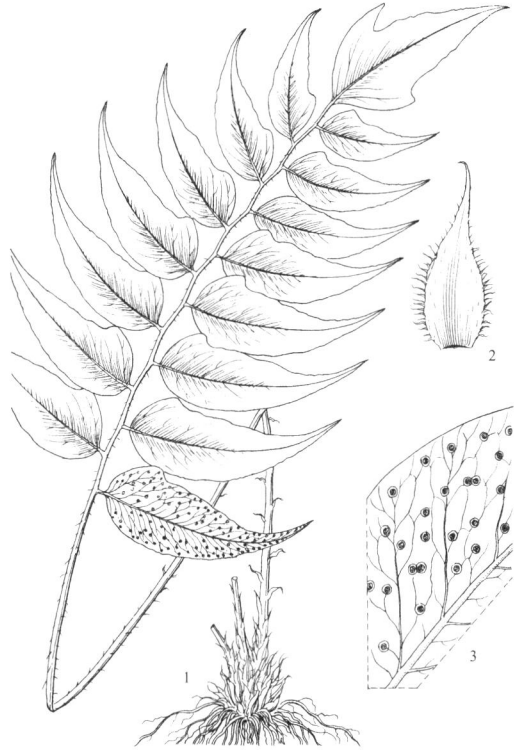

图 154 全缘贯众 Gyrtomium falcatum
1. 植株的一部分，示根、根状茎和叶；2. 根状茎和叶柄下部的鳞片；3. 羽片的一部分，示下面的叶脉及孢子囊群。（李志民绘）

23. 肾蕨科 NEPHROLEPIDACEAE

严岳鸿

土生或附生。根状茎通常短而直立，有分散状匍匐枝，向四周横走，有块茎，能发育成新的植株。根状茎及叶柄被鳞片；鳞片盾状着生，边缘较薄而颜色较浅，常有纤细睫毛。网状中柱。叶一型，长而狭，有柄，基部无关节，一回羽状，小羽片无柄，以关节着生于叶轴上，披针形或镰刀形，渐尖，基部阔，通常不对称，上侧耳状凸起或具小耳片，向叶端的羽片逐渐缩小，边缘有圆齿或钝齿；主脉明显，侧脉羽状，二至三回，小脉达叶边附近；叶草质或纸质，叶轴下面圆形，上面有纵沟，纵沟两侧边缘钝圆，幼时被纤维状鳞片。孢子囊群圆形，中脉两侧各 1 排；囊群盖圆肾形或少为肾形，以缺刻着生，暗棕色，宿存。孢子椭圆形或肾形，不具周壁，外壁表面具不规则的疣状纹饰。

1 属约 20 种，分布于世界热带地区。我国产 5 种。深圳 3 种，栽培 2 变种。

肾蕨属 Nephrolepis Schott

属的特征与地理分布同科的。

1. 中部羽片长约 2cm，先端具圆钝头或尖头，覆瓦状排列 ┅┅┅┅┅┅┅┅┅┅ **1. 肾蕨 N. cordifolia**
1. 中部羽片长 4cm 以上，先端具渐尖头，不为覆瓦状排列。
   2. 囊群生于主脉两旁各 1 排，自叶缘至主脉的 1/3 处，中部羽片长 9cm 以上，基部近对称，罕有耳形凸起
   ┅┅┅┅┅┅┅┅┅┅┅┅┅┅┅┅┅┅┅┅┅┅┅┅┅┅┅┅┅ **2. 长叶肾蕨 N. biserrata**
   2. 囊群近叶边，中部羽片长达 8cm，基部上侧有明显耳形凸起 ┅┅┅┅┅┅┅┅ **3. 毛叶肾蕨 N. brownii**

1. 肾蕨 Sword Fern 图 155 彩片 231 232 233
Nephrolepis cordifolia（L.）C. Presl，Tent. Pterid. 79. 1836.

Polypodium cordifolium L. Sp. Pl. **2**：1089. 1753.

草本。根状茎直立，下部具棕褐色匍匐茎，粗约 1mm，长达 30cm，有纤细的褐棕色须根及近圆形的块茎，被淡棕色鳞片。叶一型，簇生；叶柄 6~10cm，暗褐色，叶柄及叶轴两侧密被淡棕色线形鳞片；叶片条状披针形或狭披针形，长 30~70cm，3~5cm，先端急尖，一回羽状分裂；羽片 30~80 对，互生，常密集而呈覆瓦状排列，小羽片披针形，中部的一般约为 2cm，宽 0.6~0.7cm，先端钝圆或急尖，基部心形，下侧为圆楔形或圆形，上侧为三角状耳形，向基部的羽片渐短，常变为卵状三角形，长不及 1cm；叶缘具疏钝锯齿，叶脉明显，侧脉纤细，小脉达叶边附近，叶草质，干后棕绿色或褐棕色，光滑。孢子囊群生于上侧小脉顶端，主脉两侧各 1 行近叶边，（圆）肾形；囊群盖肾形，褐棕色，边缘色较淡，无毛。

产地：梧桐山（张寿洲等 SCAUF1192）、仙湖植物园（王国栋 W06065）、龙岗、梧桐山（王定跃等

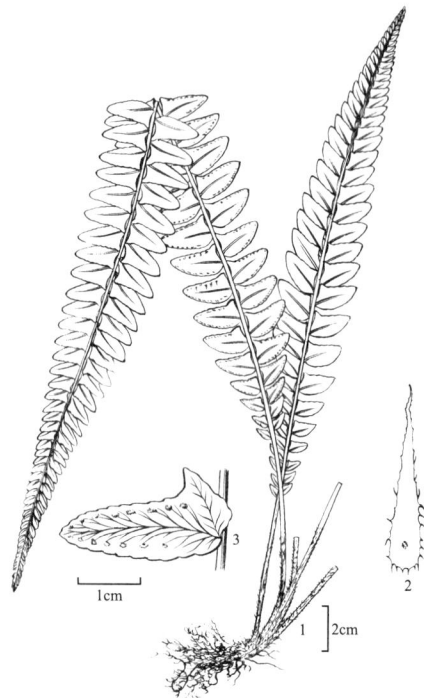

图 155 肾蕨 Nephrolepis cordifolia
1. 植株，示根、根状茎、叶柄的下部和叶；2. 根状茎及叶柄及叶轴上的鳞片；3. 叶轴的一段及 1 枚羽片，示羽片下面的叶脉及孢子囊群。（崔丁汉绘）

1086）、七娘山（邢福武 11808，IBSC）。生于溪边林下，深圳市内街道、公园内有广泛栽培。

分布：河北、河南、山东、江苏、浙江、江西、福建、台湾、广东、香港、澳门、海南、广西、贵州、云南、四川和西藏。印度、不丹、尼泊尔、孟加拉国、巴基斯坦、斯里兰卡、缅甸、泰国、老挝、柬埔寨、越南、日本、马来西亚、新加坡、菲律宾、印度尼西亚、澳大利亚，以及朝鲜半岛、太平洋岛屿和非洲、美洲。

用途：为普遍栽培的观赏蕨类；块茎富含淀粉，可食，亦可供药用。

2. 长叶肾蕨 双齿肾蕨 Broad Sword Fern

图 156　彩片 234　235

Nephrolepis biserrata（Sw.）Schott，Gen. Fil. Ad. t. 3. 1834.

Aspidium biserratum Sw. in J. Bot.（Schrader）**1800**（2）：32. 1801.

根状茎短而直立，有暗褐色匍匐茎，直立茎和匍匐茎均着生鳞片；鳞片披针形，红棕色，略有光泽，边缘有睫毛。叶一型，簇生，一回羽状，狭椭圆形；叶柄长 10~30cm，粗 3~4mm，上面有纵沟，下面圆形，基部被披针形或纤维状鳞片；叶片长 70~100cm，宽 14~30cm；羽片 35~50 对，互生，少对生，相距 1.5~3cm，近无柄，以关节着生于叶轴，叶轴两侧疏被柔毛，中部羽片条状披针形，长 9~15cm，宽 1~2.5cm，基部近圆形或斜截形，先端急尖或短渐尖，叶缘有疏缺刻或钝齿，主脉在两面均明显，侧脉纤细，达叶边附近，下部羽片披针形，较短，先端短尖；叶薄纸质或纸质，干后褐绿色，两面均无毛，幼时两面被披针形小鳞片或纤维状鳞片，成熟后部分或全部脱落。孢子囊群圆形，直径 1.5~2mm，主脉两旁各 1 排，自叶缘至主脉的 1/3 处；囊群盖圆肾形，有深缺刻，褐棕色，边缘红棕色，无毛。

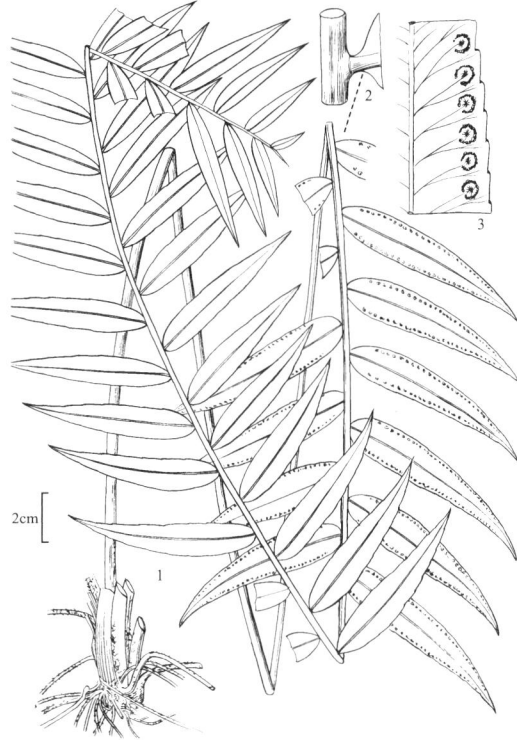

图 156 长叶肾蕨 Nephrolepis biserrata
1. 植株，示根、根状茎、叶柄下部和叶；2. 叶轴和羽片基部；3. 羽片的一部分放大，示其下面的叶脉及孢子囊群。（崔丁汉绘）

产地：南澳（张寿洲等 4462）、葵涌（张寿洲等 2248）、仙湖植物园。

分布：台湾、广东、海南、澳门和云南。日本、越南、老挝、缅甸、泰国、柬埔寨、马来西亚、新加坡、菲律宾、印度尼西亚、印度、巴基斯坦、斯里兰卡、澳大利亚，以及太平洋岛屿和非洲、美洲。

3. 毛叶肾蕨 Rough Sword Fern　　　　　图 157　彩片 236　237

Nephrolepis brownii（Desv.）Hovenkamp & Miyam. in Blumea **50**：293. 2005.

Nephrodium brownii Desv. in Mem. Soc. Linn. Paris **6**：252. 1827.

Nephrolepis hirsutula auct. non（G. Forst.）C. Presl：广东植物志 **7**：264. 2006

草本。根状茎短而直立，具横走的匍匐茎，被鳞片；鳞片卵状披针形，红褐色至棕色，有睫毛。叶一型，簇生，密集，一回羽状；叶柄长 15~35cm，灰棕色，叶柄及叶轴有棕色鳞片贴生，上面有纵沟，下面圆形；叶片阔披针形或椭圆披针形，长 30~75cm，宽 9~15cm，两端稍渐狭；羽片 20~45 对，近生，彼此相距约 1.5cm，近平展，下部的羽片对生，长 3~4cm，阔披针形，先端钝圆或短尖，中部羽片较长，披针形或条状披针形，长 4~8cm，宽 1~1.5cm，基部下侧圆形，上侧为截形并凸起成三角状小耳片，疏具钝齿，先端渐尖，叶脉纤细，侧脉斜向上，二至三叉，小脉几达叶边；叶坚草质或纸质，干后褐绿色，腹面沿主脉及小脉密生线形鳞片，疏被星芒状小鳞片，背面有短毛及星芒状小鳞片，老时部分脱落。孢子囊群圆形，中脉两侧各 1 行，靠近叶边；囊群盖圆肾形，膜质，红棕色，无毛。

产地：七娘山（邢福武 12256，IBSC）、南澳、三洲田（深圳考察队 676）、梧桐山（深圳植物志采集队 013566）、仙湖植物园、深圳水库。常生在石缝中。

分布：福建、台湾、广东、海南、广西和云南。日本、菲律宾、越南、老挝、缅甸、泰国、柬埔寨、马来西亚、新加坡、菲律宾、印度尼西亚、印度、斯里兰卡、澳大利亚，以及太平洋岛屿；美洲（引进）。

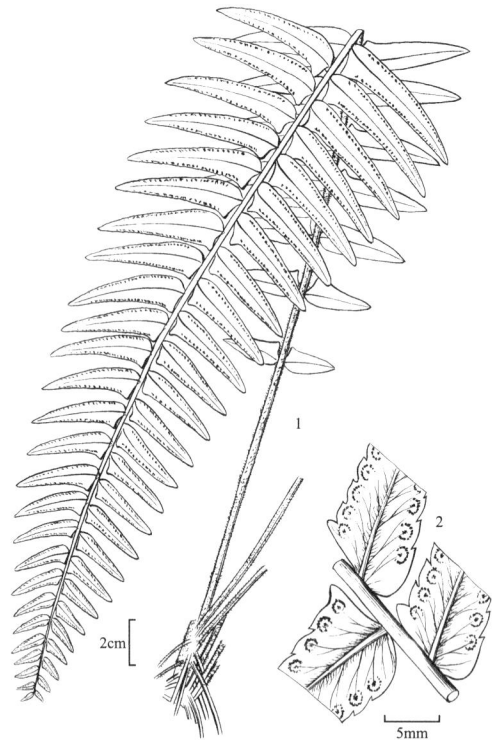

图 157 毛叶肾蕨 Nephrolepis brownii
1. 植株，示根、根状茎、叶柄的下部及叶；2. 叶的一部分羽片的下部，示其下面的叶脉及孢子囊群。（崔丁汉绘）

24. 叉蕨科（三叉蕨科）**TECTARIACEAE**

董仕勇　陈珍传

中型至大型，少为小型草本植物。土生。根状茎直立或斜升，少有长而横走，具网状中柱，被鳞片。叶一型、近二型或显著二型；叶柄基部无关节，有多条圆形维管束，叶柄基部或有时全部及叶轴上均被鳞片；叶一回至三回羽状，少为单叶，叶片近轴面或两面多少被多细胞毛，很少光滑无毛；叶脉多型，或为分离，侧脉单一或分叉，或小脉沿小羽片中脉及侧脉两侧连接成无内藏小脉的狭长网眼，或在侧脉间连接为多数方形或近六角形的网眼，网眼内有单一或分叉的内藏小脉或有时无内藏小脉；中脉通常在两面均隆起，有时近轴面有浅纵沟，叶轴和羽轴近轴面的纵沟互不连通，并通常密被多细胞、深棕色，腊肠状的软毛（肋毛）。孢子囊群圆形，着生于分离小脉顶端或中部，或生于形成网眼的小脉上或交接处；囊群盖圆肾形或圆盾形，膜质，宿存或早落，很少无盖，或孢子囊群沿小脉着生，无盖，成熟时汇合并满布于狭缩的能育叶远轴面。孢子两侧对称，椭圆形，单裂缝，表面有粗瘤状、脊状、刺状或鸡冠状纹饰。

9~15 属约 300 种，分布于全球热带及亚热带地区。我国有 4 属约 41 种。深圳有 1 属 4 种。

叉蕨属 Tectaria Cav.

中型或大型植物，土生。根状茎粗壮，直立，很少横走，先端连同叶柄基部多少被鳞片；鳞片披针形，棕色或暗棕色，不具虹色光泽。叶簇生，很少近生或远生；叶柄禾秆色、栗色或乌木色，基部以上通常无鳞片；叶片通常为三角状披针形或卵形，一至二回羽状，少为单叶，从不为细裂，若为羽状，基部一对羽片最大，三角形或阔披针形，羽状深裂至一回羽状，小羽片或裂片边缘全缘、粗齿状或浅裂；叶脉连接为多数方形或近六角形网眼，有或无单一或分叉的内藏小脉；叶片草质、纸质、厚纸质或近肉质，叶面通常光滑，很少两面被很短的具关节的短毛；叶轴及羽轴的近轴面多少被有同样的短节毛，很少无毛。孢子囊群通常圆形，着生于网结小脉或网眼内的游离小脉的顶部，或孢子囊沿叶脉着生呈卤蕨型；囊群盖圆肾形，宿存或脱落，少数无盖。孢子椭圆球形，单裂缝，表面有尖刺状、鸡冠状或褶片状纹饰。

200~230 种，广布于全球热带及亚热带地区。我国约有 35 种，主要分布于华南和西南热带及亚热带地区，北达四川峨眉山。深圳有 4 种。

1. 叶一型或多少呈二型；孢子囊群圆形，有囊群盖或少数无盖。
  2. 根状茎直立，叶簇生；叶片的顶生羽片与侧生羽片同形；羽片全缘不分裂，或基部羽片的基部下侧有一较短小的裂片 ···································· 1. **多形叉蕨 T. polymorpha**
  2. 根状茎横走，叶近生或远生；叶片上部羽裂的裂片渐尖；羽片撕裂状分裂或具粗锯齿 ··········· ·· 2. **三叉蕨 T. subtriphylla**
1. 叶强度二型，能育叶明显狭缩；孢子囊沿叶脉网眼着生，呈卤蕨型，无囊群盖。
  3. 中型土生植物；叶片一回羽状，厚纸质或近革质，光滑无毛 ············ 3. **沙皮蕨 T. harlandii**
  3. 小型石生或石隙土生；不育叶耳形，不分裂或基部两侧各分裂出 1 个耳形裂片，草质或纸质，通体被多细胞节状长毛 ·· 4. **地耳蕨 T. zeilanica**

1.　多形叉蕨 Various-formed Halberd Fern　　　　　　　　　　　　　　　图 158

Tectaria polymorpha（Wall. ex Hook）Copel. in Philipp. J. Sci. **2**（6）: 413. 1907.

Aspidium polymorphum Wall. ex Hook. Sp. Fil. **4**: 54. 1862.

植株高 50~70cm。根状茎短而粗壮，直立，先端及叶柄基部均密被鳞片；鳞片披针形，棕色，边缘颜色较浅并为啮蚀状。叶簇生，一型；叶柄长 30~40cm，基部粗 4~5mm，禾秆色，近轴面有浅沟，光滑；叶片长卵形，一回羽状（未成熟叶片常不分裂或三叉状分裂），长25~40cm，基部宽20~25cm，顶生羽片与侧生羽片同形，顶生羽片三叉状分裂，其下有1~2对侧生分离的羽片；侧生羽片对生，椭圆形，长10~16cm，中部宽4~5cm，先端急狭成尖尾状，基部圆钝或阔楔形，有短柄；羽片或裂片全缘，基部一对羽片通常为二叉状，即羽片基部下侧有一较短小的裂片；叶脉连接成近六角形网眼，有分叉的内藏小脉；叶片纸质，叶轴、羽轴的近轴面疏被短毛，远轴面的短毛较密。孢子囊群圆形，生于形成网眼的小脉上，不规则排列；囊群盖圆肾形，全缘，早落。

产地：梧桐山（陈珍传等011192）。生于山地林下，海拔400~500m。

分布：台湾、广东、海南、广西、贵州和云南。印度、斯里兰卡、尼泊尔、柬埔寨、泰国、马来西亚、菲律宾和印度尼西亚。

2. 三叉蕨 叉蕨 三羽叉蕨 Three-leaved Halberd Fern
图159　彩片238　239

Tectaria subtriphylla（Hook. & Arn.）Copel. in Philipp. J. Sci. **2**（6）：410. 1907.

Polypodium subtriphyllum Hook. & Arn. Bot. Beechey Voy. 256，t. 50. 1838.

植株高40~70cm。根状茎横走，先端密被鳞片；鳞片披针形，暗棕色，边缘全缘。叶近生或远生，多少呈二型；叶柄长18~45cm，棕色，基部被鳞片，向上连同叶轴及叶脉均被棕色节状毛；叶片三角形，上部羽裂的裂片渐尖，不育叶片长、宽各约20cm，由三叉状的1对侧生羽片和其上的三叉状的顶部组成；能育叶的叶柄较长，叶片长约30cm，基部宽约20cm，三叉状的叶片顶部之下有2对侧生羽片；侧生羽片对生，中间一对羽片披针形，长约14cm，宽约4cm，先端长渐尖，基部近圆形，贴生于叶轴而无柄，羽片撕裂状分裂或边缘具粗锯齿；基部一对羽片三角形，形状大小与叶片顶部相近，长、宽各约15cm，羽状深裂至先端浅裂，基部有时会分离出1对披针形的小羽片；叶脉网状，网眼内有单一或分叉的内藏小脉；叶片纸质，两面疏被淡棕色短毛。孢子囊群圆形，生于形成网眼的小脉上，在侧脉间有不整齐的2至多行；囊群盖圆肾形，早落。

产地：七娘山、南澳（张寿洲等0834）、大鹏（张寿洲等011040）、葵涌（张寿洲等3407）、田心山、梧桐山、杨梅坑。生于山地林下沟边，海拔50~550m。

图 158 多形叉蕨 Tectaria polymorpha
1. 羽片；2. 羽片的一部分放大，示基下面的叶脉及孢子囊群。（马平绘）

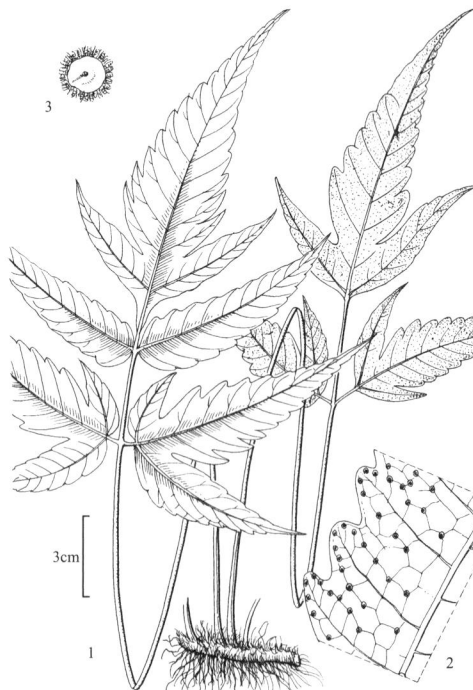

图 159 三叉蕨 Tectaria subtriphylla
1. 植株的一部分，示根、根状茎、不育叶及能育叶；2. 能育叶羽片的一部分放大，示下面的叶脉及孢子囊群；3. 孢子囊。（李志民绘）

分布：广东、香港、澳门、海南、广西、福建、台湾、贵州、云南。日本、印度、斯里兰卡、缅甸、越南、印度尼西亚、波利尼西亚。

3. 沙皮蕨 Decurrent Hemigramma

图 160　彩片 240　241

Tectaria harlandii（Hook.）C.M. Kuo in Taiwania **47**：173. 2002.

Acrostichum harlandii Hook. in Sp. Fil. **5**：274. 1864.

Hemigramma decurrens（Hook.）Copel. in Philipp. J. Sci. **37**（4）：404. 1928；海南植物志 **1**：162，图 73. 1964；中国植物志 **6**（1）：102，图版 17：5-8. 1999；香港植物志蕨类植物门 333，图版 **44**：1-4，2003；广东植物志 **7**：254，图 116. 2006.

中型土生植物；植株高 30~80cm。根状茎粗短，斜升或横卧，先端及叶柄基部均密被棕色披针形鳞片。叶簇生，强度二型；不育叶宽大；柄长 15~35cm，栗色，基部以上光滑；叶片阔卵形，长 15~40cm，宽 15~25cm，一回羽状，有时为不分裂或为三叉状的单叶；叶片顶部三叉状分裂，顶生裂片与其下的一对侧生裂片合生，基部沿叶轴下延，其下有 1~2 对侧生分离的羽片；侧生羽片对生，阔披针形，长 14~20cm，宽 3.5~7cm，长渐尖头，基部楔形，全缘；能育叶的柄较长，叶片形状与分裂式样与不育叶片的相同，只是明显狭缩；叶脉在两面明显，网眼近六角形，有单一或分叉的内藏小脉；叶片厚纸质或近革质，光滑无毛。孢子囊沿叶脉网眼着生，呈卤蕨型，无囊群盖，成熟后满布于能育叶片的远轴面。

产地：梧桐山（陈珍传等 010961）、葵涌（邢福武 SF 109，IBSC）。生于山地林下，土生，海拔 100~150m。

分布：台湾、广东、香港、澳门、海南、广西和云南。日本和越南。

4. 地耳蕨 Ceylon Quercifilix

图 161　彩片 242　243

Tectaria zeilanica（Houtt.）Sledge in Kew Bull. **27**：422. 1972.

Ophioglossum zeilanicum Houtt. Nat. Hist. **2**（14）：43，pl. 94，f. 1. 1783

Quercifilix zeilanica（Houtt.）Copel. in Philipp. J. Sci. **37**（4）：409，f. 52. 1928；海南植物志 **1**：161，图

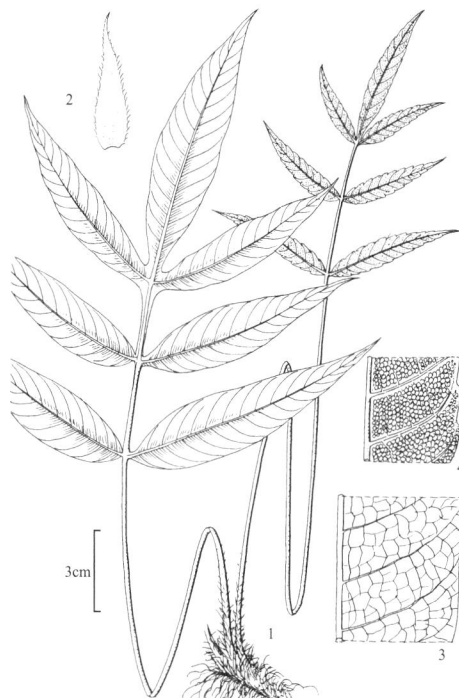

图 160 沙皮蕨 Tectaria harlandii
1. 植株的一部分，示根、根状茎、不育叶及能育叶；2. 根状茎及叶柄基部的鳞片；3. 不育叶羽片的一部分放大，示其下面的叶脉；4. 能育叶羽片的一部分放大，示其下面的叶脉及孢子囊群。（李志民绘）

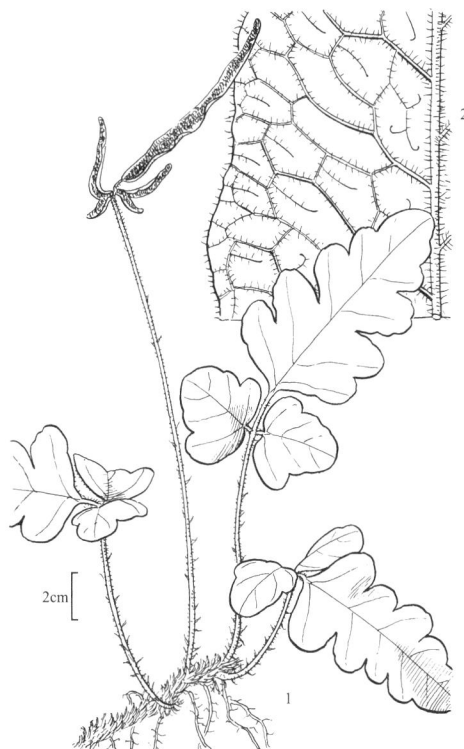

图 161 地耳蕨 Tectaria zeilanica
1. 植株的一部分，示根、根茎状、不育叶及能育叶；2. 不育叶羽片的一部分放大，示其下面的叶脉。（马平绘）

72. 1964；中国植物志 **6**（1）：94，图版 **17**：1-4. 1999；香港植物志蕨类植物门 330，图版 **44**：5-8，2003；广东植物志 **7**：253，图 114. 2006.

　　小型石生或石隙土生植物，长 10~20cm。根状茎长而横走，先端连同叶柄基部被棕色披针形鳞片。叶近生，强度二型；不育叶紧贴于地面或略为直立，耳形，不分裂或基部两侧各分裂出 1 个耳形裂片；叶柄长 3~5cm；叶片长卵形或椭圆形，长 6~8cm，宽 4cm，先端钝圆，基部心脏形，幼叶为浅羽裂单叶，成长后基部有 1 对侧生羽片，裂片圆钝头，全缘或浅波状；能育叶明显狭缩，有长柄，直立，远高出不育叶，柄长 10~18cm，近无毛，能育叶片强度狭缩为线形，长 5~8cm，宽约 0.2~0.3cm，其基部一侧或两侧各有 1 个耳形裂片，裂片长约 1~2cm；叶脉不明显，网状，网眼六角形，有单一或分叉的内藏小脉，或无内藏小脉；叶片草质或纸质，近轴面通常光滑，远轴面和叶缘密被多细胞节状长毛。孢子囊群生于沿主脉两侧叶脉的网眼上，呈卤蕨型，无囊群盖，成熟时满布于能育叶片远轴面，无盖。

　　产地：七娘山（张寿洲等 011074）。生于山地沟边石隙，海拔 100~300m。

　　分布：湖南、福建、台湾、广东、香港、海南、广西、贵州和云南。亚洲热带地区。

25. 条蕨科 OLEANDRACEAE

严岳鸿

附生或土生草本，小型至中型，半攀缘至匍匐。根状茎长而分枝，横走或少为直立的半灌木状，有网状中柱，生气生根，遍体密被覆瓦状的红棕色厚鳞片；鳞片长披针形，先端长渐尖，基部圆钝，盾状着生，具长睫毛。叶轴螺旋状排列于根状茎上，远生或密集，与叶柄连接处有关节；叶一型，单叶，有柄，以关节着生于叶轴；叶片条状披针形，边缘全缘或波状，具软骨质边，叶脉明显，主脉凸起，侧脉分离；叶草质、纸质或革质，干后黄褐色，光滑或有棕色节状细毛和疏生小鳞片。孢子囊群圆形，位于小脉的近基部，排列于主脉的两侧；囊群盖大，肾形或圆肾形，以缺刻着生，红棕色，膜质或纸质，宿存；孢子囊为水龙骨型，长柄由 3 列细胞组成，环带由 12 或 14 个增厚细胞组成。孢子细小，两侧对称，椭圆形，周壁表面具颗粒状纹饰或刺状纹饰，外壁表面光滑。

仅 1 属，产于世界热带及亚热带山地。中国和深圳均有分布。

条蕨属 Oleandra Cav.

属的特征和地理分布与科的相同。

15~20 种，分布于热带及亚热带山地。我国有 5 种，产于西南、华南及台湾。深圳 1 种。

华南条蕨 South China Strip Fern　　图 162　彩片 244

Oleandra cumingii J. Sm. in J. Bot. **3**: 413. 1841.

草本。根状茎直径 3~4mm，长而横走，密被鳞片；鳞片长披针形，长 4~5mm，宽约 1mm，棕色。叶一型，叶柄暗棕色，基部疏生鳞片；叶轴 1.2~2cm；叶片披针形，长 20~34cm，宽 2~3cm，中部最宽，基部狭楔形，边缘全缘，具软骨质狭边，先端急尖；叶脉明显，主脉上面有浅纵沟，在下面凸起，侧脉平行，近斜展，直达叶边；叶草质，干后棕绿色，背面及边缘无毛，腹面生灰色短毛，沿主脉两侧的毛较密。孢子囊群近圆形，直径 1.5mm，主脉两侧各 1 行，紧贴主脉；囊群盖厚，肾形或圆肾形，褐棕色，无毛。

产地：梧桐山（张寿洲等 3225）、排牙山（张寿洲等 2349）、田头山。生于溪边岩石上。

分布：贵州、云南、广东、广西、海南、香港。老挝、泰国、马来西亚、菲律宾和印度尼西亚。

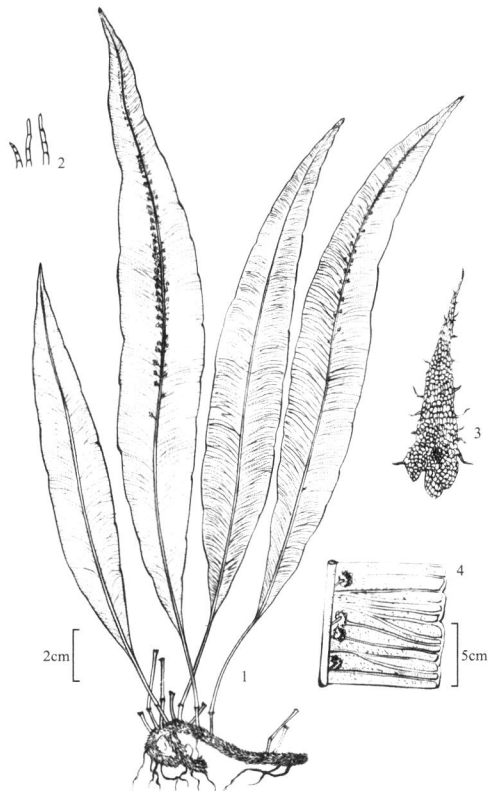

图 162 华南条蕨 Oleandra cumingii
1. 植株，示根、根状茎、叶柄和叶轴连接处的关节以及叶片及其下面的平行侧脉和孢子囊群；2. 叶片上面的节状细毛；3. 根状茎及叶柄基部的鳞片；4. 叶片的一部分，示下面的叶脉及生于主脉两侧的孢子囊群。（崔丁汉绘）

26. 骨碎补科 DAVALLIACEAE

严岳鸿

中小型草本，附生在石头上，少有土生。根状茎长而横走，具背腹性，密被盾状或基部着生鳞片。叶远生；叶柄基部有关节，单叶、复叶，叶片三角形或五角形，二至四回羽状细裂，或羽状半裂，革质，无毛或有时被鳞片或毛，叶脉分离，多二叉。孢子囊群分离，着生在叶脉顶端、叶缘或有时叶中；囊群盖开口朝外，基部联合或有时边缘也联合，圆形、肾形或向叶缘延长。孢子囊柄较长，3 列细胞，环带纵行，由 12~16 个加厚细胞组成。孢子单裂缝，椭圆形或狭椭圆形，半透明，通常无周壁。

5 属约 35 种，主要分布于亚洲热带和亚热带地区，少数种延伸到非洲，1 种分布于非洲西北部、欧洲西南部和马达加斯加。我国有 4 属 17 种。深圳有 2 属 3 种。

1. 囊群盖管形或杯形，基部和边缘与叶相连 ··· 1. **骨碎补属 Davallia**
1. 囊群盖圆形或阔肾形，常常基部连接 ··· 2. **阴石蕨属 Humata**

1. 骨碎补属 Davallia Sm.

中型草本。附生。根状茎长而横走，远生，被覆瓦状的鳞片；鳞片盾状着生，渐尖，边缘有睫毛。叶一型，叶柄基部以关节着生于根状茎上；叶片革质，有时为坚草质，光滑，五角形至卵形，通常为多回羽状细裂，叶脉分离，小脉分叉，小脉之间有时具假脉。孢子囊群生于小脉顶端，每末回裂片 1 个；囊群盖以基部及两侧着生于叶面，呈管形或杯形，先端到达叶边或略接近叶边，边缘外侧常有角状凸起；孢子囊的柄细长，环带由 14 个增厚细胞组成。孢子椭圆形，不具周壁，外壁具疣状纹饰。

约 40 种，分布很广，从大西洋岛屿横跨非洲至亚洲南部达马来西亚，向东南分布至澳大利亚及太平洋岛屿，北达日本，其中以马来西亚的种类最为丰富。我国有 6 种，主要分布于南部及西南部。深圳 1 种。

大叶骨碎补 硬骨碎补 South China Hare's-foot Fern
图 163 彩片 245 246
Davallia divaricata Blume，Enum. Pl. Javae. **2**：237. 1828.

Davallia formosana Hayata in J. Coll. Sci. Univ. Tokyo **30**：430. 1911；海南植物志 **1**：60，图 27. 1964；广东植物志 **7**：268-269. 2006.

草本。植株高达 1m。根状茎粗壮，直径约 1cm，长而横走，密被鳞片；鳞片阔披针形，长约 1cm，先端长渐尖，边缘有睫毛，红棕色，膜质。叶远生，相距 3~5cm；一型；叶柄长 30~60cm，粗约 4mm，与叶轴均为亮棕色或暗褐色，上面有深纵沟；叶片大，三

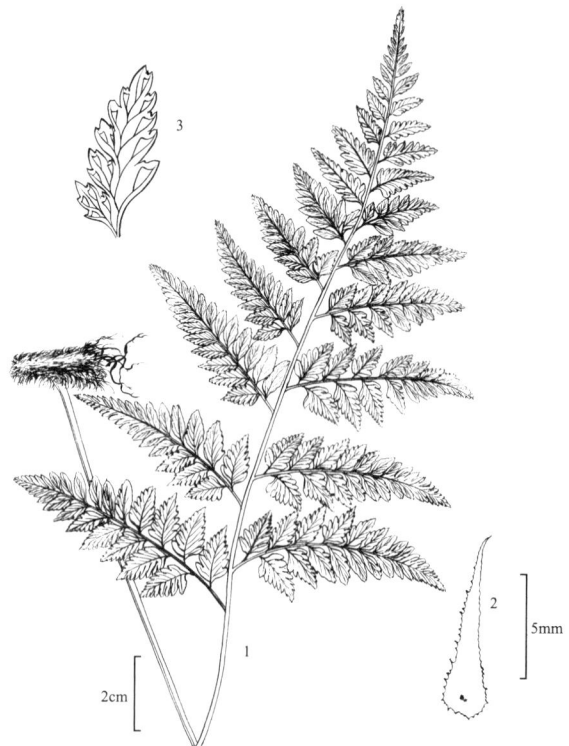

图 163 大叶骨碎补 Davallia divaricata
1. 植株，示根、根状茎和叶；2. 根状茎上的鳞片；3. 小羽片，示下面的叶脉及孢子囊群。（崔丁汉绘）

角形或卵状三角形，长、宽各达 60~90cm，先端渐尖，四到五回羽裂；羽片约 10 对，互生，斜展，下部的柄长 2~4cm，基部一对羽片最大，长三角形，长 20~30cm，宽 12~18cm，基部偏斜，先端长渐尖；一回小羽片约 10 对，互生，下部的柄长 3~5mm，斜展，基部上侧一片最大，三角形，长约 7cm，宽约 4cm，基部圆楔形，先端具渐尖头；二回小羽片 7~10 对，互生，有短柄，斜向上，基部上侧一片略较大，长卵形，长约 2cm，宽约 1cm，基部下延，先端具尖头；末回小羽片椭圆形，基部下侧下延，先端具钝头，深羽裂，裂片常二裂为不等长的尖齿；中部羽片为阔披针形，向上的逐渐缩小并为披针形，叶脉可见，叉状分枝，每尖齿有一小脉，几达叶边。孢子囊群多数，每裂片有 1 个，生于小脉中部稍下的弯弓处或生于小脉分叉处；囊群盖管状，先端截形，长约 1mm，褐色并有金黄色光泽，厚膜质。

产地：排牙山（张寿洲等 2168）、葵涌（张寿洲等 4521）、七娘山（邢福武 10364）。生于低山山谷的岩石上或树干上。

分布：云南、湖南、福建、台湾、广东、香港、海南和广西。越南、老挝、缅甸、泰国、柬埔寨、马来西亚、菲律宾、印度尼西亚、印度、巴布亚新几内亚和太平洋岛屿。

2. 阴石蕨属 Humata Cav.

小型草本。附生。根状茎长而横走，网状中柱，密被鳞片；鳞片盾状着生，向上渐狭，边缘不具或稍具睫毛。叶远生；叶柄基部以关节着生于根状茎上；叶片一型或近二型，常为三角形，多回羽裂，少为披针形的单叶，或为羽状分裂而较阔，叶脉分离；叶革质，光滑或稍被鳞片。孢子囊群生于小脉顶端，通常近于叶缘；囊群盖圆形或阔肾形，革质，仅以基部有时也以两侧的下部着生于叶面；孢子囊柄细长，有 3 行细胞，环带约由 12 个增厚细胞组成。孢子椭圆形，不具周壁，外壁具疣状纹饰。

约 50 种，主要分布在马来西亚至波利尼西亚，北达日本，西抵喜马拉雅，南到非洲的马达加斯加。我国有 4 种，分布于东部、南部和西南部。深圳 2 种。

1. 叶片二回羽状深裂，长约 5~10cm ·················· 1. **阴石蕨 H. repens**
1. 叶片三至四回羽状深裂，长约 10~15cm ·················· 2. **杯盖阴石蕨 H. griffithiana**

1. 阴石蕨 Large Hare's-foot Fern　　　　　　　　　　图 164　彩片 247　248

Humata repens（L. f.）Small ex Diels in Engl. & Prantl, Nat. Pflanzenfam. **1**（4）: 209. 1899.

Adiantum repens L. f. Suppl. Pl. 446. 1781.

附生草本。植株高 10~20cm。根状茎直径 2~3mm，长而横走，密被鳞片；鳞片披针形，长约 5mm，宽约 1mm，红棕色，盾状着生。叶远生，一型；叶柄长 5~12cm，棕色或棕禾秆色，疏被鳞片，老则近光滑；叶片三角状卵形，长 5~10cm，宽 3~5cm，基部最宽，先端渐尖，二回羽状深裂；羽片 6~10 对，无柄，以狭翅相连，基部一对最大，近三角形，长 2~4cm，宽 1~2cm，基部楔形，先端具钝头，两侧不对称，下延，常呈弯弓状，上侧钝齿状，下侧深裂，裂片 3~5 对，基部下侧一片最长，长 1~1.5cm，全缘或浅裂；从第二对羽片向上渐缩短，边缘浅裂或具不明显的疏缺裂，叶脉在表面不见，在腹面粗而明显，褐棕色或深棕色；叶革质，干后褐色，两面均光滑或沿叶轴具少数棕色鳞片。孢子囊群沿叶缘着生，通常仅羽片上部有 3~5 对；囊群盖半圆形，棕色，边缘全缘，质厚，基部着生。

产地：排牙山（深圳考察队 368）。生于溪边树上或阴处石上。

分布：浙江、江西、湖南、福建、台湾、广东、香港海南、广西、贵州、云南和四川。印度、斯里兰卡、缅甸、泰国、柬埔寨、越南、日本、马来西亚、菲律宾、印度尼西亚、巴布亚新几内亚、澳大利亚，以及太平洋岛屿、印度洋岛屿和非洲。

2. 杯盖阴石蕨 圆盖阴石蕨 Bear's-foot Fern

图 165 彩片 249

Humata griffithiana（Hook.）C. Chr. in Contr. U. S. Natl. Herb. **26**：293. 1931.

Davallia griffithiena Hook. Sp. Fil. **1**：168，t. 498. 1845.

Humata tyermanii T. Moore in Gard. Chron. 870，f. 178. 1871；广东植物志 **7**：270 图 126. 2006.

附生草本。植株高达 20cm。根状茎直径 4~5mm，长而横走，密被蓬松的鳞片；鳞片条状披针形，长约 7mm，宽约 1mm，基部圆盾形，淡棕色，中部颜色略深。叶远生；叶柄长 6~8cm，棕色或深禾秆色，光滑或仅基部被鳞片；叶片三角状卵形，长宽几相等，约 10~15cm，基部心脏形，先端渐尖，三至四回羽状深裂；羽片约 10 对，有 2~3mm 短柄，互生，斜向上，基部一对最大，长 5.5~7.5cm，宽 3~5cm；一回小羽片 6~8 对，上侧的常较短，基部一片与叶轴平行，下侧一片最大，椭圆披针形或三角状卵形，长 2.5~4cm，宽 1.2~1.5cm，急尖头，基部阔楔形；二回小羽片 5~7 对，椭圆形，长 5~8mm，宽约 3mm，先端具短尖头，深羽裂或波状浅裂，边缘全缘，叶脉在上面隆起，在下面隐约可见，羽状，小脉单一或分叉，不达叶边；叶革质，干后棕色或棕绿色，两面光滑。孢子囊群生于小脉顶端；囊群盖近圆形，全缘，浅棕色，仅基部一点附着。

产地：排牙山（张寿洲等 2143）、梧桐山（张寿洲等 011777）、羊台山（深圳植物志采集队 013665）、凤凰山（张寿洲等 0660）。生于沟谷中稍干燥的岩石上。

分布：浙江、江西、湖南、福建、台湾、广东、广西、贵州、云南、四川和西藏。日本、越南、老挝、缅甸、不丹、印度。

用途：本种形体粗犷，可供观赏；根状茎入药。

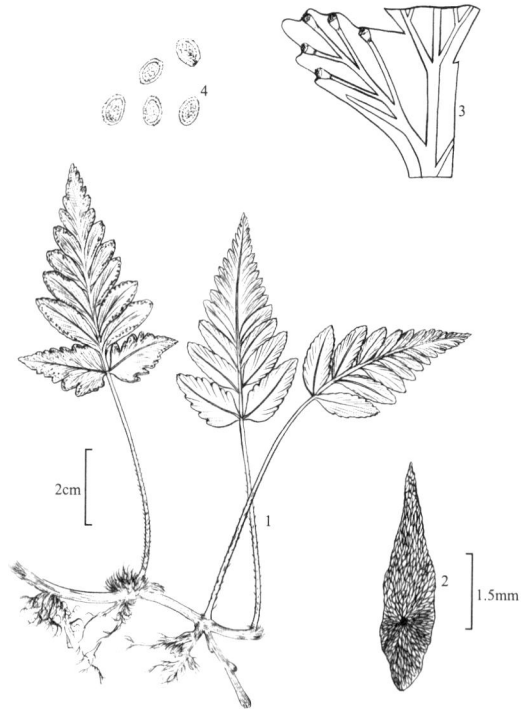

图 164 阴石蕨 Humata repens
1. 植株，示根、根状茎和叶；2. 根状茎和叶柄上的鳞片；3. 羽片的一部分放大，示下面的叶脉及孢子囊群；4. 孢子。（崔丁汉绘）

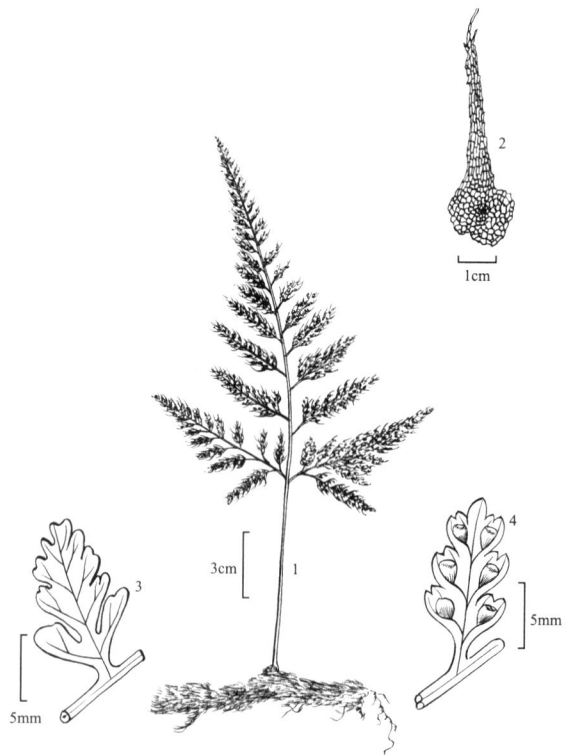

图 165 杯盖阴石蕨 Humata griffithiana
1. 植株，示根、根状茎和叶；2. 根状茎上的鳞片；3. 小羽片的上面；4. 小羽片的下面，示其叶脉及孢子囊群。（崔丁汉绘）

27. 水龙骨科 POLYPODIACEAE

严岳鸿

中型或小型蕨类，常附生，少为土生，植株具有特化的腐殖质积聚叶，或叶片基部扩大成阔耳形以积聚腐殖质。根状茎长而横走，有网状中柱，通常有厚壁组织，被鳞片；鳞片盾状，有或无粗筛孔，边缘全缘或有锯齿，少具刚毛或柔毛。叶一型或二型，以关节着生于根状茎上，单叶、分裂或羽状，边缘全缘、缺刻或锯齿，近肉质、草质或纸质，无毛或被星状毛，叶脉网状，少为分离的，网眼内有分叉的内藏小脉，小脉顶端具水囊。孢子囊群通常为圆形、椭圆形、线形，或满布于能育叶片部分或全部，无盖，有或无隔丝；孢子囊具长柄。孢子椭圆形，单裂缝，两侧对称。

约50余属1200种，广布于全世界，但主要产于热带和亚热带地区。我国有39属267种，主产于长江以南各地区。深圳有12属21种1变种。

1. 叶片具星状毛，或至少年幼的时候具柔毛状的星状毛。
　2. 叶一型或略二型，常单叶，少戟状或掌状分裂 ···································· 1. 石韦属 Pyrrosia
　2. 叶二型，多回鹿角状分枝 ·· 2. 鹿角蕨属 Platycerium
1. 叶片无毛，或具不分枝或二叉分枝的毛，或具腺状毛。
　3. 植株具有收集腐殖质的营养叶 ·· 3. 连珠蕨属 Aglaomorpha
　3. 植株不具收集腐殖质的营养叶。
　　4. 孢子囊汇生成线形或布满叶背。
　　　5. 汇生孢子囊位于主脉两侧，与主脉平行，两边各一条 ·············· 4. 伏石蕨属 Lemmaphyllum
　　　5. 汇生孢子囊线形，与主脉呈一夹角，或孢子囊布满孢子叶叶背。
　　　　6. 叶一型或二型，单叶，羽裂或羽状；叶片草质或薄革质 ·············· 5. 薄唇蕨属 Leptochilus
　　　　6. 叶一型，少二型，单叶；叶片薄至厚纸质 ···························· 6. 剑蕨属 Loxogramme
　　4. 孢子囊群圆形或椭圆形。
　　　7. 植株矮小，高约5cm；单叶，叶两面具长红毛 ···················· 7. 滨禾蕨属 Oreogrammitis
　　　7. 植株高10cm以上，单叶或基部戟状。
　　　　8. 植株大型；羽状深裂或羽状复叶；根状茎直径1cm以上；孢子囊群大 ··· 8. 瘤蕨属 Phymatosorus
　　　　8. 根状茎直径不及1cm；单叶，或基部戟状，或羽状深裂。
　　　　　9. 孢子囊群2行，位于中脉两侧 ···································· 9. 瓦韦属 Lepisorus
　　　　　9. 孢子囊群呈不规则的2至多行。
　　　　　　10. 孢子囊群不具隔丝 ·· 10. 星蕨属 Microsorum
　　　　　　10. 孢子囊群具隔丝。
　　　　　　　11. 植株陆生，不攀援 ···································· 11. 盾蕨属 Neolepisorus
　　　　　　　11. 植株攀援 ·· 12. 鳞果星蕨属 Lepidomicrosorium

1. 石韦属 Pyrrosia Mirb.

中、小型草本。附生。根状茎长而横走，或短而横卧，网状中柱，密被鳞片；鳞片盾状着生，通常呈棕色，具睫毛。叶一型或略二型，近生，远生或近簇生；通常有柄，基部以关节与根状茎连接，下部疏被鳞片，向上通常被疏毛；叶片条形至披针形，或长卵圆形，单叶边缘全缘或罕为戟形或掌状分裂，主脉明显，侧脉斜展，明显或隐没于叶肉中，有内藏小脉，连结成网眼，小脉顶端有膨大的水囊，在叶片上面通常成洼点，叶片干后革质或纸质，下面常被厚的星状毛，上面较稀疏，覆盖于叶片下面的星状毛1~2层；芒状臂单型或二型，单型的芒状臂有披针形、针形和钻状等类型，二型的星状毛具有 2 种形状的芒状臂；2 层的星状毛上层通常为棕色，下层的星状毛常为灰白色。孢子囊群近圆形，着生于内藏小脉顶端，成熟时多少汇合，在主脉两侧排成 1 至多行，无囊群盖，具有星芒状隔丝，幼时被星状毛覆盖，呈淡灰棕色，成熟时孢子囊开裂而呈砖红色；孢子囊通常有长柄，少无柄。孢子椭圆形，表面有瘤状、颗粒状或纵脊凸起。

　　约 60 种，主产于亚洲热带地区，北部延伸至喜马拉雅山、中国南部和日本，东部至新西兰和亨德森岛，有 5 种分布于非洲和马达加斯加。我国有 32 种。深圳产 2 种。

1. 叶明显二型；能育叶叶片条状至狭披针形，宽 5-8mm ·················· 1. **贴生石韦 P. adnascens**
1. 叶一型或近二型；能育叶叶片长圆形至长圆状披针形，宽 1.5-5cm ·················· 2. **石韦 P. lingua**

1. 贴生石韦 Tongue-fern

图 166　彩片 250　251

Pyrrosia adnascens（Sw.）Ching in Bull. Chin. Bot. Soc. **1**: 45. 1935.

Polypodium adnascens Sw. Syn. Fil. 25, 222. pl. 2. f. 2. 1806.

　　小型附生草本。植株高 5~12cm。根状茎细长，密生鳞片；鳞片披针形，先端长渐尖，边缘具睫毛，盾状着生处深棕色，其余淡棕色。叶远生，二型；不育叶叶柄长 1~1.5cm，淡黄色，关节连接处被鳞片，向上被星状毛；叶片小，倒卵状椭圆形，或椭圆形，长 2~4cm，宽 8~10mm，上面疏被星状毛，下面密被星状毛，肉质，干后革质，黄色；能育叶叶片条状至狭披针形，长 8~15cm，宽 5~8mm，边缘全缘，主脉明显，小脉网状，网眼内有单一内藏小脉。孢子囊群着生于内藏小脉顶端，聚生于能育叶片中部以上，成熟后扩散，无囊群盖，幼时被星状毛覆盖，淡棕色，成熟时汇合，砖红色。

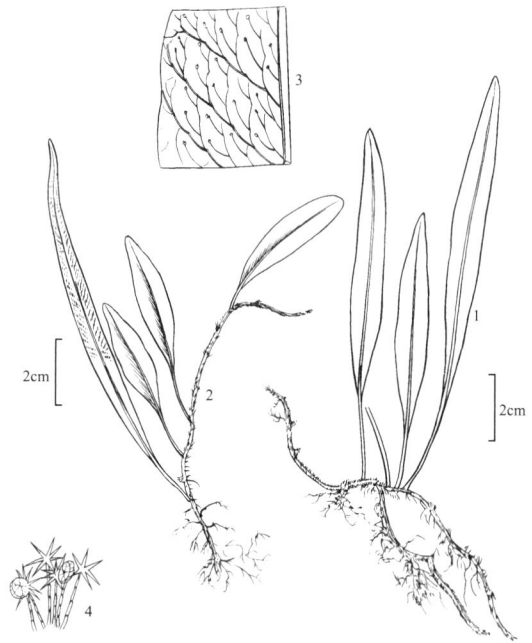

图 166 贴生石韦 Pyrrosia adnascens
1. 植株，示根、根状茎及能育叶的上面；2. 植株，示根、根状茎、不育叶及能育叶的下面；3. 能育叶的部分放大，示下面的叶脉及孢子囊群；4. 孢子囊与隔丝。（崔丁汉绘）

　　产地：西涌（张寿洲等 0027）、七娘山（张寿洲等 011072）、梧桐山（张寿洲等 011793；仙湖华农学生采集队 010599；深圳考察队 792；深圳植物志采集队 013576；深圳考察队 1535；陈真传等 010963）、南澳（张寿洲等 4457）、羊台山（张寿洲等 5019）、大鹏（张寿洲等 4396）、排牙山（王国栋等 6639）、南澳（张寿洲等 0302，2074）、大鹏金沙滩（张寿洲等 2053）、金沙滩（张寿洲等 2238，2250）、内伶仃岛（徐有才 2071）。附生于树干或岩石上。

　　分布：湖南、福建、台湾、广东、香港、澳门、海南、广西和云南。越南、印度（北部）、尼泊尔、泰国、柬埔寨和越南。

　　用途：全草有清热解毒作用，治腮腺炎。

2. 石韦 Japanese Felt Fern

图 167　彩片 252　253

Pyrrosia lingua（Thunb.）Farw. in Amer. Midl. Nat. **12**: 302. 1931.

Acrostichum lingua Thunb. in Murray, Syst. Veg., ed. 14, 928. 1784.

　　小中型草本。植株高 10~30cm。根状茎长而横走，密被鳞片；鳞片披针形，渐尖，淡棕色，边缘有睫毛。叶远生，一型或近二型；不育叶：叶片长圆状披针形，长 5~20cm，宽 1.5~5cm，基部向上 1/3 处最宽，向上渐狭，急尖，基部楔形；能育叶长圆形至长圆状披针形，长(5~)10~20cm，宽 1.5~5cm，通常比不育叶高而窄，主脉隆起，侧脉明显，边缘全缘，革质，表面灰绿色，近光滑无毛，背面淡棕色或砖红色，被星状毛。孢子囊群椭圆形，在侧脉间成多行排列，布满整个叶片下面，或聚生于叶片的上部，初时为星状毛覆盖而呈淡棕色，成熟后孢子囊开裂外露而呈砖红色。

产地：梅沙尖(深圳植物志采集队 013256)、梧桐山(深圳植物志采集队 013442)、大鹏(张寿洲等 2945)、梅沙尖(深圳考察队 638)。附生于低海拔林下树干上或稍干的岩石上。

分布：河南、安徽、江苏、浙江、湖北、湖南、福建、台湾、广东、香港、澳门、海南、广西、贵州、云南、重庆、四川、江西、甘肃和西藏。印度、缅甸、越南、日本和朝鲜半岛。

2. 鹿角蕨属 Platycerium Desv.

多年生大型附生草本，偶生于岩石上。根状茎短而横卧，粗肥，被具中肋的阔鳞片；鳞片基部着生，有时 2 色，边缘具齿。叶近生，二型，不以关节着生；基生不育叶直立，无柄或偶有短柄；叶片覆瓦状排列，心形，肉质，密被星状毛，叶脉密网状，不久干枯，变为褐色，覆盖于根状茎上，积聚腐殖质，保护根状茎；能育叶具短柄，以关节着生，直立或下垂，近革质，被具柄的星状毛(老时脱落)，叶形变化很大，多回鹿角状分枝，边缘全缘，叶脉网结，在主脉两侧形成网眼，具有内藏小脉。孢子囊群为卤蕨型，生于特化的裂片下面；孢子囊为水龙骨型；隔丝星毛状。孢子肾形，黄色或绿色，有瘤状纹饰。

15 种，分布于非洲、马达加斯加(6 种)和东南亚(8 种)，有 1 种产于南美洲的安第斯山脉。我国分布有 1 种，常见引种栽培的 1 种。

本属的种类体态优美，为著名的观赏蕨类。该属一些种类为著名的园艺观赏植物，其形态高雅，富热带雨林气息。深圳有 1 栽培种。

二歧鹿角蕨 Stag's Horn Fern

图 168　彩片 254　255

Platycerium bifurcatum(Cav.)C. Chr. Ind. Fil. 496. 1906.

Acrostichunm bifurcatum Cav. in Ann. Hist. Nat. Madrid **1**：105. 1799.

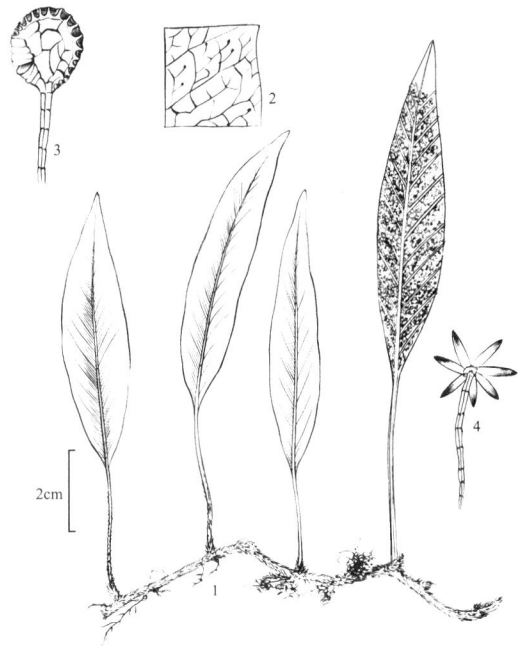

图 167 石韦 Pyrrosia lingua
1. 植株，示根、根状茎、不育叶和能育叶；2. 能育叶叶片的一部分放大，示下面的叶脉及孢子囊群；3. 孢子囊；4. 隔丝。(崔丁汉绘)

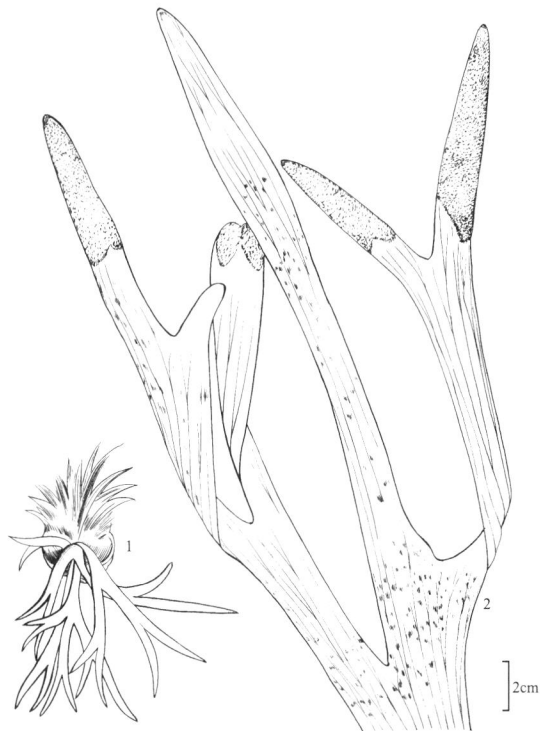

图 168 二歧鹿角蕨 Platycerium bifurcatum
1. 植株；2. 能育叶的一部分，其裂片先端的下面密生孢子囊群。(崔丁汉绘)

草本，附生于树上或岩石上。鳞片基部着生或盾状着生，先端渐尖，红棕色。叶二型，基生不育叶无柄，直立或贴生，长 18~60cm，边缘全缘、浅裂至四回分叉，裂片不等长，叶脉下陷；能育叶直立，伸展或下垂，通常不对称，基部楔形，长 0.25~1m，宽 0.5~7.5cm，隔丝呈毛状。孢子黄色。

产地：仙湖植物园（曾春晓等 0026）有栽培。

分布：原产于澳大利亚东北部沿海地区。

用途：本种广为栽培，有一些栽培变型，能育叶二至五回鹿角状分枝，叉裂成不对称或多少对称的裂片，裂片先端部分能育，其形态高雅，有较高的观赏价值。

3. 连珠蕨属 **Aglaomorpha** Schott

大型植物。附生。根状茎粗肥，横生，被薄而狭的鳞片。叶疏生，一型，通常无柄，基部不以关节着生于根状茎上；叶片基部扩大，干膜质，用以积聚腐殖质，叶片中部较大，近革质，深羽裂，具有阔披针形而全缘的裂片，行正常的光合作用，叶脉明显，网结，形成整齐的大小四方形网眼，具内藏小脉；叶片上部通常能育，羽裂，具有收缩的狭披针形或线形的羽片。孢子囊群初为脉叉处生，后扩展成片（脉叉处囊群、汇生囊群或网状囊群），不具囊群盖，也无隔丝；孢子囊为水龙骨型，环带由 10~16 个加厚细胞组成。孢子椭圆形。

约 31 种。我国产 2 种。深圳产 1 种。

崖姜 崖姜蕨 穿石剑 Rock-ginger Fern

图 169 彩片 256 257

Aglaomorpha coronans（Wall. ex Mett.）Copel.，Univ. Calif. Publ. Bot. **16**：117. 1929.

Pseudodrynaria coronans（Wall. ex Mett.）Ching in Sunyatsenia **5**：262. 1940；广州植物志 63. 1956；海南植物志 **1**：193. 图 92. 1964；澳门植物志 **1**：66. 2005；广东植物志 **7**：310. 2006.

大型附生蕨类。植株高 0.8~1.4m。根状茎肉质，横卧，粗大，密被蓬松的长鳞片，弯曲的根状茎盘结成为大块的垫状物，由此生出一丛开展的叶；叶无柄、簇生、中空、似巢蕨；鳞片钻状线形，深锈色，边缘有睫毛。叶一型，长圆状倒披针形，长 0.8~1.2m，宽 20~30cm，先端渐尖，向下渐变狭，至下约 1/4 处狭缩成宽 1~2cm 的翅，至基部成膨大的心形，宽 15~25cm，基部以上为心状深裂，再向上几乎深裂到叶轴，叶脉粗而很明显，向外达于加厚的边缘，横脉与侧脉直角相交，成一回网眼，再分割一次成 3 个长方形的小网眼，内有顶端成棒状的分叉小脉；叶硬革质，光滑，干后硬而有光泽。孢子囊群位于叶片下半部小脉交叉处，在主脉与叶缘间排成一长行，圆球形或长圆体形，分离，但成熟后常多少汇成一连贯的囊群线。

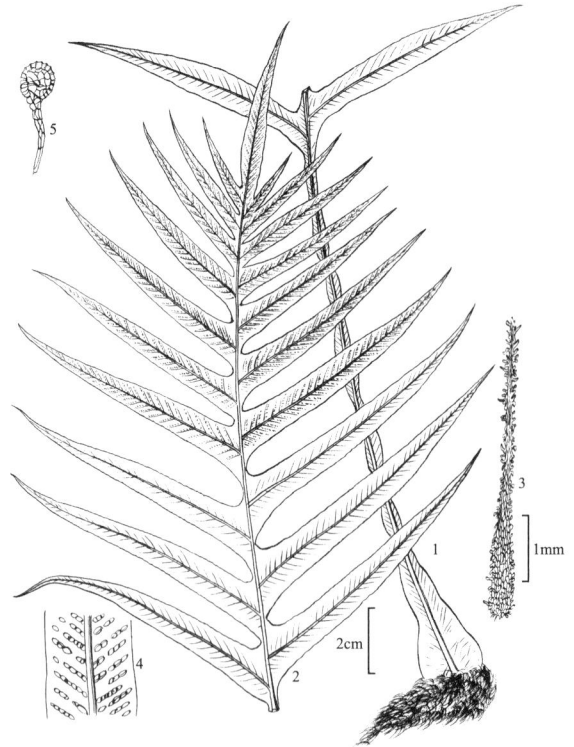

图 169 崖姜 Aglaomorpha coronans
1~2. 植株，示根、根状茎和一枚叶；3. 根状茎上的鳞片；
4. 叶裂片的一部分放大，示下面的孢子囊群；5. 孢子囊。
（崔丁汉绘）

产地：七娘山（张寿洲等 0210）、三洲田（王国栋等 5920）、梅沙尖（深圳植物志采集队 013337）、梧桐山（仙湖华农学生采集队 012478）、笔架山（张寿洲等 SCAUF772）。

分布:福建、台湾、广东、海南、澳门、广西、贵州、云南和西藏。尼泊尔、印度、日本、越南、老挝、缅甸、泰国和马来西亚。

用途:本种可栽培于庭园供观赏用;其粗大的肉质根状茎在部分地区作骨碎补的代用品。

4. 伏石蕨属 Lemmaphyllum C. Presl

小型蕨类。附生。根状茎细长而横走,直径 1cm 以上,被鳞片;鳞片卵状披针形,全缘,或下部不规则分枝。叶疏生,二型,不育叶:倒卵形或椭圆形,全缘,近肉质,无毛或近无毛,或疏被披针形小鳞片;能育叶:线形或倒披针形,叶脉网状,主脉不明显,分离的内藏小脉通常朝向主脉。孢子囊群线形,位于主脉两侧,两边各 1 条,与主脉平行,连续,叶片顶端通常不育;隔丝盾形,粗筛孔,边缘有齿;孢子囊环带约由 14 个增厚的细胞组成。孢子椭圆形,单裂缝,透明或近透明,不具周壁。

全属约有 9 种,主产于我国南部,少数种分布于印度、缅甸、泰国、朝鲜半岛、日本、马来西亚和菲律宾。我国有 5 种,分布于长江以南各地区。深圳有 3 种。

1. 孢子囊群在主脉两侧线形 ·········· 1. 伏石蕨 L. microphyllum
1. 孢子囊群圆形或椭圆形,在主脉两侧各 1 行。
  2. 叶一型或二型,叶片阔卵状披针形,具短尖头 ·········· 2. 披针骨牌蕨 L. diversum
  2. 叶近一型,不育叶披针形或阔披针形 ·········· 3. 骨牌蕨 L. rostratum

1. 伏石蕨 Little-leaved Lemmaphyllum
图 170 彩片 258 259
Lemmaphyllum microphyllum C. Presl, Epim. Bot. 236. 1851.

小型附生草本,常附生于树干上或石上。植株高 4~7cm。根状茎细长而横走,淡绿色,疏生鳞片;鳞片粗筛孔,顶端钻状,下部略近圆形,两侧不规则分叉。叶远生,二型;不育叶近无柄,或仅有 2~4mm 的短柄,叶片近圆形或卵圆形,基部圆形或阔楔形,长 1.6~2.5cm,宽 1.2~1.5cm,边缘全缘;能育叶叶柄长 3~8mm,叶片狭缩成舌状或狭披针形,长 3.5~6cm,宽约 4mm,干后边缘反卷,叶脉网状,内藏小脉单一。孢子囊群线形,位于主脉与叶边之间,幼时被隔丝覆盖。

产地:田寮村海岸线灌丛中(张寿洲等 3444)、西涌(张寿洲等 0039)、东涌(张寿洲等 2365)、笔架山(张寿洲等 SCAUF770)、七娘山(张寿洲等 2076)、梧桐山(深圳植物志采集队 013379)、梅沙尖(深圳植物志采集队 013247)。附生于林中树干上或岩石上。

分布:河南、安徽、江苏、浙江、江西、湖南、湖北、贵州、云南、西藏、福建、台湾、广东、海南、香港、澳门和广西。日本、朝鲜半岛、越南和印度。

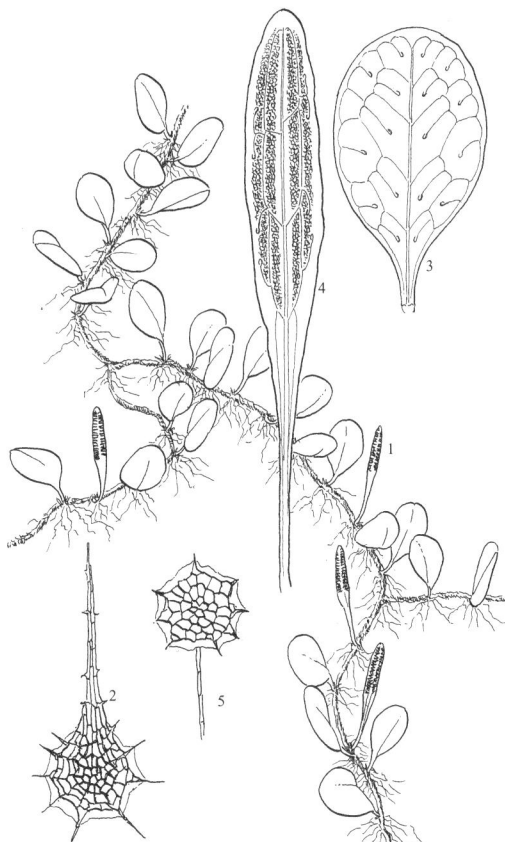

图 170 伏石蕨 Lemmaphyllum microphyllum
1. 植株的一部分,示根、根状茎、不育叶和能育叶;2. 根状茎上的鳞片;3. 不育叶;4. 能育叶;5. 隔丝。(马平绘)

2. 披针骨牌蕨 Diverse Lemmaphyllum 图 171

Lemmaphyllum diversum（Rosenst.）Tagawa in Acta Phytotax. Geobot. **14**：9. 1949.

Polypodium diversum Rosenst. in Hedwigia **56**：346. 1915.

Lepidogrammitis diversa（Rosenst.）Ching in Acta Bot. Yun. **1**：24. 1979；广东植物志 **7**：282. 2006.

草本。植株高 5~10cm。根状茎细长而横走，密被鳞片；鳞片棕色，钻状披针形，边缘有锯齿。叶远生，一型或二型；叶柄 0.5~3cm，禾秆色，光滑；不育叶叶片通常为阔卵状披针形，短尖头，长约 3.5cm，具短柄；能育叶变化大，叶片狭或阔披针形，具较长的叶柄，叶片长约 9cm，宽 1~2.8cm，基部 1/3 最宽，先端急尖，干后近革质，棕色，光滑，主脉在两面明显隆起，小脉不显。孢子囊群圆形，在主脉两侧各成 1 行，略靠近主脉。

产地：排牙山（张寿洲等 2313，2169）、田心山（张寿洲等 0403）。生于林缘岩石上。

分布：山西、甘肃、浙江、江西、湖南、湖北、四川、重庆、贵州、云南、福建、台湾、广东、广西和香港。

用途：全草药用，能清热、除湿、止血，治风湿关节痛、外伤出血等。

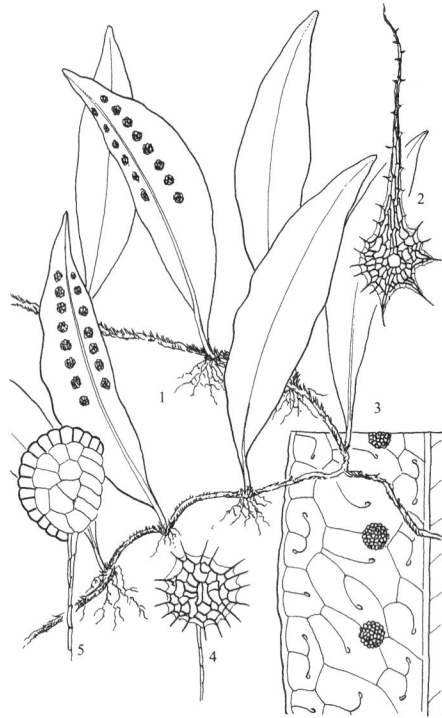

图 171 披针骨牌蕨 Lemmaphyllum diversum
1. 植株的一部分，示根、根状茎、不育叶和能育叶；2. 根状茎上的鳞片；3. 能育叶叶片的一部分放大，示其下面的叶脉及孢子囊群；4. 隔丝；5. 孢子。（马平绘）

3. 骨牌蕨 Beak-leaved Lemmaphyllum

图 172　彩片 260　261

Lemmaphyllum rostratum（Bedd.）Tagawa，in H. Hara，Fl. E. Himalaya. 493. 1966.

Pleopeltis rostrata Bedd. Ferns Brit. Ind. t. 159. 1867.

Lepidogrammitis rostrata（Bedd.）Ching in Acta Phytotax. Sin. **9**（4）：372. 1964；广东植物志 **7**：283. 2006.

草本。植株高达 10cm。根状茎直径 1mm，细长而横走，绿色，被鳞片；鳞片钻状披针形，边缘有细齿。叶远生，近一型；叶片阔披针形或椭圆形，基部楔形，下延，长 6~10cm，宽 2~2.5cm，基部 1/3 最宽，先端具钝圆头，边缘全缘，肉质，干后革质，淡棕色，两面近光滑。主脉在两面均隆起，小脉稍可见，有单一或分叉的内藏小脉。孢子囊群圆形，通常位于叶片最宽处以上，在主脉两侧各成 1 行，略靠近主脉，幼时被盾状隔丝覆盖。

产地：七娘山（邢福武 11613，IBSC）。附生于林下树干上或岩石上。

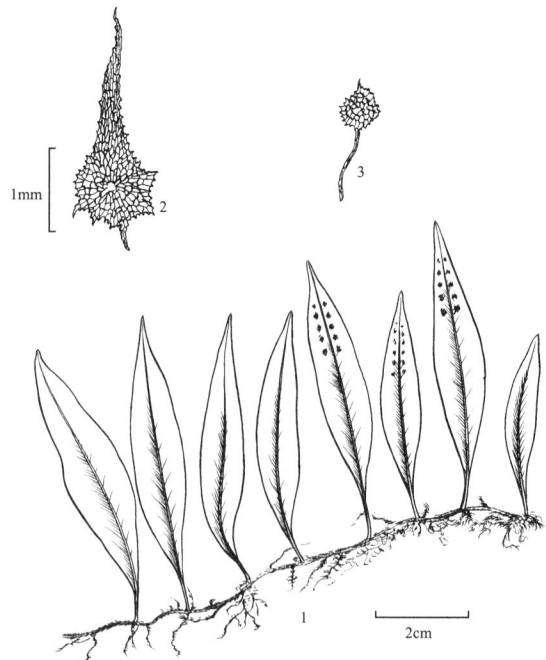

图 172 骨牌蕨 Lemmaphyllum rostratum
1. 植株，示根、根状茎、不育叶和能育叶；2. 根状茎上的鳞片；3. 隔丝。（崔丁汉绘）

分布:湖北、湖南、浙江、台湾、广东、香港、海南、广西、贵州、云南、四川、甘肃和西藏。印度、不丹、尼泊尔、缅甸、泰国、老挝、柬埔寨、日本和印度尼西亚。

5. 薄唇蕨属 Leptochilus Kaulf.

中小型植物。石生、土生或附生，有时在低位攀爬。具长而横走的根状茎；鳞片假盾状或盾状着生，黑棕色，卵状披针形，边缘全缘或具齿，先端渐尖。叶远生，具关节，一型或二型；叶形多样，有单叶，掌状复叶，羽状半裂，或深裂达羽轴，草质或薄革质，叶脉网状；可育叶同不育叶或有时皱缩，比不育叶小。孢子囊汇生成线形，与中脉呈一夹角。孢子透明至亮棕色，椭圆形。

约 25 种，分布于亚洲。我国有 13 种。深圳有 3 种 1 变种。

1. 叶片边缘全缘或呈波状 ································· 1. **断线蕨 L. hemionitideus**
1. 叶片为掌状分裂或羽状深裂，或为一回羽状分裂。
　2. 叶片为掌状深裂，或有时 2~3 叉状分裂 ··············· 2. **掌叶线蕨 L. digitatus**
　2. 叶片为羽状分裂或羽状平裂。
　　3. 叶近二型；侧脉及小脉均不明显 ··············· 3. **线蕨 L. ellipticus**
　　3. 叶一型；侧脉及小脉均明显 ··············· 3a. **宽羽线蕨 L. ellipticus var. pothifolius**

1. 断线蕨 Interruped Leptochilus

图 173　彩片 262　263

Leptochilus hemionitideus（C. Presl）Noot. in Blumea **42**：285. 1997.

Selliguea hemionitidea C. Presl，Tent. Pterid. 216. 1836.

Colysis hemionitidea（Wall. ex Mett.）C. Presl，Epim. Bot. 147. 1849；广东植物志 **7**：302. 2006.

草本。土生。植株高 30~60cm。根状茎长而横走，密生鳞片；鳞片红棕色，卵状披针形，盾状着生，长 1.2~2.8cm，宽 0.3~0.9mm，基部阔，先端渐尖，边缘有疏锯齿。叶远生，近一型；叶柄长 1~4cm，暗棕色至红棕色，基部疏生鳞片，有狭翅；叶片阔披针形至倒披针形，长 30~50cm，宽 3~7cm，基部渐狭而长，下延近达叶柄基部，先端渐尖，边缘全缘或呈波状，侧脉在两面明显，小脉网状，在每对侧脉间联结成 3~4 个大网眼，大网眼内又有数个小网眼，近叶片边缘又有 1 行小网眼，内藏小脉通常单一或分叉，通常指向中脉；叶纸质，无毛。孢子囊群近圆形、长圆形至短线形，分离，在每对侧脉间排列成不整齐的 1 行，通常仅叶片上半部能育；无囊群盖。孢子肾形，表面具有短刺和球形颗粒状纹饰。

产地：梧桐山（陈珍传等 011188）、七娘山（张寿洲等 011071）。生于溪边或林下岩石上。

分布:安徽、江西、湖南、福建、台湾、广东、广西、

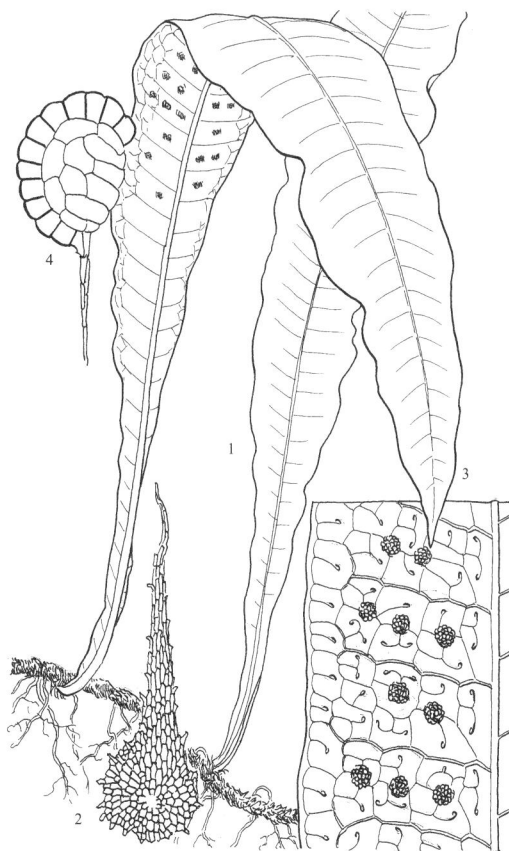

图 173 断线蕨 Leptochilus hemionitideus
1. 植株的一部分，示根、根状茎和叶；2. 鳞片；3. 叶的一部分放大，示其下面的叶脉及孢子囊群；4. 孢子囊。（马平绘）

海南、香港、贵州、云南、四川和西藏。印度、不丹、尼泊尔、日本和泰国。

2. 掌叶线蕨 石壁莲 Digitate Leptochilus

图 174 彩片 264 265

Leptochilus digitatus（Baker）Noot. in Blumea **42**：282. 1997.

Gymnogramme digitata Baker in J. Bot. 267. 1890.

Colysis digitata（Baker）Ching in Bull. Fan Mem. Inst. Biol. **4**：328. 1933；海南植物志 **1**：185，图 88. 1964；广东植物志 **7**：303. 2006

草本。土生。植株高 30~50cm。根状茎直径 3~5mm，长而横走，暗褐色，密生鳞片；鳞片披针形，长 1.5~6mm，宽 0.2~1.7mm，长宽比 3∶1~5∶1，顶端长渐尖而呈纤毛状，基部近圆形或近心脏形而有浅耳，盾状着生，边缘有小疏齿，黑褐色。叶远生，近二型；不育叶与能育叶同形，但叶柄较短而有翅，裂片略较阔；能育叶叶柄 20~30cm，淡禾秆色，上面有狭沟，基部被鳞片；叶片通常为掌状深裂，有时为 2~3 叉裂；裂片 3~5 片，披针形，长 10~16cm，宽 1.5~3cm，基部稍狭，先端渐尖，边缘全缘至浅波状，有软骨质的边，侧脉纤细，斜向上，曲折，每对侧脉间有 2 行伸长的网眼，内藏小脉通常单一而呈钩状，一般指向主脉；叶纸质，淡绿色，干后绿褐色。孢子囊群线形，每对侧脉间各排列成 1 行，斜向上，与中脉呈一夹角。孢子肾形，单裂缝，周壁表面具球形颗粒和明显的缺刻状刺，刺表面有粗糙的颗粒状物质。

产地：七娘山（张寿洲等 2034）、梧桐山（陈真传等 007217）。生于林下或山谷溪边潮湿处。

分布：湖南、广东、香港、海南、贵州、云南、四川和重庆。越南。

3. 线蕨 蛇眼草 Elliptic Snake's-eye Fern

图 175 彩片 266 267

Leptochilus ellipticus（Thunb.）Noot. in Blumea **42**：283. 1997.

Polypodium ellipticum Thunb. in Murray, Syst. Veg., ed. 14，935. 1784.

Colysis elliptica（Thunb.）Ching in Bull. Fan Mem. Inst. Biol. **4**：333. 1933；澳门植物志 **1**：62. 2005；广东植物志 **7**：304. 2006

草本。土生。植株高 20~60cm。根状茎长而横走，密生鳞片；鳞片卵状披针形，褐棕色，长 4mm，宽约

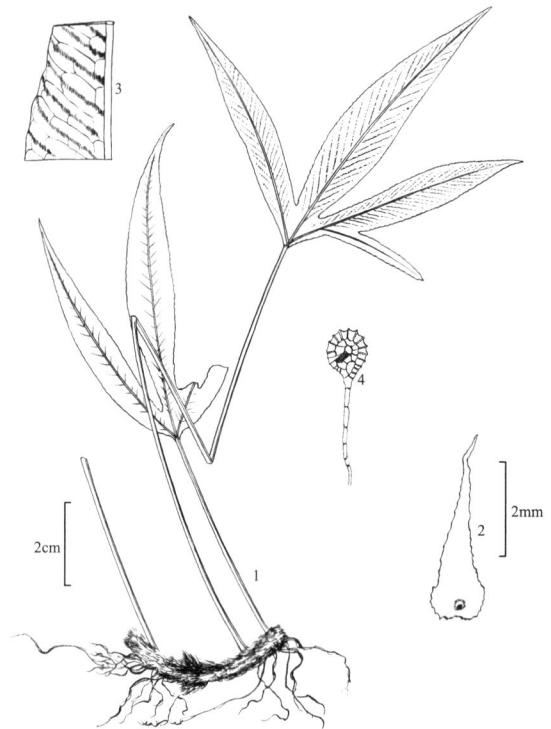

图 174 掌叶线蕨 Leptochilus digitatus
1. 植株，示根、根状茎和叶；2. 根状茎上的鳞片；3. 能育叶裂片的一部分放大，示其下面的叶脉及孢子囊群；4. 孢子囊。（崔丁汉绘）

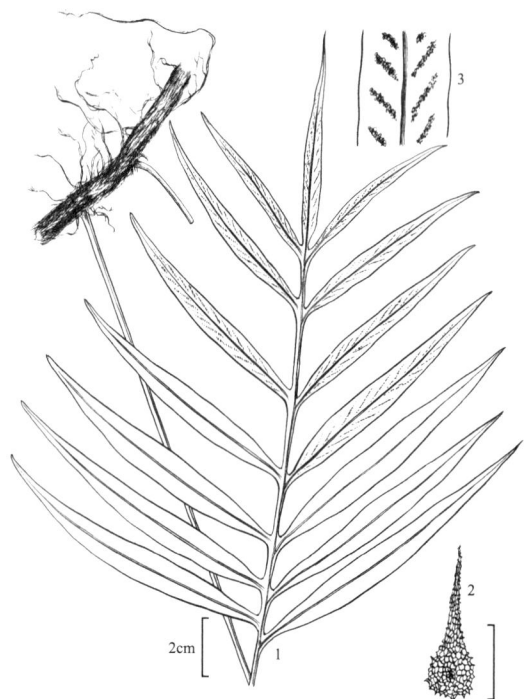

图 175 线蕨 Leptochilus ellipticus
1. 植株，示根、根状茎和能育叶；2. 根状茎上的鳞片；3. 能育叶羽片的一部分放大，示其下面的孢子囊群。（崔丁汉绘）

1.5mm，基部圆形，先端渐尖，边缘有疏锯齿。叶远生，近二型；能育叶和不育叶近同形，但叶柄较长，羽片较狭；不育叶的叶柄长 10~25cm，禾秆色，基部密生鳞片；叶片长圆状卵形或卵状披针形，20~60，8~22cm，顶端圆钝，一回羽裂深达叶轴；羽片或裂片 3~11 对，对生，狭披针形，长 5~15cm，宽 0.1~0.6cm，基部下延，形成狭翅，先端长渐尖，全缘至浅波状，中脉明显，侧脉及小脉均不明显；叶厚纸质，干后稍呈褐棕色，光滑。孢子囊群线形，在每对侧脉间各排列成 1 列；无囊群盖。孢子肾形，单裂缝，周壁表面具球形颗粒和缺刻状刺。

产地：梧桐山（王定跃等 1048,878）、三洲田（王国栋等 5902）、盐田（深圳植物志采集队 013367）、田心山（张寿洲等 4673）、梅沙尖（深圳植物志采集队 013214）、七娘山（陈真传等 011070）、南澳（张寿洲等 3535）。生于山坡林下或溪边岩石上。

分布：安徽、江苏、浙江、江西、湖南、福建、台湾、广东、香港、澳门、海南、广西、贵州、云南、四川、甘肃和西藏。印度、不丹、尼泊尔、缅甸、泰国、越南、日本、朝鲜半岛和菲律宾。

3a. 宽羽线蕨（变种）Broad-pinna Leptochilus　　　　　　　　　　　　　　　　　　彩片 268
Leptochilus ellipticus（Thunb.）Noot. var. **pothifolius**（Buch.-Ham. ex D. Don）X. C. Zhang in Lycophytes Ferns China 653. 2012.

Colysis elliptica（Thunb.）Ching var. *pothifolia* Ching in Bull. Fan Mem. Inst. Biol. **4**：334. 1933；广东植物志 **7**：304. 2006.

本变种与原种的主要不同在于：本变种的叶一型，草质，侧脉及小脉均明显；植株较高，羽片条状披针形或阔披针形；根状茎直径 5~10mm，粗壮。

产地：梧桐山（深圳考察队 875；深圳植物志采集队 013468；张寿洲，李良千 2760；张寿洲，陈真传 011797）。生于林下湿地或岩石上。

分布：浙江、江西、湖北、湖南、福建、台湾、广东、香港、海南、广西、贵州、云南和重庆。印度、不丹、尼泊尔、缅甸、泰国、越南、日本和菲律宾。

6. 剑蕨属 Loxogramme（Blume）C. Presl

小型或中型草本。土生或附生。常绿，旱季叶内卷，雨季叶则舒张。根状茎长而横走或短而直立，密被鳞片；鳞片卵状披针形，先端具渐尖头，基部着生，边缘全缘，深褐色，薄，有透明的密网眼。单叶，一型，少有二型，关节不明显，或直接着生于根状茎上，簇生或散生，具短柄或无柄；叶片通常为条形、披针形或倒披针形，基部渐狭，先端具尖头或渐尖头，边缘全缘，薄至厚纸质，或近肉质，背面淡黄棕色，叶下表皮有骨针状细胞，主脉明显，侧脉不明显，小脉网状，网眼大而稀疏，长而斜展，略呈六角形，通常不具内藏小脉。汇生孢子囊群粗线形，略下陷于叶肉中，无囊群盖，隔丝有或无，线形；孢子囊为水龙骨型，具长柄。孢子绿色，具单裂缝或三裂缝，外壁表面具有小瘤块或疣块状纹饰。

约 33 种，主要分布于亚洲热带和亚热带地区，中美洲 1 种，太平洋岛屿 1 种，非洲 4 种。我国约有 12 种，秦岭以南各地区均有分布。深圳有 1 种。

柳叶剑蕨 Willow-leaved Loxogramme　　　　　　　　　　　　　　　　　　　　　　图 176
Loxogramme salicifolia（Makino）Makino in Bot. Mag.（Tokyo）**19**：138. 1905.
Gymnogramma salicifolia Makino，Phan. Pter. Jap. Icon. t. 34. 1899.
草本。附生于树干上或阴湿岩石上。高 15~35cm。根茎状直径 2mm，横走，被棕褐色、卵状披针形鳞片。叶远生；叶柄长 2~5cm 或近无柄，基部有卵状披针形鳞片；叶片披针形，长 12~32cm，宽 1~3cm，基部渐狭缩并下延至叶柄，先端长渐尖，边缘全缘，干后稍反折；中肋在下面隆起，小脉网状，网眼斜向上，无内藏小脉；叶稍肉质，干后革质，表面皱缩。孢子囊群线形，略下陷于上部叶片的叶肉中；无隔丝。孢子单裂缝。

产地：七娘山（张寿洲等 2123）。生于山地树干上和岩石上。

分布:河南、安徽、浙江、湖北、湖南、江西、福建、台湾、广东、香港、广西、贵州、云南、四川、重庆、甘肃、陕西和西藏。印度、越南、日本和朝鲜半岛。

7. 滨禾蕨属 Oreogrammitis Copel.

小型草本,附生,少为土生。根状茎近直立,或短而横走,被褐色鳞片。叶簇生,少远生;叶为单叶,披针形或线形,全缘,偶有圆齿或浅裂,主脉明显,小脉分离,通常二叉,叶膜质至肉质或革质,通常被红褐色长毛,或少有无毛。孢子囊群圆形,着生于每组小脉的基部上侧分叉小脉上,在主脉两侧各有1行,表面生,无囊群盖,隔丝有或无;孢子囊上有刚毛1~3根。孢子球形或近球形,体积较小,外壁表面具小瘤状纹饰,小瘤有时脱落。

约110种,分布于斯里兰卡和中国至澳大利亚和太平洋岛屿。我国有7种,主产于华南。深圳有1种。

短柄禾叶蕨 Short-stalk Oreogrammitis
图 177　彩片 269　270
Oreogrammitis dorsipila（Christ）Parris, Gard. Bull. Singapore **58**: 259. 2007.

Polypodium dorsipilum Christ in Monsumia **1**: 59. 1900.

附生小草本。根状茎短,近直立,顶部密生鳞片;鳞片卵状披针形,钝头,边缘全缘,长约2mm,亮棕色。叶簇生,近无柄,条形或条状披针形,长2~8cm,宽2~7mm,先端具圆钝头,边缘全缘,基部狭楔形下延;叶片革质,两面连同叶柄有红棕色长硬毛;主脉在背面稍凸,侧脉分叉,远离叶边。孢子囊群圆形或椭圆形,表面生于叶片上部的小脉顶端,靠近主脉;孢子囊上常有1~3根针毛。

产地:七娘山(张寿洲等 012039)、梧桐山(张寿洲等 1509)、排牙山(张寿洲等 2339)。附生于林下树干上或溪边岩石上,海拔400~800m。

分布:浙江、江西、湖南、福建、台湾、广东、香港、海南、广西、贵州和云南。日本、越南、老挝、泰国和柬埔寨。

8. 瘤蕨属 Phymatosorus Pic. Serm.

附生或土生草本。根状茎长而横走,粗壮肉质,被鳞片;鳞片卵状披针形,褐色,盾状着生,膜质半

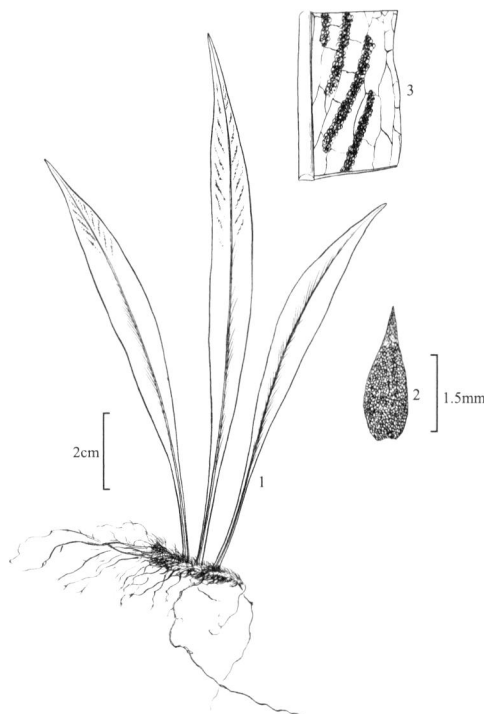
图 176 柳叶剑蕨 Loxogramme salicifolia
1. 植株,示根、根状茎和叶;2. 根状茎上的鳞片;3. 叶片的一部分放大,示其下面的叶脉及孢子囊群。(崔丁汉绘)

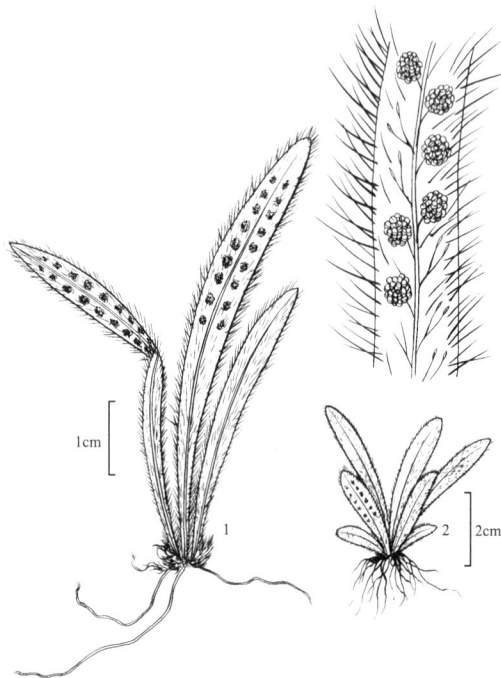
图 177 短柄禾叶蕨 Oreogrammitis dorsipila
1~2. 植株,示根、根状茎和叶;2. 叶片的一部分放大,示其背面的长硬毛及孢子囊群。(崔丁汉绘)

透明，具粗筛孔。叶远生；叶柄粗壮，通常呈禾秆色，基部被与根状茎上相同的鳞片；叶片通常羽状深裂，少数种类为单叶不分裂或一回羽状，边缘全缘，主脉明显，侧脉不明显，小脉网状，通常具内藏小脉；叶草质、纸质或革质，通常具光泽。孢子囊群圆形或椭圆形，分离，在主脉两侧排成1行或不规则的多行，凹陷或略凹陷，不具隔丝。孢子椭圆形，表面具浅皱纹。

约13种，分布于旧大陆热带地区及太平洋岛屿，在美洲热带作为引进植物。我国现知有6种，分布于云南、西藏、四川、贵州、广西、广东、海南和台湾。深圳有2种。

1. 叶片羽状深裂至全裂，具侧生裂片（10~）20~30（~40）对；孢子囊群圆形至椭圆形 ·························
·· 1. 多羽瘤蕨 **P. longissimus**
1. 叶片羽状深裂，具侧生裂片2~6对；孢子囊群圆形 ·························· 2. 瘤蕨 **P. scolopendria**

1. 多羽瘤蕨 多羽茀蕨 长叶瘤蕨 Manypinna Phymatosorus　　　　图178
Phymatosorus longissimus（Blume）Pic. Serm. in
Webbia **28**（2）：459．1973.

Polypodium longissimum Blume，Enum．Pl．Jav．127．1828.

Phymatodes longissima（Blume）J. Sm. Cat. Cult. Frns 10. 1857；海南植物志 **1**：174. 1964.

土生草本。植株高1~2m。根状茎直径可达1cm，长而横走，肉质，疏被鳞片；鳞片卵状披针形，长约3mm，盾状着生，渐尖，筛孔明显。叶远生；叶柄长0.35-1m，禾秆色，光滑无毛；叶片长25~30cm，宽40~100cm，羽状深裂至全裂；侧生裂片通常（10~）20~30（~40）对，斜展，基部略收缩，先端渐尖或圆钝头，边缘全缘或浅波状，长8~12cm，宽1~2.5cm，侧脉和小脉均不明显，小脉网状，叶近革质，两面光滑无毛。孢子囊群圆形至椭圆形，凹陷于叶背，在叶片表面形成明显的乳突，在主脉两侧排成1行，略靠近主脉着生。

产地：梧桐山（张寿洲等 SCAUF1260）、羊台山（邢福武 12168，IBSC）。生于低海拔地区湿地灌丛中。

分布：台湾、广东、香港、海南和云南。印度、斯里兰卡、日本、越南、泰国、菲律宾、马来西亚、印度尼西亚和太平洋岛屿。

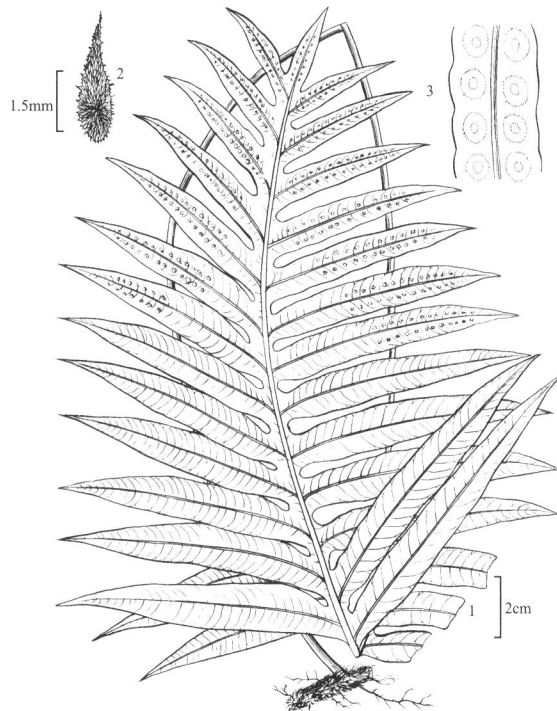

图 178 多羽瘤蕨 Phymatosorus longissimus
1. 植株，示根、根状茎和叶；2. 根状茎上的鳞片；3. 羽片的一部分放大，示其下面的孢子囊群。（崔丁汉绘）

2. 瘤蕨 茀蕨 Common Phymatosorus　　　　图179　彩片 271　272
Phymatosorus scolopendria（N. L. Burm.）Pic. Serm. in Webbia **28**（2）：460. 1973.
Phymatosorus scolopendria N. L. Burm. Fl. Ind. 232 .1768.
Phymatodes scolopendria（N. L. Burm.）Ching in Contr. Inst. Bot. Nat. Acad. Peiping **2**：63. 1933；海南植物志 **1**：175. 1964.

附生草本。植株高50~70cm。根部茎直径3~5mm，长而横走，肉质，疏被鳞片；鳞片卵状披针形，盾状着生，细锯齿，褐色。叶远生，近一型；叶柄禾秆色，光滑无毛；叶片羽状深裂，少有不裂或3裂；侧生裂片披针形，2~6对，先端具渐尖头，边缘全缘，长12~18cm，宽2~2.5cm，侧脉和小脉均不明显，小脉网状；叶近革质，光滑。

孢子囊群圆形，在裂片中脉两侧排成 1 行或不规则的多行，凹陷，在叶表面明显凸起；孢子表面具刺状纹饰。

产地：龙华（张寿洲等 4845）、西涌（张寿洲等 0769）、东涌（陈真传 008010）、南澳（邢福武 11957，12282，IBSC）。附生于石上或树干上。

分布：台湾、广东、香港、澳门和海南。印度、斯里兰卡、缅甸、泰国、越南、日本、马来西亚、菲律宾、巴布亚新几内亚、澳大利亚、太平洋岛屿和非洲。

9. 瓦韦属 Lepisorus（J. Sm.）Ching

附生或稀土生或石上生草本。根状茎粗壮，横走，密被鳞片；鳞片卵圆形、卵状披针形或钻状披针形，黑褐色，不透明或粗筛孔状透明，边缘全缘或具长短不一的锯齿。单叶，远生或近生，一型；叶柄通常较短，基部略被鳞片，向上光滑，禾秆色，少深棕色；叶片革质或纸质，少为草质，多为披针形，少带状，边缘全缘或呈波状，干后通常反卷，两面均无毛，或下面有时疏被棕色小鳞片，主脉明显，侧脉经常不见，小脉连接成网眼，具内藏小脉。孢子囊群大，圆形或椭圆形，通常彼此分离，少汇生或线形，多表面生，少下陷，在主脉两侧和叶边间排成一行，幼时被隔丝覆盖；隔丝多为圆盾形，全缘或有细齿，网眼大，透明，中心棕色，边缘色淡。孢子囊近梨形，有长柄，纵行环带，由 14 个增厚的细胞组成。孢子椭圆形，无周壁。

约 80 余种，主要分布于亚洲东部，少数到非洲。我国产 49 种，广布于全国各地，是本属的分布中心。深圳有 1 种。

阔叶瓦韦 Broad-leaved Lepisorus　　图 180　彩片 273
Lepisorus tosaensis（Makino）H. Itô in J. Jap. Bot. **11**：93.1935.

Polypodium cosaense Makino in Bot. Mag.（Tokyo）**27**：127. 1913.

草本附生于树干上或石上。植株高 8~20cm。根状茎短而横走，密被披针形鳞片；鳞片褐棕色，大部分不透明，仅边缘 1~2 行网眼透明，具锯齿。叶近一型；叶柄长 1~3cm，禾秆色；叶片纸质，条状披针形或狭披针形，中部最宽 0.5~1.3cm，基部下延，先端具渐尖头，干后黄绿色至淡黄绿色，或淡绿色至褐色；主脉在上、下面均隆起，小脉不见。孢子囊群圆形或椭圆形，彼此相距很近，成熟后扩展几密接，幼时被圆形褐棕色隔丝覆盖。

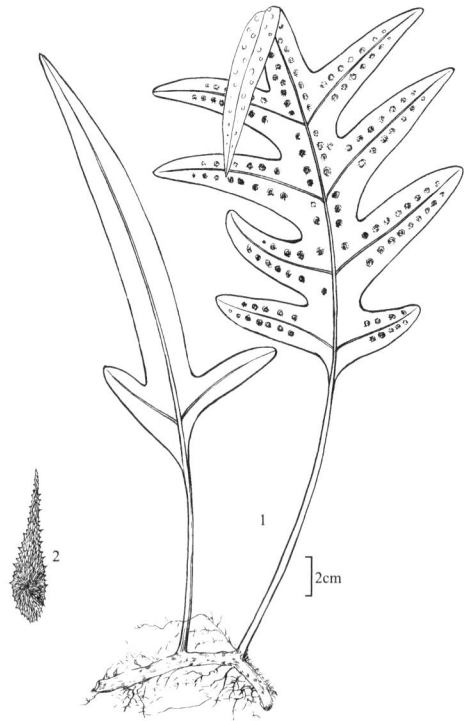

图 179 瘤蕨 Phymatosotus scolopendria
1. 植株，示根、根状茎和叶，并示叶下面的孢子囊群；
2. 根状茎上的鳞片。（崔丁汉绘）

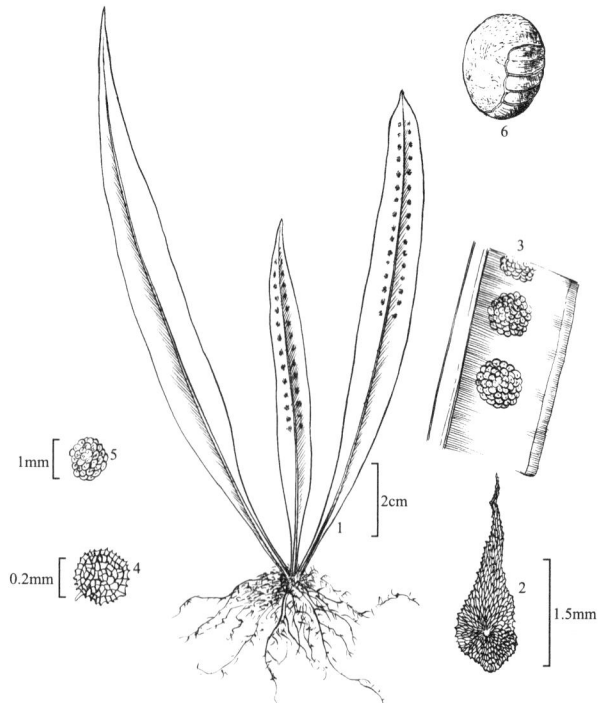

图 180 阔叶瓦韦 Lepisorus tosaensis
1. 植株，示根、根状茎和叶；2. 根状茎上的鳞片；3. 叶片的一部分放大，示其下面的孢子囊群；4. 隔丝；5. 孢子囊群；6. 孢子囊。（崔丁汉绘）

产地：七娘山（张寿洲等 0246）、三洲田（深圳植物志采集队 013287）、梧桐山（张寿洲等 011804；深圳考察队 1534）。附生于山坡林下树干或岩石上。

分布：安徽、江苏、浙江、湖北、湖南、江西、福建、广东、香港、台湾、海南、广西、贵州、云南、四川、重庆、西藏和新疆。越南、日本和朝鲜半岛。

10. 星蕨属 **Microsorum** Link

中到大型植物。附生，稀土生。根状茎粗壮，横走，肉质，网状中柱，被鳞片；鳞片棕褐色，阔卵形至披针形，具粗筛孔。叶远生或近生，单叶；叶片披针形，少戟形或羽状深裂；叶脉网状，小脉连接成不整齐的网眼，内藏小脉分叉；叶草质至革质，无毛或很少被毛。孢子囊群圆形，着生于网脉连接处，通常散生，不规则的 2 至少数种类排成不规则的 1~2 行，无盾状隔丝；孢子囊的环带由 14~16 个增厚细胞组成。孢子肾形，单裂缝，周壁表面光滑至浅瘤状或具不规则褶皱。

约有 40 种，主要分布于亚洲热带地区，少数到达非洲。我国有 5 种。深圳有 3 种。

1. 叶片边缘全缘或波状 ··· 1. 星蕨 **M. punctatum**
1. 叶片羽状深裂或基部叉状。
　　2. 叶片羽状深裂 ·· 2. 羽裂星蕨 **M. insigne**
　　2. 叶片深三裂或二叉 ·· 3. 有翅星蕨 **M. pteropus**

1.　星蕨 Crested Fern　　图 181　彩片 274　275
Microsorum punctatum（L.）Copel. Univ. Calif. Pub. Bot. **16**：111. 1929.

Acrostichum punctatum L. Sp. Pl. ed. 2，**2**：1524. 1763.

附生草本。植株高 40~60cm。根状茎直径 6~8mm，短而横走，疏被鳞片；鳞片阔卵形，盾状着生，粗筛孔，长约 3mm，基部阔，先端急尖，边缘疏齿，暗棕色。叶近簇生，一型；叶柄粗壮，基部长渐狭而形成狭翅，或呈圆楔形或近耳形，疏被鳞片，禾秆色；叶片阔条状披针形，长 35~55cm，宽 5~8cm，先端渐尖，边缘全缘或波状，侧脉清晰，纤细而曲折，小脉联接成网眼，内藏小脉分叉；叶纸质，淡绿色。孢子囊群生于上部叶片内藏小脉的顶端，直径约 1mm，橙黄色，不规则散生。孢子肾形，周壁平坦至浅瘤状。

产地：梧桐山（陈珍传等 011187）、南澳（张寿洲等 2254）、梅林水库（闫斌 012917）、羊台山（深圳植物志采集队 013675）、笔架山（张寿洲等 SCAUF761）、葵涌（王国栋等 7177）、田心山（张寿洲等 5111）。生于疏阴处的树干或墙垣上。

分布：湖北、湖南、福建、台湾、广东、香港、海南、广西、贵州、云南、重庆、四川和甘肃。印度、斯里兰卡、泰国、缅甸、越南、菲律宾、马来西亚、印度尼西亚、巴布亚新几内亚、澳大利亚、马达加斯，以

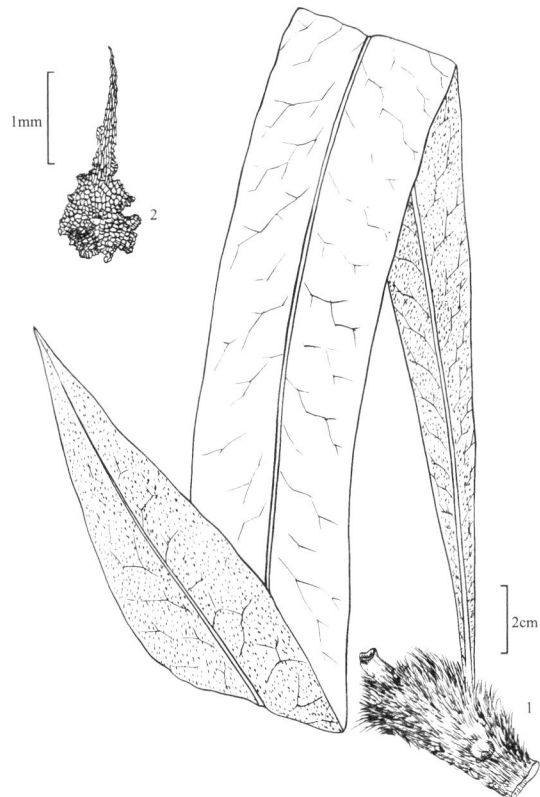

图 181 星蕨 Microsorum punctatum
1. 植株，示根状茎和叶；2. 根状茎上的鳞片。（崔丁汉绘）

及太平洋岛屿、印度洋岛屿和非洲。

2. 羽裂星蕨 Hancock's Star Fern 图 182 彩片 276
Microsorum insigne（Blume）Copel. Univ. Calif.
Publ. Bot. **16**：112. 1929.

Polypodium insigne Blume，Enum. Pl. Java **2**：
127. 1828.

Microsorum dilatatum（Bedd.）Sledge in Bull.
Brit. Mus.（Nat. Hist.）Bot. **2**：143. 1960；海南植物志 **1**：
180. 1964；广东植物志 **7**：300. 2006

土生草本。植株高 0.4~1m。根状茎粗短，横走，
肉质，疏被鳞片；鳞片卵状披针形，基部阔，淡棕色。
叶近生；一回羽裂或羽状；叶柄长 20~50cm，禾秆色，
两侧有翅，下延几达基部，基部疏被鳞片；叶片（长）
卵形，长 20~50cm，宽 15~30cm，羽状深裂；裂片
1~12 对，对生，斜展，条状披针形，基部一对较大，
长 15~30cm，宽 4~6cm，先端（短）渐尖，其余各对向
上逐渐缩短，顶生与侧生裂片同形；单一的叶片长椭
圆形，边缘全缘或略呈波状，主脉在两面隆起，侧脉
明显，曲折，小脉网状，内藏小脉单一或分叉；叶纸质，
干后绿色，光滑。孢子囊群（长）圆形，着生于网脉连
接处，散生。孢子肾形，周壁浅瘤状，具球形颗粒状
纹饰。

产地：梧桐山（张寿洲等 011767，011798）、田心
山（张寿洲等 4657）。生于林下沟边和山谷溪涧旁。

分布：江西、湖南、福建、台湾、广东、香港、海南、
广西、贵州、云南、重庆、四川和西藏。印度、不丹、
尼泊尔、斯里兰卡、缅甸、泰国、日本、越南、马来
西亚、菲律宾和印度尼西亚。

3. 有翅星蕨 三叉叶星蕨 Winged Star Fern
图 183 彩片 277
Microsorum pteropus（Blume）Copel. Univ. Calif.
Publ. Bot. **16**：112. 1929.

Polypodium pteropus Blume，Enum. Pl. Javae
125. 1828.

土生草本。植株高 15~30cm。根状茎横走，稍肉
质，绿色，密被鳞片；鳞片披针形，先端渐尖，边缘
全缘，粗筛孔，灰棕色。叶远生；叶片深三裂或二叉；
三裂叶的叶柄长 15cm，深禾秆色或绿色，上部有狭翅，
密被鳞片，三裂叶的顶生裂片较长，长约 17cm，宽
1.2~3cm，侧生裂片较顶生裂片狭小；单叶不分裂的叶
片披针形，长 6~15cm，宽 1.5~2.5cm，渐尖，基部急

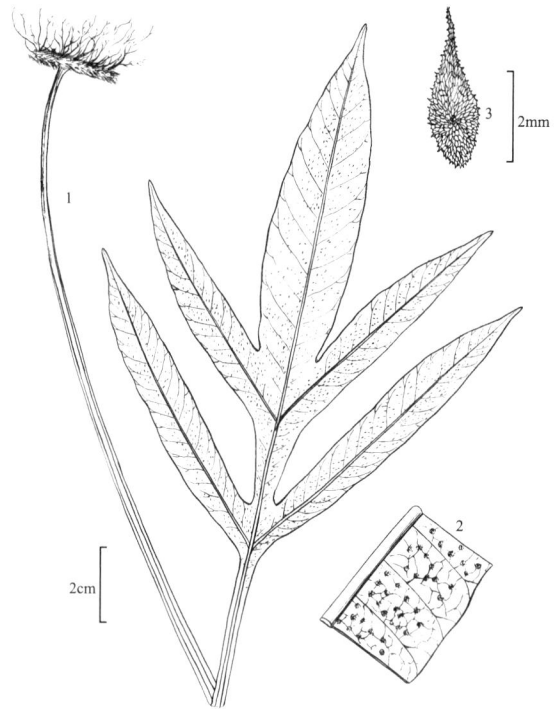

图 182 羽裂星蕨 Microsorum insigne
1. 植株，示根、根状茎和叶；2. 叶裂片的一部分放大，示
其下面的叶脉及孢子囊群；3. 根状茎及叶柄基部的鳞片。
（崔丁汉绘）

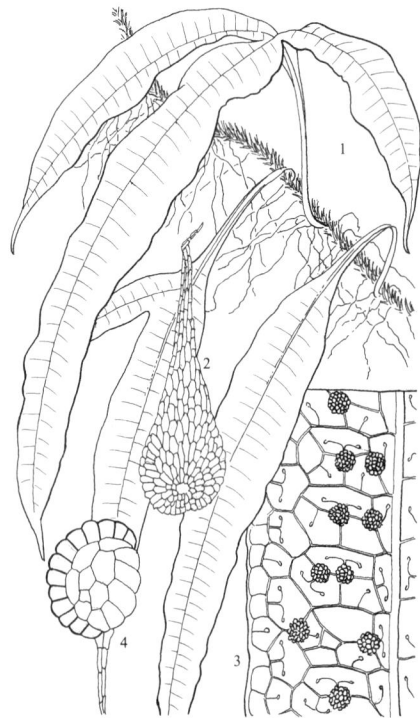

图 183 有翅星蕨 Microsorum pteropus
1. 植株的一部分，示根、根状茎和叶；2. 根状茎上的鳞片；
3. 叶片的一部分放大，示下面的叶脉及孢子囊群；4. 孢子
囊。（马平绘）

变狭，下延，边缘全缘，主脉明显，叶柄和叶轴上有许多瘤状凸起，侧脉明显，在主脉两侧各形成 1 行大网眼，内再形成小网眼，均有内藏小脉；叶薄纸质，干后褐色，各裂片的中脉以下均被鳞片。孢子囊群圆形，散生于大网眼内，或汇合。孢子肾形，周壁浅瘤状，具球形颗粒和刺状纹饰。

产地：梧桐山（张寿洲等 2983，2996）、七娘山（张寿洲等 2034）。生于山地、疏林下或水旁。

分布：江西、湖南、福建、台湾、广东、广西、海南、香港、贵州和云南。印度、尼泊尔、缅甸、泰国、老挝、越南、日本、马来西亚、菲律宾、印度尼西亚和新几内亚。

11. 盾蕨属 **Neolepisorus** Ching

中小型植物，土生或石生。根状茎长而横走；鳞片假盾状，或有时盾状，卵形至披针形，有时圆形，边缘全缘或有细齿。叶远生，单一型；叶柄长，具鳞片；通常单叶，边缘全缘，有时浅裂或不规则浅裂，或戟状，薄草质，具鳞片，叶脉网结，网眼规则或不规则。孢子囊群在中脉两侧排成不规则的 2 行，具隔丝，椭圆形或圆形，有时线形或略不规则。

约 7 种，分布于印度东北部至日本和菲律宾。我国产 5 种。深圳有 2 种。

1. 根状茎细长，叶远生，孢子囊群 2 排 ·· 1. **江南星蕨 N. fortunei**
1. 根状茎较厚，叶簇生，孢子囊群成不规则的 2 行 ·················· 2. **显脉星蕨 N. zippelii**

1. 江南星蕨 福氏星蕨 Fortune's Star Fern 图 184 彩片 278 279

Neolepisorus fortunei（T. Moore）Li Wang in Bot. J. Linn. Soc. **162**：36. 2010.

Drynaria fortunei T. Moorei，Gard. Chron. 708. 1855.

Microsorum fortunei（T. Moore）Ching in Bull. Fan Mem. Inst. Biol. **4**：304. 1933；广州植物志 61. 1956；海南植物志 **1**：178. 1964；澳门植物志 **1**：64. 2005；广东植物志 **7**：299. 2006.

中型附生草本。植株高 0.3~1m。根状茎长而横走，顶部被鳞片；鳞片卵状三角形，盾状着生，基部阔，先端锐尖，有疏齿，棕褐色。叶远生，近一型；叶柄长 5~20cm，禾秆色，基部疏被鳞片；叶片线状披针形，长 25~60cm，宽 1.5~7cm，先端急尖，基部渐狭，下延于叶柄并形成狭翅，边缘全缘，有软骨质的边，中脉明显隆起，侧脉不明显，小脉网状，内藏小脉分叉；叶厚纸质，淡绿色或灰绿色，光滑，幼时偶有鳞片。孢子囊群大，圆形，沿中脉两侧排列成 1 行或不规则的 2 行，靠近中脉。孢子肾形，周壁具不规则褶皱。

产地：梧桐山（深圳植物志采集队 013517）、梅沙尖（深圳植物志采集队 013226）、羊台山（深圳植物志采集队 013735）、杨梅坑（张寿洲等 0162）、七娘山（邢福武 12090，11615）。生于林下溪边岩石上或树干上。

分布：河南、山东、江苏、浙江、湖北、湖南、江西、福建、台湾、广东、香港、澳门、海南、广西、贵州、云南、四川、重庆、甘肃、陕西和西藏。越南、缅甸

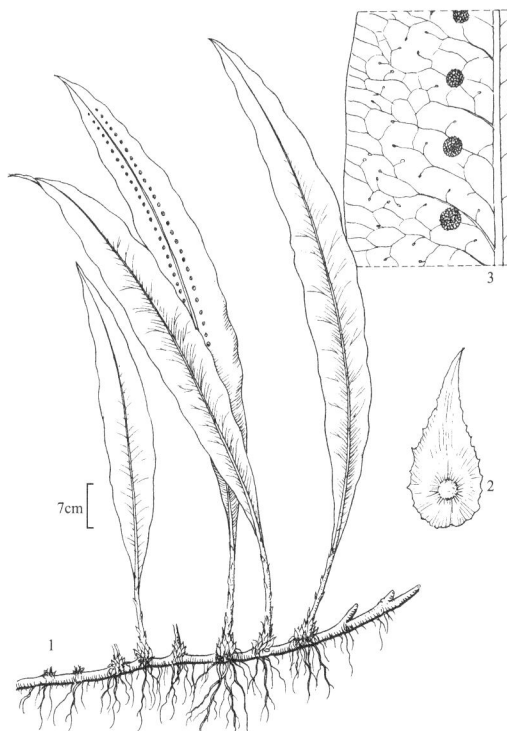

图 184 江南星蕨 Neolepisorus fortunei
1. 植株的一部分，示根、根状茎及叶；2. 根状茎及叶柄基部的鳞片；3. 叶片的一部分放大，示下面的叶脉及孢子囊群。（李志民绘）

和马来西亚。

2. 显脉星蕨 戚氏星蕨 Ziqqel's Star Fern

图 185

Neolepisorus zippelii（Blume）Li Wang in Bot. J. Linn. Soc. **162**：36. 2010.

Polypodium zippelii Blume，Fl. Javae Fil. 172. t. 80. 1829.

Microsorum zippelii（Blume）Ching in Bull. Fan Mem. Inst. Biol. **4**：308. 1933；海南植物志 **1**：178. 1964；广东植物志 **7**：299. 2006.

附生。草本。根状茎直径 4~5mm，长而横走，密被鳞片；鳞片披针形，4m×1mm~6mm × 1mm，顶端渐尖，边缘疏齿，浅褐色。叶簇生，近一型；叶柄淡棕色，基部被鳞片，两侧有翅几达基部；叶片阔披针形，连短柄长 50~70cm，宽 6~8cm，先端渐尖至尾尖，边缘全缘至浅波状，侧脉明显凸起，斜展，小脉联接成多数网眼，内藏小脉单一或分叉；叶厚纸质或近革质，深绿色。孢子囊群大，圆形，在侧脉之间形成较整齐的 2 行，直径约 1.5~2mm。孢子肾形，周壁具不规则褶皱。

产地：田头山（邢福武 12068，IBSC）。生于山谷密林的树干上或溪边潮湿的岩石上。

分布：湖南、广东、香港、海南、广西、云南、西藏和贵州。印度、泰国、马来西亚、菲律宾和印度尼西亚。

12. 鳞果星蕨属 Lepidomicrosorium
Ching & K. H. Shing

中小型植物，幼时陆生，成年后沿石上或树上攀缘。根状茎长而横走，长达 1m 或 2~3m，密被鳞片；鳞片红棕色，透明，披针形，边缘略具细齿，长渐尖头。叶远生，叶形多样，有披针形、线状披针形。或其他形状，基部心形、截形或楔形，向上线状披针形；叶薄草质；中脉凸出，叶脉网状，不显。孢子囊群小，圆形，密集分散在叶背，呈不规则的 2 至多行，具隔丝。

约 3 种，主要分布于中国中部和西南部，也分布于越南北部和东喜马拉雅山地区。我国产 3 种。深圳有 1 种。

表面星蕨 Superficies Lepidomicrosorium

图 186　彩片 280　281

Lepidomicrosorium superficiale（Blume）Li Wang in Bot. J. Linn. Soc. **162**：36. 2010.

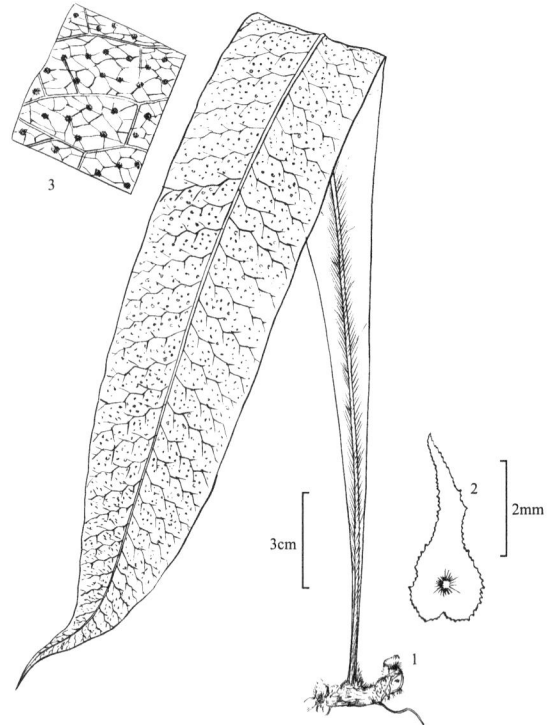

图 185 显脉星蕨 Neolepisorus zippelii
1. 植株，示根、根状茎及叶；2. 根状茎及叶柄基部的鳞片；3. 叶片的一部分放大，示其下面的叶脉及孢子囊群。（崔丁汉绘）

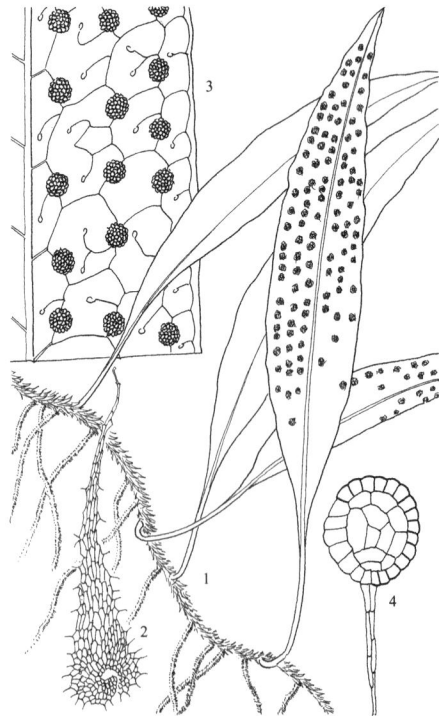

图 186 表面星蕨 Lepidomicrosorium superficiale
1. 植株的一部分，示根、根状茎和叶；2. 根状茎上的鳞片；3. 叶片的一部分放大，示下面的叶脉及孢子囊群；4. 孢子囊。（马平绘）

Polypodium superficiale Blume，Enum. Pl. Javae 123. 1828.

攀缘或附生植物。根状茎横走，疏生鳞片；鳞片阔披针形，基部卵圆形，先端长渐尖，边缘疏齿，粗筛孔，棕褐色。叶远生，一型；叶柄长 2~14cm，两侧有狭翅，基部疏生鳞片；叶片披针形至狭长披针形，长10~35cm，宽 1.5~6.5cm，先端渐尖，边缘全缘或略呈波状，主脉在两面明显，侧脉不明显，小脉网状，网眼内有分叉的内藏小脉；叶厚纸质，两面光滑。孢子囊群圆形，小而密，不整齐多行排列，散生于叶片下面中脉与叶片边缘之间。孢子肾形，周壁具不规则褶皱。

产地：坪山（张寿洲等 SCAUF488）、排牙山（张寿洲等 2311）、梅沙尖（深圳植物志采集队 013225）、梧桐山（张寿洲等 011808）。攀缘于树干上或附生于石上。

分布：安徽、湖北、湖南、浙江、江西、福建、台湾、广东、广西、贵州、云南、四川和西藏。印度、尼泊尔、缅甸、泰国、老挝、越南、日本、马来西亚和印度尼西亚。

裸子植物 GYMNOSPERMS

　　乔木或灌木，稀木质藤本，常绿，稀落叶。茎具形成层，次生木质部几乎全由管胞组成，稀具导管（麻黄，买麻藤），韧皮部中无伴胞。球花雌雄同株或异株；雄蕊（小孢子叶）无柄或有柄，组成雄球花（小孢子叶球），具多数或 2 个、稀 1 个花药（小孢子囊或花粉囊）；花粉（小孢子）有气囊或无气囊，多为风媒传粉，稀虫媒传粉，在到达胚珠上萌发时生出花粉管（雄配子体），在花粉管中有 1 个粉管细胞和 2 个精子，精子能游动或不能游动；雌蕊（大孢子叶在松柏类叫珠鳞）不形成子房，无柱头，成组或成束着生，不形成雌球花，或多数至少数生于叶轴上而形成雌球花（大孢子叶球）；胚珠（大孢子囊）多数至 1 个生于发育好或不发育的大孢子叶上，或仅叶轴的顶端生 1 胚珠，由于大孢子叶没有形成密闭的子房，因而胚珠是裸露的（裸子植物之名即由此而得名）；胚珠直立或倒转生，珠被 1 层，稀 2 层，顶端有珠孔，胚珠发育后从其中的 1 个细胞（大孢子）形成多数细胞的配子体，在雌配子体的近珠孔处有构造简化的颈卵器（但买麻藤、百岁兰是例外），即细胞受精后发育成具有 1 至多数子叶的胚，配子体的其他部分继续发育围绕胚形成胚乳，珠被则发育为种皮，胚珠发育成种子。

　　约 17 科 86 属 876 种，广泛分布于世界各地，特别是在北半球亚热带高山地区及温带至寒带地区分布较广，常组成大面积森林。我国有 12 科 41 属约 300 种（其中 2 科 5 属约 20 种为引种植物），其中银杏科、银杉属、金钱松属、水杉属、侧柏属、白豆属等属为我国特有属。深圳有 11 科约 48 种。

　　备注：裸子植物系统原则上采用 Kubitzki 系统，同时借鉴近年来分子生物学证据在裸子植物系统学研究方面的最新成果（见 M. J. M. Christenhusz, J. L. Reveal, A. Farjon, M. F. Gardner, R. R. Mill, and M. W. Chase. 2011. A new classification and linear sequence of extant gymnosperms. *Phytotaxa*, 19: 55-70.），在科属划分和排列方面进行了适当调整。

分科检索表

李　楠

1. 棕榈状植物，大型羽状叶集生于茎顶。
　　2. 小羽片具中脉；幼叶拳卷状展开 ……………………………………………… 12. **苏铁科 Cycadaceae**
　　2. 小羽片具几近平行的分支脉，无中脉；幼叶卷叠式展开 ……………………… 14. **泽米科 Zamiaceae**
1. 乔木、灌木或藤本植物，不为棕榈状；叶不为羽状，着生于枝干或小枝上。
　　3. 木质藤本；单叶对生，长圆形至卵状披针形，具羽状脉；种子核果状，长圆形，包于红色或橘红色肉质假种皮中 ……………………………………………………………………………… 17. **买麻藤科 Gnetaceae**
　　3. 乔木或灌木。
　　　　4. 叶扇形，螺旋状散生于长枝上，或簇状着生于短枝上，具多数分支并列的细脉；种子核果状，球形，成熟时黄或橙黄色，被白粉 …………………………………………………………… 1. **银杏科 Ginkgoaceae**
　　　　4. 叶针状、鳞片状、钻形、线状、条形至披针状条形，绝非扇形。

5. 种子核果状或坚果状，全部或半包于肉质假种皮中，形成浆果状（每个浆果状果实中仅 1 枚种子）；假种皮表面光滑无小尖头，色泽常鲜艳；叶条形至披针状条形。

　　6. 叶片背面有或无气孔线，但绝不成明显的气孔带；每个雄蕊（小孢子叶）具 2 枚花药（小孢子囊）；花粉粒有气囊 ……………………………………………………………… 8. **罗汉松科 Podocarpaceae**

　　6. 叶片背面沿中脉两侧各有 1 条明显的气孔带；每个雄蕊具（2~）3~9 枚花药；花粉粒无气囊。

　　　　7. 雄球花 6~8 个聚生呈头状花序；花序单生于叶腋；每个苞片腋部有 2 枚胚珠，株托囊状 ……………………………………………………………… 9. **三尖杉科 Cephalotaxaceae**

　　　　7. 雄球花单生或双生于叶腋或苞腋，或组成穗状花序集生于枝顶；每个苞片腋部有 1 枚胚珠，株托盘状或漏斗状 ……………………………………………………………… 10. **红豆杉科 Taxaceae**

5. 种子着生于由木质或革质种鳞、苞鳞组成的球果中（仅刺柏属（Juniperus）种鳞和苞鳞部分合生，肉质；苞鳞仅顶端分离形成小尖头每个浆果状球果中含数枚种子）；叶针状、鳞片状、钻形、线状、条形或披针状条形。

　　8. 叶无中脉。

　　　　9. 珠鳞或苞鳞内面基部具 1 倒生胚珠；球果发育的种鳞内基部具 1 种子 …… 2. **南洋杉科 Araucariaceae**

　　　　9. 珠鳞内面基部具 1 至多数直立胚珠；球果发育的种鳞基部具 1 至多数种子 ……… 6. **柏科 Cupressaceae**

　　8. 叶片具中脉或中肋。

　　　　10. 球果的种鳞与苞鳞分离；每种鳞内基部具 2 种子；种子上端具翅、无翅或近无翅 …… 3. **松科 Pinaceae**

　　　　10. 球果的种鳞与苞鳞部分或全部愈合；每种鳞内面基部具 1 至多数种子；种子两侧具翅或下部具翅 ……………………………………………………………… 5. **杉科 Taxodiaceae**

1. 银杏科 GINKGOACEAE

李　楠　韦雪梅

落叶乔木。树干高大，多分枝；分枝有长枝与短枝。叶扇形，在长枝上螺旋状排列，散生，在短枝上成簇生状，有长柄，具多数叉状并列细脉。球花单性，雌雄异株，生于短枝顶部的鳞片状叶腋内，呈簇生状；雄球花具梗，荑荑花序状，圆柱形，下垂；雄蕊多数，螺旋状着生，排列稀疏，具短梗，花药2，药室纵裂，药隔不发达；雌球花具长梗，梗端常分2叉，稀不分叉或分成3~5叉，叉顶生珠座，各具1直立胚珠。种子核果状，具长梗，下垂；外种皮肉质，中种皮骨质，内种皮膜质；胚乳丰富；子叶常2（~3），发芽时不出土。

1属1种，我国特有，为国家一级重点保护野生植物。在我国天目山有野生状态的树木，其他各地广为栽培，深圳亦有栽培。

银杏属 Ginkgo L.

属的形态特征及地理分布同科。

银杏 白果 Ginkgo　　　　　图187　彩片282

Ginkgo biloba L. Mant. Pl. **2**: 313. 1771.

乔木，高可达40m，胸径可达4m。幼树树皮浅纵裂，大树之皮呈灰褐色，深纵裂，粗糙；幼年及壮年树冠圆锥形，老则广卵形；枝近轮生，斜上伸展（雌株的大枝常较雄株开展）；一年生的长枝淡褐黄色，二年生长枝变为灰色，并有细纵裂纹；短枝密被叶痕，黑灰色，短枝上亦可长出长枝；冬芽黄褐色，常为卵球形，先端钝尖。叶柄长3~10（多为5~8）cm；叶片扇形，淡绿色，秋季落叶前变为黄色，无毛，上部宽0.5~8cm，在短枝上的常具波状缺刻，在长枝上的常2裂，基部宽楔形。球花单性，雌雄异株；雄球花4~6，生于短枝顶端的叶腋或胞腋内，呈簇生状，长圆体形，下垂，淡黄色；雌球花多数生于短枝叶丛中，淡绿色。种子椭圆体形，倒卵球形或近球形，长2~3.5cm，成熟时黄或橙黄色，被白色粉；外种皮肉质，有臭味，中种皮骨质，白色，有2~3纵脊，内种皮膜质，黄褐色；胚乳肉质，胚绿色。花期3月下旬至4月中旬；果期9~10月成熟。

产地：罗湖区林果场（曾春晓等 016765），仙湖植物园、深圳各公园及绿地偶见栽培。

分布：根据文献记载（中国植物志 7: 20. 1978）浙江天目山老殿有野生状态的林木。银杏栽培历史悠久，

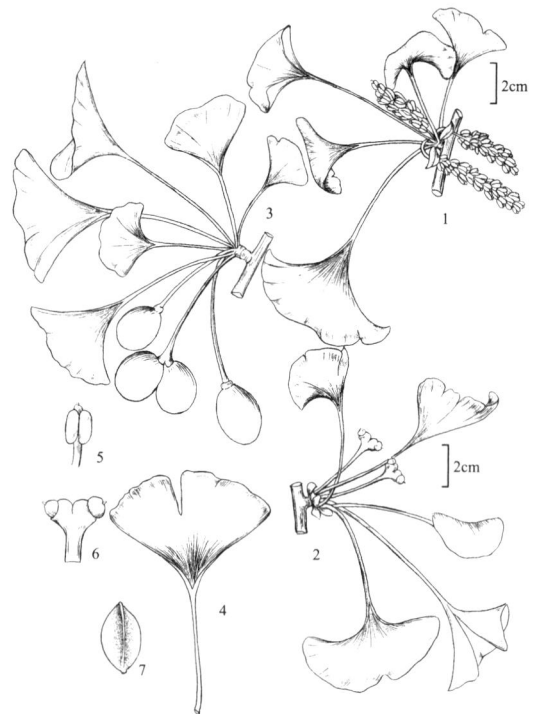

图 187 银杏 Ginkgo biloba
1. 生于短枝上的叶和雄球花和叶；2. 生于短枝上的叶和雌球花；3. 生于短枝上的叶和种子；4. 生于长枝上的叶；5. 雄蕊；6. 雌球花；7. 去掉外种皮的种子，示种核。（林漫华绘）

北至沈阳，南达广州，东起沿海各地，西至甘肃均有栽培；其中，江苏、浙江、安徽、山东、广西的部分地区已成为经济林木的栽培中心，各地名胜古刹常有栽培百年甚至千年以上的大树。朝鲜、日本以及欧美各国亦有

栽培。

用途：木材供建筑、家具、室内装饰、雕刻、绘图版等用；种子（俗称白果）供食用（多食易中毒）及药用；叶可作药用和制杀虫剂，亦可作肥料；种子的肉质外种皮含白果酸、白果醇及白果酚，有毒；树皮含单宁；银杏树形优美，春、夏季叶色嫩绿，秋季变成黄色，颇为美观，可作为庭院树及行道树。

2. 南洋杉科 ARAUCARIACEAE

李 楠 韦雪梅

常绿乔木。树干髓部较大，皮层具树脂；一级侧枝轮生。叶革质，螺旋状排列，稀于侧枝上近对生，基部下延。球花单性，雌雄异株或同株；雄球花圆柱形，单生或簇生于叶腋，或枝顶，雄蕊多数，螺旋状排列，具花丝，具4~20悬垂的丝状花药，排成内外2行，药室纵裂，药隔伸出药室，花粉无气囊；雌球花单生于枝顶，椭圆体形或近球形，由多数螺旋状排列的苞鳞组成，珠鳞不发育，或与苞鳞合生，仅先端分离，珠鳞或苞鳞的腹面基部具1倒生胚珠，胚珠与珠鳞合生，或珠鳞退化而与苞鳞离生。球果大，二至三年成熟；苞鳞木质或厚革质，扁平，先端有三角状或尾状尖头，或不具尖头，有时苞鳞腹面中部具一相互合生、仅先端分离的舌状种鳞，熟时苞鳞脱落，发育的苞鳞具1种子。种子与苞鳞离生或合生，扁平，无翅或两侧具翅，或顶端具翅。

3属约41种，分布于南半球的热带及亚热带地区。我国引入栽培2属4种。深圳常见栽培1属2种。

南洋杉属 Araucaria Juss.

常绿乔木。一级侧枝轮生或近轮生，平展或斜上伸展；冬芽小。叶鳞形、钻形、针状镰形、披针形或卵状三角形，通常同一植株上的叶大小悬殊。球花单性，雌雄异株，稀同株；雄球花圆柱形，单生或簇生于叶腋，或生于枝顶；雄蕊多数，紧密排列，具4~20个悬垂的丝状花药，排成内外2列，药隔显著延伸，花丝细；雌球花椭圆体形或近球形，单生于枝顶，有多数螺旋状排列的苞鳞，苞鳞腹面具一相互合生、仅先端分离的舌状种鳞，每种鳞的腹面基部着生1倒生胚珠，胚珠与种鳞合生。球果大，直立，椭圆体形、卵球形或近球形，二至三年成熟，熟时苞鳞脱落；苞鳞宽大，木质，扁平，先端厚，上缘具锐利的横脊，先端有三角形状或尾状的尖头，尖头向外反曲或向上弯曲；种鳞舌状，位于苞鳞的腹面中央，其下部与苞鳞合生，仅先端分离，有时先端肥厚而外露；发育苞鳞仅有1种子。种子生于舌状种鳞的下部，扁平，合生，无翅或两侧具与苞鳞结合而生的翅；子叶2，稀4，发芽时出土或不出土。

约19种，主要分布于南半球的热带及亚热带地区。我国引入3种。深圳常见栽培2种。

1. 树冠塔形；一级侧枝上的小枝在其两侧成羽状排列，幼树期间形成整齐的辐射状塔形树冠；幼树的钻形叶翠绿色，常两侧扁，先端无刺手感；雌球果近球形或扁球形，长10~12cm，直径常大于长；苞鳞上部常骤尖成尾状长尖头，尖头向上弯曲 ·· 1. 异叶南洋杉 A. heterophylla
1. 树冠不成整齐的辐射状塔形；小枝在一级侧枝的上部生长成束状；幼树的钻形叶灰绿色或被白色粉，先端常刺化，有强烈的刺手感；雌球果卵球形，长8~10cm，径明显小于长；苞鳞上部常渐尖成尾状长尖头，尖头常显著外翻 ·· 2. 肯氏南洋杉 A. cunninghamii

1. 异叶南洋杉 南洋杉 Norfolk Island Pine　　　　　　　　图188　彩片283

Araucaria heterophylla（Salisb.）Franco in Anais. Inst. Super. Agron. **19**：11. 1952.

Eutassa heterophylla Salisb. in Trans. Linn. Soc. London **8**：316. 1807.

高大乔木，高达50m以上，胸径达1.5m。树干通直，树皮灰棕色，呈薄片状脱落；树冠塔形，尤其是在幼树期间（树龄在20年左右或以内的），一级侧枝轮生，辐射状近水平展开，小枝在侧枝两侧呈羽状排列，愈到顶部愈短，形成三角形的侧枝，整个树冠呈整齐的辐射状塔形，颇为美观。叶二型；幼树及小枝之叶排列疏松，钻形，内弯，翠绿色，长0.6~1.2cm，常两侧扁，基部宽约1cm，具3~4棱，上面具多数气孔线，有白色粉，下面近无气孔线，亮绿色；成年树及果枝上的叶鳞片状，排列紧密，暗绿色，长0.5~1cm，基部宽2~4 mm，先端钝圆，中脉隆起或不明显，两面具多条气孔线，有白色粉。雄球花生于枝顶，长约4cm，黄褐色或近红色；

小孢子叶急尖，边缘有纤毛，锯齿状。雌球果近球形或扁球形，长 10~12cm，直径 12~14 cm，约需 18 个月成熟；苞鳞三角状，上部肥厚，边缘具锐脊，上部常骤尖成尾状长尖头，尖头向上弯曲。种子椭圆形，坚果状，长 2.5~3cm，稍扁，两侧具宽翅，可食；发芽时子叶出土。

产地：深圳市园林科学研究所和深圳各大公园均有栽培。

分布：原产于大洋洲诺和克岛（Norfolk Island），全世界热带和亚热带地区广泛引种栽培。我国华南地区各地都有引种栽培；长江以北各省有盆栽，需在温室越冬。

用途：幼树树冠辐射对称，四季常青，带叶小枝翠绿色，具有很高的观赏价值，可供庭院观赏或盆栽。

2.　肯氏南洋杉 澳洲杉 Hoop Pine

图 189　彩片 284

Araucaria cunninghamii Aiton ex D. Don in Lombert, Descr. Pinus ed. 2, **3**: t. 79. 1837.

大型乔木，高可达 60m，胸径达 1m 以上。树皮灰褐色或暗灰色，粗糙，横裂；一级侧枝长，平展或斜伸；小枝在侧枝上部近两侧生长成束状。幼树的叶钻形，长 1~2cm，基部宽约 2mm，螺旋状排列，灰绿色或被白色粉，边缘全缘，两侧扁，两面具多数气孔线；成年树的叶鳞形，长 1~2cm，基部宽约 4mm，先端急尖，向内弯曲，覆瓦状排列，两面有棱脊，两面具气孔。雄球花单生于枝顶，圆柱状，长 2~3cm，直径 5~7mm，具短苞鳞和 10 鳞叶；小孢子叶菱形，具钝尖头。雌球果卵球形，长 8~10cm，直径 5~8cm，苞鳞楔状倒卵形，两侧具薄翅，先端宽厚，具锐脊，上部常渐尖成尾状长尖头，尖头常显著外翻；舌状种鳞先端薄，不肥厚，18 个月后成熟。种子椭圆体形，坚果状，长 1.5cm，直径 6~7mm，两侧具结合而生的膜质翅，可食；发芽时子叶出土。

产地：仙湖植物园（王勇进 000250）、东湖公园（徐有才 000256）、人民公园（王定跃 000266）、农科中心（陈景方 000261）。深圳各公园均有栽培。

分布：原产于大洋洲东南沿海地区。我国广东、海南、广西、福建等地引种栽培，生长快，可开花结籽；长江以北各省有盆栽，需在温室越冬。

用途：可供作建筑、器具及家具等用材。幼苗和幼树的茎干易于造型，常用作盆景材料，很受欢迎。

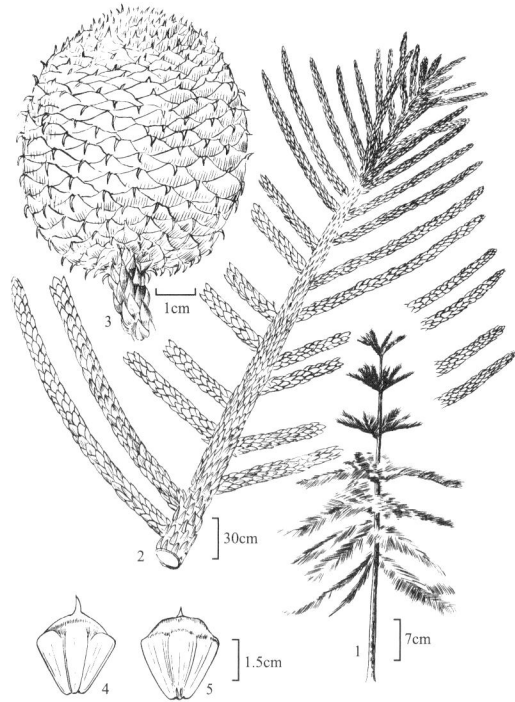

图 188　异叶南洋杉 Araucaria heterophylla
1. 植株；2. 枝和侧枝；3. 球果；4. 种鳞背面观；5. 种鳞腹面，示种子及两侧结合的膜质翅。（崔丁汉绘）

图 189　肯氏南洋杉 Araucaria cunninghamii
1. 植株；2. 枝和侧枝；3. 球果；4. 种鳞背面观；5. 种鳞腹面，示种子及两侧结合的膜质翅。（崔丁汉绘）

3. 松科 PINACEAE

李 楠 韦雪梅

常绿或落叶乔木,稀为灌木。大枝近轮生,幼树树冠通常为尖塔形,大树树冠尖塔形、圆锥形、广圆形或伞形;枝仅有长枝,或兼有长枝与生长缓慢的短枝,短枝通常明显,稀极度退化而不明显。叶条形或针形,基部不下延,在长枝上螺旋状散生,在短枝上呈簇生状;针形叶 2~5 针(稀 1 针或多至 81 针)成一束,着生于极度退化的短枝顶端,基部包有叶鞘。花单性,雌雄同株;雄球花腋生或单生于枝顶,或多数集生于短枝顶端,具多数螺旋状着生的雄蕊,每雄蕊具 2 花药,花粉有气囊或无气囊,或具退化气囊;雌球花由多数螺旋状着生的珠鳞与苞鳞所组成,花期时珠鳞小于苞鳞,稀珠鳞较苞鳞为大,每珠鳞的腹面具 2 倒生胚珠,苞鳞与珠鳞分离,花后珠鳞增大发育成种鳞。球果直立或下垂,当年或次年稀第三年成熟,熟时张开,稀不张开。种鳞背腹面扁平,木质或革质,宿存或熟后脱落;苞鳞与种鳞离生(仅基部合生),较长而露出或不露出,或短小而位于种鳞的基部;种鳞的腹面基部有 2 种子。种子通常上端具 1 膜质之翅,稀无翅或几无翅;子叶 2~16,发芽时出土或不出土。

10 属约 230 余种,多产于北半球。我国有 10 属 108 种(特有种 43 种)24 变种,几乎分布于全国,多数种类在东北、西南等高山地带组成的大面积森林,另引入栽培 24 种 2 变种。深圳有 4 属约 5 种。

1. 叶针形,常 2、3、5(稀 1 或多至 7~8)针成一束,生于极度退化的短枝顶端,基部包有叶鞘(脱落或宿存),常绿性;球果翌年成熟,种鳞加厚成盾状,具鳞盾和鳞脐 ·········· 1. 松属 Pinus
1. 叶条形或针形,螺旋状着生于长枝上或成簇状生于短枝上,均不成束,常绿或落叶性;种鳞不加厚成盾状。
  2. 叶条形或条状披针形,扁平或具四棱;螺旋状着生于长枝上,无短枝;球果当年成熟,直立于枝顶 ······ ·········· 2. 油杉属 Keteleeria
  2. 叶条形,扁平,柔软,或针状,坚硬;枝分长枝与短枝,叶在长枝上螺旋状排列,在短枝上端成簇生状;球果当年成熟或第二年成熟。
    3. 叶条形,上部稍宽,柔软,落叶性;球果当年成熟 ·········· 3. 金钱松属 Pseudolarix
    3. 叶针状,坚硬,常绿性;球果第二年成熟,熟后种鳞自宿存的中轴上脱落 ·········· 4. 雪松属 Cedrus

1. 松属 Pinus L.

常绿乔木,稀灌木。大枝轮生,每年生 1 或 2 轮,稀多轮。冬芽显著,芽鳞多数,覆瓦状排列。叶二型:鳞叶(原生叶)单生,螺旋状排列,在幼苗时为扁平线形,后逐渐退化成膜质苞片状;针叶(次生叶)(1~)2~5(~7)针一束,生于苞片状鳞叶腋部不发育的短枝顶端,每束针叶基部由 8~12 芽鳞组成的叶鞘所包,叶背面通常无气孔线,腹面两侧或腹面有气孔线,横切面三角形、扇形或半圆形,针叶内具 1~2 条纤维束和 2 至多数边生、中生或内生的树脂道。雌雄同株,雄球花生于新枝下部的苞腋,多数集生,无梗,雄蕊的花药药室纵裂,花粉有气囊;雌球花 1~4 生于新枝近顶端,珠鳞腹面基部有 2 倒生胚珠。小球果于第二年受精后迅速发育,球果的种鳞木质,宿存,排列紧密,上部露出的部分肥厚为鳞盾,鳞盾的先端或中央有瘤状凸起的鳞脐,鳞脐无翅或具翅;球果翌年(稀第二年)秋季成熟,熟时种鳞张开,种子散出,稀不张开。发育的种鳞具 2 种子,种子上部具长翅、短翅或无翅,种翅有关节,易脱落,或种翅与种子结合而生,无关节;子叶 3~18,发芽时出土。

约 110 种,分布于欧洲、亚洲、北美洲、非洲北部。我国有 39 种(7 种为我国特有种)16 变种,引种栽培约 16 种,几乎分布于全国。深圳有 1 种,引入栽培 1 种。

1. 叶 2 针一束,罕 3 针一束,长 12~20cm,质软,细柔,直径约 1mm,叶内树脂道边生;树皮干后红褐色 ·········· 1. 马尾松 P. massoniana

1. 叶 2 针或 3 针一束，长 18~30cm，粗硬，径约 2mm，叶内树脂道内生；树皮灰褐色或红褐色·················
·················· 2. 湿地松 **P. elliottii**

1. 马尾松 Horsetail Pine　　　图 190　彩片 285
Pinus massoniana Lamb. Descr. Gen. Pinus **1**：17, t. 12. 1803.

　　乔木，高达 40m，胸径 1m。树皮红褐色，下部灰褐色，纵裂成不规则鳞状块片。枝平展或斜展，树冠宽塔形或伞形；枝条每年生长 1 轮，稀 2 轮；一年生枝淡黄褐色，无白色粉，稀有白色粉，无毛。冬芽褐色，圆柱形，顶端尖，芽鳞边缘丝状，先端尖或成渐尖的长尖头，微反曲。叶 2 针一束，罕 3 针一束，长 12~20cm，直径约 1mm，细柔，下垂或微下垂，两面有气孔线，边缘有细齿，有树脂道 4~7，边生；叶鞘初呈褐色，后渐变成灰黑色，宿存。雄球花淡红褐色，圆柱形，弯垂，长 1~1.5cm，聚生于新枝下部苞腋，穗状，长 6~15cm；雌球花单生或 2~4 个聚生于新枝近顶端，淡紫红色。一年生小球果圆球形或卵球形，直径约 2cm，褐色或紫褐色，上部珠鳞的鳞脐具向上直立的短刺，下部珠鳞的鳞脐平钝无刺。球果卵球形或圆锥状卵球形，长 4~7cm，直径 2.5~4cm，有短梗，下垂，成熟前绿色，熟时栗褐色，陆续脱落；种鳞张开，鳞盾菱形，微隆起或平，横脊微明显，鳞脐微凹，无刺，稀生于干燥环境时有极短的刺。种子卵球形，长 0.4~0.6cm，连翅长 2~2.7cm。花期 4~5 月；果期翌年 10~12 月成熟。

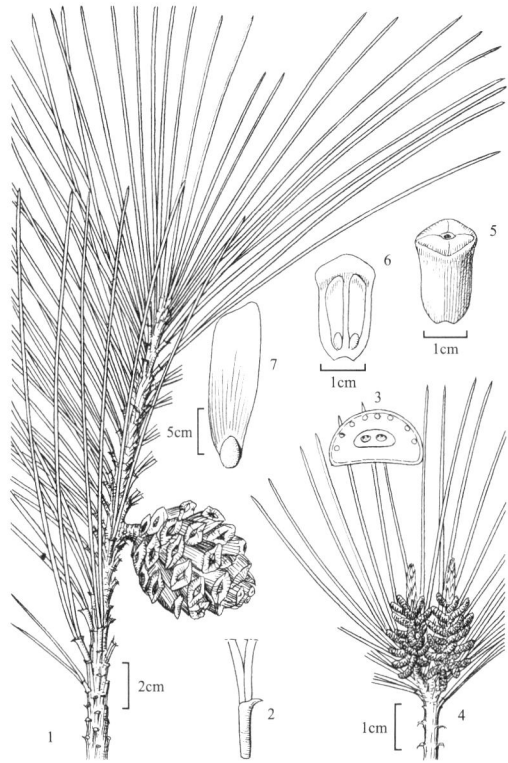

图 190 马尾松 Pinus massoniana
1. 分枝的一部分，示针叶和球果；2. 一束针叶的下部；3. 针叶的横切面；4. 生于新枝下部苞腋的雄球花；5. 种鳞的背面；6. 种鳞的腹面；7. 种子。（李志民绘）

　　产地：七娘山（张寿洲等 015729）、梅沙尖（深圳考察队 007976）、梧桐山（《深圳植物志》考察队）。生长在海拔 700m 以下的山地。

　　分布：产于江苏（南部）、安徽、浙江、福建、台湾、江西、湖北、湖南、广东、广西、贵州、云南、甘肃（南部）、陕西（南部）及河南（南部）。生于海拔 700m 以下（长江下游各地）、1100~1200m 以下（长江中游各地）或 1500m 以下（西部地区），长成次生单纯林或组成针阔混交林。

　　用途：该树种耐干旱、贫瘠，为荒山恢复森林的造林树种；木材供作建筑、家具和造纸等用材；树干可供割取松脂，树皮可供提取栲胶。

2. 湿地松 Slash Pine　　　　　　　　　　　　　　　　　　　　图 191　彩片 286
Pinus elliottii Engelm. in Trans. Acad. Sci. St. Louis **4**：186. 1880.

　　乔木，在原产地高达 40m，胸径近 1m。树皮灰褐色或红褐色，纵裂成鳞状大块片剥落；枝条每年生长 3~4 轮，春季生长的节间较长，夏季生长的节间较短，1 年生小枝粗壮，橙褐色，后变为褐色至灰褐色，鳞叶上部披针形，淡褐色，边缘有睫毛，干枯后宿存数年不落，故小枝粗糙。冬芽红褐色，圆柱形，上部渐窄，无树脂。针叶 2 针或 3 针一束并存，长 18~30cm，直径约 2mm，粗硬，深绿色，有气孔线，边缘有锯齿；树脂道 2~9（~11），多内生；叶鞘长 12cm。球果卵球形或卵状圆柱形，长（7~）9~18（~20）cm，直径 3~5cm，有梗，种鳞张开后直径 5~7cm，成熟后至第二年夏季脱落；种鳞的鳞盾近斜方形，肥厚，有锐横脊，鳞脐瘤状，宽 5~6mm，先端急尖，长不及 0.1cm，直伸或微向上弯。种子卵球形，微具 3 棱，长 0.6cm，黑色，有灰色斑点，种翅长 0.8~3.3cm，易脱落。

产地：深圳林场有栽培。

分布：原产于美国东南部。我国河南、山东、安徽、江苏、浙江、福建、台湾、江西、湖北、湖南、广东、广西及云南等地有引种栽培。

用途：生长快，适应性强，为我国南方很有发展前途的造林树种。

2. 油杉属 Keteleeria Carr.

常绿乔木。树皮纵裂，粗糙；小枝基部有宿存芽鳞，叶脱落后枝上留有近圆形或卵形的叶痕；冬芽无树脂。叶条形或条状披针形，扁平或具四棱，螺旋状排列，在侧枝上排成 2 列，两面中脉隆起，上面有或无气孔线，下面有 2 条气孔带，先端圆、钝、微凹或尖；叶柄短，常扭转，基部微膨大；叶内有 1~2 条维管束，两侧下方靠近皮下细胞各有 1 边生树脂道。球花单性，雌雄同株；雄球花 4~8 簇生于侧枝顶端，稀生于叶腋，雄花的药室斜向或横向开裂，花粉有气囊；雌球花单生于侧枝顶端，直立，苞鳞大于珠鳞，先端 3 裂，中裂明显，珠鳞形小，着生于苞鳞腹面基部，其上着生 2 胚珠，受精后珠鳞发育增大。球果当年成熟，较大，圆柱形，直立；种鳞木质，宿存；苞鳞短于种鳞，不露出，或球果基部的苞鳞微露出，先端 3 裂，中裂片长尖，两侧裂片较短，圆或钝尖。种子大，三角状卵形，种翅宽大，厚膜质，有光泽，种翅与种鳞近等长；子叶 2~4，发芽时不出土。

6 种 3 变种，产于我国秦岭以南温暖山区，越南及老挝也有分布。深圳引入栽培 2 种，其中栽培较普遍的 1 种。

油杉 Fortune Keteleeria　　图 192　彩片 287

Keteleeria foutunei（Murr.）Carr. in Rev. Hort. 37. 449. 1866.

Picea foutunei Murr. in Proc. Soc. London. **2**：421. 1862.

乔木，高达 30m，胸径达 1m。树皮粗糙，暗灰色，纵裂，较松软；枝条开展，树冠塔形；一年生枝有毛或无毛，干后橘红色或淡粉红色，二三年生枝淡黄灰色或淡黄褐色，枝皮常不开裂。叶条形，在侧枝上排成 2 列，长 1.2~3cm，宽 2~4mm，先端圆或钝，基部渐窄，上面光绿色，无气孔线，下面淡绿色，沿中脉每边有气孔线 12~17 条；幼枝或萌生枝密被毛，其上

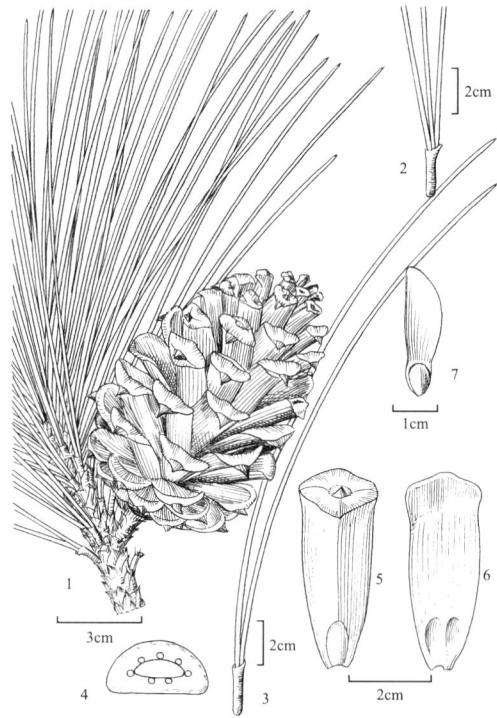

图 191　湿地松 Pinus elliottii
1. 分枝的一部分，示针叶和球果；2. 一束具 3 针叶的叶的下部；3. 一束具 2 针叶的叶；4. 叶的横切面；5. 种鳞的背面；6. 种鳞的腹面；7. 种子。（李志民绘）

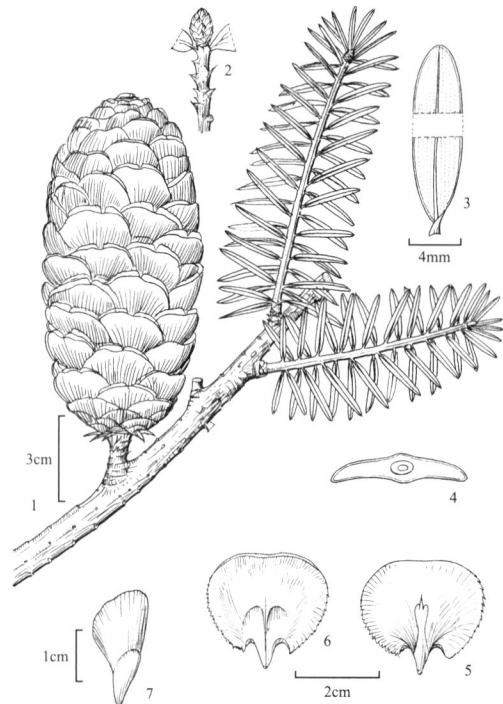

图 192　油杉 Keteleeria foutunei
1. 分枝的一部分，示侧枝上的叶和球果；2. 侧枝的上段，示芽；3. 叶的下面；4. 叶的横切面；5. 种鳞的背面及苞鳞；6. 种鳞的腹面；7. 种子。（李志民绘）

之叶长达 3~4cm，宽 3.5~4.5mm，先端有渐尖的刺状尖头，间或果枝之叶亦有刺状尖头。球果圆柱形，成熟前绿色或淡绿色，微有白色粉，成熟时淡褐色或淡栗色，长 6~18cm，直径 5~6.5cm；中部的种鳞宽圆形或上部宽圆形而下部宽楔形，长 2.5~3.2cm，宽 2.7~3.3cm，上部边缘向内反曲，鳞背露出部分无毛；鳞苞中部窄，下部稍宽，上部卵圆形，先端 3 裂，中裂窄长，侧裂稍圆，有钝尖头；种翅中上部较宽，下部渐窄。花期 3~4 月；果期 10 月。

产地：仙湖植物园（闫斌 017299）等各大公园及绿地有栽培。

分布：产于浙江、福建、广东、广西。越南北部也有。

用途：木材坚实耐用，供作建筑、家具用材；可作东南沿海山区造林树种；亦可作园林树种。

3. 金钱松属 **Pseudolarix** Grod.

落叶乔木，高达 60m，胸径 1.5m。树皮灰褐色或灰色，裂成不规则的鳞状块片；大枝不规则轮生；枝有长枝和短枝，长枝基部有宿存的芽鳞，短枝矩状。冬芽圆锥状卵圆形，芽鳞先端圆。叶在长枝上螺旋状排列，散生，在短枝上簇生状，辐射平展呈圆盘形，条形，扁平柔软，长 2~5.5cm，宽 1.5~4mm，上部稍宽，上面中脉为隆起，下面中脉明显，每边有 5~14 条气孔线。雄球花簇生于短枝顶端，具细短梗，雄蕊多数，花药 2，药室横裂，花粉有气囊；雌球花单生于短枝顶端，直立，苞鳞大，珠鳞小，腹面基部有 2 倒生胚珠，具短梗。球果当年成熟，卵球形，直立，长 6~7.5cm，有短柄；种鳞卵状披针形，先端有凹缺，木质，熟时与果轴一同脱落；苞鳞小，不露出。种子卵圆形，白色，下面有树脂囊，上部有宽大的种翅，基部有种翅包裹，种翅连同种子与种鳞近等长；子叶 4~6，发芽时出土。

单种属，我国特产，国家二级重点保护野生植物。深圳有引种。

金钱松 China Golden Larch

图 193　彩片 288　289

Pseudolarix amabilis（Nelson）Rehd. in J. Arnold. Arb. 1：53. 1919.

Larix amabilis Nelson, Pinac. 84. 1866.

形态特征及地理分布同属，花期 4 月；果期 10 月。

产地：深圳植物园和公园有栽培。

分布：为我国特产树种，产于江苏（南部）、安徽、浙江、福建、江西、湖南、四川（东部）、湖北（西部）及河南（东南部）。生于海拔 100~1500m 的针阔混交林中。

用途：树姿优美，秋后呈金黄色，颇为美观，是优良的庭园观赏树种；木质优良，可作建筑、板材、家具等用材；树皮可供提烤胶，入药；根皮亦可药用或用于造纸；种子可供榨油。

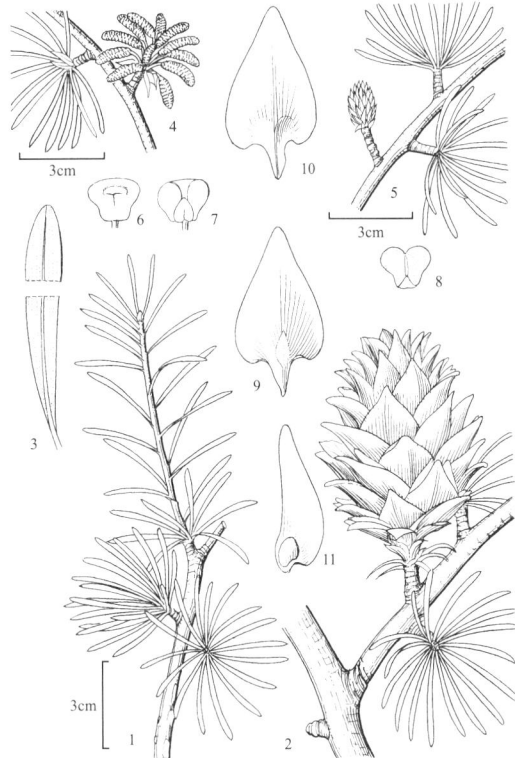

图 193 金钱松 Pseudolarix amabilis
1. 分枝的一段，示长枝上螺旋状排列的叶及短枝上簇生的叶；2. 分枝的一段，示短枝上的簇生叶及球果；3. 叶的下面；4. 分枝的一段，示短枝上的簇生叶及雄球花；5. 分枝的一段，示短枝上的簇生叶及雌球花；6~8. 雄蕊；9. 种鳞的背面及苞鳞；10. 种鳞的腹面；11. 种子。（李志民绘）

4. 雪松属 **Cedrus** Trew

常绿乔木。冬芽小，有少数芽鳞。枝有长枝及短枝，枝条基部有宿存的芽鳞，叶脱落后有隆起的叶枕。叶针状，坚硬，通常三棱形，或背脊明显呈四棱形，叶在长枝上螺旋状排列，辐射伸展，在短枝上呈簇生状。球花单性，雌雄同株，雌花和雄花均单生于短枝顶端，直立；雄球花具多数螺旋状着生的雄蕊，花丝极短，花药2，药室纵裂，药隔显著，花粉无气囊；雌球花淡紫色，有多数螺旋状着生的珠鳞，珠鳞背面托1短小苞鳞，腹面基部有2胚珠。球果第二年（稀三年）成熟，直立；种鳞木质，宽大，扇状倒三角形，排列紧密，腹面有2种子，鳞背密生短绒毛；苞鳞短小不露出，熟时与种鳞一同从宿存的中轴上脱落；球果顶端及基部的种鳞无种子。种子有宽大膜质的种翅；子叶通常6~10，发芽时出土。

4种，分布于非洲西北部、亚洲西南部及喜马拉雅山西部。我国引种栽培2种。深圳引入栽培1种。

雪松 Deodar Cedar   图194 彩片290

Cedrus deodara（Roxb.）G. Don. in Loud. Hort. Brit. 388. 1830.

Pinus deodara Roxb. Fl. Ind., ed. 1832，**3**：651. 1832.

乔木，在原产地高达75m，胸径4.3m。树皮深灰色，裂成不规则的鳞状块片；大枝平展，基部宿存芽鳞向外反曲；树冠宽塔形；枝梢微下垂；小枝细长，微下垂，1年生长枝淡灰黄色，密被短绒毛，微被白粉，二至三年生长枝灰色、淡褐色或深灰色。叶在长枝上辐射伸展，短枝之叶成簇生状（每年生出新叶约15~20），针形，坚硬，淡绿色或深绿色，长2.5~5cm，宽1~1.5mm，上部较宽，先端锐尖，下部渐窄，常成三棱形，稀背脊明显，叶之腹面两侧各有2~3条气孔线，背面4~6条，幼时气孔线有白色粉。球果卵球形、宽椭圆体形或近球形，长7~12cm，熟前淡绿色，微被白色粉，熟时褐色或栗褐色；中部的种鳞长2.5~4cm，宽0.4~6cm，上部宽圆或平，边缘微内曲，背部密生短绒毛。种子近三角形，连翅长2.2~3.7cm。花期10~11月；果期翌年10月。

产地：深圳市园林科学研究所（陈景方007961）。深圳各公园及公共绿地有栽培。

分布：原产于阿富汗、印度北部、克什米尔地区、尼泊尔南部、巴基斯坦西北部。我国辽宁、河北、山东、江苏、安徽、浙江、福建、台湾、江西、湖北、湖南、广东、广西、云南、贵州、四川、陕西、河南及山西均有引种栽培。

用途：边材白色，心材褐色，纹理通直，材质坚实、致密而均匀，有树脂，具香气，少翘裂，耐久用，可作建筑、桥梁、造船、家具及器具等用材；雪松终年常绿，树形美观，亦为普遍栽培的庭园树。

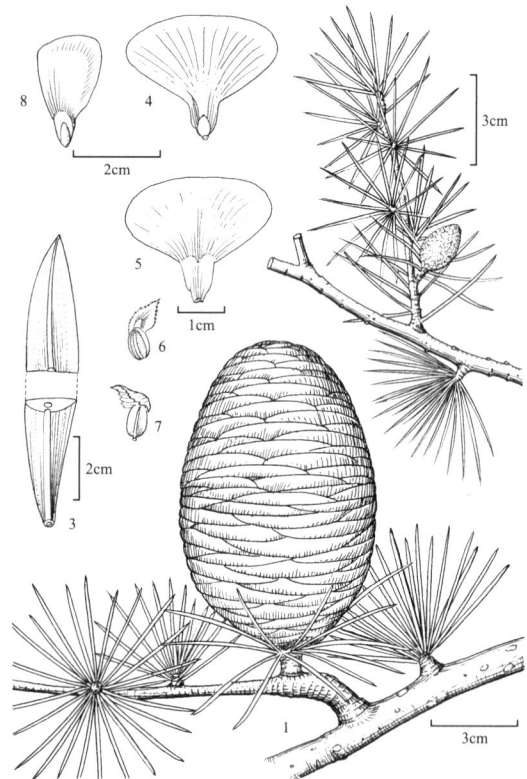

图194 雪松 Cedrus deodara
1. 分枝的一部分，示短枝上的簇生叶及球果；2. 分枝的一部分，示短枝上的簇生叶及雄球花；3. 叶的上部和下部放大；4. 种鳞的背面及苞鳞；5. 种鳞的腹面；6. 雄蕊的背面；7. 雄蕊的腹面；8. 种子。（李志民绘）

5. 杉科 TAXODIACEAE

李　楠　韦雪梅

常绿乔木或落叶乔木。树干端直,大枝轮生或近轮生。叶螺旋状排列,散生,很少交叉对生(水杉属),披针形、锥形、鳞形或线状,同一树上之叶同型或二型。球花单性,雌雄同株,球花的雄蕊和珠鳞均为螺旋状着生,很少交叉对生(水杉属);雄球花小,单生或簇生于顶枝,或对生于花序轴上,排成圆锥花序状或总状花序状,稀生于叶腋,雄蕊有2~9(常3~4)花药,药室纵裂,花粉无气囊,花粉远极面有一个明显或不明显的乳头状凸起;雌球花顶生或生于去年生枝近顶枝,珠鳞与苞鳞半合生(仅顶端分离)或完全合生,或珠鳞甚小(杉木属),或苞鳞退化(台湾杉属),珠鳞的腹面基部有2~9直立或倒生胚珠。球果当年成熟,熟时张开,种鳞(或苞鳞)扁平或盾形,木质或革质,螺旋状着生或交叉对生(水杉属),宿存或熟后逐渐脱落,能育种鳞(或苞鳞)的腹面有2~9种子。种子扁平或三棱形,周围或两侧有窄翅,或下部具长翅,胚有子叶2~9。

9属12种,主产于北半球,仅密叶杉属(Athrotaxia)产于南半球塔斯马尼亚。我国产5属5种2变种,引入栽培3属4种。深圳引入栽培5属5种1变种。

1. 叶、芽鳞、苞鳞、珠鳞及种鳞均交互对生;叶条形,排列成2列,侧生小枝连叶于冬季脱落;球果的种鳞盾形,木质,能育种鳞有5~9种子;种子扁平,周围有翅 ·················· 1. 水杉属 Metasequoia
1. 叶、芽鳞、苞鳞、珠鳞及种鳞均为螺旋状排列。
  2. 球果的种鳞(或苞鳞)扁平。
    3. 半常绿,枝叶二型;生条形叶的侧生小枝冬季脱落,有鳞形叶的小枝不脱落;叶鳞形、条形或条状锥形;种鳞木质;种子2,下端有长翅 ················· 2. 水松属 Glyptostrobus
    3. 常绿,枝叶仅一种类型;叶条状披针形,边缘有锯齿;种鳞革质;种子3,两侧有翅 ···············
    ··· 3. 杉木属 Cunninghamia
  2. 球果的种鳞盾形,木质。
    4. 常绿;叶钻形;雄球花单生或集生于枝顶;球果近于无柄,直立,种鳞上有3~7裂片;能育种鳞有2~5枚种子,种子扁平,周围有翅或仅两侧有翅 ················· 4. 柳杉属 Cryptomeria
    4. 落叶或半常绿,侧生小枝冬季脱落;叶线形或锥形;雄球花排列成总状或圆锥花序状;能育种鳞有2枚种子,种子三棱形,棱脊上有厚翅 ················· 5. 落羽杉属 Taxodium

1. 水杉属 Metasequoia Hu & W. C. Cheng

落叶乔木,高达50m,胸径2.5m。树干基部膨大;树皮灰色、灰褐色或暗灰色,幼树皮裂成薄片脱落,大树皮裂成长条状脱落,内皮淡紫褐色;枝斜展,小枝下垂,幼树树冠尖塔形,老树树冠广圆形,枝叶稀疏;一年生枝光滑无毛,幼时绿色,后渐变成淡褐色,二三年生枝淡褐灰色或褐灰色;大枝不规则轮生,小枝对生或近对生,侧生小枝排成羽状,长4~15cm,冬季凋落。叶、芽鳞、雄球花、雄蕊、珠鳞与种鳞均交互对生。叶条形,排成2列,质软,在侧枝上排列成羽状,长0.8~1.5cm,上面中脉凹下,下面沿中脉两侧有4~8条气孔线。雄球花在枝条顶部的花序轴上交互对生及顶生,排列成总状或圆锥状花序,通常长15~25cm,雄蕊约20,花药3,药隔显著;雌球花单生于侧生小枝顶端,珠鳞9~14对,各具5~9胚珠。球果下垂,当年成熟,近球形,张开后微具四棱,稀长圆状球形,长1.6~2.5cm,直径1.5~2.2cm;种鳞木质,盾形,顶部扁菱形,中央有凹槽,下部楔形,能育种鳞有5~9种子。种子扁平,周围有窄翅,先端有凹缺;子叶2,发芽时出土。

1种,为我国特有。

水杉 Dawn Redwood　　　图 195　彩片 291

Metasequoia glyptostroboides Hu & W. C. Cheng in Bull. Fan，Mem. Inst. Biol. ser. 2，**1**: 154. 1948.

形态特征同属。花期 4~5 月；果期 10~11 月。

产地：仙湖植物园有栽培。

分布：活化石植物，国家一级重点保护野生植物。产于我国四川东部石柱、湖北西部利川、湖南西北部龙山及桑植。生于海拔 750~1500m 林中。国内外广为栽培。

用途：可供作房屋建筑、板料、电杆、家具及木纤维工业原料等用材；生长快，可作长江中下游、黄河下游、南岭以北、四川中部以东广大地区的造林树种及四旁绿化树种；树姿优美，又为著名的庭园树种。

2. 水松属 Glyptostrobus Endl.

半常绿性乔木，高 10~25m。生于潮湿土壤者树干基部膨大具圆棱，并具有高达 70cm 的膝状呼吸根。冬芽形小。叶螺旋状排列，基部下延，有三种类型：鳞叶较厚，长约 2mm，在一至三年主枝上贴枝生长；条形叶扁平，薄，长 1~3cm，宽 1.5~4mm，生于幼树一年生小枝或大树萌芽枝上，常排成 2 列；条状锥形叶，长 0.4~1.1cm，生于大树的一年生短枝上，辐射伸展成 3 列状；后两种叶于秋季与侧生短枝一同脱落。球花单生于具鳞叶小枝顶端，雄蕊和珠鳞均螺旋状排列，花药 2~9（通常 5~7），珠鳞 20~22，苞鳞稍大于珠鳞。球果直立，倒卵状球形，长 2~2.5cm，直径 1.3~1.5cm；种鳞木质，倒卵形，背面上部边缘有 6~10 三角状尖齿，微外曲，苞鳞与种鳞几全部合生，仅先端分离成三角状外曲的尖头，发育种鳞具 2 种子。种子椭圆形，微扁，长 5~7mm，具一向下生长的长翅，翅长 4~7cm，子叶 4~5，发芽时出土。

1 种，为我国特产，国家一级重点保护野生植物。

水松 Water Pine　　　图 196　彩片 292

Glyptostrobus pensilis（Staunt. ex D. Don）K. Koch，Dendrol. **2**（2）: 191. 1873.

Thuja pensilis Staunt. ex D. Don in Lamb. Descrb. Gen. Pinus ed. 2，**2**: 115. 1828.

形态特征同属。花期 1~2 月；果期秋后。

产地：洪湖公园（蔡仲文 000275）。深圳各公园湖边有栽种。

分布：产于福建中部以南、江西中部、广东珠江

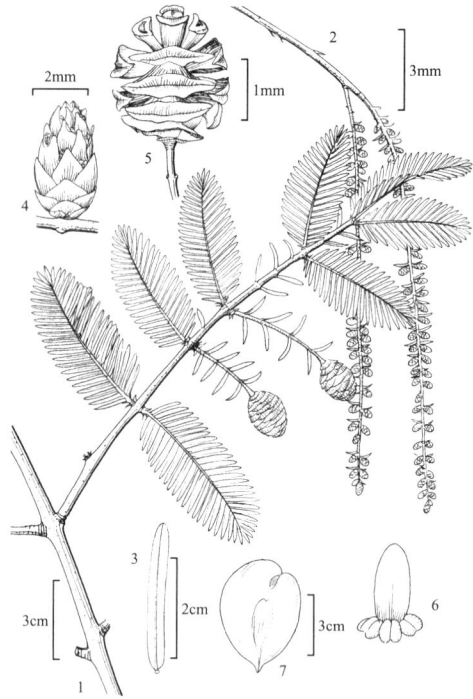

图 195 水杉 Metasequoia glyptostroboides
1. 分枝的一部分，示排成羽状的侧生小枝、在侧生小枝上排成羽状的叶及生于侧生小枝顶端的雌球花；2. 在枝条顶端呈总状排列的雄球花；3. 叶放大；4. 雄球花；5. 球果；6. 雄蕊；7. 种子。（李志民绘）

图 196 水松 Glyptostrobus pensilis
1. 分枝的一部分，示主枝和小枝上的鳞叶和条形叶以及球果和雄球花；2. 生于鳞叶小枝顶端的雄球花；3. 雄蕊；4. 珠鳞的腹面及基部的 2 颗胚珠；5. 种鳞的背面及苞鳞的先端；6. 种鳞的腹面；7. 种子。（李志民绘）

三角洲、广西东南部及云南东南部，多生于河流两岸。长江流域各城市有栽培。

用途：根系发达、耐水湿、材质优良、树姿优美，可做防风固堤林、用材林、庭园观赏等树种；根部木质松，浮力大，可用于加工瓶塞和救生圈。

3. 杉木属 **Cunninghamia** R. Br.

常绿乔木。枝轮生或不规则轮生。冬芽卵球形。叶螺旋状排列，侧枝之叶基部扭转排成 2 列，披针形或条状披针形，基部下延，边缘有细锯齿，上下两面中脉两侧有气孔线，上面的气孔线较下面为少，下面的气孔线组成较宽的气孔带。球花雌雄同株；雄球花多数簇生于枝顶，雄蕊多数，螺旋状排列，花药 3，下垂，纵裂，药隔三角形；雌球花 1~3 个生于枝顶，球形或长圆球形，苞鳞与珠鳞合生，螺旋状排列，苞鳞大，边缘有不规则细锯齿，先端长尖；珠鳞小，先端 3 浅裂，腹面基部着生 3 倒生胚珠。球果近球形或卵球形；苞鳞革质，扁平，宽卵形或三角状卵形，先端有硬尖头，边缘有不规则的细锯齿，基部心脏形，背面中肋两侧具有明显稀疏的气孔线，熟后不脱落；种鳞很小，着生于苞鳞的腹面中下部与苞鳞合生，上部分离，3 裂，裂片先端有不规则的细缺齿，发育种鳞的腹面着生 3 种子。种子扁平，两侧边缘有窄翅；子叶 2，发芽时出土。

1 种 1 变种，主产于秦岭、长江流域以南温暖山区及台湾山区。越南及老挝有分布。深圳有引入栽培 1 种。

杉木 China Fir

图 197　彩片 293

Cunninghamia lanceolata（Lamb.）Hook. in Curtis's Bot. Mag. **54**：t. 2743. 1827.

Pinus lanceolata Lamb. Descr. Gen. Pinus **1**：53. T. 34. 1803.

乔木，高达 30m，胸径可达 2.5~3m。幼树树冠尖塔形，大树树冠圆锥形；树皮灰褐色，裂成长条状，内皮淡红色；大枝平展；小枝对生或轮生，常成二列状；幼枝绿色，光滑无毛。冬芽近球形，具小型叶状芽鳞，花芽近球形，较大。叶在主枝上辐射伸展，侧枝基部之叶扭转成二列状，披针形或条状披针形，通常微弯、呈镰状，革质、坚硬，长 2~6cm，宽 3~5mm，边缘有细锯齿，先端渐尖，稀微钝，上面深绿色，有光泽，除先端及基部外，两侧有窄气孔带，微具白色粉或白色粉不明显，下面淡绿色，沿中脉两侧各有 1 条白粉气孔带；老树之叶通常较窄短、较厚，上面无气孔线。雄球花圆锥状，长 0.5~1.5cm，有短梗，通常 40 余个簇生于枝顶；雌球花 1~3 个集生。球果长 2.5~5cm，直径 3~4cm，苞鳞棕黄色，三角状卵形，先端反卷或不反卷。种子长卵形或长圆体形，长 7~8mm，宽 5mm，暗褐色，有光泽。花期 4 月；果期 10 月。

产地：三洲水电站（深圳考察队 000280）、仙湖植物园（曾春晓等 006777）。深圳各公园及绿地有栽培。

分布：产于秦岭南坡、桐柏山、伏牛山、大别山一线至江苏宁镇山区以南，东起沿海，西至四川大渡河流域，南至广东中部、广西中部及云南东南部中部，其垂直分布为东部海拔 700m 以下、西部海拔 1800m 以下、云南海拔 2800m 以下的酸性土山地。原始林多被砍伐，现多为人工林，栽培历史悠久。越南南部及

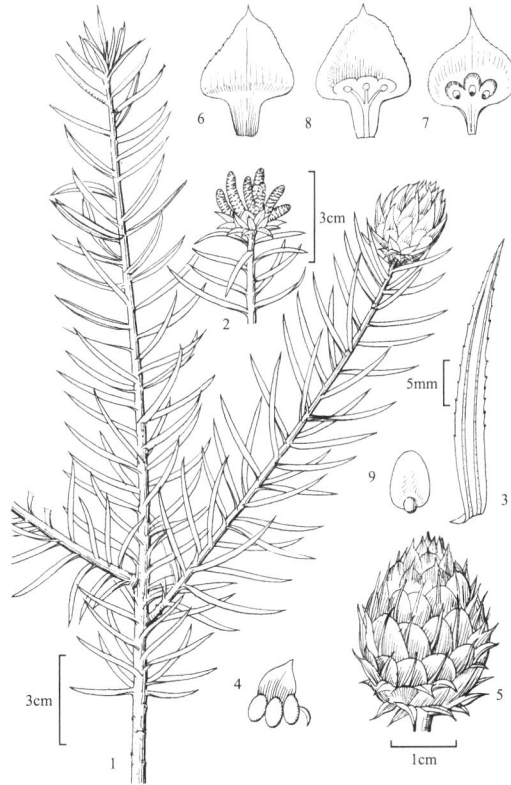

图 197　杉木 *Cunninghamia lanceolata*
1. 分枝的一部分，示叶和生于分枝顶端的雌球花；2. 分枝的一段，示叶及生于分枝顶端的雄球花；3. 叶；4. 雄蕊；5. 球果；6. 苞鳞的背面；7. 苞鳞的腹面及珠鳞和胚珠；8. 苞鳞的腹面及种鳞；9. 种子。（李志民绘）

老挝北部有分布。

用途：材质优良，有香气，为重要用材及优良的造纸原料；球果、种子入药，有祛风湿、收敛止血之效。

4. 柳杉属 Cryptomeria D. Don

常绿乔木。树皮红褐色，裂成长条片脱落；枝近轮生，平展或斜上伸展，树冠尖塔形或卵球形。冬芽形小。叶螺旋状排列，略成 5 行，腹背隆起成钻形，两侧略扁，先端尖，直伸或向内弯曲，有气孔线，基部下延。雌雄同株；雄球花长圆体形，单生于小枝上部叶腋，常密集成短穗状花序，长圆体形，基部有一短小的苞叶，无梗，具多数螺旋状排列的雄蕊，花药 3~6，药室纵裂，药隔三角状；雌球花近球形，无梗，单生于枝顶，稀数个集生，珠鳞螺旋状排列，胚珠 2~5，苞鳞与珠鳞合生，仅先端分离。球果近球形，当年成熟；种鳞不脱落，木质，盾形，上部肥大，上部边缘有 3~7（多为 4~6）裂齿，背面中部或中下部有 1 个三角装分离的苞鳞尖头，球果顶端的种鳞形小，能育种鳞具 2~5 种子。种子不规则扁椭圆形或扁三角形状椭圆形，边缘有极窄的翅；子叶 2~3，发芽时出土。

1 种 1 变种，产于我国和日本。深圳引入栽培 1 种。

柳杉 Chinese Cryptomeria　　　图 198　彩片 294

Cryptomeria fortunei Hooibrenk ex Otto et Dietr. in Allg. Gartenzeit. 21：234. 1853.

乔木，高达 40m，胸径可达 2m。树皮红棕色，纤维状，裂成长条片脱落；大枝近轮生，平展或斜展；小枝细长，常下垂，绿色，枝条中部的叶较长，常向两端逐渐变短。叶微镰刀状，略向内弯曲，先端内曲，四边有气孔线，长 1~1.5cm，果枝的叶通常较短，有时长不及 1cm，幼树及萌芽枝的叶长达 2.4cm。雄球花单生于叶腋，长椭圆形，长约 0.7cm，集生于小枝上部，成短穗状花序；雌球花顶生于短枝上，球果圆球形或扁球形，直径 1~2cm，多为 1.5~1.8cm；种鳞 20 左右，上部有 4~5（稀 6~7）短三角形裂齿，齿长 0.2~0.4cm，基部宽 1~2mm，鳞背中部或中下部有 1 个三角状分离的苞鳞尖头，尖头长 3~5mm，基部宽 3~14mm，能育的种鳞有 2 种子。种子褐色，近椭圆形，扁平，长 0.4~0.65cm，宽 2~3.5mm，边缘有窄翅。花期 4 月；果期 10~11 月。

产地：锦绣中华（王定跃 000278）、仙湖植物园（刘小琴等 006249）、深圳大学（李沛琼 000277）有栽培。

分布：为我国特有种，产于浙江、安徽、江西、福建、云南和四川。生于海拔 1100~1400m 以下的地带。长江流域以南各地区均有栽培。

用途：可供作建筑、电杆、家具及造纸原料等用材；亦是园林树种。

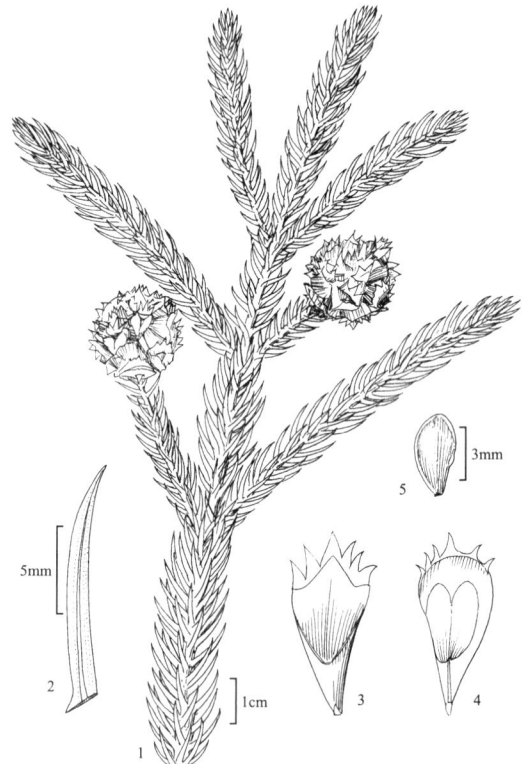

图 198 柳杉 Cryptomeria fortunei
1. 分枝的一部分，示叶及生于枝顶的球果；2. 叶；3. 种鳞的背面及苞鳞的上部；4. 种鳞的腹面；5. 种子。（李志民绘）

5. 落羽杉属 Taxodium Rich.

落叶或半常绿性乔木。小枝有两种：主枝宿存，侧生小枝冬季脱落。冬芽形小，球形。叶螺旋状排列，基部下延生长，二型；锥形叶在主枝上宿存，前伸；条形叶在侧生小枝上排列成羽状或排列紧密不成2列，冬季与侧生短枝一同脱落。球花雌雄同株；雄球花卵球形，在球花枝上排成总状或圆锥花序状，生于小枝顶端，有多数或少数螺旋状排列的雄蕊，每雄蕊有4~9花药，药隔显著，药室纵裂，花丝短；雌球花单生于去年生小枝的顶端，由多数螺旋状排列的珠鳞所组成，每珠鳞的腹面基部有2胚珠，苞鳞与珠鳞几全部合生。球果球形或卵球形，具短梗或几无梗；种鳞木质，盾形，顶部具三角状凸起的苞鳞尖头；苞鳞与种鳞合生，仅先端分离；发育的种鳞各有2种子。种子呈不规则三角形，具锐脊状厚翅；子叶4~9，发芽时出土。

2种1变种，原产于北美及墨西哥，我国均已引种。深圳引入栽培1种1变种。

1. 小枝上的叶条形，长 1~1.5cm，在侧生短枝上排列成2列 ················· 1. 落羽杉 **T. distichum**
1. 小枝上的叶锥形，长 0.4~1cm，在侧生短枝上不成二列状排列，常包裹于直立的小枝上 ·······················
·························· 1a. 池杉 **T. distichum** var. **imbricatum**

1. 落羽杉 Bald Cypress　　图 199　彩片 295　296

Taxodium distichum（L.）Rich. in Ann. Mus. Natl. Hist. Nat. **16**：298. 1810.

Cupressus distichum L. Sp. Pl. **2**：1003. 1753.

落叶乔木，在原产地高达50m，胸径2m。树干尖削度大，干基通常膨大，常有屈膝状的呼吸根；树皮棕色，裂成长条状脱落；枝条水平开展，幼树树冠圆锥形，老则呈宽圆锥形；新生幼枝绿色，到冬季则变为棕色；一年生侧生小枝排成2列。叶条形，扁平，基部扭转在小枝上列成2列，羽状，长1~1.5cm，宽约1mm，先端尖，上面中脉凹下，淡绿色，下面黄绿色或灰绿色，中脉隆起，每边有4~8条气孔线，凋落前变成暗红褐色。雄球花卵球形，有短梗，在小枝顶端排列成总状花序或圆锥花序状。球果球形或卵球形，有短梗，向下斜垂，熟时淡褐黄色，有白色粉，直径约2.5cm；种鳞木质，盾形，顶部有明显或微明显的纵槽；种子不规则三角形，有锐棱，长1.2~1.8cm，褐色。花期3月；果期11月。

产地：东湖公园（深圳考察队 000269）有栽培。

分布：原产于北美东南部。我国山东、浙江、江苏、江西、福建、广东、香港、澳门、海南和广西等地有引种栽培，生长良好。

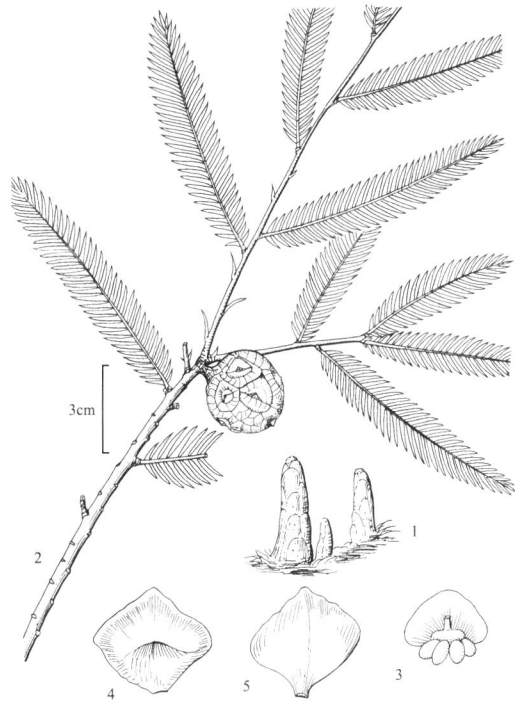

图 199 落羽杉 Taxodium distichum
1. 呼吸根；2. 分枝的一部分，示叶和球果；3. 雄蕊；4. 种鳞的顶部；5. 种鳞的侧面。（李志民绘）

用途：耐水，能生长于排水不良的沼泽地上；木材重，纹理直，结构较粗，硬度适中，耐腐力强；可供作建筑、电杆、家具、造船等用材；亦可作庭院树。

1a. 池杉 Pond Cypress

Taxodium distichum var. **imbricatum**（Nutt.）Croom, Cat. Pl. New. Bern ed. **2**：3048. 1837.

Cupressus distichum var. *imbricaria* Nutt. Gen. N. Amer. Pl. **2**：244. 1818.

与原种的主要区别在于：其小枝上的叶锥形，长0.4~1cm，在侧生短枝上不成二列状排列，常包裹于直立的小枝上。在生境方面，本变种更耐生于养分含量较低的水塘边或沼泽中。

产地：仙湖植物园（王定跃 000268）、东湖公园（王定跃 000267）有栽培。

分布：原产于北美东南部。我国杭州、上海、南京、南通、武汉及河南鸡公山等地有引种栽培，生长良好。

用途：耐水湿，能生长于沼泽地区及水湿地上；木材重，纹理直，结构较粗，硬度适中，耐腐力强，可供作建筑、电杆、家具、造船等用材；我国江南低温地区已用之造林或栽培作庭院树。

6. 柏科 CUPRESSACEAE

李 楠 韦雪梅

常绿乔木或灌木。叶交叉对生或 3~4 片轮生，或 4 叶成节，稀螺旋状着生，鳞形或刺形，或同一树上兼有两型叶，鳞叶紧覆小枝，刺叶多少开展。球花单性，雌雄同株或异株，单生于枝顶或叶腋；雄球花具 1~8 对交互对生的雄蕊，每雄蕊具 2~6 花药，花粉无气囊；雌球花具 3~18 交互对生或 3 轮生的珠鳞，全部或部分珠鳞的腹面基部有 1 至多数直立胚珠，稀胚珠单生于两珠鳞之间，苞鳞与珠鳞完全合生，仅顶端或背部有苞鳞分离的尖头。球果较小，圆球形、卵球形或圆柱形；种鳞薄或厚，扁平或盾形，木质或近革质，成熟时张开，或肉质合生呈浆果状，成熟时不裂或仅顶端微开裂，发育种鳞有 1 至多粒种子。种子周围具窄翅或无翅，或上端有一长一短之翅。

约 22 属约 125 种，广布于南北两半球。我国有 8 属 46 种（16 特有种，13 引种），几乎分布于全国。深圳常见栽培有 3 属 3 种及 3 栽培品种。

多为优良用材树种及庭园观赏树种。木材具树脂细胞，无树脂道，有香气，坚韧耐用，可供作建筑、桥梁、造船、车辆、家具、体育文化用具等用材；叶可供提取芳香油，树皮可供提取栲胶；又可用作绿化造林、固沙、水土保持等用。

1. 叶有刺叶和鳞叶之分，或同一树上二者兼有，刺叶基部无关节，下延生长；种鳞肉质，成熟时不张开或微张开，具 1~3 无翅的种子 ··· 1. **刺柏属 Juniperus**
1. 叶均为鳞叶，交互对生，生鳞叶小枝扁平状；种鳞木质，成熟时张开。
  2. 生鳞叶的小枝两面基本同色；种鳞 4 对，鳞背有一弯曲的钩状尖头；种子无翅 ·········2. **侧柏属 Platycladus**
  2. 生鳞叶的小枝下面被白色粉；种鳞 6~8 对，盾形；种子上部具 2 个大小不等的翅 ····· 3. **福建柏属 Fokienia**

1. 刺柏属 Juniperus Mill.

常绿乔木或灌木。树皮薄，裂成长条状脱落。小枝不排成一个平面，圆柱形或横切面 3、7 或 6 棱。叶为鳞形叶或刺形叶，基部下延或不下延，鳞形叶对生或交互对生，稀 3 叶轮生，刺叶通常对生或 3 叶轮生，基部有或无关节；幼叶全为针形；成熟叶鳞形或针形，通常在小枝上不二型，但有时二型，腹面具 1 或 2 淡色气孔带，或在背面基部有少数气孔。雄球花单生，腋生或顶生，黄色，卵形或球形；小孢子叶 6~16，每片具 2~8 个花粉囊。球果顶生或腋生，浆果状或核果状，球形或卵形，第一（至）二（至三）年成熟时不开裂或稍开裂；种鳞与苞鳞完全合生，肉质，成熟时不张开或微张开，每个可育种鳞有种子 1~3，分离的苞鳞顶端有一小尖头，每球果具种子 1~6。种子无翅，通常具有树脂乳；子叶 2~6。

约 60 种，分布于北半球，主产于高山、亚高山地带。我国有 23 种，12 变种，引入栽培 2 种。深圳常见栽培 1 种，2 栽培品种。

1. 圆柏 China Savin   图 200　彩片 297

Juniperus chinensis L. Syst. Nat., ed. 12, **2**: 660. 1767.

Sabina chinensis（L.）Ant. Cupressus Gatt. 54. t. 75~76. 78. f. 1857.

乔木，高达 20m，胸径达 3.5m。树皮灰褐色，裂成长条状；幼树树枝通常斜上伸展，形成尖塔形树冠，老则下部大枝平展，形成广圆形的树冠；小枝通常直或稍成弧状弯曲，生鳞叶的小枝近圆柱形或近四棱形，直径 1mm。叶二型，即刺叶及鳞叶；幼树全为刺叶，老树全为鳞叶，壮龄树兼有刺叶和鳞叶；生于 1 年生小枝的一回分枝的鳞叶 3 叶轮生，直伸而紧密，近披针形，先端微渐尖，长 0.25~0.5cm，背面近中部有椭圆形微凹的腺体；

刺叶 3 叶交互轮生，斜展，疏松，披针形，先端渐尖，长 0.6~1.2cm，上面微凹，有 2 条白粉带。球花雌雄异株，稀同株，雄球花黄色，椭圆形，长 25~35mm，雄蕊 5~7 对，常有 3~4 花药。球果近圆球形，直径 6~8mm，翌年成熟，熟时暗褐色，被白色粉或白色粉脱落，有（1~）2~4 种子。种子卵圆形，扁，顶端钝，有棱脊及少数树脂槽；子叶 2，出土。

产地：深圳仙湖植物园有栽培。

分布：产于内蒙古、河北、陕西、甘肃、四川、湖北、湖南、广东、广西、贵州及云南等地。生于海拔 2300m 以下的中性土、钙质及微酸性土上。朝鲜、日本及缅甸有分布。我国辽宁、山东、山西、湖南、安徽、江苏、浙江、福建、江西及新疆有栽培。

用途：心材淡褐红色，边材淡黄褐色，有香气，坚韧致密，耐腐性强，可作房屋建筑、家具、文具及工艺品等用材；树根、树干及枝叶可供提取柏木脑的原料及柏木油；枝叶入药，能祛风散寒，活血消肿、利尿；种子可供提取润滑油；亦普遍作为庭园树种；在排水良好的山地可选用造林。

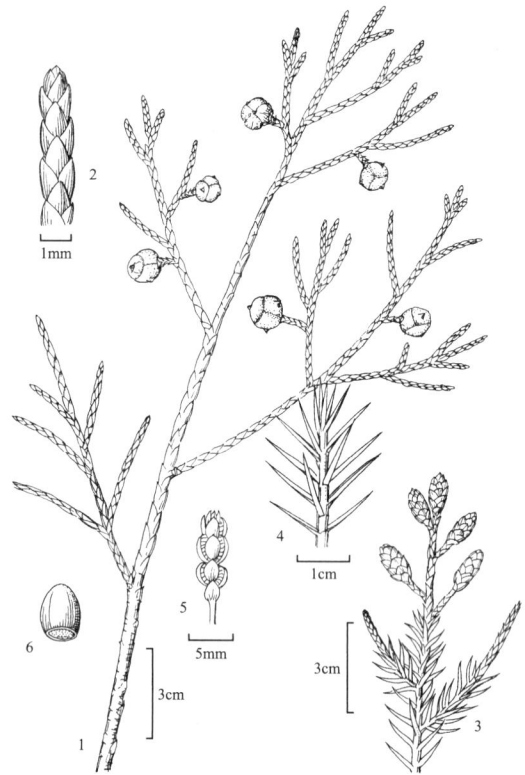

图 200 圆柏 Juniperus chinensis
1. 分枝的一部分，示鳞叶和球果；2. 生鳞叶的枝放大；3. 分枝的一部分，示针叶和雄球花；4. 生针叶的枝放大；5. 雄球花；6. 种子。（李志民绘）

1a.　龙柏（栽培品种）Dragon Juniperus　　　彩片 298
Juniperus chinensis 'Kaizuca'

树冠圆柱状或柱状塔形；分枝低，常有扭转上升之势，小枝密，在枝端成几乎相等长之密簇；鳞叶排列紧密，幼嫩时淡黄绿色，后呈翠绿色，树冠下部有时具少数刺叶；球果蓝色，微被白色粉。

长江流域及华北各大城市庭园有栽培。

产地：仙湖植物园（王勇进 000296）、东湖公园（王定跃 000289）。

1b.　金叶桧（栽培品种）Golden Chinese Juniperus　　　彩片 299
Juniperus chinensis 'Aurea'

直立灌丛，鳞叶初为深金黄色，后渐变为绿色。

产地：仙湖植物园有栽培。

2. 侧柏属 Platycladus Spach

常绿乔木，高达 20m，胸径 1m。幼树树冠卵状尖塔形，老为广圆形；树皮淡灰褐色。生鳞叶的小枝直展或斜展，排成一平面，扁平，两面同形。叶鳞形，二型，交叉对生，排成 4 列，基部下延生长，背面有腺点。雌雄同株，球花单生于小枝枝顶；雄球花有 6 对交叉对生的雄蕊，花药 2~4；雌球花有 4 对交叉对生的珠鳞，仅中部 2 对珠鳞各具 1~2 直立的胚珠，最下一对珠鳞短小，有时退化而不显著。球果当年成熟，卵状椭圆形，长 1.5~2cm，成熟时褐色，开裂；种鳞 4 对，木质，扁平，厚，背部顶端下方有一弯曲的钩状尖头，最下部一对很小，不发育，中部 2 对发育，各具 1~2 种子。种子椭圆形或卵圆形，长 0.4~0.6cm，灰褐色或紫褐色，无翅，或顶端有短膜，种脐大而明显；子叶 2，发芽时出土。

单种属。分布于中国、越南、朝鲜半岛、俄罗斯东部。在我国几乎分布于全国。深圳引种栽培 1 种，1 栽培品种。

1. 侧柏 Oriental Arborvitae 图 201 彩片 300

Platycladus orientalis(L.)Franco in Portugaliae Acta Biol. Ser. B. Suppl. Ser. B. Sist. Vol. "Julio Henrigues": 33. 1949.

Thuja orientalis L. Sp. Pl. **2**: 1002.1753; 广州植物志 75. 1956; 广东植物志 **4**: 25, fig. 15. 2000.

Biota orientalis(L.)Endl. Syn. Conif. 47. 1847; 海南植物志 **1**: 213. 1964.

种的形态特征同属。花期 3~4 月; 果期 10 月。

产地: 仙湖植物园(曾春晓等 010236)。栽培。

分布: 吉林、辽宁、内蒙古、河北、山东、河南、山西、陕西、甘肃、湖北、四川、云南及西藏。野生和栽培。生于石灰岩山地或载于丘陵及平原, 海拔 300~3300m。江苏、安徽、浙江、江西及湖南有引种栽培。俄罗斯远东地区、朝鲜半岛、越南有分布。

用途: 木材纹理斜而匀, 结构很细, 易加工, 耐腐性强, 油漆和胶黏性良好, 供作建筑、造船、桥梁、家具、雕刻、细木工、文具等用材; 种子、根、枝叶、树皮均可供药用, 种子(柏子仁)有滋补强壮、安心养神、润肠通便、止汗等效, 枝叶能止血收敛、利尿、健胃、解毒散瘀; 种子含油量约 22%, 供医药和香料工业用; 树形优美, 耐修剪, 为园林绿化和绿篱树种。

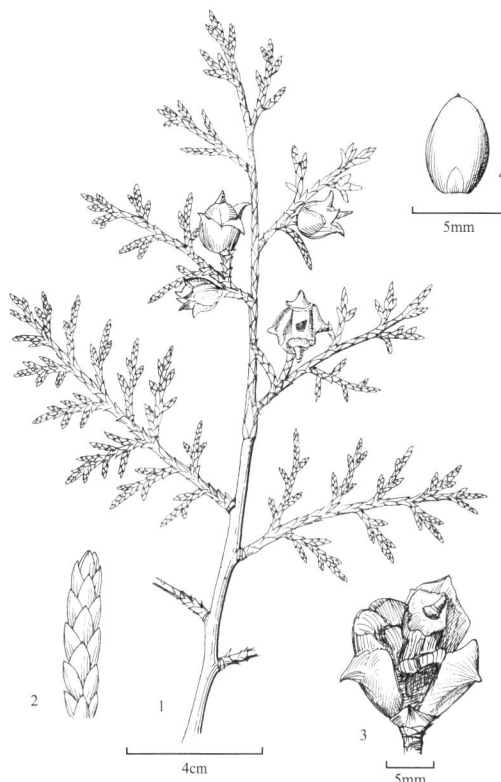

图 201 侧柏 Platycladus orientalis
1. 分枝的一部分, 示鳞叶及球果; 2. 生鳞叶小枝的一段放大; 3. 球果; 4. 种子。(李志民绘)

1a. 千头柏(栽培品种)Siebold's Plalycladus 彩片 301

Platycladus orientalis 'Sieboldii'

丛生灌丛, 无主干。枝密, 上伸; 树冠卵圆形或球形。叶绿色。长江流域多栽培作树篱或庭园树种。

产地: 仙湖植物园(王定跃等 000287)。栽培。

3. 福建柏属 Fokienia Henry & Thomas

常绿乔木, 高达 30m, 胸径 1m。树皮紫褐色, 浅纵裂; 生鳞形叶的小枝扁平, 三出羽状分枝, 排成一平面。鳞叶交叉对生, 明显成节, 二型, 幼树或萌发枝中央之叶较两侧之叶短、窄, 紧贴, 两侧之叶瓦覆于中央之叶的边缘, 两侧之叶先端呈三角状或上部渐窄, 先端渐尖, 内侧直, 背部稍拱或直, 成熟幼树上小枝之叶先端钝尖或微急尖, 中央之叶较两侧之叶稍短或等长宽, 先端稍内曲, 小枝下面中央之叶及两侧之叶的下面有粉白色气孔带。雌雄同株, 球花单生于小枝顶端; 雌球花有 6~8 对交叉对生的珠鳞, 每珠鳞的基部有 2 胚珠。球果翌年成熟, 近球形, 直径 2~2.5cm, 熟时褐色; 种鳞 6~8 对, 熟时张开, 木质, 盾形, 基部渐窄, 顶部中央微凹, 有一凸起的小尖头, 能育的种鳞各具 2 种子。种子卵形, 长约 4mm, 具明显的种脐, 上部有 2 个大小不等的薄翅, 大翅长约 5mm; 子叶 2, 发芽时出土。

单属种, 分布于中国、老挝和越南。深圳有栽培。

福建柏 Fujian Cypress　　　图 202　彩片 302

Fokienia hodginsii（Dunn）Henry & Thomas in Gard. Chorn. Ser. 3，**49**：66. t. 32-33. 1911.

Cupressus hodginsii Dunn in J. Linn. Soc. Bot. **38**：367. 1908.

形态特征同属。花期 3~4 月；果期翌年 10~11 月。

产地：仙湖植物园有栽培。

分布：国家二级重点保护野生植物。产于我国浙江（南部）、福建、江西（西部）、湖南（南部）、广东（北部）、广西、贵州、云南（东南部）及四川（东南部）。生于山地。海拔 100~1800m。越南及老挝北部有分布。

用途：生长快，为速生造林树种；边材淡红褐色，心材深褐色，较轻软，纹理直，结构细，易加工，切面光滑，油漆性欠佳，胶黏性良好，易于干燥，干后材质稳定，耐久用；可供作建筑、家具、农具、细木工、雕刻等用材。

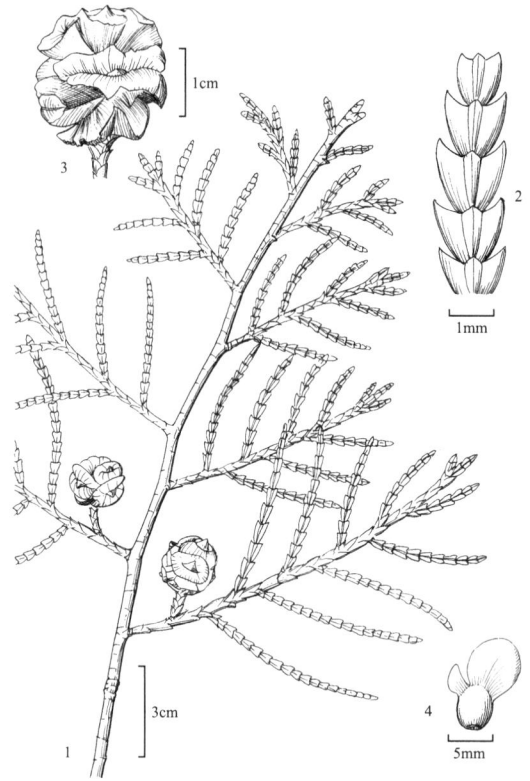

图 202 福建柏 Fokienia hodginsii
1. 分枝的一部分，示鳞叶及球果；2. 小枝的一段放大，示鳞叶；3. 球果，示种鳞成熟时张开；4. 种子。（李志民绘）

8. 罗汉松科 PODOCARPACEAE

李 楠 韦雪梅

常绿乔木或灌木。叶多型：条形、披针形、鳞形，或退化成叶状枝，螺旋状散生、近对生或交叉对生，叶边缘全缘，两面或下面有气孔带或气孔线。球花单性，雌雄异株，稀同株；雄球花穗状，单生或簇生于叶腋，或生于枝顶；雄蕊多数，螺旋状排列，各具外向一边排列有背腹面区别的花药 2，药室斜向或横向开裂，花粉有气囊，稀无气囊；雌球花单生于叶腋或苞腋，或生于枝顶，稀穗状，具多数至少数螺旋状着生的苞片，部分或全部、或仅顶端的苞腋内着生 1 倒转生或半倒转生（中国种类）、直立或近于直立的胚珠，胚珠由辐射对称或近于辐射对称的囊状或杯状的套被所包围，稀无套被，有梗或无梗。种子核果状或坚果状，全部或部分为肉质或较薄而干的假种皮所包，或苞片与轴愈合发育成肉质种托或不，有梗或无梗，有胚乳；子叶 2。

18 属约 180 种，分布于热带、亚热带及南温带区，尤其以南半球分布最多。我国有 4 属 12 种，产于中南、华南和西南地区。深圳有 4 属 7 种 1 变种。

1. 叶二型；长型叶条状，羽毛状排列与末级小枝两侧；小型叶鳞片状，螺旋覆瓦状排列于老枝上；种子无柄 ·· 1. 鸡毛松属 Dacrycarpus
1. 叶一型；卵形、披针形或条形；种子有柄。
  2. 叶对生，具多数并列的细脉，无明显的中脉 ······················· 2. 竹柏属 Nageia
  2. 叶螺旋状排列，有明显的中脉。
    3. 种子成熟时全包于肉质鳞被中，其下有红色肉质种托 ·············· 3. 罗汉松属 Podocarpus
    3. 种子成熟时全包于肉质鳞被中，无肉质种托 ·············· 4. 非洲蕨松属 Afrocarpus

1. 鸡毛松属 Dacrycarpus (Endl.) de Laubenf.

常绿乔木或灌木。树干通直；主枝开展或下垂，小枝下垂或斜升，密集。叶有条形叶和鳞片状钻形叶两种类型，两面有气孔线，具树脂道 1 个；条形叶扁平，在小枝上呈羽状排列，无叶柄，叶片镰刀形，基部斜下延，先端斜突尖，中脉两面凸起，无侧脉。球花雌雄异株，稀同株；雄球花顶生或侧生，花粉具 2 气囊；雌球花单生或对生于小枝顶端或近顶端，通常仅 1 个发育。种子无柄，苞片发育成红色肉质种托，具瘤。

约 9 种，广布于缅甸至斐济和新西兰的许多地区。我国仅产 1 变种，产于云南、广西和海南。深圳引入 1 变种。

鸡毛松 Patulous Dacrycarpus　　图 203　彩片 303
Dacrycarpus imbricatus (Blume) de Laubenf. var. **patulus** de Laubenf. in J. Arnold Arbor. **50**: 320. 1969.
  Podocarpus imbricatus auct. non Blume: 海南植物志 **1**: 217，图 124. 1964；广东植物志 **4**: 32. 2000.
  乔木，高达 30m，胸径达 2m。树干通直，树皮灰褐色；枝条开展或下垂，小枝密生，纤细，下垂或

图 203 鸡毛松 Dacrycarpus imbricatus
1. 分枝的一部分，示老枝上的鳞叶、小枝或幼枝上的条形叶及生于鳞叶小枝顶端的种子；2. 鳞片状叶；3. 条形叶；4. 生于鳞片状叶小枝顶端的种子。（李志民绘）

向上伸展。叶二型，螺旋状排列，下延生长，两种类型之叶往往生于同一树上；老枝或果枝之叶鳞片状，覆瓦状排列，形小，长 2~3mm，先端内曲，有急尖的长尖头；生于幼树、萌生枝或小枝枝顶之叶条形，质软，排成 2 列，近扁平，长 0.6~1.2cm，宽约 1.2mm，两面有气孔线，上部微渐窄，先端微向上弯曲，两面有气孔线。雄球花穗状，生于小枝顶端，长约 1cm；雌球花单生或对生于小枝顶端，通常仅 1 个发育。种子卵球形，无柄，长 0.5~0.6cm，有光泽，生于肉质种托上，成熟时肉质假种皮红色。花期 2~4 月；果期 10~12 月。

产地：仙湖植物园（刘小琴等 006761）有栽培。

分布：产于海南、广西（西北部）、云南（东南部及南部）。广东有栽培。缅甸、泰国、老挝、柬埔寨、越南、菲律宾及印度尼西亚、秘鲁、巴布亚新几内亚和太平洋岛屿。

用途：材质优良，可用于作建筑、造船、家具等用材。

2. 竹柏属 **Nageia** Gaertn.

常绿乔木。叶对生或近对生；叶柄短；叶片较宽，长椭圆披针形至宽椭圆形，具多数并列纵细脉，无主脉，树脂道多数。球花雌雄异株，稀同株；雄球花穗状，腋生，单生或分枝状，或数个簇生于花序梗上；花粉具 2 气囊；雌球花单个，稀成对生于叶腋，胚珠倒生。种子核果状，有柄，种托稍厚于种柄，或有时呈肉质。

5~7 种，分布于孟加拉国、印度、缅甸、泰国、中国、老挝、柬埔寨、越南、日本、马来西亚、菲律宾、印度尼西亚和太平洋岛上。我国产 3 种。深圳有 1 种，引入栽培 1 种。

1. 叶厚革质，通常长 8~18cm，宽 2.2~5cm；种子直径 1.5~1.8cm；雄球花簇生 ·············· 1. **长叶竹柏 N. fleuryi**
1. 叶革质，通常长 2~9cm，宽 0.7~2.5cm；种子直径 1.2~1.5cm；雄球花常呈分枝状簇生 ········ 2. **竹柏 N. nagi**

1. 长叶竹柏 Fleury Nageia　　图 204　彩片 304
Nageia fleuryi（Hickel）de Laubenf. in Blumea **32**：210. 1987.

Podocarpus fleuryi Hickel in Bull. Soc. Dendr. France **76**：57. 1930.

乔木。叶交叉对生；叶片厚革质，宽披针形，无中脉，有多数并列的纵细脉，长 8~18cm，宽 2.2~5cm，基部楔形，窄成扁平的短柄，上部渐窄，先端渐尖。雄球花穗状，腋生，长 1.5~6.5cm，常 3~6 个簇生于花序梗上，花序梗长 0.2~0.5cm，药隔三角状，边缘有锯齿；雌球花单生于叶腋，有梗，梗上具多数苞片，苞腋着生 1~2（~3）胚珠，仅 1 胚珠发育，苞片不发育成肉质种托。种子圆球形，成熟时假种皮蓝紫色，直径 1.5~1.8cm，柄长约 2cm。花期 4~5 月；果期 10~11 月。

产地：仙湖植物园（李勇 00798）、儿童公园（科技部 000299）有栽培。

分布：产于海拔云南、广西、广东及海南和台湾（北部）。常散生于阔叶林中。越南、柬埔寨也有分布。

用途：可作为庭园观赏树种。

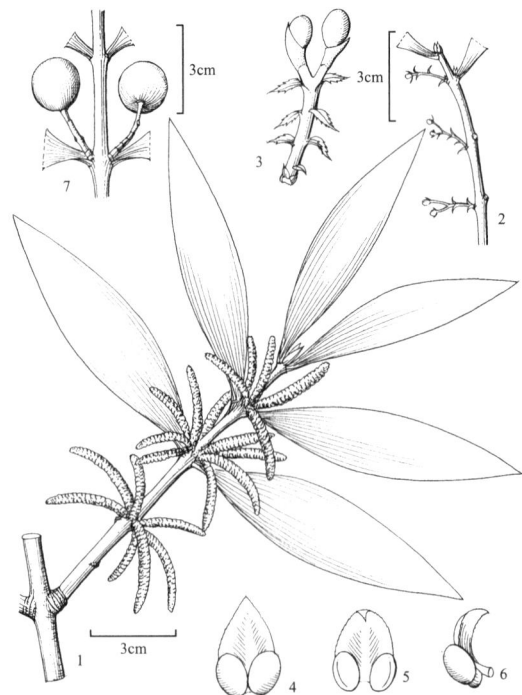

图 204 长叶竹柏 Nageia fleuryi
1. 分枝的一部分，示叶和雄球花；2. 分枝的一段，示雌球花；3. 雌球花；4~5. 雄蕊；6. 雄蕊的侧面观；7. 分枝的一段，示种子。（李志民绘）

2. 竹柏 Nagi 　　　　　图 205　彩片 305

Nageia nagi（Thunb.）Kuntze in Revis. Gen. Pl. **2**: 789. 1891.

Myrica nagi Thunb. in Murr. Syst. Veg. ed. 14. 884. 1784.

Podocarpus nagi（Thunb.）Zoll. & Mor. ex Zoll. Syst. Verz. Ind. Arch. **2**: 82. 1854; 海南植物志 **1**: 217. 1964.

乔木，高达 20m。树皮近平滑，红褐色或暗紫红色，成小块薄片脱落；枝叶开展或伸展，树冠广圆锥形。叶对生；叶片革质，长卵形、卵披针形或披针状椭圆形，有多数并列的纵细脉，无中脉，长 2~9cm，宽 7~25mm，上面深绿色，有光泽，下面浅绿色，上部渐窄，基部楔形或宽楔形，向下窄成柄状。雄球花穗状圆柱形，长 1.8~2.5cm，单生于叶腋，常呈分枝状簇生，基部有少数三角状苞片；雌球花单生于叶腋，稀成对腋生，基部有多数苞片，花后苞片不膨大成肉质种托。种子圆球形，直径 1.2~1.5cm，成熟时假种皮暗紫色，有白色粉，柄长 7~13mm，其上有苞片脱落的痕迹；骨质外种皮黄褐色，顶端圆，基部尖，其上密被细小的凹点，内种皮膜质。花期 3~4 月；果期 10 月。

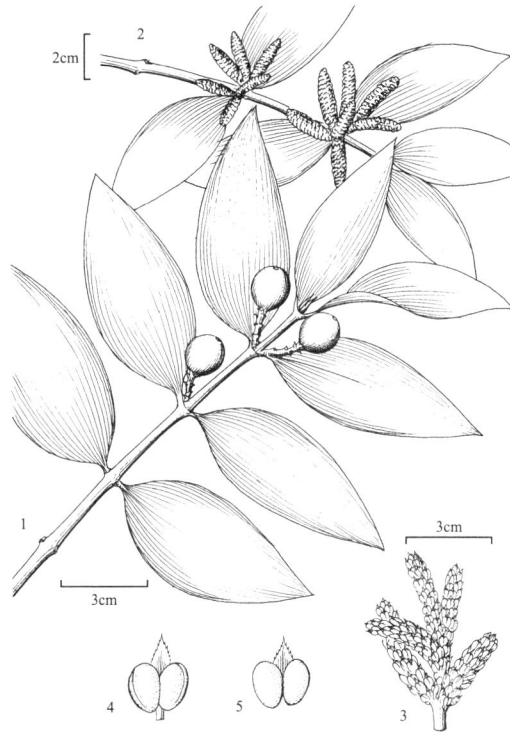

图 205　竹柏 Nageia nagi
1. 分枝的一段，示叶和种子；2. 分枝的一段，示叶和雄球花；3. 雄球花；4~5. 雄蕊。（李志民绘）

产地：东涌（王国栋等 7717）、深圳市园林科学研究所（李沛琼 000300）、沙头角（李沛琼 000323）。野生及栽培。生于山地水旁，海拔 250~300m。

分布：产于浙江、福建、台湾、江西、湖南、广东、香港、澳门、海南、广西、贵州（西南部）及四川。野生和栽培。生于丘陵或山地林中，海拔 1600m 以下。日本有分布。

用途：边材淡黄白色，心材色暗，纹理直，结构细，硬度适中，易加工，耐久用，为优良的建筑、造船、家具、器具及工艺品用材；种仁油供食用及作工业用油；枝叶茂密，树冠圆锥形，可作庭园观赏树种。

3. 罗汉松属 Podocarpus L'Her. ex Pers.

乔木，稀灌木。叶螺旋状排列或近对生；叶柄极短；叶片条形，披针形或窄椭圆形，具明显中脉，下面有气孔线，树脂道多数。球花雌雄异株；雄球花单生或簇生，花粉具 2 气囊；雌球花腋生，常单个稀多个生于梗端或顶部，基部有多数苞片，苞腋有 1~2 胚珠，稀多数，包在肉质鳞被中。种子坚果状或核果状，成熟时通常绿色，为肉质假种皮所包，生于红色肉质种托上。

约 100 种，分布于世界热带和亚热带地区，也分布于南半球温带地区。我国产 7 种。深圳有 1 种，引入栽培 6 种，但常见栽培仅 2 种 1 变种。

1. 叶片先端圆或钝，条状倒披针形或条状椭圆形，集生于小枝上端；雄球花单生于叶腋；种柄明显短于种托 ··· 1. **兰屿罗汉松 P. costalis**
1. 叶片先端渐尖或钝尖。
　　2. 叶片上部渐窄，先端具渐尖的长尖头，长 7~15（~22）cm，宽 0.9~1.5（~2.2）cm ··············· 2. **百日青 P. neriifolius**

2. 叶片上部微渐窄，先端具短尖或钝尖头。

　3. 乔木；叶片长 7~12cm，宽 0.7~1cm，先端尖 ·························· 3. **罗汉松 P. macrophyllus**

　3. 小乔木或灌木状；叶短而密集，叶片长 2.5~7cm，宽 3~7mm ··············

　··························· 3a. **短叶罗汉松 P. macrophyllus** var. **maki**

1. 兰屿罗汉松 Lanyu Yaccatree　　图 206　彩片 306

Podocarpus costalis C. Presl in Epimel. Bot. 236. 1849.

　小乔木或灌木状。枝条平展。叶螺旋状着生，集生于小枝上端；叶片革质，条状披针形或条状椭圆形，长 5~7cm，宽 0.7~1.2cm，基部窄成短柄，上部微窄，先端圆或钝，边缘稍外卷，下面中脉隆起。雄球花单生于腋生，穗状圆柱形，长 2.3~3cm，直径 0.1~3cm，梗长约 5mm；雄蕊药隔显著；雌球花长约 0.5cm。种子椭圆体形，长 0.9~1cm，成熟时假种皮深蓝色，先端圆，有小尖头，种托肉质，圆柱状长圆形，长约 1~1.3cm，基部有 2 苞片，梗长约 1cm；种柄明显短于种托，长约 2mm。

　产地：仙湖植物园（王勇进 006576）有栽培。

　分布：产于台湾兰屿岛。菲律宾有分布。

　用途：材质细致均匀，硬度中等，易加工，可作为家具、文具、乐器及雕刻等用材；常见用作庭院绿化树、盆景材料等，萌发力强，枝叶浓密，典雅庄重。

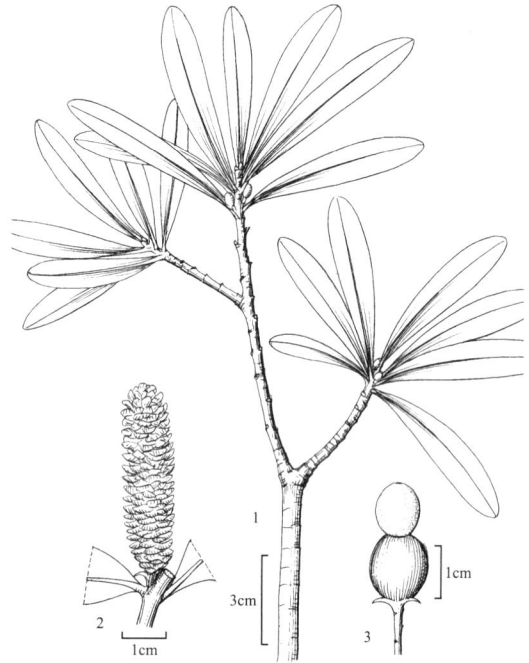

图 206 兰屿罗汉松 Podocarpus costalis
1. 分枝的一部分；2. 雄球花；3. 种子。（李志民绘）

2. 百日青 Oleander Yaccatree　　　　　　　　　　　　　　　　　　　　　　图 207

Podocarpus neriifolius D. Don in Lamb. Descr. Gen. Pinus **2**：21. 1824.

　乔木，高达 25m，胸径约 50cm。树皮灰褐色，薄纤维质，成片状纵裂；枝条开展或斜展。叶螺旋状散生；叶片披针形，厚革质，常微弯，长 7~15(~22)cm，宽 0.9~1.5(~2.2)cm，上部渐窄，先端有渐尖的长尖头，萌生枝上的叶稍宽、有短尖头，基部渐窄，楔形，有短柄，上面微有光泽，中脉明显隆起，下面微隆起或近平。雄球花穗状，单生或 2~6 个簇生，长 2.2~5cm，总梗较短，基部有多数螺旋状排列的苞片。种子卵球形，长 0.8~1.6cm，顶端圆或钝，熟时肉质假种皮紫红色，着生于肉质种托上，种托橙红色，柄长 0.9~2.2cm。花期 5 月；果期 10~11 月。

　产地：深圳市龙岗（李勇 005879）有栽培。

　分布：产于浙江、福建、台湾、湖南、广东、香港、海南、广西、贵州、云南及西藏。尼泊尔、不丹、缅甸、越南、老挝、印度尼西亚及马来西亚有分布。

　用途：木材黄褐色，纹理直，结构细密，硬度中等，可供作家具、乐器、文具及雕刻等用材；亦可做庭园绿化树。

3. 罗汉松 Yaccatree　　　　　　　　　　　　　　　　　　　　　　　　图 208　彩片 307

Podocarpus macrophyllus（Thunb.）Sweet in Hort. Suburb. Land. 211. 1818.

Taxus macrophylla Thunb. in Murray, Syst. Veg., ed. 14，895. 1784.

　乔木，高达 20m，胸径达 60cm。树皮灰色或灰褐色，浅纵裂，成薄片状脱落；枝开展或斜展，较密，小枝密被黑色软毛或无。顶芽卵球形，芽鳞先端长渐尖。叶螺旋状着生；叶片革质，条状披针形，微弯，长 7~12cm，宽 0.7~1cm，基部楔形，上部微渐窄或渐窄，先端尖，上面深绿色，有光泽，中脉显著隆起，下面灰绿色或淡绿色，带白色，中脉微隆起。雄球花穗状、腋生，常 2~5 个簇生于极短的花序梗上，长 3~5cm，基部有数枚三角状苞片；雌球花单生稀成对生于叶腋，有梗，基部有少数苞片。种子卵圆形或近球形，直径约 1cm，先端圆，熟时肉质假种皮紫黑色，有白色粉，种托肉质圆柱形，红色或紫红色，长于种子，种柄长于种托，柄长 1~1.5cm。花期 4~5 月；果期 8~9 月。

产地：仙湖植物园（曾春晓等 006340）、东涌（张寿洲等 013799）、西涌（李勇等 012574）有栽培。

分布：浙江、福建、台湾、江西、湖北、湖南、广西、云南及贵州。野生和栽培,野生树木极少。山东、河南、安徽、江苏、广东、香港、澳门、海南、四川和陕西有栽培。日本亦有分布。

用途：材质细致均匀，易加工，可作家具、器具、文具及农具等用材。

3a. 短叶罗汉松（变种） 小罗汉松 小叶罗汉松 短叶土杉 Chinese Yaccatree

Podocarpus macrophyllus（Thunb.）Sweet var. **maki** Siebold & Zucc. in Abh. Math. -Phys Cl. Konigl. Bayer. Akad. Wiss. **4**（3）: 232. 1846.

小乔木或灌木状。枝向上斜伸。叶短而密集，长 2.5~7cm，宽 3~7mm，先端钝或圆。

产地：仙湖植物园（李勇 000313、王定跃 000326）有栽培。

分布：原产于日本。江苏、福建、江西、浙江、湖北、湖南、广东、台湾、广西、贵州、云南、四川和陕西均有栽培。

用途：可作为庭院观赏树。

4. 非洲蕨松属 Afrocarpus C. N. Page

常绿乔木或小乔木，成熟后具开阔、圆顶状的树冠。树干黑灰色，树皮薄、光滑，成年树片状剥落。单叶螺旋状着生或对生于小枝上；叶片革质，披针形，具中脉，两面具气孔。雌雄异株，雄球花生于叶腋，单生或 2~3 于短梗上，圆柱形，柔荑状，小孢子叶螺旋状排列于梗上，2 囊花粉；雌球花具短梗，单生，腋生或叶下生，由多数小的不育苞片和一大的其上生有胚珠的可育苞片组成；每个雌球花仅 1 种子，胚珠着生于多数小苞片内，全包于肉质鳞被中。种子具硬种皮，成熟后肉质鳞被颜色鲜艳；种子具坚硬种皮。

2~6 种，非洲特有属，主要分布于东部和南部。

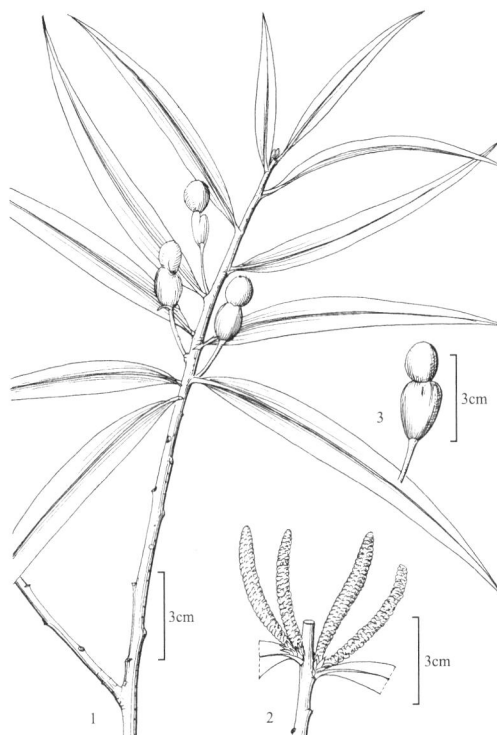

图 207 百日青 Podocarpus neriifolius
1. 分枝的一部分，示叶和种子；2. 分枝的一段，示生于叶腋的雄球花；3. 种子。（李志民绘）

图 208 罗汉松 Podocarpus macrophyllus
1. 分枝的一部分，示叶和种子；2. 分枝的一段，示叶和雄球花。（李志民绘）

深圳引进栽培 1 种。

蕨松 Fer Pine　　　　　　　图 209　彩片 308

Afrocarpus gracilior（Pilg.）C. N. Page in Notes Roy. Bot. Gard. Edinburgh **45**：383 1988publ. 1989.

Podocarpus gracilior Pilg. in Pflanzenr. IV，**5**：71 1903.

常绿乔木，高 20~40m，胸径 50~80cm。树皮薄片状剥落；小枝多少四棱形，枝叶浓密成团状。叶片革质，披针形，直或多少成镰刀状，长 3~6cm（幼树叶可长达 10~18cm），宽 2~4mm，灰绿色，先端急尖，有中脉，两面具气孔线，螺旋状着生，在幼树时有时对生。雄球花圆柱形，柔荑状，单生或 2~3 集生于短梗上，腋生；每个雌球花仅 1 种子。成熟后种子全包于肉质鳞被中；成熟后肉质鳞被为紫色，长圆形、梨形或球形，长 15~20mm。种子具坚硬、平滑的种皮，球形，直径约 2cm。

产地：仙湖植物园有引种栽培，深圳绿化管理处屋顶花园。

分布：原产于非洲东部。深圳有引种，生长良好。

用途：本种在热带或亚热带地区栽培较广泛，萌发力和适应性都很强，病虫害少，维护成本低，是一种很有推广价值的植物；在原产地该种木材常用于建筑和制作家具；该种树形优美，枝叶浓密，四季常青，肉质鳞被色艳可爱，很富观赏，可用于片植、群植或绿篱等。

图 209 蕨松 Afrocarpus gracilior
1. 分枝的一部分，示叶；2. 分枝的一段，示叶和雄球花；3. 种子；4. 种子横切面。（李志民绘）

9. 三尖杉科 **CEPHALOTAXACEAE**

李 楠 韦雪梅

常绿乔木或灌木。髓心中部具树脂道。小枝常对生，基部有宿存芽鳞。叶交叉对生或近对生；叶片条形或披针状条形，稀披针形，在侧枝上排成 2 列，上面中脉凸起，下面有 2 条宽气孔带，具明显的凸起角质层，稀不明显，叶片内纤维束下方有 1 树脂道，叶肉中具石细胞或无。球花单性，雌雄异株，稀同株；雄球花 6~11个聚生成头状球花序，单生于叶腋，有梗或几无梗，基部有多数螺旋状着生的苞片，每一雄球花的基部有 1 卵形或三角状卵形的苞片；雄蕊 4~16，雄蕊具 (2~)3(~4) 个背腹面排列的花药，花丝短，药室纵裂，药隔三角形，花粉无气囊；雌球花具长梗，生于小枝基部或近枝顶的苞腋，花梗上部的花轴具数对交叉对生的苞片，每苞片腋部着生 2 直立胚珠，胚珠生于株托上。种子翌年成熟，核果状，全部包于由珠托发育而成的肉质假种皮中，常多数（稀 1 种子）生于柄端微膨大的轴上，椭圆形、卵长球形、近球形或椭圆状倒卵球形，顶端具凸起的小尖头，基部有宿存的苞片；外种皮骨质、坚硬，内种皮薄膜质，有胚乳，子叶 2，发芽时出土。

仅 1 属 9~11 种，分布于东亚南部及中南半岛南部。我国产 6 种 3 变种，分布于秦岭至山东鲁山以南各地区及台湾，另有 1 引种栽培变种。深圳栽培 1 种。

三尖杉属 **Cephalotaxus** Siebold & Zucc. ex Endl.

属的形态特征及地理分布同科。

篦子三尖杉 Oliver Plumyew 图 210 彩片 309
Cephalotaxus oliveri Mast. in Bull. Herb. Boissier **6**: 270. 1898.

乔木，高达 4m。树皮灰褐色。叶片条形，质硬，平展成 2 列，排列紧密，通常中部以上向上微弯，稀直伸，长 1.5(~1.7)~2.5(~3.2)cm，宽 3~4.5mm，基部心状截形，几无柄，先端凸尖或微凸尖，上面微拱圆，中脉不明显或微隆起，或中下部较明显，下面气孔带白色，较绿色边带宽 1~2 倍，下表皮无明显的角质凸起，叶肉均有大量的丝状石细胞和少数星状石细胞。雄球花 6~7 聚生成头状花序，直径约 9mm，总梗长约 4mm，基部及总梗上部 10 余数苞片，每一雄球花基部有 1 宽卵形的苞片，雄蕊 6~10，花药 3~4，花丝短；雌球花的胚珠通常 1~2 发育成种子。种子倒卵球形、卵球形或近球形，长约 2.7cm，直径约 1.8cm，顶端中央有小凸尖，有长梗。花期 3~4 月；果期 8~10 月。

产地：仙湖植物园有栽培。

分布：产于江西（东部）、湖北（西部）、湖南、广东（北部）、贵州、四川（南部和西部）及云南（东部）。生于林中，海拔 300~1800m。越南北部有分布。

用途：国家二级重点保护野生植物。木材结构细密，材质优良，供细木工等用；枝、叶、根、种子可提供多种植物碱，对治疗白血病及淋巴肉瘤等有一定疗效；树皮可供提栲胶；种子可榨油供工业用；亦为园林观赏树用。

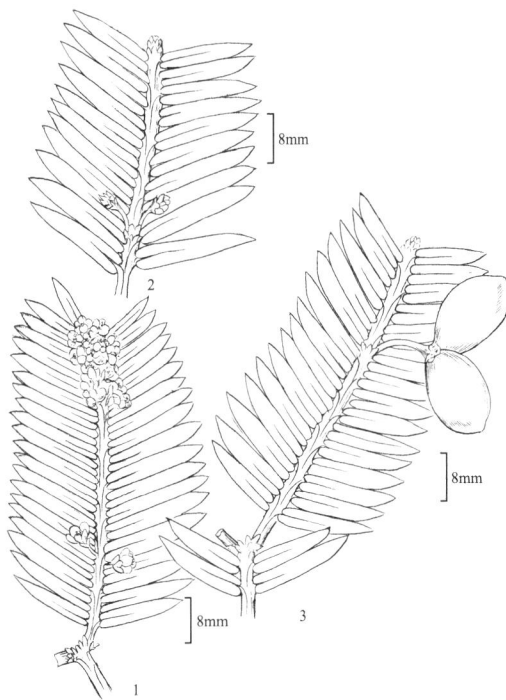

图 210 篦子三尖杉 Cephalotaxus oliveri
1. 分枝的一段，示叶和雄球花；2. 分枝的一段，示叶和雌球花；3. 分枝的一段，示叶和种子。（林漫华绘）

10. 红豆杉科 TAXACEAE

李　楠　韦雪梅

常绿乔木或灌木。小枝对生、近对生或近轮生，基部有或无宿存的芽鳞，顶部具冬芽，芽鳞呈覆瓦状排列。叶片条形或披针形，螺旋状排列或交叉对生，上面中脉明显、微明显或不明显，下面沿中脉两侧各有1条气孔带，叶内有树脂道或无。球花单性，雌雄异株，稀同株；雄球花单生于叶腋或苞腋，或组成穗状花序集生于枝顶；雄蕊多数，各有3~9个辐射排列或向外一边排列有背腹面区别的花药，药室纵裂，花粉无气囊，无背腹面区别的小孢叶花粉有气囊；雌球花单生或成对生于叶腋或苞片腋部，有梗或无梗，基部具多数覆瓦状排列或交叉对生的苞片，胚珠1，直立，生于花轴顶端或侧生于短轴顶端的苞腋，基部具辐射对称的盘状或漏斗状珠托。种子核果状，无柄的种子全部为肉质假种皮所包，有柄的种子则种子包于囊状肉质假种皮中，其顶端尖头露出；或种子坚果状，包于杯状肉质假种皮中，有短梗或近于无梗；胚乳丰富；子叶2枚，发芽时出土或不出土。

　　5属，21种，除单种属植物澳洲红豆杉 Austrotaxus spicata Compton 产于新喀拉多尼亚（New Caledonia）外，其他属种均分布于北半球。我国有4属11种5变种。深圳原产1属1种，引进栽培1属1变种。

1. 叶片条状披针形，披针形或椭圆状条形，长3~11cm，宽0.6~1.1mm，下面气孔带较宽，淡黄白色或淡褐色；雄球花多数，组成穗状花序，1(~2)~6(~10)序集生于枝顶；雌球花生于新枝上的苞腋或叶腋，有长梗；种子包于囊状肉质假种皮中，仅顶端尖头露出 ·················· 1. 穗花杉属 Amentotaxus
1. 叶片条形，长1~3cm，宽0.6~1.1cm，下面气孔带淡灰色、灰绿色或淡黄色；雄、雌球花单生于叶腋，有短梗或几无梗；种子生于杯状假种皮中，上部露出；小枝不规则互生；叶片下面有2条气孔带；种子成熟时肉质假种皮红色 ·················· 2. 红豆杉属 Taxus

1. 穗花杉属 Amentotaxus Pilg.

小乔木或灌木。枝斜展或向上伸展；小枝对生，基部无宿存芽鳞。冬芽四棱状卵球形，先端尖，有光泽，芽鳞3~5轮，每轮4，交叉对生，背部有纵脊。叶交叉对生，基部扭转排成2列；叶片厚革质，条状披针形、披针形或椭圆状条形，直或微弯，边缘微向下反卷，无柄或近无柄，上面中脉明显，隆起，下面有2条较宽、淡黄白色或淡褐色的气孔带，横切面维管束鞘之下方有1树脂道。球花雌雄异株，雄球花多数，椭圆体形或近球形，对生于穗轴上，无梗或近无梗，常由1(~2)~6(~10)穗组成细长的穗状花序或总状花序，着生于近枝顶的苞片腋内，稍下垂；雄蕊多数，盾形或近盾形，花药2~8，背腹面排列成辐射排列，药室纵裂，雌球花单生于新枝上的苞腋或叶腋；花梗长，胚珠为一漏斗状珠托所托，基部有6~10对交互对生的苞片。种子当年成熟，核果状，椭圆体形或倒卵状椭圆体形，除顶端尖头裸露外，几全为鲜红色假种皮所包，基部有宿存的苞片，有长柄。

　　5~6种，产于中国和越南。我国产3种，产于中南、华南、西南及甘肃、江西、浙江（南部）、福建和台湾。多生于林内阴湿地方，沿溪两旁，沟谷中或岩峰间。深圳有1种。

穗花杉 Common Amentotaxus　　　　　　　　　　　　　　　　　　图 211　彩片 310

Amentotaxus argotaenia（Hance）Pilg. in Bot. Jahrb. Syst. **54**：41. 1916.

Podocarpus argotaenia Hance in J. Bot. **21**：357. 1883.

灌木或小乔木，高达7m。树皮灰褐色或淡红褐色，裂成薄片脱落；小枝斜展或向上伸展，圆或近方形，一年生枝绿色，二三年生枝绿黄色、黄色或淡黄红色。叶片基部扭转列成2列，条状披针形，直或微弯镰刀状，长3~11cm，宽0.6~1.1cm，先端尖或钝，基部渐窄，楔形或宽楔形，有极短的叶柄，直或微弯，边缘微向下曲，下面白色气孔带与绿色边带等宽或较窄；萌生枝的叶较长，通常镰刀状，稀直伸，先端有渐尖的长尖头，气孔带较绿色边带为窄。雄球花穗1~3（多为2）穗，组成总状花序，花序长5~6.5cm，花序梗基部具约6苞片，上部的苞片长约2.5mm，宽约2mm，背面龙骨状凸起，雄蕊6~8枚，盾形，每个雄蕊具（2~）3（~5）花粉囊；雌球花多数，约12对，卵球形，长约3mm，宽2.5~3.2mm。种子柄长约为顶生叶的1/3长度，扁四棱形，下部具苞片。种子狭倒卵状椭圆体形，成熟时假种皮鲜红色，长2~2.5cm，直径约1.3cm，顶端有小尖头露出，基部宿存苞片的背部有纵脊，梗长约1.3cm，扁四棱形。花期4月；果期10月。

产地：梅沙尖（王定跃000341）、梧桐山（张寿洲等020908）。深圳各公园及绿地均有栽培。

分布：江苏、浙江、福建、台湾、江西、湖北、湖南、广东、香港、广西、贵州、四川、西藏和甘肃。越南也有分布。

用途：木材细密，易加工，耐久用，供家具、工艺品及细木工用；叶深绿色，种子大，假种皮鲜红色，垂于绿叶之间，极美观，可供庭院观赏。

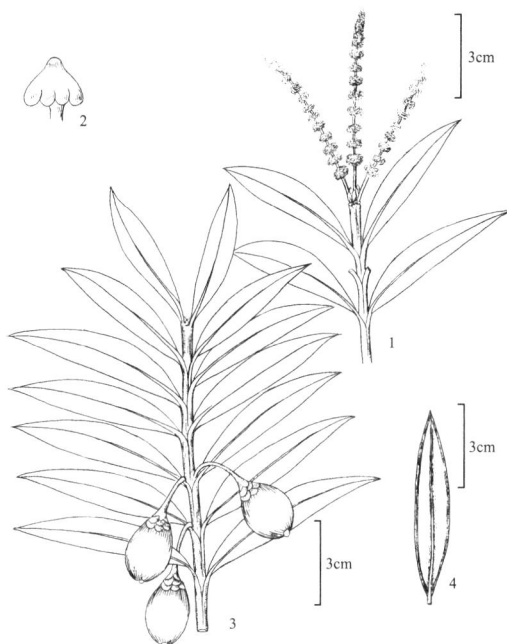

图 211 穗花杉 Amentotaxus argotaenia
1. 分枝的一段，示叶和雄球花；2. 雄蕊；3. 分枝的一段，示叶和种子；4. 叶片的背面。（林漫华绘）

2. 红豆杉属（紫杉属）Taxus L.

常绿乔木或灌木。小枝不规则互生，基部有多数或少数宿存的芽鳞，稀全部脱落；冬芽芽鳞覆瓦状排列，背部纵脊明显或不明显。叶条形，螺旋状着生，基部扭转排成2列或成彼此重叠的不规则2列，直或镰刀状，下延生长，上面中脉隆起，下面有2条淡灰色、灰绿色或淡黄色的气孔带，叶内无树脂道。球花雌雄异株，单生于叶腋，有短梗或几无梗；雄球花圆球形，有梗，基部具覆瓦状排列的苞片；雄蕊6~14，盾状，花药4~9，辐射排列；雌球花几无梗，基部有多数覆瓦状排列的苞片，上端2~3对苞片交叉对生，胚珠直立，单生于总花轴上部侧生短轴之顶端的苞腋，基部托以圆盘状的珠托，受精后珠托发育成肉质、杯状、红色的假种皮。种子坚果状，当年成熟，生于杯状肉质的假种皮中，稀生于近膜质盘状的种托（即未发育成肉质假种皮的珠托）之上，种脐明显，成熟时肉质假种皮红色，有短梗或几无梗；子叶2，发芽时出土。

约9种，分布于北半球。我国有3种，2变种。深圳栽培1变种。在我国本属植物被列为国家一级重点保护野生植物。

南方红豆杉 Southern Yew

图 212　彩片 311

Taxus wallichiana var. **mairei**（Lemee & H. Lév.）L. K. Fu & N. Li in Novon **10**：15. 1996.

Tsuga mairei Lemée & H. Lév. in Monde Pl. ser. 2, **16**：20. 1914.

乔木，高达30m，胸径达0.6~1m。树皮灰褐色、红褐色或暗褐色，裂成条片脱落；大枝开展，一年生枝绿色或淡黄绿色，秋季变成绿黄色或淡红褐色，二三年生枝黄褐色、淡红褐色或灰褐色，冬芽黄褐色、淡褐色或红褐色，有光泽，芽鳞三角状卵形，背部无脊或有纵脊，脱落或少数宿存于小枝的基部。叶排列成2列；叶片条形，微弯或较直，长1~3（多为1.5~2.2）cm，宽2~4（多为3）mm，上部微渐窄，先端常微急尖，稀急尖或渐尖，上面深绿色有光泽，下面淡黄绿色，有2条气孔带，中脉带上有密生均匀而微小的圆形角质乳头状凸起点，常与气孔带同色，稀色较浅。雄球花淡黄色；雄蕊8~14，花药4~8（多为5~6）。种子生于杯状红色肉质的假种皮中，间或生于近膜质盘状的种托（即未发育成肉质假种皮的珠托）之上，长呈卵圆形，上部渐窄，稀倒卵状，长 5~7mm，直径 3.5~5mm，微扁或圆，上部常呈二钝棱脊，稀上部三角状且具 3 条钝脊，先端有突起的短钝尖头，种脐近圆形或宽椭圆形，稀三角状圆形。

产地：深圳植物园或公园绿地均有引种栽培。

分布：产于陕西（南部）、甘肃（南部）、四川、云南、贵州（西部及东北部）、广西（北部）、广东（北部）、湖南（东北部）、湖北（西部）、浙江、福建及安徽（南部）。生于高山上部，海拔 700~1200m 以上。越南北部也有分布。

用途：材质优良，可供建筑、桥梁、家具、细木加工以及乐器等用；其树皮、枝叶、种子均含紫杉醇，为新型抗癌药物；叶常绿，深绿色，假种皮肉质，红色，颇为美观，可作园林绿化或行道树种。

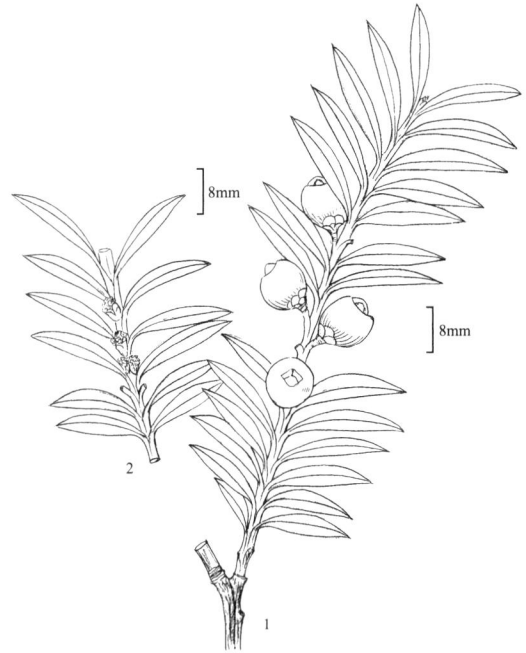

图 212 南方红豆杉 Taxus wallichiana var. mairei
1. 分枝的一部分，示叶和种子；2. 分枝的一部分，示叶和雄球花。（林漫华绘）

12. 苏铁科 CYCADACEAE

李　楠　韦雪梅

棕榈状植物，常绿。根多少肉质，并具有固氮作用的珊瑚状根。亚地下茎或具地上茎，地上茎呈圆柱状，不分枝，少因创伤而形成分枝；髓部大，木质部及韧皮部较窄；茎干上部常残留叶基。叶螺旋状排列，二型，分营养叶和鳞叶，二者成轮状相间集生于茎顶；营养叶为大型羽状叶，具 1 至多对小羽片，叶柄常具刺；小羽片具中脉，全缘，条形、披针形或卵形，一般不分裂，极少成一回至多回分裂；羽叶幼时直立，常拳卷状展开，或一回至多回羽叶的羽轴上小羽片多少拳曲；鳞叶短小，常三角状披针形，密被褐色黏毛，在羽叶未展开时紧密包被着羽叶及茎顶端分生组织，后随羽叶展于羽叶基部。花单性，雌雄异株，球花常单生于茎顶；小孢子叶球（俗称雄球果），由多数小孢子叶螺旋状垂直排列于中轴之上组成，圆锥状或纺锤状长球形或长卵球形，直立，具梗，小孢子叶楔形，扁平，顶端增厚成盾状，螺旋状排列，其背面生有多数小孢子囊，小孢子萌发时产生 2 个或多个具多数纤毛能游动的精子；大孢子叶球（俗称雌球果），由众多大孢子叶螺旋排列于茎顶，集生成半球状、球状或卵球状，大孢子叶上部的不育顶片（掌状部分）常成三角状卵形、阔卵形、阔圆形、长圆形至横椭圆形，少成三角状或披针状，两侧深裂成条状、撕裂片或裂齿状，极少不分裂（当不育顶裂片呈条状或披针状时），下部为着生胚珠的柄，长度约为不育顶片的 2~3 倍，胚珠 2~10（稀更多），多少成对或交互着生于柄的两侧或近两侧，珠孔向上。种子核果状，具 3 层种皮；外种皮肉质或具厚纤维层，颜色鲜艳；中种皮骨质，灰白色，光滑或具疣状凸起和皱纹；内种皮膜质，淡褐色；胚乳丰富；子叶 2，萌发时不出土。

1 属约 113 种，分布于亚洲、大洋洲，及太平洋热带与亚热带岛屿，非洲东部（含马达加斯加）产 1 种。我国约 24 种，引种栽培 40 余种。深圳原产 1 种，引种栽培 40 余种，其中有栽培或具推广价值的约 7 种。

苏铁属 Cycas L.

属的形态特征及地理分布同科。

国产苏铁属所有种类均收录于《国家重点保护野生植物名录（第一批）》，为国家一级重点保护野生植物。

1. 叶的羽片二至多回叉状分裂 ··· **1. 德保苏铁 C. debaoensis**
1. 叶的羽片不分叉。
  2. 茎干顶部具褐色绒毛。
    3. 羽叶龙骨状，小羽片边缘显著反卷；种子倒卵球形，长 3~4cm，成熟种皮橘红色 ······
    ··· **2. 苏铁 C. revoluta**
    3. 羽叶平展，小羽片边缘平展或稍反卷；种子长卵球形，长 4~4.5cm，成熟种皮橘红色，被白色粉
    ··· **3. 台东苏铁 C. taitungensis**
  2. 茎干顶部无绒毛。
    4. 茎干表皮平滑，灰白色。
      5. 茎干圆柱状，干高 1m 以上，茎皮具纵裂纹；小孢子叶球狭卵球形；小孢子叶坚硬，顶部具小尖头；花期 7~8 月；种子隔年成熟，直径 4~5cm ············· **4. 越南篦齿苏铁 C. elongata**
      5. 茎基部膨大，茎高常不足 80cm，常成多头状，老茎皮光滑或基部龟裂；小孢子叶球圆锥状长柱形，成熟时常斜上挺立；小孢子叶柔软；花期 4~6 月；种子小，当年成熟，直径 1.8~2.5cm ······
      ··· **5. 石山苏铁 C. sexseminifera**
    4. 茎干具多年宿存的叶基，呈深褐色或深黑灰褐色，或仅基部木栓化后呈灰色或深灰色。
      6. 大孢子叶片常浅裂，顶裂片三角状，远大于侧裂片；成熟羽叶轻度龙骨状或平展 ············
      ··· **6. 闽粤苏铁 C. taiwaniana**

6. 大孢子叶片深裂，顶裂片条形、分叉，基部显宽于侧裂片；成熟羽叶平展，两侧多少下垂 ⋯⋯⋯⋯
⋯⋯⋯⋯⋯⋯⋯⋯⋯⋯⋯⋯⋯⋯⋯⋯⋯⋯⋯⋯⋯⋯⋯⋯⋯⋯⋯⋯⋯⋯⋯⋯ **7. 仙湖苏铁 C. fairylakea**

1. 德保苏铁 Debao Cycas　图 213　彩片 312　313
Cycas debaoensis Y. C. Zhong & C. J. Chen in
Acta Phytotax. Sin. **35**(6): 571. 1997.

　　具亚地下茎（部分茎干地下生），地上茎部分最高可达 40(~80)cm，直径达 25(~40)cm。羽叶 4~15 集生于茎顶，深绿色，稍具光泽，长 2.5~4m；叶柄长 80~150cm，全长有刺；小羽片二至多回叉状分裂，具明显的羽轴，分布在叶轴上部的两侧，从而使整个羽叶多少呈两侧立体状分布，小羽片条状披针形，长 10~30cm，宽 7~11mm，叶脉上面隆起；鳞叶狭三角形，柔软，被细毛，长 7~9cm。小孢子叶球柔软，纺锤状长卵形，长 20~30cm，金黄色；小孢子叶楔形，长 2~2.5cm，宽 7~12mm，先端钝圆并具短尖头，两侧具多数小齿；大孢子叶球包被紧密，半球形或近球形；大孢子叶不育顶片阔卵形，背部密被褐色绒毛（成熟后渐脱落），长 8~9cm，宽 8~9cm，两侧深裂成条形，侧裂片顶端刺化，刺长 4~5cm，顶裂片明显粗且长于侧裂片，胚珠 2~6。种子卵形，长 2.5~2.7cm，外种皮黄色，无纤维层，中种皮具疣状凸起，无海绵状内种皮。花期 4~5 月；果期 11 月。
　　产地：深圳市仙湖植物园有栽培，园林绿地偶见。
　　分布：我国特有种，分布于广西百色地区及云南富宁县。生长在海拔 700~1000m 的石灰岩山地常绿矮灌丛和海拔 330~1100m 的砂页岩常绿阔叶林下。
　　用途：可作观赏植物。

图 213 德保苏铁 Cycas debaoensis
1. 植株，示地上茎、羽叶和大孢子叶球；2. 羽叶的一部分，示小羽片；3. 小孢子叶球；4. 大孢子叶球；5. 大孢子叶及胚珠；6. 种子。（李志民绘）

2. 苏铁 铁树 Sago Cycas　　　　　　图 214　彩片 314　315
Cycas revoluta Thunb. Verh. Holl. Maatsch.Weetensch. Haarlem. **20**(2): 424, 426-427.1782.
　　茎干柱状，高 1~3(~8)m，直径约 45(~95)cm，基部或下部常有吸芽，有时因顶芽受创伤或不正常生长时可形成分枝，深褐色或黑灰色，具褐色宿存的叶基；茎顶密被深褐色绒毛。羽叶 40~160，深绿色，有光泽，长 0.5~1.5m；两侧小羽片间形成 45°~120° 角，呈强烈龙骨状，坚挺；叶柄长 6~10cm，80% 以上有柄刺；叶轴顶端长刺化；小羽片不分叉，约 100~240；中部小羽片明显两面不同色，长 8~18cm，宽 4~6mm，边缘强烈反卷，坚挺，排列紧密，顶部多少刺化；中脉上面平坦，下面隆起，背部被毛；鳞叶条形，长 5~8cm，尖锐，密被绒毛，宿存。小孢子叶球纺锤形，橘黄色，长 30~60cm；小孢子叶长 2.3~2.8cm，顶部稍加厚并外翻，具小尖头；大孢子叶球紧密包被，近阔球形；大孢子叶不育顶片三角状卵形，长 5~12cm，两面密被黄色长绒毛，两侧羽状深裂，长 3~5cm，种子倒卵球形，长 3~4cm，成熟种皮橘红色，肉质，被绒毛，无纤维层，硬种皮光滑或凹槽状波纹，无海绵状内种皮。花期 4~5 月；果期 9~10 月。
　　产地：仙湖植物园（李楠等 2014-LN-121FLBG）、荔枝公园（王定跃等 005877）、东门（王定跃 005091）。园林绿地、道路绿地、私人庭院等有广泛栽培。
　　分布：原产于中国福建东部及琉球群岛，世界各地有广泛栽培。
　　用途：苏铁科植物是一亿五千万年前中生代、恐龙时代就生活于地球上的优势植物，乃少数现今仍存在的活化石。苏铁乃该种全球种数量最多者，我国南方亦栽培普遍，是我国热带、亚热带地区常见观赏植物，长江以北可温室栽培，如户外栽培则在冬季需采取一定的保暖措施。本种是世界园林中应用最广泛的苏铁种类之一；亦可食用，日本民间曾有用其茎干或种子所含的淀粉经过脱毒后做成小食的习俗。

3. 台东苏铁 Taidong Cycas   图 215　彩片 316

Cycas taitungensis C. F. Shen，K. D. Hill，C. H. Tsou & C. J. Chen in Bot. Bull. Acad. Sin. **35**：135-138. 1994.

茎干圆柱状，高 1~6m，具深褐色宿存叶基，茎顶密被深褐色绒毛，偶见分枝。羽叶 40~150 集生于茎顶，深绿色或稍带蓝灰色，具光泽，长 1~1.8m，宽 20~30（~40）cm，基本平展或稍呈龙骨状；叶柄光滑无毛，长（10~）15~20（~30）cm，50%~90% 有刺；叶轴顶端刺化；小羽片 150~170，中部小羽片长 12~17cm，宽 6~8mm，两面明显不同色，平展，边缘轻度反卷，顶部尖锐，中脉上面平坦，下面隆起；鳞叶条形，长 7~11cm，尖锐多毛，宿存。小孢子叶球长纺锤形，黄色，长 35~50cm；小孢子叶光滑柔软，长 3.5~4cm，顶部下翻、无刺；大孢子叶球包被紧密，卵球至球状；大孢子叶不育顶片菱状卵形，长 10~13cm，两侧羽状深裂，裂齿顶端刺化，顶裂片与侧裂片明显不同；胚珠 2~6，密被毛。种子长卵球形，长 4~4.5cm，成熟种皮橘红色，肉质，微具白色粉，无纤维层，硬种皮具纵沟，无海绵状内种皮。花期 4~5 月；果期 9~10 月。

产地：仙湖植物园（李楠等 2014-LN-100FLBG）。深圳园林绿地等偶见栽培。

分布：仅分布于台湾台东县延平乡鹿野溪沿岸。生于陡峭山坡上，海拔 300~1000m。

用途：本种为台湾之孑遗植物，至今已有约一亿四千多年，为珍贵稀有植物，可作园林观赏。

4. 越南篦齿苏铁 Elongated Cycas
　　　　　图 216　彩片 317　318

Cycas elongata（Leandri）D. Y. Wang，Cycads China，51. 1996.

Cycas pectinata Buch.-Ham. var. *elonga* Leandri in Lecomt & Gagnep. Fl. Gen. Indo-Chine **5**（10）：1091. 1931.

高可达 12m。表皮平滑灰白色，多少具生长轮和纵裂纹；茎干圆柱形，因顶芽受创伤或不正常生长有

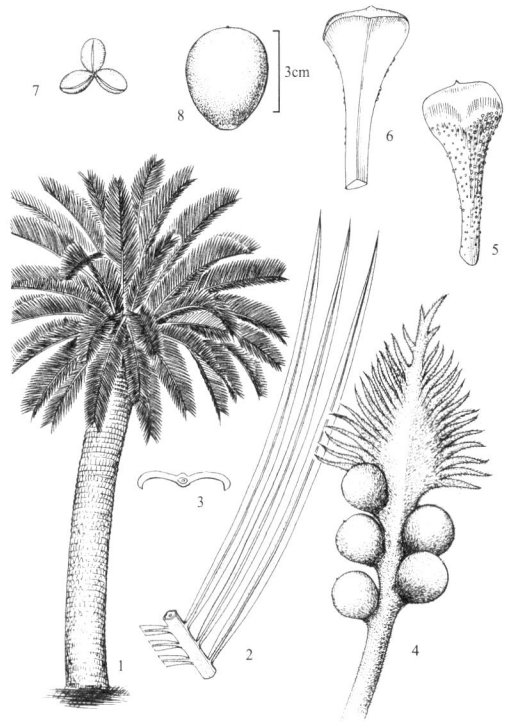

图 214 苏铁 Cycas revoluta
1. 植株，示茎和羽叶；2. 羽叶的一部分，示小羽片；3. 小羽片的横切面；4. 大孢子叶及种子；5. 小孢子叶的背面；6. 小孢子叶的腹面；7. 聚生的花粉；8. 种子。（李志民绘）

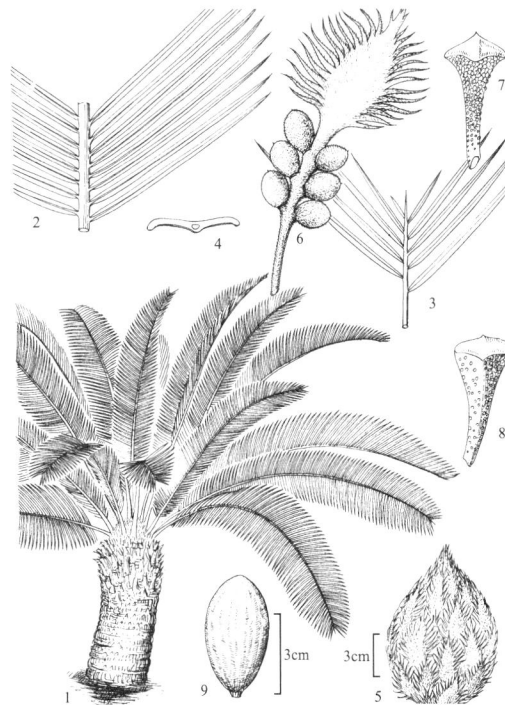

图 215 台东苏铁 Cycas taitungensis
1. 植株，示茎和羽叶；2. 羽叶中部的一段，示小羽片；3. 羽叶上部的一段，示小羽片；4. 小羽片的横切面；5. 大孢子叶球；6. 大孢子叶及胚珠；7. 小孢子叶的腹面；8. 小孢子叶的背面；9. 种子。（李志民绘）

时形成分枝的茎干,顶部无绒毛。大型羽叶 30~60 集生于茎顶,亮绿色或深绿色,稍有光泽,长 0.9~1.4m,平展或稍龙骨状;叶轴顶端小羽片成对刺化;叶柄光滑,长 20~40cm,60%~100% 有刺;小羽片 130~240,边缘平,顶端锐尖,叶脉在两面隆起,中部小羽片两面不同色,长 14~22cm,宽 0.8~1.1cm,羽距宽 1~1.8cm;鳞叶呈窄三角形,柔软,稍被绒毛或无,长 6~9cm。小孢子叶球狭卵球形,橘黄色或褐色,长 25~35cm,成熟时不松软;小孢子叶坚挺,顶部具小尖头;大孢子叶球包被紧密,较大,近阔球形;大孢子叶不育顶片卵形至阔圆形,被灰色或褐黄色绒毛,长 13~18cm,顶裂片明显宽且长于侧裂片,顶端刺化,刺长 3~5.5cm,明显外翻;侧裂片呈整齐的篦齿状深裂或浅裂,顶端刺化,刺长 2~2.5cm,多少外翻;胚珠 2~6。种子扁卵形,直径 4~5cm,外种皮黄色,有纤维层,中种皮光滑,无海绵状内种皮。花期 7~8 月;种子隔年成熟。

产地:仙湖植物园(王定跃 005374)。深圳、中山、广州的苗圃或公园、小区偶有栽培。

分布:原产于越南南部,生长在林下或稀灌丛中或干燥的沙土上。

用途:可作观赏树,自 20 世纪末,本种因树体高大、雄伟且叶量丰富而在园林市场上颇受青睐,盗挖和非法买卖严重致使本种沦为易危物种,并大批量涌入花卉市场。应增强保护意识,加强对该物种的栽培管理和保护。

5. 石山苏铁 Limestone Cycas 图 217 彩片 319
Cycas sexseminifera F. N. Wei, in Guihaia **16**:1. 1996.

株高不足 80cm。茎干矮小,基部常膨大,常成多头、多形态的桩头状,老茎皮灰白色,光滑,或基部龟裂;茎顶无绒毛。羽叶 5~30 集生于茎顶,坚挺,较短,长 0.5~1.1m,深绿色或灰绿色,有光泽,近水平开展,具 60~130 小羽片,小羽片短,羽叶轴顶端常为成对的小羽片;叶柄光滑无毛,长 12~40cm,无刺或 5%~50% 有刺;中部小羽片明显两面不同色,长 13~25cm,宽 0.6~1.3cm,边缘平坦,顶端锐尖,中脉在两面隆起;鳞叶狭三角形,锐尖或柔软,具稀疏绒毛或无毛,长 4~9cm,宿存。小孢子叶球狭长卵形至纺锤形,橘黄色,长 12~26cm,成熟时常斜上挺立;小孢子叶柔软,长 2~3cm,不育顶端多少内弯,有时具很小尖头;大孢子叶球包被紧密,成圆锥状半球形,

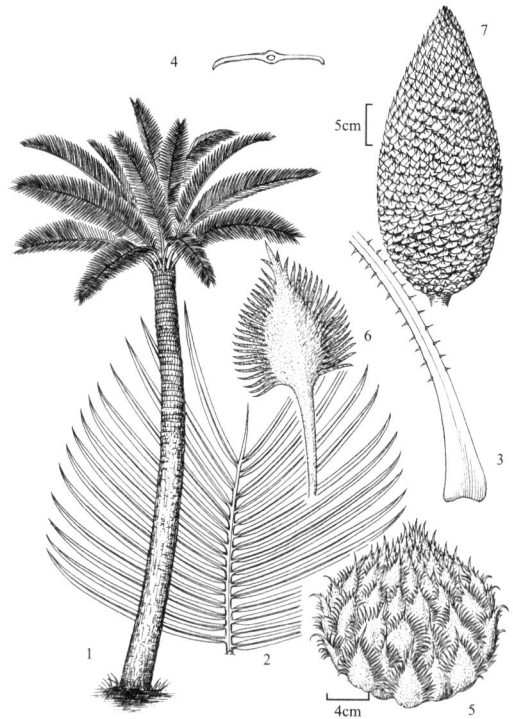

图 216 越南篦齿苏铁 Cycas elongata
1. 植株,示茎和羽叶;2. 羽叶上部的一段,示小羽片;3. 羽叶的柄,示其上的刺;4. 小羽片横切面;5. 大孢子叶球;6. 大孢子叶;7. 小孢子叶球。(李志民绘)

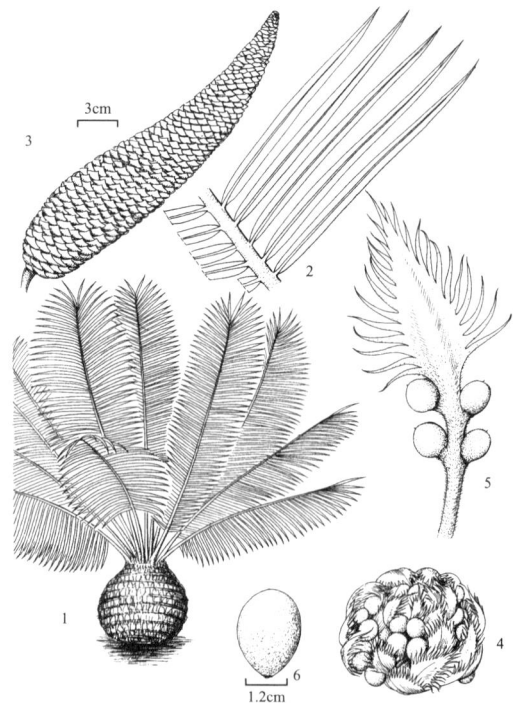

图 217 石山苏铁 Cycas sexseminifera
1. 植株,示茎和羽叶;2. 羽叶的一部分,示小羽片;3. 小孢子叶球;4. 大孢子叶球;5. 大孢子叶及种子;6. 种子。(李志民绘)

大孢子叶不育顶片卵形,中部以下多少被褐色绒毛,长3.5~6cm,两侧篦齿状深裂,顶部刺化,顶裂片宽大,与侧齿明显不同;胚珠2~6。种子卵形,长1.8~2.5cm,肉质种皮黄色,无纤维层,硬种皮光滑或具疣状凸起,无海绵状内种皮。花期4~6月;果期10~11月。

产地:仙湖植物园(王定跃等004962)、荔枝公园(王定跃等004967)。深圳城市绿地偶见栽培。

分布:原产于广西中部和南部,越南中北部地区。常生于石灰岩山地裸露的石缝中。

用途:观赏,是制作盆景的绝好材料。但野生资源应予以保护,盆景材料的获取应依赖于长期栽培。

6. 闽粤苏铁 台湾苏铁 广东苏铁 Minyue Cycas
图218 彩片320 321

Cycas taiwaniana Carruth. in J. Bot. **31**:2. 1893.

茎干高大,圆柱状,经多年生长后最高可达3.5m,直径约35cm;茎干具多年宿存的叶基,呈深褐色或深黑灰褐色,或仅基部木栓化后呈灰或深灰色。羽叶一回羽状,20~40集生于茎顶,深绿色,具光泽,长1.5~3m,宽40~60cm,成熟羽叶轻度龙骨状或平展,具140~300小羽片,羽片不分叉,羽叶轴顶端小羽片成对;叶柄光滑无毛,长40~150cm,全部有刺;中部小羽片两面明显不同色,中脉在上面隆起,在下面平坦或微隆起,长18~44cm,宽0.9~1.6cm,与叶轴成45°~85°角,边缘轻度反卷或平展;鳞叶狭三角形,尖锐多毛,长8.5~13cm,宿存。小孢子叶球狭卵形至纺锤形,黄色,长30~45cm;小孢子叶片柔软,长2~3cm,顶端平坦无刺;大孢子叶球紧密包被近半球形;大孢子叶不育顶片菱状卵形,常浅裂,长7~12cm,背面中部以下多少被褐黄色毛,大孢子叶顶裂片三角状,远大于侧裂片;胚珠2~6。种子半圆形至卵形,长2.8~3.6cm,肉质种皮黄色,无纤维层,硬种皮具疣状凸起,无海绵状内种皮。花期5月;果期10~11月。

产地:仙湖植物园(王定跃004767)、农科中心(陈景方005324)、荔枝公园(王定跃005267)。深圳市仙湖植物园、荔枝公园等有栽培。

分布:福建、广东。

用途:可作为观赏植物。

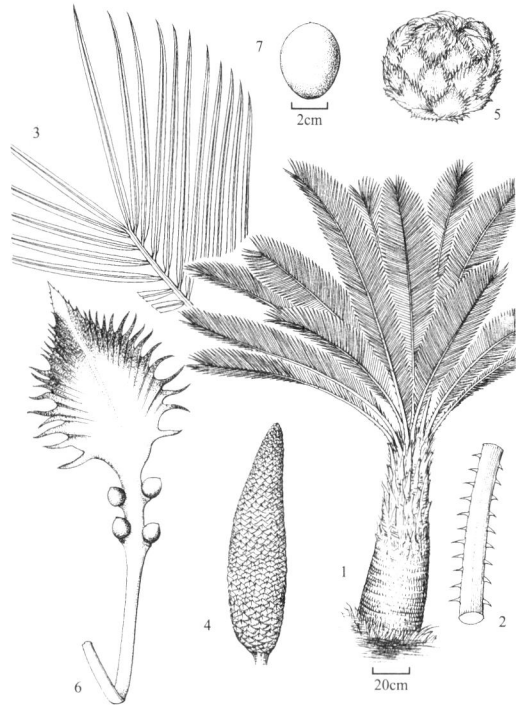

图 218 闽粤苏铁 Cycas taiwaniana
1. 植株,示茎和羽叶;2. 叶柄的一段,示其上的刺;3. 羽叶上部的一段,示小羽片;4. 小孢子叶球;5. 大孢子叶球;6. 大孢子叶及胚珠;7. 种子。(李志民绘)

7. 仙湖苏铁 Fairylake Cycas
图219 彩片322 323

Cycas fairylakea D. Y. Wang, Cycads China, 54. 1996.

高可达1.5m。茎干圆柱形,顶部无绒毛,有时主干不明显,呈丛生状。羽叶多数,长2~3.1m,平展,成熟后两侧多少下弯;叶柄光滑或被毛,长59~130cm,具刺,刺长2~5mm,间距1~4cm;幼叶被锈色毛,小羽片66~133对,羽片不分叉,中部羽片条形至镰刀状条形,薄革质至革质,长17~39cm,宽8~17mm,边缘有时波状,两面稍不同色,上面深绿色,下面浅绿色,中脉在两面隆起;鳞叶披针形,长8~13cm,宽1.5~2.5cm。小孢子叶球圆柱状长椭圆形,长35~60cm,直径宽5.5~10cm,小孢子叶楔形,长1.8~3cm,不育部分钝圆形,密被褐色短绒毛;大孢子叶球包被紧密,近半球形,大孢子叶掌状阔卵形,长10~19cm,裂齿不刺化,密被黄褐色绒毛,后逐渐脱落仅柄部有残留,不育顶片卵圆形,长5~8.5cm,边缘齿状深裂,顶裂片条形且多分叉,

基部明显宽于侧裂片；胚珠（2～）4~6（~8）。种子倒卵
状球形至扁球形，黄褐色，长 3~3.6cm，无毛，中种
皮具疣状凸起。花期 4~5 月；果期 9~10 月。

产地：仙湖植物园（李楠等 2014-LN-101FLBG）、
梅林水库（刘念等 006238）、塘朗山（马永等 012322）。
深圳市梅林水库、塘朗山等有自然分布；仙湖植物园、
公园绿地等有栽培。

分布：我国特有种，仅分布在广东北部、东部和
南部（深圳、曲江、连县、江门、肇庆），福建亦发现
有少量分布。

用途：观赏树种。

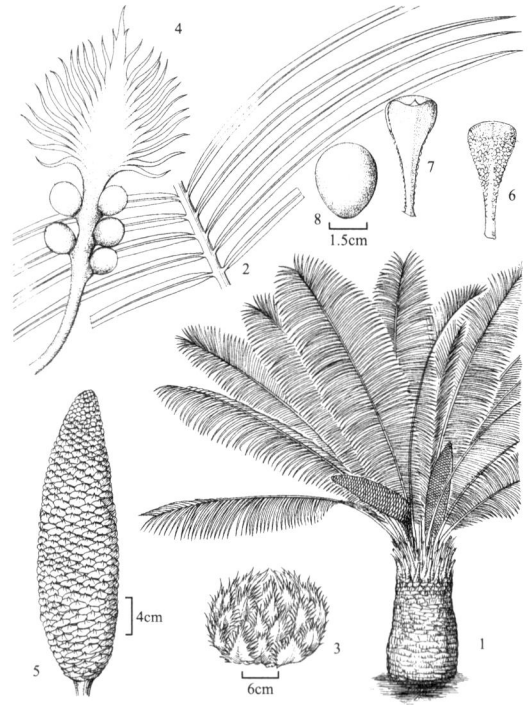

图 219 仙湖苏铁 Cycas fairylakea
1. 植株，示茎、羽叶和小孢子叶球；2. 羽叶中部的一段，
示小羽片；3. 大孢子叶球；4. 大孢子叶及胚珠；5. 小孢子
叶球；6. 小孢子叶的背面；7. 小孢子叶的腹面；8. 种子。（李
志民绘）

14. 泽米科 ZAMIACEAE

李　楠　韦雪梅

棕榈状常绿植物。具地下茎或地上茎，茎干球状或圆柱状，不分枝，稀具宿存叶柄基。叶有鳞叶及营养叶之分，二者成轮状相间排列，集生于茎顶；鳞叶短小，被绒毛，包被在营养叶基部；营养叶大型，为一回羽状，小羽片不分叉，稀叉状分裂；幼叶卷叠式伸展，多直立至内弯或有时反卷，小羽片对折式展开；小羽片具几近平行的分枝纵脉，无中脉，背腹两面或仅背面具气孔。花单性，雌雄异株，小孢子叶球一至多数，腋生，卵状、纺锤状或长球状，有柄，绿色、黄色、褐色或红色，有毛或无毛；小孢子叶螺旋状排列，不育顶端扁平盾状或呈多面体；大孢子叶球一至多数，腋生，直立或向下弯曲，有柄，绿色、黄色、褐色或红色，被毛或无毛；大孢子叶上部肥厚呈盾状，下部成柄状，基部着生 2（少 3 至多数）胚珠，胚珠无梗，直立，着生于腹面（向轴面）。种子两侧对称。

7 属约 225 种，分布于美洲、非洲和大洋洲的热带、亚热带地区，少数种类可可延伸至暖温带地区。我国引种栽培 7 属约百余种，其中具有推广价值的 5 属约 7 种。深圳有 5 属 11 种。

1. 小羽片基部具离层，孢子叶垂直排列于轴上
  2. 大小孢子叶顶端无角 ·· 1. **泽米属 Zamia**
  2. 大小孢子叶顶端具 2 枚刺状角 ···································· 2. **角果泽米属 Ceratozamia**
1. 小羽片基部无离层，孢子叶螺旋状排列于轴上
  3. 小羽片基部具胼胝体；孢子叶顶部具外翻的尖刺 ·············· 3. **大泽米属 Macrozamia**
  3. 小羽片基部无胼胝体；孢子叶顶部无外翻的尖刺
    4. 孢子叶上部成宽阔的片状，彼此重叠 ······················· 4. **双子铁属 Dioon**
    4. 孢子叶上部木质化加厚，具小面，彼此排列紧密但不重叠 ········ 5. **非洲铁属 Encephalartos**

1. 泽米属 Zamia L.

棕榈状植物。具圆柱状的茎干或亚地下茎；茎干光滑或具宿存叶柄基。营养叶为一回羽状，螺旋状排列，数叶集生于茎顶；叶柄下部有短刺；羽叶幼时纵向卷叠式直立内卷或反卷展开，横向折合状展开，至少幼时被分歧或不分歧的透明绒毛；小羽片不分裂，倒卵形、卵圆形、椭圆形、披针形至线形，无中脉，具多数分叉的平行脉，全缘，或边缘锯齿状、浅裂状，两面或仅下表皮具气孔，基部具离层。小孢子叶螺旋状排列于轴上形成具长梗或几无梗的圆锥状或穗状的小孢子叶球；顶端常扁平或呈多面体，背面具无数的小孢子囊；花粉船形，单沟；大孢子叶螺旋状排列，形成有梗的大孢子叶球；大孢子叶盾状，顶端膨大为多面体，基部相对着生 2 无梗的胚珠。种子 2，无柄，直立，两侧对称，近球形、长椭圆体形或椭圆体形，肉质种皮红色、黄色、橘色或褐色；胚乳单倍体，胚直立；子叶 2，常顶端联生，胚柄细长且缠绕一起。

约 76 种，美洲特有属，分布于热带和亚热带地区。我国栽培 27 种。深圳有推广价值的约 3 种。

1. 羽叶叶柄具短刺；小羽片长卵形至长椭圆形，厚革质 ··················· 1. **鳞粃泽米 Z. furfuracea**
1. 羽叶叶柄无刺。
  2. 小羽片薄纸质，披针形，先端渐尖 ······························ 2. **费切尔泽米 Z. fischeri**
  2. 小羽片革质，长圆状条形，先端急尖至钝圆 ····················· 3. **佛罗里达泽米 Z. integrifolia**

1. 鳞秕泽米 墨西哥泽米 Cardboard Palm

图 220 彩片 324 325

Zamia furfuracea L. f. in Aiton, Hortus Kew. **3**: 477. 1789.

亚地下茎，圆柱状块茎，最高达 75cm。萌发力强，常呈丛生状，整株形成近半球形的羽冠，羽冠可达 3~5m。羽叶约 6~30（~40）集生于茎顶。叶长 0.5~1.5m；叶柄长 15~30cm，具短刺；一回羽状深裂，新出羽叶黄色至金黄色，密被褐色绒毛，老叶上面被短柔毛尤多；小羽片 6~15 对，小羽片长卵圆形至长椭圆形，基部楔形，先端宽急尖至钝，厚革质，上部约 1/3 边缘有细齿，中部小羽片长达 8~20cm；鳞叶披针形或针形，长 4~10cm，基部宽，顶端刺状。小孢子叶球 1~6，穗状，长 8~12（~15）cm，直径 1.5~2.5cm，梗长 2~6cm；小孢子叶楔形，顶端盾状成六角形；大孢子叶球深褐色至棕灰色，短圆柱状，似手雷，顶端急尖，长 10~25cm，柄长 15~20cm；大孢子叶顶端盾状，密被毛，基部生 2 胚珠。种子不规则卵状，长约 1cm，宽 3~5mm，成熟时肉质种皮红色或粉红色。在深圳花期 8~9 月；果期翌年 3~4 月。

产地：深圳仙湖植物园、深圳公园绿地均见栽培。

分布：原产于墨西哥。世界各地广泛有栽培。

用途：园林观赏，是本属中栽培最为广泛的物种，喜阳植物。

2. 费切尔泽米 Fischer Zamia   图 221 彩片 326

Zamia fischeri Miq. in Lem. Hort. Vanhoutt. **1**: 20. 1845.

亚地下茎近球形，直径 2~8cm，植株矮小。鳞叶卵圆形，长 1~1.5cm，宽 15~20mm；羽叶 3-8 集生于茎顶，深绿色，长 15~30cm，具 5~9（~12）对小羽叶；叶柄长 5~10cm，无刺；小羽片薄纸质，披针形，基部渐细，先端渐尖，上半部分具锯齿；中部羽叶较大，长 3~5cm，宽 0.5~1cm。小孢子叶球 1~2 生于茎顶，有梗，褐色，圆柱形或卵状圆柱形，先端钝圆，长 5~7cm，直径 1~2cm，梗长 1.5~2.5cm；大孢子叶球 1~2，灰绿色或灰色，圆柱形至卵状圆柱形，顶端急尖成小尖头，尖头长 8~12cm，直径 4~7cm。种子红色，长 1.3~1.8cm，直径 0.5~0.8cm。在深圳花期 11~12 月，果期翌年 2~3 月。

产地：深圳仙湖植物园有栽培。

分布：原产于墨西哥中南部。

用途：园林观赏，可丛植或作为园林绿地配景植物。

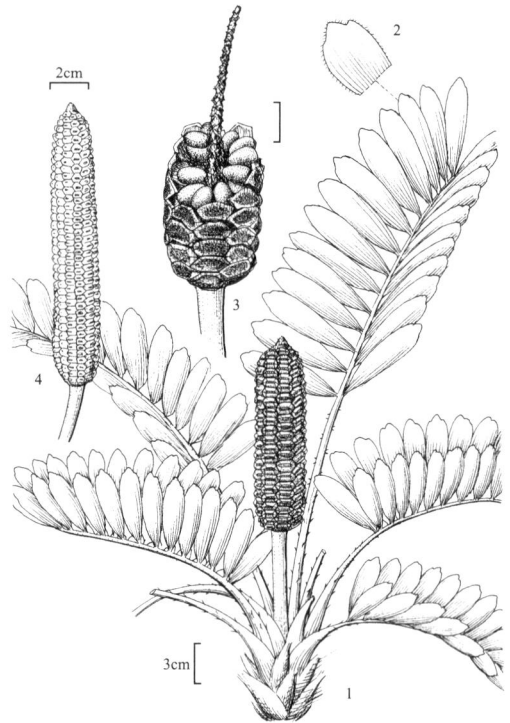

图 220 鳞秕泽米 Zamia furfuracea
1. 植株，示羽叶及大孢子叶球；2. 小羽片顶端放大；3. 成熟的大孢子叶球，示大孢子叶基部相对着生的 2 枚胚珠；4. 小孢子叶球。（李志民绘）

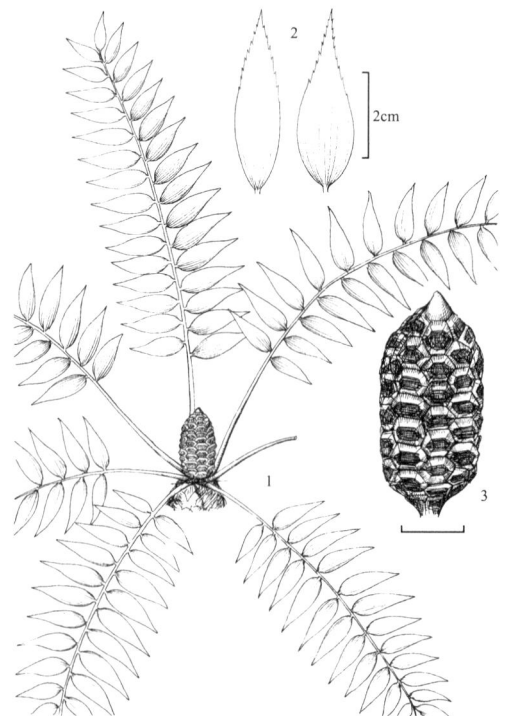

图 221 费切尔泽米 Zamia fischeri
1. 植株，示羽叶及大孢子叶球；2. 小羽片；3. 大孢子叶球。（李志民绘）

3. 佛罗里达泽米 Florida Arrowroot Florida Zamia
图 222 彩片 327

Zamia integrifolia L. f. in Aiton, Hortus Kew. 3: 477-479. 1789.

亚地下茎,表皮粗糙,常多头丛生,每茎有 2~15 羽叶集生于茎顶。鳞叶长 1~2cm,初时具鞘,呈平卧生长,具 1 对不明显托叶;羽叶深绿色,中度龙骨状至平展,长 0.9~1.5m,具 10~60 小羽片;叶柄无刺;小羽片革质,长圆状长条形,先端急尖至钝圆,上部 1/4 边缘具 10~15 疏齿,中部小羽片长 8~25cm,宽 0.5~2cm。小孢子叶球 1~30,深红褐色,圆柱状至卵状圆柱形,顶部急尖,长 3~15cm,直径 0.8~2cm,具梗;大孢子叶球 1~5,深红褐色或成熟时变灰褐色,圆柱形至卵形,先部钝圆或微急尖,长 6~15cm,宽 4~6cm,具梗,大孢子叶顶端成盾状六面体,基部生 2 胚珠。种子卵状,长 1~2cm,种子红色至橘红色。花期 11~12 月;果期 3~4 月。

产地:仙湖植物园有栽培。

分布:曾分布广泛,因其根茎富含淀粉而被大量挖掘采食,分布区大幅度缩减,现仅分布于美国的弗罗里达群岛、巴哈马群岛、中南美洲的古巴中部、波多黎各和多米尼加。喜生长在排水良好的土壤上,常生长于石灰岩及海滨沙壤土上。

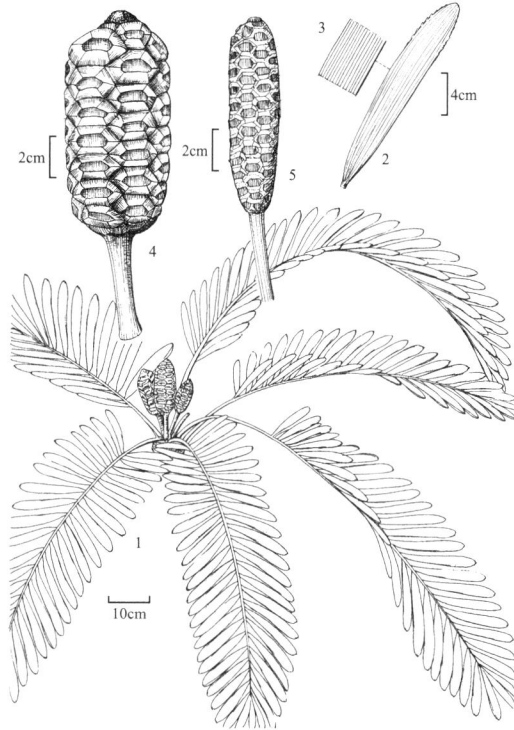

图 222 佛罗里达泽米 Zamia integrifolia
1. 植株,示羽叶及大孢子叶球;2. 小羽片;3. 小羽片的一部分放大,示叶脉;4. 大孢子叶球;5. 小孢子叶球。(李志民绘)

用途:园林观赏树种,羽片浓绿有光泽,萌发能力强,可丛植或作为园林绿地配景植物。

2. 角果泽米属 Ceratozamia Brongn.

棕榈状植物,具柱状茎干或亚地下茎,光滑,多无宿存叶柄基;亚地下茎多分枝,常产生吸芽。羽状叶多数集生于茎顶,基部间生有鳞叶,至少幼时被分枝或不分枝的透明绒毛;小羽片不分裂、倒卵形、椭圆形、卵圆形、披针形至线性,全缘,具多数分叉的平行脉和不明显的中脉,基部具离层,仅下表皮或两面具气孔。小孢子叶螺旋状排列于轴上形成圆锥状或穗状小孢子叶球;小孢子叶不育顶部呈多面体,背面生有无数小孢子囊,顶端具 2 枚明显伸出的刺状角;花粉船型,单沟;大孢子叶螺旋状排列于轴上,形成有梗的大孢子叶球;大孢子叶盾状,上部加厚为盾状多面体,顶端具 2 枚明显生出的角状刺,基部相对着生 2(~3)无梗的直生胚珠。种子 2,无柄,直立,两侧对称,近球形、长椭圆体形或椭圆体形,肉质种皮红色、黄色、橘色或褐色。

约 28 种,美洲特有属,分布于热带和亚热带地区。我国仅深圳引种约 8 种,其中有推广价值的约 3~5 种,在此介绍 2 种。

1. 亚地下茎,羽叶斜伸或平展下弯;中部小羽片条状长披针形,宽 1.5~4cm,边缘平展;新出叶嫩黄绿色
·· 1. 墨西哥角果泽米 C. mexicana
1. 柱状茎干,羽叶直伸;中部小羽片披针形或条状披针形,宽 3~5cm,边缘外卷;新叶铜锈色、暗红色或嫩绿色
·· 2. 巨型角果泽米 C. robusta

1. 墨西哥角果泽米 Forest Pineapple

图 223　彩片 328

Ceratozamia mexicana Brongn. in Ann. Sci. Nat. Bot., ser. 3，5：7-8. 1846.

亚地下茎，茎干高仅 50cm；约 12~20 叶集生于茎顶。羽叶浅绿或亮绿色，新出叶嫩黄绿色，光亮，成熟后稍具光泽，长约 100~150cm，斜伸或平展下弯，具 50~150 小羽片；幼叶卷叠式展开；叶轴不扭曲或稍螺旋状扭曲；叶柄长约 20~50cm，具刺；中部小羽片革质，长 20~30cm，宽 1.5~4cm，条状长披针形，最宽部位在中部以下，近镰刀状，两面同色，边缘平展。小孢子叶球褐色，卵状圆柱形，长 20~30cm，直径 10~12cm，具梗，梗长约 10cm；大孢子叶球黑灰色，卵状圆柱形，长 20~35cm，宽 10~12cm，具长约 12cm 的梗。种子卵状，长约 2cm，肉质种皮白色，成熟后褐色。在深圳花期 12 月至翌年 1 月；果熟期 4~5 月。

产地：仙湖植物园有栽培。

分布：原产于墨西哥中部。我国仅深圳有引种栽培。生长良好。

用途：园林观赏树种，羽叶凤尾状展开，新出叶嫩黄绿色，光亮，极为华丽。

2. 巨型角果泽米 Imperial Plm　图 224　彩片 329

Ceratozamia robusta Miq. in Tijdschr. Wis-Natuurk. Wetensch. Eerste Kl. Kon. Ned. Inst. Wetensch. 1：42-43. 1847.

柱状茎干，高可达 2m，直径 30cm；8~30 羽叶集生于茎干顶端。新叶铜锈色、暗红色或嫩绿色；成熟叶深绿色，稍具光泽，长 1.5~3m，平展直伸，具 100~200 小羽片；幼叶卷叠式直伸；叶轴不或稍螺旋状扭曲；中部小羽片披针形或条状披针形，长 20-30cm，宽 3~5cm，厚革质，最宽部位在中部以下，镰刀状，两面同色，边缘外卷；叶柄长 20~60cm，具刺。小孢子叶球褐色，卵状圆柱形或狭卵状圆柱形，高 30~50cm，具长约 10cm 的梗；大孢子叶球灰色，卵状圆柱形，长 30~50cm，宽 10~14cm，具 15cm 长的梗。种子卵状，长 2.5cm，肉质种皮白色，成熟后褐色。在深圳花期 12 月至翌年 1 月；果熟期 4~5 月。

产地：仙湖植物园有栽培。

分布：广泛分布于洪都拉斯的伯利拉兹、圭地马拉和墨西哥东南部的瓦哈卡和中东部的韦拉克鲁斯州。

用途：园林观赏树种，株体高大，新生叶铜锈色、嫩黄色至暗红色，极富观赏，可作为亚热带、热带地区不可多得的彩叶植物。

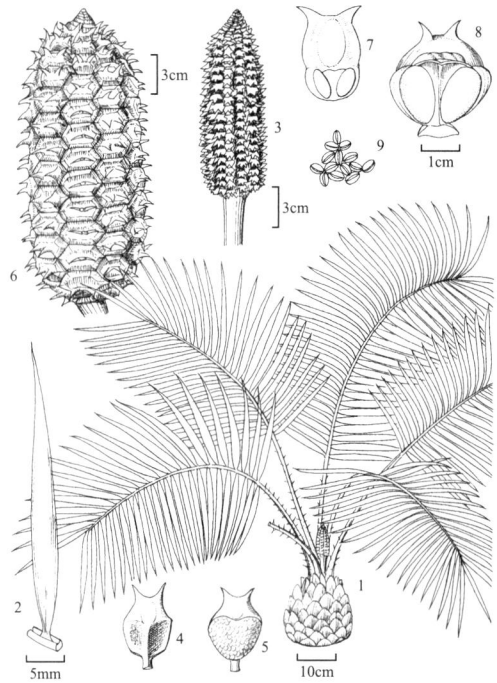

图 223 墨西哥角果泽米 Ceratozamia mexicana
1. 植株，示亚地下茎、羽叶及小孢子叶球；2. 小羽片；3. 小孢子叶球；4. 小孢子叶背面；5. 小孢子叶腹面；6. 大孢子叶球；7. 大孢子叶基部的 2 枚胚珠；8. 着生在大孢子叶内的 2 枚种子。（李志民绘）

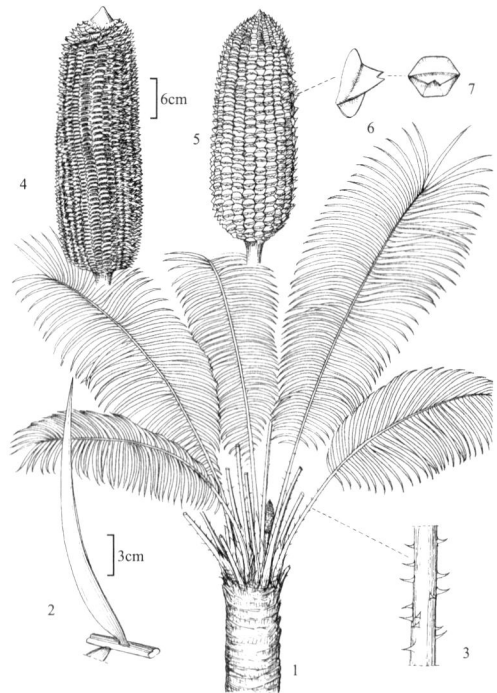

图 224 巨型角果泽米 Ceratozamia robusta
1. 植株，示茎、羽片和大孢子叶球（幼）；2. 小羽片；3. 叶柄的一部分放大；4. 小孢子叶球；5. 大孢子叶球；6. 大孢子叶正面观，示顶端的 2 枚角状刺；7. 大孢子叶的侧面观。（李志民绘）

3. 大泽米属 Macrozamia Miq.

棕榈状植物，茎圆柱状或亚地下茎，柱状茎干具明显宿存叶基。营养叶为大型羽状叶，螺旋状排列，基部小羽片常刺化；羽叶纵向卷叠式直立，横向卷叠式亦直立；小羽片一般不分叉，极少二叉分裂，具多数平行脉，中脉不明显，基部通常具乳白色、乳黄色、浅灰绿色或黄绿色的胼胝体，基部无离层，仅下表皮或上下表面均有气孔；初生羽叶被短柔毛，嫩叶上具有分叉或不分叉的透明绒毛。孢子叶螺旋状排列于轴上形成孢子叶球，顶端具外翻的光刺；小孢子叶球圆柱状或纺锤状，有梗；小孢子叶背面具大量小孢子囊；大孢子叶球卵状圆柱形，有梗，大孢子叶顶端膨大呈盾状，顶端具刺，基生 2（罕见 3）胚珠，无柄。种子两侧对称，近球形、长椭圆形或椭圆形，肉质种皮红色或橘黄色和褐色，胚乳单倍体，胚直立；子叶 2，通常顶端联生，细长胚柄缠绕在一起。

约 41 种，为澳大利亚特有属。我国引种栽培约 30 种。生长极为缓慢，深圳引种且栽培较多的仅 1 种。

1. 摩尔大泽米 Camarvon Gorge Macrozamia

图 225　彩片 330

Macrozamia moorei F. Muell. Australas. Chem. Drugg. **4**：84. 1881.

茎圆柱状，高大粗壮，高 2~7m，为大泽米属中之最；宿存叶柄基菱形，黑褐色；有 100~120 羽叶集生于茎顶。羽叶一回羽状，灰绿色至深绿色，稍有光泽，长 1~2.5m，龙骨状，具 120~220 小羽片；叶轴拱形向下弯曲；叶柄长 2~10cm，直伸，基部羽叶刺化；小羽片基部具乳黄色胼胝体，幼叶卷曲式展开；中部小羽片线形，长 20~35cm，宽 0.5~1cm，全缘、平展，顶部刺化，两面稍不同色。小孢子叶球纺锤状，长 30~45cm，具柄，多数集生于茎顶；小孢子叶长 2.5~3.5cm，顶端具 0.2~2.5cm 长的刺；大孢子叶球卵形，长 40~80cm；大孢子叶顶端膨大成盾状，长 6~7cm，厚 20~30mm，顶端具刺，长 0.2~7cm。种子卵形，长 4~6cm，肉质种皮红色。在深圳花期 8~9 月；果期 12 月至翌年 1 月。

产地：仙湖植物园有栽培。

分布：原产于澳大利亚，生长在土层薄且贫瘠的石地。

用途：园林观赏树种。

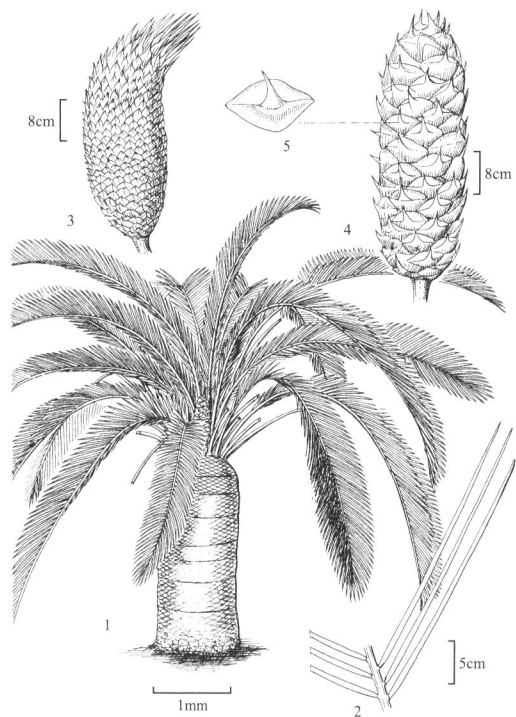

图 225 摩尔大泽米 Macrozamia moorei
1. 植株，示茎、羽叶和大孢子叶球（幼）；2. 羽叶的一部分，示小羽片；3. 小孢子叶球；4. 大孢子叶球；5. 大孢子叶，示顶端的刺。（李志民绘）

4. 双子铁属 Dioon Lindl.

棕榈状植物，雌雄异株，具柱状茎干或亚地下茎，多数羽叶集生茎顶。茎皮粗糙或光滑，叶柄基宿存或脱落；多数种类可产生吸芽。营养叶一回羽状，螺旋状排列，具鳞叶；叶柄无刺，通常基部膨大，基部小羽片常刺化。幼叶纵向卷叠直立，横向卷叠亦为直立。小羽片边缘常具刺，具多数分叉的平行脉，中脉不明显；小羽片以一定的角度插生于羽轴上中轴线的两侧，朝近轴面生长，基部无离层；气孔仅分布在下表面或两面；初生羽叶被短柔毛，嫩叶上具有分歧或不分歧的绒毛。小孢子叶螺旋状排列，形成具有长梗的小孢子叶球；小孢子叶扁平、朝上，尖端不分歧且不育，背面生有无数小孢子囊；大孢子叶螺旋状排列，形成有梗的大孢子叶球；大孢子叶扁平朝上，上部加宽上翻，彼此多少重叠。种子2（罕见3），有梗，直立，近球形、长椭圆形或椭圆形，肉质种皮白色或乳白色，胚乳单倍体，胚直立；子叶2，通常顶端联生，胚根细长且相互缠绕。种子两侧对称。

15种，分布在洪都拉斯、尼加拉瓜和墨西哥。我国深圳引入栽培约10种，多有推广价值，在此介绍3种。

1. 小羽片全缘，宽不足1.5cm；⋯⋯⋯⋯⋯⋯⋯⋯⋯⋯⋯⋯⋯⋯⋯⋯ **1. 食用双子铁 D.edule**
1. 小羽片边缘具刺；基部羽叶刺化。
　2. 小羽片宽1~1.2cm，小羽片彼此重叠 ⋯⋯⋯⋯⋯⋯⋯⋯⋯⋯⋯⋯ **2. 密羽双子铁 D.merolae**
　2. 小羽片宽1.4~2cm，小羽片彼此不重叠 ⋯⋯⋯⋯⋯⋯⋯⋯⋯⋯ **3. 大型双子铁 D.spinulosum**

1. 食用双子铁 Chestnut Dioon　　图226　彩片331
Dioon edule Lindl. in Edward's Bot. Reg. **29**：misc. 59-60. 1843.

茎树干状，高可达4m，常数头丛生；叶柄基宿存多年；茎皮黑灰色或深灰褐色；约50~150羽叶集生于茎顶。羽叶亮绿或蓝绿色，亚光亮至暗绿色，长1~2m，平展，或有时多少微扭曲，具70~150小羽片，下部羽片基本刺化，叶柄无刺部位长约5cm；小羽片狭披针形，两面同色，无中脉，与叶轴之间的夹角约为90°，羽片之间无重叠，边缘平展，全缘，中部小羽片长6~12cm，宽0.5~1cm，初生叶长2~3cm，被黄褐色毛。小孢子叶球卵球形至纺锤形，密被灰白色长柔毛，长15~40cm，直径6~10cm，具梗；小孢子叶顶部长3cm，宽2cm；大孢子叶球卵球状，密被灰白色长柔毛，长20~35cm，直径12~20cm；大孢子叶顶部长3.5cm，宽2.5cm。种子卵状，长2.5~4.5cm，直径2~3cm，种皮乳白色或白色。

产地：深圳仙湖植物园有栽培。

分布：原产于墨西哥。常生于海平面至海拔1500m的落叶林。

用途：是世界上栽培最普遍的苏铁类植物之一，常有吸芽产生，所以可见到该种成丛生状，姿态优美。

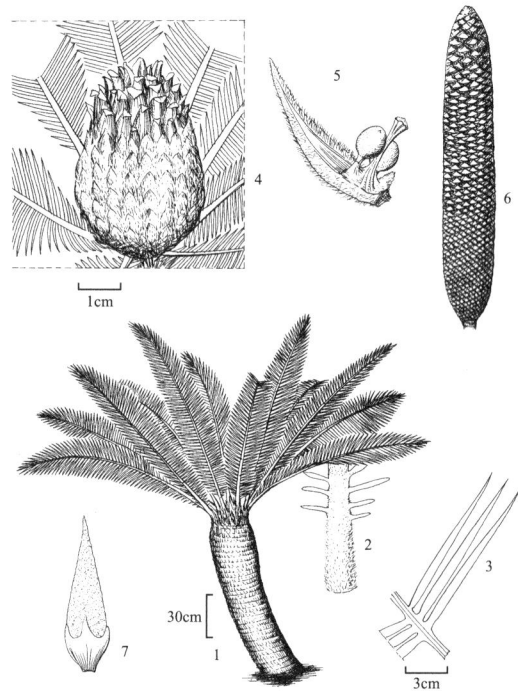

图 226 食用双子铁 Dioon edule
1. 植株，示茎及羽片；2. 叶柄的基部，示刺化的小羽片；3. 羽叶的一部分，示小羽片；4. 大孢子叶球；5. 大孢子叶，并示着生于其内的种子；6. 小孢子叶球；7. 小孢子叶。（李志民绘）

2. 密羽双子铁 Merolae Dioon　　　　　　　　　　　　　　　　图227　彩片332
Dioon merolae de Luca, Sabato & Vázq. Torres in Brittonia **33**（2）：180-184. 1981.

茎树干状，高达3m；叶柄基宿存多年；茎皮灰白色或深灰褐色；数十羽叶集生于茎顶。羽叶浅绿或暗绿色，平展或呈微龙骨状，坚挺，有时被疏柔毛；小羽片常侧排于羽轴上，彼此之间间隔很小，有时成一定程度的重叠，无中脉，两面同色，边缘具1~3疏齿，顶端渐尖，基部宽阔下延并与叶轴相连，无关节；叶柄基部羽片刺化；中部小羽片线状披针形，宽1~1.2cm。小孢子叶球狭卵状，浅褐色，长30~40cm，直径8~10cm；小孢子叶不成垂直排列；大孢子叶球圆锥状卵形，顶部成尖头状，密被灰白色长柔毛，长40~45cm，直径20~25cm；大孢子叶不加厚，披针状卵形，顶端渐收缩成长尖头；胚珠着生于短柄上。种子卵圆形，长3~4cm，直径2.5~3.5cm，肉质种皮乳白色或白色。

产地：深圳仙湖植物园有引种栽培。

分布：原产于墨西哥。生于干旱灌丛或松林下。

用途：该种适应性强，生长旺盛，可作园林观赏植物。

3. 大型双子铁 Giant Dioon 图 228 彩片 333

Dioon spinulosum Dyer ex Eichler，Gart. Zeit. Berlin，411. 1883.

圆柱状茎干，高可达 10m；茎皮灰白色、黑灰色或深灰褐色；叶柄基宿存多年；数十羽叶集生于茎顶。羽叶浅绿或亮绿，平展，两侧小羽片多少下垂，具光泽，长 1.5~2m，具 140~240 小羽叶，基部羽叶刺化；小羽片披针状条形，与叶轴之间的夹角为 80°~90°，小羽片彼此不重叠，边缘平展，具 2~5 疏齿；中部小羽片长 15~20cm，宽 1.4~2cm。小孢子叶球窄卵状至纺锤状，浅褐色，密被浅褐黄色长柔毛，长 40~55cm，直径 7~10cm，具梗；大孢子叶球呈不规则长圆形，密被灰白色长柔毛，长 30~90cm，直径 20~35cm，具梗，先直立，成熟后下垂。种子卵形，长 4~5cm，直径 3~5cm，种皮乳白色或白色。在深圳花期 6~7 月；果期 10~11 月。

产地：仙湖植物园有栽培。

分布：分布于墨西哥。常生长于石灰岩常绿林。

用途：羽叶光亮，颇具观赏价值。该种是世界上栽培最广的苏铁类植物之一。

5. 非洲铁属 Encephalartos Lehm.

棕榈状植物，通常具有粗壮的圆柱状茎干或亚地下茎。多数羽叶集生于茎顶；叶柄基宿存。多数种类有吸芽。营养叶一回羽状，螺旋状排列，基部小羽片常刺化；叶柄无刺，基部通常膨大；羽叶纵向卷叠直立，横向卷叠直立；小羽片边缘锯齿状、浅裂或呈撕裂状，具多数分叉的平行脉，中脉不明显，着生在叶轴边缘向两侧生长，基部无离层；下表面或上下表皮均有气孔；羽叶被短柔毛，嫩叶有分歧或不分歧的透明绒毛。孢子叶上部木质化加厚具小面，彼此排列紧密但不重叠；小孢子叶螺旋状排列于中轴上，形成具梗或几无梗的小孢子叶球；小孢子叶顶端常扁平或呈多面体，背面生无数小孢子囊；花粉船形；大孢子叶螺旋状排列于中轴上，形成有梗的大孢子叶球；大孢子叶盾状，顶端膨大。种子 2（罕见 3），无柄，直立，两侧对称，近球形、长椭圆体形或椭圆体形，肉质种皮红色、黄色、橘色或褐色，胚乳单倍体，胚直立；子叶 2，常顶端联生，胚柄细长且缠绕一起。

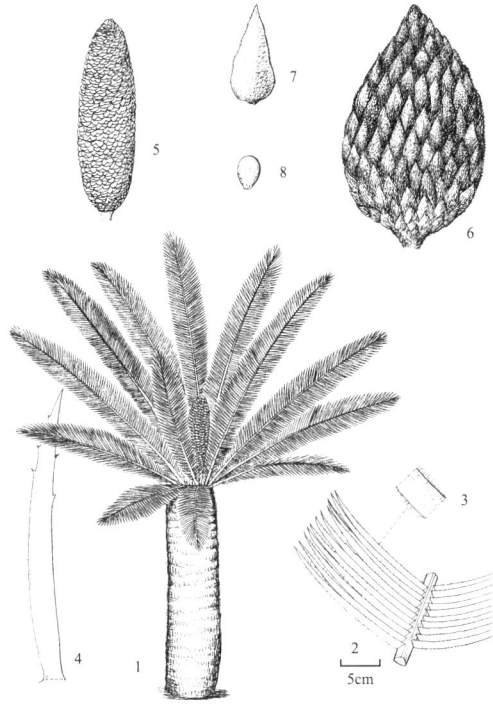

图 227 密羽双子铁 Dioon merolae
1. 植株，示茎、羽叶及小孢子叶球；2. 羽叶的一段，示小羽片的排列方式；3. 小羽片的一部分放大；4. 小羽片，示边缘的疏齿；5. 小孢子叶球；6. 大孢子叶球；7. 大孢子叶；8. 种子。（李志民绘）

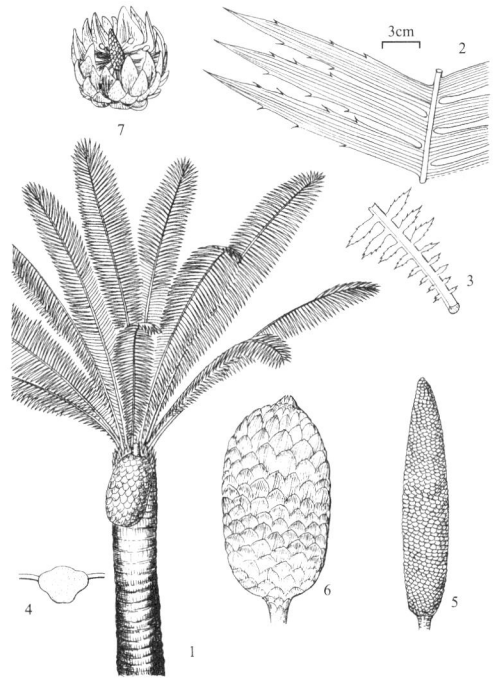

图 228 大型双子铁 Dioon spinulosum
1. 植株，示茎、羽叶及成熟的大孢子叶球；2. 羽叶的一部分，示小羽片；3. 羽叶叶柄基部刺化的小羽片；4. 羽轴的横切面；5. 小孢子叶球；6. 大孢子叶球；7. 大孢子叶球开裂后的基部。（李志民绘）

约 65 种，为非洲特有分布，主要分布于非洲的南部和东部，非洲中部的安哥拉、贝宁、加纳等国。多处于濒危状态。我国引入栽培约 40 余种，其中很多在深圳都有栽培和推广价值，在此介绍 2 种。

1. 小羽片卵状椭圆形或椭圆状倒卵形，边缘具 3~8 撕裂齿；大、小孢子叶球近卵形，桃红色至橘红色或橘黄色，
  长 25~50cm ··· 1. 刺叶非洲铁 E. ferox
1. 小羽叶披针形，全缘或边缘有 1~3 细齿；小孢子叶球纺锤状长球形，褐黄色或棕黄色；大孢子叶球长球状圆
  柱形，橘红色或橘黄色，长 55~65cm ············· 2. 合意非洲铁 E. gratus

1. 刺叶非洲铁 Zululand Cycad　图 229　彩片 334
Encephalartos ferox Bertol. f. Mem. Reale Accad. Sci. Ist. Bologna. **3**：264. 1851.

球状茎，极少见柱状茎干，最高达 1m，直径 25~30cm，常产生吸芽，灰褐色或深褐色；叶柄基宿存；数十羽叶集生茎顶。羽叶深绿色，有光泽，长 1~2m，轻度龙骨状或平展，对生小羽叶之间的夹角 150°~180°排列；叶轴绿色，微弯曲或直伸；叶柄具 1~6 柄刺，小羽片卵状椭圆形或椭圆状倒卵形，边缘有 3-8 撕裂齿，齿尖刺化，平展或多少卷曲，两面明显不同色，羽片相接，或稍有重叠，与轴间的夹角 45°~80°，基部小羽片退化为刺；中部小羽片长 15cm，宽 3.5~5cm。小孢子叶球 1~10，近卵状，桃红色、橘红色或橘黄色，长 40~50cm，直径 8~10cm；大孢子叶球 1~5 枚，卵状、桃红色、橘红色或橘黄色，长 25~50cm，直径 20~40cm。种子椭圆体形，长 4.5~5cm，宽 1.5~2cm，肉质种皮红色。在深圳花期 8~9 月；果期 12 月至翌年 1 月。

产地：仙湖植物园有栽培。

分布：分布于非洲的南非及莫桑比克。生长在葱郁的常绿森林或常绿灌木丛中，或荒芜海岸的深沙中。

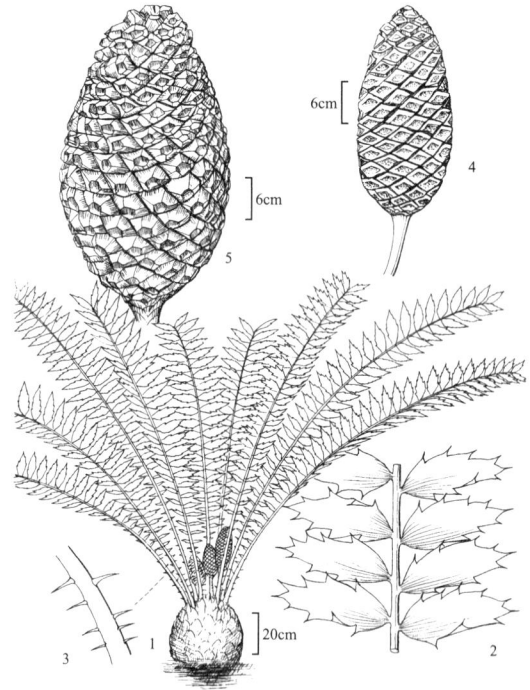

图 229 刺叶非洲铁 Encephalartos ferox
1. 植株，示茎、羽叶及小孢子叶球；2. 羽叶的一部分，示小羽片；3. 羽叶基部退化为刺的小羽片；4. 小孢子叶球；5. 大孢子叶球。（李志民绘）

用途：羽叶浓密，常形成半球形的羽冠，小孢子叶球和大孢子叶球的色彩鲜艳，有很高的观赏价值，可孤植，或可丛植为绿篱。

2. 合意非洲铁 Mulanjie Cycad　　　　　　　　　　　　图 230　彩片 335
Encephalartos gratus Prain in Bull. Misc. Inform. 181. 1916.

圆柱状茎干，粗大，最高可达 2.5m，直径 60cm，无吸芽，灰褐色或灰白色；叶柄基宿存；数十羽叶集生于茎顶。羽叶暗绿色或青绿色，有光泽，长 1.2~2m，直伸或微弯曲，或轻微扭曲，对生小羽片之间的夹角 180°，中部及以下密被灰白色长柔毛，下部小羽片逐渐刺化；叶柄基部具 1~6 对柄刺；小羽片披针形，平滑无脉，两面稍不同色，相邻小羽片不重叠，全缘或边缘有 1~3 细齿，边缘内卷，小羽片基部无离层；中部小羽片长 18~26cm，宽 2~3.5cm。小孢子叶球 1~20，纺锤状长球形，黄褐色，长 30~40cm，直径 4.5~10cm；大孢子叶球 2~5，长球状圆柱形，褐黄色或棕黄色，长 55~65cm，直径 15~20cm。种子椭圆体形，长 3~4cm，宽 1.4~2cm，肉质种皮红色。在深圳花期 8~9 月；果期 12 月至翌年 1 月。

产地：仙湖植物园有栽培。

分布：分布于非洲的莫桑比克西北部及马拉维东南部。常生长在靠近溪流较陡峭的山谷。

用途：该种植物体型高大，大型羽状叶顶生，四季常青，同时配有色彩艳丽的大型球果，具有很高的观赏价值。

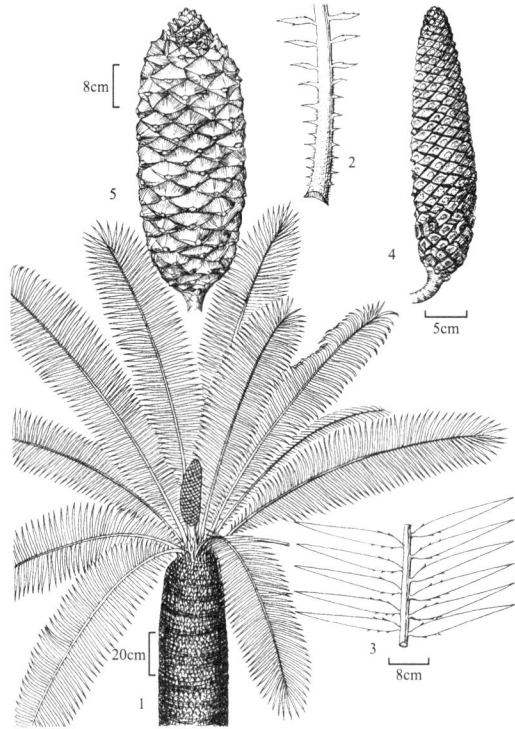

图 230 合意非洲铁 Encephalartos gratus
1. 植株，示茎、羽叶和小孢子叶球；2. 叶柄基部退化为刺的小羽片；3. 羽叶的一部分，示小羽片；4. 小孢子叶球；5. 大孢子叶球。（李志民绘）

17. 买麻藤科　GNETACEAE

李　楠　韦雪梅

常绿木质藤本，稀为直立灌木或乔木。茎节由上下两部接合而成，呈膨大关节状，下部顶端具有宿存环状总苞片，在幼枝上明显，在老枝则仅有痕迹。单叶对生，有叶柄，无托叶；叶片革质或半革质，平展具羽状叶脉，小脉极细密且呈纤维状，极似双子叶植物，边缘全缘。花单性，雌雄异株，稀同株；球花伸长成细长穗状，具多轮合生环状总苞（由多数轮生苞片愈合而成）；雄球花穗单生或数穗组成顶生及腋生聚伞花序，着生在小枝上，各轮总苞紧密排列，不露花穗轴或少为疏离而露出增长的花穗轴，每轮总苞有雄花 20~80，紧密排列成 2~4 轮，花穗上端常有 1 轮不育雌花，雄花具杯状肉质假花被，假花被基部渐细，上部渐宽平，雄蕊通常（1~）2，伸出假花被之外，花丝合生，上端有时稍分离，花药 1 室，花粉圆，具细微棘突；雌球花穗单生或数穗组成聚伞圆锥花序，通常侧生于老枝上，每轮总苞有雌花 4~12，雌花的假花被囊状，紧包于胚珠之外，胚珠具 2 层珠被，内珠被的顶端延长成珠被管，自假花被顶端开口伸出，外珠被分化为肉质外层与骨质内层，肉质外层与假花被合生并发育成假种皮。种子核果状，包于红色或橘红色肉质假种皮中，胚乳丰富，肉质；子叶 2，发芽时出土。

1 属约 30 多种，分布于亚洲、非洲、南美洲热带及亚热带地区，以亚洲大陆南部，经马来半岛至菲律宾群岛为分布中心。我国 1 属 9 种，主产于华南、西南暖热地带。深圳有 3 种。

买麻藤属　Gnetum L.

属的形态特征与地理分布同科。

1. 成熟种子常有明显的种子柄；成熟种子较小，长 1.5~2cm，直径 1~1.2cm，具短柄，柄长 2~5mm；雄球花穗的每轮总苞内有雄花（20~）25~45 ·································· **1. 买麻藤 G. montanum**
1. 成熟种子无柄或几无柄；雄球花穗的每轮总苞内有雄花 40~80。
　　2. 雄球花穗总苞 5~10 轮；成熟种子长椭圆体形或窄长圆柱状倒卵球形，长 1.5~2cm，直径约 1cm；叶较小，长 4~10cm，宽约 2.5cm ·································· **2. 小叶买麻藤 G. parvifolium**
　　2. 雄球花穗总苞 12~20 轮；种子较大，长圆状宽椭圆体形，长 2.5cm 以上，直径 1.5~1.8cm；叶片长 12~18cm，宽 5~8cm，侧脉近平伸，与中脉常近于成垂直排列，脉网常不甚明显 ·································
　　·································· **3. 罗浮买麻藤 G. lofuense**

1.　买麻藤 Jointfir　　　　　　　　　　　　　　　　　　　　　　　　图 231
Gnetum montanum Markgr. in Bull. Jard. Bot. Buitenz. ser. 3，**10**（4）：406. 1930.
大藤本，长达 10m 以上。小枝圆或扁圆，光滑，稀具细纵皱纹。叶形大小多变，通常呈矩圆形，稀矩圆状披针形或椭圆形，革质或半革质，长 10~25cm，宽 40~110mm，先端具短钝尖头，基部圆或宽楔形，侧脉 8~13 对，叶柄长 0.8~1.5cm。雄球花穗一至二回三出分枝，排列疏松，长 2.5~6cm，总梗长 0.6~1.2cm，雄球花穗圆柱形，长 2~3cm，直径 2.5~3mm，具 13~17 轮环状总苞，每轮环状总苞内有雄花（20~）25~45，排成 2 行，雄花基部有密生短毛，假花被稍肥厚成盾形筒，顶端平，成不规则的多角形或扁圆形，花丝连合，约 1/3 自假花被顶端伸出，花药椭圆形，花穗上端具少数不育雌花而排成 1 轮；雌球花穗侧生于老枝上，单生或数穗丛生，总梗长 2~3cm，主轴细长，有 3~4 对分枝，雌球花穗长 2~3cm，直径约 4mm，每轮环状总苞内有雌花 5~8，胚珠椭圆状卵球形，先端有短珠被管，管口深裂成条状裂片，基部有少量短毛；雌球花穗成熟时长约 10cm。种子长圆状卵球形或长圆体形，长 1.5~2cm，直径 1~1.2cm，熟时黄褐色或红褐色，光滑，有时被亮银色鳞斑，种子柄长 2~5mm。花期 6~7 月；果期 8~10 月。

产地：仙湖植物园（陈珍传等 006673）、蓝山郊野公园（李勇等 009665）、南澳（张寿洲等 019503）。生山地林中，海拔约 260m。

分布：产于福建、广东、香港、海南、广西和云南。印度、不丹、缅甸、泰国、老挝及越南有分布。

用途：茎皮含韧性纤维，可供织麻袋，渔网、绳索等，亦供作人造棉原料；种子可炒食，或供榨油，亦可供酿酒；树液为清凉饮料。

2. 小叶买麻藤 Small-leaved Jointfir

图 232　彩片 336　337

Gnetum parvifolium（Warb.）C. Y. Cheng ex Chun in Acta Phytotax. Sin. 9：386. 1964.

Gnetum scandens Roxb. var. *parvifolinm* Warb. Monsunis **1**：196. 1900.

缠绕藤本，长 4~12m，常较细弱。茎枝圆形，皮土棕色或灰褐色，皮孔常较明显。叶椭圆形、窄长椭圆形或长倒卵形，革质，长 4~10cm，宽 2.5cm，先端急尖或渐尖而钝，稀钝圆，基部宽楔形或微圆；侧脉细，一般在叶面不甚明显，在叶背隆起，长短不等，不达叶缘即弯曲前伸，小脉在叶背形成明显细网，网眼间常呈极细的皱凸状；叶柄较细短，长 0.5~0.8(~1)cm。雄球花穗不分枝或一次分枝，分枝三出或成 2 对，总梗细弱，长 0.5~1.5cm，雄球花穗长 1.2~2cm，直径 2~3.5mm，具 5~10 轮环状总苞，每轮总苞内具雄花 40~70，雄花基部有不显著的棕色短毛，假花被略成四棱状盾形，基部细长，花丝完全合生，稍伸出假花被，花药 2，合生，仅先端稍分离，花穗上端有不育雌花 10~12，扁宽三角形；雌球花穗多生于老枝上，一次三出分枝，总梗长 1.5~2cm，雌球花穗细长，每轮总苞内有雌花 5~8，雌花基部有不甚明显的棕色短毛，珠被管短，先端深裂，雌球花穗成熟时长 10~15cm，轴较细，直径 2~3mm。成熟种子假种皮红色，长椭圆体形或窄长圆柱状倒卵球形，长 1.5~2cm，直径约 1cm，先端常有小尖头，种脐近圆形，直径约 2mm，干后种子表面常有细纵皱纹，无种柄或近无柄。花期 4~6 月；果期 6~11 月。

产地：仙湖植物园（陈珍传等 006672）、梅沙尖（深圳考察队 000350）、七娘山（张寿洲等 015726）。生于山地疏林中，海拔 100~800m。

分布：产于江西、湖南、福建、广东、香港、澳门、海南、广西和贵州。

用途：广东常用皮部纤维作编制绳索的原料，其质地坚硬，性能良好；种子炒后可食，及可用于窄食用油。

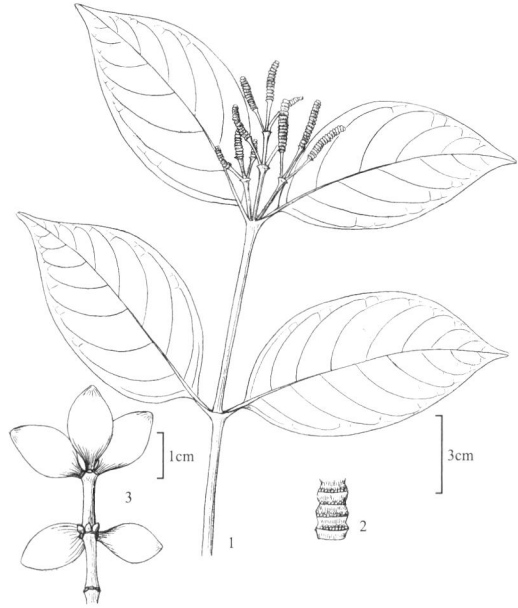

图 231　买麻藤 Gnetum montanum
1. 分枝的上部，示叶和雄球花穗；2. 雄球花穗的一部分；3. 雌球花穗及其上成熟的种子。（林漫华绘）

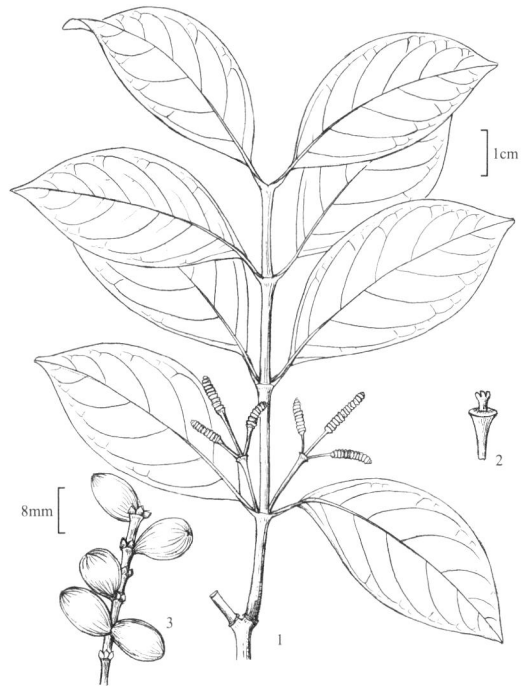

图 232　小叶买麻藤 Gnetum parvifolium
1. 分枝的一部分，示叶和雄球花穗；2. 雄花；3. 雌球花穗及其上成熟的种子。（林漫华绘）

3. 罗浮买麻藤 Lofu Jointfir 图 233

Gnetum lofuense C. Y. Cheng in W. C. Cheng & al. Acta Phytolax. Sin. **13**(4)：89. 1975.

藤本。茎枝圆形，皮紫棕色，皮孔浅不显著。叶片薄或稍带革质，有光泽，长圆形或矩圆状卵形，长12~18cm，宽5~8cm，网脉在两面明显，先端短渐尖，基部近圆形或宽楔形；侧脉9~11对，明显，由中脉近平展伸出，小脉网状，在叶背面较明显；叶柄长0.8~1cm。雄球花穗呈三出聚伞花序状或有2对分枝，有总苞12~20轮，每轮总苞内有雄花60~80，雄蕊2，花丝全部合生，约1/2露出假花被外，不育雄花15~30；雌球花穗的每一穗有总苞10~20轮，每轮总苞内有雌花8~9，花序轴较粗壮。成熟种子长圆状宽椭圆体形，长约2.5cm，直径1.5~1.8cm，顶端微呈急尖状，基部宽圆，无柄或基部收缩成柄状，假种皮橘红色，种子干后表面无纵皱纹，先端急尖，中央常有小尖头。花期2~7月；果期7~12月。

产地：打马沥水库（张寿洲等016746）、南澳七娘山（张寿洲等015732）、笔架山、梧桐山、三洲田、羊台山、大南山、内伶仃岛等。生于山地疏林中，海拔100~300m。

分布：产于福建、江西（南部）、广东、香港和海南。

用途：广东常用皮部纤维作编制绳索的原料，其质地坚硬，性能良好。

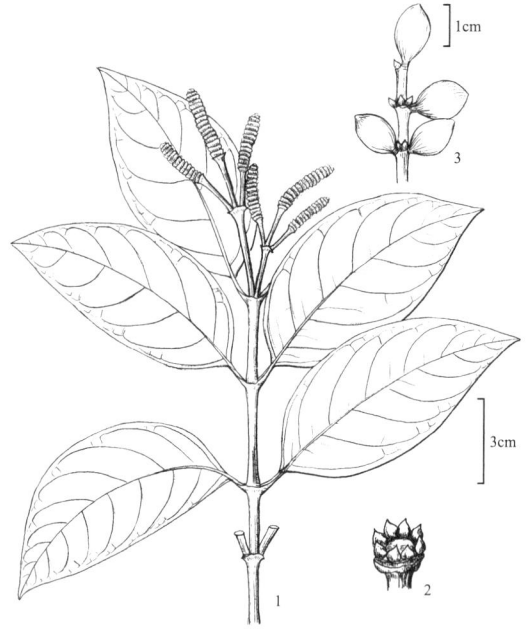

图 233 罗浮买麻藤 Gnetum lofuense
1. 分枝的一部分，示叶和雄球花穗；2. 雄球花穗的一部分；
3. 雌球花穗及其上成熟的种子。（林漫华绘）

被子植物 ANGIOSPERMS

乔木、灌木、草本或藤本。茎直立或缠绕或攀援。植物体通常是自养的，少数为半寄生（如槲寄生、桑寄生）、寄生（如蛇菰、菟丝子、列当）或为食虫植物（如茅膏菜、猪笼草、狸藻），通常分化成根、茎、叶（三者是营养器官）和花（生殖器官）。在次生木质部中有导管。花通常由花被（包括花萼和花冠）、雄蕊群和雌蕊群形成；有些分类群花冠不存在或花萼和花冠都不存在；有些分类群只有雄蕊群或只有雌蕊群；花萼由萼片组成；花冠由花瓣组成；萼片和花瓣通常 3、4、5 或 6 枚，有时较少或较多，分生或合生；雄蕊群由 1 至多数分生或合生的雄蕊组成；雄蕊通常有花药和花丝两部分，花药内有花粉；雌蕊群由 1 至多数心皮形成，心皮分生或合生，但都以各种方式形成一闭合的雌蕊；雌蕊通常有子房、花柱和柱头三部分，在密闭的子房内产生胚珠（被子植物由此得名）；花粉发芽后形成雄配子体，雄配子体有 1 个粉管细胞和 2 个精子；雌配子体又称胚囊，通常包含 1 个卵细胞、2 个肋细胞、3 个反足细胞、2 个根核；在受精过程中，1 个精子核与卵核融合发育成种子的胚，另 1 个精子与 2 个根核融合发育成种子的胚乳，胚珠发育成种子，整个子房（有时还连同花萼、花托以及花序轴）发育成果实，种子被包在密闭的种皮之中。

有 413~500 科约 25 万 ~30 万种。我国有 35000~40000 种。深圳有 187 科 2800 种。

分科检索表

王文采

木兰纲 Class Magnoliopsidae（双子叶植物纲）

分亚纲检索表

1. 植物比较古老，花具离生心皮，离生花瓣，或无花瓣（有时具合生萼片），通常具明显花被片和多数向心发育的雄蕊（有时呈片状或条形），花粉粒多具 2 核，常具 1 萌发孔，或为具 1 萌发孔的衍生类型；胚珠具 2 层珠被和厚珠心；种子通常具 1 微小的胚和丰富的胚乳，但有时具较大的胚和退化、甚至缺失的胚乳；子叶偶尔多于 2 枚；植物通常集聚苯基异喹啉（benzyl-isoquinoline）、阿朴芬型生物碱（aporphine alkaloids），但无甜菜拉因（betalains）、环烯醚萜化合物（iridoid compounds）或芥子油（mustard oils），稀含丰富丹宁 …… ·················· 亚纲 1. **木兰亚纲 Magnoliidae**

1. 植物在一或较多方面比木兰亚纲进化；花粉粒有 3 萌芽孔或为具 3 萌芽孔的衍生类型；子叶不多于 2 枚；雄蕊不呈片状，通常分化为明显的花丝和花药；植物偶尔出现苯基异喹啉或阿朴芬型生物碱，但通常具其他类型的生物碱、丹宁或甜菜拉因，或芥子油，或环烯醚萜化合物。

  2. 花多少退化，常为单性，花被发育情况差或缺失；花常组成柔荑花序，但不形成两性的假单花序（pseudanthia），不在侧膜胎座上具多数种子；花粉粒常具孔，并具颗粒状的而非柱状的覆盖层下的构造，但也常是普通的类型 ·················· 亚纲 2. **金缕梅亚纲 Hamamelidae**

2. 花通常良好发育，具明显的花被，如不是这样，则或者聚集成为两性的假单花花序，或者在侧膜胎座上具多数种子；花粉粒的构造各种各样，但稀具颗粒状的覆盖层下构造。

  3. 花具离生花瓣，稀无花瓣或具合生花瓣，如果具合生花瓣，则或者雄蕊数目比花冠裂片多，或者雄蕊与花冠裂片对生，或者胚珠具两层珠被和厚珠心；胚珠稀具绒毡层；心皮1至多数，离生或常合生成复雌蕊；植物通常具丹宁、或甜菜拉因，或具芥子油。

    4. 雄蕊多数时通常按离生（稀向心）顺序发育；胎座式各种各样，常为侧膜胎座、特立中央胎座或者基底胎座，但也常为中轴胎座；具少数雄蕊和中轴胎座的种类通常或者每一子房室具数个或多数胚珠，或者具合瓣花冠，或者具二种情况。

      5. 植物通常或者具甜菜拉因，或者具特立中央胎座至基底胎座（在一复子房中），或者具上述二种情况，但不具芥子油和环烯醚萜化合物，只在二较小目中仅具丹宁；花粉粒具三核，稀具二核；胚珠具二层珠被，厚珠心，通常弯生或横生；植物通常为草本或近于草本，木本的种类通常具异常的次生生长或其他异常的构造；花瓣离生或不存在，但在蓝雪花科例外；在最大的石竹目，筛管具一种独特的P型质体；种子不具胚乳，而具外胚乳 ·················· 亚纲3. **石竹亚纲 Caryophylidae**

      5. 植物不具甜菜拉因，胎座式稀为特立中央胎座或基底胎座（报春花目例外）；植物通常具芥子油或环烯醚萜化合物，或丹宁；花粉粒通常二核（十字花科显著例外）；胚珠各种各样，但稀为弯生或横生（白花菜科目例外）；植物为木本或草本，多数种通常为乔木；花瓣离生，稀合生形成一合瓣花冠，也稀不存在；种子稀具外胚乳；筛管质体通常为S型，完全与石竹亚纲不同 ··············· ·················· 亚纲4. **五桠果亚纲 Dilleniidae**

    4. 雄蕊多数时，通常按向心（稀离心）顺序发育；花稀具侧膜胎座（但虎耳草科明显例外），也稀具1室的复子房中具特立中轴胎座或基地胎座（寄生的种例外），但常（特别在具少数雄蕊的种）在2至数室中每室具1或2胚珠；花具离生花瓣，稀无花瓣，更稀具合生花瓣；植物常具丹宁，有时具环烯醚萜化合物，稀具芥子油，永不具甜菜拉因·················· 亚纲5. **蔷薇亚纲 Rosidae**

  3. 花的花瓣合生（稀花瓣离生，或无花瓣）；雄蕊通常与花冠裂片数目相同或较少，永不与花冠裂片对生；胚珠具一层珠被和薄珠心，通常具珠被绒毡层；心皮常2，偶尔3-5或更多；植物稀具丹宁，永不具甜菜拉因和芥子油，但通常具环烯醚萜化合物或其他种类的驱虫剂（repellants）········ 亚纲6. **菊亚纲 Asteridae**

木兰亚纲 Subclass Magnoliopsidae

分目，分科检索表

1. 植物通常在薄壁组织中含精油细胞；花粉（八角目除外）具1萌发孔，或是自具1萌发孔衍生类型，不具3萌发孔；花瓣如存在时，与萼片和苞片同源，通常具3或较多维管迹（vascular traces）。

  2. 花粉具1或2或多数萌发孔或无萌发孔，但不具3萌发孔。

    3. 植物为木本（樟科的无根藤属 Cassytha 例外）；花正常发育，通常具离生花被片（可不分化或分化为萼片和花瓣）组成的明显花被。

      4. 花通常下位；花粉典型的具1萌发孔，有时无萌发孔（在一些番荔枝科植物具2萌发孔）；雄蕊常为片状，或药隔顶端伸长并扩展，有时为普通类型；节通常具三叶隙（trilacunar），有时具多叶隙或一叶隙；托叶存在或不存在；花通常单生或组成具少数花的花序，在多数科均较大；种子具小的胚和丰富的胚乳 ·················· 目1. **木兰目 Magnoliales**

        5. 茎节具多叶隙；叶有明显脱落的托叶；花被片6~18，3枚成一组；雄蕊条形，未明显分化为花丝和花药，4花药埋生于条形片的腹面；花托伸长、呈柱状 ·················· 6. **木兰科 Magnoliaceae**

        5. 茎节具3叶隙；叶无托叶；花被片分化为花萼和花冠，萼片(2~)3(~4)，花瓣3~6(~12)，排成2轮；雄蕊分化为短而粗的花丝和花药，药隔顶端伸长并扩展覆盖于花药之上；花托不伸长、呈圆柱状

··· 8. 番荔枝科 Annonaceae

4. 花通常周位或下位；花粉通常无萌发孔，或具 2 萌发孔，稀具 1 或多数萌发孔；雄蕊为普通类型，有时多少呈片状，具伸长的药隔；胚珠 1（或 2，但只成熟 1）；托叶不存在，花通常小，组成多花的花序；种子具大的胚，无胚乳 ······························ 目 2. 樟目 Laurales

　　6. 灌木具对生单叶；花单生，周位，具坛状被丝托；花被片 15~30；雄蕊 5~30，花粉具 2 沟；心皮 5~35 ····································· 15. 蜡梅科 Calycanthaceae

　　6. 叶互生；花无坛状被丝托；花被 4~9；雄蕊 3~12，花粉无萌发孔；心皮 1。

　　　　7. 乔木或灌木；叶为单叶，花周位，花被片（4~）6，稀 8；雄蕊 8~12；浆果或核果，无翅 ········
　　　　···17. 樟科 Lauraceae

　　　　7. 木质藤本；叶为三出复叶；花下位，萼片、花瓣和雄蕊均为 5；果实有侧生和顶生的翅（深圳本科植物）·· 18. 莲叶桐科 Hernandiaceae

3. 草本植物，或次生木本植物。

　　8. 花具退化的花被，或无花被，密集组成象肉穗的花序；胚珠多为直生；植物不具马兜铃酸（aristolochic acid）；种子通常具外胚乳 ·································· 目 3. 胡椒目 Piperales

　　　　9. 叶对生，具叶柄间托叶；单雌蕊的子房半下位或完全下位，具 1 下垂胚珠；种子具丰富油质胚乳，无外胚乳；花小，花被不存在或退化为 3 小齿；雄蕊 1~3，花粉具 1 沟 ····················
　　　　····································· 19. 金粟兰科 Chloranthaceae

　　　　9. 叶互生，稀对生或轮生，托叶贴生于叶柄上或不存在；花被片不存在；子房上位，稀下位；种子具丰富淀粉质的外胚乳，无胚乳。

　　　　　　10. 每心皮有（1~）2~10 胚珠；心皮 3~5，或只基部合生，或合生成具 1 室子房的复雌蕊；果实不开裂，或为顶端开裂的蒴果 ··························20. 三白草科 Saururaceae

　　　　　　10. 子房有 1 胚珠；心皮 1，或 3~4，形成子房一室的复雌蕊；果实为小坚果和核果 ·········
　　　　　　··································· 21. 胡椒科 Piperaceae

　　8. 花具发育良好的花被，通常是一萼片合生，多少花冠状的花萼，通常不密集成一佛焰花序；胚珠多为倒生；植物通常具马兜铃酸；种子具胚乳，不具外胚乳 ·············· 目 4. 马兜铃目 Aristolochiales

　　·· 22. 马兜铃科 Aristolochiaceae

2. 花粉具 3 或 6 萌发孔；花下位；木本植物，具互生单叶，无托叶；茎节具三叶隙 ········ 目 5. 八角目 Illiciales

　　11. 乔木或灌木；花两性；花粉具 3 孔沟；心皮（5~）7~15（~21），成 1 轮排列；子房 1 胚珠；果实为蓇葖果 ··································· 23. 八角科 Illichiaceae

　　11. 木质藤本；花单性；花粉具 6 沟，稀为 3 孔沟；心皮 12~300，螺旋状排列，子房具 2~5（~11）胚珠；果实浆果状 ··································· 24. 五味子科 Schisandraceae

1. 植物不具精油细胞；花粉（睡莲科例外）具 3 萌发孔，或为由 3 萌发孔衍生的类型；花瓣如存在，显然由退化雄蕊演变而来，通常有 1 维管迹；通常为草本植物，稀木本，此时可能起源自草本祖先。

　　12. 水生植物，不具导管（莲属 Nelumbo 例外）；胎座式为层状胎座（莲属），位于子房顶部；花粉具 1 萌发孔，或无萌发孔，或具 3 萌发孔（莲属）··························· 目 6. 睡莲目 Nymphaeales

　　　　13. 植物生根于泥土中；花通常具长花梗，伸出水面，两性，通常具明显花瓣；心皮（1~）2 至多数；胚珠具 2 层珠被，倒生；叶多互生，具长柄，叶片飘浮水面上或伸出，心形或盾状，稀细裂。

　　　　　　14. 心皮 12~40，单个生于倒圆锥状的花托中；胚珠 1（~2）；种子具大的胚，无胚乳和外胚乳；花粉具 3 萌发孔；花被片 22~30 ····················· 25. 莲科 Nelumbonaceae

　　　　　　14. 心皮（3~）5~35 合生成一子房下位或上位的多室复雌蕊；胚珠 2 至多数；种子具很小的胚、一些胚乳和丰富的外胚乳；花粉具 1 萌发孔，或无萌发孔；花被 2 层，萼片 4~6（~14），花瓣 3 至多数 ····························26. 睡莲科 Nymphaeaceae

　　　　13. 植物无根，漂浮或沉于水中；花不明显，无梗，单性，无花瓣；心皮 1；胚珠 1，直生，具 1 层珠被；

花粉无萌发孔；叶轮生，无柄，细裂 ……………………………………… 29. **金鱼藻科 Ceratophyllaceae**

12. 植物陆生，偶尔水生，具导管；子房具边缘胎座，侧膜胎座或中轴胎座；花粉具 3 萌发孔，或为其衍生类型 ………………………………………………………………………… 目 7. **毛茛目 Ranunculales**

  15. 心皮 1 至多数，分生（在少数毛茛科植物，数枚心皮稍合生）；花瓣常具蜜腺，但花不具位于雄蕊内方的腺盘；胚乳丰富，少量或不存在；草本植物，或为草质或木质藤本，稀为灌木或小乔木。

   16. 花多为两性；草本，稀木本植物；胚乳良好发育。

    17. 心皮通常 2 或较多，离生，稀 1 或稍合生；雄蕊通常多数，螺旋状排列，花药纵裂；草本植物，稀为木质藤本或小灌木 ……………………………… 30. **毛茛科 Ranunculaceae**

    17. 心皮 1；雄蕊 4~18，通常 6，常与具蜜腺的花瓣数目相同（花如无蜜腺的花瓣时，则与无蜜腺的花瓣对生）；花药通常以向上开展的瓣开裂；草本植物，常为灌木或甚至乔木 ……………… ………………………………………………………………………… 32. **小檗科 Berberidaceae**

   16. 花单性；木本植物，多为藤本；胚乳存在或不存在。

    18. 叶为复叶；果实为浆果或肉质蓇葖果；胚小、直，胚乳丰富；花序总状；花瓣如存在，具蜜腺。

     19. 心皮多数，螺旋状排列，具 1 胚珠 …………………… 33. **大血藤科 Sargentodoxaceae**

     19. 心皮 3(~9)，轮生，稀 6~15，排成 2~5 轮，具多数，稀少数胚珠 …………………… ………………………………………………………………………… 34. **木通科 Lardizabalaceae**

    18. 叶为单叶，稀为复叶；果实为核果，稀为小坚果；胚颇大，常弯曲，或甚至弯卷；胚乳丰富，少量或不存在；花序聚伞状，或聚伞圆锥状，稀花单生；花瓣如存在，不具蜜腺；胚珠 2，通常其中之一败育 ……………………………………………… 35. **防己科 Menispermaceae**

  15. 心皮 2(~3)合生形成一复雌蕊；花具位于雄蕊内方围绕子房基部的腺盘，但无具蜜腺的花瓣；胚乳少量或不存在；乔木，灌木，或木质藤本 ……………………………… 37. **清风藤科 Sabiaceae**

金缕梅亚纲 Subclass Hamamelidae

分目，分科检索表

1. 雌花（或具备花）或者产生多于一个的果实，或产生一单个开裂的果实，每心皮有 1 至多数胚珠；花两性，常单性；心皮 2 至多枚，离生或多少合生，形成一复雌蕊，成熟时发育成一蒴果或数分离的果实 ………… ………………………………………………………………………… 目 1. **金缕梅目 Hamelidales** ………………………………………………………………………… 45. **金缕梅科 Hamamelidaceae**

1. 雌花（或具备花）产生一单个不开裂的果实；每心皮有心皮有不多于 2 枚的胚珠。

  2. 胚小；胚乳丰富；子房 2 室，每室有 2 胚珠 …………………… 目 2. **虎皮楠目 Daphniphyllales** ………………………………………………………………………… 47. **虎皮楠科 Daphniphyllaceae**

  2. 胚发育良好，符合正常比例；胚乳丰富至常不存在；子房多种多样。

   3. 花不组成柔荑花序；子房 1 室，稀 2 室；胚珠 1（或 2 室中每室均有 1 胚珠）；花萼常存在；木本或草本植物；胚乳良好发育或不存在；托叶通常存在 …………………… 目 3. **荨麻目 Urticales**

    4. 子房具 2 花柱（其中 1 花柱退化）；胚珠顶生，下垂，倒生。

     5. 植物不具乳汁管，不具乳汁。

      6. 木本植物………………………………………………………… 51. **榆科 Ulmaceae**

      6. 草本植物（或草质藤本）……………………………………… 52. **大麻科 Cannabaceae**

     5. 具乳汁管，具乳汁 ………………………………………………… 53. **桑科 Moraceae**

    4. 子房具 1 花柱，为假单基数（pseudomonomerous）；胚珠茎生或近茎生，直立，多少直立；植物不具乳汁 ……………………………………………………………………… 55. **荨麻科 Urticaceae**

3. 花,至少雄花组成柔荑花序(一些壳斗科植物例外);子房具 1 至数室;花萼通常不存在或强度退化;木本植物;胚乳少量或不存在。

7. 叶对生或互生,稀轮生,发育良好;每一胚珠具 1 胚囊。

8. 胚珠,直生,稀横生(hemitropous);芳香植物,叶具树脂点。

9. 叶为羽状复叶;花单性;雌花具下位子房和 1~4 萼齿;子房下部 2 室(稀具 3 室,或近似具 4 室),上部 1 室隔膜末达室腔顶端,胚珠着生在部分隔膜的顶端 ·················· **目 4. 胡桃目 Juglandales**
·· **59. 胡桃科 Juglandaceae**

9. 叶为单叶(有时羽状浅裂);花单性或两性;子房上位,具完整的 1 室,具 1 基生胚珠 ·············
··· **目 5. 杨梅目 Myricales**
··· **杨梅科 Myricaceae**

8. 胚珠 2 或较多,下垂,倒生;植物无芳香,或不强度芳香,叶无树脂点;雌花多不组成柔荑花序;子房下位,至少下部 2 至多室,常上部 1 室;果实为坚果,具壳斗 ·························· **目 6. 壳斗目 Fagales**
······································· **63. 壳斗科 Fagaceae**

7. 叶轮生,退化成鳞片;胚珠有复胚囊(multiple embryo-sacs);花单性;雌蕊由 2 心皮构成,子房 2 室,具 2 花柱 ···················· **目 7. 木麻黄目 Casuarinales**
·· **66. 木麻黄科 Casuarinaceae**

石竹亚纲 Subclass Caryophyllidae

分目,分科检索表

1. 胚珠 1 至多数,弯生或横生,稀倒生;种子无真正的胚乳,位于周围的直或常弯曲或环形的胚一般围绕多少丰富的外胚乳,有时外胚乳少量或不存在;筛管具一种独特的 P 型质体,质体的周围有 1 环蛋白质丝;多数科均产生甜菜拉因,而不产花色素(anthocyanins);植物无鞣花酸(ellagic acid),稀具原花色素(proanthocyanin);花被、子房和胎座各种各样,但花被与目 2 和目 3 的典型成员不相似·····················
·· **目 1. 石竹目 Caryophyllales**

2. 雌蕊或者由 1 至多数离生心皮构成,每一心皮具 1 胚珠,或者 2 或较多心皮合生成一复子房,后者具与心皮数目相同的室和胚珠。

3. 萼片离生,稀下部合生,但不形成一花冠状的萼筒,一般不呈花冠状;心皮多为 2 至多数,稀只 1;花序通常总状或穗状,稀圆锥状或聚伞状,不被一总苞包围;叶互生 ··········· **64. 商陆科 Phytolaccaceae**

3. 萼片合生成一顶端浅裂的筒,此筒象一合瓣花冠,有时在基部由萼片状的苞片包围;心皮 1;花序为聚伞花序、伞形花序、伞房花序或聚伞圆锥花序,常由一明星总苞包围;叶对生,稀互生 ·················
·· **69. 紫茉莉科 Nyctaginaceae**

2. 雌蕊由 2 或较多心皮合生成一复子房,子房具 1 室,或具与心皮同数的室在后一情况时,每心皮具多于 1 颗的胚珠,或一些室是空的。

4. 花上位,稀半上位,或明显为周位;花被片(雄蕊也同样)通常多少为多数,但有时少数,并排成 1 轮;肉质。

5. 叶肉质,稀茎肉质,在每种情况下均无刺;子房上位至下位,通常具多数室;主要分布于旧世界 ···
·· **70. 番杏科 Aizoaceoe**

5. 植物或茎肉质,或明显具刺,通常具上述二种情况;子房 1 室,下位;主要分布于新世界 ··········
·· **72. 仙人掌科 Cactaceae**

4. 花下位,稀半上位,或稍周位;花被片和雄蕊多为少数,轮生,但在马齿苋科有时较多数;肉质或非肉质。

6. 花被明显为单被,稀花瓣状,通常小,不明显;胚珠多为 1 颗(稀 2 至数颗),生于基底胎座上;茎通常具异常的次生生长;筛管质体几永无一中央的蛋白质拟晶体(crystalloid)。

　　7. 花被多绿色或淡绿色，草质，稀干燥，有些干膜质或膜质；花丝离生，或有时仅基部合生 ……
　　…………………………………………………………………………………… 73. **藜科 Chenopodiaceae**

　　7. 花被一般干燥，干膜质或膜质；花丝常下部合生（雄蕊筒有时像一小的合瓣花冠）…………
　　…………………………………………………………………………………… 74. **苋科 Amaranthaceae**

　6. 花被一般为两被（粟米草科为显著例外，具中轴胎座，通常具数颗或多数胚珠，偶尔单被）；筛管质
　　体具一中央蛋白质拟晶体。

　　8. 萼片通常 2，稀较多；雄蕊通常与花瓣同数，并与其对生，稀数目较多，并与花瓣互生；无异常
　　　次生加粗；产生甜菜拉因，而非花色素；筛管质体的蛋白质拟晶体呈球形。

　　　9. 植物不缠绕或攀援；胚珠（1~）2 至多数；果实为蒴果，稀不开裂 …… 75. **马齿苋科 Portulacaceae**
　　　9. 植物缠绕或攀援；胚珠 1；果实不开裂 ………………………………… 76. **落葵科 Basellaceae**

　　8. 萼片 4 或 5；雄蕊不与花瓣同数，并与其对生；有时发生异常次生加粗；产生花色素，而非甜菜拉因；
　　　筛管质体的蛋白质拟晶体是多面体形，稀球形。

　　　10. 子房具 2 至数室和中轴胎座（但在子房的上部，隔壁有时未达到胎座柱）；花瓣小，不明显，
　　　　或常不存在；叶对生，互生或轮生 ……………………………………… 77. **粟米草科 Molluginaceae**

　　　10. 子房具 1 室（有时在基部具隔壁），具特立中央胎座或基底胎座；花瓣通常良好发育，有时不
　　　　存在；叶对生 …………………………………………………………… 78. **石竹科 Caryophyllaceae**

1. 胚珠 1，生于基底胎座上，倒生或直生；种子无外胚乳，位于周围或嵌进的直或弯曲的胚通常与丰富的胚乳
　相连，或有时胚乳少量或不存在；筛管质体为 S 型；植物产生花色素，而非甜菜拉因，并通常具原花色素或
　鞣花酸，或同时具二者。

　11. 花被不分化为花萼和花冠，其 2~6 枚花被片或排成 1 轮，或常排成相似 2 轮，每轮（2~）3（~4）枚；子房 1 室；
　　雄蕊 2~9，稀较多，尤稀为 5，通常排成 2~3 轮；胚珠直生，稀倒生；叶常具明显鞘状托叶 …………………
　　………………………………………………………………………………………… 目 2. **蓼目 Polygonales**
　　………………………………………………………………………………………… 79. **蓼科 Polygonaceae**

　11. 花被分化为一 5 基数的合萼花萼和一 5 基数、通常合瓣的花冠；心皮 5，子房 1 室；雄蕊 5，与花瓣或花
　　冠裂片对生；胚珠倒生；叶无托叶 …………………………………………… 目 3. **蓝雪花目 Plumbaginales**
　　………………………………………………………………………………………… 80. **白花丹科 Plumbaginaceae**

五桠果亚纲 Subclass Dilleniidae

分目，分科检索表

1. 心皮多离生；雄蕊通常多数；胚珠具 2 层珠被，厚珠心；种子多具假种皮，具良好发育的胚乳 …………………
　………………………………………………………………………………………… 目 1. **五桠果目 Dilleniales**
　………………………………………………………………………………………… 81. **五桠果科 Dilleniaceae**

1. 心皮合生（至少在开花期间），形成一复雌蕊；雄蕊多数至少数；胚珠具 2 或 1 层珠被，厚珠心或薄珠心；种
　子具或不具假种皮或胚乳。

　2. 花多离瓣，有时无花瓣，稀合瓣（葫芦科和一些堇菜目植物）；雄蕊多数至少数；胚珠具 2 层珠被，稀 1
　　层珠被，厚珠心或常为薄珠心；托叶存在或不存在。

　　3. 食虫草本植物或灌木，有时攀援或附生 ……………………………………… 目 4. **猪笼草目 Nepenthales**

　　　4. 叶或部分叶变态，具柄，水罐状；花单性；子房具多室和中轴胎座；花柱 1，有时很短或不存在；草
　　　　本植物或灌木，常攀援或附生；分布于旧世界 ……………………………… 105. **猪笼草科 Nepenthaceae**

　　　4. 叶不呈水罐状；花两性；子房具 1 室和侧膜胎座或基底胎座；花柱 3（~5），离生，常 2 深裂，稀合生；
　　　　全世界广布 ……………………………………………………………………… 106. **茅膏菜科 Droseraceae**

　　3. 非食虫植物，具各种习性。

5. 胎座式多为中轴的，稀侧膜的。

  6. 萼片多为覆瓦状排列，稀镊合状排列；花丝离生或合生成束；植物通常无星状或鳞片状毛被，具或不具黏液，有时具迭生韧皮部（stratified phloem），稀具楔形射线（wedge-shaped rays） …… 目 2. **山茶目 Theales**

    7. 叶多为互生，无托叶。

      8. 雄蕊多数，稀 10，极稀 5 枚；胚珠在子房每室（1~）2 至多数。

        9. 花药纵裂，稀以顶生短孔状裂缝开裂，稀倒转；胚珠具 2 层珠被；植物在薄壁组织中具厚壁组织的异细胞（idioblasts），而不具针晶体（raphides）；乔木或灌木，稀攀援 …… 88. **山茶科 Theaceae**

        9. 花药倒转，深箭头状，以顶生孔开裂（孔有时最后伸长成侧生裂缝）；胚珠具一层珠被；植物具针晶体，而不具厚壁组织的异细胞；乔木，灌木，或为藤本 …… 89. **猕猴桃科 Actinidiaceae**

      8. 雄蕊 4 或 5；胚珠在子房每室 2，或较多室时空的；植物既无针晶体，也无厚壁组织的异细胞；花药以顶生孔开裂 …… 91. **五列木科 Pentaphylacaceae**

    7. 叶对生或轮生。

      10. 草本植物或半灌木；叶具托叶；无分泌沟或腔；雄蕊与花瓣同数或为花瓣数目的 2 倍，少于 15；子房 2~5 室；胚珠多数；果实为蒴果 …… 97. **沟繁缕科 Elatinaceae**

      10. 乔木，灌木，或草本植物；叶无托叶；具分泌沟或腔；雄蕊多数，按离心顺序发育，常形成 2-5 束，稀仅 3 或 5 雄蕊；子房（1~）3~5（~20）室；胚珠在每室（1~）2 至多数；果实为浆果、核果或蒴果 …… 100. **藤黄科 Clusiaceae**

  6. 萼片镊合状排列，极稀覆瓦状排列；花丝通常单体，有时离生或合生成束；幼茎常具迭生韧皮部和宽的楔形韧皮部射线；植物通常具黏液细胞、黏液囊或黏液腔 …… 目 3. **锦葵目 Malvales**

  11. 通常为乔木或灌木，少数为草本植物；花药有 4 小孢子囊，具 2 室；副萼偶尔存在；花丝离生或合生。

    12. 花丝离生，或仅基部合生，并形成 5 或 10 束。

      13. 植物不含黏液，但叶表皮常有黏液；韧皮部不成层，无楔形射线；毛被无星状毛和盾状毛；花瓣镊合状排列，稀覆瓦状排列 …… 98. **杜英科 Elaeocarpaceae**

      13. 植物具良好发育的黏液细胞，也常具黏液腔或黏液沟；幼茎的韧皮部分成切向的硬层和软层，并具楔形射线；毛被常具星状毛或盾状毛；花瓣覆瓦状、螺旋状或镊合状排列 …… 99. **椴树科 Tiliaceae**

    12. 花丝全部合生成一围绕子房的筒 …… 100. **梧桐科 Sterculiaceae**

  11. 花药有 2 小孢子囊，具 1 室 [在木棉科有时拼生（coalescent）]；花常具副萼；花丝通常合生成筒。

    14. 花粉粒通常光滑，或具皱纹，稀具小刺，形状各种各样，具 3 萌发孔；乔木；果实为室背开裂的蒴果，稀肉质并不开裂 …… 101. **木棉科 Bombacaceae**

    14. 花粉粒通常具小刺，稀光滑，多呈球形，具散孔，有时具 3 孔沟；草本植物，柔软灌木，稀为乔木；果实为各种各样的分果，或为室间开裂的蒴果，稀为浆果或翅果 …… 102. **锦葵科 Malvaceae**

5. 胎座式多为侧膜的，稀为中轴的，或偶尔在一室子房为基底的或顶生的。

  15. 植物通常无芥子油，通常无黑芥子酶细胞（myrocine-cells）；果实干燥或肉质，开裂或不开裂，无胎座框（replum）；心皮多为 3；花稀为 4 基数，下位，常为周位或上位，有时具合瓣花冠 …… 目 5. **堇菜目 Violales**

    16. 子房上位（多数大风子科植物多为下位）；植物习性各种各样。

      17. 花瓣离生，或不存在，稀基部合生。

        18. 花无复花冠（大风子科的一单种具雄蕊内复花冠），通常下位，稀周位或甚至上位。

          19. 雄蕊通常 10 或较多，稀较少，为 5 或 3.

            20. 花柱离生，或以不同程度合生，柱头离生；种子只含胚乳；萼片和花瓣均为 3~8（~15），花瓣有时不存在；心皮 2~10；叶为单叶，通常具羽状脉 …… 107. **大风子科 Flacourtiaceae**

20. 花柱 1，顶端有 1 不分裂的柱头，或柱头偶尔离生；胚乳为淀粉质或油质；萼片和花瓣均为 5，心皮 2~5；叶为单叶，具掌状脉，或为掌状复叶 ·· 109. **红木科 Bixaeae**

19. 雄蕊 1~8，在柽柳科有时 10 或更多。

21. 胚乳油质；叶的叶片正常发育，有托叶，无分泌盐的腺体；花辐射对称，常左右对称；萼片、花瓣、雄蕊均为 5 枚，心皮（2~）3（~5） ················ 115. **堇菜科 Violaceae**

21. 胚乳淀粉质或不存在；叶退化，叶片呈钻形或鳞片状，常具多细胞分泌盐的腺体；花辐射对称，萼片和花瓣均为 4~5（~6），雄蕊与花瓣同数，或为其 2 倍，稀多数，心皮（2~）3（~5） ·······················116. **柽柳科 Tamaricaceae**

18. 花具一位于雄蕊内方的复花冠，多少周位，常具雌雄蕊柄，有时具短雌蕊柄；萼片和花瓣均为（3~）5（~8）；雄蕊（4~）5，稀多数 ·············· 122. **西番莲科 Passifloraceae**

17. 花瓣合生；灌木或小乔木，具良好发育的胚乳系统；花单性；萼片和花瓣均为 5；雄蕊 10，稀 5；心皮 5；果实大，肉质 ················ 124. **番木瓜科 Caricaceae**

16. 子房下位，稀半下位；草本植物或草质藤本；花通常单性；胚乳少量或不存在。

22. 雄蕊 2~5，典型的为 3，具 1 个 1 室和 2 个 2 室的花药；通常为具卷须的草质藤本；花冠通常合瓣；花柱 1~3；植物产生葫芦素（cucurbitacins）；叶无托叶 ·············· 127. **葫芦科 Cucurbitaceae**

22. 雄蕊 4 至多数，均具 2 室花药；植物无卷须；花瓣离生，或不存在；花柱离生或基部合生；植物不含葫芦素；叶具托叶 ·············· 129. **秋海棠科 Begoniaceae**

15. 植物具芥子油和黑芥子酶细胞；果实常为一特殊类型的蒴果，具一胎座框；心皮通常 2；花被通常四基数，花瓣不合生；花下位，稀周位 ·············· 目 6. **白花菜目 Capparales**

23. 花下位，稀稍周位，整齐或稍不整齐；萼片（2~）4（~6）；花瓣（0~）4（~6）；心皮 2（~12）；果通常具一胎座框。

24. 子房和果实为典型的 1 室，具侧膜胎座（有时向子房内凸出），稀多室，具中轴胎座，极稀由一隔膜分开；雄蕊 4 至多数，但不为四强雄蕊；花通常有 1 雌蕊柱或 1 雌雄蕊柱；花粉粒多具 2 核；叶为单叶，或具 3 小叶，或为掌状复叶，不细裂；灌木，稀为草本植物或乔木 ·· 133. **白花菜科 Capparaceae**

24. 子房和果实由 1 隔膜分开，具侧膜胎座；雄蕊 6，通常为四强雄蕊（2 外轮雄蕊比 4 内轮雄蕊短），稀较少或较多；花稀具雌蕊柄，不具雌雄蕊柄；花粉粒多具 3 核；叶为单叶，常羽状细裂，稀具明确的小叶；草本植物，稀为灌木 ·············· 134. **十字花科 Brassicaceae**

23. 花周位，不整齐，稀整齐；萼片、花瓣和能育雄蕊均为 5；心皮（2~）3（~4），无胎座框；乔木，具多回羽状分裂的叶和明确的小叶 ·············· 135. **辣木科 Moringaceae**

2. 花多合瓣（主要是一些杜鹃花目植物例外，这些植物的胚珠具 1 层珠被，并具其他特殊的胚胎学特征）；雄蕊数目不多于花冠裂片数目的 2 或 3（~4）倍；胚珠具薄珠心；托叶不存在。

25. 花具所有一系列石南状胚胎学特征〔胚珠具 1 层珠被，薄珠心；胚乳发育为细胞型；胚囊两端均有胚乳吸器（endosperm-haustoria）；种皮具一层细胞，或甚至不存在；花柱中空，其室腔一直通达子房室；花药在发育中发生倒转，因此形态学上的基部看似为顶部，花药壁无纤维层，由顶孔开裂；花药绒毡层为具腺类型，具多核的细胞；花粉粒成四合花粉〕；花丝通常直接生于花托上；植物靠菌根营养，通常产生环烯醚萜化合物，以及其他稀见的特殊化学成分；雄蕊数目多为花冠裂片数目的 2 倍，稀较少或较多，花药常具 2（或较多）细附属物 ································ 目 7. **杜鹃花目 Ericales**
·· 144. **杜鹃花科 Ericaceae**

25. 花具少一半的石南状胚胎学特征；花丝着生于花冠筒上；植物不强度地靠菌根营养，无环烯醚萜化合物，多无杜鹃花目的特殊化学成分。

26. 胎座式多为中轴的，稀为侧膜的；能育雄蕊各种各样，通常多于花冠裂片的数目，如与花冠裂片同数，则与之对生；胚乳发育为核型或细胞型 ·· 目 8 柿树目 Ebenales

  27. 植物具良好发育的乳汁系统；毛其 2 刺（一刺有时退化）；茎节多具 3 叶隙；导管具单穿孔；胚珠具 1 层珠被 ·· 148. 山榄科 Sapotaceae

  27. 植物无乳汁系统；毛被无具 2 刺的毛（一些柿科植物例外）；茎节具 1 叶隙；胚珠和导管各种各样。

    28. 花多单性，稀两性；花柱多少深裂，或花柱几乎离生；导管具单穿孔；胚珠具 1 层珠被 ·· 149. 柿树科 Ebenaceae

    28. 花多两性，稀单性；花柱不分裂，具一头状或浅裂的柱头；导管具梯状穿孔。

      29. 毛被具特征的星状毛或盾状鳞片；果实多干燥，稀肉质；雄蕊全部成 1 轮，花药多少呈条形；子房上位至下位；胚珠具 2 层珠被 ·· 150. 安息香科 Styracaceae

      29. 毛被不具星状毛或盾状鳞片，有时不存在；果实多少肉质；雄蕊（4~）12 至较多，排成 2 轮以上或成为数束，花药宽卵形或圆形；子房下位，稀半下位；胚珠具 1 层珠被 ··· 152. 山矾科 Symplocaceae

26. 子房 1 室，具特立中央胎座或基底胎座；雄蕊与花冠裂片同数，并与之对生；胚珠发育为核型 ·· 目 9. 报春花目 Primulales

  30. 木本植物，多为乔木，分布于热带或亚热带；果实多肉质，常具 1 颗种子（虽然在子房中有数颗或多数胚珠），稀具多数种子（杜茎山属 Maesa），稀为蒴果（桐花树属 Aegiceras）·· 154. 紫金牛科 Myrsinaceae

  30. 草本植物，稀为半灌木，主要分布于温带或寒冷地区；果实干燥，多为蒴果，具 1 至数颗或多数种子 ··· 155. 报春花科 Primulaceae

蔷薇亚纲 Subclass Rosidae

分目，分科检索表

1. 花的构造相当原始，通常心皮（1 至多数）离生，具数目较多的雄蕊，常具一个以上这样原始的特征；植物永无内生韧皮部，永不附生（但有时为食虫植物），永非高度变态的水生植物。

  2. 雌蕊具 2 至多数心皮，稀具 1 心皮（一些牛栓藤科植物和蔷薇科的李亚科），此时，植物不具豆目或山龙眼目的特殊特征；胚乳存在或不存在 ··· 目 1. 蔷薇目 Rosales

  3. 种子多具有良好发育的胚乳（稀为少量），但在少数牛栓藤科植物和少数虎耳草科植物胚乳不存在。

    4. 植物多少强度木质化，非肉质（只一些绣球花科植物为草质的）。

      5. 叶为羽状复叶，有时只具 1 小叶；花下位或稍基部合生，每心皮 1 花柱，1 顶生头状柱头，和 2 并生胚珠 ··· 157. 牛栓藤科 Counnaraceae

      5. 叶为单叶，全缘或深裂，无托叶或近无托叶；花下位至周位或上位，具合生心皮和中轴胎座或侧膜胎座。

        6. 花下位；植物具良好发育的裂生分泌沟（schizogenous secretory canals）；胚珠具薄珠心和一层珠被；叶互生，常密集生于枝条顶部 ·························· 162. 海桐花科 Pittosporaceae

        6. 花通常半或完全上位，稀周位（一些绣球花科植物）或下位；无分泌沟。

          7. 叶对生，稀轮生或互生；胚珠具 1 层珠被，薄珠心；花瓣离生；雄蕊（4~）8 至多数；花柱与心皮同数 ·· 164. 绣球花科 Hydrangeaceae

          7. 叶互生，稀对生，托叶存在或不存在；胚珠具 2 或 1 层珠被，厚或薄珠心；雄蕊与萼片同数，为（3~）5（~9），并与之对生；花柱离生或合生 ···············166. 鼠刺科 Grossulariaceae

    4. 植物或草质，或肉质，或二者兼备（虎耳草科）。

    8. 植物明显肉质；心皮与花瓣同数，通常 5，离生或只在基部合生；花下位，或稍周位 ⋯⋯⋯⋯⋯⋯⋯⋯⋯⋯⋯⋯⋯⋯⋯⋯⋯⋯⋯⋯⋯⋯⋯⋯⋯⋯⋯⋯ **171. 景天科 Crassulaceae**

    8. 植物稍肉质，或完全非肉质；心皮稀与花瓣同数，2~4（~7），通常下部合生，稀离生；花几为下位（梅花草属 Parnassia），其他属均为周位或上位 ⋯⋯⋯⋯⋯⋯⋯⋯ **173. 虎耳草科 Saxafragaceae**

  3. 种子多具很少量胚乳，或胚乳不存在（少数本科植物的种子具丰富的胚乳）；花周位，稀上位；雄蕊多为 10 或更多，稀较少，为 5 或 1；心皮离生或合生，并具 2~5 条花柱 ⋯⋯⋯⋯⋯ **174. 蔷薇科 Rosaceae**

2. 雌蕊具一枚心皮；胚乳不存在或少量，稀良好发育。

    9. 花瓣通常存在；花被通常 5 基数，稀 4 基数，或为其他数目；雄蕊通常 10，或较少为 9，稀再较少或为多数；叶多为复叶，稀单叶，多具托叶，在基部有一叶枕；果实类型多种多样，通常干燥，在两缝线开裂，通常具 2 或较多种子；胚珠（1~）2 至多数⋯⋯⋯⋯⋯⋯⋯⋯⋯⋯⋯⋯ **目 2. 豆目 Fabales**

      10. 花下位或稍周位，整齐（至少指花冠）；花瓣多镊合状排列，常下部合生形成一筒；雄蕊常多于 10，花丝常有颜色，并伸出，成为花序的显著部分；胚珠倒生或有时横生；叶多为二回羽状复叶 ﹛有时退化为叶状柄（phyllodea）﹜ ⋯⋯⋯⋯⋯⋯⋯⋯ **180. 含羞草科 Mimosaceae**

      10. 花稍或明显周位，稀下位，花冠多少强度不整齐；花瓣覆瓦状排列，离生或只下面 2 花瓣合生；雄蕊通常 10，不常为 9，或有时更少些，稀较多，不成为花序的显著部分；胚珠倒生或横生，至常弯生；叶和习性各种各样。

        11. 花冠非蝶形；近轴（上方）花瓣通常位于侧花瓣之内，并较小；萼片多离生；花丝离生或合生，但不形成一围绕雌蕊的明显鞘；木本植物，具一至二回羽状复叶（稀具 1 小叶或为单叶）⋯⋯⋯⋯⋯⋯⋯⋯⋯⋯⋯⋯⋯⋯⋯⋯⋯⋯⋯⋯⋯⋯⋯⋯⋯⋯⋯**181. 苏木科 Caesalpiniaceae**

        11. 花冠蝶形，近轴花瓣（旗瓣）最大，位于其他花瓣之外，2 侧花瓣（翼瓣）彼此相似，并离生，2 下花瓣位于最内方，彼此相似，在远端合生形成一龙骨瓣包围雄蕊和雌蕊；雄蕊 10（稀较少），离生，通常合生，最上方 1 枚与其他雄蕊分开，雄蕊就成二体（9+1），或最上方雄蕊有时消失；植物的习性各种各样，常为草本植物，叶为一回羽状，稀一回掌状复叶，稀具 1 小叶或为单叶 ⋯⋯⋯⋯⋯⋯⋯⋯⋯⋯⋯⋯⋯⋯⋯⋯⋯⋯⋯⋯ **182. 蝶形花科 Fabaceae**

    9. 花瓣不存在，或呈鳞片状或为腺体；花多为 4 基数，具不多于 8 枚的雄蕊；叶为单叶或复叶，无托叶和叶枕；果实有多种类型，通常只有 1 种子，只沿一条缝线开裂；胚珠 1 至数个，稀多数⋯⋯⋯⋯⋯⋯⋯⋯⋯⋯⋯⋯⋯⋯⋯⋯⋯⋯⋯⋯⋯⋯⋯⋯⋯⋯⋯ **目 3. 山龙眼目 Proteales**

      12. 植物密被盾状鳞片或星状毛；果实为干燥瘦果，由被丝托变为粉质或肉质的宿存基部围绕，看起来象核果或浆果；雄蕊与萼片同数，并与之互生，或比萼片数目多 1 倍；茎节具 1 叶隙⋯⋯⋯⋯⋯⋯⋯⋯⋯⋯⋯⋯⋯⋯⋯⋯⋯⋯⋯⋯⋯⋯⋯⋯⋯⋯ **183. 胡颓子科 Elaegnaceae**

      12. 植物无盾状鳞片和星状毛；果实为蓇葖果、坚果或核果，为瘦果时，无上述胡颓子科的宿存被丝托基部；雄蕊与萼片同数，并与之对生；茎节具 3 叶隙 ⋯⋯⋯⋯⋯⋯ **184. 山龙眼科 Proteaceae**

1. 花的构造在一些方面显示较为进化，多具合生心皮（稀假单基数或具离生心皮），雄蕊不比萼片或花瓣多 2 倍（在金缕梅科，雄蕊多数）；每一心皮常只具 1 或 2 胚珠；植物有各种自养方式，有时寄生，有时为高度变态的水生植物。

    13. 茎通常具内生韧皮部；花周位或上位，常 4 基数，常具多数雄蕊和多数胚珠；胚珠常有特殊构造，也常为普通类型⋯⋯⋯⋯⋯⋯⋯⋯⋯⋯⋯⋯⋯⋯⋯⋯⋯⋯ **目 5. 金丝桃目 Myrtales**

      14. 子房上位。

        15. 每心皮有 2 至多数胚珠；子房一般有 2 至数室；果实通常为蒴果，稀不开裂。

          16. 雄蕊多数，排列成 3 或更多轮，稀只 12 枚；心皮 4~20；乔木，常生于红树林中 ⋯⋯⋯⋯⋯⋯⋯⋯⋯⋯⋯⋯⋯⋯⋯⋯⋯⋯⋯⋯⋯⋯ **188. 海桑科 Sonneratiaceae**

          16. 雄蕊排列成 2 轮或 1 轮，稀多于 12 枚；心皮 2~4（~6）；多为草本植物，不生于红树林中⋯⋯⋯⋯⋯⋯⋯⋯⋯⋯⋯⋯⋯⋯⋯⋯⋯⋯⋯⋯⋯**189. 千屈菜科 Lythraceae**

15. 子房假单基数，具 1 胚珠，或子房有 2 或较多室，每室有 1 颗胚珠；果实通常不开裂，稀为蒴果 ·· 192. **瑞香科 Thymelaeaceae**

14. 子房半下位或下位（在一些科的少数属、种为上位）。

    17. 一年生水生植物；子房具 2 室，每室的中轴顶端具 1 下垂胚珠，花期为半上位，果期变为半全下位；果实有角状凸起；子叶很不等大；花具半轮雄蕊（hyplostemonous） ················ 193. **菱科 Trapaceae**

    17. 木本或草本陆生植物，稀水生；无上述其他特征。

      18. 雄蕊多数，稀与萼片或花瓣同数，或为其数目的 2 倍。

        19. 叶有腺点；心皮 2~5（~16）；果实各种各样，稀具多数种子，稀不分裂，种子无增生的浆果皮（sarcotesta） ······························· 194. **桃金娘科 Myrtaceae**

        19. 叶无腺点；心皮较多，7~9（~15）；果实不分裂，具坚硬果皮和多数嵌入代表一团增生的浆果皮的种子 ··· 195. **石榴科 Punicaceae**

      18. 雄蕊不多于萼片或为花瓣数目的 2 倍。

        20. 子房具中轴胎座，稀具基底胎座或侧膜胎座；果实稀具 1 种子，稀不开裂；木本或草本植物。

          21. 花药以纵缝开裂，药隔无附属物；胚囊具 4 核；叶具羽状脉；多数种为草本植物 ··· 196. **柳叶菜科 Onagraceae**

          21. 花药多以顶端孔，稀以纵缝开裂；药隔通常具明显附属物；胚囊具 8 核；叶多具 3~9 条长纵脉，稀具羽状脉；草本植物或灌木 ················ 198. **野牡丹科 Melastomataceae**

        20. 子房 1 室，具顶生胎座；胚珠 2（~6）；果实不开裂，具 1 种子；乔木；灌木或木质藤本 ··· 199. **使君子科 Combretaceae**

13. 茎无内生韧皮部；花和胚各种各样。

  22. 植物寄生或半寄生，稀自养；由于胚珠（其构造强度退化）的数目和排列方式，雌蕊显得特殊（胚珠少数，通常 1~8，常生于特立中央胎座或基底胎座上，或自主状胎座的顶端下垂）；种子 1，稀 2~3；植物具或不具叶绿素 ·· 目 8. **檀香目 Santales**

  23. 植物具叶绿素，能进行光合作用；枝条正常发育，具明显的节和节间；叶正常发育或退化为小鳞片；花序具一般多的花。

    24. 植物陆生，自养，或着生于寄生的根上（一些檀香科植物例外）；果实无黏组织（viscid tissue）（一些檀香科植物例外）；胚珠良好分化，具 2 或 1 层珠被，或不分化成珠心或珠被。

      25. 花具两被；叶互生；子房上位，稀下位。

        26. 子房在基部有隔壁，遂具部分的 4~5 室，在每室或每半室有 1 胚珠；叶常在叶肉中有单个或成群的硅化细胞（silicfide cells），也常有骨针状石细胞（lignified cells），但无联结叶脉的木化细胞（lignified cells）的分枝系统 ················ 207. **铁青树科 Olacaceae**

        26. 子房 1 室，具 1 胚珠；叶具一联结叶脉的木化细胞的分支系统，无硅化细胞，无骨针状石细胞 ······························· 208. **山柚子科 Opiliaceae**

      25. 花具单被；叶对生，稀互生；子房下位，稀上位 ·············· 209. **檀香科 Santalaceae**

    24. 植物气生，着生于寄主的枝条上（少数桑寄生科植物陆生）；果实各种各样；胚珠不分化为珠心和珠被。

      27. 花两性，稀单性，具两被，常大而美丽；胚乳复杂，通常无叶绿素；胚珠多数，通常 4~12；胚囊为单孢子的（monosporic）；叶对生，有时互生 ······ 211. **桑寄生科 Loranthaceae**

      27. 花单性，小，不明显，具单被；胚乳简单，具叶绿素；胚珠 2；胚囊为双孢子的（bisporic）；叶对生 ··· 212. **槲寄生科 Viscaceae**

  23. 整个植物无叶绿素；枝条似真菌；花序大，具多数或极多数小花；陆生 ······························ 214. **蛇菰科 Balanophoraceae**

22. 植物自养。

28. 花多少退化(一些大戟科植物例外)，常单性，花被不良好发育或不存在；花柱离生或只在基部合生。

29. 多为草本植物，常水生，具下位子房，无乳汁；花不形成假单花花序(pseudanthium)；雄蕊(3~)4 或 8；子房 2~4 室，每室有 1 胚珠 ………………………………………… 目 4. 小二仙草目 Haloragales

…………………………………………………………………………… 186. 小二仙草科 Haloragaceae

29. 草本植物、灌木或乔木；具上位子房；常有乳汁；花常密集成假单花花序 …… 目 10. **大戟目 Euphorbiales**

30. 胚珠下转(apotropous)，每心皮 2 颗，珠脊位于背面 ……………………… 229. **黄杨科 Buxaceae**

30. 胚珠上转(epitropous)，稀直生，珠脊位于腹面；子房有 1 花柱，或花柱或柱头簇生子房顶端。

31. 珠孔塞(obturator)不存在；果为核果；花无花盘；种子无重阜(caruncle)；植物无乳汁；叶排成平面，看起来像羽状复叶 …………………………………… 231. **小盘木科 Pandaceae**

31. 珠孔塞良好发育；果实通常为蒴果状分果，稀为核果；植物常有乳汁；叶为单叶，稀为复叶，或退化，稀排列成平面而像复叶 ……………………… 232. **大戟科 Euphorbiaceae**

28. 花为一般类型，不太退化，通常有一腺盘，每子房常有 1~2 胚珠；花柱离生，或常大部或全部合生成 1 条花柱。

32. 叶多为单叶，全缘或具齿，稀羽状分裂，或为复叶。

33. 花上位或周位。

34. 胚珠具 2 层珠被，每心皮有 2(或较多)胚珠；叶具托叶；果实多为浆果，稀为蒴果；植物有时生于红树林中 …………………………………………… 目 6. **红树目 Rhizophorales**

…………………………………………………………………………………200. **红树科 Rhizophoraceae**

34. 胚珠具 1 层珠被，每心皮有 1 胚珠；叶无托叶；果实通常为核果，稀为浆果；不生于红树林中；植物常产生环烯醚萜化合物 ……………………………… 目 7. **山茱萸目 Cornales**

35. 叶互生；雄蕊常比花瓣多；胚大，约与胚乳等长；植物具乳汁管和苯基异喹啉生物碱，不产生环烯醚萜化合物 ……………………………… 201. **八角枫科 Alangiaceae**

35. 叶对生，稀互生；雄蕊与花瓣同数；胚小或大；植物通常产生环烯醚萜化合物，无乳汁管，无苯基异喹啉生物碱 ……………………… 203. **山茱萸科 Cornaceae**

33. 花下位，有时半上位，或稍周位。

36. 花整齐；花药常以纵缝开裂，稀以横缝、短顶端缝或顶孔开裂。

37. 雄蕊离生，稀多于 5 枚；花通常具 1 花柱，稀具离生花柱。

38. 雄蕊与花瓣互生，稀与花瓣互生并对生 ……………………… 目 9. **卫矛目 Celastrales**

39. 胚珠直立，生于基底中轴胎座上，或数颗在每室的中轴胎座上排成 2 列，具 2 层珠被；花盘良好发育；叶对生，稀互生。

40. 花盘位于雄蕊之内方，稀外方，或雄蕊着生于花盘上；雄蕊 4~5(~10)；种子多具胚乳，具假种皮；植物具或常不具乳汁系统 …… 219. **卫矛科 Celastraceae**

40. 花盘位于雄蕊之外；雄蕊(2~)3(~5)；种子无胚乳；植物通常有良好发育的乳汁系统 …………………………220. **翅子藤科 Hippocrataceae**

39. 胚珠下垂，顶生或顶端中轴生，每室 2 颗，具 2 层，常具 1 层珠被；花盘多不存在或代之与雄蕊互生的腺体；叶互生，稀对生；木本植物，不具乳汁。

41. 子房室(2~)4~6 或较多，每室具 1 胚珠；花梗在顶端无关节………………

…………………………………………………………223. **冬青科 Aquifoliaceae**

41. 能育子房室 1(稀 3)，有(1~)2 胚珠；花梗在顶端具关节 ………………

…………………………………………………………… 224. **茶茱萸科 Icacinaceae**

38. 雄蕊和花瓣对生………………………………………… 目 11. **鼠李目 Rhamnales**

42. 花周位，有时上位；果实多为核果，或分离成果瓣，不为浆果；植物不具针晶体；胚较大；筛管具 S 型质体；胚珠在子房每室多为 1 颗；多为灌木或乔木，多具刺，有时为卷须的攀援藤本植物 …………………………… 233. **鼠李科 Rhamnaceae**

42. 花下位；果实为浆果（有时颇干燥）；植物在薄壁组织中具针晶体囊；胚小；筛管具 P 型质体。

    43. 子房每室有 1 胚珠；花丝合生成一筒；植物直立，无卷须 ·········· 234. **火筒树科 Leeaceae**

    43. 子房每室有 2 胚珠；花丝离生；植物多具卷须的藤本植物 ·········· 235. **葡萄科 Vitaceae**

37. 雄蕊至少其花丝基部合生，常多于 5 枚；花柱离生，或有时 1 花柱，此时不分裂或分裂 ··········

    ··· 目 12. **亚麻目 Linales**

    44. 花柱 1，不分裂，只柱头有时分裂；花盘位于雄蕊之内方，良好或代之以 2~5 腺体；雄蕊 5~20；
        种子具假种皮或翅；乔木或灌木 ································· 238. **粘木科 Ixonanthaceae**

    44. 花柱浅裂，或花柱常离生；花盘位于雄蕊之外方，常被代之以 2~5 腺体；能育雄蕊（4~）5；种
        子无假种皮和翅；草本植物，稀灌木 ·························240. **亚麻科 Linaceae**

36. 花或不整齐，或具孔裂的雄蕊花药 ································· 目 13. **远志目 Polygalales**

45. 花药以纵缝开裂；花丝不合生成鞘。

    46. 雄蕊 10，常排成 2 轮，花丝在基部合生，形成一短筒；雌蕊由（2~）3（~5）心皮构成；子房多室，
        花柱离生或基部合生；托叶存在，有时退化，或不存在 ·········· 241. **金虎尾科 Malpighiaceae**

    46. 雄蕊 8，花丝离生；雌蕊由 2 心皮构成，子房 1 室，具 2 侧膜胎座和 2-16 胚珠；托叶不存在
        ··· 246. **黄叶树科 Xanthophyllaceae**

45. 花药多以顶孔开裂；花丝合生成一侧开裂的鞘；雄蕊 8 或更少（7，5，4）；子房（1~）2~5（~8）室，
    每室有 1 胚珠；托叶不存在 ································· 245. **远志科 Polygalaceae**

32. 叶为复叶，或明显分裂，稀为单叶，不分裂（凤仙花科）。

47. 子房上位；花粉粒具 2 核，稀具 3 核。

    48. 多为木本植物，稀为草本植物 ································· 目 14. **无患子目 Sapindales**

    49. 叶通常具显著托叶，对生，稀互生；每心皮有多于 2 的胚珠；种子有胚乳；花整齐，具雄蕊内
        方环状花盘（稀不存在）；雄蕊排成 1 轮；花粉粒具 2 核；胚珠倒转 ·······························
        ··· 248. **省沽油科 Staphyleaceae**

    49. 叶多无托叶，托叶如存在很小，速落；每心皮稀多于 2 的胚珠；种子常无胚乳。

    50. 花盘多位于雄蕊外方（常在一侧），或不存在；胚珠倒转；花整齐，常稍不整齐；雄蕊通常 8。

        51. 叶互生（少数对生），多为复叶，稀单叶；果实为蒴果、核果或浆果；种子常具假种皮
            或浆果皮（sarcotesta） ································· 252. **无患子科 Sapindaceae**

        51. 叶对生，多为单叶，在少数种为羽状或掌状复叶，具 3~5 小叶；果实为 2 具翅的小坚果；
            种子无假种皮或浆果皮 ································· 254. **槭树科 Aceraceae**

    50. 花盘多位于雄蕊内方，环状，或有时变态为一雌蕊柱，稀不存在；胚珠多上转（漆树科
        例外）。

        52. 植物富含树脂，在树皮中有垂直的细胞间树脂沟，在木射线中有水平方向分布的树脂
            沟，在叶的粗脉的韧皮部中有树脂管；胚珠常着生在一短粗的泰索珠孔塞上；植物稀
            产生生物碱，稀具三萜化合物（triterpenoid compounds）。

            53. 子房（2~）3~5 室，每室有 2（稀 1）上转的胚珠；树脂不明显引起过敏或有毒性···
                ··· 255. **橄榄科 Burseraceae**

            53. 子房（2~）3 室，每室有 1 倒转胚珠，常只有 1 室具胚珠，稀心皮离生或只 1 心皮，
                每心皮只有 1 胚珠；树脂常引起过敏或在接触时有毒 ·······························
                ··· 256. **漆树科 Anarcardiaceae**

        52. 植物有或无树脂，但在树皮、木射线和叶脉中无树脂管；植物具或常不具珠孔塞；植
            物常产生三萜化合物，生物碱。

            54. 叶无腺点；具分散分布的分泌细胞，无分泌腔。

55. 雄蕊离生；种子无胚乳；叶通常为复叶，稀为单叶；花 3~8 基数，通常五基数；雌蕊具 2~5 (~8) 心皮，有时只花柱合生，有时具多室的子房，稀完全离生 ·············· 258. **苦木科 Simaroubaceae**

55. 雄蕊的花丝合生成筒，稀离生；种子具良好发育的胚乳；叶多为一至二回羽状复叶或三出复叶，稀为单叶；雌蕊具 (1~) 2~5 (~20) 心皮，心皮全部或在子房部分不离生，子房多室，每室 2 胚珠 ·· 260. **楝科 Meliaceae**

54. 叶具腺点；植物通常在薄壁组织中和果实果皮中有分泌腔，含有芳香的精油；叶通常为羽状复叶或三出复叶，稀为单叶；胚乳油质，或不存在 ················ 261. **芸香科 Rutaceae**

48. 多为草本植物，稀为灌木或乔木 ·· 目 15 **牻牛儿苗目 Geraniales**

56. 花整齐，无距，但在牻牛儿苗科的天竺葵属 Pelargonium 稍不整齐，并具一与花梗贴生的不明显距；雄蕊常比萼片或花瓣多 2 或 3 倍，有时一些成为退化雄蕊；叶多为复叶或深裂，稀为单叶。

57. 子房通常具离生并顶生的花柱；果实为室背开裂的蒴果，稀为浆果；胚乳通常丰富；胚珠具薄珠心 ··· 263. **酢浆草科 Oxalidaceae**

57. 子房具 1 (常粗，柱状，生子房基部) 花柱，稀具离生花柱 (熏倒牛属 Bieberstenia)；果实典型的是 5 个具 1 种子的分果爿，后者从宿存的中央驻弹裂分开，在一些小属为室背开裂的蒴果；胚乳少量，或不存在；胚珠具厚珠心 ······· 264. **牻牛儿苗科 Geraniaceae**

56. 花不整齐，萼片中 1 枚具一明显的距；雄蕊 5 或 8，少于萼片或花瓣的基数的 2 倍；叶为单叶，通常不深裂。

58. 叶具掌状脉，盾状、有时掌状浅裂或深裂；雄蕊 8，具离生花丝心皮 3，每一心皮具 1 上转胚珠；果实为分果；植物产芥子油，但无针晶体；胚乳发育为核型；种子具芥酸 (erucic acid)，但无帕灵锐酸 (parinaric) 或乙酸 (acetic acid) ················ 266. **旱金莲科 Tropaeolaceae**

58. 叶具羽状脉，不呈盾状；雄蕊 5，花丝多数合生；心皮 (4~) 5，具 3 至多数倒转胚珠；果实为一弹裂的蒴果，稀为浆果状，或为室间开裂的蒴果；植物具针晶体，无芥子油；胚乳发育为细胞型；种子具帕灵锐酸或乙酸，但不具芥酸 ················ 267. **凤仙花科 Balsaminaceae**

47. 子房下位；花粉粒多具 3 核 ·· 目 16 **伞形目 Apiales**

59. 心皮 1 至多数，通常为 5 枚；果实通常为核果或浆果，稀为分果，并具一良好发育的心皮柄；花通常组成伞形花序或头状花序，后者常又组成各种各样的复杂花序，但不组成整齐的复伞形花序；乔木，灌木，稀为多年生草本植物 ································ 268. **五加科 Araliaceae**

59. 心皮 2；果实为干燥的分果，分果瓣通常着生在宿存心皮柄的顶端；在最大的亚科 (芹亚科 Apioideae) 中，花通常组成整齐的复伞形花序，在二较小的亚科 (天胡荽亚科 Hydrocolyloideae，变豆菜亚科 Saniculoideae) 中，花组成头状花序或简单伞形花序或其他种类的花序；草本植物，稀为灌木或乔木 ·· 269. **伞形科 Apiaceae**

菊亚纲 Subclass Asteridae

分目，分科检索表

1. 花强烈退化，花被不存在，单性或两性，上位；雄蕊 1，稀 2 或 3；雌蕊由 2 心皮构成；水生草本植物；单叶对生，全缘，无托叶 ·· 目 4 **水马齿目 Callitricales**
··· 289. **水马齿科 Callitrcaceae**

1. 花具多少良好发育的花被 (通常具合瓣花冠和花萼或冠毛)，如无花被时，则雄蕊数目多于 3；陆生植物，稀水生。

2. 子房上位。

3. 植物具对生或轮生叶，具内生韧皮部；花整齐，具与花冠裂片同数的雄蕊；胚乳发育为核型，稀为细胞型；胚珠通常无珠被绒毡层（夹竹桃科例外）；植物通常产生生物碱或环烯醚萜化合物，或二者 ………………………………………………………………………………………… 目 1. **龙胆目 Gentianales**

4. 植物无乳汁系统，无强心糖苷（cardiotonic glycosides）；花柱顶部不变粗，不变态；雌蕊的心皮除柱头常离生或分裂以外完全合生，稀花柱深裂。

  5. 叶多具叶柄间托叶，托叶有时退化；子房具 2~3（~5）室和中轴胎座（在子房上部的隔壁有时发育不佳）；植物有多种习性，常木质，常产生生物碱和环烯醚萜化合物 ……………… 270. **马钱科 Loganiaceae**

  5. 叶无托叶；子房具 1 室，具侧膜胎座，稀特立中央胎座，稀具 2 室和中轴胎座；植物通常草质，稀木质，通常产生环烯醚萜化合物，不产生生物碱 …………………272. **龙胆科 Gentianaceae**

4. 具良好发育的乳汁系统；通常产生强心糖苷；花柱顶部变粗并变态（一些夹竹桃科植物例外）；心皮常在下部离生，只顶部合生。

  6. 雄蕊不具载粉器（translator），花粉不形成花粉块；雄蕊的副冠不存在；心皮常在花柱顶端加粗部分之下合生或全部合生；植物产生环烯醚萜化合物 ………………… 274. **夹竹桃科 Apocynaceae**

  6. 雄蕊具载粉器，花粉形成花粉块；雄蕊副冠通常良好发育，稀不存在；雌蕊心皮只在加粗的花柱顶部合生，其他部分离生；植物不产生环烯醚萜化合物 ………………… 275. **萝藦科 Asclepiadaceae**

3. 植物稀同时具多生（或轮生）叶和内生韧皮部，此时则花不整齐，其雄蕊少于花冠裂片；胚乳发育为细胞型，稀核型；胚珠常有珠被绒毡层；植物有或无生物碱和环烯醚萜化合物。

  7. 子房由具 2 胚珠的 2（~14）心皮构成，有具 1 胚珠的裂片 2（~14）（在马鞭草科有少数例外，但每心皮都不具多于 2 的胚珠），通常（多数紫草科植物和唇形科植物）子房有 4 半心皮裂片，这些裂片仅由生于子房基部的花柱相连接；果实由分离的半心皮（小坚果）构成，或为核果，其中的每一种子都包在其核中或包在一共同的复核的一室中；植物无内生韧皮部 ………………………… 目 3. **唇形目 Lamiales**

    8. 叶多互生，通常全缘；花整齐或近整齐，具与花冠裂片同数的雄蕊；茎不呈方形；植物不芳香，不具环烯醚萜化合物；心皮 2（~5）；果或为核果或为分开的半心皮小坚果，稀为蒴果；胚乳丰富，少量或不存在 …………………………………………………………285. **紫草科 Boraginaceae**

    8. 叶对生（或轮生 0，全缘，具齿或分裂，有时为复叶；花多少不整齐，具 2~4 雄蕊（在马鞭草科，有时花冠整齐，雄蕊 5）；幼茎通常方形；不少植物具环烯醚萜化合物和芳香化合物。

      9. 花柱顶生，子房顶部稍分裂或不分裂；植物稀芳香；果实为核果；蒴果，或瘦果，或常为与唇形科相同的半心皮小坚果 ……………………………………… 286. **马鞭草科 Verbenaceae**

      9. 花柱通常生于子房基部，连接子房的裂片，稀子房裂至基部之上 1/3 或较多的长度；植物通常芳香；果实为（1~）4 半心皮的小坚果，稀为小核果 ……………… 287. **唇形科 Lamiaceae**

  7. 子房由具（1~）2 至多数胚珠的 2~4（~8）心皮构成（稀子房为假单基数），心皮稀分裂为具 1 胚珠的裂片；果实通常为蒴果或浆果，不具半心皮的小坚果（少数旋花科植物例外）；植物有时具内生韧皮部（旋花科）。

    10. 花冠干膜质；宿存，通常整齐；花由风媒传粉；对花萼、花冠、雄蕊来说是 4 基数；叶正常发育，常全部基生，具多少平行的叶脉，有时强度退化 ………………… 目 5. **车前目 Plantaginales** ………………………………………………………………………………… 291. **车前科 Plantaginaceae**

    10. 花冠不为干膜质；花由昆虫或鸟类传粉，为 5 基数或 4 基数，或其他情况，具等基数或不等基数的雄蕊；叶的形状和构造各种各样，有时强度退化，但不具平行脉，稀全部基生。

      11. 花多整齐或近整齐，具与花冠裂片同数的能育雄蕊，典型的是 5 基数（主要的例外是一些茄科植物，具不整齐的 5 浅裂花冠和 4 雄蕊，但茄科植物有内生韧皮部，其心皮为 2 时，与花的中轴成斜的方向）；植物常产生生物碱，稀产生环烯醚萜化合物……………… 目 2. **茄目 Solanales**

        12. 茎具内生韧皮部；植物常产生生物碱，而不产生环烯醚萜化合物；植物永为自养；心皮 2（稀较多）。

13. 胚珠和种子 1 至较多数；心皮为 2 时，位置斜；植物无乳汁；子叶不具褶；花柱不分裂；柱头浅裂；胚乳发育通常为细胞型，有时核型或沼生目型；草本植物，灌木，藤本或小乔木 ……………………………………………………………………… 278. **茄科 Solanaceae**

13. 胚珠在每心皮为 2，基生，直立，稀数目较多；心皮为 2 时位于中央位置（median，一枚位于前面，另一枚位于后面）；植物一般具乳汁沟或乳汁细胞；子叶具褶；花柱不分裂或深裂，或花柱离生；胚乳发育为核型；通常为草质藤本，有时为直立草本，灌木，甚至乔木 ……………………… ……………………………………………………………… 279. **旋花科 Convolvolaceae**

12. 茎不具内生韧皮部；植物有时产生环烯醚萜化合物，无生物碱；自养或寄生。

14. 茎缠绕的寄生植物，不向土中生根，无叶绿素；胚无良好分化的子叶；花冠筒内面基部有具流苏的鳞片；胚乳发育为核型 ……………………… 280. **菟丝子科 Cuscudaceae**

14. 自养植物，向土中生根；胚具明显子叶；花冠筒内面无鳞片；胚乳发育为细胞型，稀核型 …… ……………………………………………………… 283. **田基麻科 Hydrophyllaceae**

11. 花多不整齐，能育雄蕊少于花冠裂片，有时具整齐 4 基数花冠和 2 或 4 雄蕊，或花冠不存在；心皮通常 2，位于中央，不斜；植物普遍产生环烯醚萜化合物，稀产生生物碱 ……………… **目 6. 玄参目 Serophulariales**

15. 不为食虫植物，偶尔为水生植物；胎座式各种各样，但不为特立中央胎座。

16. 花冠 4 裂，整齐，在一些木犀科植物中不存在；多为木本植物，具对生或轮生叶，稀为草本植物。

17. 雄蕊 4；子房每室有近多数胚珠 ……………………292. **醉鱼草科 Buddlejaceae**

17. 雄蕊 2，稀 4；子房每室有 2 胚珠 ……………………293. **木犀科 Oleaceae**

16. 花冠 5 裂，不整齐，稀不存在；习性和叶各种各样。

18. 种子多具良好发育的胚乳（许多苦苣苔科植物例外）

19. 胎座基本是中轴胎座，子房典型的为具 2 室，有时 1 室多少退化或消失，此时，子房成为假单基数；果实通常为蒴果，稀为浆果或分果；子房每室有 2 至较多数胚珠 …… ……………………………………………………… 294. **玄参科 Scrophulariaceae**

19. 胎座基本是侧膜胎座，稀为次生的中轴胎座。

20. 寄生植物，无叶绿素；胚小，不分化；叶退化，互生 …… 297. **列当科 Orobanchaceae**

20. 自养植物；胚良好发育，具 2 子叶；叶对生，稀轮生或互生，或植物为异常的营养体构造 ……………………………………………………298. **苦苣苔科 Gesneriaceae**

18. 种子具少量胚乳，或无胚乳。

21. 果实爆炸性开裂，种子具一增大、特化的珠柄，后者发育成一珠柄沟（jaculator）；在一些表皮细胞和薄壁细胞有独特的钟乳体（cystoliths）……………… 299. **爵床科 Acanthaceae**

21. 果实不开裂，或开裂，但非爆炸式的；珠柄为普通类型；钟乳体不存在。

22. 草本植物（稀灌木），具特化的黏液质毛，其茎、叶都是黏液质的；果实常具钩、角状凸起或皮刺，或有时具翅；叶为单叶，对生，稀互生…… 300. **胡麻科 Pedaliaceae**

22. 乔木、灌木或木质藤本，稀草本植物，无特化的黏液质毛；果实为蒴果，无上述各种凸起，稀肉质或不开裂；叶对生或轮生，稀互生，为单叶，也常为一至二回羽状复叶或其他类型复叶 ……………………………………301. **紫葳科 Bignoliaceae**

15. 食虫草本植物，常水生；子房具特立中央胎座 …………………… 303. **狸藻科 Lentibulariaceae**

2. 子房下位，稀半上位（少数桔梗科和茜草科植物具上位子房）。

23. 花组成各种花序，如组成头状花序，此时，头状花序基本为聚伞花序的构造；子房具 1 至数室，每室有 1 至多数胚珠（有时一些室是空的）。

24. 叶通常互生，有少数例外；雄蕊与花冠分开或着生于花冠筒基部（在五膜草科 Pentaphragmataceae 更高些）；花常具一特殊的显示花粉的机制，花药靠合或合生成一围绕花柱的筒，后者把花粉推出；通常为草本植物，有时为次生木本植物，常储存碳水化合物如菊糖（inulin）……………………………………

·· 目 7. **桔梗目 Campanulales**

25. 花柱无柱头下集粉杯(indusium)，但常有集粉毛(collecting hairs)。

  26. 雄蕊和花冠裂片同数，典型的为 5，与花柱分开，花药向内；植物有良好发育的乳汁系统；花柱在 2~3(~5)个柱头之下有集粉毛··················306. **桔梗科 Campanulaceae**

  26. 雄蕊 2，全部贴生于花柱上，形成一柱状构造；花药向外；植物无乳汁系统 ····················

····················· 307. **花柱草科 Stylidiaceae**

25. 花柱在柱头之下有一杯状集粉构造，无集粉毛；花不整齐，组成各种花序，但不组成具总苞的头状花序；雄蕊 5；子房(1-)2(~4)室 ·············· 310. **草海桐科 Goodeniaceae**

24. 叶对生或轮生；雄蕊着生于花冠筒的基部之上；木本或草本植物，无菊糖。

  27. 托叶存在，位于叶柄间，在内面具黏液毛(colleters)；花冠整齐，具等基数的雄蕊；胚乳发育为核型 ····························· 目 8. **茜草目 Rubiales**

····················· 311. **茜草科 Rubiaceae**

  27. 托叶不存在，如存在时很小，并贴生于叶柄上，无黏液毛；花冠整齐，或不整齐；雄蕊与花冠裂片同数，稀较少；胚乳发育为细胞型 ··················· 目 9. **川续断目 Dipsacales**

····················· 313. **忍冬科 Caprifoliaceae**

23. 花组成通常具花序托和总苞的头状花序，花在花序托上按向心顺序发育(稀头状花序只有 1 花)；雄蕊花药围绕花柱合生，形成一筒，后者将花粉推出；花粉粒具 3 核；子房具 1 室，具 1 基生并直立的胚珠；植物具良好发育的分泌(或为树脂，或为乳汁)系统，产生倍半萜内酯(sesquiterpene lactones)、多乙炔(polyacetylenes)、驱虫剂(repellents)等化合物，但无环烯醚萜化合物·················· 目 10. **菊目 Asterales**

····················· 318. **菊科 Asteraceae**

百合纲 Class Liliopsida(单子叶植物纲)

分亚纲，分目，分科检索表

1. 花具离生心皮，多少水生，为草本植物，但不为叶状体(thaloid)；维管系统不强度木质化，常退化，导管只限于根或不存在；胚乳多不存在，如存在，是非淀粉质；副卫细胞(subsidiary cells)多为 2；花粉具 3 核 ···

····················· 亚纲 1. **泽泻亚纲 Alistamatidae**

2. 花被分化为明显的萼片和花瓣；花常具苞片。

  3. 花下位；心皮离生或只在基部合生 ···················· 目 1. **泽泻目 Alismatales**

    4. 胚珠多数，分散生于心皮子房室内面；果实为开裂的蓇葖果 ·········· 325. **黄花蔺科 Limnicharitaceae**

    4. 胚珠 1，稀 2 至数颗，生于子房室腹面基部；果实不开裂，稀在基部开裂 ····················

····················· 326. **泽泻科 Alismataceae**

  3. 花上位，具一复子房和侧膜胎座或由层状胎座演变的胎座·········· 目 2. **水鳖目 Hydrocharitales**

····················· 327. **水鳖科 Hydrocharitaceae**

2. 花被如存在，不分化为萼片和花瓣；苞片不存在，或小而不明显(水沼草科 Scheuchzeriaceae 例外)，但花被有时由一苞片状的花被片组成 ·················· 目 3. **茨藻目 Najiadales**

  5. 心皮(2~)3 至数枚，离生或基部合生，每心皮有(1~)2 至数枚胚珠；果实为蓇葖果；花被片 1~3(~6)，有时花瓣状；雄蕊 6，或多达 25；穗状花序无苞片；水生植物；叶浮于水面上或沉水 ·············

····················· 328. **水蕹科 Aponogetonaceae**

  5. 心皮(2~)4(~8)枚，离生，每心皮有一顶生、下垂胚珠；果实为不开裂的小核果；花被片不存在；雄蕊 2；花小，2 花组成一顶生短穗状花序·················· 332. **川蔓藻科 Ruppiaceae**

1. 花具合生心皮，稀为假单基数(一些陆生或附生木本种类例外)；稀为水生植物，但有时水生，并为叶状体状漂浮于水面；导管、胚乳、气孔和花粉各种各样，但与上述泽泻亚纲的不同。

　　6. 花通常多数，小，被一(或数个)明显佛焰苞所包围，常常密集组成一肉穗花序(在浮萍科强度退化)；植物常呈乔木状，或具无平行脉序的宽叶(有时不具这些特征，旱浮萍科甚至为叶状体，浮于水面)；隔膜蜜腺(septal nectaries)不存在(多数棕榈科植物例外)；副卫细胞典型的为4，稀2或多于4；导管通常存在于营养器官中，但天南星科例外；胚乳不为淀粉质，但在一些天南星科植物例外 ……………………………………………………………………………………………………… 亚纲 2. **棕榈亚纲 Arecidas**

　　　　7. 叶具展宽并具褶的叶片；导管存在所有营养器官中；花序大，分枝，末回分枝有时肉穗花序状；花被小，通常良好发育；子房(1~)3(~10)室，每室具1胚珠；胚乳发育为核型；植物通常乔木状，茎顶密集着生大型叶，稀攀援或无茎 ……………………………… 目 1. **棕榈目 Arecales**
……………………………………………………………… 340. **棕榈科 Arecaceae**

　　　　7. 叶具或不具展宽的叶片，无褶；花序为肉穗花序(一些露兜树科植物例外)。

　　　　　　8. 由于茎的独特的螺旋状生长方式，叶似形成3或4个螺旋，具平行脉，狭长，具旱生形态；导管存在于所有营养器官中；胚乳发育为核型；植物常乔木状，或为灌木和木质藤本 ………………………………
…………………………………………………………… 目 2. **露兜树目 Pandanales**
……………………………………………………………… 242. **露兜树科 Pandanaceae**

　　　　　　8. 叶不螺旋状，有时狭长，并具平行脉，但常具展宽和具网状脉的叶片，或植物呈叶状体状，并无叶；导管只限生于根部，稀在茎部，有时不存在；胚乳发育为细胞型，有时为沼生目型；草本植物或细攀援藤本，永不为乔木状 ……………………………… 目 3. **天南星目 Arales**

　　　　　　　9. 植物具根、茎、叶，陆生或附生，有时多少水生，但不漂浮于水面；肉穗花序有极多的小花；维管系统良好发育；雌蕊通常具多于1的心皮，稀假单基数。

　　　　　　　　10. 根状茎芳香；叶剑形，为解剖学上单面的(unifacial)；花序梗有侧生的淡绿色肉穗花序；花被片6，小，成2轮；雄蕊6；子房上位，有2~3室 ……………… 243. **菖蒲科 Acoraceae**

　　　　　　　　10. 植物有鳞茎、根状茎或块状茎；叶为异面的(bifacial)，叶片多少展宽，常长圆形、心形、箭形或戟形；肉穗花序常具颜色；花小，常芳香；花被片4~6(~8)，在单性花退化或消失；雄蕊1~4或6~12；子房上位，有1~3室，稀多室 ……………………… 344. **天南星科 Araceae**

　　　　　　　9. 植物叶状体状，浮于水面，具或不具1至数条短根；花序有2~3(~4)小单性花；植物通常无导管和管胞，有时在根部有管胞；子房为假单基数 ………………345. **浮萍科 Lemnaceae**

　　6. 花少数至多数，小或大，不组成肉穗花序，通常无佛焰苞(在不少姜科植物，花序有1或数个佛焰苞片状的苞片，此时，花大，美丽)；草本植物，稀乔木状；叶狭，具平行脉，稀较宽并具网状脉，或具一特殊的羽状平行脉序。

　　　　11. 花蜜和蜜腺不存在；花被在原始的科为3基数，分化为萼片和花瓣，在进化的科则退化，呈膜片状(chaffy)，不明显3基数，或不存在，具退化花被的科多以风媒传粉；子房上位；导管通常存在于营养器官中；胚乳全部或部分为淀粉质，常粉状，具复杂的淀粉粒，不储备半纤维素(hemicellulose)或油脂，稀胚乳不存在；气孔多具2副卫细胞，稀无副卫细胞或具2个以上……………………………
……………………………………………………………… 亚纲 3. **鸭跖草亚纲 Commelinidae**

　　　　　　12. 花两性，具与萼片区分明显的美丽花瓣，由昆虫传粉 ………………… 目 1. **鸭跖草目 Commelinales**

　　　　　　　　13. 叶鞘打开，不与狭窄叶片明显区分；花序通常为紧密的总状头状花序或短穗状花序，着生于花莛或花序梗的顶端；雄蕊3，并伴有3退化雄蕊，稀6枚雄蕊均能发育，花药以纵缝开裂
…………………………………………………………347. **黄眼草科 Xyridaceae**

　　　　　　　　13. 叶鞘封闭，叶片明显，狭或宽，常稍肉质；花组成聚伞花序；雄蕊6，3枚成一轮，有时3枚退化，花药从纵缝开裂，稀以顶部或基部孔开裂 …………………349. **鸭跖草科 Commelinaceae**

12. 花两性或单型，无美丽花瓣，花被存在时成 2 轮，干燥，膜片状；花由风媒传粉（一些谷精草科植物例外），或自花授粉，或以水传粉。

  14. 胚珠多于 1，自子房室顶部下垂，倒生；植物陆生，稀水生。

    15. 子房具 1~3 能育室和同数的柱头，每一能育室有 1 下垂的直生胚珠；胚在胚乳周围；花多数组成密集的假单花花序且具总苞的头状花序，由风，或常由昆虫传粉；叶全部基生，无良好发育的鞘 ·· 目 2. **谷精草目 Eriocaulales**

    ·· 350. **谷精草科 Eriocaulaceae**

    15. 子房的柱头数目多于室的数目，或每室有多于 1 的胚位于胚乳周围（禾本科）或嵌于胚乳中（莎草科，灯心草目）；花两性或单性。

      16. 子房具 1~3 室或多数胚珠；果实为蒴果；花粉粒形成四合花粉；花组成开放的或紧密的花序，与莎草目的不同；花被小，2 层，但明显，干膜质 ············ 目 3. **灯心草目 Juncales**

      ·· 355. **灯心草科 Juncaceae**

      16. 子房具 1 室和 1 胚珠；果实不开裂；花粉粒为单分体；花组成独特的穗状花序或小穗，无明显的 2 层干膜质花被 ·················· 目 4. **莎草目 Cyperales**

        17. 花在穗状花序或小穗的轴上螺旋状，稀成二列状排列，通常每一花有一苞片包围，在花与轴之间无鳞片；种皮与外胚乳分开；叶鞘封闭；茎实心，常呈三角形；心皮 3，稀 2；胚嵌入胚乳中；花粉粒成假单分体 ············ 357. **莎草科 Cyperaceae**

        17. 花在小穗轴上排成 2 列，每一花由 2 鳞片（外稃，内稃）包围，内稃着生于花和轴之间；种皮通常贴生于外胚乳上；叶鞘打开；茎中空，不呈三角形；心皮 2，稀 3；胚在胚乳周围；花粉粒成真单分体 ············ 358. **禾本科 Poaceae**

  14. 胚珠 1，自子房室顶端下垂，倒生；植物水生或半水生；穗状花序细长，有多数密集的小花；花小，单性，以风媒传粉；种子具良好发育的胚乳，无外胚乳 ············ 目 5. **香蒲目 Typhales**

  ·· 361. **香蒲科 Typhaceae**

11. 花蜜和蜜腺（常为隔膜蜜腺）均存在；花被良好发育，不退化，不为干膜质，通常由昆虫或其他动物传粉；子房上位，常下位；导管通常只在根部存在，有时茎或所有营养器官都有。

  18. 萼片通常与花瓣明显区分，绿色，草质，有时在质地上呈花瓣状，但不像花瓣；胚乳淀粉质，粉状，具复杂的淀粉粒，稀坚硬，可能含半纤维素；副卫细胞（2~）4 或更多；植物不明显为菌根营养；叶狭长，具平行脉，或常有展宽，具叶柄的叶片具羽状平行脉·············· 亚纲 4. **姜亚纲 Zingiberidae**

  19. 能育雄蕊 6；花整齐，有时稍不整齐；旱生附生植物，叶狭长，具平行脉，坚硬，并在边缘具刺，其叶片与叶鞘相连，无叶柄；副卫细胞通常 4 ············ 目 1. **凤梨目 Bromeliales**

  ·· 362. **凤梨科 Bromeliaceae**

  19. 能育雄蕊 1 或 5，稀 6；花强度不整齐；中生植物（或为突现水生植物 emergent aquatics），常生于林下；叶具鞘、叶柄和展扩的全缘叶片（具一明显中脉和多数一级侧脉，形成独特的羽状平行排列方式）；副卫细胞通常多于 4·············· 目 2. **姜目 Zingiberales**

    20. 能育雄蕊 5，稀 6，每雄蕊具 2 花粉囊；植物具针晶体囊；保卫细胞对称。

      21. 花两性；叶 2 列；植物不具乳汁管；果实为蒴果或分果。

        22. 子房每室有多数胚珠；果实为蒴果；种子有假种皮；中央萼片位于前（远轴）方 ·· 363. **旅人蕉科 Streliziaceae**

        22. 子房每室有 1 胚珠；果实为分果；种子无假种皮；中央萼片位于后（近轴）方 ·· 364. **蝎尾蕉科 Heliconiaceae**

      21. 花在功能上为单性；叶螺旋状排列；植物具乳汁管；果实肉质，不开裂；种子无假种皮 ·· 365. **芭蕉科 Musaceae**

    20. 能育雄蕊 1，有 1 或 2 花粉囊，植物不具针晶体囊；保卫细胞不对称（多数美人蕉科植物例外）

23. 雄蕊有 2 花粉囊，通常不为花瓣状；花左右对称；胚乳发育为沼生目型；萼片下部合生。

  24. 叶 2 列；叶鞘多打开；植物芳香，具丰富的精油细胞；由内轮雄蕊的 2 合生退化雄蕊形成唇瓣（labellun），外轮的 2 雄蕊常发育为小的或花瓣状退化雄蕊，与能育雄蕊侧面相连或贴生于唇瓣上 ·· **367. 姜科 Zingiberaceae**

  24. 叶螺旋状排列；叶鞘封闭；植物不芳香，无精油细胞；唇瓣由 5 个合生退化雄蕊形成（外轮的全部 3 个和内轮的 2 个）··· 368. **闭鞘姜科 Costaceae**

23. 雄蕊有 1 花粉囊，花瓣状；花不对称；胚乳发育为核型；萼片离生。

  25. 子房 3 室，每室有 1 胚珠；茎有黏液沟；叶螺旋状排列；胚直，种子无假种皮；花不成对 ·· 369. **美人蕉科 Cannaceae**

  25. 子房 1 或 3 室，每室有 1 胚珠；茎无乳汁沟；叶多少排成 2 列；胚弯曲，具褶；种子多具假种皮；花成对着生 ·· 370. **竹芋科 Maranthaceae**

18. 萼片通常在形状和质地上呈花瓣状，有时与花瓣区分开，但仍看起来为花瓣状，稀绿色，草质；胚乳存在时很坚硬，有半纤维素、蛋白质、油脂，稀有淀粉，但此时质地不为粉质，淀粉粒简单，而非复杂，也常无胚乳；副卫细胞 2，或常不存在，稀 4；植物常为菌根营养；叶常狭窄，具平行脉，稀较宽并具网状脉，但无象姜亚纲植物独特的羽状平行脉序 ··························· 亚纲 5. **百合亚纲 Liliidae**

26. 植物不明显菌根营养；种子具一般的数目和构造，通常具良好发育的胚和胚乳；多数科、属具隔膜蜜腺，有时具其他类型的蜜腺；子房上位或下位 ··· 目 1. **百合目 Liliales**

  27. 种子储备的食物主要或全部为淀粉，有时具少量蛋白质、油脂和半纤维素；胚乳不坚硬；气孔通常为平列型（paracytic），有时为四轮列型（tetracytic）或无规则型（anomocytic）；草本植物。

    28. 雄蕊 1，退化雄蕊不存在；花被片 4，离生；花无隔膜蜜腺；叶具剑形或钻形、单面的（unifacial）叶片 ·· 371. **田葱科 Philydraceae**

    28. 雄蕊 6，成 2 轮，稀 3；花被片 6，稀 4，离生或下部合生筒；花多具隔膜蜜腺；叶具叶柄跟展宽、异面的（bifacial）叶片 ······························ 372. **雨久花科 Pontederiaceae**

  27. 种子储备的食物主要或全部为蛋白质、油脂和半纤维素，稀含淀粉；胚乳坚硬；气孔通常无规则型，有时为平列型或四轮列型；草本植物，木质或草质藤本。灌木或甚至乔木。

    29. 叶狭长，具平行脉，无明显叶柄，叶片无柄或具一基部鞘，有时较宽，并具网状脉（如在延龄草属 Trillium），稀具宽并有网状脉的叶片和明显叶柄（如在玉簪属 Hosta）。

      30. 体态为百合型，即为地下芽植物（geophytes）；具柔软、一年生的叶；茎草质，通常无次生生长。

        31. 雄蕊与花被片同数，通常为 6，稀较多或为 3；子房上位，稀下位；植物常具针晶体 ·· 375. **百合科 Liliaceae**

        31. 雄蕊 3，与外轮花被片对生；子房下位；植物无针晶体 ·············· 376. **鸢尾科 Iridaceae**

      30. 体态为龙舌兰型或丝兰型，即植物粗壮，常为灌木状或乔木状旱生植物；具坚硬或肉质的多年生叶；茎常有次生生长；花被花冠状，常美丽。

        32. 胚珠直生，有时横生；植物常产生蒽醌类（anthraqunonea）化合物，不产甾类皂苷（steroid saponins）；叶的维管束在韧皮部具有大团薄壁宽细胞 ·········· 378. **芦荟科 Aloeaceae**

        32. 胚珠倒生或弯生；植物常产生甾类皂苷，不产蒽醌类化合物；叶的维管束在韧皮部具有一团纤维 ·· 379. **龙舌兰科 Agavaceae**

    29. 叶具明确的叶柄和宽的、多少具网状脉的叶片。

      33. 叶基生；茎或花莛顶端生一花序；花两性，无花蜜，组成一有总苞的聚伞状伞形花序；花被多少花冠状；子房下位；胚珠较多数，倒生或弯生；果实为浆果，稀为蒴果 ·· 382. **蒟蒻薯科 Taccaceae**

      33. 叶茎生；花常产生花蜜；多为攀援植物。

34. 花 2 基数，具 4 枚花被片，4 雄蕊和 2 心皮，子房 1 室，具基底或顶生胎座；导管多限于根部存在 …… …………………………………………………………………………………… 383. **百部科 Stemonaceae**

34. 花 3 基数，具 6 枚花被片，6 雄蕊和 3 心皮，子房具 3 室（稀 1 室），具中轴（或侧膜）胎座；导管通常存在于所有营养器官中。

    35. 子房上位；草质或木质攀援植物，稀为直立草本或分枝的灌木，无生物碱；隔膜蜜腺不存在 …… …………………………………………………………………………………… 384. **菝葜科 Smilacaceae**

    35. 子房下位；缠绕或攀援草藤本，无卷须，有时为直立草本植物；植物通常具由茎最下部节和下胚轴衍生出的大基生块茎；植物常产生生物碱；隔膜蜜腺和花被片蜜腺均存在 ………………………… …………………………………………………………………………… 385. **薯蓣科 Dioscoreaceae**

26. 植物显著菌根营养，有时无叶绿素；种子极多，极小，具小、通常不分化的胚，具极少的胚乳或无胚乳；蜜腺多种多样，稀为隔膜蜜腺；子房下位 ………………………………………… 目 2. **兰目 Orchidales**

    36. 雄蕊 3 或 6，对称地排列，与花柱分生；花粉粒不聚集成花粉块；陆生植物，多数种具退化叶，并无叶绿素；花整齐或稍不整齐；花被筒状或钟状，花被裂片 6；心皮 3，子房有 3 或 1 室 ………………… …………………………………………………………………… 387. **水玉簪科 Burmaniaceae**

    36. 雄蕊通常 1，与花柱合生形成合蕊柱（gynostemium），稀 2 或 3；花粉粒通常聚集形成花粉块；陆生植物，常为附生植物，稀无叶绿素；花通常不整齐；萼片 3，离生或合生；花瓣 3，中央花瓣较大，形成唇瓣（labellum）；心皮 3，具 1 室 …………………………………………… 389. **兰科 Orchidaceae**

6. 木兰科 MAGNOLIACEAE

王亚玲　周仁章

乔木或灌木，落叶或常绿，植物体内含有芳香油。小枝有环状托叶痕。单叶互生，有时集生于枝顶成假轮生；托叶早落，与叶柄贴生或离生，如贴生，则叶柄具托叶痕；叶片边缘全缘，稀分裂，羽状脉。花大，顶生或腋生，单生，稀2~3朵簇生，两性，稀杂性（雄花和两性花异株）或雌雄异株，具1或多数佛焰苞状苞片；花被片6~12（~45），排成2至多轮，每轮3~4（~6），常肉质，或外轮近革质或萼片状；雄蕊及雌蕊均多数，离生，螺旋状排列于伸长的花托上；花药条形，2室，内向或侧向纵裂，花丝粗短，药隔常在先端伸出呈长或短的尖头；雌蕊群无柄或具柄，心皮离生或合生，子房上位，1室，每室有2~14胚珠，胚珠2列，着生于腹缝线上。聚合果由数个至数十个（稀百余个）相互分离或合生的蓇葖果或具翅的小坚果组成；成熟蓇葖果的果皮木质、骨质或革质，稀厚木质或肉质，常背缝开裂、腹缝开裂、背腹同时开裂、周裂或不规则开裂，如为翅果状小坚果则不开裂。种子1~12，悬垂于一丝状而有弹性的假珠柄上；外种皮红色革质，中种皮肉质，富含油质，内种皮硬骨质；翅果状小坚果的外种皮和内果皮愈合；胚细小，倒生；胚乳丰富，富含油质。

17属或2属约300种，主要分布在亚洲东部和东南部、北美洲东南部、中美洲及南美洲北部，包括安德烈亚诺夫群岛、墨西哥、哥伦比亚、委内瑞拉和巴西（东部）。我国产13属或2属112种或108种，包括2~8个杂交种，主要分布于东南至西南部。深圳有7属3种，引种栽培的18种2变种。

木兰科植物是被子植物中较为原始的类群，有一定的研究价值；又具药用和材用等多种经济用途；多数种类花大而美丽、芳香，树形美观，是美化、绿化环境的优良树种。

1. 叶片基部具1对或2对侧裂片，先端近截形或有宽阔的凹缺；药室外向开裂；聚合果纺锤状，由多数具翅的小坚果组成，小坚果不开裂；种皮与内果皮愈合 ·························· 1. 鹅掌楸属 Liriodendron
1. 叶片不裂；药室内向或侧向开裂；聚合果球形、卵球形、长圆体形或圆柱形，由多数蓇葖果组成，蓇葖果沿背缝或腹缝开裂或周裂，很少不规则开裂；种皮与果皮分离。
　2. 花顶生或腋生；花药侧向或内侧向开裂。
　　3. 落叶乔木或灌木；花常顶生于枝端，偶腋生；雌蕊群无柄 ·························· 2. 玉兰属 Yulania
　　3. 常绿乔木或灌木；花常着生于叶腋，偶顶生；雌蕊群有柄 ·························· 3. 含笑属 Michelia
　2. 花顶生；花药内向开裂。
　　4. 花两性或杂性；小枝节间密而呈竹节状；雌蕊群具短柄 ·············· 4. 拟单性木兰属 Parakmeria
　　4. 花两性；小枝节间不呈竹节状；雌蕊群无柄。
　　　5. 每心室有3~12胚珠；叶革质；常绿乔木 ·························· 5. 木莲属 Manglietia
　　　5. 每心室具2（~4）胚珠；叶厚纸质、革质至厚革质；常绿或落叶乔木或灌木。
　　　　6. 聚合果卵球形或近球形 ·························· 6. 木兰属 Magnolia
　　　　6. 聚合果椭圆体形 ·························· 7. 长喙木兰属 Lirianthe

1. 鹅掌楸属 Liriodendron L.

落叶乔木。树皮灰白色，纵裂，呈小块状脱落；小枝具分隔髓心。冬芽卵形，为2片粘合的托叶所包被。幼叶在芽中对折，向下弯垂；叶互生，螺旋状排列，具长柄；托叶与叶柄离生；叶片先端截形或有宽阔的凹缺，近基部具1对或2对侧裂片。花两性，无香气，单生于枝顶，先叶后花；花被片9，3片1轮，近相等；雄蕊多数，药室外向开裂；雌蕊群无柄；心皮多数，分离，螺旋状排列，最下部的不育，每心室具2胚珠，胚珠自子房顶端下垂。聚合果纺锤形，由多数具翅的小坚果组成；小坚果木质，不开裂；种皮与内果皮愈合，顶端延伸成翅状，成熟时自花托脱落，花托宿存。种子1~2，种皮薄而干燥，胚藏于胚乳中。

2 种，产于亚洲东部和北美洲东部。我国产 1 种，引进栽培 1 种。深圳引种栽培 1 种。

鹅掌楸 马褂木 Chinese Tuliptree　　　图 234

Liriodendron chinense（Hemsl.）Sargent，Trees & Shrubs，**1**：103. 1903.

Liriodendron tulipifera L. var. *chinense* Hemsl. in J. Linn. Soc. Bot. **23**：29. 1886.

落叶乔木，高达 40mm，胸径可达 1m 以上。树皮灰白色；小枝灰色或灰褐色。叶柄长 5~12（~16）mm；叶片纸质，马褂形，长 4~12（~19）mm，宽 3~9.5（~23）mm，基部圆或浅心形，两侧近基部各有 1 裂片，裂片顶端钝或急尖，先端截形或有宽阔的凹缺，下面苍白色，侧脉每边 6~7 条。花单生于枝顶，杯状；花梗长 1.5~2mm；花被片 9，外轮 3 片淡绿色，萼片状，向外弯曲，长 4~5mm，内 2 轮 6 片，直立、花瓣状，淡绿色，内面具黄色纵条纹，倒卵形，长 3~4mm；花丝长 0.5~0.6mm，花药长 1~1.7mm；花期雌蕊群超出花被片；心皮黄绿色。聚合果长 7~9mm；具翅的小坚果长 0.6~0.7mm，先端圆钝或具小短尖，具 1~2 种子。花期 4~5 月；果期 9~10 月。

产地：仙湖植物园（李沛琼 3318、3319）。深圳市各公园多有栽培。

分布：安徽、浙江、江西、湖北、湖南、福建、台湾（栽培）、广东（栽培）、广西、贵州、云南、四川和陕西。越南北部。

用途：国家重点保护稀有树种。木材细密，为优良的用材树；树干挺直，树冠宽广雄伟，叶形如马褂，花杯状金黄，秋叶金黄，为珍贵的园林绿化观赏树种之一。

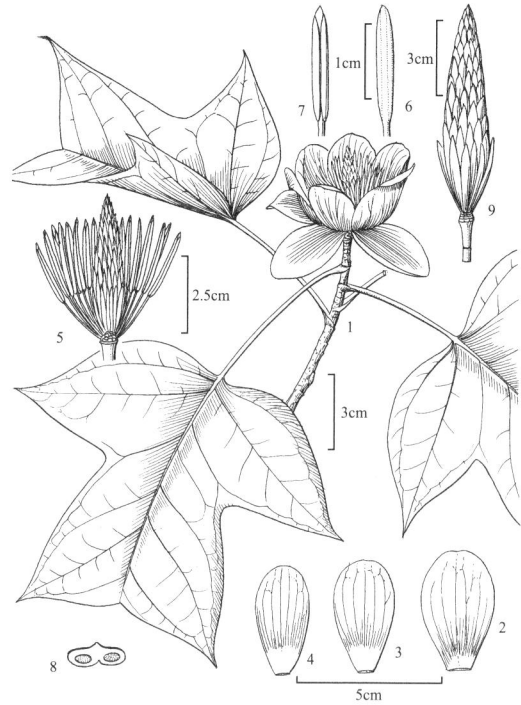

图 234 鹅掌楸 Liriodendron chinense
1. 分枝的上段，示叶和花；2. 外轮花被片；3. 中轮花被片；4. 内轮花被片；5. 去掉花被片和部分雄蕊，示雄蕊群及雌蕊群；6. 雄蕊背面；7. 雄蕊腹面；8. 花药横切面，示药室；9. 聚合果。（李志民绘）

2. 玉兰属 Yulania Spach

落叶乔木或灌木。叶螺旋状排列，互生，幼叶在芽中直立，对折；托叶膜质，贴生于叶柄上，在叶柄上留有托叶痕；叶片膜质或厚纸质，边缘全缘。花单生于枝顶，偶生于叶腋，稀簇生于枝顶，花先于叶开放或与新叶同时开放，大而美丽，两性，通常芳香；花被片 9~14（~45），3~4 轮，白色、粉色、红色、紫红色、黄色，外轮花被片花瓣状或萼片状；雄蕊多数，花丝扁平，花药侧向或内向开裂，药隔延伸成长或短的尖头；雌蕊群无柄；心皮分离，每心室具 2 胚珠。聚合果由多数蓇葖果组成，成熟聚合果圆柱形，常因部分心皮不育而偏斜弯曲；成熟蓇葖果近木质，多沿背缝线开裂，偶沿腹缝线开裂，或沿背缝线和腹缝线同时开裂。

约 25 种，分布于亚洲东南部亚热带和温带地区及北美。我国有 18 种（包括引种和杂交种）。深圳栽培 2 种。

1. 花被片白色，基部带粉红色或紫红色，内外轮花被片相似 ⋯⋯⋯⋯⋯ 1. **玉兰 Y. denudate**
1. 花被片浅红色至深红色，外轮花被片长为内轮花被片的 2/3 ⋯⋯⋯ 2. **二乔玉兰 Y. × soulangeana**

1. 玉兰 玉堂春 Yulan Magnolia　图 235　彩片 338

Yulania denudata（Desr.）D. L. Fu in J. Wuhan Bot. Res. **19**（3）：198. 2001.

Magnolia denudata Desr. in Lam. Encycl. **3**：675. 1792；广州植物志 80. 1956；广东植物志 1：9. 1987.

落叶乔木，高达 25m，胸径约 1m。树皮深灰色，粗糙并开裂；枝广展，形成宽阔的树冠，小枝稍粗壮，灰褐色；冬芽及花梗密被淡灰黄色长绢毛。叶柄长 1~2.5mm，被柔毛，上面具狭纵沟，托叶痕为叶柄长的 1/3-1/4；叶片纸质，倒卵形、宽倒卵形或倒卵状椭圆形，长 10~15（~18）mm，宽 6~10（~12）mm，中部以下渐狭成楔形，先端宽圆、平截或稍凹，具短突尖，下面淡绿色，沿脉上被柔毛，上面深绿色，嫩时被柔毛，后仅中脉及侧脉留有柔毛；侧脉每边 8~10 条，网脉明显。花蕾卵球形，花先于叶开放，直立，芳香，径 10~16mm；花梗显著膨大，密被淡黄色长绢毛；花被片 9，白色，基部常粉红色或紫红色，内外轮近相似，长圆状倒卵形，长 6~8（~10）mm，宽 2.5~4.5（~6.5）mm；雄蕊长 7~12mm，花药长 6~7mm，侧向开裂，药隔宽约 5mm，顶端伸出成短尖头；雌蕊群淡黄绿色，无毛，圆柱形，长 2~2.5mm；心皮狭卵形，长 3~4mm，具长 4mm 的锥尖形花柱。成熟聚合果圆柱形，常因部分心皮不育而弯曲，长 12~15mm，直径 3.5~5mm；蓇葖厚木质，红褐色，具白色皮孔。种子心形，侧扁，高约 9mm，宽约 10mm；外种皮红色，肉质，内种皮黑色，骨质。花期 2 月；果期 8 月。

产地：仙湖植物园（李沛琼 4069）、锦绣中华（王国栋等 6144）。深圳市各大公园广泛有栽培。

分布：安徽、浙江、江西、湖北、湖南、广东（北部）。

用途：为优良的用材树种；花蕾入药与"辛夷"功效同；花被片食用或熏茶；著名的庭园观赏树种。

2. 二乔玉兰 Saucer Magnolia

图 236　彩片 339　340

Yulania × soulangeana（Soul.-Bod.）D. L. Fu in J. Wuhan Bot. Res. **19**（3）：198. 2001.

Magnolia soulangeana Soul.-Bod. in Mém. Soc. Linn. Paris 6：269. 1826；澳门植物志 **1**：92.2005.

小乔木，高 6~10m。小枝无毛。叶柄长 1~1.5mm，被柔毛；托叶痕约为叶柄长的 1/3；叶片纸质，倒卵形，长 6~15mm，宽 4~7.5mm，2/3 以下渐狭成楔形，先端短急尖，下面多少被柔毛，上面基部中脉常有毛；侧脉每边 7~9 条，干时两面网脉凸起。花蕾卵球形，

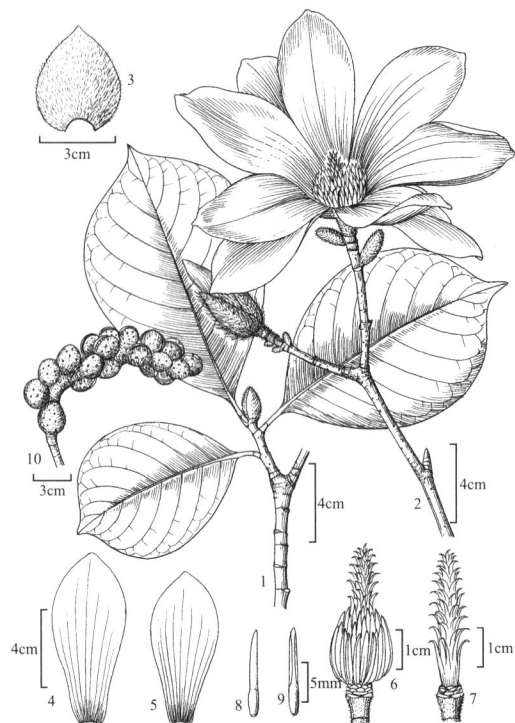

图 235　玉兰 Yulania denudata
1. 分枝上部的一段，示冬芽和叶；2. 分枝上部的一段，示芽和花；3. 苞片；4. 外轮花被片；5. 内轮花被片；6. 雄蕊群和雌蕊群；7. 雌蕊群；8. 雄蕊背面；9. 雄蕊腹面；10. 聚合果。（李志民绘）

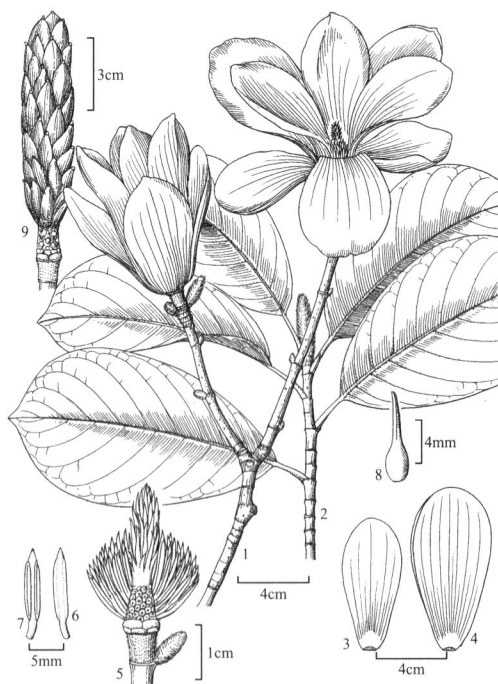

图 236　二乔玉兰 Yulania × soulangeana
1. 分枝上部的一段，示花（花先于叶开放）；2. 分枝上部的一段，示环状托叶痕、叶及顶芽；3. 外轮花被片；4. 内轮花被片；5. 去掉部分雄蕊，示雄蕊群和雌蕊群；6. 雄蕊背面；7. 雄蕊腹面；8. 心皮；9. 聚合果。（李志民绘）

花先于叶开放或几乎同时开放，浅红色至深红色；花被片 6~9，外轮 3 片长为内轮的 2/3；雄蕊长 1~1.2mm，花药长约 6mm，侧向开裂，药隔伸出成短尖；雌蕊群无毛，圆柱形，长约 1.5mm。聚合果成熟时圆柱形，长约 8mm，径约 3mm；蓇葖果卵球形或倒卵圆形，长 1~1.5mm，熟时红褐色，具白色皮孔。种子红色，宽倒卵圆形或倒卵圆形，侧扁。花期 2~3 月；果期 9~10 月。

产地：深圳仙湖植物园（李沛琼 3709；巫锡良 006750）。深圳市各大公园有栽培。

分布：本种是玉兰与紫玉兰（Yulania denudata×Yulania liliiflora）的杂交种，在我国广泛栽培。

用途：观赏。

3. 含笑属 **Michelia** L.

常绿乔木或灌木。叶螺旋状排列，互生，幼叶在芽内直立、对折；托叶膜质，盔帽状，两瓣裂，与叶柄贴生或离生；叶片革质，边缘全缘。花两性，芳香，单生于叶腋，稀 2~3 朵簇生，偶单生于枝顶，被 2~4 枚脱落性的佛焰苞状苞片包被；花梗上具环状的苞片脱落痕；花被片 6~21，3~6 片 1 轮，近相似，稀外轮较小；雄蕊多数，花药侧向或近侧向开裂，药隔伸出呈长或短尖，稀不伸出；雌蕊群具柄；心皮多数或少数，分离，腹面基部着生于花轴上，常有部分不发育，心皮背面无纵纹沟，每心皮具胚珠 2 至多数。聚合果由多数蓇葖果组成，长圆柱形，常因部分心皮不发育而成疏散的穗状；成熟蓇葖果革质或木质，宿存于果轴上，无柄或具短柄，背缝开裂或腹背缝同时 2 瓣裂。种子 2 至多数，外种皮红或橘红色。

约 70 种，分布于亚洲热带、亚热带地区。我国约 39 或 37 种，主要分布于西南部至东部或南部，为常绿阔叶林的重要组成树种。深圳产 2 种，引进栽培 10 种 1 变种。

木材淡黄褐色，纹理直，结构细，是优良用材树种；有些种类花芳香，树形优美，速生，是优良的庭院观赏和造林树种。

1. 托叶与叶柄贴生；叶柄具托叶痕。
  2. 叶柄较长，1.5~4mm；花被片 9~21；叶长 10~27mm。
    3. 心皮分离，成熟时蓇葖果疏离。
      4. 花橙黄色，花被片 15~21 ·············· 1. 黄兰 **M. champaca**
      4. 花白色，花被片 9~10 ·············· 2. 白兰 **M. × alba**
    3. 心皮合生，成熟时蓇葖果紧密。
      5. 花被片 18~21；成熟心皮肉质，不规则开裂 ·············· 3. 合果木 **M. baillonii**
      5. 花被片 9；成熟心皮厚木质，2 瓣裂 ·············· 4. 观光木 **M. odora**
  2. 叶柄较短，3~7mm；花被片 6，偶 12~17 片；叶长 12mm 以下。
    6. 花被片 9~12（~17），外轮花被片长 3~3.5mm ·············· 5. 云南含笑 **M. yunnanensis**
    6. 花被片 6，外轮花被片长 2.5mm 以下。
      7. 叶椭圆形或长椭圆形，稀倒卵状椭圆形，先端急尖；花梗短粗，长 5~7mm；心皮无毛 ·············· 6. 含笑 **M. figo**
      7. 叶倒卵状长椭圆形、倒披针形或狭椭圆形，先端渐尖或尾状；花梗细长，长 2~2.5mm；心皮密被褐色柔毛 ·············· 7. 野含笑 **M. skinneriana**
1. 托叶与叶柄分离；叶柄无托叶痕。
  8. 花被片 6，排成 2 轮。
    9. 小枝、叶柄、叶片两面及蓇葖果均无毛；花被片淡黄色；雌蕊群密被银白色绢毛 ·············· 8. 乐昌含笑 **M. chapensis**
    9. 小枝、叶柄、叶片下面及蓇葖果均被棕褐色绒毛；外轮花被片外面淡绿色，内轮白色；雌蕊群密被淡棕褐色绒毛 ·············· 9. 苦梓含笑 **M. balansae**
  8. 花被片 9（~12），排成 3 轮。

10. 叶片无毛。

    11. 叶片薄革质，下面鲜绿色；花较小，外轮花被片长约 1.5mm，宽约 2mm；雌蕊群卵球形，密被绢毛；心皮背面有 5 纵棱 ·· **10. 香子含笑 M. gioi**

    11. 叶片革质，下面灰绿色，被白粉；花较大，外轮花被片长 4.5~6mm，宽 2.5~3.2mm；雌蕊群圆柱形，无毛；心皮背面无纵棱 ································· **11. 深山含笑 M. maudiae**

10. 叶片下面被毛。

    12. 叶片下面疏被红褐色平伏绒毛；外轮花被片倒披针形或匙形，长 3~5mm，宽 1.2~1.4mm ·· **12. 醉香含笑 M. macclurei**

    12. 叶片下面疏被白色绢毛；外轮花被片宽倒卵状椭圆形，长 5~7mm，宽 2~2.5mm ·· **13. 阔瓣含笑 M. cavaleriei var. platypetala**

1. **黄兰** 黄玉兰 Yellow Jade Orchid Tree

图 237　彩片 341　342　343

Michelia champaca L. Sp. Pl. **1**: 536. 1753.

常绿乔木，高 10~17m，胸径 20~30mm。幼枝密被淡黄色短柔毛，后毛渐脱落。托叶与叶柄贴生；叶柄长 2~4mm，密被黄色短柔毛；托叶痕达叶柄中部以上；叶片卵状披针形或长椭圆形，长 10~20(~25)mm，宽 4.5~9(~10)mm，幼时两面均沿脉密被白色或淡黄色绢毛，以后仅下面被毛；基部楔形、宽楔形或近圆形，先端急尖、渐尖或近尾状；侧脉每边 12~14 条。花梗长 5~6mm，密被黄色短柔毛。花橙黄色，芳香；花被片 15~21，排成 3~4 轮，倒披针形，外 2 轮近等大，长 3~4mm，宽 4~5mm，向内渐小；雄蕊（连花丝）长 8~9mm，药隔伸出成长尖头；雌蕊群圆柱形，长 1.5~1.6mm，密被白色绒毛，雌蕊群柄长约 3mm；心皮分离。成熟聚合果长 7~18mm；蓇葖果疏离，革质，倒卵状长圆形或倒卵形，长 1~1.5mm，表面有疣状凸起。种子 2~4 枚，内种皮表面有沟纹。花期 5~10 月；果熟期 8~10 月。

产地：仙湖植物园（李沛琼 3712）、莲花山苗圃场（科技部 2634）。深圳市普遍栽培。

分布：云南（西部及南部）和西藏（东南部）。印度、尼泊尔、缅甸、越南。我国台湾、福建、广东、香港、澳门和海南广为栽培。

用途：树形美观，花色艳丽，芳香馥郁，为优良的木本花卉，适作园林观赏树、行道树和造林树；适应性强，生长迅速，是嫁接木兰科植物的优良砧木。

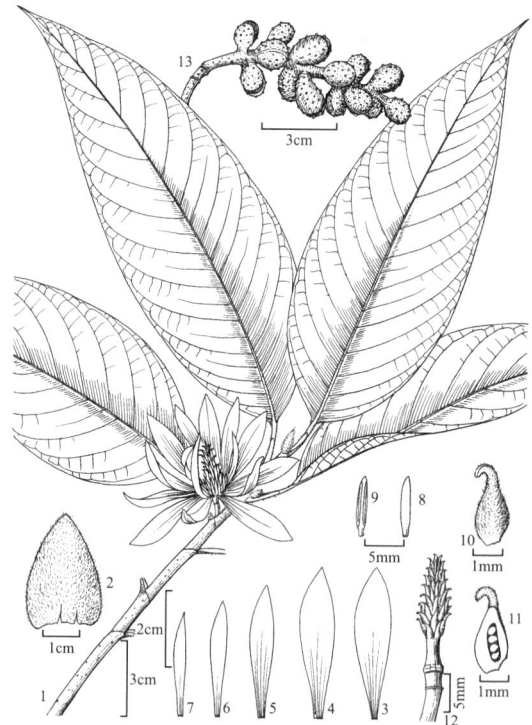

图 237　黄兰 Michelia champaca
1. 分枝上部的一段，示叶和花；2. 苞片；3~7. 外轮至内轮花被片；8. 雄蕊背面；9. 雄蕊腹面；10. 心皮；11. 心皮纵切面；12. 雌蕊群及雌蕊群柄；13. 聚合果。（李志民绘）

2. **白兰** 白兰花　白玉兰 White Jade Orchid Tree

图 238　彩片 344　345

Michelia × alba DC. Syst. **1**: 449. 1817.

常绿乔木，高 10~15m，胸径 20~30mm。幼枝密被黄白色绢毛，老时无毛。托叶与叶柄贴生；叶柄 1.5~2mm，疏被绢状毛；托叶痕几达叶柄中部；叶片薄革质，长椭圆形或卵状椭圆形，长 12~27mm，宽 5~9mm，基部楔形或宽楔形，先端渐尖或长渐尖，下面沿脉疏被绢状毛，上面无毛，光亮；侧脉每边 13~17 条。花白色，芳香；花梗长 1.3~1.5mm，密被绢状毛；花被片 9~10，排成 3~4 轮，倒披针形，外 2 轮长 3~4mm，内轮较小；雄蕊长 1.1~1.2mm，药隔伸出成长尖；雌蕊群卵形，长 7~8mm，雌蕊群柄长 4~7mm，均密被棕褐色绢状毛；心皮分离。

成熟聚合果长 7~15mm；蓇葖果疏离，革质，卵球形，成熟时鲜红色。花期 4~10 月，夏季盛开；果实少见。

产地：仙湖植物园（曾春晓等 010516）、东湖公园（王定跃 89422）。深圳市各地普遍有栽培。

分布：原产于印度尼西亚。我国福建、台湾、广东、香港、澳门、海南、广西和云南普遍有栽培。亚洲热带地区广为栽培。

用途：树形美观，花色洁白，芳香宜人，花期长，生长迅速，为著名的庭园观赏树和行道树。

3. 合果木 Baillon's Michelia

图 239　彩片 346　347　348

Michelia baillonii（Pierre）Finet & Gagnep. in Bull. Soc. Bot. France **52**（Mém. 4）：4. 1906.

Magnolia baillonii Pierre，Fl. Forest. Cochinch. t. 2. 1880.

Paramichelia baillonii（Pierre）Hu in Sunyatsenia **4**：142-144. 1940.

常绿大乔木，高可达 35m，胸径约 1m。幼枝、叶柄、叶片下面均密被浅黄色平伏长柔毛。托叶与叶柄贴生；叶柄长 1.5~1.8mm；托叶痕为叶柄长的 1/3 或 1/2 以上；叶片椭圆形、卵状椭圆形、长椭圆形或披针形，长 15~23（~25）mm，宽 4~7mm，基部楔形或宽楔形，先端渐尖，侧脉 14~18 对。花芳香，黄色；花梗长 1~1.5mm；花被片 18~21，每轮 3~6 片，外 2 轮倒披针形，长 2.5~2.7mm，宽约 3mm，向内渐狭小，内轮披针形，长约 2mm，宽约 2mm；雄蕊长 6~7mm，花丝长 1~1.2mm，花药长约 5mm，药隔伸出成短锐尖；雌蕊群狭卵球形，长约 5mm，具约 3mm 长的柄，密被淡黄色短柔毛，花柱红色，长约 1mm。聚合果肉质，倒卵球形或椭圆状圆柱形，长 6~10mm，直径约 4mm，成熟心皮完全合生，表面有点状凸起皮孔，不规则开裂，干后呈小块状脱落；心皮中脉木质化，扁平，弯钩状，宿存于粗壮的果轴上。花期 3~5 月；果期 8~10 月。

产地：仙湖植物园（周仁章 06136）、笔架山公园、莲花山公园等地均有栽培。

分布：云南（东南部和南部）。印度、缅甸、泰国和越南。

用途：国家重点保护的濒危植物。树干通直，木材坚硬，是优良的用材树；树形美观，高大雄伟，生长迅速，花芳香，在深圳用于造林和庭园绿化均取得了良好的效果。

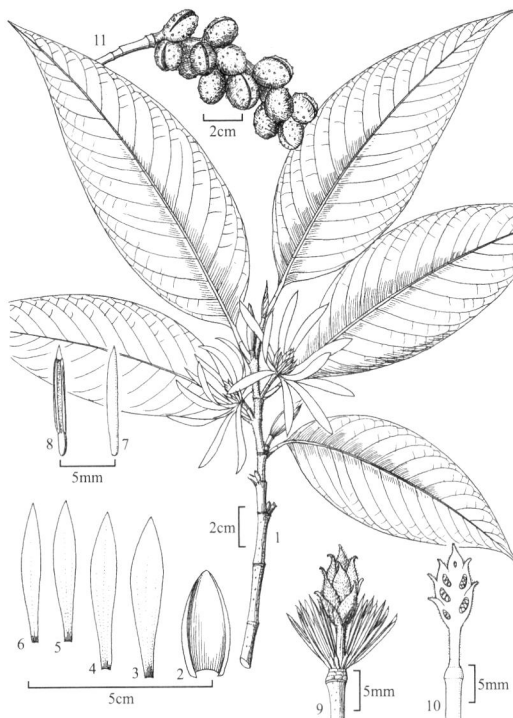

图 238 白兰 Michelia×alba
1. 分枝上部的一段，示叶和花；2. 苞片；3~6. 花被片；7. 雄蕊背面；8. 雄蕊腹面；9. 雄蕊群和雌蕊群；10. 雌蕊群纵切面；11. 聚合果。（李志民绘）

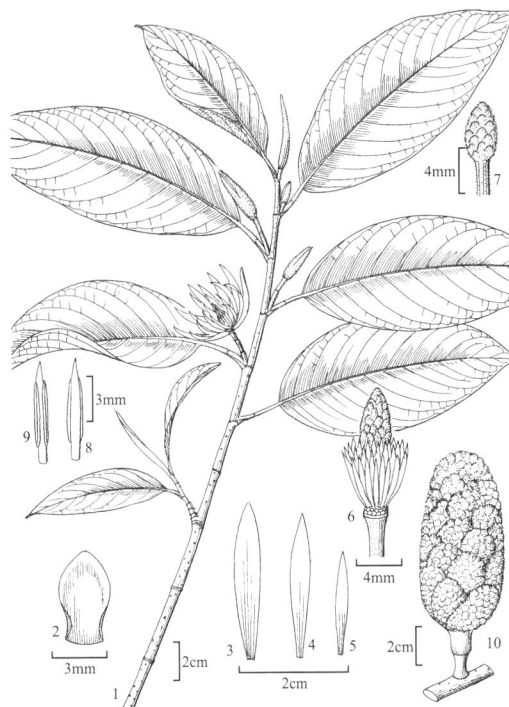

图 239 合果木 Michelia baillonii
1. 分枝上部的一段，示叶、花蕾及花；2. 苞片；3. 外轮花被片；4. 中轮花被片；5. 内轮花被片；6. 雄蕊群及雌蕊群；7. 雌蕊群；8. 雄蕊的背面；9. 雄蕊的腹面；10. 聚合果。（李志民绘）

4. 观光木 香花木 Tsoong's Tree 图 240 彩片 349

Michelia odora（Chun）Noot. & B. L. Chen in Ann. Missouri Bot. Gard. **80**：1086. 1993.

Tsoongiodendron odorum Chun in Acta phytotax. Sin. **8**：283. 1963；海南植物志 1：230. 1964；广东植物志 1：20，图 20. 1987.

常绿乔木，高达 30m，胸径达 1.5m。小枝、叶柄、叶片上面中脉及叶片下面、花梗和佛焰苞状苞片均密被褐色糙伏毛。托叶与叶柄贴生；叶柄长 1.8~2.5mm；托叶痕几达叶柄中部；叶片厚纸质，长椭圆形，长 18~24mm，宽 5~8mm，基部楔形，先端渐尖，侧脉 10~17 对。花单生于叶腋，芳香；佛焰苞状苞片 1，宽卵形，长约 1.3mm，宽约 1mm，开花时即脱落；花梗长约 6mm；花被片 9，3 片 1 轮，象牙黄色，有紫红色小斑点，狭倒卵状椭圆形，外轮较大，长 1.7~2mm，宽 7~8mm，内轮略小，长 1.5~1.6mm，宽约 5mm；雄蕊 35~45 枚，长 7.5~8.5mm，花丝长 2~3mm，乳白色或淡红色；雌蕊群长圆形，略短于雄蕊群，雌蕊群柄长约 2mm，具浅沟槽，密被糙伏毛；心皮 9~13，合生，狭卵球形，密被平伏短柔毛，花柱钻状，红色，长约 2mm。成熟聚合果长椭球体形，有时上部心皮退化而呈球形，长 10~13mm，直径 9~10mm，紫红色，有苍白色皮孔，干时木质，深棕色，具明显的黄色斑点；蓇葖果紧密，2 瓣开裂，果瓣厚 1~2mm，每蓇葖果有种子 4~6。种子椭圆体形或三角状倒卵球形，长约 1.5mm，宽约 8mm。花期 3 月；果期 11 月。

产地：仙湖植物园（张寿洲 4315；王晖 0902203）、笔架山和莲花山公园有栽培。

分布：福建、江西（南部）、湖南（南部）、广东、香港、海南、广西、贵州（东南部）、云南（东南部）。越南。

用途：国家重点保护的濒危植物。树干通直，树冠广阔，枝叶浓密，生长迅速，花芳香，是优良的造林和园林绿化树种。在深圳被用于造林和园林绿化，取得了良好的效果。

5. 云南含笑 Yunnan Michelia 图 241 彩片 350

Michelia yunnanensis Franch. ex Finet & Gagnep. in Mém. Soc. Bot. France **52**（4）：43, pl. 6. 1906.

常绿灌木，高 2~4m。茎多分枝，枝叶茂密。芽、幼枝、叶柄、幼叶和花梗均密被红棕色绢毛。托叶与叶柄贴生；叶柄长 4~5mm；托叶痕为叶柄长的 2/3 以上；叶片革质，倒卵形或倒卵状披针形，长 4~10mm，

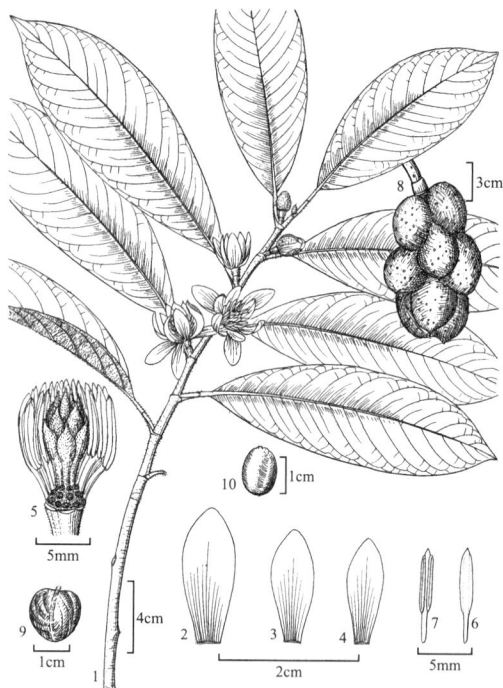

图 240 观光木 Michelia odora
1. 分枝上部的一段，示叶、花蕾及花；2. 外轮花被片；3. 中轮花被片；4. 内轮花被片；5. 去掉花被片及部分雄蕊，示雄蕊群及雌蕊群；6. 雄蕊背面；7. 雄蕊腹面；8. 聚合果；9~10. 不同形状的种子。（李志民绘）

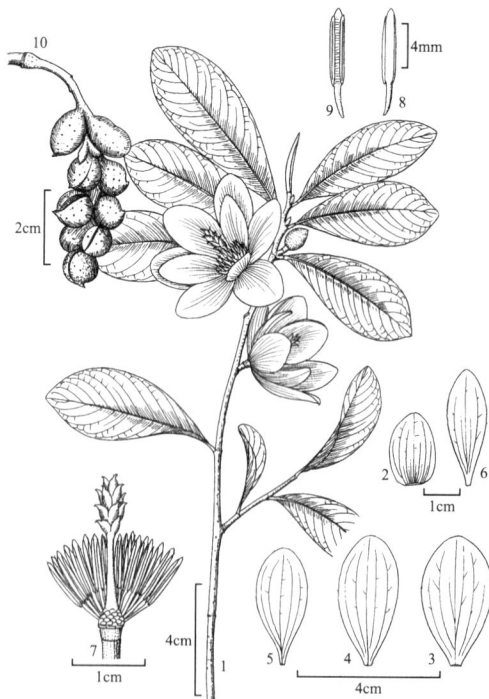

图 241 云南含笑 Michelia yunnanensis
1. 分枝上部的一段，示芽、叶和花；2. 苞片；3. 外轮花被片；4~6. 内轮花被片；7. 去掉花被片和部分雄蕊，示雄蕊群和雌蕊群；8. 雄蕊背面；9. 雄蕊腹面；10. 聚合果。（李志民绘）

宽 1.5~3.5mm，基部楔形，先端圆钝或急尖，下面疏被红棕色绢毛，上面有光泽，疏被毛至近无毛，侧脉每边 7~10 条。花白色，芳香；花梗粗短，长 5~7mm；花被片 9~12（-17），排成 3~4 轮，倒卵形状长椭圆形或椭圆形，较薄，外轮长 3~3.5mm，宽 1~1.5mm，向内轮渐小；雄蕊长 0.8~1mm，花药长 5~7mm；花丝长约 3mm，白色，药隔伸出成长 1-3mm 的短尖；雌蕊群卵球形至长椭圆体形，长约 1mm，雌蕊群柄约 1.2mm，均密被红棕色绢毛；心皮 8~20，扁卵球形，长 3~4mm，每心室具 5~6 胚珠，花柱长约 1mm。聚合果通常具 5~9 发育的蓇葖果；蓇葖果较密生，扁卵球形，长 1~1.5mm，宽 5~8mm，革质，有疣状凸起，先端有短喙。种子 1~4 粒。花期 3~4 月；果期 7~8 月。

产地：仙湖植物园（李沛琼 3727；曾春晓等 010931）。深圳市各公园常有栽培。

分布：贵州、云南（中部至南部）、四川和西藏（东南部）。南方各大城市时有栽培。

用途：花芳香，花多而密，花期长，为优良的观赏植物。

6. 含笑花 含笑 Banana Shrub

图 242　彩片 351　352　353

Michelia figo（Lour.）Spreng. in Syst. Veg. **2**: 643. 1825.

Liriodendron figo Lour. Fl. Cochinch. **1**: 347. 1790.

常绿灌木，高 2~5m。茎皮淡灰褐色；小枝和叶茂密；芽、幼枝、叶柄、花梗和苞片均密被黄褐色绒毛。托叶与叶柄贴生；叶柄长 4~7mm；托叶痕长达叶柄的 4/5 或几至顶部；叶片革质，椭圆形或长椭圆形，稀倒卵状椭圆形，长 4~8mm，宽 2.5~3.5mm，下面沿中脉疏被棕色绒毛，上面光亮，无毛；基部楔形或宽楔形，先端急尖，侧脉每边 8~10 条。花白色或淡黄色，基部紫色，具浓郁芳香；花梗短粗，长 5~7mm；花被片 6，排成 2 轮，倒卵状椭圆形，外轮长 2~2.5mm，宽 0.8~1mm，内轮较小；雄蕊长 1~1.3mm，药隔伸出成短尖；雌蕊群长圆形，长 1~1.2mm，心皮无毛，雌蕊群柄长 3~4mm，密被黄色绒毛。成熟聚合果长 2~3.5mm；蓇葖果近球形或卵形，先端有短喙。花期 3~4 月相对集中开花，后可陆续开花至 10 月；果期 7~11 月。

产地：仙湖植物园（巫锡良 010115）。深圳市各地普遍有栽培。

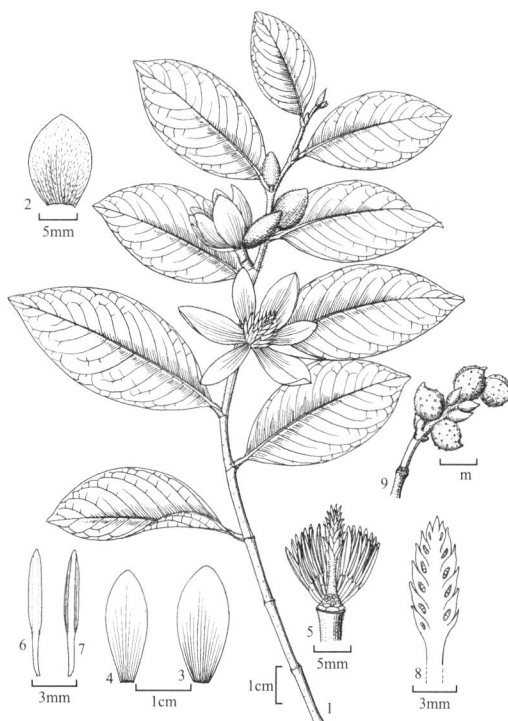

图 242 含笑花 Michelia figo
1. 分枝上部的一段，示叶、花蕾及花; 2. 苞片; 3. 外轮花被片; 4. 内轮花被片; 5. 去掉花被片及部分雄蕊，示雄蕊群及雌蕊群; 6. 雄蕊背面; 7. 雄蕊腹面; 8. 雌蕊群纵切面; 9. 聚合果。（李志民绘）

分布：原产于我国华南南部各省（自治区、直辖市）。现长江以南地区广为栽培。

用途：适应性强，生长迅速，花期长，花有香蕉的香甜味，是优良的园林观赏植物；花瓣可拌入茶叶中制成花茶。

7. 野含笑 Skinner's Michelia

图 243　彩片 354　355

Michelia skinneriana Dunn in J. Linn. Soc., Bot. **38**: 354. 1908.

常绿乔木，高 8~15m。树皮灰白色，平滑；芽、幼枝、叶片下面中脉及花梗均密被棕褐色绢毛。托叶与叶柄贴生；叶柄粗短，长约 3~5mm；托叶痕达叶柄顶端；叶片革质，倒卵状长椭圆形、倒披针形或狭椭圆形，长 5~12（~14）mm，宽 1.5~4.5mm，基部楔形，先端渐尖或尾尖，侧脉每边 10~13 条，细而不明显。花梗细长，长 2~2.5mm；花淡黄色，芳香；花被片 6，排成 2 轮，较薄，倒卵形，长 1.5~2mm，外轮 3 片背面的基部被棕褐色绢毛；雄蕊长 0.6~1mm，花药长 4~5mm，侧向开裂，药隔伸出成长 0.5mm 的短尖头；雌蕊群长 4~7mm，心皮密被褐色柔毛，雌蕊群柄长约 6mm，密被褐色柔毛。成熟聚合果近卵圆形，长 4~7mm，常有部分心皮不育而弯曲；蓇葖果革质，球形或椭圆体形，长 1~1.5mm，成熟时褐绿色，顶端具短喙。花期 3~4 月；果期 8~9 月。

产地：田心山（张寿洲等 SCAUF447，4697）。生于山地密林中，海拔 350~400m。

分布：安徽、浙江、江西、福建、湖南、广东、广西及贵州。

用途：本种枝叶繁茂，常绿，花芳香，美丽，可作庭园绿化观赏树种。

8. 乐昌含笑 景烈含笑 Lechang Michelia

图 244　彩片 356　357

Michelia chapensis Dandy in J. Bot. **67**: 223. 1929.

常绿乔木，高 10~20（~30）m，胸径 20~30（~100）mm。芽、小枝、叶柄和叶片两面均无毛，或仅嫩枝节上被微柔毛。托叶与叶柄分离；叶柄长 1.5~2.5mm，无托叶痕；叶片薄革质，倒卵状长椭圆形或长椭圆形，长 11~17mm，宽 3.5~7mm；基部楔形或宽楔形，先端骤渐尖或短渐尖，侧脉每边 11~13 条。花淡黄色，芳香；花梗长 0.5~1mm，疏被灰色或褐色平伏微柔毛，具 2~5 个苞片脱落痕；花被片 6，排成 2 轮，倒卵状椭圆形，外轮长 2.5~3mm，宽 1.2~1.5mm，内轮较狭小；雄蕊长 1.7~2.5mm，花药长 1.1~1.5mm，药隔伸出成长约 1mm 的短尖头；雌蕊群圆柱形，长约 1.5mm，雌蕊群柄约 7mm，均密被银白色绢状毛；心皮卵球形，长约 2mm，每心皮具 6 胚珠，花柱长约 1.5mm。成熟聚合果穗状，长 8~10mm；蓇葖果长圆体形或卵球形，长 1.2~1.7mm，宽约 0.8~1.2mm，无毛，先端具短而弯的尖头。种子红色，卵球形至椭圆状卵球形，长约 1mm，宽约 6mm。花期 3 月；果期 8~9 月。

产地：仙湖植物园（周仁章 023260）。深圳市各公园常见栽培。

分布：江西（南部）、湖南（西部及南部）、广东（西部及北部）、广西（东南部及东北部）、云南（东南部）及贵州（东南部）。越南北部。

用途：树冠广阔、枝叶繁茂、生长迅速、适应性强，花芳香，是优良的园林绿化和造林树种。

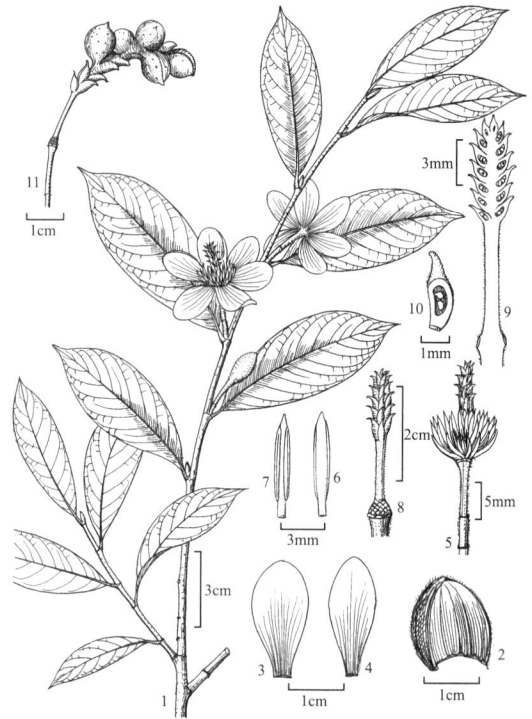

图 243 野含笑 Michelia skinneriana
1. 分枝上部的一段，示叶，花蕾及花；2. 苞片；3~4. 花被片；5. 雄蕊群和雌蕊群；6. 雄蕊背面；7. 雄蕊腹面；8. 雌蕊群；9. 雌蕊群纵切面；10. 心皮纵切面；11. 聚合果。（李志民绘）

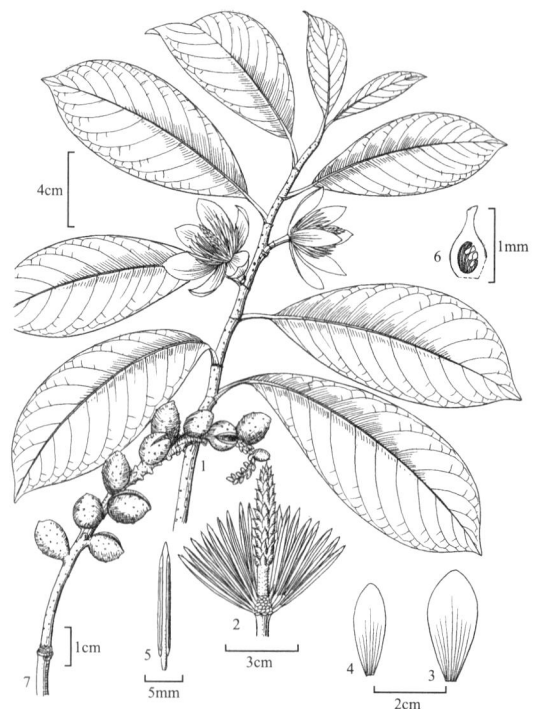

图 244 乐昌含笑 Michelia chapensis
1. 分枝上部的一段，示叶和花；2. 外轮花被片；3. 内轮花被片；4. 去掉花被片及部分雄蕊，示雄蕊群和雌蕊群；5. 雄蕊的腹面；6. 心皮的纵切面，示胚珠；7. 聚合果。（李志民绘）

9. 苦梓含笑 Balanse Michelia 图 245 彩片 358

Michelia balansae（A. DC.）Dandy in Kew Bull. Misc. Inform. **1927**：263. 1927.

Magnolia balansae A. DC. in Bull. Herb. Boiss. ser. 2，**4**：294. 1904.

常绿乔木，高 7~10m，胸径 50~60mm。树皮灰色至淡灰褐色，平滑。芽、幼枝、叶柄、叶片下面、苞片及花梗均密被棕褐色绒毛。叶柄长 2~4mm，与托叶分离，无托叶痕；叶片革质，倒卵状椭圆形或狭椭圆形，长 18~25（~28）mm，宽 7~12mm，基部宽楔形或近圆形，先端渐尖，叶片下面中脉和侧脉以及叶片上面中脉均密被棕褐色绒毛，侧脉每边 14~16 条。花芳香；花梗粗壮，长 2~2.5mm；花被片 6，排成 2轮，外轮狭倒卵状椭圆形，长 3~3.5mm，宽约 1mm，外面淡绿色，里面白色，内轮较窄小，倒披针形，白色；雄蕊长 1.2~1.5mm，花药长 0.8~1mm，药隔延伸成短尖；雌蕊群卵球形，长约 1.5mm，雌蕊群柄长约 1mm，密被淡棕褐色绒毛；心皮卵形，密被黄褐色绒毛，具短的花柱。成熟聚合果长（4~5~）9~13mm；蓇葖果椭圆状卵球形，倒卵球形或长柱形，长 3~6mm，宽 1.2~1.5mm，疏被棕褐色绒毛，先端具外弯的喙。种子近椭圆体形，种皮鲜红色。花期 3~4 月；果期 8 月。

产地：仙湖植物园（巫锡良 011463，李沛琼 3403）有栽培。

分布：福建、广东（东南部及西南部）、海南、广西（南部）和云南（南部）。越南。

用途：材质优良，为珍贵的用材树；树形美观、生长迅速，适应性强，花芳香，为优良的庭园绿化树种。

10. 香子含笑 Fragrant Michelia

图 246 彩片 359 360 361

Michelia gioi（A. Chev.）Sima & Hong Yu，Seed Pl. Honghe Reg. SE Yunnan China，55. 2003.

Talauma gioi A. Chev. in Bull. Econ. Indochine **20**：790. 1918.

Michelia hedyosperma Y.W. Law in Bull. Bot. Res.，Harbin **5**（3）：123. 1985；广东植物志 **1**：15，图 13. 1987.

常绿乔木，高 10~15（~21）m，胸径 20~30（~60）mm。芽、枝条、嫩叶柄、花梗、花蕾和心皮均密被平伏短绢毛，余处无毛。老枝浅褐色，疏生皮孔，小枝黑色。托叶与叶柄分离；叶柄长 1~2mm，无托叶痕；叶揉碎有八角气味；叶片薄革质，倒卵形或倒卵状椭圆形，

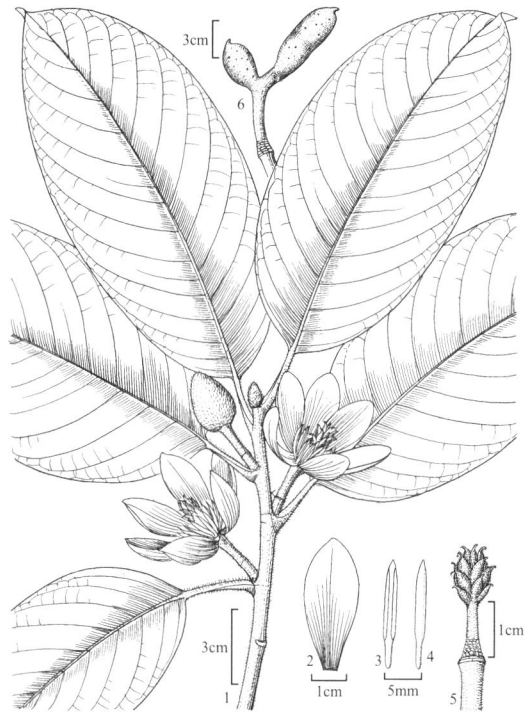

图 245 苦梓含笑 Michelia balansae
1. 分枝上部的一段，示顶芽、叶、花蕾及花；2. 花被片；3. 雄蕊背面；4. 雄蕊腹面；5. 去掉花被片及雄蕊，示雌蕊群；6. 聚合果。（李志民绘）

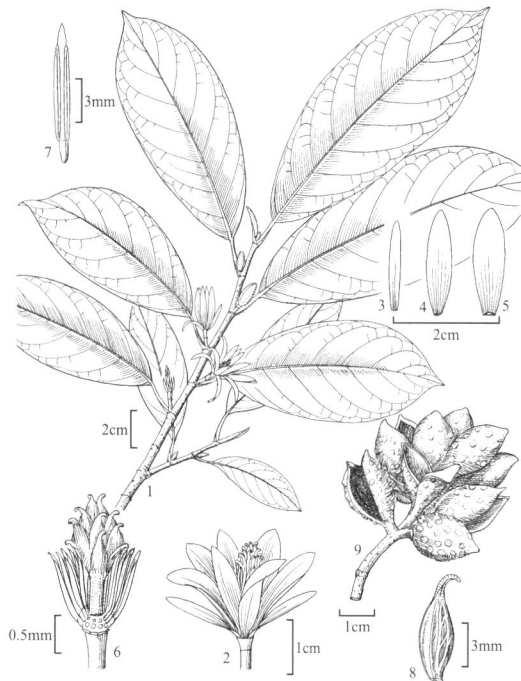

图 246 香子含笑 Michelia gioi
1. 分枝上部的一段，示叶、花蕾及花；2. 花；3~5. 外轮花被片至内轮花被片；6. 去掉花被片及部分雄蕊，示雄蕊群及雌蕊群；7. 雄蕊的腹面；8. 心皮侧面；9. 聚合果。（李志民绘）

长 8~19mm，宽 5~7.5mm，基部宽楔形，先端渐尖；两面鲜绿色，有光泽，无毛，侧脉每边 8-14 条，在两面明显。花蕾长椭圆体形，长约 2mm；花白色，芳香；花梗长约 1mm；花被片 9，排成 3 轮，外轮花被片膜质，条形，长约 1.5mm，宽约 2mm，内 2 轮肉质，狭椭圆形，长 1.5~2mm，宽约 6mm；雄蕊约 25，长 0.8~1mm，药隔延伸成长 1~1.5mm 的尖头；雌蕊群卵球形，长 2~3mm，雌蕊群柄长 4~5mm，均密被绢毛；心皮约 10，狭椭圆体形，长 6~7mm，背面有 5 纵棱，每心室具 6~8 胚珠，花柱长约 2mm，顶端外弯。聚合果柄长 1.5~2mm；成熟聚合果卵球形，长 4~5mm；蓇葖果灰褐色，椭圆形，长 2~2.5mm，基部收缩成 2~8mm 长的柄，先端具短尖，果瓣厚，密生皮孔，开裂后外卷，内果皮白色。种子 1~4。花期 1~2 月；果期 11 月。

产地：仙湖植物园（周仁章 023259）、笔架山公园和莲花山公园均有栽培。

分布：海南、广西（西南部）和云南（南部）。越南。

用途：国家重点保护的濒危植物。树形美观，枝叶繁茂，适应性强，速生，花芳香，为优良的庭园绿化和造林树种。在深圳已被应用于造林和绿化，效果良好。

11. 深山含笑 莫氏含笑 Maudia's Michelia

图 247 彩片 362 363 364

Michelia maudiae Dunn in J. Linn. Soc., Bot. **38**: 353. 1908.

常绿乔木，高 15~20m，胸径 20~25mm。树皮淡灰色或淡灰褐色。芽、幼枝、叶片下面和苞片有白粉，全株无毛。托叶与叶柄分离；叶柄长 1~3mm，无托叶痕；叶片革质，卵状椭圆形、长圆形或长椭圆形，长 7~18mm，宽 3.5~8.5mm，基部宽楔形或圆形，先端骤尖，钝头，下面灰绿色，上面深绿色，有光泽；侧脉每边 11~13 条，直或稍弯，近叶缘处开叉网结，网结致密。花腋生，偶顶生；芳香；花梗粗壮，长 2~3mm；花被片 9，排成 3 轮，白色，基部淡红色，外轮倒卵形，长 4.5~6mm，宽 2.5~3.2mm，肉质，内轮渐狭小至匙形，先端急尖；雄蕊长 1.5~2.2mm，花丝浅紫红色，长约 4mm，扁平，药隔伸出成长 1~2mm 的尖头；雌蕊群圆柱形，长 1.5~1.8mm，雌蕊群柄长 5~8mm，无毛；心皮绿色，狭卵球形，长 5~6mm，背面无纵棱。成熟聚合果红褐色，长 7~15mm；蓇葖果卵球形、椭圆体形或倒卵形，长 1~2.5mm，先端钝或具小短尖。种子 1~3，红色，斜卵球形，长约 1mm，宽约 5mm，稍扁。花期 1~3 月；果期 11 月。

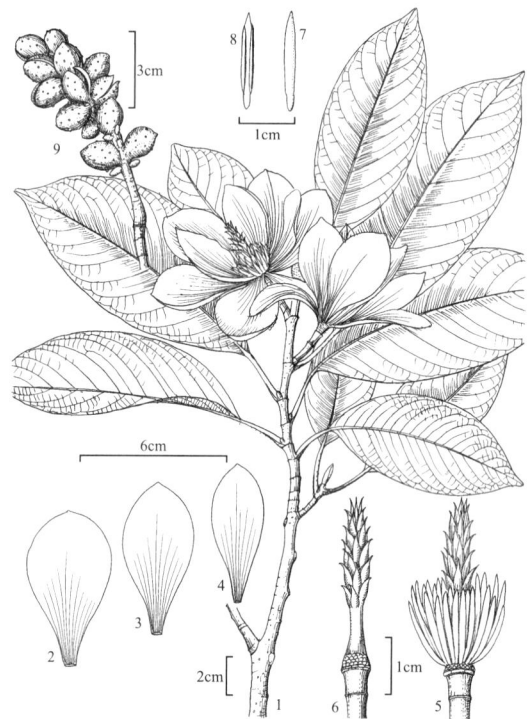

图 247 深山含笑 Michelia maudiae
1. 分枝上部的一段，示叶和花；2~4. 外轮花被片及内轮花被片；5. 雄蕊群及雌蕊群；6. 雌蕊群；7. 雄蕊背面；8. 雄蕊腹面；9. 聚合果。（李志民绘）

产地：七娘山、南澳、排牙山（张寿洲等 5664）、梧桐山（张寿洲 1139）、塘朗山。生于山坡林中，海拔 400~900m。

分布：安徽、浙江、江西、福建、湖南、广东、香港、澳门、广西及贵州。

用途：树姿优美，枝繁叶茂，生长迅速，适应性强，花期长，花多而密，芳香宜人，为优良园林观赏和造林树种。在深圳已广泛应用于庭园绿化和造林，效果甚佳。

12. 醉香含笑 火力楠 Macclurei's Michelia

图 248 彩片 365 366 367

Michelia macclurei Dandy in J. Bot. **66**: 360. 1928.

常绿乔木，高 15~20(~30)m，胸径 20~30(~100)mm。树皮灰白色，平滑，不开裂。芽、幼枝、叶柄、叶片下面及花梗均被平伏的红褐色绒毛。托叶与叶柄分离；叶柄长 2~4mm，无托叶痕；叶片革质，椭圆形、椭圆状倒卵形或菱形，长 8~18mm，宽 4.5~7mm，基部楔形或宽楔形，先端渐尖，下面灰白色，上面深绿色，有光泽，侧脉每边 10~15 条。花单生或 2~3 朵簇生于叶腋；花梗长 1~1.5mm；花被片 9（~12），排成 3 轮，稍肉质，白色，稀红色，外轮倒披针形或匙形，长 3~5mm，宽 1.2~1.4mm，内 2 轮渐狭小；雄蕊长约 1.2~2mm，花药长 0.8~1.4mm，花丝红色，长约 1mm，药隔延伸成长约 1mm 的尖头；雌蕊群圆柱形，长 1.4~2mm，雌蕊群柄长 1~2.5mm，密被黄褐色绒毛；心皮卵球形至狭卵球形，长 1~3mm，顶端具弯的长喙。成熟聚合果长 5~7mm；蓇葖果卵球形或长圆体形，长 1~3mm，宽 1~1.5mm，基部宽，先端圆，疏生白色的皮孔。种子 1~3，红色，扁卵球形，长 0.8~1mm，宽 0.6~0.8mm。花期 1~2 月；果期 10 月。

产地：仙湖植物园（李勇等 3221）、东湖公园（徐有财 89540）。深圳市各地有栽培。

分布：福建、广东、澳门（栽培）、海南、广西、贵州（南部）和云南（东南部）。越南（北部）。

用途：树形美观、适应性强、生长迅速，在长江以南各省（自治区、直辖市）被广泛用于造林和庭园绿化。

13. 阔瓣含笑 Broadpetal Michelia

图 249　彩片 368　369　370

Michelia cavaleriei Finet & Gagnep. var. **platypetala** （Hand.-Mazz.）N. H. Xia in Z. Y. Wu & P. H. Raven, Fl. China **7**：85. 2008.

Michelia platypetala Hand. -Mazz. in Anz. Akad. Wiss. Wien Math. -Naturwiss. Kl., **58**：89. 1921.

常绿乔木，高 15~20m，胸径 20~50mm。芽、幼枝、叶柄和花梗均被红褐色绢毛。托叶与叶柄分离；叶柄长 1.5~2.5（~3）mm，无托叶痕；叶片革质，长圆形或长椭圆形，长 10~15（~20）mm，宽 4~6.5（~7）mm，基部宽楔形或圆，先端骤尖，下面灰白色，疏被白色绢毛，中脉被褐色毛，上面无毛，光亮，侧脉每边 7~12 条。花梗长 1.5~2.2mm；花被片 9 片，排成 3 轮，白色，外轮宽倒卵状椭圆形，长 5~7mm，宽 2~2.5mm，中轮倒卵状披针形，内轮狭倒卵状披针形，与外轮近等长；雄蕊长 1.3~1.5mm；雌蕊群圆柱形，长 1.2~1.5mm，雌蕊群柄 4~5mm，均被黄褐色绢毛；心皮卵球形，花柱长约 4mm，每心皮具 8 胚珠。

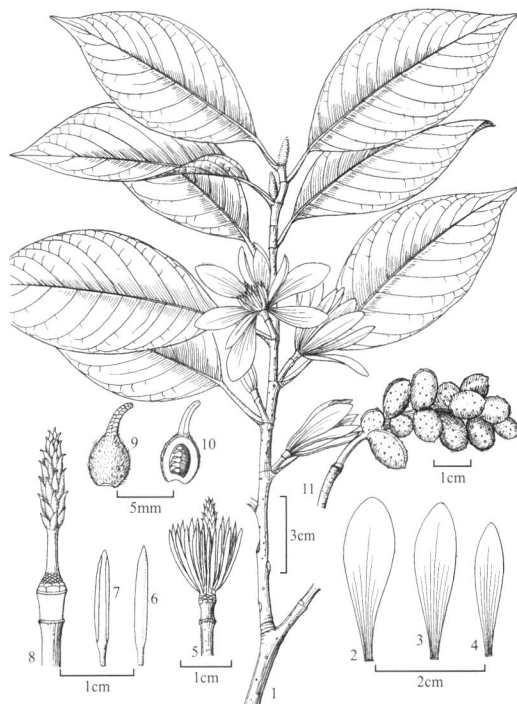

图 248 醉香含笑 Michelia macclurei
1. 分枝上部的一段，示芽、叶和花；2~4. 花被片；5. 雄蕊群及雌蕊群；6. 雄蕊背面；7. 雄蕊腹面；8. 雌蕊群及雌蕊群柄；9. 心皮；10. 心皮纵切面，示胚珠；11. 聚合果。（李志民绘）

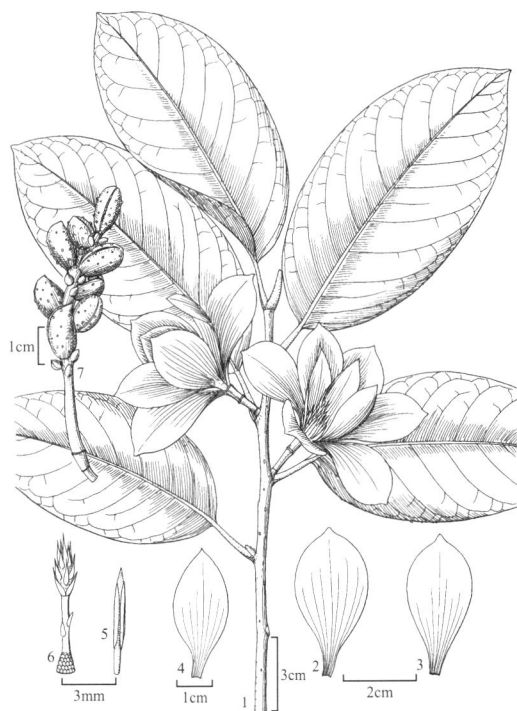

图 249 阔瓣含笑 Michelia cavaleriei var. platypetala
1. 分枝上部的一段，示叶和花；2. 外轮花被片；3. 中轮花被片；4. 内轮花被片；5. 雄蕊腹面；6. 去掉花被片和雄蕊，示雌蕊群及雌蕊群柄；7. 聚合果。（李志民绘）

成熟聚合果绿色或褐绿色，长 4~8mm；蓇葖果长圆体形或卵球形，长 1.5~2(~2.5)mm，宽 1~1.5mm，基部无柄，先端圆，有时上部一侧有短尖，果皮有白色皮孔。种子淡红色，宽卵球形或长圆体形。花期 1~3 月；果期 8~9 月。

产地：仙湖植物园（李沛琼 3237、张寿洲 4171）有栽培。

分布：湖北福建、湖北（西部）、湖南（西南部）、广东（东部）、广西及贵州。

用途：树姿挺拔，树冠广阔，枝叶繁茂，适应性强，生长迅速，花大而密集，芳香，为优良的庭园观赏树和绿化种。

4. 拟单性木兰属 Parakmeria Hu & W. C. Cheng

常绿乔木，全株无毛。小枝节间呈竹节状；顶芽芽鳞裂为 2 瓣。幼叶在芽内不对折而包被幼芽；叶柄无托叶痕；叶片边缘全缘，骨质半透明，基部下延至叶柄。花单生于枝顶，两性或杂性（雄花两性花异株）；在花被片之下具 1 佛焰苞状苞片包被花被片；花被片 9~12，外轮 3 片近革质，具纵脉纹，内 2~3 轮肉质，近同形，向内渐小；雄花雄蕊 10~75 枚，着生于圆锥状花托上，花丝短，花药线形，两药室分离，内向开裂，药隔伸出成短尖，花谢后花梗与花托一起脱落；两性花花被片与雄花同，雄蕊 10~35；雌蕊群明显的柄，心皮 10~20，发育时全部相互愈合，每心室具 2 胚珠。聚合果由多数蓇葖果组成，椭圆体形或倒卵球形，有时因部分心皮不育而形状不一；雌蕊群柄形成的短果柄不伸长；蓇葖果木质，沿背缝及顶端开裂。种子 1~2，悬垂于丝状而有弹性的假珠柄上，外种皮红色或黄色，内种皮硬骨质，具顶孔。

约 5 种。分布于我国西南部至东南部。缅甸（北部）有产。深圳引种栽培 1 种。

云南拟单性木兰 Yunnan Parakmeria

图 250　彩片 371　372　373

Parakmeria yunnanensis Hu in Acta Phytotax. Sin. 1(1): 2. 1951.

常绿乔木，高达 40m，胸径 1.2m。树皮灰白色，光滑，不裂。叶柄长 1~2.5mm；叶片薄革质，卵状长椭圆形或卵状椭圆形，长 6.5~15(~20)mm，宽 2~5mm；基部宽截形或近圆形，先端急尖或微钝，下面淡绿色，上面绿色，有光泽，幼叶紫红色，侧脉每边 7~15 条，网脉在两面明显。花杂性，白色，芳香；花托顶端圆；雄花花被片 12，4 轮，外轮红色，倒卵状椭圆形，长约 4mm，宽约 2mm，内 3 轮白色，肉质，狭倒卵状匙形，长 3~3.5mm，基部渐狭成爪状，雄蕊约 30 枚，长约 2.5mm，花丝红色，长约 1mm，花药长约 1.5mm，药隔短尖；两性花花被片与雄花相同但雄蕊数目较少，雌蕊群卵圆形，绿色。聚合果长圆状卵球形，长约 6mm，宽 2.5~3mm；蓇葖果菱形，熟时沿背缝线开裂。种子扁圆形，长 6~7mm，宽约 1mm，外种皮红色。花期 4~5 月；果熟期 9~10 月。

产地：深圳仙湖植物园（巫锡良 006294；周仁章 4142）。笔架山公园和莲花山公园有栽培。

分布：广西、云南（东南部）、贵州（东南部）。缅甸（北部）。

用途：国家重点保护野生植物。木材优良，为珍

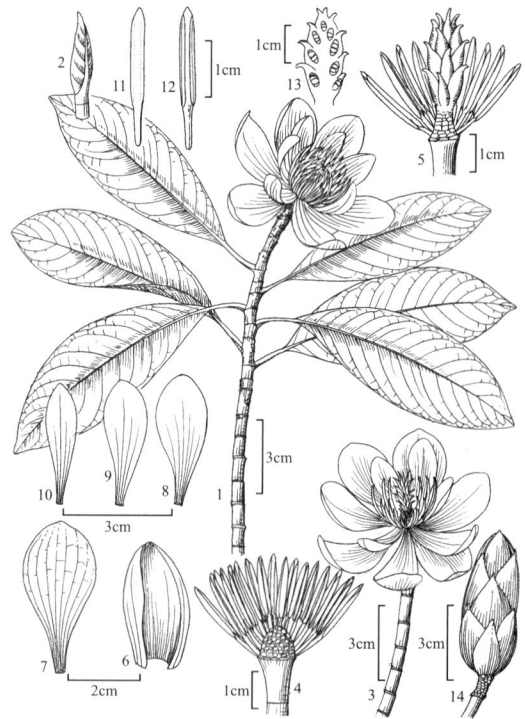

图 250 云南拟单性木兰 Parakmeria yunnanensis
1. 分枝的上段，示节间、叶和花；2. 被幼叶所包的顶芽；3. 两性花；4. 去掉花被片和雌蕊的两性花，示雄蕊群和花托；5. 去掉花被片的两性花，示雄蕊群、雌蕊群和雌蕊群柄；6. 佛焰苞状苞片；7. 外轮花被片；8~10. 自外向内的三轮花被片；11. 雄蕊的背面；12. 雄蕊的腹面；13. 雌蕊群纵切，示每个子房室内的胚珠；14. 聚合果。（李志民绘）

贵用材树种；速生，适应性强，树冠雄伟，叶浓绿，花大、美丽，芳香，为优良的园林绿化和造林树种。

5. 木莲属 **Manglietia** Blume

常绿乔木，稀落叶。小枝节间不呈竹节状。托叶包着幼芽，下部贴生于叶柄，在叶柄上留有或长或短的托叶痕。叶柄基部膨大；叶片革质，边缘全缘，幼叶在芽中对折。花单生于枝顶，两性；花被片常 9~13，3 片 1 轮，大小近相等，外轮 3 常较薄而坚，近革质，常带绿色或红色；花丝短而不明显，花药线形，内向开裂，药隔伸出成短尖；雌蕊群无柄，和雄蕊群相接；心皮多数，螺旋状排列，离生，腹面全部与花托愈合，背面通常具 1 或在近基部具多数纵沟纹，每心皮具胚珠 4 或更多。聚合果由多数蓇葖果组成，紧密，球形、卵球形、圆柱形或长圆状卵球形；成熟蓇葖果近木质或厚木质，宿存，沿背缝线开裂，或同时沿腹缝线开裂，先端通常具喙。

约 40 余种，分布于亚洲热带和亚热带地区，以亚热带种类最多。我国产 29 或 27 种（17 或 15 种特产）。深圳有 2 种 1 变种。

1. 叶片倒卵形，较大，长 25~50mm，下面密被褐色绒毛 ·· 1. **大叶木莲 M. dandyi**
1. 叶片狭椭圆状倒卵形或倒披针形，较小，长 20mm 以下，下面疏被红褐色的短柔毛。
  2. 叶片革质，边缘无波状起伏 ·· 2. **木莲 M. fordiana**
  2. 叶片薄革质，边缘略波状起伏 ··· 3. **海南木莲 M. fordiana** var. **hainanensis**

1. 大叶木莲 Dandy's Manglietia

图 251 彩片 374 375 376

Manglietia dandyi（Gagnep.）Dandy in Praglowski & Dandy，World Pollen Spore Fl. **3**（Magnoliaceae）：5. 1974.

Magnolia dandyi Gagnep. in Notul. Syst.（Paris）**8**：63. 1939.

常绿乔木，高 30~50m，胸径达 1m。小枝、托叶、叶柄、叶片下面果梗和佛焰苞状苞片均密被褐色长绒毛。叶常 5~6 片，集生于枝端；叶柄长 2~3mm；托叶痕为叶柄长的 1/3~2/3；叶片革质，倒卵形，长 25~50mm，宽 10~20mm，基部楔形，2/3 以下渐狭，先端具短尖；上面无毛；侧脉每边 20~22 条，网脉稀疏，干时在两面均凸起。花梗粗壮，长 3.5~4mm，径约 1.5mm，紧靠花被片之下具 1 枚长约 3mm 的佛焰苞状苞片；花被片 9~10，3 轮，厚肉质，外轮 3 片倒卵状长圆形，长 4.5~5mm，宽 2.5~2.8mm，腹面具约 7 纵纹，内面 2 轮较狭小；雄蕊群被长柔毛，雄蕊长 1.2~1.5mm，花丝宽扁，长约 2mm，花药长 0.8~1mm，药室分离，宽约 1mm，药隔伸出长约 1mm 的三角形短尖；雌蕊群卵球形，长 2~2.5mm，具 60~75 心皮，无毛。蓇葖果长约 1.5mm，具 1 纵沟伸直至花柱末端；

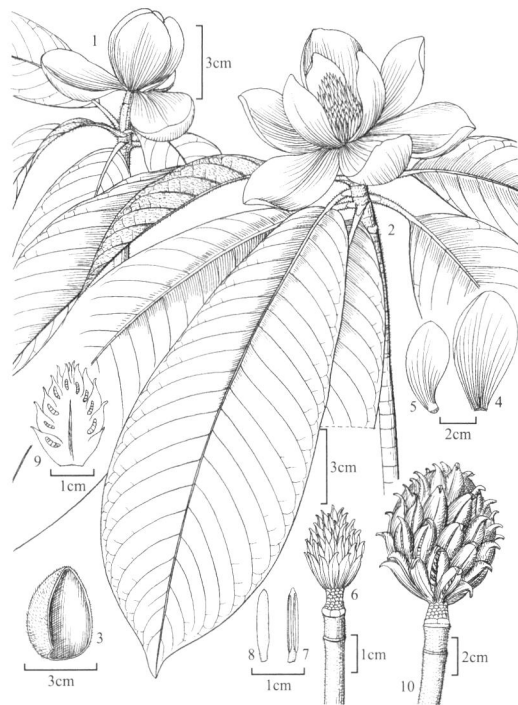

图 251 大叶木莲 Manglietia dandyi
1~2. 分枝的上段，示节间、叶和花；3. 佛焰苞状苞片；4. 外轮花被片；5. 内轮花被片；6. 去掉花被片和雄蕊群，示雌蕊群；7. 雄蕊腹面；8 雄蕊背面；9. 雌蕊群纵切，示每个子房室内的胚珠；10. 聚合果。（李志民绘）

聚合果卵球形或长圆状卵球形，长 6.5~11mm；果梗粗壮，长 1~3mm，直径 1~1.3mm；成熟蓇葖果长 2.5~3mm，先端尖，稍向外弯，沿背缝及腹缝开裂。花期 5~6 月；果熟期 9~11 月。

产地：仙湖植物园有栽培。

分布：广西（西部）、云南（东南部）。老挝和越南。

用途：用材树种；也为优良的园林风景树种。

2.　木莲 绿楠 Ford's Manglietia

图 252　彩片 377　378

Manglietia fordiana Oliv. in Hooker's Icon. Pl. **20**：t. 1953. 1891.

常绿乔木，高达 25m，胸径达 45mm。树皮淡灰黑色；嫩枝及芽有红褐色短柔毛，后变无毛。叶柄长 1~3（~4.5）mm，基部稍膨大；托叶痕长 3~5mm；叶片革质，狭倒卵形、狭椭圆状倒卵形，稀狭椭圆形，长 8~17（~20）mm，宽 2.5~5.5（~9.5）mm，基部楔形，沿叶柄稍下延，边缘稍内卷，无波状起伏，先端短急尖，通常尖头钝；下面疏生红褐色短柔毛；侧脉每边 8~17 条。花梗长 0.5~1.1（~4）mm，径 0.4~1mm，具 1 苞片脱落后留下的环状痕迹，被红褐色短柔毛；花被片 9，纯白色，每轮 3，外轮 3 质较薄，近革质，凹入，长圆状椭圆形，长 5~7mm，宽 3~4mm，内 2 轮稍小，倒卵形，长 4~6mm，宽 2~3mm，近肉质；雄蕊长约 1mm，红色，花药长约 8mm，药隔先端钝；雌蕊群长 1.5~2.5mm，具 18~32 心皮，平滑，基部心皮长 0.5~1mm，宽 3~4mm，中部心皮露出面宽约 5mm，每心皮具胚珠 4~10，胚珠 2 列；花柱长约 1mm。聚合果褐色，卵球形至椭圆状卵球形，长 2~6mm；蓇葖果露出面有粗点状凸起，先端具长约 1mm 的短喙。种子红色，略扁，长 7~8mm，宽 5~6mm。花期 5 月；果期 10 月。

产地：七娘山（张寿洲等 1915）、梅沙尖（张寿洲等 3861）、梧桐山（张寿洲等 5436）。生于山地、疏林、密林下或路旁，海拔 200~900m。

分布：浙江、湖南、江西、福建、广东、香港、广西、贵州和云南。越南。

用途：为板料和细工用材；果及树皮入药，治便秘和干咳。

3.　海南木莲 绿楠 Hainan Manglietia

图 253　彩片 379　380　381

Manglietia fordiana var. **hainanensis**（Dandy）N. H. Xia in Z. Y. Wu & P. H. Raven. Fl. China **7**：58. 2008.

Manglietia hainanensis Dandy in J. Bot. **68**：204. 1930；海南植物志 **1**：225. 1964；广东植物志 **1**：5，图 4. 1987.

常绿乔木，高达 20m，胸径约 45mm。树皮淡

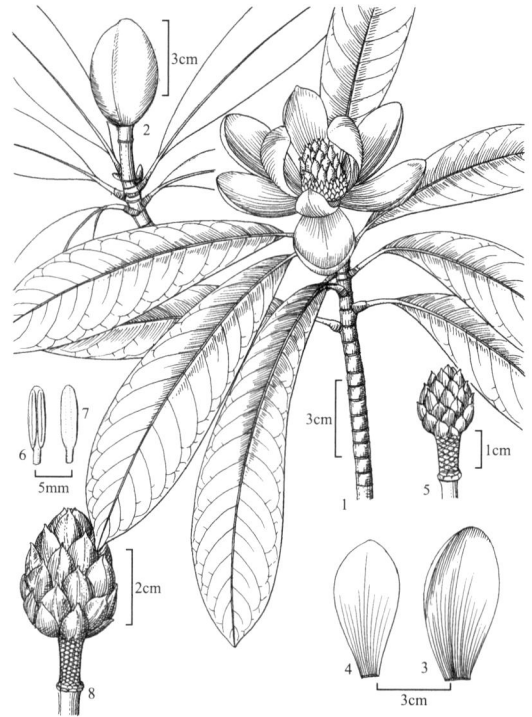

图 252　木莲 Manglietia fordiana
1. 分枝的上段，示环状托叶痕、叶和花；2. 分枝顶部、示叶和花蕾；3. 外轮花被片；4. 内轮花被片；5. 雌蕊群；6. 雄蕊腹面；7. 雄蕊背面；8. 聚合果。（李志民绘）

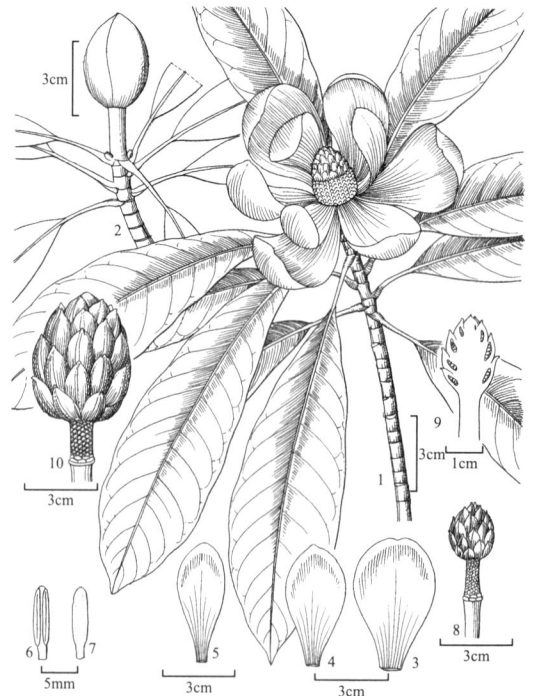

图 253　海南木莲 Manglietia fordiana var. hainanensis
1. 分枝的上段，示托叶痕、叶和花；2. 分枝顶部，示叶和花蕾；3. 外轮花被片；4-5. 内轮花被片；6. 雄蕊腹面；7. 雄蕊背面；8. 雌蕊群；9. 雌蕊群纵切，示每个子房室的胚珠；10. 聚合果。（李志民绘）

灰褐色；芽、小枝疏被红褐色平伏短柔毛。叶柄细弱，长 3~4(~4.5)mm，基部稍膨大；托叶痕半圆形，长约 4mm；叶片薄革质，倒卵形、狭倒卵形、狭椭圆状倒卵形，很少为狭椭圆形，长 10~16(~20)mm，宽 3~6(~7)mm；基部楔形，沿叶柄稍下延，边缘略波状，先端急尖或渐尖，下面淡绿色，疏生红褐色平伏的短柔毛，上面深绿色，无毛，侧脉每边 12~16 条，稍凸起，干后两面网脉均明显。花梗长 0.8~4mm，直径 4~7mm；佛焰苞状苞片薄革质，阔圆形，长 4~5mm，宽约 6mm，先端开裂，两面有粒状凸起；花被片 9，每轮 3，外轮薄革质，倒卵形，绿色，长 5~6mm，宽 3.5~4mm，先端有浅缺，内 2 轮纯白色，肉质，倒卵形，长 4~5mm，宽约 3mm；雄蕊群红色，雄蕊长约 1mm，花药长约 8mm，药隔延伸成钝的短尖头；雌蕊群长 1.5~2mm，具 18~32 心皮，顶端无短喙，平滑，基部心皮长 7~10mm，宽 3~5mm，上部的心皮露出面为菱形，长宽均约 5mm，有 1 纵纹。每心皮具胚珠 5~8，胚珠 2 列，花柱短。成熟聚合果红褐色，卵球形或椭圆状卵圆形，长 5~6mm；成熟心皮露出面有点状凸起。种子红色，稍扁，长 7~8mm，宽 5~6mm。花期 4~5 月；果期 9~10 月。

产地：深圳仙湖植物园（巫锡良 0903001）有栽培。

分布：海南。广东南部有栽培。

用途：材质坚硬，为水箱、高级家具、乐器等小巧工艺用材。

6. 木兰属 Magnolia L.

乔木或灌木，常绿。树皮常灰色，光滑或有时粗糙，具深沟；小枝节间不呈竹节状，具环状托叶痕，髓心连续或分隔。单叶螺旋状互生，幼叶在芽中直立，对折；托叶膜质，分离或与叶柄贴生，如与叶柄贴生，则脱落后在叶柄上留有托叶痕；叶片革质或厚纸质，边缘全缘。花单生于枝顶，两性，大型，通常芳香；花被片 9~12，排成 3 或 4 轮，近相等；雄蕊早落；花丝扁平，药隔延伸成短尖或长尖，很少不延伸，药室内向开裂；雌蕊群和雄蕊群相连接，无雌蕊群柄；心皮分离，多数或少数，每心皮有胚珠 2，很少在基部的心室有 3 或 4 胚珠；花柱向外弯曲，沿近轴面为柱头面，柱头具乳头状凸起。聚合果成熟时为卵球形或近球形，由多数分离的蓇葖果组成；成熟蓇葖果近革质或木质，宿存，沿背缝线开裂，先端具或短或长的喙。种子 1~2，外种皮橙红色或鲜红色，肉质，内种皮坚硬，种脐有丝状假珠柄与胎座相连。

约 20 种。分布于中美洲、北美洲东南部，包括墨西哥和大、小安的列斯群岛。我国有 1 种（栽培）。深圳有 1 种（栽培）。

荷花木兰 荷花玉兰 Bull Bay   图 254   彩片 382
Magnolia grandiflora L. Syst. Nat. ed. 10，2：1802. 1759.

常绿乔木，在原产地可高达 30m。树皮淡褐色或灰色，薄鳞片状开裂；小枝粗壮，具横隔的髓心；小枝、芽、叶柄和叶片下面均密被褐色或灰褐色短绒毛，但幼树叶片下面无毛。叶柄长 1.5~4mm；托叶痕无或极短，具深沟；叶片厚革质，椭圆形、长圆状椭圆形或倒卵状椭圆形，长 10~20mm，宽 4~7(~10)mm，基部楔形，先端钝或具短的钝尖，上面深绿色，有光泽，侧脉每边 8~10 条。花白色，芳香，径 15~20mm；花被片 9~12，倒卵形，长 6~10mm，宽 5~7mm，厚肉

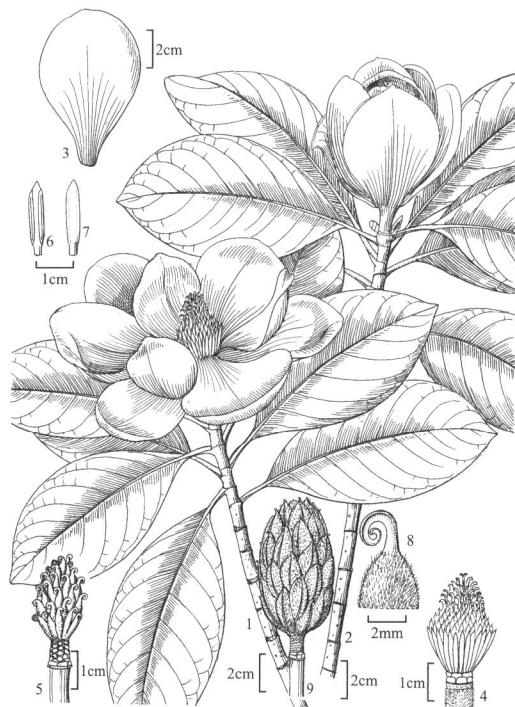

图 254 荷花木兰 Magnolia grandiflora
1~2. 分枝上部的一段，示枝上的环状托叶痕、叶和花；3. 花被片；4. 雄蕊群和雌蕊群；5. 雌蕊群；6. 雄蕊腹面；7. 雄蕊背面；8. 雌蕊；9. 聚合果。（李志民绘）

质；雄蕊长约 2mm，花丝扁平，紫色，花药内向开裂，药隔伸出成短尖；雌蕊群椭圆体形，密被浅黄色绒毛；心皮卵球形，长 1~1.5mm，花柱长，向外卷曲。成熟聚合果紧密，圆柱状长圆形或卵球形，长 7~10mm，径 4~5mm；蓇葖果背面圆，先端外侧具长喙。种子近扁长圆球形，长约 1.4mm，外种皮红色。花期 5~6 月；果期 9~10 月。

产地：仙湖植物园（李沛琼 3706）、东湖公园（王定跃 89528B）。深圳市各地有栽培。

分布：原产于北美洲东南部。我国很多城市有栽培。

用途：庭园绿化观赏树种；木材黄白色，材质坚重，可供装饰材用；叶、幼枝和花可供提取芳香油；花制浸膏；叶入药可治高血压；种子可供榨油。

7. 长喙木兰属 Lirianthe Spach

常绿乔木或灌木。树皮常灰色，平滑或有时粗糙并具沟；小枝节间不呈竹节状。叶螺旋状互生，幼叶在芽中直立，对折；托叶膜质，贴生于叶柄上，脱落后在叶柄上留下托叶痕。叶柄长或短；叶片厚纸质或革质，边缘全缘。花单生于枝顶，两性，大型，常芳香；佛焰状苞片 1 至多数；花被片 9~12，3 轮，常白色，偶黄色、粉色或红色，近相等；雄蕊早落或与花被片同落，花丝扁平，花药内向开裂，药隔延伸成短尖头；雌蕊群无柄；心皮少数或多数，分离，每心皮具 2(~4) 胚珠。聚合果由多数蓇葖果组成，常椭圆体形，两端尖；成熟蓇葖果革质或近木质，全部宿存于果托上，成熟时沿背缝线开裂，先端具喙。

约 12 种，分布于亚洲东南部。我国产 8 种。深圳有 2 种。

1. 全株无毛；花、果下垂 ·· 1. **夜香木兰 L. coco**
1. 小枝、嫩叶叶片下面基部、花梗和心皮均被浅黄色柔毛；花、果直立向上 ·············· 2. **香港木兰 L. championii**

1. 夜香木兰 夜合花 Coco Lirianthe

图 255　彩片 383　384

Lirianthe coco(Lour.)N. H. Xia & al. in Z. Y. Wu & P. H. Raven, Fl. China **7**: 64. 2008

Liriodendron coco Lour. Fl. Cochinch. **1**: 347. 1790.

Magnolia coco(Lour.)DC. Syst. Nat. **1**: 459. 1817. 广州植物志 79，图 20. 1956；海南植物志 **1**: 224. 1964；广东植物志 **1**: 6. 1987；澳门植物志 **1**: 90. 2005；N. H. Xia in Q. M. Hu & D. L. Wu, Fl. Hong Kong **1**: 29. 2007.

常绿灌木或小乔木，高 2~4m，全株无毛。树皮灰色；小枝绿色，平滑，稍具棱角，有光泽。叶柄长 0.5~1mm；托叶痕几达叶柄顶端；叶片革质，椭圆形、狭椭圆形或倒卵状椭圆形，长 7~14(~28)mm，宽 2~4.5(~9)mm，基部楔形，先端长渐尖；上面深绿色有光泽，稍起波皱，边缘稍反卷，侧脉每边 8~10 条，网脉稀疏明显，在叶片上面下陷。花梗向下弯垂，偶有直立，具 3~4 苞片脱落痕；花圆球形，径 3~4mm；花被片 9，肉质，倒卵形，腹面凹，外面 3 片绿色，近革质，有 5 纵脉纹，长约 2mm，内二轮肉质，纯白色，长 3~4mm，宽约 4mm；雄蕊长 4~6mm，花丝乳白色，长约 2mm，花药

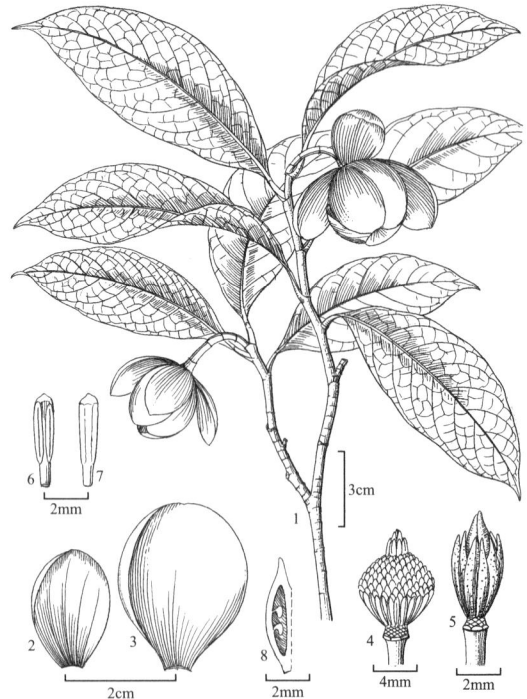

图 255 夜香木兰 Lirianthe coco
1. 分枝上部的一段，示叶和花；2. 外轮花被片；3. 内轮花被片；4. 雄蕊群和雌蕊群；5. 雌蕊群；6. 雄蕊腹面；7. 雄蕊背面；8. 心皮纵切面。（李志民绘）

长约 3mm，药隔伸出成短尖头；雌蕊群绿色，卵球形，长 1.5~2mm；心皮约 10，狭卵球形，长 5~6mm，背面有 1 纵沟至花柱基部，柱头短。聚合果下垂，紧密，成熟时卵球形，长约 3mm；蓇葖果近木质。种子卵球形，基部尖，外种皮红色，内种皮褐色；腹面顶端具侧孔，腹沟不明显。花期 5~6 月，在深圳几乎全年持续开花；果期 7~9 月。

产地：深圳仙湖植物园（李沛琼等 3717）、深圳园林科研所（陈景芳 2437）。深圳市各公园有栽培。

分布：广东、香港、澳门、广西、浙江、福建、台湾和云南。越南。

用途：花大洁白，开花时花被片不完全张开而似圆球，芳香，夜间香气更浓，花期长，为著名庭园观赏树种；花可供提取香精，亦可掺入茶叶作熏香剂；根皮入药，能散瘀除湿，治风湿跌打；花可治淋浊带下。

2. 香港木兰 Champion's Lirianthe

图 256 彩片 385

Lirianthe championii（Benth.）N. H. Xia ＆ al. in Z. Y. Wu ＆ P. H. Raven, Fl. China 7：64. 2008

Magnolia championii Benth. Fl. Hongkong. 8. 1861；广东植物志 1：7. 1987；N. H. Xia in Q. M. Hu ＆ D. L. Wu, Fl. Hong Kong 1：29, fig. 13. 2007.

常绿灌木或小乔木。幼枝、叶柄腹面、嫩叶叶片下面基部、中脉、花梗和心皮均被浅黄色柔毛，但随即变无毛。叶柄长 0.7~1.2mm，下半部膨大或否；托叶痕几达叶柄顶端；叶片革质，倒卵状长椭圆形、倒卵状椭圆形、椭圆形、长椭圆形、窄长圆形，下延或否，长 4.5~14（~17.5）mm，宽 2.5~4.5（~6.0）mm，基部楔形或狭楔形，先端钝尖、渐尖或尾状渐尖，稀急尖，下面淡绿色，上面深绿色，有光泽或无，侧脉每边 8~17 条，网脉密或疏，在上面平或下陷。花单生于枝顶，直立向上，芳香；花梗长 0.7~2.7mm，密被淡黄色长毛；佛焰苞片 3~4；花被片多为 8~9，少有 10~11，外轮花被片 3，革质，淡绿色到黄绿色，长圆状椭圆形，长 3.5~4mm，宽约 2mm，中轮花被片 3，白色，肉质，倒卵状勺形，内轮花被片 2~3，白色，倒卵形，长 2~2.5mm，宽约 1.5mm，肉质，先端有小微凹；雄蕊 78~115，长 7~9mm，药隔伸出成三角形短尖，花药长 6~7mm，内向开裂，花粉粒极面观为椭圆形，具 1 远沟；雌蕊群狭倒卵形，长 1~1.4mm，被白色长柔毛；心皮 14~20，每心皮具胚珠 2。聚合果紧密，狭倒卵球形，长 3~5mm，果梗直立；蓇葖果长约 1mm，先端具 1~2mm 长的喙。种子狭椭圆体形或不规则卵球形，长 0.8-1.2mm，宽 4~6mm。花期 5~6 月；果期 9~10 月。

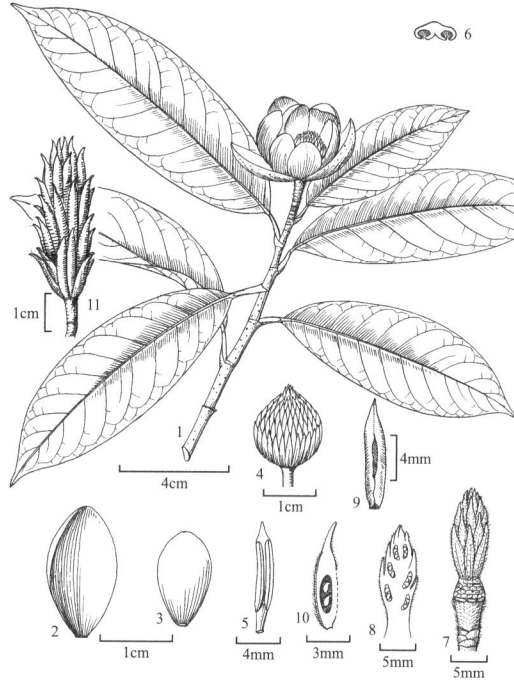

图 256 香港木兰 Lirianthe championii
1. 分枝上部的一段，示叶和花；2. 外轮花被片；3. 中轮花被片；4. 雄蕊群和雌蕊群；5. 雄蕊；6. 雄蕊横切面，示药室；7. 雌蕊群；8. 雌蕊群纵切面，示每个子房室的胚珠；9. 心皮；10. 心皮纵切面；11. 聚合果。（李志民绘）

产地：盐田（王定跃 1638）、梅沙尖（深圳考察队 1134）、沙头角（刘芳齐 2318）、梧桐山、深圳仙湖植物园。生于山地杂木林中或山地水沟旁，海拔 100~600m。

分布：广东、香港、海南及广西（南部）。越南北部。

用途：为优良的观赏树种。

8. 番荔枝科 ANNONACEAE

李镇魁　李秉滔

乔木、灌木或木质藤本。木质部和叶通常有香气。单叶互生，有叶柄，无托叶；叶片边缘全缘，具羽状脉。花两性，少数单性，辐射对称，绿色、黄色、黄白色或红色，单生或几朵至多朵组成团伞花序、圆锥花序、聚伞花序或簇生，顶生、腋生、与叶对生或腋外生，稀生在茎上或老枝上；通常有苞片和小苞片；下位花；花托凸起呈圆柱状或圆锥状，少数为平坦或凹陷；萼片 3，少数 2，离生或基部合生，镊合状或覆瓦状排列，宿存或凋落；花瓣 3~6(~12)，2 轮，每轮 3，少数 3、4 或 6 组成 1 轮，覆瓦状或镊合状排列，有时外轮镊合状排列而内轮覆瓦状排列；雄蕊多数，稀少数，长圆形、卵形或楔形，螺旋状着生在花托上，覆瓦状排成几轮，花丝短和厚，花药 2 室，纵裂，药室毗连，外向或侧向，稀内向，横隔膜有时明显，药隔凸起呈长圆形、三角形、条状披针形，顶端尖、圆或截形；雌蕊群由 1 至多数离生或稀合生心皮组成，每心皮子房有 1 至多数胚珠，1~2 排，基生或侧膜胎座上着生，花柱短，柱头头状、棍棒状、长圆形或马蹄形，顶端 2 裂或全缘。果实由 1 至多数离生或稀合生成熟心皮发育而成，着生在果托上，聚合或排成伞状果序；果序梗长或短，稀近无柄；离生或合生成熟心皮果 1 至多数，肉质，不开裂或少数呈蓇葖状开裂，有柄或近无柄；成熟心皮果球形、长圆形、长圆柱形或链珠状。种子 1 至多数，1~2 排，圆形、卵形、盘状，通常有假种皮，种皮平滑或有皱纹，胚乳丰富，胚微小。

约 129 属 2300 种，广泛分布于全世界热带及亚热带地区。我国产 24 属 120 种。深圳有 9 属 17 种。

深圳市亦见栽培种垂枝暗罗 Polyalthia longifolia 'Pendula'，因数量少，本志未收录。

1. 木质藤本、蔓性灌木或攀援灌木。
　　2. 植株通常被星状毛；花紫红色或深红色，花瓣覆瓦状排列 ················· 1. **紫玉盘属 Uvaria**
　　2. 植株非被星状毛或无毛；花黄色、黄绿色或淡黄色，花瓣镊合状排列。
　　　3. 木质藤本；叶片侧脉密生，平行，直伸达叶缘 ················· 2. **瓜馥木属 Fissistigma**
　　　3. 蔓性灌木或攀援灌木；叶片侧脉较疏离，斜升至叶缘前网结。
　　　　4. 花单生或几朵生于木质钩状的花序梗上；花瓣基部无爪；果椭圆状、倒卵状或圆球状 ···············
　　　　　　 ··· 3. **鹰爪花属 Artabotrys**
　　　　4. 花单生或几朵簇生；花瓣基部具爪；果链珠状 ················· 4. **假鹰爪属 Desmos**
1. 乔木或直立灌木。
　　5. 花瓣仅外轮发育，内轮退化或完全消失；雌蕊由多数合生心皮组成；果为聚合浆果 ······ 5. **番荔枝属 Annona**
　　5. 花瓣内外轮均能发育；雌蕊由多数离生心皮组成；果由离生成熟心皮组成，呈浆果状。
　　　6. 花通常组成具长花序梗的聚伞花序或总状花序；外轮花瓣长条形或条状披针形，长达 8cm ···········
　　　　 ··· 6. **依兰属 Cananga**
　　　6. 花单生、双生或几朵簇生；外轮花瓣卵状长圆形或卵状三角形，长 2.5cm 以下。
　　　　7. 药隔顶部具短尖；柱头近球形 ································· 7. **藤春属 Alphonsea**
　　　　7. 药隔顶部截形或圆形；柱头卵圆形或近头状、盘状至扁平而分裂。
　　　　　8. 乔木；胚珠 6~10，侧膜胎座上着生；果椭圆体形、长圆柱形或倒卵球形 ···········
　　　　　　 ··· 8. **蕉木属 Chieniodendron**
　　　　　8. 灌木；胚珠 1~2，基生或侧生；果球形或卵球形 ················· 9. **嘉陵花属 Popowia**

1. 紫玉盘属 Uvaria L.

木质藤本或攀援灌木，稀小乔木(外国种)，通常具星状毛。叶互生，具柄；叶片边缘全缘，具羽状脉。花两性，紫红色或深红色，单生或多朵组成聚伞花序或短总状花序，花序与叶对生或腋生、顶生或腋外生，少数生于茎上或老枝上；花托凹陷，被短柔毛或绒毛；萼片 3，镊合状排列，通常基部合生；花瓣 6，2 轮，覆瓦状排列，有时基部合生；雄蕊多数，通常长圆形或条形，药隔多角形或卵状长圆形，顶部圆或截形；雌蕊由多数或稀少数离生心皮组成，心皮条状长圆形，每心皮子房有胚珠多数，1~2 排，花柱短，柱头马蹄形，2 裂而内卷。果呈浆果状，长圆形、卵圆形或近圆球形，内有种子多颗，稀单颗；果柄长或短。种子在果实内平叠，有或无假种皮。

　　约 150 种，分布于世界热带及亚热带地区。我国产 8 种。深圳有 3 种。

1. 除花外，全株无毛；叶片长圆形或长圆状卵形，基部楔形或圆形 ·························· 1. **光叶紫玉盘 U. boniana**
1. 全株被星状毛；叶片通常长圆状倒卵形，基部通常浅心形。
　　2. 花大，直径 7~10cm；果长圆柱形，长 4~16cm，种子间浅缢缩；种子长 4~6mm ·····························
　　·· 2. **大花紫玉盘 U. grandiflora**
　　2. 花小，直径 2.5~4cm；果圆球形、卵圆形或短圆柱形，长 1~3cm，种子间不缢缩；种子长 6.5~1cm ········
　　·· 3. **紫玉盘 U. macrophylla**

1.　光叶紫玉盘 Glabrous-leaved Uvaria

图 257　彩片 386　387

Uvaria boniana Finet & Gagnep. in Bull. Soc. Bot. France **53**（Mem. 4（2））：71，pl. 11a. 1906.

　　攀援灌木，长达 5m。除花外，全株无毛。叶柄长 2~8mm；叶片纸质或革质，长圆形或长圆状卵形，长 4~15cm，宽 1.8~5.5cm，基部楔形或圆形，先端渐尖、急尖或钝，侧脉每边 8~10 条，在两面稍凸起。花紫红色，1~2 朵与叶对生或腋外生；花梗长 2.5~5.5cm，中部以下具小苞片；萼片卵形，长 2.5~3mm，边缘具缘毛；花瓣干后革质，两面被微柔毛，外轮花瓣宽卵形，长、宽约 1cm，内轮花瓣略小于外轮花瓣，内面凹陷；雄蕊长圆形，药隔扩大，顶端截形，有小乳头状凸起；心皮长圆形，内弯，密被黄色柔毛，柱头马蹄形，顶端 2 裂，每心皮子房有胚珠 6~8。果球形或椭圆状卵球形，长 0.8~2cm，宽 0.8~1.3cm，成熟时紫红色，无毛；果梗长 3~5.5cm；种子扁，椭圆形，长 8~9mm，宽约 6mm，黄褐色。花期 5~10 月；果期 6 月至翌年 4 月。

　　产地：三洲田（王国栋等 W070182）。生于山地疏林潮湿地，海拔 100~200m。

　　分布：江西、广东、香港、澳门、海南、广西、贵州和云南。越南。

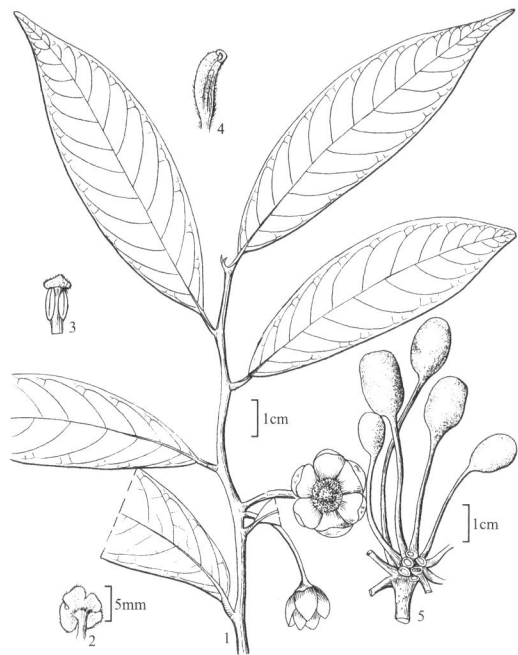

图 257　光叶紫玉盘 Uvaria boniana
1. 分枝的一部分，示叶和花；2. 花萼的背面观；3. 雄蕊；4. 心皮；5. 果。（林漫华绘）

2.　大花紫玉盘 山椒子 Large-flowered Uvaria

图 258　彩片 388　389

Uvaria grandiflora Roxb. ex Hornem. in Suppl. Hort. Bot. Hafn. 141. 1819.

Uvaria purpurea Blume, Bijdr. 11. 1825；海南植物志 **1**：235. 1964.

　　攀援灌木，长达 10m，全株各部均密被星状短柔毛或星状锈色绒毛。叶柄长 5~8mm；叶片纸质或近革质，长圆状倒卵形，长 7~30cm，宽 3.5~12.5cm，基部浅心形，先端急尖或短渐尖，有时尾尖；侧脉每边 10~17 条，与中脉成 60° 角伸出。花单生，稀 2~3 朵组成聚伞花序，与叶对生，大，直径 9~10cm，紫红色或深红色；花梗长 0.5~5cm；小苞片 2，着生在花梗中部或稍上，大，卵形或倒卵形，长约 3cm，宽 2.5cm；萼片膜质，宽卵形，长 2~2.5cm，宽 2.5~3.5cm，顶端钝或急尖，1/3 以下合生，内面无毛；花瓣深红色至朱红色，后变浅紫红色，倒卵形，长 4~4.5cm，宽 2.5~3.5cm，两面被微柔毛；雄蕊密集，长圆形或条形，长 6~7mm，药隔顶端截形，无毛；心皮密集，长圆形或条形，长约 8mm，每心皮子房有胚珠 30~50，2 排，柱头马蹄形，顶端 2 裂而内卷。果梗长 1.5~3cm。果长圆柱形，种子间略有缢缩，长 4~16cm，直径 1.5~2cm，顶端有尖头。种子卵圆形，扁平，黄褐色或黄灰色。花期 3~6 月；果期 6~10 月。

产地：梧桐山（古树调查组 3348）、羊台山（张寿洲等 1191）、南澳鹿咀（张寿洲等 3619）、南澳、杨梅坑、大鹏、内伶仃岛、七娘山。生于山地疏林沟旁、灌丛中，海拔 50~300m。

分布：广东、香港、澳门、海南和广西。印度、斯里兰卡、缅甸、泰国、越南、马来西亚、菲律宾、印度尼西亚。

用途：花大，紫红色，果型美观，是园林观赏植物。

3. 紫玉盘 油饼木 Large-leaved Uvaria

图 259　彩片 390　391

Uvaria macrophylla Roxb. Fl. Ind. **2**: 663. 1824.

Uvaria microcarpa Champ. ex Benth. in J. Bot. Kew. Gard. Misc. **3**: 256. 1851；广州植物志 83. 1956；广东植物志 **2**: 11, fig. 7（1-8）. 1991；云南植物志 **5**: 8, fig. 2（1-8）. 1991.

Uvaria macrophylla Roxb. var. microcarpa（Champ. ex Benth.）Finet & Gagnep. in Bull. Soc. Bot. France **53**（Mem. **4**（2））: 67. 1906；海南植物志 **1**: 236，图 114. 1964.

攀援灌木，长达 18m，全株幼嫩部位均被星状短柔毛或星状绒毛，毛被老时渐脱落。叶柄长 5~10mm；叶片革质，倒卵形、长圆状倒卵形或宽长圆形，长 9~30cm，宽 3~15cm，基部浅心形、截形或圆，先端急尖、钝或圆，有小突尖，侧脉每边 9~14（~22）条，通常在上面不明显，在下面凸起。花深红色至紫红色，直径 2.5~4cm，单生或双生，有时几朵组成聚伞花序，与叶对生，稀腋生或与叶互生；花梗长 0.5~4cm；小苞片着生在花梗中部或稍上，卵形或宽卵形，长 4~7mm；萼片卵形或宽卵形，长、宽均 4~5mm；花瓣近卵形或长圆状椭圆形，长 1.2~2cm，宽 0.6~1.3cm，顶端圆或钝，极张开；雄蕊密集，长圆形，长约 9mm，药隔卵形，顶端被微柔毛至无毛，外围雄蕊倒披针形，长约 7mm，不育；心皮密集，长圆形，长约 5mm，柱头马蹄形，顶端 2 裂而内卷，每心皮子房有胚珠多数，2 排。果梗长 0.9~1.5cm，被星状短柔毛；果卵球形、球形或短圆柱形，长 1~3cm，直径 1~1.5cm，成熟时橙黄色，干后紫褐色，被星状短柔毛至无毛。种子球形或卵球形，长约 6.5~7.5mm，宽

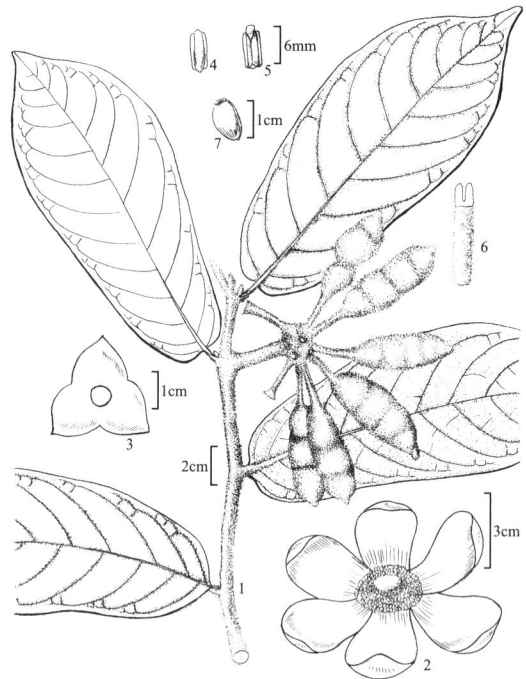

图 258 大花紫玉盘 Uvaria grandiflora
1. 分枝的一部分，示叶及果序；2. 花；3. 花萼；4. 雄蕊的背面；5. 雄蕊的腹面；6. 雌蕊；7. 种子。（林漫华绘）

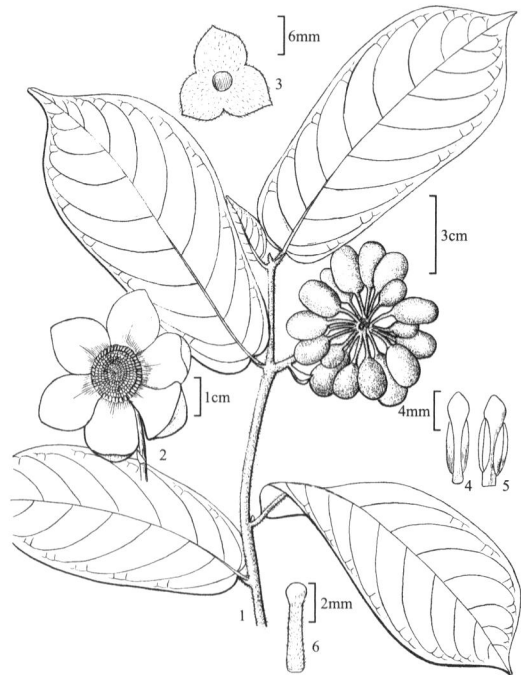

图 259 紫玉盘 Uvaria macrophylla
1. 分枝的一部分，示叶和果序；2. 花；3. 花萼；4. 雄蕊的背面；5. 雄蕊的腹面；6. 心皮。（林漫华绘）

0.7~1cm，黄褐色。花期 3~9 月；果期 7 月至翌年 3 月。

产地：梧桐山（张寿洲等 5436）、南澳鹅公村（张寿洲等 1891）、仙湖植物园（王国栋等 5870）等。深圳市各山地常见。生于山地疏林下、林缘、灌丛中，海拔 50~60m。

分布：福建、台湾、广东、香港、澳门、海南、广西和云南。印度、斯里兰卡、缅甸、老挝、柬埔寨、越南、菲律宾、马来西亚、印度尼西亚、秘鲁和巴布亚新几内亚。

用途：茎皮纤维坚韧，可供编织；根可药用，治风湿、跌打；叶可消炎止痛；花大，色艳，是园林观赏植物。

2. 瓜馥木属 Fissistigma Griff.

木质藤本，全株各部通常被黄褐色短柔毛或绒毛。叶互生；叶柄短；叶片边缘全缘，具羽状脉，侧脉多数，密生，平行，直伸至叶缘。花蕾卵形或长圆状圆锥形；花黄色、黄绿色或淡黄色，单生或多朵组成聚伞花序、团伞花序或聚伞圆锥花序；花序顶生、腋生、与叶对生或腋下生；花梗基部至中部通常具几个苞片和小苞片；萼片 3，小，镊合状排列，基部合生；花瓣 6，2 轮，镊合状排列，干后革质，边缘较厚，外轮花瓣稍大于内轮花瓣，直立或张开，扁平，内面凸起，内轮花瓣三棱形，内面基部内凹；雄蕊多数，密集，药隔略伸长，卵形或三角形，顶端钝或略有小尖头；雌蕊群由多数离生心皮组成，通常被柔毛，每心皮子房有 1~16 胚珠，1~2 排，花柱短，柱头 2 裂或全缘。果卵球形、圆球形或长圆形，通常被短柔毛或绒毛，具梗。种子 1~10，1~2 排，平滑。

约 75 种，分布于亚洲热带和亚热带地区、非洲和大洋洲。我国产 23 种。深圳有 4 种。

1. 叶片下面无毛。
  2. 叶片先端圆或微凹，稀钝，下面绿白色，干后苍白色 ·············· 1. 白叶瓜馥木 F. glaucescens
  2. 叶片先端急尖，下面淡黄绿色，干后红褐色·············· 2. 香港瓜馥木 F. uonicum
1. 叶片下面被短柔毛或几无毛。
  3. 叶片披针形或长圆状披针形，先端渐尖 ·············· 3. 尖叶瓜馥木 F. acuminatissimum
  3. 叶片倒卵状椭圆形或长圆形，先端圆或微凹，有时急尖 ·············· 4. 瓜馥木 F. oldhamii

1. 白叶瓜馥木 White-leaved Fissistigma 图 260
Fissistigma glaucescens（Hance）Merr. in Philipp. J. Sci. **15**：132. 1919.

Melodorum glaucescens Hance in J. Bot. **19**：112. 1881.

木质藤本，长达 6m。除花序外，全株无毛。叶柄长 0.4~1.2cm；叶片近革质，长圆形或长圆状椭圆形，有时倒卵状长圆形，长 3~20cm，宽 1.2~6cm，基部圆或钝，先端圆或微凹，稀钝，下面绿白色，干后苍白色，侧脉每边 10~15 条，在上面扁平或稍凸起，在下面凸起。聚伞圆锥花序顶生，长达 6cm，被黄褐色绒毛，有时 2 或 3 朵组成腋生小聚伞花序；花序梗很短；花梗长达 1.2cm；萼片宽三角形，长约 2mm；外轮花瓣宽卵形，长约 6mm，被黄褐色短柔毛，内轮花瓣卵状长圆形，长约 5mm，被灰白色短柔毛；雄蕊多数，密集，长圆形，药隔三角形；心皮约 15，被黄褐色短柔毛，每心皮子房具 1 胚珠，花柱伸长，无毛，柱头顶端 2 裂。果梗长约 3mm；果圆球形，直径约 8mm，无毛。种子 1。

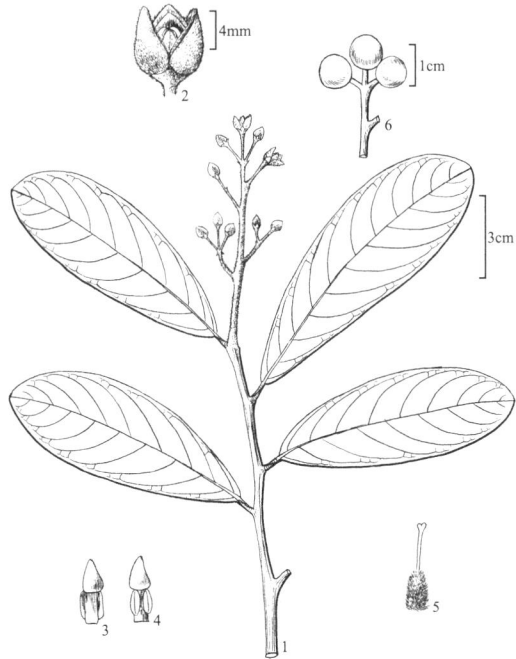

图 260 白叶瓜馥木 Fissistigma glaucescens
1. 分枝的一部分，示叶及花序；2. 花；3. 雄蕊的背面；4. 雄蕊的腹面；5. 雌蕊；6. 果序的一部分。（林漫华绘）

花期 1~9 月；果期 3~12 月。

产地：盐田梅花尖（王定跃 1468）。生于山地沟谷边，海拔约 250m。

分布：我国福建、台湾、广东、香港、海南和广西。越南。

用途：根可药用，可活血，治风湿及痨伤；茎皮纤维可供制绳索。

2.　香港瓜馥木 Hongkong Fissistigma

图 261　彩片 392　393

Fissistigma uonicum（Dunn）Merr. in Philipp. J. Sci. **15**：137. 1919.

Melodorum unonicum Dunn in J. Bot. **48**：323. 1910.

木质藤本，长达 5m。枝条无毛。叶柄长 0.5~1cm；叶片纸质，长圆形，长 4~20cm，宽 1~5cm，基部圆或宽楔形，先端急尖，两面无毛，上面绿色，下面淡黄绿色，干后红褐色；侧脉每边 8~12 条，在上面扁平或微凸起，在下面凸起。花黄色，芳香，1~2 朵腋生或近腋生，有时数朵花组成顶生聚伞圆锥花序；花序梗长 1~3mm；花梗长约 2cm，被短柔毛；萼片卵状三角形，长约 2mm，外面被短柔毛，内面无毛；花瓣黄色，外轮花瓣卵状三角形，长约 2.4cm，宽约 1.4cm，厚，顶端钝，外面被黄褐色短柔毛，内面无毛，内轮花瓣披针形，长约 14mm，宽 6mm，内面上部凸起，下部凹陷；雄蕊多数，密集，长圆形，药隔三角形；心皮多数，密集，长圆形，被短柔毛，每心皮子房具 2 排 9~16 胚珠，花柱圆柱形，无毛，柱头顶端全缘。果梗短，粗厚；果圆球形或短圆柱状，长 4~5cm，宽约 4cm，被短柔毛至无毛，具 2 排 9~16 种子。花期 3~6 月；果期 6~12 月。

产地：梧桐山（王定跃 1784）、葵涌（王国栋等 6871）、排牙山（王国栋等 7109）、笔架山。生于山地林缘，海拔 100~200m。

分布：福建、湖南、广东、香港、海南、广西和贵州。印度尼西亚。

用途：果味甜，可食用；海南和广西民间有用叶制酒饼药。

3.　尖叶瓜馥木 Acuminate-leaved Fissistigma

图 262　彩片 394

Fissistigma acuminatissimum Merr. in J. Arnold Arb. **19**：29. 1938.

木质藤本，长达 8m。小枝幼时被短柔毛，老渐无毛。叶柄长 0.5~1.2cm，密被紧贴锈色短柔毛；叶片

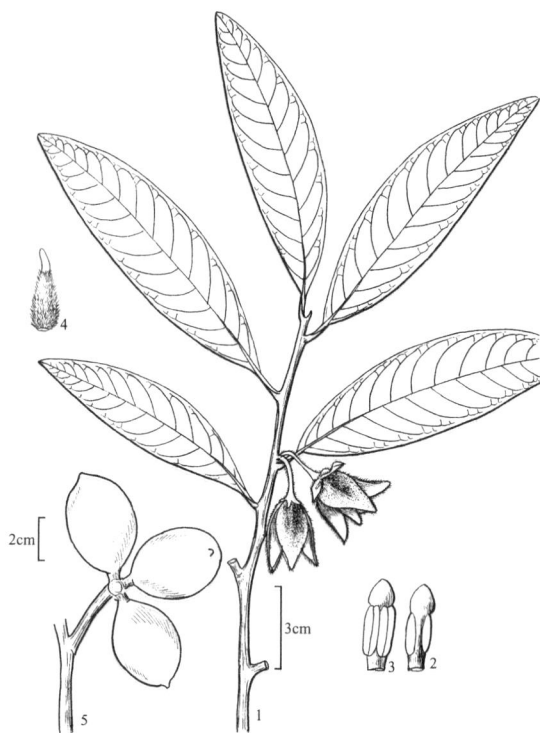

图 261 香港瓜馥木 Fissistigma uonicum
1. 分枝的一部分，示叶和花；2. 雄蕊的背面；3. 雄蕊的腹面；4. 心皮；5. 果序。（林漫华绘）

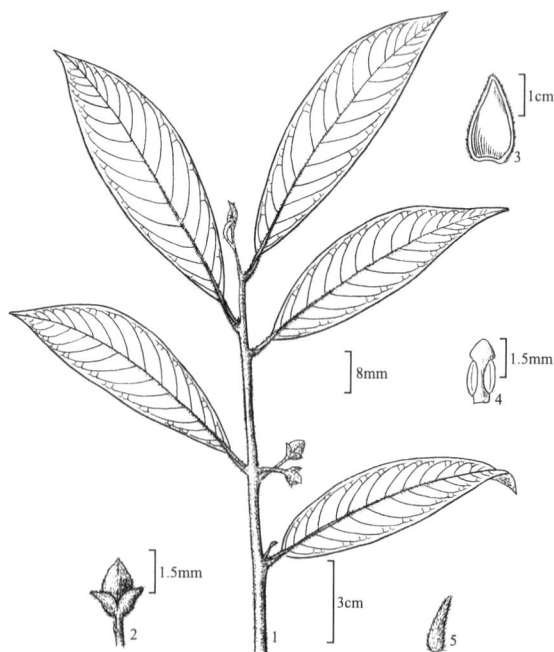

图 262 尖叶瓜馥木 Fissistigma acuminatissimum
1. 分枝的一部分，示叶和花蕾；2. 花蕾；3. 花瓣；4. 雄蕊；5. 心皮。（林漫华绘）

纸质至近革质，披针形或长圆状披针形，长 7~17cm，宽 2~4cm，基部楔形或宽楔形，先端渐尖，在上面仅中脉和侧脉被紧贴的短柔毛，在下面被锈色短柔毛，脉上被毛更密，侧脉每边 14~21 条，在上面凹陷，在下面凸起，斜伸直达叶缘。聚伞花序顶生，或与叶对生，着花 1~4 朵；花序梗长 3-4mm，被短柔毛；花梗长 1~1.5cm，被锈色短柔毛，中部或基部具 1 卵状披针形的苞片；萼片卵状三角形，长 6~8mm，宽 3~3.5mm，外面被锈色短柔毛，内面无毛；花瓣绿白色，外轮花瓣长圆状披针形，长约 2cm，宽 8mm，外面被锈色短柔毛，内面被微柔毛，内轮花瓣近圆形，长达 1.6cm，外面被短柔毛，内面无毛，顶端圆；雄蕊多数，密集，长圆形，长约 2mm，药隔三角形，顶端钝；心皮多数，密集，长圆形，被短柔毛，每心皮子房有胚珠 6，2 排，花柱长圆形，被短柔毛，柱头顶端全缘。果梗长约 1cm；果圆球形，直径约 1.2cm，密被金黄色绒毛。花期 3~11 月；果期 6~12 月。

产地：梧桐山沙头角水库（王国栋等 6427）。生于山地林中，海拔 100~150m。

分布：我国广西、贵州和云南。越南。

用途：茎皮纤维坚韧，民间有用其编织绳索或作点火绳。

4. 瓜馥木 钻山风 Oldham's Fissistigma

图 263　彩片 395　396

Fissistigma oldhamii(Hemsl.)Merr. in Philipp. J. Sci. **15**：134. 1919.

Melodorum oldhamii Hemsl. in J. Linn. Soc., Bot. **23**：27. 1886.

木质藤本，长达 8m。小枝被黄褐色短柔毛。叶柄长约 1cm，被短柔毛；叶片革质，倒卵状椭圆形或长圆形，长 6~13cm，宽 2~5cm，基部宽楔形或圆，先端圆或微凹，有时急尖，上面无毛，下面被短柔毛至几无毛；侧脉每边 16~20 条，在上面扁平，在下面凸起。花 1~8 朵组成团伞花序；花序梗长约 2.5cm；花梗长约 5mm；花长 1.5cm，直径 1~1.7cm；萼片宽三角形，长 3~5(~7)mm，宽 5~6mm，顶端急尖，外面被茸毛；花瓣黄色至金黄色，外轮花瓣卵状长圆形，长 2.1~2.4cm，宽 1.1~1.2cm，较厚，外面被短柔毛，内面无毛，内轮花瓣卵状披针形，长约 20mm，宽约 6mm，外面被短柔毛，内面凹陷，边缘被微柔毛；雄蕊多数，密集，长圆形，长约 2mm，药隔稍偏斜三角形；心皮多数，密集，被绢质长柔毛，每心皮子房有 2 排 10 胚珠。花柱稍弯，柱头顶端 2 裂。果梗长 2.5~4cm；果圆球形，直径 1.5~1.8cm，密被黄褐色绒毛。种子圆形，直径约 8mm。花期 4~9 月；果期 7 月至翌年 2 月。

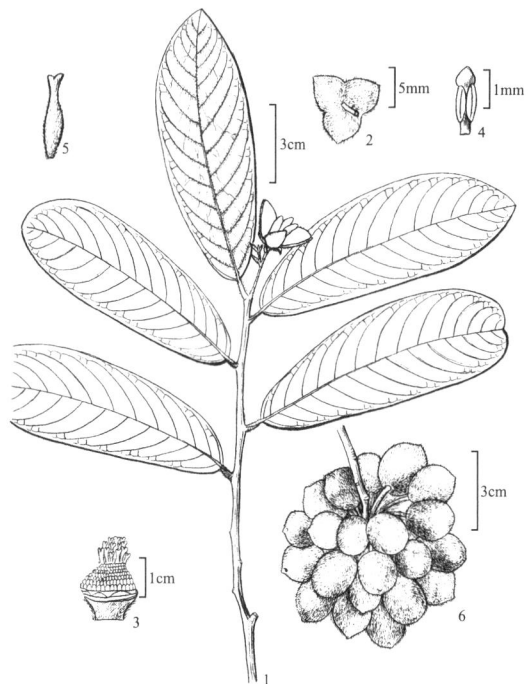

图 263 瓜馥木 Fissistigma oldhamii
1. 分枝的一部分，示叶和花；2. 花萼的背面观；3. 除去花萼和花冠，示雄蕊群和雌蕊群；4. 雄蕊；5. 心皮；6. 果序。（林漫华绘）

产地：盐田（王定跃 1591）、七娘山（王国栋等 7408）、笔架山（王国栋等 6737）、梧桐山。生于山地疏林下或山坡灌丛中，海拔 100~600m。

分布：浙江、江西、福建、台湾、湖南、广东、香港、澳门、海南、广西和云南。越南。

用途：茎皮纤维坚韧，可作编织和造纸原料；花芳香，可供提取瓜馥木花油或浸膏，作化妆品及皂用香精原料；根可药用，治跌打损伤及关节炎。

3. 鹰爪花属 Artabotrys R. Br.

攀援灌木或木质藤本，常借钩状花序梗攀援于它物上。单叶互生，具叶柄；叶片薄膜质至革质，边缘全缘，具羽状脉，侧脉疏离并斜升至叶缘前网结；无托叶。花两性，通常单生或几朵生于木质钩状的花序梗上，芳香；被丝托平坦或凹陷；萼片 3，小，镊合状排列，基部合生；花瓣 6，2 轮，每轮镊合状排列，基部无爪，内面基部内凹，顶端靠合，外轮花瓣与内轮花瓣等大或外轮花瓣较大；雄蕊多数，密集，长圆形或楔形，花药顶部膨大，顶端凸出或截形，有时外围有退化雄蕊；雌蕊由 4 枚至多数心皮组成，每心皮子房有 2 胚珠，基生，柱头卵圆形、长圆形或棍棒状。果浆果状，椭圆状、倒卵状或球状，肉质，聚生在坚硬的果托上。种子 1 或 2 颗，无假种皮。

约 100 种，分布于世界热带、亚热带地区。我国产 8 种。深圳有 2 种。

1. 小枝无毛或几无毛；叶片基部楔形或急尖；外轮花瓣较长，长 3~4.5cm ················· 1. 鹰爪花 **A. hexapetalus**
1. 小枝被糙硬毛；叶片基部圆或略偏斜；外轮花瓣较短，长 1~1.8cm ················ 2. **香港鹰爪花 A. hongkongensis**

1.　鹰爪花 Eagle's Claw　　图 264　彩片 397　398

Artabotrys hexapetalus（L. f.）Bhandari in Baileya **12**：149. 1964.

Annona hexapetala L. f. Suppl. pl. 270. 1782.

Annona uncinata Lam. in Lam. & Poir. Encyc. **2**：127. 1786.

Artabotrys uncinatus（Lam.）Merr. in Philipp. J. Sci. **7**：234. 1912；广州植物志 86，图 26. 1956；海南植物志 **1**：238，图 115. 1964.

攀援灌木，长达 10m。小枝无毛或几无毛。叶柄长 4~8mm；叶片纸质，长圆形或宽披针形，长 6~16(~25)cm，宽 2.5~6(~8)cm，基部楔形或急尖，先顶端渐尖或急尖，叶面无毛，叶背中脉被微柔毛至无毛，侧脉每边 8~16 条，与中脉均在两面凸起。花 1~2 朵，淡绿色或淡黄色，直径 2.5~3cm，芳香；萼片绿色，卵形，长 5~8mm，两面被疏微柔毛；花瓣长圆状披针形，外轮花瓣较长，长 3~4.5cm，宽 0.9~1.6cm，淡绿色至淡黄色，外面密被短柔毛，近基部缢缩；雄蕊长圆形，药隔三角形；心皮长圆形，无毛。果卵球形，长 2.5~4cm，直径约 2.5cm，顶端尖，无毛。种子长 15~20mm，灰褐色，平滑。花期 5~9 月；果期 6~12 月。

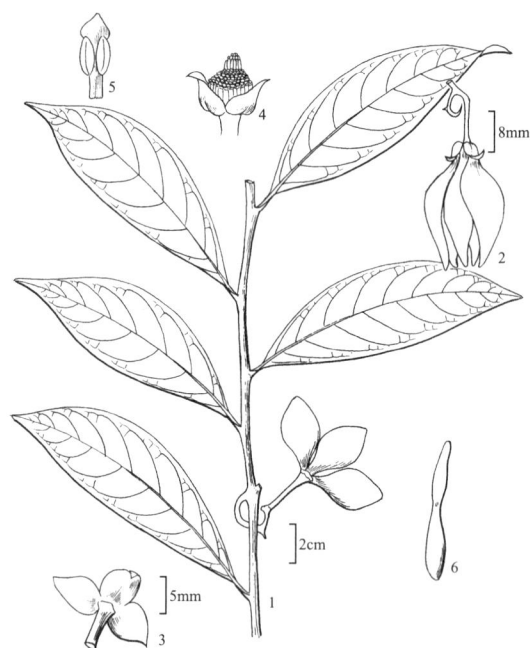

图 264 鹰爪花 Artabotrys hexapetalus
1. 分枝的一部分，示叶和果；2. 花；3. 花萼背面观；4. 除去花冠的花，示花萼、雄蕊群和雌蕊群；5. 雄蕊；6. 心皮。（林漫华绘）

产地：笔架山（陈景方等 1807）、洪湖公园（李沛琼 3576）、东湖公园（王定跃 89530）。深圳市各公园及庭园常见栽培。

分布：浙江、江西、福建、台湾、广东、香港、澳门、海南、广西、贵州和云南等地。多见栽培，少数为野生。原产于印度和斯里兰卡。泰国、越南、柬埔寨、马来西亚、印度尼西亚和菲律宾等国有栽培。

用途：园林植物；花芳香，可供提制鹰爪花浸膏，用于化妆品和香皂原料；根可药用，治疟疾。

2.　香港鹰爪花 Hongkong Eagle's Claw　　　　　　　　　　　图 265　彩片 399　400

Artabotrys hongkongensis Hance in J. Bot. **8**：71. 1870.

攀援灌木，长达 8m。小枝被糙硬毛。叶柄长 2~5mm，被微柔毛；叶片革质，椭圆状长圆形至长圆形，长 3~12cm，宽 2.5~4cm，基部圆或偏斜，上面有光泽，两面无毛，或仅叶下面中脉上被微柔毛，侧脉每边 8~10 条，两面凸起，先端急尖或纯。花单生；花梗稍长过钩状的花序梗，被微柔毛；萼片卵状三角形，长约 5mm，被短柔毛；花瓣卵状披针形，外轮的长 1~1.8cm，厚，基部内凹，外面密被绢质短柔毛，内轮花瓣长 1~1.2cm，内面基部内凹；

雄蕊楔形，药隔三角形，被微柔毛；心皮卵状长圆形，无毛，每心皮子房具基生胚珠 2，柱头短棒状。果椭圆体形，长 2~4cm，直径 1.5~3cm，顶端近圆形，干时黑色。花期 10 月至翌年 3 月；果期 5~8 月。

产地：南澳杨梅坑（张寿洲等 4606，865；王国栋 7373）。生于山地疏林下，海拔 200-300m。

分布：广东、香港、澳门、海南、广西、湖南、贵州和云南。越南。

用途：园林观赏植物。

4. 假鹰爪属 Desmos Lour.

蔓性或攀援灌木，稀小乔木（中国不产）。叶互生，具叶柄；叶片边缘全缘，具羽状脉，侧脉斜升，近叶缘弯拱联结。花两性，通常芳香，单朵与叶对生、腋上生或腋生，有时 2~4 朵簇生；花托扁平或顶端凹陷；萼片 3，离生或近离生，镊合状排列；花瓣 6，2 轮，镊合状排列，扁平，近等大或外轮花瓣稍比内轮花瓣大，基部缢缩成短爪；雄蕊多数，花药外向，药隔宽而凸，有时药隔顶端钝、截形或渐尖；雌蕊群由多数离生心皮组成，每心皮子房有胚珠 1~8，1~2 列，柱头长圆形、卵圆形或截形，外弯，具 1 "U" 形张开和 1 纵沟至子房腹部。果多数，常在种子间缢缩成链珠状，具 1~8 节，每节椭圆状或近圆形，具 1 种子。种子近圆形或椭圆状。

约 25~30 种，分布于印度、斯里兰卡、缅甸、泰国、老挝、柬埔寨、越南、新加坡、马来西亚、菲律宾、印度尼西亚和大洋洲。我国产 5 种。深圳有 1 种。

假鹰爪 酒饼叶 Chinese Desmos

图 266 彩片 401 402

Desmos chinensis Lour. Fl. Cochinch. **1**: 352. 1790.

Desmos cochinchinensis auct. non Lour.；广州植物志 85，图 25. 1956；海南植物志 **1**：256，图 129. 1964.

蔓性或攀援灌木，高达 4m。除花外，全株无毛。枝条粗壮，具纵条纹和灰白色皮孔。叶柄长 3~8mm；叶片薄纸质或膜质，长圆形或椭圆形，稀宽卵形，长 4~14cm，宽 2~6.5cm，基部圆或稍偏斜，先端钝或急尖，叶面亮绿色，叶背粉绿色，侧脉每边 7~12 条，在叶背凸起。花淡黄色或淡绿黄色，直径 3~6cm，单朵与叶对生或腋上生，下垂；花梗长 2~6.5cm；花托凸起，

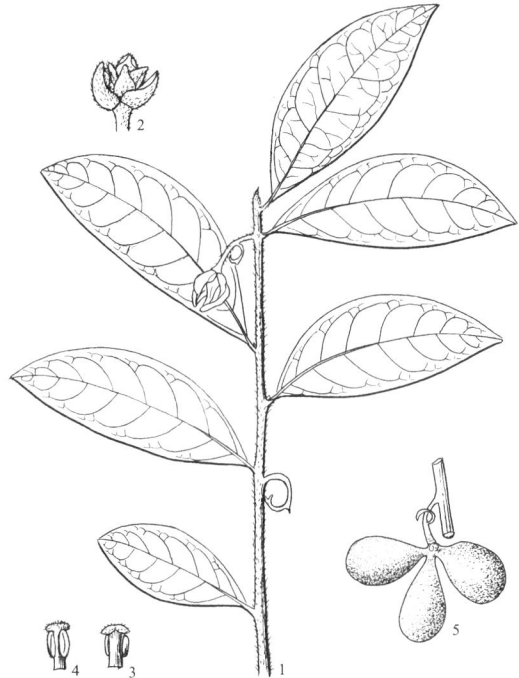

图 265 香港鹰爪花 Artabotrys hongkongensis
1. 分枝的一部分，示叶和花；2. 花；3. 雄蕊背面；4. 雄蕊腹面；5. 果。（林漫华绘）

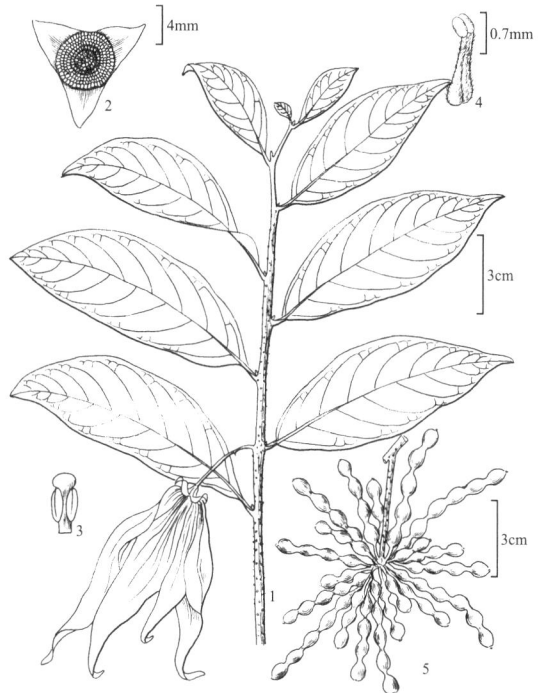

图 266 假鹰爪 Desmos chinensis
1. 分枝的一部分，示叶和花；2. 除去花瓣，示花萼、雄蕊和雌蕊；3. 雄蕊；4. 心皮；5. 果。（林漫华绘）

顶端平或微凹；萼片 3，卵形至披针形，长 0.4~1cm，宽 2~4.5mm，外面被微柔毛；花瓣 6，2 轮，外轮大于内轮，外轮花瓣长圆形或长圆状披针形，长 3~9cm，宽 1~2cm，先端钝，两面被微柔毛，内轮花瓣长圆状披针形，长 4~7cm，宽 1~2cm，两面被微柔毛；雄蕊花药长圆形，药隔顶端截形至圆；心皮 25~30 枚，长圆形，长 1~1.5mm，被长柔毛，柱头近头状，外弯，顶端 2 裂。果梗长 2~6cm；果链珠状，长 2~6cm，具 2~6 个节，节间圆球形，长约 7mm，宽约 6mm，淡黄褐色，顶端钝或有短喙，无毛。种子球形，直径约 5mm。花期 4~10 月；果期 6~12 月。

产地：梧桐山（深圳考察队 830）、排牙山（张寿洲等 2321）、七娘山（张寿洲等 1573）、笔架山、羊台山、仙湖植物园、罗湖区等。生于山地路旁、林缘或旷野灌丛中，常见，海拔 50~600m。

分布：福建、广东、香港、澳门、海南、广西、贵州和云南。印度、老挝、柬埔寨、越南、泰国、马来西亚、新加坡、菲律宾和印度尼西亚等地。

用途：根叶可药用，主治风湿骨痛、产后腹痛、跌打、皮癣等；茎皮纤维可作人造棉及造纸原料；海南民间用其叶制酒饼；花大，芳香，黄色，下垂，果念珠状，是良好的观赏植物。

5. 番荔枝属 Annona L.

乔木，被单毛或星状毛。单叶互生，具叶柄；叶片边缘全缘，具羽状脉，侧脉疏离，斜升至叶缘前网结。花两性，单朵顶生、与叶对生、腋外生，或有时基生，或数朵成束；花梗常通常短；萼片 3，小，镊合状排列；花瓣 6，2 轮，离生或基部合生，每轮花瓣 3 片，仅外轮花瓣发育而内轮花瓣退化成鳞片状，或完全消失，外轮花瓣长三角形，阔而扁平，基部或全部内凹，质厚，镊合状排列，内轮花瓣通常覆瓦状排列，稀镊合状排列；雄蕊多数，密生，花丝短，肉质，药隔膨大，顶端截形或近截形，稀凸尖；雌蕊群由多数心皮组成，心皮通常合生，每心皮子房有胚珠 1，基生，直立，花柱棍棒状，柱头凸尖。果实为成熟心皮愈合成一肉质而大的聚合浆果，果皮平滑或具网状圆凸，稀具刺，果肉白色。种子多数。

约 100 种，主产于美洲热带地区，少数产于非洲热带。亚洲热带地区有栽培。我国引种 7 种。深圳栽培 3 种。

1. 落叶小乔木；叶在枝条上排成 2 列，叶片下面苍白绿色；花蕾披针形；果球形或卵球形，果皮具多数圆形或近圆形的凸起并被白色粉箱 ·············· 1. 番荔枝 A. squamosa
1. 常绿乔木；叶在枝条上不排成 2 列，叶片下面浅绿色；花蕾卵球形或近球形；果卵球形或牛心状，果皮平滑或具刺。
  2. 枝条具皮孔；叶片卵圆形至长圆形；果牛心状，果皮平滑 ·············· 2. **圆滑番荔枝 A. glabra**
  2. 枝条无皮孔；叶片倒卵状长圆形至椭圆形；果卵球形，幼时具刺，刺脱落后具小凸体 ··············
  ·············· 3. **刺果番荔枝 A. muricata**

1. 番荔枝 Sugar-apple　　　　　　　　　　　　　图 267　彩片 403　404

Annona squamosa L. Sp. Pl. **1**: 537. 1753.

落叶小乔木，高达 8m。树皮薄，灰白色，多分枝；小枝被短柔毛，老时渐无毛。叶柄短；叶片薄纸质，在枝条上排成 2 列，椭圆状披针形或长圆形，长 6~18cm，宽 2~8cm；基部宽楔形或圆，先端急尖或钝；叶片下面苍白绿色，初时被微柔毛，后变无毛，侧脉每边 8~15 条，在上面扁平，在下面凸起。花单生或 2~4 朵聚生于枝顶，或与叶对生，长 2~3cm，青黄色，下垂；花蕾披针形；萼片三角形，被微柔毛；花瓣 2 轮，外轮长圆形或长圆状披针形，长 1.5~3cm，宽约 8mm，肉质，厚，顶端急尖，外面被微柔毛，内面上半部具龙角状凸起，镊合状排列，内轮花瓣极小，退化成鳞片状，与雄蕊等长，被微柔毛；雄蕊长圆形，长约 1mm，药隔宽，顶端近截形；心皮长圆形，在花期时分离，无毛，顶端卵状披针形，每心皮子房有 1 胚珠。聚合浆果球形至卵球形，直径 5~10cm，果皮具网状圆凸，圆凸之间具沟槽，无毛，黄绿色，果皮被白色粉霜。种子黑褐色，长约 1.4cm。花期 5~6 月；果期 6~11 月。

产地：仙湖植物园（王定跃 1755）。深圳果园、公园及村旁有栽培。

分布：原产于热带美洲。我国浙江、福建、台湾、广东、香港、澳门、海南、广西和云南等地有栽培。现世界热带地区有栽培。

用途：为热带地区著名水果。根和果实可药用，根可治急性赤痢、脊髓骨病、精神抑郁症，果实可治恶性肿痛和补脾；种皮可药用，治鼻咽癌。

2. 圆滑番荔枝 牛心果 Glabrous Custard-apple

图 268 彩片 405 406

Annona glabra L. Sp. Pl. **1**：537. 1753.

常绿乔木，高达 12m。枝条无毛，具皮孔。腋芽卵状，外面被黄褐色短柔毛。叶在枝条上不排成 2 列，叶柄长 1~1.5cm；叶片纸质至薄革质，卵圆形至长圆形，长 6~20cm，宽 3~8cm，基部钝至圆，略下延至叶柄，无毛，上面有光泽，下面浅绿色，侧脉每边 7~12 条，在两面凸起，网脉明显，先端急尖至钝。花单生于短枝上节间或顶生，花蕾卵球形或近球形；花梗长 1.5~2cm，无毛；萼片宽卵形，长 3~4mm，宽 3~4mm，离生，无毛；外轮花瓣白黄色或黄绿色，宽卵形，长 1.5~3cm，宽 1.3~2.5cm，顶端钝，外面无毛，内面被微柔毛，基部有红斑，内轮花瓣较外轮花瓣短而狭，长 1.2~2.5cm，宽 0.7~1.5cm，外面黄白色或浅绿色，顶端急尖，内面鲜红色，被微柔毛；雄蕊多数，长圆形，长 3~4mm，花丝肉质，药隔膨大，顶端稍凸起；心皮多数，在花期时彼此合生，无毛。浆果牛心状或卵球形，长 5~12cm，直径 5~8cm，果皮平滑，顶端圆，无毛，初时绿色，成熟时黄色至橙黄色。种子淡红褐色，长 1.3~1.5cm。花期 5~6 月；果期 7~9 月。

产地：仙湖植物园（李沛琼等 10330，3713）。有栽培。

分布：原产于热带美洲。我国浙江、台湾、福建、广东、香港、澳门、海南、广西、云南等地有栽培。现亚洲热带地区有引种。

用途：水果；木材轻柔，可作瓶塞和渔网浮子。

3. 刺果番荔枝 Soursop

图 269 彩片 407 408 409

Annona muricata L. Sp. Pl. **1**：536. 1753.

常绿乔木，高达 10m。树皮粗糙；枝条无皮孔。叶柄长 1~1.5cm；叶片纸质，倒卵状长圆形至椭圆形，长 5~18cm，宽 2~7cm，基部宽楔形或圆，先端急尖或钝，叶面翠绿色而有光泽，叶背浅绿色，两面无毛，侧脉每边 6~13 条，在两面略凸起，在叶缘前网结。花 1~2 朵腋生，花蕾卵球形；花梗长 0.5~2.5cm，被短柔毛；花淡黄色，直径约 3.8cm，直径与长相等或稍宽；

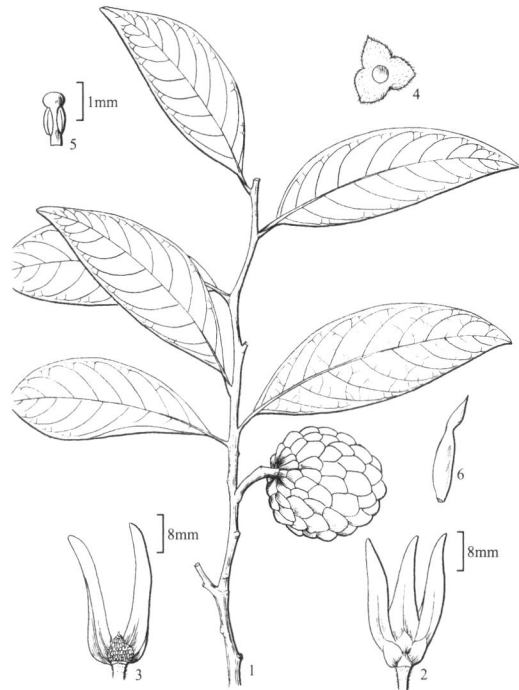

图 267 番荔枝 Annona squamosa
1. 分枝的一段，示叶和果；2. 花；3. 除去花萼和部分花瓣，示雄蕊和雌蕊；4. 花萼；5. 雄蕊；6. 心皮。（林漫华绘）

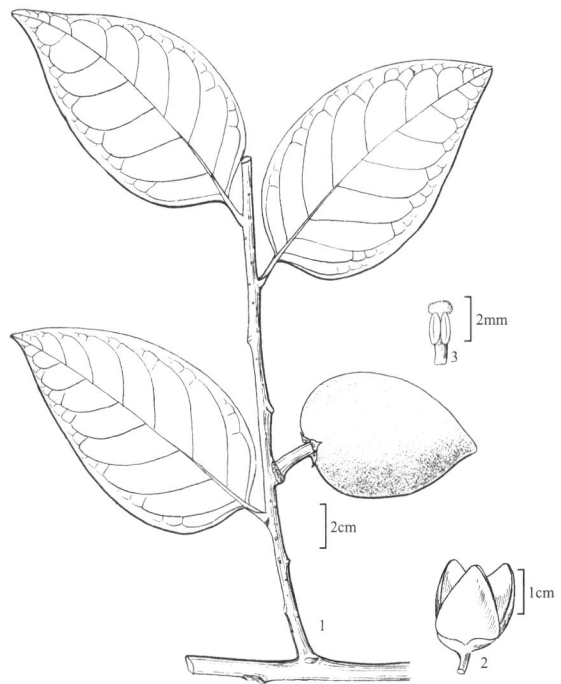

图 268 圆滑番荔枝 Annona glabra
1. 分枝的一部分，示叶和果；2. 花；3. 雄蕊。（林漫华绘）

萼片卵状椭圆形至卵状三角形，长 3~5mm；花瓣绿色，
后变淡黄色，内面基部无红色斑点，外轮花瓣厚，阔
三角形，长 2.5~5cm，宽 2~4cm，顶端急尖或钝，镊
合状排列，内轮花瓣稍薄，卵状椭圆形，长 2~4cm，
宽 1.5~3.5cm，顶端钝，内面下半部覆盖雌雄蕊处密
生小凸点，有短柄，覆瓦状排列；雄蕊长 4~5mm，花
丝肉质，药隔顶端膨大；心皮长约 5mm，被白色绢质
柔毛。浆果卵圆状，通常斜或弯，长 10~35cm，直径
7~15cm，深绿色，幼时密生下弯的刺，刺随后逐渐脱
落而残存许多小凸体，果肉甜带微酸，多汁，白色。
种子多数，肾形，长约 2cm，宽约 1cm，淡褐黄色。
花期 4~7 月；果期 7 月至翌年 3 月。

产地：仙湖植物园（李沛琼等 010331 5757、冯惠
玲 3482）有栽培。

分布：原产于热带美洲。我国福建、台湾、广东、
香港、澳门、海南、广西和云南等地有栽培。现亚洲
热带地区有引种。

用途：水果，果实硕大，味甜带酸，可食用。

6. 依兰属 Cananga（DC.）J. D. Hook. & Thoms.

乔木或灌木（深圳不产）。叶互生，具叶柄；叶片
大，边缘全缘，具羽状脉，侧脉疏离，斜升至叶缘前
网结。花大，腋生，或几朵组成腋生或腋外生具长花
序梗的聚伞花序或总状花序；萼片 3，镊合状排列；花
瓣 6，2 轮，内外轮均能发育，在花蕾时镊合状排列，
张开时花瓣扁平，条形或条状披针形，长 5~8cm，极
张开，近相等或内轮的较小；雄蕊多数，条状倒披针
形，药室侧向或近内向，药隔顶端急尖，具尖头；雌
蕊群由多数离生心皮组成，心皮长圆形，每心皮子房
有胚珠多数，2 排，花柱纤细，柱头棍棒状"U"字形。
果由离生成熟心皮组成而呈浆果状，卵圆状至圆球状，
几个至多个组成伞形状的果序，果梗很长。种子多数，
2 排；种皮具斑点。

约 2 种，分布于亚洲热带地区至澳大利亚。我国
引入栽培 1 种和 1 变种。深圳栽培 1 种。

依兰 依兰香 Ylang-ylang 　　图 270　彩片 410
Cananga ordorata（Lamk.）J. D. Hook. & Thoms.
Fl. Ind. **1**：130. 1855.

Uvaria odorata Lam. in Lam. & Poir. Encyc. **1**：
595. 1783.

常绿大乔木，高达 33m，胸径达 60cm。树干通直，

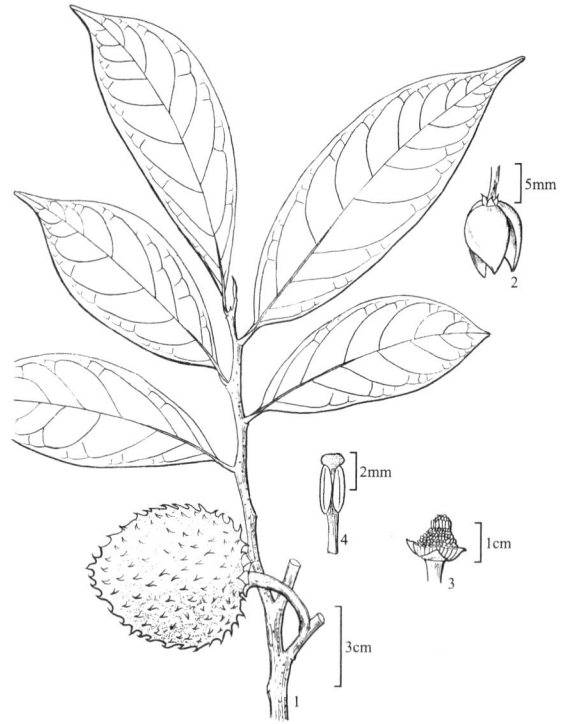

图 269 刺果番荔枝 Annona muricata
1. 分枝的一段，示叶和果；2. 花；3. 除去花冠，示花萼、
雄蕊和雌蕊；4. 雄蕊。（林漫华绘）

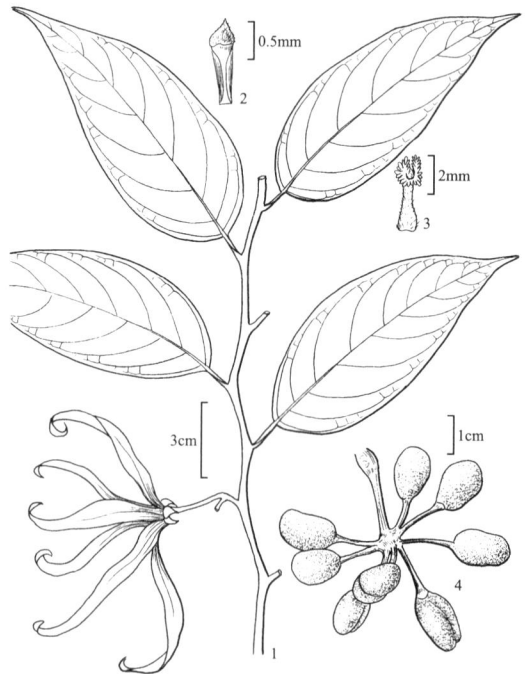

图 270 依兰 Cananga ordorata
1. 分枝的一部分，示叶和花；2. 雄蕊；3. 心皮；4. 果。
（林漫华绘）

树皮灰黑色；幼枝被微柔毛，老渐无毛，具皮孔和纵条纹。叶柄长 1~2cm，腹面具纵沟；叶片膜质至薄纸质，2列，通常干后变黑色，卵形、长圆形至宽椭圆形，长 9~23cm，宽 4~14cm，基部圆形、钝或截形，两侧通常不相等，先端急尖至渐尖，除中脉和侧脉被淡白色短柔毛外，两面无毛；侧脉每边 7~15 条，在叶背凸起。花下垂，单生，或几朵组成腋生、具木质长 2~5mm 花序梗的总状花序或聚伞花序；花序梗被短柔毛；苞片小，早落；花梗长 1~5cm，被短柔毛，具 2 早落小苞片；萼片卵形，长 0.7mm，顶端急尖，反折，基部合生，两面被短柔毛；花瓣长条形或条状披针形，长 5~8cm，宽 0.5~1.8cm，初时绿色，后变黄色，内面基部具紫褐色污斑和脉纹，两面被微短柔毛，花瓣基部具爪，爪被短绒毛；雄蕊长圆状倒披针形，长 0.7~1mm，药隔顶端急尖，被短柔毛；雌蕊群由 10~12 枚离生心皮组成，心皮长约 4mm，初被微柔毛至无毛，柱头棍棒状 "U" 字形，外面和内面纵沟边具羽裂。果序柄长 7~9cm，果梗长 1.2~2cm；果卵球形、球形或长圆体形，长 1.5~2.3cm，直径约 1cm，无毛，肉质，灰褐色，内有种子 2~12，2 排，果皮具斑点。种子淡褐色；种皮具窪点。花期 4~8 月；果期 11 月至翌年 3 月。

产地：深圳农科中心标本园（王定跃等 2491）有栽培。

分布：我国福建、台湾、广东、香港、海南、广西、云南和四川有栽培。原产于印度、缅甸、泰国、老挝、马来西亚、印度尼西亚、菲律宾和澳大利亚东北部。

用途：园林观赏树种；花极芳香，可供提制高级香精油，是一种用途很广的重要的日用化工原料。

7. 藤春属 Alphonsea J. D. Hook. & Thoms.

乔木或灌木（深圳不产）。叶互生，具短柄；叶片边缘全缘，具羽状脉。花两性，单生或几朵簇生，节间生、与叶对生或腋外上生；被丝托圆柱状或半球形，被短柔毛；萼片 3，比花瓣小，在花蕾时镊合状排列；花瓣 6，2 轮，内外轮均发育，每轮 3 片，在花蕾时镊合状排列，长 2.5cm 以下，在花期时均张开不黏合，等大或内轮的稍宽，均较萼片大，卵状三角形或卵状长圆形，内面基部内凹成囊状内弯；雄蕊多数，花药卵圆形或长圆状楔形，药室外向，药隔顶端短尖，伸出药室之外；雌蕊群由 1~8 个离生心皮组成，每心皮子房有 4~24 胚珠，2 排，花柱长或短，柱头近球状，基部无缢缩，顶端具 2 裂缝。果梗有或无；果由离生成熟心皮组成而呈浆果状，球形、近球形或长筒形，肉质或木质，无毛或被茸毛，有时具瘤状凸起。种子多数，2 排。

约 30 种，分布于亚洲热带及亚热带地区。我国产 6 种。深圳栽培 1 种。

多脉藤春 Tsangyuan Alphonsea   图 271
Alphonsea tsangyuanensis P. T. Li in Acta Phytotax. Sin. **14**（1）: 112. 1976.

常绿乔木，高达 12m。除花外，全株无毛。叶柄长 3~5mm；叶片纸质，长圆形或椭圆形，长 6~16cm，宽 2.5~4.5cm，基部宽楔形至钝，先端具尾状渐尖，尾尖长 1~1.7cm，中脉在上面凹陷，在下面凸起，侧脉每边 15~19 条，密生，在上面扁平，干后微凸起，在下面略凸起。花单朵与叶对生；花梗长约 3mm，被微柔毛至无毛；花蕾圆锥状，长约 1cm，直径约 8mm；萼片三角形，外面被短绒毛，内面无毛；花瓣卵状三角形，外面被短绒毛，内面无毛，外轮花瓣长

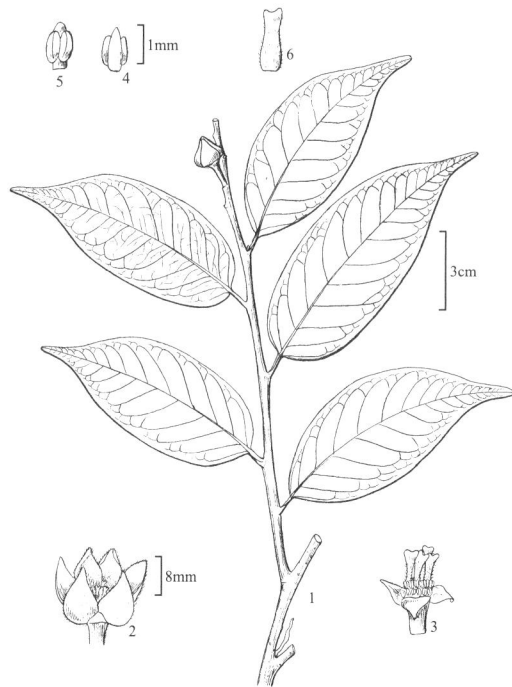

图 271 多脉藤春 Alphonsea tsangyuanensis
1. 分枝的一部分，示叶和花蕾；2. 花；3. 除去花冠，示花萼、雄蕊和雌蕊；4. 雄蕊的背面；5. 雄蕊的腹面；6. 心皮。
（林漫华绘）

约 1cm，宽约 6mm，内轮花瓣长约 9mm，宽约 5mm；雄蕊多数，3 排，长约 1.5mm，药隔顶端具短尖；心皮 4~5，稍扁，长圆形，被长硬毛，每心皮子房有胚珠 5，2 排，花柱极短，柱头近球状，顶端 2 裂。果长圆体形，长约 4cm，宽约 2.5cm，密被茸毛。花期 4~6 月；果期 8~10 月。

产地：深圳农科中心标本园（王定跃 2508）有栽培。

分布：原产于云南南部。

用途：木材坚硬，供作建筑用材。

8. 蕉木属 Chieniodendron Tsiang & P. T. Li

乔木。叶互生，具柄；叶片边缘全缘，具羽状脉，侧脉疏离，斜升至叶缘前网结。花两性，单生或双生，腋生或腋上生；花梗短，基部有小苞片；萼片 3，基部合生；花瓣 6，2 轮，内外轮均能发育，每轮 3 片，镊合状排列，长 2.5cm 以下，厚，肉质，干后革质，近等长，而内轮花瓣较外轮花瓣窄些，在花期时张开，彼此不黏合，内面基部内凹成瓢状；雄蕊多数，密集，长圆状倒卵形，药隔扩大而厚，顶端截形或圆形；雌蕊群由 2~12 离生心皮组成，心皮长圆形，被长柔毛，每心皮子房有 6~10 胚珠，2 排，侧膜胎座上着生，花柱极短或近无花柱，柱头卵圆形，大，直立，比子房宽，基部缢缩，顶端全缘。果由离生成熟心皮组成而呈浆果状，椭圆体形、长圆柱形或倒卵球形，被锈色微绒毛，有时种子间稍有缢纹，外果皮具纵脊。种子多数，2 排，胚乳丰富，折叠。

单种属，特产于我国海南。广东、广西有栽培。深圳有引入栽培。

蕉木 钱木 Hainan Chieniodendron

图 272 彩片 411 412

Chieniodendron hainanense（Merr.）Tsiang & P. T. Li in Acta Phytotax. Sin. **9**：375，图 36. 1964.

Fissistigma maclurei Merr. in Philipp. J. Soc. **23**：241. 1923，non Merr. op. cit. **21**：342. 1922.

Fissistigma hainanense Merr. in J. Arnold Arb. **6**：131. 1935

Oncodostigma hainanense（Merr.）Tsiang et P. T. Li, Fl. Reip. Pop. Sin. **30**（2）：81. 图 34. 1979；广东植物志 **2**：22，图 17. 1991.

常绿乔木，高达 16m，胸径达 50cm。小枝、花梗、小苞片、外轮花瓣两面、内轮花瓣外面和果实均被锈色短柔毛。叶柄长 4~5mm，被短柔毛；叶片 2 列，薄纸质，长圆形或长圆状披针形，长（4~）6~10（~16）cm，宽（1.5~）2~3.5（~5）cm；基部圆，先端渐尖或短渐尖，除中脉两面、侧脉下面及叶缘均被疏短柔毛外无毛，中脉在上面凹陷，在下面凸起，侧脉每边 6~10 条，斜升，未达边缘网结。花黄绿色，直径约 1.5cm；花梗长 6~7mm，基部具小苞片；小苞片卵形，长 2~4mm；萼片卵状三角形，长和宽 4~5mm；外轮花瓣长圆状卵形，长 1.4~1.7cm，宽 1~1.1cm，内轮花瓣

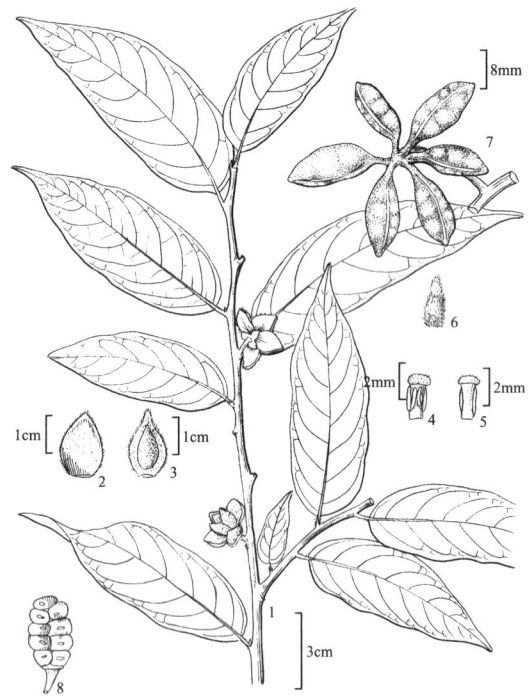

图 272 蕉木 Chieniodendron hainanense
1. 分枝的一部分，示叶和花；2. 外轮花被片的外面观；3. 外轮花被片的内面观；4. 雄蕊的背面观；5. 雄蕊的腹面观；6. 心皮；7. 果由成熟的离生心皮组成；8. 去掉果皮的成熟心皮，示种子的排列。（林漫华绘）

稍厚而短，内面下部内凹成瓢状，长约 14mm，宽 8~9mm；雄蕊长圆状倒卵形，长约 2mm，药隔扩大，顶端截形或圆；心皮密集，长圆形，密被长柔毛，柱头棍棒状，直立，顶端全缘并被微柔毛，基部缢缩。果长圆柱形或倒卵形，有时椭圆体形，长 2~5cm，直径 2-2.5cm，外果皮具 1 纵脊，种子间有缢纹。种子斜四方形，淡黄

褐色，长 16mm。花期 4~12 月；果期 8 月至翌年 3 月。

产地：仙湖植物园（王晖 1011002）有栽培。

分布：原产于海南。广东和广西有栽培。

用途：木材坚硬，是建筑用材树种。

9. 嘉陵花属 Popowia Endl.

小乔木或直立灌木。嫩枝具单细胞毛。叶互生，具短柄；叶片革质，边缘全缘，无毛、或具短柔毛或绒毛，具羽状脉。花两性，单生或几朵簇生，或组成团伞花序；花梗或花序梗与叶对生或腋上生，稀互生；萼片 3，分离或基部合生，在花芽时为镊合状排列；花瓣 6 片，2 轮，分离或基部合生，肉质，初时贴合，以后分离，外轮花瓣稍小于内轮花瓣，内面基部凹陷，顶端内弯而覆盖于雌雄蕊群，以后伸直；雄蕊少数或多数，短，药室外向，药隔凸出于药室之外，扩大，顶端截形，无毛；每花有心皮 5~8，无毛或被短柔毛，每心皮的子房内有 1 或 2 胚珠，胚珠基生或侧生，花柱不明显，柱头近头状、盘状至扁平而分裂。果实由 1~9（~14）成熟心皮组成，着生于果托上，果梗极短或长达 1cm，成熟心皮球形或卵球形，无毛或被短柔毛，基部具宿存的萼片。每成熟心皮内具 1~4 种子，种子球形或椭圆状；种皮具皮孔或种脊。

约 30 种，分布于亚洲东部热带地区和澳大利亚。我国有 1 种。深圳也有分布。

嘉陵花 Pea-like Fruit Popowia

图 273　彩片 413　414

Popowia pisocarpa（Blume）Endl. in Walpers, Report. Bot. Syst. **1**: 74. 1842.

Guateria pisocarpa Blume, Bijdr. 21. 1825.

直立灌木，高 1~4m。小枝被锈色柔毛。叶柄长 1~4mm，被短柔毛；叶片膜质，椭圆形、卵形、长圆形或稀倒卵形，长 6~12cm，宽 2.5~4cm，基部钝、圆或稀楔形，先端短渐尖或急尖；两面除中脉和侧脉被短柔毛外均无毛，侧脉每边 6~9 条，在上面不明显，在下面凸起。花小，单生或 2~3 朵簇生，与叶对生或腋上生，淡黄色或白色，直径 5~6mm；花梗长 2~6mm，纤细，被疏短柔毛；萼片宽卵状三角形，长 1~2mm，宽 1.5~2.5mm，外面被柔毛，内面无毛，外轮花瓣卵状三角形，长和宽 2~2.5mm，外面疏被短柔毛，内面无毛，内轮花瓣卵状三角形，长和宽约 2mm，外面疏被短柔毛，内面无毛；雄蕊每花有 15~18，长约 1mm，药隔顶端截形或微凹，被微柔毛；每花有心皮 3~6，心皮长约 1.5mm，被微柔毛，每心皮的子房内有基生胚珠 1，花柱极短，柱头近头状。果梗长 3~3.5mm；果实由 3~5 成熟心皮组成，成熟心皮球形，直径 6~8mm，无毛。种子球形，直径约 5.5mm，褐色。花期 1~7 月；果期 9~12 月。

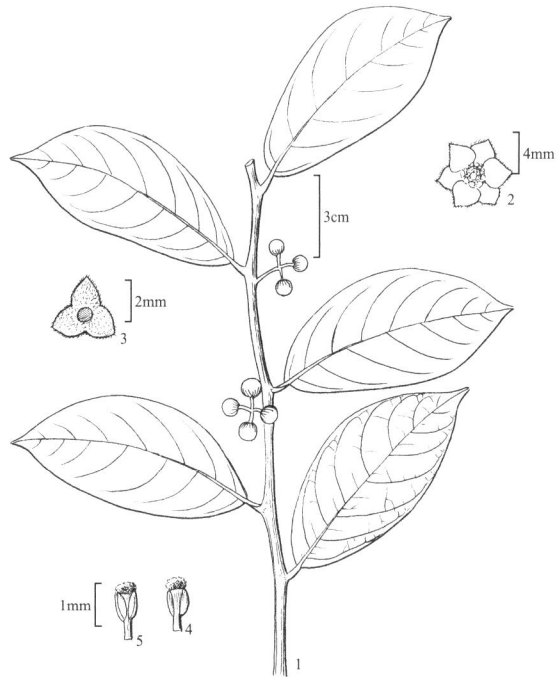

图 273 嘉陵花 Popowia pisocarpa
1. 分枝的一部分，示叶和果；2. 花；3. 花萼；4. 雄蕊背面观；5. 雄蕊腹面观。（林漫华绘）

产地：南澳牙山村（邢福武 11911，IBSC）。生于低海拔疏林中。

分布：广东、香港和海南。缅甸、泰国、越南、马来西亚、菲律宾和印度尼西亚。

用途：花芳香，可提制芳香油。

15. 蜡梅科 CALYCANTHACEAE

李秉滔

落叶或常绿灌木或小乔木。小枝二歧状，四棱柱形至近圆柱形，具油细胞；芽被鳞片所覆盖或无鳞片覆盖而被叶柄的基部所包围。单叶对生，无托叶，具叶柄；叶片具羽状脉，边缘全缘或近全缘。花枝短；花两性，辐射对称，通常单生于侧枝的顶端或腋生，芳香，先于叶开放；花托杯状，果时形状各式；花被片螺旋状着生在杯状花托外围，15~27(~30)片，黄色、淡黄白色、粉红色或褐红色，形状各式，最外轮的花被片呈苞片状，内轮的呈花瓣状；雄蕊2轮，外轮的能育，内轮的败育，能育的雄蕊5~30，螺旋状着生在杯状的花托上，花丝短而离生，花药2室，外向，纵裂，药隔伸长，顶端具短尖，败育雄蕊5~25，条形、条状披针形或长圆形，被短柔毛或微柔毛；心皮少数至多数，离生，着生在杯状的花托内面，每心皮有倒生胚珠2，有时1胚珠不发育；花柱丝状，伸长。果为聚合瘦果，着生在坛状、钟状、卵状椭圆体形或倒卵状椭圆体形的花托上；瘦果内具1种子。种子通常无胚乳，胚大，子叶叶状，席卷状。

2属9种，分布于亚洲东部和北美洲。我国有2属7种。深圳引进栽培1属1种。

蜡梅属 Chimonanthus Lindl.

落叶或常绿灌木或小乔木。小枝二歧状，四棱柱形至近圆柱形。冬芽具覆瓦状鳞片。叶片纸质或近革质，上面粗糙或平滑，羽状脉。花腋生，芳香；花梗极短或近无梗；花托坛状、钟状、卵状椭圆体形或倒卵状椭圆体形，被短柔毛；花被片多数，黄色、淡黄白色，有紫红色条纹，膜质；能育雄蕊5~8，花丝丝状，基部合生，通常被微柔毛，退化雄蕊少数至多数，被微柔毛，螺旋状着生在能育雄蕊之内面；心皮5~15，离生，每心皮有胚珠2，通常1胚珠败育。瘦果长圆体形、长圆状椭圆体形、椭圆体形、长圆状卵球形或肾形。

6种，特产于我国。深圳栽培1种。

蜡梅 腊梅 Wintersweet

图 274 彩片 415 416 417

Chimonanthus praecox（L.）Link，Enum. Pl. Hort. Berol. **2**：66. 1822.

Calycanthus praecox L. Sp. Pl. ed. 2，**1**：718. 1762.

灌木或小乔木，高3~13m。落叶或有时有宿存的叶；小枝幼嫩时淡灰褐色，四棱柱形，老渐近圆柱形，无毛或略被微柔毛，具皮孔；芽通常着生于第2年生的枝条叶腋内，芽鳞片近圆形，覆瓦状排列，外面被短柔毛。叶柄长0.8~1.3cm，被短柔毛；叶片纸质或近革质，卵形、椭圆形、宽椭圆形、卵状椭圆形、长圆状椭圆形，有时长圆状披针形，长5~29cm，宽2~12cm，基部楔形至圆形，先端急尖、渐尖，有时尾尖，除叶背脉上被疏微柔毛外其余无毛，上面极粗糙，侧脉4~6对。花生于第2年生枝条叶腋内，先花后叶，芳香，直径1.5~4cm；花梗长2~8mm；花托为坛状、卵状椭圆体形或倒卵状椭圆体形，长2~6cm，

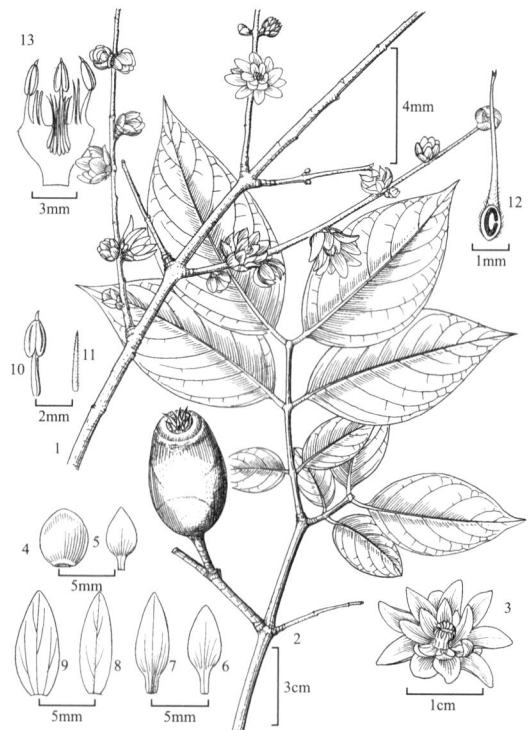

图 274 蜡梅 Chimonanthus praecox
1. 分枝的一段，示花（先花后叶）；2. 分枝的一段，示叶和果；3. 花；4~9. 花被片；10. 雄蕊；11. 退化雄蕊；12. 雌蕊（子房纵切面）；13. 除去花被的花纵切面，示雄蕊、退化雄蕊及雌蕊的着生位置。（李志民绘）

宽 1~2.5cm，近木质化，顶部缢缩，顶端具披针形的附属体 9 或 10；花被片 15~21，黄色，但内轮的花被片通常淡紫红色，长 0.5~2cm，宽 0.5~1.5cm，外轮花被片圆形至倒卵形，被微毛，顶端截形至圆形，中间花被片椭圆形至长圆状椭圆形，无毛或有时边缘具缘毛，先端圆或急尖，内轮花被片圆形至长圆形，基部明显地具瓣柄，顶端圆形；雄蕊 5~8，长 2.5~4mm，花丝比花药长或等长，稀较短，基部被短柔毛或无毛，花药无毛，药隔被微毛或无毛，顶端急尖；退化雄蕊 5~15，近钻形至条状披针形，长 2~3mm，被短柔毛；心皮 5~15，基部被微硬毛；花柱比子房长 3 倍，基部被短柔毛。瘦果 3~11，椭圆体形至肾形，褐色，长 15~16.5mm，宽 5~5.6mm，基部被短柔毛。花期 10 月至翌年 3 月；果期 4~11 月。

产地：仙湖植物园有栽培。

分布：山东、河南、安徽、江苏、浙江、江西、福建、湖南、湖北、贵州、云南、四川和陕西等地有野生。广东、香港和广西等地有栽培。日本、朝鲜、欧洲和美洲均有栽培。

用途：花芳香，美丽，是园林观赏植物；根和叶药用，有理气止痛、散寒解毒的功效，治跌打、风湿麻木、风寒感冒、刀伤出血等症；花解暑生津、治心烦口渴、气郁胸闷等症；花蕾可治烫伤。

17. 樟科 LAURACEAE

庄雪影 黄嘉聪

常绿或落叶乔木或灌木，仅无根藤属（Cassytha）为寄生缠绕性草质藤本。植株具油细胞，常芳香。单叶，互生、近对生或轮生，稀对生；无托叶；叶片常革质，边缘全缘（深圳市的种类皆为全缘叶），稀分裂；具羽状脉、近掌状脉、三出脉或离基三出脉，通常具腺点。花多朵组成腋生、顶生或近顶生的总状花序、穗状花序、圆锥花序、伞形花序、聚伞圆锥花序或伞形状聚伞花序，稀伞房状花序；花序单生、对生或近对生；花序基部有总苞或无；花小，两性或单性，雌雄异株或同株，辐射对称，3基数，稀2基数；花被裂片6或4，稀9，排成2轮，等大或外轮的较小，通常呈萼片状，基部合生成筒，筒部倒锥状或坛状，果时为杯状，花后宿存或脱落；雄蕊8~12，着生在花被筒喉部，常4轮，每轮3或2枚，花丝通常离生，第3轮雄蕊基部常具1对无柄或具柄的腺体，花药多基部着生，2或4室，第1、2轮药室内向，第3轮外向，药室自基部向顶端瓣裂；雌蕊1，子房通常上位，1室，胚珠1，倒生、下垂，花柱1，明显或不明显，柱头头状或盘状，2~3浅裂。核果或浆果，着生于果托上，或为增大宿存的花被筒所包被。种子无胚乳，胚大而直。

约45属2000~2500种，分布于全球热带及亚热带地区，以亚洲东南部热带地区和热带美洲为分布中心。我国产25属445余种。深圳有10属47种4变种。

1. 寄生缠绕性草质藤本 ……………………………………………………………… 1. 无根藤属 Cassytha
1. 乔木或灌木。
  2. 花两性，稀杂性。
    3. 花药4室，稀2室（仅樟属第3轮花药少量为2室）。
      4. 果时花被筒形成果托；花被裂片常脱落，或上部脱落下部宿存 ……………… 2. 樟属 Cinnamomum
      4. 果时花被筒不形成果托；花被裂片常宿存。
        5. 宿存花被裂片质地薄，果时明显向外弯曲，不紧贴果实基部 …………………… 3. 润楠属 Machilus
        5. 宿存花被裂片增厚，果时直立或开展，紧贴果实基部 …………………………… 4. 鳄梨属 Persea
    3. 花药2室。
      6. 果实不为花被筒包被 ……………………………………………… 5. 琼楠属 Beilschmiedia
      6. 果实全部包藏在增大的花被筒内 ………………………………… 6. 厚壳桂属 Cryptocarya
  2. 花单性。
    7. 花被裂片4。
      8. 雄花具雄蕊8~14，通常12，雄蕊排成3轮，第1轮雄蕊花丝无腺体，第2、3轮雄蕊花丝有腺体，花药2室；雌花具4枚退化雄蕊 …………………………………………… 7. 月桂属 Laurus
      8. 雄花具雄蕊6，雄蕊排成3轮，第1、2轮雄蕊花丝无腺体，第3轮雄蕊花丝有腺体；花药4室；雌花具6枚退化雄蕊 ……………………………………………… 8. 新木姜子属 Neolitsea
    7. 花被裂片6。
      9. 花药4室 ……………………………………………………………… 9. 木姜子属 Litsea
      9. 花药2室 ……………………………………………………………… 10. 山胡椒属 Lindera

1. 无根藤属 Cassytha L.

寄生缠绕性草质藤本。植株具黏液，借盘状吸根攀附于寄主植物上。茎线形或丝状，多分枝，绿色或绿褐色。叶退化呈鳞片状。花序为腋生的穗状花序或总状花序，稀为球形的头状；花小，两性，稀单性，雌雄异株，生于无柄或具柄的鳞片或丝状苞片之间，每花基部具 2 紧贴于花被下方的小苞片；花被筒陀螺状或卵球状，花后顶端缢缩，花被裂片 6 枚，排成 2 轮，外轮 3 小，全部宿存；能育雄蕊 9，3 轮，花药 2 室，第 1、2 轮雄蕊药室内向，花丝无腺体，第 3 轮雄蕊药室外向，其花丝基部有 1 对无柄的腺体，退化雄蕊 3，位于最内轮，无柄或近无柄；子房卵球形，在开花时几不藏于花被筒内，花后由于花被筒增大，顶端收缩，因而子房全被花被筒封闭，花柱不明显，柱头小或头状。果成熟时被增大成肉质的花托所包被，花被筒顶端开口，花被裂片宿存。种子小，薄膜质或革质；子叶肉质，常不等大。

约 15~20 种，产于热带地区，大多数产于澳大利亚，少数种产于非洲。我国产 1 种。深圳也有分布。

无根藤 Cassytha　　　　　　图 275　彩片 418

Cassytha filiformis L. Sp. Pl. **1**: 35. 1753.

寄生缠绕性草质藤本。具盘状吸根，借吸根攀附于寄生植物上。茎线形或丝状，绿色或褐绿色，稍木质，幼时被锈色短柔毛，后毛被渐脱落变无毛。叶退化成微小的鳞片状，披针形，膜质，长 1~2mm，密被黄褐色至锈色柔毛。穗状花序长（1~）2~6（~10.5）cm，密被锈色短柔毛，老时毛被稀疏至无毛；苞片和小苞片阔卵形，长约 1mm，褐色，具缘毛；花白色，长不及 2mm，无花梗；花被筒短，花被裂片 6，2 轮，外面被短柔毛，内面近无毛，外轮 3 较小，圆形，具缘毛，内轮 3 较大，卵形；能育雄蕊 9，3 轮，第 1 轮雄蕊的花丝近花瓣状，其余为条状，第 1、2 轮雄蕊花丝无腺体，花药 2 室，药室内向，第 3 轮雄蕊花丝有 1 对无柄的腺体，花药 2 室，药室外向，退化雄蕊 3，位于最内轮，三角形，有柄；子房卵球形，近无毛，花柱短，柱头小，头状。果小，卵球形，直径 5~6mm，为增大的肉质果托所包被，顶端具宿存的花被裂片。花果期 4~12 月。

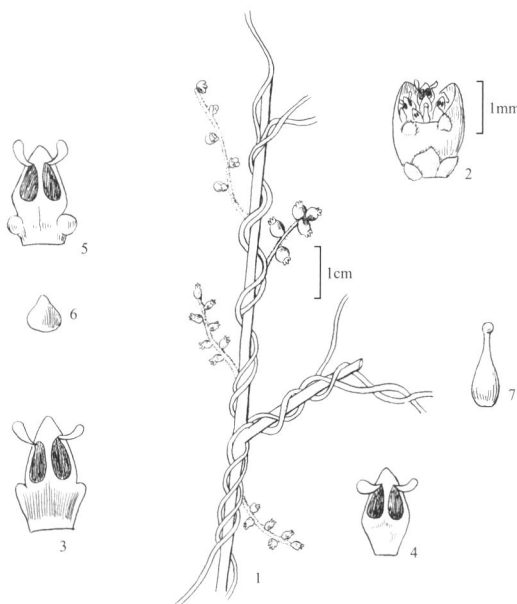

图 275 无根藤 Cassytha filiformis
1. 植株的一段，示茎、花序和果序；2. 花，除去前面的一部分花瓣，示雄蕊和雌蕊；3. 第 1 轮雄蕊；4. 第 2 轮雄蕊；5. 第 3 轮雄蕊；6. 退花雄蕊；7. 雌蕊。（林漫华绘）

产地：南澳（张寿洲等 5384）、仙湖植物园（张寿洲等 2452）、内伶仃岛（张寿洲等 3834）。深圳市各地均有分布。生于山地灌丛、疏林中，路旁或海边，海拔 350m 以下。

分布：浙江、江西、福建、台湾、广东、香港、澳门、海南、广西、湖南、贵州和云南。广泛分布于非洲、亚洲和澳大利亚的热带地区。

用途：为有害的寄生植物。全草入药，有利尿通淋、化湿消肿功能，用于治疗肾炎水肿、尿路感染，结石等病。

2. 樟属 **Cinnamomum** Schaeffer

常绿乔木或灌木。树皮、小枝及叶均芳香。叶互生、对生或近对生，有时聚生于枝顶；叶片革质，边缘全缘，具三出脉、离基三出脉或羽状脉，有时脉腋具腺窝。花小，淡黄色或白色，两性，稀杂性，（1~）3 至多数组成的腋生或近顶生的聚伞花序再排成圆锥花序或伞房花序，花序基部无明显总苞；花被筒短，杯状或钟状；花被裂片 6，近等大，花后脱落，或上部的脱落、下部的宿存，但不增厚；能育雄蕊 9 枚，稀较少或较多，3 轮，第 1、2 轮雄蕊的花丝无腺体，第 3 轮雄蕊的花丝近基部有 1 对具柄或无柄的腺体，花药 4 室，稀第 3 轮的花药为 2 室，第 1、2 轮花药药室内向，第 3 轮花药药室外向，最内的第 4 轮雄蕊为 3 枚退化雄蕊，退化雄蕊心形或箭头形，具短柄；子房与花柱等长，花柱纤细，柱头头状或盘状，有时 3 裂。浆果肉质；果梗上端稍膨大；果托（宿存的花被筒）杯状、钟状或圆锥状，边缘截形或波状或具不规则的小齿，有时具由花被片基部形成的平头裂片 6。

约 250 种，产于亚洲热带与亚热带、澳大利亚及太平洋岛屿。我国产 49 种。深圳有 9 种。

1. 叶片具羽状脉。
　　2. 叶片下面脉腋腺窝内无毛；果球形，直径 6~8mm ⋯⋯⋯⋯⋯⋯⋯⋯⋯⋯ 1. **黄樟 C. parthenoxylon**
　　2. 叶片下面脉腋腺窝内具微柔毛；果椭圆体形，直径 1.5~2cm ⋯⋯⋯⋯⋯ 2. **沉水樟 C. micranthum**
1. 叶片具离基三出脉。
　　3. 叶柄长 2~3cm；叶片脉腋内具腺窝 ⋯⋯⋯⋯⋯⋯⋯⋯⋯⋯⋯⋯⋯⋯⋯ 3. **樟 C. camphora**
　　3. 叶柄长 2cm 以下；叶片脉腋内无腺窝。
　　　　4. 叶片下面密被黄色柔毛 ⋯⋯⋯⋯⋯⋯⋯⋯⋯⋯⋯⋯⋯⋯⋯ 4. **毛桂 C. appelianum**
　　　　4. 叶片两面无毛或仅幼叶被短柔毛，老叶毛被渐脱落变无毛。
　　　　　　5. 叶互生 ⋯⋯⋯⋯⋯⋯⋯⋯⋯⋯⋯⋯⋯⋯⋯⋯⋯⋯⋯ 5. **少花桂 C. pauciflorum**
　　　　　　5. 叶对生、近对生或兼有互生。
　　　　　　　　6. 叶片离基三出脉在两面均凸起 ⋯⋯⋯⋯⋯⋯⋯⋯⋯ 6. **锡兰肉桂 C. verum**
　　　　　　　　6. 叶片离基三出脉在下面凸起，上面凹陷或扁平。
　　　　　　　　　　7. 树皮内皮、枝和叶均无肉桂气味；叶片硬革质；横脉在两面均不明显 ⋯⋯⋯⋯⋯⋯
　　　　　　　　　　⋯⋯⋯⋯⋯⋯⋯⋯⋯⋯⋯⋯⋯⋯⋯⋯⋯⋯ 7. **粗脉桂 C. validinerve**
　　　　　　　　　　7. 树皮内皮、枝和叶均具肉桂气味；叶片革质或薄革质；横脉在叶下面明显。
　　　　　　　　　　　　8. 叶柄长 0.5~1cm，近无毛或无毛；离基三出脉在叶片上面扁平 ⋯⋯⋯⋯ 8. **阴香 C. burmannii**
　　　　　　　　　　　　8. 叶柄长 1.2~2cm，被灰黄色短绒毛；离基三出脉在叶片上面凹陷 ⋯⋯⋯⋯⋯ 9. **肉桂 C. cassia**

1. 黄樟 Yellow Cinnamomum　　　　　　　　　　　　　　　　图 276　彩片 419

Cinnamomum parthenoxylon（Jack）Meisn. in DC. Prodr. **15**（1）：26. 1864.

Laurus parthenoxylon Jack，Malayan Miscellanies
1：28. 1820.

　　常绿乔木，高 10~20m，胸径达 40cm。树皮深绿褐色，上部灰黄色，小片剥落，厚 3~5mm，内皮带红色，具有樟脑气味，纵裂；芽小，卵球形，长约 3mm，宽约 2mm，芽鳞近圆形，外面被白色绢毛或近无毛；小枝具棱，灰绿色，无毛。叶互生；叶柄长 1~2.5cm，无毛；叶片卵形或长椭圆状披针形，革质，长 5~11.5cm，宽 2.5~6.5cm，基部楔形或宽楔形，先端急尖或短渐尖，下面粉绿色，上面深绿色，有光泽，两面无毛；羽状脉，侧脉每边有 4~5 条，在两面明显，脉腋具腺窝，腺窝内无毛，有时不明显。聚伞圆锥花序在枝上部腋生或近顶生，长 4.5~8cm，由聚伞花序组成，聚伞花序着花 5 至 10；花序梗长（1~）3~5.5cm，无毛；花梗纤细，长约 4mm，无毛；花被黄绿色，长约 3mm，花被筒倒圆锥形，长约 1mm，花被裂片狭椭圆形，长约 2mm，宽约 1.2mm，具腺点，顶端钝，外面无毛，内面被柔毛；能育雄蕊 9，3 轮，花丝被短柔毛，第 1、2 轮雄蕊长约 1.5mm，花药卵形，与花丝近等长，第 3 轮雄蕊长约 1.7mm，花药长圆形，长约 0.7mm，近基部有 1 对具短柄、近心形的腺体，退化雄蕊 3，位

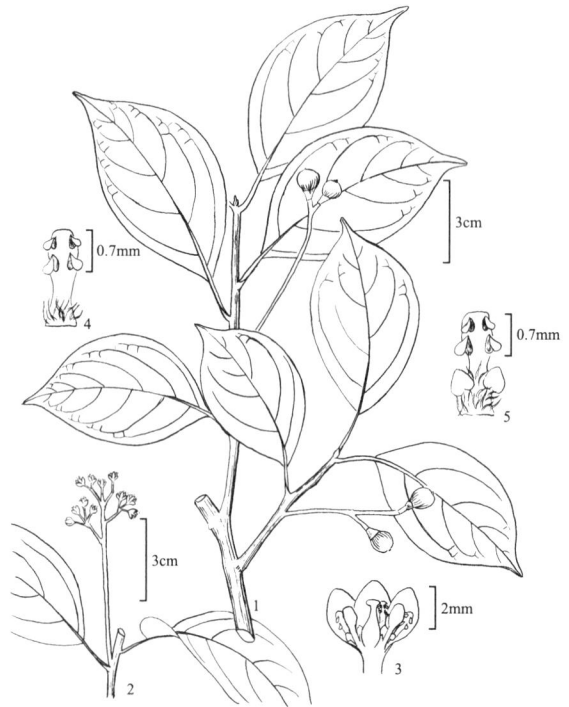

图 276 黄樟 Cinnamomum parthenoxylon
1. 分枝上部的一段，示叶和果序；2. 分枝的一段，示叶和花序；3. 花纵切，示花被筒、花被裂片、雄蕊和雌蕊；4. 第 1、2 轮雄蕊；5. 第 3 轮雄蕊。（林漫华绘）

于最内轮，三角状心形，连柄长不及 1mm，柄被较短柔毛；子房卵球形，无毛；花柱弯曲，长约 1mm，柱头盘状，不明显 3 浅裂。果球形，直径 6-8mm，黑色；果托窄倒圆锥形，高约 1cm 或稍短，红色，具纵长条纹。花期 3~5 月；果期 4~10 月。

产地：南澳（张寿洲等 2023，2025）、三洲田（张寿洲等 0069）。生于路旁或湿润的阔叶林中，海拔 50~230m。

分布：江西、福建、广东、香港、海南、广西、湖南、贵州、云南和四川。印度、不丹、尼泊尔、巴基斯坦、缅甸、泰国、老挝、柬埔寨、越南、马来西亚和印度尼西亚。

用途：造船、桥梁、建筑、高级家具等用材；枝、叶、根、树皮及木材可供提取芳香油，用于香料、医药及化工；种仁油脂供工业用；叶可供饲养天蚕；树干分枝高，较通直，也可用于庭园或路边绿化。

2. 沉水樟 水樟 臭樟 Small-flowered Camphor Tree
图 277 彩片 420

Cinnamomum micranthum（Hayata）Hayata，Icon. Pl. Formosan，**3**：160. 1913.

Machilus micrantha Hayata，Icon. Pl. Formosan，**3**：130. 1912.

大乔木，高 14~20（~30）m，胸径（25~）40~50（~65）cm。树皮黑褐色或红褐灰色，坚硬，厚达 4mm，外有不规则纵向裂缝，树皮内面褐色；芽大，卵球形或长卵球形，长 0.5~2.2cm，宽 2~8mm，芽鳞覆瓦状紧密排列，宽卵形，外被褐色绢状短柔毛；幼枝多少呈压扁状，无毛，老枝圆柱形，茶褐色，平时有纵细条纹。叶互生，常生于枝条上部；叶柄长 2~3cm，腹平背凸，茶褐色，无毛；叶片革质或近革质，长圆形、椭圆形或卵状椭圆形，长 7~10（~12）cm，宽 4~7cm，基部宽楔形至近圆形，两侧通常对称，先端短渐尖，两面无毛；羽状脉，侧脉每边有 4~5 条，弧曲上升，与中脉在两面均明显，侧脉脉腋内在上面有泡状隆起，在下面有小腺窝，腺窝内常有微柔毛，网脉呈蜂巢

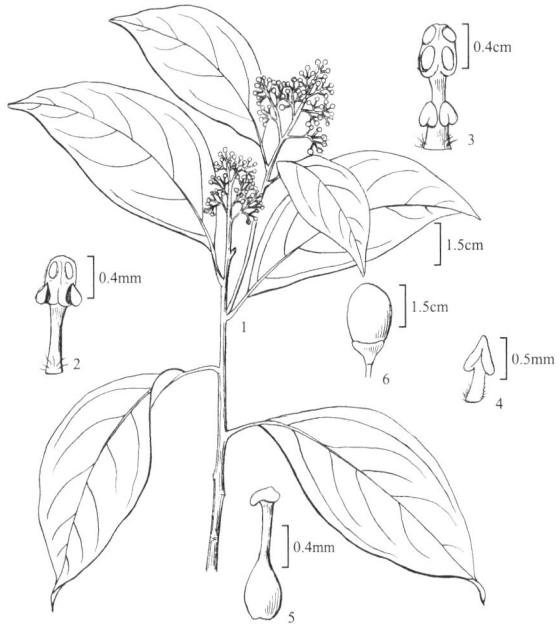

图 277 沉水樟 Cinnamomum micranthum
1. 分枝上部的一段，示叶和花序；2. 第 1、2 轮雄蕊；3. 第 3 轮雄蕊；4. 退花雄蕊；5. 雌蕊；6. 浆果。（林漫华绘）

状。圆锥花序顶生及腋生，长 3~5cm，近无毛或基部略被微柔毛，通常基部分枝，末端为聚伞花序，着花多数；花梗长约 2mm，无毛；花初时紫红色，后变白色，长约 2.5mm，有香气；花被外面无毛，内面密被柔毛，花被筒钟形，长约 1.2mm，花被裂片 6，长卵形，长约 1.3mm；能育雄蕊 9，3 轮，长约 1mm，花丝基部被柔毛，花药长圆形，第 1、2 轮雄蕊的花丝扁平，稍长于花药，无腺体，花药 4 室，内向，第 3 轮的雄蕊的花丝长于花药，近基部有 1 对具短柄近圆状肾形腺体，花药 4 室，外向，退化雄蕊 3，位于最内轮，连柄长 0.8mm，三角状钻形，柄长约 0.4mm；子房卵球形，长约 0.6mm，花柱与子房等长，柱头头状。果椭圆体形，长 1.5~2.5cm，直径 1.5~2cm，无毛；果托坛状，高约 9mm，顶端增大呈喇叭状，宽达 1cm，边缘全缘或有浅齿。花期 5~8 月；果期 8~10 月。

产地：仙湖植物园（李沛琼 3708）。深圳市公园时有栽培。

分布：台湾、福建、广东、海南、广西、湖南和贵州。越南北部。

用途：含挥发油，主要成分为葵醛、月季酸、松油醇、1，8- 桉叶油素等，供医药用及化工等用。

3. 樟 樟树 樟木 Camphor Tree

图 278 彩片 421 422 423

Cinnamomum camphora（L.）Presl in Bercht. & J. Presl. Prir. Rostlin. **2**（2）：36. 47. t. 8. 1825.

Laurus camphora L. Sp. Pl. **1**：369. 1753.

常绿大乔木，高可达 30m，胸径达 3m，树冠广卵形；全株均有浓的樟脑味；树皮黄褐色，有不规则纵裂；顶芽宽卵球形或近圆球形，芽鳞宽卵形或近圆形，外面被微绢毛；小枝淡褐色，无毛；叶互生；叶柄长 2~3cm，无毛；叶片卵状椭圆形或长卵形，近革质，长 4.5~9cm，宽 2.5~6cm，基部宽楔形至近圆形，边缘多少波状，先端急尖或短渐尖，下面绿色或灰绿色，上面绿色，有光泽，两面无毛或幼时被白色短柔毛，离基三出脉，有时具不明显的基出脉 5 条，中脉在两面明显，侧脉每边有 2~5 条，侧脉及支脉脉腋具腺窝，窝内有时被柔毛。圆锥花序腋生，长 3.5~7cm，具多花；花序梗长 2.5~6cm，与花序轴均无毛；花梗长 1.5~3mm，无毛或初时被短柔毛；花被黄绿色，花被筒倒锥形，长约 1mm，花被裂片椭圆形，长约 2mm，两面被柔毛；能育雄蕊 9，长约 2mm，花丝被短柔毛，退化雄蕊 3，位于最内轮，箭头形，长约 1mm，被柔毛；子房近球形，长约 1mm；花柱短，长约 1mm，柱头头状。果近球形或卵球形，直径 6~8mm，熟时紫黑色；果托浅杯状，高约 5mm，顶端截形，宽达 4mm，基部宽约 1mm，具纵沟。花期 4~7 月；果期 8~12 月。

产地：梧桐山（张寿洲等 1230）、仙湖植物园（王定跃 89295）、羊台山（张寿洲等 1213）。深圳各地常见。常生于山坡或沟谷中，但常见有栽培于村中或路旁，海拔 70~300m。在村落及路旁常有栽培。

分布：我国长江以南各省（自治区、直辖市），尤其是华南及西南各省（自治区、直辖市）为多。越南、朝鲜和日本。东南亚、澳大利亚及欧洲、美洲等地有引种栽培。

用途：樟木为名贵木材之一，耐腐驱虫，纹理精致，又耐水湿，切削容易，可用于建筑、汽车、造船、家具等；木材、根、枝及叶入药，有健胃理气、利湿杀虫、消肿止痛之效，还可供提取樟脑及樟脑油，为化工、香料等的原料；长寿树种，树体高大，冠大阴浓，为庭园及路旁绿化的良好树种。

4. 毛桂 Hairy-twigged Cinnamon 图 279 彩片 424
Cinnamomum appelianum Schewe in Anz. Akad. Wiss. Wien，Math. -Naturw. Kl. **61**：20. 1925.

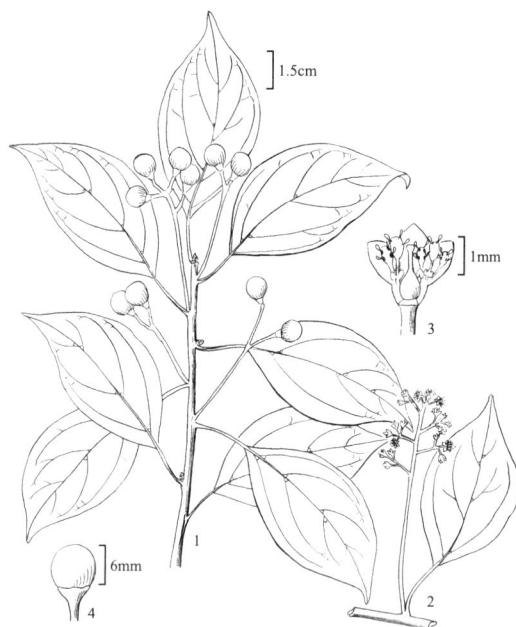

图 278 樟 Cinnamomum camphora
1. 分枝上部的一段，示叶和花序；2. 分枝的一段，示叶和花序；3. 花纵切，示花被筒、花被裂片、雄蕊和雌蕊；4. 浆果。（林漫华绘）

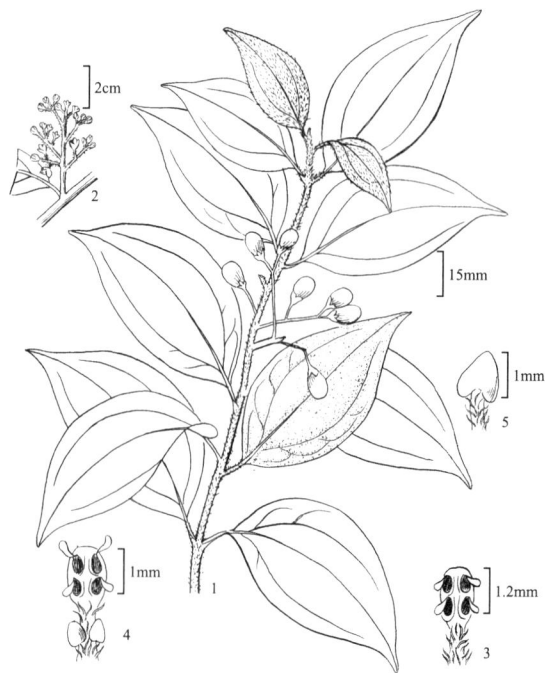

图 279 毛桂 Cinnamomum appelianum
1. 分枝上部的一段，示叶和果序；2. 分枝的一段，示部分叶和花序；3. 第 1、2 轮雄蕊；4. 第 3 轮雄蕊；5. 退化雄蕊。（林漫华绘）

小乔木，高 4~6m，胸径达 8cm。树皮灰褐色或榄绿色；分枝多，近对生，小枝圆柱形，稍粗壮，幼枝密被黄褐色开展的柔毛，老枝近无毛；芽狭卵球形，芽鳞革质，密被黄色硬毛状绒毛。叶互生或近对生；叶柄粗壮，长 4~5(~9)mm，腹平背凸，密被黄褐色柔毛；叶片椭圆形、椭圆状披针形、卵形或卵状椭圆形，长 4.5~11.5cm，宽 1.5~4cm，革质，基部楔形至近圆形，先端短渐尖至长渐尖，下面黄褐色，上面绿褐色，稍光亮；幼时两面密被黄褐色开展的柔毛，老时上面无毛，下面密被皱波状污黄色柔毛，离基三出脉，叶脉在上面凹下，在下面凸起，脉腋内无腺窝。圆锥花序生于当年生枝基部叶腋，长 4~16cm，被黄色绒毛，有花 5~7(~11)；花序梗长 1~1.5(~3.5)cm，与花序轴和花梗均密被黄褐色柔毛；苞片披针形，长 3~6mm，两面被黄褐色柔毛，早落；花梗长 2~3mm；花白色，长 3~5mm；花被筒倒锥形，长约 1.5mm，花被裂片宽卵形至长圆状卵形，长 3~3.5mm，宽约 2mm，先端锐尖，两面被黄褐色绢状微柔毛；能育雄蕊 9，3 轮，稍短于花被裂片，长 2.5~3mm，花丝被疏柔毛，第 1、2 轮雄蕊的花药长圆形，与花丝等长，4 室，内向，花丝无腺体，第 3 轮雄蕊的花药长圆形，4 室，外向，花丝中部有 1 对无柄的心状圆形腺体，退化雄蕊 3，位于最内轮，长 1.3~1.7mm，三角状箭头形，具短柄，柄被柔毛；子房宽卵球形，长 1.2mm，无毛，花柱粗壮，柱头盾形或头状，全缘或浅 3 裂。果椭圆体形，长约 6mm，宽约 4mm；果托漏斗状，高达 1cm，顶端宽约 7mm，边缘具齿裂。花期 4~6 月；果期 6~8 月。

产地：梅沙尖（张寿洲等 0485）。生于山坡或水沟边的灌丛或疏林中，海拔 500~600m。

分布：江西、湖南、广东、香港、广西、贵州、四川和云南。

用途：木材可作一般用材及造纸原料；树皮可作肉桂代用品入药；叶含芳香油，可供提取芳樟醇、龙脑等。

5. 少花桂 Fewflower Cinnamon   图 280

Cinnamomum pauciflorum Nees in Wall. Pl. Asiat. Rar. **2**: 75.1831.

乔木，高 3~14m，胸径达 30cm。树皮黄褐色，有香气；芽卵球形，小，长约 2mm，芽鳞坚硬，外面被微柔毛；幼枝多少呈四棱形，近无毛或先端稍被白色微柔毛，老枝近圆柱形，无毛。叶互生；叶柄长达 1.2cm，近无毛；叶片卵圆形或卵状披针形，革质至厚革质，长 4.5~9.5cm，宽 1.5~3cm，基部楔形至近圆形，边缘稍内卷，先端短渐尖，下面粉绿色，无毛或仅幼时疏被白色短柔毛，上面亮棕色，无毛，离基三出脉，中脉及侧脉在两面均凸起，脉腋内无腺窝。圆锥花序常呈伞房状，腋生，长 2.5~5(~6.5)cm，具 3~5(~7)花；花序梗长 1.5~4cm，与花序轴及花梗均疏被灰白色微柔毛；花梗长 5~7mm；花黄白色，长 4~5mm，花被筒倒锥形长约 1mm，花被裂片 6，长圆形，长 3~4mm，两面被柔毛；能育雄蕊 9，3 轮，花丝略被短柔毛，第 1、2 轮雄蕊长约 2.5mm，花药卵状长圆形，与花丝近等长，药室 4，内向，花丝略被短柔毛，第 3 轮雄蕊长约 2.5mm，花药长圆形，长约为花丝一半，药室 4，

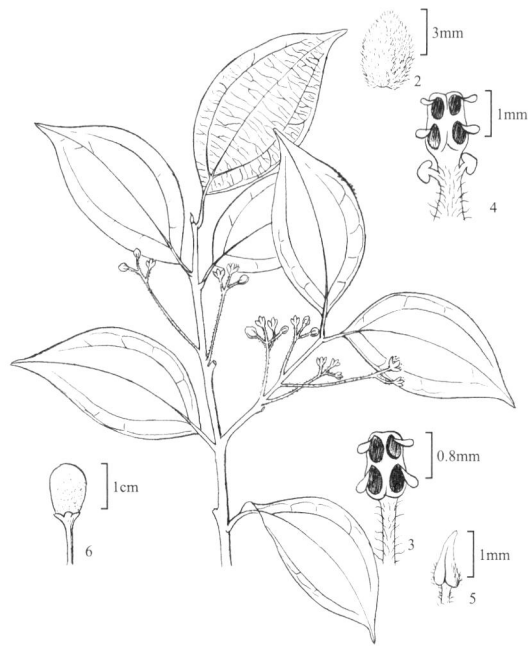

图 280 少花桂 Cinnamomum pauciflorum
1. 分枝上部的一段，示叶和花序；2. 花被片外面观；3. 第 1、2 轮雄蕊；4. 第 3 轮雄蕊；5. 退化雄蕊；6. 浆果。(林漫华绘)

外向，花丝扁平，上部有 1 对具短柄的圆状臂形腺体，退化雄蕊 3，位于最内轮，长 1.7mm，顶端心形，具长柄；子房卵球形，长约 1mm，花柱弯曲，长约 2mm，柱头盘状。果椭圆体形，长约 1.1cm，直径 5-5.5mm，成熟时紫黑色；果梗长达 9mm，先端略增宽；果托浅杯状，高约 3mm，宽达 4mm，边缘具整齐的圆齿。花期 3~8 月；果期 9~10 月。

产地：梅沙尖（王定跃 1534）。生于山地或山谷林中，海拔约 600m。

分布：广东、广西、湖南、湖北、贵州、四川及云南。印度和尼泊尔。

用途：树皮及根入药；枝和叶含芳香油，主要成分为黄樟油素，可用于香料工业。

6. 锡兰肉桂 Ceylon Cinnamon　　图 281　彩片 425

Cinnamomum verum J. Presl in Bercht. & J. Presl，Prir. Rostlin **2**（2）：36.37. f.7. 1825.

常绿小乔木，高达 10m。树皮黑褐色，内皮有强烈的肉桂气味；芽被绢质短柔毛；幼枝略呈四棱形。叶对生或近对生；叶柄长 1~2cm，无毛；叶片卵状或椭圆状披针形，革质或近革质，长 9~16cm，宽 3.5~7.5cm；基部宽楔形至圆形，先端急尖至渐尖；下面绿白色，上面绿色，有光泽，两面无毛，离基三出脉，在两面均凸起，中脉直达叶端，基生侧脉不达叶端，脉腋内无腺窝，细脉在叶背明显，呈蜂窝状。圆锥花序腋生或顶生，长 10~13cm；花序梗长约 5cm，与花序轴及花梗均被绢质短柔毛；花梗长约 3mm；花被黄色，长约 6mm，花被筒倒锥形，花被裂片 6，长圆形，近相等，外面被灰色微柔毛；能育雄蕊 9，3 轮，花丝近基部有毛，第 1、2 轮雄蕊的花丝无腺体，第 3 轮雄蕊的花丝有 1 对腺体，花药 4 室，第 1、2 轮雄蕊的花药药室内向，第 3 轮雄蕊的花药药室外向；子房卵球形，无毛，花柱短，柱头盘状。果卵球形，长 1~1.5cm，成熟时黑色；果托杯状，边缘具齿裂，齿顶端截形或锐尖。花期 3~4 月；果期 5~7 月。

产地：仙湖植物园（王定跃 2493），城市绿化管理处（王国栋 W06072）。深圳市公园及公共绿地时有栽培。

分布：原产于斯里兰卡。我国台湾、广东、海南和广西有栽培。现亚洲热带地区也有栽培。

用途：树皮也可作"肉桂"的代替品入药。

7. 粗脉桂 Thick-nerved Cinnamon

图 282　彩片 426

Cinnamomum validinerve Hance in J. Bot. **20**：80. 1882.

常绿小乔木。树皮内皮、枝和叶均无肉桂气味；枝条具棱，无毛或近顶端被白色微毛；顶芽近无毛或稍被白色短柔毛。叶近对生；叶柄长 0.4~1cm；叶片椭圆形，硬革质，长 5~7.5cm，宽 1.8~3cm，基部楔形或阔楔形，边缘常内卷，先端短渐尖，两面无毛，下面微红色，上面绿色，光亮，离基三出脉，中脉及侧脉在下面十分凸起，在上面凹陷，侧脉向叶端消失，脉腋内无腺窝，横脉在两面不明显。圆锥花序疏花，与叶近等长，三歧状，分枝叉开，末端为 3 花的聚伞

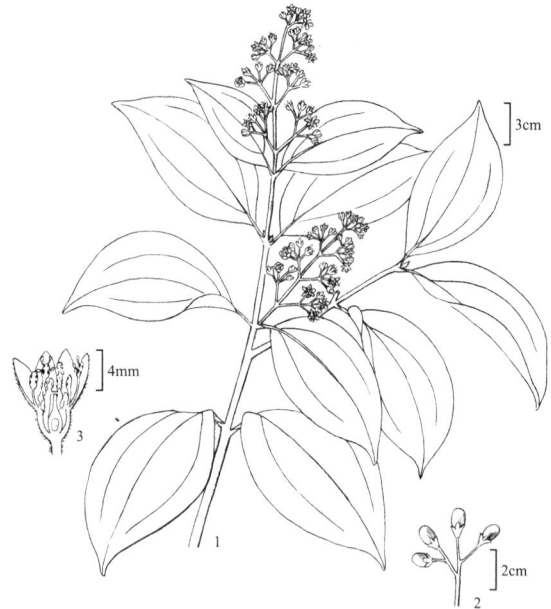

图 281　锡兰肉桂 Cinnamomum verum
1. 分枝上部的一段，示叶和花序；2. 果序的一部分；3. 花的纵切，示花被筒、花被裂片、雄蕊和雌蕊。（林漫华绘）

图 282　粗脉桂 Cinnamomum validinerve
分枝上部的一段，示叶和花序。（林漫华绘）

花序；花梗极短，被灰白色绢毛；花被裂片卵圆形，顶端稍钝。花期7月；果未见。

产地：梧桐山（陈潭清等89317）、排牙山（王国栋等7035）、盐田（张寿洲010994）。生于山坡阔叶林中，海拔300~700m。

分布：广东、香港和广西等地。

8. **阴香** Burman's Cassia　图283　彩片427　428
Cinnamomum burmannii（Nees & T. Nees）Blume,
Bijdr. 569. 1826.

Laurus burmannii Nees & T. Nees，Pisput. Cinn.
57，t. 4.1823.

常绿乔木，高达14m，胸径达30cm。树皮光滑，外面灰褐色至黑褐色，内皮红色，与枝和叶片均具肉桂味；枝条绿色或褐绿色，具纵向细条纹，无毛。叶互生或近对生，稀对生；叶柄长0.5~1cm，无毛或近无毛；叶片卵圆形、长圆形至披针形，薄革质至革质，长5.5~10.5cm，宽2~5cm，基部宽楔形至近圆形，先端短渐尖，两面无毛，下面苍绿色，上面绿色或亮绿色，离基三出脉，在上面明显，扁平，在叶背凸起，横脉在下面明显，脉腋内无腺窝。圆锥花序长2~6cm，腋生、近顶生或顶生，少花，疏散，最末分枝为3花的聚伞花序，密被灰白色微柔毛，早落；花梗纤细，长4~6mm，被灰白微柔毛；花被绿白色，长约5mm，花被筒倒锥形，长约2mm，花被裂片长圆状卵圆形，两面密被灰白色短柔毛；能育雄蕊9，3轮，花丝及

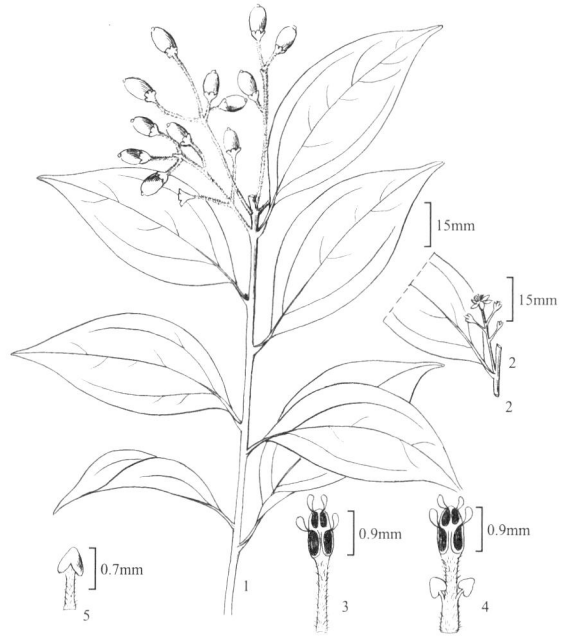

图 283 阴香 Cinnamomum burmannii
1. 分枝上部的一段，示叶和果序；2. 分枝的一段，示部分叶和花序；3. 第1、2轮雄蕊；4. 第3轮雄蕊；5. 退化雄蕊。（林漫华绘）

花药的背面被微柔毛，第1、2轮雄蕊长约2.5mm，花丝稍长于花药，无腺体，花药长圆形，4室，内向，第3轮雄蕊长约2.7mm，花丝稍长于花药，中部有1对近无柄的圆形腺体，花药长圆形，4室，外向，退化雄蕊3，位于最内轮，长三角形，长约1mm，具柄，柄长约0.7mm，被微柔毛；子房近球形，长约1.5mm，略被微柔毛，花柱长约2mm，略被微柔毛，柱头盘状。果卵球形，长约9mm，宽约5mm；果托漏斗状，高约4mm，顶端宽约3mm，边缘具整齐的齿裂，齿端截形或圆。花期2~4月；果期10月至翌年1月。

产地：仙湖植物园（徐有财90587；王定跃等89066）、凤凰山（张寿洲等0653）。深圳各地常见。生于山地林中或灌丛中，海拔50~500m。公园、村庄、路旁及公共绿地普遍有栽培。

分布：江苏、浙江、江西、福建、台湾、广东、香港、澳门、海南、广西、湖南、湖北、贵州、四川和云南。印度、泰国、缅甸、越南、印度尼西亚和菲律宾。

用途：木材结构细致，加工容易，可用于建筑、桩木、汽车等；树皮可作"肉桂"代用品；树皮、根、叶可供提取广桂油或广桂叶油，为食品、化妆品工业等的原料；枝叶茂盛，是优良的庭院风景树及行道树。

9. **肉桂** 桂皮 Cassia Bark Tree　　图284　彩片429　430
Cinnamomum cassia（L.）D. Don，Prodr. Fl. Nepal. 67. 1825.

Laurus cassia L. Sp. Pl. **1**：369. 1753.

Cinnamomum aromaticum Nees in Wall. Pl. Asiat. Rar. **2**：74. 1831.；广东植物志6：8. 2005；Y. Yang & D. Z. Fu in Q. M. Hu & D. L. Wu，Fl. Hong Kong **1**：43. 2006.

乔木，高达10m。全株具浓烈的肉桂气味；树皮灰褐色，厚达1.3cm；小枝深褐色，具纵向细条纹，幼枝多少呈四棱形，被黄褐色绒毛；老枝圆柱形，毛被渐变稀疏，顶芽小，长约3mm，芽鳞宽卵形，密被灰黄色短

绒毛。叶互生兼近对生；叶柄粗壮，长 1.2~2cm，上面扁平，或稍具槽，被灰黄色短绒毛；叶片长椭圆形至近披针形，革质，长 8~16(~34)cm，宽 4~5.5(~9.5)cm，基部楔形或宽楔形，边缘内卷，先端稍急尖，幼时密被黄色短柔毛，老时毛脱落，下面淡绿色，上面绿色，有光泽；离基三出脉，侧脉近对生，在下面突起，在上面凹陷，脉腋内无腺窝，横脉在下面明显。圆锥花序腋生或近顶生，长 5~16cm，三级分枝，分枝末端为 3 花的聚伞花序，花序被黄褐色绒毛；花序梗长 3~8cm；花梗长 3~6mm；花被白色，长 4.5mm，花被筒倒锥形，长约 2mm，花被裂片卵状长圆形，近等大，长约 2.5mm，宽约 1.5mm，先端钝或近急尖；能育雄蕊 9，3 轮，花丝被柔毛，第 1、2 轮雄蕊长约 2.3mm，花丝长 1.4mm，花药卵状长圆形，药室 4，内向，第 3 轮雄蕊长约 2.7mm，花丝长约 1.9mm，上部有 1 对圆状肾形腺体，花药卵状长圆形，药室 4，外向，退化雄蕊 3，位于最内轮，连柄长约 2mm，先端箭头状三角形，柄纤细，长约 1.3mm，被柔毛；子房卵球状，长约 1.7mm，无毛，花柱纤细，与子房等长，柱头小，

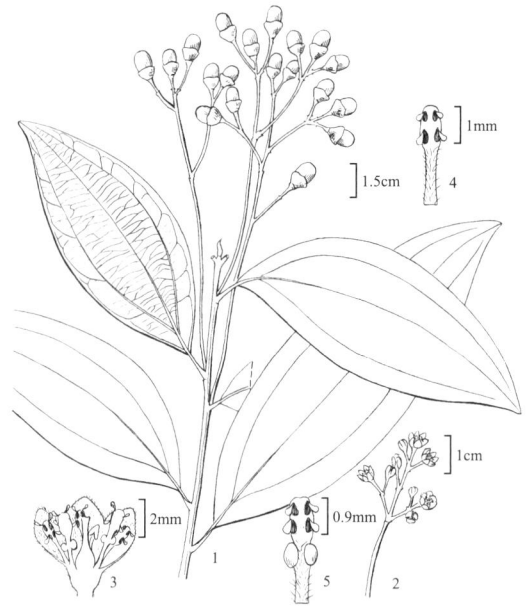

图 284 肉桂 Cinnamomum cassia
1. 分枝上部的一段，示叶和果序；2. 花序的一部分；3. 花的纵切，示花被筒、花被裂片、雄蕊和雌蕊；4. 第 1、2 轮雄蕊；5. 第 3 轮雄蕊。（林漫华绘）

不明显。果椭圆体形，长约 1cm，宽 7~8mm，成熟时紫黑色，无毛；果托浅杯状，高约 4mm，顶端宽达 7mm，边缘截形或浅齿裂。花期 5~8 月；果期 9 至翌年 3 月。

产地：仙湖植物园（王定跃 011988；李沛琼 4136；王国栋 W07013）有栽培。

分布：原产于我国南部。我国福建、台湾、广东、香港、海南、广西、湖南、贵州和云南等地有栽培。印度、泰国、老挝、越南、马来西亚至印度尼西亚等地也有栽培。

用途：树皮为国药及香料的著名原料。树干皮及根皮称为"肉桂"，枝皮称作"桂皮"，均可入药及用于制香料；枝、叶及果实提取的"桂油"，可用于制造香皂、香水等，又可药用，有解毒、杀菌、止痛等功效。

3. 润楠属 Machilus Rumph. ex Nees

常绿乔木或灌木。芽大或小，芽鳞多数，覆瓦状排列。叶互生，具叶柄；叶片边缘全缘，具羽状脉。圆锥花序顶生、近顶生或生于分枝的基部，有长的花序梗或近无花序梗；花两性，通常较小；花被筒短，花被裂片 6，质地较薄，排成 2 轮，内、外轮的长度近相等或外轮的较小，通常宿存，稀脱落；能育雄蕊 9，排成 3 轮，花药 4 室，第 1、2 轮雄蕊无腺体，花药内向，第 3 轮雄蕊的花丝基有 1 对具柄的腺体，花药外向或侧向，第 4 轮为退化雄蕊，小，有短柄，先端箭头状；子房无柄，柱头小，盘状或头状。果肉质，球形，稀椭圆体形或长圆体形，基部被宿存并外弯的花被裂片所托；花被筒不形成果托；果梗不增粗或稍增粗。

约 100 种，分布于亚洲东南部和南部的热带、亚热带地区。我国有 82 种 3 变种。深圳有 13 种。

有的学者（A. J. Kostermans in Reinwardtia 6：191-194. 1962）主张将本属归入鳄梨属 Persea Mill. 中。但根据花被裂片形态、质地以及宿存等特点，国内学者大都不同意归并。

1. 叶柄和叶片的中脉红色或淡红色；花被裂片外面无毛 ·· 1. 红楠 M. thunbergii
1. 叶柄和叶片的中脉非红色或淡红色；花被裂片外面被柔毛、绢毛或绒毛。
　2. 花被裂片外面及植株幼嫩部分均被绒毛。
　　3. 叶片基部楔形，叶片下面及花序被黄褐色至锈色绒毛 ························· 2. 绒毛润楠 M. velutina

3. 叶片基部常为圆形或宽楔形，叶片下面及花序被黄褐色绒毛 ·························· 3. **黄绒润楠 M. grijsii**

2. 花被裂片外面及植株幼嫩部分被柔毛或绢质微柔毛。

  4. 花序通常顶生或近顶生。

    5. 果较大，直径在 1.3cm 以上·························· 4. **粗壮润楠 M. robusta**

    5. 果较小，直径在 1cm 以下。

      6. 叶片披针形或倒披针形，先端渐尖。

        7. 枝条、叶柄和叶片两面均无毛或叶片下面稍被贴伏微柔毛 ···············5. **柳叶润楠 M. salicina**

        7. 嫩枝条和叶片下面均被短绒毛或短柔毛 ············ 6. **建润楠 M. oreophila**

      6. 叶片倒卵形或倒卵状披针形，先端钝或短渐尖。

        8. 叶片倒卵状长椭圆形或长圆状披针形；叶柄长 0.6~1.4cm；花序具花 6~10 ············

        ·························· 7. **华润楠 M. chinensis**

        8. 叶片倒卵形或倒卵状披针形；叶柄长 3~5mm；花序具花 3~4············ 8. **短序润楠 M. breviflora**

4. 花序常生于当年生枝条下部。

  9. 幼枝或小枝密被锈色绒毛。

    10. 叶片侧脉每边有 10~12 条；果近扁球形 ············ 9. **广东润楠 M. kwangtungensis**

    10. 叶片侧脉每边有 7~10 条；果球形 ············ 10. **黄心树 M. gamblei**

  9. 小枝无毛。

    11. 叶片倒披针形或椭圆形至椭圆状披针形，长 4.5~11cm，侧脉每边有 7~10 条·············

    ·························· 11. **浙江润楠 M. chekiangensis**

    11. 叶片椭圆形、狭椭圆形、披针形、倒卵状披针形或倒卵状长圆形，长 7~24cm，侧脉每边有 12~20（~24）条。

      12. 顶芽外部芽鳞密被黄棕色柔毛或棕色绢毛；叶片椭圆形、狭椭圆形、披针形或倒卵状披针形，侧脉每边有 12~16 条 ············ 12. **刨花润楠 M. pauhoi**

      12. 顶芽外部芽鳞无毛；叶片倒卵状长圆形，侧脉每边有 18~20（~24）条 ·············

      ·························· 13. **薄叶润楠 M. leptophylla**

1. 红楠 Red Machilus

      图 285　彩片 431　432　433

Machilus thunbergii Sieb. & Zucc. in Abh. Math.–Phys. Cl. Konigl. Bayer. Akad. Wiss. **4**（3）：302. 1846.

常绿乔木，通常高 10~15m，胸径 0.65~1.3m。树皮淡黄褐色；老枝粗糙，嫩枝紫褐色，无毛，大枝常平展；顶芽卵球形或长圆体形，外部芽鳞革质，近圆形，背面无毛，具黄褐色或淡红褐色缘毛，内部芽鳞被黄色短柔毛。叶互生；叶柄长 1~1.5cm，呈红色或淡红色；叶片倒卵形至倒卵状披针形，革质，长 5.5~8.5cm，宽 1.8~3.5cm；基部楔形，先端骤尖或短渐尖，下面带白粉，两面无毛，中脉红色或淡红色，在下面凸起，在上面稍凹下，侧脉每边有 7~12 条，纤细。圆锥花序有花多数，顶生或在新枝腋生，长 4.5~7.5cm，无毛，上部分枝；苞片卵形，被红褐色平伏的柔毛；花序梗长 1.7~4cm；花梗长 1~1.6cm；花被裂片长圆形，长约

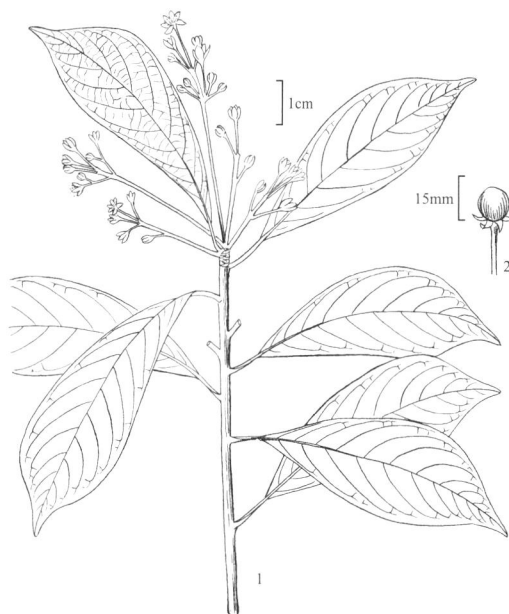

图 285 红楠 Machilus thunbergii
1. 分枝的一段，示叶和花序；2. 果。（林漫华绘）

5mm，外轮的较狭，略短，先端急尖，外面无毛，内面仅上端有短柔毛；能育雄蕊 9，3 轮，第 1、2 轮雄蕊无腺体，花丝无毛，第 3 轮雄蕊基部具 1 对有柄的腺体，退化雄蕊基部具硬毛；子房球形，无毛，花柱纤细，柱头头状。果序长约 5cm；果序梗肉质，粗壮，成熟时由黄色转为微红色；果梗淡红色；果扁近球形，直径 0.9~1cm，成熟时黑色。花期 2~3 月；果期 6~8 月。

产地：梧桐山（深圳植物志采集队 013437；张寿洲等 1150）。生于山地阔叶林中，海拔 600~900m。

分布：山东、安徽、江苏、浙江、江西、福建、广东、香港、广西和湖南等省（自治区、直辖市）。日本和朝鲜半岛。

用途：木材可用于建筑、造船、雕刻等；树皮可入药；树形美观，可作园林绿化树种。

2. 绒毛润楠 绒毛桢楠 绒楠 Woolly Machilus

图 286　彩片 434

Machilus velutina Champ. ex Benth. in J. Bot. Kew Gard. Misc. **5**: 198. 1853.

乔木，高达 18m，胸径约 40cm。芽、枝、叶片下面、花及花序各部均密被黄褐色至锈色绒毛。叶互生；叶柄长 1~3cm；叶片倒卵形、椭圆形或狭卵形，革质，长 4~11.5cm，宽 1.7~4.5cm，基部楔形，边缘略反卷，先端渐尖至短渐尖，下面毛被渐稀疏，上面有光泽，幼时沿叶脉被黄褐色绒毛，后渐变无毛；中脉在下面凸起，在上面稍凹下，侧脉每边有 7~11 条，在下面凸起，网脉不明显。圆锥花序单生或 4~7 个聚生于枝顶，长 1.2~2.3cm，每花序具 4~8 花，分枝多而短；花序梗甚短；花梗长 2~3mm；花淡黄色，芳香；花被裂片不相等，内轮的卵形，长约 6mm，宽约 3mm，外轮的较小且较狭；第 1、2 轮雄蕊长约 5mm，第 3 轮雄蕊花丝基部被绒毛，腺体心形，具柄，退化雄蕊长约 2mm；子房淡红色，被绒毛。果球形，直径约 4mm，成熟时紫红色至紫黑色。花期 10~12 月；果期翌年 2~4 月。

产地：西涌（张寿洲等 SCAUF 1006）、七娘山（王国栋等 7378）、南澳、大鹏、排牙山（张寿洲等 4535）、坪山、盐田。生于山地或山谷阔叶林中或林缘，海拔 30~700m。深圳市公园时有栽培。

分布：广东、香港、澳门、海南、广西、贵州、湖南、江西、福建及浙江。柬埔寨、老挝和越南。

用途：枝叶可入药，也可用于食品及化妆品。

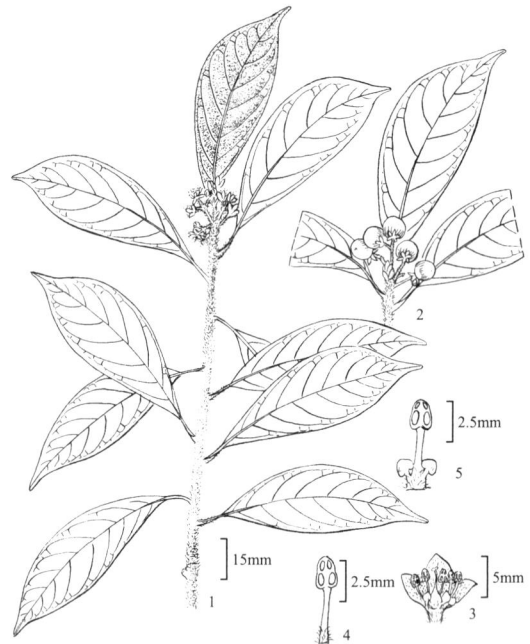

图 286 绒毛润楠 Machilus velutina
1. 分枝的一段，示叶和花序；2. 分枝的一段，示叶和果序；3. 花的纵剖面；4. 第 1、2 轮雄蕊；5. 第 3 轮雄蕊，花丝基部为一对具柄的腺体。（林漫华绘）

3. 黄绒润楠 黄桢楠 Yellow Machilus

图 287

Machilus grijsii Hance in Ann. Sci. Nat. Bot., sér. 4, **18**: 226. 1863.

乔木，高达 5m。芽、小枝及叶柄均被黄至黄褐色短绒毛。叶对生；叶柄长 1~1.4cm；叶片倒卵状长圆形，革质，长 6~15cm，宽 2.5~6cm，基部常为宽楔形或圆形，先端渐尖，下面被黄色至黄褐色绒毛，上面无毛或疏被黄褐色绒毛，中脉和侧脉在下面明显凸起，在上面凹陷，侧脉每边有 7~11 条，小脉纤细，在两面不明显。圆锥花序短，簇生于枝顶，长约 3cm，密被黄褐色短绒毛；花序梗长 1~2.5cm；花梗长约 5mm；花被裂片薄，长圆形，近相等，长约 3.5mm，外轮的较狭，两面均被黄褐色绒毛；能育及退化雄蕊的花丝被黄色绒毛，第 3 轮雄蕊的腺体肾形，无柄。果序长 2~2.5cm，果梗长 3mm；果球形，直径约 1cm，成熟时紫黑色。花期 3~4 月；果期 4~5 月。

产地：西涌（张寿洲 SCAUF 1072）、笔架山（王
国栋等 6756）、田心山（张寿洲等 0367）、葵涌。生
于山地密林中及林缘，也有栽植于公园，海拔 15~
250m。

分布：广东、香港、海南、江西、福建和浙江。

用途：枝叶入药，用于消肿止血、散瘀消炎等。

4. 粗壮润楠 两广润楠 Robust Machilus

图 288　彩片 435

Machilus robusta W. W. Smith in Notes Roy.
Bot. Gard. Edinburgh. **13**：169. 1921.

Machilus liangkwangensis Chun in Acta Phytotax.
Sin. **2**：165, t. 30. 1953；海南植物志 **1**：271. 1964.

乔木，高 15（~20）m，胸径达 40cm。树皮灰黑色；
分枝粗壮，圆柱形或略压扁，幼嫩时被柔毛，后渐无
毛，顶芽小，芽鳞淡褐色，外面密被短柔毛。叶柄长
2.5~5cm；叶片厚革质，椭圆形至倒卵状椭圆形或近长
圆形，长 10~20（~26）cm，宽（2.5~）5.5~8.5cm，基部
近圆形或宽楔形，先端近锐尖，有时短渐尖，下面略
粉绿色，上面绿色，两面无毛；中脉在下面隆起，在
上面凹陷，变红色，侧脉每边有 7~9 条，细脉网状。
圆锥花序顶生或近顶生，长 4~12（~16）cm，多分枝，
具多花；花序梗长 2.5-11.5cm，密被柔毛，后渐无毛，
带红色；花梗长 5~8mm，被柔毛；花淡黄绿色或黄
白色；花被筒短，倒锥形，长约 1mm，花被裂片近
等长，卵状披针形，长 6~7mm，宽 2~3mm，两面被
柔毛，稀近无毛，能育雄蕊长 6~7mm，花丝基部具
柔毛，第 3 轮雄蕊花丝具 1 对具短柄的腺体，退化
雄蕊三角状箭形，连柄长约 3mm，无毛；子房近球
形，无毛。果球形，直径 2.5~3cm，熟时呈蓝黑色；
果梗长 1~1.5cm，粗约 3mm，深红色。花期 1~4 月；
果期 4~6 月。

产地：梧桐山（肖绵韵 53108）。生于水边。

分布：广东、香港、海南、广西、云南和西藏。缅甸。

5. 柳叶润楠 柳叶桢楠 Willow-leaved Machilus

图 289　彩片 436　437

Machilus salicina Hance in J. Bot. **23**：327.
1885.

小乔木或灌木，高 3~5m。小枝浅褐色，幼时被
柔毛，老后变无毛。叶互生，常聚生于枝顶；叶柄长
0.7~1cm，无毛；叶片披针形或倒披针形，坚纸质至革
质，长 3.5~8.5cm，宽 1~1.8cm，基部楔形，基部渐狭，

图 287 黄绒润楠 Machilus grijsii
1. 分枝的一段，示叶和花序；2. 分枝的一段，示叶和果序。
（林漫华绘）

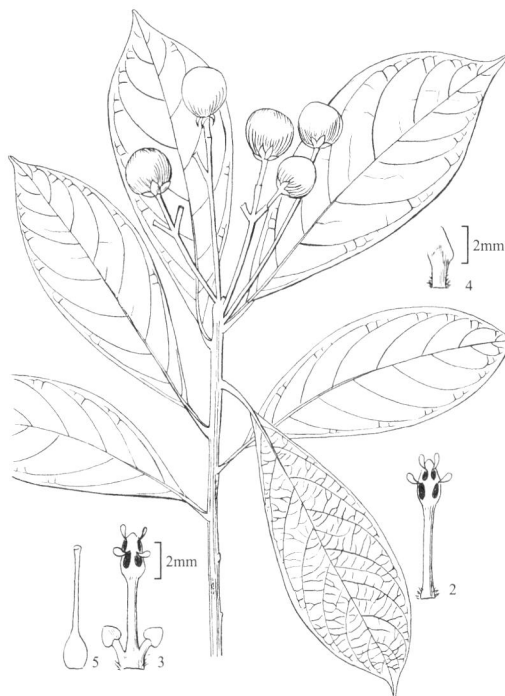

图 288 粗壮润楠 Machilus robusta
1. 分枝的一段，示叶和果序；2. 第 1、2 轮雄蕊；3. 第 3
轮雄蕊，花丝基部为一对有柄的腺体；4. 退化雄蕊；5. 雌
蕊。（林漫华绘）

先端渐尖，下面粉绿色，上面绿色，两面无毛或下面稍被贴伏微柔毛，中脉在下面稍凸起，在上面平坦，侧脉纤细，每边有 5~11 条，小脉网结，呈浅蜂窝状。聚伞圆锥花序集生于枝顶，少分枝，长 3~5cm，稍被绢状微柔毛或近无毛；花梗长 2~5mm；花淡黄色或黄色；花被筒倒圆锥形，花被裂片长圆形，长约 3mm，两面被绢状微柔毛，内面毛较密；雄蕊花丝被柔毛，第 3 轮雄蕊的花丝具圆状肾形腺体，退化雄蕊三角状箭形，基部具柄，柄被柔毛；子房近球形，花柱细长，柱头扁平。果序短，长 2~4cm，常生于当年生枝条顶端；果梗长 5~7mm，红色；果紫黑色，球形，长 0.8~1cm。花期 11 月至翌年 3 月；果期 2~6 月。

产地：仙湖植物园（王国栋 W0646）有栽培。

分布：广东、广西、贵州、云南。柬埔寨、老挝和越南。

6. 建润楠 Mountain Machilus　　　图 290

Machilus oreophila Hance in Ann. Sci. Nat. Bot. Ser. 4，**18**：227.1863.

灌木或小乔木，高 5~8m。树皮灰色、褐色或黑褐色；顶芽大，卵状长圆体形，长 0.5~2.2cm，宽 3~7mm，芽鳞宽卵形，顶端圆，覆瓦状排列，褐色，外面被短绒毛；嫩枝被短绒毛或短柔毛，老枝无毛。叶互生；叶柄长 1~1.5cm，初时被绒毛，后变无毛；叶片狭披针形，长 5~13cm，宽 1~4.5cm，薄革质，基部楔形，先端渐尖，上面深绿色，无毛，下面粉绿色，被短绒毛，沿中脉上被毛较明显；中脉在下面凸起，在上面凹下，侧脉每边有 8~10 条，纤细，在下面略凸起，在上面平坦，网脉蜂窝状。圆锥花序数个，顶生或近顶生，长 3.5~6.5cm，密被淡褐色短柔毛；花序梗长 1.5~2.5cm，与花梗均疏被黄棕色短柔毛；花梗长 3~5mm；花被筒短，花被裂片长圆形，近等长，长约 3mm，外轮的略短小，两面被淡黄褐色短柔毛；能育雄蕊的花丝基部被短柔毛，无腺体，花药内向，第 3 轮雄蕊的花丝有 1 对具短柄的腺；子房卵球形，无毛。果序生于新枝下端，因开花时新枝延长之故；果序梗长 3~6.5cm，红色，无毛；果梗长 7~8mm，疏被短柔毛；果球形，直径 0.7~1cm，成熟时黑紫色，基部具宿存的花被裂片，裂片通常反折。花期 1~4 月；果期 5~8 月。

产地：梧桐山（张寿洲等 011848；王国栋等 6086）。生于山地路旁，海拔 400~500m。

分布：福建、广东、广西、湖南和贵州。

图 289 柳叶润楠 Machilus salicina
1. 分枝的一段，示叶和果序；2. 分枝的一段，示叶及花序。（林漫华绘）

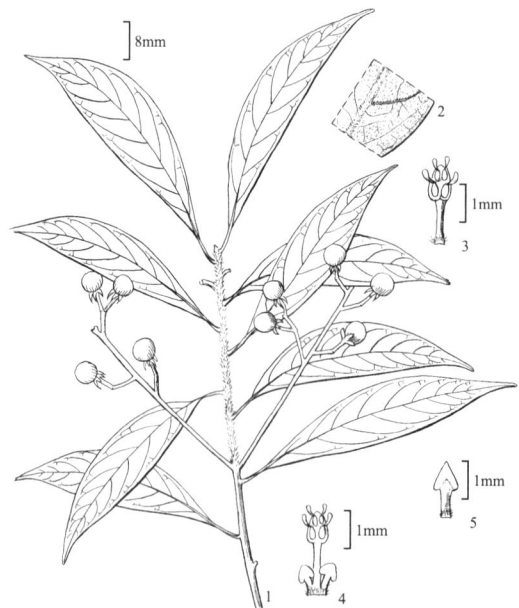

图 290 建润楠 Machilus oreophila
1. 分枝的一段，示叶及果序；2. 幼叶下面的一部分，示毛被；3. 第 1、2 轮雄蕊；4. 第 3 轮雄蕊，花丝基部为一对具柄的腺体；5. 退化雄蕊。（林漫华绘）

7. 华润楠 Chinese Machilus

图 291 彩片 438 439

Machilus chinensis（Champ. ex Benth.）Hemsl. in J. Linn. Soc.，Bot. **26**（176）：374. 1891.

Alseodaphne chinensis Champ. ex Benth. in J. Bot. Kew Gard. Misc. **5**：198.1853.

乔木，高 8~11m。顶芽卵球形，长 3~5mm，芽鳞宽卵形，无毛或被微毛，褐色；树皮灰褐色；小枝黑褐色，幼时被柔毛。叶常聚生于小枝顶部；叶柄长 0.6~1.4cm，无毛；叶片倒卵状长椭圆形或长圆状倒披针形，革质，长 5~8（~10）cm，宽 2~4cm，基部楔形，先端钝或短渐尖，两面无毛，中脉在下面凸起，在上面凹下，侧脉每边有 7~8 条，细脉纤细，呈密网状。圆锥花序通常 2~4 生于枝顶，长约 3.5cm，短于叶片，上部分枝，具 6~10 花；花序梗长 2~2.5cm；花梗长 2~3mm；花白色；花被裂片不等大，长 3.4~4mm，宽 1.8~2.5mm，两面被柔毛，果时毛渐落；雄蕊长约 3.5mm，第 3 轮雄蕊的腺体无柄，退化雄蕊被柔毛；子房球形。果序常顶生或近顶生，长 2~8cm；果梗长 3~5mm；果球形，直径 0.8~1cm，成熟时黑色；花被裂片果时常脱落，有时宿存。花期 2~5 月；果期 6 月。

产地：坪山（张寿洲 SCAUF 556）、梅沙尖（王定跃 1531）、梧桐山（黄嘉聪等 CWT008 CANT）。生于山谷林中或山地路旁，海拔 300~700m。

分布：广东、澳门、香港、海南、广西和湖北。越南。

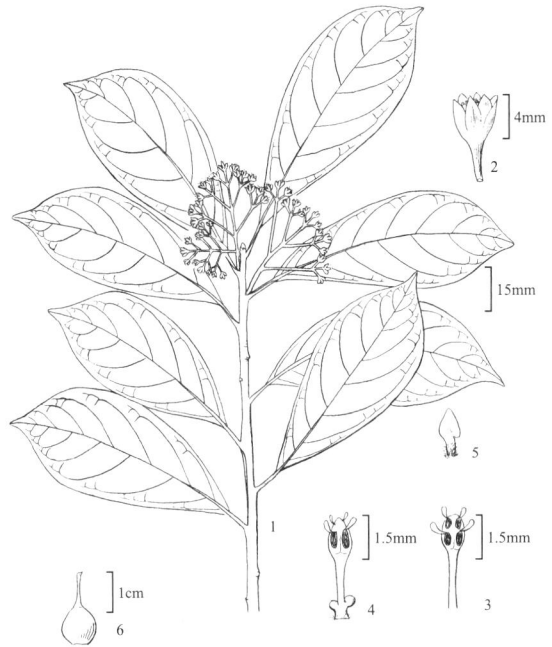

图 291 华润楠 Machilus chinensis
1. 分枝的一段，示叶和花序；2. 花；3. 第 1、2 轮雄蕊；4. 第 3 轮雄蕊，花丝基部为一对无柄的腺体；5. 退化雄蕊；6. 果。（林漫华绘）

8. 短序润楠 Short-flowered Machilus

图 292 彩片 440

Machilus breviflora（Benth.）Hemsl. in J. Linn. Soc. Bot. **26**（176）：374. 1891.

Alseodaphne breviflora Benth. Fl. Hongk. 292. 1891.

乔木，高约 8m。树皮灰褐色；小枝幼时被柔毛，后变无毛；顶芽卵球形，芽鳞被灰白色柔毛及缘毛。叶互生，常聚生于小枝顶部；叶柄长 3~5mm，无毛；叶片倒卵形或倒卵状披针形，革质，长 3.5~8.5（~10）cm，宽 1.5~2cm，基部楔形，先端短渐尖；下面粉绿色，上面绿色，两面无毛，中脉在下面凸起，在上面凹下，侧脉和网脉纤细。圆锥花序 3~6，顶生，长 2~6cm，有花 3~4，无毛；花序梗长 0.4~4cm；花梗长 2~3mm；花绿白色，长 7~9mm；花被裂片略不相等，通常外轮的较小，果期宿存，初时被微柔毛，后毛被渐脱落；雄蕊稍不等长，第 1、2 轮雄蕊长约 2mm，第 3 轮雄

图 292 短序润楠 Machilus breviflora
1. 分枝的一段，示叶和果序；2. 分枝的一段，示叶和花序。（林漫华绘）

蕊较长，具有柄的腺体，退化雄蕊箭头形，有柄，柄上被微柔毛；雌蕊长约 1.8mm，无毛。果序顶生，长 2~6cm；果梗长 3~5mm；果球形，直径 0.8~1cm，成熟时黑色。花期 6~7 月；果期 8~12 月。

产地：七娘山、田心山、三洲田（深圳考察队 85）、梅沙尖、沙头角（张寿洲等 4837）、梧桐山（深圳考察队 1807）、仙湖植物园、羊台山、内伶仃岛。生于山谷林中及溪旁，海拔 50~700m。

分布：广东、香港、海南及广西等地。

9. 广东润楠 Guangdong Machilus　　　图 293

Machilus kwangtungensis Yen C. Yang in J. W. China Bord. Res. Soc. Ser. B. **15**：77. 1945.

乔木，高达 10m，胸径 18cm。树皮灰褐色；幼枝密被锈色绒毛，老枝黑褐色，无毛；顶芽卵球形，芽鳞被柔毛。叶对生；叶柄长 0.8~1.3cm，初时被短柔毛，后毛被渐脱落；叶片长圆形或倒披针形，有时倒卵形或椭圆形，革质，长 5~16cm，宽 1.3~4cm，基部楔形，先端短渐尖至渐尖，下面被贴伏短柔毛，上面无毛，中脉在下面凸起，在上面凹下，侧脉每边有 10~12 条，纤细，在两面不明显或仅在背面稍明显。圆锥花序有花多数，顶生或常生于当年生枝条下部，偶有顶生，长 5~12.5cm，疏被灰黄色短柔毛；花序梗长 3~8cm，略扁；花梗长 4~8mm；花被裂片近等长，长圆形，长约 5mm，两面被淡灰黄色短柔毛；雄蕊的花丝基部被柔毛，第 3 轮雄蕊具有柄的腺体，退化雄蕊先端箭头状；子房无毛，花柱纤细。果序长 5~13cm，被疏或密的黄色短柔毛；果梗长 0.5~1.1cm，被短柔毛；果近扁球形，直径 7~9mm，成熟时黑色。花期 2~4 月；果期 4~6 月。

产地：笔架山（张寿洲等 1025）、马峦山、盐田（李沛琼 012880）、梅沙尖、梧桐山（张寿洲等 1132）、仙湖植物园、东湖公园。生于山地、山谷或沟谷林中，海拔 60~700m。

分布：广东、香港、广西、湖南及贵州。

10. 黄心树 芳槁润楠 Silky Machilus

图 294　彩片 441

Machilus gamblei King ex J. D. Hook. Fl. Brit. India **5**：138. 1886.

Machilus suaveolens S. K. Lee in Acta. Phytotax. Sin. **8**：187. 1963；海南植物志 **1**：272. 1964.

乔木，高约 7m，胸径达 24cm。树皮浅黑褐色或淡褐色；幼枝密被锈色绒毛，老枝无毛；顶芽小，卵

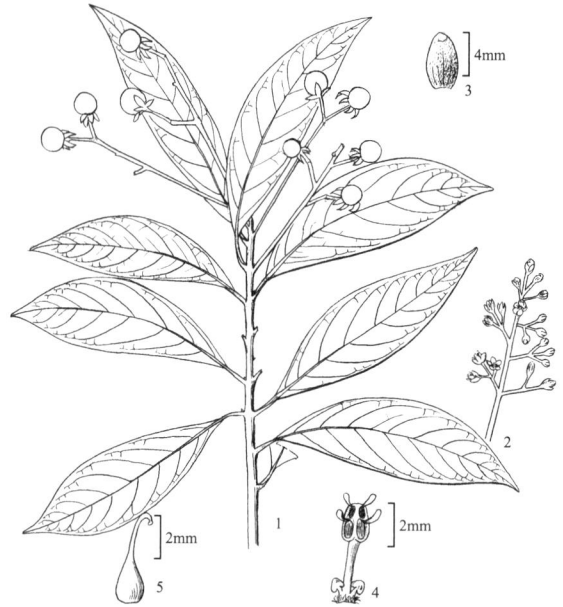

图 293 广东润楠 Machilus kwangtungensis
1. 分枝的一段，示叶和果序；2. 花序；3. 花被裂片；4. 第 3 轮雄蕊；5. 雌蕊。（林漫华绘）

图 294 黄心树 Machilus gamblei
分枝的一段，示叶及果序。（林漫华绘）

球形，芽鳞外面被短绒毛。叶互生；叶柄长 0.5~1cm，被绢毛；叶片薄革质，倒卵形或倒披针形，有时长椭圆形，长 5~7cm，宽 1~2.5cm，基部楔形或渐狭，先端急尖或短渐尖，下面粉绿色，被绢状微柔毛，上面绿色，有光泽；中脉在下面凸起，在上面平坦，侧脉每边有 7~10 条，在下面略凸起，在上面平坦。圆锥花序生于嫩枝的下部，长 4~13cm，密被绢状毛；花序梗长 4~8cm；花梗长约 5mm；花少数，稀疏；花被白色或淡黄色，花被筒短，花被裂片长圆形，近等长，长约 4mm，宽 1.5mm，两面被绢状毛；能育雄蕊长约 3mm，花丝基部具髯毛，无腺体，第 3 轮雄蕊的花丝具 1 对有短柄的腺体，退化雄蕊箭头状；子房近球形，无毛。果序长 6.5~13cm；果序梗长 3~6.5cm，被绢状毛至无毛；果梗长 0.5~1cm；果球形，直径 7~8mm，熟时呈黑色。花期 3~4 月；果期 5~6 月。

产地：三洲田（王国栋等 5899）。生于山地密林中，海拔 250~300m。

分布：广东、香港、海南、广西、云南和西藏。印度、不丹、尼泊尔、泰国、缅甸、老挝、柬埔寨和越南。

11. 浙江润楠 长序润楠 Chekiang Machilus

图 295　彩片 442　443　444

Machilus chekiangensis S. K. Lee in Acta Phytotax. Sin. **17**（2）：53，pl. 5，f. 4. 1979.

乔木，高 4~10m。树皮淡褐色；小枝无毛，仅幼时被柔毛；顶芽卵球形，芽鳞宽卵形，覆瓦状排列，外面被短柔毛。叶互生，常聚生于枝上部；叶柄长 1~2cm，无毛；叶片倒披针形或椭圆形至椭圆状披针形，薄革质至革质，长 4.5~11cm，宽 1.5~5.5cm，基部楔形，先端尾状渐尖，呈镰刀状，下面初时被贴伏小柔毛，后变无毛；中脉在下面凸起，在上面凹下，侧脉每边有 7~10 条，网脉纤细，网结成蜂窝状。圆锥花序生于当年生枝条下部，长 6~9（~14）cm，疏被黄色短柔毛或无毛；花序梗长 3~9cm；花梗长 3~8mm；花淡黄绿色，长约 5mm；花被裂片长圆形，长约 5mm，宽约 2mm，两面疏被微柔毛；能育雄蕊的花丝无毛或基部被微柔毛，第 3 轮雄蕊花丝具 1 对近无柄的腺体，退化雄蕊箭头状，基部具微柔毛；子房卵球形，无毛。

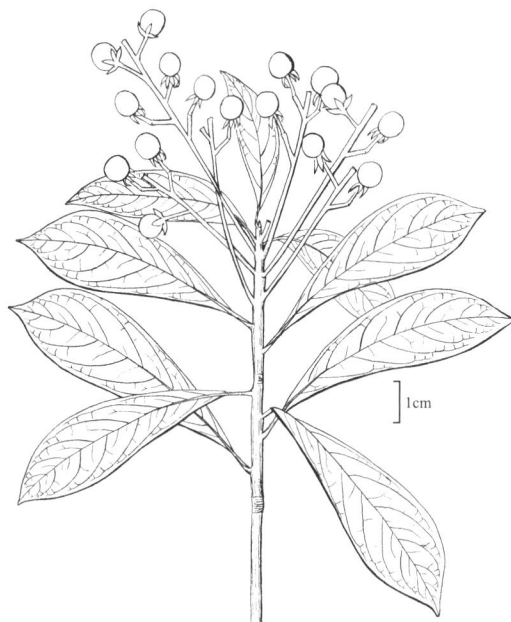

图 295 浙江润楠 Machilus chekiangensis 分枝的一段，示叶及果序。（林漫华绘）

果序梗呈红色，长 7~16cm，自中部或中上部分枝，疏被黄色短柔毛；果梗长 0.5~1cm；果近球形，略扁，直径 5~8mm，成熟时黑色。花期 2~5 月；果期 6~7 月。

产地：东涌（张寿洲等 2368）、西涌、七娘山（张寿洲等 03237）、南澳、马峦山、盐田、梧桐山（张寿洲等 0561）、羊台山。生于山坡阔叶林中或路旁，海拔 350~800m。

分布：浙江、福建、广东和香港。

用途：冠形优美，可用作道路、庭院绿化树种。

12. 刨花润楠 Many-nerved Machilus

图 296

Machilus pauhoi Kaneh. in Trop. Woods. 23：8. 1930.

乔木，高达 20m，胸径达 30cm。顶芽卵球形，外部芽鳞密被黄棕色或棕色绢毛；小枝无毛，仅嫩枝基部稍被黄棕色短柔毛。叶互生，常集生于小枝顶端，干时变黑色；叶柄长（0.7~）1~2cm，无毛；叶片椭圆形、狭椭圆形、披针形或倒披针形，革质，长 7~16（~20）cm，宽（1.5~）2~4cm，基部楔形或狭楔形，先端渐尖，下面被平伏绢毛，后毛被渐脱落，上面无毛，中脉在下面凸起，在上面凹下，侧脉 12-16 对，纤细，小脉结成网状，呈蜂窝状。聚伞圆锥花序生于当年生枝条下部，与叶近等长，被微柔毛，具少数花；花序梗长 3.5~7.5cm；中部或上部的花梗纤细，长 0.8~1.3cm；花被裂片卵状披针形，长约 6mm，两面均被微柔毛；能育雄蕊的花丝无毛，第 3 轮雄蕊花丝具 1 对有柄的腺体，退化雄蕊与第 3 轮雄蕊的腺体等长，长约 1.5mm；子房近球形，花柱与子房等长。果梗长 4~8mm；果球形，直径约 1cm，成熟时黑色。花期 3~4 月；果期 4~5 月。

产地：南澳（张寿洲等 010268）、梧桐山、观澜（张寿洲等 1300）、羊台山（深圳植物志采集队 013737）。生于山坡灌丛或山谷林中，海拔 250~600m。

分布：浙江、江西、福建、广东、香港、广西和湖南。

用途：木材有光泽，结构细致均匀，用作建筑及家具加工；木材刨成薄片浸水能产生黏液，可作建筑黏合剂。

13. 薄叶润楠 Thin-leaved Machilus

图 297　彩片 445　446

Machilus leptophylla Hand. -Mazz. Symb. Sin. **7**: 252. 1931.

大乔木，高达 20m。树皮灰褐色；顶芽卵球形或近球形，外层芽鳞宽卵形，长约 2mm，外面无毛，内层芽鳞密被黄褐色绢毛；小枝近无毛，仅幼时被柔毛，稍具皮孔。叶互生或于当年生枝条上端聚生，干后不变为黑色；叶柄长约 1~3cm，无毛；叶片倒卵状长圆形，薄纸质，长 13~24（~32）cm，宽 3.5~7（~8）cm，基部楔形，先端短渐尖，下面灰绿色，幼时密被贴伏绢毛，而后毛被渐稀疏至无毛，上面无毛，中脉腹凹背凸，侧脉每边有 18~20（~24）条，新鲜时带红色。圆锥花序 6~10，生于当年生枝条下部，长 8~12（~15）cm，柔弱，具花多数，被灰白色微柔毛；花序梗、分枝和花梗均疏被灰色微柔毛；花梗长约 5mm；花白色，长约 7mm；花被裂片长圆状椭圆形，近等长，内面无毛或疏被微柔毛，背面具粉质微柔毛，边缘有缘毛；能育雄蕊的花药的药室顶端有短尖，花丝近线形，基部有簇毛，第 1、2 轮雄蕊的花药 4 室，内向，上方 2 室有时变成 1 室，下方 2 室较长，第 3 轮雄蕊长 4~5mm，花药 4 室，下方 2 室较长，外向，上方 2 室内向，花丝有 1 对具柄圆状肾形的腺体，退化雄蕊长约 2mm，具柄，上部略增大，先端三角形；子房卵球形，无毛。果梗长 0.5~1cm；果球形，直径约 1cm。花果期 4~6 月。

产地：七娘山、排牙山、笔架山（王定跃等 6725）、梧桐山（王定跃等 1065；张寿洲等 SCAUF 1026）。生于山谷阔叶林中，海拔约 500m。

分布：江苏、浙江、福建、广东、香港、广西和湖南。

用途：根入药，有消肿、解毒作用，外用治疮疖。

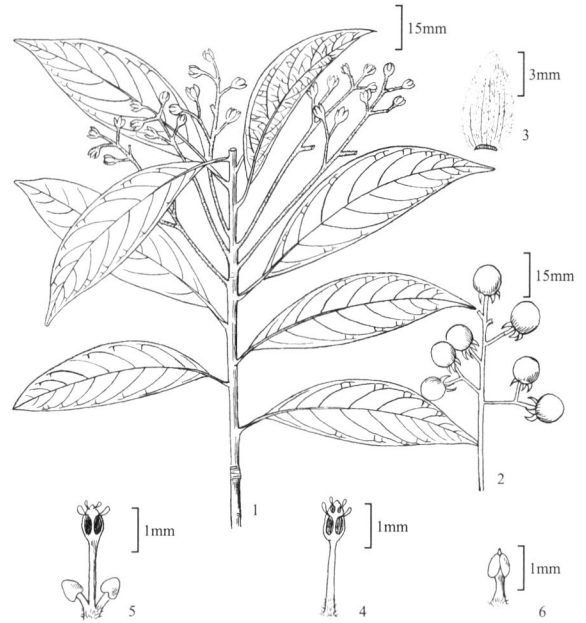

图 296 刨花润楠 Machilus pauboi
1. 分枝的一段，示叶和花序；2. 果序；3. 外轮花被裂片；4. 第 1、2 轮雄蕊；5. 第 3 轮雄蕊，花丝基部为一对有柄的腺体；6. 退化雄蕊。（林漫华绘）

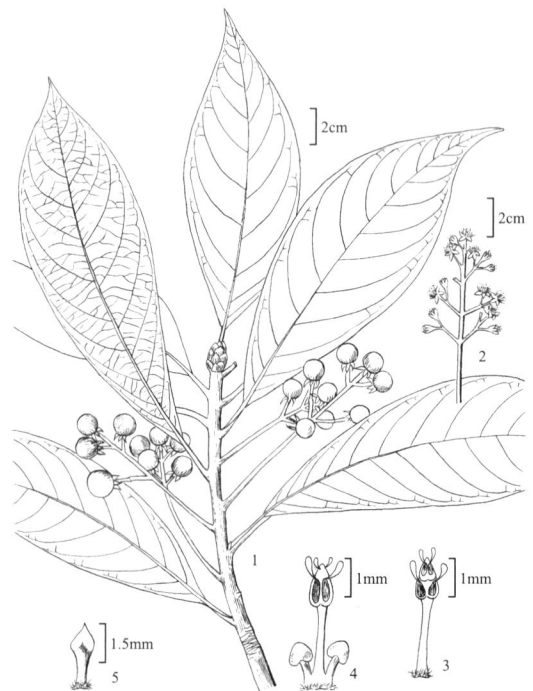

图 297 薄叶润楠 Machilus leptophylla
1. 分枝的一段，示叶及果序；2. 圆锥花序；3. 第 1、2 轮雄蕊；4. 第 3 轮雄蕊，花丝基部为一对有柄的腺体；5. 退化雄蕊。（林漫华绘）

4. 鳄梨属 Persea Mill.

常绿乔木或灌木。叶互生,具叶柄;叶片边缘全缘,具羽状脉。聚伞圆锥花序腋生或近顶生,由具花序梗的聚伞花序或近伞形花序所组成,具苞片及小苞片;花多数,两性,具花梗;花被筒短,花被裂片6,排成2轮,内外轮近等长或外3略小,花后增厚,早落或宿存;能育雄蕊9,3轮,花丝丝状,扁平,花药4室,第1、2轮雄蕊花丝无腺体,药室内向,第3轮花丝基部具2腺体,药室外向或上2室侧向,下2室外向,第4轮为退化雄蕊,箭头状心形,具柄,柄被柔毛;花柱纤细,被毛,柱头盘状。果梗稍增粗,肉质或圆柱形;花被筒不形成果托,宿存的花被裂片直立或开展,紧贴果实基部;核果肉质,球形或梨形。

约50种,主产于南、北美洲,少数种产于东南亚。我国引进栽培1种。深圳有栽培。

鳄梨 Avocado 图 298 彩片 447 448

Persea americana Mill. Gard. Dict. ed. 8, Persea. 1768.

常绿乔木,高约10m。树皮灰绿色,纵裂。叶互生;叶柄长2~5cm,上面具凹槽,疏被短柔毛;叶片长圆形、卵形、倒卵形或倒卵状长圆形,革质,长8~20cm,宽5~12cm,基部楔形、阔楔形或近圆形,边缘稍波状,先端骤尖,幼时两面被黄褐色短柔毛,逐渐变稀疏或秃净,下面稍带白粉,中脉在下面凸起,在上面凹下,羽状脉,侧脉每边有5~8条,横脉及细脉明显,在下面凸起,在上面平坦。聚伞圆锥花序多数生于小枝下部,长8~14cm,与各级分枝均被黄褐色短柔毛;苞片及小苞片披针形,长2~5mm,密被黄褐色柔毛;花序梗长4.5~7cm;花梗长约6mm;花长5~6mm,淡绿黄色;花被筒倒锥形,长约1mm,花被裂片6,长圆形,长4~5mm,先端钝,外轮3较小,花后均增厚,早落;能育雄蕊9,长约4mm,花丝丝状,扁平,密被柔毛,花药长圆形,4室,第1、2轮雄蕊的花丝无腺体,花药的药室内向,第3轮雄蕊的花丝基部有1对扁平、橙色、卵形的腺体,花药的药室外向,退化雄蕊3,位于最内轮,箭头状心形,长约0.6mm,无毛,具柄,柄长约1.4mm,被疏柔毛;子房卵球状,长约1.5mm,密被短柔毛,花柱长约2.5mm,被疏柔毛,柱头盘状。果大,通常梨形,有时卵球形或球形,长8~18cm,黄绿色或淡红褐色,外果皮木栓质,中果皮肉质,可食用。花期2~3月;果期8~9月。

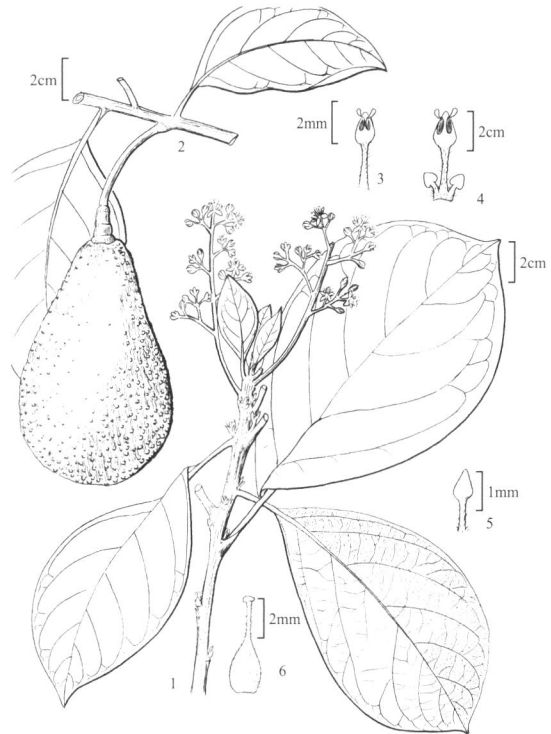

图 298 鳄梨 Persea americana
1. 分枝的一段,示叶和花序;2. 分枝的一段,示叶和核果;
3. 第1、2轮雄蕊;4. 第3轮雄蕊,花丝基部为一对腺体;
5. 退化雄蕊;6. 子房。(林漫华绘)

产地:儿童公园(陈景方等1876;科技部2608)。深圳公园或公共绿地时有栽培。

分布:原产于热带美洲。我国福建、台湾、广东、香港、澳门、海南、广西、四川和云南等地区有少量栽培。世界热带至温带地区广为栽培。

用途:果实含丰富的维生素、脂肪及蛋白质,可作水果及菜肴等;其榨取的脂肪油,为食品、医药及花妆品所使用。

5. 琼楠属 Beilschmiedia Nees

常绿乔木或灌木。顶芽显著,扁或圆,被毛或无毛。叶对生、近对生或互生,具柄;叶片革质、厚革质,稀坚纸质或膜质，边缘全缘，羽状脉，横脉及细脉常网结成蜂窝状。花序短，多为聚伞圆锥花序，稀为腋生花束或近总状花序；幼花序有时由覆瓦状排列、早落的苞片所包被；花序梗和花梗花后有时增长；花小，两性；花被筒短，花被裂片6（~8），脱落；能育雄蕊9，稀6或8，3轮，花药2室，第1、2轮雄蕊药室内向，花丝无腺体，第3轮雄蕊药室外向，花丝基部有2腺体，腺体具柄或无柄，第4轮为退化雄蕊，退化雄蕊卵球形、心形或三角形，具短柄；子房卵球形，先端渐狭成花柱。果为浆果，椭圆体形、卵状椭圆体形、圆柱形、倒卵球形或近球形，不为花被筒包被，无果托；果梗增粗或不增粗；无宿存花被。

约300种，分布于热带地区，主产于非洲、亚洲、大洋洲及美洲。我国产39种。深圳有4种。

1. 顶芽被短柔毛或绒毛。
  2. 叶片上面中脉下陷，网脉干后呈蜂巢状小窝穴 ························· 1. **网脉琼楠 B. tsangii**
  2. 叶片上面和下面中脉均凸起，网脉干后不呈蜂巢状小窝穴 ············· 2. **美脉琼楠 B. delicata**
1. 顶芽无毛。
  3. 花序通常腋生；花被裂片无腺状斑点 ····························· 3. **广东琼楠 B. fordii**
  3. 花序顶生，稀腋生；花被裂片密被腺状斑点 ···················4. **短序琼楠 B. brevipaniculata**

1. 网脉琼楠 Tsang's Beilschmiedia   图 299
Beilschmiedia tsangii Merr. in Lingnan Sci. J. **13**: 27. 1934.

    乔木，高达25m，胸径约60cm。树皮灰褐色或灰黑色；小枝与顶芽均密被黄褐色绒毛或短柔毛。叶互生或有时近对生；叶柄长0.5~1.4cm，密被褐色绒毛；叶片革质，椭圆形至长椭圆形，长6~9（~14）cm，宽1.5~4.5cm，基部急尖或近圆形，先端急尖，具钝尖头，有时圆或有缺刻，下面苍白色，上面灰褐色或绿褐色，两面具光泽；中脉在下面凸起，在上面下陷，侧脉每边7~9条，网脉纤细，密网状，干后明显地呈蜂巢状小窝穴。圆锥花序腋生，长3~5cm，微被柔毛；花梗长1~2mm；花白色或黄绿色；花被裂片阔卵形，长约2mm，外面被柔毛；花丝被微柔毛，第1、2轮雄蕊的花丝无腺体，第3轮雄蕊的花丝近基部具1对无柄的腺体，退化雄蕊箭头形，长约1mm；子房无毛。果序长6cm以上；果梗粗壮，长约5mm，直径1.5~3.5mm；果椭圆体形，长1.5~2cm，宽0.9~1.5cm，成熟时黑色；果皮具小瘤状凸起。花期5月；果期7~12月。

    产地：七娘山（邢福武11633，IBSC）。生于山地密林中。

    分布：台湾、广东、海南、广西和云南。越南。

图 299 网脉琼楠 Beilschmiedia tsangii
分枝的一段，示叶和果序。（林漫华绘）

2. 美脉琼楠 Pretty-nerved Slugwood   图 300
Beilschmiedia delicata S. K. Lee & Y. T. Wei in Acta Phytotax. Sin. **17**（2）: 65. 1979.

    乔木，高达20m。树皮灰色或灰褐色；小枝无毛或被短柔毛；顶芽小，密被淡黄色短柔毛或绒毛。叶互生或近对生；叶柄长0.6~1.3cm，被微柔毛；叶片长卵状披针形或倒卵形，革质，长（5~）7~12cm，宽2~4cm，基部楔形或宽楔形，稍偏斜，先端渐尖或钝尖，稀短尖，两面无毛或下面被微柔毛，中脉较粗壮，在叶两面均明显凸起，侧脉每边有 8~12 条，网脉疏散，在两面凸起，干后不呈蜂巢状小窝穴。聚伞圆锥花序腋生或顶生，长 3~6cm，各部均被短柔毛；花梗长 2~8mm；苞片早落；花黄绿色；花被筒短，花被裂片卵形至长圆形，长 1.5~2.5mm，被短柔毛；能育雄蕊 9，3 轮，花丝被短柔毛，第 1、2 轮雄蕊的药室内向，花丝无腺体，第 3 轮雄蕊的药室外向，花丝基部有 2 具柄的腺体，退化雄蕊 3，具短柄；子房卵球形。果梗长 0.5~1cm，粗壮，直径 2~3mm；果椭圆体形或倒卵状椭圆体形，长 2~3cm，宽 1~2cm，未成熟时绿色，成熟时黑色，果皮密被瘤状小凸起。花果期 6~12 月。

产地：梅沙尖（深圳考察队 476）。生于山谷林中或路旁，海拔约 250m。

分布：广东、广西、贵州和云南等地。

3. 广东琼楠 Ford's Slugwood 图 301

Beilschmiedia fordii Dunn in J. Bot. **45**: 404. 1907.

乔木，高 6~18m。树皮青绿色；顶芽卵球形或披针形，芽鳞卵状披针形，无毛；小枝灰褐色或黑褐色，无毛。叶互生或对生；叶柄长 0.5~1cm，无毛；叶片薄革质，披针形、狭椭圆形至宽椭圆形，长 6~12cm，宽 2~4cm；基部宽楔形，先端渐尖或钝，两面无毛，下面浅绿色，上面深绿色，中脉在上面凹下，在下面凸起，侧脉每边有 6~10 条，纤细，网脉不很明显。聚伞圆锥花序通常腋生，长 1~3cm，着花多数；苞片上面被锈色短柔毛，早落；花梗长 3~6mm；花黄绿色；花被筒短，花被裂片卵形至披针形，长 1.5~2mm，无腺状斑点，无毛；能育雄蕊 9，3 轮，第 1、2 轮雄蕊的药室内向，花丝无腺体，第 3 轮雄蕊的药室外向，花丝基部有 2 腺体，腺体具柄或无柄，退化雄蕊 3，具短柄；子房卵球形。果梗长约 1cm，粗厚，直径 1.5~2mm；果椭圆体形，长 1.4~1.8cm，两端圆，果皮具瘤状小凸起。花期 6~12 月；果期 12 月至翌年 6 月。

产地：田心山（张寿洲 SCAUF594）。生于山地林中，海拔 400~450m。

分布：江西、湖南、广东、香港、广西和四川。越南。

图 300 美脉琼楠 Beilschmiedia delicata
分枝的一段，示叶和果序。（林漫华绘）

图 301 广东琼楠 Beilsmiedia fordii
分枝的上段，示叶和果。（林漫华绘）

4. 短序琼楠 Short Panicle Slugwood   图 302
Beilschmiedia brevipaniculata C. K. Allen in J. Arnold Arb. **23**：446. 1942.

小乔木，高 3~7m，全株无毛。树皮灰褐色；幼枝红褐色，老枝黑褐色；顶芽卵球形或披针形，长 0.5~1cm，宽约 2mm。叶对生或近对生，通常聚生于枝顶；叶柄长 0.7~1.5cm；叶片革质，披针形、椭圆形或宽椭圆形，长 5~8.5cm，宽 1~2.8cm；基部楔形或宽楔形，先端短渐尖或钝，上面深绿色，干后深褐色，平滑，有光泽，下面红褐色，稀圆，中脉在上面凹下，在下面凸起，侧脉每边有 6~8 条，纤细，在上面不明显，在下面略明显，网脉蜂窝状。聚伞圆锥花序顶生，稀腋生，长约 1.5cm；花序梗长 2~3mm；花梗长 1~2mm；花小，淡黄色；花被筒短，花被裂片卵形，长约 1.5mm，密被腺状斑点；能育雄蕊 9，3 轮，第 1、2 轮的药室内向，花丝无腺体，第 3 轮雄蕊药室外向，花丝基部有 2 腺体，退化雄蕊 3，具短柄；子房卵球形。果梗长约 1cm，粗约 2mm；果椭圆体形，长约 1.7cm，直径约 1.1cm，常具瘤状小凸起。花期 6~10 月；果期 11 月至翌年 2 月。

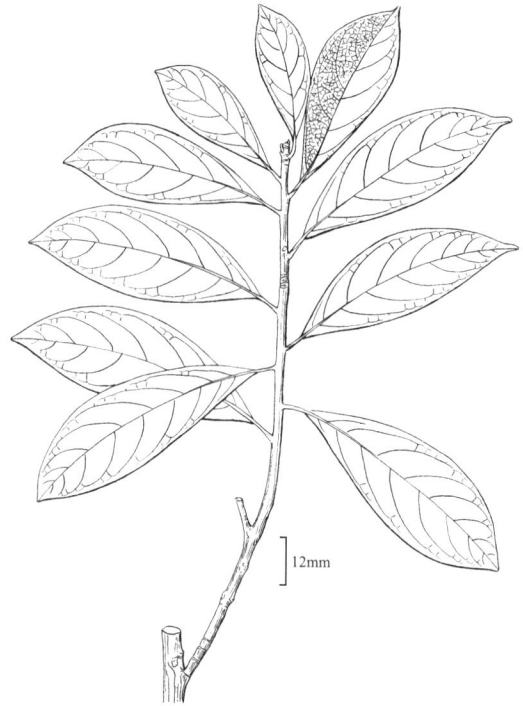

图 302 短序琼楠 Beilschmiedia brevipaniculata 分枝的一部分。（林漫华绘）

产地：东涌（王国栋等 7707）。生于山地水沟旁，海拔 150~200m。

分布：广东、海南和广西。

6. 厚壳桂属 Cryptocarya R. Br.

常绿乔木及灌木。顶芽小，芽鳞少数。叶互生，稀近对生，具叶柄；叶片边缘全缘，具羽状脉，稀具离基三出脉。圆锥花序腋生、顶生或近顶生；花两性，小；花被筒陀螺形或卵球形，宿存，花后顶端收缩，花被裂片 6，近等大，早落；能育雄蕊 9，3 轮，着生于花被筒喉部，花药 2 室，第 1、2 轮雄蕊的花丝无腺体，药室内向，第 3 轮雄蕊花丝基部有 1 对具柄的腺体，药室外向，第 4 轮为退化雄蕊，退化雄蕊具短柄，无腺体；子房无柄，为花被筒所包被，花柱近线形，柱头小，不明显，稀盾状。果为核果状，圆球形、椭圆体形或长圆体形，全部包藏在肉质或稍硬化、增大呈壶状的花被筒内；顶端具小口，平滑或具多数纵棱。

约 200~250 种，分布于世界热带、亚热带地区，未见产于中非，中心在马来西亚，远达澳大利亚及智利。我国产 21 种。深圳有 2 种。

1. 叶具离基三出脉；果球形或扁球形，纵棱 12~15 ················· **1. 厚壳桂 C. chinensis**
1. 叶具羽状脉；果长椭圆体形，纵棱 12，不明显 ················· **2. 黄果厚壳桂 C. concinna**

1. 厚壳桂 Chinese Cryptocarya   图 303 彩片 449 450
Cryptocarya chinensis（Hance）Hemsl. in J. Linn. Soc.，Bot. **26**：370. 1891.
Beilschmiedia chinensis Hance in J. Bot. **20**：79. 1882.

乔木，高达 20m，胸径达 10cm。树皮暗灰色；幼枝密被黄褐色柔毛，后毛渐脱落，老枝淡褐色，粗壮。叶互生或近对生；叶柄长约 1~1.4cm；叶片长椭圆形，革质，长（5~）6.5~11cm，宽（2~）2.5~5.5cm，基部宽楔形，先端短或长渐尖，两面幼时被浅棕色短柔毛，后毛渐脱落，下面苍白色，上面绿色，光亮，具离基三出

脉，三出脉在下面凸起，在上面凹下，侧脉每边有
2~3 条，横脉纤细，网脉蜂窝状，不明显。圆锥花序
长 1~4cm，腋生和顶生；花序梗、花梗及花被两面均
被黄色短柔毛；花梗极短，长约 0.5mm；花淡黄色，
长约 3mm；花被筒陀螺形，长 1~1.5mm，花被裂片近
倒卵形，约 2mm；能育雄蕊 9，3 轮，花丝略长于花
药，被柔毛，花药 2 室，第 1、2 轮雄蕊长约 1.5mm，
花药药室内向，第 3 轮雄蕊长约 1.7mm，退化雄蕊
位于内轮，钻状箭头形，被柔毛；子房棍棒状，长
约 2mm，花柱丝状，柱头不明显。果球形或扁球形，
长 7.5~9mm，直径 0.9~1.2cm，成熟时紫黑色，纵棱
12~15 条。花期 4~5 月；果期 8~12 月。

产地：七娘山（张寿洲等 5365）、南澳、笔架山
（华农仙湖采集队 SCAUF703）、田心山、梧桐山（张
寿洲等 0551，5254）和羊台山。生于山谷的阔叶林中，
海拔 100~600m。

分布：福建、台湾、广东、香港、海南、广西和
四川等地。

用途：木材纹理通直，结构细致，不易裂开及变形，
供作上等家具、高级工艺品用材。

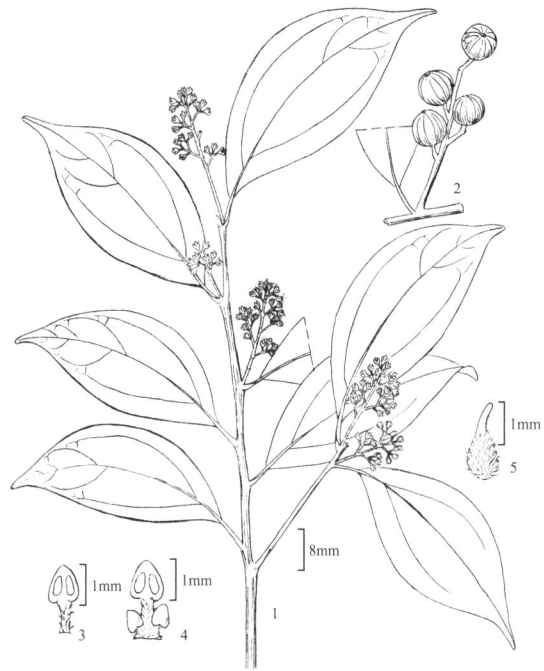

图 303 厚壳桂 Cryptocarya chinensis
1. 分枝的一段，示叶和花序；2. 果枝；3. 第 1、2 轮雄蕊；4.
第 3 轮雄蕊；5. 雌蕊。（林漫华绘）

2. **黄果厚壳桂** 黄果桂 Elegant Cryptocarya
图 304　彩片 451　452

Cryptocarya concinna Hance in J. Bot. **20**: 79. 1882.

乔木，高达 18m，胸径达 35cm。树皮淡褐色；
幼枝纤细，被黄褐色短绒毛，老渐无毛，老枝灰褐
色，无毛。叶互生；叶柄长 0.4~1cm，被黄褐色短柔
毛，渐变无毛；叶片长圆状椭圆形或长圆形，薄革质，
长（3~）5~10cm，宽（1.5~）2~3cm，基部楔形，两侧
稍不对称，先端急尖或短渐尖，下面绿白色，略被短
柔毛，后变无毛，上面无毛，具羽状脉，中脉在下面
凸起，在上面凹下，侧脉每边有 4~7 条，在下面明显，
在上面不明显，横脉及细脉呈不规则的网状。圆锥花
序有花多数，腋生及顶生，长（2~）3~8cm，被短柔
毛；花序梗被短柔毛；花梗长 1~2mm，被短柔毛；花
长约 3.5mm；花被两面被短柔毛，花被筒近钟形，长
约 1mm，花被裂片长圆形，长约 3.5mm，先端钝；能
育雄蕊 9，3 轮，花丝长约 1.5mm，基部被柔毛，花
药长圆形，长约 1mm，第 1、2 轮雄蕊花药药室内向，
花丝无腺体，第 3 轮雄蕊花药药室外向，花丝基部有
1 对具柄的腺体，退化雄蕊 3，位于最内轮，三角形
披针形，长 1~1.5mm；子房包被于花被筒内，狭倒卵状，
上端渐狭成花柱，柱头斜截形。果长椭圆体形，长

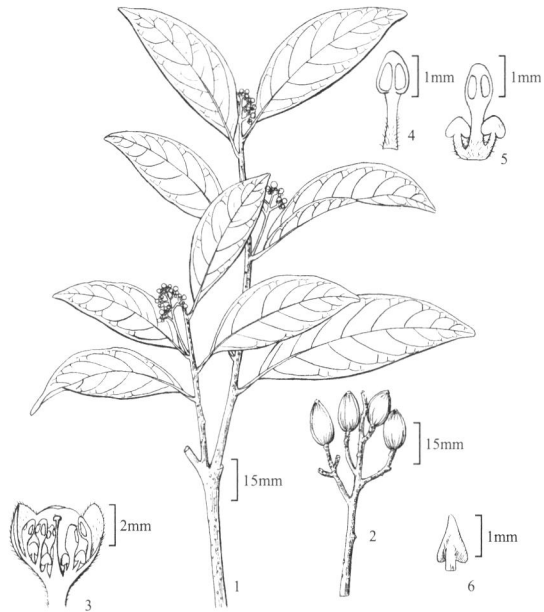

图 304 黄果厚壳桂 Cryptocarya concinna
1. 分枝的一段，示叶和花序；2. 果枝；3. 花的纵切面，示
花被裂片、雄蕊和雌蕊；4. 第 1、2 轮雄蕊；5. 第 3 轮雄蕊；
6. 退化雄蕊。（林漫华绘）

1.5~2cm，直径约 7mm，成熟时黑色或蓝黑色，幼时有纵棱 12，成熟时纵棱不明显。花期 3~5 月；果期 6~12 月。

产地：仙湖植物园（陈景方等 1861；陈潭清 1823）。生于山坡或路旁，海拔 80~200m。

分布：江西、福建、台湾、广东、香港、海南、广西和贵州。越南。

用途：木材结构细致，坚韧且重，耐水湿但易受虫蛀，纵切面具光泽，可作家具用材。

7. 月桂属 Laurus L.

常绿小乔木或灌木状。叶互生，具叶柄；叶片边缘全缘，具羽状脉。花单性，雌雄异株，数花组成伞形花序，1~3 花序簇生于叶腋或排成短总状，开花前由交互对生的 4 苞片所包，呈球形；花被筒短，花被裂片 4，近等大；雄花：雄蕊 8~14，通常为 12，排列 3 轮，第 1 轮雄蕊花丝无腺体，第 2、3 轮雄蕊花丝有 1 对无柄肾形的腺体，花药 2 室，药室内向，无退化雄蕊；雌花：具 4 枚退化雄蕊，退化雄蕊与花被裂片互生，退化雄蕊的花丝顶端有成对无柄的腺体，成对腺体顶端之间有 1 延伸呈披针形舌状体；子房卵球形，1 室，1 胚珠，花柱丝状，柱头通常稍增大，钝三棱形。果卵球形，宿存的花被筒不增大或稍增大，撕裂或完整。

2 种，产于马加罗尔群岛和地中海地区。我国引入栽培 1 种。深圳也有栽培。

月桂 Greciam Laurel　　　　　　　　图 305

Laurus nobilis L. Sp. Pl. **1**：369，1753.

常绿小乔木或灌木状，通常高 3~6m。树皮黑褐色；小枝圆柱形，具纵细条纹，嫩时被微柔毛，老渐无毛。叶互生；叶柄长 5~8mm，无毛；叶片革质，长圆形或长圆状披针形，长 4.5~9.5cm，宽 2~3.5cm；基部宽楔形，边缘波状，先端急尖或渐尖，下面浅绿色，上面深绿色，两面无毛；具羽状脉，侧脉每边有 8~10 条，中脉和侧脉在两面均凸起。伞形花序 1~3 簇生于叶腋或为短总状排列，开花前由交互对生的 4 苞片所包，呈球形；苞片外面无毛，内面被绢状毛；花序梗长达 7mm，被疏微柔毛或近无毛；每一伞形花序常有雄花 5，雄花：小，绿色，花梗长约 2mm，被短柔毛，花被筒短，外面密被柔毛，花被裂片 4，宽倒卵形或近圆形，两面被紧贴的长柔毛，能育雄蕊通常 12，排列 3 轮，第 1 轮雄蕊花丝无腺体，第 2、3 轮雄蕊花丝中部有 1 对无柄肾形的腺体，花药椭圆体形，2 室，药室内向，无退化雌蕊；雌花：退化雄蕊 4 枚，与花被裂片互生，退化雄蕊的花丝顶端有 1 对无柄的腺体，腺体之间顶端有 1 延伸呈披针形舌状体，子房卵球形，

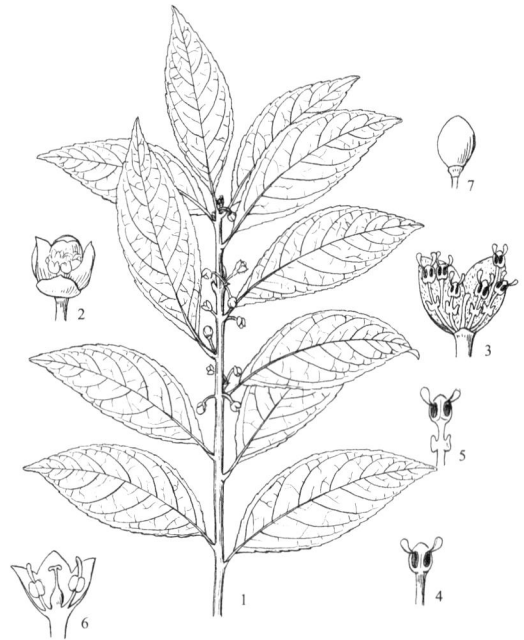

图 305 月桂 Laurus nobilis
1. 分枝的一段，示叶和花序；2. 雄性伞形花序，示交互对生的 4 枚苞片和 5 朵雄花；3. 雄花纵切面；4. 第 1 轮雄蕊；5. 第 2、3 轮雄蕊；6. 雌花纵切面，示花被裂片、退化雄蕊和雌蕊；7. 果。（林漫华绘）

1 室，1 胚珠，花柱丝状，柱头稍膨大，钝三棱形。果卵球形，成熟时紫黑色。花期 3~5 月；果期 6~9 月。

产地：儿童公园（科技部 2603）。深圳市其他公园时有栽培。

分布：原产于地中海地区。我国江苏、浙江、福建、台湾、广东、广西、云南和四川有引种栽培。

用途：叶和果含芳香油，用作食品和皂用香精原料；叶可作调味香料或作罐头调味剂。

8. 新木姜子属 Neolitsea Merr.

常绿乔木或灌木。叶互生或聚生于枝端呈轮生状，稀近对生，具叶柄；叶片边缘全缘，具离基三出脉，稀

羽状脉或近离基三出脉。花单性，雌雄异株；伞形花序单生或簇生，无梗或具短梗；苞片大，交互对生，迟落；花被筒短，花被裂片 4，2 轮，花后脱落；雄花具能育雄蕊 6，3 轮，花药 4 室，均内向瓣裂，第 1、2 轮雄蕊花丝无腺体，第 3 轮雄蕊花丝基部有 1 对腺体；退化雌蕊有或无；雌花具退化雄蕊 6，3 轮，棍棒状，第 1、2 轮退化雄蕊的花丝无腺体，第 3 轮退化雄蕊花丝基部有 1 对腺体；子房上位，花柱明显，柱头盾状。果梗稍粗壮；浆果状核果着生于盘状或杯状的果托（宿存的花被筒）上。

约 85 种 8 变种，分布于印度、马来西亚至亚洲东部。我国产 45 种 8 变种。深圳有 5 种 1 变种。

1. 叶片具羽状脉或有近离基三出脉。
  2. 叶片下面沿脉被毛 ·· 1. 锈叶新木姜子 **N. cambodiana**
  2. 叶片两面无毛 ·· 1a. 香港新木姜子 **N. cambodiana** var. **glabra**
1. 叶片具离基三出脉。
  3. 叶片两面无毛 ·· 2. 鸭公树 **N. chui**
  3. 叶片下面有毛。
    4. 叶片大型，长 12~20cm ·································· 3. 大叶新木姜子 **N. levinei**
    4. 叶片较小，长 4~13cm。
      5. 叶片长 4~6.5cm；叶柄长 5~8mm ·············· 4. 美丽新木姜子 **N. pulchella**
      5. 叶片长 6~13cm；叶柄长 1~2cm ·············· 5. 显脉新木姜子 **N. phanerophlebia**

1. **锈叶新木姜子** Rustyleaf Newlitse   图 306
Neolitsea cambodiana Lecomte in Notul. Syst.
（Paris）**2**（11）：335. 1913.

Neolitsea ferruginea Merr. in Lingnan Sci. J. **7**：305. 1929；海南植物志 **1**：295.1964.

乔木，高达 12m，胸径 10~15cm。树皮灰褐色或黑褐色；小枝轮生或近轮生，有时密被黄褐色至锈色绒毛；顶芽卵球形，芽鳞外面密被锈色柔毛。叶 3~5，近轮生；叶柄长 1~1.5cm，密被黄褐色至锈色绒毛；叶片长圆状披针形或长圆状椭圆形，革质，长 10~17cm，宽 3.5~6cm；基部楔形，先端近尾尖或间有突尖，幼叶两面均密被黄褐色至锈色绒毛，后毛渐脱落，仅上面中脉基部和下面沿脉上被毛，下面苍白色；具羽状脉或近离基三出脉，中脉和侧脉在两面均凸起，侧脉每边有 4~5 条。伞形花序 5~7 簇生于叶腋，每花序有花 4~5；无花序梗或近无花序梗；花梗长约 2mm，密被锈色长柔毛；苞片 4，外面被短柔毛；雄花：花被裂片卵形，外面密被锈色长柔毛，内面基部有长柔毛，能育雄蕊 6，花丝基部被长柔毛，第 3 轮雄蕊花丝有 1 对具短柄的小腺体，退化雌蕊无毛；雌花：花被裂

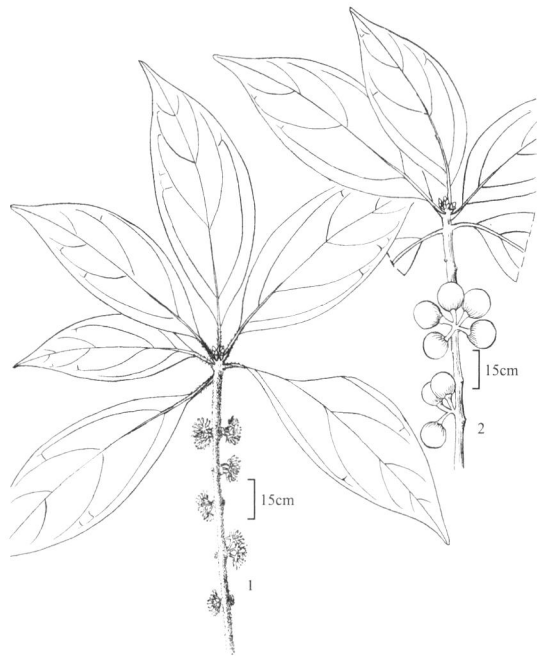

图 306 锈叶新木姜子 Neolitsea cambodiana
1. 分枝的一段，示叶和花序；2. 分枝的一段，示叶和果序。
（林漫华绘）

片条形或卵状披针形，退化雄蕊基部有柔毛，子房卵形，无毛或被稀疏柔毛，花柱被柔毛，柱头 2 裂。果梗长约 7mm，被长柔毛；果球形，直径 0.8~1cm，无毛；果托盘状，直径 2~3mm，边缘常有不增厚的宿存花被裂片。花期 10~12 月；果期翌年 4~8 月。

产地：南澳（张寿洲等 0835）。生于山地林缘，海拔 100~200m。
分布：江西、福建、广东、海南、广西和湖南。柬埔寨、老挝。

1a. 香港新木姜子 Glabrous Newlitse 彩片 453 454
Neolitsea cambodiana Lecomte var. **glabra** C. K.
Allen in Ann. Missouri. Bot. Gard. **25**: 418. 1938.

与锈叶新木姜的区别在于：幼枝和叶柄均被平伏
的黄褐色短柔毛；叶片长圆状披针形、倒卵形或椭圆
形，基部楔形，先端渐尖或骤尖，两面无毛，下面被
白粉。

产地：西涌（张寿洲等 SCAUF 1019）。生于山地
灌木林中或路旁，海拔 100~200m。

分布：福建、广东、香港和广西。

2. 鸭公树 青胶木 Bigleaf Newlitse
图 307 彩片 455 456 457
Neolitsea chui Merr. in Lignan Sci. J. **7**: 306.
1929.

乔木，高 8~18m，胸径达 40cm。除芽鳞及花序
外，其他各部均无毛。顶芽大，卵球形，芽鳞近无毛
或毛被渐落。叶互生或集生于枝顶呈近轮生状；叶柄
长（1.5~）2~3cm；叶片椭圆形、长圆状椭圆形或卵状
椭圆形，革质，长（7~）7.5~16cm，宽 2.5~7cm；基部
楔形或阔楔形，先端渐尖，具离基三出脉，中脉和侧
脉在两面均凸起，侧脉每边有 3~5 条，横脉明显，网
脉在两面稍呈蜂窝状。伞形花序多数簇生于叶腋或枝
顶；每花序具花 5~6；花序梗短或无；花梗长 4~5mm，
被灰色柔毛；花被筒短，花被裂片 4，卵形或长圆形，
外面基部及中肋被柔毛，内面基部被柔毛；雄花：能
育雄蕊 6，花丝长约 3mm，基部被柔毛，第 3 轮雄
蕊的花丝基部有 1 对肾形腺体，退化雌蕊卵形，无
毛；雌花：子房卵形，无毛，花柱被稀疏柔毛。果梗
长 5~8（~10）mm，上端略增粗；果椭圆体形或近球形，
熟时呈红色，长约 1cm。花期 8~11 月；果期 8~12 月。

产地：大鹏、排牙山（张寿洲等 4530）、盐田、
梅沙尖（深圳考察队 196；徐有财 1523）、梧桐山（张
寿洲等 1455）。生于山坡或山谷的阔叶林中，海拔
250~950m。

分布：江西、福建、广东、香港、广西、湖南、
贵州和云南。

3. 大叶新木姜子 Large-leaved Neolitsea
图 308 彩片 458
Neolitsea levinei Merr. in Philipp. J. Sci., C, **13**
（3）：138.1918.

乔木，高达 22m。树皮灰褐色至深褐色，平滑；

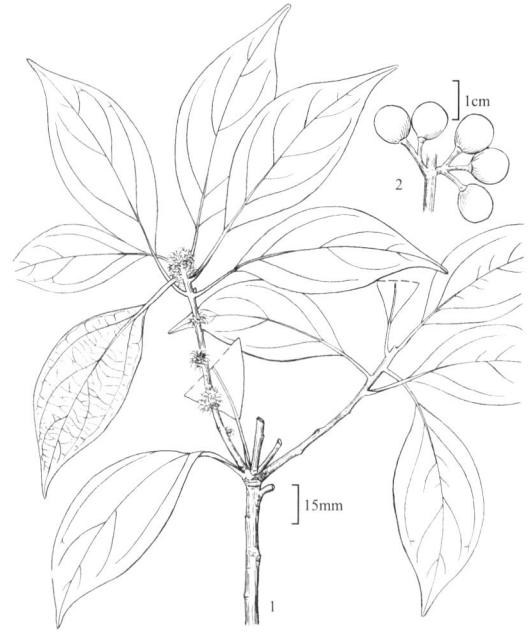

图 307 鸭公树 Neolitsea chui
1. 分枝的一段，示叶和花序；2. 果序。（林漫华绘）

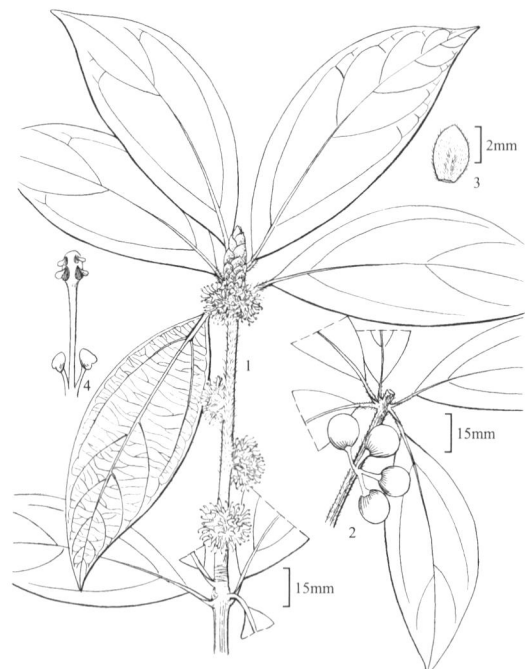

图 308 大叶新木姜子 Neolitsea levinei
1. 分枝的一部分，示叶和花序；2. 分枝的一部分，示叶和
果序；3. 花被裂片；4. 第 3 轮雄蕊，其花丝基部有 2 枚腺体。
（林漫华绘）

小枝圆柱形，幼时密被黄褐色柔毛，老时毛渐稀疏；顶芽大，卵球形，芽鳞外面被绣色短柔毛。叶 4~5，近轮生；叶柄长（1~）1.5~2cm，密被黄褐色柔毛；叶片长圆状披针形、长圆状倒披针形或椭圆形，革质，长 12~20cm，宽 4.5~12cm，基部楔形，先端急尖或短尖，下面幼时密被黄褐色长柔毛，老时毛渐脱落，被白粉，具离基三出脉，中脉和侧脉在两面均凸起，侧脉每边有 3~4（~6）条，下面横脉明显。伞形花序约有 5 花，数花簇生于侧枝叶腋；花序梗极短，长约 2mm；花梗长约 3mm，密被黄褐色柔毛；花被裂片 4，卵形，长约 3mm，黄白色，外面疏被柔毛，内面无毛；雄花：能育雄蕊 6，花丝无毛，第 3 轮雄蕊花丝基部具有柄腺体，退化雌蕊卵形，花柱被柔毛；雌花退化雄蕊长约 3mm，无毛，子房卵形，无毛，花柱短，被柔毛，柱头头状。果梗长 0.7~1cm，密被短柔毛；果椭圆体形或球形，长 1.2~1.8cm，宽 0.5~1.5cm，成熟后黑色。花期 3~6 月；果期 7~10 月。

产地：梧桐山（深圳植物志采集队 013462）。生于山谷或沟谷林中，海拔约 300m。

分布：江西、福建、广东、香港、广西、湖南、湖北、四川、贵州和云南。

4. 美丽新木姜子 美新木姜 Neolitsea　　　图 309
Neolitsea pulchella（Meisn.）Merr. in Philipp. J. Sci. C，**13**（3）：137. 1918.

Litsea pulchella Meisn. in DC. Prodr. **15**（1）：224. 1864.

小乔木，高 6~8m。树皮灰色或灰褐色；小枝纤细，幼时具褐色短柔毛，老时近无毛；顶芽卵球形或长圆体形，鳞片外面密生褐色短柔毛。叶互生或聚生于枝端呈轮生状；叶柄长 5~8mm，被黄褐色至褐色短柔毛；叶片椭圆形或长圆状椭圆形，革质，长 4~6.5cm，宽 2~3cm，基部楔形，先端渐尖至尾尖，下面粉绿色，幼时具灰色长柔毛，老时渐无毛或近于无毛，上面具光泽，有时被易落的黄褐色长柔毛，具离基三出脉，侧脉每边有 3~4 条，除最下部一对侧脉外，其余侧脉多从叶中部或中部以上发出，侧脉纤细，有时网脉联结稍呈蜂窝状。伞形花序腋生，单个或 2~3 个簇生状于侧枝或叶腋，无花序梗或近于无花序梗；雄花序有花 4~5；花梗长约 2mm，密被长柔毛；花被裂片椭圆形，长约 2.5mm，宽约 1.5mm，两面被长柔毛；雄花能育雄蕊 6，花丝长约 2mm，下部被柔毛，第 3 轮雄蕊花丝基部有 1 对具柄圆形腺体，无退化雌蕊。果梗长 5~6mm，顶端略增粗；果球形，直径 4~6mm；果托呈浅盘状，直径约 2mm。花期 10~11 月；果期 6~9 月。

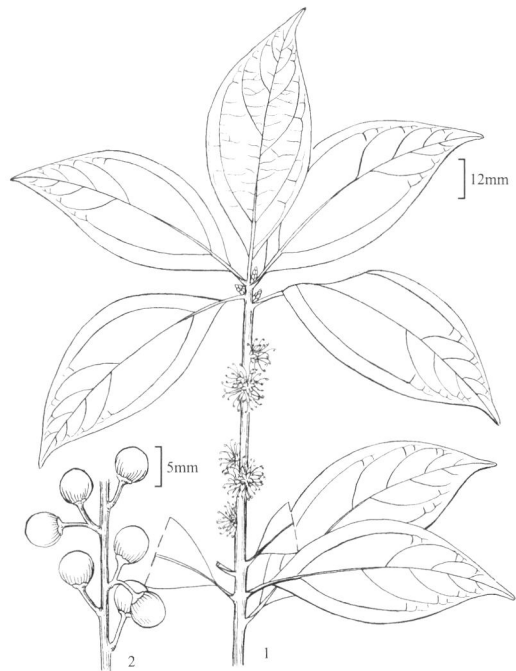

图 309 美丽新木姜子 Neolitsea pulchella
1. 分枝的一部分，示叶和花序；2. 果序。（林漫华绘）

产地：田心山（张寿洲等 SCAUF412）。生于山谷阔叶林中。

分布：福建、广东、香港和广西。

5. 显脉新木姜子 显脉新木姜 Conspicuous-nerved Neolitsea　　　图 310　彩片 459
Neolitsea phanerophlebia Merr. in Lingnan Sci. J. 7：305. 1929.

小乔木，高达 10m。树皮灰色或暗灰色；小枝黄褐色或紫褐色，密被近锈色短柔毛；顶芽卵球形，芽鳞外被锈色短柔毛。叶轮生或互生；叶柄长 1~2cm，密被近锈色短柔毛；叶片长圆形至长圆状椭圆形、长圆状披针形至卵形，纸质或薄革质，长 6~13cm，宽 2~4.5cm，基部急尖或钝，先端渐尖，下面粉绿色，密被平伏柔毛及长柔毛，离基三出脉，侧脉每边有 3~4 条，中脉和侧脉在两面均凸起，除最下部一对侧脉外，其余侧脉自叶中部或中部以下发出，横细脉在两面常明显。伞形花序 2~4 丛生于叶腋内或生于叶痕的腋内，花序有花 5~6；

花梗长 2~3mm，密被锈色柔毛，基部苞片 4，苞片外面被贴伏短柔毛；无花序梗；花被筒短，花被裂片 4，卵形，长约 3mm，宽约 2mm，外面被短柔毛，内面仅基部被短柔毛；雄花能育雄蕊 6，花丝长 2~2.5mm，基部被短柔毛，第 3 轮雄蕊的花丝有 1 对圆形腺体，无退化雌蕊。果梗长 5~7mm，被贴伏短柔毛，顶端稍增粗；果近球形，直径 5~9mm，无毛，熟时紫黑色。花期 10~11 月；果期 12 月至翌年 8 月。

产地：梧桐山（肖绵韵 53443，CANT）。生于山谷疏林中，海拔约 900m。

分布：江西、湖南、广东、香港、海南和广西。

9. 木姜子属 Litsea Lam.

落叶或常绿乔木或灌木。叶互生，稀对生或轮生，具叶柄；叶片边缘全缘，具羽状脉，稀三出脉。花单性，雌雄异株，常排成伞形花序、伞形聚伞花序或圆锥花序，花序单生或簇生于叶腋；苞片 4~6，交互对生，宿存；花被筒长或短，花被裂片通常 6，稀无或 8，排成 2 轮，早落；雄花：能育雄蕊 9 或 12，稀更多，第 1、2 轮雄蕊花药 4 室，药室内向，第 3、4 轮雄蕊花丝基部两侧有 1 对腺体，或此两轮雄蕊不存在，退化雌蕊有或无；雌花：具退化雄蕊，退化雄蕊与雄花中能育雄蕊数目相同，子房上位，花柱显著。果着生于增大的浅盘状或杯状果托（宿存的花被筒）上，也有花被筒在果期不增大，故无果托；果梗长或短，略增粗或不增粗。

约 200 种，分布于亚洲热带、亚热带地区，少数种分布于澳大利亚和北美至南美洲的亚热带地区。我国约 74 种 18 变种。深圳有 8 种 1 变种。

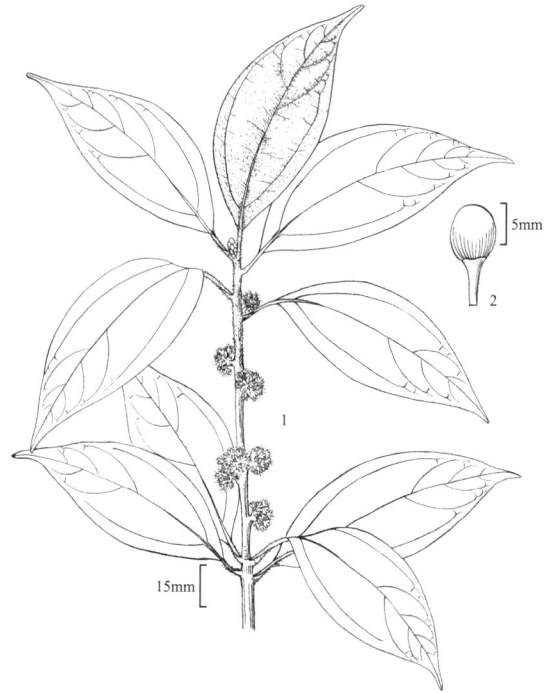

图 310 显脉新木姜子 Neolitsea phanerophlebia
1. 分枝的一部分，示叶和花序；2. 浆果状核果。（林漫华绘）

1. 落叶灌木或小乔木；叶片纸质或膜质 ·· 1. 山鸡椒 L. cubeba
1. 常绿灌木或乔木；叶片革质、薄革质或坚纸质。
  2. 花被裂片不完全或缺；能育雄蕊通常 15 或更多 ······················· 2. 潺槁木姜子 L. glutinosa
  2. 花被裂片 4~6；能育雄蕊 9。
    3. 果托杯状。
      4. 叶片两面近无毛 ································· 3. 华南木姜子 L. greenmaniana
      4. 叶片下面密被绒毛 ·································· 4. 尖叶木姜子 L. acutivena
    3. 果托浅盘状。
      5. 叶对生、轮生或近轮生，在枝下部互生或对生。
        6. 叶对生，兼有互生；叶片侧脉每边 5~8 条 ··············· 5. 剑叶木姜子 L. lancifolia
        6. 叶轮生或近轮生，在枝下部互生或对生；叶片侧脉每边 12~15 条 ········ 6. 轮叶木姜子 L. verticillata
      5. 叶全部为互生。
        7. 叶片较大，长度大于 7cm；果椭圆体形；果梗长约 1cm ·········· 7. 假柿木姜子 L. monopetala
        7. 叶片较小，长度小于 7cm；果球形；几无果梗。
          8. 叶片宽卵形至近圆形，基部近圆形 ······················· 8. 圆叶豺皮樟 L. rotundifolia
          8. 叶片卵状长圆形至倒卵状长圆形，基部楔形 ············ 8a. 豺皮樟 L. rotundifolia var. oblongifolia

1. 山鸡椒 山苍子 木姜子 豆豉姜 Fragrant Litsea

图 311 彩片 460 461 462

Litsea cubeba（Lour.）Pers. Syn. Pl. **2**：4. 1807

Laurus cubeba Lour. Fl. Cochinch. **1**：252. 1790.

落叶灌木或小乔木，高 8~10m。树皮灰褐色；小枝绿色，嫩时被微柔毛，老时渐无毛；枝和叶具芳香味；顶芽圆锥形，芽鳞外面被绢状短柔毛。叶互生；叶柄长 0.6~2cm，嫩叶被微柔毛，老时渐无毛；叶片披针形、长圆形或椭圆形，纸质或膜质，长 4~12cm，宽 1.5~4cm；基部楔形，先端渐尖或急尖，上面深绿色，嫩时被短柔毛，老时毛被渐脱落，有时仅在中脉上疏被短柔毛，下面粉绿色，嫩时被短柔毛，老时毛被渐脱落变无毛，有时还有疏短柔毛，具羽状脉，侧脉每边有 6~16 条，纤细。伞形花序单生或簇生于叶腋或枝条上，每花序有花 4~6，花先于叶开放或与叶同时开放；花序梗长 0.2~1cm，直立或反折；花梗长 0.2~1cm，被白色绢状短柔毛，果期毛被完全脱落变无毛；雄花：花被筒短，花被裂片 6，宽卵形，能育雄蕊 9，花丝中部以下被柔毛，第 3 轮花丝基部具 1 对有短柄的腺体，退化雌蕊无毛；雌花：退化雄蕊花丝中下部被柔毛；子房卵球形，花柱短，柱头头状。果梗长 2~5mm，上部稍增粗；果球形或近球形，直径约 5mm，幼时绿色，成熟时黑色，无毛，着生在浅盘状的果托上。花期 10 月至翌年 4 月；果期翌年 4~10 月。

产地：七娘山（张寿洲等 2027）、排牙山、马峦山、三洲田（深圳考察队 1）、梧桐山（深圳考察队 1552）、仙湖植物园和羊台山。生于山地、溪边灌木丛中，向阳山坡或采伐地常见，海拔 100~600m。

分布：安徽、江苏、浙江、江西、福建、台湾、广东、香港、海南、广西、湖南、湖北、贵州、四川和西藏。亚洲南部和东南部有广泛分布。

用途：木材材质耐湿防虫，但容易裂开，可用于制普通家具；叶、花及果实主要用于提取柠檬醛，供医药及香料工业等用；根、茎、叶及果实入药，具有祛风散寒、消肿止痛的效用。

2. 潺槁木姜子 潺槁树 潺槁木姜 Pond Spice

图 312 彩片 463 464

Litsea glutinosa（Lour.）C. B. Rob. in Philipp. J. Sci. **6**：321. 1911.

Sebifera glutinosa Lour. Fl. Cochinch. **2**：638. 1790.

常绿乔木，高 3~15m。树皮灰色或深褐色，内

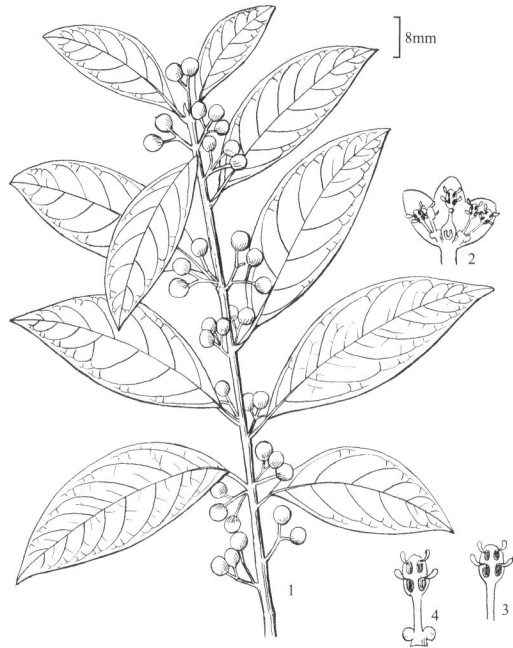

图 311 山鸡椒 Litsea cubeba
1. 分枝的一段，示叶和果序；2. 花的纵切面；3. 第 1、2 轮雄蕊；4. 第 3 轮雄蕊。（林漫华绘）

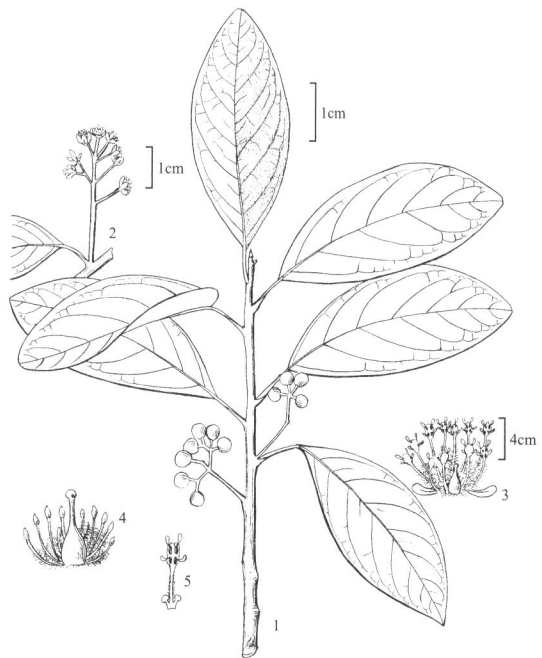

图 312 潺槁木姜子 Litsea glutinosa
1. 分枝的一段，示叶和果序；2. 花序；3. 雄花；4. 雌花；5. 第 3 轮雄蕊。（林漫华绘）

皮有黏质；小枝灰褐色，幼时被灰黄色绒毛；顶芽卵球形或圆锥形，芽鳞外面密被灰黄色绒毛。叶柄长 1~3cm，具灰黄色绒毛；叶片倒卵形、倒卵状长圆形或椭圆状披针形，薄革质或革质，长（5~）6.5~10（~14）cm，宽（3~）3.5~6cm，基部楔形，先端钝或圆，幼时两面均被毛，老时上面仅中脉略被毛，下面灰绿色，近无毛或被灰黄色绒毛；具羽状脉，侧脉每边有 7-12 条。伞形花序单个或多数聚生于短枝上，每花序具多数花；花序梗长 0.5~1.5（~2）cm，被灰黄色绒毛；花梗长 0.4~1cm，被灰黄色绒毛；花被裂片不完全或缺；雄花：能育雄蕊 15 枚或更多，花丝长，被灰色柔毛，第 3 轮雄蕊的花丝基部具 1 对有长柄的腺体；雌花：退化雄蕊被毛；子房近圆球形，花柱粗大，柱头漏斗形。果梗长 0.4~0.7cm；果球形，直径约 7mm，着生于浅盘状的果托上。花期 4~10 月；果期 7~11 月。

　　产地：东涌、七娘山、南澳、排牙山、钓神山（张寿洲等 2830）、梧桐山（仙湖华农学生采集队 010528）、仙湖植物园（刘小琴等 3704）、梅林、塘朗山、观澜、内伶仃岛。常见于海拔 450m 以下的山地阳坡、林缘或杂木林中。

　　分布：福建、广东、香港、澳门、海南、广西和云南。印度、不丹、尼泊尔、泰国、缅甸、越南和菲律宾。

　　用途：木材稍坚硬，耐腐，供作家具用材。

3. 华南木姜子 Greenman's Litsea　　　　图 313

Litsea greenmaniana C. K. Allen in Ann. Missouri Bot. Gard. **25**: 394. 1938.

　　常绿小乔木，高 6~8m。小枝幼时被较密的浅褐色短柔毛，以后毛被脱落变无毛；顶芽圆锥形，芽鳞外被白色丝状短柔毛。叶互生；叶柄长 8~12mm，初时被短柔毛，后变近无毛；叶片椭圆形、披针形或近倒披针形，薄革质，长 4~13.5cm，宽 1.5~3.5cm；基部楔形，先端渐尖或呈镰刀状弯曲，两面无毛，或仅下面被稀疏的黄色短柔毛，老时无毛；羽状脉，侧脉每边约 10 条，纤细，网脉稍明显。伞形花序 1~4 簇生于叶腋或短枝上；雄花序具花 3~4；花序梗长 3~4mm，被短柔毛；雄花花梗短，有短柔毛；花被筒短，花被裂片 6，黄色，卵形或椭圆形，长 2mm，外面有柔毛；能育雄蕊 9，花丝被柔毛，第 3 轮花丝基部有 1 对无柄心形的腺体；退化雌蕊小，无毛；雌花：子房卵球形，无毛，柱头 2 裂，无毛。果梗长约 3mm；果椭圆体形，长 1~1.2cm，直径约 6mm；果托杯状，顶端的齿裂截形，宽 5~6mm，深约 2mm，多少包被果实，疏被黄色短柔毛。花期 7~8 月；果期 12 月至翌年 3 月。

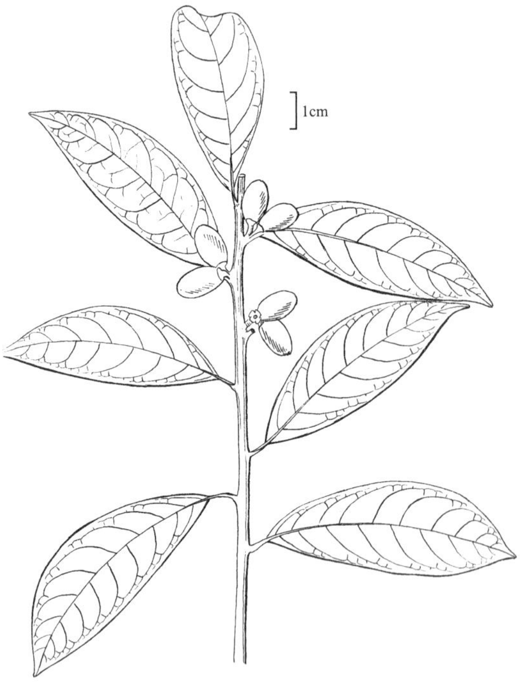

　　产地：排牙山（廖文波 0602076，SYS）。生于山地阔叶林中。

　　分布：福建、广东、香港和广西。

图 313 华南木姜子 Litsea greenmaniana
分枝的一部分，示叶和果序。（林漫华绘）

4. 尖叶木姜子 尖脉木姜 Sharp-veined Litsea　　　　图 314　彩片 465

Litsea acutivena Hayata, Icon. Pl. Formosan. **5**: 163. 1915.

　　常绿乔木，高可达 7m。幼枝密被黄至黄褐色绒毛，老枝（花果枝）微红，疏被毛；顶芽卵球形，鳞片外被柔毛。叶互生，有时簇生于枝顶近轮生状；叶柄长 0.5~1.2cm，初时密被黄褐色绒毛，以后毛渐变稀疏；叶片披针形、倒卵状或卵状披针形，革质，长 5.5~11cm，宽 2.5~3cm，下面密被黄褐色绒毛，上面幼时沿中脉

有毛，基部楔形，先端急尖或短渐尖，羽状脉，侧脉
每边有 5~10 条，在下面凸起，在上面稍凹下，横脉
在叶下面明显凸起。伞形花序簇生于当年枝上端；
花序梗长约 3mm，有柔毛；雄花序具花 5~6；雄花：
花梗密被柔毛；花被筒果时增大，多少包被果实，
花被裂片长椭圆形，能育雄蕊 9 枚，花丝被毛，退
化雌蕊细小；雌花：子房卵形，长约 1mm。果梗长
约 3mm；果椭圆体形，长 1.2~2cm，直径 1~1.2cm，
成熟时黑色；果托杯状，多少包被果实。花期 7~9 月；
果期 10~12 月。

产地：七娘山（张寿洲等 3429）、排牙山（王国栋
等 7090）、仙湖植物园后山（深圳考察队 1648）。生
于山地密林中，海拔 350~650m。

分布：江西、福建、台湾、广东、香港、广西和贵州。
柬埔寨、老挝和越南。

5. 剑叶木姜子 Lanceleaved Litsea 　　图 315

Litsea lancifolia（Roxb. ex Nees）Benth. & J. D.
Hook. ex Fern.-Vill. in Blanco，Fl. Filip.（ed. 3）**4**:
181. 1880.

常绿灌木，高约 3m。树皮黑色；小枝灰褐色，
被锈色绒毛；顶芽芽鳞外面被锈色绒毛。叶对生或兼
有互生；叶柄长约 3mm，密被锈色绒毛；叶片椭圆形、
长圆形或椭圆状披针形，长 5~10cm，宽 2.4~4.5cm，
基部宽楔形或近圆形，先端急尖或渐尖，薄革质，下
面苍白绿色，被锈色绒毛，上面深绿色，除中脉被短
柔毛外，其余无毛，侧脉每边 5~8 条，斜展，中脉在
下面稍凸起，在上面微下陷，网脉不明显。伞形花序
单生或几个簇生于叶腋；花序梗极短或几无；雄伞形
花序通常有花 3；雄花：花梗长约 1mm；花被裂片 6，
披针形或长圆形，外面有柔毛，内面无毛，能育雄蕊
9，有时 6，花丝被短柔毛，第 3 轮雄蕊的花丝基部具
2 圆形无柄的腺体，退化雌蕊小；雌花：花被裂片与雄
花的相同，子房卵球形，无毛。果梗长约 3mm；果球
形或椭圆体形，直径约 1cm，着生于浅盘状的果托上。
花期 5~6 月；果期 7~8 月。

产地：根据文献（邢福武等，《深圳植物物种多样
性及其保育》131，2002）记载，深圳梧桐山有分布，
但尚未采到标本。根据文献摘录此形态描述，以备
参考。

分布：广东（南部）、海南、广西（西南部）和云
南（南部）。印度、不丹、泰国、越南和菲律宾。

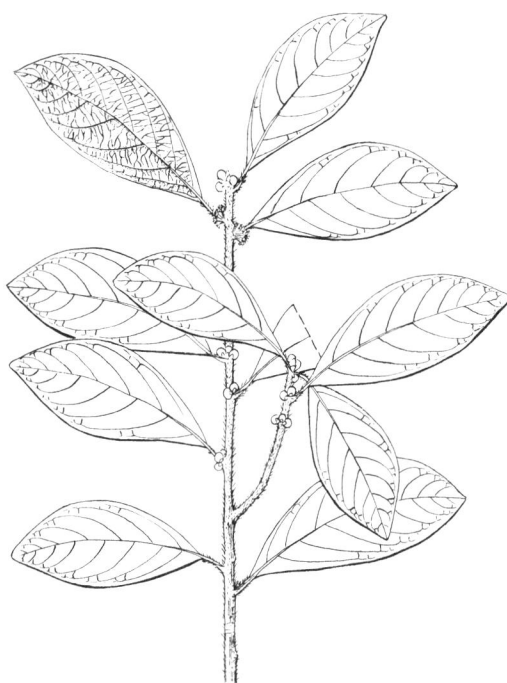

图 314 尖叶木姜子 Litsea acutivena
分枝的一段，示叶和花序。（林漫华绘）

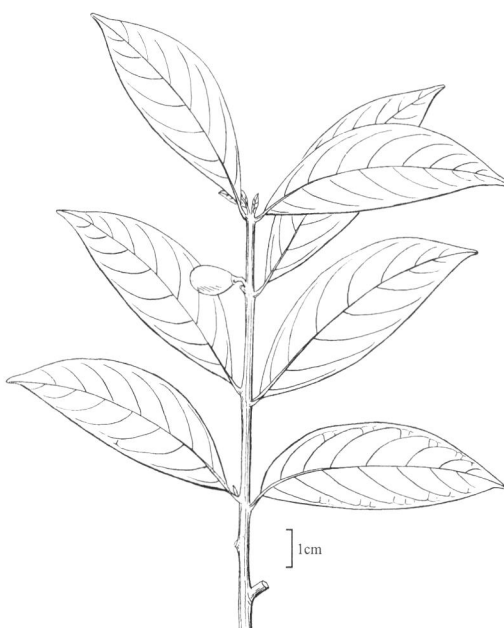

图 315 剑叶木姜子 Litsea lacifolia
分枝的一部分，示叶和果。（林漫华绘）

6.　轮叶木姜子 槁树　槁木姜　Litsea

图 316　彩片 466

Litsea verticillata Hance in J. Bot. **21**：356. 1883.

常绿灌木或小乔木，高 2~5m。树皮灰色；小枝灰褐色，密被黄色至褐色硬毛，老枝变无毛；顶芽卵球形，芽鳞外面密被黄褐色柔毛。叶在枝顶或近枝顶为 3~6 轮生或近轮生，在枝下部为互生，稀对生；叶柄长 2~7(~12)mm，密被黄色长柔毛，叶片披针形或倒披针状长椭圆形，薄革质，长 7~25cm，宽 2~6cm；基部楔形至近圆形，先端渐尖，两面被黄褐色柔毛，具羽状脉，侧脉每边有 12~15 条，横脉在下面明显凸起。伞形花序 2~10 簇生于小枝顶端，有时腋生；花序梗长约 5mm；雄花序有花 5~8；苞片 4~7，被灰褐色短柔毛，迟落；花近无梗；花被筒短，花被裂片 6，稀 4，披针形；雄花能育雄蕊 9，花丝伸出花被筒外，被长柔毛，第 3 轮雄蕊的花丝基部具 1 对盾状心形的腺体，无退化雌蕊；雌花：子房卵球形或椭圆体形，花柱细长，柱头大，3 裂。果梗长 2~3mm；果卵球形或椭圆体形，长 1~1.5cm，直径约 5mm。果托浅盘状，边缘具残留花被裂片。花期 4~11 月；果期 11 月至翌年 6 月。

产地：七娘山、排牙山（王国栋 8040）、梅沙尖（深圳植物志采集队 013178）、梧桐山（深圳植物志采集队 013481）。生于山谷阔叶林中或路旁，海拔 400~800m。

分布：湖南、广东、香港、海南、广西和云南。泰国、越南和柬埔寨。

用途：根和叶药用，叶入药治跌打、胸痛、风湿痛及妇女经痛，叶外敷治骨折和蛇伤。

7.　假柿木姜子 假柿树　Rustyhairy Litsea

图 317　彩片 467

Litsea monopetala（Roxb.）Pers. Syn. Pl. **2**：4. 1807.

Tetranthera monopetala Roxb. Pl. Corom. **2**：26. pl. 148. 1798.

常绿乔木，高可达 18m。树皮灰色或灰褐色；小枝灰绿色，密被锈色短柔毛；顶芽圆锥形，芽鳞外面密被锈色短柔毛。叶互生；叶柄长 1~3cm，被黄色至黄褐色的短柔毛；叶片宽卵形、倒卵形或卵状长圆形，薄革质至坚纸质，长 7.5~20cm，宽 4~15.5cm，基部阔楔形或近圆形，先端急尖、钝或圆，下面密被锈色短柔毛，上面幼时沿中脉有锈色短柔毛，老时渐变无

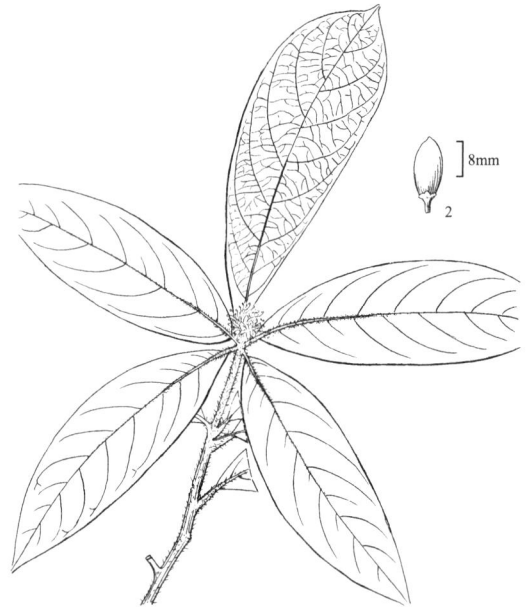

图 316　轮叶木姜子 Litsea verticillata
1. 分枝的一段，示叶和花序；2. 果。（林漫华绘）

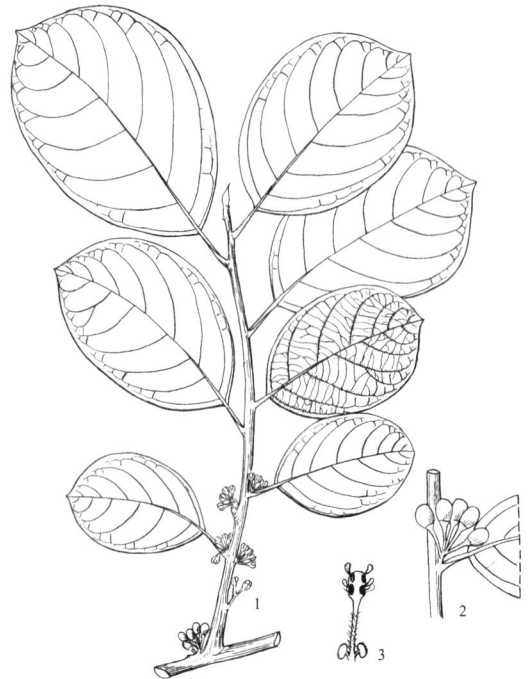

图 317　假柿木姜子 Litsea monopetala
1. 分枝的一段，示叶和花序；2. 果序；3. 第 3 轮雄蕊。（林漫华绘）

毛，具羽状脉，中脉和侧脉在上面平坦，在下面凸起，侧脉每边有8~12条，横脉在下面稍凸起。伞形花序簇生于叶腋和短枝上，每花序有花4~6或更多；花序梗长约4~6mm；雄花：花梗长6~7mm，有锈色短柔毛，花被筒短，花被裂片5~6，披针形，黄白色；能育雄蕊9，花丝被柔毛；雌花子房卵球形，无毛。果梗长1cm；果椭圆体形，长约7mm，直径约5mm，着生于浅盘状的果托上。花期11月至翌年6月；果期翌年5至8月。

产地：内伶仃岛（陈景方2058、张寿洲等3794）。生于山坡灌丛中或疏林中，海拔300m以下。

分布：广东、香港、澳门、海南、广西、贵州及云南等地。印度、巴基斯坦、尼泊尔、不丹、缅甸、泰国、老挝、柬埔寨、越南和马来西亚。

用途：为紫胶虫寄主植物；种仁含油30.33%；木材供制家具等用；叶入药，外敷治关节脱臼。

8. 圆叶豹皮樟 Round-leaved Litsea 图318

Litsea rotundifolia Hemsl. in J. Linn. Soc., Bot. **26**（176）：385. 1891.

常绿灌木或小乔木，高达3m。树皮常有褐色斑块；小枝灰褐色，疏被黄色短柔毛；顶芽卵球形，芽鳞外面被丝质黄色短柔毛。叶互生；叶柄短，长3~6mm；叶片宽卵形至近圆形，薄革质，长2~5.5cm，宽1.5~3cm，基部近圆形，先端急尖或钝圆，下面粉绿色，被灰黄色至黄色的短柔毛，初时上面被黄至黄褐色柔毛，后毛被渐脱落，具羽状脉，侧脉通常每边有3-4条。伞形花序通常3或4簇生于叶腋，近无花序梗，每花序有花3~4；雄花小，近于无梗；花被筒杯状，被柔毛，花被裂片6，倒卵状圆形，大小不相等；能育雄蕊9，花丝被稀疏柔毛，第3轮雄蕊花丝基部具1对球形小腺体；退化雌蕊无毛。果梗近无；果球形，直径4~6mm，熟时灰蓝黑色，表面被白粉，着生于浅盘状的果托上；果托先端有齿裂，密被短柔毛。花期6~10月；果期10~12月。

产地：梧桐山（深圳考察队1339；张寿洲等2720）、内伶仃岛（张寿洲等3760）。生于山顶、山坡、沟谷或海边的灌木林中，海拔700m以下。

分布：浙江、江西、福建、台湾、广东、香港、海南、广西和湖南。越南。

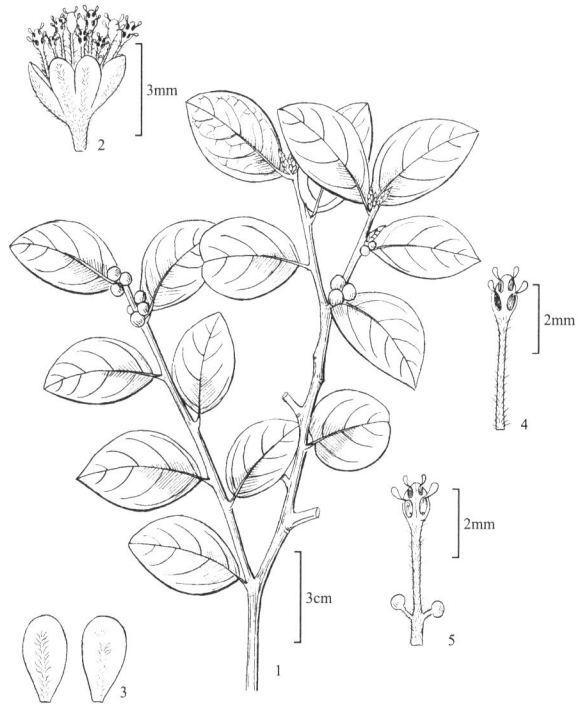

图318 圆叶豹皮樟 Litsea rotundifolia
1. 分枝的一部分，示叶和果序；2. 花；3. 花被裂片的背面；4. 第1、2轮雄蕊；5. 第3轮雄蕊，并示其花丝基部的一对圆球形小腺体。（林漫华绘）

8a. 豹皮樟 豹皮黄肉楠 Leopard Camphor 彩片 468 469 470 471

Litsea rotundifolia Hemsl. var. **oblongifolia**（Nees）C. K. Allen in Ann. Missouri Bot. Gard. **25**：386. 1938.

Actinodaphne chinensis Nees var. *oblongifolia* Nees, Syst. Lour. 600. 1836, based on *Litsea chinensis* Blume, Bijdr. 565. 1826, not Lam.（1792）.

与圆叶豹皮樟的主要不同之处在于：本变种叶片呈卵状长圆形至倒卵状长圆形，基部楔形，顶端钝或短渐尖。

产地：东涌（张寿洲等3462）、梧桐山（张寿洲等2720）。深圳市各地均有分布。生于山顶、山坡、沟谷、疏林下或海边的灌木林中，海拔700m以下。

分布：浙江、江西、福建、台湾、广东、香港、海南、广西和湖南。越南。

用途：叶含黄酮、氨基酸、酚类、糖类等有效成分，可入药。

10. 山胡椒属 Lindera Thunb.

常绿或落叶乔木或灌木。叶互生,具叶柄;叶片边缘全缘或3裂,具羽状脉、三出脉或离基三出脉。花单性,雌雄异株;伞形花序单生于叶腋或2至多数簇生于短枝上,每一花序具花多数;花序梗有或无;苞片4,交互对生;花被筒短,花被裂片6,有时7~9,等大或外轮稍大,常脱落;雄花:能育雄蕊9,偶12,通常排成3轮,花药2室,药室内向,第3轮雄蕊花丝基部或中部有1对具柄的腺体,第4轮为退化雄蕊,退化雌蕊细小,有时其顶端的花柱与柱头不分而仅成一小凸尖;雌花子房球形或椭圆体形,花柱显著,柱头盘状或头状;退化雄蕊9,稀12或15簇生,常线形或条形,两侧具无柄肾形的腺体。浆果或核果,球形或椭圆体形,嫩时绿色,成熟时红色或紫红色,内具1种子;花被筒宿存,膨大成杯状果托,果托包被果实基部以上至中部。

约100种,主要产于亚洲和北美洲的温带至热带地区。我国产38种。深圳有3种1变种。

1. 叶片具羽状脉。
  2. 幼枝密被黄褐色绒毛;果近球形;果梗长5~7mm ·· 1. **绒毛山胡椒 L. nacusua**
  2. 幼枝被或疏或密的黄白色短柔毛;果卵球形;果梗长2~7mm ················· 2. **香叶树 L. communis**
1. 叶片具三出脉。
  3. 叶片椭圆形、卵形至近圆形,长(3~)3.5~5(~6.5)cm,宽2~4cm ·············· 3. **乌药 L. aggregata**
  3. 叶片窄卵形或披针形,长4~6cm,宽1.3~2cm ··············3a. **小叶乌药 L. aggregata** var. **playfairii**

1. 绒毛山胡椒 绒钩樟 Hairy Spicebush

图 319 彩片 472

Lindera nacusua(D. Don)Merr. in Lingnan Sci. J. **15**: 419. 1936.

Laurus nacusua D. Don, Prodr. Fl. Nepal. 64. 1825.

常绿乔木,高2~10(~15)m。树皮灰色,有纵裂纹;小枝褐色,幼枝密被黄褐色绒毛,后毛渐脱落;顶芽宽卵球形,芽鳞外面密被黄褐色绒毛。叶互生;叶柄粗壮,长5~7(~10)mm,密被黄褐色至褐色绒毛;叶片阔卵形、椭圆形或长圆形,革质,长7.5~12cm,宽(2.5~)3.5~5.5cm;基部楔形或近圆形,先端渐尖,两侧常不相等,下面密被黄褐色绒毛,上面中脉有时略被黄褐色绒毛;具羽状脉,侧脉每边有6-8条,与中脉均在上面凹下,在下面凸起。伞形花序单生或2~4簇生于叶腋;花序梗长2~3mm,基部具总苞片;雄花序具8~9花,雄花:黄色,花梗长4~5.5mm,密被黄褐色柔毛;花被裂片卵形,长约3.5mm,宽约2mm,外面被短柔毛至无毛,内面无毛,能育雄蕊9,长4~4.5mm,花丝无毛,第3轮雄蕊花丝近中部具1对肾形的腺体,退化雌蕊的子房卵形,长约1.5mm,花柱长约1mm,柱头不明显;雌花序具3~6花;雌花:花梗长3~5mm;花被黄色,花被筒短,花被裂片6,宽卵形,

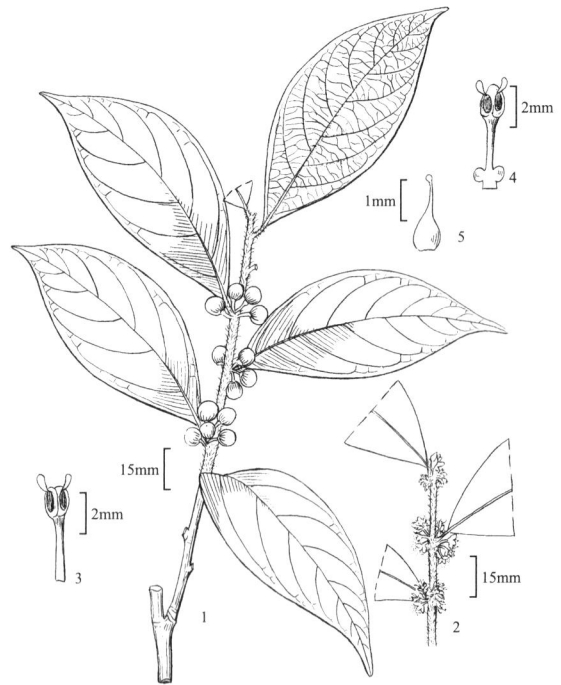

图 319 绒毛山胡椒 Lindera nacusua
1. 分枝的一段示叶和序;2. 分枝的一段,示花序;3. 第1、2轮雄蕊;4. 第3轮雄蕊,花丝基部具一对腺体;5. 雌花。(林漫华绘)

长约2mm,宽约1.5mm;退化雄蕊9,长1.5mm,第3轮退化雄蕊的花丝中部具1对圆状肾形的腺体,腺体与花丝几相等,花药无或退化成1室,也有时花药正常发育成2室,子房倒卵球形,长约2mm,无毛,花柱粗壮,长约1mm,无毛,柱头头状。果梗粗壮,长5-7mm,向上渐增粗,略被黄褐色短柔毛;果近球形,直径

约 6mm，成熟时红色。花期 3~6 月；果期 7~10 月。

产地：七娘山（张寿洲等 3456）、南澳、排牙山、盐田、梅沙尖（深圳植物志采集队 013164）、梧桐山（张寿洲等 3649）。生于山坡或山谷的林中，海拔 400~500m。

分布：江西、福建、广东、香港、海南、广西、四川、云南及西藏等地。尼泊尔、不丹、印度、缅甸和越南。

2. 香叶树 Wild Allspice　　　图 320　彩片 473

Lindera communis Hemsl. in J. Linn. Soc.，Bot. **26**（176）：387. 1891.

常绿灌木，高 3~4（~5）m。树皮浅褐色；枝条粗壮，幼枝被或疏或密的黄白色短柔毛，后变无毛；顶芽卵球形，长约 5mm。叶柄长（3~）4~8mm，被黄褐色绒毛或近无毛；叶片披针形、卵形或椭圆形，薄革质或厚革质，长 4~9.5（~13）cm，宽 2~4（~4.5）cm，基部阔楔形或近圆形，先端渐尖或急尖，有时近尾状渐尖，被黄褐色绒毛，后毛被渐脱落；具羽状脉，侧脉每边有 5~7 条，与中脉在上面凹下，在下面凸起。伞形花序 1 或 2 着生于叶腋，具花 5~8；花序梗极短；总苞片 4，早落；花梗长 2~4mm，被黄色柔毛；雄花：黄色，长约 4mm；花被筒短，花被裂片 6，卵形，近等大，长约 3mm，宽约 1.5mm，外面被黄色或锈色微柔毛或近无毛；能育雄蕊 9，长 2.5~3mm，花丝略被短柔毛或无毛，与花药等长，第 3 轮雄蕊花丝基部有 1 对宽肾形的腺体；退化雌蕊的子房卵形，长约 1mm，无毛，花柱和柱头不分，连成一凸尖；雌花：花被黄色或黄

图 320 香叶树 Lindera communis
1. 分枝的一段，示叶和果序；2. 分枝的一段，示叶和花序。
（林漫华绘）

白色，花被筒短，花被裂片 6，卵形，长约 2mm，外面被短柔毛；退化雄蕊 9，长约 1.5mm，第 3 轮退化雄蕊花丝有 1 对腺体；子房椭圆体形，长约 1.5mm，无毛，花柱长约 2mm，柱头盾状，具乳突。果梗 2~7mm，被黄褐色柔毛；果卵球形，长约 1cm，直径 7~8mm，成熟时红色。花期 3~4 月以及 10~11 月；果期 5~10 月。

产地：梅沙尖（深圳植物志采集队 013341）、梧桐山（仙湖华农学生采集队 012469；古树调查组 3347）。生于山坡或水沟边的灌木林中或林缘，海拔 90~700m。

分布：浙江、江西、台湾、广东、香港、澳门、广西、湖南、湖北、贵州、云南、四川、陕西和甘肃。印度、缅甸、泰国、老挝和越南。

用途：枝叶可药用。

3. 乌药 Tien-tai Spicebush　　　　　　　　　　　　　　　　　　图 321　彩片 474

Lindera aggregata（Sims）Kosterm. in Reinwardtia **9**（1）：98. 1974.

Laurus aggregata Sims in Bot. Mag. **51**：t. 2497. 1824.

常绿灌木或小乔木，高达 5m。根常有纺锤状或结节状膨大的块根，块根长 3.5~8cm，直径 0.7~2.5cm。树皮灰褐色；幼枝具纵向细条纹，密被黄色绢毛，后毛被渐脱落，老枝无毛。叶互生；叶柄长 0.5~1cm，初时被黄至黄褐色短柔毛，后变无毛；叶片椭圆形、卵形至近圆形，薄革质或革质，长（3~）3.5~5（~6.5）cm，宽 2~4cm；基部圆形，先端长渐尖或尾尖，上面绿色，有光泽，仅中脉上被疏毛，下面苍白色，幼时密被黄色至黄褐色长柔毛，后毛被渐脱落；具三出脉，中脉及第 1 对侧脉较纤细。伞形花序无花序梗，常 2-8 伞形花序集生于叶腋内，每花序具 6~7 花；花梗长 1~3mm，被柔毛，基部有 1 苞片；花被黄色或黄绿色，有时外面乳白色，内面紫红色，花被筒短，花被裂片 6，外面被短柔毛，内面无毛；雄花：花被裂片长约 4mm，宽约 2mm；能育雄蕊长

3~4mm，花丝疏被白色柔毛，第 3 轮雄蕊的腺体位于花丝的基部，腺体肾形，具柄；退化雌蕊坛状；雌花：花被裂片长约 2.5mm；退化雄蕊簇生，长约 1.5mm，花丝被短柔毛，第 3 轮退化雄蕊的花丝基部具 1 对有柄的腺体，子房椭圆体形，长约 1.5mm，被短柔毛，柱头头状。果梗长 5~8mm，顶端稍膨大成棒状；果卵球形或近圆球形，长 0.6~1cm，直径 4~7mm，熟时呈紫红色。花期 3~4 月及 9~11 月；果期 5~11 月。

产地：排牙山（李沛琼等 0906231）、仙湖植物园（张寿洲等 011605）。生于山谷的灌木丛或疏林中，也有少量栽培于公园、植物园等公共绿地中。

分布：安徽、江苏、浙江、江西、福建、台湾、广东、香港、海南、广西、湖南和湖北。越南和菲律宾。

用途：根供药用。

3a. 小叶乌药 小叶钩樟 Playfair's Spicebush

彩片 475　476

Lindera aggregata（Sims）Kosterm. var. **playfairii**（Hemsl.）H. P. Tsui in Acta Phytotax. Sin. **16**（4）：69. 1978.

Lindera playfairii（Hemsl.）C. K. Allen in Ann. Missouri Bot. Gard. **25**：400. 1938；海南植物志 1：299. 1964.

Litsea playfairii Hemsl. in J. Linn. Soc. Bot. **26**（176）：384. 1891.

与乌药的主要区别在于：嫩枝、叶及花疏被灰白色微柔毛或近无毛；叶片窄卵形至披针形，长 4~6cm，宽 1.3~2cm，先端尾尖。

产地：南澳（张寿洲等 3579）、大鹏（张寿洲等 4358）、排牙山、笔架山、田心山、三洲田（张寿洲等 4852）。生境同原变种。

分布：广东、香港、海南及广西等地。越南。

用途：根药用，可消肿止痛，治跌打损伤。

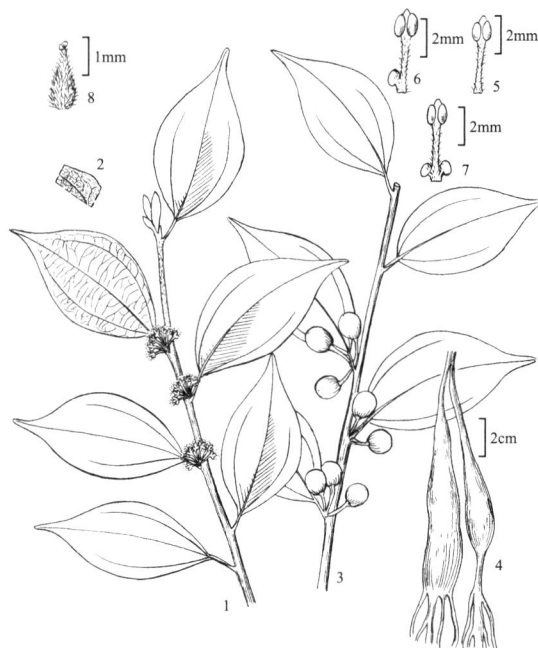

图 321 乌药 Lindera aggregata

1. 分枝的一段，示叶和花序；2. 叶片的一部分放大，示其下面的长柔毛；3. 分枝的一段，示叶和果序；4. 块根；5. 雄蕊；6~7. 第 3 轮雄蕊；8. 雌蕊。（林漫华绘）

18. 莲叶桐科（青藤科）**HERNANDIACEAE**

李秉滔

乔木、灌木或木质藤本。叶互生，单叶或掌状复叶，具 3（~5）小叶，具柄，基部着生或盾状着生；无托叶；叶片边缘全缘，具羽状或掌状脉。花两性、单性或杂性，辐射对称，多朵组成聚伞圆锥花序或伞房花序，具总苞片；苞片有或无；花被片 6~10，排成 2 轮，在花芽时为镊合状或近镊合状排列；外轮花被片 3~5，萼片状，内轮花被片与外轮花被片同数，花瓣状；雄蕊 3~5，花丝长或短，丝状或基部扩大，外侧边缘具附属体或无，花药内向或外向，纵裂；子房下位，1 室，具 1 顶生下垂的胚珠，花柱丝状，柱头膨大呈鸡冠状、盾状、漏斗状或纺锤形，边缘常有不规则裂齿或裂片。果为核果，具多条纵肋，边缘有 2~4 阔翅，或包藏于膨大呈杯状的总苞内。种子 1，无胚乳，外种皮革质，胚直，子叶大。

约 4 属 60 种，分布于亚洲东南部、大洋洲东北部、美洲中部及南部和非洲东部及西部等热带及亚热带地区。我国产 2 属 16 种。深圳有 1 属 2 种。

青藤属 **Illigera** Blume

常绿木质藤本，以部分叶柄卷曲攀附上升。叶为掌状复叶，具 3（~5）小叶，具叶柄及小叶柄；小叶片边缘全缘，具羽状脉。花两性，5 基数，多朵组成腋生，稀顶生的聚伞圆锥花序；花被片 10，排成 2 轮，在花芽时为镊合状排列，外轮花被片 5，萼片状，长圆形或狭椭圆形，稀卵状椭圆形，具 3~5 脉，内轮花被片花瓣状，与外轮花被片同数，同形，具 1~3 脉；雄蕊 5，与内轮花被片互生，花丝基部具 2 膨大、膜质而具柄的附属体，附属体棍棒状实心；子房下位，1 室，胚珠 1，下垂，花柱丝状，柱头膨大呈鸡冠状。核果具 2~4 阔翅，翅干后褐色，有细条纹。种子 1，种皮膜质。

约 30 种，分布于亚洲和非洲热带及亚热带地区。我国产 25 种。深圳有 2 种。

1. 小叶片，基部两侧对称；雄蕊长为内轮花被片 2 倍，花丝基部宽 1.5~2.5mm ⋯⋯ **1. 宽药青藤 I. celebica**
1. 小叶片，基部两侧不对称；雄蕊长不超过内轮花被片 2 倍，花丝基部宽约 0.5mm ⋯⋯⋯⋯⋯⋯⋯⋯⋯⋯⋯⋯⋯⋯⋯⋯⋯⋯**2. 小花青藤 I. parviflora**

1. 宽药青藤 宽叶青藤 青藤 Illigera

图 322 彩片 477 478

Illigera celebica Miq. Ann. Mus. Bot. Lugduno-Batavi **2**：215. 1866.

常绿木质藤本。茎具纵棱，无毛。叶为掌状复叶，具 3 小叶；叶柄长 5~7（~14）cm，无毛；小叶柄长 1~2.5cm，无毛；小叶片卵形至卵状椭圆形，长 6~15cm，宽 3.5~7cm，基部圆形至近心形，两侧对称，边缘全缘，先端急尖，纸质至近革质，两面无毛，侧脉每边 4~5 条，在两面均明显。聚伞圆锥花序腋生，较疏松，长约 20cm；花芽球形，直径 2~5mm；花被片绿白色，外轮花被片椭圆状长圆形，长 5~6mm，

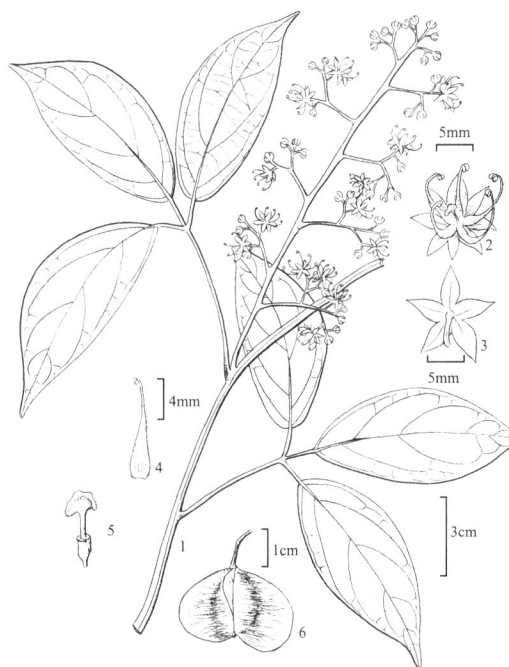

图 322 宽药青藤 Illigera celebica
1. 分枝的一部分，示叶和花序；2. 花；3. 花萼背面观；4. 雄蕊的花丝，并示花丝基部的 2 个附属体；5. 雌蕊；6. 具 4 阔翅的核果。（林漫华绘）

宽 2~2.5mm，被短柔毛，内轮花被片和外轮花被片相似，但较狭，内面密被白色短柔毛，雄蕊与内轮花被片互生，花开放后雄蕊长为内轮花被片 2 倍，花丝在花芽内围绕花药卷曲，下部宽扁，宽 1.5~2.5mm，上部丝状，花开放后花丝与内轮花被片等长，被短柔毛，花丝基部具 2 附属体，附属体棍棒状，具柄，上部卵状，长约 0.6mm，被花丝所覆盖；子房四棱柱形，长约 3mm，先端缢缩，花柱长约 2.5mm，被长柔毛，柱头膨大呈鸡冠状。核果椭圆体形，直径 3~5cm，具 4 阔翅，翅不等大，大的翅宽 1.5~2.5cm，小的翅宽 0.5~1.4cm。花期 4~10 月；果期 6~11 月。

产地：南澳（邢福武 121，IBSC）。生于林中或灌丛中。

分布：广东、香港、海南、广西和云南。泰国、柬埔寨、越南、马来西亚、菲律宾、印度尼西亚和巴布亚新几内亚。

用途：根和茎可药用。

2. 小花青藤 翅果藤 Small-flowered Illigera

图 323　彩片 479

Illigera parviflora Dunn in J. Linn. Soc. Bot. **38**: 296. 1908.

常绿木质藤本。茎具纵棱；小枝被微柔毛。叶为掌状复叶，具 3 小叶；叶柄长 4~8cm，无毛；小叶柄长 1.2~2.5cm，无毛；小叶片椭圆状长圆形至椭圆形，长 6~14cm，宽 2.5~7cm，基部宽楔形，两侧不对称，偏斜，边缘全缘，先端短渐尖至长渐尖，两面灰黑色，无毛，上面无光泽，纸质，侧脉每边 3~6 条，在两面明显凸起。聚伞圆锥花序腋生，较疏松，长 10~20cm，密被灰褐色微柔毛；花芽球形，直径 2~3mm；花被片绿白色，外轮花被片绿色，椭圆状长圆形，长 3.5~5mm，宽 1.5~2mm，疏被短柔毛；内轮花被片与外轮花被片同形，长 3~4mm，宽约 1mm，淡白色，外面被短柔毛；雄蕊长 6~7mm，花开放后长不过内轮花被片 2 倍，花丝在花芽内围绕花药卷曲，丝状，长 4.5~6mm，基部宽约 0.5mm，被微柔毛，基部附属体不明显或很小，呈棍棒状或倒卵状长圆形，长 0.3~0.6mm，花丝间具 3 裂的小腺体；子房先端缢缩，被灰褐色微柔毛，花柱长 3.5~4mm，被长柔毛，柱头膨大呈鸡冠状。核果直径 7~9cm，具 4 阔翅，翅不等大，大的翅宽 2~3cm，小的翅宽约 5mm。花期 5~10 月；果期 10~12 月。

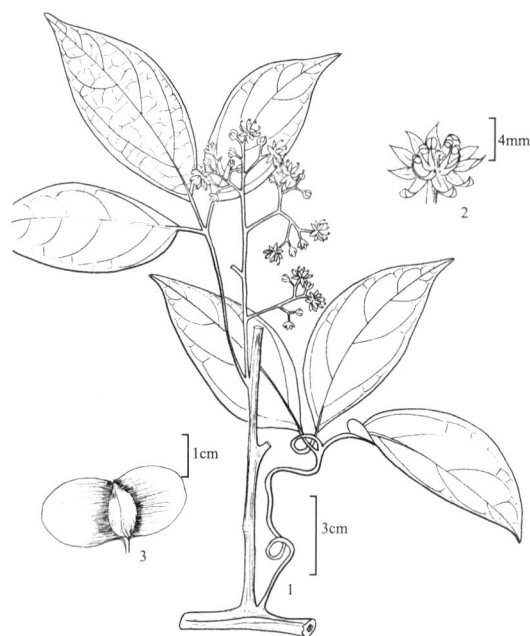

图 323 小花青藤 Illigera parviflora
1. 分枝的一部分，示叶及花序；2. 花；3. 具 4 阔翅的核果。
（林漫华绘）

产地：排牙山（张寿洲等 4538，5109；王国栋 6924）。生于山地密林中或疏林中，常攀援于树上。海拔 200~700m。

分布：福建、广东、海南、广西、贵州和云南。越南和马来西亚。

用途：根和茎可供药用。

19. 金粟兰科 CHLORANTHACEAE

李秉滔

多年生草本、半灌木、灌木或小乔木。茎和枝通常均具膨大的节。单叶对生或轮生；托叶小；叶柄基部通常相连；叶片边缘具锯齿或圆齿，具羽状脉。花序为穗状、头状或圆锥花序，顶生或腋生；花两性或单性；两性花无花被，单性花只有雌花才有花被（常称萼筒）；两性花：雄蕊 1 或 3，着生于子房一侧，花丝不明显，花药 1~2 室，纵裂，子房下位，1 室，胚珠 1，下垂或直立；单性花：雄花多数，每花仅具 1 雄蕊；雌花少数，花被花萼状，呈浅杯状而顶端具 3 齿裂，与子房贴生。果为核果或浆果，卵球形或球形，外果皮略肉质，内果皮硬。种子 1，具丰富的胚乳，胚微小。

5 属约 70 种，分布于热带及亚热带地区。我国产 3 属 15 种。深圳有 2 属 3 种。

1. 多年生草本或半灌木；雄蕊（1~）3 枚，中央的花药 2 室，两侧的花药 1 室 ·················· 1. 金粟兰属 Chlorantus
1. 半灌木；雄蕊 1，花药 2（~3）室 ··· 2. 草珊瑚属 Sarcandra

1. 金粟兰属 Chloranthus Swartz

多年生草本或半灌木。茎直立，通常有膨大的节。叶对生或轮生；叶柄基部扩大而相连；叶片边缘具锯齿，齿尖有 1 腺体，具羽状脉。花穗为穗状花序或圆锥花序，顶生或腋生；花两性，无花被；雄蕊通常 3，基部合生，着生于子房上部一侧，花药 1~2 室，如为 3 雄蕊，则中央的花药为 2 室，两侧的花药为 1 室，如为 1 雄蕊，则花药 2 室，药隔卵形、披针形或有时为条形；子房 1 室，有下垂或直生的胚珠 1，通常无花柱，稀有花柱，柱头截形或分裂。果为核果，倒卵球形或梨形。种子 1，含油质，具丰富的胚乳，胚微小。

约 18 种，分布于亚洲热带至温带地区。我国产 13 种。深圳有 2 种。

1. 多年生草本；茎不分枝；叶 2 或 3 对，集生于茎上部；花白色 ······························ 1. 及己 C. serratus
1. 半灌木；茎有分枝；叶多对，散生于茎或枝上；花淡黄绿色 ···················· 2. 金粟兰 C. spicatus

1. 及己 四叶对 四叶瓦 Serrate Chloranthus

图 324 彩片 480

Chloranthus serratus（Thunb.）Roem. & Schult. Syst. Veg. **3**：461. 1818.

Nigrina serrata Thunb. in Nova Acta Regiae Soc. Sci. Upsal. 2，**7**：142，pl. 5. fig. 1. 1815.

多年生草本，高 15~50cm。根状茎横生，粗短，直径约 3mm，具有多数淡黄褐色的须根。茎直立，不分枝，无毛，具明显膨大的节。叶对生，通常 2 或 3 对集生于茎的上部；叶柄长 0.8~2.5cm，基部扩大而相连；叶片纸质，椭圆形、倒卵形、卵状披针形、近圆形或宽椭圆形，有时卵状椭圆形或长圆形，长 7~15cm，宽 3.5~9.5cm，基部楔形、宽楔形或钝，先端急尖或渐尖，无毛或下面脉上有短柔毛，边缘具粗密锯齿，齿端有

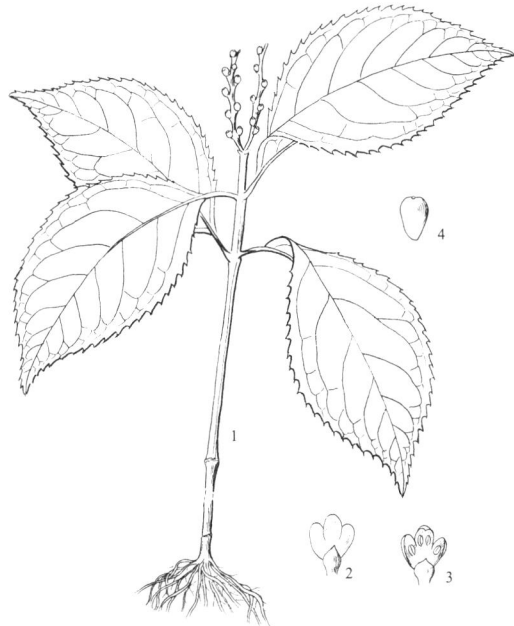

图 324 及己 Chloranthus serratus
1. 植株，示根、茎、叶及果序；2. 花的背面观；3. 花的腹面观；4. 核果。（林漫华绘）

1 腺体，侧脉每边 6~8 条。穗状花序顶生，有时腋生，长 3~6cm，单 1 或有 2~3 分枝；花序梗长 1~1.5cm；苞片三角形或近半圆形，宽 1~1.3mm，顶端通常有数齿；花白色；雄蕊 3，着生于子房上部外侧，药隔长圆形，中央的花药 2 室，两侧的花药 1 室；子房卵球形，无花柱，柱头粗短。核果球形或梨形，直径 3~4mm，绿色。花期3~4 月；果期 5~9 月。

产地：梧桐山（张寿洲等 011539）、羊台山（张寿洲等 1197）、观澜（张寿洲等 1289）。生于山地沟谷、林下湿润地或林缘，海拔 250~300m。

分布：安徽、江苏、浙江、江西、福建、广东、香港、广西、湖南、湖北、贵州和四川。日本。

用途：全草可药用。

2. 金粟兰 珍珠兰 Pur-orchid　　　　图 325
Chloranthus spicatus（Thunb.）Makino in Bot. Mag.（Tokyo）**16**: 180. 1902.

Nigrina spicata Thunb. Nov. Gon. Pl. 59. 1783.

半灌木，植株高 30~60cm。茎直立或基部稍平卧，圆柱形，上部有分枝，无毛。叶多对，散生于茎上或枝上；叶柄长 0.5~1.5cm，基部相连；叶片纸质，椭圆形或倒卵状椭圆形，长 3.5~9cm，宽 1.5~5cm；基部楔形，先端急尖或钝，有短尖头，两面无毛，下面淡黄绿色，上面深绿色，边缘除基部全缘外，其余具浅而疏的圆锯齿，齿顶有 1 腺体，侧脉每边有 6~8 条，在两面稍凸起。圆锥花序顶生，有时兼有腋生，常 1 至2 分枝；花序纤细，柔弱，长 7~12cm；苞片三角形，长和基部宽均约 1mm；花小，淡黄绿色，芳香；雄蕊 3，中央的雄蕊花药 2 室，顶端有时 3 浅裂，两侧的雄蕊花药较小，1 室，药隔比药室稍长、等长或略短；子房倒卵状，长约 1mm。核果倒卵球形或近梨形，长约 4mm，上部宽约 2.2mm，无毛。花期 3~7 月；果期 5~9 月。

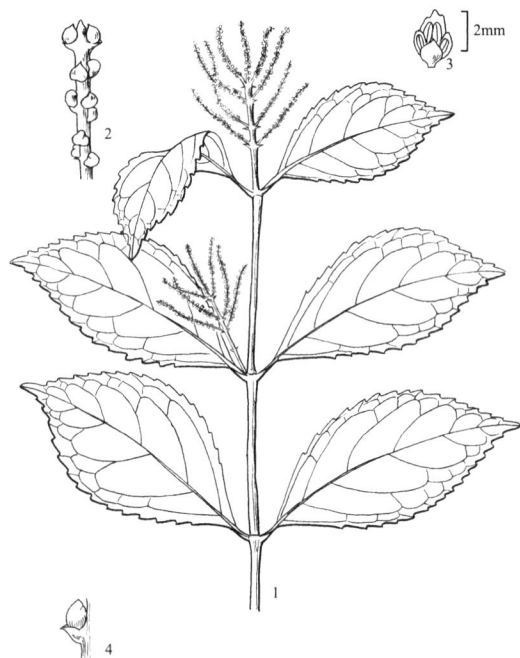

图 325 金粟兰 Chloranthus spicatus
1. 分枝的一部分，示叶和花序；2. 花序的一部分放大；
3. 花腹面观；4. 苞片及核果。（林漫华绘）

产地：仙湖植物园（李沛琼 3148，3252，3444）有栽培。

分布：广东、香港、海南、广西、贵州、云南和四川。日本、印度、越南和印度尼西亚。栽培或野生。

用途：花芳香，为园林观赏植物；全株可入药。

2. 草珊瑚属 Sarcandra Gardn.

半灌木。木质部无导管。茎直立，节膨大。叶对生；叶腋内具钻形托叶；叶柄短，基部扩大而相连；叶片椭圆形、卵状椭圆形或椭圆状披针形，边缘具锯齿，齿端有 1 腺体，具羽状脉。圆锥花序顶生；花两性，无花被，也无花梗；苞片 1，三角形或卵形，宿存；雄蕊 1，肉质，棒状或背腹压扁状，花药 2（~3）室，侧向至内向，纵裂；子房球形或卵球形，无花柱，柱头近头状或呈小凸点。核果球形或卵球形。种子具丰富的胚乳，胚小。

约 2 或 3 种，分布于亚洲东南部至印度。我国产 1 种 1 亚种。深圳有 1 种。

草珊瑚 鸡爪兰 九节茶 Cammon Sarcandra

图 326　彩片 481　482

Sarcandra glabra（Thunb.）Nakai, Fl. Sylv. Koreana **18**：17. 1930.

Bladhia glabra Thunb. in Trans. Linn. Soc. 2：331. 1794.

Chloranthus glabra（Thunb.）Makino in Bot. Mag.（Tokyo）**26**：386. 1912；广州植物志 106. 1956.

常绿半灌木，0.5~1.5m，全株无毛。茎圆柱形，上部的分枝对生，茎和枝无毛，均具明显膨大的节。叶腋内具钻形的托叶；叶柄长 0.5~2cm，基部扩大而相连；叶片纸质或革质，椭圆形或卵圆形至卵状披针形，或宽椭圆形至长圆形，长 6~20cm，宽 2~8cm；基部楔形或宽楔形，先端急尖至渐尖，边缘具疏尖锯齿，齿端具 1 腺体，侧脉每边 5~7 条，在两面略凸起。圆锥花序长 1.5~4cm；苞片三角形或卵状；花淡黄绿色；雄蕊 1，肉质，棒状至圆柱状或卵状，花药 2 室，药室着生于药隔上部两侧，侧向或有时内向，成熟时与药隔近等长；子房球形或卵球状，无花柱，柱头近头状或呈小凸点。核果球形或卵球形，直径 3~4mm，幼嫩时绿色，成熟后亮红色或淡红色。花期 4~7 月；果期 7~12 月。

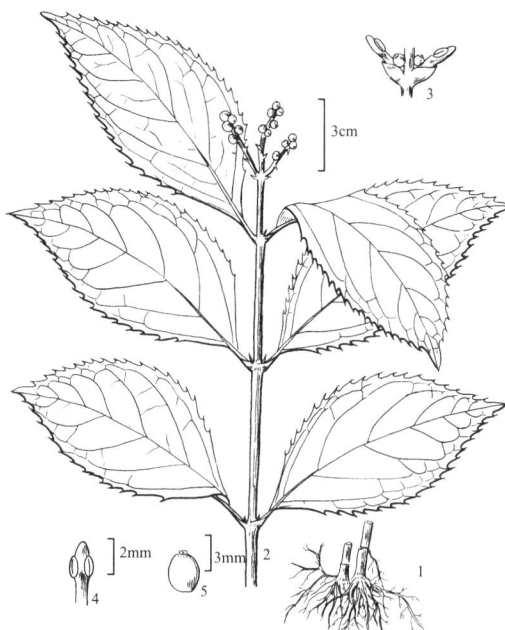

图 326 草珊瑚 Sarcandra glabra
1. 植株的下部，示根、根状茎及茎的下部；2. 分枝的一部分，示叶及序；3. 花序的一部分；4. 雄蕊；5. 核果。（林漫华绘）

产地：七娘山（张寿洲等 011239）、三洲田（深圳考察队 175）、梧桐山（深圳考察队 1475）。深圳各地常见。生于山地疏林下或山谷林中，海拔 50~400m。

分布：安徽、浙江、江西、福建、台湾、广东、香港、澳门、海南、广西、湖南、湖北、贵州、云南和四川。日本、朝鲜半岛、印度、斯里兰卡、柬埔寨、越南、菲律宾和马来西亚。

用途：叶色翠绿，果实红色，具有一定的观赏价值，可作观赏植物；全株可药用。

20. 三白草科 SAURURACEAE

李秉滔

多年生草本。茎直立、斜升或匍匐,有芳香气味,具明显的节。单叶互生;托叶与叶柄贴生,形成托叶鞘;叶柄长或短;叶片边缘全缘,或具不明显的细圆齿,具基出脉,基出脉弯拱上升至叶缘前网结,网脉明显。花小,两性,聚集成稠密的与叶对生或顶生的穗状花序或总状花序;花序基部具花瓣状的总苞片或无总苞片;花梗基部具明显或不明显的苞片;无花被;雄蕊通常 3、6 或 8,稀更多或更少,花丝长或短,分离或贴生于子房的基部,花药基部着生,2 室,纵裂;雌蕊由(2~)3~4 离生或合生心皮组成,离生心皮的子房具 2~4 胚珠,合生心皮的子房 1 室,侧膜胎座,每胎座具 6~13 胚珠,子房上位或半下位,花柱分离,柱头通常外弯。果为分果或为顶端开裂的蒴果。种子 1 至多数,外胚乳丰富,内胚乳贫乏,胚微小。

4 属约 6 种,分布于亚洲东部及南部和北美洲。我国产 3 属 4 种。深圳有 2 属 2 种。

1. 花序为总状花序,基部无总苞片;子房上位;果为分果 ·················· 1. 三白草属 Saururus
1. 花序为穗状花序,基部具总苞片;子房半下位;果为蒴果 ·················· 2. 蕺菜属 Houttuynia

1. 三白草属 Saururus L.

多年生草本,具根状茎;茎直立、斜升或匍匐;茎具纵棱和沟槽,节环明显。托叶膜质,托叶鞘半抱茎;叶柄短于叶片,基部通常扩大而半抱茎;叶片边缘全缘,基出脉 5~7。总状花序与叶对生或兼有顶生,花序基部无总苞片;苞片小,贴生于花梗基部;花梗短;花小,成熟时白色;无花被;雄蕊通常 6,有时 8,稀 3,长于花柱,花丝与花药近等长或稍长,花药长圆形,基部着生,2 室,纵裂;雌蕊由 3~4 心皮组成,心皮分离或基部合生,子房上位,每心皮的子房有胚珠 2~4,花柱 4,分离,外弯。分果成熟时分开为 3~4 分果瓣,分果瓣卵形或近球形,表面常具疣状凸起,先端具宿存外弯的花柱,每 1 分果瓣具 1 种子。

2 种,分布于亚洲东部和北美洲。我国产 1 种。深圳有分布。

三白草 塘边藕 水木通 Lizard's Tail

图 327　彩片 483　484

Saururus chinensis(Lour.)Baill. in Adansonia **10**(2):31. 1871.

Spathium chinense Lour. Fl. Cochinch. **1**: 217. 1790.

湿生多年生草本。根状茎圆柱形,白色,节上生根;茎下部匍匐状,上部直立,高达 1m;茎绿色或淡白色,基部节上生根,干后常中空。托叶膜质,托叶鞘半抱茎;叶柄长 1~3cm,无毛;叶片纸质,卵形至卵状披针形,长(4~)10~20cm,宽(2~)5~10cm;基部心形或斜心形,先端急尖或渐尖;茎上部的叶较小,顶端的 2~3 叶在花期时常为白色,呈花瓣状,两面均

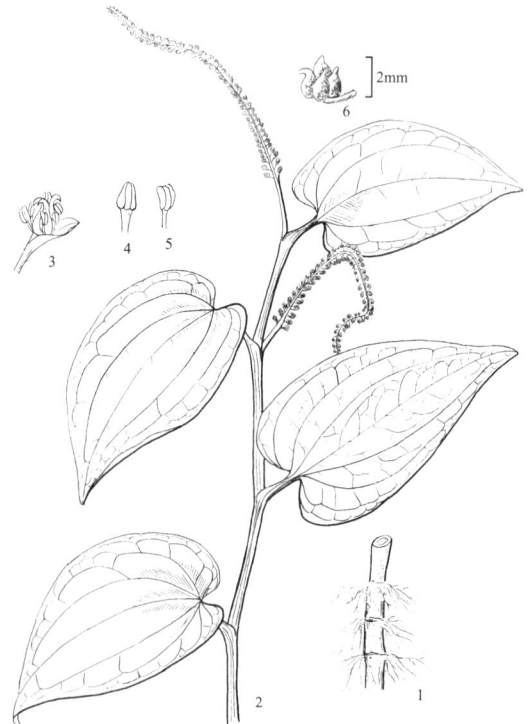

图 327 三白草 Saururus chinensis
1. 茎的下部,示节上生根;2. 茎的上部,示叶和花序;3. 花;4. 花药腹面观;5. 花药背面观;6. 分果。(林漫华绘)

无毛；基出脉 5~7 条，如为 7 条脉时，则最外 1 对脉纤细，斜升至叶缘前网结，网脉明显。总状花序与叶对生兼有顶生，长（3~）12~20（~22）cm；花序梗长 0.5~4.5cm，无毛，但花序轴密被短柔毛；苞片匙形，紧贴于花梗上，先端圆或急尖，无毛或有疏毛；雄蕊分离，花丝稍长于花药，花药长圆形，纵裂；心皮分离，子房卵形，无毛。分果近球形，直径约 3mm，表面多疣状凸起，先端具宿存外弯的花柱。花期 4~7 月。

产地：马峦山（张寿洲等 1426）、仙湖植物园（李沛琼 2385；王定跃等 011994）。生于低湿沟旁或池塘边，海拔约 75m。

分布：山东、安徽、江苏、浙江、河北、河南、湖北、湖南、江西、台湾、福建、广东、香港、澳门、海南、广西、贵州、云南、四川、陕西和青海。日本、朝鲜半岛、印度、越南和菲律宾。

用途：全株可药用。

2. 蕺菜属 Houttuynia Thunb.

多年生草本。茎直立或匍匐，具纵棱和沟槽，下部节上轮生小根。叶互生；托叶膜质，贴生于叶柄上；叶柄短于叶片；叶片边缘全缘，具基出脉 5~7 条。穗状花序顶生或与叶对生，花序基部具 4 总苞片，稀 6 或 8 白色花瓣状的总苞片；花小，成熟时白色；雄蕊 3，稀 4，长于花柱，花丝长为花药的 2~3 倍，基部与子房贴生，花药长圆形，2 室，纵裂；雌蕊由 3 部分合生心皮组成，子房半下位，1 室，具 3 侧膜胎座，每个胎座有胚珠 6~9，花柱 3，外弯。蒴果近球形，顶端开裂并具宿存外弯的花柱。

1 种，分布于亚洲东部和南部。我国有分布，深圳也有分布。

蕺菜 鱼腥草 Heart-leaved Houttuynia

图 328　彩片 485　486

Houttuynia cordata Thunb. Kongl. Vetanst. Acad. Nga Handl. **4**：149. 151. 1783.

多年生草本，高（5~）30~60cm。全株具鱼腥气味。具根状茎，节上轮生小根；茎下部匍匐，节上生根，上部直立，无毛，或节上被短柔毛，有时带淡紫红色。叶柄长（0.7~）1~3.5（~4）cm，无毛；托叶膜质，长（0.5~）1~2.5cm，先端钝，下部与叶柄贴生而成一长 0.8~2cm 的鞘，且常有缘毛，基部扩大而稍抱茎；叶片薄纸质，宽卵形或卵状心形，长（1.5~）4~10cm，宽（1.8~）2.5~6cm，基部心形，先端短渐尖，两面具腺点，下面腺点更明显，通常无毛，有时在叶脉上被短柔毛；基出脉 5~7 条，如基出脉 7 条时，则最外 1 对很纤细或不明显，网脉明显。穗状花序长（0.4~）1.5~3cm，宽（2~）5~6mm；花序梗长 1.5~3cm，几无毛；总苞片长圆形或倒卵形，长（0.5~）1~1.5cm，宽（3~）5~7mm，先端圆；雄蕊长于子房，花丝长为花药的 2~3 倍；子房半下位，长圆体形，花柱 3，外弯。蒴果长圆体形，先端具宿存的花柱。花期 4~9 月；果期 7~10 月。

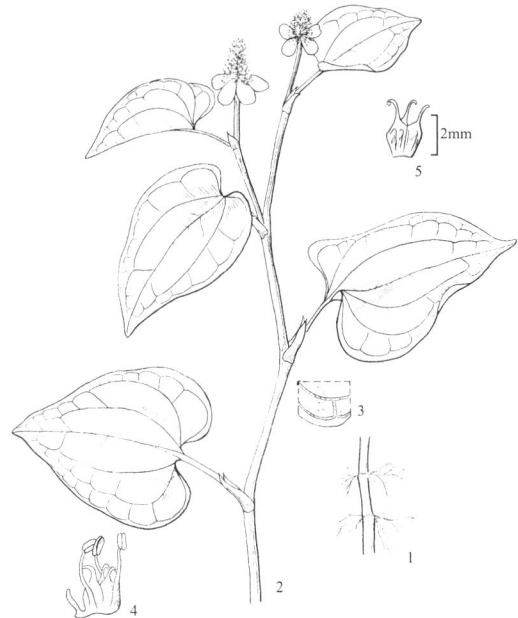

图 328 蕺菜 Houttuynia cordata
1. 茎的下部，示节上生根；2. 茎的上部，示叶和花序；3. 叶下面的一部分放大，示腺点；4. 花；5. 蒴果。（林漫华绘）

产地：南澳、仙湖植物园（王定跃等 011971）、东湖公园（李沛琼 022869）、羊台山（邢福武 12839，IBSC）。生于沟边或林下湿地。野生或栽培。

分布：我国安徽、江苏、浙江、河南、湖北、湖南、江西、台湾、福建、广东、香港、澳门、海南、广西、贵州、云南、四川、陕西、甘肃和西藏。日本、朝鲜半岛、印度、尼泊尔、不丹、缅甸、泰国和印度尼西亚。

用途：嫩茎、叶可食。

21. 胡椒科 PIPERACEAE

王发国　邢福武

草本、灌木或藤本，稀乔木，直立或攀援，通常有香气。茎横切面可见散生的维管束，这一类型与单子叶植物相似。叶为单叶，互生，少有对生或轮生；托叶与叶柄合生或无托叶；叶片基部两侧常不对称，边缘全缘，具掌状脉或羽状脉。花序与叶对生或腋生，少有顶生；花小，两性或单性雌雄异株或间有杂性，密集成穗状花序或由穗状花序再排列成伞形花序，稀排成总状花序；苞片小，通常盾状或杯状，稀勺状，贴生在花序轴上；无花被；雄蕊 1~10，花丝通常离生，花药 2 室，分离或汇合，纵裂；雌蕊由 2~5 合生心皮组成，子房上位，1 室，有直立胚珠 1，柱头 1~5，无或有极短的花柱。果为小的核果或小坚果，卵球形或球形，小，具肉质、薄或干燥的果皮，有时具黏性的乳突或倒刺毛，内有种子 1。种子小，有少量内胚乳和丰富的外胚乳，胚较小。

约 8 或 9 属 2000~3000 种，主要分布于南、北美洲的热带和亚热带地区，亚洲和非洲较少。我国有 3 属 68 余种。深圳有 2 属 10 种及 3 栽培品种。

1. 矮小草本；叶无托叶；柱头 1 枚，有时 2 裂⋯⋯⋯⋯⋯⋯⋯⋯⋯⋯⋯⋯⋯⋯⋯⋯⋯ **1. 草胡椒属 Peperomia**
1. 灌木、小乔木、木质或草质藤本；叶有托叶；柱头（2~）3~5 枚⋯⋯⋯⋯⋯⋯⋯⋯⋯ **2. 胡椒属 Piper**

1. 草胡椒属 Peperomia Ruiz & Pavon

一年生或多年生草本，常附生于树干上或石上。须根发达。植株分枝或不分枝，矮小；茎常短小，带肉质，下部数节上常生不定根；维管束全部分离，散生。叶互生、对生或轮生，无托叶；叶片边缘全缘，基出脉 3~5 条，网脉不明显。花极小，两性，无花梗，常与苞片共同着生于花序轴的凹陷处，排成顶生、腋生或与叶对生的细弱穗状花序；花序梗约与花序轴等宽，单生或丛生；苞片圆形、近圆形或有时长圆形，着生在花序轴上；无花被；雄蕊 2 枚，着生在子房基部两侧，有短的花丝，花药圆形、椭圆体形或圆柱形，背部着生，纵裂；子房 1 室，有胚珠 1，柱头 1，有时又裂，球形，顶端钝、急尖、喙状或圆笔状，侧生或顶生，有时 2 裂。果为极小的小坚果，不开裂。

约 1000 种，广布于热带和亚热带地区。我国有 7 种 2 变种。深圳有 3 种及 1 栽培品种。

深圳市花圃和公园仍有引入栽培垂椒草 Peperomia serpens Loud.，豆瓣绿 P. tetraphyla（G. Forst.）Hook. & Arn. 和皱叶椒草 P. caperata Yunck. 等，因植株数量少，未被本志收载。

1. 叶肉质，肥厚，长 5~6cm，宽 4~5cm ⋯⋯⋯⋯⋯⋯⋯⋯⋯⋯⋯⋯⋯⋯ **1. 钝叶草胡椒 P. obtusifolia**
1. 叶膜质，长 0.5~3cm，宽 0.8~3cm。
　　2. 叶对生或 4 片轮生；叶片基部渐狭或楔形 ⋯⋯⋯⋯⋯⋯⋯⋯⋯⋯⋯⋯ **2. 石蝉草 P. blanda**
　　2. 叶互生，叶片基部阔心形 ⋯⋯⋯⋯⋯⋯⋯⋯⋯⋯⋯⋯⋯⋯⋯⋯⋯ **3. 草胡椒 P. pellucida**

1.　钝叶草胡椒 钝叶豆瓣绿 圆叶草胡椒 Obtuse-leaved Peperomia　　　　　图 329
Peperomia obtusifolia（L.）A. Dietr. Sp. Pl. **1**: 154. 1831.
Piper obtusifolium L. Sp. Pl. **1**: 30. 1753.

多年生草本，高达 30cm，全株无毛。茎短，略带红色，稍肉质。叶柄长 1~1.5cm，紫红色；叶片肉质，肥厚，卵圆形或近圆形，长 5~6cm，宽 4~5cm；基部宽楔形至近圆，先端圆，深绿色，有光泽，干后淡褐色；侧脉纤细，约 7 对，鲜时不明显，干后两面扁平。穗状花序顶生或腋生，细长，长达 16cm，着花多数；花序梗长约 1.5cm；花红色，平行密生于肉质花序轴上；苞片倒卵形或近圆形，着生在花序轴上，位于子房之下，长和宽约 0.5mm，有腺点；雄蕊 2，着生在子房基部两侧，花药宽卵形，长约 0.3mm，宽 0.2mm，背部着生，纵裂，花丝极短；

子房长圆形，长约 0.7mm，柱头顶生，近头状，小。花期 7~11 月。

产地：仙湖植物园（王定跃 953）有栽培。

分布：原产于中美洲至南美洲，热带地区广为栽培。广东、澳门、广西、云南等地均有栽培。

用途：叶形美观，厚宽硬挺，四季碧绿，为良好的观叶植物。

在深圳市园林、公园等地有栽培的尚有 2 个栽培品种。

（1）斑叶豆瓣绿 Peperomia obtusifolia 'Green Gold'，叶脉上有黄绿色斑纹。

（2）红边豆瓣绿 Peperomia obtusifolia 'Red Edge'，叶片具红色边缘。

2. 石蝉草 Stonecicada Peperelder　　图 330

Peperomia blanda（Jacq.）Kunth，Nov. Gen. Sp. **1**：67. 1816.

Piper blandum Jacq. Collectanea **3**：211. 1789.

Peperomia dindygulensis Miq. Syst. Piperac. 122. 1843. 海南植物志 **1**：336. 1964. 广东植物志 **1**：75，图 80. 1987.

Peperomia leptostachya Hook. & Arn. f. *cambodiana* C. DC. in Fl. Gen. Indo-Chine 5：64. 1831.

Peperomia leptostachya var. *cambodiana*（C. DC.）Merr. in Lingnan Sci. J. **5**：58. 1927；海南植物志 1：336. 1964；广东植物志 **1**：75. 1987.

多年生肉质草本，高 10~30cm 或更高。茎通常带红色，近直立或基部匍匐状，有分枝，被短柔毛，下部几节常生不定根。叶对生或 4 片轮生；叶柄长 0.5~1.5cm，被柔毛；叶片膜质，有腺点，椭圆形、倒披针形、倒卵形或倒卵状菱形，生于茎基部的有时近圆形，长 2~4.5cm，宽 1~2.8cm，基部渐狭或楔形，先端圆或钝，稀急尖，两面被短柔毛，下面通常红色；基出脉 5 条，最外边 2 条纤细而短，有时不明显。穗状花序顶生或腋生，单生或 2~3 丛生，长 3~7cm，宽 1~1.5mm；花序梗无毛至密被毛，长 0.5~1.5cm；花序轴长 2.5~10cm，直径 1~2mm，苞片近圆形或圆形，直径约 0.8mm，盾状，有腺点；花疏生于肉质花序轴上；雄蕊 2，与苞片共同着生于子房基部，花丝短，花药长圆状椭圆形；子房倒卵球形，顶端略钝或微凹，柱头近顶生，被短柔毛。小坚果球形至椭圆体形，直径 0.5~0.8mm，有不明显的乳头状凸起，顶端稍尖。花

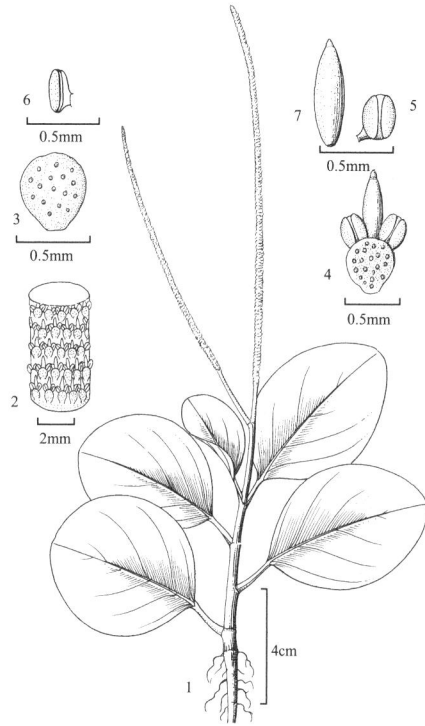

图 329 钝叶草胡椒 Peperomia obtusifolia
1. 植株，示根、茎、叶和花序；2. 花序的一段放大，示花平行密生于花序轴上；3. 苞片；4. 花；5. 雄蕊；6. 花药侧面观；7. 雌蕊。（李志民绘）

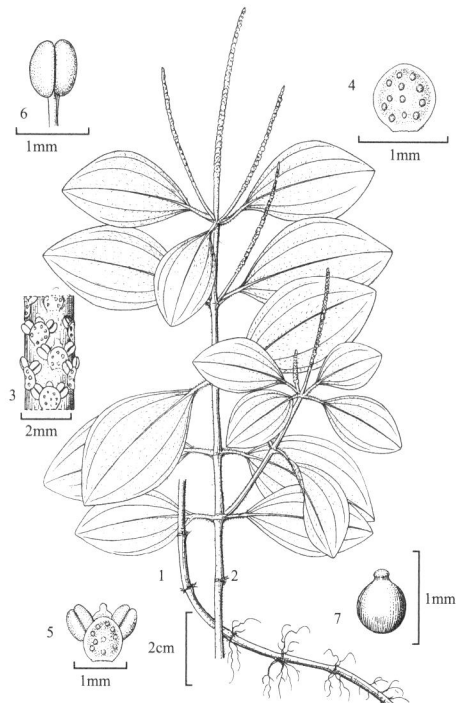

图 330 石蝉草 Peperomia blanda
1. 茎基部的一段，示其匍匐状及节上生出的不定根；2. 茎上部的一段，示叶和花序；3. 花序的一段放大，示其上疏生的花；4. 苞片；5. 花；6. 雄蕊；7. 小坚果。（李志民绘）

期 4~8 月。

产地：七娘山（邢福武等 11000，IBSC）、梧桐山（李沛琼等 1757）。生于山坡丛林中。海拔约 165m。

分布：广东、香港、海南、广西、福建、贵州、云南、台湾。广布于日本、印度、斯里兰卡、孟加拉国、缅甸、泰国、柬埔寨、越南、马来西亚以及美洲南部和非洲。

3.　草胡椒 Shiny Peperelder　　　图 331　彩片 487

Peperomia pellucida（L.）Kunth in Nov. Gen. Sp. **1**：64. 1815.

Piper pellucidum L. Sp. Pl. **1**：30. 1753.

一年生肉质草本，高 20~40cm。茎直立或基部有时平卧，有分枝，无毛，下部节上常生不定根。叶互生；叶柄长 1~2cm；叶片膜质，半透明，宽卵形或卵状三角形，长 1~3cm，宽 0.8~3cm；基部阔心形，先端急尖或钝，两面无毛；叶脉 5~7 条，网状脉不明显。穗状花序与叶对生，细弱，长 2~6cm，无毛；花小，疏生于肉质纤细的花序轴上；花序梗长约 1cm，无毛；花序轴长 2~4cm；苞片圆形，盾状，背面中央有短柄，着生在花序轴上；雄蕊 2，着生在子房基部两侧，有短的花丝，花药近圆形；子房椭圆体形，柱头顶生，被短柔毛。小坚果球形，长约 0.8mm，直径约 0.4mm，顶端尖，具多数粗糙纵肋和鳞片。花期 4~6 月；果期 7~10 月。

产地：南澳（邢福武等 11755，IBSC；张寿洲等 2631）、梧桐山（深圳考察队 1510）、东湖公园（李沛琼 2404）。逸生于路旁或林下湿地。海拔 50~120m。

分布：原产于热带美洲，现广布于热带地区。我国福建、广东、香港、澳门、海南、广西和云南有栽培或逸生。

用途：园林观赏植物，适合于盆栽或室内栽培。

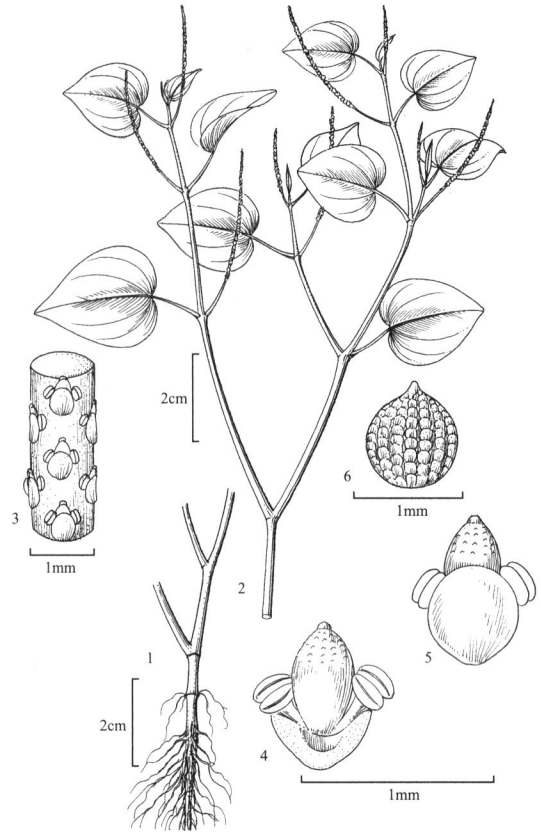

图 331 草胡椒 Peperomia pellucida
1. 茎基部的一段，示节上生出的不定根；2. 茎上部的一段，示分枝、叶和花序；3. 花序的一段放大，示其上疏生的花；4. 花腹面观，示雄蕊及雌蕊；5. 花背面观，示苞片、花药及雌蕊上部；6. 小坚果。（李志民绘）

深圳市栽培较为普遍的还有下面栽培品种。

花叶垂椒草 Peperomia scandens 'Variegata'，多年生草本，高 10~30cm。茎伸长，柔弱匍匐状，悬垂性，茎节呈"Z"字形，茎和叶柄稍带红色。叶互生，肥厚肉质，叶片心形至卵圆形，中央绿色，有乳白色斑纹镶嵌于叶面，叶缘有黄白色斑纹。穗状花序与叶对生，细长，通常直立。

产地：仙湖植物园（王定跃 89518；李沛琼 3506）有栽培。

分布：原产于热带美洲。

用途：供观赏。

2. 胡椒属 **Piper** L.

灌木或攀援木质或草质藤本，稀有草本或小乔木。茎粗壮，和枝有膨大的节，揉之有香气；茎和枝维管束外面的联合成环状，内面的维管束成 1 或 2 列散生。叶互生；托叶多少与叶柄贴生，早落，脱落后在茎和枝的节上留下环状的托叶痕；叶片边缘全缘，通常具基出脉，有时具羽状脉。穗状花序与叶对生，稀顶生或再组成腋生的伞形花序，花序通常宽于花序梗的 3 倍以上；苞片小，有时与花序轴贴生，通常盾状；花单性，雌雄异株，少有雌雄同株或两性，无花梗；雄蕊 2~6，稀 1 或 8~10，常着生于花序轴上，稀生在子房基部，花药 2 室，外向，2~4 纵裂；子房明显或有时埋藏于花序轴的窝孔内而且与其贴生，有胚珠 1，柱头 3~5，稀 2。果为核果，卵球形或球形，稀椭圆体形，侧扁，具肉质、薄或干燥的果皮，无柄或具短柄，熟时红色或黄色。种子小。

约 1000~2000 种，主产于热带地区。我国有 60 余种。深圳有 7 种。

深圳市有少量栽培的荜拔（Piper longum L.）和蒌叶（Piper betle L.），本志未有收载。

1. 苞片匙状长圆形，基部贴生于花序轴上，仅边缘和顶端分离 ·············· 1. 胡椒 **P. nigrum**
1. 苞片圆形或近圆形，仅中央贴生在花序轴上。
  2. 叶片至少下面密被短柔毛。
    3. 花序轴无毛；果基部嵌生于花序轴上并与其贴生 ·············· 2. 华山蒟 **P. cathayanum**
    3. 花序轴被毛；果不嵌生于花序轴上 ·············· 3. 毛蒟 **P. hongkongense**
  2. 叶片两面无毛或仅背面沿脉被极细的粉状短柔毛（仅在放大镜下始见）。
    4. 叶片基部渐狭或楔形；果不嵌生于花序轴上 ·············· 4. 山蒟 **P. hancei**
    4. 叶片基部心形；果下部嵌生于花序轴上并与其贴生。
      5. 叶柄和叶片下面无毛；苞片边缘常有浅齿 ·············· 5. 华南胡椒 **P. austrosinense**
      5. 叶柄和叶片下面脉上被极细的粉状短柔毛；苞片边缘全缘。
        6. 雄花序长 7~15cm；果顶端被毛 ·············· 6. 蒌叶 **P. betle**
        6. 雄花序长不超过 3cm；果无毛 ·············· 7. 假蒟 **P. sarmentosum**

1. 胡椒 Black Pepper 图 332 彩片 488

Piper nigrum L. Sp. Pl. **1**: 28. 1753.

攀援木质藤本，全株无毛。茎长 2~5m 或更长，直径 5~8mm，节显著膨大，生不定根。叶柄长 1~2.5cm，叶鞘延长，长 0.5~1.5cm；叶片近革质，卵形、阔卵形、卵状长圆形或椭圆形，稀近圆形，长 10~15cm，宽 5~9cm，基部圆，通常稍偏斜，先端急尖或短渐尖，两面光滑，下面有时稍呈粉白色，叶脉 5~7 条，罕有 9 条，在上面平坦，在下面明显凸起，离叶片基部 1.5~3.5cm 处的中脉两侧有 1 对侧脉互生，其余侧脉为基生，网状脉明显。花通常杂性同株；穗状花序与叶对生，短于叶或近等长；花序梗与叶柄等长；苞片匙状长圆形，长 3~3.5cm，中部宽约 0.8mm，顶端阔而圆，基部贴生于肉质的花序轴上，仅边缘和顶端分离呈杯状；雄蕊 2，花丝粗短，花药肾形；子房球形，柱头 3~4，稀 5。果为核果，球形，无柄，直径 3~4mm，熟时红色。花期 6~10 月。

产地：仙湖植物园（李沛琼 3480）有栽培。

分布：原产于亚洲东南部，现世界热带地区有广泛栽培。我国台湾、福建、广东、海南、广西和云南也有广泛栽培。

用途：果实主要含胡椒碱和少量的胡椒挥发油，用于调味，亦作胃寒药，能温胃散寒、健胃止吐，服少量能增进食欲，过量则刺激胃黏膜引起充血性炎症。

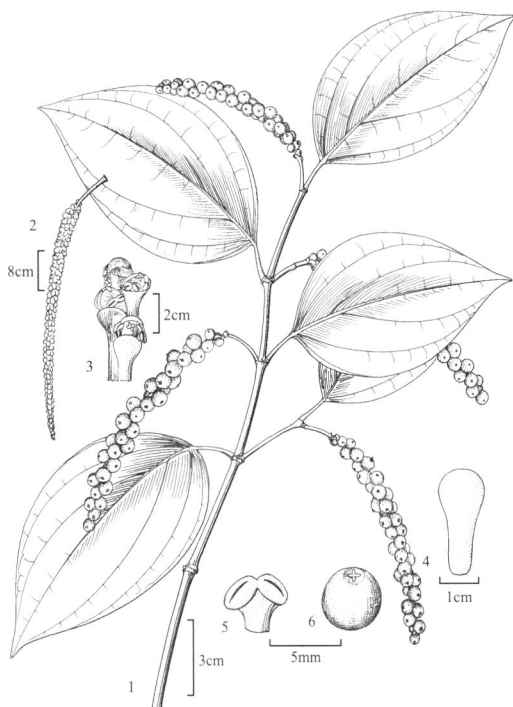

图 332 胡椒 Piper nigrum
1. 茎上部的一段，示叶和果序；2. 花序；3. 花序的一段放大，示花的着生方式；4. 苞片；5. 雄蕊；6. 核果。（李志民绘）

2. 华山蒟 Chinese Pepper　　　　图 333

Piper cathayanum M. G. Gilbert & N. H. Xia in Novon **9**：191. 1999.

Piper sinense（Champ. ex Benth.）C. DC. Prodr. **16**（1）：361. 1868，non Piper chinense Miq. 1845.

攀援木质藤本，长约 5m 或过之。幼枝密被短柔毛，老枝近无毛。叶柄长 1~1.5cm，密被短柔毛；叶片纸质，卵形、卵状长圆形或长圆形，长 8~15cm，宽 3.5~6.5cm，基部深心形，两耳圆，近相等，有时几重叠，先端钝或急尖，下面密被短柔毛，沿脉毛更密，上面无毛或基部疏被短柔毛，叶脉 1 条，通常对生，最上 1 对离基部 0.5~1cm 处从中脉发出，网脉明显。花单性，雌雄异株，组成与叶对生的穗状花序；雄穗状花序长 2.5~4cm，粗 4~5mm；花序梗短于叶柄，被短柔毛；花序轴无毛；苞片圆形，直径约 1.2mm，盾状，无毛，无柄，仅中央贴生在花序轴上，盾状着生；雌穗状花序果期长约 3cm；花序轴和苞片与雄穗状花序相同；柱头通常 3。核果近球形，直径约 2.5mm，基部嵌生于花序轴上并与其贴生。花期 3~6 月。

产地：深圳可能有分布，但尚未采到标本。据文献摘录此形态描述，以备参考。

分布：广东（南部至西南部）、香港、海南、广西、贵州和四川（峨眉山）。

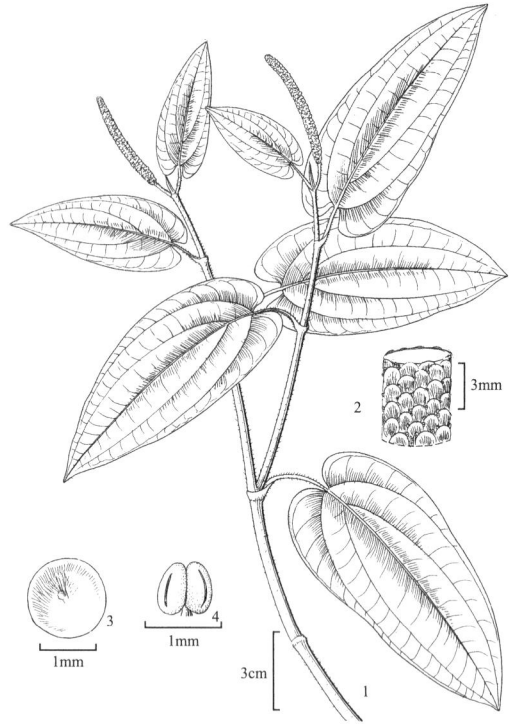

图 333 华山蒟 Piper cathayanum
1. 分枝的一部分，示叶及雄花序；2. 雄花序的一部分放大，示花的着生方式；3. 苞片；4. 雄蕊。（李志民绘）

3. 毛蒟 Pubescent Pepper　　　　图 334

Piper hongkongense C. DC. in DC. Prodr. **16**（1）：347. 1868.

Piper puberulum（Benth.）Maxim. in Bull. Acad. Imp. Sci. Saint. -Petersbourg **31**：94. 1887；海南植物志 **1**：332. 1964；广东植物志 1：70. 1987；non *P. puberulum*（Benth.）Seemann（1868，based on *Macropiper puberulum* Benth.）.

Chavica puberula Benth. Fl. Hongk. 335. 1861.

攀援木质藤本，长达 5m 或更长。幼枝被柔软的短柔毛，老时渐变无毛。叶柄长 0.5~1cm，密被短柔毛，基部具鞘；叶片纸质，卵状披针形或卵形，长 5~11cm，宽 2~6cm，基部浅心形，两侧常不对称，先端急尖或渐尖，两面被柔软的短柔毛，少数毛有分枝，老时下面近无毛，叶脉 5~7 条，离基部 1.5~3cm 处中脉两侧的 1 对侧脉互生，其余侧脉为近基生。花单性，雌雄异株，排列成穗状花序；穗状花序与叶对生；雄穗状花序长 5~7cm，宽约 3mm；花序梗长 1~1.5cm，与花序轴均疏被短柔毛；苞片圆形，有时基部变狭，

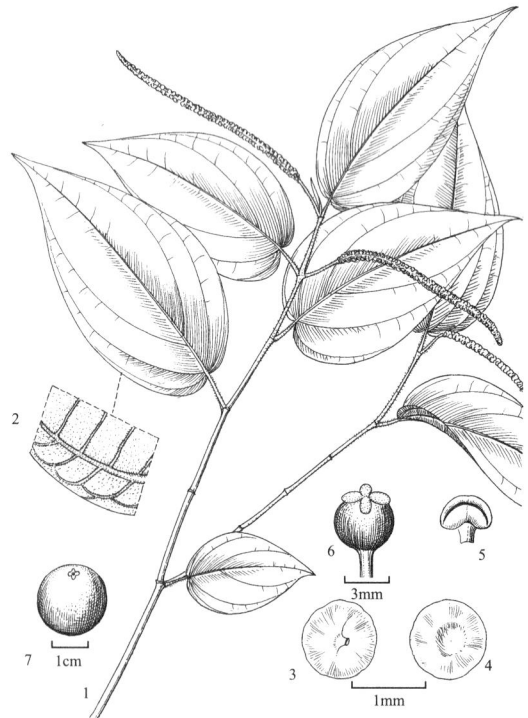

图 334 毛蒟 Piper hongkongense
1. 分枝上部的一段，示叶和花序；2. 叶片背面的一部分放大，示叶脉及毛被；3. 苞片的腹面；4. 苞片的背面；5. 雄蕊；6. 雌蕊；7. 核果。（李志民绘）

仅中央贴生于花序轴上，盾状着生，无毛；雄蕊常 3，花丝很短，花药肾形，2 裂；雌穗状花序长 4~6cm；花序梗、花序轴和苞片均与雄穗状花序相同；子房近球形，柱头 4。核果球形，离生，直径约 2cm，不嵌生于花序轴上。花期 3~5 月。

产地：排牙山（张寿洲等 5574）、田心山、坪山（张寿洲等 SCAUF489）、梅沙尖（深圳考察队 1169）、梧桐山。生于山地疏林或密林中，攀援于树上或石上，海拔 100~500m。

分布：广东、香港、海南和广西。

4. 山蒟 Wild Pepper　　图 335　彩片 489　490

Piper hancei Maxim. in Bull. Acad. Imp. Sci. Saint-Petersbourg **31**（1）: 94. 1887.

攀援木质藤本，长达 10cm 以上。枝圆柱形，稍有棱，无毛，节上常生不定根。叶鞘长为叶柄的 1/2；叶柄长 0.5~1.2cm；叶片纸质或近革质，椭圆形、长圆形或卵状披针形，稀披针形，长 6~12cm，宽 2~4.5cm，基部渐狭或楔形，有时圆，两侧对称或不对称，先端急尖或渐尖，两面均无毛，叶脉 5~7 条，离基部 1~3cm 处中脉两侧的 1 对侧脉互生，其余侧脉为基生，网状脉明显。花单性，雌雄异株，聚集成与叶对生的穗状花序；雄花序长 5~10cm，宽约 2mm；花序梗与叶柄近等长或稍长，花序轴被短柔毛；苞片近圆形，宽约 0.8mm，无柄至有短柄，仅中央着生在花序轴上，盾状着生，上面被微柔毛；雄蕊 2，花丝短；雌穗状花序长约 3cm，果期较长；苞片与雄花序的相同，但苞片的柄较长；子房近球形，不嵌生于花序轴上，无柄，柱头 4 裂或稀有 3 裂。核果球形，黄色，直径 2.5~3mm。花期 3~8 月。

产地：七娘山、南澳（邢福武等 12429，IBSC）、笔架山（王国栋等 6830）、马峦山、沙头角（张寿洲等 5501）、鸡公山、梅林（张寿洲等 5401）、大南山。常见，生于密林或疏中，常攀援于树上或石上，海拔 150~300m。

分布：浙江、江西、福建、广东、香港、澳门、广西、湖南（南部）、贵州（南部）和云南（东南部）。

用途：全株药用，治风湿性关节炎、腰膝无力、咳嗽感冒等。

5. 华南胡椒 South China Pepper　图 336　彩片 491

Piper austrosinense Y. C. Tseng in Acta Phytotax. Sin. **17**（1）: 36. pl. 12. 1979.

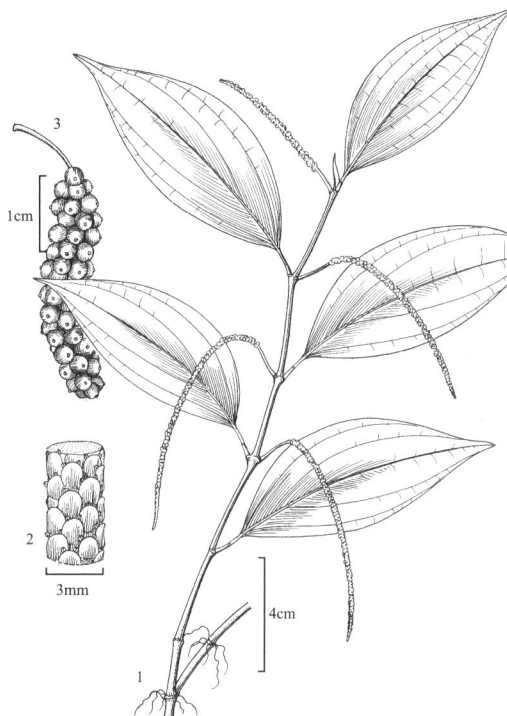

图 335 山蒟 Piper hancei
1. 植株的一部分，示基部节上生出的不定根、叶及雄花序；2. 雄花序的一段放大，示花的着生方式；3. 果序。（李志民绘）

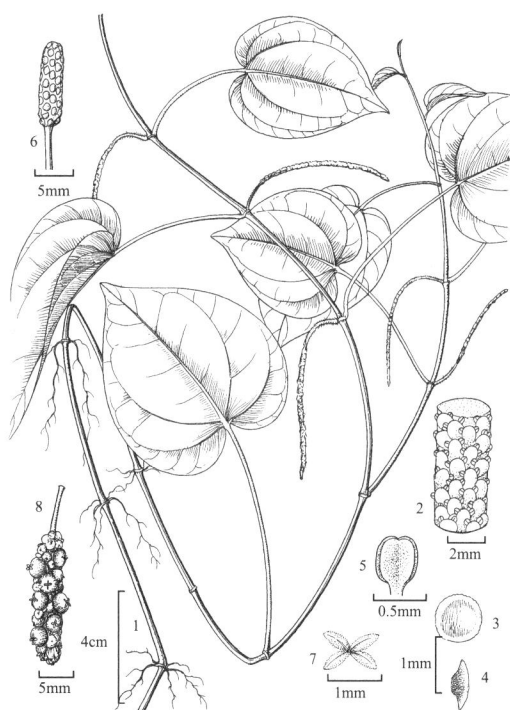

图 336 华南胡椒 Piper austrosinense
1. 植株，示茎基部节上生出的不定根、叶及雄花序；2. 雄花序的一段放大，示花的着生方式；3. 苞片；4. 苞片侧面观；5. 雄蕊；6. 雌花序；7. 柱头；8. 果序。（李志民绘）

攀援木质藤本。除苞片上面、花序轴和柱头外其余无毛；茎具纵棱，节上生根。叶鞘长为叶柄的一半或略短；茎下部叶叶柄长 1.5~2cm；叶片纸质，无明显的腺点，卵形，长 8.5~11cm，宽 6~7cm，基部通常心形，两侧对称，先端急尖，叶脉 5(~7) 条，全部基出，在离基部 0.4~1cm 处的中脉两侧的 1 对侧脉对生或互生，网脉明显；上部叶叶柄长 0.5~1cm；叶片狭卵形，长 6~11cm，宽 1.5~4.5cm，基部圆或微渐狭，常偏斜，先端渐尖。花单性，雌雄异株，聚集成与叶对生的穗状花序；雄花序花密，圆柱形，白色，长 3~7cm，宽约 2mm；花序梗长 1~1.8cm；苞片圆形，长约 1mm，仅中央贴生在花序轴上，盾状着生，边缘不整齐而具浅齿，上面与花序轴均密被白色绒毛；雄蕊 2，花丝与花药近等长；雌花序白色，长 1~1.5cm，宽约 3mm；花序梗长 0.5~1cm；苞片与雄花序的相似；子房基部嵌生于花序轴中，顶端狭，柱头 3~4，稀 5，线形，被绒毛。核果近球形，直径约 2mm，红色，基部嵌生于花序轴上并与其贴生。花期 4~6 月。

产地：西涌、南澳（王国栋等 6380，邢福武等 10811，IBSC）、笔架山（王国栋等 672）、葵涌（王国栋等 7197）、盐田、梧桐山、仙湖植物园、塘朗山、南山。生于水旁、密林或疏林中，常攀援于树上或石上，海拔 100~350m。

分布：广东（东部和西南部）、香港、海南和广西（东南部）。

6. 蒌叶 Betel Pepper　　　　　图 337　彩片 492

Piper betle L. Sp. Pl. **1**: 28. 1753.

攀援藤本。茎稍木质，长 2.5~5m，于节上生根。叶鞘长约为叶柄的 1/3；叶柄长 2-5cm，被极细的粉状短柔毛；叶片纸质至革质，卵形至卵状长圆形，生于茎上部的有时为椭圆形，长 7~15cm，宽 5~11cm；基部心形，有时生于茎上部的叶片基部圆，两侧对称或近对称，先端渐尖，下面密生腺点，脉上被极细的粉状短柔毛，上面无毛，叶脉 7 条，最上的 1 对通常对生，稀互生，在离基部 0.7~2cm 处的 1 对侧脉从中脉发出，其余的均基生，网脉明显。花单性，雌雄异株，组成与叶对生的穗状花序；雄穗状花序在花期与叶片近等长长 7~15cm；花序梗与叶柄近等长；花序轴被短柔毛；苞片圆形或近圆形，稀倒卵形，宽 1~1.3mm，仅中央贴生在花序轴上，盾状着生，边缘全缘；雄蕊 2，花丝粗，与花药近等长或略长，花药近肾形；雌穗状花序长 3~5cm，在果期较长，粗约 1cm；花序轴稍肉质，密被短柔毛；子房下部嵌生于花序轴上，顶端被绒毛，柱头通常 4~5，披针形，长约 0.5mm，被绒毛。核果顶端凸，被绒毛，下部嵌生于花序轴上并与其贴生，形成一圆柱状、肉质、带红色的果序。花期 5~7 月。

产地：深圳有栽培。

分布：原产于印度、斯里兰卡、越南、菲律宾、马来西亚、印度尼西亚和马达加斯加。我国东南部至西南部普遍有栽培。

用途：茎、叶药用，治胃寒、风寒咳嗽、疮节、湿疹等。

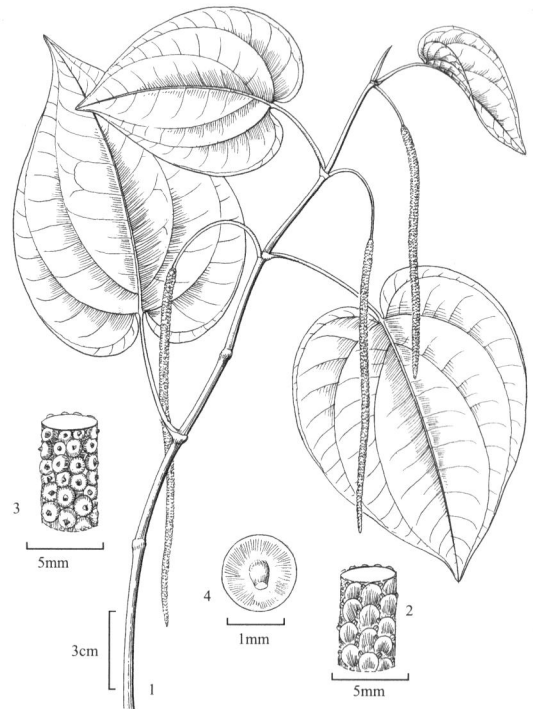

图 337 蒌叶 Piper belte
1. 分枝的一部分，示叶及雄花序；2. 雄花序的一部分放大，示花的着生方式；3. 雌花序的一部分放大，示花的着生方式；4. 苞片的腹面。（李志民绘）

7. 假蒟 Sarmentose Pepper　　　　　　　　　图 338　彩片 493　494

Piper sarmentosum Roxb. Fl. Ind. **1**: 162-163. 1820.

多年生匍匐或攀援草质藤本，长 10m 以上。茎、枝无毛，节上生不定根；小枝近直立，无毛或幼时被极细的粉状短柔毛。叶鞘长为叶柄的 1/2；叶柄长 2~5cm，匍匐茎上的叶柄较长，可达 10cm，被很细粉状短柔毛；叶片薄，近膜质，有小腺点，暗绿色，生于茎基部的阔卵形至近圆形，生于茎上部的较小，卵形或卵状披针形，长 7~14cm，宽 6~13cm，基部浅心形或圆，有时生于茎上部的近楔形，对称或不对称，先端短渐尖，下面沿脉上被极细的粉状短柔毛，叶脉 7 条，离基部 1~2cm 处中脉两侧的 1 对侧脉互生或近对生，其余侧脉基生，近顶部与中脉汇合，网状脉明显。花单性，雌雄异株，聚集成穗状花序；穗状花序与叶对生；雄穗状花序长约 1.5~2.5（~3）cm，宽 2~3mm；花序梗纤细，与花序近等长，被极细的粉状短柔毛；花序轴被短柔毛；苞片椭圆形，近无柄，仅中央贴生于花序轴上，盾状着生，宽 0.5~0.6mm，边缘全缘；雄蕊 2 枚，花丝约为花药的 2 倍，花药小，近球形，2 裂；雌穗状花序长 5~6mm，于果期延长，可达 8mm；花序梗与雄穗状花序的相似；花序轴光滑，无毛；苞片近圆形，直径 1~1.3mm，盾状，柱头通常 4，稀有 3 或 5，顶生，被微柔毛。核果球形或近球形，直径 2.5~3.5mm，具 4 角棱，无毛，基部嵌生于花序轴中并与其贴生。花期 4~11 月。

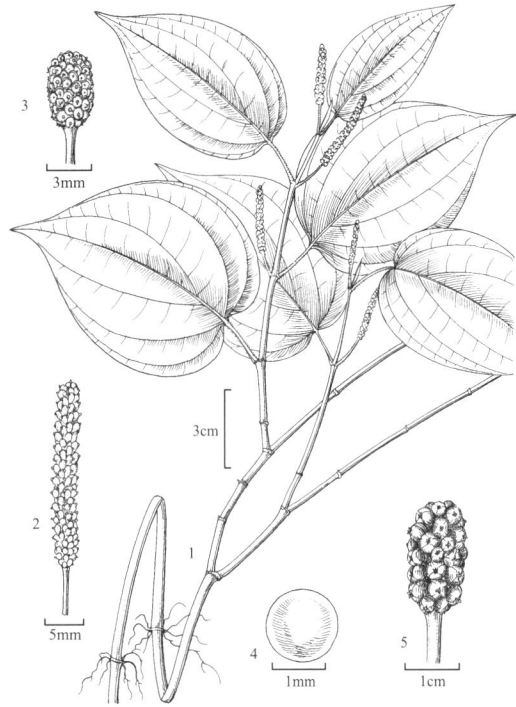

图 338 假蒟 Piper sarmentosum
1. 植株，示茎基部节上生出的不定根、分枝、叶及雄花序；
2. 雄花序；3. 雌花序；4. 雌花苞片；5. 果序。（李志民绘）

产地：七娘山、南澳（张寿洲等 3629）、内伶仃岛（张寿洲等 3710）。生于林下、路旁或林中湿润之地，海拔 10~50m。

分布：福建、广东、香港、澳门、海南、广西、贵州、云南和西藏。印度、老挝、柬埔寨、越南、马来西亚、菲律宾和印度尼西亚。

用途：全株入药，有祛湿消肿、舒筋活血、行气等功效；根、茎治风湿骨痛、跌打损伤、妊娠水肿；果实治胃痛、腹胀、食欲不振等。

22. 马兜铃科 ARISTOLOCHIACEAE

王国栋

草本或灌木，稀藤本、半灌木或乔木。根、茎和叶具油细胞。单叶互生，无托叶，有叶柄；叶片边缘全缘，稀 3-5 裂，通常具羽状脉，有时具 3~5 条掌状脉。花序腋生或顶生，为总状花序、聚伞花序、伞房花序或单花；花两性，辐射对称或两侧对称；花被花瓣状，排成 1 轮，通常合生成管状、圆筒状、至钟状或近球形，檐部辐状、缸状、圆筒状或舌状，1~3 裂，裂片镊合状排列；雄蕊 6~12，排成 1 或 2 轮，花丝与子房或花柱贴生，花药分离或花丝与花药与花柱完全贴生形成合蕊柱，花药 2 室，纵裂；子房下位至上位，6 室，心皮仅基部合生或完全合生，胚珠多数，倒生，通常 1~2 列，侧膜胎座，花柱分离或合生而顶端 3~6 裂。果为肉质或干的蒴果，稀长角果状或菁葖果状。种子多数，种皮稍坚硬或脆骨质，胚乳丰富，胚小。

约 8 属 450~600 余种，主产于热带及亚热带。我国 4 属 86 种。深圳 1 属 5 种。

马兜铃属 Aristolochia L.

草质或木质藤本，稀半灌木或小乔木，常具块根。叶互生，全缘或 3-5 裂，基部通常心形，羽状脉或掌状 3~7 出脉。花组成总状花序，稀单生，腋生或生于老茎上；具苞片或无；花被 1 轮，两侧对称，花被管基部常膨大成各种形状，中部管状，劲直或各种弯曲，檐部展开或各种形状，常边缘 3 裂，稀 2~6 裂，或一侧分裂成 1 或 2 个舌片，形状和大小变化很大，色艳丽，常具腐肉味；雄蕊 6，稀 4 或 10 或更多，围绕合蕊柱排成 1 轮，常单个或成对与合蕊柱裂片对生；花丝缺，花药外向，纵裂；子房下位，6 室，稀 4 或 5 室或子房室不完整；侧膜胎座，胚珠多数；合蕊柱肉质，顶端 3~6 裂，稀多裂，裂片粗短，稀线形；胚珠多数，排成 2 行或在侧膜胎座两边单行叠置。蒴果室间开裂或沿侧膜处开裂。种子多数，扁平或背面凸起，腹面凹入，平滑或表面下陷，常藏于内果皮中，很少埋藏于海绵状纤维质体内，种脊增厚或呈翅状，种皮脆壳质或坚硬，胚孔肉质，丰富，胚小。

约 400 种，分布于亚洲及欧洲的热带、亚热带及温带地区和澳大利亚。我国有 45 种。深圳有 5 种。

1. 半灌木 ··· 1. 海边马兜铃 A. thwaitesii
1. 藤本。
 　2. 木质藤本；茎粗壮，被毛；叶片狭长披针形、长椭圆形或狭长圆形 ················ 2. 香港马兜铃 A. westlandii
 　2. 草质藤本；茎柔弱，无毛；叶非上述形状。
 　　3. 叶下面网脉上密被锥尖状短茸毛，与网脉成垂直方向 ························· 3. 通城虎 A. fordiana
 　　3. 叶下面无毛。
 　　　4. 叶大，长 14~19cm，宽 9~14.5cm ································· 4. 耳叶马兜铃 A. tagala
 　　　4. 叶小，长 3~6cm，宽 2~4cm ································· 5. 马兜铃 A. debilis

1. 海边马兜铃 Seacoast Dutchmanspipe　　　　　　　　　　　　　　图 339
Aristolochia thwaitesii J. D. Hook. in Bot. Mag. **82**: t. 4918. 1856.

直立半灌木。块根椭圆体形，长约 10cm 或更长，直径约 7cm。茎高约 70cm，圆柱形，有棱和节，分枝较少，被长柔毛。叶柄长约 1cm，被长柔毛；叶片近革质，狭长倒披针形或长圆状倒披针形，长 10~15cm，宽 2.5~3cm，基部楔形或渐狭，边缘全缘，先端渐尖或急尖，下面密被淡褐色丝质长柔毛，上面近无毛；侧脉每边 12~16 条，网脉在下面明显。总状花序生于茎的基部，长 4~8cm，有 3~7 花；花梗长约 3cm，向下弯曲，被长柔毛；苞片与花对生，披针形，被长柔毛；花黄色，喉部深紫色，花被管中部急遽弯曲，下部囊状，长 1.5~2.5cm，直径 0.5~1cm，上部与下部近等长但稍狭，最上部再次斜截形，5 或 6 浅裂或齿状，外面密被褐色长柔毛；雄蕊 6，花药长圆

形，成对与合蕊柱基部贴生并与其裂片对生；合蕊柱
先端 3 裂，裂片边缘外翻，具乳头状凸起；子房圆柱形，
有棱，外面密被长柔毛。蒴果卵球形，长 3~5cm，直
径 2~2.5cm，褐色，有 6 棱，密被绒毛。种子卵球形，
长约 4mm，宽约 3mm，背面隆起，腹面内凹，中间
具 1 脊。花期 3~5 月；果期 8~10 月。

产地：深圳可能有分布，但尚未采到标本，据文
献摘录此形态描述，以备参考。

分布：广东南部沿海岛屿及香港。

用途：块根药用，有消炎解毒的功效，民间用于
治疗咽喉肿痛。

2. 香港马兜铃 Westland's Birthwort　图 340　彩片 495
Aristolochia westlandii Hemsl. in London J. Bot.
23: 268.1865.

木质藤本。块根纺锤形，常数个连接呈念珠状。
茎粗壮，老茎不规则纵裂和具增厚的木栓层，嫩枝绿
色，密被短柔毛。叶柄长约 1.5cm，常弯扭，被棕色
短柔毛；叶片革质，狭长披针形、长椭圆形或狭长圆
形，下部稍收狭，长约 20cm，宽约 2.3cm，基部深心
形或狭耳形，弯缺深 2~5mm，宽 1~3mm，边缘全缘，
先端长渐尖，下面脉上具长柔毛，上面光滑，无毛，
侧脉每边 12~13 条，弯拱向上至边缘互相连接，网脉
在两面均明显。总状花序生于老茎近基部或老枝下部
叶腋，常仅 1 花发育，密被棕色长柔毛，花有腐肉臭
味；花梗长 7~12cm，向下弯垂；花被外面密被褐色丝
质长柔毛，管中部急遽弯曲，上下部常于弯曲处彼此
贴生，檐部盘状，倒心形，直径 8~13cm，3 浅裂或
仅顶端微凹，裂片不等大，向下的 1 片稍长而具短尖，
黄白色或灰黄色而有紫色网纹，近中部常有深紫色斑
点，喉部暗紫色，半圆形，直径约 1.5cm；雄蕊 6，花
药长圆形，成对贴生于合蕊柱基部，并与其裂片对生；
子房长圆柱形，长约 1.5cm；合蕊柱肉质，顶端深 3 裂，
裂片边缘下延，具乳头状凸起。蒴果卵球形，有 6 棱。
花期 3~5 月。

产地：梅沙尖（深圳植物志采集队 013252）。生
于山谷灌丛中或密林中，海拔 300~500m。

分布：广东南部沿海岛屿、香港和云南。

3. 通城虎 Ford's Birthwort　　　图 341　彩片 496
Aristolochia fordiana Hemsl. in London. J. Bot.
23: 286. 1885.

攀援草质藤本。块根圆柱形，细长。茎柔弱，无

图 339 海边马兜铃 Aristolochia thwaitesii
1. 植株，示根、茎、叶和花序；2. 除去花被的花，示雄蕊
和雌蕊。（李志民绘）

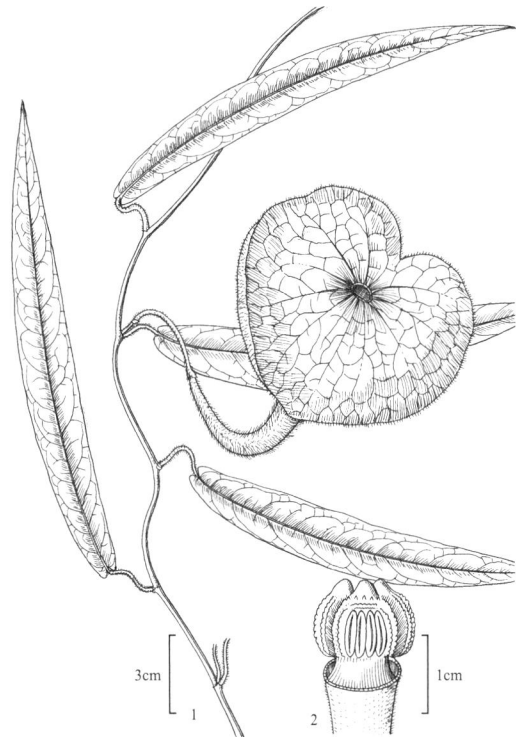

图 340 香港马兜铃 Aristolochia westlandii
1. 分枝的一段，示叶和花；2. 雄蕊的花药及合蕊柱。（李
志民绘）

毛，干后具纵棱。叶柄长2.5~4cm，无毛，常弯曲；叶片革质或薄革质，卵状心形或卵状三角形，长8~14cm，宽4~9cm，基部心形，两侧裂片近圆形，长约3cm，边缘全缘，先端长渐尖，下面网脉上密被锥尖状短茸毛，茸毛与网脉成直角，上面光滑无毛，基出脉5~7条，侧脉近边缘弯拱并与网脉相连，网脉在下面凸起，最末级网脉树枝状，互不相连，密布油点，揉之有香味。总状花序长约4cm，有2~3花或仅单花腋生；苞片和小苞片卵形或钻形，长0.7~1cm，宽1~4mm，下面被短柔毛；花梗长约8mm；花被管基部膨大呈球形，直径约3.5mm，外面绿色，向上急遽收狭成长管，管直径约2mm，管口扩大呈漏斗状，檐部一侧极短，边缘下翻，另一侧延伸成舌片，舌片卵状长圆形，长1~1.5cm，顶端钝而具凸尖，暗紫色，有3~5条纵脉和网脉疏被短柔毛或无毛；雄蕊6枚，着生于合蕊柱基部与合蕊柱裂片对生；子房长圆体形，长约5mm，具6纵棱；合蕊柱粗厚，肉质，顶端6裂，裂片顶端钝，向下延伸成6裂的圆环。蒴果长圆体形或倒卵球形，长3~3.5cm，直径约2cm，成熟时由基部向上6瓣开裂，果梗也开裂。种子卵状三角形，长、宽均约5mm，褐色，背面凸起，具小疣点，腹面凹入。花期3~4月；果期5~7月。

产地：梧桐山（张寿洲，李良千等5172；张寿洲，李良千等1131）。生于山谷林下灌丛或山地石壁下，海拔400~700m。

分布：浙江、江西、福建、广东、香港和广西。

用途：根供药用，味苦、辛，性温，有小毒，有解毒消肿、祛风镇痛、行气止咳之功效。

4. 耳叶马兜铃 India Birthwort　图342　彩片497 498
Aristolochia tagala Chamisso. in Linnaea 7：207，t. 5，f. 3. 1832.

攀援草质藤本。块根圆柱形，长1m以上，直径3~5cm。茎柔弱无毛，干后具明显浅槽状条纹。叶柄无毛，常旋扭，长2.5~4(~8)cm；叶片纸质，卵状心形或长圆状卵形，长14~18cm，宽9~14.5cm；基部深心形，两侧裂片近圆形，弯缺深2~2.5cm，边缘全缘，先端短渐尖，两面无毛，基出脉5条，侧脉每边约3条，向上略弯拱，近边缘处相连。总状花序单个或2个腋生，长4~8cm，有2~3花；苞片与花对生，卵状披针形，长约3；花梗长约1cm；花被长4~6cm，基部收狭呈柄状，与子房连接处稍扩大，具关节，其上膨大呈球形，直径5~8mm，向上急遽收狭呈一长管，外面浅绿色，具脉纹，管口扩大呈漏斗状，一侧极短，另一侧延伸

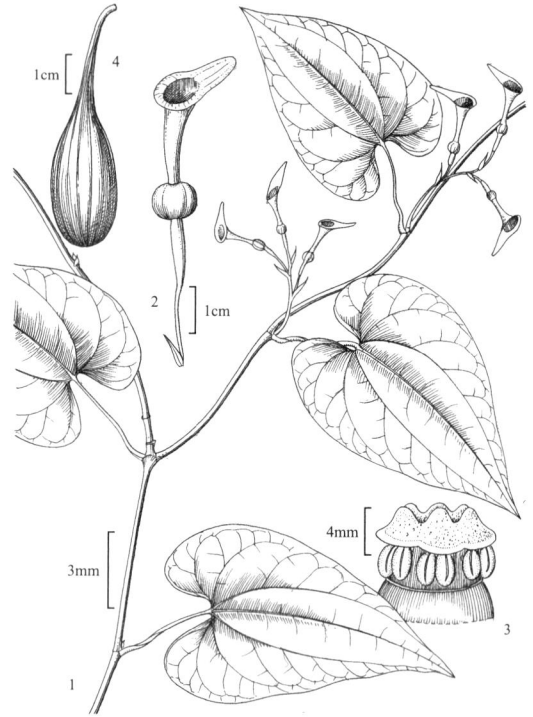

图 341 通城虎 Aristolochia fordiana
1. 分枝的一段，示叶和花序；2. 花；3. 雄蕊的花药和合蕊柱；4. 蒴果。（李志民绘）

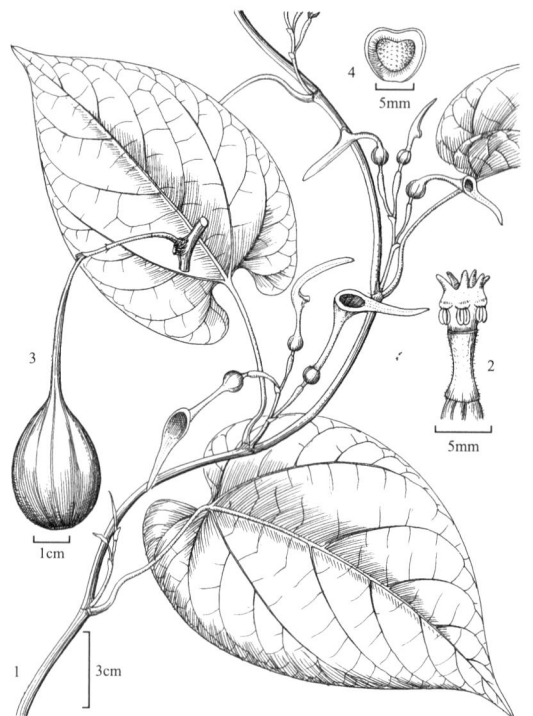

图 342 耳叶马兜铃 Aristolochia tagala
1. 分枝的一段，示叶和花序；2. 除去花被的花示合蕊柱和子房；3. 蒴果；4. 种子。（李志民绘）

成舌片，舌片长圆形，长 2~3cm，宽约 6mm，顶端圆而具凸尖，初时绿色，后变成暗紫色，具纵脉纹；雄蕊 6，花药卵形，贴生于合蕊柱上，单个与合蕊柱裂片对生；子房圆柱形，长 5~6mm，6 棱；合蕊柱粗厚，顶端 6 裂，裂片顶端渐尖而钝，向下延伸成 6 裂的圆环。蒴果长圆状倒卵球形至倒卵球形，长 3~4cm，直径 2.5~3cm，具平行纵棱，近基部收狭，成熟，褐色，由基部向上 6 瓣裂；果梗长 4~6cm，下垂，常随果分裂成 6 条。种子近心形或钝三角形，长、宽均约 8mm，褐色，扁平，密布疣点，边缘具浅褐色膜质翅。花期 5~8 月；果期 7~10 月。

产地：内伶仃岛（张寿洲、李良千等 3749）。生于疏林路旁，海拔 50-100m。

分布：台湾、广东、香港、海南、广西和云南。印度、越南、马来西亚、印度尼西亚、菲律宾和日本。

用途：根和种子药用，根味微苦、辛，性凉，有清热解毒之效，种子治喉炎。

5. 马兜铃 Slender Dutchmanspipe 　　　　　　　　　　　图 343　彩片 499

Aristolochia debilis Siebold & Zucc. in Abh. Math. -Phys. Cl. Konigl. Bayer. Akad. Wiss. **4**（3）：197. 1864.

攀援草质藤本。块根圆柱形，直径 0.3~1.5cm。茎柔弱，无毛，暗紫色或绿色，有腐肉味。叶柄无毛，长 1.5~2cm；叶片纸质，卵状三角形、长圆状卵形或戟状披针形，长 3~6cm，基部宽 2~4cm；基部心形，两侧裂片圆形，边缘全缘，先端钝圆或短渐尖，两面无毛，基出脉 5~7 条，各级叶脉在两面均明显。花单生或 2 花聚生于叶腋；苞片三角形，易脱落；花梗长 1.5~2cm；花被长 3~5cm，基部膨大呈球形，与子房连接处具关节，直径约 6mm，向上收狭成一长管，管长 1~2cm，直径约 2mm，管口扩大呈漏斗状，黄绿色，口部有紫斑，外面无毛，内面有腺体状毛；檐部一侧极短，另一侧延伸成舌片，舌片卵状披针形，长 1.5~2cm，宽约 1cm，顶端长渐尖；雄蕊 6，花药卵球形，贴生于合蕊柱基部并单个与合蕊柱裂片对生；子房圆柱形，具 6 棱；合蕊柱顶端 6 裂，稍具乳头状凸起，裂片顶端钝，向下延伸形成波状圆环。蒴果近球形，长约 6cm，直径约 4cm，具 6 棱，成熟时由基部向上沿室间 6 瓣开裂；果梗长 2.5~5cm，常撕裂成 6 条。种子扁平，钝三角形，长、宽均约 4mm，边缘具膜质宽翅。花期 7~9 月；果期 9~10 月。

产地：仙湖植物园（刘小琴，曾春晓 0045）。深圳偶见栽培。

分布：山东、河南、安徽、浙江、江西、福建、广东、广西、湖南、江苏、湖北、贵州和四川。日本。

用途：果称马兜铃，药用，有清肺、镇咳化痰之效；茎称"天仙藤"，药用，能疏风活血；根称"青木香"，有解毒、利尿、理气止痛之效；民间用叶煎水服或捣烂后敷治毒蛇咬伤。

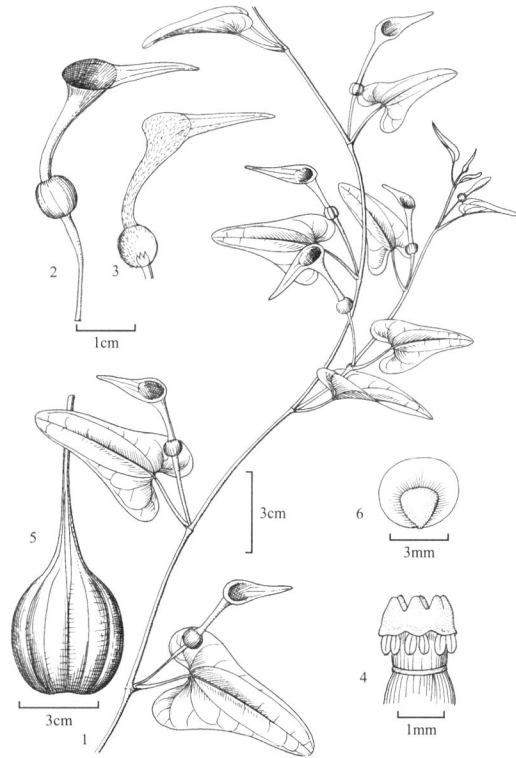

图 343 马兜铃 Aristolochia debilis
1. 分枝的一段，示叶和花；2. 花；3. 花冠纵切面，示其内面的腺毛；4. 雄蕊的花药及合蕊柱；5. 蒴果；6. 种子。（李志民绘）

23. 八角科 ILLICIACEAE

周仁章 王亚玲

常绿乔木或灌木,全株无毛,具油细胞及黏液细胞,有芳香气味。有顶芽,芽鳞覆瓦状排列,通常早落。单叶,互生,常簇生于枝顶,呈假轮生或近对生;具长叶柄;无托叶;叶片革质,稀厚革质或纸质,边缘全缘,具羽状脉。花两性,花蕾球形或卵球形,单生或稀2~6花簇生于叶腋或腋上生,或近顶生,稀生于老枝或树干上;苞片具缘毛;花被片7~33(~55),分离,数轮螺旋状或覆瓦状排列,黄色或红色,稀白色,常有腺点,外轮花被片较内轮花被片小,有时呈苞片状,内轮花被片大,舌状,膜质,或卵形至近圆形而稍肉质;雄蕊多数,螺旋状排列,花丝舌状至近圆柱形,分离,花药基部着生,2室,内向至侧向,纵裂,药隔延长;雌蕊由5~21离生心皮组成,排成1轮,侧向压扁,子房1室,室内具1生于腹面或近基部处的倒生胚珠,花柱短或无,柱头近钻形。果为聚合蓇葖果,由数个至多个蓇葖果聚合呈单轮星状或放射状排列而成;蓇葖果长圆体形至阔椭圆体形,干后木质,腹背开裂,先端尖或喙状。种子单生,卵球形或椭圆体形,侧扁或扁平,有光泽,胚乳丰富,胚微小,子叶出土。

1属约40种,主产于亚洲东部和东南部,少数产于北美东南部和热带美洲。我国有27种(其中18种为我国特有种)。深圳有2种。

八角属 Illicium L.

属的特征和地理分布与科同。

1. 花蕾卵球形;花被片(17~)22~33,白色或淡黄色,内轮花被片薄纸质至近膜质,椭圆形至椭圆状长圆形 ·· 1. **大屿八角 I. angustisepalum**
1. 花蕾球形;花被片10~14,红色,内轮花被片纸质至近肉质,宽椭圆形至近圆形··············· ·· 2. **厚皮香八角 I. ternstroemioides**

1. 大屿八角 狭萼八角 Narrowsepal Anisetree 图344 彩片500 501

Illicium angustisepalum A. C. Smith in Sargentia **7**: 36. 1947.

乔木,高5~11m,胸径15~20cm。树皮灰黑色;小枝具棱,淡黄褐色。芽鳞长圆形至卵形,长3~7mm,宽2~4mm。叶3~6簇生或假轮生于枝上部或枝顶;叶柄长1~2.5cm;叶片革质,长圆状椭圆形或椭圆形,稀倒披针形,有时两侧微不对称,长7~14cm,宽2~5cm;基部楔形或下延至叶柄,先端急尖至渐尖,干时下面褐色,上面黄绿色,有光泽;侧脉每边6~10条,网脉不明显。花单生或2~6花聚生于叶腋或枝顶叶腋内;花梗长2~5cm;花蕾卵球形;花被片(17~)22~33,白色或淡黄色,薄纸质至近膜质,外轮花被片椭圆形,长约8mm,宽约4mm,内轮花被片长圆形或椭圆状长圆形,长1.4~1.8cm,宽3~3.5mm;雄蕊22~25,长2.5~3.5mm,花丝肉质,长1.2~2mm,花药长圆形,长1.1~1.6mm,药隔先端截形至稍骤尖;心皮11~16,长3.5~4mm,子房卵形,长1.3~1.7mm,花柱钻形,长1.5~3mm。聚合果果梗长2.5~3.5(~4.5)cm;聚合果直径3~4cm,由11~16蓇葖果组成,呈单轮星状或放射状排列;蓇葖果卵状披针形,扁,先端有微上弯的尖喙,喙长3~4mm,木质,腹背开裂。种子宽卵形,长5~8.5mm,宽4~6mm,厚2~4mm,稍扁,褐色,有光泽。花期2~10月;果期9~10月。

产地:盐田(张寿洲4842)、三洲田(深圳考察队188)、梅沙尖(深圳植物志采集队013136)。生于山地密林中或谷林中,海拔200~550m。

分布:安徽、福建、广东和香港。

用途:根皮入药,外用治跌打损伤及风湿骨痛,有微毒,宜慎用;树形呈塔形,很美观,可植于庭园以供观赏。

2. 厚皮香八角 Ternstroemialike Anisetree   图 345
彩片 502   503   504

Illicium ternstroemioides A. C. Smith in Sargentia **7**: 58. 1947.

乔木，高达 12m。小枝常为灰色，稍具棱。芽鳞小，不明显。叶 3~4 簇生或假轮生于枝的节上；叶柄长 0.7~2cm；叶片长圆状椭圆形、倒披针形或狭倒卵形，革质，长 7~13cm，宽 2~5cm，基部阔楔形，边缘全缘，外缘稍反卷，先端渐尖或长渐尖，干时叶片下面红褐色，上面绿色或褐绿色；中脉在叶片下面凸起，在上面微凹下，侧脉每边 6~9 条，在下面不明显，在上面微凸起。花近顶生或腋生，单生或 2~3 花聚生于叶腋或近顶生；花梗长 0.7~3cm；花蕾球形；花被片 10~14，红色，通常有透明的小腺点，内轮花被片大于外轮花被片，宽椭圆形至近圆形，长和宽均为 0.7~1.2cm，纸质至近肉质；雄蕊 22~30，排成 2 轮，长 1.8~3.4mm，花药长 0.7~1mm，药隔先端截形至微凹；心皮 12~14，开花时长 2.5~4cm，子房卵球形，长 1.3~2.5mm，花柱长 1.1~1.2mm。聚合果梗长 2.5~4.5cm；聚合果由 12~14 蓇葖果组成，呈单轮星状或放射状排列，直径 3~3.5cm；蓇葖果卵状披针形，长 1.3~2cm，宽 6~9mm。种子宽卵形，长 6~7mm，宽 4~4.5mm，厚 2~3mm，淡褐色，有光泽。花期 2~8 月；果期 4~11 月。

产地：七娘山、南澳杨梅坑（邢福武 SF169，IBSC）、梧桐山。生于山地密林中或溪涧旁，海拔 300~500m。

分布：产于广东、海南和福建。

用途：果有毒，切勿误食。

据文献记载（邢福武等主编的《深圳植物物种多样性及其保育》一书，第 130 页，2002 年），深圳梧桐山和南澳杨梅坑均有分布，但尚未采到标本。本志仅据文献摘录此形态描述，以备参考。

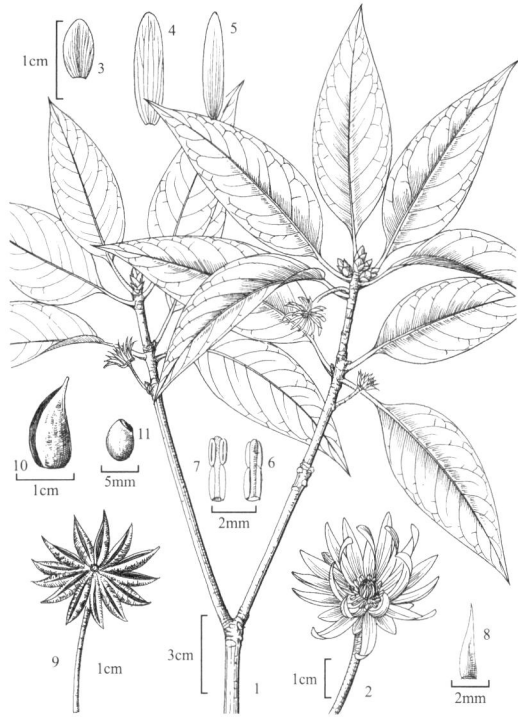

图 344 大屿八角 Illicium angustisepalum
1. 分枝上部的一段，示芽、叶和花；2. 花；3. 外轮花被片；
4~5 内轮花被片；6. 雄蕊背面；7. 雄蕊腹面；8. 花柱；
9. 聚合果；10. 蓇葖果；11. 种子。（李志民绘）

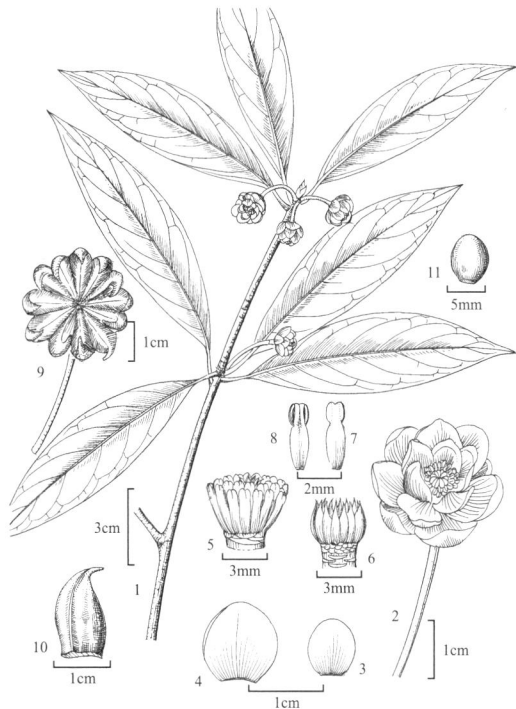

图 345 厚皮香八角 Illicium ternstroemioides
1. 分枝上部的一段，示芽、叶和花；2. 花；3. 外轮花被片；
4. 内轮花被片；5. 雄蕊及雌蕊；6. 心皮；7. 雄蕊的背面；
8. 雄蕊的腹面；9. 聚合果；10. 蓇葖果。种子。（李志民绘）

24. 五味子科 SCHISANDRACEAE

周仁章　王亚玲

常绿木质藤本。具顶芽或腋芽，芽单生或双生，芽鳞通常覆瓦状排列。单叶互生，稀数枚簇生于枝顶；无托叶；叶柄细长或短；叶片纸质至革质，边缘全缘，具羽状脉，常具透明腺点，花小，单性，雌雄同株或异株，常单生于叶腋，有时簇生于叶腋、苞腋或枝条的基部；花梗细长，稀较短，通常基部或近基部具苞片；花托常圆柱形或椭圆体形，顶端常凸起；花被片 6~24，排成 2 轮至多轮，大致相似或外轮及内轮较小，有时退化，中轮的较大，但不成萼片状或花瓣状；雄花：雄蕊 4~80，着生于花托上，分离，或基部或全部合生成肉质、球形、扁球形、卵形或圆柱形的雄蕊群，花丝细长、短或无，花药基部着生，外向，2 室，纵裂；雌花：雌蕊由 12~300 心皮组成，每心皮子房 1 室，室内具 2~5 颗胚珠，胚珠倒生，在腹缝线上叠生或下垂，开花时心皮聚生于短的肉质花托上，排成数至多轮，组成球形或椭圆体形的雌蕊群。聚合果结果时聚生于伸长或不伸长的肉质花托上，呈球形、圆柱形、椭圆体形或穗状。种子 1~5，稀更多，椭圆体形、扁椭圆体形、卵形或肾形，种脐侧生或顶生，凹入，明显或不明显，种皮光滑、有皱纹或瘤状凸起，胚乳丰富，具油质，胚小，弯曲。

2 属约 39 种，分布于亚洲东部和东南部的热带及亚热带地区，1 种产于北美。我国有 2 属约 27 种，南北均有分布，主产于西南部和中南部。深圳有 1 属 4 种。

南五味子属 Kadsura Juss.

木质藤本。单叶互生，稀多数簇生，具叶柄，腹面具槽；叶片纸质，稀革质，边缘全缘或有锯齿，有透明的腺点，具羽状脉。花单性，雌雄同株或异株，单生于叶腋或数朵簇生于叶腋、苞腋或枝条基部；花梗常具多数苞片；花被片 7~24，覆瓦状排成数轮，中轮最大，最外轮及内轮退化或变小；雄花雄蕊 13~80，着生于花托上，紧密聚生呈球形、圆柱形或椭圆体形的雄蕊群；雌花花被片与雄花相似；雌蕊由 17~300 离生心皮组成，螺旋状排列在倒卵形或椭圆体形的花托上，果期花托不伸长，花柱钻形或侧向扁平为盾状的柱头冠或形状不规则，每心皮子房 1 室，每室胚珠 1~5(~11)，叠生于腹缝线上或悬垂于子房顶端。成熟心皮肉质，顶端宽厚，外果皮革质，基部插入果轴，排成球形或椭圆体的聚合果。种子 1~5(或更多)，两侧压扁，椭圆体形、肾形或卵圆形，种皮光滑，种脐凹入，侧生或顶生。

约 16 种，主要分布于亚洲东部及东南部热带及亚热带地区。我国有 8 种，产于东南部至西南部。深圳有 4 种。

1. 叶片边缘全缘，或仅边缘上有疏细齿。
　　2. 叶片革质，卵状披针形、长圆形、椭圆形或长椭圆形；花被片白色、顶端红色；花托顶端有多条退化雄蕊 ····················1. 黑老虎 K. coccinea
　　2. 叶片纸质或近革质，宽椭圆形或卵状椭圆形；花被片白色、淡黄色或黄色；花托顶端无退化雄蕊 ········· ···2. 异形南五味子 K. heteroclita
1. 叶片边缘有疏齿。
　　3. 叶片长圆状椭圆形或卵状披针形至椭圆形；雄花花托顶端不伸长；雄蕊 24~25 ················ ···3. 冷饭藤 K. oblongifolia
　　3. 叶片卵形、椭圆形或卵状椭圆形；雄花花托顶端伸长呈圆柱形；雄蕊 26~54 ················ ···4. 南五味子 K. longipedunculata

1. 黑老虎 臭饭团 冷饭团 钻地风 过山龙藤 Scarlet Kadsura 图346 彩片505

Kadsura coccinea(Lem.)A. C. Smith in Sargentia **7**：166. 1947.

Cosbaea coccinea Lem. in Ill. Hort. **2**：71. 1855.

木质藤本，全株无毛。茎灰黑色；枝条灰褐色。叶柄长1~2cm，腹部具纵槽；叶片革质，卵状披针形、长圆形、椭圆形或长椭圆形，长6.5~14cm，宽3~6cm；基部宽楔形或近圆，边缘全缘，具不明显疏离胼胝质腺体，先端钝、急尖或短渐尖；侧脉每边4~6条，网脉不明显。花单生或稀成对生于叶腋，雌雄异株；雄花花梗长0.8~3cm，具早落的苞片多数，花托长圆锥形，花被片10~16(~24)，最外的花被片最小，纸质，宽卵形，长1~4mm，宽1.5~4.5mm，白色，顶部红色，边缘淡紫红色，稀淡黄色，向内逐渐增厚，内轮花被片变化较大，红色，卵形、宽卵形、长圆形至倒卵形，大小变化较大，小的长(5~)7.5~19.5mm，宽2~5.5mm，大的长(8~)1.2~2.3cm，宽0.6~1.2(~1.5)cm，花托长0.7~1cm，顶部具多条退化雄蕊，雄蕊群圆锥形，直径6~7mm，雄蕊10~50，排成2~5轮，分离，花丝约3mm，与药隔连成细棍棒状，顶端圆，为两药室所包围；雌花花梗长0.5~1cm，花被片与雄花相似，雌蕊群近球形或卵形，由20~68离生心皮组成，排成5~7轮，心皮长圆体形，每心皮子房1室，室内具1~2倒生胚珠，花柱钻形。聚合果果柄长2.6~4.5cm；聚合果近球形，成熟时紫黑色或红色，直径6~10cm；成熟心皮果呈浆果状，倒卵形，长达4cm，外果皮革质，种子不露出。种子1~2，卵形或梨形，长1~1.8cm，宽0.7~1.1cm。花期4~7月；果期7~12月。

产地：七娘山（张寿洲等1932）、杨梅坑（王国栋等7465）、南澳（邢福武10521，IBSC）、梧桐山、塘朗山。生于山地灌丛中，海拔150~800m。

分布：江西、福建、湖南、广东、香港、海南、广西、云南、贵州和四川。越南和缅甸。

用途：根药用，可行气活血、消肿止痛，治胃病、风湿骨痛、跌打损伤，为妇科常用药；果熟后味甜，可食。

2. 异形南五味子 海风藤 Curious Kadsura 图347 彩片506

Kadsura heteroclita(Roxb.)Craib, Fl. Siam. **1**：28. 1925.

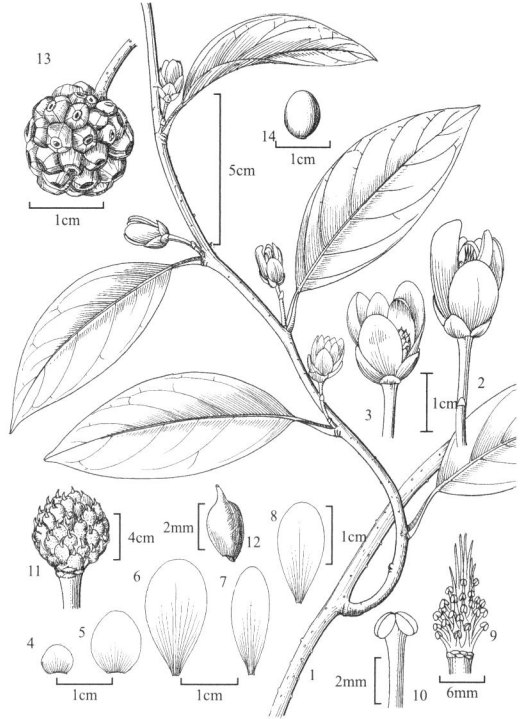

图346 黑老虎 Kadsura coccinea
1.分枝的一段，示叶和花；2.雄花；3.雌花；4.外轮花被片；5~8.内轮花被片；9.雄蕊群及生于花托顶部的退化雄蕊；10.雄蕊；11.雌蕊群；12.雌蕊；13.聚合果；14.种子。（李志民绘）

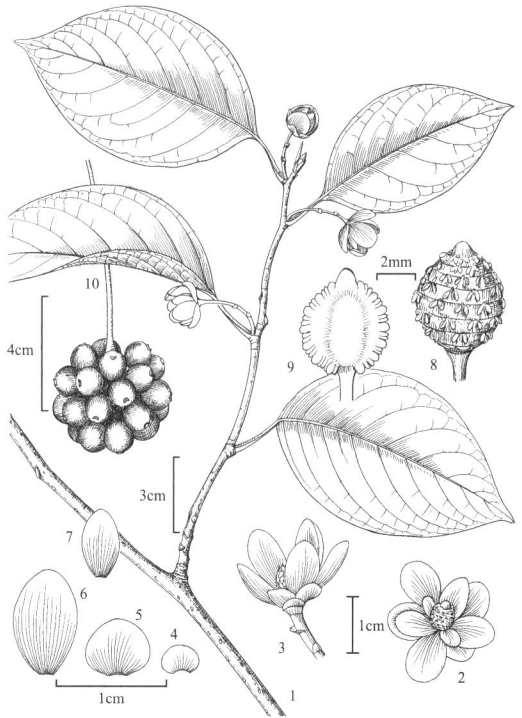

图347 异形南五味子 Kadsura heteroclita
1.分枝的一部分，示叶和花；2.雄花；3.雌花；4.外轮花被片；5~7.内轮花被片；8.雄蕊群；9.雄蕊群纵切面；10.聚合果。（李志民绘）

Uvaria heteroclite Roxb. Fl. Ind., ed. 2，**2**：455. 1832.

木质藤本，全株无毛。茎和枝条均灰黑色，老茎有厚木栓层。叶柄长 1~2.5cm，腹部具纵槽；叶片纸质至近革质，宽椭圆形或卵状椭圆形，长 5~12(~16)cm，宽 2.5~7(~9.5)cm，基部宽楔形或近圆钝，边缘全缘或上半部有不明显的细牙齿，先端急尖至钝，侧脉每边 6~10(~16)条，网脉不明显。花单生于叶腋，雌雄异株；雄花：花梗长 0.1~2(~3.5)cm，具多数宿存的苞片，苞片卵形，长约 2mm；花托近球形或椭圆体形，顶部延长成圆柱状，伸出雄蕊群之外呈圆锥状体；花被片 10~17(~25)片，白色、淡黄色或黄色，外轮和内轮的较小，中轮的最大 1 片，椭圆形至倒卵形，长 0.45~2.05cm，宽 0.35~1.2(~1.5)cm；雄蕊群椭圆体形或近球形，长 6~7mm，宽约 5mm，雄蕊 40~74，排成 10~14 轮，花丝短，长约 1.5mm，与药隔连成宽扁四方形，药隔顶端横长圆形，药室略短于花丝，无退化雄蕊；雌花花梗和花被片与雄花的相似；雌蕊群近球形或椭圆体形，直径 6~8mm，由 28~72 心皮组成，心皮倒卵状长圆形，每心皮子房 1 室，室内具 1~2 倒生胚珠，花柱侧向扁平，顶端具盾状的柱头冠。聚合果果梗长 1.4~4.6cm；聚合果 33~41(或更多)，近球形，直径 2.5~4cm，成熟心皮倒卵形，长 0.7~2.2cm，红色，外果皮肉质，干时不显出种子。种子 1~2，梨形、盘状或肾形，长 4~6mm，宽 4.5~7mm。花期 5~10 月；果期 8~12 月。

产地：笔架山（王国栋 6702）、田心山（张寿洲 4678）、梧桐山（张寿洲等 SCAUF1233）。生于山地密林下或水旁，海拔 50~400m。

分布：福建、湖南、广东、香港、海南、广西、贵州、云南、四川和陕西。印度、孟加拉国、斯里兰卡、不丹、缅甸、泰国、老挝、越南、马来西亚和印度尼西亚。

用途：藤及根药用，可治风湿骨痛及跌打损伤。

3.　冷饭藤 Long-leaved Kadsura　　　　图 348

Kadsura oblongifolia Merr. in Philipp. J. Sci. Bot. **23**：241. 1923.

木质藤本，全株无毛。叶柄长 0.5~1.4cm；叶片纸质至近革质，长圆状椭圆形、卵状披针形至椭圆形，长 6~10cm，宽 1.5~3cm，基部楔形或宽楔形，边缘有疏锯齿，先端钝或急尖，侧脉每边 5~8 条。花单生于叶腋，雌雄异株；雄花：花梗长 0.8~1.5cm，花被片 11~13，黄色至粉红色，膜质，最外的 2~3 花被片较小，三角形，长仅 1~2mm，中间的最大，倒卵状椭圆形，长 4.5~8mm，宽 3~5.5mm，内面的多数也较小；花托椭圆体形，顶端不伸长，雄蕊群球形，直径 4~5mm；雄蕊 24~25，几无花丝，药隔宽，药室斜侧生，无退化雄蕊；雌花：花梗长 1~3cm，花被片与雄花的相似，雌蕊群近球形，直径 4~4.5mm，由 30~50 心皮组成，排成 4~5 轮，心皮倒卵形，花柱侧向扁平，顶端具盾形的柱头冠。聚合果果梗长 2~3.2(~3.7)cm；聚合果近球形或椭圆形，直径 1.5~2cm；成熟心皮果倒卵形或椭圆形，长 3.5~8mm，宽 3.5~4.5mm，外果皮薄肉质，内有种子 1~2，干时种子显露。种子肾形或肾状椭圆形，长 2.5~4mm，宽 3~4.5mm。花期 7~11 月；果期 10~12 月。

产地：分布于广东南部，深圳可能有分布，但未采到标本，上述形态描述是根据文献摘录，以备参考。

分布：广东（南部）、海南和广西。

图 348 冷饭藤 Kadsura oblongifolia
植株一段，示叶及果序。(李志民绘)。

4. **南五味子** 风沙藤 Longpeduncule Kadsura 图 349 彩片 507 508

Kadsura longipedunculata Finet & Gagnep. in Bull. Soc. Bot. France **52**（Mém. 4）: 53. 1905.

木质藤本，全株无毛。茎和枝条灰黑色，常具灰白色皮孔。叶柄长 1~2.5cm；叶片椭圆形，稀卵状椭圆形或倒卵状椭圆形，纸质至革质，边缘有疏细牙齿或锯齿，先端渐尖至长尾尖，尾尖长达 1.5cm，侧脉每边 5~8 条，纤细。花单生于叶腋，雌雄异株；雄花花梗长 1.2~4（~6.5）cm，花被片 10~15（~20），黄色、淡黄色或淡红色，外轮的与内轮的较小，中轮的较大，最大的 1 花被片椭圆形，长（0.4~）0.8~1.3cm，宽 0.3~1cm，花托椭圆体形，顶端延长呈圆柱形，不伸出雄蕊群之外，雄蕊群球形，直径 8~9mm，雄蕊 26~54，长 1~2mm，无退化雄蕊；雌花花梗和花被片与雄花的相似，雌蕊群椭圆体形或宽卵球形，直径约 1cm，由 20~58 心皮组成，心皮子房宽卵圆形，1 室，内具 2~5 胚珠，胚珠叠生于腹缝线上，花柱侧扁平，顶端具盾状心形的柱头冠。聚合果果梗长 2.5~9.5cm；聚合果球形，直径 2~3.5cm；成熟心皮果倒卵圆形，长 0.65~1.15cm，宽 4.5~6mm，红色、紫红色，稀黑色，外果皮薄革质，干时明显露出种子。种子 1~3（~5），肾形或肾状椭圆形，长 3.5~6mm，宽 3~5mm。花期 6~9 月；果期 9~12 月。

产地：七娘山（王国栋等 7344）、排牙山（王国栋等 6927）、田心山（张寿洲等 SCAUF 433）、龙岗、梅沙尖、梧桐山。生于山地密林中或灌丛中，海拔 100~700m。

分布：安徽、江苏、浙江、江西、福建、湖北、湖南、广东、海南、广西、贵州、云南和四川。

用途：全株入药，有行气活血、消肿敛肺之效；茎、叶、果实可供提取芳香油。

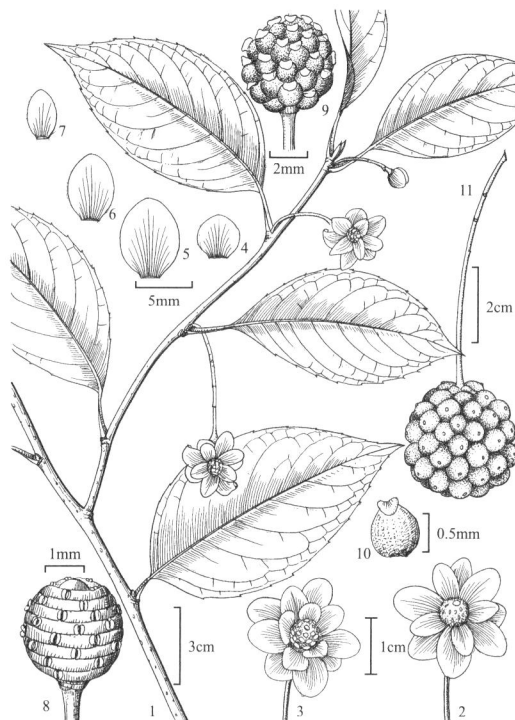

图 349 南五味子 Kadsura longipedunculata
1. 分枝的一段，示叶和花；2. 雄花；3. 雌花；4. 外轮花被片；5~6. 中轮花被片；7. 内轮花被片；8. 雄蕊群；9. 雌蕊群；10. 雌蕊；11. 聚合果。（李志民绘）

25. 莲科 NELUMBONACEAE

万 涛

多年生水生草本。根状茎沉水生。叶漂浮于水面或伸出水面，互生，边缘全缘；叶脉放射状；叶柄及花梗常有刺。花大，美丽；萼片 4~5；花瓣多数，萼片与花瓣不同形，皆脱落；雄蕊多数，具外向花药，花粉具 3 沟；心皮离生，嵌生在广大的倒圆锥状花托的穴内，子房上位，每心皮具 1~2 胚珠。坚果不裂。种子无胚乳。

1 属 2 种，一种分布于亚洲、大洋洲，另一种分布于美洲。我国产 1 种。深圳栽培 1 种。

莲属 Nelumbo Adans.

多年生水生草本。根状茎横生，粗壮，肥厚，中有孔道。叶漂浮或伸出水面；叶片近圆形，盾状着生，边缘全缘；叶脉放射状。花大，美丽，花梗长，伸出水面，花各部分螺旋状排列；萼片 4~5，绿色；花瓣多数，大，多层，黄色、红色、粉红色或白色；雄蕊极多数，药隔先端延伸成 1 细长、内曲的附属物；花萼、花瓣、雄蕊着生在凸起并成倒圆锥形的花托下面，花托海绵质，果期膨大；雄蕊多数，心皮离生，嵌生于花托上呈蜂窝状的孔穴中；胚珠 1~2，花柱短，柱头顶生。坚果长圆体形或圆球形。种子无胚乳，子叶肥厚。

2 种，一种分布于亚洲、大洋洲，另一种分布于美洲。我国 1 种。深圳 1 种。

莲 荷花 Lotus 图 350 彩片 509 510

Nelumbo nucifera Gaertn，Fruct. Sem. Pl. **1**：73. 1788.

多年生水生草本。根状茎横生，白色，肥厚，折断后有细丝（螺纹管胞）相连，节间膨大，内有多数纵行通气孔道，节部缢缩，有黑色鳞叶，下面生须状不定根。叶柄粗而长，圆柱形，长 1~2m，具纵行通气孔道，折断后也有细丝相连，外面散生细小皮刺；叶片近圆形，盾状着生，直径 25~90cm，边缘全缘，稍呈波状，上面光滑，具白粉；叶脉从中央放射出，有 1~2 次叉状分枝的脉序。花大，单生，直径 10~20cm；花梗和叶柄等长或稍长，外面散生细小皮刺；萼片 4~5，卵形或长卵形，长 4~10cm，由外向内渐小，先端圆钝或微尖；雄蕊多数；花柱极短，柱头顶生；花托于结实时增大，直径达 5~10cm。坚果椭圆体形或卵球形，长 1.5~2.5cm，果皮革质，坚硬，熟时黑褐色。种子卵球形或椭圆体形，长 1.2~1.7cm，种皮红色或白色。花期 6~8 月；果期 8~10 月。

产地：仙湖植物园有栽培。深圳市各大公园有栽培。

分布：我国南北各省（自治区、直辖市）。俄罗斯、朝鲜、日本和亚洲东南部、南部各国及大洋洲。

用途：全株都可入药；根状茎（藕）做蔬菜或供提制淀粉（藕粉）；种子（莲子）供食用；叶可作为茶的代用品，还可作为包裹材料；莲为美丽的观赏植物，供庭院观赏或盆栽。

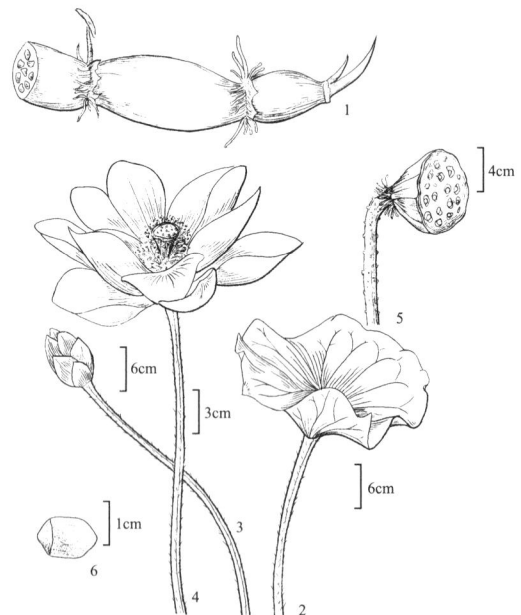

图 350 莲 Nelumbo nucifera
1. 根状茎；2. 叶；3. 花蕾；4. 花；5. 花托及嵌生其内的坚果；6. 种子。（林漫华绘）

26. 睡莲科 NYMPHAEACEAE

万 涛

多年生、少数为一年生、水生或沼生草本。叶常两型：伸出水面叶或漂浮水面叶互生，心形至盾形，芽时内卷，具长叶柄及托叶；沉水叶细弱，不分裂或有时细裂。花两性，辐射对称，单生于花梗顶端，挺水或浮水生长；萼片 3~12，常 4-6，绿色或花瓣状，离生；花瓣 3 至多数；雄蕊 6 至多数，花药内向，纵裂，花粉具单槽；心皮 3 至多数，合生，或嵌生于扩大的花托内，柱头离生，成辐射状或环状柱头盘，子房上位或嵌生在扩大的花托内而成半下位或下位，多室，胚珠多数，直生或倒生，从子房顶端垂生或生在子房内壁上。浆果开裂。种子多数，具胚乳。

6 属约 65 余种，广泛分布。我国 3 属约 11 种。深圳有 2 属 2 种 1 变种。

1. 萼片常 5~6（~12），黄色或橘黄色，花瓣状；子房上位，心皮合生成一轮，基部与花托贴生 ······ ······ **1. 萍蓬草属 Nuphar**
1. 萼片 4~5，绿色，不呈花瓣状。子房半下位，心皮合生成一轮，半埋或全埋在花托中，并与其贴生 ······ ······ **2. 睡莲属 Nymphaea**

1. 萍蓬草属 Nuphar J. E. Smith

多年生水生草本。根状茎肥厚，横生。叶沉水、漂浮或高出水面；叶柄在叶片基部着生；叶片圆心形或卵状心形，基部箭形，具深弯缺，边缘全缘；沉水叶膜质。花漂浮于水面；萼片 5~6（~12），常为 5，革质，黄色或橘黄色，花瓣状，直立，背面凸出，宿存；花瓣多数，比萼片短，雄蕊状；雄蕊多数，比萼片短，花丝短，扁平，花药内向，纵裂；心皮多数，合生成一轮，着生在花托上，且与其贴生，子房上位，胚珠多数，倒生，柱头辐射状，形成柱头盘。浆果卵球形至圆柱形，由于种子外面胶质物的膨胀，果成不规则开裂。种子多数，大型，假种皮肉质，种皮革质，有胚乳。

约 25 种，分布于亚洲、欧洲及美洲。我国约产 5 种。深圳栽培 1 种。

萍蓬草 黄金莲 Yellow Water Lily 图 351 彩片 511

Nuphar pumilum（Timm）DC. Syst. Nat. **2**: 61. 1821.

Nymphaea lutea L. var. *pumila* Timm, Mag. Naturk. Oekon. Mecklenburgs **2**: 250. 1795.

多年生水生草本。根状茎直径 2~3cm。叶柄长 20~50cm，有柔毛；叶片纸质，宽卵形或卵形，少数椭圆形，长 6~17cm，宽 6~12cm；先端圆钝，基部具弯缺，心形，裂片远离，圆钝，上面光亮，无毛，下面密生柔毛；侧脉羽状，几次二歧分枝。花直径 3~4cm；花梗长 40~50cm，有柔毛；萼片黄色，外面中央绿色，长圆形或椭圆形，长 1~2cm；花瓣窄楔形，长 5~7mm，先端微凹；雄蕊多数，花丝扁，长约 1cm；雌蕊群由 10~20 心皮组成，子房卵形，柱头盘常 10 浅裂，淡黄色或带红色。浆果卵球形，长约

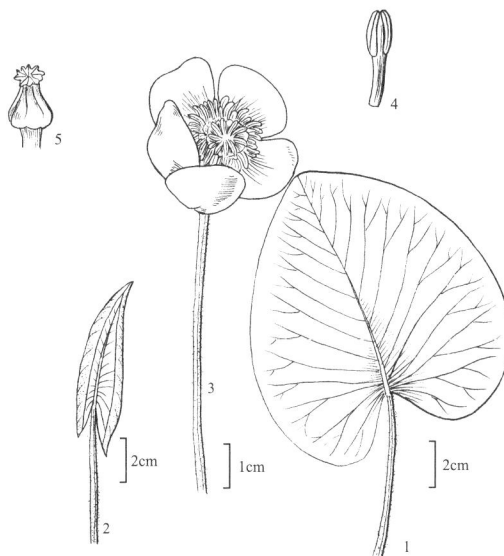

图 351 萍蓬草 Nuphar pumilum
1. 叶；2. 幼叶，并示背面被柔毛；3. 花；4. 雄蕊；5. 雌蕊。（林漫华绘）

3cm。种子长圆体形，长 5mm，褐色。花期 5~10 月；果期 7~11 月。

产地：深圳仙湖植物园有栽培。深圳市各公园时有栽培。

分布：广东、江西、福建、浙江、江苏、河北、吉林、黑龙江。俄罗斯、日本、欧洲北部及中部也有分布。

用途：根状茎食用，又可供药用；水景园里栽培以供观赏。

2. 睡莲属 Nymphaea L.

多年生水生草本。根状茎肥厚。叶二型；浮水叶叶片圆形或卵状心形，基部具弯缺或箭形，常无出水叶；沉水叶叶片薄膜质，脆弱。花大型，美丽，漂浮于水面或伸出水面；萼片 4~5，绿色，不呈花瓣状，近离生；花瓣白色、蓝色、黄色或粉红色，12~32，成多轮排列，有时内轮渐变成雄蕊；雄蕊多数，花丝长且呈花瓣状，花药小，条形，内向开裂，药隔有或无附属物；子房本下位，心皮多数，合生成一轮，半埋或全埋在花托中，并与其贴生，上部延伸成花柱，柱头成凹入柱头盘，胚珠倒生，悬垂在子房内壁上。浆果，中果皮海绵质，不规则开裂，在水中成熟。种子坚硬，为胶质物包裹，有肉质杯状假种皮，胚小，有少量内胚乳及丰富外胚乳。

约 35 种，广泛分布于温带和热带地区。我国产 5 种。深圳栽培 1 种 1 变种。

1. 叶片圆形或椭圆状卵形；花瓣白色略带淡蓝色、淡紫色或淡红色；叶片两面无毛；浆果球形 ·····················
···1. 延药睡莲 N. nouchali
1. 叶片心状卵形或卵状椭圆形；花瓣玫瑰红色；叶片下面有细毛；浆果扁平至半球形 ·····················
···1a. 红睡莲 N. alba var. rubra

1. 延药睡莲 蓝睡莲 Blue Indian Lotus

Nymphaea nouchali N. L. Burm. Fl. Indica，120. 1768.

Nymphaea stellata Willd. Sp. Pl. **2**：1153. 1799；
广东植物志 **3**：9. 1995.

多年生水生草本。根状茎短，肥厚。叶柄长达 50cm；叶片纸质，圆形或椭圆状圆形，长 7~13cm，直径 7~10cm；基部具弯缺，裂片平行或开展，先端急尖或圆钝，边缘有波状钝齿或近全缘，下面带紫色，两面无毛，皆具小点。花直径 3~15cm，微香；花梗略和叶柄等长；萼片条形或长圆状披针形，长 7~8cm，有紫色条纹，但无纵肋，宿存；花瓣白色略带淡蓝色、淡紫色或淡红色，10~30，条状长圆形或披针形，长 4.5~5cm，先端急尖或稍圆钝，内轮渐变成雄蕊；雄蕊花药隔先端具长附属物；柱头具 10~30 辐射线，先端成短角，但无附属物。浆果球形。种子具条纹。花果期 7~12 月。

产地：仙湖植物园（水生植物区）栽培。深圳市各地普遍有栽培。

分布：广东、海南、湖北、云南。印度、越南、缅甸、泰国及非洲有分布。

用途：根状茎可煮食；花供观赏，用于水体绿化。

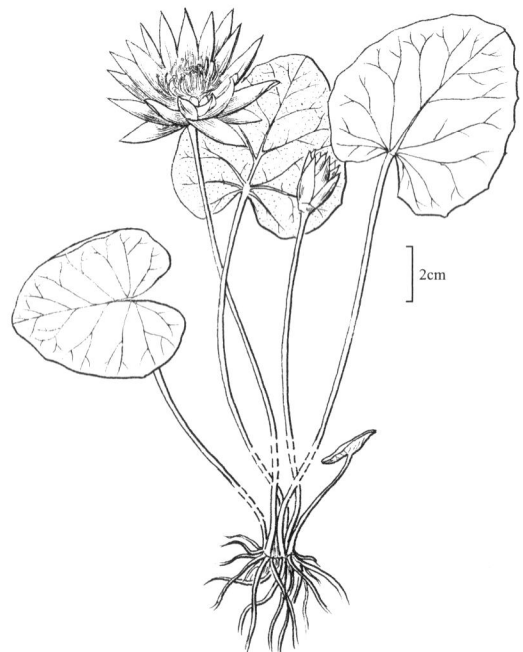

图 352

图 352 延药睡莲 Nymphaea nouchali
植株，示根、根状茎、叶及花。（林漫华绘）

1a. 红睡莲 Swedish Red Waterlily 图 353 彩片 512

Nymphaea alba L. var. **rubra** Lönnr. in Bot. Not. 124. 1856.

多年水生草本。根状茎匍匐，短粗。叶柄长达 60cm；叶片纸质，心状卵形或卵状椭圆形，长 5~12cm，宽 3.5~9cm，基部具深弯缺，约占叶片全长的 1/3，裂片急尖，稍开展或近重合，边缘有波状钝齿，下面有细毛。花较大，直径 10~20cm；花梗细长；花萼基部四棱形，萼片革质，披针形，暗红色；花瓣玫瑰红色，20~25，卵状长圆形，全天开放；花托圆柱形；花药顶端不延长，花粉粒皱缩，具乳突；柱头具 14~20 辐射线。浆果扁平至球形，直径 2.5~3cm。种子椭圆体形，长 2~3cm，黑色。花期 6~8 月；果期 8~10 月。

产地：深圳仙湖植物园（张寿洲 008069）有栽培。深圳市公园时有栽培。

分布：原产于瑞典。我国各大城市有栽培。

用途：花大艳丽，供观赏，广泛用于水体绿化。

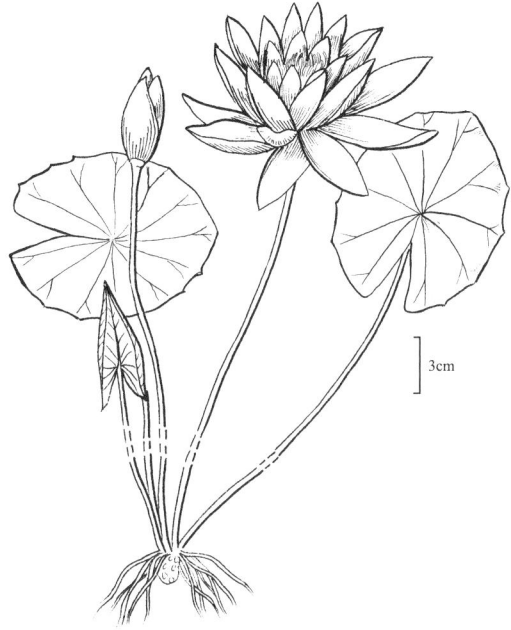

图 353 红睡莲 Nymphaea alba var. rubra
植株，示根、根状茎、叶、花蕾和花。（林漫华绘）

29. 金鱼藻科 CERATOPHYLLACEAE

李秉滔

沉水无根多年生草本。茎细长，多分枝。叶 3~14 在茎上或分枝上轮生；无托叶；叶柄不明显；叶片 1~4 次二叉状分裂成丝状裂片，裂片边缘一侧有浅锯齿或微齿。花很小，单性，雌雄同株，1 至几花着生于茎或枝的节上，与叶互生或腋外生；无花梗或近无花梗；苞片 8~15，叶状，内卷，长 15~2mm，先端有 2-3 齿及中部具多细胞毛；无花被；雄花：雄蕊 3~50，螺旋状排列，花丝短，花药外向，2 室，纵裂，药隔增粗，有颜色，先端常 2 裂；雌花雌蕊单生，子房上位，1 室，有 1 悬垂直生的胚珠，具单层珠被，花柱短或伸长。果为瘦果，革质，椭圆体形，不开展，平滑或有疣点，基部有 2 刺或无刺，有时上部有 2 刺或无刺，边缘有翅或无翅，有时边缘具 1~8 刺，先端常有宿存长刺状的花柱。种子 1，具单层种皮，无胚乳，子叶肉质。

1 属 6 种，广布于全球。我国有 3 种。深圳有 1 种。

金鱼藻属 Ceratophyllum L.

本属的特征和地理分布与科同。

金鱼藻 松藻 Hornwort　　　　　　　　　图 354　彩片 513

Ceratophyllum demersum L. Sp. Pl. **2**: 992. 1753.

沉水无根多年生草本。茎细长，一般长 40~50cm，最长可达 3m，平滑，多分枝。叶 4~12 轮生，每一轮的直径 1.5~6cm；叶片 1~2 次二叉分裂，在水中扩展，直径 1.5~6cm，裂片条形至丝状，长 1.5~2cm，宽 0.1~0.5mm，边缘仅一侧有数个细齿，先端有白色软骨质尖头。苞片 9~12，条形，长 1.5-2mm，浅绿色，透明，先端有 3 齿及带淡紫色毛；雄蕊 10~16，稍密集；子房卵球形，花柱钻状。瘦果宽椭圆体形，长 3.5~6mm，宽 2~4mm，暗绿色至淡红褐色，平滑或稍有疣点，边缘无翅和无刺，基部和先端各有 3 刺，其中基部 2 刺直或弯，刺长 0.1~12mm，先端 1 刺（为宿存花柱）长 0.5~14mm。花期 6~7 月；果期 8~10 月。

产地：在深圳常见栽培于水中。在池塘或河沟有野生。

分布：在我国广为分布，生于池塘、河沟。全世界广为分布。

用途：为鱼类饲料，又可喂猪；全草可药用。

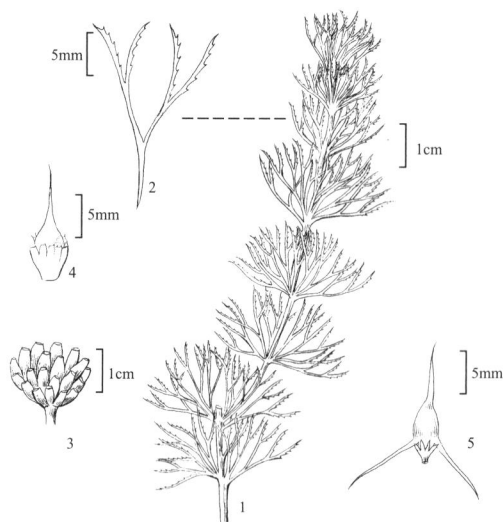

图 354 金鱼藻 Ceratophyllum demersum
1. 植株的一部分，示茎的分枝和叶；2. 叶；3. 雄花；4. 雌花；5. 瘦果。（林漫华绘）

30. 毛茛科 RANUNCULACEAE

李良千　班　勤

多年生或一年生草本，有时半灌木、草质，稀木质藤本。叶基生和茎生，互生，少数对生或轮生，单叶或各种复叶，具掌状脉，稀具羽状脉，有或无托叶。花序为单歧聚伞花序、复单歧聚伞花序、二歧聚伞花序、总状花序或复总状花序，有时花单生；花两性，有时单性，雌雄同株或异株，辐射对称，稀两侧对称，下位花；萼片3-6或更多，分离，花瓣状或萼片状，覆瓦状排列或有时在芽期镊合状排列；花瓣有或无，如存在则具2-8或更多，分离，通常有蜜腺；雄蕊多数，稀少数，分离，花丝条形或丝状，花药侧向、向向或外向，有时有退化雄蕊；心皮多数或少数，稀仅1心皮，分生，少有合生至不同程度的聚合，子房上位，有1至多数胚珠。果为蓇葖果或瘦果，稀为蒴果或浆果。种子小，具丰富的胚乳，胚小。

约60属2500种，广布于世界各地，但主要分布于北半球的温暖地区和亚洲东部个别地区。我国有38属921种。深圳有4属10种。

1. 花两侧对称；只有1枚心皮形成的雌蕊；子房有多数胚珠；果为蓇葖果 ·················· 1. **飞燕草属 Consolida**
1. 花辐射对称；由数枚至多枚离生心皮形成的雌蕊群；子房有1胚珠；果为瘦果。
　　2. 叶对生；花柱在果期伸长呈羽毛状；藤本 ························· 2. **铁线莲属 Clematis**
　　2. 叶互生；花柱在果期不伸长呈羽毛状；直立草本。
　　　　3. 花瓣存在；萼片非花瓣状 ························· 3. **毛茛属 Ranunculus**
　　　　3. 花瓣不存在；萼片花瓣状 ························· 4. **唐松草属 Thalictrum**

1. 飞燕草属 Consolida（DC.）S. F. Gray

一年生草本。叶互生，掌状细裂。花序总状或复总状；花梗上有2小苞片；花两性，两侧对称；萼片5，花瓣状，紫色、蓝色或白色，上萼片有距，2侧萼片和下萼片无距；花瓣2，合生，有距，近全缘或3~5裂，距伸入萼距之中，有分泌组织；雄蕊多数，花丝条状披针形，有1脉，花药椭圆体形；心皮1，子房有多数胚珠，花柱无明显的柱头。蓇葖果狭长圆体形，有脉网。种子多少呈四面体形，有密的鳞片状横翅。

约43种，分布于欧洲南部、非洲北部和亚洲西部较干旱的地区。我国约有2种，其中野生的一种产于新疆西部，另一种是自国外引进栽培的。深圳也有栽培。

飞燕草 Rocket Consolida　　　　图355
Consolida ajacis（L.）Schur in Verh. Nat. Ver. **4**: 47. 1853.

茎高约60cm，中部以上有分枝，幼茎与花序均疏被弯曲的短柔毛。茎下部叶有长柄，在开花时，通常枯萎，中部以上的叶具短柄；叶片长2.5~3.5cm，掌状细裂，小裂片狭条形，宽约1mm，有短柔毛。总状花序生于茎或分枝顶端；苞片生于下部的叶状，长

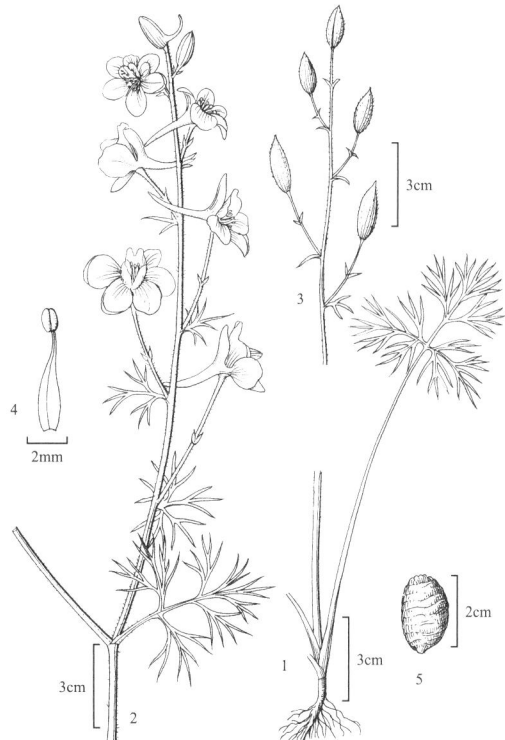

图 355 飞燕草 Consolida ajacis
1. 植株的下部，示根、茎和叶；2. 植株中上部分枝的一段，示茎、叶和花序；3. 果序；4. 雄蕊；5. 种子。（李志民绘）

1.8~2.8cm，生于上部的渐变小，条形，不分裂，小苞片2，条形，生于花梗的中部或中下部；花梗长1.5~3.5cm；萼片紫色、粉红色或白色，宽卵形，长约1.5cm，外面中央疏被短柔毛，距钻形，长1.5~1.8cm；花瓣的瓣片3浅裂，中裂片长5~7mm，先端2浅裂，侧裂片与中裂片成直角展开，卵形；花药长约1mm。蓇葖果长达1.8cm，密被短柔毛，网脉稍隆起。种子长约2mm。花期4~5月。

产地：深圳各公园时有栽培。我国各城市均有栽培。

分布：原产于欧洲南部和亚洲西部。

用途：为美丽的观赏植物。

2. 铁线莲属 Clematis L.

多年生木质或草质藤本，稀直立灌木、半灌木或多年生草本。叶对生，稀簇生或轮生，单叶或复叶，叶或小叶叶片均具掌状脉。花序为聚伞花序，有时为单花，通常具花序梗；苞片2；花两性或单性；萼片4或5(~8)，花瓣状，平展、斜展或直立，在芽时通常为镊合状排列；无花瓣；雄蕊多数，有时外面的雄蕊不育并变为条形或花瓣状的退化雄蕊，花药内向；心皮多数，通常被短柔毛或长柔毛，子房具1胚珠，胚球下垂，花柱在花后延伸，稀略延伸或不延伸。瘦果通常两侧扁，宿存花柱明显延伸，羽毛状。

约300种，广布于世界各地。我国有147种。深圳有5种。

1. 叶为三出复叶。
  2. 能育雄蕊的花药先端具1.5~3mm长的尖头；退化雄蕊存在 ·················· 1. 丝铁线莲 C. loureiroana
  2. 能育雄蕊的花药先端钝或具很小的尖头；无退化雄蕊。
    3. 花大，直径2.5~4cm；萼片长1.5~2cm，内面密被短柔毛 ·················· 2. 厚叶铁线莲 C. crassifolia
    3. 花小，直径1.6~2.5cm；萼片长0.8~1.3cm，内面无毛 ·················· 3. 毛柱铁线莲 C. meyeniana
1. 叶为羽状复叶。
  4. 叶片两面无毛或近无毛。
    5. 小叶叶片薄纸质；瘦果椭圆体形，被微柔毛 ·················· 4. 威灵仙 C. chinensis
    5. 小叶叶片薄革质或纸质；瘦果近钻状圆柱形，无毛 ·················· 5. 柱果铁线莲 C. uncinata
  4. 叶片两面有贴伏柔毛，下面较密；瘦果卵球形或椭圆体形，被短柔毛 ·················· 6. 裂叶铁线莲 C. parviloba

1. 丝铁线莲 紫木通 长毛铁线莲 甘木通 Long-hairy Clematis   图356 彩片514 515
Clematis loureiroana DC. Syst. Nat. **1**：144. 1817
Clematis filamentosa Dunn in J. Bot. 47：197.1909；广东植物志 **5**：12.2003.

木质藤本。茎和枝均具10多条浅沟，无毛。叶为三出复叶，无毛；叶柄长4-13cm；小叶叶片纸质，卵形、宽卵形或披针形，长5~11cm，宽3.8~8cm，基部近心形、宽楔形或圆形，边缘全缘或稀有锯齿，先端钝，基出脉5条，在下面明显。聚伞花序腋生，有7~12疏生的花；花序梗长0.5~5cm，无毛；苞片条形至近钻形，长4~6mm；花梗长3~8cm，密被微柔毛；花直径2~4cm；萼片4，白色，平展，狭卵形至卵状披针形，长1~2cm，宽4~8mm，先端急尖，外面密被紧贴的微柔毛至短绒毛，内面无毛；外面的雄蕊败育，变为退化雄蕊，退化雄蕊狭条形，长1~1.5cm，无毛；能育雄蕊长5~8mm，无毛，花丝干时不皱缩，花药狭长圆形，长2~2.8mm，先端尖头条状披针形，长1.5~3mm；子房被短柔毛，花柱长约6.5mm，密被长柔毛。瘦果狭卵球形至近纺锤形，长0.6~1cm，宽1~2mm，被柔毛，宿存花柱长3-5cm，羽毛状。花期11~12月；果期翌年1~3月。

产地：南澳、田心山（张寿洲等 SCAUF483）、梅沙尖（张寿洲等 3092）、梧桐山、仙湖植物园（李沛琼 4115）、鸡公山、梅林、羊台山。生于山沟边、林下或灌丛，海拔75~700m。

分布：福建、广东、香港、海南、广西和云南。越南。

2. 厚叶铁线莲 Thick-leaved Clematis

图 357　彩片 516

Clematis crassifolia Benth. Fl. Hongk. **7**：1861.

木质藤本，除心皮和萼片外，其余均无毛。茎带紫红色，有纵纹。叶为三出复叶，偶有单叶；小叶片近革质，椭圆形、长椭圆形或卵形，长 7~10cm，宽 3~5cm，基部楔形至近圆形，边缘全缘，先端急尖或钝，下面浅绿色，上面深绿色，基出脉 3 条。圆锥状聚伞花序腋生或顶生，具 6~10 花，开展；在花序梗分枝处具 1 苞片；在花梗的中下部有 1 小苞片；花直径 2.5~4cm；萼片 4，开展，披针形或倒披针形，长 1.5~2cm，宽 2~5mm，白色或略带粉红色，外面边缘密被短绒毛，内面密被短柔毛；雄蕊长约 1cm，花丝干时明显皱缩，花药椭圆形或长椭圆形，长约 2mm，先端钝，无退化雄蕊。瘦果狭卵形，长 4~6mm，被短柔毛；宿存花柱长 1.2~2cm，羽毛状。花期 11 月至翌年 1 月；果期 2~3 月。

产地：深圳可能有分布，但尚未采到标本。仅据文献摘录此形态描述，以备参考。

分布：福建、台湾、广东、香港、海南、广西和湖南（南部）。

3. 毛柱铁线莲 Meyen's Clematis 图 358　彩片 517

Clematis meyeniana Walp. in Nov. Actorum Acad. Caes. Leop-Carol. Nat. Cur. **19**（Suppl. 1）：297. 1843

木质藤本。枝条圆柱形，具约 10 条浅沟，被柔毛，后脱落无毛。叶为三出复叶；叶柄长 2~11cm，被微柔毛，后变无毛；小叶叶柄长 1~2cm；小叶叶片近革质或纸质，卵形、椭圆状卵形或狭卵形，长 7.5~12~（~14）cm，宽 1.5~5（~9.5）cm，基部圆、浅心形或宽楔形，边缘全缘，先端渐尖或急尖，两面疏被微柔毛后变无毛，上面平滑，稀具细皱，基出脉 5 条，与网脉在两面均明显。聚伞圆锥花序腋生和顶生，具多数花；花序梗长 2.6~7.5cm，疏被微柔毛；苞片钻形，长 3.5~6mm；花直径 1.6~2.5cm；花梗长 0.6~1.6cm，被微柔毛，稀无毛；萼片 4，白色，平展，狭长圆形至披针形，长 0.8~1.3cm，宽 2.2~4mm，边缘被短绒毛，两面无毛，先端钝；雄蕊长 5~9.5mm，无毛，花药狭长圆形至条形，长 3~5.5mm，先端具很小的尖头，无退化雄蕊；子房被微柔毛，花柱长 5~9mm，密被长柔毛。瘦果镰状披针形，长 5~7mm，宽 1.8~2mm，被短柔毛；宿存花柱长 2~4cm，呈淡黄色的羽毛状。花期 6~8（~9）月；果期 8~11 月。

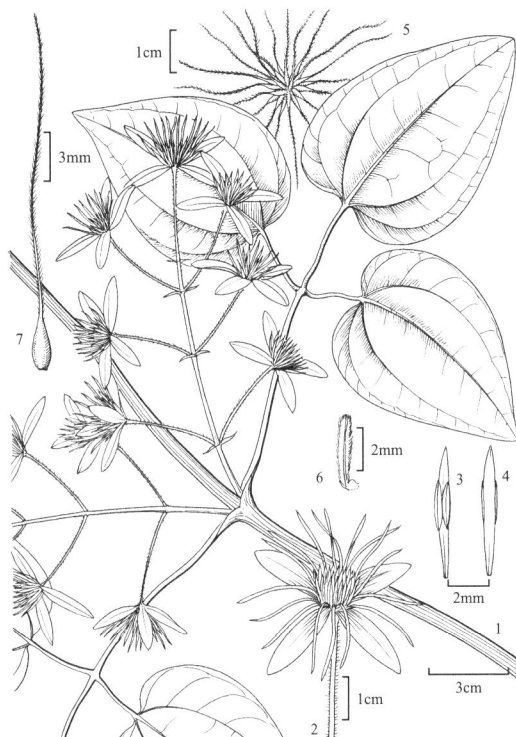

图 356 丝铁线莲 Clematis loureiroana
1. 植株的一部分，示茎、叶和花序；2. 花；3. 雄蕊的腹面；4. 雄蕊的背面；5. 果序；6. 心皮；7. 瘦果。（李志民绘）

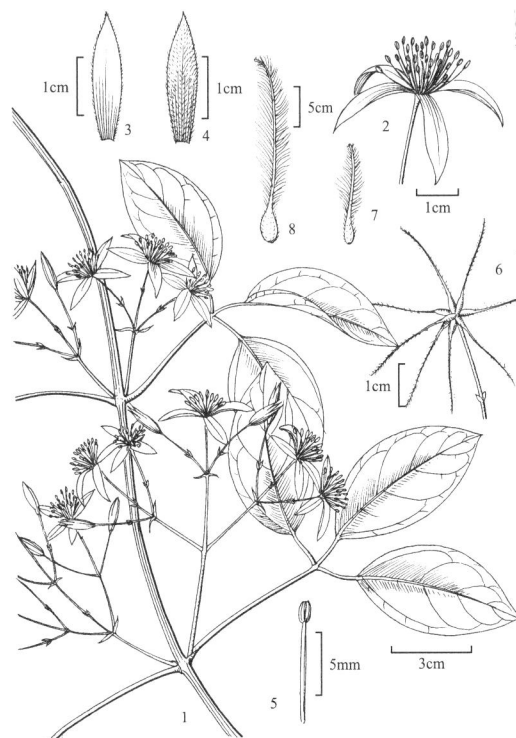

图 357 厚叶铁线莲 Clematis crassifolia
1. 植株的一部分，示茎、叶和花序；2. 花；3. 萼片的外面；4. 萼片的内面；5. 雄蕊；6. 果序；7. 心皮；8. 瘦果。（李志民绘）

产地：西涌、七娘山、南澳（张寿洲3499）、排牙山、盐田、三洲田、梅沙尖（深圳考察队584）、梧桐山（深圳考察队1669）、笔架山公园。生于山坡林下、山地路旁、海边灌丛，海拔50~650m。

分布：浙江、湖北、湖南、江西、台湾、福建、广东、香港、海南、广西、贵州、云南和四川。日本、缅甸、老挝、越南和菲律宾。

用途：全株能破血通经、活络止痛，治风寒感冒、胃痛、闭经、跌打瘀肿、风湿麻木、腰痛；茎皮纤维作造纸、搓绳等的原料。

4. 威灵仙 铁脚威灵仙 黑须公 老虎须 Chinese Clematis 　　　　　　图359　彩片518

Clematis chinensis Osbeck，Dagb. Ostind. Resa 205，242. 1757.

木质藤本，干后变黑。枝条均具8~14条纵沟，无毛或被疏或密的短柔毛。叶为羽状复叶，通常具5小叶，有时具3或7小叶，偶有基部1对以至第2对2~3裂至2~3小叶；叶柄长1.8~7.5cm；小叶叶片薄纸质、卵形、狭卵形或披针形，有时条状披针形或卵圆形，长1.5~9.5cm，宽0.7~6.4cm，基部圆、宽楔形或浅心形，边缘全缘，先端渐尖或急尖，两面近无毛，或仅在基出脉上疏被微柔毛。花序通常为腋生或顶生的聚伞圆锥花序，具多数花，稀具1(~3)花；花序梗长3~8.5cm；苞片花瓣状，椭圆形至长圆形；花梗上的小苞片明显，卵形、椭圆形、披针形或线形；花直径1.2~2.2cm；花梗长1.4~3cm，疏被微柔毛；萼片4，白色，平展，倒卵状长圆形、倒披针形或披针形，长0.6~1.3cm，宽1.8~3(~4)mm，先端急尖，背面近顶部被微柔毛，内面无毛，外面边缘被短绒毛；雄蕊3~6，长0.5~1.7cm，无毛，花药狭长圆形或条形，长2~3.5mm，先端具小的凸尖或稍钝；子房被短柔毛，花柱长3~5mm，密被长柔毛。瘦果椭圆体形，长5~7mm，宽3.5~4mm，被贴伏的微柔毛；宿存花柱长1.8~4cm，羽毛状。花期6~9月；果期8~12月。

产地：沙头角、梧桐山（深圳考察队1301；王国栋等6185）、仙湖植物园（李沛琼011116）。生于山地路旁，海拔80~300m。

分布：广东、香港、海南、广西、湖南、江西、福建、台湾、浙江、江苏（南部）、安徽（南部）、河南（南部）、湖北、四川、贵州、云南（南部）和陕西（南部）。越南及日本（南部）。

用途：根入药，能祛风湿、利尿、通经、镇痛，

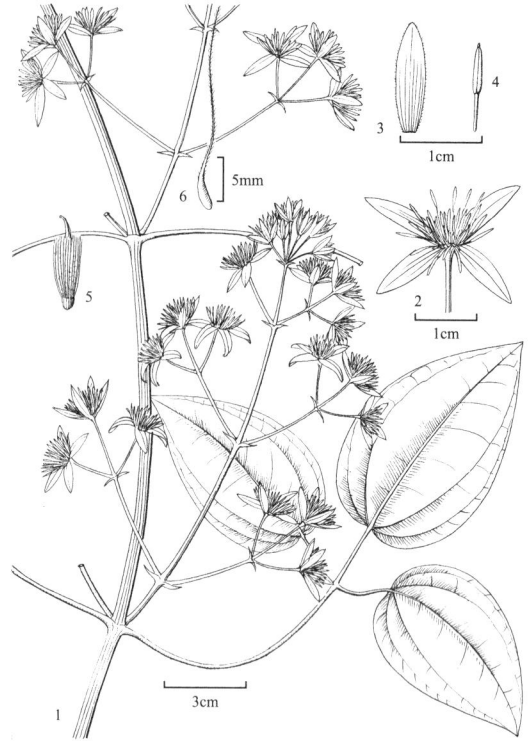

图358 毛柱铁线莲 Clematis meyeniana
1. 植株的一部分，示茎、叶和花序；2. 花；3. 萼片；4. 雄蕊；5. 心皮；6. 瘦果。（李志民绘）

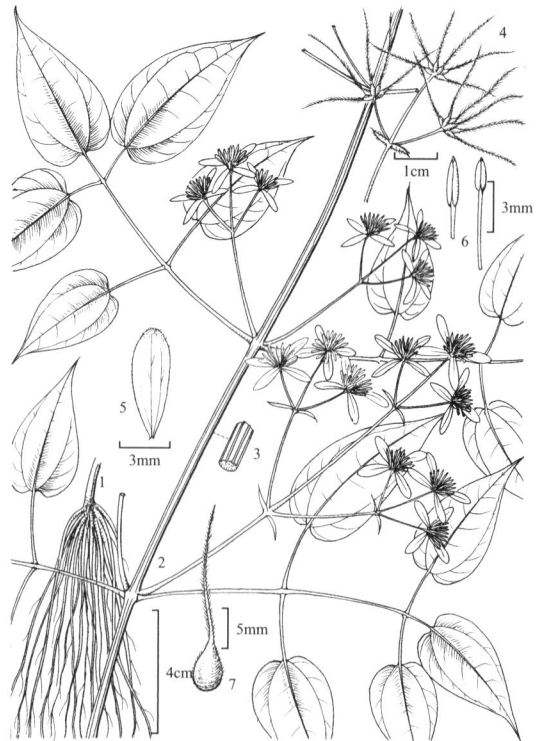

图359 威灵仙 Clematis chinensis
1. 根；2. 植株的一部分，示茎、叶及花序；3. 茎的一段放大；4. 果枝，示果序；5. 萼片；6. 雄蕊；7. 瘦果。（李志民绘）

治风寒湿热、偏头疼、黄胆浮肿、鱼骨鲠喉、腰膝腿脚冷痛；鲜株能治急性扁桃体炎、咽喉炎；根治丝虫病，外用治牙痛；全株可作农药。

5. 柱果铁线莲 钩铁线莲 Hooked Clematis 图 360 彩片 519

Clematis uncinata Champ. ex Benth. in J. Bot. Kew Gard. Misc. **3**: 255. 1851.

木质藤本。枝条均具 10~14 条浅纵沟，无毛。叶为一至二回羽状复叶，有小叶 5~15，无毛；叶柄长 3~8.5cm；小叶叶片薄革质或纸质，卵状椭圆形、卵形、狭卵形或披针形，长 3~13cm，宽 1.5~5cm；基部圆、宽楔形、浅心形或截形，先端渐尖，下面被白粉，两面叶脉稍隆起。圆锥状聚伞花序腋生或顶生，具多数花，无毛；花序梗长 1~8cm；苞片钻形，长 3~8mm，有时披针形，长达 3.5cm，无柄；花直径 1.7~3cm；花梗长 1~2.2cm；萼片 4，白色，平展，狭长圆形至狭倒卵状长圆形，长 1~1.5cm，宽 2~3.8(~5)mm，除边缘被绒毛外，两面无毛，先端急尖；雄蕊长 (0.3~)0.8~1.1cm，无毛，花药狭长圆形至条形，长 2.8~3.2mm，先端具小的尖头；子房无毛或被短柔毛，花柱长 5~8mm，密被长柔毛。瘦果近钻状圆柱形，长 5~7mm，宽 1.4~1.8mm，无毛；宿存花柱长 1.5~2(~3)cm，羽毛状。花期 4~8 月；果期 7~11 月。

产地：西涌（张寿洲 011591）、七娘山、南澳。生于山地林缘、灌丛中或石灰岩山地，海拔约 200m。

分布：广东、香港、广西、湖南、江西、福建、台湾、浙江、江苏（南部）、安徽（南部）、河南、湖北、贵州、云南（东南部）、四川（东南部）、陕西（南部）和甘肃（南部）。越南、日本（南部）。

用途：根入药，能祛风除湿、舒筋活络、镇痛，治风湿性关节痛、牙痛、骨鲠喉；叶外用治外伤出血。

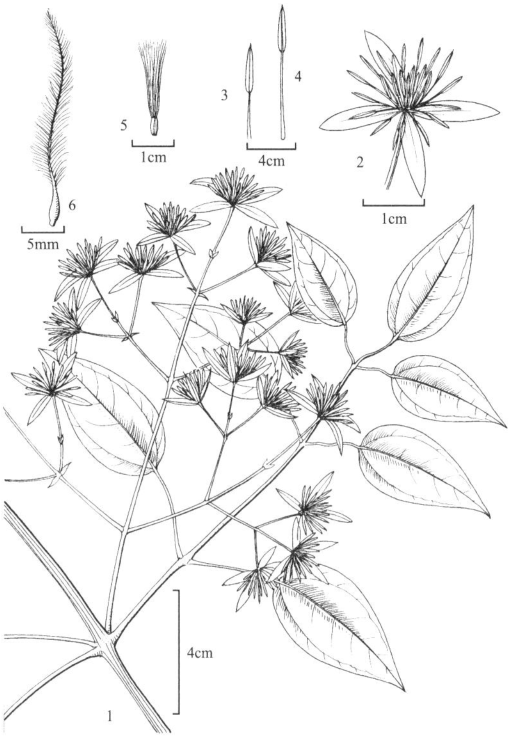

6. 裂叶铁线莲 小叶铁线莲 Small-lobed Clematis

Clematis parviloba Gardn. & Champ. in J. Bot. Kew Gard. Misc. **1**: 241. 1849.　　图 361

木质藤本，植株干时常多少变黑色。茎和枝均具 6 条纵沟，被微柔毛或短柔毛。叶为二回羽状复叶或二回三出复叶，稀一回羽状复叶，基部 2 对常 2~3 裂至 3 小叶，茎上部有时为三出复叶；叶柄长 3~8.5cm；小叶叶柄长 0.5~1cm；小叶叶片卵形、狭卵形或披针形，长 1.5~7(~8.5)cm，宽 0.7~4cm，纸质，基部圆或宽楔形，边缘全缘，具 1 齿或具疏锯齿，先端渐尖

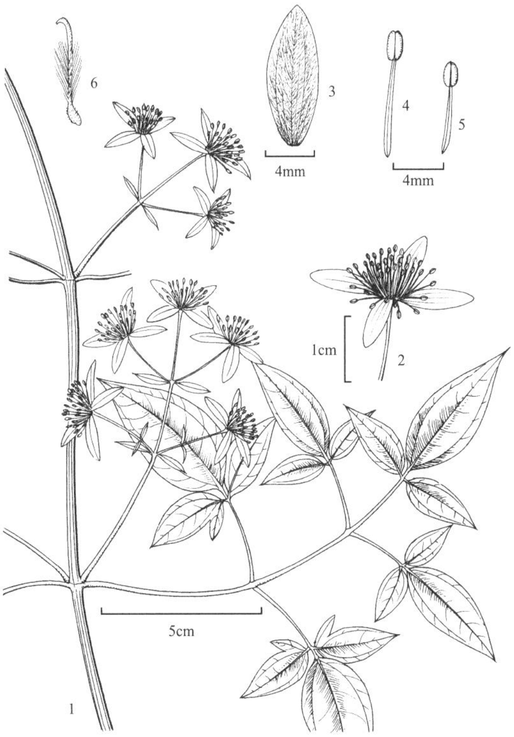

图 360 柱果铁线莲 Clematis uncinata
1. 植株的一部分，示茎、叶和花序；2. 花；3~4. 雄蕊；5. 心皮；6. 瘦果。（李志民绘）

图 361 裂叶铁线莲 Clematis parviloba
1. 植株的一部分，示茎、叶和花序；2. 花；3. 萼片；4~5. 雄蕊；6. 心皮。（李志民绘）

或急尖，两面被贴伏柔毛，下面较密，基出脉在两面稍凸起。花序为聚伞花序或聚伞圆锥花序，腋生和顶生，有（1~）5~9 花或更多的花；花序梗长 2.8~10cm，与花梗同被较密的柔毛；苞片狭卵形，不分裂或 3 裂；花梗上的小苞片明显，卵形、椭圆形或披针形，长 0.6~1.5mm；花直径 1.5~4.6cm；萼片 4，白色，平展，长圆形、披针形或倒卵状长圆形，长 1~2.4cm，宽 0.4~1.2cm，先端近急尖，外面被绢质微柔毛，内面无毛，边缘被短绒毛；雄蕊长 0.5~1.7cm，无毛，花药长圆形或狭长圆形，稀条形，长 1~3mm，先端钝；子房被短柔毛，花柱长 6-9mm，密被长柔毛。瘦果稍扁，卵球形或椭圆体形，长 3~5mm，宽 2~2.8mm，被短柔毛；宿存花柱长 2~3.2cm，羽毛状。花期 5~7 月；果期 7~9 月。

产地：龙岗蓝山（李勇等 009689）。生于山地林缘，海拔约 260m。

分布：浙江、江西、台湾、福建、广东、香港、澳门、广西、贵州、云南和四川。

3. 毛茛属 **Ranunculus** L.

多年生或少数一年生草本，陆生，稀水生。须根纤维状簇生，或基部粗厚呈纺锤形。茎直立、斜升或有匍匐茎。叶基生或茎生，互生，单叶，一至二回三出复叶，或羽状复叶；茎下部的叶具柄，叶柄伸长，基部扩大成鞘状；叶片边缘 3 浅裂至 3 深裂，或全缘，有时有齿，具羽状脉，亦具掌状脉。花单生于枝顶或茎顶，或与叶对生，或组成单歧聚伞花序或复单歧聚伞花序；花两性，辐射对称；花托凸起，有时形成雌雄蕊柄；萼片非花瓣状，（3~）5（~7），通常淡绿色、淡红色或紫红色，外面稀有附属体，脱落或宿存；花瓣（3~）5（~10），黄色或白色，具短爪，基部具蜜槽，有时被小鳞片覆盖；雄蕊多数，稀少数，向心发育，花丝狭线形，花药卵形或长圆形；心皮多数，离生，无柄或有柄，螺旋着生于隆起的花托上，子房具 1 近直立的胚珠，具花柱或无，腹面生有柱头状组织。聚合果球形、卵形或长圆体形；瘦果卵形、倒卵形，或两侧压扁，背腹线有纵肋，平滑，有时有瘤突或刺，边缘有窄边或翅，果皮有厚壁组织而较厚，无毛或有毛或有刺及瘤突，先端有短喙。种子具丰富的胚乳，胚小。

约 550 种，除南极外，广布于世界各地，主产于北温带。我国约有 125 种。深圳 2 种。

1. 一年生草本；叶为单叶；聚合果圆柱形 ⋯⋯⋯⋯⋯⋯
⋯⋯⋯⋯⋯⋯⋯⋯⋯⋯ **1. 石龙芮 R. sceleratus**
1. 多年生草本；叶为三出复叶；聚合果球形或近球形
⋯⋯⋯⋯⋯⋯⋯⋯⋯⋯ **2. 禹毛茛 R. cantoniensis**

1. 石龙芮 Celery-leaved Crowfoot　图 362　彩片 520
Ranunculus sceleratus L. Sp. Pl. **1**: 551. 1753.

一年生草本。根纤维状，簇生。茎直立，高 10~75cm，无毛或疏被微柔毛，上部有分枝。基生叶 5~13；叶柄长 1.2~15cm，近无毛或疏被短柔毛；叶片草质或纸质，五角形、肾形或宽卵形，长 1~4cm，宽 1.5~5cm；基部宽心形，3 深裂，中裂片楔形或菱形，3 深裂，小裂片边缘具 1~2 钝齿或全缘，侧裂片斜宽倒卵形或斜楔形，不等 2 裂或 2 半裂，两面无毛或下面疏被柔毛；茎生叶多数，下部叶与基生叶相似，上部叶较小，具短叶柄，基部楔形，3 全裂，裂片倒披针形、披针形至条形，先端钝圆，边缘全缘。复单歧聚伞花序伞房状，顶生；苞片叶状；花直径 4~8mm；花梗长 0.5~1.5cm，无毛或疏被微柔毛；花托被微柔毛或无毛；萼片 5，卵状椭圆形，长 2~3mm，外面被紧

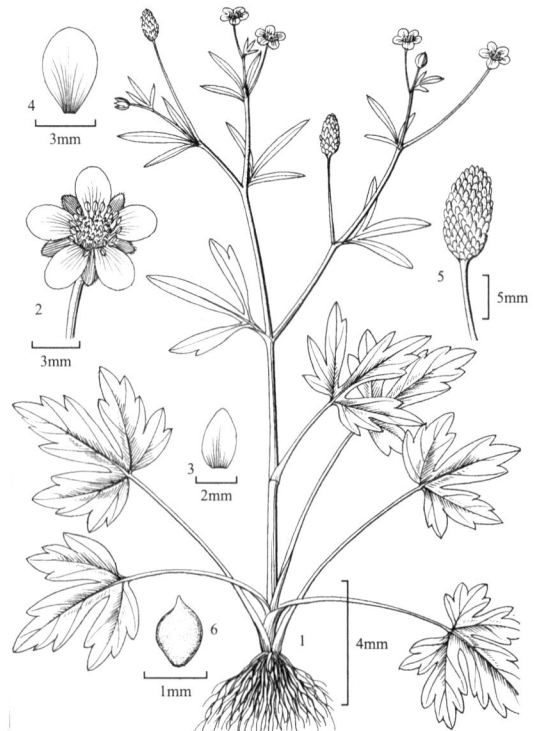

图 362 石龙芮 Ranunculus sceleratus
1. 植株，示根、茎、叶和花序；2. 花；3. 萼片；4. 花瓣；5. 聚合果；6. 瘦果。（李志民绘）

贴的微柔毛或无毛；花瓣 5，倒卵形，长 2.2~4.5mm，宽 1.4~2.4mm，先端圆，蜜槽无鳞片覆盖；雄蕊 10~19，花药椭圆体形。聚合果圆柱形，长 0.3~1.1cm，宽 1.5~4mm；瘦果斜倒卵球形，长约 1mm，宽 0.8~1mm，无毛，偶具 2~3 条短横皱，宿存柱头长约 0.1mm。花期 1~7 月；果期 3~8 月。

产地：排牙山（张寿洲等 5667）、葵涌（张寿洲 012867）、梧桐山（深圳考察队 1265）、仙湖植物园。生于水沟边，海拔 20~100m。

分布：除海南、青海、西藏外，广布全国各地。分布于亚洲、欧洲和北美洲亚热带至温带地区。

用途：全草含原白头翁素，有毒，药用，能消结核、疟疾及治痈肿、疮毒、蛇毒和风寒湿痹。

2. 禺毛茛 Moslem Garlic 图 363 彩片 521
Ranunculus cantoniensis DC. Prodr. **1**: 43. 1824.

多年生草本。须根纤维状，簇生。茎直立，高 25~80cm，上部有分枝，与叶柄均密生开展的黄白色硬毛。叶为三出复叶，基生叶和下部叶有长 4.5~20cm 的叶柄；叶柄被开展的长硬毛；基生叶的三出复叶宽卵形，长 3~14cm，宽 3.8~17cm，薄纸质，两面疏被糙伏毛；小叶具长 1~2cm 的小叶柄，侧生小叶叶柄较短，被开展糙伏毛；小叶叶片 2~3 中裂，边缘密生锯齿或齿牙；侧生小叶叶片斜宽卵形，不等 2 半裂或 2 深裂，中间小叶叶片菱状卵形或宽卵形、宽楔形或圆基截形，边缘 3 深裂，裂片边缘具牙齿；茎上部叶与基生叶相似，具短的小叶柄。复单歧聚伞花序顶生，伞房状，有 4~10 花；苞片叶状；花直径 0.9~1.3cm；花梗长 1~4cm，被糙伏毛；花托被微硬毛；萼片 5，狭卵形，长 3~4mm，反折，外面被糙伏毛；花瓣 5，狭椭圆形或倒卵形，长 4~7.5mm，宽 2~3.8mm，蜜槽圆形，有小鳞片覆盖；雄蕊多数，花药长圆体形，长约 1mm；子房近球形，花柱直或稍弯，比子房短 3 倍。聚合果球形或近球形，直径 0.7~1.2cm；成熟心皮多数；瘦果稍扁，斜倒卵形，长 2.5~3mm，宽 2.2~3mm，无毛，边缘具窄边；宿存花柱三角形，长约 1mm，顶端直或弯钩状。花期 3~9 月；果期 4~11 月。

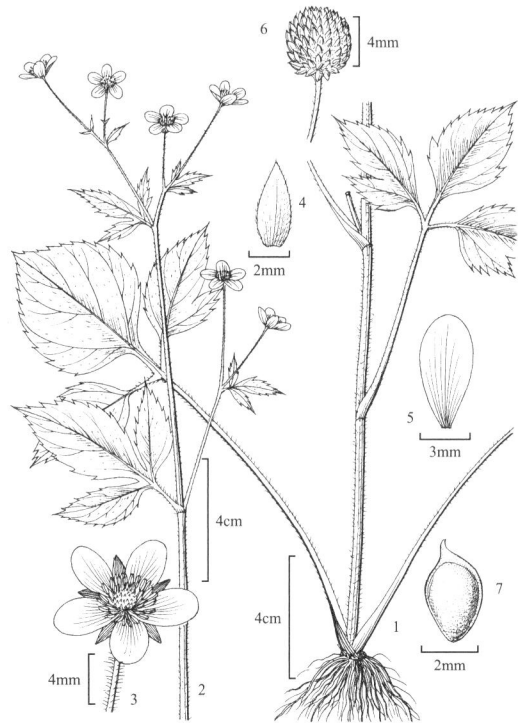

图 363 禺毛茛 Ranunculus cantoniensis
1. 植株的下部，示根、茎和叶；2. 植株的上部，示茎、叶和花序；3. 花；4. 萼片；5. 花瓣；6. 聚合果；7. 瘦果。（李志民绘）

产地：马峦山（张寿洲等 1416）、梧桐山（王国栋 8058）、仙湖植物园（王定跃 011998）、深圳水库。生于山地路旁、水库边、沼泽地，海拔 50~680m。

分布：广东、香港、广西、湖南、江西、福建、台湾、浙江、江苏（南部）、安徽（南部）、河南、湖北（西部）、贵州、云南（东南部）、四川和陕西（南部）。

用途：全草含原白头翁素，捣敷发泡，治黄疸、目疾。

4. 唐松草属 Thalictrum L.

多年生直立草本，具须根并具木质的根状茎。茎圆柱形，通常上部有分枝。叶基生并茎生，稀全基生或茎生，一至五回三出复叶或羽状复叶，稀单叶，互生，具长叶柄；小叶叶柄长或短，小叶叶片心状肾形、倒卵形、披针形或条形，边缘全缘或浅裂，或具齿，具掌状脉或羽状脉。花序为顶生，有时腋生，为单歧聚伞花序，有时为总状、圆锥状或伞形，着花 1~200；总苞有或无，总苞片 2~3，叶状；花两性或单性，辐射对称；萼片 4~10，较小，淡黄绿色或淡白色，有时较大，花瓣状，粉红色或紫色，披针形至肾形或匙形，扁平，长 0.1~1.8cm，果期脱落；无花瓣；雄蕊 7~70，花丝丝状至棒状，或上部宽或粗，药隔顶端不凸出或凸出成小尖头；无退化雄蕊；心皮 1~50（~70），无柄或具柄，子房 1 室，内有 1 胚珠，花柱长或短，腹面具不明显柱头组织或形成明显的柱头，柱头有时向两侧延长成翅而呈三角形或箭头形。果为瘦果，多数组成聚合果，无柄或分离，纺锤形、卵球形、倒卵球形、镰形或盘状，稍两侧扁，有时扁平，每侧均有明显的纵肋，宿存花柱如存在，通常直立、外弯或为拳卷的喙。

约 150 种，分布于亚洲、欧洲、非洲、北美洲及南美洲。我国有 76 种，各地均有分布。深圳 1 种。

尖叶唐松草 石笋还阳 Sharp-leaved Meadowrue 图 364 彩片 522

Thalictrum acutifolium（Hand.-Mazz.）B. Boivin in Rhodora **46**：364.1944

Thalictrum clavatum DC. var. *acutifolium* Hand.-Mazz. in Akad. Wiss. Wien Sitzungsber, Math.-Naturwiss. Kl，Abt. 1，**43**：1. 1926.

多年生直立草本，高 25~65cm，全株无毛。根肉质，长约 5cm，厚约 4mm。茎中部以上有分枝。叶 1或 2 基生，为二回三出复叶；叶柄长 10~20cm；叶片长 7~18cm；小叶叶柄长 0.5~2cm；小叶叶片草质，卵形或宽卵形，长 2.3~5cm，宽 1~3cm，基部圆、楔形或浅心形，边缘 3 浅裂，裂片边缘有细齿，先端急尖、钝或圆，两面无毛，叶脉在下面稍隆起。单歧聚伞花序顶生兼腋生，具少数花；花梗长 3~8mm；萼片 4，卵形，长约 2mm，白色或带粉红色，早落；雄蕊多数，长约 5mm，花丝基部丝状，上部倒披针形，比花药宽 3 倍，花药长圆体形，长 0.8~1.3mm；心皮 6~12，具细柄，花柱极短或近无，腹面具不明显的柱头组织。瘦果扁，狭圆柱形，长 3~3.8mm，宽 0.6~0.8mm；不对称，有时稍呈镰状弯曲，有约 8 条纵肋，果柄纤细，长 1~2.5mm。花果期 4~7 月。

产地：七娘山（张寿洲等 1957）、梅沙尖（张寿洲等 3137）。生于山地林下和林缘潮湿地，海拔 300~900m。

分布：浙江、安徽、湖北、湖南、江西、福建、广东、香港、广西、贵州和四川。

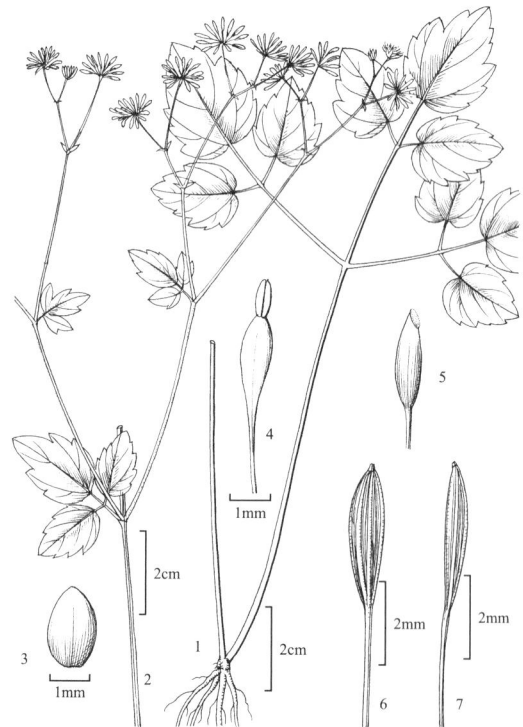

图 364 尖叶唐松草 Thalictrum acutifolium
1. 植株的下部，示根、茎和叶；2. 植株的上部，示茎、叶和花序；3. 萼片；4. 雄蕊；5. 心皮；6. 瘦果正面观；7. 瘦果侧面观。（李志民绘）

32. 小檗科 **BERBERIDACEAE**

李秉滔

灌木或多年生草本,稀小乔木,常绿或落叶。有时具根状茎或块茎。茎具刺或无刺。叶互生,稀对生或基生,单叶或一至三回羽状复叶;托叶有或无;叶柄长或短,顶端有时具关节;小叶柄很短或无;叶片和小叶片纸质至革质或厚革质,边缘全缘或具刺齿或锯齿,稀波状,叶脉通常羽状,稀掌状或基出脉。花序顶生或腋生;花单生、簇生或数花至多花组成总状花序、聚伞花序或圆锥花序;花梗有或无,具小苞片或无小苞片;萼片和花瓣较小;萼片6~9,常呈花瓣状,分离,覆瓦状排成2至多轮,或外轮为镊合状排列,通常早落;花瓣6,盔状或呈距状,或变为蜜腺状,基部有蜜腺或无;雄蕊6,与花瓣对生,花丝短,花药2室,瓣裂或纵裂;子房上位,1室,具少数至多数胚珠,胚珠基生或在侧膜胎座上着生,花柱短或无,柱头头状或膨大,或盾状。果为浆果、蒴果或瘦果。种子1至多数,有时具假种皮,胚乳丰富,胚大或小。

约15属570种,主产于北温带和亚热带地区。我国有11属约200种。深圳有2属2种。

深圳市引进栽培的六角莲 Dysosma pleiamtha(Hance)Woodson、八角莲 Dysosma versipellis(Honce)M. Cheng、淫羊藿 Epimedium saggitatum Maxim、五彩南天竺 Nandina domestioa Thunb. var. porphyrocarpa Makino,因数量少,本志未有收录。

1. 叶为一回奇数羽状复叶;小叶叶片边缘具疏刺齿,稀全缘(深圳不产);花药2瓣裂 ··· 1. **十大功劳属 Mahonia**
1. 叶为二至三回奇数羽状复叶;小叶叶片边缘全缘;花药纵裂 ································ 2. **南天竺属 Nandina**

1. 十大功劳属 **Mahonia** Nutt.

常绿灌木。茎少分枝;枝无刺。叶互生,一回奇数羽状复叶;叶柄长或短;小叶对生;小叶柄短或无;小叶叶片革质,边缘具疏刺齿,稀全缘(深圳不产),具羽状脉,稀基出脉。花序顶生,由(1~)3~18花序簇生的总状花序或圆锥花序组成,基部具多数宿存芽鳞;花梗纤细,长或短,基部具短于花梗而宿存的苞片;花黄色;萼片9,3轮;花瓣6,2轮,基部通常具2腺体,稀无腺体;雄蕊6,与花瓣对生,花药2室,2瓣裂;子房1室,每室具1~7基生的胚珠,花柱极短或无,柱头盾状。果为浆果,深蓝色至黑色,通常无毛。

约100种,分布于亚洲东部及南部和美洲中部和北部。我国约30种。深圳有1种。

海南十大功劳 阿里山十大功劳 Alishan Manonia 图365 彩片523 524

Mahonia oiwakensis Hayata, Icon. Pl. Formos. 6: 1. 1916.

常绿灌木,高1~5m,全株无毛。茎深黄灰色,少分枝。叶通常聚集于茎或枝的上部或顶部,为一回奇数羽状复叶,长12~35cm,宽8~15cm;叶柄基部扩大

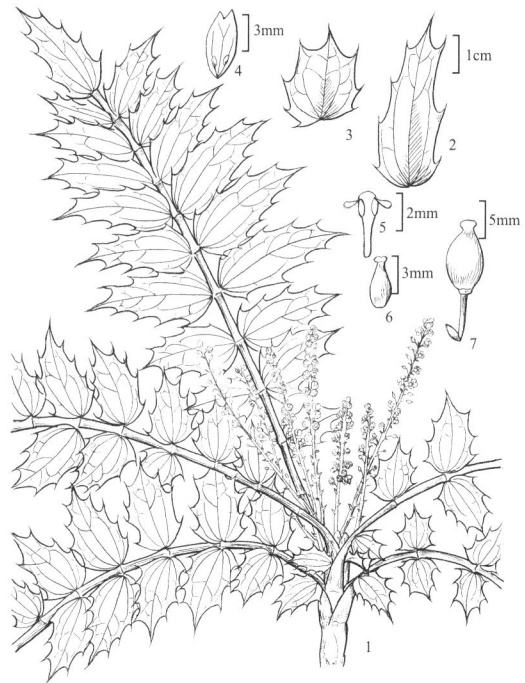

图365 海南十大功劳 Mahonia oiwakensis
1. 分枝的上部,示叶及花序;2~3. 不同形状的小叶;4. 花瓣,并示其内面基部的2枚腺体;5. 雄蕊;6. 雌蕊;7. 浆果,并示果梗基部的苞片。(林漫华绘)

而半抱茎或枝；叶轴粗 1~3mm，具 12~20 节，节上有环状凸起，节的两侧具 1 对无柄的小叶；小叶叶片卵形、卵状披针形或披针形，长 2~10cm，宽 1~2.5cm，基部圆或近截形，边缘每边具 2~6（~9）疏刺锯齿，先端急尖至渐尖，下面淡黄绿色，具明显的 3（~6）条基出脉，上面暗绿色，叶脉不明显，先端 1 小叶具柄，柄长 0.5~1cm，有时无柄；总状花序 7~18 簇生于茎顶或枝顶，直立，长 4~10（~20）cm；基部具宿存芽鳞，芽鳞卵形或宽披针形，长 1.5~3cm，宽 0.5~1cm；花梗长（2~）5~6mm，基部具苞片；苞片卵形，长 3~3.5mm，宽 1.5~2mm；花金黄色；萼片 9，3 轮，外轮萼片卵形至近圆形，长 1.2~3mm，宽 1~2mm，中轮萼片椭圆形至卵形，长（3~）5~6mm，宽 2.5~3mm，内轮萼片椭圆形至长圆形，长 5~7mm，宽 2.6~3.5mm；花瓣长圆形，长 4.5~6.5mm，宽 2~2.7mm，先端浅 2 裂，内面基部具 2 腺体；雄蕊 6，长 3~4mm，花药 2 瓣裂，药隔稍延伸，顶端圆或略凸起；子房长 3~4mm，1 室，每室具 2~3 基生的胚珠，花柱长 0.5~1mm，柱头盾状。浆果卵球形，长 6~8mm，直径 5~6mm，蓝色至蓝黑色，被白粉，顶端具宿存的花柱。

产地：梧桐山（陈真传等 011299；张寿洲等 SCAUF1135，1188）。生于山地林中或山坡灌丛中，海拔约 800m。

分布：台湾、广东、香港、海南、贵州、四川、云南和西藏。

2. 南天竺属（南天竹属）**Nandina** Thunb.

常绿灌木，常丛生。叶互生，二或三回奇数羽状复叶；叶轴具关节；小叶对生，无柄或近无柄；小叶叶片边缘全缘，具羽状脉。圆锥花序顶生或腋生；花序梗基部具总苞片；花梗的基部具苞片；花两性；萼片多数，螺旋状排列，由外向内逐渐增大；花瓣 6，稍大于内面的萼片，基部内面无蜜腺；雄蕊 6，与花瓣对生，花丝极短，花药 2 室，纵裂；子房 1 室，具 1~2 胚珠，侧膜胎座，花柱短，柱头全缘或有微裂。果为浆果，球形，顶端具宿存花柱。种子 1~2，无假种皮。

1 种，分布于中国和日本。深圳有栽培。

南天竺 南天竹 蓝田竹 Sacred Bamboo　　　图 366
彩片 525

Nandina domestica Thunb. Fl. Jap. 9. 1784.

常绿灌木，高 1~2m，常丛生，全株无毛。茎上部分枝；枝对生，稀轮生。无托叶；叶二回或三回奇数羽状复叶；小叶对生，无柄或近无柄；小叶叶片薄革质或纸质，披针形至椭圆状披针形，长 1.5~4（~7）cm，宽 0.5~2cm，基部楔形，边缘全缘，先端渐尖，下面绿色，上面深绿色，冬天变红色，侧脉每边 10~12 条，纤细。圆锥花序顶生，直立，长 13~25cm；花梗长 3~5mm；花小，直径 6~7mm，白色，芳香；萼片干膜质，多数，淡绿色，外面的萼片小，三角形，长约 1mm，向内各萼片渐大，最内面的萼片卵形至卵状椭圆形，长达 4.5mm；花瓣 6，白色，近干膜质，椭圆形，长 6~7.5mm，宽 3~3.5mm，先端钝；雄蕊 6，长 4.5~5mm，黄色，花丝极短，花药纵裂，药隔凸起；子房坛状，与雄蕊近等长，1 室，具 1~2 胚珠，花柱长约 1mm，柱头头状。浆果球形，直径 5~8mm，成熟时红色或橙红色；果梗长达 8mm。种子 1~2，扁圆形，长 4~5mm。花期 4~6 月；

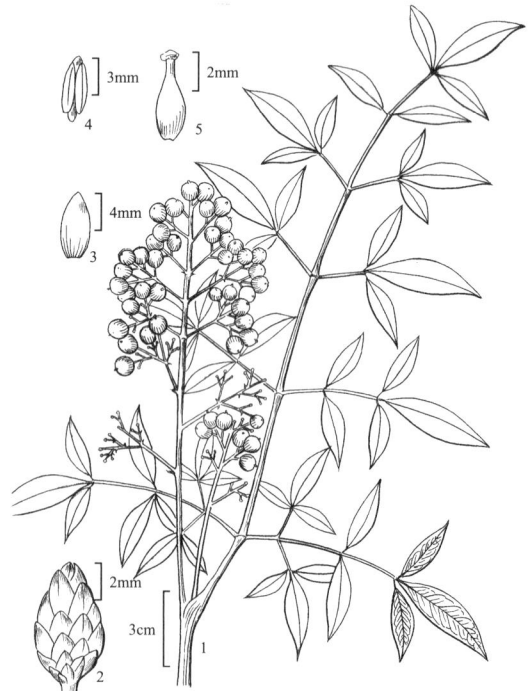

图 366 南天竺 Nandina domestica
1. 分枝的上部，示叶及果序；2. 花蕾；3. 花瓣；4. 雄蕊；5. 雌蕊。
（林漫华绘）

果期10月至翌年2月。

产地：仙湖植物园（王定跃等012025；李沛琼等89017；王勇进3462）有栽培。深圳市各地庭园和公园常有栽培。

分布：山东、河南、安徽、江苏、浙江、江西、福建、广东、广西、湖南、湖北、贵州、云南、四川和陕西。日本。栽培或野生。北美东南部有栽培。

用途：根、叶和果可药用；为优良的观赏植物。

33. 大血藤科 SARGENTODOXACEAE

李秉滔

木质藤本。叶互生，无托叶，具长柄，三出复叶或稀单叶。花单性，雌雄异株，排成腋生下垂的总状花序；雄花：萼片6，花瓣状，2轮，覆瓦状排列，花瓣6，蜜腺状，远较萼片小，雄蕊6，分离，与花瓣对生，花丝短，花药长圆体形，基部着生，外向，2室，纵裂，药隔稍凸出于药室顶端呈细尖的附属物；退化雌蕊通常4或5，有时多数或少数；雌花萼片和花瓣与雄花的相似；退化雄蕊6；心皮多数，分离，螺旋状着生于膨大的花托上，子房1室，每室具倒生下垂的胚珠1，花柱线形，柱头小，头状。果为聚合果；果梗肉质；花托在果期时膨大，肉质；成熟心皮近球形，浆果状，聚生于球形或长圆体肉质的花托上，组成近球形的聚合果。种子1，具丰富的胚乳，胚小而直。

1属1种，分布于中国、老挝和越南。

大血藤属 Sargentodoxa Rehder & E. H. Wilson

本属形态特征和地理分布与科相同。

大血藤 血藤 Sargent Gleryvine   图 367   彩片 526   527

Sargentodoxa cuneata（Oliv.）Rehder & E. H. Wilson in Sargent，Pl. Wilson. **1**（3）：351. 1913.

Holboellia cuneata Oliv. in Hooker's Icon. Pl. t. 1817. 1889.

落叶木质藤本，长达10m以上，全株无毛。茎粗壮，直径达9cm，老时纵裂，切断后有红色汁腋渗出，断面花纹呈放射状；枝条褐色或红褐色。冬芽具多数覆瓦状排列的鳞片，鳞片膜质，卵形至长圆状卵形。叶为三出复叶，或兼具单叶，稀全部为单叶；叶柄长5~10cm；小叶叶片大小不相等；顶生小叶叶柄长0.5~1cm；小叶片菱状倒卵形，长 4~14cm，宽 3~9cm，基部宽楔形，边缘全缘，先端急尖，侧脉每边 5~6 条，纤细；侧生小叶近无柄，小叶片较大，斜卵形，两侧不对称，长 6~16cm，宽 5~12cm，基部内面楔形，外面截形或圆，边缘全缘，先端急尖，下面淡绿色，上面绿色，侧脉每边 5~6 条，纤细。总状花序单生于叶腋，下垂，长 6~15cm；花梗长 1~1.5cm，基部具长圆形的苞片1，近中部具互生、线形的小苞片2；雄花：萼片6，在花芽时为覆瓦状排列，狭长圆形，长0.6~1cm，宽 2~4mm，边缘内卷；花瓣6，密腺状，菱状圆形，长约1.2mm；雄蕊 6，长约4mm，花丝短，长 1~1.5mm，花药长圆体形，药隔先端凸出，退化雌蕊长约2mm，先端凸出；雌花：花托近球形至长圆体形，长约1.4cm，宽约1.2cm；萼片和花瓣与雄花的相似；雌蕊由多数离生心皮组成，螺旋状着生于花托上，子房瓶状，长约2mm，花柱线形，柱头斜；退化雄蕊线形，长约1mm。聚合果具 20~40 成熟心皮，成熟心皮近球形，直径约1cm，成熟时黑蓝色，浆果状，心皮柄

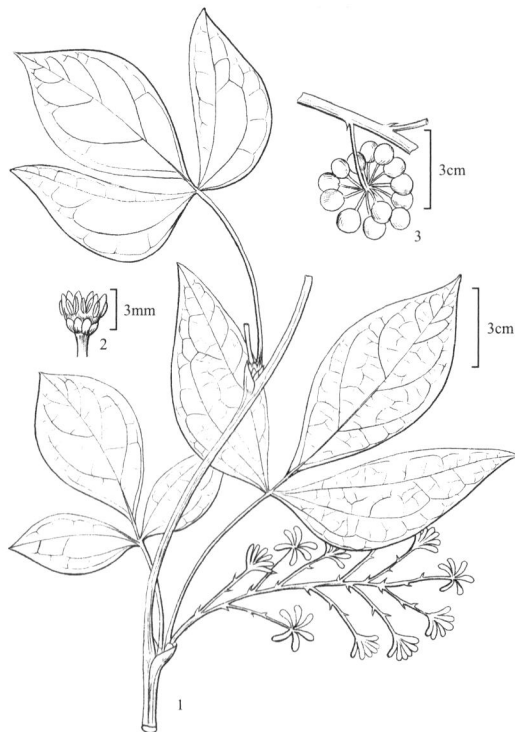

图 367 大血藤 Sargentodoxa cuneata
1. 分枝的一部分，示叶及花序；2. 除去花瓣的雄花，示花萼及雄蕊；3. 果序。（林漫华绘）

长 0.7~1cm。种子 1，近球形，长约 5mm，基部截形，种皮黑色，具光泽，平滑。花期 3~7 月；果期 6~10 月。

产地：七娘山（邢福武 12838，IBSC）、葵涌（王国栋等 7209）、南山。生于山地密林中或灌丛中，海拔150~200m。

分布：河北、河南、安徽、江苏、浙江、江西、福建、广东、香港、广西、湖南、湖北、贵州、云南、四川和陕西。老挝和越南。

用途：根和茎可药用。

34. 木通科 LARDIZABALACEAE

李良千　陈淑荣

常绿或落叶木质藤本，稀为直立灌木（Decaisnea）。茎缠绕或攀援，木质部有宽大的髓射线。冬芽大，具 2 至多数覆瓦状排列的鳞片，稀鳞片不明显。叶互生，有时在短枝上簇生或呈轮生状，掌状复叶或三出复叶，稀羽状复叶；无托叶；叶柄及小叶柄两边膨大成节状。花辐射对称，单性，雌雄同株或异株，很少杂性，通常组成总状花序或伞房状的总状花序，稀为圆锥花序或多花簇生；萼片花瓣状，6，排成 2 轮，覆瓦状排列或外轮的镊合状排列，很少仅有 3 萼片；花瓣 6，蜜腺状，远较萼片小，有时无花瓣；雄花雄蕊 6，花丝离生或多少合生或合生成管状，花药 2 室，药室外向，纵裂，药隔常凸出于药室顶端而成角状或为具细尖头的附属体，有时无，退化雌蕊 3~6（~9），小，丝状；雌花退化雄蕊 6，心皮 3（~9），或多数，轮生在扁平花托上或心皮多数螺旋状排列在膨大的花托上，子房上位，无花柱或近无花柱，柱头显著，胚珠仅有 1 或多数，下垂，横生至近倒生，纵行排列在侧膜胎座上。果为肉质或浆果状，不开裂或沿向轴的腹缝开裂。种子仅有 1 或多数，卵球形或肾形，种皮脆壳质，有肉质、丰富的胚乳和小而直的胚。

9 属 50 种，大部分产于亚洲东部，仅 2 属分布于南美洲的智利。我国有 7 属 37 种。深圳有 1 属 4 种。

野木瓜属 Stauntonia DC.

常绿木质藤本。冬芽具鳞片多数，鳞片覆瓦状排列成数层，外层的鳞片通常短而阔，内层的鳞片较长，舌状或带状。叶互生，为掌状复叶，具长柄，有小叶 3~9 片，或为羽状 3 小叶，小叶片边缘全缘，具不等长的小叶柄。花单性，雌雄同株，稀异株，通常数花至 10 余花组成腋生的伞房状的总状花序；花序梗基部为多数鳞片状苞片所包托；萼片 6，花瓣状，排成 2 轮，外轮 3 萼片镊合状排列，卵状长圆形或披针形，先端通常渐尖，内轮 3 萼片较狭，条形；无花瓣或仅有 6 小而不明显的蜜腺状花瓣；雄花雄蕊 6，花丝合生成管状，有时仅于下部合生，花药 2 室，药室纵裂，药隔常凸出于药室顶端而成尖角状或较短而为细尖的附属体，退化雌蕊 3，通常钻状，藏于花丝管中；雌花萼片与雄花的相似，但较大，退化雄蕊 6，小而为鳞片状，无花丝，着生于心皮基部，与蜜腺状花瓣对生，心皮 3，直立，无花柱，柱头顶生，胚珠多数，排成多列着生于具毛状体或纤维状体的侧膜胎座上。果为浆果状，单生或孪生，稀 3 果簇生，卵球形或长圆体形，有时在内侧开裂。种子多数，卵形、长圆体形或三角形，镶嵌式排成多列并藏于果肉中，种皮脆壳质。

约 25 种，分布于日本、中国、印度北部、缅甸和越南。我国有 20 种 2 亚种。深圳有 4 种。

1.　牛藤果 Elliptic Stauntonia　　　　　　　　　　　　　　　　　　　　　　　　图 368

Stauntonia elliptica Hemsl. in Hook. Icon. Pl. **29**: t. 2844. 1907.

木质藤本，全株无毛。茎和枝圆柱形。冬芽鳞片不明显。掌状复叶有 3 小叶；叶柄纤细，长 2.5~17cm；小叶柄长 1~2cm，小叶叶片椭圆形、长圆形、卵状长圆形或倒卵形，长 3~11cm，宽 2~6cm，纸质或近革质，基部钝或圆，先端钝或急尖，下面灰绿色至淡灰绿色，上面深绿色，中脉在下面凸起，在上面凹入，侧脉每边 4~5 条，斜升至边缘前弯拱网结。伞房状总状花序多数簇生于叶腋，长 4~6cm，着花多数；花序梗纤细，基部

具多数宿存、长不及 1mm 的宽卵形的苞片；小苞片
钻形，长不及 1mm；花雌雄同株，同序或异序，灰绿
色至淡白色；雄花花梗长 1~1.2cm，外轮 3 萼片卵形，
长约 8mm，先端急尖，内轮 3 萼片披针形，蜜腺状
花瓣卵状披针形，短于花丝，花丝合生至近顶部呈管
状，药隔顶端的角状附属物与花药等长，退化雌蕊钻
形，藏于花丝管内；雌花花梗长 1.8~2cm，外轮 3 萼
片狭披针形，长约 1.5cm，宽 3~4mm，内轮 3 萼片条
状披针形，长约 1.4cm，宽约 2mm，蜜腺状花瓣披针形，
长约 1mm，退化雄蕊长约 1mm，心皮卵球形，无花
柱，柱头锥形。果长圆体形至近球形，长 4~5cm，直
径 2~4cm，灰褐色，干后淡灰褐色。种子近三角形，
略扁，种皮淡黑色，有光泽。花期 5~8 月；果期 7~12 月。

产地：七娘山（邢福武 SF157，IBSC）。生于山地
林缘，海拔约 300m。

分布：江西、湖北、湖南、广东、香港、广西、贵州、
云南和四川。印度（东北部）。

2. 野木瓜 七叶莲 Chinese Stauntonia 　　图 369
彩片 528 529

Stauntonia chinensis DC. Syst. Nat. **1**: 514. 1818.

木质藤本。茎绿色，具线纹，老茎皮厚，粗
糙，浅灰褐色，纵裂。掌状复叶有小叶 5~7；叶柄长
7~10cm；小叶叶片革质，长圆形、椭圆形或长圆状披
针形，长 5~9(~11)cm，宽 1.5~4cm，基部钝、圆或
楔形，边缘稍反卷，先端渐尖或尾尖，中脉在叶片上
面凹入，侧脉和网脉在两面均明显凸起。花雌雄同株，
通常 3~4 花组成伞房状的总状花序；花序梗纤细，基
部为鳞片状苞片所包托；花梗长 2~3cm，苞片和小苞
片线状披针形，长 1.5~1.8cm，宿存；雄花萼片外面
淡黄色或乳白色，内面紫红色，外轮萼片披针形，长
1.5~1.8cm，宽约 6mm，内轮条状披针形，长 1.6mm，
宽约 3mm，蜜腺状花瓣 6，舌状，长约 1.5mm，顶端
呈紫红色，雄蕊花丝合生成管状，长约 4mm，花药
长 3.5mm，药隔凸出所成的尖角状附属体与花药近
等长，退化雌蕊小，钻形；雌花外轮 3 萼片披针形，
长 2.2~2.5cm，宽约 6mm，内轮 3 萼片与雄花的内轮
萼片相似，蜜腺状花瓣与雄花的相似，退化雄蕊钻形，
长不及 1mm，心皮卵状棒形，柱头头状，偏斜。果
长圆体形，长 7~10cm，直径 3~5cm。种子近三角形，
长约 1cm，压扁，种皮深褐色至淡黑色。花期 3~4 月；
果期 6~10 月。

产地：七娘山、南澳（王国栋 78047）、葵涌、坪山、

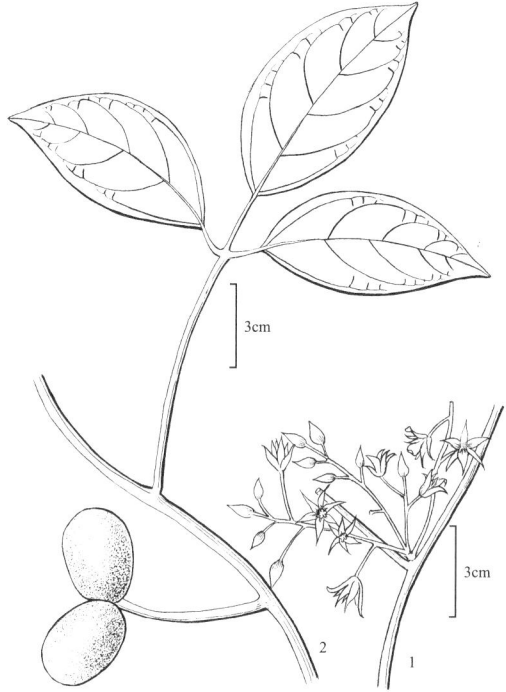

图 368 牛藤果 Stauntonia elliptica
1. 分枝的一段，示花序；2. 分枝的一段，示叶和果。（林
漫华绘）

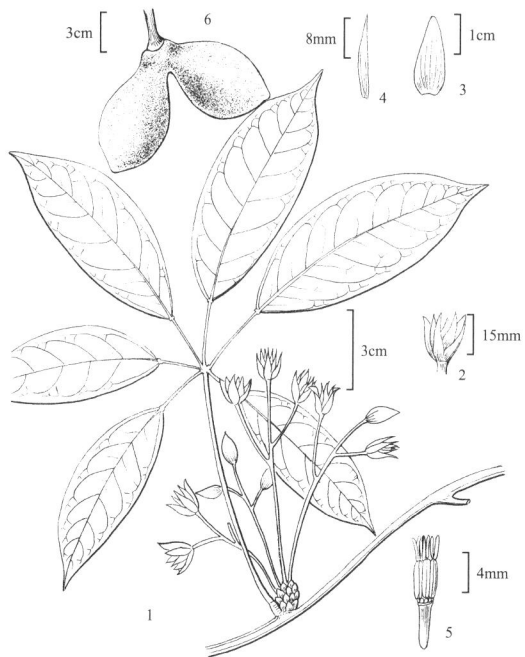

图 369 野木瓜 Stauntonia chinensis
1. 分枝的一段，示叶和花序；2. 花；3. 雄花的外轮萼片；
4. 雄花的内轮萼片；5. 雄蕊的花丝合生成管；6. 果。（林
漫华绘）

梅沙尖（深圳植物志采集队 013253）、沙头角（陈景方等 2333）。生于山地疏林或密林中，海拔 200~680m。

分布：安徽、浙江、江西、湖南、福建、广东、香港、澳门、海南、广西、贵州和云南。

用途：全株药用，民间记载有舒筋活络、镇痛排脓、解热利尿、通经导湿的作用，可用于治腋部生痈、膀胱炎、风湿骨痛、跌打损伤、水肿脚气等。

3. 倒卵叶野木瓜 Obovate-leaved Stauntonia 图 370
Stauntonia obovata Hemsl. in Hook. Icon. Pl. **29**: t. 2847. 1907.

木质藤本，全株无毛。茎和枝纤细，有条纹。掌状复叶有小叶 3~5（~6）；叶柄长 2~6（~8）cm；小叶叶柄长 0.5~2（~3）cm；小叶片革质，形状变化大，通常倒卵形，有时长圆形、宽椭圆形或倒披针形，侧生小叶叶片有时略偏斜，长 3.5~6（~11）cm，宽 1.5~3（~6）cm，基部楔形至宽楔形，边缘稍反卷，先端圆，有时急尖至渐尖，基出脉 3 条，侧脉每边 4~5 条，但不明显，下面无斑块。伞房状总状花序 2~3 簇生于叶腋，比叶短，长 3.5~7cm，着花少数；花序梗和花梗均纤细；苞片宿存；小苞片小，早落；花雌雄同株，淡白黄色；雄花萼片 6，2 轮，外轮 3 萼片狭披针形或卵状披针形，长 0.9~1cm，宽 2.5~4mm，边缘稍反卷，内轮 3 萼片条状披针形，长 8.5~9mm，宽 0.8~1mm，无花瓣，雄花雄蕊长 3.5~4mm，花丝合生成管状，管长约 2mm，花药分离，药隔顶端具小细尖的附属体，退化雌蕊小，藏于花丝管内；雌花萼片与雄花的相似，无花瓣，心皮 3，柱头小，头状，退化雄蕊 6，鳞片状，长不及 0.5mm。果椭圆体形或卵球形，长 4~5cm，干时褐黑色，果皮外面密生小疣点。种子卵状肾形至近三角形，略扁平，长 0.8~1cm，宽 5~6mm，种皮薄，淡褐黑色。花期 2~4 月；果期 9~11 月。

产地：七娘山（王国栋等 7039）、排牙山（王国栋等 7099）、三洲田、梅沙尖（王定跃 1522）。生于山坡林下、路旁或山顶，海拔 600~700m。

分布：江西、台湾、福建、湖南、广东、香港、广西和四川。

4. 三脉野木瓜 Trinerved Sauntonia 图 371 彩片 530
Sauntonia trinervia Merr. in Lingnan Sci. J. **13**: 24. 1934.

木质藤本。茎粗壮；枝条圆柱形，干时淡褐紫色，略有条纹。叶为掌状复叶，具小叶 3~5；叶柄长

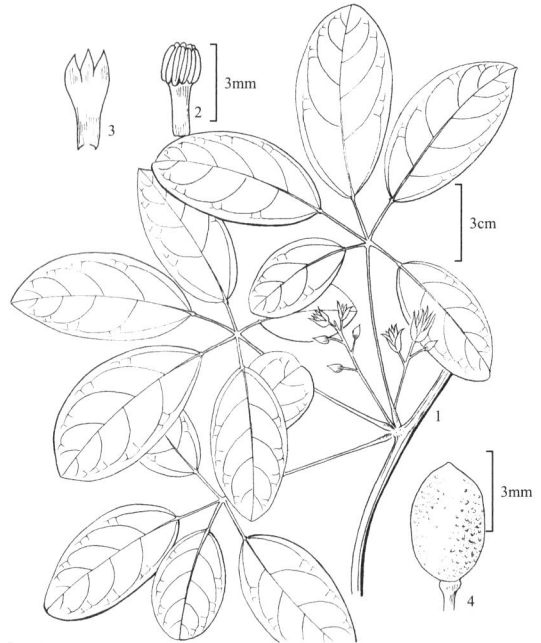

图 370 倒卵叶野木瓜 Stauntonia obovata
1. 分枝的一段，示叶及花序；2. 雄蕊；3. 花丝管展开，示退化雌蕊；4. 果。（林漫华绘）

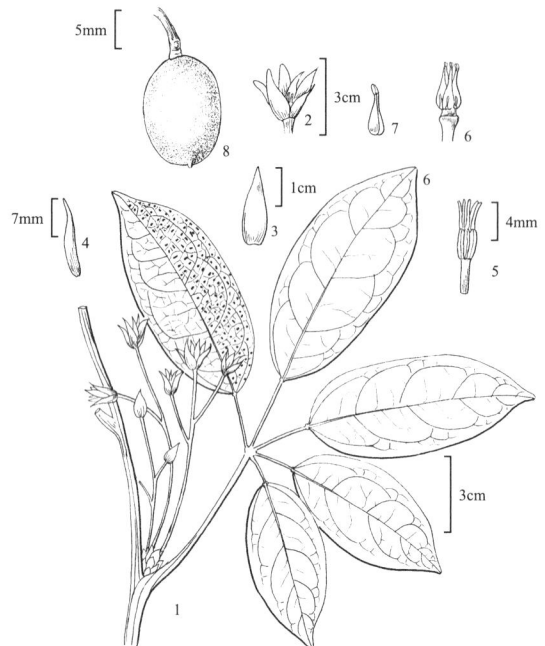

图 371 三脉野木瓜 Sauntonia trinervia
1. 分枝的一部分，示叶和花序；2. 雄花；3. 雄花的外轮萼片；4. 雄花的内轮萼片；5. 雄蕊；6. 退化雄蕊和雌蕊；7. 雌蕊；8. 果。（林漫华绘）

3~6cm；小叶柄长 1.5~4cm；小叶叶片革质，长圆形、倒卵状长圆形或椭圆形，长 7~10cm，宽 3~5cm，基部圆或微心形，边缘稍厚而背卷，先端圆、急尖而有小凸尖，下面浅绿色，密被褐色并杂有淡黄绿色的斑块，上面深绿色，疏被褐色斑块，基出脉 3 条，其中两侧基出脉纤细，中脉在下面凸起，在上面凹陷，侧脉每边 6~8 条，斜升至边缘前弯拱网结，在两面均凸起，网脉明显。伞房状总状花序腋生，长 4~6cm，着生少数花；花序梗长 1~2.5cm，基部具宿存的苞片；花雌雄异株；雄花花梗纤细，长约 1cm，萼片 6，排成 2 轮，深黄色，稍厚并稍肉质，外轮 3 枚萼片披针形至卵状披针形，长约 1.6cm，宽 4~5mm，先端钝，外面稍被微柔毛，内轮 3 萼片条状披针形，长约 1.6cm，宽约 2mm，外面无毛，有 3 纵纹，花瓣缺，雄蕊 6，花丝长约 4mm，合生成管状，花药长约 3mm，分离，药隔顶端具长约 4mm 的角状附属物，退化雌蕊 3，长约 1.3mm；雌花萼片与雄花的相似但稍大，外轮的长 1.8-2.5cm，无花瓣，心皮 3，卵状披针形，柱头偏斜。果长圆体形，长约 9cm，直径约 4.5cm，先端凸尖，未熟时绿色，成熟时变黄色，外面被白粉并密生小疣点。种子近三角形，长约 9mm，种皮淡黑褐色，有光泽。花期 4 月；果期 10 月。

产地：梧桐山（王国栋 6373）。生于山地水沟旁，海拔 300~350m。

分布：广东（增城、翁源和五华）。

35. 防己科 MENISPERMACEAE

王发国　邢福武

攀援或缠绕藤本，稀直立灌木或小乔木。根常有苦味，有时有肉质块根。茎有线纹，无刺，木质部常有辐射髓线。叶为单叶，互生，常螺旋状排列，稀具 3 小叶的复叶；常无托叶；叶柄两端肿胀；叶片通常不分裂，有时为掌状分裂，常为掌状脉，少羽状脉。花序腋生，有时生于老茎上，稀腋上生或顶生，通常为伞形状聚伞花序，稀退化为单花，或在盘状花托上密集成头状，再排列成聚伞圆锥花序、复伞形花序，或总状花序；苞片通常小，稀叶状；花小，通常有花梗，单性，雌雄异株，辐射对称，少为两侧对称；萼片通常 3 轮生，较少 2 或 4 萼片，极少退化为 1 萼片，有时螺旋状着生，分离，较少合生，覆瓦状或镊合状排列；花瓣通常 3 或 6，排成 1 或 2 轮，较少 2 或 4 花瓣，有时退化为 1 花瓣或无花瓣，通常分离，很少合生，覆瓦状或镊合状排列；雄蕊 6~8，稀 2 或多数，花丝分离或合生，有时雄蕊完全联合成聚药雄蕊，花药 1~2 室或假 4 室，药室纵裂或横裂，在雌花中有时有退化雄蕊；心皮 1~6，稀多数，分离，子房上位，通常一侧膨胀，花柱顶生，柱头分裂，稀不裂，胚珠 2，其中 1 胚珠败育，在雄花中有或无退化雌蕊。果为核果，外果皮膜质或革质，中果皮通常肉质，内果皮骨质或有时木质，稀革质，表面通常有各种皱纹，稀平滑，胎座迹半球形、球形或薄片状，有时不明显或无。种子通常弯，种皮薄，胚乳有或无，胚通常弯，胚根小，对着花柱残迹，子叶平并为叶状或厚而半圆柱状。

约 65 属 350 种，多分布于全世界的热带和亚热带地区，少数种分布于温带地区。我国有 19 属 77 余种。深圳有 7 属 9 种。

1. 雄蕊为聚药雄蕊。
  2. 花序通常为伞形状聚伞花序或复伞形聚伞花序，有时在盘状的花托上密集成头状，再排成复伞形聚伞花序或总状花序式 ·········· **1. 千金藤属 Stephania**
  2. 花序为聚伞花序，作圆锥花序式、总状花序式或穗状花序式排列 ·········· **2. 轮环藤属 Cyclea**
1. 雄蕊花丝分离或基部短合生。
  3. 花药药室横裂。
    4. 花瓣先端不裂 ·········· **3. 秤钩风属 Diploclisia**
    4. 花瓣先端 2 裂 ·········· **4. 木防己属 Cocculus**
  3. 花药药室纵裂。
    5. 花瓣基部两侧边缘不内折 ·········· **5. 夜花藤属 Hypserpa**
    5. 花瓣基部两侧边缘常内折，多少抱着花丝。
      6. 草质藤本；老枝有显著的皮孔 ·········· **6. 青牛胆属 Tinospora**
      6. 木质藤本；老枝无皮孔 ·········· **7. 细圆藤属 Pericampylus**

1. 千金藤属 Stephania Lour.

草质或木质藤本。根状茎通常块状，有时生于地面。枝有条纹，稍扭曲。单叶互生；叶柄长，两端肿胀；叶片盾状着生，三角形、卵形至近圆形，纸质，少为近革质，叶脉掌状。花序腋生或生于无叶茎上的叶腋，稀生于老茎上，常为伞形状聚伞花序或复伞形聚伞花序，有时在盘状的花序托上密集成头状再排成复伞形聚伞花序或总状花序式；花序梗不分枝或伞形状分枝；小聚伞花序有花 3~7，有梗或无梗；雄花：萼片排成 2 轮，少为 1 轮，每轮 3~4 萼片，等大或不等大，内凹，分离或偶有基部合生，花瓣 3~4，排成 1 轮，与内轮萼片互生，稀 2 轮或无花瓣，雄蕊 2~6，通常 4，合生成盾状的聚药雄蕊，花药 2~6，生于盾盘的边缘，横裂；雌花：花被辐射对称，萼片和花瓣各 1 轮，每轮 3~4，或不对称，有 1(~2) 萼片和 2(~3) 花瓣，无退化雄蕊；心皮 1，近卵球形，花柱极短，柱头浅裂或条裂而具叉开的裂片。果为核果，近球形，两侧稍扁，红色或橙红色，花柱残迹生于近基部，外果皮光滑，果核通常骨质，倒卵球形至倒卵状圆形，背部中肋两侧各有 1 或 2 行小横肋或柱形雕纹，胎座迹两面凹，有或无穿孔。种子马蹄形，有肉质的胚乳，子叶短于胚根或近相等。

约 60 种，分布于亚洲和非洲热带及亚热带地区，少数产于大洋洲。我国约产 37 种，产于长江流域及其以南各地。深圳有 2 种。

1. 叶片三角状卵形至坡针形，两面无毛 ·············
··· 1. **粪箕笃 S. longa**
1. 叶片宽三角形，有时三角状圆形，两面被短柔毛或仅下面被毛 ···············**2. 粉防己 S. tetrandra**

1. 粪箕笃 Long Stephania 图 372 彩片 531 532
Stephania longa Lour. Fl. Cochinch. **2**: 608. 1790.

草质藤本，长 1~4m 或更长。无块根。枝纤细，有条纹。叶柄长 1~4.5cm，基部常扭曲无毛；叶片纸质，盾状着生，三角状卵形至披针形，长 3~9cm，宽 2~6cm，基部近截形或微凹，有时微圆，先端钝，有小凸尖，两面无毛，下面淡绿色，有时粉绿色，上面深绿色；掌状脉 10~11 条。花序为复伞形状聚伞花序，腋生有 5~6 分枝，每个分枝的顶端生 1 头状花序；花序梗长 1~4cm；雄花序较纤细，被短硬毛；雄花萼片 8，偶有 6，排成 2 轮，楔形或倒卵形，长约 1mm，背面被乳头状短毛，花瓣常 4，有时 3，淡绿黄色，常圆形，长约 0.4mm，聚药雄蕊长约 0.6mm；雌花萼片和花瓣均为 4，少为 3，长约 0.6mm，子房无毛，柱头浅裂。核果阔倒卵球形，长 5~6mm，红色；果梗稍肉质；果核背部具 10 多行雕纹。花期 12 月至翌年 7 月；果期 6~10 月。

产地：七娘山、南澳、排牙山（张涛等 2315）、笔架山、盐田、梧桐山、仙湖植物园（李沛琼 007250）、梅林、羊台山和内伶仃岛。生于山谷沟边、林缘或海边，海拔 50~450m。

分布：福建、台湾、广东、香港、澳门、海南、广西和云南。

用途：全株入药，可清热利水。

2. 粉防己 Fourstamen Stephania 图 373
Stephania tetrandra S. Moore in J. Bot. **13**: 225. 1875

草质藤本，长 1~3m。块根肉质，圆柱形。枝有

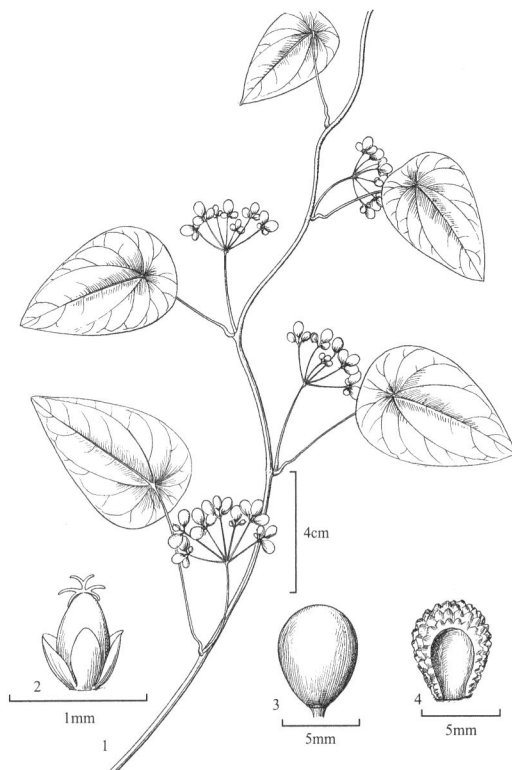

图 372 粪箕笃 Stephania longa
1. 分枝的一段，示叶和果序；2. 雌花；3. 核果；4. 果核。（李志民绘）

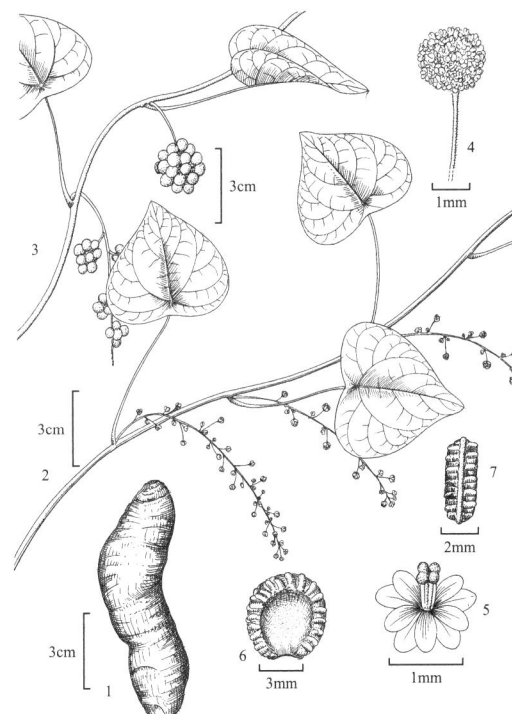

图 373 粉防己 Stephania tetrandra
1. 块根；2. 分枝的一部分，示叶和花序；3. 分枝的一部分，示叶和果序；4. 花序；5. 花；6. 核果；7. 核果侧面观。（李志民绘）

纵条纹。叶柄长 3~7cm；叶片纸质，盾状着生，宽三角形，有时三角状圆形，长 4~7cm，宽 5~8.5cm，两面被短柔毛或仅下面被毛，基部微凹或截形，先端有凸尖，掌状脉 9~10 条，较纤细，网脉甚密，明显。花序腋生，头状再排成总状花序式；苞片小或甚小；雄花：萼片 4 或有时 5，通常倒卵状椭圆形，连爪长约 0.8mm，有缘毛；花瓣 5，肉质，长约 0.6mm，边缘内折；聚药雄蕊长约 0.8mm，花药 4；雌花：萼片和花瓣均与雄花的相似。核果近球形，成熟时红色，果核直径约 5.5mm，背部鸡冠状隆起，两侧各有约 15 横肋。花期夏季；果期秋季。

产地：深圳市可能有分布，但尚未采到标本。仅据文献摘录此形态描述，以备参考。

分布：安徽、浙江、江西、福建、台湾、广东、香港、海南、广西、湖南和湖北。

用途：主根药用，有祛风除湿和利尿通淋的功效；含多种生物碱，其中粉防己碱（tetrandrina）对风湿关节炎和高血压等症有疗效。

2. 轮环藤属 Cyclea Arn. ex Wight

藤本。茎圆柱形，多分枝，枝纤细。单叶互生；叶柄常长；叶片盾状或近盾状着生，具掌状脉。聚伞花序作圆锥花序式、总状花序式或穗状花序式排列，通常狭窄，稀阔大而疏松，腋生、顶生或生于无叶老枝上；苞片小；雄花：萼片常 4~5（~6），通常合生，具 4~5 裂片，较少分离；花瓣 4~5，常合生，全缘或 4~8 裂，少分离，有时无花瓣；雄蕊 4 或 5，合生成盾状的聚药雄蕊，花药着生于盾盘的边缘，横裂；雌花：萼片 1~2；花瓣 1~2，与萼片彼此对生，着生于萼片的基部，少无花瓣，心皮 1，囊状球形或卵形，花柱很短，偏于一侧，柱头短，3 或多裂。果为核果，倒卵状球形至球形，两侧稍扁，花柱残迹近基生；果核骨质，具马蹄形腔室，背肋两侧有 2~3 列小瘤体，胎座迹常为 1~2 空腔，常于花柱残迹与果梗着生处之间穿一小孔。种子马蹄形，弯拱，有胚乳，胚圆柱形，镶嵌在胚乳中。

约 29 种，分于亚洲南部和东南部。我国约 13 种。深圳有 1 种。

粉叶轮环藤 Glaucous-leaved Cyclea   图 374
彩片 533 534 535

Cyclea hypoglauca（Schauer）Diels in Engler，Pflanzenr. **46**（IV. 94）：319. 1910.

Cissampelos hypoglauca Schauer in Nov. Actorum Acad. Caes. Leop. -Carol. Nat. Cur. **19**（Suppl. 1）：479. 1843.

藤本。老茎稍木质；嫩枝草质，小枝纤细，无毛。叶柄纤细，长 1.5~4cm；叶片明显盾状着生，纸质，卵状三角形至卵形，长 2.5~7cm，宽 1.5~5cm；基部截形至圆，边缘全缘，稍反卷，先端渐尖，上面光滑，下面粉绿色，两面无毛或下面有稀疏长柔毛，掌状脉 5~7 条，纤细，网脉甚不明显。花序腋生；雄花序为间断的穗状花序式，花序轴常不分枝，有时基部短分枝，纤细，无毛；苞片小，披针形，雄花：萼片 4 或 5，分离，排成 1 轮，倒卵形或倒卵状楔形，长 1~1.2mm，无毛；花瓣 4~5，通常合生成杯状，稀分离，长 0.5~1（~1.5）mm；聚药雄蕊稍伸出，长 1~1.2mm；雌花序为聚伞圆锥花序，花序轴稍粗壮，明显曲折，

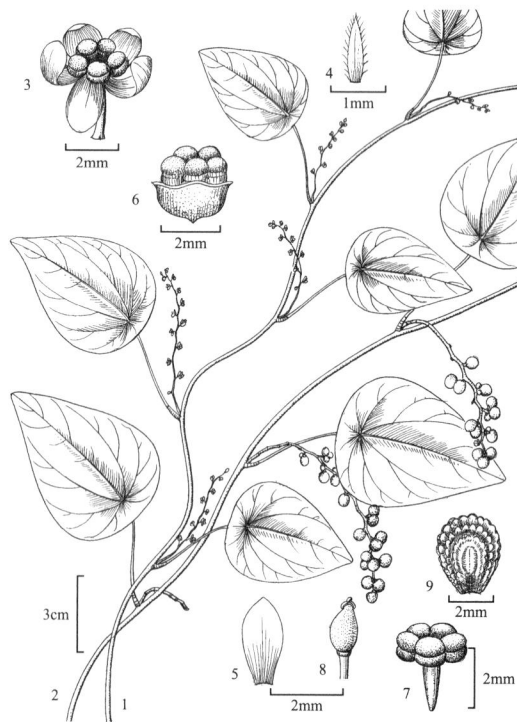

图 374 粉叶轮环藤 Cyclea hypoglauca
1. 分枝的一段，示叶和雄花序；2. 分枝的一段，示叶和果序；3. 雄花；4. 小苞片；5. 萼片；6. 除去花瓣的雄花，示花萼和聚药雄蕊；7. 聚药雄蕊；8. 雌蕊；9. 果核。（李志民绘）

长达 10cm；雌花萼片 2，近圆形，直径约 0.8mm，花瓣 2，不等大，大的一枚与萼片等长；子房无毛，柱头裂片粗厚。核果红色，无毛，果核长约 3.5mm，顶端近截形或稍凹缺，背面中肋两侧各有 3 行疣状小凸起，或有时围绕胎座迹的 1 列不明显，胎座迹不穿孔。花期 5~10 月；果期 7~11 月。

产地：七娘山（王国栋等 7308）、梧桐山（华农学生采集队 012493；张寿洲等 3662）。深圳市各地常见。生于路旁、疏林中或灌丛中，海拔 50~400m。

分布：江西、湖南、福建、广东、广东、香港、澳门、海南、广西、贵州和云南。越南（北部）。

用途：根入药称"金锁匙"，有清热解毒和利水的功效。

3. 秤钩风属 Diploclisia Miers

木质藤本。茎粗壮；枝通常下垂。单叶互生，具长柄；叶片基部着生至明显盾状着生，革质，具掌状脉。伞形聚伞花序在叶枝上腋上生，或圆锥花序生于无叶的老茎或老枝上；雄花萼片 6，排成 2 轮，干时常有黑色条纹，外轮萼片狭于内轮萼片，覆瓦状排列，花瓣 6，两侧有内折的小耳抱着对生的花丝，先端不分裂，雄蕊 6，花丝分离，上半部肥厚，花药近球形，药室横裂；雌花萼片与花瓣和雄花的相似，花瓣先端常 2 裂，退化雄蕊 6，花药很小，心皮 3，花柱粗短，柱头外弯，扁，边缘具牙齿。果为核果，倒卵形或狭倒卵形而弯，两侧扁，花柱残迹近基生，果核骨质，基部狭，背部有龙骨，两侧有很多小横肋状雕纹，胎座迹隔膜状。种子马蹄形，有少量胚乳，胚狭窄，子叶叶状，胚根短于子叶。

约 2 种，分布于亚洲热带地区。我国均产。深圳有 1 种。

苍白秤钩风 穿墙风 Glaucescent Diploclisia　　　　　　　　图 375　彩片 536　537

Diploclisia glaucescens（Blume）Diels in Engler, Pflanzenr. **46**（IV. 94）：225. 1910.

Cocculus glaucescens Blume, Bijdr. 25. 1825.

木质大藤本。茎长达 20m 或更长，直径达 10cm；枝淡褐色，有条纹，有 1 腋芽。叶疏离互生；叶柄长 3~11m，具纵条纹；叶片基生至明显盾状着生，薄革质，三角状圆形或阔卵状三角形，长 3~11.5cm，宽 3~12cm，基部截形、近圆形或略呈心形，先端急尖至圆，有小凸尖，下面常苍白色或淡绿色，两面被微柔毛至无毛，掌状脉通常 5 条。聚伞圆锥花序狭长，常几个至多数簇生于无叶的老茎或老枝上，长 10~30cm或更长，下垂；花亮黄色，稍有香气；雄花萼片卵状长圆形，长 1.5~2.5mm，外轮椭圆形，内轮阔椭圆形或阔椭圆状倒卵形，均有黑色网状斑纹，花瓣倒卵形或菱形，长 1~1.5mm，先端具短尖头或凹缺，雄蕊长约 2mm；雌花萼片和花瓣与雄花的相同，但花瓣先端 2 裂，退化雄蕊丝状，心皮长 1.5~2mm，子房半卵球形，柱头向外伸展呈唇形。核果淡黄红色，熟时红色，被白粉，狭长圆状倒卵形，长 1.2~2（~3）cm，基部弯。花期 4~5 月；果期 7~8 月。

产地：七娘山（邢福武等 10412，IBSC）、南澳、笔架山（华农仙湖采集队 639；张寿洲等 1061）、盐田（李沛琼 1681）、小梅沙、梅沙尖、羊台山。生于林中或山坡林缘，海拔 45~700m。

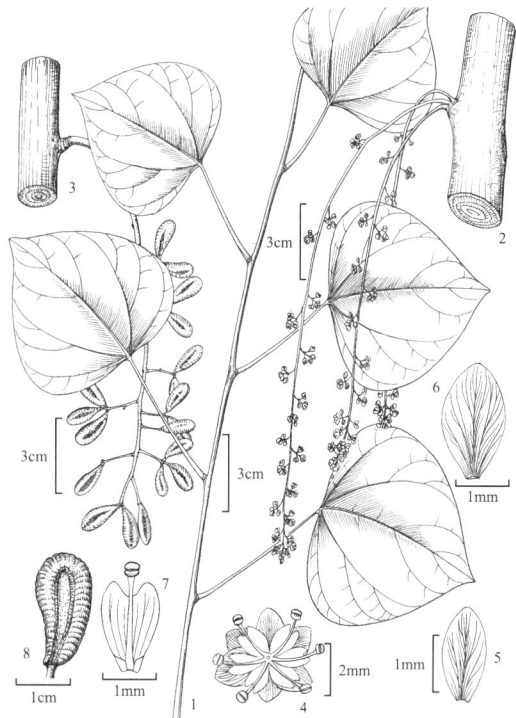

图 375 苍白秤钩风 Diploclisia glaucescens
1. 分枝的一段，示叶；2. 老茎的一段，示花序；3. 老茎的一段，示果序；4. 雄花；5. 外轮萼片；6. 内轮萼片；7. 花瓣和雄蕊；8. 果核。（李志民绘）

分布：广东、香港、澳门、海南、广西和云南。印度、斯里兰卡、缅甸、泰国、菲律宾、印度尼西亚和巴布亚新几内亚。

4. 木防己属 Cocculus DC.

木质藤本、直立灌木或小乔木。茎圆柱形，多分枝。单叶互生；叶柄长或短；叶片基生，边缘全缘或分裂，具掌状脉。花序为聚伞花序或聚伞圆锥花序，腋生或顶生；雄花：萼片6或9，排成2或3轮，外轮较小，内轮较大而内凹，覆瓦状排列；花瓣6，基部两侧常内折，呈耳状，抱着花丝，先端2裂，裂片叉开；雄蕊6或9，花丝分离，药室横裂；雌花：萼片和花瓣均与雄花的相似；退化雄蕊6或无；心皮3或6，花柱柱状，向外平展，位于花柱腹侧之上部，柱头外弯。核果倒卵球形或近球形，稍扁，花柱残迹近基生，果核骨质，马蹄形，背肋两侧有小横肋状雕纹，胎座迹具2个明显的侧生的空腔，每个空腔具1大的萌发孔。种子马蹄形，有少量胚乳，胚具短胚根，子叶扁平，条形。

约8种。广布于北美洲、中美洲、非洲和亚洲东部、东南部、南部及太平洋岛屿。我国有2种。深圳有1种。

木防己 Snail-seed 图 376 彩片 358

Cocculus orbiculatus（L.）DC. Syst. Nat. **1**：523. 1817.

Menispermum orbiculatum L. Sp. Pl. 1：341. 1753.

Cocculus trilobus（Thunb.）DC. Syst. Nat. **1**：522. 1818；海南植物志 **1**：321. 1964.

木质藤本。小枝密被柔毛，老枝近无毛，有条纹。叶柄长0.6-3cm，被淡白色绒毛或短柔毛；叶片纸质或近革质，形状变化大，条状披针形至阔卵状近圆形、狭椭圆形、近圆形、倒披针形至倒心形，长3~8(~10)cm，宽1.5~5(~6)cm，基部圆至截形，偶有宽截形或浅心形，边缘全缘或3裂，有时掌状5裂，先端短尖或钝而有小凸尖，有时凹缺或2裂，两面被密柔毛或仅下面被疏柔毛，掌状脉3条，少5条，在下面微凸起。聚伞花序少花，腋生或多花排成顶生或腋生的狭窄聚伞圆锥花序，长达10cm或更长；花序轴和花梗被柔毛；雄花：小苞片1或2，贴于萼片上，外面被微柔毛；萼片6，外轮3萼片卵形，长1~1.8mm，内轮3萼片宽椭圆形至圆形，有时倒卵形，长达2.5mm或稍长，两面无毛；花瓣6，倒披针形，长1~2mm，基部边缘内折抱着对生的花丝，先端2裂，裂片渐尖至短尖，雄蕊6，比花瓣短；雌花：萼片和花瓣与雄花的相同；退化雄蕊6，小，心皮6，无毛，子房半球形。核果近球形，红色至紫红色，直径7~8mm，果核骨质，直径5~6mm，背部具小横肋状雕纹。花期4~9月；果期5~11月。

产地：西涌、七娘山（邢福武等 11832，IBSC）、南澳（张寿洲等 1890）、排牙山（张寿洲等 2317）、葵涌、盐田（张寿洲等 3085）、梅沙尖、沙头角、梧桐山、仙湖植物园和羊台山。生于山地路旁、疏林中或海边灌丛中，海拔50~600m。

分布：河南、山东、安徽、江苏、浙江、台湾、福建、广东、香港、澳门、海南、广西、湖南、湖北、贵州、云南、四川和陕西。日本、马来西亚、菲律宾和印度尼西亚。印度洋岛屿（毛里求斯和留尼汪岛）和太平洋

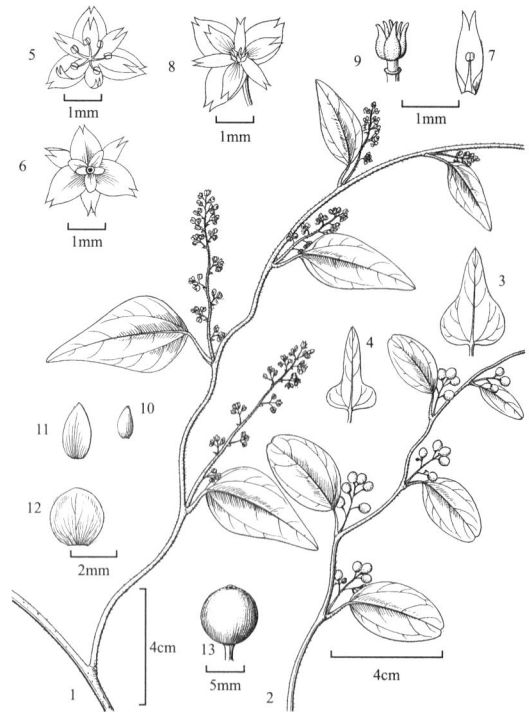

图 376 木防己 Cocculus orbiculatus
1. 分枝的一段，示叶和花序；2. 分枝的一段，示叶和果序；3~4. 不同形态的叶片；5. 雄花；6. 雄花下面观；7. 雄花的花瓣和雄蕊；8. 雌花；9. 雌蕊群；10. 雄花的小苞片；11. 雄花外轮萼片；12. 雄花内轮萼片；13. 核果。（李志民绘）

岛屿（夏威夷）均有引种。

5. 夜花藤属 Hypserpa Miers

木质藤本。茎或小枝嫩时顶端有时延长成卷须状。单叶互生，具叶柄；叶片基生，非盾状着生，边缘全缘，掌状脉常 3 条，稀 5~7 条。聚伞圆锥花序腋生，通常短小；雄花：萼片 7~12，螺旋状排列，覆瓦状，外面的萼片较小，苞片状，向内的萼片较大，具膜质边缘；花瓣 4~5，肉质，常倒卵形或匙形，基部两侧不内折，有时无，雄蕊 5~10 或更多，花丝分离或基部短合生，顶端膨大，花药药室纵裂；雌花：萼片、花瓣和雄花的相似；退化雄蕊缺或不完整；心皮（1~）2~3（~6），花柱短，柱头全缘或 3 裂，裂片外弯。核果倒卵球形或近球形，花柱残迹近基生，果核骨质，弯曲，外面有放射状排列的小横肋状皱纹，胎座迹具 2 侧生的空腔，每个空腔具 1 萌发孔或无萌发孔。种子具丰富的胚乳，胚圆柱形，几乎弯成环形，镶嵌在胚乳中，胚根与子叶近等长或较长。

约 6 种，分布于亚洲南部和东南部至太平洋岛屿和澳大利亚。我国只有 1 种。深圳也产。

夜花藤 Shining Hypserpa　　图 377　彩片 539　540

Hypserpa nitida Miers in J. Bot. Kew Gard. Misc. 3：258. 1851.

木质藤本，长达 10m 或更长。嫩枝常曲折，被黄色的短柔毛，老枝灰褐色，几无毛，有条纹。叶柄长 0.5~2cm，被柔毛或近无毛；叶片纸质至革质，卵形、长圆状卵形至长圆状披针形，少为椭圆形或阔椭圆形，长 2.5~10（~12）cm，宽 1.5~5（~7）cm，基部钝或圆，有时阔楔形，先端短尖至渐尖，具小凸尖或稍钝，常两面无毛，有时沿脉上被柔毛，上面常光亮，基出脉 3 条，侧脉和网脉均纤细而明显。雄花序为聚伞圆锥花序，长 1~2cm，稀更长，有花 3~5，稀具多花，被短柔毛；雄花：萼片 7~11，外面的萼片小并为小苞片状，长 0.5~0.8mm，外面被微柔毛，内面萼片 4~5，较大，倒卵形、宽卵形至卵形，长 1.5~2.5mm，有缘毛；花瓣 4~5，近倒卵形，长 1~1.2mm；雄蕊 5~10，花丝分离或基部稍合生，顶端稍膨大，长 1~1.5mm；雌花序有花 1~2，常单个腋生；雌花：萼片和花瓣与雄花的相似；心皮 2，子房半球形或近椭圆形，长 0.8~1mm，无毛。核果成熟时黄色或橙黄色，近球状，稍扁，直径 0.7~1cm，果核倒卵球形，长 5~6mm，背部两侧略凹凸不平。花期 5~7 月；果期 6~11 月。

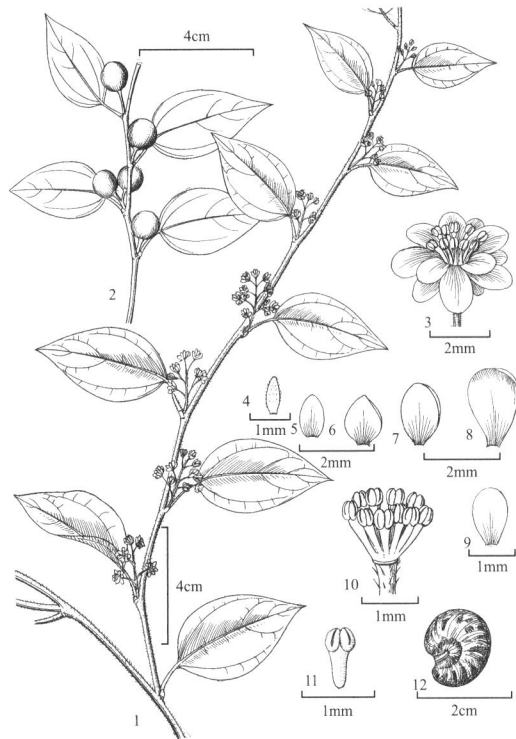

图 377 夜花藤 Hypserpa nitida
1. 分枝的一段，示叶和雄花序；2. 分枝的一段，示叶和果；3. 雄花；4~8. 不同形态的萼片；9. 花瓣；10. 雄蕊群；11. 雄蕊；12. 果核。（李志民绘）

产地：东涌（邢福武等 11062，IBSC）、七娘山（张寿洲等 1566）、盐田（王定跃 1484）、梧桐山（深圳考察队 2003）。深圳市各地常见。生于林中、林缘或海边灌丛中，海拔 50~450m。

分布：福建、广东、香港、澳门、海南、广西和云南。印度、孟加拉国、斯里兰卡、缅甸、泰国、老挝、马来西亚、菲律宾和印度尼西亚。

用途：根可入药，有凉血、止痛、利尿等功效。

6. 青牛胆属 Tinospora Miers

落叶或常绿草质藤本。通常具明显的气生根。茎圆柱形；老枝具显著的皮孔。单叶互生，具长柄；叶片基生，基部心形，有时箭形或戟形，边缘全缘，叶脉掌状。花序为总状花序、聚伞花序或圆锥花序，单个或几个簇生，腋生或生于无叶的老茎或老枝上；雄花：萼片通常6，有时更多或较少，排成2轮，分离，覆瓦状排列，外面3萼片常明显较小，膜质；花瓣6，少为3，较萼片小，基部具爪，两侧边缘常内折，多少抱着花丝；雄蕊6，花丝分离或基部短合生，花药外向，药室纵裂而稍偏斜；雌花：萼片和花瓣与雄花的相似，但花瓣通常较小；退化雄蕊6，与子房基部贴生，心皮3，弯椭圆体形，花柱短，扁而肥厚，柱头反折，短，盾形，边缘深波状或条裂。核果1~3，具短柄，近球形或椭圆体形，柱头残迹近顶生，果核骨质，马蹄形，背面隆起，具龙骨状凸起，有时具小疣状凸起，腹面近平坦，胎座迹阔，中央具1球形的腔，有圆形或椭圆形的萌发孔。种子半月形，腹面凹陷，有嚼烂状胚乳，子叶叶状，卵形，极薄，长于胚根。

约30余种，广布于亚洲热带和亚热带地至澳大利亚、太平洋岛屿和非洲及马达加斯加。我国有6种2变种。深圳有2种。

1. 叶片披针状箭形或披针状戟形，两面无毛或仅下面脉上被毛；块根念珠状 ····················· 1. **青牛胆 T. sagittata**
1. 叶片宽卵形至近圆形，基部心形，下面被绒毛，上面被微柔毛；块根非念珠状 ········· 2. **中华青牛胆 T. sinensis**

1. 青牛胆 山慈姑 Arrow-shaped Tinospora   图 378

Tinospora sagittata（Oliv.）Gagnep. in Bull. Soc. Bot. France **55**：45-46. 1908.

Limacia sagittata Oliv. in Hooker's Icon. Pl. **18**（2）：t. 1749. 1888.

常绿草质藤本，长1~2m或稍长。块根膨大呈念珠状，膨大部分常为不规则球形，坚硬，黄色。茎纤细，有纵条纹，常被柔毛。叶疏离互生；叶柄长2.5~6cm，有条纹，被柔毛或近无毛，基部稍肿胀而膝曲；叶片纸质至薄革质，披针状箭形或披针状戟形，稀卵状或椭圆状戟形，长6~15（~22）cm或更长，宽2~7.5cm，基部弯缺通常很深，箭形或近戟形，基部裂片圆、钝或短尖，有时内弯以至二裂片几重叠，先端急尖或渐尖，有时尾状，两面无毛或上面无毛，仅下面掌状脉上被短硬毛，掌状脉5条，与网脉在下面均凸起。聚伞花序常多个簇生于叶腋，或有分枝成疏花的假圆锥花序，长2~10（~15）cm，或更长；花序梗和花梗丝状；小苞片2，紧贴萼片；雄花萼片6，有时更多，通常不相等，外轮萼片小，卵形或披针形，长1~2mm，内轮萼片较大，椭圆形至宽椭圆形、倒卵形至宽倒卵形或狭披针形至狭长圆状披针形，长达5mm；花瓣6，稍肉质，近圆形或宽倒卵形，稀菱形，常具爪，基部边缘反折，长1.4~2mm，雄蕊6，长1.5~2mm；雌花：萼片与雄花萼片相似；花瓣楔形，比雄花的花瓣小；退化雄蕊6，常棒状，长约0.5mm；心皮3，近无毛，柱头边缘的小裂片乳头状。核果半球形，红色或淡黄色，直径6~8cm，果核骨质，长和宽均为5~8mm，背部具龙骨状凸起，平滑或散生小疣状凸起，内面萌发孔大，宽椭圆形，胎座迹明显。花期4~5月；果期

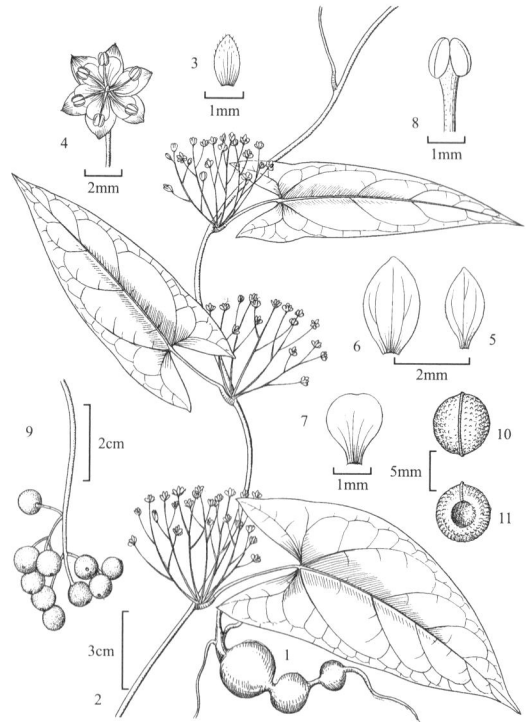

图 378 青牛胆 Tinospora sagittata
1. 块根；2. 分枝的一段，示叶和花序；3. 小苞片；4. 雄花；5. 外轮萼片；6. 内轮萼片；7. 花瓣；8. 雄蕊；9. 果序；10. 果核；11. 果核底面。（李志民绘）

7~8 月。

产地：南澳（邢福武等 SF36，IBSC）、梧桐山（张寿洲等 1145）、内伶仃岛。少见，生于林缘及草地。

分布：江西、福建、广东、香港、澳门、海南、广西、湖南、湖北、贵州、云南、西藏、四川、陕西和山西。越南北部。

用途：块根入药，名"金果榄"，有清热解毒的功效。

2. 中华青牛胆 Chinese Tinospora　　　　　　　　图 379　彩片 541

Tinospora sinensis（Lour.）Merr. in Sunyatsenia 1（4）：193. 1934.

Campylus sinensis Lour. Fl. Cochinch. **1**：113. 1790.

落叶藤本，长达 20m 或更长。块茎不为念珠状。茎枝肥厚，通常具很长的气根，嫩枝绿色，有条纹，被柔毛，老枝无毛，黑褐色，具淡褐色、凸出的皮孔。叶柄长（4~）6~13cm，被微柔毛；叶片纸质，阔卵形至近圆形，长 7~14cm，宽 5~13cm，基部浅心形至深心形，弯缺，基部裂片常圆，边缘全缘，先端急尖，下面被绒毛，上面被微柔毛，掌状脉 5~7 条，中脉每边有侧脉 1~2 条，在下面微凸起。总状花序先于叶抽出；雄花序长 1~4cm 或更长，单生或有时数个簇生；雄花：萼片 6，排成 2 轮，外轮 3 萼片长圆形或近椭圆形，长 1~1.5mm，内轮 3 萼片阔卵形，较大，长达 5mm，宽约 3mm；花瓣 6，近菱形，长约 2mm，具爪，爪长约 1mm；雄蕊 6，花丝长约 4mm；雌花序单生；雌花萼片和花瓣与雄花的相似，退化雄蕊 6，长药 1mm；心皮 3。果序梗长 0.8~1.1（~1.5）cm；果梗长 2~3mm；核果近球形，鲜红色，长约 1cm；果核半卵球形至半球形，长 7~9mm，宽约 6mm，背面有宽龙骨状凸起和小疣状凸起，内面萌发孔椭圆形，长约 1mm。花期 3~4 月；果期 5~6 月。

产地：七娘山（邢福武等 12454，IBSC）、梧桐山（王国栋等 6425）、内伶仃岛（李沛琼 2065）。生于山地密林水旁、山坡灌丛中或林缘，海拔 30~200m。

分布：广东、香港、澳门、广西和云南。印度、斯里兰卡、尼泊尔、泰国、柬埔寨和越南。

用途：茎入药，通称"宽筋藤"，有舒筋活络和祛风止痛的功效。

图 379 中华青牛胆 Tinospora sinensis
1. 分枝的一段，示其上的叶；2. 老枝的一段，示其上的皮孔；3. 分枝的一段，示其上的皮孔和果序；4. 果核。（李志民绘）

7. 细圆藤属 Pericampylus Miers

木质藤本。茎圆柱形；老枝无皮孔，小枝柔细，常下垂。单叶互生，具长柄；叶片基生，或稍呈盾状着生，边缘全缘，具 3~7 条掌状脉。聚伞花序作复圆锥花序式排列，腋生，单生或 2~3 个簇生；雄花序 2~3 个簇生；雄花：萼片 9，排成 3 轮，外轮 3 萼片较小，苞片状，内轮 6 萼片较大而内凹，覆瓦状排列，花瓣 6，楔形或菱状倒卵形，两侧边缘内折而抱着花丝，雄蕊 6，花丝分离或基部合生，花药药室纵裂，雌花序单生或双生；雌花：萼片和花瓣与雄花的相似，退化雄蕊 6，丝状，心皮 3 或 2，花柱短，柱头外折，深 2 裂或二回二歧分叉。核果近球状，两侧稍扁，花柱残迹生于近基部，果核骨质，阔卵形至圆形，弯曲，两面中部平坦，背部具疣状或刺状凸起，胎座迹隔膜状，无萌发孔。种子马蹄形，具丰富的胚乳，胚伸长或很窄，镶嵌于胚乳中，子叶圆柱形，短于胚根。

约 2 种，产于亚洲热带及亚热带地区。我国有 1 种。深圳也产。

细圆藤 猪菜藤 Pericampylus 图 380 彩片 542

Pericampylus glaucus(Lam.)Merr. Interpr. Herb. Amboin. 219. 1917.

Menispermum glaucum Lam. Encycl. **4**：100. 1797.

木质大藤本，长达 10m 或更长。老茎几无毛，嫩茎和嫩枝通常长而下垂，被淡黄色绒毛，老渐无毛，有条纹。叶柄长 3~7cm，被绒毛；叶片纸质至薄革质，三角状卵形至三角状长圆形，长和宽均为 3.5~8(~10)cm，基部近截形至心形，稀宽楔形，边缘具圆齿或近全缘，先端钝或圆，稀具小凸尖，两面被绒毛或上面疏被短柔毛至几无毛，掌状脉 3~5 条，网状小脉较明显。聚伞花序伞房状，长 2~10cm，被绒毛；雄花序常 2~3 个簇生；雄花萼片 9，背面多少被短柔毛，外轮 3 萼片较短而狭，长约 0.5mm，中轮 3 萼片倒披针形，长 1~1.5mm，内轮 3 萼片稍阔；花瓣 6，楔形或匙形，长 0.5~0.7mm，边缘内卷，先端近截形；雄蕊 6，长约 0.75mm，花丝分离或基部合生；雌花序单生或有时双生；雌花：花萼和花瓣与雄花的相似，退化雄蕊 6，子房长 0.5~0.7mm，柱头深 2 裂。核果近球状，鲜红色或紫色；果核直径 5~6mm。花期 4~6 月；果期 5~10 月。

产地：西涌（张寿洲等 0962）、七娘山、南澳（张寿洲等 2083）、排牙山、笔架山、田心山、三洲田、盐田、梧桐山（张寿洲等 1133）、仙湖植物园。生于林缘或灌丛中，海拔 50~700m。

分布：浙江、江西、台湾、福建、广东、香港、海南、广西、湖南、贵州、云南和四川。印度、缅甸、泰国、老挝、越南、马来西亚、菲律宾和印度尼西亚。

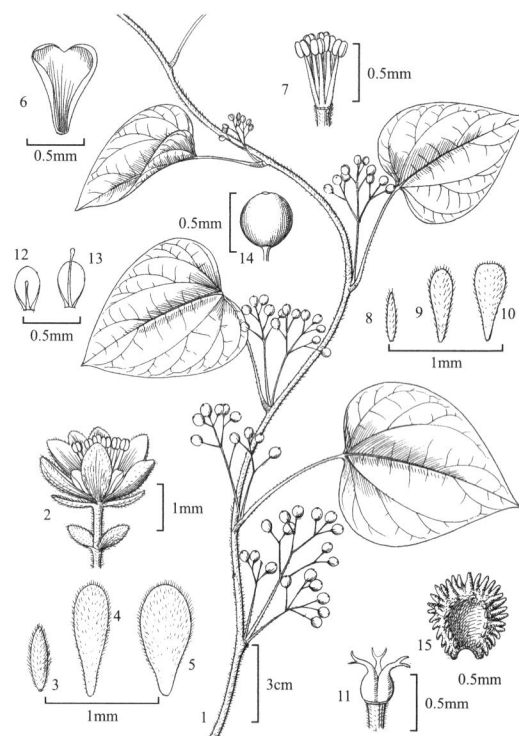

图 380 细圆藤 Pericampylus glaucus
1. 分枝的一段，示叶和果序；2. 雄花；3. 雄花外轮萼片；
4. 雄花中轮萼片；5. 雄花内轮萼片；6. 雄花花瓣；7. 雄蕊群；8. 雌花外轮萼片；9. 雌花中轮萼片；10. 雌花内轮萼片；
11. 雌蕊；12~13. 雌花的花瓣和退化雄蕊；14. 果；15. 果核。
（李志民绘）

37. 清风藤科 SABIACEAE

王发国　邢福武

乔木或灌木，有时为攀援状木质藤本，常绿或落叶。叶互生，单叶或羽状复叶；托叶无。花两性或杂性，两侧对称或辐射对称，常组成腋生或顶生的聚伞花序或圆锥花序，有时单生；萼片 5，少为 3~4，分离或基部合生，覆瓦状排列，大小相等或不相等；花瓣 5，稀 4 或 6，覆瓦状排列，内面 2 花瓣常比外面的 3 花瓣小，有时大小相等；雄蕊 5 或稀 4，与花瓣对生，着生在花瓣的基部或花盘的基部或分离，全部发育或外面 3 雄蕊不发育而变为退化雄蕊，花丝稍粗扁，条形，分离，花药内向或外向，2 室，具厚而狭的药隔；花盘小，杯状或环状；雌蕊由 2 或稀 3 合生心皮组成，子房上位，无柄，常 2 室，少为 3 室，中轴胎座，每室有半倒生胚珠 2 或 1，花柱多少合生。果为分果或核果，通常由 1 或稀 2 成熟心皮组成，1 室，稀 2 室。种子单生，无胚乳，或有极薄的胚乳，胚有折叠的子叶和弯曲的胚根。

3 属约 100 余种，主要分布于亚洲和美洲的热带地区，少数种分布于亚洲东部温带地区。我国有 2 属约 45 种。深圳有 2 属 6 种。

1. 攀援木质藤本或灌木；单叶；花单生或组成聚伞花序，有时再排列呈圆锥花序；雄蕊 4~6 枚，全部发育 ······ ·· 1. **清风藤属 Sabia**
1. 直立灌木或乔木；单叶或羽状复叶；花排列为圆锥花序；雄蕊 5 枚，仅 2 枚发育 ········ 2. **泡花树属 Meliosma**

1. 清风藤属 Sabia Colebr.

落叶或常绿攀援木质藤本或灌木。冬芽小，小枝基部有宿存的芽鳞。叶为单叶，具柄，全缘，羽状脉。花小，两性，很少杂性，辐射对称，单生于叶腋或组成腋生的聚伞花序，有时再排列呈圆锥花序式；萼片(4~)5，基部合生，宿存；花瓣绿色、白色或黄色，常为 5，稀 4 或 6，比萼片长，且与其近对生，宿存或脱落；雄蕊 5，稀 4 或 6，着生在花瓣基部或花盘基部，全部发育，花丝稍粗扁，呈狭条状，或细长而呈条状，或上端膨大成棒状，花药内向或外向，圆形或长圆形，直立或内折；子房 2 室，每室具 2 半倒生胚珠，基部为 5 裂的花盘所围绕，花柱 2，合生，柱头小，顶生。果为分果，由 2 心皮长成 2 分果瓣，通常仅有 1 果瓣发育，近基部有宿存的花柱，外果皮稍肉质，中果皮肉质，白色、红色或蓝色，较薄，内果皮(核)脆壳质而有网纹，有种子 1~2。种子近肾形，种皮革质，有斑点，子叶扁平，胚弯曲。

约 30 种，分布于亚洲南部及东南部。我国产 17 种。深圳有 2 种。

1. 小枝、叶柄、花序和叶背均被短柔毛；花组成聚伞花序；花瓣先端渐尖 ·················· 1. **尖叶清风藤 S. swinhoei**
1. 小枝、叶柄、花序和叶背均无毛；花组成聚伞花序再排列成圆锥花序；花瓣顶端圆 ················ ·· 2. **柠檬清风藤 S. limoniacea**

1. 尖叶清风藤 Sharpleaf Sabia　　　　　　　　　　　图 381　彩片 543
Sabia swinhoei Hemsl. ex Forb. & Hemsl. in J. Linn. Soc., Bot. 23(153): 144. 1886.
Sabia. swinhoei Hemsl. ex Forb. & Hemsl. var. *hainanensis* L. Chen in Sargentia 3: 45. 1943; 海南植物志 3: 93. 1974.

常绿攀援木质藤本，长达 8m。小枝纤细，被短柔毛；芽鳞被短柔毛并有缘毛。叶柄长 3~5(~10)mm，被短柔毛；叶片椭圆形、卵状椭圆形、卵形或宽卵形，纸质或薄革质，长 8~13cm，宽 2.5~5cm，基部楔形或圆，先端渐尖、尾状尖或钝至圆，下面被短柔毛或仅在脉上有柔毛，上面除嫩时中脉被毛外其余无毛，侧脉每边 4~6 条，直而远离叶缘 5~8mm 处弯拱向上环绕，网脉稀疏。聚伞花序腋生，长 1.5~2.5cm，有花 2~7，疏被长柔毛；花序梗长 0.7~1.5cm；花梗纤细，长 2~4mm；萼片 5，卵形或狭三角形，长 1~1.5mm，外面疏被柔毛，有不明显的红色腺点，有时有缘毛；花瓣 5，白色、浅绿色、黄色或紫色，卵状披针形或披针形，长 3.5~6mm，宽 1~1.5mm，具 5 条脉，先端渐尖；雄蕊 5，着生在花盘外面基部，长 1~1.6mm，花丝稍扁，通常内折，花药内向开裂；花盘浅杯状，顶端 5 裂；子房卵圆形，无毛，花柱长 0.5~1mm。分果绿色至红色或深蓝色，近球形或倒卵球形，长 7~9mm，宽 6~8mm，基部偏斜，内果皮（核）具不明显的中肋，有蜂窝状的凹穴。花期 3~4 月；果期 7~9 月。

产地：梧桐山（深圳植物志采集队 013435，013436；张寿洲等 1176）。生于山坡灌丛或山谷林间或林缘，海拔 600~850m。

分布：江苏、浙江、江西、福建、台湾、广东、香港、海南、广西、湖南、湖北、贵州和云南。越南北部。

2. 柠檬清风藤 Sabia   图 382   彩片 544   545

Sabia limoniacea Wall. ex J. D. Hook. & Thoms. Fl. Ind. **1**: 210. 1855.

Sabia limoniacea Wall. ex J. D. Hook. & Thoms. var. *ardisioides*（Hook. & Arn.）L. Chen in Sargentia **3**: 58. 1943；海南植物志 **3**: 93，图 590. 1974；广东植物志 **1**: 262. 1987.

常绿攀援木质藤本，长达 10m。除花序外，全株无毛。嫩枝绿色，老枝褐色，具线纹。叶柄长 1.5~2.5cm；叶片革质，椭圆形、长圆形或卵状椭圆形，长 5.5~17.5cm，宽 1.6~8cm；基部阔楔形或圆钝，稍下延，边缘稍背卷，先端急尖至短渐尖，侧脉每边 6~7 条，纤细，与网脉均于腹面不明显，于背面凸起。聚伞花序有花 2~4，通常再组成腋生、长 5~14cm 的窄圆锥花序，多少被柔毛，基部有时具 1 叶状苞片；花小，直径约 4mm，芳香；花梗长 1~3mm，基部有时有 1 小苞片；萼片 5，卵形或椭圆状卵形，长 0.5~1mm，顶端急尖至钝，外面无毛，边缘有缘毛；花瓣 5，淡绿色、黄绿色、淡红色或白色，倒卵形或椭圆状卵形，长 1.5~2mm，具 5~7 脉，顶端圆，外面无毛，边缘具缘毛；雄蕊 5，长约 1mm，花丝稍扁平，花药内向开裂；花盘杯状，顶端 5 裂；子房圆锥形，无毛。分果球形至倒卵状扁球形，长 1~1.7cm，红色、粉红色或蓝黑色，无毛，内果皮（核）具不明显的中肋，有蜂窝状的凹穴。花期 8~11 月；果期翌年 4~5 月。

产地：七娘山、南澳（王国栋等 7701）、排牙山（王

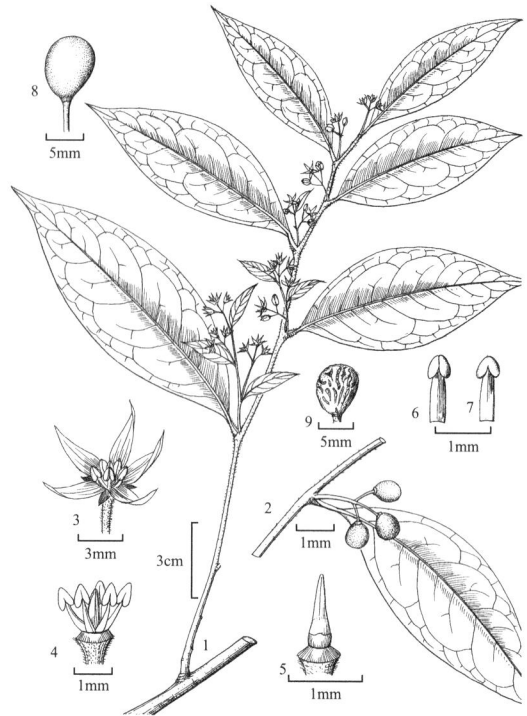

图 381 尖叶清风藤 Sabia swinhoei
1. 分枝的一段，示叶和花序；2. 分枝的一段，示叶和果序；3. 花；4. 除去花被，示花托、雄蕊和雌蕊；5. 除去花被，示花托、花盘和雌蕊；6. 雄蕊腹面；7. 雄蕊背面；8. 核果；9. 种子。（李志民绘）

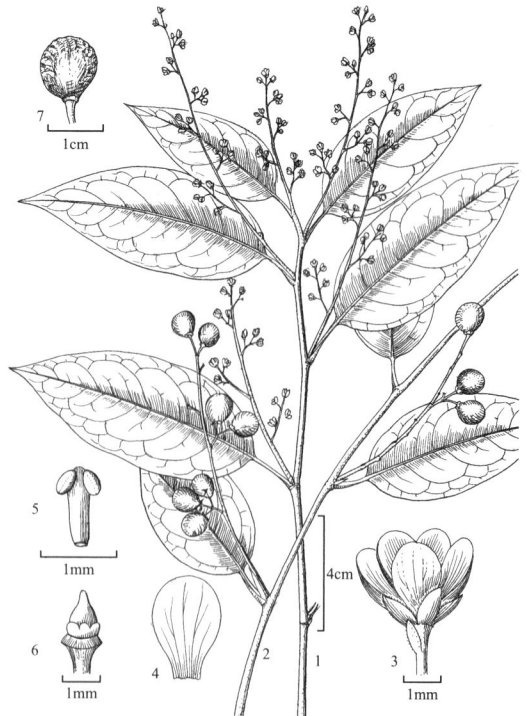

图 382 柠檬清风藤 Sabia limoniacea
1. 分枝的一段，示叶和花序；2. 分枝的一段，示叶和果序；3. 花；4. 花瓣；5. 雄蕊；6. 除去花被，示花托、花盘和雌蕊；7. 核果。（李志民绘）

国栋等 6887)、笔架山、田心山（张寿洲等 4691）、盐田、梧桐山。生于山地林缘、山谷林中,攀援于树上或灌丛中,海拔 100~600m。

分布:福建、广东、香港、海南、广西和云南(西南部)。印度北部、孟加拉国、缅甸、泰国、马来西亚和印度尼西亚。

2. 泡花树属 Meliosma Blume

乔木或直立灌木,常绿或落叶。芽裸露,被褐色绒毛。叶为单叶或奇数羽状复叶,互生,如为奇数羽状复叶则小叶近对生;叶柄基部通常粗厚;叶片和小叶片边缘全缘或有锯齿,具羽状脉。花小,两性或杂性,具短梗或无梗,组成顶生或腋生、多花的圆锥花序;萼片 4~5,覆瓦状排列,其下部常有紧贴的小苞片;花瓣 5,膜质,大小不相等,外面 3 花瓣较大,常近圆形或肾形,凹陷,覆瓦状排列,内面 2 花瓣远较小,2 裂或不分裂,有时 3 裂而中裂片较小,花蕾时全为外面 3 花瓣所包藏,基部与能育雄蕊的花丝合生或离生;雄蕊 5,着生在花瓣基部,其中仅 2 雄蕊能育,能育雄蕊与内面花瓣对生,花丝短,扁平;药隔扩大为一杯状体,花蕾时由于花丝顶端弯曲而向内俯垂,花开时花丝伸直转向外;药室 2,球形或椭圆形,横裂,另 3 退化雄蕊与外面花瓣对生,附着于花瓣基部,形态不规则,药室空;花盘杯状或浅杯状,顶端通常具 5 小齿;子房无柄,通常 2 室,很少 3,顶部收缩成具 1 不分枝或稀为 2 裂的花柱,柱头细小,钻形,胚珠每室 2,半倒生。核果小,常近球形、卵球形或梨形,平滑或有棱,中果皮肉质,内果皮(核)骨质或硬壳质,1 室。胚具长而弯曲的胚根和折叠的子叶,无胚乳。

约 50 种,分布于亚洲东南部和美洲中部及南部。我国约有 29 种。深圳有 4 种。

1. 叶片侧脉每边 3~5 条 ·· 1. 樟叶泡花树 M. squamulata
1. 叶片侧脉每边 9~22 条。
    2. 小枝具明显皮孔;子房被短柔毛 ······················· 2. 山楝叶泡花树 M. thorelii
    2. 小枝无皮孔;子房无毛。
        3. 叶片背面被稀疏的短柔毛;核果直径 3~5mm;花直径 1~1.5mm ············· 3. 香皮树 M. fordii
        3. 叶片背面被锈褐色短柔毛;核果直径 5~8mm;花直径 3~4mm ············· 4. 笔罗子 M. rigida

1.　樟叶泡花树 绿樟 饼汁树 Chinese Meliosma　　　　　　图 383　彩片 546　547
Meliosma squamulata Hance in J. Bot. **1**: 364. 1876.

常绿乔木,高 5~15m。幼枝被褐色短柔毛,老枝无毛。叶为单叶;叶柄长 2.5~7cm,疏被短柔毛至无毛;叶片薄革质至革质,椭圆形或卵形,长 5~12cm,宽 1.5~5cm,基部楔形,稍下延,边缘全缘,先端尾状渐尖,尖头钝,上面有光泽,无毛,下面粉绿色,密被黄褐色而微小的鳞片,中脉在下面凸起,被疏短柔毛至无毛,侧脉每边 3~5 条,成锐角向上弯拱并环结。圆锥花序顶生或腋生,单生或 2~8 个聚生,长 7~20cm;花序梗、花序分枝、苞片及花梗均密被褐色短柔毛;花白色,直径约 3mm;萼片 5,卵形,有缘毛;花瓣无毛,外面 3 花瓣近圆形,直径约 2.5mm,内面 2 花瓣约与花丝等长,2 裂至中部以下,裂片狭尖,叉开;雄蕊着生在花瓣基部,花丝扁平,花药扩大呈杯状,药室 2;花盘 5 齿裂;雌蕊长约 2mm,子房无毛,球形或卵球形,与花柱近等长。核果球形或倒卵球形,直径 4~6mm;核近球形,稍偏斜,具明显凸起的不规则细网纹,中肋稍隆起。花期 4~6 月;果期 7~10 月。

产地:七娘山(邢福武等 SF113,IBSC;张寿洲等 1554,3530)、南澳(张寿洲等 014254)。生于常绿阔叶林中,海拔 500~900m。

分布:江西、湖南、福建、台湾、广东、香港、海南、广西和贵州。日本。

2. 山楝叶泡花树 花木香 Buchanania-leaved Meliosma 图 384 彩片 548 549

Meliosma thorelii Lecomte in Bull. Soc. Bot. France **54**：677.1907.

Meliosma buchananifolia Merr. in Philipp. J. Sci. **23**：250.1923；海南植物志 **3**：95.1974.

常绿乔木，高 5~14m。小枝有明显而较密的圆形或椭圆形的点状皮孔。叶为单叶；叶柄长 1~1.5cm，腹部具槽，基部稍粗厚；叶片革质，倒披针状椭圆形或倒披针形，长 12~25cm，宽 4~8cm，基部楔形，下延至叶柄，边缘全缘或中上部有锐尖的小锯齿，先端渐尖，无毛或下面被稀疏而平伏的微柔毛和脉腋内有髯毛，侧脉每边 15~22 条，在近末端弯拱环结，中脉与侧脉及网脉在两面均凸起。圆锥花序顶生或生于上部叶腋，直立，长 12~16cm，分枝扁，稍斜展，被褐色短柔毛；花芳香，开放时直径约 2.5mm，具短梗；萼片卵形，长不及 1mm，先端钝，有缘毛；花瓣白色或黄白色，外面 3 花瓣近圆形，直径约 2mm，内面 2 花瓣狭披针形，稍短于外面的花瓣，不分裂；能育雄蕊 2，长约 1.2mm，分别着生在内面花瓣基部，退化雄蕊 3 分别着生在外面 3 花瓣基部；雌蕊长约 2mm，子房被短柔毛，花柱长 1mm。核果球形，直径 6~9mm，顶部和基部稍扁平，微偏斜；核近球形，壁厚，有稍凸起的网纹，中肋稍为钝棱状凸起。花期 4~6 月；果期 7~11 月。

产地：梧桐山（张寿洲等 2962）。生于疏林中，海拔 300~350m。

分布：福建、广东、香港、海南、广西、贵州、云南和四川。越南和老挝。

3. 香皮树 过家见 钝叶泡花树 Spicebark Meliosma 图 385 彩片 550 551

Meliosma fordii Hemsl. in J. Linn. Soc.，Bot. **23**：144.1886.

Meliosma obtusa Merr. & Chun in Sunyatsenia **5**：115.1940；海南植物志 **3**：95.1955.

Meliosma hainanensis F. C. How in Acta Phytotax. Sin. **3**（4）：433. pl. 57, f. 1-3. 1955；海南植物志 **3**：96.1974.

Meliosma pseudopaupera Cufod. in Desterr. Bot. Zeiteschr. **88**：264.1939；海南植物志 **3**：95.1974.

常绿乔木，高 6~10m。小枝被褐色平伏柔毛，无皮孔。叶为单叶；叶柄长 1.5~3.5cm，被褐色短柔毛；

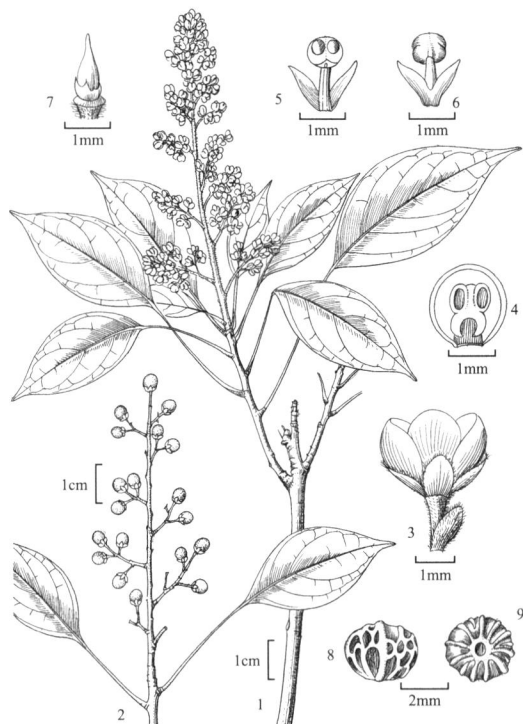

图 383 樟叶泡花树 Meliosma squamulata
1. 分枝的一段，示叶和花序；2. 分枝的一段，示果序；3. 花；4. 外花瓣及退化雄蕊；5. 雄蕊的腹面；6. 雄蕊的背面；7. 花托、花盘和雌蕊；8. 果核；9. 果核底面。（李志民绘）

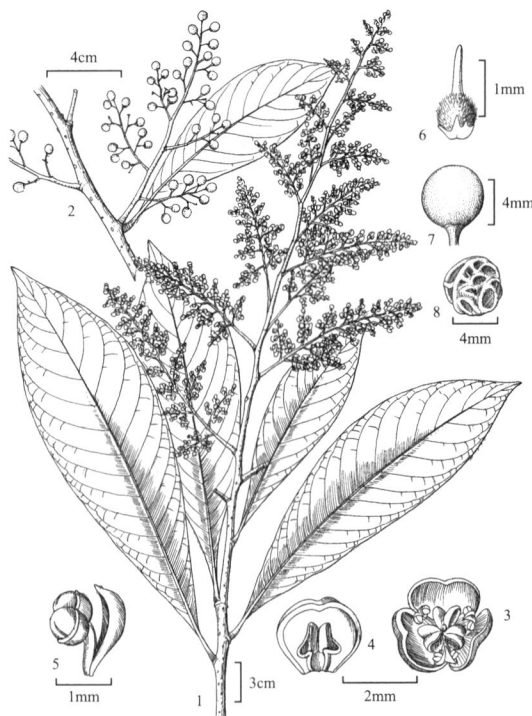

图 384 山楝叶泡花树 Meliosma thorelii
1. 分枝的一段，示枝上的皮孔、叶和花序；2. 分枝的一段，示叶及果序；3. 花；4. 外花瓣及退化雄蕊；5. 内花瓣及雄蕊；6. 花盘和雌蕊；7. 核果；8. 果核。（李志民绘）

叶片纸质或近革质，倒披针形至披针形或狭倒卵形至狭椭圆形，长 3.5~20cm，宽 1~5cm，基部楔形，下延，边缘全缘或近顶部有数锯齿，先端渐尖，稀圆，有时骤尖或尾状渐尖有钝头，叶面除中脉和侧脉被短柔毛外其余无毛，下面被紧贴、稀疏的短柔毛；中脉和侧脉在上面微凸起或平，侧脉每边 11~20 条，纤细，斜升至叶缘前弯拱网结，在下面明显凸起。圆锥花序 3 或 4（~5）回分枝，顶生或腋生，长 10~40cm，被锈色、紧贴的短柔毛；花序梗长 3~5cm；花梗长 1~1.5mm；花小，直径 1~1.5mm；萼片 4（或 5），阔卵形，长约 0.5mm，背面疏被柔毛，边缘具小缘毛；花瓣白色，外面 3 花瓣近圆形，直径约 1.5mm，无毛，内面 2 花瓣长约 0.5mm，中部以上 2 裂，裂片条形，叉开；雄蕊长约 0.6mm；雌蕊长约 0.8mm，子房无毛，与花柱近等长。核果近球形或扁球形，直径 3~5mm，核具明显凸起的网纹，中肋隆起。花期 5~7 月；果期 8~10 月。

产地：梧桐山（王定跃 1096；张寿洲等 2387；陈景方等 779）、羊台山。生于山谷林中，海拔 300~450m。

分布：江西、福建、广东、香港、海南、广西、湖南、云南、贵州。泰国、越南、老挝和柬埔寨。

用途：树皮及叶供药用，可治便秘。

4. 笔罗子 Stiff-leaved Meliosma   图 386   彩片 552

Meliosma rigida Siebold & Zucc. in Abh. Bayer. Akad. Wiss. Math. -Naturwiss. Kl. **4**（2）：153. 1845.

常绿乔木，高 4~7m。芽、幼枝、叶柄、叶背面中脉和花序均被锈色绒毛或微柔毛，老枝被稀疏的短柔毛，小枝无皮孔。叶为单叶；叶柄长 1.5~3.5cm；叶片革质，倒披针形或狭倒卵形，长 6~24cm，宽 2~7cm，中部以下渐狭成楔形，边缘全缘，中部以上有多数尖锯齿，边缘具疏柔毛，先端渐尖或尾状渐尖，上面除中脉及侧脉被短柔毛外余无毛，下面被锈褐色柔毛，脉上毛较密，中脉在上凹下，在下面凸起，侧脉每边 9~18 条，斜升至边缘弯拱网结，在上面平，在下面凸起。圆锥花序顶生，长 10~30cm，直立，具 3 次分枝，分枝斜展；花密生，开放时直径 3~4mm；萼片 4（或 5），卵形或近圆形，长 1~1.5mm，不相等，外面被短柔毛；花瓣白色或淡黄色，外面 3 花瓣近圆形，直径 2~2.5mm，无毛，内面的 2 花瓣长约为花丝的一半，中部以上 2 裂，裂片顶端急尖，具疏缘毛；能育雄蕊长 1.2~1.4mm；子房无毛，花柱

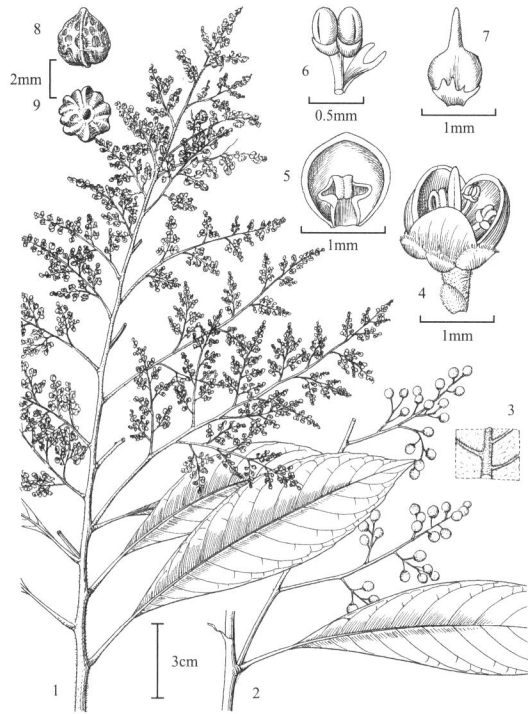

图 385 香皮树 Meliosma fordii
1. 分枝的一段，示叶和花序；2. 分枝的一段，示叶和果序；3. 叶背面一部分放大，示毛被；4. 花；5. 外花瓣及退化雄蕊；6. 内花瓣及雄蕊；7. 花盘及雌蕊；8. 果核；9. 果核底面观。（李志民绘）

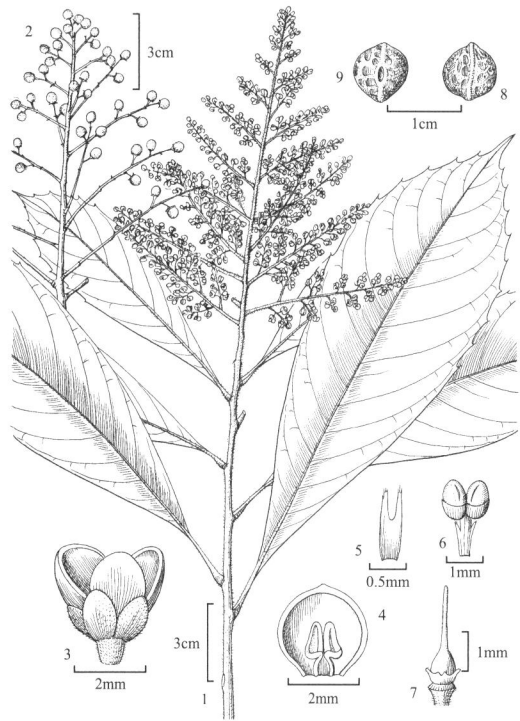

图 386 笔罗子 Meliosma rigida
1. 分枝的一段，示叶及花序；2. 果序的一部分；3. 花；4. 外花瓣及退化雄蕊；5. 内花瓣；6. 内花瓣及雄蕊；7. 花托、花盘和雌蕊；8. 果核背面；9. 果核腹面。（李志民绘）

长约为子房的 2 倍。核果球形，直径 5~8mm；核球形，偏斜，具细网纹，中肋稍隆起。花期 4~6 月；果期 9~10 月。

产地：七娘山（林大利等 007099）、南澳（邢福武等 SF61 IBSC）、排牙山（张寿洲等 2342；王国栋等 7030）、笔架山、盐田、南山。生于山地密林或水旁，海拔 150~630m。

分布：浙江、江西、福建、台湾、广东、香港、海南、广西、湖南、湖北、贵州和云南。日本。

45. 金缕梅科 HAMAMELIDACEAE

张志耘

常绿或落叶乔木或灌木。芽顶生和腋生，具芽鳞或裸露。单叶互生，稀对生或近对生；托叶线形或苞片状，早落，少数无托叶；常有明显的叶柄；叶片边缘全缘或有锯齿，或掌状分裂，具羽状脉或掌状 3~5 出脉。花排成头状花序或穗状花序，稀总状花序或聚伞圆锥花序或圆锥花序，腋生或顶生，有苞片和小苞片；花两性，或单性而雌雄同株，稀雌雄异株，有时杂性，辐射对称或稀两侧对称；花萼筒部与子房分离或愈合，或贴生，花萼裂片 4~5(~10)，镊合状或覆瓦状排列，有时无萼片；花瓣无或有 4~5，黄色、白色、淡绿色或红色，带形、匙形或鳞片状；雄蕊 4~5 或更多，有时不定数，分离，稀排成 2 轮，内轮为退化雄蕊，花药基部着生，常 2 室，直裂或瓣裂，药隔凸出；花盘鳞片状，有时宿存，生于雄蕊与心皮之间；子房半下位或下位，有时上位，2 室，上半部分离，花柱 2，柱头尖细或扩大，胚珠每室 1 至多数，着生于中轴胎座上。果为蒴果，室间及室背开裂为 4 瓣，外果皮木质或革质，内果皮角质或骨质。种子每室 1 至多数，不规则多边形、多角形或椭圆体形，扁平、两面隆起或有窄翅，有明显的种脐，胚乳肉质，胚直生，子叶长圆形，胚根与子叶等长。

30 属约 140 种，分布于非洲东部和南部（包括马达加斯加），亚洲的东部、西部和东南部，澳大利亚东北部，北美洲，南美洲和太平洋岛屿。我国有 18 属（4 个特有属）74 种（58 种特有）。深圳有 8 属 11 种 1 变种。

1. 叶片具掌状脉。
  2. 小枝无环状托叶痕；叶片边缘具锯齿；花单性；无萼片和花瓣 ················· 1. **枫香树属 Liquidambar**
  2. 小枝具环状托叶痕；叶片边缘全缘；花两性；有萼片和花瓣 ················· 2. **壳菜果属 Mytilaria**
1. 叶片具羽状脉，稀兼有不明显的三出脉。
  3. 果序球形或近球形。
    4. 托叶存在；花无花瓣；花单性 ················· 3. **蕈树属 Altingia**
    4. 托叶无；花有花瓣；花两性 ················· 4. **红花荷属 Rhodoleia**
  3. 果序非球形或近球形。
    5. 花有花瓣，两性。
      6. 叶片边缘全缘，不等侧；花瓣带状；蒴果下半部被宿存的萼筒所包 ············· 5. **檵木属 Loropetalum**
      6. 叶片边缘全缘或仅在靠近先端有齿突，等侧；花瓣鳞片状；蒴果几乎完全被宿存的萼筒所包 ········
      ················· 6. **秀柱花属 Eustigma**
    5. 花无花瓣，单性或杂性。
      7. 芽体裸露，无鳞片；花萼萼筒短 ················· 7. **蚊母树属 Distylium**
      7. 芽体具鳞片；花具萼筒，萼筒坛状至杯状 ················· 8. **假蚊母树属 Distyliopsis**

1. 枫香树属 Liquidambar L.

落叶高大乔木。小枝无环状托叶痕。叶互生，有长柄；托叶线形，多少贴生于叶柄基部，早落；叶片掌状 3~7（更多）分裂，稀不分裂，边缘有锯齿，具掌状脉。花单性，雌雄同株，无花瓣；雄花：多花排成头状或穗状花序，再排成总状花序，每一雄头状花序有苞片 4，无萼片，雄蕊多数而密集，花丝与花药近等长，花药卵球形，先端圆或内凹，2 室，纵裂；雌花：多花聚生成圆球形的头状花序，具 1 苞片；退化雄蕊呈鳞片状或齿状，在果时宿存；子房半下位，2 室，藏于头状花序轴内，花柱 2，柱头线形，有多数细小的乳头状凸起，与退化雄蕊一起宿存，胚珠多数，着生于中轴胎座上，仅在胎座下部的胚珠能育。果序球形，呈头状，有蒴果多数；蒴果木质，室间开裂为 2 瓣，果皮薄，有宿存花柱。种子多数，在胎座最下部的数枚种子能育，能育种子大，长椭圆体形，略扁，有窄翅，种皮坚硬，具网状纹饰，胚乳薄，胚直立，不育种子细小，不规则长方形或多边形。

5 种，分布于亚洲的东部和西南部，美洲中部和北部。我国有 2 种。深圳有 1 种。

本属各种植物的树脂及茎、叶、果实均可供药用；树脂为苏合香或其代用品。

枫香树 枫香 路路通 Beautiful Sweetgum　　　图 387
彩片 553

Liquidambar formosana Hance in Ann. Sci. Nat. Bot.，ser. 5，**5**：215，1886.

Liquidambar formosana Hance var. *monticola* Rehd. & E. H. Wils. in Sargent，Pl. Wils. **1**：422. 1913；广东植物志 **1**：153. 1987.

落叶高大乔木，高达 30m，胸径可达 1m。树皮灰褐色，方块状剥落；小枝干后灰色，被短柔毛或无毛，略有皮孔。芽卵球形，长约 1cm，略被微毛，芽鳞干后棕黑色，有光泽。托叶线形，长 1~1.4cm，红褐色，有短柔毛，分离，或略与叶柄贴生，早落；叶柄长 8~12cm，被短柔毛；叶片薄革质，阔卵形，大小变异大，长 6~10cm，宽 8~13.5cm，基部心形、近心形、截形或圆形，边缘具锯齿，齿尖有腺状突，常掌状 3 裂，裂片宽三角形或卵状三角形，先端尾状渐尖，中央裂片常较大，两侧裂片平展，下面灰绿色，初被

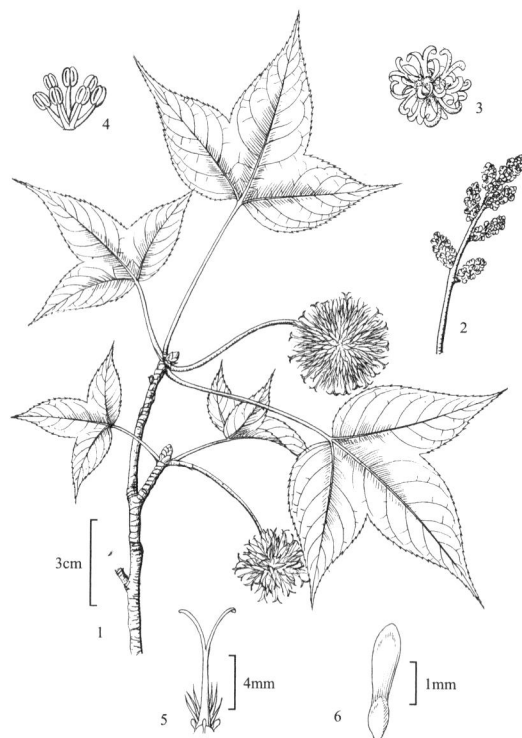

图 387 枫香树 Liquidambar formosana
1. 分枝的一部分，示叶及果序；2. 雄花序；3. 雌花序；4. 雄花；5. 雌花；6. 种子。（李志民绘）

疏短柔毛，后变无毛，上面绿色，无毛，具掌状三出脉在两面均凸起，网脉明显。雄花序由多个短穗状花序排成总状；雄蕊多数，花丝不等长，花药比花丝略短；雌花序为头状花序，有花 24~43；花序梗长 3~6cm，偶有皮孔，无腺体；退化雄蕊 4~7，呈齿状，齿针形，长 4~8mm；子房下半部藏于头状花序轴内，上半部分离，被短柔毛，花柱长 0.6~1cm，先端通常卷曲。果序球形，呈头状，木质，直径 3~4cm；蒴果下半部藏于花序轴内，有宿存花柱及针刺状的退化雄蕊。种子多数，褐色，能育种子长椭圆体形，长约 1mm，宽约 0.2mm，周边或一端具膜质翅，翅宽约 0.5mm；不育种子多数，极小，不规则多边形、梯形或扇形，具明显的网状纹饰。花期 3~6 月；果期 4~10 月。

产地：南澳（张寿洲等 1017）、排牙山、笔架山、葵涌（王国栋等 0873）、沙头角、梧桐山（王国栋等 6451）、仙湖植物园、羊台山。生于山坡、林中和水旁，海拔 40~50m。

分布：产于我国秦岭及淮河以南各地，北起山东、河南，东至台湾，西至四川、云南及西藏，南至广东和香港。老挝、越南北部和朝鲜半岛。

用途：树脂供药用，能解毒止痛，止血生肌；根、叶及果实也入药，有祛风除湿，通络活血功效，果实药用，名为"路路通"，为镇痛、通经和利尿药；木材稍坚硬，可供制家具及贵重商品的装箱。

2. 壳菜果属 **Mytilaria** Lecomte

常绿乔木。小枝有明显的节，节上有环状托叶痕。叶互生，具长叶柄；托叶 1，长卵形，包住长锥形的顶芽，早落；叶片革质，阔卵圆形，基部心形，老叶叶片边缘全缘，幼叶叶片或萌芽枝条上的叶片通常 3（~4）裂，具掌状脉。穗状花序顶生或腋生，着花多朵，具花序梗，无花梗；花两性，基部彼此相连；花萼筒贴生于子房，藏在肉质花序轴内，花萼裂片 5~6，覆瓦状排列，卵圆形，不等大；花瓣 5，稍肉质，带状舌形；雄蕊 10~13，着生于环状萼筒的内缘，花丝粗而短，花药内向，有 2 个花粉囊，每个花粉囊 2 瓣裂，药隔凸起，雄蕊和退化

雄蕊与花瓣并合成一筒状；子房半下位，2 室，花柱 2，极短，胚珠每室 6，生于中轴胎座上。蒴果卵球状，上半部 2 瓣裂开，每瓣 2 浅裂；外果皮较疏松，近肉质，易碎，内果皮木质。种子每室 1 至多数，不规则长椭圆体形，有棱角，种皮较厚而硬，胚乳肉质，胚位于中央。

　　仅 1 种，分布于老挝和越南北部。我国有 1 种。深圳也有分布。

壳菜果 米老排 朔潘 Lao Mytilaria　图 388　彩片 554

Mytilaria laosensis Lecomte in Bull. Mus. Hist. Nat.（Paris），**30**：504. 1924.

　　常绿乔木，高达 30m。小枝粗壮，无毛，节膨大，有环状托叶痕。叶柄长 7~10cm，无毛；叶片革质，阔卵圆形，长 10~13cm，宽 7~10（~17）cm，基部心形，边缘全缘，先端短急尖，幼叶叶片或萌芽条上的叶片基着生，稀兼有盾状着生，边缘通常 3（~4）裂，裂片三角形，边缘全缘，下面黄绿色或稍带灰色，上面干后橄榄绿色，有光泽，两面无毛，掌状脉 5 条，在上面明显，在下面凸起，网脉不大明显。穗状花序顶生或腋生，单生；花序轴长 3.5~4cm；花序梗长 1.8~2cm，无毛；花多数，紧密排列在花序轴上；花萼筒藏在肉质花序轴中，与子房壁贴生，花萼裂片 5~6，卵圆形，长约 1.5mm，先端近急尖，外面有毛；花瓣带状舌形，长 8~10mm，白色；雄蕊 10~13，花丝极短，花药 2 室；子房半下位，2 室，每室有胚珠 6，花柱长 2~3mm，柱头有乳头状凸起。蒴果卵球形，长 1.5~2cm，外果皮厚，黄褐色，松脆易碎，内果皮木质或软骨质，较外果皮薄。种子不规则长椭圆体形，长 8~12mm，宽 4~6mm，厚 2~5mm，有棱角，褐色，有光泽，种脐位于种子腹面，长度与种子近相等，种皮具网状纹饰，常在种子侧面具网眼近等大的网状纹饰。花期 3~6 月；果期 7~9 月。

　　产地：梧桐山（王国栋 6180）。生于丘陵路旁，海拔 300~350m。

　　分布：广东西部、广西西部和云南东南部。老挝及越南北部。

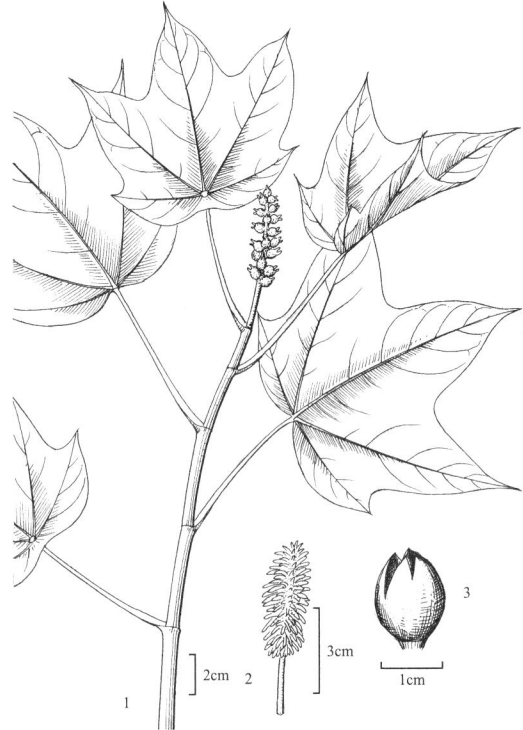

图 388 壳菜果 Mytilaria laosensis
1. 分枝的一段，示叶及果序（幼果）；2. 穗状花序；3. 蒴果。（李志民绘）

3. 蕈树属（阿丁枫属）Altingia Noronha

　　常绿乔木。顶芽长卵形或卵球形，具鳞片。单叶互生，具叶柄；托叶小，早落或与叶柄贴生；叶片革质，卵形、倒卵形至披针形，边缘全缘或有锯齿，具羽状脉。花单性，雌雄同株，无花瓣。雄花多数组成头状或短穗状花序，由多个头状花序再排列成顶生或近顶生的圆锥花序每花基部有苞片 1~4，无萼片，雄蕊 4 至多数，花丝极短或无花丝，花药倒卵形，先端截形，2 室，纵裂；雌花 5~30 排列成头状花序，总苞片 3~4，具长的花序梗，退化雄蕊针状或无，子房半下位，2 室，每室有胚珠 30~50，中轴胎座，多数，花柱 2，钻状，分叉，外弯，柱头具乳头状凸起，果时脱落或基部部分宿存。果序球形或近球形，基部截形；蒴果木质，室间开裂为 2 瓣，每瓣 2 浅裂，无宿存退化雄蕊。种子多数，着生于胎座基部的种子能育，多边形，扁平，周边或仅顶端具窄翅，着生于胎座上部的种子不育，不规则多边形，无翅，种皮厚而硬，胚乳薄。

　　约 11 种，分布于印度、不丹、缅甸、泰国、老挝、柬埔寨、越南、中国、马来西亚和印度尼西亚。我国有 8 种。深圳有 1 种。

蕈树 阿丁枫 Chinese Altingia 图 389 彩片 555

Altingia chinensis（Champ.）Oliv. ex Hance in J. Linn. Soc. Bot. **13**：103. 1873.

Liquidambar chinensis Champ. in J. Bot. Kew Gard. Misc. **4**：164. 1852.

常绿乔木，高达 22m，胸径达 60cm。树皮灰褐色，稍粗糙；当年枝无毛，干后暗褐色。芽卵球形，被短柔毛。单叶互生或密集生于枝顶；叶柄长 0.5~1.4cm，无毛；托叶小，早落；叶片革质或厚革质，倒卵状长圆形或倒卵状长椭圆形，长 5~13cm，宽 2.5~4.6cm；基部楔形，边缘有钝锯齿，先端急尖或短急尖，有时略钝，具羽状脉，侧脉每边 5~7 条在两面明显。雄花序为短穗状花序，长约 1cm，常多个短穗状花序排成圆锥花序；花序梗被短柔毛；雄蕊多数，近无花丝，花药倒卵球形；雌花序为头状花序，单生或数个排成圆锥花序；花序梗长 2~4cm；常有花 12~23，苞片 4~5，卵形或披针形，长 1~1.5cm；退化雄蕊齿状，具细尖头；子房藏在花序轴内，花柱长 3~4mm，有短柔毛，先端向外弯曲，与退化雄蕊一起脱落。果序梗稍粗壮，长 2~4cm，果序球形或近球形，直径 2~2.8cm，基部截形。种子多数，褐色，能育种子不规则长圆形，长约 1mm，宽约 0.2mm，不育种子多数，极小，不规则多边形，具明显的网状纹饰。花期 3~6 月；果期 5~9 月。

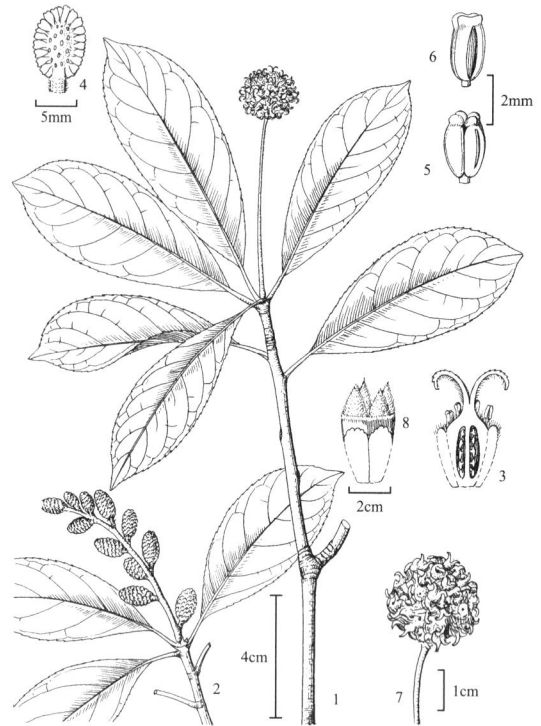

图 389 蕈树 Altingia chinensis
1. 分枝的一段，示叶和雌花序；2. 分枝的一段，示叶和雄花序；3. 雌花纵剖面；4. 雄花序纵剖面；5. 雄蕊正面观；6. 雄蕊侧面观；7. 果序；8. 蒴果。（李志民绘）

产地：七娘山（张寿洲等 5341）、南澳、三洲田、盐田（王定耀 1618）、沙头角、梧桐山（陈景方 1759）、仙湖植物园。生于山坡林中，海拔 150~480m。

分布：浙江、江西、福建、湖南、广东、香港、海南、广西、贵州和云南（东南部）。越南（北部）。

用途：木材含挥发油，可供提取蕈香油，供药用及香料用；木材供建筑及制家具用，在森林里常被砍倒作放养香菇的母树。

4. 红花荷属 Rhodoleia Champ. ex Hook.

常绿乔木或灌木。叶互生；具长叶柄；无托叶；叶片革质，卵形至披针形，革质，边缘全缘，下面有粉白蜡被，具羽状脉，有时基部有不明显的三出脉。花序头状，腋生，具花序梗，常有花 5~8，排列在一平面上；总苞片 5 至多数，覆瓦状排列，卵圆形，下部的总苞片远小于上部的总苞片；花两性，两侧对称；萼筒极短，包围子房基部，萼齿不明显；花瓣 2~5，排列不整齐，常着生于头状花序的外侧，匙形至倒披针形，红色，基部渐窄成柄，生于头状花序内侧的花瓣已移位或消失，整个头状花序形如单花；雄蕊 4~11，与花瓣等长或稍短，花丝线形，花药 2 室，每室 2 瓣裂；蜜腺花盘瓣片状；子房半下位，2 室或不完全 2 室；每室有胚珠 12~18，2 列着生于中轴胎座上，花柱 2，细长，线形，与雄蕊近等长，先端尖，脱落或宿存。果序球形或卵球形；蒴果上半部室间及室背开裂为 4 瓣，果皮较薄。种子扁平，不育的种子无翅，能育的种子不规则近圆形、长圆形或多边形，侧边具狭窄的膜质翅，胚乳稍丰富，子叶卵形，扁平，肉质，胚根圆柱形，长约为子叶 1/3。

10 种，分布于印度尼西亚、马来西亚、缅甸和越南。我国有 6 种。深圳有 1 种。

红花荷 Champion Rhodoleia　　　　　　　　　　　　　图390　彩片 556　557　558

Rhodoleia championii Hook. Bot. Maq. **76**：t. 4509. 1850.

常绿乔木，高达 12m。嫩枝粗壮，暗褐色，无毛。叶柄长 3~5.5cm；叶片厚革质，长圆形、卵形、卵圆形或阔卵形，长 7~16cm，宽 4.5~10.5cm，基部阔楔形，先端钝或近急尖，下面灰白色，上面深绿色，两面无毛或有时残留星状鳞片或星状毛被，干后有小疣状凸起，侧脉每边 7~9 条，在两面均明显，网脉不显著，有时具不明显的三出脉。头状花序长 3~4cm，果时宽 2.5~3.5cm，常弯垂；花序梗长 2~3.8cm；花序轴长 1.5~3cm；总苞片多数，卵圆形，不等大，最上部的较大，被褐色短柔毛；小苞片鳞片状，5~6；萼筒短，先端截形；花瓣匙形或长圆形，红色，长 2.5~3.5（~4）cm，宽 4~8mm；雄蕊与花瓣等长，花丝无毛，长 1.5~2cm，花药长 4~6mm；子房无毛，花柱略短于雄蕊。果序球形或卵球形，呈头状，直径 2~3cm，有蒴果 5；蒴果卵球形，长 1.2~1.5cm，无宿存花柱，果皮薄木质，干后上半部 4 片裂开。成熟种子不规则近圆形、长圆形或多边形，扁平，厚度不均匀，黄褐色或浅褐色，长 4~7mm，宽 2.5~4.5mm，翅膜质，位于种子一侧，宽 0.5~0.8mm，种皮常具瘤状纹饰。花期 2~4 月；果期 5~9 月。

产地：梧桐山（王国栋等 6305）、仙湖植物园（李沛琼 3129；李沛琼等 3296）。生于山坡疏林中，海拔 750~800m。

分布：广东（中部及西部）、香港、澳门、海南和贵州。缅甸、越南、马来西亚和印度尼西亚。

图 390 红花荷 Rhodoleia championii
1. 分枝的一部分，示叶及花序；2. 花瓣；3. 雄蕊；4. 雌蕊；5. 果序。（李志民绘）

5. 檵木属 Loropetalum R. Br.

常绿或半落叶灌木或小乔木。芽体无鳞苞。叶互生；叶柄短；托叶膜质；叶片卵形，革质或薄革质，边缘全缘，不等侧，具羽状脉。花两性，3~25 花排成头状或短穗状或总状花序，腋生或顶生，4~6 数；萼筒倒圆锥状，与子房贴生，外面被星状短柔毛，裂片 4~5（~6），卵形，脱落；花瓣 4~6，带状，白色或红色，在花芽时向内卷曲；雄蕊 4~5（~6），周位着生，花丝极短，花药 2 室，2 瓣裂，药隔凸出，长而纤细；花盘鳞片状；子房下位或半下位，2 室，被星状毛，花柱 2，每室 1 胚珠，下垂。蒴果木质，卵球形，被星状短柔毛，上半部 2 瓣裂，每瓣 2 浅裂，下半部被宿存萼筒所包裹，并完全贴生；果梗极短或不存在。种子 1，长卵形或卵球形，成熟后黑色，有光泽，胚乳肉质。

3 种 1 变种，分布于印度的东部、北部和日本。我国均产。深圳 1 种 1 变种。

1. 花通常白色或淡黄色 ·· 1. 檵木 L. chinense
1. 花通常紫红色或红色 ·························· 1a. 红花檵木 L. chinense var. rubrum

1. 檵木 Chinese Loropetalum　　　　　　　　图 391

Loropetalum chinense（R. Br.）Oliv. in Trans. Linn. Soc. London **23**：459，f. 4，1862.

Hamamelis chinensis R. Br. in G. F. Abel，Narr. J. China，App. B，375. 1818.

灌木，有时为小乔木，高 1~3m，多分枝，小枝有星状短柔毛。托叶膜质，三角状披针形或倒卵形，长 3~5mm，宽 1.5~2mm，被星状短柔毛，早落；叶柄长 2~5mm，密被黄褐色星状短柔毛；叶片薄革质，卵形、椭圆形，或稀倒卵形，长 2~6.5cm，宽 1~3cm，基部不对称，圆或楔形，边缘全缘，先端急尖或短渐尖，下面被星状短柔毛，稍带灰白色，上面略有短柔毛或变无毛，干后暗绿色，无光泽；侧脉每边 4~8 条，在下面凸起，在上面明显。花序为短总状花序或稀为头状花序，顶生，多数着生于侧枝的顶端，有花 3~16；花序梗长 0.8~1cm，被星状短柔毛；苞片条形或披针形，长 2~4.5mm；花在短花梗上簇生，白色或淡黄色，比新叶先开放或与嫩叶同时开放；萼筒杯状，高 1.2~1.5mm，外面被星状短柔毛，萼齿卵形，长 2~3mm，花后脱落；花瓣 4，稀 6，带状，长 1~2cm，先端圆或钝；雄蕊 4 或 5，花丝极短，花药卵球形，长 0.5~0.6mm，药隔凸出成角状，长 0.4~0.5mm；

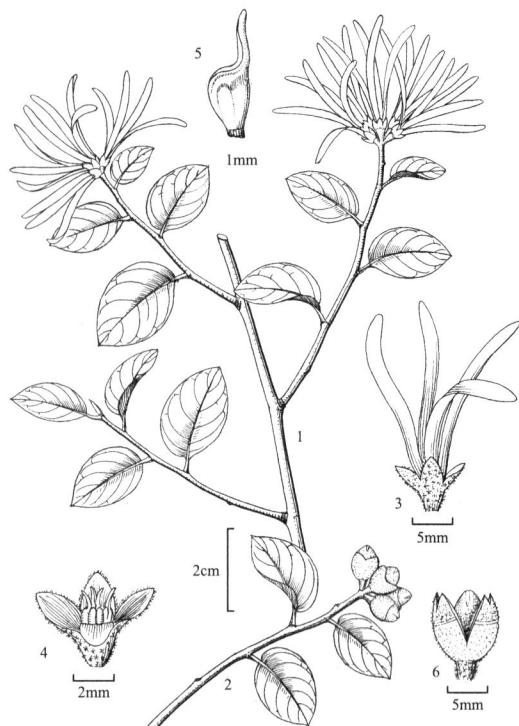

图 391　檵木 Loropetalum chinense
1. 植株分枝的一段，示叶和花序；2. 分枝的一段，示叶和果序；3. 花；4. 除去花瓣的花，示花萼和雄蕊；5. 雌蕊；6. 蒴果。（李志民绘）

退化雄蕊 4~6，鳞片状，与雄蕊互生；子房下位，被星状短柔毛，花柱极短，长约 1mm，胚珠 1，垂生于心皮内上角。蒴果卵球形或倒卵球形，长 7~8mm，宽 6~7mm，先端圆，被褐色星状绒毛，宿存的萼筒长为蒴果的 2/3~3/4。种子卵球形或椭圆体形，长 4~7mm，宽 3.5~4mm，成熟后黑色，种脐位于种子腹面的最顶部，种皮光滑或在边缘有浅的条纹状纹饰。花期 2~4 月；果期 5~8 月。

产地：盐田、梅沙尖、羊台山、观澜（张寿洲等 1293）、福田（徐有财 1949）、石岩（张寿洲等 5468）、内伶仃岛。生于山地疏林下或路旁，海拔 100~500m。

分布：安徽、江苏、浙江、江西、湖北、湖南、福建、广东、香港、广西、贵州、云南和四川。印度东北部和日本。

用途：叶片药用可用于止血；根及叶片可用于治跌打损伤，有去瘀的功效。

1a. 红花檵木 Redflowered Loropetalum　　　　　　　　彩片 559

Loropetalum chinense Oliv. var. **rubrum** Yieh in Zhong Guo Yuan Yi Zhuan Kan（China Qull. Hort. Special Issue）1942（2）：33. 1942.

与原变种的区别在于：本变种的花紫红色或深红色，花瓣长 2cm。

产地：仙湖植物园（李沛琼 3224，017295；曾春晓等 0017）。

分布：福建、湖南（南部）、广东、香港、海南、广西等地均常见栽培。

用途：观赏树种；绿篱植物。

6. 秀柱花属 Eustigma Gardn. & Champ.

常绿灌木或乔木。枝常有星状短柔毛。顶芽裸露。叶互生，有叶柄；托叶细小，线形，早落；叶片革质，常椭圆形，边缘全缘或仅在靠近先端有齿突，具羽状脉。花两性，排成总状花序，基部有总苞片 2，每朵花有苞片 1；小苞片 2；具花序梗；花梗短；萼筒陀螺状或倒圆锥状，与子房贴生，外面被星状绒毛，萼齿 5，花芽时镊合状排列；花瓣黄色，5，细小，鳞片状，倒卵形，膝曲，背面膨胀；雄蕊 5，与萼片对生，花丝极短，花药基部着生，2 室，每室 2 瓣裂；无退化雄蕊或腺体；子房近下位，2 室，每室有 1 垂生胚珠，花柱 2，伸长，柱头膨大，匙形，稍压扁，深紫色，有多数乳头状凸起。蒴果木质，卵球形，几乎完全为萼筒所包裹，室间裂开为 2 瓣，每瓣 2 浅裂，内果皮骨质，与木质外果皮分离。种子不规则长椭圆体形或长卵球形，黑褐色，有光泽，种脐凹入。

　　3 种，分布于中国和越南。我国有 3 种，其中 2 种特有。深圳有 1 种。

秀柱花 Oblong-leaved Eustigma 　　　　　　　　　　　　　　图 392　彩片 560

Eustigma oblongifolium Gardn. & Champ. in J. Bot. Kew Gard. Misc. **1**: 312. 1849.

　　常绿灌木或小乔木，高 2~8m。嫩枝初时有鳞毛，后变无毛；老枝有皮孔，干后灰褐色。托叶线形，早落；叶柄长 0.5~1cm，初时有鳞毛；叶片革质，长圆形、椭圆形或长圆状披针形，长约 17cm，宽 3~6cm，基部钝或楔形，边缘全缘或仅在靠近先端有少数齿突，先端渐尖，偶见钝，上面绿色，略有光泽，下面无毛，侧脉每边 6~8 条，在上面可见，在下面凸起，网脉不大明显。总状花序长 2~2.5cm；花序梗长 6~8mm，有鳞毛；总苞片卵形，长 1~1.2cm；苞片及小苞片均为卵形，与花梗近等长，有星状短柔毛；萼筒长 2~2.5mm，外面有星状短柔毛，萼齿卵圆形，长 2.5~3mm，花后脱落；花瓣鳞片状，倒卵形，先端 2 浅裂，比萼齿略短；雄蕊插生于萼齿基部，彼此对生，花丝极短，花药卵圆形，长 0.8~1mm，无退化雄蕊或腺体；子房近下位，花柱长 0.8~1.2cm，红色。蒴果卵球形，长 1.8~2cm，无毛；萼筒长为蒴果的 3/4，完全与蒴果贴生，无毛，干后稍发亮。种子长卵球形，长 0.8~1cm，黑色，有光泽。花期 4~6 月；果期 7~10 月。

　　产地：七娘山（王国栋等 7341）、南澳杨梅坑、梧桐山（深圳考察队 865；张寿洲等 SCAUF 1237）。生于山地疏林中，海拔 350~750m。

　　分布：江西、台湾、福建、广东、香港、海南、广西和贵州。

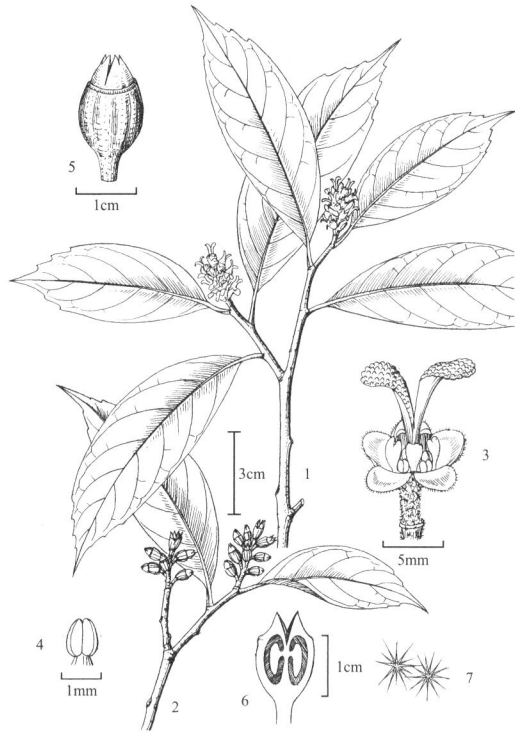

图 392 秀柱花 Eustigma oblongifolium
1. 分枝的一部分，示叶及花序；2. 分枝的一部分，示叶及果序；3. 花；4. 雄蕊；5. 蒴果；6. 蒴果的纵切面。（李志民绘）

7. 蚊母树属 Distylium Siebold & Zucc.

　　常绿灌木或小乔木。嫩枝有星状短柔毛或鳞毛。芽体裸露，无鳞片。叶互生；叶柄短；托叶披针形，早落；叶片革质或薄革质，边缘全缘或偶有小齿，具羽状脉。花单性或杂性；雄花常与两性花同株，排成腋生的圆锥花序或总状花序；苞片及小苞片披针形，早落；萼筒短；萼片和花瓣无；雄花雄蕊 1~8，花丝线形，不等长，花药椭圆体形，2 室，纵裂，药隔凸出，无退化雌蕊；雌花及两性花雄蕊 5~8，子房上位，2 室，有鳞片或星状绒毛，每室 1 胚珠，花柱 2，柱头尖锐。蒴果卵球形，木质，被星状绒毛，上半部 2 瓣裂，每瓣再 2 裂，先端尖锐，基部无宿存萼筒。种子 1，长卵形，褐色，有光泽。

　　约 18 种，分布于日本、朝鲜半岛、印度东北部（阿萨姆地区）、印度尼西亚（爪哇岛和苏门答腊岛）和马来西亚。我国有 12 种。深圳有 3 种。

1. 嫩枝和芽无毛，仅有鳞垢；叶片下面初时有鳞垢，
后变光滑，无毛 ……………… 1. 蚊母树 **D. racemosum**
1. 嫩枝和芽被褐色柔毛或星状绒毛；叶片下面无毛。
　　2. 叶片狭披针形，长 6~10cm，宽 1.2~2.2cm；叶
　　　柄长 5~8mm …………2. 窄叶蚊母树 **D. dunnianum**
　　2. 叶片椭圆形至倒披针形，长 2~4cm，宽 1~1.2cm；
　　　叶柄长约 2mm ………… 3. 中华蚊母树 **D. chinense**

1. 蚊母树 Racemose Distylium 图 395 彩片 561 562
Distylium racemosum Siebold & Zucc. Fl. Jap.
1：178，t. 94. 1835.

　　常绿灌木或小乔木，高 2~5m。嫩枝有鳞垢，老
枝秃净，干后暗褐色。芽裸露，无鳞状苞片，有鳞
垢。托叶披针形，早落；叶柄长 0.5~1cm，略有鳞垢；
叶片革质，长圆形、长椭圆形、椭圆形或倒卵状椭圆
形，长 3~10cm，宽 1.8~3.6cm，基部阔楔形，边缘全
缘，先端钝或稀圆，有时微凹，下面初时有鳞垢，后
变光滑，无毛，上面深绿色，发亮，侧脉每边 5~6 条，
在下面稍凸起，在上面不明显，网脉在两面均不明
显。花序总状，长 1.8~2cm；花序梗无毛；总苞片 2~3，卵
形，有鳞垢；苞片披针形，长 2~3mm；花单性，雌花
和雄花在同一花序上，雌花位于花序的顶端；萼筒短，
萼齿不等大，被鳞垢；雄蕊 5~6，花丝长 1.5~2mm，
花药长 2.5~3.5mm，红色；子房有星状绒毛，花柱长
6~7mm。蒴果卵球形，长 1~1.3cm，先端急尖，外面
有褐色星状短柔毛，上半部 2 瓣裂开，每瓣再 2 浅裂，
不具宿存萼筒；果梗短，长不及 2cm。种子卵球形，
长 4~5mm，深褐色，发亮，种脐白色。花期 4~6 月；
果期 6~8 月。

　　产地：七娘山（张寿洲等 1940）、南澳、大鹏、
盐田（王定耀 1592）、梅沙尖（深圳植物志采集队
013134）、梧桐山。生于山地水旁、山谷林中，海拔
150~800m。

　　分布：浙江、台湾、福建、广东、香港和海南。
朝鲜半岛和日本。

2. 窄叶蚊母树 Dunn Distylium 图 394
Distylium dunnianum H. Lév. in Rep. Sp. Nov.
Regni Veg. **11**：67. 1912.

　　常绿灌木或小乔木，高 2~6m。嫩枝略有棱，被
褐色星状绒毛，老枝几无毛，干后灰褐色。芽有褐色

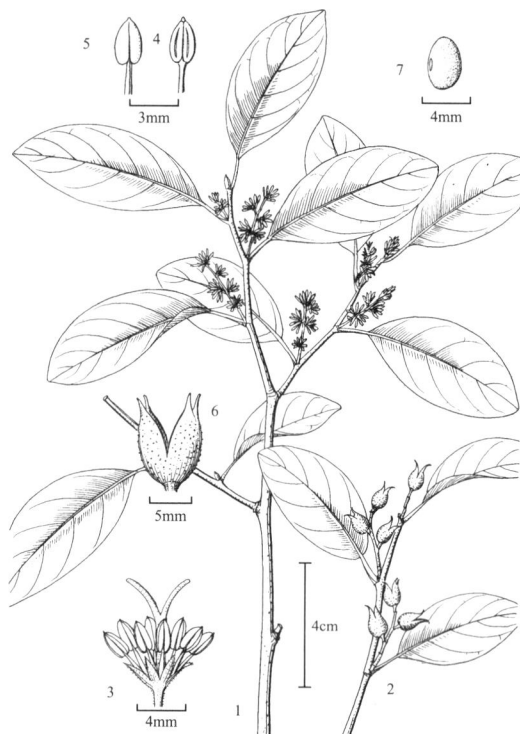

图 393 蚊母树 Distylium racemosum
1. 分枝的一段，示叶和花序；2. 分枝的一段，示叶和果序；
3. 雌花；4~5. 雄蕊的腹面和背面；6. 蒴果；7. 种子。（李志
民绘）

图 394 窄叶蚊母树 Distylium dunnianum
分枝的一部分。（李志民绘）

星状绒毛。叶柄长 5~8mm，有星状绒毛；叶片革质，狭长披针形，长 6~10cm，宽 1.2~2.2cm；基部圆形或宽楔形，边缘全缘，无锯齿，先端渐尖，下面秃净或在脉腋间有簇生毛丛，上面绿色，无毛，侧脉 6~9 对，在下面凸起，干后在上面下陷，网脉在上面不明显，在下面能见。花未见。果序总状，腋生，长 3~5cm。蒴果卵球形，长约 1cm，被褐色星状绒毛，先端尖，宿存花柱极短，干后裂开为 4 瓣。种子长卵圆状，长 4~5mm，发亮，淡褐色。

产地：七娘山（张力等 8011）。生于山地水旁，海拔 150~200m。

分布：广东、广西、贵州和云南东部（富宁）。

3. 中华蚊母树 Chinese Distylium   图 395

Distylium chinense（Franch. & Hemsl.）Diels in Bot. Jahrb. **29**：380，1900.

Distylium racemosum Sieb. & Zucc. var. *chinense* Franch. & Hemsl. in J. Linn. Soc.，Bot. **23**：290. 1887.

常绿灌木，高约 1m。嫩枝粗壮，被褐色柔毛；老枝暗褐色，几无毛。芽体裸露，有短柔毛。托叶披针形，早落；叶柄长 1.5~2mm，有鳞垢，略有柔毛；叶片革质，椭圆形至倒披针形，长 2~4cm，宽 1~1.2cm，基部阔楔形，边缘全缘或在靠先端处有 2~3 小锯齿或浅波状，先端近急尖，上面绿色，稍发亮，两面无毛，侧脉每边约 5 条，在上面不明显，在下面隐约可见，网脉两面均不明显。雄穗状花序长 1~1.5cm；无花梗；萼筒极短，萼齿卵形或披针形，长 1.2~1.5mm；雄蕊 2~7，长 4~7mm，花丝纤细，花药卵球形；雌花序未见。蒴果卵球形，长 7~8mm，成熟后 4 瓣裂，外面有褐色星状短柔毛，宿存花柱长 1~2mm。种子卵球形，长 3~4mm，褐色，有光泽。花期 3~6 月；果期 4~8 月。

产地：仙湖植物园（张寿洲 011469）有栽培。

分布：湖北和四川。

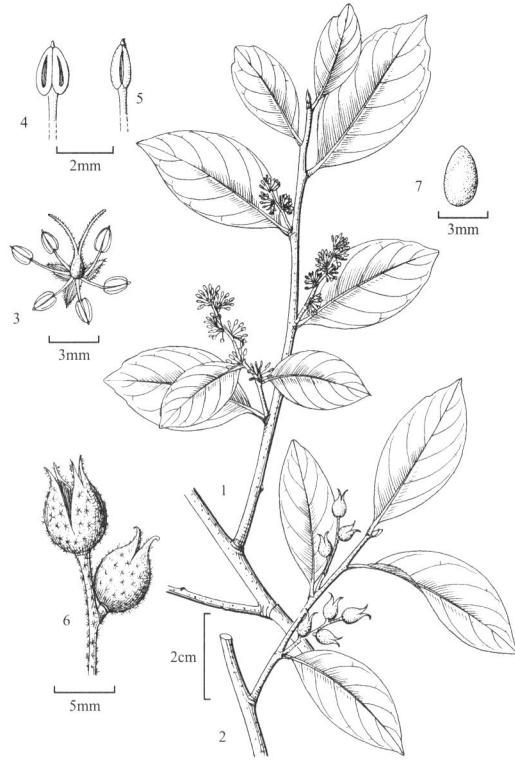

图 395 中华蚊母树 Distylium chinense
1. 分枝的一部分，示叶及花序；2. 分枝的一部分，示叶及果序；3. 花；4~5. 雄蕊的腹面和背面；6. 蒴果；7. 种子。（李志民绘）

8. 假蚊母树属 Distyliopsis P. S. Endress

常绿灌木、小乔木或乔木。枝条具 1 先出叶，幼枝和叶柄被星状绒毛，或具无柄盾状着生的鳞片。芽体具鳞片。叶 2 列排列，稀螺旋状排列，具短叶柄；托叶卵形或椭圆形，早落，留有小鳞片；叶片革质，倒披针形，基部楔形，边缘全缘或近全缘，具羽状脉，有时具 3 条基出脉，通常几无毛。花杂性，雄花和两性花同株，排成圆锥花序或总状花序状，花序腋生或顶生于侧生短枝上，具少数花，每花序轴末端有 1 花；苞片 3 裂；雄花或两性花在花序轴上排成 2 列，或稀螺旋状排列；萼筒坛状至杯状，被萼片状的苞片所包；雄花无花梗，两性花通常有花梗；花萼裂片和花瓣无；雄蕊（1~）5~6（~15），花药 2 室，药室纵裂；雄花具退化雌蕊；子房上位，藏于长萼筒内，2 室，每室有胚珠 1，柱头外弯。蒴果在果序轴上排成 2 列，木质，稍具柄，密被糙硬毛，成熟时 2 瓣裂，宿存的萼筒短于蒴果。种子椭圆体形。

约 6 种，分布于老挝、马来西亚、巴布亚新几内亚。我国产 5 种。深圳有 2 种。

1. 叶片长圆形、椭圆形或倒卵形，长 3~7.5cm，先端圆或钝 ························ 1. **钝叶假蚊母树 D. tutcheri**

1. 叶片卵状长圆形至卵状披针形, 长 6~11cm, 先端急尖至渐尖 ……………… **2. 尖叶假蚊母树 D. dunnii**

1. 钝叶假蚊母树 钝叶水丝梨 Tutcher's Fighazel
图 396

Distyliopsis tutcheri(Hemsl.)P. K. Endress in Bot. Jahrb. Syst. **90**: 30. 1970.

Sycopsis tutcheri Hemsl. in Hook. Icon. Pl. **29**: t. 2834, 1907; 海南植物志 **2**: 337. 1965; 广东植物志 **1**: 167. 1987.

Sycopsis oblancedata Hung T. Chang in Sunyatsenia **7**: 72. 1948.

常绿灌木或小乔木, 高达 12m。嫩枝有棱, 被无柄盾状着生的鳞片; 老枝圆, 被鳞垢, 无毛, 干后暗褐色。顶芽裸露, 有鳞垢。托叶细小, 早落; 叶柄长3~5mm, 被鳞垢, 无毛; 叶片革质, 2 列, 长圆形、椭圆形或倒卵形, 长 3~7.5cm, 宽 2~4cm; 基部宽楔形, 边缘全缘, 先端钝或近圆, 下面初时有鳞垢, 上面深绿色, 初时有稀疏鳞垢, 干后稍发亮; 侧脉每边约 5 条, 在上面明显, 在下面凸起, 网脉在上面不明显, 在下面显著。雄花未见; 雌花排成总状花序, 长 1~2cm; 花序梗有鳞垢; 花梗长 3~4mm, 有鳞垢, 苞片长圆形, 有鳞垢; 萼筒壶形, 有鳞垢; 萼齿细小, 披针形; 退化雄蕊不存在; 子房有长丝毛, 花柱长 3~5mm, 外卷, 有毛。果序长 2~3cm; 果梗长 3~6mm; 蒴果 1~5, 长圆体形或卵球形, 长 1~1.3cm, 先端尖, 被黄褐色长柔毛; 宿存花柱极短, 宿存萼筒长 4~5mm, 外侧有鳞垢, 不规则裂开。种子不规则长圆体形, 无翅, 成熟后褐色, 稍发亮, 长 4~8mm, 宽 3~4mm, 种脐明显, 位于种子腹面的最顶部, 种皮常平滑, 仅在边缘部分具浅的条纹状纹饰。花期 3~4 月; 果期 7~9 月。

产地: 大鹏(张寿洲等 2939)、排牙山(张寿洲等2346)、葵涌(张寿洲等 4518)、梧桐山。生于山坡、山沟林中, 海拔 600~700m。

分布: 福建、广东、香港和海南。

2. 尖叶假蚊母树 东南水丝树 Sharp-leaved Fighazel
图 397

Distyliopsis dunnii(Hemsl.)P. K. Endress in Bot. Jahrb. Syst. **90**: 30. 1970.

Sycopsis dunnii Hemsl. in Hook. Icon. Pl. **29**: 5. 2836. 1907; 广东植物志 **1**: 166. fig. 181. 1987.

常绿灌木或小乔木, 高 3~6m。幼枝和叶柄均被

图 396 钝叶假蚊母树 Distyliopsis tutcheri
1. 分枝的一部分, 示叶及果序; 2. 蒴果。(李志民绘)

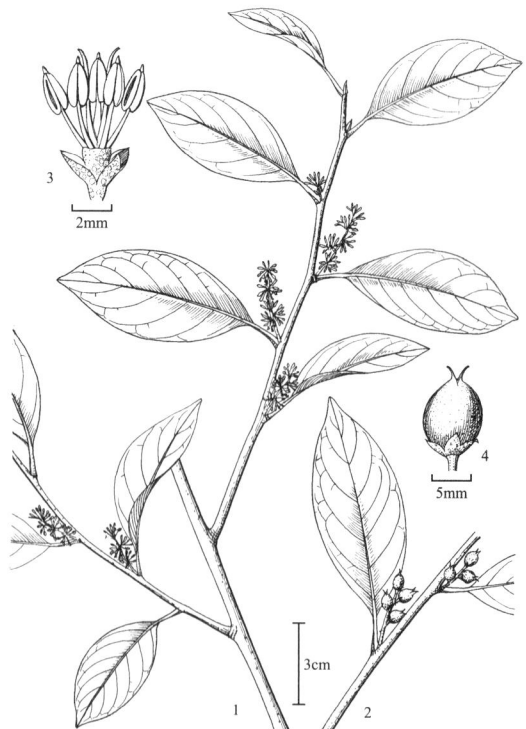

图 397 尖叶假蚊母树 Distyliopsis dunnii
1. 分枝的一段, 示叶及花序; 2. 植株分枝的一段, 示叶及果序; 3. 两性花; 4. 蒴果。(李志民绘)

无柄盾状鳞片，几无毛。叶柄长 1~1.5cm，密被鳞垢；叶片卵状长圆形至卵状披针形，长 6~11cm，宽 2~5cm，基部楔形或近钝，边缘全缘，先端急尖或渐尖，两面无毛，上面深绿色，干后有光泽；侧脉每边 6~7 条，在下面凸起，在上面干后下陷，网脉在两面不明显。苞片长圆形；雄花生于花序的下部，无花梗，花萼极短，具 5~6 萼齿，雄蕊 4~5，花丝长 4~9mm，花药长 1.7~2mm，无退化雌蕊；两性花具短花梗，萼筒长 2~3mm，雄蕊 4~11，子房被长柔毛，花柱长 4~5mm，外弯，无毛。果序上有蒴果 1~4 个，有果梗；蒴果卵球形，长 1~1.3cm，先端急尖，外果皮灰褐色，宿存的萼筒长 3~4mm，与蒴果分离，被无柄的鳞片，不规则开裂，宿存的花柱短。种子椭圆体形，长 4~5mm，褐色，有光泽，种脐白色。花期 4~6 月；果期 6~9 月。

产地：据文献记载（邢福武等主编的《深圳植物物种多样性及其保育》，第 174 页，2002 年），深圳有分布，但尚未采到标本。据文献摘录此形态描述，以备参考。

分布：江西、福建、湖南、广东、香港、广西、贵州和云南。老挝。

47. 虎皮楠科（交让木科）DAPHNIPHYLLACEAE

李秉滔

乔木或灌木。小枝具叶痕和皮孔。单叶互生，通常聚生于枝的上部，无托叶，具长柄；叶片边缘全缘，下面背被白粉或无，具小的乳头状凸起或无，上面常具光泽。总状花序腋生，单生；花小，单性，雌雄异株，有时不育；苞片早落；花萼3~6裂，宿存或脱落；无花瓣；雄花：雄蕊5~12（~18），1轮，辐射状排列，花丝比花药短，花药较大，长圆体形或卵球形，侧向纵裂，药隔多少伸出，无退化雌蕊；雌花：具5~10退化雄蕊环绕子房或无；子房卵球形或椭圆体形，2室，每室具2倒生、下垂的胚珠，花柱甚短，2分叉，弯曲或拳卷，宿存，柱头下延。果为核果，卵球形或椭圆体形，具1种子，果皮具疣状凸起或具不明显的疣状皱褶，被白粉或无，中果皮肉质，果核坚硬。种皮膜质，胚乳厚，肉质，胚小，子叶半圆柱形，与胚根等长，胚根圆柱形，具尖头。

1属25~30种，分布于印度和斯里兰卡至澳大利亚，但亚洲东部和东南部为分布中心。我国产10种（其中3个为特有种）。深圳有2种。

虎皮楠属 Daphniphyllum Blume

属的形态特征与科同。

1. 叶片倒卵形或倒卵状椭圆形，先端圆或钝；果时花萼宿存 ·· 1. **牛耳枫 D. calycinum**
2. 叶片披针形、倒卵状披针形、长圆形或长圆状披针形，先端急尖、渐尖或短尾尖；果时花萼脱落 ··············
·· 2. **虎皮楠 D. oldhamii**

1. 牛耳枫 Calyxshaped Daphniphyllum

Daphniphyllum calycinum Benth. Fl. Hongk. 316. 1861.

常绿灌木，高1.5~4（~5）m。全株无毛。小枝灰褐色，具叶痕和疏皮孔。叶柄长2.5~9cm，鲜时淡红色；叶片纸质至厚纸质，倒卵形或倒卵状椭圆形，长6~20cm，宽2.5~10cm，基部宽楔形，边缘稍反卷，先端钝或圆，具小尖头，下面常被白粉，叶面有光泽；侧脉每边8~11条，在下面突起，在上面清晰。总状花序腋生，长2~6cm；雄花：花梗长0.7~1cm；花萼盘状，直径4~5mm，3~4裂，裂片宽三角形，长约1mm，宽约0.5mm；雄蕊9~10，长约3mm，花丝很短，花药长圆体形，侧边稍扁，药隔突出；雌花花梗长5~6mm；花萼盘状，直径4~5mm，3-4裂，裂片宽三角形，长约1.5mm，宽约1mm；子房椭圆体形，长1.5~2mm，花柱很短，柱头2分叉，向外弯曲。果序长4~6cm，密集排列；核果卵状椭圆体形，长0.7~1cm，宽4~6mm，果皮被白粉，具小疣状凸起，基部具宿存花萼，顶端具宿存花柱。花期3~7月；果期7~11月。

产地：西涌（张寿洲等0802）、大鹏（张寿洲等011026）、三洲田（深圳考察队302）。深圳各地常见。

图 398　彩片 563　564

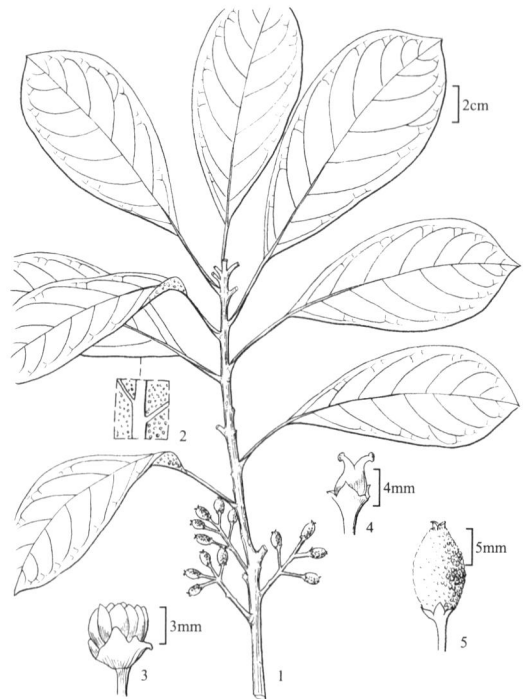

图 398 牛耳枫 Daphniphyllum calycinum
1. 分枝的一部分，示叶和果序；2. 叶的一部分放大，示下面被白粉；3. 雄花；4. 雌花；5. 核果。（林漫华绘）

生于山地疏林中或灌木丛中，海拔50~700m。

分布：江西、福建、湖南、广东、香港、澳门、广西和贵州。日本和越南。

用途：根和叶可药用。

2. 虎皮楠 Oldham Daphniphyllum

图399 彩片565 566 567

Daphniphyllum oldhamii（Hemsl.）K. Rosenthal in Engl. Pflanzenr. **68**（Iv. 147a）：8. 1919.

Daphniphyllum gleucescens Blume var. *oldhamii* Hemsl. in J. Linn. Soc. Bot. **26**：429. 1894.

常绿乔木或灌木，高4~15m，全株无毛。枝条暗褐色，常具叶痕。叶通常聚集于小枝上部；叶柄长1~3.5cm，上面具槽；叶片纸质，披针形、倒卵状披针形、长圆形或长圆状披针形，长5~12cm，宽1.5~4cm，基部楔形或钝，边缘稍反卷，先端急尖、渐尖或短尾尖，下面被白粉，上面具光泽，侧脉每边8~11条，纤细，在两面凸起，网脉明显。总状花序腋生；雄花序长2~4cm；花梗长约5mm，纤细；花萼小，不整齐4~6裂，裂片卵状三角形，长0.5~1mm；雄蕊7~10，花丝长约0.5mm，花药卵球形，长约2mm；雌花序长4~6cm；花梗长4~7mm，纤细；花萼裂片4~6，披针形；子房长卵球形，长约1.5mm，被白粉，花柱2分叉，弯曲或拳卷状。果序长达7cm；核果椭圆体形或倒卵球形，长0.8~1cm，宽5~7mm，暗褐色至黑色，果皮通常光滑，或具不明显的疣状凸起，基部无宿存花萼，顶端具2分叉弯曲的宿存花柱。花期3~5月；果期8~11月。

产地：西涌（李沛琼等012578）、南澳、大鹏（张寿洲等SCAUF992）、梧桐山（张寿洲等4323）。生于山地疏林中或灌木丛中，海拔100~350m。

分布：浙江、江西、福建、台湾、广东、香港、广西、湖南、湖北、贵州、云南和四川。日本和朝鲜半岛。

用途：植株形美观，常绿，可作绿化和观赏树种。

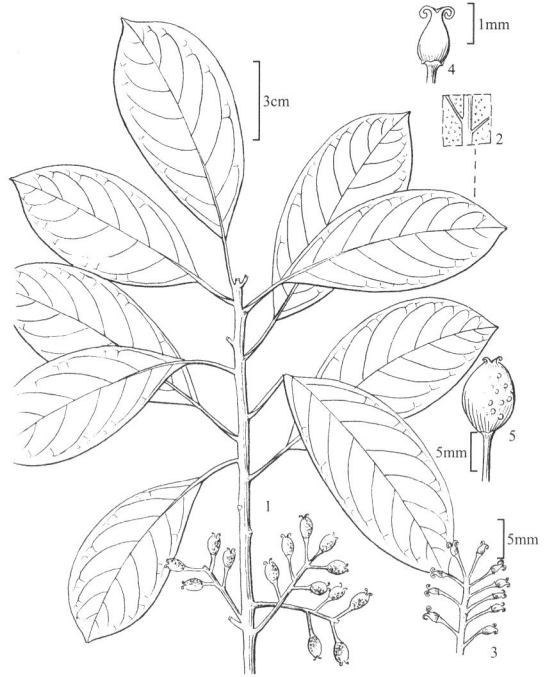

图399 虎皮楠 Daphniphyllum oldhamii
1. 分枝的一部分，示叶和果序；2. 叶的一部分放大，示下面被白粉；3. 雌花序的一部分；4. 雌蕊；5. 核果。（林漫华绘）

51. 榆科 ULMACEAE

王发国　邢福武

落叶乔木或灌木,很少常绿。冬芽具鳞片,稀无鳞片,腋芽能育,顶芽通常不育。叶为单叶,互生,稀对生,2列;叶柄通常较短;托叶2,对生,膜质,早落;叶片基部常偏斜,边缘全缘或有锯齿,叶脉羽状或基出脉3(或5)条。花小,单被,两性、杂性或单性,雌雄同株或异株,组成腋生的聚伞花序或总状花序,很少单生或簇生;花被片4~9,离生或多少合生成为花被裂片,覆瓦状或内向镊合状排列,宿存或早落;雄蕊与花被片同数且对生,很少多于裂片,贴生于花被片的基部,在花芽中直立,花丝分离,花药2室,纵裂;雌蕊由2心皮组成,子房上位,1(~2)室,每室有悬垂的1胚珠,珠被2层,花柱很短,稀较长而2裂,柱头2,生于花柱的内侧,线形。果实为翅果,有翅的小坚果或核果,顶端通常具宿存柱头。种子单生,常无胚乳,胚直立,弯曲或内卷,子叶扁平,弯曲或折叠,发芽时出土。

16属约230余种,广布于世界温带和热带地区。我国有8属46种10变种。深圳有5属9种。

1. 果为翅果 ··· 1. 榆属 Ulmus
1. 果为核果。
　2. 叶片具羽状脉。
　　3. 托叶较大,长1~2.7cm,基部合生 ·································· 2. 白颜树属 Gironniera
　　3. 托叶较小,长0.6~1cm,分离 ································· 3. 糙叶树属 Aphananthe
　2. 叶片具3条基出脉。
　　4. 雌花单生或数朵簇生,不组成花序;果较大,直径0.5~1.5cm ··········· 4. 朴属 Celtis
　　4. 雌花多朵,组成短小的聚伞花序;果较小,直径1.5~5mm ·········· 5. 山黄麻属 Trema

1. 榆属 Ulmus L.

落叶或常绿乔木或灌木。树皮粗糙,呈不规则纵裂,稀裂成块片或薄片脱落;小枝无刺,有时具对生扁平的木栓翅,或具周围膨大而不规划纵裂的木栓层。腋芽具多数覆瓦状排列的芽鳞。叶互生,2列;叶柄短;托叶2,披针状卵形至条形,膜质,早落,脱落后在叶柄基部的两侧枝上留下一条小的横痕;叶片基部常偏斜,边缘有锯齿或重锯齿,叶脉羽状,侧脉7对或更多,平行,升至齿端。花序为簇状聚伞花序,短,腋生;花梗短于或几等长于花被,被短柔毛或近无毛,基部具膜质的小苞片;花两性或杂性,簇生于去年生的老枝上,早春先于叶开放,生于当年生幼枝叶腋的秋季或冬季开放;花被钟形或漏斗状,淡绿色或微红色,4~9裂,裂片覆瓦状排列,稀镊合状排列,膜质,先端具小条裂;雄蕊与花被裂片同数且对生,着生在花被裂片的基部,花丝扁平,花药外向;子房1室,有柄或无柄,压扁,胚珠下垂或横生,花柱短或稀略伸长而2裂,柱头2,线形,被短柔毛。果为翅果,扁平,圆形、倒卵形、长圆形、椭圆形或梭形,翅膜质,稀稍厚,顶端常凹陷,柱头宿存。种子扁平或微凸,生于翅果中部或顶部,种皮薄,无胚乳,胚直立,子叶扁平或稍凸。

约20种,主要分布于亚洲、欧洲和北美洲。我国约有13种。深圳有1种。

榔榆 Langyu Elm　　　　　　　　　　　　　　　　　　　图400　彩片568　569
Ulmus parvifolia Jacq. Pl. Hort. Schoenbr. **3**: 6, pl. 262. 1798.

落叶乔木,5~12(~25)m,胸径达1m,树冠宽圆形,树干基部有时具板根;树皮灰色至淡灰褐色,近平滑或成不规则鳞片状薄片剥落,露出红褐色内皮;冬芽卵球形,红褐色,具多数覆瓦状排列的鳞片,无毛;幼枝深褐色,密被短柔毛,无翅。叶2列;叶柄长2~6mm,被短柔毛;托叶早落;叶片革质,披针状卵形至狭椭圆形,长2.5~5cm,宽1~2cm,中脉两边的长度与宽度均不相等,基部偏斜,楔形或一边圆另一边楔形,边缘具不整齐而钝的单齿，稀具重锯齿，先端急尖至钝，下面绿色，幼时被短柔毛，上面深绿色，有光泽，除中脉被短柔毛外，其余无毛，侧脉每边 10~15 条，网脉在两面均明显。花序为腋生的簇状聚伞花序，着花 3~6 朵；花梗很短，被短柔毛；花被漏斗状，裂片 4，无毛。翅果椭圆体形至卵状椭圆体形，长 1~1.3cm，宽 6~8mm，黄褐色至褐色，偶有深褐色，除顶端凹缺柱头面被微柔毛外，其余无毛；果梗长 1~3mm，短于宿存或迟落的花被，疏被短柔毛。种子单生于翅果中部稍上方，顶端离开翅果的凹缺处。花果期 8~10 月。

产地：罗湖社会福利院（李沛琼 023062）有栽培。

分布：河北、山西、河南、山东、安徽、江苏、浙江、湖北、湖南、江西、福建、台湾、广东、香港（栽培）、澳门（栽培）、广西、贵州、四川和陕西。朝鲜半岛北部、日本、印度和越南。

2. 白颜树属 *Gironniera* Gaudich.

常绿乔木或灌木。枝条无刺、无木栓层和棱翅。叶互生，排成数列；托叶大，长 1~2.7cm，质硬，常在基部合生，鞘包着冬芽，早落，脱落后在节上留下一圈痕；叶片边缘全缘或具稀疏的浅锯齿，叶脉羽状，在近边缘处结成脉环。花单性，雌雄异株，稀同株，为腋生的聚伞花序，或雌花单生于叶腋；雄花：花被片 5，覆瓦状排列，基部合生，雄蕊 5，花丝短，直立；退化雌蕊呈一簇毛状；雌花：花被片 5，子房无柄，花柱短，柱头 2，条形，柱头面具许多小的乳头状凸起，胚珠倒垂。核果卵球形或近球形，压扁或几不压扁，内果皮骨质。种子有胚乳或缺，胚旋卷，子叶狭窄。

约 6 种，分布于斯里兰卡、亚洲东南部和太平洋岛屿。我国有 1 种。深圳有分布。

白颜树 White Gironniera   图 401 彩片 570

Gironniera subaequalis Planch. in Ann. Sci. Nat. Bot., sér. 3, **10**: 339. 1848.

乔木，高 10~20(~30)m，胸径 0.25~0.5(~1)m。树皮灰色至深灰色，平滑；小枝淡黄绿色或褐色，疏被长粗毛。叶柄长 0.5~1.5cm，疏被长糙伏毛；托叶成对，披针形，长 1~2.7cm，背面被糙伏毛，脱落后在枝上留有一环状托叶痕；叶片革质，椭圆形至长椭圆形，长 8~25cm，宽 4~10cm，基部阔楔形或钝，边缘近全缘或在近顶部边缘有疏细齿，先端短尾状渐尖，下面灰绿色，稍粗糙，沿脉被长糙伏毛，有时变无毛，

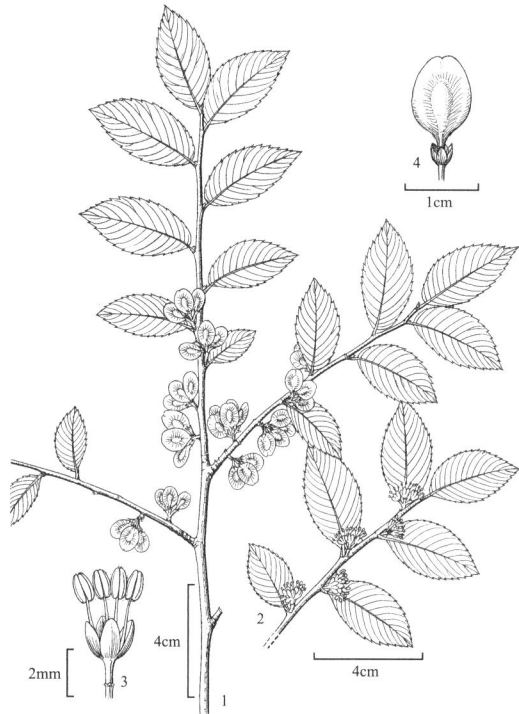

图 400 榔榆 Ulmus parvifolia
1. 分枝的一部分，示叶及果序；2. 分枝的一部分，示叶及花序；3. 花；4. 翅果。（李志民绘）

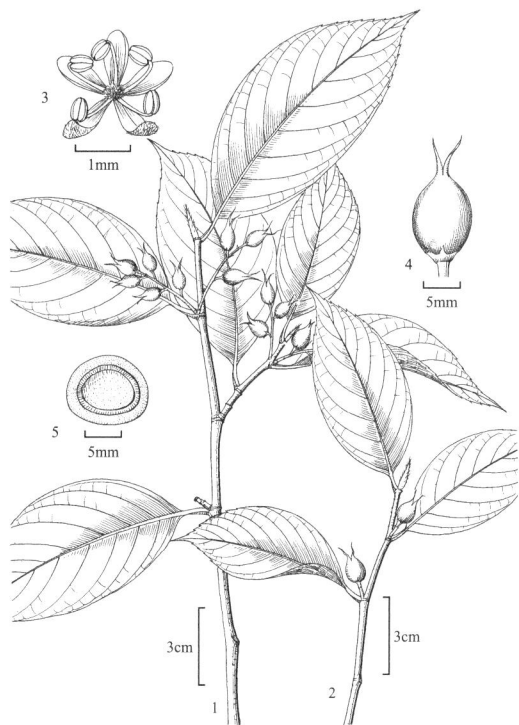

图 401 白颜树 Gironniera subaequalis
1. 分枝的一部分，示叶及果序；2. 分枝的一部分，示叶及果；3. 果；4. 核果；5. 核果横切面。（李志民绘）

上面亮绿色，平滑，无毛，侧脉每边 8~12 条，在背面明显凸起。花单性，雌雄异株；花序梗和花序轴疏被糙伏毛；聚伞花序成对腋生；雄花序多分枝，长 1~3cm；雌花序总状，有时单花腋生；雄花直径约 2mm，花被片 5，宽椭圆形，边缘膜质，外面被糙毛。果序具 1~5 核果；核果近无柄或有短柄，椭圆体形，长约 1cm，成熟时黄色，无毛，内果皮淡红橘色，肉质，两侧具 2 钝棱，具宿存花被和花柱。花期 2~4 月；果期 7~11 月。

产地：南澳（邢福武 RE，IBSC）。生于低海拔林中。

分布：广东、香港、海南、广西和云南。缅甸、泰国、老挝、柬埔寨、越南和马来西亚。

用途：木材供制家具；叶药用，治寒湿。

3. 糙叶树属 Aphananthe Planch.

落叶或半常绿乔木或灌木。小枝无刺，也无木栓层或棱翅。叶互生，2 列或数列，具柄；托叶 2，较小，长 0.6~1cm，分离，早落，脱落后在叶柄基部两侧的枝上留有一短的横痕；叶片纸质或革质，边缘具锯齿或全缘，具羽状脉。花与叶同时生出，单性，雌雄异株或同株；雄花序为聚伞花序，腋生；雌花序仅有 1 花，单生于叶腋；雄花：花被 4~5 深裂，裂片为覆瓦状排列；雄蕊与花被裂片同数，花丝直立或在顶部内折，花药长圆形；雌花：花被片 4~5，较窄，稍覆瓦状排列；子房被毛，花柱短，柱头 2，条形。核果卵球形至近球形，外果皮多少肉质，内果皮骨质。种子具薄的胚乳或无，胚内卷，子叶狭窄。

约 5 种，分布于亚洲热带和亚热带地区，以及马达加斯加、墨西哥和太平洋各岛屿。我国产 2 种。深圳有 1 种。

滇糙叶树 Small-leaved Aphananthe　　　　　　　　　　　　图 402　彩片 571

Aphananthe cuspidata（Blume）Planch. in DC. Prodr. **17**：209. 1873.

Cyclostemon cuspidatum Blume，Bijdr. 599. 1825.

Gironniera cuspidata（Blume）Kurz，For. Fl. Brit. Burma **2**：470. 1877；海南植物志 **2**：370. 1965.

乔木，高 12~20（~33）m，胸径 0.5~0.8（~1.5）m。树皮淡灰褐色，通常平滑；小枝纤细，疏被短柔毛或无毛。叶柄长 0.7~1.2cm，纤细，无毛；托叶披针形，长 0.6~1cm，背面被短柔毛；叶片狭卵形、卵形或长圆状披针形，长（5~）10~15cm，宽（2~）3~5（~7）cm，基部圆至宽楔形，边缘通常全缘或有不明显的疏锯齿，先端尾状渐尖，叶脉羽状，侧脉每边 6~10（~17）条，在近边缘网结，细脉结成网状，在两面明显。花雌雄同株或异株；雄花：直径约 2mm，成对腋生，或组成长 3~7cm 的聚伞茶序；花被片 5，倒卵状长圆形，外面被微柔毛；花药无毛；雌花：单生于叶腋；花被片 5，狭卵形，长约 2mm，宿存。核果卵球形，长 1.3~2cm，宽 0.7~1.2cm，压扁，无毛，成熟时褐红色，具宿存花被和花柱；果梗与果实等长或稍长。种子 1。花期 3~4 月或 9~11 月；果期 7~9 月或 11~12 月。

产地：葵涌、梧桐山（古树调查组 3227）、沙头角（肖绵韵 53294）。生于山地林中，海拔 10~100m。

分布：广东（南部）、香港、海南和云南（南部）。

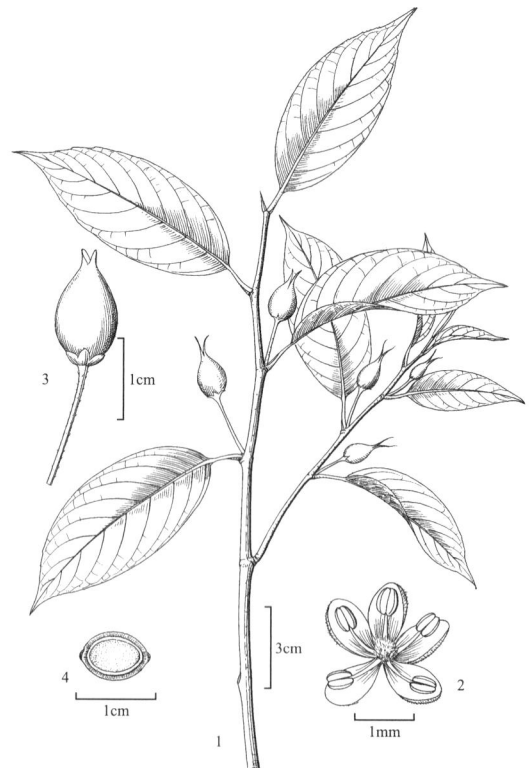

图 402 滇糙叶树 Aphananthe cuspidata
1. 分枝的一部分，示叶及果；2. 花；3. 核果；4. 核果横切面。
（李志民绘）

印度、不丹、斯里兰卡、缅甸、泰国、越南、马来西亚和印度尼西亚。

4. 朴属 Celtis L.

常绿或落叶乔木或灌木。小枝无刺，无木栓层或翅。冬芽有鳞片或无。叶互生，排成数列，具叶柄；托叶 2，分离，膜质或厚纸质，脱落，脱落后在叶柄基部两边枝上留有一短横痕，或顶生的宿存并包着冬芽；叶片纸质至革质，基部通常偏斜，边缘具锯齿或全缘，具基出脉 3 条，侧脉每边 3~5 条，不达边缘齿尖。花序为圆锥花序、总状花序或簇状小聚伞花序，生于当年生的小枝上；花小，单性、两性或杂性；雄花序生于小枝下部叶腋或无叶处；雌花或两性花则单生或数朵簇生于小枝上部叶腋；花被片 4~5，仅基部稍合生，早落；雄蕊与花被片同数，着生于具柔毛的花托上；雌蕊具短花柱，柱头 2，线形，先端全缘或 2 裂，子房 1 室，具 1 倒生胚珠。果为核果，较大，直径 0.5~1.5cm，内果皮骨质，表面有网孔状凹陷或近平滑。种子 1，充满核内，胚乳贫乏或无，胚弯曲，子叶宽。

本属约 60 种，分布于世界温带和热带地区。我国约有 11 种。深圳 3 种。

1. 叶片边缘全缘或近顶部有不明显的细齿；常绿乔木 ·· 1. **假玉桂 C. timorensis**
1. 叶片边缘中部以上有明显的粗齿；落叶乔木。
  2. 叶片干时上面常变黑色，先端渐尖至尾状渐尖；冬芽密被糙伏毛 ····················· 2. **紫弹树 C. biondii**
  2. 叶片干时上面不变黑色；叶先端急尖或渐尖；冬芽无毛或有不明显的短柔毛·············· 3. **朴树 C. sinensis**

1. 假玉桂 樟叶朴 Philippine Hackberry   图 403

Celtis timorensis Span. in Linnaea 15：343. 1841.

Celtis cinnamomea Lindl. ex Planch. in Ann. Sci. Nat. ser. 3，**10**：303. 1848；广东植物志 **2**：221，图 142. 1991.

Celtis philippensis auct. non Blanco：海南植物志 **2**：368. 1965.

常绿乔木，高 4~15(~20)m。树皮灰色、灰白色或淡灰褐色；幼枝密生金黄色贴伏的短柔毛，老枝无毛，有散生短条形皮孔。冬芽褐色，长约 2mm，外部鳞片近无毛，内部鳞片被褐色短柔毛。叶柄长 0.3~1.2cm，被短柔毛，后变无毛；托叶条形或条状披针形，长 2~7mm，被短柔毛，早落；叶片卵状椭圆形或卵圆形，长 5~15cm，宽 2.7~7.5cm，近革质，基部宽楔形至圆形，偏斜，边缘全缘或近顶部有不明显的细齿，先端短渐尖至尾状渐尖，幼时两面密生金褐色的短柔毛，后变无毛，基生脉 3 条，2 条侧生基脉伸达叶片中部以上，侧脉每边 2~3 条，网脉不明显。小聚伞圆锥花序生于小枝上的叶腋，分枝少，长 1.5~2cm，幼时有金褐色柔毛，具约 10 花，小枝下部的花序全为雄花，在小枝上部的花序为雌花或两性花；花梗长约 2mm；花被片 4，长圆形，长约 2mm，边缘有缘毛；雄蕊 4；子房长圆形，无毛，着生于有粗毛的花托上，花柱 2，全缘，长 2~2.5mm，有黄色乳突状粗毛。果序有分枝，长 2~3.5cm，被短柔毛或无毛，具 3~4 核果及几个花凋落后留下的凸起的痕迹；果宽卵球形，长 8~9mm，宽约 5mm，基部圆，先端成一短喙状，熟时黄色至橙红色；核卵球形，长约 6mm，白色，表

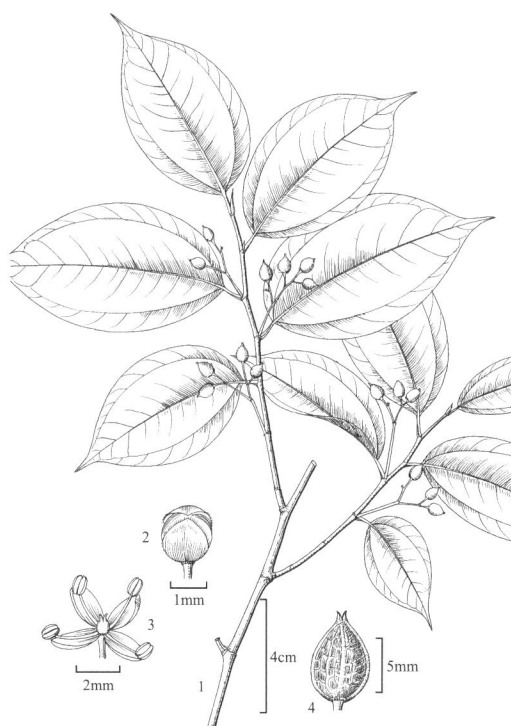

图 403 假玉桂 Celtis timorensis
1.分枝的一部分，示叶及果序；2.花蕾；3.花；4.核果。(李志民绘)

面有网孔状凹陷，具 4 肋。花期 3~5 月。

产地：东涌、七娘山（邢福武等 11009，IBSC）、南澳（张寿洲等 2072）、笔架山、梧桐山（王国栋 6389）、内伶仃岛（李沛琼 1986）。生于山地密林下水旁、山坡丛林中及海边，海拔 50~400m。

分布：福建、广东、香港、海南、广西、贵州、云南、四川和西藏。印度、尼泊尔、孟加拉国、斯里兰卡、缅甸、泰国、越南、马来西亚、菲律宾和印度尼西亚。

2. 紫弹树 黑弹朴 Biond's Hackberry

图 404 　彩片 572

Celtis biondii Pamp. in Nuovo Giorn. Bot. Ital., n. s. **17**(2)：252-253. f. 3. 1910.

落叶乔木，高 8~15(~18)m。树皮暗褐色；当年生小枝密被短柔毛，后毛渐脱落，淡黄褐色，老时褐色，有散生的皮孔。冬芽淡黑褐色，长 3~5mm，密被糙伏毛，芽鳞内面被糙硬毛。叶柄长 3~6mm，幼时有短柔毛，上面具一宽的浅槽；托叶条状披针形，被短柔毛，迟落；叶片薄革质，宽卵形、卵形至卵状椭圆形，长 2.5~8cm，宽 2~4cm，基部钝至近圆形，稍偏斜，先端渐尖至尾状渐尖，边缘中部以上疏生浅齿，反卷，两面被微糙毛，或上面无毛，下面脉上有柔毛，基出脉 3 条，在下面明显凸起，有脉的中上部常发出 1-2 对明显的侧脉，干时上面常变为黑色。聚伞花序有 2-3 分枝，长 1.5~2.5cm，被柔毛；花被裂片 4，边缘有缘毛；子房着生于花托上，花柱 2，线形，不分裂。核果椭圆体形，长 5~7mm，熟时黄色至橘红色，核具 4 肋，表面有网孔状凹陷；果梗长 1.2~1.5cm。花期 3~5 月；果期 8~10 月。

产地：七娘山、南澳（邢福武等 12247，IBSC）、葵涌（张寿洲等 2253）、排牙山、沙头角、梧桐山（深圳植物志采集队 013390）。生于疏林或密林中，海拔 50~530m。

分布：安徽、江苏、河南（南部和西部）、湖北、福建、台湾、广东、香港、澳门、广西、贵州、云南、四川、陕西（南部）和甘肃（东南部）。日本和朝鲜半岛。

3. 朴树 Chinese Hackberry

图 405 　彩片 573

Celtis sinensis Pers. Syn. Pl. **1**：292. 1805.

落叶乔木，高 6~12m。树皮灰色；幼枝密生锈色短柔毛，老枝淡灰褐色，无毛，散生椭圆形皮孔。冬芽褐色，长 1~3mm，无毛或有不明显的短柔毛。叶

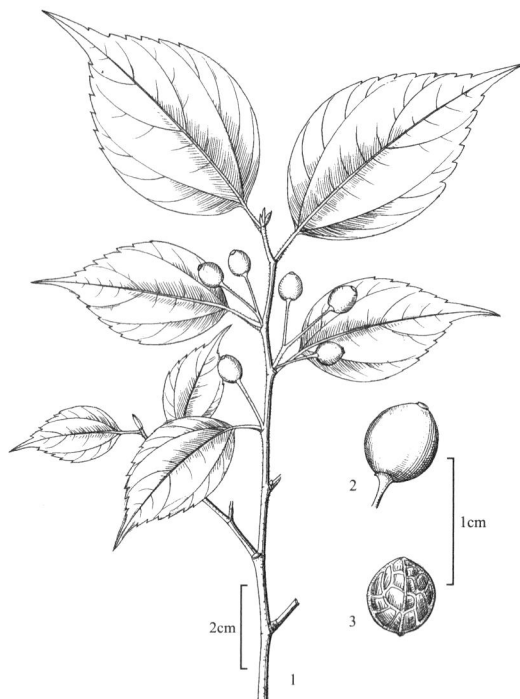

图 404 　紫弹树 Celtis biondii
1. 分枝的一部分，示叶及果序；2. 核果；3. 果核。（李志民绘）

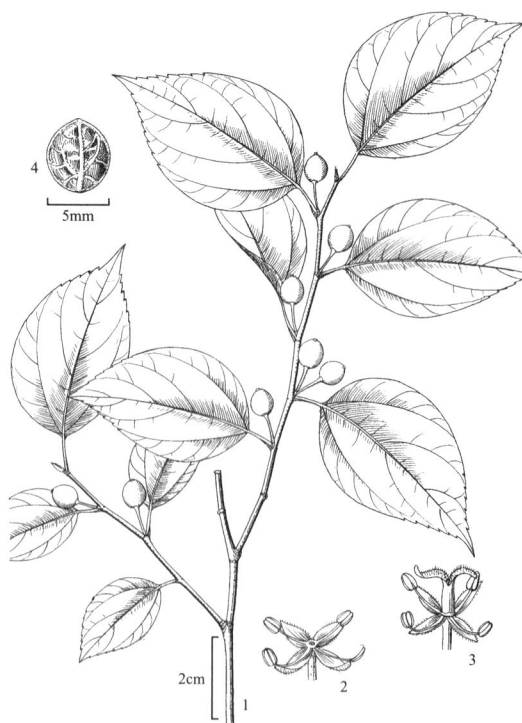

图 405 　朴树 Celtis sinensis
1. 分枝的一部分，示叶及果；2. 雄花；3. 两性花；4. 果核。（李志民绘）

柄长 0.3~1.5cm，被短柔毛，上面具宽的浅槽；托叶条形至披针形，长 3~5mm，被短柔毛，早落；叶片薄革质
或厚纸质，卵形至卵状椭圆形，长 3~7(~15)cm，宽 2.5~5cm，基部圆形或斜楔形，稍偏斜，边缘在基部或中
部以上有浅钝齿，有时全缘，先端急尖或渐尖，幼时两面密生短柔毛，成长后上面无毛，干时不变为黑色，下
面被毛或仅脉上被毛，脉腋常有簇毛，侧脉每边 2~3 条，网脉不甚明显。花杂性；雌花 1~3 朵生于新枝上部叶
腋间；雄花：生于新枝下部排成聚伞花序，花被片 4，外面有微柔毛，雄蕊 4；雌花：花被片与雄花的相同；子
房长卵形，花柱 2，外弯。果序单生，纤细，长 1~2.5cm，无毛；果梗长 0.3~1cm，近无毛；核果近球形，直径
6~8mm，熟时红褐色；果核白色，近球形，有窝点和突肋。花期 3~5 月；果期 9~10 月。

产地：七娘山（仙湖华农学生采集队 012460）、梧桐山（张寿洲 3704）、羊台山（张寿洲等 1233）、内伶仃岛（张
寿洲等 3815）。深圳市各地常见。生于山坡、林缘、村庄、海边或路旁，海拔 25~400m。

分布：山东（东北部）、河南、安徽、江苏、浙江、湖北、湖南、江西、福建、台湾、广东、香港、澳门、广西、
贵州、四川和甘肃。朝鲜半岛和日本。

用途：木材轻而硬，可供制家具；根皮药用，治腰痛。

5. 山黄麻属 Trema Lour.

常绿大灌木或小乔木。小枝无刺，无木栓层或枝翅。叶互生，排成数列，具短柄；托叶 2，分离，早落，
脱落后在叶柄基部两侧枝上留有一短横痕；叶片卵形或狭披针形，常粗糙，边缘有锯齿，基出脉 3 条或为羽状
脉。花单性，雌雄同株或异株或杂性，排成腋生短小的聚伞花序，具短的花序梗；雄花：花被片（4~）5，内弯，
在花芽中呈内向镊合状或稍覆瓦状排列，雄蕊 4~5，与花被片同数且对生，有或无退化雌蕊，退化雌蕊如存在，
基部具一环短柔毛；雌花花被片与雄花的相同；子房无柄，基部具一环短柔毛，着生于有粗毛的花托上，花柱短，
柱头 2，条形，柱头面被微毛，胚珠单生，下垂。核果小，直立，椭圆体形或近球形，直径 1.5~5mm，有宿存花被
片和柱头，或稀花被片脱落；外果皮稍肉质，内果皮骨质。
种子 1，具肉质的胚乳，胚弯或内卷，子叶狭窄。

约 15 种，分布于世界热带和亚热带地区。我国
有 6 种 1 变种。深圳有 3 种。

1. 叶片下面除脉上疏被短柔毛外，其余无毛，上面
  无毛 ·························· **1. 光叶山黄麻 T. cannabina**
1. 叶片下面密被灰白色绒毛或疏被短柔毛，上面粗
  糙，疏被短柔毛。
  2. 叶片下面密被灰褐色绒毛；核果卵球形，直径
    2~3mm；灌木或小乔木，高 5~10m ··············
    ···················· **2. 山黄麻 T. tomentosa**
  2. 叶片下面密被短柔毛；核果近球形或卵球形，
    直径 3~5mm；乔木，高达 20m ·················
    ·····················**3. 异色山黄麻 T. orientalis**

1.　光叶山黄麻 Naked-leaved Wildjute

图 406　彩片 574　575

Trema cannabina Lour. Fl. Cochinch. **2**: 563. 1790.

Trema virgata（Roxb. ex Wall.）Blume, Mus. Bot.
2: 59. 1852；海南植物志 **2**: 370. 1965.

灌木或小乔木，高达 6m；树皮淡灰褐色，平滑；

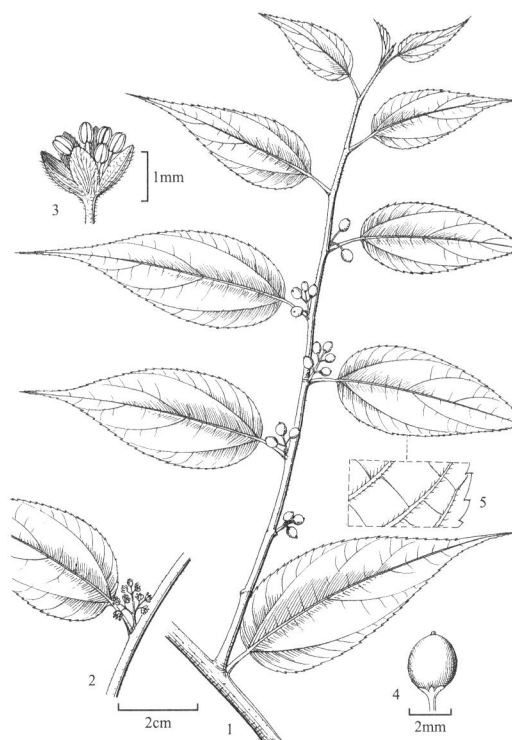

图 406 光叶山黄麻 Trema cannabina
1. 分枝的一部分，示叶及果序；2. 分枝的一部分，示叶及
花序；3. 雄花；4. 核果。（李志民绘）

当年生小枝纤细，绿色、褐色或淡紫红色，密生白色短柔毛，后毛渐脱落。叶柄长 4~8mm，密生或疏生白色短柔毛；托叶条状披针形，长 2~5mm；叶片近膜质，卵状长圆形至卵状披针形，长 4~9cm，宽 1.5~4cm，基部圆形，截形或浅心形，边缘有细锯齿，先端渐尖至尾状渐尖，下面无毛或沿脉上疏生细毛，后毛渐脱落，上面无毛，平滑或略粗糙，基出脉 3 条，侧脉每边 2~3 条，网脉在下面较在上面明显。聚伞花序腋生，与叶柄近等长或略长于叶柄；花序梗和花梗密生短柔毛或近无毛；花单性，雌雄同株；雄花序常生于花枝的下部叶腋；雌花序常生于花枝的上部叶腋；雄花：直径约 1mm：花被片 5，倒卵形，背面无毛或近无毛，雄蕊 5；雌花：直径约 2mm，花被片 5，背面无毛，顶部有时有缘毛。核果卵球形，直径 2~3mm，无毛，熟时橘红色，有宿存花被；核有皱纹。花期 3~7 月；果期 8~10 月。

产地：三洲田（深圳考察队 5）、梧桐山（张寿洲 3982）、罗湖区林果场（深圳考察队 1933）。生于山地疏林、林缘、山坡灌丛及路旁，海拔 20~950m。

分布：安徽、江苏（南部）、浙江、江西、福建、台湾、广东、海南、广西、湖南、湖北、贵州、四川、云南和西藏。印度、尼泊尔、缅甸、泰国、老挝、柬埔寨、越南、日本、马来西亚、菲律宾、澳大利亚和太平洋诸岛屿。

2. 山黄麻 India-charcoal Trema   图 407   彩片 576

Trema tomentosa（Roxb.）H. Hara，Fl. E. Himalaya, 2nd. Rep. 19. 1971.

Celtis tomentosa Roxb. Fl. Ind. ed. 1832，**2**：66. 1832.

乔木或灌木，高 5~10m。树皮灰褐色，平滑或细龟裂；小枝淡灰褐色至褐色，密被直立或斜展的灰褐色或灰色短柔毛。叶柄长 0.7~1.6cm，密被直立或斜展的灰褐色短柔毛；托叶条状披针形，长 6~9mm；叶片纸质或薄革质，宽卵形或卵状短圆形，稀宽披针形，长 7~16（~20）cm，宽 3~7（~8）cm，基部心形，偏斜，边缘有细锯齿，先端渐尖至尾状渐尖，下面有密的灰褐色短绒毛，上面粗糙，有粗硬毛；基出脉 3 条，侧生的一对达叶片中上部，侧脉 4~5 对。雄花序长 2~4.5cm；雄花直径约 2mm，几无梗，花被片 5，卵状长圆形，外面被微柔毛，边有缘毛，雄蕊 5，退化雌蕊倒卵状长圆形，压扁，透明，基部有一环短柔毛；雌花序长 1~2cm；雌花具短梗，果时梗增长，花被片 4 或 5，三角状卵形，长 1~1.5mm，子房无毛。核果宽卵球状，压扁，直径 2~3mm，表面无毛，成熟时

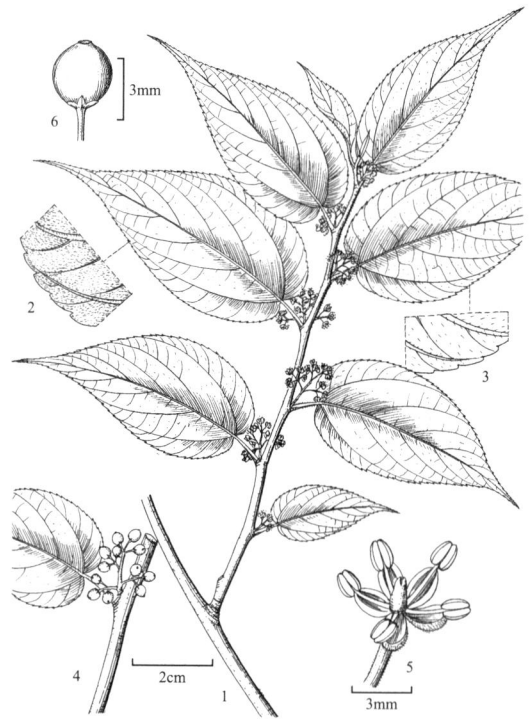

图 407 山黄麻 Trema tomentosa
1. 分枝的一部分，示叶及花序；2. 叶片的一部分放大，示下面的毛被；3. 叶片的一部分放大，示上面的毛被；4. 分枝的一部分，示叶及果序；5. 雄花；6. 核果。（李志民绘）

紫褐色或紫黑色，具不规则的蜂窝状皱纹，具宿存的花被。种子宽卵形，压扁，长 1.5~2mm，两侧具棱。花期 3~8 月；果期 9~11 月。

产地：南澳（邢福武等 10280，IBSC）、笔架山（张寿洲等 1086）、小梅沙（张寿洲等 0823）。深圳市各地常见。生于灌丛中、海边或路旁，海拔 50~600m。

分布：福建、台湾、广东、香港、澳门、海南、广西、贵州、云南、四川和西藏。日本、尼泊尔、不丹、孟加拉国、巴基斯坦、印度、斯里兰卡、缅甸、老挝、越南、柬埔寨、马来西亚、澳大利亚东北部、太平洋诸岛屿、非洲东部和马达加斯加。

3. **异色山黄麻** India Chareoal Trema

图 408　彩片 577

Trema orientalis（L.）Blume，Mus. Bot. **2**：62. 1852.

Celtis orentalis L. Sp. Pl. **2**：1044. 1753.

乔木，高达 20m，胸径达 80cm。树皮灰色，平滑；小枝灰褐色，密被短柔毛；老枝有不规则的裂隙。叶柄长 0.8~2cm；托叶条状披针形，长 5~9mm；叶片宽 5~8cm，近革质，下面干时灰绿色，密被短柔毛，幼时毛甚密，上面粗糙，绿色，无毛或疏被粗硬毛，基部心形、浅心形或圆，多少偏斜，边缘有细的锯齿，先端渐尖至急尖，基出脉 3 条，侧脉每边 4~6条。雄花序长 1.8~2.5cm；雌花序长 1~2.5cm；雄花直径 1.5~2mm，无梗，花被片 5，卵状圆锥形，稍压扁，在基部有一圈曲柔毛；雌花具花梗，花被片 4 或 5，三角状卵形，长 1~1.5mm，外面疏被微柔毛，边缘有缘毛。核果卵球形或近球形，稍压扁，长 3~5mm，直径 2.5~3.5mm，成熟时黑色，有皱，具宿存的花被。种子宽卵球形，直径 2~3mm，稍压扁。花期 3~5 月；果期 6~11 月。

产地：观澜（张寿洲等 1274）。生于山坡路旁，海拔 100~200m。

分布：福建、台湾、广东（西南部）、香港、澳门、海南、广西（西部）、贵州（西南部）、云南和西藏。日本、尼泊尔、印度、斯里兰卡、缅甸、泰国、越南、马来西亚、印度尼西亚、澳大利亚和太平洋诸岛屿。

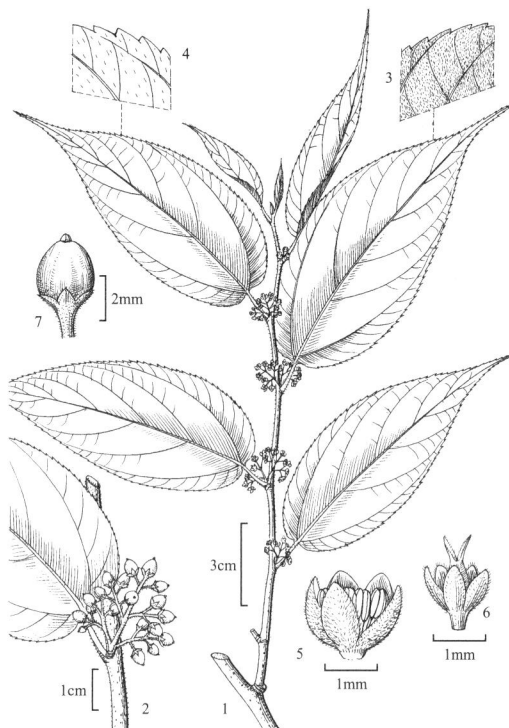

图 408 异色山黄麻 Trema orientalis
1. 分枝的一部分，示叶及花序；2. 分枝的一部分，示叶及果序；3. 叶片的一部分放大，示下面的毛被；4. 叶片的一部分放大，示上面的毛被；5. 雄花；6. 雌花；7. 核果。（李志民绘）

52. 大麻科 CANNABACEAE

李秉滔

一年生或多年生直立或攀援草本，通常具钟乳体（cystolith：是植物细胞内的碳酸钙结晶，由碳酸和细胞壁结合而成的物体，生于毛的基部）。茎具钩或翅。叶互生或对生，掌状分裂或掌状复叶，具叶柄；托叶2，分离；叶片边缘有锯齿，具羽状脉或掌状脉。花单性，雌雄异株或有时同株；雄花序为具1苞片的聚伞圆锥花序；雄花有花梗，萼片5，分离，花瓣无，雄蕊5，与萼片对生，花丝短，花药2室，纵裂；雌花序为具1苞片的穗状聚伞花序，直立或下垂；雌花无花梗，花萼膜质，紧贴于子房，无花瓣，子房上位，1室，1胚珠，生于子房室顶部，下垂，花柱2深裂，裂片丝状。果为瘦果，被宿存的花萼所覆盖，胚乳肉质，胚弯曲或旋转内卷。

2属4种，分布于亚洲、非洲北部、北美和欧洲。我国有2属4种。深圳引入栽培1属1种。

葎草属 Humulus L.

一年生或多年生攀援草本。茎、枝和叶柄具棱及刺毛或倒钩刺。单叶对生，具长柄，掌状分裂，具3~7（~9）裂片，或不裂，具掌状脉。雄花序为疏松的聚伞圆锥花序；雄花花梗短，萼片5，分离，雄蕊5，花丝在花芽时直伸，花药长圆形，2室，纵裂；雌花序为穗状聚伞花序；雌花1（~2）花生于宿存覆瓦状排列的苞片内，花萼薄膜质，紧贴子房，边缘全缘，花瓣退化，子房具胚珠1，花柱2裂，裂片丝状。果为瘦果，宽卵球形，具宿存的花萼，果藏于苞片内，果皮壳质。种子1，近圆形，胚螺旋状内卷，子叶狭。

3种，分布于亚洲、欧洲和北美。我国有3种。深圳栽培1种。

葎草 假苦瓜 苦瓜藤 Japanese Hop　　　　　　　　图 409　彩片 578

Humulus scandens（Lour.）Merr. in Trans. Amer. Philos. Soc., n. s. **24**（2）：138. 1935.

Antidesma scandens Lour. Fl. Cochinch. **1**：157. 1790.

一年生攀援草本，长达5m。茎、枝和叶柄具疏或密的刺毛及倒钩刺。叶对生；叶柄长5~10cm；叶片纸质，掌状3~7（~9）裂，长7~10cm，宽7~10cm，有时不裂，基部心形，基部两侧裂片较小，顶端1裂片较大，裂片卵形或卵状三角形，长2.5~8cm，宽1.5~4.5cm，边缘具锯齿，下面疏被糙伏毛及脉上具倒钩刺，有黄色腺体，上面被疏被糙伏毛及淡白色腺点，掌状脉3~7（~9）条，在两面均凸起。雄花序长15~25cm；雄花萼片长圆形，长约3mm，黄绿色；雌花序短，长约5mm，果期时伸长达1.5（~2）cm；雌花2花生于宿存的卵形苞片内，花萼退化呈一薄膜片，紧贴子房，花瓣退化，子房卵形，1室，具1胚珠，花柱2裂，裂片丝状，伸出苞片之外。瘦果长卵形，成熟时露出苞片外，长约2mm，先端具短尖，疏被短柔毛。种子1，长圆形，长约1.5mm。花期7~8月；果期9~10月。

产地：仙湖植物园有栽培。

分布：除新疆、青海、宁夏及内蒙古外，全国南北各地均有分布。日本、朝鲜半岛和越南也有分布。欧洲和北美东部已有归化。

用途：全草可药用，有清热解毒、凉血、利尿消肿之功效。

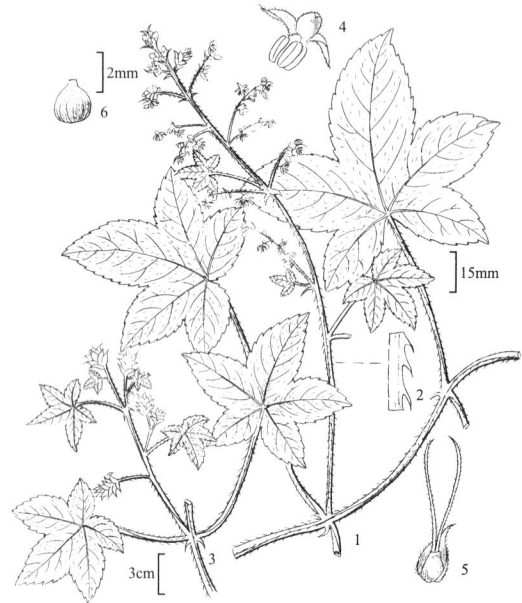

图 409 葎草 Humulus scandens
1. 分枝的一部分，示叶和雄花序；2. 分枝的一段放大，示其上的倒钩刺；3. 分枝的一部分，示叶和雌花序；4. 雄花；5. 苞片和雌花；6. 瘦果。（林漫华绘）

53. 桑科 MORACEAE

李沛琼

乔木，直立、攀援或匍匐灌木，稀草本。植物体通常有乳汁，稀无乳汁，有的有刺。单叶互生，稀对生；托叶通常早落，稀迟落；叶柄明显；叶片边缘全缘、有锯齿或掌状分裂，具羽状脉或掌状脉。花序腋生，单生或成对，为总状花序、穗状花序或为球形的头状花序，稀为聚伞花序，有的花生于膨大呈坛状或球状并为肉质的花序托内壁而组成隐头花序（syconium）；花单性，雌雄同株或异株，很小，花被片（彼此分离）或花被裂片（基部或中部以下合生）（1~）2~4（~8），覆瓦状排列或镊合状排列；雄花：花萼裂片2~4，覆瓦状或镊合状排列，宿存；雄蕊与花萼裂片同数并对生，在芽时直或内弯，花药1或2室，纵裂；退化雌蕊有或无；雌花：花萼裂片通常4，覆瓦状排列或镊合状排列，宿存；子房上位，半下位或下位，1（~2）室，每室有1胚珠，胚珠倒生或弯生，花柱有1或2分枝，柱头通常线形。果为1核果，稀为瘦果，有的被膨大的花萼所包或嵌入肉质的花序托内，形成聚花果（multiplefruit）。种子单1，有或无胚乳。

约43属1100~1400多种，广布于热带和亚热带地区，少数分布至温带。我国有9属144种。深圳有7属44种4变种。

1. 花序为穗状花序、总状花序或球形的头状花序。
　2. 雌、雄花序均为穗状花序 ··· 1. 桑属 Morus
　2. 雄花序为穗状花序，雌花序为头状花序，或雌雄花序均为头状花序。
　　3. 雄花序为穗状花序，雌花序为头状花序。
　　　4. 乔木，直立或攀援灌木；雌花序上的花大多数能育；核果不包于宿存的花被内 ······ 2. 构属 Broussonetia
　　　4. 攀援灌木；雌花序仅1~2（~5）花能育，其余的花不育；核果包于宿存的花被内 ······ 3. 牛筋藤属 Malaisia
　　3. 雌、雄花序均为头状。
　　　5. 植物体有刺；花雌雄异株；雄花具（3~）4（~5）枚雄蕊 ································ 4. 柘属 Maclura
　　　5. 植物体无刺；花雌雄同株，雄花具1雄蕊 ································· 5. 波罗蜜属 Artocarpus
1. 花序为聚伞花序或隐头花序。
　6. 乔木、灌木、攀援或匍匐灌木；花序为隐头花序，由多数很小的花生于肉质、膨大的花序托内壁组成 ···
　　·· 6. 榕属 Ficus
　6. 草本；花序为聚伞花序 ··· 7. 水蛇麻属 Fatoua

1. 桑属 Morus L.

落叶乔木或灌木。植物体有乳汁。叶互生；托叶分离，近侧生，早落；叶片边缘有锯齿，不裂或掌状深裂，基出脉3~5条，侧脉羽状。花雌雄同株或异株；雄花序腋生，穗状，具多数花；花序梗短；雌花序腋生，短穗状至头状；花序梗长或短；雄花：花萼裂片4，覆瓦状排列；雄蕊4，与花被裂片对生，在芽时内折；退化雌蕊陀螺形；雌花：花被裂片4，覆瓦状排列，结果时增厚为肉质；子房1室，花柱有或无，柱头2裂，下面被短柔毛或乳头状凸起。聚花果（桑椹）肉质，多汁，由多数瘦果组成；瘦果被增大并为肉质的花被所包，外果皮肉质，内果皮壳质。种子近球形，胚乳丰富，肉质，胚内弯，子叶椭圆形。

约16种，广布于温带地区及热带非洲、热带亚洲及南美洲的山区。我国产11种。深圳产1种。

桑 White Mulberry　　　　　　　　　　　　　　　　　　　　图 410　彩片 579
Morus alba L. Sp. Pl **2**: 986. 1753.
落叶乔木或灌木，高3~10m。树皮灰色，具不规则的浅纵沟；分枝多，被微柔毛。托叶披针形，长

2~3.5cm，与叶柄均密被短柔毛；叶柄长 1.5~5.5cm；叶片卵形至宽卵形，长 5~20cm，宽 5~12cm，基部圆或浅心形，边缘有粗锯齿，不裂或有不规则的分裂，先端急尖、渐尖或钝，下面沿中脉疏被短柔毛，在中脉及侧脉的脉腋处被髯毛，上面光亮，无毛。雄花序穗状，下垂，长 2~3.5cm，密被白色短柔毛；雌花序短穗状，长 1~2cm，直径 0.7~1cm，被短柔毛；花序梗长 0.5~1cm，直立或下弯；雄花花被裂片宽椭圆形、淡绿色，花药球形至肾形，2 室，纵裂，有腺状附属体，退化雌蕊短柱状；雌花无花梗，直径约 2mm，花被裂片长圆形，先端钝，外面及边缘被短柔毛，子房无毛，无花柱，柱头 2 分枝，分枝叉开，具乳头状凸起。聚花果卵球形、椭圆体形或圆柱形，长 1.5~3cm，直径 0.8~1.5cm，未成熟时红色，成熟时黑紫色或紫红色，有时白色，肉质。花期 2~5 月；果期 5~8 月。

产地：西涌（张寿洲等 0853）、仙湖植物园（黄勉 012890）、内伶仃岛（李沛琼 2033）。深圳各地均有野生或栽培。

分布：原产于我国中部及北部，现我国各地均有野生或栽培。世界各地均有栽培。

用途：根皮、枝条、叶及果均入药；叶为养蚕的主要饲料；果可食并可用于酿酒或制果酱等。

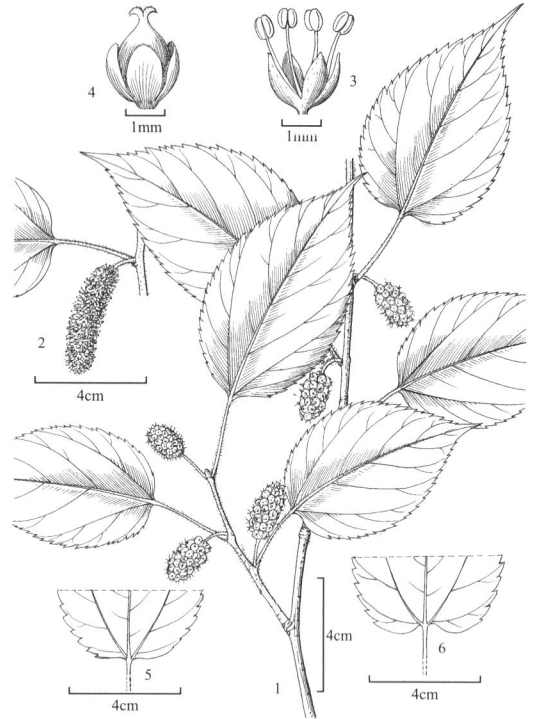

图 410 桑 Morus alba
1. 果枝的一段；2. 雄花序；3. 雄花；4. 雌花；5~6. 不同形态的叶基部。（李志民绘）

2. 构属 Broussonetia L'Her. ex Vent.

落叶乔木、直立灌木或攀援灌木。植株有乳汁。叶互生，螺旋状排列或排成 2 列；托叶分离，侧生，早落；叶片掌状分裂或不裂，边缘有锯齿，基出脉 3~5 条，侧脉羽状。花序腋生或生于无叶或有叶枝的节上，雌雄异株，稀同株；雄花序腋生，穗状或近头状，具多数花；雌花序为紧密的球形或延伸，亦具多数花；苞片棍棒状，宿存；雄花花被片（3~）4，镊合状排列；雄蕊与花被裂片同数并对生，在芽时内折，退化雌蕊甚小；雌花花被裂片合生成筒，先端全缘或 3~4 裂，宿存，子房内藏，具柄，花柱侧生，线形，先端不裂，柱头线形，基部常有 1 退化的裂片，胚珠自室顶悬垂。聚花果球形，由多数核果紧密排列而成；核果橙红色，不被宿存的苞片及花被所围绕，外果皮肉质。种皮膜质，子叶圆形、扁平或对折，胚弯曲。

4 种。分布于亚洲东部及太平洋岛屿。我国 4 种均产。深圳产 2 种。

1. 乔木；叶片宽卵形、卵形或椭圆状卵形，长 6~18cm，宽 5~10cm；雄花序长 3~8cm；聚花果成熟时直径 1.5~3cm
 ·· 1. 构树 **B. papyrifera**
1. 攀援灌木；叶片卵状椭圆形或长椭圆形，长 3.5~8cm，宽 2~3cm；雄花序长 1.5~2.5cm；聚花果成熟时直径约 1cm
 ·· 2. 藤构 **B. kaempferi** var. **australis**

1. 构树 Paper Mulberry   图 411   彩片 580   581

Broussonetia papyrifera（L.）L'Her. ex Vent. Table. Regn. Veget. **3**: 458. 1799.

Morus papyrifera L. Sp. Pl. **2**: 986. 1753.

落叶乔木，高 10~20m。树皮暗灰色，平滑；小枝与叶柄均密被灰色短硬毛。叶螺旋状排列；托叶卵形，长

1.5~2cm，宽 0.8~1cm；叶柄长 3~8cm；叶片卵形、宽卵形或椭圆状卵形，长 6~18cm，宽 5~10cm；基部偏斜，浅心形、截形或圆，边缘有锯齿，不裂，但幼树上的叶常 3~5 浅裂或深裂，先端渐尖，下面密被短柔毛，但脉上被短硬毛，上面粗糙并疏生短柔毛；基出脉 3 条，侧脉每边 6~7 条。花序生于带叶枝上的叶腋，雌雄异株；雄花序穗状，长 3~8cm，苞片披针形，被短柔毛；雌花序球形，直径 0.8~1cm；苞片棍棒状，先端被短柔毛；雄花花被裂片 4，卵状三角形，被短柔毛，花药近球形，退化雌蕊很小；雌花花被裂片合生成筒，先端 3 浅裂，与花柱紧贴，子房卵球形，花柱长 1.5~1.8cm，柱头线形，被短柔毛。聚花果球形，直径 1.5~3cm，成熟时橙红色，肉质，通常被短柔毛并散生粗刺毛；核果多数，扁球形，与果梗近等长，具 2 列小的疣状凸起。花期 3~5 月；果期 4~8 月。

产地：仙湖植物园（李沛琼 021575）、排牙山（王国栋 6590）、内伶仃岛（李沛琼 2074）。深圳市各地均有分布。生于海边、山坡林中，海拔 50~150m，村落中时有栽培。

分布：山西、河北、河南、山东、安徽、江苏、浙江、江西、福建、台湾、广东、香港、澳门、海南、广西、湖南、湖北、贵州、云南、西藏（东南部）、四川、陕西和甘肃。日本、朝鲜半岛、印度、缅甸、越南、老挝、柬埔寨、马来西亚和太平洋诸岛屿。

2. 藤构 葡蟠 Vine Broussonetia

图 412　彩片 582　583

Broussonetia kaempferi Sieb. var. **australis** Suzuki in Trans. Nat. Hist. Soc. Taiwan **24**：433. 1934.

Broussonetia kazinoki auct. non Siebold & Zucc.：广东植物志 **1**：179. 1987.

落叶攀援灌木。树皮黑褐色；分枝开展，幼时疏被灰白色短柔毛，后变无毛。叶螺旋状排列；叶柄长 0.8~1cm，疏被短柔毛；叶片卵状椭圆形或长椭圆形，长 3.5~8cm，宽 2~3cm，基部浅心形或截形，偏斜或微偏斜，边缘有细锯齿，近先端有腺体锯齿，不裂，偶有 2~3 浅裂，先端渐尖或短尾状，下面仅脉上疏被短柔毛，其余无毛，上面粗糙，无毛或沿中脉疏被短柔毛；基出脉 3 条，侧脉每边 5~7 条。花通常生于带叶的枝上，腋生，雌雄异株；雄花序穗状，长 1.5~2.5cm；雌花序球形，直径 4~6mm；雄花花被裂片 3~4，外面被短柔毛，雄蕊 3~4，花药椭圆状球形，黄色，退化雌蕊甚小；雌花花被裂片 4，外面被短柔毛，子房倒

图 411 构树 Broussonetia papyrifera
1. 雌花花枝；2. 幼树的叶；3. 叶片先端；4. 雄花序；5. 雄花；6. 雌花。（李志民绘）

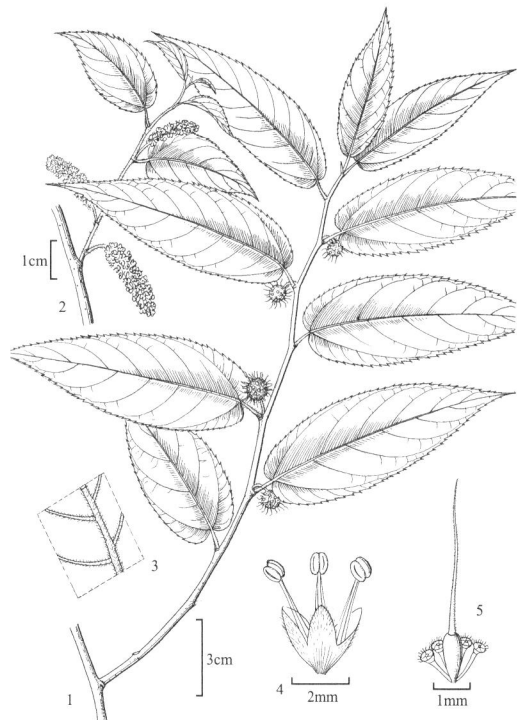

图 412 藤构 Broussonetia kaempferi var. australis
1. 雌花花枝；2. 雄花花枝；3. 叶片背的一部分放大；4. 雄花；5. 雌花。（李志民绘）

卵状椭圆形，花柱长线形，伸出。聚花果球形，直径约 1cm，成熟时橙红色，肉质，有簇生呈星状的粗刺毛；核果椭圆体形，花期 2~6 月；果期 3~7 月。

产地：排牙山（王国栋 700）、笔架山、田心山、坪山、梧桐山（王国栋 6079）、仙湖植物园（王勇进 4125）。生于山谷林中或山地路旁，海拔 50~500m。

分布：安徽、江苏、浙江、江西、福建、台湾、广东、香港、广西、湖南、湖北、贵州、云南（东南部）和四川。

3. 牛筋藤属 **Malaisia** Blanco

常绿攀援灌木。植株有乳汁。叶互生；托叶侧生，早落；叶片两侧略不对称，边缘全缘或有不明显的锯齿，侧脉羽状。花序腋生，雌雄异株；雄花序穗状，有或无分枝；花序梗短；雌花序球形，单生或多个簇生，具多数花，但大多数花不育，仅 1 或 2（~5）花能育；雄花花被裂片 3~4，镊合状排列，雄蕊在芽时内弯，退化雌蕊很小；雌花被肉质的苞片所围绕，花被壶形，花柱顶生，2 分枝，分枝丝状，胚珠单生，倒垂。聚花果球形或近球形，由多数核果密集而成；花序轴增大成球形或椭圆体形；核果被肉质而薄的宿存花被所包围，果皮薄，肉质，略与种皮黏合。种子有薄的胚乳或无，子叶不相等，1 子叶大，一侧开裂，另一子叶小，折叠，包围胚根，胚球形或卵球形。

1 种，分布于亚洲及澳大利亚。我国有分布。深圳可能有分布。

牛筋藤 Strength-vine　　图 413　彩片 584　585

Malaisia scandens（Lour.）Planch. in Ann. Sci. Nat.，Bot. ser. 4，**3**：293. 1855.

常绿攀援灌木，长 4~8m。分枝褐色，幼枝和叶柄均被白色短柔毛。叶柄长 0.6~1cm；叶片狭椭圆形或倒卵状椭圆形，纸质，长 5~12cm，宽 2~4.5cm；下面粗糙，上面平滑，基部圆或心形，两侧略不对称，边缘全缘或上部有疏的浅齿，先端渐尖或尾状，稀急尖或圆，侧脉每边 7~12 条。雄花序长 3~6cm，被短柔毛；花序梗长 2~4cm；苞片短，被短柔毛，基部合生，上部分离；雌花序近球形，直径约 6mm，花序梗长约 1cm，密被短柔毛；雄花：无花梗；花被裂片 3~4，三角形，长和宽均约 1mm，被短柔毛；雄蕊的花丝长为花被裂片的 2 倍，花药近球形；退化雌蕊很小；雌花：花被壶形，包围子房，仅顶端被柔毛，花柱淡褐色至深红色，线形，长 1~1.3cm，2 分枝，被粉状短毛。聚花果成熟时紫红色；核果卵球形，长 6~7mm，紫红色，无果梗。花期春至夏季；果期夏至秋季。

产地：深圳可能有分布，但尚未采到标本。据文献摘录此形态描述，以备参考。

分布：台湾、广东、香港、海南、广西和云南（东南部）。缅甸、泰国、越南、菲律宾、马来西亚、印度尼西亚和澳大利亚。

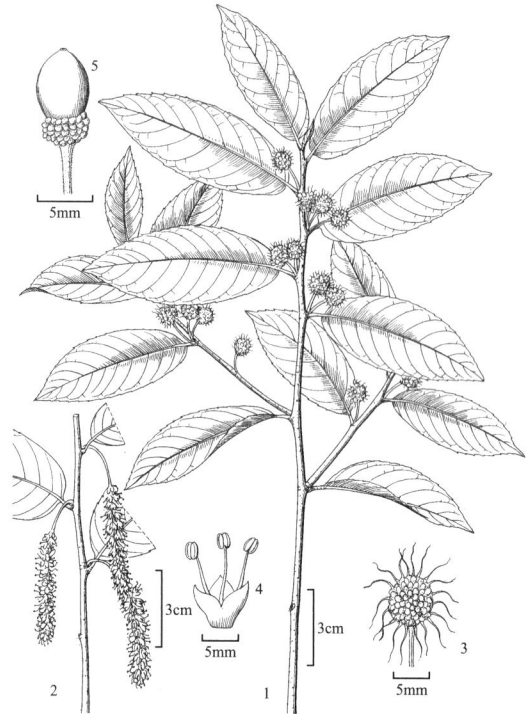

图 413　牛筋藤 Malaisia scandens
1. 分枝的一部分，示叶及雌花序；2. 分枝的一段，示雄花序；3. 雌花序；4. 雄花；5. 核果。（李志民绘）

4. 柘属 **Maclura** Nutt.

乔木、灌木或攀援灌木，常绿或落叶。植株有乳汁，具刺；刺腋生，直或下弯。叶螺旋状排列或 2 列；托叶 2，分离，侧生；叶片边缘全缘，具羽状脉。花单性，雌雄异株；花序腋生，球形、穗状或总状，无总苞片，但通常在花序基部具多数苞片；苞片锥形、披针形至盾形；花间具小苞片；小苞片与花萼贴生，每花有 2~4 小苞片，每小苞片具 2 嵌入的黄色腺体；雄花序球形，具短的花序梗；雌花序亦为球形；雄花花被片或花被裂片（3~）4（~5），覆瓦状排列，每一裂片有 2~7 嵌入的腺体，雄蕊与花被裂片同数，直，在芽时不内弯，稀有时内弯，退化雌蕊有或无；雌花无梗，花被片或花被裂片 4，肉质，先端增厚，子房有时埋在花托的凹穴中，花柱短，柱头 1 或 2，不等长。聚花果由核果、苞片、肉质并为球形的花被以及膨大的花间小苞片共同组成；核果卵球形，果皮壳质，被一肉质的花被所围绕。种子薄，肉质，有胚乳，子叶宽，各式地扭转，相等或不相等，折叠，环绕胚根。

约 12 种，分布于亚洲、非洲、澳大利亚、太平洋岛屿、北美洲和南美洲。我国有 5 种。深圳有 2 种。

1. 叶片椭圆形或椭圆状披针形，侧脉每边 7~10 条；聚花果成熟时直径 3~5cm ……… **1. 构棘 M. cochinchinensis**
1. 叶片卵形、倒卵形或菱状卵形，侧脉每边 4~6 条；聚花果成熟时直径 2~2.5cm ……… **2. 柘树 M. tricuspidata**

1. 构棘 葨芝 Cochinchina Maclura

图 414   彩片 586   587

Maclura cochinchinensis（Lour.）Corner in Gard. Bull. Singapore **19**: 239. 1962.

Venieria cochinchinensis Lour. Fl. Chochinch. **2**: 564. 1790.

Cudrania cochinchinensis（Lour.）Kudo & Masam. in Ann. Rep. Taihoku Bot. Gard. **2**: 27. 1932; 广州植物志 392. 1956; 海南植物志 **2**: 379. 1965; 广东植物志 **1**: 180. fig. 195. 1987.

常绿直立或攀援灌木，高约 1m。幼枝疏被短柔毛，成长枝近无毛；刺弯曲或直，长达 2cm，有时刺不明显。叶柄长 1~1.5cm，无毛；叶片，长圆形、椭圆形或椭圆状披针形，革质或纸质，长 4~8cm，宽 1.5~3cm，基部楔形，边缘全缘，先端圆至短渐尖，两面无毛，侧脉每边 7~10 条。花序球形，腋生，单生或成对；苞片锥形，被茸毛，内面具 2 黄色腺体；雄花序直径 0.6~1cm；花序梗短，长 2~3mm；雌花序直径 1~2cm，被短柔毛；花序梗长 5~7mm；雄花花被裂片 4，不等长，密被茸毛，雄蕊 4，花药短，退化雌蕊金字塔形或盾形；雌花花被裂片 4，分离

图 414 构棘 Maclura cochinchinensis
1. 分枝的一段，示刺、叶和花序；2. 雄花；3. 雌花。（李志民绘）

或基部合生，密被茸毛，先端增厚，花柱 2 裂，柱头线形。聚合果球形，成熟时直径 3~5cm，被茸毛，橙红色；核果卵球形，成熟时褐色，平滑。花期 4~5 月；果期 6~7 月。

产地：七娘山（张寿洲等 0221）、大鹏（王国栋等 7955）、梧桐山（张寿洲等 3239）。深圳市各地均有分布。生于海边、山坡、山地水旁、山坡密林中及林缘、村落附近及荒野，海拔 30~600m。

分布：安徽、江苏、浙江、江西、福建、台湾、广东、香港、海南、广西、湖南、湖北、贵州、四川、云南和西藏（东南部）。日本、不丹、尼泊尔、印度、斯里兰卡、缅甸、泰国、越南、菲律宾、马来西亚、印度尼西亚、澳大利亚和太平洋诸岛屿。

用途：为良好的绿篱植物；果可食。

2. 柘树 Tricuspid Maclura　　　　　图 415

Maclura tricuspidata Carr. in Rev. Hort. **1864**: 390. 1864.

Cudrania tricuspidata（Carr.）Bureau ex Lavallee, Arb. Segrez. 243. 1877; 广东物志 **1**: 181. 1987.

落叶灌木或小乔木，高 1~7m。树皮灰褐色；幼枝疏被短柔毛，成长枝无毛；刺直，长 0.5~2cm。叶柄长 1~2cm，疏被短柔毛或无毛；叶片卵形、倒卵形或菱状卵形，长 5~14cm，宽 3~6cm，基部圆、楔形或宽楔形，边缘全缘，偶见 3 浅裂，先端渐尖、急尖或钝，下面无毛，有时疏被短柔毛，上面无毛，侧脉每边 4~6 条。花序腋生，单生或成对，球形；花序梗甚短，长 2~3mm；雄花序直径约 5mm；雌花序直径 1~1.5cm；雄花花被裂片 4，肉质，边缘内卷，先端增厚，雄蕊 4，退化雌蕊金字塔形；雌花花被裂片 4，肉质，边缘亦内卷，先端盾形，子房陷入花被的下部。聚花果近球形，成熟时直径 2~2.5cm，橙红色；核果卵球形。花期 5~6 月；果期 6~8 月。

产地：西涌（张寿洲等 0777）、七娘山（张寿洲 0221）、梧桐山（陈真传等 011211）。生于海边山坡、山地林中或路旁，海拔 50~200m。

分布：山西（南部）、河北、山东、河南、安徽、江苏、浙江、江西、福建、广东、广西、湖南、湖北、贵州、云南、四川、陕西和甘肃（东南部）。日本（栽培）、朝鲜半岛。

用途：为良好的绿篱植物；果可食；叶可供养蚕。

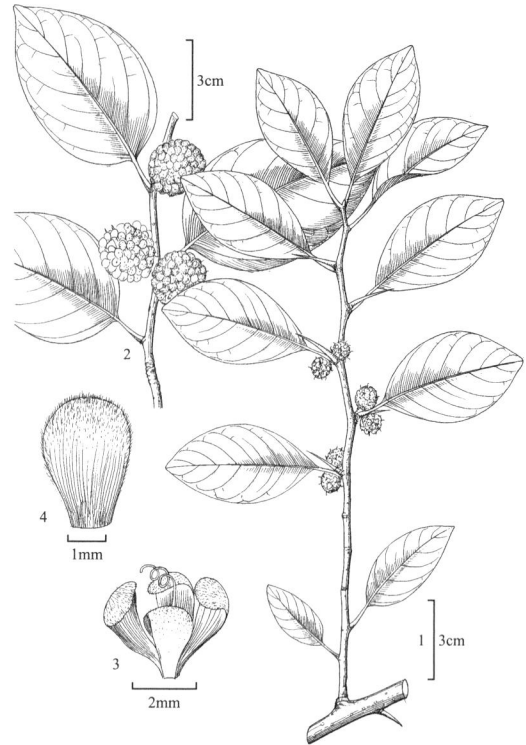

图 415 柘树 Maclura tricuspidata
1~2. 分枝的一段，示刺、叶和花序；3. 雌花；4. 花被片。（李志民绘）

5. 波罗蜜属 Artocarpus J. R. Forst. & G. Forst

常绿或落叶乔木。植株具乳汁。叶互生，螺旋状排列或 2 列；托叶分离，生于叶柄内或侧生，抱茎或不抱茎，早落，脱落后在枝上留下托叶痕；叶片边缘全缘，不裂或羽状裂，稀为羽状复叶，侧脉羽状，稀具基生侧脉。花序通常单个，腋生或生于树干或主枝发出的短枝上，单性，头状，圆柱形、椭圆体形或球形，具多数花，有花序梗；花雌雄同株，密生于球形或椭圆体形的花序轴上；雄花被盾形或棒状的花间苞片所围绕，花被筒状，微 2 裂或 2~4 浅裂，裂片覆瓦状排列或镊合状排列，雄蕊 1，在芽时直，开花后微伸出或明显伸出，花丝基部增粗，花药球形或长圆体形，2 室，无退化雌蕊；雌花彼此间部分或全部贴生并与花间苞片贴生，花被筒状，下部包围子房，基部陷入肉质而肥厚的花序轴内，上部 3~4 浅裂，子房 1 室，花柱中生或侧生，2 裂或不裂。聚花果肉质，由多数（有时仅 1）核果藏于肉质的花萼及花序轴内组成；核果外果皮膜质或薄革质。种子无胚乳，胚直或弯曲，子叶肉质，相等或不相等，萌发时，子叶不出土。

约 50 种，分布于亚洲热带、亚热带和太平洋诸岛屿。我国产 14 种。深圳有 6 种（其中野生的 3 种，引进栽培的 3 种）。

1. 叶螺旋状排列；托叶抱茎，脱落后在枝上留下环状的托叶痕；聚花果直径 8cm 以上。
　　2. 叶片羽状浅裂至深裂，较大，长 20~50cm，宽 10~40cm；雄花序和雌花序均生于叶腋；聚花果长 15~30cm，直径 8~15cm ·················· **1. 面包树 A. communis**

2. 叶片不裂，仅幼树和萌发枝上的叶片羽状裂，较小，长 7~20cm，宽 3~10cm；雄花序生于枝顶或叶腋，雌花序生于主枝或树干发出的短枝上；聚花果长 30~60cm，直径 25~50cm ⋯⋯⋯ 2. **波罗蜜 A. heterophyllus**

1. 叶互生或排成 2 列；托叶不抱茎，脱落后在枝的两侧或叶柄内留下不呈环状托叶痕，托叶痕不呈环状；聚花果较小，直径不超过 6cm。

3. 叶片两面无毛；聚花果幼时被锈色短柔毛，成熟时无毛，红色 ⋯⋯⋯⋯ 3. **桂木 A. nitidus** subsp. **lingnanensis**

3. 叶片下面被灰白色短柔毛或灰白色粉末状短柔毛；聚花果成熟时被毛，黄色。

4. 叶片下面疏被开展的短柔毛；聚花果表面有盾形的宿存苞片 ⋯⋯⋯⋯⋯⋯⋯⋯ 4. **胭脂 A. tonkinensis**

4. 叶片下面密被灰白色粉末状短柔毛；聚花果表面有圆柱形、弯曲的凸起或乳头状凸起。

5. 叶片先端长尾状；聚花果表面有圆柱形、弯曲、长达 5mm 的凸起 ⋯⋯⋯ 5. **二色波罗蜜 A. styracifolius**

5. 叶片先端渐尖至尾状渐尖；聚花果表面有乳头状凸起 ⋯⋯⋯⋯⋯⋯⋯⋯⋯⋯⋯ 6. **白桂木 A. hypargyreus**

1. 面包树 Bread Fruit 图 416 彩片 588

Artocarpus communis J. R. Forst. & G. Forst. Char Gen. Pl. 51. 1775.

Artocarpus altilis（Parkinson）Fosberg in J. Voy. Wash. Acad. Sci. **31**：95. 1941；广东植物志 **1**：183. Fig. 198. 1987；澳门植物志 **1**：333 2005.

常绿乔木，高 10~15m。树皮灰褐色；小枝密被灰色平伏的短柔毛。叶螺旋状排列；托叶抱茎，披针形或宽披针形，长 10~25cm，密被平伏的黄绿色或褐色短柔毛，早落，脱落后在枝上留下环状的托叶痕；叶柄长 8~12cm，疏被短柔毛或近无毛；叶片轮廓为卵形、宽卵形或卵状椭圆形，厚革质，长 20~50cm，宽 10~40cm，基部圆，边缘全缘，成长植株上的叶羽状浅裂或羽状深裂，裂片 3~8，先端渐尖，下面淡绿色，上面深绿色，光亮，两面除沿脉疏被弯曲的长硬毛外，其余无毛，侧脉每边 10~12 条。花序单生于叶腋；雄花序黄色、狭圆柱形、狭椭圆形或棒状，长 7~30(~40)cm；雌花序椭圆体形或近球形，长 10~25cm，直径 6~20cm；雄花花被裂片披针形，疏被短柔毛，花药椭圆体形；雌花花被裂片也为披针形，疏被短柔毛，子房卵球形，花柱长，柱头 2 裂。聚花果近球形或倒卵状球形，长 15~30cm，直径 8~15cm，未熟时绿色至黄色，成熟时褐色至黑色，表面有多数圆形的瘤状凸起；核果椭圆体形至圆锥形，直径约 2.5cm。花期 4~7 月；果期 6~10 月。

产地：仙湖植物园（王国栋 6132）有栽培。

分布：原产于波利尼西亚。现世界热带地区普遍有栽培。我国广东、香港、澳门、海南、广西和云南（南部）也有栽培。

用途：果烤熟后可食用，味似面包，故名"面包树"；树形优美，又常被用作园林风景树。

图 416 面包树 Artocarpus communis
1. 枝的上段、叶及聚花果；2. 枝的一段及雄花序。（李志民绘）

2. 波罗蜜 Jack Fruit 图 417 彩片 589

Artocarpus heterophyllus Lam. Encycl. **3**：209. 1789.

Artocarpus macrocarpus Dancer，Car Bot. Gard. Jamaica **1**：1792；澳门植物志 **1**：134. 2005.

常绿乔木，高 10~20m，胸径 30~50cm。成长树具板根。树皮黑褐色，厚；小枝无毛，平滑或有纵沟。叶

螺旋状排列；托叶抱茎，卵形，长 1.5~8cm，被弯曲
的微柔毛或无毛，早落，脱落后在枝上留下环状的托
叶痕；叶柄长 1~3cm，无毛；叶片椭圆形至倒卵形，
革质，长 7~20cm，宽 3~10cm，基部楔形，边缘全
缘，在幼树和萌发枝上的叶有 1~3 羽状裂，成长树
上的叶不裂，先端急尖或渐尖，两面无毛，下面淡绿
色，散生圆形至椭圆形的树脂细胞，上面深绿色，有
光泽，侧脉每边 6~8 条。花序单生；雄花序生于小枝
之顶叶腋，有时生于短枝上的叶腋，圆柱形至锥状椭
圆形，开花时长 2~7cm，直径 0.8~2.5cm，具多数花，
但其中有些花不育；花序梗长 1.2~5cm；雌花序生于树
干或主枝发出的短枝上，具球形、肉质的花序轴；雄
花：花被裂片 2，长和宽均 1~1.5mm，被短柔毛，花
丝在芽时直，花药椭圆体形；雌花：花被裂片 2~3，被
短柔毛，基部陷入球形、肉质的花序轴内。聚花果大
型，球形、椭圆体形或不规则形状，长 30~60cm，直
径 25~50cm，幼时淡黄色，成熟时黄褐色，干后红褐色，
被短柔毛，有多数紧密而坚硬的六角形瘤状凸起；果
梗长 5~10cm；核果椭圆体形，长约 3cm，直径 1.5~2cm。
花期 3~5 月；果期 5~8 月。

产地：仙湖植物园（王国栋 6131）。栽培。

分布：原产于印度。现世界热带地区普遍有栽培。
我国广东、香港、澳门、海南、广西和云南（南部）也
有栽培。

用途：果食用，味甜，有芳香；种子煮熟后也可
食用；树形优美，果巨大，形状奇特，宜植于园林供
观赏。

3. 桂木 Lingnan Artocarpus   图 418 彩片 590
Artocarpus nitidus Trecul subsp. **lingnanensis**
（Merr.）F. M. Jarratt in J. Arnold Arbor. **41**：124. 1960.

Artocarpus lingnanensis Merr. in Lingnan. Sci. J. **7**：
302. 1929.

常绿乔木，高 8~15m。树皮黑褐色，纵裂；小枝
有棱，初时被短柔毛，后变无毛。叶互生；托叶披针
形，不抱茎，早落，脱落后，分别在枝的两侧留下不
呈环状的托叶痕；叶柄长 0.5~1.5cm，无毛；叶片长圆
状椭圆形或倒卵状椭圆形，薄革质，长 7~15cm，宽
3~7cm，基部楔形至近圆形，边缘全缘或有不规则的
浅齿，先端圆，有短尖，稀短尾状，两面无毛，侧脉
每边 6~10 条。花序均单生于叶腋；雄花序倒卵球形或
长圆体形，长 0.4~1.2cm，直径 3~8mm；雌花序近球形，
直径 3~4cm；花序梗长 1.5~5mm；雄花花被裂片 2~4，

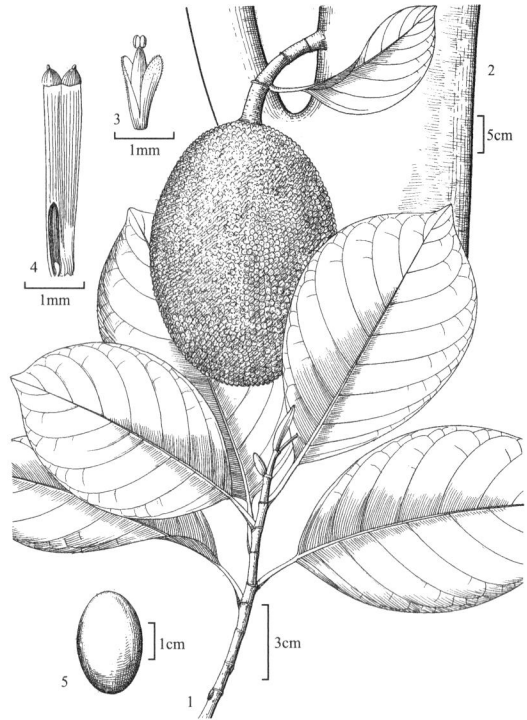

图 417 波罗蜜 Artocarpus heterophyllus
1. 枝的上段及叶；2. 聚花果；3. 雄花；4. 雌花；5. 核果。（李
志民绘）

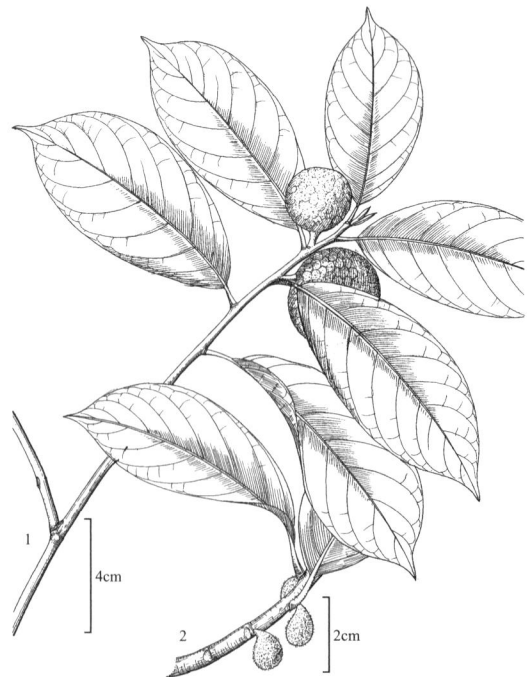

图 418 桂木 Artocarpus nitidus subsp. lingnanensis
1. 枝的一段、叶及聚花果；2. 枝的一段、叶及雄花序。（李
志民绘）

裂片长 0.5~0.7mm；雌花花被筒状，花柱伸出。聚花果球形，直径约 5cm，成熟时红色，干后褐色，肉质，表面粗糙，被锈色短柔毛，后变无毛；苞片宿存；核果 10-15。花期 3~5 月；果期 5~10 月。

产地：仙湖植物园（李沛琼 012154）、洪湖公园（李沛琼 3578）、荔枝公园（李沛琼 2475）。深圳市各公园普遍有栽培。但尚未见有野生。

分布：广东、香港、海南、广西、湖南（南部）及云南（南部）。野生或有栽培。泰国、柬埔寨和越南有栽培。

4. 胭脂 胭脂树 Tonkin Artocarpus

图 419 彩片 591

Artocarpus tonkinensis A. Chev. ex Gagnep. in Bull. Soc. Bot. France **73**: 90. 1926.

常绿乔木，高 14-16m。树皮褐色，粗糙；小枝淡红褐色，幼枝密被卷曲或平伏的短柔毛，老枝近无毛。叶互生；托叶锥形，不抱茎，早落，脱落后分别在枝的两侧留下不呈环状的托叶痕；叶柄长 0.4~1cm，疏被长柔毛，幼时毛较密；叶片椭圆形、倒卵状椭圆形或狭长圆形，革质，长 8~20cm，宽 5~10cm，基部楔形或圆，下面密被开展的短柔毛，沿中脉有卷曲的短毛，上面无毛，边缘全缘，有时近先端有浅齿，幼枝上的叶有时有 1 或 2 羽状浅裂，先端渐尖；侧脉每边 6~11 条。花序腋生，单生；雄花序倒卵球形至椭圆体形，长 1~1.5cm，直径 0.8~1.5cm；花序梗短于花序，苞片盾形；雌花序球形，直径 5~6mm；苞片也为盾形，雄花花被裂片 2~3，边缘有缘毛，花药椭圆体形；雌花花被筒状，先端不裂，花柱伸出。聚花果成熟时黄色，干后红褐色，球形，直径 6~6.5cm，被毛，并有盾形的宿存苞片；果梗长 3~4cm；核果椭圆体形，长 1.2~1.5mm，宽 0.9~1.2mm。花期夏至秋季；果期秋至冬季。

产地：七娘山（张寿洲 SCAUF886）、南澳。生于林中，海拔 45~150m。

分布：福建、广东、香港、海南、广西、贵州和云南。越南和柬埔寨。

用途：果可食。

5. 二色波罗蜜 Bicolor Artocarpus

图 420 彩片 592

Artocarpus styracifolius Pierre in Bull. Soc. Bot. France **52**: 492. 1905.

常绿乔木，高可达 20m。树皮暗灰色；小枝幼时密被白色平伏的短柔毛，成长枝无毛。叶排成 2 列；

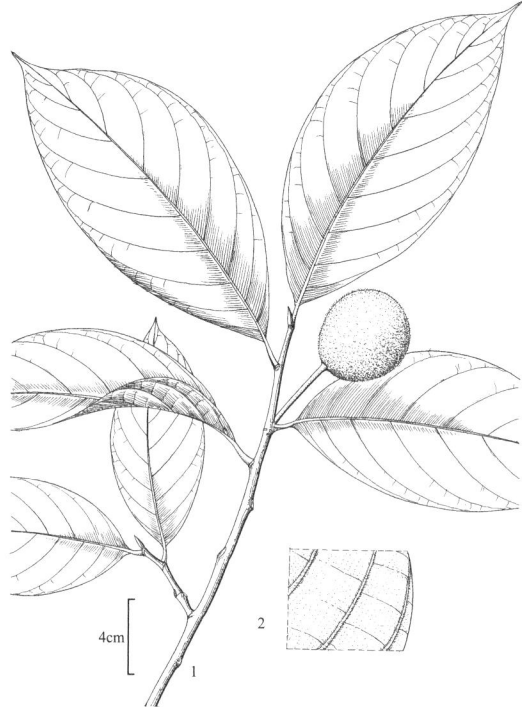

图 419 胭脂 Artocarpus tonkinensis
1. 枝的一段、叶及聚花果；2. 叶片背面的一部分放大，示毛被。（李志民绘）

图 420 二色波罗蜜 Artocarpus styracifolius
1. 枝的一段、叶及雄花序；2. 枝的一段、叶及聚花果；3. 雄花。（李志民绘）

托叶钻形，不抱茎，早落，脱落后分别在枝的两侧留下不呈环状的托叶痕；叶柄长 0.8~1.4cm，疏被短柔毛；叶片长圆形、倒卵状披针形，有时椭圆形，长 4~8cm，宽 2.5~3cm，基部楔形，边缘全缘，但幼树上的叶上部边缘常有浅齿或有浅裂，先端长尾状，下面密被灰白色粉末状短柔毛，脉上疏被开展的长柔毛，上面无毛，侧脉每边 4~7 条。花序单生于叶腋；雄花序椭圆体形或圆柱形，长 0.6~1.2cm，直径 4~7mm，密被灰白色短柔毛；花序梗长约 1.5cm，具腺毛；苞片 1，盾形或圆形；雌花序球形，直径 0.6~1cm；雄花花被裂片 2~3，花丝细，花药球形；雌花花被裂片 3~4，被短柔毛。聚花果黄色，干后红褐色，球形，直径约 4cm，被短柔毛，表面有多数圆柱形、弯曲、长达 5mm 的凸起；果序梗长 1.8~2.5cm，密被短柔毛；核果球形。花期 6~8 月；果期 8~12 月。

产地：七娘山（王国栋 7338）、排牙山（王国栋 6921）、仙湖植物园（李沛琼 1861）。生于山地林中或林缘，海拔 150~550m。

分布：广东、香港、海南、广西、湖南（西南部）和云南（东南部）。越南和老挝。

用途：果可食。

6. 白桂木 Silverback Artocarpus 图 421 彩片 593
Artocarpus hypargyreus Hance in Benth. Fl. Hongk. 325. 1861.

常绿乔木，高 10~25m，胸径达 40cm。树皮暗紫色，片状剥落；幼枝密被灰白色平伏的短柔毛，以后毛渐变疏，成长枝近无毛。叶互生，排成 2 列；托叶不抱茎，披针形，长 4~5mm，密被平伏的短柔毛，早落，脱落后分别在枝的两侧留下不呈环状的托叶痕；叶柄长 1.5~2cm，幼时疏被短柔毛，后变无毛；叶片椭圆形至倒卵状椭圆形，革质，长 8~15cm，宽 4~8cm，基部楔形或宽楔形，边缘全缘，不裂，但幼树上的叶常有羽状浅裂，先端渐尖至尾状渐尖，有时尾状，下面密被灰白色粉末状短柔毛，上面幼时沿中脉被短柔毛，以后无毛；侧脉每边 6~7 条。花序单生于叶腋；雄花序倒卵状球形至椭圆体形，长 1.5~2cm，直径 1~1.5cm；花序梗长 2~4.5cm，密被短柔毛；苞片盾形；雌花序球形，直径 1.5~2cm，花序梗长 3~5cm，密被短柔毛；雄花：花被裂片 4，匙形，与苞片贴生，密被短柔毛，花药椭圆体形；雌花花被裂片 4，密被短柔毛，花柱伸出。聚花果灰白色至黄色，球形，直径 3~4cm，密被褐色短柔毛及乳头状凸起；果序梗长 3~5cm，密被短柔毛。花期 5~7 月；果期 6~8 月。

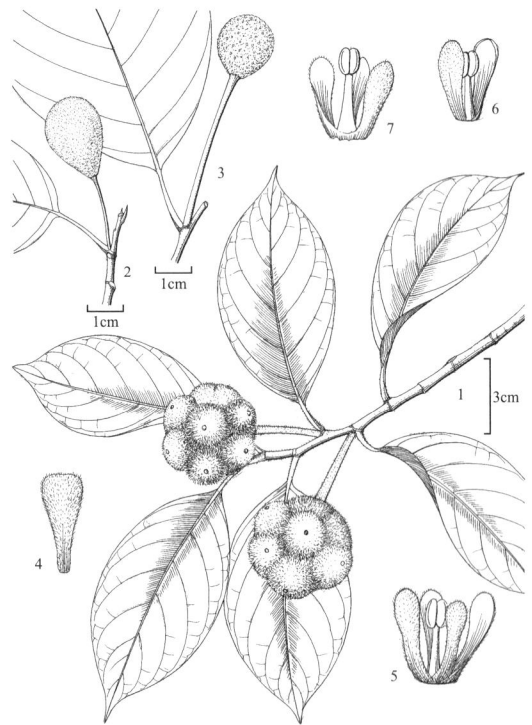

图 421 白桂木 Artocarpus hypargyreus
1. 枝的一段、叶及聚花果；2. 雄花序；3. 雌花序；4. 苞片；5~7. 雄花。（李志民绘）

产地：东涌（张寿洲等 2364）、七娘山（仙湖、华农采集队 012424）、南澳、龙岗、梅沙尖、梧桐山、内伶仃岛（张寿洲等 3799）。生于林中，海拔 50~750m。

分布：江西、福建、广东、香港、海南、广西、湖南（南部）和云南（东南部）。

6. 榕属 Ficus L.

乔木、灌木、攀援或匍匐灌木，常绿或落叶，通常地生，稀附生，部分种类有气生根。植物体有乳汁。单叶互生，稀对生或近轮生；托叶通常合生，侧生至抱茎，包围顶芽，早落或宿存，脱落后在枝上留下环状的托叶痕；叶片边缘全缘，有锯齿或羽状裂，稀掌状裂，下面通常有蜡质腺点，在叶片基部或侧脉脉腋有或无乳头状的钟乳体，通常有基生侧脉和羽状侧脉。花序为隐头花序（syconium），又称榕果（fig），着生在叶枝的叶腋、已落叶枝的叶腋或无叶的瘤状短枝上，有的生于树干和老枝发出的短枝上，由多数花生于肉质、膨大的花序托内壁组成；花序托球形、卵球形、椭圆体形、倒卵球形、陀螺形、圆柱形或梨形；花单性，雌雄同株或异株，如为雌雄同株，则雄花、雌花和瘿花（gall flower）共同生于同一株植的同一花序托内壁，通常雄花生于花序托口部附近，其余的生于花序托口部以下，稀三种花混生，如为雌雄异株，则雄花和瘿花共同生于同一植株的同一花序托内壁，雌花则生于另一植株的花序托内壁；花序梗有或无；总苞片通常 3，生于花序托基部；顶生苞片多数，生于花序托顶端形成脐状突，脱落或宿存；侧生苞片存在时，则生于花序托外壁，鳞片状，脱落或宿存；雄花花被裂片 2~6，雄蕊 1~3，稀更多，在芽时直，退化雌蕊有或无；雌花花被裂片与雄花的相同或不相同，有时无花被裂片，子房分离，直立或偏斜，花柱顶生或侧生，1 或 2，不相等；瘿花与雌花相似，但不结实，因为有一种榕黄蜂科（Agaonidae）的小昆虫在其子房内栖息，至使胚珠不能发育所致。果为一骨质的瘦果，多数瘦果包在一膨大、肉质的花序托内组成聚花果。种子无胚乳，子叶相等或不相等，有时对折。

约 1000 种，主要分布于热带和亚热带地区，尤以亚洲东南部的种类为多。我国有 99 种。深圳有 31 种 4 变种。

1. 叶对生 ·· 1. 对叶榕 **F. hispida**
1. 叶互生。
  2. 花序生于树干和老枝发出的短枝上。
    3. 叶片倒卵状长圆形、狭长圆形、椭圆形或狭椭圆形，基部圆或宽楔形，先端急尖或骤尖；花序托近球形，直径 1~1.5cm，基部骤缩成一短柄，成熟时橘红色 ················ 2. **水同木 F. fistulosa**
    3. 叶片卵形或卵状椭圆形，基部浅心形或圆形，先端渐尖、急尖或钝；花序托圆球形或扁球形，直径 2.5~3.5cm，基部不骤缩成柄，成熟时暗红色，有黄绿色的斑点和条纹 ············· 3. **杂色榕 F. variegata**
  2. 花序生于有叶枝和已落叶枝的叶腋，稀生于无叶枝的瘤状短枝上。
    4. 攀援或匍匐灌木。
      5. 叶片边缘有不规则的疏浅齿；花序通常埋于地表层的土中；花序托成熟时暗紫色，有白色的小疣状凸起 ··· 4. **地果 F. tikoua**
      5. 叶片边缘全缘或浅波状；花序不埋于土中。
        6. 花序托梨形、宽倒卵球形或圆柱形，较大，长 4~8cm，直径 3~5cm；叶二型，营养枝上的叶片较小而质薄，结果枝上的叶片较大而质厚。
          7. 叶片卵状椭圆形、长圆形或卵状心形，下面疏被白色短柔毛；花序托梨形或宽倒卵球形，先端截形，成熟时黄绿色或带淡红色 ············· 5. **薜荔 F. pumila**
          7. 叶片长椭圆形，下面密被锈色短柔毛；花序托长椭圆形，先端钝，成熟时绿色，有淡黄色斑点 ············· 5a. **爱玉子 F. pumila var. awkeotsang**
        6. 花序托球形或卵球形，较小，长和直径均不超过 2cm；叶非二型。
          8. 叶片通常两侧不对称，基部偏斜；花序托表面有小的疣状凸起和 1~3 侧生苞片 ··· 6. **假斜叶榕**（雌株）**F. subulata**
          8. 叶片两侧对称，基部不偏斜；花序托表面无小疣状凸起及侧生苞片。
            9. 叶片较大，长 7~15cm，宽 5~10cm；花序托成熟时橙红色 ············· 7. **羊乳榕 F. sagittata**
            9. 叶片较小，长 3~6.5cm，宽 1.2~3cm；花序托成熟时紫黑色。
              10. 叶片下面疏被白色短柔毛或无毛；花序托幼时疏被白色短柔毛，成熟后无毛；花序梗长 4~8mm ················ 8a. **爬藤榕 F. sarmentosa var. impressa**
              10. 叶片下面及花序托均密被长柔毛；花序梗不明显 ······ 8b. **珍珠莲 F. sarmentosa var. henryi**
    4. 直立灌木或乔木。
      11. 叶片大型，长 10~40cm，宽 8~25cm。
        12. 叶片提琴形，基部耳状深心形，先端圆或截形，侧脉每边 4~5 条 ············· 9. **大琴叶榕 F. lyrata**

12. 叶片长圆形或椭圆形，基部宽楔形或圆形，先端急尖、渐尖或圆钝，侧脉甚多，细而密 ·················
··· 10. **印度榕 F. elastica**
11. 叶片非上述情况。
 13. 花序无花序梗或花序梗不明显。
  14. 花序托基部骤缩成一或长或短的柄。
   15. 叶片两侧对称；花序托成熟时绿色或淡绿色 ·····················11. **九丁树 F. nervosa**
   15. 叶片两侧不对称；花序托成熟时橙红色或黄色。
    16. 直立灌木；托叶迟落；叶片边缘全缘，侧脉每边 7~10 条；花序托有 1~3 侧生苞片，成熟时
    橙红色 ···6. **假斜叶榕**（雄株）**F. subulata**
    16. 乔木托叶早落；叶片边缘浅波状或有角状齿，侧脉每边 5~7 条；花序托无侧生苞片，成熟
    时黄色 ·· 12. **斜叶榕 F. tinctoria** subsp. **gibbosa**
  14. 花序托基部不骤缩成柄，稀有时骤缩成一甚短的柄。
   17. 枝条、叶片和花序托被黄褐色毛或钩状短硬毛。
    18. 叶片宽倒卵形或宽椭圆形，长 15~25cm，宽 10~20cm，下面被黄褐色茸毛，上面被黄褐色
    长柔毛，基部浅心形，边缘有细锯齿，上部有时有 3~5 浅裂，先端急尖，有时尾状；花序
    托密被黄褐色长硬毛 ···13. **黄毛榕 F. esquiroliana**
    18. 叶片非上述情况；花序托密被黄褐色刚毛或钩状短硬毛。
     19. 小枝、叶柄和花序托均密被黄褐色刚毛；叶片形状多变，长圆形、椭圆形、卵状椭圆
     形或卵状披针形，长 10~25cm，宽 5~17cm，不裂或 3~5 掌状浅裂至深裂，边缘有细锯
     齿 ··· 14. **粗叶榕 F. hirta**
     19. 小枝、叶柄和花序托均被钩状短硬毛；叶片的轮廓为宽卵形、宽倒卵形至长圆形，长
     8~25cm，宽 4~15cm，2~5 掌状深裂，边缘全缘 ·············· 15. **极简榕 F. simplicissima**
   17. 枝条、叶片和花序托均无毛。
    20. 叶片卵状三角形，长 10~20cm，宽 8~10cm，基部截形或心形，先端尾状，尾尖长 2~5cm；
    叶柄与叶片近等长 ··· 16. **菩提树 F. religiosa**
    20. 叶片非上述形状；叶柄通常短于叶片。
     21. 叶片厚革质，卵形、椭圆形或宽椭圆形，长 10~18cm，宽 6~10cm；花序托直径 1.5~2cm，
     成熟时橙黄色或带红色 ······························· 17. **高山榕 F. altissima**
     21. 叶片纸质、薄革质或革质，倒卵形、长圆形、椭圆形、卵状椭圆形、狭椭圆形或卵状披针形；
     花序托直径 0.6~1.5cm。
      22. 叶片纸质，长圆形、狭椭圆形、卵状椭圆形或卵状披针形，长 7~20cm，宽
      4~7cm；花序托成熟时紫红色 ····························· 18. **黄葛树 F. virens**
      22. 叶片薄革质或革质；花序托成熟时橘红色、橘黄色、红色或淡红色。
       23. 叶片卵形或宽椭圆形，长 4~8cm，宽 2~4cm，先端渐尖或尾状，无基生侧脉，
       侧脉多数，不明显；花序托成熟时橘红色或橘黄色。
        24. 花序托直径 0.8~1.5cm···························· 19. **垂叶榕 F. benjamina**
        24. 花序托直径 1.8~2cm ····················· 19a. **丛毛垂叶榕 F. benjamina** var. **nuda**
       23. 叶片长圆形、椭圆形、狭椭圆形、倒卵形或宽倒卵形，先端急尖、骤尖、圆或
       近截形，基生侧脉每边 1 条，侧脉每边 10~13 条，明显；花序托成熟时红色或
       淡红色。
        25. 叶片薄革质、长圆形、椭圆形或狭椭圆形，长 8~10cm，宽 3~6cm，先端急
        尖或骤尖 ·································· 20. **榕树 F. microcarpa**
        25. 叶片革质、倒卵形或宽倒卵形，长 4~5.5cm，宽 3.5~4cm，先端圆或近

截形 ……………………………………………………………………… **20a. 厚叶榕 F. microcarpa** var. **crassifolia**
13. 花序有花序梗。
    26. 花序托基部不骤缩成柄。
        27. 小枝、叶柄、叶片下面的脉上及花序托均被红褐色的糠秕状毛；叶片每边有侧脉 4~5 条 …………
        ……………………………………………………………… **21. 青藤公 F. lankokensis**
        27. 小枝、叶柄、叶片下面及花序托疏被毛或无毛；叶片每边有侧脉 5 条以上。
            28. 叶片倒卵状椭圆形、长圆形、倒卵形或狭倒卵形，长 7~25cm，宽 4~10cm；花序托成熟时黄色
            带红色至紫红色 …………………………………………………… **22. 矮小天仙果 F. erecta**
            28. 叶片非上述形状；花序托成熟时红色或紫黑色。
                29. 叶片形状变异大，椭圆形、狭椭圆形、倒卵状椭圆形或椭圆状披针形，长 5~14cm，宽 1.5~4cm，
                先端渐尖而钝，近边缘散生黄色腺点（干后变为黄褐色）；花序生于带叶枝的叶腋 ………
                ……………………………………………………………… **23. 变叶榕 F. variolosa**
                29. 叶片长圆形或狭椭圆形，长 10~15cm，宽 3~6cm，近边缘无腺点；花序通常生于已落叶枝
                的叶腋，稀生于带叶枝的叶腋 ………………………………… **24. 笔管榕 F. subpisocarpa**
    26. 花序托基部骤缩或渐狭成一或长或短的柄。
        30. 叶片 3~6 掌状深裂；花序托大，直径 3~5cm ………………………………… **25. 无花果 F. carica**
        30. 叶片不裂；花序托小，直径不超过 2.5cm。
            31. 叶片边缘波状或上部有浅齿，无基生侧脉 ………………………… **26. 台湾榕 F. formosana**
            31. 叶片边缘全缘，有基生侧脉。
                32. 叶片条状披针形，长 5~20cm，宽 1~3cm，侧脉每边 20~25 条 ……… **27. 竹叶榕 F. stenophylla**
                32. 叶片非上述形状，侧脉每边不超过 12 条。
                    33. 叶片倒披针形、倒卵状披针形或狭倒披针形；花序托梨形。
                        34. 叶片两面无毛或下面疏被短硬毛；花序托长 2~3cm，直径 1.5~2.5cm，仅幼时疏被
                        短柔毛，成熟时黄绿色 ……………………………………… **28. 舶梨榕 F. pyriformis**
                        34. 叶片下面密被短柔毛；花序托长 1.5~2cm，直径 0.8~1.5cm，密被短硬毛；成熟时
                        紫黑色或褐红色 …………………………………………… **29. 石榕树 F. abelii**
                    33. 叶片椭圆形、倒卵状椭圆形、倒披针形或倒卵形；花序托球形或椭圆体形。
                        35. 幼枝、叶柄和叶片的两面均无毛；叶片革质、椭圆形、倒卵状椭圆形或倒卵状披
                        针形；花序托成熟时黄色或橙红色 ………………… **30. 白肉榕 F. vasculosa**
                        35. 幼枝、叶柄和幼叶叶片的下面均疏被短柔毛；叶片纸质，有的中部以下收窄呈提
                        琴形，有的略收窄，也有不收窄而呈长的楔形；花序托成熟时红色 ……………………
                      ………………………………………………………… **31. 琴叶榕 F. pandurata**

1.　对叶榕 Opposite-leaved Fig   图 422　彩片 594

Ficus hispida L. f. Suppl. 442. 1781.

落叶小乔木，高 3~8m。全株密被短硬毛。叶对生；托叶 2，卵状披针形，长 1~1.2cm，生于无叶果枝上的常 4 托叶交互对生，基部合生；叶柄长 1~4cm；叶片卵形、长圆形或倒卵状长圆形，革质，长 13~27cm，宽 6~13cm，基部圆、微心形或宽楔形，边缘全缘或有不规则的细锯齿，先端急尖或渐尖，有时短尾状，两面甚粗糙，基生侧脉每边 2 条，侧脉每边 5~9 条。花序单 1 或成对生于老茎发出的下垂和无叶的长枝上以及带叶枝的叶腋；花序梗长 0.5~2cm；总苞片卵形，长 1.5~2mm，宿存；花序托陀螺形，直径 1.5~3cm，成熟时黄色，有时有散生的侧生苞片，基部骤缩成一短柄，先端有明显的脐状凸起；花雌雄异株，雄花与瘿花生于同一植株的同一花序托内壁，雌花生于另一植株的花序托内壁；雄花多数，生于花序托近口部，花被裂片 3，薄膜质，倒卵形，雄蕊 1；瘿花无花被，花柱近顶生，短而粗；雌花无花被，花柱侧生，被毛。瘦果卵球形。

花果期 5~10 月。

产地：七娘山（张寿洲等 3576）。深圳各地常见。生于山坡及沟谷林中及林边，海拔 40~400m。

分布：广东、香港、澳门、海南、广西、贵州和云南。印度、斯里兰卡、不丹、尼泊尔、缅甸、泰国、越南、老挝、柬埔寨、马来西亚、印度尼西亚、巴布亚新几内亚和澳大利亚。

2. 水同木 Common Yellow Stam-fig

图 423　彩片 595　596

Ficus fistulosa Raimw. ex Blume，Bijdr. Fl. Ned. Ind 470. 1825.

常绿小乔木，高 4~8m。树皮黑褐色；小枝疏被短硬毛。叶互生；托叶卵状披针形，长 1~2cm，抱茎，早落；叶柄长 1~5cm，幼时疏被短硬毛，后变无毛；叶片倒卵状长圆形、狭长圆形、椭圆形或狭椭圆形，长 7~20cm，宽 3~10cm，基部圆或宽楔形，偏斜，边缘全缘或浅波状，先端急尖或骤尖，两面无毛，或下面疏被短柔毛，上面无毛，下面疏生淡黄色或白色的小疣状凸起，基生侧脉每边 2 条，很短，侧脉每边 6~9 条，花序数个簇生于树干和老枝发出的瘤状短枝上；花序梗长 1~2.5cm，无毛；总苞片三角状卵形，长 1.5~2mm，宿存；花序托近球形，直径 1~1.5cm，成熟时橘红色，无毛，基部骤缩成一短柄，先端具明显的脐状凸起，无毛；花雌雄异株，雄花与瘿花生于同一植株、同一花序托的内壁，雌花生于另一植株的花序托内壁；雄花甚少，生于花序托近口部，具短花梗，花被片 3 或 4，雄蕊 1，花丝短；瘿花具花梗，花被裂片甚短或无花被，子房倒卵形，平滑，花柱短，侧生，柱头膨大；雌花花被筒状，花被裂片甚短，包围子房柄的基部，花柱长，棒状，宿存。瘦果斜方形，表面有小疣状凸起。花果期 3~12 月。

产地：盐田（深圳植物志采集队 013532）、梧桐山（深圳考察队 1007）、仙湖植物园（王定跃 90658）。深圳市各地常见。生于山坡及沟谷林中，海拔 60~300m。

分布：福建、台湾、广东、香港、澳门、海南、广西和云南。印度东北部、孟加拉国、缅甸、泰国、越南、菲律宾、马来西亚及印度尼西亚。

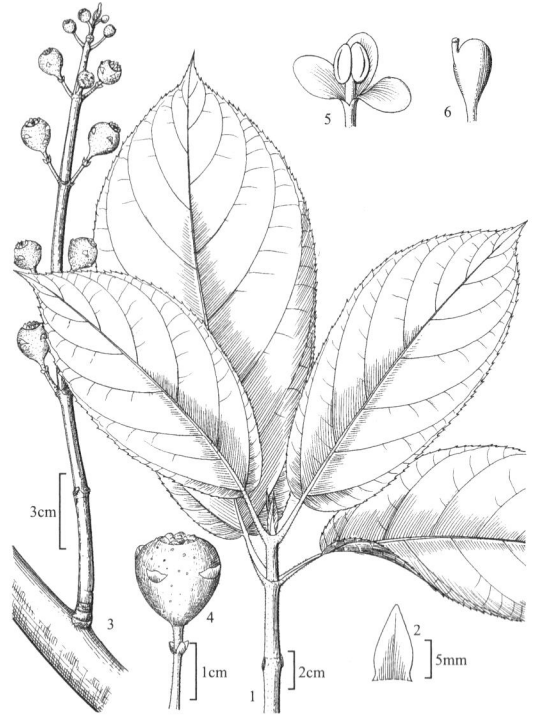

图 422　对叶榕 Ficus hispida
1. 分枝的一段，示叶；2. 托叶；3. 着生花序的长枝；4. 花序，其花序托上散生侧生苞片；5. 雄花；6. 雌花。（李志民绘）

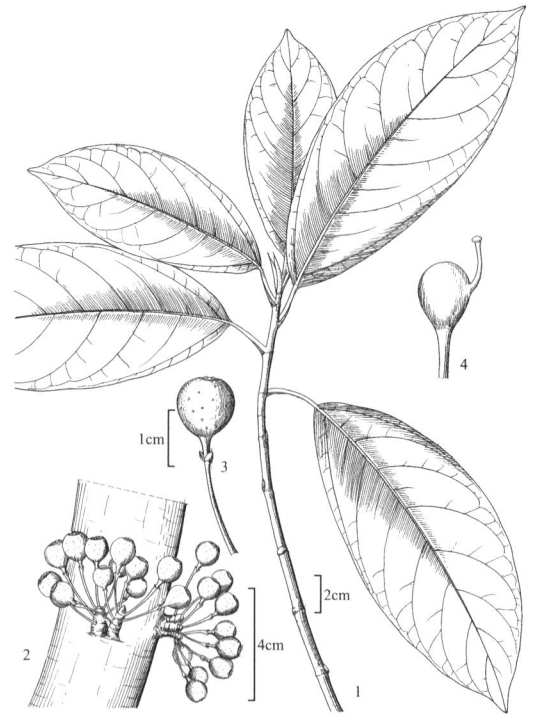

图 423　水同木 Ficus fistulosa
1. 分枝的一段，示叶；2. 簇生于瘤状短枝上的花序；3. 花序；4. 瘿花。（李志民绘）

3. 杂色榕 青果榕 Common Red-stem Fig

图 424 彩片 597 598

Ficus variegata Blume，Bijdr. Fl. Ned. Ind. 459. 1825.

Ficus variegata Blume var. *chlorocarpa* Benth. ex King in Ann. Roy. Bot. Gard.（Calcutta）**1**：170. 1888；海南植物志 **2**：388. 1965；广东植物志 **1**：191. 1987.

常绿乔木，高 7~15m。树皮灰色至灰褐色，平滑；枝条疏被短柔毛至无毛。叶互生；托叶卵状披针形，长 1~1.5cm，抱茎，早落，与叶柄均无毛；叶柄长 2~6cm；叶片卵形或卵状椭圆形，厚纸质，长 10~20cm，宽 6~10cm，两面无毛或幼时疏被短柔毛，下面疏生黄白色的小疣状凸起，基部浅心形或圆形，边缘全缘、波状或有疏的浅齿，先端急尖、渐尖或钝，基生侧脉每边 2 条，侧脉每边 4~6 条。花序数个簇生于树干和老枝发出的瘤状短枝上；花序梗长 0.5~4cm，无毛；总苞片宽卵形，长约 2mm，早落；花序托圆球形或扁球形，直径 2.5~3.5cm（~4）cm，无毛，成熟时暗红色，有黄绿色的斑点和条纹，基部不骤缩成柄，顶端的脐状凸起微显；花雌雄异株，雄花与瘿花生于同一植株的同一花序托内壁，雌花生于另一植株的花序托内壁；雄花生于花序托近口部，花被裂片 3~4，宽卵形，雄蕊 2，花丝基部合生；瘿花花被裂片 4 或 5，包围子房，花柱侧生，甚短，柱头漏斗状；雌花花被片 3~4，线状披针形，花柱与瘦果近等长，宿存，柱头棒状，无毛。瘦果倒卵球形，表面有小的疣状凸起。花果期 3~12 月。

产地：南澳（邢福武 0447，IBSC）、梧桐山（深圳考察队 1547）、仙湖植物园（张金华 020982）。深圳市各地均有分布。生于沟谷林中，海拔 50~200m。

分布：福建、台湾、广东、香港、澳门、海南、广西及云南（南部）。日本、印度、缅甸、泰国、越南、菲律宾、马来西亚、印度尼西亚、澳大利亚及太平洋岛屿。

4. 地果 地瓜 Digua Fig 图 425 彩片 599 600

Ficus tikoua Bureau in J. Bot.（Morot）**2**：214. 1888.

常绿匍匐灌木，高 20~40cm。茎黑褐色，无毛，长 0.5~1.5m 或更长，多分枝，偶有直立的分枝，匍匐部分在节上生多数细长的不定根。叶互生；托叶披针形，长约 1cm，抱茎，早落，与叶柄均无毛；叶柄长 1~4（~6）cm，紫褐色；叶片倒卵状椭圆形、稀椭圆形或卵形，近革质，长 5~11cm，宽 3~5cm，基部圆或浅心形，边缘有不规则的疏浅齿，先端急尖，两面

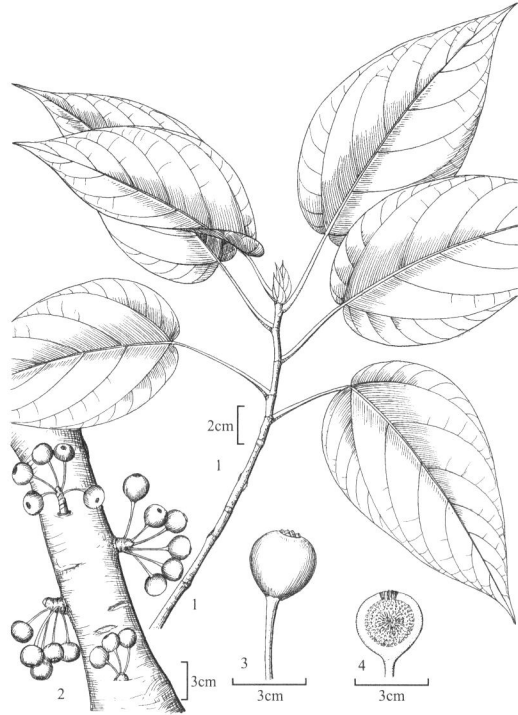

图 424 杂色榕 Ficus variegata
1. 分枝的一段，示叶；2. 簇生于瘤状短枝上的花序；3. 花序；4. 花序纵切面。（李志民绘）

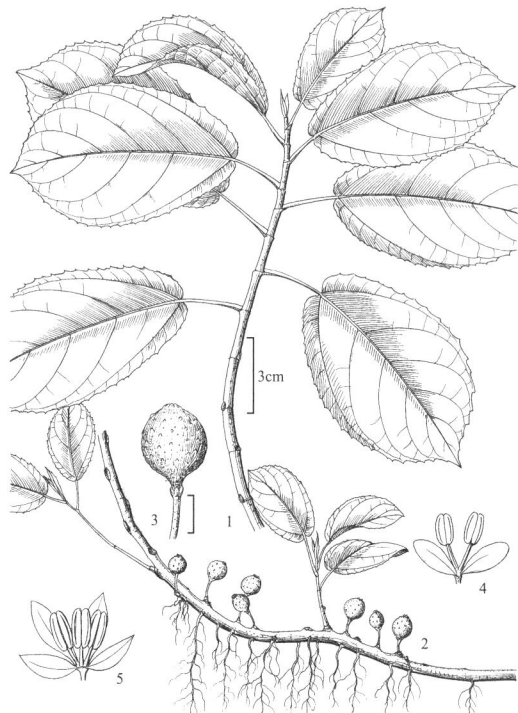

图 425 地果 Ficus tikoua
1. 直立的分枝，示叶；2. 匍匐茎，其上生多数不定根及花序；3. 花序；4~5. 雄花。（李志民绘）

近无毛或下面沿脉疏被短柔毛,有时上面疏生短刺毛(很易脱落),基生侧脉每边1条,侧脉每边3~4条。花序单生或成对或成簇生于已落叶的葡匐茎的叶腋,通常埋于地表层的土中;花序梗长0.5~1cm,无毛;总苞片卵形,长1.5~2mm,宿存;花序托球形或卵球形,直径0.8~1.5cm,疏被短柔毛;成熟时暗紫红色,有白色的小疣状凸起,基部骤缩成一短柄,先端的脐状凸起明显;花雌雄异株,雄花与瘿花生于同一植株的同一花序托内壁,雌花生于另一植株的花序托内壁;雄花生于花序托近口部,无花梗,花被裂片2~6,雄蕊1~3;瘿花无花被,子房卵球形,花柱长,侧生,柱头2裂;雌花有短花梗,无花被,子房被一黏膜包被,花柱侧生,长,宿存,柱头2裂。瘦果卵球形,表面有小疣状凸起。花果期6~8月。

产地:仙湖植物园(李沛琼 022494)。深圳市各公园常有栽培。

分布:广西、湖南、湖北、贵州、云南、西藏(东南部)、四川、陕西和甘肃。印度东北部、越南和老挝。

用途:为良好的地被和水土保持植物。

5. 薜荔 Climbing Fig　　图426　彩片601　602
Ficus pumila L. Sp. Pl. **2**: 1060. 1753.

常绿攀援或匍匐灌木。常以气根攀援于墙壁、树干或岩石上。营养枝(不结果的枝)密被短柔毛,在节上生不定根。叶互生,排成2列,二型:营养枝上的叶叶柄甚短,长约5mm;托叶披针形,被黄褐色丝质短柔毛,抱茎,早落;叶片小,而质薄,卵状心形,长1~2.5cm,宽0.5~1.5cm,基部浅心形,不对称,边缘全缘,先端急尖;结果枝上的叶较大而质厚;叶柄长1~2cm,密被短柔毛;叶片革质,卵状椭圆形、长圆形或卵状心形,长4~12cm,宽2~5cm,下面疏被白色短柔毛,上面无毛,基部圆或心形,边缘全缘,先端急尖或钝,基生侧脉每边1条,侧脉每边4-5条,网脉明显。花序单生于叶腋;花序梗长0.8~1.2cm,密被短柔毛;总苞片卵形,长7~9mm,外面密被平伏的短柔毛;花序托梨形或宽倒卵球形,长4~8cm,直径3~5cm,幼时疏被黄色短柔毛,成熟时黄绿色或带淡红色,无毛,基部收缩成一短柄,先端截形,脐状凸起明显;花雌雄异株,雄花与瘿花生于同一植株的同一花序托内壁,雌花生于另一植株的花序托内壁;雄花多数,呈数行生于花序托近口部,有花梗,花被裂片2或3,条形,雄蕊2,花丝短;瘿花有花梗;

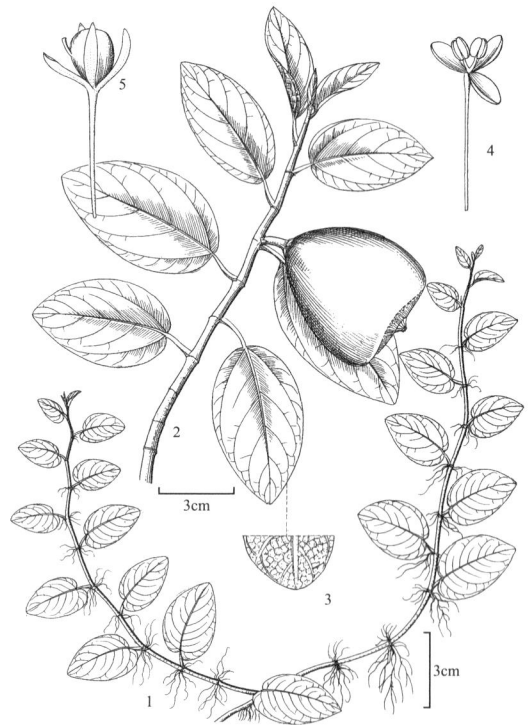

图426 薜荔 Ficus pumila
1. 营养枝,示其上的不定根及叶;2. 分枝的一段,示叶及花序;3. 叶背面上部放大;4. 雄花;5. 雌花。(李志民绘)

花被裂片3或4,条形,花柱侧生,很短;雌花花梗长,花被裂片4或5,条形。瘦果近球形,有黏液。花果期4~12月。

产地:七娘山(张寿洲等 SCAUF 798)、仙湖植物园(李沛琼 2377)、内伶仃岛(张寿洲等 3843)。深圳市各地常见。生于灌丛中、疏林下、林边和旷野,海拔30~150m。园林中常见栽培。

分布:安徽、江苏、浙江、江西、福建、台湾、广东、香港、澳门、海南、广西、湖南、湖北、贵州、云南、四川和陕西(南部)。日本和越南。野生或栽培。

用途:植株常被植作绿篱,又为良好的垂直绿化和地被植物;种子有黏液,用水洗出其黏液与米浆共煮,可制成凉粉食用。

5a. 爱玉子 Makino's Fig

Ficus pumila L. var. **awkeotsang**（Makino）Corner in Gard. Bull. Straits Settlem. 18：16. 1960.

Ficus awkeotsang Makino in Bot. Mag.（Tokyo）18：151. fig. 1-3. 1904

　　与薜荔的区别在于：叶片长椭圆形，长 7~12cm，宽 3~5cm，下面密被锈色短柔毛；花序托长椭圆形，长 6~8cm，直径 3~4cm，先端钝，成熟时绿色带淡黄色斑点。

　　产地：深圳市各公园、植物园时有栽培。

　　分布：浙江（东南部）、福建和台湾。日本和中国台湾、福建、广东（南部）、广西、云南（南部）有栽培。

　　用途：与薜荔相同。

6. 假斜叶榕 Sea Fig　　　　图 427　彩片 603　604

Ficus subulata Blume, Bijdr. Fl. Ned. Ind. 461. 1825.

　　常绿攀援灌木（雌株）或直立灌木（雄株）。雌株常在茎上长出纤细的不定根。茎无毛。叶互生；托叶条状披针形，长 1~1.2cm，抱茎，迟落；叶柄长 0.5~1.7cm，无毛；叶片，狭长圆形、狭椭圆形、倒卵状椭圆形或椭圆形，纸质，长 6~20cm，宽 3~8cm，常两侧不对称，

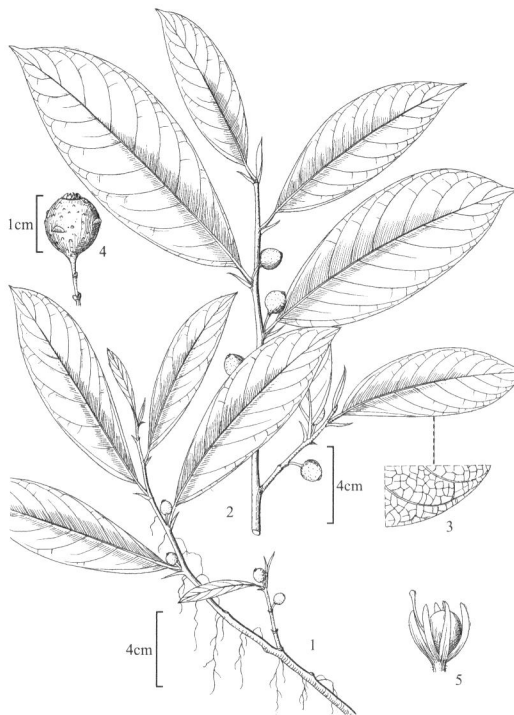

图 427 假斜叶榕 Ficus subulata
1. 分枝的一段，示其上的不定根、叶及花序；2. 分枝的一段，示叶及花序；3. 叶背面的一部分放大；4. 花序；5. 雌花。（李志民绘）

两面无毛，或仅幼时疏被短柔毛，下面疏生小疣状凸起，基部楔形、宽楔形或微圆，通常偏斜，边缘全缘，先端渐尖，有时尾状，基生侧脉每边 1 条，侧脉每边 7~10 条。花序生于带叶枝的叶腋或已落叶枝的叶腋，单生、成对或数个簇生，几无花序梗；总苞片卵圆形，鞘状，长 2~2.5mm，有时其中总苞片延伸至果柄的中部或近中部；花序托球形或卵球形，直径 0.8~1.2cm，基部骤缩成一细柄，先端的脐状凸起明显，成熟时橙红色，表面有小的疣状凸起；侧生苞片 1 或 3，宽卵形，长 1~1.5mm；花雌雄异株，雄花与瘿花生于同一植株的同一花序托内壁，雌花生于另一植株的花序托内壁；雄花生于花序托近口部，花被筒状，花被裂片 4，雄蕊 1，退化雌蕊卵球形；瘿花散生，花萼与雄花的相似，子房球形，花柱侧生，柱头头状；雌花花被筒状，花被裂片 4，被毛；子房椭圆体形，花柱长，侧生，宿存。瘦果椭圆体形。花果期全年。

　　产地：盐田（张寿洲 5485）、沙头角（张寿洲等 5485）、梧桐山（李沛琼 2301）、仙湖植物园。生于山谷疏林中，海拔 150~510m。

　　分布：广东、香港、海南、广西、贵州、云南和西藏。不丹、尼泊尔、印度、缅甸、泰国、马来西亚、印度尼西亚和巴布亚新几内亚。

7. 羊乳榕 箭叶榕 Arrowleaved Fig　　　　　　　　　　图 428　彩片 605　606

Ficus sagittata Vahl, Symb. Bot. **1**：83. 1790.

　　常绿攀援藤本。枝条被短柔毛，后变无毛，节间生不定根。叶互生；托叶条状披针形，长 1~1.3cm，外面密被白色茸毛，抱茎，早落；叶柄长 1.5~4cm，疏被短柔毛；叶片椭圆形或卵状椭圆形，革质，长 7~15cm，宽 5~10cm，两侧对称，两面无毛或仅幼时下面疏被短柔毛，基部圆、浅心形或心形，边缘全缘或浅波状，先端急尖或渐尖，基生侧脉每边 1 条或 2 条，侧脉每边 5~6 条。花序单 1 或成对，稀有成簇生于带叶枝或已落叶枝的叶腋，也有生于无叶枝的瘤状短枝上；花序梗甚短，长 4~5mm，疏被短柔毛；总苞片早落；花序托近球形，直径 1~1.5cm，幼时疏被短柔毛，后变无毛，成熟时橙红色，基部骤缩成一短柄，先端的脐状凸起明显；花雌雄异

株，雄花与瘿花生于同一植株的同一花序托内壁，雌花
生于另一植株的花序托内壁；雄花生于花托近口部，花
被裂片 3，雄蕊 2，花丝合生，花药先端骤尖；瘿花花
被裂片 3，子房倒卵球形，花柱短，侧生；雌花花被筒状，
花被裂片 3，花柱长，侧生，柱头圆柱形。瘦果椭圆体形。
花果期全年。

产地：深圳绿化管理处（李沛琼等 010488 W06062）。
深圳市园林中常有栽培。

分布：广东、香港、海南、广西、贵州和云南（南
部）。印度、不丹、缅甸、泰国、越南、菲律宾、印
度尼西亚及太平洋岛屿。

用途：为优良的棚架植物。

8.　爬藤榕 纽榕 Impressed Sarmentosa Fig　　图 429

Ficus sarmentosa Buch. -Ham. ex J. E. Sm. var.
impressa（Champ. ex Benth.）Corner in Gard. Bull.
Straits Settem. **18**：6. 1960.

Ficus impressa Champ. ex Benth. in J. Bot. Kew
Gard. Misc. **6**：76. 1854.

常绿攀援或匍匐灌木。小枝幼时密被短柔毛，后
渐变无毛。叶互生，排成 2 列；托叶卵状披针形，长
6~8mm，膜质，密被短柔毛，抱茎，早落；叶柄长
0.5~1.5cm，密被短柔毛；叶片椭圆形、长圆形或卵
形，长 3~6.5cm，宽 1.2~3cm，两侧对称，下面疏被白
色短柔毛或无毛，上面无毛，基部圆或渐狭，边缘全
缘，先端渐尖，基生侧脉每边 1 条，侧脉每边 6~8 条。
花序单生或成对生于带叶枝或已落叶枝的叶腋；花序梗
长 4~8mm，密被短柔毛；总苞片宽卵形，长约 1.5mm，
外面密被短柔毛，宿存；花序托近球形，直径 0.7~1cm，
幼时疏被白色短柔毛，成熟时紫黑色，无毛，基部骤缩
成一很短的柄，先端的脐状凸起明显；花雌雄异株，雄
花与瘿花生于同一植株的同一花序托内壁，雌花生于另
一植株的花序托内壁；雄花生于花序托近口部，具花梗，
花被裂片 3 或 4，倒披针形，雄蕊 2，花丝甚短，花药
先端骤尖；瘿花具花梗，花被裂片 4，倒卵状匙形，子
房椭圆体形，花柱短，侧生，柱头浅漏斗形；雌花具花梗，
花被裂片 4，匙形，子房倒卵球形，花柱近顶生，柱头
长而细。瘦果倒卵状椭圆体形，有黏液。花果期全年。

产地：七娘山（张寿洲等 1943）、南澳（邢福武
10567，IBSC）。生于山顶，海拔 400~900m。

分布：河南、安徽、江苏、浙江、江西、福建、广东、
香港、澳门、海南、广西、湖南、湖北、贵州、云南、
四川、陕西和甘肃。日本和越南。

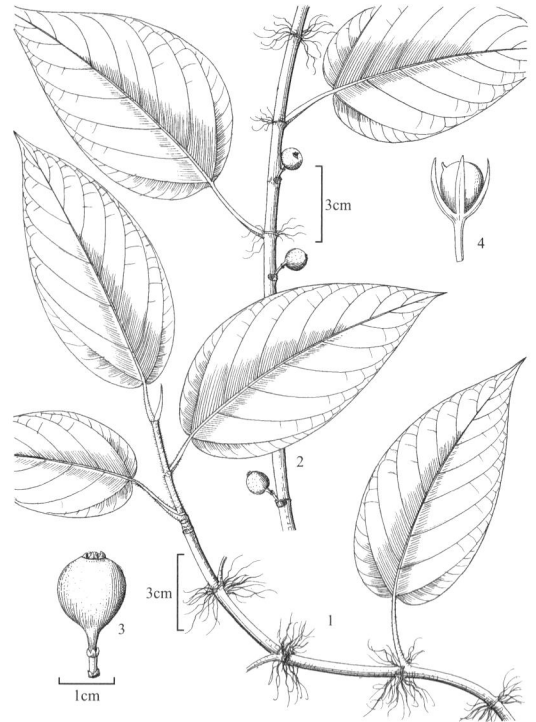

图 428 羊乳榕 Ficus sagittata
1. 分枝的一段，示其上的不定根及叶；2. 分枝的一段，示
叶及花序；3. 花序；4. 瘿花。（李志民绘）

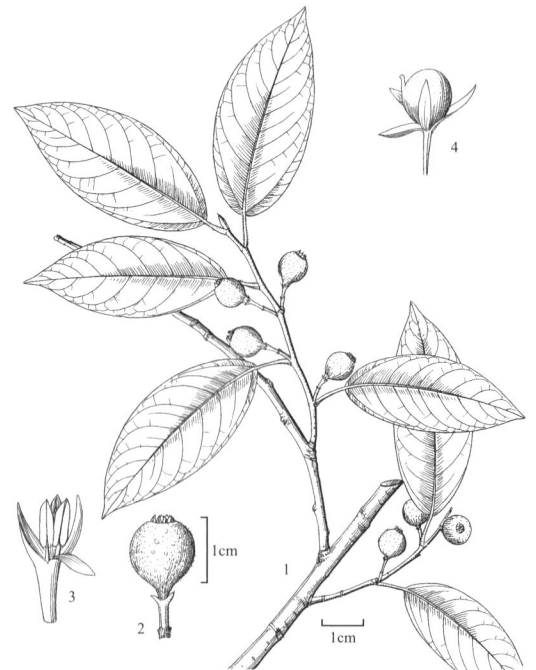

图 429 爬藤榕 Ficus sarmentosa var. impressa
1. 分枝的一段，示叶及花序；2. 花序；3. 雄花；4. 瘿花。（李
志民绘）

8a. 珍珠莲 Henry's Sarmentosa Fig

Ficus sarmentosa Buch. -Ham. ex J. E. Sm. var. **henryi**（King ex Oliv.）Corner in Gard. Bull. Straits Settem. **18**: 6. 1960.

Ficus foveolata var. *henryi* King ex Oliv. in Hook. Icon. Pl. 19: t. 1824. 1889.

与爬藤榕的主要区别在于：叶片下面及花序托均被长柔毛；花序梗不明显。

产地：深圳可能有分布，但尚未采到标本。据文献摘录此形态描述，以备参考。

分布：浙江、江西、福建、台湾、广东、广西、湖南、湖北、贵州、云南、四川、陕西和甘肃。

9. 大琴叶榕 琵琶榕 Big Fiddle-leaved Fig

图 430　彩片 607

Ficus lyrata Warb. in Bot. Jahrb. Syst. **20**: 172. 1894

常绿乔木，高 10~12m。分枝粗壮，幼枝密被短柔毛，后渐变无毛。叶互生；托叶大，革质，三角状披针形，长 3~5cm，基部抱茎，先端急尖，宿存；叶柄粗壮，长 5~10cm，幼时密被短柔毛，成长后变无毛；叶片提琴形，革质，长 10~40cm，宽 12~25cm，基部耳状深心形，边缘全缘，先端圆或截形，中央具三角形的短尖，基生侧脉每边 3~4 条，侧脉每边 4~5 条。花序成对生于带叶枝的叶腋；无花序梗；总苞片三角形，长 4~5mm，宿存；花序托球形，直径 2.5~4.5cm，密被微柔毛，成熟时黄褐色，带黄色的点，基部不收缩成柄，先端的脐状凸起明显；花雌雄同株，雄花、瘿花和雌花均长在同一植株的同一花序托内壁；雄花少数，生于花序托内壁的口部的周围，无花梗，花被裂片 2~3，披针形，膜质，雄蕊 1，花药椭圆体形；瘿花有花梗，花被裂片 3，披针形，膜质，子房椭圆体形，花柱侧生，长，柱头膨大，有乳头状凸起；雌花有花梗，花被裂片 3，倒卵状披针形，膜质，子房椭圆体形，花柱侧生，短，柱头膨大，有乳头状凸起。瘦果倒卵球形，黄色。花果期 4~9 月。

产地：仙湖植物园（王国栋 W06067）、莲花山公园（李沛琼等 1401001）。深圳市公园及城市绿地常有栽培。

分布：原产于非洲热带，现热带地区常有栽培。我国南方各地亦常见栽培。

用途：为优良的园林风景树。

10. 印度榕 橡胶榕 India-rubber Tree

图 431　彩片 608

Ficus elastica Roxb. ex Hornem. Fl. Ind. ed. 1832，**3**: 541. 1832.

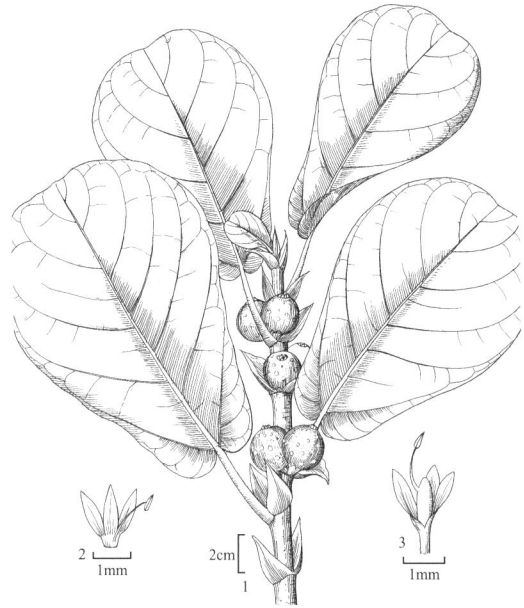

图 430 大琴叶榕 Ficus lyrata
1. 分枝的一段，示托叶、叶及花序；2. 雄花；3. 雌花。（李志民绘）

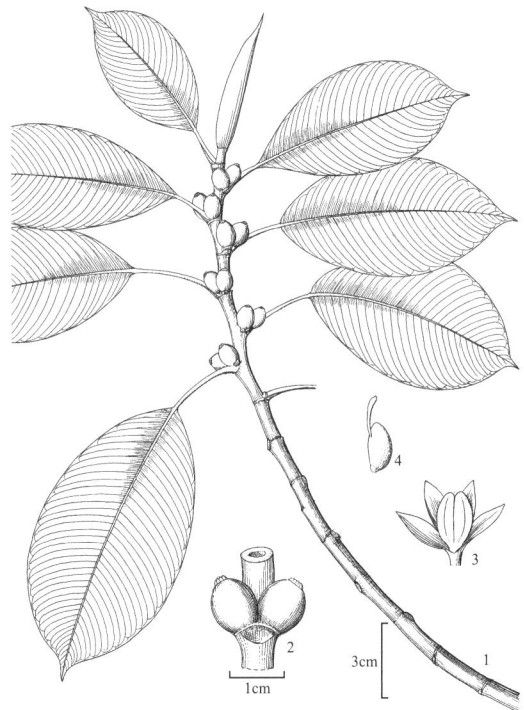

图 431 印度榕 Ficus elastica
1. 分枝的一段，示叶及花序；2. 一对花序；3. 雄花；4. 子房。（李志民绘）

常绿乔木，高 20~30m，胸径 25~40cm。幼树常附生。气根发达。树皮灰白色，平滑；分枝甚粗壮。全体无毛。叶互生；托叶抱茎，深红色，卵状披针形，长 10~15cm，早落；叶柄粗壮，长 4~8cm；叶片长圆形或椭圆形，厚革质，长 10~30cm，宽 8~12cm，基部宽楔形或圆形，边缘全缘，先端急尖、渐尖或圆钝，下面绿色，上面深绿色，有光泽，两面均密生小的凸起，基生侧脉每边 1 条，侧脉甚多，细而密生，不明显。花序成对，生于带叶枝和已落叶枝的叶腋；无花序梗；总苞片联合成帽状体，包围花序的基部，脱落后留下一环状痕迹；花序托宽椭圆体形；长约 1cm，宽 6~8mm，幼时黄绿色，成熟时紫黑色，基部不收缩成柄，先端的脐状凸起明显；花雌雄同株，雄花、瘿花和雌花均生于同一植株的同一花序托内壁；雄花散生，具花梗，花被裂片 4，卵形，雄蕊 1，无花丝，花药卵状椭圆体形；瘿花无花梗，花被裂片 4，卵圆形，子房斜椭圆体形，平滑，花柱近顶生，弯曲；雌花无花梗，花被裂片 4，与瘿花相似，花柱长，宿存，柱头膨大。瘦果卵球形，表面有小瘤状凸起。花果期 9~11 月。

产地：仙湖植物园（李沛琼 2346）、荔枝公园（李沛琼 2026）。深圳市各地常见栽培。

分布：原产于我国云南西部，以及印度北部、不丹、尼泊尔、缅甸、马来西亚和印度尼西亚。现世界热带地区普遍有栽培。我国南方也广为栽培。

用途：为优良的园林绿化树。

11. 九丁树 Veined Fig　　　　　　　　图 432

Ficus nervosa Heyne ex Roth，Nov. Sp. Pl. 388. 1821.

常绿乔木，高 5~10m。幼枝疏被短柔毛，后渐变无毛。叶互生，排成 2 列；托叶卵状披针形，长 5~8mm，抱茎，早落；叶柄长 1~2cm，无毛；叶片两侧对称，椭圆形、长圆形或倒卵状披针形，薄革质，长 6~15cm，宽 2.5~5cm；基部圆、宽楔形或楔形，边缘全缘，先端急尖或渐尖，两面无毛，下面密生小的凸起，上面平滑光亮，基生侧脉每边 1 条，侧脉每边 7~11 条。花序单 1 或成对生于带叶枝和已落叶枝的叶腋；无花序梗；总苞片卵形，长约 2mm，外面被短柔毛，宿存；花序托球形，直径 1~1.2cm，无毛或疏被短柔毛，幼时表面有小的瘤状凸起，成熟时绿色或淡绿色，基部骤缩成一 0.6~1cm 长的柄，先端的脐状凸起明显；花雌雄同株，雄花、瘿花及雌花均生于同一植株的同一花序托内壁；雄花：生于花序托近口部，有花梗；花被裂片 2，大小不相等，匙形；雄蕊 1 枚；瘿花：有或无花梗；花被裂片 3，条状椭圆形，先端渐尖；子房卵球形，花柱侧生，宿存，长为瘦果的 2 倍，柱头棒状；雌花：与瘿花相似。瘦果倒卵球形。果期 3~12 月。

图 432 九丁树 Ficus nervosa
1. 分枝的一段，示叶及花序；2. 花序；3. 雄花；4. 雌花。（李志民绘）

产地：七娘山（张寿洲等 0229）、南澳（邢福武 11002，IBSC）、塘朗山。生于山谷林中，海拔 100~300m。

分布：台湾、福建、广东、香港、海南、广西、贵州、四川和云南。印度、斯里兰卡、不丹、尼泊尔、缅甸、泰国和越南。

12. 斜叶榕 Gibbous Fig　　　　　　　　图 433　彩片 609　610

Ficus tinctoria G. Forst. subsp. **gibbosa**（Blume）Corner in Gard. Bull. Straits Settlem. **17**：461. 1960.

Ficus gibbosa Blume，Bijdr. Fl. Ned. Ind. 466. 1825；海南植物志 **2**：394. 1965；广东植物志 **1**：201. 1987.

常绿乔木，高 5~10m。常有附生。幼枝疏被短柔毛，成长枝无毛。托叶披针形，长 0.7~1cm，仅边缘疏被长柔毛，其余无毛，抱茎，早落;叶柄粗壮，长 1~1.5cm，无毛;叶片形状和大小变化大，椭圆形、卵状椭圆形、菱状椭圆形或菱形，革质，长 5~13cm，宽 3~5cm，附生植株的叶通常较大，基部楔形或宽楔形，常偏斜，边缘浅波状或有角状齿，先端急尖，通常两侧不对称，两面无毛，基生侧脉每边 1 条，侧脉每边 5~7 条。花序生于带叶枝和已落叶枝的叶腋;花序梗不明显;总苞片 3，宽卵形，长约 2mm，仅边缘有缘毛，宿存;花序托近球形，直径 0.8~1cm，疏生短硬毛，有密的小瘤状凸起，成熟时黄色，基部骤缩成 0.5~1cm 长的柄，先端的脐状凸起明显;花雌雄异株，雄花与瘿花生于同一植株的同一花序托内壁，雌花生于另一植株的花序托内壁;雄花生于花序托近口部，花被裂片 4~6，条形，雄蕊 1，有退化子房;瘿花花被裂片 4，条形，薄而透明，子房斜卵球形，花柱侧生;雌花花被裂片 4，条形，膜质，花柱侧生，长，柱头膨大。瘦果椭圆体形，有龙骨状凸起并有小瘤状凸起。花果期 4~10 月。

产地:东涌、七娘山、南澳、盐田(李沛琼 3184)、沙头角、梧桐山、东湖公园(李沛琼 3177)。生于山坡林中，也有附生于墙壁或岩石上，海拔 20~250m。在深圳市园林中和村落常有栽培，在一些村落中还可见到近百年树龄的古树。

分布:福建、台湾、广东、香港、澳门、海南、广西、贵州、云南和西藏(东南部)。印度、斯里兰卡、不丹、尼泊尔、缅甸、泰国、越南、马来西亚和印度尼西亚。

图 433 斜叶榕 Ficus tinctoria subsp. gibbosa
1. 分枝的一段，示叶及花序;2. 花序;3. 雄花;4. 雌花。(李志民绘)

13. 黄毛榕 Fulvous Fig　　图 434　彩片 611　612

Ficus esquiroliana H. Lév. in Bull. Acad. Int. Geogr. Bot. **24**: 252. 1914.

Ficus fulva auct. non Reinw. ex Blume:海南植物志 **2**:390. 1965;广东植物志 **1**: 193. 1987.

常绿乔木，高 4~10m。树皮灰褐色至灰绿色;枝条密被黄褐色长硬毛。叶互生;托叶披针形，长 1~1.5cm，密被白色平伏的茸毛，抱茎，早落;叶柄长 5~10cm，密被黄褐色长硬毛;叶片宽倒卵形或宽椭圆形，厚纸质，长 15~25cm，宽 10~20cm，基部浅心形，边缘有细锯齿，齿尖常有长硬毛，上部有时有 3—5 浅裂，先端急尖，有时尾状，下面密被黄褐色茸毛，沿脉被黄褐色长硬毛，上面疏被黄褐色长柔毛，稀近无毛，基生侧脉每边 1~2 条，侧脉每边 4~6 条。花序单生于有叶枝和已落叶枝的叶腋;无花序梗;总苞片宽卵形，长 0.8~1cm，密被白色平伏的茸毛，先端尾状，早落;花序托卵球形，直径 2~2.5cm，密被黄褐色长硬毛，成

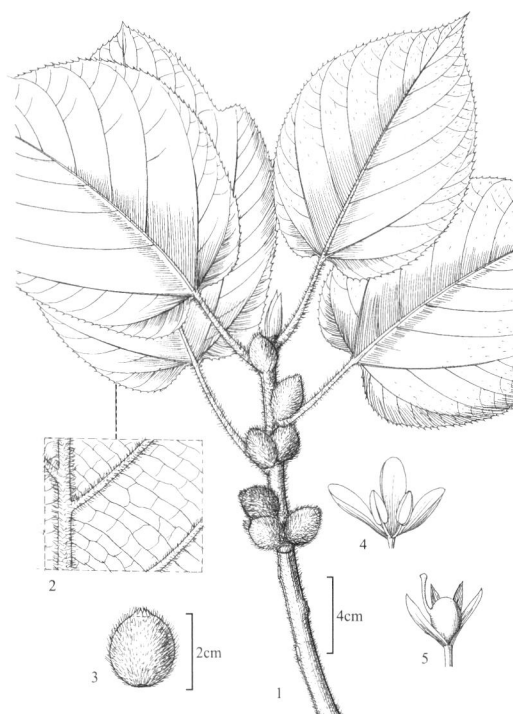

图 434 黄毛榕 Ficus esquiroliana
1. 分枝的一段，示叶及花序;2. 叶背面的一部分放大，示毛被;3. 花序;4. 雄花;5. 雌花。(李志民绘)

熟时棕黄色,基部不骤缩成柄,先端具明显的脐状凸起。花雌雄异株,雄花与瘿花生于同一植株的同一花序托内壁,雌花生于另一植株的花序托内壁;雄花生于花序托近口部,有花梗,花被裂片 3~4,倒卵状披针形,雄蕊 2,少有 1;瘿花花被裂片 4,条形,子房卵球形,平滑,花柱侧生,短,柱头漏斗状;雌花花被裂片 4,条形,花柱侧生,长,顶端被短柔毛,柱头漏斗状。瘦果斜卵球形,基部具 2 条龙骨状凸起,表面有小的瘤状凸起。花果期 5~10 月。

产地:据文献记载(深圳市园林科研所等、《深圳植物名录》85,2007),深圳市有分布,但尚未采到标本。仅据文献摘录此形态描述,以备参考。

分布:福建(南部)、台湾(南部)、广东、香港、海南、广西、贵州、四川、云南(南部)和西藏(东南部)。缅甸、泰国、越南、老挝和印度尼西亚。

14. 粗叶榕 Hairy Fig

图 435 彩片 613 614 615

Ficus hirta Vahl,Enum 2:201. 1805.

Ficus simplicissima Lour. var. *hirta*(Vahl)Migo in Bull. Shanghai Sci. Inst. **14**:331. 1944;海南植物志 **2**:390. 1965.

常绿灌木或小乔木,高 1~5m。小枝密被黄褐色刚毛。叶互生;托叶红色,卵状披针形,长 1~2cm,膜质,密被平伏的白色长柔毛,中脉被黄褐色刚毛,抱茎,早落;叶柄长 1~9cm,密被黄褐色刚毛;叶片形状多变,长圆形、椭圆形、卵状椭圆形或卵状披针形,纸质,长 10~25cm,宽 5~17cm,基部圆、浅心形或宽楔形,边缘有细锯齿,不裂或有不规则的 3~5 掌状浅裂至深裂,先端渐尖、急尖或短尾状,两面甚粗糙,无毛,但下面脉上有时被黄褐色刚毛,基生侧脉每边 1~2 条,侧脉每边 4~7 条。花序单 1 或成对生于带叶枝和已落叶枝的叶腋;无花序梗;总苞片卵状披针形,

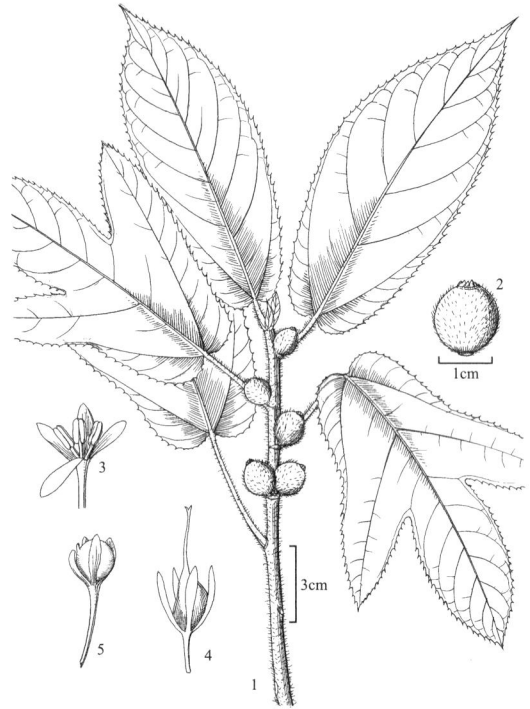

图 435 粗叶榕 Ficus hirta
1. 分枝的一段,示叶及花序;2. 花序;3. 雄花;4. 雌花;5. 瘿花。
(李志民绘)

长 1.5~3mm,被刚毛,脱落或宿存;花序托球形或卵球形,直径 1~3cm,密被黄褐色刚毛及白色短柔毛,基部不骤缩成柄,先端的脐状凸起明显;花雌雄异株,雄花及瘿花生于同一植株的同一花序托内壁,雌花生于另一植株的花序托内壁;雄花生于花序托近口部,有花梗,花被裂片 4,红色,披针形,雄蕊 2 或 3,花药椭圆体形;瘿花花被裂片 4,狭长圆形,子房球形或卵球形,平滑,花柱侧生,很短,柱头漏斗状;雌花无花梗或有花梗,花被裂片 4,卵状披针形,子房球形或卵球形,花柱顶生,长,宿存,柱头棒状。瘦果椭圆体形。花果期全年。

产地:三洲田(深圳考察队 707)、梧桐山(深圳植物志采集队 013562)、仙湖植物园(曾春晓 0055)。深圳市各地常见。生于林边、沟谷、灌丛中或村落中,海拔 50~550m。

分布:江西、福建、广东、香港、澳门、海南、广西、湖南(南部)、贵州(南部)和云南。印度、不丹、尼泊尔、缅甸、泰国、越南和印度尼西亚。

15. 极简榕 裂掌榕 掌叶榕 Hispid Fig

图 436 彩片 616

Ficus simplicissima Lour. Fl. Cochinch. **2**:667. 1790.

常绿灌木,高 1~2.5m。茎无分枝或少分枝,分枝疏被钩状短硬毛。叶互生;托叶披针形,长 1~2cm,疏被短的倒刺毛;叶柄长 1~5cm,密被钩状短硬毛;叶片的轮廓为宽卵形或宽倒卵形至长圆形,长 8~25cm,宽 4~15cm,基部圆或浅心形,两面粗糙,2~5 掌状深裂,裂片狭长圆形或条状长圆形,中间裂片较两侧的裂片长,边缘全缘,基生侧脉每边 1~2 条,侧脉每边 3~6 条。花序单 1 或成对生于已落叶的老枝的叶腋;无花序

梗；总苞片卵状三角形，长约 1mm，脱落或宿存；花序托球形，直径 1~1.5cm，疏被钩状短硬毛，基部不骤缩成柄，先端的脐状凸起明显；花雌雄异株，雄花与瘿花生于同一植株的同一花序托内壁；雌花生于另一植株的花序托内壁；雄花生于花序托近口部，有花梗，花被裂片 4，红色，倒卵状披针形，长约 1.5mm，雄蕊 2，花丝甚短，花药椭圆体形，先端骤尖；瘿花有花序梗，花被裂片 4，倒卵状披针形，子房近球形，花柱侧生，甚短，柱头漏斗状；雌花无或有花序梗，花萼裂片与瘿花的相似，子房近球形，花柱侧生，较长，柱头棒状。瘦果椭圆体形，光滑。花果期 4~12 月。

产地：深圳市可能有分布，但尚未采到标本。据文献摘录此形态描述，以备参考。

分布：广东（南部）、香港、澳门。生于疏林中。

16. 菩提树 Peepul Tree　图 437　彩片 617

Ficus religiosa L. Sp. Pl. **2**: 1059. 1753.

常绿大乔木，高 15~25m，胸径 30~50cm。树冠广阔。除幼枝和总苞片外，全体无毛。幼树常附生。树皮灰色，平滑或纵裂至龟裂；分枝灰褐色，幼时疏被短柔毛。叶互生；托叶卵状披针形，长 0.8~1.4cm，抱茎，早落；叶柄细，与叶片近等长，基部有关节，在顶端的背部具 1 腺体；叶片卵状三角形，长 10~20cm，宽 8~14cm，基部截形或心形，边缘全缘或微波状，先端尾状，尾尖长 2~5cm，基生侧脉每边 1 条，侧脉每边 5~8 条。花序单 1 或成对生于带叶枝的叶腋；无花序梗；总苞片卵形，长约 5mm，近革质，边缘 2~3 浅裂，疏被微柔毛，宿存；花序托球形或扁球形，直径 1~1.5cm，成熟时红色，基部不骤缩成柄，先端的脐状凸起明显；花雌雄同株，雄花、瘿花和雌花均生于同一植株的同一花序托内壁；雄花生于花序托近口部，无花梗，花被裂片 2~3，雄蕊 1，花丝短；瘿花有花梗，花被裂片 3~4，子房倒卵状球形，平滑，花柱短，侧生，柱头膨大；雌花无花梗，花被裂片 4，子房球形，平滑，花柱细，柱头狭窄。花果期 3~11 月。

产地：仙湖植物园（王国栋 W06075）。深圳市园林、寺庙和村落常见有栽培。

分布：原产于印度。亚洲南部和东南部普遍有栽培。我国南方也常见栽培。

用途：为优良的园林风景树；为佛教的宗教树之一。

图 436 极简榕 Ficus simplicissima
1. 分枝的一段，示叶及花序；2. 叶背面的一部分放大，示毛被；3. 花序。（李志民绘）

图 437 菩提树 Ficus religiosa
1. 分枝的一段，示叶和花序；2. 总苞片；3. 雄花；4. 雌花。（李志民绘）

17. 高山榕 Mountain Fig　　图 438　彩片 618　619

Ficus altissima Blume, Bijdr. Fl. Ned. Ind. 444. 1825.

常绿大乔木，高 25~30m，胸径 40~90cm。气根甚发达。树皮灰色，平滑。除幼枝和总苞片幼时疏被短柔毛外，全株无毛。托叶卵状披针形，长 1.7~2.3cm，革质，抱茎，早落；叶柄粗壮，长 2~5cm；叶片卵形、椭圆形或宽椭圆形，厚革质，长 10~18cm，宽 6~10cm，基部圆或宽楔形，边缘全缘，先端急尖或钝，基生侧脉每边 1 条，侧脉每边 5~7 条。花序成对，生于带叶枝的叶腋；无花序梗；总苞片基部合生成帽状，包围花序托基部，早落，脱落后在花序托基部留下环状的痕迹；花序托球形或卵球形，直径 1.5~2cm，成熟时橙黄色或带红色，基部不骤缩成柄，先端具明显的脐状凸起；花雌雄同株；雄花、瘿花及雌花均生于同一植株的同一花序托内壁；雄花散生，花被裂片 4，椭圆形，膜质，透明，雄蕊 1；瘿花花被裂片 4，条形，花柱长，近顶生；雌花花被裂片与瘿花的相似，子房球形，花柱长，近顶生。瘦果表面有小的瘤状凸起。花果期 3~10 月。

产地：仙湖植物园（王国栋等 06048）。深圳市各地普遍有栽培，也有野生。生于山坡林中或林缘，海拔 100~400m。

分布：广东、香港、澳门、海南、广西及云南。印度、不丹、尼泊尔、缅甸、泰国、越南、菲律宾、马来西亚和印度尼西亚。栽培或野生。

用途：为优良的园林绿化树。

图 438 高山榕 Ficus altissima
1. 分枝的一段，示叶和花序；2. 雄花；3. 雌花。（李志民绘）

18. 黄葛树 大叶榕 Big-leaved Fig

图 439　彩片 620　621

Ficus virens Ait. Hort. Kew. **3**: 451. 1789.

Ficus virens Ait. var. *sublanceolata*（Miq.）Corner in Gard. Bull. Straits Settlem **17**: 377. 1959；广东植物志 **1**: 199. 1987；澳门植物志 **1**: 151. 2005.

Ficus lacor auct. non Buch. -Ham.: 广州植物志 396. 1956；海南植物志 **2**: 392. 1965.

落叶或半落叶大乔木，高 10~25m。幼树附生。有板根和支柱根，板根在地面放射状延伸，长可达 10m 或更长，气根不发达。全株无毛。叶互生；托叶卵状披针形，长 0.8~1cm，抱茎，先端急尖，早落；叶柄长 2.5~6.5cm；叶片长圆形、狭椭圆形、卵状椭圆形或卵状披针形，纸质，长 7~20cm，宽 4~7cm，基部圆或宽楔形，边缘全缘，先端渐尖、急尖或尾状渐尖，基生侧脉每边 1 条，侧脉每边 7~10 条。花序单

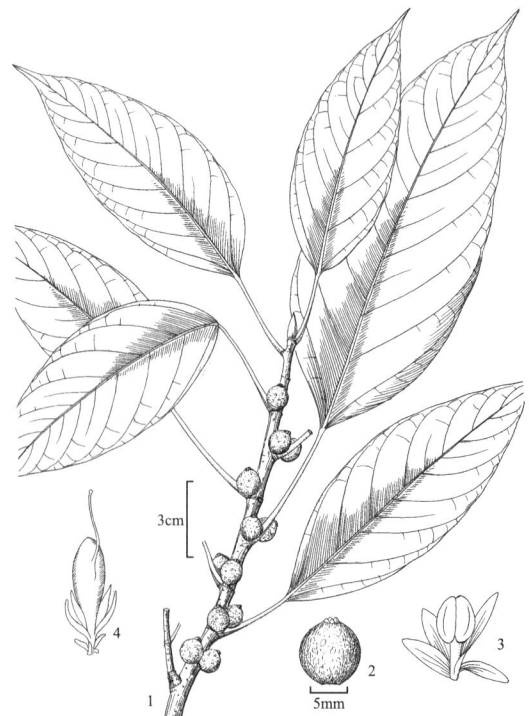

图 439 黄葛树 Ficus virens
1. 分枝的一段，示叶和花序；2. 花序；3. 雄花；4. 雌花。（李志民绘）

1 或成对生于带叶枝的叶腋和簇生于已落叶枝的叶腋；通常无花序梗，稀有甚短的花序梗；如为后者，则长仅2~4mm；总苞片卵形，长约 3mm，膜质，脱落；花序托近球形，直径 0.8~1cm，黄白色，成熟时紫红色，基部不骤缩成柄，先端的脐状凸起明显；花雌雄同株，雄花、瘿花和雌花均生于同一植株的同一花序托内壁，花之间有间生刚毛；雄花少数，生于花序托近口部，无花梗，花被裂片 4 或 5，披针形，雄蕊 1，花丝短，花药宽卵球形；瘿花有花梗，花被裂片 3 或 4，子房倒卵状椭圆体形，有子房柄，花柱侧生，短于子房；雌花花被裂片似瘿花的花被裂片，子房球形，无子房柄，花柱侧生，长于子房。瘦果表面有皱。花果期全年。

产地：沙头角（李沛琼 3175）、仙湖植物园（王定跃 1013）、莲塘（王国栋 6130）。深圳市各地普遍有栽培。

分布：浙江、福建、台湾、广东、香港、澳门、海南、广西、湖南、湖北、贵州（西南部）、云南、西藏（东南部）、四川和陕西。日本、印度、斯里兰卡、不丹、缅甸、泰国、越南、老挝、柬埔寨、菲律宾、马来西亚、印度尼西亚、巴布亚新几内亚和澳大利亚北部。栽培或野生。

用途：为优良的园林绿化树和行道树。

19. 垂叶榕 Weeping Fig　　　　图 440　彩片 622

Ficus benjamina L. Syst. Nat. ed. 12，**2**：681. 1767.

常绿乔木，高 10~20m。气根发达，主枝生出的气根插入土中以后能生成新的树干。树皮灰白色，平滑；分枝稍下垂，无毛。叶互生；托叶披针形，长 0.8~1.5cm，膜质，与叶柄和叶片的两面均无毛，抱茎，早落；叶柄长 1~2cm；叶片卵形或宽椭圆形、薄革质，长 4~8cm，宽 2~4cm，基部圆或宽楔形，边缘全缘，先端渐尖或尾状；无基生侧脉，有时每边 1 条，不明显，侧脉多数，纤细而密生，不明显。花序单 1 或成对生于带叶枝的叶腋；无花序梗；总苞片卵状三角形，长约 1mm，早落；花序托球形、扁球形，有时梨形，直径 0.8~1.5cm，无毛，稀疏被短柔毛，成熟时橘红色或橘黄色，有白点，基部渐狭，不骤缩成柄，稀有时骤缩成 2~3mm 长的短柄，先端的脐状凸起明显；花雌雄同株，雄花、瘿花与雌花均生于同一植株上的同一花序托内壁；雄花少数，散生，有短花梗，花被裂片 4，稀 3，宽卵形，雄蕊 1，花丝长；瘿花多数，有花梗，花被裂片 4 或 5，稀 3，狭匙形，子房卵形，

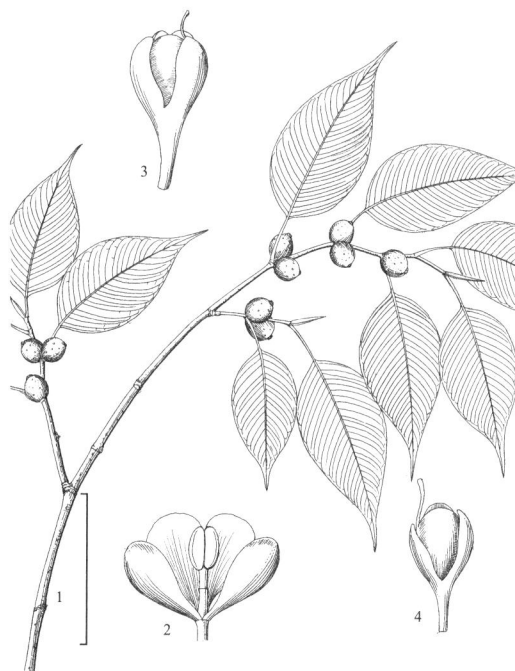

图 440 垂叶榕 Ficus benjamina
1. 分枝的一段，示叶和花序；2. 雄花；3. 瘿花；4. 雌花。（李志民绘）

平滑，花柱近侧生，短；雌花无花梗，花被裂片 3，短匙形，子房卵球形，花柱近侧生，短，柱头膨大。瘦果卵状肾形，短于宿存花柱。花果期 3~12 月。

产地：仙湖植物园（王国栋 W06100）、罗湖区碧波花园（王国栋 W06097）。深圳市各地普遍有栽培。

分布：台湾、广东、香港、澳门、广西、贵州和云南。印度、不丹、尼泊尔、缅甸、越南、老挝、柬埔寨、菲律宾、马来西亚、印度尼西亚、巴布亚新几内亚、澳大利亚北部和太平洋岛屿。栽培或野生。

用途：为良好的园林绿化树。

19a. 丛毛垂叶榕 Nude Fig　　　　　　　　　　　　彩片 623

Ficus benjamina L. var. **nuda**（Miq）Barrett in Amer. Midl. Naturalist. **45**：127. 1951.

Urostigma nudum Miq. in London J. Bot. **6**：584. 1847.

与垂叶榕的区别在于：花序托的直径 1.8~2cm。

产地：深圳园博园（张寿洲 024230）有栽培。

分布：云南。印度、不丹、尼泊尔、缅甸、泰国、越南和巴布亚新几内亚。

20. 榕树 小叶榕 细叶榕 Smallfruit Fig

图 441　彩片 624

Ficus microcarpa L. f. Suppl. 442. 1782.

常绿大乔木，高 15~20m。成年树的大枝上长出大量的气根。全株无毛。树皮暗灰色，平滑；枝条具棱，密生皮孔。叶互生，托叶卵状披针形，长 0.5~1cm，抱茎，早落；叶柄长 0.7~1.5cm；叶片薄革质，长圆形、椭圆形或狭椭圆形，长 8~10cm，宽 3~6cm，基部楔形或近圆形，边缘全缘，先端急尖或骤尖，下面淡绿色，上面深绿色并有光泽，两面均密生小的瘤状凸起，基生侧脉每边 1 条，侧脉每边 10~13 条，明显。花序单或成对生于带叶枝的叶腋或生于已落叶枝的叶腋，无花序梗；总苞片 2~3，卵形，长 2~3mm，宿存；花序托球形或微扁，直径 6~8mm，成熟时红色或淡红色，有疏的小瘤状凸起，基部不骤缩成柄，先端的脐状凸起明显；花雌雄同株，雄花、瘿花和雌花均生于同一植株的同一花序托内壁，花之间有少数短刚毛；雄花散生，无或有花梗，花被裂片 3，宽倒卵形，雄蕊 1，花丝与花药近等长；瘿花有花梗，花被裂片 3，宽卵形，子房卵球形，花柱短，侧生，柱头棒状；雌花与瘿花相似。瘦果卵球形。花果期全年。

图 441 榕树 Ficus microcarpa
1. 分枝的一段，示叶和花序；2. 花序及其基部的总苞片；
3. 雄花；4. 雌花。（李志民绘）

产地：排牙山（张寿洲等 2186）、梧桐山（王定跃 777）、仙湖植物园（李沛琼 89138）。深圳市各地常见。栽培或野生。生于山坡林中，海拔 30~300m。

分布：浙江（南部）、福建、台湾、广东、香港、澳门、海南、广西、贵州和云南。印度、斯里兰卡、不丹、尼泊尔、缅甸、泰国、越南、马来西亚、印度尼西亚、巴布亚新几内亚及澳大利亚北部。栽培或野生。

用途：为优良的园林绿化树和行道树；也是制作盆景的良材。

20a. 厚叶榕 Round-leaved Fig

彩片 625

Ficus microcarpa L. f. var. **crassifolia**（Shieh）J. C. Liao in Forest. Ser. **62**：7. 1974.

Ficus retusa L. var. *crassifolia* Shieh in Quart. J. Taiwan Mus. **16**（3-4）：190, f. 5. 1963.

与榕树的区别在于：小枝中空。叶厚革质，倒卵形或宽倒卵形，长 4~5.5cm，宽 3.5~4cm，基部圆，先端圆或近截形。

产地：深圳市绿化管理处（王国栋 W06071）、莲花山公园（李沛琼等 W07098）、锦绣中华景区（王定跃 2581）。深圳市各地园林中常有栽培。

分布：台湾（东部和南部）。我国南方各地常有栽培。

用途：与榕树相同。

21. 青藤公 尖尾榕 Langkoken Fig

图 442　彩片 626

Ficus langkokensis Drake in J. Bot.（Morot）**10**：25. 1896

Ficus harmandii Gagnep. in Lecomte, Not. Syst. **4**：90. 1927；海南植物志 **2**：398. 1895

乔木，高 6~15m。树皮红褐色或淡褐色；小枝黄褐色，与叶柄、叶片下面的脉上及花序托均被红褐色的糠

秕状毛。叶互生；托叶披针形，长 0.7~1cm；叶柄长
1~4cm，疏被长柔毛；叶片椭圆形或披针状椭圆形，长
6~19cm，宽 2~6cm，纸质，基部楔形或宽楔形，边缘
全缘，先端渐尖至尾状，下面红褐色，上面绿色，无
毛，基生侧脉每边 1 条，沿边缘向上延伸至叶片全长
的 1/2，侧脉每边 4~5 条。花序单 1 或成对生于带叶
枝的叶腋；花序梗长 0.5~1.5cm；总苞片宽卵形，疏被
短柔毛；花序托球形，直径 0.8~1.2cm，成熟时橙红色，
基部不骤缩成柄，先端的脐状凸起微显，下凹；花雌
雄异株，雄花及瘿花生于同一植株的同一花序托内壁；
雌花生于另一植株的花序托内壁；雄花散生，有花梗，
花被裂片 3 或 4，卵形，雄蕊 1 或 2，花丝短；瘿花有
花梗，花被裂片 5，子房倒卵形，花柱侧生；雌花：有
花梗，花被裂片 4，倒卵形，深红色，与子房近等长，
花柱侧生。花果期 4~9 月。

产地：深圳市可能有分布，但尚未采到标本。据
文献摘录此形态描述，以备参考。

分布：福建、广东、香港、海南、广西、湖南（西
南部）、四川（南部）和云南（南部）。印度东北部、越
南和老挝。

图 442 青藤公 Ficus langkokensis
1. 分枝的一段，示叶及花序；2. 花序；3. 瘿花；4. 雌花。（李
志民绘）

22. 矮小天仙果 天仙果 Erect Fig

图 443　彩片 627　628

Ficus erecta Thunb. Ficus 5. 1786.

Ficus erecta Thunb. var. *beecheyana*（Hook. &
Arn.）King in Ann. Roy. Bot. Gard.（Calcutta）**1**（2）：
142. 178. 1888；广东植物志 **1**：208. 图 235. 1986.

Ficus beecheyana Hook. & Arn. Bot. Beech. Voy.
271. 1841.

落叶或半落叶乔木或灌木，高 2~8m。树皮灰褐色；
分枝无毛或幼时密被长硬毛。叶互生；托叶抱茎，三
角状披针形，长约 1cm，膜质，褐色，密被微柔毛和
疏的长硬毛，早落；叶柄长 2~6cm，幼时疏被微柔毛，
成长后无毛；叶片倒卵状椭圆形、长圆形、倒卵形或
狭倒卵形，厚纸质，长 7~25cm，宽 4~10cm，基部圆
或浅心形，边缘全缘，先端渐尖至尾状渐尖，两面无
毛或沿脉疏被短柔毛，基生侧脉每边 1 条，侧脉每边
5~8 条。花序单 1 或成对生于带叶枝和已落叶枝的叶
腋；花序梗长 1~2cm，疏被短柔毛；总苞片卵状三角形，
长约 1.5mm，无毛，宿存；花序托球形或梨形，直径
1~2.5cm，无毛或疏被短柔毛，成熟时黄色带红色或
紫红色，基部不骤缩成柄，稀骤缩成短柄，先端具明
显的脐状凸起；花雌雄异株，雄花与瘿花生于同一植

图 443 矮小天仙果 Ficus erecta
1. 分枝的一段，示叶和花序；2. 花序，其基部不骤缩成柄；
3. 花序，其基部骤缩成短柄；4. 雄花；5. 瘿花；6. 雌花。（李
志民绘）

株的同一花序托内壁，雌花生于另一植株的花序托内壁；雄花多数，散生，近无花梗或有花梗，花被裂片3，稀2，椭圆形至卵状披针形，雄蕊2或3；瘿花近无花梗或有花梗；花被裂片3~5，披针形，长于子房，被短柔毛，子房椭圆体形，花柱侧生，短，柱头2裂；雌花有花梗，花被裂片4-6，宽匙形，子房有短柄，花柱侧生，短，柱头2裂。花果期4~9月。

产地：七娘山、马峦山（李勇 009644）、梅沙尖（张寿洲 3862）、梧桐山（张寿洲 2735）。生于山谷林中，海拔 250~900m。

分布：江苏（南部）、浙江、江西、福建、台湾、广东、香港、广西、湖南、湖北、贵州和云南。日本、朝鲜半岛及越南。

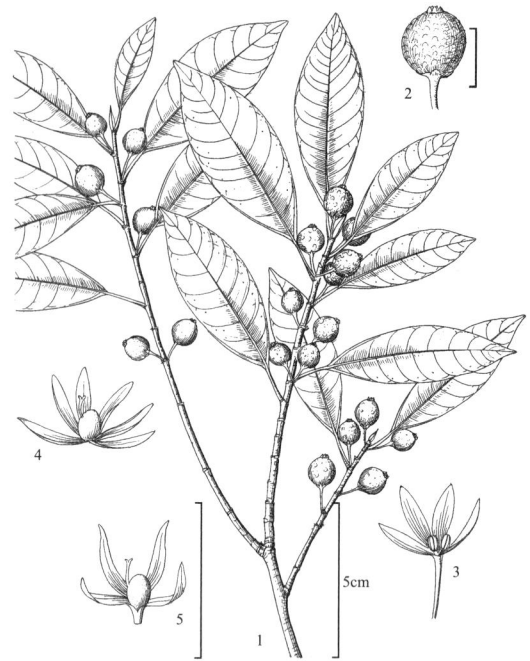

图 444 变叶榕 Ficus variolosa
1. 分枝的一部分，示叶和花序；2. 花序；3. 雄花；4. 瘿花；5. 雌花。（李志民绘）

23. 变叶榕 Varied-leaved Fig

图 444　彩片 629　630　631　632

Ficus variolosa Lindl. ex Benth. in London J. Bot. 1：492. 1842.

常绿乔木，高 3~10m。全株无毛。树皮灰褐色，平滑；分枝的节间较短。叶互生；托叶狭三角形，长 8~9cm，抱茎，早落；叶柄长 0.8~3cm；叶片近形状变异大，椭圆形、狭椭圆形、倒卵状椭圆形或椭圆状披针形，革质，长 5~14cm，宽 1.5~4cm；基部楔形，边缘全缘，先端渐狭而钝，上面近边缘散生黄色腺点（干后变为深褐色），基生侧脉每边 1 条，侧脉每边 7~11 条，与中脉几成直角伸展。花序单 1 或成对生于带叶枝的叶腋；花序梗长 0.8~1.2cm；总苞片卵状三角形，长约 1mm，宿存；花序托球形，直径 0.8~1.5cm，表面有小瘤状凸起，成熟时红色至紫黑色，基部通常不骤缩成柄，稀具短柄，先端具明显的脐状凸起；花雌雄异株，雄花和瘿花生于同一植株的同一花序托内壁，雌花生于另一植株的花序托内壁；雄花生于花序托近口部，有花梗，花被裂片 3~4，雄蕊 2~3，花丝甚短；瘿花无花梗，花被裂片 5~6，子房卵球形，花柱短，侧生，柱头2裂；雌花无花梗，花被裂片 3~4，其余似瘿花的。瘦果近球形，表面有小的瘤状凸起。花果期 2~12 月。

产地：七娘山（张寿洲等 1641）、梅沙尖（张寿洲等 8002）、梧桐山（张寿洲等 3996）。深圳市各地常见。生于山坡林中及林缘，海拔 80~850m。

分布：浙江、江西、福建、广东、香港、澳门、海南、广西、湖南、贵州和云南（南部）。越南和老挝。

24. 笔管榕 Wight's Fig

图 445　彩片 633　634

Ficus subpisocarpa Gagnep. in Lecomte，Notul. Syst.（Paris）4：95. 1927.

Ficus wightiana auct. non Wall. ex Miq.：海南植物志 2：392. 1965.

Ficus virens auct. non Ait.：广东植物志 1：199. 1987.

Ficus superba Miq. var. *japonica* auct. non Miq.：澳门植物志 1：148. 2005.

落叶乔木，高达 10m。树皮黑褐色；分枝生少数气根，小枝无毛。叶集生于枝上部，互生；托叶披针形，长 0.7~1cm，密被短柔毛，抱茎，早落；叶柄长 3~7cm，近无毛；叶片长圆形或狭椭圆形，厚纸质，长 10~15cm，宽 3~6cm，基部圆，偶见浅心形，边缘全缘或微波状，先端骤尖或短渐尖，两面无毛，基生侧脉每边 1 条，弧形上升，与侧脉不平行，侧脉每边 7~9 条。花序单 1、成对或数个成簇，通常生于已落叶枝的叶腋，稀生于带叶枝的叶腋；花序梗长 3~8mm，疏被微柔毛或无毛；总苞片 3，宽卵形，长约 2mm，脱落；花序托球形，直径 5~8mm，成熟时紫黑色，无毛，基部不骤缩成柄，先端具明显的脐状凸起；花雌雄同株，雄花、瘿花和雌花均生于同一植株的同一花序托内壁；雄花少数，生于花序托近口部；无花梗，花被裂片 3，宽卵形；雄蕊 1，花丝短，花药卵球形；瘿花：多数，有或无花梗；花被裂片 3，披针形，子房有一长柄，花柱短，侧生，柱头线形；雌花有花梗或无；花被裂片 3，披针形，子房无柄或有短柄，花柱短，侧生，柱头圆。瘦果有皱。花果期 2~12 月。

产地：南澳（张寿洲等 3598）、田心山、盐田（张寿洲等 20130130）、三洲田、梧桐山（张寿洲等 3690）、西丽、内伶仃岛。生于山谷林中或海边疏林中，海拔 50~450m。

分布：浙江（东南部）、福建、台湾、广东、香港、澳门、海南、广西及云南（南部）。日本、缅甸、泰国、越南、老挝及马来西亚。

25. 无花果 Edible Fig　　　　图 446　彩片 635
Ficus carica L. Sp. Pl. **2**: 1059. 1753.

落叶灌木，高 3~10m。树皮灰褐色；多分枝，幼枝疏被短柔毛，成长枝无毛。叶互生；托叶红褐色，卵状披针形，长 0.8~1cm，无毛，抱茎，早落；叶柄长 5~10cm，疏被短柔毛；叶片薄革质，轮廓为宽卵形或近圆形，长 10~25cm，宽 10~20cm，基部心形，通常 3-5 掌状深裂，裂片边缘波状或有不规则的钝齿，先端钝或急尖，下面密被白色短柔毛并有小的瘤状凸起，上面粗糙，基生侧脉每边 1~2 条，侧脉每边 5~7 条。花序单生于带叶枝的叶腋；花序梗短，长 5~8mm，密被短柔毛；总苞片宽卵形，长约 2mm，无毛，宿存；花序托梨形，大，直径 3~5cm，无毛，成熟时黄色或带紫红色，基部逐渐收缩成柄，先端的脐状凸起明显；花雌雄异株，雄花与瘿花同生于一植株的同一花序托内壁，雌花生于另一植株的花序托内壁；雄花生于花序托近口部，有花梗，花被裂片 4 或 5，雄蕊 3，稀 1 或 5；瘿花有花梗，花被裂片 5，倒卵状披针形，子房卵球形，花柱短，侧生；雌花有花梗，花被裂片 4 或 5，子房卵球形，平滑，花柱长，侧生，柱头 2 裂，线形。瘦果卵球形。花果期 5~7 月。

产地：仙湖植物园（李沛琼 022438）。深圳各地时有栽培。

分布：原产于地中海地区和亚洲西部，现广植于世界温暖地区。我国南北各地也有栽培。

用途：果晾干可制成干果食用，并可制成蜜饯；又为良好的园林观赏植物。

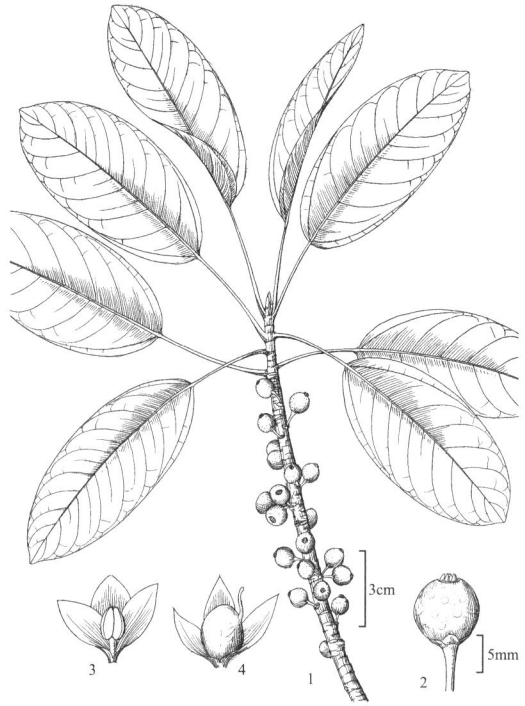

图 445 笔管榕 Ficus subpisocarpa
1. 分枝的一段，示叶和花序；2. 花序；3. 雄花；4. 雌花。（李志民绘）

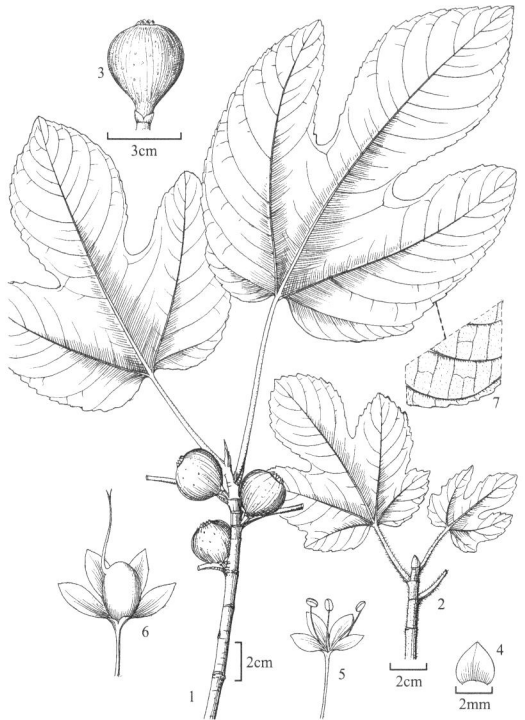

图 446 无花果 Ficus carica
1. 成长枝的一段，示叶和花序；2. 幼枝的一段；3. 花序；4. 总苞片；5. 雄花；6. 雌花；7. 叶背面部分放大，示毛。（李志民绘）

26. 台湾榕 Taiwan Fig　　　图 447　彩片 636

Ficus formosana Maxim. in Bull. Acad. Imp. Sci. Saint.-Pctesbourg 27：546. 1881.

Ficus formosana Maxim. f. *shimadai* Hayata, Icon. Pl. Form. **8**：116. fig. 41. 1919.

Ficus formosana Maxim. var. *shimadai*（Hayata）W. C. Chen，广东植物志 **1**：207. 1987.

常绿灌木，高 1.5~3m。幼枝疏被短柔毛，成长枝的毛渐稀至近无毛，节间短。叶互生；托叶条状披针形，长 4~5mm，无毛或疏被短柔毛，抱茎，早落；叶柄长 0.7~1cm，幼时疏被短柔毛；叶片形状多变，倒卵形、椭圆形、倒卵状椭圆形、狭椭圆形、倒披针形至条形，纸质，长 4~16cm，宽 0.7~4cm，基部楔形，有时微偏斜，边缘波状或上部有浅齿，先端渐尖至尾状渐尖，下面灰绿色，有小的瘤状凸起，上面深绿色，仅幼时下面脉上疏被短柔毛，成长叶两面无毛，无基生侧脉，偶见每边有基生侧脉 1 条，不明显，侧脉每边 5~19 条，亦不明显。花序单生于带叶枝的叶腋；花序梗长 2~8mm，疏被短柔毛；总苞片三角状卵形，长约 1.5mm，边缘有缘毛，宿存；花序托卵球形或近球形，长 1~1.5cm，直径 0.8~1cm，成熟时淡红色，有白色小点，基部骤缩成一短柄，先端的脐状凸起明显；花雌雄异株，雄花与瘿花生于同一植株的同一花序托内壁，雌花生于另一植株的花序托内壁；雄花散生，有花梗或无，花被裂片 3 或 4，卵形，雄蕊 2，稀 3，花药长于花丝；瘿花有花梗或无，花被裂片 4 或 5，舟状，子房球形，有柄，花柱侧生，短；雌花有或无花梗，花被裂片 4，似瘿花，花柱长，柱头漏斗状。瘦果球形，平滑。花果期 3~12 月。

产地：笔架山（张寿洲等 1055）、马峦山（张寿洲等 1489）、梧桐山（张寿洲等 3012）。深圳市各地均有分布。生于山谷林中及林缘，海拔 50~700m。

分布：浙江（南部）、江西、福建、台湾、广东、香港、海南、广西、贵州及云南。越南北部。

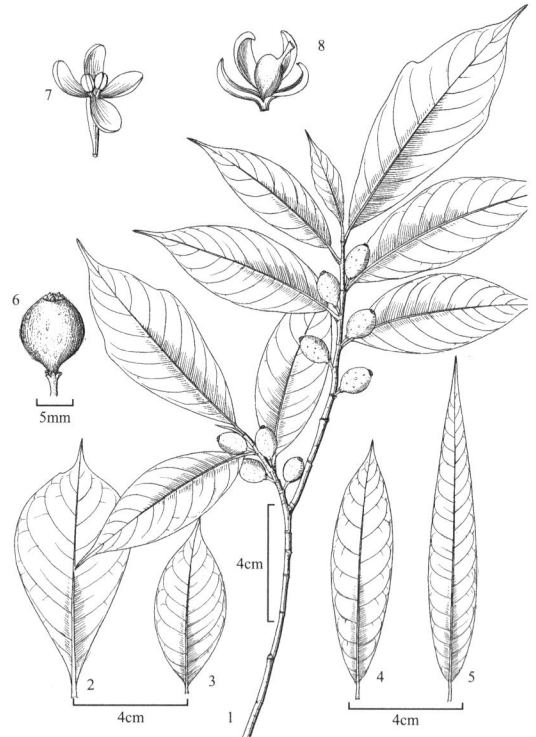

图 447 台湾榕 Ficus formosana
1. 分枝的一段，示叶和花序；2~5. 不同形态的叶片；6. 花序；7. 雄花；8. 雌花。（李志民绘）

27. 竹叶榕 Bamboo-leaved Fig　　图 448　彩片 637

Ficus stenophylla Hemsl. in Hook. Icon. Pl. **26**：t. 2536. 1897.

灌木，高 1~3m。小枝节间甚短，被或疏或密的白色长硬毛，成长枝无毛。叶集生于分枝的上部，互生；托叶紫褐色，披针形，长 6~8mm，无毛，抱茎，早落；叶柄长 3~7mm，疏被长柔毛；叶片条状披针形，厚纸质，长 5~20cm，宽 1~3cm，基部楔形至圆，边缘全缘，

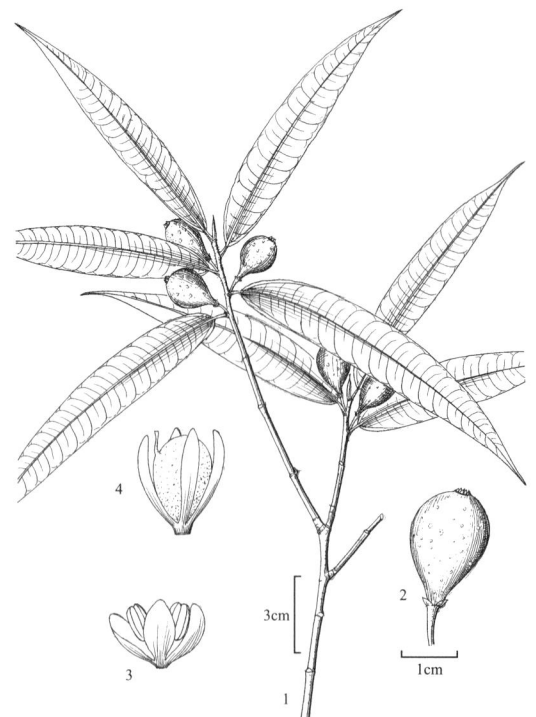

图 448 竹叶榕 Ficus stenophylla
1. 分枝的一部分，示叶和花序；2. 花序；3. 雄花；4. 雌花。（李志民绘）

反卷，先端渐尖，干后灰绿色至黄绿色，两面无毛，下面有小的瘤状凸起，基生侧脉每边1条，沿叶缘向上延伸，明显，侧脉每边20~25条，与中脉几成直角，亦明显。花序单生于带叶枝的叶腋；花序梗长0.2~1cm，与总苞片均疏被短柔毛；总苞片卵状三角形，长约1.5mm，宿存；花序托椭圆体形或倒圆锥形，长1~1.5cm，直径0.8~1cm，成熟时深红色，疏被短柔毛，基部渐狭并骤缩成一短柄，先端的脐状凸起明显；花雌雄异株；雄花与瘿花生于同一植株的同一花序托内壁，雌花生于另一植株的花序托内壁；雄花生于花序托近口部，有短花梗，花被裂片3或4，红色，卵状披针形，雄蕊2或3，花丝短；瘿花有花梗，花被裂片3或4，倒披针形，内弯，子房球形，花柱短，侧生；雌花无花梗，花被裂片4，条形，先端钝，子房球形，花柱纤细，侧生。瘦果透镜状，一侧微凹入，先端具脊，具纤细的、侧生的宿存花柱。花果期5~11月。

产地：西涌、七娘山（张寿洲等0203）、南澳（张寿洲0872）、马峦山、三洲田、梅沙尖（陈真传5753）、梧桐山、西丽。生于山地林中和溪旁，海拔50~450m。

分布：浙江（南部）、江西、福建、广东、澳门、海南、广西、湖南（西部）、湖北（西部）、贵州和云南（东南部）。泰国、老挝北部和越南北部。

28. 舶梨榕 Pearfruit Fig　　图449　彩片638　639

Ficus pyriformis Hook. & Arn. Bot. Beechey Voy. 216. 1836.

常绿灌木，高1~2m。幼枝密被短硬毛，老枝变无毛。叶互生；托叶红色，披针形，长约1cm，无毛，抱茎，早落；叶柄长0.3~1cm，疏被短硬毛；叶片倒披针形或倒卵状披针形，纸质，长5~12cm，宽2~4.5cm，下面密生小的疣状凸起，两面无毛或下面疏被短硬毛；基部楔形、宽楔形或圆，边缘全缘，通常微内卷，先端尾状，稀渐尖，基生侧脉每边1条，侧脉每边5~9条，明显。花序单生于带叶枝的叶腋；花序梗长0.5~1cm，与总苞片均疏被短硬毛；总苞片三角形，长约1.5mm，宿存；花序托梨形，长2~3cm，直径1.5~2.5cm，仅幼时疏被短硬毛，后变无毛，成熟时黄绿色，有或无白点，基部渐狭，并收缩成一长柄，先端的脐状凸起明显；花雌雄异株，雄花与瘿花生于同一植株的同一花序托内壁，雌花生于另一植株的花序托内壁；雄花生于花序托口部附近，花被裂片3或4，披针形，雄蕊2，花药卵球形；瘿花花被裂片4，条形，子房球形，花柱侧生；雌花花被裂片3或4，子房肾形，花柱细长，侧生。瘦果表面有小的瘤状凸起。花果期全年。

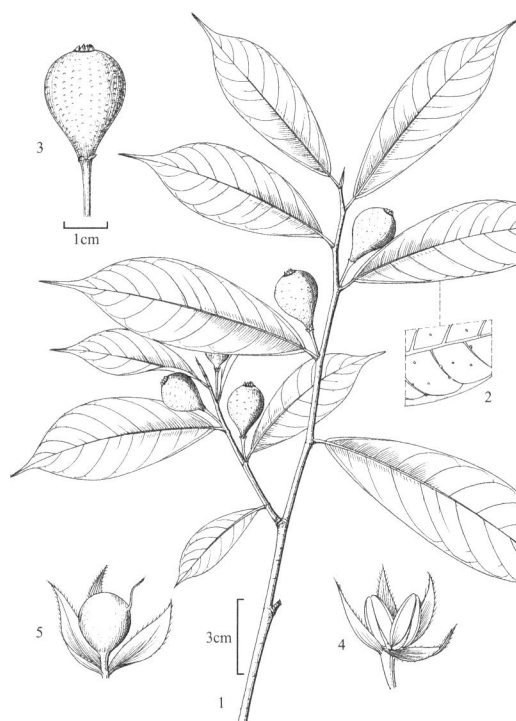

图449 舶梨榕 Ficus pyriformis
1. 分枝的一段，示叶和花序；2. 叶片背面的一部分放大，示其上的疣状凸起；3. 花序；4. 雄花；5. 雌花。（李志民绘）

产地：七娘山（张寿洲5350）、葵涌（王国栋7264）、梅沙尖（张寿洲5209）。深圳市各地常见，生于山地林中和水旁，海拔50~550m。

分布：福建（南部）、广东、香港、海南、广西及湖南（南部）。越南。

29. 石榕树 Abel's Fig　　　　　　　　　　　　　　图450

Ficus abelii Miq. in Ann. Mus. Bot. Lugd.-Bat. **3**：281. 1867.

常绿攀援灌木，高1~2.5m。幼枝密被白色长硬毛，成长枝无毛。叶互生；托叶披针形，长约4mm，疏被短柔毛，抱茎，早落；叶柄长0.4~1cm，疏被短柔毛；叶片狭倒披针形至倒披针形，纸质，长4~10cm，宽1~2cm，下面密被短柔毛，沿脉密被短硬毛，上面初时疏被短柔毛，后变无毛，基部楔形，边缘全缘，微内卷，先端急尖

至短渐尖，基生侧脉每边 1 条，侧脉每边 7~9 条，均
明显。花序单生于带叶枝的叶腋；花序梗长 0.5~1cm，
密被短硬毛；总苞片卵状三角形，长约 1.5mm，亦密
被短硬毛，宿存；花序托近梨形，长 1.5~2cm，直径
0.8~1.5cm，密被短硬毛，成熟时紫黑色或褐红色，基
部渐狭并收缩成一短柄，先端的脐状凸起明显；花雌
雄异株，雄花与瘿花生于同一植株的同一花序托内壁，
雌花生于另一植株的花序托内壁；雄花散生，无花梗，
花被裂片 3，三角形，短于雄蕊，雄蕊 2 或 3，不等长，
花药长于花丝；瘿花花被裂片 3 或 4，子房球形，疏
生小的瘤状凸起，花柱短，侧生；雌花无花被，子房
球形，花柱长，近顶生，柱头线形。瘦果肾形。花果
期全年。

产地：梧桐山、民俗文化村（王定跃 2510）、塘
朗山。生于疏林下，海拔 15~100m。

分布：江西、福建（南部）、广东、海南、广西、湖南、
贵州、四川（西南部）和云南。印度、尼泊尔、孟加拉
国东北部、缅甸、泰国北部和越南。

30. 白肉榕 White Fig　　　　图 451　彩片 640
Ficus vasculosa Wall. ex Miq. in London J. Bot.
7：454. 1848.

Ficus championii Benth. in J. Bot. Kew Gard.
Misc. **6**：76. 1854；海南植物志 **2**：395. 1965；广东植物
志 **1**：204. 1987.

常绿乔木，高 10~15m。全株无毛。树皮灰色，平滑；
枝条灰褐色，小枝节间较密。叶互生；托叶卵形，长
5~6mm，抱茎，早落，叶柄长 1~2cm；叶片椭圆形、
倒卵状椭圆形或倒卵状披针形，革质，长 3.5~14cm，
宽 1.5~4cm；基部楔形，边缘全缘或浅波状，不裂或
不规则分裂，先端骤尖、渐尖或钝，干后黄绿色或灰
绿色，无基生侧脉，侧脉每边 6~12 条，明显。花序
单 1 或成对生于带叶枝的叶腋；花序梗长 0.5~1cm；总
苞片三角状卵形，长约 1mm，膜质，宿存；花序托球形，
直径 0.8~1.2cm，成熟时黄色或橙红色，基部骤缩成
一短柄，柄长 1.5~3mm，先端的脐状凸起明显；花雌
雄同株，雄花、瘿花和雌花均生于同一植株的同一花
序托内壁；雄花少数，生于近口部，有短的花梗，花
被裂片 3 或 4，狭椭圆形，雄蕊 2，稀 1 或 3，如为 1，
则其基部有退化雌蕊；瘿花有或无花梗，花被裂片 3
或 4，条状椭圆形，子房倒卵球形，花柱侧生，柱头 2 裂；
雌花似瘿花。瘦果近球形，平滑，顶端有 1 排小的瘤
状凸起。花果期全年。

图 450 石榕树 Ficus abelii
1. 分枝的一段，示叶和花序；2. 花序；3. 雄花；4. 雌花。（李
志民绘）

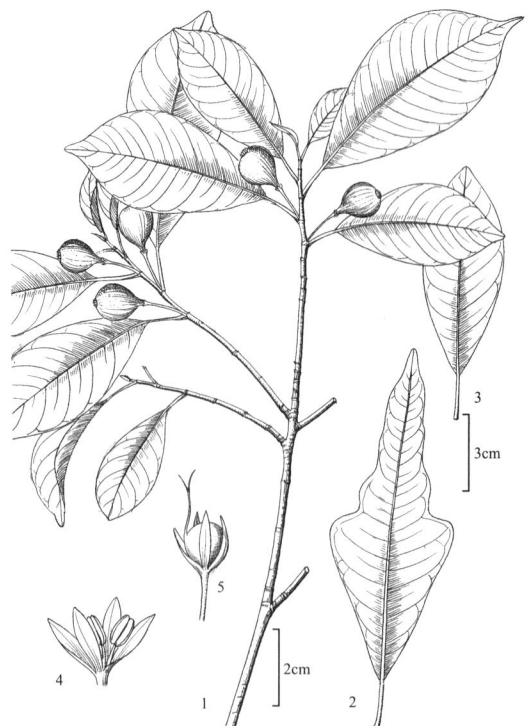

图 451 白肉榕 Ficus vasculosa
1. 分枝的一部分，示叶和花序；2~3. 不同形态的叶片；
4. 雄花；5. 雌花。（李志民绘）

产地：七娘山（张寿洲等 SCAUF913）、南澳（张寿洲等 4470）、迭福山（张寿洲等 1699）、大鹏。生于海边及山坡林中或林缘，海拔 50~300m。

分布：广东、香港、澳门、海南、广西、贵州和云南。缅甸、泰国、越南和马来西亚。

31. 琴叶榕 全缘琴叶榕 Fiddleleaf Fig

图 452　彩片 641

Ficus pandurata Hance in Ann. Sci. Nat., Bot. ser. 4. **18**：229. 1862.

Ficus pandurata Hance var. *holophylla* Migo in Bull. Shanghai Sci. Inst. **14**：329. 1944；海南植物志 **2**：400. 1965；广东植物志 **1**：205. 1987.

灌木，高 1~2m。分枝幼时密被短柔毛，后变无毛。叶互生；托叶披针形，长 3~4mm，无毛，抱茎，通常早落，稀宿存；叶柄长 3~5mm，疏被短柔毛；叶片倒卵形或倒卵状椭圆形，纸质，有的中部收窄呈提琴形，有的中部略收窄，也有不收窄，长 4~14cm，最宽处 1.5~5cm，基部圆、宽楔形至长楔形，边缘全缘，先端渐尖、急尖或短尾状，幼时下面沿脉疏被短柔毛，成长叶两面无毛，下面有小的疣状凸起，基生侧脉每边 1 条，向上延伸至叶片全长的 1/3~1/2，侧

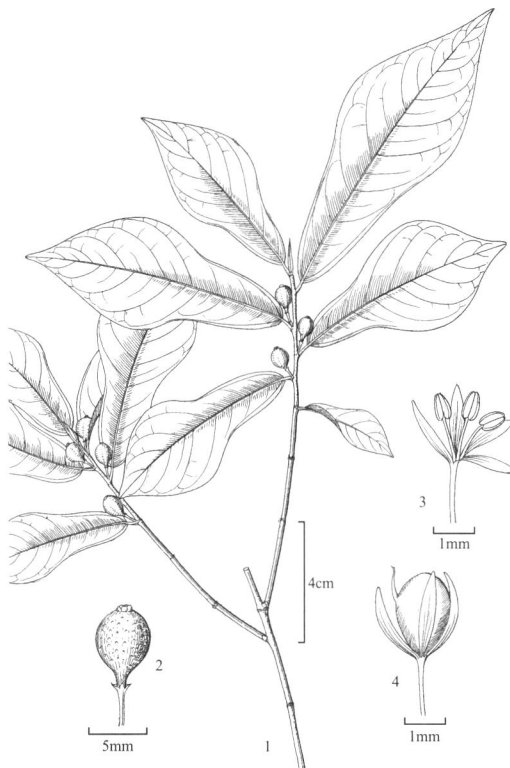

图 452 琴叶榕 Ficus pandurata
1. 分枝的一部分，示叶和花序；2. 花序；3. 雄花；4. 雌花。
（李志民绘）

脉每边 3~14 条。花序单 1 或成对生于带叶枝的叶腋；花序梗长 4~5mm，无毛或疏被短柔毛；总苞片卵状三角形，长 1~1.5mm，无毛，宿存；花序托椭圆体形或球形，直径 0.5~1cm，无毛，成熟时红色，表面密生小的疣状凸起，基部骤缩成一短柄，先端的脐状凸起明显；花雌雄异株，雄花与瘿花生于同一植株的同一花序托内壁，雌花生于另一植株的花序托内壁；雄花生于花序托近口部，有花梗，花被裂片 4，条状披针形至条形，雄蕊 3，稀 2，不等长；瘿花有或无花梗，花被裂片 3 或 4，倒披针形至条形，子房球形，花柱侧生，甚短；雌花有或无花梗，花被裂片 3 或 4，椭圆形，子房球形，花柱侧生，细长，柱头漏斗形。花果期 5~11 月。

产地：笔架山、三洲田（张寿洲等 2665）、梧桐山、深圳水库（王国栋等 5829）、仙湖植物园（李沛琼 013775）。生于山坡灌丛中、沼泽边、旷野或村落附近，海拔 50~150m。

分布：河南、安徽、浙江、江西、福建、广东、香港、海南、广西、湖南、湖北、贵州、四川和云南（东南部）。泰国、越南。

7. 水蛇麻属 **Fatoua** Gaudich.

一年生或多年生草本。植物体无乳汁。叶互生，排成 2 列；托叶分离，侧生，早落；叶片边缘有锯齿。花序腋生，两性，为聚伞花序；花序梗短，有苞片；花单性，雌雄同株（雌雄花混生）；雄花花萼钟状，4 裂，裂片镊合状排列，雄蕊在芽时内弯，退化雌蕊很小；雌花花萼 4~6 裂，裂片舟形，镊合状排列，子房偏斜，两侧不对称，花柱侧生，柱头 2 分枝，丝状，胚珠倒生。瘦果细小，偏斜的卵球形，微扁，包于膨大的宿存花萼内，果皮壳质。种子有膜质的种皮，无胚乳，子叶宽，胚内弯。

2 种，分布于亚洲、澳大利亚和太平洋岛屿。我国 2 种均产。深圳产 1 种。

水蛇麻 桑草 Villous Fatoua　　　图 453　彩片 642

Fatoua villosa(Thunb.)Nakai in Bot. Mag. (Tokyo)**41**：516. 1927.

Urtica villosa Thunb. Syst. Veg. ed. 14，851. 1784.

Fatoua pilosa auct. non Gaudich.：海南植物志 **2**：372. fig. 478. 1965；广东植物志 **1**：169，fig. 182. 1987.

一年生草本。茎直立，高 25~80cm。有少数分枝或无分枝，稀具较多的分枝；分枝幼时绿色，成长枝褐色，与叶柄均疏被长柔毛，间有钩状的短柔毛和腺毛，幼时毛较密。叶柄纤细，长 2~6cm；叶片卵形、卵状椭圆形至卵状披针形，膜质，长 3~10cm，宽 1.5~5cm，基部浅心形或截形，稍下延，边缘有钝齿，先端渐尖或急尖，两面疏被长柔毛；基出脉 3 条，侧脉每边 3~5 条。花序两性，为聚伞花序，宽约 5mm；雄花花被裂片三角形，长约 1mm，疏被微柔毛，雄蕊与花被裂片对生，伸出；雌花花被裂片宽舟形，长约 1.5mm，疏被微柔毛，子房偏斜的扁球形，花柱侧生，丝状，长 1~1.5mm，长约为子房的 2 倍。瘦果卵球形，直径约 1mm，具 3 棱，成熟时褐红色，表面有小瘤体。花期 5~8 月；果期 8~10 月。

产地：梧桐山、仙湖植物园（李沛琼 1009304）。生于荒地、路旁草地或灌丛中，海拔 70~300m。

分布：河北、河南、安徽、江苏、浙江、江西、福建、台湾、广东、香港、海南、广西、湖南、湖北、贵州和云南。日本、朝鲜半岛、菲律宾、马来西亚、印度尼西亚、巴布亚新几内亚和澳大利亚。

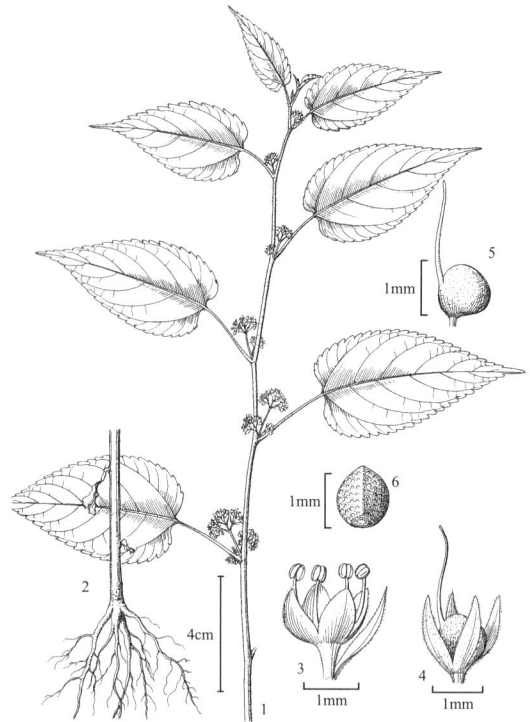

图 453 水蛇麻 Fatoua villosa
1. 植株的上段,示叶和花序;2. 植株的下部,示根;3. 雄花; 4. 雌花;5. 子房及花柱;6. 瘦果。(李志民绘)

55. 荨麻科 URTICACEAE

林 祁

草本、半灌木或灌木，稀乔木或攀援藤本。植物体有时具螫毛。茎常富含纤维，有时肉质；茎、叶常具点状、杆状或条形钟乳体。单叶互生或对生；托叶存在，稀缺；叶片边缘常有锯齿，稀全缘，具掌状脉或基出脉，稀具羽状脉。花序由若干小团伞花序排成聚伞状、圆锥状、总状、伞房状、穗状、头状等各式花序，稀生于肉质的花序托上或退化成单花；花极小，单性，雌雄同株或异株，稀两性，雄花：花被片 4~5，有时 3 或 2，稀 1，覆瓦状排列或镊合状排列；雄蕊与花被片同数并与其对生，花药 2 室，纵向开裂；退化雌蕊常存在；雌花花被片 3~5，稀 2 或缺，分离或部分合生，宿存；退化雄蕊鳞片状，与花被片对生，或缺；雌蕊由 1 稀 2 或 3 心皮构成，子房 1 室，花柱单一或缺，柱头头状、画笔状、近毡状、丝状或盾状，常多毛，胚珠 1，直立。果实为瘦果，有时为肉质的核果状，常包被于宿存的花被内。种子 1，具含油的胚乳，胚直生，子叶肉质，卵状椭圆形或圆形。

约 47 属约 1300 种，分布于热带至温带地区。我国有 25 属 341 种，全国各地均有分布，多生于阴湿环境中。深圳有 10 属 14 种 2 变种及 3 栽培种。

1. 叶片基部两侧不对称。
  2. 植株具退化叶，并与正常叶对生；雌花无退化雄蕊 ·················· 1. **藤麻属 Procris**
  2. 植株无退化叶（仅栽培的吐烟花 Pellionia repens 具长 1mm 的退化叶）；雌花有退化雄蕊。
    3. 雌花序稀具花序托；雄花序有分枝，呈聚伞花序 ·················· 2. **赤车属 Pellionia**
    3. 雌花序具花序托；雄花序通常不分枝 ·················· 3. **楼梯草属 Elatostema**
1. 叶片基部两侧对称。
  4. 叶对生，稀兼有互生。
    5. 托叶合生；花被片先端有角状凸起；柱头画笔状 ·················· 4. **冷水花属 Pilea**
    5. 托叶离生；花被裂片先端无角状凸起；柱头丝状。
      6. 叶片 3 条基出脉中的 1 对侧脉无支脉，直达叶尖 ·················· 5. **糯米团属 Gonostegia**
      6. 叶片 3 条基出脉中的 1 对侧脉有支脉，不直达叶尖 ·················· 6. **雾水葛属 Pouzolzia**
  4. 叶互生，稀兼有对生。
    7. 团伞花序密集排列成头状。
      8. 雌花被果时干燥；草本 ·················· 6. **雾水葛属 Pouzolzia**
      8. 雌花被果时肉质；灌木 ·················· 7. **紫麻属 Oreocnide**
    7. 团伞花序排列成穗状、圆锥状或分枝成二歧聚伞状。
      9. 植株有螫毛 ·················· 8. **艾麻属 Laportea**
      9. 植株无螫毛。
        10. 花杂性；柱头舌状；果淡亮绿色 ·················· 9. **舌柱麻属 Archiboehmeria**
        10. 花单性；柱头丝状；果黑色 ·················· 10. **苎麻属 Boehmeria**

1. 藤麻属 Procris Comm. ex Juss.

多年生草本、半灌木或灌木，有时附生或石上生。植物体无螫毛；茎通常肉质，分枝或不分枝。叶互生，2 列；叶柄通常较短；托叶小，生于叶柄内；叶片基部两侧稍不对称，边缘全缘或具浅齿，具羽状脉；钟乳体条形，极小；退化叶常存在，与正常叶对生。花单性，雌雄同株或异株，组成团伞花序，簇生于叶腋或生于无叶茎节上；雄团伞花序排成聚伞状或簇生于小而无苞片的花序托上；雌团伞花序头状，单生于近无梗、肉质、近球形的花序托上；小苞片通常存在，匙形；雄花花被片 5，镊合状排列；雄蕊 4~5，花丝在花蕾时内折；退化雌蕊球形或倒卵状球形；雌花花被片 3~4，舟状，分离或基部合生，稍肉质，无退化雄蕊；子房卵球形，无花柱，柱头画笔状，不久消失。瘦果卵球形或椭圆体形，无纵棱，包藏于宿存肉质的花被内或从小花被中露出。种子无胚乳，子叶卵形。

约 20 种，分布于亚洲和非洲的暖温带和热带地区。我国产 1 种。深圳有分布。

藤麻 Crenate Procris　　　　　图 454　彩片 643

Procris crenata C. B. Robinson in Philipp. J. Sci., C, **5**：507. 1911.

Procris wightiana Wall. ex Wedd. in Arch. Mus. Hist. Nat. **9**：336. 1856, nom. illeg. superfl.；海南植物志 **2**：412，图 494. 1965；广东植物志 **6**：87，图 35. 2005.

多年生肉质草本或半灌木、附生或石面生，高 30~80cm，全株无毛；茎肉质或有时基部木质，具条纹，分枝或不分枝。叶通常生于茎上部或枝上；托叶卵形，很小，早落；叶柄长 0.2~1.2cm；叶片狭长圆形、椭圆形、倒披针形至长圆状披针形，膜质或草质，长 8~20cm，宽 2.2~4.5cm，基部渐狭或狭楔形，上部边缘疏生圆齿或波状，先端渐尖；侧脉每边 5-8 条；钟乳体稍明显或不明显；退化叶长圆形，长 0.5~1.7cm，宽 2~7mm，早落。花单性，雌雄同株，雄花序通常生于雌花序之下，簇生于茎或分枝无叶的节上，具短丝状花序梗，有少数花；雄花 5 基数，花被片长圆形或卵形，长约 1.5mm，顶端之下有短角状凸起；雌花序直径 1.5~3mm，具多花；花序托半球形；雌花无梗，花被片通常 4，舟状椭圆形，长约 3.5mm，子房椭圆体形，长约 0.3mm，柱头小。瘦果狭卵球形，长 0.6~0.8mm，扁，表面常有小点凸起。花期 7~8 月；果期 8~11 月。

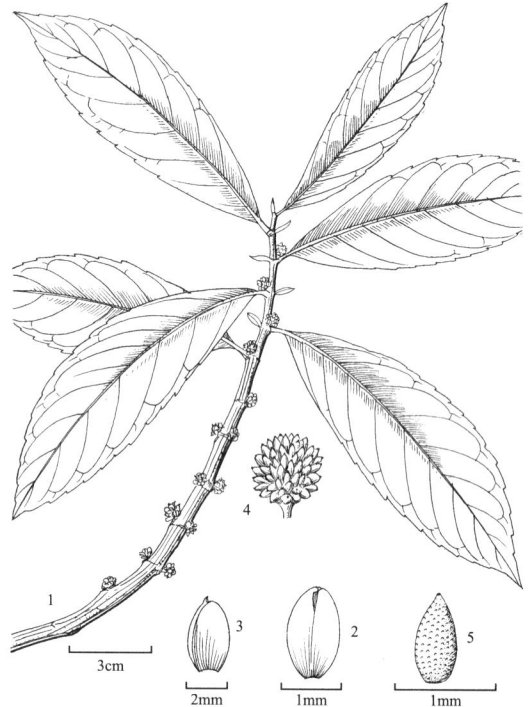

图 454 藤麻 Procris crenata
1. 植株的一部分，示叶和果序；2. 雄花花被裂片；3. 雌花花被裂片；4. 果序；5. 瘦果。（李志民绘）

产地：梧桐山（深圳考察队 862）。生于山涧边阴湿处，海拔约 400m。

分布：台湾、福建、广东、香港、海南、广西、贵州、四川、云南及西藏。印度、不丹、尼泊尔、越南、老挝、泰国、斯里兰卡、马来西亚、菲律宾、印度尼西亚和非洲。

用途：全草药用，外用有消肿拔毒之效，可用于治痈疽和枪伤等。

2. 赤车属 Pellionia Gaudich.

多年生草本或半灌木。植物体无螫毛；茎直立、斜升、匍匐或平卧，分枝或不分枝。叶互生，2 列；叶柄短或无叶柄；托叶 2；叶片基部两侧不对称，窄侧向上，宽侧向下，边缘常具齿，稀全缘，具三出脉或羽状脉；钟乳体点状、线形或纺锤形，有时无钟乳体；退化叶有或无，如存在则与正常叶对生。花单性，雌雄同株或异株，组成腋生的聚伞花序；雄花序聚伞状，分枝较稀疏，常具梗；雄花：花被片 4~5，椭圆形，中部以下合生，裂片稍镊合状排列，顶端之下有角状凸起，雄蕊 4~5，与花被片对生，花丝在花蕾时反折；退化雌蕊小，圆锥形；雌聚伞花序分枝或不分枝，具短梗或无梗并密集呈球形，具密集的苞片，稀具盘状花序托和总苞；雌花：花被裂片 4~5，分离，与子房等长或较长，常不等大，先端通常具有角状凸起；退化雄蕊鳞片状；子房椭圆体形，无花柱，柱头画笔头状，胚珠直立。瘦果稍扁，卵球形或椭圆体形，外面通常具小瘤状凸起。

约 60 种，分布于亚洲亚热带至热带地区和太平洋岛屿。我国产 20 种。深圳有 3 种及 1 栽培种。

Pellionia griffithiana Wall.《广西植物》**36**：22. 2016 报道深圳有分布。经查考该种已被《Flora of China》**5**：126. 2003 和《中国植物志》**23**（2）：176. 1995 年取消了,归入 P. heteroloba Wedd. 作异名,因未见标本,故不收载。

1. 半灌木,茎中部以下木质 ·· 1. **蔓赤车 P. scabra**
1. 草本,茎草质或肉质。
  2. 植株具退化叶；正常叶叶片先端圆、钝或具钝尖头,两面鲜时具许多白色斑块 ··········· 2. **吐烟花 P. repens**
  2. 植株无退化小叶；正常叶叶片先端渐尖或尾状渐尖,两面无白色斑块。
    3. 茎上部密被糙毛；叶脉羽状 ····································· 3. **华南赤车 P. grijsii**
    3. 茎无毛或疏被微柔毛；叶脉为半离基三出叶脉 ····················· 4. **赤车 P. radicans**

1. 蔓赤车 毛赤车 Rough Pellionia

图 455　彩片 644

Pellionia scabra Benth. Fl. Hongk. 330. 1861.

半灌木。茎直立或斜升,高达 1m,中部以下木质,常分枝,下部节上无根,上部被糙伏毛。叶互生；托叶钻形,长 1~3mm,宽 0.1~0.2mm；叶柄长 0.5~2mm；叶片斜菱状倒披针形,或斜长圆形,草质,长 3.2~8.5（~10）cm,宽（0.7~）1~3（~4）cm,基部窄侧微钝,宽侧宽楔形、圆形或耳形,上部边缘疏生小齿,先端渐尖或尾状渐尖,下面中脉上被糙伏毛,上面疏被糙伏毛,具半离基三出脉,侧脉在窄侧 2~3 条,在宽侧 3~5 条；钟乳体不明显或稍明显,密；无退化叶。花序雌雄异株；雄花序长达 4.5cm,直径 0.8~1.5cm；花序梗长 0.5~3.5cm,与花序分枝均被短糙伏毛；苞片条状披针形,长 2.5~4mm；雄花花被片 5,椭圆形,长约 1.5mm,基部合生,3 花被片较大,顶部具角状凸起,雄蕊 5,退化雌蕊近钻状,长约 0.3mm；雌花序直径 2~8（~14）mm；花序梗长 1~4mm,密被短糙伏毛；苞片条形,长约 1mm；雌花花被片 4~5,狭长圆形,长约 0.5mm,其中 2~3 花被片较大,舟形,外面顶部具角状凸起。瘦果椭圆体形,长约 0.8mm,表面有小瘤状凸起。花果期 3~12 月。

图 455 蔓赤车 Pellionia scabra
1. 分枝的一部分,示叶和雄花序；2. 分枝的一部分,示叶和雌花序；3. 雄花；4. 瘦果。（李志民绘）

产地：东涌、七娘山（张寿洲等 SCAUF905）、南澳、葵涌、大鹏、梅沙尖（张寿洲等 486）、梧桐山（张寿洲等 5440）。生于山地沟谷、溪边或林缘,海拔 150~650m。

分布：安徽、浙江、台湾、福建、江西、湖南、广东、香港、海南、广西、贵州、四川及云南。日本和越南。

用途：全草药用,有凉血散瘀、清热解毒之效。

2. 吐烟花 Creeping Pellionia

图 456　彩片 645

Pellionia repens（Lour.）Merr. in Lingnan Sci. J. **6**（4）：326. 1928.

Polychroa repens Lour. Fl. Cochinch. **2**：559. 1790.

多年生草本。茎上升或匍匐,长 20~60cm,圆柱形,肉质,常分枝,下部节上生根,被短柔毛或几无毛。叶互生；叶柄长 1~5mm；托叶三角形,长 0.4~1cm,宽 2~5mm；正常叶叶片斜椭圆形或斜倒卵形,纸质,长 1.8~11cm,宽 1.2~4cm,两侧不对称,基部窄侧钝,宽侧耳形,边缘具浅钝齿或近全缘,先端钝、圆或具钝尖头,具半离基三出脉，下面脉上被短柔毛，上面无毛，平时两面具多数白色斑块；钟乳体明显，密，条形，长0.3~0.8mm；退化叶卵形或近条形，长约1mm。花序雌雄同株或异株；雄花序直径0.6~3cm；花序梗长2~14cm；雄花：花被片5，椭圆形或宽椭圆形，长2~3mm，基部合生，无毛，雄蕊5；退化雌蕊棒状，长约1mm；雌花序直径约3mm，无花序梗；雌花：花被片5，稍不等大，舟状狭长圆形，长0.8~1mm，外面顶部之下具短凸起；子房狭椭圆体形，长约0.7mm。瘦果卵球形或椭圆体形，表面具小瘤状凸起，具宿存花被裂片。花果期5~10月。

产地：深圳市各公园、植物园常见栽培。

分布：海南及云南（南部至东南部）。越南、老挝、柬埔寨、不丹、印度、缅甸、泰国、马来西亚、菲律宾和印度尼西亚。

用途：叶面黑绿色，叶背有时红色，两面具白点，供室内盆栽观赏。

3. 华南赤车 South China Pellionia

图457 彩片646

Pellionia grijsii Hance in J. Bot. **6**：49. 1868.

多年生草本。茎直立或稀上升，长20~70cm，通常不分枝，稀有少数分枝，节上有时生根，下部疏被糙毛，中部毛被稀疏，顶部毛被密集。叶互生；叶柄长1~4mm；托叶近钻形，长2~4mm，宽1~2mm；叶片斜椭圆形或斜长圆状倒披针形，草质，长（3~）6~15（~18）cm，宽（1.5~）2~5（~6）cm，两侧叶面不对称，基部在狭侧楔形或钝，在宽侧耳形，边缘在宽侧自基部至顶部有多数浅钝齿或牙齿，在狭侧中下部为全缘，在中上部至顶部有多数浅钝齿或牙齿，先端渐尖至尾状渐尖，下面中脉及侧脉有短糙伏毛，上面无毛，有时散生少数短糙伏毛，两面无白色斑块，具羽状脉，侧脉每边5~6条；钟乳体点状，在叶下面不明显，在叶上面稍明显；无退化叶。花序雌雄同株或异株；雄花序聚伞状，直径0.5~5.5cm；花序梗长1~8cm，密被糙毛；苞片钻形，长约2mm；雄花具短梗；花被片5，椭圆形，长约2mm，背面具小角状凸起，雄蕊5，退化雌蕊长约0.2mm；雌花序有短梗或无梗，密集呈球状，直径0.2~1cm；雌花近无花梗或具短梗，长1.5~7mm，花被片5，长约0.6mm，在果期时稍增大，不等大，3花被片舟状狭长圆形，先端有长0.2~1mm的小角状凸起，其余2花被片较小，狭披针形，先端无小角状凸起，子房比花被片稍短。瘦果椭圆体形，长约0.8mm，具小瘤状凸起。花果期10月至翌年5月。

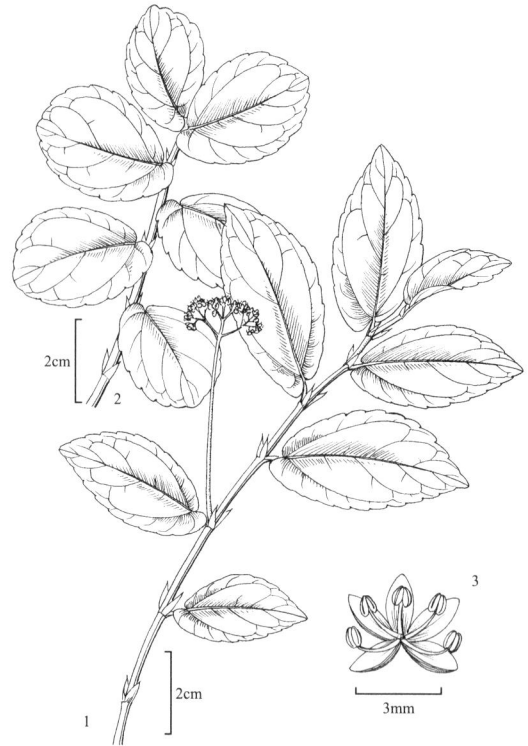

图456 吐烟花 Pellionia repens
1. 分枝的一部分，示叶、托叶和花序；2. 不同叶形植株的一部分；3. 雄花。（李志民绘）

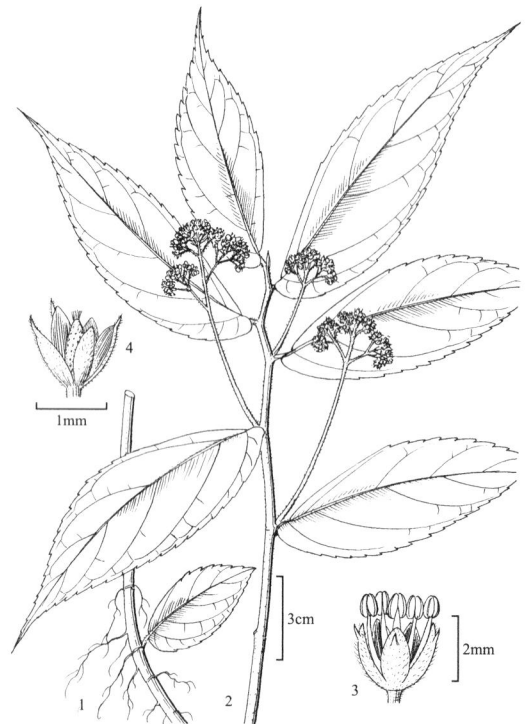

图457 华南赤车 Pellionia grijsii
1. 根及茎的下部；2. 茎的上部，示叶和花序；3. 雄花；4. 雌花。（李志民绘）

产地：排牙山（王国栋等 6906）。生于山地密林下，海拔 650~700m。

分布：福建、江西、湖南、广东、香港、海南、广西和云南。

4. 赤车 Rooted Pellionia 图 458 彩片 647

Pellionia radicans（Siebold & Zucc.）Wedd. in DC. Prodr. **16**（1）：167. 1869.

Procris radicans Sieb. & Zucc. Fl. Jap. 218. 1846.

多年生草本。茎斜升或匍匐，长达 60cm，常分枝，无毛或疏被微柔毛。叶互生；叶柄长 1~4mm；托叶钻形，长 1~4mm，宽 0.1~0.2mm；叶片斜菱状卵形或斜披针形，草质，长 2.5~9cm，宽 1~4cm，两侧不对称，基部窄侧钝，宽侧耳形，上部边缘具小齿，先端渐尖，两面无毛或近无毛，具半离基三出脉；钟乳体线形，不明显或明显；无退化叶。花序通常雌雄异株；雄花序长 1~8cm，直径 1~1.5cm；花序梗长 0.5~6cm；苞片钻形，长约 2mm；雄花花被片 5，椭圆形，长约 1.5mm，顶部具角状凸起，雄蕊 5，退化雌蕊狭圆锥形；雌花序直径 3~5mm，花序梗短，长 0.3~3mm；雌花花被片 5，长 0.4mm，果期时长约 0.8mm，3 花被片较大，舟状长圆形，外面顶部具角状凸起。瘦果近椭圆体形，外面具小瘤状凸起。花果期 5~12 月。

产地：田心山（张寿洲等 387）、梧桐山（张寿洲等 1157）。生于山地沟谷、溪边阴湿处，海拔 100~700m。

分布：安徽、浙江、台湾、福建、江西、湖北、湖南、广东、香港、海南、广西、贵州、四川及云南。日本、朝鲜半岛和越南。

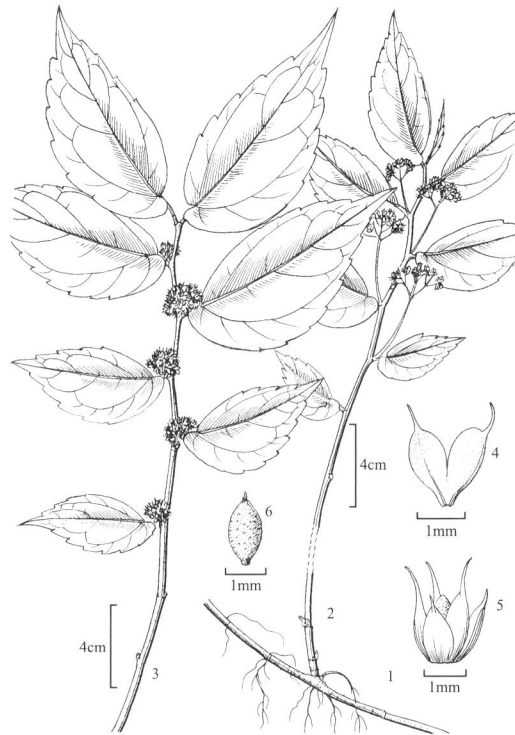

图 458 赤车 Pellionia radicans
1. 匍匐茎；2. 分枝的一部分，示叶及雄花序；3. 分枝的一部分，示叶及雌花序；4. 雄花花被的一部分；5. 雌花；6. 瘦果。（李志民绘）

3. 楼梯草属 Elatostema J. R. Forst. & G. Forst.

小灌木、半灌木或多年生草本。植物体无螫毛。叶互生，2 列；叶柄短或无柄；托叶着生于叶柄内，膜质，2 裂或全缘，常早落；叶片基部不对称，边缘具齿，稀全缘，基出脉三出或为羽状脉；钟乳体纺锤形或窄条形，稀点状或缺；无退化叶，有时具退化叶，如存在，则与正常叶对生。花序雌雄同株或异株，由几个至多个小团伞花序密集呈头状或稀聚伞状，通常雄、雌花序均不分枝，雄花序有时分枝呈聚伞状，具明显或不明显的花序托，花序托常盘形，稀梨形；苞片少数或多数，沿花序托边缘形成总苞，稀缺，在花之间具小苞片；雄：花被片 4-5，基部合生，近顶端常具角状凸起；雄蕊 4~5，与花被片对生，花丝在花芽时内折；退化雌蕊小或无；雌花花被片 4-5，或无花被片，长在子房长度一半以下，无角状凸起；退化雄蕊常 3~5，窄条形；子房椭圆体形，无花柱，柱头画笔头状。瘦果卵球形或椭圆体形，常具 6~10 纵肋，稀光滑或具小瘤状凸起。

约 300 种，分布于热带亚洲、非洲和大洋洲的热带和亚热带地区。我国 146 种。深圳有 2 种。

1. 小枝密被糙毛；叶脉近羽状；雄花序单生 ·· 1. **狭叶楼梯草 E. lineolatum**

1. 小枝无毛或疏被短柔毛；叶脉为离基三出脉；雄花序数个簇生 ············· 2. **多序楼梯草 E. macintyrei**

1. 狭叶楼梯草 疏齿楼梯草 Narrow-leaved Elatostema

图 459

Elatostema lineolatum Wight，Icon. Pl. Ind. Orient. **6**：11，t. 1984. 1853.

Elatostema lineolatum Wight var. *majus* Wedd. Monogr. Urtic. 312. 1856；广东植物志 **6**：73，图 25. 2005.

半灌木。茎直立或斜升，高 0.5~2m，多分枝；小枝密被糙毛。叶互生；托叶条形或狭三角形，长 4~7mm，宽 0.5~1mm；叶柄长约 1mm；叶片斜倒卵状长圆形或斜长圆形，草质或纸质，长 3~15cm，宽 1.2~4cm；基部斜楔形，上部边缘疏生小齿，先端渐尖或骤尖，两面脉上被糙伏毛，叶脉近羽状，侧脉每边 5~8 条；钟乳体明显或不明显，较密；无退化叶。花序雌雄同株，无花序梗；雄花序单生，不分枝，直径 0.5~1cm，具多数密生的花；花序托直径 1.5~3.5mm，周围具长 0.8~1.5mm 的正三角形、卵形或扁卵形的苞片，苞片合生形成总苞；小苞片三角形、狭长圆形或匙状条形，长约 1mm，上部边缘有睫毛；雄花花梗长约 2mm，花被片 4，狭椭圆形，长约 1.2mm，基部合生，外面顶端之下有短凸起，顶端有微柔毛，雄蕊 4，退化雌蕊长约 0.2mm；雌花序单生、双生或 2~3 簇生，直径 2~4mm；花序托直径 1.5~2.5mm，周围具长 0.5~1mm 正三角的苞片；小苞片多数，密集，狭倒披针形，长约 0.8mm，上部边缘有睫毛；雌花花被片不明显，子房狭椭圆体形，长约 0.4mm。瘦果椭圆体形，长约 0.6mm，具 7~8 条纵肋。花果期 8 月至翌年 5 月。

产地：梧桐山（王定耀等 1090）。生于山谷林下阴湿处，海拔约 400m。

分布：我国台湾、福建、广东、海南、广西、云南及西藏。印度、不丹、尼泊尔、缅甸、泰国和斯里兰卡。

2. 多序楼梯草 石生楼梯草 Manyinfloresence Elatostema

图 460 彩片 648

Elatostema macintyrei Dunn in Bull. Misc. Inform. Kew **1920**：210. 1920.

半灌木。茎直立，高 0.3~1.2m，常分枝，无毛或疏被短柔毛。叶互生；叶柄长 1~5mm；托叶披针形，长 0.9~1.4cm，宽 2~3mm，无毛；叶片斜椭圆形或斜椭圆状倒卵形，纸质，长 8~20cm，宽 3.5~10cm，两侧不对称，基部斜宽楔形，边缘有浅齿，先端渐尖或骤尖，两面无毛或沿下面脉上被糙伏毛，半离基三出

图 459 狭叶楼梯草 Elatostema lineolatum
1. 分枝的一部分，示叶和雌花序；2. 雄花序；3. 雄花。（李志民绘）

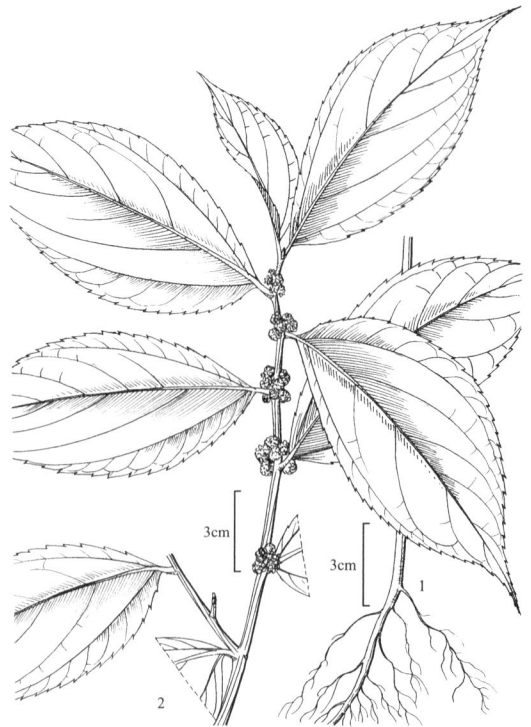

图 460 多序楼梯草 Elatostema macintyrei
1. 根；2. 分枝的一部分，示叶和雌花序。（李志民绘）

脉，侧脉在狭侧 3~4 条，在宽侧 4~5 条；钟乳体窄条形，长 0.3~0.7mm，明显，极密；无退化叶。花序雌雄异株；雄花序 2~5 簇生，不分枝，直径约 2mm；花序梗长 1~2mm；花序托非常小，周围有宽卵形的苞片；雄花有短花梗，花被片 4，匙状长圆形，长 1.2mm，基部合生，外面顶端之下有或无短凸起，被疏微柔毛，雄蕊 4，无退化雌蕊；雌花序 5~9 簇生，直径 4~9mm；花序梗长 2~6mm；花序托近方形或近圆形，直径 2~5mm；雌花花被片 3，微小。瘦果椭圆体形，长 0.6mm，具 10 纵肋。花果期 3~12 月。

产地：盐田（张寿洲等 1360；深圳植物志采集队 013529）、沙头角、梧桐山（张寿洲等 0534）。生于山地沟谷林下、溪边阴湿处，海拔 150~400m。

分布：广东、广西、贵州、四川、云南及西藏。印度、不丹、泰国和越南。

4. 冷水花属 Pilea Lindl.

草本或半灌木，稀灌木。植株无螫毛；茎通常肉质。叶通常对生，稀互生；具叶柄；托叶 2，膜质，稀草质或纸质，早落或宿存，在叶柄内或叶柄间合生；叶片同对的近等大或不等大，基部对称或不对称，边缘全缘或具齿，具三出脉，稀羽状脉；钟乳体线形、纺锤形或短杆状，稀点状。花序雌雄同株或异株，单生或成对腋生，由小团伞花序排成松散的二歧聚伞花序、聚伞状圆锥花序，有时为穗状花序，或为单性花或杂性花的头状花序；苞片小，生于花的基部；花单性，稀杂性；雄花 4 或 5 基数，稀 2 基数，花被片基部合生或合生至中部，分离部分为镊合状或覆瓦状排列，外面近先端常有角状凸起，雄蕊与花被片同数并对生，退化雌蕊小，不明显；雌花 3 基数，有时 5、4 或 2 基数，花被片离生或多少合生，近相等或不相等，在果期时扩大，当 3 花被片时，中间 1 被片较大，呈浅囊状或舟状，近先端有长角状凸起，或呈帽状，有时背面呈龙骨状，退化雄蕊内折，鳞片状，通常长圆形，小或不明显，在果时扩大，子房直立，先端稍歪斜，无花柱，柱头画笔状，胚珠 1，直立。瘦果稍扁，卵球形或近球形，通常偏斜，先端无鸡冠状附属物，表面平滑或有瘤状凸起。种子 1，无胚乳，子叶宽。

约 400 种，分布于世界的热带至亚热带地区，稀至温带地区。我国有 80 种。深圳有 1 种及 2 栽培种。

本市引进栽培的尚有圆瓣冷水花 Pilea angulata (Blume) Blume、蛤蟆草 Pilea mollis Hemsl.、盾叶冷水花 Pilea peltata Hance、镜面草 Pilea peperomioides Diels 和泡叶冷水花 Pilea repens Liebm 等，因数量小，本志未收录。

1. 叶片上面中央有 2 条间断的白斑 ·· 1. **花叶冷水花 P. cadierei**
1. 叶片上面无白斑。
  2. 近攀援草本或半灌木，高 0.5~1.5m；叶片长 6~15cm ····················· 2. **点乳冷水花 P. glaberrima**
  2. 纤细草本，高 3~17cm；叶片长 2~7mm ························· 3. **小叶冷水花 P. microphylla**

1. 花叶冷水花 Alluminum Plant　　　　　　　　　　　　　　　　　图 461　彩片 649
Pilea cadierei Gagnep. & Guill. in Bull. Mus. Natl. Hist. Nat., sér. 2, **10**: 629. 1939.

多年生草本或半灌木，高 15~40cm。具匍匐根状茎，全株被钟乳体，无毛；茎直立，有时肉质，基部木质。叶对生；托叶长圆形，长 1~1.3cm，早落；叶柄长 0.7~1.5cm；叶片倒卵形或椭圆形，长 2.5~6cm，宽 1.5~3cm，基部宽楔形或钝圆，边缘有数对不整齐的浅牙齿或啮蚀状，先端具短尖，上面中央有 2 条间断白斑，基出脉 3 条；钟乳体梭形，明显。花雌雄异株；雄花序头状，常成对腋生；花序梗长 1.5~4cm；团伞花序直径 0.6~1cm；苞片宽卵形，长约 3mm；雄花在芽时梨形，长约 2.5mm，花梗长 2~3mm，花被片 4，合生至中部，近兜状，近先端有长角状凸起，雄蕊 4，退化雌蕊圆锥状；雌花近无花梗，花被片 4，长 0.5~0.7mm，长为瘦果一半，退化雄蕊长圆体形。瘦果卵球形，稍扁，长约 1.5mm。花期 9~11 月；果期 11~12 月。

产地：东湖公园（王定耀 89-471）。深圳市各公园、植物园有广泛栽培。

分布：贵州及云南。越南。

用途：叶有独特的白色斑带，有观赏价值，是优良的观叶植物。

2. 点乳冷水花 Small-toothed Clearweed 图 462

Pilea glaberrima（Blume）Blume in Mus. Bot. **2**：54. 1856.

Urtica glaberrima Blume，Bijdr. Fl. Ned. Ind. 493. 1826.

多年生柔弱草本或半灌木，高 0.5~1.5m。具匍匐根状茎；全株无毛；茎直立、斜升或攀援，灰绿色，基部木质，干后有纵棱，通常多分枝，密被点状钟乳体。叶对生；托叶 2，三角形，长 1~2mm，基部合生，宿存；叶柄长 1.5~5cm；叶片狭卵形、卵形、椭圆形或椭圆状披针形，草质，长 6~15cm，宽 2.5~7cm，基部圆形或近楔形，边缘中部以上有浅锯齿或浅圆齿，稀近全缘，先端渐尖；基出脉 3 条，侧脉多数，下面具多数细杆状的钟乳体。花序雌雄异株，稀同株，为圆锥状聚伞花序；雄花序长 3~4cm；雄花几无梗，在花蕾时长约 1mm，花被片 4，雄蕊 4，退化雌蕊小，近钻状；雌花序甚短；雌花几无梗，在花蕾时长约 0.6mm，花被裂片 3，不等大，基部合生，外面的 1 花被片舟形，较长，近先端具小角状凸起；退化雄蕊 3，不明显，鳞片状，长圆形。瘦果卵球形，长约 1mm，略扁，稍偏斜，红褐色，具不明显细疣点。花期 5~9 月；果期 10~12 月。

产地：沙头角（张寿洲等 5524）、梧桐山（张寿洲等 2974）。生于山地沟谷林缘或溪边，海拔 300~800m。

分布：广东、香港、广西、贵州及云南。印度、不丹、尼泊尔、缅甸和印度尼西亚。

3. 小叶冷水花 透明草 Artillery Clearweed

图 463　彩片 650

Pilea microphylla（L.）Liebm. in Kongel. Danske Vidensk. Selsk. Skr.，Naturvidensk. Math. Afd.，ser. 5，**5**（2）：302. 1851.

Parietaria microphylla L. Syst. Nat.，ed. 10. **2**：1308. 1759.

纤细草本，高 3~17cm，全株无毛。茎直立或上升，直径 1~1.5mm，肉质，不分枝或有分枝，密布线形钟乳体。叶对生；叶柄纤细，长 1~4mm；托叶三角形，长约 0.5mm，膜质，宿存；叶片同对的不等大，倒卵形或匙形，肉质，长 2~7mm，宽 1.5~3mm，基部楔形或渐狭，边缘全缘，先端钝，具羽状脉，侧脉不明显，下面密被线形钟乳体。聚伞花序腋生，密集成头状，长 1.5~6mm，通常雌雄同序；花序梗长 1.5~6mm，有时无梗；雄花花梗长约 0.7mm，花被片 3，卵形，近先端有小角状凸起，果时中间 1 花被片与果近等长，侧

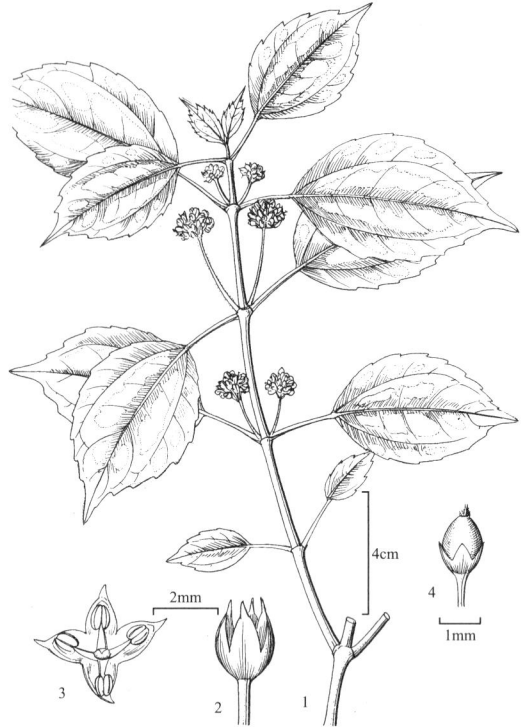

图 461 花叶冷水花 Pilea cadierei
1. 分枝的一部分，示叶和雄花序；2. 未开放的雄花；3. 雄花；4. 瘦果及宿存花被。（李志民绘）

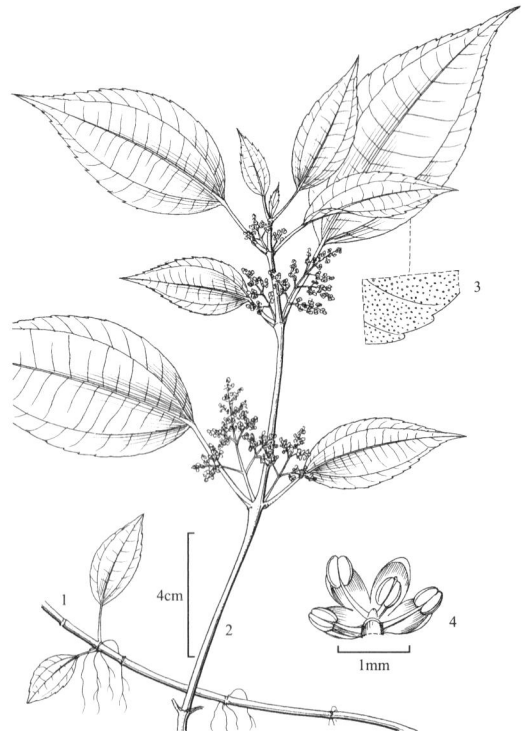

图 462 点乳冷水花 Pilea glaberrima
1. 根状茎；2. 分枝的一部分，示叶和雄花序；3. 叶的一部分放大，示下面的钟乳体；4. 雄花。（李志民绘）

生 2 花被片较小，雄蕊 4，退化雌蕊小，圆锥状；雌花花被裂片 3，近等长，果时中央 1 花被片长圆形，与果近等长。瘦果卵球形，长约 0.4mm，略扁，褐色，光滑，被宿存的花被片所包被。花期 6~8 月；果期 9~12 月。

产地：南澳、梧桐山、仙湖植物园（深圳考察队976；王定跃 89511）、东湖公园（李沛琼 2405））。

分布：原产于南美洲热带地区。在我国浙江、台湾、福建、江西、广东、香港、澳门、海南、广西等地低海拔地区已归化成为野化植物。

用途：全草入药，有消炎解毒之效；植株细小嫩绿，可供盆栽观赏。

5. 糯米团属 Gonostegia Turcz.

多年生直立草本或半灌木，有时铺散。植株无螫毛。叶对生，有时在茎上部互生；叶柄短或无；托叶分离，生于叶柄两侧或叶柄内宿存；叶片基部对称，边缘全缘，基出脉 3~5 条，基出 1 对侧脉无支脉，直达叶尖，钟乳体点状。团伞花序腋生，具雄花和雌花，有时具单性花，如具单性花，则雌雄同株或异株；苞片小，膜质；雄花近球形，花被片 3~5，离生，镊合状排列，花蕾时中部以上内曲而使花被呈陀螺状，顶部截形，雄蕊 3~5，与花被片对生，花丝在花蕾期内折，退化雌蕊极小；雌花花被筒状，通常卵球形，顶端具 2~4 小齿，果期宿存，外面具多数至 12 纵肋，有时具纵翅，无退化雄蕊，子房卵形，花柱宿存，柱头丝状，一侧密被柔毛，与花柱一同脱落，胚珠直生。瘦果卵球形，被具纵翅或纵棱的宿存花被片所包围，花后膨大。果皮硬壳质，有光泽。

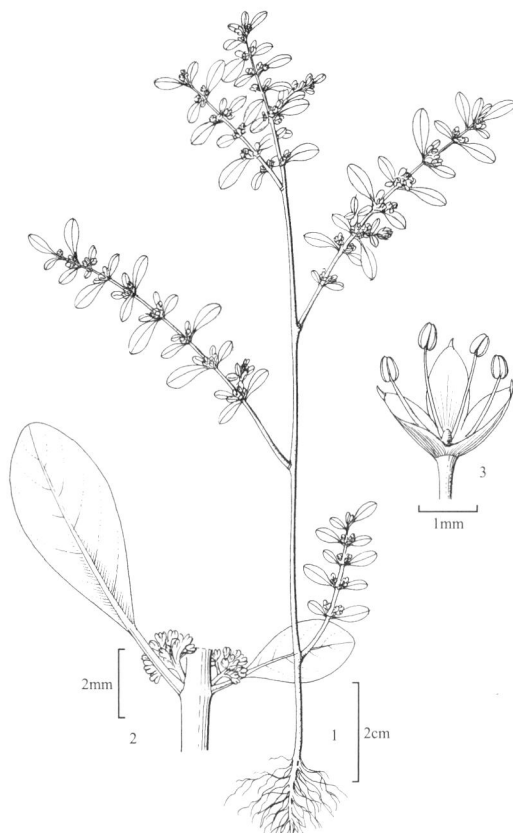

图 463 小叶冷水花 Pilea microphylla
1. 植株，示根、茎、叶和花序；2. 茎的一部分，示叶和花序；3. 雄花。（李志民绘）

约 3 种，分布于亚洲和大洋洲热带及亚热带地区。我国产 3 种。深圳有 2 种。

1. 植株长 0.5~1.6m；叶片长 3~10cm，宽（0.7~）1.2~2.8cm ················ 1. 糯米团 G. hirta
1. 植株长 20~30cm；叶片长 0.5~3cm，宽 2~8mm ················ 2. 台湾糯米团 G. parvifolia

1. 糯米团 Hairy Gonostegia 图 464 彩片 651 652
Gonostegia hirta（Blume ex. Hassk.）Miq. in Ann. Mus. Bot. Lugd.-Bat. **4**：303. 1868-1869.

Pouzolzia hirta Blume ex Hassk. in Teijsmann & Binnendijk, Cat. Hort. Bot. Bogor. 80. 1844.

Memorialis hirta（Blume ex. Hassk.）Wedd. in DC. Prodr. **16**（1）：235（6）. 1869；广州植物志 403. 1956；海南植物志 **2**：417，图 497. 1965.

多年生草本，有时半灌木。茎蔓生、铺地或上升，长 0.5~1.6m，上部四棱柱形，被柔毛。叶对生；叶柄长 1~4mm；托叶宽卵形，长约 2.5mm；叶片狭披针形，稀狭卵形或狭椭圆形，草质或薄纸质，长 3~10cm，宽（0.7~）1.2~2.8cm，基部浅心形或圆，边缘全缘，先端渐尖或急尖，下面脉上疏被短柔毛或近无毛，上面疏被伏毛或近无毛；基出脉 3~5 条。团伞花序直径 2~9mm，通常两性（具雄花和雌花），有时单性（雌雄同株或异株）；雄花花梗长 1~4mm；花蕾直径约 2mm，在内折线上有疏长柔毛，花被片 5，倒披针形，长 2~2.5mm，先端急尖，雄蕊 5，花丝条形，长 2~2.5mm，花药长约 1mm，退化雌蕊极小；雌花无梗；花被筒卵球形，长约 1.6mm，顶

端具2小齿,外面有10纵肋。瘦果卵球形,长约1.4mm,
白色或黑色,有光泽。花期5~7月;果期8~9月。

产地:七娘山(林大利等007076)、南澳(张寿洲
等2030)、盐田、杨梅坑、三洲田(张寿洲等2673)、
梅沙尖、沙头角、梧桐山、南山。生于山地林下、溪边、
草地、灌丛常见,海拔50~620m。

分布:陕西、河南、安徽、江苏、台湾、福建、江西、
广东、香港、海南、广西、贵州、四川、云南和西藏。
亚洲热带及亚热带地区和澳大利亚。

用途:全草药用,治消化不良、食积胃痛等症,
外用可治疗疮疖肿、外伤出血等症;全草可供饲猪。

2. 台湾糯米团 Small-leaved Gonostegia   图465
Gonostegia parvifolia(Wight)Miq. in Ann. Mus.
Bot. Lugd.-Bat. **4**:303. 1868-1869.

Pouzolzia parvifolia Wight,Icon. Pl. Ind. Orient. **6**:
39,t. 2092,f.1. 1853.

多年生草本或半灌木。茎上升或披散,长20~
30cm,多分枝,被糙毛。叶对生或茎上部兼有少数
叶互生;叶柄极短或几无柄;托叶宽三角状卵形,长
1~1.5mm;叶片卵形、椭圆形或披针形,草质,长
0.5~3cm,宽2~8mm,基部圆形或截形,边缘全缘,
先端钝或近急尖,两面几无毛或有时具短糙毛;基
出脉3条。团伞花序两性(具雄花和雌花),直径
2~9mm,有少数花;雄花花梗长0.5~1mm,花蕾直径
约1.2mm,苞片卵形,长约0.6mm,花被片(3~)4,
倒卵形,长1.1mm,先端急尖,雄蕊4,退化雌蕊极
小;雌花花梗极短,花被筒卵状椭圆体形,长约1.2mm,
外面有10~12纵肋。瘦果卵球形,长约1mm,淡褐
色至黑色,有光泽。花期4~7月;果期7~12月。

产地:笔架山(张寿洲等5564)。生于山地路边,
海拔200~250m。

分布:广东南部和台湾。菲律宾和斯里兰卡。

6. 雾水葛属 Pouzolzia Gaudich.

灌木、半灌木或多年生草本。植株无螫毛。茎直
立、斜升或平卧,多分枝。叶互生,稀对生;叶柄通
常较短;托叶通常存在,侧生,分离,宿存;叶片基
部对称,边缘具齿或全缘,基出脉3条,基出1对侧
脉具支脉,不直达叶尖;钟乳体点状。团伞花序两性(具
雄花和雌花),稀单性(雌雄同株或异株),腋生,或
稀沿穗轴节上生,密集排列成头状;苞片和小苞片小;

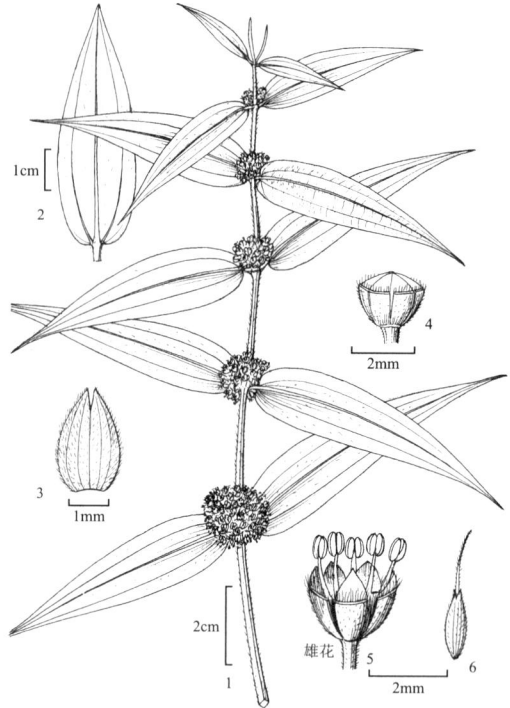

图 464 糯米团 Gonostegia hirta
1. 分枝的一部分,示叶和花序;2. 不同的叶形;3. 托叶;
4. 雄花蕾;5. 雄花;6. 雌花。(李志民绘)

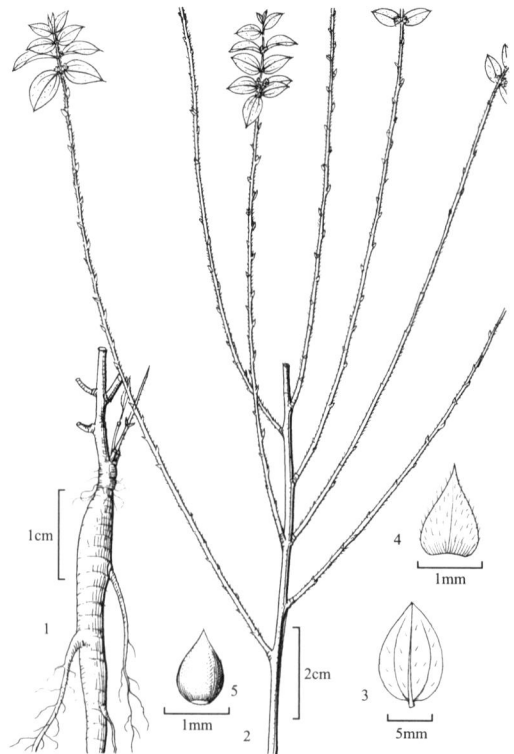

图 465 台湾糯米团 Gonostegia parvifolia
1. 根;2. 分枝的一部分,示叶和花序;3. 叶片;4. 托叶;
5. 瘦果。(李志民绘)

雄花在花蕾时呈卵球形，花被片（3~）4~5，在花蕾时镊合状排列，中部以下合生，先端凹，雄蕊 4~5，与花被片对生，花丝在花蕾时内折，退化雌蕊倒卵球形或棒状；雌花花被筒通常卵球形，顶端缢缩，具 2~4 小齿，果时稍增大，有时具纵翅，子房藏于花被筒内，花柱短，柱头丝状，沿一侧具长柔毛，以后与花柱一起脱落，胚珠 1，直立。瘦果卵球形，果皮通常壳质，有光泽，宿存花被有肋，稀有翅。

约 37 种，分布于世界热带地区。我国产 4 种。深圳有 1 种。

雾水葛 Ceylan Pouzolzia　　　　图 466　彩片 653
Pouzolzia zeylanica（L.）Benn. Pl. Jav. Rar. 67. 1838.

Parietaria zeylanica L. Sp. Pl. **2**: 1052. 1753.

多年生草本。茎直立、斜升或稀匍匐，高 12~60cm，不分枝或在基部有少数分枝，枝条有时又具短的分枝，被糙伏毛或兼有柔毛。叶对生，有时在茎的下部或上部互生；叶柄长 0.2~1.8cm；托叶三角形，长 0.6~6mm；叶片草质，卵形、宽卵形或卵状披针形或狭披针形，长 1.2~3.8cm，宽 0.6~2.6cm，基部圆，边缘全缘，先端短渐尖，两面疏被糙伏毛，基出脉 3 条，侧脉每边 1~2 条。团伞花序通常两性，直径 1~2.5mm，着生于有叶的枝节上或茎节上；苞片三角形，长 2~3mm，边缘具缘毛；雄花花被片 4，狭长圆形或长圆状倒披针形，长 1.2~1.5mm，基部合生至中部，先端骤尖，外面被微柔毛；雌花花被筒椭圆体形或菱形，长 0.8-1mm，在果期长 1.5~1.8mm，干燥，外面被微柔毛，具不明显的 9 条肋或 4 条翅，顶端具 2 小齿。瘦果卵球形，长 1~1.2mm，淡黄白色，上部褐色或全部黑色，有光泽。花期 5~9 月；果期 7~12 月。

产地：东涌、西涌、七娘山、南澳、大鹏（张寿洲等 1667）、排牙山、葵涌（张寿洲等 2589）、梧桐山、南山、仙湖植物园（李沛琼 1157）、笔架山、东湖公园。生于草地、田边、山地林缘或灌丛中，海拔 50~700m。

分布：安徽、浙江、江西、福建、湖北、湖南、广东、香港、澳门、海南、广西、云南、四川及甘肃。日本、印度、尼泊尔、克什米尔地区、巴基斯坦、缅甸、越南、泰国、斯里兰卡、马来西亚、菲律宾、印度尼西亚、马尔代夫、也门、巴布亚新几内亚、玻里尼西亚和澳大利亚。非洲有栽培。

用途：全草药用，能清热利湿，外用有拔毒生肌、去腐排脓之效。

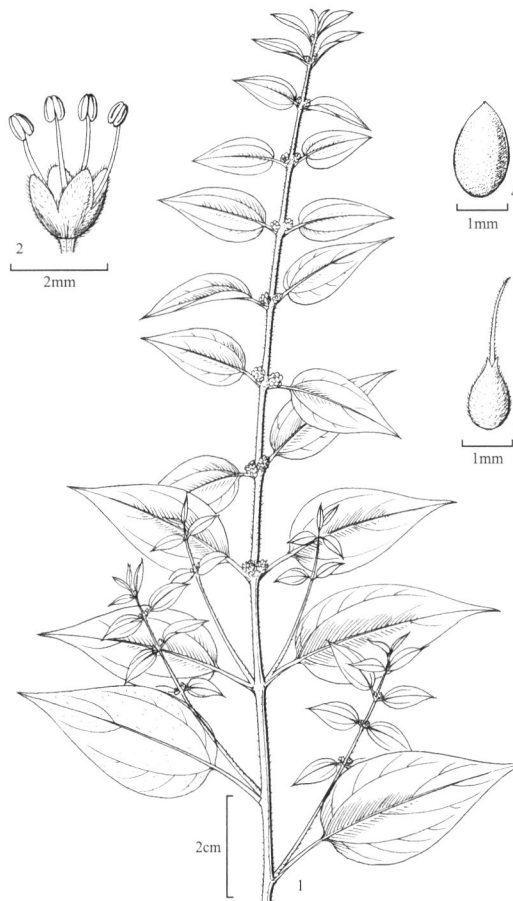

图 466 雾水葛 Pouzolzia zeylanica
1. 植株的一部分，示叶和花序；2. 雄花；3. 雌花；4. 瘦果。
（李志民绘）

7. 紫麻属 Oreocnide Miq.

常绿灌木或乔木。植株无螫毛。叶互生；具叶柄；托叶离生，生于叶柄两侧，干膜质，早落；叶片基部对称，边缘全缘或有锯齿，基出三脉或羽状脉；钟乳体点状。花单性，雌雄异株，花序二至四回二歧聚伞状分枝、二叉分枝，稀簇生状，团伞花序生于分枝顶端，密集成头状；苞片小；雄花花被裂片 3~4，分离或下部合生，镊合状排列，雄蕊 3~4，花丝在花芽时内折，退化雌蕊棒锤状或纺锤状，被绵毛；雌花花被片合生成管状，稍肉质，贴生于子房，口部缢缩，有不明显的 3~4 小齿，无退化雄蕊，子房 1 室，具 1 直立胚珠，无花柱，柱头盘状或盾状，边缘有多数长缘毛。瘦果核果状，内果皮稍骨质，外果皮与花被贴生，稍肉质，花托肉质透明，盘状或杯状，果时常增大。种子具油质胚乳，子叶卵形或宽卵形。

约 18 种，分布于亚洲东部至巴布亚新几内亚的热带至亚热带地区。我国产 10 种。深圳有 1 种。

紫麻 Shrubby Woodnettle　　图 467　彩片 654　655

Oreocnide frutescens（Thunb.）Miq. in Ann. Mus. Bot. Lugd.-Bat. **3**：131. 1867.

Urtica frutescens Thunb. in Murray，Syst. Beg.，ed. 14，851. 1784.

Oreocnide fruficosa（Gaudich.）Hand.-Mazz. Symb. Sin. **7**：154. 1929；广州植物志 402. 1956.

Boehmeria fruficosa Gaudich. in Voy. Bot. Freyc. 500. 1830.

灌木或小乔木，高 1~3m。小枝和叶柄淡紫红褐色，被糙伏毛或短柔毛，稀被绒毛，后变无毛。叶柄长 1.7cm；托叶条状披针形，长约 1cm；叶片草质，有时纸质，卵形、狭卵形或倒卵形，稀倒披针形，长 3~15cm，宽 1.5~6cm，基部圆或楔形，边缘有锯齿，先端渐尖或尾尖，下面常被灰白色绒毛，后毛渐脱落，上面疏被糙伏毛，有时近平滑，基出脉 3 条，侧脉每边 1 条，稍弧曲。花序生于去年生的小枝或老枝上，通常几无花序梗，呈簇生状或有花序梗，呈二歧分枝的聚伞花序；团伞花序直径 3~5mm；雄花花被裂片 3，卵形，长 1.2mm，基部合生，退化雌蕊近棍棒状，长约 0.6mm；雌花无花梗，长约 1mm。瘦果卵球形，长约 1.2mm，两侧稍扁，宿存花被深褐色，外面疏被微柔毛，内果皮稍骨质，表面有多数细洼点，果托壳斗状，肉质，包围着果的大部分。花期 2~6 月；果期 6~11 月。

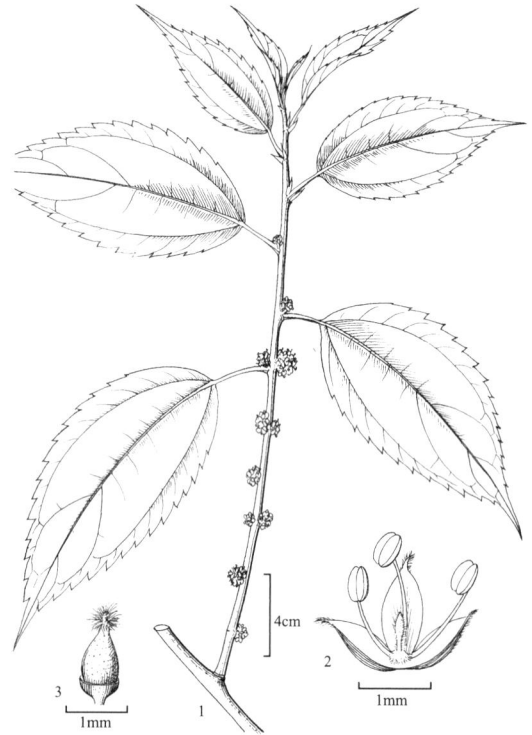
图 467 紫麻 Oreocnide frutescens
1. 分枝的一部分，示叶和花序；2. 雄花；3. 瘦果。（李志民绘）

产地：七娘山（张寿洲等 0234）、梧桐山（张寿洲等 1181）。生于山地沟谷或林缘，海拔 100~200m。

分布：安徽、浙江、江西、福建、湖北、湖南、广东、香港、广西、云南、四川、陕西和甘肃。日本、印度、不丹、缅甸、泰国、越南、老挝、柬埔寨和马来西亚。

用途：茎皮纤维坚韧，供制绳索、麻袋和人造棉；根、茎、叶可药用，有活血之效。

8. 艾麻属 **Laportea** Gaudich.

一年生或多年生草本、半灌木，稀灌木。植株具螫毛；根通常丛生，有时呈纺锤状；茎直立，不分枝或少分枝。叶互生；具叶柄；托叶于叶柄内不明显合生，先端 2 裂，膜质，早落；叶片纸质或草质，有时膜质，中脉两侧和叶基两侧均对称，边缘具锯齿或牙齿，稀全缘，具羽状脉或基出三脉，钟乳体点状，香肠状或短杆状。花单性，雌雄同株，稀异株；花序单生，腋生，具花序梗，由密集的团伞花序疏散排成聚伞圆锥状，或有时排成总状或穗状；苞片小；雄花：花被片 4~5，近镊合状排列，内凹，在花芽时内折；雄蕊 4~5；退化雌蕊棍棒状或近球形；雌花：花被片 4，不等大，分离或基部合生，侧生 2 花被片最大，同形等大，背腹 2 花被片异形，其中腹面的 1 花被片最小；无退化雄蕊，子房卵球形至半圆形，初时直立，后偏斜，花柱通常丝状，柱头通常线形，通常反折，一边有乳头状小凸起，胚珠直生。瘦果卵球形至半球形，偏斜，两侧压扁，无柄或有柄，着生于斜的花托上，宿存柱头向下弯折，果柄两侧或背腹侧扩大成翅，稀无翅。种子有薄胚乳或无胚乳，子叶宽。

约 28 种，分布于世界热带地区。我国产 7 种。深圳有 1 种。

红小麻 Interrupted Woodnettle　　　　图 468

Laportea interrupta（L.）Chew in Gard. Bull. Singapore **21**：200. 1965.

Urtica interrupta L. Sp. Pl. **2**：985. 1753.

一年生草本。茎直立，分枝，高 0.3~1m，上部和叶柄疏生螫毛和短柔毛。叶柄长 1.5~9cm；托叶卵状长圆形，长约 4mm，先端 2 裂至中部，外面 2 肋上有细刚毛；叶片卵形或心形，长 5~8cm，宽 4~5.5cm，草质，基部楔形，钝圆或浅心形，边缘有锯齿，先端渐尖，基出脉 3 条，其侧生一对弧曲，伸达中部齿尖，侧脉每边 5~6 条；钟乳体香肠状，在叶片下面沿脉上纵行，整齐排列，长约 0.1mm。花序雌雄同株，并常同序，呈长穗状，腋生，长达 25cm，侧枝极度退化，团伞花序疏离着生于单一花序轴上，花序轴疏生螫毛和短柔毛；雄花具梗，花蕾倒梨形，长约 1.2mm，花被片（3~）4，倒卵形，合生至中部，内凹，外面近先端有短角状凸起，其上被微柔毛并有数根螫毛，雄蕊（3~）4，退化雌蕊倒梨形，长约 0.5mm；雌花花梗长达 1.5mm，花被片 4，分离，不等大，侧生 2 花被片较大，紧包子房，宽卵形，长约 0.6mm，在果期稍增大，背面 1 花被片近兜形，长约 0.4mm，腹面 1 花被片三角状卵形，长约 0.3mm，外面疏生微柔毛，子房不对称三角形，柱头丝状，内折，基部 3 分枝，中间 1 分

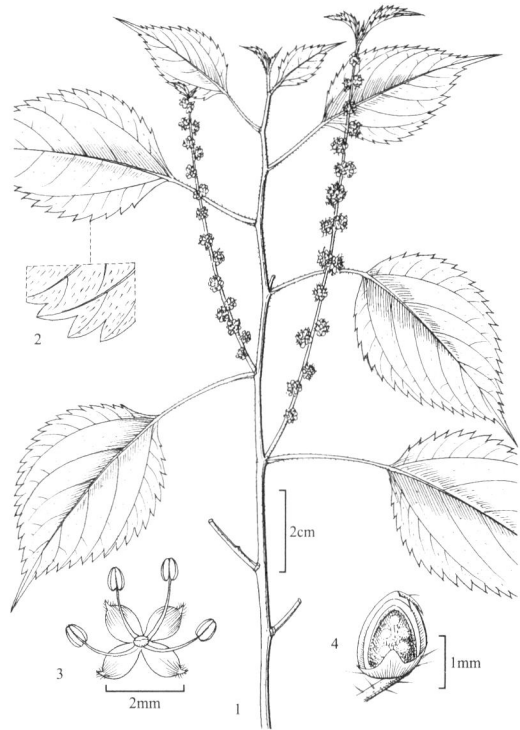

图 468 红小麻 Laportea interrupta
1. 植株的一部分，示叶和花序；2. 叶的一部分放大，示上面疏生的小刺毛；3. 雄花；4. 瘦果及基部宿存的花被。（李志民绘）

枝长约 0.5mm，侧生的 1 对很短。瘦果斜三角形，扁平，直径约 1.3mm，边缘有狭膜质翅，在两面近边缘有 1 圈隆起呈三角形的脊，其内洼陷，有多数粗的疣状凸起，基部具宿存的花被裂片，宿存的花被片形成一小的基生的杯。花期 7~8 月；果期 8~9 月。

产地：梅林水库后山（张寿洲等 2555）。生于山地路边，海拔 50~100m。

分布：台湾、广东南部和云南（西南部），香港有栽培。日本、印度、缅甸、越南、泰国、斯里兰卡、马来西亚、菲律宾、印度尼西亚和非洲。

9. 舌柱麻属 Archiboehmeria C. J. Chen

灌木或半灌木。植株无螫毛。叶互生；叶柄长；托叶生于叶柄内，中部以上 2 裂，脱落；叶片边缘有齿，基部两侧对称，两面绿色，具 3 条基出脉；钟乳体细点状。花单性或两性，组成团伞花序，再排成四至六回二歧聚伞花序，成对腋生，雌雄同序，具花序梗；苞片鳞片状；雄花：花被片（4~）5，合生至中部，镊合状排列；雄蕊（4~）5，花丝在花芽时内折；退化雌蕊倒卵球形，先端具细尖的退化柱头，基部密生短的白色细绵毛；雌花：花被筒状，膜质，喉部缢缩，顶部具 4（~5）齿；无退化雄蕊；子房被花被筒所包裹，但彼此分离，无柄，花柱短，柱头舌状，在其一侧稍凹陷，其内密生曲柔毛，并有乳头状小凸起，胚珠直生。两性花：花被片 5，中部具关节；雄蕊 5；子房和柱头同雌花的。瘦果卵球形，被宿存花被所包被，外果皮壳质，呈小坚果状。种子具丰富油质胚乳，子叶小，近圆形。

1 种，产于中国和越南北部。深圳有分布。

舌柱麻 两麻紫麻 Linguanramie   图 469 彩片 656

Archiboehmeria atrata（Gagnep.）C. J. Chen in Acta Phytotax. Sin. **18**（4）：479, t. 1, fig. 1-8. 1980.

Debregeasia atrata Gagnep. in Bull. Soc. Bot. France **75**：556. 1928.

Oreocnide tremula Hand.-Mazz. in Beih. Bot. Centralbl. **48**（2）：297, Abb. 1（1）. 1931；海南植物志 **2**：420. 1965.

灌木或半灌木，高 0.6~4m。茎分枝，枝条上部被近贴生的短柔毛，以后毛被脱落。叶互生；托叶披针形，长 5~8mm，中部以上 2 裂，背面肋上及边缘被短柔毛；叶柄长 2~14cm，疏被短柔毛；叶片膜质或近膜质，卵形至披针形，长（4~）7~18cm，宽（2~）3~8cm，基部圆或宽楔形，稀近截形或浅心形，边缘除基部全缘外其余有粗齿或钝齿，先端尾状渐尖，尖头长 1~2cm，全缘，下面浅绿色，有时脉和叶柄带红色，脉上疏被短柔毛，上面绿色，稍有光泽，干后棕黑色，疏被短伏毛，具基出脉 3 条，侧脉每边 2~4 条；钟乳体点状，细小。花小，单性或两性，组成团伞花序，再排成四至六回二歧聚伞花序，花序长 1~9cm，有时下垂，疏被短柔毛；雄花序生于枝条下部叶腋；雌花序生于枝条上部叶腋；苞片狭卵形，长约 0.4mm；雄

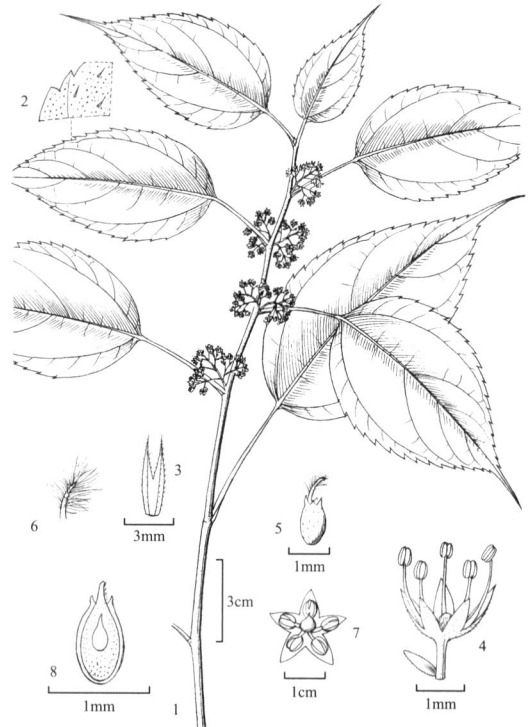

图 469 舌柱麻 Archiboehmeria atrata
1. 分枝的一部分，示叶和花序；2. 叶片上面的一部分放大示其上的毛被和钟乳体；3. 托叶；4. 雄花；5. 雌花；6. 柱头；7. 两性花；8. 瘦果纵切面。（李志民绘）

花具长梗或短梗，在花芽时为扁球形，直径约 2mm，花被片（4~）5，倒卵形，长约 0.6mm，合生至中部，退化雌蕊长约 0.6mm，先端有细尖的柱头残余，基部围生 1 层白绵毛；雌花无花梗，花被筒长约 0.6mm，与子房分离，口部稍收缩，具 4（~5）齿，外面被微柔毛，子房无柄，花柱极短，柱头舌状，长 0.3~0.4mm，压扁，一侧稍凹陷，其内密生曲柔毛，并有乳头状凸起，胚珠直生；两性花生于雌雄花混生的花序中，花梗长约 0.3mm，花被裂片长约 0.5mm，外面被微柔毛。瘦果卵球形，长 0.8~1mm，淡亮绿色，表面有小疣状凸起。花期 4~8 月；果期 8~10 月。

产地：七娘山（邢福武 10892，IBSC）。生于山地林下阴湿处。

分布：湖南（南部）、广东、海南和广西。越南（北部）。

10. 苎麻属 Boehmeria Jacq.

半灌木、灌木、小乔木或多年生草本。植株无螫毛。叶互生或对生；托叶生于叶柄内，通常离生，稀基部合生，早落；叶片基部对称，边缘具牙齿，稀 2~3 裂，基出脉 3 条；钟乳体点状。团伞花序通常单性，稀两性（有雌花和雄花），在有叶的茎上腋生，或在特化的纤枝上腋生，在不分枝的枝条上排列呈穗状，在分枝枝条上排成圆锥状；花单性，雌雄同株或异株；苞片和小苞片小，膜质；雄花花被片 3~5，镊合状排列，下部常合生，雄蕊与花被片同数而对生，花丝在花芽时内折，退化雌蕊棍棒状或近球形，无毛；雌花花被筒状，顶端缢缩，有 2~4 小齿，在果期稍扩大并膨大成 2 尖角或翅，无退化雄蕊，子房包于花被中，柱头丝形，宿存，一侧密被柔毛，胚珠直生。瘦果黑色，通常卵球形，包于宿存花被筒之中。种子具胚乳，子叶椭圆形或卵形。

约 65 种，分布于世界热带和亚热带地区，很少分布至温带地区。我国有 25 种。深圳有 1 种 2 变种。

1. 叶片先端尾状渐尖，下面仅脉上被短硬毛；团伞花序排成穗状 ············ **1. 序叶苎麻 B. clidemioides** var. **diffusa**

1. 叶片先端骤尖，下面全面被毛；团伞花序排成圆锥状。

　　2. 叶片下面密被白色绒毛，托叶离生或合生并 2 裂 ⋯⋯⋯⋯⋯⋯⋯⋯⋯⋯⋯⋯⋯⋯ 2. **苎麻 B. nivea**

　　2. 叶片下面疏被贴伏糙毛或平展的短柔毛，有时在细脉被灰白色绒毛，托叶基部合生或稀合生至中部

⋯⋯⋯⋯⋯⋯⋯⋯⋯⋯⋯⋯⋯⋯⋯⋯⋯⋯⋯⋯⋯⋯⋯⋯⋯2a. **青叶苎麻 B. nivea** var. **tenacissima**

1.　序叶苎麻 Diffuse Boehmeria　　　　图 470

Boehmeria clidemioides Miq. var. **diffusa**（Wedd.）Hand.-Mazz. Symb. Sin. **7**：152. 1929.

Boehmeria diffusa Wedd. in Arch. Mus. Hist. Nat. **9**：356. 1856.

多年生草本或半灌木。茎铺散或直立，高达 1.5m，基部有分枝；小枝密被短粗毛。叶互生或有时茎下部有少数叶对生；托叶披针形，长 6~8mm；叶柄长 2~10cm；叶片草质或纸质，椭圆形、卵状椭圆形或卵形，长 4~14cm，宽 2~7cm，基部通常楔形，边缘疏生 7~13 牙齿，先端尾状渐尖，下面脉上被短硬毛，上面疏被短伏毛，基出脉 3 条，侧脉每边 2~3 条。花雌雄异株；团伞花序直径 2~4mm，除在特化纤细分枝、不分枝枝条上排成穗状外，也常生于叶腋；穗状花序单生于叶腋，长 4~12.5cm，顶端具 2~4 叶，叶狭卵形，长 1.5~6cm；雄花无花梗，花被片 4，椭圆形，长约 1.5mm，下部合生，外面被微柔毛，雄蕊 4，长约 2mm，花药长约 0.6mm，退化雌蕊椭圆形，长约 0.5mm；雌花花被筒倒卵形，长约 1.5mm，顶端有 2~3 小齿，外面上部有短毛；子房藏于花被筒内，花柱外伸，柱头长 0.7~1.8mm。瘦果卵球形。花期 6~8 月；果期 9~10 月。

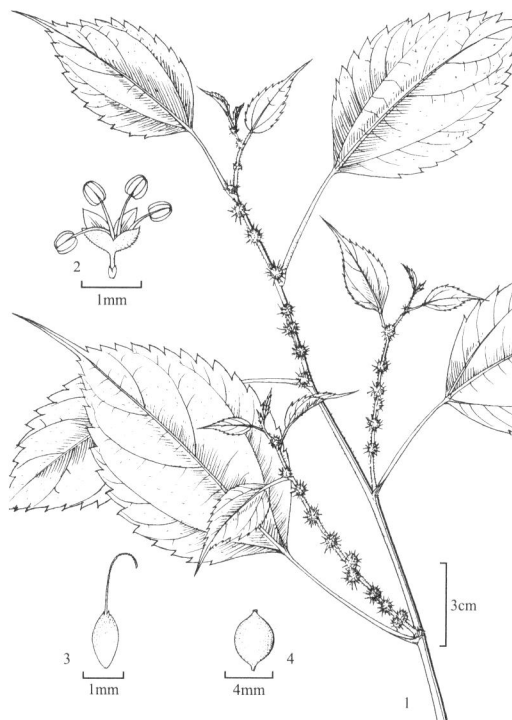

图 470　序叶苎麻 Boehmeria clidemioides var. diffusa
1. 植株的上部，示叶和花序；2. 雄花；3. 雌花；4. 瘦果。（李志民绘）

产地：梅林（张寿洲等 2555）。生于低山路边草丛，海拔 50~100m。

分布：广东、广西、湖南、江西、福建、浙江、安徽、湖北、贵州、云南、四川、陕西和甘肃。印度、不丹、尼泊尔、缅甸、越南和老挝。

2.　苎麻 野麻 Ramie　　　　　　　　图 471　彩片 657

Boehmeria nivea（L.）Gaudich. in Voy. Uranie，Bot. **12**：499. 1830.

Urtica nivea L. Sp. Pl. **2**：985. 1753.

半灌木或灌木，高 0.5~1.5m。茎无分枝或有少数分枝，上部分枝与叶柄均密被开展的长硬毛和糙伏毛。叶互生；叶柄长 2.5~9.5cm；托叶离生或合生并二裂，披针形，长 0.7~1.1cm；叶片通常圆形或宽卵形，有时卵形或椭圆状卵形，草质，长 5~15cm，宽 3.5~13cm，基部近截形、圆形、心形或楔形，边缘具牙齿，先端骤尖或渐尖，下背密被白色绒毛，上面疏被伏毛。团伞花序单性，雌雄同株，着生于特化纤细分枝凋叶的叶腋上，排成圆锥状，特化枝长 2~9cm；雄团伞花序直径 1~4mm，雄花少数；雌团伞花序直径 2~3mm，雌花多数而密集；雄花无花梗，花被片 4，狭椭圆形，长约 1.5mm，合生至中部，先端急尖，外面被短柔毛，雄蕊 4，长约 2mm，花药长约 0.6mm，退化雌蕊倒卵形，长约 0.7mm，先端有短柱头；雌花花被筒菱状椭圆体形，长 0.6~1mm，顶端具 2~3 小齿，果期时花被筒菱状倒卵形，长 0.8~1mm，基部缢缩呈柄状，顶端具 2~3 小齿。瘦果近球形，长约 0.6mm，基部缢缩成细柄。花期 3~8 月；果期 9~11 月。

产地：七娘山（张寿洲等 SCAUF 914）、大鹏（张寿洲等 4381）、梧桐山（张寿洲等 4722）。深圳市各地常见，生于村边、沟边或路边湿润草丛中，野生或有少量栽培，海拔 50~750m。

分布：浙江、江西、台湾、福建、湖北、湖南、广东、香港、澳门、广西、贵州、云南、四川、陕西和甘肃等地有野生或栽培。日本、印度、不丹、尼泊尔、越南、老挝、柬埔寨和印度尼西亚。

用途：茎皮具优质纤维，是我国重要纤维作物之一；根及叶药用，根有清热利尿、凉血散瘀之效，叶外用治创伤出血。

2a. 青叶苎麻 Virid-leaved Boehmeria　彩片 658　659

Boehmeria nivea（L.）Gaudich. var. **tenacissima**（Gaudich.）Miq. Fl. Ind. Bot. **1**（2）：253. 1859.

Boehmeria tenacissima Gaudich. Voy. Uranie，Bot. 500. 1830.

半灌木或灌木。植株高 0.5~2.5m。茎和叶柄疏被贴伏的糙伏毛；托叶基部合生或稀合生至中部；叶片通常卵形或椭圆状卵形，长 5~13cm，宽 3.5~12cm，基部圆、宽楔形或狭楔形，下面疏被贴伏的糙伏毛或平展的短柔毛，有时在细脉上薄被灰白色绒毛。

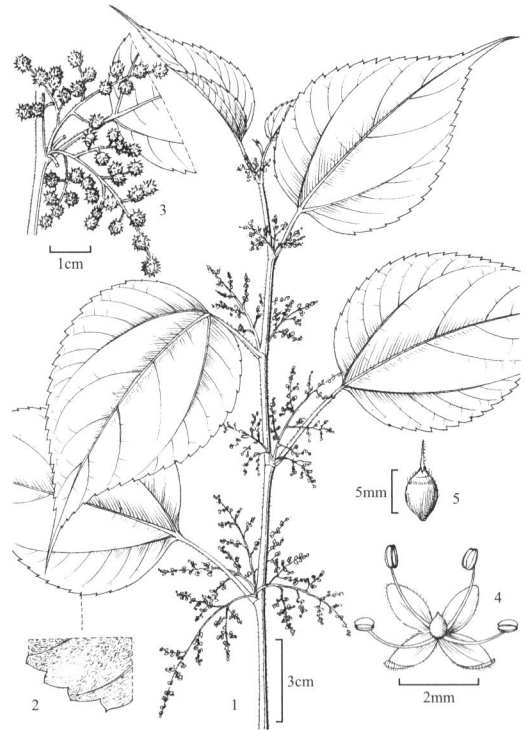

图 471 苎麻 Boehmeria nivea
1. 分枝的一部分，示叶、雌花序和雄花序；2. 叶的一部分放大，示下面的毛被；3. 果序的一部分；4. 雄花；5. 瘦果。（李志民绘）

产地：梧桐山（深圳考察队 1466；王国栋 6419）、仙湖植物园（深圳考察队 987）。生于路边或溪边草丛，海拔 100~200m。

分布：安徽、浙江、江西、台湾、福建、湖北、湖南、广东、香港、海南、广西、贵州、四川及云南。日本、朝鲜半岛、泰国、越南、老挝和印度尼西亚。

59. 胡桃科 JUGLANDACEAE

张志耘

落叶或半常绿乔木或小乔木,稀灌木。植株具树脂,有芳香,有橙黄色盾状着生的圆形腺体,茎皮平滑或开裂;枝条髓部具薄片状分隔或实心;芽近球形或卵球形至长圆体形, 裸出或具芽鳞, 常 2~3 重叠生于叶腋。叶互生或稀对生, 奇数或稀偶数羽状复叶;无托叶; 小叶对生或互生, 具或不具小叶柄;小叶片边缘有锯齿或稀全缘,具羽状脉。花单性, 雌雄同株, 风媒;花序单性或稀两性;雄花序: 常为下垂的柔荑花序, 单独或多数成束生于叶腋或芽鳞腋内, 或生于无叶的小枝上而位于顶生的雌性花序下方, 共同形成一下垂的圆锥式花序束, 或生于新枝顶端而位于一顶生的两性花序(雌花序在下方、雄花序在上方)下方, 形成直立的伞房式花序束;雄花生于一不分裂或 3 裂的苞片腋内, 小苞片 2, 花被片 1~4, 贴生于苞片内方的扁平花托周围, 或无小苞片及花被片,雄蕊 3~40, 着生于花托上, 1 至多轮排列, 花丝极短或不存在, 离生或在基部稍稍愈合, 花药有毛或无毛, 2 室,纵缝裂开, 药隔不发达, 或发达而或多或少伸出于花药的顶端;雌花序穗状, 顶生, 具少数雌花并直立, 或有多数雌花而成下垂的柔荑花序;雌花生于一不分裂或 3 裂的苞片腋内, 苞片与子柔荑房分离或与 2 小苞片愈合而贴生于子房下端, 或与 2 小苞片各自分离而贴生于子房下端, 或与花托及小苞片形成一壶状总苞贴生于子房, 花被片 2~4, 贴生于子房, 具 2 花被片时位于两侧, 具 4 花被片时位于正中线上者在外, 位于两侧者在内,雌蕊 1, 由 2 心皮合生, 子房下位, 初时 1 室, 后来基部发生 1 或 2 不完全隔膜而成不完全 2 室或 4 室, 花柱极短, 柱头 2 裂或稀 4 裂, 胎座生于子房基底, 短柱状, 初时离生, 后来与不完全的隔膜愈合, 先端有 1 直立的无珠柄的直生胚珠。果实由小苞片及花被片或仅由花被片、或由总苞以及子房共同发育成核果状的假核果或坚果状;外果皮肉质或革质或膜质成翅, 成熟时不开裂或不规则破裂或 4~9 瓣开裂;内果皮(果核)由子房本身形成, 坚硬, 骨质, 1 室, 室内基部具 1 或 2 骨质的不完全隔膜, 因而成不完全 2 或 4 室;内果皮及不完全的隔膜的壁内在横切面上具或不具各式排列的大小不同的空隙(腔隙)。种子大, 完全填满果室, 具 1层膜质的种皮, 无胚乳;胚根向上, 子叶肥大, 肉质, 常 2 或 4 裂, 基部渐狭或成心形;胚芽小, 常被有盾状着生的腺体。

9 属约 60 余种,大多数分布在北半球亚热带到温带地区。我国有 7 属 20 种。深圳有 2 属 2 种。

1. 枝条实心;雌花及雄花的苞片 3 裂;果翅显著 3 裂 ························ 1. 黄杞属 Engelhardtia
1. 枝条髓部具薄片状分隔;雌花及雄花的苞片不分裂;果翅不分裂 ············ 2. 枫杨属 Pterocarya

1. 黄杞属 Engelhardtia Lesch. ex Blume

落叶或半常绿乔木或小乔木。枝条髓部不成薄片状分隔而为实心, 芽无芽鳞而裸出。叶互生, 常为偶数羽状复叶, 稀奇数羽状复叶;有显著的叶柄;小叶片 2~14, 边缘全缘或具锯齿。花雌雄同株或稀异株;雌性及雄性花序均为柔荑状, 长而具多数花, 俯垂, 常为一顶生的雌花序及多数雄花序排列成圆锥式的花序束, 花序束自小枝顶端或自叶痕腋内生出, 或雌花序单生于叶痕腋内而圆锥花序束全为雄花序;雄花具短梗或无梗, 苞片3 裂, 2 小苞片存在或不存在;花被片 1~4 或稀无, 雄蕊 3~15, 花丝极短, 花药无毛或有短柔毛, 药隔不伸出或稍微伸出于花药顶端;雌花具短梗或无梗, 苞片 3 裂, 基部贴生于房下端, 小苞片 2, 花被片 4, 排列成 2 轮,位于正中线上的 2 花被片在外, 部分贴生于子房, 子房下位, 2 心皮合生, 内具 1 不完全隔膜而成不完全 2 室或具主隔膜及次隔膜而成不完全 4 室, 花柱存在或不存在, 具 2 或 4 深裂的柱头。果序穗状, 长而下垂;果实坚果状, 有毛或无毛, 外侧具由苞片发育而成的果翅;果翅膜质, 显著 3 裂, 基部与果实下部愈合, 中裂片明显比两侧的裂片长;果(2~)4 室。种子萌发时子叶露出地面。

约 7 种, 分布于亚洲南部和东南部。我国产 4 种。深圳有 1 种。

黄杞 Roxburgh Engelhardtia

图 472　彩片 660　661　662

Engelhardtia roxburghiana Wall. Pl. Asiat. Rar. 2：85. 1831.

Engelhardtia chrysolepis Hance in Ann. Sci. Nat. Ser. 4，**15**：227. 1861；海南植物志 **3**：114，fig. 610. 1974.

Engelhardtia fenzelii Merr. in Lingnan Sci. J. **7**：300. 1929；广东植物志 **2**：322. 1991；N. H. Xia in Q. M. Hu & L. D. Wu，Fl. Hong Kong **1**：124. 2007.

Engelhardtia unijuga Chun & P. Y. Chen in Acta Phytotax. Sin. **19**（2）：250. 1981.

半常绿乔木，高 5~20(~30)m。全体无毛，被锈褐色或橙黄色盾状着生的圆形腺体。枝条细瘦，灰白色，老后暗褐色，干时黑褐色，皮孔不明显。偶数羽状复叶，长 12~25cm；叶柄长 3~8cm；小叶 2~10，近对生，具长 0.2~1.5cm 的小叶柄；小叶片革质，椭圆状披针形、长椭圆形至椭圆形，长 5~14cm，宽 2~5cm，基部偏斜，边缘全缘，先端渐尖或短渐尖，两面具光泽，侧脉每边 9~13 条。花单性，雌雄同株

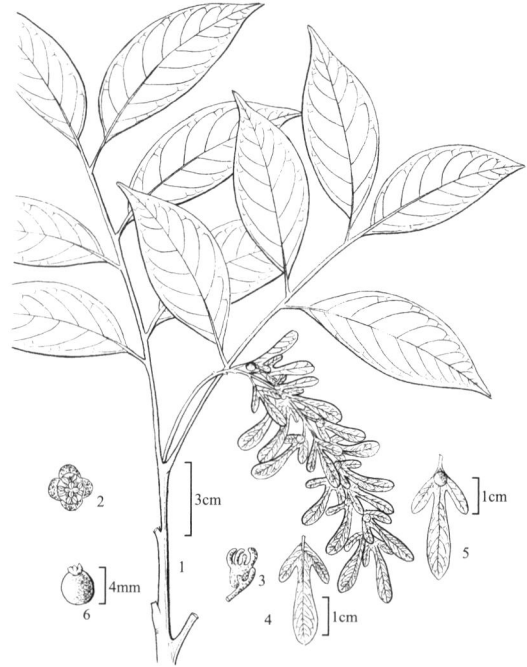

图 472 黄杞 Engelhardtia roxburghiana
1. 分枝的一段，示叶及果序；2. 雄花；3. 雌花；4. 苞片的背面；5. 宿存苞片及果；6. 果。（林漫华绘）

或稀异株；雄花组成下垂的圆锥状柔荑花序；雄花花梗极短或无；雄花的苞片和小苞片极小，花被片 4，兜状，长 1~1.2mm，外面被腺体，雄蕊 10~12，几无花丝，花药无毛；雌花组成穗状花序；雌花梗长约 1mm；雌花苞片和小苞片 3 裂，不紧贴子房，花被片 4，贴生于子房，长 1.2mm，外面密被腺体，子房近球形，无花柱，柱头 4 裂。果序长 15~25cm；果实坚果状，球形，直径约 4mm，外果皮膜质，内果皮骨质；宿存苞片托于果实基部，苞片的中间裂片长约为两侧裂片的 2 倍，中间裂片长圆形，先端钝圆，长 2~5cm，宽 0.7~1.2cm。花期 5~7 月；果期 8~10 月。

产地：七娘山（张寿洲等 SCAUF 854）、大鹏、排牙山、盐田（王定耀 1459）、梧桐山（王国栋等 6107）。生于山坡草地，海拔 200~700m。

分布：浙江、江西、福建、台湾、湖北、湖南、广东、香港、海南、广西、贵州、云南和四川。巴基斯坦东部、泰国、缅甸、老挝、柬埔寨、越南和印度尼西亚。

用途：叶有毒，制成溶剂能防治农作物病虫害，也可毒鱼；木材为工业用材和家具用材。

2. 枫杨属 **Pterocarya** Kunth

落叶乔木。木材为散孔型，枝条髓部具薄片状分隔；芽具 2~4 芽鳞或裸露，腋芽单生或数个叠生。叶互生，常集生于小枝顶端，奇数(稀偶数)羽状复叶，具叶柄；小叶 5~21(~25)；小叶柄极短或无，边缘有细锯齿或细牙齿，侧脉在近叶缘处相互联结成环。柔荑花序单性；雄花序长而具多数雄花，下垂，单生于小枝上端的叶丛下方，自早落的鳞状叶腋内或自叶痕腋内生出；雄花无花梗，具明显凸起的花托，苞片 1，小苞片 2，花被两侧对称或常不规则，花被片 4，仅 1~3 发育，雄蕊 5~18，花药无毛或具短柔毛，药隔在花药顶端几乎不凸出；雌花序单生于小枝顶端，具极多雌花，开花时俯垂，果时下垂；雌花无花梗，具 1 小而全缘的苞片，贴生于子房，但基部近分离，小苞片 2，贴生于子房，但上部后方近分离，花被辐射对称，花被片 4，贴生于子房，在子房顶端与子房分离，子房下位，2 心皮位于正中线上或位于两侧，内具 2 不完全隔膜而在子房底部分成不完全 4 室，花柱短，柱头 2 裂，裂片羽状。果序穗状，伸长，下垂；果实为干的坚果，基部具 1 宿存的鳞状苞片及不分裂

的 2 革质翅（由 2 小苞片形成），翅向果实两侧或向斜上方伸展，顶端有 4 宿存的花被片及花柱，外果皮薄革质，内果皮木质，在内果皮壁内常具充满疏松的薄壁细胞的空隙。种子 1，子叶 4 深裂，在种子萌发时伸出地面。

约 6 种，分布于亚洲的东部和西南部。我国有 5 种。深圳有 1 种。

枫杨 麻柳 娱蛤柳 Chinese Wingnut

图 473　彩片 663

Pterocarya stenoptera C. DC. in Ann. Sci. Nat., Bot. ser 4，**18**：34. 1862.

高大乔木，高达 30m，胸径达 1m。幼树树皮浅灰色，平滑，老时则深纵裂；小枝灰色至暗褐色，具灰黄色皮孔；裸芽，常数个叠生，密被锈褐色盾状着生的腺体。叶多为偶数或稀奇数羽状复叶，长 8~16（~25）cm；叶柄长 2-6.5cm；叶轴通常具翅或有时具脊或槽，与叶柄均被短柔毛至绒毛；小叶（6~）11~21（~25），无小叶柄，对生或稀近对生；小叶片长椭圆形至椭圆状披针形，长 8~12cm，宽 2~3cm，基部偏斜，上方一侧楔形至阔楔形，下方一侧圆形，先端常钝圆或稀急尖，边缘有向内弯的细锯齿，下面幼时被有散生的短柔毛，成长后脱落而仅留有极稀疏的腺体及侧脉腋内留有 1 丛星状毛，上面被细小的浅色疣状凸起，沿中脉及侧脉被极短的星状毛。雄性柔荑花序长约 6~10cm，单生于去年生枝条上叶痕腋内；花序梗常有稀疏的星状毛，雄花常具 1（稀 2 或 3）发育的花被片；雄蕊 5~12；雌性柔荑花序顶生，长约 10~15cm；花序梗密被星状毛及单毛，下端不生花的部分长 3cm，具 2 长 5mm 的不育苞片；雌花几无梗；苞片及小苞片基部常有细小的星状毛，并密被腺体。果序穗状，长 20~45cm；果序梗常被宿存的短柔毛；小坚果长椭圆体形，长 6~7mm，稍被短柔毛至无毛；果翅 2，不分裂，条形或阔条形，长 1.2~2.5cm，宽 3~6mm，具近平行的脉。花期 4~5 月；果期 7~11 月。

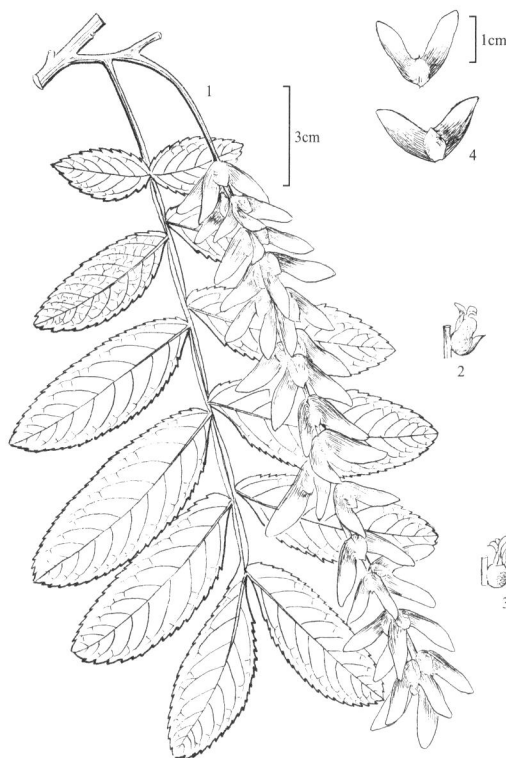

图 473 枫杨 Pterocarya stenoptera
1. 分枝的一段，示叶及果序；2. 苞片及雌花；3. 雌花；4. 果。
（林漫华绘）

产地：深圳市工人文化宫（李沛琼 3212）有栽培。

分布：辽宁、山东、安徽、江苏、河北、河南、湖北、湖南、浙江、江西、台湾、福建、广东、香港、海南、广西、贵州、云南、四川、甘肃、山西和陕西；东北和华北仅有栽培。日本和朝鲜半岛。

用途：广泛栽培作为园林风景树或行道树。

60. 杨梅科 MYRICACEAE

李秉滔

常绿或落叶乔木或灌木，有芳香。单叶互生，具柄；有托叶，稀无托叶；叶片边缘全缘至具不规则锯齿，或浅裂，稀羽状半裂，具羽状腺。花序为腋生的穗状花序，单生或有分枝而呈圆锥花序状；花通常单性，雌雄同株或异株，偶有两性而成杂性同株，风媒花，无花被；雄花单生于每一个苞腋内，基部具有 2~4 枚小苞片或无小苞片；雄蕊（2~）4~8（~20）枚，着生在苞片基部的花托上，花丝短，分离或基部合生，花药基部着生，直立，2 室，纵裂，有时有退化雌蕊；雌花单生或 2~4 生于苞腋内，基部通常有 2~4 小苞片，或无小苞片，雌蕊由 2 合生心皮组成，子房上位，1 室，具基生直立胚珠 1，花柱极短或几无，柱头 2，细长。果为核果或坚果，通常呈球形，外果皮肉质，表面具蜡质的乳头状凸起，内果皮硬。种子 1，无胚乳或胚乳极小，胚直，子叶肉质，肥厚。

3 属约 50 多种，主要分布两半球温带及亚热带地区。我国产 1 属 4 种。深圳有 1 属 1 种。

杨梅属 Myrica L.

常绿或落叶乔木或灌木。幼嫩部分有树蜡质、圆形而盾状着生的腺体。单叶互生，通常生于枝的上部，无托叶；叶柄较短；叶片边缘全缘或具不规则的锯齿，羽状脉先端互相连接。花雌雄异株或同株，组成密集的腋生穗状花序，或有时花序分枝而呈圆锥花序状；雄花具 2~8（~20）雄蕊，花丝分离或基部合生，基部具小苞片或无小苞片，有时有退化雌蕊；雌花基部具 2~4 小苞片，子房表面具树脂质的腺体，1 室，具 1 基生直立的胚珠，花柱短，具 2 细长的柱头。核果球形或卵球形，外果皮肉质，通常具有蜡质乳头状凸起，内果皮硬。种子 1，具膜质的种皮。

约 50 种，广布于两半球的热带、亚热带及温带地区。我国有 4 种。深圳有 1 种。

杨梅 Strawberry Tree　　　图 474　彩片 664　665

Myrica rubra（Lour.）Siebold & Zucc. in Abh. Math. -Phys. Konig Bager. Akad. Wiss. **4**: 230. 1846.

Morella rubra Lour. Fl. Cochinch. **2**: 548. 1790.

常绿乔木，高 5~8（~15）m。茎灰黑色；枝粗壮，无毛。叶常集生于枝条上部；叶柄长 0.2~1cm，无毛或腹面被微柔毛；叶片革质，倒卵状长圆形至倒披针形，长 5~11（~14）cm，宽 1~3（~4）cm，基部楔形，边缘全缘或中部以上具疏锯齿，先端急尖、钝或圆，无毛，下面淡绿色，有时具疏腺体，上面深绿色，侧脉每边 9~11 条，弯拱上升，先端互相联结，网脉干后明显，呈蜂窝状。花雌雄异株；雄穗状花序单生或几个丛生于叶腋，长 1~3cm，通常不分枝，花序梗无毛，其上生多枚覆瓦状排列的苞片；苞片近圆形，长约 1mm，无毛，但内面具腺体，每苞片内面有 1 雄花，雄花具 2~4 小苞片，小苞片卵形，边缘被疏缘毛，雄蕊 4~6，花药暗红色，椭圆体形；雌穗状花序单生于叶腋，长 0.5~1.5cm，着花多数；花序轴被短柔毛和腺体；苞片覆瓦状排列，无毛，腺体不明显；雌花具 4 卵形的小苞片，子房卵球形，被短绒毛，花柱极短，

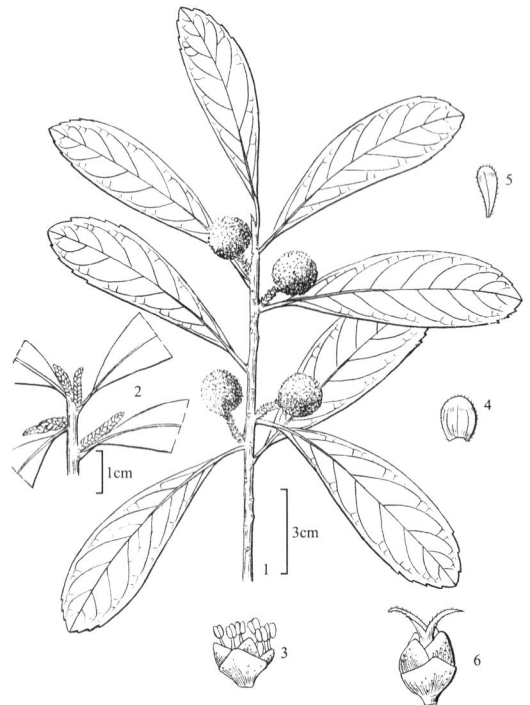

图 474 杨梅 Myrica rubra
1. 分枝的上部，示叶和核果；2. 分枝的一部分，示雄花序；
3. 雄花；4. 苞片；5. 小苞片；6. 雌花。（林漫华绘）

柱头 2，纤细，亮红色。核果球形，直径 1~1.5cm，栽培种的果实直径可达 3cm，外果皮肉质，多汁液及树脂，味酸甜，表面具乳头状凸起，成熟时深红色或紫红色，内果皮（核）坚硬。花期 2~4 月；果期 5~10 月。

产地：七娘山、南澳、排牙山（张寿洲等 2338）、马峦山、盐田（张寿洲等 3151）、梅沙尖、梧桐山（张寿洲等 1430）、仙湖植物园（栽培）、塘朗山、龙岗。生于山地疏林中或林缘，海拔 200~800m。

分布：江苏、浙江、江西、福建、台湾、广东、香港、海南、广西、湖南、贵州、云南和四川。日本、朝鲜半岛、越南和菲律宾。

用途：果实为著名水果，味酸甜，可生食或作干果；根、茎、果及种仁可药用，果可治咳嗽祛痰，种仁治心胃气痛、腹痛吐泻，果皮治痢疾下血、筋骨疼痛。

63. 壳斗科 FAGACEAE

吴德邻

常绿或落叶乔木，稀灌木。单叶，互生，稀对生或轮生；叶柄长或短；叶片边缘全缘或齿裂，或不规则羽状裂，具羽状脉；托叶早落。花单性，雌雄同株或同序，稀雌雄异株；雄花：由多数单生或花束在花序轴上密生成下垂或直立的柔荑花序，稀头状花序，或散生于花序轴上呈穗状花序，稀圆锥花序；花被片 4-6（~9），鳞片状，分离或基部合生；雄蕊 4~12，花丝丝状，分离或稀基部合生，花药背部着生或"丁"字着生，2 室，纵裂；有或无退化雌蕊；雌花：1-7 或更多聚生于一杯状的总苞内，或散生于花序轴上呈直立的穗状花序，有时 2-3 腋生；花被 4~6 裂，与子房贴生；退化雄蕊 6~12 或无；子房下位，2~6 室，每室有倒生胚珠 2，但仅 1 胚珠发育，中轴胎座，花柱与子房室同数，柱头顶生或侧生，宿存于坚果顶端。由总苞（involucre）发育而成的壳斗（cupula），形状多样，包着坚果底部至全部，开裂或不开裂，外壁平滑或有各式的鳞片，壳斗上的苞片呈鳞片状、线状、针刺状或粗糙凸起，螺旋状或覆瓦状排列，分离或紧贴，或合生成同心环；每壳斗有坚果 1~3（~5）；坚果有棱角或浑圆，顶部有稍凸起的柱座（stylopodium），底部有果脐痕。种子无胚乳，胚大，子叶富含淀粉或鞣质，肉质，平凸，稀褶皱或折扇状。

7~12 属 900~1000 种，除热带非洲和南非地区外，几分布于全世界，以亚洲的种类最多。我国有 7 属约 294 种。深圳有 4 属 26 种。

本科植物树皮和壳斗富鞣质，坚果含丰富淀粉可供利用；木材可为码头、坑道桩柱、车、船、器械、地板、家具、农具及建筑用材。

1. 雄花序为穗状花序或圆锥花序，直立。
　　2. 壳斗球形、椭圆体形或宽卵球形，包裹坚果大部至几全部；壳斗外面的苞片刺状、疣状或鳞片状（鬷蓪锥）
　　　　·· **1. 锥属 Castanopsis**
　　2. 壳斗通常杯状，罕全包裹坚果（厚斗柯）；壳斗外面的苞片呈鳞片状 ·················· **2. 柯属 Lithocarpus**
1. 雄花序为柔荑花序，下垂。
　　3. 壳斗上的苞片愈合成同心环 ···**3. 青冈属 Cyclobalanopsis**
　　3. 壳斗上的苞片鳞片状，覆瓦状排列，不愈合成同心环 ······················ **4. 栎属 Quercus**

1. 锥属 Castanopsis（D. Don）Spach

常绿或落叶乔木。枝顶具卵球形至椭圆体形的冬芽，芽鳞交互对生。单叶，互生，2 列或螺旋状排列，下面通常被毛、鳞秕或蜡鳞层，或三者兼有；托叶腋外生，早落。花单性，雌雄异序或同序；花序为穗状花序或圆锥花序，直立；花被杯状，裂片 5~6（~8）；雄花单生或 3~7 簇生，雄蕊（8~）9~12，花药近圆球形，退化雌蕊甚小，密生卷绵毛；雌花单生或 3~5（~7）朵聚生于一总苞内，不育雄蕊很少存在，当存在时与花被片对生，子房 3 室，花柱（2~）3（~4），柱头呈小圆点或浅窝穴状，或顶部略平坦而稍增宽的头状。壳斗单生于果序轴上，球形、椭圆体形或宽卵球形，开裂成数瓣，裂瓣辐射对称或两侧对称，稀不开裂，全包或部分包裹坚果，外面有刺，稀具鳞片或疣状凸起；坚果 1~4，翌年成熟，稀当年成熟，果脐平凸或浑圆。子叶平凸或皱褶，萌发时子叶不出土。

约 120 种，产于亚洲热带及亚热带地区。我国有 58 种，产于长江以南各地。深圳有 8 种。

1. 壳斗无刺（米槠有时顶部有长 1~2mm 的刺），具鳞片或瘤状凸起。
　　2. 叶片披针形、卵状披针形或椭圆形，长 4~12cm，侧脉每边 8~13 条；坚果直径约 1cm ·····················
　　·· **1. 米槠 C. carlesii**

2. 叶片长圆形或倒卵状椭圆形，长 15~25cm，侧脉每边 14~20（~28）条；坚果直径 1.1~1.6cm ·········· ··· 2. **黧蒴锥 C. fissa**
1. 壳斗具刺。
　　3. 叶片下面密被粉末状鳞秕或蜡鳞层。
　　　　4. 小枝被淡褐色疏至密的微柔毛；壳斗外壁全部被刺遮盖；刺长 0.8~1.5cm ·············· 3. **红锥 C. hystris**
　　　　4. 小枝无毛或几无毛；壳斗外壁不完全被刺遮盖；刺长 0.6~1cm ···················· 4. **栲 C. fargesii**
　　3. 叶片下面无鳞秕或有疏散的鳞秕。
　　　　5. 每壳斗具 1 坚果。
　　　　　　6. 叶片披针形至长圆状披针形，稀狭椭圆形或卵形，基部稍偏斜；叶柄长 1.5~2cm ········· ··· 5. **锥 C. chinensis**
　　　　　　6. 叶片卵形、披针形、卵状椭圆形或长圆形，基部显著偏斜；叶柄长 0.7~1.5cm ·············· ··· 6. **甜槠 C. eyrei**
　　　　5. 每壳斗具 2 坚果，稀 1 或 3。
　　　　　　7. 叶片卵形、狭长椭圆形或披针形，宽 2.5~5cm；壳斗直径 2~4cm，刺长 0.5~1cm ········· ··· 7. **罗浮栲 C. fabri**
　　　　　　7. 叶片椭圆形、卵形或长圆形，宽 4~10cm；壳斗直径 4~6cm，刺长达 1.5cm ················ ··· 8. **鹿角锥 C. lamorntii**

1.　米槠 米锥 小红栲 Carles's Chinkapin　　图 475
Castanopsis carlesii（Hemsl.）Hayata, Icon. Pl. Formosan. **6**（suppl.）: 72. 1917.

Quercus carlesii Hemsl. in Hooker's Icon. Pl. **26**: 5. 2591. 1899.

　　乔木，高达 20m，胸径约 80cm。小枝被褐色鳞片状毛。叶柄通常长不及 1cm，基部增粗呈枕状；叶片，披针形、卵状披针形或椭圆形，革质，长 4~12cm，宽 1~4.5cm，基部稍楔形至宽楔形，有时一侧稍偏斜，边缘全缘，或兼有少数浅裂齿，先端渐尖至长渐尖或窄尾尖，嫩叶下面有红褐色或棕黄色细片状蜡鳞层，成长叶呈银灰色或多少带灰白色，中脉在下面凸起，在上面扁平，干时稍凹陷，侧脉每边 8~13 条，稀较少。雄花序近顶生，呈穗状花序，或有分枝呈圆锥花序，长 5~7cm；花序轴粗 2~3mm，无毛或近无毛；雌花序为穗状花序，长 3~4cm，果时伸长至 7~8.5cm，无毛；雌花的花柱 3 或 2，长约 0.5mm。壳斗近球形或阔卵球形，长 1~1.5cm，包裹坚果大部分，无刺，壳壁有疣状凸起，有时位于顶部的壳斗具长 1~2mm 的短刺，被棕黄色或锈褐色毡毛状短柔毛及蜡鳞，壳壁厚约 0.5（~1）mm，外面具刺状苞片或退化为小瘤突而排成 6~7 个连生或间断的环；坚果近球形或阔圆锥形，直径约 1cm，先端短狭尖，被毛，熟后变无毛，果脐基生，直径约 5mm。花期 3~6 月；果期翌年 9~11 月。

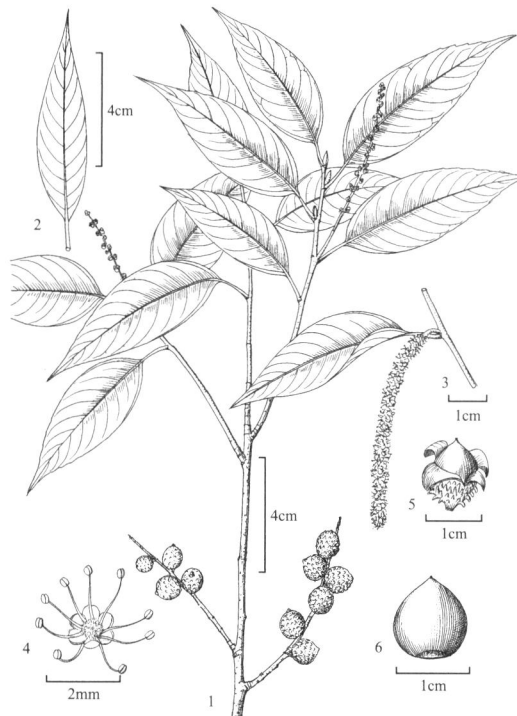

图 475 米槠 Castanopsis carlesii
1. 分枝的上段，示叶、雄花序和果序；2. 叶片；3. 小枝的一段，示叶和雄花序；4. 雄花；5. 壳斗和坚果；6. 坚果。（李志民绘）

　　产地：七娘山（邢福武 SF 158，IBSC）、盐田（徐有才 1636）。生于常绿阔叶林中，海拔约 300m。

分布:安徽、江苏、浙江、湖北、湖南、江西、福建、台湾、广东、香港、海南、广西、贵州、云南和四川。

用途:木材可供制家具或农具;种仁味甜,可食用。

2. 鱄蜅锥 裂斗锥栗 Castanopsis Evergreen Chinkapin

图 476 彩片 666 667 668

Castanopsis fissa(Champ. ex Benth.)Rehd. & Wils. in Sarg. Pl. Wilson. **3**: 203. 1916.

Quercus fissa Champ. ex Benth. in J. Bot. Kew Gard. Misc. **6**: 114. 1854.

乔木,高 10~20m,胸径达 60cm。芽鳞、新生枝顶端及嫩叶下面均被锈色细片状蜡鳞层及棕黄色微柔毛。小枝红紫色,纵沟棱明显。叶柄长 1~2.5cm;叶片,长圆形或倒卵状椭圆形,厚纸质,长 15~25cm,宽 5~9cm,基部楔形,边缘中部以下波状或具圆锯齿,先端急尖、渐狭或圆形,嫩叶下面被淡黄褐色微柔毛,老渐无毛,上面无毛,侧脉每边 14~20(~28)条,近平行,直达齿端,网脉纤细,与侧脉近垂直。穗状花序直立或弯垂,有分枝组成圆锥花序,长 8~15cm,密生于枝顶,具多数雄花和 1 顶生雌花,或有时有 1~2 雌雄同序的穗状花序生于雄花序的下部;花序轴无毛。果序长 8~18cm;壳斗圆球形或阔椭圆体形,直径 1~1.5cm,几全包坚果,被暗红褐色粉末状蜡鳞层,成熟后不规则 2~3(~4)裂,裂瓣厚 0.5~1mm,卷曲;鳞片三角形至正方形,幼嫩时覆瓦状排列,成熟时横向连接成圆环;坚果球形至椭圆体形,长 1.3~1.8cm,宽 1.1~1.6cm,顶部有棕红色绒毛,果脐痕基生,直径 4~7mm。花期 4~6 月;果期 10~12 月。

产地:南澳、大鹏、盐田(徐有才 1492)、三洲田、梅沙尖、梧桐山、深圳水库、鸡公山、西丽、塘朗山、羊台山(深圳植物志采集队 013659)。生于常绿阔叶林中,海拔 150~700m。

分布:江西、福建、湖南、广东、香港、澳门、海南、广西、贵州、云南和四川。越南东北部。

用途:木材作一般门窗和家具;树段可用于培养香菇及其他食用菌。

3. 红锥 赤稀鱄 Red Oatchestnut

图 477 彩片 669 670

Castanopsis hystris J. D. Hook & Thoms. ex A. DC. in J. Bot. **1**: 182. 1863.

常绿乔木,高可达 30m,胸径达 1.5m。嫩枝被疏至密微柔毛和棕黄色鳞粃,越年生枝无毛。叶柄长

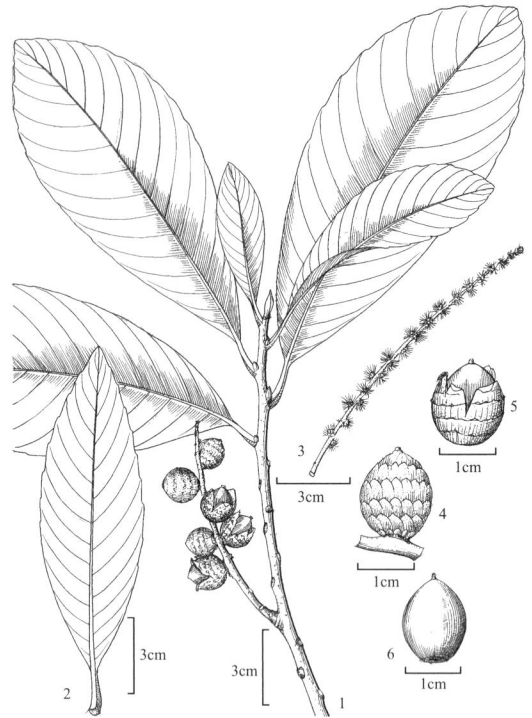

图 476 鱄蜅锥 Castanopsis fissa
1. 分枝的上段,示叶和果序;2. 叶片;3. 雄花序;4. 未开裂的蒴果;5. 开裂的蒴果;6. 坚果。(李志民绘)

图 477 红锥 Castanopsis hystris
1. 分枝的上段,示小枝和叶;2. 叶片下面放大,示毛被;3. 果序;4. 坚果。(李志民绘)

约 1cm，稀较长，幼时被疏毛和鳞秕；叶片狭椭圆状披针形至卵状长圆形，薄革质，长 4~8(~9)cm，宽 1.5~3cm，基部楔形至阔楔形，边缘全缘，近顶部有时具 2~5 对浅裂齿，先端渐尖，当年生成长叶背面密被黄棕色鳞秕，越年老叶鳞秕脱落，呈银灰色或灰黄色，侧脉每边 7~12 条，在下面稍明显。雄花序为穗状花序，纤细，长 4~8cm，常组成圆锥花序；花序轴被短柔毛；雌穗状花序单生于叶腋，长 4~6cm，较雄花序稍粗壮。果序长达 12cm；壳斗球形，连刺直径 2.5~4cm，全包坚果，成熟时 4 瓣开裂，壁厚约 2.5mm，外面密生针刺，刺长 0.8~1.5cm，近基部合生成刺束，将壳壁完全遮蔽，被稀疏微柔毛；每壳斗中 1 坚果，宽圆锥形，长 1~1.5cm，宽 0.8~1.3cm，无毛，果脐生于果底部。花期 4~6 月；果期翌年 8~11 月。

产地：梧桐山（王国栋等 6169）。生于山地林中，海拔 300~350m。

分布：福建、湖南、广东、海南、广西、贵州、云南和西藏。印度、不丹、尼泊尔、缅甸、老挝、柬埔寨和越南。

用途：为重要用材树种之一，材质坚重、有弹性、耐腐，为车、船、梁、柱、建筑及家具的优质木材。

4. 栲 红叶栲 Farger's Chinkapin　图 478　彩片 671
Castanopsis fargesii Franch. in J. Bot.（Morot）**13**：195. 1899.

乔木，高 10~30m，胸径 20~80cm。树皮浅纵裂；小枝无毛或几无毛。

芽鳞、嫩枝中上部及嫩叶柄与叶片下面均被相同的红绣色细片状蜡鳞层。叶柄长 1~2cm；叶片长圆形、长椭圆形或披针形，稀卵形，长 7~15cm，宽 2~5cm，基部近圆形或宽楔形，有时一侧稍短且偏斜，边缘全缘或有时在中部至顶部边缘有少数浅裂齿，先部急尖或渐尖，下面被粉末状蜡鳞层，侧脉每边 11~15 条。雄花序为穗状花序或圆锥花序，雄花单朵密生于花序轴上；雄蕊 10；雌花序单生于叶腋，长达 30cm；花序轴无毛；花柱长约 0.5mm。壳斗通常圆球形或宽卵球形，不规则瓣裂，连刺直径 2.5~3cm；刺长 0.6~1cm，基部合生，很少合生至中部成刺束，若彼此分离，则刺粗而短，壳壁明显可见，不完全被刺遮盖，壳壁及刺被灰白色或淡棕色短柔毛，或被淡褐红色蜡鳞及甚稀疏短柔毛，壳壁厚约 1mm；每壳斗有 1 坚果；坚果圆锥形，高 1~1.5cm，直径 0.8~1cm，或近圆球形，直径 0.8~1.4cm，无毛。花期 4~6 月或 8~10 月；果期翌年同期成熟。

图 478 栲 Castanopsis fargesii
1.分枝的上段，示叶和果序；2~4.不同的叶形；5.叶片下面一部分放大，示毛被；6~8.壳斗及坚果；9.坚果。（李志民绘）

产地：七娘山（张寿洲等 1539）、龙岗、梧桐山（陈景方等 1760）。生于山地杂木林中，海拔 50~330m。

分布：安徽、江苏、浙江、湖北、湖南、江西、福建、台湾、广东、香港、海南、广西、贵州、云南和四川。

5. 锥 锥栗 中华锥 Chinese Oatchestnut　图 479　彩片 672
Castanopsis chinensis（Spreng.）Hance in J. Linn. Soc. Bot. **10**：199. 1869.
Castanea chinensis Spreng. Syst. Veg. **3**：856. 1826.

常绿乔木，高 10~20m。小枝和叶均无毛。叶柄长 1.5~2cm；叶片披针形至长圆状披针形，稀狭椭圆形或卵形，薄革质，长 7~18cm，宽 2~5cm，基部近圆形或阔楔形，稍偏斜，边缘中部以上每边有 5~8 锐齿，先端渐尖至尾状渐尖，两面同色，下面无蜡鳞层，上面有光泽，侧脉每边 9~12 条，直达齿端。雄穗状花序长 4~7cm，

常组成圆锥花序；雄花被裂片内面被短柔毛；雌花序
生于当年生枝端；花序轴无毛；每总苞内有雌花 1；
花柱 3 或 4，有时 2，长达 1.5mm。果序长 8~15cm；
壳斗球形，连刺直径 2.5~3.5cm，全包坚果，壳壁厚
1~1.5mm，刺长 0.6~1.2cm，2 或数条刺下部至中部
合生成刺束，排成不整齐的 3~4 环，几乎全部遮盖
壳壁，初时密被灰棕色伏毛，老熟时几无毛；通常每
壳斗内具 1 坚果；坚果圆锥形，高 1.2~1.6cm，直径
1~1.3cm，无毛，或在中部至顶部被疏微柔毛，果脐
生于坚果的底部。花期 5~7 月；果期翌年 9~11 月。

产地：羊台山（张寿洲等 5016）、锦绣中华景区（李
进 2654）、南山。生于山地林中，海拔 15~150m。

分布：广东、广西、贵州和云南。

用途：材质较轻，结构略粗，纹理直，属黄锥类，
为广东和广西较常见的用材树种。

6.　甜槠 Eyre's Chinkapin　　图 480　彩片 673　674
Castanopsis eyrei（Champ. ex Benth.）Tutch. in J.
Linn. Soc，Bot. **37**：68. 1905.

Quercus eyrei Champ. ex Benth. in J. Bot. Kew
Gard. Misc. **6**：114. 1854.

乔木，高 8~20m，胸径约 45cm。树皮深纵裂；
小枝有多数皮孔。枝和叶均无毛。叶柄长 0.7~1.5cm，
稀更长；叶片卵形、披针形、卵状椭圆形或长圆形，
革质，长 5~13cm，宽 1.5~5.5cm，基部显著偏斜，且
稍沿叶柄下延，稀两侧对称，边缘全缘或在顶部有少
数浅裂齿，先端长渐尖，常向一侧弯斜，二年生叶叶
片下面常带淡银灰色，无蜡鳞层，侧脉每边 8~11 条，
纤细。雄花序为穗状花序或圆锥花序；花序轴无毛；
雄花花被裂片内面被疏柔毛；雌花的花柱 3 或 2。壳
斗阔卵球形至近球形，连刺直径 2~3cm，2~4 瓣裂；
刺长 0.6~1cm，分叉或不分叉，基部合生成束，顶部
的刺密集而较短，通常全遮蔽壳斗外壁，刺及壳斗外
壁均被灰白色或淡黄色微柔毛；每壳斗内有 1 坚果；
坚果阔圆锥形，宽 0.8~1.4cm，无毛，果脐生于果底
部，直径 0.8~1cm。花期 4~6 月或 8~10 月；果期翌年
9~11 月。

产地：七娘山（张寿洲等 SCAUF 871）、吊神山（张
寿洲等 2824）、盐田（王定跃等 1451）。生于常绿阔
叶林中，海拔 200~300m。

分布：安徽、江苏、浙江、湖北、湖南、江西、
福建、台湾、广东、香港、广西、贵州、四川、青海
和西藏。

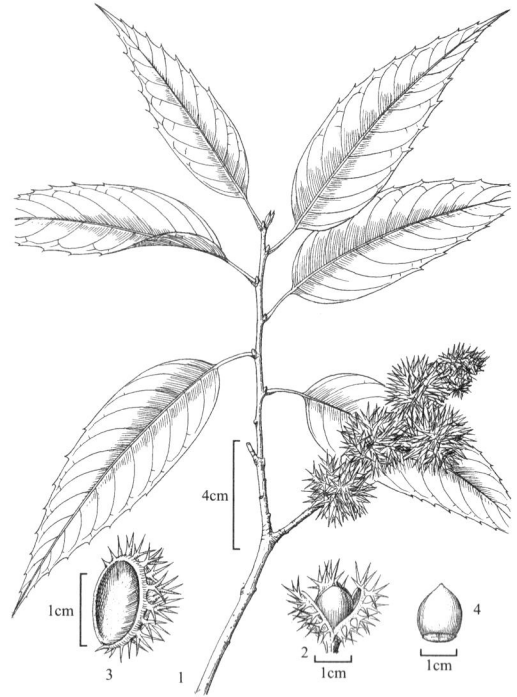

图 479 锥 Castanopsis chinensis
1. 分枝的上段，示叶及果序；2. 壳斗和坚果；3. 壳斗瓣内
面观；4. 坚果。（李志民绘）

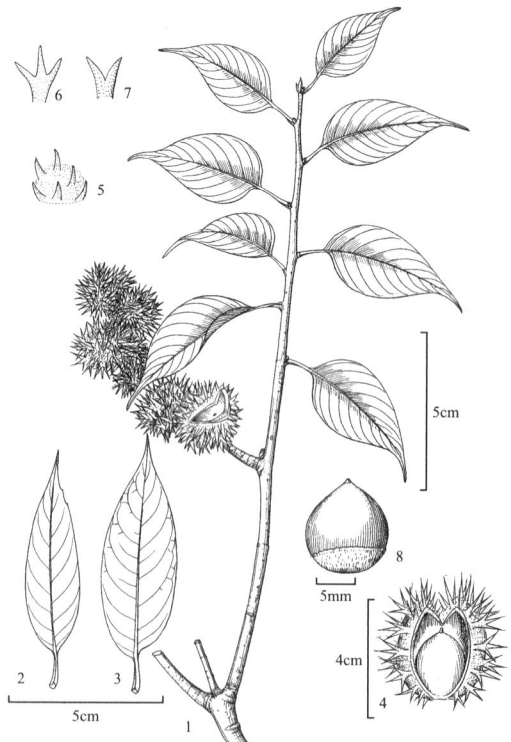

图 480 甜槠 Castanopsis eyrei
1. 分枝的一段，示小枝、叶及果序；2~3. 不同的叶形；4. 壳
斗纵切，示坚果；5~7 壳斗外面不同形状的刺；8. 坚果，
底部为果脐。（李志民绘）

7.　罗浮锥　罗浮栲　白橡　Fabrer's Chestnut

图 481　彩片 675

Castanopsis fabri Hance in J. Bot. **22**: 230. 1884.

乔木，高 8~20m，胸径达 50cm。树皮灰褐色，粗糙；嫩枝被稀疏短柔毛；芽大，两侧压扁状，芽鳞上部边缘常被锈色柔毛。叶柄长达 1.5cm；叶片，卵形、狭长椭圆形或披针形，革质，长 8~18cm，宽 2.5~5cm，基部近圆形，稀楔形，常一侧略偏斜，边缘有裂齿，稀兼有全缘叶，先端渐尖至尾状断尖，无毛，或嫩叶叶片下面中脉两侧被稀疏长伏毛，且被红棕色或棕黄色较疏散的鳞秕；侧脉每边 9~15 条，二年生叶叶片下面带灰白色。雄花序单穗腋生或多穗排成圆锥花序；花序轴通常被稀疏短柔毛；雄花具雄蕊 10~12；每总苞内有雌花 3 或 2，雌花花柱 3 或 2。壳斗球形、阔椭圆体形或阔卵球形，连刺直径 2~4cm，具不规则瓣裂，壳壁厚约 1mm，外面具疏刺或密刺；刺长 0.5~1cm，刺的基部合生或合生至上部，上部呈鹿角状分枝，被疏短柔毛至几无毛；每壳斗内有 2 个，稀 1 或 3 坚果；坚果圆锥形，长 1~1.4cm，宽 1~1.2cm，一或二侧平坦，无毛，果脐生于果底，直径 0.8~1cm。花期 4~5 月；果期翌年 9~11 月。

产地：七娘山（张寿洲等 0230）、排牙山、盐田（徐有才 1190）、梅沙尖（张寿洲等 3895）、梧桐山。生于山地疏林中，海拔 100~700m。

分布：安徽、浙江、江西、湖南、福建、台湾、广东、香港、广西、贵州和云南。老挝、越南。

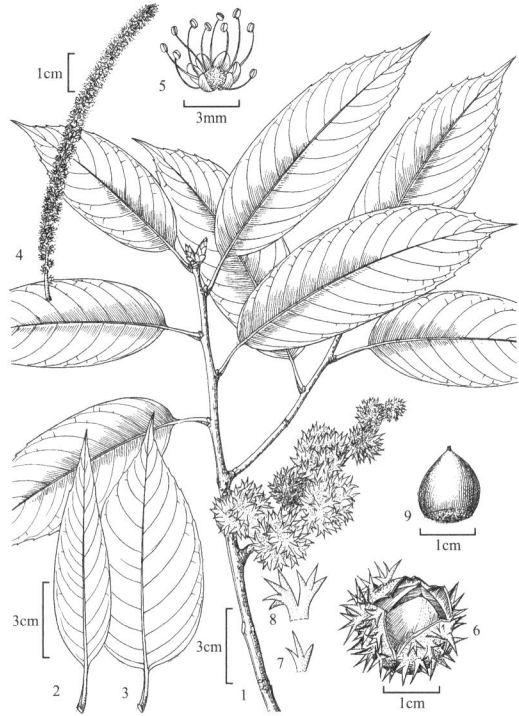

图 481 罗浮锥 Castanopsis fabri
1. 分枝的上段，示顶芽、叶和果序；2~3. 不同的叶形；4. 雄穗状花序；5. 雄花及退化雌蕊；6. 壳斗及坚果；7~8. 壳斗外面鹿角状刺；9. 坚果，底部为果脐。（李志民绘）

8.　鹿角锥　Iron Castanopsis

图 482　彩片 676

Castanopsis lamontii Hance in J. Bot. **13**: 368. 1875.

乔木，高 8~15（~25）m，胸径约 1m。树皮粗糙，网状纵裂；枝、叶及花序轴均无毛。叶柄长 1.5~3cm；叶片，椭圆形、卵形或长圆形，厚纸或革质，长 12~30cm，宽 4~10cm，基部近圆形或宽楔形，常一侧略歪斜，边缘全缘或有时在顶部有少数裂齿，下面带苍灰色，无鳞秕，先端短或长渐尖，侧脉每边 10~15 条。雄穗状花序生于当年生枝的顶部叶腋间，约与新叶同时抽出，通常多穗排列成假复穗状花序；雄花具雄蕊 12；雌花序通常在雄花序之上的叶腋间抽出；每总苞内有雌花 3，有时位于花序轴下部的则有雌花 5，很少 7；雌花有花柱 3 或 2。果序长 10~20cm；果序轴粗壮；每壳斗有坚果 2~3，壳斗圆球形或近圆球形，连刺直径 4~6cm，很少 3~4 瓣开裂；刺粗壮，长短及粗细差异较大，长达 1.5cm，不同

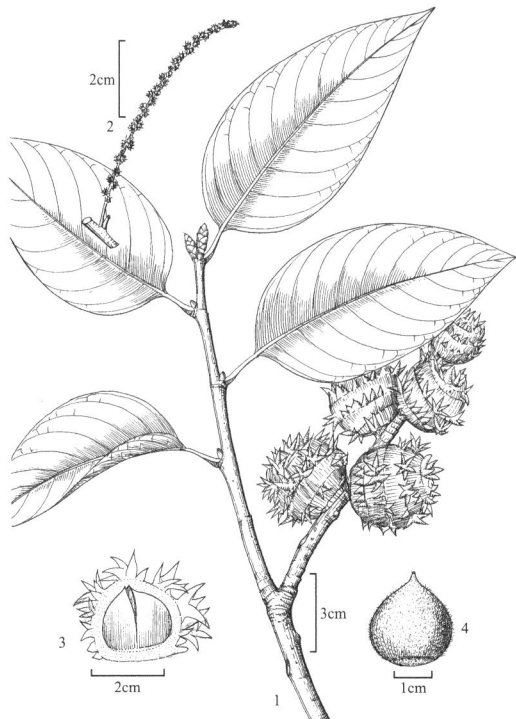

图 482 鹿角锥 Castanopsis lamontii
1. 分枝的上段，示顶芽、叶和果序；2. 雄花序；3. 壳斗纵切，示坚果；4. 坚果，底部为果脐。（李志民绘）

程度地合生成刺束，呈鹿角状，或下部合生并连生成4~6鸡冠状刺环；坚果阔圆锥形，高（1.5~）2~2.8（~4.8）cm，宽（1.5~）3（~3.8）cm，密被短柔毛，果脐占坚果面积2/5至1/2。花期3~5月；果期翌年9~11月。

产地：七娘山（王国栋等7479）、排牙山、葵涌、田心山、梅沙尖（深圳植物志采集队013343）、梧桐山（徐有才等1198）、羊台山、南山。生于山地疏林中，海拔300~400m。

分布：江西（南部）、湖南（南部）、广东、香港、广西、贵州（南部）和云南（东南部）。

2. 柯属 Lithocarpus Blume

常绿乔木，很少灌木状。冬芽顶生，卵球形至椭圆体形，芽鳞螺旋覆瓦状排列；嫩枝具槽棱。叶螺旋状互生，具叶柄；托叶柄外生；叶片边缘全缘或有裂齿，下面常有鳞秕。花单性，雌雄同序或异序，通常单花散生或3~5（~7）朵成簇，生于花序轴上，排成腋生直立的穗状花序或圆锥花序；花序多数为雌雄同序，雄花生于花序轴上段，雌花生于花序轴下段；花被杯状，裂片4~6；雄花具雄蕊10~12；退化雌蕊细小，被卷密丛毛遮蔽；雌花每一花簇通常仅1花，或（2~）3（~5）花簇生，1花或2（~3）花同时发育结实，不结实的附着于结实的壳斗旁侧；子房3室，很少4~6室，花柱（2~）3（~5），长（0.5~）1~2（~3）mm，柱头窝点状，具一顶孔。壳斗通常多个在果序轴聚集呈聚伞状，每壳斗通常有坚果1，全包或部分包裹坚果，壳斗外壁有各式鳞片；坚果果壁厚角质、木栓质、木质或薄壳质，果脐凸起或凹陷。种子萌发时子叶不出土，子叶平凸，褶合或镶嵌状。

约300种，主要分布于亚洲。我国有123种。深圳有8种。

1. 叶片下面被星状毛；侧脉每边22~35条 ･････････････････････････････ 1. 紫玉盘柯 L. uvariifolius
1. 叶片下面无毛或被短柔毛，稀脉腋内有细丛毛；侧脉每边6~15条。
　2. 叶片边缘中部以上具齿，有时兼有全缘。
　　3. 壳斗包裹坚果一半以上；叶片基部两侧对称，兼有一侧略短 ･･･････････ 2. 烟斗柯 L. corneus
　　3. 壳斗包裹坚果一半以下；叶片基部两侧对称。
　　　4. 叶柄长1~2cm，无毛；叶片下面有较厚的蜡鳞层，中脉在下面无毛，侧脉在上面扁平 ･････････
　　　　･･ 3. 石柯 L. glaber
　　　4. 叶柄长2~5mm，密被短柔毛；叶片下面无蜡鳞层，中脉在下面被短柔毛，侧脉在上面明显凹陷
　　　　･･･ 4. 栎叶柯 L. quercifolius
　2. 叶片边缘全缘。
　　5. 壳斗包裹坚果基部或不到1/3。
　　　6. 叶片边缘不背卷，中脉在下面稍凸起，在上面扁平，无网脉；果序长2~3cm ･･･････････････
　　　　･･･ 5. 木姜叶柯 L. litseifolius
　　　6. 叶片边缘略背卷，中脉在两面凸起，网脉呈小方格状凸起；果序长6~8cm ･･･････ 6. 硬壳柯 L. hancei
　　5. 壳斗全包裹坚果或包裹坚果绝大部分。
　　　7. 小枝和叶片下面中脉无毛；叶片基部沿叶柄下延，下面无鳞秕 ･･･････････ 7. 厚壳柯 L. elizabethae
　　　7. 小枝和叶片下面中脉均被短柔毛；叶片基部不沿叶柄下延，下面密被灰白色粉状鳞秕 ･･････････
　　　　･･･････････････････････････････････････ 8. 圆锥柯 L. paniculatus

1. 紫玉盘柯 紫玉盘栎 Uvariaformleaved Tanoak　　　　　　　　图483　彩片677　678　679

Lithocarpus uvariifolius（Hance）Rehd. in J. Arnold Arbor. **1**：132. 1919.

Quercus uvariifolia Hance in J. Bot. **22**：227. 1884.

乔木，高10~15m，胸径15~40cm。当年生枝、叶柄、叶片下面中脉、侧脉及花序轴均被棕色或褐锈色略粗糙的长毛；冬芽具大而明显的芽鳞。叶柄长1~3.5cm；叶片，倒卵形、倒卵状椭圆形或椭圆形，革质或厚纸质，长9~22cm，宽5~10cm，基部近圆形，边缘近顶部有少数浅裂齿或波状，

很少全缘,先端圆、钝或急尖,有时短尾尖,两面同色,下面被棕色 2~4 分枝的短星状毛;侧脉每边 22~35 条,近平行,明显。花序轴粗壮;雄穗状花序单生于叶腋或多穗聚生于枝顶;花序轴短;雌花常生于雄花序轴的基部,每 3 花一簇,有时单个散生。果序有成熟壳斗 1~4;壳斗碗状或半球形,高 2~3.5cm,宽 3.5~5cm,包裹坚果一半以上,壳壁厚 2~5mm,外面被微柔毛及鳞秕,稀全部脱落;鳞片在壳斗幼嫩时呈狭长圆形至披针形,在坚果成熟时呈菱形或多边形,具纹网;坚果半球形,直径 3~5cm,顶部圆或近平坦,很少凹陷,密被细伏毛,果皮厚 4~8mm,果脐占坚果面积一半以上,具檐状边缘。花期 5~7 月;果期翌年 10~12 月。

产地:南澳(张寿洲等 3541)、七娘山(华农学生队 12450)、田心山、沙头角、梧桐山(张寿洲等 4004)。生于山地常绿阔叶林中,海拔 600~890m。

分布:福建、广东和广西。

2. 烟斗柯 Pipe Lithocarpus 图 484 彩片 680 681
Lithocarpus corneus(Lour.)Rehd. in Bailey, Stand. Cycl. Hort. 3569. 1917.

Quercus corneus Lour. Fl. Cochinchin. **2**: 572. 1790.

乔木,高通常在 15m 以下,胸径 15~40cm。小枝淡黄色,无毛或被短柔毛,散生微凸起的皮孔。叶常聚生于枝顶部;托叶披针形或条形,较迟脱落;叶柄长 0.5~4cm;叶片,椭圆形、倒卵状长圆形或卵形,纸质或革质,长 4~20cm,宽 1.5~7cm,基部楔形至近于圆形,两侧对称或一侧略短,中部以上边缘具疏齿,先端尾尖或渐尖,两面同色,下面具点状、半透明、甚细小的鳞腺,侧脉每边 9~15 条,在下面凸起,近平行。雌花通常着生于花序轴的下段,若全为雌花,则花序长不过 10cm,每 3 花一簇或单个散生。果序轴厚 3~4mm,有果 5~7,聚生;壳斗碗状、杯状或近球形,高 2.2~4.5cm,宽 2.5~5.5cm,包裹坚果的一半至大部分,壳壁厚(1~)2~3mm,木质,壳斗外面的鳞片三角形或菱形,中央及两侧边缘脊状增厚,形成规则的网纹;坚果近球形或陀螺状,顶部圆、平坦或中央略凹陷,被微柔毛,稀无毛,果脐占坚果面积一半至大部分,子叶饱满,4~8 浅裂。花期几乎全年,盛花期 5~7 月;果期翌年同期成熟。

产地:大雁顶、七娘山(张寿洲等 314)、南澳、大鹏、排牙山(张寿洲等 2347)、盐田(徐有才

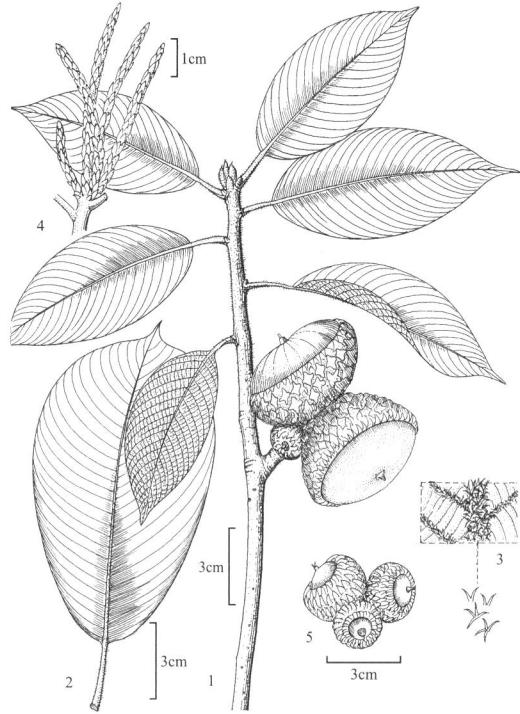

图 483 紫玉盘柯 Lithocarpus uvariifolius
1. 分枝的上段,示顶芽、叶和果序;2. 另一种叶形;3. 叶片下面部分放大示星状毛;4. 聚生于枝顶的雄花序;5. 聚生的壳斗(幼时)。(李志民绘)

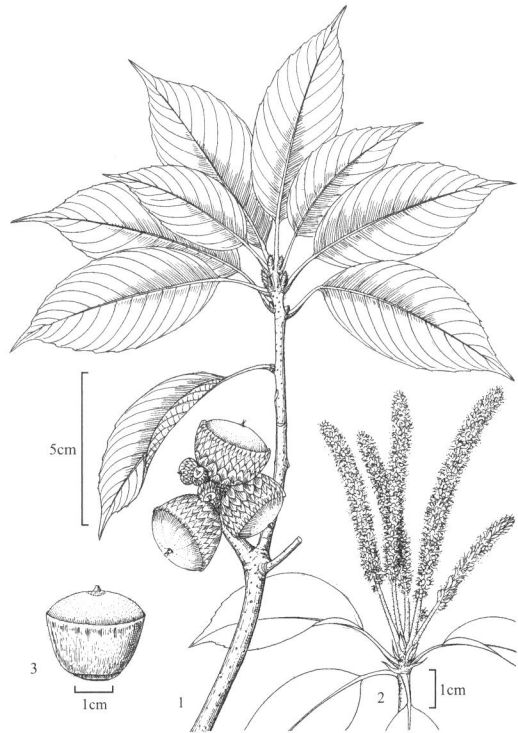

图 484 烟斗柯 Lithocarpus corneus
1. 分枝的上段,示芽、叶和果序;2. 分枝顶部,示叶和聚生于枝顶的雄花序;3. 坚果。(李志民绘)

1514）、葵涌、三洲田、梅沙尖、梧桐山。生于山地
常绿阔叶林中，海拔 300~900m。

分布：湖南、福建、台湾、广东、香港、海南、广西、
贵州和云南。越南东北部。

用途：木材可作家具材料。

3. 石柯 桐 石栎 Tanoak   图 485 彩片 682 683
Lithocarpus glaber（Thunb.）Nakai，Cat. Hort.
Bot. Univ. Tokyo 8. 1916.

Quercus glabra Thunb. in Murray，Syst. Veg.，
ed. 14，858. 1784.

乔木，高 15m，胸径约 40cm。1 年生枝、嫩叶、
叶柄、叶片下面及花序轴均密被灰黄色短绒毛，2 年
生枝的毛较疏且短，常变为污黑色。叶柄长 1~2cm，
无毛；叶片倒卵形、倒卵状椭圆形或长椭圆形，革质
或厚纸质，长 6~14cm，宽 2.5~5.5cm，基部楔形，上
部边缘有 2~4 浅裂齿或全缘，先端突急尖、短尾状
或长渐尖，下面无毛或几无毛，有较厚的蜡鳞层，侧
脉每边很少多于 10 条，在下面稍凸起，在上面扁平，
支脉常不明显。雄穗状花序多数排成圆锥花序或单穗
腋生，长达 15cm；雌花序常着生少数雄花；雌花每 3
花，很少 5 花一簇。果序长 7~12cm；果序轴通常被短
柔毛；壳斗碟状或浅碗状，高 0.5~1cm，宽 1~1.5cm，
包裹坚果 1/5~2/5，壳壁厚达 1.5mm，基部近木质；
鳞片三角形，细小，紧贴，覆瓦状排列或连生成圆
环，密被灰色微柔毛；坚果暗栗褐色，椭圆体形，高
1.2~2.5cm，宽 0.8~1.5cm，有淡薄的苍白色粉霜，
果脐直径达 3~5（~8）mm，深达 2mm。花期 7~11 月；
果期翌年同期。

产地：七娘山、大鹏、排牙山、笔架山、葵涌（王
国栋 7130）、盐田（王定跃 1327）、坪山、沙头角、
梧桐山（张寿洲等 4334）、鸡公山。

分布：河南、安徽、江苏、浙江、江西、福建、台湾、
广东、香港、广西、湖南、湖北和贵州。日本。

4. 栎叶柯 桐仔 Oakleaved Tanoak
图 486 彩片 684
Lithocarpus quercifolius Huang & Y. T. Chang in
Guihaia **8**（1）：16. 1988.

乔木，高 5~6m。当年生枝被短柔毛。叶常聚
生于枝的上部；叶柄长 2~5mm，密被短柔毛；叶
片，长圆形、长椭圆形或倒卵状椭圆形，硬纸质，长
4~11cm，宽 1~3cm，基部圆或宽楔形，边缘中上部

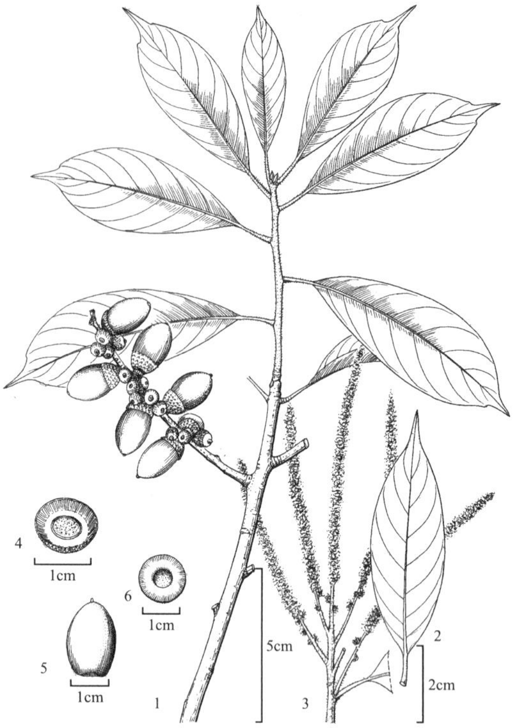

图 485 石柯 Lithocarpus glaber
1. 分枝的上段，示叶和果序；2. 不同的叶形；3. 生于分枝
顶部的雄花序；4. 壳斗；5. 坚果；6. 坚果底部，示果脐。（李
志民绘）

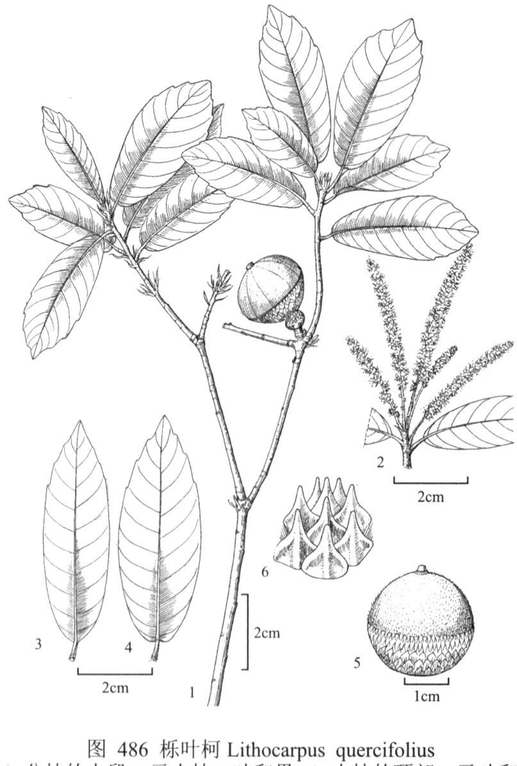

图 486 栎叶柯 Lithocarpus quercifolius
1. 分枝的上段，示小枝、叶和果；2. 小枝的顶部，示叶和
聚生于枝顶的雄花序；3~4 不同的叶形；5. 壳斗和坚果；
6. 壳斗外面中央呈脊状凸起的鳞片。（李志民绘）

有少数锐齿，先部短突尖或急尖，下面脉腋常有细丛毛，两面同色，侧脉每边 8~11 条，近平行，在下面凸起，在上面明显凹陷。雄穗状花序长约 5cm；雌花 1 或多数散生于雄花序轴的下段；花序轴被黄灰色短柔毛。果序长 2~3cm；果序轴粗约 2mm；壳斗浅碟状，高 2~5mm，宽 2~2.5cm，包裹坚果下部；鳞片幼嫩时披针形，成熟时菱形或阔三角形，中央脊状凸起，紧贴，覆瓦状排列；坚果扁球形，高 1.2~1.6cm，宽 2~2.4cm，上部稍狭尖，被细伏毛，果脐边缘凹陷，中央部分明显隆起，直径 1.6~2cm。花期 4~6 月；果期 9~12 月。

产地：东涌（张寿洲等 1818）、西涌（张寿洲等 SCAUF 1112）、大鹏、排牙山（王国栋 7049）、光明新区。生于山地次生林中或灌丛中，海拔 200~550m。

分布：江西、广东和香港。

5. 木姜叶柯 多穗柯 Sweet-leaved Trees　　图 487
Lithocarpus litseifolius（Hance）Chun in J. Arnold Arbor. **9**：152. 1928.

Quercus litseifolia Hance in J. Bot. **22**：229. 1884.

乔木，高达 20m，胸径 60cm。枝、叶无毛，有时小枝、叶柄及叶片上面干后有淡薄的白色粉霜。叶柄长 1.5~2.5cm；叶片，椭圆形、倒卵状椭圆形或卵形，很少狭长椭圆形，纸质至近革质，长 8~18cm，宽 3~8cm，基部楔形至宽楔形，边缘全缘，不背卷，先端渐尖或急尖，下面有紧密的鳞秕层，中脉在下面稍凸起，在上面扁平，侧脉每边 8~11 条，中脉及侧脉干后红褐色或棕黄色，无网脉。雄穗状花序常多穗排成圆锥花序，少有单穗腋生，长达 25cm；雌花序长达 35cm，有时雌雄同序，通常 2~6 穗聚生于枝顶部；花序轴常被稀疏的短柔毛；雌花每 3~5 花一簇。果序长 2~3cm；果序轴较纤细，直径稀超过 5mm，无毛。壳斗浅碟状或短漏斗状，直径 0.8~1.4cm，包裹坚果基部，壳壁厚 0.5~1mm，基部木质；鳞片三角形，紧贴，覆瓦状排列，或基部连生成圆环；坚果宽圆锥形或圆球形，很少为扁球形，高 0.8~1.5cm，宽 1.2~2cm，栗褐色或红褐色，无毛，常有淡薄的白粉，果皮厚 0.2~0.5mm，果脐直径达 1.1cm，深达 4mm。花期 5~9 月；果期翌年 5~10 月。

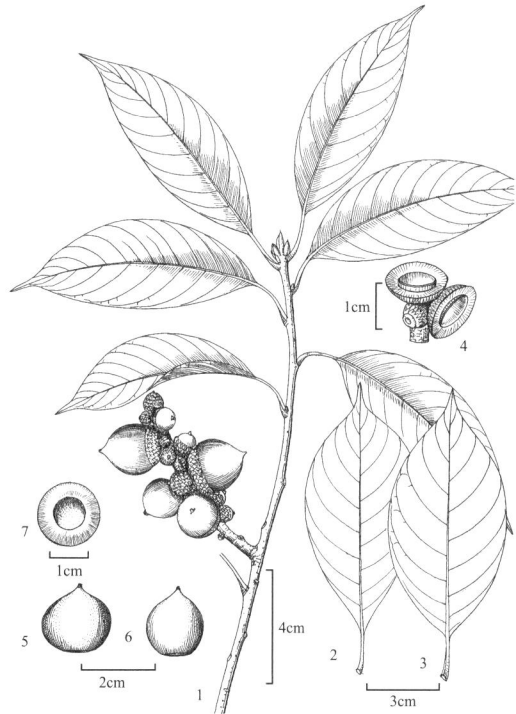

图 487 木姜叶柯 Lithocarpus litseifolius
1. 分枝的上段，示叶和果序；2-3. 不同的叶形；4. 壳斗；
5~6. 坚果；7. 坚果底部，示果脐。（李志民绘）

产地：七娘山（邢福武 10914，12394，IBSC）、盐田（徐有才 1344）。生于山地林中，海拔约 350m。

分布：浙江、江西、福建、广东、香港、海南、广西、湖南、湖北、贵州、云南和四川。缅甸东北部、老挝和越南北部。

6. 硬壳柯 硬斗柯 Hance's Tanbark　　　　　　图 488　彩片 685　686
Lithocarpus hancei（Benth.）Rehd. in J. Arnold Arbor. **1**：127. 1919.

Quercus hancei Benth. Fl. Hongk. 322. 1861.

乔木，高达 15m，胸径约 70cm。小枝淡黄灰色或灰色，无毛，常有很薄的透明蜡层。叶柄长 0.5~4cm；叶片，卵形、倒卵形、宽椭圆形、倒卵状椭圆形、狭长椭圆形或披针形，纸质至硬革质，长与宽的变异很大，长 5~10cm，宽 2.5~5cm，基部通常沿叶柄下延，边缘全缘，略背卷，先端圆、钝、急尖或长渐尖，两面同色，有时干后在上面及叶柄有白色粉霜，无毛，中脉在两面均凸起，侧脉每边 6~13 条，在下面凸起，网脉

呈小方格状凸起。雄穗状花序通常多穗排成圆锥花
序，长 3~10cm，有时下段着生雌花，上段着生雄花；
花序轴有时扭旋；雌花序 2 至多穗聚生于枝顶部。果
序长 6~8cm；果序轴粗不超过 8mm；壳斗通常 3~5 一
簇，稀单个散生于果序轴上，浅碗状至近浅碟状，
高 3~7mm，宽 1~2cm，包着坚果不到 1/3，壳壁厚
1~2mm；鳞片三角形，紧贴，常稍增厚，覆瓦状排列
或连生成数个圆环；坚果淡棕色或淡灰黄色，扁球形、
近圆球形或宽圆锥形，高 0.8~2cm，宽 0.6~2.5cm，顶
端圆至尖，很少平坦，无毛，果壁厚约 0.5mm，果脐
直径 0.5~1cm，深 1~2.5mm。花期 4~7 月；果期翌年
8~12 月。

产地：七娘山（张寿洲等 0335）、南澳、排牙
山、葵涌、田心山、梅花尖（徐有才 1594）、沙头角、
梧桐山（张寿洲等 1138）。生于山坡密林中，海拔
400~900m。

分布：浙江、江西、福建、台湾、广东、香港、海南、
广西、湖南、湖北、贵州、云南和四川。

7.　厚壳柯 Elizabeth's Tanbark　　　图 489

Lithocarpus elizabethae（Tutch.）Rehd. in J.
Arnold Arbor. **1**：125. 1919.

Quercus elizabethae Tutch. in J. Bot. **49**：273.
1911.

乔木，高 9~15m。树皮暗褐黑色，不裂；枝和
叶片下面中脉无毛。叶柄长 1~2cm；叶片，狭长椭
圆形或披针形，厚纸质，长 9~17cm，宽 2~4cm，
基部楔形，沿叶柄下延，下面无鳞秕，边缘全缘，
先端渐尖，侧脉每边 13~16 条，支脉不明显。雄穗
状花序 3 至数穗排成圆锥花序，有时单穗腋生，长约
7cm；花序轴被稀疏的短柔毛；雌花序 2~4 穗聚生于枝
顶，长 8~15cm；雌花通常 3 花一簇。壳斗近球形，高
1.5~3cm，宽 1.5~2.8cm，包裹坚果全部或绝大部分，
壳壁上部厚达 2mm，下部厚达 4mm，顶部突然狭窄
并稍伸长如乳头状；鳞片阔三角形或菱形，近顶部的
为长三角形，覆瓦状排列；坚果栗褐色，扁球形或近
球形，直径 1.4~2.4cm，果皮厚约 1mm，果脐凹陷，
深 0.5~1mm，直径 1.3~1.6cm。花期 7~9 月；果期翌
年 8~11 月。

产地：南澳（邢福武 SF147，IBSC）。生于杂木
林中。

分布：福建、广东、香港、广西、贵州和云南。

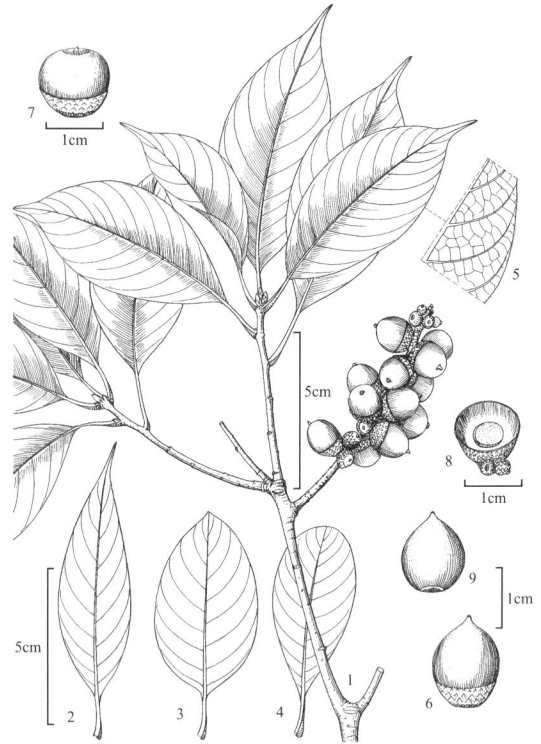

图 488 硬壳柯 Lithocarpus hancei
1. 分枝的上段，示叶和果序；2~4 不同的叶形；5. 叶片下
面的一部分放大，示网脉；6~7. 不同形状的壳斗和坚果；
8. 壳斗；9. 坚果。（李志民绘）

图 489 厚壳柯 Lithocarpus elizabethae
1. 分枝的上段，示小枝、叶、雄花序和果序；2. 坚果；3. 壳
斗底部，示果脐。（李志民绘）

8. 圆锥柯 圆锥石栎 Panicle Tamoak

图 490 彩片 687

Lithocarpus paniculatus Hand.-Mazz. in Anz. Akad. Wiss. Wien, Math.-Naturwiss.Kl. **59**：51. 1922.

乔木，高达 15m，胸径约 15cm；树皮暗灰色，不开裂；芽鳞、当年生枝、花序轴及嫩叶叶片下面中脉均密被灰黄色短柔毛。叶柄长 0.6~1cm；叶片长椭圆形或卵状长椭圆形，厚纸质，长 6~15cm，宽 2.5~5cm，基部楔形，边缘全缘，先端急尖或短尾尖，下面密被灰白色粉末状鳞秕，侧脉每边 10~14 条。雄穗状花序排成圆锥花序状；雌花序和雌雄同序的花序均长达 20cm；雌花每 3 或 5 花一簇。果序轴粗 4~7mm；壳斗包裹坚果的大部分，扁球形或近圆球形，高 0.8~1.8cm，宽 1.8~3.5cm，壳壁角质，厚 0.2~0.5mm；鳞片三角形，长超过 1mm，覆瓦状排列；坚果宽圆锥形或近扁球形，宽 1.6~2.3cm，顶部锥尖或圆，果脐直径 1~1.4cm，深约 0.5mm。花期 7~9 月；果期翌年同期。

产地：七娘山（张寿洲等 5151）、排牙山（邢福武 12049，IBSC）、葵涌。生于阔叶林中。

分布：江西（西南部）、湖南（南部）、广东（北部）和广西（东北部）。

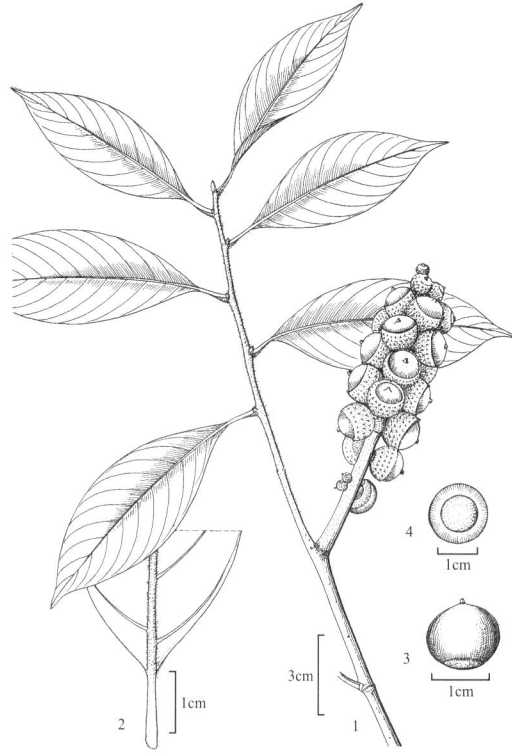

图 490 圆锥柯 Lithocarpus paniculatus
1. 分枝的上段，示叶和果序；2. 叶片下面的一部分放大，示中脉及其上的毛被；3. 坚果；4. 坚果底部，示果脐。（李志民绘）

3. 青冈属 **Cyclobalanopsis** Oerst.

常绿乔木，稀灌木。树皮通常平滑，稀深裂。冬芽卵状球形、卵状圆锥形，稀卵状椭圆体形，芽鳞覆瓦状排列。单叶螺旋状互生，具柄；托叶叶柄外生；叶片边缘全缘或有锯齿，具羽状脉。花单性，雌雄同株；雄花序为下垂的柔荑花序，雄花单个散生或多数簇生于花序轴上；花被通常 5~6 深裂；雄蕊与花被裂片同数，有时较少，花丝细长，花药 2 室；退化雌蕊细小或无；雌花单生或排成穗状，单生于总苞内；花被具 5~6 裂片；有时有细小的退化雄蕊；子房 3 室，每室有 2 胚珠，花柱 2~4，通常 3，柱头头状或膨大。壳斗单个，碟形、杯形、碗形或钟形，包裹坚果的一部分，稀全包，壳斗上的苞片愈合成同心环，环边缘全缘或具裂齿，每一壳斗内通常只有 1 坚果；坚果近球形至椭圆体形，顶端有凸起的柱座，底部有圆形果脐，不育胚珠位于种子的近顶部。种子具肉质的子叶，发芽时子叶不出土。

约 150 种，主要分布于亚洲热带和亚热带地区。我国有 69 种，分布于淮河流域以南各地区。深圳有 9 种。

本属植物木材坚硬，耐腐力强，可作桩、车辆、桥梁、工具柄、木机械、刨架、运动器械、枕木等用材。

1. 叶片边缘全缘或波状，稀近先端有数个不明显锯齿。
  2. 叶片下面无毛或仅基部有长柔毛。
    3. 叶片倒卵状披针形或狭椭圆体形，无叶柄或叶柄不明显；壳斗碗形，高 5~6mm；坚果椭圆体形，高 1.5~1.8cm，直径约 1cm ························ **1. 木姜叶青冈 C. litseoides**
    3. 叶片条形，柄长 2~5mm；壳斗盘形或杯形，高 0.5~1cm，直径 1.3~1.5(~1.8)cm ························ **2. 竹叶青冈 C. neglecta**
  2. 叶片下面被绒毛。

4. 叶片宽 4~9cm；叶柄长 2~6cm；壳斗钟形或圆筒形，高 3~4.2cm，直径 2.5~4cm，包裹坚果约 2/3
　　··· 3. **钣甑青冈 C. flerryi**

4. 叶片宽 1.5~4.5cm；叶柄长 0.8~1.5cm；壳斗碗形、浅碗形或深盘形，高 0.4~1cm，直径 1.5~3cm，包裹坚果基部或 1/4~1/3。

　　5. 叶片中脉在上面平坦；壳斗直径 1.5~3cm，仅包裹坚果的基部；坚果果脐凹陷，直径 0.7~1cm
　　　　··· 4. **雷公青冈 C. hui**

　　5. 中片中脉在上面凹陷；壳斗直径 1~1.3(~2)cm，包裹坚果的 1/4~1/3；坚果果脐平，直径 4~5mm
　　　　·· 5. **岭南青冈 C. championii**

1. 叶片边缘 1/3 以上或中部以上有锯齿。
　　6. 嫩枝和叶柄腹面被黄色卷曲的星状绒毛 ·················· 6. **毛果青冈 C. pachyloma**
　　6. 嫩枝和叶柄均无毛。
　　　　7. 叶片下面无毛；壳斗内壁无毛 ·················· 7. **小叶青冈 C. myrsiniaefolia**
　　　　7. 叶片下面嫩时被柔毛或绒毛，老时毛渐脱落；壳斗内壁被绢毛。
　　　　　　8. 叶片中脉在上面凸起；壳斗盘形或浅碗形，直径 2~3cm；同心环 6~7 圈 ·········· 8. **栎子青冈 C. blakei**
　　　　　　8. 叶片中脉在上面微凹；壳斗碗形，直径 0.9~1.5cm；同心环 5~6 圈 ···················· 9. **青冈 C. galuca**

1.　木姜叶青冈 Litsea Oak　　图 491　彩片 688
Cyclobalanopsis litseoides（Dunn）Schottky in
Bot. Jahrb. Syst. **47**：658. 1912.

Quercus litseoides Dunn in J. Bot. **47**：377. 1909.

乔木，高达 10m。小枝纤细，嫩时被绒毛，后毛渐脱落。叶常聚生于小枝上部，无叶柄或叶柄不显著；叶片倒卵状披针形或狭椭圆形，长 2.5~7cm，宽 0.8~3cm，基部楔形，边缘全缘，先端圆钝，下面淡灰绿色，上面深绿色，两面无毛，侧脉每边 6~9 条，在下面凸起，在上面扁平。雄花序长 3~5cm；花序轴及花被被棕色绒毛；雌花序长约 1cm，顶端着 2 花。壳斗碗形，高 5~6mm，直径约 1cm，包裹坚果约 1/3；同心环 5~7 圈，边缘有细齿或全缘，被灰褐色薄绒毛；坚果椭圆体形，高 1.5~1.8cm，直径约 1cm，顶端有微毛，果脐平坦，柱座明显，宿存。花期 5~9 月；果期 6~11 月。

产地：梧桐山（张寿洲等 2785；王国栋等 6304）。生于疏林中，海拔 800~900m。

分布：广东和广西（西南部）。

2.　竹叶青冈 Bamboo-leaved Oak
图 492　彩片 689
Cyclobalanopsis neglecta Schottky in Bot. Jahrb. Syst. **47**：650. 1912.

Cyclobalanopsis bambusaefolia（Hance）Chun ex Y. C. Hsu & H. W. Jen in J. Beijing Forest. Univ. **15**（4）：44. 1993.

Quercus bambusaefolia Hance in Seem. Bot. Voy. Herald，t. 91. 1875；海南植物志 **2**：364. 1965, not Fortune（1860），nor T. M. Masters（1874）.

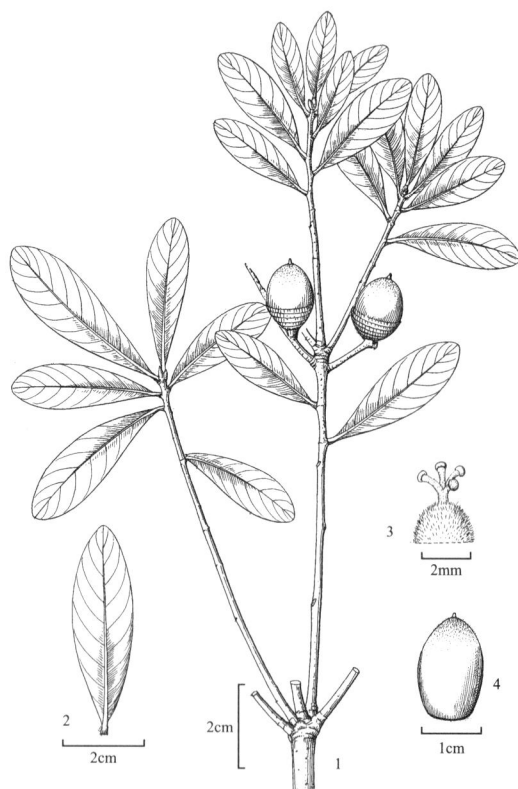

图 491 木姜叶青冈 Cyclobalanopsis litseoides
1. 分枝的上段，示小枝、叶和果；2. 不同的叶形；3. 雌蕊上部，示花柱和柱头；4. 坚果。（李志民绘）

乔木,高达 20m,胸径达 60cm。树皮灰黑色,平滑;小枝嫩时被灰褐色丝质长柔毛,后毛渐脱落。叶集生于枝顶;叶柄长 2~5mm,无毛;叶片,狭披针形或椭圆状披针形,薄革质,长 3~11cm,宽 0.5~1.8cm;基部楔形,边缘全缘或顶部有 1~2 对不明显的钝齿,先端钝圆,下面带粉白色,无毛或基部有长柔毛,侧脉每边 7~14 条,与网脉均不甚明显。雄花序长 1.5~5cm;雌花序长 0.5~1cm,有花 2 至多数;花序轴嫩时被黄色绒毛。壳头盘形或杯形,高 0.5~1cm,直径 1.3~1.5(~1.8)cm,包裹坚果基部,壳壁厚约 1mm,外壁被灰棕色短绒毛,内壁有棕色绒毛;同心环 4~6 圈,环边缘全缘或有三角形裂齿;坚果倒卵球形或椭圆体形,高 1.5~2.5cm,直径 1~1.6cm,初被微柔毛,后毛渐脱落,果脐微凸起,直径 5~7mm,柱座明显,宿存。花期 4~12 月;果期 6 月至翌年 12 月。

产地:七娘山(张寿洲等 1979)、南澳、盐田、三洲田(徐有才 1385)、梅沙尖(王定跃 1463)。生于山地林中,海拔 200~350m。

分布:广东、香港、海南和广西。越南。

3. 钣甑青冈 钣甑柯 Fleury Oak

图 493 彩片 690

Cyclobalanopsis flerryi(Hickel & A. Camus)Chun ex Q. F. Zheng in Fl. Fujianica **1**:404.1982.

Quercus fleuryi Hickel & A. Camus in Bull. Mus. Hist. Nat. Paris **29**:60.1923;海南植物志 **2**:361.1965.

乔木,高达 25m。树皮灰白色,平滑;小枝粗壮,嫩时被棕色长绒毛,后渐无毛,密生皮孔。叶柄长 2~6cm,幼时被黄色绒毛;叶片,长椭圆形或卵状长椭圆形,革质,长 14~27cm,宽 4~9cm,基部楔形,边缘全缘或先端有波状锯齿,先端急尖或长渐尖,嫩时被黄棕色绒毛,侧脉每边 10~12(~15)条。雄花序长 10~15cm,被褐色绒毛;雌花序长 2.5~3.5cm;花序轴粗壮,密被黄色绒毛,有花 4~5。壳斗钟形或圆筒形,高 3~4.2cm,直径 2.5~4cm,包裹坚果约 2/3,内外壁均被黄棕色毡状长绒毛;同心环 10~13 圈,环边缘近全缘;坚果圆柱形,高 4~4.5cm,直径 2~3cm,密被黄棕色绒毛,柱座长 5~8mm,果脐凸起,直径约 1.2cm。花期 3~4 月;果期 10~12 月。

产地:七娘山(邢福武 10255,S140,IBSC)。生于山谷密林中,海拔约 500m。

分布:江西、福建、广东、海南、广西、湖南、贵州和云南。

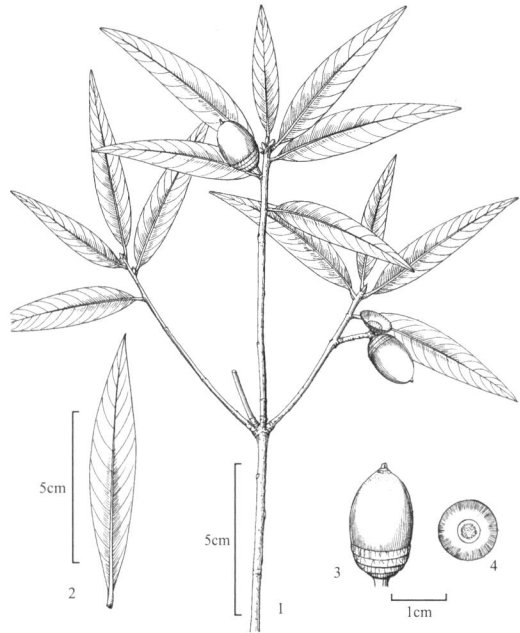

图 492 竹叶青冈 Cyclobalanopsis neglecta
1. 分枝的上段,示叶和果;2. 不同的叶形;3. 壳斗及坚果;4. 坚果的底部,示果脐。(李志民绘)

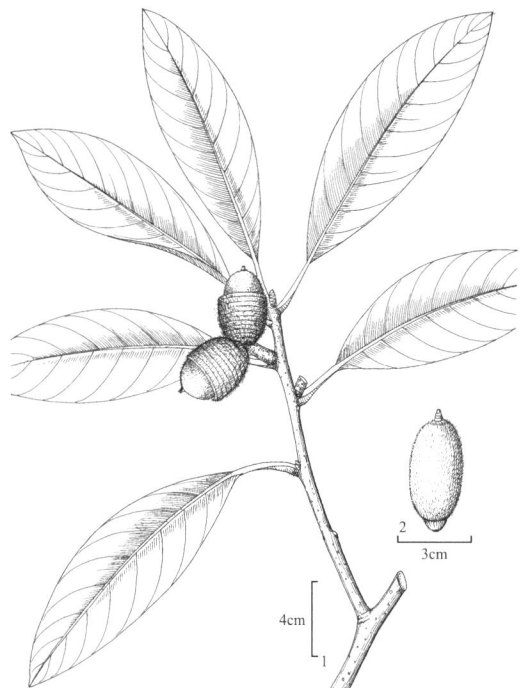

图 493 饭甑青冈 Cyclobalanopsis flerryi
1. 分枝的上段,示小枝、叶和果序;2. 坚果,底部为凸起的果脐。(李志民绘)

4. 雷公青冈 雷公桐 胡氏栎 Hu's Oak

图 494　彩片 691　692

Cyclobalanopsis hui（Chun）Chun ex Y. C. Hsu & H. W. Jen in J. Beijing Forest Univ. 15（4）：45. 1993.

Quercus hui Chun in J. Arnold Arbor. 9：126. 1928；海南植物志 2：360. 1965.

乔木，高 10~15m。嫩枝密被黄色卷曲的绒毛，后渐无毛，有细小皮孔。叶柄长 1~1.4cm，幼时被绵状毛；叶片，长椭圆形、倒披针形或椭圆状披针形，薄革质，长 7~13cm，宽 1.5~3(~4)cm，基部楔形，略偏斜，边缘全缘或顶端有数对不明显的浅锯齿，叶缘反卷，先端圆钝，稀渐尖，下面初被黄色绒毛，后毛渐脱落，中脉在下面凸起，在上面平坦，侧脉每边 6~10 条，网脉在下面明显。雄花序 2~4 簇生，长 5~9cm，被黄棕色绒毛；雌花序长 1~2cm，有 2~5 花，聚生于花序轴顶端。果序长 1cm，有果 1~2；壳斗浅碗形或深盘形，高 0.4~1cm，直径 1.5~3cm，包裹坚果基部，壳壁厚约 1mm，内外壁均密被黄褐色绒毛；同心环 4~6 圈，边缘呈小齿状；坚果扁球形，高 1.5~2cm，直径 1.5~2.5cm，嫩时密生黄褐色绒毛，后毛渐脱落，果脐凹陷，直径 0.7~1cm，柱座凸起。花期 4~5 月；果期 10~12 月。

产地：七娘山（王国栋 7456）、南澳（张寿洲等 5343）。生于山地密林中，海拔 50~100m。

分布：广东、香港、广西和湖南。

5. 岭南青冈 Champion's Oak

图 495　彩片 693　694

Cyclobalanopsis championii（Benth.）Oerst. in Vidensk. Meddel. Dansk Naturhist. Foren. Kjobenhavn. 1866：79. 1867.

Quercus championii Benth. in J. Bot. Kew Gard. Misc. 6：113. 1854；海南植物志 2：363. 1965.

乔木，高达 20m，胸径达 1m。树皮暗灰色，薄片状开裂；小枝有沟槽，密被灰褐色星状绒毛。叶聚生于枝顶端；叶柄长 0.8~1.5cm，密被褐色绒毛；叶片倒卵形或长椭圆形，厚革质，长 3.5~10(~13)cm，宽 1.5~4.5cm，基部楔形，边缘全缘，稀近先端边缘有数对波状浅齿，叶缘反卷，先端钝尖，稀微凹，下面密生星状绒毛，毛初为黄色，后变为灰白色，上面深绿色，无毛，中脉在下面凸起，在上面凹陷，侧脉每边 6~10 条，在下面凸起，在上面平坦，网脉不甚明显。雄花序长 4~8cm，被褐色绒毛；雌花序长约 4cm，有花

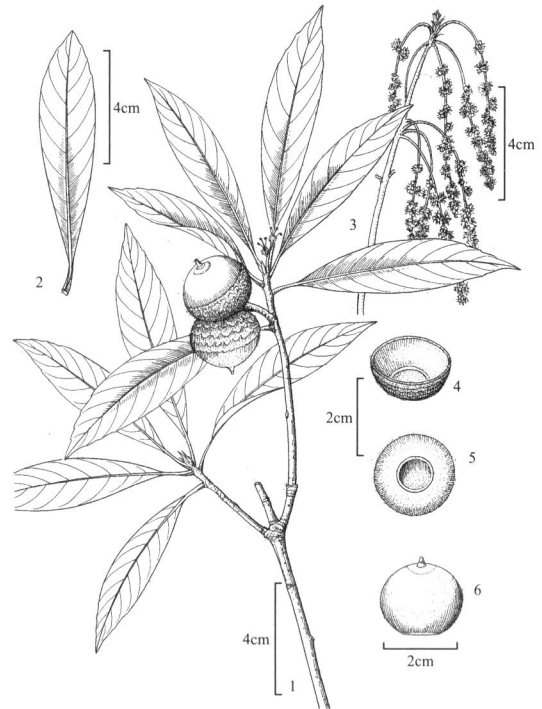

图 494 雷公青冈 Cyclobalanopsis hui
1. 分枝的上段，示叶和果序；2. 不同的叶形；3. 雄花序；4. 壳斗；5. 壳斗底部，示果脐；6. 坚果。（李志民绘）

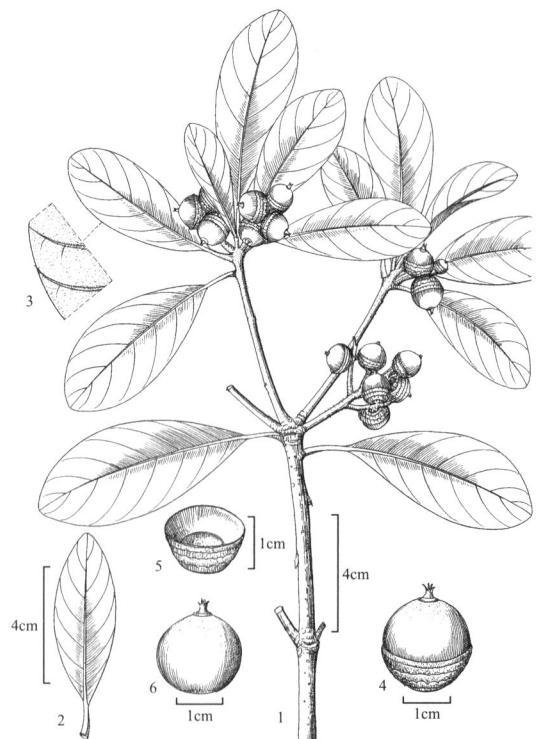

图 495 岭南青冈 Cyclobalanopsis championii
1. 分枝的上段，示小枝、叶和果序；2. 不同的叶形；3. 部分叶片下面放大，示毛被；4. 坚果，下部为壳斗，顶部为宿存的花柱；5. 壳斗；6. 坚果和宿存的花柱。（李志民绘）

3~10，被褐色短绒毛。壳斗碗形，高 0.4~1cm，直径 1~1.3（~2）cm，包裹坚果 1/4~1/3，内壁密被黄色绒毛，外壁被褐色或灰褐色短绒毛；同心环 4~7 圈，环边缘通常全缘，有时下部 1~2 环的边缘有波状裂齿；坚果宽卵球形或扁球形，高 1.2~2cm，直径 1~1.5（~1.8）cm，两端钝圆，嫩时有毛，老时无毛；果脐平，直径 4~5mm。花期 12 月至翌年 5 月；果期翌年 6~12 月。

产地：西涌、七娘山（张寿洲等 4053）、南澳（张寿洲等 3529）、排牙山、大鹏（张寿洲等 SCAUF1071）、盐田、梅沙尖。生于山地林中，海拔 200~900m。

分布：福建、台湾、广东、香港、海南、广西和云南。

6. 毛果青冈 Thick-leaved Oak

图 496　彩片 695　696

Cyclobalanopsis pachyloma（Seem.）Schott. in Bot. Jahrb. Syst. **47**：650. 1912.

Quercus pachyloma Seem. in Bot. Jahrb. Syst. **23**（Beibl. 577）：54. 1897.

乔木，高达 17m。嫩枝和叶柄腹面被淡黄色卷曲的星状绒毛，老渐无毛或几无毛。叶柄长 1.5~2cm；叶片倒卵形、倒卵状长椭圆形或披针形，革质，长 7~14cm，宽 2~5cm，基部楔形，边缘中部以上有疏锯齿，先端渐尖或尾尖，嫩时被淡黄色卷曲的绵毛状毛，老时几无毛，侧脉每边 8~11 条，在下面凸起，在上面平坦，网脉明显。雄花序长约 8cm；花序轴被棕色绒毛；雌花序长 1.5~3cm，有花 2~5，全体密被棕色绒毛。壳斗半球形或钟形，高（1~）2~3cm，直径 1.5~3cm，包裹坚果 1/2~2/3，外面密被黄褐色绒毛，内面密被厚毡毛状绒毛，壳壁厚约 1.5mm；同心环 7~8 圈，环边缘全缘或具牙齿；坚果长椭圆体形、椭圆体形或倒卵球形，直径 1.2~1.6cm，幼时密生黄褐色绒毛，老时毛渐脱落，顶端圆，柱座凸起，宿存，果脐微凸起，直径 5~7mm。花期 3 月；果期 9~10 月。

产地：七娘山、南澳（张寿洲等 0298）、大鹏（张寿洲等 SCAUF1107）。生于山地杂木林中，海拔 200~300m。

分布：江西、福建、台湾、广东、广西、湖南、贵州和云南。

7. 小叶青冈 梅叶青冈　青栲　青桐 Samll-leaved Oak

图 497　彩片 697　698

Cyclobalanopsis myrsiniaefolia（Blume）Oerst. in Skr. Vidensk.-Selsk. Christiana，Math.-Naturvidensk. Kl.

图 496 毛果青冈 Cyclobalanopsis pachyloma
1. 分枝的上段，示叶和果序；2. 壳斗；3. 坚果；4. 坚果底部，示果脐。（李志民绘）

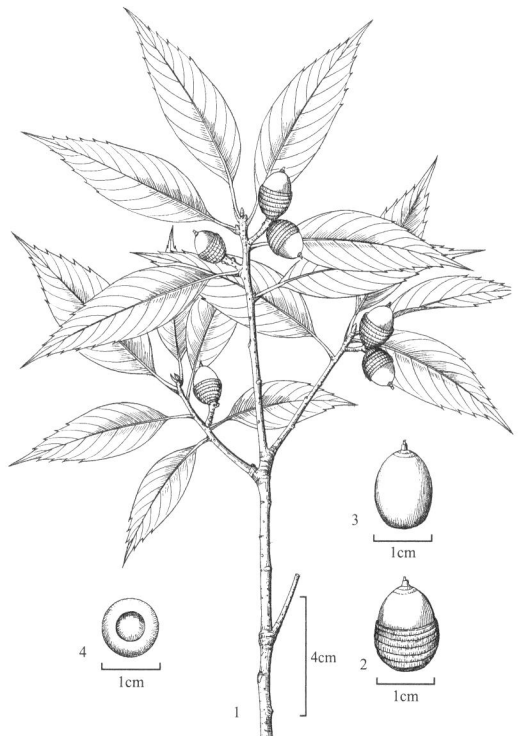

图 497 小叶青冈 Cyclobalanopsis myrsiniaefolia
1. 分枝的上段，示叶和果序；2. 壳斗和坚果；3. 坚果；4. 坚果的底部，示果脐。（李志民绘）

9(6)：387.1871.

Quercus myrsinaefolia Blume in Ann. Mus. Bot. Lugduno-Batavum **1**：305.1850.

乔木，高达 20m，胸径达 1m。小枝无毛，被凸起的淡灰褐色长圆形皮孔。叶柄长 1~2.5cm，无毛；叶片，卵状披针形，纸质，长 6~11cm，宽 1.8~4cm，基部楔形或近圆形，边缘中部以上有锯齿，先端渐尖或短尾状，下面粉白色，干后为暗灰色，无毛，上面绿色，侧脉每边 9~14 条，斜升，常不达边缘，在下面微凸起，在上面平坦，网脉不明显。雄花序长 4~6cm；雌花序长 1.5~3cm。壳斗杯状，高 5~8mm，直径 1~1.8cm，包裹坚果 1/3~1/2，外面被淡白色短柔毛，内面无毛，壳壁厚不及 1mm；同心环 6~9 圈，环边缘全缘；坚果卵球形或椭圆体形，高 1.4~2.5cm，直径 1~1.5cm，无毛，顶端圆，柱座明显，果脐平坦，直径约 6mm。花期 4~6 月；果期 7~10 月。

产地：七娘山（张寿洲等 4063）、南澳（张寿洲等 3540）、钓神山（张寿洲等 2852）。生于山地林中，海拔 200~600m。

分布：河南、安徽、江苏、浙江、江西、福建、台湾、广东、香港、广西、湖南、贵州、云南、四川和陕西。日本、朝鲜半岛、泰国北部、老挝和越南。

用途：木材坚硬，为枕木、车轴的良好材料。

8. 栎子青冈 栎子桐 Blake's Oak 图 498

Cyclobalanopsis blakei（Skan）Schottky in Bot. Jahrb. Syst. **47**：648.1912.

Quercus blakei Skan in Hooker's, Icon. Pl. **27**：t. 2662.1901；海南植物志 **2**：361.1965.

乔木，高达 35m。树皮灰黑色，平滑；小枝无毛，2 年生枝密生皮孔。叶柄纤细，长 1.5~3cm，无毛；叶片狭卵状椭圆形、长倒卵状椭圆形或倒卵状披针形，薄革质，长 7~19cm，宽 1.5~2cm，基部楔形，边缘 1/3 以上有锯齿，先端渐尖，嫩时两面被淡红色长绒毛，老时毛渐脱落，中脉在两面凸起，侧脉每边 8~14 条，在下面凸起，网脉在下面明显。雄花序长约 7mm，花序轴被疏柔毛；雌花序长 1~2cm，有花 1~2 朵。壳斗单生或 2 壳斗对生，盘形或浅碗形，高 0.5~1cm，直径 2~3cm，包裹坚果基部，外壁被暗褐色短绒毛，内壁被淡橙褐色长绢毛，壳壁厚约 1mm；同心环 6~7 圈，环边缘全缘或有裂齿；坚果椭圆体形或卵球形，高 2.5~3.5cm，直径 1.5~3cm，果脐扁平或微凹陷，直径 0.7~1.1cm，柱座具脐状凸起，宿存。花期 3~7 月；果期 6 月至翌年 7 月。

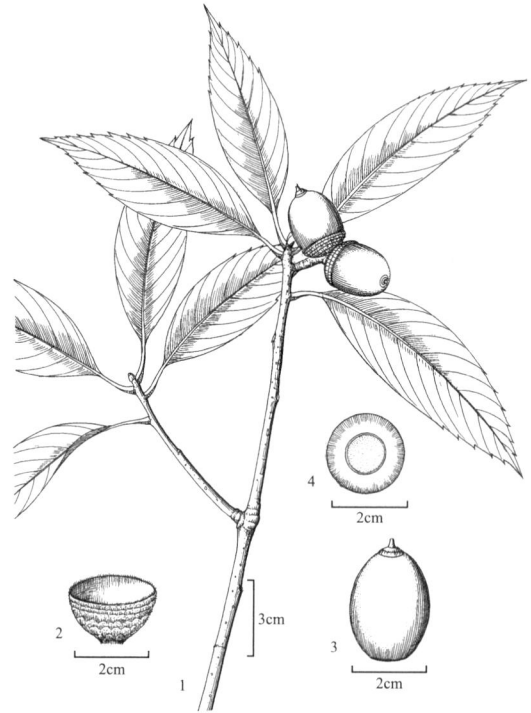

图 498 栎子青冈 Cyclobalanopsis blakei
1. 分枝的上段，示叶和果序；2. 壳斗；3. 坚果，顶端为柱座；
4. 坚果的底部，示果脐。（李志民绘）

产地：七娘山、田头山（邢福武 SF146，IBSC）。生于山谷林中，海拔约 500m。

分布：广东、香港、海南、广西和贵州。老挝和越南。

9. 青冈 青冈栎 Blue Japanese Oak 图 499

Cyclobalanopsis glauca（Thunb.）Oerst. in Vidensk. Meddel. Dansk Naturhist. Foren. **1866**：78.1867.

Quercus glauca Thunb. in Murray，Syst.，ed. 14，858.1784.

乔木，高达 20m，胸径达 1m。小枝无毛。叶柄长 1~3.5cm，无毛；叶片，倒卵形、倒卵状椭圆形或长椭圆形，革质，长 6~14.5cm，宽 2~6.5cm，基部宽楔形或圆形，边缘中部以上有疏锯齿，先端渐尖或短尾尖，下面有整齐平伏的白色柔毛，老时毛渐脱落，上面无毛，中脉在下面显著凸起，在上面微凹，侧脉每边 9~13 条，在下面网脉不明显。雄花序长 5~6cm；雌花序长 1.5~3cm，具 2~3 花；花序轴被灰白色绒毛。果序长 1.5~3cm，着果 2~3；壳斗碗状，包裹坚果 1/3~1/2，高 4~8mm，直径 0.9~1.5cm，外面被白色微柔毛或无毛，内面被白色绢毛；同心环 5~6 圈，环排列紧密，边缘全缘或有细缺刻；坚果卵球形、长卵球形或椭圆体形，高 1~1.6cm，直径 0.9~1.4cm，无毛或被微疏柔毛，果脐平坦或微凸起，直径约 5mm。花期 4~6 月；果期 6~11 月。

产地：梧桐山（张寿洲等 SCAUF 1138，4742；陈真传等 11196）。生于山地林中，海拔约 180m。

分布：河南、安徽、江苏、浙江、江西、福建、台湾、广东、香港、广西、湖南、湖北、贵州、云南、四川、甘肃、陕西和西藏。日本、朝鲜半岛、印度北部、阿富汗、不丹、尼泊尔、斯里兰卡和越南。

4. 栎属 Quercus L.

常绿或落叶乔木，稀灌木。树皮常深裂或片状剥落；冬芽卵球形、卵状锥形，稀卵状椭圆体形；芽鳞片少数至多数，覆瓦状排列。叶螺旋状互生，具叶柄；托叶柄外生，常早落；叶片边缘有锯齿或缺刻，稀全缘，具羽状脉。花单性，雌雄同株；雄花序为下垂的柔荑花序，单生于小枝下部的叶腋内，或生于枝条近顶部叶腋或在侧枝上圆锥状簇生；雄花单朵散生于花序轴上；花被花萼状，4~7 裂或更多裂；雄蕊 4~7 或更少，花丝纤细，退化雄蕊极小；雌花序为直立的穗状花序，生于小枝的叶腋内；花序轴具少数至多数总苞，每个总苞具 1 雌花；花被 5~6 裂；退化雄蕊有时存在；子房（2~）3（~4）室，每室有 2 胚珠，花柱与子房室同数，柱头膨大或舌状。壳斗单生，杯状，包裹坚果一部分，稀全包；苞片鳞片形，覆瓦状排列，条形或锥形，平贴、平展或反折，不愈合呈同心环；每壳斗具 1 坚果；坚果顶端有凸起的柱座，基部有圆形果脐。种子萌发时子叶不出土。

约 300 种，广布于非洲北部、亚洲、欧洲、北美洲和南美洲。我国有 35 种。深圳有 1 种。

乌冈栎 Mocketprivetlike Oak　　　图 500

Quercus phillyreoides A. Gray in Mem. Amer. Acad. Arts. n. s. **6**: 406. 1859.

常绿乔木或灌木，高 5~10m。小枝纤细，淡灰褐色，被短柔毛，后渐无毛。叶柄长 3~5mm，被短柔毛；叶片，倒卵形、狭椭圆形或狭卵形，革质，长 2~6（~8），

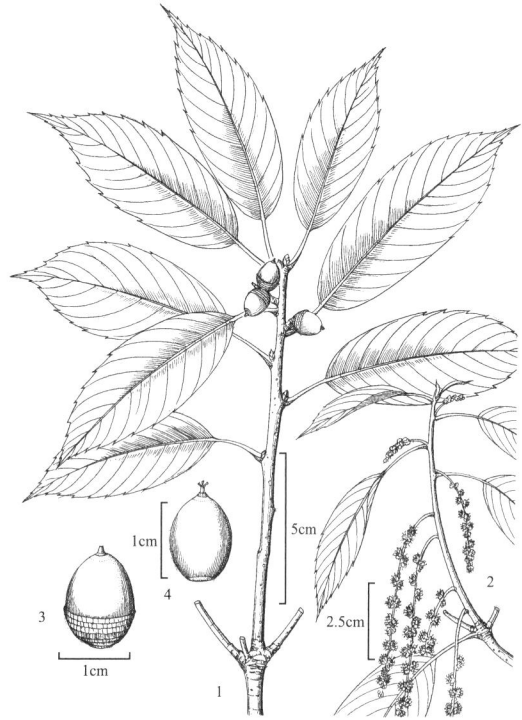

图 499 青冈 Cyclobalanopsis glauca
1. 分枝的上段，示叶和果序；2. 分枝的上段，示叶和雄花序；3. 壳斗和坚果；4. 坚果和柱座。（李志民绘）

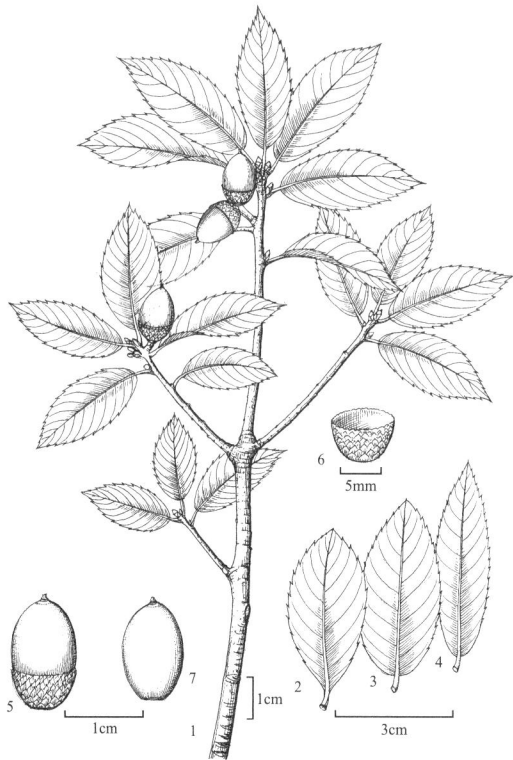

图 500 乌冈栎 Quercus phillyreoides
1. 分枝的上段，示叶和果序；2~4. 不同的叶形；5. 壳斗和坚果；6. 壳斗；7. 坚果，顶端为柱座。（李志民绘）

宽 1~3cm，基部圆形，有时浅心形，边缘具腺锯齿，先端短尖或短渐尖，两面同为绿色，几无毛，或仅中脉下面被疏柔毛，侧脉每边 8~13 条，网脉纤细，不明显或在下面稍凸起。雄花序长 2.5~4cm；花序轴被黄褐色绒毛；雌花序长 1-4cm；花柱长约 1.5mm，柱头 2~5 裂。壳斗杯形，高 6~8mm，直径 0.5~1cm，包裹坚果 1/3~1/2；苞片鳞片状，呈三角形，长约 1mm，紧密覆瓦状排列，仅顶部被短柔毛；坚果椭圆体形，高 1~2cm，直径 0.5~1cm，果脐平坦或微凸，直径 3~4mm。花期 3~4 月；果期 9~10 月。

产地：排牙山（王国栋等 7004，6903）。生于山顶，海拔 450~750m。

分布：河南、安徽、江苏（栽培）、浙江、江西、福建、广东、广西、湖南、湖北、贵州、云南、四川和陕西。日本和朝鲜半岛。

用途：木材可作家具或农具用材。

66. 木麻黄科 CASUARINACEAE

李秉滔

常绿乔木或灌木。茎通直；小枝纤细，轮生或近轮生，具节，节间圆柱形，具纵棱，稀四棱形，基部节间短，上部节间伸长，幼时通常被短柔毛，老渐无毛。叶小，小齿状或鳞片状，4 至 20 叶（叶数与小枝上棱的数目相等）轮生成环状，围绕在小枝每节的顶端，下部连合为鞘，与小枝下一节完全贴生，无托叶。穗状花序或头状花序顶生或侧生于短枝上；无花梗；花单性，雌雄同株或异株；雄花序为穗状花序，顶生或侧生，圆柱形，纤细；雌花序为头状，通常生于侧生短枝顶端；雄花轮生于花序轴上，开放前藏于合生呈杯状的苞片腋间，花被片 1 或 2，鳞片状，顶端常呈帽状体或 2 花被片合抱，覆盖着花药，基部有 1 对早落或宿存的小苞片，雄蕊 1，花丝在花蕾时短而内弯，开花时伸长，花药基部着生，2 室，纵裂；雌花生于 1 苞片和 2 小苞片腋间，无花被，雌蕊由 2 合成心皮组成，子房上位，初为 2 室，因后室退化而成为 1 室，胚珠 2，成对着生于侧膜胎座的基部，合点受精，花柱短，柱头 2，线形，红色。果序球果状，多为木质；翅果扁平，通常顶端具翅，密集于球果状的果序上，初时被包藏于 2 宿存、闭合的小苞片内，成熟时小苞片硬化为木质，展露出翅果。种子 1，子叶大，无胚乳，胚直。

4 属 97 种，主产于澳大利亚，延伸至亚洲东南部、马来西亚和太平洋岛屿。我国常见栽培的有 1 属 3 种。深圳引进栽培 1 属 2 种。

木麻黄属 Casuarina L.

常绿乔木。茎通直；小枝轮生或近轮生，纤细，幼时通常被短柔毛，节间圆柱形，基部节间短，上部节间伸长，具纵棱，稀四棱形。叶小，小齿状或鳞片状，每节（5~）6~17 片，下部连合为鞘，边缘具乳突。花单性，雌雄同株或异株，无花梗；雄花序为穗状花序，纤细，圆柱形，通常在侧生小枝上顶生，不分枝；雄蕊 1，花丝长于花药，花药宽卵形，2 室，纵裂，外弯；雌花序为头状，圆柱形或椭圆体形，被分枝的柔毛；小苞片不增厚，背面无凸出物。翅果淡黄棕色，无毛，无光泽。

17 种，分布与科相同。我国引入栽培 3 种。深圳栽培 2 种。

深圳近年来还引进千头木麻黄 Casuarina nana Siebert ex Spreng，因数量少，本志未有收录。

1. 齿状叶或鳞片状叶每轮（6~）7~（~8）片；果序长 1.2~2.5cm；茎皮内面暗红色 ·········· 1. **木麻黄 C. equisetifolia**
1. 齿状叶或鳞片状叶每轮 8（~10）片；果序长约 1cm；茎皮内面淡红色 ··············· 2. **细枝木麻黄 C. cunnighamiana**

1. 木麻黄 短枝木麻黄 Horsetail Tree　　　　　　　　　　　　　图 501　彩片 699
Casuarina equisetifolia L. Amoen. Acad. **4**: 143. 1759.
　　常绿乔木，高达 35cm。根部无萌蘖。茎秆通直，直径达 70cm，茎皮粗糙，灰褐色，不规则纵裂，内面暗红色；小枝纤细，末端通常柔软下垂，长 10~27cm，宽 0.8~0.9mm，灰绿色，具 7~8 沟槽及棱，初时被短柔毛，渐变无毛或仅在沟槽内略有短柔毛，节间长（2.5~）4~9mm，节脆易抽离。叶小，小齿状或鳞片状，每节（6~）7（~8），披针形或三角形，长约 1mm，直立或紧贴。花雌雄同株或异株；雄花序长 1~4cm，几无花序梗，具覆瓦状排列、被白色柔毛的苞片；小苞片边缘具缘毛；花被片 2，鳞片状；雄蕊 1，花丝长 2~2.5cm，花药两端凹缺；雌花序通常顶生于近枝顶的侧生短枝上，头状；圆柱形或椭圆体形，被分枝的柔毛。果序呈球果状或椭圆体形，长 1.5~2.5cm，直径 1.2~2.5cm，两端近截形至钝，幼嫩时被灰绿色或淡黄褐色的绒毛，老渐无毛；小苞片宽卵形，变木质，先端急尖或略钝，背面无棱脊；翅果连翅长 5~8mm，宽 2~3mm。花果期 4~11 月。
　　产地：葵涌（张寿洲等 0761）、东湖公园（王定跃 89454）、内伶仃岛（张寿洲等 3709）。深圳各地常见栽培。

分布：原产于澳大利亚和太平洋岛屿。我国浙江、福建、台湾、广东、香港、澳门、海南、广西和云南等地有栽培。缅甸、泰国、越南、马来西亚、菲律宾、印度尼西亚、巴布亚新几内亚和秘鲁等地有栽培。

用途：本种生长迅速，萌发力强，根系发达，具有耐干旱、抗风和耐盐碱等特性，为热带海岸防风固沙的优良树种；木材可用作建筑和薪炭材；枝叶可药用，治疝气、痢疾及慢性支气管炎；幼嫩枝叶可作牲畜饲料。

2.　细枝木麻黄 River Oak　　图 502　彩片 700

Casuanina cunninghamiana Miq. Rev. Crit. Casar. 56. 1848.

常绿乔木，高达 25（~35）m。根部常有萌蘖。茎通直，胸高直径约 40cm，茎皮灰色，稍平滑，浅纵裂或小块状剥落，茎皮内淡红色；小枝密集，暗绿色，干后灰绿色或苍绿色，纤细，稍下垂，长 15~38cm，宽 0.5~0.7mm，节间长 4~5mm，具浅沟槽及钝棱，节韧不易抽离。叶小，小齿状或鳞片状，直立或紧贴，每节 8（~10），狭披针形，长约 1mm。花雌雄异株；雄花序为穗状花序，着生于小枝的顶端，圆柱形，长 1.2~2cm，具覆瓦状排列的苞片；苞片下部被短柔毛，上部无毛或有短微毛；花被片 1，长约 1mm，顶端兜状；雄蕊 1，花丝长约 1mm，花药宽卵形，两端凹缺；雌花序为头状，密集于侧生短枝的顶端，倒卵形，长 3~5mm，宽 2~3mm；苞片卵状披针形，长约 1mm，除边缘被缘毛外，其余无毛；小苞片宽卵形，长和宽均约 1mm，变木质，先端钝；子房 1 室，花柱短，柱头线形，长达 3mm，红色。果序近球形或球形，长和宽均约 1cm，两端截形；翅果连翅长 3~5mm。花期 4 月；果期 6~9 月。

产地：西涌（张寿洲等 0029，0033）、葵涌（张寿洲等 2567）。公路旁及海岸边常见栽培。

分布：原产于澳大利亚。世界热带、亚热带地区常见栽培。我国浙江、福建、台湾、广东、香港、澳门、海南和广西等地有栽培。

用途：树形美观，常用作行道路绿化树种和公园观赏树种。

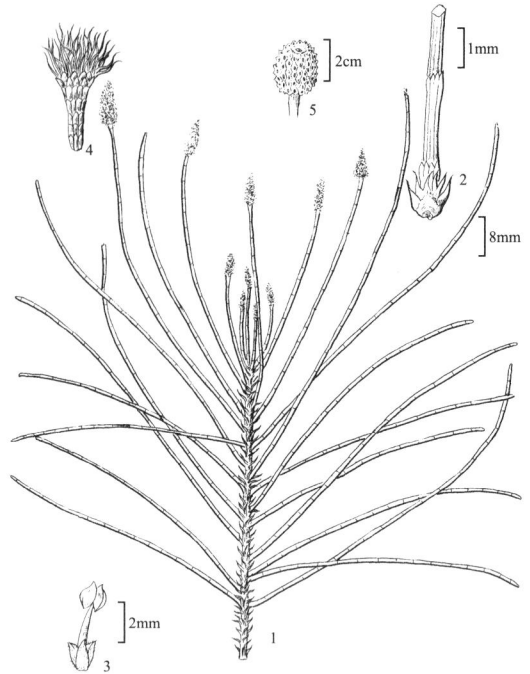

图 501　木麻黄 Casuarina equisetifolia
1. 分枝的一部分，示其上的小枝及小枝顶端的雄花序；2. 小枝下部的一段，示其基部的鳞片及节间上的鳞片状叶；3. 雄花及其基部的苞片；4. 雌花序；5. 果序。（林漫华绘）

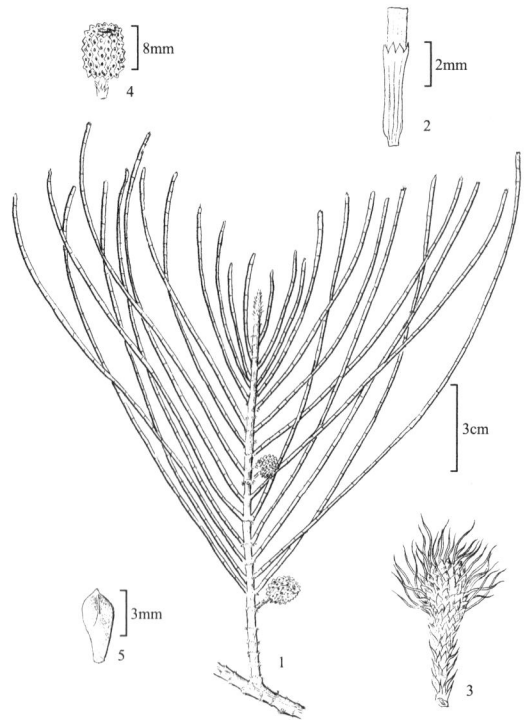

图 502　细枝木麻黄 Casuanina cunninghamiana
1. 分枝的一部分，示其上的小枝及生于短枝顶端的果序；2. 小枝的一段放大，示节间上的鳞片状叶；3. 雌花序；4. 果序；5. 翅果。（林漫华绘）

67. 商陆科 PHYTOLACCACEAE

李秉滔

多年生草本或灌木，稀乔木或半灌木。根通常肥厚，肉质。茎直立，稀攀援。单叶互生，具叶柄；托叶退化或细小；叶片边缘全缘，具羽状脉。花序为总状花序、聚伞花序、圆锥花序或穗状花序，顶生、腋生或与叶对生；花小，两性，稀单性，辐射对称，稀两侧对称；花被片4或5，宿存，分离或基部合生，大小相等或不等，在花芽中为覆瓦状排列，绿色或其他颜色；雄蕊4至多数，着生在肉质的花盘上或花被的基部，花丝分离或基部稍合生，宿存，花药背部着生，2室，纵裂；雌蕊由1至多数分离或合生心皮组成，子房上位，球形，具1弯生胚珠，花柱短或无，直立或下弯，宿存，柱头近钻形或线形。果为浆果或核果，稀蒴果。种子小，肾形或扁球形，种皮膜质或硬而脆，平滑或皱缩，胚乳丰富，粉质，为一弯曲的大胚所围绕。

17属约70种，广布于世界热带至温带地区，主产于热带美洲和非洲南部。我国产2属5种。深圳引进2属3种。

1. 花被片4；雄蕊4；心皮1；果红色或橙黄色 ························· 1.**数珠珊瑚属 Rivina**
1. 花被片5；雄蕊6~33；心皮5~16；果黑色或暗红色 ················ 2.**商陆属 Phytolacca**

1. 数珠珊瑚属 Rivina L.

多年生草本或半灌木。茎直立，二叉分枝，具纵棱，无毛或被短柔毛。叶具长柄；叶片卵形或卵状披针形，基部圆或截形，先端渐尖，具羽状脉。总状花序顶生或腋生，直立或下弯，细长；花小，两性；花被片4，宿存；雄蕊4，与花被片互生；心皮1，子房上位，1室，1胚珠，花柱短于子房，稍弯曲，柱头头状。果为浆果，球形或梨形，红色或橙黄色。

1种，分布于美洲热带及亚热带地区。我国南部有引种。深圳也有引种。

数珠珊瑚 蕾芬 Rougeplant   图503

Rivina humilis L. Sp. Pl. 1: 121. 1753.

半灌木，高0.3~1m。茎直立，具纵棱，二叉分枝，嫩时被短柔毛，老渐变无毛。叶柄长0.3~3.5cm，具纵棱，被短柔毛；叶片卵形或卵状披针形，长2~8cm，宽0.8~3.5cm，基部圆或截形，边缘全缘，有时具微锯齿，被缘毛，先端渐尖，下面疏被短柔毛，上面被微柔毛；侧脉每边4~7条。总状花序长3~6cm，被短柔毛；花梗纤细，长2~4mm，基部有1苞片；苞片披针形，长约1mm，膜质；花被片4，椭圆形或倒卵状长圆形，长2~2.5mm，白色或粉红色，宿存；雄蕊4，短于花被片；子房球形，无毛，花柱短，柱头头状。浆果球形或梨形，长3~4mm，基部具宿存的花被片。种子1，小，球形，直径约2mm。花期1月；果期11月。

产地：仙湖植物园（张寿洲012753；王国栋W070304）有栽培。

分布：原产于美洲。我国福建（福州）、广东（广州）

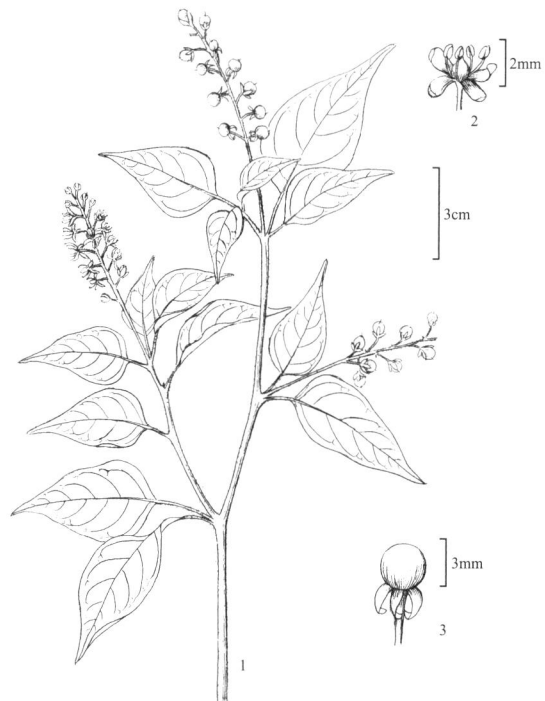

图 503 数珠珊瑚 Rivina humilis
1.分枝的一部分，示叶、总状花序和果序；2.花；3.浆果。
（林漫华绘）

和浙江（杭州）等地有引种栽培。

用途：园林观赏植物。

2. 商陆属 Phytolacca L.

多年生草本或灌木，稀乔木。根通常肥厚，肉质。茎直立或攀援，茎和枝圆柱形，有沟槽或纵棱。叶互生；叶柄长或短，稀无；叶片卵形、椭圆形或披针形，具羽状脉。花两性，稀单性，雌雄异株，多朵组成总状花序、聚伞圆锥花序或穗状花序，花序顶生或与叶对生；花梗有或无；花被片5，辐射对称，草质或膜质，开展或反折，宿存；雄蕊6~33，着生于花被的基部，花丝线形或钻形，分离或基部合生，花药长圆形或近圆形，2室，纵裂；雌蕊由5~16离生或合生心皮组成，子房1室，具1弯生的胚珠，花柱钻状，直立或下弯，柱头通常不明显。果为浆果，扁球形，肉质，多汁，黑色或暗红色。种子1，肾形，稍扁，外种皮硬而脆，亮黑色，平滑，内种皮膜质，胚球形，围绕粉质胚乳。

约25种，分布于世界热带至温带地区，主产于南美洲，少数分布于亚洲和非洲。我国产4种。深圳引入栽培2种。

1. 花序和果序均直立 ·· 1. **商陆 P. acinosa**
1. 花序和果序均下垂 ·· 2. **垂序商陆 P. americana**

1. **商陆** 山萝卜 Indian Pokeberry

图 504 彩片 701 702

Phytolacca acinosa Roxb. Fl. Ind. ed. 1832，**2**: 458.1832.

多年生草本，高达 1.5m，全株无毛。根倒圆锥形，肥大，肉质，外皮淡黄色或灰褐色。茎直立，圆柱形，绿色或淡红紫色，肉质，具纵沟，多分枝。叶柄长1.5~3cm，粗壮，基部稍宽扁，横切面半圆形，上面有槽；叶片，椭圆形或披针状椭圆形，纸质，长10~30cm，宽4.5~15cm，基部楔形，先端急尖或渐尖，两面密生白色斑点状的针晶体，侧脉每边4~5条。总状花序直立，圆柱形，顶生或与叶对生，通常比叶短，着花多朵；花序梗长1~4cm；花梗长0.6~1(~1.3)cm，基部具线形的苞片；花两性，直径约8mm；花被片5，椭圆形、卵圆形或长圆形，长3~4mm，宽约2mm，白色或淡黄绿色，花后常反折；雄蕊8~10，与花被片等长，花丝近钻状，基部宽，白色，花药椭圆体形，粉红色，宿存；心皮通常8，稀5或多至10，分离，子房椭圆体形，花柱钻状，直立，先端外弯，柱头不明显。

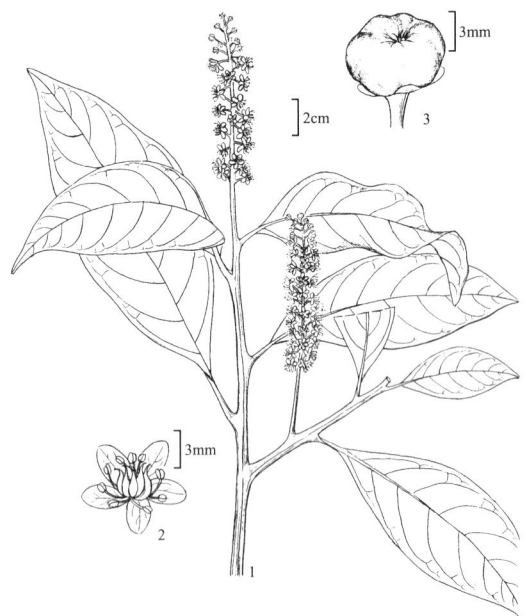

图 504 商陆 Phytolacca acinosa
1. 分枝的上部，示叶和总状花序；2. 花；3. 浆果。（林漫华绘）

果序直立；浆果扁球形，直径约7mm，成熟时黑色。种子肾形，长约3mm，具3棱，平滑。花期4~8月；果期6~10月。

产地：仙湖植物园（王定跃 0101）。深圳各公园常有栽培。

分布：辽宁、河北、河南、山东、安徽、江苏、浙江、福建、台湾、广东、香港、澳门、广西、湖北、贵州、云南、四川、陕西和西藏。日本、朝鲜半岛、印度、不丹、缅甸、越南。

用途：根可药用，有泻水利尿之效，治水肿、胀满、脚气和喉痹，外用治痈肿和疮毒。

2. 垂序商陆 洋商陆 美洲商陆 Common Pokeberry

图 505 彩片 703

Phytolacca americana L. Sp. Pl. **1**: 441. 1753.

多年生草本，高达 2m。全株无毛。根粗壮，肥大，倒圆锥形。茎直立，圆柱形，有纵棱，紫红色。叶柄长 1~4cm；叶片椭圆状卵形或卵状披针形，长 4~18cm，宽 2~10cm，基部楔形，先端急尖，侧脉每边 6~8 条。总状花序顶生或侧生，长 5~20cm，下垂；花序轴具棱；花梗长 5~8mm，基部和中下部具 1~3 膜质、披针形的苞片；花直径 4~6mm；花被片 5，白色，有时带红色，宽卵形，长、宽约 2mm，宿存；雄蕊、心皮和花柱均为 10；心皮合生。果序长 5~20cm，下垂；浆果扁球形，直径 6~9mm，成熟时紫黑色，基部具宿存的花被片。种子肾圆形，直径约 3mm。花期 6~8月；果期 8~10 月。

产地：光明新区（李沛琼等 8118）、仙湖植物园（蒋露 6351）有栽培。

分布：原产于北美洲。现广泛栽培于亚洲和欧洲。我国河北、河南、山东、安徽、江苏、浙江、江西、湖北、湖南、福建、台湾、广东、香港、广西、贵州、云南、四川和陕西等地有栽培。

用途：根可药用，治水肿、风湿等症；叶有解毒作用，治肺气病；种子可作利尿药。

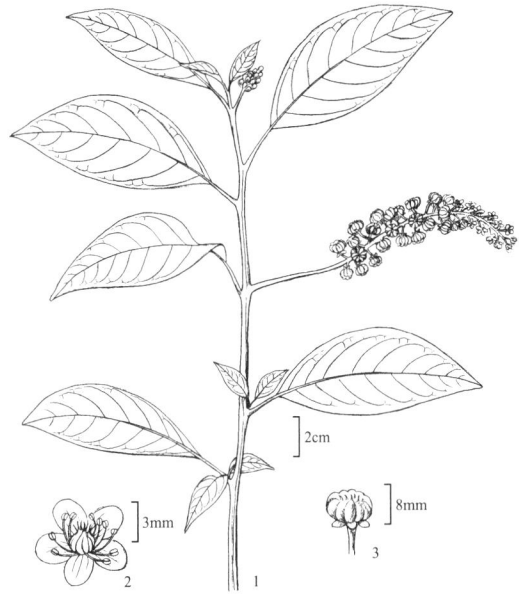

图 505 垂序商陆 Phytolacca americana
1. 分枝的上部，示叶和果序；2. 花；3. 浆果。（林漫华绘）

69. 紫茉莉科 NYCTAGINACEAE

李秉滔

乔木、灌木、草本或有刺藤本。单叶对生或互生，稀轮生或近轮生；无托叶；叶柄长或短，稀无柄；叶片边缘全缘，稀波状，草质或稍肉质，具羽状脉。花序为顶生或腋生的聚伞花序、伞形花序、伞房花序或聚伞圆锥花序，有时簇生或单花；苞片通常不明显，有时有具各种彩色的萼状总苞。花两性、稀单性或杂性，辐射对称，单花被，花被常为花冠状、筒状、漏斗状或钟状，顶部 5~10 裂，在花芽时裂片镊合状或褶扇状排列，宿存或早落；无花盘；雄蕊（1~）3~5（更多），下位，花丝分离或基部合生，在花芽时内卷，花药基部着生，2 室，纵裂；雌蕊由单心皮组成，子房上位，1 室，内具 1 胚珠，花柱单一，柱头球形。果为瘦果状掺花果（Anthocarp，除果皮外，还有花的某些部分共同参与形成的果实），包藏于宿存的花被内，有棱或有翅，通常有腺体。种子 1，有胚乳，胚直生或弯生。

约 30 属 300 种，分布于世界热带和亚热带地区，主产于美洲热带。我国产 6 属 13 种。深圳有 3 属 4 种。

1. 攀援灌木或小乔木；茎或枝具刺；叶互生 ··· 1. 叶子花属 Bougainvillea
1. 草本；茎或枝无刺；叶对生。
　2. 茎直立；花被高脚碟状；果无黏质腺体 ···································· 2. 紫茉莉属 Mirabilis
　2. 茎外倾或披散；花被筒中部缢缩，下半部卵圆形或筒形，上半部钟形或漏斗形；果具黏质腺体 ················
　··· 3. 黄细心属 Boerhavia

1. 叶子花属（宝巾属）Bougainvillea Comm. ex Juss.

灌木或小乔木，直立、半直立、攀援或下垂。枝条有刺；刺腋生，长或短，直或弯，或后来变扁。单叶互生，具柄；叶片边缘全缘，卵形或椭圆形，无毛、被微柔毛至长柔毛，具羽状脉。花序为腋生的聚伞花序，花序通常由 3 花与 3 大型艳丽的叶状苞片紧贴而花梗贴生于苞片中脉上而成；花序轴分枝或不分枝，通常由多数带大型苞片的聚伞花序在分枝的上部或顶部排成大型艳丽的圆锥花序；苞片绿色、红色、洋红色、紫红色、粉红色、深红色、橙色、黄色、白色或双色，宿存或脱落；花小，两性；花被筒状、高碟脚状、漏斗状或钟状，筒部颜色与苞片近同色，具 5 棱或无棱，花被簷部开展，白色、奶白色、带粉红色、淡绿色或淡黄色，5~6 浅裂，开放时呈辐射星状；雄蕊 5~7（~10），内藏，稀自花被筒喉部伸出，花丝丝状，不等长，基部合生，着生于花盘边缘，花药高于柱头；子房具柄，纺锤形，基部有一杯状花盘，1 室，胚珠 1，基生，花柱侧生，短线形，柱头具流苏状缘毛。果圆柱形或棍棒状，具 5 棱，无黏质腺体。种子 1，种皮薄，有胚乳，胚弯，子叶席卷。

约 18 种，原产于中美洲热带地区及南美洲的阿根廷、巴西、厄瓜多尔、哥伦比亚和秘鲁。现广为栽培于世界热带及亚热带地区。我国引进栽培 2 种及多个栽培品种和杂交种。深圳均有引进栽培。

1. 叶片两面无毛或下面疏被短柔毛；苞片椭圆形或长圆形；花被筒具棱，外面被卷曲的短柔毛 ···················
　··· 1. 光叶子花 B. glabra
1. 叶片密被短柔毛；苞片宽卵形至近圆形；花被筒无棱，毛被长达 1mm ························ 2. 叶子花 B. spectabilis

1. 光叶子花 宝巾 簕杜鹃 Paper Flower Bougainvillea 　　图 506 　彩片 704 　705 　706 　707 　708 　709
Bougainvillea glabra Choisy in DC. Prodr. **13**（12）：437. 1849.

藤状灌木，长约 10m。茎粗壮，多分枝；枝伸展，常下垂，无毛或疏被短柔毛，多刺；刺腋生，长 0.5~1.5cm，先端稍弯。叶柄长 1~1.5cm；叶片，卵形或卵状披针形，纸质，长 5~13cm，宽 3~6cm，基部圆或宽楔形，先端急尖或渐尖，两面无毛或有时下面疏被短柔毛，侧脉每边 5~6 条。花顶生，通常 3 朵簇生，包藏于 3 叶状苞片内，花梗贴生于苞片中脉上；苞片椭圆形或长圆形，长 2.5~3.5cm，宽 2~2.5cm，暗红色或紫红色；花被高脚碟状，花被筒具棱，外面被卷曲的短柔毛，花被筒中部稍缢缩，顶部 5 浅裂；雄蕊 6~8，着生于花盘边缘；子房纺锤形，无毛，基部有一环状或杯状花盘，花柱侧生，线形，柱头具缘毛。果长 0.7~1.3cm，无毛。花期在南方为冬、春季；未见结果。

产地：仙湖植物园（曾春晓等 0068）、深圳莲花北村（曾春晓 4091）。深圳市各地常见栽培。

分布：原产于巴西。现世界各地广为栽培。我国福建、台湾、广东、香港、澳门、海南、广西和云南等地广为栽培。

用途：本种为深圳市的市花，品种繁多，叶状苞片的色彩丰富，艳丽夺目，正所谓不是花而胜似花，形成热带地区独特的景观。在公园、庭园或绿地，无论作绿篱或花廊、棚栏、斜坡的垂直绿化以及造型和盆景，均有极高的观赏价值，还可作道路分隔带植物。

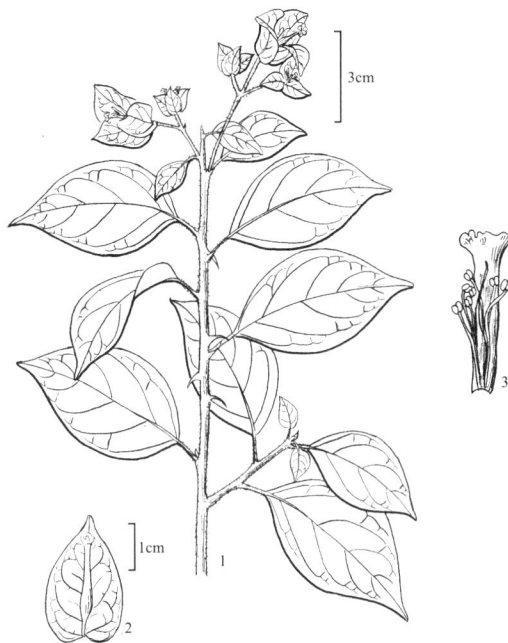

图 506 光叶子花 Bougainvillea glabra
1. 分枝的一段，示叶及花；2. 苞片及花；3. 花被筒展开，示雄蕊和雌蕊。（林漫华绘）

本种包含的栽培品种和杂交种多达 100 种以上。深圳栽培的主要有下列栽培品种。

（1）白色叶子花 Bougainvillea glabra 'Elizabeth Daxey'，苞片白色；
（2）玫瑰叶子花 Bougainvillea glabra 'Sanderiana'，苞片玫瑰红色；
（3）茄色叶子花 Bougainvillea glabra 'Brazill'，苞片茄紫色；
（4）白斑叶子花 Bougainvillea glabra 'Variegata'，苞片玫瑰红色，叶片有白斑；
（5）紫色叶子花 Bougainvillea glabra 'Paperflower'，苞片粉紫色。

2. 叶子花 毛宝巾 Beautiful Bougainvillea   图 507
Bougainvillea spectabilis Willd. Sp. Pl. **2**: 348. 1799

藤状灌木，长达 10m，或更长。茎粗壮，多分枝，枝和叶均密被短柔毛；枝条有腋生刺；刺坚韧，稍弯。叶互生；叶柄长 1~2cm；叶片，椭圆形、卵形或卵状披针形，纸质，长 4~9cm，宽 2~4.5cm，基部宽楔形至近圆形或近楔形，有时稍偏斜，先端短渐尖，侧脉每边 4~5 条。花顶生，通常 3 花簇生，包藏于 3 大型叶状苞片内，再在分枝的上部和顶部排成大型艳丽的圆锥花序；花梗贴生于苞片的中脉上；苞片长于花，叶状，宽卵形至近圆形，长 3~3.8cm，宽 2.5~2.8cm，红色、紫红色或橙黄色；花被筒狭圆筒形，长 1.6~2.4cm，外面无棱，密被短柔毛，顶端 5~6 裂，裂片开展，直径约 7mm，裂片长 3.5~5mm，淡黄色、白色或粉红色，密被柔毛，毛长达 1mm；雄蕊通常 8，不等长，内藏，花丝丝状，基部合生，着生于花盘边缘；

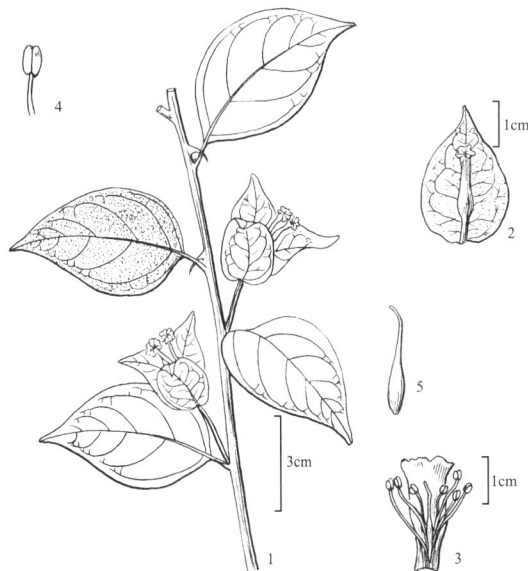

图 507 叶子花 Bougainvillea spectabilis
1. 分枝的一段，示叶及花；2. 苞片及花；3. 花被筒展开，示雄蕊和雌蕊；4. 雄蕊；5. 雌蕊。（林漫华绘）

子房纺锤形，具柄，基部具一环状花盘，花柱侧生，柱头羽毛状。果长 1~1.5cm，密被短柔毛。花期冬季至春季；未见结果。

　　产地：仙湖植物园和深圳市各公园均有栽培。

　　分布：原产于巴西。现世界热带地区广为栽培。我国南方普遍有栽培。

　　用途：为优良的园林绿化植物，有极高的观赏价值。

本种有繁多的栽培品种和杂交种。在深圳常见的有下列栽培品种。

（1）白色重瓣叶子花 Bougainvillea spectabilis ‘**Alba-plena**’，苞片白色，边缘有水红晕，重瓣；

（2）艳红白斑叶子花 Bougainvillea spectabilis ‘**Variegata**’，苞片艳红色，叶有白斑；

（3）砖红叶子花 Bougainvillea spectabilis ‘**Lateritia**’，苞片砖红色；

（4）紫红重瓣叶子花 Bougainvillea spectabilis ‘**Rubra-plena**’，苞片紫红色，重瓣；

（5）双色叶子花 Bougainvillea × spectoglabra ‘**Mary palmer**’，苞片白色与玫瑰红色；

（6）橙黄叶子花 Bougainvillea × buttiana ‘**Golden-glow**’，苞片橙黄色；

（7）大红叶子花 Bougainvillea × buttiana ‘**Mrs Butt**’，苞片大红色；

（8）橙红叶子花 Bougainvillea × buttiana ‘**Pretoria**’，苞片橙红色；

（9）怡红重瓣叶子花 Bougainvillea × buttiana ‘**Carmencita**’，苞片橙红色，重瓣；

（10）怡锦重瓣叶子花 Bougainvillea × buttiana ‘**Carmencita Variegata**’，苞片上部淡紫红色，下部为白色，重瓣。

2. 紫茉莉属 Mirabilis L.

　　一年生或多年生草本。根肥厚，倒圆锥形或近倒圆锥形。茎直立。单叶对生，具柄或上部几无柄；叶片具羽状脉。花单生或几朵组成腋生或顶生的聚伞花序；每花基部包以 1 萼状总苞；总苞钟状，5 深裂，裂片直立，花后不扩大；花两性，午后开放，香或不香；花被花冠状，漏斗形或高脚碟状，具各种颜色，花被筒伸长，在子房上部稍缢缩，顶端 5 裂，裂片平展，褶扇状，花后脱落；雄蕊 5-6，与花被筒等长或外伸，花丝不等长，下部贴生于花被筒基部；子房上位，卵球形或椭圆体形，1 室，1 胚珠，花柱线形，长于或等长于雄蕊，伸出花被之外，柱头头状。果球形或倒卵球形，革质、壳质或纸质，具棱或有疣状凸起，无黏质腺体。种子胚弯曲，子叶褶叠，包围粉质胚乳。

　　约 50 种，主要分布于美洲热带地区。我国引进栽培 1 种，有时逸生。深圳栽培 1 种。

紫茉莉 胭脂花 状元花 晚饭花 Marvel of Peru Four O’ctock Plant　　图 508　彩片 710

Mirabilis jalapa L. Sp. Pl. **1**：177. 1753.

　　多年生草本，高 0.3~1m。根块状，肥厚，倒圆锥形，黑色或黑褐色。茎直立，圆柱形，具节，节稍膨大，节上有分枝，初时疏被短柔毛，老渐无毛。叶对生；叶柄长 1~5.5cm，有时枝上部的叶近无柄，疏被短柔毛；叶片，卵形或卵状三角形，纸质，长 3~15cm，宽

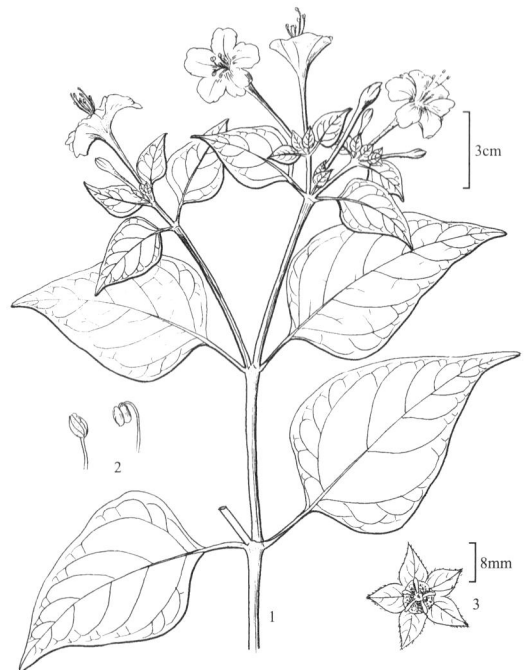

图 508 紫茉莉 Mirabilis jalapa
1. 分枝的一段，示叶及花序；2. 雄蕊；3. 总苞及果。（林漫华绘）

2~9cm，基部楔形或心形，边缘全缘，先端渐尖，初被疏短柔毛，后变无毛，侧脉 4~6(~7) 条，在下面稍凸起，在上面扁平。数花簇生于枝顶呈聚伞花序，芳香；花梗长 1~2mm；总苞钟状，长约 1cm，5 裂，裂片三角状卵形，先端渐尖，无毛，具脉纹，宿存；花被紫红色、红色、黄色、白色或杂色，高脚碟状，花被筒长 2~6cm，檐部直径 2.5~3cm，午后开放，次日早晨或午前闭合或凋萎；雄花 5~6，与花被筒等长或伸长，花丝细长，下部贴生于花被筒基部，花药球形；子房卵球形，花柱与雄蕊等长，柱头头状。果球形，直径 5~8mm，黑色，革质，具棱，有皱纹。种子的胚乳白粉质。花期 4~10 月；果期 8~12 月。

产地：葵涌（王国栋等 6512）、仙湖植物园（王勇进 3292；王定跃 891）。深圳市各公园、庭园或村边时有栽培，有时逸生。

分布：原产于秘鲁。现世界热带、亚热带地区有栽培或逸生。我国河南、江苏、浙江、江西、福建、台湾、广东、香港、澳门、海南、广西、云南和四川有栽培或逸生。

用途：花色艳丽，为园林和庭园观赏植物；根、叶可药用，根有活血解毒、祛湿利尿的功效，叶可治疮毒。

3. 黄细心属 Boerhavia L.

一年生或多年生草本。茎外倾或披散，多分枝；枝条开展或披散，有时具腺。单叶对生；叶柄长或短；叶片边缘全缘或浅波状，具羽状脉。花小，数花组成伞形花序，由几个至多个伞形花序再排成顶生或腋生的聚伞圆锥花序，稀单花；花序梗细长；花梗短；苞片和小苞片通常早落；花两性；花被筒中部缢缩，下半部呈倒卵形或圆筒形，宿存，上半部呈钟形或漏斗状，顶端截形或皱褶，边缘浅 5 裂，花后脱落；雄蕊 1~5，内藏或短伸出，花丝细长，基部合生，花药卵球形，纵裂；子房上位，偏斜，具柄，1 室，1 胚珠，花柱单一，柱头盾状或头状。果小，倒卵球形、陀螺形、棍棒状或圆柱状，具 5 棱或深 5 角，常粗糙，具无柄黏质腺体。种子 1，胚弯曲，子叶薄而宽，围绕薄的胚乳。

约 30 种，广布于世界热带及亚热带地区。我国产 4 种。深圳有 1 种。

黄细心 沙参 Diffuse Boerhavia　　图 509　彩片 711

Boerhavia diffusa L. Sp. Pl. **1**: 3. 1753.

多年生草本，高 1~2m。根肥厚，肉质。茎披散，上部常下垂，无毛或疏被短柔毛。叶对生；叶柄长 0.4~2cm，无毛或被极稀疏的短柔毛；叶片卵形或宽卵形，长 1~5cm，宽 1~4cm，基部圆或宽楔形，边缘浅波状并疏被多细胞毛，先端钝或急尖，下面灰白色或灰黄色，干时有皱纹，上面绿色，两面疏被短柔毛或无毛，侧脉每边 3~4 条，不很明显。聚伞圆锥花序顶生或腋生，头状，长 0.5~7cm；花序梗纤细，疏被短柔毛；苞片小，披针形，外面被短柔毛；花梗长 0.3~2mm；花被长约 4mm，花被筒中部缢缩，下半部圆筒形或倒卵形，长 1~1.2mm，外面具 5 棱，上半部钟形，长 1~2mm，白色、红色或紫红色，顶端皱褶，浅 5 裂；雄蕊 1~3(~5)，稍伸出花被筒外或内藏，花丝细长，基部合生，花药卵球形，纵裂；子房倒卵球形或倒卵状长圆体形，花柱细长，柱头头状。果长 3~3.5mm，先端圆，具 5 棱，有黏质腺体，疏被短柔毛。花期夏季；果期秋季。

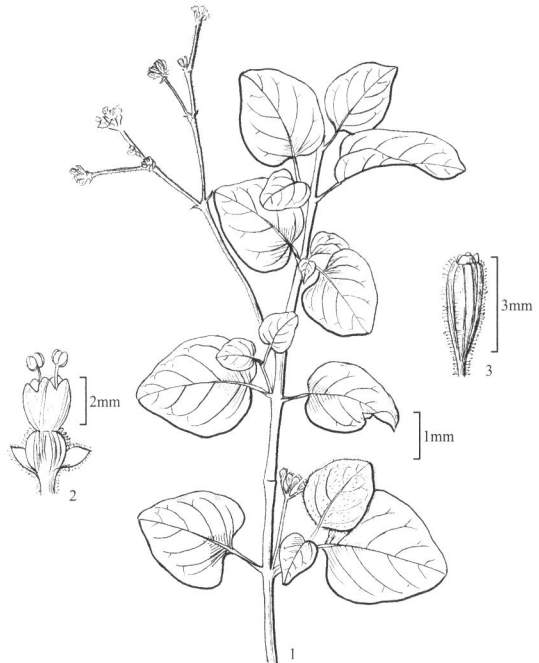

图 509 黄细心 Boerhavia diffusa
1. 分枝的一段，示叶及花序；2. 花；3. 果。（林漫华绘）

产地：西涌（张寿洲等 4246）。生于海边沙地，海拔约 50m。

分布：台湾、福建、广东、香港、澳门、海南、广西、贵州、云南和四川。日本、印度、尼泊尔、缅甸、泰国、老挝、柬埔寨、越南、马来西亚、菲律宾、印度尼西亚、澳大利亚、太平洋岛屿、美洲和非洲。

用途：根烤熟可食，有甜味；全草药用，有利尿的功效；根药用，有驱除肠道寄生虫，退热、通便等功效。

70. 番杏科 **AIZOACEAE**

李秉滔

一年生至多年生草本、半灌木或灌木。茎直立、斜升或平卧。单叶，稀羽状复叶，对生或互生；托叶有或无；叶柄通常短；叶片边缘全缘，稀具疏齿，具羽状脉。花序顶生或腋生，为聚伞花序，或花单生；花两性，稀杂性，辐射对称，分离或基部合生，覆瓦状排列，宿存，花被筒与子房分离或贴生，裂片（4~）5（~8）；雄蕊3至多数，排成多轮，花被分离或基部合生成束，外轮雄蕊有时变为退化雄蕊，呈花瓣状或条形，花药2室，药室纵裂；花托扩展呈碗状；蜜腺有横隔，或在子房周围形成花盘；雌蕊由2至多枚心皮组成，心皮合生或稀分离，子房上位或下位，2至多室，中轴胎座或侧膜胎座，胚珠1至多数，弯生、近倒生或基生，花柱与心皮同数，条形，直立、伸展或外弯。果为蒴果，坚果，稀浆果，常被宿存花被所包围。种子具细长的弯胚，包围粉质的胚乳，稀具假种皮。

约135属1800种，主产于非洲南部、大洋洲和美洲西部，有些种广布于世界热带和亚热带干旱地区。我国产3属3种。深圳有1属1种。

海马齿属 **Sesuvium** L.

草本或灌木，稀半灌木。茎平卧或斜升，稀匍匐，节上生根，多分枝。叶对生；无托叶；叶柄基部变宽，边缘膜质或薄纸质，抱茎或抱枝；叶片厚，肉质，边缘全缘，叶面或叶背通常散生淡白色瘤点，干后变成凹穴，叶脉通常不明显。花单生或簇生于叶腋，或组成聚伞花序；无花梗或具花梗；花被片5，花被筒倒圆锥形；雄蕊5至多数，分离，着生于花被筒上部；子房上位，3~5室，每室有胚珠多数，花柱条形。果为蒴果，椭圆体形，果皮薄，膜质，为宿存花被所包围，近中部环裂。种子每室多数，具黑色平滑的假种皮。

约17种，分布于世界热带及亚热带地区。我国产1种。深圳也有分布。

海马齿 滨苋 Sea-purslane　图510　彩片712
Sesuvium portulacastrum（L.）L. Syst. Nat.，ed. 10，**2**：1058. 1759.

Portulaca portulacastrum L. Sp. Pl. **1**：446. 1753.

多年生肉质草本。茎平卧或斜升，长20~80cm，绿色或红色，有白色瘤状凸起，多分枝，常在节上生根。叶对生；叶柄基部变宽，边缘膜质，抱茎或抱枝；叶片肉质，条状匙形或条状倒披针形，长1.5~5cm，宽2~8mm，先端钝，叶面或叶背散生淡白色瘤点，干后变成凹穴，叶脉不明显。花单生于叶腋；花梗长0.5~1cm；花被长6~8mm，花被筒长约2mm，裂片5，卵状披针形，长3~6mm，外面绿色，内面红色；雄蕊15~20，中部以下与花被筒贴生；子房倒卵球状，无毛，3（~5）室，花柱3~5。蒴果倒卵球形，长不超过宿存的花被，中部以下环裂。种子小，亮黑色，卵形，顶端凸起。花期4~7月；果期7~10月。

产地：排牙山（王国栋6605）。生于海边沙滩上，海拔10~50m。

分布：台湾、福建、广东、香港和海南。广布于世界热带及亚热带滨海地区。

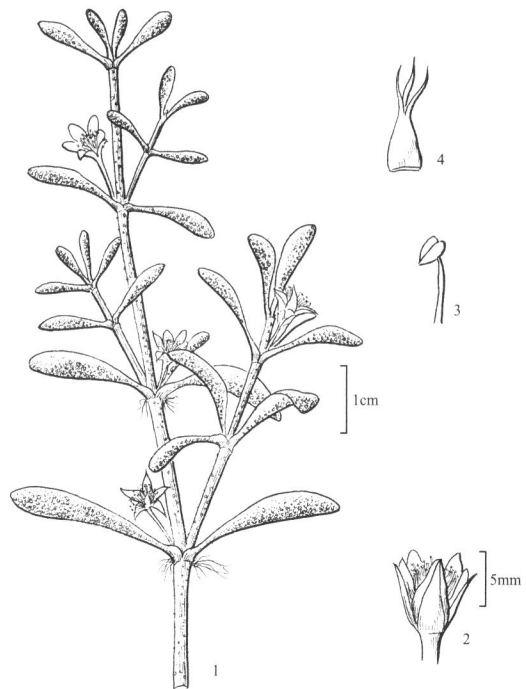

图510 海马齿 Sesuvium portulacastrum
1.茎的一段，示分枝、叶和花；2.花；3.雄蕊；4.雌蕊。（林漫华绘）

72. 仙人掌科 CACTACEAE

李振宇

多年生草本、灌木或乔木。茎通常肉质，圆柱状、球状、侧扁或叶状，常具节，节间具棱、角、瘤突或平坦，具水汁或黏液，稀具乳汁；小窠(areoles)螺旋状散生，或沿棱、角或瘤突着生，常有刺，少数无刺，分枝和花均从小窠发出。叶扁平或圆柱状、钻形至圆锥状，互生，或完全退化；无托叶。花通常无花梗，单生，稀具花梗并组成总状、聚伞状或圆锥状花序，两性花，稀单性花，辐射对称或左右对称；被丝托通常与子房贴生，并向上延伸成被丝托筒；花被片多数，螺旋状贴生于被丝托或被丝托筒上部，外轮萼片状，内轮花瓣状，或无明显分化；雄蕊多数，螺旋状着生或排成 2 列，花药基部着生，2 药室平行，纵裂；雌蕊由(2)3 至多数心皮合生而成，子房(室)通常下位，稀半下位或上位，多具侧膜胎座，稀具基底胎座或悬垂胎座，胚珠多数至少数，弯生至倒生，花柱 1，顶生，柱头裂片(2)3 至多数。浆果肉质，稀干燥或开裂。种子多数，稀少数至单生，胚通常弯曲，稀直伸，胚乳存在或缺失，子叶叶状扁平至圆锥状。

约 110 属近 2000 种，分布于美洲热带至温带地区，仅 1 属间断分布到热带非洲和印度洋岛屿。大部分属种被广泛引种。我国引种 60 余属 600 多种，其中 4 属 7 种在南部及西南部归化。深圳引种 58 属约 360 种，本志记载常见栽培的有 16 属 38 种，34 栽培品种和 1 杂交种。

本科植物外形奇特，花色艳丽，可供观赏，在热带地区常植作围篱；木麒麟属 Pereskia、仙人掌属 Opuntia、仙人柱属 Cereus 和量天尺属 Hylocereus 多数种的浆果可供生食用；木麒麟的叶和量天尺的花可作蔬菜；仙人掌属的等多种植物为民间草药。

1. 叶存在；花辐状，无伸长的被丝托筒部。
 2. 小窠无倒刺刚毛；叶宽而扁平，具羽状脉；花单生或组成花序，通常具花梗；子房上位至下位；种子黑色，无假种皮 ··· 1. **木麒麟属 Pereskia**
 2. 小窠具绵毛、倒刺刚毛和刺；叶通常小，圆柱形、钻形或锥形，无叶脉；花单生，无花梗；子房下位；种子具骨质假种皮 ··· 2. **仙人掌属 Opuntia**
1. 叶不存在；花漏斗状至高脚碟状，具伸长的被丝托筒部，稀被丝托筒部短。
 3. 地生或附生木本植物，稀为草本；茎多少伸长，主茎具 2 至多数节。
  4. 地生植物；茎圆柱状，直立，无气根；刺常显著。
   5. 花大型，夜间至次日上午开放；花药长圆体形；柱头淡绿色；浆果长 5~12cm，红色或黄色，一侧或顶端开裂 ··· 3. **仙人柱属 Cereus**
   5. 花小型，白天开放；花药近圆形；柱头黄白色；浆果长 1~2cm，蓝紫色，不开裂 ·······················
    ·· 4. **龙神木属 Myrtillocactus**
  4. 附生植物；茎攀援、缠绕、披散或悬垂，通常具气根；无刺或具长 1cm 以下的硬刺。
   6. 分枝具 3 角或翅状棱，坚硬；小窠具 1 至少数粗短的硬刺；柱头裂片 20~24 ········ 5. **量天尺属 Hylocereus**
   6. 分枝叶状扁平，柔软；小窠无刺；柱头裂片 4~20。
    7. 花白色，夜间开放；浆果常一侧开裂 ·················· 6. **昙花属 Epiphyllum**
    7. 花通常红色，白天开放；浆果不开裂。
     8. 茎不规则分枝；茎节间长 15cm 以上 ·················· 7. **姬孔雀属 Disocactus**
     8. 茎二歧式分枝；茎节间长 2.5~5(~6)cm ·················· 8. **蟹爪属 Schlumbergera**
 3. 地生多年生肉质草本植物，稀肉质小乔木；茎球形、扁球形至短圆柱形，主茎具单节。
  9. 花侧生。
   10. 茎中至大型，棱多少发育；花生于茎的上侧至中侧的小窠，稀生于下侧的小窠；花的鳞片腋部密生绵毛；果成熟时半干燥；种子近球形或倒卵球形·················· 9. **海胆球属 Echinopsis**

10. 茎小型，具多数瘤突而无棱；花生于茎下部至中部的小窠；花的鳞片腋部裸露或具疏毛；果成熟时肉质；
　　　　种子长圆体形 ·· 10. **宝山属 Rebutia**
9. 花近顶生。
　　11. 被丝托筒部的鳞片腋部具毛、刚毛或具刺。
　　　　12. 被丝托筒部的鳞片腋部密被绵毛，并常兼具刚毛和刺；种子小，常短于 1mm ···············
　　　　　··· 11. **细种玉属 Parodia**
　　　　12. 被丝托筒部的鳞片腋部仅密被长绵毛，但无刚毛和刺；种子长 1.5-3mm。
　　　　　　13. 植株大型；茎表皮无毛；种子球形、肾形至倒卵球形 ······················ 12. **金鯱属 Echinocactus**
　　　　　　13. 植株小型；茎表皮常具白色的丛卷毛；种子帽状 ··············· 13. **星冠属 Astrophytum**
　　11. 被丝托筒部无鳞片或具腋部裸露的鳞片。
　　　　14. 茎具棱，瘤突存在时排列于棱上；花生于具刺的小窠上；被丝托和果多少具鳞片。
　　　　　　15. 中刺先端无钩；被丝托的鳞片通常宽过于长，先端圆钝，稍肉质，无毛 ···············
　　　　　　　·· 14. **裸萼属 Gymnocalycium**
　　　　　　15. 中刺先端常钩状，稀无钩；被丝托的鳞片通常长过于宽，先端尖，干膜质，有时具缘毛 ···········
　　　　　　　·· 15. **强刺属 Ferocactus**
　　　　14. 茎具瘤突而无棱；花生于瘤突腋部；被丝托和果裸露，稀具鳞片 ·········· 16. **乳突球属 Mammillaria**

1. 木麒麟属 Pereskia Mill.

直立或攀援灌木，稀为小乔木。茎圆柱状，分枝细长，嫩时稍肉质；小窠生于叶腋，刺针状、钻形或钩状，无倒刺刚毛。叶互生；叶片宽而扁平，卵形、椭圆形、长圆形或披针形，边缘全缘，具羽状脉和叶柄。花辐状，无伸长的筒部，具花梗，单生或数花在小枝上部排成总状、聚伞状或圆锥花序，白天开放；花托杯状，外面散生小窠及叶状鳞片，稀裸露，花被片多数，螺旋状聚生于被丝托上部，外轮萼片状，内轮花瓣状，开展，稀直立；雄蕊多数，螺旋状着生于被丝托内面上方，多少开展；子房上位至下位，1 室，侧膜胎座，有时为基底胎座或悬垂胎座；柱头裂片 3~20。浆果梨形、球形或陀螺状。种子倒卵球形至双凸镜状，黑色，无假种皮，具光泽，种脐小，基生。

16 种，原产于中、南热带美洲。我国引种 5 种，其中 1 种在福建南部逸生。深圳引种 4 种，其中常见栽培 1 种。

木麒麟 仙人树 Barbados Gooseberry　　　图 511
Pereskia aculeata Mill. Gard. Dict. ed. 8, Pereskia, No. 1. 1768.

攀援灌木，高 3~10m。主干基部直径 2~3cm，灰褐色，表皮纵裂；分枝多数，圆柱状，绿色或带红褐色；小窠生于叶腋，垫状，直径 1.5~2mm，具灰色或淡褐色绵毛，于老枝上常增大并凸起呈结节状，直径达 1.5cm，具 1~6（~25）刺；刺针状至钻形，长 1~4（~8）cm，

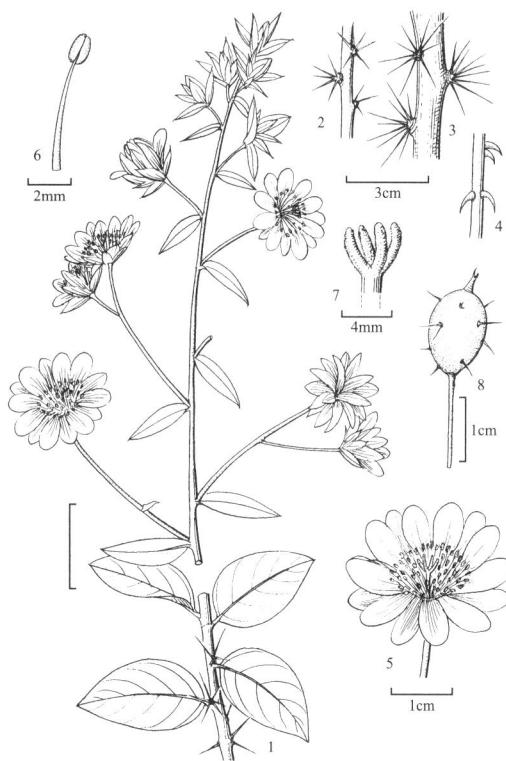

图 511 木麒麟 Pereskia aculeata
1. 分枝的一部分，示老枝上的刺、叶及花；2~3. 老枝和主茎上的刺；4. 一段攀援枝；5. 花；6. 雄蕊；7. 柱头裂片；8. 浆果。
（李志民绘）

褐色，在攀援枝上常成对着生并下弯成钩状，较短。叶柄长3~7mm，无毛；叶片卵形、宽椭圆形至椭圆状披针形，长4.5~7(~10)cm，宽1.5~5cm，基部楔形至圆形，边缘全缘，先端急尖至短渐尖，稍肉质，无毛，下面绿色至紫色，上面绿色；侧脉每侧4~7条。花于分枝上部组成总状或圆锥状花序，辐状，芳香，直径2.5~4cm；花梗长0.5~1cm；被丝托具披针形至线状披针形、叶质的鳞片及小窠；外轮花被片卵形至倒卵形，淡绿色或边缘近白色，内轮花被片倒卵形至匙形，先端圆形、截形或近急尖，有时具小尖头，白色，或略带黄色或粉红色；花丝白色，花药椭圆形，黄色；子房上位，基底胎座；花柱白色，柱头裂片4~7，直立，白色。果淡黄色，倒卵球形或球形，肉质，长1~2cm，具刺。种子2~5，双凸镜状，黑色，平滑，直径4.5~5mm，种脐略凹陷。花期6~9月；果期7~10月。

产地：仙湖植物园（李振宇等1501006）、花卉世界、沙头角林场（李沛琼2531）和深圳市部分苗圃常见栽培。

分布：原产于中美洲、南美洲北部及东部和西印度群岛。我国云南、广西、广东、福建、台湾、浙江及江苏（南部）有栽培，北方温室也常有栽培，在福建厦门逸生。

用途：本种是仙人掌科唯一具上位子房的种。扦插易成活，通常作嫁接仙人球的砧木；叶可作蔬菜；果酸甜可食，有"巴巴多斯醋栗"之称。

2. 仙人掌属 Opuntia Mill.

肉质灌木或小乔木。茎直立、匍匐或上升，常分枝；分枝侧扁、圆柱状、棍棒状或近球形，稀具棱或瘤突，节缢缩，节间散生小窠；小窠具绵毛、倒刺刚毛和刺；刺针形、钻形、刚毛状或扁平（背腹），直伸或弯曲，有时基部具鞘。叶通常小，钻形、锥形或圆柱形，无柄，肉质，早落，稀宿存，无叶脉。花单生于枝上部至顶端的小窠上，漏斗状钟形或圆柱状，无梗，白天开放；花托大部与子房贴生，仅先端略高出子房，外面散生小窠；花冠辐状，无伸长的被丝托筒部；花被片多数，贴生于被丝托檐部，开展或直立，外轮较小，内轮花瓣状，黄色至红色；雄蕊多数，螺旋状着生于被丝托喉部，开展或直伸；子房下位，侧膜胎座，柱头裂片5~10，长圆形至狭长圆形，直立至开展。果球形、倒卵球形或椭圆体形，紫色、红色、黄色或白色，肉质或干燥，散生小窠，顶端截形或凹陷。种子多数至少数，稀单生，骨质假种皮，肾状椭圆体形至近球形，边缘有时具角，无毛，稀被绵毛，种脐基生或近侧生。

约250种，原产于美洲热带至温带地区。我国引种约50种，其中4种在南部及西南部归化。深圳引种20余种，其中常见栽培的7种。

1. 茎分枝圆柱状，具纵向延长的瘤突；叶圆柱状，长1~10cm，宿存 ···1. 将军 **O. subulata**
1. 茎分枝扁平，圆形、倒卵形、椭圆形、长圆形至倒披针形，无瘤突；叶圆锥形或钻形，早落。
 2. 茎高40~60cm，被短柔毛 ·· 2. 黄毛掌 **O. microdasys**
 2. 茎高1m以上，除小窠外无毛。
  3. 花被片直立，红色；雄蕊红色，直立并伸出到花被片之上 ·························· 3. 胭脂掌 **O. cochinellifera**
  3. 花被片开展，黄色；雄蕊黄色，螺旋状散生，内藏。
   4. 刺黄色，有淡褐色横纹 ·· 4. 仙人掌 **O. dillenii**
   4. 刺白色，顶端褐色，无横斑纹，或缺失。
    5. 茎分枝厚而平坦，基部圆形至宽楔形，刺白色；浆果每侧具25-35个小窠 ·············
    ·· 5. 梨果仙人掌 **O. ficus-indica**
    5. 茎分枝薄而波皱，基部渐狭至柄状；刺白色至灰色，具褐色尖头；浆果每侧有6~15(~20)个小窠。
     6. 茎末端分枝不下垂；花直径5~7.5cm；种子多数，肾状椭圆体形，无毛 ·············
     ··· 6. 单刺仙人掌 **O. monacantha**
     6. 茎末端分枝常下垂；花直径2.5~4cm；种子1~4，双凸镜状，密被绵毛 ··············
     ·· 7. 猪耳掌 **O. brasiliensis**

1. 将军 Eve's-pin Cactus　　　图 512　彩片 713

Opuntia subulata（Muehlenpf.）Engelm. in Gard. Chron. **19**：627. 1883.

Pereskia subulata Muehlenpf. Allg. Gartenzeitung **13**：347. 1845.

　　肉质灌木。茎高 2~4m，基部具圆柱状的主干，多分枝；分枝圆柱状，具明显的瘤突，绿色至深绿色，有光泽，除小窠外无毛；瘤突大，纵向延长，长 1.5-3cm，横切面扁圆形至半圆形；小窠圆形至长圆形，具白色短绵毛和淡黄色的倒刺刚毛，分枝的小窠具 1~3（~5）根刺，刺淡黄色，不等长，长 0.5~2.5cm，老茎小窠刺增多，多达 12 根以上，长可达 8cm。叶肉质，圆柱状，先端尖，长 1~10cm，绿色至深绿色，宿存。花生于分枝上侧的小窠，漏斗状钟形，长约 7cm，浅红色至红色；被丝托长 4cm，顶端深陷，具大而扁的瘤突；被丝托的小窠圆形，具褐色和白色绵毛、褐色刺、较短的倒刺刚毛以及小型晚落的叶；外轮花被片较小，卵形，内轮花被片长 2cm，宽倒卵形至宽匙形，先端急尖至圆形，粉红色；雄蕊多数，花丝淡绿色，花药狭长圆形，黄色；花柱下部膨大，粉红色，柱头裂片 5~6，淡绿色。果绿色，倒卵球形，长达 9cm。种子大，少数，近圆形，偏斜，长 7~8mm，淡褐色。花期 7~8 月；未见结果。

　　产地：仙湖植物园（李振宇等 1501019）、花卉世界和深圳市部分苗圃常见栽培。

　　分布：原产于玻利维亚和秘鲁南部。我国各地温室多有栽培。

　　用途：供观赏。

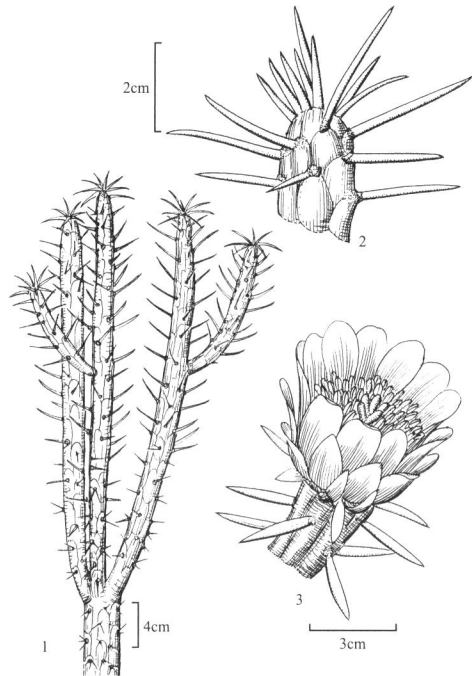

图 512 将军 Opuntia subulata
1. 植株外形；2. 植株分枝顶端部分放大，示叶；3. 花。（李志民绘）

2. 黄毛掌 金鸟帽子 Rabbit-ears　Bunny-ears

　　　　　　　　　图 513　彩片 714

Opuntia microdasys（Lehm.）Pfeiff. Enum. Cact. 154. 1837.

Cactus microdasys Lehm. in Ind. Sem. Hamburg. 16. 1827.

　　肉质小灌木。茎丛生，匍匐或近直立，高 40~60cm，具多数分枝；分枝倒卵形、长圆形至近圆形，长 8~15cm，淡绿色，被短柔毛，无明显的瘤突；小窠密集，圆形，直径约 2mm，具多数金黄色倒刺刚毛，通常无刺。叶圆锥形，长 2~3mm，黄绿色，早落。花生于分枝上侧至顶端的小窠，漏斗状钟形，长 4~5cm，外轮花被片披针形，绿色，内轮花被片倒卵圆形，中部以下变狭，先端有时截形，具小尖头，淡黄色或具红晕；花丝白色至淡绿色，花药长圆形，黄色；被丝托陀螺状，密生多数圆形的小窠，小窠无刺，

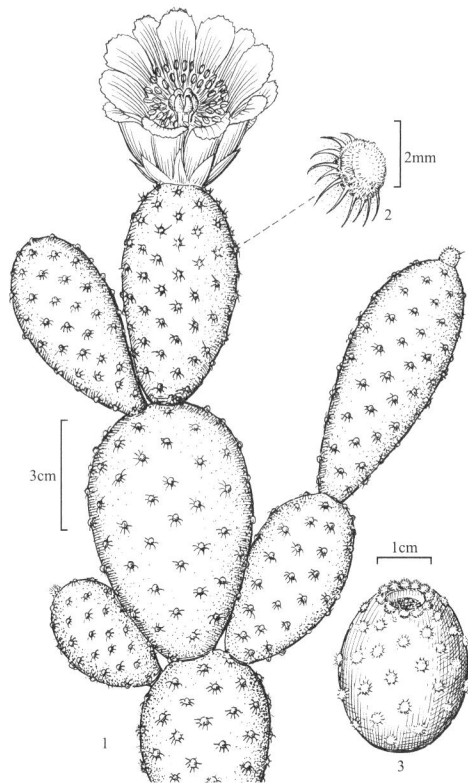

图 513 黄毛掌 Opuntia microdasys
1. 植株及花；2. 小窠及其上的倒刺；3. 果。（李志民绘）

但密生黄色倒刺刚毛；花柱白色，基部膨大，柱头裂片 6~8，卵形，绿色。果紫红色，多汁，近球形或长球形，长 3~4.5cm，果肉白色。种子多数，宽椭圆体形或近球形，灰色，长 2~3mm。花期春季至夏季；果期秋季。

产地：仙湖植物园（李沛琼等 W07087；李捃宇 1501025）。花卉世界和深圳市部分苗圃常见栽培。

分布：原产于秘鲁和玻利维亚。我国各地温室常见栽培。

用途：供观赏。

深圳常见栽培有以下品种。

(1) 还城乐 Opuntia microdasys 'Cristata'，茎缀化。

(2) 白桃扇（雪鸟帽子）Opuntia microdasys 'Albispina'，小窠的倒刺刚毛白色。

3. 胭脂掌 肉掌 Cochineal Plant

图 514 彩片 715 716

Opuntia cochinellifera（L.）Mill. Gard. Dict. ed. 8, Opuntia No. 6. 1768.

Cactus Cochinelliferus L. Sp. Pl. **1**：468. 1753.

肉质灌木或小乔木，高 2~4m，圆柱状，主干直径 15~20cm，分枝多数；分枝椭圆形、长圆形、狭椭圆形至狭倒卵形，长 8~40（~50）cm，宽 5~7.5（~15）cm，先端及基部圆形，边缘全缘，厚而平坦，暗绿色至淡蓝绿色，有光泽，无明显的瘤突，除小窠外无毛；小窠散生，直径约 2mm，不凸出，具灰白色的短绵毛和倒刺刚毛，通常无刺，偶于老枝边缘小窠出现 1~3 根刺；刺针状，淡灰色，开展，长 3~9mm；倒刺刚毛多数，褐色，早落。叶钻形，长 3~4mm，绿色，早落。花生于枝上侧至顶端的小窠，近圆柱状，直径 1.3~1.5cm；被丝托倒卵形，先端截形，顶端凹陷，暗绿色；花被片直立，红色，外轮花被片鳞片状，宽三角形，先端圆形或急尖，边缘全缘，内轮花被片花瓣状，卵形至倒卵形，长 1.3~1.5cm，宽 0.6~1cm，边缘全缘或波状，先端急尖至钝圆；雄蕊红色，直立并外伸，花药长圆形，粉红色；花柱粉红色，基部增粗，柱头裂片 6~8，狭条形，淡绿色。果椭圆体形，长 3~5cm，直径 2.5~3cm，无毛，红色，每侧有 10~13 小而略突起的小窠，小窠无刺。种子多数，近圆形，长约 3mm，无毛，淡灰褐色。花期 7 月至翌年 2 月；果期 8 月至翌年 3 月。

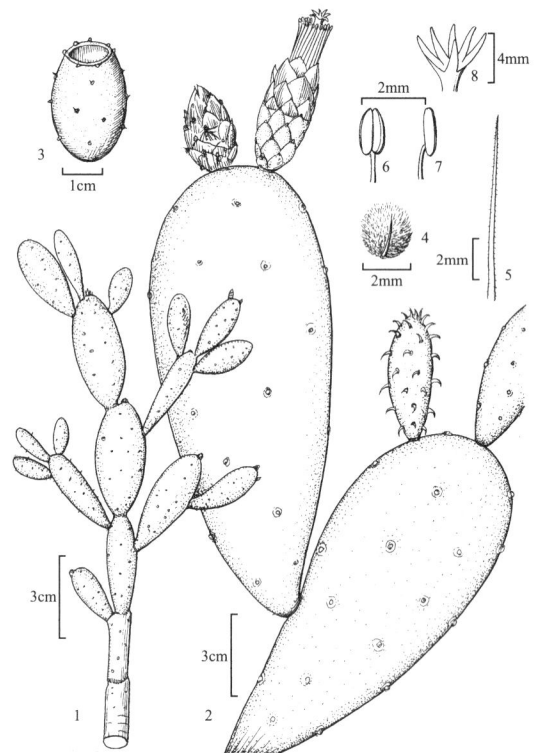

图 514 胭脂掌 Opuntia cochinellifera
1. 植株一部分；2. 一部分分枝和花；3. 果；4. 小窠；5. 针刺；
6~7. 花药正面和侧面观；8. 柱头。（李志民绘）

产地：仙湖植物园（李沛琼等 W07084）、花卉世界和深圳市部分苗圃常见栽培。

分布：原产于墨西哥，世界热带地区有广泛栽培，在印度、美国（夏威夷）、澳大利亚等地归化。我国福建、台湾、广东、海南、广西、贵州等地常见栽培，在广东（南部）、海南和广西（西部和南部）归化。

用途：本种是胭脂虫的主要寄主之一，曾用于生产洋红染料，目前主要栽培作绿篱和供观赏；浆果可食；嫩枝可作蔬菜。

4. 仙人掌 Pest-pear Prickly-pear

图 515 彩片 717 718 719

Opuntia dillenii（Ker-Gawl.）Haw. in Suppl. Pl. Succ. 79. 1819.

Cactus dillenii Ker-Gawl. in Edwards，Bot. Reg. **3**：pl. 255. 1818.

Opuntia stricta（Haw.）Haw. var. *dillenii*（Ker-Gawl.）L. D. Benson in Cact. & Succ. Journ.（Los Angeles）**41**：

126. 1968 in Q. M. Hu in Q. M. Hu & D. L. Wu, Fl. Hong Kong **1**：146. 2007.

肉质灌木，高(1~)1.5~3m。茎丛生；分枝宽倒卵形、倒卵状椭圆形或近圆形，长 10~35(~40)cm，宽 7.5~20(~25)cm，厚达 1.2~2cm，基部楔形或渐狭，边缘通常不规则波状，先端圆形，绿色至蓝绿色，无明显的瘤突，除小窠外无毛；小窠疏生，直径 2~9mm，明显凸出，成长后刺常增粗并增多，每小窠具(1~)3~10(~20)根刺，密生灰色短绵毛和暗褐色倒刺刚毛；刺黄色，有淡褐色横纹，粗钻形，多少开展并内弯，基部扁，坚硬，长 1.2~4(~6)cm，宽 1~1.5mm。叶钻形，长 4~6mm，绿色，早落。花生于枝上侧至顶端的小窠，漏斗状钟形，直径 5~6.5cm；被丝托倒卵球形，长 3.3~3.5cm，基部渐狭，顶端截形并凹陷，绿色，疏生凸出的小窠，小窠具短绵毛、倒刺刚毛和钻形刺；外轮花被片宽倒卵形至狭倒卵形，先端急尖或圆形，具小尖头，黄色，具绿色中肋，内轮花被片倒卵形或匙状倒卵形，长 2.5~3cm，边缘全缘或浅啮蚀状，先端圆形、截形或微凹；雄蕊淡黄色，花药狭长圆形，黄白色。果倒卵球形，基部多少收窄成柄状，顶端凹陷，长 4~6cm，直径 2.5~4cm，紫红色，每侧具 5~10 凸起的小窠，小窠具短绵毛、倒刺刚毛和钻形刺。种子多数，扁圆形，长 4~6mm，无毛，淡黄褐色。花期 6~10(~12)月；果期 8~10月。

产地：仙湖植物园(李沛琼等 W07083)、内伶仃岛(徐有财 2016)。深圳市各地常见栽培，在福田及内伶仃岛海滨归化。

分布：原产于墨西哥东部和美国南部至东南部沿海地区，西印度群岛、百慕大群岛和南美洲北部。我国南方沿海地区常见栽培，在广东、广西(南部)和海南(沿海地区)逸生。

用途：通常栽作围篱；茎供药用；浆果酸甜可食。

5. 梨果仙人掌 Indian Fig Spineless Cactus 图 516
Opuntia ficus-indica(L.)Mill. Gard. Dict. ed. 8, Opuntia No. 2. 1768.

Cactus ficus-indica L. Sp. Pl. **1**：468. 1753.

肉质灌木或小乔木，高 1.5~5m。有时基部具圆柱状主干；分枝宽椭圆形、倒卵状椭圆形至长圆形，长(20~)25~60cm，宽 7~20cm，基部圆形至宽楔形，边缘全缘，先端圆形，厚而平坦，淡绿色至灰绿色，无光泽，具多数小窠；小窠圆形至椭圆形，长 2~4mm，具早落的短绵毛和少数黄色倒刺刚毛，通常无刺，有

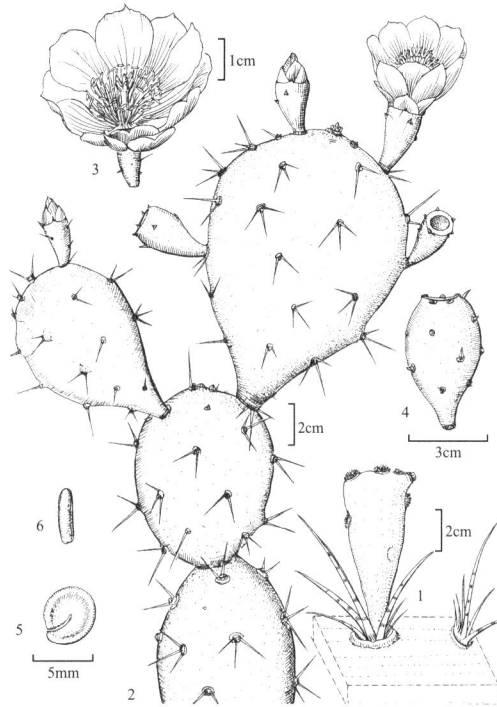

图 515 仙人掌 Opuntia dillenii
1. 幼茎；2. 植株的一部分，示茎和花；3. 花；4. 果；5. 种子的正面观；6. 种子的侧面观。(李志民绘)

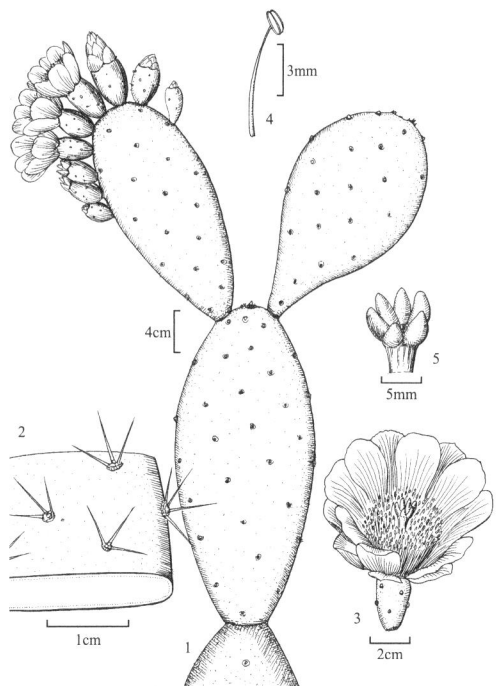

图 516 梨果仙人掌 Opuntia ficus-indica
1. 植株的一部分，示茎(无刺)和花；2. 部分具刺的茎；3. 花；4. 雄蕊；5. 柱头。(李志民绘)

时具 1~6 根开展的白色刺；刺针状，长 0.3~3.2cm，但有的栽培品种刺不发育。叶圆锥形，长 3~4mm，绿色，早落。花生于枝上侧至顶端的小窠，漏斗状钟形，直径 7~8(~10)cm；被丝托长圆形至长圆状倒卵形，长 4~5.3cm，先端截形并凹陷，绿色，具多数垫状小窠；外轮花被片深黄色或橙黄色，具橙黄色或橙红色中肋，宽卵圆形或倒卵形，边缘全缘或有小牙齿，先端圆形或截形，有时具骤尖头，内轮花被片深黄色至橙黄色，倒卵形至长圆状倒卵形，长 2.5~3.5cm，边缘全缘或啮蚀状，先端截形至圆形，有时具小尖头或微凹；花丝淡黄色，花药长圆形，黄色；花柱淡绿色至黄白色，柱头裂片(6~)7~10，黄白色。果椭圆体形，长 5~10cm，直径 4~9cm，顶端凹陷，橙黄色至紫红色，每侧有 25~35 个小窠，无刺或有少数细刺。种子多数，肾状椭圆体形，长 4~5mm，边缘较薄，无毛，淡黄褐色。花期 5~6 月；果期 8~10 月。

产地：仙湖植物园、花卉世界和深圳市部分苗圃常见栽培。

分布：原产于墨西哥，世界温暖地区有广泛栽培和归化。我国各地有栽培，在西南地区逸生。

用途：本种为热带美洲干旱地区重要果树之一，浆果味美可食；植株可放养胭脂虫，生产天然洋红色素。

6. 单刺仙人掌 Prickly-pear Barrary Fig

图 517　彩片 720　721

Opuntia monacantha（Willd.）Haw. in Suppl. Pl. Succ. 81. 1819.

Cactus monacanthus Willd. Enum. Pl. Suppl. 33. 1813.

肉质灌木或小乔木，高 1.3~7m。老株常具圆柱状主干；茎末端分枝不下垂，分枝倒卵形、倒卵状长圆形或倒披针形，长 10~30cm，宽 7.5~12.5cm，基部渐狭至柄状，边缘全缘或略呈波状，先端圆形，嫩时薄而波皱，鲜绿而有光泽，无明显的瘤突，疏生小窠；小窠圆形，直径 3~5mm，具灰褐色短绵毛、黄褐色至褐色倒刺刚毛和刺；刺针状，单生或 2(~3) 根聚生，直立，长 1~5cm，灰色，具黑褐色尖头，有时嫩小窠无刺，老时生刺，在主干上每小窠可具 10~12 根刺，刺长可达 7.5cm。叶钻形，长 2~4mm，绿色或带红色，早落。花生于枝上侧至顶端的小窠，漏斗状钟形，直径 5~7.5cm；被丝托倒卵形，基部渐狭，长 3~4cm，先端截形，凹陷，绿色，无毛，疏生小窠；外轮花被片深黄色，具红晕，卵圆形至倒卵形，边缘全缘，先端圆形，有时具小尖头；内轮花被片深黄色，倒卵形

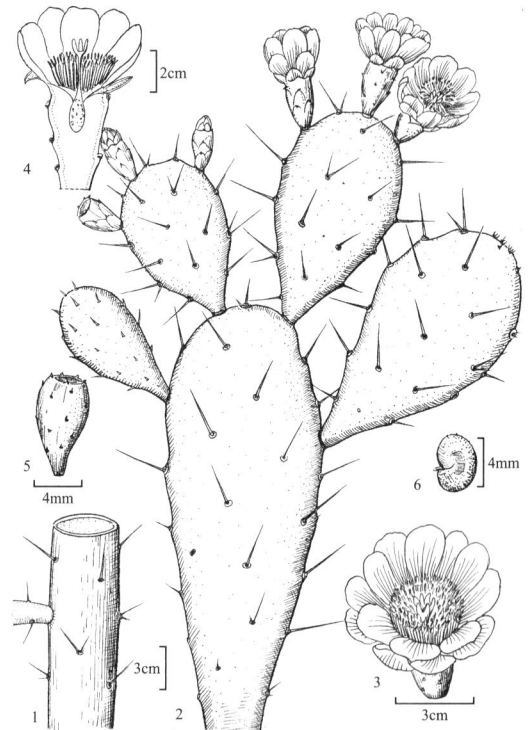

图 517 单刺仙人掌 Opuntia monacantha
1. 主干的一段（圆柱形）；2. 分枝的一部分，示茎和花；3. 花；4. 花的纵切面；5. 果；6. 种子。（李志民绘）

至长圆状倒卵形，长 2.3~4cm，边缘近全缘，先端圆形或截形，有时具小尖头；花丝淡绿色，花药狭长圆形，淡黄色；花柱淡绿色至黄白色，柱头裂片 6~10，黄白色。果倒卵球形，长 5~7.5cm，基部收窄成柄状，顶端凹陷，紫红色，每侧具 10~15(~20) 个小窠，小窠凸起，具短绵毛和倒刺刚毛，通常无刺。种子多数，肾状椭圆体形，长约 4mm，淡黄褐色，无毛。花期 4~8 月；果期 6~10 月。

产地：仙湖植物园（李沛琼等 W07082）。深圳市各地常见栽培。

分布：原产于巴西、巴拉圭、乌拉圭及阿根廷，世界各地有广泛栽培，在热带地区及岛屿常逸生。我国各地有引种栽培，在云南、广西、福建和台湾（沿海地区）归化。

用途：在温暖地区植作围篱；浆果酸甜可食；茎为民间草药。

7.　猪耳掌 Brazilian Prickly-pear　　图 518

Opuntia brasiliensis（Willd.）Haw. in Suppl. Pl. Succ. 79. 1819.

Cactus brasiliensis Willd. Enum. Pl.，33. 1814.

肉质小乔木，高 3~6（~9）m。茎直立，主干及主枝圆柱状；末级分枝常下垂，倒卵形、倒卵状长圆形或长圆状倒披针形，长 7.5~12.5cm，宽 4~6cm，薄而波皱，基部收缩成圆柱状柄，边缘波状或具疏圆齿，先端圆形或急尖，深绿色，有光泽，无明显的瘤突，除小窠外无毛；小窠圆形，垫状，直径 1~2mm，具短褐色的倒刺刚毛，小窠间距 1~3cm；主干及主枝的小窠具 1 至少数刺，末级分枝的小窠仅具 1 根刺；刺钻形，开展，长达 1.2~4cm，白色，具褐色尖。花生于枝上侧至顶端的小窠，漏斗状钟形，直径 2.5~4cm；被丝托倒卵状短圆柱形，基部截形，顶端截形并凹陷，绿色，疏生小窠，小窠具短绵毛或短的倒刺刚毛，无刺；外轮花被片卵形，边缘全缘，先端截形或圆形，黄绿色，内轮花被片匙状倒卵形至倒卵形，边缘全缘，先端圆形或截形，亮柠檬黄色，花丝淡黄色，花药长圆形，黄色；花柱和柱头淡黄色，柱头裂片 4~5，卵形。果倒卵球形至近球形，顶端略凹陷，长 2.5~4.5cm，直径 2.5~4cm，淡黄色至紫红色；每侧具 6~13 小窠，小窠的倒刺刚毛常脱落。种子 1~4，双凸镜状，直径约 6mm，密被绵毛。花期 6~8 月；果期 6~10 月。

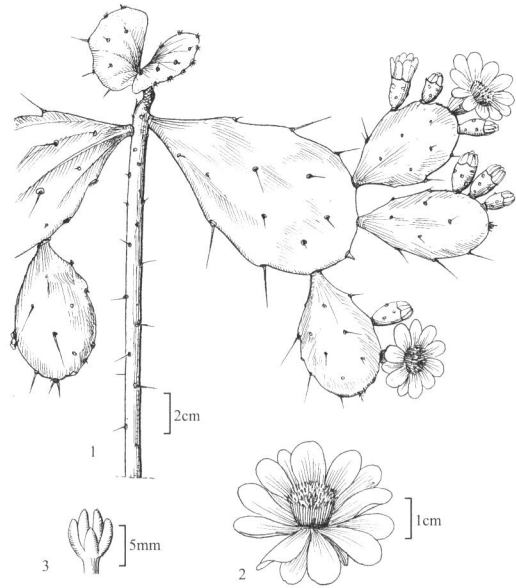

图 518 猪耳掌 Opuntia brasiliensis
1. 一部分植株及花；2. 花；3. 柱头。（李志民绘）

产地：仙湖植物园、花卉世界和深圳市部分苗圃常见栽培。

分布：原产于玻利维亚中部至巴西南部和阿根廷北部，在美国东南部归化。我国浙江、福建、台湾、广东、广西、云南、四川、重庆等地有栽培。

用途：通常栽作绿篱。

3. 仙人柱属 Cereus Mill.

地生肉质乔木或灌木。根纤维状或块状。茎圆柱状，直立，无气根，具棱，稀三角柱状，具数节，维管组织木质化，表皮和角质层厚而坚硬，常被白色或淡蓝色蜡质；小窠沿棱排列，常具刺和绵毛，具花小窠与无花小窠同形。叶不存在。花出自茎侧的小窠，无梗，大型，漏斗状至高脚碟状，具伸长的被丝托筒部，夜间至次日上午开放；被丝托和被丝托筒圆柱状或稍具角，具少数小鳞片，鳞片腋部无毛或具小的毛簇；花被内面白色，外轮花被片淡绿色、淡红色或淡褐色，内轮花被片白色，于花后变黑；雄蕊多数，内藏，花药长圆体形；子房下位，柱头具多数裂片，淡绿色。浆果卵球形至椭圆体形，长 5~12cm，红色或黄色，有时具白色蜡粉，于侧面或顶端开裂；花被宿存或脱落。种子多数，通常卵状肾形，黑色，有光泽，具小窠点。

约 35 种，原产于阿根廷北部、巴拉圭、乌拉圭和巴西。我国引种 12 种 1 亚种。深圳引种 7 种 1 亚种，其中常见栽培的 3 种。

1. 茎常被浓厚白色蜡粉，常无光泽，内含黏液；果自顶端开裂成 2~3 瓣 ·················· 1. **翡翠柱 C. hildmannianus**
1. 茎无明显的白色蜡粉，常有光泽，内不含黏液；果自一侧纵裂。
　　2. 乔木状或灌木状，茎常基部以上至上部分枝，分枝直立至斜展；新刺淡黄色；花长 21~30cm，被丝托筒部与檐部近等长 ·················· 2. **罗锐柱 C. jamacaru**
　　2. 灌木状，茎基部或近基部分枝，分枝通常直立或斜展；新刺黄褐色至黑褐色；花长 14~17cm，被丝托筒部长超过檐部的 2 倍 ……………………………………………………… 3. **姬柱 C. fernambucensis**

1. 翡翠柱 Apple Cactus　　　　　　　图 519

Cereus hildmannianus K. Schum. in Martius, Fl. Bras. **4**（2）: 202. 1890.

肉质小乔木或大灌木，高达 5m（在原产地高可达 15m 以上，主干直径可达 2m 以上）。茎被浓厚的白色蜡粉，无光泽，内富含黏液，具少数分枝；分枝直径 7~15cm，初呈蓝绿色，老时灰绿色；棱 5~6，翅状，高 46cm，边缘钝齿状，具侧边槽；小窠圆形或横椭圆形，密被褐色至灰色的短绵毛；新生小窠无刺或仅具 1~3 根刺，老小窠刺常增多达 5~12，辐射状刺增长达 8mm，中刺长达 2cm，刺初为黑色至深褐色，老后变灰色。花出自茎上侧的小窠，夜间至次日上午开放，漏斗状，长约 20~24cm，直径 10~14cm，被丝托筒部绿色，疏生半圆形至三角形鳞片，鳞片淡红褐色；外轮花被片长圆状披针形至长圆状倒披针形，先端圆至急尖，边缘全缘，淡绿色，上部常具红褐色晕，内轮花被片白色，匙状长圆形，先端近圆形或截形，边缘及先端常啮齿状；雄蕊明显伸出口部，白色，花药长圆形；花柱及柱头淡绿色，柱头裂片约 12，狭条形。果近球形，直径 7~12cm，成熟时黄色至红色，常自顶端开裂成 2~3 瓣。种子卵状肾形，长约 3mm，黑色。花期夏季；果期秋末至冬初

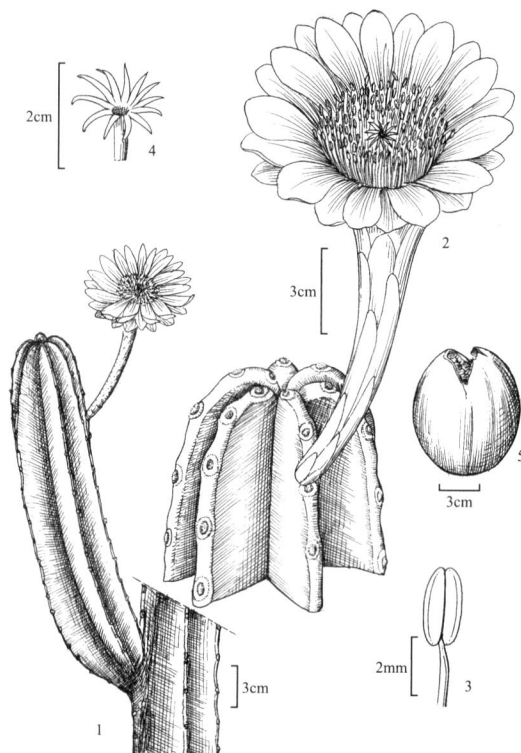

图 519 翡翠柱 Cereus hildmannianus
1. 植株的一部分及花；2. 花；3. 雄蕊；4. 柱头；5. 果。（李志民绘）

产地：仙湖植物园、花卉世界和深圳市部分苗圃常见栽培。

分布：原产于巴西东部，在美国和中美洲、印度尼西亚和澳大利亚逸为野生。中国各地温室常见栽培。

用途：栽培供观赏；果味甜，可食。

深圳常见栽培有以下亚种和品种。

(1) 岩石柱 Cereus hildmannianus 'Monstrosus'，茎石化品种，过去常混称为 Cereus peruvianus（L.）Mill. 'Monstrosus'。

(2) 鬼面角（园艺名）**Cereus hildmannianus** subsp. **uruguayanus**，与原亚种主要区别在于：新枝常绿色，老茎略被白色蜡粉，内含较稀的黏液；新生小窠常具刺；花长 15~16cm；果椭圆体形，自上侧开裂为 2 瓣。

(3) 山影拳 Cereus hildmannianus subsp. uruguayanus 'Monstrosus'，茎石化。

2. 罗锐柱 天轮柱 Mandacaru　　　　　　　图 520　彩片 722　723

Cereus jamacaru DC. Prodr. **3**: 467. 1828.

肉质小乔木，高达 12m。茎主干短，圆柱状；老株树冠呈倒圆锥状，扦插苗可长成灌木状；分枝直立或斜展，常密集，蓝绿色至深蓝绿色，有光泽，内不含黏液，具 4~7 棱，棱高（1~）1.8~4.5cm，边缘狭至近圆形，多少呈浅圆齿状，侧边槽明显或不明显；小窠圆形，直径（1~）4~8mm，间距 1.5~4cm，被污白色至灰白色绒毛和绵毛；刺初时淡黄色，老后变灰色，辐射状刺 7~12，长约 3.5cm，中刺 1~4（或更多），长可达 15cm，基部直径可达 3mm。花生于茎侧小窠上，夜间至次日上午开放，漏斗状，长 21~30cm，直径 15~20cm，芳香，被丝托筒部与檐部近等长，长达 16cm，绿色，鳞片半圆形至三角形，红色；外轮花被片披针形至条状倒披针形，淡绿色或具红晕，内轮花被片白色，长 8~10cm，花被片腋部无毛；花药长圆形，淡黄色；柱头裂片 12~16，狭条形，长 1.1~1.9cm，

淡绿色。果椭圆体形,长 6~10cm,直径 4~8cm,紫红色,自一侧纵裂,果肉白色。种子卵状肾形,长 2~3mm,具小窪点,黑色。花期夏季;果期秋季。

产地:仙湖植物园、深圳部分苗圃常见栽培。

分布:原产于巴西东北部。中国各地温室常见栽培。

用途:果味甜,可食。

深圳常见栽培有以下品种。

金狮子 Cereus jamacaru 'Monstrosus',茎石化,茎主干不明显,分枝短而密集,呈倒圆锥状,刺黄色。

3. **姬柱** 四棱柱 Variable Cereus 图 521
Cereus fernambucensis Lem. Cact. Gen. Nov. Sp. 58. 1839.

肉质灌木,高(0.8~)1~1.5(~2.5)m。茎基部或近基部多分枝;分枝常密集成丛,直立或斜展,直径 4~11cm,多少缢缩成节,淡绿色至蓝绿色,但不呈淡灰蓝色,内不含黏液,棱(3~)4~5,高 1~3cm,两侧多少具横沟纹,边缘具钝圆齿,齿间具小窪;小窪圆形,直径 1~10mm,在成熟茎上间距 1.5~3.5mm,密被白色至淡褐色绵毛;刺初为黄褐色或黑褐色,后变灰色,中刺 1~4,长可达 5cm,辐射状刺 4~8 或更多,长达 2.5cm,有时几无刺。花生于茎侧的小窪,夜间至次日上午开放,漏斗状,长 14~17cm,直径 9~11cm,被丝托筒部细长,长超过檐部的两倍,绿色,疏生少数三角形小鳞片,鳞片常淡红褐色,先端急尖,有时腋部被毛;外轮花被片条状长圆形,淡绿色,背面常淡红褐色,边缘全缘,内轮花被片倒卵状披针形,长 4.5~6cm,宽 1.4~2cm,白色,先端短渐尖,边缘有不规则细锯齿;花药长圆形,淡黄色;柱头裂片 8~13,狭条形,淡绿色。果椭圆体形,淡红色,长 5~7.2cm,自一侧纵裂,果肉白色。种子卵状肾形,长 2~3mm,黑色,有光泽。花期夏季;果期秋季。

产地:仙湖植物园、花卉世界和深圳市部分苗圃常见栽培。

分布:原产于巴西。我国各地温室有栽培。

用途:供观赏。

深圳常见栽培有以下品种。

姬柱狮子 Cereus fernambucensis 'Monstrosus',石化品种。

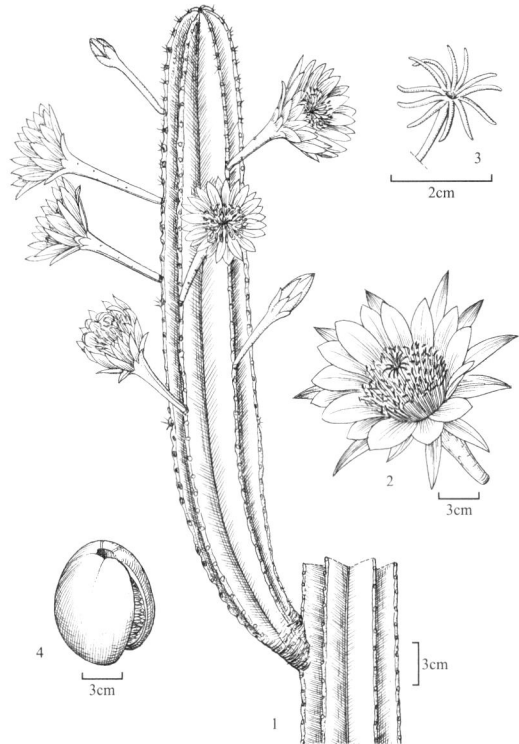

图 520 罗锐柱(天轮柱)Cereus jamacaru
1.植株的一部分及花;2.花;3.柱头;4.果。(李志民绘)

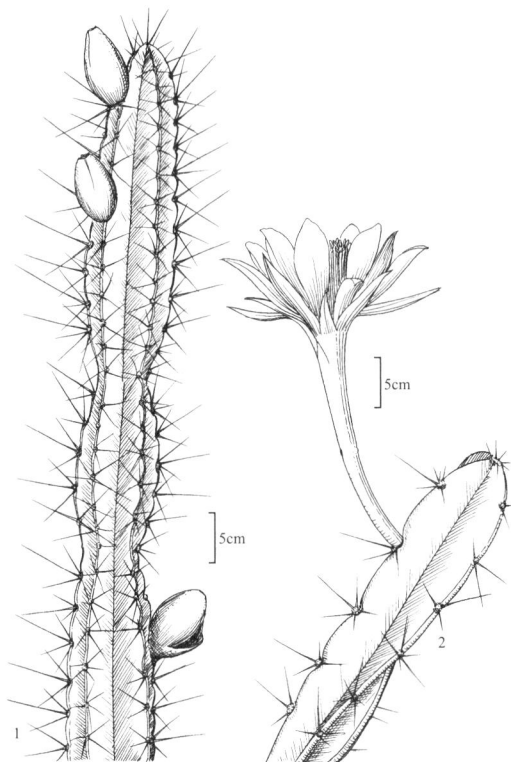

图 521 姬柱 Cereus fernambucensis
1.分枝的一部分及果;2.分枝的一段及花。(李志民绘)

4. 龙神木属 **Myrtillocactus** Console

地生肉质灌木或小乔木。茎主干粗短；直立，无气根，具 2 节；分枝圆柱状，斜升，具 5~6 纵棱，棱间平滑；小窠沿棱排列，具刺。叶不存在。花小型，2~9 聚生于茎枝上侧的小窠，无梗，长 2.5~3.5cm，漏斗状，具伸长的被丝托筒部，白天开放；被丝托筒基部具小鳞片，鳞片腋部略被短绵毛；花被辐状；雄蕊多数，外伸，花药近圆形；子房下位，柱头裂片 5~8，狭条形，黄白色。浆果小型，球形至椭圆体形，长 1~2cm，肉质，蓝紫色，不开裂，无刺，顶端常有宿存花被。种子倒卵球形，暗黑色，具小瘤突，种脐端截形。

4 种，分布于墨西哥和危地马拉。我国引种 2 种。深圳常见栽培 1 种。

龙神木 Garambullo Blue-candle Blue-flame　图 522
Myrtillocactus geometrizans（Mart. ex Pfeiff.）
Console in Boll. Reale Orto Bot. Palermo **1**：10. 1897.
Cereus geometrizans Mart. ex Pfeiff.，Enum. Diagn. Cact. 90. 1837.

肉质小乔木，高 4~6m。茎主干粗短；分枝多数，直立，蓝绿色至淡蓝色，直径 6~10cm，具 5~6 棱，棱脊圆，表面平滑；小窠圆形，间距 1.5~3cm，被白色短绵毛；辐射状刺 5（~9），粗钻形，长 2~10mm，通常不等长；中刺 1，钻形或针状，直立或略下弯，长 1~2.5（~6）cm，刺初时褐色至黑色，老刺变灰色。花 2~9 簇生于茎枝上侧的小窠，长约 2cm，直径 2.5~3.5cm，白天开放；外轮花被片披针形至长圆形，淡紫褐色，具白色边缘，内轮花被片卵状长圆形，先端圆形，平展，绿白色，常具紫褐色中肋，筒部短于内轮花被片；雄蕊多数，花丝白色，花药近圆形，淡黄色；柱头裂片 5，黄白色。果肉质，近球形至椭圆体形，长 1~2cm，蓝紫色，无刺。种子倒卵球形，长 1.3~1.5mm，黑色，无光泽。花期春末；果期夏至秋季。

产地：仙湖植物园（李振宇 1501017）、花卉世界和深圳市部分苗圃常见栽培。

分布：原产于墨西哥和危地马拉。我国北京、江苏、上海、浙江、福建、台湾和广东有栽培。

用途：在原产于地栽作绿篱；浆果味甜，在墨西哥称"加兰布诺"，在集市上作水果出售。

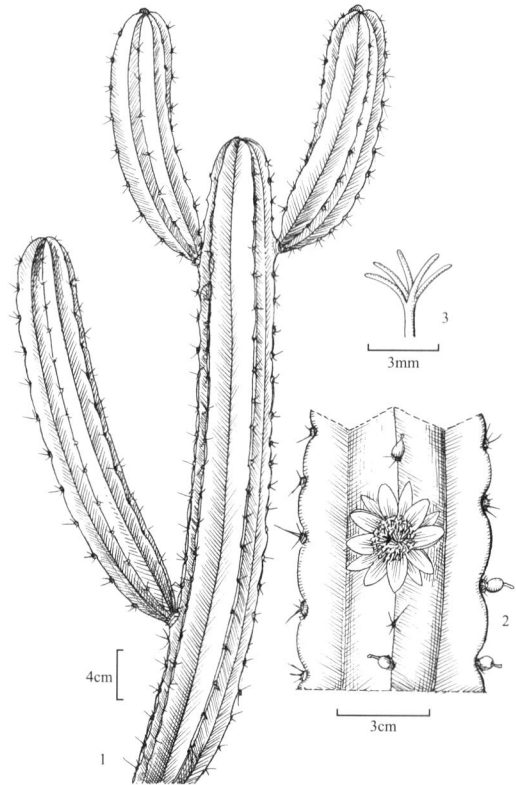

图 522 龙神木 Myrtillocactus geometrizans
1. 植株的一部分；2. 分枝的一段及花；3. 柱头。（李志民绘）

深圳常见栽培有以下品种。
(1) 龙神冠 Myrtillocactus geometrizans 'Cristatus'，茎缀化。
(2) 龙神锦 Myrtillocactus geometrizans 'Variegatus'，茎具黄斑。

5. 量天尺属 **Hylocereus**（A. Berger）Britt. & Rose

附生攀援肉质灌木。茎具数节；有多数分枝和气根，分枝具 3 角或翅状棱，节缢缩；小窠生于角或棱边缘，有 1 至少数粗短的硬刺。叶不存在。花单生于枝侧的小窠上，无梗，通常大型，漏斗状，具伸长的筒部，夜间开放，白色或略具红晕；花托上部延伸成长的被丝托筒，外面覆以多数叶状鳞片，鳞片腋部裸露，稀具刚毛；外轮花被片细长，常反曲，内轮花被片较宽，花瓣状，开展；雄蕊多数，着生于被丝托筒内面及喉部；子房下位，柱头裂片 20~24，条形至狭条形，不分裂或二歧式分裂，先端长渐尖，开展。果球形、椭圆体形或卵球形，通常红色，具宿存的大型鳞片。种子多数，卵形至肾形，黑色，有光泽，平滑或略具纹饰。

约 18 种，原产于热带美洲。我国引种 6 种。深圳引种 4 种，其中常见栽培和逸生 1 种。

量天尺 霸王花 三角柱 三棱箭 火龙果 Queen of the Night Pitahaya　　图 523　彩片 724　725　726　727
Hylocereus undatus（Haw.）Britt. & Rose in Britt. Fl. Bermuda，256. 1918.

Cereus undatus Haw. in Philos. Mag. Ann. Chem. 7：110. 1830.

攀援肉质灌木，高 3~15m。具气根。分枝具 3 角或棱，长 20~50cm，宽 3~8（~12）cm，棱常翅状，边缘波状或圆齿状，深绿色至淡蓝绿色，无毛，老枝边缘常胼胝状，淡褐色，骨质；小窠沿棱排列，相距 3~5cm，直径约 2mm；刺 1~3，锥形，长 2~5（~10）mm，灰褐色至黑色。花漏斗状，长 25~30cm，直径 15~25cm，夜间开放，被丝托筒部密被淡绿色至

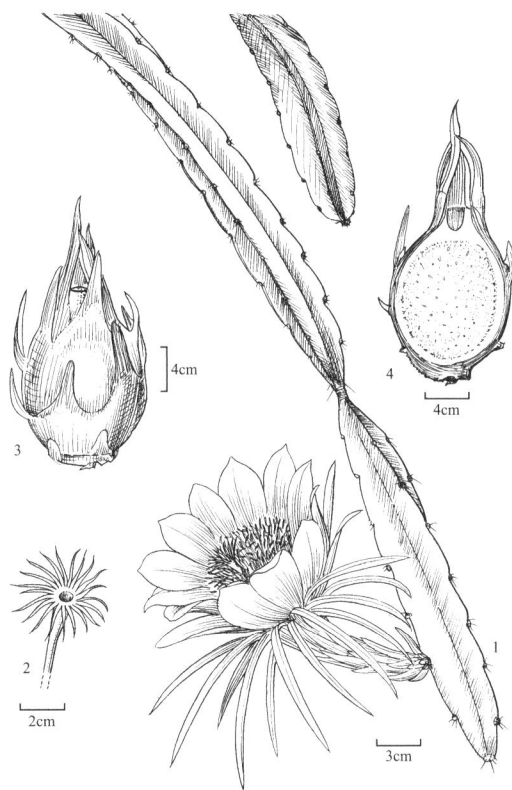

图 523　量天尺 Hylocereus undatus
1.分枝的一部分及花；2.柱头；3.果；4.果纵切面。（李志民绘）

黄绿色鳞片，鳞片卵状披针形至披针形；外轮花被片黄绿色，线形至线状披针形，边缘全缘，先端渐尖，通常反曲，内轮花被片白色，长圆状倒披针形，边缘全缘或啮蚀状，先端骤尖，开展；花丝黄白色，花药狭长圆形，淡黄色；花柱黄白色，柱头裂片 20~24，狭条形，先端长渐尖，开展，黄白色。果红色至粉红色，椭圆体形至近球形，长 7~12cm，直径 5~10cm，果脐较小，果肉白色。种子倒卵球形，长约 2mm，黑色，种脐小。花期 7~12 月；果期 8 月至翌年 1 月。

产地：莲塘（李沛琼等 W070116）。深圳各地常见栽培，在福田一带见有归化。

分布：原产于中美洲至南美洲北部，世界各地有广泛栽培，在美国（夏威夷）、澳大利亚东部逸生。我国于 1645 年引种，各地常见栽培，并在华南地区逸生。

用途：本种分枝扦插容易成活，常作嫁接其他仙人掌科植物的砧木；花可作蔬菜；浆果可食，商品名"火龙果"。

6. 昙花属 Epiphyllum Haw.

附生肉质灌木。茎悬垂或借气根攀援，老茎基部圆柱状或具角，木质化，具数节；分枝叶状扁平，柔软，具一两面凸起的粗大中肋，有时具 3 翅；小窠位于齿或裂片之间的凹陷处，无刺，初时具绵毛或刚毛，后变无毛。叶不存在。花生于枝侧的小窠，无梗，通常大型，漏斗状或高脚碟状，具伸长的被丝托筒部，夜间开放；被丝托密被小鳞片，鳞片腋部的小窠裸露，有时具绵毛或刚毛，被丝托筒细长而弯曲，疏生披针形鳞片；花被片多数，外轮花被片线状披针形，通常反曲，内轮花被片倒披针形至倒卵形，白色，呈辐状开展；雄蕊多数，排成 2 列；子房下位，柱头裂片 8~20，条形至狭条形，先端长渐尖，开展。浆果球形至长球形，具浅棱脊或瘤突，红色至紫红色，常一侧开裂。种子多数，卵球形至肾形，黑色，有光泽，具细皱纹，无毛。

约 19 种，原产于热带美洲。我国引种 5 种。深圳常见栽培 1 种。

昙花 Dutchman's Pipe Cactus 图 524 彩片 728
Epiphyllum oxypetalum（DC.）Haw. in Philos. Mag. Ann. Chem. **6**：109. 1829.

Cereus oxypetalus DC. Prodr. **3**：470. 1828.

附生肉质灌木。植株高 2~6m。老茎圆柱状，木质化；分枝多数，叶状侧扁，披针形至长圆状披针形，长 15~100cm，宽 5~12cm，先端长渐尖至急尖，或圆形，边缘波状或具深圆齿，基部急尖至渐狭成柄状，深绿色，无毛，中肋粗大，于两面凸起，老株分枝产生气根；小窠位于齿间凹缺处，小形，无刺，初时具少数绵毛，后裸露。花单生于枝侧的小窠，漏斗状，夜间开放，芳香，长 25~30cm，直径 10~12cm；花托绿色，略具角，被三角形短鳞片，被丝托筒多少弯曲，疏生披针形鳞片，鳞腋小窠通常无毛；外轮花被片绿白色、淡琥珀色或带红晕，线形至倒披针形，先端渐尖，边缘全缘，通常反曲，内轮花被片白色，倒卵状披针形至倒卵形，边缘全缘或啮蚀状，先端急尖至圆形，有时具芒尖；花丝白色，花药条形，淡黄色；花柱白色，柱头裂片 15~20，狭条形，先端长渐尖，开展，黄白色。果狭椭圆体形，具纵棱脊，长约 16cm，紫红色。

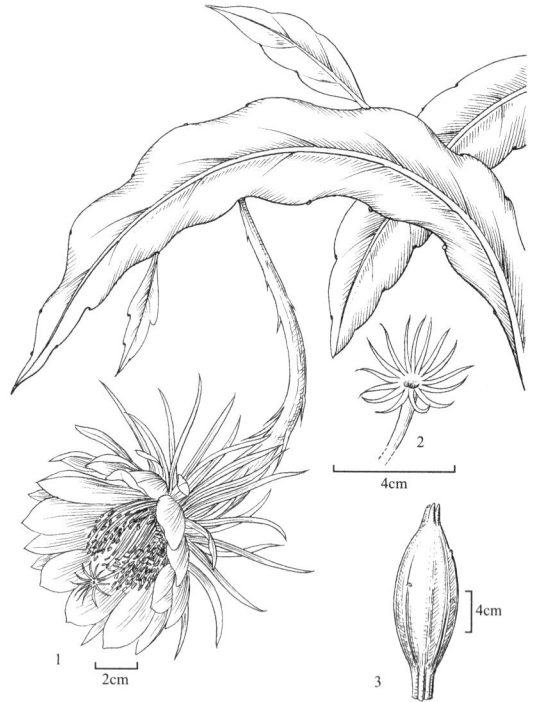

图 524 昙花 Epiphyllum oxypetalum
1. 分枝的一部分及花；2. 花柱及柱头；3. 果。（李志民绘）

种子卵状肾形，长 2~2.5mm，亮黑色，具皱纹。花期晚春至夏季；果期夏季至秋季。

产地：仙湖植物园（李振宇等 1501018）、花卉世界和深圳市部分苗圃常见栽培。

分布：原产于墨西哥、危地马拉、洪都拉斯、尼加拉瓜、苏里南和哥斯达黎加，世界各地区有广泛栽培。我国各地常见栽培，在云南（南部）逸生。

用途：本种为著名的观赏花卉，浆果可食。

7. 姬孔雀属 Disocactus Lindl.

附生肉质灌木。茎直立、匍匐或悬垂，节间长 15cm 以上，不规则分枝，无规则分枝；分枝叶状扁平，柔软，具一两面凸起的粗大中肋，边缘波状、具圆齿或锯齿，有时基部圆柱状，少数种茎全部呈圆柱状，具 7~12 棱，有时具气根；小窠缘生或沿棱排列，具短绵毛或刚毛。叶不存在。花通常红色，生于茎侧的小窠，无梗，大型或中型，筒状、钟状、漏斗状或高脚碟状，具伸长的被丝托筒部，白天开放；被丝托裸露或疏生小鳞片，鳞片腋部小窠具刚毛，被丝托筒细长，直伸或弯曲，疏生小鳞片；檐部稍两侧对称；花被片少数，直立、开展或反曲；雄蕊多数，与花柱多少外伸；子房下位，柱头裂片 4~13，狭条形。浆果球形或卵球形，不开裂，裸露或疏生小鳞片。种子少数，卵形、倒卵形或近肾形，黑色或红褐色，具小皱纹或窪点，无毛。

16 种，原产于美洲热带至亚热带地区。我国引种 5 种。深圳引种 4 种，其中常见 1 种。

小朵令箭荷花 红玉簾 比良之雪 Nopalillo 图 525
Disocactus phyllanthoides（DC.）Barthlott in Bradleya **9**：88. 1991.

Cactus phyllanthoides DC. in Cat. Pl. Horti Monsp. 84. 1813.

附生肉质灌木，高达 1m。茎直立，具多数分枝；分枝叶状侧扁，条状披针形至长圆状披针形，长 15~30cm，宽 2.5~4cm，先端急尖或圆形，边缘具波状钝齿，基部渐狭成柄状，横切面圆形，浅绿色至绿色，常具红晕，无毛，中肋粗大，于两面凸起；小窠位于齿间凹缺处，小形，无刺，初时具短绵毛和少数刚毛，后裸露。花单生于枝侧的小窠，钟状漏斗形，粉红色，白天开放，芳香，长 8~10cm，直径 7~9cm；筒部约与檐部等长；被丝托绿色，疏生斜展至开展的小鳞片，被丝托筒近直伸，散生鳞片，鳞片开展至反曲，鳞腋小窠具刚毛；外轮花被片倒披针形至椭圆状倒披针形，边缘全缘，先端渐尖至急尖，开展，内轮花被片直立至斜展，椭圆形、卵形或倒卵形，先端急尖或圆形，上部边缘多少啮齿状；花丝白色，花药卵状长圆形，黄色；花柱黄白色，柱头裂片 5~8，狭条形，开展，黄白色。果椭圆体形，长 3~4cm，具纵棱，绿色，成熟后变红色。种子倒卵球形，长 1.3~1.7mm，黑色，有光泽。花期冬季至翌年春季；果期夏季。

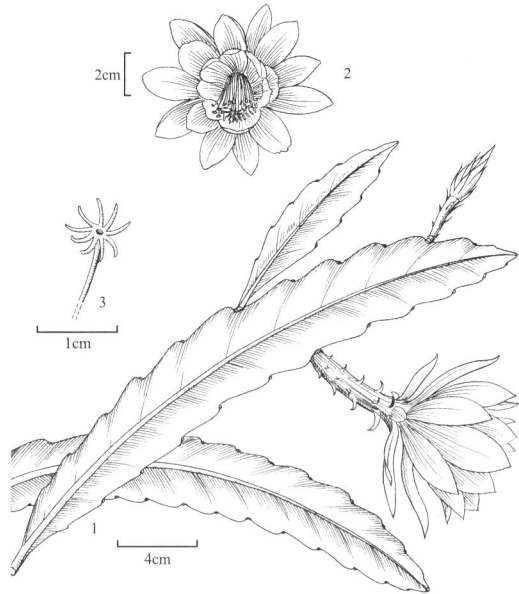

图 525 小朵令箭荷花 Disocactus phyllanthoides
1. 分枝的一部分及花；2. 花；3. 花柱及柱头。(李志民绘)

　　产地：仙湖植物园、花卉世界和深圳市部分苗圃常见栽培。

　　分布：原产于墨西哥。我国各地室内栽培多个栽培品种。

　　用途：供观赏。

　　深圳栽培的令箭荷花 Disocactus ackermannii（Lindl.）Barthlott 名下的植物大多数不是原种，而是花盃 Disocactus speciosus（Cav.）Barthlott 与令箭荷花或小朵令箭荷花 Disocactus phyllanthoides（DC.）Barthlott 的杂交复合体，该复合体的品种已超过 1600 个，花长 15~20cm，筒部长于檐部，外轮花被条状披针形，有紫、粉红、黄、白各色，柱头裂片 7~12，白天开放，可持续 3~4 天。

8. 蟹爪属 Schlumbergera Lem.

　　多年生肉质草本，附生。茎基部圆柱状，节间长 2.5~5(~6)cm，常二歧式分枝；分枝扁平至叶状，柔软，稀具 3 翅，具数节，长圆形、椭圆形至倒卵形，无瘤突；小窠小，生齿缘，顶生或散生，有时具短刚毛，无刺。叶不存在。花生于枝顶，无梗，多少两侧对称，红色、粉红色或紫色，稀白色，白天开放；被丝托圆柱状或具棱，绿色至淡褐色，裸露，被丝托筒延长，仅基部具鳞片，直伸或顶端偏斜；花被片开展或反曲；雄蕊多数，排成 2 轮，花丝红色，基部合生成筒状，围绕蜜腺腔；子房下位，花柱红色，与雄蕊均外伸，柱头裂 5，条形，粉红色至红色，直立，靠合。果球状至倒圆锥状，有时具棱，多汁，裸露，不开裂，无宿存花被。种子近肾形至卵形，褐黑色，有光泽，具小窪点。

　　6 种，原产于巴西。我国引种 3 种及 1 杂交种。深圳常见栽培的有 1 种及 1 杂交种。

蟹爪 蟹爪兰 Crab Cactus　　　　　　　　　　　　　　　　图 526　彩片 729　730
Schlumbergera truncata（Haw.）Moran in Gentes Herbarum 8(4)：329. 1953.
Epiphyllum truncatum Haw. in Suppl. Pl. Succ. 85. 1819.
Zygocactus truncatus（Haw.）K. Schum. in Martius，Fl. Bras. **42**：224. 1890.

　　多年生肉质草本。茎多分枝；分枝开展并下垂；茎分枝绿色至淡绿色，卵形、椭圆形或长圆形，长 2.5~5.5cm，具一两面凸起的中肋，厚 2~3mm，先端截形，边缘具 2~4 对尖锯齿，齿长达 6mm。花生于枝顶的小窠，两侧对称，长 5~8(~10)cm，直径 5(~10)cm；被丝托绿色，陀螺状，稍具棱；外轮花被片生于花托边缘，宽披针形，微红至粉红色，全缘，先端急尖，内轮花被片生于花托筒顶端，淡红色至淡紫色，卵形至卵状披针形，长约 2~3cm，全缘，先端急尖，反曲或扭曲，檐部明显偏斜；花丝白色，长约 3cm，花药狭长圆形，黄色，长 1.25mm；花柱红色，柱头裂片 5，条形，靠合，长约 4.5mm，红色。果狭倒卵球形，长 1.5~2cm，直径 7.5~9mm，紫色。

种子宽长圆形，深褐色至黑褐色，具光泽。花期 11 月至翌年 1 月；果期 2~5 月。

产地：仙湖植物园（李沛琼 011429；李沛琼等 1501004）、花卉世界和深圳市部分苗圃常见栽培。

分布：原产于巴西里约热内卢州区，在美国（夏威夷）归化。我国各地温室常见栽培。

用途：通常用量天尺作砧木嫁接，供观赏。

深圳常见栽培的与蟹爪外形相近的有以下 1 种。

仙人指 绿蟹爪 Christmas Cactus

Schlumbergera×buckleyi（T. Moore）Tjaden in Nat. Cact. & Succ. Journ. 21：96. 1966；D. R. Hunt in Kew Bull. **23**（2）：259. 1969.

Epiphyllum×buckleyi T. Moore in Gard. Companion Florists' Guide 41. 1852.

分枝绿色，较厚，先端钝圆，边缘波状或每侧具 2~3 圆齿；花被檐部稍偏斜，被丝托具 4~5 角。冬季至翌年春季开花；未见结果。

产地：仙湖植物园（李振宇等 1501003）、花卉世界和深圳市部分苗圃常见栽培。

分布：中国各地温室常见栽培。

用途：供观赏。

该种为倒吊莲 Schlumbergera russelliana（Hook.）Britt. & Rose 和蟹爪 Schlumbergera truncata（Haw.）Moran 的杂交园艺种。

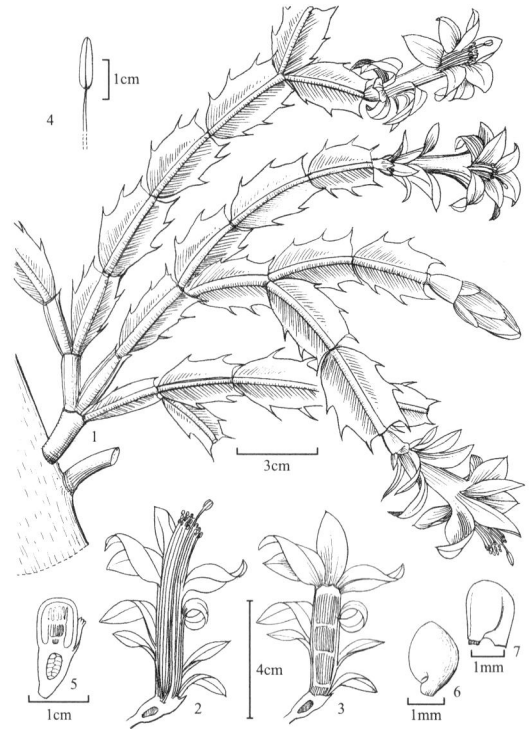

图 526 蟹爪 Schlumbergera truncata
1. 分枝的一部分及花；2. 花纵剖面；3. 去掉雄、雌蕊的花纵剖面；4. 雄蕊；5. 子房的纵剖面；6. 胚；7. 种子。（李志民绘）

9. 海胆球属 Echinopsis Zucc.

地生多年生肉质草本或肉质亚灌木，稀为肉质小乔木。茎中型至大型，具单节，球形、扁球形至短圆柱形，单生或分枝，具纵棱，棱边缘全缘、波状或圆齿状，有时横裂或斜裂成圆形至菱形，具斧状的瘤突；小窠生于棱缘或位于瘤突之间，具短绵毛和刺，刺粗大至刚毛状。花出自茎侧的小窠，稀生于下侧，无梗，大型至小型，漏斗状至钟状漏斗形，具伸长的被丝托筒部，夜间或白天开放，白色、黄色、红色或紫色；被丝托筒多少伸长，被丝托及被丝托筒被鳞片，鳞片先端尖，腋部有绵毛，少数兼有刚毛状刺；雄蕊多数，在喉部和筒部排成 2 列；子房下位。果球状、卵球状至长球状，成熟时半干燥，外被绵毛，稀兼有刚毛状刺。种子多数，近球形至倒卵球形，黑色，有光泽或无光泽，具瘤突或具小窪点。

约 130 种，产于南美洲。我国引种 60 余种。深圳引入 20 余种，常见栽培 4 种。

1. 茎圆柱状，高 6~16cm，直径 1~1.5cm；棱 8~10，不明显；小窠密集排列；辐射状刺刚毛状，无中刺，白色；花深红色，长（4~）5~7cm，白天开放 ·· 1. **白坛 E. chamaecereus**
1. 茎扁球形、球形至短圆柱状，高 6~30cm，直径 6~15cm；棱明显；小窠疏离；刺针状至钻形，具中刺，黄色至暗褐色；花白色至粉红色，长 12~25cm，夜间开放并持续至次日上午。
　　2. 茎扁球形至球形，直径 6~9cm，棱脊圆；刺淡黄色至淡褐色，细针状；花长 12~16cm ··························· ·· 2. **金盛球 E. calochlora**
　　2. 茎球形至短圆柱状，直径 10~25cm，棱脊薄或尖锐；刺黄褐色至褐色，钻形；花长（17~）18~25cm。

3. 刺长不超过 5mm；花白色 ·· 3. **短刺球 E. eyriesii**

3. 刺长 1~3cm；花粉红色至淡红色 ································· 4. **旺盛球 E. oxygona**

1. 白坛 白檀 花生仙人掌 Peanut Cactus

图 527 彩片 731

Echinopsis chamaecereus H. Friedrich & Glaetzle in Bradleya **1**: 96. 1983.

多年生肉质草本。茎短圆柱状，基部多分枝；分枝丛生，直立、斜升、平卧或外倾，易脱落，高 6~16cm，直径 1~1.5cm；淡绿色，在强光下可变成紫褐色；棱 8~10，不明显，纵列或螺旋状；小窠沿棱密集排列，圆形，密被白色短绵毛；辐射状刺 10~15（~20），辐状排列，刚毛状，长 1~2mm，白色；中刺不存在。花生于枝侧小窠，直立，漏斗状，长（4~）5~7cm，深红色，白天开放；被丝托筒部散生卵形小鳞片，鳞片先端急尖，腋部被白色绵毛，兼有刚毛；花被片多数，开展，披针形至长圆形，短于筒部，先端急尖至微钝；花丝粉红色，花药宽长圆形，淡黄色；柱头裂片 8~9，狭长圆形，淡黄色至绿白色。果近球状，长约 7mm，熟时粉红色，被宿存鳞片和绵毛。种子黑色，无光泽。花期 5~7 月；果期 6~8 月。

产地：仙湖植物园、花卉世界和深圳市部分苗圃常见栽培。

分布：原产于阿根廷西部。中国各地温室常见栽培。

用途：供观赏。

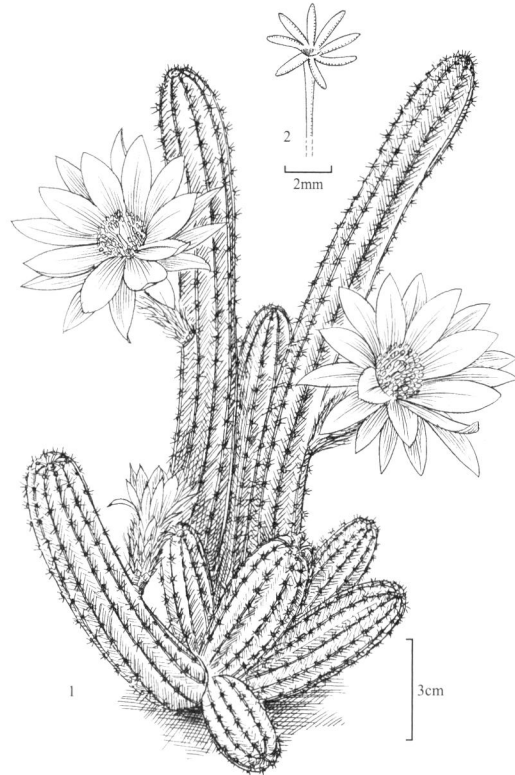

图 527 白坛 Echinopsis chamaecereus
1. 植株的一部分，示分枝和花；2. 花柱和柱头。（李志民绘）

深圳常见栽培有以下品种。

(1) 金阁 Echinopsis chamaecereus 'Aureovariegata'，茎具黄斑。

(2) 白马 Echinopsis chamaecereus 'Cristata'，茎缀化。

深圳常见栽培的白坛杂交种有以下几种。

花丽玉 Echinopsis 'Karei-Gyoku'（Chamaelobivia 'Karei-Gyoku'）

白坛 Echinopsis chamaecereus H. Friedrich & Glaetzle 与黄裳球 Echinopsis aurea Britt. & Rose 的园艺杂交种。茎短圆柱状或指状，浓绿色；辐射状刺 15~20，长 3~5mm，白色，中刺 1~2，较辐射状刺长，褐色。花长与直径均为 5~6cm，橙黄色至橙红色。

山吹 Echinopsis 'Yamabuki'（Chamaelobivia 'Karei-Gyoku' f. aureovariegata Hort.）

从花丽玉选育出的品种，茎黄色。

朱鲜丽玉 Echinopsis 'Shusenrei Gyoku'（Chamaelobivia 'Shusenrei Gyoku'）

白坛 Echinopsis chamaecereus H. Friedrich & Glaetzle 与辉凤玉 Echinopsis mamilosa Gürke 的园艺杂交种。茎短圆柱状，草绿色；辐射状刺 15~20，长 4~6mm；花长 3~3.5cm，直径 4~4.5cm，朱红色。

2. 金盛球 金盛丸 Shining Ball

图 528

Echinopsis calochlora K. Schum. in Monatsschr. Kakteenk. **13**: 108. 1903.

多年生肉质草本。茎扁球形至球形，单生或自基部分枝，直径 6~9cm，黄绿色，有光泽；棱 12~16，低，棱脊圆，边缘具圆齿；小窠嵌于棱脊上，相距达 1.5cm，近圆形或宽椭圆形，密被白色短绵毛；刺淡黄色至淡褐色，细针状，辐射状刺 10~20，开展，长 0.5~1cm，中刺 3~4，等长或略长于辐射状刺。花生于茎侧小窠；花被漏斗状，长 12~16cm，直径 8~10cm，白色，夜间开放，被丝托筒部细长，黄绿色，疏生三角形小鳞片，鳞片褐色，腋部被长绵毛，外轮花被片狭条形，内轮花被片匙状倒披针形，先端常具细尖头；雄蕊略伸出口部，白色，花药长圆形；花柱向远轴倾斜，柱头裂片 9，狭条形，淡绿色。果球形，半肉质，外被宿存鳞片和绵毛。种子倒卵球形，长 1.1~1.3mm，黑色，无光泽。花期春季至夏季；果期夏至秋季。

产地：仙湖植物园（李振宇等 1501014）、花卉世界和深圳市部分苗圃常见栽培。

分布：原产于巴西科伦巴。中国各地温室常见栽培。

用途：供观赏。

深圳常见栽培有以下品种。

(1) 金盛锦 Echinopsis calochlora 'Aureovariegata'，茎具黄斑。

(2) 金盛冠 Echinopsis calochlora 'Cristata'，茎缀化。

3. 短刺球 短毛丸 Easter Lily Cactus

图 529　彩片 732

Echinopsis eyriesii（Turp.）Zucc. Abbild. Beschr. Cact. 1: under t. 4. 1839.

Echinocactus eyriesii Turp. in Ann. Inst. Roy. Hort. Fromont 2：158. 1830.

多年生肉质草本。茎球形至短圆柱状，顶端圆形，单生或自基部分枝；分枝常成片簇生，高 15~30cm，直径 10~15cm，棱脊薄，不呈瘤状；小窠圆形，密被灰白色或淡褐色绵毛，间距达 1cm；辐射状刺 2~10，刺通常很短，钻形，长不超过 5mm，淡褐色，中刺 1~8，暗褐色，坚硬。花生于茎侧中部以上小窠，漏斗状，长（17~）20~25cm，直径 5~10cm，夜间开放并持续至次日上午，被丝托筒部下部淡褐绿色，上部淡绿色，螺旋状着生小鳞片，鳞片卵形至三角形，褐色，其腋部具淡褐色至褐色长毛；外轮花被片条状披针形，先端渐尖，淡绿色，先端具淡褐绿色晕，内轮花被片长圆状倒披针形，先端急尖，白色；雄蕊绿白色，略伸出口部，与花柱向远轴方向倾斜，花药长圆形；花柱淡绿色，柱头裂片 12~13，狭条形，

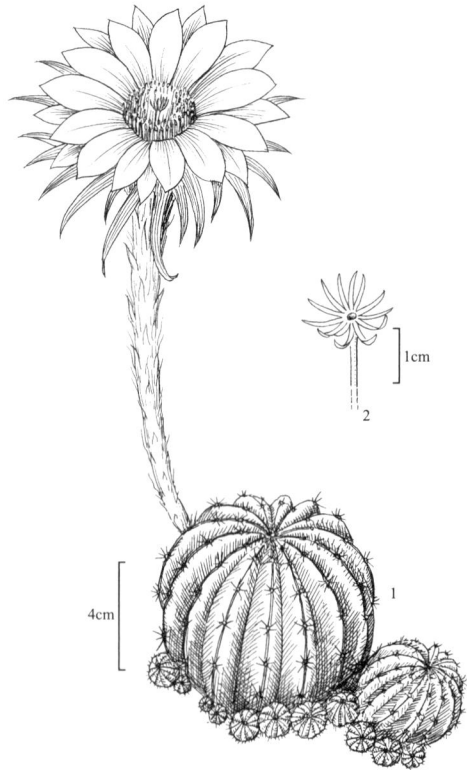

图 528 金盛球 Echinopsis calochlora
1. 植株和花；2. 花柱和柱头。（李志民绘）

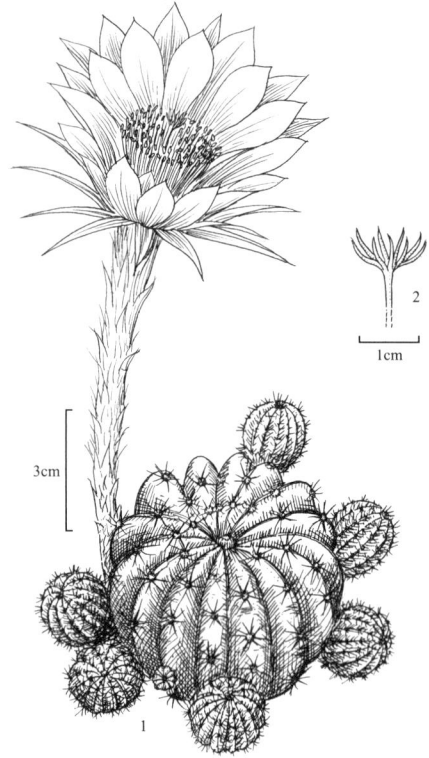

图 529 短刺球 Echinopsis eyriesii
1. 植株和花；2. 花柱和柱头。（李志民绘）

绿白色。果卵球形，长 5~8cm，外被宿存鳞片和绵毛。种子近球形，直径约 1mm，黑色。花期春季至夏季；果期夏季至秋季。

产地：仙湖植物园（李振宇等 1501012）、花卉世界和深圳市部分苗圃常见栽培。

分布：原产于巴西南部、乌拉圭和阿根廷北部。中国各地温室常见栽培。

用途：供观赏。

4. 旺盛球 旺盛丸 Barrel Cactus　　　图 530
Echinopsis oxygona（Link）Zucc. ex Pfeiff. & Otto，Abbild. Beschr. Cact. **1**: t. 4. 1838.

Echinocactus oxygonus Link in Verh. Vereins. Beförd. Gartenbaues Königl. Preuss. Staaten **6**: 419. 1830.

多年生肉质草本。茎球形、短圆柱状或略呈棒状，顶端圆形，高 15~30cm，直径 10~25cm，通常有多数分枝；老株的分枝可簇生成群，绿色至蓝绿色；棱 12~15，基部宽，棱脊尖锐，略呈波状；小窠大而凸出，密被白色短绵毛，具针状刺；辐射状刺 5~15，

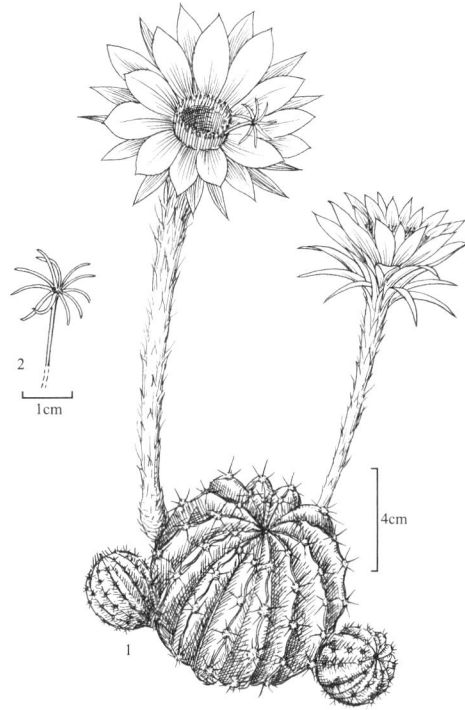

图 530 旺盛球 Echinopsis oxygona
1. 植株和花；2. 花柱和柱头。（李志民绘）

开展，长 1~2.5cm，黄褐色，中刺（1~）2~5，长达 3cm，淡褐色，具暗褐色尖头，老刺变灰色。花生于茎侧小窠，漏斗状，长 15~22cm，直径 10~15cm，粉红色，夜间开放并持续到至次日上午，芳香，被丝托筒部上方明显扩大，疏生小鳞片，鳞片腋部具灰褐色长绵毛；外轮花被片披针形，先端渐尖，粉红色，内轮花被片匙形，先端骤尖，淡粉红色；雄蕊伸出口部，排成一圆环，花丝白色，花药长圆形，淡黄色；花柱向远轴侧倾斜，柱头裂片 8~12，狭条形，开展，白色。果卵球形，长达 4cm，绿色，稍干燥，外被宿存鳞片和绵毛。种子近球形至宽椭圆体形，长 1~1.2mm，黑色。花期晚春至夏末；夏季至秋季。

产地：仙湖植物园（李振宇等 1501026）、花卉世界和深圳市部分苗圃常见栽培。

分布：原产于巴西南部、巴拉圭、乌拉圭和阿根廷北部。我国各地温室栽培。

用途：供观赏。

10. 宝山属 Rebutia K. Schum.

地生多年生肉质草本。茎小型，球形至短圆柱状，簇生或单生，具瘤突，无棱；小窠圆形或纵向延长，具细刺和短绵毛。叶退化。花较小，生于茎下部至中部的小窠，通常多数，无梗，漏斗状或筒状漏斗形，红色、黄色或白点，具伸长的被丝托筒部，白天开放；被丝托筒细长，常弯曲，疏生小鳞片，鳞片腋部裸露或疏生毛；雄蕊多数，着生于花喉部和筒部；子房下位。果小型，近球形，肉质，疏生小鳞片，顶端具宿存花被。种子多数，小型，长圆形，基部截形，常具种阜，黑色，有光泽，具小瘤突或皱纹。

30~40 种，主要分布于玻利维亚和阿根廷，个别种分布至秘鲁。我国引种 20 多种。深圳引种约 15 种，其中常见栽培 1 种。

黑丽球 黑丽丸 彩铃丸 Rausch's Rabutia　　　图 531　彩片 733
Rebutia rauschii Zecher in Kakteen And. Sukk. **28**（4）：73. 1977.

多年生肉质草本。具块根。茎扁球形，高约 1.5cm，直径达 3cm，基部上方常多分枝，老茎有时变为长球形，

高达 4cm，顶部中央通常微凹，灰绿色至淡紫色；瘤突螺旋状排列，极扁，鱼鳞状，直径约 5mm；小窠长圆形，长约 2mm，具白色短绵毛；辐射状刺达 11，钻形，长1~1.5mm，黑色，反曲并贴伏在瘤突上，排列成篦齿状，中刺不存在。花生于茎近基部，短漏斗状，长约3cm；外轮花被片半圆形至近圆形，淡绿色至白色，内轮花被片椭圆状长圆形，先端圆形，粉红色，喉部白色；花丝红色，花药卵圆形，黄色；花柱及柱头黄色。果球形，淡褐色至榄绿色，肉质，直径约达 4mm，具宿存的宽三角形鳞片。种子长圆形，黑色。花期春季；果期夏季。

产地：仙湖植物园、花卉世界和深圳市部分苗圃常见栽培。

分布：原产于玻利维亚西部。我国北京、江苏、福建、台湾、广东等地温室常有栽培。

用途：供观赏。

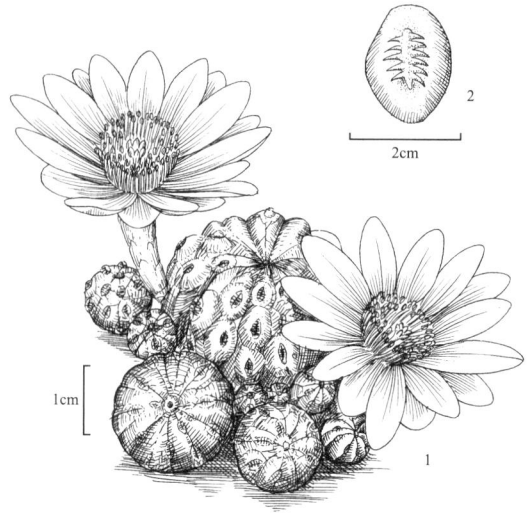

图 531 黑丽球 Rebutia rauschii
1. 开花的植株；2. 一个小窠及刺。（李志民绘）

11. 细种玉属 Parodia Speg.

地生多年生肉质草本。茎小型至中型，球形、扁球形或短圆柱形，单生或基部分枝；棱 10 至多数，常纵向至螺旋状排列，通常低，棱脊波状，具瘤突或完全横裂成瘤突；小窠位于棱上或瘤突顶端或瘤突之间，幼时常密被白色绵毛；刺针状至刚毛状，中刺直，弯曲或钩状。叶不存在。花多数，出自近茎端的小窠，小至中型，钟状至短漏斗状，黄色或红色，具伸长的被丝托筒部，白天开放；被丝托裸露或具小鳞片，被丝托筒被小鳞片，鳞片先端尖，腋部密生白色绵毛，有时兼具刚毛；雄蕊多数；子房下位，柱头红色、紫色或黄色；果小型，球形、卵球形至半球形，具宿存花被，被毛，肉质或熟时干燥，侧向或自基部开裂，红色。种子小，常短于 1mm 半球形、卵球形至球形，褐色至黑色，有光泽，平滑。

约 80 种，分布于乌拉圭、巴拉圭、玻利维亚、巴西南部和阿根廷北部。我国引种 30 种。深圳引种约 15 种，其中常见栽培 3 种。

1. 茎蓝绿色，棱 11~15，棱宽，横切面三角形，棱脊尖锐，不分裂；小窠椭圆形；辐射状刺 12~15，中刺 8~12，仅棱脊被刚毛状刺所覆盖 ························· 1. **英冠玉 P. magnifica**
1. 茎淡绿色，棱 25~40，低而钝，微波状或由瘤突排列而成；小窠圆形；辐射状刺 15~40，中刺 3~4，茎顶中央被直立刚毛状刺所覆盖。
    2. 棱不明显，由瘤突排列而成；中刺向上斜展；花柱和柱头红色 ··············· 2. **小町 P. scopa**
    2. 棱低而钝，微波状；中刺向下斜展；花柱和柱头淡黄色 ············· 3. **金晃 P. leninghausii**

1. 英冠玉 Balloon Cactus　　　　　　　　　　　　　　　　　　　　图 532　彩片 734
Parodia magnifica（F. Ritter）Brandt in Kakt. Orchid. Rundschau 1982（4）：62. 1982.
Eriocactus magnificus F. Ritter in Succulenta（Netherlands）45（4）：50. 1966.

多年生肉质草本。茎初为球形，单生老茎呈短圆柱状，常自基部分枝，蓝绿色，被白色蜡粉，顶端圆形，常偏斜，高 7~30（~45）cm，直径 7~15cm；棱 11~15，纵向排列，横切面三角形，棱脊尖锐；小窠椭圆形，彼此接近或几近汇合，密被短绵毛，短绵毛在新小窠上呈白色，后变淡黄色；辐射状刺 12~15，中刺 8~12，刚毛状，柔韧，直立、开展至略反折，金黄色，长 5~20mm。花出自茎顶新生小窠，常数花聚生，花被短漏斗形，硫黄色，长和直径4.5~5.5cm；筒部短，密被褐色鳞片，鳞片腋部密生白色绵毛和淡褐色刚毛；花被片多数，倒卵状长圆形，先端圆形或急尖；雄蕊多数，略伸出口部，淡黄色，花药长圆形；柱头高出雄蕊群，裂片约 10，狭条形，平展，淡黄色。果球形，粉红色，直径达 1cm，被宿存鳞片和毛，顶端具宿存花被。种子细小，倒卵球形，红褐色，有光泽，具尖锐的小瘤突。花期 6~8 月；果期 8~10 月。

产地：仙湖植物园（李振宇等 1501010）、花卉世界和深圳市部分苗圃常见栽培。

分布：原产于巴西和乌拉圭。我国北京、江苏、浙江、福建、台湾、广东、湖北、重庆等地温室有栽培。

用途：供观赏。

2. 小町 Silver Ball Cactus 图 533

Parodia scopa（Spreng.）N. P. Taylor in Bradleya **5**: 93. 1987.

Cactus scopa Spreng., Syst., Veg.［Sprengel］**2**: 494. 1825.

Notocactus scopa（Spreng.）A. Berger, Kakteen 208. 1929.

多年生肉质草本。茎直立，初为近球状，老时呈短圆柱状，高 5~50cm，直径 4~10cm，淡绿色，顶端被柔软的密刺所覆盖；纵棱 25~40，低而钝，横裂成小瘤突；小窠圆形，间距 5~8mm，初被白色短绵毛；辐射状刺多达 40 或更多，纤细而柔软，平展，长 5-7mm，白色，中刺 3~4，略粗壮，褐色至暗褐色，向上斜展。花在茎顶端排成环状，短漏斗状，长 2~4cm，直径 3.5~4.5cm；被丝托具淡绿色鳞片，鳞片腋部具褐色绵毛和黑色刚毛；外轮花被片条形，内轮花被片匙状倒披针形，先端急尖，常具不规则小牙齿，金黄色；雄蕊黄色，花药长圆形；花柱和柱头红色，柱头裂片 10~12，狭条形。果近球形，直径达 7mm，被褐色刚毛。种子多数，黑色，具小瘤突。花期 6~8 月；果期 8~10 月。

产地：仙湖植物园、花卉世界和深圳市部分苗圃常见栽培。

分布：原产于巴西南部和乌拉圭。我国各地温室常见栽培。

用途：供观赏。

深圳常见栽培的有以下品种：

(1) 红小町 Parodia scopa ‘**Ruberrima**’，中刺淡红色至红褐色，辐射状刺白色。

(2) 白乐天 Parodia scopa ‘**Candida**’，刺均为白色。

图 532 英冠玉 Parodia magnifica
1. 开花的植株；2. 花柱和柱头。（李志民绘）

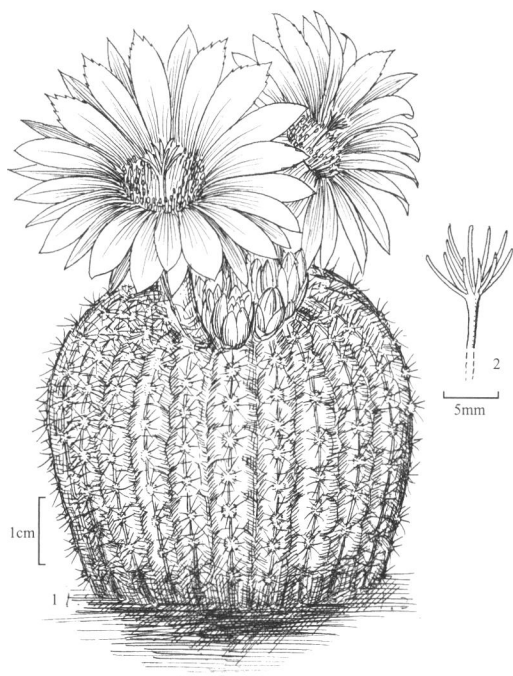

图 533 小町 Parodia scopa
1. 开花的植株；2. 花柱和柱头。（李志民绘）

3.　金晃 黄翁 Golden Ball Cactus

图 534

Parodia leninghausii（F. Haage）Brandt in Kakt. Orchid. Rundschau **7**（4）：61. 1982.

Pilosocereus leninghausii F. Haage in Monatsschr. Kakteenk. **5**：147. 1895.

Eriocactus leninghausii（F. Haage）Backbg. in Beitr. Sukkulentenk，Sukkulentenpflege **1942**：38. 1942.

Notocactus leninghausii（F. Haage）Backbg. in A. Berger，Kakteen 343.1929.

多年生肉质草本。茎初为近球形，老时圆柱状并于下部少量分枝，高 20~70cm，直径达 10cm，淡绿色，顶端常变偏斜，且被白色绵毛和金黄色长毛状刺所覆盖；棱至少 30，低而钝，微波状；小窠排列于棱上，彼此接近，圆形，初被白色绵毛；辐射状刺 15~20，刚毛状，长 0.5~1cm，淡黄色；中刺 3~4，长达 4cm，刚毛状至毛发状，向下斜展，金黄色。花漏斗状，数花集生于老茎顶部，长约 4cm，直径 4.5~5cm；外轮花被片淡绿色，或内侧黄色，先端绿色，内轮花被片

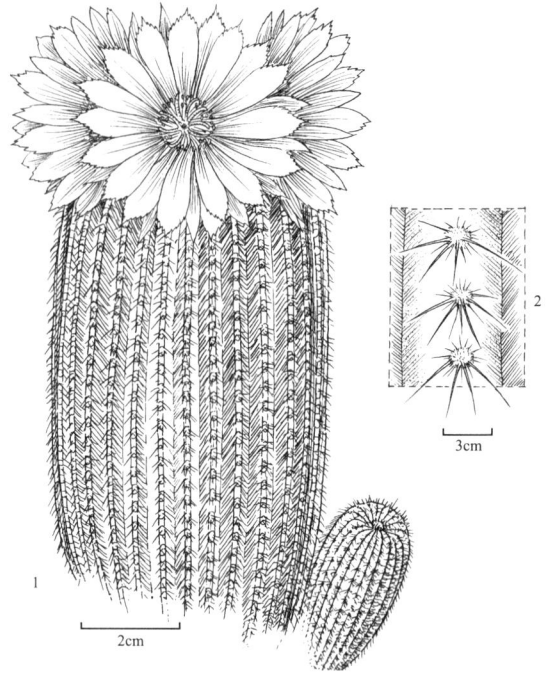

图 534 金晃 Parodia leninghausii
1. 开花的植株；2. 茎上的一部分小窠及刺。（李志民绘）

匙状倒披针形，先端急尖或截形，波状或具齿，亮黄色，近开展；被丝托和被丝托筒部具鳞片，鳞片腋部具绵毛和淡褐色刚毛；雄蕊淡黄色，花药宽长圆形；花柱和柱头淡黄色，柱头裂片 9~14，狭条形。果陀螺状，直径 1.2~2cm。种子多数，细小，长不足 1mm，褐色。花期夏季；果期秋季。

产地：仙湖植物园（李振宇等 1501022）、花卉世界和深圳市部分苗圃常见栽培。

分布：原产于巴西南部、巴拉圭和乌拉圭。我国各地温室常见栽培。

用途：供观赏。

深圳常见栽培一近缘种。

金冠 Schumamm's Parodia　　　　　　　　　　　彩片 735

Parodia schumanniana（Nicolai）Brandt in Kakt. Orch. Rundsch.**7**（4）：62. 1982.

Echinocactus schumannianus Nicolai in Monatsschr. Kakteenk. **3**：175. 1893.

Eriocactus schumannianus（Nicolai）Backbg. in Jahrb. Deutsch. Kakt. -Ges. **2**：37. 1942.

Notocactus schumannianus（Nicolai）Fric in Seed List **1928**：3. 1928.

与金晃主要区别在于：茎略粗，直径达 12cm，初为淡绿色，后变深绿色；刺 4~7（~10），刚毛状，向下斜展，下方的刺长可达 5cm，初为红褐色，后变灰色或黑色，刺易脱落。

产地：仙湖植物园、花卉世界和深圳市部分苗圃常见栽培。

分布：原产于巴西南部、巴拉圭和阿根廷北部。我国北京、江苏、上海、福建、台湾、广东、香港等地温室有栽培。

用途：供观赏。

12. 金鯱属 Echinocactus Link & Otto

地生多年生肉质草本。植株通常大型；茎球形至短圆柱形，或扁球形至盘状。单生或基部分枝，具 8~27 棱，棱边缘薄或具瘤突；小窠大，沿棱排列，近圆形、椭圆形或纵向延长，初被绵毛；刺通常粗大，针状至钻形，

直伸或弯曲，具横纹，横切面圆形至背腹扁，常具鲜艳的色彩。花多数，自出茎顶长绵毛丛中，从小窠向上延伸的无刺部分长出，排成 1 至数圈，钟状至钟状漏斗形，黄色或粉红色，具伸长的被丝托筒部，白天开放；被丝托筒密被鳞片，鳞片先端尖，有时腋部密生绵毛；外轮花被片先端具刺状或芒状尖头；雄蕊多数；子房下位。果长球状、刺陀螺状，密被鳞片，有时具绵毛，具宿存花被，成熟时干燥或肉质，变无毛且不规则开裂。种子长 1.5~3mm，球形、肾形至倒卵球形，黑色至深褐色，平滑、具瘤突或具皱纹。

6 种。原产美国南部和墨西哥。我国引种 5 种，深圳引种 3 种，其中常见栽培 1 种。

金鯱 Golden Barrel Cactus　Golden Ball Cactus
图 535　彩片 736　737　738
Echinocactus grusonii Hildm. in Monatsschr. Kakteenk. **1**: 4. 1891.

多年生肉质草本。茎球形，顶端略压扁，单生，稀于基部分枝，直径 40~80（~130）cm，亮绿色，顶端

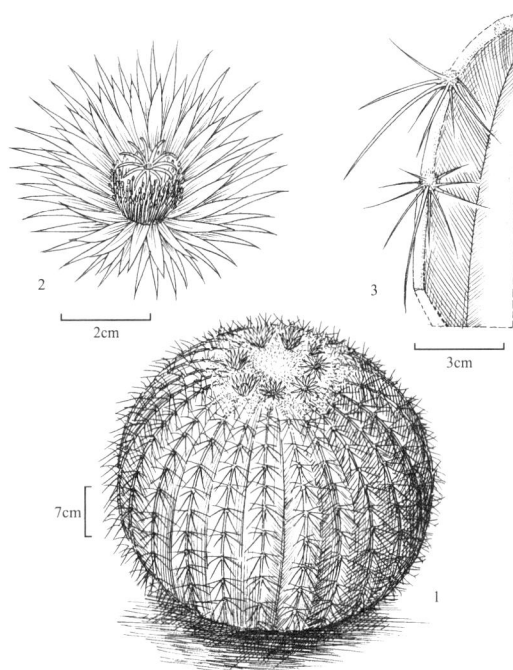

图 535 金鯱 Echinocactus grusonii
1. 开花的植株；2. 花；3. 一部分茎上的刺。（李志民绘）

密被白色或淡黄色绵毛和刺；棱 20~30，或更多，幼体的棱多少具瘤状凸起，老后变平直，棱缘较薄；小窠大，相距 1~2cm，绵毛初为淡黄色，后变白色和灰白色；新刺金黄色，老时变为近白色，具细环纹，辐射状刺 8~10，长达 3cm，针状，开展，中刺 3~5，钻形，微弯，斜展，下方 1 根长可达 5cm。花集生于茎顶，排成数圈，长 4~6cm，宽约 5cm，被丝托筒部被长而尖的鳞片；外轮花被片长渐尖，淡褐色至浅黄色，内轮花被片亮黄色，狭披针形，长渐尖，短于外轮花被片；雄蕊黄色，花药近圆形；花柱及柱头黄色，柱头裂片 12~21，狭条形。果长球状至近球状，长 1.2~2cm，密被白色绵毛，顶端具干燥宿存的花被。种子多数，倒卵形，长约 1.5mm，深褐色，有光泽。花期 6~8 月；果期 7~10 月。

产地：仙湖植物园（李振宇等 1501009）、花卉世界和深圳市部分苗圃常见栽培。

分布：墨西哥中部。我国各地温室常见栽培。

用途：供观赏。

深圳常见栽培有以下品种。

(1) 白神鯱（银鯱）Echinocactus grusonii ‘**Albispinus**’，刺白色。

(2) 金鯱冠 Echinocactus grusonii ‘**Cristatus**’，茎缀化。

(3) 狂鯱 Echinocactus grusonii ‘**Intertextus**’，中刺长达 6cm，背腹扁，明显弯曲。

(4) 裸鯱 Echinocactus grusonii ‘**Subinermis**’，刺极短，长约 1mm 或不发育。

13. 星冠属 Astrophytum Lem.

地生多年生肉质草本。植株小型，茎通常单生，近球形，短圆形状或扁球形，具（3~）4~8（~10）棱；棱宽，棱脊圆钝至尖锐，通常被极短的白色的丛卷毛，在茎表面形成密集或分散的白点；小窠被绵毛，具刺或无刺，刺针状，或狭条形并扭曲，纸质。花出自近茎顶的小窠，短漏斗形至钟状，具伸长的筒部，白天开放；被丝托与被丝托筒被覆瓦状排列的鳞片，鳞片卵形至披针形，先端急尖，渐尖或具尾状尖头，黑色，腋部具长绵毛；花被片开展，淡黄色，或内面基部淡红色；雄蕊多数，着生于筒部，黄色，花药长圆形；子房下位，柱头裂片 4~8，条形或长圆形，黄色。果球形

或长球形，稍肉质，被宿存的鳞片和花被，黄绿色、淡红色或淡紫色。种子多数，帽状，长 1.5~3mm，褐色或黑色，近平滑，有光泽，种脐大而凹陷，边缘内卷。

4 种，原产于墨西哥，其中 1 种分布至美国的德克萨斯州南部。我国引种 4 种。深圳引种 4 种，其中常见栽培 1 种。

鸾凤玉 Bishop's Cap　　　　图 536　彩片 739　740
Astrophytum myriostigma Lem. Cact. Gen. Sp. Nov. 4. 1839.

多年生肉质草本。茎球形，后变短圆柱状，高 15~60(~100)cm，直径 10~20cm，绿色，通常密被微小的灰白色丛卷毛，具(4~)5(~10)棱，棱脊通常急尖；小窠沿棱脊间断或紧密排列，圆形，凸出，被灰白色至褐色绵毛，无刺。花少数，生于茎顶端或近顶端的小窠，短漏斗形，长和直径 4~6cm，被丝托筒部密被黑色或先端黑色的鳞片，鳞片卵形至披针形，先端急尖至渐尖；花被片多数倒披针形，先端渐尖，黄色，有时基部有红晕；雄蕊多数，不伸出口部，花丝淡黄色，花药长圆形，黄色；柱头裂片(4~)6(~8)，长圆形或卵状长圆形，黄色。果长球形，淡紫色，密被卵形的宿存鳞片，成熟时开裂成星状。种子帽状，长约 3mm，宽约 2mm，暗褐色至黑褐色。花期 6~8 月；果期 8~10 月。

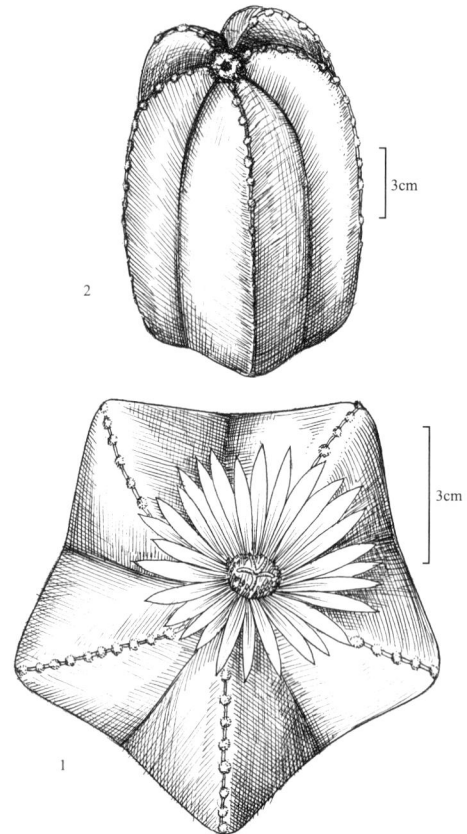

图 536 鸾凤玉 Astrophytum myriostigma
1. 开花的植株（上面观）；2. 植株（侧面观）。（李志民绘）

产地：仙湖植物园（李振宇等 1501011）、花卉世界和深圳市部分苗圃常见栽培。

分布：原产于墨西哥中部及北部。我国各地温室常见栽培。

用途：供观赏。

14. 裸萼属 Gymnocalycium Pfeiff.

地生多年生肉质草本。茎小型，稀中型，球状至扁球形，稀延长成短圆柱形，单生或基部分枝；棱纵横向或螺旋状排列，通常宽而圆，具横沟，并常在小窠下方形成颏状瘤突，稀具锐棱而无瘤突；小窠椭圆形至圆形，具各式刺，初时被短绵毛。刺发达，中刺先端不呈钩状。叶不存在。花出自茎近顶端的小窠，中型，钟状漏斗形至漏斗形，白色、红色、紫色或黄色，具伸长的被丝托筒部，白天开放；被丝托和被丝托筒具鳞片，鳞片宽过于长，稍肉质，先端常圆钝形，边缘薄，全缘，腋部通常无毛，鳞片自下而上渐变大，过渡成花被片；雄蕊多数；子房下位；柱头黄色或白色。果小型，长球形，具鳞片，多数红色，顶端具宿存花被片，肉质或半肉质。熟时开裂。种子近球形、倒卵球状或近双凸镜状，常有明显的种阜，褐色至黑色，有光泽，具瘤突、平滑或具微细刺。

约 60 种，产于巴西南部、玻利维亚、阿根廷、乌拉圭和巴拉圭。我国引种 42 种。深圳引种约 20 种，其中常见栽培的 2 种。

1. 茎深灰绿色至蓝绿色，棱 9~11(~13)，低而宽，横裂成瘤突；小窠椭圆形，略下陷；辐射状刺开展或反曲，贴近茎表面；花丝红色；果卵球形，深灰绿色 ·· **1. 绯花玉 G. baldianum**
1. 茎灰绿色至红褐色，棱 7~12，边缘狭而尖锐，两侧具与小窠相连的横脊；小窠圆形，凸出；辐射状刺斜展，稍外弯；花丝黄白色；果棍棒状，红色 ⋯⋯⋯⋯⋯⋯
⋯⋯⋯⋯⋯⋯⋯⋯⋯⋯⋯⋯2. **瑞云球 G. mihanovichii**

1. 绯花玉 Bald's Chin Cactus 图537

Gymnocalycium baldianum（Speg.）Speg. in
Anales Soc. Ci. Argent. **94**：135. 1925.

Echinocactus baldianus Speg. in Anales Mus.
Nac. Buenos Aires **4**：505. 1905.

Gymnocalycium venturianum Backbg. in Blatt.
Kakteenf. **9**：1. 1934，nom. nud.

Gymnocalycium sanguiniflorum（Werd.）Werd. in
Kakteen and Sukk. **1**：79. 1937.

多年生肉质草本。具块根。茎直立，单生，有时
基部分枝，扁球状，高4~5cm，直径6~7cm，深灰绿
色至蓝绿色；纵棱9~11(~13)，低而宽，横向浅裂成
瘤突，瘤突下方具颏状凸起；小窠椭圆形，略下陷，
被白色短绵毛；辐射状刺5~7，针状，长0.7~1.5cm，
开展或反曲，贴近茎表面，初为淡黄色，后变灰白
色，基部淡褐色。花多数，集生于茎顶，漏斗状，长
3~3.5cm，直径5.5~6.6cm；被丝托筒部绿色，有少数
近圆形的鳞片，外轮花被片倒卵形至椭圆形，多少呈
褐绿色，内轮花被片匙状倒披针形，先端急尖，淡红
色至绯红色；花丝红色，花药宽长圆形，黄色；花柱
淡绿色，柱头淡黄色。果卵球形，深灰绿色。种子近
球形，直径约1mm，黑色。花期5~8月；果期8~10月。

产地：仙湖植物园（李振宇等1501015）、花卉世
界和深圳市部分苗圃常见栽培。

分布：原产于阿根廷。我国各地温室常见栽培。

用途：供观赏。

2. 瑞云球 瑞云丸 Chin Cactus 图538

Gymnocalycium mihanovichii（Frič & Gürke）Britt. &
Rose，Cactaceae **3**：153. 1922.

Echinocactus mihanovichii Frič & Gürke in Monatsschr.
Kakteenk. **15**：142. 1905.

多年生肉质草本。茎球形至扁球形，高3~5cm，
直径3~6cm 灰绿色至红褐色；棱7~12，边缘狭而尖
锐，无宽扁的瘤突，横切面宽三角形，棱侧具与小窠
相连的横脊，横脊直达棱的基部；小窠小，圆形而凸出，
直径约2mm，被白色短绵毛，间距0.1~1.2cm；辐射
状刺(3~)5~6，针状，黑褐色，后变灰褐色，斜展而
稍外弯，长0.3~1.5cm，老时多少脱落，中刺不存在。
花生于茎顶端小窠，钟状漏斗形，长3~5cm，被丝托

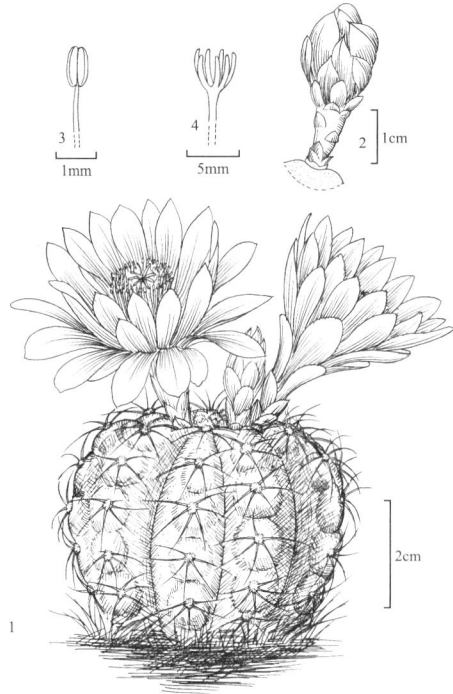

图 537 绯花玉 Gymnocalycium baldianum
1. 开花的植株；2. 花蕾；3. 雄蕊；4. 花柱和柱头。（李志民绘）

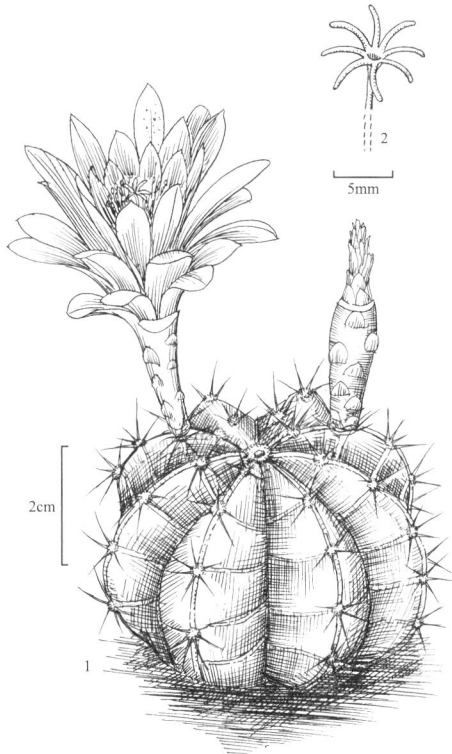

图 538 瑞云球 Gymnocalycium mihanovichii
1. 植株、花和果；2. 花柱和柱头。（李志民绘）

筒部长达 2cm，向上渐增粗，直径 5~8mm，具螺旋状排列的半圆形鳞片；外轮花被片宽卵形至倒卵形，内轮花被片近直立至斜展，倒卵状长圆形至匙状长圆形，先端急尖或圆形，黄绿色或绿白色，上部常微红色；雄蕊排成 2 组，黄白色，花药狭长圆形；花柱淡绿色，柱头裂片约 8，狭条形，淡黄色。果棍棒状，红色。种子近球形，直径约 1mm，淡褐色。花期夏季，花昼开夜闭，单花可延续数日；果期秋季。

产地：仙湖植物园、花卉世界和深圳市部分苗圃常见栽培。

分布：原产于巴拉圭。我国各地温室常见栽培。

用途：供观赏。

深圳常见栽培有以下品种。

(1) 牡丹玉 Gymnocalycium mihanovichii 'Friedrichii'

Gymnocalycium mihanovichii（Frič & Gürke）Britt. & Rose var. *friedrichii* Werderm. in Repert. Spec. Nov. Regni Veg. Sonderbeih. B 29，tab. 113. 1936.，花被及花柱淡桃红色。

(2) 黄金牡丹 Gymnocalycium mihanovichii 'Aurea'，茎具黄斑。

(3) 绯牡丹 Gymnocalycium mihanovichii 'Red Head'

Gymnocalycium mihanovichii var. *friedrichii* 'Hibotan'，茎具红斑，从牡丹玉选育出。

15. 强刺属 Ferocactus Britt. & Rose

地生多年生肉质草本。茎扁球状、球状至短圆柱状，单生或中部以下分枝，具多数棱，棱上有时具瘤突；小窠大，近圆形、椭圆形至长圆形，常纵向延长；刺发达，针状或钻形，直伸、弯曲或中刺先端呈钩状，稀无钩，具横纹或平滑，横切面背腹扁、圆形至侧扁。花近顶生，从小窠向上延伸的无刺部分长出，钟状至漏斗状，长 5.5~7cm，红色、黄色或紫色，白天开放，被丝托筒部短，密被鳞片，鳞片通常长过于宽，先端尖，干膜质，有时具缘毛；内轮花被片与上方雄蕊之间具毛环；雄蕊多数；子房下位。果球状或椭圆体形，红色、紫色、黄色，肉质或干燥，自基部开裂或不规则开裂，密被卵形至半圆形鳞片，鳞片纸质，先端钝至急尖，边缘干膜质，流苏状或具小齿。种子倒卵球形至近肾形，长 1~3mm，黑色，密生小瘤突。

28 种，产于墨西哥和美国西南部。我国引种 25 种。深圳引种 20 种，其中常见栽培 1 种。

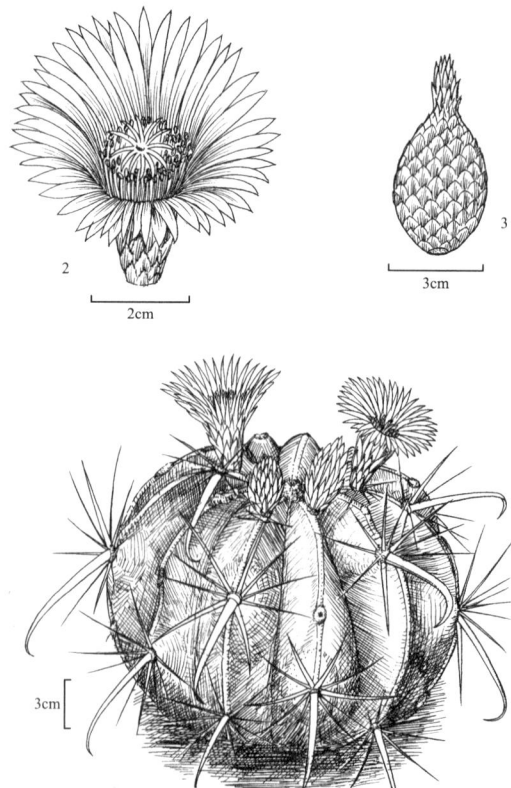

日之出 赤龙丸 Devil's Tongue

图 539 彩片 741

Ferocactus recurvus（Mill.）Borg，Cacti 231. 1937.

Cactus recurvus Mill. Gard. Dict. ed. 8，Cactus，No. 3. 1768.

Cactus latispinus Haw. in Philos. Mag. J. **63**：41. 1824.

Ferocactus latispinus（Haw.）Britt. & Rose，Cactaceae **3**：143. 1922.

多年生肉质草本，高 25~40cm。茎扁球状至球状，顶端压扁，蓝绿色至灰绿色，直径达 40cm，初时具 8~15 纵棱，老时棱可增至 23，高 1.2~2.2cm，边缘变

图 539 日之出 Ferocactus recurvus
1. 带花的植株；2. 花；3. 果。（李志民绘）

狭，波状，但在小窠着生处增厚；小窠大，纵向延长呈长圆形，宽 7~10mm，间距 2.5~4cm，密被灰白色短绵毛；刺均有横肋，辐射状刺 6~15，细针状，开展，长 2~2.5cm，白色至红褐色，中刺约 4，较粗壮，淡红褐色或淡褐色，直立或外展，长达 3.5cm，其中最下方 1 刺较长而背腹扁，宽达 7~8mm，顶端下弯呈钩状。花生于茎顶小窠，短漏斗状，长 3.5~4cm；被丝托筒部密被三角形鳞片，鳞片紫褐色，边缘具白色短毛，花被片平展，狭长圆状披针形，先端急尖至短渐尖，上部边缘具不规则小锯齿，白色至粉红色，具深紫色中肋；雄蕊略伸出口部，花丝红色，花药长圆形，黄色；花柱红色，柱头裂片 10~12，狭条形，淡红色。果长球形，长（2~）4cm，被宿存鳞片和花被。种子长约 2mm，褐黑色，无光泽。花期夏季；果期秋季。

产地：仙湖植物园、深圳市各园地均常有栽培。

分布：原产于墨西哥东部及中部。我国北京、江苏、福建、台湾、广东等地温室有栽培。

用途：供观赏。

16. 乳突球属 Mammillaria Haw.

地生多年生肉质草本。茎小型至中型，球状、卵球状、短圆柱状或陀螺状，单生或基部分枝，直立或倾卧，部分种类具乳汁；具瘤突而无棱，瘤突螺旋状排列，圆锥状至圆柱状，无沟；小窠位于瘤突顶端，具各式刺，至少幼时被毛；中刺直伸或钩状。花生于瘤突腋部隐匿的小窠上，小至中型，钟状至短漏斗状，稀高脚碟状，无梗，筒部短或稀长，白天开放；被丝托裸露，稀具少数鳞片，基部多少陷入茎轴；被丝托筒多与花被片同色，有时绿色；花被片狭，红色、白色或黄色；雄蕊多数；子房下位。果裸露，稀具少数鳞片，长球形、棍棒状或倒卵球形，稀近球形，肉质，红色、紫色或淡绿色，通常不开裂。种子近球形至倒卵球形，黑色至褐色。

150~200 种，产于墨西哥，向北达美国西南部，南达哥伦比亚北部和委内瑞拉。我国引种 130 余种。深圳引种约 60 种，其中常见栽培的 9 种。
1. 瘤突质地坚硬，具乳汁。
  2. 瘤突圆锥状；辐射状刺 20~30，毛发状，柔软，密集，覆盖茎表 ·················· 1. 玉翁 M. hahniana
  2. 瘤突下部四角状；辐射状刺（2~）3~7，钻形至针状，坚硬，茎表外露。
    3. 茎灰绿色至深绿色；瘤突长约 1cm；花长 2~2.5cm ·················· 2. 梦幻城 M. magnimamma
    3. 茎淡蓝绿色；瘤突长 4~6mm；花长 1~1.5cm ·················· 3. 白龙球 M. compressa
1. 瘤突质地柔软，仅猩猩球一种质地坚硬，具水汁而不含乳汁。
  4. 中刺具钩。
    5. 瘤突长 3~5mm；花红色 ·················· 4. 绯缄 M. mazatlanensis
    5. 瘤突长 7~9mm；花黄色 ·················· 5. 银鲹 M. surculosa
  4. 中刺直伸。
    6. 瘤突长 1.5~2.5cm；花长 4~6cm；果淡黄绿色 ·················· 6. 金星 M. longimamma
    6. 瘤突长 2~5mm；花长 1~2cm；果红色。
      7. 茎直径 6~7cm，单生，不分枝；瘤突坚硬；柱头裂片 7~8 ·················· 7. 猩猩球 M. spinosissima
      7. 茎直径 1.2~2.5cm，分枝群生；瘤突柔软；柱头裂片 3~5。
        8. 瘤突圆锥状，腋部裸露；辐射状刺 15~20，刚毛状，开展并反曲；中刺 0（1~2）··················
        ·················· 8. 金毛球 M. elongata
        8. 瘤突短圆柱状，腋部被毛；辐射状刺 30~40，毛状，不规则开展；中刺 5~12 ······ 9. 松霞 M. prolifera

1. 玉翁 Old-lady Cactus   Old Lady Pincushion

图 540   彩片 742   743

Mammillaria hahniana Werd. in Monatsschr. Deutsch. Kakteen-Ges. **1**：77. 1929.

Mammillaria hahniana var. *werdermanniana* Schmoll in Craig, Mamm. Handb. 112. 1945.

多年生肉质草本。茎球形，顶端压扁，高达 9cm，直径 6~10cm，单生或基部分枝，淡绿色，内含乳汁；瘤突小，螺旋状排列，圆锥状，长 5~9mm，腋部具白色绵毛，并具 20 根或更多 1.5~5cm 长的白色毛发状刚毛；小窠圆形，被白色短绵毛；辐射状刺 20~30，长 4~15mm，毛发状，白色，中刺 1~2(~5)，长 4~8mm，针状，向外斜展，白色，顶端红褐色至黑色。花多数，出自茎顶边缘瘤突的腋部，排成环状，漏斗状钟形，长约 8mm，直径 1.5~2cm；花被片披针形，先端急尖，紫红色，具较深的中条条；花丝白色，花药宽长圆形，淡黄色；柱头裂片 4~5，裂片卵状长圆形，红色。果短棍棒状，长 7~8mm，紫红色。种子倒卵球形，长约 1.5mm，具小窪点，污褐色。花期春季至夏季；果期秋季。

产地：仙湖植物园（李振宇等 1501013）、花卉世界和深圳部分苗圃常见栽培。

分布：原产于墨西哥中部。我国各地温室均有栽培。

用途：供观赏。

常见栽培的有以下亚种。

1a. 鹤裳球 鹤裳丸 Lady of Mexico Cactus

Mammillaria hahniana subsp. **mendeliana**（Bravo） D. R. Hunt in Mammillaria Postscripts **6**：10. 1997.

Neomammillaria mendeliana Bravo in Anales Inst. Biol. Univ. Mexico. **2**：195. 1931.

与玉翁的主要区别在于：茎暗绿色；辐射状刺长约 3mm，中刺长 1~1.5cm；花被片先端渐尖。

产地：仙湖植物园、花卉世界和深圳市部分苗圃常见栽培。

分布：原产于墨西哥。我国北京、福建、台湾、广东等地温室有栽培。

用途：供观赏。

2. 梦幻城 金刚丸 Mexican Pincushion

图 541   彩片 744

Mammillaria magnimamma Haw. in Philos. Mag. J. **63**：41. 1824.

Mammillaria centricirrha Lem. in Cact. Gen. Sp. Nov.

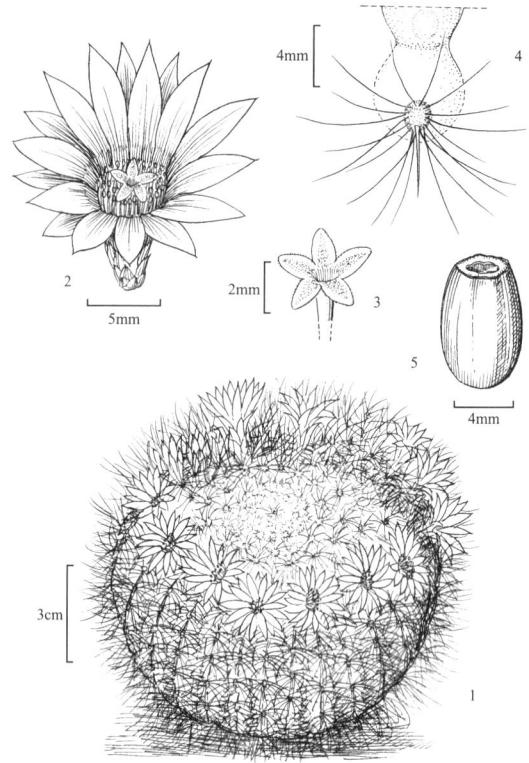

图 540 玉翁 Mammillaria hahniana
1. 开花的植株；2. 花；3. 花柱和柱头；4. 一个小窠及毛发状刺和 1 个针状中刺；5. 果。（李志民绘）

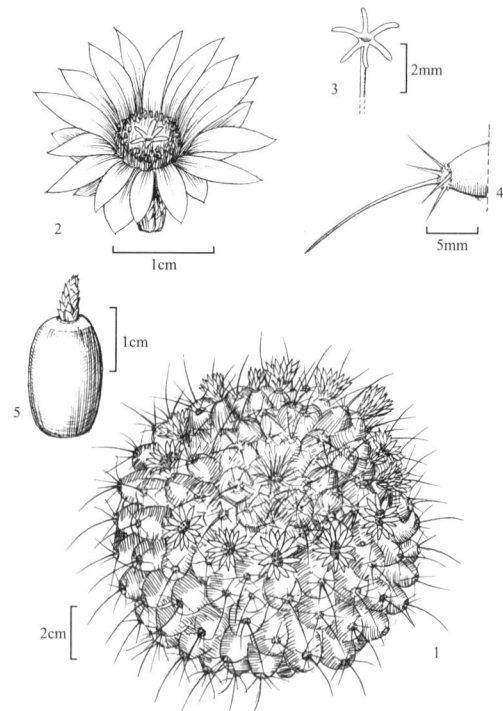

图 541 梦幻城 Mammillaria magnimamma
1. 开花的植株；2. 花；3. 花柱和柱头；4. 1 个小窠及顶端的辐射状刺和中刺；5. 果。（李志民绘）

42. 1839.

多年生肉质草本，高达 27cm。茎初为扁球形，后变球状或短圆柱状，基部多分枝，直径达 16cm，灰绿色至深绿色，内具乳汁，幼时单生；瘤突螺旋状排列，圆锥状，略具 4 角，长约 1cm；腋部及小窠具白色绵毛；辐射状刺 3~6，不等长，中下方 1~2 刺显著延长并反折，但有时上弯，长 1.5~4.5cm，钻形，坚硬，黄白色，灰白色，先端黑色，不等长，中刺缺失或 1(~2)，反折。花生于茎顶瘤突的腋部，钟状，长 2~2.5cm，直径 2~2.5cm；外轮花被片直立，椭圆形至长圆形，红褐色并具狭的乳白色边缘，内轮花被片长圆状披针形，上部向外平展，先端圆形或近急尖，粉红色至深洋红色；花药宽长圆形，淡黄色；柱头裂片(4~)5~7，狭条形，白色至粉红色。果棍棒状，长 1.5~2cm，洋红色。种子倒卵球形，长 1~1.2mm，褐色，无光泽。花期 6~8 月；果期 8~10 月。

产地：仙湖植物园、花卉世界和深圳市部分苗圃常见栽培。

分布：原产于墨西哥中部。我国各地温室常见栽培。

用途：供观赏。

3. 白龙球 白龙丸 Mother of Hundreds

图 542　彩片 745

Mammillaria compressa DC. in Mém. Mus. Hist. Nat. **17**: 112. 1828.

Mammillaria compressa var. *longiseta*(Salm-Dyck)Borg, Cacti 353. 1937.

多年生肉质草本，高达 20cm。茎球形、棍棒状长球形至短圆柱形，淡蓝绿色，顶端略压扁并有白色绵毛，直径 5~8(~10)cm，初为单生，后产生大量丛生分枝，宽可达 1m，质地坚硬，具乳汁；瘤突螺旋状排列，短粗并紧密相邻，下部具 4 钝角呈菱形，上部圆，先端偏斜，长 4~6mm，宽 8~10mm，腋部具白色绵毛和长刚毛；小窠生于瘤突顶端，圆形，嫩时密被白色绵毛，老后变近无毛；辐射状刺(2~)4~7，长(0.1~)2~7cm，灰白色至淡褐色，有时具黑褐色尖头，不等长，斜展，下方 1 刺最长，常向下弯折，中刺不存在。花生于茎顶部边缘瘤突腋部的小窠，常排成环状，钟状，紫红色，长 1~1.5cm，直径约 1.2cm；花

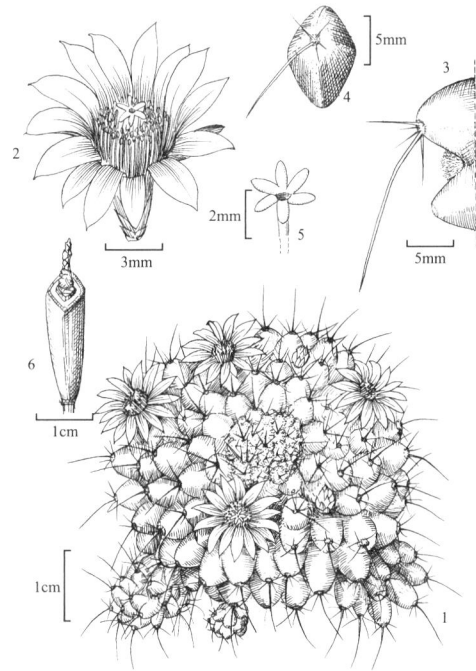

图 542 白龙球 Mammillaria compressa
1. 开花的植株；2. 花；3. 部分瘤突及刺和腋部的绵毛；4. 一个瘤突上面观示菱形；5. 花柱和柱头；6. 果。（李志民绘）

被片长圆状倒披针形，先端骤尖；雄蕊与花柱略伸出口部，均淡红色，花药宽长圆形，淡黄色；柱头裂片 5~6，狭长圆形，白色。果棍棒状，长约 2cm，鲜红色。种子倒卵球形，长约 1.2mm，淡褐色，近平滑至具皱纹。花期春季；果期夏季。

产地：仙湖植物园（李振宇等 1501016）、花卉世界和深圳市部分苗圃常见栽培。

分布：原产于墨西哥中部。我国各地温室常见栽培。

用途：供观赏。

4. 绯绒 Mazatlan Mammillaria

图 543　彩片 746

Mammillaria mazatlanensis K. Schum. in Monatsschr. Kakteenk. **11**: 154. 1901.

多年生肉质草本，高 4~12cm。茎短圆柱状，直径 2~4cm，顶端圆形，具多数丛生的分枝，灰绿色，质地柔软，内含水汁；瘤突螺旋状排列，圆锥状，长 3~5mm，腋部具短绵毛和小刚毛，有时裸露；小窠位于瘤突顶端，小，圆形，被淡褐色短绵毛；辐射状刺 12~15，刚毛状，开展并反曲，长 6~10mm，白色，中刺 4~6，细针状，先端多少钩状，斜展，红褐色。花生于茎上侧瘤突的腋部，漏斗状钟形，长 3~4mm；外轮花被片中部具淡褐色纵斑，边

缘白色，先端钝，内轮花被片洋红色，长圆状披针形，先端急尖，开展并稍反曲；雄蕊略伸出口部，花丝红色，花药长圆形，黄色；花柱白色，柱头裂片5~8(~9)，狭条形，开展，淡绿色。果倒卵球形，长约2cm，淡红褐色至红色。种子扁球形，长约1mm，黑色，具光泽。花期夏季；果期秋季。

产地：仙湖植物园（李沛琼等 W07081；李振宇等 1501023）、花卉世界和深圳市部分苗圃常见栽培。

分布：原产于墨西哥中部。我国各地温室常见栽培。

用途：供观赏。

5. 银鲵 Surculose Mammillaria 图544 彩片747
Mammillaria surculosa Boed. in Monatsschr. Deutsch. Kakteen-Ges. **3**：78. 1931.

Dolichothele surculosa（Boed.）Backbg. in cact. Succ. J.（Los Angeles）23：152. 1951.

多年生肉质草本，高达4cm。茎球状至椭圆球状，分枝丛生，直径达3cm，淡绿色，内含水汁；瘤突螺旋状排列，近圆柱状，长7~9mm，质地柔软，腋部无毛；小窠圆形，被白色短绵毛；辐射状刺15~16，细针状，长0.8~1cm，白色至淡黄色，平展或稍反曲，中刺1~2，直立，长1.8~2cm，红褐色，基部带黄色，无毛，直立，先端钩状。花生于近茎顶端瘤突的腋部，漏斗状钟形，长约1.8cm，直径1.5~2cm，有香味；外轮花被片黄色，背面具绿色或淡红色纵斑，内轮花被片披针形，宽约3mm，先端有小尖头，硫黄色，有时先端淡红色，常具橙黄色纵斑；花药宽长圆形，黄色；柱头裂片5~6，狭长圆形，开展，淡黄绿色。果球形，淡绿色，具淡红色晕。种子倒卵球形，长约1mm，黄褐色，具小窪点。花期4~5月；果期6~10月。

产地：仙湖植物园、花卉世界和深圳市部分苗圃常见栽培。

分布：原产于墨西哥。我国福建、台湾、广东等地温室有栽培。

用途：供观赏。

6. 金星 海王星 Finger Cactus Nipple Cactus Pineapple Cactus 图545 彩片748 749
Mammillaria longimamma DC. Rev. Cact. 113. 1829.

Dolichothele longimamma（DC.）Britt. & Rose，Cactaceae. **4**：62. 1923.

Mammillaria uberiformis Zucc.，Enum. Diagn. Cact. 23：1837.

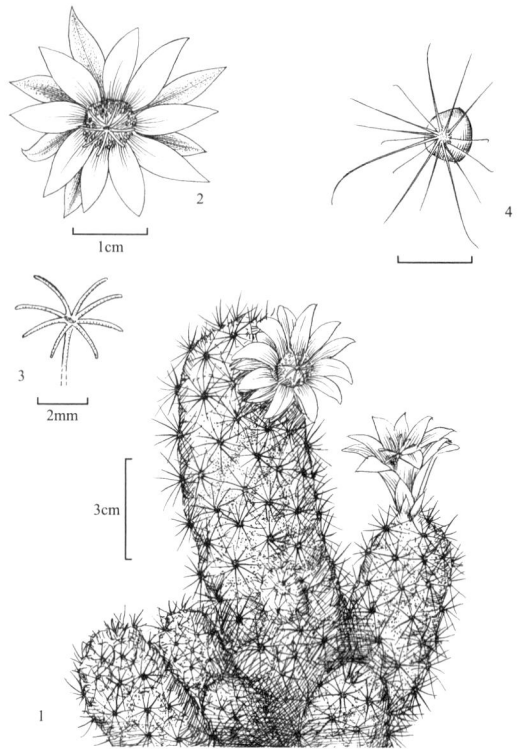

图543 绯缄 Mammillaria mazatlanensis
1. 开花的植株；2. 花；3. 花柱和柱头；4. 1个小瘤突及小窠和刺。（李志民绘）

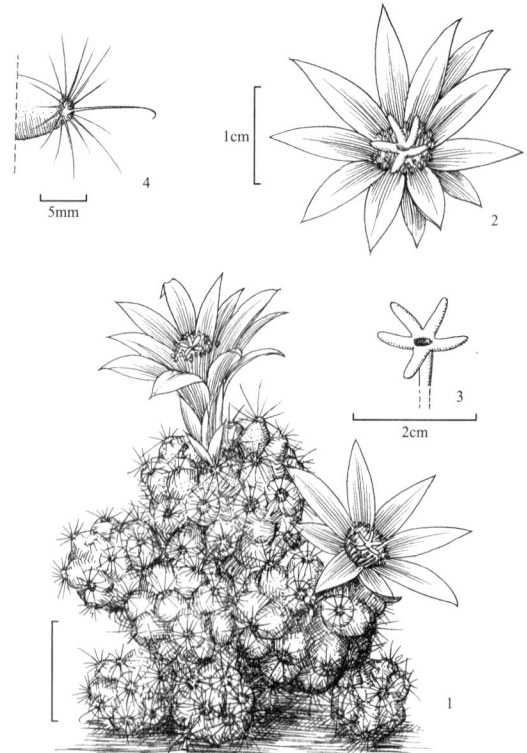

图544 银鲵 Mammillaria surculosa
1. 开花的植株；2. 花；3. 花柱和柱头；4. 1个瘤突及刺。（李志民绘）

Dolichothele uberiformis（Zucc.）Britt. & Rose, Cactaceae. **4**：63. 1923.

多年生肉质草本，高 8~10（~15）cm。具数个肉质直根。茎球形至长球形，直径 3~6（~12）cm，鲜绿色，初为单生，后多分枝，分枝丛生，质地柔软，内含水汁；瘤突螺旋状排列，圆柱状，长 1.5~2.5cm，直径 5~8mm，腋部疏生绵毛，无刚毛；小窠位于瘤突顶端，圆形，初密被白色短绵毛；刺被微柔毛；辐射状刺（3~）5~7（~10），长 0.7~2cm，初淡黄色，后变淡褐色，平展并略反曲，中刺 1~3，直伸，长 0.5~2.5cm，淡褐色，先端黑色，直立，有时不存在。花生于瘤突腋部小窠，漏斗状钟形，黄色，长 4~6cm，直径 4.5~6cm；花被片条状倒披针形，先端急尖，外轮花被片背部淡黄绿色，内轮花被片黄色，先端常具不整齐的浅齿；花药卵状长圆形，黄色；柱头裂片 5~8，条形，淡黄色。果球形至卵球形，长 1~1.2cm，淡黄绿色。种子倒卵球形，长约 1mm，黑褐色，具细小窠点。花期 3~4 月；果期 5~6 月。

产地：仙湖植物园（李振宇等 1501024）、花卉世界和深圳市部分苗圃常见栽培。

分布：原产于墨西哥中部。我国各地温室常见栽培。

用途：供观赏。

与本种较相似，在深圳常见栽培的还有以下品种。

羽衣 Longmamma Nipple Cactus   彩片 750

Mammillaria sphaerica A. Dietr. in Allg. Gartenzeitung **21**（12）：94. 1853.

与金星的主要区别在于：体型较小；茎深绿色；瘤突长 1.2~2.5cm；刺长 6~9mm，无毛。

产地：仙湖植物园、花卉世界和深圳市部分苗圃常见栽培。

分布：原产于美国德克萨斯州及墨西哥北部。我国各地温室常见栽培。

用途：供观赏。

7.　猩猩球 猩猩丸　多刺丸　栗实丸 Irish Red-head
图 546　彩片 751

Mammillaria spinosissima Lem. Cact. Aliq. Nov. **1**：4. 1838.

Mammillaria spinosissima var. *brunnea* Salm-Dyck，Cact. Hort. Dyck. **1849**：8. 1850.

多年生肉质草本，高达 30cm。茎短圆柱状，单

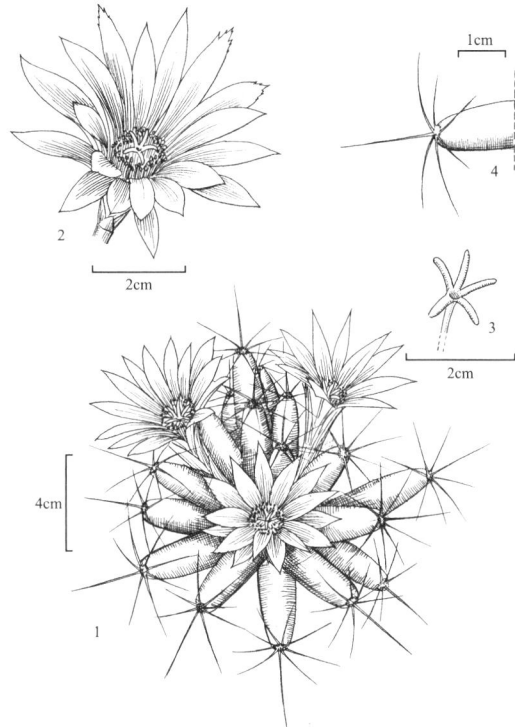

图 545 金星 Mammillaria longimamma
1. 开花的植株；2. 花；3. 花柱和柱头；4. 1 个瘤突及刺。
（李志民绘）

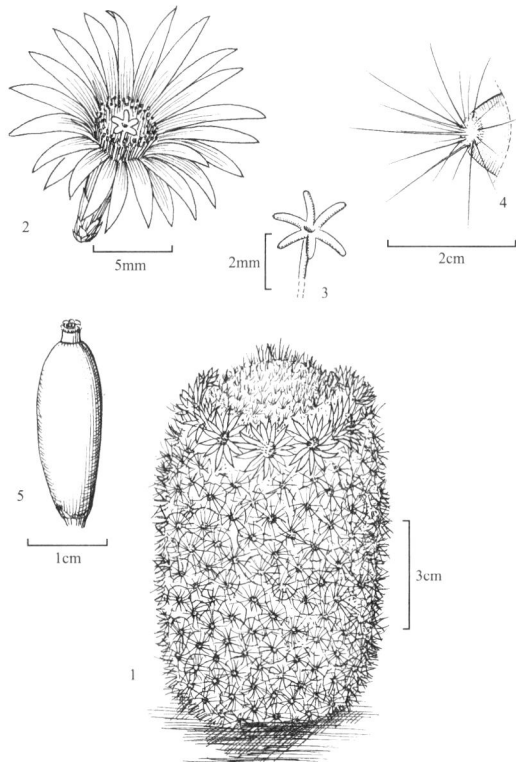

图 546 猩猩球 Mammillaria spinosissima
1. 开花的植株；2. 花；3. 花柱和柱头；4. 1 个小窠及刺；5. 果。
（李志民绘）

生，直径 6~7cm，暗绿色至蓝绿色，内含水汁，顶端圆形，为绵毛和直立的刺所覆盖；瘤突螺旋状排列，圆锥状，基部具 4 钝角，长 4~5mm，腋部略具绵毛和刚毛；小窠圆形，初被绵毛，后变无毛；辐射状刺 20~30，长（2~）4~10mm，刚毛状，辐状开展或稍反曲，白色，中刺 7~10（~15），长 1~2cm，细针状，淡褐色至红褐色。花多数，生于茎上侧瘤突的腋部，排成数圈，漏斗状钟形，长达 2cm，直径约 1.5cm；外轮花被片淡褐色，边缘淡红色，内轮花被片长圆状披针形，粉红色至紫红色，先端急尖，具小齿；花药宽长圆形，淡黄色；柱头裂片 7~8，狭条形，淡黄绿色。果棍棒状，紫红色，长约 2cm。种子红褐色。花期 4~7 月；果期 8~10 月。

产地：仙湖植物园（李振宇等 1501020）、花卉世界和深圳市部分苗圃常见栽培。

分布：原产于墨西哥中部。我国各地温室常见栽培。

用途：供观赏。

深圳常见栽培有以下品种和亚种。

(1) 锦球 锦丸

Mammillaria spinosissima ‘**Rubens**’

与猩猩球主要区别在于：茎高可达 50cm；新刺红色，老后变红褐色。

产地：仙湖植物园有栽培。

分布：原产于墨西哥中部。我国香港有栽培。

(2) 白美人

Mammillaria spinosissima subsp. **pilcayensis**（Bravo）D. R. Hunt in Mammillaria Postscripts **6**：8. 1997.

Mammillaria pilcayensis Bravo in Anales Inst. Biol. Univ. Nac. México 28：37. 1958.

与猩猩球主要区别在于：刺均为白色。

产地：仙湖植物园有栽培。

分布：原产于墨西哥。

用途：供观赏。

(3) 源平球 源平丸

Mammillaria spinosissima subsp. **tepoxtlana** D. R. Hunt in Mammillaria Postscripts **6**：8. 1997.

与猩猩球的主要区别在于：辐射状刺白色，中刺金黄色。

产地：仙湖植物园、花卉世界和深圳市部分苗圃常见栽培。

分布：原产于墨西哥中部。我国各地温室常见栽培。

用途：供观赏。

8. **金毛球** 金毛丸 Lace Cactus　Golden-star Cactus　Gold Lace Cactus　　图 547　彩片 752

Mammillaria elongata DC. in Mém. Mus. Hist. Nat. **17**：109. 1828.

多年生肉质草本，高 6~15cm。茎丛生，分枝直立或基部平卧，短圆柱状，直径 1.5~2cm，鲜绿色，内含水汁；瘤突螺旋状排列，圆锥状，长 2~4mm，腋部无毛或近无毛；小窠生瘤突顶端，圆形，初被白色绵毛；辐射状刺 15~20，刚毛状，长 8~12mm，辐状开展并外弯，黄色或略具淡红色至淡褐色晕，中刺通

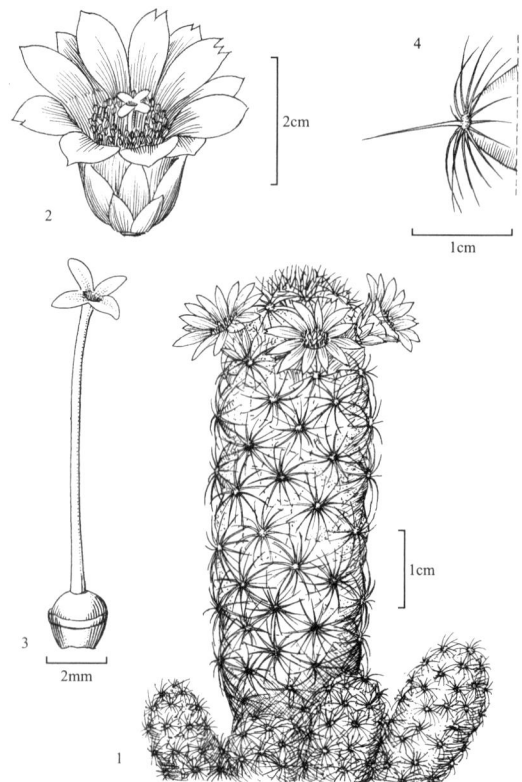

图 547 金毛球 Mammillaria elongata
1. 开花的植株；2. 花；3. 雌蕊；4. 1 个瘤突及刺。（李志民绘）

常缺失，稀 1~2，直立；花生于茎上侧瘤突的腋部，钟状，长 1~1.5cm；花被片匙状长圆形，先端钝、急尖或具齿，白色至淡黄色，中部具黄或淡红色条斑；雄蕊白色，花药宽长圆形；花柱及柱头白色，柱头裂片 4，卵状长圆形。果棍棒状，污红色。种子淡褐色。花期夏季；果期秋季。

产地：仙湖植物园（李振宇等 1501002）、花卉世界和深圳市部分苗圃常见栽培。

分布：原产于墨西哥。我国各地温室常见栽培。

用途：供观赏。

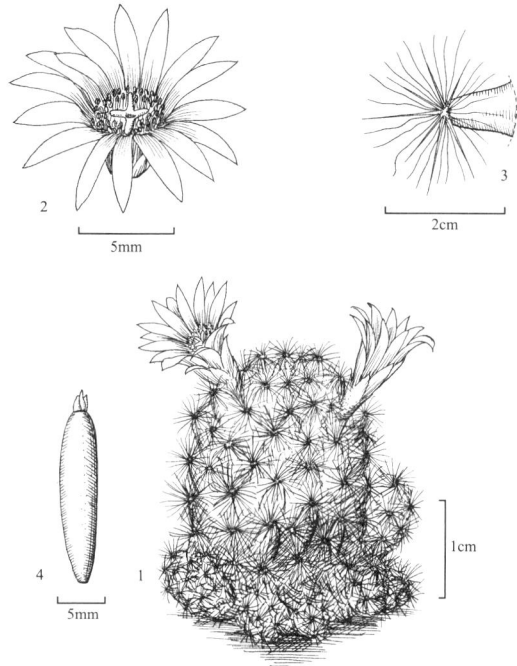

图 548 松霞 Mammillaria prolifera
1. 开花的植株；2. 花；3. 1 个小窠及刺；4. 果。（李志民绘）

9. **松霞** 黄毛球 Little Candles　Silver Cluster Cactus　Strawberry Cactus 　　　　图 548　彩片 753

Mammillaria prolifera（Mill.）Haw. in　Syn. Pl. Succ. 177. 1812.

Cactus proliferus Mill. Gard. Dict. ed. 8，Cactus，No. 6. 1768.

多年生肉质草本，高 2.5~5cm。茎近球形至短圆柱状，直径 1.2~2.5cm，绿色，柔软，内含水汁，中部以下产生多数丛生的分枝；瘤突螺旋状排列，短圆柱状，腋部被毛；小窠生瘤突顶端，圆形，直径 1~1.5mm，具长毛和刺；中刺 5~12，细针状，长 6~9mm，基部略增粗，被微柔毛，淡黄色，辐射状刺 30~40，毛状，白色，约与中刺等长，不规则开展并常弯曲和扭转。花生于茎上侧至顶部瘤突的腋部，钟状，直径约 12mm；外轮花被片淡黄色，先端钝，内轮花被片狭长圆形，黄白色，先端急尖，上部边缘具小锯齿，下部全缘；花药宽长圆形，黄色；柱头裂片 3~5，条形，黄色。果棍棒状，长 1.5~2cm，深红色。种子黑色，斜倒卵球形，长约 1mm，具小窪点。花期 1~9 月；果期 2~10 月。

产地：仙湖植物园（李振宇等 1501029）、花卉世界和深圳市部分苗圃常见栽培。

分布：原产于古巴。我国各地温室常见栽培。

用途：供观赏。

9a. **春霞** 红松霞 Texas Nipple Cactus

Mammillaria prolifera（Mill.）Haw. subsp. **texana**（Engelm.）D. R. Hunt in　Mammillaria　Postscripts **6**：6. 1997.

Mammillaria pusilla DC. var. *texana* Engelm. in　Proc. Amer. Acad. Arts. **3**：261. 1856.

Mammillaria multiceps Salm-Dyck，Cact. Hort. Dyck. **1849**：81. 1850.

Mammillaria prolifera var. *multiceps*（Salm-Dyck）Borg，Cacti 316.1937.

与松霞的主要区别在于：中刺 8~10，基部增粗，淡黄色，先端红褐色至暗褐色；果长 0.9~1.2cm。花期 1~9 月；果期 2~10 月。

产地：仙湖植物园（李振宇等 1501028）、花卉世界和深圳市部分苗圃常见栽培。

分布：原产于美国德克萨斯州和墨西哥东北部。我国各地温室常见栽培。

9b. **银霞** 金松玉 Little Candles

Mammillaria prolifera（Mill.）Haw. subsp. **haitiensis**（K. Schum.）D. R. Hunt in　Mammillaria　Postscripts **6**：6. 1997.

Mammillaria pusilla var. *haitiensis* K. Schum. in　Gürke Bluh. Kakteen **1**：t. 46. 1903.

与松霞的主要区别在于：茎蓝绿色；中刺初为黄色，老时变白色。花期 1~9 月；果期 2~10 月。

产地：仙湖植物园、花卉世界和深圳市部分苗圃常见栽培。

分布：原产于海地和多米尼加。我国各地温室常见栽培。

用途：供观赏。

73. 藜科 CHENOPODIOCEAE

李安仁

一年生草本、半灌木或灌木，稀为多年生草本或小乔木。植株无毛，或具囊状毛、叉状毛、星状毛或腺毛。茎和枝有时具关节。叶互生或对生；有柄或无叶柄；无托叶；叶片扁平，圆柱状或半圆柱状，稀退化成鳞片状。花为单被花，两性，稀为单性或杂性；苞片有或无；小苞片 1 或 2，披针形、卵形或鳞片状；花被片（1~）3~5，膜质、草质或肉质，覆瓦状排列，在基部合生，果时常增大，变硬或在背面生翅状、刺状或疣状附属物；雄蕊与花被片同数并与之对生，着生于花被片基部或花盘上，花丝钻形或线形，离生或基部合生，花药背部着生，花蕾时内曲，2 室，纵裂；花盘有或无；心皮 2~5，子房上位，卵形或球形，1 室，花柱较短，柱头 2，稀 5，四周或仅内侧面具颗粒状或毛状凸起，胚珠 1，弯生。果为胞果，果皮膜质，稀革质或肉质，与种子贴生或离生。种子直立，横生或斜生，圆形、肾形或斜卵形，双凸，种皮革质、膜质或肉质，胚环形、半环形或螺旋形，子叶狭细，胚乳退化或无，外胚乳丰富或缺。

约 100 属 1400 种，主要分布于非洲北部和南部、亚洲、北美洲和南美洲、欧洲及澳大利亚。我国 42 属 190 种。深圳 4 属 7 种 1 亚种 1 变种。

1. 叶片圆柱状或半圆柱状；胚螺旋形 ·· 1. 碱蓬属 Suaeda
1. 叶片扁平；胚环形或半环形。
　　2. 花单性，雌雄同株或异株；胞果藏于膨大的苞片内 ·················· 2. 滨藜属 Atriplex
　　2. 花两性或杂性；胞果藏于宿存的花被内。
　　　　3. 叶片圆柱形、半圆柱形或狭窄的平面叶，边缘全缘；花被裂片果时背部具横生的翅状附属物 ············
　　　　··· 3. 地肤属 Kochia
　　　　3. 叶片通常扁平，边缘具锯齿或全缘；花被裂片果时背部无翅状附属物 ············ 4. 藜属 Chenopodium

1. 碱蓬属 Suaeda Forssk. ex J. F. Gmel.

一年生草本、半灌木或灌木，有时有蜡粉，无毛，稀被短柔毛。茎直立、斜升或平卧。叶互生，稀对生，通常无叶柄；叶片肉质，条形、圆柱形或半圆柱形，稀棍棒状，边缘全缘。花两性，有时仅有雌性花，通常 3 至多花集成团伞花序；花序生于叶腋或腋生于短枝上，有时短枝的基部与叶的基部合并，外观似着生于叶柄上；小苞片 2，鳞片状，白色，膜质；花被近球形、半球形或坛状，花被片 5，草质或稍肉质，果时增厚，有时背部具角状或翅状附属物，内面凹而呈兜状；雄蕊 5，花丝短，扁平，花药椭圆形或近球形，不具附属物；子房卵球形或球形，花柱极短，柱头 2~3（~5），通常外弯，具乳头状凸起。胞果包藏于宿存花被内，果皮膜质，与种子离生。种子圆形、肾形、卵球形或球形，双凸，横生或直立，种皮薄、革质或膜质，胚螺旋形，绿色或淡白色。

约 1000 种，分布于亚洲、欧洲、北美洲热带、亚热带或温带地区。我国 20 种 1 变种。深圳有 1 种。

南方碱蓬 Southern Seepweed　　　　　　　　　　　图 549　彩片 754
Suaeda australis（R. Br.）Moq. in Ann. Sci. Nat.（Paris）**23**：318. 1831.
Chenopodium australe R. Br. Prodr. Fl. Nov. Holl. 407. 1810.
小灌木，高 20~50cm。茎多分枝；枝外倾，下部生不定根，灰褐色至淡黄色，通常有明显的残留叶痕。叶互生，无叶柄；叶片圆柱或半圆柱形，通常斜开展，灰绿色或淡红紫色，长 1~2.5cm，宽 2~3mm，基部渐狭，具关节，劲直或微弯，先端急尖或圆钝，茎上部的叶片较短，背面凸起，内面扁平。花序为团伞花序，腋生，具 1~5 花；花两性；花被 5 深裂，花被片卵状长圆形，绿色或淡红紫色，边缘近膜质，果时增厚，无脉纹，花

被果时直径约 2.5mm；雄蕊 5，花丝扁平，花药宽卵形，长约 0.5mm；子房卵形，花柱短，不明显，柱头 2，近钻形，不外弯，黄褐色至黑褐色，具乳头状凸起。胞果球形，顶基扁，果皮膜质，与种子离生。种子圆形，横生，双凸，直径 0.8~1mm，黑褐色，具洼点。花果期 7-11 月。

产地：排牙山（王国栋等 6572；李沛琼等 0906237）。生于海边沙滩，海拔 5~50m。

分布：江苏、福建、台湾、广东、香港、海南和广西。日本南部、亚洲东南部和大洋洲。

2. 滨藜属 Atriplex L.

一年生、多年生草本、半灌木或灌木。通常具糠秕状粉粒。叶互生，极少为对生；有叶柄或近无柄；叶片扁平，稍肉质，条形、长圆形、披针形、卵形、三角形、菱形或戟形，边缘具锯齿，稀全缘。花序团伞状，腋生，在枝上构成短而多叶的穗状花序或再组成圆锥状花序；花单性，雌雄同株或异株；雄花无苞片，花被片（3~）5，长圆形或倒卵形，先端钝，雄蕊 3~5，着生于花被基部，花丝离生或下部合生，子房退化成圆锥状或圆柱状，稀消失；雌花具 2 苞片，无花被，苞片离生或边缘不同程度地合生，果时苞片增大，形态多样，背部有时具附属物，无花盘，子房卵形或球形，花柱极短，柱头 2，钻状或丝形。胞果包于增大宿存的苞片内，果皮膜质，与种子贴生或分离。种子圆形、卵形、双凸、两侧扁或扁球形，直立，稀横生，种皮膜质或革质，胚环形。

约 250 种，分布于温带及亚热带地区。我国产 17 种 2 变种。深圳 1 种。

海滨藜 Maximowicz Saltbush　　　　图 550

Atriplex maximowicziana Makino in Bot. Mag.（Tokyo）**10**：2. 1896.

多年生草本，高 0.3~1m。茎外倾或直立，多分枝；枝互生，下部分枝近对生，略有微棱，具糠秕状粉粒。叶互生，稀近对生；叶柄长 1~1.5cm；叶片菱状卵形或卵状长圆形，长 2~3cm，宽 1~2cm，基部楔形至宽楔形，沿叶柄下延，边缘通常略为 3 浅裂，波状或全缘，有时中部稍下具 1 对浅裂片，两面被糠秕状粉粒，先端急尖或圆钝，具小短尖。团伞花序腋生，并于枝的先端集成紧缩的小型穗状圆锥花序；雄花花被 5 深裂，雄蕊 5，无苞片；雌花花梗长 1~2mm，无花被，具 2 苞片，

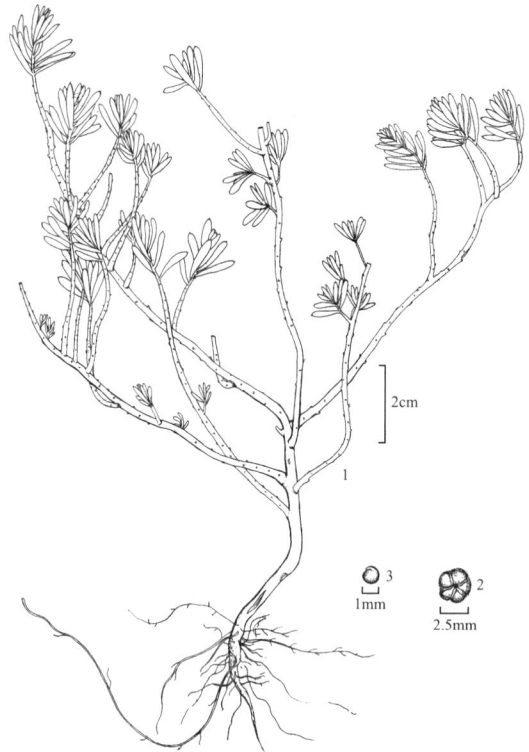

图 549 南方碱蓬 Suaeda australis
1. 植株；2. 果时的花被；3. 种子。（刘平绘）

图 550 海滨藜 Atriplex maximowicziana
1. 植株一部分；2. 具雌花的枝条；3. 果时的苞片（内含胞果）；4. 种子。（刘平绘）

果时苞片增大，呈菱状卵形或三角状卵形，基部合生，背面的中下部在果实成熟后木质化并膨胀，呈半圆形，边缘灰绿色，具三角形锯齿，全长约 6mm。胞果扁球形，双凸，果皮薄膜质，亮黄色，与种子贴生。种子圆形，两侧扁，直立，褐色，直径 1.5~2mm，胚乳白色，胚环形。花果期 6~12 月。

产地：南澳、内伶仃岛（李沛琼 2028）。生于海滩沙地，海拔约 10m。

分布：广东、香港、福建和台湾。日本、太平洋岛屿（夏威夷）有归化。

3. 地肤属 Kochia Roth

一年生草本或半灌木，植株被柔毛或绵毛，稀无毛。茎直立，多分枝。叶互生，无柄或近无柄；叶片圆柱状、半圆柱状或为窄狭的平面叶，边缘全缘。花小，两性，有时兼有雌性，无花梗，单生或 3 至多花团集于叶腋，在枝上构成穗状花序；无小苞片；花被近球形，花被片 5，草质，内曲，果时背部具横生的翅状附属物，翅状附属物膜质，有脉纹；雄蕊 5，着生花被基部，花丝扁平，花药宽长圆体形，外伸；无花盘；子房宽卵球形，花柱较短或不明显，柱头 2~3，丝形，有乳头状凸起，胚珠近无柄。胞果扁圆形，果皮膜质，与种子分离。种子圆形或卵形，双凸或压扁，横生，种皮膜质，无毛，胚纤细，环形，无胚乳。

10~15 种，分布于非洲北部温带地区、亚洲、欧洲及北美洲西南部。我国 7 种 3 变种 1 变型。深圳 2 种 1 变型。

1. 多年生草本；叶片长 1~2cm；茎、枝密被丝状柔毛 ·················· 1. 北美地肤 K. california
1. 一年生草本；叶片长 2~5cm；茎、枝近无毛。
　　2. 叶片披针形，宽 3~7mm；分枝稀疏 ·················· 2. 地肤 K. scoparia
　　2. 叶片狭披针形，宽 1.5~2mm；分枝多而密集 ··················2a. 扫帚菜 K. scoparia f. trichophylla

1.　北美地肤 Mojave Red Soge　　　图 551
Kochia california S. Wats. in Proc. Amer. Acad.
17: 378. 1882.

多年生草本，高 30~40cm。茎直立，基部木质化，多分枝；茎、枝坚硬，淡绿色，密被丝状柔毛。叶互生，排列较密集；叶柄极短或近无柄；叶片披针形或倒披针形，长 1~2cm，宽 1~3mm，基部狭窄，边缘全缘，无缘毛，先端急尖，中脉纤细，侧脉不明显。花两性，单生于叶腋，遍布于植株；花被 5 深裂，花被片三角形，果时稍增大，包被果实，背部横生扇形、膜质的翅状附属物；雄蕊 5，长圆形；子房卵球形，花柱短，柱头 2，丝状，伸出花被之外。胞果扁球形，果皮薄膜质，与种子分离。种子圆形，顶基扁，直径 1.5~2mm，胚环形。花果期 9~10 月。

产地：南山区蛇口港（李沛琼等 1009333）。生于港口边或仓库院中，海拔 5~10m。

分布：北美洲。在我国深圳首次发现，为归化植物。

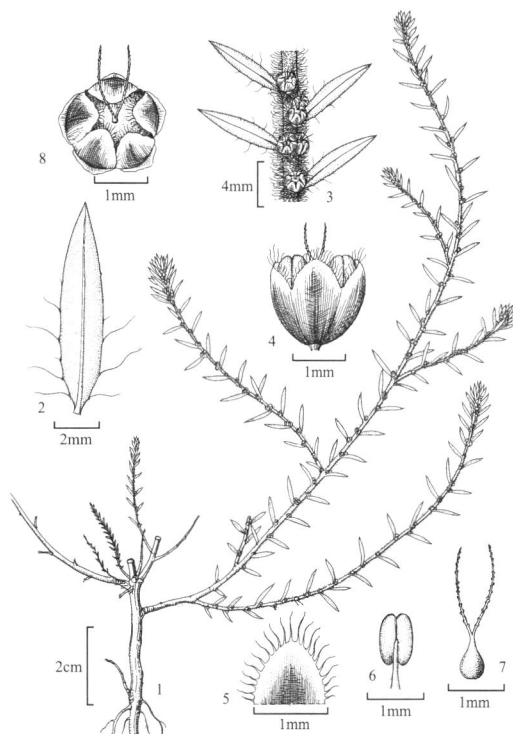

图 551 北美地肤 Kochia california
1. 植株的一部份，示根、茎、叶和花；2. 叶；3. 茎的一段放大，示叶和花；4. 花；5. 花被片放大；6. 雄蕊；7. 雌蕊。
（李志民绘）

2. 地肤 Belvedere 图 552　彩片 755
Kochia scoparia（L.）Schrad. Neues J. Bot. **3**：85. 1809.

Chenopodium scoparium L. Sp. Pl. **1**：221. 1753.

Bassia scoparia（L.）A. J. Sutt in Feddes Repert. **89**：108. 1978；D. L. Wu in Q. M. Hu & D. L. Wu, Fl. Hong Kong **1**：148，fig. 106. 2007.

一年生草本，高 0.5~1m。根纺锤形。茎直立，圆柱形，亮绿色或淡红紫色，具纵棱，稍被短柔毛或下部几无毛，分枝稀疏、斜上。叶互生；叶柄短或近无柄；叶片披针形或条状披针形，长 2~5cm，宽 3~7mm，基部狭楔形，边缘全缘，疏被锈色缘毛，先端短渐尖，无毛或稍被毛，具 3 条纵脉，茎上部的叶无柄，较小，具 1 条脉。花两性或雌性，通常 1~3 花，生于茎上部叶腋，呈团伞花序，并在叶腋构成穗状圆锥花序，花下有时被绣色长柔毛；无花梗；花被近球形，花被片 5，近三角形，亮绿色，无毛或先端稍有毛，稀全部被短柔毛，果时背部具三角形至倒卵形、有时近扇形的翅状附属物，附属物膜质，脉不很明显，边缘微波状或具缺刻；雄蕊 5，花药长圆形，花丝丝状；子房宽卵球形，花柱极短，柱头 2，丝状，通常紫褐色。胞果扁球形，果皮膜质，与种子离生。种子卵球形，稍有光泽，横生，黑褐色，直径 1.5~2mm；胚环形，胚乳块状。花果期 6~10 月。

产地：葵涌（王国栋等 6024）。生于村边路旁，海拔约 50m。

分布：广东、香港、广西、湖南、江西、福建、台湾、浙江、江苏、安徽、山东、河南、湖北、四川、贵州、云南、西藏、新疆、青海、甘肃、宁夏、陕西、山西、内蒙古、河北、辽宁、吉林、黑龙江。亚洲及欧洲。广泛归化于非洲、大洋洲、北美洲和南美洲。野生或栽培。

用途：幼苗可作蔬菜；果实称"地肤子"，是常用的中药。

图 552 地肤 Kochia scoparia
1. 植株上部；2. 花被（侧面观）；3. 果时的花被；4. 种子。
（刘平绘）

2a. 扫帚菜 扫帚苗 Broom Cypress
Kochia scoparia f. trichophylla（Hort. ex Tribune）Schinz & Thell. Verz. Saem. Bot. Gart. Zuarich 10. 1909.
Kochia trichophylla Hort. ex Tribune，Hortic. **2**：445. 1907.

与地肤的主要区别在于：分枝多而密集；植株呈卵球形或倒卵球形；叶片狭披针形，宽 1.5~2mm。花果期 5~10 月。

产地：荔枝公园（李沛琼 2477）。深圳各公园有栽培。

分布：原产于亚洲。我国各公园及农村有栽培。

用途：植株可作扫帚，秋季枝、叶变红紫色供观赏。

4. 藜属 Chenopodium L.

一年生或多年生草本，较少为半灌木。具圆柱状毛、泡状毛，有些种有时具单列多细胞毛或粉粒，稀无毛。叶互生，有叶柄；叶片通常扁平，边缘全缘或具不规则锯齿或浅裂。花序通常由数花集聚成团伞花序，稀花单生，再组成腋生或顶生的穗状花序或圆锥状花序或复二歧聚伞花序；无苞片和小苞片；花两性或兼有雌性；花被绿色，圆球形，花被片 5，稀(2~)3~4，背面中部稍增厚或具纵的龙骨状凸起，内面凹，果时不增大，稀稍增大或多汁，无附属物；无花盘；雄蕊 5 或较少，花丝丝状，有时基部合生，花药长圆形；子房球形，顶基稍扁，稀为卵球形，花柱不明显或极短，柱头 2，稀 3~5。胞果果皮膜质或稍肉质，与种子贴生或分离，不开裂。种子横生，稀斜生或直立，卵球形、双凸或扁球形，种皮革质，有光泽，平滑或具洼点，胚环形、半环形或马蹄形，胚乳丰富，粉质。

约 170 种，分布于全世界，主产于温带和亚热带地区。我国产 15 种。深圳有 3 种 1 亚种。

1. 叶片边缘具锯齿。
   2. 叶片长圆状披针形或披针形，边缘具不整齐锯齿，下面被黄褐色腺点，具芳香气味 ························ ··· 1. 土荆芥 **Ch. ambrosioides**
   2. 叶片卵状长圆形，通常 3 裂，边缘具锯齿，下面无腺点，亦无气味 ················· 2. 小藜 **Ch. ficifolium**
1. 叶片边缘全缘。
   3. 叶片卵形，长 2~4cm，宽 1~3cm ······································ 3. 尖头叶藜 **Ch. acuminatum**
   3. 叶片长圆形或狭卵形，长 1~2cm，宽 0.4~1cm ·············· 3a. 狭叶尖头藜 **Ch. acuminatum** subsp. **virgatum**

1. 土荆芥 American Wormseed 图 553 彩片 756
Chenopodium ambrosioides L. Sp. Pl. **1**: 219. 1753.

一年生或多年生草本，高 50~80cm，有芳香气味。茎直立，多分枝，具钝条棱；枝细弱，具短柔毛及有关节的长柔毛，有时近于无毛。叶柄较短；叶片长圆状披针形或披针形，长 3~15cm，宽 1~4cm，基部狭窄，边缘具稀疏而不整齐的大锯齿，先端急尖或渐尖，下面具黄褐色腺点，沿叶脉疏生柔毛，上面无毛，茎下部的叶片长约 15cm，宽约 5cm，上部的叶片逐渐变小而边缘近全缘。花序为穗状花序，分枝或不分枝，生于茎上部的叶腋；花两性或雌性，通常 3~5 花，集成团伞状，再组成腋生的穗状花序；花被 5 深裂，稀 3~4 深裂，绿色，果时通常闭合；雄蕊 5，花药长约 0.5mm；子房扁球形，花柱不明显，柱头 3，稀 4，丝形，伸出花被之外。胞果扁球形，包于宿存花被内。种子圆形，双凸，横生或斜生，直径 0.7~1mm，边缘钝，黑色或暗红褐色，平滑，有光泽，胚环形。花果期 4~11 月。

产地：大鹏（张寿洲等 1680）、马峦山、三洲田、梅沙尖（深圳考察队 5）、莲塘（李沛琼 832）、梅林、内伶仃岛（张寿洲等 3810）。生于低山杂木林下、村边路旁、海边沙滩，海拔 50~450m。

分布：原产于热带美洲，现广布于世界热带至温带地区。山东、安徽、江苏、浙江、江西、湖南、福建、台湾、广东、香港、海南、广西、贵州、云南和四川有归化。

用途：全草入药，可驱除蛔虫、钩虫、蛲虫。

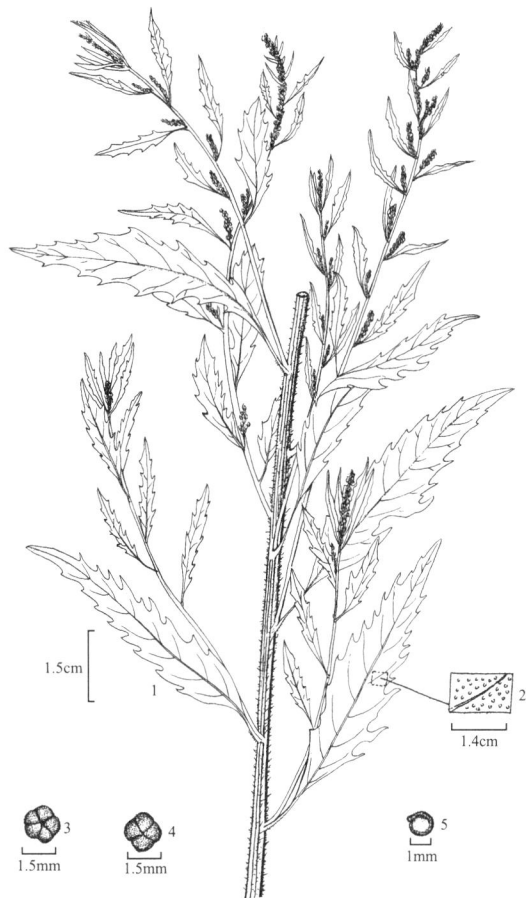

图 553 土荆芥 Chenopodium ambrosioides
1. 植株中部；2. 叶局部放大（示腺点）；3~4. 果时花被；5. 种子。（刘平绘）

2.　小藜 粉菜草 Small Goosefoot　　图 554　彩片 757

Chenopodium ficifolium Smith，Fl. Brit **1**：276. 1800.

Chenopodium serotinum auct. non L.：海南植物志 **1**：396. 图 209. 1964；广东植物志 **3**：66. 1995.

一年生草本，高 20~50cm。茎直立，具绿色条纹。叶柄长 1~2cm；叶片卵状长圆形，长 2~3cm，宽 1~2cm，通常 3 裂，中裂片较长，两边近平行，先端钝或近急尖，具短尖头，边缘全缘或具深波状锯齿，侧裂片位中下部，边缘全缘或具锯齿。花两性，由数花簇在分枝的上部组成开展的顶生圆锥花序；花被近球形，花被片 5，宽卵形，背部具微隆起纵向的龙骨状凸起，密被粉粒；雄蕊 5，比花被长；花柱不明显，柱头 2，丝形。胞果扁球形，包于宿存花被内，果皮膜质，与种子贴生。种子横生，近圆形，双凸，黑色，有光泽，直径 1~1.2mm，边缘微钝，具六角形洼点；胚环形。花果期 3~12 月。

产地：南澳（张寿洲等 1870）、排牙山、笔架山、马峦山、龙岗、三洲田、梧桐山、罗湖区林果场、罗湖、莲塘（王国栋等 89391）、东湖公园（李沛琼 22866）、南山、沙井镇（王国栋等 6048）、宝安。生于低山路旁、田野、村边和沟边湿地，海拔 50~350m。

分布：广东、香港、澳门、海南、广西、湖南、江西、福建、台湾、浙江、江苏、安徽、山东、河南、湖北、四川、贵州、云南、新疆、甘肃、青海、宁夏、陕西、山西、内蒙古、河北、辽宁、吉林、黑龙江。亚洲及欧洲，也归化于北美和世界其他地区。

3.　尖头叶藜 Acuminate Goosefoot

图 555　彩片 758

Chenopodium acuminatum Willd. Ges. Naturf. Freunde Berlin Neve Schriften **2**：124. 1799.

一年生草本，高 20~80cm。茎直立，多分枝；枝斜升，无毛，具纵棱及白绿相间的条纹，有时条纹带紫红色。叶柄长 1~2.5cm；叶片卵形至宽卵形，有时卵状披针形，长 2~4cm，宽 1~3cm，基部宽楔形、圆形或近截形，边缘全缘，具半透明的环边，先端钝圆或急尖，具小尖头，下面有时被灰白色粉粒，上面无毛。花两性，团伞花序于枝条上部集成穗状花序，紧密或间断，通常由数个穗状花序再组成圆锥状花序；花序轴具圆柱状束生多细胞毛；花被扁球形，花被片 5，宽卵形，边缘膜质，并有淡红色或淡黄色粉粒，果时背部增厚，被此合生呈五角星状；雄蕊 5，花药长约

图 554 小藜 Chenopodium ficifolium
1. 植株上部；2. 果时花被；3. 种子。（刘平绘）

图 555 尖头叶藜 Chenopodium acuminatum
1. 植株；2. 花序；3. 果时花被；4. 种子。（刘平绘）

0.5mm。胞果球形或卵球形。种子圆形或卵形，双凸，横生，直径约1mm，黑色，有光泽，表面稍有洼点，胚环形。花果期6~8月。

产地：南澳（张寿洲等1781）。生于路旁荒地，海拔约50m。

分布：黑龙江、辽宁、吉林、内蒙古、山西、河北、山东、河南、陕西、甘肃、宁夏、青海和新疆。日本、朝鲜半岛、蒙古、俄罗斯（西伯利亚）、中亚。

本种在我国仅分布于北方各地，在深圳的南澳镇采到的标本，应是近年来各地人们大量进入深圳，将种子带入了市区。

3a. 狭叶尖头藜 Pigweed　　　　　　　　　　　　　　　　　　　　彩片 759

Chenopodium acuminatum Willd. subsp. **virgatum**（Thunb.）Kitam. in Acta Phytotax. Geobot. **20**：206. 1962.

Chenopodium virgatum Thunb. in Nov. Acta Regine Soc. Sci. Upsal. **7**：143. 1815.

Chenopodium acuminatum Willd. var. *virgatum* auct. non Moq.：海南植物志 **1**：397. 1964.

与尖头叶藜的区别是：叶片较小，长圆形或狭卵形，长1~2cm，宽0.4~1cm。花果期4~9月。

产地：西涌（张寿洲等30）、南澳（张寿洲6125）、内伶仃岛（李沛琼2095）。生于海边沙滩，海拔约50m。

分布：广东、香港、澳门、海南、广西、福建、台湾、浙江、江苏、河北和辽宁。

74. 苋科 AMARANTHACEAE

李安仁

一年生或多年生草本,稀为灌木、半灌木或攀援藤本。叶互生或对生,具柄;叶片边缘全缘,稀具小齿;无托叶。花小,两性或单性,或不育、退化,单生或数花至多花排成腋生或顶生的聚伞花序,再排成疏松或密集的穗状花序、总状花序、聚伞圆锥花序或头状花序;苞片 1;小苞片 2,为干膜质或膜质;花被片 3~5,膜质、干膜质或近膜质,覆瓦状排列,与果实同时脱落,少有宿存,具 1、3、5 或 7(~23)条纵脉;雄蕊通常与花被片同数且对生,稀较少,花丝离生或合生成杯状或长管状,花丝之间有时具退化雄蕊,花药 2 室,稀 1 室,背部着生,纵裂;子房上位,1 室,具基生胎座;胚珠 1 至多数,花柱 1~3,宿存,短而不明显,或长而细弱,柱头头状、画笔状、2 裂或 2 丝状分枝。果为胞果、小坚果,稀为浆果或蒴果,果皮薄膜质,不开裂、不规则开裂或周裂。种子 1 至多数,双凸,圆形、肾形、半球形或短圆柱形,平滑或具小疣状凸起,胚环状,胚乳丰富。

约 70 属 900 种,广布于世界各地。我国有 15 属约 44 种。深圳 6 属 19 种及栽培品种。

1. 叶互生。
　2. 果实含种子 1 个;花丝离生;花柱极短或缺,长不超过 2mm ···················· 1. 苋属 Amaranthus
　2. 果实含种子 2 至多个;花丝下部合生;花柱细长,长可达 6mm ···················· 2. 青葙属 Celosia
1. 叶对生。
　3. 花簇中或花序伴有不育花 ···························· 3. 杯苋属 Cyathula
　3. 花簇中或花序无不育花。
　　4. 花序轴花后延伸,长可达 20(~25)cm,花亦反折;小苞片硬刺状 ·············· 4. 牛膝属 Achyranthes
　　4. 花序轴花后不延伸,花不反折;小苞片披针形、卵状披针形或钻形。
　　　5. 花具退化雄蕊;柱头头状 ······················ 5. 莲子草属 Alternanthera
　　　5. 花无退化雄蕊;柱头 2 裂,叉状 ···················· 6. 千日红属 Gomphrena

1. 苋属 Amaranthus L.

一年生草本。茎直立或外倾。叶互生,有叶柄;叶片边缘全缘。花单性,雌雄同株或异株或杂性;花簇生于叶腋,排成顶生或腋生的穗状花序,再组成稀疏或紧密的、直立或下垂的圆锥花序或复聚伞圆锥花序;每花有 1 苞片及 2 小苞片,披针形,干膜质,宿存;花被片 5,稀 1~4;直立或斜开展,大小相等或近相等,膜质,在花后变硬或基部加厚;雄蕊 5,少数 1~4,花丝丝状,离生,无退化雄蕊,花药 2 室;子房卵形,花柱极短花不超过 2mm 或无,柱头 2~3,钻状或线形,宿存,胚珠 1,直生。胞果球形或卵球形,侧扁,膜质,盖裂或不规则开裂,常为花被片包裹,稀不开裂。种子 1,球形或双凸,褐色或黑色,无假种皮。

约 40 种,广布于世界各地。我国产 14 种,1 变种。深圳有 6 种。

1. 花被片 3;雄蕊 3。
　2. 胞果盖裂;叶片绿色、红色、紫色或黄色;栽培或逸为野生 ·············· 1. 苋 A. tricolor
　2. 胞果不开裂;叶片绿色或带紫红色;野生。
　　3. 茎直立;胞果具皱纹 ······························2. 皱果苋 A. viridis
　　3. 茎平卧或上升;胞果微皱缩至近平滑 ···················· 3. 凹头苋 A. blitum
1. 花被片 5;雄蕊 5。
　4. 叶柄基部两侧具刺 ······························ 4. 刺苋 A. spinosus
　4. 叶柄无刺。

5. 叶柄长 1~2.5cm，被柔毛；苞片钻形或披针形 ⋯⋯⋯⋯⋯⋯⋯⋯⋯⋯⋯⋯⋯⋯⋯⋯⋯ 5. **绿穗苋 A. hybridus**

5. 叶柄长 3~8cm，无毛；苞片披针形 ⋯⋯⋯⋯⋯⋯⋯⋯⋯⋯⋯⋯⋯⋯⋯⋯⋯⋯⋯⋯⋯ 6. **台湾苋 A. patulus**

1. 苋 雁来红 苋菜 Chinese Spinach

图 556　彩片 760

Amaranthus tricolor L. Sp. Pl. **2**：989. 1753.

一年生草本。高 0.4~1.5m。茎直立，粗壮，绿色或红色，通常分枝。叶柄长 2~6cm，绿色或红色；叶片卵形、卵状菱形或披针形，长 4~10cm，宽 2~7cm，基部楔形，边缘全缘或微波状，先端钝而微凹，具短尖头，红色、紫色、绿色或黄色，无毛。花密集成球形花簇，花簇腋生或组成穗状花序；花单性，雌雄同序；苞片和小苞片披针形，长 2.5~3mm，先端具长芒尖，背部具绿色或红色中脉；花被片 3；雄花花被片宽披针形，长 3~4mm，先端具长芒尖，雄蕊 3；雌花花被片卵状长圆形，长 2~2.5mm，背部具绿色中脉，先端具长芒尖，子房卵形，柱头 3，钻头。胞果卵球形，长 2.5~3mm，藏于宿存花被片内，盖裂。种子近球形或倒卵球形，直径约 1mm，双凸，淡褐黑色，有光泽。花果期 6~9月。

产地：笔架山（王国栋等 6704）、梧桐山（刘芳荠 2269）、民俗文化村（陈景方 2525）。栽培或逸生，海拔 15~400m。

分布：原产于印度，世界各地有栽培。我国各地有栽培，有时逸为野生。

用途：茎、叶作蔬菜；全草入药，有明目、去寒热之功效。

2. 皱果苋 绿苋 野苋 Green Amaranth

图 557　彩片 761

Amaranthus viridis L. Sp. Pl. ed. 2，**2**：1405. 1763.

一年生草本。高 40~70cm。茎直立，绿色或带淡红色，全株无毛，具纵棱，分枝。叶柄长 3~6cm，绿色或带紫红色；叶片卵形、卵状长圆形或卵状椭圆形，长 3~9cm，宽 2~6cm，基部宽楔形或近截形，边缘全缘或微呈波状，先端微凹或钝，具短尖头。花浅绿色，排成腋生或顶生、连续或间断、细长、直立的穗状花序；顶生的穗状花序长于侧生的穗状花序并通常分枝，再组成长 6~12cm、宽 1.5~3cm 的复聚伞圆锥花序；花序梗长 2~2.5cm；苞片和小苞片披针形，长不及 1mm，先端具凸尖；雄花：花被片 3，长圆形，长约 1.2mm，先端急尖；雄蕊 3，比花被短；雌花：花被片倒披针形，长约 1.3mm，背部具中脉，先端具短尖头，子房宽卵球形，花柱短，柱

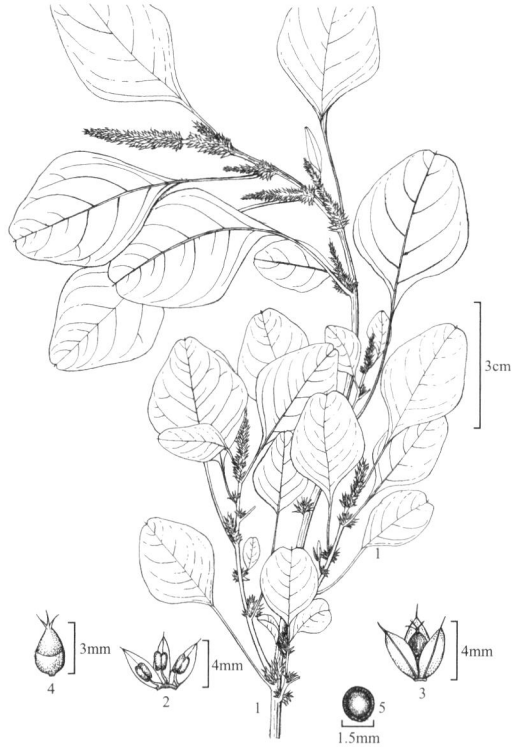

图 556 苋 Amaranthus tricolor
1. 植株上部；2. 雄花；3. 雌花；4. 果实；5. 种子。（刘平绘）

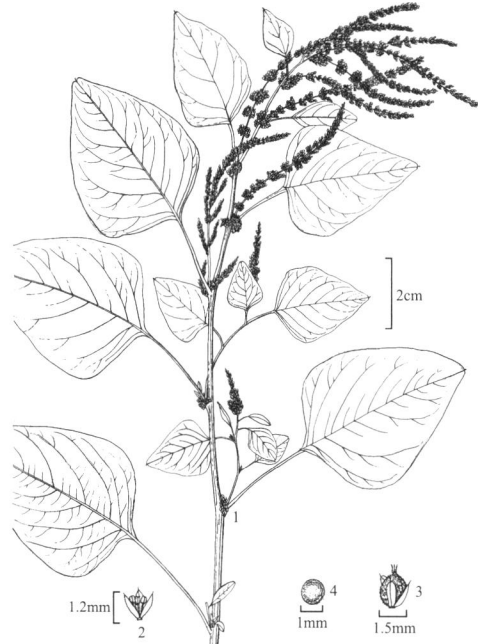

图 557 皱果苋 Amaranthus viridis
1. 植株上部；2. 雄花；3. 果实（具宿存花被）；4. 种子。（刘平绘）

头 3 或 2。胞果绿色，长于宿存的花被，球形，直径约 2mm，不开裂，果皮缢缩成不规则的皱纹。种子近球形，直径约 1mm，双凸，黑色或褐黑色。花果期 3~11 月。

产地：排牙山（王国栋等 6954）、羊台山（张寿洲等 1243）、内伶仃岛（张寿洲等 3741）。各地常见。生于村边、路旁水边，海拔 20~600m。

分布：全世界热带、亚热带和温带地区。我国除西北各地及西藏外，其他各地均有分布。

用途：嫩茎、叶可作野菜食用。

3.　凹头苋 Livid Amaranth　　图 558　彩片 762
Amaranthus blitum L. Sp. Pl. **2**: 990. 1753.

Amaranthus lividus L. Sp. Pl. **2**: 990. 1753; 广东植物志 **4**: 101. 图 62. 2000.

一年生草本。高 10~40cm。茎平卧或上升，绿色或淡紫红色，自基部分枝，无毛。叶柄长 1~3.5cm；叶片绿色，卵形或菱状卵形，长 1.5~4.5cm，宽 1~3cm，基部宽楔形，边缘全缘或不明显波状，先端凹缺，在凹陷处具小尖头，两面无毛。花淡绿色，簇生于叶腋，生于茎、枝上部的形成直立的穗状花序或复聚伞圆锥花序；苞片及小苞片长圆形，长不及 1mm；花被片 3，亮绿色，长圆形或披针形，长 1.2~1.5mm，先端急尖，背面具 1 隆起中脉；雄蕊 3，稍短于花被；子房卵形，花柱极短，柱头 3，稀 2，钻状，果成熟时脱落。胞果扁卵球形，直径约 3mm，不开裂，比宿存花被长，果皮微皱缩至近平滑。种子圆形，双凸，直径约 1.2cm，黑色至淡褐黑色，边缘具环边。花果期 2~10 月。

产地：罗湖区林果场（李沛琼等 5629）。生于路旁，海拔约 80m。

分布：广东、香港、澳门、海南、广西、湖南、江西、福建、台湾、浙江、江苏、安徽、山东、河南、湖北、四川、贵州、云南、新疆、甘肃、陕西、山西、河北、辽宁、吉林和黑龙江。日本、老挝、尼泊尔、印度、越南、欧洲、北非及南美洲。

4.　刺苋 勒苋菜 Sping Amaranth
　　　　　　　　　　　图 559　彩片 763　764
Amaranthus spinosus L. Sp. Pl. **2**: 991. 1753.

一年生草本。茎直立，高 0.3~1m，圆柱形或具纵钝棱，多分枝，绿色或带紫色，无毛或疏被柔毛。叶柄长 1~8cm，无毛，基部两侧各具 1 刺，刺

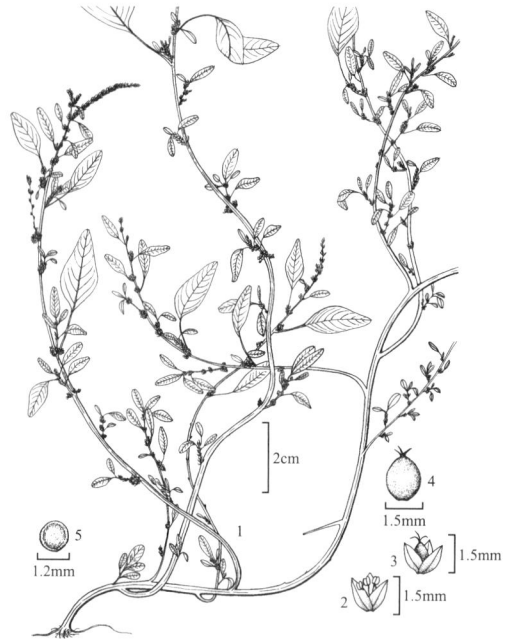

图 558 凹头苋 Amaranthus blitum
1. 植株；2. 雄花；3. 雌花；4. 果实；5. 种子。（刘平绘）

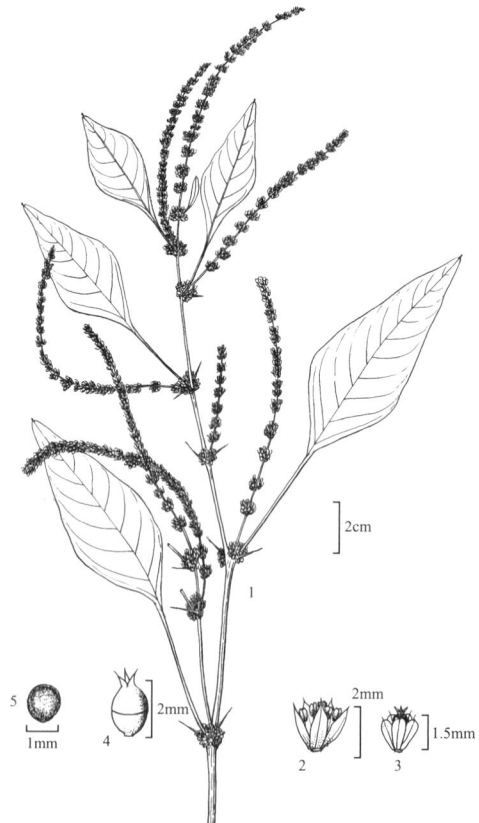

图 559 刺苋 Amaranthus spinosus
1. 植株上部；2. 雄花；3. 雌花；4. 果实；5. 种子。（刘平绘）

长 0.3~1.6cm；叶片卵状菱形或卵状披针形，长 3~12cm，宽 1~6cm，基部楔形，边缘全缘，先端钝，具短尖头，两面无毛或幼时沿叶脉具柔毛。花单性或杂性；花簇聚集成紧密的穗状花序，花序分枝，再组成复聚伞圆锥花序，顶生或腋生，长 5~25cm，花序下半部为雌花，其余为雄花；苞片在腋生花簇基部及顶生穗状花序基部变成尖锐的刺，刺长 0.5~1.5cm；花被片 5，绿色，边缘透明并具绿色或紫色带；雄花花被片长圆形，长 2~2.5mm，先端急尖；雌花花被片长圆状匙形，长约 1.5mm，先端急尖；雄蕊 5，花丝与花被近等长或较短；子房卵形，花柱短，柱头 3，稀 2。胞果藏于宿存花被内，长圆体形，长 1~1.2mm，稍在中部以下周裂，果皮膜质。种子近球形，直径约 1mm，双凸，淡褐黑色。花果期 3~12 月。

产地：大鹏（张寿洲等 1676）、盐田（张寿洲等 4859）、梧桐山（深圳植物志采集队 013593）、仙湖植物园、梅林。各地常见。生于林边路旁、园圃荒地，海拔 25~300m。

分布：全世界温带至热带和亚热带地区。广东、香港、海南、广西、湖南、江西、福建、台湾、浙江、江苏、安徽、山东、河南、湖北、四川、贵州、云南、陕西、山西和河北。

用途：幼嫩茎、叶作蔬菜；全草入药，有清热解毒、散血消肿之效。

5. 绿穗苋 Hybrid Amaranth 图 560

Amaranthus hybridus L. Sp. Pl. **2**: 990. 1753.

一年生草本。高 30~50cm。茎直立，分枝，具短柔毛。叶柄长 1~2.5cm，无刺，具柔毛；叶片卵形或菱状卵形，长 3~5cm，宽 1.5~3cm，基部楔形，边缘全缘或微波状，先端钝或微凹缺，具短尖头，下面疏生柔毛，上面几无毛。花淡黄色、绿色或红色，簇生于叶腋，排成穗状花序，雌雄同序，由数个穗状花序再组成顶生、细长、有时上部下弯的复聚伞圆锥花序；苞片和小苞片钻形或披针形，长 3.5~4mm，先端渐尖，具长尖头，膜质，背面中肋粗壮，绿色；花被片 5，长圆状披针形，长约 2mm，先端急尖，具短尖头；雄蕊 5，稍长于花被或近等长；子房卵球形，花柱极短，柱头 3，钻状。胞果卵球形，比宿存花被片长，周裂。种子近球形，直径约 1mm，双凸，黑色，有光泽。花果期 7~10 月。

产地：仙湖植物园（王国栋等 5891）。生于疏林中，海拔 50~100m。

分布：广东、湖南、江西、福建、浙江、安徽、江苏、河南、湖北、四川、贵州、陕西。日本、不丹、尼泊尔、印度、老挝、越南；欧洲、北美洲和南美洲。

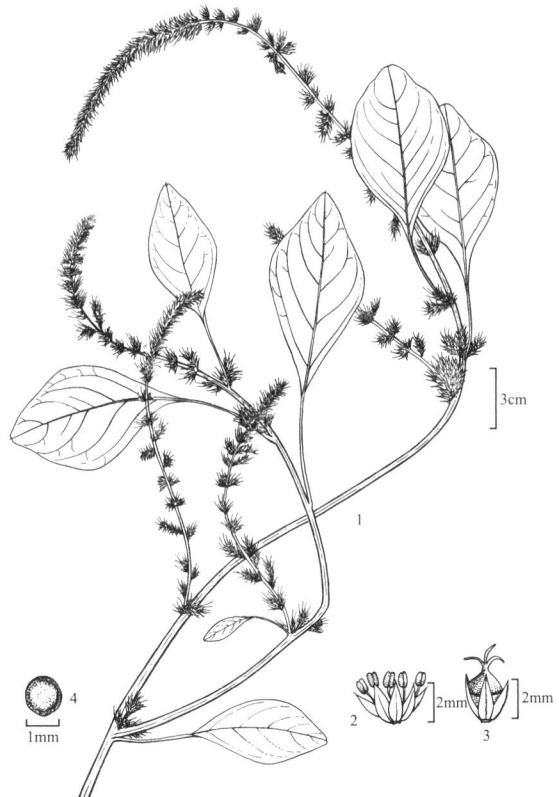

图 560 绿穗苋 Amaranthus hybridus
1. 植株上部；2. 雄花；3. 果实（具宿存花被）；4. 种子。
（刘平绘）

6. 台湾苋 青苋 Patulous Amaranth 图 561

Amaranthus patulus Bertol. Comm. Neap. 171. 1837.

一年生草本。高达 2m。茎直立，具纵棱，少分枝，无毛或被短柔毛。叶柄长 3~8cm，无刺，无毛；叶片卵形或菱状卵形，长 3~12cm，宽 2~7cm，基部楔形，边缘全缘或微波状，先端圆钝或近急尖，两面无毛，有时下面沿叶脉疏被短柔毛。花淡绿色，簇生于叶腋，排成穗状花序，顶生的穗状花序长达 2.5cm，多分枝，与侧生穗状花序再组成复聚伞圆锥花序；苞片披针形，长 2~4mm，绿色，近基部膜质，先端具长尖头；花被片 5，长圆状披针形，长 1.5~2mm，稍短于胞果，先端钝或稍具短尖；雄蕊 5；子房卵形，花柱短，柱头 3。胞果卵球形，周裂，比宿存花被稍长。种子圆形，直径 0.8~1mm，双凸，黑色，有光泽。花果期 7~12 月。

产地：南澳、大鹏（张寿洲等 5451）、梧桐山（深圳考察队 1702）有归化。生于山地疏林，山坡路旁，海拔 50~250m。

分布：原产于热带美洲。台湾有归化。

2. 青葙属 Celosia L.

一年生草本。叶互生，具叶柄；叶片卵形至条形，边缘全缘或近全缘。花序为穗状花序，顶生或腋生，花序轴有时扁化；每花具 1 苞片及 2 小苞片；苞片和小苞片干膜质，宿存；花两性；花被片 5，直立，开展，着色，干膜质，宿存，无毛；雄蕊 5，花丝钻状或丝状，下部合生成杯状，上部分离，线形；无退化雄蕊；子房 1 室，每室具 2 至多数胚珠，花柱 1，细长，长可达 6mm，宿存，柱头头状，2~3 浅裂。胞果球形或近球形，果皮薄，盖裂。种子 2 至多数，肾形或圆形，双凸，黑色。

约 60 种，分布于非洲、北美洲及南美洲和亚洲的热带、亚热带和温带地区。我国产 3 种。深圳有 2 种。

1. 穗状花序圆柱状，不分枝；花白色或淡红色 …………………………………1.青葙 C. argentea
1. 穗状花序的花序梗及花序轴扁化成鸡冠状、卷冠状或羽毛状；花红色、紫色或黄色 …………………………………… 2. 鸡冠花 C. cristata

1. 青葙 Wild Coxcomb   图 562   彩片 765   766
Celosia argentea L. Sp. Pl. **1**: 205. 1753.

一年生草本，高 0.3~1m。全株无毛。茎直立，绿色或红色，具纵棱，通常分枝。叶柄长 0.5~1.5cm 或近无柄；叶片长圆状披针形或披针形，稀为卵状长圆形，长 5~9cm，宽 1~3cm，基部渐狭，边缘全缘，绿色带红色，先端渐尖或急尖。穗状花序长 3~10cm，呈圆柱状，顶端圆锥形；苞片及 2 小苞片披针形，长 3~4mm，先端渐尖，干膜质，白色，有光泽，具中脉；花被片 5，白色，上部淡红色，长圆状披针形，长 6~10mm，先端渐尖，具中脉；雄蕊 5，花丝长 5~6mm，花丝下部 1/2 合生成杯状，上部分离部分长 2.5~3mm，花药紫色；子房长卵球形，具短柄，花柱长 3~8mm，柱头 2 浅裂。胞果卵球形，长 3~3.5mm，盖裂。种子多数，扁肾形，直径约 1.5mm，两侧扁，双凸，黑色，有光泽。花果期 3~12 月。

产地：西涌、南澳（张寿洲等 3623）、盐田、梅

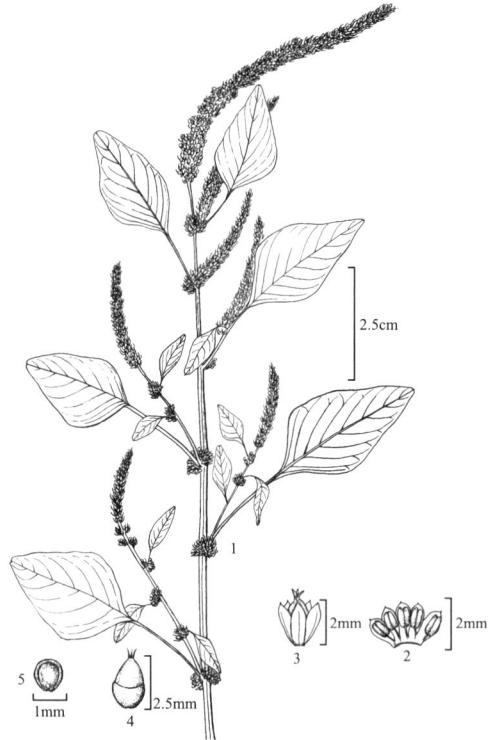

图 561 台湾苋 Amaranthus patulus
1. 植株上部；2. 雄花解剖；3. 雌花；4. 果实；5. 种子。（刘平绘）

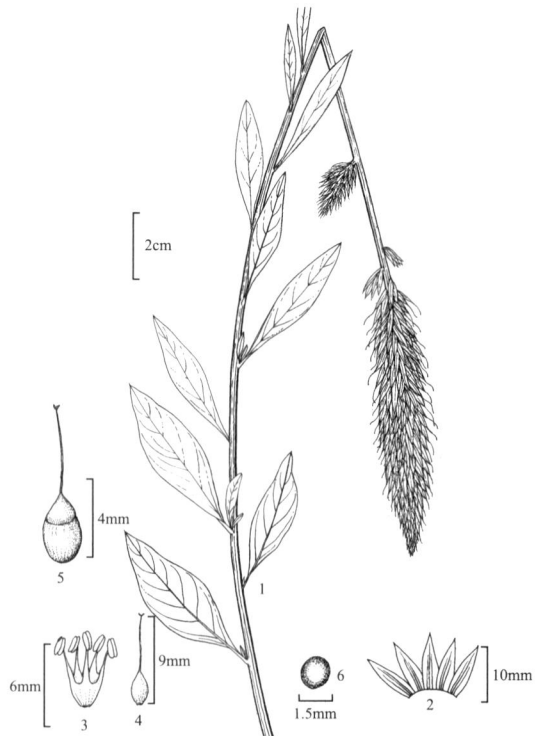

图 562 青葙 Celosia argentea
1. 植株上部；2. 花被片解剖；3. 雄蕊；4. 雌蕊；5. 果实；6. 种子。（刘平绘）

沙尖、梧桐山（深圳考察队 1692）、仙湖植物园（李沛琼等 89049）。生于田边、荒芜地，海拔 30~650m。

分布：分布几乎遍布全国，少为栽培。日本、朝鲜半岛、印度、不丹、尼泊尔、缅甸、泰国、老挝、柬埔寨、越南、马来西亚、菲律宾、俄罗斯和热带非洲。

用途：种子入药，称"青葙子"，有清肝、明目的功效；嫩茎、叶作蔬菜或饲料。

2. 鸡冠花 Coxcomb 图 563 彩片 767 768
Celosia cristata L. Sp. Pl. **1**: 205. 1753.

Celosia argentea L. var. *cristata*（L.）Kuntze, Revis. Gen. Pl. **2**: 541. 1891；海南植物志 **1**: 443. 1964；广东植物志 **4**: 103. 2000；澳门植物志 **1**: 174. 2005；Q. M. Hu in Q. M. Hu & D. L. Wu, Fl. Hong Kong **1**: 154. 2007.

一年生草本。高 0.5~1m。茎直立，粗壮。叶柄长 1.5~4cm；叶片披针形、卵形或卵状披针形，长 4~10cm，宽 2~6cm，基部狭楔形，边缘全缘，先端渐尖，两面无毛，红色或绿色。花多数，极密集；花序梗和花序轴扁化成肉质鸡冠状、卷冠状或羽毛状顶生的穗状花序，花序下面有数个较小分枝呈圆锥状，长圆形；苞片披针形，先端渐尖，干膜质，具中脉；花被片 5，宽披针形，长 6~7mm，膜质透明，紫色、红色或黄色，宿存，花序上部的花不发育；雄蕊 5，花丝下部合生成杯状，长约 5mm，无退化雄蕊；雌蕊长约 7mm，子房长卵形，花柱细长，柱头浅 2 裂，宿存。胞果卵球形，长 3~3.5mm。种子多个，扁肾形，直径 1.5~2mm，双凸，黑色，有光泽。花果期 6~12 月。

产地：深圳市各公园及庭园常有栽培。

分布：原产于亚洲热带地区，世界温带至热带地区普遍有栽培。我国南北各地有栽培。

用途：是一种美丽的观赏花卉，在我国栽培历史悠久；花序及种子供药用，为收敛剂，有止血、止泻之功效。

深圳市常见栽培有以下品种。
凤尾鸡冠花 Celosia cristata 'Pyramidalis'，花序上部密生有不育花的细枝条。

3. 杯苋属 Cyathula Blume

多年生草本或半灌木。茎平卧或直立。叶对生；叶柄短；叶片边缘全缘。花多数簇生成聚伞状，花簇在花序轴组成顶生总状花序，每 1 花簇中含有 1~3 两性花及 2 至多数不育花；两性花：苞片卵形，干膜质，常具锐刺；花被片 5，近相等，长圆形，干膜质，基部不变硬，具 1~3 条纵脉；雄蕊 5，花丝基部合生成浅杯状，分离部分和较短的撕裂状或齿状的退化雄蕊互生，花药 2 室，长圆形；子房倒卵形，胚珠 1，在长珠柄上垂生，花柱细长，柱头头状；不育花：花被变态成坚硬的刺或钻状，顶端皆呈钩状。胞果包裹在宿存花被内，球形或椭圆形，果皮膜质，不开裂。种子椭圆体形或长圆体形，有光泽。

约 27 种，分布于亚洲、大洋洲、非洲及南北美洲。我国产 4 种。深圳有 1 种。

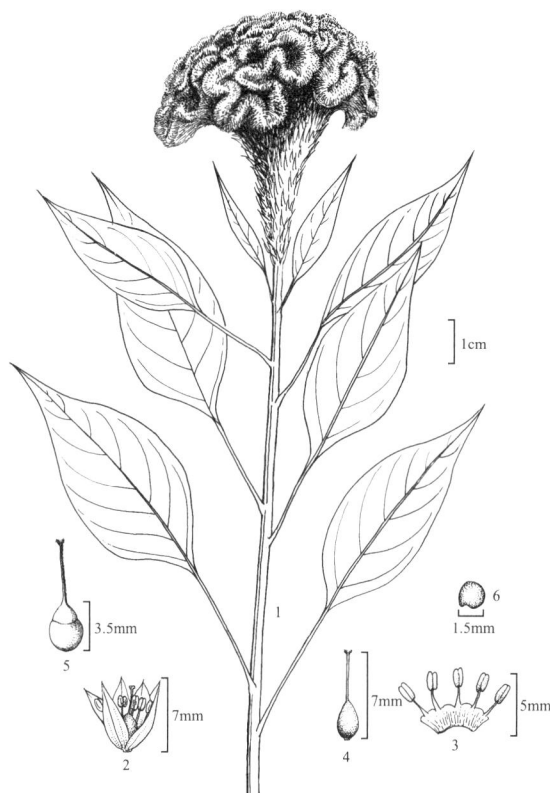
图 563 鸡冠花 Celosia cristata
1. 植株上部；2. 花；3. 雄蕊解剖；4. 雌蕊；5. 果实；6. 种子。（刘平绘）

杯苋 风毒草 Prostrate Cyathula　　图 564　彩片 769

Cyathula prostrata（L.）Blume，Bijdr. Fl. Ned. Ind. 549. 1826.

Achyranthes prostrata L. Sp. Pl. ed. 2，**1**：298. 1762.

多年生草本，高 30~50cm。根细长。茎自基部常匍匐或上升，钝四棱形，有分枝，被长柔毛，节部带红色，粗壮，基部节上生不足根。叶柄长 1~7mm，具长柔毛；叶片卵状菱形或菱状长圆形，长 1.5~6cm，宽 0.6~3cm，基部宽楔形或圆形，边缘全缘，先端圆钝，微凹，两面疏被柔毛。总状花序顶生或腋生，长 5~6cm，直立，花序下部的花簇由 2~3 两性花和多数不育花组成，花序上部不育花渐渐变少，最上部仅有 1 两性花，花后花序轴延伸，长可达 20cm，密被短柔毛，花簇亦变稀疏，具短梗；苞片着生于花簇基部，卵形，长 1~2mm，花后反折，宿存；两性花：无花梗；小苞片 2，宽卵形；花被片 5，卵状长圆形，长 2~3mm，亮绿色，外面被长柔毛，先端渐尖，具短尖头；雄蕊 5，花丝长 1~2mm，基部合生成浅杯状，退化雄蕊长方形，先端截形；不育花：花被变态成硬刺，刺长 1.5~2mm，顶端呈钩状；雌蕊长约 2mm，子房倒卵球形，花柱细长，宿存，柱头头状。胞果球形，直径约 0.5mm，无毛，果皮膜质，不开裂。种子很小，卵状长圆体形，褐色，平滑，有光泽。花果期 5~11 月。

图 564　杯苋 Cyathula prostrata
1. 植株上部；2. 花被；3. 雄蕊和雌蕊；4. 不育花；5. 果实；6. 种子。（刘平绘）

产地：南澳（王国栋等 7589）、梧桐山（王学文 371）。生于山坡林下，路旁湿地，海拔 50~150m。

分布：台湾、广东、香港、澳门、海南、广西和云南。印度、不丹、尼泊尔、缅甸、泰国、老挝、柬埔寨、越南、马来西亚、菲律宾、太平洋岛屿和非洲。

用途：全草可药用，治跌打损伤和驳骨。

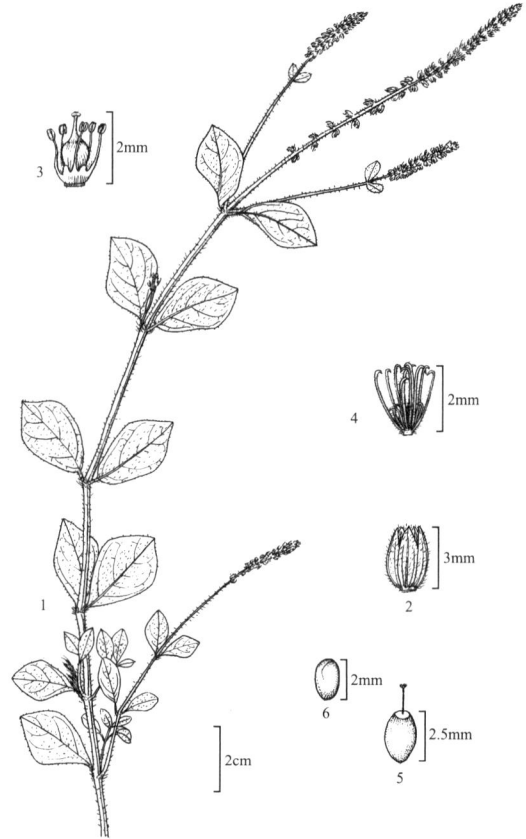

4. 牛膝属 Achyranthes L.

一年生或多年生草本或半灌木。茎四棱形，具明显的节，枝对生。叶对生，有叶柄；叶片边缘全缘。穗状花序顶生或腋生，直立，花序轴花后延伸，长达 20（~25）cm；苞片披针形；小苞片 2，长硬刺状，基部增厚，两侧具膜质翅，背部具中脉；花两性，单生，花期后反折、平展或外倾；花被片 4~5，干膜质，先端具芒尖，果后变硬，包围果实；雄蕊 5，稀 4 或 2，比花被短，花丝基部合生成短杯状，具流苏状退化雄蕊，花药 2 室；子房长圆体形，1 室，具 1 胚珠，花柱线形，宿存，柱头头状。胞果卵状长圆体形、卵球形或球形，果皮膜质，不开裂，与花被片、苞片和小苞片同时脱落。种子长圆体形或卵球形，双凸。

约 15 种，分布于世界热带和亚热带地区。我国产 3 种。深圳有 2 种。

1. 叶片倒卵形、宽倒卵形或椭圆状长圆形，先端钝圆，具短尖头；小苞片刺状，基部两侧各具 1 膜质翅；退化雄蕊先端截形，具流苏状长缘毛⋯⋯⋯⋯⋯⋯⋯⋯⋯⋯⋯⋯⋯⋯⋯⋯⋯⋯ 1. **土牛膝 A. aspera**

1. 叶片椭圆形或椭圆状披针形，稀倒披针形，先端锐尖或短渐尖；小苞片刺状，基部两侧各具 1 卵形、膜质小刺；退化雄蕊先端圆钝，稍有细锯齿⋯⋯⋯⋯⋯⋯⋯⋯⋯⋯⋯⋯⋯⋯⋯⋯ 2. **牛膝 A. bidentata**

1. 土牛膝 倒扣草 南蛇牙草 Common Achyranthes

图 565　彩片 770　771

Achyranthes aspera L. Sp. Pl. **1**：204. 1753.

多年生草本，高 0.2~1.2m。茎直立，四棱形，被短柔毛，枝对生，节部稍膨大。叶柄长 0.5~3cm，疏被短柔毛；叶片椭圆状长圆形、倒卵形或宽倒卵形，长 3~7cm，宽 2~4cm，基部楔形或圆形，边缘全缘或波状，先端钝圆，具短尖头，两面被柔毛或近无毛。穗状花序顶生或腋生，长 10~30cm，花序轴粗壮，密被长柔毛，花后花序轴延伸，长可达 25cm，花亦稀疏而反折；苞片披针形，长 3~4mm，先端渐尖；小苞片刺状，长 2.5~4.5mm，坚硬，基部两侧各具 1 膜质翅，翅长 1.5~2mm，边缘全缘；花被片 5，披针形，长 3.5~5mm，具 1 条脉；雄蕊 5，长约 2.5mm，花丝下部合生成杯状；退化雄蕊先端截形，具流苏状长缘毛；子房椭圆体形，花柱细长，宿存，柱头头状。胞果卵球形，长 2.5~3mm，先端截形。种子卵球形，长约 2mm，褐色。花果期 6~11 月。

产地：西涌、南澳（张寿洲 4235）、大鹏、马峦山（张寿洲等 2929）、沙头角、梧桐山、仙湖植物园、羊台山（张寿洲等 5021）、南山、沙井。生于海边沙滩、村边路旁、山坡林下，海拔 50~400m。

分布：广东、香港、澳门、海南、广西、湖南、江西、福建、台湾、浙江、湖北、四川、贵州和云南。印度、不丹、尼泊尔、斯里兰卡、缅甸、泰国、老挝、柬埔寨、越南、马来西亚、菲律宾、印度尼西亚；亚洲西南部、非洲和欧洲。

用途：全草入药，中药称"倒扣草"，有解表清热、利湿、活血、祛风止痛等功效，治感冒发热、扁桃体炎、腮腺炎、泌尿结石等。

2. 牛膝 山牛膝 牛磕膝 Twotooth

图 566　彩片 772　773

Achyranthes bidentata Blume，Bijdr. Fl. Ned. Ind. 545. 1826.

多年生草本，高 0.5~1.2m。茎直立，绿色或带紫红色，四棱形，节部膨大，有白色贴生或开展的短柔毛或近无毛，分枝对生。叶柄长 0.5~3cm，被短柔毛；叶片椭圆形或椭圆状披针形，稀倒披针形，长 5~12cm，宽 2~7.5cm，基部楔形或宽楔形，先端锐尖或短渐尖，两面疏被贴生或开展的短柔毛。穗状花序腋生或顶生，长 3~5cm；花序轴长 1~2cm，被白色柔毛；花密生，长约 5mm；花后花序轴延伸，长可达 20cm，

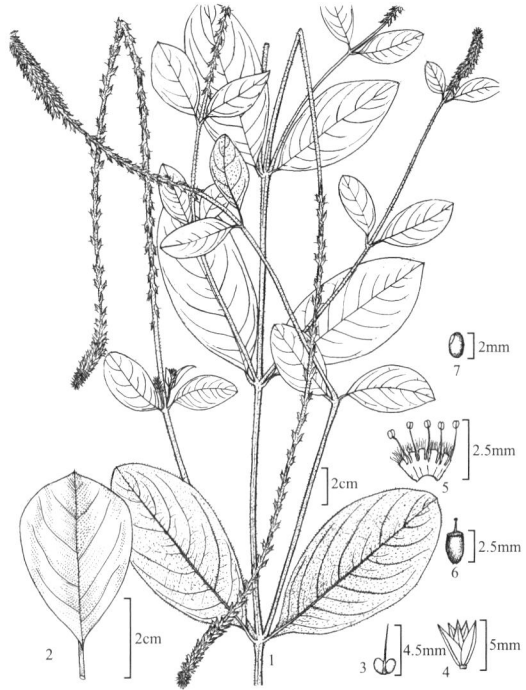

图 565 土牛膝 Achyranthes aspera
1. 植株上部；2. 倒卵形叶；3. 小苞片；4. 花被片；5. 雄蕊管解剖；6. 果实；7. 种子。（刘平绘）

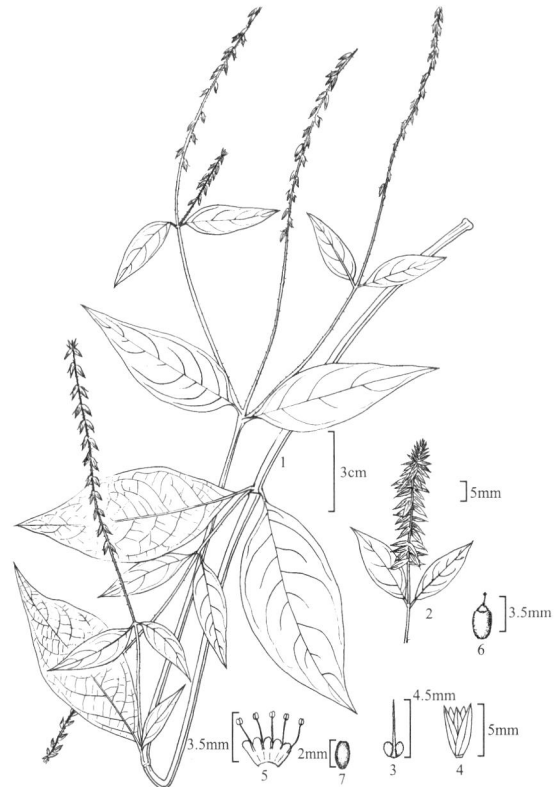

图 566 牛膝 Achyranthes bidentata
1. 植株上部；2. 花序；3. 小苞片；4. 花被；5. 雄蕊管解剖；6. 果实；7. 种子。（刘平绘）

花亦稀疏而反折，贴近花序轴；苞片宽卵形，先端渐尖，花后反折；小苞 2，刺状，长 2.5~3mm，基部两侧各有 1 卵形、膜质小翅；花被片 5，披针形，长 3~5mm，先端急尖，背面具 1 中脉；雄蕊 5，长 2~2.5mm，基部合生成杯状，退化雄蕊先端圆钝，稍有细锯齿。胞果长圆体形，长 2~2.5mm，淡黄褐色。种子长圆体形，长约 1mm，亮褐色。花果期 6~12 月。

产地：排牙山（王国栋等 6962）、梧桐山（张寿洲等 SCAUF1203）。生于田边路旁、疏林下，海拔 50~100m。

分布：广东、香港、海南、广西、福建、台湾、浙江、江苏、安徽、湖北、湖南、四川、贵州、西藏、陕西、山西、河北。朝鲜半岛、俄罗斯、印度、尼泊尔、不丹、泰国、越南、老挝、缅甸、马来西亚、菲律宾、印度尼西亚和巴布亚新几内亚。

用途：根入药，称"牛膝"，有活血通络、补肝肾、强腰膝的功效；叶可治风湿骨痛等。

5. 莲子草属 Alternanthera Forssk.

一年生或多年生草本。茎匍匐或上升，多分枝。叶对生，通常具短柄；叶片边缘全缘或有小齿；头状花序腋生，稀单花生于具苞片的腋部，具花序梗或无梗；苞片及小苞片膜质，宿存；花两性；花被片 5，膜质，大小不相等；雄蕊 2-5，花丝基部合生成杯状或管状，花药 1 室，退化雄蕊顶端全缘、具小齿或撕裂状；子房球形或卵球形，花柱短或长，柱头头状，胚珠 1。胞果球形或卵球形，不开裂，边缘具狭翅，花被脱落。种子近圆形，双凸。

约 200 种，分布于美洲热带和暖温带地区，世界其他地区广为归化。我国有 6 种（其中 4 种为引进）。深圳有 5 种（其中 3 种为引进栽培种）和 1 栽培品种。

1. 花序具花序梗。
　　2. 茎直立；茎和叶片紫红色 ······························
　　　　··············· **1. 红龙苋 A. dentata 'Ruliginosa'**
　　2. 茎匍匐或上升；茎和叶片绿色 ······················
　　　　················· **2. 喜旱莲子草 A. philoxeroides**
1. 花序无花序梗。
　　3. 叶片条形或狭长圆形，宽 3~5mm ···············
　　　　····················· **3. 线叶莲子草 A. nodiflora**
　　3. 叶片披针形、椭圆形、长圆形或倒卵形，宽 0.5~3cm。
　　　　4. 花被片背部无毛 ··········· **4. 莲子草 A. sessilis**
　　　　4. 花被片背部具柔毛。
　　　　　　5. 叶片绿色、红色或黄色 ······················
　　　　　　　　············· **5. 绵绣苋 A. bettzickiana**
　　　　　　5. 叶片绿色 ···
　　　　　　　　·········· **6. 华莲子草 A. paronychicides**

1. 红龙苋 红龙草 Red Dragon Altarnonthera

图 567　彩片 774

Alternanthera dentata 'Ruliginosa'

Alternanthera dentata（Aoench）Stuchl. ex R. E. Fr. F. Ruliginosa Suess. in Repert. Spec. Nov. **35**：299. 1934；Q. M. Hu in Q. M. Hu & D. L. Wu，Fl. Hong Kong **1**：155. 2007.

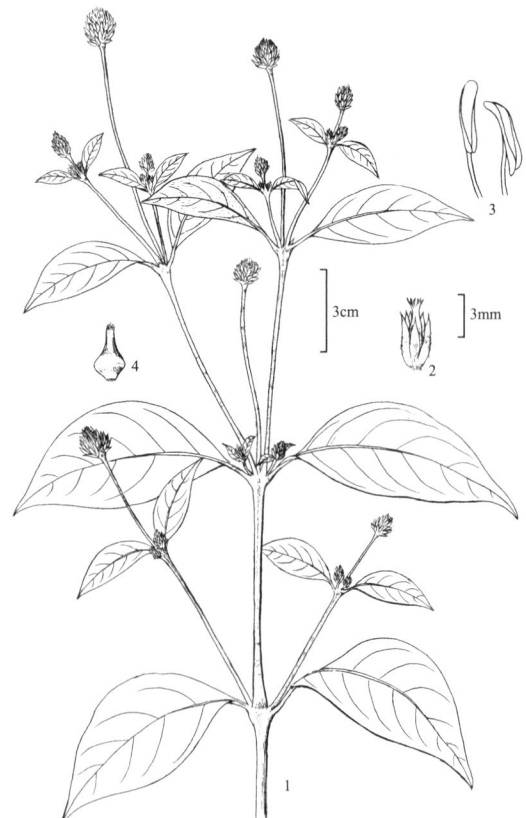

图 567 红龙苋 Alternanthera dentata 'Ruliginosa'
1. 分枝的一部分，示叶和花序；2. 花；3. 雄蕊；4. 雌蕊。
（林漫华绘）

多年生草本，高 20~60cm。除花序外，全株紫红色。茎直立，具钝棱，节稍膨大，疏被短柔毛，叶对生；叶柄长 0.5~2cm，被疏柔毛；叶片卵状椭圆形至椭圆状披针形，长 3~6cm，宽 1.5~3cm，基部渐狭，边缘全缘，先端短渐尖或急尖，幼叶暗紫红色，成熟叶紫红色或暗紫色，下面仅脉上被糙伏毛，上面被糙伏毛。头状花序腋生或顶生，近球形，长 0.6~1.3cm，宽 0.6~1cm；花序梗长 0.3~1.5cm，生于叶腋的具短花序梗，生于枝顶的具长花序梗；花小，无花梗，两性；苞片和花被干膜质，白色至淡绿色；雄蕊通常 5，与花被近等长。胞果长卵形，长约 3mm，宽约 1mm，边缘具狭翅。花果期 9 月至翌年 3 月。

产地：仙湖植物园（李沛琼 4234，017260，0903013）。深圳市各公园有栽培。

分布：原产于中、南美洲热带地区。我国华南地区有引种栽培。

用途：观赏植物，其叶色鲜艳，抗性强，耐修剪，生长茂威，常群植作为彩叶植物布置景观。

2. 喜旱莲子草 空心莲子草 空心苋 水蕹菜 Alligator-weed 图 568 彩片 775

Alternanthera philoxeroides（C. Mart.）Griseb. in Abh. Konigl. Gas. Wiss. Gottingen. **24**：36. 1879.

Bucholzia philoxeroides C. Mart. in Nov. Actorum Acad. Caes. Leop.-Carol. Nat. Cur. **13**（1）：107. 1825.

多年生草本。茎缘基部匍匐，上部上升，无毛，中空，长可达 1.2m，具分枝，幼茎和叶腋有白色柔毛，老渐无毛。叶柄长 0.3~1cm，无毛或有微柔毛；叶片长圆形、长圆状倒卵形或卵状披针形，长 2.5~5cm，宽 0.7~2cm，基部渐狭，边缘全缘，先端急尖或圆钝，有小尖头，绿色，两面无毛或上面具贴生柔毛，下面具小颗粒状凸起。头状花序单生于叶腋，直径 0.8~1.5cm；花序梗长 1~5.5cm；苞片卵形，白色，长 2~2.5mm，膜质，先端急尖，具 1 中脉；小苞片披针形，长约 2mm，白色，具中脉；花被片 5，长圆形，长 5~6mm，先端急尖，白色，有光泽；能育雄蕊 5，花丝长 2.5~3mm，下部合生成杯状，退化雄蕊长圆状条形，与能育雄蕊等长，先端撕裂；子房倒卵球形，具短柄，背面侧扁。胞果未见。花果期 3~11 月。

产地：南澳（张寿洲 1747）、梧桐山（深圳考察队 174）、仙湖植物园（李沛琼 22863）。各地常见。生于水边、沟边湿地，海拔 50~500m。

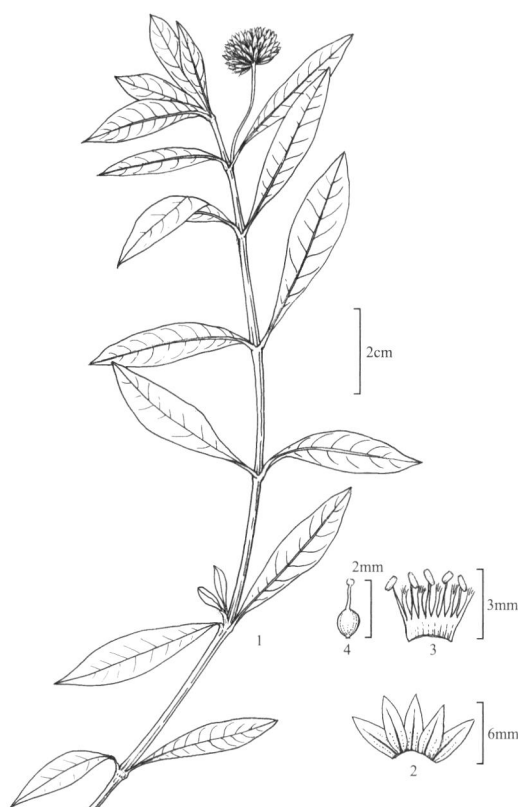

图 568 喜旱莲子草 Alternanthera philoxeroides
1. 植株上部；2. 花被解剖；3. 雄蕊管解剖；4. 雌蕊。（刘平绘）

分布：原产于南美洲（巴西）。北京、河北、安徽、江苏、浙江、江西、福建、台湾、湖北、湖南、广东、香港、澳门、海南、广西和四川有引种。现已逸为野生。

用途：全草入药，有清热解毒作用；全草可作饲料或绿肥。

3. 线叶莲子草 线叶虾钳菜 Common Joyweed 图 569 彩片 776 777

Alternanthera nodiflora R. Br. Prodr. **1**：417. 1810.

一年生草本。茎匍匐或上升，长 30~80cm，节部生白色短柔毛，节间两侧具 1 列短柔毛。叶柄长 3~5mm；叶片条形或狭长圆形，长 2.5~4.5cm，宽 3~5mm，基部狭楔形，先端急尖或稍圆钝，中脉明显。头状花序近球形，直径 5~6mm，无花序梗，1~3 个生于叶腋；苞片披针形，长约 1mm；小苞片钻形，长约 1.5mm；花被片 5，宽披针形，长 3~4mm，先端急尖，具中脉；能育雄蕊 3，长约 1mm，花丝下部合生成杯状；退化雄蕊钻状，较短；子房卵球形，无毛。胞果倒心形,直径约 2.5mm,两侧扁,边缘具狭翅。种子近圆形,直径约 1mm,双凸,褐色。花果期 5~11 月。

产地:三洲田(王国栋等 5998)、梅林(张寿洲等 635)、深圳水库、塘朗山(张寿洲等 908)。生于水边、山谷湿地,海拔 50~300m。

分布:广东、香港、澳门、广西、湖南、江西、福建、台湾、浙江、江苏、安徽、湖北、四川、贵州和云南。印度、澳大利亚;非洲和欧洲(南部)。

用途:全草药用;嫩叶可食用。

4. 莲子草 满天星 虾钳菜 节节花 虾子草 Sessile Joyweed Sessile Alternanthera

图 570 彩片 778 779

Alternanthera sessilis(L.)R. Br. ex DC. Cat. Pl. Hort. Monsp. 77. 1813.

Gomphrena sessilis L. Sp. Pl. **1**: 225. 1753.

多年生草本。茎匍匐或上升,长 15~45cm,绿色或稍带紫色,具条纹及纵沟,沟内具短柔毛,节部密生柔毛。叶柄长 1~5mm,无毛或具柔毛;叶片条状披针形、长圆状倒卵形,或卵状长圆形,长 1~8cm,宽 0.5~2cm,基部渐狭,边缘全缘或有不明显小齿,先端急尖或钝圆,两面无毛或疏被短柔毛。头状花序 1~4 个腋生,初为球形,后渐成圆柱形,直径 0.5~1cm,无花序梗;花序轴密被白色柔毛;苞片卵状披针形,长约 1mm,白色;小苞片钻形,长 1~1.5mm,白色;花被片 5,卵形或宽披针形,长 2~3mm,白色,顶端渐尖或急尖,背部无毛,具 1 脉;能育雄蕊 3,花丝长 0.7mm,下部合生成杯状,花药长圆形,退化雄蕊钻形,比雄蕊短,边缘全缘,先端渐尖;子房扁球形,花柱极短,柱头短,2 裂。胞果藏于宿存花被内,倒心形,两侧扁,直径 2~2.5mm,边缘具狭翅。种子近圆形,直径 1~1.5mm,双凸,褐色,有光泽。花果期 4~12 月。

产地:东涌、西涌(张寿洲等 0814)、七娘山、南澳、大鹏、笔架山(张寿洲等 1128)、三洲田、梧桐山(张寿洲等 5265)、仙湖植物园(李沛琼 22457)、莲花山公园、东湖公园、梅林水库、塘朗山。生于水沟边、沼泽地,海拔 20~700m。

分布:广东、香港、澳门、广西、湖南、江西、福建、台湾、浙江、江苏、安徽、湖北、四川、贵州和云南。印度、不丹、尼泊尔、泰国、缅甸、老挝、柬埔寨、越南、马来西亚、菲律宾和印度尼西亚。

用途:全草入药,有清热解毒、凉血的功效;治牙痛、痢疾;嫩叶可作野菜食用,也可作饲料。

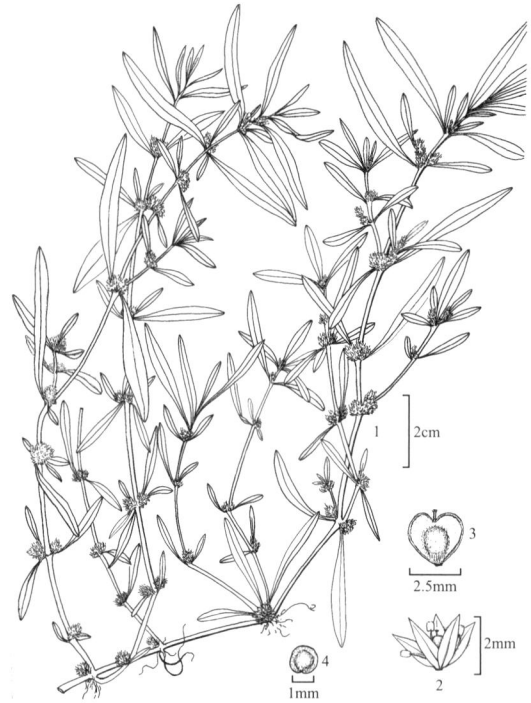

图 569 线叶莲子草 Alternanthera nodiflora
1. 植株上部;2. 花;3. 果实;4. 种子。(刘平绘)

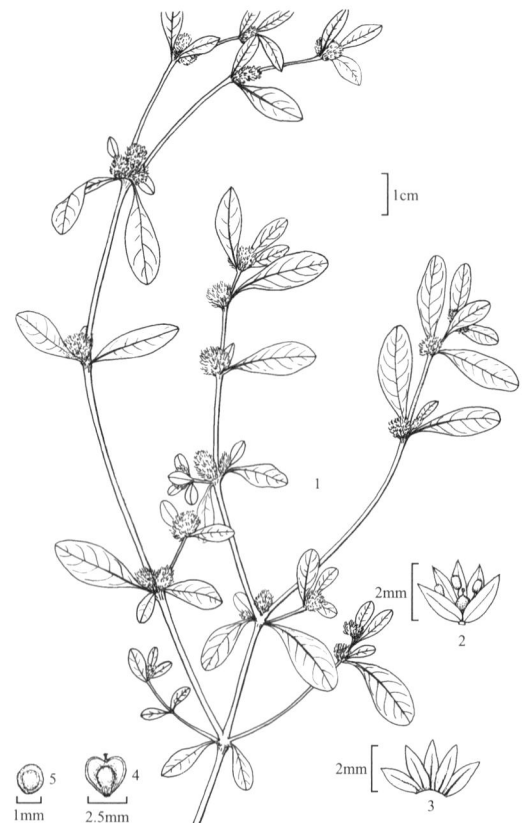

图 570 莲子草 Alternanthera sessilis
1. 植株上部;2. 花;3. 花被解剖;4. 果实;5. 种子。(刘平绘)

5. 锦绣苋 红草 五色草 Calico-plant Genden Alternanthera
图 571

Alternanthera bettzickiana（Regel）G. Nicholson，
Ill. Gard. Dict. **1**：59. 1884.

Telanthera bettzickiana Regel，Ind. Sam. Hort.
Petrop. **1862**：28. 1862.

Alternanthera versicolor Hort. ex Regel，Gartenfl. **18**：
101. 1869；广州植物志 147. 1956；海南植物志 **1**：410. 1964.

多年生草本，高 20~50cm。茎直立或基部多分枝
而呈匍匐状，下部圆柱形，上部四棱柱形，两侧各有
1 纵沟，上部和节部被柔毛。叶对生；叶柄长 1~2cm，
稍被柔毛；叶片长圆形、长圆状倒卵形或匙形，长
2~4cm，宽 0.5~2cm，基部狭楔形，边缘全缘或皱波
状，先端急尖或圆钝，两面无毛，绿色、红色或黄色。
头状花序顶生或腋生，直径 0.5~1cm，无花序梗，通
常 2~5 个簇生于叶腋；苞片和小苞片卵状披针形，长
1.5~3mm，背面无毛或被长柔毛；花被片 5，先端急尖，
不等大，外面 3 片长圆状披针形，长 3~4mm，外面
密被长柔毛，内面 2 花被片狭披针形，长约 3.5mm，
被长柔毛或无毛；能育雄蕊 5，花丝长 1~2mm，下部
合生成管状，花药椭圆形，退化雄蕊条形，先端 3~5 裂；
子房扁球形，直径约 0.8mm，花柱长约 0.5mm，柱头
头状。胞果不发育。花果期 6~9 月。

产地：东湖公园（王定跃 89426）。深圳市各公园
及花圃常有栽培。

分布：原产于巴西，现世界各地有栽培，我国各
大城市均有栽培。

用途：全草入药，有清热解毒、凉血止血功效；
叶片有多种颜色，常作为布置花坛观赏植物。

本种学名有作栽培品种处理：Alternanthera
'Bettichiana'（Mabberley's Plant-Book 33. 2008）.

6. 华莲子草 美洲虾钳草 星星虾钳草 Star Alternanthera
图 572　彩片 780

Alternanthera paronychioides A. St. Hil. Voy.
Distr. Diam. **2**：439. 1833.

多年生草本。茎平卧，簇生，长 30~50cm；分枝
多而密集，具纵棱，浅黄色或淡红色，幼枝密被柔毛，
以后毛脱落。叶对生；叶柄长 0.5~1.5cm；叶片绿色，
倒卵形、椭圆形、倒披针形或匙形，长 1~3cm，宽
0.5~1cm，基部狭楔形，边缘全缘，先端钝圆，下面
被柔毛，上面无毛。穗状花序球形或卵球形，直径约
1cm，无梗，常 1~3 个生于叶腋，遍布于植株；苞片

图 571 锦绣苋 Alternanthera bettzickiana
1. 植株上部；2. 花被；3. 雄蕊管解剖；4. 雌蕊。（刘平绘）

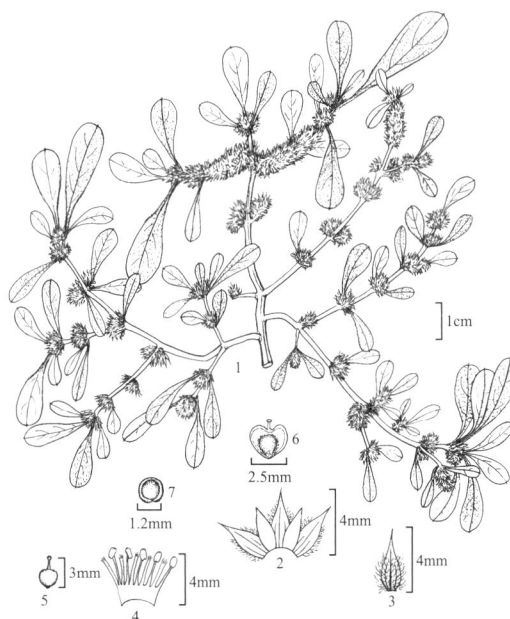

图 572 华莲子草 Alternanthera paronychioides
1. 植株一部分；2. 花被解剖；3. 花被片外面观（示柔毛）；
4. 雄蕊管解剖；5. 雌蕊；6. 果实；7. 种子。（刘平绘）

披针形，膜质，长约 3mm；小苞片 2，卵状披针形，长约 2mm，白色，干膜质；花被片 5，近等大，白色，外面 3 花被片卵状长圆形，长约 4mm，先端急尖，具小尖头，具 3 脉，外面中部以下被柔毛，内面 2 花被片较小，披针形，两侧压扁，具 1 脉，无毛；能育雄蕊 5，花药椭圆形，黄色，花丝下部合生成管状，退化雄蕊长圆形，长为雄蕊的一半，先端具 3~4 齿；子房近圆形，扁平，花柱短，柱头头状。胞果倒心形，直径 2~2.5mm，两侧扁，边缘具狭翅。种子近圆形，直径约 1.2mm，双凸，褐色，有光泽。花果期 2~9 月。

产地：仙湖植物园（王国栋 06012）、莲花山公园（李沛琼等 010230）。深圳市各公园有栽培。

分布：原产于热带美洲，现广布于东半球热带地区。我国广东、香港、海南和台湾有栽培或归化。

用途：茎、叶可作家禽饲料。

6. 千日红属 Gomphrena L.

一年生或二年生草本，稀半灌木，茎直立，有分枝。叶对生，稀互生；叶柄短或近无柄；叶片边缘全缘。花序为头状花序或短穗状花序，顶生；总苞为 2 枚绿色对生叶状苞片组成，卵形或心形，两面具灰色长柔毛；苞片和小苞片无毛；花两性；花被片 5，相等或不相等地，被长柔毛或无毛；雄蕊 5，花丝合生呈筒状或基部成杯状，顶端 5 裂，裂片先端凹入或 2 裂，花药 1 室，无退化雄蕊；子房扁圆形，花柱条形，柱头 2，叉状。胞果包裹于宿存花被内，球形或长圆形，不开裂。种子近圆形或椭圆形，双凸，种皮革质，平滑。

约 100 种，主产于南、北美洲和太平洋岛屿；世界其他地区有引种和归化。我国产 2 种（1 种引种）。深圳有 2 种（1 种引种）。

1. 茎、枝被糙硬毛，花序紫红色、淡紫色或白色；花被片外面密被绵毛；小苞片背部脊棱翅状，边缘具明显的小锯齿 ·· 1. 千日红 G. globosa
1. 茎、枝被长柔毛；花序银白色；花被片外面密被长柔毛；小苞片背部脊棱狭窄，仅顶部具小锯齿 ······ 2. 银花苋 G. celosioides

1. 千日红 百日红 火球花 Globe Amaranth

图 573 彩片 781

Gomphrena globosa L. Sp. Pl. **1**: 224. 1753.

一年生草本。茎直立，高 20~60cm，粗壮，叉状分叉，枝稍四棱形，被灰色长糙硬毛，以后毛脱落，节部稍膨大。叶柄长 0.5~1.5cm，被灰色长糙伏毛；叶片长圆形或长圆状倒卵形，长 3.5~13cm，宽 1.5~5cm，纸质，基部狭窄，两面被白色长糙伏毛，边缘全缘，先端急尖或钝，具短尖头。头状花序顶生，外形呈圆球形，通常单生，稀 2~3 个聚生，直径 1.5~2.5cm，通常紫红色，有时为亮紫红色或白色；花序基部具 2 个对生的叶状总苞片，绿色，卵形或心形，长 1~1.5cm，被灰色长柔毛；苞片卵形，长 3~5mm，先端急尖，白色，先端紫红色；小苞片 2，长三角状披针形，长 1~1.2cm，先端渐尖，紫红色，背部具翅状脊棱，脊棱上具明显的小锯齿；花被片 5，披针形，长 5~6mm，先端渐尖，外面密生白色绵毛；雄蕊 5，花丝合生成管状，长约 5mm，顶端 5 浅裂，花药着生于裂片内侧；雌蕊长约 4.5mm，子房卵形，花柱条形，短于花丝筒，柱头 2，钻形，先端叉状，宿存。胞果

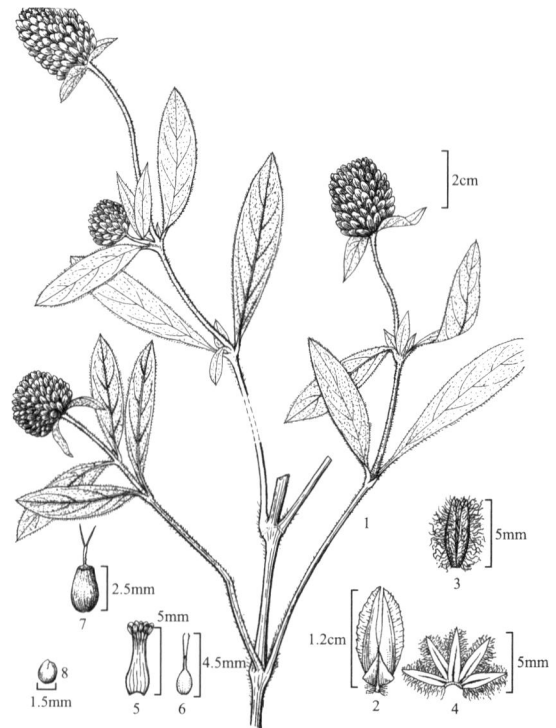

图 573 千日红 Gomphrena globosa
1. 植株上部；2. 苞片及小苞片；3. 花被；4. 花被解剖；
5. 雄蕊管解剖；6. 雌蕊；7. 果实；8. 种子。（刘平绘）

近球形,长 2~2.5mm,果皮薄膜质,不开裂。种子肾形,直径 1.5~2mm,双凸,褐色,有光泽。花果期 6~11 月。

产地:三洲田(深圳考察队 437)、仙湖植物园(王定跃 89305)。深圳各公园有栽培,海拔 30~400m。

分布:原产美洲热带地区。我国各省(区)有栽培。现栽培或归化于世界各热带地区。

用途:花序入药,止咳定喘,治支气管、哮喘和百日咳;可作花卉供观赏。

2. 银花苋 Wild Globe Amaranth

图 574 彩片 782 783

Gomphrena celosioides C. Mart. in Nov. Actorum. Acad. Coes. Leop. -Carol. Nat. Cur. **13**(1):301. 1825.

一年生草本。茎直立,高 20~40cm,被白色长柔毛。叶柄长 1~1.5cm,被灰色长柔毛;叶片长圆形或长圆状卵形,长 3~5cm,宽 1~1.5cm,基部狭窄,边缘全缘,具长缘毛,先端急尖或钝,下面密被长柔毛,中脉粗壮,侧脉明显,上面无毛或疏生长柔毛。头状花序顶生,银白色,外形初为球形,后延伸为长圆形,直径约 1cm,长可达 2cm;苞片宽三角形,长约 3m。先端具短尖;小苞片 2,长三角状披针形,长 5~6mm,背部脊棱狭窄,仅在顶部具锯齿;花被片 5,狭披针形,花后变硬,外面密被长柔毛;雄蕊 5,花丝合生成管状,

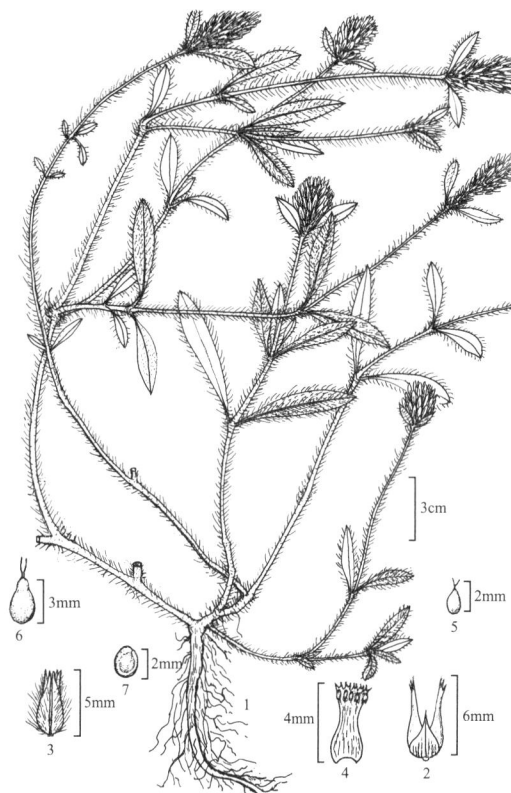

图 574 银花苋 Gomphrena celosioides
1. 植株;2. 苞片及小苞片;3. 花被;4. 雄蕊管解剖;5. 雌蕊;6. 果实;7. 种子。(刘平绘)

长约 4mm,顶端 5 裂,每一裂片再深 2 裂,花药着生于雄蕊管裂片的内侧;雌蕊长约 2mm,子房卵形,花柱短于雄蕊管,柱头 2,先端叉状,胞果近球形,长约 3mm,果皮薄膜质,不开裂。种子椭圆形,长约 2mm,褐色。花果期 3~10 月。

产地:南澳(张寿洲等 3625)、梧桐山(张寿洲等 3703)、内伶仃岛(徐有才 2007)。生于路边草地、海滩草地,海拔 0~50m。

分布:广东、香港、海南和台湾。广布于泛热带地区。

75. 马齿苋科 PORTULACACEAE

王国栋

一年生或多年生草本，稀半灌木。通常肉质。除茎节上生根，有时具腋生的鳞片和毛外，其余无毛。单叶，互生或双生；托叶不存在；叶柄甚短或无；叶片通常肉质，边缘全缘。花序通常顶生，少见腋生，为聚伞花序、总状花序、圆锥花序或花排成无花梗的头状，被一叶状的总苞所环绕，有时退化为单花；苞片不明显；花两性，极少单性，辐射对称；萼片 2，分离或基部合生，覆瓦状排列，常有鲜艳的颜色，通常早落；无花盘；雄蕊 4~100，分离，成束或与花瓣贴生，花丝线形，花药 2 室，内向，纵裂；雌蕊具 2~5 心皮，子房上位或半下位，1 室，胚珠 1 至多数，弯生，基生胎座或特立中央胎座，花柱线形，柱头 2~9 裂。果为一蒴果，盖裂或 2~3 瓣裂，稀为坚果，球形或近球形，平滑。种子多数，肾形或球形，种阜有或无，胚乳甚丰富，被胚环绕。

约 19 属 500 余种，主要分布于南半球，尤以非洲、南美洲和澳大利亚为多，少数种类分布于亚洲、欧洲和北美洲。我国有 2 属 7 种（其中 1 种引进栽培）。深圳有 2 属 4 种。

1. 花单生或簇生；子房半下位；蒴果盖裂 ………………………………………………… 1. 马齿苋属 Portulaca
1. 花排列聚伞圆锥花序或圆锥花序，子房上位；蒴果瓣裂 ……………………………… 2. 土人参属 Talinum

1. 马齿苋属 Portulaca L.

一年生或多年生草本。茎平卧或外倾。茎节或叶腋具鳞片、刚毛或柔毛。叶互生或对生，通常无叶柄，扁平或圆柱形。花序为顶生的无花梗的头状，具单生或簇生的花，被一叶状的总苞所环绕；萼片基部合生成管。宿存，但不明显；花瓣 4~5，稀 8 或更多，分离或基部短合生；雄蕊 4~100，与花瓣基部贴生；子房半下位，柱头 2~9 裂。蒴果盖裂，无柄，球形或近球形。种子多数，亮黑色或亮灰色，少见褐色，同肾形，细小，通常具小瘤状凸起，无种阜。

约 150 种，主要分布于热带、亚热带的较为干旱和贫瘠的地区，尤以非洲和南美洲为多，少数种类分布至温带地区。我国有 5 种。深圳有 3 种（其中引进栽培的 1 种）。

1. 叶片扁平，卵状椭圆形、倒卵形或匙形；全株无毛 ………………………………… 1. 马齿苋 P. oleracea
1. 叶圆柱状线形；腋毛明显
　　2. 花较大，直径 2.5~4cm ………………………………………………… 2. 大花马齿苋 P. grandiflora
　　2. 花较小，直径约 2cm ……… 3. 毛马齿苋 P. pilosa

1.　马齿苋　瓜子菜 Purslane

图 575　彩片 784　785

Portulaca oleracea L. Sp. Pl. 445. 1753.

一年生草本，全株无毛。茎肉质，披散，平卧或外倾，少见直立，暗红色或紫红色，多分枝；叶腋

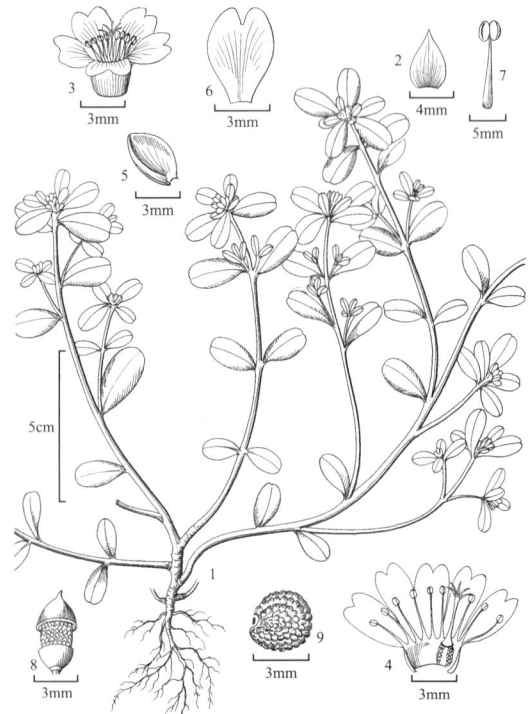

图 575　马齿苋 Portulaca oleracea
1. 植株，示根、茎、叶及花；2. 苞片；3. 花；4. 花冠展开，示雄蕊和雌蕊；5. 花萼；6. 花瓣；7. 雄蕊；8. 蒴果；9. 种子。
（李志民绘）

外具少数不明显的硬刚毛。叶互生，偶有近对生；叶柄短；叶片扁平，肉质，卵状椭圆形、倒卵形或匙形，长1~3cm，宽0.5~1.5cm，基部楔形，先端钝、圆、截形或微凹，叶脉不明显，花无梗，3~5花簇生于枝顶，直径4~5mm，被2~6苞片组成的叶状总苞所环绕；萼片2，绿色，盔状，长约4mm，具龙骨状凸起，先端急尖；花瓣5，黄色，倒卵形，长3~5mm，基部合生，先端微凹；雄蕊7~12，花丝长约4mm，花药黄色；子房无毛，花柱稍长于雄蕊，柱头4-6裂。蒴果卵球形，长约5mm，直径约3mm，先端微凸起，盖裂，盖为果高度的1/3。种子小，多数成熟时灰黑色，无光泽，斜圆肾形，长0.6~1.2mm，表面有小瘤点。花果期5~12月。

产地：笔架山（王国栋等6703）、罗湖区林果场（王国栋等5825）、梧桐山（深圳考察队1512）。各地常见。常生于旷地、路旁或农田。

分布：几乎遍及全国。广布世界热带及温带地区。

用途：茎叶可作蔬菜，亦可做饲料；入药有解毒、消炎、利尿、清热等功效。主治急性关节炎、虫蛇咬伤等。

在深圳普遍栽培有以下品种。

马齿牡丹 Portulaca oleracea 'Wildfire'，花直径3.5~4cm。

2. 大花马齿苋 松叶牡丹 Moss-rose

图576 彩片786

Portulaca grandiflora Hook. in Curtis's Bot. Mag. **56**: t. 2885. 1829.

Portulaca pilosa L. subsp. *grandiflora* (Hook.) Geesink in Blumea **17**(2): 297. 1969. 广东植物志 **2**: 92. 1991.

一年生草本，高达30cm。茎平卧或斜升，肉质，紫红色，多分枝，节上丛生白色长柔毛。叶密集于枝端，较下的叶分开，不规则互生，叶柄极短或近无柄，叶腋处常生一撮白色长柔毛；叶片细圆柱形，有时微弯，无毛，肉质，长1~2.5cm，直径2~3mm，先端钝圆。花直径2.5~4cm，单生或数朵集生于枝顶，叶状总苞8~9，轮生，被白色长柔毛；萼片2，卵状三角形，稍具龙骨状凸起，淡黄绿色，无毛，长5~7mm；花瓣5或重瓣，倒卵形，长1.2~3cm，先端微凹，红、紫、黄或白色；雄蕊多数，长5~8mm，花丝紫色，基部连合，花药椭圆形；子房半下位，花柱与雄蕊近等长，柱头5~9裂，线形。蒴果近椭圆体形。种子细小，多数，圆肾形，直径不及1mm，铅灰色、灰褐或灰黑色，表面有小瘤状凸起。花期6~9月；果期8~11月。

产地：深圳市各地普遍有栽培。

分布：原产于巴西。我国常见栽培。

用途：园林观赏；全草药用，有散瘀止痛、清热、解毒消肿等的功效，用于治疗咽喉肿痛、烫伤、跌打损伤、疮疖肿毒等。

图576 大花马齿苋 Portulaca grandiflora
1.植株的一部分，示分枝、叶和花；2.蒴果。（李志民绘）

3. 毛马齿苋 多毛马齿苋 Shaggy Purslane

图577 彩片787 788

Portulaca pilosa L. Sp. Pl. **1**: 445. 1753.

一年生或多年生草本，高5~20cm。茎肉质，无节，密丛生，披散，多分枝。叶互生，无叶柄；叶片线状圆柱形或钻状披针形，长1~2cm，直径1~4mm，肉质，先端急尖，叶腋被长柔毛。花直径约2cm，常2~5花

簇生于枝顶，被 6~9 苞片组成的叶状总苞及密的绵毛
所环绕；萼片长圆形，长 2~6mm，先端急尖或渐尖；
花瓣 5，紫红色，宽倒卵形，长 2.5~12mm，宽 1.8~11mm，
基部合生，先端钝或微凹；雄蕊 20~30，花丝红色，
分离，长约 4mm，花药黄色；花柱短，柱头 3~6 裂。
蒴果球形或卵球形，直径 2~4mm，蜡黄色，有光泽，
盖裂，盖为果高度的 1/3~1/2。种子小，成熟时黑色，
稍有光泽，长 0.5~0.7mm，有小瘤体。花果期 5~9 月。

产地：西涌（王国栋等 6036）、葵涌（王国栋等
6550）、内伶仃岛（张寿洲等 3832）。海边沙地和荒地
常见。

分布：福建、台湾、广东、香港、海南、广西和
云南（南部）。缅甸、泰国、越南、老挝、菲律宾、马
来西亚、印度尼西亚；非洲和美洲。

用途：叶药用，捣烂贴伤处。

2. 土人参属 Talinum Adans.

一年生或多年生草本，或亚灌木，常具肥厚的根。
茎直立，肉质，无毛，叶腋处无毛。叶互生或近对生，
无托叶，无柄或具短柄，具羽状脉。花序顶生，稀腋生，
为聚伞圆锥花序或圆锥花序；稀单花腋生；萼片 2，离
生或基部合生成短筒，早落，稀宿存；花瓣 5，稀更多，
红色，分离，常早落；雄蕊 5~30，常贴生于花瓣基部；
子房上位，1 室，特立中央胎座，胚珠多数，花柱顶
部常 3 裂，稀 2 裂。蒴果球形、卵球形或椭圆体形，
3 瓣裂；种子近球形、扁球形或圆肾形，黑褐色或黑色，
有疣状凸起或棱，具白色的种阜。

约 50 种，主产于美洲温暖地区，非洲、亚洲温
暖地区多已归化。我国 1 种，栽培或归化深圳有归化。

土人参 Fameflower　　　　图 578　彩片 789　790
Talinum paniculatum（Jacq.）Gaertn. Fruct. Sem. Pl.
2：219. t. 128.1791.

Portulaca paniculata Jacq. Enum. Pl. Carib. 22.1760.

一年生或多年生草本，高 0.3~1m，全株无毛。
根有少数分枝，粗壮，倒圆锥形，肉质，表皮黑褐色，
内面乳白色。茎半木质，基部有分枝，上部干后常有
膜质翅。叶片倒卵形或倒卵状披针形，长 5~10cm，
宽 2.5~5cm，稍肉质，基部狭楔形，先端急尖或短渐尖，
有时微凹，具短尖。圆锥花序顶生或腋生，大型，通
常二叉状分枝，具长花序梗；苞片 2，披针形，长约
1mm，膜质，先端急尖；花梗长 0.5~1cm；花小，宽

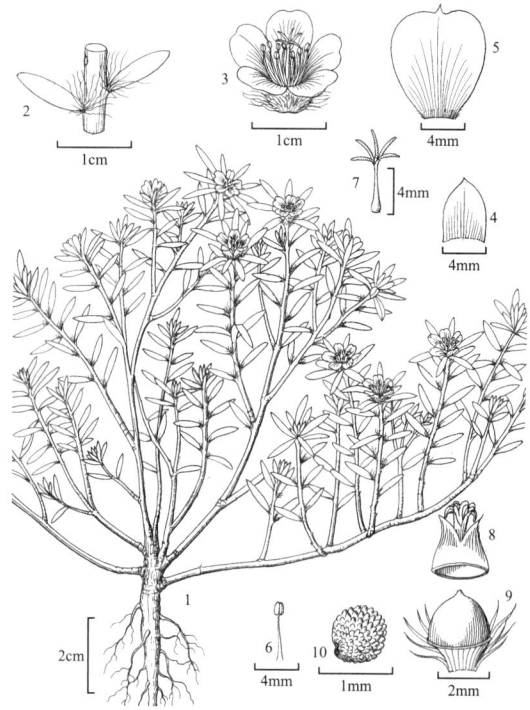

图 577　毛马齿苋 Portulaca pilosa
1. 植株，示根、茎、叶和花；2. 茎的一段，示叶腋的长柔
毛；3. 花；4. 萼片；5. 花瓣；6. 雄蕊；7. 雌蕊；8. 花萼及柱头；
9. 蒴果；10 种子。（李志民绘）

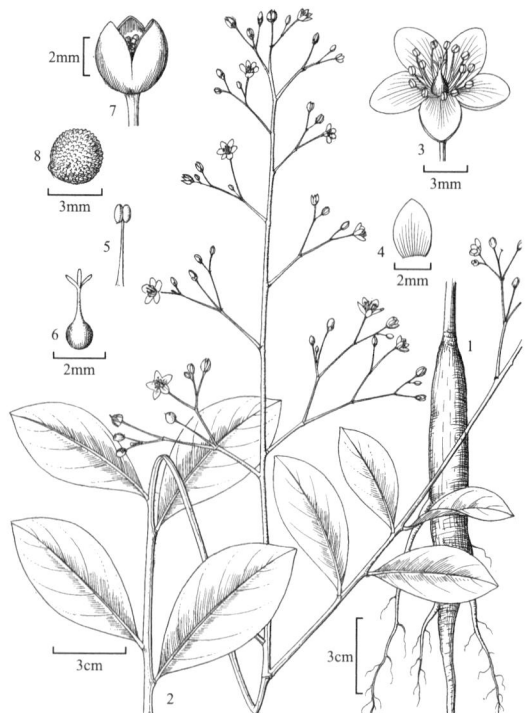

图 578　土人参 Talinum paniculatum
1. 根；2. 分枝的上段，示叶和花序；3. 花；4. 萼片；5. 雄蕊；
6. 雌蕊；7. 蒴果；8. 种子。（李志民绘）

0.6~1cm；萼片 2，卵形，紫红色，早落；花瓣粉红色或紫红色，倒卵形或椭圆形，长 0.5~1.2cm，先端圆，稀微凹；雄蕊 15~20，稀 10，短于花瓣；子房卵球形，长约 2mm，花柱长约 2mm，柱头 3 裂。蒴果近球形，直径约 4mm。种子多数，扁球形，长约 1mm，黑色，有光泽，表面有小疣状凸起。花果期 5~11 月。

产地：大鹏（张寿洲等 SCAUF1028）、七娘山（张寿洲等 1917）、莲塘（王国栋 W06129）。深圳市各村落及低海拔阴湿地和林边草地常见。

分布：原产于热带美洲。亚洲东南部有栽培或归化。我国中部及南部均有栽培或归化。

用途：根为滋补强壮药，有润肺生津的功效；叶药用，能消肿解毒，用于治疗疮疖肿。

76. 落葵科 BASEIIACEAE

王国栋

草质藤本或缠绕草质藤本，具根状茎或块茎。茎、叶常肉质。单叶，对生或互生，边缘全缘；无托叶。花小，两性，稀单性，辐射对称，排列成穗状、总状或圆锥花序，稀单花；苞片小，常早落；小苞片常宿存；花被片5，覆瓦状排列，离生或基部合生，宿存；雄蕊5，与花被片对生，花丝生于花被上，花药2室，纵裂或顶孔开裂；蜜腺环状；雌蕊由3心皮合生组成，子房上位，1室，胚珠1，基生，弯生，花柱单一或分叉为3。胞果干燥或肉质，为宿存的小苞片及花被所包围。种子1，近球形，种皮膜质，胚乳丰富，胚螺旋状、半圆形或马蹄形。

4属约25种，主要分布于美洲热带。我国引进栽培2属，3种。深圳栽培2属2种。

1. 花序为穗状花序；花被片肉质，在开花时直立，不张开；花丝在花蕾时直立 ························ 1.落葵属 Basella
1. 花序为总状花序；花被片膜质，在开花时张开；花丝在花蕾时反折 ························ 2.落葵薯属 Anredera

1. 落葵属 Basella L.

一或二年生缠绕草质藤本。茎肉质，无毛。单叶互生，稍肉质。穗状花序腋生；花序轴长，粗壮；苞片小；小苞片与坛状的花被贴生，卵形或长圆形，在开花期很小、张开，在花后膨大，肉质，包围果实；花无梗；花被片短，肉质，钝圆，背部有脊，在开花期直立，不张开，在果期不为翅状；雄蕊5，内藏花丝很短，生于花被筒近顶端，在花蕾时直立，花药背部着生或"丁"字着生；花柱3，柱头线形。胞果球形，肉质。种子直立，胚螺旋状，子叶大而薄。

5种，1种产于非洲热带，3种产于马达加斯加，1种产于全球热带。我国引进栽培1种深圳有栽培。

落葵 潺菜 White Vinespinach

图 579　彩片 791　792　793

Basella alba L. Sp. Pl. 272. 1753.

Basella rubra L. Sp. Pl. 272. 1753；广州植物志 149. 1956；海南植物志 **1**：411. 1964.

一年生缠绕草质藤本。茎长达10m，肉质，绿色或淡紫红色，无毛。叶柄长1~3cm；叶片肉质，卵形至近圆形，长3~9cm，宽2~8cm，无毛，基部浅心形或圆，边缘全缘，先端急尖或渐尖，侧脉每边4条。穗状花序长3~15cm，稀长达20cm；苞片1，三角形，长约2mm，常早落；小苞片2，萼片状，长圆形，长约1.5mm，宿存；花被片下部合生成筒，上部5裂，卵状长圆形，长3~4mm，下部白色，上部淡红色或淡紫红色，边缘全缘，先端钝圆，内褶；花丝白色，短，基部扁宽，花药黄色；子房球形，柱头椭圆形。果近球形，直径5~6mm，红色、深红色或黑色，多汁，为宿存的小苞片及花被所包。花果期4~12月。

产地：大鹏（王国栋等7954）、东湖公园（深圳考察队1744）、沙井（张寿洲等0681）。深圳市各地常

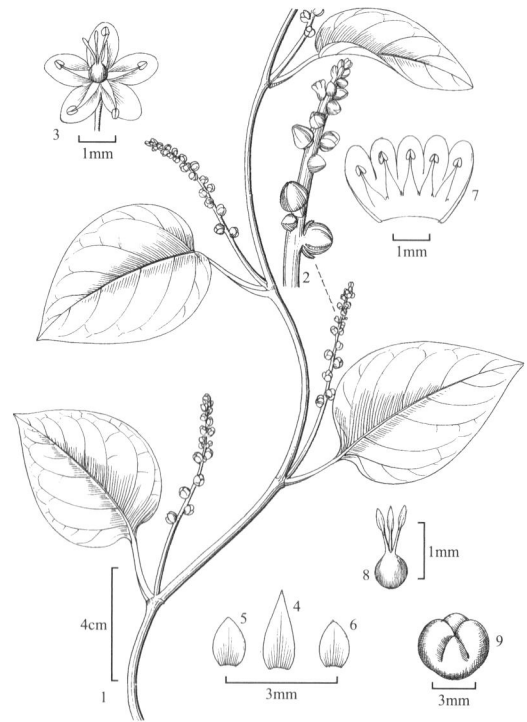

图 579 落葵 Basella alba
1. 分枝的一段，示叶和花序；2. 花序上部的一段；3. 花；4. 苞片；5~6. 小苞片；7. 花展开，示花被片及雄蕊；8. 雌蕊；9. 胞果。（李志民绘）

见栽培。

　　分布：原产于亚洲、非洲和美洲热带地区，现广植于世界各地。我国南北各地均有栽培并有逸生。

　　用途：嫩茎及叶作蔬菜；全草入药，有清热凉血之功效。

2. 落葵薯属 Anredera Juss.

　　多年生草质藤本。茎多分枝。单叶，互生，全缘，稍肉质，有柄或无柄。总状花序腋生，稀有分枝；苞片宿存或脱落；小苞片 2 对，交互对生，与花被片贴生，下面 1 对较小，合生成杯状，宿存或离生而早落，上面 1 对较大呈花被状，凸或船形，背部常具龙骨状凸起，有时具窄翅，稀具宽翅；花有梗；花梗宿存，在花被片之下有关节；花被片膜质，基部合生，裂片 5，薄，在开花期开展，宿存，花后增厚并包围果实；雄蕊 5，花丝线形，基部加宽，在花蕾内反折，花药"丁"字着生；花柱 3，柱头球形或棍棒状，有乳头状凸起。果球形，外果皮肉质或羊皮纸质。种子双凸镜状；胚半圆形或马蹄形。

　　5-10 种，产于美洲热带地区。我国引进栽培 2 种。深圳栽培 1 种。

落葵薯 心叶落葵薯 Cordateleaf Anredera

　　　　　图 580　彩片 794　795　796

Anredera cordifolia（Ten.）Steenis，Fl. Malesana Ser. 1，**5**（3）：303.1957.

Boussingaultia cordifolia Ten. in Ann. Sci. Nat. Bot. **3**（19）：355.1853.

　　缠绕草质藤本。根状茎圆柱形，粗壮；茎绿色或紫红色，长可达数米。叶具短柄；叶腋生小块茎（珠芽）；叶片稍肉质，卵形至近心形，长 2~6cm，宽 0.5~5.5cm，基部圆或心形，先端急尖或短渐尖，侧脉每边 4~6 条。总状花序腋生，具多数花；花序轴稍下垂，纤细，长 7~25cm；苞片 1，狭，短于花梗，宿存；花梗长 2~3mm；小苞片 2 对：下面一对较小，宽三角形，透明，先端急尖，宿存，上面一对绿白色，扁平，圆形至宽椭圆形，短于花被，背面具膜质的宽翅；花直径约 5mm，芳香；花被白色，内褶，开花时张开，花被片卵形、长圆形至椭圆形，长约 3mm，宽约 2mm，先端钝圆；花丝扁平，在芽时顶端反折，开花时伸展；花柱白色，分裂成 3 个柱头臂，每臂具 1 棍棒状或宽椭圆形的柱头。果卵球形至扁球形，被宿存的小苞片和花被片包裹。花期 4~10 月；果期 6~12 月。

　　产地：葵涌（张寿洲等 2570）、怡景路（刘小琴，010239）。深圳市各地常有栽培。

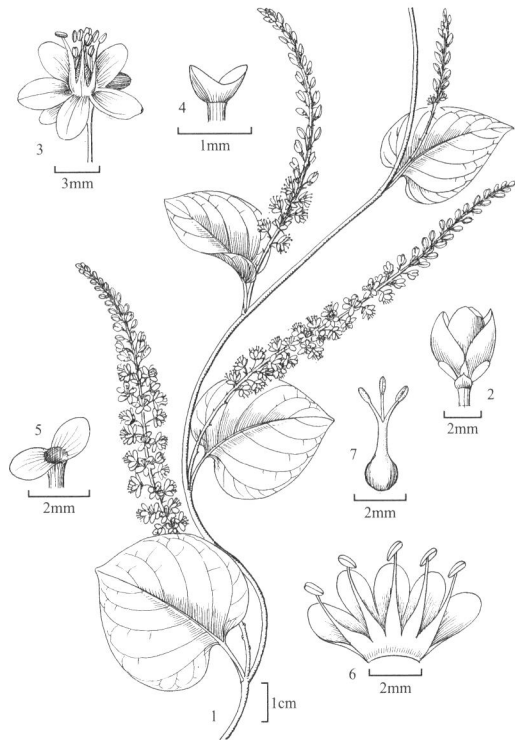

图 580 落葵薯 Anredera cordifolia
1. 分枝的一段，示叶和花序；2. 花蕾；3. 花；4. 花基部下面的一对小苞片；5. 花基部上面的一对小苞片；6. 花展开，示花被片及雄蕊；7. 雌蕊。（李志民绘）

　　分布：原产于南美洲。我国北京、江苏、浙江、福建、广东、海南、广西、湖南、四川和云南有栽培。

　　用途：根状茎、珠芽和叶药用，有滋补、壮腰膝和消肿散淤的功效。

77. 粟米草科 MOLLUGINACEAE

欧阳婵娟　王瑞江

　　1年生或多年生草本、半灌木或灌木。茎平卧、铺散或直立。叶基生或茎生；基生叶通常在茎的基部排成莲座状，茎生叶互生、对生、轮生或假轮生；无叶柄；叶片边缘全缘，纸质或有时肉质，中脉明显，侧脉不明显；托叶缺或膜质，或小而早落。花两性，稀单性，辐射对称，单生或簇生，或组成聚伞花序或伞形花序；花被片（4~）5，分离，覆瓦状排列，或基部合生成筒，宿存，白色或粉红色，或紫红色，有时内面黄色；雄蕊3~5，或更多，排成2轮，花丝分离，或基部合生，花药2室，纵裂；花盘环状或无；雌蕊由2~5或更多心皮组成，心皮离生或合生，子房上位，2~5室，每室有胚珠1至多数，着生于中轴胎座上，稀基生，花柱或柱头均与子房室同数。果为蒴果，室背开裂，或深裂成（3~）5~15果瓣，稀为2小坚果。种子多数，有胚乳，胚弯曲，具粉质外胚乳。

　　约14属120多种，主要分布于全球热带和亚热带地区。我国有3属约8种。深圳有1属2种。

粟米草属 Mollugo L.

　　一年生或多年生草本，全株无毛。茎铺散、外倾或直立，通常多分枝。基生叶呈莲座状，茎生叶对生、近对生、轮生或假轮生；无叶柄；叶片边缘全缘，侧脉不明显；托叶膜质。花序为聚伞花序或伞形花序，顶生或与叶对生，具花序梗；花被片常5，稀4，分离，宿存，草质，常具透明干膜质边缘；雄蕊3(~5)或更多(6~10)；雌蕊由3(~5)合生心皮组成，子房上位，卵球形或椭圆体形，3(~5)室，每室有胚珠多数，着生在中轴胎座上，花柱3(~5)，线形；无花盘。蒴果球形，膜质，具宿存的花被，室背开裂为3(~5)果瓣。种子多数，肾形或D字形，平滑或有皱纹、有疣状凸起，或具肋棱凸起，无丝状的假种皮或种阜，胚环状。

　　约35种，主要分布于全球热带和亚热带地区，延伸至东亚、欧洲和北美洲的温带地区。我国产4种。深圳有2种。

1. 茎纤细有棱角；茎生叶多为3~5，对生或假轮生；花序为顶生的疏松聚伞花序；种子具多数疣状凸起 ···1. 粟米草 M. stricta
1. 茎无棱角；茎生叶3~7，假轮生或2~3叶生于节的一侧；花序为3~5花簇生成伞形花序；种子平滑，具3~5弓形的棱 ········2. 种棱粟米草 M. verticillata

1.　粟米草 Indian Chickweed　　　　图 581

Mollugo stricta L. Sp. Pl., ed. 2，**1**: 131. 1762.

Mollugo pentaphylla auct. non L. 海南植物志 **1**: 382. 1964; 广东植物志 **2**: 85. 1991.

　　一年生铺散草本。高10~30cm。茎上升，纤细，有棱角，无毛，多分枝。茎生叶多为3~5，对生或假轮生；叶柄短或近无柄；叶片披针形或条状披针形，长1.5~4cm，宽2~8mm，基部渐狭，边缘全缘，先端渐尖或急尖，中脉明显，侧脉纤细，不明显。花极小，白色、淡黄色或紫红色，组成顶生或与叶对生的疏松聚伞花序；花序梗细长；花梗长1.5~6mm；花被片5，淡绿色，圆形或椭圆形，长1.5~2mm，具脉，脉达

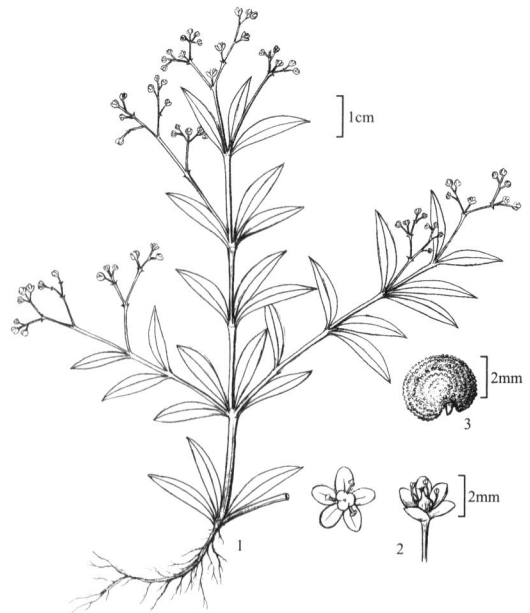

图 581　粟米草 Mollugo stricta
1. 植株，示根、茎、叶和聚伞花序；2. 花；3. 种子。
（林漫华绘）

花被片 2/3，边缘膜质；雄蕊 3，花丝基部扩大；子房宽椭圆形或圆形，3 室，花柱 3，线形，短。蒴果近球形，与宿存花被片等长，3 瓣裂。种子多数，肾形，栗色，具多数疣状凸起。花期 6~8 月；果期 8~10 月。

产地：东涌、西涌、南澳（张寿洲等 1865）、排牙山、梧桐山（深圳考察队 1745）、仙湖植物园（李沛琼 996）、洪湖公园、东湖公园、光明新区。生于山谷草丛、田野、空旷荒地、海岸沙地等，海拔 50~300m。

分布：广东、香港、广西、湖南、江西、福建、台湾、浙江、江苏、安徽、山东、河南、湖北、四川、贵州、云南、西藏和陕西。亚洲热带和亚热带地区广泛有分布。

用途：全草药用，有清热解毒和利湿之效，可治腹痛泻泄，感冒咳嗽，皮肤风疹，外用治眼结膜炎、疮疖肿毒。

2. 种棱粟米草 Verticilate Carpetweed　　　图 582

Mollugo verticillata L. Sp. Pl. **1**：89. 1753.

Mollugo costata Y. T. Chang & C. F. Wei in Acta Phytotax. Sin. **8**（3）：263. 1963；海南植物志 **1**：381. 图 200. 1964.

一年生直立或披散草本，高 10~30cm。茎无棱角，无毛。基生叶莲座状；叶柄短或近无；叶片倒卵形或倒卵状匙形，长 1.5~2cm；茎生叶 3~7 假轮生，或 2~3 生于节的一侧，叶片倒披针形或条状披针形，长 1~3cm，宽 1.5~4(~8)mm，干时淡黄绿色，基部狭楔形，先端急尖或钝。花序近腋生，3~5 花簇生成伞形花序；花梗纤细，长 3~5mm；花被片 5，偶 4，淡白色或淡绿白色，长圆形或卵状长圆形，边缘膜质，先端急尖，覆瓦状排列；雄蕊 3，偶 2 或 4~5；子房 3 室，花柱 3。蒴果椭圆体形或近球形，长 3~4mm，宽约 2.5mm，3 瓣裂，果皮膜质，顶端有宿存花柱，宿存花被片包围果的一半以上。种子多数，肾形，栗色，平滑，有光泽，脊具有 3~5 弓形肋棱，棱间有细密横向纹。花果期秋冬季。

产地：光明新区（光明队 329，IBSC）。生于草瘠土或旱田中。

分布：山东、台湾、福建、广东、海南和广西。

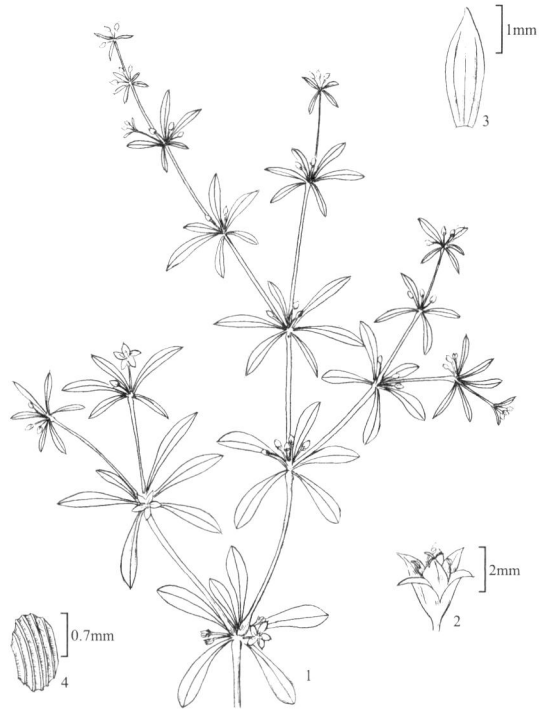

图 582 种棱粟米草 Mollugo verticillata
1. 植株的一部分，示叶、伞形花序和果；2. 花；3. 萼片；4. 蒴果。
（林漫华绘）

78. 石竹科 CARYOPHYLLACEAE

廖文波 罗 连

一年生、二年生或多年生草本，稀半灌木或灌木。茎和枝节具关节，通常膨大，单叶对生，稀互生或轮生，全缘，基部鞘状多少连合；托叶膜质，或缺。花辐射对称，两性，稀单性，排列成聚伞花序或聚伞状圆锥花序，稀单生，少数呈总状花序、头状花序、假轮伞花序或伞形花序，有时具闭花受精花；具苞片；萼片(4~)5，草质或膜质，叶状或鳞片状，宿存，覆瓦状排列或合生成筒状；花瓣(4~)5，无爪或具爪，瓣片全缘或分裂，通常爪和瓣片之间具2片状或鳞片状副花冠片，稀花瓣缺；雄蕊(2~)5~10，1或2轮排列；雌蕊1，由2~5合生心皮构成，子房上位，3室或基部1室，上部2~5室，特立中央胎座或基底胎座，具1至多数胚珠，花柱(1~)2~5，有时基部合生，稀合生成单花柱。果实为蒴果，长椭圆体形、圆柱形、卵球形或圆球形，果皮壳质、膜质或纸质，顶端齿裂或瓣裂，开裂数与花柱同数或为其2倍，稀为浆果状、不规则开裂，或为瘦果。种子弯生，多数或少数，稀1，肾形、卵形、圆盾形或圆形，微扁；种脐通常位于种子凹陷处，稀盾状着生；种皮纸质，表面具有以种脐为圆心的、整齐排列为数层半环形的颗粒状、短线纹或瘤状凸起，稀表面近平滑或种皮海绵质；种脊具槽、圆盾或锐齿，稀为流苏状篦齿或翅；胚环形或半圆形，围绕胚乳或劲直，胚乳偏于一侧；胚乳粉质。

有75~80属约2000种，广布于全球，以北半球温带和暖温带最多，尤以地中海地区为分布中心，少数分布在非洲、大洋洲和南美洲。我国30属约390种58变种，隶属于3亚科。深圳7属12种。

1. 托叶存在，干膜质或刚毛状。
　2. 花萼绿色，草质；花瓣2~5深裂 ·· 1. 荷莲豆属 Drymaria
　2. 花萼白色，干膜质；花瓣顶端具2齿或全缘 ······················ 2. 多荚草属 Polycarpon
1. 托叶不存在。
　3. 花萼圆筒状、钟状或漏斗状，顶端具5齿。
　　4. 花瓣顶端圆，平截或微凹 ······································· 3. 石头花属 Gypsophila
　　4. 花瓣顶端具不规则齿裂或细裂成流苏状，稀全缘 ············ 4. 石竹属 Dianthus
　3. 萼片5枚，或基部稍合生成短筒。
　　5. 花瓣全缘或顶端微凹；蒴果4~5瓣裂，裂片不再分裂 ············· 5. 漆姑草属 Sagina
　　5. 花瓣2深裂或多裂。蒴果3或5瓣裂，裂片再2分裂。
　　　6. 花柱3，稀2或4··· 6. 繁缕属 Stellaria
　　　6. 花柱5 ··· 7. 鹅肠菜属 Myosoton

1. 荷莲豆属 Drymaria Willd. ex Schult.

一年生或多年生草本。茎纤细，铺散或近直立。二歧状分枝。叶对生，具短柄；叶片呈卵形、心形或近圆形，具3~5条基出脉；托叶小，刚毛状，通常早落。花排列成顶生或腋生聚伞花序，稀花单生；花(4~)5基数；萼片5，分离，绿色，草质，具3脉；花瓣(1~)3~5，2深裂，无爪，稀无花瓣；雄蕊(2~)5，与萼片对生，花丝基部连合；子房1室，胚珠少数至多数，花柱(2~)3，基部合生。果为蒴果，开裂为3个果瓣，具1至多数种子，通常只1种子成熟。种子卵形或肾形，压扁，具瘤状凸起，种脐侧生；胚弯曲。

约48种，分布于中美洲和南美洲，从墨西哥至巴塔哥尼亚，也分布于非洲和亚洲热带地区。我国产2种。深圳有1种。

荷莲豆草 荷莲豆 水青草 青蛇子 有米菜 West-India Chickweed 图 583 彩片 797

Drymaria cordata (L.) Schult. in Roem. Schult. Syst. Veg. **5**：406. 1819.

Holosteum cordata L. Sp. Pl. **1**：88. 1753.

Drymaria diandra Blume,. Bijdr. 62. 1825；澳门植物志 **1**：180. 2005.

一年生草本。根纤细。茎匍匐，长 20~90cm，丛生，纤细，无毛，基部分枝，节常生不定根。托叶数片，小形，白色，刚毛状；叶柄短，长 1.5~5mm；叶片阔卵状心形或卵状心形，长 0.6~2.5cm，宽 0.5~3cm，顶端凸尖，具 3~5 条基出脉，基部阔楔形，下延，两面无毛。聚伞花序顶生或腋生，长 3~11.5cm；苞片针状披针形，长 1~2mm 边缘膜质；花梗细弱，短于花萼或近等长，被白色腺毛；萼片披针状卵形，长 2~3.5(~5)mm，草质，边缘膜质，具 3 条脉，被腺毛；花瓣白色，倒卵状楔形，长约 2.5mm，顶端 2 深裂；雄蕊 2~3(~5)，稍短于萼片，花丝基部渐宽，花药黄色，圆形，2 室；子房卵圆柱形，花柱 3，基部合生。蒴果卵状，直径(1.5~)2~3mm，3 瓣裂。种子近圆形，长 1.5mm，宽 1.3mm，褐色，表面具小疣。花期 4~10 月；果期 6~12 月。

产地：大鹏（张寿洲等 1669）、沙头角、梧桐山（王学文 56）。野生于山地疏林下潮湿草丛中或路旁草地，海拔 50~350m。

分布：浙江、江西、福建、台湾、广东、香港、澳门、海南、广西、贵州、四川、湖南、云南和西藏。日本、印度、斯里兰卡、阿富汗、马来西亚、澳大利亚、中美洲、南美洲和非洲北部。

用途：全草入药，有消炎、清热、解毒之效，可治肝炎、肾炎、结膜炎、胃炎和骨髓炎等。

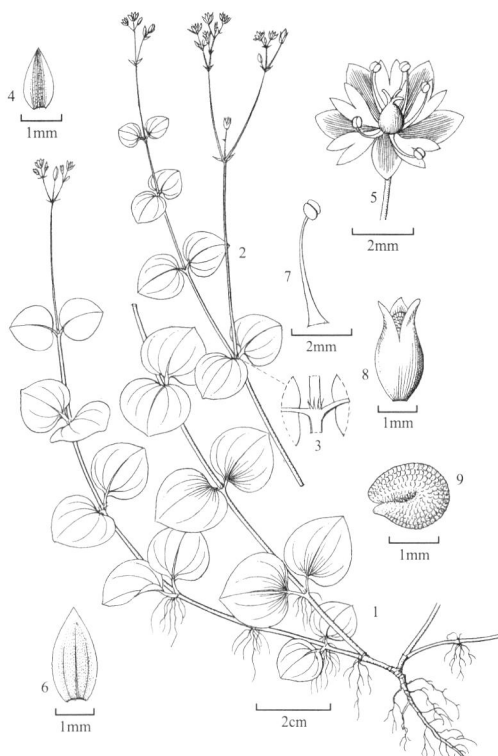

图 583 荷莲豆草 Drymaria cordata
1. 植株的一部分，示根，匍匐茎及其节上的不定根、叶及花序；2. 茎上部的一段，示叶及花序；3. 茎的一节放大，示托叶；4. 苞片；5. 花；6. 萼片；7. 雄蕊；8. 蒴果；9. 种子。（李志民绘）

2. 多荚草属 Polycarpon Loefl. ex L.

一年生或多年生草本，铺散或直立，通常二歧状分枝，无毛或被柔毛。叶对生或假轮生，扁平；托叶 2~4，卵状披针形，干膜质；叶片倒卵形或匙形。花小，多花排列成密集的腋生或顶生聚伞花序；苞片干膜质；萼片 5，分离，白色，干膜质，背部中央具纵脊，边缘透明；花瓣 5，与萼片互生，透明，全缘或具齿状缺刻；雄蕊 3~5，与萼片对生，花丝基部合生；子房 1 室，胚珠数枚，花柱短，顶端 3 裂，基部合生。蒴果 3 瓣裂，具多数种子。种子卵球形，种脐近基生，胚近直立或内弯，子叶内曲或偏斜。

16 种，分布于世界热带和亚热带地区。我国产 1 种。深圳也有。

多荚草 Fruitfulgrass 图 584

Polycarpon prostratum (Forssk.) Aschers. & Schwein. ex Aschers. in Oesterr. Bot. Zeitschr. **39**：128. 1889.

Alsine prostrata Forssk. Fl. Aegypt. -Arab. 207. 1775.

Polycarpon indicum (Retz.) Merr. in Philipp. J. Sci. Bot. **10**：302. 1915；广州植物志 128. 1956；海南植物志 **1**：378. 1964.

一年生草本。主根长。茎丛生，铺散，长 4~25cm，疏生柔毛，稀无毛。叶假轮生，无叶柄；叶片匙形、长倒卵形或倒披针形，长 0.5~2.5cm，宽 1.5~5mm，基部渐狭，先端钝或急尖，两面无毛。聚伞花序密集于叶腋或枝顶，圆锥状，长 2~4cm；苞片卵形膜质，透明；花梗短，被细柔毛，或近无梗；萼片狭披针形，长 2.5~3.5mm，中部厚，深褐色，边缘白色，膜质，顶端钝，外面中央具纵脊；花瓣条状长圆形，短于萼片，白色，膜质，透明，顶端全缘；雄蕊 5，与萼片对生，且短于萼片；子房卵球形，花柱顶端 3 裂。蒴果卵球形，短于宿存萼片。种子长圆形或卵形，直径 0.25mm，淡褐色或黄色。花果期几全年。

产地：三洲田（张寿洲等 0089）、大梧桐山（深圳考察队 808）、梅林水库（张寿洲等 0649）。生于路边、水边，海拔 250~500m。

分布：产于福建、广东、香港、海南、广西、云南。亚洲和非洲热带地区。

用途：全草药用，可治牛皮癣、麻风病。有毒。

3. 石头花属 Gypsophila L.

一年生或多年生草本。茎通常丛生，直立或铺散，无毛或被腺短柔毛，有时几无毛和被白粉，基部有时木质化。叶对生，无叶柄，无托叶；叶片条形、卵形、长圆形、匙形，有时近钻形或近肉质，基部连合成鞘状。花两性，小形，多朵组成二歧聚伞花序、伞房花序或圆锥花序，有时密集成头状；苞片通常干膜质，稀叶状；花萼钟状或漏斗状，稍筒状，绿色或紫色，具多条白色间隔的绿色或紫色纵脉，无毛或被微柔毛，顶端 5 齿裂；花瓣 5，白色或粉红色，有时具紫色纵脉纹，长圆形或倒卵形，长于花萼，基部通常合生，顶端截形、微凹或全缘；雄蕊 10，长于花瓣，花丝基部稍宽；子房球形或卵状，1 室，胚珠多数，花柱 2（或 3），无子房柄。果为蒴果，球形、卵状或长圆体形，4 瓣裂。种子近肾形，扁压状，具疣状凸起，种脐侧生；胚环状，围绕胚乳，胚根明显。

约 150 种，主要分布于亚洲温带地区和欧洲，少数种分布于非洲东北部、澳大利亚和北非。我国产 11 种。深圳引入栽培 1 种。

圆锥石头花 宿根霞草 满天星 Babys-breath 图 585
Gypsophila paniculata L. Sp. Pl. **1**: 407. 1753.

多年生草本，高 30~80cm。根粗壮。茎单生，稀数个丛生，直立，多分枝，无毛或被腺短柔毛。叶片披针形或条状披针形，长 2~5cm，宽 2.5~7mm，基部连合成鞘状，先端渐尖，无毛，中脉明显。聚伞圆锥花序多分枝，顶生，着花多朵，疏散；苞片三角形，顶端急尖；花小；花梗纤细，长 2~6mm，无毛；花萼宽钟

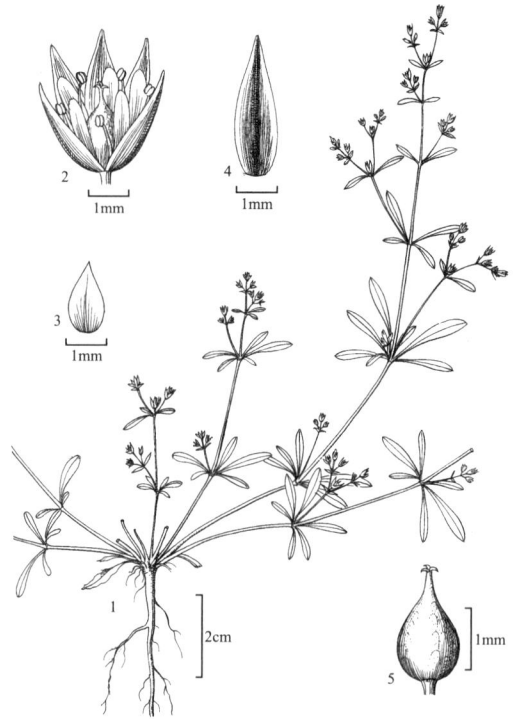

图 584 多荚草 Polycarpon prostratum
1. 植株的一部分，示根、茎、叶和花序；2. 花；3. 苞片；4. 萼片；5. 雌蕊。（李志民绘）

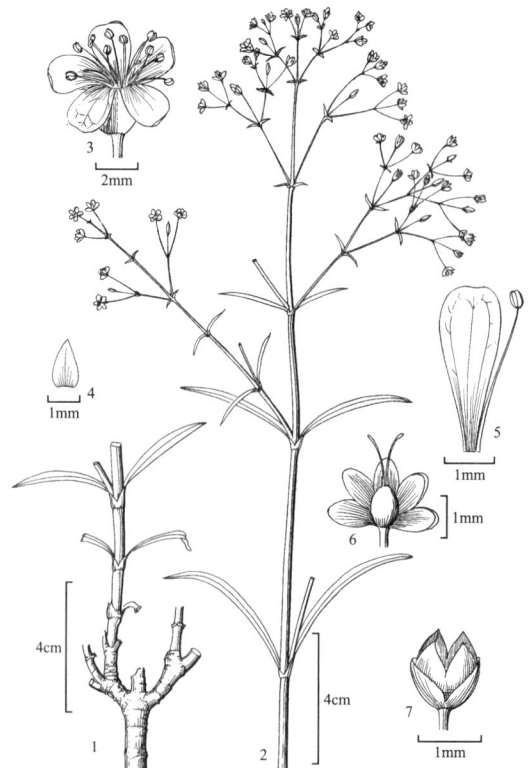

图 585 圆锥石头花 Gypsophila paniculata
1. 植株下部的一段；2. 茎上部的一段，示叶及花序；3. 花；4. 萼片；5. 花瓣和雄蕊；6. 花瓣和雌蕊；7. 蒴果和宿存花萼。（李志民绘）

状，长 1.5~2mm，具紫色脉纹，顶端萼齿卵形，边缘干膜质，顶端钝；花瓣白色或淡红色，匙形，长约 3mm，宽约 1mm，顶端截形或钝；雄蕊与花瓣近等长，花丝线形，扁平，花药圆形；子房卵状，长约 1mm，花柱细长。蒴果球形，直径约 1mm，稍长于宿存的花萼，4 瓣裂。种子小，球形，直径不及 1mm，具钝疣状凸起。花期 6~8 月；果期 8~9 月。

产地：本市各公园、植物园均常见栽培观赏。

分布：新疆西部和北部。哈萨克斯坦，蒙古北部和俄罗斯。

用途：优良盆景观赏植物。

4. 石竹属 Dianthus L.

多年生草本，稀一年生或为半灌木状。茎多丛生，圆柱形或具棱，有关节，节处膨大。叶禾草状，对生；托叶无；叶片条形或披针形，常苍白色，基部常鞘状微合生，叶脉平行，边缘粗糙。花大，美丽，红色、粉红色、紫色或白色，有时具芳香，单朵顶生或腋生，有时几朵组成聚伞花序或聚生成头状；具总苞片；小苞片 2 至数枚，叶状或鳞片状，覆瓦状排列于花萼基部；花萼圆筒状，顶端具 5 齿，无干膜质接着面，具 7、9 或 11 条排列的纵脉；花瓣 5，紫色、红色、粉红色或白色，瓣片顶端具不规则的齿裂或细裂成流苏状，稀全缘，具长爪，爪顶部无鳞片状附属物；花盘延伸包裹雌雄蕊柄；雄蕊 10，下位生；子房 1 室，具多数胚珠，有长子房柄，花柱 2。果为蒴果，圆筒状或长圆柱状，稀近球状，先端 4 齿裂或 4 瓣裂，具多数种子。种子椭圆形或近圆形或呈盘状，平或凹，覆瓦状着生于柱状胎座上，表面常具极细的条纹；胚直立，胚乳常偏于一侧。

约 600 种，广布于北温带地区，主产于地中海，欧洲、亚洲，少数分布于美洲和非洲。我国产 16 种 10 变种。深圳有 5 种。

1. 花多朵组成顶生聚伞花序而密集成头状，花梗极短，长 1~2mm ·················· 1. 须苞石竹 D. barbatus
1. 花单生或稀 2~3 朵疏生聚伞花序；花梗长，长 1~3cm。
  2. 花瓣边缘有流苏状细线裂片。
    3. 苞片倒卵形；花萼红紫色；蒴果与宿存花萼等长或稍长 ·················· 2. 瞿麦 D. superbus
    3. 苞片卵形；花萼绿色；蒴果短于宿存花萼 ·················· 3. 长萼瞿麦 D. longicalyx
  2. 花瓣边缘浅齿状。
    4. 花瓣无髯毛；花萼长 2.5~3cm，萼筒直径 1.2~1.5cm；蒴果卵球形 ·················· 4. 香石竹 D. caryophyllus
    4. 花瓣有髯毛；花萼长 1.5~2.5cm，萼筒直径 4~5mm；蒴果圆筒形 ····· 5. 石竹 D. chinensis

1. 须苞石竹 Sweet William 图 586 彩片 798
Dianthus barbatus L. Sp. Pl. 1: 409. 1753.

多年生草本，高 30~60cm，全株无毛。茎直立，有棱。叶片披针形，长 4~8cm，宽约 1cm，基部渐狭，合生成鞘，先端急尖，边缘全缘，中脉明显。花多朵组成顶生聚伞花序，集成头状，有数枚叶状总苞片；花梗极短，长 1~2mm；苞片 4，长卵形，长约 1.5cm，顶端尾状尖，边缘膜质，具细齿，与花萼等长或稍长；花萼筒状，长约 1.5cm，裂齿锐尖；花瓣具长爪，瓣

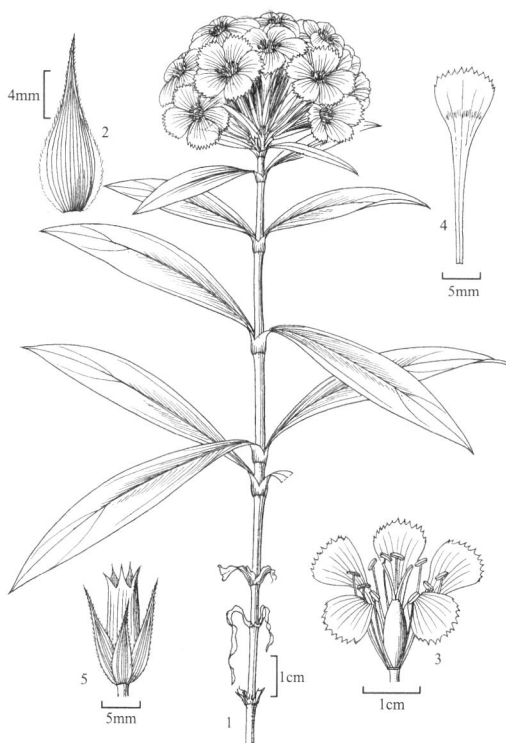

图 586 须苞石竹 Dianthus barbatus
1. 植株上部的一段，示叶和花序；2. 苞片；3. 花；4. 花瓣；
5. 苞片、宿存花萼和蒴果。（李志民绘）

片卵形，栽培品种花色多样，通常红紫色，有白点斑纹，顶端齿裂，喉部具髯毛；雄蕊稍露于外；子房长圆柱形，花柱线形。蒴果卵状长圆柱形，长约1.8cm，顶端4裂至中部。种子褐色，扁卵形，平滑。花期5~9月；果期7~10月。

产地：仙湖植物园（王定跃等010143）。深圳市各公园、植物园、公共绿地常见栽培以供观赏。

分布：原产于欧洲。我国各地均有栽培。

用途：供观赏；药用可治口腔炎。

2. 瞿麦 Fringed Pink 图587 彩片799

Dianthus superbus L. Fl. Suec., ed. 2, 146. 1755.

多年生草本，高达6m，或更高。茎丛生，直立，绿色，无毛，上部分枝。叶片条状披针形，长5~10cm，宽3~5mm，基部合生成鞘状，先端锐尖，绿色，有时带粉绿色，无毛或几无毛，中脉显著。花单生、双生或数朵集生成圆锥状聚伞花序，有时腋生；苞片4~6，倒卵形，长0.6~1cm，宽4~5mm，顶端长尖；花萼长尖，花萼长管状，萼筒长2.5~3cm，直径3~6mm，绿带紫色，萼齿披针形，长4~5mm；花瓣长4~5cm，基部具长爪，爪长1.5~3cm，藏于萼筒内，瓣片倒卵形，边缘有流苏状细线形裂片，淡红色或粉紫色，稀白色，喉部具丝毛状鳞片；雄花10，和花柱略外露；子房圆柱状，花柱2，丝状，长过子房。蒴果圆筒形，等长或长过宿存花萼，顶端4裂。种子扁长圆形，长3~4mm，宽约1.5mm，黑褐色。花期6~9月；果期8~10月。

产地：仙湖植物园（余俊杰4310）。深圳市各公园、植物园和公共绿地常见栽培以供观赏。

分布：黑龙江、辽宁、吉林、内蒙古、山东、江苏、安徽、浙江、江西、湖南、湖北、河南、河北、宁夏、青海、陕西、山西、甘肃、新疆、四川、贵州和广西。日本、朝鲜、哈萨克斯坦、蒙古和俄罗斯。生于丘陵山地林下、林缘、草甸、沟谷溪边。

用途：花形清秀、花色素雅和叶色翠绿，是园林布置花坛或盆栽优良花种。全草可入药，有清热、利尿、破血通经的功效。也可作农药，杀灭害虫。

3. 长萼瞿麦 长萼石竹 Kuschakewicz Pink 图588

Dianthus longicalyx Miq. in J. Bot. Neerl. Ind. **1**: 127. 1861.

多年生草本，高40~80cm。茎直立，基部分枝，无毛。基生叶数片，花期干枯；茎生叶叶片条状披针形或披针形，长4~10cm，宽2~5(~10)mm，基部稍狭，

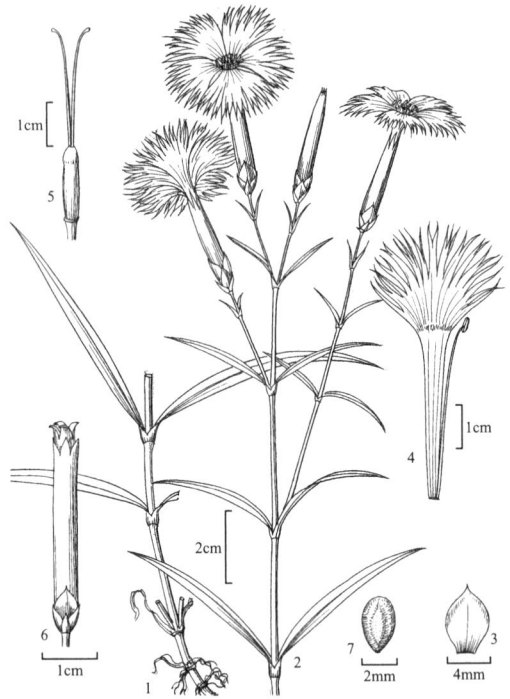

图 587 瞿麦 Dianthus superbus
1. 植株下部的一段，示基部节上生出的不定根、叶及叶鞘；2. 植株的上部，示叶及花；3. 苞片；4. 花瓣和雄蕊；5. 雌蕊；6. 苞片、宿存花萼及蒴果；7. 种子。（李志民绘）

图 588 长萼瞿麦 Dianthus longicalyx
1. 植株的一部分，示根、茎、叶和花；2. 苞片；3. 花瓣和雄蕊；4. 雌蕊；5. 苞片、宿存花萼及蒴果。（李志民绘）

先端渐尖，边缘有微细锯齿。疏聚伞花序，具 2 至多花；苞片 6~8，草质，卵形，顶端短凸尖，边缘宽膜质，被短糙毛，长为花萼的 1/5；花萼长管状，长 3~4cm，绿色，有条纹，无毛，萼齿披针形，长 5~6mm，顶端锐尖；花瓣倒卵形或楔状长圆形，宽约 0.8cm，粉红色，具长爪，瓣片深裂成有流苏状细线裂片；雄蕊伸达喉部；花柱线形，长约 2cm。蒴果狭圆筒形，顶端 4 裂，略短于宿存萼。花期 2~9 月；果期 4~10 月。

产地：宝安大铲岛（陈炳辉 779）。常生于山顶灌丛、旷野草丛中，或栽培。

分布：除西北、西南外全国广布。日本、朝鲜也有。

4. 香石竹 康乃馨 大花石竹 Carnation

图 589　彩片 800

Dianthus caryophyllus L. Sp. Pl. 1: 410. 1753.

多年生草本，高 40~70cm，全株无毛，粉绿色。茎丛生，直立，基部木质化，上部稀疏分枝。叶片条状披针形，长 4~14cm，宽 2~4mm，基部稍成短鞘，先端长渐尖，中脉明显，在上面下凹，在下面稍凸起。花常单生于枝端，有时 2 或 3 朵，有香气，粉红色、紫红色或白色；花梗短于花萼；苞片 4(~6)，宽卵形，顶端短凸尖，长达花萼的 1/4；花萼圆筒形，长 2.5~3cm，直径 1.2~1.5cm，萼齿披针形，边缘膜质；花瓣瓣片倒卵形，长约 3.5~4cm，顶缘具不整齐齿；雄蕊长达喉部；花柱伸出花外。蒴果卵球形，稍短于宿存萼。花期 2~9 月；果期 3~10 月。

产地：深圳市各公园、植物园、公共绿地常见栽培以供观赏。

分布：原产于欧洲南部，现广泛栽培。

用途：为常见的观赏植物，有众多的栽培品种，植株常作插花观赏。

5. 石竹 Rainbow Pink　　图 590　彩片 801

Dianthus chinensis L. Sp. Pl. 1: 411. 1753.

多年生草本，高 30~50cm，全株无毛，带粉绿色。茎由根颈生出，疏丛生，直立，上部分枝。叶片条状披针形，长 3~5(~8)cm，宽 2~4(~12)mm，基部稍狭，鞘状，先端渐尖，边缘全缘或有细小齿，中脉明显。花单生于枝顶或数朵集成聚伞花序；花梗长 1~3cm；苞片 4，卵形，顶端长渐尖，长达花萼 1/2 以上，边缘膜质，有缘毛；花萼圆筒形，长 1.5~2.5cm，直径 4~5mm，有纵条纹，萼齿披针形，长约 5mm，直伸，顶端尖，边缘有缘毛；花瓣长 1.6~1.8cm，栽培

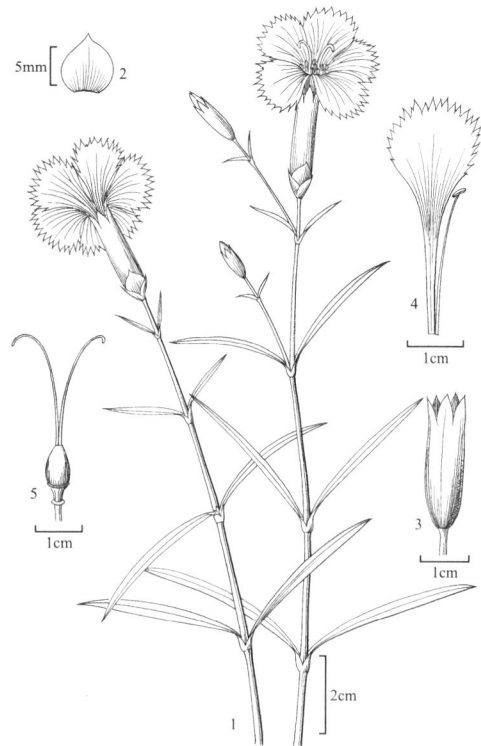

图 589 香石竹 Dianthus caryophyllus
1. 茎的上部，示叶和花；2. 苞片；3. 花萼；4. 花瓣和雄蕊；5. 雌蕊。（李志民绘）

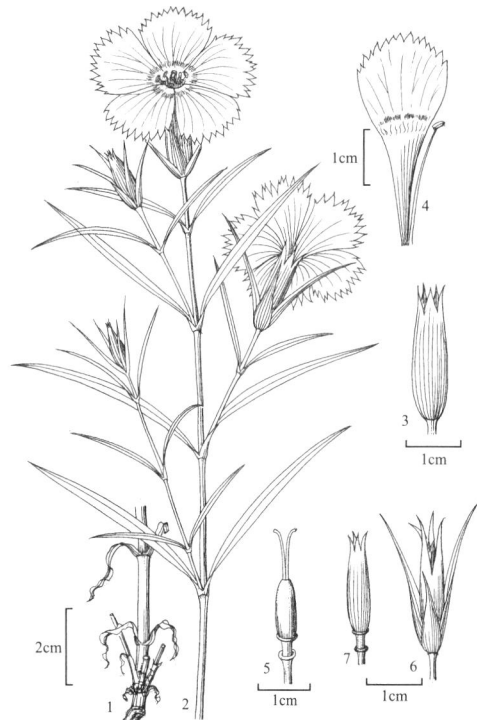

图 590 石竹 Dianthus chinensis
1~2. 植株，示茎、叶和花；3. 花萼；4. 花瓣和雄蕊；5. 雌蕊，并示子房柄；6. 苞片、宿存花萼及蒴果；7. 蒴果。（李志民绘）

种有时可达 3~3.5cm，瓣裂片倒卵状三角形，长 1.3~1.5cm，紫红色、粉红色、鲜红色或白色，顶缘不整齐齿裂，喉部有斑纹，疏生髯毛；雄蕊露出喉部外，花药蓝色；子房长圆柱形，花柱线形。蒴果圆筒形，包于宿存萼内，顶端 4 裂。种子黑色，扁圆形。花期 3~9 月；果期 4~10 月。

产地：仙湖植物园（王定跃等 570）。深圳市各公园、植物园、公共绿地常见栽培以供观赏。

分布：黑龙江、辽宁、吉林、山东、内蒙古、宁夏、河北、河南、青海、甘肃、陕西、山西、新疆。哈萨克斯坦、俄罗斯、蒙古和朝鲜。生于草原和山坡草地。世界各地广泛栽培。

用途：已育出许多观赏品种，是很好的观赏花卉；全草入药，利尿，治白淋有特效；花可供提制芳香油。

5. 漆姑草属 Sagina L.

一年生或多年生矮小草本。茎纤细，常丛生，直立或匍匐。叶对生，条形或条状披针形，基部连合成短鞘状；无托叶。花小，单生于叶腋或茎顶，或数朵组成顶生的聚伞花序，具花梗；萼片 4~5，分离；花瓣常白色，4-5，全缘或微凹，常微小或缺；雄蕊 4 或 5，有时 8 或 10，通常短于萼片，稀等长，周位；子房 1 室，胚珠多数，花柱 4~5。果为蒴果，卵状或球形，4~5 瓣裂，果瓣与萼片对生。种子多数，小，肾形，表面有小瘤状凸起或近平滑，胚弯曲。

约 30 种，主要分布于北温带地区，少数分布于亚热带地区。我国约 4 种。深圳有 1 种。

漆姑草 Japanese Pearlwort　　　图 591　彩片 802
Sagina japonica（Sw.）Ohwi in J. Jap. Bot. **13**：438. 1937.

Spergula japonica Sw. in Ges. Naturf. Freunde Berlin Neue Schriften **3**：164. 1801.

一年生或二年生小草本，高 5~20cm，上部被稀疏腺柔毛。茎丛生，稍铺散，或近直立，基部多分枝。叶片条形，长 0.5~2cm，宽 0.8~1.5mm，基部连合成短鞘状，先端急尖，无毛。花小，单生于枝端或叶腋内；花梗细，长 1~2cm，被稀疏短柔毛；萼片 5，卵状椭圆形，长约 2mm，顶端尖或钝，外面疏生短腺柔毛，边缘膜质；花瓣 5，卵形，稍短于萼片，白色，顶端圆钝，全缘；雄蕊 5，短于花瓣；子房卵状，花柱 5，线形。蒴果球状，微长于宿存萼片，5 瓣裂。种子细，圆肾形，微扁，褐色，表面具尖瘤状凸起。花期 3~5 月；果期 4~6 月。

产地：仙湖植物园（张寿洲 011497）。生于山谷或旷野草地。

分布：黑龙江、辽宁、吉林、山东、安徽、江苏、浙江、内蒙古、河北、河南、湖北、湖南、江西、台湾、福建、广东、香港、海南、广西、贵州、四川、云南、陕西、甘肃、宁夏、青海、西藏。俄罗斯（远东地区）、朝鲜、日本、印度、尼泊尔和不丹也有。

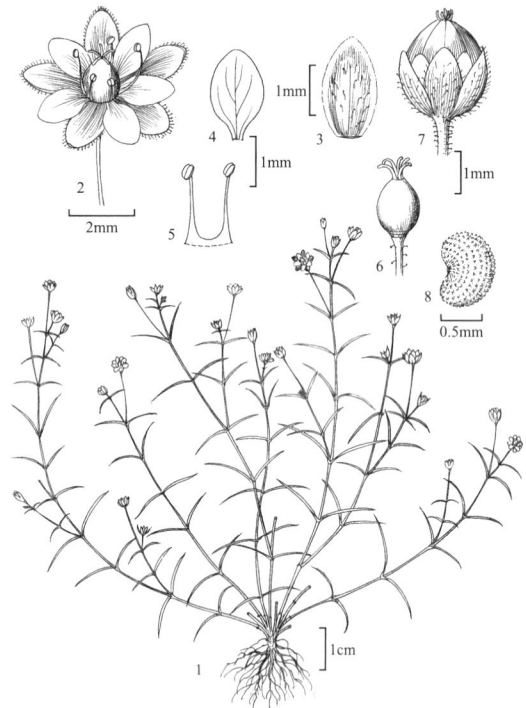

图 591 漆姑草 Sagina japonica
1. 植株，示根、茎、叶和花；2. 花；3. 萼片；4. 花瓣；5. 雄蕊；6. 雌蕊；7. 宿存花萼及蒴果；8. 种子。（李志民绘）

用途：全草入药，能退热解毒；鲜叶揉汁涂漆疮有效；嫩草可作猪饲料。

6. 繁缕属 Stellaria L.

一年生、二年生或多年生草本。根或根状茎纤细，有时根粗壮，肉质。茎直立、铺散或簇生，无毛或被毛。叶对生；叶片扁平，有各种形状，但很少针形，边缘全缘或微波状，有柄或无柄；托叶无。花小，少花或多朵排成顶生或腋生聚伞花序，稀单花顶生或腋生；萼片5，稀4，离生，外面被毛或无毛；花瓣5，稀4，白色，2深裂或极稀多裂，有时无花瓣；雄蕊2~5（~6），下位或周位生，短于花瓣；子房1室，稀3室，具多数胚珠，稀少数，花柱3，极稀2或4。蒴果卵圆柱形、球形或长圆柱形，3瓣裂，每裂瓣再2裂，或5~6瓣裂，具少至多数种子，极稀1。种子圆形或肾形，压扁，表面具小瘤状凸起或皱状凸起，稀近平滑，胚弯曲。

约190种，分布于温带和寒带地区。我国产64种。深圳有2种。

1. 叶片宽卵形或卵形，宽1~1.5cm，有柄，稀无柄 ·········· **1. 繁缕 S. media**
1. 叶片披针形至长圆状披针形，宽（1~）2~4mm，无柄 ·········· **2. 雀舌草 S. alsine**

1. 繁缕 Common Chickweed

图592 彩片803 804

Stellaria media（L.）Villars, Hist. Pl. Dauphine **3**: 615. 1789.

Alsine media L. Sp. Pl. **1**: 272. 1753.

一年生、二年生或多年生草本，高10~30cm。茎俯仰或上升，基部多少分枝，常带淡紫红色，被1（~2）列毛。基生叶具长柄，上部叶常无柄或具短柄。叶片宽卵形或卵形，长1.5~2.5cm，宽1~1.5cm，基部渐狭或近心形，先端渐尖或急尖，边缘全缘。疏聚伞花序顶生或腋生，稀花单生于叶腋；花梗细弱，具1列短柔毛，花后伸长，下垂，长0.7~1.4cm；萼片5，卵状披针形或卵状长圆形，长2~2.5及4mm，顶端稍钝或近圆形，边缘宽膜质，外面被短腺毛；花瓣白色，长圆形，比萼片短，深2裂近达基部，裂片近条形；雄蕊3~5，于花瓣；花柱线形。蒴果卵球形，稍长于宿存萼片，顶端6裂，具多数种子。种子卵圆形至近圆形，稍扁，红褐色，直径1~1.2mm，表面具半球形瘤状凸起，脊较显著。花期6~7月；果期7~8月。

产地：三洲田（深圳考察队718）、南澳和梧桐山。生于田间、路旁、山坡、林下，海拔150m。

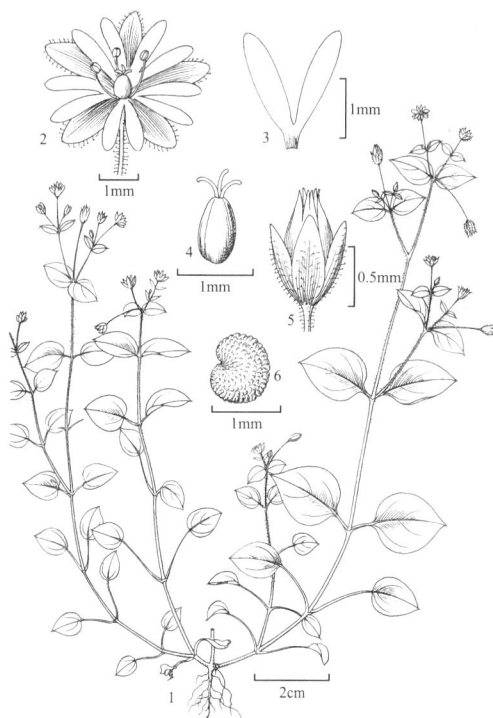

图592 繁缕 Stellaria media
1. 植株，示根、茎、叶和花序；2. 花；3. 花瓣；4. 雌蕊；5. 宿存花萼及蒴果；6. 种子。（李志民绘）

分布：除新疆、黑龙江未见记录外全国各地有广泛分布。阿富汗、不丹、印度、日本、朝鲜和俄罗斯。

用途：茎、叶及种子供药用，但据《东北草本植物志》记载为有毒植物，家畜食用会引起中毒及死亡。

2. 雀舌草 石灰草 Chickweed
图593 彩片805

Stellaria alsine Grimm, Nov. Actorum Acad. Caes. Leop. -Carol. Nat. Cur. 3. App. 313. 1767.

Stellaria uliginosa Murr. Prodr. Stirp. Gotting. 55. 1770.；广州植物志 128. 1956；广东植物志 **2**：78. 图54. 1991.

一年生或二年生草本，高15~25（~35）cm，全株无毛。须根细。茎丛生，稍铺散，上升，多分枝。叶无柄，叶片披针形至长圆状披针形，长（0.2~）0.5~2cm，宽（1~）2~4mm，基部楔形，半抱茎，先端渐尖，边缘软骨质，呈微波状，基部具疏缘毛，两面微显粉红绿色。聚伞花序通常具3~5花，顶生或花单生于叶腋；花梗细，长0.5~2cm，无毛，果时稍下弯，基部有时具2枚披针形小苞片；萼片5，披针形，长2~4mm，宽0.5~1mm，顶端渐尖，边缘膜质，中脉明显，无毛；花瓣 5，白色，短于萼片或近等长，2 裂，裂片条形，钝头；雄蕊 5(~10)，有时 6~7，短于花瓣；子房卵球形，花柱 3（有时为 2），短线形。蒴果卵圆形，与宿存萼等长或稍长，6 齿裂，含多数种子。种子肾形，微扁，褐色，具皱纹状凸起。花期 3~6 月；果期 7~8 月。

产地：仙湖植物园（李沛琼 012889）。生于田边、水边或林缘。

分布：内蒙古、甘肃、河南、安徽、江苏、浙江、江西、台湾、福建、湖南、广东、香港、海南、广西、贵州、四川、云南和西藏。印度、不丹、尼泊尔、巴基斯坦、朝鲜、日本、越南和欧洲。

用途：全草药用，可强筋骨，治刀伤。

7. 鹅肠菜属 **Myosoton** Moench

多年生或二年生草本。主根圆柱形，有多数侧根和纤维状细根。茎下部匍匐，无毛，上部直立、斜生，被毛，通常披散状，具多数分枝。叶对生，无托叶；茎下部叶具叶柄，长达 1.8cm，具狭翅，疏生缘毛，基部微加宽，茎上部叶具极短柄或无柄；叶片具羽状脉，基部圆形、近心形或平截，常偏斜，先端急尖或渐尖。花两性，排成顶生二歧聚伞花序或单生于叶腋；花梗纤细，被腺毛；萼片 5，基部稍合生，花瓣 5，白色，比萼片长，2 裂；雄蕊 10，短于花瓣，花丝基部稍膨大；子房 1 室，胚珠多数，花柱 5，线形。蒴果卵球形，稍长于宿存萼片，5 瓣裂至中部，每裂瓣先端再 2 齿裂，具多数种子。种子肾形，略扁，成熟时暗棕色，表面密具小疣状凸起。花果期几全年。

仅 1 种，广布于亚洲热带和亚热带地区、欧洲和非洲。我国南北各地均有分布。深圳也有分布。

鹅肠菜 牛繁缕 Water Chickweed 图 594 彩片 806
Myosoton aquaticum（L.）Moench, Methodus 225. 1794.

Cerastium aquatica L. Sp. Pl. **1**: 439. 1753.

Stellaria aquatica（L.）Scop. Fl. Carn. **2**（1）: 319. 1774；广东植物志 **2**: 79.

二年生或多年生草本。主根圆柱形，长达 14cm，粗 1~1.5mm，具多数须状侧根。茎上升，高 10~40cm，或披散状，长 50~80cm，上部被腺毛。叶柄长 5~15mm，上部叶常无柄或具短柄，疏生柔毛；叶片卵形或宽卵形，长 1.0~5.5cm，宽 0.6~3cm，基部

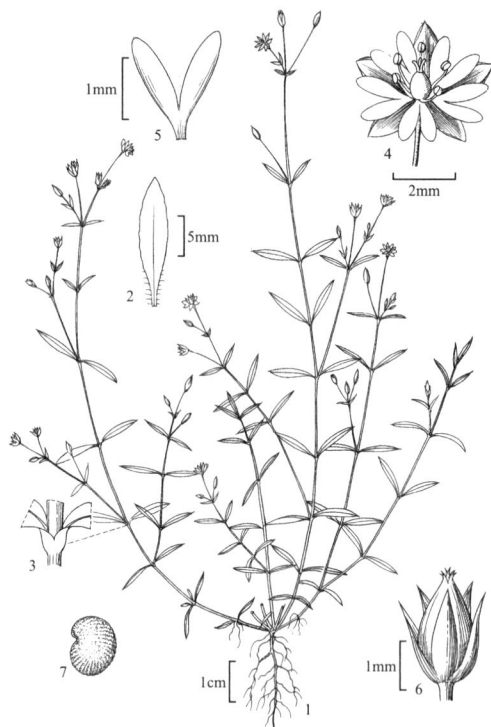

图 593 雀舌草 *Stellaria alsine*
1. 植株，示根、茎、叶和花序；2. 叶片；3. 茎的一节放大，示叶基部半抱茎；4. 花；5. 花瓣；6. 宿存花萼及蒴果；7. 种子。（李志民绘）

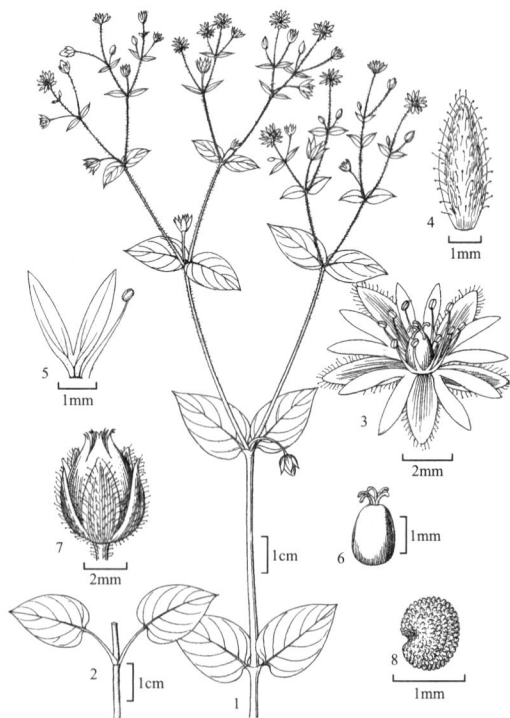

图 594 鹅肠菜 *Myosoton aquaticum*
1. 植株上部的一段，示茎、叶和花序；2. 植株下部的一段，示具长柄的叶；3. 花；4. 萼片；5. 花瓣和雄蕊；6. 雌蕊；7. 宿存花萼及蒴果；8. 种子。（李志民绘）

稍心形，多少下延，先端急尖，两面无毛，中脉隆起，侧脉不明显，有时边缘具毛。花单生于叶腋或组成顶生二歧聚伞花序；苞片叶状，边缘具腺毛；花梗纤细，长 1~2cm，花后伸长并向下弯，密被腺毛；萼片卵状披针形或长卵形，长 4~5mm，果期长达 7mm，顶端较钝，边缘狭膜质，外面被腺柔毛，脉纹不明显；花瓣白色，2 裂，裂片条形或披针状条形，长 3~3.5mm，宽约 1mm；雄蕊 10，短于花瓣，花丝丝状，基部渐加宽，花药小，卵形；子房长圆柱形，花柱短，线形，弯曲。蒴果卵球形，长 0.5~0.7cm，齿裂外弯。种子肾形，直径约 1mm，稍扁，暗褐色，具小疣状凸起。花果期几全年。

产地：坝岗盐灶、笔架山（张寿洲等 5556）、葵涌、三洲田、深圳水库、梧桐山（张寿洲等 5556，5241）、罗湖区林果场、罗湖大望水库、仙湖植物园、羊台山（张寿洲等 1244）、金沙滩、东湖公园。生于的水边、路旁、灌丛或林缘，海拔 50~700m。

分布：广布于全国各地。亚洲热带、亚热带地区，欧洲和非洲。

用途：嫩茎、叶可作野菜或饲料；全株药用，可祛风解毒，外敷可治疖疮。

79. 蓼科 POLYGONACEAE

李安仁

　　草本，稀藤本、半灌木、灌木或小乔木。茎直立、平卧、攀援或缠绕，通常具膨大的关节，具纵棱、沟槽或皮刺。叶为单叶，互生，稀对生或轮生；叶片边缘全缘，稀具锯齿，具叶柄或近无柄；托叶合生成鞘状（托叶鞘）。花序穗状、总状、头状或圆锥状，顶生或腋生；花梗具关节或无关节；花较小，辐射对称，两性，稀单性，雌雄同株或异株；花被片3~5，覆瓦状排列，于基部合生，或花被片6，排成2轮，草质，果时内轮花被片增大，背部通常具小瘤状附属物；雄蕊(3~)6~9，稀较多，花丝分离或基部合生，花药背部着生，2室，纵裂；花盘环状、腺体状或缺；心皮3，稀2~4，合生，子房上位，1室，花柱2~3，稀4，分离或下部合生，柱头头状，盾状或画笔状，胚珠1，直立，稀倒生。瘦果卵形或椭圆形，具3棱或扁平，双凸，稀双凹，包于宿存花被内或外露。种子1，胚直立或弯曲，胚乳丰富。

　　约50属1120种。世界性分布，主产于北温带，少数分布于热带地区。我国产13属约238种。深圳有4属24种1变种。

1. 稍木质藤本，具卷须 ··· 1. **珊瑚藤属 Antigonon**
1. 草本，无卷须。
　　2. 花被(4~)5深裂，花被片覆瓦状排列；柱头头状。
　　　　3. 瘦果包于宿存花被内，稀稍突出 ··································· 2. **蓼属 Polygonum**
　　　　3. 瘦果明显超长于宿存花被 ··· 3. **荞麦属 Fagopyrum**
　　2. 花被片6，排成2轮；柱头画笔状 ····································· 4. **酸模属 Rumex**

1. 珊瑚藤属 Antigonon Endl.

　　草质或木质有卷须攀援藤本。块根肥厚。叶互生，具叶柄；叶片心形至戟形，或卵状长三角形，边缘全缘；托叶鞘短，早落或退化。花两性，3~5花簇生于苞片内，花簇排列稀疏，组成顶生或腋生的总状花序；花序轴的顶部延伸成卷须；花被片5，不等大，排成2轮，果时增大，外轮3花被片比内轮2花被片较大；雄蕊7~8，花丝基部合生；心皮3，子房卵形，花柱3，柱头头状。瘦果宽卵球形，上部稍具3棱，包藏于增大的宿存花被内。

　　约3种，产于中美洲，世界热带地区有栽培。我国引入栽培1种。深圳有栽培。

珊瑚藤 Honolulu Vine　　　　图 595　彩片 807
Antigonon leptopus Hook. & Arn. Beech. Voy. 308. T. 69. 1841.

　　多年生稍木质化藤本。长达10m或更长。具肥厚的块根。茎攀援，具纵棱和卷须，被短柔毛。叶柄长1~2cm，被短柔毛；托叶鞘退化，仅留残痕；叶片纸质，卵状三角形或心形，长6~15cm，宽4~8cm，

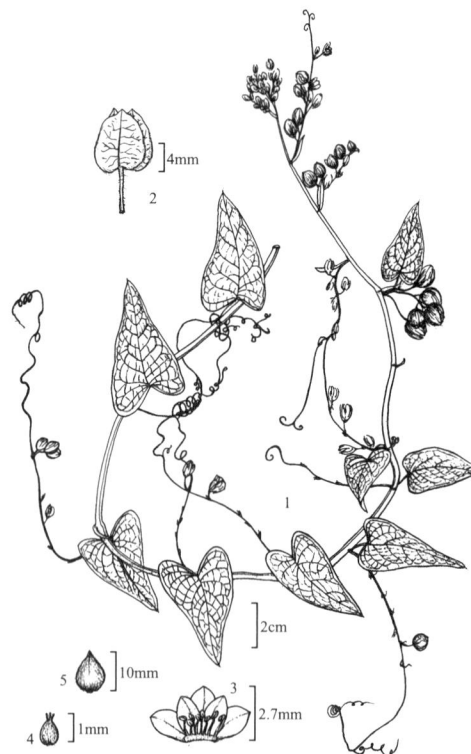

图 595 珊瑚藤 Antigonon leptopus
1. 植株的一部分，示茎、卷须、叶、花序和果序；2. 果时增大的外轮花被片；3. 花被展开；4. 雌蕊；5. 果实。（刘平绘）

基部心形至箭头形或近截形，边缘全缘或微波状，两面被短柔毛，先端渐尖，尖端钝圆。花序总状，顶生或生于茎、枝上部的叶腋，长 5~10cm；花序轴顶部延伸成分叉的卷须，着花密集；花梗纤细，长 0.5~1cm，被短柔毛，近中部具关节；花淡红色，有时白色；花被片 5，排成 2 轮，果时增大，外轮 3 花被片较大，椭圆形或近心形，长 1~1.5cm，宽 0.6~1.2cm，基部心形，先端圆，内轮 2 花被片较小，长圆形，长 1~1.2cm，宽 4~6mm，基部狭窄，先端钝；雄蕊 7~8，花丝基部合生，比花被短；子房卵球形，花柱 3，柱头头状。瘦果卵球形，长 1~1.5cm，上部微具 3 棱，褐色，包藏于宿存、增大的花被内。花果期 4~12 月。

产地：仙湖植物园（李沛琼 3263）、民俗文化村（陈景方 2569）。深圳公园中有栽培。

分布：原产于墨西哥，现广泛栽培于世界热带地区。广东、香港、澳门、海南、福建、台湾等地有引种栽培。

2. 蓼属 **Polygonum** L.

一年生或多年生草本，稀为半灌木或小灌木。茎直立、平卧、上升，稀攀援，通常具膨大的关节，无毛、被短柔毛或具倒生皮刺。叶互生，具柄或无柄；叶片形状多样，边缘全缘，稀具裂片；托叶鞘筒状，膜质，顶端截形或偏斜，边缘全缘或撕裂。花序穗状、总状、头状或圆锥状，顶生或腋生，有时花簇生或单生于叶腋；花梗通常具关节；花两性，稀单性；苞片及小苞片膜质；花被片 5，稀 4，覆瓦状排列，于基部合生，宿存；花盘环状、腺体状或缺；雄蕊 8，稀 4~7；子房上位；花柱 2~3，柱头头状。果为瘦果，卵球形，具 3 棱，稀双凸或双凹，包藏于宿存花被内或凸出宿存花被之外。种子 1，卵球形，长约 1mm，黑褐色，光滑，无毛。

约 230 种，广布于全世界，主要分布于北温带地区。我国有 113 种 20 变种。深圳有 18 种 1 变种。

1. 茎缠绕；果时外面 3 花被片背部具增大的翅 ·· 1. 何首乌 P. multiflorum
1. 茎不缠绕；果时花被片背部无翅。
  2. 叶片基部具关节；3~6 花簇生于叶腋，遍布于植株 ······························ 2. 铁马鞭 P. plebeium
  2. 叶片基部无关节；花序总状、穗状、头状或圆锥状，生于茎、枝的上部。
    3. 茎、枝及叶柄具倒生皮刺。
      4. 叶片三角形；叶柄盾状着生；托叶鞘顶端具绿色、草质、圆形或近圆形的翅 ······ 3. 杠板归 P. perfoliatum
      4. 叶片披针形、椭圆形或卵形；托叶鞘筒状，顶端具长缘毛。
        5. 叶片椭圆形或宽披针形；托叶鞘基部密被倒生皮刺；瘦果宽卵形 ············· 4. 糙毛蓼 P. strigosum
        5. 叶片披针形、长椭圆形或卵形；托叶鞘基部无密生的倒生皮刺；瘦果卵形。
          6. 叶片披针形或长椭圆形，宽 1~1.5cm，基部箭形或近戟形；花序梗二歧状分枝 ····················
          ·· 5. 长箭叶蓼 P. hastatosagittatum
          6. 叶片卵形或长圆状卵形，宽 1.5~3cm，基部截形、圆形或近心形；花序圆锥状 ····················
          ·· 6. 小蓼花 P. muricatum
    3. 茎、枝及叶柄无倒生皮刺。
      7. 一年生草本；托叶鞘缘毛长不超过 1cm 或无缘毛。
        8. 花序梗被腺毛或腺体。
          9. 花序梗及茎、枝被腺毛；植株具香味；花被 5 深裂；瘦果宽卵形，具 3 棱 ····· 7. 香蓼 P. viscosum
          9. 花序梗被腺体；植株无香味，花被 4 深裂或稀 5 深裂；瘦果宽卵形，双凹。
            10. 叶片两面沿中脉被短硬伏毛 ···························· 8. 马蓼 P. lapathifolium
            10. 叶片下面密被白色绵毛 ············· 8a. 绵毛马 P. lapathifolium var. salicifolium
        8. 花序梗无腺毛，亦无腺体。
          11. 叶片宽 5~12cm；托叶鞘通常具绿色翅 ····· 9. 红蓼 P. orientale
          11. 叶片宽不超过 3cm；托叶鞘无绿色翅。
            12. 花被具透明腺点。

13. 花被具黄褐色透明腺点，上部白色或淡红色；叶具辛辣味，叶腋具闭花受精花 ……………………………………………………………………………………… 10. 辣蓼 **P. hydropiper**

13. 花被具淡紫色透明腺点，上部红色；叶无辛辣味，叶腋亦无闭花受精花 ……… 11. 伏毛蓼 **P. pubescens**

12. 花被无透明腺点。

14. 花序细弱，全部间断或下部间断。

15. 花序着花稀疏；叶片卵状披针形或卵形，先端尾状渐尖或渐尖；瘦果卵球形 ………………………………………………………………………………………… 12. 丛枝蓼 **P. posumbu**

15. 花序上部着花紧密，下部稀疏；叶片披针形或宽披针形，先端急尖或渐尖；瘦果宽卵球形 13. **长鬃蓼 P. longisetum**

14. 花序着花密集，不间断。

16. 叶片椭圆状披针形或卵状披针形，先端渐尖；花梗长 7~8mm ………… 14. 愉悦蓼 **P. jucundum**

16. 叶片狭披针形或披针形，先端急尖；花梗长 1~1.5mm ……………… 15. 柔茎蓼 **P. kawagoeanum**

7. 多年生草本；托叶鞘顶端缘毛 0.8~2cm 或无缘毛。

17. 花序头状；叶片卵形或狭卵形；叶柄长 1~2cm，有时基部具肾形叶耳；托叶鞘偏斜，长 1.5~2.5cm，无缘毛 ……………………………………………………………………………… 16. 火炭母 **P. chinense**

17. 花序穗状；叶片披针形或椭圆状披针形，无叶耳；托叶鞘筒状，先端截形，具缘毛。

18. 叶片基部楔形；叶柄长 5~8mm；托叶鞘缘毛长 1.5~2cm，粗壮；瘦果卵球形 ……… 17. 毛蓼 **P. barbatum**

18. 叶片基部圆形或截形，叶柄长 2~3mm；托叶鞘缘毛长 0.8~1.2cm，细弱；瘦果宽卵球形 ……………………………………………………………………………………………… 18. 深圳蓼 **P. shenzhenense**

1.　何首乌 土三七 Tuber Fleece Flawer

图 596　彩片 808

Polygonum multiflorum Thunb. in Murray, Syst. Veg., ed. 14，379.

多年生草本。根细长，具肥厚的块根；块根狭椭圆形，木质化，黑褐色。茎缠绕，长 2~4m，多分枝，具纵棱，无毛，下部木质化。叶柄长 1.5~3cm；叶片卵形或狭卵形，长 3~7cm，宽 2~5cm，基部心形或近心形，边缘全缘，先端渐尖，两面无毛，粗糙；托叶鞘圆筒形，长 3~4mm，膜质，偏斜，褐色，无毛。花序为圆锥花序，顶生或腋生，长 10~20cm，分枝，开展，具细纵棱，沿棱密被小乳突；苞片三角状卵形，具小乳突，先端急尖，每苞片内具 2~4 花；花梗细弱，长 2~3mm，下部具关节，果时延长；花被 5 深裂，白色或淡绿色；花被片椭圆形，大小不相等，外面 3 花被片较大，背部具翅，果时增大，外形近圆形，直径 6~7mm；雄蕊 8，花丝下部较宽；子房卵球形，花柱 3，极短，柱头头状。瘦果包藏于宿存的花被内，卵球形，具 3 棱，长 2.5~3mm，黑褐色，平滑，有光泽。花果期 6~10 月；果期 7~11 月。

产地：仙湖植物园（刘小琴等 0146）有栽培。

分布：广东、香港、澳门、海南、广西、湖南、江西、福建、台湾、浙江、江苏、安徽、山东、河南、湖北、四川、贵州、云南、甘肃（西部）、陕西（南部）。日本。

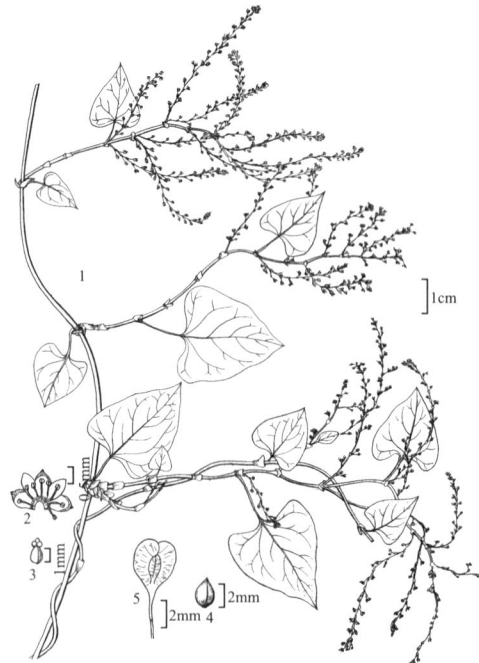

图 596 何首乌 Polygonum multiflorum Thumb
1. 植株的一部分，示茎、叶、托叶和花序；2. 花被展开；
3. 雌蕊；4. 果实；5. 果时增大的花被。（刘平绘）

用途：块根入药，可润肠、解疮毒、补肝肾、益精血；茎亦入药，有安神、养血、活络的功效。

2. 铁马鞭 习见蓼 腋花蓼窝 Axil-flowered Knotweed

图 597 彩片 809 810

Polygonum plebeium R. Br. Prodr. Fl. Nov. Holl. 420. 1810.

一年生草本。茎平卧，长 10~40cm，自基部多分枝，具纵棱，沿棱具小凸起，通常节间比叶片短。叶柄极短或近无柄，基部具关节；叶片狭椭圆形或倒披针形，长 5~15mm，宽 2~4mm，基部狭楔形，边缘全缘，先端钝或急尖；两面无毛，侧脉不明显；托叶鞘膜质，白色，透明，长 2.5~3mm，顶部撕裂。花 3-6，簇生于叶腋，遍布于植株；苞片卵形，膜质；花梗中部具关节，比苞片短；花被绿色，边缘白色或淡红色，5 深裂；花被片狭椭圆形，背部具明显的脉纹，长 1~1.5mm；雄蕊 5，比花被短，花丝下部稍扩大；花柱 3，稀 2，极短，柱头头状。瘦果包藏于宿存的花被内，宽卵形，具 3 棱，稀侧扁，双凸，长 1.5~2mm，黑褐色，平滑，有光泽。花期 5~8 月；果期 7~9 月。

产地：七娘山、笔架山、三洲田（张寿洲等 0120）、梧桐山（深圳考察队 1943）、罗湖区林果场（李沛琼等 5626）、仙湖植物园、罗湖大望水库、东湖公园、塘朗山、龙岗。生于田边路旁、山坡草地，海拔 50~500m。

分布：四川、云南、贵州、广东、香港、澳门、海南、广西、湖南、湖北、江西、福建、台湾、浙江、江苏、安徽、山东、西藏、新疆、甘肃、陕西、山西、青海、内蒙古、河北、河南、辽宁、吉林、黑龙江。日本、印度、尼泊尔、哈萨克斯坦、俄罗斯、泰国、菲律宾、印度尼西亚；大洋洲、欧洲及非洲（北部）。

3. 杠板归 刺犁头 贯叶草 Sping Knotweed

图 598 彩片 811 812 813

Polygonum perfoliatum L. Syst. Nat. ed. 10，2：1006. 1759.

一年生草本。茎攀援，长 0.8~2m，具纵棱，沿棱具稀疏的倒生皮刺，多分枝。叶柄长 3~8cm，无关节，具倒生皮刺，盾状着生于叶片的近基部；叶片三角形，长 3~6cm，宽 3.5~8cm，基部截形或近心形，边缘全缘，先端微尖，下面沿叶脉具倒生皮刺，上面无毛；托叶鞘筒状，顶端沿环边具绿色草质、圆形或近圆形的翅，直径 1.5~3cm。花序短穗状，在茎或枝的上部顶生或

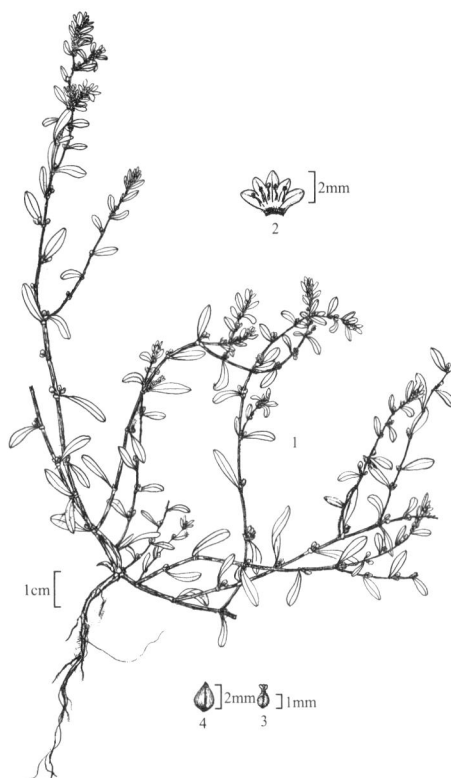

图 597 铁马鞭 Polygonum plebeium
1. 植株，示根、茎、叶和花；2. 花被展开；3. 雌蕊；4. 果实。（刘平绘）

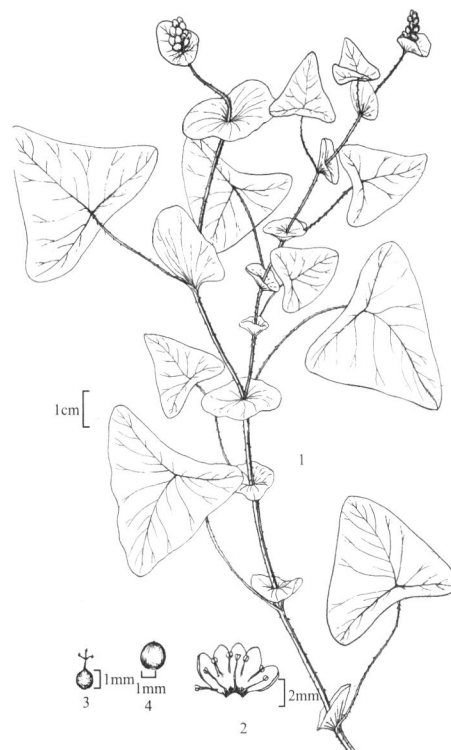

图 598 杠板归 Polygonum perfoliatum
1. 植株的上部，示茎、托叶、苞片和花序；2. 花被展开；3. 雌蕊；4. 果实。（刘平绘）

腋生，长 1~3cm；苞片卵圆形，每苞片内具 2~4 花；花被白色或淡红色，5 深裂，花被片椭圆形，长约 3mm，果时增大，呈肉质，深蓝色；雄蕊 8，稍短于花被；子房球形，花柱 3，中上部合生。瘦果球形，藏于宿存的花被内，黑色，有光泽。直径 3~4mm。花期 5~8 月；果期 7~10 月。

产地：南澳、大鹏（张寿洲等 3351）、排牙山（王国栋 6978）、笔架山、三洲田、大望、梧桐山（深圳考察队 1949）、深圳水库、罗湖区林果场、仙湖植物园（曾春晓 021467）、福田、内伶仃岛。生于荒地或田边、山地路旁，海拔 50~250m。

分布：广东、香港、澳门、海南、广西、湖南、江西、福建、台湾、浙江、江苏、安徽、山东、河北、河南、湖北、四川、贵州、云南、西藏、甘肃、陕西、山西、内蒙古、河北、辽宁、吉林、黑龙江。印度、孟加拉国、不丹、尼泊尔、泰国、越南、日本、朝鲜半岛、马来西亚、菲律宾、印度尼西亚、巴布亚新几内亚、俄罗斯和非洲西南部。南美时有引种。

4. 糙毛蓼 粗刺蓼 Strigose Knotweed 图 599
Polygonum strigosum R. Br. Prodr. Fl. Nov. Holl. 420. 1810.

一年生草本。茎直立或外倾，高 0.5~1m，分枝，具纵棱，沿棱具倒生皮刺。叶柄长 0.5~2cm，无关节，具倒生皮刺；叶片椭圆形或宽披针形，长 6~10cm，宽 1~3.5cm，基部近心形、截形或近箭形，边缘具粗缘毛，先端渐尖或急尖，下面沿中脉具倒生皮刺，上面无毛或疏被短糙伏毛；托叶鞘筒状，膜质，长 1.5~3cm，顶端截形，具长缘毛，基部密被倒生长皮刺。花序短穗状，长 0.7~1.2cm，在枝或茎上部顶生或腋生；花序梗分枝，密被短柔毛及稀疏的腺毛；苞片椭圆形或卵形，长 2~3mm，通常被糙硬毛，每苞片内具 2~3 花；花梗长 1~2mm，比苞片短，无毛；花被 5 深裂，白色或淡红色，花被片椭圆形，长 3~4mm；雄蕊 5-7，比花被短；子房宽卵形，花柱 2~3，柱头头状。瘦果藏于宿存的花被内，宽卵形，具 3 棱或双凸，深褐色，长约 3mm，微有光泽。花期 6~8 月；果期 9~10 月。

产地：仙湖植物园（张寿洲等 2456）、塘朗山。生于沟边湿地、山谷水边、海拔 50~250m。

分布：福建、广东、香港、广西、贵州和云南。印度、孟加拉国、尼泊尔、缅甸、泰国、越南、马来西亚、菲律宾、印度尼西亚、巴布亚新几内亚和澳大利亚。

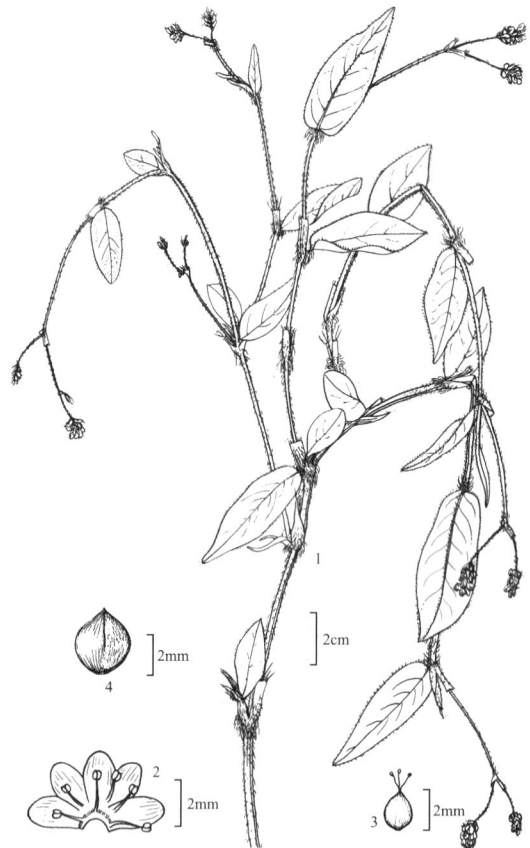

图 599 糙毛蓼 Polygonum strigosum
1. 植株的上部，示茎、托叶鞘、叶和花序；2. 花冠展开；
3. 雌蕊；4. 果实。（刘平绘）

5. 长箭叶蓼 Long Spear-leaved Smartweed 图 600 彩片 814
Polygonum hastatosagittatum Makino in Bot. Mog.（Tokyo）17：119. 1903.

一年生草本。茎直立或下部近平卧，高 40~90cm，分枝，具纵棱，沿棱具倒生皮刺；皮刺长 0.3~1mm。叶柄长 1~2.5cm，无关节，具倒生皮刺；叶片披针形或长椭圆形，长 8~9（~10）cm，宽 1~2（~3）cm，基部箭形或近戟形，边缘具短缘毛，先端急尖或近渐尖，下面有时被短星状毛，沿中脉具倒生皮刺，上面无毛或被短柔毛，有时被短星状毛；托叶鞘筒状，长 1.5~2cm，膜质，顶端截形，具长缘毛。花序短穗状，在茎或枝上部顶生或腋生，紧密；花序梗二歧状分枝，密被短柔毛及稀疏腺毛；苞片宽椭圆形或卵形，长 2.5~3mm，具缘毛，每苞片内通常具 2 花；花梗长 4~6mm，密被腺毛，比苞片长；花被淡红色，5 深裂，花被片宽椭圆形，长 3~4mm；雄蕊 7~8，比花被短；子房卵球形，花柱 3，中下部合生，柱头头状。瘦果藏于宿存的花被内，卵球形，长 3~4mm，具 3 棱，深褐色，有光泽。花期 7~9 月；果期 9~10 月。

产地：罗湖区林果场（深圳考察队 1921）。生于水沟边、路旁湿地，海拔 30~100m。

分布：黑龙江、吉林、辽宁、河北、河南、安徽、江苏、浙江、湖北、湖南、江西、福建、台湾、广东、香港、海南、广西、贵州、云南和西藏。日本、朝鲜半岛和俄罗斯（远东）。

6. 小蓼花 小花蓼 Muricate Knotweed   图 601
Polygonum muricatum Meisn. Monogr. Polyg. 74，1826.

一年生草本。茎上升，基部近平卧，高 0.5~1m，多分枝，具纵棱，棱上具稀疏的倒生皮刺，节部生根。叶柄长 0.7~2cm，无关节，具倒生短皮刺；托叶鞘筒状，开裂，长 1~2cm，无毛，具数条明显的脉，顶端截形，具长缘毛；叶片卵形或长圆状卵形，长 2.5~6cm，宽 1.5~3cm，基部截形、圆形或近心形，边缘密生短缘毛，先端渐尖或急尖，上面无毛或疏生短柔毛，极少具稀疏的短星状毛，下面疏生短星状毛及短柔毛，沿中脉具倒生短皮刺或糙伏毛。花序短穗状，由数个穗状花序再组成圆锥状，在茎或枝上部顶生或腋生；花序梗密被短柔毛及稀疏的腺毛；苞片宽椭圆形或卵形，长 2.5~3mm，边缘具缘毛，先端渐尖，每苞片内具花 2；花梗短于苞片，长约 2mm；花被 5 深裂，白色或紫红色，花被片宽椭圆形，长 2.5~3mm；雄蕊 6~8，比花被短；子房卵形，花柱 3，中部以下合生，柱头头状。瘦果藏于宿存的花被内，卵球形，具 3 棱，黄褐色，平滑，有光泽，长 2~2.5mm。花期 7~12 月；果期 12 月至翌年 3 月。

产地：马峦山（张寿洲等 5319）、盐田、三洲田（深圳考察队 447）、梧桐山（深圳考察队 1470）、光明新区。生于山谷湿地、沼泽地，海拔 50~450m。

分布：黑龙江、吉林、辽宁、安徽、江苏、浙江、河南、湖北、湖南、江西、福建、广东、香港、广西、贵州、云南、四川和山西。朝鲜半岛、日本、印度、尼泊尔、泰国、俄罗斯（远东）。

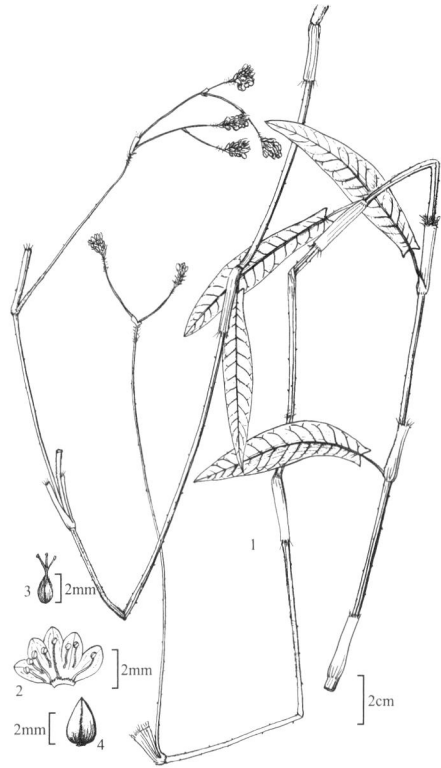

图 600 长箭叶蓼 Polygonum hastatosagittatum
1. 植株的上部，示茎、托叶、叶和花序；2. 花被展开；3. 雌蕊；4. 果实。（刘平绘）

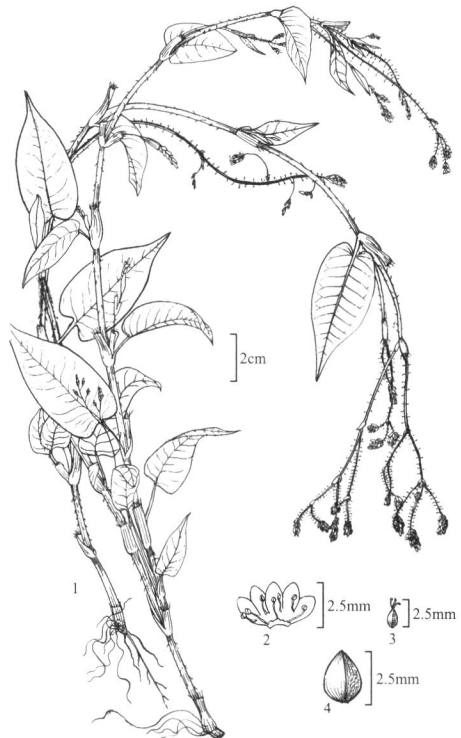

图 601 小蓼花 Polygomum muricatum
1. 植株，示根、茎、托叶、叶和花序；2. 花被展开；3. 雌蕊；4. 果实。（刘平绘）

7.   香蓼 黏毛蓼 Fragrant Polygonum

图 602   彩片 815   816   817

Polygonum viscosum Buch.-Ham. ex. D. Don，Prodr. Fl. Nap. 71. 1825.

一年生草本。植株具香味。茎直立或上升，高50~90cm，多分枝，密被开展的长糙硬毛及腺毛。叶柄短或近无柄，无关节；叶片卵状披针形或椭圆状披针形，长 5~15cm，宽 1~4cm，基部楔形，沿叶柄下延，边缘全缘，密生短缘毛，先端渐尖或急尖，两面被糙伏毛，叶脉上毛较密；托叶鞘筒状，长 1~1.2cm，膜质，密生腺毛及长糙硬毛，顶端截形，缘毛长 4~5mm。花序穗状，顶生或腋生，长 2~4cm，紧密，通常数个再集成圆锥状，在茎或枝上部顶生或腋生；花序梗密被开展的长糙硬毛及腺毛；苞片漏斗状，具长糙硬毛及腺毛，边缘疏生长缘毛，每苞片内具 3~5 花；花梗比苞片长；花被淡红色，5 深裂，花被片椭圆形，长约 3mm；雄蕊 8，比花被短，子房卵球形，花柱 3，中下部合生。瘦果藏于宿存花被内，宽卵球形，具 3 棱，黑褐色，有光泽，长约 2.5mm。花期 7~9 月；果期 8~10 月。

产地：梧桐山、罗湖区（布心路 李沛琼 1154）。生于路旁潮湿地、沟边草丛，海拔 60~140m。

分布：黑龙江、吉林、辽宁、河南、安徽、江苏、浙江、湖北、湖南、江西、福建、台湾、广东、香港、广西、贵州、云南、四川和陕西。朝鲜半岛、日本、印度、尼泊尔和俄罗斯（远东）。

8.   马蓼 大马蓼 酸模叶蓼 White Smartweed 图 603

Polygonum lapathifolium L. Sp. Pl. **1**：360. 1753.

一年生草本。茎直立，高 40~90cm，分枝，无毛或近无毛，节部膨大。叶柄长 2~5mm，无关节，被短硬伏毛；叶片披针形或宽披针形，长 5~15cm，宽 1~3cm，基部楔形，边缘全缘，具粗缘毛，先端渐尖或急尖，上面具一大的黑褐色新月形斑点，两面沿中脉被短硬伏毛；托叶鞘筒状，长 1.5~3cm，膜质，无毛，顶端截形，无缘毛，或稀具短缘毛。花序穗状，在茎或枝上部顶生或腋生，直立或下垂，长 3~8cm，花排列紧密，通常由数个穗状花序再组成圆锥状；花序梗被腺体；苞片漏斗状，边缘具稀疏的短缘毛；花被淡红色或白色，4 深裂，稀 5 深裂，花被片椭圆形，长 2.5~3mm，脉粗壮，近顶部叉分，外弯；雄蕊通常 6；子房宽卵形，花柱 2，基部合生。瘦果藏于宿存花被内，宽卵形，扁平，双凹，长 2~3mm，黑褐色，有光泽。

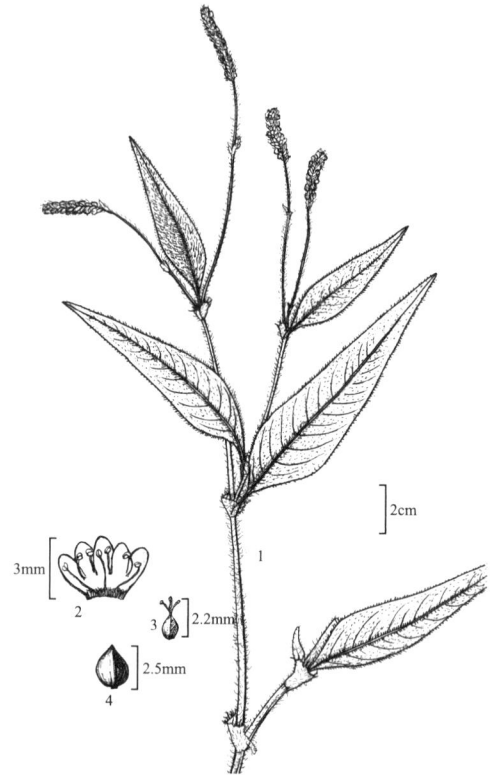

图 602 香蓼 Polygonum viscosum
1. 植株的上部，示茎、托叶、叶和花序；2. 花被展开；3. 雌蕊；4. 果实。（刘平绘）

图 603 马蓼 Polygonum lapathifolium
1. 植株的上部，示茎、托叶、叶和花序；2. 花被展开；3. 雌蕊；4. 果实。（刘平绘）

花期 4~7 月；果期 6~10 月。

产地：东涌、龙岗、盐田（张寿洲等 2708）、梧桐山、梅林（张寿洲等 0593）、塘朗山（张寿洲等 0893）。生于沟边湿地、田边路旁，海拔 50~400m。

分布：全国各地。蒙古、朝鲜半岛、日本、缅甸、泰国、越南、菲律宾、印度尼西亚、巴布亚新几内亚、印度、尼泊尔、孟加拉国、巴基斯坦、塔吉克斯坦、土库曼斯坦、乌兹别克斯坦、哈萨克斯坦、非洲（南部）、大洋洲、欧洲及北美洲。

8a. 绵毛马蓼 绵毛酸模叶蓼 White-hair Smartweet

Polygonum lapathifolium L. var. **salicifolium** Sibth. Fl. Oxon. 129. 1794.

与马蓼的区别在于：叶片下面密生白色绵毛。花期 5~8 月；果期 7~9 月。

产地：笔架山（张寿洲等 1122）、三洲田（张寿洲等 0094）、龙岗（陈景方等 5777a）。生于水边湿地、田边路旁，海拔 50~300m。

分布：全国各地。日本、朝鲜半岛、印度、巴基斯坦、缅甸、印度尼西亚和俄罗斯（西伯利亚）。

9. 红蓼 东方蓼 Prince's Feather 图 604 彩片 818

Polygonum orientale L. Sp. Pl. **1**：362. 1753.

一年生草本。茎直立，粗壮，高 1~2m，上部分枝，密被开展的长柔毛。叶柄长 2~10cm，无关节，具开展的长柔毛；叶片宽卵形或卵状披针形，长 10~20cm，宽 5~12cm，基部圆形或近心形，沿叶柄微下延，边缘全缘，密生缘毛，先端渐尖，两面密被短柔毛，沿叶脉密被长柔毛。托叶鞘筒状，长 1~2cm，膜质，被长柔毛，顶端通常具绿色翅，缘毛长 2~3mm。花序穗状，在茎或枝上部顶生或腋生，长 3~7cm，紧密，微下垂，通常数个再组成圆锥状；花序梗被短柔毛；苞片宽漏斗状，长 3~5mm，被短柔毛，边缘具长缘毛，每苞片内具 3~5 花；花梗长于苞片；花被 5 深裂，淡红色或白色，花被片椭圆形，长 3~4mm；雄蕊 7，比花被长；子房卵形，花柱 2，中下部合生，比花被短；有些植株雄蕊比花被短，花柱比花被长，柱头头状。瘦果藏于宿存花被内，近圆形，扁平，双凹，直径 3~3.5mm，黑褐色，有光泽。花期 7~8 月；果期 8~10 月。

产地：梧桐山、莲塘（深圳考察队 1447）、洪湖公园（李沛琼等 W070172）、东湖公园（深圳考察队 1743）。生于田路旁、村边或在庭院中栽培，海拔 50~200m。

分布：我国除西藏外，全国各地有野生或庭院中有栽培。印度、孟加拉国、斯里兰卡、不丹、缅甸、泰国、越南、菲律宾、印度尼西亚、俄罗斯（远东）、欧洲和大洋洲。

图 604 红蓼 Polygonum orientale
1. 植株的上部，示茎、托叶、叶和花序；2. 短雄蕊的花冠展开；3. 短雄蕊花的雌蕊；4. 长雄蕊的花；5. 果实。（刘平绘）

10. 辣蓼 水蓼 Water Smartweed   图 605   彩片 819
Polygonum hydropiper L. Sp. Pl. **1**: 361. 1753.

一年生草本。茎直立，高 40~70cm，多分枝，无毛，节部膨大。叶柄长 4~8mm，无关节；叶片披针形或椭圆状披针形，长 4~8cm，宽 0.5~2.5cm，基部楔形，边缘具缘毛，先端渐尖，具辛辣味，叶腋具闭花受精花，两面无毛，密被褐色小点，有时沿中脉具糙伏毛；托叶鞘筒状，长 1~1.5cm，膜质，疏生短硬伏毛，顶端截形，缘毛长 2~3mm。花序呈穗状，在茎或枝上部顶生或腋生，下垂，通常稀疏，下部间断，花序轴纤细，长 3~8mm；花序梗无毛或近无毛；苞片漏斗状，长 3~5mm，绿色，边缘膜质，疏被短缘毛，每苞片内具 3~5 花；花梗比苞片长；花被淡绿色，上部白色或淡红色，5 深裂，稀 4 深裂，被黄褐色透明腺点，花被片椭圆形，长 3~3.5mm；雄蕊 6，稀 8，比花被短；子房卵形，花柱 2~3。瘦果藏于宿存花被内，卵形，扁平，双凸或具三棱，长 2~3mm，密被小洼点，黑褐色，无光泽。花期 5~9 月；果期 6~10 月。

产地：马峦山（张寿洲等 1383）、沙头角、梧桐山、鸡公山、塘朗山。生于水沟边、山谷湿地，海拔 100~600m。

分布：全国各地。印度、孟加拉国、不丹、斯里兰卡、尼泊尔、缅甸、泰国、日本、朝鲜半岛、蒙古、马来西亚、印度尼西亚、俄罗斯、哈萨克斯坦、乌兹别克斯坦、大洋洲、欧洲和北美洲。

用途：全草入药，有消肿、解毒、利尿、止痢的功效；古代常用作调味剂。

图 605 辣蓼 Polygonum hydropiper
1. 植株的上部，示茎、托叶、叶和花序；2. 花被侧面观（示腺点）；3. 雌蕊；4. 果实。（刘平绘）

11. 伏毛蓼 短毛蓼 Pubescent Knotweed
图 606   彩片 820
Polygonum pubescens Blume, Bijdr. Fl. Ned. Ind. 532. 1826.

一年生草本。茎直立，高 60~90cm，通常淡红色，疏生短硬伏毛，中上部多分枝，节部膨大。叶柄长 4~6mm，无关节，密生硬伏毛；叶片无辛辣味，宽披针形或卵状披针形，长 4~10cm，宽 1~2.5cm，基部楔形或宽楔形，边缘具短缘毛，先端渐尖或急尖，下面淡绿色，上面绿色，两面密被短硬伏毛；托叶鞘筒状，长 1~1.5cm，膜质，褐色，具硬伏毛，顶端截形，具粗壮长缘毛，缘毛长 7~8mm。花序穗状，稀疏，在茎或枝上部顶生或腋生，长 6~15cm，上部微下垂，下部间断；花序梗被柔毛；苞片漏斗状，边缘近膜质，具缘毛，每苞片内具 3~4 花；花梗细弱，比苞片长；花被 5

图 606 伏毛蓼 Polygonum pubescens
1. 植株的上部，示茎、托叶、叶和花序；2. 花被展开；3. 雌蕊；4. 果实。（刘平绘）

深裂，绿色，上部红色，密生淡紫色透明腺点，花被片椭圆形，长 2~3mm；雄蕊 8，比花被短；子房卵形，花柱 3，中下部合生。瘦果藏于宿存花被内，卵球形，具 3 棱，密生小洼点，黑色，长 2~3mm。花期 5~8 月；果期 8~11 月。

产地：七娘山（王国栋等 7370）、排牙山（王国栋等 6950）、笔架山、葵涌（王国栋等 6541）、马峦山、梧桐山、罗湖区林果场、莲塘、内伶仃岛。生于田边路旁、山谷沟边，海拔 15~350m。

分布：广东、香港、海南、广西、湖南、江西、福建、台湾、浙江、江苏、安徽、山东、河南、湖北、四川、贵州、云南、陕西、甘肃、山西、辽宁。朝鲜半岛、日本、印度、不丹和印度尼西亚。

12. 丛枝蓼 Clustered-branch Knotweed

图 607　彩片 821　822

Polygonum posumbu Buch. -Ham. ex D. Don，Prodr. Fl. Nep. 71. 1825.

Polygonum caespitosum Blume，Bijdr. 532. Dec. 1825；广州植物志 138. 1956；海南植物志 **1**：391. 1964.

一年生草本。茎细弱，外倾，高 30~70cm，自基部分枝，无毛，具细棱。叶柄长 3~7mm，无关节，具硬伏毛；叶片卵状披针形或卵形，长 3~6(~8)cm，宽 1~2(~3)cm，基部楔形或宽楔形，边缘具缘毛，先端渐尖或尾状渐尖，两面疏生硬伏毛或近无毛，下面中脉稍凸出；托叶鞘筒状，薄膜质，长 4~6mm，被硬伏毛，顶端截形，缘毛长 7~8mm，粗壮。花序穗状，长 5~10cm，在茎或枝上部顶生或腋生，细弱，着花稀疏，下部间断；花序梗无毛；苞片漏斗状，淡绿色，无毛，边缘具缘毛，每苞片内具 3~4 花；花梗细弱，与苞片等长或稍长；花被淡红色，无透明腺点，5 深裂，花被片椭圆形，长 2~2.5mm；雄蕊 8，伸出花被外；子房卵球形，花柱 3，下部合生，柱头头状。瘦果藏于宿存花被内，卵球形，长 2~2.5mm，具 3 棱，淡黑褐色，有光泽。花果期 6~12 月。

产地：东涌（张寿洲等 2358）、三洲田、梧桐山、罗湖（刘小琴等 008042）、仙湖植物园、羊台山（张寿洲等 5040）。生于山谷路旁、山坡林下，海拔 50~200m。

图 607 丛枝蓼 Polygonum posumbu
1. 植株的上部，示茎、托叶、叶和花序；2. 花被展开；3. 雌蕊；4. 果实。（刘平绘）

分布：广东、香港、海南、广西、湖南、江西、福建、台湾、浙江、江苏、安徽、山东、河南、湖北、四川、贵州、云南、西藏、甘肃、陕西、辽宁、吉林、黑龙江。朝鲜半岛、日本、印度、尼泊尔、越南、泰国、缅甸、菲律宾和印度尼西亚。

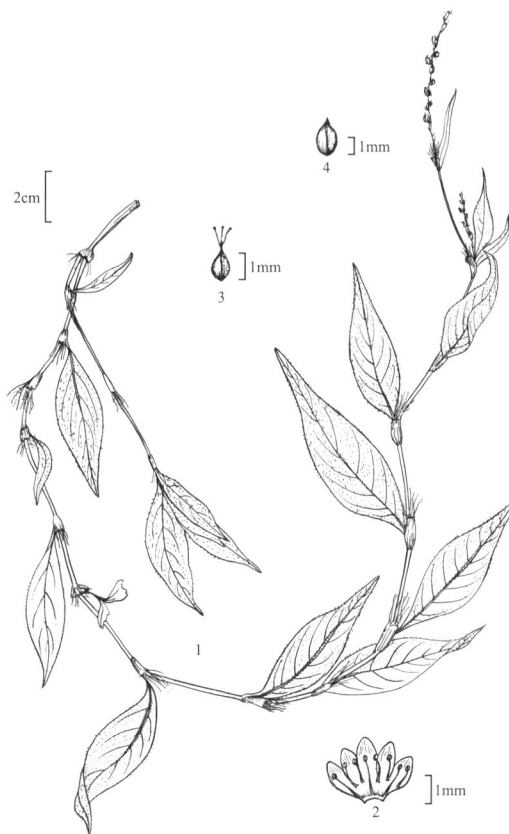

13. 长鬃蓼 Longiseta Knotweed

图 608

Polygonum longisetum Bruijn in Miq. Pl. Jungh **3**：307. 1854.

一年生草本。茎直立，上升或基部近平卧，基部多分枝，高 30~60cm，无毛，节部稍膨大。叶柄极短或近无柄，无关节；叶片披针形或宽披针形，长 5~13cm，宽 1~2cm，边缘具缘毛，先端急尖或渐尖，基部楔形，下面沿叶脉具短伏毛，上面近无毛；托叶鞘筒状，膜质，疏生柔毛，长 7~8mm，顶端截形，缘毛长 6~7mm，粗壮。花序穗状，在茎或枝上部顶生或腋生，直立，长 3~5cm，下部间断，上部花密集；花序梗无毛；苞片漏斗状，无毛，边缘具长缘毛，每苞片内具 5~6 花；花梗长 2~2.5mm；花被 5 深裂，淡红色或紫红色，无透明腺点，花被裂片椭圆形，长 1.5~2mm；雄蕊 6~8，比花被短；子房卵形，花柱 3，中下部合生，柱头头状。瘦果藏于宿存花被内，宽卵球形，长约 2mm，具 3 棱，黑色，有光泽。花果期 3~12 月。

产地：梧桐山（刘芳齐 2199）、仙湖植物园（曾春晓等 23765）。生于山谷湿地、山顶林下，海拔 50~900m。

分布：广东、香港、广西、湖南、江西、福建、台湾、浙江、江苏、安徽、山东、河南、湖北、四川、贵州、云南、甘肃、陕西、山西、河北、辽宁、吉林、黑龙江。印度、尼泊尔、缅甸、日本、朝鲜半岛、菲律宾、马来西亚、印度尼西亚和俄罗斯（远东）。

14. 愉悦蓼 Lovely Knotweed　　图 609　彩片 823
Polygonum jucundum Meisn. Monogr. Poly. 71. 1826.

一年生草本。茎直立，基部近平卧，多分枝，无毛，高 0.5~1m。叶柄长 3~6mm，无关节；叶片椭圆状披针形或卵状披针形，长 3~10cm，宽 1~2.5cm，基部楔形，边缘全缘，具短缘毛，先端渐尖，两面疏生硬伏毛或近无毛；托叶鞘膜质，筒状，淡褐色，长 0.5~1cm，疏生硬伏毛，顶端截形，缘毛长 0.6~1cm。总状花序呈穗状，在茎或枝上部顶生或腋生，长 3~6mm；花排列紧密，不间断；花序梗无毛；苞片漏斗状，绿色，缘毛长 1.5~2mm，每苞片内具 3~5 花；花梗长 7~8mm，明显比苞片长；花被无透明腺点，5 深裂，淡红色或白色，花被片长圆形，长 2~3mm；雄蕊 7~8，比花被短；子房卵形，花柱 3，中下部合生，比花被长；有些植株雄蕊比花被长，花柱比花被短，柱头头状。瘦果藏于宿存花被内，宽卵球形，长约 2.5mm，具 3 棱，黑色，有光泽。花果期 10 至翌年 5 月。

产地：葵涌、马峦山（张寿洲等 5317）、三洲田（深圳考察队 328）、沙头角、梧桐山、仙湖植物园（李沛琼 1276）。生于沟边湿地、山谷水边、林下湿地，海拔 30~450m。

分布：广东、香港、海南、广西、湖南、江西、福建、浙江、江苏、安徽、河南、湖北、四川、贵州、云南、甘肃（南部）及陕西（南部）。

15. 柔茎蓼 小蓼 Small Knotweed　　　图 610
Polygonum kawagoeanum Makino in Bot. Mag. (Tokyo) **28**: 115. 1914.

Polygonum tenellum Blume var. *kawagoeanum* (Makino) G. Murata in Acta Phytotax. Geobot. **26**(3-4): 88. 1974; H. Q. Ming in Q. M. Hu & D. L. Wu,

图 608 长鬃蓼 Polygonum longisetum
1. 植株，示根、茎、托叶、叶和花序；2. 花被展开；3. 雌蕊；4. 果实。（刘平绘）

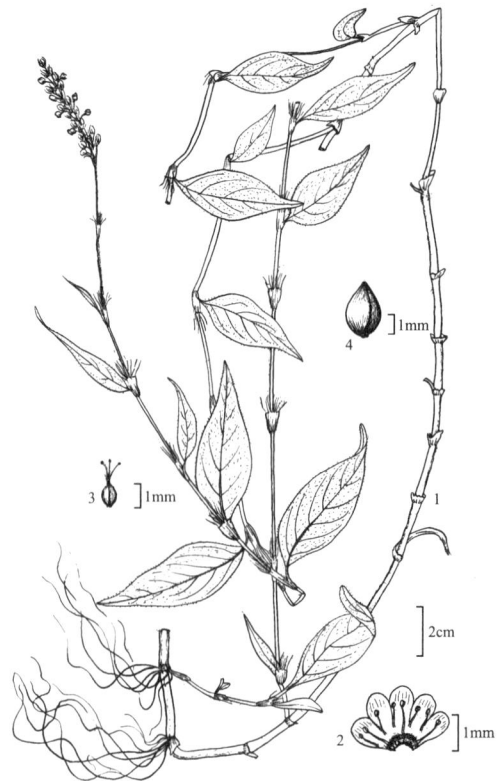

图 609 愉悦蓼 Polygonum jucundum
1. 植株，示根、茎、托叶、叶和花序；2. 花被展开；3. 雌蕊；4. 果实。（刘平绘）

Fl. Hong Kong **4**：166. 2007.

Polygonum minus auct. non Huds. 海南植物志 **1**：390. 1964；广东植物志 **4**：93. 2000.

一年生草本。茎直立或外倾，高 20~50cm，通常自基部分枝，无毛，节间长 2~3cm，下部自节部生根。叶柄极短或近无柄，无关节；叶片狭披针形或披针形，长 3~6cm，宽 4~8mm，基部圆形，边缘全缘，被短缘毛，先端急尖，两面无毛或疏被短柔毛，沿中脉被硬伏毛；托叶鞘筒状，长 0.8~1cm，膜质，被稀疏的硬伏毛，顶端截形，缘毛长 3~4mm。花序穗状，直立，在茎或枝上部顶生或腋生，长 2~3cm，紧密；花序梗无毛；苞片漏斗状，边缘具长缘毛，每苞片内具 2~4 花；花梗长 1~1.5mm；花被 5 深裂，淡紫红色，花被片椭圆形，长 1.5~2mm；雄蕊 5~6；子房卵形，花柱 2，柱头头状。瘦果卵形，扁平，双凸，长 1~1.5mm，黑色，有光泽。花果期 4~9 月。

产地：南澳（张寿洲 4165）、笔架山（张寿洲等 1114）、梧桐山、梅林（张寿洲等 609）、塘朗山（张寿洲等 0916）。生于水边湿地、水库旁，海拔 50~950m。

分布：云南、广东、香港、海南、广西、江西、福建、台湾、浙江、江苏和安徽。尼泊尔、不丹、印度、马来西亚、印度尼西亚和日本。

16. 火炭母 Chinese Knotweed

图 611　彩片 824　825

Polygonum chinense L. Sp. Pl. **1**：363. 1753.

多年生草本。根状茎粗壮。茎直立，高 0.7~1m，基部近木质，多分枝，具纵棱，通常无毛。叶柄长 1~2cm，无关节，有时基部具肾形叶耳，上部叶近无柄或抱茎；叶片卵形或狭卵形，长 4~10cm，宽 2~4cm，基部截形或宽心形，边缘全缘，先端短渐尖，两面无毛，有时下面沿叶脉疏生短柔毛；托叶鞘筒状，开裂，长 1.5~2.5cm，上部偏斜，膜质，无毛，具脉，顶端无缘毛。花序头状，在茎或枝上部顶生或腋生，直径 3~5mm，通常数个再组成圆锥状；花序梗密被腺毛；苞片宽卵形，每苞片内具 1~3 花；花被白色或紫色，5 深裂，花被片卵形，果时增大，呈肉质，蓝黑色；雄蕊 8，比花被短；子房卵形，花柱 3，中下部合生，柱头头状。瘦果藏于宿存花被内，宽卵球形，具 3 棱，长 3~4mm，黑色。花果期 5~10 月。

产地：七娘山（张寿洲等 011258）、南澳、排牙山、笔架山、田心山、马峦山（张寿洲等 1369）、盐田、三洲田、梧桐山（刘小琴 008086）、仙湖植物园、羊

图 610 柔茎蓼 Polygonum kawagoeanum
1. 植株的上部，示茎、托叶、叶和花序；2. 花被展开；3. 雌蕊；4. 果实。（刘平绘）

图 611 火炭母 Polygonum chinense
1. 植株的上部，示茎、托叶、叶和花序；2. 花被展开；3. 雌蕊；4. 果实。（刘平绘）

台山、塘朗山等各地常见。生于山坡疏林下或山坡路
旁，海拔 10~500m。

分布：广东、香港、澳门、海南、广西、湖南、江西、
福建、台湾、浙江、江苏、安徽、湖北、四川、贵州、
云南、西藏、甘肃（南部）、陕西（南部）。印度、尼泊尔、
不丹、日本、缅甸、泰国、越南、菲律宾、马来西亚
和印度尼西亚。

用途：根状茎供药用，有清热解毒、散瘀消肿的
功效。

17. 毛蓼 Hairy Knotweed　　图 612　彩片 826　827
Polygonum barbatum L. Sp. Pl. **1**：362. 1753.

多年生草本。根状茎横走。茎直立，高 40~90cm，
粗壮，具短柔毛，不分枝或上部分枝。叶柄长
5~8mm，密被短硬毛；叶片披针形或椭圆状披针形，
长 6~15cm，宽 1.5~4cm，基部楔形，边缘具缘毛，先
端渐尖，两面疏被短柔毛；托叶鞘筒状，长 1.5~2cm，
膜质，密被短硬毛，顶端截形，缘毛长 1.5~2cm，粗壮。
花序穗状，紧密，直立，长 4~8cm，在茎或枝上部顶
生或腋生，通常数个组成圆锥状，稀单生；苞片漏斗状，
无毛，边缘具粗缘毛，每苞片内具 3~5 花；花梗短；花
被白色或淡绿色，5 深裂，花被片椭圆形，长 1.5~2mm；
雄蕊 5~8，比花被短；子房卵形，花柱 3，中下部合生。
瘦果藏于宿存花被内，卵球形，长 1.5~2mm，具三棱，
黑色，有光泽。花期 4~8 月；果期 5~12 月。

产地：大雁顶、七娘山、南澳（张寿洲等 4177）、
笔架山、葵涌、盐田、三洲田、沙头角、梧桐山（王
国栋等 6430）、仙湖植物园、东湖公园（李沛琼等
22872）、莲塘、梅林、羊台山、塘朗山、光明新区。
生于山地路旁、水沟边、田边湿地，海拔 50~250m。

分布：广东、香港、海南、广西、湖南、江西、福建、
台湾、湖北、四川、贵州和云南。印度、不丹、尼泊
尔、斯里兰卡、缅甸、泰国、越南、菲律宾、马来西亚、
印度尼西亚和巴布亚新几内亚。

18. 深圳蓼 Shenzhenense Knotweed　　图 613
Polygonum shenzhenense A. J. Li & Z. X. Li, in J.
Fairylake Bot. Gard. 15（1）：1-2, fig. 1. 2016.

多年生草本。茎直立，粗壮，无毛，高 60~80cm，
节膨大，节间比叶片短。叶柄极短，长 2~3mm；叶片
宽披针形，长 8~12cm，宽 1.5~2cm，基部圆形或截形，
边缘全缘，先端急尖，两面无毛，上面中脉明显而侧
脉不明显，下面中脉凸出且侧脉明显；托叶鞘筒状，

图 612　毛蓼 Polygonum barbatum
1. 植株的上部，示茎、托叶、叶和花序；2. 花被展开；3. 雌
蕊；4. 果实。（刘平绘）

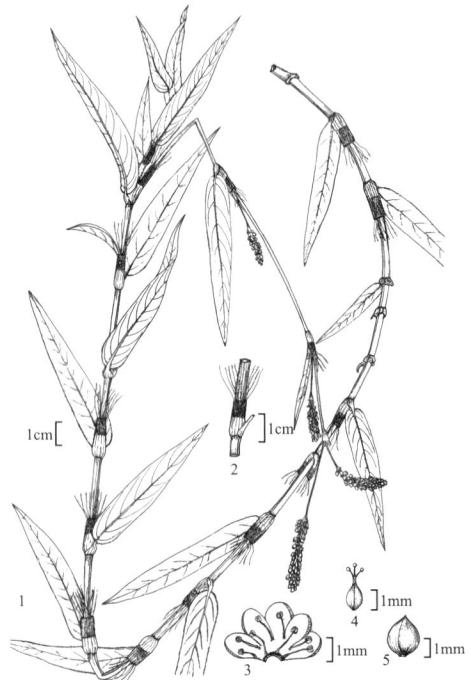

图 613　深圳蓼 Polygonum shenzhenense
1. 植株的一部分，示茎、托叶、叶和花序；2. 托叶鞘；3. 花
被展开；4. 雌蕊；5. 果实。（刘平绘）

长 1.3~1.5cm，顶端截形，自基部到中部膜质，自中部到顶端薄膜质，易破裂，缘毛长 0.8~1.2cm。总状花序呈穗状，在茎或枝上部顶生或腋生，紧密，长 2.5~3cm；苞片漏斗状，绿色，内具 2~3 花；花梗与苞片等长或稍超过；花被 5 深裂，白色，花被片倒卵形，长约 2mm；雄蕊 8，比花被片短，花药球形；子房卵形，花柱 3，中部合生，柱头头状。瘦果藏于宿存花被内，宽卵球形，具 3 棱，长约 2mm，黑褐色，稍有光泽。花果期 4~5 月。

产地：深圳水库（王国栋等 5828、《深圳植物志》采集队 013599）。生于水旁，海拔约 50m。

分布：广东（南部）。

3. 荞麦属 Fagopyrum Mill.

一年生或多年生草本，稀半灌木。茎直立，具纵棱，无毛或具短柔毛。叶互生，具柄；叶片三角形、箭形或宽卵形；托叶鞘膜质，偏斜，边缘全缘，顶端急尖或截形。花序伞房状或总状，顶生或腋生；花梗通常具关节；花两性，花被 5 深裂，白色或粉红色，花被片 5，覆瓦状排列，果时不增大，宿存；雄蕊 8，比花被短；子房卵形，花柱 3，伸长，柱头头状；花盘腺体状。瘦果卵形，具 3 棱，比宿存花被明显超长，无翅，有时有窄翅或基部具角。种子具中轴胚，子叶呈"S"形弯曲。

约 15 种，分布于亚洲和欧洲。我国产 10 种，1 变种。深圳栽培 1 种。

金荞麦 野荞麦 金荞 Cymose Knotweed　　　图 614

Fagopyrum dibotrys（D. Don）H. Hara, Fl. E. Himel. 69. 1966.

Polygonum dibotrys D. Don, Prodr. Fl. Nepal. 73, 1825.

Fagopynum cymosum（Tren）Mesn. in Wall. Pl. As. Rar. **3**：63.1832.

多年生草本。根状茎粗壮，黑褐色，木质化。茎直立，中空，高 0.4~1m，绿色或淡褐色，分枝，具纵棱，无毛，有时一侧沿纵棱具乳头状凸起。叶柄长 2~10cm，无毛；叶片三角形，长 4~12cm，宽 2~11cm，基部心状戟形，边缘近全缘，两面脉上具乳头状小凸起，先端渐尖；托叶鞘偏斜，褐色，膜质，长 0.5~1cm，顶端截形，无缘毛。花序伞房状，顶生或腋生；苞片卵状披针形，长约 3mm，边缘膜质，先端急尖，每苞片内具 3（~6）花；花梗中部具关节，与苞片等长；花被 5 深裂，白色，花被片狭椭圆形，长 2.5~3mm；雄蕊 8，比花被短；子房长卵球形，花柱 3，分离，柱头头状。瘦果宽卵球形，先端急尖，长 6~8mm，超出宿存花被 1~2 倍，表面淡黑褐色，具 3 锐棱。花期 4~10 月；果期 5~11 月。

产地：仙湖植物园（王定跃 11980）。药用植物区有栽培，海拔约 80m。

分布：广东、广西、湖南、江西、福建、浙江、江苏、安徽、河南、湖北、四川、贵州、云南、西藏、甘肃（南部）和陕西。印度、尼泊尔、克什米尔地区、越南、缅甸和泰国。

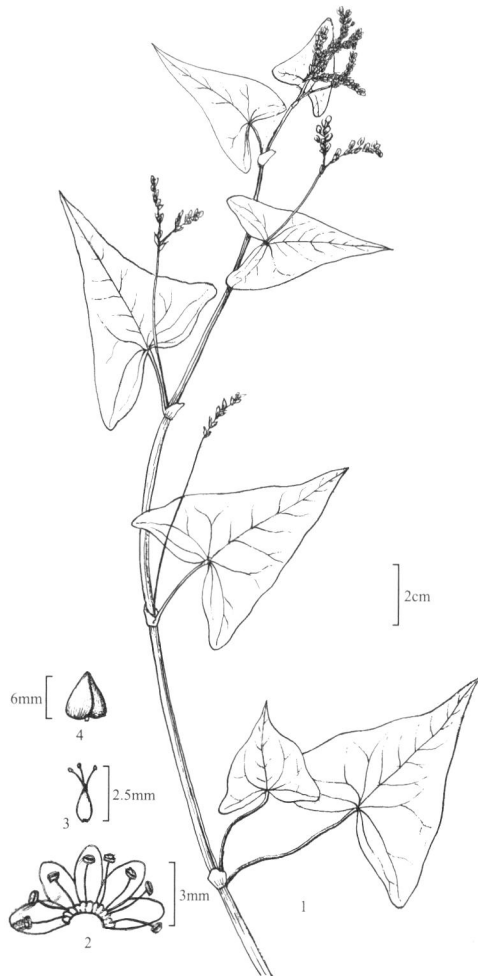

图 614 金荞麦 Fagopyrum dibotrys
1.植株的上部，示茎、托叶、叶和花序；2.花被展开；3.雌蕊；4.果实。（刘平绘）

用途：块根供药用，有清热解毒、排脓去痰的功效。

4. 酸模属 Rumex L.

一年生或多年生草本，稀为灌木。根通常粗壮，有时具根状茎。茎直立，稀上升至平卧，分枝，具沟槽。叶基生及茎生，茎生叶互生，边缘全缘或波状；托叶鞘筒状，膜质，边缘全缘，早落。花序圆锥状或总状，通常顶生，有时顶生和腋生，花簇排列成轮状；花两性，有时杂性，稀单性，雌雄异株；花梗具关节，稀无关节；花被宿存，花被片6，排成2轮，内轮3花被片果时增大而变硬，边缘全缘、啮蚀状或具小齿或刺状齿，背部具小瘤或无；雄蕊6，花丝细弱，花药2室，纵裂；子房卵形，1室，花柱3，伸长，柱头画笔状。瘦果卵球形或椭圆体形，具3锐棱，包藏于增大的宿存花被片内。

约200种，广布于北温带和南温带。我国产27种，1变种。深圳有4种。

1. 多年生草本；内轮花被片在果时宽心形，边缘具不整齐小齿，齿长 0.3~0.5mm ·················· 1. **羊蹄 R. japonicus**
1. 一年生草本；内轮花被片在果时狭三角状卵形，边缘全缘或具刺状齿。
  2. 内轮花被片在果时边缘全缘 ·················· 2. **小果酸模 R. microcarpus**
  2. 内轮花被片在果时边缘具刺状齿。
    3. 内轮花被片在果时边缘每侧具 1 个刺状齿，齿长 3~4mm ·················· 3. **长刺酸模 R. trisetifer**
    3. 内轮花被片在果时边缘每侧具 2~4 个刺状齿，齿长 1.5~2mm ·················· 4. **齿果酸模 R. dentatus**

1. 羊蹄 Goat-hoof　　　图 615　彩片 828　829
Rumex japonicus Houtt. in Net. Hist. **2**（8）：394. 1777.

多年生草本。茎直立，高 0.7~1m，具沟槽，上部分枝，无毛。叶柄长 2~15cm；托叶鞘膜质，白色，早落；基生叶长圆形或披针状长圆形，长 8~25cm，宽 3~8cm，基部圆形或心形，边缘微波状，先端急尖，上面无毛，下面沿叶脉具小凸起，茎生叶较小，具短柄，叶片狭长圆形，基部楔形，两面无毛。花小，两性，数花或多花簇生于枝上叶腋，排成总状花序或圆锥花序；花梗细长，中下部具关节；花被片6，淡绿色，排成2轮，外轮3花被片椭圆形，长 1.5~2mm，内轮3花被片果时增大，宽心形，长 4~5mm，宽 5~6mm，基部心形，先端急尖，边缘具不整齐的小齿，齿长 0.3~0.5mm，网脉明显，背部全部具小瘤；小瘤狭卵形，长 2~2.5mm。瘦果宽卵球形，长约 2.5mm，具 3 锐棱，两端急尖或钝，暗褐色，有光泽。花期 5~8 月；果期 6~12 月。

产地：马峦山（张寿洲等 5332）、内伶仃岛（徐有才 2001）。生于沙滩草丛、山谷湿地，海拔 20~350m。

分布：广东、香港、海南、广西、湖南、江西、福建、台湾、浙江、江苏、安徽、山东、河南、湖北、四川、贵州、陕西、山西、内蒙古、河北、辽宁、吉林和黑龙江。朝鲜半岛、日本和俄罗斯（远东）。

图 615 羊蹄 Rumex japonicus
1. 植株的上部，示茎、托叶、叶和花序；2. 花被展开；3. 雌蕊；4. 果实；5. 果时增大的内轮花被片。（刘平绘）

2. 小果酸模 Little-fruited Dock 图 616

Rumex microcarpus Campd. Monogr. Rum. 143. 1819.

Rumex wallichii Meisn. in DC. Prodr. **14**（1）: 48. 1856; 海南植物志 **1**: 387. 图 204. 1964.

一年生草本。茎直立，高 40~80cm，具浅沟槽，自上部分枝，无毛。基生叶叶柄长 2~4cm；叶片长椭圆形，长 10~15cm，宽 2~5cm，基部楔形，边缘全缘，先端急尖或稍钝，两面无毛；茎生叶：叶片较小，具短柄，叶片狭椭圆形，托叶鞘膜质，易破裂，早落。花序通常由数个总状花序再组成圆锥花序；数花至多花簇生于叶腋，轮生，在枝下部稀疏间断，在枝上部紧密；花梗细弱，长 3~5mm，近基部具关节；花两性；花被片 6，黄绿色，排成 2 轮，外轮 3 花被片披针形，长 1~1.5mm，内轮 3 花被片果时增大，狭三角状卵形，长 3~4mm，宽 1.5~2mm，网脉明显，基部楔形，边缘全缘，先端急尖，背部全部具小瘤，小瘤长圆形，长 1.5~2mm。瘦果卵球形，具 3 锐棱，长 1~2mm，褐色，有光泽。花果期 2~4 月。

产地：排牙山（张寿洲等 5669）。生于水边湿地，海拔 20~50m。

分布：辽宁、安徽、江苏、河北、河南、湖北、台湾、广东、香港、澳门、海南、广西、贵州和云南。越南和印度。

3. 长刺酸模 假波菜 Trisetiferous Dock
图 617 彩片 830

Rumex trisetifer Stokes in Bot. Mat. Med. **2**: 305. 1812.

Rumex maritimus auct. non L. 海南植物志 **1**: 286. 1964; 广东植物志 **4**: 83. 图 55. 2000.

一年生草本。根粗壮，红褐色。茎直立，高 30~90cm，无毛，具沟槽，分枝开展。基生叶叶柄长 2~6cm；叶片长圆形或长圆状披针形，长 8~20cm，宽 2~5cm，基部楔形，边缘波状，先端急尖，茎生叶较小；叶柄较短，叶片狭披针形；托叶鞘筒状，长 1.5~2cm，膜质，早落。花序总状，顶生或腋生，由数个总状花序再组成大型圆锥花序；花梗细弱，长 2~6mm，近基部具关节；花被片 6，排成 2 轮，淡黄绿色，外轮 3 花被片小，披针形，长约 1mm，内轮 3 花被片果时增大，狭三角状卵形，长 3~4mm，宽 1.5~2mm，基部截形，先端狭窄，急尖，边缘每侧具一长刺状齿，刺状齿长 3~4mm，背部全部具小瘤，小瘤长约 1.5mm。瘦果椭

图 616 小果酸模 Rumex microcarpus
1. 植株的上部，示茎、托叶、叶和花序；2. 花被展开；3. 雌蕊；4. 果实；5. 果时增大的内轮花被片。（刘平绘）

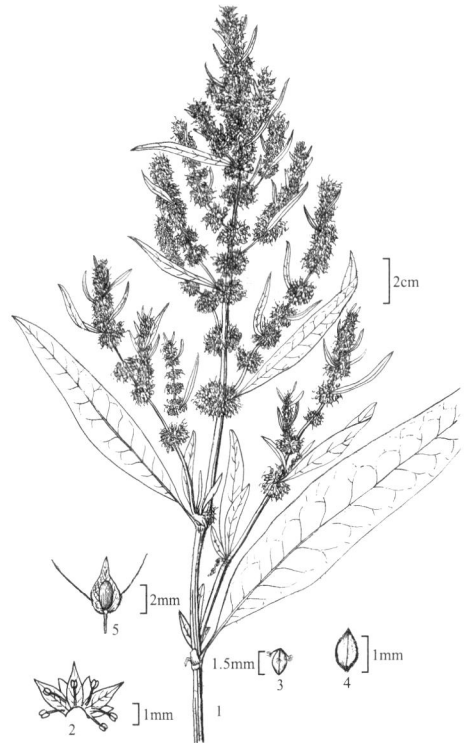

图 617 长刺酸模 Rumex trisetifer
1. 植株的上部，示茎、托叶、叶和花序；2. 花被展开；3. 雌蕊；4. 果实；5. 果时增大的内轮花被片。（刘平绘）

圆体形，长 1~1.5mm，具 3 锐棱，基部狭窄，先端急尖，褐色，有光泽。花果期 5~8 月。

产地：大望（张寿洲等 0467）、深圳水库、罗湖（张寿洲等 427）、东湖公园（李沛琼 022828）。生于田边路旁、水库沟旁、山谷湿地，海拔 30~100m。

分布：广东、香港、海南、广西、湖南、江西、福建、台湾、浙江、江苏、安徽、湖北、四川、贵州、云南和陕西（南部）。越南、老挝、泰国、缅甸、印度和不丹。

4.　齿果酸模 Toothed-fruited Dook

图 618　彩片 831

Rumex dentatus L. Mant. Pl. **2**: 226. 1771.

一年生稀二年生草本。茎直立，高 30~70cm，自基部分枝，枝斜升，具浅沟槽。基生叶叶柄长 2~5cm；叶片长圆形或狭椭圆形，长 3~12cm，宽 1.5~3cm，基部圆形、截形或近心形，边缘浅波状，先端圆钝或急尖，茎生叶较小，向上逐渐变成苞片状；托叶鞘膜质，长 0.8~1.5cm，无毛。花序呈总状，顶生或疏生，由数个总状花序再组成圆锥花序；花两性；花梗中下部具关节；花被片 6，排成 2 轮，外轮 3 花被片椭圆形，长约 2mm，内轮 3 花被片果时增大，狭三角状卵形，长 4~5mm，宽 2.5~3mm，基部近圆形，先端急尖，网纹明显，边缘每侧具 2~4 刺状齿，齿长 1.5~2mm；背部全部具小瘤；小瘤长 1.5~2mm。瘦果卵球形，具 3 锐棱，长 2~2.5mm，两端尖，黄褐色，有光泽。花果期 5~11 月。

产地：笔架山（华农仙湖采集队 SCAUF646）。生于路边荒地，海拔约 200m。

分布：湖南、江西、广东（南部）、香港、福建、台湾、浙江、江苏、安徽、山东、河南、湖北、四川、贵州、云南、新疆、青海、甘肃、宁夏、陕西、山西、河北和内蒙古。印度、尼泊尔、阿富汗、哈萨克斯坦、吉尔吉斯斯坦、俄罗斯、北非和欧洲（东南部）。

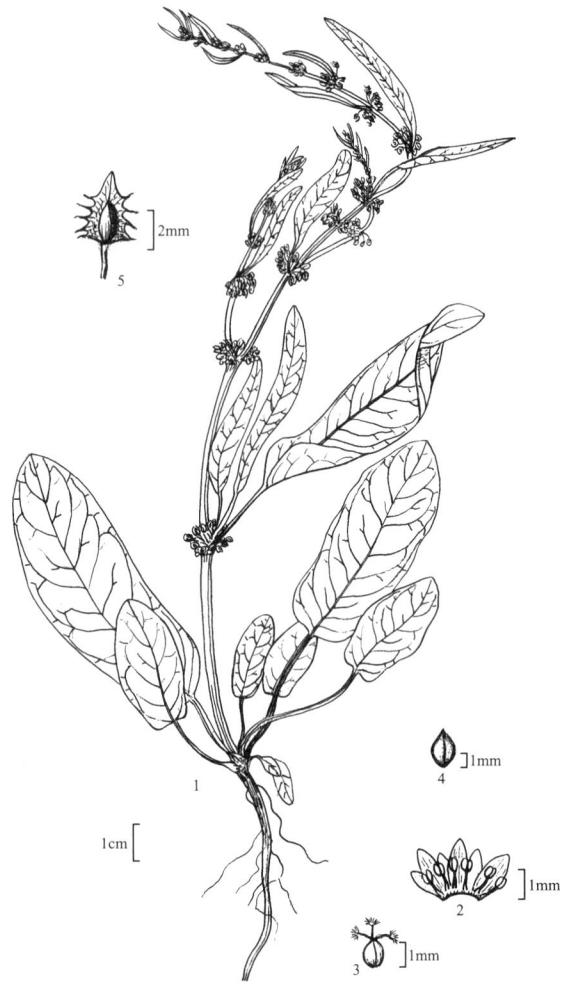

图 618 齿果酸模 Rumex dentatus
1. 植株，示根、茎、叶和花序；2. 花被展开；3. 雌蕊；4. 果实；
5. 果时增大的内轮花被片。（刘平绘）

80. 白花丹科（蓝雪科） PLUMBAGINACEAE

李秉滔

灌木、半灌木或多年生草本，稀一年生草本。茎伸长或极短缩，直立、上升或垫状，有时攀援状，有细纵条棱，茎和分枝有明显的节，有时沿节多少呈"之"字形曲折。单叶在茎上互生或基生呈莲座状；无托叶；叶柄基部扩大并抱茎；叶片边缘全缘，或稀羽状分裂，具羽状脉。花序顶生或腋生，为穗状花序、头状花序或圆锥花序，花序由1~10或更多聚伞花序（此基本花序在白花丹科称为"小穗"）组成，每个小穗基部有1苞片；每朵花基部有1~2小苞片；花两性，辐射对称，无花梗或有很短的花梗；花萼筒状或漏斗状，具5棱，顶部5裂，裂片间有时有小裂片；花冠钟状、高脚碟状或漏斗状，花冠裂片5，在花芽时旋转状，覆瓦状排列，花开放时裂片通常向外开展；雄蕊5，贴生于花冠筒基部，与花冠裂片对生，花丝扁，条形，基部稍宽，花药2室，纵裂；雌蕊由5心皮组成，子房上位，合生，1室，具1倒生胚珠，胚珠悬垂于基生的细长珠柄上，花柱5，分离或合生，柱头5，扁头状、圆柱形或横的长圆形。果为蒴果，通常包藏于宿存的花萼内，不开裂或在近基部处周裂，很少自基部向上瓣裂。种子1，具直而大的胚，胚乳具薄层粉质。

约25属440种，分布于世界各地，主产于地中海地区和亚洲中部。我国产7属46种。深圳2属2种。

1. 叶基生呈莲座状；花冠筒远短于花冠裂片；花柱5，分离 ·························· 1. 补血草属 Limonium
1. 叶茎上互生；花冠筒远长于花冠裂片；花柱5，合生，仅顶端分离 ·················· 2. 白花丹属 Plumbago

1. 补血草属 Limonium L.

多年生草本或半灌木，稀一年生草本。茎极短缩而呈茎基，稀有伸长的茎。叶基生，呈莲座状，稀在茎上互生；叶柄基部扩大并抱茎；叶片边缘全缘或羽状分裂。2花至数花组成小穗头状花序，托以鳞片状苞片，再由2至13个小穗在分枝上排成伞房状圆锥花序；苞片明显短于小苞片，边缘膜质；小苞片具宽膜质的边缘；花萼漏斗形、倒圆锥形或圆筒形，基部直或偏斜，萼筒具5~10棱，干膜质，常有颜色，萼檐顶端5裂，有时裂片间有小裂片；花冠钟状，筒部极短，远短于花冠裂片，花冠裂片5，覆瓦状排列，常宿存；雄蕊5，贴生于花冠筒基部，与花冠裂片对生；子房上位，倒卵球形，先端急尖，1室，具1倒生胚珠，胚珠悬垂于基生细长的珠柄上，花柱5，分离，无毛，柱头圆柱形，伸长至丝状。蒴果倒卵球形，包藏于宿存的花萼内，具5棱，开裂或不开裂。种子具直而大的胚，胚乳有或无。

约300种，广布于世界各地。我国产22种。深圳有1种。

在深圳四季青沙湾基地尚引进栽培 Limonium sinuatum（L.）Mill.；L. vulgare Mill. 和 L. aureum（L.）Hill，因栽培数量少，本志未有收录。

补血草 中华补血草 Sea-lavender　　　　　　　　　　　　　　　　　　　　图 619　彩片 832

Limonium sinense（Girard）Kuntze，Rev. Gen. Pl. **2**：396. 1891.

Statice sinensis Girard in Ann. Sci. Nat. Bot.，Ser. 3，**2**：329. 1844.

多年生草本。植株高15~50cm，除花萼外，全株无毛。主根粗厚，红褐色。茎极短缩而呈茎基。叶基生，呈莲座状；叶柄基部扩大并抱茎；叶片倒卵状长圆形、长圆状披针形或匙形，纸质，连叶柄共长4~12（~22）cm，宽0.4~2.5（~4）cm，基部渐狭并下延至叶柄基部，先端圆或钝，中脉在下面凸起。花序为伞房状圆锥花序，3~5个自莲座状叶丛中生出，上升或直立，长15~38cm，花序的组成是由2~3（~4）花组成小穗，再由2~6（~11）个小穗生于最末分枝的上部或顶端偏生一侧；花序轴具4棱或4槽；苞片卵形，长2~2.5mm；小苞片膜质，椭圆形，长5~6mm；花萼漏斗状，长5~6（~7）mm，具5纵棱，棱上具白色粗毛，花萼筒直径约1mm，萼檐宽2~2.5mm，张开直径3.5~4.5mm，白色，花萼裂片宽而短，先端钝或急尖，裂片间有时具小裂片；花冠浅黄色，稍长于花萼，花冠筒极短，远短于花冠裂片，花冠裂片长圆状倒卵球形；雄蕊5，着生于花冠筒基部，花丝扁，花药卵形；子房倒卵形，花柱5，丝状，分离。蒴果圆柱形，长约3mm，直径约1mm。花期2~12月；果期3至翌年1月。

产地：西涌、排牙山（王国栋等6664）、葵涌、（张寿洲等010273）。生于海边石缝、沙滩及盐碱地上，海拔10~50m。

分布：辽宁、河北、山东、江苏、浙江、福建、台湾、广东、香港、海南和广西。日本和越南。

用途：全株可药用，有祛湿、清热、止血之功效，可治痔疮出血、脱肛和血带等。

2. 白花丹属（蓝雪花属）Plumbago L.

多年生草本，稀为灌木，有时攀援状。茎直立，有分枝，枝有沟棱。叶在茎上互生；叶柄基部通常扩大并抱茎；叶片边缘全缘，具羽状脉。花序为穗形总状花序，生于茎顶或枝顶，具极短而宿存的花序梗；每小穗含1花，具1短于花萼的苞片和2小苞片；花萼筒状，具5纵棱，密被黏质有柄的腺毛，顶端5齿裂，裂片三角形，小；花冠高脚碟状，天蓝色、紫红色或白色，花冠筒纤弱，远长于花冠裂片，花冠裂片5，平展，先端圆或急尖；雄蕊5，与花冠筒等长，花丝细长，基部扩大，花药长圆形，2室，纵裂；子房上位，椭圆体形、卵球形或梨形，花柱5，合生，顶端5分枝，柱头内侧具有柄或无柄的腺毛。蒴果包藏于花萼内，近基部周裂。

约17种，主要分布世界热带地区。我国连栽培的有3种。深圳有1种。

白花丹 白雪花 White-flowered Leadword
图620 彩片833 834
Plumbago zeylenica L. Sp. Pl **1**: 151. 1753.

多年生草本或灌木。植株高1~3m。茎直立，多分枝，枝条有细纵棱，上部有时攀援状。叶在茎和枝上互生，常3簇生于枝条上，大小不等；叶柄长3~8mm，基部扩大并抱茎或抱枝；叶片卵形至卵状椭圆形，纸质，长3~10(~13)cm，宽2~4(~7)cm，基部楔形至钝，下延至叶柄，先端渐尖或急尖，侧脉每边4~5条。穗形总状花序顶生和腋生，长8~17cm，着花(3~)5~70；花序梗长0.5~1.5cm，具头状的腺毛；花序轴长(2~)3~8(~15)cm，密被有黏质头状的腺毛；苞片

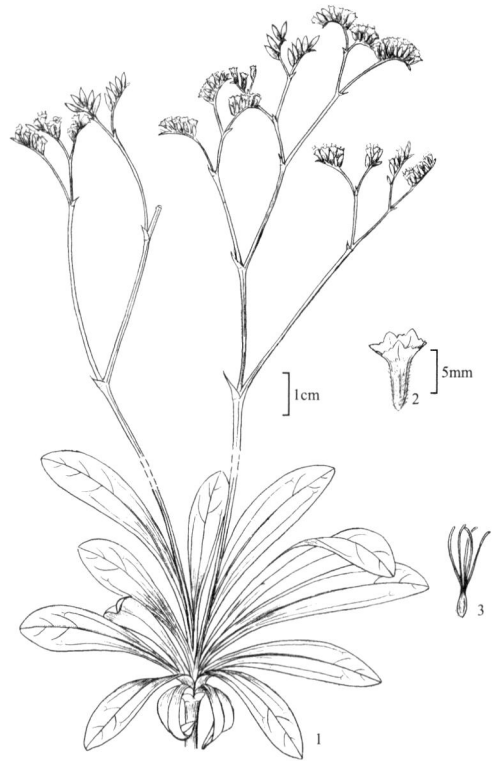
图619 补血草 Limonium sinense
1.植株，示茎基、叶和花序；2.花萼；3.雌蕊。（林漫华绘）

图620 白花丹 Plumbago zeylenica
1.分枝的一部分，示叶和穗形总状花序；2.蒴果。（林漫华绘）

近卵形，长 4~6（~8）mm，宽（1~）1.5~2（~2.5）mm，先端渐尖；小苞片线形，长约 2mm，宽约 0.5mm；花萼圆筒形，长 1~1.2cm，具 5 棱，被黏质有柄的腺毛，萼筒直径约 2mm，顶部具 5 齿裂，裂片小，三角形；花冠白色或浅蓝色，花冠筒长 1.8~2.2cm，冠檐直径 1.6~1.8cm，花冠裂片倒卵形至长圆状披针形，长约 7mm，宽约（2~）4mm，先端圆并有芒状突尖或渐尖；雄蕊与花冠筒等长，花丝丝状，基部扩大，花药长圆形，蓝色，长约 2mm；子房椭圆体形，具 5 纵棱，花柱细长，无毛，柱头 5 裂，裂片线形。蒴果长圆体形，长 1~1.2mm，直径约 3mm，淡黄褐色，密被腺毛，周裂。种子红褐色，长 6~7mm，宽 1~1.5mm，厚约 0.6mm，先端急尖，花期 4~10 月；果期 10 月至翌年 4 月。

产地：西涌、大鹏（张寿洲等 4406）、排牙山、葵涌（王国栋等 6560）、梧桐山、仙湖植物园（李沛琼 2347）、福田红树林。生于海边、低山路旁或山地灌丛中，海拔 10~100m。

分布：台湾、福建、广东、香港、海南、广西、贵州、云南和四川。亚洲热带地区。

用途：花美丽，为园林观赏植物。根供药用，有舒筋活血、祛风消肿、明目等功效；叶含蓝雪碱，有毒，不可内服，外敷治疮疖。

81. 五桠果科（第伦桃科）**DILLENIACEAE**

李秉滔

　　乔木、灌木或木质藤本，稀草本。单叶互生，稀对生，通常呈螺旋状排列；无托叶；具叶柄；叶柄通常粗大，两侧有时有宽或窄的翅；叶片革质、草质或膜质，边缘全缘或有锯齿，稀分裂或羽状全裂，具羽状脉，侧脉多条，通常平行且在下面凸起。花序为总状花序、圆锥花序或聚伞花序，顶生或腋生，稀单花或数花簇生；花两性，稀单性，辐射对称，偶有两侧对称；萼片（3~）4~5（~18），覆瓦状排列，通常革质或肉质，有时花后膨大，宿存；花瓣（2~）3~5（~7），在花芽时常皱折，覆瓦状排列，白色、黄色或红色；雄蕊多数，稀为定数（1~10），排成多轮，离心发育，花丝丝状，分离或基部联合成束，花药基部着生，药室内向、外向或侧生，纵裂和顶孔开裂；退化雄蕊通常存在；雌蕊有（1~）2~7（~20）心皮，分离或基部多少合生，子房上位，内具 1 至多数倒生或弯生的胚珠，胚珠直立于子房室的基部或侧膜胎座上，珠被 2 层，花柱分离。果为蓇葖果、聚合蓇葖果、浆果或蒴果，开裂或不开裂，包藏于肉质的宿存的花萼内。种子 1 至多数，常有鸡冠状凸起、流苏状或条裂的假种皮，胚乳丰富，肉质，含蛋白质及脂肪油，胚小，劲直。

　　10 属约 500 种，广布于世界热带地区并延伸至暖温带，尤以亚洲热带地区和澳大利亚为最多。我国产 2 属 4 种。深圳有 2 属 3 种。

1. 木质藤本；花小，直径 0.5~3cm，多花组成圆锥花序；萼片薄革质，花后不膨大；药隔两侧明显扩大；心皮 1~5；花托扁平 ·· 1. **锡叶藤属 Tetracera**
1. 乔木；花大，直径 10~13（~20）cm，单生，或数至多花组成总状花序；萼片肉质，通常花后膨大；药隔两侧窄，线形；心皮 4~20；花托圆锥状 ·· 2. **五桠果属 Dillenia**

1. 锡叶藤属 **Tetracera** L.

　　木质藤本或常绿灌木（深圳不产）。单叶互生，具叶柄；叶片革质，边缘全缘或稀有钝齿，两面通常粗糙，稀平滑，侧脉羽状斜升，近平行。圆锥花序顶生或腋生；苞片和小苞片条形；花两性，辐射对称；萼片（3~）4~5（~15），薄革质，花后不膨大，宿存；花瓣 3~5，白色，与萼片等长或较长；雄蕊多数，花丝丝状，花药 2 室，纵裂，药隔两侧明显扩大；心皮 1~5，分离，生于扁平的花托上，每心皮的子房有 2 至多数胚珠，花柱稍伸长。蓇葖果卵球形或球形，革质，通常 1~2 纵裂，先端具宿存短喙状的花柱。种子 1 至多数，肾形、卵球形或球形，亮深褐色至黑色，具肉质假种皮，假种皮通常呈淡红色、淡紫红色或黄白色，边缘流苏状或条裂。

　　约 50 种，分布于世界热带地区，主产于热带美洲。我国产 2 种。深圳有 1 种。

锡叶藤 Sandpaper Vine　　　　　　　　　　　　　　图 621　彩片 835　836　837
　　Tetracera sarmentosa（L.）Vahl, Symb. Bet. **3**: 70. 1794.
　　Delima sarmentosa L. Gen. Pl., ed. 5. App. 1754 ["sparmentosa"].
　　Seguieria asiatica（Lour.）Hoogland in Van Steenis, Fl. Malesiana ser. 1, 4: 143. 1951；海南植物志 1: 446. 1964；澳门植物志 **1**: 189. 2005；N. H. Kia & Y. F. Deng in Q. M. Hu & D. L. Wu, Fl. Hong Kong **1**: 178, fig. 132. 2007.
　　Tetracera sarmentosa（L.）Vahl subsp. *asiatica*（Lour.）Hoogland in Blumea **9**: 588. 1959；广东植物志 3: 93, 图 65. 1995.
　　常绿木质藤本，植株长达 20m 或更长。茎多分枝；枝条幼嫩时被糙伏毛，老渐无毛。单叶互生；叶柄长 1-1.5cm，被短柔毛至无毛；叶片长圆形、长圆状倒卵形或长圆状椭圆形，稀卵形或圆形，革质，长 3~15cm，宽 2~7cm，基部圆或宽楔形，边缘全缘或有波状小锯齿，先端急尖或钝，两面极粗糙，幼嫩时被刺毛，不久刺毛脱落，留下瘤状的小凸起，侧脉每边 7~16 条，斜升，近平行，在下面极凸起。圆锥花序顶生和腋生，长 6~25cm，着花多朵；花序轴"之"字形，被糙毛；花小，直径 0.6~1cm，白色；花梗长 1~5mm；萼片 5，分离，宽卵形，大小不等，长 4~5mm，先端钝，无毛或仅边缘被缘毛，宿存；花瓣 3，分离，卵形，与萼片等长，白色；雄蕊多数，短于萼片，长 3~4mm，花丝丝状，中部以上扩大，药隔两侧明显扩大；心皮 1~2，无毛，子房具 10~12 胚珠，花柱长于雄蕊。蓇葖果卵球形，长 0.6~1cm，宽 4~6mm，橙黄色，果皮薄革质，干后稍光滑，先端具宿存花柱，花柱呈喙状，长 2~5mm。种子 1，黑色，卵球形，长约 4mm，宽约 3mm，具流苏状、长约 5mm、黄白色的假种皮。花期 4~11 月；果期 7~12 月。

产地：大鹏（张寿洲等 3321）、三洲田（张寿洲等 5276）、梧桐山（张寿洲等 4090）。深圳各地常见。生于山地路旁、疏林、密林中或灌丛中，海拔 50~350m。

分布：广东、香港、澳门、海南、广西和云南。印度、斯里兰卡、缅甸、泰国、越南、马来西亚和印度尼西亚。

用途：叶两面极粗糙，可用于擦净锡器，故名"锡叶藤"。

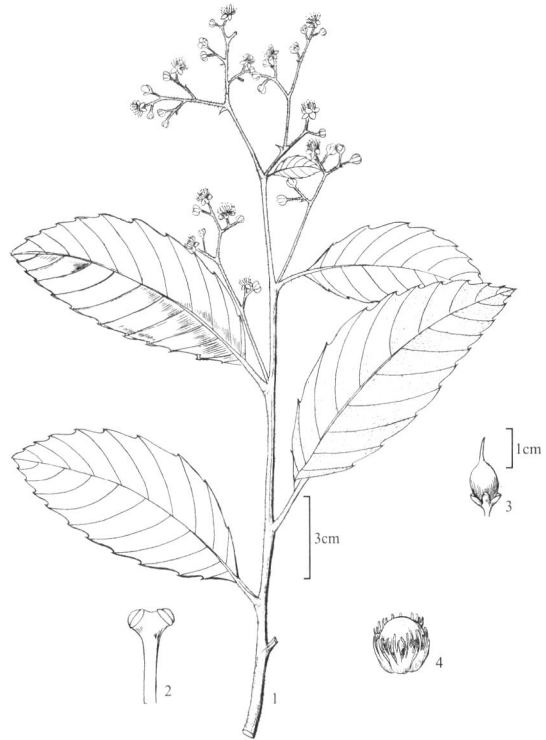

图 621 锡叶藤 Tetracera sarmentosa
1. 分枝的上部，示叶和花序；2. 雄蕊；3. 蓇葖果；4. 种子，并示流苏状的假种皮。（林漫华绘）

2. 五桠果属 Dillenia L.

乔木，稀灌木，常绿，稀落叶。树皮淡红色、灰色、淡灰色或淡红褐色，分枝粗壮。单叶互生，大型，长可达 50cm；叶柄粗壮，基部通常扩大并抱茎或抱枝，两侧通常具宽窄不一的翅；叶片革质，边缘具锯齿或波状齿，具羽状脉，侧脉多而密，平行，斜升达边缘锯齿，在下面明显凸起，网脉明显。花两性，单生或数至多花组成总状花序，腋生或生于侧枝顶端；苞片小，早落或无苞片；花梗粗壮；萼片(4~)5(~18)，肉质，花后通常膨大，宿存；花瓣(4~)5(~7)，早落，有时缺；雄蕊多数，分离，等长或不等长，排成 2 轮，有时外轮的不发育，通常内轮的较长，花丝长或短，花药基部着生，线形，稀长圆形，纵裂或顶孔开裂，药隔线形，两侧窄；雌蕊由 4~20 心皮组成，以腹面贴生于圆锥状凸起的花托上，每心皮的子房具 1 至多数胚珠，花柱线形，略为扩展，柱头通常明显。果为浆果，圆球形，肉质；外被宿存的肥厚萼片包着，成熟心皮有时不开裂，如开裂，则沿心皮的腹缝线裂开，并与宿存萼片呈放射状开展，每成熟心皮通常仅有 1 或少数种子发育。种子球形、卵球形或倒卵球形，具厚薄不一的假种皮，有时无假种皮。

约 65 种，主要分布于亚洲热带地区，少数分布于澳大利亚至马达加斯加。我国产 3 种。深圳引进栽培 2 种。

1. 叶片的侧脉间小脉不构成蜂巢状小窝穴；花单生于叶腋；花瓣白色；每朵花具 16~20 心皮·· **1. 五桠果 D. indica**
1. 叶片的侧脉间小脉明显构成蜂巢状小窝穴；2~7 花组成总状花序，生于枝顶；花瓣黄色、淡黄白色或淡红色；每花具 8~9 心皮 ··· **2. 大花五桠果 D. turbinata**

1. 五桠果 第伦桃 Elephant Apple

图 622　彩片 838　839

Dillenia indica L. Sp. Pl. 1：535. 1753.

常绿乔木。植株高达 30m，胸径达 1.2m。树皮淡红褐色，片状脱落；幼枝被褐色短柔毛，老枝几无毛，具明显的叶痕。单叶互生，常聚生于枝的上部；叶柄长 5~7cm，基部扩大或稍扩大，抱枝，两侧具窄翅，被褐色短柔毛；叶片薄革质，长圆形或倒卵状长圆形，长 15~40cm，宽 7~14cm，基部宽楔形，有时不等侧，边缘具明显锐锯齿，先端短渐尖或急尖，幼嫩时下面被柔毛，脉上被毛更密，老叶下面仅脉上被柔毛，上面无毛，侧脉每边（20~）30~40（~70）条，斜升、平行，直升达锯齿尖，在下面明显凸起，在上面凹陷，侧脉间小脉近平行，不构成蜂窝状小窝穴。花单生于叶腋，花芽时直径 5cm 以上，开放时直径 12~20cm；花梗粗壮，被短柔毛；萼片 5，肥厚，肉质，近圆形，直径 3~6cm，外面被柔毛；花瓣倒卵形，长 7~9cm，白色；雄蕊 2 轮，外轮的极多数，在花芽时弯曲，内轮雄蕊约 25，长于外轮雄蕊，在花芽时反折，花丝线形，长 5~8mm，花药线形，长于花丝，长约 1.5cm，顶孔开裂；每花具 16~20 心皮，呈柱状展开，每心皮的子房具多数胚珠，花柱线形，顶部向外弯，柱头不明显。果呈球形，直径 10~15cm，不开裂，被宿存、肉质、增大的萼片所包。种子多数，压扁状，边缘有毛，无假种皮。

产地：洪湖公园（李沛琼等 3577；科技部 2598）、深圳市农科中心（陈景方 2507）、仙湖植物园有栽培。

分布：广东（栽培）、香港（栽培）、澳门（栽培）、广西（南部）和云南（南部）。印度、不丹、尼泊尔、斯里兰卡、缅甸、泰国、老挝、越南、马来西亚、菲律宾和印度尼西亚。

用途：果味酸甜，可食；花大，美丽，是优良的园林绿化树种，常植于庭园和道路两旁。

2. 大花五桠果 大花第伦桃　琵琶树 Turtinate Dillenia

图 623　彩片 840　841

Dillenia turbinata Finet & Gagnep. in Bull. Soc. Bot. France 52（Mem. 4）：11. Pl. 1. 1906.

常绿乔木。植株高达 30m，胸径达 1m。树皮灰色或淡灰色；枝条粗壮，密被褐色绒毛，后变几无毛，叶痕明显。单叶互生；叶柄长 2~6cm，基部扩大并抱枝，两侧具窄翅，密被褐色绒毛；叶片革质，倒卵形至长倒卵形，长 12~30cm，宽 7~14cm，基部宽楔形并下延成狭翅，边缘具钝齿，先端圆或钝，幼嫩时两

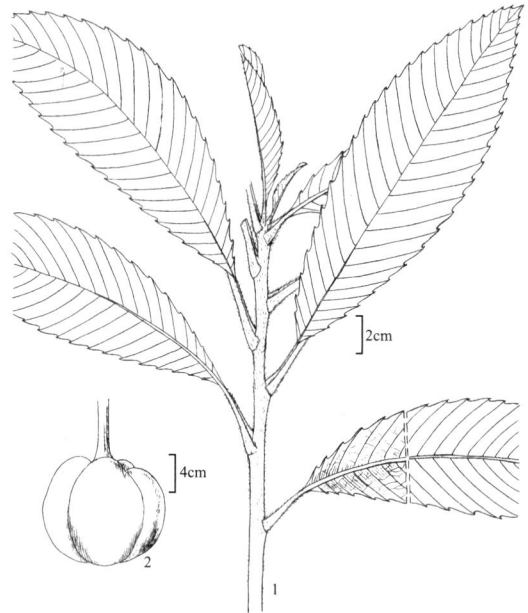

图 622 五桠果 Dillenia indica
1. 分枝的一段，示叶；2. 浆果。（林漫华绘）

图 623 大花五桠果 Dillenia turbinata
1. 分枝的一部分，示叶和总状花序；2. 叶片的一部分放大，示背面的叶脉及毛被；3. 果及宿存花萼。（林漫华绘）

面被长柔毛，下面脉上毛更密，老叶仅下面脉上疏被短柔毛，侧脉每边(9~)15~22(~40)条，斜升，平行，直升达边缘齿端，侧脉间小脉凸起，明显构成蜂巢状小窝穴。总状花序生于枝顶，着花2~7；花芳香，在花芽时直径4~5cm，开放时，直径10~13cm；无小苞片；花梗粗壮，长0.3~2cm，密被褐色长硬毛；萼片5，革质，卵形或广椭圆形，厚肉质，不等大，外面的2萼片较大，长2.5~4.5cm，宽2~3cm，外面被褐色长硬毛；花瓣5，倒卵形，直径5~7cm，基部狭，先端圆，黄色、淡黄白色或淡红色；雄蕊极多数，2轮，外轮的雄蕊长1.5~2cm，在花芽时弯曲，内轮雄蕊约25，长2~2.5cm，在花芽时反折，花丝淡紫红色，外轮的花丝长0.5~1.1cm，内轮的花丝长2~5mm，花药线形，比花丝长2~4倍，顶孔开裂；每朵花具8~9心皮，心皮长约1cm，每心皮的子房有多数胚珠，花柱圆柱形，长约1.3cm。果近球形，不开裂，直径4~5cm，淡红色至暗红色，成熟时具1至多数种子。种子倒卵球形，长约6mm，宽约4mm，无毛，无假种皮。花期4~5月；果期6~9月。

产地：洪湖公园（李沛琼3579）、深圳市农科中心（陈景方2506；科技部2599）。栽培。

分布：广东、海南、广西（南部）和云南（南部）。越南。

用途：果味酸甜，可食。

88. 山茶科 THEACEAE

叶创兴　石祥刚

灌木或乔木，常绿或半常绿。单叶互生，具柄或稀无柄而抱茎；无托叶；叶片革质至薄革质，边缘具胼胝质状锯齿或全缘，具羽状脉。花两性，稀单性，雌雄异株，单生或数花簇生于叶腋，或近顶生，或组成总状花序；有花梗或近无花梗；小苞片2至多数，宿存或脱落，或有时小苞片与萼片无区别；萼片5(~6)或更多，常宿存；花瓣5(~6)，有时更多，分离或基部合生，白色、红色或黄色；雄蕊多数，多轮，少有1轮，分离或花丝基部合生，少有合生或多体的，花药近"丁"字着生，少有背部或基部着生，侧向，2室，纵裂；雌蕊群有3~5心皮，心皮合生或稀不明显合生呈近离生，子房上位，稀半下位，3~5室，每室胚珠2至多数，中轴胎座，胚珠在中轴顶部或基部着生，或沿中轴着生，花柱分离，或基部合生，先端分裂，稀不分裂，裂片与子房室同数。果为室背开裂的蒴果，或干果状浆果，少数为核果，果皮木质、革质或肉质，中轴宿存。种子多数，球形、半球形、扁长圆体形、卵球形或肾形，扁平，或有棱角，有时具顶翅或周翅，或无翅，种皮骨质、革质，或有时具肉质红色皮层，平滑或蜂巢状，种脐脐状或线形，胚大或小，无胚乳或有胚乳，子叶半球形或叶状，扩大或不扩大，不出土或半出土。

约19属600种，广布于亚热带非洲、热带美洲、亚洲东部、南部和东南部、北美洲东南部和太平洋岛屿。我国有12属274种。深圳有7属33种3变种。

1. 果为蒴果，成熟时室背开裂。
　2. 种子无翅，无胚乳。
　　3. 种皮薄骨质；子叶半球形，萌发时不出土或半出土，不扩大 ·················· 1. 山茶属 Camellia
　　3. 种皮厚骨质；子叶叶状，萌发时出土，扩大变绿色 ················· 2. 石笔木属 Tutcheria
　2. 种子有翅，常具胚乳。
　　4. 蒴果球形或扁球形，中轴顶端膨大呈五角形；种子在中轴顶端着生，肾形，具周翅···················
　　·· 3. 木荷属 Schima
　　4. 蒴果圆柱形或长圆柱形，中轴顶端锐尖或略钝；种子沿中轴着生，卵球形，具长的顶翅 ················
　　·· 4. 大头茶属 Polyspora
1. 果实为浆果状干果，成熟时不开裂或不规则开裂。
　5. 花两性或杂性。
　　6. 叶通常聚生于枝条近顶端，呈假轮生状；子房每室胚珠(1~)2(~3~5) ·········· 5. 厚皮香属 Ternstroemia
　　6. 叶互生于枝条上，排成2列；子房每室胚珠20~100 ················· 6. 杨桐属 Adinandra
　5. 花单性 ·· 7. 柃属 Eurya

1. 山茶属 Camellia L.

常绿灌木或乔木。叶具柄，稀无柄而抱茎；叶片革质至薄革质，边缘具锯齿或稀全缘，具羽状脉。花两性，单花或3花簇生于叶腋或枝顶叶腋；小苞片与萼片不分化，逐渐过渡到花瓣，至分化为小苞片和萼片，当小苞片与萼片分化时，小苞片从2到10或更多，脱落或宿存；萼片5~7，覆瓦状排列，且常宿存；花瓣白色、红色或黄色，常为5~8(~12)，覆瓦状排列，栽培的常为半重瓣或重瓣；雄蕊多数，排成2~6轮，外轮花丝常在基部合生，或高度合生成花丝管，并与内轮花瓣贴生，花药背部着生，2室，侧向；子房上位，3~5室，花柱基部合生而先端分离成与子房室数相等的裂片，也有深裂几达基部成5~3条的，子房每室胚珠多数，胚珠倒生。果为蒴果，室背开裂成3~5果瓣，果瓣木质或栓质，中轴宿存，粗大，或因子房仅1室发育被挤压成薄片状。种子大型，球形、半球形或多边形，或因种子叠生被挤压成不规则的棱角，种皮薄骨质，无翅，无胚乳，子叶半球形，肉质，富含油脂，子叶萌发时不出土或半出土，不扩大。

　　约 120 种，分布于日本南部、朝鲜半岛、印度东北部、不丹、尼泊尔、缅甸、泰国、老挝、柬埔寨、越南、马来西亚、菲律宾、印度尼西亚和巴布亚新几内亚，至中南半岛种数锐减，到巴布亚新几内亚仅 1 种，朝鲜半岛和日本仅有 4 种。我国约有 97 种，大部分分布在北回归线两侧，以云南、四川、广西及广东为多。深圳有 17 种 1 变种，其中栽培 7~8 种。

　　本属植物具重要的经济价值，如可以用来生产茶叶、茶花和茶油等。

1. 花无花梗或几无花梗；小苞片和萼片不分化，宿存或脱落。
　　2. 小苞片和萼片花后宿存；叶片具皱纹 ·· 1. 大苞山茶 **C. granthamiana**
　　2. 小苞片和萼片花后脱落；叶片无皱纹。
　　　　3. 花红色。
　　　　　　4. 雄蕊外轮花丝下半部合生；花柱 3~5，大部分合生，只顶端离生；枝叶无毛。
　　　　　　　　5. 叶片边缘全部具锯齿，下面有褐色栓质疣点；子房无毛 ······················ 2. 山茶 **C. japonica**
　　　　　　　　5. 叶片边缘仅上半部或 1/3 有锐利的锯齿，下面无疣点；子房有毛 ········· 3. 南山茶 **C. semiserrata**
　　　　　　4. 雄蕊花丝分离，花柱 3，只在基部合生；嫩枝叶有柔毛 ···················· 4. 茶梅 **C. sasanqua**
　　　　3. 花白色。
　　　　　　6. 花半重瓣或重瓣（栽培）
　　　　　　　　7. 枝和叶无毛；叶片下面有褐色栓质疣点 ································· 2. 山茶 **C. japonica**
　　　　　　　　7. 枝和叶有毛；叶片下面无红色栓质疣点 ····························· 4. 茶梅 **C. sasanqua**
　　　　　　6. 花单瓣。
　　　　　　　　8. 小苞片和萼片膜质，易碎；花柱较长，长 1~3cm，深裂几达基部；果皮有糠秕。
　　　　　　　　　　9. 果大，直径超过 5cm；树皮淡红褐色 ························· 5. 红皮糙果茶 **C. crapnelliana**
　　　　　　　　　　9. 果较小，直径小于 4cm；树皮浅黄色 ························· 6. 糙果茶 **C. furfuracea**
　　　　　　　　8. 小苞片和萼片革质；花柱较短，长 0.8~1.2cm，浅裂至深裂；果皮无糠秕。
　　　　　　　　　　10. 果直径 2~4cm ·· 7. 油茶 **C. oleifera**
　　　　　　　　　　10. 果直径 1.5~2cm。
　　　　　　　　　　　　11. 果实梨形或卵球形；叶长披针形至窄披针形，先端尾状渐尖 ···················
　　　　　　　　　　　　　　··· 8. 窄叶短柱茶 **C. fluviatilis**
　　　　　　　　　　　　11. 果实球状梨形或近球形；叶长圆形或椭圆形，先端渐尖或急尖 ···················
　　　　　　　　　　　　　　·· 9. 落瓣短柱茶 **C. kissii**
1. 花有花梗；小苞片和萼片分化，小苞片脱落或宿存，萼片宿存。
　　12. 小苞片 2~3，脱落。
　　　　13. 嫩枝叶有毛或无毛，老叶叶片下面无毛 ····································· 10. 茶 **C. sinensis**
　　　　13. 嫩枝叶有毛，老叶叶片下面至少沿中脉上有柔毛 ························· 11. 普洱茶 **C. assamica**
　　12. 小苞片多于 3，宿存。
　　　　14. 花白色；花瓣 5~6；花丝被长柔毛；花柱单一；子房有绒毛。
　　　　　　15. 萼片披针形至条状披针形，长 0.8~1cm，被长柔毛 ·············· 12. 柳叶毛蕊茶 **C. salicifolia**
　　　　　　15. 萼片宽卵形或近圆形，长 2~3.5mm，被短柔毛至长柔毛 ··········· 13. 长尾毛蕊茶 **C. caudata**
　　　　14. 花黄色或淡黄色；花瓣 7~8 或更多；花丝无毛；子房无毛。
　　　　　　16. 花较小，直径 1~2cm；果较小，宽 1.5~2.5cm ···················· 14. 柠檬金花茶 **C. indochinensis**
　　　　　　16. 花较大，直径（0.5~）3~6cm；果较大，宽 3~6.7cm。
　　　　　　　　17. 嫩枝被粗短毛；叶片下面中脉和侧脉被疏柔毛，中脉和侧脉在叶片上面强烈凹陷 ···········
　　　　　　　　　　··· 15. 凹脉金花茶 **C. impressinervis**

17. 嫩枝和叶片均无毛；叶片中脉和侧脉在上面微凹或平坦。

    18. 叶片宽椭圆形或椭圆形，侧脉每边 10~12 条；种子无毛 ·················· **6. 显脉金花茶 C. euphlebia**

    18. 叶片长圆形、披针形或倒披针形，侧脉 6~9 对；种子有毛或无毛。

        19. 花大，直径 5~6cm；萼片内面无毛；种子无毛 ·················· **17. 金花茶 C. nitidissima**

        19. 花较小，直径 2.5~3cm；萼片内面有微柔毛；种子有褐色长柔毛 ··············

    ·················· **17a. 小果金花茶 C. nitidissima var. microcarpa**

1. 大苞白山茶 Grantham's Camellia 图 624 彩片 842
Camellia granthamiana Sealy in J. Roy. Hort. Soc. **81**：182.

灌木到小乔木，高 3~9mm。嫩枝无毛或略有微柔毛，淡褐色；小枝褐色，被短柔毛。叶互生；叶柄长 0.8~1.2cm，被短柔毛；叶片长圆状椭圆形、倒卵状椭圆形或长圆形，革质，长 7~11.5cm，宽 3~4.5cm，基部圆形或钝，边缘有锯齿，先端急渐尖至尾状渐尖，下面灰绿色，干后黄褐色，具褐色腺点，中脉和侧脉疏被长柔毛，上面深绿色，稍光亮，具皱纹，无毛，侧脉每边 6~7 条，在下面凸起，在上面凹陷。花白色，单生于叶腋或枝顶叶腋，直径 10~15cm，无花梗；小苞片和萼片 12~17 枚，花后仍宿存，半圆形，角质，长 4~8mm，宽 0.8~1.2cm，外面被灰色绒毛，内面被短绒毛，边缘膜质；花瓣 8~10，白色，宽倒卵形，长 4.5~7cm，宽 3.8~5cm，内面 5 花瓣基部合生，长 5~6mm，先端微缺，无毛；雄蕊多数，长 2.5~3cm，分离，外轮花丝基部与花瓣贴生约 5~6mm，无毛；雌蕊长 2.5~3cm，子房球形，直径 4~5mm，5 室，花柱 5，长约 2cm，被微柔毛，基部靠合，裂片长 0.7~1cm，外弯呈臂。蒴果球形或半球形，直径约 6cm，完全被宿存的镊合状排列的 5 萼片所包裹，果瓣厚 0.7~1cm，外面半球形、球形或平凸，长 1.3~1.5cm，暗褐色。花期 12 月至翌年 2 月；果期 8~10 月。

图 624 大苞白山茶 Camellia granthamiana
1. 分枝的上段，示叶、花蕾和花；2. 雄蕊；3. 雌蕊；4. 蒴果，基部为宿存花萼，顶端为宿存花柱。（林漫华绘）

    产地：七娘山（林大利等 011220；张寿洲等 012033）。生于山地林中，海拔 600~680m。

    分布：广东和香港。

    用途：是山茶属野生种类中花最大者，可栽培作观赏植物。

2. 山茶 红山茶 Japanese Camellia 图 625 彩片 843
Camellia japonica L. Sp. Pl. **2**：698. 1753.

灌木或小乔木，高 1.5~6(~11)m。嫩枝灰褐色，小枝淡紫褐色，无毛。叶互生；叶柄长 0.8~1.5cm，无毛；叶片椭圆形、宽椭圆形或长圆状椭圆形，长 5~10(~12)cm，宽 2.5~5(~7)cm；革质，基部阔楔形，边缘相隔 2~3.5mm，有细锯齿，先端略尖或急尖，有钝尖头，下面干时浅绿色，无毛，有分散褐色栓质疣点，上面深绿色，有光泽，无皱纹，两面无毛，中脉淡黄绿色，在两面凸起，侧脉每边 6~9 条，在两面均明显。花单生或双生于叶腋或枝顶叶腋，红色或白色（栽培品种），直径 0.6~1cm；无花梗；小苞片和萼片共约 9，绿色，外面 4 小苞片和萼片新月形至半圆形，长 2~5mm，被淡灰白色短绒毛，内面 5 小苞片和萼片圆形至宽卵形，长 1~2cm，薄革质，边缘膜质，绿色，两面被淡灰白色短绒毛，花后脱落；花瓣 6~7，外面 2 花瓣近圆形，长约 2cm，外面被微柔毛，内面 5 花瓣基部 0.5~1.5cm 合生，倒卵形，长 3~4.5cm，宽 1.5~2.5cm，先端微凹，无毛，在栽培品种中，花瓣有重瓣或半重瓣；雄蕊多数，长 2.5~3.5cm，外轮花丝下半部 1.5~2.5cm 合生呈花丝筒，无毛，内轮花丝分离，稍短；子房球形，3 室，无毛，花柱 3，大部分合生，长约 2.8cm，先端 3 浅裂。蒴果球形，直径 2.5~4.5cm，3 瓣裂，果皮厚 5~8mm，木质，每室有种子 1~2。种子球形或半球形，直径 1~2cm，无毛。花期 1~4 月；果期 6~10 月。

产地：东湖公园（徐有才 89487）有栽培。

分布：山东、台湾和四川（西部）。朝鲜半岛和日本。我国南部广为栽培。

作途：广泛栽培以供观赏，栽培品种的花从单瓣到半重瓣、重瓣，花色从红色至白色，也有复色的，品种甚多。

3. 南山茶 广宁油茶 多苞红花茶 核果毛蕊茶
Semiserrate Olitea Tea Halftooth Camellia 图 626
彩片 844 845

Camellia semiserrata C. W. Chi in Sunyatsenia 7：15. 1948.

Camellia multiplerulata Hung T. Chang in Sunyatseniae 7：66. 1948；广东植物志 2：142. 1991.

Camellia trigonocarpa Hung T. Chang，Tax. Gen. Camellia 173. 1981；广东植物志 2：142. 1991.

乔木，高 8~18m，胸径达 50cm。嫩枝灰褐色，小枝淡紫褐色，无毛。叶互生；叶柄长 1~1.7cm，粗壮，无毛；叶片椭圆形或长圆状椭圆形，硬革质，长 9~15cm，宽 3~6(~9)cm，基部阔楔形，边缘上半部或 1/3 处有疏而锐利的锯齿，齿刻相隔 4~7mm，齿尖长 1~2mm，下半部全缘，先端急尖至钝，两面干后同为浅绿色，下面无疣点，无毛，侧脉每边 6~9 条，在下面凸起，在上面稍凹陷，隐约可见。花单生或双生于叶腋或枝顶叶腋，直径 6~8cm，近无花梗；小苞片和萼片 9~11 或更多，花后大部分脱落，外面的小苞片和萼片 3~5，新月形至半圆形，长 3~6mm，内面的小苞片和萼片圆形至宽倒卵形，长 1.5~2cm，厚革质，淡灰色，外面被白色短绒毛，边缘膜质，有缘毛；花瓣 6~8，红色，阔倒卵形，长 4~6cm，宽 3.5~4.5cm，先端微凹，外面 2~3 花瓣几乎分离，内面花瓣基部 6~8mm 合生；雄蕊多数，5 轮，长 2.5~5cm，无毛，外轮花丝下半部 1.5~2.5cm 合生，内轮雄蕊花丝分离；子房卵球形，直径 3~4mm，基部被淡黄色绒毛或近

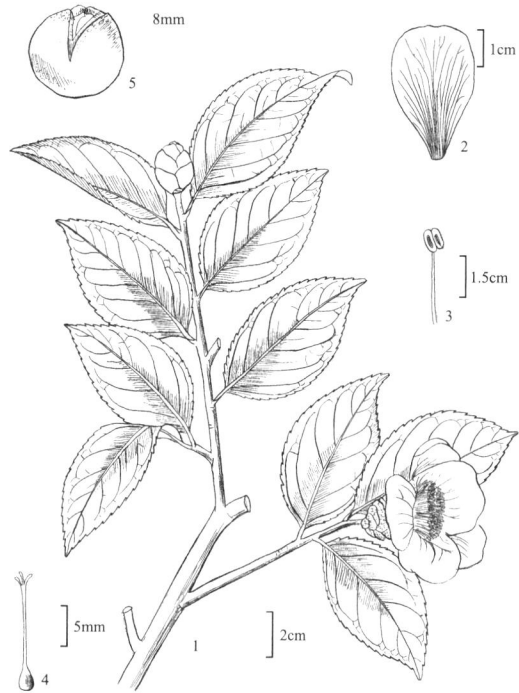

图 625 山茶 Camellia japonica
1. 分枝的上段，示叶、花蕾和花；2. 花瓣；3. 雄蕊；4. 雌蕊；5. 蒴果。（林漫华绘）

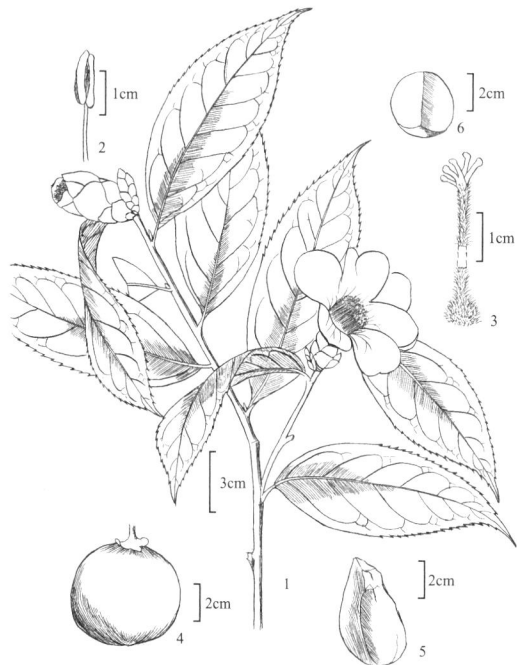

图 626 南山茶 Camellia semiserrata
1. 分枝的上段，示叶、花和花蕾；2. 雄蕊；3. 雌蕊；4. 蒴果，顶端为宿存的花萼；5. 果瓣；6. 种子。（林漫华绘）

顶部无毛，3~5 室，花柱 3~5，大部分合生，长 2.5~3cm，无毛或近基部被微柔毛。蒴果卵球形，长 6~8(~12)cm，宽 5~6(~12)cm，3~5 室，每室有 1~3(~5)种子，果皮厚 1~1.5cm，木质，表面红色，平滑。种子褐色，长和宽均为 1.5~2cm，被黄色长柔毛。花期 12 月至翌年 3 月；果期 9~12 月。

产地：马峦山（张寿洲等 1512）、梧桐山（王国栋等 6306）、仙湖植物园（李沛琼 012041）。生于山地林中、路旁或山谷，海拔 350~850m。

分布：广东、广西和江西。

4. 茶梅 Sasanqua Camellia 图 627 彩片 846 847

Camellia sasanqua Thunb. Fl. Jap. 273, t. 30. 1784.

小乔木。嫩枝有柔毛。叶互生；叶柄长 4~6mm，稍被柔毛；叶片椭圆形、长圆形或倒卵形，革质，长 3~5cm，宽 2~3cm，基部楔形，有时略圆，边缘有细锯齿，先端尖锐，下面干后褐绿色，初时有毛，后毛脱落，无红色栓质疣点，上面淡绿色，发亮，中脉在两面凸起，中脉在上下两面初时有毛，后毛脱落，侧脉 5~6 对，在下面能见，在上面不明显，网脉不显著。花大小不一，直径 4~7cm，无花梗；小苞片和萼片 6~7，花后脱落，宽卵形至卵形，长 2.5~7mm，边缘膜质，外面中部被黄色丝状柔毛；花瓣 6~7，阔卵形，近离生，大小不一，最大的长约 5cm，宽约 6cm，红色或白色；雄蕊多数，离生，长 1.5~2cm；子房被茸毛，花柱 3 条，只在基部合生，长 1~1.3cm，蒴果球形，宽 1.5~2cm，1~3 室，果瓣 3。种子褐色，无毛。花期 6~8 月；果期 9~12 月。

产地：仙湖植物园（李沛琼 4070）有栽培。

分布：日本。我国有栽培。

用途：观赏植物，花色红、白皆有，品种甚多。

5. 红皮糙果茶 Crapnell's Camellia 图 628
彩片 848 849

Camellia crapnelliana Tutch. in J. Linn. Soc. Bot. 37: 63. 1904.

灌木或小乔木，高 2~10m。树皮淡红褐色；嫩枝绿色，无毛。叶互生；叶柄长 0.6~1.3cm，无毛，腹面具沟；叶片椭圆形至长圆状椭圆形，稀倒卵状椭圆形，硬革质，长 7~19cm，宽 3~6cm，基部楔形或宽楔形，边缘有细锯齿，先端骤尖至尾尖，尖头长 0.5~1.2cm，下面干时灰绿色，有褐色腺点，无毛，上面深绿色，侧脉每边 7~9 条，在下面凸起，在上面不明显。花单

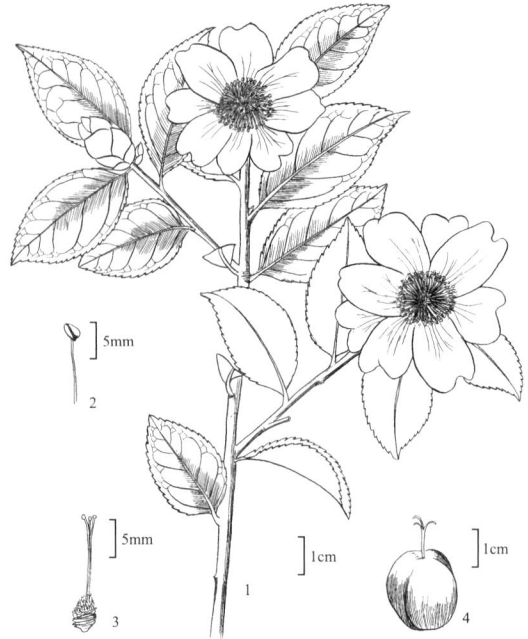

图 627 茶梅 Camellia sasanqua
1. 分枝的上段，示叶、花和花蕾；2. 雄蕊；3. 花托及雌蕊；4. 蒴果，顶部为宿存的花柱。（林漫华绘）

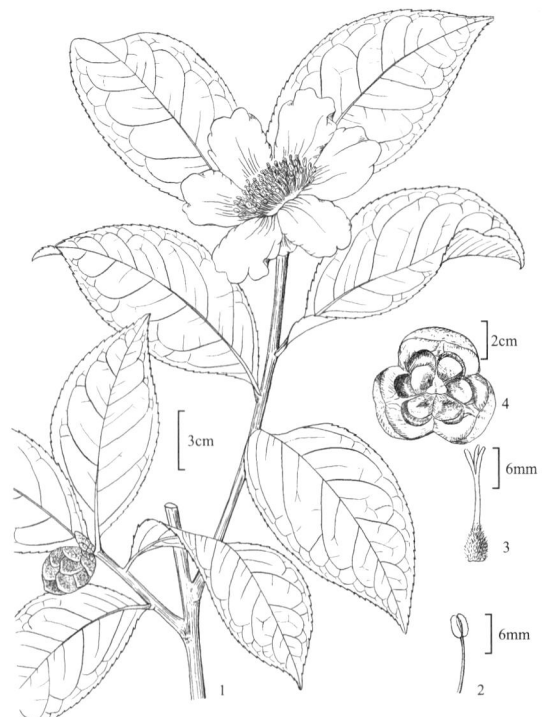

图 628 红皮糙果茶 Camellia crapnelliana
1. 分枝的上段，示叶、花蕾和花；2. 雄蕊；3. 雌蕊；4. 开裂的蒴果上面观，示果瓣和种子。（林漫华绘）

生或双生于叶腋或枝顶叶腋，单瓣，直径 4~10cm，近无花梗；小苞片和萼片 7~13，半圆形或近圆形，长 0.3~2cm，外面被黄褐色短绒毛，内面无毛，花后脱落，易碎；花瓣白色，倒卵形至倒卵状长圆形，长 3.5~4.5cm，宽 2~4cm，基部 2~5mm 贴生，先端圆或微凹，革质，外面被微柔毛，内面无毛；雄蕊多数，多轮，长 1.5~1.7cm，无毛，外轮花丝基部约 5mm 与花瓣贴生；子房卵球形，直径约 2mm，密被短绒毛，3~5 室，花柱 3~5，完全分离，长约 1.5cm，被短柔毛至短绒毛，胚珠每室 4~6。蒴果近球形，直径 5~7(~12)cm，果皮厚 1~2cm，木质，具软鳞片，有糠秕，干后疏松，多孔隙，成熟后开裂为 3~5 果瓣，无毛，中轴厚，宿存，3 室，每室有种子 3~5。种子半球形，直径 1.5~2cm，表面褐色，无毛。花期 12 月至翌年 3 月；果期 7~10 月。

产地：七娘山（华农学生采集队 0404）。生于山地林中，海拔 100~500m。

分布：浙江（南部）、福建、广东、香港和广西（南部）。

用途：树高大，树皮淡红褐色，为优良景观树种。果大，种子多，可用来榨油供工业用。

6. 糙果茶 Roughfruit Camellia 图 629 彩片 850 851
Camellia furfuracea (Merr.) Cohen-Stuart in Bull. Jard Bot. Buitenzorg, Ser. 3，**1**：240. 1919.

Thea furfuracea Merr. in Philipp. J. Sci. **13**：149. 1918.

灌木至小乔木，植株高 2~7m。树皮浅黄色；嫩枝淡灰黄色至淡灰褐色，小枝粗壮，无毛。叶互生；叶柄长 0.6~1cm，无毛；叶片椭圆形至长圆状椭圆形，革质至厚革质，长 8~15cm，宽 2.5~5.5cm，基部宽楔形、圆形或微心形，边缘有细锯齿，先端渐尖至短渐尖，具钝头，下面灰绿色，干后褐色，无毛，具褐色腺点，上面淡绿色或浅绿色，无毛，中脉和侧脉在下面凸起，在上面凹陷，侧脉每边 7~8 条，斜升至叶缘前弯拱而联结。花 1~2 腋生或枝顶腋生，直径 2~3.5cm；无花梗；小苞片和萼片 9~10，花后脱落，新月形、半圆形或圆形，长 0.2~1cm，革质，外面中部被黄色绒毛，边缘膜质，有缘毛，内面无毛；花瓣白色，7~10，倒卵形，长 1.5~2cm，宽 1~1.5cm，基部 2~4mm 合生，先端圆；雄蕊长 1.3~1.5cm，花丝筒长 4~6mm，基部 2~3mm 与花瓣贴生，无毛；子房被短绒毛，3 室，花柱 3，分离，长约 1.3cm，密被短柔毛。蒴果球形或扁球形，直径 2.5~4cm，3 室，3 瓣开裂，果瓣厚 2~4mm，具软鳞片，无毛，每室有种子 2~4。种子半球形，直径 1.1~1.8cm，深褐色，无毛。花期 10~12 月；果期 12 月至翌年 9 月。

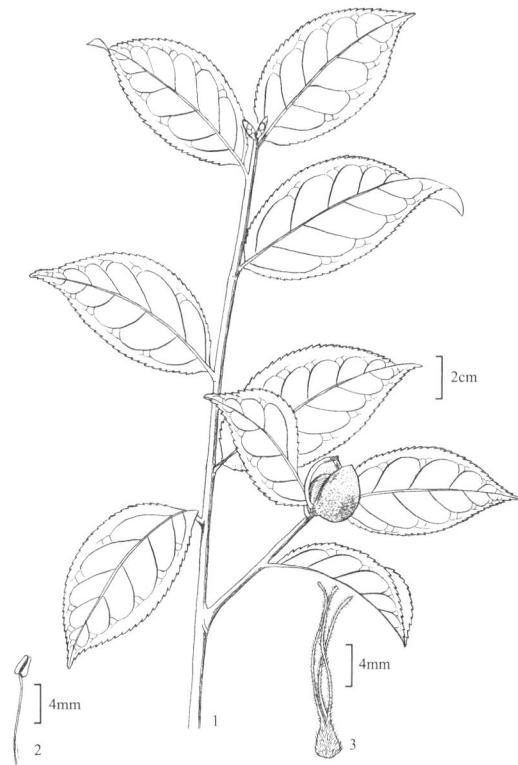

图 629 糙果茶 Camellia furfuracea
1. 分枝的上段，示叶和蒴果；2. 雄蕊；3. 雌蕊。（林漫华绘）

产地：七娘山（张寿洲等 011052）、排牙山、沙头角（陈景方 2325）、梧桐山（张寿洲等 4301）。生于山地林下和水沟旁，海拔 100~550m。

分布：湖南、江西、福建、台湾、广东、香港、海南和广西。老挝和越南。

用途：种子可用来榨油，供工业用。

7. 油茶 Oiltea Camellia 图 630 彩片 852 853 854
Camellia oleifera C. Abel in Narr. J. China 174，363. 1818.

灌木至乔木，高 1~5(~8)m。嫩枝淡灰褐色，小枝淡红褐色，被短柔毛。叶互生；叶柄长 0.5~1cm，被短柔毛；叶片椭圆形、长圆状椭圆形或倒卵形，革质，长 3~10(~12)cm，宽 2~4(~5)cm，基部楔形至宽楔形，边缘有细锯齿，有时具锯齿，先端急尖至渐尖，具钝头，下面干时浅黄绿色，无毛或沿中脉有长柔毛，上面深绿色，发亮，沿中脉有粗毛或柔毛，中脉在两面凸起，幼时被微柔毛，后毛脱落，侧脉每边 5~8 条，纤细，在下面不明显，在上面能见。1~2 花朵腋生或枝顶腋生，直径 4~6cm；无花梗；小苞片和萼片 8~11，花后脱落，外面的小苞片和萼片新月形至半圆形，鳞片状，长 1~3mm，革质，外面无毛或近无毛，内面无毛；花瓣 5~7，白色，近分离，倒卵形、长圆状倒卵形或倒披针形，长 2.5~3.5（~4.5）cm，先端 2 裂；雄蕊长 1~1.5cm，外侧雄蕊仅基部高约 5mm 合生，有时花丝筒长达 7mm，无毛，花药近"丁"字着生，黄色；子房球形，直径 2~3mm，被白色短绒毛，3 室，花柱 3，只在下部合生，上部离生，长 0.8~1.2cm，无毛或基部被短绒毛。蒴果球形至椭圆体形，直径 2~4cm，1~3 室，2~3 瓣开裂，果期木质，厚 3~6mm，被长柔毛，每室有种子 1~2。种子球形至半球形，直径 1.5~2cm，褐色至淡红褐色。花期 6~8 月；果期 9~12 月。

产地：大鹏、葵涌（王国栋等 7208）、盐田、三洲田（深圳考察队 246）、梅沙尖（张寿洲等 3082）、梧桐山、羊台山和塘朗山等。生于山地林下和山谷边，海拔 100~750m。

分布：安徽、江苏、河南、浙江、湖北、湖南、江西、福建、广东、香港、澳门、海南、广西、贵州、云南、四川和陕西。缅甸北部、老挝和越南北部。

用途：自明代起就广泛栽培，是重要的木本油料植物，种子油称"茶油"，供食用，油品质甚佳，或作生物柴油，品种甚多。

8. 窄叶短柱茶 Narrow-leaved Comellia   图 631
Camellia fluviatilis Hand.-Mazz. in Anz. Akad. Wiss. Wien Neth-Naturw. Kl. 59：57. 1922.

灌木，高 1~3.5m。嫩枝初时淡紫红色，被微柔毛，后变无毛。叶互生；叶柄长 2~5mm，被微柔毛；叶片长披针形至窄披针形，革质，长 5~9cm，宽 1~2.2cm，基部狭窄而下延，边缘有细锯齿，齿相距 1.5~2.5mm，先端尾状渐尖，下面干后浅褐色，上面深绿色，有光泽，两面无毛，中脉在下面凸起，在上面微凹，侧脉每边 6~8 条，在下面扁平或不明显，在上面与网脉均凹陷。花单朵腋生或枝顶腋生，直径 1.5~6cm；花梗极短；小苞片和萼片 9~10，2 轮，花后脱落，外轮小苞片和萼片 3 或 4，半圆形，长 1.5~6cm，内轮的小苞片和萼片卵形，长 4~6mm，外面上部被短柔毛，内面无毛，

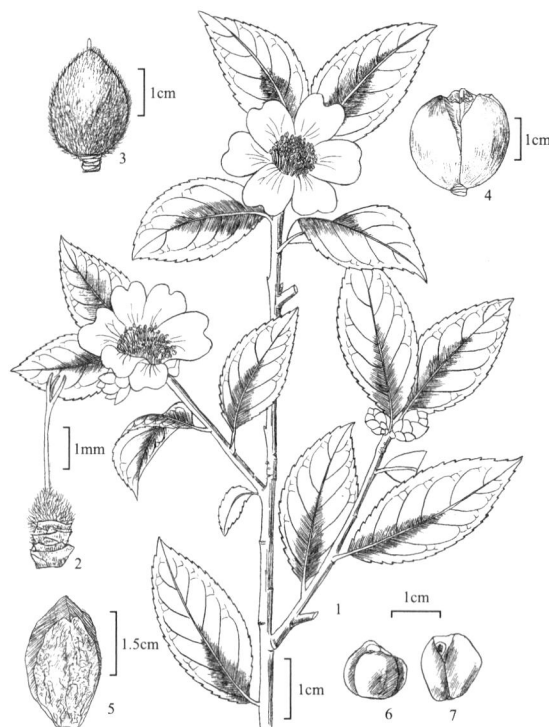

图 630 油茶 Camellia oleifera
1. 分枝的上段，示叶、花蕾和花；2. 花托和雌蕊；3. 幼果；4. 蒴果；5. 果瓣；6~7. 种子。（林漫华绘）

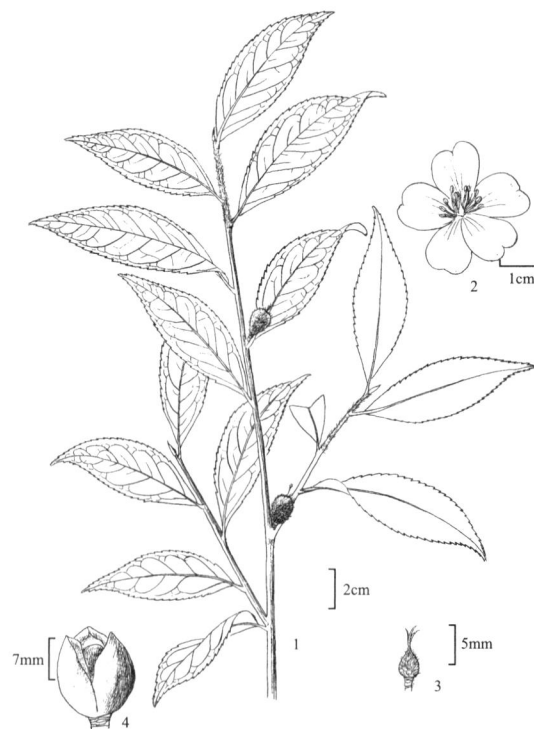

图 631 窄叶短柱茶 Camellia fluviatilis
1. 分枝的上段，示叶和幼果；2. 花；3. 雌蕊；4. 蒴果。（林漫华绘）

边缘被纤毛；花瓣 5~6，白色，几乎分离，长圆状椭圆形至倒披针形，长 0.8~3cm，宽 0.4~2cm，先端圆或略微凹；雄蕊长 8~7mm，无毛，外面雄蕊的花丝基部高 1.5~2mm 合生；子房球形，被黄色绒毛，3 室，花柱 3，长约 3mm，无毛，分离至近基部。蒴果梨形或卵球形，长 1.5~1.7cm，1~2 室，3 瓣裂，基部较狭，先端钝，外面无糠秕，每室有种子 1。种子球形，直径约 1cm，褐色。花期 10 月至翌年 2 月；果期 9~10 月。

产地：南澳（张寿洲等 2800）、笔架山（张寿洲等 5573）、梧桐山（张寿洲等 3184）、田心山。生于山地疏林中、山谷、溪边或河边，海拔 250~300m。

分布：广东、海南和广西。印度和缅甸。

用途：果多，种子可用来榨油，供工业用。

9. 落瓣短柱茶 落瓣油茶 Caducouspetal Camellia

图 632　彩片 855

Camellia kissii Wall. in Asiat. Res. **13**: 429. 1820.

灌木或小乔木，高 1.5~5（~9）m。嫩枝有短柔毛。叶互生；叶柄长 3~7mm，密被短柔毛至长柔毛；叶片长圆形或椭圆形，薄革质、革质或硬革质，长 5~7cm，宽 1.5~3.5cm，基部楔形、宽楔形或略钝，边缘密生锐利细锯齿，齿距 1.5~2mm，先端渐尖或急尖，下面干时浅绿色，中脉上疏被长柔毛或几无毛，上面深绿色，略有光泽，中脉上被微硬毛或几无毛，中脉在下面凸起，在上面微凹，侧脉每边 6~8 条，与网脉在下面略凸起，在上面凹陷。花单生或双生于叶腋或枝顶叶腋，直径 2~3cm；几无花梗；小苞片和萼片 7~9，花后脱落，外面的小苞片和萼片新月形，长 1~2mm，内面的小苞片和萼片宽椭圆形至近圆形，长达 7mm，外面被短绒毛至近无毛，内面无毛；花瓣白色，5~8 枚，近分离，倒卵形至卵形，长 0.8~3cm，宽 0.6~2cm，先端微凹；雄蕊长 0.6~1cm，基部略合生，与花瓣常分离，无毛；子房被白色绒毛，3 室，花柱 3，基部合生，上部离生，长 3~7mm，无毛或基部被绒毛。蒴果球状梨形或近球形，两端略尖，长 1.4~2.5cm，

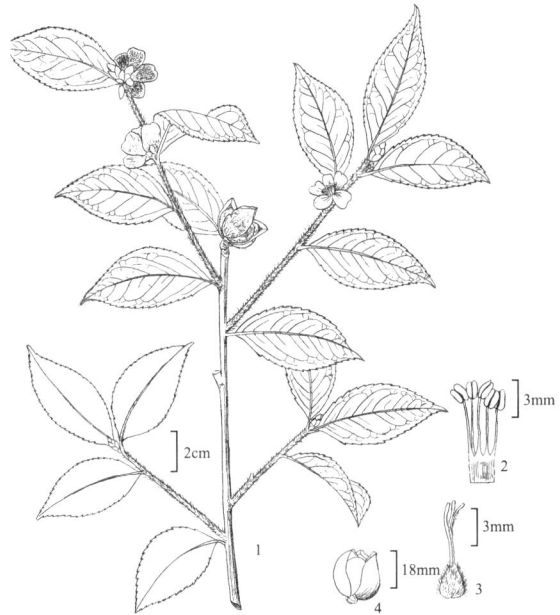

图 632 落瓣短柱茶 Camellia kissii
1. 分枝的上段，示叶、花和果；2. 雄蕊的一部分；3. 雌蕊；4. 蒴果。（林漫华绘）

宽 1.5~2cm，通常 1 室，每室 1 种子，2~3 瓣裂，果瓣厚 1.2mm，外面无糠秕，中轴压扁贴于果皮。种子球形，直径 1~1.5cm，褐色。花期 11~12 月；果期翌年 9~10 月。

产地：七娘山、南澳、大鹏、笔架山、葵涌（王国栋等 7187）、田心山（王国栋等 7882）、梅沙尖、梧桐山（张寿洲等 5185）、仙湖植物园。生于山地林中，海拔 150~450m。

分布：广东、香港、海南、广西和云南。印度东北部、尼泊尔、不丹、缅甸、泰国、老挝、柬埔寨和越南。

10. 茶 Tea

图 633　彩片 856　857

Camellia sinensis (L.) Kuntze in Trudy Imp. S.-Petarburgsk. Bot. Sada. **10**: 195. 1887.

Thea sinensis L. Sp. Pl. **1**: 515. 1753；海南植物志 **1**: 496. 图 271. 1964.

灌木或小乔木，高 1~5（~9）m。嫩枝被短柔毛，老渐变无毛。顶芽被银灰色绢毛。叶互生；叶柄长 3~8mm，被短柔毛或几无毛；叶片长圆形或椭圆形，革质，长 4~14cm，宽 2~7.5cm，基部楔形或宽楔形，边缘有锯齿，先端钝、急尖或渐尖，下面干时浅绿色，无毛或幼时被微柔毛，上面深绿色，通常有光泽，侧脉每边 7~9 条。花 1~3 朵腋生，直径 2.5~3.5cm；小苞片 2~3，卵形，长约 2mm，脱落；花梗长 0.5~1cm；萼片 5，阔卵圆形至近圆形，长 3~5mm，外面无毛，内面被白色绢毛，边缘有纤毛，宿存；花瓣 5~8，白色，外面 1~3 花瓣

呈萼片状，内面花瓣倒卵形，长1.5~2cm，宽1.2~2cm，基部合生，先端圆，外面无毛或被短柔毛；雄蕊多数，3~4轮，长0.8~1.3cm，无毛，花丝基部合生；子房球形，3室，密被白色短柔毛，花柱3，大部分合生，只在上部离生，长约1cm，无毛，或基部被短柔毛。蒴果扁球形或球形，长1~1.5cm，宽1.5~3cm，1~2室，每室有1~2种子。种子近球形，直径1~1.4cm，褐色。花期10~12月；果期翌年9~10月。

产地：七娘山（王国栋等7548）、南澳、三洲田（王国栋等6478）、梧桐山（张寿洲等2726）、塘朗山。生于山地灌木丛中，海拔600m以下。

分布：野生植株普遍见于长江以南各地山区。

用途："神农尝百草，日遇七十二毒，得茶而解之"，中国人最早发现了茶的功用，从而栽茶、制茶、饮茶，茶叶从晋朝时走出国门，在日本开始栽培，从15世纪起，它又从海路和陆路到达欧洲，现今茶在世界许多地方栽培，成为世界最普及的饮料。

11. 普洱茶 Assam Tea　　　图634　彩片858　859

Camellia assamica (J. W. Mast.) Hung T. Chang in Acta Sci. Nat. Univ. Sunyatseni **23**(1): 11. 1984.

Thea assamica J. W. Mast. in J. Agric. & Hort. Soc. India **3**: 63.1884.

大乔木，高达16m，直径90cm。嫩枝有微柔毛。顶芽有白色柔毛。叶互生，叶柄长5~7mm；叶片椭圆形，薄革质，长8~14cm，宽3.5~7.5cm，基部楔形，边缘有细锯齿，先端锐尖，下面浅绿色，中脉上有长柔毛，其余被短柔毛，至老叶上毛仍宿存，上面干后褐绿色，略有光泽，中脉在上面明显，在下面凸起，网脉在两面能见，侧脉8~9对。花腋生，直径2.5~3cm；花梗长6~8mm，被柔毛；小苞片2，早落，萼片5，近圆形，长3~4mm，外面无毛，宿存；花瓣6~7，倒卵形，长1~1.8cm，无毛；雄蕊长8~10mm，离生，无毛；子房3室，被茸毛，花柱3，上部离生，下部合生，长约8mm。蒴果扁三角球形，直径约2cm，3瓣开裂，果瓣厚1~1.5mm。种子每室1~2，近球形，直径约1cm。

产地：梅沙尖（张寿洲等4820）、笔架山（华农仙湖采集队SCAUF 743）。生于山地疏林中，海拔250~300m。

分布：广东（南部）、广西（南部）、云南（南部）和海南。老挝、缅甸、泰国和越南。

用途：栽培茶树之一，俗称"大叶茶"或"云南大叶茶"，岭南各地有引种，世界热带地区亦有引种，

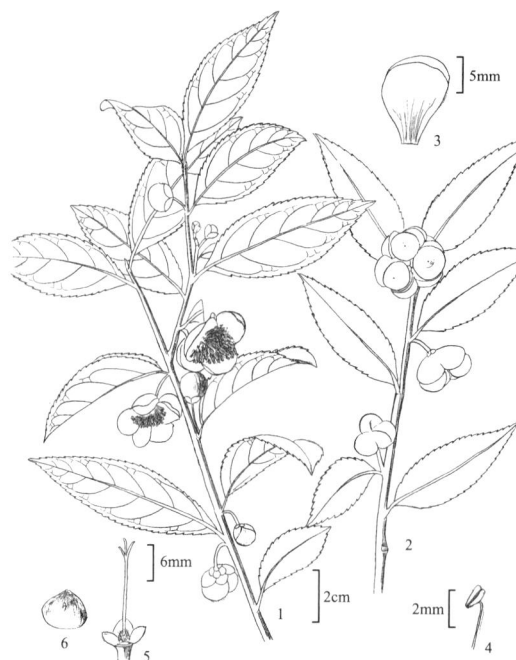

图 633 茶 Camellia sinensis
1.分枝的上段，示叶和花；2.分枝的上段，示叶和蒴果；3.花瓣；4.雄蕊；5.花萼和雌蕊；6.种子。（林漫华绘）

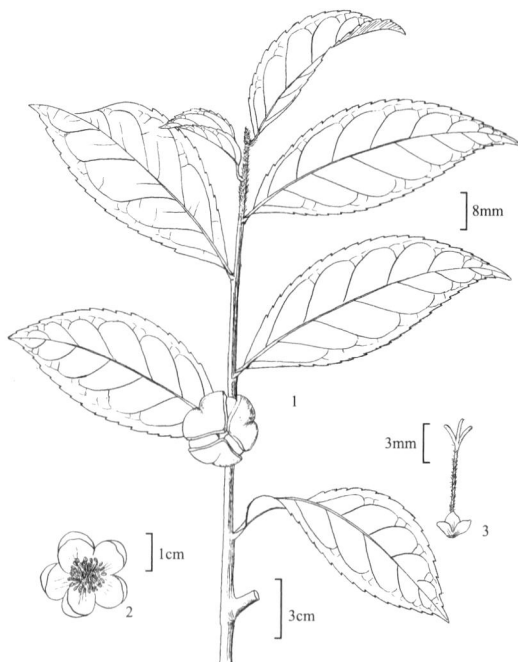

图 634 普洱茶 Camellia assamica
1.分枝的上段，示叶和蒴果；2.花上面观；3.花萼的一部分和雌蕊。（林漫华绘）

经栽培修剪成灌木状，芽叶供制茶叶，尤宜制红茶。

12. 柳叶毛蕊茶 Willow-leaved Camellia　　图 635
彩片 860　861

Camellia salicifolia Champ. ex Benth. in J. Bot.
Kew Gard. Misc. **3**: 309. 1851.

灌木或小乔木，高 3~6m。嫩枝纤细，灰褐色，老枝密生长柔毛。叶互生；叶柄长 2~3mm，密被长柔毛；叶片长圆状披针形或披针形，纸质，长 4.5~10cm，宽 1.4~3cm，有时更长，基部圆形，边缘密生细锯齿，先端长渐尖至尾状渐尖，下面干时浅绿色，被长柔毛，上面深绿色，无光泽，沿中脉有微硬毛，侧脉每边 6~8 条，在两面均能见。花单朵腋生或枝顶腋生；花梗长 3~5mm，被长柔毛；小苞片 4~5，卵形或披针形，长 0.4~1.5cm，外面有长柔毛，内面无毛，宿存；萼片 5，不等长，条状披针形或披针形，长 0.8~1cm，基部宽 3~4mm，宿存，外面疏生长柔毛，内面无毛；花瓣白色，5~6，基部高约 2mm 合生，倒卵形或倒卵状椭圆形，最外 1~2 花瓣革质，长 1.5~2cm，宽 0.8~1.6cm，背面具短柔毛；雄蕊多数，2 轮，长 1~1.5cm，花丝基部合生成短筒，筒高约 1mm，上部分离的花丝被白色长柔毛；子房被白色绒毛，3 室，花柱 3，大部分合生，只在上部离生，长约 1.5cm，密被短柔毛。蒴果球形或卵球形，长 1.5~2.5cm，宽约 1.5cm，1 室，具 1 种子，果瓣厚约 1mm。种子近球形，褐色。花期 8~12 月；果期 10 月至翌年 5 月。

产地：排牙山、田心山（张寿洲等 SCAUF 419）、盐田、三洲田、梅沙尖（张寿洲等 5206）、沙头角、梧桐山（张寿洲等 5513）。生于山地林中，海拔 300~650m。

分布：江西 (南部)、湖南、福建、台湾、广东、香港和广西。

13. 长尾毛蕊茶 Caudate Camellia　　图 636　彩片 862

Camellia caudata Wall. Pl. Asiat. Rar. **3**：36. 1832.

Camellia assimilis Champ. ex Benth. in J. Bot. Kew
Gard. Misc. **3**：309. 1851；广东植物志 **2**：144. 1991.

灌木或小乔木，高达 2~8m。嫩枝纤细，密被灰色柔毛，老枝无毛。叶柄长 3~7mm，被长柔毛或短柔毛；叶片长圆形、披针形或椭圆形，纸质或薄革质，长 3.5~12cm，宽 0.8~4(~5)cm，基部楔形，边缘有细锯齿，先端尾状渐尖，下面干时浅绿色，除中脉外无毛，上面深绿色，略有光泽，或灰褐色而暗晦，无毛，中

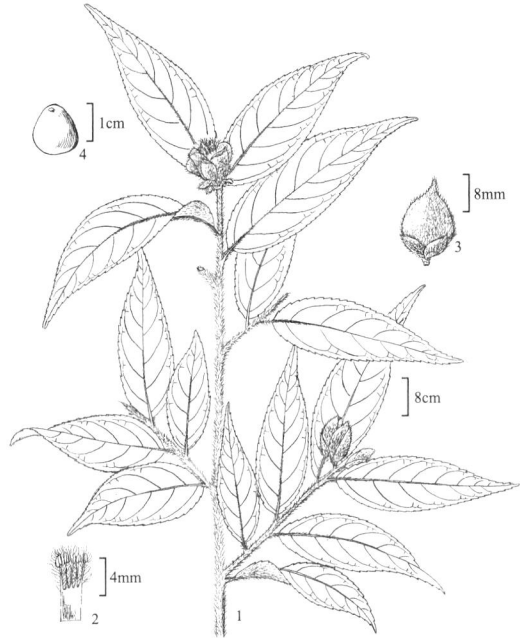

图 635 柳叶毛蕊茶 Camellia salicifolia
1. 分枝的一段，示叶、花蕾和花；2. 雄蕊的一部分；3. 蒴果，基部为宿存花萼；4. 种子。（林漫华绘）

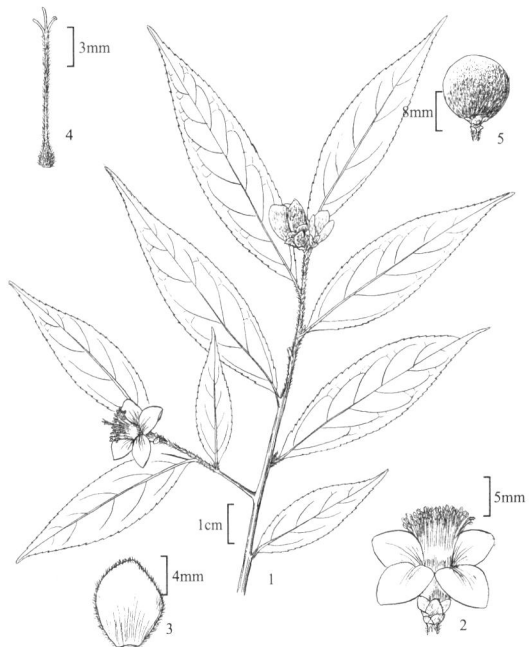

图 636 长尾毛蕊茶 Camellia caudata
1. 分枝的上段，示叶和花；2. 花；3. 花瓣；4. 雌蕊；5. 蒴果。（林漫华绘）

脉仅下面被短柔毛，后变无毛，侧脉每边 6~9 条，在两面均明显。花通常单生，稀 2~3 朵簇生，腋生或枝顶腋生；花梗长 3~4mm，有短柔毛；小苞片 3~5，卵形，长 1~2mm，宿存，被短柔毛；花萼杯状，长 3~3.5(~5)mm，花萼裂片宽卵形或近圆形，长 2~3.5mm，宿存，外面被短柔毛至长柔毛，边缘有纤毛；花瓣 5~7，白色，宽倒卵形或倒卵形，外面被粉状微柔毛，外面 2 花瓣分裂，长 0.8~1cm，内面的花瓣长 1.3~2cm，基部高 2~3mm 合生，先端圆或近截形；雄蕊多数，2 轮，长 1~1.5cm，花丝筒长 6~8mm，分离部分的花丝被灰色长柔毛，内轮雄蕊离生，花丝被长柔毛；子房被白色绒毛，花柱 3，大部分合生，只在上部离生，长 0.8~1.3cm，裂片长 1~2mm。蒴果椭圆状球形，长 1~1.7cm，宽 1~2cm，果瓣薄，被柔毛，1 室，内具种子 1。种子球形，褐色。花期 10 至翌年 3 月；果期 9~10 月。

产地：七娘山（王国栋 7455）、梧桐山（王定跃 1785）、羊台山（深圳植物志采集队 013685）。生于山地疏林或灌丛中，海拔 100~600m。

分布：浙江、湖北、湖南、福建、台湾、广东、香港、海南、广西、云南（东南部）和西藏（墨脱）。印度东北部、尼泊尔、缅甸北部和越南北部。

14. 柠檬金花茶 Lemon Camellia　　　　　　　　　　　图 637

Camellia indochinensis Merr. in J. Arnold Arb. **20**: 347. 1939.

灌木，高 1~4m。嫩枝淡黄褐色，小枝纤细，淡紫红色，无毛。叶柄长 5~8mm，无毛，腹面具沟槽；叶片薄革质，椭圆形、卵状椭圆形或长圆状卵形，长 6~10.5cm，宽（2.5~）3~4.5cm，基部宽楔形，边缘具锯齿，先端急尖至渐尖，下面灰绿色，具褐色腺点，干后变苍白色，上面暗绿色，干后变为淡灰绿色，两面均无毛，中脉在下面凸起，在上面凹陷，侧脉每边 6~7 条，在下面凸起，在上面稍凹陷，网脉在两面稍凸起。花单生于叶腋，直径 1~2cm；花梗长 3~4mm，纤细；小苞片 5~6，不覆盖花梗，半圆形至宽卵形，长 0.5~1.5mm，宽 1~2.5mm，无毛，或外面被粉状微柔毛，边缘有纤毛；萼片 5，圆形，长 2~3mm，内凹，无毛或外面被粉状微柔毛，边缘有纤毛；花瓣 8~9，灰黄色至淡黄白色，外面 3 或 4 花瓣近圆形，长 5~7mm，宽 4~6mm，内面的花瓣倒卵形至长圆形，长 0.8~1.5cm，宽 5~6mm，基部高约 2mm 合生；雄蕊多数，2 轮，长 0.8~1cm，无毛，外轮花丝基部

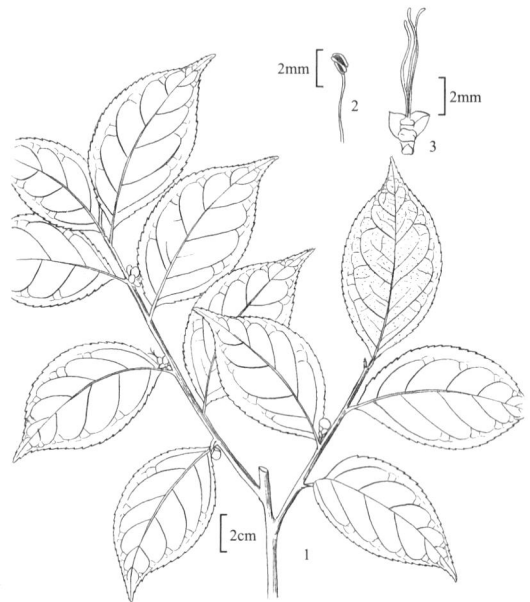

图 637 柠檬金花茶 Camellia indochinensis
1. 分枝的上段，示叶和花；2. 雄蕊；3. 萼片和雌蕊。（林漫华绘）

3~4mm 合生成短筒，内轮花丝分离；子房卵球形，直径约 1.5mm，无毛，花柱 3，分离，长约 1cm。蒴果扁球形（2~）3 室，长 1~1.5cm，宽 1.5~2.5cm，果皮厚 1~1.5mm。种子半球形，褐色，无毛。花期 8 月至翌年 3 月；果期翌年 1~11 月。

产地：仙湖植物园（李沛琼 2859；刘小琴等 008072）有栽培。

分布：广西（南部）。

用途：栽培以供观赏；并作育种材料。

15. 凹脉金花茶 Impressed-nerved Camellia　　　　图 638　彩片 863

Camellia impressinervis Hung T. Chang & S. Y. Liang in Acta Sci. Nat. Univ. Sunyatseni，**18**(3): 72. 1979.

灌木或小乔木，高达 6m。鳞芽红褐色，外面无毛，鳞芽苞边缘有睫毛。嫩枝红褐色，有粗短毛，老枝变无毛。叶互生；叶柄粗壮，长 1.2~1.5cm，下面有毛，上面有沟；叶片椭圆形、长圆形、倒卵状椭圆形或倒卵形，革质，

长 11.5~22cm，宽 5.5~8.5cm，基部常为圆形、宽楔形或楔形，边缘具浅齿，先端尾尖，或有时为渐尖状尾尖，下面干时浅绿色，中脉和侧脉具疏柔毛，有散生红褐色腺点，上面深绿色，侧脉每边 8~14 条，与中脉及网脉在上面强烈凹陷，在下面强烈凸起。花黄色，单朵腋生，直径约 4.5cm；小苞片 7~8，宿存，由下向上渐增大，新月状半圆形，最上 1 小苞片宽约 6mm，长约 4mm；花梗连小苞片长约 5mm；萼片 5，宿存，宽卵形，长 8~10mm，宽 6~8mm，与小苞片内外两面皆无毛，边缘有睫毛；花瓣 8~12，外面 2 花瓣近圆，长约 1.3cm，其余倒卵状，长 2.5~3cm，无毛；雄蕊多数，长 0.8~1.3cm，花丝无毛，几分离；子房无毛，花柱 3 条，分离至基部，长 1.3~1.5cm，无毛。蒴果扁球形，直径达 4.4cm，高约 1.8cm，果皮厚 1.5~3mm。种子半球形或三角状卵球形，表面有褐色短柔毛。花期 12 月至翌年 3 月；果期 10~12 月。

产地：仙湖植物园（李沛琼 2882，011186）有栽培。

分布：广西南部。

用途：花黄色，栽培作观赏。

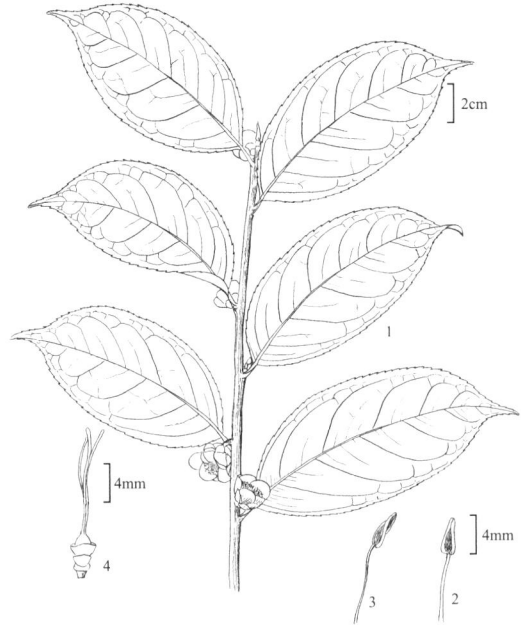

图 638 凹脉金花茶 Camellia impressinervis
1. 分枝的上段，示叶和花；2. 雄蕊；3. 雄蕊侧面观；4. 小苞片，花托和雌蕊。（林漫华绘）

16. 显脉金花茶 Distinetvain Camellia 图 639
彩片 864　865

Camellia euphlebia Merr. ex Sealy in Kew Bull. 4: 216. 1949

灌木，高 2~5m。小枝无毛。叶柄粗壮，长 1~1.5cm，粗壮，无毛；叶片革质，椭圆形至宽椭圆形，长 11~21（~25）cm，宽 4.5~9.3（~15）cm，基部钝或近圆形，边缘密生细锯齿，齿隔 2~3mm，先端急短尖，下面干时略深绿色，具或不具腺点，两面无毛，上面浅绿色，略光亮，侧脉每边 10~12 条，在上面稍凹陷，在下面显著凸起。花单生于叶腋；花梗长 4~5mm；小苞片 8，宿存，半圆形至圆形，长 2~5mm；萼片 5，宿存，半圆形，不等大，长 5~8mm，外面无毛，内面有短绒毛；花瓣 8~9，金黄色，外面 2 花瓣萼片状，近圆形，凹形，长 1.2~1.4cm，外面无毛，内面有灰色绒毛，其余花瓣倒卵形，长 3~4cm，基部合生 5~8mm；雄蕊长 3~3.5cm，外轮花丝合生约 1cm；子房无毛，3 室，花柱 3 条，分离，长达 3.7cm。蒴果扁球形，直径 3~4.5cm。种子每室 1~3，球形或半球形，直径 1.5~2cm，褐色，无毛。花期 11 月至翌年 1 月；果期翌年 1 月~12 月。

产地：仙湖植物园有栽培。

分布：广西（南部）。越南北部。

用途：栽培以供观赏。

图 639 显脉金花茶 Camellia euphlebia
1. 分枝的上段，示叶和花；2. 蒴果。（林漫华绘）

17. 金花茶 亮叶离蕊茶 Golden Camellia   图 640
彩片 866   867

Camellia nitidissima Chi in Sunyatsenia，**7**(1－2): 19. 1948.

灌木，高 2~3m。嫩枝与芽鳞均无毛。叶互生；叶柄长 0.7~1.1cm；叶片长圆形、披针形或倒披针形，革质，长 11~16cm，宽 2.5~4.5cm，基部楔形，边缘有细锯齿，齿间相隔 1~2mm，先端短尾尖，下面干时浅绿色，有黑色腺点，上面深绿色，发亮，侧脉每边约 7 条，与中脉在上面凹陷，在下面隆起。花黄色，直径 5~6cm；小苞片 7~8，散生于花梗上，阔卵形，长 2~3mm，宽 3~5mm，宿存；花梗长 0.7~1.1cm；萼片 5，宿存，卵圆形至圆形，不等大，长 4~8mm，宽 7~8mm，基部略合生，先端圆，两面无毛，边缘有睫毛；花瓣 8~13 或更多，蜡质状，外轮花瓣近圆形，直径约 1.5cm，其余花瓣宽倒卵形，长 2.5~4.5cm，宽 1.2~3cm；雄蕊多数，花丝无毛，长 1.2~3cm，合生成长 1.2cm 的管；子房 3~4 室，无毛，花柱 3~4，分离，长 1.8~3.7cm，无毛。蒴果干后红褐色，球形或扁球形，宽 3.5~6.7cm，果顶微凹或凸起，果皮木质，3~4 瓣开裂，

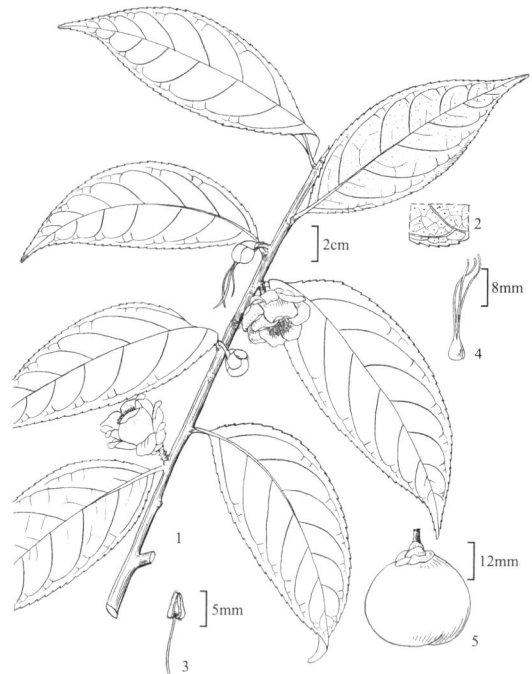

图 640 金花茶 Camellia nitidissima
1. 分枝的上段，示叶和花；2. 叶片下面部分放大，示腺点；
3. 雄蕊；4. 雌蕊；5. 蒴果，顶端为宿存花萼。(林漫华绘)

厚 3~5mm 或更厚，中轴长 2~2.8cm，顶端粗大，3~4 翅。种子每室 2~3，平凸或有棱角，长 1.5~2.5cm，宽 1.2~2.2cm，浅黑褐色，有光泽，无毛。花期 12 月至翌年 3 月；果期 10 月。

产地：仙湖植物园（曾春晓等 010930，3047，3220）有栽培。

分布：广西（南部）。越南北部。广东（南部）有栽培。

用途：是珍贵的黄色花系的山茶，可作观赏和培育新型茶花的杂交亲本。

17a. 小果金花茶 Little-fruited Camellia

Camellia nitidissima var. **microcarpa** (S. L. Mo & S. Z. Hong) Hung T. Chang & C. X. Ye in Acta Sci. Nat. Univ. Sunyatseni **30**(3): 64. 1991.

Camellia chrysantha (Hu) Tuyama var. *microcarpa* S. L. Mo & S. Z. Huang in Acta Phytotax. Sin. **17**(2): 90. 1979.

灌木。鳞芽无毛，芽鳞苞边缘具睫毛。嫩枝与老枝同为淡黄色，无毛。叶互生，叶柄长 0.5~1.2cm，无毛；叶片椭圆形、长圆状椭圆形或倒卵状椭圆形，薄革质，长 10~15cm，宽 4~7.8cm，基部宽楔形至近圆形，边缘具浅齿，齿隔约 5mm，下面干时淡绿色，上面绿色，有光泽，侧脉每边 6~9 条，上面干后微凹或平坦，在下面显著隆起，中脉在两面均凸起，网脉不明显，有散生黑色腺点。花腋生，淡黄色，直径 2.5~3cm；小苞片 5~6，宿存，紧贴，最上的小苞片长、宽均约 3mm；花梗长约 5mm；萼片 5，宿存，卵圆形至半圆形，长、宽均约 4~6mm，先端圆，萼片和小苞片背面均无毛，内面有微柔毛；花瓣 8~9，外轮花瓣近圆形，稍厚，边缘膜质，直径约 1cm，背面无毛，腹面上部或有小柔毛，其余花瓣倒卵形，长 1.5~1.7cm，宽 1.1~1.3cm；花丝无毛；子房无毛，3 室，花柱 3 条，分离至基部，长约 1.3cm，无毛。蒴果扁三角状球形，直径约 3.2cm，高约 1.2cm，果皮厚约 2mm，每室有种子 1~3。种子表面被褐色长柔毛。花期 2~11 月；果期 9~12 月。

产地：仙湖植物园（李沛琼 4111，4130，4099）有栽培。

分布：广西（南部）。广东（南部）有栽培。

用途：栽培以供观赏。

2. 石笔木属 Tutcheria Dunn

常绿乔木或灌木。叶互生，具柄；叶片革质，边缘有锯齿，具羽状脉。花两性，白色或淡黄色，单生于枝顶叶腋内，有短梗；苞片 2，与萼片同形；萼片 5~10，革质，通常被毛，常脱落或半宿存；花瓣 5，外面常被毛；雄蕊多数，花丝分离，与花瓣基部贴生；花药 2 室，背部着生；子房 3~6 室，花柱合生，柱头 3~6 裂，胚珠每室 2~5，中轴胎座。蒴果木质，3~6 室，成熟时室背开裂，从下而上开裂，果瓣悬挂在中轴顶端，后脱落或半宿存。种子大型，每室 2~5，沿中轴叠生，种皮厚骨质，种脐纵长，无胚乳。种子萌发时子叶叶状，出土且扩大变为绿色。

26 种，分布于印度、日本、缅甸、泰国、越南、马来西亚和菲律宾。我国有 13 种。深圳产 2 种。

本属有学者(H. Keng in Gard. Bull. Singapore 26：184. 1972) 主张归入核果茶属（Pyrenaria），理由是：在有花植物中，常见的一个属中兼有开裂与不开裂的果实。我们认为山茶科的果实绝大多数是蒴果，果实成熟时大多数开裂方式是从上而下，唯独石笔木属（Tutcheria) 果实开裂方式是从下而上，果瓣悬挂在中轴的顶端，别具特征。此外石笔木属的萼片为不定数，5~10 萼片，常脱落或半宿存，胚珠每室 2~5，果为蒴果；核果茶属的萼片为 5，胚珠每室仅有 1，果为核果。因此，我们仍将石笔木属学名（Tutcheria) 保留。

1. 果实大，球形或近球形，直径 5~7cm ⋯⋯⋯⋯⋯⋯⋯⋯⋯⋯⋯⋯⋯⋯⋯⋯⋯⋯⋯⋯⋯ 1. **石笔木 T. spectabilis**
1. 果实小，三角状球形、卵球形或椭圆体形，直径 1~1.5cm⋯⋯⋯⋯⋯⋯⋯⋯⋯⋯⋯ 2. **小果石笔木 T. microcarpa**

1. 石笔木 Common Tutcheria   图 641 彩片 868 869

Tutcheria spectabilis (Champ.) Dunn in J. Bot. **46**：324. 1908.

Camellia spectabilis Champ. in Trans. Linn. Soc. Bot. London **21**：111.1850；

Tutcheria championii Nakai in J. Jap. Bot. **26**：708. 1940；广东植物志 **2**：145. 1972.

Pyrenaria spectabilis (Champ.) C. Y. Wu & S. X. Yang in Novon **15** (2)：381. 2005；N. H. Xia in Q. M. Hu & D. L. Wu, Fl. Hong Kong **1**：184，fig. 135. 2007.

常绿乔木，高 5~15m。树皮灰褐色。嫩枝略有柔毛，不久变无毛。叶互生；叶柄长 0.6~1.5cm；叶片椭圆形或长圆形，革质，长 12~16cm，宽 4~7cm，基部楔形，边缘有细锯齿，先端锐尖，下面干时浅黄色，上面黄绿色，稍发亮，两面无毛，侧脉每边 10~14 条，与网脉在两面均稍明显。花单生于枝顶叶腋或近顶生，白色，直径 5~7cm；花梗长 6~8mm；小苞片 2，卵形，长 0.8~1.2cm；萼片 9~11，近圆形，厚革质，长 1.5~2.5cm，外面被淡黄色绢毛；花瓣 5，倒卵圆形，长 2.5~3.5cm，先端凹入，外面被淡黄色绢毛；雄蕊多数，长约 1.5cm；子房 3~6 室，密被淡黄色绒毛，花柱合生，顶端 3~6 裂，胚珠每室 2~5。蒴果球形或近球形，直径 5~7cm，3~6 室，由下而上室背开裂，果瓣木质，被黄色绒毛，中轴宿存。种子肾形，长 1.5~2cm。花期 5~6 月；果期 8~10 月。

产地：南澳（张寿洲等 2607）、排牙山（张寿洲等 2166）、盐田、三洲田、梅沙尖、梧桐山（深圳考察队

图 641 石笔木 Tutcheria spectabilis
1.分枝的上段，示叶，花蕾和花；2.蒴果；3.种子。（林漫华绘）

836)。生于山地林中,海拔 50~450m。

分布:江西(南部)、湖南(南部)、福建、广东、香港和广西。越南北部。

用途:可用作园林绿化树种。

2. 小果石笔木 Little-fruited Tutcheria 图 642　彩片 870

Tutcheria microcarpa Dunn in J. Bot. **47**: 197. 1909.

Pyrenaria microcarpa (Dunn) H. Keng in Gard. Bull. Singapore **26**(1): 134. 1972; N.

H. Xia in Q. M Hu & D. L. Wu, Fl. Hong Kong **1**: 185. 2007.

乔木,高达 15m。嫩枝无毛或初时有微柔毛。芽有短柔毛。叶互生;叶柄长 5~8mm,疏被短柔毛至几无毛;叶片椭圆形至长圆形,革质,长 4.5~12cm,宽 2~4cm,基部楔形,边缘有细锯齿,先端尖锐,下面干时浅褐色,上面浅绿色,略有光泽,两面无毛,叶脉每边 8~9 条,在两面均可见,中脉在下面凸起,在上面微凹。花小,单生于叶腋,白色,直径 1.5~2.5cm;花梗长约 1mm;小苞片 2,卵圆形,长 2~3mm;萼片 5(~7),半圆形至肾形,长 4~8mm;花瓣 5~7,倒卵形,长 0.8~1.2cm,背面和萼片同样被绢毛;雄蕊多数,长 6~8mm,外轮花丝基部合生并贴生于花瓣上,无毛;子房圆锥状,密被绢毛,3 室,花柱长 6~8mm,无毛。

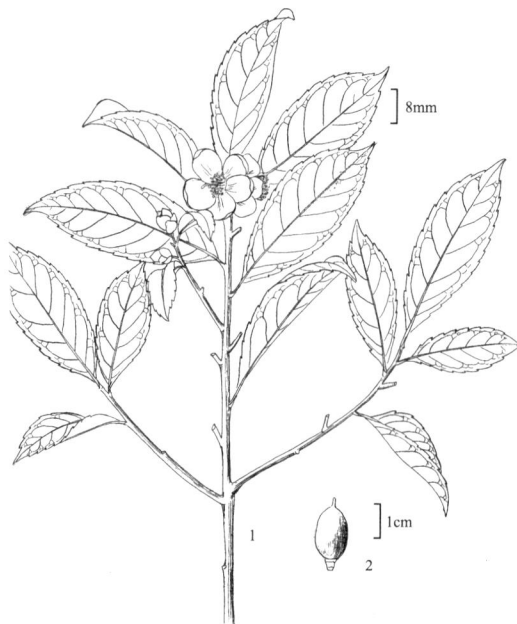

图 642 小果石笔木 Tutcheria microcarpa
1. 分枝的上段,示叶、花蕾和花;2. 蒴果。(林漫华绘)

蒴果三角状球形、卵球形或椭圆体形,长 1~1.8cm,直径 1~1.5cm,两端略尖,疏被绢毛,由下而上室背开裂,果皮厚 1~1.5mm。种子扁长圆状卵形,长 6~8mm。花期 4~7 月;果期 8~11 月。

产地:南澳(张寿洲等 3537)、盐田(王定跃 1613)、梧桐山(张寿洲等 2484)。生于山地疏、密林中,海拔 100~600m。

分布:安徽、浙江、江西、福建、台湾、广东、香港、海南、广西和贵州。日本和越南。

3. 木荷属 Schima Reinw. ex Blume

常绿乔木。树皮有不整齐的块状裂纹;小枝具白色皮孔;顶芽有鳞片。叶互生,具柄;叶片边缘全缘或有锯齿,具羽状脉。花白色,两性,单花腋生或数花聚生于枝上部叶腋或枝顶叶腋,有时排成伞房状,有长花梗;小苞片 2~3,罕至 7~8,早落;萼片 5,革质,覆瓦状排列,离生或基部合生,宿存;花瓣 5,最外面 1 花瓣呈风帽状,在花蕾时完全包裹着花朵,其余 4 花瓣卵圆形,分离;雄蕊多数,花丝扁平,分离,花药 2 室,常被增厚的药隔分开,基部着生;子房 5 室,密被绒毛,花柱单一,柱头头状或 5 裂,胚珠每室 2~6,中轴胎座。蒴果球形或扁球形,果皮木质,室背 5 瓣裂,裂至中部,中轴宿存,顶端增大呈五角形。种子小型,着生于中轴顶端,扁平,肾形,具窄的周翅,胚乳薄,子叶叶状。

约 20 种,分布于印度东北部、不丹、尼泊尔、缅甸、泰国、老挝、柬埔寨、越南、日本、马来西亚和印度尼西亚。我国有 13 种。深圳有 2 种。

1. 叶片薄革质,边缘全缘 ··· 1. 红木荷 S. wallichii
1. 叶片革质,边缘有锯齿或钝锯齿 ······································· 2. 木荷 S. superba

1. 红木荷 西南木荷 Wallich's Gugertree 图 643
Schima wallichii (DC.) Korth. Verh. Nat. Gesch.
Ned. Bezitt. Bot. 143. 1842.

Gordonia wallichii DC. Prodr. **1**: 528. 1824.

乔木, 高 10~15(~20)m。嫩枝有柔毛, 老枝无毛,
被白色皮孔。顶芽被白色短绒毛。叶柄长 1~2cm, 被
淡黄色长柔毛; 叶片椭圆形至宽椭圆形, 薄革质, 长
8~17.5cm, 宽 4~7.5cm, 基部阔楔形, 边缘全缘, 先
端急尖, 干时下面灰白色, 有柔毛, 上面暗绿色, 无
光泽, 侧脉每边 9~12 条, 靠近边缘常有分叉, 网脉
不明显。花通常单生于叶腋, 稀 2~3 花聚生于枝上
部叶腋或枝顶叶腋, 直径 3~4cm, 有柔毛; 小苞片 2,
位于萼下, 早落; 花梗长 1~2.5cm; 萼片半圆形, 长
3mm, 宽 5mm, 背面有柔毛, 内面有长绢毛; 花瓣白
色, 宽倒卵形, 长约 2cm, 外面基部有微柔毛; 雄蕊
长 0.8~1cm, 花丝基部贴生于花瓣上; 子房球形, 被
绒毛, 但上部无毛。蒴果近球形, 直径 1.5~2cm, 5 室,
每室有种子 2。种子肾形, 具翅; 果柄有皮孔。花期
7~8 月; 果期 10~12 月。

产地: 梧桐山（李沛琼 3490）、龙华白石龙村（张
寿洲等 4847）、野生动物园（王定跃等 2665）。生于山
坡林中或丘陵山顶, 有少量栽培, 海拔 50~300m。

分布: 广西（南部）、贵州（南部）、云南（南部）
和西藏（东南部）。印度北部、不丹、尼泊尔、缅甸、
泰国、老挝和越南。

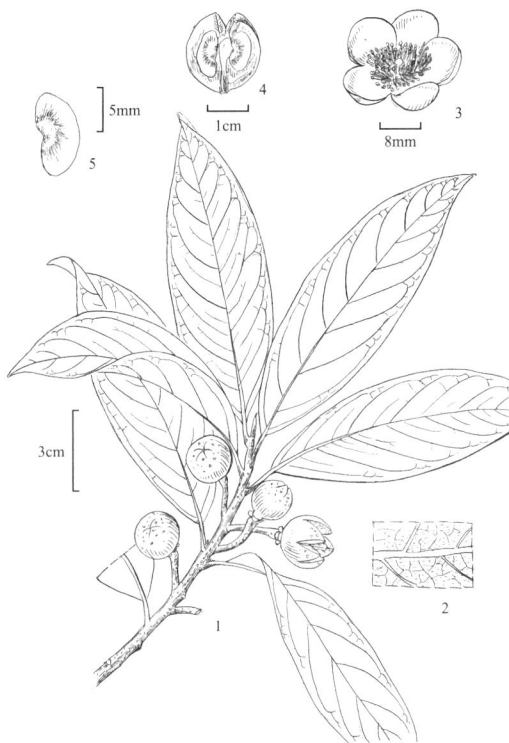

图 643 红木荷 Schima wallichii
1. 分枝的上段, 示叶和蒴果; 2. 叶片一部分放大, 示下面
的毛被; 3. 花; 4. 蒴果纵切; 5. 种子侧面观。(林漫华绘)

2. 木荷 荷木 荷树 Gugertree 图 644 彩片 871
Schima superba Gardn. & Champ. in J. Bot. Kew
Gard. Misc. **1**: 246. 1849.

乔木, 高 5~20(~25)m。嫩枝有微柔毛或无毛。
芽被短微毛。叶柄长 1~2cm 或更长, 疏被短柔毛至无
毛; 叶片椭圆形至长圆状椭圆形, 革质, 长 7~13cm,
宽 2.5~6.5cm, 基部楔形, 边缘有钝齿, 先端尖锐,
有时略钝, 下面干时浅绿色, 疏被短柔毛至无毛, 上
面深绿色, 无毛, 侧脉每边 7~9 条, 在两面明显。花
单生于叶腋或多花聚生于枝顶叶腋, 直径 2~3cm, 白
色; 小苞片 2, 贴近萼片, 长 4~6mm, 早落; 花梗长
1~2.5cm, 纤细或略粗壮, 无毛; 萼片 5~6, 半圆形,
长 2~3mm, 外面无毛, 内面有绢毛; 花瓣白色, 倒卵形,
长 1~1.5cm, 最外面 1 花瓣风帽状, 边缘多少有微柔毛;
雄蕊长 5~7mm; 子房被短绒毛, 花柱长约 5mm。蒴
果球形至略扁球形, 直径 1.5~2cm。花期 5~8 月; 果
期 10~12 月。

图 644 木荷 Schima superba
1. 分枝的上段, 示叶和花; 2. 分枝的上段, 示叶和果; 3. 枝
的一段放大, 示毛被; 4. 雄蕊; 5. 雌蕊; 6. 种子侧面观。(林
漫华绘)

产地：七娘山、南澳(张寿洲等 1873)、排牙山(王国栋等 6931)、田心山、沙头角、梧桐山(张寿洲等 2766)、仙湖植物园、羊台山、凤凰山。常见。生于山地密林中或路旁，海拔 50~750m。

分布：安徽、浙江、湖北、湖南、江西、福建、台湾、广东、香港、澳门、海南、广西和贵州。日本。

用途：喜光树种，在林中常成孤独大乔木，一旦有林窗出现，小树迅即生长，在开辟山路后的两旁尤常见；是极好的薪炭材，亦常作防火林带树种；5~8 月繁花满树，可作为庭园绿化观赏树种。

4. 大头茶属 Polyspora Sweet

常绿乔木或灌木。叶互生，通常螺旋状排列于小枝上部，具柄；叶片革质，边缘全缘或具锯齿，具羽状脉。花大，白色，通常单生于叶腋；无花梗或有短梗；小苞片 2~7，早落；萼片 5，花后脱落；花瓣 5~6，基部略合生；雄蕊多数，排成多轮，花丝分离，贴生于花瓣基部，花药背部着生，2 室；子房 3~5(~6)室，花柱合生，先端 3~6 裂，胚珠每室 4~8，中轴胎座。蒴果圆柱形或长圆柱形，5(~6~8)室，室背开裂，果瓣木质，中轴宿存，柱状，先端锐尖或略钝，有多数种子着生的槽穴。种子小型，沿中轴着生，卵形，具一伸长的膜质顶翅，无胚乳或有少量的胚乳。

约 40 种，分布于亚洲东部和东南部。我国有 6 种。深圳有 1 种。

大头茶 Hong Kong Gordonia

Polyspora axillaris (Roxb. ex Ker-Gawl) Sweet in News Lit. Fashion **2**: 205. 1825.

Camellia axillaris Roxb. ex Ker-Gawl. in Bot. Reg. **4**: t. 349. 1818.

Gordonia axillaris (Roxb. ex Ker-Gawl.) Dietr. Syn. Pl. **4**: 863. 1847; 广东植物志 2: 148. 1991; 澳门植物志 1: 193. 2005.

乔木，高达 9m。嫩枝粗壮，无毛或有微柔毛。叶柄长 1~1.5cm，粗壮，无毛；叶片倒披针形，革质，长 6~15cm，宽 2.5~4.5cm，基部狭窄而下延，边缘全缘或近顶端有少数齿刻，先端圆或钝，下面干时浅黄绿色，无毛，上面浅绿色，侧脉在上下两面均不明显。花单生，稀成对生于叶腋或生于枝顶叶腋，直径 7~10cm，白色；花梗极短，长 2~3mm，无毛；小苞片 6~7，早落；萼片 5，卵形，长 1~1.5cm，外面被白色长柔毛，内面无毛；花瓣 5，白色，阔倒卵形或心形，长 3.5~5cm，先端凹入，外面被短柔毛，内面无毛；雄蕊长 1.5~2cm，花丝基部合生，贴生于花瓣基部，无毛；子房被短绒毛，5 室，花柱长约 2cm，被短绒毛。蒴果圆柱形，长 2~3.5(~4)cm，5 瓣开裂。种子连翅长 1.5~2cm。花期 7 月至翌年 3 月；果期 9 月至翌年 6 月。

产地：七娘山、排牙山(张寿洲等 5081)、钓神山(张寿洲等 2842)、田心山、盐田、三洲田、梧桐山(张寿洲等 2842)、仙湖植物园、梅沙尖。生于山地疏林、山谷沟旁或低海拔山地灌丛，海拔 20~700m。

分布：广东、香港、澳门、海南、广西和台湾。越南。

用途：可供栽培观赏；茎皮及果实可药用。

图 645　彩片 872　873　874

图 645 大头茶 Polyspora axillaris
1.分枝的上段,示叶和花;2.分枝的上段,示叶和蒴果;3.花瓣；4.雄蕊；5.种子。(林漫华绘)

5. 厚皮香属 Ternstroemia Mutis ex L. f.

常绿乔木或灌木，全株无毛。叶螺旋状互生，常聚生于枝条近顶端，呈假轮生状，有叶柄；叶片边缘全缘或具不明显腺状齿刻，具羽状脉，侧脉通常不明显。花两性或杂性，通常单生于叶腋或几花簇生于侧生无叶的小枝上，有花梗；小苞片2，互生至近对生，着生于花萼之下，宿存或早落；萼片5，稀为7，基部稍合生，边缘常具腺状齿突，覆瓦状排列，宿存，稀脱落；花瓣5，基部合生，覆瓦状排列；雄蕊30~50，排成1~2轮，花丝短，基部稍合生，外轮花丝贴生于花瓣基部，花药长圆形或线形，无毛，基部着生，2室，纵裂，药隔先端伸长或不延伸；子房上位，2~4室，稀为5室，每室胚珠2，少有1或3~5胚珠，悬垂于子房上角，具较长的珠柄，中轴胎座，花柱1，柱头全缘或2~5裂。果为不开裂或不规则开裂的浆果状干果。每室种子2，有时仅1胚珠，稀3~4胚珠，肾形或马蹄形，稍压扁，假种皮成熟时通常鲜红色，有胚乳。

约90种，主要分布于中美洲、南美洲、西南太平洋各岛屿、非洲及亚洲等热带和亚热带地区。我国有13种，广布长江以南各地。深圳有3种。

1. 叶柄长约3cm；果实椭圆体形 ·········· 1. 小叶厚皮香 T. microphylla
1. 叶柄长1~1.3cm；果实圆球形。
  2. 花梗长1~1.5cm；小苞片长1.5~2mm；花瓣宽4~6mm ·········· 2. 厚皮香 T. gymnanthera
  2. 花梗长2~3cm；小苞片长约3.5mm；花瓣宽0.8~1cm ·········· 3. 尖萼厚皮香 T. luteoflora

1. 小叶厚皮香 Little-leaved Ternstroemia 图646 彩片875

Ternstroemia microphylla Merr. in Sunyatsenia 3: 254. 1937.

灌木或小乔木，高1~6(~10)m，全株无毛。嫩枝和小枝灰褐色，圆柱形。叶柄长约3mm；叶通常聚生于枝端，呈假轮生状；叶片倒卵形、长圆状倒卵形至倒披针形，革质或厚革质，长2~5(~6.5)cm，宽0.6~1.5(~3)cm，基部窄楔形或楔形，边缘上半部通常疏生细钝齿或几全缘，先端圆钝，有时略尖，下面淡绿色，上面绿色，有光泽，侧脉在两面均不明显，中脉在上面凹下，在下面凸起。花单生于叶腋或生于当年生无叶的小枝上，较小，直径5~8mm，两性；花梗纤细，长0.5~1cm；小苞片2，卵状三角形，长约1mm，先端尖，边缘具腺状齿突；萼片5，卵圆形，长2~3mm，先端圆，边缘疏生腺状齿突；花瓣5，白色，阔倒卵形，长约4mm，宽约3.5mm；雄蕊35~45，长约3mm，花药长圆形，长约1.5mm；子房卵球形，2室，每室胚珠1，花柱短，顶端2浅裂。果实椭圆体形，长0.8~1cm，直径5~6mm，2室，宿存花柱长约2mm，具宿存萼片；果梗纤细，长0.6~1cm，稍弯曲。种子每室1，长肾形，长5~7mm，成熟时假种皮鲜红色。花期5~10月；果期8~12月。

图 646 小叶厚皮香 Ternstroemia microphylla
1.分枝的上段，示叶和果；2.花；3.花瓣；4.雌蕊。（林漫华绘）

产地：南澳（张寿洲等0171）、盐田（张寿洲等3117）、民俗文化村（陈景芳2534）。生于山地疏林中，海拔200~600m。

分布：福建、广东、香港、澳门、海南和广西等地。

用途：栽培作观赏。

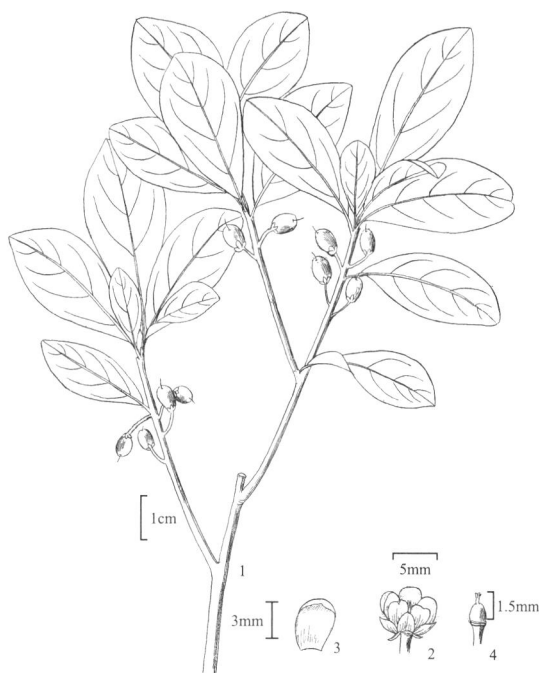

2. 厚皮香 Nakedanther Ternstroemia　图 647　彩片 876
Ternstroemia gymnanthera (Wight & Arn.)
Bedd. Fl. Sylv. S. India 19. 1871.

Ternstroemia pseudomicrophylla Hung T. Chang
in J. Sun Yatsen Univ. Nat. Sci. **2**: 26. 1959；广东植物
志 **2**: 163. 1991.

灌木或小乔木，高 1.5~10m。全株无毛。树皮灰
褐色，平滑；嫩枝浅红褐色或灰褐色，小枝灰褐色。
叶通常聚生于枝端，呈假轮生状；叶柄长 0.7~1.3cm，
叶片椭圆形、倒卵形至长圆状倒卵形，革质或薄革质，
长 5~9cm，宽 1.5~3.5cm，基部楔形，边缘全缘，先
端短渐尖或短尖，尖头钝，下面浅绿色，干后常呈淡
红褐色，上面深绿色，有光泽，侧脉在两面均不明显，
中脉在上面稍凹下，在下面隆起。花两性或单性，开
花时直径约 1cm，雄花相似于两性花，但雄花有退化
雌蕊；花梗长 1~1.5cm，稍粗壮；小苞片 2，三角形或
三角状卵形，长 1.5~2mm，先端尖，边缘具腺状齿突，
萼片 5，卵圆形或长圆状卵形，长 4~5mm，先端圆，
边缘通常疏生线状齿突；花瓣 5，淡黄白色，倒卵形，
长 6~9mm，宽 4~6mm，先端圆，常微凹；雄蕊约 50，
长短不一，长 4~5mm，花药长圆形，远较花丝为长；
子房卵球形，2 室，每室胚珠 2，花柱短，顶端 2 浅
裂。果实圆球形，长约 1cm，直径约 1cm；果梗长
1~1.2cm；有宿存小苞片和萼片；宿存花柱长约 1.5mm，
先端 2 浅裂。种子每室 1，肾形，成熟时假种皮红色。
花期 5~7 月；果期 8~11 月。

产地：排牙山（王国栋等 7047）、梅沙尖（张寿洲
等 3871）、梧桐山（王勇进 2235）。生于山地林中或
灌丛中，海拔 100~750m。

分布：安徽、浙江、湖北、湖南、江西、福建、广东、
香港、广西、贵州、云南和四川。印度、不丹、尼泊尔、
缅甸、老挝、柬埔寨和越南。

3. 尖萼厚皮香 Sharpsepal Ternstroemia　图 648
彩片 877　878
Ternstroemia luteoflora L. K. Ling in Fl. Reip.
Pop. Sin. **50**(1): 183, pl. 2. 1998.

灌木或小乔木，高 2~8m。树皮灰白色或灰褐色；
小枝灰褐色，无毛。叶互生；叶柄长 1~2cm；叶片椭圆
形或椭圆状倒披针形，革质，长 7~10cm，宽 2.5~4cm，
基部楔形或狭楔形，边缘全缘，先端短渐尖，下面淡
绿色或灰绿色，上面深绿色，有光泽，两面无毛，侧
脉在两面均不明显，中脉在上面明显凹下，在下面凸

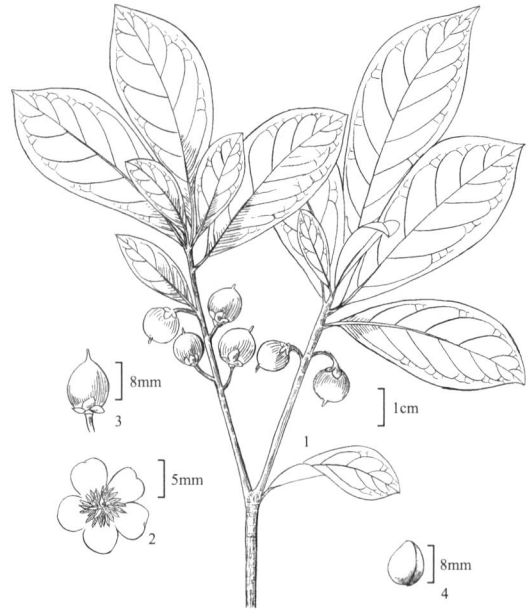

图 647　厚皮香 Ternstroemia gymnanthera
1. 分枝的上段，示叶和果；2. 花的上面观；3. 果，基部为
宿存花萼；4. 种子。（林漫华绘）

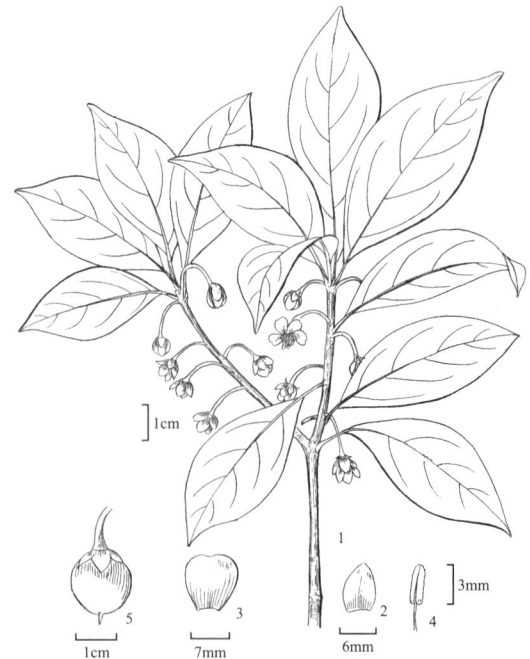

图 648　尖萼厚皮香 Ternstroemia luteoflora
1. 分枝的上段，示叶和花；2. 萼片；3. 花瓣；4. 雄蕊；5. 果
和宿存花萼。（林漫华绘）

起。花单性或杂性,通常单生于叶腋;花梗长 2~3cm,常稍弯曲,近基部最细,向上渐粗;小苞片 2,卵状披针形,长约 3.5mm,无毛,边缘有时略具腺点,宿存;萼片 5,长卵形或卵状披针形,长 6~8mm,无毛,先端锐尖,有小尖头,外面中央部分具龙骨状凸起,边缘有腺状齿突;花瓣 5,白色或淡黄白色,阔倒卵形或卵圆形,长宽均为 0.8~1cm,先端常微凹;雄蕊 35~45,长约 5mm,花药长圆形,长约 4mm;子房圆球形,2 室,每室胚珠 2。果球形,成熟时紫红色,直径 1.5~2cm,宿存花柱长 2~2.5mm,2 裂几达基部;具宿存小苞片和萼片;果梗长 2~4cm,近萼片基部增粗且下弯,向下逐渐变纤细。种子每室 1~2,成熟时红色。花期 5~6 月;果期 8~10 月。

产地:七娘山(张寿洲等 SCAUF929)、南澳(张寿洲等 1652)、梧桐山(张寿洲等 SCAUF1235)。生于山地林中或灌丛中,海拔 100~650m。

分布:湖北、湖南、江西、福建、广东、广西、贵州和云南(东南部)。

6. 杨桐属 Adinandra Jack

常绿乔木或灌木。枝互生,嫩枝通常被毛。顶芽常被长柔毛。叶互生,2 列,具叶柄;叶片革质,有时纸质,常具腺点,或有茸毛,边缘全缘或具锯齿。花两性,单花腋生,偶有双生,具花梗,下弯,稀直立;小苞片 2,着生于花梗顶端,对生或互生,宿存或早落;萼片 5,覆瓦状排列,不脱落,花后增大,不等大;花瓣 5,覆瓦状排列,基部稍合生,外面无毛或被绢毛,内面常无毛;雄蕊多数,通常 15~60,排成 1~5 轮,着生于花冠基部,花丝通常合生,稀分离,被短柔毛或无毛,花药长圆形,直立,基部着生,被丝毛,稀无毛,药隔突出;子房被短柔毛或无毛,3~5 室,稀 2 或 4 室,每室胚珠 20~100,花柱 1,柱头单一,稀分裂为 2~5。浆果不开裂,具宿存花柱。种子多数至少数,细小,肾形,褐色,有光泽,并有小窝孔,胚弯曲,胚乳丰富,子叶半圆柱形。

约 85 种,分布于日本南部、印度、孟加拉国、斯里兰卡、缅甸、泰国、老挝、柬埔寨、越南、马来西亚、菲律宾、印度尼西亚、巴布亚新几内亚和热带非洲。我国有 22 种 7 变种,分布于长江以南各地。深圳有 1 种。

杨桐 黄瑞木 Millett Adinandra

图 649 彩片 879 880 881

Adinandra millettii (Hook. & Arn.) Benth. & J. D. Hook. ex Hance in J. Bot. **16**: 9. 1878.

Cleyera millettii Hook. & Arn. Bot. Beechey Voy. 171. t. 33. 1833.

灌木或小乔木,高 2~10m。树皮灰褐色;小枝无毛,嫩枝初时被灰褐色平伏短柔毛,后变无毛。顶芽被灰褐色平伏短柔毛。叶互生;叶柄长 3~5mm,疏被短柔毛或几无毛;叶片长圆状椭圆形,革质,长 4~5cm,宽 2~3cm,基部楔形,边缘全缘,先端短渐尖或近钝形,下面淡绿色或黄绿色,初时疏被平伏短柔毛,以后变无毛,上面亮绿色,无毛,侧脉每边 10~12 条,两面隐约可见。花单朵腋生;花梗纤细,长约 2cm,疏被短柔毛或几无毛;小苞片 2,早落;萼片 5,卵状披针形或卵状三角形,长 7~8mm,先端尖,外面疏被平伏短柔毛或几无毛,边缘具纤毛和腺点;花瓣 5,白色,卵状长圆形至长圆形,长约 9mm,先端尖,外面无毛;雄蕊约 25,长 6~7mm,花丝分离或几分离,着生于花冠基部,无毛或仅上半部被白色短柔毛,花药线状长圆形,长 1.5~2.5mm,被丝状毛,药隔伸出;子房球形,

图 649 杨桐 Adinandra millettii
1. 分枝的上段,示叶和花;2. 花;3. 萼片;4. 雄蕊;5. 果实,下部为宿存的花萼,上部为宿存的花柱。(林漫华绘)

被短柔毛，3 室，每室胚珠多数，花柱单一，长 7~8mm，无毛。果球形，疏被短柔毛，直径约 1cm，宿存花柱长约 8mm。种子多数，深褐色，有光泽，表面具网纹。花期 5~7 月；果期 8~10 月。

产地：排牙山（张寿洲等 2354）、梧桐山（王国栋等 6080）、羊台山（深圳植物志采集队 13642）。各地常见。生于山地路旁、林缘或密林中，海拔 100~600m。

分布：安徽、浙江（西南部）、湖北（东南部）、湖南（南部）、江西、广东、香港、广西和贵州（东部）。越南。

7. 柃属 Eurya Thunb.

常绿灌木或小乔木，稀为大乔木。嫩枝圆柱形或具 2~4 棱，被披散的柔毛、短柔毛、微柔毛或无毛。冬芽裸露。叶互生，排成 2 列，通常具柄；叶片边缘具齿，少数近全缘。花较小，1 至数花簇生于叶腋或生于无叶的小枝上；花梗短；花单性，雌雄异株；雄花小苞片 2，紧接于萼片之下，互生，萼片 5，覆瓦状排列，常不等大，宿存，花瓣 5，白色或淡黄色，膜质，基部稍合生，雄蕊 5~35，排成 1 轮，花丝无毛，分离或与花瓣基部贴生，花药长圆形或卵状长圆形，基部着生，花药 2 室，具分格或不具分格，药隔稍伸出，顶端具小尖头，稀圆形，退化雌蕊常显著，被毛或无毛；雌花无退化雄蕊，稀可具 1~5 退化雄蕊，子房上位，2~5 室，被毛或无毛，中轴胎座，每室胚珠 3~60，花柱 2~5，分离或呈不同程度的合生，柱头线形。浆果圆球形至卵球形，成熟时不开裂。种子每室 2~60，球形，种皮具细蜂窝状网纹，胚乳肉质，胚外弯。

约 130 余种，分布于亚洲热带和亚热带地区及西南太平洋各岛屿。我国有 83 种 13 变种。深圳有 7 种 2 变种。

1. 嫩枝被披散的长柔毛；子房及果实密被柔毛；雄蕊花药具分格。
　　2. 叶较小，长不足 3cm，卵状披针形，基部耳形，先端圆钝 ………………………… 1. **耳叶柃 E. auriformis**
　　2. 叶偏大，长 3.5~6cm，卵状长圆形或卵状披针形，基部阔楔形至圆形，先端渐尖或长渐尖 ……………
　　　　………………………………………………………………………………… 2. **二列叶柃 E. distichophylla**
1. 嫩枝被贴伏短柔毛或无毛；子房及果实无毛；雄蕊花药不具分格。
　　3. 嫩枝具明显的 2 棱。
　　　　4. 叶片常呈倒卵形至倒卵状长圆形。
　　　　　　5. 嫩枝和顶芽被短柔毛 ……………………………………………………… 3. **米碎花 E. chinensis**
　　　　　　5. 嫩枝和顶芽均无毛 ……………………………………… 3a. **光枝米碎花 E. chinensis** var. **glabra**
　　　　4. 叶片常为椭圆形或长圆状椭圆形、狭披针形或稀狭倒披针形。
　　　　　　6. 叶片为椭圆形或长圆状椭圆形；果实圆球形 ……………………………… 4. **细齿叶柃 E. nitida**
　　　　　　6. 叶为狭披针形，有时狭倒披针形；果实长卵球形 ……………………… 5. **窄叶柃 E. stenophylla**
　　3. 嫩枝圆柱形，无棱。
　　　　7. 嫩枝粗壮；全株无毛；叶片厚革质，长圆状椭圆形或椭圆形，先端短渐尖 ………… 6. **黑柃 E. macartneyi**
　　　　7. 嫩枝纤细，连同花萼均被微毛；叶片薄革质，窄椭圆形或长圆状窄椭圆形，有时卵状披针形，先端长渐尖。
　　　　　　8. 叶片长 4~9cm，下面干后常呈红褐色，上面干后不具金黄色腺点 ……………… 7. **细枝柃 E. loquaiana**
　　　　　　8. 叶片长不足 4cm，上面干后常具金黄色腺点 …………… 7a. **金叶细枝柃 E. loquaiana** var. **aureo-punctata**

1.　耳叶柃 Earedleaved Eurya　　　　　　　　　　　　　　　　　　　　　　　图 650　彩片 882
Eurya auriformis Hung T. Chang in Acta. Phytotax. Sin. **3**：21. 1954.

灌木，高 1~2m。嫩枝圆柱形，密被黄褐色披散的长柔毛；小枝灰褐色，近无毛。顶芽锥形，密被柔毛。叶柄极短或几无柄；叶片卵状披针形，革质，长 1.5~2.5cm，宽 0.6~1cm，基部耳形抱茎，边缘近全缘，干后稍反卷，先端圆钝，有微凹，下面淡绿色，密被长柔毛，上面绿色，有光泽，无毛，侧脉每边 5~7 条，中脉在上面凹下，在下面凸起，在两面均不明显。花 1~2 朵生于叶腋；花梗短，长约 1mm，被柔毛；小苞片 2，卵形；雄花萼片 5，卵形，长约 2mm，先端尖，外面被柔毛，花瓣 5，白色，长圆形，长约 3mm，雄蕊 10~11，花药具

4~5 分格；退化雌蕊密被柔毛；雌花小苞片、萼片与雄
花的同，但较小，花瓣 5，披针形，长约 2.5mm，子
房球形，3 室，密被柔毛，花柱长约 2mm，顶端 3 裂。
果实球形，直径约 3mm，密被柔毛。花期 10~11 月；
果期翌年 5 月。

产地：田心山〔华农仙湖采集队 SCAUF 508（2）〕。
少见。生于林下路边。

分布：广东及广西（东部）。

2.　二列叶柃 Distichous-leaved Eurya　图 651　彩片 883
Eurya distichophylla Hemsl. in J. Linn. Soc. **23**:
77. 1886.

灌木或小乔木，高 1~6m。树皮灰褐色或黑褐
色。当年生新枝圆柱形，黄褐色，密被厚柔毛或披散
长柔毛，小枝灰褐色或深褐色，近无毛。顶芽被长
柔毛。叶柄短，长约 1mm，被长柔毛；叶片卵状披
针形或卵状长圆形，纸质或薄革质，长 3.5~6cm，宽
1.1~1.8cm，基部阔楔形至圆形，两侧稍不等，边缘有
细锯齿，先端渐尖或长渐尖，下面淡绿色，密生贴伏
柔毛，上面绿色，稍有光泽，无毛，侧脉每边 8~11 条，
纤细，在上面不明显，在下面隐约可见，中脉在上面
凹下，在下面凸起。花 1~3 朵簇生于叶腋；花梗长约
1mm，被柔毛；小苞片 2，卵形，细小；雄花萼片 5，
卵形，长约 1.5mm，外面密被长柔毛，花瓣 5，白色，
倒卵状长圆形至倒卵形，长约 4mm，先端圆，雄蕊
15~18，花药具多分格；退化雌蕊密被柔毛；雌花萼片
5，卵形，长约 1mm，外面密被柔毛，花瓣 5，披针
形，长 2~2.5mm，子房卵球形，密被柔毛，3 室，花
柱长 3~4mm，顶端 3 深裂。果实球形或卵球形，直
径 4~5mm，被柔毛，成熟时紫黑色。种子多数，肾形，
有光泽，表面具密网纹。花期 10 月至翌年 2 月；果期
11 月至翌年 7 月。

产地：七娘山（王国栋等 7353）、盐田、三洲田（深
圳考察队 235）、梅沙尖、梧桐山（张寿洲等 3005）。
生于山谷林中或路旁，海拔 100~650m。

分布：湖南（南部）、江西（南部）、福建（南部和
西南部）、广东、香港、海南、广西（东部和南部）和
贵州。越南。

3.　米碎花 岗茶 Chinese Eurya　图 652　彩片 884　885
Eurya chinensis R. Br. in C. Abel, Narr. J. China
379. t. 1818.

灌木，高 1~3m。多分枝。茎皮灰褐色或褐色。平滑；

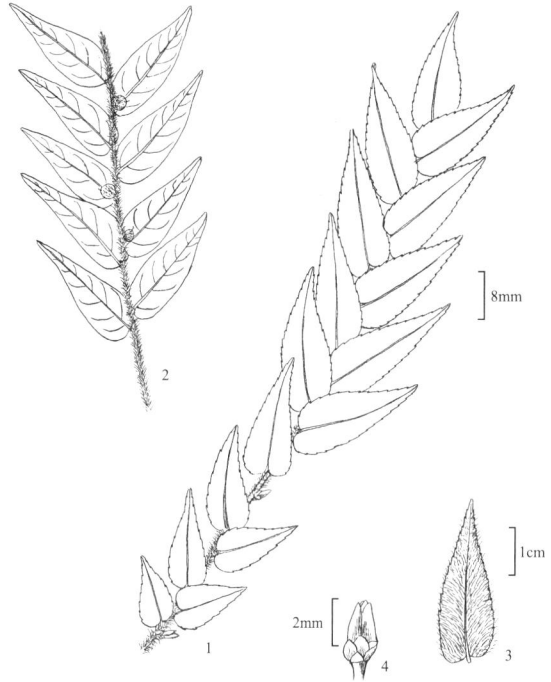

图 650　耳叶柃 Eurya auriformis
1. 分枝的上段，示叶和雌花；2. 分枝上部一段，示叶和浆果；
3. 叶片下面，示毛被；4. 雌花。（林漫华绘）

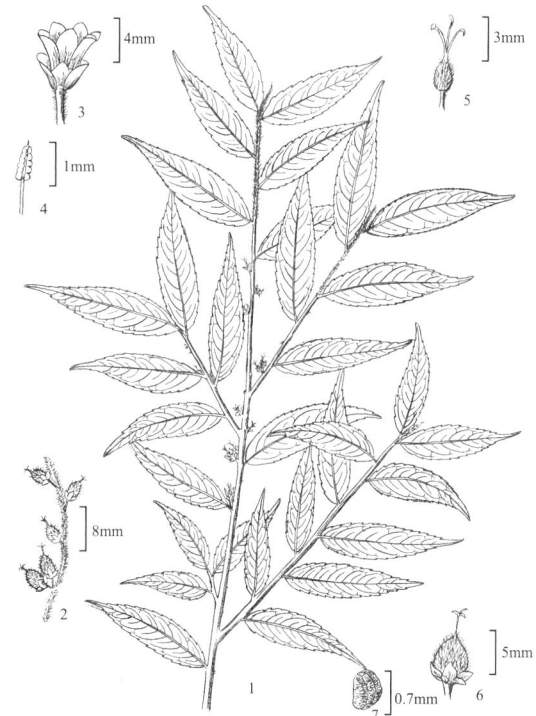

图 651　二列叶柃 Eurya distichophylla
1. 分枝的上段，叶和雄花；2. 分枝上部一段，示果；3. 雄花；
4. 雄蕊；5. 雌蕊；6. 浆果，下部为宿存的花萼，上部为宿
存的花柱；7. 种子。（林漫华绘）

嫩枝具 2 棱，黄绿色或黄褐色，被贴伏短柔毛，小枝稍具 2 棱，灰褐色或浅褐色，几无毛。顶芽披针形，密被黄褐色短柔毛。叶柄长 2~3mm；叶片倒卵形或倒卵状长圆形，薄革质，长 2~5.5cm，宽 1~2cm，基部楔形，边缘密生细锯齿，先端钝而有微凹或略尖，下面淡绿色，无毛或初时疏被短柔毛，后变无毛，上面鲜绿色，有光泽，侧脉每边 6~8 条，在两面均不甚明显，中脉在上面凹下，在下面凸起。花 1~4 朵簇生于叶腋；小苞片 2，细小，无毛；花梗长约 2mm，无毛；雄花萼片 5，卵圆形或卵形，长 1.5~2mm，先端近圆形，无毛，花瓣 5，白色，倒卵形，长 3~3.5mm，无毛，雄蕊约 15，花药不具分格，退化雌蕊无毛；雌花小苞片和萼片与雄花的同，但较小，花瓣 5，卵形，长 2~2.5mm，子房卵圆形，无毛，花柱长 1.5~2mm，先端 3 裂。果实球形，有时为卵球形，成熟时紫黑色，直径 3~4mm，无毛。种子肾形，稍扁，黑褐色，有光泽，表面具细蜂窝状网纹。花期 11~12 月；果期翌年 6~7 月。

产地：七娘山（王国栋等 7453）、沙头角（张寿洲等 5488）、内伶仃岛（王定跃 1908）。各地常见。生于山坡疏林、路旁或沟谷灌丛中，海拔 50~800m。

分布：湖南（南部）、江西（南部）、福建（南部）、台湾、广东、香港和广西（南部）。

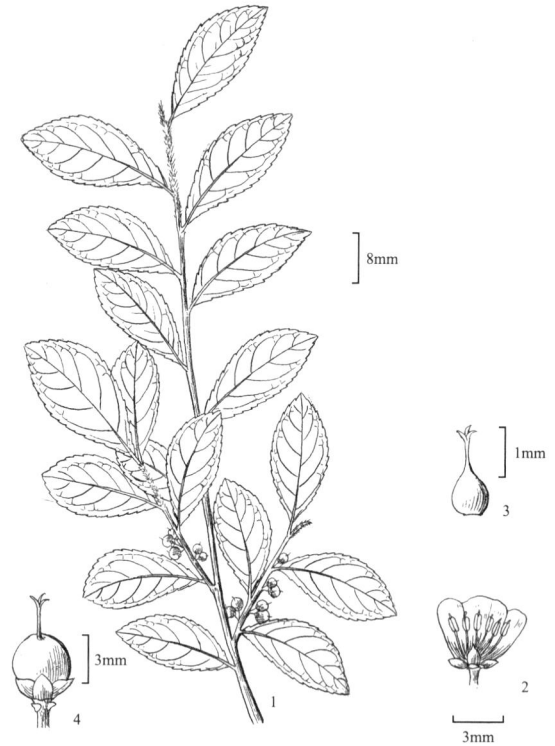

图 652 米碎花 Eurya chinensis
1. 分枝的上段，示叶和果；2. 雄花纵切，示雄蕊和退化雌蕊；3. 雌蕊；4. 浆果，下部为宿存的花萼，上部为宿存的花柱。（林漫华绘）

3a. 光枝米碎花（变种）Glabrous-branched Chinese Eurya

Eurya chinensis R. Br. var. **glabra** Hu & L. K. Ling in Acta Phytotax. Sin. **11**: 314. 1966.

本变种与原变种的区别在于：顶芽和嫩枝完全无毛。花果期与原变种相同。

产地：仙湖植物园（徐有才 90555）、梧桐山（王定跃 89375）。生境同原变种。

分布：福建（南部）、广东和四川（东南部）。

4. 细齿叶柃 Shining Euyra 图 653 彩片 886

Eurya nitida Korth. in Temminck, Verh. Nat. Gesch. Nod. Bezitt. Bot. **3**: 115, t. 17. 1841.

灌木或小乔木，高 2~5m，全株无毛。树皮灰褐色或深褐色，平滑；嫩枝具 2 棱，黄绿色；小枝灰褐色或褐色，有时具 2 棱；顶芽线状披针形，长达 1cm，无毛。叶柄长约 3mm；叶片椭圆形、长圆状椭圆形，薄革质，长 4~6cm，宽 1.5~2.5cm，基部楔形，有时近圆形，边缘密生锯齿或细钝齿，先端渐尖或短渐尖，尖头钝，下面淡绿色，上面深绿色，有光泽，两面无

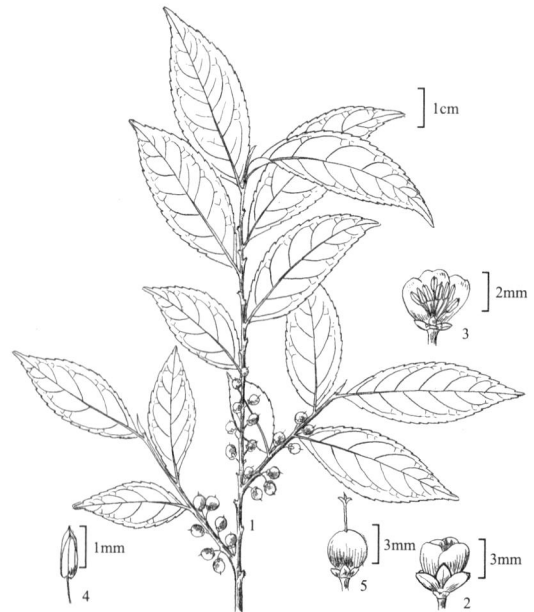

图 653 细齿叶柃 Eurya nitida
1. 分枝的上段，示叶和果；2. 雄花；3. 雄花纵切，示雄蕊及退化雌蕊；4. 雄蕊；5. 浆果，下部为宿存的花萼，上部为宿存的花柱。（林漫华绘）

毛，侧脉每边 9~12 条，在上面不明显，在下面稍明显，中脉在上面稍凹下，在下面凸起。花 1~4 朵簇生于叶腋；花梗较纤细，长约 3mm；小苞片 2，萼片状，近圆形，长约 1mm，无毛；雄花萼片 5，近圆形，长 1.5~2mm，先端圆，无毛，花瓣 5，白色，倒卵形，长 3.5~4mm，基部稍合生，雄蕊 14~17，花药不具分格，退化雌蕊无毛；雌花小苞片和萼片与雄花的同，花瓣 5，长圆形，长 2~2.5mm，基部稍合生，子房卵球形，无毛，花柱细长，长约 3mm，顶端 3 浅裂。果实圆球形，直径 3~4mm。种子肾形或圆肾形，亮褐色，表面具细蜂窝状网纹。花期 11 月至翌年 1 月；果期翌年 7~9 月。

产地：西涌（王国栋等 7730）、七娘山（张寿洲等 274）、南澳、笔架山（张寿洲等 SCAUF813）、田心山、梧桐山、内伶仃岛。生于山地疏林中或路旁，海拔 100~500m。

分布：安徽、浙江（南部）、河南、湖北（西部）、湖南（南部和西南部）、江西（南部）、福建、台湾、广东、香港、澳门、海南、广西、贵州、云南和四川。印度、斯里兰卡、缅甸、泰国、老挝、柬埔寨、越南、马来西亚、菲律宾和印度尼西亚。

5. 窄叶柃 Narrow-leaved Eurya　图 654　彩片 887　888
Eurya stenophylla Merr. in Philipp. J. Sci. **21**: 502. 1922.

灌木，高 1~1.5m，全株无毛。嫩枝黄绿色，有 2 棱，小枝灰褐色。顶芽披针形。叶柄长约 1mm；叶片狭披针形，有时为狭倒披针形，革质或薄革质，长 3~6cm，宽 1~1.5cm，基部楔形，边缘有钝锯齿，顶端锐尖或短渐尖，下面淡绿色，上面深绿色，有光泽，两面无毛，侧脉每边 6~8 条，在上面不明显，有时稍凹下，在下面略明显且稍隆起，中脉在下面凸起，在上面凹下。花 1~3 朵簇生于叶腋；花梗长 3~4mm；小苞片 2，圆形，长约 0.5mm，先端圆，有小突尖；雄花萼片 5，近圆形，长约 3mm，先端圆，花瓣 5，倒卵形，长 5~6mm，雄蕊 14~16，花药不具分格，退化雌蕊无毛；雌花小苞片与雄花的同，萼片 5，卵形，长约 1.5mm，花瓣 5，白色，卵形，长约 5mm，子房卵形，花柱长约 2.5mm，顶端 3 裂。果实长卵球形，长 5~6mm，直径 3~4mm。花期 10~12 月；果期翌年 7~8 月。

产地：三洲田（深圳考察队 145）。生于山坡灌丛中，海拔 500m 以下。

分布：湖北（西部）、广东（西部）、广西、贵州（西部）和四川（南部）。

图 654　窄叶柃 Eurya stenophylla
1. 分枝的上段，示叶和雌花；2. 除去花瓣的雌花；3. 浆果和下部宿存的花萼。（林漫华绘）

6. 黑柃 Black Eurya　　　　　图 655　彩片 889　890
Eurya macartneyi Champ. in Proc. Linn. Soc. Lond. **2**: 99. 1850.

灌木或小乔木，高 2~7m，全株无毛。树皮黑褐色，稍平滑；嫩枝粗壮，圆柱形，无棱，淡红褐色，小枝灰褐色或褐色。顶芽披针形。叶柄长 3~4mm；叶片长圆状椭圆形或椭圆形，厚革质，长 6~14cm，宽 2~4.5cm，基部近钝形或阔楔形，边缘几全缘，或上半部密生细微锯齿，先端短渐尖，干后下面红褐色，上面暗黄绿色，侧脉每边 12~14 条，纤细，在两面均明显，中脉在下面稍凸起，在上面凹下。花 1~4 朵簇生于叶腋；小苞片 2，近圆形，长约 1mm；花梗长 1~1.5mm；雄花萼片 5，革质，圆形，长约 3mm，先端圆，有腺状小凸尖或微凹，花瓣 5，长圆状倒卵形，长 4~5mm，雄蕊 17~24，花药不具分格；雌花小苞片与雄花的同，萼片 5，卵形或卵圆形，长 2~2.5mm，花瓣 5，倒卵状披针形，长约 4mm，子房卵球形，3 室，花柱 3，离生，长 1.5~2mm。果实球形，直径约 5mm，成熟时黑色。种子肾形，稍扁，表面具细密蜂窝状网纹。花期 11 月至翌年 1 月；果期翌年 6~8 月。

产地：西涌（王国栋等 7749）、南澳（王国栋等 7774）、三洲田（张寿洲等 3257）。各地常见。生于山地林中、沟谷密林或路旁，海拔 100~600m。

分布：江西（东部和南部）、福建（北部）、湖南、广东、香港、海南和广西（东部和南部）。

7. 细枝柃 Slenderbranch Eurya　　图 656
Eurya loquaiana Dunn in J. Linn. Soc. Bot. **38**: 355. 1908.

灌木或小乔木，高 2~10m。树皮灰褐色或深褐色，平滑；枝纤细，嫩枝圆柱形，无棱，黄绿色或淡褐色，密被微柔毛，小枝褐色或灰褐色，无毛或几无毛。顶芽狭披针形，密被微柔毛，有时被疏短柔毛。叶柄长 3~4mm；叶片窄椭圆形或长圆状窄椭圆形，有时为卵状披针形，薄革质，长 4~9cm，宽 1.5~2.5cm，基部楔形，有时为阔楔形，边缘有锯齿，先端长渐尖，下面干时常变为红褐色，上面暗绿色，有光泽，无毛，干后不具金黄色腺点，除沿中脉被微毛外，其余无毛，侧脉每边约 10 条，纤细，在两面均稍明显且被微柔毛，中脉在下面凸起，在上面凹下。花 1~4 朵簇生于叶腋；小苞片 2，极小，卵圆形，长约 1mm；花梗长 2~3mm，被微毛；雄花萼片 5，卵形或卵圆形，长约 2mm，顶端钝或近圆形，外面被微柔毛，花瓣 5，白色，倒卵形，雄蕊 10~15，花药不具分格，退化雌蕊无毛；雌花小苞片和萼片与雄花的同，花瓣 5，白色，卵形，长约 3mm，子房卵球形，无毛，3 室，花柱长 2~3mm，先端 3 裂。果实球形，成熟时黑色，直径 3~4mm。种子肾形，有光泽，表面具细蜂窝状网纹。花期 10~12 月；果期翌年 7~9 月。

产地：七娘山（张寿洲等 1933）、排牙山（张寿洲等 5077）、盐田、梧桐山（张寿洲等 1182）。生于山地密林、山坡沟谷或林缘，海拔 500~900m。

分布：安徽（南部）、浙江（南部）、河南、湖北（西部）、湖南（南部和西南部）、江西、福建、台湾、广东、香港、海南、广西、贵州、云南（东南部）和四川（南部）。

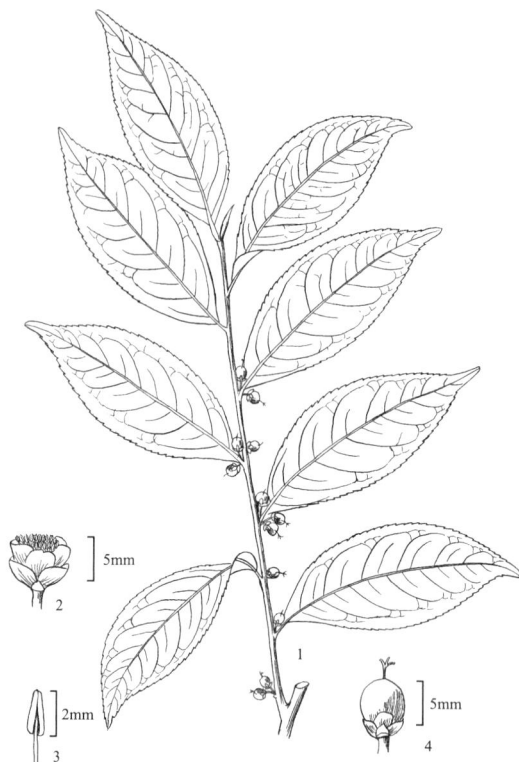

图 655 黑柃 Eurya macartneyi
1. 分枝的上段，示叶和果；2. 雄花；3. 雄蕊；4. 浆果，下部为宿存的花萼，上部为宿存的花柱。（林漫华绘）

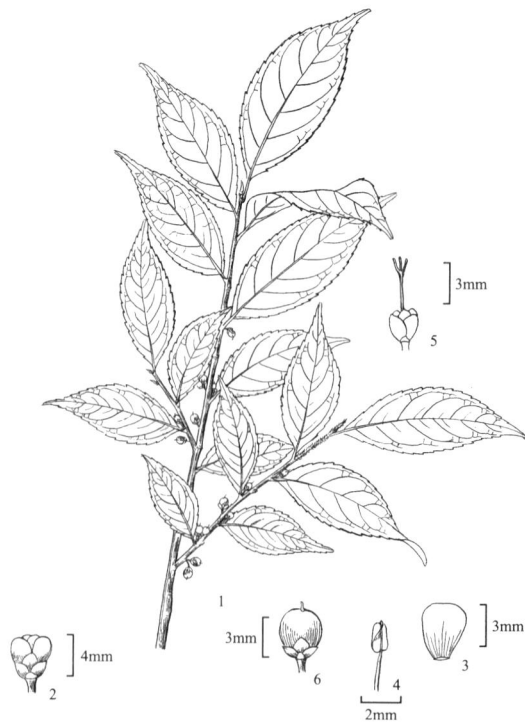

图 656 细枝柃 Eurya loquaiana
1. 分枝的上段，示叶和果；2. 雄花；3. 花瓣；4. 雄蕊；5. 除去花瓣的雌花，示花萼和雌蕊；6. 浆果，下部为宿存花萼，上部为宿存花柱。（林漫华绘）

7a. 金叶细枝柃 （变种） Goldendotted Eurya

Eurya loguaiana Dunn var. **aureo-punctata** Hung T. Chang in Acta Phytotax. Sin. **3**: 34. 1954.

本变种与原变种的主要区别在于：叶片明显变小，卵形或卵状披针形，长 2~4cm，宽 1~2cm，干后上面通常具金黄色腺点；雄蕊约 10；花柱长 1~1.5mm。花期、果期同原变种。

产地：七娘山（张寿洲等 5140）、梧桐山（张寿洲等 3157）。生于山地林中或林缘，海拔 800~900m。

分布：浙江（南部）、湖南（南部）、江西、福建、广东、广西、贵州和云南（东南部）。

89. 猕猴桃科 ACTINIDIACEAE

李秉滔

乔木、灌木或木质藤本,常绿、落叶或半落叶;植株通常具毛被,稀无毛,毛被多样,发达。单叶互生;无托叶,或托叶小;具短柄或长柄;叶片边缘具锯齿,稀全缘,具羽状脉。花序通常为簇聚伞花序、聚伞花序或圆锥花序;花两性、杂性或单性而雌雄异株;萼片5,稀2~3,覆瓦状排列,稀镊合状排列;花瓣5,有时4或6,覆瓦状排列,分离或基部合生;雄蕊10至多数,2轮,有时贴生于花瓣基部,花丝在花芽中弯曲,花药"丁"字着生,2室,纵裂或顶孔开裂;雌蕊由多数心皮组成,子房上位,5至多室,每室有胚珠10至多数,中轴胎座,花柱3至多数,分离或合生,通常宿存。果为浆果或蒴果。种子小,少数至多数,无假种皮,通常胚大,胚乳丰富。

3属约357种,主要分布于亚洲和美洲。我国产3属66种。深圳有2属3种。

1. 木质藤本;花单性,雌雄异株或杂性 ························· 1. **猕猴桃属 Actinidia**
1. 乔木或灌木;花两性 ··· 2. **水东哥属 Saurauia**

1. 猕猴桃属 Actinidia Lindl.

常绿、落叶或半落叶木质藤本;植株无毛或被毛,毛被为星状毛或单毛。髓实心或片状。枝条通常具线形或纵长的皮孔。冬芽小,藏于叶座内或露出。单叶互生;托叶小、不明显或退化;通常具长叶柄;叶片膜质、纸质或革质,边缘通常具锯,很少近全缘,具羽状脉,侧脉间通常有横脉,小脉网状。花序为腋生的聚伞花序,通常由少花或多花排成的假伞形花序组成,或花单生;苞片小;花单性,雌雄异株或杂性,白色、红色、粉红色、黄色或绿色;萼片(2~)5(~6),分离或基部合生,覆瓦状排列,稀镊合状排列,通常宿存;花瓣(4~)5(~6),覆瓦状排列;雄蕊多数,雄花中的雄蕊比雌花中的不育雄蕊为多数而较长,雌花中的不育雄蕊花丝通常短而小,花药黄色、褐色、紫红色或黑色,"丁"字着生,2室,纵裂,通常基部叉开;无花盘;雌蕊由15~30心皮组成,子房上位,球形、圆柱形或瓶状,无毛或被毛,多室,每室有多数倒生胚珠,中轴胎座,花柱与心皮同数,通常外弯呈辐射状,宿存,在雄花中有退化子房及微小的花柱。果为浆果,球形、卵球形或长圆体形,无毛或有毛,具斑点状的皮孔或无。种子多数,长圆体形,小,褐色,藏于果肉之中,种皮坚韧,具网状洼点,胚乳丰富,胚较大,圆柱形,直立,位于胚乳的中央,长为种子的一半,子叶短,胚根靠近种脐。

约55种,分布于亚洲东部和南部。我国产52种。深圳有2种。

1. 叶片宽5~8.5(~12)cm,下面密被紧贴星状绒毛,上面疏生微柔毛至无毛 ·············· 1. **阔叶猕猴桃 A. latifolia**
1. 叶片宽1.5~6.5,两面中脉、侧脉及网脉上疏被糙伏毛 ························ 2. **蒙自猕猴桃 A. henryi**

1. 阔叶猕猴桃 Broad-leaved Actinidia 图657 彩片891 892

Actinidia latifolia (Cardn & Champ.) Merr. in J. Straits Branch Roy Asiat Soc. **86**: 330. 1922.

Heptaca latifolia Gandn. & Champ. in J. Bot. Kew Gand. Misc. **1**: 243. 1849.

落叶木质藤本。茎粗壮,多分枝,有花小枝,绿色至蓝绿色,长达20cm,直径达3.5mm,幼嫩时薄被微柔毛或密被黄褐色短绒毛,老枝直径约8mm,髓白色,片层状或中空或实心,具皮孔。叶柄长3~7cm,无毛或薄被短柔毛;叶片,通常宽卵形至宽倒卵形,坚纸质,长8~13(~15)cm,宽5~8.5(~12)cm,基部宽楔形、圆形、截形或浅心形,两侧有时稍不对称,边缘具疏生突尖状硬头小齿,先端急尖至渐尖,下面密被灰色至黄褐色紧贴的星状绒毛,上面疏生微柔毛至无毛,侧脉每边6~7条,侧脉间的横脉明显。花序为三至四分歧的聚伞花序,着花10至多朵,密被淡褐色短绒毛;花序梗长2.5~8.5cm;苞片小,条形,长1~2mm;花梗长0.5~1.5cm,果期时伸长并增粗;花有香气;萼片5,卵形,长4~5mm,宽3~4mm,淡绿色,花开放时反折,两面被淡黄色短绒毛；花瓣5~8，前半部及边缘部分白色，下半部的中央部分为橙黄色，长圆形至倒卵状长圆形，长6~8mm，宽3~4mm，花开放时反折；雄蕊多数，花丝纤弱，长2~4mm，花药卵形，基部箭头状，长约1mm；子房圆球形，长约2mm，被疏柔毛，花柱长2~3mm。浆果近球形至卵球形，长3~3.5cm，直径2~2.5cm，密被斑点状皮孔，成熟时无毛或仅在两端被短柔毛。种子长圆体形，长2~2.5mm。花期5~7月；果期7~12月。

产地：东涌、七娘山（王国栋等7511）、南澳、排牙山（张寿洲等2314）、葵涌、三洲田、梧桐山（张寿洲等2508）。生于山地路旁、疏林或密林中沟谷旁，海拔50~800m。

分布：安徽、江苏、浙江、江西、湖南、福建、台湾、广东、香港、海南、广西、贵州、云南和四川。泰国、老挝、柬埔寨、越南和马来西亚。

2. 蒙自猕猴桃 奶果猕猴桃 Henry Actinidia 图 658
Actinidia henryi Dunn in Bull. Misd. Inform. Kew. **1906**：1. 1906.

Actinidia carnosifolia C. Y. Wu var. *glaucescens* C. F. Liang in Fl. Reip. Pop. Sin. **49**(2)：318. 1984；广东植物志 **4**：147. 2000.

落叶或半常绿木质藤本。茎褐色，上部多分枝，幼枝密被淡红褐色糙伏毛，老枝毛被较疏，毛基部膨大，枝皮具小的淡白色皮孔，髓片层状。叶柄长1.5~4cm，被绣褐色糙伏毛；叶片卵形、长圆状卵形至长圆状披针形，长5~14cm，宽1.5~6.5cm，纸质至革质，基部钝圆至微心形，边缘具硬尖小锯齿，先端渐尖，下面稍带粉绿色或苍绿色，上面绿色，侧脉每边7~10条，与中脉和网脉在叶片两面均疏被明显的糙伏毛。聚伞花序腋生，着花1~5朵，密被淡红色或锈褐色长柔毛；花序梗短，长仅4mm；花梗长达1cm；花白色至粉红色；萼片5，卵形，长约3mm，先端急尖，外面被微柔毛；花瓣5，倒卵形，长6~7mm，基部狭窄，先端圆；雄蕊多数，花丝长2mm，花药卵形，长约1.5mm，基部箭形，黄色；子房球形，长约2mm，密被短柔毛，花柱略短于子房。浆果圆柱形或长圆状卵球形，长1.5~3cm，无毛，具斑点状皮孔；果梗长1~1.3cm。种子小，长约1.5mm。花期5~6月；果期10月。

产地：七娘山（张寿洲等SCAUF918）。生于山地林下或灌丛中。

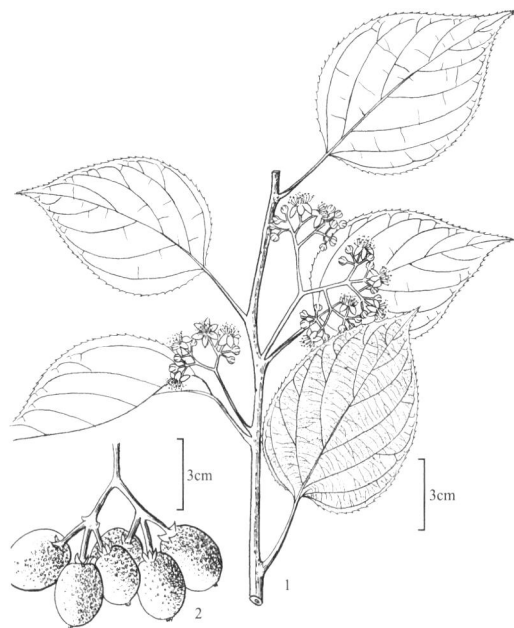

图 657 阔叶猕猴桃 Actinidia latifolia
1. 分枝的一部分，示叶及花序；2. 果序。（林漫华绘）

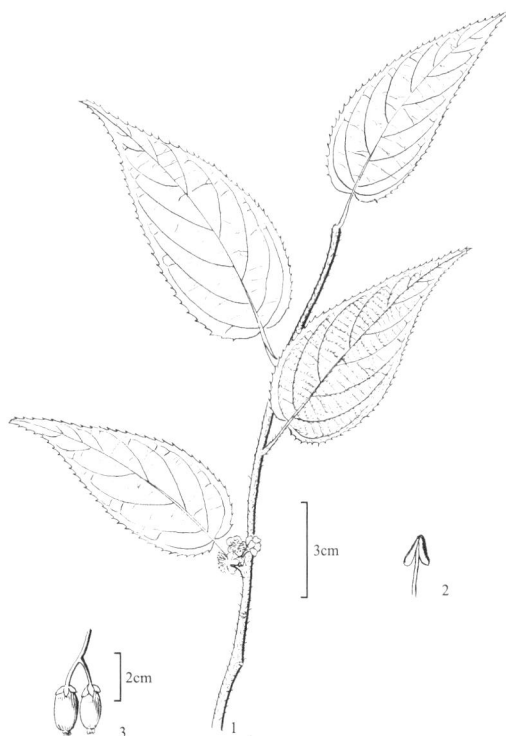

图 658 蒙自猕猴桃 Actinidia henryi
1.分枝的一部分，示叶及花序；2.雄蕊；3.浆果。（林漫华绘）

分布：湖南、广东、广西、贵州和云南。

2. 水东哥属 Saurauia Willd.

乔木或灌木。小枝通常具鸟爪状鳞片或钻状鳞片。单叶互生，具长或短的叶柄；托叶小或无；叶柄具鸟爪状鳞片或钻状鳞片，或无鳞片，稀具长刺毛；叶片边缘具锯齿或细锯齿，稀近全缘，具羽状脉，侧脉多数，平行，中脉和侧脉通常具钻状鳞片或刺毛。花序为顶生或腋生的聚伞花序或圆锥花序；单生或簇生，通常具鳞片，有绒毛或无毛；花梗上生 2 对生的小苞片；花两性；萼片 5，覆瓦状排列；花瓣 5，覆瓦状排列，通常基部合生成短筒，稀分离；雄蕊 15~130，花丝贴生于花瓣的基部，花药倒三角形，背部着生，药室孔裂或纵裂；子房上位，3~5 室，每室有胚珠多数，花柱 3~5，中部以下合生，稀分离，柱头单一至盘状。果为浆果，球形或扁球形，白色至灰绿色，稀红色，通常具棱。种子多数，小，褐色，具网状洼点，胚乳稍丰富，胚直或弯曲，子叶短。

约 300 种，分布于亚洲和美洲的热带地区。我国产 13 种。深圳有 1 种。

水东哥 水枇杷 Common Saurauia　　　　　　　　图 659　彩片 893　894

Saurauia tristyla DC. Mem. Soc. Phys. Geneve **1**：423. 1822.

灌木或小乔木，高 3~6(~12)m。小枝被绒毛至几无毛，具鸟爪状鳞片或钻状鳞片。叶柄被短绒毛或无毛，具鸟爪状鳞片或钻状鳞片；叶片纸质，倒卵形至宽椭圆状倒卵形，长 10~28cm，宽 4~11cm，基部楔形至宽楔形，边缘具刺毛状锯齿，先端渐尖至尾尖，两面沿中脉和侧脉疏被贴伏的钻状刺毛或鸟爪状的鳞片，幼嫩叶片上面的刺毛或鳞片很明显，老渐变为无毛；侧脉每边 8~20 条，平行，近边缘微弯，在下面凸起，小脉网状。聚伞花序 1~4 枚簇生于叶腋或老枝落叶的叶痕腋内，长 1~5cm，被锈色微绒毛或鳞片，花序分枝处具苞片 2~3；苞片卵形；花梗基部具 2 近对生的小苞片；小苞片卵形或披针形，长 1~5mm；花粉红色或白色，直径 0.7~1.6cm；萼片宽卵形或椭圆形，长 3~4mm；花瓣卵形，长约 8mm，顶部反卷；雄蕊 25~34；子房卵球形至球形，无毛，花柱 3~4(~5)，中部以下合生，柱头头状。浆果球形，直径 0.6~1cm，绿色、白色至淡黄色。种子多数，种皮具凹穴。花期 5~10 月；果期 8~12 月。

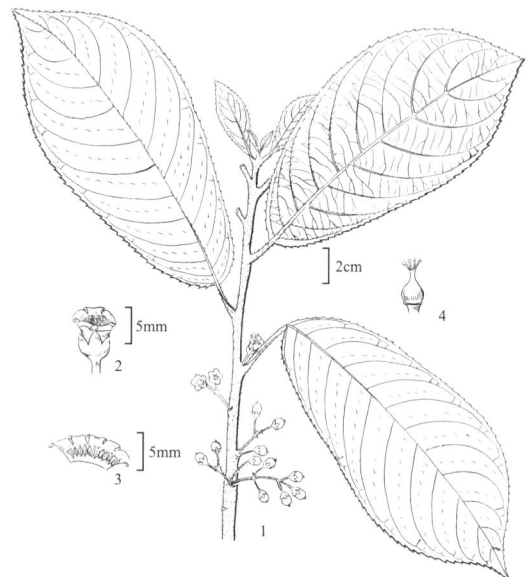

图 659 水东哥 Saurauia tristyla
1. 分枝的上部，示叶、花序和果序；2. 花；3. 花瓣展开；4. 雌蕊。（林漫华绘）

产地：七娘山（李沛琼等 0906212）、葵涌（张寿洲等 2559）、梧桐山（王国栋等 6106）。深圳各地常见。生于山地路旁、山谷沟旁、林中或灌丛中，海拔 50~500m。

分布：台湾、福建、广东、香港、海南、广西、贵州、云南和四川。印度、尼泊尔、泰国、越南和马来西亚。

用途：根、叶可药用，有清热解毒和凉血的功效，可治无名肿毒和眼翳症等。

91. 五列木科 PENTAPHYLACACEAE

李秉滔

常绿灌木或乔木。单叶互生，具叶柄；托叶早落；叶片边缘全缘，具羽状脉。花小，两性，辐射对称，紧密排列呈假总状花序；花梗短；小苞片2，紧贴花萼基部，宿存；萼片5，不等长，分离，在花芽时覆瓦状排列，宿存；花瓣5，在花芽时为覆瓦状排列，分离或基部稍合生；雄蕊5，与花瓣互生，在花芽中内折，在花开放后伸直，比花瓣短，花丝长圆形，花瓣状，花药小，近球形，2室，顶孔开裂；无花盘；子房上位，5室，每室具胚珠2，胚珠并生，下垂，花柱1，柱状，具5棱，柱头5裂。果为蒴果，椭圆体形，5室，室背开裂。种子每室2，长圆形，压扁状，顶端具翅或无翅，胚"U"字形，胚乳薄质。

1属1种，分布于中国、越南、马来西亚和印度尼西亚（苏门答腊北部）。深圳有产。

五列木属 Pentaphylax Gardn. & Champ.

属的形态特征和地理分布与科同。

五列木 Common Pontaphylax

图 660　彩片 895　896　897

Pentaphylax euryoides Gardn. & Champ. in Hook. J. Bot. Kew Gard. Misc. **1**: 245. 1849.

常绿灌木或乔木，高4~10m，除小苞片外，全株无毛。茎皮灰褐色或灰黄色；小枝圆柱形，灰褐色。叶互生；叶柄长0.3~1.2cm，腹部具槽；叶片，卵形、卵状长圆形或长圆状披针形，革质，长2.5~8cm，宽1~3.5cm，基部圆至宽楔形，先端尾状渐尖、渐尖或钝，下面淡绿色，上面深绿色，侧脉每边6~8条，在两面不很明显。花小，紧密排列呈假总状花序；花梗长1~1.5mm；小苞片2，紧贴花萼基部，宿存，卵状三角形，长1~1.5mm，外面被白色鳞片，内面被短柔毛，边缘具短缘毛；萼片圆形或近圆形，长1.5~2.5mm，先端常微凹，外面密被淡灰白色鳞片；花瓣长圆状披针形至倒披针形，长4~5mm，宽1.5~2mm，先端钝至微凹；雄蕊5，花丝长圆形，宽扁，花瓣状，长2.5~3.5mm，宽约1mm，花药小，近球形，直径约0.5mm；子房宽卵球形，长约1mm，宽2.5mm，无毛，花柱柱状，长约2mm，具5棱，柱头5裂。蒴果椭圆体形，长6~9mm，宽4~5mm，褐色至黑褐色，成熟时沿室背5瓣裂，果皮和隔膜均木质，基部具宿存萼片和小苞片；

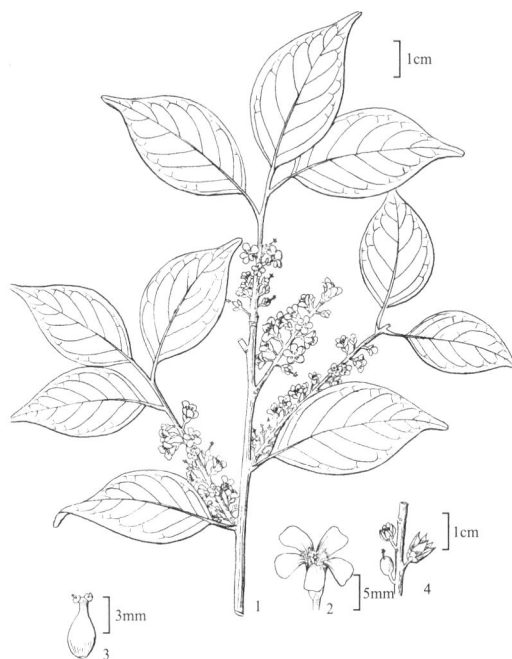

图 660 五列木 Pentaphylax euryoides
1. 分枝的一部分，示叶及花序；2. 花；3. 雌蕊；4. 果序的一部分。（林漫华绘）

果梗长2~3mm。种子线状长圆体形，长约9mm，宽1.5~2mm，淡红色或红棕色，先端极压扁或呈翅状。花期4~7月；果期7~12月。

产地：东涌（张寿洲等2381）、七娘山（张寿洲等5363）、排牙山（张寿洲等2355）。深圳各地常见。生于山地疏密林中或山地水沟旁，海拔50~700m。

分布：江西、福建、广东、香港、海南、广西、湖南、贵州和云南。越南、马来西亚和印度尼西亚。

用途：木材坚硬，可供作建筑、家具或农具等用材。

97. 沟繁缕科 ELATINACEAE

邓云飞

一年生或多年生草本，或半灌木。植株矮小，湿生或陆生。茎直立或匍匐状，多分枝。单叶，对生或轮生，具叶柄；托叶成对；叶片边缘全缘或具锯齿。花小，单生、簇生或组成腋生的聚伞花序，两性，辐射对称；萼片2~5，分离或基部稍合生，覆瓦状排列，薄膜质或具近透明的边缘，宿存；花瓣与萼片同数，分离，膜质，在花芽时呈覆瓦状排列，膜质；雄蕊与花瓣同数或为其2倍，分离，花丝丝状，基部稍扩大，花药背着，2室，纵裂；花盘不存在；子房上位，2~5室，胚珠多数，生于中轴胎座上，花柱2~5，分离，短，柱头头状。果为蒴果，膜质、革质或脆壳质，果瓣与中轴及隔膜分离，成熟时为室间开裂。种子多数，小，直或弯曲，种皮常有皱纹，无胚乳，胚直或弯曲。

2属约50种，分布于世界热带、亚热带和温带地区。我国产2属6种。深圳有1属1种。

1. 沟繁缕属 Elatine L.

湿生一年生草本。茎纤细，匍匐状，节上生根。叶对生或轮生；叶柄极短；叶片小，边缘通常全缘。花极小，常单生于叶腋；萼片2~4，基部合生，膜质，先端近急尖；花瓣与萼片同数，比萼片长，先端钝；雄蕊与花瓣同数或为其2倍；子房上位，扁球形，压扁，先端截形，2~4室，胚珠多数，花柱2~4，柱头头状。蒴果扁球形，膜质，2~4瓣裂，隔膜于果实开裂后脱落或附着于中轴上。种子多数，直、弯曲或呈马蹄形，表面具棱和网纹或有椭圆形纹孔。

约25种，分布于世界热带、亚热带和温带地区。我国产3种。深圳有1种。

三蕊沟繁缕 Threestamen Waterwort   图 661

Elatine triandra Schkuhr，Bot. Handb. **1**: 345. t. 109，fig. 2. 1791.

Elatine america auct. non Arn.: 广州植物志 127. 1956.

一年生矮小湿生草本，高2~10cm。茎圆柱形，匍匐状，多分枝，节间短，在节部生根。叶对生；叶柄无或长约1mm；托叶膜质，三角形，长约1mm，早落；叶片小，卵状长圆形或披针形至条状披针形，长0.3~1cm，宽0.5~3mm，基部渐狭，边缘全缘，先端钝，两面无毛，侧脉每边2~3条，纤细，不明显。花小，单生于叶腋；花梗无或极短，在果期稍延长，长0.3~0.5mm；萼片2~3，卵形，长0.5~0.7mm，基部合生，先端钝；花瓣3，白色或粉红色，阔卵形或椭圆形，长约1mm；雄蕊3，稍短于花瓣；子房上位，扁球形，3室，花柱3，分离，柱头盘状。蒴果扁球形，直径1~1.5mm，3室，成熟时3瓣裂。种子多数，长圆柱形，长约0.5mm，近直立或稍弯曲，具细密的六角形网纹。花期8月。

产地：罗湖区林果场（深圳考察队1942）。生于湿生地，海拔约10m。

分布：内蒙古、黑龙江、吉林、台湾、福建、广东、香港和海南。印度、尼泊尔、日本、马来西亚、菲律宾、印度尼西亚、欧洲、北美、澳大利亚和太平洋岛屿（新西兰）。

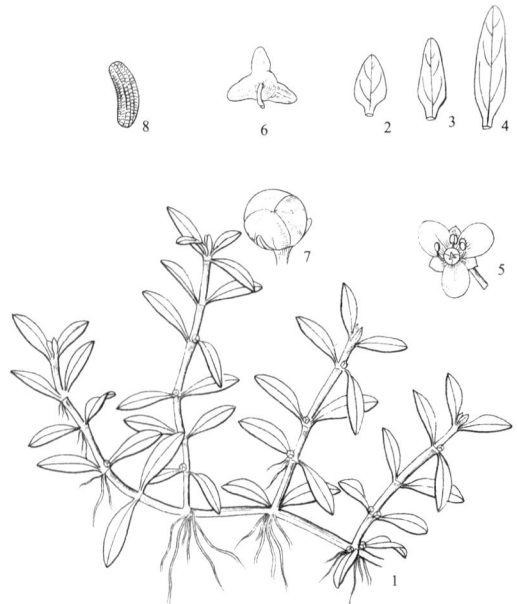

图 661 三蕊沟繁缕 Elatine triandra
1. 植株，示根、匍匐茎、分枝、叶及花；2~4. 不同的叶形；
5. 花；6. 花萼下面观；7. 蒴果；8. 种子。（林漫华绘）

100. 藤黄科（山竹子科）**CLUSIACEAE**（**GUTTIFERAE**）

王发国　邢福武

乔木或灌木，稀为草本。在裂生的空隙或小管道内含有黄色的树脂或油，有时有黑色或红色腺体，含有金丝桃苷或假金丝桃苷。单叶，对生，稀轮生，具短柄或无柄，通常无托叶，稀有托叶；叶片边缘通常全缘。花两性或单性，雌雄异株，稀杂性，辐射对称，单生或排成聚伞花序或聚伞圆锥花序；小苞片通常生于花萼紧接之下，与花萼难以区分；萼片（2~）4~5（~6），在芽时覆瓦状排列，或交互对生，稀完全合生，内部萼片有时花瓣状；花瓣（3~）4~5（~6），分离，在芽时覆瓦状排列或旋转排列；雄蕊多数，稀少数，花丝分离或基部合生，有时合生成（3~）4~5束且与花瓣对生，花药2室，纵裂；雌蕊由2~5（~12）合生心皮组成，子房上位，无柄，1~12室，具中轴至侧膜或基生胎座，每胎座有胚珠1至多数，胚珠直立或下垂，花柱1~5（~12），分离或稍连生，细长或粗短，有时缺，柱头1~12，点状至盾状，常呈辐射状展开，表面平滑或有小乳头状凸起。果为蒴果、浆果或核果，如为蒴果则通常室间开裂或室轴开裂，稀室背开裂。种子1至多数，有时有假种皮，无或几乎无胚乳，胚大。

约40属1200多种，大部分分布于世界热带地区，只有金丝桃属 Hypericum 和三腺金丝桃属 Triadenum 分布于温带地区。我国有8属约95种。深圳有5属7种。

1. 果为核果状浆果或浆果，不开裂。
　　2. 叶片具极多数密集而平行的侧脉，侧脉无分枝；子房1室；果为核果状浆果 ……… 1. **红厚壳属 Calophyllum**
　　2. 叶片具多或数疏生而平行的侧脉，侧脉通常有斜的分枝；子房2~12室；果为浆果 ……………………
　　……………………………………………………………………………………… 2. **山竹子属 Garcinia**
1. 果为蒴果，开裂。
　　3. 草本或灌木；蒴果室间开裂 ………………………………………………… 3. **金丝桃属 Hypericum**
　　3. 灌木或乔木；蒴果不为室间开裂。
　　　　4. 萼片和花瓣均为5；花丝合生成3~5束；子房3室；蒴果室背开裂；种子一侧具翅 …………………
　　　　…………………………………………………………………………… 4. **黄牛木属 Cratoxylum**
　　　　4. 萼片和花瓣均为4；花丝分离；子房2室；蒴果室轴开裂；种子无翅 ……… 5. **铁力木属 Mesua**

1. 红厚壳属 **Calophyllum** L.

乔木或灌木。通常含透明或稀黄色或白色树脂。顶芽败育，腋芽具芽鳞。叶对生，具叶柄，稀无柄；叶片革质，边缘全缘，通常无毛，有极多数密集平行而不分枝的侧脉，几与中脉垂直，在两面凸起，网脉间常具半透明腺点。花两性，稀单性，组成聚伞圆锥花序或聚伞花序，花序腋生、近腋生或顶生；萼片（2~）4，2轮，交互对生，内面的一对常花瓣状；花瓣常4，稀2或6~8，2轮，覆瓦状排列；雄蕊多数，花丝纤细，常蜿蜒状，分离，稀基部合生，花药直立，基部着生，2室，纵裂；子房1室，具1直立基生的胚珠，花柱1，伸长，纤细，柱头常盾状。果为核果状浆果，球形、椭圆体形或卵球形，外果皮薄，中果皮薄，肉质，内果皮薄而附着在种子上。种子1，大，种皮薄，胚具宽肉质的子叶，富含油脂。

约187种，主要分布于亚洲热带地区，少数分布于热带美洲、非洲东部和马达加斯加。我国有4种。深圳有1种。

薄叶红厚壳 薄叶胡桐 Membranaceus Beautyleaved　Thin-leaved Calophyllum　　　　图662　彩片898
Calophyllum membranaceum Gardner & Champ. in J. Bot. Kew Gard. Misc. **1**: 309. 1849.

灌木至小乔木，高1~5 m。幼枝四棱形，有狭翅，光滑，无毛。叶柄长0.4~1cm，叶片长圆形或长圆状披针形，薄革质，长 5~12cm，宽 1.5~3.5cm，基部楔形，边缘全缘，稍反卷或呈波浪形，先端渐尖、急尖或尾状渐尖，两面有光泽，干时暗褐色，中脉在两面凸起，侧脉纤细密集，极多数，平行，在两面凸起。花两性，由（1~）3（~5）花组成长 2.5~3cm 的聚伞花序，花序腋生或生于短枝顶端叶腋；花梗长 5~8mm，无毛；小苞片线形，早落；萼片 4，外面 2 萼片较小，近圆形，长约 4mm，内面 2 萼片较大，倒卵形，长约 8mm，花瓣状；花瓣常 4，白色，略带浅红色，倒卵形，长约 8mm；雄蕊多数，花丝基部合生成 4 束；子房卵球形，花柱细长，柱头钻状。果梗长 1~1.5cm；核果卵状长圆体形，长 1.2~2cm，顶端有短尖头，成熟时黄色。种子长 1~1.5cm。花期 3~5 月；果期 8~11 月。

产地：七娘山（邢福武等 10238，10395，IBSC）、大鹏（陈珍传等 011683）、田心山（张寿洲等 4689）、三洲田（王国栋等 5964）、梅沙尖、梧桐山、仙湖植物园。生于沟边、山地疏林中或密林中，海拔 60~600m。

分布：广东、香港、海南、广西（南部）及沿海部分地区。越南。

用途：根在民间作药用，治跌打损伤、风湿骨痛、肾虚腰痛等。

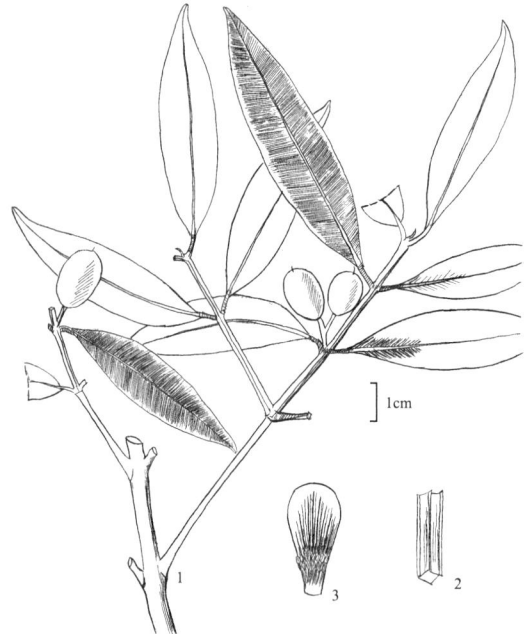

图 662 薄叶红厚壳 Calophyllum membranaceum
1. 分枝一段，示小枝、叶和果；2. 幼枝的一段放大，示 4 棱并具狭翅；3. 花瓣和雄蕊。（林漫华绘）

2. 山竹子属（藤黄属）**Garcinia** L.

常绿乔木或灌木，通常有黄色的树脂液，具顶芽，芽无鳞片。单叶，对生，稀轮生；叶柄基部通常具舌状附属物；通常无托叶，极稀有托叶；叶片边缘全缘，革质或纸质，通常无毛，侧脉多数至少数，斜升或与中脉垂直，具斜的分枝，网脉网状，上面具淡褐色横生或分枝的树脂管，下面树脂管线形、点状或分枝，或脉间具半透明腺点。花单性、两性或杂性，腋生或顶生，单生或数朵聚生，稀排成聚伞花序或聚伞圆锥花序；萼片和花瓣通常 4，有时 5，在花芽时覆瓦状排列或交互对生；雄花：雄蕊多数，花丝分离或合生成 1~5 束，贴生于花瓣上，常围绕着退化雌蕊，有时退化雌蕊不存在，花药基部着生，1、2、4 或多室，花药纵裂，有时孔裂；雌花：退化雄蕊 8 至多数，分离或成各种合生；子房 2~12 室，每室有胚珠 1，花柱短或缺，柱头盾状，全缘或 2~5 裂。浆果具革质至薄而不开裂的外果皮。种子大，1~5 颗或有时更多，内嵌在肉质的内果皮中，胚轴块状。

约 450 种，分布于亚洲热带地区、非洲南部、澳大利亚东北部、波利尼西亚西部和热带美洲。我国有 20 种。深圳有 2 种。

本属在深圳引种的尚有菲岛福木 Garcinia subelliptica Merr.，因数量较少，本志未有收录。

1. 叶片宽 2~8cm；花瓣长 1.2~1.4cm；雄蕊合生成 4 束，具退化雌蕊 ⋯⋯⋯⋯⋯⋯⋯⋯⋯⋯⋯⋯ 1. **木竹子 G. multiflora**
1. 叶片宽 2~3.5cm；花瓣长 7~9mm；雄蕊合生成 1 束，无退化雌蕊 ⋯⋯⋯⋯⋯⋯⋯⋯⋯ 2. **岭南山竹子 G. oblongifolia**

1. 木竹子 多花山竹子 Manyflower Garcinia 图 663 彩片 899

Garcinia multiflora Champ. ex Benth. in J. Bot. Kew Gard. Misc. **3**：310. 1851.

常绿乔木，稀灌木，高（3~）5~12（~15）m，胸径 20~40cm。树皮灰白色，粗糙，有黄色的树脂液；小枝亮绿色，具槽纹，光滑。叶对生；叶柄长 0.6~1.2cm；叶片厚革质，卵形或长圆状卵形至长圆状倒卵形，长 7~15（~20）cm，宽 2~6（~8）cm，基部楔形或宽楔形，边缘全缘，反卷，先端短渐尖或急尖，两面无毛，下面苍绿色或干时褐

色，中脉在下面凸起，在上面下陷，侧脉每边 10~15
条，纤细，斜升至近叶缘处网结，不达叶缘。花雌雄
同株；雄花直径 2~3cm，有时单生，有时组成聚伞圆
锥花序，花序长 5~7cm，花梗长 0.8~1.5cm，萼片 4，
外面 2 萼片较小，长和宽均为 6~7.5mm，内面 2 萼
片较大，长 0.8~1cm，花瓣橙黄色，倒卵状匙形，长
1.2~1.4cm，宽 6~7mm，雄蕊簇生，花丝合生成 4 束，
束柄长 2~3mm，每束具花药约 50，聚合成头状，花
药 2 室，药室纵裂，退化雌蕊柱状，具明显的盾状
柱头，4 裂；雌花退化雄蕊束短，束柄长约 1.5mm，
短于雌蕊，子房长圆体形，上半部较宽，2 室，无花
柱，柱头大而厚，盾形。成熟浆果黄色，卵球形至
倒卵球形，长 3~5cm，宽 2.5~3cm，顶端具宿存柱头，
平滑。种子 1~2，长圆体形，长 2~2.5cm。花期 4~8 月；
果期 8~12 月。

产地：七娘山（张寿洲等 011088）、南澳、田心
山（张寿洲等 499）、盐田、三洲田（王国栋等 5950）、
梧桐山。生于山地疏林中或路旁，海拔 100~600m。

分布：江西、福建、台湾、广东、香港、海南、广西、
湖南（西南部）和云南。

用途：果实熟时可食；树皮入药，有消炎功效，
可治各种炎症。

2. 岭南山竹子 黄芽果 Oblong-leaved Garcinia

Lingnan Garcinia　　　　图 664　彩片 900

Garcinia oblongifolia Champ. ex Benth. in J.
Bot. Kew Gard. Misc. **3**: 331. 1851.

乔木或灌木，高 5~15m，胸径达 30cm。树皮深
灰色；老枝具环纹。叶柄长约 1cm，无毛；叶片长圆
形或倒卵状长圆形至倒披针形，近革质，长 5~10cm，
宽 2~3.5cm，基部楔形，边缘全缘，干时反卷，先端
钝或急尖，两面均无毛，嫩叶黄色带红色；中脉在下
面凸起，在上面扁平或微凹，侧脉每边 10~18 条，纤
细。花雌雄异株，单生或组成伞形状聚伞花序；花梗
长 3~7mm；雄花：萼片 4，近圆形，长 3~5mm；花瓣 4，
橙黄色或淡黄色，倒卵状长圆形，长 7~9mm；雄蕊多
数，花丝合生成 1 束，花药聚生呈头状，2 室，纵裂，
无退化雌蕊；雌花：萼片和花瓣与雄花的相似，退化
雄蕊合生成 4 束，短于雌蕊；子房卵球形，8~10 室，
无花柱，柱头盾状，隆起，辐射状分裂，上面具乳头
状瘤突。浆果卵球形或球形，长 2~4cm，宽 2~3.5cm，
基部常有宿存萼片，顶端有隆起的宿存柱头。种子 1。
花期 4~6 月；果期 7~12 月。

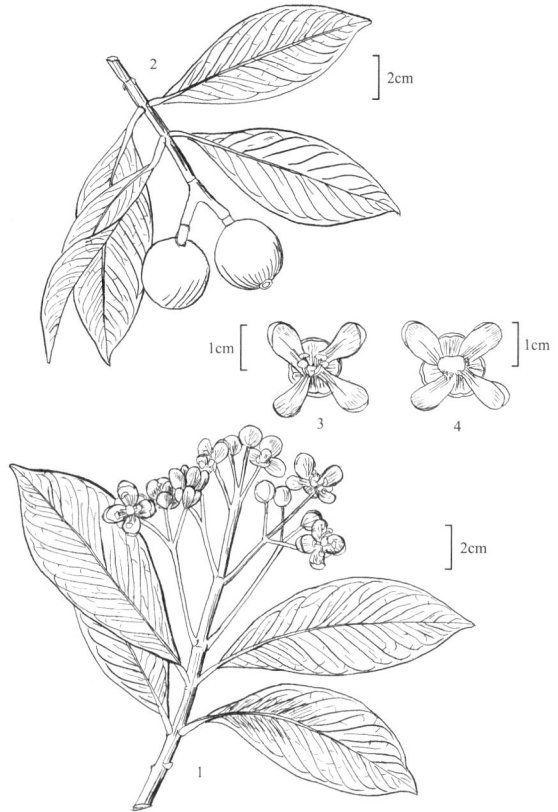

图 663 木竹子 Garcinia multiflora
1. 分枝的上段，示叶和花序；2. 分枝的上段，示叶和果序；3. 雄
花；4. 雌花。（林漫华绘）

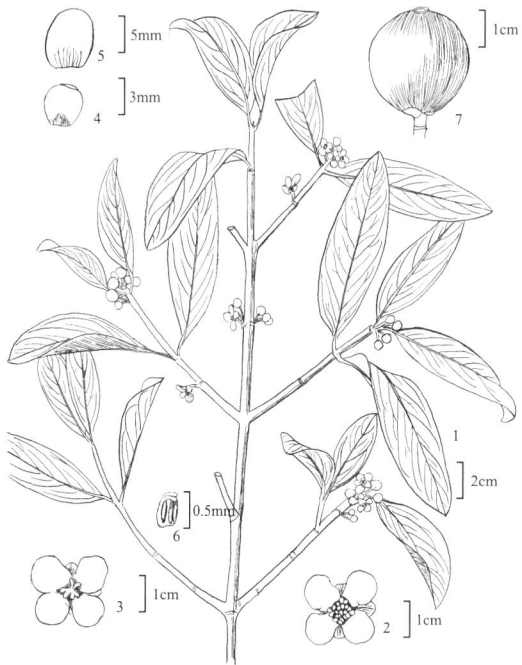

图 664 岭南山竹子 Garcinia oblongifolia
1. 分枝的上段，示叶和花序；2. 雄花；3. 雌花；4. 萼片；5. 花
瓣；6. 花药；7. 浆果。（林漫华绘）

产地：西涌、七娘山（邢福武等 10390，IBSC；张寿洲等 1561）、南澳、大鹏、笔架山、葵涌、马峦山、梅沙尖、仙湖植物园（梁治保 014376）、梧桐山、羊台山、南山。生于平地、丘陵和林中，海拔 100~600m。

分布：广东、香港、澳门、海南和广西。

用途：果实熟时可食。

3. 金丝桃属 Hypericum L.

灌木、半灌木或草本，植株无毛或被柔毛，具透明或不透明、黑色或红色的腺点。叶对生，稀轮生，具柄或无柄；叶片边缘全缘，具羽状脉或掌状脉。花序为聚伞花序，顶生或腋生，稀花单生；花两性；萼片 5 而双盖覆瓦状排列，或 4 而交互对生，不等大或等大，分离或部分合生；花瓣（4~）5，芽时旋转排列，黄色至金黄色，稀白色，有时脉上带红色，通常不对称，花后宿存或脱落；雄蕊极多数，分离，或合生成 3~5 束，与花瓣或萼片对生，每束有雄蕊多达 80（~120），花丝纤细，分离或 2/3 以下合生，花药小，背部着生或多少基部着生，2 室，纵裂，药隔上有腺体，无退化雄蕊及不育的雄蕊束；子房 3~5 室，具中轴胎座，或为 1 室，具侧膜胎座，每胎座具 2 至少数至多数胚珠，花柱（2~）3~5，分离或部分至全部合生，纤细，柱头小，或多少呈头状。果为一室间开裂的蒴果，果瓣常含有树脂的条纹或囊状腺点。种子小，通常两侧或一侧有龙骨状凸起，或一侧有狭翅，种皮有各种雕纹，无假种皮，稀具种阜，胚纤细，直，具纤细的子叶。

约 460 种，广布于世界温带、热带及亚热带地区。我国产 64 种。深圳产 1 种，栽培 1 种。

1. 茎或枝上同一对生叶基部不合生为一体；雄蕊不成束；果皮表面无腺点 ⋯⋯⋯⋯⋯⋯⋯ 1. 地耳草 H. japonicum
1. 茎或枝上同一对生叶基部合生为一体，茎或枝贯穿其中心；雄蕊合生成 3 束；果皮表面具腺点 ⋯⋯⋯⋯
⋯⋯⋯⋯⋯⋯⋯⋯⋯⋯⋯⋯⋯⋯⋯⋯⋯⋯⋯⋯⋯⋯⋯⋯⋯⋯⋯⋯⋯⋯⋯⋯ 2. 元宝草 H. sampsonii

1.　地耳草 田基黄 雀舌草 Japanese St. Johnswort

图 665　彩片 901

Hypericum japonicum Thunb. ex Murray, Syst. Veg., ed. 14, 702. 1784.

一年生草本，高或长 2~45cm。茎直立至外倾，或平卧地上并在基部或沿茎上生根，在花序下部不分枝或有各式分枝，具 4 纵线棱，散生淡色腺点。叶对生，无柄；叶片卵形或卵状三角形至长圆形或椭圆形，坚纸质，长 0.2~1.8cm，宽 0.1~1cm，基部心形抱茎至楔形，不下延，与同一对生叶的基部不合生为一体，边缘全缘，先端钝至圆，下面淡绿色，有时带苍白色，上面绿色，具（1~）3 条基出脉，侧脉每边 1~4（~7）条，下面散生透明腺点。聚伞花序着生于小枝顶端，二歧状或多少呈单歧状，有或无侧生小花枝，具 1~30 花，疏散；花梗长 2~5mm；苞片和小苞片披针状钻形至叶状，微小至与叶等长；花直径 4~8mm，多少平展呈星状；花蕾圆柱状椭圆形，先端稍钝；萼片分离，直立，狭长圆形或披针形至椭圆形，近相等至不相等，长 2~5.5mm，宽 0.5~2mm，边缘无腺点，全缘，先端急尖或表面散生透明腺点或腺条纹，背面具 3~5 条纵脉；花瓣灰白色、淡黄色或橙黄色，长圆形或椭圆形，长

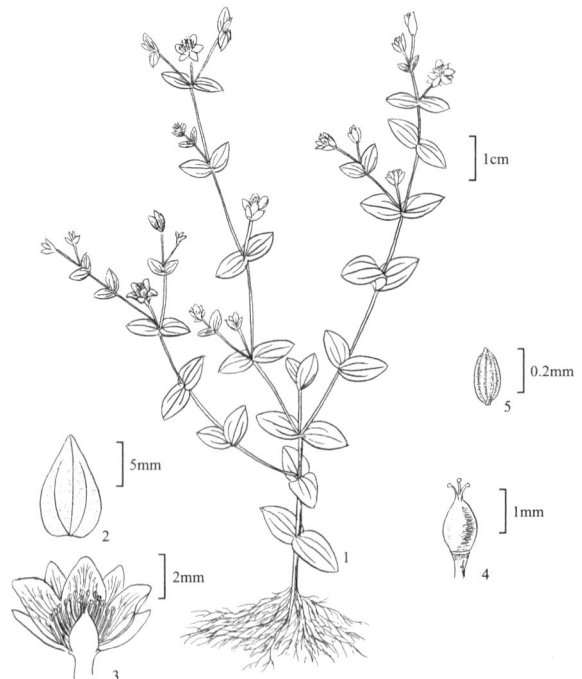

图 665 地耳草 Hypericum japonicum
1. 植株，示根、茎、叶和花序；2. 叶片，示三出脉及上面的腺点；3. 花展开，示雄蕊及雌蕊；4. 雌蕊；5. 种子。（林漫华绘）

1.7~5mm，宽 0.8~1.8mm，边缘和表面均无腺点，先端钝，宿存；雄蕊 5~30，不成束，长约 2mm，宿存，花药黄色，具松脂状腺点；子房宽卵球形至近球形，长 1.5~2mm，3 室，花柱（2~）3，长 0.4~1mm，分离，开展。蒴果圆柱形至球形，长（2~）2.5~6mm，宽 1.3~2.8mm，成熟时开裂为 3 果瓣；果皮无腺点。种子淡黄色，圆柱形，长约 0.5mm，两端锐尖，种皮具线梯纹或细蜂窝纹。花期 3~10 月；果期 3~10 月。

产地：排牙山（王国栋等 5723）、笔架山（张寿洲等 1129）、梅林（张寿洲等 0623）。深圳市各地常见。生于田边、沟边或旷野草地上，海拔 20~500m。

分布：辽宁、山东、安徽、江苏、浙江、江西、福建、台湾、广东、香港、澳门、海南、广西、湖南、湖北、贵州、云南和四川。日本、朝鲜半岛、印度、不丹、尼泊尔、斯里兰卡、缅甸、泰国、老挝、柬埔寨、越南、菲律宾、马来西亚、印度尼西亚、澳大利亚东南部和新西兰。

用途：全草入药，有清热解毒、止血消肿的功效；治肝炎、跌打损伤、疮毒及毒蛇咬伤。

2. 元宝草 对月莲 合掌草 Sampson's St. Johnswot
Hypericum sampsonii Hance in J. Bot. **3**: 378. 1865.

图 666　彩片 902

多年生草本，高 20~80cm，全株无毛。茎单一或少数，直立或外倾，基部生根，通常上部分枝，无腺体。叶对生，无柄，基部与同一对生叶的基部合生为一体，而茎或枝贯穿其中心；叶片宽或狭披针形至长圆形或倒披针形，坚纸质，长（2~）2.5~7（~8）cm，宽（0.7~）1~3.5cm，基部较宽，边缘全缘，先端钝或圆，下面灰绿色，上面绿色，两面具散生至密生的黑色腺点；侧脉每边 4~5 条，斜上升，近边缘弧形网结，网脉细而稀疏。聚伞花序顶生，多花，伞房状，连同其下方多达 6 个腋生花枝共同组成一大的圆锥花序；苞片和小苞片条形或条状披针形，长约 4mm；花梗长 2~3mm；花直径 0.6~1（~1.5）cm，花蕾时卵球形，先端钝，张开时近星状，基部杯状；萼片分离，直立，不等长，长圆形至长圆状匙形，或条状长圆形，长 0.3~0.7（~1）cm，宽 1~3mm，先端圆，边缘全缘，近边缘内疏生黑色腺点，内面散生黑色腺点或腺斑；花瓣淡黄色，椭圆状长圆形，长 0.4~0.8（~1.3）cm，宽 1.5~4（~7）mm，边缘有近无柄或无柄的黑色腺体，两面散生黑色腺点或腺斑，宿存；雄蕊 30~42，合生成

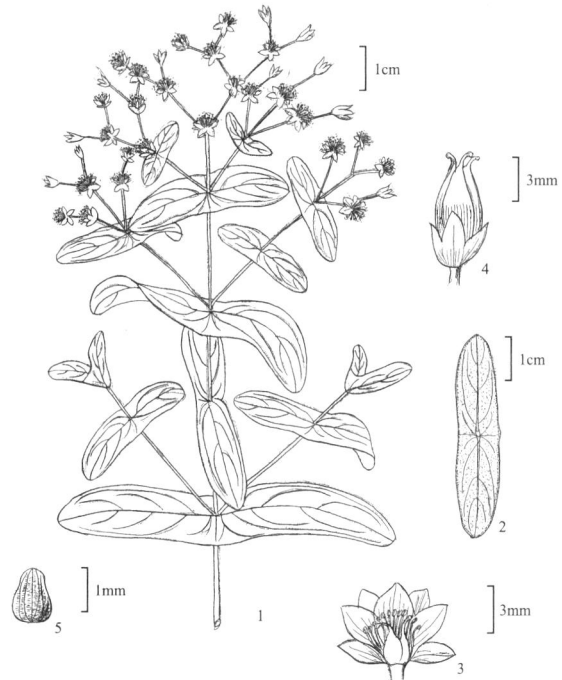

图 666 元宝草 Hypericum sampsonii
1. 植株的上部，示叶和花序；2. 一对基部合生的对生叶；3. 花展开，示雄蕊及雌蕊；4. 宿存花萼及蒴果；5. 种子。（林漫华绘）

3 束，长（2~）3~4（~6）mm，每束的花丝基部合生，宿存，花药淡黄色，具黑色腺点；子房卵球形至狭卵状圆锥形，3 室，花柱 3，长约 2mm，分离。蒴果宽卵球形至宽或狭卵状圆锥形，长 6~9mm，宽 4~5mm，散生囊状腺体。种子橙黄褐色，长卵球形，长约 1mm，种皮具肋状梯纹。花期 5~7 月；果期 6~10 月。

产地：仙湖植物园（王定跃等 0119）有栽培。

分布：安徽、江苏、浙江、河南、湖北、湖南、江西、福建、台湾、广东、香港、广西、贵州、云南、四川和陕西。日本（南部）、缅甸（东部）和越南（北部）。

用途：全草入药，有凉血、止血、通经活络之功效；治吐血、尿血、跌打扭伤和痈毒等症。

4. 黄牛木属 Cratoxylum Blume

乔木或灌木，常绿或落叶。枝条在节上有时压扁且大多在叶柄间有横线痕。顶芽败育或无。叶对生，具柄或无柄；叶片边缘全缘，下面常具白粉或蜡质，羽状脉，网脉间有透明腺点。聚伞花序顶生和（或）腋生；小苞片微小，脱落；花梗短；花两性；萼片5，不等大，革质，宿存，花后通常增大；花瓣5，与萼片互生，白色至深红色或粉红色，有时橙黄色和绿色，通常具腺点或黑色腺纹，有时基部有或无鳞片；雄蕊多数，花丝合生成3（2+2+1）束，纤细，2/3合生，花药宿存，背部着生，药隔有时具突出的树脂状的腺体，具3个与雄蕊束互生的下位肉质腺体；子房上位，3室，每胎座半下部具直立或上升的胚珠（3~）5~16（~18），花柱3，分离，通常分叉，柱头点状，截形或有时增厚，略具乳突，胚珠多数，倒生，着生于中轴胎座基部。蒴果木质，椭圆体形至圆筒形，室背开裂，基部的蒴轴宿存并变为木质。种子少数至多数，倒卵球形至圆柱形，一侧具翅或四周具翅（我国不产），胚直，圆柱形。

约6种，分布于印度、缅甸、泰国、老挝、柬埔寨、越南、菲律宾、马来西亚和印度尼西亚。我国产2种。深圳有1种。

黄牛木 Yellow Cow Wood　图 667　彩片 903　904

Cratoxylum cochinchinense (Lour.) Blume in Ann. Mus. Bot. Lugduno-Batavu **2**：17. 1856.

Hypericum cochinchinense Lour. Fl. Cochinch. **2**：472. 1790.

Ancistrolobus ligustrinus Spach，Hist. Nat. Veg. Phan. **5**：361. 1836.

Cratoxylum ligustrinum (Spach) Blume in Ann. Mus. Bot. Lugd.-Bat. **2**：16. 1856；海南植物志 **2**：53，图 319. 1965.

落叶灌木或乔木，高 1.5~18（~25）m，全株无毛。树干下部有簇生的长枝刺；树皮灰黄色或灰褐色，平滑或有细条纹；枝条对生，幼枝略扁，淡红色，节上叶柄间横线痕连续或间有中断。叶柄长 2~3mm；叶片椭圆形至长圆形或披针形，纸质，长 3~10.5cm，宽 1~4cm，基部钝至楔形，先端骤然急尖或渐尖，下面灰绿色，有透明腺点及黑点，上面绿色，中脉在下面凸起，在上面凹陷，侧脉每边 8~12 条，斜升，末端不呈弧形网结，网脉在两面凸起。聚伞花序腋生或腋外生和顶生，着花（1~）2~3 朵；花序梗长 0.3~1cm或更长；花梗长 2~3mm；花直径 1~1.5cm；萼片长圆

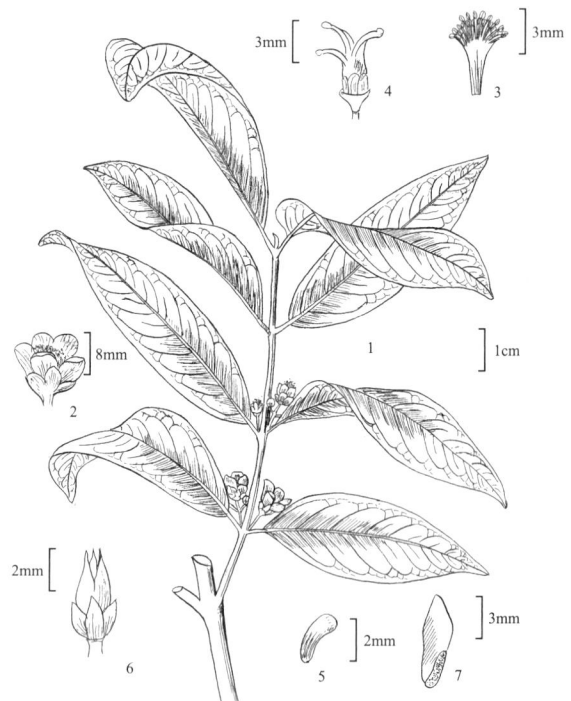

图 667 黄牛木 Cratoxylum cochinchinense
1.分枝的一段，示小枝、叶和花序；2.花；3.雄蕊束；4.雌蕊和腺体；
5.腺体；6.宿存花萼及蒴果；7.种子，一侧具翅。（林漫华绘）

形，长 5~7mm，宽 2~5mm，花后膨大，先端圆，外面有黑色腺纹；花瓣深红色至粉红色或红黄色，倒卵形，长 0.5~1cm，宽 2.5~5mm，基部楔形，先端圆，脉间具黑色腺纹，无鳞片；雄蕊束 3，长 4~8mm，每束有雄蕊 40~55，束柄宽扁至细长，下位肉质腺体长圆形至倒卵形，盔状，长约 3mm，宽约 1mm，厚约 1.5mm，顶端增厚而反曲，药隔具腺体或无；子房圆锥形，长约 3mm，花柱 3，线形，长约 2mm。蒴果椭圆体形，长 0.8~1.2cm，宽 4~5mm，褐色，被宿存的花萼包至 2/3 以上。种子每室（5~）6~8，倒卵球形，长 6~8mm，宽 2~3mm，基部具爪，不对称，一侧有翅。花期 4~5 月；果期 6 月至翌年 3 月。

产地：西涌（张寿洲等 0989）、笔架山（张寿洲等 1063）、仙湖植物园（曾春晓 011584）。深圳市各地常见。生于丘陵地或山地疏林中或灌木丛中，海拔 4~400m。

分布：广东、香港、澳门、海南、广西和云南（南部）。缅甸、泰国、越南、马来西亚、菲律宾和印度尼西亚。

用途：根、树皮、嫩叶可药用，有健胃、清热解毒之效，主治感冒发热、肠炎腹泻等。

5. 铁力木属 Mesua L.

乔木。顶芽败育，腋芽具芽鳞。叶对生，具叶柄；叶片通常长圆形至条状披针形，革质，常具不明显半透明的腺点，侧脉极多数，纤细，斜向上密集而平行，网脉梯形，不明显。花两性，稀杂性，常单生于叶腋，有时顶生，稀组成腋生聚伞圆锥花序；萼片和花瓣均为4，覆瓦状排列；雄蕊多数，花丝丝状，分离，花药直立，基部着生，2室，纵裂；子房2室，每室有直立胚珠2，花柱伸长，柱头盾状。蒴果近木质，室轴开裂，具2~4瓣裂。种子1~4，无翅，胚具宽而肉质的子叶，胚乳肉质，富含油脂。

约5种，分布于印度和斯里兰卡、马来半岛及印度尼西亚（爪哇）。我国引进栽培1种。深圳也有栽培。

铁力木 铁梨木 Common Mesua　　图 668　彩片 905

Mesua ferrea L. Sp. Pl. **1**：515. 1753.

常绿乔木，高8~15（~30）m。树干通直，基部具板根，树冠锥形，树皮薄，暗灰褐色，薄片状开裂，创伤处渗出带香气的白色树脂。叶柄长5~8mm；叶片披针形或狭倒卵状披针形，革质，嫩时红色，老时深绿色，常下垂，长5~10cm，宽1.5~4cm；基部楔形，先端渐尖至尾尖，下面通常被白粉，上面暗绿色，微带光泽；侧脉极多数，斜向平行脉，纤细而不明显，网脉在放大镜下隐约可见。花两性，1~2花顶生或腋生，直径5~8.5cm；花梗长3~5mm；萼片4，外面2萼片较内面2萼片略大，圆形，内凹，边缘膜质，有时具白色睫毛；花瓣4，白色，倒卵状楔形，长3~3.5cm；雄蕊极多数，花丝丝状，分离，长1.5~2cm，花药长圆形，金黄色，长约1.5mm；子房圆锥形，高约1.5cm，花柱长1~1.5cm，柱头盾形。果宽卵球形或扁球形，成熟时长约3cm，宽约2.5cm，干后栗褐色，有纵皱纹，宿存花柱顶端呈尖喙状，有时2瓣裂，基部的宿存萼片增大并为木质；果梗粗壮，长0.8~1.2cm。种子1~4，形状不规则，种皮褐色，有光泽，坚而脆。

产地：仙湖植物园（巫锡良 3311；李沛琼 3582）、深圳农科中心（陈景方 2511）有栽培。

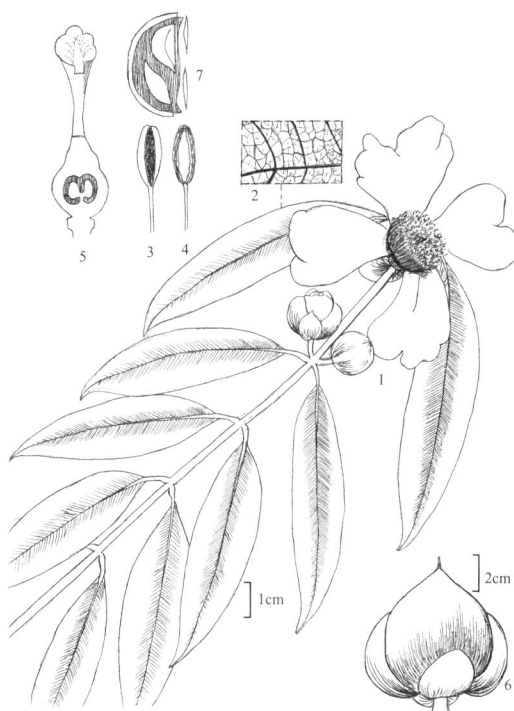

图 668 铁力木 Mesua ferrea
1.分枝的上段，示叶和花；2.叶片部分放大，示侧脉和网脉；3.雄蕊的背面；4.雄蕊的腹面；5.雌蕊的纵切面；6.蒴果，基部为宿存花萼；7.部分蒴果纵切面，示种子的排列。（林漫华绘）

分布：广东、广西和云南。印度、孟加拉国、斯里兰卡、泰国、马来西亚和印度尼西亚。

用途：植株常绿，花美丽，有观赏价值，适用于园林美化和绿化。

植物学名索引

植物英文名称索引

植物汉语名称索引

根

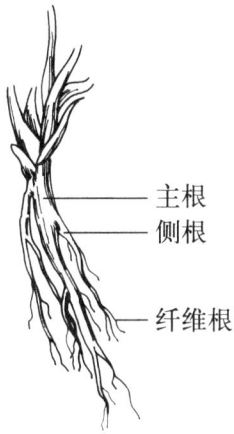

- 主根
- 侧根
- 纤维根

圆锥状根

圆柱状根

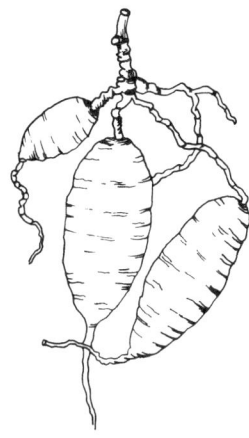

块状根

纺锤状根

须根

茎

直立茎

斜升茎

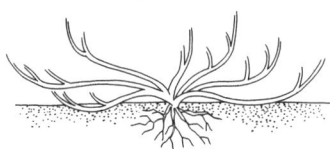

斜倚茎

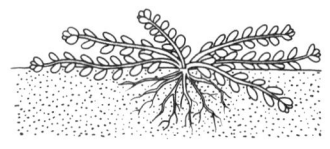

平卧茎

缠绕茎

攀援茎

匍匐茎

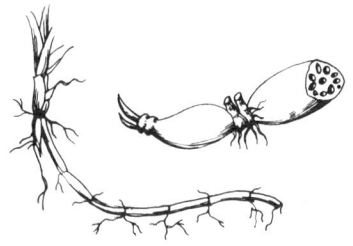

根状茎

球茎

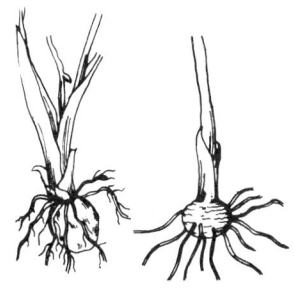

块茎

鳞茎

叶

叶的组成

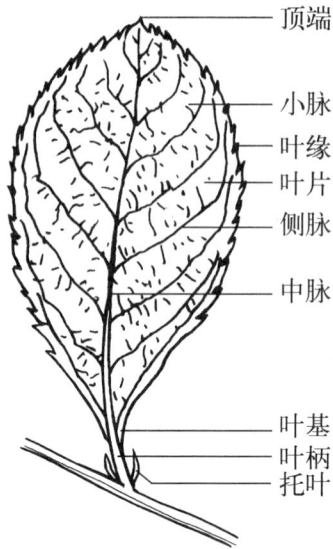

顶端
小脉
叶缘
叶片
侧脉
中脉
叶基
叶柄
托叶

叶鞘

叶套折

叶的排列

互生　　　　　对生　　　　　轮生　　　　　簇生

叶的形状

针形　披针形　长圆形　椭圆形　卵形　圆形　条形　匙形　扇形

镰刀形　肾形　倒披针形　倒卵形　倒心形　提琴形　菱形

楔形　　三角形　　心形　　鳞片形

叶基部

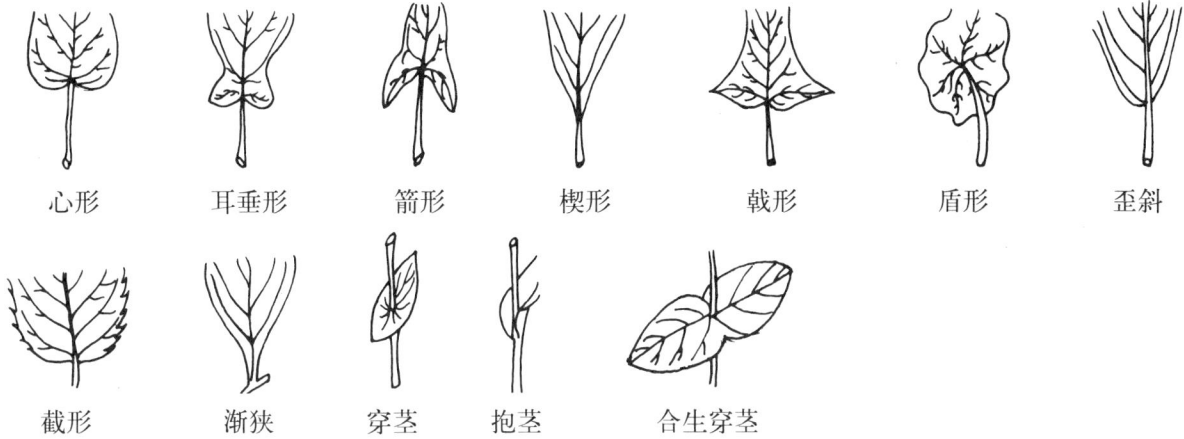

心形　　耳垂形　　箭形　　楔形　　戟形　　盾形　　歪斜

截形　　渐狭　　穿茎　　抱茎　　合生穿茎

叶边缘

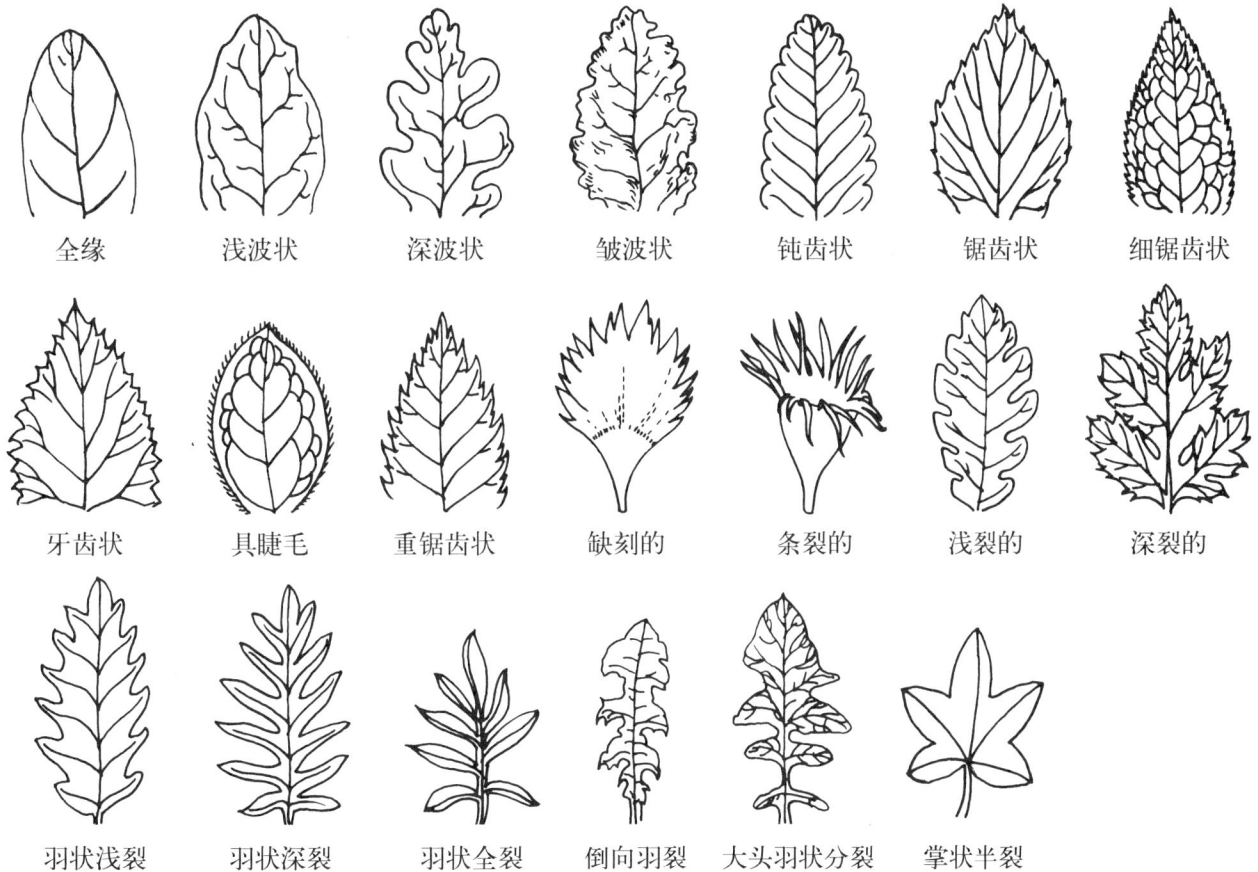

全缘　　浅波状　　深波状　　皱波状　　钝齿状　　锯齿状　　细锯齿状

牙齿状　　具睫毛　　重锯齿状　　缺刻的　　条裂的　　浅裂的　　深裂的

羽状浅裂　　羽状深裂　　羽状全裂　　倒向羽裂　　大头羽状分裂　　掌状半裂

叶先端

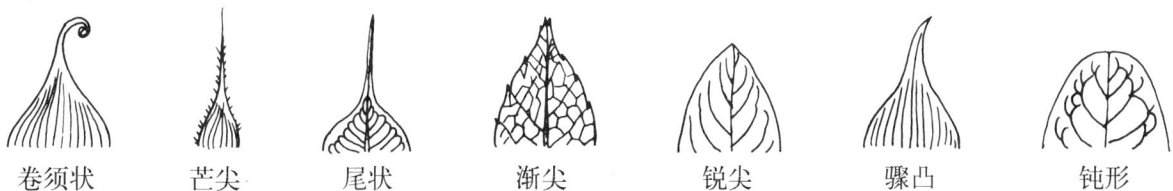

卷须状　　芒尖　　尾状　　渐尖　　锐尖　　骤凸　　钝形

叶先端

凸尖 　　　 微凸 　　　 尖凹 　　　 凹缺 　　　 倒心形

叶脉

掌状脉 　　 掌状三出脉 　 离基三出脉 　 羽状脉 　　 平行脉 　　 射出脉

复叶

单数羽　　　双数羽　　　掌状　　　二回羽　　　羽状三　　　掌状三　　　单叶
状复叶　　　状复叶　　　复叶　　　状复叶　　　出复叶　　　出复叶　　　复叶

花

完全花的组成

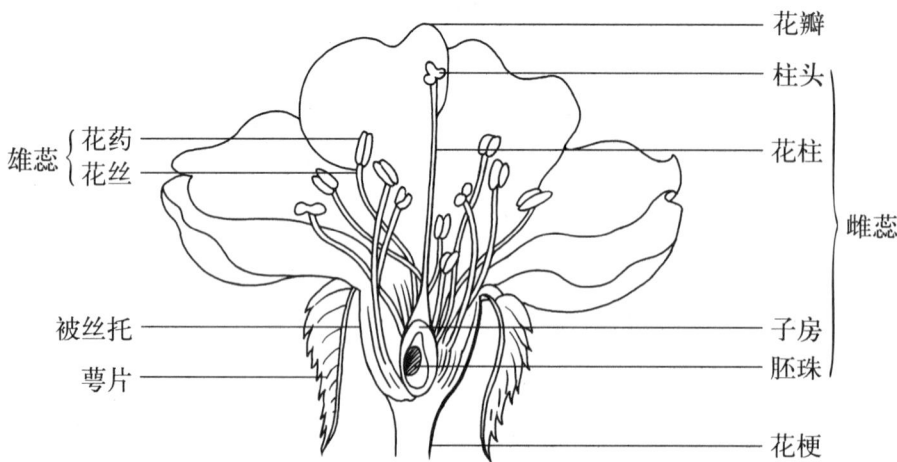

副萼

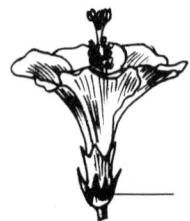

副萼

裸花（没有花萼和花冠的花）

雄花 　　　 雌花

单被花和两被花

单被花　　　两被花

花各部分的着生方式

下位花　　　周位花　　　周位花　　　上位花
（子房上位）（子房上位）（子房半下位）（子房下位）

各种花冠的形态

舌状　　筒状　　漏斗状　　钟状　　高脚碟状

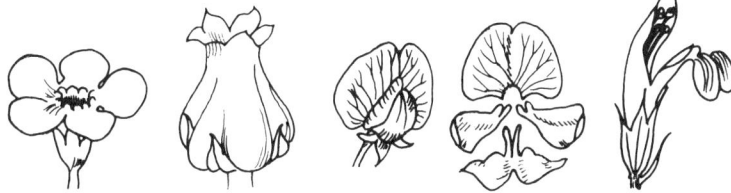

辐状　　坛状　　蝶形　　唇形

萼片和花瓣的排列方式

镊合状　　内向镊合状　　外向镊合状

旋转　　覆瓦状　　重覆瓦状

雄蕊

二强雄蕊　　四强雄蕊　　单体雄蕊　　二体雄蕊　　冠生雄蕊　　聚药雄蕊

花药的开裂方式及着生方式

纵裂　　瓣裂　　孔裂　　丁字着药　　个字药　　广歧药　　全着药　　基着药　　背着药

雌蕊

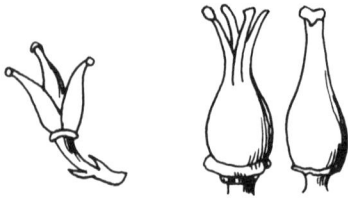

离生心皮   合生心皮

胎座

侧膜胎座   中轴胎座   特立中央胎座   边缘胎座   顶生胎座   基生胎座

胚珠

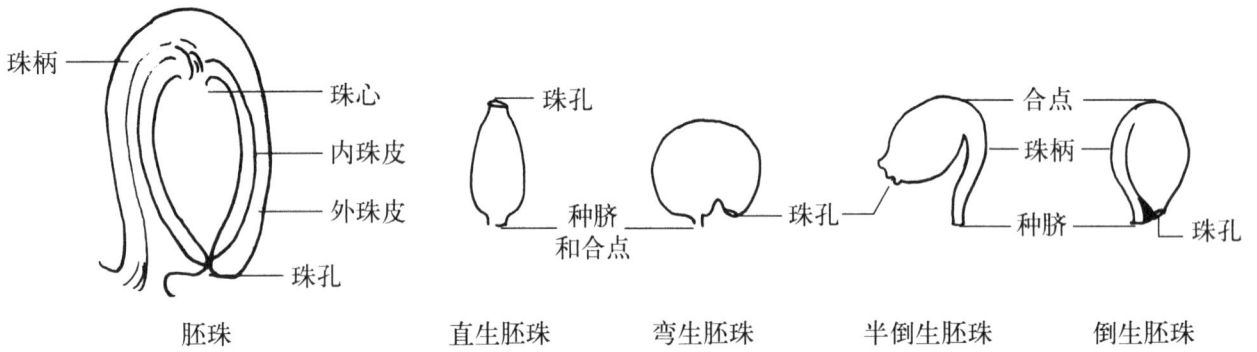

珠柄   珠心   内珠皮   外珠皮   珠孔   珠孔   种脐和合点   珠孔   合点   珠柄   种脐   珠孔

胚珠   直生胚珠   弯生胚珠   半倒生胚珠   倒生胚珠

花序

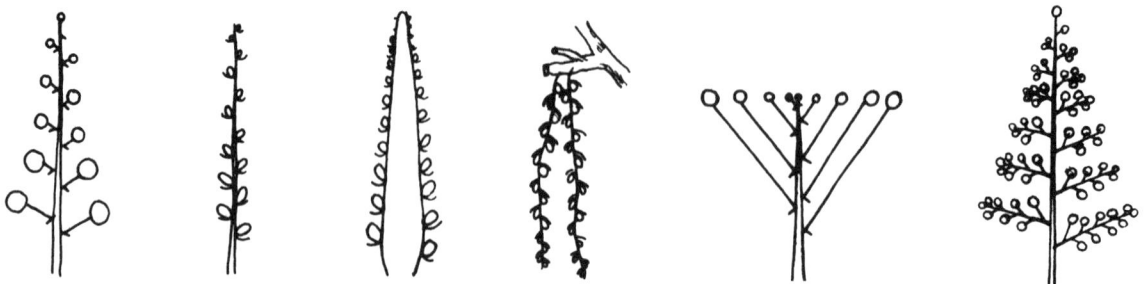

总状花序   穗状花序   肉穗花序   柔荑花序   伞房花序   圆锥花序

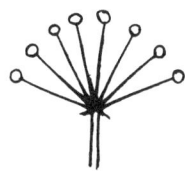

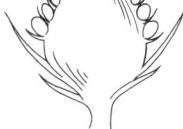

伞形花序　　　　　复伞形花序　　　　　　　头状花序　　　　　　隐头花序

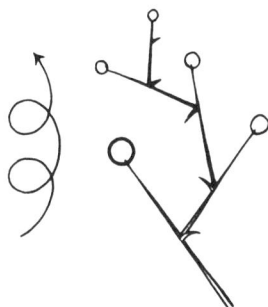

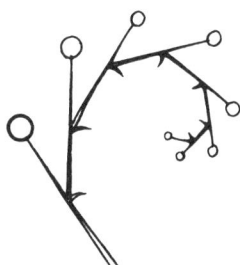

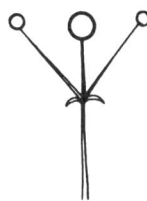

螺状聚伞花序　　蝎尾状聚伞花序　　镰状聚伞花序　　简单二歧聚伞花序　　复二歧聚伞花序

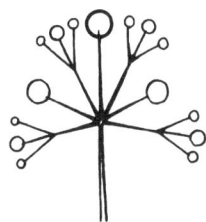

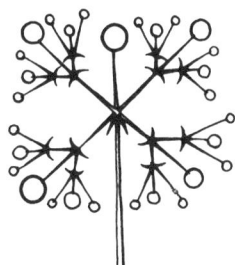

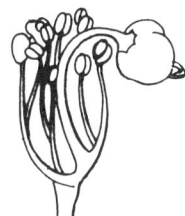

聚伞花序　　　　多歧聚伞花序　　　　聚伞圆锥花序　　　　轮伞花序　　　　杯状聚伞花序

果实

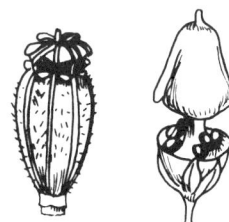

聚合果　　　　　　　聚花果　　　　　　　蓇葖果　　　　　　蒴果

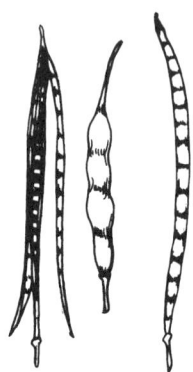

长角果

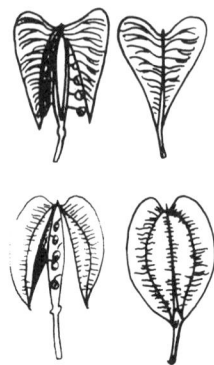

短角果

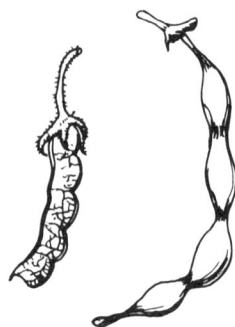

荚果

颖果

瘦果

梨果

坚果

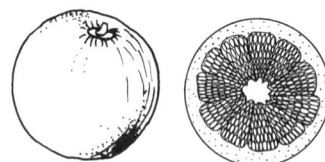

柑果

核果

翅果

瓠果

浆果

裸子植物分类学常用术语解释

珠鳞（Ovuliferous scale）：为松柏纲植物特化了的大孢子叶，幼时鳞片状，其腹面（近轴面）着生胚珠，待胚珠发育成种子后常木质化，或与苞鳞合生肉质化，亦称为种鳞（Seed scale）；在不同科属中，种鳞往往有不同的表现形态。鳞盾（Apophysis）：在松柏纲植物中，随着胚珠长成种子，种鳞也逐步长大增厚，上部形成盾状的肥厚部分，称之为鳞盾，鳞盾中部隆起或凹陷的部分为鳞脐（见松科松属Pinus植物的球果）。鳞脐（Umbo）：鳞盾中央或顶端凹陷或凸起的结构。

苞鳞（Bract scale）：珠鳞远轴面基部较小的苞片，是一种变态叶，与珠鳞分离或结合，在不同科属中，苞鳞往往有不同的表现形态。

珠托（Collar）：在松柏纲植物中某种特化了的大孢子叶，通常呈盘状或漏斗状，胚珠着生于其上；种子成熟时生于由珠托变成的肉质假种皮中（见银杏科、三尖杉科等）。

球果（Cone）：一般指松科、杉科和柏科植物种子成熟时的雌性繁殖器官，由多数围绕着中轴的、着生有种子的种鳞及苞鳞组成。在苏铁纲植物中，因其雌性繁殖器官在开"花"时多呈球果状，因此也被习惯性称为雌球果、雄球果。

套被（Epimatium）：是大孢子叶在罗汉松科、红豆杉科等中的一种特化形式，通常呈囊状或杯状，胚珠着生于其上，种子成熟时包于套被变成的肉质假种皮中。

雄球花（Male cone/strobilus）：也称小孢子叶球。小孢子叶螺旋状着生在中轴上形成雄球花，它相当于被子植物的雄花，而小孢子相当于雄蕊，其上的小孢子囊则相当于花药（花粉囊），囊内成熟的小孢子就相当于花粉。

雌球花（Female cone/strobilus）：也称大孢子叶球。大孢子叶螺旋状着生于中轴上形成雌球花，大孢子叶相当于被子植物雌蕊的心皮，其上着生裸露的胚珠，当胚珠发育成种子，大孢子叶球就成为雌球果。

花粉囊（Pollen sac）：即小孢子囊，其中着生小孢子或称花粉。

孢子叶（Sporophyll）：着生孢子囊的叶状结构，形态和功能均与营养叶有别。在产生异形孢子的植物中，有大、小孢子叶之分，着生大孢子囊的称为大孢子叶（Macrosporophyll），着生小孢子囊的为小孢子叶（Microsporophyll），在不同植物类群中，大、小孢子叶的表现形态也很不相同。

气孔带（Stomatal band）：指由多条气孔线密集并生而连成的带。

气孔线（Stomatal line）：气孔于叶腹面或背面纵向连续或间断排列而成的线。

胚柄（Suspensor）：几种蕨类植物和种子植物在胚的发育初期所见到的一种细胞或细胞群。在裸子植物中是指从原胚向胚分化期间显著伸长的细胞群，并用以传送营养。随着胚的发育，细胞重复分裂并延伸变长，将胚推进胚乳内，而在无胚乳的种子中则是推入胚囊内部。原胚细胞群为束状排列，所以胚柄是细胞列集合成的束。

树脂道（Resin duct）：又称树脂管，指含有树脂的管道，常见于裸子植物叶中。树脂道根据其着生位置可分为边生、中生和内生树脂道。边生树脂道靠叶表皮下层细胞着生；中生树脂道位于叶肉薄壁组织中；内生树脂道则靠维管束鞘着生。树脂道的数量和着生位置可成为某些类群分种的依据。

裸子植物分类学常用术语图解

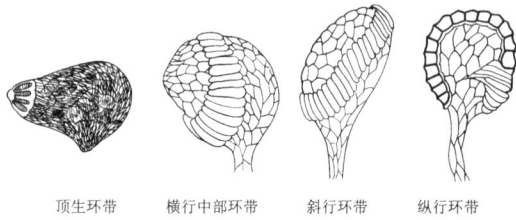

顶生环带	横行中部环带	斜行环带	纵行环带

无盖孢子囊群	边生孢子囊群	网状孢子囊群	顶生孢子囊群	脉端生孢子囊群

孢子果	大孢子果	隔丝（盾状、棍棒状、条状）

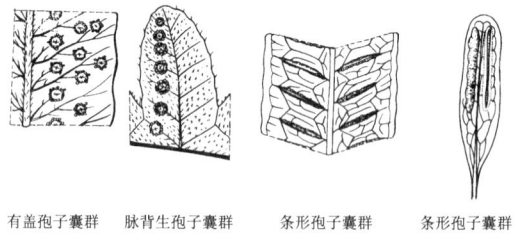

有盖孢子囊群	脉背生孢子囊群	条形孢子囊群	条形孢子囊群

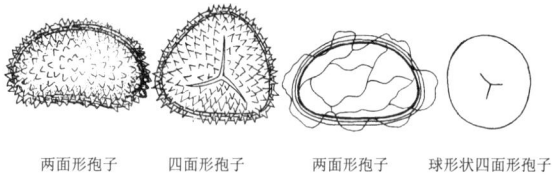

两面形孢子	四面形孢子	两面形孢子	球形状四面形孢子

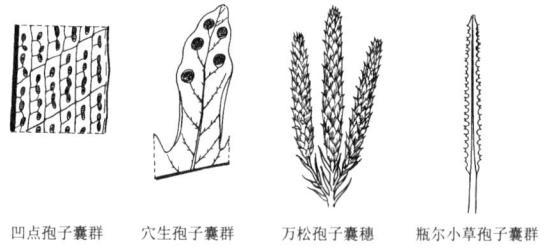

凹点孢子囊群	穴生孢子囊群	万松孢子囊穗	瓶尔小草孢子囊群

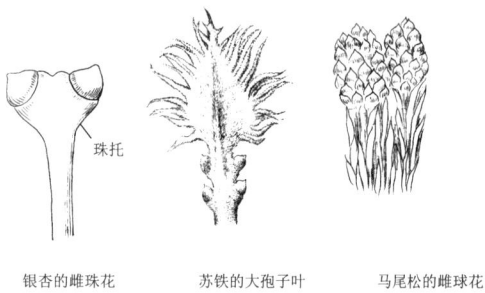

珠托

银杏的雌珠花	苏铁的大孢子叶	马尾松的雌球花

苏铁的小孢子叶和花粉囊	福建柏的雄球花	杉木的雄球花

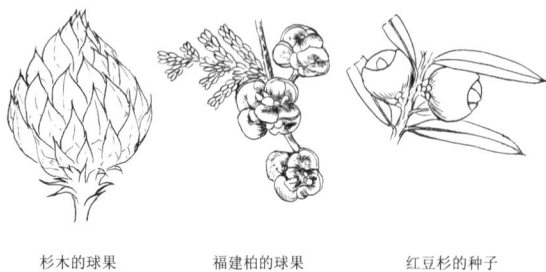

杉木的球果	福建柏的球果	红豆杉的种子

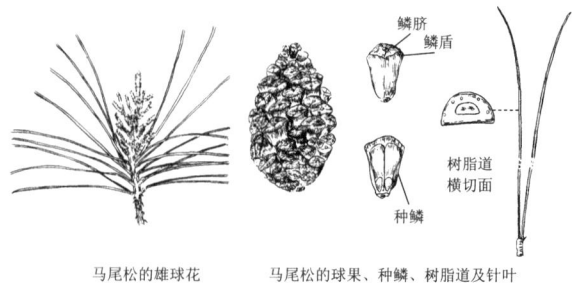

鳞脐
鳞盾
树脂道横切面
种鳞

马尾松的雄球花	马尾松的球果、种鳞、树脂道及针叶

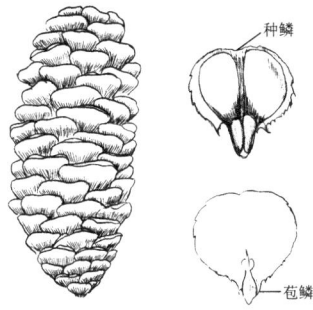

油杉的球果、种鳞、苞鳞

罗汉松的雄球花

穗花杉的气孔带

油杉的气孔线

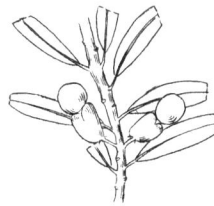

罗汉松的种子

桑科植物分类学常用术语解释

隐头花序（Syconium）：全部的花生于膨大、肉质、中空的花序托内壁（所组成的花序），如榕属（Ficus）的花序。

瘿花（Gall flower）：在榕属中，常有一种膜翅目黄蜂科的小昆虫的幼虫栖息于雌花的子房内，故此雌花的子房不能发育，这种花称为瘿花。

聚花果（Syncarp）：由一个花序的许多花组成的一个整体，这个整体所结出的果称为聚花果，如桑椹和波罗蜜。

瘦果（Achene）：具 1 粒种子而不开裂的干果，其果皮紧包种子，不易分离。

瘤状短枝（Tidoerculate brachyblast shortly teberculate branchlet）：一种侧枝，因生长十分缓慢，节间极短，紧缩呈瘤状。

核果（Drupe）：具一个或数个硬核的肉质果，不开裂。

科 名 索 引

科号	汉语名称	学名	所在卷
	石松类植物（LYCOPHYTES）（《Flora of China》2013）		
1	石松科	Lycopodiaceae	第一卷
2	卷柏科	Selaginellaceae	第一卷
	蕨类植物（FERNS）（《Flora of China》2013）		
1	木贼科	Equisetaceae	第一卷
2	瓶尔小草科	Ophioglossaceae	第一卷
3	松叶蕨科	Psilotaceae	第一卷
4	合囊蕨科（莲座蕨科）	Marattiaceae	第一卷
5	紫萁科	Osmundaceae	第一卷
6	膜蕨科	Hymenophyllaceae	第一卷
7	里白科	Gleicheniaceae	第一卷
8	双扇蕨科	Dipteridaceae	第一卷
9	海金沙科	Lygodiaceae	第一卷
10	蘋科	Marsileaceae	第一卷
11	槐叶蘋科	Salviniaceae	第一卷
12	瘤足蕨科	Plagiogyriaceae	第一卷
13	金毛狗蕨科	Cibotiaceae	第一卷
14	桫椤科	Cyatheaceae	第一卷
15	鳞始蕨科	Lindsaeaceae	第一卷
16	碗蕨科	Dennstaedtiaceae	第一卷
17	凤尾蕨科	Pteridaceae	第一卷
18	铁角蕨科	Aspleniaceae	第一卷
19	金星蕨科	Thelypteridaceae	第一卷
20	乌毛蕨科	Blechnaceae	第一卷
21	蹄盖蕨科	Athyriaceae	第一卷
22	鳞毛蕨科	Dryopteridaceae	第一卷
23	肾蕨科	Nephrolepidaceae	第一卷
24	叉蕨科（三叉蕨科）	Tectariaceae	第一卷
25	条蕨科	Oleandraceae	第一卷
26	骨碎补科	Davalliaceae	第一卷
27	水龙骨科	Polypodiaceae	第一卷
			第一卷

科号	汉语名称	学名	所在卷
	裸子植物（GYMNOSPERMS）（Kubitzki 1990）		
1	银杏科	Ginkgoaceae	第一卷
2	南洋杉科	Araucariaceae	第一卷
3	松科	Pinaceae	第一卷
5	杉科	Taxodiaceae	第一卷
6	柏科	Cupressaceae	第一卷
8	罗汉松科	Podocarpaceae	第一卷
9	三尖杉科	Cephalotaxaceae Podocarpaceae	第一卷
10	红豆杉科	Taxaceae	第一卷
12	苏铁科	Cycadaceae	第一卷
14	泽米科	Zamiaceae	第一卷
17	买麻藤科	Gnetaceae	第一卷
	被子植物（ANGIOSPERMS）[Cronquist 1988(Cronquist 1981)]		
6	木兰科	Magnoliaceae	第一卷
8	番荔枝科	Annonaceae	第一卷
15	蜡梅科	Calycanthaceae	第一卷
17	樟科	Lauraceae	第一卷
18	莲叶桐科（青藤科）	Hernandiaceae	第一卷
19	金粟兰科	Cloranthaceae	第一卷
20	三白草科	Saururaceae	第一卷
21	胡椒科	Piperaceae	第一卷
22	马兜铃科	Aristolochiaceae	第一卷
23	八角科	Illiciaceae	第一卷
24	五味子科	Schisandraceae	第一卷
25	莲科	Nelumbonaceae	第一卷
26	睡莲科	Nymphaeaceae	第一卷
29	金鱼藻科	Ceratophyllaceae	第一卷
30	毛茛科	Ranunculaceae	第一卷
32	小檗科	Berberidaceae	第一卷
33	大血藤科	Sargentodoxaceae	第一卷
34	木通科	Lardizabalaceae	第一卷
35	防己科	Menispermaceae	第一卷
37	清风藤科	Sabiaceae	第一卷
45	金缕梅科	Hamamelidaceae	第一卷
47	虎皮楠科（交让木科）	Daphniphyllaceae	第一卷
51	榆科	Ulmaceae	第一卷
52	大麻科	Cannabaceae	第一卷
53	桑科	Moraceae	第一卷
55	荨麻科	Urticaceae	第一卷

彩片 1　蛇足石杉 Huperzia serrata　文30页

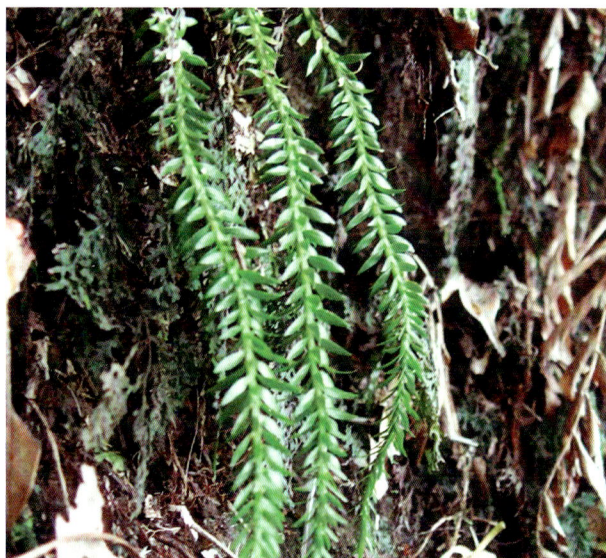

彩片 3　福氏马尾杉 Phlegmariurus fordii　文31页

彩片 2　蛇足石杉 Huperzia serrata　文30页

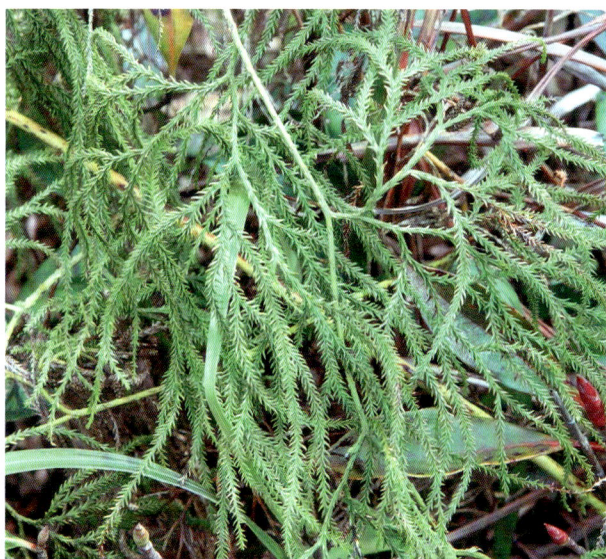

彩片 4　藤石松 Lycopodiastrum casuarinoides　文32页

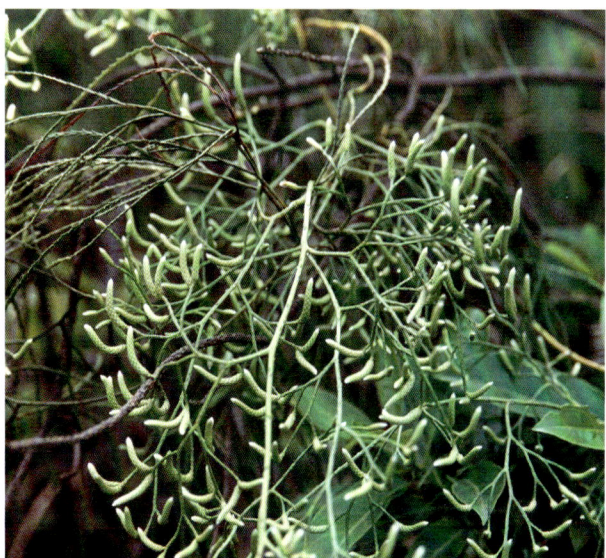

彩片 5　藤石松 Lycopodiastrum casuarinoides　文32页

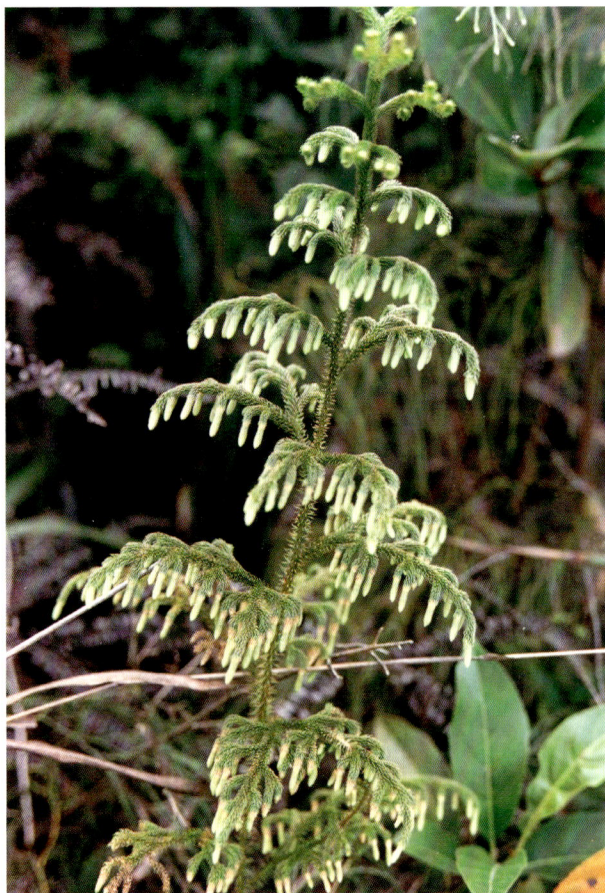

彩片 6　垂穗石松 Lycopodium cernuum　文33页

彩片 7　卷柏 Selaginella tamariscina　文35页

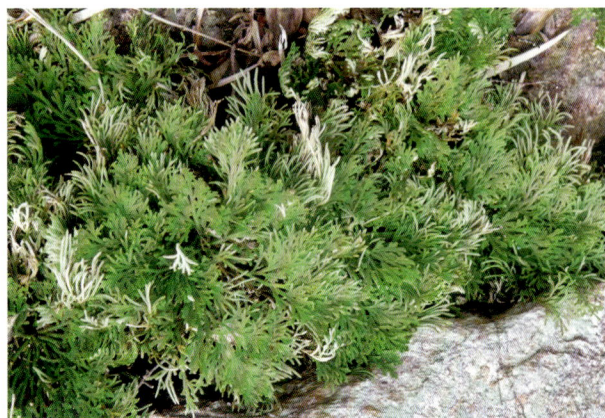

彩片 8　卷柏 Selaginella tamariscina　文35页

彩片 9　异穗卷柏 Selaginella heterostachys　文35页

彩片 10　缘毛卷柏 Selaginella ciliaris　文36页

彩片 11　剑叶卷柏 Selaginella xipholepis　文37页

彩片 12　剑叶卷柏 Selaginella xipholepis　文37页

彩片 13　小翠云 Selaginella kraussiana　文37页

彩片 14　具边卷柏 Selaginella limbata　文38页

彩片 15　具边卷柏 Selaginella limbata　文38页

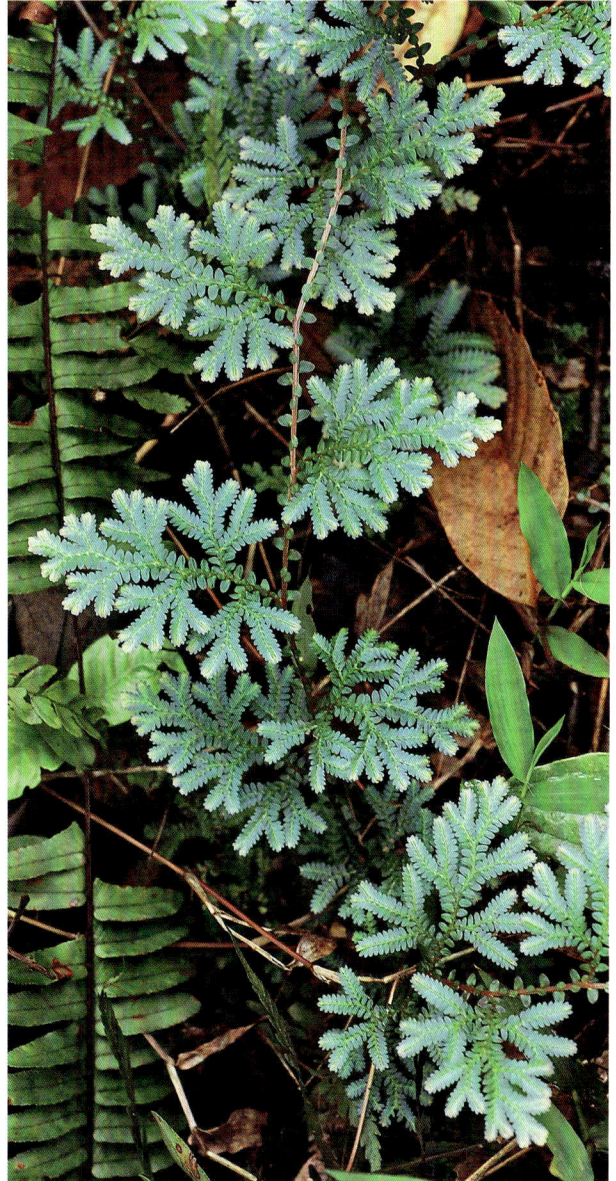

彩片 16　翠云草 Selaginella uncinata　文38页

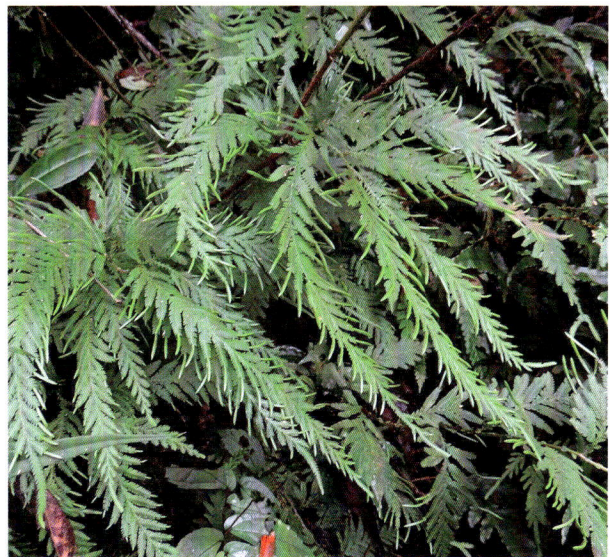

彩片 17　薄叶卷柏 Selaginella delicatula　文39页

彩片 18　薄叶卷柏 Selaginella delicatula　文39页

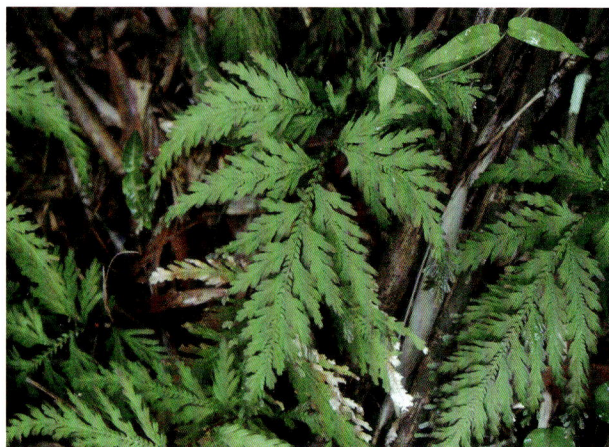

彩片 21　江南卷柏 Selaginella moellendorffii　文40页

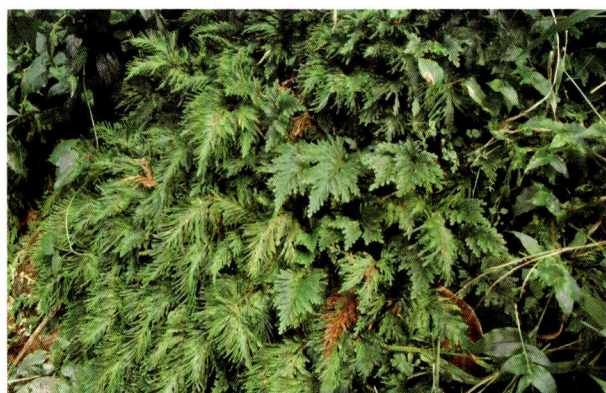

彩片 19　二形卷柏 Selaginella biformis　文40页

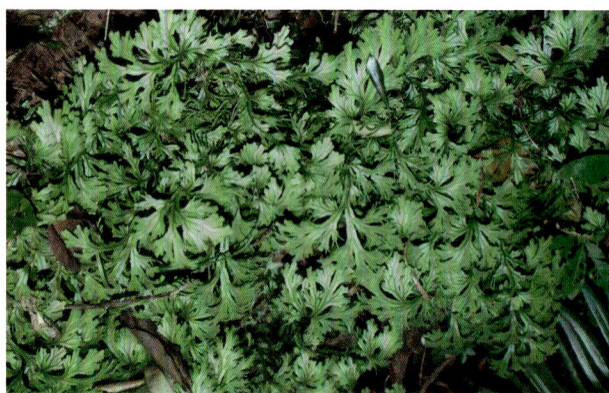

彩片 22　深绿卷柏 Selaginella doederleinii　文41页

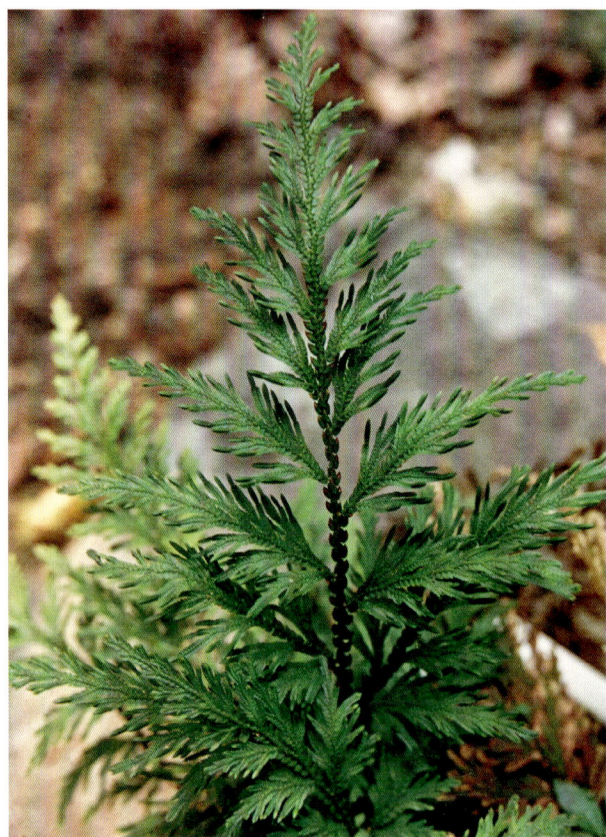

彩片 20　二形卷柏 Selaginella biformis　文40页

彩片 23　笔管草 Equisetum ramosissimum　文47页

彩片 24　瓶尔小草 Ophioglossum vulgatum　文49页

彩片 25　松叶蕨 Psilotum nudum　文50页

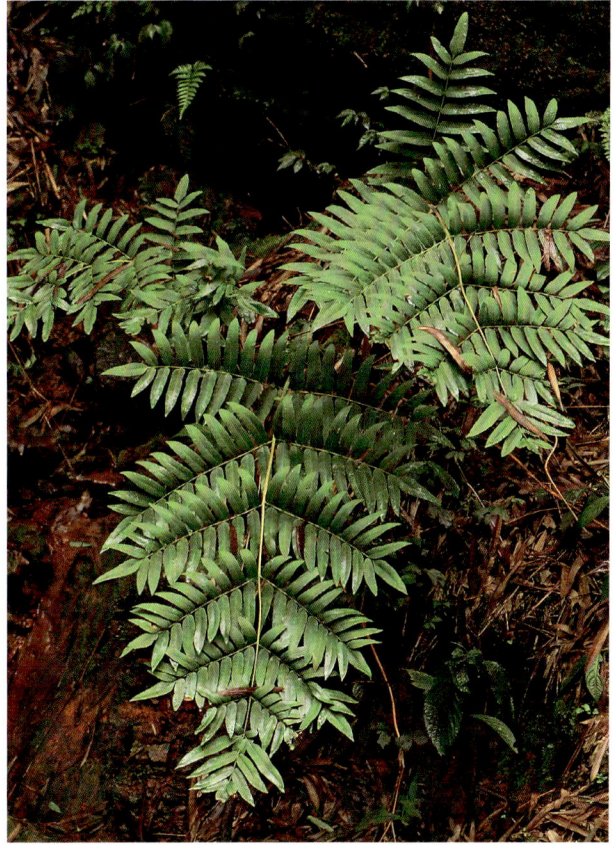

彩片 28　紫萁 Osmunda japonica　文53页

彩片 26　福建莲座蕨 Angiopteris fokiensis　文51页

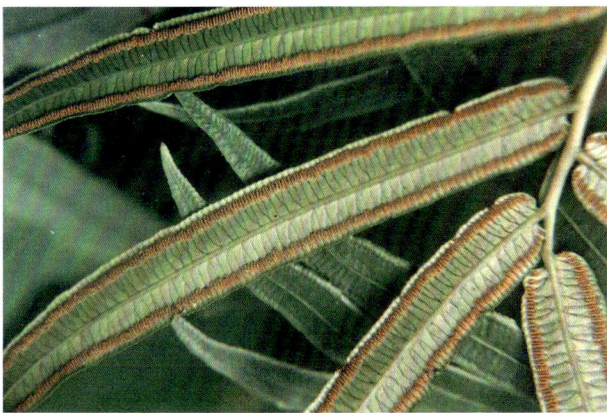

彩片 27　福建莲座蕨 Angiopteris fokiensis　文51页

彩片 29　紫萁 Osmunda japonica　文53页

彩片 30　粤紫萁 Osmunda mildei　文54页

彩片 32　粗齿紫萁 Osmunda banksiifolia　文54页

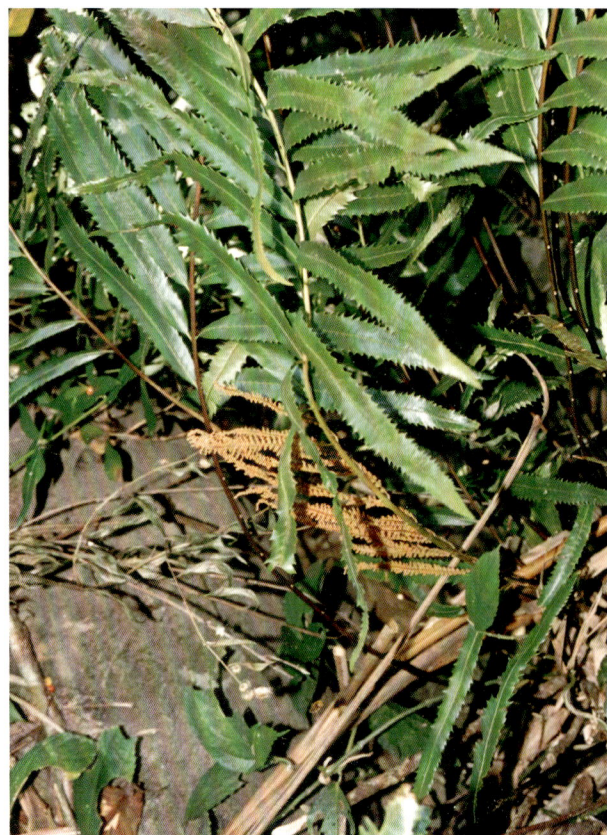

彩片 33　华南紫萁 Osmunda vachellii　文55页

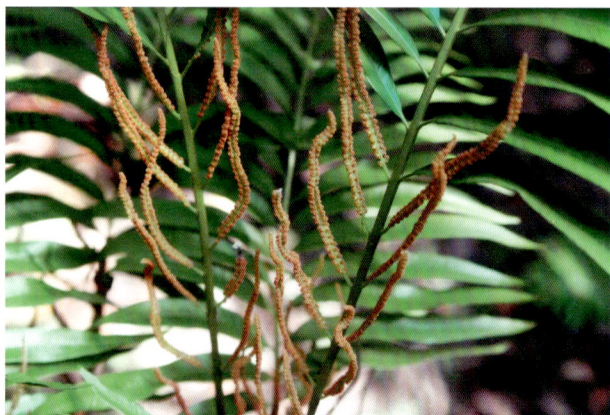

彩片 31　粗齿紫萁 Osmunda banksiifolia　文54页

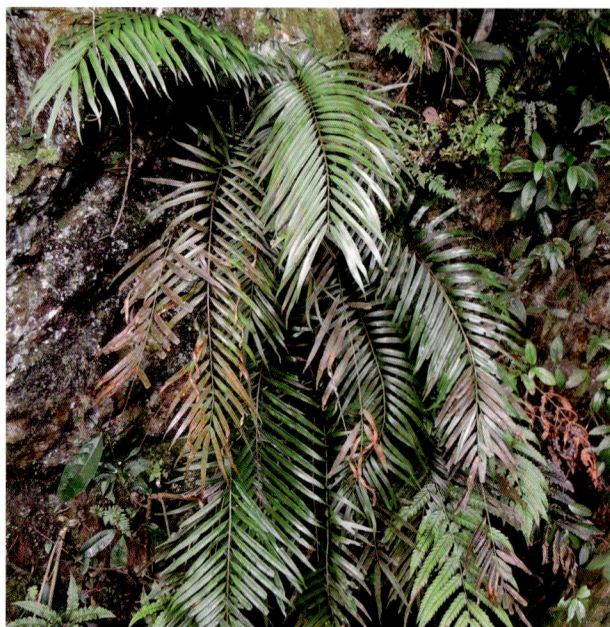

彩片 34　华南紫萁 Osmunda vachellii　文55页

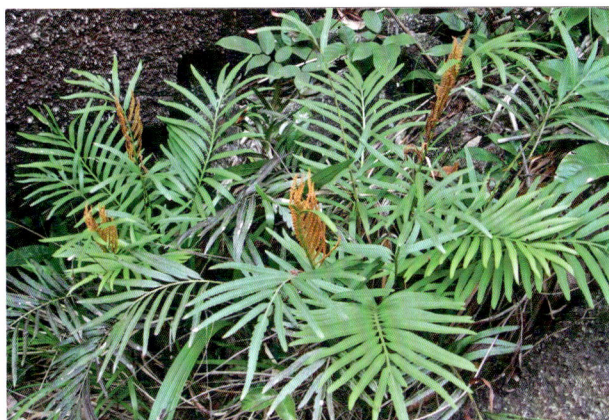
彩片 35　狭叶紫萁 Osmunda angustifolia　文55页

彩片 38　长柄蕗蕨 Hymenophyllun polyanthos　文58页

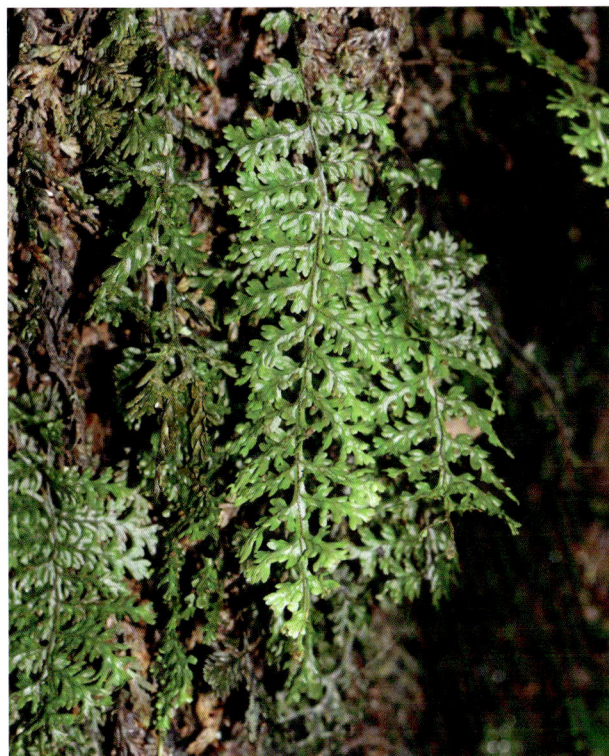
彩片 36　毛蕗蕨 Hymenophyllum exsertum　文58页

彩片 39　南洋假脉蕨 Crepidomanes bipunctatum
文59页

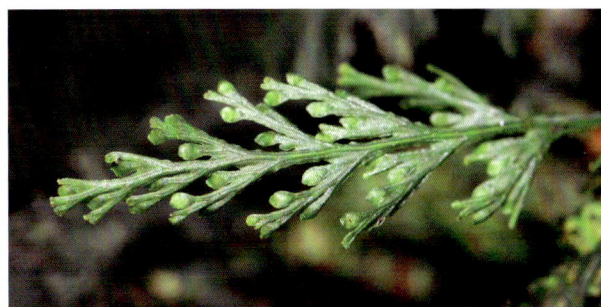
彩片 40　南洋假脉蕨 Crepidomanes bipunctatum
文59页

彩片 37　毛蕗蕨 Hymenophyllum exsertum　文58页

彩片 41　团扇蕨 Crepidomanes minutum　文61页

彩片 42　南海瓶蕨 *Vandenboschia striata*　文62页

彩片 43　南海瓶蕨 *Vandenboschia striata*　文62页

彩片 44　广西长筒蕨 *Abrodictyum obscurum* var. siamense　文63页

彩片 45　广西长筒蕨 *Abrodictyum obscurum* var. siamense　文63页

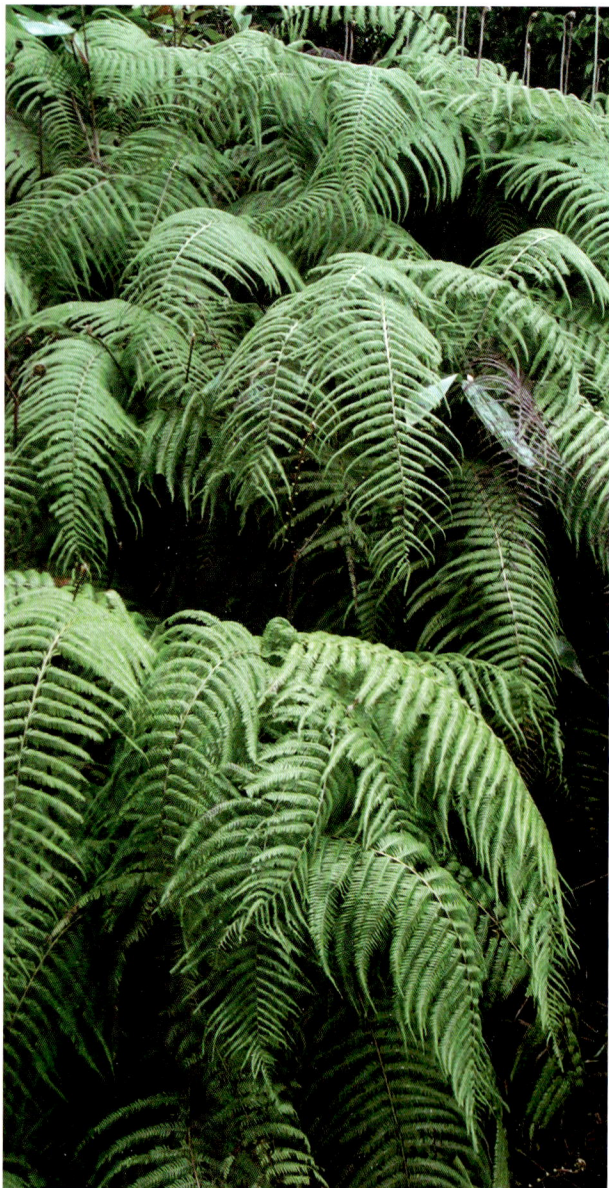

彩片 46　广东里白 *Diplopterygium cantonensis*　文64页

彩片 47　阔片里白 *Diplopterygium blotianum*　文65页

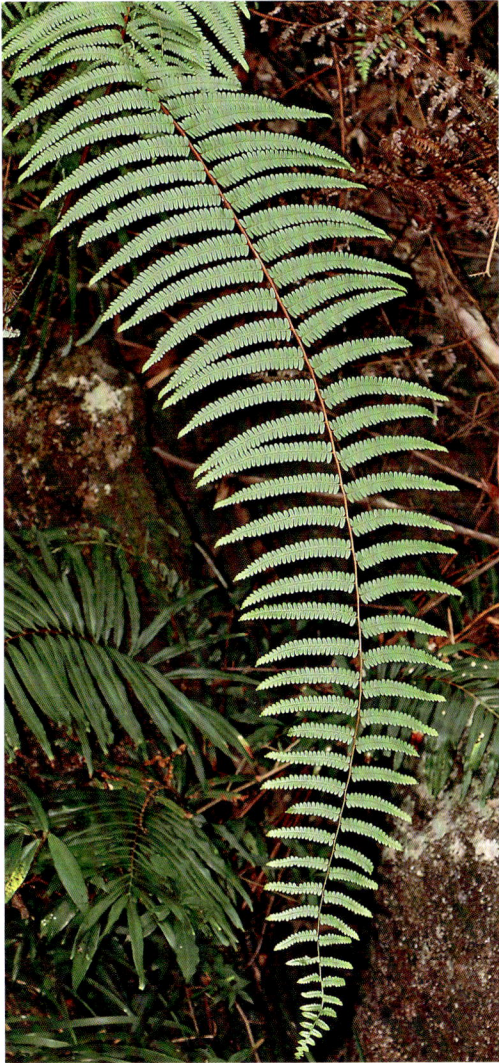

彩片 48　阔片里白 Diplopterygium blotianum
文65页

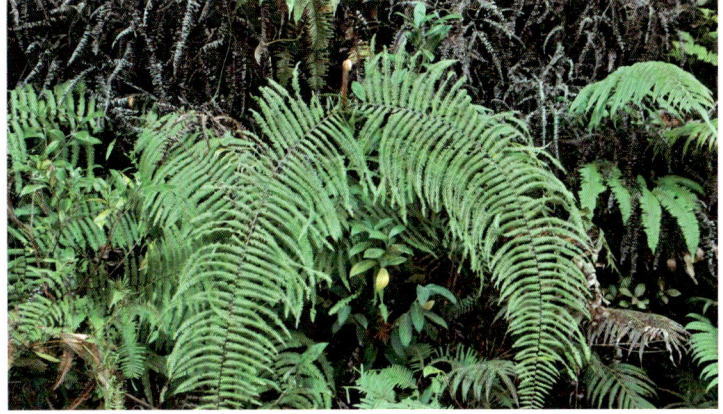

彩片 49　中华里白 Diplopterygium chinense　文66页

彩片 50　铁芒萁 Dicranopteris linearis　文67页

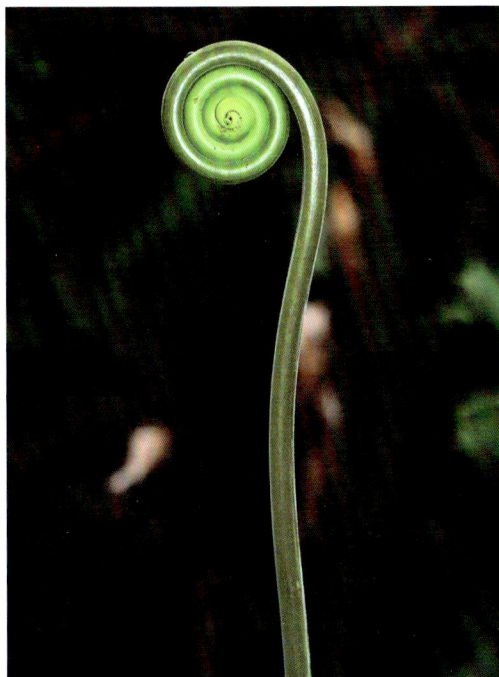

彩片 51　铁芒萁 Dicranopteris linearis
文67页

彩片 52　芒萁 Dicranopteris pedata　文67页

彩片 53　芒萁 Dicranopteris pedata　文67页

彩片 54　大芒萁 Dicranopteris ampla　文68页

彩片 55　大芒萁 Dicranopteris ampla　文68页

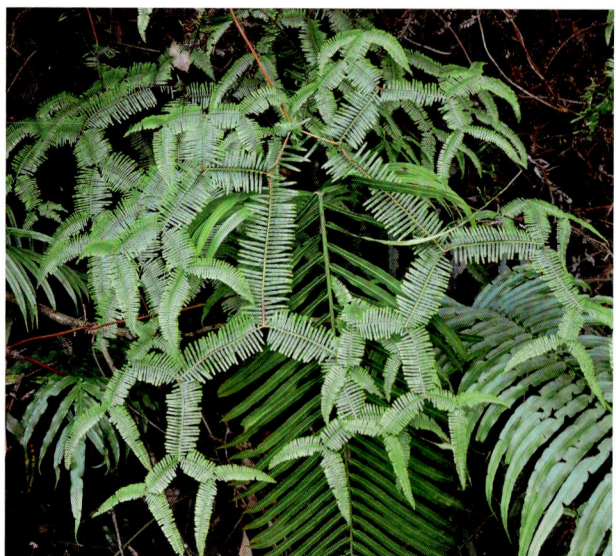

彩片 56　假芒萁 Sticherus truncatus　文69页

彩片 57　假芒萁 Sticherus truncatus　文69页

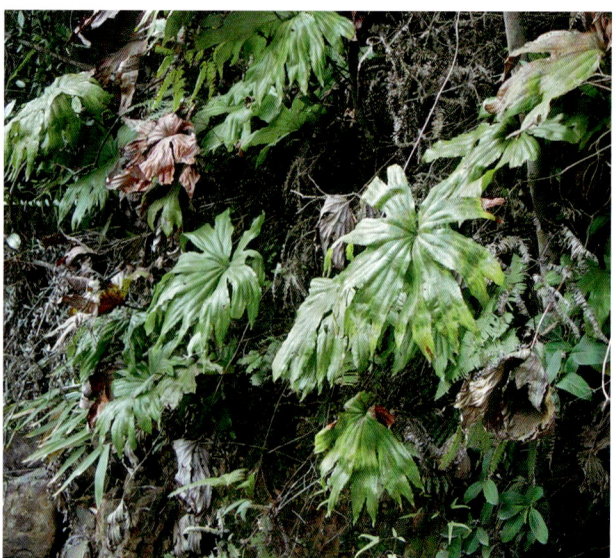

彩片 58　中华双扇蕨 Dipteris chinensis　文70页

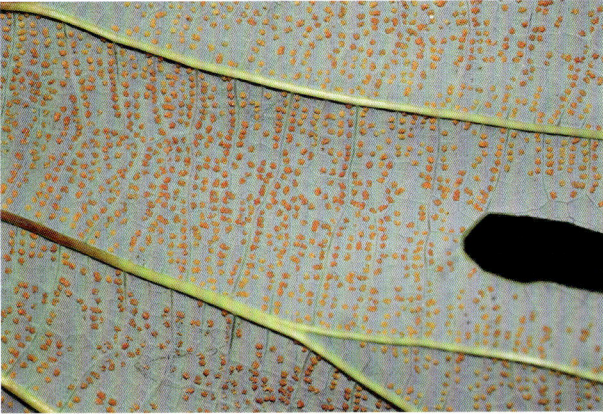

彩片 59　中华双扇蕨 Dipteris chinensis　文70页

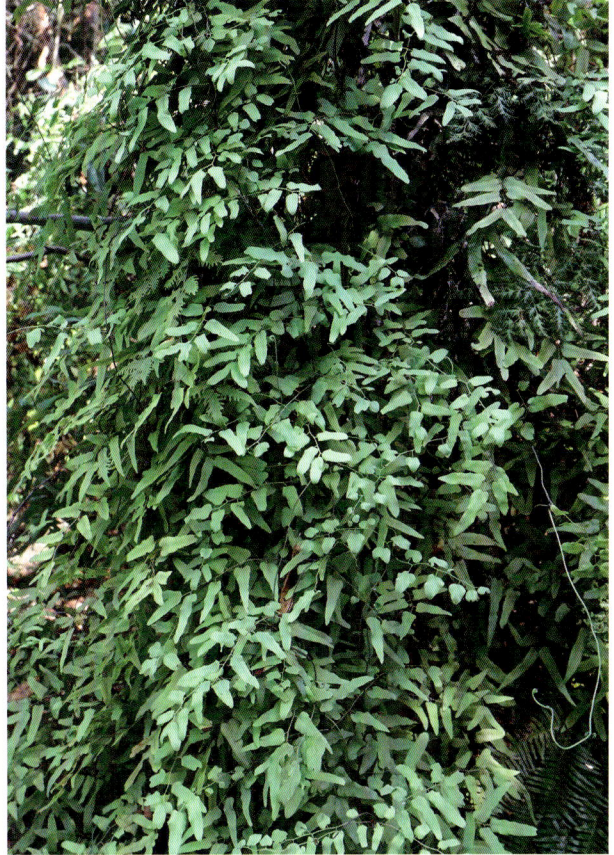

彩片 62　小叶海金沙 Lygodium microphyllum　文72页

彩片 60　海南海金沙 Lygodium circinnatum　文71页

彩片 63　小叶海金沙 Lygodium microphyllum　文72页

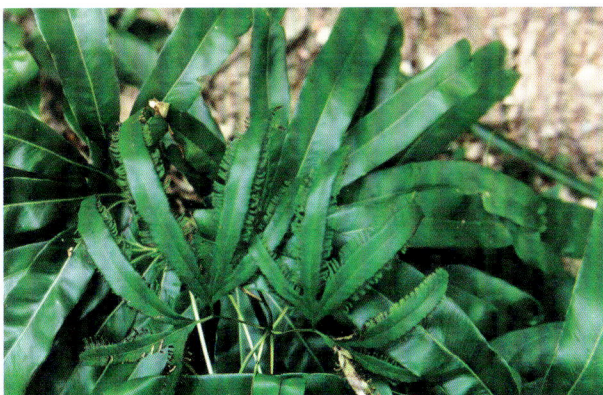

彩片 61　海南海金沙 Lygodium circinnatum　文71页

彩片 64　曲轴海金沙 Lygodium flexuosum　文73页

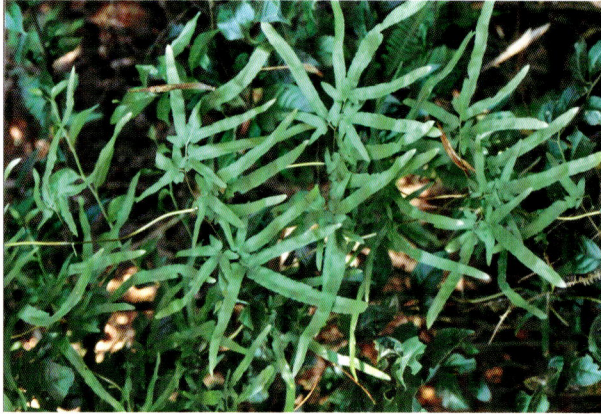

彩片 65　海金沙 Lygodium japonicum　文73页

彩片 66　海金沙 Lygodium japonicum　文73页

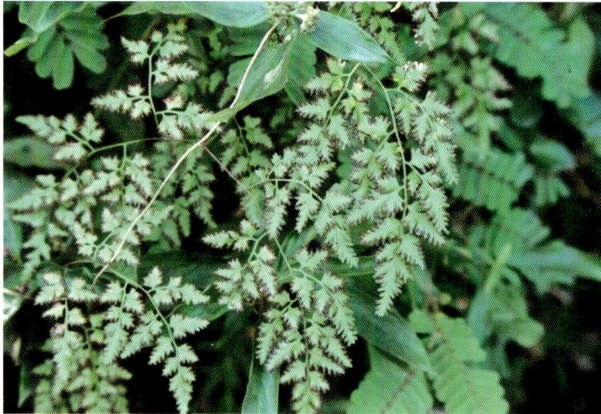

彩片 67　蘋 Marsilea quadrifolia　文75页

彩片 68　槐叶苹 Salvinia natans　文76页

彩片 69　满江红 Azolla pinnata　文77页

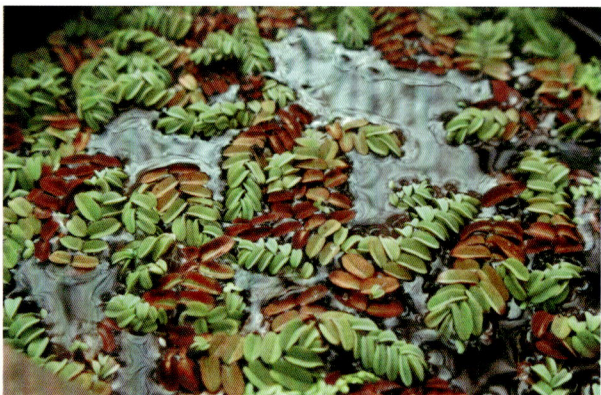

彩片 70　瘤足蕨 Plagiogyria adnata　文78页

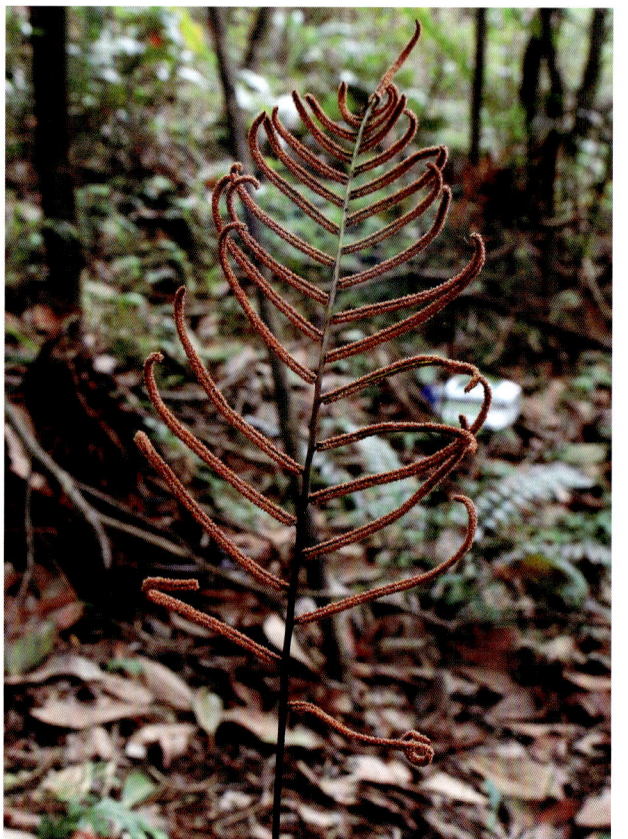

彩片 71　瘤足蕨 Plagiogyria adnata　文78页

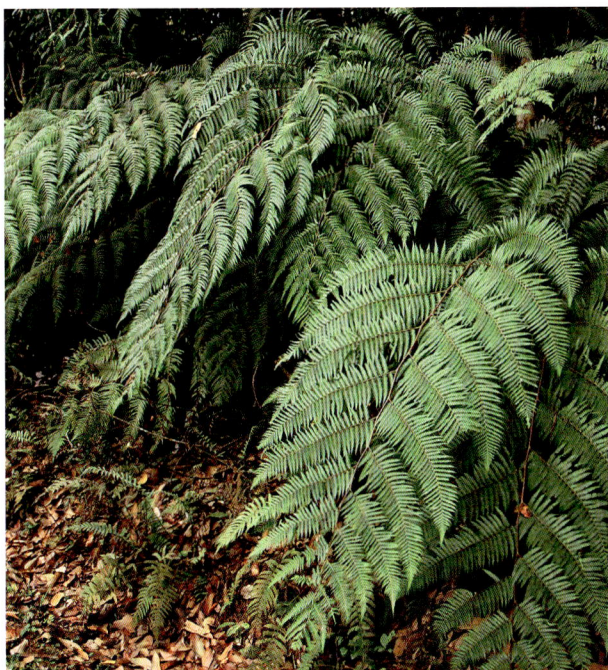

彩片 72　金毛狗蕨 Cibotium barometz　文80页

彩片 73　金毛狗蕨 Cibotium barometz　文80页

彩片 74　金毛狗蕨 Cibotium barometz　文80页

彩片 75　桫椤 Alsophila spinulosa　文82页

彩片 76　桫椤 Alsophila spinulosa　文82页

彩片 77　黑桫椤 Gymnosphaera podophylla　文83页

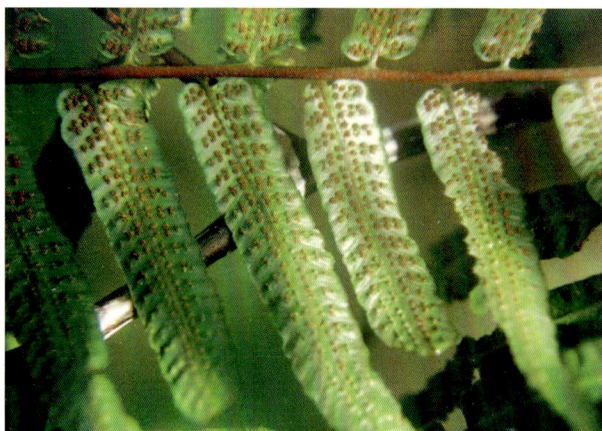

彩片 78　黑桫椤 Gymnosphaera podophylla　文83页

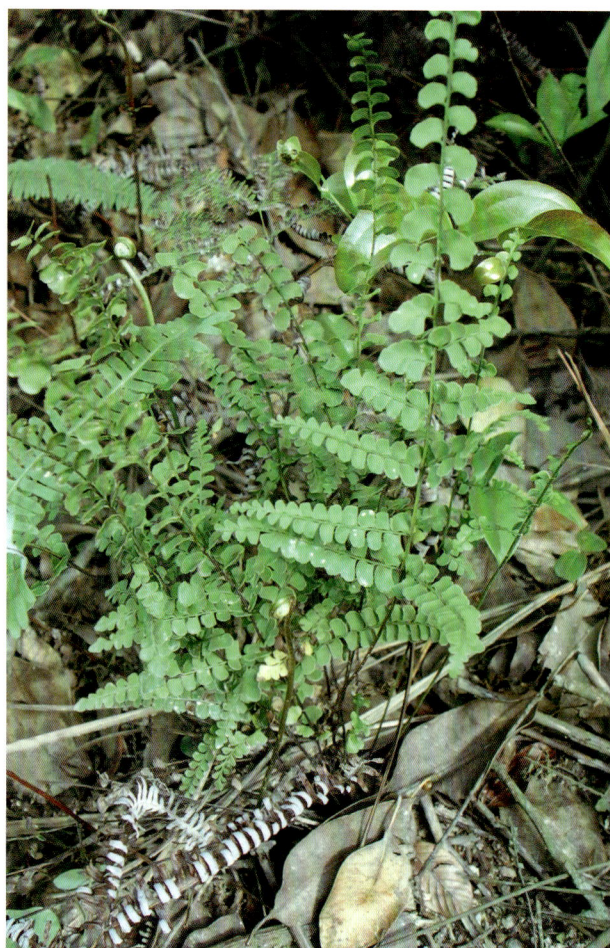

彩片 79　小黑桫椤 Gymnosphaera metteniana　文84页

彩片 80　小黑桫椤 Gymnosphaera metteniana　文84页

彩片 81　团叶鳞始蕨 Lindsaea orbiculata　文86页

彩片 82　剑叶鳞始蕨 Lindsaea ensifolia　文87页

彩片 83　剑叶鳞始蕨 Lindsaea ensifolia　文87页

彩片 84　异叶鳞始蕨 Lindsaea heterophylla　文88页

彩片 85　异叶鳞始蕨 Lindsaea heterophylla　文88页

彩片 86　乌蕨 Odontosoria chinensis　文89页

彩片 87　乌蕨 Odontosoria chinensis　文89页

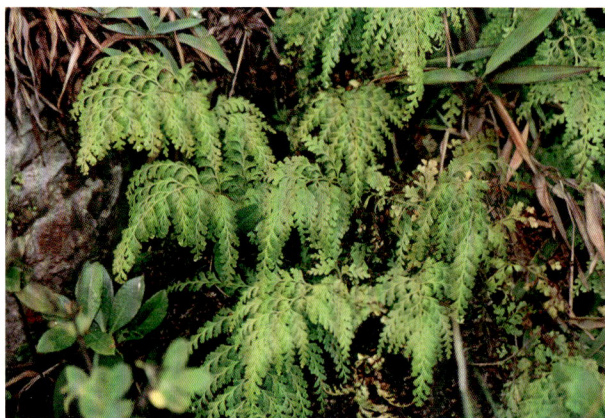

彩片 88　阔片乌蕨 Odontosoria biflora　文90页

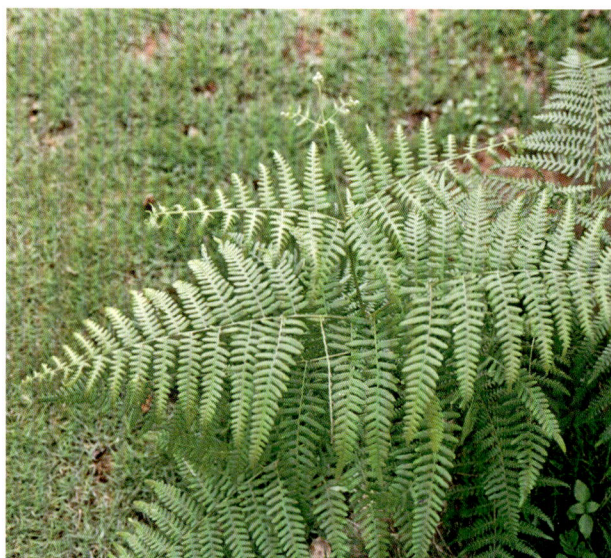

彩片 89　阔片乌蕨 Odontosoria biflora　文90页

彩片 90　栗蕨 Histiopteris incisa　文91页

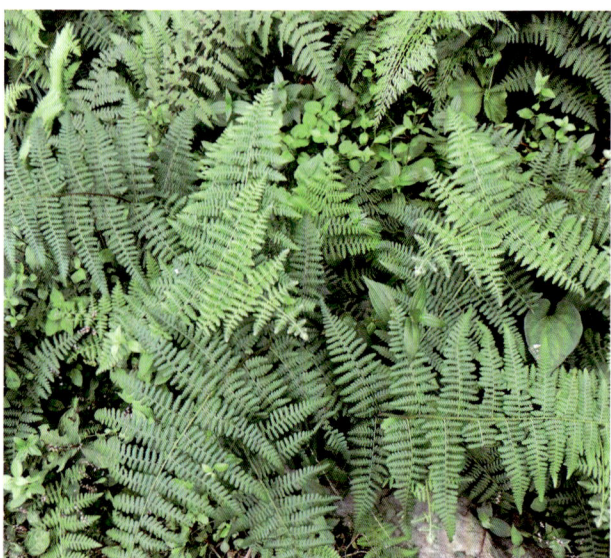

彩片 91　蕨 Pteridium aquilinum　文92页

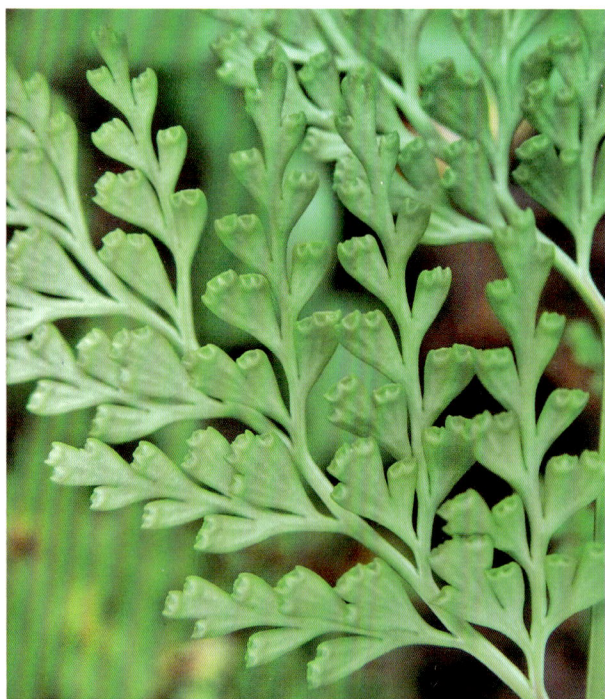

彩片 92　蕨 Pteridium aquilinum　文92页

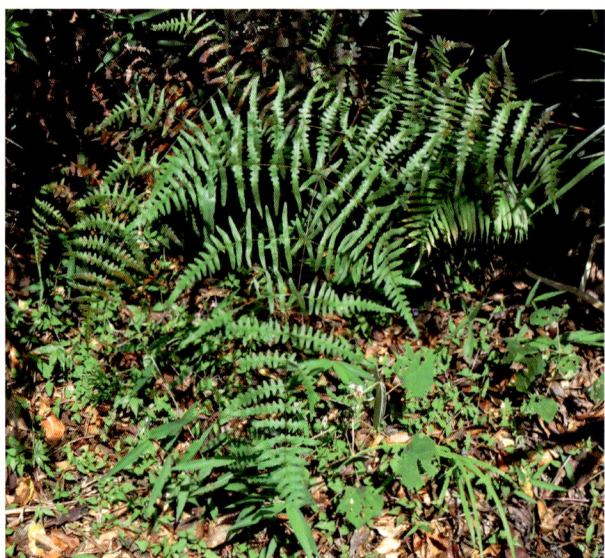

彩片 93　姬蕨 Hypolepis punctata　文93页

彩片 94 姬蕨 Hypolepis punctata 文93页

彩片 95 碗蕨 Dennstaedtia scabra 文94页

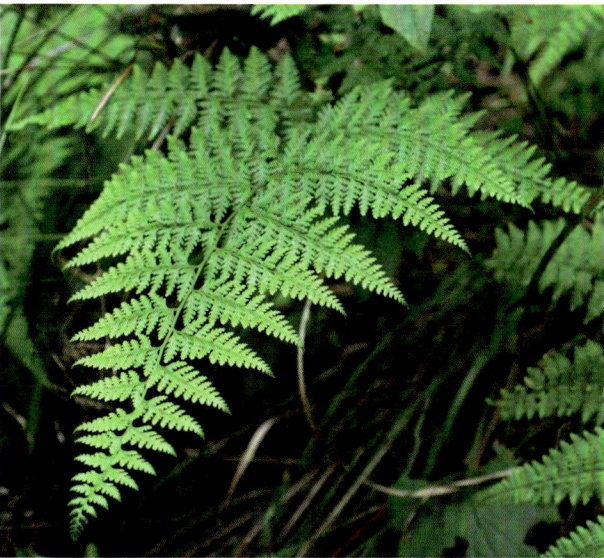

彩片 96 碗蕨 Dennstaedtia scabra 文94页

彩片 97 虎克鳞盖蕨 Microlepia hookeriana 文95页

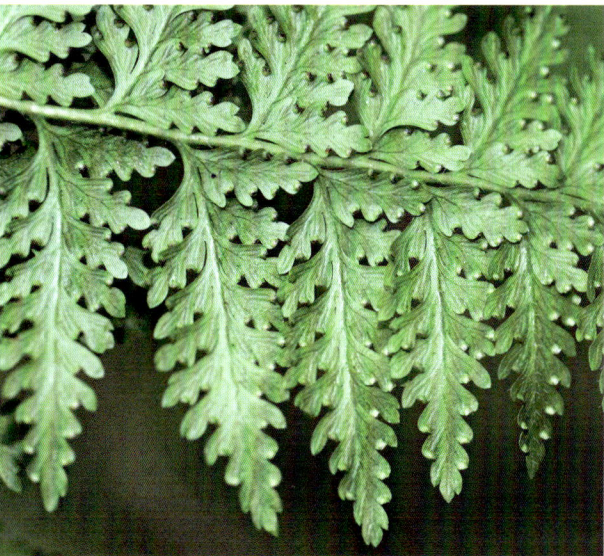

彩片 98 虎克鳞盖蕨 Microlepia hookeriana 文95页

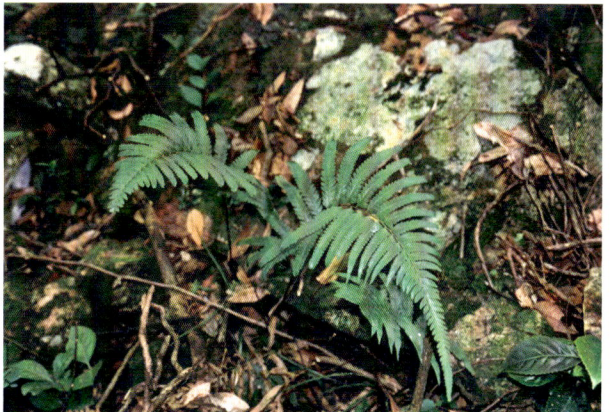

彩片 99 边缘鳞盖蕨 Microlepia marginata 文96页

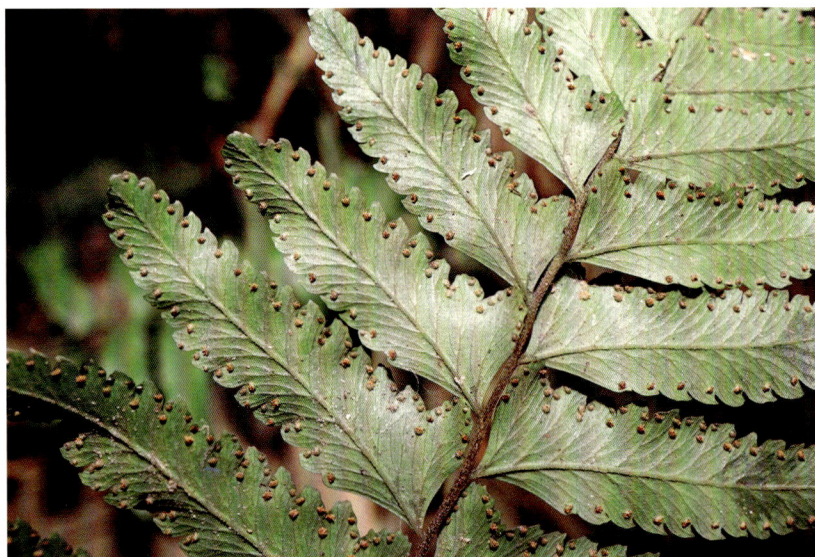

彩片 100 边缘鳞盖蕨 Microlepia marginata 文96页

彩片 103 卤蕨 Acrostichum aureum 文100页

彩片 101 水蕨 Ceratopteris thalictroides 文99页

彩片 104 卤蕨 Acrostichum aureum 文100页

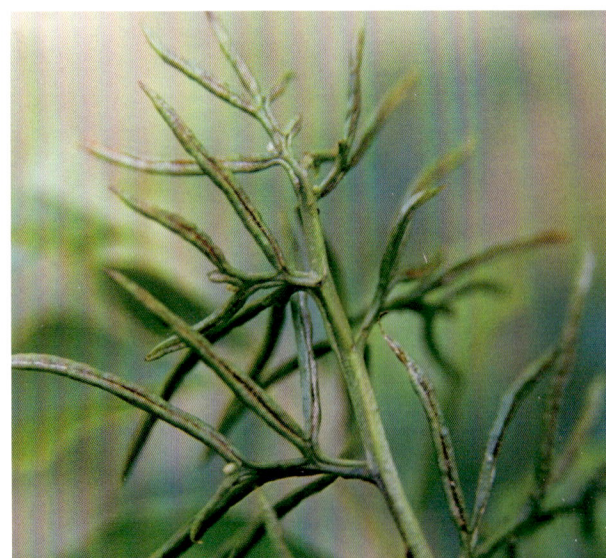

彩片 102 水蕨 Ceratopteris thalictroides 文99页

彩片 105 粉叶蕨 Pityrogramma calomelanos 文100页

彩片 106　书带蕨 Haplopteris flexuosa　文101页

彩片 109　扇叶铁线蕨 Adiantum flabellulatum　文102页

彩片 107　书带蕨 Haplopteris flexuosa　文101页

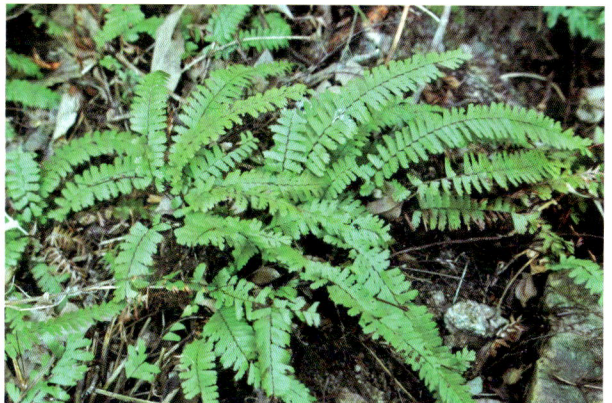

彩片 110　鞭叶铁线蕨 Adiantum caudatum　文103页

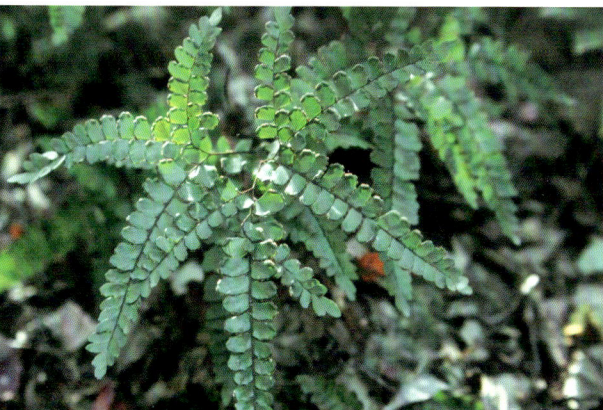

彩片 108　扇叶铁线蕨 Adiantum flabellulatum　文102页

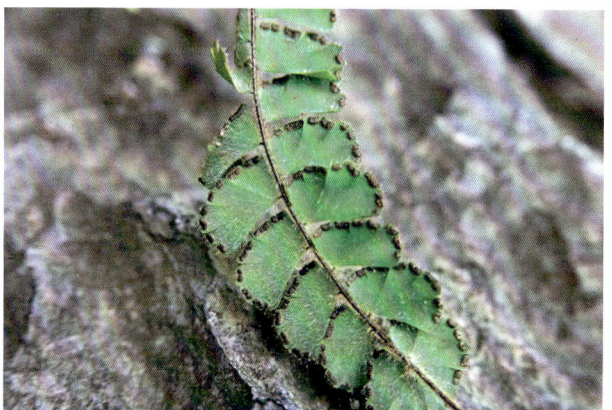

彩片 111　鞭叶铁线蕨 Adiantum caudatum　文103页

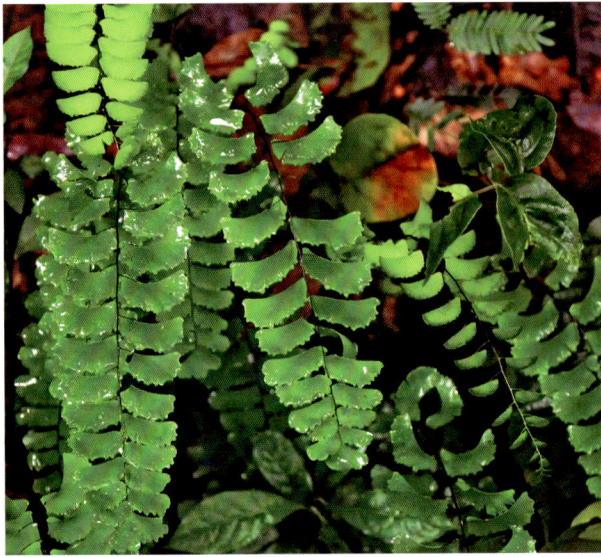

彩片 112　半月形铁线蕨 Adiantum philippense　文103页

彩片 113　半月形铁线蕨 Adiantum philippense　文103页

彩片 114　疏裂凤尾蕨 Pteris finotii　文105页

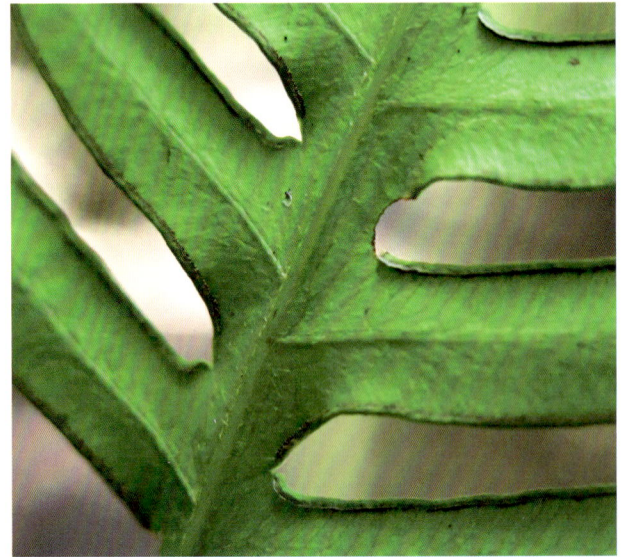

彩片 115　疏裂凤尾蕨 Pteris finotii　文105页

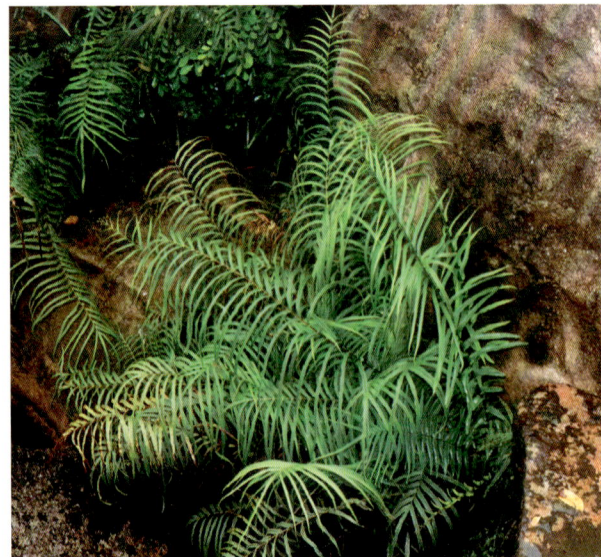

彩片 116　蜈蚣草 Pteris vittata　文105页

彩片 117　蜈蚣草 Pteris vittata　文105页

彩片 118　井栏边草 Pteris multifida　文106页

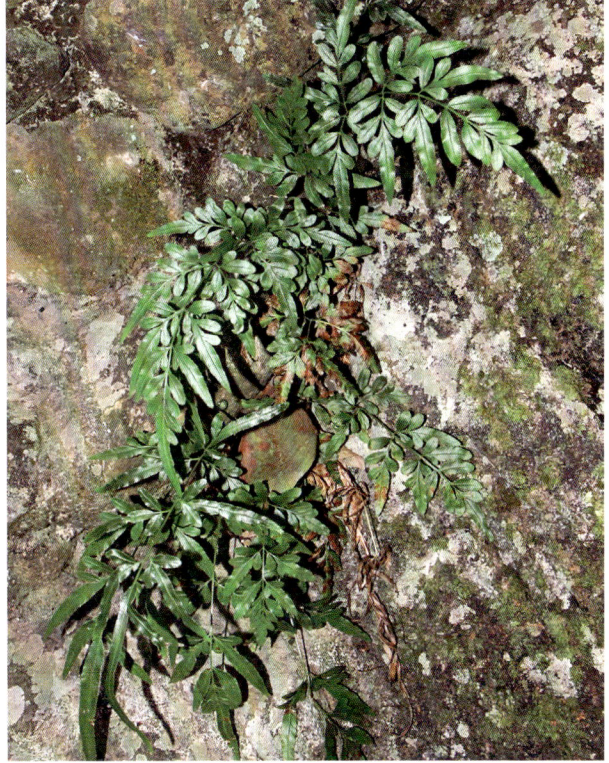

彩片 119　井栏边草 Pteris multifida　文106页

彩片 120　剑叶凤尾蕨 Pteris ensiformis　文107页

彩片 121　剑叶凤尾蕨 Pteris ensiformis　文107页

彩片 122　剑叶凤尾蕨 Pteris ensiformis　文107页

彩片 123　条纹凤尾蕨 Pteris cadieri　文107页

彩片 124　条纹凤尾蕨 Pteris cadieri　文107页

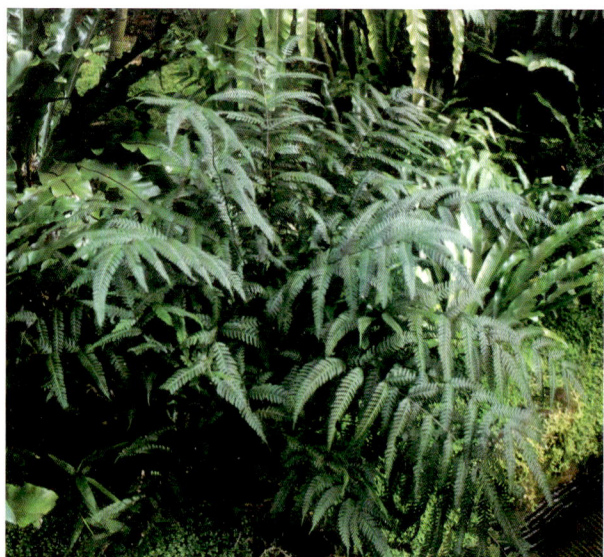

彩片 127　傅氏凤尾蕨 Pteris fauriei　文109页

彩片 125　半边旗 Pteris semipinnata　文108页

彩片 128　傅氏凤尾蕨 Pteris fauriei　文109页

彩片 126　半边旗 Pteris semipinnata　文108页

彩片 129　线羽凤尾蕨 Pteris arisanensis　文110页

彩片 130 线羽凤尾蕨 Pteris arisanensis 文110页

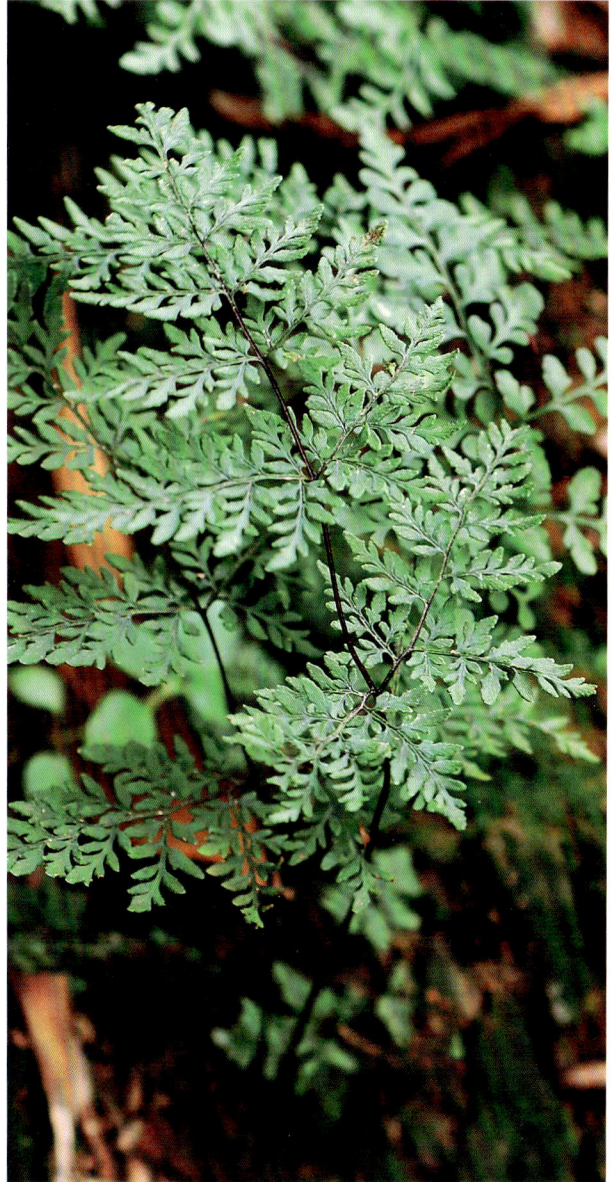

彩片 131 野雉尾金粉蕨 Onychium japonicum 文111页

彩片 133 薄叶碎米蕨 Cheilanthes tenuifolia 文112页

彩片 132 野雉尾金粉蕨 Onychium japonicum 文111页

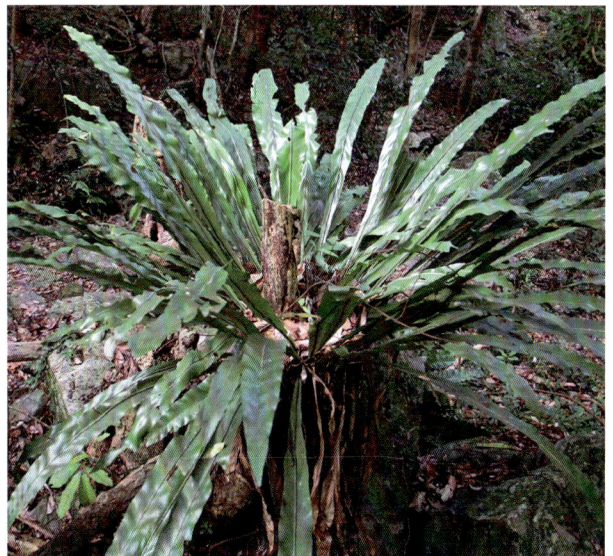

彩片 134 巢蕨 Asplenium nidus 文115页

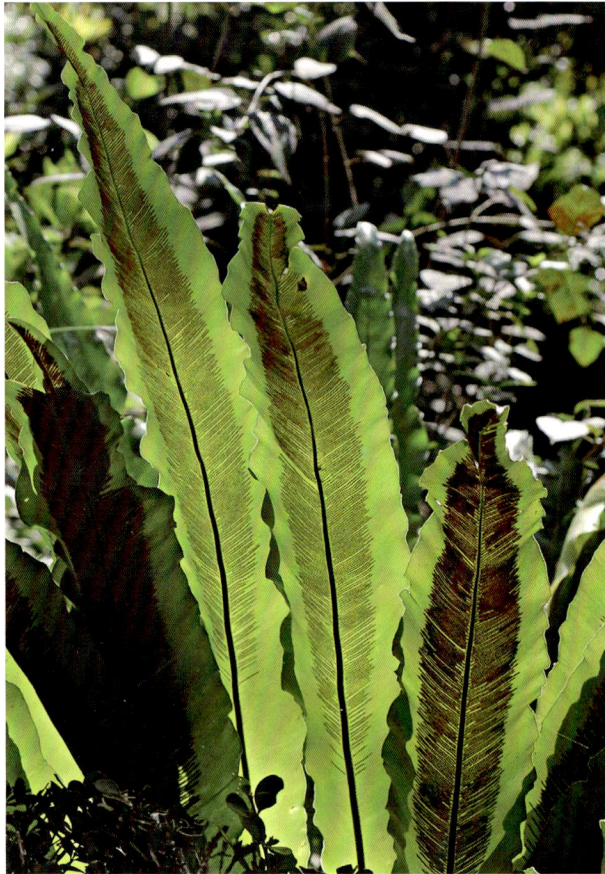

彩片 135　巢蕨 Asplenium nidus　文115页

彩片 136　厚叶铁角蕨 Asplenium griffithianum　文115页

彩片 137　厚叶铁角蕨 Asplenium griffithianum　文115页

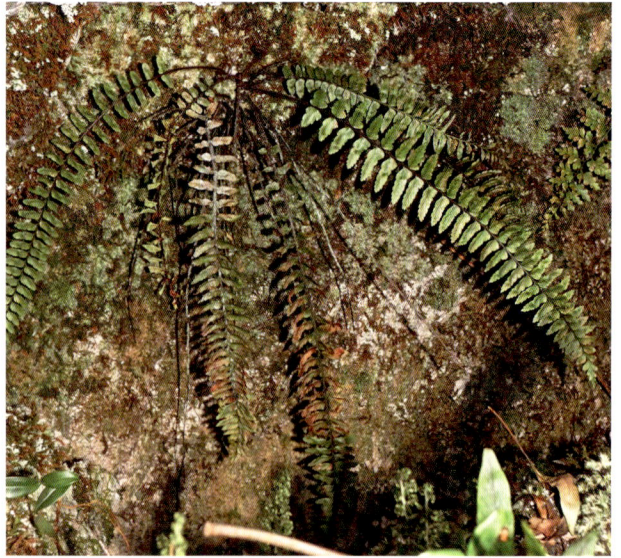

彩片 138　毛轴铁角蕨 Asplenium crinicaule　文116页

彩片 139　毛轴铁角蕨 Asplenium crinicaule　文116页

彩片 140　倒挂铁角蕨 Asplenium normale　文116页

彩片 141　倒挂铁角蕨 Asplenium normale　文116页

彩片 142　倒挂铁角蕨 Asplenium normale　文116页

彩片 143　镰叶铁角蕨 Asplenium falcatum　文117页

彩片 144　镰叶铁角蕨 Asplenium falcatum　文117页

彩片 145　长叶铁角蕨 Asplenium prolongatum　文117页

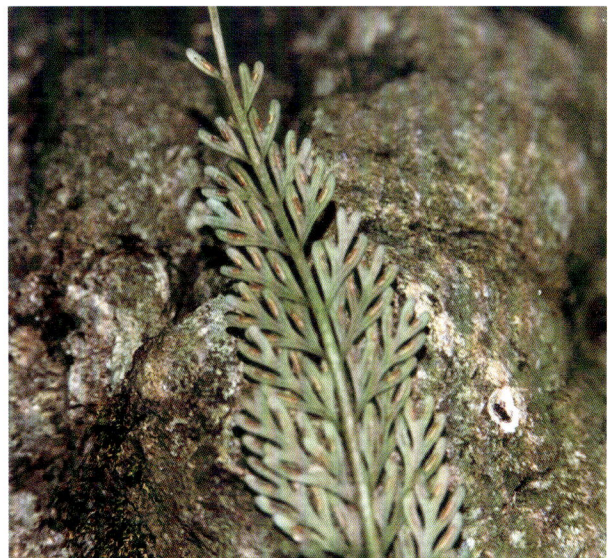

彩片 146　长叶铁角蕨 Asplenium prolongatum　文117页

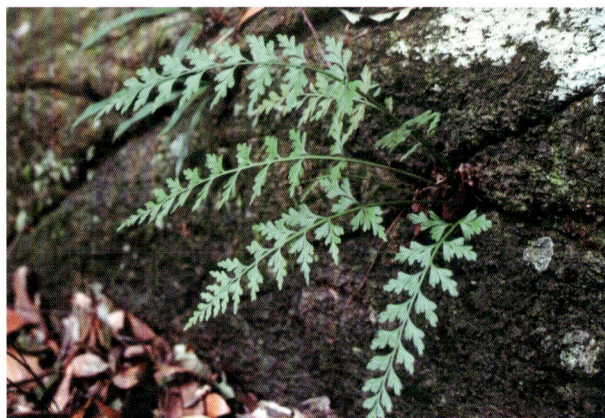

彩片 147　华南铁角蕨 Asplenium austrochinense
文118页

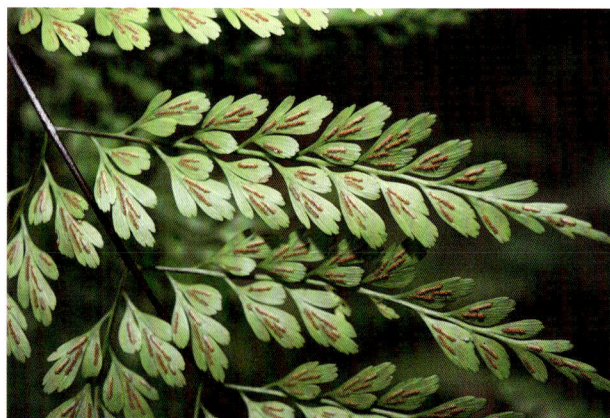

彩片 150　假大羽铁角蕨 Asplenium
pseudolaserpitiifolium　文118页

彩片 148　华南铁角蕨 Asplenium austrochinense
文118页

彩片 151　切边膜叶铁角蕨 Hymenasplenium excisum
文119页

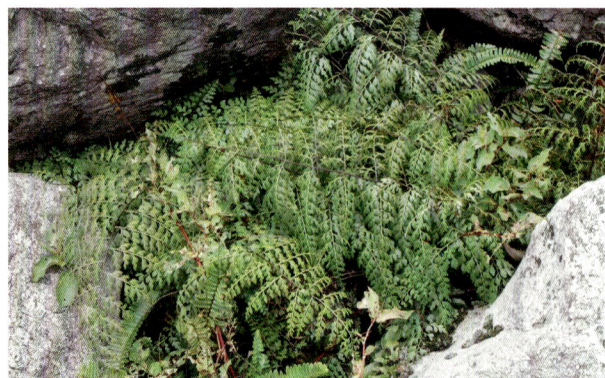

彩片 149　假大羽铁角蕨 Asplenium
pseudolaserpitiifolium　文118页

彩片 152　切边膜叶铁角蕨 Hymenasplenium excisum
文119页

彩片 153　普通针毛蕨 Macrothelypteris torresiana
文122页

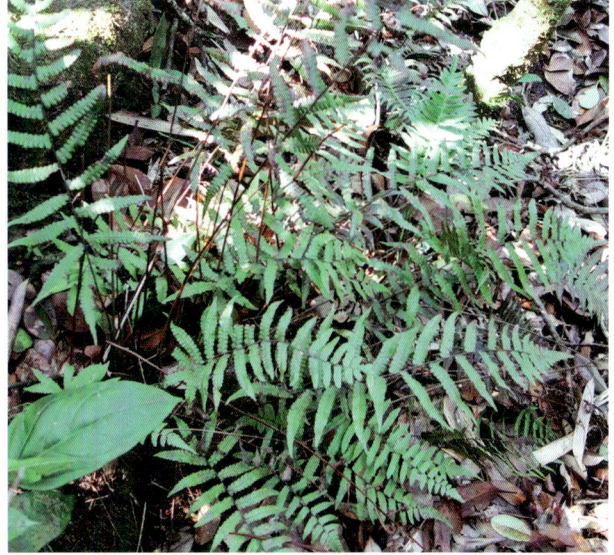

彩片 155　钝角金星蕨 Parathelypteris angulariloba
文123页

彩片 156　钝角金星蕨 Parathelypteris angulariloba
文123页

彩片 154　金星蕨 Parathelypteris glanduligera　文123页

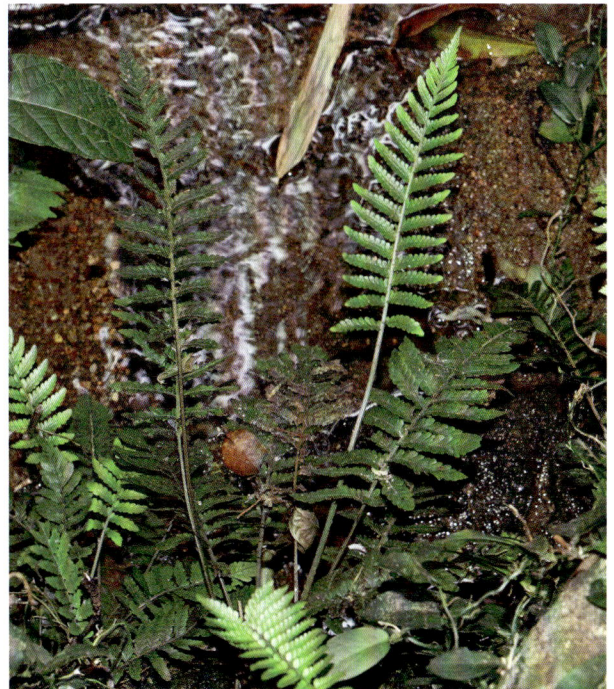

彩片 157　溪边假毛蕨 Pseudocyclosorus ciliatus
文125页

彩片 158 溪边假毛蕨 Pseudocyclosorus ciliatus
文125页

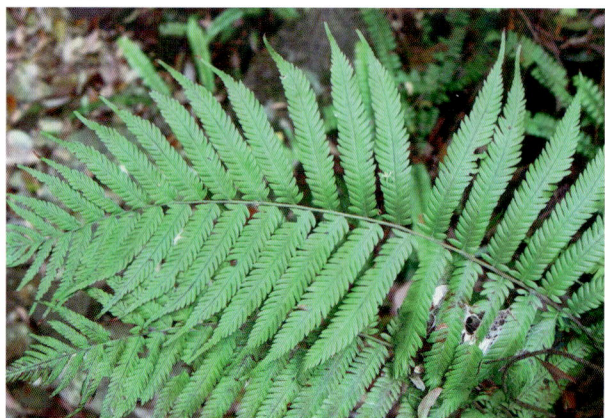

彩片 159 假毛蕨 Pseudocyclosorus tylodes 文126页

彩片 160 假毛蕨 Pseudocyclosorus tylodes 文126页

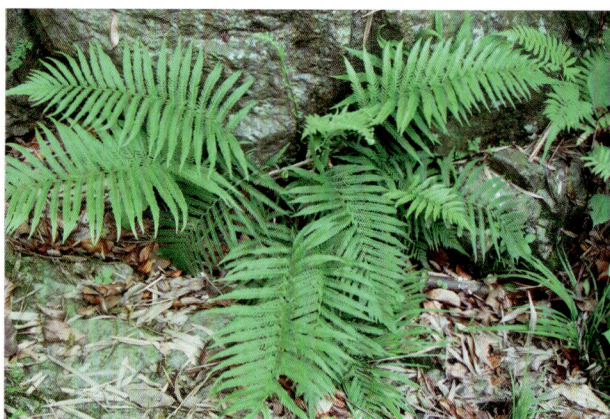

彩片 161 镰片假毛蕨 Pseudocyclosorus falcilobus
文126页

彩片 162 镰片假毛蕨 Pseudocyclosorus falcilobus
文126页

彩片 163 圣蕨 Dictyocline griffithii 文127页

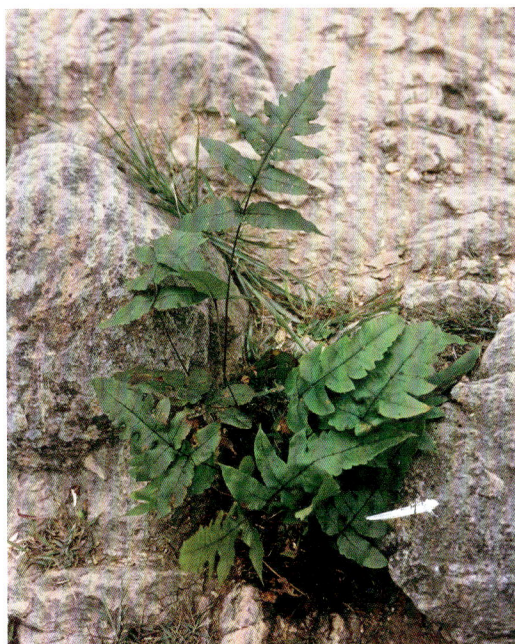

彩片 164 羽裂圣蕨 Dictyocline wilfordii
文128页

彩片 165 羽裂圣蕨 Dictyocline wilfordii
文128页

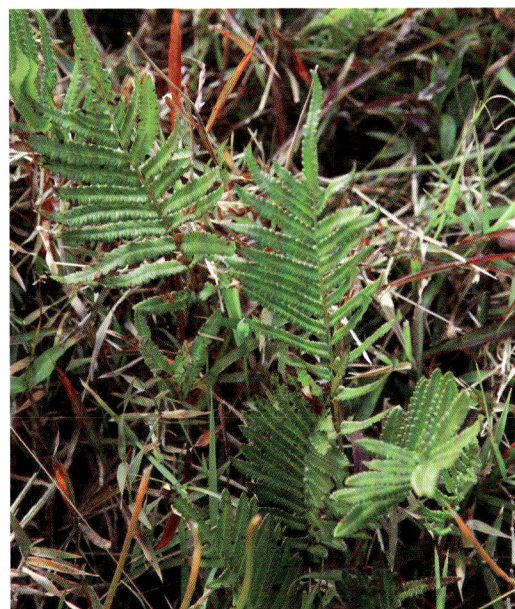

彩片 167 毛蕨 Cyclosorus interruptus 文129页

彩片 166 毛蕨 Cyclosorus interruptus
文129页

彩片 168 渐尖毛蕨 Cyclosorus acuminatus 文130页

彩片 169　渐尖毛蕨 Cyclosorus acuminatus　文130页

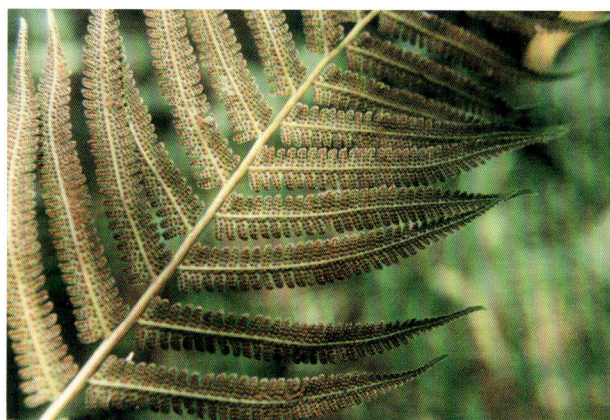

彩片 173　华南毛蕨 Cyclosorus parasiticus　文131页

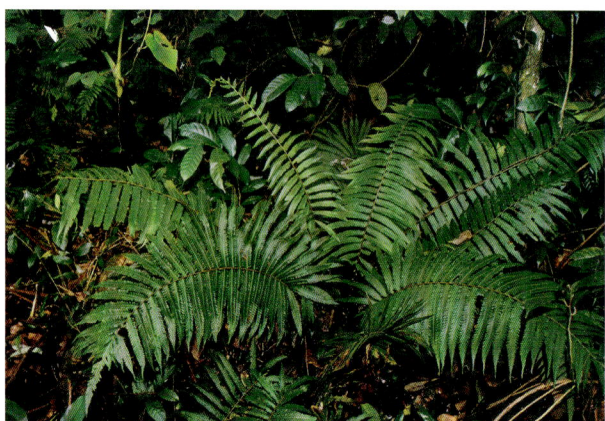

彩片 170　异果毛蕨 Cyclosorus heterocarpus　文131页

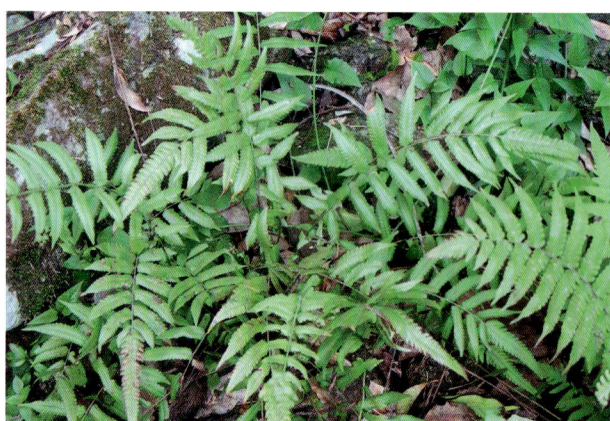

彩片 174　宽羽毛蕨 Cyclosorus latipinnus　文132页

彩片 171　异果毛蕨 Cyclosorus heterocarpus　文131页

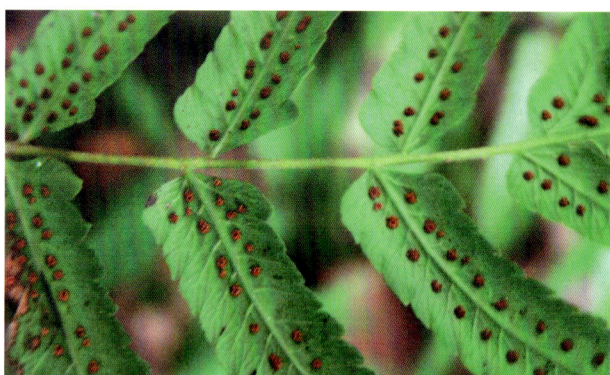

彩片 175　宽羽毛蕨 Cyclosorus latipinnus　文132页

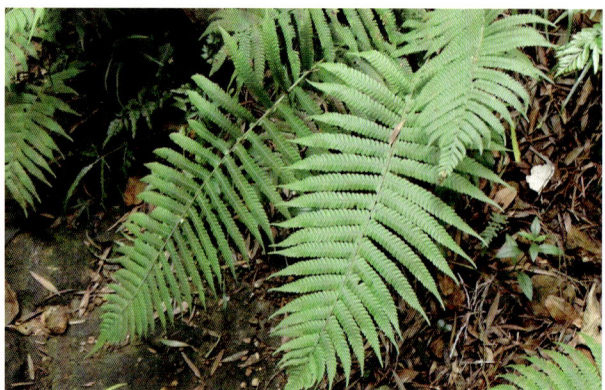

彩片 172　华南毛蕨 Cyclosorus parasiticus　文131页

彩片 176　单叶新月蕨 Pronephrium simplex　文134页

彩片 177　单叶新月蕨 Pronephrium simplex　文134页

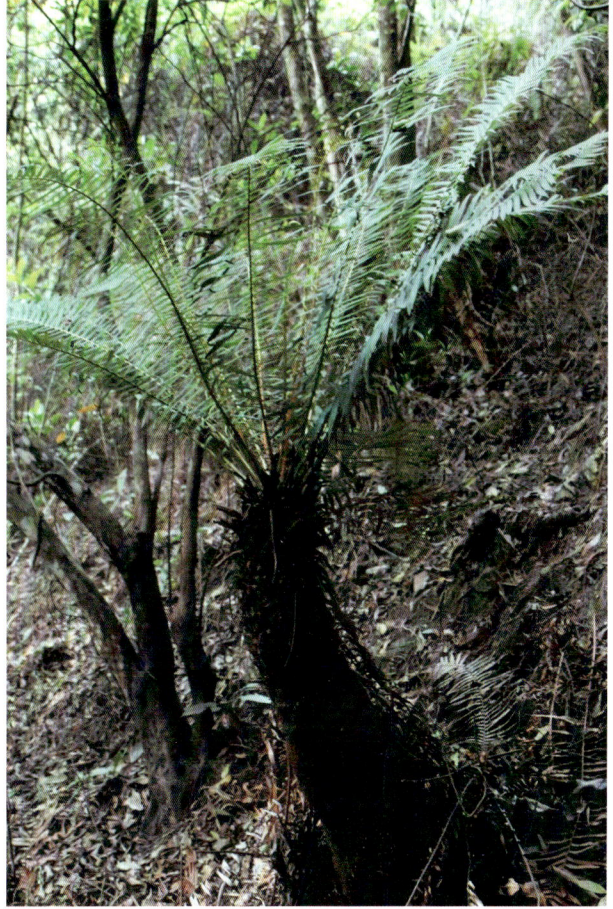

彩片 178　乌毛蕨 Blechnum orientale　文137页

彩片 181　苏铁蕨 Brainea insignis　文138页

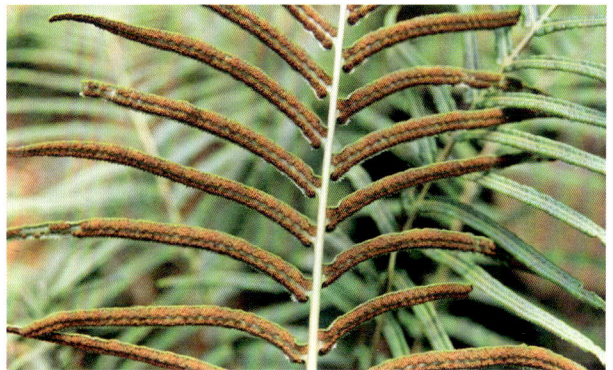

彩片 179　乌毛蕨 Blechnum orientale　文137页

彩片 182　苏铁蕨 Brainea insignis　文138页

彩片 180　苏铁蕨 Brainea insignis　文138页

彩片 183　狗脊 Woodwardia japonica　文139页

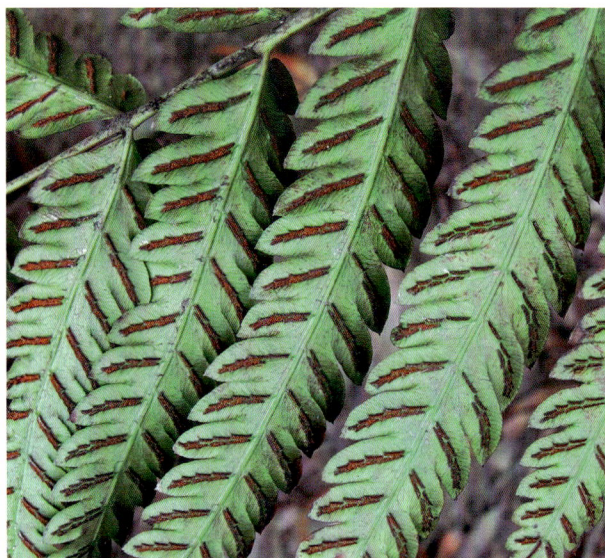

彩片 184　狗脊 Woodwardia japonica　文139页

彩片 185　珠芽狗脊 Woodwardia prolifera　文140页

彩片 186　珠芽狗脊 Woodwardia prolifera　文140页

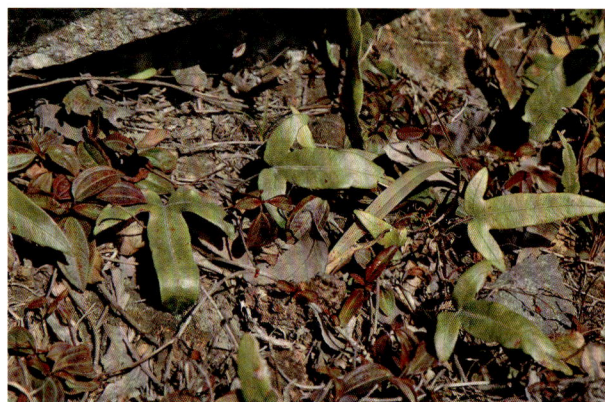

彩片 187　崇澍蕨 Chieniopteris harlandii　文141页

彩片 188　裂羽崇澍蕨 Chieniopteris kempii　文141页

彩片 189　裂羽崇澍蕨 Chieniopteris kempii　文141页

彩片 190　毛叶对囊蕨 Deparia petersenii　文144页

彩片 191　毛叶对囊蕨 Deparia petersenii　文144页

彩片 192　单叶对囊蕨 Deparia lancea　文145页

彩片 193　单叶对囊蕨 Deparia lancea　文145页

彩片 194　双盖蕨 Diplazium donianum　文146页

彩片 195　双盖蕨 Diplazium donianum　文146页

彩片 196 食用双盖蕨 Diplazium esculentum 文147页

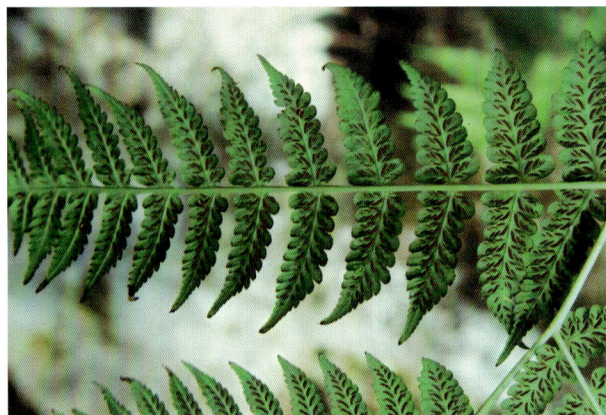
彩片 197 食用双盖蕨 Diplazium esculentum 文147页

彩片 198 江南双盖蕨 Diplazium mettenianum 文150页

彩片 199 江南双盖蕨 Diplazium mettenianum 文150页

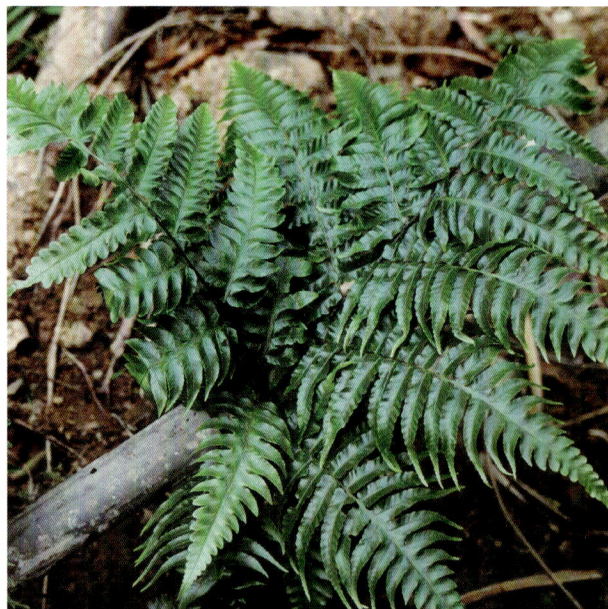
彩片 200 阔片双盖蕨 Diplazium matthewii 文150页

彩片 201 阔片双盖蕨 Diplazium matthewii 文150页

彩片 202　华南舌蕨 Elaphoglossum yoshinagae
文152页

彩片 203　华南舌蕨 Elaphoglossum yoshinagae
文152页

彩片 204　华南实蕨 Bolbitis subcordata　文153页

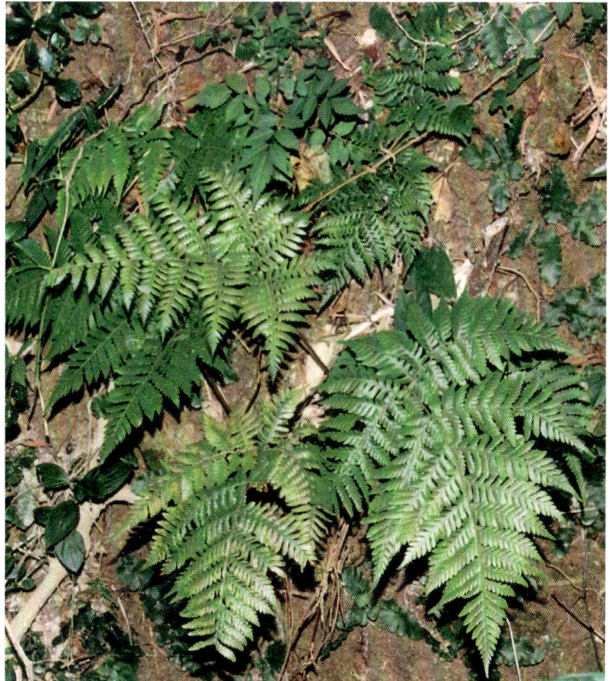

彩片 205　亮鳞肋毛蕨 Ctenitis subglandulosa　文155页

彩片 206　背囊复叶耳蕨 Arachniodes cavaleriei
文156页

彩片 207 背囊复叶耳蕨 Arachniodes cavaleriei 文156页

彩片 210 刺头复叶耳蕨 Arachniodes aristata 文158页

彩片 208 斜方复叶耳蕨 Arachniodes amabilis 文156页

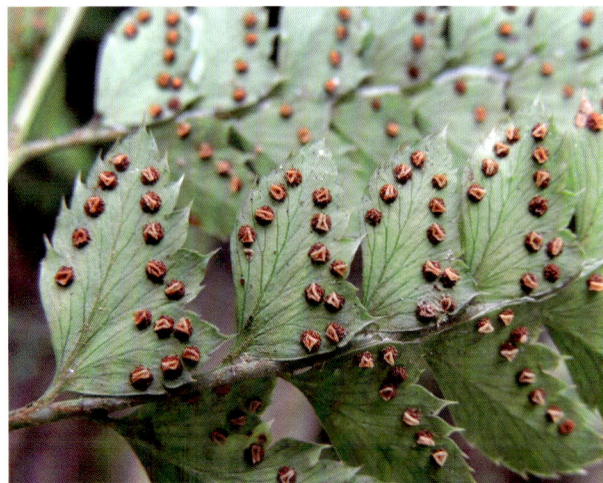

彩片 209 斜方复叶耳蕨 Arachniodes amabilis 文156页

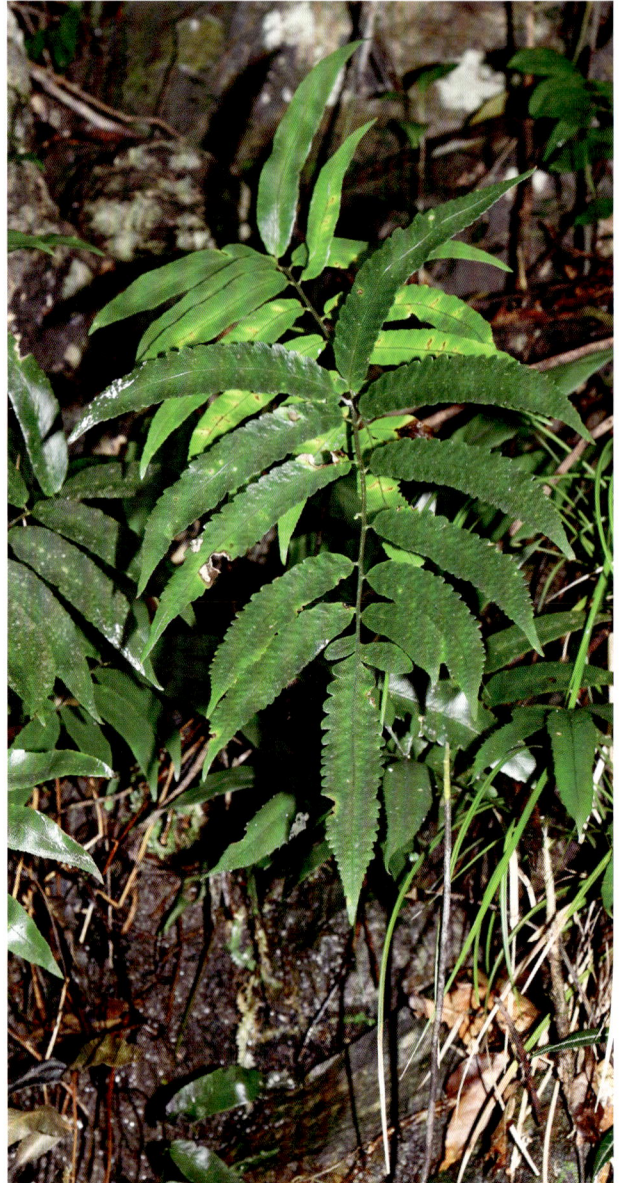

彩片 211 柄叶鳞毛蕨 Dryopteris podophylla 文160页

彩片 212　柄叶鳞毛蕨 Dryopteris podophylla　文160页

彩片 215　迷人鳞毛蕨 Dryopteris decipiens　文161页

彩片 213　稀羽鳞毛蕨 Dryopteris sparsa　文160页

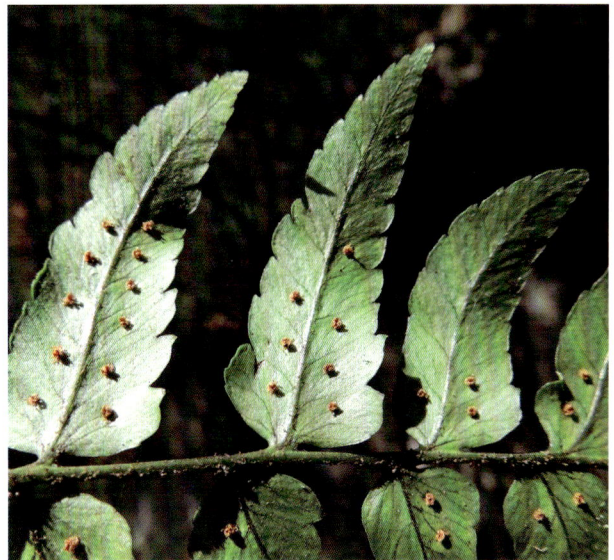

彩片 216　迷人鳞毛蕨 Dryopteris decipiens　文161页

彩片 214　稀羽鳞毛蕨 Dryopteris sparsa　文160页

彩片 217　黑足鳞毛蕨 Dryopteris fuscipes　文161页

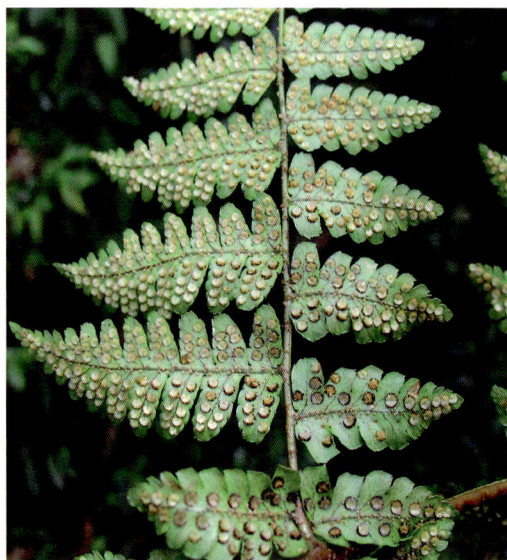

彩片 218　黑足鳞毛蕨 Dryopteris fuscipes
文161页

彩片 219　阔鳞鳞毛蕨 Dryopteris championii　文162页

彩片 220　阔鳞鳞毛蕨 Dryopteris championii　文162页

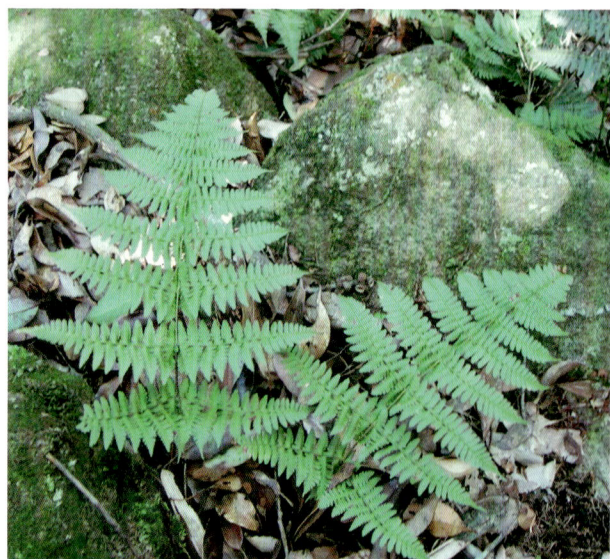

彩片 221　华南鳞毛蕨 Dryopteris tenuicula　文163页

彩片 222　华南鳞毛蕨 Dryopteris tenuicula　文163页

彩片 223　变异鳞毛蕨 Dryopteris varia　文164页

彩片 224　变异鳞毛蕨 Dryopteris varia　文164页

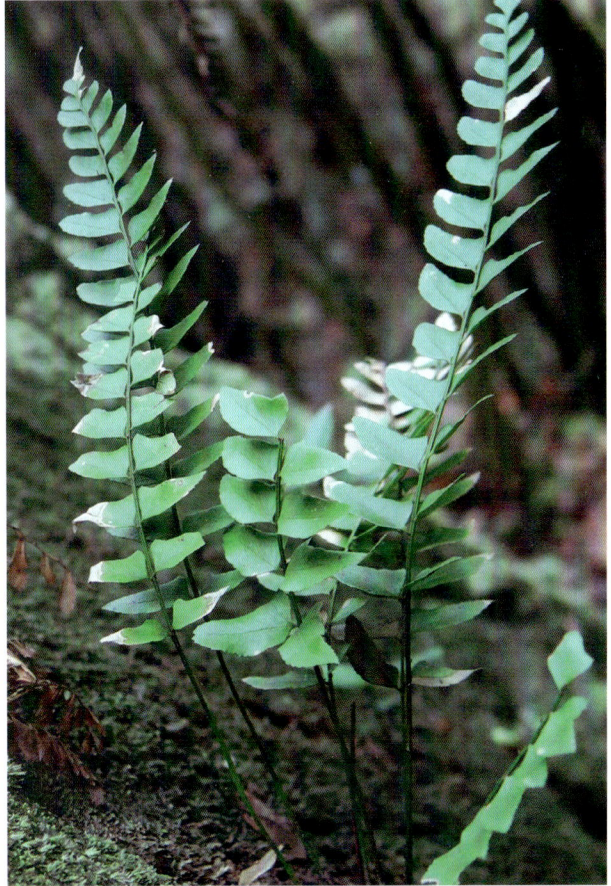

彩片 225　灰绿耳蕨 Polystichum scariosum　文165页

彩片 226　灰绿耳蕨 Polystichum scariosum　文165页

彩片 227　巴郎耳蕨 Polystichum balansae　文166页

彩片 228　巴郎耳蕨 Polystichum balansae　文166页

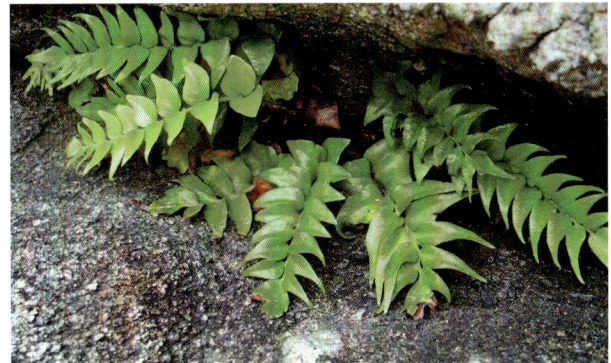

彩片 229　全缘贯众 Cyrtomium falcatum　文167页

彩片 230　全缘贯众 Cyrtomium falcatum　文167页

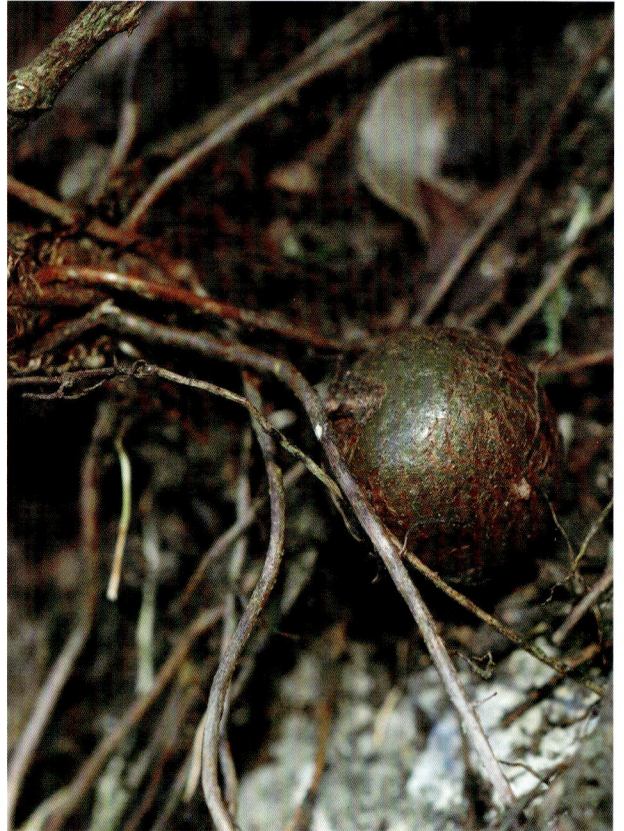

彩片 231　肾蕨 Nephrolepis cordifolia　文168页

彩片 232　肾蕨 Nephrolepis cordifolia　文168页

彩片 233　肾蕨 Nephrolepis cordifolia　文168页

彩片 234　长叶肾蕨 Nephrolepis biserrata　文169页

彩片 235　长叶肾蕨 Nephrolepis biserrata　文169页

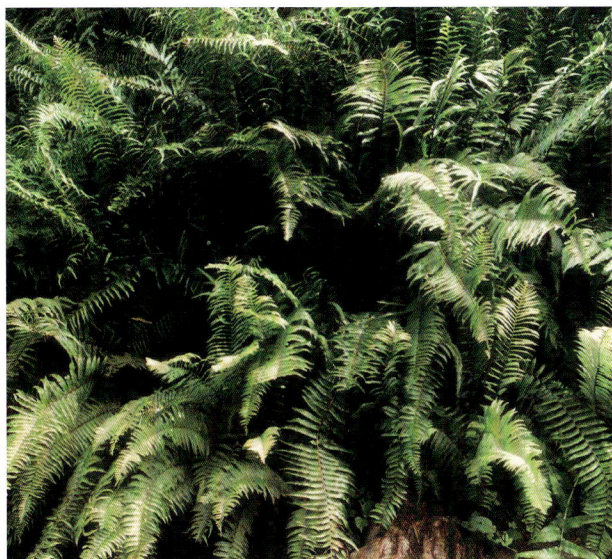

彩片 236　毛叶肾蕨 Nephrolepis brownii　文169页

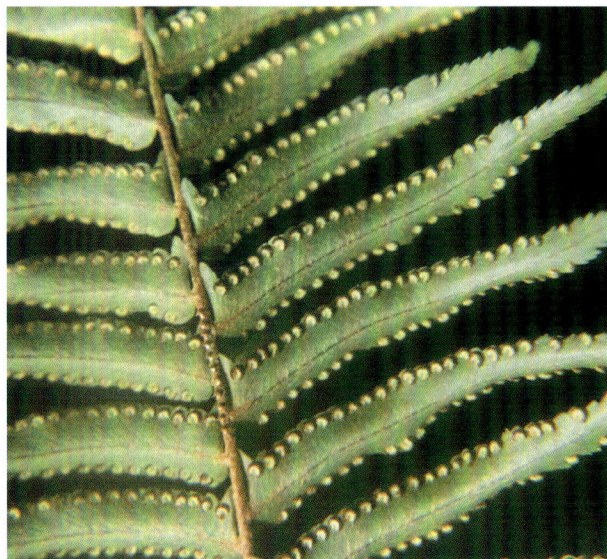

彩片 237　毛叶肾蕨 Nephrolepis brownii　文169页

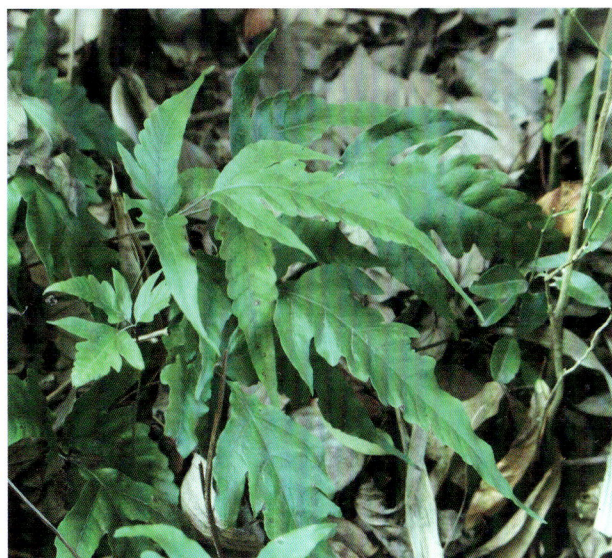

彩片 238　三叉蕨 Tectaria subtriphylla　文172页

彩片 239　三叉蕨 Tectaria subtriphylla　文172页

彩片 240　沙皮蕨 Tectaria harlandii　文173页

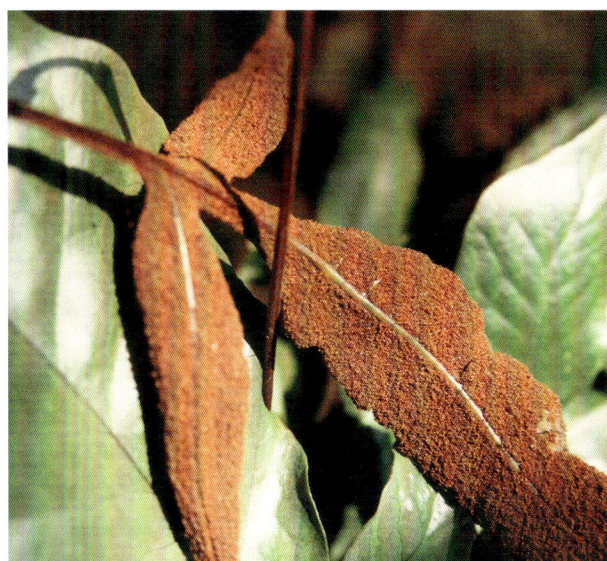

彩片 241　沙皮蕨 Tectaria harlandii　文173页

彩片 242　地耳蕨 Tectaria zeilanica　文173页

彩片 245　大叶骨碎补 Davallia divaricata　文176页

彩片 243　地耳蕨 Tectaria zeilanica　文173页

彩片 246　大叶骨碎补 Davallia divaricata　文176页

彩片 244　华南条蕨 Oleandra cumingii　文175页

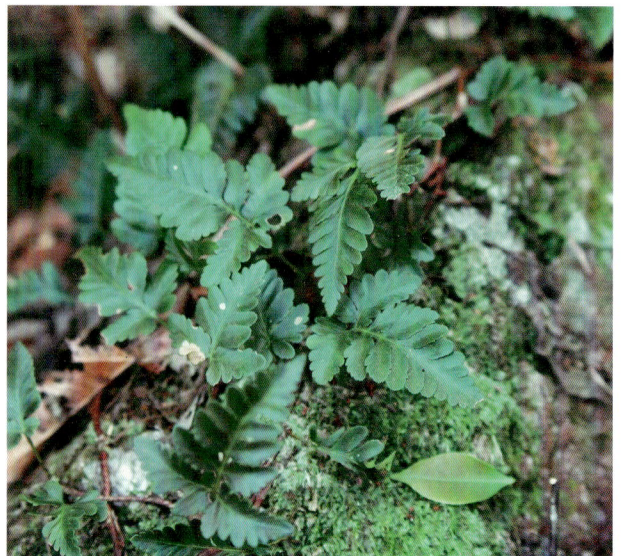

彩片 247　阴石蕨 Humata repens　文177页

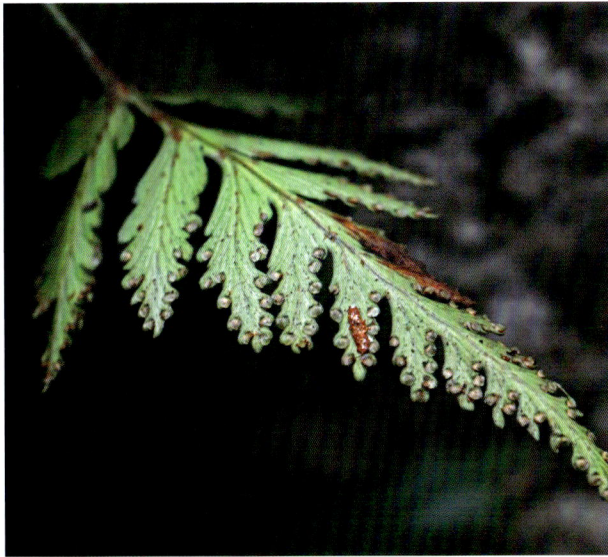

彩片 248　阴石蕨 Humata repens　文177页

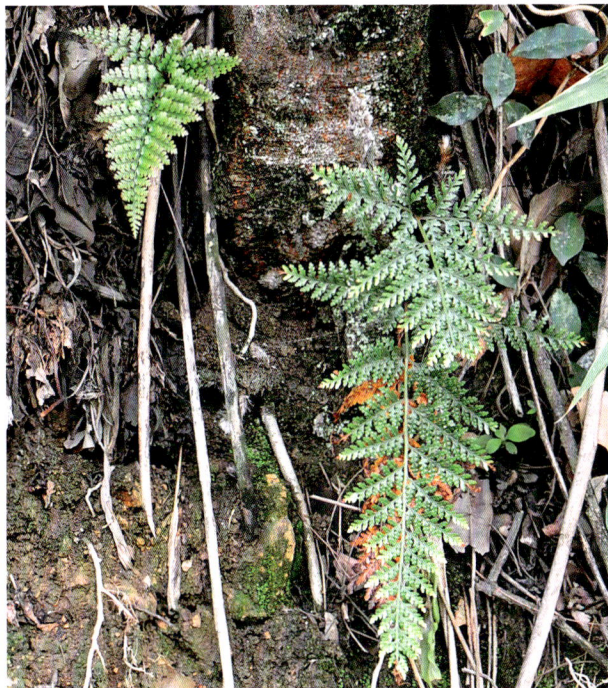

彩片 249　杯盖阴石蕨 Humata griffithiana　文178页

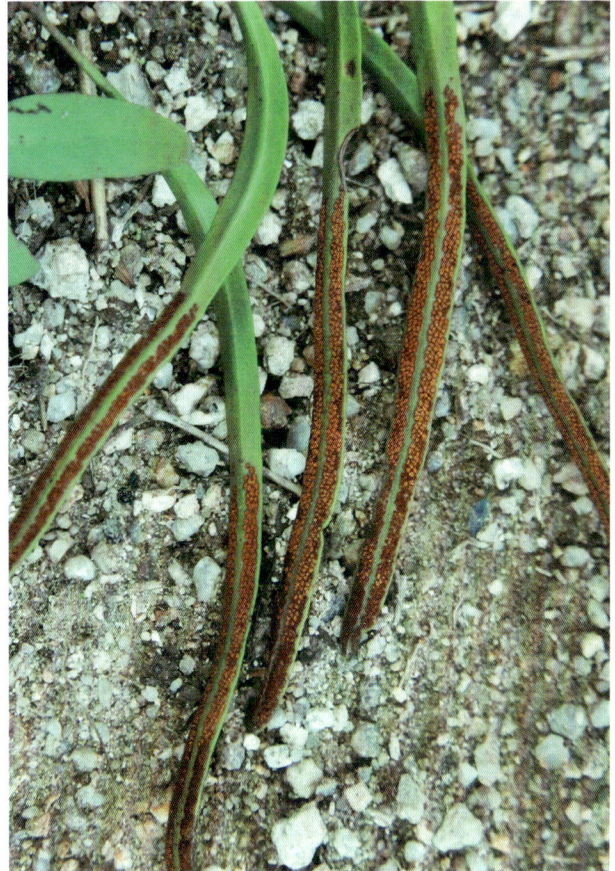

彩片 250　贴生石韦 Pyrrosia adnascens　文180页

彩片 251　贴生石韦 Pyrrosia adnascens　文180页

彩片 252　石韦 Pyrrosia lingua　文180页

彩片 253　石韦 Pyrrosia lingua　文180页

彩片 254　二歧鹿角蕨 Platycerium bifurcatum
文181页

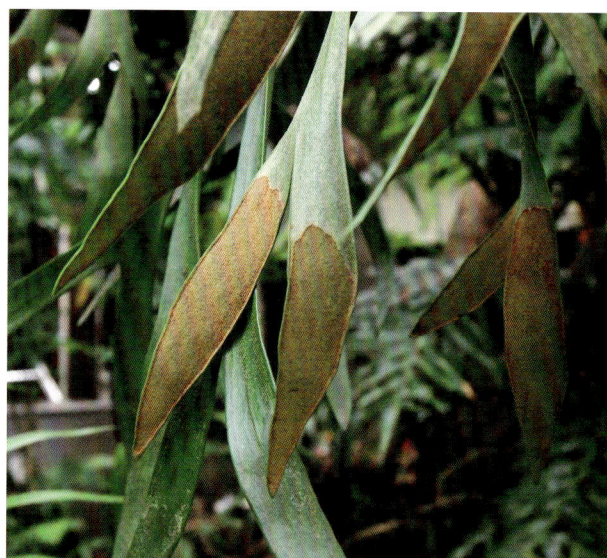

彩片 255　二歧鹿角蕨 Platycerium bifurcatum
文181页

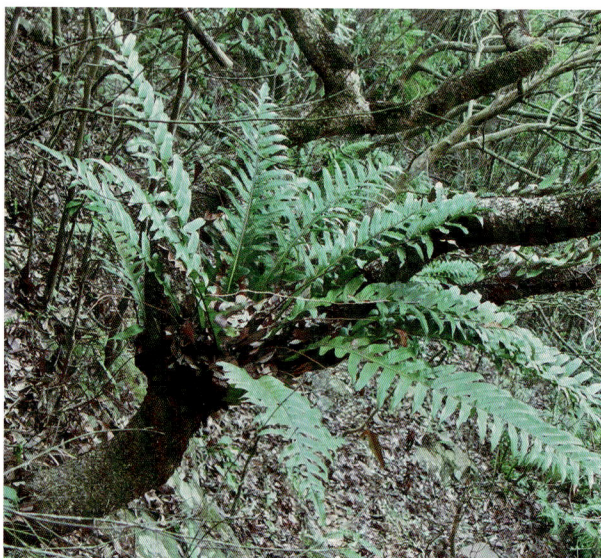

彩片 256　崖姜 Aglaomorpha coronans　文182页

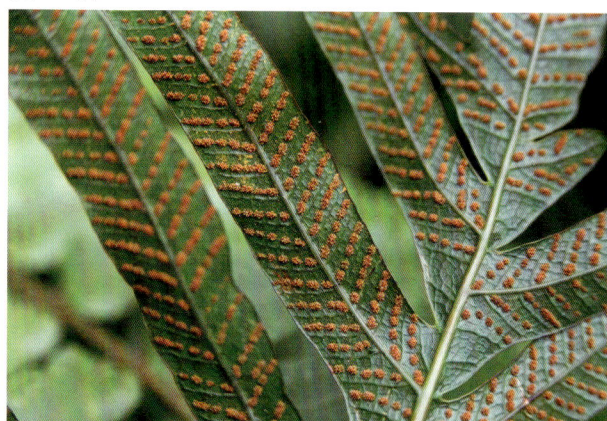

彩片 257　崖姜 Aglaomorpha coronans　文182页

彩片 258　伏石蕨 Lemmaphyllum microphyllum
文183页

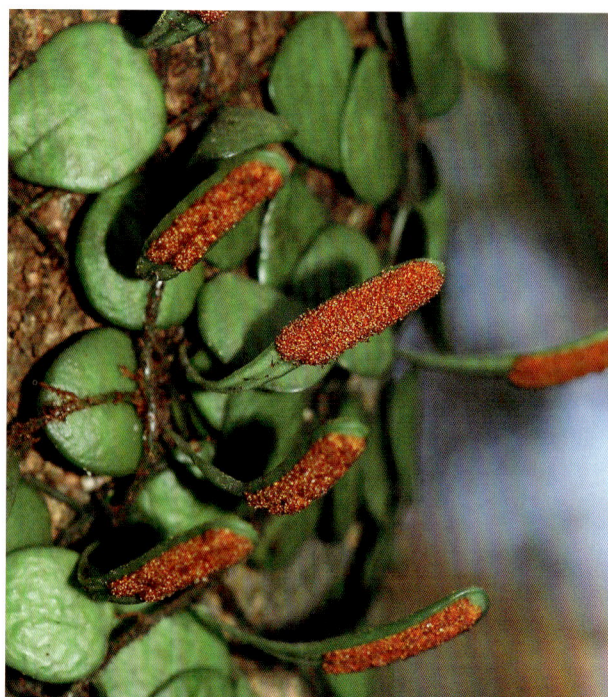

彩片 259　伏石蕨 Lemmaphyllum microphyllum
文183页

彩片 260　骨牌蕨 Lemmaphyllum rostratum　文184页

彩片 263　断线蕨 Leptochilus hemionitideus　文185页

彩片 261　骨牌蕨 Lemmaphyllum rostratum　文184页

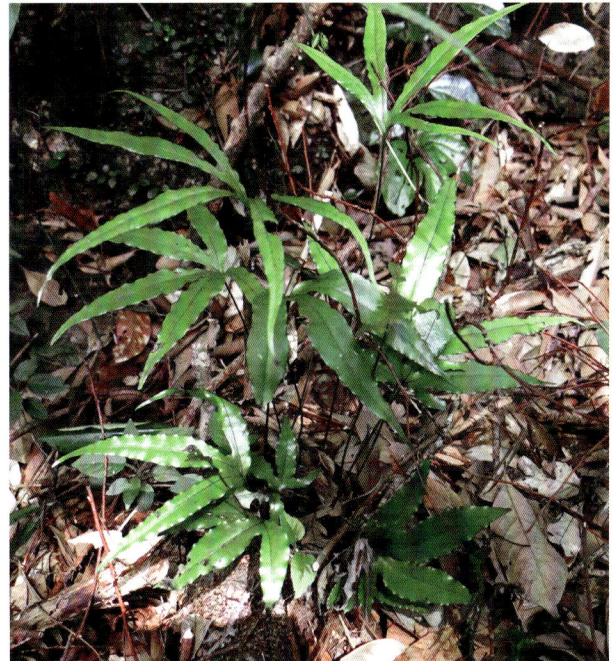

彩片 264　掌叶线蕨 Leptochilus digitatus　文186页

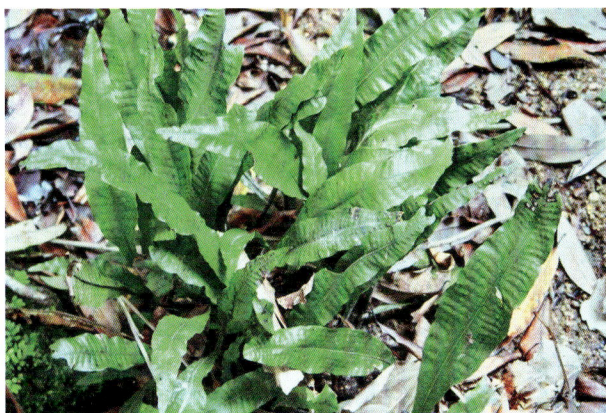

彩片 262　断线蕨 Leptochilus hemionitideus　文185页

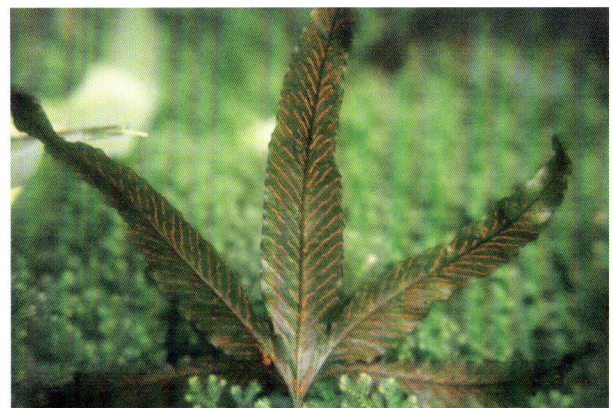

彩片 265　掌叶线蕨 Leptochilus digitatus　文186页

彩片 266　线蕨 Leptochilus ellipticus　文186页

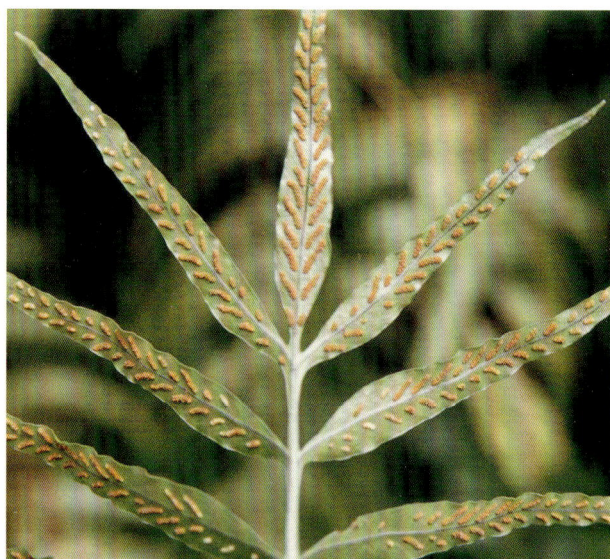

彩片 267　线蕨 Leptochilus ellipticus　文186页

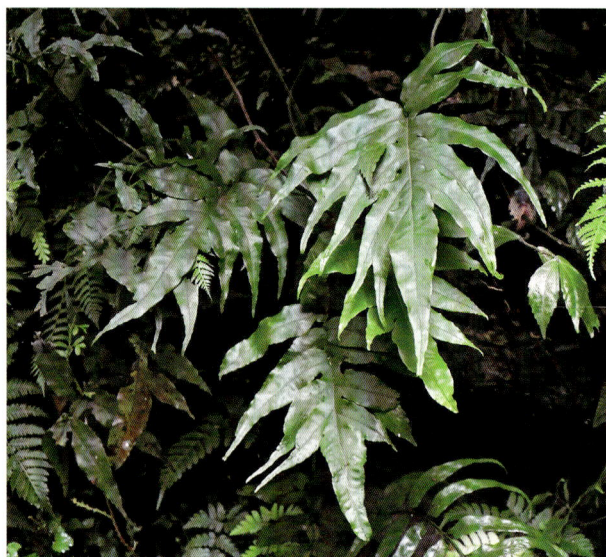

彩片 268　宽羽线蕨 Leptochilus ellipticus
var. pothifolius　文187页

彩片 269　短柄禾叶蕨 Oreogrammitis dorsipila
文188页

彩片 270　短柄禾叶蕨 Oreogrammitis dorsipila
文188页

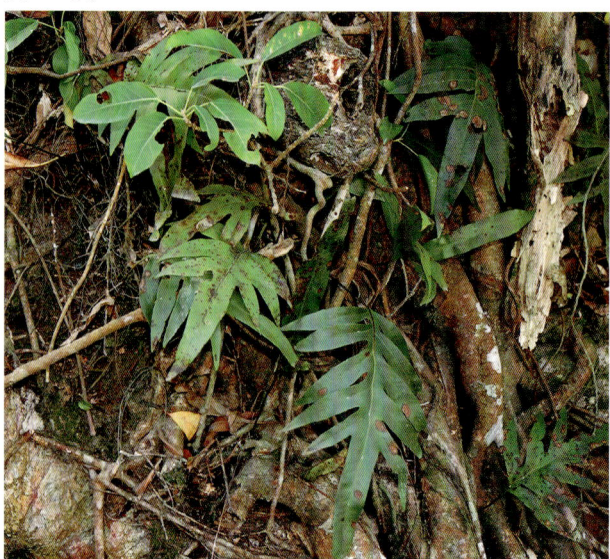

彩片 271　瘤蕨 Phymatosorus scolopendria　文189页

彩片 272 瘤蕨 Phymatosorus scolopendria 文189页

彩片 273 阔叶瓦韦 Lepisorus tosaensis 文190页

彩片 274 星蕨 Microsorum punctatum 文191页

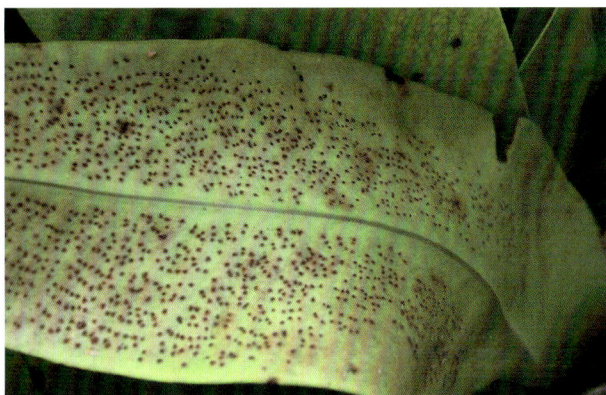

彩片 275 星蕨 Microsorum punctatum 文191页

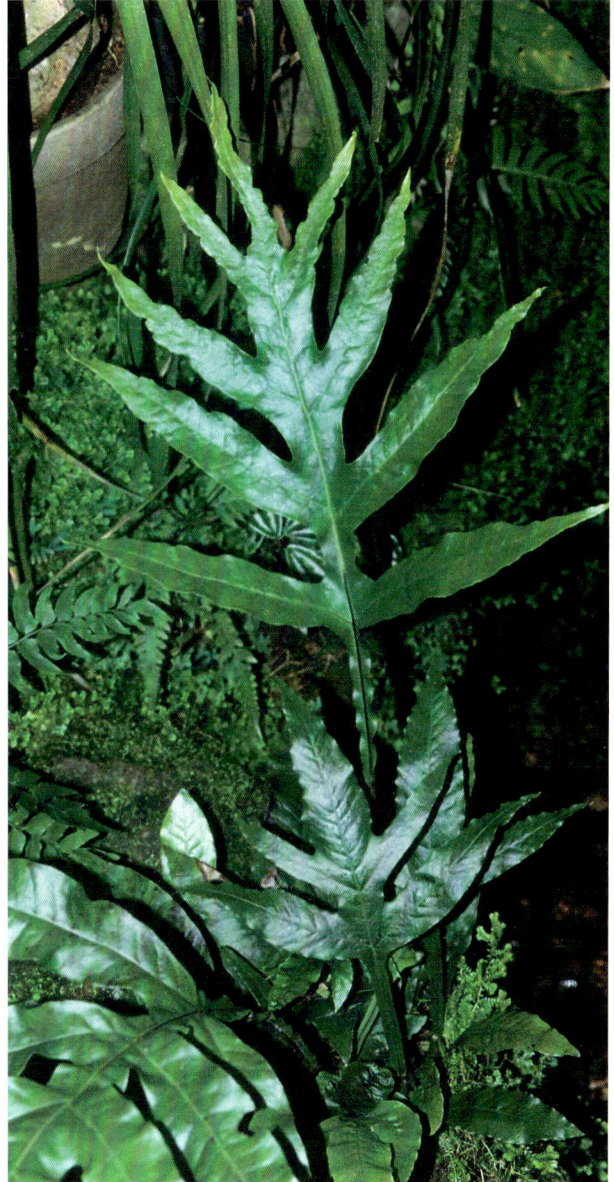

彩片 276 羽裂星蕨 Microsorum insigne 文192页

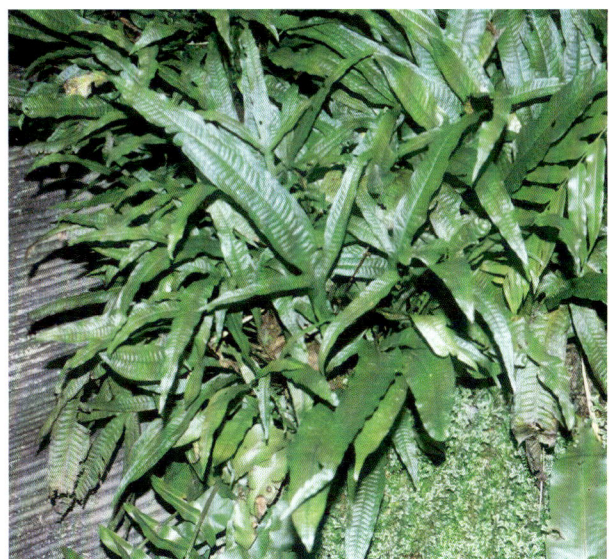

彩片 277 有翅星蕨 Microsorum pteropus 文192页

彩片 278　江南星蕨 Neolepisorus fortunei　文193页

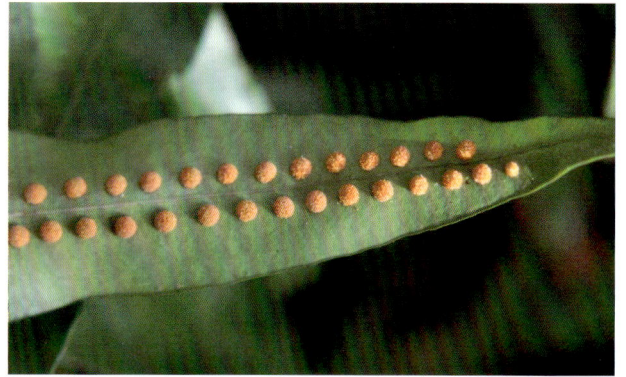

彩片 279　江南星蕨 Neolepisorus fortunei　文193页

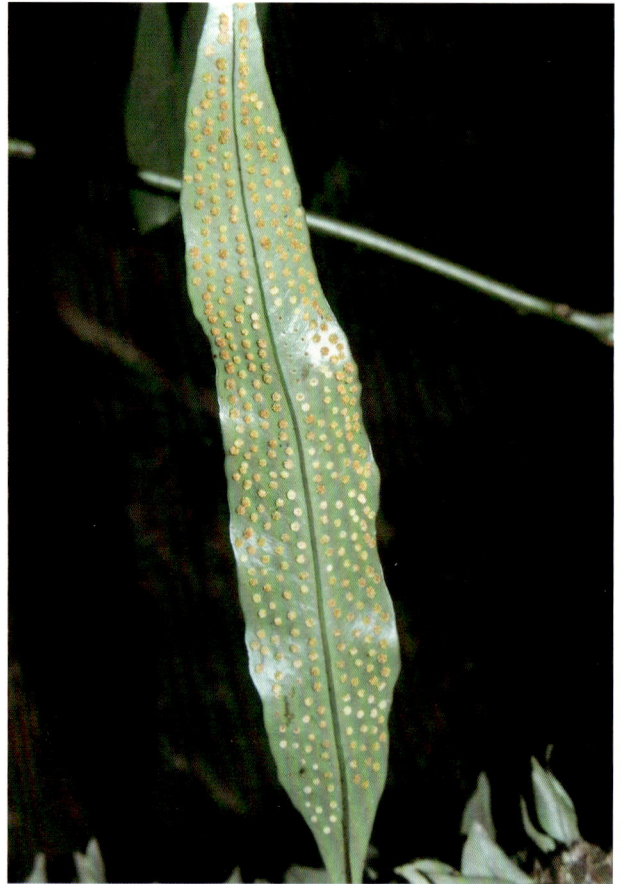

彩片 281　表面星蕨 Lepidomicrosorium superficiale
文194页

彩片 280　表面星蕨 Lepidomicrosorium superficiale
文194页

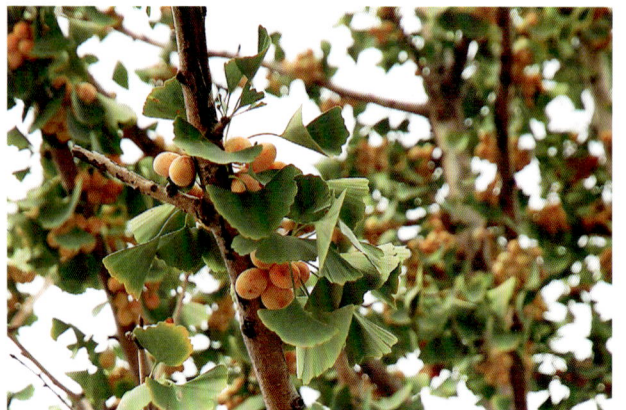

彩片 282　银杏 Ginkgo biloba　文198页

彩片 283　异叶南洋杉 Araucaria heterophylla　文200页

彩片 284　肯氏南洋杉 Araucaria cunninghamii
文201页

彩片 285　马尾松 Pinus massoniana　文203页

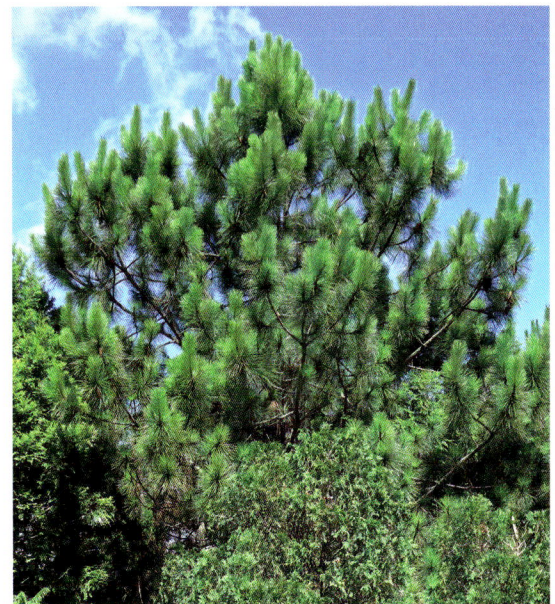

彩片 286　湿地松 Pinus elliottii　文203页

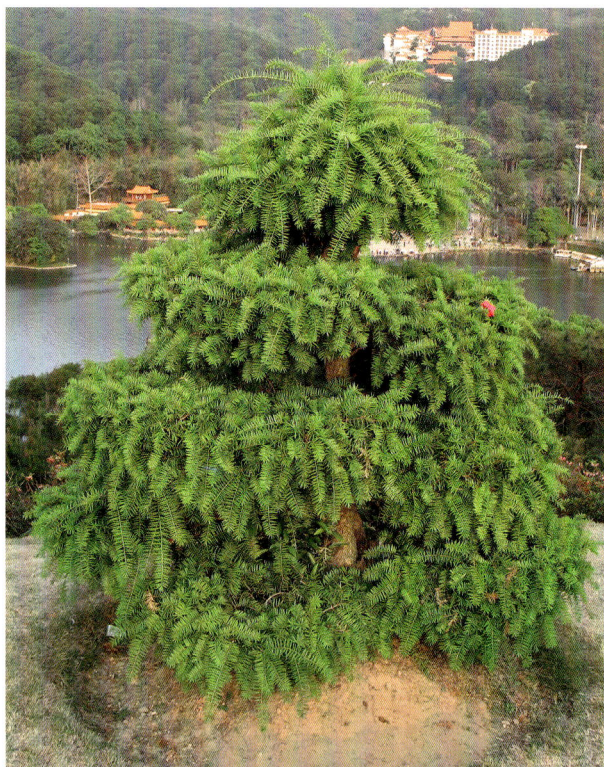

彩片 287　油杉 Keteleeria foutunei　文204页

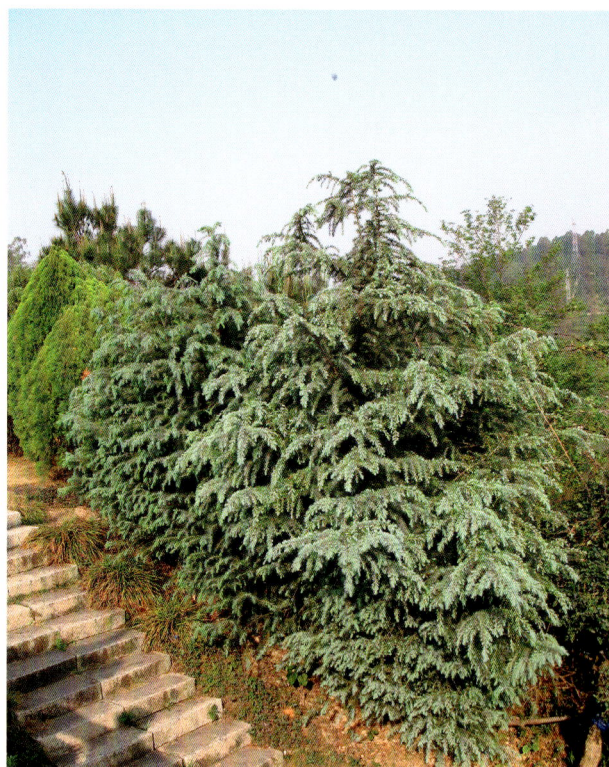

彩片 290　雪松 Cedrus deodara　文206页

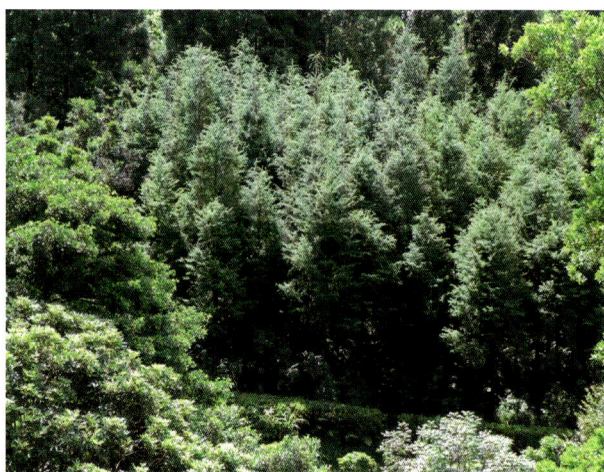

彩片 288　金钱松 Pseudolarix amabilis　文205页

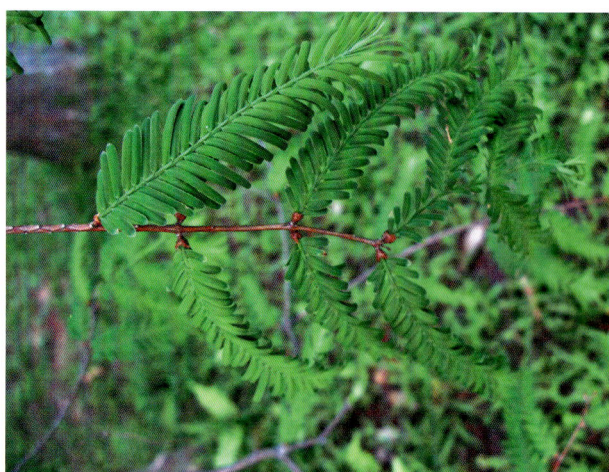

彩片 291　水杉 Metasequoia glyptostroboides
文208页

彩片 289　金钱松 Pseudolarix amabilis　文205页

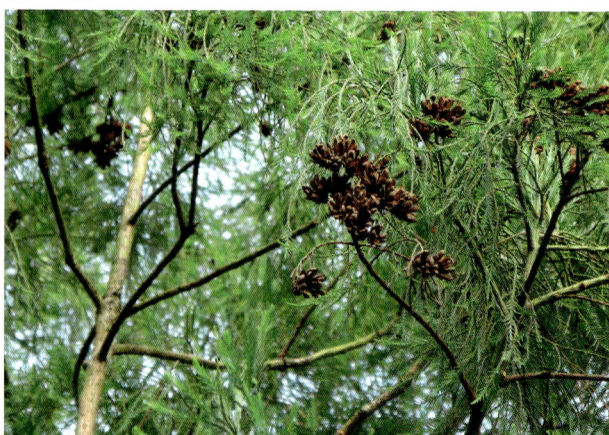

彩片 292　水松 Glyptostrobus pensilis　文208页

彩片 293　杉木 Cunninghamia lanceolata
文209页

彩片 296　落羽杉 Taxodium distichum　文211页

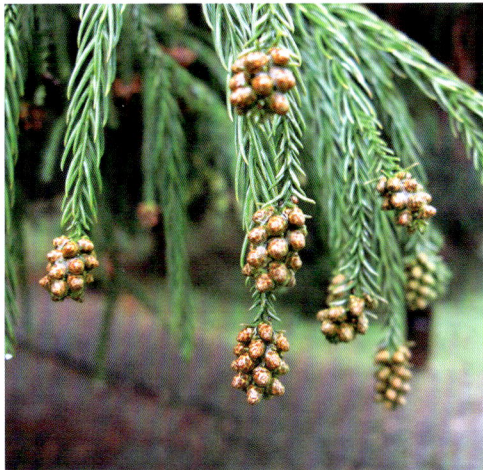

彩片 294　柳杉 Cryptomeria fortunei
文210页

彩片 295　落羽杉 Taxodium distichum
文211页

彩片 297　圆柏 Juniperus chinensis　文213页

彩片 298　龙柏 Juniperus chinensis 'Kaizuca'　文214页

彩片 299　金叶桧 Juniperus chinensis 'Aurea'　文214页

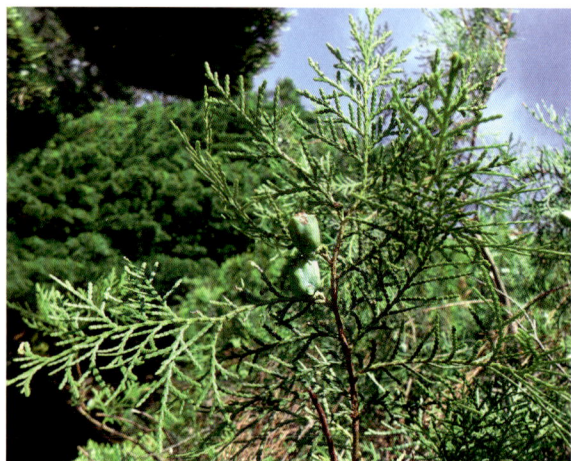

彩片 300　侧柏 Platycladus orientalis　文215页

彩片 301　千头柏 Platycladus orientalis 'Sieboldii'　文215页

彩片 302　福建柏 Fokienia hodginsii　文216页

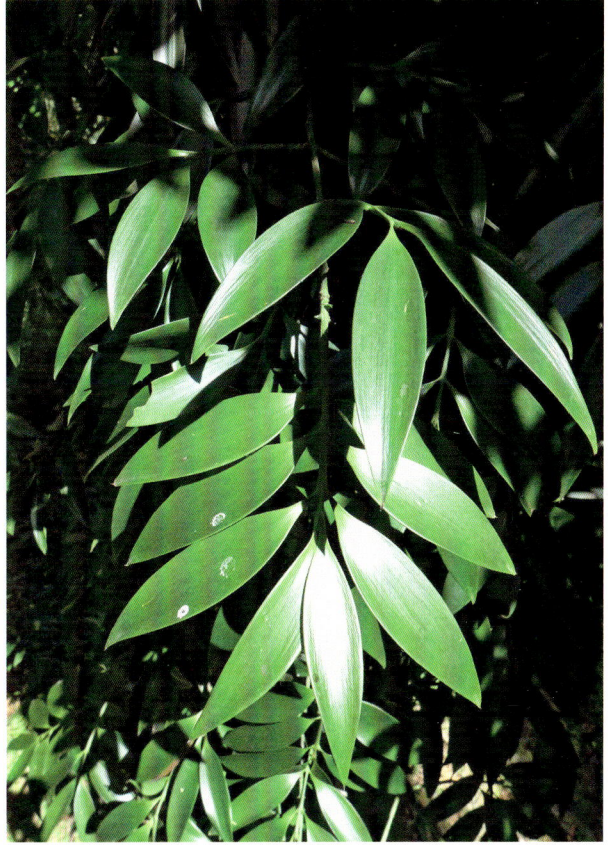

彩片 304　长叶竹柏 Nageia fleuryi　文218页

彩片 303　鸡毛松 Dacrycarpus imbricatus var. patulus 文217页

彩片 305　竹柏 Nageia nagi　文219页

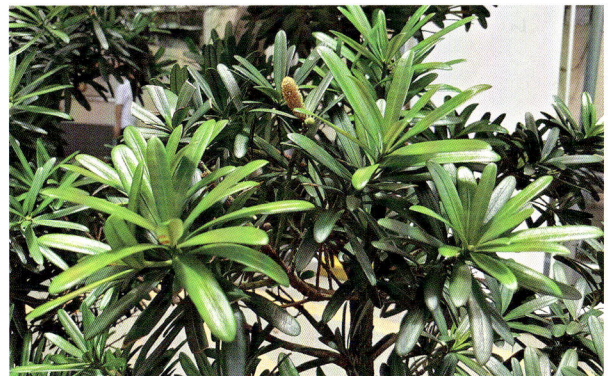

彩片 306　兰屿罗汉松 Podocarpus costalis　文220页

彩片 307　罗汉松 Podocarpus macrophyllus　文220页

彩片 310　穗花杉 Amentotaxus argotaenia　文224页

彩片 308　蕨松 Afrocarpus gracilior　文222页

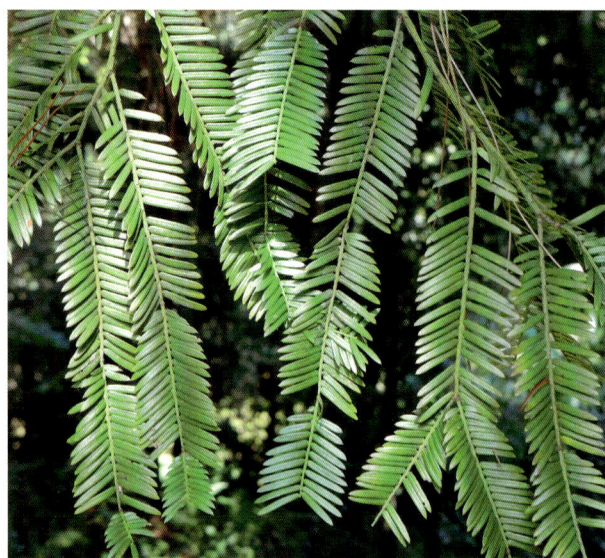
彩片 309　篦子三尖杉 Cephalotaxus oliveri　文223页

彩片 311　南方红豆杉 Taxus wallichiana var. mairei
文225页

彩片 312　德保苏铁 Cycas debaoensis　文228页

彩片 315　苏铁 Cycas revoluta　文228页

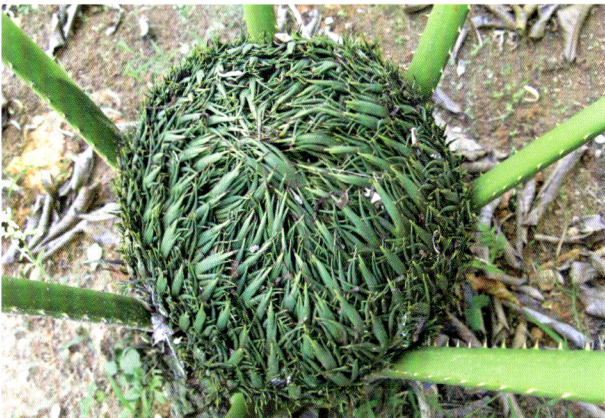

彩片 313　德保苏铁 Cycas debaoensis　文228页

彩片 316　台东苏铁 Cycas taitungensis　文229页

彩片 314　苏铁 Cycas revoluta　文228页

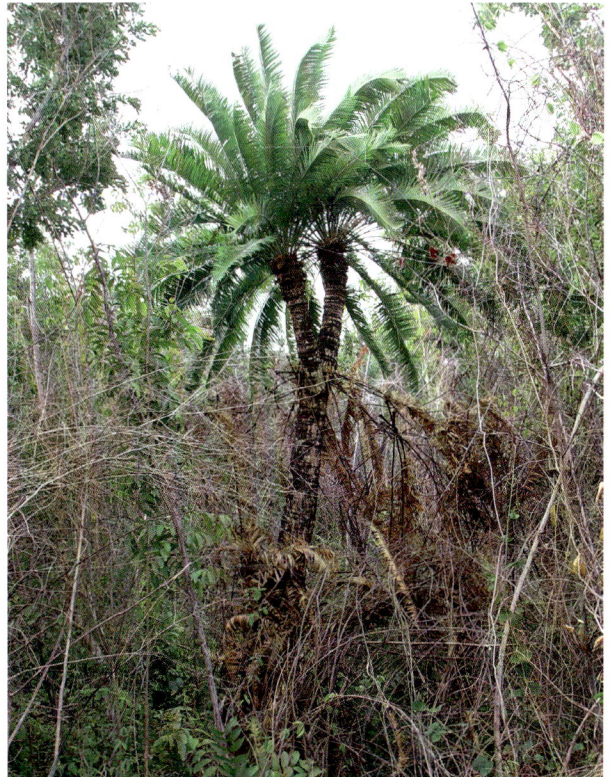

彩片 317　越南篦齿苏铁 Cycas elongata　文229页

彩片 318　越南篦齿苏铁 Cycas elongata　文229页

彩片 321　闽粤苏铁 Cycas taiwaniana　文231页

彩片 319　石山苏铁 Cycas sexseminifera　文230页

彩片 322　仙湖苏铁 Cycas fairylakea　文231页

彩片 320　闽粤苏铁 Cycas taiwaniana　文231页

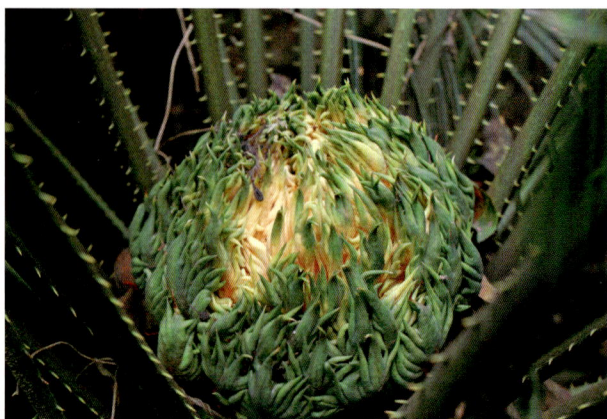

彩片 323　仙湖苏铁 Cycas fairylakea　文231页

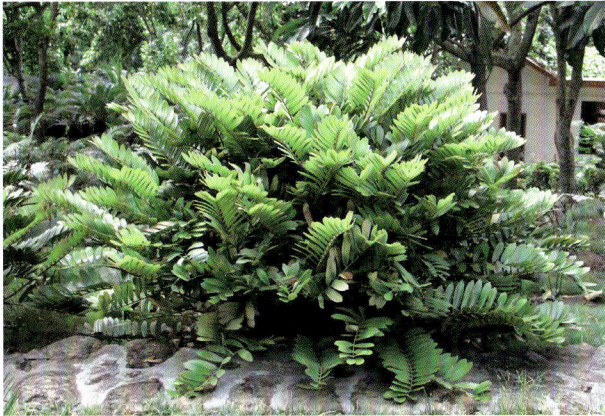

彩片 324　鳞秕泽米 Zamia furfuracea　文234页

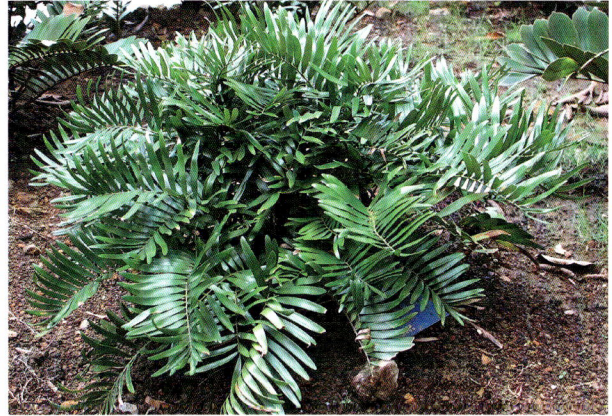

彩片 327　佛罗里达泽米 Zamia integrifolia　文235页

彩片 325　鳞秕泽米 Zamia furfuracea　文234页

彩片 328　墨西哥角果泽米 Ceratozamia mexicana
文236页

彩片 326　费切尔泽米 Zamia fischeri　文234页

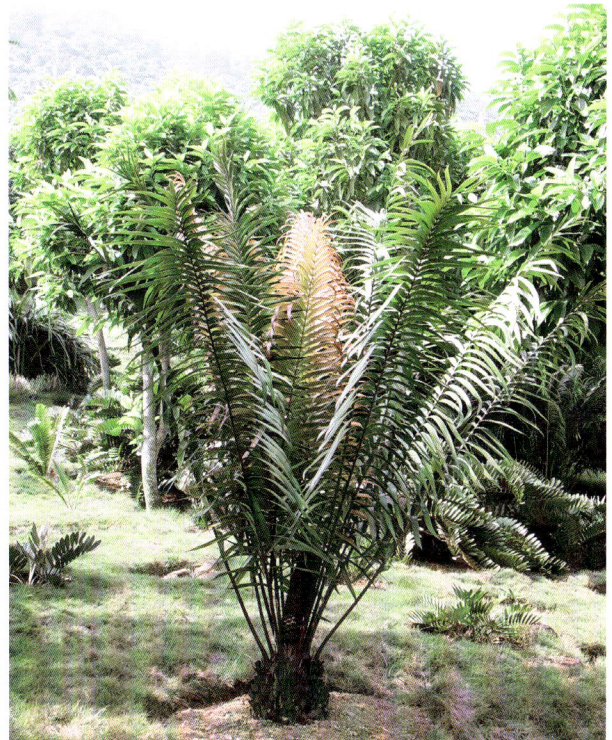

彩片 329　巨型角果泽米 Ceratozamia robusta
文236页

彩片 330　摩尔大泽米 Macrozamia moorei　文237页

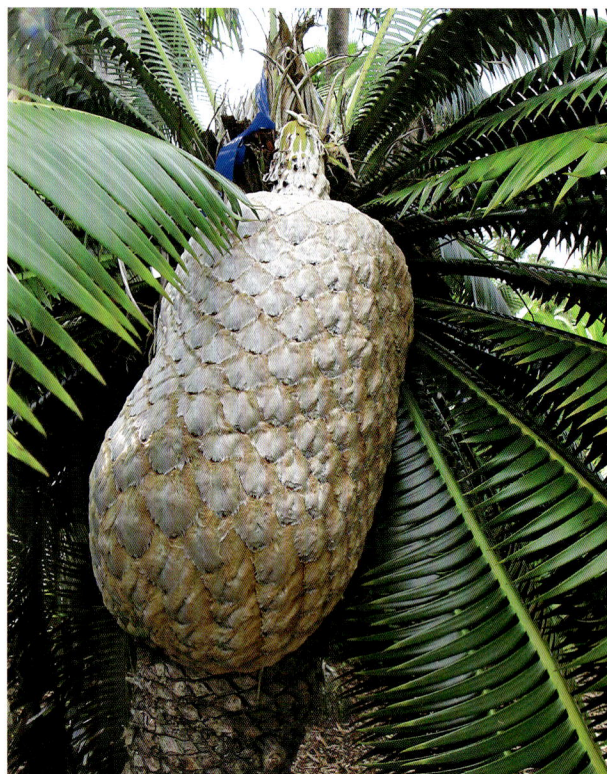

彩片 333　大型双子铁 Dioon spinulosum　文239页

彩片 331　食用双子铁 Dioon edule　文238页

彩片 332　密羽双子铁 Dioon merolae　文238页

彩片 334　刺叶非洲铁 Encephalartos ferox　文240页

彩片 335　合意非洲铁 Encephalartos gratus　文240页

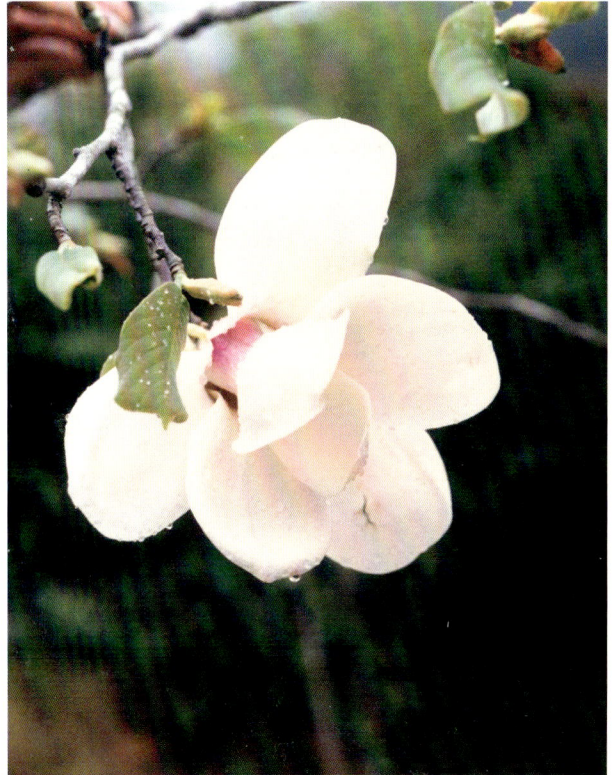

彩片 338　玉兰 Yulania denudata　文268页

彩片 336　小叶买麻藤 Gnetum parvifolium　文243页

彩片 337　小叶买麻藤 Gnetum parvifolium　文243页

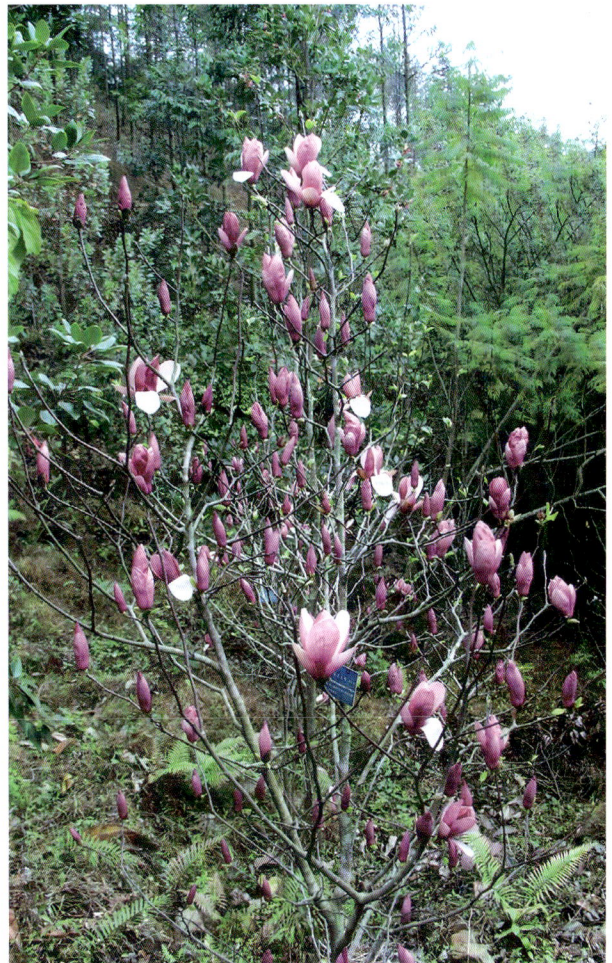

彩片 339　二乔玉兰 Yulania × soulangeana　文268页

彩片 340　二乔玉兰 Yulania × soulangeana　文268页

彩片 341　黄兰 Michelia champaca　文270页

彩片 342　黄兰 Michelia champaca　文270页

彩片 343　黄兰 Michelia champaca　文270页

彩片 344　白兰 Michelia × alba　文270页

彩片 345　白兰 Michelia × alba　文270页

彩片 346　合果木 Michelia baillonii　文271页

彩片 347　合果木 Michelia baillonii　文271页

彩片 349　观光木 Michelia odora　文272页

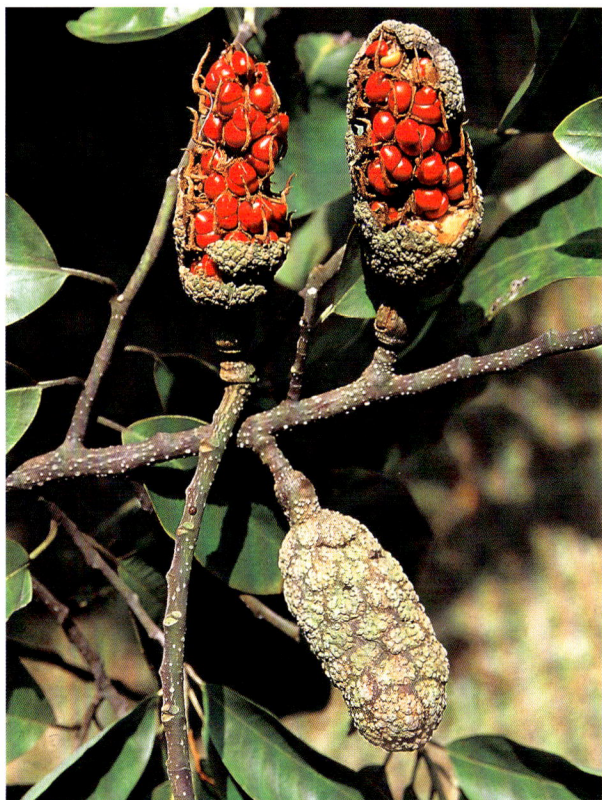

彩片 348　合果木 Michelia baillonii　文271页

彩片 350　云南含笑 Michelia yunnanensis　文272页

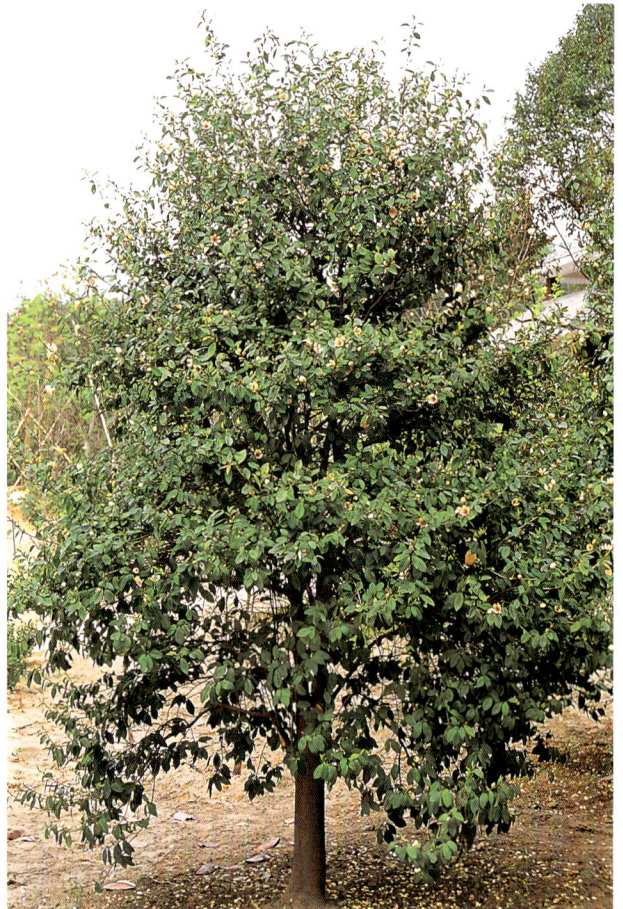

彩片 351　含笑花 Michelia figo　文273页

彩片 352　含笑花 Michelia figo　文273页

彩片 353　含笑花 Michelia figo　文273页

彩片 354　野含笑 Michelia skinneriana　文273页

彩片 355　野含笑 Michelia skinneriana　文273页

彩片 356　乐昌含笑 Michelia chapensis　文274页

彩片 359　香子含笑 Michelia gioi　文275页

彩片 357　乐昌含笑 Michelia chapensis　文274页

彩片 360　香子含笑 Michelia gioi　文275页

彩片 358　苦梓含笑 Michelia balansae　文275页

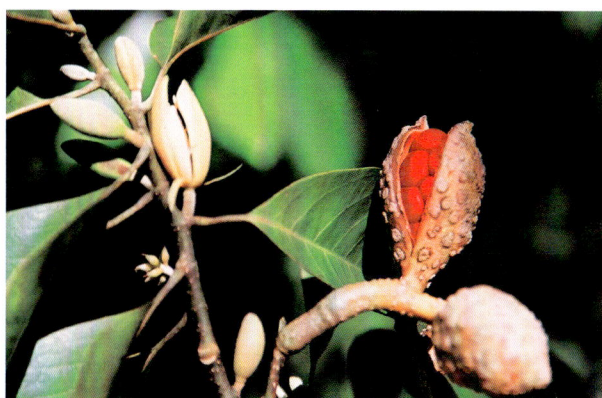

彩片 361　香子含笑 Michelia gioi　文275页

彩片 362　深山含笑 Michelia maudiae　文276页

彩片 363　深山含笑 Michelia maudiae　文276页

彩片 364　深山含笑 Michelia maudiae　文276页

彩片 365　醉香含笑 Michelia macclurei　文276页

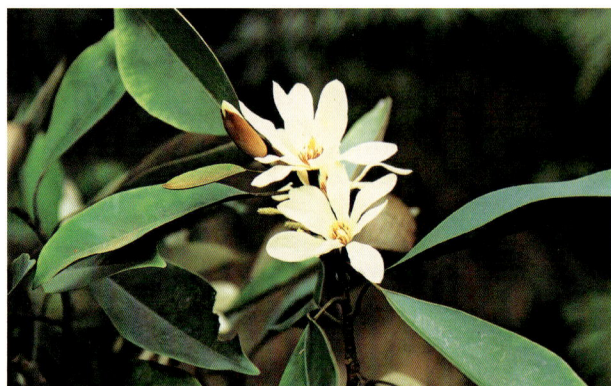

彩片 366　醉香含笑 Michelia macclurei　文276页

彩片 367　醉香含笑 Michelia macclurei　文276页

彩片 368 阔瓣含笑 Michelia cavaleriei var. platypetala
文277页

彩片 371 云南拟单性木兰 Parakmeria yunnanensis
文278页

彩片 369 阔瓣含笑 Michelia cavaleriei var. platypetala
文277页

彩片 370 阔瓣含笑 Michelia cavaleriei var. platypetala
文277页

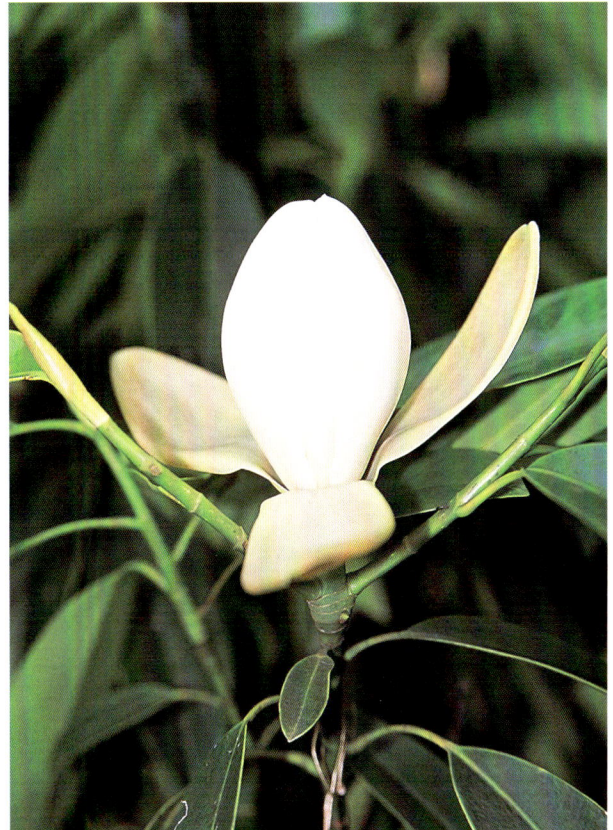

彩片 372 云南拟单性木兰 Parakmeria yunnanensis
文278页

彩片 373　云南拟单性木兰 Parakmeria yunnanensis
文278页

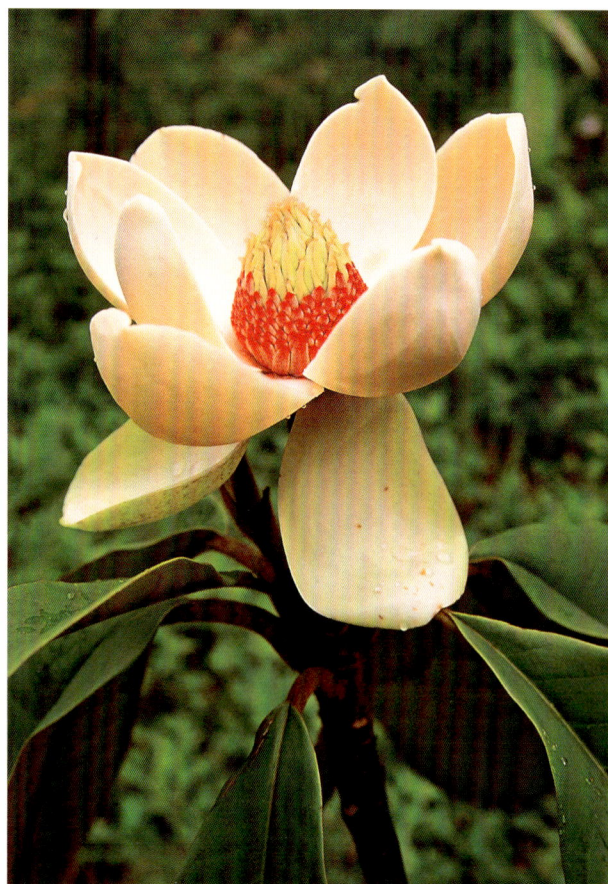

彩片 375　大叶木莲 Manglietia dandyi　文279页

彩片 376　大叶木莲 Manglietia dandyi　文279页

彩片 374　大叶木莲 Manglietia dandyi　文279页

彩片 377　木莲 Manglietia fordiana　文280页

彩片 378　木莲 Manglietia fordiana　文280页

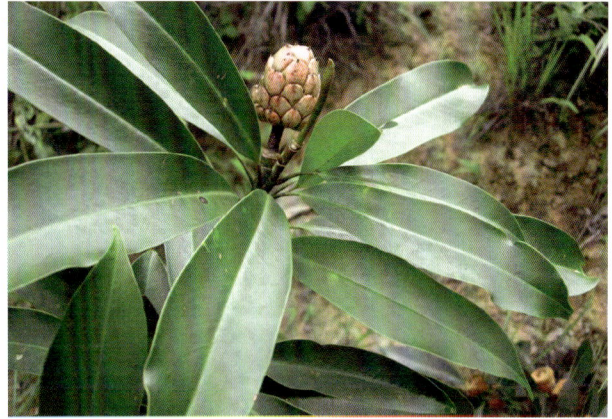

彩片 381　海南木莲 Manglietia fordiana
var. hainanensis　文280页

彩片 379　海南木莲Manglietia fordiana var.
hainanensis　文280页

彩片 382　荷花木兰 Magnolia grandiflora　文281页

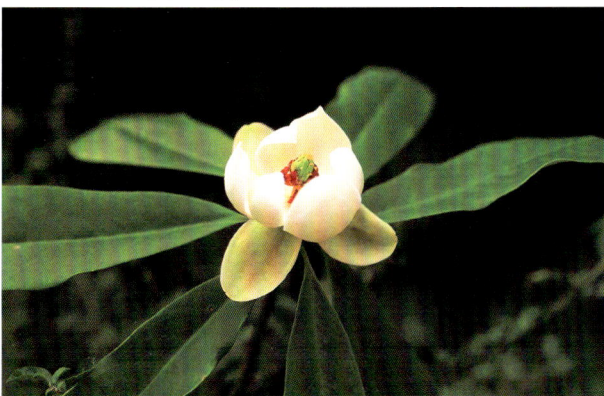

彩片 380　海南木莲Manglietia fordiana var.
hainanensis　文280页

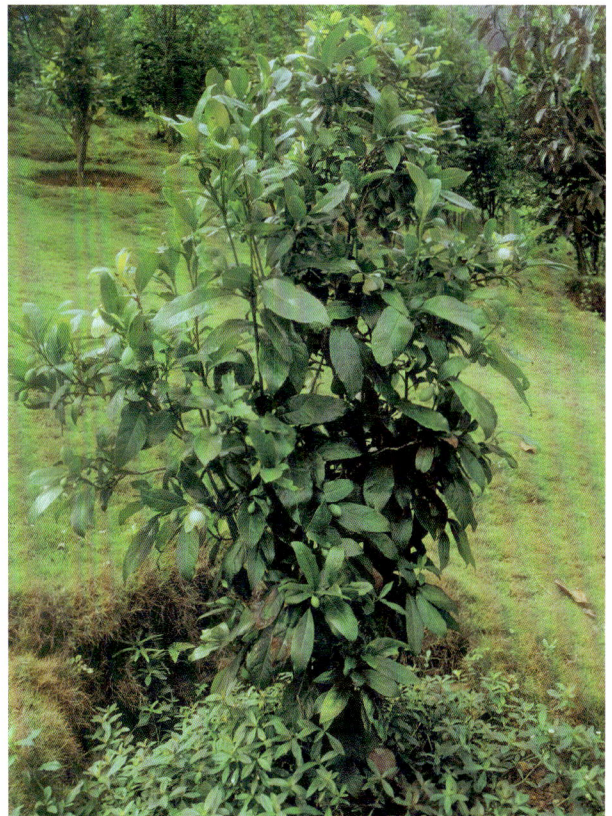

彩片 383　夜香木兰 Lirianthe coco　文282页

彩片 384　夜香木兰 Lirianthe coco　文282页

彩片 385　香港木兰 Lirianthe championii　文283页

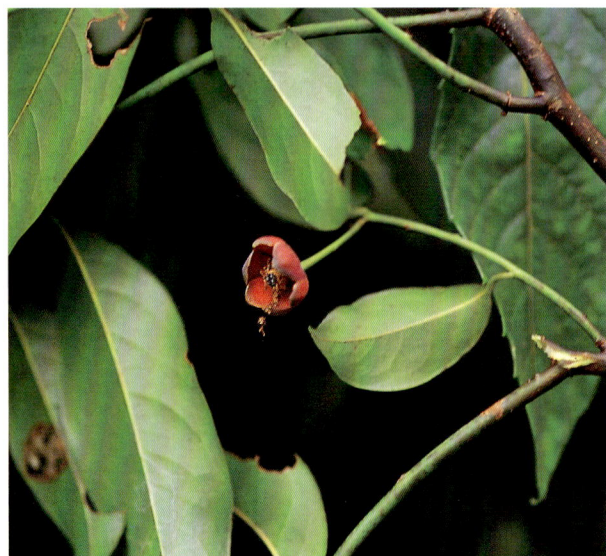

彩片 386　光叶紫玉盘 Uvaria boniana　文285页

彩片 387　光叶紫玉盘 Uvaria boniana　文285页

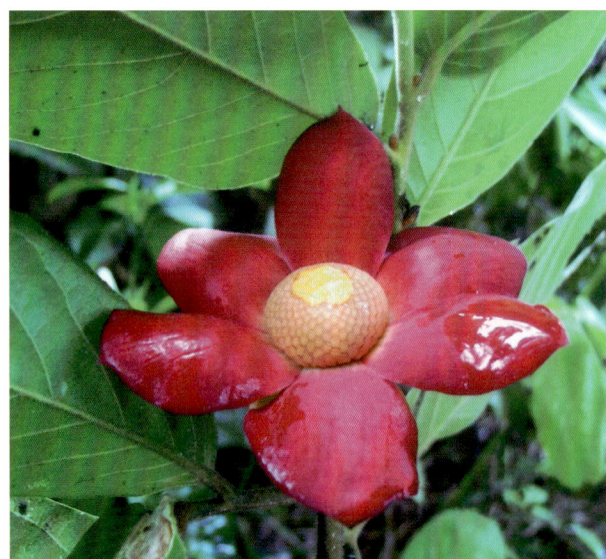

彩片 388　大花紫玉盘 Uvaria grandiflora　文285页

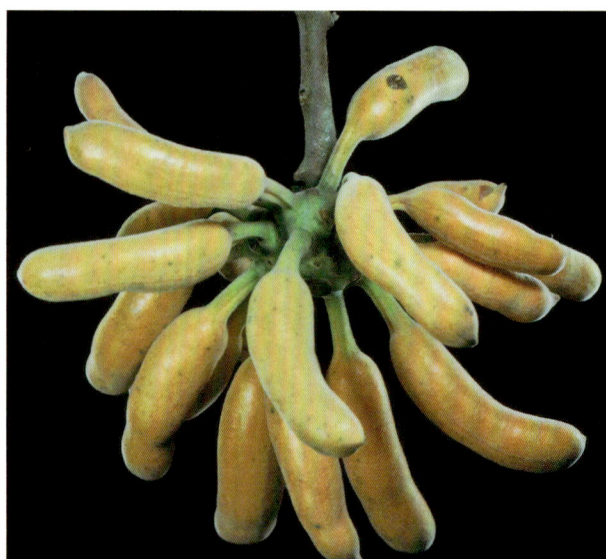

彩片 389　大花紫玉盘 Uvaria grandiflora　文285页

彩片 390　紫玉盘 Uvaria macrophylla　文286页

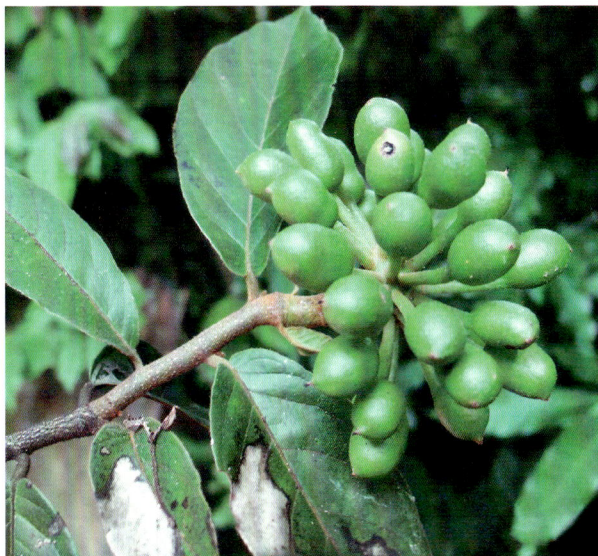

彩片 391　紫玉盘 Uvaria macrophylla　文286页

彩片 392　香港瓜馥木 Fissistigma uonicum　文288页

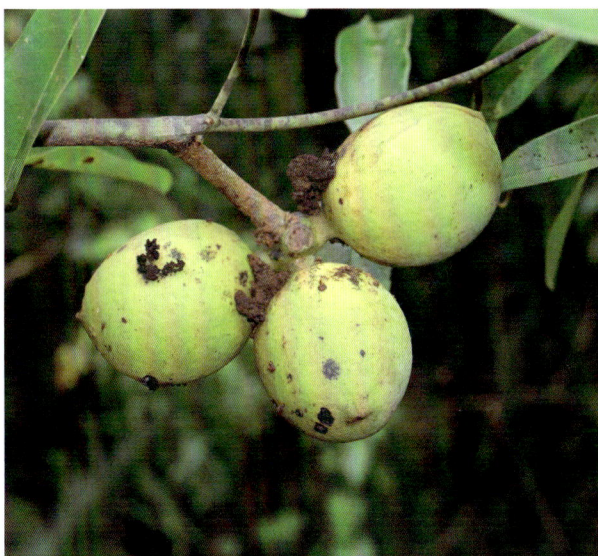

彩片 393　香港瓜馥木 Fissistigma uonicum　文288页

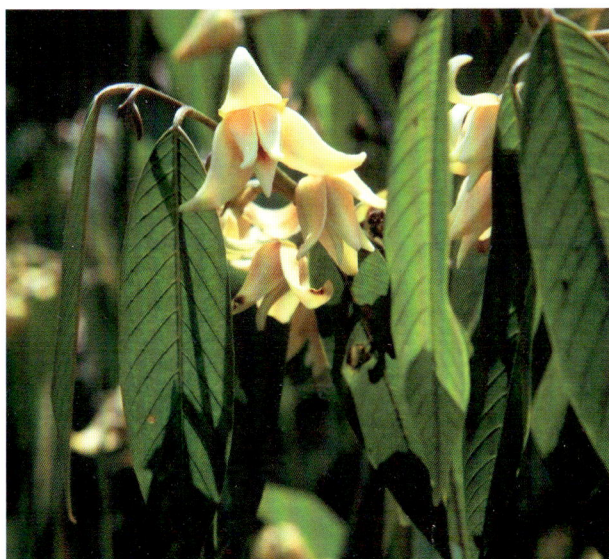

彩片 394　尖叶瓜馥木 Fissistigma acuminatissimum
文288页

彩片 395　瓜馥木 Fissistigma oldhamii　文289页

彩片 396　瓜馥木 Fissistigma oldhamii　文289页

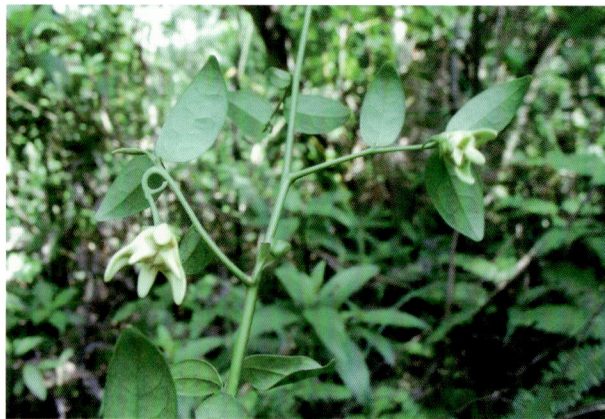

彩片 399　香港鹰爪花 Artabotrys hongkongensis
文290页

彩片 397　鹰爪花 Artabotrys hexapetalus　文290页

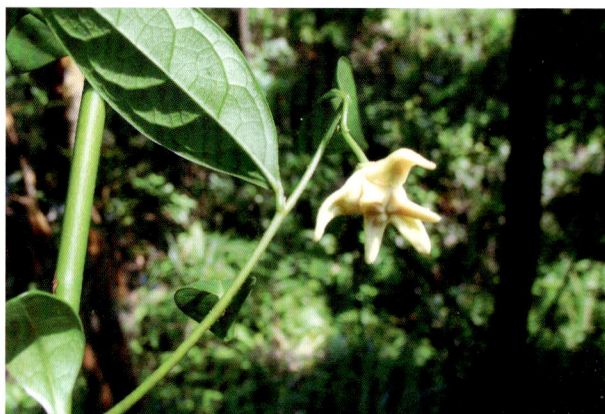

彩片 400　香港鹰爪花 Artabotrys hongkongensis
文290页

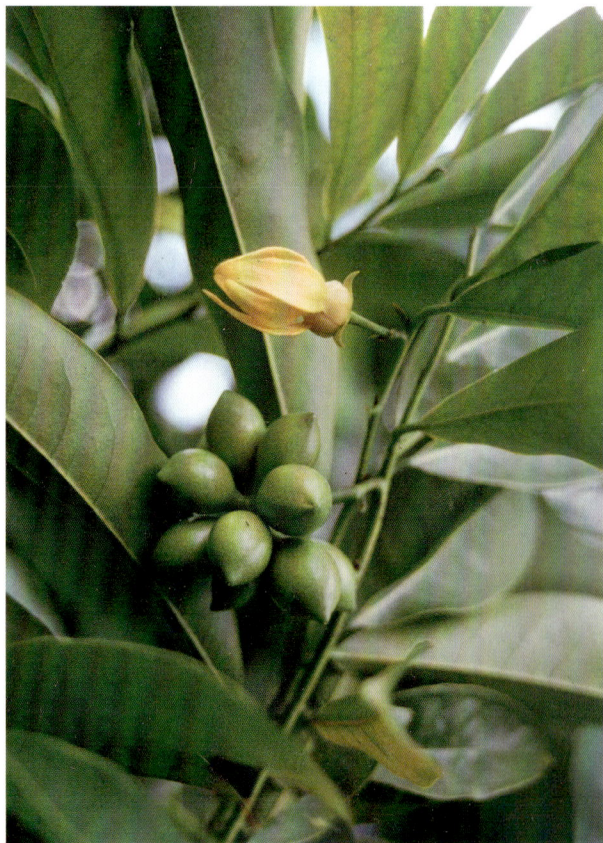

彩片 398　鹰爪花 Artabotrys hexapetalus　文290页

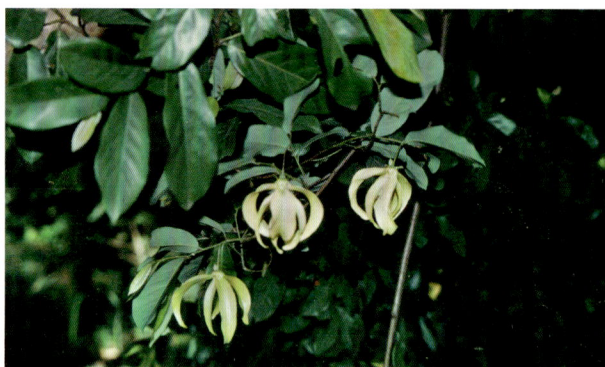

彩片 401　假鹰爪 Desmos chinensis　文291页

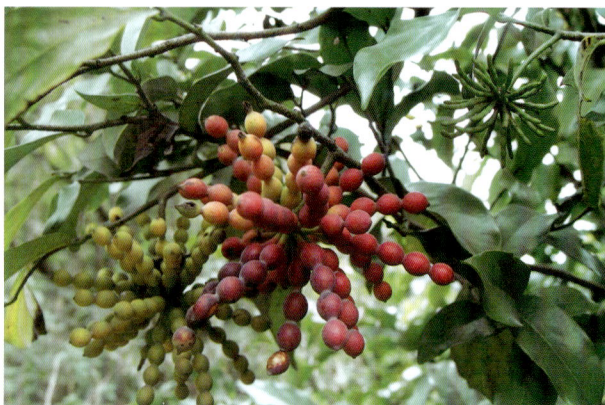

彩片 402　假鹰爪 Desmos chinensis　文291页

彩片 403 番荔枝 Annona squamosa 文292页

彩片 405 圆滑番荔枝 Annona glabra 文293页

彩片 406 圆滑番荔枝 Annona glabra 文293页

彩片 404 番荔枝 Annona squamosa 文292页

彩片 407 刺果番荔枝 Annona muricata 文293页

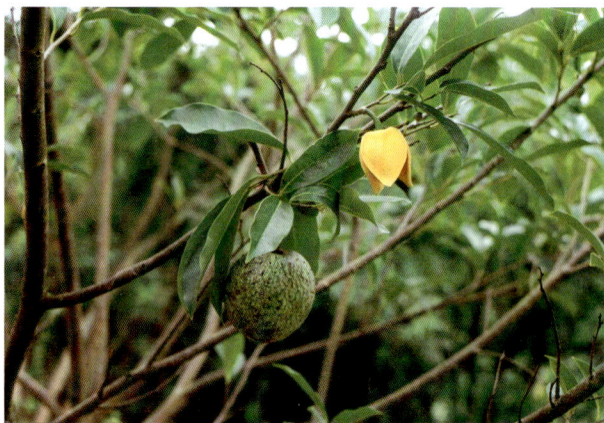

彩片 408　刺果番荔枝 Annona muricata　文293页

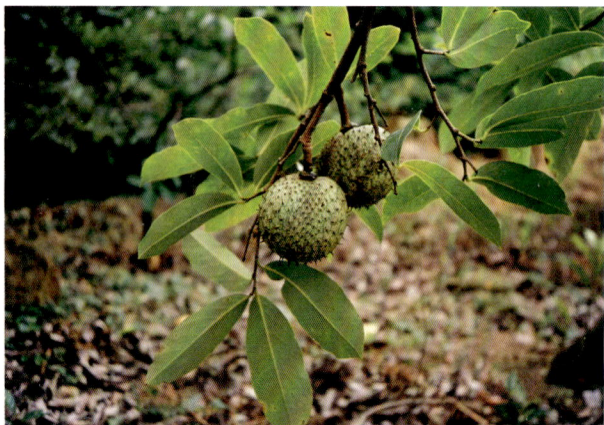

彩片 409　刺果番荔枝 Annona muricata　文293页

彩片 411　蕉木 Chieniodendron hainanense　文296页

彩片 410　依兰 Cananga ordorat　文294页

彩片 412　蕉木 Chieniodendron hainanense　文296页

彩片 413　嘉陵花 Popowia pisocarpa　文297页

彩片 414　嘉陵花 Popowia pisocarpa　文297页

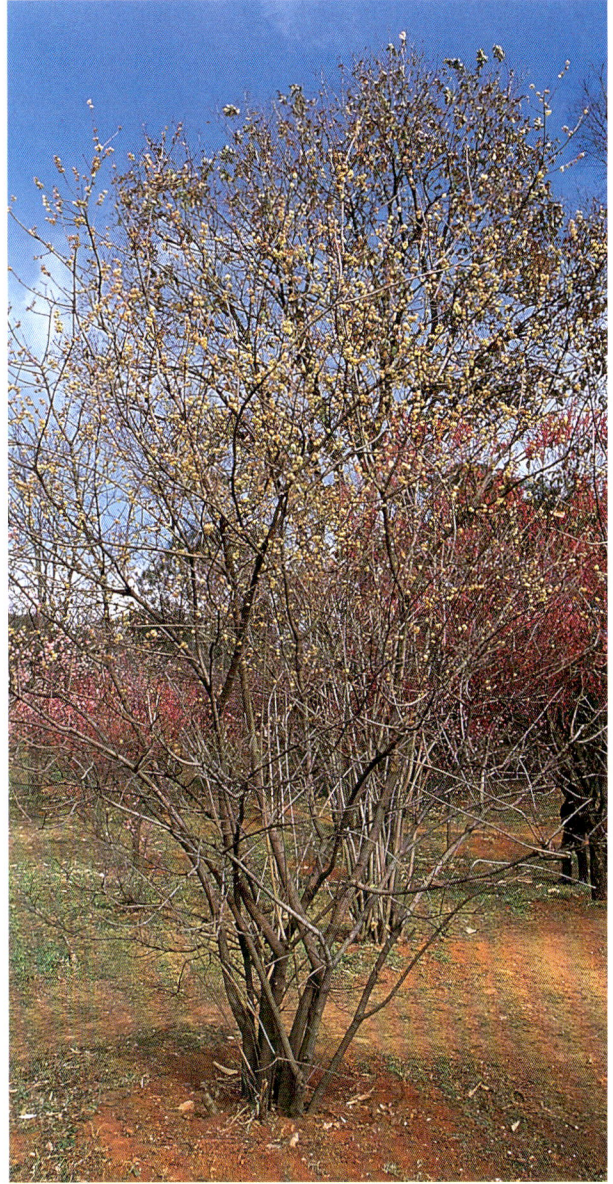

彩片 415　蜡梅 Chimonanathus praecox　文298页

彩片 416　蜡梅 Chimonanathus praecox　文298页

彩片 417　蜡梅 Chimonanathus praecox　文298页

彩片 418　无根藤 Cassytha filiformis　文301页

彩片 419　黄樟 Cinnamomum parthenoxylon　文302页

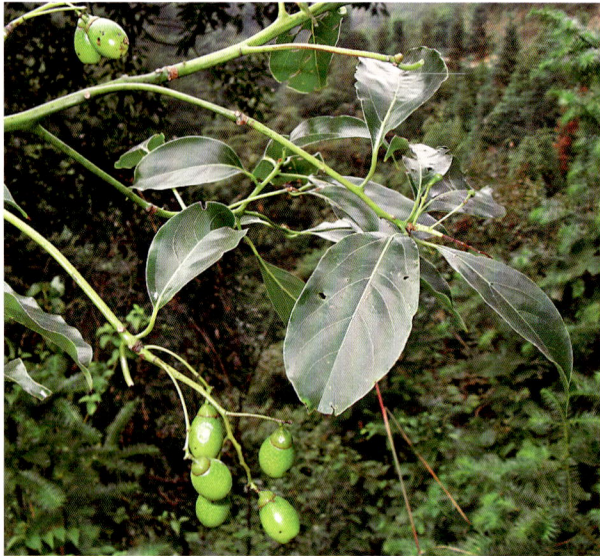

彩片 420　沉水樟 Cinnamomum micranthum　文303页

彩片 421　樟 Cinnamomum camphora　文304页

彩片 422　樟 Cinnamomum camphora　文304页

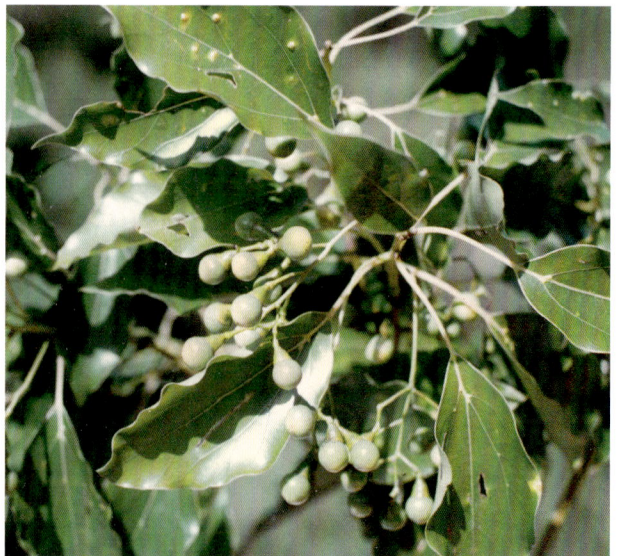

彩片 423　樟 Cinnamomum camphora　文304页

彩片 424　毛桂 Cinnamomum appelianum　文304页

彩片 425　锡兰肉桂 Cinnamomum verum　文306页

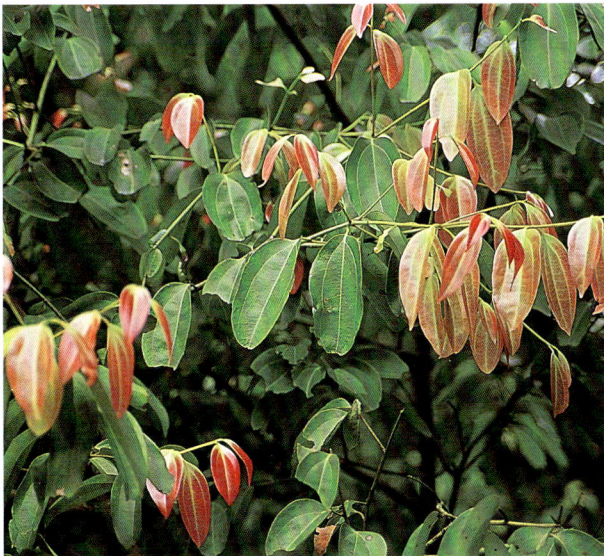

彩片 426　粗脉桂 Cinnamomum validinerve　文306页

彩片 427　阴香 Cinnamomum burmannii　文307页

彩片 428　阴香 Cinnamomum burmannii　文307页

彩片 429　肉桂 Cinnamomum cassia　文307页

彩片 430　肉桂 Cinnamomum cassia　文307页

彩片 431　红楠 Machilus thunbergii　文309页

彩片 432　红楠 Machilus thunbergii　文309页

彩片 433　红楠 Machilus thunbergii　文309页

彩片 434　绒毛润楠 Machilus velutina　文310页

彩片 435　粗壮润楠 Machilus robusta　文311页

彩片 436　柳叶润楠 Machilus salicina　文311页

彩片 437　柳叶润楠 Machilus salicina　文311页

彩片 438　华润楠 Machilus chinensis　文313页

彩片 439　华润楠 Machilus chinensis　文313页

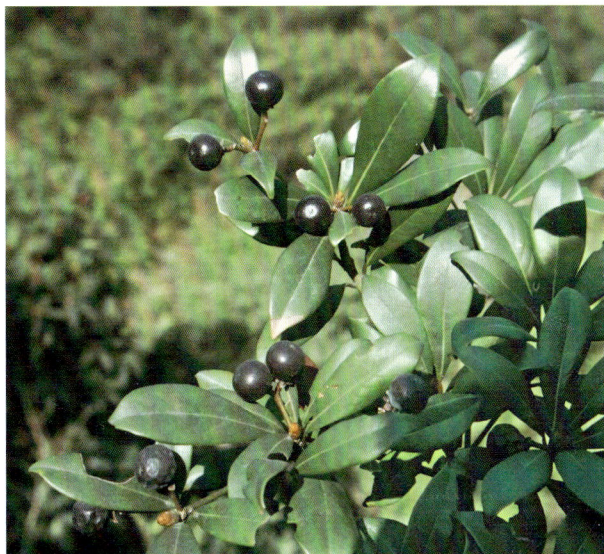

彩片 440　短序润楠 Machilus breviflora　文313页

彩片 441　黄心树 Machilus gamblei　文314页

彩片 442 浙江润楠 Machilus chekiangensis 文315页

彩片 443 浙江润楠 Machilus chekiangensis 文315页

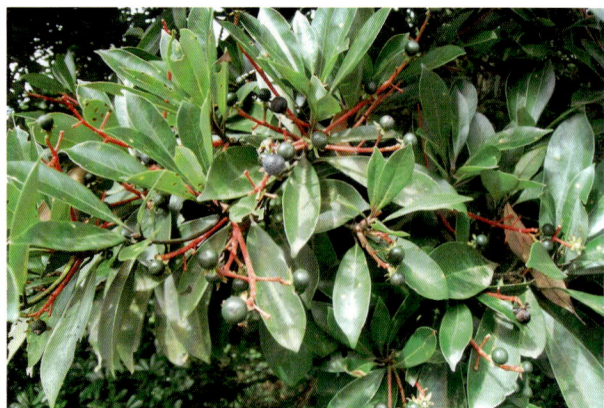

彩片 444 浙江润楠 Machilus chekiangensis 文315页

彩片 445 薄叶润楠 Machilus leptophylla 文316页

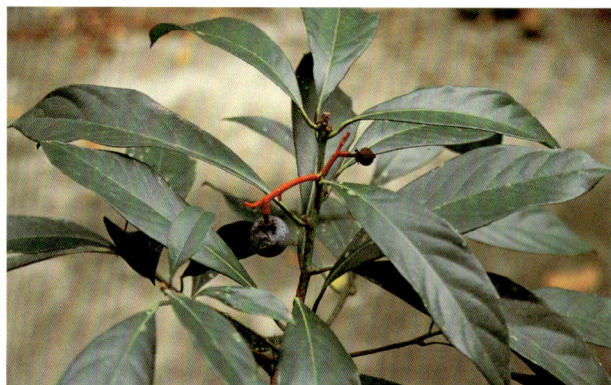

彩片 446 薄叶润楠 Machilus leptophylla 文316页

彩片 447 鳄梨 Persea americana 文317页

彩片 448　鳄梨 Persea americana　文317页

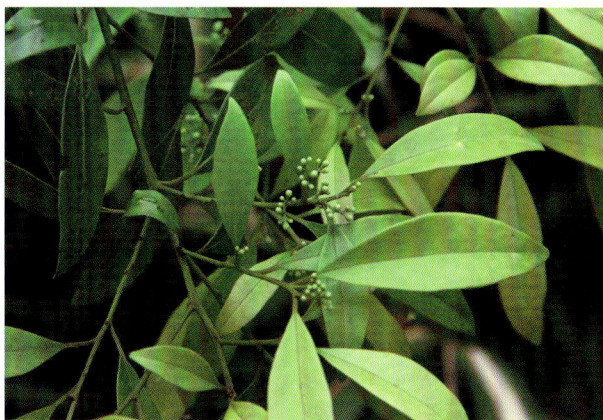

彩片 451　黄果厚壳桂 Cryptocarya concinna　文321页

彩片 449　厚壳桂 Cryptocarya chinensis　文320页

彩片 452　黄果厚壳桂 Cryptocarya concinna　文321页

彩片 453　香港新木姜子 Neolitsea cambodiana var. glabra　文324页

彩片 450　厚壳桂 Cryptocarya chinensis　文320页

彩片 454　香港新木姜子 Neolitsea cambodiana var. glabra　文324页

彩片 455　鸭公树 Neolitsea chui　文324页

彩片 456　鸭公树 Neolitsea chui　文324页

彩片 457　鸭公树 Neolitsea chui　文324页

彩片 458　大叶新木姜子 Neolitsea levinei　文324页

彩片 459　显脉新木姜子 Neolitsea phanerophlebia
文325页

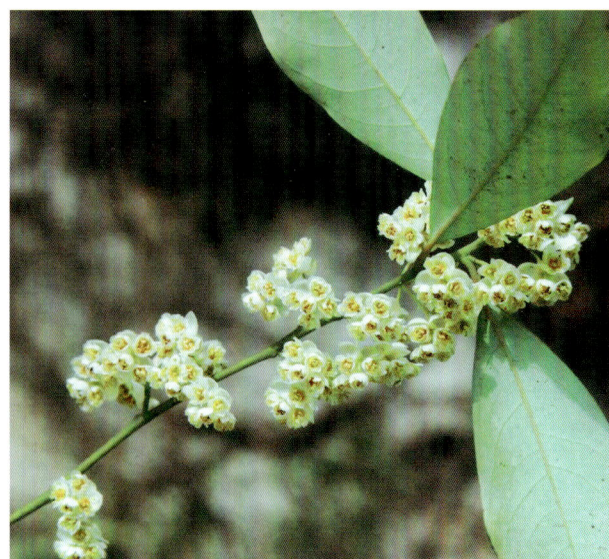

彩片 460　山鸡椒 Litsea cubeba　文327页

彩片 461　山鸡椒 Litsea cubeba　文327页

彩片 462　山鸡椒 Litsea cubeba　文327页

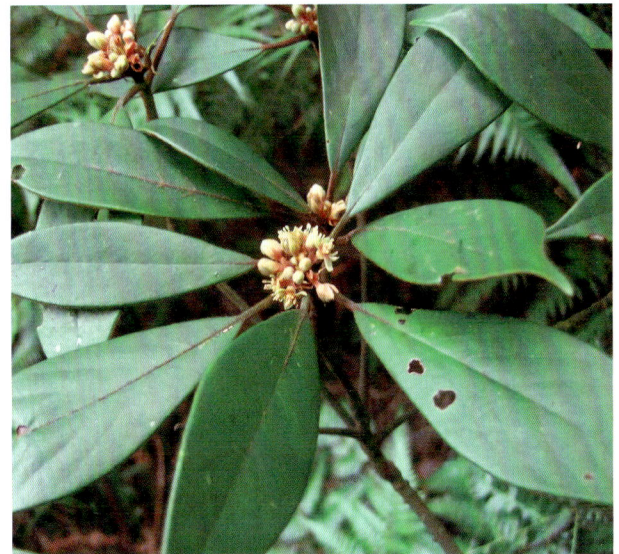

彩片 463　潺槁木姜子 Litsea glutinosa　文327页

彩片 464　潺槁木姜子 Litsea glutinosa　文327页

彩片 465　尖叶木姜子 Litsea acutivena　文328页

彩片 466　轮叶木姜子 Litsca verticillata　文330页

彩片 467　假柿木姜子 Litsea monopetala　文330页

彩片 468　豺皮樟 Litsea rotundifolia var. oblongifolia
文331页

彩片 469　豺皮樟 Litsea rotundifolia var. oblongifolia
文331页

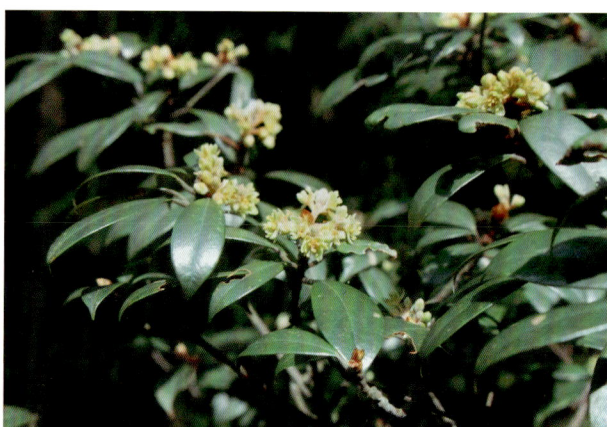

彩片 470　豺皮樟 Litsea rotundifolia var. oblongifolia
文331页

彩片 471　豺皮樟 Litsea rotundifolia var. oblongifolia
文331页

彩片 472　绒毛山胡椒 Lindera nacusua　文332页

彩片 473　香叶树 Lindera communis　文333页

彩片 474　乌药 Lindera aggregata　文333页

彩片 475　小叶乌药 Lindera aggregata var. playfairii　文334页

彩片 476　小叶乌药 Lindera aggregata var. playfairii　文334页

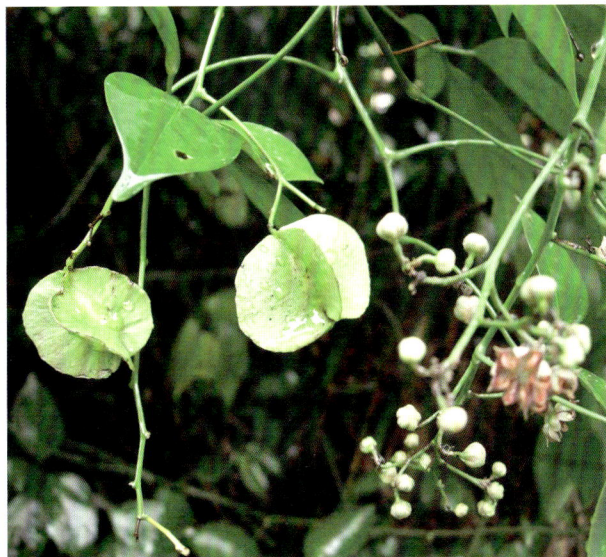

彩片 477　宽药青藤 Illigera celebica　文335页

彩片 478　宽药青藤 Illigera celebica　文335页

彩片 479　小花青藤 Illigera parviflora　文336页

彩片 480　及己 Chloranthus serratus　文337页

彩片 481　草珊瑚 Sarcandra glabra　文339页

彩片 482　草珊瑚 Sarcandra glabra　文339页

彩片 483　三白草 Saururus chinensis　文340页

彩片 484　三白草 Saururus chinensis　文340页

彩片 485　蕺菜 Houttuynia cordata　文341页

彩片 486　蕺菜 Houttuynia cordata　文341页

彩片 487　草胡椒 Peperomia pellucida　文344页

彩片 488　胡椒 Piper nigrum　文345页

彩片 489　山蒟 Piper hancei　文347页

彩片 490　山蒟 Piper hancei　文347页

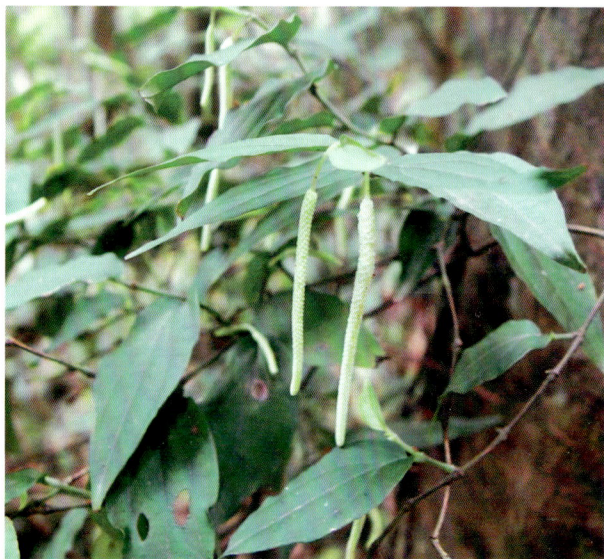

彩片 491　华南胡椒 Piper austrosinense　文347页

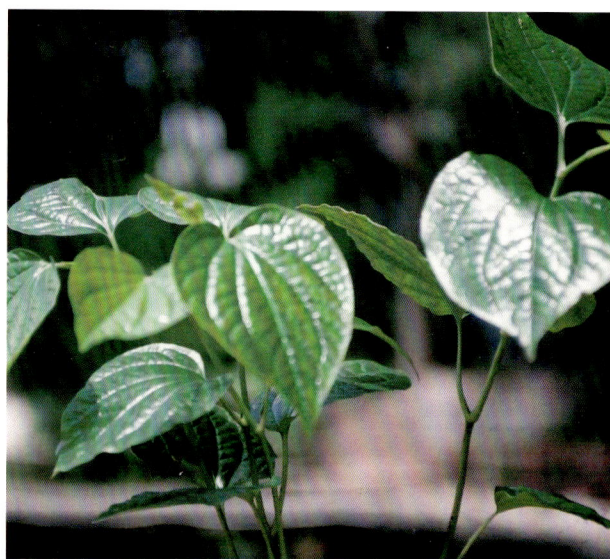

彩片 492　蒌叶 Piper betle　文348页

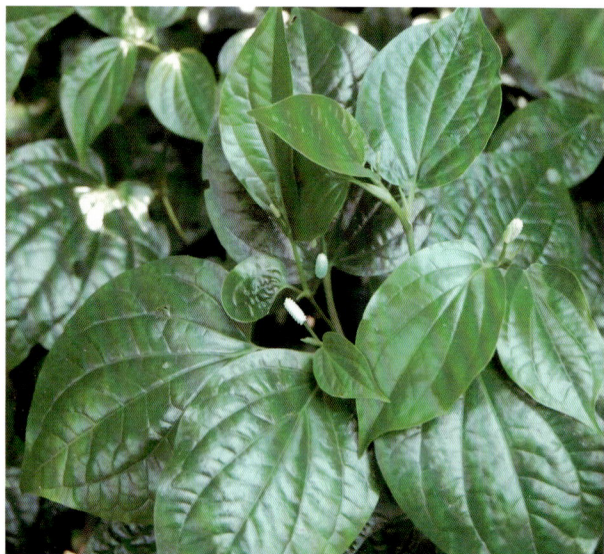

彩片 493　假蒟 Piper sarmentosum　文348页

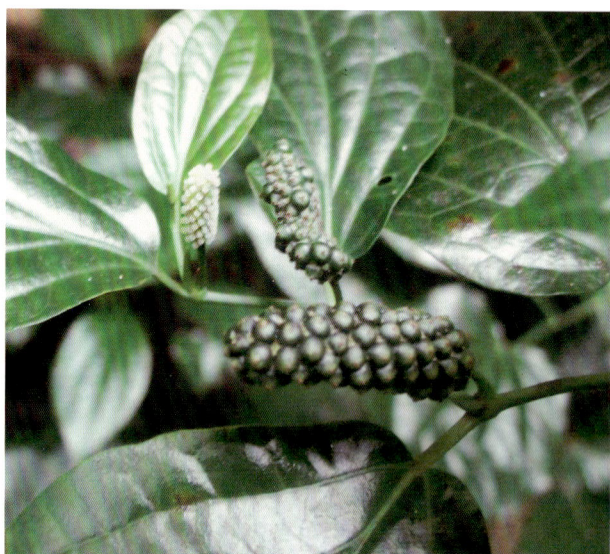

彩片 494　假蒟 Piper sarmentosum　文348页

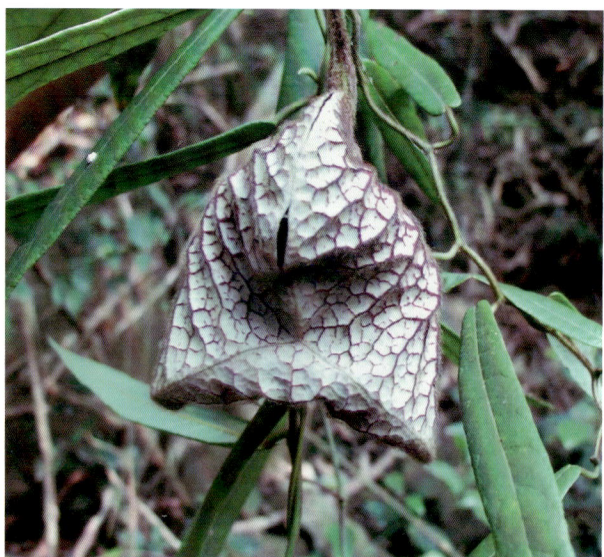

彩片 495　香港马兜铃 Aristolochia westlandii　文351页

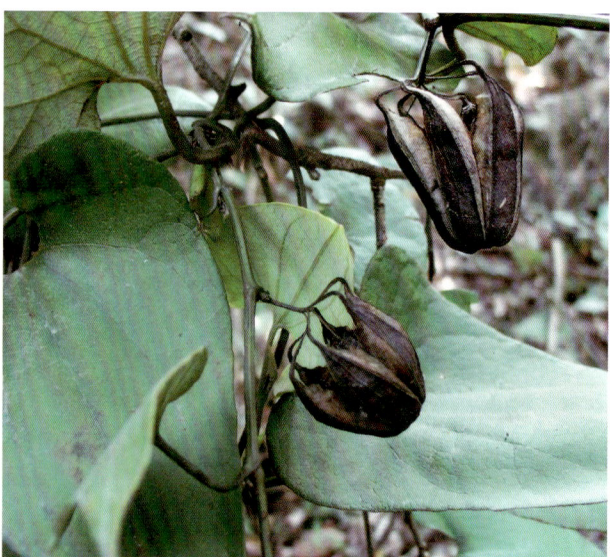

彩片 496　通城虎 Aristolochia fordiana　文351页

彩片 497 耳叶马兜铃 Aristolochia tagala 文352页

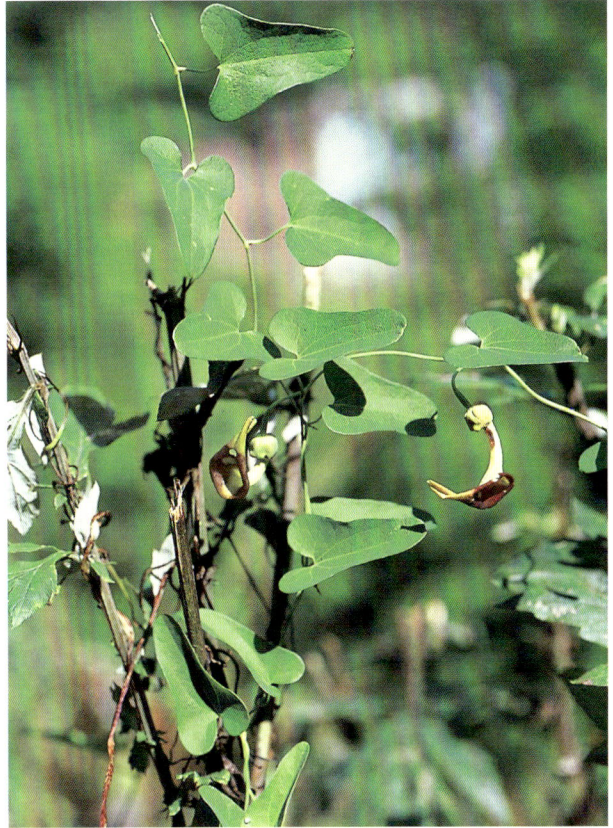

彩片 499 马兜铃 Aristolochia debilis 文353页

彩片 498 耳叶马兜铃 Aristolochia tagala 文352页

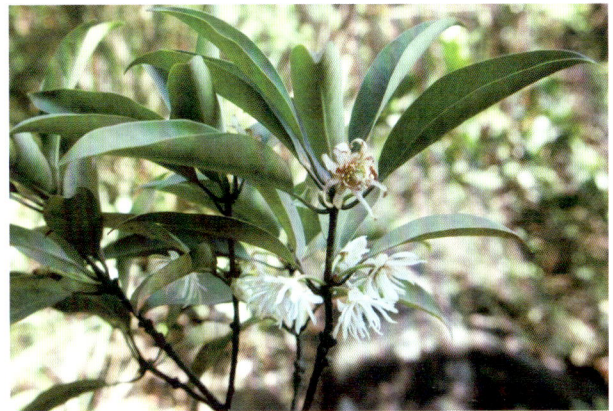

彩片 500 大屿八角 Illicium angustisepalum 文354页

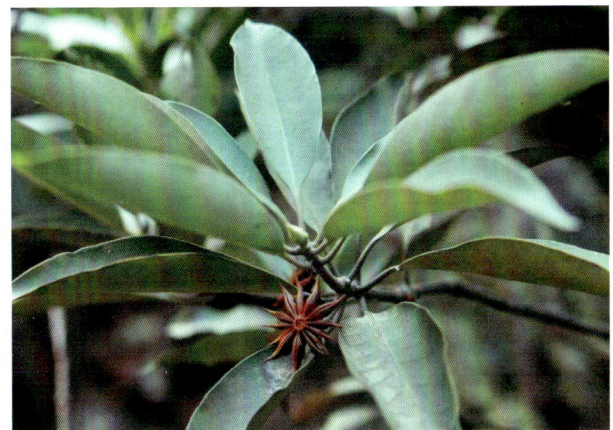

彩片 501 大屿八角 Illicium angustisepalum 文354页

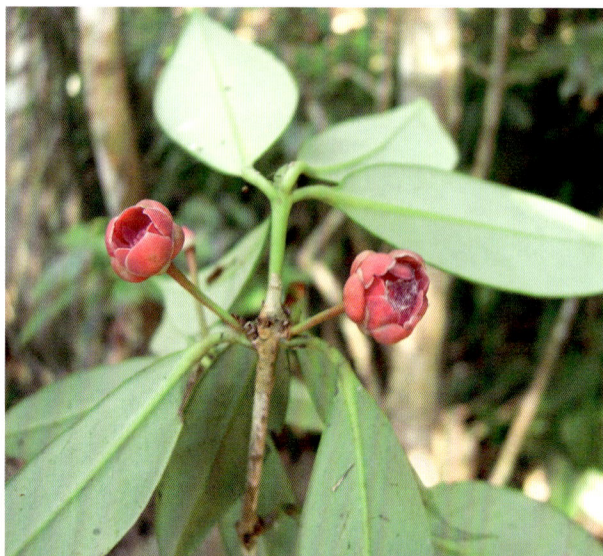

彩片 502　厚皮香八角 Illicium ternstroemioides
文355页

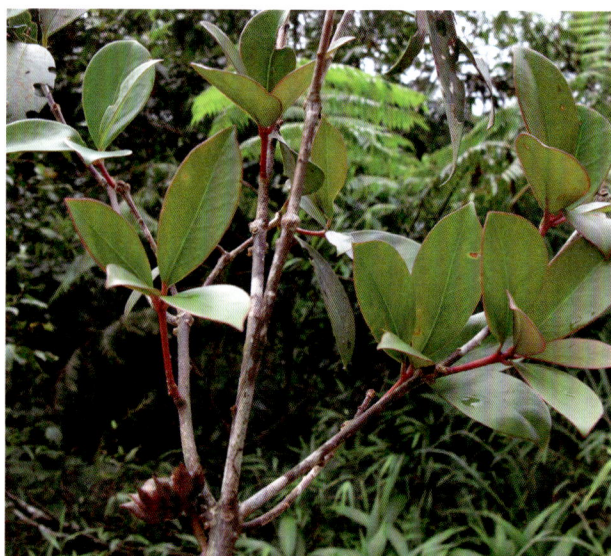

彩片 503　厚皮香八角 Illicium ternstroemioides
文355页

彩片 504　厚皮香八角 Illicium ternstroemioides
文355页

彩片 505　黑老虎 Kadsura coccinea　文357页

彩片 506　异形南五味子 Kadsura heteroclite　文357页

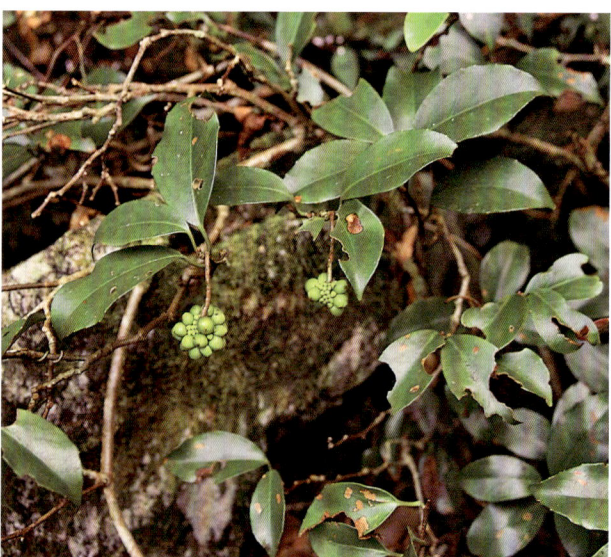

彩片 507　南五味子 Kadsura longipedunculata　文359页

彩片 508　南五味子 Kadsura longipedunculata　文359页

彩片 509　莲 Nelumbo nucifera　文360页

彩片 510　莲 Nelumbo nucifera　文360页

彩片 511　萍蓬草 Nuphar pumilum　文361页

彩片 512　红睡莲 Nymphaea alba var. rubra　文363页

彩片 513　金鱼藻 Ceratophyllum demersum　文364页

彩片 514 丝铁线莲 Clematis loureiroana 文366页

彩片 515 丝铁线莲 Clematis loureiroana 文366页

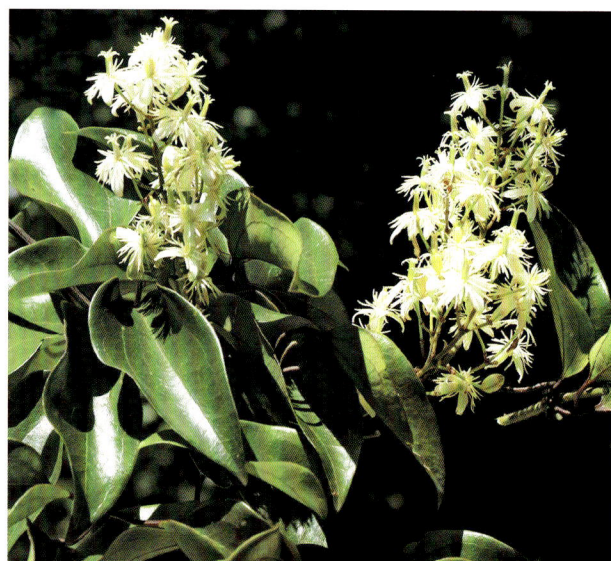

彩片 516 厚叶铁线莲 Clematis crassifolia 文367页

彩片 517 毛柱铁线莲 Clematis meyeniana 文367页

彩片 518 威灵仙 Clematis chinensis 文368页

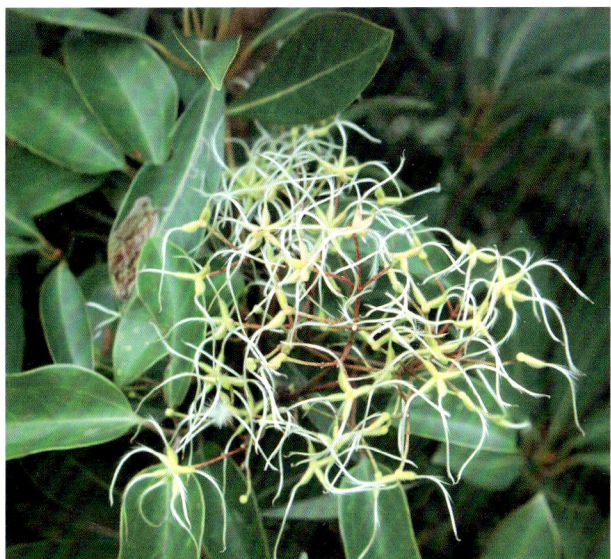
彩片 519 柱果铁线莲 Clematis uncinata 文369页

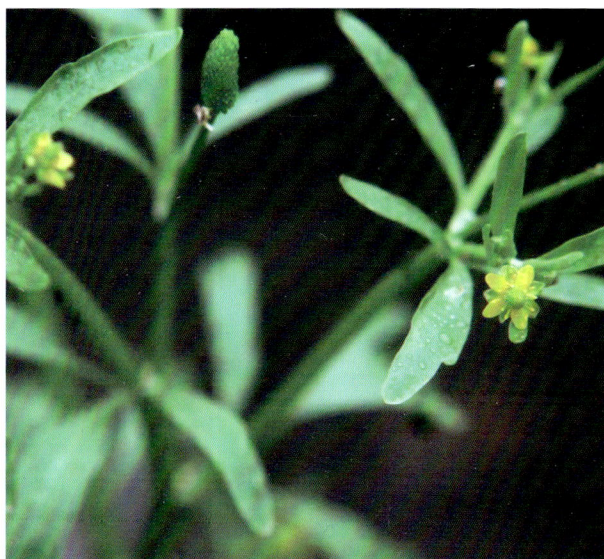
彩片 520 石龙芮 Ranunculus sceleratus 文370页

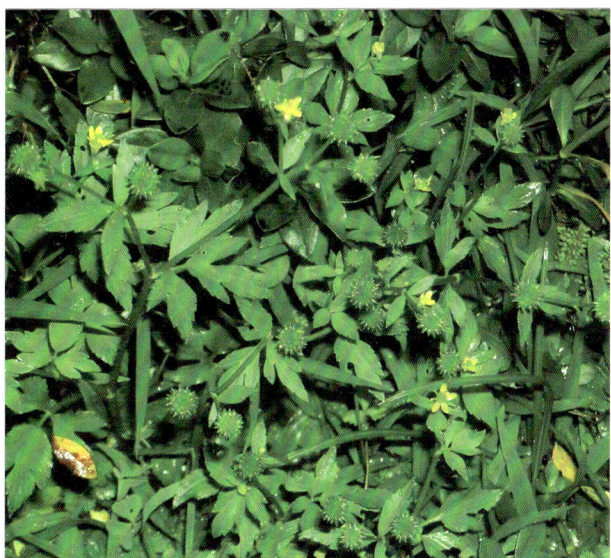
彩片 521 禺毛茛 Ranunculus cantoniensis 文371页

彩片 522 尖叶唐松草 Thalictrum acutifolium 文372页

彩片 523 海南十大功劳 Mahonia oiwakensis 文373页

彩片 524 海南十大功劳 Mahonia oiwakensis 文373页

彩片 525　南天竺 Nandina domestica　文374页

彩片 527　大血藤 Sargentodoxa cuneata　文376页

彩片 526　大血藤 Sargentodoxa cuneata　文376页

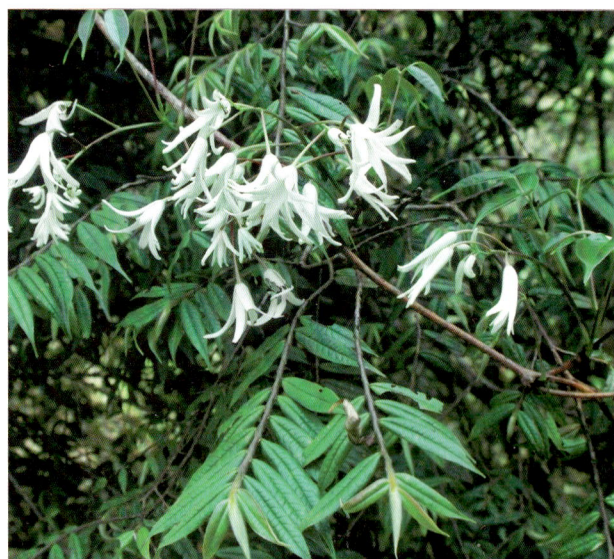

彩片 528　野木瓜 Stauntonia chinensis　文379页

彩片 529　野木瓜 Stauntonia chinensis　文379页

彩片 530　三脉野木瓜 Sauntonia trinervia　文380页

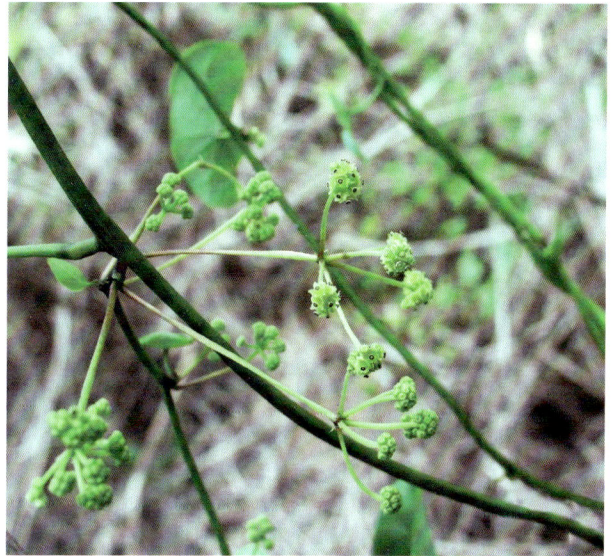
彩片 532　粪箕笃 Stephania longa　文383页

彩片 531　粪箕笃 Stephania longa　文383页

彩片 533　粉叶轮环藤 Cyclea hypoglauca　文384页

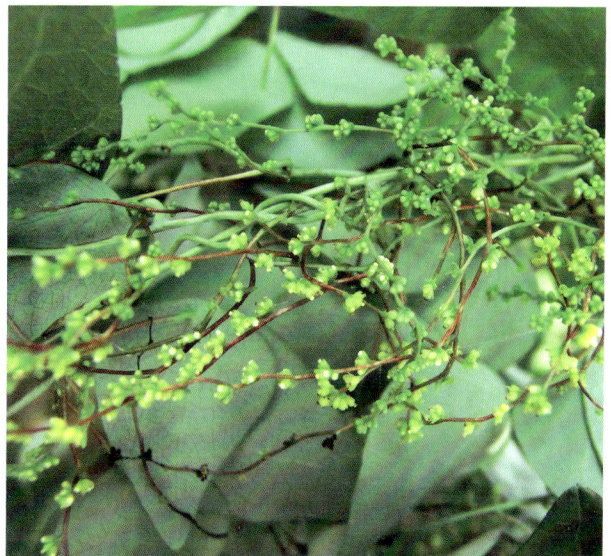
彩片 534　粉叶轮环藤 Cyclea hypoglauca　文384页

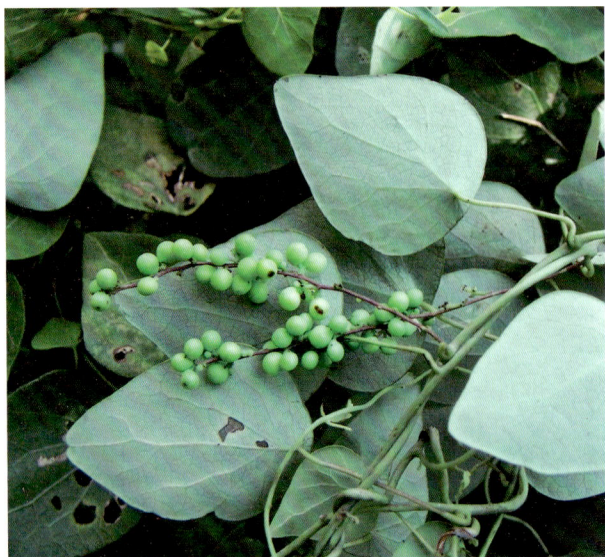

彩片 535　粉叶轮环藤 Cyclea hypoglauca　文384页

彩片 538　木防己 Cocculus orbiculatus　文386页

彩片 536　苍白秤钩风 Diploclisia glaucescens　文385页

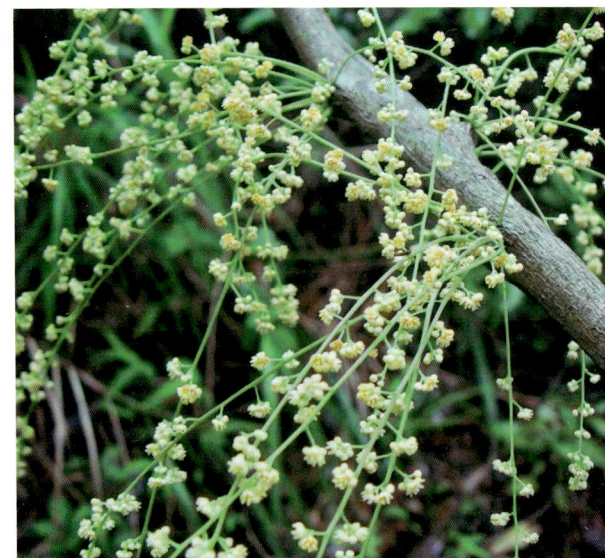

彩片 537　苍白秤钩风 Diploclisia glaucescens　文385页

彩片 539　夜花藤 Hypserpa nitida　文387页

彩片 540　夜花藤 Hypserpa nitida　文387页

彩片 541　中华青牛胆 Tinospora sinensis　文389页

彩片 542　细圆藤 Pericampylus glaucus　文390页

彩片 543　尖叶清风藤 Sabia swinhoei　文391页

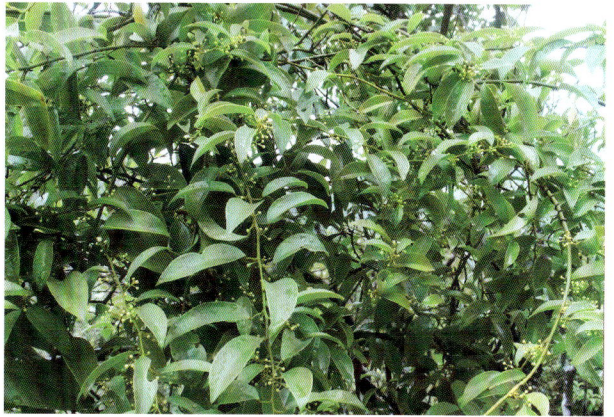

彩片 544　柠檬清风藤 Sabia limoniacea　文392页

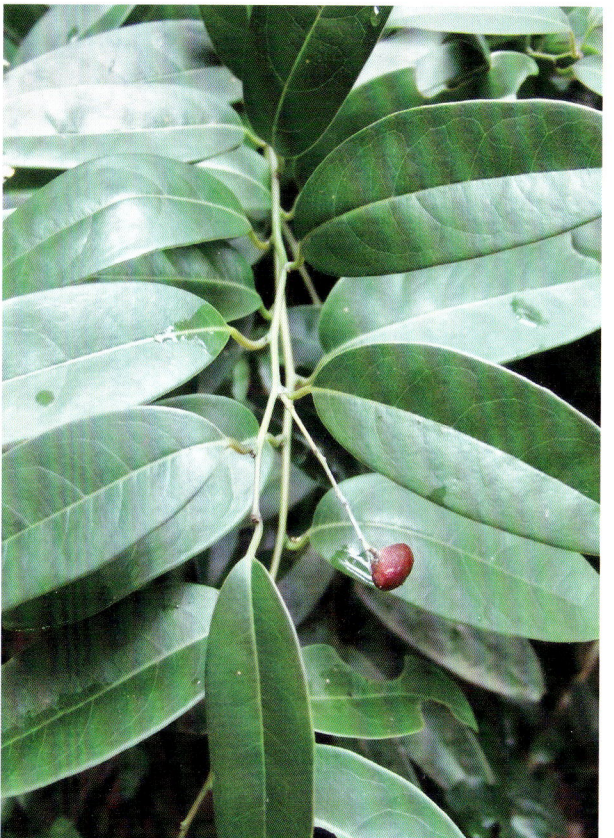

彩片 545　柠檬清风藤 Sabia limoniacea　文392页

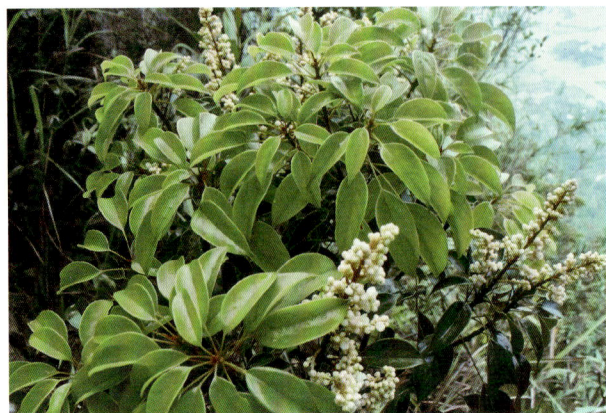

彩片 546　樟叶泡花树 Meliosma squamulata　文393页

彩片 549　山檨叶泡花树 Meliosma thorelii　文394页

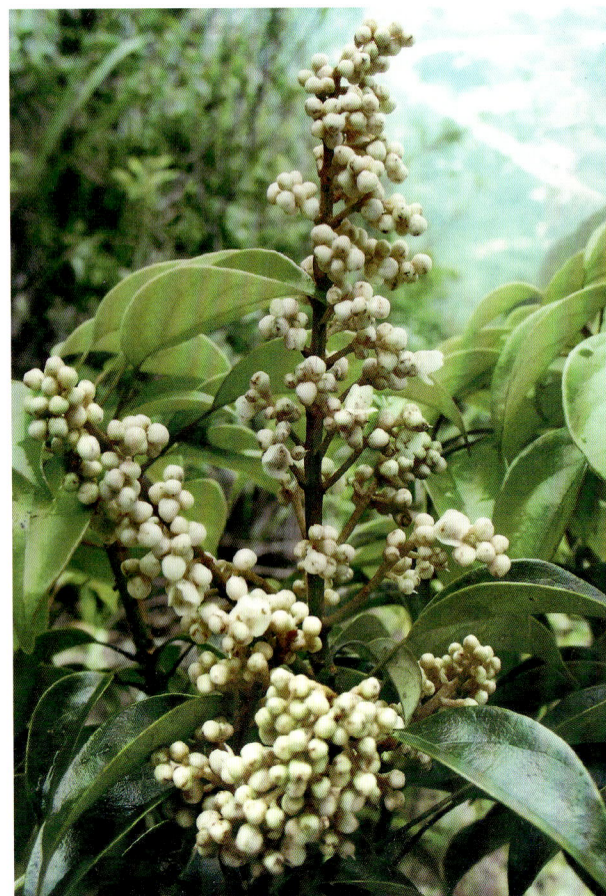

彩片 547　樟叶泡花树 Meliosma squamulata　文393页

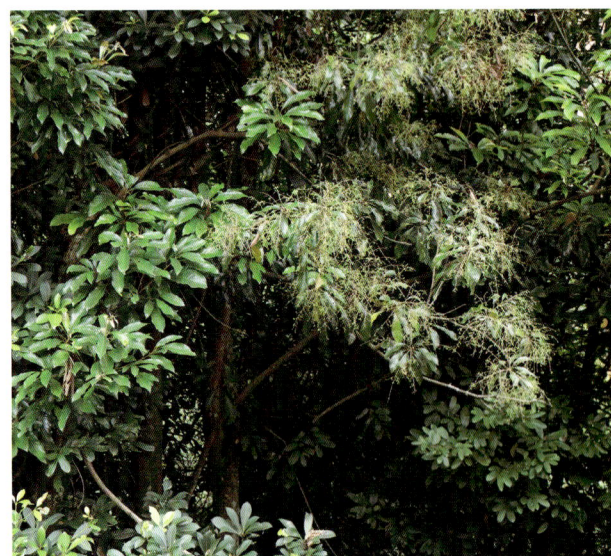

彩片 550　香皮树 Meliosma fordii　文394页

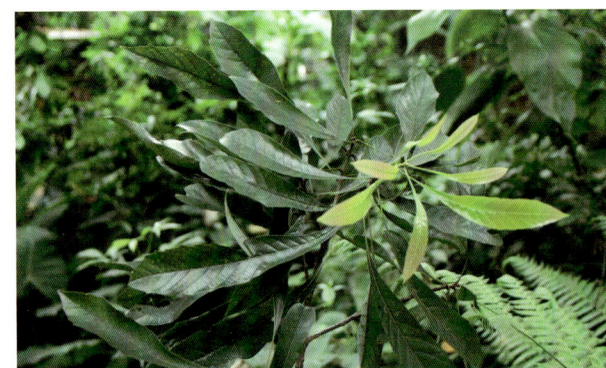

彩片 548　山檨叶泡花树 Meliosma thorelii　文394页

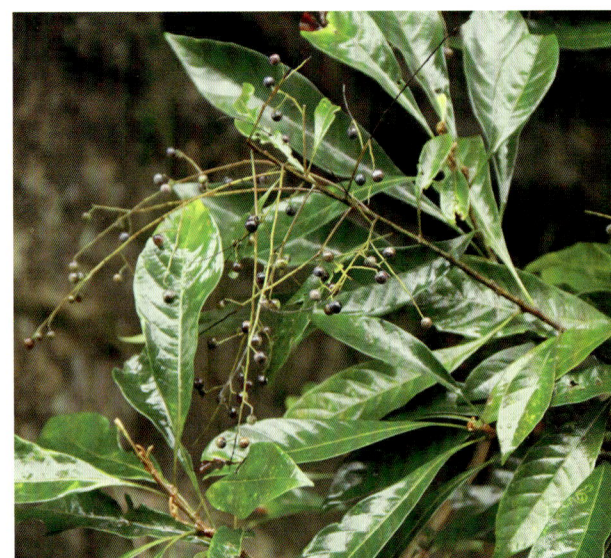

彩片 551　香皮树 Meliosma fordii　文394页

彩片 552　笔罗子 Meliosma rigida　文395页

彩片 555　蕈树 Altingia chinensis　文400页

彩片 553　枫香树 Liquidambar formosana　文398页

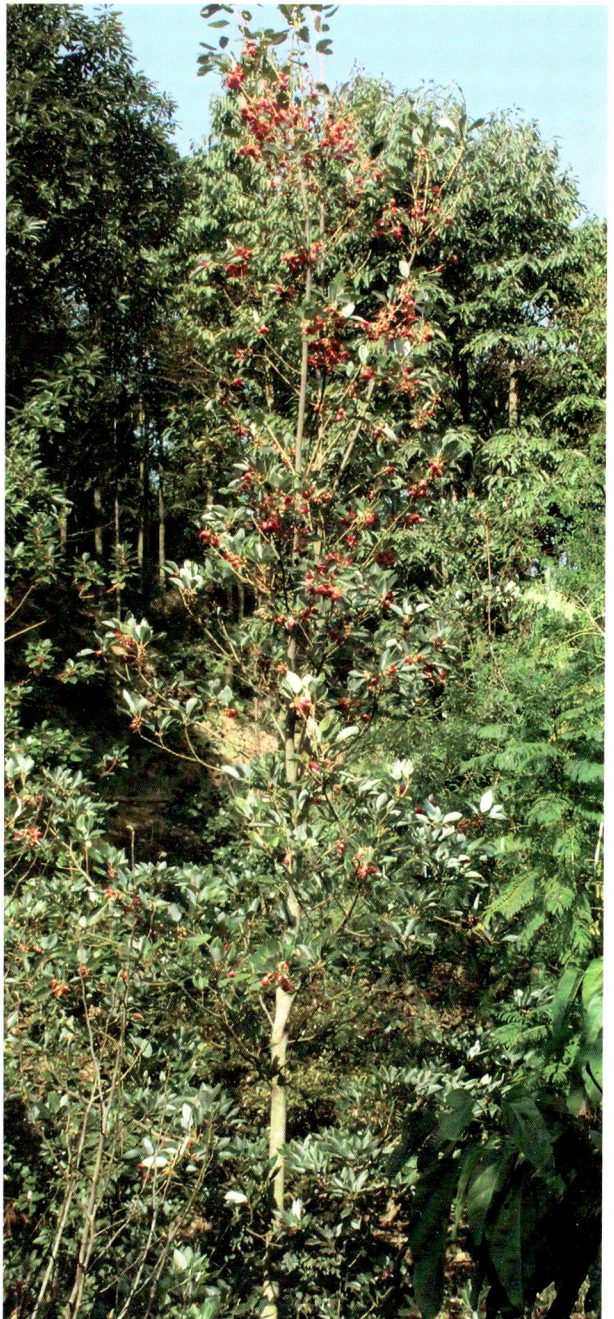

彩片 556　红花荷 Rhodoleia championii　文401页

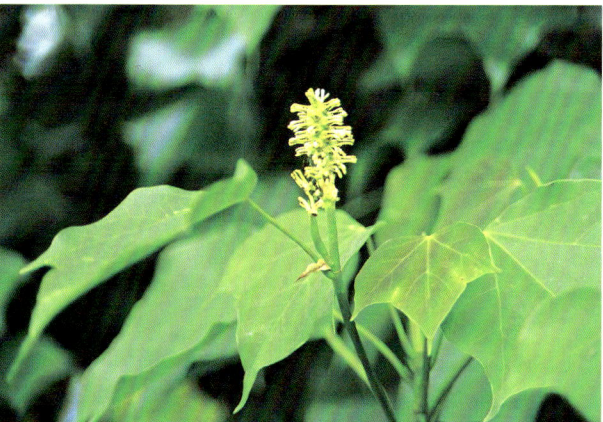

彩片 554　壳菜果 Mytilaria laosensis　文399页

彩片 557　红花荷 Rhodoleia championii　文401页

彩片 558　红花荷 Rhodoleia championii　文401页

彩片 559　红花檵木 Loropetalum chinense var. rubrum 文402页

彩片 560　秀柱花 Eustigma oblongifolium　文403页

彩片 561　蚊母树 Distylium racemosum　文404页

彩片 562　蚊母树 Distylium racemosum　文404页

彩片 566　虎皮楠 Daphniphyllum oldhamii　文409页

彩片 563　牛耳枫 Daphniphyllum calycinum　文408页

彩片 567　虎皮楠 Daphniphyllum oldhamii　文409页

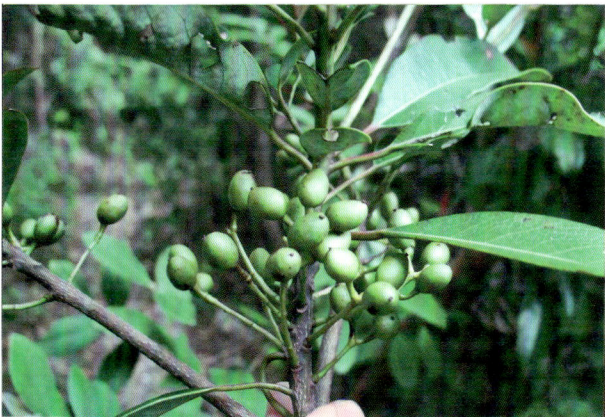

彩片 564　牛耳枫 Daphniphyllum calycinum　文408页

彩片 568　榔榆 Ulmus parvifolia　文410页

彩片 565　虎皮楠 Daphniphyllum oldhamii　文409页

彩片 569　榔榆 Ulmus parvifolia　文410页

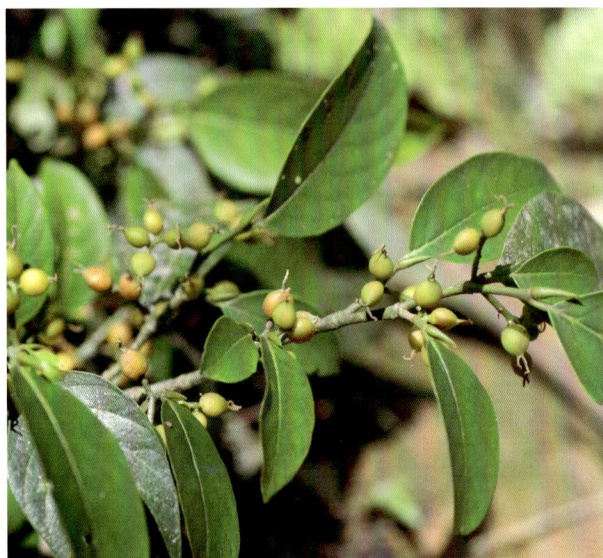

彩片 570　白颜树 Gironniera subaequalis　文411页

彩片 573　朴树 Celtis sinensis　文414页

彩片 571　滇糙叶树 Aphananthe cuspidata　文412页

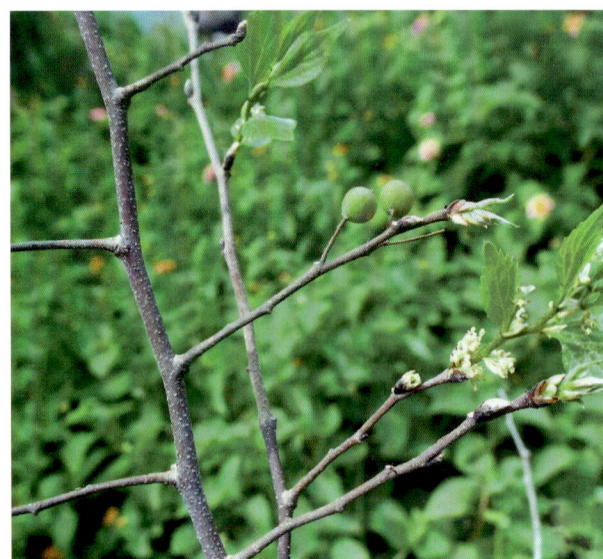

彩片 572　紫弹树 Celtis biondii　文414页

彩片 574　光叶山黄麻 Trema cannabina　文415页

彩片 575　光叶山黄麻 Trema cannabina　文415页

彩片 576　山黄麻 Trema tomentosa　文416页

彩片 578　葎草 Humulus scandans　文418页

彩片 577　异色山黄麻 Trema orientalis　文417页

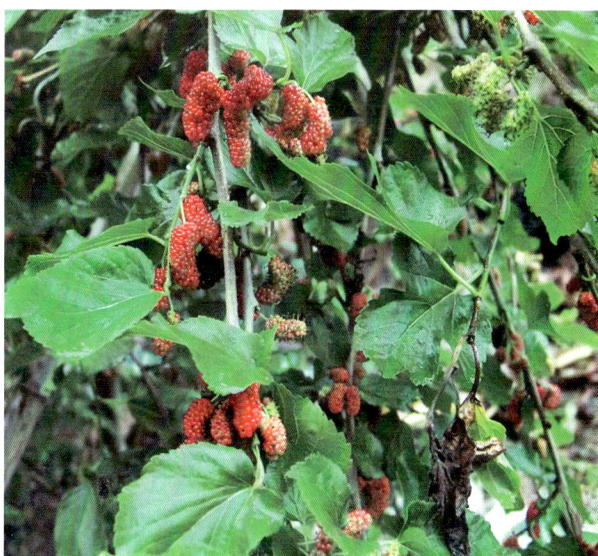
彩片 579　桑 Morus alba　文419页

彩片 580　构树 Broussonetia papyrifera　文420页

彩片 581　构树 Broussonetia papyrifera　文420页

彩片 582　藤构 Broussonetia kaempferi var. australis 文421页

彩片 583　藤构 Broussonetia kaempferi var. australis 文421页

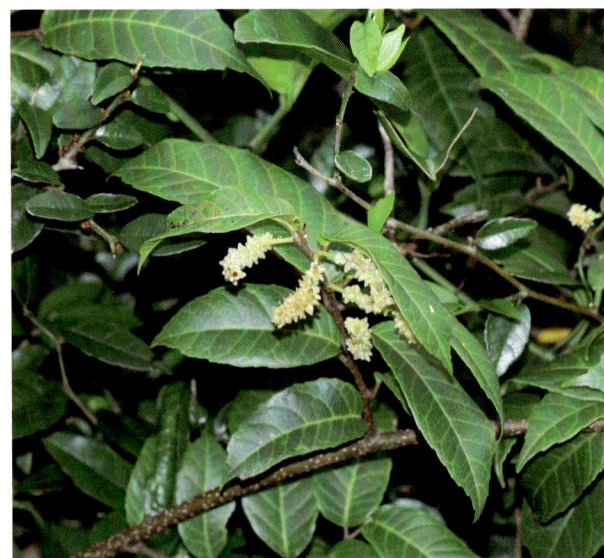

彩片 584　牛筋藤 Malaisia scandens　文422页

彩片 585　牛筋藤 Malaisia scandens　文422页

彩片 586　构棘 Maclura cochinchinensis　文423页

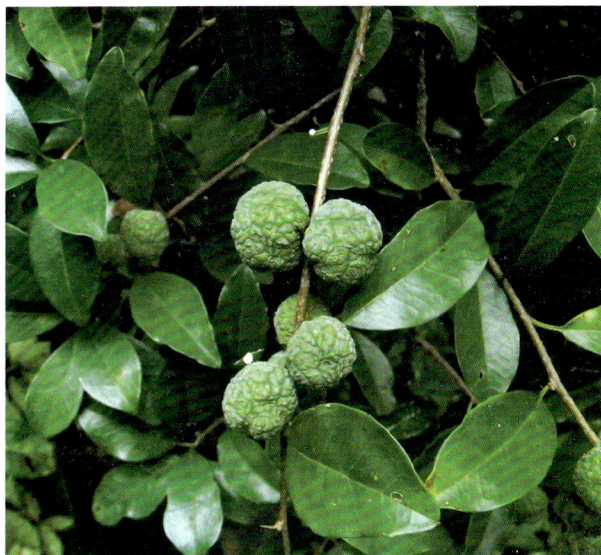

彩片 587　构棘 Maclura cochinchinensis　文423页

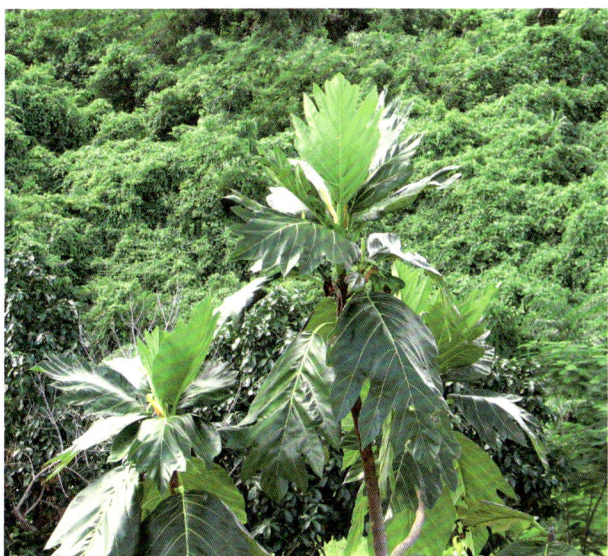

彩片 588　面包树 Artocarpus communis　文425页

彩片 589　波罗蜜 Artocarpus heterophyllus　文425页

彩片 590　桂木 Artocarpus nitidus subsp. lingnanensis　文426页

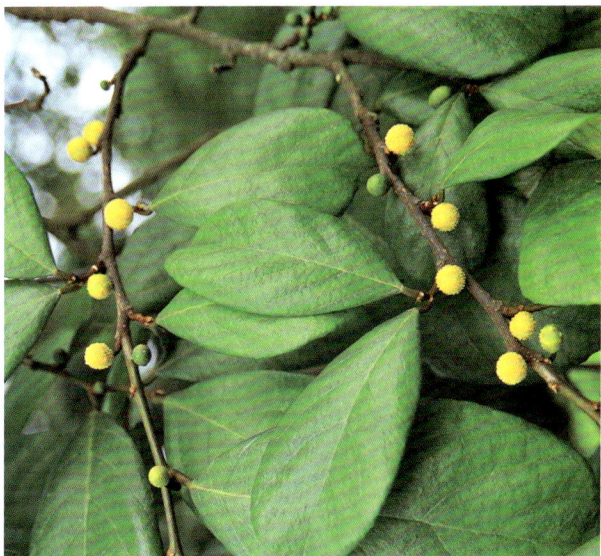

彩片 591　胭脂 Artocarpus tonkinensis　文427页

彩片 592　二色波罗蜜 Artocarpus styracifolius
文427页

彩片 593　白桂木 Artocarpus hypargyreus　文428页

彩片 594　对叶榕 Ficus hispida　文431页

彩片 595　水同木 Ficus fistulosa　文432页

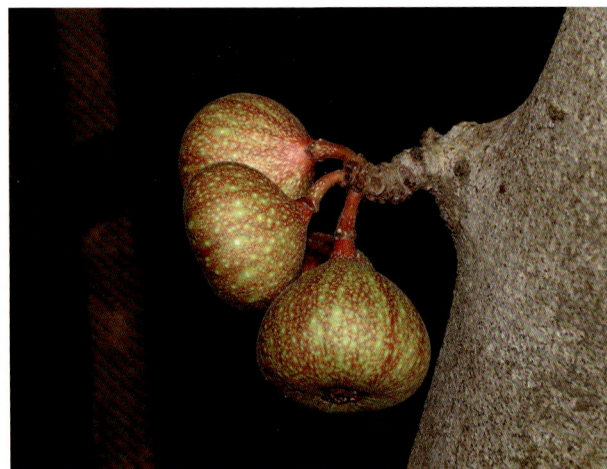

彩片 596　水同木 Ficus fistulosa　文432页

彩片 597　杂色榕 Ficus variegata　文433页

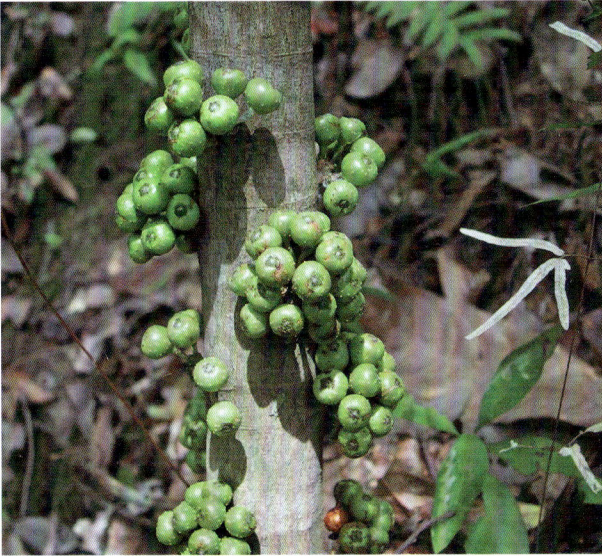

598　杂色榕 Ficus variegata　文433页

彩片 599　地果 Ficus tikoua　文433页

彩片 600　地果 Ficus tikoua　文433页

彩片 601　薜荔 Ficus pumila　文434页

彩片 602　薜荔 Ficus pumila　文434页

彩片 603　假斜叶榕 Ficus subulata　文435页

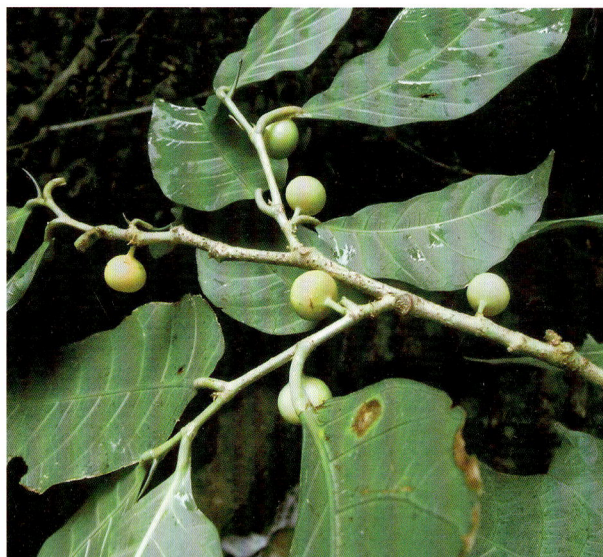

彩片 604 假斜叶榕 Ficus subulata 文435页

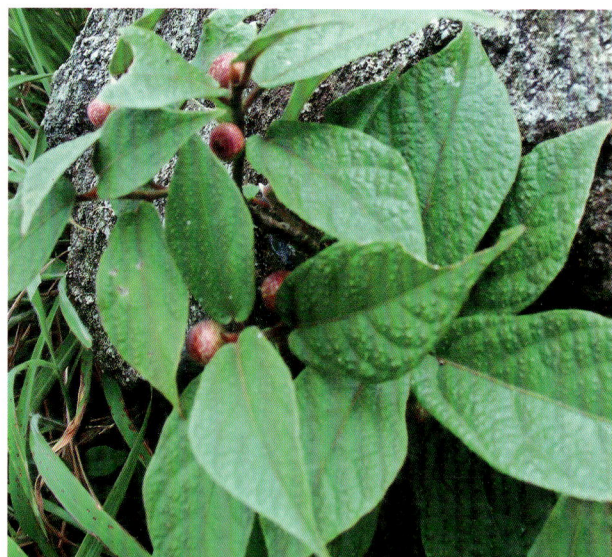

彩片 605 羊乳榕 Ficus sagittata 文435页

彩片 606 羊乳榕 Ficus sagittata 文435页

彩片 607 大琴叶榕 Ficus lyrata 文437页

彩片 608 印度榕 Ficus elastica 文437页

彩片 609 斜叶榕 Ficus tinctoria subsp. gibbosa 文438页

彩片 610　斜叶榕 Ficus tinctoria subsp. gibbosa 文438页

彩片 611　黄毛榕 Ficus esquiroliana　文439页

彩片 612　黄毛榕 Ficus esquiroliana　文439页

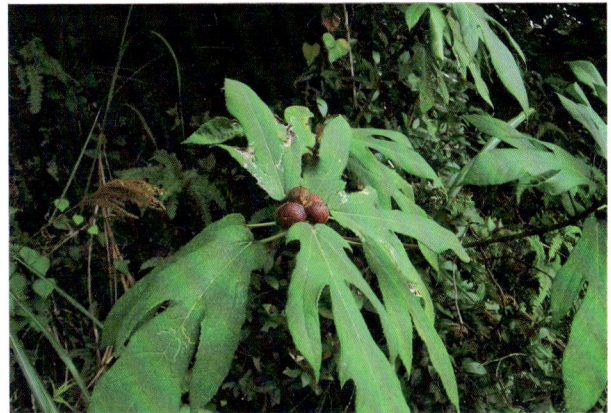

彩片 613　粗叶榕 Ficus hirta　文440页

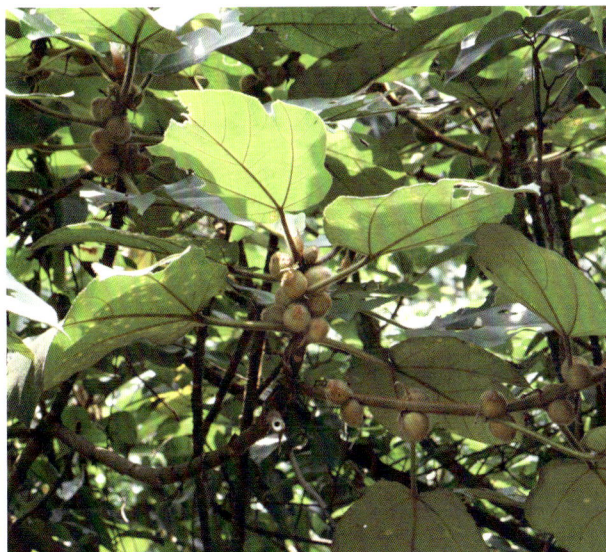

彩片 614　粗叶榕 Ficus hirta　文440页

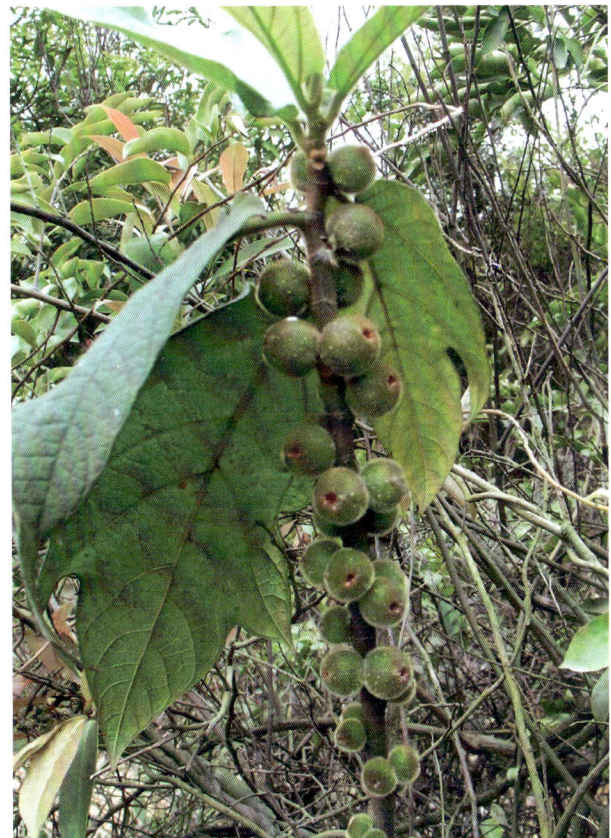

彩片 615　粗叶榕 Ficus hirta　文440页

彩片 616　极简榕 Ficus simplicissima　文440页

彩片 617　菩提树 Ficus religiosa　文441页

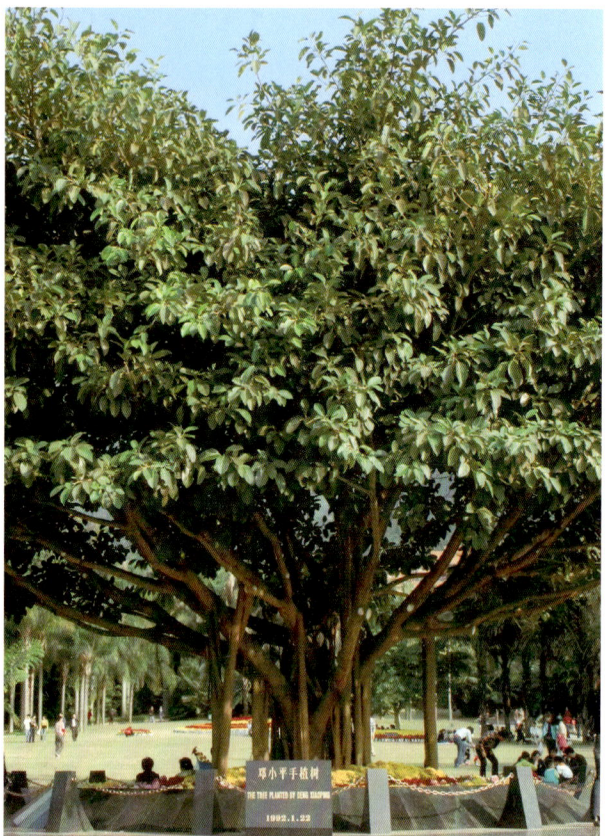

彩片 618　高山榕 Ficus altissima　文442页

彩片 619　高山榕 Ficus altissima　文442页

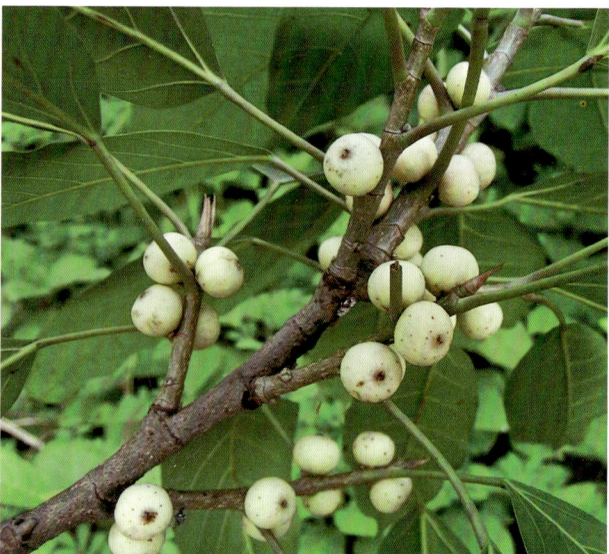

彩片 620　黄葛树 Ficus virens　文442页

彩片 621　黄葛树 Ficus virens　文442页

彩片 622　垂叶榕 Ficus benjamina　文443页

彩片 623　丛毛垂叶榕 Ficus benjamina var. nuda
文443页

彩片 624　榕树 Ficus microcarpa　文444页

彩片 625　厚叶榕 Ficus microcarpa var. crassifolia
文444页

彩片 626　青藤公 Ficus langkokensis　文444页

彩片 627　矮小天仙果 Ficus erecta　文445页

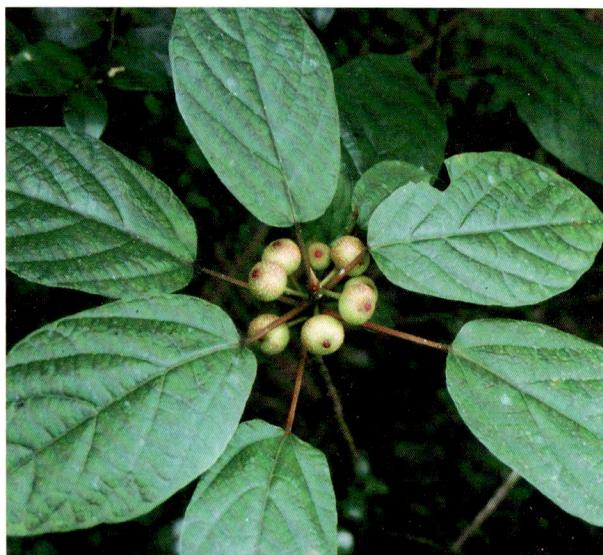

彩片 628　矮小天仙果 Ficus erecta　文445页

彩片 629　变叶榕 Ficus variolosa　文446页

彩片 630　变叶榕 Ficus variolosa　文446页

彩片 631　变叶榕 Ficus variolosa　文446页

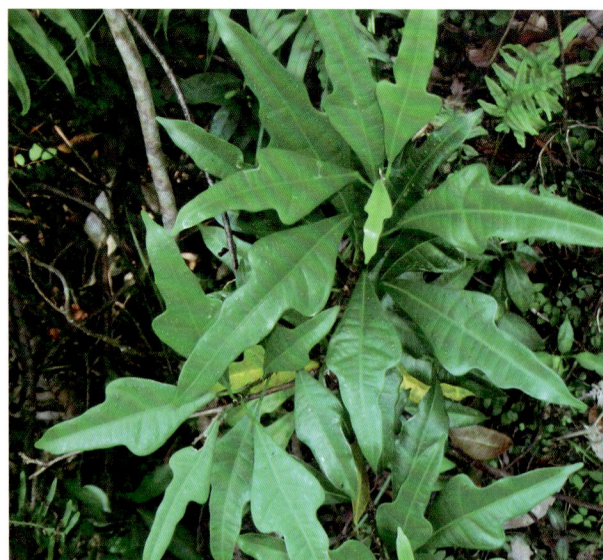

彩片 632　变叶榕 Ficus variolosa　文446页

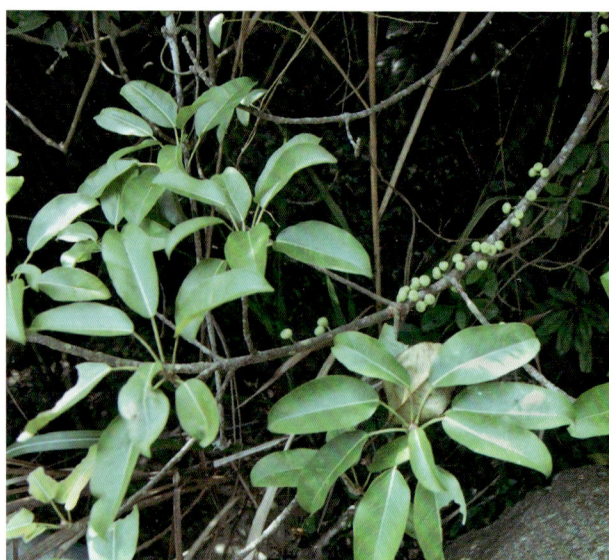

彩片 633　笔管榕 Ficus subpisocarpa　文446页

彩片 634　笔管榕 Ficus subpisocarpa　文446页

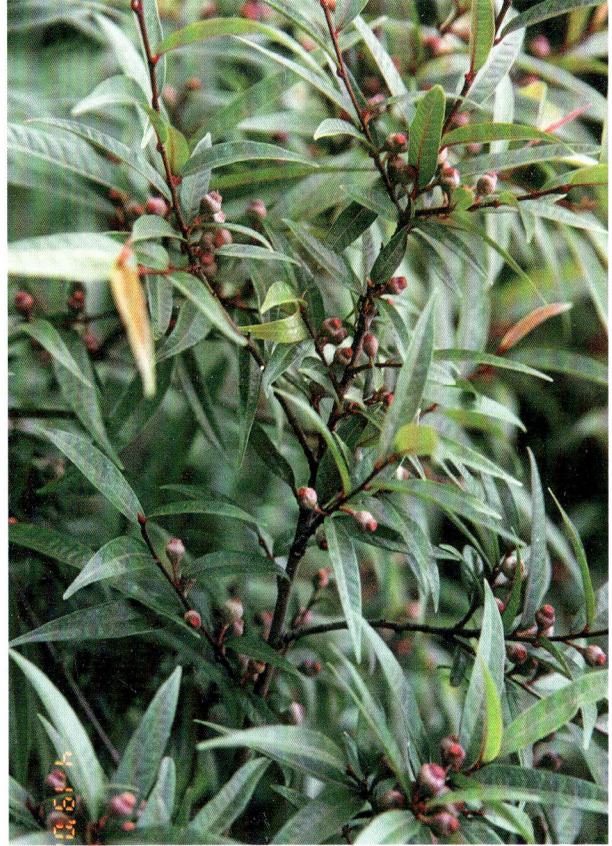

彩片 637　竹叶榕 Ficus stenophylla　文448页

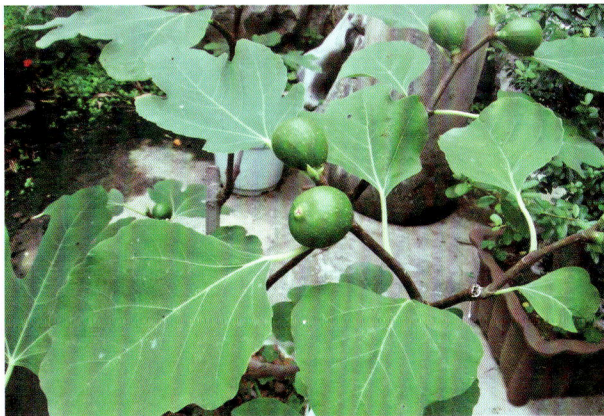

彩片 635　无花果 Ficus carica　文447页

彩片 638　舶梨榕 Ficus pyriformis　文449页

彩片 636　台湾榕 Ficus formosana　文448页

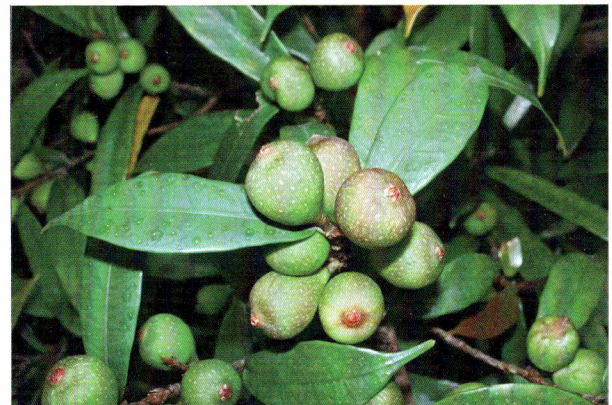

彩片 639　舶梨榕 Ficus pyriformis　文449页

彩片 640　白肉榕 Ficus vasculosa　文450页

彩片 641　琴叶榕 Ficus pandurata　文451页

彩片 642　水蛇麻 Fatoua villosa　文452页

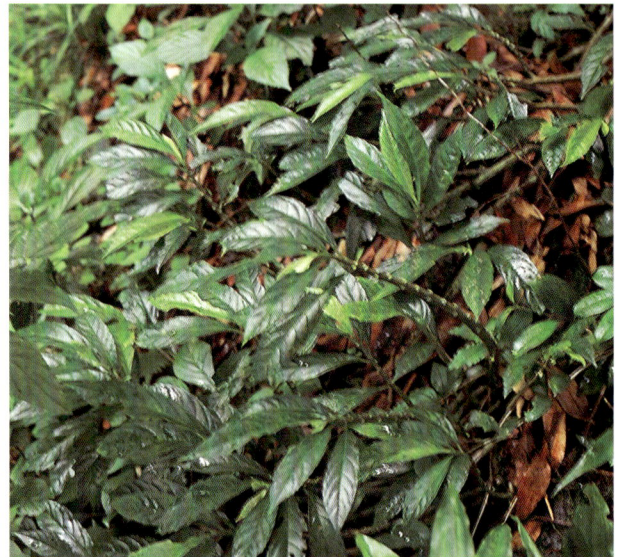

彩片 643　藤麻 Procris crenata　文454页

彩片 644　蔓赤车 Pellionia scabra　文455页

彩片 645　吐烟花 Pellionia repens　文455页

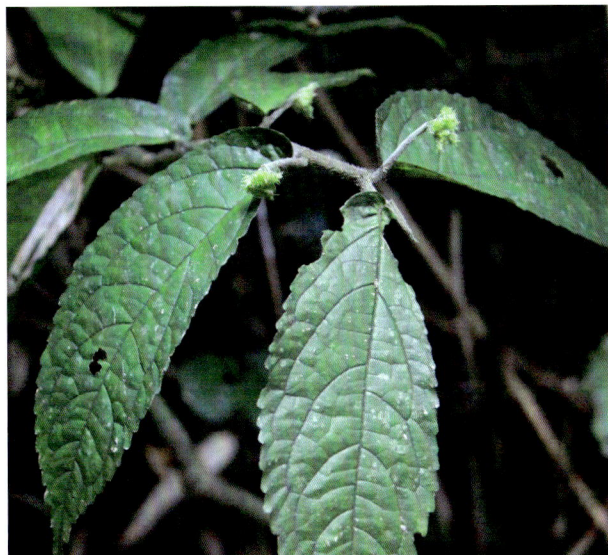

彩片 646　华南赤车 Pellionia grijsii　文456页

彩片 648　多序楼梯草 Elatostema macintyrei　文458页

彩片 647　赤车 Pellionia radicans　文457页

彩片 649　花叶冷水花 Pilea cadierei　文459页

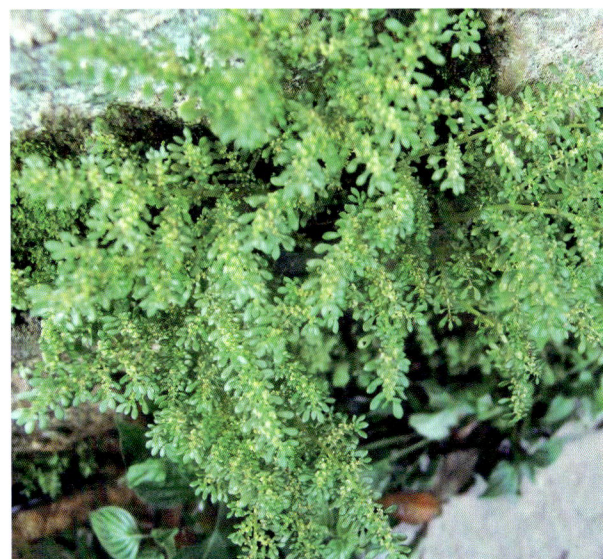

彩片 650　小叶冷水花 Pilea microphylla　文460页

彩片 651　糯米团 Gonostegia hirta　文461页

彩片 653　雾水葛 Pouzolzia zeylanica　文463页

彩片 652　糯米团 Gonostegia hirta　文461页

彩片 654　紫麻 Oreocnide frutescens　文464页

彩片 655　紫麻 Oreocnide frutescens　文464页

彩片 656　舌柱麻 Archiboehmeria atrata　文466页

彩片 657　苎麻 Boehmeria nivea　文467页

彩片 658　青叶苎麻 Boehmeria nivea var. tenacissima　文468页

彩片 659　青叶苎麻 Boehmeria nivea var. tenacissima　文468页

彩片 660　黄杞 Engelhardtia roxburghiana　文470页

彩片 661　黄杞 Engelhardtia roxburghiana　文470页

彩片 662　黄杞 Engelhardtia roxburghiana　文470页

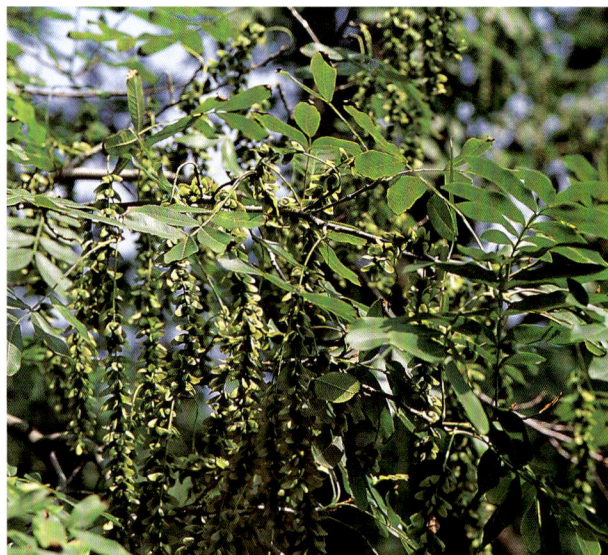

彩片 663　枫杨 Pterocarya stenoptera　文471页

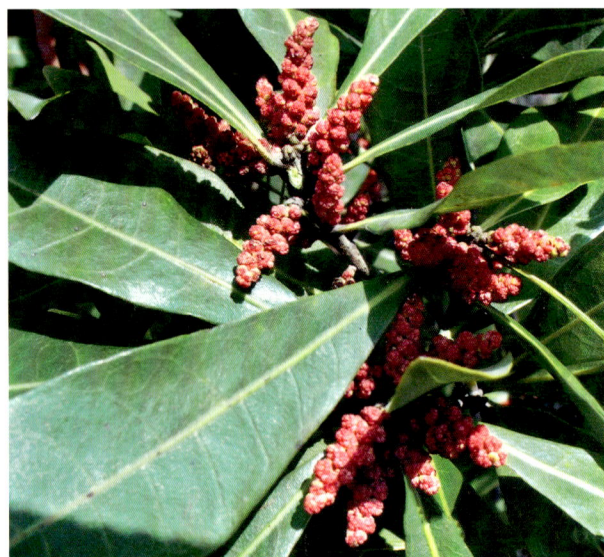

彩片 664　杨梅 Myrica rubra　文472页

彩片 665　杨梅 Myrica rubra　文472页

彩片 666　黧蒴锥 Castanopsis fissa　文476页

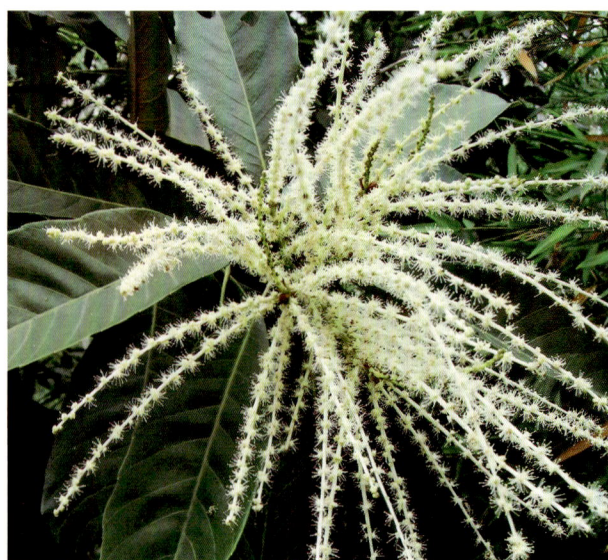

彩片 667　黧蒴锥 Castanopsis fissa　文476页

彩片 668 黧蒴锥 Castanopsis fissa 文476页

彩片 669 红锥 Castanopsis hystris 文476页

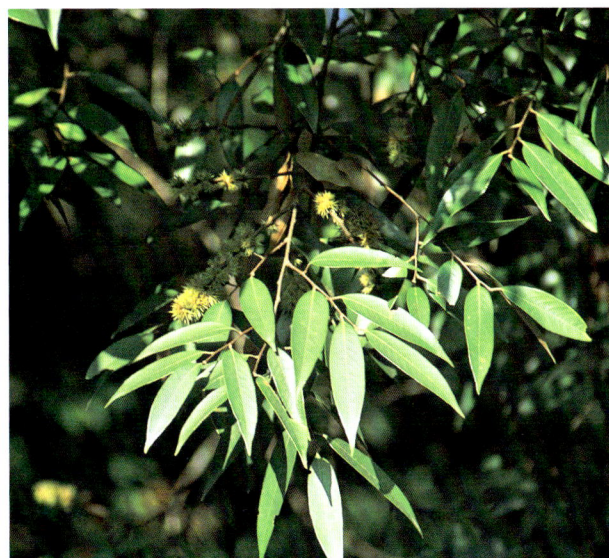

彩片 670 红锥 Castanopsis hystris 文476页

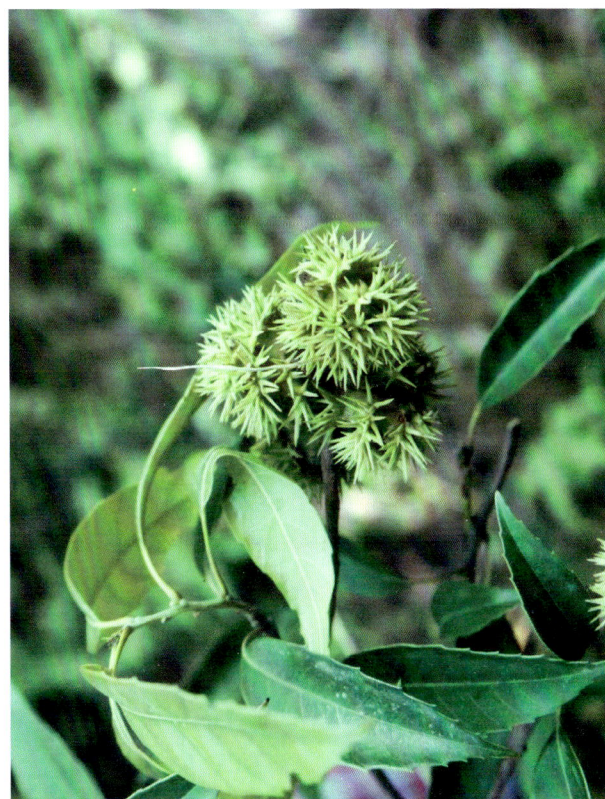

彩片 671 栲 Castanopsis fargesii 文477页

彩片 672 锥 Castanopsis chinensis 文477页

彩片 673　甜槠 Castanopsis eyrei　文478页

彩片 674　甜槠 Castanopsis eyrei　文478页

彩片 675　罗浮锥 Castanopsis fabri　文479页

彩片 676　鹿角锥 Castanopsis lamontii　文479页

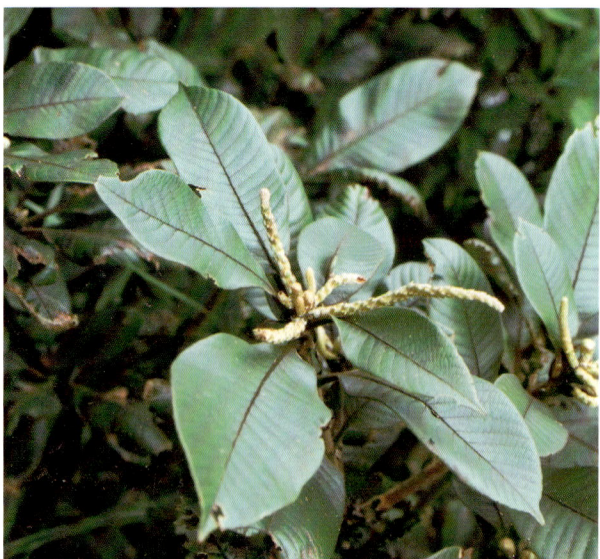

彩片 677　紫玉盘柯 Lithocarpus uvariifolius　文480页

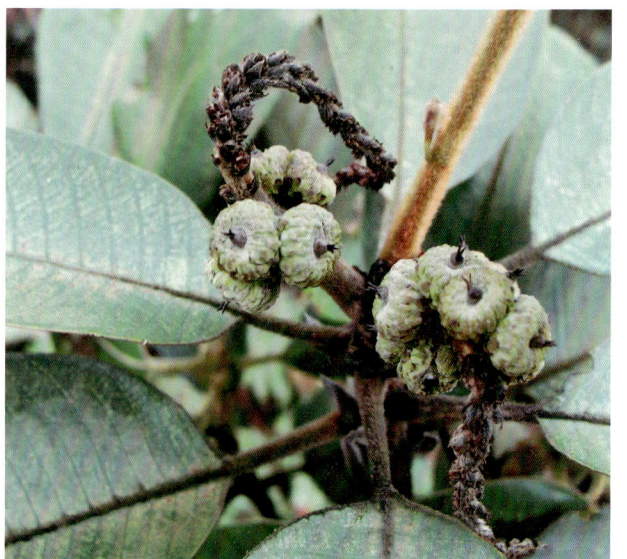

彩片 678　紫玉盘柯 Lithocarpus uvariifolius　文480页

彩片 679 紫玉盘柯 Lithocarpus uvariifolius 文480页

彩片 680 烟斗柯 Lithocarpus corneus 文481页

彩片 681 烟斗柯 Lithocarpus corneus 文481页

彩片 682 石柯 Lithocarpus glaber 文482页

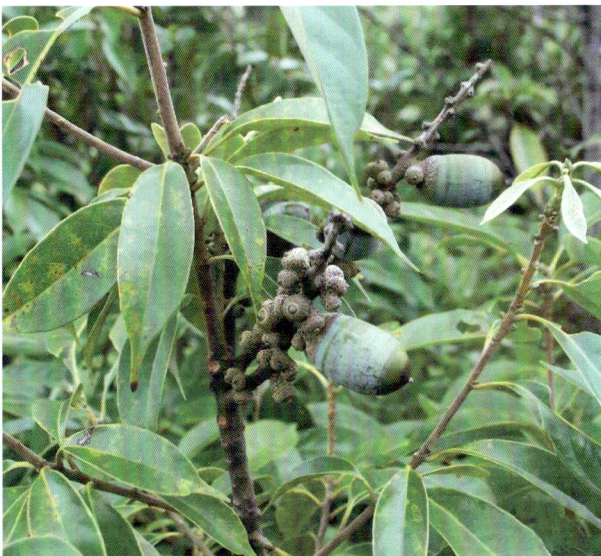

彩片 683 石柯 Lithocarpus glaber 文482页

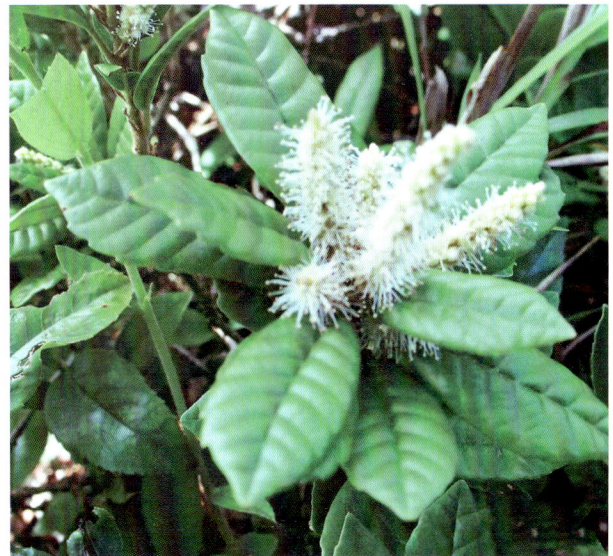

彩片 684 栎叶柯 Lithocarpus quercifolius 文482页

彩片 685　硬壳柯 Lithocarpus hancei　文483页

彩片 686　硬壳柯 Lithocarpus hancei　文483页

彩片 687　圆锥柯 Lithocarpus paniculatus　文485页

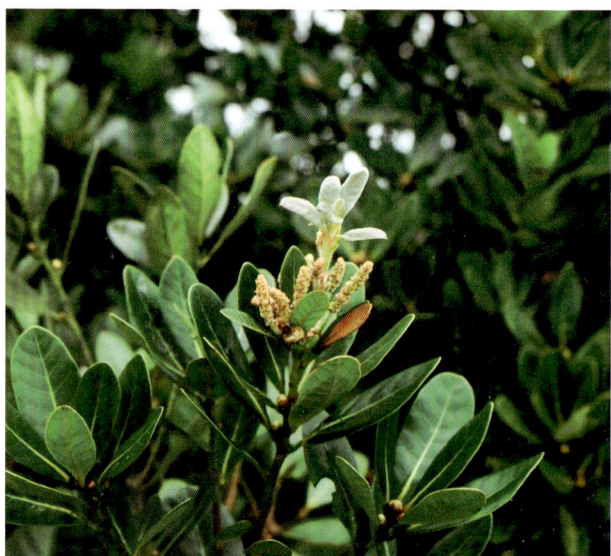

彩片 688　木姜叶青冈 Cyclobalanopsis litseoides
文486页

彩片 689　竹叶青冈 Cyclobalanopsis neglecta
文486页

彩片 690　饭甑青冈 Cyclobalanopsis flerryi　文487页

彩片 691　雷公青冈 Cyclobalanopsis hui　文488页

彩片 692　雷公青冈 Cyclobalanopsis hui　文488页

彩片 693　岭南青冈 Cyclobalanopsis championii
文488页

彩片 694　岭南青冈 Cyclobalanopsis championii
文488页

彩片 695　毛果青冈 Cyclobalanopsis pachyloma
文489页

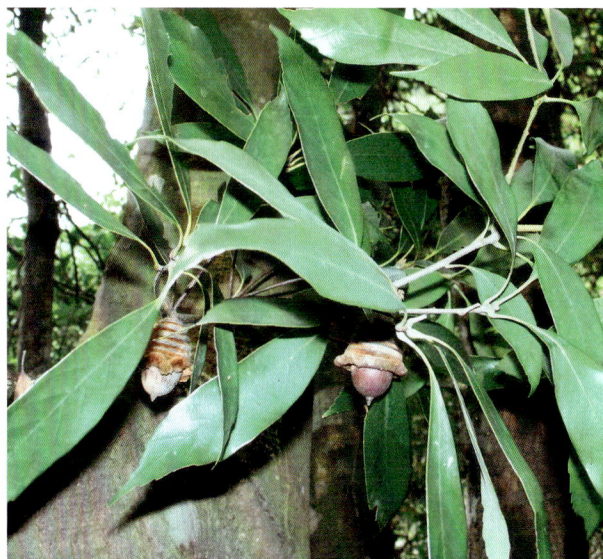

彩片 696　毛果青冈 Cyclobalanopsis pachyloma
文489页

彩片 697　小叶青冈 Cyclobalanopsis myrsiniaefolia 文489页

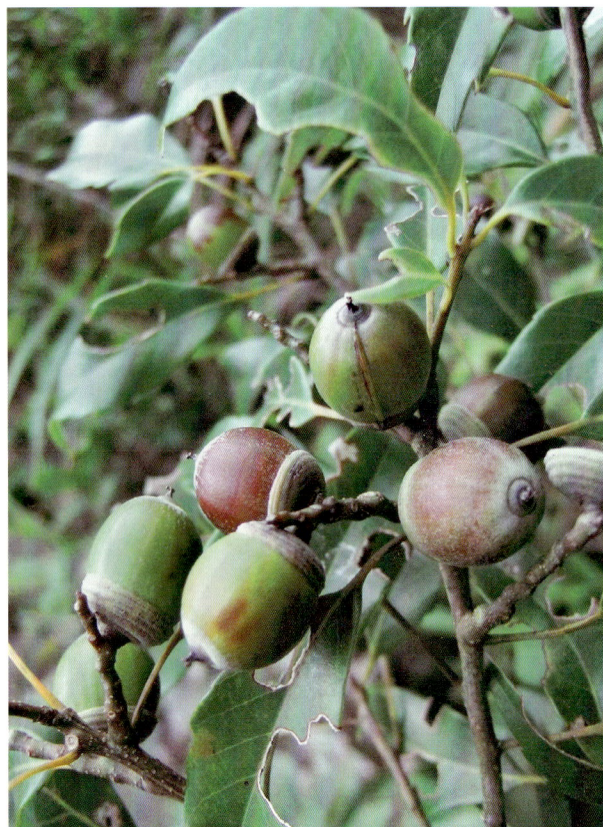

彩片 698　小叶青冈 Cyclobalanopsis myrsiniaefolia 文489页

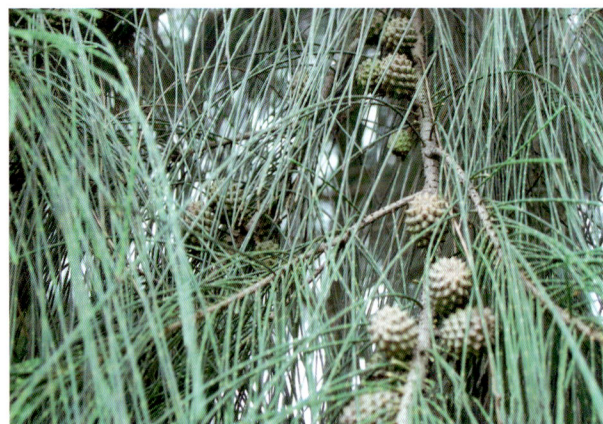

彩片 699　木麻黄 Casuarina equisetifolia　文493页

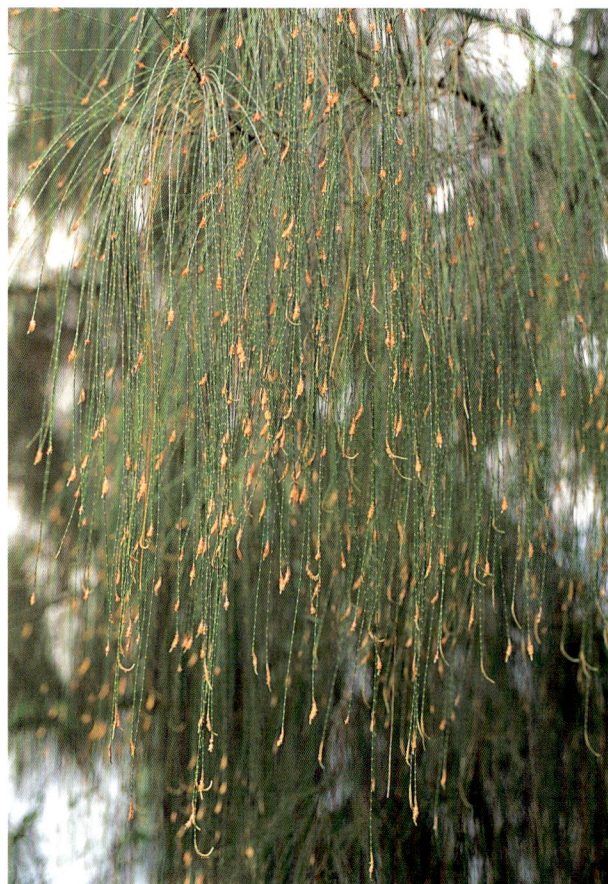

彩片 700　细枝木麻黄 Casuanina cunninghamiana 文494页

彩片 701　商陆 Phytolacca acinosa　文496页

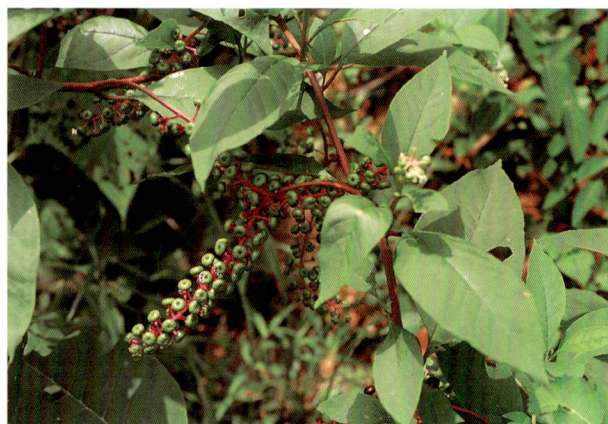

彩片 702　商陆 Phytolacca acinosa　文496页

彩片 703　垂序商陆 Phytolacca americana　文497页

彩片 704　光叶子花 Bougainvillea glabra　文498页

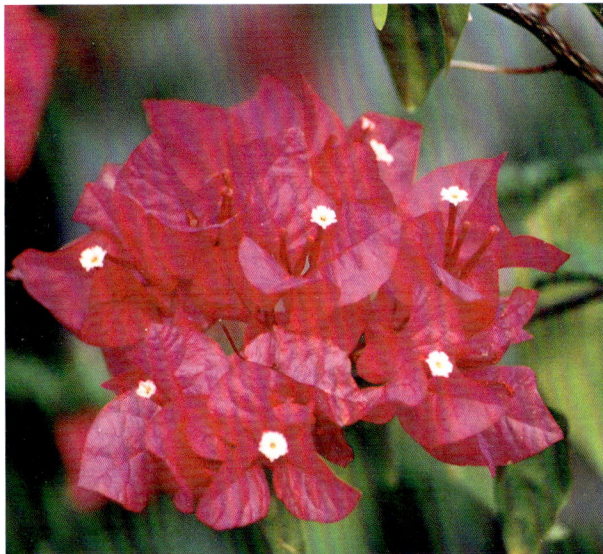

彩片 705　光叶子花 Bougainvillea glabra　文498页

彩片 706　光叶子花 Bougainvillea glabra　文498页

彩片 707　光叶子花 Bougainvillea glabra　文498页

彩片 708　光叶子花 Bougainvillea glabra　文498页

彩片 709　光叶子花 Bougainvillea glabra　文498页

彩片 712　海马齿 Sesuvium pontulacastrum　文503页

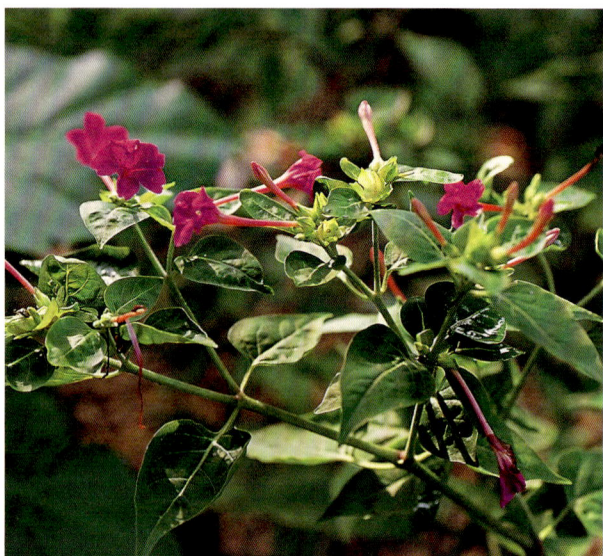

彩片 710　紫茉莉 Mirabilis jalapa　文500页

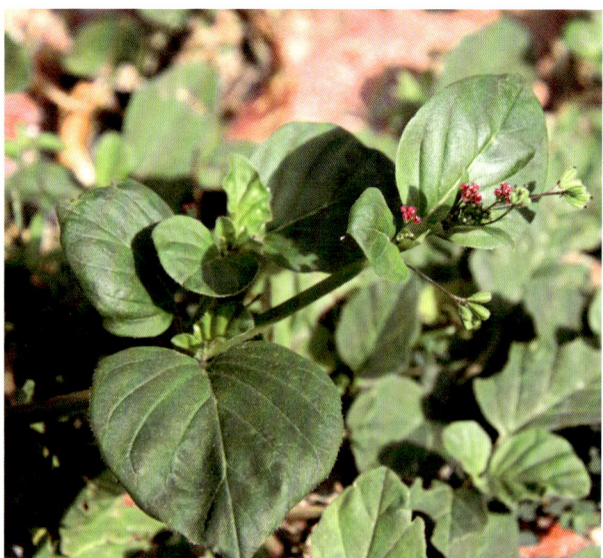

彩片 711　黄细心 Boerhavia diffusa　文501页

彩片 713　将军 Opuntia subulata　文507页

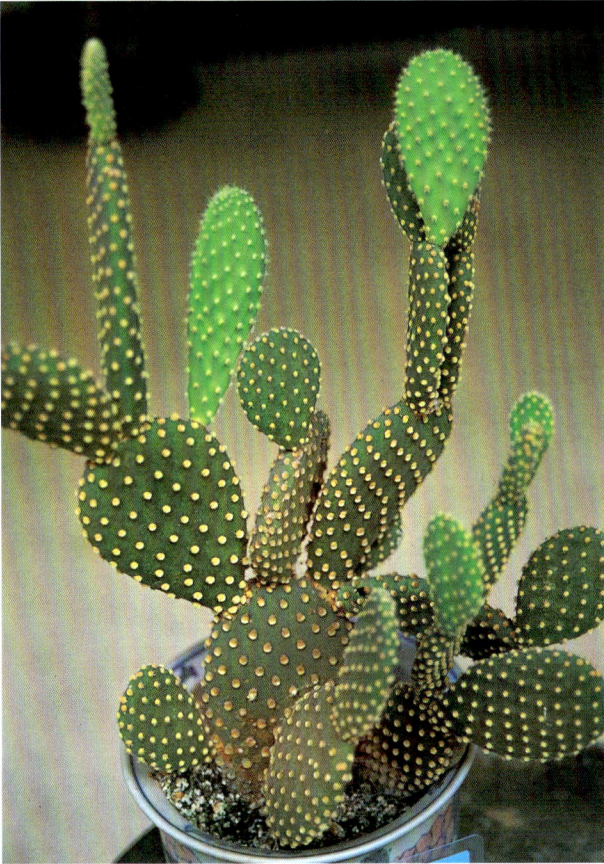

彩片 714　黄毛掌 Opuntia microdasys　文507页

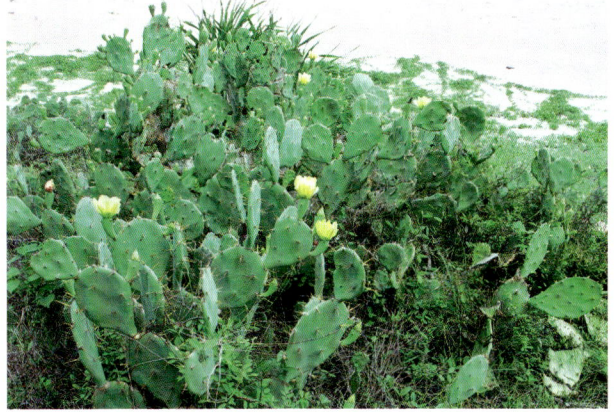

彩片 715　胭脂掌 Opuntia cochinellifera　文508页

彩片 716　胭脂掌 Opuntia cochinellifera　文508页

彩片 717　仙人掌 Opuntia dillenii　文508页

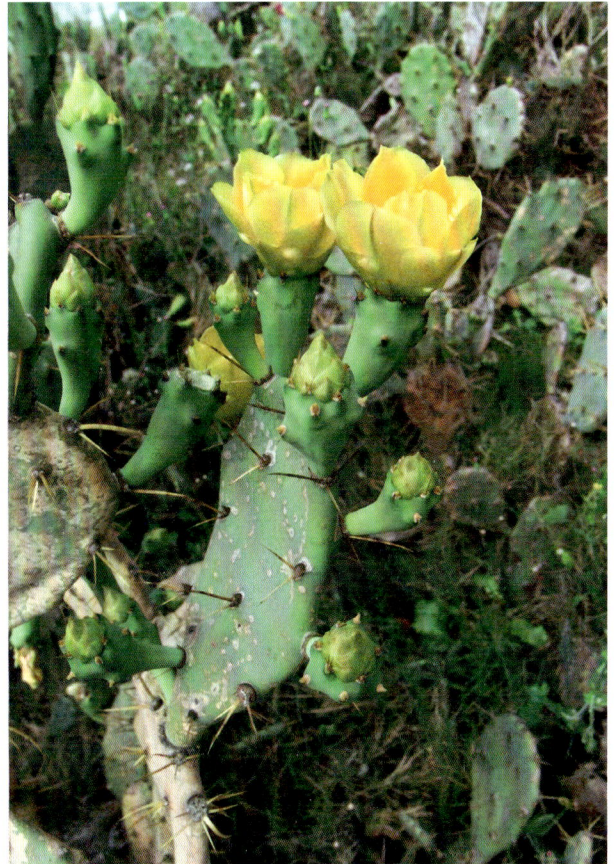

彩片 718　仙人掌 Opuntia dillenii　文508页

彩片 719　仙人掌 Opuntia dillenii　文508页

彩片 720　单刺仙人掌 Opuntia monacanta　文510页

彩片 721　单刺仙人掌 Opuntia monacanta　文510页

彩片 722　罗锐柱 Cereus jamacaru　文512页

彩片 723　罗锐柱 Cereus jamacaru　文512页

彩片 724　量天尺 Hylocereus undatus　文515页

彩片 725　量天尺 Hylocereus undatus　文515页

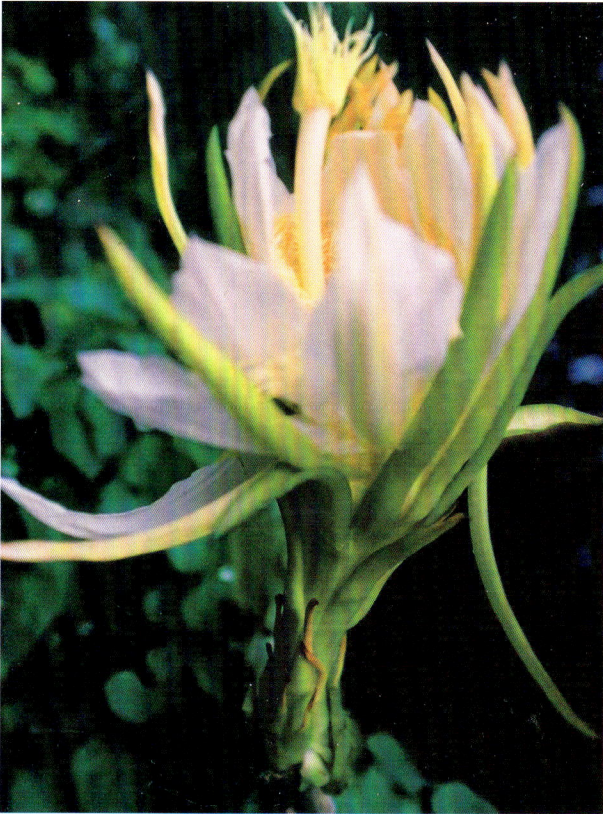

彩片 726　量天尺 Hylocereus undatus　文515页

彩片 727　量天尺 Hylocereus undatus　文515页

彩片 728　昙花 Epiphyllum oxypetalum　文516页

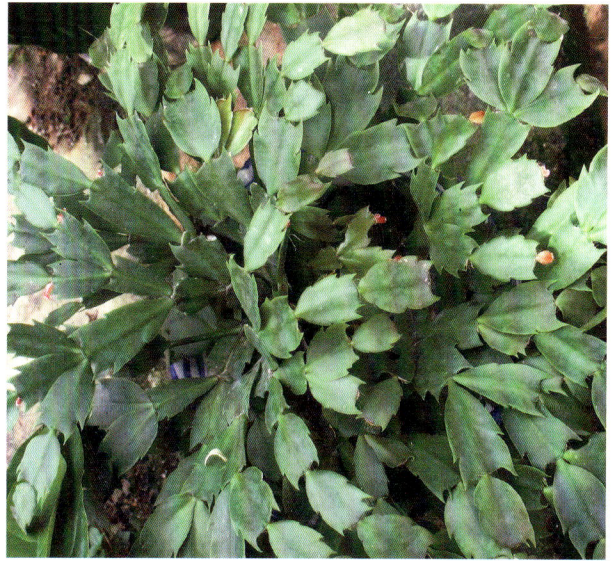

彩片 729　蟹爪 Schlumbergera truncata　文517页

彩片 730　蟹爪 Schlumbergera truncata　文517页

彩片 731　白坛 Echinopsis chamaecereus　文519页

彩片 732　短刺球 Echinopsis eyriesii　文520页

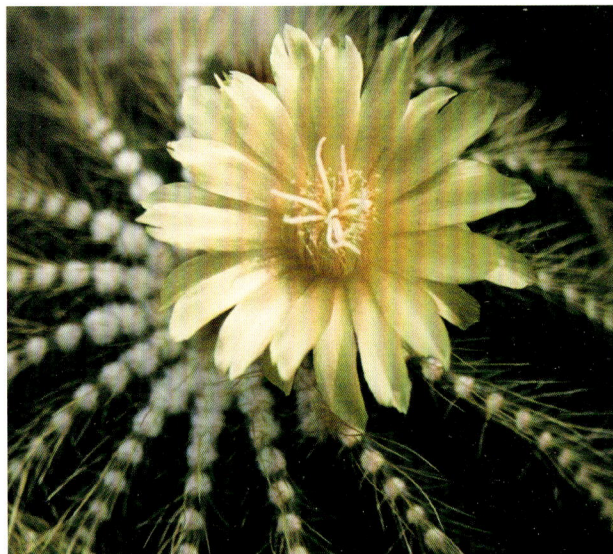
彩片 733　黑丽球 Rebutia rauschii　文521页

彩片 734　英冠玉 Parodia magnifica　文522页

彩片 735　金冠 Parodia schumanniana　文524页

彩片 736　金琥 Echinocactus grusonii　文525页

彩片 737 金琥 Echinocactus grusonii 文525页

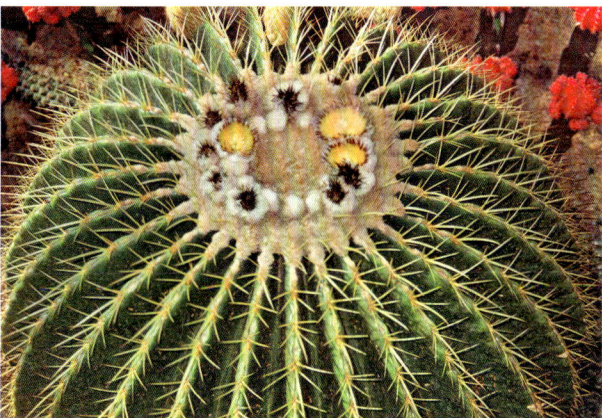

彩片 738 金琥 Echinocactus grusonii 文525页

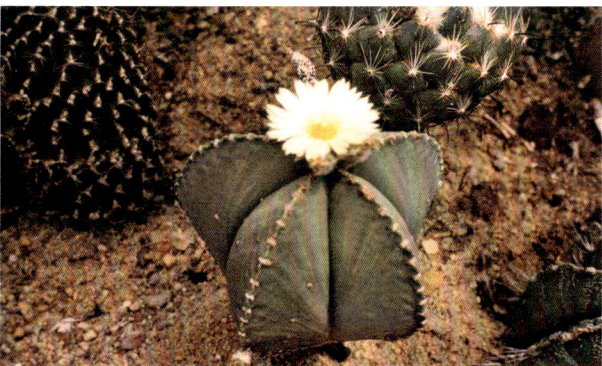

彩片 739 鸾凤玉 Astrophytum myriostigma 文526页

彩片 740 鸾凤玉 Astrophytum myriostigma 文526页

彩片 741 日之出 Ferocactus recurvus 文528页

彩片 742 玉翁 Mammillaria hahniana 文530页

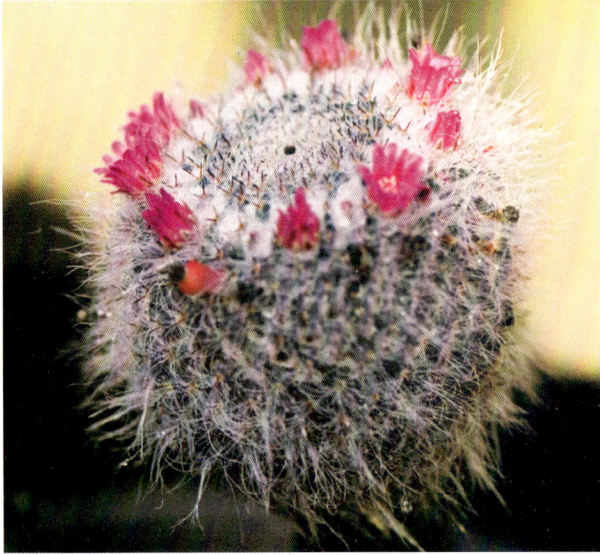

彩片 743　玉翁 Mammillaria hahniana　文530页

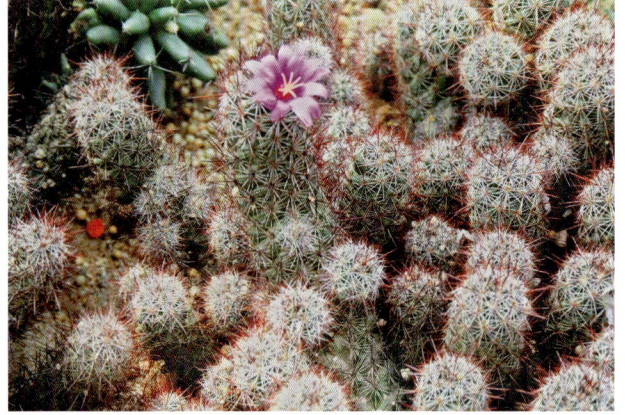

彩片 744　梦幻城 Mammillaria magnimamma
文530页

彩片 745　白龙球 Mammillaria compressa　文531页

彩片 746　绯缄 Mammillaria mazatlanensis　文531页

彩片 747　银鲑 Mammillaria surculosa　文532页

彩片 748　金星 Mammillaria longimamma　文532页

彩片 749　金星 Mammillaria longimamma　文532页

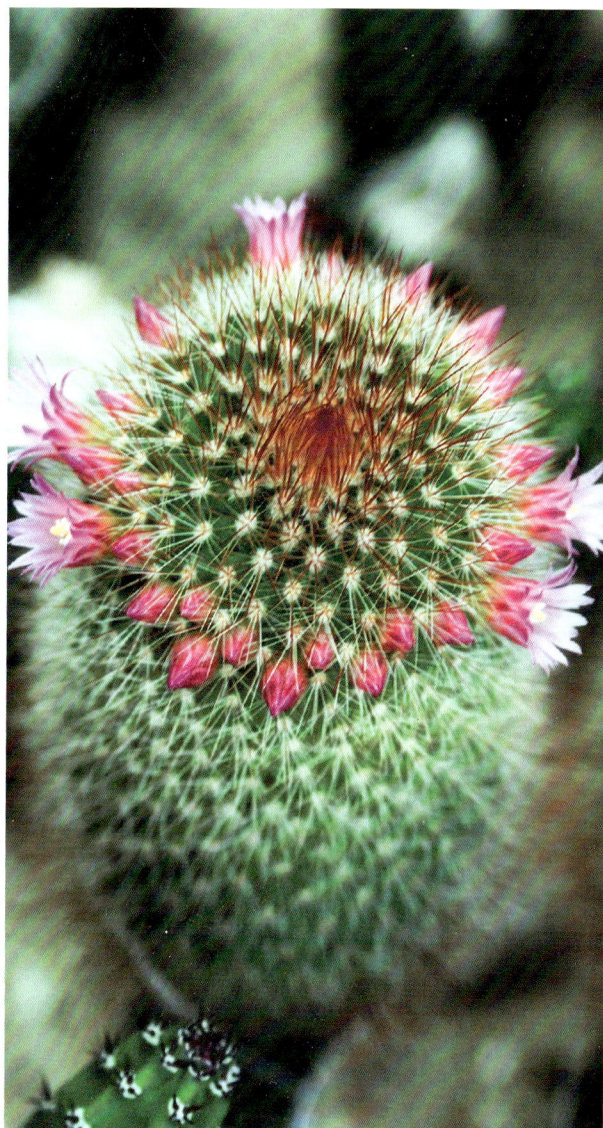

彩片 751　猩猩球 Mammillaria spinosissima　文533页

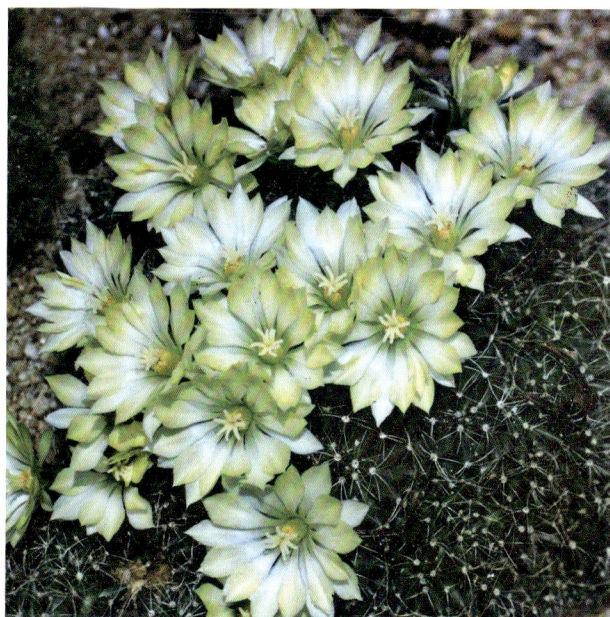

彩片 750　羽衣 Mammillaria sphaerica　文533页

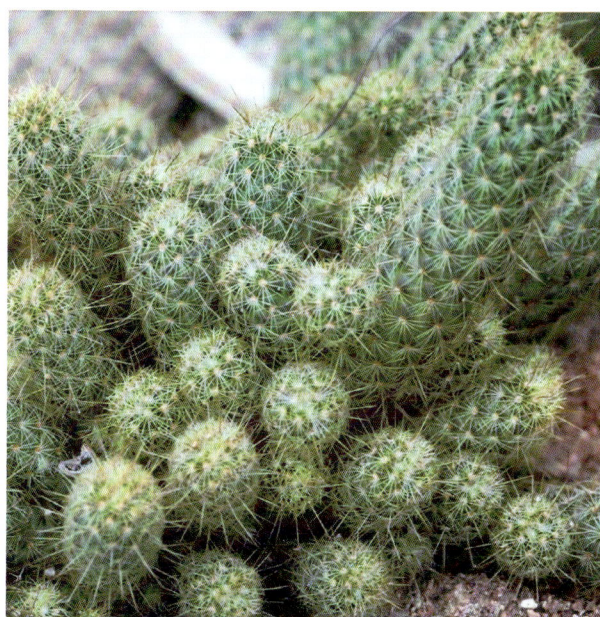

彩片 752　金毛球 Mammillaria elongata　文534页

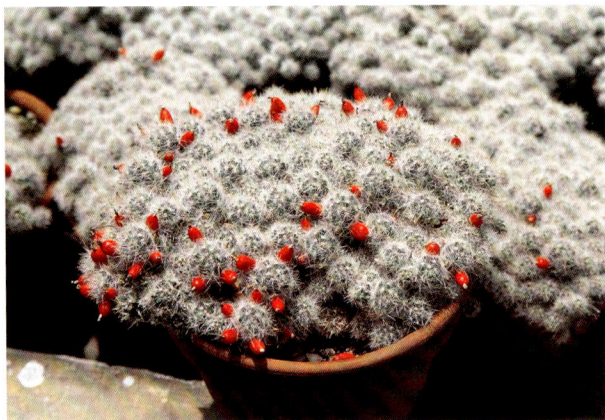

彩片 753　松霞 Mammillaria prolifera　文535页

彩片 756　土荆芥 Chenopodium ambrosioides
文541页

彩片 754　南方碱蓬 Suaeda australis　文537页

彩片 757　小藜 Chenopodium ficifolium　文542页

彩片 755　地肤 Kochia scoparia　文540页

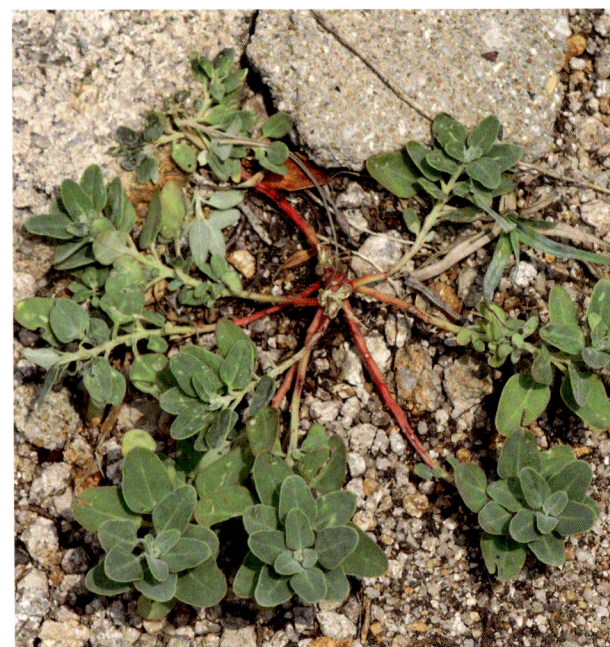

彩片 758　尖头叶藜 Chenopodium acuminatum
文542页

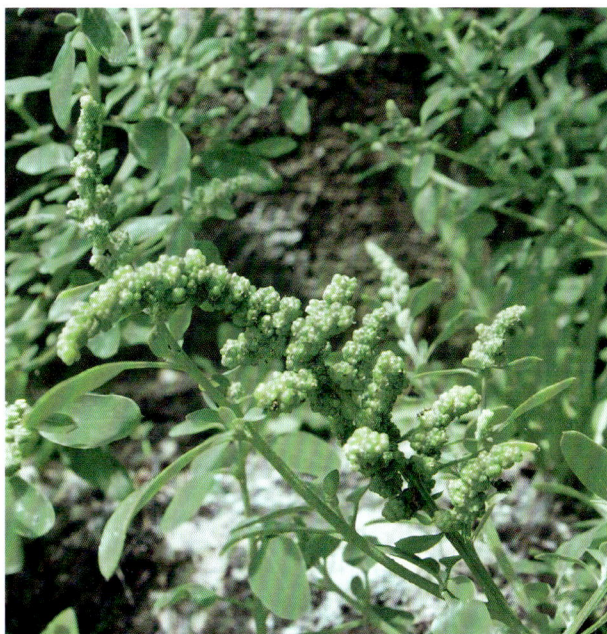

彩片 759　狭叶尖头藜 Chenopodium acuminatum subsp. virgatum　文543页

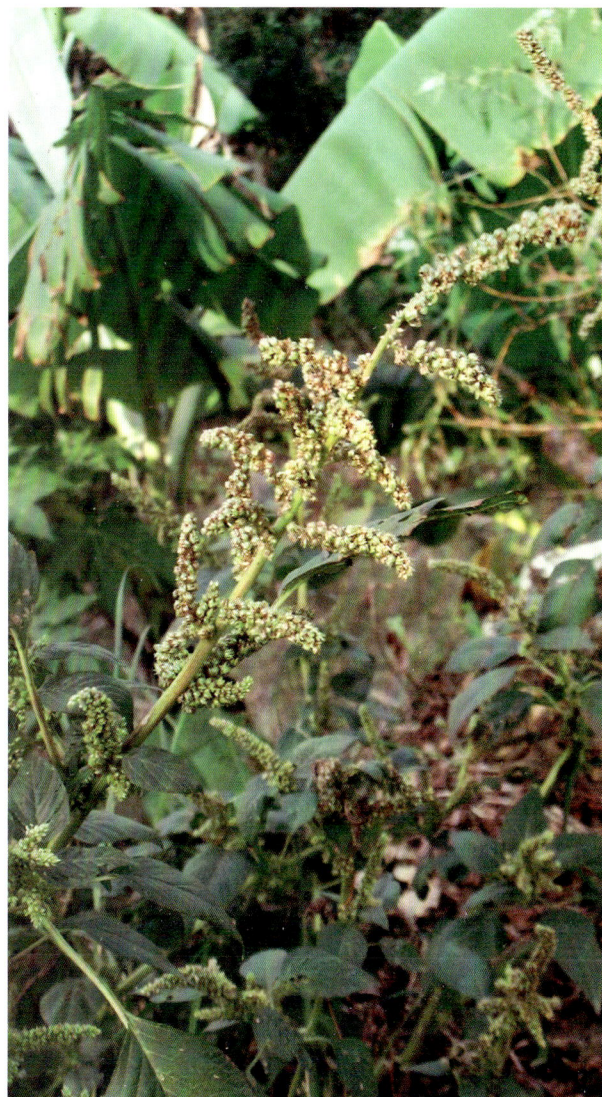

彩片 761　皱果苋 Amaranthus viridis　文545页

彩片 760　苋 Amaranthus tricolor　文545页

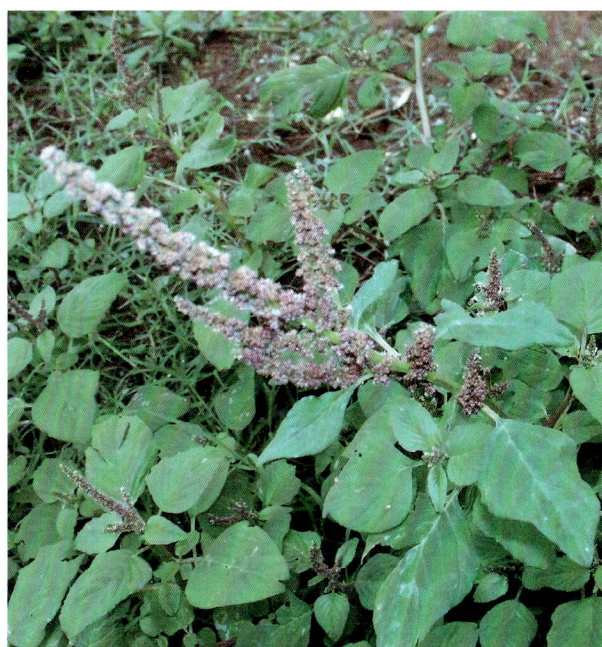

彩片 762　凹头苋 Amaranthus blitum　文546页

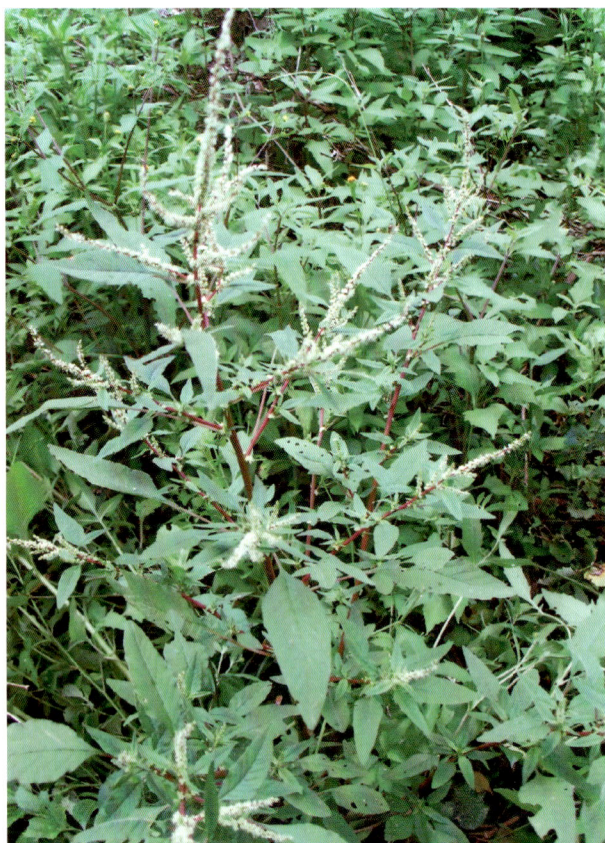

彩片 763　刺苋 Amaranthus spinosus　文546页

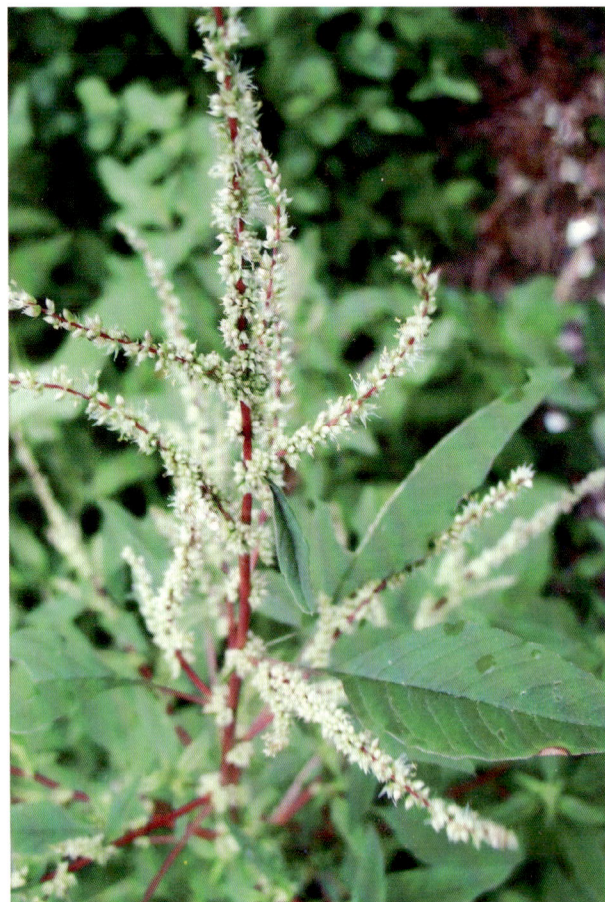

彩片 764　刺苋 Amaranthus spinosus　文546页

彩片 765　青葙 Celosia argentea　文548页

彩片 766　青葙 Celosia argentea　文548页

彩片 767　鸡冠花 Celosia cristata　文549页

彩片 768 鸡冠花 Celosia cristata 文549页

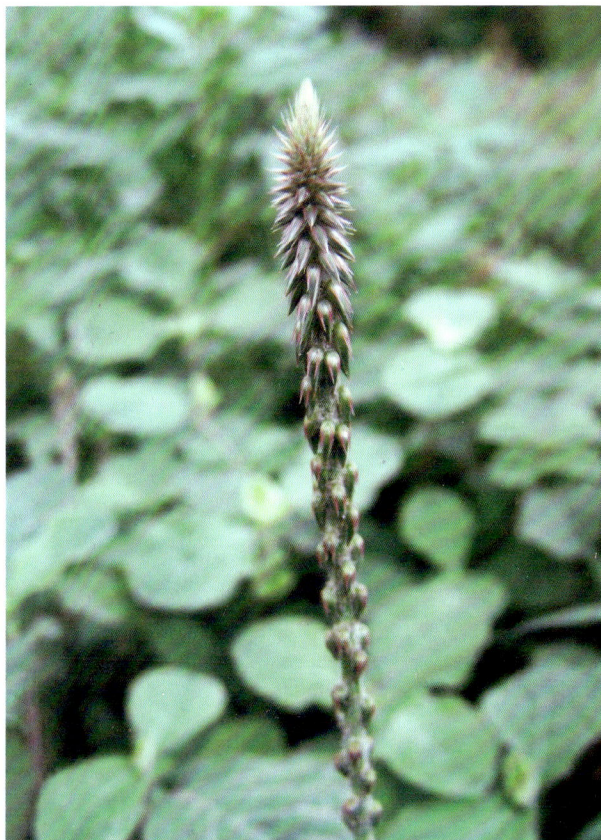

彩片 769 杯苋 Cyathula prostrata 文550页

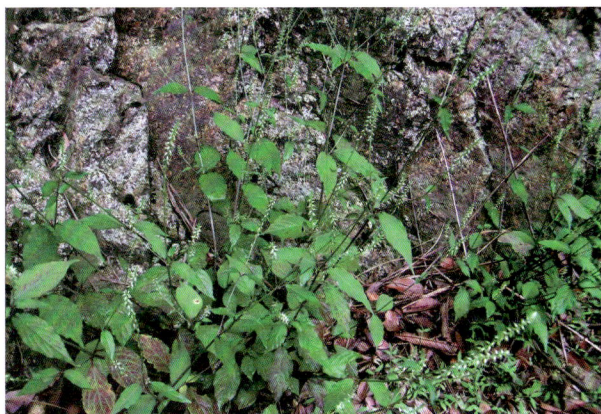

彩片 771 土牛膝 Achyranthes aspera 文551页

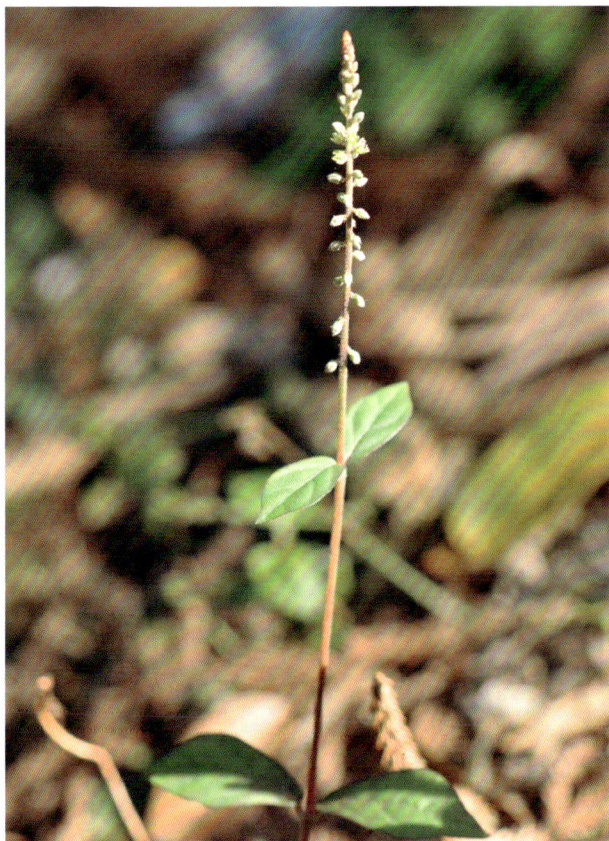

彩片 772 牛膝 Achyranthes bidentata 文551页

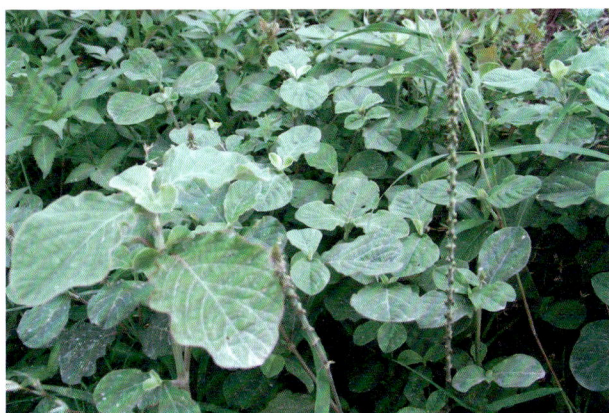

彩片 770 土牛膝 Achyranthes aspera 文551页

彩片 773 牛膝 Achyranthes bidentata 文551页

彩片 774　红龙苋 Alternanthera dentata 'Ruliginosa' 文552页

彩片 775　喜旱莲子草 Alternanthera philoxeroides 文553页

彩片 776　线叶莲子草 Alternanthera nodiflora 文553页

彩片 777　线叶莲子草 Alternanthera nodiflora 文553页

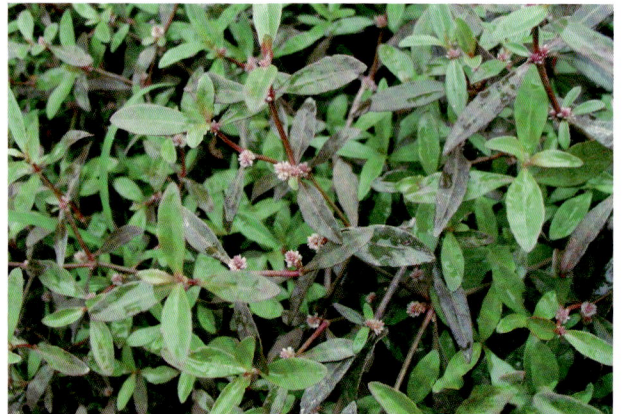

彩片 778　莲子草 Alternanthera sessilis　文554页

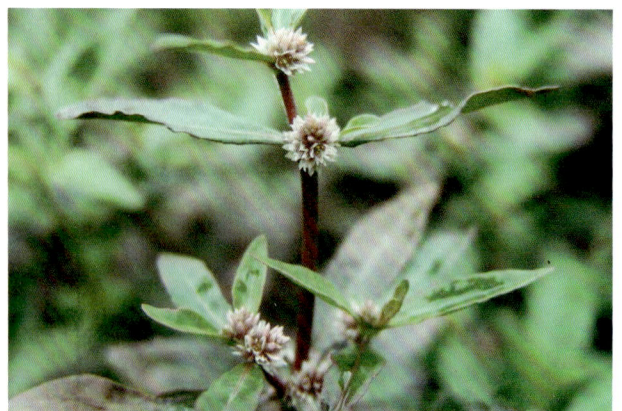

彩片 779　莲子草 Alternanthera sessilis　文554页

彩片 780　华莲子草 Alternanthera paronychioides 文555页

彩片 781　千日红 Gomphrena globosa　文556页

彩片 782　银花苋 Gomphrena celosioides　文557页

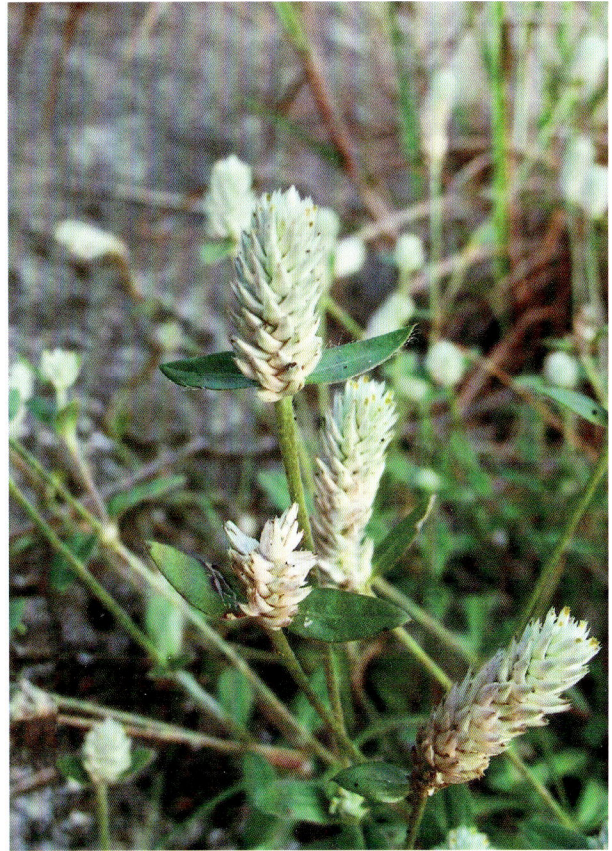

彩片 783　银花苋 Gomphrena celosioides　文557页

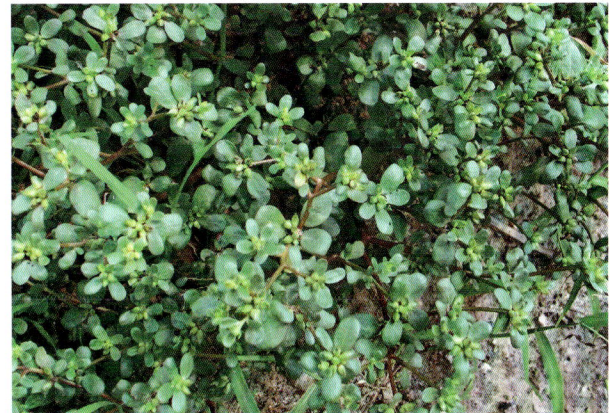

彩片 784　马齿苋 Portulaca oleracea　文558页

彩片 785　马齿苋 Portulaca oleracea　文558页

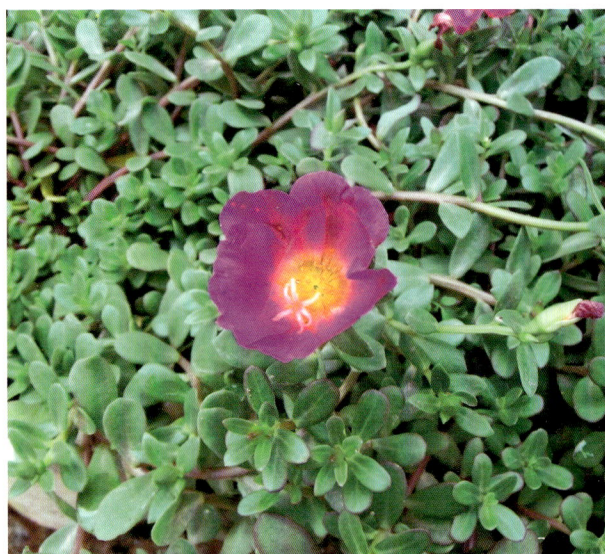

彩片 786　大花马齿苋 Portulaca grandiflora　文559页

彩片 787　毛马齿苋 Portulaca pilosa　文559页

彩片 788　毛马齿苋 Portulaca pilosa　文559页

彩片 789　土人参 Talinum paniculatum　文560页

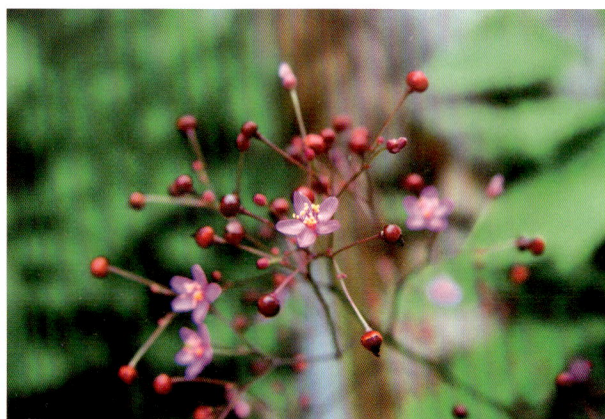

彩片 790　土人参 Talinum paniculatum　文560页

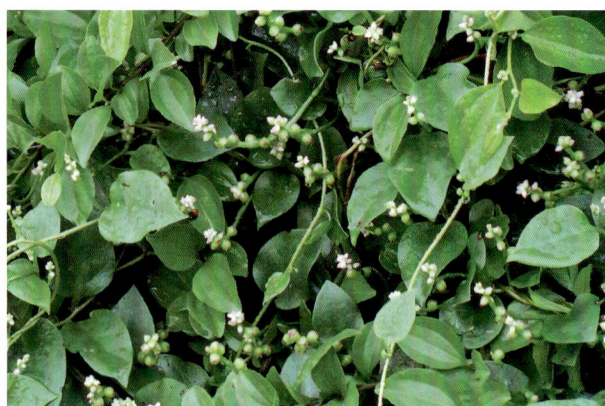

彩片 791　落葵 Basella alba　文562页

彩片 792　落葵 Basella alba　文562页

彩片 793　落葵 Basella alba　文562页

彩片 794　落葵薯 Anredera cordifolia　文563页

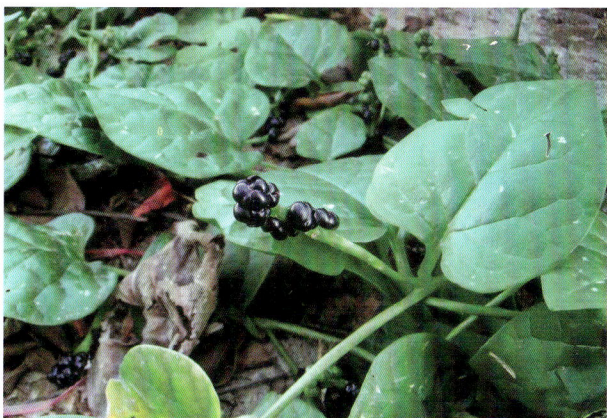

彩片 795　落葵薯 Anredera cordifolia　文563页

彩片 796　落葵薯 Anredera cordifolia　文563页

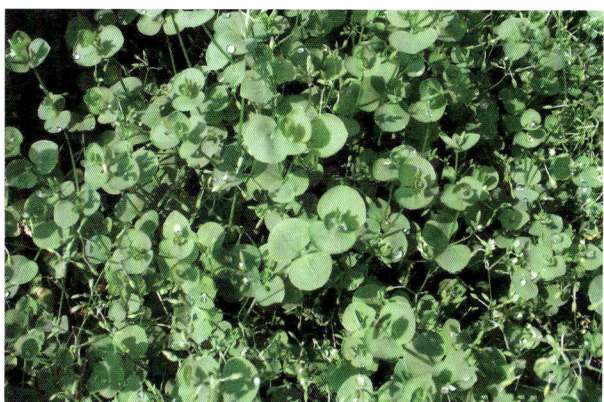

彩片 797　荷莲豆草 Drymaria cordata　文567页

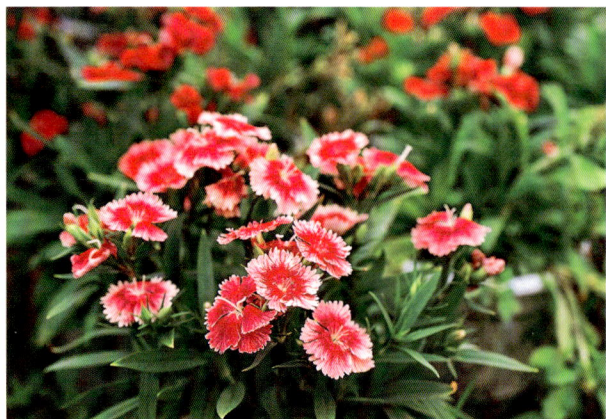

彩片 798　须苞石竹 Dianthus barbatus　文569页

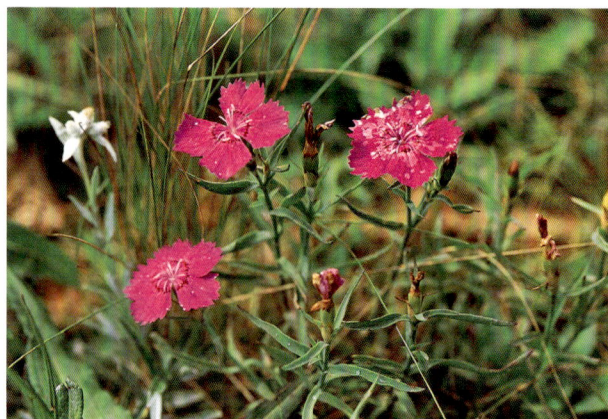

彩片 801　石竹 Dianthus chinensis　文571页

彩片 799　瞿麦 Dianthus superbus　文570页

彩片 802　漆姑草 Sagina japonica　文572页

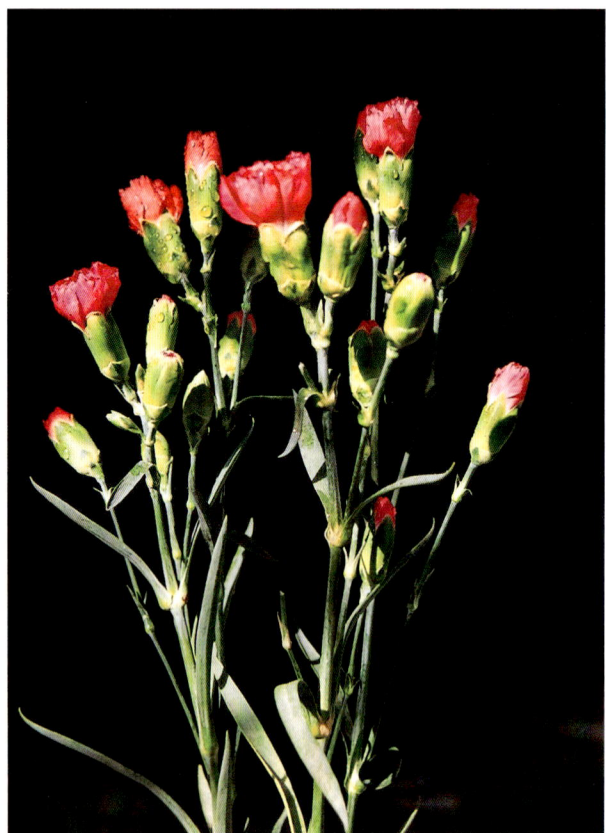

彩片 800　香石竹 Dianthus caryophyllus　文571页

彩片 803　繁缕 Stellaria media　文573页

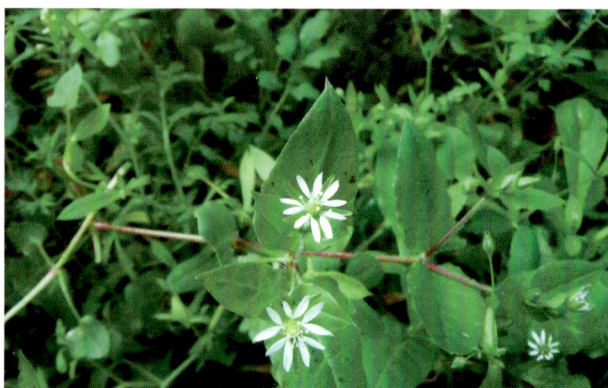

彩片 804　繁缕 Stellaria media　文573页

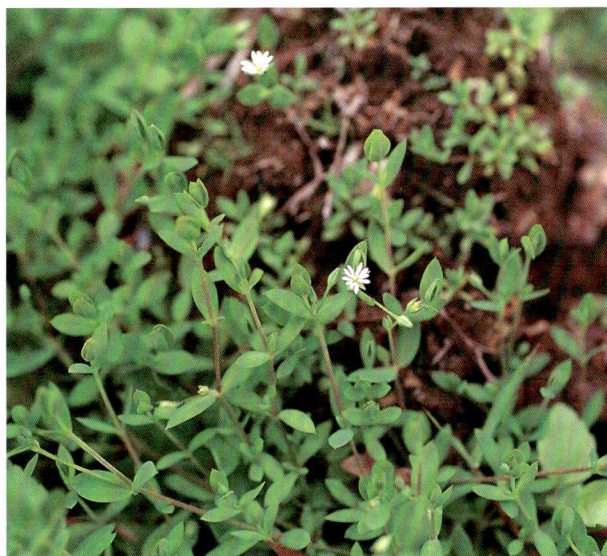

彩片 805　雀舌草 Stellaria alsine　文573页

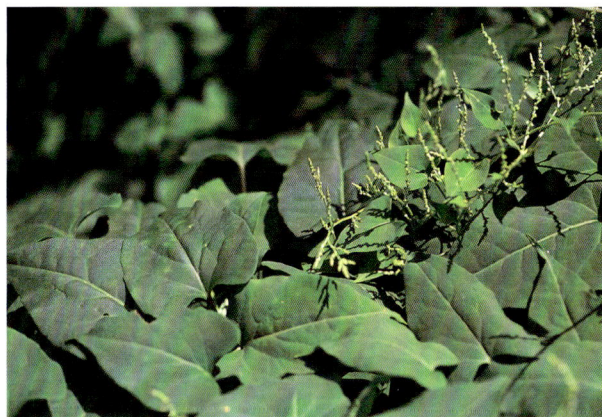

彩片 806　鹅肠菜 Myosoton aquaticum　文574页

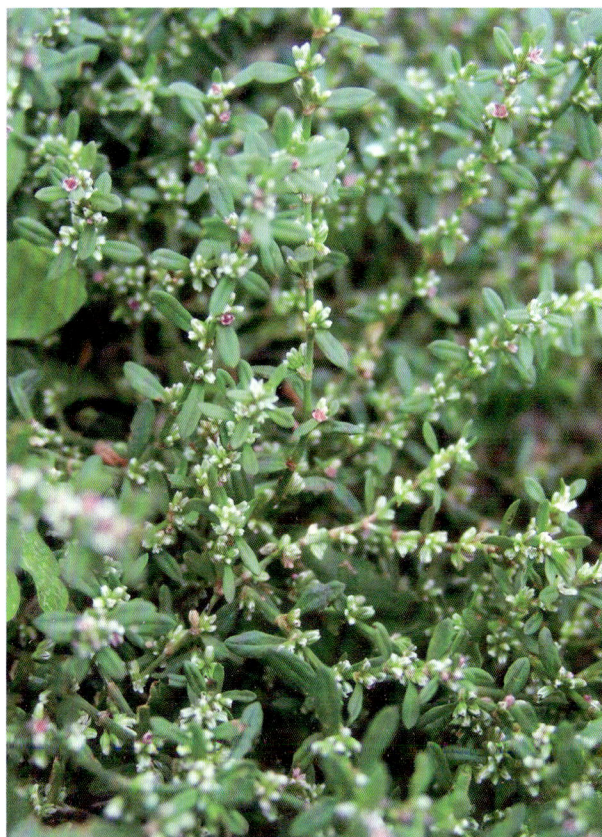

彩片 807　珊瑚藤 Antigonon leptopus　文576页

彩片 808　何首乌 Polygonum multiflorum　文578页

彩片 809　铁马鞭 Polygonum plebeium　文579页

彩片 810　铁马鞭 Polygonum plebeium　文579页

彩片 811　杠板归 Polygonum perfoliatum　文579页

彩片 814　长箭叶蓼 Polygonum hastatosagittatum 文580页

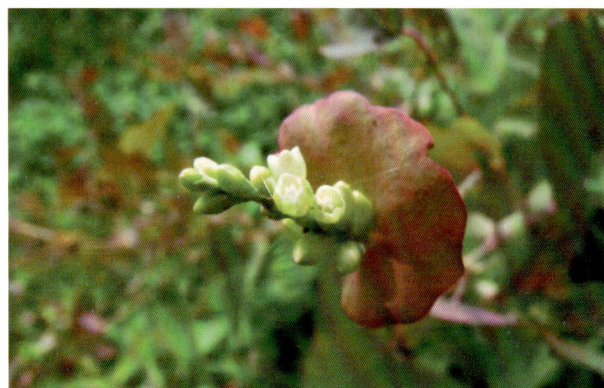

彩片 812　杠板归 Polygonum perfoliatum　文579页

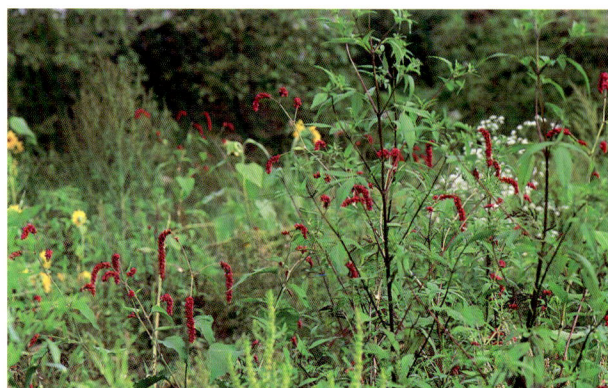

彩片 815　香蓼 Polygonum viscosum　文582页

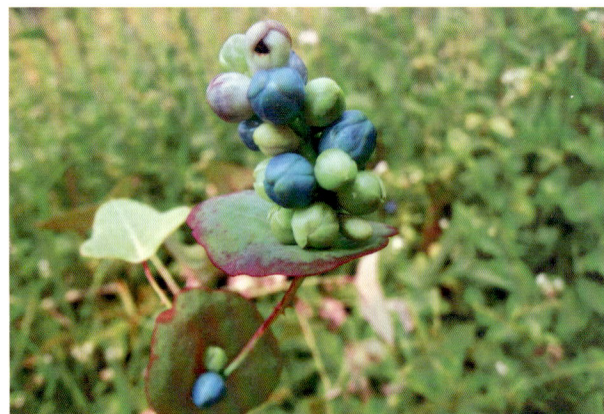

彩片 813　杠板归 Polygonum perfoliatum　文579页

彩片 816　香蓼 Polygonum viscosum　文582页

彩片 817　香蓼 Polygonum viscosum　文582页

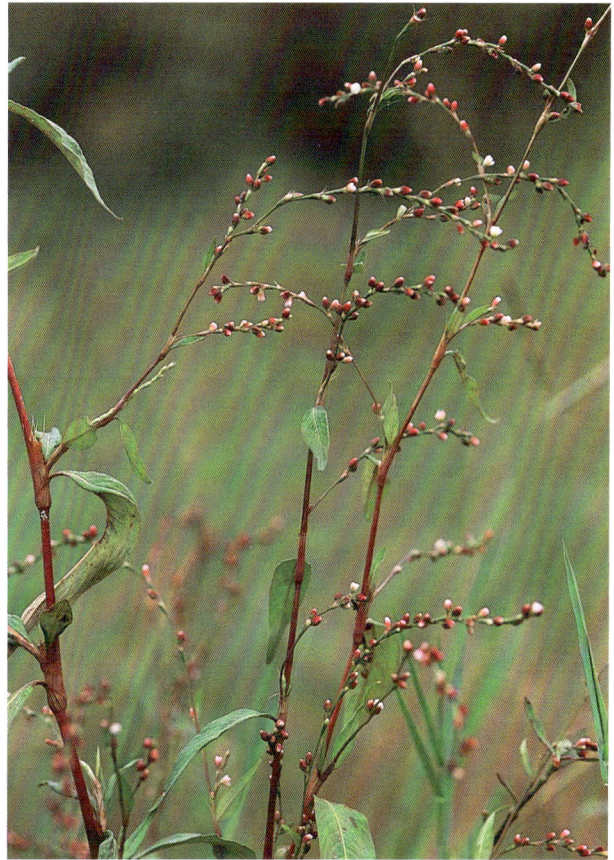

彩片 818　红蓼 Polygonum orientale　文583页

彩片 819　辣蓼 Polygonum hydropiper　文584页

彩片 820　伏毛蓼 Polygonum pubescens　文584页

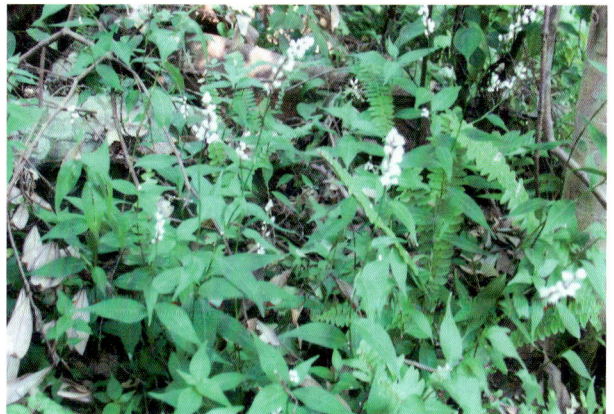

彩片 821　丛枝蓼 Polygonum posumbu　文585页

彩片 822　丛枝蓼 Polygonum posumbu　文585页

彩片 823　愉悦蓼 Polygonum jucundum　文586页

彩片 824　火炭母 Polygonum chinense　文587页

彩片 825　火炭母 Polygonum chinense　文587页

彩片 826　毛蓼 Polygonum barbatum　文588页

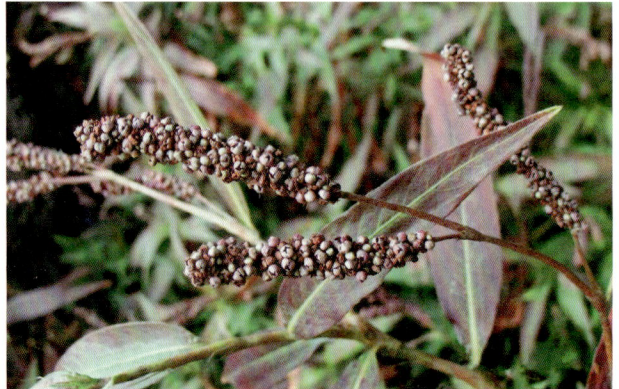

彩片 827　毛蓼 Polygonum barbatum　文588页

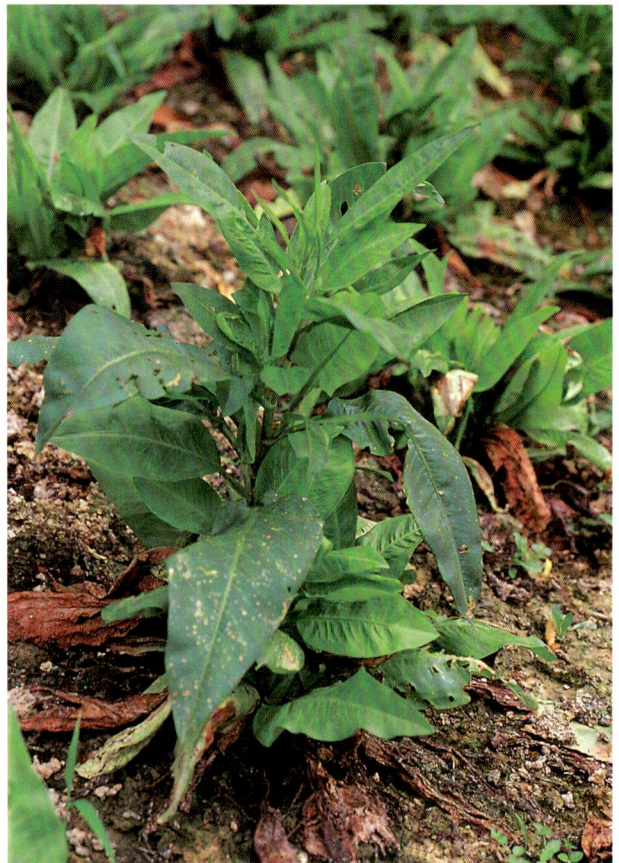

彩片 828　羊蹄 Rumex japonicus　文590页

彩片 829　羊蹄 Rumex japonicus　文590页

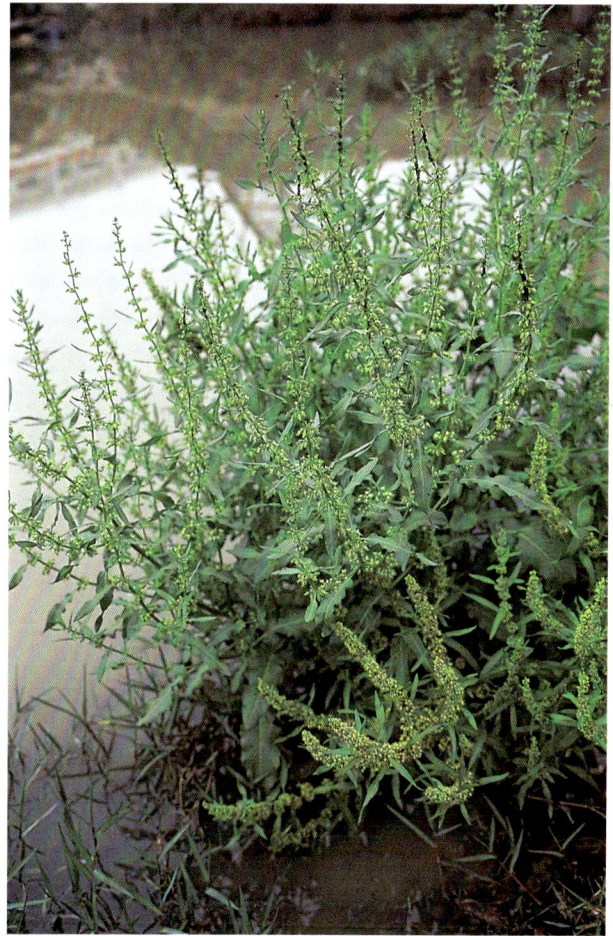

彩片 830　长刺酸模 Rumex trisetifer　文591页

彩片 831　齿果酸模 Rumex dentatus　文592页

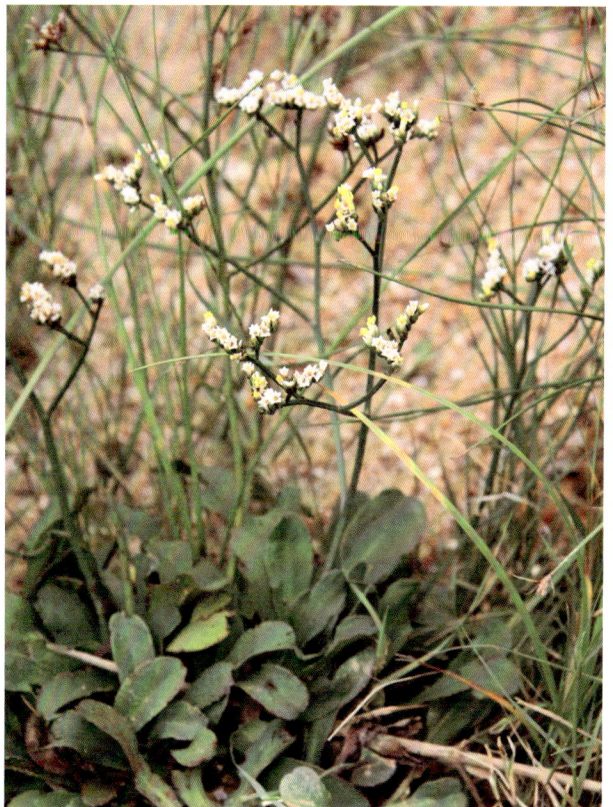

彩片 832　补血草 Limonium sinense　文593页

彩片 833　白花丹 Plumbago zeylenica　文594页

彩片 834　白花丹 Plumbago zeylenica　文594页

彩片 835　锡叶藤 Tetracera sarmentosa　文596页

彩片 836　锡叶藤 Tetracera sarmentosa　文596页

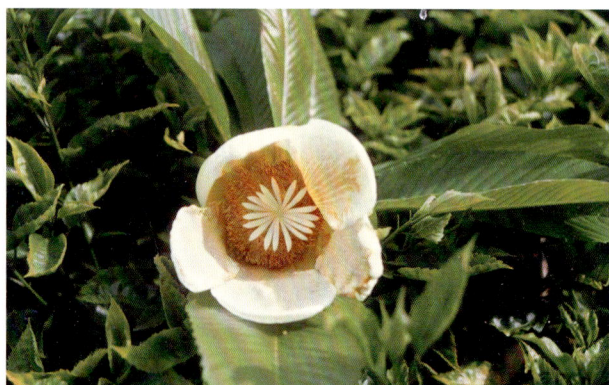

彩片 837　锡叶藤 Tetracera sarmentosa　文596页

彩片 838　五桠果 Dillenia indica　文598页

彩片 839　五桠果 Dillenia indica　文598页

彩片 840　大花五桠果 Dillenia turbinata　文598页

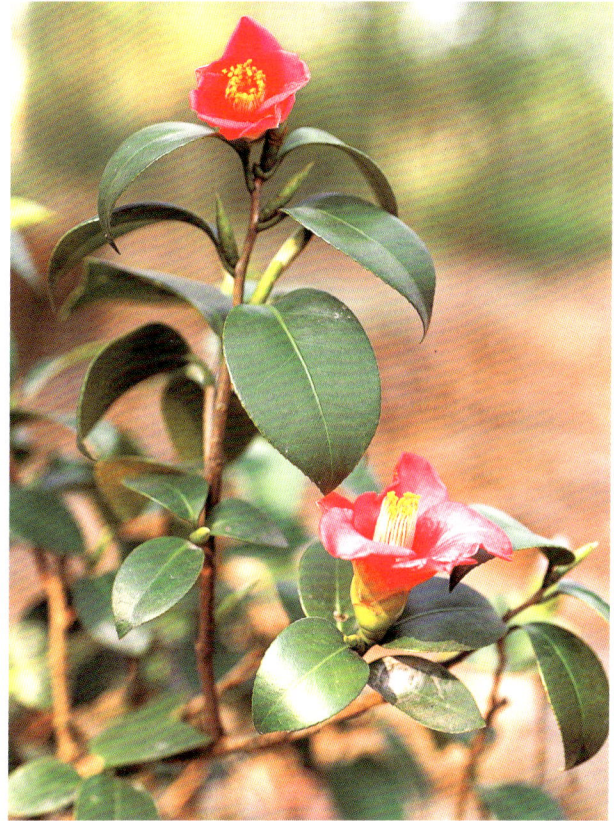

彩片 841　大花五桠果 Dillenia turbinata　文598页

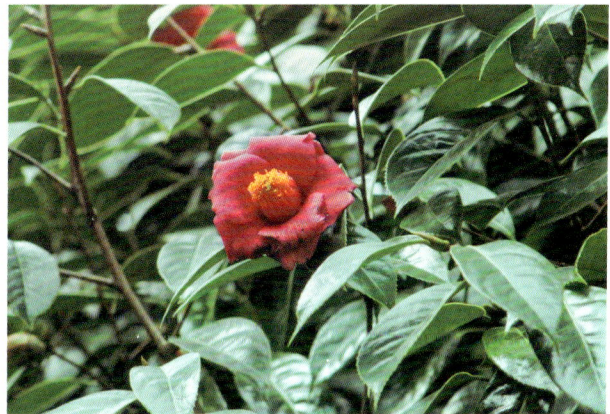

彩片 842　大苞白山茶 Camellia granthamiana
文602页

彩片 843　山茶 Camellia japonica　文602页

彩片 844　南山茶 Camellia semiserrata　文603页

彩片 845　南山茶 Camellia semiserrata　文603页

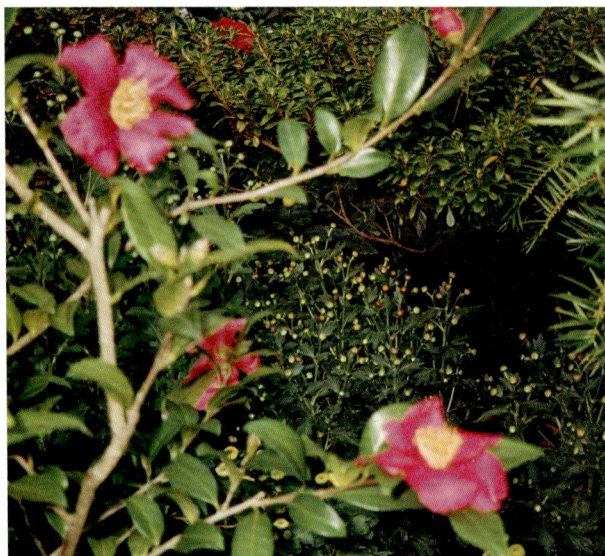

彩片 846　茶梅 Camellia sasanqua　文604页

彩片 847　茶梅 Camellia sasanqua　文604页

彩片 848　红皮糙果茶 Camellia crapnelliana　文604页

彩片 849　红皮糙果茶 Camellia crapnelliana　文604页

彩片 850　糙果茶 Camellia furfuracea　文605页

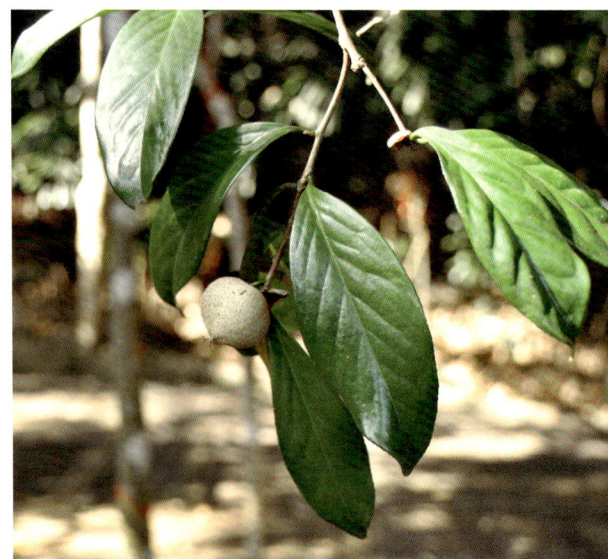

彩片 851　糙果茶 Camellia furfuracea　文605页

彩片 852　油茶 Camellia oleifera　文605页

彩片 853　油茶 Camellia oleifera　文605页

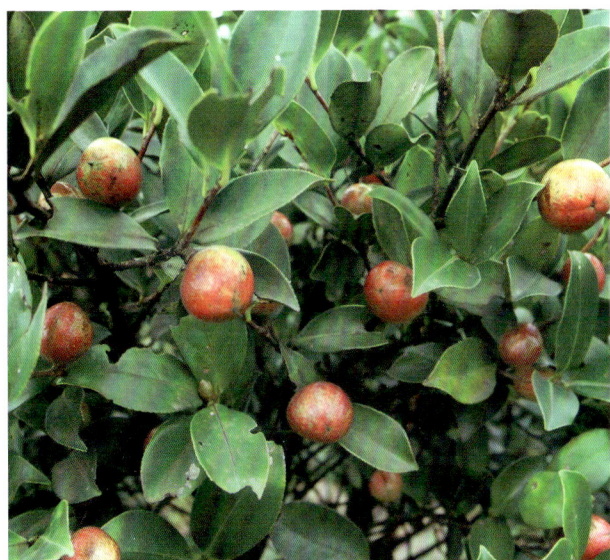

彩片 854　油茶 Camellia oleifera　文605页

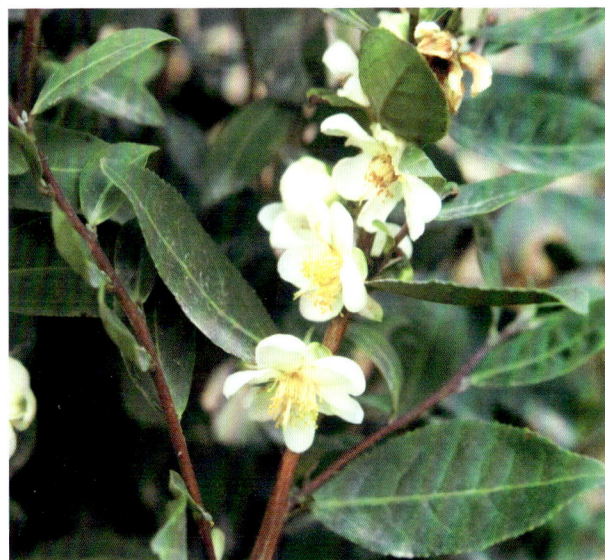

彩片 855　落瓣短柱茶 Camellia kissii　文607页

彩片 856　茶 Camellia sinensis　文607页

彩片 857　茶 Camellia sinensis　文607页

彩片 858　普洱茶 Camellia assamica　文608页

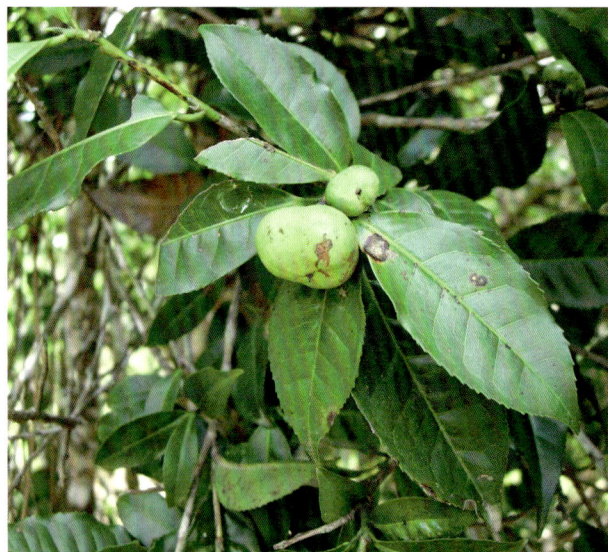

彩片 859　普洱茶 Camellia assamica　文608页

彩片 860　柳叶毛蕊茶 Camellia salicifolia　文609页

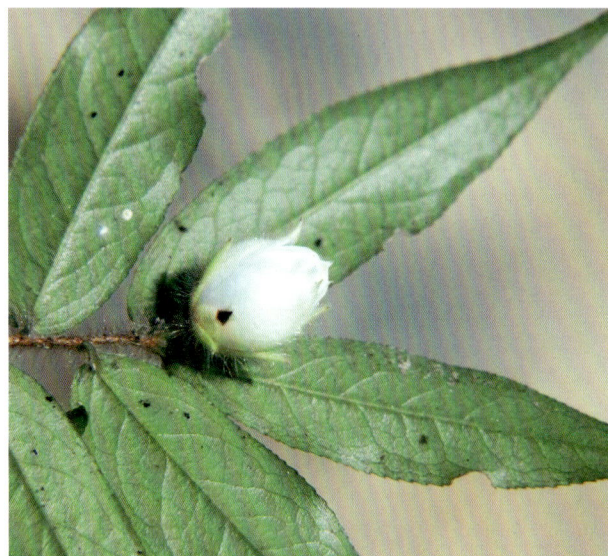

彩片 861　柳叶毛蕊茶 Camellia salicifolia　文609页

彩片 862　长尾毛蕊茶 Camellia caudata　文609页

彩片 863　凹脉金花茶 Camellia impressinervis 文610页

彩片 864　显脉金花茶 Camellia euphlebia　文611页

彩片 865　显脉金花茶 Camellia euphlebia　文611页

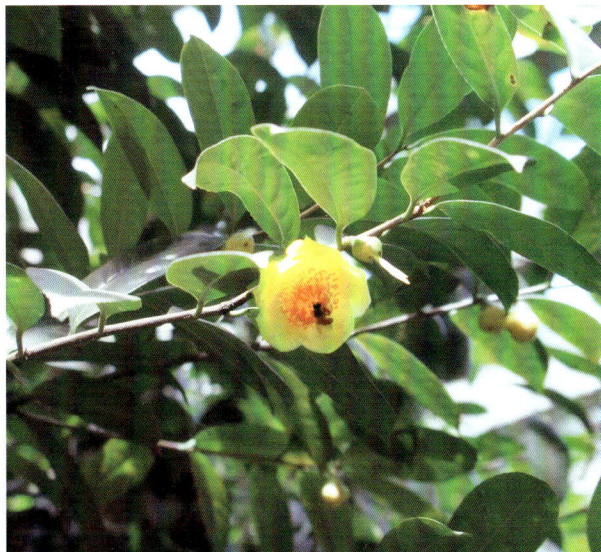

彩片 866　金花茶 Camellia nitidissima　文612页

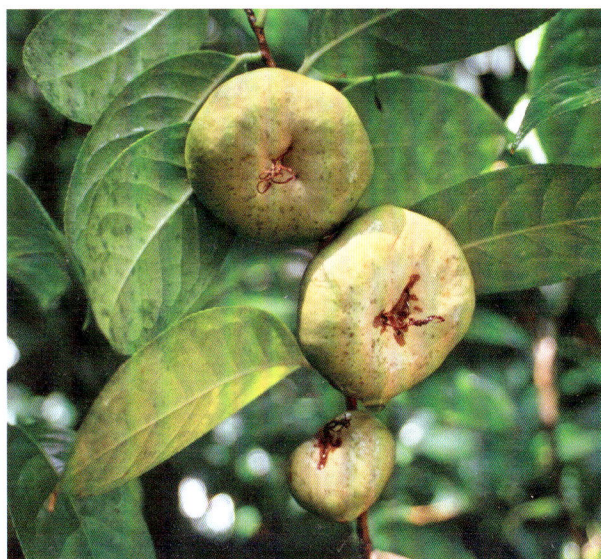

彩片 867　金花茶 Camellia nitidissima　文612页

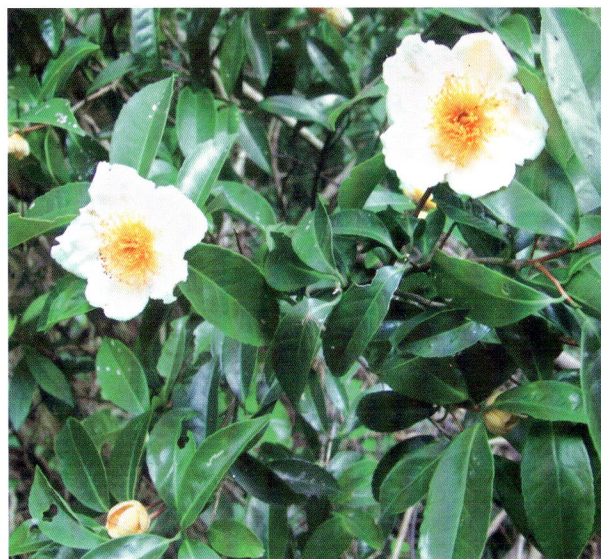

彩片 868　石笔木 Tutcheria spectabilis　文613页

彩片 869　石笔木 Tutcheria spectabilis　文613页

彩片 870　小果石笔木 Tutcheria microcarpa　文614页

彩片 871　木荷 Schima superba　文615页

彩片 872　大头茶 Polyspora axillaris　文616页

彩片 873　大头茶 Polyspora axillaris　文616页

彩片 874　大头茶 Polyspora axillaris　文616页

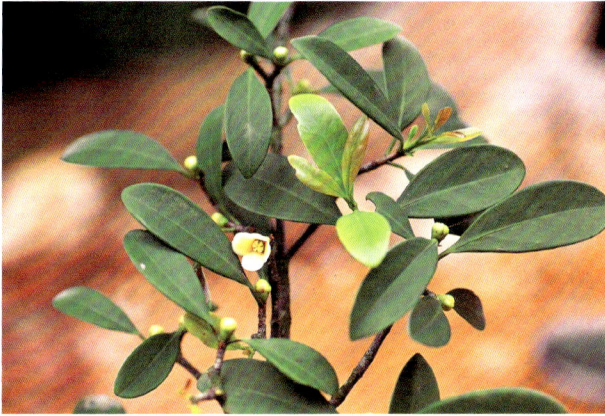
彩片 875　小叶厚皮香 Ternstroemia microphylla
文617页

彩片 878　尖萼厚皮香 Ternstroemia luteoflora
文618页

彩片 876　厚皮香 Ternstroemia gymnanthera　文618页

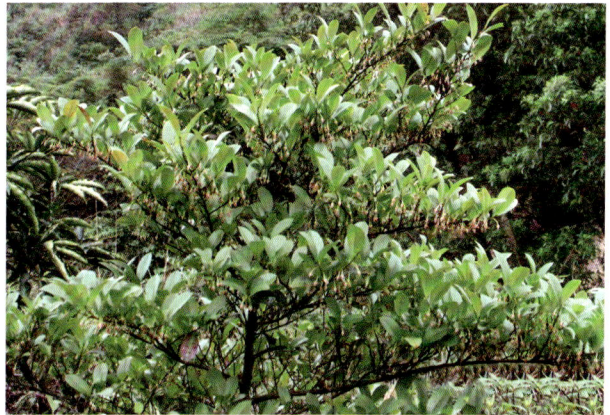
彩片 879　杨桐 Adinandra millettii　文619页

彩片 877　尖萼厚皮香 Ternstroemia luteoflora
文618页

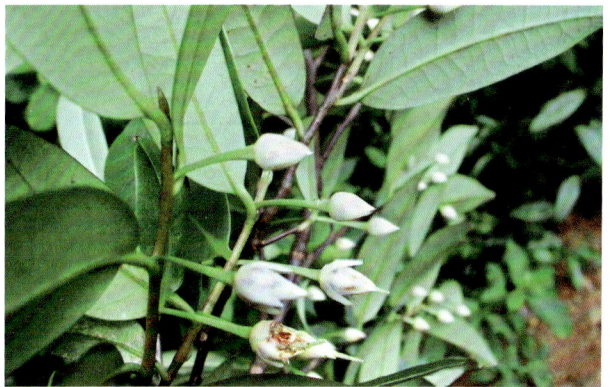
彩片 880　杨桐 Adinandra millettii　文619页

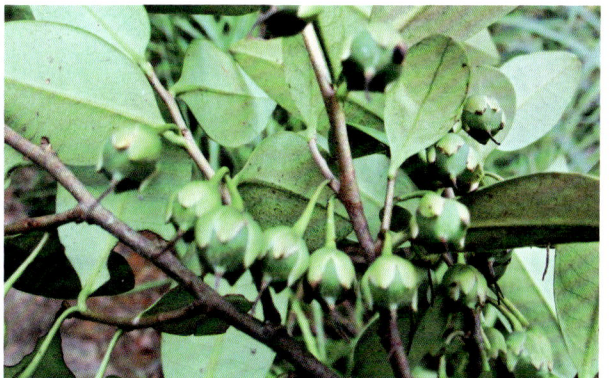
彩片 881　杨桐 Adinandra millettii　文619页

彩片 882　耳叶柃 Eurya auriformis　文620页

彩片 885　米碎花 Eurya chinensis　文621页

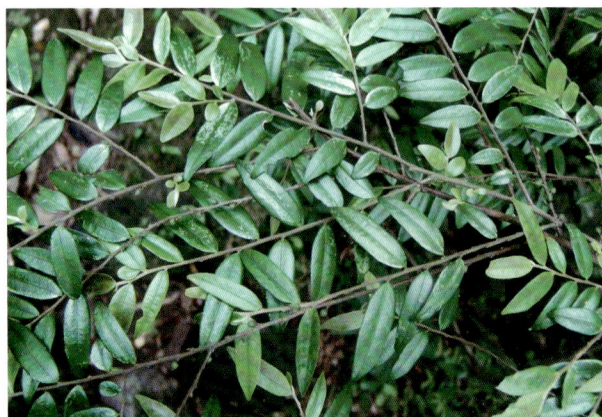

彩片 883　二列叶柃 Eurya distichophylla　文621页

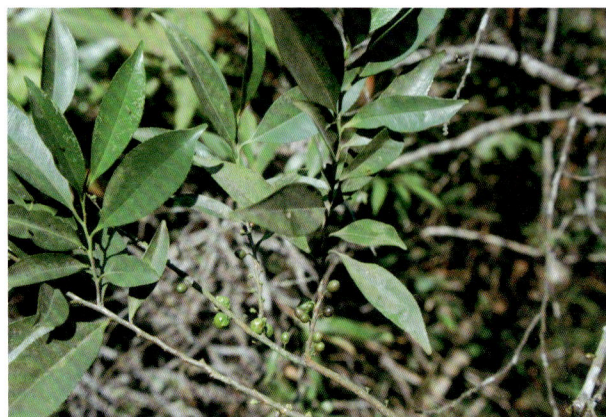

彩片 886　细齿叶柃 Eurya nitida　文622页

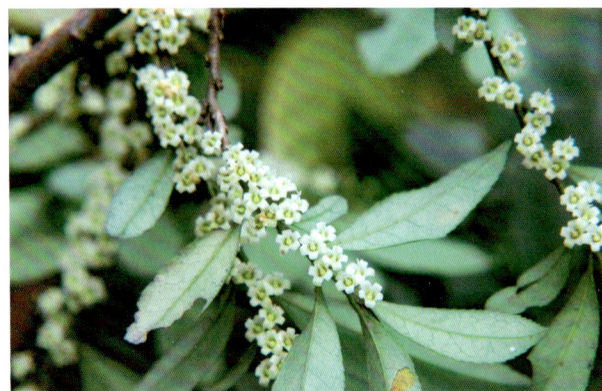

彩片 884　米碎花 Eurya chinensis　文621页

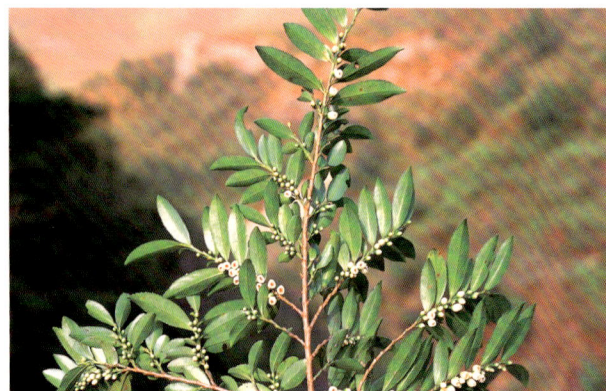

彩片 887　窄叶柃 Eurya stenophylla　文623页

彩片 888 窄叶柃 Eurya stenophylla 文623页

彩片 889 黑柃 Eurya macartneyi 文623页

彩片 890 黑柃 Eurya macartneyi 文623页

彩片 891 阔叶猕猴桃 Actinidia latifolia 文626页

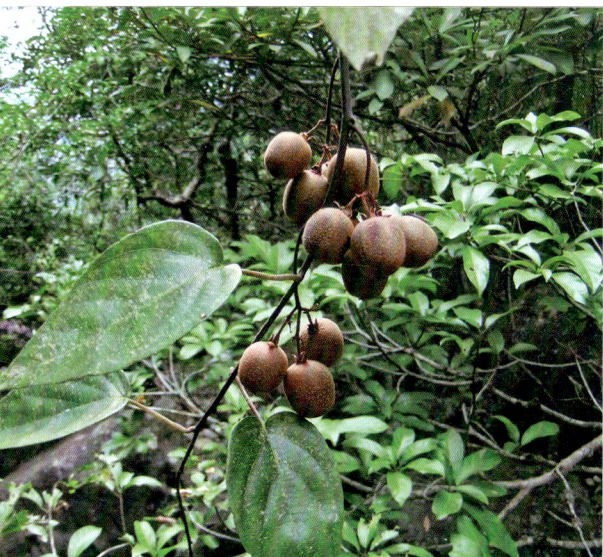

彩片 892 阔叶猕猴桃 Actinidia latifolia 文626页

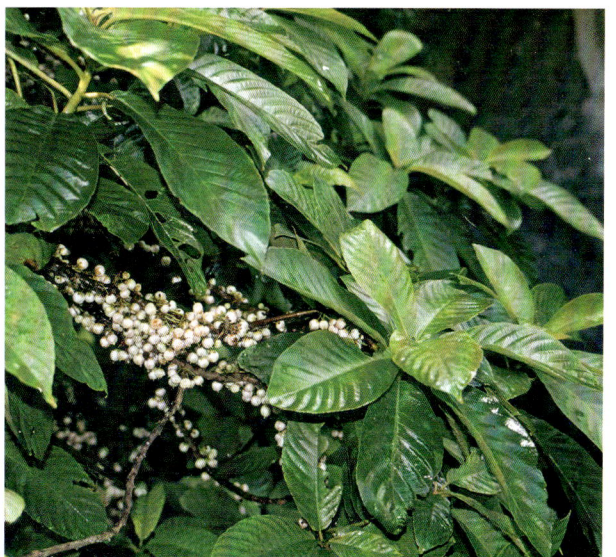

彩片 893 水东哥 Saurauia tristyla 文628页

彩片 894　水东哥 Saurauia tristyla　文628页

彩片 895　五列木 Pentaphylax euryoides　文629页

彩片 896　五列木 Pentaphylax euryoides　文629页

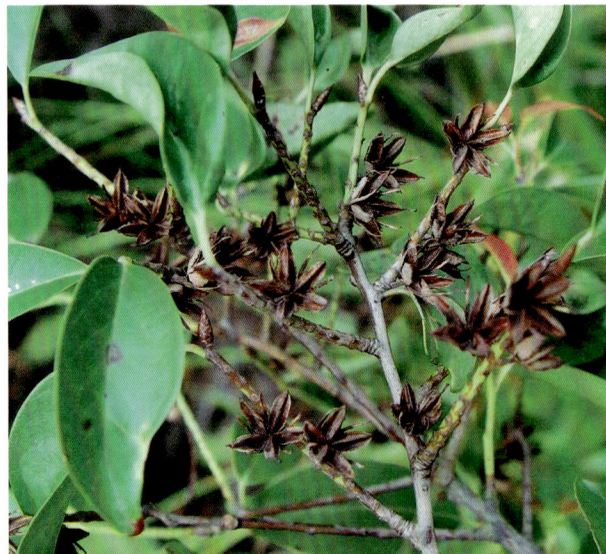

彩片 897　五列木 Pentaphylax euryoides　文629页

彩片 898　薄叶红厚壳 Calophyllum membranaceum
文631页

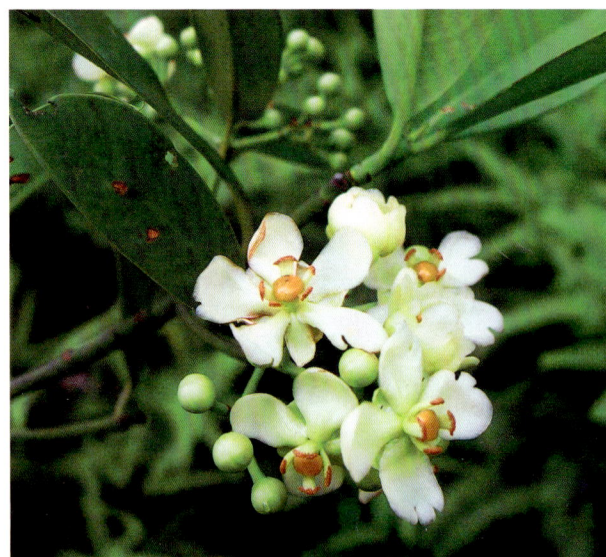

彩片 899　木竹子 Garcinia multiflora　文632页

彩片 900 岭南山竹子 Garcinia oblongifolia 文633页

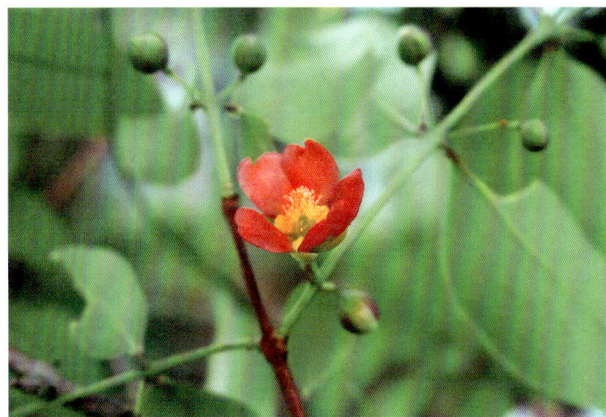

彩片 901 地耳草 Hypericum japonicum 文634页

彩片 902 元宝草 Hypericum sampsonii 文635页

彩片 903 黄牛木 Cratoxylum cochinchinense 文636页

彩片 904 黄牛木 Cratoxylum cochinchinense 文636页

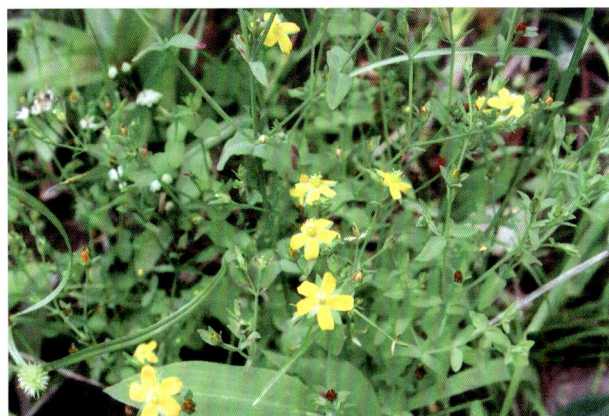

彩片 905 铁力木 Mesua ferrea 文637页

深圳市行政区划图

东　莞　市

珠

江

口

东莞

○公明

○松岗

○光明

○沙井

●海上田园

●凤凰山风景区

○福永

▲凤凰山

○石岩

羊台山风景区

▲羊台山

○光明新区管委会

观澜 ○

○福城

●观澜人民公园

○观湖

龙华新区管委会○

○大浪

○龙华

○平湖

○坂田

○民治

●西丽湖

●深圳野生动物园

●桃源

○西丽

▲塘朗山

西乡 ○

新安 ○

◎宝安区

南头

◎南山区

○南山

●世界之窗

○沙河

中国民俗文化村

●锦绣中华

海滨生态公园

红树林自然保护区

●青青世界

○粤海

▲大南山

○招商

●海上世界

○蛇口

▲小南山

深

圳

湾

●梅林公园

○梅林

深圳国际园林
花卉博览园

●香蜜湖

○香蜜湖

●莲花山公园

●华富

○莲花

○沙头

○福保

○福保

◎福田区

鸡公山

相思林
公园

●银湖

笔架山公园

○清水河

○布吉

○南湾

罗湖区林果场

○仙湖

●东晓

○翠竹

洪湖公园

●东湖水库公园

○莲塘

●儿童公园

○黄贝

人民
公园

○南湖

◎罗湖区

市委★

○市政府

香　港

内伶仃岛

图例

◎	市政府驻地	— — —	香港特别行政
★	市委	—·—·—	市界
◎	区政府驻地	—··—··—	区界
○	新区管委会驻地	—···—···—	新区界
○	街道办驻地	● 旅游景点	▲ 山峰